The Princeton Companion to Mathematics

The Princeton Companion to Mathematics 1

1판 1쇄 인쇄 2014년 7월 28일
1판 2쇄 발행 2016년 9월 1일

엮은이 티모시 가워스 외
옮긴이 금종해, 정경훈 외 28명
펴낸이 황승기
마케팅 송선경
자문위원 신현용(한국교원대 수학과 교수)
기획 및 서문 번역 황대산
편집 김슬기, 황은실, 최형욱, 박민재(KAIST 수리과학과), 황승기
디자인 김슬기

펴낸곳 도서출판 승산
등록날짜 1998년 4월 2일
주소 서울시 강남구 역삼2동 723번지 혜성빌딩 402호
대표전화 02-568-6111
팩시밀리 02-568-6118
웹사이트 www.seungsan.com
전자우편 books@seungsan.com

값 70,000원

ISBN 978-89-6139-056-9   94410
ISBN 978-89-6139-057-6   94410(전 2권)

이 도서의 국립중앙도서관 출판예정도서목록(CIP)은
서지정보유통지원시스템 홈페이지(http://seoji.nl.go.kr)와
국가자료공동목록시스템(http://www.nl.go.kr/kolisnet)에서 이용하실 수 있습니다.
(CIP제어번호: CIP2014021082)

THE PRINCETON COMPANION TO Mathematics

티모시 가워스 외 엮음
금종해, 정경훈 외 28명 옮김

승산

목차

서문

1 이 책에 관하여

버트런드 러셀(Bertrand Russell)은 자신의 책『수학원리(*The Principles of Mathematics*)』에서 순수수학을 아래와 같이 정의하고 있다.

순수수학이란 'p는 q를 함의한다'와 같은 형식을 가진 모든 명제의 모임이다. 이때 p와 q는 각각 하나 또는 그 이상의 변수를 포함하는 명제이며, 각 변수는 양쪽 명제에서 동일한 의미를 갖는다. 또한 p와 q는 논리적 상수 이외에 다른 상수를 포함하지 않는다. 논리적 상수란 다음과 같은 항(term)들로 정의할 수 있는 모든 개념이다. 함의, 어떤 항과 그것을 포함하는 모임 사이의 관계, 항이 어떠하다(such that)는 개념, 관계의 개념, (위와 같은 형식을 가진 명제들의 일반적인 개념과 연관될지도 모르는) 그러한 더 많은 개념들. 이들 외에도 수학은 그것이 다루는 명제들의 구성요소가 아닌 별도의 개념을 이용한다. 바로 '참'의 개념이다.

『*The Princeton Companion to Mathematics*』는 러셀의 정의가 다루지 않는 다른 모든 것들에 관한 수학책이라고 말할 수 있다.

러셀의 책은 1903년에 출간됐는데, 당시의 수학자들은 수학의 논리적 근간에 대해 집중적으로 고민했다. 그로부터 100년이 넘게 지난 오늘날 수학을 러셀이 설명하는 형식적 체계로 이해할 수 있다는 사실은 더는 새로운 생각이 아니며, 현대 수학자들의 관심은 대체로 다른 종류의 문제에 더욱 치중돼 있다. 너무도 많은 수학 논문이 발표돼 있어, 어느 한 개인도 수학의 아주 작은 부분밖에 이해하지 못하는 시대에는, 단지 형식 기호를 어떻게 배열해야 문법적으로 올바른 수학적 서술이 되는가를 따지는 것 이상으로, 이들 중 어떤 수학적 서술이 더 흥미로운지를 이해하는 것이 중요하다.

물론 누구도 이런 이슈에 대해 완전히 객관적인 답을 줄 수는 없다. 수학자들은 어떤 문제가 더 의미 있는지에 대해 온당하게 서로 다른 의견을 가질 수 있다. 그러한 이유로 이 책은 러셀의 책보다 훨씬 덜 형식적으로 서술됐으며, 다양한 관점을 가진 여러 저자들에 의해 집필됐다. 그리고 '무엇이 수학적 서술을 흥미롭게 만드는가?'라는 질문에 정확한 답을 제시하기보다는, 21세기 초에 수학자들을 사로잡고 있는 주요 아이디어들을 소개하고 있다. 그리고 가능한 한 흥미롭고 접근성이 높은 방식을 사용하고 있다.

2 이 책이 다루는 내용의 범주

이 책의 중심 주제는 현대의 순수수학이다. 여기에는 설명이 조금 필요하다. '현대'라는 단어는 단지 이 책이 현대 수학자들이 지금 무엇을 연구하고 있는지에 관해 다룬다는 것을 의미한다. 예를 들어 지난 세기 중반에 빠르게 발전했고 지금은 이미 성숙 단계에 도달한 분야는 현재도 빠르게 발전하고 있는 분야에 비해 덜 다뤄질 개연성이 높다. 하지만 수학에서는 역사적 맥락 또한 중요하다. 오늘날의 어떤 수학 개념 하나를 이해하기 위해서는 보통 오래전에 발견된 여러 아이디어와 결과물을 먼저 알아야만 한다. 그리고 오늘날의 수학을 균형 잡힌 시각으로 바라보기 위해서는 현대 수학이 어떻게 현재의 모습에 도달했는지에 대해서 어느 정도의 지식을 습득하는 것이 필수적이다. 따라서 이 책은 역사적인 내용도 많이 다루고 있다. 이는 주로 오늘날의 수학을 좀 더 잘 설명하기 위해서이다.

'순수'라는 단어를 설명하는 것은 좀 더 복잡하다. 많은 이들이 이미 언급했듯이 '순수수학'과 '응용수학' 간의 경계는 다소 불분명하며, 현대 수학을 이해하는 데 역사적 지식이 어느 정도 필요한 것처럼 순수학의 진가를 온전히 이해하기 위해서는 응용수학과 이론물리학에 대한 지식 또한 어느 정도 필요하다. 실제로 이들 분야는 순수수학에 여러 근본적인 아이디어를 제공했으며, 이를 통해 가장 흥미롭고, 가장 중요하고, 그리고 현재 가장 활발하게 연구되고 있는 순수수학의 여러 분야들을 태동시켰다. 이 책은 이처럼 다른 분야들이 순수수학에 끼친 영향이나 순수수학의 실용적이고 지적인 응용을 외면하진 않는다. 그럼에도 이 책은 그런 내용들을 비교적 제한적으로 다루고 있다. 어느 시점에 누군가는 좀 더 정확한 책 제목이 『*The Princeton Companion to Pure Mathematics*』여야 한다고 지적하기도 했다.

그 제목을 사용하지 않은 유일한 이유는 지금의 제목이 좀 더 멋지다는 사실뿐이었다.

책의 내용을 순수수학에 집중하기로 한 결정을 이끈 또 다른 이유는 이러한 결정이 앞으로 응용수학과 이론물리학을 주제로 한 비슷한 책이 출판될 가능성을 열어둘 것이라는 점이었다. 그러한 책이 나오기 전까지, 로저 펜로즈가 집필한 『실체에 이르는 길(*The Road to Reality*)』(2005)은 수리물리학에 관한 여러 다양한 주제를 다루고 있으며, 이 책과 매우 비슷한 수준의 접근성을 가지고 있다. 또한 엘스비어(Elsevier) 출판사는 다섯 권짜리 수리물리학 백과사전을 출간하기도 했다.

3 이 책은 백과사전이 아니다

책 제목에서 사용된 '안내서(companion)'란 단어에 주목해야 한다. 이 책에는 참고서적의 성격도 분명히 있지만, 독자는 그에 대한 기대치를 낮출 필요가 있다. 독자가 특정 수학 주제에 관해 알아보고 싶을 때, 설사 그것이 중요한 주제라 할지라도 이 책에서는 찾지 못할 수도 있다. (다만 주제의 중요도가 높을수록 이 책에서 다뤄졌을 개연성이 크기는 하다.) 이런 면에서 이 책은 마치 사람으로서의 '동료(companion)'와도 같다. 즉, 정리된 내용 중에는 비어 있는 부분도 있고, 주제에 따라서는 보편적으로 동의되지 않는 관점 또한 포함하고 있다. 하지만 우리는 최소한 어느 정도의 균형을 추구하려고 노력했다. 이 책에는, 빠진 주제도 적지 않지만, 매우 광범위한 주제가 다뤄지고 있다. (이는 어떤 한 사람의 '동료'에게 현실적으로 기대할 수 있는 것보다는 훨씬 더 광범위하다.) 이런 종류의 균형을 달성하기 위해서 우리는 미국 수학회(American Mathematical Society)의 수학 주제 분류나, 4년 단위로 열리는 세계수학자대회(International Congress of Mathematicians)에서 섹션이 분류되는 방식 등 '객관적' 기준을 어느 정도 참고했다. 정수론, 대수학, 해석학, 기하학, 조합론, 논리학, 확률론, 이론컴퓨터과학, 그리고 수리물리학 등과 같은 광범위한 분야는 모두 다루고 있다. (비록 각 분야의 모든 하위 분야들이 포함되지는 않았다고 하더라도) 무엇을 다룰 것인가와 어느 정도의 분량을 다룰 것인가의 문제는 때로 불가피하게 편집 정책보다는 누가 원고 기고를 수락했느냐, 그리고 수락한 이후에 누가 실제로 원고를 제출했느냐, 원고를 제출한 이들이 원고 길이 제한을 지켰느냐 등의 우발적인 요소들에 의해 좌우됐다. 결과적으로 우리가 바랐던 만큼 충분히 다루지 못한 일부 분야가 있지만, 결국에는 완벽하지 못한 책을 출판하는 것이 완벽한 균형을 달성하기 위해 수년을 더 지체하는 것보다 낫다고 판단되는 시점이 도래했다. 우리는 미래에 이 책의 개정판이 나오기를 바란다. 그렇다면 이 책에 있을지도 모르는 결함들을 개선할 기회가 될 것이다.

이 책이 백과사전과 다른 또 한가지 특징은 내용이 '가나다' 순이 아닌 주제 단위로 정리돼 있다는 점이다. 이런 방식의 장점은 글들이 개별적으로 읽힐 수도 있지만, 주제별 묶음으로 읽힐 수도 있다는 점이다. 실제로 이 책의 구성은 앞커버에서 뒷커버까지 목차 순서대로 읽는 것이 터무니없지만은 않도록 구성돼 있다. 물론 매우 오랜 시간이 걸리겠지만 말이다.

4 이 책의 구성

이 책이 주제 단위로 정리돼 있다는 것은 무엇을 의미할까? 이 책은 8개의 부로 나뉘어 있으며, 각각의 부는 서로 다른 주제와 목표를 지향하고 있다. I부는 기초에 해당하는 내용으로 구성돼 있는데, 수학에 대한 개요를 폭넓게 설명하고 수학적 배경이 상대적으로 적은 독자들을 위해 수학의 기본적인 개념 일부를 설명한다. 대략적으로 특정 분야가 아니라 모든 수학자들에게 필요한 배경지식에 해당하는 주제는 I부에 속한다. 예를 들어 군[I.3 §2.1]과 벡터공간[I.3 §2.3]이 이 분류에 해당된다.

II부는 역사적인 성격을 가진 에세이들의 모음이다. 그 목표는 현대 수학의 고유한 스타일이 어떻게 만들어졌는지를 설명하는 것이다. 오늘날의 수학자들이 수학을 어떻게 생각하는지와 200년 전 또는 그 이전의 수학자들이 수학을 어떻게 생각했는지에는 어떤 중요한 차이가 있을까? 한 가지는 증명이란 무엇인지에 대한 보편적인 기준이 정립됐다는 점이다. 이와 밀접하게 연관된 사실은 해석학(미적분학 및 미적분학이 확장되고 발전한 내용)이 엄밀한 기반 위에 놓여졌다는 점이다. 또 다른 주목할 만한 요소에는 숫자 개념의 확장, 대수학의 추상적 속성과 대부분의 현대 기하학자들이 전통적인 삼각형, 원, 평행선보다는 비유클리드 기하학을 연구한다는 사실 등이 있다.

III부는 비교적 짧은 글들로 구성돼 있는데, 각 글은 I부에서 다뤄지지 않은 중요한 수학적 개념을 설명한다. III부는 종종 언급되는걸 듣지만 잘 이해되지 않는 개념이 있을 때 찾아볼 만한 곳으로 의도됐다. 만약 다른 수학자(예를 들어 학회 강연자)가 당신이 심플렉틱 다양체[III.88], 비압축 오일러 방정식 [III.23], 소볼레프 공간[III.29 §2.4] 또는 아이디얼류군[IV.1 §7]의 정의를 알고 있다고 가정하고 강연을 진행했지만, 사실은 그것을 모른다고 인정하는 것이 당황스럽다면, 이들 개념에 관한 내용을 III부에서 찾아볼 수 있다.

III부의 글들이 단지 형식적인 정의만을 제공했다면 그다지 유용하지 않았을 것이다. 개념을 이해하기 위해서는 그것이 직관적으로 무엇을 의미하는지, 왜 중요한지, 왜 소개됐는지 등을 알아야 한다. 무엇보다도 그것이 꽤 보편적인 개념이라면, 독자는 적절한 (너무 단순하지도 너무 복잡하지도 않은) 예를 참고하고 싶어 할 것이다. 잘 선정된 예를 제시하고 설명하는 것이 그런 글이 포함해야 할 내용의 전부일 수도 있다. 좋은 예는 일반적인 정의보다 훨씬 더 이해하기가 쉽기 때문이다. 그리고 좀 더 경험이 많은 독자들은 그 예로부터 중요한 속성들을 추상화시킴으로써 일반적인 정의를 스스로 이끌어낼 수 있을 것이다.

III부의 또 다른 역할은 이 책의 심장이라고 할 수 있는 IV부를 위한 준비이기도 하다. IV부는 여러 다른 수학 분야에 대한 (III부의 글보다 훨씬 긴) 26장의 글로 구성된다. 예를 들어, IV부의 글은 그 글이 다루는 분야에 대한 핵심적인 아이디어들과 중요한 결과들을 설명하고, 가급적 형식에 얽매이지 않는 방식을 취하되, 너무 모호해서 의미가 불분명해지지는 않도록 할 것이다. 원래의 목표는 이 글들이 자기 전에 침대에서 읽을 만한 형식, 명료하고 충분히 기초적이어서 독자가 중간에 읽기를 멈추고 생각하지 않아도 읽으며 이해할 수 있도록 만드는 것이었

다. 그런 이유로 전문성과 설명 능력을 염두에 두고 저자들을 섭외했다. 하지만 수학은 쉬운 학문이 아니므로, 종국에는 애초의 목표였던 내용에 있어서의 완벽한 접근성은 지향해야 할 '이상'으로 두는 것에서 만족하고, 이를 모든 글의 장 하나하나에서 달성하는 것은 포기해야만 했다. 하지만 글이 이해하기 어려울 때조차도 해당 내용을 통상적인 교과서보다는 더 명확하고 덜 형식적인 방식으로 설명하고 있으며, 이는 종종 꽤 성공적이었다. III부에서와 마찬가지로, 여러 저자들은 이해를 돕는 예를 통해서 이를 달성했다. 저자들은 때로 좀 더 일반적인 이론을 이어서 설명하거나, 예가 이론을 스스로 설명하도록 유도하는 방식을 사용했다.

IV부의 많은 글들은 여러 수학적 개념에 대한 멋진 설명을 담고 있는데, 만약 여기에서 다뤄지지 않았더라면 III부에서 해당 개념 하나하나에 대한 글이 포함됐을 것이다. 원래는 중복을 완전히 피하고, III부에 이들 설명을 포함한 후에 이를 상호 참조하도록 할 계획이었다. 하지만 그와 같은 정리 방식은 독자들 입장에서는 다소 불편할 수 있어, 다음과 같이 절충했다. 어떤 개념이 책의 다른 부분에서 이미 적절히 설명되었다면 III부에서 그것을 다시 다루지 않고 간략한 설명과 상호 참조만을 포함시켰다. 이 방식을 따르면 독자는 어떤 개념을 빨리 찾기 위해서 III부를 활용할 수 있고, 그에 대한 더 자세한 설명이 필요한 경우에만 책의 해당 부분을 참조하면 된다.

V부는 III부를 보완하고 있다. V부 역시 중요한 수학적 주제들에 관한 짧은 글들로 구성돼 있지만, 이들은 수학 공부에 있어서 기본적인 개념이나 도

구들이라기보다는 수학 정리와 미해결 문제에 관한 글들이다. 책 전체와 마찬가지로 V부에 포함된 글들은 포괄적이라고 말하기는 어려우며, 몇 가지 기준에 따라 선별됐다. 가장 명백한 기준은 수학적 중요도이지만, 어떤 글들은 그 주제를 흥미롭고 접근 가능한 방식으로 논의하는 것이 가능하다는 이유로 선정됐고, 다른 글들은 무언가 특별한 점이 있어서 포함됐으며(예를 들어 4색정리[V.12]), 어떤 글들은 그와 밀접하게 관련된 IV부 글의 저자들이 일부 정리들을 추가로 논의하는 게 중요하다고 느꼈기 때문에 포함됐고, 어떤 글들은 여러 다른 글의 저자들이 배경지식으로 필요하다고 판단했기 때문에 포함됐다. III부와 마찬가지로 V부의 글들 중 일부는 자기완결적이지 않으며 간단한 설명과 다른 글들로의 상호 참조만을 포함한다.

VI부는 또 다른 역사적 내용으로 유명한 수학자들에 관해 다루고 있다. VI부는 짧은 글들로 구성돼 있는데, 각 글의 목적은 매우 기본적인 인물 정보(국적과 출생일 등)와 해당 수학자가 왜 유명한지를 설명하는 것이다. 원래의 계획은 현존하는 수학자들을 포함시키는 것이었지만, 결국 우리는 오늘날 활동하고 있는 수학자들 중 적절한 선택을 하는 일이 불가능하다는 결론에 이르렀다. 그래서 세상을 떠난 수학자들, 특히 주요 업적이 1950년 이전에 이뤄진 수학자들로 한정했다. 그 이후의 수학자들이 물론 (다른 부의 글에 언급되는 방식으로) 이 책에 등장하기는 한다. 그들을 개별적으로 소개하는 글은 없지만 색인을 참고함으로써 그의 업적을 대략적으로 살펴볼 수 있다.

앞의 여섯 개 부에서 순수 수학과 그 역사에 관해 주로 다룬 후, 마침내 VII부는 수학이 실용적인 측면과 지성적인 측면에서 다른 분야에 끼친 영향을 다룬다. VII부는 더욱 긴 글로 구성돼 있는데 그중 일부는 다양한 학문 분야에 관심을 가진 수학자들에 의해 집필됐으며, 일부는 수학을 많이 사용하는 다른 분야의 전문가들에 의해 집필됐다.

VIII부는 수학의 본질과 수학자의 삶을 산다는 것에 대한 포괄적인 생각들을 포함하고 있다. 이 부의 내용은 대체적으로 앞 부의 긴 글들에 비해 접근성이 높다. 그래서 마지막 부임에도 불구하고 어떤 독자들은 VIII부를 우선적으로 읽고 싶어 할지도 모른다.

III부와 V부에서는 글이 알파벳 순서로 정리돼 있고, VI부에서는 시간적 순서로 정리돼 있다. 수학자들에 관한 글을 그들의 출생일에 따라 정리하는 방식은 진지한 고민 끝에 결정됐다. 독자는 VI부를 순서대로 읽으면서 수학 역사에 대한 감을 얻게 될 것이다. 이런 방식은 어떤 수학자들이 현대 또는 근현대 수학자들인지를 명확히 보여줄 것이다. 그리고 수학자들의 상대적인 출생일을 추측해서 글을 찾는 방식의 작은 불편을 통해 작지만 가치 있는 무언가를 배우게 될 것이다.

다른 부에서는 글을 주제별로 정리하려 노력했다. 이는 특히 IV부에 해당되는데, 내용 정리 순서에 있어 두 가지 원칙을 지키려고 노력했다. 첫째, 서로 밀접하게 관련된 수학 분야들에 대한 글은 책에서 서로 가깝게 위치돼야 한다. 둘째, 글 A를 읽은 후에 글 B를 읽는 순서가 자연스럽다면 책에서도 글 A가 글 B보다 앞에 위치해야 한다. 이건 말은 쉽지만 실제로는 무척 까다로운 작업이었다. 왜냐하면 어떤 분야들은 단일 방식으로 분류하기가 매우 어렵기 때문이다. 예를 들어 산술기하학은 대수학일까, 기하학일까, 아니면 정수론일까? 셋 중 어느 방향으로도 설득력 있는 주장이 있으며, 이 중 하나로 결정한다는 것은 다소 인위적이다. 따라서 IV부의 내용 순서는 수학 분야의 분류 방식이라기보다는 우리가 생각할 수 있는 가장 적합한 순차적인 방식으로 이해돼야 할 것이다.

각 부 자체의 순서와 관련해서 말하자면, 우리의 목표는 학습의 관점에서 가장 자연스러운 순서로 만드는 것이었다. I부와 II부는 명백히 (서로 다른 관점에서) 기초적인 내용이다. III부가 IV부보다 먼저 위치한 이유는 수학의 어떤 분야를 이해하기 위해서는 먼저 관련 정의들부터 알아야 하기 때문이다. 하지만 IV부가 V부보다 앞에 위치한 이유는 정리의 진가를 알아보기 위해서는 그것이 수학의 해당 분야의 맥락에서 어떤 의미를 갖는지 이해하는 것이 중요하기 때문이다. VI부가 III~V부 다음에 위치한 이유는 어떤 유명한 수학자가 기여한 것의 진가를 이해하기 위해서는 수학 자체에 대해서 먼저 알아야 하기 때문이다. VII부가 책 후반부에 위치한 이유도 비슷하다. 수학이 타분야에 끼친 영향을 제대로 이해하기 위해서는 먼저 수학 자체를 이해해야 하기 때문이다. 그리고 VIII부의 반추적인 생각들은 일종의 에필로그로서 책을 마무리하기에 적합한 방식으로 보았다.

5 상호 참조

기획 단계에서부터 이 책에는 많은 상호 참조가 이뤄질 것으로 계획됐다. 서문에도 이 글꼴로 쓰여져 어디서 관련 글을 찾을 수 있는지가 표시된 상호 참조가 이미 몇 개 있었다. 예를 들어 참조 표시 **심플렉틱 다양체[III.88]**는 '심플렉틱 다양체'가 III부의 88장에서 다뤄진다는 것을 의미하며, 참조 표시 **아이디얼류 군[IV.1 §7]**은 독자에게 IV부의 1장 7절에서 해당 내용을 참고할 수 있다는 것을 알려준다.

우리는 즐겁게 읽을 수 있는 책을 만들기 위해 가능한 한 열심히 노력했으며, 상호 참조 기능을 이러한 즐거움에 기여하게끔 구성하겠다는 목표가 있었다. 이건 어쩌면 조금 엉뚱하게 들릴지도 모르겠다. 글을 읽다가 잠시 멈추고 다른 페이지를 찾아보는 일은 번거로울 수도 있으니 말이다. 하지만 우리는 각각의 글들이 가능한 한 자기완결적이기를 원했다. 따라서 만약 당신이 상호 참조 기능을 사용하고 싶지 않다면, 대체로 그럴 필요가 없을 것이다. 한가지 예외는 저자들이 이 책의 I부에 소개된 개념들을 독자들이 이미 알고 있다는 가정 하에서 원고를 작성할 것을 요청받았다는 점이다. 당신이 대학교 수학을 전혀 공부하지 않았다면, I부를 먼저 정독하고 나머지 부를 읽을 것을 추천한다. 그렇게 하면 나중의 글을 읽다가 다른 페이지를 참조해야 할 경우가 크게 줄어들 것이다.

때로는 어떤 글에서 새로운 개념이 소개되고 같은 글 내에서 그 개념이 설명될 것이다. 수학 글에서는 관례에 따라 새롭게 정의되는 단어는 고딕체로 (영어 원문에서는 이탤릭체로) 표기된다. 우리는 그러한 관례를 따르기는 했지만, 형식에 얽매이지 않은 글에서 무엇을 새로운 표현 또는 익숙치 않은 개념의 정의로 볼 수 있느냐가 항상 명확한 것은 아니다. 우리의 대체적인 정책은 만약 어떤 단어가 처음으로 사용됐고 어떤 식으로든 그 단어에 대한 설명이 뒤따른다면, 그 단어를 고딕체로 표현하는 것이었다. 우리는 새롭게 소개된 후에 설명이 이뤄지지 않은 단어 또한 고딕체로 표현했다. 이런 경우에는 글의 나머지를 이해하는 데 있어서 해당 단어를 이해하는 것이 필수적이지 않다는 뉘앙스로 이해하면 될 것이다. 좀 더 극단적인 경우에는 고딕체 대신에 인용부호가 사용되었다.

많은 글에는 말미에 짧은 '더 읽을 거리'가 포함돼 있다. 이는 말 그대로 더 읽을 만한 글에 대한 제안이다. 이는 어떤 분야에 대한 소개 논문 등에 수록되는 것과 같은 방대한 참고문헌으로 이해돼서는 안 된다. 이와 관련한 또 한 가지 사실은 이 책에서 다루는 내용을 처음 발견한 수학자를 언급하거나 해당 발견이 처음 소개됐던 논문을 언급하는 일이 이 책의 편집자들의 주요 관심사가 아니었다는 점이다. 원 논문에 관심이 있는 독자들은 '더 읽을 거리' 또는 인터넷을 통해 해당 논문을 찾을 수 있을 것이다.

6 이 책의 대상 독자

우리의 원래 계획은 이 책 내용 전체가 (미적분학을 포함한) 고등학교 수학 배경이 탄탄한 누구에게라도 접근 가능해야 한다는 것이었다. 하지만 이것이 비현실적인 목표라는 것은 곧 분명해졌다. 수학의 어떤 분야는 대학교 수준의 수학을 일부만 알아도 이해하기가 훨씬 더 쉬워져서, 그것을 더 쉬운 수준에서 설명하려고 시도하는 것이 실용적이지 않다.

다른 한편으로는 이러한 추가적인 경험 없이도 쉽게 설명될 수 있는 분야들이 있다. 그래서 결국 우리는 이 책의 내용이 전반적으로 동일한 수준의 난이도를 유지해야 한다는 생각을 포기했다.

그럼에도 불구하고 내용의 접근성은 우리의 최우선 목표 중 하나였으며, 책 전체에서 모든 수학적 개념을 실용적인 한도 내에서 가장 쉬운 수준에서 논의하려고 노력했다. 특히 편집자들은 자신들 스스로가 이해하지 못하는 어떠한 내용도 책에 들어가지 않게 하려고 더 열심히 노력했다. (이 기준은 생각 이상으로 커다란 제약이었다.) 어떤 독자들은 일부 글들이 너무 어렵다고 느낄 것이고, 다른 독자들은 너무 쉽다고 느낄 것이다. 하지만 우리는 고등학교 상급 수학 이상의 배경을 가진 독자들 모두가 이 책의 많은 부분을 즐길 수 있기를 기대한다.

서로 다른 수준의 수학적 배경을 가진 독자들이 이 책에서 무엇을 얻기를 기대할 수 있을까? 만약 당신이 대학 수준의 수학 강의를 수강하고 있다면, 아마도 상당히 어렵고도 익숙치 않은 내용에 직면할 것이며, 그 내용이 왜 중요한지와 해당 주제의 전체적인 맥락 등을 이해하지 못할 것이다. 그런 경우에 당신은 이 책을 통해 해당 분야에 대한 전반적인 시야를 어느 정도 넓힐 수 있다. 예를 들어 많은 이들이 '환(ring)'이 무엇인지를 알지만, 왜 '환'이 중요한지를 이해하는 사람은 상대적으로 많지 않다. 하지만 '환'이 중요한 매우 그럴듯한 이유가 있으며 이 내용을 환, 아이디얼, 모듈[III. 81]과 대수적 수[IV. 1]에서 읽을 수 있다.

학기 강의가 막바지에 다다르면, 당신은 어쩌면 수학 분야에서 연구 활동을 하는 것에 관심을 가질 수도 있다. 하지만 대학교 학부 강의를 통해 수학 연구가 어떤 것인지에 대해서 알게 되기는 매우 어렵다. 그러면 연구자 수준에서 당신이 흥미로워 할 만한 수학의 분야가 무엇일지를 어떻게 알 수 있을까? 이를 찾는 건 쉬운 일이 아니지만, 이런 결정을 올바르게 내리는 것은 환상에 사로잡혀서 대학원에 진학한 후에 결국 박사학위까지는 취득하지 못하는 결과와 수학 분야에서 성공적인 진로를 가게 되는 결과의 차이를 가져올 수 있다. 이 책은, 특히 IV부는 연구자 수준에서 여러 다른 수학자들이 어떤 문제들을 고민하고 있는지를 말해주며, 당신이 좀 더 올바른 결정을 내리는 것을 도와줄 수 있다.

만약 이미 연구활동을 하고 있는 수학자라면, 이 책을 당신의 동료 수학자들이 무엇을 연구하고 있는지를 이해하는 데 주로 사용할 수 있을 것이다. 대부분의 비수학자들은 수학이 얼마나 많이 세분화되고 전문화되었는지를 발견하고 크게 놀라곤 한다. 요즘에는 매우 뛰어난 수학자라도 다른 분야 수학자의 논문을 전혀 이해하지 못하는 일이 비일비재하다. (심지어는 자신의 연구분야와 깊은 관련이 있어 보이는 분야의 논문조차도 그렇다.) 이것은 그다지 바람직한 상황은 아니다. 수학자들 간의 소통 수준을 개선시키는 일은 중요하다. 이 책의 편집자들은 원고를 세심히 검토하는 과정에서 많은 것들을 배웠으며, 다른 많은 사람들도 이 책을 통해 그러한 기회를 갖기를 바란다.

7 이 책이 인터넷보다 나은 점은 무엇인가?

어떤 면에서 이 책의 성격은 위키피디아의 수

학 섹션 또는 에릭 웨이스타인(Eric Weisstein)의 'Mathworld'(http://mathworld.wolfram.com/) 등과 같은 대형 수학 웹사이트와 유사하다. 특히 상호 참조 기능은 하이퍼링크와 비슷한 느낌이 있다. 그렇다면 이 책이 여타 수학 관련 웹사이트에서는 얻을 수 없는 이점을 가지고 있을까?

현재 시점에서 그 답은 '예스'이다. 만약 당신이 인터넷에서 수학적 개념에 대해 더 공부해 보려는 시도를 해 봤다면, 그것이 운에 좌우된다는 것을 알 것이다. 때로는 당신이 찾고 있는 정보를 주는 좋은 설명을 찾을 수 있을 것이다. 하지만 그런 설명을 찾지 못하는 경우도 많다. 위에서 언급한 웹사이트들은 분명히 유용하고 이 책에서 다루지 않는 내용에 있어 추천할 만하지만, 이 책이 쓰여진 시점에서 온라인 상의 대부분의 글들은 이 책의 글과는 다른 형식으로 쓰여져 있다. 어떤 주제에 대해 반추하고 논의하는 글보다는 더 딱딱하고 기본적인 사실들을 최소한의 분량으로 정리해 제공하는 것에 집중돼 있다. 그리고 인터넷에서 이 책의 I, II, IV, VII, VIII부에 포함된 글과 같은 긴 에세이는 찾을 수 없다.

어떤 사람들은 거대한 텍스트의 집합이 종이책에 담겨진 것 또한 이점이라고 생각할 것이다. 이미 언급된 바와 같이 이 책은 독립된 개별 글의 모음으로 구성된 것이 아니라 조심스럽게 기획된 순서로 정리돼 있으며, 종이책이 가진 (그리고 웹사이트에는 없는) 순차적 구조의 장점을 십분 활용하고 있다. 또한 종이책이라는 형태가 가능케 하는 훑어보기는 웹사이트를 둘러보는 것과는 전혀 다른 경험을 선사해 준다. 책의 목차를 통해 독자는 책 전체에 대한 내용을 파악할 수 있겠지만, 대형 웹사이트에서 독자는 대개 자신이 현재 보고 있는 페이지만을 의식할 수 있다. 모든 이들이 우리와 같은 의견에 동의하거나 이런 점이 중요한 이점이라고 생각하지는 않겠지만, 많은 사람들은 분명히 이에 동감할 것이며 이 책은 그들을 위해 쓰여졌다. 따라서 지금으로서는 이 책과 경쟁할 만한 웹사이트는 없어 보인다. 다시 말해 이 책은 현존하는 수학 웹사이트들과 경쟁 관계라기보다는 상호 보완적인 관계에 놓여 있다.

8 이 책은 어떻게 탄생하게 되었는가

『The Princeton Companion to Mathematics』는 2002년 당시 프린스턴 대학교 출판사의 옥스퍼드 사무실에 근무하고 있던 데이비드 아일랜드(David Ireland)에 의해 최초로 기획됐다. 책의 가장 중요한 특징들(책의 제목, 목차의 섹션별 분류 방식, 그리고 이들 섹션 중 하나는 주요 수학 분야에 대한 글로 정리돼야 한다는 기획 등)은 모두 그의 최초 기획안에 들어 있었다. 데이비드가 케임브리지로 나를 찾아와서는 자신의 제안을 상의하고 나에게 이 책의 편집을 맡아줄 수 있느냐고 물었을 때 나는 그 자리에서 승낙했다.

무엇이 나로 하여금 그런 결정을 내리게 만들었을까? 물론 나 혼자서 모든 작업을 하지는 않을 것이라고 그가 말했기 때문이기도 했다. (다른 편집자들은 물론이고 많은 기술적인 그리고 관리적인 지원이 있을 것이었다.) 하지만 좀 더 근본적인 이유는 이 책의 기획 방향이 내가 대학원생이었을때 스스로 구상했던 것과 매우 비슷한 것이었기 때문이었다. 당시에 나는 서로 다른 수학 분야의 주요 연구

주제에 관해 잘 쓰여진 에세이의 컬렉션을 구할 수 있다면 얼마나 좋을까 하는 생각을 했었다. 그렇게 시작된 나의 작은 공상을 현실로 만들어낼 기회가 갑자기 눈앞에 생긴 것이었다.

우리는 처음부터 이 책이 수학의 역사적 맥락을 어느 정도 다루기를 원했고, 이 미팅이 있은 후 곧 데이비드는 준 배로우-그린(June Barrow-Green)에게 편집에 (특히 역사 부분을 중점으로) 동참할 수 있느냐고 의사를 타진했다. 무척 기쁘게도 준은 제안을 승낙했고 그녀를 통해 전 세계의 수학 역사학자들 거의 모두에게 연락을 취할 수 있었다.

그로부터 여러 미팅을 통해 이 책의 좀 더 세부적인 구성에 대한 논의가 이어졌고, 마침내 프린스턴 대학교 출판사에 공식적인 저술 제안이 이뤄졌다. 그들은 전문가 자문위원들을 통해 우리의 제안을 검토했으며, 일부 위원들은 이것이 벅찰 정도로 거대한 프로젝트라는 당연한 지적을 했지만, 대다수의 위원들은 열렬한 반응을 보여주었다. 이러한 열렬한 반응은 저자들을 섭외하는 단계에서도 이어졌다. 그들 중 많은 이들이 우리를 격려해 주었으며 이런 책이 준비되고 있다는 것이 무척 반갑다고 말해주었다. 또한 이런 긍정적인 반응은 수학자들이 어떤 허전함을 느끼고 있을 거라는 우리의 생각을 재확인시켜 주었다. 이 단계에서『The Oxford Companion to Music』의 편집자였던 앨리슨 레이섬(Alison Latham)의 조언과 경험으로부터 많은 도움을 받았다.

2003년 중에 데이비드는 프린스턴 대학교 출판사를 떠났으며 이 프로젝트에도 더 이상 관여하지 않게 됐다. 이건 큰 타격이었으며 우리는 이 책에 대

한 그의 비전과 열정을 그리워했다. 우리는 이 최종 결과물이 그가 애초에 구상했던 것에서 크게 벗어나지 않았기를 바란다. 하지만 같은 시기에 긍정적인 일들도 있었다. 프린스턴 대학교 출판사는 T&T Productions Ltd라는 회사를 프로젝트에 참여시키기로 결정했다. 이 회사는 계약서를 보내고, 일정을 관리하고, 파일을 받아 관리하는 등 일상적인 관리업무를 포함해 저자들이 제출한 파일로부터 책을 만드는 작업을 담당할 것이었다. 이런 업무 대부분은 샘 클라크(Sam Clark)가 맡았는데, 그는 이 업무에 탁월했을 뿐만 아니라 놀라울 정도로 유쾌한 사람이었다. 그는 수학의 전문 지식이 필요하지 않은 부분의 편집 작업에도 큰 역할을 해주었다(그는 전직 화학자로 대부분의 사람보다는 수학적 지식이 뛰어났다). 샘의 도움으로 세심하면서도 아름답게 편집 디자인된 책을 만들 수 있었다. 그가 없었다면 어떻게 이 작업을 끝냈을 수 있었을지 상상하기 힘들다.

우리는 더 세부적인 기획과 프로젝트 진행을 논의하기 위해 정기적으로 미팅을 가졌다. 미팅은 프린스턴 대학교 출판사 옥스퍼드 사무실의 리처드 배질리(Richard Baggaley)에 의해 관리되고 진행됐다. 그는 2004년 여름까지 이 역할을 계속하다가 프린스턴의 새 레퍼런스 편집자로 임명된 앤 사바레세(Anne Savarese)에게 이 역할을 넘겨주었다. 리처드와 앤은 일정대로 진행되지 않고 있는 책의 섹션에 대해 편집자들에게 난감한 질의를 하는 등 매우 유용한 역할을 해주었다. 이는 우리로 하여금 (적어도 나에게는) 프로젝트 진행에 필요한 프로정신을 강제해 주었다.

2004년 초, 순진하게도 책 작업의 막바지에 와 있

다고 생각했을때, (지금 돌이켜보면 작업 초기에 가까웠을 당시지만) 우리는 준의 도움에도 불구하고 내게 너무 많은 역할이 집중돼 있다는 것을 깨달았다. 이상적인 공동 편집자로 곧바로 떠오른 사람은 임레 리더(Imre Leader)였다. 그는 이 책이 추구하는 바를 이해하고 그것을 달성하는 데 필요한 아이디어를 가지고 있을 사람이었다. 그는 우리의 제안을 수락했고, 여러 원고를 의뢰하고 편집하는 등 바로 편집팀의 핵심적인 멤버가 되었다.

2007년 하반기에 우리는 실제로 막바지 단계에 있었는데, 추가적인 편집 인력이 우리가 미뤄왔던 힘든 작업들을 완료해 책을 실제로 끝내는 데 큰 도움이 되리라는 것이 명백해졌다. 조던 엘렌버그(Jordan Ellenberg)와 테렌스 타오(Terence Tao)가 도움을 주기로 동의했고 그들의 도움은 매우 귀중했다. 그들은 일부 글을 편집하고 직접 작성하기도 했으며, 내가 내 전문 분야 밖의 주제에 관해 (내가 심각한 오류를 저지르는 것을 그들이 잡아내줄 것이라는 안도감을 줌으로써) 짧은 글 여러 개를 쓰는 것을 가능하게 해주었다(그들의 도움이 없었다면 나는 심각한 오류 여럿을 저질렀을 것이다. 하지만 혹시라도 그들의 눈을 비껴간 오류가 있다면 그건 온전히 내 책임이다). 편집자들이 쓴 글들은 이름 없이 게재되었지만 저자 목록 끝에 있는 각주에 어떤 글이 어느 편집자에 의해 작성됐는지가 명시돼 있다.

9 편집 과정

자신이 연구하고 있는 내용을 비전문가나 다른 분야의 동료 수학자에게 설명해줄 인내심과 이해심을 가진 수학자를 찾는 일이 항상 쉽지는 않다. 너무도 자주 그들은 상대가 모르는 내용을 알고 있을 것이라고 가정하는데, 그 앞에서 당신이 완전히 헤매고 있다는 사실을 인정하는 것은 당황스러운 일이다. 어찌됐든 이 책의 편집자들은 이런 당황스러움을 직접 감내함으로써 독자들을 돕고자 노력했다. 이 책의 주요한 특징 중 하나는 편집 작업이 매우 활발했다는 사실이다. 우리는 원고를 의뢰하고 받아든 원고를 그냥 받아들이는 식으로 작업하지 않았다. 어떤 원고들은 완전히 폐기되고 편집자 의견을 바탕으로 새로 쓰여졌다. 다른 원고들은 상당한 변화를 필요로 했고, 이 작업은 때로 원저자들에 의해 또는 편집자들에 의해 수행됐다. 사소한 수정만 이뤄진 원고는 극히 소수였다.

이러한 취급을 받는 것에 대해 거의 대부분의 저자들이 보여준 인내심은 매우 기쁜 놀라움을 주었으며(때로는 되려 감사를 표현하는 이들도 있었다), 이 책을 준비하는 오랜 기간 동안 편집자들이 사기를 유지하는 데 도움을 주었다. 이제 우리는 감사를 되돌려 표현하고 싶으며, 그러한 모든 과정이 그만한 가치가 있었다고 저자들이 공감하기를 바란다. 이들 원고에 그렇게 엄청난 노력이 들어갔다는 점을 고려했을 때, 우리 모두의 노력이 상당한 성과를 거두지 않았다는 것을 상상하기 힘들다. 이 서문이 우리의 결과물이 얼마나 성공적인지에 대한 나의 생각을 말하는 지면은 아니지만, 내용의 접근성을 개선하기 위해 원고가 수정됐던 횟수와 수학에서 이런 종류의 간섭적인 편집이 매우 드물다는 점을 고려했을 때, 이 책이 바람직한 측면에서 특별하다는 것은 자명하다.

모든 작업이 얼마나 오래걸렸는지, 그리고 동시에 저자들의 수준을 보여주는 상징으로 기고자들의 상당수가 이 작업에 초청받은 이후로 주요 상을 수상하거나 특별한 직위를 수여받았다는 점을 들 수 있다. 또한 원고 작업 중 최소 3명의 저자가 부모가 되었다. 두 명의 저자 벤자민 얀델(Benjamin Yandell)과 그레이엄 앨런(Graham Allan)은 슬프게도 그들의 원고가 출판되기 전에 생을 마감했지만, 우리는 이 책이 작게나마 그들의 기념비가 되기를 희망한다.

10 감사의글

초창기 편집 작업은 책을 기획하고 저자들을 섭외하는 일이었다. 이는 여러 사람의 도움과 조언 없이는 불가능한 일이었다. 도널드 앨버스(Donald Albers), 마이클 아티야(Michael Atiyah), 조던 엘렌버그(Jordan Ellenberg), 토니 가디너(Tony Gardiner), 세르규 클레이너만(Sergiu Klainerman), 배리 메이저(Barry Mazur), 커티스 맥멀렌(Curtis McMullen), 로버트 오맬리(Robert O'Malley), 테렌스 타오(Terence Tao), 그리고 애비 위그더슨(Avi Wigderson)은 모두 이 책의 최종 모습에 도움이 되는 조언을 주었다. 준 배로우-그린(June Barrow-Green)은 그녀의 업무를 수행하는 데 있어 제레미 그레이(Jeremy Gray)와 라인하트 지그문트-슐츠(Reinhard Siegmund-Schultze)의 큰 도움을 받았다. 마지막 몇 주 동안 비키 닐(Vicky Neale)은 매우 친절하게도 이 책의 몇몇 섹션을 교정해 주었고 색인 작업을 도와주었다. 그녀의 도움은 엄청났는데 우리들 스스로는 도저히 찾아내지 못했을 수많은 오류를 바로잡아 주었다. 그리고 수많은 수학자들과 수학 역사가들이 편집자들의 질문에 인내심을 갖고 답변해 주었다. 우리는 그들 모두에게 감사를 표한다.

나를 격려해 준 많은 분들께 감사드린다. 이는 실질적으로 저자 모두를 포함하며 내 직계 가족 중 많은 이들, 특히 내 아버지 패트릭 가워스(Patrick Gowers)를 포함한다. 이들의 지원은 눈앞의 태산 같아 보이는 업무의 위압감에도 불구하고 나로 하여금 계속 정진하게 해주었다. 또한 줄리 바라우(Julie Barrau)의 (직접적이지는 않더라도 똑같이 중요했던) 도움에도 감사한다. 이 작업의 마지막 몇 개월 동안, 그녀는 약속된 것보다 훨씬 많은 양의 집안일을 도맡아 주었다. 2007년 11월에 아들이 태어났던 점을 고려했을때 그녀와 그녀가 준 도움은 내 인생에 큰 차이를 가져다 주었다.

티모시 가워스(Timothy Gowers)

저자 및 편집자

Graham Allan, *late Reader in Mathematics,*
University of Cambridge
THE SPECTRUM[III.86]

Noga Alon, *Baumritter Professor of Mathematics and*
Computer Science, Tel Aviv University
EXTREMAL AND PROBABILISTIC
COMBINATORICS[IV.19]

George Andrews. *Evan Pugh Professor in the*
Department of Mathematics, The Pennsylvania State
University
SRINIVASA RAMANUJAN[VI.82]

Tom Archibald. *Professor, Department of Mathematics,*
Simon Fraser University
THE DEVELOPMENT OF RIGOR IN
MATHEMATICAL ANALYSIS[II.5], CHARLES
HERMITE[VI.47]

Sir Michael Atiyah, *Honorary Professor,*
School of Mathematics, University of Edinburgh
WILLIAM VALLANCE DOUGLAS HODGE[VI.90],
ADVICE TO A YOUNG MATHEMATICIAN[VIII.6]

David Aubin, *Assistant Professor,*
Institut de Mathématiques de Jussieu
NICOLAS BOURBAKI[VI.96]

Joan Bagaria, *ICREA Research Professor,*
University of Barcelona
SET THEORY[IV.22]

Keith Ball, *Astor Professor of Mathematics,*
University College London
THE EUCLIDEAN ALGORITHM AND CONTINUED
FRACTIONS[III.22],
OPTIMIZATION AND LAGRANGE
MULTIPLIERS[III.64],
HIGH-DIMENSIONAL GEOMETRY AND ITS
PROBABILISTIC ANALOGUES[IV.26]

Alan F. Beardon, *Professor of Complex Analysis,*
University of Cambridge
RIEMANN SURFACES[III.79]

David D. Ben-Zvi, *Associate Professor of Mathematics,*
University of Texas, Austin
MODULI SPACES[IV.8]

Vitaly.Bergelson, *Professor of Mathematics,*
The Ohio State University
ERGODIC THEOREMS[V.9]

Nicholas Bingham, *Professor, Mathematics Department,*
Imperial College London
ANDREI NIKOLAEVICH KOLMOGOROV[VI.88]

Béla Bollobás, *Professor of Mathematics,*
University of Cambridge and University of Memphis
GODFREY HAROLD HARDY[VI.73],
JOHN EDENSOR LITTLEWOOD[VI.79]
ADVICE TO A YOUNG MATHEMATICIAN[VIII.6]

Henk Bos, *Honorary Professor, Department of Science*
Studies,
Aarhus University; Professor Emeritus,
Department of Mathematics, Utrecht University
RENÉ DESCARTES[VI.11]

Bodil Branner, *Emeritus Professor, Department of*
Mathematics,
Technical University of Denmark
DYNAMICS[IV.14]

Martin R. Bridson, *Whitehead Professor of Pure*
Mathematics,
University of Oxford
GEOMETRIC AND COMBINATORIAL GROUP
THEORY[IV.10]

John P. Burgess, *Professor of Philosophy, Princeton*
University
ANALYSIS, MATHEMATICAL AND
PHILOSOPHICAL[VII.12]

Kevin Buzzard, *Professor of Pure Mathematics,*
Imperial College London
L-FUNCTIONS[III.47], MODULAR FORMS[III.59]

Peter J. Cameron, *Professor of Mathematics,*
Queen Mary, University of London
DESIGNS[III.14], GÖDEL'S THEOREM[V.15]

Jean-Luc Chabert, *Professor, Laboratoire Amiénois de*
Mathématique Fondamentale et Appliquée, Université de
Picardie
ALGORITHMS[II.4]

Eugenia Cheng, *Lecturer, Department of Pure*
Mathematics,
University of Sheffield
CATEGORIES[III.8]

Clifford Cocks, *Chief Mathematician,*
Government Communications Headquarters, Cheltenham
MATHEMATICS AND CRYPTOGRAPHY[VII.7]

Alain Connes, *Professor,*
Collège de France, IHES, and Vanderbilt University
ADVICE TO A YOUNG MATHEMATICIAN[VIII.6]

Leo Corry, *Director, The Cohn Institute for History and*
Philosophy of Science and Ideas, Tel Aviv University
THE DEVELOPMENT OF THE IDEA OF
PROOF[II.6]

Wolfgang Coy, *Professor of Computer Science,*
Humboldt-Universität zu Berlin
JOHN VON NEUMANN[VI.91]

Tony Crilly, *Emeritus Reader in Mathematical Sciences,*
Department of Economics and Statistics, Middlesex
University
ARTHUR CAYLEY[VI.46]

Serafina Cuomo, *Lecturer in Roman History, School of*
History,
Classics and Archaeology, Birkbeck College
PYTHAGORAS[VI.1], EUCLID[VI.2],
ARCHIMEDES[VI.3], APOLLONIUS[VI.4]

Mihalis Dafermos, *Reader in Mathematical Physics,*
University of Cambridge
GENERAL RELATIVITY AND THE EINSTEIN
EQUATIONS[IV.13]

Partha Dasgupta, *Frank Ramsey Professor of*
Economics,
University of Cambridge
MATHEMATICS AND ECONOMIC
REASONING[VII.8]

Ingrid Daubechies, *Professor of Mathematics,*
Princeton University
WAVELETS AND APPLICATIONS[VII.3]

Joseph W. Dauben, *Distinguished Professor,*
Herbert H. Lehman College and City University of New
York
GEORG CANTOR[VI.54], ABRAHAM
ROBINSON[VI.95]

John W. Dawson Jr., *Professor of Mathematics,*
Emeritus,
The Pennsylvania State University
KURT GÖDEL[VI.92]

Francois de Gandt, *Professeur d'Histoire des Sciences et*
de Philosophie, Université Charles de Gaulle, Lille
JEAN LE ROND D'ALEMBERT[VI.20]

Persi Diaconis, *Mary V. Sunseri Professor of Statistics*
and Mathematics, Stanford University
MATHEMATICAL STATISTICS[VII.10]

Jordan S. Ellenberg, *Associate Professor of*
Mathematics, University of Wisconsin
ELLIPTIC CURVES[III.21], SCHEMES[III.82],
ARITHMETIC GEOMETRY[IV.5]

Lawrence C. Evans, *Professor of Mathematics,*
University of California, Berkeley
VARIATIONAL METHODS[III.94]

Florence Fasanelli, *Program Director,*
American Association for the Advancement of Science
MATHEMATICS AND ART[VII.14]

Anita Burdman Feferman, *Independent Scholar and*
Writer,
ALFRED TARSKI[VI.87]

Solomon Feferman, *Patrick Suppes Family Professor*
of Humanities and Sciences and Emeritus Professor
of Mathematics and Philosophy, Department of
Mathematics, Stanford University
ALFRED TARSKI[VI.87]

Charles Fefferman, *Professor of Mathematics,*
Princeton University
THE EULER AND NAVIER-STOKES
EQUATIONS[III.23],
CARLESON'S THEOREM[V.5]

Della Fenster, *Professor, Department of Mathematics*
and Computer Science, University of Richmond, Virginia
EMIL ARTIN[VI.86]

José Ferreirós, *Professor of Logic and Philosophy of*
Science,
University of Seville
THE CRISIS IN THE FOUNDATIONS OF
MATHEMATICS[II.7],

JULIUS WILHELM RICHARD DEDEKIND[VI.50], GIUSEPPE PEANO[VI.62]

David Fisher, *Associate Professor of Mathematics, Indiana University, Bloomington*
MOSTOW'S STRONG RIGIDITY THEOREM[V.23]

Terry Gannon, *Professor, Department of Mathematical Sciences, University of Alberta*
VERTEX OPERATOR ALGEBRAS[IV.17]

A. Gardiner, *Reader in Mathematics and Mathematics Education, University of Birmingham*
THE ART OF PROBLEM SOLVING[VIII.1]

Charles C. Gillispie, *Dayton-Stockton Professor of History of Science, Emeritus, Princeton University*
PIERRE-SIMON LAPLACE[VI.23]

Oded Goldreich, *Professor of Computer Science, Weizmann Institute of Science, Israel*
COMPUTATIONAL COMPLEXITY[IV.20]

Catherine Goldstein, *Directeur de Recherche, Institut de Mathématiques de Jussieu, CNRS, Paris*
PIERRE FERMAT[VI.12]

Fernando Q. Gouvêa, *Carter Professor of Mathematics, Colby College, Waterville, Maine*
FROM NUMBERS TO NUMBER SYSTEMS[II.1], LOCAL AND GLOBAL IN NUMBER THEORY[III.51]

Andrew Granville, *Professor, Department of Mathematics and Statistics, Université de Montréal*
ANALYTIC NUMBER THEORY[IV.2]

Ivor Grattan-Guinness, *Emeritus Professor of the History of Mathematics and Logic, Middlesex University*
ADRIEN-MARIE LEGENDRE[VI.24], JEAN-BAPTISTE JOSEPH FOURIER[VI.25], SIMÉON-DENIS POISSON[VI.27], AUGUSTIN-LOUIS CAUCHY[VI.29], BERTRAND ARTHUR WILLIAM RUSSELL[VI.71], FRIGYES (FRÉDÉRIC) RIESZ[VI.74]

Jeremy Gray, *Professor of History of Mathematics, The Open University*
GEOMETRY[II.2], FUCHSIAN GROUPS[III.28], CARL FRIEDRICH GAUSS[VI.26] AUGUST FERDINAND MÖBIUS[VI.30], NICOLAI IVANOVICH LOBACHEVSKII[VI.31], JÁNOS BOLYAI[VI.34], GEORG BERNHARD FRIEDRICH RIEMANN[VI.49], WILLIAM KINGDON CLIFFORD[VI.55], ÉLIE JOSEPH CARTAN[VI.69], THORALF SKOLEM[VI.81]

Ben Green, *Herchel Smith Professor of Pure Mathematics, University of Cambridge*
THE GAMMA FUNCTION[III.31], IRRATIONAL AND TRANSCENDENTAL NUMBERS[III.41], MODULAR ARITHMETIC[III.58], NUMBER FIELDS[III.63], QUADRATIC FORMS[III.73], TOPOLOGICAL SPACES[III.90], TRIGONOMETRIC FUNCTIONS[III.92]

Ian Grojnowski, *Professor of Pure Mathematics, University of Cambridge*
REPRESENTATION THEORY[IV.9]

Niccolò Guicciardini, *Associate Professor of History of Science, University of Bergamo*
ISAAC NEWTON[VI.14]

Michael Harris, *Professor of Mathematics, Université Paris 7—Denis Diderot*
"WHY MATHEMATICS?" YOU MIGHT ASK[VIII.2]

Ulf Hashagen, *Doctor, Munich Center for the History of Science and Technology, Deutsches Museum, Munich*
PETER GUSTAV LEJEUNE DIRICHLET[VI.36]

Nigel Higson, *Professor of Mathematics, The Pennsylvania State University*
OPERATOR ALGEBRAS[IV.15], THE ATIYAH-SINGER INDEX THEOREM[V.2]

Andrew Hodges, *Tutorial Fellow in Mathematics, Wadham College, University of Oxford*
ALAN TURING[VI.94]

F. E. A. Johnson, *Professor of Mathematics, University College London*
BRAID GROUPS[III.4]

Mark Joshi, *Associate Professor, Centre for Actuarial Studies, University of Melbourne*
THE MATHEMATICS OF MONEY[VII.9]

Kiran S. Kedlaya, *Associate Professor of Mathematics, Massachusetts Institute of Technology*
FROM QUADRATIC RECIPROCITY TO CLASS FIELD THEORY[V.28]

Frank Kelly, *Professor of the Mathematics of Systems and Master of Christ's College, University of Cambridge*
THE MATHEMATICS OF TRAFFIC IN NETWORKS[VII.4]

Sergiu Klainerman, *Professor of Mathematics, Princeton University*
PARTIAL DIFFERENTIAL EQUATIONS[IV.12]

Jon Kleinberg, *Professor of Computers Science,*
Cornell University
THE MATHEMATICS OF ALGORITHM
DESIGN[VII.5]

Israel Kleiner, *Professor Emeritus,*
Department of Mathematics and Statistics, York
University
KARL WEIERSTRASS[VI.44]

Jacek Klinowski, *Professor of Chemical Physics,*
University of Cambridge
MATHEMATICS OF CHEMISTRY[VII.1]

Eberhard Knobloch, *Professor, Institute for Philosophy,*
History of Science and Technology, Technical University
of Berlin
GOTTFRIED WILHELM LEIBNIZ[VI.15]

János Kollár, *Professor of Mathematics, Princeton*
University
ALGEBRAIC GEOMETRY[IV.4]

T. W. Körner, *Professor of Fourier Analysis,*
University of Cambridge
SPECIAL FUNCTIONS[III.85], TRANSFORMS[III.91],
THE BANACH-TARSKI PARADOX[V.3], THE
UBIQUITY OF MATHEMATICS[VIII.3]

Michael Krivelevich, *Professor of Mathematics,*
Tel Aviv University
EXTREMAL AND PROBABILISTIC
COMBINATORICS[IV.19]

Peter D. Lax, *Professor, Courant Institute of*
Mathematical Sciences, New York University
RICHARD COURANT[VI.83]

Jean-François Le Gall, *Professor of Mathematics,*
Université Paris-Sud, Orsay
STOCHASTIC PROCESSES[IV.24]

W. B. R. Lickorish, *Emeritus Professor of Geometric*
Topology,
University of Cambridge
KNOT POLYNOMIALS[III.44]

Martin W. Liebeck, *Professor of Pure Mathematics,*
Imperial College London
PERMUTATION GROUPS[III.68], THE
CLASSIFICATION OF FINITE SIMPLE
GROUPS[V.7], THE INSOLUBILITY OF THE
QUINTIC[V.21]

Jesper Lützen, *Professor, Department of Mathematical*
Sciences, University of Copenhagen
JOSEPH LIOUVILLE[VI.39]

Des MacHale, *Associate Professor of Mathematics,*
University College Cork
GEORGE BOOLE[VI.43]

Alan L. Mackay, *Professor Emeritus,*
School of Crystallography, Birkbeck College
MATHEMATICS AND CHEMISTRY[VII.1]

Shahn Majid, *Professor of Mathematics,*
Queen Mary, University of London
QUANTUM GROUPS[III.75]

Lech Maligranda, *Professor of Mathematics,*
Luleå University of Technology, Sweden
STEFAN BANACH[VI.84]

David Marker, *Head of the Department of Mathematics,*
Statistics, and Computer Science, University of Illinois at
Chicago
LOGIC AND MODEL THEORY[IV.23]

Jean Mawhin, *Professor of Mathematics,*
Université Catholique de Louvain
CHARLES-JEAN DE LA VALLÉE POUSSIN[VI.67]

Barry Mazur, *Gerhard Gade University Professor,*
Mathematics Department, Harvard University
ALGEBRAIC NUMBERS[IV.1]

Dusa McDuff, *Professor of Mathematics,*
Stony Brook University and Barnard College
ADVICE TO A YOUNG MATHEMATICIAN[VIII.6]

Colin McLarty, *Truman P. Handy Associate Professor of*
Philosophy and of Mathematics, Case Western Reserve
University
EMMY NOETHER[VI.76]

Bojan Mohar, *Canada Research Chair in Graph Theory,*
Simon Fraser University; Professor of Mathematics,
University of Ljubljana
THE FOUR-COLOR THEOREM[V.12]

Peter M. Neumann, *Fellow and Tutor in Mathematics,*
The Queen's College, Oxford; University Lecturer in
Mathematics, University of Oxford
NIELS HENRIK ABEL[VI.33], ÉVARISTE
GALOIS[VI.41], FERDINAND GEORG
FROBENIUS[VI.58], WILLIAM BURNSIDE[VI.60]

Catherine Nolan, *Associate Professor of Music,*
The University of Western Ontario
MATHEMATICS AND MUSIC[VII.13]

James Norris, *Professor of Stochastic Analysis,*
Statistical Laboratory, University of Cambirdge
PROBABILITY DISTRIBUTIONS[III.71]

Brian Osserman, *Assistant Professor, Department of Mathematics, University of California, Davis*
THE WEIL CONJECTURES[V.35]

Richard S. Palais, *Professor of Mathematics, University of California, Irvine*
LINEAR AND NONLINEAR WAVES AND SOLITONS[III.49]

Marco Panza, *Directeur de Recherche, CNRS, Paris*
JOSEPH LOUIS LAGRANGE[VI.22]

Karen Hunger Parshall, *Professor of History and Mathematics,*
University of Virginia
THE DEVELOPMENT OF ABSTRACT ALGEBRA[II.3], JAMES JOSEPH SYLVESTER[VI.42]

Gabriel P. Paternain, *Reader in Geometry and Dynamics, University of Cambridge*
SYMPLECTIC MANIFOLDS[III.88]

Jeanne Peiffer, *Directeur de Recherche, CNRS, Centre Alexandre Koyré, Paris*
THE BERNOULLIS[VI.18]

Birgit Petri, *Ph.D. Candidate, Fachbereich Mathematik, Technische Universität Darmstadt*
LEOPOLD KRONECKER[VI.48], ANDRÉ WEIL[VI.93]

Carl Pomerance, *Professor of Mathematics, Dartmouth College*
COMPUTATIONAL NUMBER THEORY[IV.3]

Helmut Pulte, *Professor, Ruhr-Universität Bochum*
CARL GUSTAV JACOB JACOBI[VI.35]

Bruce Reed, *Canada Research Chair in Graph Theory, McGill University*
THE ROBERTSON-SEYMOUR THEOREM[V.32]

Michael C. Reed, *Bishop-MacDermott Family Professor of Mathematics, Duke University*
MATHEMATICAL BIOLOGY[VII.2]

Adrian Rice, *Associate Professor of Mathematics, Randolph-Macon College, Virginia*
A CHRONOLOGY OF MATHEMATICAL EVENTS[VIII.7]

Eleanor Robson, *Senior Lecturer, Department of History and Philosophy of Science, University of Cambridge*
NUMERACY[VIII.4]

Igor Rodnianski, *Professor of Mathematics, Princeton University*
THE HEAT EQUATION[III.36]

John Roe, *Professor of Mathematics, The Pennsylvania State University*
OPERATOR ALGEBRAS[IV.15], THE ATIYAH-SINGER INDEX THEOREM[V.2]

Mark Ronan, *Professor of Mathematics, University of Illinois at Chicago; Honorary Professor of Mathematics, University College London*
BUILDINGS[III.5], LIE THEORY[III.48]

Edward Sandifer, *Professor of Mathematics, Western Connecticut State University*
LEONHARD EULER[VI.19]

Peter Sarnak, *Professor, Princeton University and Institute for Advanced Study, Princeton*
ADVICE TO A YOUNG MATHEMATICIAN[VIII.6]

Tilman Sauer, *Doctor, Einstein Papers Project, California Institute of Technology*
HERMANN MINKOWSKI[VI.64]

Norbert Schappacher, *Professor, Institut de Recherche Mathématique Avancée, Strasbourg*
LEOPOLD KRONECKER[VI.48], ANDRÉ WEIL[VI.93]

Andrzej Schinzel, *Professor of Mathematics, Polish Academy of Sciences*
WACŁAW SIERPIVŃSKI[VI.77]

Erhard Scholz, *Professor of History of Mathematics, Department of Mathematics and Natural Sciences, Universität Wuppertal*
FELIX HAUSDORFF[VI.68], HERMANN WEYL[VI.80]

Reinhard Siegmund-Schultze, *Professor, Faculty of Engineering and Science, University of Agder, Norway*
HENRI LEBESGUE[VI.72], NORBERT WIENER[VI.85]

Gordon Slade, *Professor of Mathematics, University of British Columbia*
PROBABILISTIC MODELS OF CRITICAL PHENOMENA[IV.25]

David J. Spiegelhalter, *Winton Professor of the Public Understanding of Risk, University of Cambridge*
MATHEMATICS AND MEDICAL STATISTICS[VII.11]

Jacqueline Stedall, *Junior Research Fellow in Mathematics,*
The Queen's College, Oxford
FRANÇOIS VIÈTE[VI.9]

Arild Stubhaug, *Freelance Writer, Oslo*
SOPHUS LIE[VI.53]

Madhu Sudan, *Professor of Computer Science and Engineering, Massachusetts Institute of Technology*
RELIABLE TRANSMISSION OF INFORMATION[VII.6]

Terence Tao, *Professor of Mathematics,*
University of California, Los Angeles
COMPACTNESS AND COMPACTIFICATION[III.9], DIFFERENTIAL FORMS AND INTEGRATION[III.16], DISTRIBUTIONS[III.18], THE FOURIER TRANSFORM[III.27], FUNCTION SPACES[III.29], HAMILTONIANS[III.35], RICCI FLOW[III.78], THE SCHRÖDINGER EQUATION[III.83], HARMONIC ANALYSIS[IV.11]

Jamie Tappenden, *Associate Professor of Philosophy,*
University of Michigan
GOTTLOB FREGE[VI.56]

C. H. Taubes, *William Petschek Professor of Mathematics,*
Harvard University
DIFFERENTIAL TOPOLOGY[IV.7]

Rüdiger Thiele, *Privatdozent, Universität Leipzig*
CHRISTIAN FELIX KLEIN[VI.57]

Burt Totaro, *Lowndean Professor of Astronomy and Geometry,*
University of Cambridge
ALGEBRAIC TOPOLOGY[IV.6]

Lloyd N. Trefethen, *Professor of Numerical Analysis,*
University of Oxford
NUMERICAL ANALYSIS[IV.21]

Dirk van Dalen, *Professor,*
Department of Philosophy, Utrecht University
LUITZEN EGBERTUS JAN BROUWER[VI.75]

Richard Weber, *Churchill Professor of Mathematics for Operational Research, University of Cambridge*
THE SIMPLEX ALGORITHM[III.84]

Dominic Welsh, *Professor of Mathematics,*
Mathematical Institute, University of Oxford
MATROIDS[III.54]

Avi Wigderson, *Professor in the School of Mathematics,*
Institute for Advanced Study, Princeton
EXPANDERS[III.24], COMPUTATIONAL COMPLEXITY[IV.20]

Herbert S. Wilf, *Thomas A. Scott Professor of Mathematics,*
University of Pennsylvania
MATHEMATICS: AN EXPERIMENTAL SCIENCE[VIII.5]

David Wilkins, *Lecturer in Mathematics, Trinity College, Dublin* WILLIAM ROWAN HAMILTON[VI.37]

Benjamin H. Yandell, *Pasadena, California* (*deceased*)
DAVID HILBERT[VI.63]

Eric Zaslow, *Professor of Mathematics,*
Northwestern University
CALABI-YAU MANIFOLDS[III.6], MIRROR SYMMETRY[IV.16]

Doron Zeilberger, *Board of Governors Professor of Mathematics,*
Rutgers University
ENUMERATIVE AND ALGEBRAIC COMBINATORICS[IV.18]

Unattributed articles were written by the editors. In Part III, Imre Leader wrote the articles THE AXIOM OF CHOICE[III.1], THE AXIOM OF DETERMINACY[III.2], CARDINALS[III.7], COUNTABLE AND UNCOUNTABLE SETS[III.11], GRAPHS[III.34], JORDAN NORMAL FORM[III.43], MEASURES[III.55], MODELS OF SET THEORY[III.57], ORDINALS[III.66], THE PEANO AXIOMS[III.67], RINGS, IDEALS, AND MODULES[III.81], and THE ZERMELO-FRAENKEL AXIOMS[III.99]. In Part V, THE INDEPENDENCE OF THE CONTINUUM HYPOTHESIS[V.18] is by Imre Leader and THE THREE-BODY PROBLEM[V.33] is by June Barrow-Green. In part VI, June Barrow-Green wrote all of the unattributed articles. All other unattributed articles throughout the book were written by Timothy Gowers.

번역자

금종해 　서울대학교 수학과를 졸업한 후, 1988년 미시간대학교 수학과에서 박사학위를 받았다. 2000년 9월부터 고등과학원 교수로 있으며, 미국 프린스턴대학교 초빙교수와 고등과학원 부원장을 역임했다. 2013년 9월부터 현재까지 고등과학원 원장으로 재직 중이다. 과학기술훈장과 제11회 한국과학상을 받았다.

정경훈 　서울대학교 수학과를 졸업하고, 동 대학원에서 박사학위를 받았다. 포항공과대학교, 연세대학교, 미국 위스콘신대학교 등에서 박사 후 과정을 밟았다. 현재 서울대학교 기초교육원 강의교수로 재직 중이다. 옮긴 책으로는『기하학과 상상력』,『제타 함수의 비밀』이 있고, 저서로는『오늘의 과학』(공저)이 있다.

권혜승 　서울대학교 수학과를 졸업한 후 서울대학교 대학원 수학과에서 석사학위를 받았다. 미국 스탠퍼드대학교에서 박사학위를 받았으며, 캘리포니아대학교(산타크루즈 소재)에서 조교수를 역임했다. 2004년~2012년 8월까지 서울대학교 기초교육원 강의교수를 역임했다. 옮긴 책으로는『수 과학의 언어』,『미적분학 갤러리』,『The Irrationals』(근간, 승산)가 있다.

박병철 　1960년에 서울에서 태어나 연세대학교와 동 대학원 물리학과를 졸업하고 카이스트에서 물리학 박사학위를 받았다. 현재 내진대학교 조빙교수이며, 작가 및 번역가로 활동 중이다. 옮긴 책으로는『엘러건트 유니버스』,『파인만의 물리학 강의 1, 2』,『평행우주』,『멀티 유니버스』,『무로부터의 우주』,『퀀텀 유니버스』등이 있다. 저서로는 어린이 과학동화『라이카의 별』이 있다.

고등과학원 수학부 연구진

강현석   케임브리지대학교에서 미분기하학으로 박사학위를 받았다.

강효상   미시간대학교에서 미분기하학으로 박사학위를 받았다.

김명호   서울대학교에서 표현론으로 박사학위를 받았다.

김선광   포항공과대학교에서 함수해석학으로 박사학위를 받았다.
            (현) 경기대학교 수학과 조교수

김영주   뉴욕시립대학교에서 쌍곡기하학으로 박사학위를 받았다.

김현규   예일대학교에서 표현론으로 박사학위를 받았다.

박윤경   한국과학기술원에서 정수론으로 박사학위를 받았다.

서애령   포항공과대학교에서 다변복소함수론으로 박사학위를 받았다.

석진명   포항공과대학교에서 편미분방정식과 변분론으로 박사학위를 받았다.

양민석   연세대학교에서 해석학으로 박사학위를 받았다.

원준영   포항공과대학교에서 대수기하학으로 박사학위를 받았다.

유환철   매사추세츠공과대학교에서 대수적 조합론으로 박사학위를 받았다.

이광우   캘리포니아대학교에서 대수기하학으로 박사학위를 받았다.

이승진   미시간대학교에서 대수적 조합론으로 박사학위를 받았다.

이은주   서울대학교에서 미분기하학으로 박사학위를 받았다.

이정연   서울대학교에서 정수론으로 박사학위를 받았다.

이준호   포항공과대학교에서 정수론으로 박사학위를 받았다.

임수봉 포항공과대학교에서 정수론으로 박사학위를 받았다.

전우진 서울대학교에서 위상수학으로 박사학위를 받았다.

정기룡 서울대학교에서 대수기하학으로 박사학위를 받았다.

조시훈 연세대학교에서 해석적 정수론으로 박사학위를 받았다.

조진석 서울대학교에서 위상수학으로 박사학위를 받았다.

최진원 일리노이대학교에서 대수기하학으로 박사학위를 받았다.

한강진 한국과학기술원에서 대수기하학으로 박사학위를 받았다.

현윤석 매사추세츠공과대학교에서 대수기하학으로 박사학위를 받았다.

황택규 한국과학기술원에서 심플렉틱 기하학으로 박사학위를 받았다.

옮긴이 _ 박 병 철

PART I 입문

Introduction

I.1 수학 – 무엇을 연구하는 학문인가?

'수학이란 무엇인가?' 간단한 질문처럼 보이지만, 이처럼 대답하기 어려운 질문도 많지 않다. 이 책의 목적은 '수학이란 이런 것이다'라는 식의 답을 제공하는 것이 아니다. 수학을 무리하게 정의하는 대신 중요한 개념과 정리, 그리고 응용분야를 소개함으로써 독자들 스스로 수학의 실체를 파악할 수 있도록 돕는 것이 이 책의 진정한 목적이다. 어쨌든 이 모든 정보를 체계적으로 이해하려면 우선 수학을 어떻게든 분류할 필요가 있다.

수학을 분류하는 가장 확실한 방법은 주제별로 나누는 것이다. 그래서 이 장과 몇 가지 기본적인 수학의 정의[I.3]에는 이 방법에 입각하여 수학의 각 분야들이 분류되어 있다. 그러나 수학을 분류하는 데에는 여러 가지 방법이 있으며, 주제별로 나누는 것이 최선이라는 보장도 없다. 예를 들어 수학자들이 자주 떠올리는 질문을 중심으로 수학을 분류하면 각 주제들을 새로운 관점에서 바라볼 수 있게 된다. 주제별로 분류했을 때 완전히 다르게 보였던 문제들이 질문 중심으로 재분류됐을 때 매우 비슷한 문제로 통합되는 경우도 종종 있다. I부의 마지막 장인 **수학연구의 일반적 목표[I.4]**는 바로 이와 같은 관점에서 쓰여졌다. 또한 [I.4]의 마지막 부분에서는 수학 자체보다 수학논문을 분류할 때 사용하는 세 번째 분류법에 대해서도 간단하게 언급할 것이다. 모든 정리와 증명이 그렇듯이, 수학논문도 일련의 정의와 보기(예), 그리고 보조정리(lemma)와 공식, 추론 등으로 구성되어 있다. 이 부분을 읽고 나면 각 용어가 뜻하는 바를 자연스럽게 알게 될 것이며, 다

양한 분야에서 유도된 수학적 결과들이 중요하게 취급되는 이유도 이해할 수 있을 것이다.

1 대수학, 기하학, 해석학

수학을 주제별로 분류하려면 먼저 각 주제에 대해 엄밀한 분석이 이루어져야 한다. 그러나 복잡한 단계를 거치지 않고 수학을 대수학과 기하학, 그리고 해석학으로 분류해도 대략적인 교통정리는 가능하다. 그래서 일단은 이 세 가지 분야를 소개하고, 분류법 자체의 타당성에 대해서는 나중에 논하기로 한다.

1.1 대수학과 기하학

고등학교 시절에 수학을 배운 대부분의 사람들은 대수학을 '문자에 숫자를 대입하여 답을 얻어내는 수학분야'라고 생각할 것이다. 흔히 대수학은 숫자 자체를 연구하는 산술과 대조되곤 한다. 예를 들어 '3×77은 얼마인가?'라는 질문은 산술에 속하고, '$x + y = 10$이고 $xy = 21$일 때, x와 y는 각각 얼마인가?'라는 질문은 대수학에 속한다. 그러나 고등수학에서는 대부분의 숫자를 기호로 표기하기 때문에, 숫자와 기호의 빈도수만으로 산술과 대수학을 구별할 수는 없다.

그러나 대수학과 기하학은 확연한 차이가 있으며, 이 차이는 높은 단계로 갈수록 더욱 중요하게 부각된다. 고등학생들은 기하학 시간에 원, 삼각형, 육면체, 구(球) 등의 도형과 회전, 반사, 대칭 등을 배우는데, 이런 도형들은 주로 그림을 통해 인식되기 때문에 대수학의 방정식보다 훨씬 더 시각적인 특성을

갖고 있다.

대수학과 기하학의 차이는 현대수학의 첨단분야에서 더욱 두드러지게 나타난다. 예를 들어 하나의 등식이 주어졌을 때 '양변에 같은 변화를 가해도 등식은 여전히 성립한다'는 사실을 증명하려면 특정한 규칙에 따라 기호를 다뤄야 하는데, 전통적인 대수학은 주로 이런 방식을 통해 진행된다. 그 외에 도형이나 작도 등 시각화할 수 있는 개념들은 기하학에 속하는 것으로 간주되어 왔다.

그러나 '대수학 = 기호, 기하학 = 그림'이라는 대응관계가 항상 성립하는 것은 아니다. 전형적인 기하학 논문이 그림으로 가득 차 있던가? 읽어본 사람은 알겠지만 전혀 그렇지 않다. 물론 기하학의 기본적 속성을 이해하려면 어느 정도의 시각화가 필요하겠지만, 요즘은 기하학 문제를 풀 때에도 기호를 이용한 연산이 자주 사용된다. 그렇다면 대수학에도 기하학적 속성이 섞여 있을까? 그렇다. 대수학 문제를 풀 때에도 그림에 의존하는 경우가 종종 있다.

대수학 문제를 시각화하는 사례로, a와 b가 양의 정수일 때 $ab = ba$를 증명하는 문제를 생각해 보자. 이 문제는 순수하게 대수적인 방법으로 해결할 수도 있지만(귀납법을 이용하면 된다), 작은 사각형으로 이루어진 큰 사각형을 떠올리면 직관적으로 쉽게 이해할 수 있다. 작은 사각형이 가로방향으로 a개, 세로방향으로 b개 나열되어 있는 커다란 사각형을 생각해 보자. 큰 사각형에 들어 있는 작은 사각형의 수를 헤아릴 때 가로방향으로 보면 'a가 b번 반복된 꼴'이고, 세로방향으로 보면 'b가 a번 반복된 꼴'이다. 그러나 작은 사각형의 수는 헤아리는 방법

에 무관하므로 $ab = ba$이다. $a(b + c) = ab + ac$와 $a(bc) = (ab)c$도 이와 비슷한 방법으로 정당화할 수 있다.

기하학 문제도 대수학으로 전환하면 쉽게 풀리는 경우가 종종 있다. 이럴 때 문제를 변환하는 도구로 가장 자주 사용되는 것이 바로 직교좌표계이다. 한 가지 예를 들어 보자. 여기 하나의 원이 주어져 있다. 원의 중심을 지나는 직선 L을 기준으로 원을 반사시키자. 그런 다음 반시계방향으로 40°만큼 회전시키고, 다시 직선 L을 기준으로 반사시켰을 때, 원의 각 점의 위치는 어떻게 회전이동할 것인가? 이 상황은 다음과 같은 방법으로 시각화해 볼 수 있다.

주어진 원이 얇은 나무판으로 만들어졌다고 상상해 보자. 직선 L을 기준으로 이 원을 반사시키는 변환은 직선 L을 기준축으로 3차원 공간에서 180°만큼 회전시키는 변환과 동일하다. 이때 원판의 앞뒷면이 바뀌겠지만, 원판의 두께를 무시한다면 아무런 문제가 없다. 이제 원판을 반시계방향으로 40°만큼 회전시킨 후, 이 상황을 아래쪽에서 바라보면 원판이 **시계방향으로** 40°만큼 회전한 것으로 보일 것이다. 따라서 원판을 다시 직선 L을 기준으로 3차원 공간에서 180°만큼 회전시키면, 최종적으로 나타나는 효과는 원판을 시계방향으로 40°만큼 회전시키는 것과 동일하다.

이런 방법으로 논의를 전개해 나가는 데 있어 수학자들의 내재적 능력이나 선호도는 큰 차이를 보인다. 만약 이 논증 방법이 당연히 옳다는 것을 시각적으로 이해하는 데 어려움을 느끼는 독자라면 선형대수와 행렬([I.3 §4.2]에서 자세히 논의될 것이다) 등을 사용하는 대수적 접근 방법을 선호할 가능성

이 크다. 먼저, 원을 $x^2 + y^2 \leqslant 1$인 점 (x, y)들의 집합으로 생각한다. 이제 원을 뒤집을 차례인데, '원의 중심을 지나는 직선 L에 대한 반전'과 '각도 θ만큼 회전시키기'는 $\left(\begin{smallmatrix} a & b \\ c & d \end{smallmatrix}\right)$와 같이 4개의 숫자로 이루어진 2×2 행렬로 표현된다. 두 개의 행렬을 곱할 때는 다소 복잡하게 정의된 대수적 규칙을 따라야 하는데, 자세한 내용은 나중에 소개할 것이다. 어쨌거나 두 개의 행렬을 곱한다는 것은 다음과 같은 의미를 갖고 있다. R이라는 변환(예를 들면 반전)을 나타내는 행렬을 A라 하고 T라는 변환을 나타내는 행렬을 B라 했을 때, 두 행렬의 곱 AB는 '변환 T를 먼저 가한 후 R을 가했을 때 얻어지는 결과'를 나타낸다. 따라서 원을 뒤집고 돌리는 문제는 각각의 변환을 나타내는 행렬을 구한 후, 이들을 곱해서 얻은 행렬이 어떤 변환에 대응하는지 보면 된다. 이런 식으로 기하 문제를 대수 문제로 바꾸어 대수적으로 풀 수 있다.

어떤 방식이건 대수학과 기하학을 구별하는 기준은 나름대로 쓸모가 있다. 그러나 대수학과 기하학 사이에 명확한 경계는 존재하지 않는다. 수학의 중요 분야 중에 대수기하학[IV.4]이라는 분야가 있을 정도로 대수학과 기하학은 많은 부분을 공유하고 있다. 원판 문제에서 보았듯이 많은 경우에 기하학 문제는 대수학 문제로 변환될 수 있으며, 그 반대도 마찬가지다. 그러나 대수학적 사고와 기하학적 사고 사이에는 분명한 차이가 있다. 전자는 주로 기호에 의존하고, 후자는 그림을 곁들인 시각적 사고에 가깝다. 그리고 이 차이는 수학자들의 문제 해결 방식에 커다란 영향을 미칠 수 있다.

1.2 대수학과 해석학

해석학은 대수 및 기하학과 함께 수학의 중요한 분야로 자리 잡았지만, 고등학교 교과과정에서는 해석학이라는 용어를 쓰지 않기 때문에 일반 독자들에게 다소 생소할 수도 있다. 그러나 '미적분학'이라는 용어는 많이 들어봤을 것이다. 수학에서 미분과 적분은 대수학이나 기하학이 아닌 해석학의 범주에 속하는데, 그 이유는 연산과정에 극한을 취하는 과정(limiting process)이 포함되어 있기 때문이다. 예를 들어 x라는 점에서 함수 f의 미분은 f의 그래프의 할선의 기울기들의 극한이다. 또한 곡선으로 이루어진 도형의 면적을 구할 때에도 원래의 도형을 직선으로 이루어진 여러 개의 도형으로 분할한 후 직선도형의 크기가 무한히 작아지는 극한을 취하면 된다(극한의 개념은 [I.3 §5]에서 다룰 예정이다).

그러므로 풀이과정에 극한을 취하는 과정이 포함되어 있다면, 그 문제는 간략히 말해 해석학에 속한다고 할 수 있다. 반면에 유한한 과정을 거쳐 답을 구할 수 있는 문제는 대수학에 속한다. 그러나 앞서 말한 대로 수학을 대수학과 기하학, 그리고 해석학으로 나누는 것은 대략적인 분류임을 기억하기 바란다. 사실 이 분류법은 지나치게 대략적이어서 많은 경우에 오해를 낳기 쉽다. 개개의 문제들을 좀 더 세밀히 들여다보면 해석학이나 대수학으로 분류되어야 할 대상은 수학의 분야가 아니라 수학적 기교임을 알 수 있을 것이다.

누구도 무한히 긴 증명 과정을 일일이 적어나갈 수는 없다. 그런데 극한과 관련된 문제를 어떻게 증명할 수 있을까? 이 점을 이해하기 위해, x^3의 미분이 $3x^2$임을 증명하는 과정을 따라가 보자. 두 점 $(x,$

x^3)과 $((x + h), (x + h)^3)$을 잇는 직선의 기울기는 다음과 같다.

$$\frac{(x + h)^3 - x^3}{x + h - x}.$$

이 값을 계산하면 $3x^2 + 3xh + h^2$이 된다. 여기서 h를 '0으로 보내는' 극한을 취하면 기울기는 '$3x^2$으로' 접근한다. 그러므로 x에서의 기울기는 $3x^2$이다. 문제를 좀 더 주의 깊게 살펴보자. 그런데 x가 아주 클 때도 $3xh$를 0으로 취급할 수 있을까?

이를 확인하기 위해, 약간의 계산을 수행해 보자. 우리의 목적은 'h가 충분히 작으면 x의 값에 상관없이 $3xh + h^2$을 얼마든지 작게 만들 수 있다'는 것을 증명하는 것이다. 여기서 그러한 증명 하나를 살펴보자. 이제 우리가 허용할 수 있는 오차의 한계를 ϵ이라 하자. 만일 $|h| \leq \epsilon/6x$이면 $|3xh| \leq \epsilon/2$이고, $|h| \leq \sqrt{\epsilon/2}$이면 $h^2 \leq \epsilon/2$이다. 따라서 $|h|$가 두 수 $\epsilon/6x$와 $\sqrt{\epsilon/2}$의 최솟값보다 작다면 $3x^2 + 3xh + h^2$과 $3x^2$의 차이는 아무리 커도 ϵ을 넘지 못한다.

이 증명은 해석학의 전형이라 할 수 있는 두 가지 특성을 갖고 있다. 첫째, 우리가 증명하려던 내용은 극한과 관련되어 있으므로 무한대(또는 무한소)의 개념이 등장해야 할 것 같았는데, 정작 증명은 유한한 양만 다루면서 끝났다. 둘째, 위의 증명은 결국 간단한 부등식($|3xh + h^2| \leq \epsilon$)을 만족시키기 위한 충분조건을 찾는 것이었다.

이들 중 두 번째 특성과 관련된 또 하나의 예제를 풀어보자. '$x^4 - x^2 - 6x + 10$이 모든 x에 대하여 항상 양수임을 증명하라.' 해석학자들의 논증은 예를 들어 다음과 같다. 우선 $x \leq -1$이면 $x^4 \geq x^2$이고 $10 - 6x \geq 0$이므로 이 구간에서 $x^4 - x^2 - 6x$

$+ 10$은 분명히 0보다 크다. 그리고 $-1 \leq x \leq 1$일 때 $|x^4 - x^2 - 6x|$는 $x^4 + x^2 + 6|x|$보다 클 수 없다(이 구간에서 $x^4 + x^2 + 6|x|$의 최댓값은 8이다). 그러므로 $x^4 - x^2 - 6x \geq -8$이며, 양변에 10을 더하면 $x^4 - x^2 - 6x + 10 \geq 2$가 되어 0보다 크다는 조건을 만족한다. 또한 $1 \leq x \leq \frac{3}{2}$인 구간에서 $x^4 \geq x^2$이고 $6x \leq 9$이므로 $x^4 - x^2 - 6x + 10 \geq 1$이어서 역시 0보다 크다. $\frac{3}{2} \leq x \leq 2$일 때는 $x^2 \geq \frac{9}{4}$이고 $x^4 - x^2 = x^2(x^2 - 1) \geq \frac{9}{4} \cdot \frac{5}{4} > 2$이며, $6x \leq 12$이므로 $10 - 6x \geq -2$이다. 그러므로 이 구간에서도 $x^4 - x^2 - 6x + 10 > 0$을 만족한다. 마지막으로 $x \geq 2$일 때는 $x^4 - x^2 = x^2(x^2 - 1) \geq 3x^2 \geq 6x$이므로 $x^4 - x^2 - 6x + 10 \geq 10$이다. 이로써 $x^4 - x^2 - 6x + 10$은 모든 구간에서 10보다 크다는 것이 증명되었다.

증명이 조금 길어지긴 했지만, 간단한 부등식을 몇 단계에 걸쳐 증명하다 보니 원하는 결론에 도달했다. 이것이 바로 해석학의 전형적인 증명방식이다. 그렇다면 대수학자는 이 문제를 어떤 식으로 해결할까? $x^4 - x^2 - 6x + 10$은 $(x^2 - 1)^2 + (x - 3)^2$과 같은데, 실수를 제곱한 값은 항상 양수이므로 증명 끝이다.

당신에게 둘 중 하나를 택하라고 한다면 당연히 후자를 택하고 싶을 것이다. 대수학적 증명이 훨씬 짧으면서 이해하기 쉽기 때문이다. 그러나 내막을 자세히 들여다보면 반드시 그렇지만은 않다. 해석학적 증명이 여러 단계를 거치긴 했지만 각 단계에서 어려운 내용은 하나도 없었다. 반면에 대수학적 증명은 짧게 끝나긴 했지만 함수를 변형시키는 과정이 통째로 빠져 있다. $x^4 - x^2 - 6x + 10$이 $(x^2 -$

$1)^2 + (x-3)^2$으로 표현된다는 것을 어떻게 발견했을까? 주어진 함수가 다른 함수의 완전제곱의 합으로 표현되려면 어떤 조건을 만족시켜야 하는가? 사실 이것은 (특히 변수가 두 개 이상인 경우에) 매우 흥미로우면서도 어려운 질문이다.

위의 문제는 대수학과 해석학을 섞어 놓은 제3의 방법으로 해결할 수도 있다. 앞에서 잠시 언급했던 미적분학을 이용하여 $x^4 - x^2 - 6x + 10$의 최솟값을 찾으면 된다. 이 함수를 미분하면 $4x^3 - 2x - 6$이 되는데(계산과정은 대수학적이지만, 타당성을 입증하려면 해석학적 논리가 필요하다), 이 도함수가 0이 되는 x값을 찾은 후(대수적 방법) 그 지점에서 $x^4 - x^2 - 6x + 10$이 양수인지를 확인한다. 많은 문제에 통하는 방법이지만, 3차방정식 $4x^3 - 2x - 6 = 0$을 만족하는 x가 정수가 아니므로 까다로워진다. 최솟값이 존재하는 작은 구간을 찾으면 고려해야 할 경우의 수를 크게 줄일 수 있다. 물론 이 모든 과정은 해석적 방법에 속한다.

지금까지의 사례에서 알 수 있듯이 해석학에는 종종 극한을 취하는 과정이 포함되고 대수학에는 그런 과정이 없다. 그러나 둘 사이의 가장 큰 차이는 '대수학자는 정확한 공식을 선호하고 해석학자는 어림계산을 선호한다'는 점이다. 간단히 말해서, 대수학자는 등식을 좋아하고 해석학자는 부등식을 좋아한다.

2 수학의 주요 분야

이제 대수학적 사고와 기하학적 사고, 그리고 해석학적 사고의 차이를 알았으니, 주제에 따라 수학을 대강이나마 분류할 수 있게 되었다. 그런데 '대수학'과 '기하학', 그리고 '해석학'이라는 용어는 수학의 특정 분야를 칭하기도 하고, 다양한 분야에 걸쳐 수학적 사고가 진행되는 방식을 칭하기도 하기 때문에, 혼란을 야기할 우려가 있다. 예를 들어 대수적 위상수학(algebraic topology)은 위상공간에서 부분적으로 해석적인 방법을 사용하고 있지만 전체적으로는 대수학과 기하학에 의존하고 있으며, 해석학의 일부 분야는 대수학(또는 기하학)에 더 가깝다. 이 절에서는 주로 주제에 입각하여 수학을 분류할 예정인데, 앞 절에서 논했던 대수학, 기하학, 해석학이 수학의 가장 기본적인 분류라는 점만은 반드시 기억해 두기 바란다. 여기서는 각 분야를 간단하게 소개하고 넘어갈 것이다. 더 자세한 내용은 II부와 IV부에서 다룰 예정이며, 특정 주제에 대한 논의는 III부와 V부를 참고하기 바란다.

2.1 대수학

앞에서 '대수학은 숫자가 아닌 기호를 주로 다루고 부등식보다 등식을 선호한다'고 말했지만, 대수학이 수학의 한 분야로 언급될 때에는 이보다 더욱 한정적이고 구체적인 의미를 가진다. 대수학자들의 주된 관심사는 수체계와 다항식, 그리고 좀 더 추상적 개념인 군(group)과 체(field), 벡터공간, 환(ring) 등이다(환의 개념은 몇 가지 기본적인 수학의 정의 [I.3]에서 구체적으로 다룰 예정이다). 수학의 역사를 돌아보면 추상적인 개념은 주로 구체적인 예를 일반화하는 과정에서 탄생했다. 예를 들어 정수의 집합과 계수가 유리수인 다항식의 집합은 아무런 관계가 없는 것 같지만, 사실은 둘 다 유클리드 정역

(Euclidean Domain)이라는 추상적 대수구조의 예이다. 그러므로 유클리드 정역을 잘 이해하고 있으면 정수와 다항식에 대해서도 동일한 방식으로 이해를 도모할 수 있다.

수학에는 이런 식으로 대조되는 분야들이 많이 있다. 일반적이고 추상적인 서술과 개별적이고 구체적인 서술이 바로 그것이다. 어떤 대수학자는 특정한 대칭군을 이해하기 위해 군을 떠올리고, 또 어떤 대수학자는 일반적인 군론(group theory) 자체에 관심이 있어서 군을 연구하기도 한다. 탄생 초기에 매우 구체적이었던 대수학이 현대의 추상적 대수학으로 진화해온 과정은 현대대수학의 기원[II.3]에서 논의될 것이다.

첫 번째 종류에 속하는 정리의 극단적인 예는 5차 방정식의 해결불가능성[V.21]이다. 다시 말해서, 5차 방정식의 계수로는 해를 표현할 수 없다는 뜻이다. 이 정리는 다항식의 근들에 대응하는 대칭성을 분석하고, 이들 대칭이 이루는 군을 이해하여 증명한다. 이런 구체적인 군(사실은 각 다항식마다 하나씩 있는 군)이 추상적 군론의 발달에 매우 중요한 역할을 했다.

두 번째 종류의 정리로는 유한 단순군의 분류[V.7]를 예로 들 수 있다. 임의의 유한군을 이루는 기본적 구성 성분이 서술되어 있다.

대수구조는 수학의 전 분야에 걸쳐 수시로 등장하기 때문에 대수학은 정수론과 기하학, 심지어는 수리물리학에서도 다양한 형태로 응용되고 있다.

2.2 정수론

정수론은 주로 양의 정수, 즉 자연수의 특성을 연구하는 분야로서 대수학과 겹치는 부분이 많다. 그러나 본질적으로 정수론과 대수학은 분명한 차이가 있는데, $13x - 7y = 1$과 같은 간단한 방정식에 전형적으로 던지는 질문에서 그 차이를 확인할 수 있다. 대수학자에게 이런 방정식을 보여주면 '무수히 많은 해가 존재하며, 그들 모두는 하나의 매개변수로 표현될 수 있다'고 답할 것이다. 예를 들어 $y = \lambda$이면 $x = (1 + 7\lambda)/13$이므로 이 방정식의 일반해는 $(x, y) = ((1 + 7\lambda)/13, \lambda)$이다. 그러나 정수론자는 주로 정수해에 관심이 있기 때문에, 그에게 이 방정식을 풀어 보라고 하면 정수 λ에 대하여 $1 + 7\lambda$가 13의 배수인 경우만 골라낼 것이다. 그래야 x와 y를 모두 정수로 얻을 수 있기 때문이다($1 + 7\lambda$가 13의 배수가 되려면 λ는 임의의 정수 m에 대하여 $13m + 11$의 형태가 되어야 한다).

그러나 현대 정수론은 이런 수준을 훨씬 넘어 고도로 정교하고 복잡한 분야로 발전했다. 대부분의 정수론학자들은 방정식의 정수해보다 식의 구조를 이해하기 위해 노력하고 있다. 방정식의 구조론은 처음에 방정식을 이해하기 위해 개발되었다가 스스로 생명력을 발휘하면서 발전을 거듭하여, 지금은 그 자체로 하나의 연구대상이 되었다. 그래서 '정수론'이라는 용어에는 오해의 소지가 많다. 정수론학자들 중에는 정수와 무관한 연구를 하는 사람도 많기 때문이다. 그러나 가장 추상적인 주제가 현실적으로 응용되는 경우도 있다. 앤드루 와일즈(Andrew Wiles)가 페르마의 마지막 정리[V.10]를 증명한 것이 그 대표적 사례이다.

정수론은 대수적 정수론[IV.1]과 해석적 정수론[IV.2]으로 나뉘는데, 이것은 앞에서 수학을 대수학

과 기하학, 그리고 해석학으로 분류했던 것과 일맥
상통하는 면이 있다. 간략히 말하자면 대수적 정수
론은 정수의 범주 안에서 방정식을 연구하다가 탄
생했고, 해석적 정수론은 소수(prime number)에 뿌
리를 두고 있다. 물론 두 분야의 진면목은 이보다 훨
씬 더 복잡하다.

2.3 기하학

기하학의 주된 목적은 다양체[I.3 §6.9]를 연구하는
것이다. 다양체란 구의 표면과 같은 기하학적 곡면
을 고차원으로 확장시킨 개념으로, 일부분만 놓고
보면 평면처럼 보이지만 전체적으로는 매우 복잡한
구조를 가진다. 기하학자를 자처하는 사람들 대부
분은 어떠한 방식으로든 다양체를 연구하는 사람들
이다. 대수학의 경우와 마찬가지로, 기하학자들 중
에는 특정한 다양체에 관심을 갖는 사람도 있고 다
양체의 일반론에 관심을 갖는 사람도 있다.

기하학은 두 다양체의 같고 다름을 정의하는 기
준에 따라 몇 개의 분야로 세분된다. 그중 하나인 위
상수학은 다양체 A를 연속적으로 변형시켜서 다양
체 B를 만들 수 있으면 A와 B를 동일한 다양체로
간주한다. 따라서 사과와 배는 위상수학적으로 동
일한 대상이다. 위상수학자에게 두 점 사이의 거리
는 별로 중요한 양이 아니다. 다양체를 연속적으로
수축시키거나 잡아당기면 거리는 얼마든지 변할 수
있기 때문이다. 여기에 미분위상학자는 변형이 '매
끄러울 것(충분히 미분가능할 것)'을 요구한다. 이처
럼 다양체는 변형의 조건에 따라 몇 가지로 세분되
며, 각 분야마다 확연하게 다른 문제를 다루고 있다.
반면에 좀 더 '기하학적' 성향을 가진 수학자들은 다

양체의 구체적인 형태와 두 점 사이의 거리를 중요
하게 취급하면서 다양체의 보조적인 구조에 관심을
갖는다(이런 개념은 위상수학자들에게 아무런 의
미가 없다). 기하학의 '좀 더 기하학적인 면'에 대해
서는 리만 계량[I.3 §6.10]과 리치 흐름[III.78]을 참고
하기 바란다.

2.4 대수기하학

이름에서 알 수 있듯이, 대수기하학은 위의 분류에
서 놓일 자리가 마땅치 않다. 그래서 이 분야는 아예
따로 취급하는 편이 나을 것 같다. 대수기하학도 다
양체를 취급하지만, 기하학과 달리 다항식을 통해
다양체를 정의하고 있다(간단한 예로 반지름이 1인
구의 표면은 3차원 직교좌표 (x, y, z)를 이용하여 x^2
$+ y^2 + z^2 = 1$로 정의한다). 대수기하학은 '다항식에
관한 모든 것'을 다룬다는 점에서 대수학에 가깝지
만, 여러 변수로 이루어진 다항식의 해들이 기하학
적 대상이라는 점에서 기하학에 가깝다고 할 수도
있다.

대수기하학의 중요한 부분은 특이점(singularity)
을 연구하는 것이다. 일련의 다항식으로 이루어진
방정식의 해들은 대부분의 경우에 다양체와 비슷하
지만, 가끔은 특이점이라는 예외가 존재할 수 있다.
예를 들어 $x^2 = y^2 + z^2$은 (이중)원뿔을 나타내는 방
정식으로, 좌표의 원점인 $(0, 0, 0)$에 원뿔의 꼭짓점
이 위치한다. 여기서 원뿔 상의 한 점 x는 $(0, 0, 0)$이
아닌 한 중심에 아주 가까운 근방을 둘러보면 거의
평면에 가깝다. 그러나 x가 $(0, 0, 0)$이면 근방을 아
무리 작게 잡아도 뾰족한 끝이 존재하게 되는데, 이
런 경우에 $(0, 0, 0)$을 특이점이라 한다(따라서 원뿔

은 그냥 다양체가 아니라 '특이점을 가진 다양체'이다).

대수기하학에서의 대수학과 기하학의 상호작용은 매혹적이다. 또한 다른 수학분야와 밀접하게 관련되어 있어서 연구주제도 풍부하다. 특히 산술기하학[IV.5]에서 설명하듯 정수론과 긴밀하게 연결되어 있다. 그리고 대수기하학과 수리물리학 사이의 중요한 상관관계는 거울대칭[IV.16]에서 다룰 예정이다.

2.5 해석학

해석학은 다양한 형태로 모습을 드러냈다. 그중 가장 중요한 주제는 편미분방정식[IV.12]이다. 중력장 안에서 진행되는 물체의 운동 등 많은 물리적 과정들은 편미분방정식으로 서술되기 때문에, 해석학은 물리학에서 핵심적인 역할을 한다. 그러나 편미분방정식은 (특히 기하학에서) 순수하게 수학적인 동기로 등장하여 많은 세부분야를 낳았고, 다른 분야와도 밀접하게 연관되어 있다.

대수학과 마찬가지로 해석학도 추상적인 면을 갖고 있다. 특히 바나흐 공간[III.62]과 힐베르트 공간[III.37], 그리고 C^*-대수[IV.15 §3]와 폰 노이만 대수[IV.15 §2]는 해석학의 주요 연구대상으로, 모두 무한차원 벡터공간[I.3 §2.3]이라는 공통점을 갖고 있다. 이들 중 C^*-대수와 폰 노이만 대수는 원소들끼리 서로 곱하거나 더할 수 있고 원소에 스칼라를 곱할 수도 있기 때문에 '대수'라는 이름이 붙어 있지만, 배경이 무한차원이어서 극한과 관련된 논리가 필연적으로 개입되기 때문에 해석학으로 분류된다. 그러나 C^*-대수와 폰 노이만 대수의 대수구조는 대

수학적 도구를 상당히 많이 이용함을 알 수 있다. 또한 '공간'이라는 말에서 알 수 있듯이, 해석학에서는 기하학도 중요한 역할을 한다.

동역학[IV.14]도 해석학의 중요 분야 중 하나로서, 주된 기능은 간단한 과정을 여러 번 반복했을 때 어떤 결과가 나오는지를 분석하는 것이다. 한 가지 예를 들어 보자. 임의의 복소수 z_0을 취하여 $z_1 = z_0^2 + 2$를 계산한 후, 다시 z_1을 z_0이 있던 자리로 옮겨서 $z_2 = z_1^2 + 2$를 계산한다. 이 과정을 계속 반복하면 $z_0, z_1, z_2, z_3, \cdots$은 어떤 거동을 보일 것인가? 무한대로 발산하는가? 아니면 특정 영역 안에서 진동하거나 수렴하는가? 그 답은 처음에 어떤 z_0에서 시작했느냐에 따라 복잡하게 달라지는데, 이 관계를 구체적으로 밝히는 것이 동역학의 주된 목적이다.

이 과정은 경우에 따라 '무한소' 단위로 진행할 수도 있다. 예를 들어 임의의 순간에 태양을 포함한 태양계 안에 있는 모든 행성들의 위치와 속도, 그리고 질량을 알고 있다면, 간단한 법칙을 적용해서 바로 다음 순간에 각 행성의 위치와 속도를 알아낼 수 있다. 여기서 시간이 조금 흐르면 행성들의 위치와 속도가 변하면서 계산결과도 달라지겠지만, 기본법칙은 달라지지 않는다. 따라서 행성의 배열상태를 구하는 작업은 간단한 무한소 과정을 무한 번 반복하는 계산으로 간주할 수 있다. 또한 이 모든 계산은 편미분방정식을 통해 이루어지므로, 역학의 상당부분은 편미분방정식의 해의 장기행동(long-term behavior)과 깊이 관련되어 있다.

2.6 논리학

'논리학'은 종종 수학 자체에 대해 근본적 질문을 제

기하는 분야를 통칭하는 용어로 사용되는데, 특히 집합론[IV.22]과 범주 이론[III.8], 모형 이론[IV.23], 그리고 좁은 의미의 논리학인 '연역법'이 여기에 속한다. 집합론이 거둔 최고의 성과로는 괴델의 불완전성 정리[V.15]와 폴 코헨(Paul Cohen)의 연속체 가설의 독립성[V.18]을 꼽을 수 있다. 특히 괴델의 정리는 수학을 바라보는 철학자들의 관점에 많은 영향을 주었지만, 지금은 '모든 수학 명제가 증명되거나 반증되는 것은 아니다'라는 정도로 이해되고 있다. 요즘 수학자들이 마주치는 수학 명제들은 대부분이 **결정가능**하기 때문이다. 그러나 집합론으로 들어가면 상황은 또 달라진다. 괴델과 코헨 이후로 많은 수학 명제들이 결정불가능한 것으로 판명되었고, 이들을 결정가능하게 만드는 새로운 공리들이 속속 출현했다. 요즘 수학자들은 철학적 동기가 아닌 **수학적** 이유에서 결정가능성을 연구하고 있다.

　범주론은 수학이 진행되는 과정을 연구하는 목적으로 탄생했다가 지금은 독자적인 분야로 자리잡았다. 범주론은 수학적 대상 자체보다 '대상에 행해지는 것(한 원소를 다른 원소로 바꾸는 변환 등)'에 더 많은 관심을 둔다는 점에서 집합론과 구별된다.

　모형(model)은 타당한 공리를 모아놓은 수학적 구조를 의미한다. 예를 들어 군의 구체적인 예들은 군론의 공리에 대한 하나의 모형이다. 집합론자들은 집합론의 공리에 대한 모형을 연구하고 있으며, 이 모형들은 위에 언급된 유명한 정리들을 증명하는 데 핵심적인 역할을 한다. 그러나 모형이라는 개념은 응용분야가 매우 넓어서, 집합론 이외의 분야에서도 중요한 발견을 많이 이루어냈다.

2.7 조합론

조합론은 다양한 방식으로 정의될 수 있다. 이들 중 어떠한 정의도 만족스럽지 않지만, 조합론을 소개하려면 일일이 나열하는 수밖에 없다. 첫 번째 정의는 조합론이 '경우의 수를 세는' 수학분야라는 것이다. 한 가지 예를 들어 보자. 여기 가로 n개, 세로 n개의 작은 사각형으로 이루어진 $n \times n$ 짜리 정사각형 격자가 있다. 당신에게 주어진 임무는 개개의 작은 사각형들을 0 또는 1이라는 숫자로 채우는 것이다. 단, 하나의 가로줄과 하나의 세로줄에는 1을 2개까지만 채울 수 있다. 그렇다면 당신이 이 격자를 채우는 방법은 몇 가지나 될까? 이것은 경우의 수를 헤아리는 문제이므로, 간단히 말해 '조합 문제'에 해당한다.

　조합론은 종종 '이산 수학'이라 부르기도 한다. 헤아리는 대상이 연속적인 구조가 아니라 대부분 이산적 구조를 갖기 때문이다. 점으로 이루어져 있으면서 다른 점과 분리될 수 있으면 이산적이고, 갑작스런 도약 없이 한 점에서 다른 점으로 이동할 수 있으면 연속적이다(이산구조의 예로는 좌표평면에서 정수좌표만으로 이루어진 **정수격자** $\mathbb{Z}^2$을 들 수 있다. 반면에 구의 표면은 연속구조에 속한다). 조합론은 컴퓨터과학과 비슷한 점이 많다(컴퓨터의 모든 연산은 0과 1로 이루어진 불연속의 이진법 체계에서 실행된다). 또한 조합론은 해석학과 유사한 부분도 있지만 종종 해석학과 대조되는 개념으로 통용되고 있다.

　조합론의 세 번째 특징은 '제한조건이 거의 없는' 수학적 구조를 다룬다는 점이다. 정수론도 양의 정수라는 이산구조를 다루고 있지만, 제한조건이 많기 때문에 조합론으로 분류되지 않는다.

이를 이해하기 위해, 양의 정수와 관련된 두 개의 비슷한 문제를 생각해 보자.

(i) 두 수의 완전제곱의 합으로, 그것도 수천 가지의 다양한 방법으로 표현되는 정수가 존재하는가?

(ii) 양의 정수로 이루어진 수열을 $a_1, a_2, a_3, \cdots$이라 하자. 여기서 a_n은 n^2과 $(n+1)^2$ 사이에 있는 수이다. 이 수열에 있는 두 수의 완전제곱의 합으로, 그것도 수천 가지의 다양한 방법으로 표현되는 양의 정수가 항상 존재할 것인가?

문제 (i)은 '완전제곱수의 수열'이라는 특별한 경우를 대상으로 하고 있으므로 정수론 문제에 속한다. 완전제곱수의 특성을 이용하면 이 문제를 해결할 수 있는데, 답은 '예'이다.*

문제 (ii)는 (i)보다 훨씬 덜 구조적인 수열을 다룬다. a_n에 대해 우리가 알고 있는 것은 n^2에 가깝다는 사실뿐이다. a_n이 소수인지, 세제곱수인지, 또는 2의 거듭제곱수인지 등 다른 특성은 전혀 주어지지 않았다. 이런 이유로 문제 (ii)는 조합론에 속하며, 정답은 아직 알려지지 않은 상태이다. 만일 이 문제의

답이 '그렇다'로 판명된다면, 문제의 핵심은 (i)과 같은 정수론이 아니라 '완전제곱수가 커지는 속도'임이 입증되는 셈이다.

2.8 이론 컴퓨터과학

이 분야는 IV부에 매우 자세히 서술되어 있으므로, 여기서는 간략하게 소개하고 넘어가기로 한다. 넓은 의미에서 볼 때 이론 컴퓨터과학(theoretical computer science)은 계산을 수행하기 위해 필요한 시간과 컴퓨터 메모리 등 '계산의 효율성'을 추구하는 분야이다. 지금까지 제시된 수학모형 중에는 알고리즘이 어떻게 구현되는지 구체적으로 알지 못해도 대단히 일반적으로 계산의 효율성을 가늠하는 모형도 있다. 따라서 이론 컴퓨터과학은 순수하게 '수학적인' 분야라 할 수 있다. 즉 컴퓨터 프로그램을 전혀 할 줄 몰라도 훌륭한 이론 컴퓨터학자가 될 수 있다는 뜻이다. 그러나 이론 컴퓨터과학은 수학과 암호학[VII.7]과 같은 실질적인 분야에도 활발하게 응용되고 있다.

2.9 확률

생물학과 경제학에서 컴퓨터과학과 물리학에 이르기까지, 대부분의 자연과학과 사회과학에서는 복잡한 현상을 일일이 분석하는 것보다 확률적인 평가를 내리는 편이 훨씬 효율적인 경우가 많다. 전염병이 퍼져나가는 패턴을 분석할 때, 이와 관련된 모든 변수들을 일일이 추적하는 것(예를 들면 누가 누구와 접촉했는지 일일이 탐문하는 것)보다는 수학적 모형을 만들어서 분석하는 편이 훨씬 쉽다. 게다가 이런 모형은 의외로 직접적이고 실질적인 정

---

* 증명과정을 간단하게 소개하면 다음과 같다. 임의의 수가 두 수의 완전제곱의 합으로 표현될 조건은 해석적 정수론[IV.2]의 서두에 소개되어 있는데, 거기서 내린 결론에 의하면 '대부분의' 수들은 이 조건을 만족하지 못한다. N이 큰 정수이면 $N = m^2 + n^2$을 만족하면서 m^2과 n^2이 둘 다 N보다 작은 (m, n)쌍의 수가 두 완전제곱수의 합으로 표현되면서 $2N$보다 작은 수보다 훨씬 많다. 따라서 이들 중에는 많은 경우가 중복되어 있다.

보를 제공해주기도 한다. 예를 들어 유행병을 분석하는 사람들은 다음과 같은 '임계확률' p를 매우 중요하게 여긴다. '접촉에 의해 병이 전염될 확률이 p 이상이면 그 병은 창궐하고, 확률이 p보다 작으면 그 병은 서서히 사라진다.' 이처럼 어떤 상황이 임곗값을 전후로 크게 달라지는 현상을 **상변이**(phase transition)라고 한다(자세한 내용은 [IV.25]에 소개되어 있다).

물론 적절한 수학모형을 만드는 것은 결코 쉬운 일이 아니다. 예를 들어 다량의 입자들이 완전히 무작위로 움직이는 경우에 '무작위 연속경로'라는 개념을 상정할 수 있을까? 할 수 있다. 이것이 바로 그 유명한 **브라운 운동**[IV.24 §5]이다. 그러나 이론적으로 나타날 수 있는 경로들이 너무 복잡하기 때문에 증명하기는 쉽지 않다.

적인 수학논리로 쉽게 설득이 되는 편이다. 그래서 물리학자들은 제한조건이 느슨한 환경에서 상상의 나래를 펼치다가, 수학자들이 오래 전에 발견했던 수학적 현상들을 뒤늦게 발견하곤 한다.

이렇게 발견된 현상을 엄밀하게 증명하는 것은 결코 쉬운 일이 아니다. 어느 물리학자도 의심하지 않는 명제의 진위를 확증하는 작업은 현학적 연습문제를 훨씬 넘어서는 것이다. 사실 엄밀하게 증명하는 과정에서 새로운 발견이 이루어진 사례도 종종 있다. 꼭짓점 작용소 대수[IV.17]와 거울대칭 [IV.16], 그리고 일반 상대성 이론과 아인슈타인 방정식[IV.13]이 그 대표적 사례이다. 이처럼 수학과 물리학은 긴밀한 관계를 유지하면서 서로의 발전에 기여하고 있다.

2.10 수리물리학

수학과 물리학의 관계는 지난 수세기 동안 많은 변화를 겪었다. 18세기까지만 해도 수학과 물리학 사이에는 뚜렷한 구별이 없었기에, 저명한 수학자들은 종종 물리학자로 알려지기도 했다. 그러나 19세기에서 20세기 초에 이르는 동안 상황은 서서히 변해갔고, 20세기 중반에는 수학과 물리학이 완전히 갈라서게 되었다. 그 후로 20세기 말까지, 수학자들은 물리학자들이 발견한 개념이 수학에서 매우 중요한 역할을 한다는 사실을 깨닫기 시작했다.

지금도 수학과 물리학 사이에는 커다란 차이가 있다. 예나 지금이나 수학자의 주된 관심사는 엄밀한 증명을 찾는 것이다. 그러나 물리학자들에게 수학은 하나의 도구이며, 엄밀한 증명이 없어도 대략

I.2 수학의 언어와 문법

1 서론

어린아이들이 복잡한 문법을 전혀 모르는 상태에서 모국어를 터득해나가는 과정은 실로 놀랍기만 하다. 사실 주어나 술어, 종속절과 같은 문법용어를 한번도 생각해 보지 않은 어른들도 세상을 살아가는 데에는 아무런 문제가 없다. 어른이건 아이건 간에, 큰 실수가 없는 한 문법에 어긋난 문장도 쉽게 이해할 수 있으며, 이를 위해 '어느 부분이 어떻게 틀렸는지' 일일이 따질 필요는 없다. 그러나 문법을 알고 있으면 언어구사능력이 크게 향상되는 것도 분명한 사실이다. 특히 언어를 통해 의사소통 이상의 무언

가를 이루고자 한다면 기초문법을 반드시 알고 있어야 한다.

수학의 언어도 마찬가지다. 수학용어를 체계적으로 분류하지 않아도 어느 정도 수준까지는 계산을 수행하고 수학문제를 논할 수 있지만, 고등수학의 문장들은 구조가 매우 복잡하여 수학문법에 익숙해야 훨씬 쉽게 이해된다. 그러나 기초문법과 약간의 어휘만 알고 있으면 전문수학자들이 쓴 논문도 의외로 쉽게 읽을 수 있다. 이 장에서는 수학언어의 '품사'에 대해 알아보기로 한다. 개중에는 자연언어와 비슷한 것도 있고, 완전히 다른 것도 있다. 지금부터 할 이야기는 일반대학의 초급수학강좌에서 강의되는 내용이다. 이 책은 수학문법을 잘 몰라도 대부분은 이해할 수 있지만, 이 책의 뒷부분에 등장하는 고등수학을 제대로 이해하려면 이 장을 주의 깊게 읽어두기 바란다.

수학문법을 강조하는 이유는 수학 명제가 완벽한 정확성을 요구하기 때문이다. 수학에서 일상적인 언어처럼 막연하고 모호한 어휘를 구사한다면 완벽한 정확성은 기대하기 어렵다. 게다가 수학적 문장은 엄청나게 복잡하기 때문에, 조금이라도 불분명하거나 복잡한 부분이 있으면 불확실성이 빠르게 축적되어 결국 이해할 수 없는 글이 되고 만다.

수학 명제에서 분명함과 단순함이 얼마나 중요한 덕목인지를 이해하기 위해, '2 더하기 2는 4와 같다(Two plus two equals four)'라는 간단한 문장을 수학이 아닌 언어학의 관점에서 문법적으로 분석해 보자. 일단 이 문장에는 3개의 명사('2', '2', '4')와 하나의 동사('equal'), 그리고 하나의 접속사('plus')가 들어 있다. 그러나 문장을 자세히 들여다보면 무언가 이상한 점이 발견된다. 예를 들어 'plus'라는 단어는 'and'와 비슷한 뜻을 갖고 있지만, 대부분의 경우에 'and'는 이런 의미로 사용되지 않는다. '메리와 피터는 파리를 좋아한다(Mary and Peter love Paris)'라는 문장에서 동사 'love'의 주체는 복수인 반면, 앞 문장에서 'equal'의 주체는 단수이다. 따라서 'plus'는 두 개의 대상(지금의 경우에는 숫자)을 묶어서 하나의 새로운 대상을 만드는 역할을 하고, 두 번째 문장의 'and'는 'Mary'와 'Peter'를 하나로 묶긴 하지만 그 정도가 느슨하여 두 사람은 독립적인 대상으로 남아 있다.

'and'라는 단어를 좀 더 세밀하게 분석해 보면 완전히 다른 두 가지 용도로 사용된다는 것을 알 수 있다. 즉, 위의 문장처럼 두 개의 명사를 연결하는 경우도 있고, '메리는 파리를 좋아하고 피터는 뉴욕을 좋아한다(Mary likes Paris and Peter likes New York)'처럼 두 개의 문장을 통째로 연결하는 경우도 있다. 아무런 모호함도 없는 완벽한 언어구사를 원한다면 이 차이점을 분명하게 인식하고 있어야 한다(수학자들은 가장 형식적일 때 'and'를 명사를 연결하는 용도로 쓰는 것을 배제한다. 따라서 '3과 5는 소수이다'와 같은 말은 '3은 소수이고 5는 소수이다'로 해석된다).

이것은 언어를 대상으로 제기할 수 있는 수많은 질문 중 하나에 불과하다. 모든 단어를 8종류의 품사로 분류하는 작업을 시도해 본 사람이라면, 그것이 얼마나 어려운 일인지 잘 알고 있을 것이다. 한 가지 예를 들어 보자. '이 절은 6개의 소절로 이루어져 있다(This section has six subsections)'라는 문장에서 6(six)은 어떤 역할을 하는가? 앞에서 예시된 '2'나 '4'와 달리 이 문장의 'six'는 그 뒤에 나오는 'subsection'을 수식하고 있으므로 명사가 아닌 형용사로 분류되지만, 그 기능은 일반적인 형용사와 같지 않다. '내 차는 별로 빠르지 않다(My car is not very fast)'나 '저 높은 건물을 보아라(Look at that tall building)'와 같은 문장은 문법적으로 아무런 문제가 없지만, '내 차는 별로 6이 아니다(My car is not very six)'라거나 '저 여섯 건물을 보아라(Look at that six building)'는 완전한 난센스일 뿐만 아니라 문법적으로도 옳지 않다. 그렇다면 형용사를 '숫자형 형용사'와 '비슷자형 형용사'로 세분해야 할까? 그래야 할지도 모른다. 그러나 이것은 문제의 시작일 뿐이다. 예를 들어 소유격 형용사인 'my'와 'your'는 어떻게 분류되어야 하는가? 품사에 입각해서 영어단어를 아무리 세분해도 예외적인 경우는 끝도 없이 나타난다.

2 네 가지 기본적 개념

흔히 'be동사'로 불리는 'is'는 세 가지 용도로 사용된다. 각 사례를 나열하면 다음과 같다.

(1) 5는 25의 제곱근이다. (5 is the square root of 25.)

(2) 5는 10보다 작다. (5 is less than 10.)

(3) 5는 소수이다. (5 is a prime number.)

첫 번째 문장에서 '~이다(is)'는 '~와 같다(equal)'로 대치할 수 있다. 즉, '5'와 '25의 제곱근'은 하나이며, 완전히 같다는 뜻이다. 이 문장에서 'is'의 역할은 '런

던은 영국의 수도이다(London is the capital city of the United Kingdom)'의 'is'와 같다. 그러나 두 번째 문장에서 'is'는 완전히 다른 역할을 한다. '10보다 작다(less than 10)'는 주어의 특성을 서술하는 일종의 형용구이며, 그 앞의 'is'가 하는 역할은 '잔디는 푸르다(Grass is green)'의 'is'와 같다. 그런가 하면 세 번째 문장에서 'is'는 '~의 한 사례이다(is an example of)'라는 뜻으로, '화성은 행성이다(Mercury is a planet)'라는 문장의 'is'와 같은 역할을 한다.

그러나 문장을 단어가 아닌 기호로 쓰면 하나의 단어가 여러 의미로 통용되는 경우는 더 이상 나타나지 않는다. (1) $5 = \sqrt{25}$와 (2) $5 < 10$ 사이에는 어떤 유사성도 없다. 단, (3)번 문장은 기호로 쓰지 않는데, 그 이유는 소수라는 것이 범용기호로 표현될 정도로 기본적인 개념이 아니기 때문이다. 그러나 소수를 군이 기호로 표현하고 싶다면 새로운 기호를 고안해서 쓰면 된다. 한 가지 방법은 n이 양의 정수일 때 'n은 소수이다'라는 문장을 $P(n)$으로 표기하는 것이다. 또는 집합론의 언어로 표현할 수도 있는데, 이 경우에는 'is'를 사용할 수밖에 없다.

2.1 집합

간략히 말해서 집합(set)이란 '대상들의 모임'이다. 단, 수학적 집합이 되려면 집합의 구성 성분들은 숫자나 공간상의 점들과 같은 '수학적 대상'이어야 한다. 위에 제시된 (3)번 문장을 기호로 표현하고 싶으면, P를 모든 소수의 집합으로 정의한 후 '5는 집합 P에 속한다(5 belongs to the set P)'라고 쓰면 된다. 무언가가 특정 집합에 속한다는 문장은 수학적으로 매우 기본적인 개념에 속하고, '$\in$'이라는 전용 기호

로 나타낸다. 따라서 (3)번 문장을 기호로 쓰면 '5 ∈ P'가 된다.

집합을 이루는 구성성분은 원소(element)라고 부른다. 그래서 위의 '∈'은 '~는 ~의 원소이다'와 같이 읽는다. 즉, (3)번 문장의 'is'는 '='이 아니라 '∈'의 뜻을 담고 있다. 물론 '~는 ~의 원소이다(is an element of)'를 곧바로 '~이다(is)'로 대치할 수는 없지만, 나머지 문장에 약간의 수정을 가하면 얼마든지 가능하다.

집합을 표기하는 방법은 크게 세 가지가 있다. 첫 번째 방법은 중괄호 '{ }' 안에 모든 집합원소들을 나열하는 것이다. 예를 들어 {2, 3, 5, 7, 11, 13, 17, 19}는 2, 3, 5, 7, 11, 13, 17, 19라는 여덟 개의 원소로 이루어진 집합을 나타낸다. 그런데 수학자들이 주로 다루는 집합들은 원소의 개수가 너무 많아서 이런 식으로 일일이 나열할 수 없다(사실은 원소의 개수가 무한한 집합이 대부분이다). 그래서 도입된 것이 두 번째 방법인데, 기본적인 표기법은 첫 번째와 똑같지만 중간이나 뒷부분에 등장하는 원소들을 '⋯'으로 줄인다. 예를 들어 {1, 2, 3, ⋯, 100}은 1부터 100 사이에 있는 양의 정수들의 집합이고, {2, 4, 6, 8, ⋯}은 양의 정수이면서 짝수인 모든 수의 집합을 나타낸다. 집합을 표기하는 세 번째 방법이자 가장 중요한 방법은 원소의 **성질**을 명기하는 것이다. 예를 들어 {x : x는 소수이고 x < 20}이라는 집합을 생각해 보자. 일단 제일 왼쪽에 있는 괄호 '{'는 '집합~(The set of)'으로 읽으면 된다. 그다음에 등장하는 x는 집합의 원소를 대표하는 기호이며, 콜론(:)은 '~와 같다(such that)'는 뜻이다. 마지막으로 콜론의 오른쪽은 원소의 특성을 서술하는 부분이다.

따라서 위의 표기는 '20보다 작은 소수 x의 집합'을 의미하며, 첫 번째 방법에서 예로 들었던 {2, 3, 5, 7, 11, 13, 17, 19}와 동일한 집합을 나타낸다.

수학책에 등장하는 문장들 중 상당수는 집합표기법으로 표현될 수 있다. 예를 들어 (2)번 문장은 $5 \in \{n : n < 10\}$으로 쓸 수 있다. 이때에는 표기를 바꿔서 딱히 나아질 것이 없지만(5 < 10이라고 쓰는 편이 훨씬 낫다), 이런 식의 표기가 편리한 경우도 종종 있다. 그 대표적 사례가 기하학을 대수학으로 표현하는 직교좌표계이다. 직교좌표계에서 기하학적 대상은 점의 집합으로 간주되고, 각 점들은 두 수의 순서쌍 또는 세 수의 순서쌍으로 정의된다. 예를 들어 집합 $\{(x, y) : x^2 + y^2 = 1\}$은 중심이 원점 $(0, 0)$에 있으면서 반지름이 1인 원을 나타낸다. 왜 그럴까? 원점 $(0, 0)$과 (x, y) 사이의 거리는 피타고라스 정리에 의해 $\sqrt{x^2 + y^2}$이고, $x^2 + y^2 = 1$은 이 값이 1이라는 뜻이기 때문이다. 즉, $x^2 + y^2 = 1$을 기하학적으로 해석하면 '원점과 (x, y) 사이의 거리가 1'이 된다. 좌표계에서 어떤 점들이 원주 위에 놓여 있는지를 알고 싶다면 '$x^2 + y^2 = 1$'로 써도 충분하다. 그러나 기하학에서는 원주를 여러 개의 점으로 간주하지 않고 원 전체를 하나의 대상으로 취급하고 싶을 때가 종종 있는데, 이런 경우에는 집합론에 입각한 표기가 훨씬 유용하다.

집합론식 표기가 유용한 또 한 가지 경우는 새로운 수학적 대상을 정의할 때이다. 많은 경우에 이런 대상들은 그것에 부과된 수학적 **구조**와 함께 하나의 집합을 이루며, 원소들끼리는 특정한 관계로 연결되어 있다. 집합론식 표기법의 사례는 이 장의 §1과 §2에서 논의된 수체계와 대수학적 구조, 그리고 **몇**

가지 기본적인 수학의 정의[I.3]에서 찾아 볼 수 있다.

집합의 개념은 메타수학(meta-mathematics)(혹은 초수학)에서도 매우 유용하다. 즉, 수학적 대상에 대한 서술을 증명하는 것이 아니라 수학적 논리 자체의 타당성을 증명할 때, 집합론식 언어는 막강한 위력을 발휘한다. 이런 경우에 약간의 어휘와 간단한 문법으로 이루어진 언어를 개발하면 (원리적으로는) 모든 수학적 서술을 표현할 수 있다. 집합을 사용하면 대부분을 명사로 바꿔서 문장의 길이를 크게 줄일 수 있다. 예를 들어 포함관계를 나타내는 기호 '∈'을 이용하면 '5는 소수이다(5 is a prime number)'라는 문장에서 형용구에 속하는 부분이 제거되어 '5 ∈ P'로 간결해진다.* 물론 이것은 인위적인 과정으로, '장미는 붉다(roses is red)'를 '장미는 집합 R에 속한다(roses belong to the set R)'로 바꾼 것과 같다. 자연언어의 관점에서 보면 단순한 문장을 더 어렵게 만든 셈이지만, 수학적 언어가 일상적인 언어처럼 자연스럽고 직관적으로 이해하기 쉬울 필요는 없다.

2.2 함수

앞에서 예로 들었던 (1)~(3)번 문장으로 되돌아가서 'is'가 아닌 다른 부분, 예를 들어 (1)번 문장의 '~의 제곱근(square root of)'으로 눈길을 돌려보자. 수학 명제를 문법적으로 해석할 때에는 각 부분이 문장 속에서 어떤 역할을 하는지 분석해야 하는데, 이 작업은 비교적 쉽다. 수학 명제에 어떤 구(phrase)가

등장하면, 그 뒤에 숫자의 이름이 나오는 경우가 많다. 그 숫자가 n이라면 구가 조금 더 길어져서 'n의 제곱근(square root)'이 되는데, 이것은 숫자를 나타내는 명사구로서 문법적으로는 하나의 숫자와 같은 역할을 한다(숫자가 형용사가 아닌 명사로 사용된 경우). 예를 들어 '5는 7보다 작다(5 is less than 7)'라는 문장에서 '5'를 '25의 제곱근'으로 바꾸면 '25의 제곱근은 7보다 작다'는 새로운 문장이 되는데, 문법적으로 아무런 문제가 없다(수학적으로도 참이다).

수학에서 행해지는 가장 기본적인 행위 중 하나는 수학적 대상에 변환을 가하여 다른 대상으로 만드는 것이다. 이 경우 새로 만들어진 대상은 기존의 대상과 같은 종류일 수도 있고 다른 종류일 수도 있다. 예를 들어 '~의 제곱근'은 하나의 수를 다른 수로 바꾸는 기능을 한다. '4 더하기 ~'나 '~의 두 배', 또는 '~의 코사인'이나 '~의 로그' 등도 마찬가지다. 물론 변환의 대상이 반드시 숫자일 필요는 없다. '~의 중력중심(the center of gravity of)'은 기하학적 도형(지나치게 유별나거나 너무 복잡해서 질량중심을 갖지 않는 경우는 제외)을 하나의 점으로 변환시킨 사례이다. 이 도형을 S라고 했을 때, 'S의 질량중심'은 도형이 아닌 하나의 점을 의미한다. 함수(function)란 대략적으로 말해서 이런 종류의 수학적 변환을 통칭하는 용어이다.

그런데 문제는 이 정의를 구체화하기가 쉽지 않다는 것이다. 함수란 무엇인가라는 질문에 대한 답은 이러이러한 것, 또는 이러이러한 종류가 돼야 할 것 같지만, 사실 함수는 어떤 과정에 더 가깝다. 게다가 수학적 문장에 등장하는 함수는 명사처럼 행

* 수학적 서술의 형용사와 형용구에 관해서는 산술기하학[IV.5 § 3.1]을 참고하기 바란다.

동하지 않는다(명사라기보다 전치사에 가까운데, 그렇다고 전치사처럼 취급할 수도 없다. 자세한 내용은 다음 절에서 논의될 것이다). 그렇다면 '~의 제곱근'이 어떤 종류의 대상인지를 묻는 것은 부적절한 질문일까? 이미 제시된 문법적 분석만으로는 불충분한 것일까?

아니다. 수학적 현상이 제아무리 복잡하고 추상적이라 해도, 그것을 하나의 대상으로 간주하는 것은 언제나 유용하다. 이것은 함수뿐만 아니라 수학 전반에 걸쳐 공통적으로 적용되는 이야기다. 앞에서 간단한 사례를 이미 다루었다. 항상 그런 것은 아니지만, 평면이나 공간을 '무한히 많은 점들의 집합'으로 간주하는 것보다 하나의 기하학적 도형으로 간주하는 편이 훨씬 유용할 때가 있다. 그렇다면 함수를 이런 식으로 간주해야 하는 이유는 무엇인가? 여기에는 두 가지 이유가 있다. 첫째, 함수를 하나의 대상으로 간주하면 '사인의 미분은 코사인이다'라는 식으로 서술이 간단해진다. 일반적으로 함수는 **성질**을 가질 수 있는데, 이런 성질을 논하려면 함수를 하나의 대상으로 간주할 필요가 있다. 둘째, 대부분의 대수구조는 함수의 집합으로 간주했을 때 논리가 가장 자연스럽게 진행된다(군[I.3 §2.1]과 대칭에 관한 논의, **힐베르트 공간**[III.37], **함수 공간**[III.29], 그리고 **벡터공간**[I.3 §2.3] 참조).

f가 함수일 때 $f(x) = y$는 f는 대상 x를 y로 변환시키는 함수라는 뜻이다. 함수를 형식적으로 논하려면 어떤 대상을 변환할 것이며, 변환 후에는 어떤 종류의 대상이 되는지를 분명하게 밝혀야 한다. 그래야 수학의 핵심개념 중 하나인 '함수 **뒤집기** (inverting a function, 역함수)'를 논할 수 있기 때문

이다(이것이 왜 중요한지는 [I.4 §1]에서 알게 될 것이다). 간략히 말하자면 역함수는 함수를 통한 변환을 원래대로 되돌리는 함수이다. 예를 들어 숫자 n을 $n - 4$로 바꾸는 함수를 f라고 했을 때, f의 역함수는 n을 $n + 4$로 바꾸는 함수이다. 임의의 수에서 4를 뺐다가 다시 4를 더하면 처음의 수로 되돌아가기 때문이다. 물론 4를 먼저 더한 후에 빼도 결과는 마찬가지다.

함수 중에는 뒤집기가 불가능한 것도 있다. 예를 들어 수 n을 n에 가장 가까운 100의 배수로 변환시키는 함수를 f라 하자(n이 50으로 끝나면 큰 쪽으로 반올림한다). 그러면 정의에 따라 $f(113) = 100$, $f(3879) = 3900$, $f(1050) = 1100$이 된다. 그러나 이 변환을 되돌리는 역함수 g는 존재하지 않는다. 예를 들어 $f(113) = 100$에서 100에 어떤 변환을 가하여 다시 113을 복원하는 함수라면 $g(100) = 113$이 되어야 한다. 그런데 50 이상, 150 미만의 모든 수들($50 \le n < 150$)이 $f(n) = 100$을 만족하기 때문에, $g(100)$은 이 범위 안에서 어떤 자연수도 가질 수 있다. 즉 $g(100)$이 하나의 값으로 결정되지 않는다.

주어진 수를 두 배로 늘리는 함수를 생각해 보자. 이 함수를 뒤집을 수 있을까? 언뜻 보기에는 2로 나누면 될 것 같다. 맞는 말이다. 대부분의 경우에는 이것이 정답이다. 그러나 주어진 숫자가 양의 정수로 한정되어 있다면 이야기가 달라진다. 양의 정수는 짝수와 홀수로 나뉘는데, n이 홀수일 때 $2x = n$을 만족하는 정수 x는 존재하지 **않는다**(임의의 수에 2를 곱한 후 다시 반으로 나누면 원래의 수로 되돌아온다. 이것은 모든 수에 적용되는 분명한 사실이다. 그러나 지금의 경우에 문제는 이 관계가 대칭적

이지 않다는 것이다. 양의 정수 가운데 2를 곱해서 홀수가 되는 수는 존재하지 않으므로, 주어진 수를 두 배로 늘리는 변환으로는 홀수를 복구할 수 없다).

그러므로 함수를 정의할 때에는 두 개의 집합을 명기해야 한다. 변환대상의 집합인 **정의역**(domain)과 변환된 대상들의 집합인 **공역**(range)이 그것이다. 집합 A를 집합 B로 보내는 함수 f는 하나의 변환규칙으로서, A에 속하는 개개의 원소 x를 B에 속하는 원소 $y = f(x)$로 변환시킨다. 단, 공역에 있는 y들이 모두 사용될 필요는 없다. 예를 들어 정의역과 공역이 '모든 양의 정수'로 정의되어 있으면서 주어진 수를 2배로 늘리는 함수 f를 다시 생각해 보자. 이때 f를 통해 만들어진 집합 $\{f(x) : x \in A\}$를 f의 **상**(image)이라 한다(다소 헷갈리겠지만, 개개의 원소에 대해서도 조금 다른 의미로 '상'이라는 용어를 사용한다. A의 원소인 x가 f를 통해 $f(x)$로 변환되었을 때, x의 상은 $f(x)$이다).

함수의 표기법은 다음과 같다. $f : A \rightarrow B$는 f는 함수이며 A를 정의역으로, B를 공역으로 갖는다는 뜻이다. 따라서 $f(x) = y$는 x는 A의 원소이고 y는 B의 원소여야 함을 나타낸다. $f(x) = y$를 $f : x \mapsto y$로 표기하기도 하는데, 이 표기법이 더 편리한 경우도 있다(여기 사용된 화살표 $\mapsto$는 $f : A \rightarrow B$의 화살표와 의미가 크게 다르다).

함수 $f : A \rightarrow B$에 의한 변환은 앞의 100의 배수로의 반올림으로 근사시켰을 때 발생하는 문제만 피할 수 있다면 적절한 역함수를 통해 원래대로 되돌릴 수 있다. 즉, x와 x'이 A에 속하는 '서로 다른' 원소일 때 $f(x)$와 $f(x')$도 달라야 한다. 이 조건을 만족하는 f를 **단사함수**(injection) 또는 일대일함수

라 한다. 또한 f에 의해 되돌려지는 함수 g가 존재하려면 임의의 수를 두 배로 늘릴 때 마주쳤던 문제가 발생하지 않아야 한다. A에 속하는 임의의 원소 x로 만들어진 $f(x)$는 B에 속하는 y 중 하나와 반드시 같아야 하는데, 이 조건을 만족하는 함수를 **전사함수**(surjection)라 한다(그래야 모든 y에 대해 $g(y) = x$의 관계가 성립한다). 그리고 전사함수이면서 동시에 단사함수인 f를 **전단사함수**(bijection)라 한다. 모든 전단사함수는 그에 대응하는 역함수를 갖고 있다.

모든 함수들이 이런 식으로 깔끔하게 정의되지는 않는다. 양의 정수를 양의 정수로 변환하는 특별한 함수를 예로 들어 보자. n이 소수일 때 $f(n) = n$이고, $n = 2^k (k$는 2 이상의 정수)이면 $f(n) = k$, 그 외의 경우에는 $f(n) = 13$인 함수 f가 있다. 정의가 좀 복잡하긴 하지만, 어쨌거나 이것도 완벽한 함수이다. 사실 함수 중에는 너무 임의적이어서 깔끔하게 정의할 수 없는 함수가 '대부분'이다. 학생들이 수학시간에 배우는 함수는 전체 함수들 중에서 깔끔하게 정의되는 극히 일부에 불과하다(정의할 수 없는 함수는 개별적 대상으로 유용하지 않을 수는 있지만, 하나의 집합을 다른 집합으로 변환하는 모든 함수의 집합은 흥미로운 수학적 구조를 갖고 있기 때문에 필요하다).

2.3 관계

앞에 제시된 문장 (2)에서 '~보다 작다(less than)'라는 부분을 생각해 보자. '~의 제곱근(square root of)'과 마찬가지로, 이런 문장 뒤에는 수학적 대상이 놓이게 된다(지금의 경우에는 수가 등장한다).* 이런

식으로 문장을 완성하면 'n보다 작다(less than n)'가 되는데, 이 부분은 명사구가 아닌 형용사구의 역할을 하기 때문에 'n의 제곱근(square root of n)'과는 완전히 다른 의미가 된다. 영어에서는 전치사가 바로 이런 역할을 한다. '고양이가 탁자 밑에 있다(The cat is under the table)'라는 문장에서 '밑에(under)'가 이런 경우에 해당된다.

수학자들은 형식을 갖춘 문장일수록 단어의 수를 줄이려는 경향이 있다. 그래서 수학기호 중에는 'less than'에 해당하는 기호가 없다. 그 대신 앞에 나오는 'is'까지 합쳐서 'is less than'을 부등호 '<'로 표기한다. 부등호의 문법은 아주 간단하다. 문장 안에서 '<'를 사용할 때, 그 앞과 뒤에 명사를 놓으면 된다. 그리고 문장이 문법적으로 타당하려면 이 명사는 수여야 한다(크기를 비교할 수 있는 다른 대상이와도 상관없다). 이런 식으로 행동하는 수학적 대상을 관계(relation)라 한다(이 관계는 겉으로 드러나지 않는 경우가 많기 때문에, 사실은 '잠재적 관계'에 가깝다). 관계의 또 다른 사례로는 '같다(equal)'와 '~의 원소이다(is an element of)' 등을 들 수 있다.

함수의 경우와 마찬가지로, 관계를 정의할 때에는 앞뒤에 놓일 대상들에 세심한 주의를 기울여야 한다. 흔히 관계는 집합 A의 원소들과 함께 등장하는데, 이들 사이에는 모종의 관계가 있을 수도 있고 없을 수도 있다. 예를 들어 관계 '<'는 양의 정수의 집합을 대상으로 정의될 수도 있고, 실수의 집합을 대상으로 정의될 수도 있다. 엄밀히 말하면 이 둘은 서로 다른 관계이다. 또한 관계는 종종 두 집합 A, B 사이에서 정의되기도 한다. 예를 들어 관계가 '$\in$'일 때, A가 모든 정수의 집합이고 B는 정수의 집합으로 이루어진 모든 집합으로 잡을 수 있다.

수학에서는 서로 달라 보이는 두 개의 대상을 '근본적으로 같은 것'으로 취급하고 싶은 경우가 자주 있다. 이럴 때 둘 사이의 등가관계를 정확하게 정의하기 위해 도입된 개념이 바로 동치관계(equivalence relation)이다. 이와 관련된 두 가지 사례를 들어 보자. 첫째, 초등기하학에서는 도형의 크기보다 생긴 모양이 더 중요하게 취급되는 경우가 있다. 하나의 도형에 반사변환이나 회전변환, 평행이동, 확대변환, 또는 이들이 조합된 복합변환을 통하여 다른 도형과 일치하도록 만들 수 있을 때, 두 도형은 닮음(similar) 관계에 있다, 또는 닮은꼴이라 한다(그림 1 참조). 도형 A와 B가 닮은꼴이라는 것은 일종의 동치관계에 속한다. 둘째, 법(modulo) m에 대한 연산 [III.59]을 할 때 m의 정수배만큼 차이가 나는 두 수는 같은 것으로 간주한다. 이런 경우 두 수는 '법 m으로 합동(congruent (mod m))'이라 한다. '법 m으로 합동'인 관계는 동치관계의 또 다른 사례이다.

방금 언급한 두 가지 관계에는 어떤 공통점이 있을까? 두 경우 모두 하나의 집합(첫 번째 경우는 모든 기하학적 도형들의 집합, 두 번째 경우는 모든 정수들의 집합)을 여러 개의 동치류(equivalence class)로 분할했다. 이때 같은 동치류에 속한 대상들은 모두 같은 것으로 간주된다. 첫 번째 사례에 등장하는 전형적인 동치류는 닮음관계에 있는 모든 도형들의 집합이며, 두 번째 사례의 동치류는 m으로 나눴을

---

* 물론 우리말에서는 앞에 놓이지만, 모든 논리를 우리말에 맞게 바꾸려면 내용 전체를 바꿔야 한다. 게다가 문법용어도 우리말과 일대일로 대응되지 않는다. 그래서 모든 문장에 영문을 병기했다─옮긴이

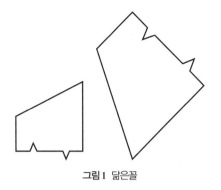

그림 1 닮은꼴

때 나머지가 같은 모든 정수들의 집합이다(예를 들어 $m = 7$일 때 가능한 동치류 중 하나는 $\{\cdots, -16, -9, -2, 5, 12, 19, \cdots\}$이다).

집합 A를 대상으로 정의된 관계 '~'가 다음 세 가지 특성을 만족해도 동치관계로 간주된다. 첫째, A에 속하는 모든 x들이 $x \sim x$를 만족한다(이것을 '반사관계(reflexive relation)'라 한다). 둘째, x와 y가 A의 원소일 때 $x \sim y$이면 $y \sim x$여야 한다(이것을 '대칭 관계(symmetric relation)'라 한다). 셋째, x, y, z가 A의 원소일 때 $x \sim y$이고 $y \sim z$이면 $x \sim z$여야 한다(이것을 추이 관계(transitive relation)라 한다). '~'를 '~와 닮은꼴'이나 '~와 mod m으로 합동'이라는 서술로 바꿔서 위의 문장을 다시 읽어 보면, 세 가지 조건이 모두 만족됨을 쉽게 알 수 있을 것이다. 그러나 양의 정수를 대상으로 정의된 '<'는 추이 관계를 만족하지만 반사 관계와 대칭 관계는 만족하지 않는다.

동치관계를 이용하면 몫[I.3 §3.3]을 정확하게 정의할 수 있다.

2.4 이항연산

'2 더하기 2는 4와 같다(Two plus two equals four)'는 문장을 다시 한번 떠올려 보자. 앞에서 보았듯이 '같다(equal)'라는 단어는 그 앞에 놓인 '2 더하기 2(two plus two)'와 뒤에 따라오는 '4' 사이의 관계를 정의하면서 문장의 전후관계를 완성시킨다. 그런데 이 문장에서 '더하기(plus)'는 무슨 역할을 하는가? 이 단어도 두 개의 명사 사이에 놓여 있지만, '2 더하기 2'는 완성된 문장이 아니라 명사구에 속한다. 이것이 바로 **이항연산**(binary operation)의 특징이다. 이항연산의 대표적 사례로는 '더하기(plus)'와 '빼기(minus)', '곱하기(times)', '나누기(divided by)', 그리고 '거듭제곱(~승)(raised to the power)'을 들 수 있다.

함수의 경우와 마찬가지로 이항연산도 연산이 적용되는 대상의 집합에 각별한 주의를 기울여야 한다. 좀 더 형식적인 관점에서 볼 때, 집합 A에 가해진 이항연산은 A에서 한 쌍의 원소를 취하여 이들로부터 A의 또 다른 원소를 만들어내는 일종의 함수로 간주할 수 있다. 이 함수의 정의역은 A에서 취할 수 있는 모든 순서쌍 (x, y)이며, 치역은 A 전체이다. 그러나 이항연산의 표기법에는 이런 식의 관점이 반영되어 있지 않다. 모든 이항연산(예를 들어 덧셈)은 x, y의 앞에 $+(x, y)$로 쓰지 않고 $x + y$와 같은 식으로 두 대상 사이에 끼워 쓰기 때문이다.

이항연산이 포함된 문장을 조작할 때, 대단히 유용한 성질이 네 가지 있다. 집합 A 위의 임의의 이항연산을 $*$로 표기했을 때, $x * y$가 $y * x$와 항상 같으면 $*$는 **가환적**(commutative) 연산이고, $x * (y * z)$가 $(x * y) * z$와 항상 같으면 $*$는 **결합적**(associative) 연산이라 한다. 예를 들어 덧셈과 곱셈은 가환적이고 결합적인 반면, 뺄셈과 나눗셈, 거듭제곱은 가환적이지도 결합적이지도 않다($9 - (5 - 3) = 7$이지만,

$(9 - 5) - 3 = 1$이다). 이항연산을 할 때 집합 A를 신중하게 선택하지 않으면 연산 자체가 정의되지 않을 수도 있다. 예를 들어 대상을 양의 정수로 한정한 경우, $3 - 5$라는 연산은 아무런 의미가 없다. 이 문제를 해결하는 방법은 두 가지가 있는데, 하나는 이항연산이 집합 A의 모든 원소 쌍에 대해 정의된다는 전제를 포기한 채 예외조항을 두는 것이고, 또 하나는 이항연산이 모든 원소에 적용되도록 처음부터 집합을 신중하게 선택하는 것이다(후자가 더 바람직한 방법이다). 예를 들어 뺄셈 연산을 양의 정수에 적용하면 당장 문제가 생기지만, 모든 정수에 대해 정의하면 아무런 문제가 없다.

집합 A의 모든 x에 대해 $e * x = x * e = x$를 만족하는 e를 **항등원**(identity)이라 한다. '덧셈'의 항등원은 0이고 '곱셈'의 항등원은 1이다. 마지막으로 연산 $*$의 항등원이 e이고 x가 A의 원소일 때, $x * y = y * x = e$를 만족하는 y를 x의 **역원**(inverse)이라 한다. 예를 들어 $*$가 '덧셈'인 경우 x의 역원은 $-x$이며, $*$가 '곱셈'인 경우 x의 역원은 $1/x$(단, $x \neq 0$)이다.

지금까지 언급된 이항연산의 기본적 특성들은 추상대수학(abstract algebra)의 기초를 이루는데, 자세한 내용은 네 가지 중요한 대수구조[I.3 §2]에서 논의될 것이다.

3 몇 가지 기초적인 논리학

3.1 논리연결자

두 개의 수학적 문장을 하나로 연결해주는 단어나 기호를 **논리연결자**(logical connective)라 한다. 다시 말해서, 논리연결자는 '접속사의 수학적 형태'라고 할 수 있다. 앞에서 논했던 '그리고(and)'가 대표적인 예인데, 격식을 차린 수학책에서는 '$\wedge$'라는 기호로 표기하기도 한다. 두 개의 수학적 문장 P와 Q가 주어졌을 때(하나의 문자로 표기되었다고 해서 반드시 숫자를 나타낸다는 법은 없다. 수학자들은 수학적 문장을 하나의 문자로 표기하기도 한다), $P \wedge Q$가 참이 되려면 P와 Q가 '동시에' 참이어야 한다.

또 다른 논리연결자로는 '또는(or)'이 있다. 그런데 'and'와 달리 'or'는 일상적인 영어와 사뭇 다른 의미로 사용된다. 그 차이를 이해하기 위해 썰렁한 농담 하나를 예로 들어 보자. 누군가가 '커피에 설탕을 넣을까요, 아니면(or) 넣지 말까요?'라고 물었을 때 '네, 그렇게 해주세요(Yes, please)'라고 대답한다면 영어를 모르는 사람으로 취급받을 것이다. 수학에서 'or'는 '$\vee$'라는 기호로 표기되는데, 이 경우 $P \vee Q$가 참이려면 P가 참이거나 Q가 참이어야 한다. 물론 P와 Q가 둘 다 참이어도 $P \vee Q$는 참이다. 따라서 수학적 서술에 등장하는 '또는(or)'은 일상적인 'or'보다 **포괄적인** 의미를 가진다.

세 번째로 중요한 논리연결자는 '뜻한다(imply)'로서, 화살표 '$\Rightarrow$'로 표기한다. 간략히 말해서 $P \Rightarrow Q$는 'P의 결과는 Q이다'라는 뜻이며, 간단하게 'P이면 Q이다'로 통하기도 한다. 그러나 'or'과 마찬가지로 이것은 일상적으로 말하는 '~이면 ~이다'와 조금 다른 뜻을 가진다. 이 차이를 이해하기 위해 한 가지 예를 들어 보자. 언젠가 저녁식사를 하는 자리에서 내 딸이 이런 말을 한 적이 있다. '여자아이들은 손을 들어 봐!(Put your hands up if you are a girl!)' 그러자 장난기가 발동한 아들이 손을 번쩍 들면서 말했다. '남자아이들은 손을 내리라고 하지 않았잖아!(You had not added 'keep it down if you are a boy'!)' 따지고 보면 아들의 행동은 누나의 지시사항을 어긴 것이 아니었다.

수학자들은 '뜻한다(imply)'나 '만일(if)'이라는 단어를 이와 비슷한 관점에서 사용하고 있다. 수학적 서술에서 $P \Rightarrow Q$가 참이 아닌 경우는 한 가지밖에 없다. P가 참이면서 Q는 참이 아닌 경우(거짓인 경우)가 바로 그것이다. 이상하게 생각할 것 없다. 이것이 바로 수학적 'imply'의 정의이다. 일상적인 영어에서 'P implies Q'라는 문장은 P와 Q 사이에 어떤 인과관계가 있어서, P가 Q를 초래한다는 뜻으로 해석된다. 이처럼 P가 원인이고 Q가 결과라면, Q가 참이 아닌 한 P도 참이 될 수 없다. 그러나 수학자들은 이유야 어찌되었건 논리적 결과만을 중요하게 생각하기 때문에, $P \Rightarrow Q$가 참임을 증명하려면 P가 참이면서 동시에 Q가 거짓인 경우는 절대로 발생하지 않는다는 것을 증명하면 된다. 한 가지 예를 들어 보자. n이 양의 정수일 때 'n은 마지막 자리의 수가 7인 완전제곱수이다'라는 문장은 'n은 소수이다'를 뜻한다(imply). 두 문장 사이에 어떤 연결고리가 있어서가 아니라, 완전제곱수 중에는 끝자리가 7인 수가 존재하지 않기 때문이다. 물론 이것은 수학적으로 그다지 흥미로운 문장이 아니지만, 일상적인 문장의 모호함과 혼란스러움에 빠지지 않으려면 '뜻한다(imply)'의 수학적 의미를 정확하게 이해하고 있어야 한다.

3.2 한정사

다음에 제시된 농담을 읽어 보면 영어라는 언어에 또 다른 모호한 구석이 있음을 알게 될 것이다. 무언가에 우선순위를 정할 때, 깊게 생각하지 않으면 다음과 같은 어처구니없는 결론이 내려진다.*

(4) 평생의 행복보다 좋은 것은 없다. (Nothing is better than lifelong happiness.)

(5) 그러나 치즈샌드위치는 없는 것보다 낫다. (But a cheese sandwich is better than nothing.)

(6) 그러므로 치즈샌드위치는 평생의 행복보다 좋다. (Therefore, a cheese sandwich is better than lifelong happiness.)

어째서 위와 같은 결론이 내려졌는지, 그 이유를 차분히 분석해 보자(일반적으로 분석은 농담을 망치는 바보 같은 짓이지만, 지금은 그럴만한 가치가 있다). 문제의 시발점은 'nothing'이라는 단어이다. 위에서 'nothing'은 두 가지 의미로 사용되었다. 첫 번째 문장은 '이 세상에 평생의 행복보다 좋은 것은 단 하나도 없다(There is no single thing that is better than lifelong happiness)'는 뜻이고, 두 번째 문장은 '아무것도 없는 것보다 치즈샌드위치라도 있는 것이 더 낫다(It is better to have a cheese sandwich than to have nothing at all)'는 뜻이다. 즉, 두 번째 문장의 'nothing'은 아무것도 가진 게 없는 무소유의 상태를 의미한다. 그러나 첫 번째 문장의 'nothing'은 이런 뜻이 전혀 아니다(아무것도 갖지 않는 것이 평생의 행복을 갖는 것보다 낫다는 뜻이 결코 아니다).

---

* 아래의 문장을 우리말로 번역하면 본문에서 펼치는 논리가 전혀 적용되지 않는다. 따라서 이 부분은 우리말보다 영어 원문에 집중해서 읽어주기 바란다—옮긴이

'all'이나 'some', 'any', 'every', 그리고 'nothing'과 같은 단어들을 한정사(quantifier)라 한다. 영어에서 이런 단어들은 위와 같은 모호함을 낳기 쉽다. 그래서 수학자들은 혼란을 피하기 위해 두 개의 한정사만을 사용하는데, 그것도 아주 엄밀한 규칙을 따르고 있다. 한정사는 문장의 서두에 오는 경우가 많으며, 주로 '모든(for all, 또는 for every)'이나 '존재한다(there exist)'와 같은 형태로 사용된다. 위에 제시된 (4)번 문장에서 모호한 구석을 제거하고 다시 쓰면 다음과 같다(실질적인 영어와는 완전 딴판이다).

(4′) 모든 x에 대하여, 평생의 행복은 최소한 x만큼 좋다. (For all x, lifelong happiness is at least as good as x.)

(5)번 문장에서는 'nothing'이 한정사의 역할을 하고 있지 않기 때문에 위와 같은 식으로 바꿔 쓸 수 없다(그래도 군이 수학적 문장으로 바꿔 쓰고 싶다면 '치즈 샌드위치는 공집합보다 낫다' 정도가 될 것이다. 여기서 **공집합**이란 원소가 하나도 없는 집합을 말한다).

　수학어휘에 '모든(for all)'과 '존재한다(there exist)'를 추가하면 다음 두 문장의 차이가 분명하게 드러난다.

(7) 모든 사람은 물 한 잔 마시는 것을 좋아한다. (Everybody likes at least one drink, namely water.)

(8) 모든 사람들은 한 잔 마시는 것을 좋아한다. 나는 레드와인이 좋다. (Everybody likes at least one drink ; I myself go for red wine.)

첫 번째 문장은 모든 사람들이 한결같이 좋아하는 '한 잔'이 있는데, 그것은 바로 물이라는 뜻이고, 두 번째 문장은 우리 모두는 좋아하는 '한 잔'이 있는데, 무엇을 좋아하는지는 사람마다 다르다는 뜻이다. 위의 두 문장을 수학적으로 표현하면 다음과 같다.*

(7′) 모든 사람을 P라 했을 때, P가 좋아하는 음료 D가 존재한다. (There exists a drink D such that, for every person P, P likes D.)

(8′) 모든 사람 P에 대하여 P가 좋아하는 음료 D가 존재한다. (For every person P there exists a drink D such that P likes D.)

이로부터 중요한 일반적 원리를 이끌어낼 수 있다. 'for every x there exists y such that…'이라는 문장을 'there exists y such that, for every x, …'로 바꾸면 제한조건이 훨씬 강한 문장이 된다. 왜냐하면 두 번째 문장에서 y는 더 이상 x에 의존하지 않기 때문이다.** 두 번째 서술이 여전히 참이라면(즉, 모든 x에 적용되는 y가 단 하나뿐이라면), 첫 번째 서술은 **고르게 성립한다**(hold uniformly)고 말한다.

　수학문장에서 '모든(for all)'은 '∀'로, '존재한다(there exist)'는 '∃'로 표기한다. 이 기호를 사용하면 고도로 복잡한 수학문장을 (군이 원한다면) 간단하

---

* 아래의 문장 역시 번역문보다 영어 원문에 집중해서 읽어주기 바란다. 우리말로는 두 문장을 구별하기가 매우 까다롭다－옮긴이
** 이 차이는 우리말로 표현할 방법이 없다. 군이 구별하려면 원문에 없는 단어를 추가로 끼워 넣어야 한다－옮긴이

게 쓸 수 있다. 예를 들어 모든 소수의 집합을 P라고 했을 때, 소수의 개수가 무한하다는 주장은 다음과 같다.

$$(9) \ \forall n \ \exists m \quad (m > n) \wedge (m \in P)$$

이것을 말로 풀어서 쓰면 모든 n에 대하여 n보다 크면서 소수인 m을 항상 찾을 수 있다가 된다. (9)번 문장을 조금 풀어 쓰고 싶다면, $m \in P$를 다음과 같이 바꾸면 된다.

$$(10) \ \forall a, b \quad ab = m \Rightarrow ((a = 1) \vee (b = 1)).^*$$

한정사 '$\forall$'와 '$\exists$'에 대해 한 가지 더 말해둘 것이 있다. 앞에서는 이들이 독립적으로 사용될 수 있는 것처럼 말했지만, 사실 한정사는 항상 집합과 관련되어 있다(그래서 한정사는 집합을 한정한다 (quantify)'고 말하기도 한다). 예를 들어 (10)번 문장에서 a와 b가 분수도 될 수 있다면, 이 문장은 'm은 소수이다'라는 뜻으로 해석될 수 없다. $a = 3$이고 $b = \frac{7}{3}$이면 $ab = 7$이 되어 a와 b 중 그 어떤 것도 1이 아니지만, 그렇다고 7이 소수가 아니라는 뜻은 아니다. 이런 문제를 피하려면 첫 번째 기호 $\forall a, b$에서 a와 b가 **양의 정수**임이 분명하게 드러나 있어야 한다. 이것이 분명하지 않다면, 양의 정수의 집합을 나타내는 $\mathbb{N}$을 이용하여 $\forall a, b \in \mathbb{N}$으로 시작하면 된다.

---

* 이것을 말로 풀어쓰면 다음과 같다. '숫자 m을 두 개의 수 a, b의 곱으로 나타냈을 때, a와 b를 아무리 바꿔도 둘 중 하나는 반드시 1이다' 간단히 말해서, m은 소수라는 이야기다. 물론 $m = 1$인 경우는 제외해야 한다─옮긴이

3.3 부정

수학에서 '부정'의 기본개념은 아주 간단하다. '아니다(not)'를 나타내는 기호는 '$\neg$'로서, 임의의 수학적 문장을 P라 했을 때, $\neg P$는 P가 거짓일 때에만 참인 문장이 된다. 그러나 이것도 논리연결자나 한정사처럼 일상적으로 쓰는 'not'보다 훨씬 제한된 의미를 가진다.

양의 정수의 집합을 A라 했을 때, '집합 A의 모든 원소들은 홀수이다'라는 서술의 부정형은 무엇일까? 대부분의 사람들은 '집합 A의 모든 원소들은 짝수이다'라고 생각하겠지만, 이것은 정답이 아니다. 첫 번째 문장이 참이 아닐 때 어떤 경우가 생기는지를 잘 생각해 보라. 홀수가 아닌 양의 정수가 A에 단 하나라도 존재하면 '집합 A의 모든 원소들은 홀수이다'는 거짓이 된다. 따라서 이 문장의 부정형은 '양의 정수의 집합 A에는 짝수가 존재한다'이다.

그런데 왜 우리의 머릿속에는 틀린 답이 먼저 떠오르는 걸까? 위의 문장을 기호로 써 보면 그 이유가 분명해진다.

$$(11) \ \forall n \in A \quad n \text{ is odd.} \ (\text{집합 } A \text{의 모든 원소 } n \text{은})$$
홀수이다.)

첫 번째 오답(집합 A의 모든 원소들은 짝수이다)은 이 문장의 마지막 부분만 부정한 것이다(n은 짝수이다). 그러나 주어진 문장의 부정형을 만들려면 문장의 일부가 아닌 **전체**를 부정해야 한다. 그러므로 올바른 답은

$$(12) \ \forall n \in A \quad \neg (n \text{ is odd}). \ (\text{집합 } A \text{의 모든 원})$$

소 n은 짝수이다.)

가 아니라, 문장 전체를 부정하는

(13) ¬($\forall n \in A$ n is odd)

이다. 이것을 다시 풀어쓰면

(14) ∃$n \in A$ n is even. (집합 A에는 짝수 n이 존
재한다.)

가 된다. 오답이 먼저 떠오르는 또 한 가지 이유는
'A의 모든 원소'라는 문구를 (언어심리학적인 이유
에서) A를 대표하는 하나의 원소로 생각하는 경향
이 있기 때문이다. 머릿속에 특정한 수 n이 떠오르
면, 'n은 홀수이다'라는 문장의 부정형은 당연히 'n
은 짝수이다'가 된다. 그러므로 오류를 범하지 않
으려면 'A의 모든 원소(every element of A)'를 직관
적으로 이해하지 말고, 'A의 모든 원소에 대하여(for
every element of A)'로 해석해야 한다.

3.4 자유변수와 속박변수

'임의의 시간 t에 물체의 속도는 v이다'라는 문장
을 생각해 보자. 여기서 t와 v는 실수로서 흔히 변수
(variable)라 불린다. 왜냐하면 우리의 머릿속에는 이
값들이 변한다는 관념이 자리 잡고 있기 때문이다.
그러나 일반적으로 말해서, 문자로 쓰여진 수학적
대상은 시간에 따라 변하건 변하지 않건, 모두 변수
로 간주된다. 양의 정수 m이 소수라는 수학적 서술
문을 다시 들여다보자.

(10) $\forall a, b$ $ab = m \Rightarrow ((a = 1) \lor (b = 1))$.

이 문장에는 a, b, m이라는 세 개의 변수가 등장하
는데, 처음 두 개(a, b)와 세 번째 변수(m)는 문법적
으로나 의미적으로 두 가지 커다란 차이가 있다. 첫
째, 위의 문장은 m이 어떤 수인지 미리 알고 있지 않
으면 아무런 의미가 없지만, a와 b에 대해서는 사전
정보가 필요 없다. 둘째, '문장 (10)은 m이 어떤 값일
때 참인가?'라는 질문은 의미가 있지만, '문장 (10)은
a가 어떤 값일 때 참인가?'라고 묻는 것은 의미가 없
다. 문장 안에서 정의되지 않았지만 m은 하나의 고
정된 숫자인 반면, a, b는 $\forall a, b$에서 알 수 있듯이
하나의 숫자가 아니라 둘을 곱해서 m이 되는 모든
가능한 양의 정수의 짝을 의미하기 때문이다. 따라
서 'm은 얼마인가?'라고 물을 수는 있어도 'a는 얼마
인가?'라고 물을 수는 없다. 그리고 문장 (10)에서 a
와 b를 아래와 같이 다른 문자로 대치해도 달라지는
것은 아무것도 없다.

(10′) $\forall c, d$ $cd = m \Rightarrow ((c = 1) \lor (d = 1))$.

그러나 m을 다른 문자 n으로 대치하고 싶다면, 그
전에 n은 m과 동일한 수임을 명백하게 밝혀야 한다.
m과 같이 특정한 대상을 나타내는 변수를 자유변수
(free variable)라 한다. 그리고 a, b처럼 특정 대상을
칭하지 않는 변수를 속박변수(bound variable), 또는
가변수(dummy variable)라 한다('속박'변수는 문장
(10)에서처럼 주로 한정사 바로 뒤에 등장한다).

수학적 서술에 어떤 변수가 등장했는데, 이 변수
를 사용하지 않고 문장을 다시 쓸 수 있는 경우가 있

다. 이런 경우에도 해당 변수는 가변수에 속한다. 예를 들어 $\sum_{n=1}^{100} f(n)$은 $f(1) + f(2) + \cdots + f(100)$으로 쓸 수 있는데, 두 번째 서술에서는 n이 등장하지 않으므로 첫 번째 서술에서 굳이 n으로 쓸 이유가 없다. 그러므로 이 경우에 n은 가변수이다. 가끔은 가변수임에도 불구하고 문장에서 제거할 수 없는 경우도 있는데, 이럴 때도 원리적으로는 제거가 가능하다는 것을 감으로 알 수 있다. 예를 들어 '모든 실수 x에 대하여 x는 양수이거나 음수이거나 0이다 (For every real number x, x is either positive, negative, or zero)'라는 무한개의 문장에서 어떻게 하면 x를 제거할 수 있을까? 방법은 간단하지만 조금 번거롭다. 't는 양수이거나 음수이거나 0이다'라는 문장을 모든 실수 t에 대하여 일일이 나열하면 된다.

4 형식의 수준

집합론과 논리학의 몇 가지 개념만 있으면 대부분의 수학 문장을 아무런 모호함 없이 정확하게 표현할 수 있다(사실 이것은 매우 놀라운 일이다!). 이를 위해서는 약간의 전문용어를 도입해야 하지만, 집합과 함께 수까지 기본적 대상으로 간주한다면 새로운 용어도 필요 없다. 그런데 형식에 맞게 쓰인 수학논문을 보면 $\forall$나 $\exists$ 같은 기호는 별로 없고, 상당 부분이 일상적인 영어로 되어 있다(물론 개중에는 프랑스어나 독일어로 쓴 논문도 있지만, 수학의 국제공용어는 영어이다). 수학자들은 어떻게 일상적인 영어로 논문을 쓰면서 혼동이나 모호함, 또는 오류를 피해갈 수 있는 것일까?

그 비결은 일상언어와 수학기호를 절충하는 것이다. 일상적인 영어는 의미가 모호하고 부정확한 반면, 수학기호는 지나치게 형식적이어서 보기만 해도 현기증이 난다. 수학이라는 관점에서 볼 때 가장 이상적인 글은 친숙하고 이해하기 쉬운 언어를 사용하되, 독자들이 필요성을 느낄 때 언제든지 수학기호로 표현할 수 있는 글이다(여기서 말하는 독자들이란 수학논문을 읽고 이해하는 훈련이 어느 정도 되어 있는 독자를 의미한다). 일상적인 언어로 쓰여 있는 수학문장을 기호로 다시 쓰는 것은 매우 중요한 과정이다. 내용이 너무 복잡하거나 이해하기 어려울 때, 좀 더 형식을 갖춘 문장으로 바꾸는 것이 유일한 해결책이기 때문이다.

예를 들어 다음과 같은 수학적 서술을 생각해 보자.

(15) 양의 정수들로 이루어진, 공집합이 아닌 모든 집합의 원소들 중에는 가장 작은 원소가 반드시 존재한다. (Every nonempty set of positive integers has a least element.)

이 문장을 좀 더 형식을 갖춘 문장으로 다시 쓰려면 '공집합이 아닌(nonempty)'이나 '갖고 있다(has)'와 같은 단어들을 제거해야 하는데, 이 과정은 그리 어렵지 않다. 집합 A가 양의 정수로 이루어져 있으면서 공집합이 아니라는 것은 A라는 집합 안에 양의 정수가 반드시 존재한다는 뜻이다. 이것을 기호로 표기하면 다음과 같다.

(16) $\exists n \in \mathbb{N} \quad n \in A.$

그런데 A에 가장 작은 원소가 존재한다는 것은 무슨 뜻일까? 집합 A에 최소원소가 존재한다는 것은 A의 모든 원소 y가 x보다 크거나 같은 x가 존재한다는 뜻이다. 이것을 기호로 쓰면 다음과 같다.

(17) $\exists x \in A \; \forall y \in A \;\; (y > x) \vee (y = x).$

(15)번 문장은 양의 정수로 이루어진 모든 집합 A가 (16)을 만족하면 (17)도 만족한다((16) implies (17))는 뜻이다. 이것을 기호로 표기하면 다음과 같다.

(18) $\forall A \subset \mathbb{N}$

$[(\exists n \in \mathbb{N} \;\; n \in A)$

$\Rightarrow (\exists x \in A \; \forall y \in A \;\; (y > x) \vee (y = x))].$

(15)와 (18)은 같은 내용이지만, 보다시피 겉모습은 완전 딴판이다. 물론 (18)보다는 (15)가 훨씬 이해하기 쉽다. 그러나 수학의 기초가 중요하게 부각되거나 증명의 타당성 여부를 컴퓨터 프로그램으로 확인하고자 할 때에는 문법과 어휘를 최소한으로 줄여야 하기 때문에, (18)과 같은 서술이 훨씬 유용하다. 형식을 갖추는 정도에는 여러 단계가 있는데, 수학자들은 이 단계를 조절하는 데 능숙하다. 그래서 (18)번처럼 암호 같은 문장을 구사하지 않고서도 전하고자 하는 내용을 오류나 모호함 없이 전달할 수 있는 것이다. 그러나 수학자도 사람인지라, 일상적인 문장으로 쓰다가 간간이 오류를 범하기도 한다.

I.3 몇 가지 기본적인 수학의 정의

이 장에서 논의될 개념들은 현대수학에 빈번하게 등장하지만 III부에서 다루기에는 너무 기본적인 것들이다. II부부터는 독자들이 이 장에서 언급된 개념에 어느 정도 친숙하다는 가정하에 써나갈 것이므로, 이 책을 끝까지 정독할 예정이라면 이 장을 잘 읽어두기 바란다.

1 주요 수체계

수(number)는 어린아이가 수학을 배우면서 처음 접하는 개념으로, 모든 단계의 수학에서 핵심적인 역할을 한다. 그러나 '수'의 의미를 설명하기란 결코 쉽지 않다. 수학을 많이 알수록 수는 더욱 빈번하게 등장하고, 뒤로 갈수록 개념은 더욱 복잡해진다. 수백 년에 걸쳐 개발되어온 수의 역사는 인류문화의 역사와 그 궤를 같이하고 있다(수에서 수체계까지 [II.1] 참조).

수는 낱개로 간주하는 것보다 수체계(number system)라는 커다란 전체의 일부로 간주하는 것이 더 바람직하다. 수체계의 특징은 덧셈과 곱셈, 뺄셈, 나눗셈, 제곱근 등 다양한 산술연산이 가능하다는 점이다. 개개의 수를 큰 집합의 원소로 간주하면 일반대수학에서 추상대수학으로 자연스럽게 넘어갈 수 있다. 이 장의 나머지 부분에서는 다섯 가지의 수체계에 대해 논하기로 한다.

1.1 자연수

어린아이도 알고 있는 1, 2, 3, 4, …를 자연수(natural

number), 또는 양의 정수(positive integer)라 한다. 사람들이 사물을 헤아릴 때 쓰는 수는 대부분 자연수이다. 수학자들은 모든 자연수로 이루어진 집합을 흔히 ℕ으로 표기한다(일부 수학자들은 0을 포함한 양의 정수를 자연수로 정의하기도 한다. 논리학과 집합론에서는 이 정의를 사용하고 있다. 이 책에서는 두 가지 정의를 모두 사용할 텐데, 0의 포함 여부를 항상 명확하게 밝힐 것이다).

물론 1, 2, 3, 4, …는 형식을 갖춘 정의가 아니지만, 이 표기에는 자연수와 관련하여 누구나 당연하게 생각하는 두 가지 특성이 함축되어 있다.

(i) 임의의 자연수 n에 대하여 바로 다음에 등장하는 **후행자**(successor) $n + 1$이 존재한다.

(ii) 1에서 시작하여 후행자를 계속 이어나가면 모든 자연수가 재현된다. 이때 모든 자연수는 단 한 번씩 등장하며, 자연수가 아닌 수는 나타나지 않는다.

위의 특성은 **페아노 공리**[III.67]에 잘 요약되어 있다.

두 개의 자연수 m과 n은 덧셈이나 곱셈의 대상이 될 수 있으며, 연산결과도 자연수에 속한다. 그러나 자연수를 대상으로 한 뺄셈이나 나눗셈은 항상 가능하지는 않다(즉, 자연수가 아닌 결과가 나올 수도 있다). 예를 들어 8 − 13이나 $\frac{5}{7}$라는 수에 의미를 부여하려면, 수체계를 더 넓은 영역으로 확장해야 한다.

1.2 정수

자연수가 수 전체는 아니다. 0과 음의 정수가 빠져

있기 때문이다. 0을 도입하게 된 첫 번째 이유는 양의 정수를 십진법으로 표기하기 위해서였다. 0이 없다면 1005 같은 수를 어떻게 편리하게 표기한다는 말인가? 그러나 현대수학에서 0은 편리함을 넘어 **덧셈의 항등원**이라는 중요한 지위를 차지하고 있다. 즉, 임의의 수에 0을 더한 결과는 원래의 수와 같다. 숫자에 어떤 연산을 가했는데 하나도 달라진 게 없으면 그다지 흥미로운 경우가 아니지만, 연산의 항등원은 그 자체로 흥미로운 존재이며 다른 숫자와 구별되는 특성이기도 하다. 또한 0이 있기 때문에 우리는 음수를 생각할 수 있다. n이 양의 정수일 때 n에 어떤 수를 더해서 0이 되었다면, 그 어떤 수는 무엇인가? 답은 $-n$이다.

수학에 익숙하지 않은 사람은 음수라는 개념이 불필요하다고 생각할지도 모른다. 물론 수의 주요 기능 중 하나는 사물을 헤아리는 것이고, '얼마나 많이 ~'로 시작하는 질문에는 양수로 된 답이 주어지기 마련이다. 그러나 수는 사물을 헤아리는 것 말고도 엄청나게 많은 기능을 갖고 있으며, 우리 주변에는 양수와 음수가 모두 필요한 상황이 의외로 자주 발생한다. 예를 들어 은행 잔고가 음수라는 것은 은행에 빚을 지고 있다는 뜻이고, 물의 빙점보다 낮은 온도는 음수로 나타낸다. 그리고 해수면보다 낮은 지대의 고도를 음수로 표기하면 이곳은 해수면보다 낮다는 설명을 일일이 붙일 필요가 없다.

모든 정수의 집합(음의 정수, 0, 양의 정수)은 기호 ℤ로 표기한다(독일어로 '수'를 뜻하는 'Zahlen'의 첫 글자를 따온 것이다). 정수에서는 항상 뺄셈이 가능하다. 즉, m과 n이 정수이면 $m - n$은 정수이다.

1.3 유리수

정수에 분수를 포함시키면 유리수(rational number) 체계가 만들어진다. 모든 유리수의 집합은 $\mathbb{Q}$로 표기한다('몫'을 뜻하는 'quotient'의 첫 글자를 따온 것이다).

사물을 헤아리는 것 외에 수가 갖고 있는 주요기능 중 하나는 길이와 무게, 온도, 속도 등 관측을 통해 얻은 값을 표기하는 것이다. 그런데 대부분의 측정값들은 연속적으로 변하기 때문에 어떤 값도 가질 수 있으며, 정수만으로는 이 값들을 나타낼 수 없다.

이론적인 측면에서도 유리수는 반드시 필요한 수이다. 수체계를 유리수로 확장해야 나눗셈이 가능해지기 때문이다(0으로 나누는 경우는 제외한다). 사칙연산이 가능하다는 점과 몇 가지 산술적 특성을 조합하면 유리수의 집합 $\mathbb{Q}$가 체(field)를 형성한다는 것을 알 수 있는데, 체와 관련된 자세한 내용은 §2.2에서 더 자세히 논의될 것이다.

1.4 실수

뚜렷한 증거는 없지만, 2의 제곱근이 유리수가 아니라는 사실을 처음 발견한 주인공은 고대 그리스의 피타고라스[VI.1] 학파로 알려져 있다. 즉, $(p/q)^2 = 2$를 만족하는 분수 p/q가 존재하지 않는다는 뜻이다. 직각삼각형에 관한 피타고라스의 정리(고고학적 증거로 미루어볼 때, 이 정리는 피타고라스의 시대보다 적어도 천년 전에 발견되었을 가능성이 높다)에 의하면 한 변의 길이가 1인 정사각형의 대각선의 길이는 $\sqrt{2}$이다. 결국 유리수만으로는 측정되지 않는 길이가 존재하는 셈이다.

이 정도면 수체계를 확장해야 한다는 데 별다른 이견이 없을 것 같지만, 반드시 그렇지도 않다. 어차피 측정이라는 것은 무한히 정확할 수 없기 때문에 적절한 선에서 반올림하는 것으로 충분하고, 반올림했다는 것은 측정값을 유리수로 표현했다는 뜻이다(이 부분은 수치해석학[IV.21]에서 자세히 논의될 것이다).

그러나 이론적인 면에서 생각할 때 수체계의 확장은 필수적이다. 로그[III.25 §4]를 취하여 방정식을 풀 때, 또는 삼각함수나 가우스 분포[III.71 §5]를 다룰 때 무리수와 필연적으로 마주치기 때문이다. 이뿐만이 아니다. 무리수가 등장하는 분야를 일일이 나열하자면 한도 끝도 없다. 무리수는 측정값 표기용이 아니라, 물리적 세계를 수학으로 표현하기 위해 반드시 필요한 수이다. 한 변의 길이가 1인 정사각형의 대각선 길이를 가능한 한 정확하게 표현하고 싶을 때, 소수점 이하 숫자를 길게 나열하며 정확도를 논하는 것보다 $\sqrt{2}$라고 쓰는 것이 훨씬 정확하고 간편하다.

실수(real number)란 소수점 이하로 유한한 수와 무한한 수를 합쳐 놓은 집합을 말한다. 소수점 아래로 무한히 이어지는 수는 직접 정의할 방법이 없기 때문에, 연이은 근사적 표현을 사용하는 수밖에 없다. 예를 들어 1, 1.4, 1.41, 1.414, 1.4142, 1.41421, … 을 제곱한 값은 점차 2에 가까워지는데, 이 과정을 충분히 반복하면 원하는 만큼의 정확도를 기할 수 있다. 그래서 2의 제곱근을 1.41421… 로 쓰는 것이다.

실수의 집합은 $\mathbb{R}$로 표기한다. $\mathbb{R}$을 좀 더 추상적인 관점에서 바라보면 유리수체계를 더 넓게 확장시킨

체로 간주할 수 있는데, 사실 이것은 위와 같은 과정 (근사적 표현의 무한반복)을 거쳐 얻어진 수가 항상 $\mathbb{R}$에 속하도록 만드는 유일한 방법이기도 하다.

실수는 극한의 개념(연이은 근사적 표현)과 밀접하게 관련되어 있기 때문에, 실수를 정확하게 이해하려면 해석학에 대한 이해가 뒷받침되어야 한다. 실수와 해석학의 관계는 [I.3 §5]에서 다룰 예정이다.

1.5 복소수

$x^2 = 2$와 같은 방정식은 유리수해를 갖지 않기 때문에, 방정식을 풀려면 수의 범위를 $\mathbb{R}$로 확장해야 한다. 그러나 방정식 중에는 $\mathbb{R}$에 속하지 않는 해를 갖는 것도 있다. 가장 간단한 사례가 $x^2 = -1$이다. 실수를 제곱하면 양수 아니면 0이므로, 이 방정식은 실수해를 갖지 않는다. 이 문제를 해결하기 위해 도입된 것이 바로 i이다. i는 실수처럼 하나의 수로 취급되며, $i^2 = -1$로 약속되어 있다. a와 b가 실수일 때 $a + bi$의 형태로 표현되는 수를 복소수(complex number)라 하며, 복소수의 집합은 $\mathbb{C}$로 표기한다. 복소수끼리 더하거나 곱할 때에는 i를 (x와 같은) 하나의 변수처럼 취급하되, 계산 도중에 i^2이 등장하면 무조건 -1로 대치시키면 된다. 따라서 두 복소수를 더한 결과는

$$(a + bi) + (c + di) = (a + c) + (b + d)i$$

이며, 곱셈의 경우에는

$$(a + bi)(c + di) = ac + bci + adi + bdi^2$$
$$= (ac - bd) + (bc + ad)i$$

가 된다.

복소수는 몇 가지 놀라운 특성을 갖고 있다. 첫째, 복소수는 인위적으로 도입한 수임에도 불구하고 수학적으로 아무런 모순도 낳지 않는다. 둘째, 복소수는 사물을 헤아리거나 측정할 때 사용되는 수가 아니지만, 여러 면에서 크게 유용하다. 셋째, i는 $x^2 = -1$이라는 하나의 방정식을 풀기 위해 도입되었지만, i를 이용하면 모든 다항방정식의 해를 구할 수 있다. 이것이 바로 그 유명한 대수학의 기본 정리 [V.13]이다.

복소수의 중요한 기능 중 하나는 아르강 다이어그램(Argand diagram)을 통해 기하학의 다양한 특성을 간결하게 표현할 수 있다는 점이다. 이 표기법에서 복소수는 평면 상의 한 점으로 표현되는데, $a + bi$가 좌표 (a, b)에 대응되는 식이다. 이때 원점과 복소수 사이의 거리 r은 $r = \sqrt{a^2 + b^2}$이며, r과 수평축(실수축) 사이의 각도 θ는 $\tan^{-1}(b/a)$이다. 여기에 삼각함수를 적용하면 $a = r\cos\theta$, $b = r\sin\theta$의 관계가 성립한다. 이 평면에서 복소수 $z = x + yi$와 $a + bi$의 곱셈은 다음과 같은 기하학적 과정으로 해석할 수 있다. 우선 z를 평면 상의 점 (x, y)에 대응시킨 후, 이 점에 r을 일괄적으로 곱하여 (rx, ry)를 만든다. 그리고 이 점을 원점을 중심으로 반시계방향으로 θ만큼 회전시키면 두 복소수의 곱이 얻어진다. 다시 말해서, 임의의 복소수 z에 $a + bi$를 곱하는 것은 z와 원점 사이의 거리를 r배로 잡아늘린 후(r이 1보다 작으면 거리가 줄어든다) 각도 θ만큼 돌리는 기하학적 변환과 동일하다. 특히 $a^2 + b^2 = 1$인 경우에는 잡아늘리는 과정 없이 z를 θ만큼 반시계방향으로 회전시키기만 하면 된다.

그래서 복소수를 표현할 때 직교좌표 못지 않게 편리한 것이 바로 극좌표(polar coordinate)이다. 직교좌표에서 $a + bi$로 표현되는 복소수를 극좌표로 표현하면 $re^{i\theta}$이 된다. 즉, 원점과의 거리 r과 양의 실수축과의 각도 θ(반시계방향으로 잰 각도)가 주어지면 하나의 복소수가 정의된다. $z = re^{i\theta}$일 때, r을 z의 **절댓값**(modulus)이라 하며, $|z|$로 표기한다. 그리고 θ는 z의 **편각**(argument)이라 한다(θ에 2π를 더해도 $e^{i\theta}$은 변하지 않기 때문에, 통상적으로 θ의 범위는 $0 \leqslant \theta < 2\pi$, 또는 $-\pi \leqslant \theta < \pi$로 정해져 있다). 복소수와 관련하여 한 가지 유용한 정의가 더 있는데, z의 **켤레복소수**(complex conjugate)인 $\bar{z}$가 바로 그것이다. z가 $x + iy$(단, x, y는 실수)일 때 $\bar{z}$는 $x - yi$로 정의되며, 약간의 계산을 거치면 $\bar{z}z = x^2 + y^2 = |z|^2$임을 쉽게 알 수 있다.

2 네 가지 중요한 대수구조

앞 절에서 언급했듯이, 수는 개별적으로 취급하는 것보다 집합적 의미의 수체계로 취급하는 것이 훨씬 유용하다. 수체계는 수와 연산(덧셈, 곱셈 등)으로 이루어져 있으며(연산의 대상은 당연히 수이다), 이것은 **대수구조**의 한 사례이다. 대수구조는 수체계 이외에도 여러 가지 형태가 있는데, 그중 중요한 몇 가지를 소개하기로 한다.

2.1 군

S라는 기하학적 도형을 이동시킬 때, S를 이루는 모든 점들 사이의 거리가 그대로 유지되는 경우를 **강체이동**(rigid motion)이라 한다. 압축하거나 줄이는

것은 허용되지 않는다. 이동 전과 이동 후에 S의 모양이 같을 때, 강체이동은 S의 **대칭**(symmetry)이 된다. 예를 들어 S가 정삼각형인 경우, 정삼각형의 무게중심을 중심으로 (시계방향 또는 반시계방향으로) 120°만큼 회전시키는 변환은 S의 대칭이다. 또한 정삼각형의 한 꼭짓점과 맞은편 변의 중점을 지나는 선을 중심으로 반사시켜도 모양이 변하지 않으므로, 이 변환도 대칭이다.

좀 더 형식을 갖춰 서술하면 다음과 같다. S의 대칭은 S에서 자기 자신으로 대응되는 함수이며, 이 함수는 S에 속하는 임의의 두 점 x, y 사이의 거리를 똑같이 유지한다. 즉, x와 y 사이의 거리는 $f(x)$와 $f(y)$ 사이의 거리와 같다.

이 정의를 좀 더 일반화시켜 보자. S를 임의의 수학적 구조라 했을 때, S의 대칭은 구조에 변형을 가하지 않고 S에서 자기 자신으로 대응시키는 함수이다. S가 기하학적 도형인 경우, 대칭에서 보존되는 수학적 구조는 임의의 두 점 사이의 거리이다. 함수의 보존여부를 따질 수 있는 수학적 구조는 도형 외에도 많이 있는데, 그 대표적 사례가 대수구조이다(자세한 내용은 뒤에서 다룰 예정이다). 어떤 경우이건 구조를 보존하는 함수를 일종의 대칭으로 간주하고, 대칭을 기하학적으로 해석하면 직관적으로 이해하기 쉽다.

대칭은 매우 포괄적인 개념이어서 수학 전반에 걸쳐 수시로 등장한다. 그리고 대칭의 종류가 무엇이건 간에, 거기에는 항상 **군**(group)이라는 수학적 구조가 동반된다. 군의 특성과 용도를 이해하기 위해 정삼각형을 다시 떠올려 보자. 정삼각형은 6가지 대칭을 갖고 있다.

왜 6가지일까? 정삼각형의 세 꼭짓점을 A, B, C라 하고, 편의를 위해 한 변의 길이를 1이라 하자. 그리고 이 정삼각형의 대칭을 함수 f로 표기하자. 그러면 $f(A)$, $f(B)$, $f(C)$는 f를 통해 변환된 새로운 삼각형의 세 점이며, 이들 사이의 거리는 1이어야 한다(대칭변환을 가했을 때 두 점 사이의 거리가 변하지 않아야 하기 때문이다). 그런데 한 변이 1인 정삼각형에서 거리가 1인 두 점은 꼭짓점밖에 없기 때문에(그 외의 모든 점들 사이의 거리는 1보다 짧다), $f(A)$, $f(B)$, $f(C)$는 새로운 삼각형의 꼭짓점이 될 수밖에 없다. 단, $f(A)$, $f(B)$, $f(C)$는 원래의 순서 A, B, C와 다를 수도 있는데, $f(A)$, $f(B)$, $f(C)$를 삼각형의 꼭짓점에 할당하는 방법의 수는 총 6가지가 있다. 일단 $f(A)$, $f(B)$, $f(C)$가 정해지면 그 외의 다른 점들이 f를 통해 가는 점은 완벽하게 결정되기 때문이다(예를 들어 A와 C의 중점을 X라 했을 때, $f(A)$와 $f(C)$의 중점은 $f(X)$이다. $f(A)$와 $f(C)$로부터 거리가 $\frac{1}{2}$인 지점은 $f(X)$밖에 없기 때문이다).

정삼각형의 대칭을 변환을 가한 후 달라진 A, B, C의 위치로 표기해 보자. 예를 들어 ACB 대칭은 꼭짓점 A를 고정시킨 채 B와 C를 맞바꾼 경우인데, 이것은 B와 C의 중점과 A를 지나는 직선을 중심으로 정삼각형 전체를 반사시킨 대칭에 해당한다. 이런 종류의 반사는 ACB와 CBA, 그리고 BAC 세 가지가 있다. 그 외에 BCA와 CAB는 정삼각형을 회전시켜서 얻어지며, 원래 정삼각형과 똑같은 ABC도 '자명한(trivial)' 하나의 대칭으로 간주할 수 있다. ('자명한' 대칭은 정수에서 덧셈의 항등원인 0과 비슷한 역할을 한다.)

대칭의 집합을 대수구조의 하나인 군으로 간주할

수 있는 이유는 두 개의 대칭을 **합성**했을 때 같은 집합에 속하는 제3의 대칭이 얻어지기 때문이다(각각의 변환이 구조를 변화시키지 않는다면, 이들을 합성한 변환도 구조를 변화시키지 않는다). 예를 들어 정삼각형을 BAC로 반사시킨 후 여기에 다시 ACB 반사를 가한 변환은 회전변환 CAB와 동일한 결과를 낳는다. 이 사실은 삼각형을 직접 그려서 확인할 수 있는데, 다음과 같은 논리를 통해 확인할 수도 있다. 첫 번째 대칭은 A를 B로 보내고 두 번째 대칭은 B를 C로 보내므로 이것은 결국 A를 C로 한번에 보낸 것과 같으며, 마찬가지로 B는 A로, C는 B로 이동한 것과 같다. 여기서 한 가지 주의할 것은 대칭을 가한 순서에 따라 결과가 달라진다는 점이다. 예를 들어 ACB를 먼저 가한 후 BAC를 가하면 회전변환 BCA가 얻어진다(이것을 그림으로 확인할 때는 A, B, C를 삼각형과 함께 이동시키지 말고 A는 삼각형의 위쪽 꼭짓점, B는 왼쪽 아래 꼭짓점, C는 오른쪽 아래 꼭짓점을 칭하는 이름으로 간주해야 한다).

위에서 확인한 바와 같이 대칭은 숫자와 같은 수학적 '대상'으로, 대칭의 합성은 정수의 덧셈이나 곱셈과 비슷한 일종의 대수연산으로 간주할 수 있다. 이 연산은 **결합법칙**을 만족하고 **항등원**이 존재하며(자명한 대칭), 모든 대칭에는 변환을 원래대로 되돌리는 역대칭이 존재한다(이항연산[I.2 §2.4] 참조). (예를 들어 반사대칭의 역대칭은 자기 자신이다. 정삼각형을 중선에 대하여 반사시킨 후 동일한 반사를 한 번 더 가하면 원래대로 되돌아오기 때문이다.) 좀 더 일반적으로 말해서, 위와 같은 이항연산이 존재하는 모든 대수구조를 '군'이라 한다. 단, 군이 되기 위해 반드시 교환법칙을 만족할 필요는 없다. 앞의 사례에서 보았듯이, 두 개의 대칭을 연달아 가할 때 순서를 바꾸면 다른 결과가 얻어지기 때문이다. 다시 말해서, 군의 원소들(대칭)은 일반적으로 교환법칙을 만족하지 않는다. 그러나 개중에는 교환법칙을 만족하는 군도 있는데, 이런 군을 **아벨 군**(Abelian group)이라 한다(노르웨이의 수학자 아벨 [VI.33]의 이름에서 따온 용어이다). 수체계 $\mathbb{Z}$, $\mathbb{Q}$, $\mathbb{R}$, $\mathbb{C}$는 덧셈연산에 대하여 아벨 군이며, $\mathbb{Q}$, $\mathbb{R}$, $\mathbb{C}$에서 0을 제거하면 곱셈에 대해서도 아벨 군이 된다. 그러나 $\mathbb{Z}$에서는 0을 제거해도 역원이 존재하지 않기 때문에 아벨 군이 될 수 없다(일반적으로 정수의 역수는 정수가 아니다). 군의 또 다른 예시는 이 절의 끝부분에서 소개할 것이다.

2.2 체

위에서 살펴본 바와 같이 몇 가지 수체계는 군을 형성한다. 그러나 이들을 군으로 간주하면 이들의 대수구조에 대해 상당히 많은 것을 무시하게 된다. 군에는 이항연산이 한 가지 밖에 없는 반면, 표준 수체계는 덧셈과 곱셈이라는 두 가지 이항연산을 갖고 있다(이로부터 뺄셈과 나눗셈도 정의할 수 있다). **체**(field)의 형식적인 정의는 꽤 긴데, 체는 두 개의 이항연산과 그 연산들이 반드시 만족해야 할 몇 가지 공리들을 가진 집합이다. 다행히도 이 공리들을 쉽게 기억하는 방법이 있다. 수체계 $\mathbb{Q}$, $\mathbb{R}$, $\mathbb{C}$에서 덧셈과 곱셈이 가지는 기본적 특성들을 노트에 적어나가면 된다.

그 특성이란 다음과 같다. 덧셈과 곱셈은 교환법칙과 결합법칙을 만족하고 항등원을 갖고 있다(덧셈의 항등원은 0이고 곱셈의 항등원은 1이다). 또한 모든 원소 x마다 덧셈의 역원인 $-x$와 곱셈의 역원인 $1/x$가 존재한다(단, 0에 대한 곱셈의 역원은 존재하지 않는다). 덧셈과 곱셈의 역원을 이용하면 뺄셈과 나눗셈을 정의할 수 있다. $x - y$는 $x + (-y)$이며, x/y는 $x \cdot (1/y)$를 의미한다.

덧셈과 곱셈의 특성은 이 정도로 충분하다. 그런데 수학적 구조를 정의할 때 나타나는 일반적인 현상이 있다. 정의가 여러 부분으로 나뉘었는데, 각 부분이 서로 **상호작용을 하지 않으면** 별다른 흥미를 끌지 못한다는 것이다. 지금의 경우 우리의 정의는 덧셈과 곱셈으로 나뉘었고, 지금까지 언급된 특성들은 서로 별다른 관계가 없는 것 같다. 그러나 덧셈과 곱셈은 아직 언급하지 않은 **분배법칙**(distributive law)을 통해 서로 연결되며, 이로부터 체는 특별한 성질을 갖게 된다. 분배법칙은 괄호를 풀어쓰는 법칙으로, 임의의 수 x, y, z에 대하여 $x(y + z) = xy + xz$이다.

이 특성들을 노트에 나열한 후, 전체 상황을 다소 **추상적인** 관점에서 바라보자. 즉, 덧셈과 곱셈의 특성을 공리로 간주하고, 이 모든 공리를 만족하는 두 개의 이항연산으로 이루어진 집합을 체로 간주하는 것이다. 그러나 우리는 체를 다룰 때 공리를 '진술의 나열'이 아니라 유리수와 실수, 그리고 복소수에 대하여 수행했던 대수적 조작을 마음대로 해도 좋다는 면허처럼 생각한다.

물론 공리가 많을수록 그것을 만족하는 수학적 구조를 찾기가 어려워진다. 그래서 대체로 체는 군보다 드물다. 체를 이해하는 가장 좋은 방법은 개개의 사례에 집중하는 것이다. $\mathbb{Q}$, $\mathbb{R}$, $\mathbb{C}$ 외에 또 다른 체의 예로는 소수 p를 법으로 하는 정수의 집합 $\mathbb{F}_p$가 있는데, 덧셈과 곱셈도 p를 법으로 해서 계산한다 (모듈러 연산[III.58] 참조).

체가 관심을 끄는 이유는 체를 확장하여 새로운 체를 만들어내는 어떤 과정이 수학적으로 매우 중요하기 때문이다. 그 과정을 간단히 소개하면 다음과 같다. 우선 체 $\mathbb{F}$에서 근을 갖지 않는 다항식 P를 찾은 후, P의 근을 $\mathbb{F}$에 추가하여 $\mathbb{F}'$을 만든다. 이렇게 확장된 $\mathbb{F}'$은 새로 추가된 근과 $\mathbb{F}$의 원소들을 더하거나 곱해서 만들 수 있는 모든 수들로 이루어져 있다.

이 과정은 앞에서도 언급된 적이 있다. 실수의 체 $\mathbb{R}$에서 다항식 $P(x) = x^2 + 1$은 근을 갖지 않으므로, $\mathbb{R}$에 i를 추가하여 $\mathbb{C}$를 만들었다. $\mathbb{C}$는 모든 원소들이 $a + bi$(단, a, b는 실수)의 형태로 표현되는 복소수이다.

체 $\mathbb{F}_3$에 대해서도 동일한 과정을 적용할 수 있다. 이 체에서도 방정식 $x^2 + 1$의 근은 존재하지 않으므로 i를 추가해서 $\mathbb{C}$와 비슷한 체를 만들 수 있다. 새로 만들어진 체도 $a + bi$ 꼴의 복소수로 이루어져 있지만, a와 b는 모든 실수가 아니라 $\mathbb{F}_3$에 속하는 원소이다. 그런데 $\mathbb{F}_3$은 총 원소가 3개이므로 새로 만들어진 체는 9개의 원소를 가진다. 체의 또 다른 예로는 유리수 a와 b에 대하여 $a + b\sqrt{2}$ 꼴의 모든 수로 이루어진 $\mathbb{Q}(\sqrt{2})$를 들 수 있다. 조금 더 복잡한 사례로는 다항식 $x^3 - x - 1$의 근 γ로 만들어진 $\mathbb{Q}(\gamma)$가 있는데, 여기 속하는 수들은 유리수 a, b, c에 대하여 $a + b\gamma + c\gamma^2$의 형태로 되어 있다. $\mathbb{Q}(\gamma)$를 다룰 때 γ^3이 등장하면 무조건 $\gamma + 1$로 대치하면 된다($\gamma^3 - \gamma - 1 = 0$이기 때문이다). 이것은 복소수체계에서 i^2을 -1로 대치했던 것과 비슷하다. 체의 확장과 관련하여 더 자세한 내용을 알고 싶으면 자기동형사상 [I.3 §4.1]을 참고하기 바란다.

수학에 체가 도입된 두 번째 이유는 이들을 이용해 다음 절의 주제인 벡터공간을 정의할 수 있기 때문이다.

2.3 벡터공간

평면에서 모든 방향으로 무한대까지 뻗어 있는 무한개의 점들을 어떻게 표현할 수 있을까? 가장 편리한 방법 중 하나는 직교좌표를 이용하는 것이다. 원점의 위치를 정하고, 그 점을 지나면서 서로 직교하는 X축과 Y축을 그리면 된다. 여기서 순서쌍 (a, b)는 원점으로부터 X 방향(통상적으로 오른쪽)으로 a만큼, Y 방향(위쪽)으로 b만큼 떨어져 있는 점을 가리킨다(a가 -2와 같은 음수이면 X축 반대방향(왼쪽)으로 $+2$만큼 떨어져 있다는 뜻이며, b가 음수인 경우도 마찬가지다).

동일한 위치를 다른 방법으로 나타낼 수도 있다. $\boldsymbol{x}$와 $\boldsymbol{y}$를 각각 X축과 Y축 방향으로 나 있는 단위벡터라고 하자. 그러면 $\boldsymbol{x}$와 $\boldsymbol{y}$의 좌표는 각각 $(1, 0)$, $(0, 1)$이며, 평면 위에 있는 모든 점들은 $\boldsymbol{x}$와 $\boldsymbol{y}$의 일차결합(linear combination)인 $a\boldsymbol{x} + b\boldsymbol{y}$로 나타낼 수 있다. 이때 $\boldsymbol{x}$와 $\boldsymbol{y}$를 기저벡터(basis vector)라 한다. $a\boldsymbol{x} + b\boldsymbol{y}$의 뜻을 이해하기 위해, 이 벡터를 $a(1, 0) + b(0, 1)$로 표기해 보자. 첫 번째 항은 단위벡터 $(1, 0)$에 a를 곱했으므로 $(a, 0)$이고 두 번째 항은 단위벡터 $(0, 1)$에 b를 곱했으므로 $(0, b)$가 된다. 따라서 이들을 좌표별로 더하면 (a, b)라는 벡터를 얻는다.

일차결합이 등장하는 또 한 가지 예를 들어 보자. 여기 $(d^2y/dx^2) + y = 0$이라는 미분방정식이 주어져 있다. 우연히 $y = \sin x$와 $y = \cos x$가 방정식의 해임을 알아냈다면, 임의의 수 a, b에 대하여 $y = a \sin x + b \cos x$도 방정식의 해라는 것을 쉽게 증명할 수 있다. 즉, 처음에 찾은 해 $\sin x$와 $\cos x$의 일차결합도 주어진 방정식의 해이다. 그런데 미분방정식의 모든 해들은 이와 같은 형태로 쓸 수 있음이 밝혀졌으므로, 우리는 $\sin x$와 $\cos x$를 미분방정식의 해로 이루어진 '공간'의 '기저벡터'로 간주할 수 있다.

일차결합은 수학의 다양한 분야에서 수시로 등장한다. 또 다른 예로는 $ax^3 + bx^2 + cx + d$로 표현되는 3차다항식을 들 수 있다. 이 식은 네 개의 기본다항식인 $1, x, x^2, x^3$의 일차결합이다.

벡터공간(vector space)은 일차결합이 의미가 있는 수학적 구조로서, 여기에 속하는 대상을 통상적으로 벡터(vector)라 부른다. 단, 이들을 다항식이나 미분방정식의 해처럼 구체적인 대상으로 간주하고 싶은 경우는 예외이다. 좀 더 형식을 갖춰 말하자면 벡터공간 V는 임의의 두 벡터 v와 w(즉, V의 두 원소 v와 w)와 임의의 두 실수 a, b로 일차결합 $av + bw$를 만들 수 있는 집합을 의미한다.

이 일차결합에는 두 종류의 대상이 등장한다. 벡터 v와 w가 있고, 수 a와 b가 있다. 이 일차결합에 등장하는 상수 a, b는 스칼라(scalar)로 알려져 있다. 일차결합 $av + bw$는 '스칼라와 벡터의 곱셈'과 '벡터끼리의 덧셈'이라는 두 과정을 거쳐 만들어진다. 우선 벡터 v와 w에 각각 a와 b라는 스칼라를 곱하여 av와 bw라는 두 벡터를 만든 후, 이들을 더한 결과가 $av + bw$라는 벡터이다.

일차결합이 제대로 정의되려면 벡터의 덧셈은 교환법칙과 결합법칙을 만족해야 하고 **영벡터**라는 항

등원벡터와 v에 대한 덧셈의 역원인 $-v$가 존재해야 한다. 또한 벡터와 스칼라의 곱셈은 특정한 형태의 결합법칙($a(bv) = (ab)v$)과 함께, 두 가지 분배법칙 $(a + b)v = av + bv, a(v + w) = av + aw$를 만족해야 한다.

일차결합은 연립방정식에서도 핵심적인 역할을 한다. 예를 들어 두 개의 미지수 x, y로 이루어진 두 개의 연립방정식 $3x + 2y = 6$과 $x - y = 7$을 생각해보자. 이런 방정식을 풀 때 가장 흔히 사용되는 방법은 둘 중 하나의 방정식에 적절한 상수를 곱한 후 두 방정식을 더하거나 빼서 x, y 중 하나를 소거하는 것이다. 다시 말해서, 두 방정식의 일차결합을 만든다는 뜻이다. 지금의 경우에는 두 번째 방정식에 2를 곱하여 첫 번째 방정식과 더하면 y가 소거되면서 $5x = 20$이 되고, 이로부터 $x = 4, y = -3$이라는 답이 얻어진다. 그런데 이런 식으로 방정식을 더할 수 있는 근거는 무엇인가? 첫 번째 방정식의 좌변을 L_1, 우변을 R_1이라 하고 두 번째 방정식의 양변을 각각 L_2, R_2라 하자. 이제 x, y에 특별한 값(방정식의 해)을 부여하면 $L_1 = R_1, L_2 = R_2$이고, 따라서 $L_1 + 2L_2 = R_1 + 2R_2$가 된다. 즉 이 방정식의 양변은 동일한 값을 다르게 표현한 것뿐이다.

주어진 벡터공간 V의 기저(basis)벡터 $v_1, v_2, \cdots, v_n$은 다음의 조건을 만족할 때를 말한다. 기저벡터의 일차결합 $a_1 v_1 + a_2 v_2 + \cdots + a_n v_n$은 V에 속하는 모든 벡터를 나타낼 수 있으며, 하나의 벡터를 이런 식으로 표현하는 방법은 오직 한 가지뿐이다. 이 조건이 만족되지 않는 경우는 두 가지가 있는데, 하나는 $v_1, v_2, \cdots, v_n$의 일차결합으로 표현되지 않는 벡터가 존재하는 경우이고, 다른 하나는 일차결합으로 표

현하는 방법이 두 가지 이상인 경우이다. 벡터공간 V의 모든 벡터가 $v_1, v_2, \cdots, v_n$의 일차결합으로 표현되는 경우, $v_1, v_2, \cdots, v_n$은 V를 **생성한다**(span)고 하고, V의 모든 벡터들이 이들의 일차결합으로 표현되는 방법이 한 가지 이하인 경우 서로 **독립**(independent)이라고 한다. 또는 길이가 0인 **영벡터**(zero vector)를 $a_1v_1 + a_2v_2 + \cdots + a_nv_n$으로 표현하는 방법이 $a_1 = a_2 = \cdots = a_n = 0$인 경우뿐일 때 독립이다.

기저벡터의 개수를 V의 **차원**(dimension)이라 한다. 크기가 다른 기저벡터 집합이 두 개 존재하지 않는다는 것이 직관적으로는 분명하지 않지만, 수학적으로는 증명이 되어 있으므로 차원은 논리적으로 타당한 개념이다. 2차원 평면에서 벡터 x, y가 기저를 이루므로 평면은 2차원이다. 여기서 벡터를 세 개로 늘리면 셋 중 하나는 나머지 둘의 일차결합으로 표현된다. 예를 들어 (1, 2)와 (1, 3), (3, 1)을 이용하면 영벡터 (0, 0)은 8(1, 2) − 5(1, 3) − (3, 1)로 쓸 수 있고, 이는 곧 (3, 1) = 8(1, 2) − 5(1, 3)을 의미한다 (이 계산을 수행하려면 연립방정식을 풀어야 한다. 이것은 벡터공간에서 빈번히 수행하게 되는 계산이다).

n차원 벡터공간 중 가장 간단한 예는 n개의 실수로 이루어진 모든 수열 $(x_1, \cdots, x_n)$이 이루는 공간이다. 이 수열에 또 다른 수열 $(y_1, \cdots, y_n)$을 더하면 $(x_1 + y_1, \cdots, x_n + y_n)$이라는 새로운 수열이 얻어지고, 스칼라 c를 곱하면 $(cx_1, \cdots, cx_n)$이 된다. n차원 벡터공간은 흔히 $\mathbb{R}^n$으로 표기하며, 일상적인 직교 좌표로 표현된 평면은 $\mathbb{R}^2$, 3차원 공간은 $\mathbb{R}^3$이다.

기저벡터의 수가 반드시 유한할 필요는 없다. 기저벡터의 수가 무한대인 벡터공간을 **무한차원** 공간

이라 하는데, 이상할 것이 하나도 없다. 수학에서 중요하게 취급되는 벡터공간들은 대부분 무한차원 공간이며, 특히 함수가 '벡터'인 공간도 무한차원이다.

마지막으로 스칼라에 대해 한 가지 언급해둘 것이 있다. 우리는 앞에서 스칼라를 벡터의 일차결합을 만드는 데 사용한 실수로 정의했다. 그러나 스칼라를 이용한 계산(특히 연립방정식)은 좀 더 일반적인 맥락에서도 가능하다. 중요한 것은 스칼라가 체의 원소여야 한다는 것이다. 따라서 $\mathbb{Q}, \mathbb{R}, \mathbb{C}$는 모두 스칼라로 택할 수 있고 사실 어떤 체든 가능하다. 벡터공간 V의 스칼라가 $\mathbb{F}$라는 체에서 왔을 때, V를 $\mathbb{F}$ 위의 벡터공간이라 한다. 이와 같은 일반화는 매우 중요하면서 쓸모도 많은데, 구체적인 예는 대수적 수[IV.1 §17]를 참고하기 바란다.

2.4 환

대수구조의 또 다른 사례로 대단히 중요한 것은 환(ring)이다. 환은 군이나 체, 또는 벡터공간과 같은 수학의 핵심개념이 아니기 때문에 자세한 내용은 **환, 아이디얼, 모듈**[III.81]로 미루자. 간략히 말해서 환이란 체의 특성 (전부는 아닌) 대부분을 갖고 있는 대수구조를 말한다. 특히 곱셈에 대해서는 체처럼 까다로운 조건을 만족할 필요가 없다. 가장 큰 차이점은 0이 아닌 환의 원소들에 대하여 곱셈의 역원이 존재할 필요가 없다는 것이다. 게다가 경우에 따라서는 곱셈의 교환법칙도 성립할 필요가 없다. 원소들이 곱셈의 교환법칙을 만족하는 환을 가환환(commutative ring)이라 한다. 정수의 집합 $\mathbb{Z}$는 가환환의 대표적 사례이다. 그밖에 어떤 체 $\mathbb{F}$에 속하는 원소를 계수로 갖는 모든 다항식의 집합도 환에 속

한다.

3 기존의 구조로부터 새로운 구조 만들기

생소한 수학적 구조의 정의를 습득하는 가장 좋은 방법은 적절한 예를 찾는 것이다. 구체적인 예가 없으면 정의를 아무리 읽어 봐도 무미건조하고 추상적으로 느껴질 뿐이다. 그러나 적절한 예가 주어지면 정의만으로는 느낄 수 없는 수학적 '감'이 작동하기 시작한다.

적절한 예가 중요한 이유는 기본적인 질문에 답할 수 있기 때문이다. 수학적 구조에 대한 어떤 명제의 참 거짓 여부를 판단해야 할 때에는 특별한 경우를 상정하여 검사해 보는 것이 바람직하다. 몇 가지 검사를 통과했다면 그 명제는 참일 가능성이 높다(운이 좋으면 그 명제가 참인 이유까지 확인할 수 있다). 그러나 당신이 고른 예에서는 그 명제가 참이지만, 사실은 거짓일 수도 있다. 명제가 참이 아닌 반례를 찾으려면 이런 경우를 피해가야 한다. 반례를 하나라도 찾는다면 그 명제는 거짓으로 판명되겠지만, 내용을 약간 수정하면 참이 될 수도 있고 다른 목적에 응용할 수도 있다. 거짓인 명제를 참으로 수정할 때, 반례에서 결정적인 단서를 얻는 경우가 종종 있다.

어떤 경우이건 명제는 중요하다. 그런데 어떻게 하면 예를 쉽게 찾을 수 있을까? 여기에는 서로 다른 두 가지 방법이 있다. 하나는 아무것도 없는 맨땅에서 시작해서 구체적인 예를 만들어내는 것인데, 예를 들어 정20면체의 모든 대칭군 G는 이런 식으로 찾을 수 있다. 나머지 하나는 이 절의 주요 주제인데, 이미 알고 있는 예로부터 새로운 예를 만들어내는 것이다. 예를 들어 모든 정수의 순서쌍 (x, y)로 이루어져 있으면서 덧셈이 $(x, y) + (x', y') = (x + x', y + y')$으로 정의되어 있는 군 $\mathbb{Z}^2$은 두 개의 똑같은 군 $\mathbb{Z}$를 '곱해서' 얻어진다. 뒤에서 알게 되겠지만 이와 같은 곱셈은 매우 일반적인 개념으로, 다양한 분야에 응용될 수 있다. 우선은 새로운 사례를 찾아내는 기본적인 방법부터 알아보기로 하자.

3.1 부분구조

앞서 말한 바와 같이 덧셈과 곱셈연산이 정의된 모든 복소수의 집합 $\mathbb{C}$는 체의 가장 기본적인 예로서, 여러 개의 **부분체**(subfield)를 갖고 있다. 즉, $\mathbb{C}$에는 자체적으로 체를 형성하는 여러 개의 부분집합이 존재한다. 예를 들어 복소수 $a + bi$에서 a, b를 유리수로 한정시킨 집합 $\mathbb{Q}(i)$는 $\mathbb{C}$의 부분집합이면서 하나의 체를 형성한다. 이 사실을 증명하려면, 우선 $\mathbb{Q}(i)$가 덧셈과 곱셈에 대해 **닫혀** 있으면서 역원이 존재한다는 것을 증명해야 한다. 즉, z와 w가 $\mathbb{Q}(i)$의 원소이면 $z + w$와 zw도 $\mathbb{Q}(i)$의 원소여야 하며, 그 안에 $-z$와 $1/z$가 존재해야 한다(단, $1/z$는 $z \neq 0$이라는 전제가 필요하다). 이 증명이 완료되면 덧셈과 곱셈의 교환법칙이나 결합법칙과 같은 공리들은 $\mathbb{Q}(i)$에서 당연히 성립한다. 왜냐하면 이 공리들은 더 큰 집합인 $\mathbb{C}$에서도 성립하기 때문이다.

$\mathbb{Q}(i)$는 $\mathbb{C}$의 부분집합이지만, 어떤 면에서는 $\mathbb{C}$보다 훨씬 흥미로운 집합이다. 어떻게 그럴 수 있을까? 어떤 수학적 대상을 상당수 제거하면 원래 것보다 흥미가 떨어질 것 같지만, 조금 더 생각해 보면 그렇지 않은 경우도 있다는 것을 쉽게 알 수 있다.

예를 들어 소수의 집합은 자연수의 집합 $\mathbb{N}$의 부분집합임에도 불구하고, $\mathbb{N}$에서는 볼 수 없는 흥미로운 특성을 갖고 있다. 체의 경우, **대수학의 기본 정리** [V.13]에 의하면 모든 다항방정식은 $\mathbb{C}$ 안에서 해를 갖고 있지만, 범위를 $\mathbb{Q}(i)$로 줄이면 해가 없는 경우가 발생한다. 그러므로 해의 범위를 $\mathbb{Q}(i)$나 그와 비슷한 종류의 다른 체로 한정시키면 '어떤 다항방정식이 해를 가지는가?'라는 흥미로운 질문을 제기할 수 있게 된다. 이것은 대상이 $\mathbb{C}$인 경우에는 생각할 수 없는 매우 심오하고 중요한 질문이다.

일반적으로 X라는 대수구조의 부분집합 Y가 적절한 의미에서 닫혀 있을 때, Y를 X의 **부분구조**(substructure)라 한다. 예를 들어 군은 부분군(subgroup)을 갖고 있고 벡터공간은 부분공간(subspace)을 갖고 있으며, 환은 부분환(subring)을 갖고 있다(아이디얼[III.81]도 마찬가지다). 부분구조 Y가 충분히 흥미로운 특성을 갖고 있다면 Y는 X와 상당히 다를 가능성이 있으며, 수학적 사례의 명단에 이름을 올릴 수 있다.

지금까지는 대수학에 초점을 맞춰 논리를 진행해 나갔지만, 해석학과 기하학에서도 흥미로운 사례를 쉽게 찾을 수 있다. 예를 들어 실수의 순서쌍으로 이루어진 2차원 평면 $\mathbb{R}^2$은 흥미를 끌 만한 구석이 별로 없지만, $\mathbb{R}^2$의 부분집합인 **망델브로 집합**[IV.14 §2.8]은 아직도 연구할 부분이 많이 남아 있다.

3.2 곱

두 개의 군 G, H가 주어졌을 때, 이들을 **곱한** $G \times H$는 G의 원소 g와 H의 원소 h로 이루어진 순서쌍 (g, h)를 원소로 갖는 **군**이다. 이 정의를 이용하면 G와 H의 원소로부터 $G \times H$의 원소를 만들어낼 수 있다. 그러나 군이 되려면 이것만으로는 부족하다. 무엇보다도 G, H와 함께 주어진 이항연산을 이용하여 $G \times H$에 적용되는 이항연산부터 정의해야 한다. G의 원소 g_1, g_2에 적용된 이항연산의 결과를 $g_1 g_2$라 하고, H의 원소 h_1, h_2에 적용된 이항연산의 결과를 $h_1 h_2$로 표기하자. 그러면 $G \times H$의 원소에 대하여 다음과 같은 이항연산을 정의할 수 있다.

$$(g_1, h_1)(g_2, h_2) = (g_1 g_2, h_1 h_2).$$

즉, 첫 번째 좌표에는 G의 연산을 적용하고, 두 번째 좌표에는 H의 연산을 적용하는 식이다.

벡터공간을 만드는 방법도 이것과 아주 비슷하다. 두 벡터공간 V와 W가 주어졌을 때, $V \times W$는 V에 속하는 원소 v와 W에 속하는 원소 w의 모든 순서쌍 (v, w)으로 이루어진 벡터공간이다. 여기서 덧셈은

$$(v_1, w_1) + (v_2, w_2) = (v_1 + v_2, w_1 + w_2)$$

로 정의되며, 스칼라곱의 정의는 다음과 같다.

$$\lambda(v, w) = (\lambda v, \lambda w).$$

$V \times W$의 차원은 V의 차원과 W의 차원의 합이다($V \times W$는 종종 $V \oplus W$로도 표기하고 V와 W의 **직합**(direct sum)이라 읽는다. 이름은 '합'이지만, 곱을 통해 만들어진다는 사실을 기억하기 바란다).

그러나 이런 간단한 방식으로 새로운 '곱구조'를 항상 만들 수 있는 건 아니다. 예를 들어 두 개의 체 $\mathbb{F}$, $\mathbb{F}'$으로부터 $\mathbb{F} \times \mathbb{F}'$이라는 새로운 '곱셈체'를 다음과 같이 정의했다고 가정해 보자.

$$(x_1, y_1) + (x_2, y_2) = (x_1 + x_2, y_1 + y_2)$$
$$(x_1, y_1)(x_2, y_2) = (x_1 x_2, y_1 y_2).$$

언뜻 그럴듯하게 보이지만, 사실 이 정의는 체의 조건을 만족하지 않는다. 덧셈의 항등원 $(0, 0)$과 곱셈의 항등원 $(1, 1)$이 존재하는 등 일부 공리는 만족하지만, 0이 아닌 원소 $(1, 0)$의 곱셈에 대한 역원이 존재하지 않기 때문이다. $(1, 0)$에 임의의 원소 (x, y)를 곱하면 $(x, 0)$이 되는데, 이 값은 x와 y를 아무리 변화시켜도 $(1, 1)$이 될 수 없다.

경우에 따라서는 이항연산을 좀 더 복잡하게 정의하여 $\mathbb{F} \times \mathbb{F}'$이 체가 되도록 만들 수도 있다. 예를 들어 $\mathbb{F} = \mathbb{F}' = \mathbb{R}$인 경우, 덧셈은 위와 같이 정의하고 곱셈을 다음과 같이 정의해 보자.

$$(x_1, y_1)(x_2, y_2) = (x_1 x_2 - y_1 y_2, x_1 y_2 + x_2 y_1).$$

이렇게 하면 복소수의 체인 $\mathbb{C}$를 얻는다. (x, y)를 복소수 $x + iy$로 대치시키면 위의 곱셈은 곧바로 복소수의 곱셈이 되기 때문이다. 그러나 이렇게 얻어진 체는 일반적으로 위에서 말한 곱셈체가 아니다.

앞서 말한 바와 같이 두 개의 군 G, H의 **직접곱**(direct product)인 $G \times H$도 하나의 군을 이룬다. 그러나 군은 이것 말고도 다양한 방식으로 곱할 수 있으며, 이로부터 많은 예를 만들어낼 수 있다. 예를 들어 정사각형의 8가지 대칭을 모아 놓은 **정이면체군**(dihedral group) D_4를 생각해 보자. 이 대칭군에서 반사대칭 중 하나를 R이라 하고 반시계방향으로 $90°$만큼 돌리는 회전대칭을 T라 하면, 모든 대칭은 $T^i R^j$의 형태로 쓸 수 있다. 여기서 i는 $0, 1, 2, 3$ 중 하나이고, j는 $0, 1$ 중 하나의 값을 갖는다(기하학적으로 말하자면 정사각형의 모든 대칭은 반복되는 $90°$

회전, 또는 반전 후 회전으로 표현된다는 뜻이다).

이로부터 우리는 D_4라는 대칭군이 네 개의 회전으로 이루어진 군 $\{I, T, T^2, T^3\}$과 항등변환 및 반사로 이루어진 군 $\{I, R\}$의 곱으로 표현된다는 사실을 알 수 있다. $T^i R^j$는 (T^i, R^j)로 써도 무방하다. 그러나 여기에는 조심해야 할 부분이 있다. 예를 들어 $(TR)(TR)$은 $T^2 R^2 = T^2$가 아니라 I이다. 올바른 곱셈규칙은 $RTR = T^{-1}$를 이용해서 순차적으로 만들어낼 수 있다($RTR = T^{-1}$의 기하학적 해석은 다음과 같다. 정사각형을 반사시킨 후 반시계방향으로 $90°$만큼 돌리고 다시 반사시키면, **시계방향으로 $90°$만큼 돌린 것과 같은 결과가 얻어진다**). 결과는 다음과 같다.

$$(T^i, R^j)(T^{i'}, R^{j'}) = (T^{i + (-1)^j i'}, R^{j + j'}).$$

예를 들어 (T, R)과 (T^3, R)의 곱은 $T^{-2} R^2$이며, 이것은 T^2과 같다.

이것은 두 개의 군으로 '**반직접곱**(semidirect product)'을 만드는 간단한 사례이다. 일반적으로 두 개의 군 G, H가 주어졌을 때 (g, h) 쌍들의 집합 위에 다양한 방법으로 이항연산을 정의할 수 있으며, 이로부터 새롭고 흥미로운 군을 만들어낼 수 있다.

3.3 몫

변수가 x이고 모든 계수가 유리수인 다항식의 집합을 $\mathbb{Q}[x]$라 하자. 예를 들면 $2x^4 - \frac{3}{2}x + 6$과 같은 다항식이다. 이 집합에서는 두 개의 원소끼리 더하고, 빼고, 곱할 수 있고, 그 결과도 여전히 $\mathbb{Q}[x]$의 원소이므로 $\mathbb{Q}[x]$는 가환환이다. 그러나 하나의 다항식을 다른 다항식으로 나누면 다항식이 아닌 다른 결과가 나올 수도 있기 때문에 $\mathbb{Q}[x]$는 체가 아니다.

이제 조금 이상한 단계를 거쳐서 $\mathbb{Q}[x]$를 체로 만들려고 한다. 방법은 간단하다. 다항식 $x^3 - x - 1$을 0과 '동등하게' 취급하면 된다. 다시 말해서, 다항식에 x^3이 등장하면 무조건 $x + 1$로 대치시켜서 새로운 다항식을 만들고, 이 다항식을 원래의 다항식과 같은 것으로 취급하자는 것이다. 이 규약을 따르면 x^5은 다음과 같이 쓸 수 있다('~와 동등하다'는 뜻의 기호를 '~'로 표기하자).

$$x^5 = x^3 x^2 \sim (x + 1)x^2 = x^3 + x^2$$
$$\sim x + 1 + x^2 = x^2 + x + 1.$$

보다시피 x의 지수가 아무리 커도 x^3을 $x + 1$로 바꾸는 과정을 반복해나가면 x^3 이상의 차수는 모두 사라지고 x^2 이하의 차수만 남는다. 따라서 위의 규약을 따르면 모든 다항식을 2차식(또는 그 이하 차수)으로 표현할 수 있다.

또한 임의의 다항식에 이 과정을 적용하면 원래의 다항식과 새로 만들어진 다항식의 차는 항상 $x^3 - x - 1$에 무언가가 곱해진 꼴로 나타난다. 예를 들어 위에서 $x^3 x^2$과 $(x + 1)x^2$의 차는 $(x^3 - x - 1)x^2$이고, $x^3 + x^2$과 $x^2 + x + 1$의 차는 $x^3 - x - 1$이다. 따라서 x^3을 $x + 1$로 대치시키는 것은 두 다항식이 $x^3 - x - 1$의 곱만큼 차가 나면 두 다항식을 동등하게 취급한다는 규약을 세운 것과 같다.

$\mathbb{Q}[x]$가 체가 될 수 없었던 이유는 다항식에 곱셈의 역원이 존재하지 않았기 때문이다. 예를 들어 x^2에 다항식을 곱하여 1을 만들 수 없어 보인다. 그러나 x^2에 $1 + x - x^2$을 곱하면 1과 동등한 다항식이 된다.

$$x^2 + x^3 - x^4 \sim x^2 + x + 1 - (x + 1)x = 1.$$

또한 0과 동등하지 않은(즉, $x^3 - x - 1$의 곱이 아닌) 모든 다항식은 곱셈의 역원을 갖고 있다(다항식 P의 역원을 찾으려면, 먼저 일반화된 유클리드 알고리즘[III.22]을 이용하여 $PQ + R(x^3 - x - 1) = 1$을 만족하는 Q와 R부터 찾아야 한다. 우변이 1인 이유는 $x^3 - x - 1$이 $\mathbb{Q}[x]$에서 인수분해되지 않고, P는 $x^3 - x - 1$에 무언가를 곱한 형태가 아니기 때문이다. 따라서 이들의 최대공통함수(최대공약수의 함수 형태)는 1이며, P의 역원은 Q이다).

이렇게 만들어진 수학적 구조가 정말로 체가 될 수 있을까? x^2과 $1 + x - x^2$의 곱은 1이 아니라 1과 동등하다'. 바로 여기서 몫(quotient)이라는 개념이 등장한다. 동등한 함수($x^3 - x - 1$의 곱만큼 차이 나는 함수)를 완전히 같은 함수로 간주하고, 이로부터 얻어진 수학적 구조를 $\mathbb{Q}[x]/(x^3 - x - 1)$로 표기하자. 이 구조는 체가 되고 $\mathbb{Q}$를 포함하며, 다항식 $X^3 - X - 1$의 근도 포함하는 가장 작은 체로서 중요하다. 물론 이 근은 다름 아닌 x이다. 그런데 여기에는 다소 미묘한 구석이 있다. 지금 우리는 다항식을 두 가지 다른 관점에서 바라보고 있는데, 하나는 $\mathbb{Q}[x]/(x^3 - x - 1)$의 원소라는 관점이고(동등한 다항식을 수학적으로 같은 다항식으로 간주함), 다른 하나는 다항식을 $\mathbb{Q}[x]/(x^3 - x - 1)$에서 정의된 함수로 생각하는 관점이다. 따라서 다항식 $X^3 - X - 1$의 값은 0이 아니다. $X = 2$일 때 $X^3 - X - 1 = 5$이고, $X = x^2$이면 $x^6 - x^2 - 1 \sim (x + 1)^2 - x^2 - 1 \sim 2x$이기 때문이다.

$\mathbb{Q}[x]/(x^3 - x - 1)$은 §2.2의 끝 부분에서 언급했던

$\mathbb{Q}(\gamma)$와 매우 비슷한데, 사실 이것은 우연이 아니라 하나의 체를 다른 방식으로 표현한 것뿐이다. 어쨌든 체를 $\mathbb{Q}[x]/(x^3 - x - 1)$처럼 간주하면 복소수에 관한 유별난 문제들을 다항식에 관한 문제로 바꿀 수 있으며, 그 외에도 유용한 점이 많다.

'서로 같지 않은 수학적 대상들을 동등하게 취급한다'는 것은 무슨 의미일까? 이 질문에 형식적으로 답하려면 동치관계와 동치류의 개념을 도입해야 한다(수학의 언어와 문법[I.2 §2.3]에서 논의했다). 엄밀히 말해서 $\mathbb{Q}[x]/(x^3 - x - 1)$의 원소는 다항식이 아니라 다항식의 **동치류**에 해당한다. 그러나 몫의 개념을 이해하려면 유리수의 집합 $\mathbb{Q}$처럼 이미 친숙한 집합에서 예시를 찾는 것이 훨씬 쉽다. 유리수가 무엇인지 신중하게 설명할 때, a와 b가 정수이고 $b \neq 0$일 때 전형적인 유리수는 a/b의 형태로 표현된다는 말로 시작하는 것이 가장 바람직하다. 그리고 유리수의 집합은 다음과 같은 규칙을 따르는 모든 분수의 집합으로 정의할 수 있다.

$$\frac{a}{b} + \frac{c}{d} = \frac{ad + bc}{bd}, \qquad \frac{a}{b}\frac{c}{d} = \frac{ac}{bd}.$$

그러나 여기서 반드시 짚고 넘어가야 할 중요한 사실이 하나 있다. 분수로 표현되는 수는 모두 유리수지만, 분수로 표기한 모양이 다르다고 해서 반드시 다른 유리수가 되는 것은 아니다. 예를 들어 $\frac{1}{2}$과 $\frac{3}{6}$은 같은 유리수이다. 따라서 $ad = bc$일 때 $\frac{a}{b}$와 $\frac{c}{d}$는 동치(equivalent)로 정의된다. 표현방식은 다르지만 같은 수를 나타낸다는 뜻이다.

이럴 경우 함수나 이항연산을 정의할 때 세심한 주의를 기울여야 한다. 예를 들어 유리수 $\mathbb{Q}$를 대상으로 하는 이항연산 '∘'를 다음과 같이 정의했다고 하자.

$$\frac{a}{b} \circ \frac{c}{d} = \frac{a + c}{b + d}.$$

이 정의에는 심각한 오류가 있다. 그 이유를 이해하기 위해 $\frac{1}{2}$과 $\frac{1}{3}$을 예로 들어 보자. 여기에 위의 연산을 가하면 정의에 의해 $\frac{1}{2} \circ \frac{1}{3} = \frac{2}{5}$가 된다. 그런데 $\frac{1}{2}$을 이와 동일한 $\frac{3}{6}$으로 바꿔서 동일한 연산을 수행하면 $\frac{3}{6} \circ \frac{1}{3} = \frac{4}{9}$라는 판이한 답을 얻는다. 따라서 위의 연산은 $\frac{a}{b}$ 꼴의 표현의 집합에서는 완벽하게 정의되지만, 유리수 집합 위에서는 결코 이치에 맞는 연산이 아니다.

새로운 연산을 정의하려면, 연산의 대상을 동일한 대상으로 대치했을 때 같은 결과가 나오는지 반드시 확인해야 한다. 예를 들어 체 $\mathbb{Q}[x]/(x^3 - x - 1)$의 덧셈과 곱셈을 정의할 때 P와 P' 그리고 Q와 Q'이 $x^3 - x - 1$의 곱만큼 다르다면, $P + Q$와 $P' + Q'$도 $x^3 - x - 1$의 곱만큼 달라야 한다. 물론 PQ와 $P'Q'$도 마찬가지다. 이것은 좋은 연습문제이니 계산을 통해 직접 확인해 보기 바란다.

몫을 구축하는 중요한 사례로 **몫군**(quotient group)이라는 것이 있다. 다항식에서 했던 것처럼, 군 G와 그 부분군인 H에 대하여 $g_1^{-1}g_2$(g_1과 g_2의 '차이')가 H에 속하면 g_1과 g_2는 동등하다고 정의하는 것이다. 이 경우에 원소 g의 동치류는 $h \in H$에 대해 gh 전체 집합이며, 흔히 gH로 표기한다(gH를 H의 **좌잉여류**(left coset)라 한다).

모든 좌잉여류에 공통적으로 정의할 수 있는 자연스러운 이항연산이 하나 있는데, 그것은 바로 $g_1H * g_2H = g_1g_2H$이다. 즉, 두 개의 좌잉여류에서 임의의 원소 g_1, g_2를 각각 취하여 곱한 후(g_1g_2),

이것으로 새로운 좌잉여류 g_1g_2H를 만드는 연산이다. 여기서도 원래 잉여류에서 다른 원소를 취해도 여전히 g_1g_2H가 되는지를 확인하는 것이 중요한데, 결론을 말하자면 항상 그렇지는 않다. H의 모든 원소 h와 G의 모든 원소 g에 대하여 ghg^{-1}가 H의 원소일 때, H를 G의 **정규부분군**(normal subgroup)이라 하는데, 위의 조건을 만족하려면 H는 G의 정규부분군이어야 한다. 여기서 ghg^{-1}를 h의 **켤레**(conjugate)라 한다. 따라서 정규부분군은 '켤레에 대해 닫혀 있는' 부분군이라 할 수 있다.

H가 정규부분군이면 좌잉여류의 집합은 위에서 정의한 이항연산에 대하여 군을 이룬다. 이 군은 H에 대한 G의 몫이라 하고, 기호로는 G/H로 표기한다. 이런 경우에 G는 H와 G/H의 곱으로 생각할 수 있다(물론 꽤나 복잡한 곱셈이다). 따라서 H와 G/H를 이해하고 있으면 G에 대해 상당히 많은 것을 알고 있는 셈이다. 정규부분군을 갖지 않는 군 G는(항등원만으로 이루어진 부분군과 G 자신은 제외) 정수론의 소수처럼 특별한 역할을 하는데, 이런 군을 **단순군**(simple group)이라 한다(유한 단순군의 분류 [V.7] 참조).

왜 하필 '몫'이라는 용어를 쓰게 되었을까? 보통 몫이라고 하면 하나의 수를 다른 수로 나눴을 때 얻어지는 값을 말한다. G/H와 단순 나눗셈 사이의 유사성을 이해하기 위해, 21을 3으로 나누는 과정을 생각해 보자. 이것은 21개의 대상을 3개짜리 집합으로 분할하면 몇 개의 집합이 만들어지는가?라고 묻는 것과 같으며, 동치의 개념을 이용하여 다음과 같이 서술할 수 있다. 일곱 개의 집합들 중 같은 집합에 속하는 대상들을 동등한 것으로 간주하면 21개의 대상들 중 '동등하지 않은' 대상은 많아야 일곱 가지이다. 따라서 동등한 대상들을 완전히 같은 것으로 간주하면 '동등한 것으로 나누기'는 일곱 개의 원소로 이루어진 '몫집합(quotient set)'을 낳는다.

몫의 개념은 도넛처럼 가운데에 구멍이 뚫린 원환면(torus)을 정의할 때에도 핵심적인 역할을 한다. 실수평면 $\mathbb{R}^2$에서 두 점 (x, y)와 (x', y')을 취했을 때 $x - x'$과 $y - y'$이 모두 정수이면 두 점은 동등한 것으로 간주하고, 동등한 두 점을 완전히 같은 점으로 정의하자. 이제 원환면 상의 임의의 점 (x, y)에서 출발하여 오른쪽으로 똑바로 나아가다가 $(x + 1, y)$에 도달했다면 두 점의 차이는 $(1, 0)$이므로 정의에 의해 (x, y)와 $(x + 1, y)$는 완전히 같은 점이다. 그러므로 이것은 평면전체를 좌우로 돌돌 말아서 원주 길이가 1인 직원기둥을 만든 것과 같고, 방금 전의 상황은 이 원주를 따라 한바퀴 돈 것에 해당한다. 이제 y 방향에도 똑같은 논리를 적용하면 (x, y)와 $(x, y + 1)$은 '같은 점'이 된다. 즉, y 방향으로 1만큼 나아가면 출발점으로 되돌아온다는 뜻이다. 이것은 원통을 휘어서 양끝이 맞닿게 만든 것과 같으므로, 결국 가운데에 구멍이 뚫린 원환면(도넛)이 얻어진다(원환면은 다른 방식으로 정의될 수도 있다. 예를 들어 두 개의 원을 곱하면 하나의 원환면이 결정된다).

현대 기하학에서도 몫을 통해 정의되는 개념들이 꽤 많이 있다. 대부분의 경우, 처음에는 엄청나게 큰(또는 많은) 대상들을 다루는 것으로 시작하지만, 동치관계가 광범위하게 적용되어 상당수가 같은 부류로 정리되곤 한다. 즉, '정말로 다른' 대상의 수가 상당히 작을 수 있다는 이야기다. 그러나 이것으로는 설명이 충분치 않다. 수학자들은 서로 다른 대상의 수보다 이런 대상들로 이루어진 집합의 복잡성에 더 많은 관심을 갖기 때문이다. 보통 처음에는 도저히 다룰 수 없을 것 같은 크고 복잡한 구조로 시작했다가 '대부분의 군더더기를 나눠서 없앤' 몇 개의 몫집합만 남게 되는데, 이들은 대체로 다루기 쉬우면서 중요한 정보를 담고 있는 경우가 많다. 그 대표적 사례가 위상공간의 **기본군**[IV.6 §2]과 **호몰로지군**과 **코호몰로지군**[IV.6 §4]이다. 더 적절한 사례는 **모듈라이 공간**[IV.8]에서 찾을 수 있다.

사람들은 대체로 몫의 개념을 어렵게 생각하는 경향이 있다. 그러나 몫은 수학 전반에 걸쳐 매우 중요한 개념이다. 그래서 다른 주제보다 설명이 다소 길어졌다.

4 대수구조 사이의 함수

수학적 구조는 그 자체만 연구되는 경우가 거의 없다. 수학자가 어떤 수학적 구조를 발견하면, 그 구조 위에서 정의되는 함수를 같이 연구하기 마련이다. 이 절에서는 어떤 함수가 중요하며, 그것이 왜 중요한지를 설명할 것이다. (일반적인 함수론은 수학의 언어와 문법[I.2]의 함수[§2.2]를 참고하기 바란다).

4.1 준동형사상, 동형사상, 자기동형사상

X와 Y를 군이나 체, 또는 벡터공간 같은 수학적 구조라 하자. 그러면 §2.1에서 대칭을 논할 때 언급했던 것처럼, '구조를 변화시키지 않으면서' X에서 Y로 가는 일련의 함수들이 존재한다. 간략히 말해서, X의 원소들 사이의 관계가 $f : X \to Y$를 통해 Y로 옮겨진 후에도 Y의 원소들 사이의 관계에 어떻게든 투

영된 형태로 남아 있을 때, 함수 f는 X의 구조를 보존시킨다고 말한다. 예를 들어 X와 Y가 군이고 X의 원소 a, b, c 사이에 $ab = c$라는 관계가 성립할 때, Y에서 $f(a)f(b) = f(c)$이면 f는 X의 대수구조를 보존시키는 함수이다(항상 그래왔듯이 여기서도 X와 Y에 적용되는 이항연산을 곱셈으로 표현했다). 이와 마찬가지로 X와 Y가 체인 경우, 이항연산을 덧셈과 곱셈으로 표현하면 함수 $f : X \to Y$가 관심을 끄는 경우는 $a + b = c$일 때 $f(a) + f(b) = f(c)$이고 $ab = c$일 때 $f(a)f(b) = f(c)$인 경우이다. 벡터공간의 경우에는 일차결합이 보존되는 함수가 우리의 관심을 끈다. 즉, V와 W가 벡터공간일 때 $f(a\mathbf{v} + b\mathbf{w}) = af(\mathbf{v}) + bf(\mathbf{w})$인 경우이다.

구조를 보존시키는 함수를 **준동형사상**(homomorphism)이라 한다. 그러나 이것은 일반적인 명칭이고, 어떤 수학적 구조에 적용되느냐에 따라 다른 이름으로 불리는 경우도 있다. 예를 들어 벡터공간의 준동형사상은 **선형사상**(linear map)이라 부른다.

운이 좋으면 준동형사상에서 유용한 특성을 발견할 수 있다. 그 내용을 이해하기 위해 한 가지 사례를 들어 보자. X와 Y를 군이라 하고, X의 모든 원소들을 Y의 항등원 e로 보내는 함수를 $f : X \to Y$라 하자. 그러면 $ab = c$일 때 $f(a)f(b) = ee = e = f(c)$이므로, 위의 정의에 의해 f는 X의 구조를 보존시키는 함수이다. 그러나 이 경우에는 f가 구조를 보존했다라기보다 **붕괴시켰다**는 표현이 더 정확하다. 이 개념을 좀 더 분명하게 서술하면 다음과 같다. $ab = c$일 때 $f(a)f(b) = f(c)$가 만족된다 해도, 그 역은 성립하지 **않는다**. 위의 사례에서 X의 모든 원소를 e로 보내면 $ab \neq c$인 경우에도 $f(a)f(b) = f(c)$가 만족

된다.

두 개의 구조 X, Y에 대하여 $f : X \to Y$가 준동형사상이고 그 역함수인 $g : Y \to X$도 준동형사상일 때, X와 Y 사이에 **동형사상**(isomorphism)이 존재한다고 말한다. 대부분의 대수구조에서 f가 역함수 g를 갖고 있을 때, g는 자동적으로 준동형사상이 된다. 이런 경우에 동형사상은 **전단사함수**[I.2 §2.2](일대일대응 함수)인 준동형사상과 같다. 다시 말해서, f는 X와 Y 사이를 일대일로 대응시키며 구조를 보존한다.[*]

X와 Y가 체인 경우에는 위와 같은 특성을 갖고 있어도 별다른 흥미를 끌지 못한다. 항등적으로 0이 아닌 모든 준동형사상 $f : X \to Y$는 자동적으로 X와 $f(X)$ 사이의 동형사상이 되는데, 독자들도 연습문제 삼아 증명해 보기 바란다(여기서 $f(X)$는 함수 f를 통해 얻어진 모든 값들을 의미한다). 따라서 이런 경우에는 구조가 붕괴되면 아예 사라진다(이 증명은 Y에 있는 0이 곱셈의 역원을 갖지 않는다는 사실에 의존한다).

일반적으로 두 개의 대수구조 X, Y 사이에 동형사상이 존재할 때, X와 Y를 **동형**(isomorphic, 그리스어로 '같다(same)'라는 단어와 '모양(shape)'이라는 단어의 합성어)이라고 한다. 간략히 말하자면 동형이라는 것은 '기본적인 면이 똑같다'는 뜻이며, 여기서 기본적인 면이란 대수구조를 말한다. 그러나 수학적 구조를 가진 대상의 겉모습은 기본적인 면이 아니다. 예를 들어 어떤 군은 복소수로 구성돼 있을 수도 있고, 소수 p를 법으로 하는 정수일 수도 있으며, 어떤 도형의 회전들로 이루어질 수도 있는데, 이들이 모두 동형일 수도 있다. 전혀 다른 원소로 이루어진 두 개의 수학적 구조를 깊은 수준에서 '서로 같은 것'으로 간주할 수 있다는 것은 수학 전반에 걸쳐 매우 중요한 문제이다.

대수구조 X에서 자기 자신으로의 동형사상인 경우를 **자기동형사상**(automorphism)이라 한다. 사실 이것은 별로 놀라운 일이 아니다. 그런데 왜 굳이 자기동형사상을 논하는 것일까? 그 이유는 군을 다룰 때 자기동형사상이 대수적 대칭을 암시하고 있기 때문이다. X의 자기동형사상은 대수구조($ab = c$와 같은 관계)를 유지한 채 X를 자기 자신에 대응시키는 함수이다. 두 개의 자기동형사상을 결합하면 제3의 자기동형사상이 얻어지며, 따라서 구조 X의 자기동형사상들은 하나의 군을 이룬다. 개개의 자기동형사상은 별로 흥미로울 게 없지만, 이들로 이루어진 군은 사정이 다르다. 특히 구조 X가 너무 복잡하여 직접 분석하기 어려울 때 자기동형사상군을 이용하면 문제를 쉽게 해결할 수 있다.

X가 체인 경우의 한 예로 $\mathbb{Q}(\sqrt{2})$를 생각해 보자. $f : \mathbb{Q}(\sqrt{2}) \to \mathbb{Q}(\sqrt{2})$가 자기동형사상이면 $f(1) = 1$이다(1은 유일한 곱셈 항등원이기 때문이다). 따라서 $f(2) = f(1 + 1) = f(1) + f(1) = 1 + 1 = 2$가 된다. 이런 식으로 계속 나가다 보면 모든 양의 정수 n에 대하여 $f(n) = n$이 되고, 따라서 $f(n) + f(-n) = f(n$

---

[*] 군에 대하여 이 사실을 증명해 보자. X와 Y가 군이고 $f : X \to Y$는 역함수 $g : Y \to X$를 갖는 준동형사상이며 Y의 원소 u, v, w가 $uv = w$의 관계에 있을 때 $g(u)g(v) = g(w)$임을 증명하면 된다. 이제 $a = g(u)$, $b = g(v)$, $d = g(w)$라 하자. f와 g는 서로 역함수 관계에 있으므로, $f(a) = u$, $f(b) = v$, $f(d) = w$이다. 그런데 f는 준동형사상이므로 $c = ab$이면 $w = uv = f(a)f(b) = f(c)$이며, $f(c) = f(d)$라는 것은 $c = d$임을 의미한다(함수 g를 $f(c)$와 $f(d)$에 적용했다고 생각하면 된다). 그러므로 $ab = d$이며, 이로써 $g(u)g(v) = g(w)$의 증명이 끝난다.

$+ (-n)) = f(0) = 0$이므로 $f(-n) = -f(n) = -n$임을 알 수 있다. 마지막으로 p와 q가 정수이고 $q \neq 0$일 때 $f(p/q) = f(p)/f(q) = p/q$이다. 그러므로 f는 모든 유리수를 자기 자신으로 보내는 함수이다. 그렇다면 $f(\sqrt{2})$는 어떻게 될까? $f(\sqrt{2})f(\sqrt{2}) = f(\sqrt{2} \cdot \sqrt{2}) = f(2) = 2$인데, 이것으로는 $f(\sqrt{2})$가 $\sqrt{2}$ 또는 $-\sqrt{2}$라는 사실밖에 알 수 없으며, 둘 중 어떤 값을 선택해도 무방하다. 첫 번째 자기동형사상은 '자명한' 사상으로 $f(a + b\sqrt{2}) = a + b\sqrt{2}$이고, 다른 하나는 $f(a + b\sqrt{2}) = a - b\sqrt{2}$인데, 이 경우가 훨씬 흥미롭다. 위의 결과를 놓고 보면 두 개의 제곱근 사이에는 대수적 차이가 없으므로, $\mathbb{Q}(\sqrt{2})$라는 체에서는 2의 제곱근 중 어느 것이 양수이고 어느 것이 음수인지 알 수 없다. 이 두 개의 자기동형사상은 군을 이루는데, 곱셈에 대하여 원소 ± 1로 이루어진 군이나 2를 법으로 하는 정수의 집합, 또는 이등변삼각형의 대칭 등 수많은 군과 동형관계에 있다.

확대체와 관련된 자기동형사상군을 갈루아 군(Galois group)이라 하는데, 이것은 5차방정식의 해결 불가능성[V.21]을 증명할 때 핵심적인 역할을 하며, 대수적 정수론[IV.1]에서도 매우 중요하게 취급되고 있다.

대수구조들 사이의 준동형사상 ϕ와 관련된 개념으로 핵(kernel)이라는 것이 있다. 핵은 X의 원소 x 중에서 $\phi(x)$가 Y의 항등원인 모든 x의 집합으로 정의된다(X와 Y가 덧셈과 곱셈 이항연산을 모두 포함하는 경우에는 덧셈의 항등원을 의미한다). 준동형사상의 핵은 X의 부분구조인 경우가 많고 나름대로 흥미로운 특성을 갖고 있다. 예를 들어 군 G와 K가 주어져 있을 때 G에서 K로 가는 준동형사상의

핵은 G의 정규부분군을 형성한다. 그리고 역으로 H가 G의 정규부분군이면 G의 원소 g를 좌잉여류 gH로 보내는 **몫사상**(quotient map)은 G를 몫군 G/H로 보내면서 핵이 H인 준동형사상이다. 이와 마찬가지로 임의의 환 준동형사상(ring homomorphism)의 핵은 아이디얼[III.81]이며, 환 R에 속한 모든 아이디얼 I는 R에서 R/I로 가는 '몫사상'의 핵이다(몫을 구축하는 과정은 환, 아이디얼, 모듈[III.81]에서 자세히 논의될 것이다).

4.2 선형사상과 행렬

두 벡터공간 사이의 준동형사상은 기하학적으로 매우 독특한 성질을 갖고 있다. 이 경우에 준동형사상은 직선을 직선으로 보낸다. 앞 절에서 벡터공간의 준동형사상을 선형사상이라 부른 것은 바로 이런 이유 때문이다. 대수학적 관점에서 볼 때 선형사상에서 보존되는 것은 선형결합이다. 즉, 하나의 벡터공간에서 다른 벡터공간으로 가는 함수 f는 스칼라 a, b와 $\boldsymbol{u}, \boldsymbol{v} \in V$인 모든 벡터에 대하여 $f(a\boldsymbol{u} + b\boldsymbol{v}) = af(\boldsymbol{u}) + bf(\boldsymbol{v})$를 만족한다. 이것을 좀 더 일반화시키면 $f(a_1\boldsymbol{v}_1 + \cdots + a_n\boldsymbol{v}_n) = a_1f(\boldsymbol{v}_1) + \cdots + a_nf(\boldsymbol{v}_n)$이 된다.

V에서 W로 가는 선형사상을 정의하려면 얼마나 많은 정보가 필요할까? 답을 찾기 위해 질문을 살짝 바꿔 보자. 공간에서 점 하나를 정의하려면 얼마나 많은 정보가 필요한가? 적절한 좌표를 잡으면 숫자 세 개로 충분하다. 예를 들어 지구표면에서 그리 높지 않은 점이라면 경도와 위도, 해발고도를 이용하여 하나의 점을 정의할 수 있다. 그렇다면 V에서 W로 가는 선형사상도 몇 개의 숫자로 나타낼 수 있을

까?

V와 W의 차원이 유한하다면 가능하다. V의 기저 벡터를 $v_1, \cdots, v_n$, W의 기저벡터를 $w_1, \cdots, w_m$이라 하고, 우리가 정의하려고 하는 선형사상을 $f : V \to W$라 하자. V에 속한 모든 벡터들은 $a_1 v_1 + \cdots + a_n v_n$ 으로 쓸 수 있고 $f(a_1 v_1 + \cdots + a_n v_n)$은 항상 $a_1 f(v_1) + \cdots + a_n f(v_n)$과 같으므로, $f(v_1), \cdots, f(v_n)$이 결정되면 f는 완벽하게 정의된다. 그러나 개개의 벡터 $f(v_j)$는 다음과 같이 기저벡터 $w_1, \cdots, w_m$의 일차결합이므로 쓸 수 있다.

$$f(v_j) = a_{1j} w_1 + \cdots + a_{mj} w_m.$$

따라서 개개의 $f(v_j)$를 결정하려면 $a_{1j}, \cdots, a_{mj}$라는 m개의 스칼라를 결정해야 한다. 그런데 기저벡터 v_j는 n개이므로 mn개의 a_{ij}를 결정하면 하나의 선형사상이 정의된다(i는 1부터 m까지, j는 1부터 n까지 가는 첨자이므로, a_{ij}는 총 mn개이다). 이 숫자들을 다음과 같은 배열의 형태로 써 보자.

$$\begin{pmatrix} a_{11} & a_{12} & \cdots & a_{1n} \\ a_{21} & a_{22} & \cdots & a_{2n} \\ \vdots & \vdots & \ddots & \vdots \\ a_{m1} & a_{m2} & \cdots & a_{mn} \end{pmatrix}.$$

위와 같은 배열을 **행렬(matrix)**이라 한다. 여기서 중요한 것은 V와 W의 기저벡터를 다르게 잡으면 행렬도 달라진다는 것이다. 그래서 f의 행렬을 논할 때는 어떤 기저벡터를 선택했는지 명시해야 한다.

V에서 W로 가는 선형사상을 f라 하고, U에서 V로 가는 선형사상을 g라 하자. 그러면 fg는 U에서 W로 가는 선형사상이 된다(단, g를 먼저 적용한 후에 f를 적용해야 한다). 여기서 한 가지 흥미로운 질문을 던져 보자. U, V, W의 어떤 기저벡터에 대한 f, g의 행렬을 각각 A, B라 했을 때, fg의 행렬은 어떻게 표현될 것인가? 일단 U의 기저벡터 u_k에 함수 g를 적용하여 V의 기저벡터의 선형결합 $b_{1k} v_1 + \cdots + b_{nk} v_n$을 얻었다고 하자. 이 선형결합에 함수 f를 적용하면 W의 기저벡터의 선형결합 $w_1, \cdots, w_m$으로 만들어진 좀 더 복잡한 선형결합이 얻어진다.

이 아이디어를 계속 밀고 나가면 fg의 행렬 P의 i번째 가로줄과 j번째 세로줄에 해당하는 행렬요소가 $a_{i1} b_{1j} + a_{i2} b_{2j} + \cdots + a_{in} b_{nj}$임을 알 수 있다. 이때 행렬 P를 A와 B의 **곱**이라 하고, 기호로는 간단하게 AB로 표기한다. 이 정의를 들어본 적이 없다면 이해하기 조금 어려울 것이다. 그러나 여기서 중요한 것은 f와 g의 행렬 A, B로부터 fg의 행렬을 계산할 수 있다는 것과, 그 결과가 AB로 표현된다는 사실이다. 이런 종류의 행렬곱셈은 결합법칙을 만족하지만 교환법칙은 만족하지 않는다. 즉 $A(BC) = (AB)C$는 항상 성립하지만, AB와 BA는 다를 수도 있다. 행렬이 결합법칙을 만족하는 이유는 그 저변에 깔려 있는 선형사상 자체가 결합법칙을 만족하기 때문이다. 함수 f, g, h의 행렬을 각각 A, B, C라 했을 때, $A(BC)$는 'h를 적용한 후 g를 적용하고, 그 결과에 f를 적용한' 선형사상에 해당하고, $(AB)C$는 'h를 적용한 결과에 g와 f를 연달아 적용한' 선형사상에 해당하는데, 이들은 본질적으로 동일한 선형사상이다.

이제 벡터공간 V의 **자기동형사상**에 대해 생각해 보자. 이것은 함수 $f : V \to V$가 뒤집어질 수 있는 경우이다. 다시 말해서, V에 속한 모든 벡터 v에 대해 $fg(v) = gf(v) = v$를 만족하는 $g : V \to V$가 존재한다는 뜻이다. 이 상황은 벡터공간 V에 일종의 '대칭'이 존재하는 것으로 해석할 수 있으며, 따라서 합성에 의해 군을 형성한다. V가 n차원 공간이고 스칼라가 체 $\mathbb{F}$에서 온 경우, 이 군을 $GL_n(\mathbb{F})$로 표기한다. 여기서 'G'는 '일반(general)'의 머리글자이고 'L'은 '선형(linear)'의 머리글자이다. 어떤 흥미로운 체 $\mathbb{F}$에 대하여 일반선형군(그리고 이와 관련된 군)의 구조를 이해하는 것은 수학에서 가장 중요하면서도 어려운 문제에 속한다(표현론[IV.9 §§5, 6] 참조).

행렬은 매우 유용한 개념이긴 하지만, 우리의 관심을 끄는 선형사상은 대부분 무한차원 벡터공간에서 이루어진다. 그래서 이 절을 마무리하기 전에 기초미적분학에 익숙한 독자들을 위해 두 가지 예를 소개하기로 한다(미적분학의 기본원리는 이 글의 뒷부분에서 간략히 논의될 것이다). 우선 $\mathbb{R}$에서 $\mathbb{R}$로 가는 미분가능한 **모든** 함수의 집합을 V라 하고, $\mathbb{R}$에서 $\mathbb{R}$로 가는 모든 함수의 집합을 W라 하자. 여기에 간단한 과정을 거치면 V와 W를 벡터공간으로 만들 수 있다. f와 g가 함수일 때 이들의 합으로 만든 함수 h는 $h(x) = f(x) + g(x)$로 정의되고, a가 실수일 때 af로 만들어진 함수 k는 $k(x) = af(x)$로 정의된다(예를 들어 다항식 $x^2 + 3x + 2$는 함수 x^2과 x 그리고 상수함수 1의 선형결합으로 간주할 수 있다). 그러면 함수의 미분은 $(af + bg)' = af' + bg'$을 만족하므로, V에서 W로 가는 선형사상이 된다. 함수 f의 미분을 미분연산자를 써서 Df로 표기하면 $D(af + bg) = aDf + bDg$로 쓸 수 있기 때문이다.

두 번째 사례는 적분이다. 함수로 이루어진 또 다른 벡터공간을 V라 하고 두 개의 변수를 가진 함수를 u라 하자(사실 이 함수는 몇 가지 조건을 만족해야 하는데, 자세한 내용은 무시하고 넘어가자). 그러면 벡터공간 V에서 다음과 같은 선형사상 T를 정의할 수 있다.

$$(Tf)(x) = \int u(x, y)f(y)\,\mathrm{d}y.$$

이런 식의 정의는 사람들이 잘 받아들이지 못하는데, 복잡함이 세 겹으로 겹쳐 있기 때문이다. 바닥에는 x와 y라 쓴 실수가 있다. 중간에는 f, u, Tf와 같은 함수가 실수 혹은 실수의 쌍을 다른 실수로 보낸다. 맨 위에는 또 다른 함수 T가 있는데, f와 같은 함수를 다른 함수 Tf로 보낸다. 함수를 '변환과정' 대신 단일하고 초등적인 '대상'으로 간주하는 것이 얼마나 중요한지를 보여주는 하나의 사례이다(함수 [I.2 §2.2] 참조). 또한, 위의 정의에 등장하는 2변수 함수 $u(x, y)$는 행렬 a_{ij}와 매우 비슷한 역할을 한다(사실 a_{ij}는 두 정수 i, j를 변수로 갖는 함수로 간주할 수 있다). u와 같은 함수를 **핵(kernel)**이라 한다(준동형사상을 논할 때 언급되었던 핵과는 다른 개념이다). 무한차원공간의 선형사상에 대해서는 **선형작용소[III.50]**와 **작용소 대수[IV.15]**에서 좀 더 자세히 논의될 것이다.

4.3 고윳값과 고유벡터

벡터공간 V에서 자기 자신으로 가는 사상을 $S : V \to V$라 했을 때, V에 속하면서 0이 아닌 벡터 v 가운데 Sv가 v에 비례하는 벡터를 **고유벡터(eigenvector)**라 한다. 즉, λ를 어떤 스칼라라고 했을 때 고유벡터 v는 $Sv = \lambda v$를 만족한다. 그리고 이런 경우에 λ를 v에 대응하는 **고윳값(eigenvalue)**이라 한다. 이 두 개의 정의는 매우 간단하지만, 수학에서 엄청나게 중요한 역할을 한다. 사실 수학에서 고유벡터와 고윳값이 중요하지 않은 분야는 없다고 봐도 무방하다. Sv가 v에 비례하는 간단한 경우가 왜 그렇게 중요한 것일까? 간략히 말하자면 선형사상에 대응하는 고유벡터와 고윳값은 사상과 관련된 거의 모든 정보를 담고 있기 때문이다(게다가 대단히 편리한 형태로 담고 있다). 또한 선형사상은 다양한 맥락에서 나오며, 이 맥락 속에서 제기되는 많은 질문은 대부분의 경우 고유벡터와 고윳값을 찾는 문제로 귀결된다. 두 가지 사례를 통해 이 과정을 이해해 보자.

첫 번째 사례로 벡터공간 V에서 자기 자신으로 가는 선형사상 T를 반복적으로 적용했을 때 어떤 결과가 얻어지는지 생각해 보자. 한 가지 방법은 V의 기저벡터를 취해서 그에 대응되는 T의 행렬 A를 구한 후, A의 거듭제곱을 계산하는 것이다. 그러나 이 방법은 계산이 너무 길고 너저분해서 선형사상의 특성을 간파하기가 쉽지 않다.

그러나 고유벡터만으로 이루어진 특별한 기저벡터를 선택할 수 있는 경우가 많은데, 그런 경우 T가 반복 적용된 결과를 쉽게 알아낼 수 있다. 예를 들어 기저벡터를 $v_1, v_2, \cdots, v_n$이라 하고 v_i를 고윳값이 λ_i인 고유벡터라 하자. 다시 말해서, 모든 i에 대해 $T(v_i) = \lambda_i v_i$라는 뜻이다. 그러면 V에 속한 임의의 벡터 w는 $a_1 v_1 + \cdots + a_n v_n$으로 쓸 수 있으며, $T(w)$는

$$T(w) = \lambda_1 a_1 v_1 + \cdots + \lambda_n a_n v_n$$

으로 쓸 수 있다. 간략히 말해서 T는 w의 v_i 성분을 v_i의 방향으로 λ_i배만큼 늘리는(또는 줄이는) 역할

을 한다. 그러므로 w에 T를 m번 반복해서 적용하면 다음과 같은 결과가 얻어진다.

$$T^m(w) = \lambda_1^m a_1 v_1 + \cdots + \lambda_n^m a_n v_n.$$

다시 말해서, w의 v_i 성분은 v_i의 방향으로 λ_i^m배만큼 길어진다는 뜻이다.

수학자들이 반복 적용된 선형사상에 관심을 갖는 데에는 여러 가지 이유가 있다. 사실 이런 종류의 계산은 구글(Google)이 유용성에 따라 웹사이트의 순서를 배열하는 것과 비슷한데, 자세한 내용은 **알고리즘 디자인**[VII.5]에서 논의될 것이다.

두 번째 사례는 **지수함수**[III.25] e^x의 흥미로운 성질과 관련되어 있다. 이 함수는 미분을 해도 형태가 변하지 않는 매우 특이한 함수이다. 기호로 표기하면 $f(x) = e^x$일 때 $f'(x) = e^x$이다. 그런데 앞서 말한 대로 미분은 일종의 선형사상으로 간주할 수 있고 $f(x) = f'(x)$이면 이 사상은 함수 f를 변화시키지 않는 사상이므로, f는 고윳값이 1인 고유벡터에 해당한다. 일반적으로 $g(x) = e^{\lambda x}$이면 $g'(x) = \lambda e^{\lambda x} = \lambda g(x)$이므로, g는 미분사상에 대해 고윳값이 λ인 고유벡터가 된다. 많은 선형미분방정식은 미분을 통해 정의된 선형사상의 고윳값을 묻는 문제로 생각할 수 있다(미분과 미분방정식은 다음 절에서 논의될 것이다).

5 해석학의 기본개념들

수학은 미적분학과, 점차 가까워진다는 개념이 등장하면서 비약적으로 발전했다. 점점 나은 근사를 이용해 수학적 대상을 간접적으로 정의할 수 있다.

이들은 해석학의 근간을 이루는 중요한 개념이다. 이 절의 목적은 수학에 익숙하지 않은 독자들을 위해 이 내용을 소개하는 것이지만 미적분학에 기초 지식이 전혀 없다면 지금부터 하는 이야기를 완전히 이해하지 못할 수도 있다.

5.1 극한

앞에서 수 체계에 실수[I.3 §1.4]를 도입할 때 2의 제곱근에 대해 잠깐 언급한 적이 있다. 그런데 2의 제곱근이 존재한다는 사실을 어떻게 알 수 있을까? 앞에서는 소수점 이하의 숫자를 계속 늘려 가면 2의 제곱근에 무한히 가깝게 다가갈 수 있다는 것을 답으로 제시했었다. 실수 1, 1.4, 1.41, 1.414, 1.4142, 1.41421, …은 모두 자릿수가 유한하므로 유리수지만, 이런 식으로 소수점 이하 자릿수를 계속 늘려 가면 또 하나의 실수인 $x = 1.4142135\cdots$에 무한히 가까워질 수 있다. 2의 제곱근은 자릿수가 무한 개여서 십진법으로 표기할 수 없지만, 각 자릿수가 정의되는 방식은 정의할 수 있다. 예를 들어 0.001의 배수들 중에서 자기 자신을 제곱했을 때 2를 넘지 않는 가장 큰 수는 1.414이기 때문에, $\sqrt{2}$ 의 (소수점 이하) 세 번째 자릿수는 4이다. 위에 나열한 수들을 제곱하면 1, 1.96, 1.9881, 1.999396, 1.99996164, 1.9999899241…이 되어 점차 2에 접근한다. 그래서 우리는 $x^2 = 2$라고 자신 있게 말할 수 있는 것이다.

종이 위에 그려진 어떤 곡선의 길이를 구한다고 생각해 보자. 우리에게 주어진 것이 자밖에 없다면 당장 문제가 발생한다. 자는 직선인데, 곡선은 임의의 방향으로 휘어져 있기 때문이다. 이 문제를 해결하는 방법은 다음과 같다. 제일 먼저 곡선 위에 몇

개의 점 P_0, P_1, P_2, …, P_n을 표시한다. 여기서 P_0은 곡선의 시작점이고 P_n은 곡선의 끝점이다. 그 다음에 P_0와 P_1 사이의 거리, P_1과 P_2 사이의 거리, …, P_{n-1}과 P_n 사이의 거리를 측정한다. 마지막으로 각 구간 사이의 거리를 모두 더한다. 물론 이 값은 곡선의 길이와 일치하지 않는다. 그러나 점들을 거의 비슷한 간격으로 충분히 많이 찍어 놓았다면, 그리고 곡선이 지나치게 구불거리지 않는다면, 우리가 얻은 값은 매우 정확한 근삿값으로 손색이 없다. 게다가 이것은 곡선의 '정확한 길이'를 **정의**하는 좋은 방법이기도 하다. 점을 많이 찍을수록 우리가 측정한 값은 곡선의 실제 길이와 점점 가까워지면서 어떤 특정한 값 l에 접근하는데, 비로 이 l이 곡선의 길이이다.

방금 살펴본 두 가지 사례에서 우리는 매 단계마다 더 좋은 근삿값을 구하여 어떤 특정한 값으로 접근하는 방법을 사용했다. 그런데 '접근한다'는 말은 수학적으로 명쾌한 어휘가 아니기 때문에, 이 부분을 좀 더 정확하게 정의할 필요가 있다. 실수로 이루어진 수열 $a_1, a_2, \cdots, a_n$이 어떤 특정한 값 l에 접근한다는 것은 무슨 뜻인가?

두 가지 사례를 통해 이 질문의 답을 구해 보자. $\frac{1}{2}$, $\frac{2}{3}$, $\frac{3}{4}$, $\frac{4}{5}$, …라는 수열이 2를 향해 접근한다고 말할 수 있을까? 물론 뒤로 갈수록 2에 더 가깝다는 것만은 분명한 사실이지만, 우리가 말하는 '접근'은 이런 의미가 아니다. 수열이 특정 숫자에 접근한다는 것은 그 숫자와의 차이가 **임의로** 작아진다는 것을 의미한다. 그러므로 위의 수열이 접근하는 값은 2가 아니라 1이다.

무한히 이어지는 수열 1, 0, $\frac{1}{2}$, 0, $\frac{1}{3}$, 0, $\frac{1}{4}$, 0, …은 경우가 조금 다르다. 이 수열은 뒤로 갈수록 0에 가

싸워지지만, 각 항들이 바로 전 항보다 0에 더 가깝지는 않다. 그러나 결국에는 우리가 원하는 만큼 0에 가깝게 만들 수 있으며, 바로 그 원하는 정도를 벗어나지 않는다.

이것이 바로 **극한**(limit)의 수학적 정의이다. 수열 $a_1, a_2, a_3, \cdots$이 결국은 l에 충분히 가깝게 접근하여 더 이상 멀어지지 않을 때, 이 수열의 극한값은 l이다. 그러나 수학적으로 정확한 정의를 내리려면 '결국은'이라는 말을 적절한 수학용어로 바꿔야 하는데, 이를 위해 **한정사**[I.2 §3.2]가 필요하다.

δ를 양수라 하자(아주 작은 수라고 상상하면 도움이 될 것이다). a_n과 l의 차이, 즉 $|a_n - l|$이 δ보다 작을 때, a_n은 l에 δ-인접하다고 한다. 그렇다면 주어진 수열이 '결국은 l에 δ-인접해서 더 이상 멀어지지 않는다'는 것은 무슨 뜻일까? 이 말은 수열의 어떤 항부터 뒤쪽에 있는 모든 a_n이 l에 δ-인접한다는 뜻이다. 여기서 수열의 어떤 항부터 뒤쪽이란 N보다 큰 모든 n에 대하여 a_n이 l에 δ-인접하는 숫자 N이 존재한다는 뜻이다. 이것을 기호로 나타내면 다음과 같다.

$$\exists N \quad \forall n \geq N \quad a_n \text{은 } l\text{에 } \delta\text{-인접하다.}$$

'원하는 만큼 l에 가깝다'는 건 또 무슨 뜻일까? 이 말은 δ를 아무리 작게 잡아도 위의 문장이 참이라는 뜻이다. 기호로 쓰면 다음과 같다.

$$\forall \delta > 0 \quad \exists N \quad \forall n \geq N \; a_n \text{은 } l\text{에 } \delta\text{-인접하다.}$$

여기서 'a_n은 l에 δ-인접하다'는 말은 정식 수학용어가 아니므로, 이것까지 기호로 바꿔 보자.

$$\forall \delta > 0 \quad \exists N \quad \forall n \geq N \quad |a_n - l| < \delta.$$

사실 이것은 쉽게 이해할 수 있는 문장이 아니다. 그러나 기호 사용을 자제하고 문장을 길게 늘어 놓는다고 해서 반드시 쉬워진다는 보장도 없다(이것은 [I.2 §4]에서 언급된 바 있다). 위의 문장을 일상적인 언어로 풀어 쓰면 다음과 같다. '양수 δ를 아무리 작게 잡아도, N보다 큰 모든 n에 대하여 a_n과 l의 차이가 δ보다 작아지게 하는 N이 존재한다.'

극한의 개념은 실수뿐만 아니라 거의 모든 대상에 적용된다. 수학적 대상으로 이루어진 임의의 집합에서 두 원소 사이의 거리가 정의되면, 이 원소들로 이루어져 있으면서 극한값을 갖는 수열에 대해 논할 수 있다. 이 경우에 두 대상의 차이가 아닌 '두 대상 사이의 거리'가 δ보다 작으면 'δ-인접하다'고 말한다(거리의 개념은 **거리공간**[III.56]에서 자세히 논의될 것이다). 예를 들어 함수의 수열이나 공간상에 늘어서 있는 점들의 수열은 극한값을 가질 수 있다(함수의 경우에는 거리의 개념이 분명치 않을 것 같지만, 이것도 다양한 방법으로 정의할 수 있다). 프랙탈의 이론에서 또 다른 예시가 나온다(**동역학** [IV.14] 참조). 프랙탈은 간단한 도형이 무한히 반복된 복잡한 도형으로, 최종적인 모양은 극한을 통해 정의된다.

'수열 $a_1, a_2, \cdots$의 극한은 l이다'라는 수학적 진술은 'a_n은 l에 수렴한다'는 진술과 동일하다. 때로는 'n이 무한대로 갈 때'라는 표현을 넣기도 한다. 극한값을 갖는 경우에 수열은 **수렴한다**(convergent)고 하고, 기호로는 $a_n \to l$로 나타낸다.

5.2 연속성

원주율의 제곱, 즉 π^2의 근삿값을 구하려면 어떻게
해야 할까? 가장 쉬운 방법은 계산기를 이용하는 것
이다. 계산기에서 π라고 적혀 있는 버튼을 누르면
액정에 3.1415927이라는 값이 뜨고, 이 상태에서 x^2
버튼을 누르면 9.8696044가 나타난다. 물론 이 값은
π^2이 아니라, 3.1415927을 제곱한 값이다(비싼 계
산기라면 액정에 표시된 것보다 많은 자릿수로 계
산할 수도 있지만, 어쨌거나 모든 계산기는 유한한
자릿수밖에 다룰 수 없다). 계산기는 틀린 값을 알려
주었지만, 이 값을 곧이곧대로 믿어도 큰 문제는 없
다. 왜 그럴까?

제일 먼저 제시할 수 있는 답은 π^2의 근삿값이기
때문이다. 그러나 이것은 완벽한 설명이 아니다. x
가 π에 제법 가까운 근삿값일 때, x^2이 π^2의 근삿값
이라는 것을 어떻게 알 수 있을까? 이 사실을 증명
하려면 약간의 대수계산이 필요하다. π에 제법 가
까운 근삿값을 x라고 하면, $x = \pi + \delta$로 쓸 수 있다
(여기서 δ는 아주 작은 수이며, 음수일 수도 있다).
그러면 $x^2 = (\pi + \delta)^2 = \pi^2 + 2\delta\pi + \delta^2$이 되는데,
δ가 작으면 $2\delta\pi + \delta^2$도 작은 수이다. 따라서 x^2은
π^2의 근삿값이 될 수 있다.

이런 식의 논리를 펼칠 수 있는 이유는 x에 제곱
을 취한 함수가 **연속**(continuous)이기 때문이다. 간
략히 말해서, 두 개의 수가 가까우면 이들을 제곱한
수도 가깝다.

다시 π^2으로 돌아가서, 이 값을 좀 더 정확하게 계
산하려면 무엇을 어떻게 개선해야 할지 생각해 보
자. 예를 들어 소수점 이하 100번째 자리까지 맞기
를 원한다면 계산기는 별 도움이 안 된다. 이럴 때는
인터넷이 최고다. 적절한 웹사이트를 찾아가면 π값
을 소수점 이하 5천만 자리까지 조회할 수 있다. 이
값을 x로 삼고, 컴퓨터를 이용하여 x^2을 계산하면
된다.

이렇게 계산된 x^2이 소수점 이하 100번째 자리까
지 맞으려면, 처음에 취한 x는 몇 번째 자리까지 맞
아야 할까? 앞서 펼쳤던 논리로 되돌아가서, $x = \pi$
$+ \delta$라 하자. 그러면 $x^2 - \pi^2 = 2\delta\pi + \delta^2$이 되고, 간
단한 계산을 거치면 δ의 절댓값이 10^{-101}보다 작을
때 $2\delta\pi + \delta^2$의 절댓값이 10^{-100}보다 작아진다는 것
을 알 수 있다. 그러므로 π의 처음 (소수점 이하) 101
자리까지 취해서 제곱연산을 수행하면 100번째 자
리까지 신뢰할 수 있다.

더 일반적으로 π^2의 근삿값을 어떤 정확도로 구
하고 싶든, x를 π에 충분히 가까운 값으로 잡으면
원하는 만큼 오차를 작게 줄일 수 있다. 이 상황을
수학용어로 서술하면 다음과 같다. 함수 $f(x) = x^2$
은 $x = \pi$에서 **연속**이다.

지금까지 언급된 내용을 수학기호로 표현해 보
자. 'x^2은 ϵ의 정확도로 π^2과 같다'는 말은 $|x^2 - \pi^2|$
$< \epsilon$으로 쓸 수 있다. 여기에 '원하는 만큼 오차를 작
게 줄일 수 있다'는 뜻까지 포함시키려면 $|x^2 - \pi^2|$
$< \epsilon$이 모든 $\epsilon(>0)$에 대해 참이어야 하므로, 기호로
표현한 문장을 $\forall \epsilon > 0$으로 시작하면 된다. 그 다음
으로 'x를 π에 충분히 가까운 값으로 잡으면'이라
는 말을 생각해 보자. 이 말의 저변에는 'x와 π의 차
이가 δ보다 크지 않은 한, $|x^2 - \pi^2| < \epsilon$이 보장되는
$\delta(>0)$가 존재한다'는 뜻이 담겨 있다. 이 모든 것을
기호로 표현하면 다음과 같은 문장이 된다.

$$\forall \epsilon > 0 \quad \exists \delta > 0 \ (|x - \pi| < \delta \Rightarrow |x^2 - \pi^2| < \epsilon).$$

이것을 말로 풀어 쓰면 다음과 같다. '임의의 양수 ϵ에 대하여 $|x - \pi|$가 δ보다 작으면 $|x^2 - \pi^2|$이 ϵ보다 작아지게 하는 δ가 존재한다.' 앞에서 ϵ을 10^{-100}으로 택했을 때 요구되는 δ의 값은 10^{-101}이었다.

이것으로 우리는 $f(x) = x^2$이라는 함수가 $x = \pi$에서 연속임을 증명한 셈이다. 지금부터 이 아이디어를 일반화시켜 보자. f가 임의의 함수이고 a가 임의의 실수일 때, 다음의 조건이 만족되면 f는 $x = a$에서 **연속**이라고 말한다.

$$\forall \epsilon > 0 \quad \exists \delta > 0 \ (|x - a| < \delta \Rightarrow |f(x) - f(a)| < \epsilon).$$

즉, x를 a에 충분히 가깝게 가져가면, $f(x)$를 우리가 원하는 만큼 $f(a)$에 가깝도록 만들 수 있다는 뜻이다. 함수 f가 모든 a에서 연속일 때, f를 **연속함수**라 한다. 간략히 말해서 연속함수는 '갑작스런 도약'을 일으키지 않는다(아주 빠르게 진동하지도 않는다. 함수가 빠르게 진동하면 정확한 값을 결정하기가 어려워진다).

극한과 마찬가지로 연속의 개념은 해석학에서 매우 광범위하게 적용된다. 집합 X에서 Y로 가는 함수를 f라 하고, X의 원소들 사이의 거리와 Y의 원소들 사이의 거리가 어떤 형태로든 정의되어 있다고 가정해 보자. x와 a 사이의 거리를 $d(x, a)$라 하고 $f(x)$와 $f(a)$ 사이의 거리를 $d(f(x), f(a))$로 표기하면, 다음의 조건이 만족될 때 f는 $x = a$에서 **연속**이다.

$$\forall \epsilon > 0 \quad \exists \delta > 0 \ (d(x, a) < \delta \Rightarrow d(f(x), f(a)) < \epsilon).$$

그리고 X에 속한 모든 a에서 연속일 때, f는 연속함수가 된다(또는 f는 **연속**이다라고 말하기도 한다). 이것은 바로 전에 언급했던 'x와 a의 차이' $|x - a|$를 'x와 a 사이의 거리' $d(x, a)$로 대치시킨 형태에 해당한다.

준동형사상[I.3 §4.1]과 마찬가지로 연속함수는 모종의 구조를 보존시키는 함수로 간주할 수 있다. $a_n \rightarrow x$일 때 $f(a_n) \rightarrow f(x)$이면 f는 연속함수이며, 그 역도 마찬가지다. 즉, 연속함수는 '수렴하는 수열과 그 수렴값으로 이루어진 수학적 구조'를 보존시킨다.

5.3 미분

$x = a$에서 함수 f의 미분(differentiation)은 보통 x가 a를 지날 때 $f(x)$의 변화율을 의미한다. 그러나 이 절에서는 조금 다른 방식으로 미분을 정의할 것이다. 지금부터 논의할 내용은 매우 일반적인 개념으로, 고전수학에서 현대수학으로 넘어가는 문을 활짝 열어줄 것이다. 논의의 핵심은 미분을 **선형근사**(linear approximation)로 간주하는 것이다.

$f'(a) = m$의 의미를 직관적으로 해석하면 f의 그래프에서 $(a, f(a))$를 포함하는 아주 작은 영역을 고성능 현미경으로 들여다보면 기울기가 m인 직선처럼 보인다는 뜻이다. 다시 말해서 점 a를 중심으로 충분히 작은 영역에서 보면 함수 f는 거의 직선처럼 보인다는 뜻이다. 심지어 f를 근사하는 일차함수 g를 구할 수 있다.

$$g(x) = f(a) + m(x - a).$$

이것은 $(a, f(a))$를 지나면서 기울기가 m인 직선의 방정식인데, 조금 다른 형태로 쓰면 의미가 좀 더 분명해진다.

$$g(a + h) = f(a) + mh.$$

a 근방에서 g가 f의 근사라는 것은 h가 아주 작은 값일 때 $f(a + h)$가 $f(a) + mh$와 거의 같다는 뜻이다.

여기서 한 가지 주의할 것이 있다. f가 갑자기 도약하는 불연속함수가 아닌 한, h가 충분히 작으면 $f(a + h)$는 $f(a)$와 비슷할 것이고 mh도 충분히 작은 양이므로, m값에 상관없이 $f(a + h)$는 $f(a) + mh$와 거의 비슷하다. 그렇다면 $m = f'(a)$에 무슨 특별한 의미가 있다는 말인가? 그 답은 다음과 같다. h가 충분히 작으면 $f(a + h)$는 $f(a) + mh$와 비슷해질 뿐만 아니라, $\epsilon(h) = f(a + h) - f(a) - mh$는 h보다 **훨씬** 작아진다. 즉, $h \to 0$일 때 $\epsilon(h)/h \to 0$이다(이것은 §5.1에서 논의된 극한의 개념을 조금 더 일반화시킨 것으로, h가 충분히 작으면 $\epsilon(h)/h$를 우리가 원하는 만큼 작게 만들 수 있다는 뜻이다).

이 아이디어를 일반화시킬 수 있는 이유는 선형사상이라는 것이 $g(x) = mx + c$와 같이 $\mathbb{R}$에서 $\mathbb{R}$로 가는 단순한 함수보다 훨씬 더 일반적인 개념이기 때문이다. 수학(또는 과학, 공학, 경제학 등)에 등장하는 함수의 대부분은 변수가 하나가 아니라 **여러 개**이기 있기 때문에, 차원이 1보다 큰 벡터공간에서 정의된 함수로 취급할 수 있다. 생각이 여기에 미치면 변수가 여러 개인 함수들이 한 점에 가까운 근방에서 선형사상으로 근사될 수 있는지, 그 여부가 궁금해질 것이다. 모두 그런 것은 아니지만, 선형사상으로 근사되는 함수는 여러 가지 면에서 매우 유용하다. 일반적으로 함수는 매우 복잡한 형태를 띠고

있지만, 선형사상으로 근사될 수 있는 함수를 n차원 공간의 작은 영역에서 바라보면 이해하기가 훨씬 쉬워진다. 특히 컴퓨터의 도움을 받으면 선형대수와 행렬을 이용하여 다양한 계산을 쉽게 수행할 수 있다.

예를 들어 기상학자가 지표면 근처의 3차원 공간에서 각 지역에 따른 바람의 방향 및 속도의 변화에 관심이 있다고 해 보자. 바람은 거의 카오스에 가까울 정도로 복잡한 현상이지만, 위치에 따른 속도가 갑자기 변하는 경우는 없으므로(즉, 연속이므로) 다음과 같은 모형을 상정할 수 있다. 공간상의 임의의 지점 (x, y, z)에서(x와 y는 수평방향 좌표이고 z는 고도에 해당한다) 바람의 속도벡터를 (u, v, w)라 하자. 여기서 u, v, w는 각각 속도의 x, y, z 방향 성분을 나타낸다.

이제 위치 (x, y, z)를 조금 바꿔서 $(x + h, y + k, z + l)$로 이동시켜 보자. 위치가 변했으니 바람의 속도도 조금 달라졌을 텐데, 이것을 $(u + p, v + q, w + r)$로 표기하자. 그렇다면 속도의 작은 변화 (p, q, r)은 위치의 작은 변화 (h, k, l)과 어떤 관계에 있을까? 바람의 변화가 지나치게 급격하지 않고 h, k, l이 충분히 작다면, 위치와 속도의 관계는 거의 선형적이라고 할 수 있다. 자연은 이렇게 움직이는 것처럼 보인다. 다시 말해서 h, k, l이 충분히 작은 경우에는 (p, q, r)이 $T(h, k, l)$과 거의 같아지는 선형사상 T가 존재한다고 기대할 수 있다. 단, p, q, r 각각은 h, k, l에 모두 의존한다. 따라서 이 선형사상을 정의하려면 9개의 숫자를 결정해야 한다. 실제로 (p, q, r)과 (h, k, l)의 연결관계는 다음과 같다.

$$\begin{pmatrix} p \\ q \\ r \end{pmatrix} = \begin{pmatrix} a_{11} & a_{12} & a_{13} \\ a_{21} & a_{22} & a_{23} \\ a_{31} & a_{32} & a_{33} \end{pmatrix} \begin{pmatrix} h \\ k \\ l \end{pmatrix}.$$

행렬요소 a_{ij}는 바람의 속도성분과 위치성분 사이의 구체적인 관계를 말해준다. 예를 들어 x와 z를 고정시키면 $h = l = 0$이므로 y의 변화에 따른 u의 변화율은 a_{12}가 된다. 즉, (x, y, z)에서 y에 대한 u의 편미분(partial derivative) $\partial u / \partial y$는 a_{12}이다.

행렬 계산은 이런 식으로 하면 된다. 그러나 개념적인 이해를 도모하려면 벡터기호를 사용하는 게 바람직하다. (x, y, z)를 위치벡터 $\boldsymbol{x}$라 하고 (u, v, w)를 속도벡터 $\boldsymbol{u}(\boldsymbol{x})$라 하자. 그리고 (h, k, l)을 $\boldsymbol{h}$로, (p, q, r)을 $\boldsymbol{p}$로 표기하자. 그러면 $\boldsymbol{h}$보다 작은 어떤 벡터 $\boldsymbol{\epsilon}(\boldsymbol{h})$에 대하여 다음의 관계가 성립한다.

$$\boldsymbol{p} = T(\boldsymbol{h}) + \boldsymbol{\epsilon}(\boldsymbol{h}).$$

이 식은 다음과 같이 쓸 수도 있다.

$$\boldsymbol{u}(\boldsymbol{x} + \boldsymbol{h}) = \boldsymbol{u}(\boldsymbol{x}) + T(\boldsymbol{h}) + \boldsymbol{\epsilon}(\boldsymbol{h}).$$

이 식은 앞에서 썼던 $g(x + h) = g(x) + mh + \epsilon(h)$와 비슷한 의미를 갖는다. 즉, $\boldsymbol{x}$에 작은 벡터 $\boldsymbol{h}$를 더하면 $\boldsymbol{u}(\boldsymbol{x})$는 대략 $T(\boldsymbol{h})$만큼 변한다는 뜻이다.

이것을 일반화시켜서 $\boldsymbol{u}$를 $\mathbb{R}^n$에서 $\mathbb{R}^m$으로 가는 함수라 하자. 그러면 $\boldsymbol{h}$보다 작은 어떤 $\boldsymbol{\epsilon}(\boldsymbol{h})$에 대하여

$$\boldsymbol{u}(\boldsymbol{x} + \boldsymbol{h}) = \boldsymbol{u}(\boldsymbol{x}) + T(\boldsymbol{h}) + \boldsymbol{\epsilon}(\boldsymbol{h})$$

를 만족시키는 선형사상 $T : \mathbb{R}^n \to \mathbb{R}^m$이 존재할 때, $\boldsymbol{u}$를 $\boldsymbol{x}$에서 미분가능하다($\boldsymbol{x} \in \mathbb{R}^n$)고 말한다. T는 $\boldsymbol{x}$에서 $\boldsymbol{u}$의 미분이라 부른다.

중요한 사례는 $m = 1$일 때이다. 함수 $f : \mathbb{R}^n \to \mathbb{R}$

이 $\boldsymbol{x}$에서 미분가능하면 $\boldsymbol{x}$에서 f의 미분은 $\mathbb{R}^n$에서 $\mathbb{R}$로 가는 선형사상이 된다. 이 경우에 T의 행렬은 길이가 n인 열벡터(row vector)로서, 흔히 $\nabla f(\boldsymbol{x})$로 표기하고 $\boldsymbol{x}$에서 f의 그래디언트라고 한다. $\nabla f(\boldsymbol{x})$는 f가 가장 빠르게 증가하는 방향을 가리키는 벡터이며, 크기는 그 방향의 변화율과 같다.

5.4 편미분방정식

편미분방정식(partial differential equation)은 수학에서 다양한 연구분야를 낳았고, 물리학에서도 핵심적인 역할을 해 왔다. 자세한 내용은 책의 후반부에서 다룰 예정인데, 그때를 대비하여 세 가지 기본적 사례를 소개하고자 한다(편미분방정식[IV.12] 참조).

첫 번째 사례는 물질 속에서 열의 분포상태가 시간에 따라 변하는 양상을 서술하는 **열방정식**(heat equation)으로, 그 형태는 다음과 같다.

$$\frac{\partial T}{\partial t} = \kappa \left(\frac{\partial^2 T}{\partial x^2} + \frac{\partial^2 T}{\partial y^2} + \frac{\partial^2 T}{\partial z^2} \right).$$

여기서 $T(x, y, z, t)$는 위치 (x, y, z), 시간 t에서의 온도를 나타내는 함수이다.

이런 방정식의 기호를 읽고 이해하는 것과 그 속에 담겨 있는 의미를 이해하는 것은 별개의 문제다. 그러나 임의로 쓸 수 있는 수많은 편미분방정식들 중에서 실제로 중요한 것은 극히 일부이고, 이들은 각자 나름대로 중요한 의미를 함축하고 있기 때문에, 자연을 서술하는 편미분방정식은 신중하게 분석해 볼 필요가 있다.

열방정식의 좌변에 있는 $\partial T / \partial t$는 공간좌표 x, y, z를 고정시켰을 때 시간 t에 대한 온도 T의 변화율을 나타낸다. 다시 말해서, $\partial T / \partial t$는 임의의 점 (x, y, z)

가 얼마나 빠르게 뜨거워지는지, 또는 얼마나 빠르게 식는지를 나타내는 양이다. 이 값에 영향을 주는 요인은 과연 무엇일까? 다들 알다시피 매질 속에서 열이 전달되려면 시간이 걸린다. 멀리 떨어져 있는 점 (x', y', z')도 시간이 충분히 흐르면 (x, y, z)의 온도에 영향을 주겠지만, **지금 당장**(즉, 시간 t)은 (x, y, z)의 근처 온도에 주로 영향을 받을 것이다. 만일 (x, y, z)의 주변온도가 (x, y, z) 자체의 온도보다 평균적으로 높다면 (x, y, z)의 온도는 시간이 흐를수록 올라갈 것이고, 그 반대라면 내려갈 것이다.

방정식의 우변에서 괄호 안에 들어 있는 부분은 다른 방정식에서도 자주 등장하기 때문에 약식기호도 있고 이름까지 붙어 있다. 수학자들은 함수 f 앞에 기호 Δ를 붙여서

$$\Delta f = \frac{\partial^2 f}{\partial x^2} + \frac{\partial^2 f}{\partial y^2} + \frac{\partial^2 f}{\partial z^2}$$

로 정의하고, f의 **라플라스 작용소**(Laplacian)라고 읽는다.* 그런데 Δf에는 f의 어떤 정보가 담겨 있을까? 그 답은 위의 마지막 문장에 들어 있다. 즉, Δf는 (x, y, z)에서의 f값과 (x, y, z) 근방에서의 f값이 얼마나 다른지를 말해준다. 좀 더 정확하게 말하자면 (x, y, z) 근방의 크기가 0으로 줄어들 때 근방의 평균이 도달하는 극한값과 (x, y, z)에서의 f값을 비교하는 양이다.

수식만 놓고 보면 그 이유가 분명치 않다. 그러나 차원을 1로 줄여서 생각해 보면 위의 방정식에 2계 미분항이 등장하는 이유를 대략적으로나마 이해할 수 있다. f를 실수에서 실수로 가는 임의의 함수라

하자. x에서 f의 2계미분 f''에 대한 근사식은 아주 작은 h에 대하여 $(f'(x) - f'(x - h))/h$로 쓸 수 있고 (여기서 $-h$를 h로 대치하면 좀 더 유용한 식이 되지만, 지금은 이렇게 쓰는 것이 더 편리하다), $f'(x)$와 $f'(x - h)$의 근사식은 각각 $(f(x + h) - f(x))/h$와 $(f(x) - f(x - h))/h$로 쓸 수 있다. 이 근사식을 f''의 근사식에 대입하면

$$\frac{1}{h}\left(\frac{f(x + h) - f(x)}{h} - \frac{f(x) - f(x - h)}{h}\right)$$

가 되고, 괄호 안을 정리하면 $(f(x + h) - 2f(x) + f(x - h))/h^2$이다. 그런데 위 식의 분자를 2로 나누면 $\frac{1}{2}(f(x + h) + f(x - h)) - f(x)$가 되는데, 이것은 x에서의 f값과 x를 중심으로 한 양쪽 근방 $x + h$와 $x - h$에서의 f값의 평균의 차이에 해당한다.

다시 말해서, f의 2계미분이 우리가 원했던 'x에서의 f값과 x 근방에서 계산한 f의 평균값의 차이를 알려준다는 뜻이다. 만일 f가 선형함수이면 $f(x + h)$와 $f(x - h)$의 평균이 $f(x)$와 같으므로 일차함수를 두 번 미분하면 0이 된다는 미적분학의 기본상식과도 정확하게 일치한다.

f의 1계도함수가 $h \to 0$일 때 $(f(x + h) - f(x))/h$의 극한값으로 정의되는 것처럼(h가 작으면 $f(x + h) - f(x)$도 작지만, 이 값을 h로 나눴으므로 몫이 작을 이유가 없다), 2계도함수는 f의 차이를 h^2으로 나눈 값에 해당한다(이것은 타당한 설명이다. 왜냐하면 1계도함수는 일차근사와 관련되어 있고, 2계도함수는 이차근사와 관련되어 있기 때문이다. x 근방에서 f의 이차근사는 $f(x + h) \approx f(x) + hf'(x) + \frac{1}{2}h^2 f''(x)$인데, 이것은 f를 2차함수로 가정하면 간단하게 증명할 수 있다. f가 2차함수이면 이 식은

---

*Δf 대신 $\nabla^2 f$로 쓰기도 한다—옮긴이

근사식이 아니라 정확한 식이 된다).

이 논리를 변수가 3개인 경우로 확장해 보자. f가 3-변수 함수일 때 (x, y, z)에서 Δf는 (x, y, z)에서의 f값과 그 근방에서 계산된 f의 평균값의 차이에 해당한다(여기서 변수가 3개라는 것은 우리의 논리에 아무런 영향도 주지 않는다. 변수가 n개인 함수에도 똑같은 논리를 적용할 수 있다). 이제 열방정식에서 아직 논의되지 않은 것은 κ뿐이다. κ는 **열전도율**을 나타내는 상수로서, 이 값이 작으면 매질이 열을 잘 전달하지 않아서 ΔT는 온도의 변화율에 별로 큰 영향을 주지 않고, κ가 크면 그 반대이다.

편미분방정식의 두 번째 사례는 흔히 **라플라스 방정식**(Laplace equation)으로 불리는 $\Delta f = 0$이다. 이 방정식의 의미는 앞서 펼쳤던 논리를 통해 이해할 수 있는데, 직관적으로 말하면 (x, y, z)에서 f값은 그 근방에서 계산된 f의 평균값과 항상 같다는 뜻이다. f의 변수가 x 하나뿐이라면, 라플라스 방정식을 만족하는 f는 2계미분이 0이므로 $ax + b$의 형태가 되어야 한다. 그러나 변수가 두 개 이상인 경우에는 f의 가능성이 훨씬 다양해져서 특정 방향의 접선 위에 놓이거나 아래에 놓일 수도 있다. 또한 문제에 주어진 경계조건(boundary condition, 특정 영역의 경계에서 주어지는 f의 값)에 따라 다양한 해가 나올 수 있기 때문에, 1차원 해보다 훨씬 흥미롭다.

세 번째 사례는 **파동방정식**(wave equation)이다. 양끝이 A, B에 고정된 채 진동하는 1차원 끈이 그 대표적 사례이다. 시간 t에 끈의 한쪽 끝 A에서 x만큼 떨어진 곳의 높이를 $h(x, t)$라 했을 때, h가 만족하는 파동방정식은 다음과 같다.

$$\frac{1}{v^2}\frac{\partial^2 h}{\partial t^2} = \frac{\partial^2 h}{\partial x^2}.$$

맨 앞에 곱해져 있는 $1/v^2$은 나중에 논하기로 하고, 일단은 미분이 가해진 항부터 살펴보자. 방정식의 좌변은 A에서 x만큼 떨어진 곳의 (수직방향) 가속도를 나타내는데, 이 값은 끈에 가해진 힘에 비례해야 한다. 그렇다면 이 힘을 좌우하는 요인은 무엇인가? 일단 x를 포함하는 끈의 일부가 완전한 직선이라고 가정해 보자. 이런 상황에서는 x의 왼쪽에서 당기는 힘과 오른쪽에서 당기는 힘이 정확하게 상쇄되어 수평방향 알짜힘(net force)은 0이다. 그러므로 우리에게 중요한 것은 x에서의 높이와 그 근방에서 계산된 평균높이의 차이다. 만일 끈이 x에서의 접선보다 위에 있으면 위로 향하는 힘이 작용하고, 아래에 있으면 아래로 향하는 힘이 작용한다. 방정식의 우변에 2계미분이 등장하는 것은 바로 이런 이유 때문이다. 여기서 나오는 힘의 크기는 밀도와 장력 등 끈의 물리적 특성에 의해 좌우되며, 이 특성은 방정식의 상수에 함축되어 있다. 위의 방정식에서 h와 x는 둘 다 거리단위이므로 양변은 단위가 없어야 한다. 따라서 v^2의 단위는 (거리/시간)^{2}이고, 이는 곧 v가 속도임을 의미한다(실제로 v는 파동의 전달속도를 나타내는 상수이다).

파동방정식을 3차원으로 확장해도 사정은 크게 달라지지 않는다. 이 경우에 좌변은 달라지는 것이 없고 우변에 y, z에 대한 2계미분항이 추가되어

$$\frac{1}{v^2}\frac{\partial^2 h}{\partial t^2} = \frac{\partial^2 h}{\partial x^2} + \frac{\partial^2 h}{\partial y^2} + \frac{\partial^2 h}{\partial z^2}$$

가 된다. 우변은 앞에서 정의했던 라플라스 작용소와 같으므로, 이 방정식은

$$\frac{1}{v^2}\frac{\partial^2 h}{\partial t^2} = \Delta h$$

로 쓸 수 있다. 여기에 **달랑베르 작용소** $\square^2$(수학자 달랑베르[VI.20]의 이름에서 따온 것이다)을 도입하여

$$\Delta h - \frac{1}{v^2}\frac{\partial^2 h}{\partial t^2}$$

로 정의하면 3차원 파동방정식은 $\square^2 h = 0$으로 간단하게 쓸 수 있다.

5.5 적분

자동차가 직선도로를 따라 1분 동안 달렸다고 하자. 당신은 차의 출발점을 알고 있고, 매 순간 차의 속도가 어떻게 변했는지도 알고 있다. 그렇다면 이 자동차의 도착지점을 알아낼 수 있을까? 자동차가 줄곧 같은 속도로 달렸다면 문제는 아주 간단해진다. 예를 들어 1분 동안 60km/h의 속도로 달렸다면, 1분 동안 진행한 거리는 이 값의 $\frac{1}{60}$인 1km이다. 그러나 주행 도중에 속도가 수시로 변했다면 단순한 나눗셈으로는 답을 구할 수 없다. 이런 경우에는 처음부터 정확한 답을 구하려 애쓰지 말고, 다음과 같이 몇 단계에 걸쳐 근사적 방법을 쓰는 것이 더 낫다. 첫 번째 단계는 매초가 시작되는 순간마다 자동차의 속도를 기록하는 것이다. 두 번째 단계에서는 매초마다 자동차가 진행한 거리를 계산한다. 각 간격 동안 처음 속도가 유지됐다고 가정한다. 마지막으로 이 모든 값들을 더하면 자동차가 1분 동안 진행한 대략적인 거리가 얻어진다. 1초는 비교적 짧은 시간이어서 그동안 차의 속도는 그리 많이 변하지 않을 것이므로, 각 구간을 등속운동으로 가정해서 진행

거리를 구해도 정답에서 크게 벗어나지 않을 것이다. 1초보다 짧은 0.5초나 0.1초 단위로 구간을 세분해서 계산하면 더욱 정확한 답을 얻을 수 있다.

미적분학을 배운 사람이라면, 이와 비슷한 문제를 완전히 다른 방법으로 풀어본 경험이 있을 것이다. 미적분학 문제에서는 보통 임의의 시간에서 속도 v가 $at + u$와 같이 시간의 함수로 주어지며, 이 함수를 시간에 대해 '적분하면' 출발 후 임의의 시간 t동안 자동차가 진행한 거리를 얻는다(예를 들어 방금 예시한 속도를 t로 적분하면 $\frac{1}{2}at^2 + ut$가 된다). 여기서 적분(integration)이란 미분의 반대과정으로, 함수 f를 적분한다는 것은 $g'(t) = f(t)$를 만족하는 함수 g를 구한다는 뜻이다. $g(t)$가 자동차의 진행거리이면 이것을 미분한 $f(t)$는 자동차의 속도가 된다. 즉, $f(t)$는 $g(t)$의 변화율을 나타내는 함수가 되는 것이다.

그러나 역미분(antidifferentiation)은 적분의 정확한 정의가 아니다. 그 이유를 이해하기 위해, 질문 하나를 던져 보자. 임의의 시간 t에 자동차의 속도가 e^{-t^2}이었다면, 이동거리는 얼마인가? 위의 방식대로 하자면 e^{-t^2}을 적분해야 하는데, 그 결과는 다항식이나 지수함수, 로그함수, 삼각함수 등 우리가 알고 있는 어떤 형태로도 표현되지 않는다. 그렇다고 해서 이 문제에 답이 존재하지 않을까? 아니다. 속도가 제아무리 복잡하게 변한다 해도, 자동차는 출발 1분 후 분명히 도로 어딘가에 서 있다(미분하면 $e^{-t^2/2}$이 되는 함수를 $\Phi(t)$라 했을 때, $\Phi(t\sqrt{2})/\sqrt{2}$를 미분하면 e^{-t^2}이 된다. 그러나 여기서 $\Phi(t)$는 $e^{-t^2/2}$의 적분으로 정의되었으므로, 어려움이 해결된 것은 아니다).

역미분의 개념을 적용하기 어려운 상황에서 적분을 정의하려면 앞에서 언급했던 근사적 방법으로 되돌아가야 한다. 이런 방식으로 적분을 정의한 사람은 19세기 중반 독일의 수학자 베른하르트 리만 [VI.49]이었다. 그가 정의했던 적분의 원리는 다변수함수(변수가 여러 개인 함수)의 적분이라는 사례를 통해 이해하는 것이 가장 바람직하다.

여기 묵직한 바위 하나가 당신 눈앞에 놓여 있다. 당신에게 주어진 임무는 저울을 사용하지 않고 바위의 밀도로부터 질량을 계산하는 것이다. 밀도가 일정하다면 간단한 곱셈으로 끝나겠지만, 이 바위는 성분이 다양하여 위치마다 밀도가 다르고, 심지어는 내부에 공동(텅 빈 구멍)도 여러 개 있다. 물론 공동 부위에서 바위의 밀도는 0이다. 이렇게 복잡한 바위의 질량을 어떻게 계산할 수 있을까?

그 해답은 리만의 접근법에서 찾을 수 있다. 우선 바위를 직육면체 안에 집어넣는다. 직육면체 내부의 모든 점 (x, y, z)에는 바위의 밀도 $d(x, y, z)$가 할당되어 있다((x, y, z)가 바위의 바깥에 있으면 $d(x, y, z) = 0$이다). 그런 다음 직육면체를 여러 개의 작은 직육면체로 분할한 후 개개의 직육면체에서 밀도가 가장 낮은 점과 가장 높은 점을 찾는다(만일 작은 직육면체가 바위의 경계면에 걸쳐 있거나 바위의 바깥에 놓여 있으면 가장 낮은 밀도는 0이다). 이제 작은 직육면체 중 하나인 C를 골라서 부피를 V라 하고, 그 안에서 가장 낮은 밀도를 a, 가장 높은 밀도를 b라 하자. 그러면 이 직육면체에 해당하는 바위의 질량은 aV와 bV 사이의 어떤 값일 것이다. 이와 같은 과정을 모든 직육면체에 대해 실행하면 각 부위마다 질량의 하한값과 상한값이 얻어질 텐데, 하한

값들을 모두 더한 결과를 M_1, 상한값들을 모두 더한 결과를 M_2라 하면 바위의 총 질량은 M_1과 M_2 사이일 것이다. 이 정도면 질량의 대략적인 값은 알아낸 셈이다. 그러나 우리에게는 좀 더 정확한 값이 필요하다. 정확도를 높이려면 어떻게 해야 할까? 방법은 의외로 간단하다. 작게 자른 직육면체들을 하나의 바위로 간주하고, 이것을 더 작은 직육면체로 세분하여 똑같은 논리를 적용하면 된다. 잘게 세분할수록 M_1과 M_2의 간격이 좁아지기 때문에, 더욱 정확한 값을 얻을 수 있다.

자동차의 경우도 마찬가지다. 주행시간 1분을 작은 간격으로 세분하여, 그 안에서 최저속도와 최고속도를 알아내면 해당간격(시간)에서 자동차가 이동한 최소거리와 최대거리를 구할 수 있다. 하나의 시간간격에서 계산된 최솟값과 최댓값이 각각 a, b였다면, 이 시간간격 동안 자동차는 최소 a, 최대 b만큼 이동했다는 뜻이다. 이제 각 구간의 최솟값(a)을 모두 더한 결과를 D_1이라 하고, 최댓값(b)을 모두 더한 결과를 D_2라 하자. 그러면 자동차가 1분 동안 이동한 총 거리는 D_1과 D_2 사이의 어떤 값이 될 것이다.

위에서 살펴본 두 가지 사례의 공통점은 어떤 집합(작은 직육면체, 짧게 분할된 시간)에서 정의된 함수(밀도, 속도)에서 시작하여 함수의 '총합'을 계산했다는 것이다. 주어진 총량을 잘게 세분한 후 간단한 계산을 통해(거리 = 속도 × 시간, 질량 = 밀도 × 부피) 각 부분에서 최댓값과 최솟값을 구했고, 이들을 모두 더하여 우리가 원하는 물리량의 최댓값과 최솟값을 알아낼 수 있었다. 이 모든 과정을 통틀어서 (리만의) **적분**이라고 하며, 다음과 같은 기호

로 표기한다. S가 집합이고 f가 함수일 때, S에 들어 있는 f의 **총합**, 즉 f의 **적분**은 $\int_S f(x)\,dx$이다(여기서 x는 S를 대표하는 변수이다). 바위의 질량을 구할 때처럼 S를 잘게 자른 부분요소가 점 (x, y, z)인 경우에는 벡터를 강조하기 위해 $\int_S f(\boldsymbol{x})\,d\boldsymbol{x}$로 표기할 때도 있지만, 보통은 그냥 '$x$'로 쓰는 것이 관례처럼 되어 있다. 따라서 독자들은 문제의 내용을 잘 파악하여 'x'가 벡터인지, 아니면 그냥 실수인지를 스스로 판단해야 한다.

방금 우리는 역미분과 적분을 구별하기 위해 꽤 복잡한 길을 거쳐 왔다. 그러나 **미적분학의 기본 정리**에 의하면, 우리가 다루는 함수가 '상식적인 선에서' 연속조건을 만족하는 한, 역미분과 적분은 동일한 결과를 낳는다. 그래서 적분을 미분의 역과정으로 간주해도 크게 문제될 것은 없다. 좀 더 정확하게 말하면 다음과 같다. f가 연속함수이고 $F(x)$가 $\int_a^x f(t)\,dt$로 정의되어 있으면, F는 미분가능하고 $F'(x) = f(x)$이다. 즉, 연속함수를 적분한 후 다시 미분하면 처음 시작했던 함수로 되돌아온다는 뜻이다. 이 내용을 다르게 표현하면 F의 미분 f가 연속함수이고 $a < x$이면 $\int_a^x f(t)\,dt = F(x) - F(a)$이다가 되는데, 이것은 F를 미분한 후에 적분하면 거의 F가 된다고 말하는 것과 거의 같다. 여기서 '거의'라는 수식어를 굳이 붙인 이유는 적분을 하는 과정에서 $F(a)$라는 상수가 개입되기 때문이다. 즉, F를 미분한 후에 a에서 x까지 적분하면 원래의 $F(x)$에서 $F(a)$를 뺀 결과가 얻어진다.

함수가 연속이 아니라면 어떻게 될까? 불연속함수의 전형인 헤비사이드 계단함수(Heaviside step function) $H(x)$를 예로 들어 보자. $x < 0$일 때 $H(x)$는 0이고, $x \geq 0$일 때 $H(x)$는 1이다. 즉, $H(x)$는 $x = 0$에서 갑자기 수직방향으로 1만큼 도약하는 불연속함수이다. 그리고 $H(x)$를 적분한 $J(x)$는 $x < 0$일 때 0이고 $x \geq 0$일 때 x이다. 즉, 거의 모든 x에서 $J'(x) = H(x)$의 관계가 성립한다. 그러나 J의 기울기가 $x = 0$에서 갑자기 변하기 때문에 이곳에서 J는 미분이 불가능하며, $J'(0) = H(0) = 1$이라고 할 수 없다.

5.6 복소해석적 함수

수학이 쌓아온 금자탑 중에 **복소해석학**(complex analysis)이라는 분야가 있다. 이것은 복소수를 복소수로 보내는 미분가능한 함수를 집중적으로 다루는 분야로서, 이런 함수를 통틀어 **복소해석적 함수**(정칙적 함수, holomorphic function)라 한다.

복소해석적 함수는 변수가 복소수라는 것만 빼면 미분가능한 실함수(변수가 실수인 함수)와 별로 다를 것이 없다. f가 복소함수일 때 복소평면 상의 한 점 z에서 $f'(z)$는 $(f(z + h) - f(z))/h$에 $h \to 0$이라는 극한을 취한 값으로 정의되는데, 여기서 z를 실수 x로 대치시키면 실함수에 대한 미분의 정의와 똑같기 때문이다. 그러나 이 정의를 조금 다른 관점(§5.3 참조)에서 바라보면 전혀 그렇지 않다는 것을 알 수 있다. 복소함수가 미분가능하려면 실함수보다 훨씬 까다로운 조건을 만족해야 한다. §5.3에서 언급한 바와 같이 미분이란 일종의 **일차근사**이며, 복소함수의 경우에는 복소수 λ와 μ를 이용하여 $g(w) = \lambda w + \mu$로 근사한다는 뜻이다(z 근방에서 일차근사는 $g(w) = f(z) + f'(z)(w - z)$로 주어진다. 이것은 $\lambda = f'(z)$, $\mu = f(z) - zf'(z)$인 경우에 해당한다).

이 내용을 기하학적인 관점에서 해석해 보자. 임의의 복소수 z에 $\lambda(\neq 0)$를 곱하는 연산은 원점과 z 사이의 거리를 r배로 늘린 후 각도 θ만큼 돌리는 변환에 해당한다. 그런데 평면변환 중에서 우리가 선형변환이라고 생각해 왔던 반전이나 전단(변환), 잡아늘리기 등은 이 범주에 속하지 않는다. λ를 정의하려면 두 개의 실수가 필요하지만($a + bi$ 또는 $re^{i\theta}$), 평면에서 일반적인 선형변환을 정의하려면 네 개의 실수가 필요하다(행렬[I.3 §4.2] 참조). 이와 같은 자유도(degree of freedom)의 감소는 유명한 코시-리만 방정식(Cauchy-Riemann equation)으로 서술된다. 지금부터 복소함수 $f(z)$를 $u(x + iy) + iv(x + iy)$로 표기하자.[*] 여기서 x와 y는 각각 z의 실수부와 허수부이며, $u(x + iy)$와 $v(x + iy)$는 각각 $f(x + iy)$의 실수부와 허수부를 의미한다. 그러면 z 근방에서 f의 선형근사에 대응되는 행렬은 다음과 같다.

$$\begin{pmatrix} \dfrac{\partial u}{\partial x} & \dfrac{\partial u}{\partial y} \\[2mm] \dfrac{\partial v}{\partial x} & \dfrac{\partial v}{\partial y} \end{pmatrix}.$$

그런데 확장과 회전을 나타내는 행렬은 항상 $\left(\begin{smallmatrix} a & b \\ -b & a \end{smallmatrix}\right)$의 형태이므로, 위의 행렬요소들은 다음의 관계를 만족해야 한다.

$$\frac{\partial u}{\partial x} = \frac{\partial v}{\partial y}, \qquad \frac{\partial u}{\partial y} = -\frac{\partial v}{\partial x}.$$

이것이 바로 코시-리만 방정식이다. 이로부터 얻을 수 있는 결과 중 하나는 다음과 같다.

$$\frac{\partial^2 u}{\partial x^2} + \frac{\partial^2 u}{\partial y^2} = \frac{\partial^2 v}{\partial x \partial y} - \frac{\partial^2 v}{\partial y \partial x} = 0.$$

[*] 곱하기가 아니라, u는 $x + iy$의 함수라는 뜻이다-옮긴이

(지금까지 제공된 정보만으로는 두 번 편미분할 때 미분하는 순서에 관계없다는 것을 보장할 수 없다. 그러나 f가 복소해석적 함수일 때는 두 결과가 같다.) 따라서 u는 라플라스 방정식을 만족하며(§5.4 참조) 비슷한 논리에 의해 v도 라플라스 방정식을 만족한다.

이와 같이 복소함수가 미분가능하기 위한 조건은 실함수가 미분가능하기 위한 조건보다 훨씬 까다롭다. 그래서 복소해석적 함수는 다양하면서도 흥미로운 특성을 갖고 있는데, 그들 중 일부를 이 절의 나머지 부분에서 소개하기로 한다.

첫 번째 특성은 미적분학의 기본 정리와 관련되어 있다(이 내용은 앞 절에서 언급되었다). 복소해석적 함수 F의 미분 f가 알려져 있고 어떤 복소수 u에 대하여 $F(u)$의 값을 알고 있을 때, 이로부터 F를 재구성할 수 있을까? u와 다른 또 하나의 복소수를 w라 하고, $F(w)$부터 계산해 보자. 우선 u에서 시작하여 w에서 끝나면서 이웃한 복소수의 차이가 작은 복소수 수열을 취한다. 즉, 수열 $z_0, z_1, \cdots, z_n$에서 $z_0 = u$, $z_n = w$이고, $|z_1 - z_0|$, $|z_2 - z_1|$, $\cdots$, $|z_n - z_{n-1}|$은 아주 작다. 그러면 $F(z_{i+1}) - F(z_i)$는 $(z_{i+1} - z_i)f(z_i)$와 거의 비슷하고, $F(w) - F(u) = F(z_n) - F(z_0)$은 모든 $(z_{i+1} - z_i)f(z_i)$의 합과 거의 비슷해진다(작은 오차를 여러 번 더하면 오차가 누적되어 이 근사식의 신뢰도가 떨어질 것 같지만, 사실은 그렇지 않다). 여기서 n을 무한대로 보내면 u와 w 사이가 무한히 작게 세분되어 이웃한 복소수의 차이 $\delta z = z_{i+1} - z_i$는 0으로 접근하게 되고, 모든 $(z_{i+1} - z_i)f(z_i)$의 합은 특정 경로 P를 따라가는 **경로적분**(path integral)이 되는데, 기호로는 $\int_P f(z)\mathrm{d}z$로 나타

낸다.

경로 P가 u에서 출발하여 같은 u에서 끝난다면 $\int_P f(z)\mathrm{d}z = F(u) - F(u) = 0$이다. 그리고 출발점과 도착점이 각각 u, w로 같으면서 중간에 다른 점을 거쳐가는 두 경로를 P_1, P_2라 하면 $\int_{P_1} f(z)\mathrm{d}z = \int_{P_2} f(z)\mathrm{d}z$이다. 두 적분은 모두 $F(w) - F(u)$와 같기 때문이다.

물론 이 모든 관계가 성립하려면 f가 F의 미분이라는 커다란 가정이 필요하다. 그런데 코시의 정리에 의하면 f가 복소해석적 함수일 때도 동일한 결과가 얻어진다. 즉, f가 어떤 함수의 미분이 아니더라도 f의 미분이 존재하기만 하면 된다는 뜻이다. 이런 경우에 f를 대상으로 하는 임의의 경로적분은 경로의 양 끝점에만 관계하고 중간 경로와는 무관하다. 뿐만 아니라 이 경로적분을 이용하면 미분해서 f가 되는 함수 F를 정의할 수도 있다. 따라서 도함수(미분)가 존재하는 함수는 자동적으로 역도함수(적분)도 존재하게 된다.

코시의 정리가 성립하기 위해 함수 f가 반드시 모든 복소수 $\mathbb{C}$에서 정의될 필요는 없다. 우리의 관심을 **단순연결영역**(simply connected domain, 구멍이 나 있지 않은 **열린 집합**[III.90])으로 한정시켜도 위의 결과는 여전히 성립한다. 만일 f가 정의되어 있는 영역 안에 구멍이 나 있으면 경로의 시작점과 끝점이 일치한다 해도 적분값은 다를 수 있다. 구멍이 있는 경우, 구멍을 다른 방식으로 우회하는 두 경로에 대한 경로적분은 다를 수 있다. 이와 같이 경로적분은 평면의 **위상구조**(topology)와 밀접하게 연관되어 있으며, 이로부터 현대기하학의 다양한 분야가 탄생했다. 위상수학에 관한 내용은 §6.4와 대수적 위상

수학[IV.6]을 참고하기 바란다.

코시의 정리로부터 유도되는 놀라운 사실이 하나 있다. f가 복소해석적 함수이면 미분을 두 번 할 수 있다는 사실이 바로 그것이다. (실함수는 절대 그렇지 않다. 예를 들어 $x < 0$일 때 $f(x) = 0$, $x \geq 0$일 때 $f(x) = x^2$으로 정의된 함수 f를 생각해 보라.) 다시 말해서, f가 복소해석적 함수이면 f'도 복소해석적 함수라는 뜻이다. 그런데 이 결과를 또 다시 f'에 적용하면 f''도 복소해석적 함수이고, f''에 적용하면 f'''도 복소해석적 함수가 되며… 이 과정은 끝없이 계속된다. 즉, 복소해석적 함수 f는 무한히 미분할 수 있다. 따라서 복소함수가 미분가능하다는 것은 미분을 무한번 할 수 있다는 뜻이기도 하다(이 특성을 이용하면 여러 변수에 대한 편미분이 섞여 있는 경우, 미분하는 순서에 무관하다는 것을 증명할 수 있다).

이와 관련하여 f가 갖는 또 하나의 특성으로 테일러 전개(Taylor expansion)라는 것이 있다. 즉, w를 중심으로 반지름 R인 영역 안에서 미분가능한 복소해석적 함수 f는 다음과 같은 멱급수(power series)의 형태로 전개할 수 있다.

$$f(z) = \sum_{n=0}^{\infty} a_n (z-w)^n.$$

이 식은 반지름이 R인 원 내부의 모든 z에서 성립한다.

또한 복소해석적 함수는 매우 '견고한' 특성을 갖고 있다. 즉, 전체 영역에 걸친 복소해석적 함수의 행동은 작은 영역의 행동에 의해 전적으로 결정된다. 예를 들어 복소해석적 함수 f와 g가 작은 원 내

부의 모든 곳에서 값이 같다면, 이들은 모든 영역에서 동일한 값을 갖는다. 이 사실을 이용한 것이 바로 해석적 연속(analytic continuation)이라는 과정으로, 복소해석적 함수 f를 모든 점에서 정의하기 어려울 때, 일단 작은 영역 안에서 정의한 후 그 외의 모든 점에서 f가 가질 수 있는 값을 지정하는 방식이다. 유명한 리만 제타함수[IV.2 §3]도 해석적 연속을 통해 정의된다.

마지막으로 리우빌[VI.39]의 정리에 대해 간단히 소개하고자 한다. f가 전체 복소평면에서 정의된 복소해석적 함수이고 동시에 유계함수(bounded function, 모든 복소수 z에 대하여 $|f(z)| \leq C$인 상수 C가 존재할 때, f를 유계함수라 한다)이면, f는 상수함수일 수밖에 없다. 이전과 마찬가지로 실함수는 이런 특성을 갖고 있지 않다. 예를 들어 $\sin(x)$라는 함수는 모든 x에 대해 $|\sin(x)| \leq 1$을 만족하지만, $+1$과 -1 사이의 어떤 값도 가질 수 있으며, 모든 점에서 수렴하는 멱급수로 전개할 수도 있다(그러나 $\sin(x)$의 변수 x를 복소수 z로 확장하여 복소평면에서 정의하면, 리우빌의 정리로부터 알 수 있듯이 더 이상 유계함수가 아니다).

6 기하학이란 무엇인가?

이 절에서는 기하학을 올바르게 평가하기가 쉽지 않은데, 여기서 언급될 기하학의 기본개념들은 설명이 필요 없을 정도로 단순하거나(예를 들어 원과 직선, 평면 등은 더 이상의 설명이 필요 없다) 좀 더 복잡한 개념들은 III부와 IV부에서 다룰 예정이기 때문이다. 그러나 기하학의 고급개념과 현대기하학을 아직 접해 보지 못한 독자들은 기하학과 대칭의 관계와 다양체(manifold)의 개념을 미리 알아둬야 이 책의 후반부를 쉽게 읽을 수 있다. 이 절의 나머지 부분은 위의 두 가지 개념을 설명하는 데 할애할 것이다.

6.1 기하학과 대칭군

포괄적으로 말해서 기하학이란 '점', '선', '평면', '공간', '곡선', '구', '정육면체', '거리', '각도' 등 기하학적 의미를 가진 단어가 핵심적 역할을 하는 수학분야를 말한다. 그러나 크리스티안 펠릭스 클라인[VI.57]은 기하학의 진정한 주제가 변환(transformation)이라고 주장했다. 그의 관점을 따른다면 위에 나열한 목록에 '반사', '회전', '평행이동', '늘리기(신장)', '전단', '투영'이 추가되어야 하며, '등각사상(angle-preserving map)'이나 '연속변형(continuous deformation)'처럼 뜻이 모호한 단어들까지 포함시켜야 한다.

§2.1에서 말한 바와 같이 모든 수학적 변환은 군과 연결되어 있으므로, 기하학 자체가 군과 밀접하게 관련되어 있다. 실제로 모든 변환군에는 그에 대응하는 기하학적 개념이 존재하며, 군의 변환에 영향을 받지 않는 현상들은 중요한 연구과제로 남아 있다. 특히 도형 A가 군에 속하는 하나의 변환을 통해 다른 도형 B로 변하는 경우, A와 B는 동치로 간주된다. 물론 군이 다르면 동치의 개념도 달라지기 때문에, 수학자들은 기하학을 칭할 때 지오메트리(geometry) 대신 지오메트리스(geometries)라는 복수형 단어를 사용한다. 이 절에서는 기하학의 중요 개념들과 변환군에 대해 간략하게 논의할 것이다.

6.2 유클리드 기하학

유클리드 기하학은 대부분의 사람들이 알고 있는 '일상적인' 기하학으로, 지난 2천 년 동안 이어져 온 그리스 기하학의 기본개념들을 담고 있다. 예를 들어 삼각형의 내각의 합이 180°라는 정리는 유클리드 기하학에 속한다.

유클리드 기하학을 변환의 관점에서 이해하려면 우리가 다루는 공간의 차원과 변환군의 종류를 명시해야 한다. 기하학에 등장하는 군은 **강체변환군**(group of rigid transformation)이다. 이것은 두 가지 관점에서 해석할 수 있는데, 하나는 평면이나 공간, 또는 일반적으로 $\mathbb{R}^n$ 공간에서 거리가 보존되는 변환으로 간주하는 것이다. 즉, 임의의 강체변환을 T라 했을 때, 임의의 두 점 x와 y 사이의 거리는 변환이 가해진 후 Tx와 Ty 사이의 거리와 같다(4차원 이상의 고차원 공간에서도 두 점 사이의 거리는 피타고라스 공식에 따라 정의된다. 자세한 내용은 **거리공간**[III.56]을 참고하기 바란다).

모든 강체변환은 회전과 반사, 그리고 평행이동의 적절한 조합으로 구현되며, 이 점을 잘 활용하면 군의 개념을 좀 더 구체화할 수 있다. 다시 말해서, 유클리드 기하학이란 점과 선, 평면, 원, 구, 거리, 각도, 길이, 면적, 부피 등을 대상으로 회전, 반사, 평행이동, 또는 이들을 섞어서 어떤 변환을 가했을 때 보존되는 개념을 연구하는 분야이다. $\mathbb{R}^n$의 회전변환은 **특수직교군**(special orthogonal group)이라는 중요한 군을 형성하고(흔히 $SO(n)$으로 표기한다), 이보다 더 큰 군인 **직교군** $O(n)$은 반사변환까지 포함한다(n차원 공간에서의 회전은 직관적으로 가시화하기가 쉽지 않지만, 그다지 어렵지는 않다. $\mathbb{R}^n$의 **직교**사상(orthogonal map)은 거리를 보존하는 선형사상 T로 생각할 수 있다. 즉, $d(Tx, Ty)$는 $d(x, y)$와 같다. T의 행렬식[III.15]이 1이면 회전에 해당한다. 거리가 보존되면서 행렬식이 1이 아닌 경우는 −1인 경우뿐인데, 이 사상은 공간의 '안과 밖을 뒤집는' 반전변환에 해당한다).

6.3 아핀 기하학

선형사상은 회전과 반사 이외에도 많은 종류가 있다. $SO(n)$이나 $O(n)$에 이런 변환을 포함시켜서 군을 확장하면 어떻게 될까? 변환이 군의 일부가 되려면 **가역**(invertible)이어야 하는데, 모든 선형사상들이 가역적인 것은 아니다. 이런 점에서 $\mathbb{R}^n$의 모든 선형 가역변환 중 $GL_n(\mathbb{R})$이라는 군이 자연스럽게 대두된다(이 군은 §4.2에서 잠시 언급된 적이 있다). 모든 $GL_n(\mathbb{R})$은 원점을 고정시킨 변환으로 이루어져 있지만, 필요한 경우에는 $x \mapsto Tx + b$라는 평행이동을 추가하여 더 큰 군으로 확장할 수 있다. 여기서 b는 고정된 벡터이며 T는 가역인 선형사상이다. 이와 같은 군을 기초로 형성된 기하학을 **아핀 기하학**(affine geometry)이라 한다.

늘리기(stretch)와 **전단**(shear)이 포함된 선형사상은 거리나 각도를 보존하지 않기 때문에 아핀 기하학에 속하지 않는다. 그러나 가역적인 선형사상에서는 점, 선, 면을 변환한 후에도 여전히 점, 선, 면으로 남아 있으므로, 이런 개념은 아핀 기하학에 속한다. 아핀 기하학에 속하는 또 다른 개념으로는 평행선이 있다(일반적으로 선형사상에서는 각이 보존되지 않지만, 각이 0인 경우는 그대로 보존된다). 그래서 아핀 기하학에 정사각형이나 직사각형은 포함되지 않지만 평행사변형이라는 개념은 존재한다. 또한 아핀 기하학에서는 원을 논할 수 없지만, 타원은 선형변환하에서 다른 타원이 되기 때문에 아핀 기하학에 속한다(원은 타원의 특별한 경우로 생각할 수 있다).

6.4 위상수학

기하학은 변환군과 불가분의 관계이며, 변환하에서 보존되는 개념을 연구하는 분야라는 관점은 **동치관계**[I.2 §2.3]를 적절히 이용하여 좀 더 정확하게 정의할 수 있다. $\mathbb{R}^n$의 변환군을 G라 했을 때, n차원 도형은 $\mathbb{R}^n$의 부분집합 S로 생각할 수도 있지만, G-기하학의 관점에서 보면 G에 속한 변환을 집합 S에 적용하여 얻은 S'을 굳이 S와 구별할 필요가 없다. 이런 경우에 S와 S'은 **동치관계**에 있다고 말한다. 예를 들어 유클리드 기하학에서 합동인 두 도형은 동치로 간주되고, 아핀 기하학에서는 모든 평행사변형들이 동치관계에 있다(타원도 마찬가지다). G-기하학의 기본 대상은 개개의 도형이 아니라, 동치관계의 도형들을 모아 놓은 **동치류**이다.

위상수학(topology)은 동치류의 조건을 크게 완화한 기하학이라 할 수 있다. 하나의 도형을 '연속적으로 변형시켜서' 다른 도형이 되었다면, 위상수학에서는 이들을 동치, 또는 **위상동형**(homeomorphic)으로 간주한다. 예를 들어 구와 정육면체는 위상동형이다(그림 1 참조).

연속변형은 다양한 형태로 진행될 수 있기 때문에, 두 개의 도형이 위상수학적으로 동일하지 **않다**는 것을 증명하기란 결코 쉽지 않다. 예를 들어 구면과 원환면(구멍이 뚫린 도넛의 표면)이 동일하지 않

그림 1 구를 연속적으로 변형시키면 정육면체가 된다.

다는 것은 직관적으로 쉽게 알 수 있지만(구면에는 구멍이 없고, 원환면은 하나의 구멍을 갖고 있다. 연속변형을 아무리 변칙적으로 가해도 없던 구멍을 만들 수는 없으므로, 구면은 원환면과 위상동형이 될 수 없다), 이것을 엄밀한 논리로 다듬는 것은 그리 만만한 작업이 아니다. 이와 관련된 자세한 내용은 **불변량**[I.4 §2.2]과 대수적 위상수학[IV.6], 미분위상수학[IV.7]을 참고하기 바란다.

6.5 구면기하학

지금까지 우리는 새로운 변환을 계속 도입하면서 두 도형이 같아질 조건을 점차 완화시켜 왔다. 지금부터는 이 조건을 다시 엄격하게 다듬어서 **구면기하학**(spherical geometry)으로 관심을 돌려 보자. 구면기하학에서 우주는 $\mathbb{R}^n$이 아니라 n차원 **구면** S^n이다. 여기서 S^n은 $(n+1)$차원 공간에 놓인 반지름이 1인 구의 표면을 의미한다. 대수학적으로 말하자면 S^n은 $\mathbb{R}^{n+1}$에서 $x_1^2 + x_2^2 + \cdots + x_{n+1}^2 = 1$을 만족하는 모든 점들 $(x_1, x_2, \cdots, x_{n+1})$의 집합이다. 여기서는 $n = 2$인 경우를 다룰 예정인데, 앞으로 전개될 모든 논리는 임의의 n으로 일반화할 수 있다.

$n = 2$인 경우에 적절한 변환군은 SO(3)이다. 이것은 원점을 지나는 축을 중심으로 일어날 수 있는 모든 회전으로 이루어진 군으로(여기에 반사까지 허용한다면 적절한 변환군은 O(3)이다), S^2의 모든

대칭이 반영되어 있다. 그래서 $n = 2$인 구면기하학에서는 $\mathbb{R}^3$ 전체의 변환을 다룰 필요 없이 SO(3)만 고려하면 된다.

구면기하학에서도 점과 선, 그리고 거리와 각의 개념은 여전히 유효하다. 둥그런 구면 위에서 직선을 논한다니 다소 이상하게 들리겠지만, '구면 직선'은 일반적으로 통용되는 직선이 아니라, 구의 중심을 지나는 평면으로 구면을 잘랐을 때 생기는 선을 의미한다. 이것은 구면 위에 그릴 수 있는 수많은 원들 중에서 반지름이 가장 큰 원으로, 흔히 대원(great circle)이라 한다(S^2의 경우, 대원의 반지름은 1이다).

구면기하학에서 대원을 직선으로 간주하는 이유는 이것이 S^2에 속한 임의의 두 점 x, y를 잇는 가장 짧은 선이기 때문이다. 단, 두 점을 잇는 선이 S^2를 벗어나면 안 된다는 전제하에 그렇다. 사실 이것은 매우 자연스러운 제한조건이다. S^2를 우리의 '우주'로 삼는다면 S^2를 벗어난 공간은 아무런 의미가 없기 때문이다. 현실적으로 생각해도 S^2를 벗어나면 안 된다는 것은 결코 무리한 조건이 아니다. 지구 상에서 멀리 떨어진 두 지점을 잇는 최단도로를 건설할 때 도로는 지표면을 벗어나면 안 된다는 조건이 없으면 지하 수백km 밑으로 터널을 뚫어야 한다.

S^2에 속한 두 점 x와 y 사이의 거리는 S^2에 놓여 있으면서 두 점을 잇는 가장 짧은 선의 길이로 정의된다(x와 y가 서로 대척점에 있으면 둘 사이를 잇는 최단경로가 무수히 많아지는데, 이들 모두는 길이가 π로 똑같다. 따라서 이 경우에 x와 y 사이의 거리는 π이다). 그렇다면 S^2에서 두 구면 직선 사이의 각은 어떻게 정의해야 할까? 두 구면 직선은 두 평면과 S^2가 만나서 이루어지므로, 유클리드 기하학에서 그랬던 것처럼 이 두 면 사이의 각을 두 선 사이의 각으로 정의해도 된다. 구면의 바깥이라는 개념에 의존하지 않으므로 심미적으로 만족스러운 방법도 있다. 두 개의 구면직선이 만나는 두 교점 중 하나를 골라서 아주 작은 근방을 확대하면 구면은 거의 평면으로 보이고 그 위에 그려진 구면직선도 거의 직선에 가까워진다. 따라서 두 선 사이의 각은 교점을 포함한 영역을 아주 작게 가져갔을 때 얻어지는 '각의 극한값'으로 정의할 수도 있다.

구면기하학과 유클리드 기하학 사이에는 몇 가지 흥미로운 차이점이 있다. 예를 들어 유클리드 기하학에서 삼각형 내각의 합은 항상 180°이지만, 구면삼각형의 내각의 합은 180°가 넘는다. 예를 들어 북극점과 적도상의 한 점, 그리고 이 점에서 적도 방향으로 적도길이의 $\frac{1}{4}$만큼 이동한 적도상의 또 다른 한 점을 세 꼭짓점으로 하는 삼각형을 그려보면 세 각이 모두 직각인 구면삼각형이 얻어진다. 그러나 삼각형의 크기가 작을수록 구면삼각형이 평면삼각형에 가까워지면서, 내각의 합은 180°에 접근한다. 이를 정확히 표현하는 멋진 정리가 하나 있다. 구면삼각형의 세 내각을 α, β, γ라 하고 모든 각을 라디안으로 표기했을 때, 삼각형의 면적은 $\alpha + \beta + \gamma - \pi$이다(따라서 위에서 예로 들었던 '세 각이 모두 직각($\frac{1}{2}\pi$)인 삼각형'의 면적은 $\frac{3}{2}\pi - \pi = \frac{1}{2}\pi$이다. 이 결과를 다른 방법으로 유도해 보자. 북극점과 적도상의 한 점, 그리고 적도길이의 $\frac{1}{4}$만큼 돌아간 적도상의 또 다른 점으로 이루어진 삼각형은 전체 구면의 $\frac{1}{8}$을 덮고 있다. 그런데 반지름이 1인 구의 표면적은 4π이므로, 이 삼각형의 면적은 $4\pi \times \frac{1}{8} = \frac{1}{2}\pi$

이다).

6.6 쌍곡기하학

기하학을 변환의 집합으로 간주하면 여러 가지 면에서 편리하긴 하지만 이것은 하나의 관점일 뿐, 더 이상의 의미는 없을 것 같다. 그러나 지금부터 언급할 쌍곡기하학(hypergeometry)에서는 변환에 기초한 접근법이 필수적이다.

쌍곡기하학을 낳는 변환군은 2차원 **사영특수선형군**(projective special linear group)으로, 흔히 $PSL_2(\mathbb{R})$로 표기한다. 이 군은 몇 가지 방법으로 표현할 수 있는데, 그중 하나는 다음과 같다. **특수선형군**(special linear group) $SL_2(\mathbb{R})$은 $\left(\begin{smallmatrix} a & b \\ c & d \end{smallmatrix}\right)$의 형태로 되어 있으면서 **행렬식**[III.15] $ad - bc$가 1인 모든 행렬의 집합이다(행렬식이 1인 두 개의 2×2 행렬을 곱하면 역시 행렬식이 1인 또 다른 행렬이 된다. 따라서 이들은 군을 이룬다). 여기서 $SL_2(\mathbb{R})$에 속하는 모든 행렬 A를 $-A$와 **동치**로 간주하면 $PSL_2(\mathbb{R})$이 된다. 예를 들어 이 군에서 행렬 $\left(\begin{smallmatrix} 3 & -1 \\ -5 & 2 \end{smallmatrix}\right)$와 $\left(\begin{smallmatrix} -3 & 1 \\ 5 & -2 \end{smallmatrix}\right)$는 동치이다.

$PSL_2(\mathbb{R})$로부터 기하학 체계를 이끌어내려면 우선 이 군을 2차원 점들의 집합에 대한 변환군으로 해석해야 한다. 이 과정을 거치면 2차원 쌍곡기하학의 **모형**이 얻어지는데, 여기에는 한 가지 문제가 있다. 구면기하학에는 구라는 대표적인 모형이 있었지만, 쌍곡기하학에는 이처럼 가장 자연스러운 모형이 존재하지 않는다(언뜻 생각하면 구는 구면기하학을 구현하는 **유일한** 모형인 것 같지만, 사실은 그렇지 않다. 예를 들어 $\mathbb{R}^3$의 모든 회전은 '무한히 먼 곳에 있는 점'이 추가된 $\mathbb{R}^2$의 변환으로 간주할 수 있다. 따라서 확장된 평면은 구면기하학의 모형이

될 수 있다). 쌍곡기하학에서 가장 자주 사용되는 모형은 반평면모형(half-plane model)과 원판모형(disk model), 쌍곡면모형(hyperboloid model)이다.

이들 중 $PSL_2(\mathbb{R})$과 가장 직접적으로 관련된 것은 **반평면모형**으로, 모든 논리가 복소수 $\mathbb{C}$의 위쪽 반에서 펼쳐진다. 즉, 반평면모형의 대상은 $z = x + iy$ 중에서 $y > 0$인 복소수이다. 그리고 행렬 $\left(\begin{smallmatrix} a & b \\ c & d \end{smallmatrix}\right)$는 복소수 z를 $(az + b)/(cz + d)$로 변환시킨다(a, b, c, d를 $-a, -b, -c, -d$로 대치해도 변환결과는 달라지지 않는다). 여기에 행렬식이 1이라는 조건, 즉 $ad - bc = 1$이라는 조건을 이용하면 z에 변환을 가해도 여전히 상반평면을 벗어나지 않는다는 것을 어렵지 않게 증명할 수 있다. 또한 이 변환은 가역이어서, 역변환을 통해 원래의 위치로 되돌릴 수 있다.

그러나 이것만으로는 거리에 대해 아무것도 알수 없으므로, 이 군으로 기하학을 '만들어' 낼 필요가 있다. 거리 d가 변환군의 관점에서 의미 있는 개념이려면, 이 값이 변환과정에서 보존되어야 한다. 즉, 변환 중 하나를 T라 하고 복소평면 위쪽에 있는 두 점을 z, w라 했을 때, $d(z, w)$와 $d(T(z), T(w))$는 항상 같아야 한다. 그런데 이 조건을 만족하는 거리는 단 한 가지만이 존재하며, 바로 이와 같은 특성 덕분에 군으로부터 기하학체계가 정의되는 것이다(물론 모든 거리에 일괄적으로 (예를 들어) 3을 곱하여 새로운 거리로 정의할 수도 있으나, 이것은 거리를 미터단위 대신 피트단위로 잰 것과 마찬가지다. 즉, 기하학에는 근본적인 차이가 없다).

이렇게 정의된 거리는 조금 이상한 특성을 갖고 있다. 예를 들어 전형적인 **쌍곡 직선**은 양 끝점이 실수축에 놓여 있는 반원으로 나타난다. 그러나 이것

은 유클리드 기하학의 관점에서 봤을 때 반원처럼 굽어 있다는 뜻이다. 유클리드 직선도 쌍곡기하학의 관점에서 보면 전혀 직선처럼 보이지 않을 것이다. 쌍곡 거리는 실수축에 가까이 접근할수록 유클리드 기하학적 거리보다 커지기 때문에 이런 불일치가 생긴다. 그러므로 한 점 z에서 다른 점 w를 향해 최단거리로 가려면 실수축 근처를 가능한 한 '피해'가야 하는데, 직접 계산을 해 보면 가장 짧은 거리는 실수축과 수직으로 만나면서 z와 w를 지나는 반원이 되는 것이다(z와 w가 동일한 수직선상에 놓여 있으면 최단거리는 바로 그 수직선이 되는데, 이런 경우를 '퇴화된 원(degenerate circle)'이라 한다). 이것은 세계지도를 평면에 그렸을 때 면적이 왜곡되는 현상과 비슷하다. 예를 들어 그린란드의 면적이 매우 커진다. 상반평면모형은 쌍곡평면이라는 기하학적 구조를 그린 '지도'와 같은 것으로, 실제와는 매우 다른 모양인 것이다.

2차원 쌍곡기하학의 가장 큰 특징은 유클리드 기하학의 **평행선공준(parallel postulate)**이 성립하지 않는다는 것이다. 즉, 쌍곡직선 L과 그 위에 있지 않은 점 x가 주어졌을 때, x를 지나면서 L과 만나지 않는 쌍곡직선을 두 개 그릴 수 있다. 그러나 평행선공준 이외의 다른 공리들은 (적절히 해석하면) 쌍곡기하학에서도 여전히 성립한다. 따라서 평행선공준은 다른 공리로부터 유도될 수 없다. 이 사실이 알려지면서 수학자들은 지난 2천 년 동안 풀리지 않았던 지독한 난제를 해결할 수 있었다(가우스[VI.26], 보여이[VI.34], 로바체프스키[VI.31] 참조).

구면 삼각형과 유클리드 삼각형의 내각의 합에 대한 결과에 대응하는 성질이 있다. 자연스러운 쌍곡 면적의 개념이 있으며, 쌍곡 삼각형의 내각이 α, β, γ일 때 이 면적은 $\pi - \alpha - \beta - \gamma$이다. 즉, 쌍곡면에 그려진 삼각형의 내각의 합 $\alpha + \beta + \gamma$는 항상 π보다 작으며, 삼각형의 크기가 작을수록 π에 가까워진다. 내각의 합에 대한 이런 성질은 구면은 **곡률**[III.13]이 0보다 크고 유클리드 평면은 곡률이 0이며, 쌍곡면의 곡률은 0보다 작다는 것을 반영한다.

프랑스의 수학자 앙리 푸앵카레[VI.61]가 최초로 제안한 **원판모형(disk model)**은 복소평면 $\mathbb{C}$에서 절댓값이 1보다 작은 복소수의 집합, 즉 **열린 단위원판(open unit disk)** D를 배경으로 펼쳐진다. 여기서 일어나는 전형적인 변환은 다음과 같다. 실수 θ와 D 안의 복소수 a를 취한 후, D에 속한 복소수 z를 $e^{i\theta}(z - a)/(1 - \bar{a}z)$로 보낸다. 물론 이것만으로는 변환이 군을 형성하는지 분명치 않고, 군을 형성한다 해도 $PSL_2(\mathbb{R})$과 동형(isomorphic)인지 알 수 없다. 그러나 z를 $-(iz + 1)/(z + i)$로 보내는 함수는 반지름이 1인 단위원을 상반평면으로 보내고, 반대로 역변환은 상반평면을 단위원으로 보내는 변환에 해당한다. 따라서 반평면모형과 원판모형은 동일한 기하학을 서술하며, 한 모형에서 얻은 결과는 다른 모형에도 적용할 수 있다.

반평면모형에서 그랬던 것처럼, 두 점 사이의 거리는 원판의 가장자리로 갈수록 유클리드 기하학의 거리보다 커진다. 쌍곡기하학의 관점에서 볼 때 원판의 지름은 무한대이기 때문에, 실제로는 경계가 없다. 그림 2는 쌍곡기하학에서 서로 합동인 도형들로 만들어진 타일붙임의 한 사례이다. 즉, 여기 그려진 각 도형들은 변환군을 통해 다른 도형으로 변환된다. 겉으로 보기에는 모두 다르게 생겼지만, 쌍곡

그림 2 쌍곡원판에 그려진 타일붙임

기하학의 관점에서 보면 크기와 모양이 모두 같은 도형들이다. 원판모형에서 직선은 단위원과 직각으로 만나는 (유클리드) 원의 일부이거나, 원판의 중심을 지나는 (유클리드) 직선으로 나타난다.

$PSL_2(\mathbb{R})$에서 유도된 기하학을 쌍곡기하학으로 부르게 된 것은 세 번째 모형인 **쌍곡면모형(hyperboloid model)** 때문이다. 쌍곡면모형은 $(x, y, z) \in \mathbb{R}^3$인 점들 중 $z > 0$이면서 $x^2 + y^2 + 1 = z^2$인 점들을 배경으로 하고 있는데, 이 방정식은 $y = 0$ 평면 내의 쌍곡선 $x^2 + 1 = z^2$을 z축을 중심으로 회전시킨 쌍곡면에 해당한다. 군의 일반적인 변환은 '쌍곡면의 회전'으로, z축을 중심으로 회전시키는 변환과 xz-평면의 '쌍곡회전(hyperbolic rotation)' 변환인데, 후자는 다음과 같은 행렬로 나타낼 수 있다.

$$\begin{pmatrix} \cosh\theta & \sinh\theta \\ \sinh\theta & \cosh\theta \end{pmatrix}.$$

일상적인 회전변환에서 단위원의 형태가 보존되는 것처럼, 위의 쌍곡회전에서는 쌍곡선 $x^2 + 1 = z^2$의 형태가 보존된다. 이 변환에 앞에서 말한 변환들과 동일한 군을 낳는다는 것은 당장 눈에 보이지 않지만, 어쨌거나 쌍곡면모형은 반평면모형 및 원판모

형과 동치이다.

6.7 사영기하학

사영기하학(projective geometry)은 구식 기하학으로 취급되는 경향이 있어서 학생들의 수학교과과정에 누락되어 있지만, 현대수학에서는 여전히 중요한 역할을 하고 있다. 여기서는 주로 **실사영평면(real projective plane)**을 다룰 예정인데, 사영기하학은 임의의 차원에서 임의의 체(field)의 스칼라를 대상으로 구축될 수 있기 때문에 대수기하학에서 특히 유용하다.

사영평면은 두 가지 관점에서 해석할 수 있다. 첫 번째는 점들의 집합인 일상적인 평면에 '무한원선(line at infinity)'을 포함하여 사영평면으로 간주하는 것이다. 이 경우에는 **사영(projection)**이라는 함수로 이루어진 군이 사영평면의 변환군을 이룬다. 사영의 의미를 이해하기 위해, 공간 속에 위치한 두 개의 평면 P, P'과 둘 중 어느 평면에도 속하지 않는 점 x를 떠올려 보자. P에 속한 임의의 점을 a라 했을 때, a와 x를 잇는 직선이 P'과 만나는 점을 a의 상(image)이라 하고 $\phi(a)$로 표기한다(만일 이 직선이 P'과 평행하다면, $\phi(a)$는 P'의 무한원선 위에 놓인 한 점이 된다). 그러므로 당신이 x라는 위치에서 P에 그려진 그림을 바라보고 있다면, 사영 ϕ를 통해 P'에 맺힌 상은 당신의 눈에 완전히 똑같은 그림으로 보인다. 그러나 사실 이 상은 원래의 그림이 왜곡된 형태이며, 일반적으로 변환 ϕ는 P의 그림을 변형시킨다. 여기에 P'을 P로 이동시키는 강체변환을 적용하면 ϕ를 P 위에서의 변환으로 만들 수 있다.

이런 식의 사영에서는 거리가 보존되지 않지

만, 점과 선, 비조화비(cross-ratio)와 원뿔곡선(conic section)과 같은 양들은 보존된다. 원뿔곡선이란 원뿔과 평면이 만나면서 생기는 곡선으로, 원, 타원, 포물선, 쌍곡선이 여기에 속한다. 사영기하학의 관점에서 볼 때 이들은 모두 같은 종류의 대상들이다(이것은 아핀 기하학에서 타원이라는 개념이 존재하지만 '원'이라는 특별한 타원이 존재하지 않는 것과 비슷하다).

사영평면에 대한 두 번째 관점은 $\mathbb{R}^3$에서 원점을 지나는 모든 선들의 집합으로 간주하는 것이다. 이런 직선이 단위구와 만나는 두 점이 이 직선을 결정하므로, 이런 점의 쌍을 구면으로 간주할 수 있다. 그러나 서로 대척점에 있는 두 개의 점은 하나의 직선에 대응되기 때문에, 동일한 점으로 취급해야 한다.

이런 관점에서 볼 때, 사영평면의 전형적인 변환은 다음과 같은 과정을 거쳐 구할 수 있다. 임의의 가역 선형사상을 $\mathbb{R}^3$에 적용하면 원점을 지나는 직선은 또 다른 원점을 지나는 직선으로 변환된다. 따라서 이 변환은 사영평면을 자기 자신으로 보내는 함수로 생각할 수 있다. 만일 하나의 가역적 선형사상이 다른 사상과 상수를 곱한 것만큼 차이가 난다면, 이들은 모든 선에 대하여 동일한 효과를 낳을 것이다. 따라서 여기에 대응되는 변환군은 $GL_3(\mathbb{R})$과 비슷한데, 주어진 행렬에 0이 아닌 상수를 곱해서 얻어지는 행렬은 원래의 행렬과 같은 것으로 취급된다. 이 군이 바로 **사영특수선형군 $PSL_3(\mathbb{R})$**로, 앞서 언급했던 $PSL_2(\mathbb{R})$의 3차원 버전에 해당한다. $PSL_3(\mathbb{R})$은 $PSL_2(\mathbb{R})$보다 크기 때문에 사영평면은 쌍곡평면보다 다양한 변환이 가능하고, 변환하에서 보존되는 기하학적 특성은 쌍곡평면보다 적다(예

를 들어 쌍곡평면에서는 쌍곡거리라는 개념을 정의할 수 있지만, 사영평면에서는 사영거리라는 개념이 아예 존재하지 않는다).

6.8 로렌츠 기하학

로렌츠 기하학(Lorentz geometry)은 특수상대성 이론에 사용되는 기하학으로, 4차원 **시공간**을 배경으로 진행된다(이것을 흔히 **민코프스키 공간(Minkowski space)**이라 한다). 로렌츠 기하학에서 두 점 (t, x, y, z)와 (t', x', y', z') 사이의 거리는

$$-(t-t')^2 + (x-x')^2 + (y-y')^2 + (z-z')^2$$

으로 정의되는데, $(t-t')^2$항 앞에 마이너스 부호가 붙어 있는 것만 빼면 4차원 유클리드 기하학과 똑같다. 밀접히 관련돼 있지만 시간과 공간이 근본적으로 다르다는 것을 반영한다.

로렌츠 변환(Lorentz transformation)은 $\mathbb{R}^4$에서 $\mathbb{R}^4$로 가는 선형사상으로 '일반화된 거리(generalized distance)'를 보존하는 것을 말한다. (t, x, y, z)를 $(-t, x, y, z)$로 보내는 선형사상을 g라 하고 이에 대응하는 행렬을 G라 했을 때(G의 대각선 성분은 -1, 1, 1, 1이고 나머지 성분은 모두 0이다), 로렌츠 변환을 추상적으로 표현하면 $\Lambda^T G \Lambda = G$로 쓸 수 있다. 여기서 Λ^T는 Λ의 전치행렬(transpose)이다(행렬 A의 **전치행렬** B는 $B_{ij} = A_{ji}$에 의해 정의된다).

하나의 점 (t, x, y, z)가 $-t^2 + x^2 + y^2 + z^2 > 0$이면 **공간류(spacelike)**라 하고, $-t^2 + x^2 + y^2 + z^2 < 0$이면 **시간류(timelike)**라 한다. 그리고 $-t^2 + x^2 + y^2 + z^2 = 0$인 점들은 **빛원뿔(light cone)**에 놓여 있다. 이러한 특성들은 로렌츠 변환하에서 보존되기 때문

에, 로렌츠 기하학의 고유개념에 속한다.

로렌츠 기하학은 로렌츠 다양체(Lorentz manifold)를 연구하는 상대성 이론에서도 핵심적인 역할을 한다. 로렌츠 다양체는 §6.10에서 논의될 리만 다양체(Riemannian manifold)와 밀접한 관계에 있다. 일반 상대성 이론에 대해서는 일반 상대성 이론과 아인슈타인방정식[IV.13]을 참고하기 바란다.

6.9 다양체와 미분기하학

과학교육을 전혀 받은 적이 없는 사람이라면, 지구가 평평하거나 평평한 지면 위에 산과 건물이 솟아 있다고 생각할 것이다. 그러나 우리는 지구가 둥글다는 것을 잘 알고 있다. 지면이 평평하게 보이는 것은 지구가 아주 크기 때문이다. 지구가 둥글다는 증거는 도처에 널려 있는데, 그중 하나는 해변가에서 찾을 수 있다. 해변가에 솟아 있는 높은 절벽에 올라면 바다로 나아가는 배를 응시하다 보면, 어느 순간에 배가 시야에서 사라진다. 지구가 평면이라면 있을 수 없는 일이다. 또한 직선을 따라 한참을 달리다 보면 출발점으로 되돌아오게 되고, 지표면에 충분히 큰 삼각형을 그려서 내각의 합을 측정해 보면 180°보다 큰 값이 얻어진다. 이 모든 증거들은 지구가 구형임을 강하게 시사하고 있다.

그렇다면 우리의 우주에는 어떤 기하학이 적용될 것인가? 상식적으로 생각해 보면 3차원 유클리드 기하학이 가장 적절할 것 같다. 그러나 이것은 과거에 지구가 평평하다고 믿었던 것처럼, 부분적 특성으로 전체를 판단하면서 발생한 오류일 수 있다.

시공간을 서술하는 모형으로 로렌츠 기하학을 도입하면 우주모형은 부분적으로 개선될 수 있다. 그러나 특수상대성 이론과는 별도로 지금까지 얻어진 천문관측자료를 분석해 보면, 우주공간을 서술하는 최상의 모형이 유클리드 기하학이라는 증거는 어디에도 없다. 그런데 우주를 커다란 4차원 구의 3차원 표면으로 간주해 봐야 별로 도움될 게 없다는 믿음은 어디서 비롯된 것일까? 그 기원은 지구가 평평하다는 믿음과 일맥상통한다. 충분히 먼 곳까지 여행해 보지 않으면 평평한 지구가 '정상적으로' 보이는 것처럼, 지구에 속박되어 있는 인간에게는 3차원 유클리드 기하학으로 서술되는 평평한 우주가 '정상적으로' 보인다. 그러나 만일 당신이 로켓을 타고 우주공간을 가로질러 똑바로 나아간다면, 언젠가는 출발점으로 되돌아올 수도 있다.

'정상적인' 우주는 수학적으로 쉽게 서술할 수 있다. 공간상의 각 점들을 세 개의 좌표 (x, y, z)로 나타내면 된다. 그렇다면 '구면(spherical)' 공간은 어떻게 표현해야 할까? 평평한 공간보다는 복잡하지만 별로 어렵지 않다. 공간상의 모든 점에 4개의 좌표 (x, y, z, w)를 할당하고, $x^2 + y^2 + z^2 + w^2 = R^2$이라는 제한조건을 부과하면 된다. 여기서 R은 우주의 '반지름'으로 간주되는 상수이다. $x^2 + y^2 + z^2 = R^2$이 반지름 R인 3차원 구의 2차원 표면을 나타내는 것처럼, $x^2 + y^2 + z^2 + w^2 = R^2$은 반지름이 R인 4차원 구의 3차원 표면을 나타내는 방정식이다.

4차원 공간은 아직 관측된 사례가 없으므로, 우주가 방대한 4차원 공간의 표면이라는 주장은 반론의 여지가 있다. 하지만 이런 반론에는 대답할 수 있다. 우리가 정의한 3차원 구면 S^3은 주변 공간과 무관하게 고유한 방식으로 서술될 수 있다. 가장 쉬운 방법은 2차원 구면 S^2을 먼저 논의한 후, 그 유사성을 3

차원 구면으로 확장하는 것이다.

　　모든 지면이 잔잔한 물로 덮여 있는 행성을 떠올려 보자. 커다란 바위를 북극점에 떨어뜨리면 원형 파동이 생성되어 점점 넓게 퍼져나갈 것이다(임의의 순간에 이 파동은 동일 위도 상에서 일정한 높이를 갖는다). 그러나 적도를 지난 후에는 파동의 반경이 점차 **줄어들다가** 남극점에 도달하는 순간 갑자기 에너지를 분출하게 된다.

　　이번에는 공간 속에서 퍼져나가는 3차원 파동을 생각해 보자. 탁 트인 공간에서 밝은 전구가 갑자기 켜졌다고 생각하면 된다. 이런 경우에 파동선단(wave front, 파동의 제일 앞부분)은 원이 아니라 점점 커지는 구면의 형태를 띠고 있다. 이 파면은 시간이 흐를수록 엄청난 규모로 커지다가 다시 줄어드는데, 한껏 부풀었다가 바람이 빠지는 풍선처럼 처음 시작한 위치에서 끝나는 것이 아니라, 안과 밖이 뒤집힌 채 우주 반대편에 있는 한 지점에서 사라지는 일도 논리적으로 가능하다. (2차원 파동의 경우, 적도를 통과한 파동은 안과 밖이 바뀌었다고 말할 수 있다.) 약간의 노력을 들이면 네 번째 차원에 의존하지 않고서도 이 상황을 가시화할 수 있다. 이런 설명은 S^3을 진정하게 3차원적으로 묘사하도록 수학적으로 탄탄하게 바꿀 수 있다.

　　S^3을 서술하는 또 다른(그리고 더욱 일반적인) 방법은 **지도책**(atlas, 좌표근방계)을 사용하는 것이다. 일상적인 지도책은 평평한 종이에 그려진 지도와 각 페이지들 사이의 상호관계를 보여주는 색인으로 이루어져 있다. 이런 지도책은 3차원 우주에 존재하는 대상을 2차원 평면에 그려 넣은 것에 불과하지만, 지구의 구면기하학적 구조는 지도책만으로 충분히 서술할 수 있다(그다지 편리한 방법은 아니지만 얼마든지 가능하다). 예를 들어 지구의 회전은 17페이지의 이러저러한 부분이 24페이지의 이러저러한 부분으로 약간 왜곡된 채 이동했다는 식으로 표현하면 된다.

　　게다가 2차원 지도책을 이용하면 곡면을 **정의할** 수도 있다. 예를 들어 2차원 구면(S^2)은 두 장의 동그란 페이지만으로 깔끔하게 정의된다. 첫 페이지에는 위에서 내려다본 북반구와 적도 아래의 일부분을 그려 넣고(중복된 데이터를 제공한다는 의미이다), 두 번째 페이지에는 아래에서 올려다본 남반구와 적도 위의 일부분을 그려 넣으면 된다. 물론 이 지도는 평면 위에 그려졌으므로 약간의 왜곡이 있겠지만, 왜곡된 정도는 쉽게 알아낼 수 있다.

　　2차원 지도책의 개념은 쉽게 3차원으로 확장할 수 있다. 그러면 지도책의 '한 페이지'는 공간의 한 부분에 해당한다. 전문용어로는 '페이지'가 아니라 '좌표계(chart)'라고 하는데, 이 단어를 써서 말하자면 3차원 지도책은 각 좌표계의 상호관계가 명시되어 있는 '좌표계의 집합'인 셈이다. 위에서 논했던 2차원 구면(S^2)의 지도책을 그대로 확장하면, 3차원 구면(S^3)의 지도책은 두 개의 3차원 공으로 이루어져 있으며, 첫 번째 공의 가장자리(표면)는 두 번째 공의 가장자리와 일치한다(이것은 2차원 원형지도에서 북반구의 가장자리(적도)와 남반구의 가장자리가 일치하는 것과 같은 이치이다). 이 점을 이용하면 S^3의 기하학을 서술할 수 있다. 당신이 공의 내부에서 가장자리로 다가가면 겹친 영역으로 진입하게 되고, 두 개의 공에 동시에 존재하게 된다. 그리고 그곳에서 몇 걸음 더 나아가면 당신은 첫 번째 공을 이탈하여 두 번째 공으로 진입하게 된다.

2차원 구면과 3차원 구면은 **다양체**의 가장 간단한 예시이고, 그 외의 예시로는 이 절에서 이미 언급했던 원환면(도넛)과 사영평면이 있다. 간략하게 말해서, 기하학적 대상 M에 속하는 모든 점 x가 d차원 유클리드 공간의 일부에 에워싸여 있을 때, M을 'd차원 다양체' 또는 'd-다양체'라고 한다. 구면과 원환면, 그리고 사영평면의 아주 작은 부분은 거의 평면에 가까우므로, 이들 모두는 2-다양체에 속한다. 차원이 2인 경우에는 **곡면(surface)**이라는 말이 더 와 닿지만, 용어의 통일을 위해 차원과 무관하게 다양체로 부르는 것이 통례이다(곡면이라고 해서 반드시 '어떤 도형'의 표면이라는 뜻은 아니다).

다양체를 제대로 정의하려면 위에서 말한 지도책의 개념을 도입해야 한다. 사실은 지도책이 곧 다양체이다(Atlas is a manifold). 수학자들은 흔히 'is'라는 단어를 일상적인 뜻과 다르게 사용하고 있는데, 이것이 그 전형적인 예이다.* 다양체를 각 부분들의 대응규칙을 명시해 놓은 좌표계의 집합으로 생각하는 것은 일반적이지는 않지만, 좌표계와 지도책을 이용해서 정의해 놓으면 특별한 사례가 아닌 일반적인 다양체를 논할 때 매우 편리하다. 우리의 목적상, 이 책에서는 d-다양체를 'd보다 높은 차원에 존재하는 d차원 초곡면(hypersurface)'으로 간주하는 '외부적' 방식이 편리하다. 실제로 존 내쉬(John Nash)** 의 유명한 정리에 의하면 모든 다양체는 이런 식으로 유도될 수 있다. 그러나 이런 초곡면을 정의하는

간단한 식을 항상 쉽게 찾을 수 있는 것은 아니다. 예를 들어 2차원 구면은 $x^2 + y^2 + z^2 = 1$이라는 간단한 식으로 표현되고 원환면은 이보다 조금 더 복잡한 $(r - 2)^2 + z^2 = 1$로 표현되지만(여기서 r은 $\sqrt{x^2 + y^2}$이다), 구멍이 두 개 뚫려 있는 원환면은 표현식을 알아내기가 쉽지 않다. 사실 §3.3에서 언급한 몫(quotient)의 개념을 이용하면 평범한 원환면과 구멍 두 개짜리 원환면을 훨씬 쉽게 정의할 수 있는데(푹스 군[III.28] 참조), 그 이유는 원환면 상의 모든 점들의 작은 근방이 유클리드 평면처럼 보이기 때문이다. 일반적으로 d차원 다양체는 '국소적으로 d차원 유클리드 공간처럼 보이는 수학적 대상'이라고 생각할 수 있다.

다양체가 갖고 있는 가장 중요한 특성 중 하나는 다양체를 정의하는 함수의 미적분이 가능하다는 것이다. 대략적으로 말하면 다양체 M에서 $\mathbb{R}$로 가는 함수를 f라 했을 때, M 위의 한 점 x에서 f의 미분가능성을 확인하고 싶다면 x를 포함하는 좌표계를 작성한 후(또는 좌표계의 표현(representation)을 찾은 후) f를 이 좌표계에서 정의된 함수로 간주해야 한다. 좌표계는 d차원 유클리드 공간 $\mathbb{R}^d$의 일부이고, 이런 집합에서 정의된 함수는 미분하는 법을 알기 때문에, f의 무대를 좌표계로 옮기면 미분가능성을 논할 수 있다. 물론 이런 식의 정의가 다양체에서 의미를 가지려면 x가 두 좌표계의 겹친 부분에 속해 있는 경우 두 좌표계에 대하여 동일한 답이 얻어져야 하는데, 이 조건은 겹친 부분들 사이의 함수(이것을 **추이함수(transition function)**라 한다)가 미분가능하면 만족된다. 이와 같은 다양체를 **미분다양체(differentiable manifold)**라 한다. 그리고 추이함수가

---

* 지도책이 다양체 중 하나라는 뜻이 아니라, 지도책과 다양체가 완전히 같은 말이라는 뜻이다−옮긴이

** 존 내쉬의 전기: 『뷰티풀 마인드』(승산, 2002)

연속이긴 하지만 미분가능하지 않은 다양체는 위상
다양체(topological manifold)라 한다. 미적분가능 여
부가 미분다양체와 위상다양체 사이에 커다란 차이
를 낳는다.

이 개념은 다양체 M에서 $\mathbb{R}^d$으로 가는 함수나 M
에서 다른 다양체 M'으로 가는 함수로 쉽게 일반화
시킬 수 있다. 그러나 다양체 위에서 정의된 함수의
미분을 알아내는 것보다는 미분가능 여부를 판단하
는 것이 훨씬 쉽다. $\mathbb{R}^n$에서 $\mathbb{R}^m$으로 가는 함수의 미
분은 선형사상이며, 다양체 위에서 정의된 함수의
미분 역시 그렇다. 다만 선형사상의 정의역은 다양
체가 아닌(일반적으로 다양체는 벡터공간이 아니
다) x에서의 **접공간**(tangent space)이다.

다양체에 대해 좀 더 일반적이고 자세한 내용을
알고 싶은 독자들은 **미분위상수학**[IV.7]을 읽어보기
바란다.

6.10 리만 계량

구면 위에서 두 점 P, Q 사이의 거리는 어떻게 계산
해야 할까? 그 답은 구를 정의하는 방식에 따라 달
라진다. 만일 구가 $x^2 + y^2 + z^2 = 1$을 만족하는 점
(x, y, z)의 집합으로 정의되어 있다면, P와 Q는 $\mathbb{R}^3$
상의 점이므로 피타고라스의 정리를 이용하여 두
점 사이의 거리를 계산하면 된다. 예를 들어 (1, 0, 0)
과 (0, 1, 0) 사이의 거리는 $\sqrt{2}$이다.

하지만 정말로 선분 PQ의 길이를 재고 싶은 것일
까? 이 선분은 구면 위에 놓여 있지 않으므로, 이 선
분을 길이를 측정하는 수단으로 쓰는 것은 내재적
으로 정의한 대상으로서 다양체라는 개념에 부합하
지 않는다. 다행히도 구면기하학에 대한 앞서의 논

의에서 보았듯, 이 문제를 자연스럽게 피할 방법이
있다. P와 Q 사이의 거리를 구면 위에서 두 점을 잇
는 가장 짧은 경로의 길이로 정의하면 된다.

그렇다면 일반적인 다양체 위에서 두 점 사이의
거리를 어떻게 계산해야 할까? 다양체가 그보다 더
큰 공간 속에서 초곡면으로 정의된 경우에는 구면
에서 그랬던 것처럼 최단거리를 계산하면 된다. 그
러나 다양체가 다른 식으로 정의되어 있고, 우리가
아는 것이라곤 모든 점들이 좌표계 안에 포함되어
있다는 사실뿐이라고 가정해 보자. 즉, 모든 점들이
d차원 유클리드 공간의 일부를 근방으로 갖고 있다
는 뜻이다($d = 2$일 때 이 근방은 2차원 평면의 일부
가 된다. 물론 d를 특정한 값으로 고정시켜도 우리
의 논리에는 아무런 지장이 없다). 이런 경우에 두
점 사이의 거리를 그에 대응하는 좌표계상의 점들
사이의 거리로 정의하자는 아이디어는 최소한 세
가지 문제점이 있다.

첫 번째 문제는 점 P와 Q가 각기 다른 좌표계에
속할 수도 있다는 것이다. 그러나 우리에게 필요한
것은 둘 사이의 거리뿐이므로, 두 점이 아주 가까운
경우에 거리를 정의할 수만 있으면 별 문제가 되지
않는다. P와 Q 사이의 거리가 가까우면 두 점을 하
나의 좌표계에 포함시킬 수 있기 때문이다.

두 번째 문제는 주어진 하나의 다양체에 대하여
여러 개의 좌표계가 가능하다는 것이다. 좌표계가
유일하지 않으면 다양체 위에서 두 점 사이의 거리
도 유일하게 정의되지 않는다. 더욱 곤란한 것은 일
련의 좌표계 집합을 결정했다 해도, 이들이 서로 겹
친 부분에서는 거리의 개념을 일괄적으로 적용할
수 없다는 것이다.

세 번째 문제는 두 번째 문제와 연관되어 있다. 즉, 구의 표면은 곡면인 데 반해 임의의 지도책은 (일상적인 의미나 수학적 의미에서) 평면이라는 것이 문제이다. 그러므로 좌표계에서 측정한 거리는 구면상의 최단거리와 일치하지 않는다.

위에 나열한 문제점들을 요약하면 다음과 같다. 주어진 다양체에서 거리의 개념을 정의하는 방법은 엄청나게 많다. 이 중에서 과연 어떤 것을 선택해야 할까? 아주 개략적으로 말하자면 그 해답을 제공하는 것이 바로 리만 계량(Riemannian metric)이다.

간략하게 말해서 **계량**(metric)은 적절한 거리개념이라고 할 수 있다(자세한 내용은 거리공간[III.56]에 소개되어 있다). 리만 계량은 무한소거리(infinitesimal distance)를 결정하는 방법으로, 무한소거리는 경로의 길이를 측정할 때 사용되며, 두 점 사이의 거리는 두 점을 잇는 최단경로의 길이로 정의할 수 있다. 자세한 내용을 이해하기 위해, 일상적인 유클리드 공간에서 경로의 길이를 계산해 보자. 경로상의 한 점을 (x, y)라 하고, 동일 경로상에서 (x, y)의 근방에 있는 점을 $(x + \delta x, y + \delta y)$라 하면, 이들 사이의 거리는 $\sqrt{\delta x^2 + \delta y^2}$으로 표현된다. 따라서 매끄러운 곡선의 길이를 계산할 때에는 곡선을 짧은 구간으로 잘게 잘라서 거리를 구한 후, 각 구간의 길이를 모두 더하면 된다. 물론 이렇게 구한 거리는 근삿값에 불과하지만, 구간을 촘촘하게 나눌수록 실제 거리에 가까워진다.

실제로 이 계산은 덧셈이 아닌 적분을 통해 이루어진다. 경로는 $t = 0$일 때 시작하여 $t = 1$일 때 끝나는 움직이는 점 $(x(t), y(t))$로 생각할 수 있다. δt가 충분히 작으면 $x(t + \delta t)$는 $x(t) + x'(t)\delta t$와 거의 같고, $y(t + \delta t)$도 $y(t) + y'(t)\delta t$와 거의 같다. 따라서 $(x(t), y(t))$와 $(x(t + \delta t), y(t + \delta t))$ 사이의 거리는 피타고라스 정리에 의해 $\delta t \sqrt{x'(t)^2 + y'(t)^2}$이 된다. 여기서 δt를 0으로 보내는 극한을 취하고, 주어진 곡선을 따라 무한소의 거리를 적분하면 다음과 같다.

$$\int_0^1 \sqrt{x'(t)^2 + y'(t)^2}\, dt.$$

이 적분은 주어진 경로의 전체 길이를 대상으로 실행된다. 여기서 $x'(t)$를 dx/dt로, $y'(t)$를 dy/dt로 쓰면 $\sqrt{x'(t)^2 + y'(t)^2}\, dt$는 $\sqrt{dx^2 + dy^2}$이 되는데, 이것은 위에서 썼던 $\sqrt{\delta x^2 + \delta y^2}$의 무한소 형태에 해당한다. 이로써 우리는 리만 계량을 정의한 것이나 마찬가지다. 리만 계량은 보통 $dx^2 + dy^2$이라고 쓰는데, 이 값은 한 점 (x, y)와 이로부터 무한히 가까운 점 $(x + dx, y + dy)$ 사이의 거리로 생각할 수 있다.

필요하다면 두 점 (x_0, y_0)과 (x_1, y_1)을 잇는 최단경로가 직선이고, 그 길이가 $\sqrt{(x_1 - x_0)^2 + (y_1 - y_0)^2}$이라는 것도 증명할 수 있다(증명의 자세한 내용은 **변분법**[III.94]을 참고하기 바란다). 그러나 두 점 사이의 거리를 계산할 때 처음부터 이 공식을 쓸 수도 있으므로, 이 예로는 **리만 계량**만이 갖는 특성을 설명할 수 없다. 리만 계량의 고유한 특성을 설명하기 위해, §6.6에서 쌍곡기하학의 모형으로 제시했던 원판모형을 좀 더 정확하게 정의해 보자. 앞에서는 원판의 가장자리에 접근할수록 두 점 사이의 거리는 유클리드 기하학의 관점에서 본 거리보다 점점 더 멀어진다고 말했는데, 이것을 좀 더 정확하게 정의하면 다음과 같다. $x^2 + y^2 < 1$을 만족하는 (x, y)의 집합, 즉 **열린 단위원판**에서 리만 계량은 $(dx^2 +$

$dy^2)/(1-x^2-y^2)$으로 주어지는데, 이것은 두 점 (x, y)와 $(x+dx, y+dy)$ 사이의 거리의 제곱에 대한 정의이기도 하다. 그러므로 경로 $(x(t), y(t))$의 리만 계량에 입각한 길이는 다음과 같이 정의된다.

$$\int_0^1 \sqrt{\frac{x'(t)^2 + y'(t)^2}{1 - x(t)^2 - y(t)^2}}\, dt.$$

일반적으로 곡면의 일부에서 리만 계량은 다음과 같이 쓸 수 있다.

$$E(x, y)\,dx^2 + 2F(x, y)\,dxdy + G(x, y)\,dy^2.$$

이 식은 무한소거리와 경로의 길이를 계산하는 데 사용된다(원판모형에서 $E(x, y)$와 $G(x, y)$는 $1/(1-x^2-y^2)$이고, $F(x, y)$는 0이다). 물론 거리는 항상 양수가 되어야 하는데, 이 조건이 만족되려면 $E(x, y)G(x, y) - F(x, y)^2 > 0$이어야 한다. 또한 함수 E, F, G는 어떤 매끈함 조건(smoothness condition)을 만족해야 한다.

이 결과를 n차원 공간으로 일반화시켜 보자. n차원에서 두 점 $(x_1, \cdots, x_n)$과 $(x_1 + dx_1, \cdots, x_n + dx_n)$ 사이의 거리의 제곱은 다음과 같다.

$$\sum_{i,\, j=1}^n F_{ij}(x_1, \cdots, x_n)\,dx_i\,dx_j.$$

여기서 $F_{ij}(x_1, \cdots, x_n)$은 $(x_1, \cdots, x_n)$에 따라 달라지는 $n \times n$ 행렬로서, 대각선의 좌우가 같은 대칭행렬이자 양의 정부호(positive definite)이다. 즉, $F_{ij}(x_1, \cdots, x_n)$은 항상 $F_{ji}(x_1, \cdots, x_n)$과 같아야 하며, 거리의 제곱을 나타내는 공식은 항상 0보다 큰 값을 가져야 한다. 또한 F_{ij}는 $(x_1, \cdots, x_n)$에 매끄럽게 의존해야 한

다.

이제 유클리드 공간의 일부에서 리만 계량을 정의하는 방법을 알았으니, 다양체를 정의하는 좌표계에서도 계량을 정의할 수 있게 되었다. 다양체의 리만 계량은 좌표계에서 일관된 계량을 선택하는 방법을 제공해 준다. 여기서 '일관되다(compatible)'는 말은 두 개의 좌표계가 겹친 곳에서 동일한 거리가 얻어진다는 뜻이다. 앞에서 말한 바와 같이, 일관된 계량을 선택하면 두 점을 잇는 최단경로의 길이를 두 점 사이의 거리로 정의할 수 있다.

다양체에서 리만 계량이 주어지면 각과 부피 등 다양한 개념을 정의할 수 있고, 중요한 개념인 곡률(curvature)도 정의할 수 있게 된다(곡률에 대해서는 리치 흐름[III.78]을 읽어보기 바란다). 또한 유클리드 기하학의 직선에 해당하는 측지선(geodesic)도 정의할 수 있다. 곡선 C 위의 충분히 가까운 두 점 P, Q에 대해 이들을 잇는 최단 경로가 항상 C 위에 놓여 있을 때, C를 측지선이라 한다. 예를 들어 구면의 측지선은 구면 위에 그릴 수 있는 가장 큰 원인 대원(great circle)이다.

이상의 논의에서 알 수 있듯이, 하나의 다양체에는 여러 개의 리만 계량이 존재할 수 있다. 리만 기하학의 중요 주제는 이들 중에서 '최선의 선택'을 내리는 것이다. 예를 들어 구면 위에서 경로의 길이를 자명한 방식으로 정의하면 계량은 대칭형이 되는데, 이것이 가장 바람직한 선택이다. 특히 구면의 리만 계량을 적절하게 선택하면 모든 곳에서 곡률이 같아진다. 일반적으로 리만 계량에는 몇 가지 추가 조건이 부과될 수 있는데, 이상적으로는 조건이 충분히 강해 그것들을 만족하는 리만 계량이 단 하나

밖에 없거나 몇 개만 존재해야 한다.

I.4 수학연구의 일반적 목표

지금까지 수학 전반에 걸쳐 다양한 개념들을 살펴보았다. 지금부터는 수학이 이 개념들을 이용하여 무슨 일을 할 수 있는지, 그리고 어떤 질문이 제기될 수 있는지 알아보기로 하자.

1　방정식의 해법

앞에서 보았듯이 수학은 대상과 구조로 가득 차 있지만, 이들은 단순히 응시하기 위해 그곳에 있는 것이 아니다. 우리는 수학적 개념들로부터 다른 무언가를 할 수 있다. 예를 들어 숫자 하나가 주어져 있으면 거기에 두 배를 하거나 제곱을 하고, 또는 역수를 구할 수도 있다. 숫자뿐만이 아니다. 주어진 함수에 대해서는 미분이나 적분을 할 수 있고, 기하학적 도형은 다양한 방법으로 변형시킬 수 있다.

이런 변환으로부터 흥미로운 문제들이 끝없이 양산된다. 어떤 수학적 과정을 정의해 놓으면 이 과정을 수행하는 수학적 기교가 개발되고, 그와 함께 다양한 **직접질문**(direct question)들이 제기된다. 그리고 이보다 더 심오한 **역질문**(inverse question)이 제기될 수도 있는데, 그 형태는 대체로 다음과 같다. 당신이 누군가로부터 모종의 수학적 과정을 수행하여 이러저러한 답이 얻어졌다는 말을 들었을 때, 당신은 그

과정이 어떤 수학적 대상에 적용되었는지 짐작할 수 있겠는가? 예를 들어 내가 당신에게 어떤 수를 제곱했더니 9가 얻어졌다고 말했다면, 당신은 내가 어떤 수를 제곱했는지 알아낼 수 있는가?

이런 경우에 대답은 대체로 '그렇다'이다. 어떤 수를 제곱해서 9가 되었다면 원래의 수는 3이며, 그 대상에 음수까지 포함시킨다면 −3도 답이 될 수 있다.

좀 더 형식적으로 말하자면 당신은 $x^2 = 9$라는 방정식을 푼 것이다. 이 방정식을 만족하는 x는 두 개가 있다. 그런데 우리는 이런 종류의 문제를 풀면서 다음과 같은 세 가지 질문을 떠올리게 된다.

- 주어진 방정식에는 해가 존재하는가?
- 해가 존재한다면, 그 해는 오직 하나뿐인가?
- 방정식의 해는 어떤 집합에 속해 있는가?

처음 두 질문은 해의 **존재성**(existence) 및 **유일성**(uniqueness)과 관련되어 있고, 마지막 질문은 $x^2 = 9$와 같은 방정식을 풀 때에는 그다지 흥미롭지 못하다. 그러나 편미분방정식과 같이 복잡한 경우에는 미묘하고 중요한 문제일 수 있다.

이 상황을 좀 더 추상적인 언어로 표현해 보자. 여기 함수 f가 있고, $f(x) = y$ 꼴의 문장을 만났다고 하자(함수[I.2 §2.2] 참조). 이런 경우에 x가 어떤 특정한 값일 때 y는 얼마인가?라고 묻는 것은 직접질문이다. 그러나 y가 특정한 값으로 주어졌을 때, 거기 대응되는 x는 얼마인가?라고 묻는 것은 역질문에 속하며, 답을 제시하려면 $f(x) = y$라는 방정식을 풀어야 한다. 그리고 이 방정식을 푸는 과정은 [I.2]에서 언급했던 함수 뒤집기(역함수)와 밀접하게 연

관되어 있다. 여기서 x와 y는 숫자가 아닌 일반적 대상일 수도 있으므로 방정식을 푼다는 것은 매우 일반적인 개념이며, 수학의 핵심이기도 하다.

1.1 선형방정식

방정식의 세계에 막 발을 들인 학생들은 $2x + 3 = 17$과 같은 방정식을 처음으로 접하게 된다. 이렇게 간단한 방정식은 미지수 x가 일상적인 산술법칙을 따른다고 가정하면 쉽게 해결할 수 있다. 즉, 양변에서 3을 빼면 $2x = 14$가 되고, 다시 양변을 2로 나누면 $x = 7$이라는 답을 얻는다. 이로써 우리는 $2x + 3 = 17$이라는 관계를 만족하는 x가 존재한다면, 이때 x는 반드시 7이어야 한다는 사실을 증명한 셈이다. 그러나 $2x + 3 = 17$을 만족하는 x가 반드시 존재한다는 것은 증명하지 않았다. 따라서 엄밀히 말하면 이 방정식을 푼 다음에는 답을 확인하는 과정, 즉 $2 \times 7 + 3 = 17$의 성립 여부를 확인하는 후속과정이 수반되어야 한다. 지금의 사례에서는 자명하게 성립하지만, 방정식이 복잡해지면 반드시 성립한다는 보장이 없기 때문에 마지막 확인과정이 중요하다.

방정식 $2x + 3 = 17$은 x에 가해진 함수 f가 선형이기 때문에(x에 2를 곱한 후 3을 더했다) 선형방정식(linear equation)이라 한다. 방금 보았듯이 미지수가 하나뿐인 선형방정식은 아주 쉽게 풀 수 있다. 그러나 미지수가 두 개 이상으로 늘어나면 풀이과정이 매우 복잡해진다. 예를 들어 미지수가 두 개인 방정식 $3x + 2y = 14$를 생각해 보자. 이 방정식은 무수히 많은 해를 갖고 있다. 임의의 y에 대하여 $x = (14 - 2y)/3$을 선택하면, 이 관계를 만족하는 모든

(x, y) 쌍이 원래의 방정식을 만족한다. 여기에 $5x + 3y = 22$라는 방정식이 추가로 주어졌다면 두 개의 방정식을 **연립**해서 풀어야 하는데, 그 답은 $x = 2$와 $y = 4$로 얻어진다. 즉, 위에 열거한 두 개의 방정식을 동시에 만족하는 (x, y)쌍은 $(2, 4)$ 하나뿐이다. 보통의 경우 두 개의 미지수가 포함되어 있는 두 개의 선형방정식은 단 하나의 해를 갖고 있는데, 이 사실은 간단한 기하학을 이용하여 쉽게 확인할 수 있다. 방정식 $ax + by = c$는 xy-평면에서 하나의 직선에 대응되고, 두 개의 직선은 일반적으로 한 점에서 만나기 때문에 해가 하나밖에 없는 것이다. 그러나 여기에는 예외적인 경우가 있다. 두 직선이 완전히 겹치는 경우에는 무수히 많은 해가 존재하고, 두 직선이 평행한 경우에는 만나는 점이 없으므로 해가 존재하지 않는다.

여러 개의 미지수와 여러 개의 방정식으로 이루어진 연립방정식을 풀 때는 이들을 미지수가 하나인 하나의 방정식으로 간주하는 것이 개념적으로 간단하다. 언뜻 불가능할 것 같지만, 미지수를 숫자가 아닌 다른 대상으로 간주하면 얼마든지 가능하다. 예를 들어 두 방정식 $3x + 2y = 14$와 $5x + 3y = 22$는 행렬과 벡터를 이용하여 다음과 같이 쓸 수 있다.

$$\begin{pmatrix} 3 & 2 \\ 5 & 3 \end{pmatrix} \begin{pmatrix} x \\ y \end{pmatrix} = \begin{pmatrix} 14 \\ 22 \end{pmatrix}.$$

제일 앞에 있는 2×2 행렬을 A라 하고 미지수로 이루어진 열벡터(column vector)를 $\boldsymbol{x}$, 우변에 있는 열벡터를 $\boldsymbol{b}$로 표기하면 위의 방정식은 $A\boldsymbol{x} = \boldsymbol{b}$라는 간단한 형태가 된다. 그러나 이것은 방정식이 간단해진 게 아니라, 복잡한 형태를 눈에 안 보이게 숨겨

놓은 것뿐이다.

그러나 여기에는 카펫 밑으로 먼지를 쓸어 넣는 것 이상의 의미가 담겨 있다. 방정식을 행렬과 벡터로 표기하면 구체적인 사항들이 숨어 버리지만, 그와 동시에 전에는 보이지 않았던 새로운 사실들이 분명하게 드러난다. 이 문제는 $\mathbb{R}^2$에서 $\mathbb{R}^2$으로 가는 선형사상에서 어떤 벡터 $\boldsymbol{x}$가 $\boldsymbol{b}$로 변형되는지를 묻는 것과 같다. 물론 관점을 바꿨다고 해서 크게 달라질 것은 없지만(실제로 수행해야 할 계산량은 똑같다), 연립방정식이나 그와 유사한 문제들에 대하여 좀 더 일반적인 논리를 전개하려면 여러 개의 미지수와 여러 개의 방정식을 직접 다루는 것보다 하나의 미지벡터가 포함된 하나의 행렬방정식으로 간주하는 편이 훨씬 쉽다. 이와 같은 현상은 수학 전반에 걸쳐 빈번하게 나타나며, 고차원 공간을 연구하는 것도 바로 이런 문제를 해결하기 위한 방편이다.

1.2 다항방정식

방금 우리는 미지수가 하나인 선형방정식을 미지수가 여러 개인 연립방정식으로 일반화시켰다. 그러나 선형방정식은 방정식의 개수를 늘려서 일반화시킬 수도 있지만, 선형함수를 차수가 1인 다항식으로 생각한 후 더 높은 차수의 함수를 생각할 수도 있다. 학창시절에 배웠던 $x^2 - 7x + 12 = 0$과 같은 이차방정식도 그중 하나이다. 일반적으로 다항방정식(polynomial equation)은 다음과 같은 형태로 쓸 수 있다.

$$a_n x^n + a_{n-1} x^{n-1} + \cdots + a_2 x^2 + a_1 x + a_0 = 0.$$

이 방정식을 푼다는 것은 방정식을 성립시키는 x

를 구한다는 뜻이다(그런 x가 여러 개일 수도 있다). 예를 들어 $x^2 - 2 = 0$이라는 방정식이 주어졌을 때, 이것을 $x^2 = 2$로 바꿔서 양변에 제곱근을 취하면 $x = \pm\sqrt{2}$가 얻어진다. 그런데 $\sqrt{2}$란 무엇인가? 이것은 '자기 자신을 제곱했을 때 2가 되는 수'라는 뜻이다. 여기에 $\pm$라는 기호를 붙여서 방정식의 해라고 주장할 수 있을까? 아니다. 이것은 $x^2 = 2$를 제곱근 기호로 다시 표현한 것에 불과하다. $x = 1.4142135\cdots$라고 써도 만족스럽지 않기는 마찬가지다. 이런 식의 표기는 종이가 아무리 커도 완벽하게 쓸 수 없을뿐더러, 규칙적인 패턴도 존재하지 않기 때문이다.

이 사례는 두 가지 교훈을 담고 있다. 첫째, 방정식에서 중요한 것은 해를 어떤 특정한 식으로 표현하는 것이 아니라, 해의 **존재성**과 해가 갖고 있는 수학적 **특성**이라는 것이다. $x^2 = 2$의 해는 $x = \pm\sqrt{2}$이다라는 문장 속에는 새로운 내용이 전혀 없는 것 같지만, 숫자 2는 제곱근을 갖고 있다는 중요한 사실을 말해주고 있다. 이것은 **중간값 정리**(intermediate value theorem) 혹은 그와 비슷한 정리의 결과로서, 그 내용은 다음과 같다. f가 연속 실함수이고 $f(a)$와 $f(b)$가 0을 중심으로 양쪽에 놓여 있으면(즉, 부호가 다르면), $f(c) = 0$인 c가 a와 b 사이에 반드시 존재한다. 이 정리를 $f(x) = x^2 - 2$에 적용해 보자. $f(1) = -1$이고 $f(2) = 2$이므로, $x^2 - 2 = 0$을 만족하는 x(즉, $x^2 = 2$인 x)가 1과 2 사이에 반드시 존재한다. 이 방정식의 경우에는 0보다 크면서 자기 자신을 제곱하면 2가 되는 x가 분명히 존재한다는 것으로 충분하다.

이와 비슷한 논리를 펼치면 모든 양수에 대하여

제곱근이 존재한다는 사실을 증명할 수 있다. 그러나 조금 더 복잡한 방정식으로 가면 상황이 달라진다. 예를 들어 $x^2 - 6x + 7 = 0$이라는 방정식을 생각해 보자. $x = 4$일 때 $x^2 - 6x + 7$은 -1이고, $x = 5$이면 2가 된다. 따라서 중간값 정리에 의해 이 방정식의 해는 4와 5 사이의 어딘가에 반드시 존재한다. 그러나 이 사실은 $x^2 - 6x + 7$을 $(x - 3)^2 - 2$로 바꿔 써도 알 수 있고, 이 값이 0이라는 조건으로부터 $(x - 3)^2 = 2$가 되어 $x = 3 \pm \sqrt{2}$라는 해가 얻어진다. 그런데 앞에서 $\sqrt{2}$가 1과 2 사이에 존재한다는 사실을 이미 확인했으므로, 우리는 $x^2 - 6x + 7 = 0$의 해가 4와 5 사이의 어떤 값임을 알아냈을 뿐만 아니라, 이 방정식이 $x^2 = 2$와 밀접하게 연관되어 있다는 사실도 알아냈다. 위에서 말한 두 번째 교훈이란 바로 이것이다. 대부분의 경우, 방정식이 풀릴 가능성이라는 것은 다분히 상대적인 개념이다. $x^2 = 2$의 해를 알고 있다면, 이보다 복잡한 $x^2 - 6x + 7 = 0$을 풀 때 중간값 정리를 또다시 적용할 필요 없이 약간의 계산만 수행하면 된다. 이 방정식의 해인 $3 \pm \sqrt{2}$는 명확한 형태로 표현되어 있는 것 같지만, 이 식에 포함된 $\sqrt{2}$는 구체적인 공식을 써서 정의된 것이 아니라, 특정 성질을 갖는 실수이며 존재성은 증명할 수 있다. 그러나 우리에게는 이것이 최선이며, 더 이상 구체적인 답을 제시할 필요는 없다.

3차 이상의 고차방정식은 2차방정식보다 풀기가 훨씬 어렵고, 이로부터 여러 가지 흥미로운 질문이 제기된다. 특히 3차방정식과 4차방정식은 매우 복잡한 근의 공식이 존재하지만, 5차 이상의 방정식의 근의 공식은 닐스 헨릭 아벨[VI.33]과 에바리스트 갈루아[VI.41]가 제시하기 전까지만 해도 수학 역사상 가장 어려운 문제로 남아 있었다. 방정식에 관하여 더 자세한 내용을 알고 싶으면 5차방정식의 해결 불가능성[V.21]을 읽어보기 바란다. 그리고 다항방정식과 관련된 다른 이야기들은 대수학의 기본 정리 [V.13]에 소개되어 있다.

1.3 다변수 다항방정식

다음과 같은 방정식을 생각해 보자.

$$x^3 + y^3 + z^3 = 3x^2y + 3y^2z + 6xyz.$$

이 방정식에는 여러 개의 해가 존재할 거라는 것을 금세 알 수 있다. 예를 들어 x와 y값을 고정시키면 z에 관한 3차방정식이 되는데, 모든 3차방정식은 적어도 하나 이상의 실근을 갖는다. 그러므로 x와 y가 어떠한 값이건 간에, 위의 등식을 만족하는 세 수의 순서쌍 (x, y, z)는 모두 해가 될 수 있다.

3차방정식의 일반적인 근의 공식은 매우 복잡하기 때문에, 위의 방정식을 만족하는 (x, y, z)를 일일이 나열하는 것은 별로 도움이 되지 않는다. 그러나 각각의 해를 기하학적 대상(정확하게 말하면 2차원 곡면)으로 간주하여 정성적인 질문을 제기하면 의외로 많은 사실을 알아낼 수 있다. 단, 이런 질문을 제기할 때는 위상수학[I.3 §6.4]의 언어와 개념을 적절히 사용해야 한다.

여기서 한 걸음 더 나아가 여러 개의 다항방정식으로 이루어진 연립다항방정식을 생각해볼 수도 있다. 이런 방정식계의 해를 구하고 그 특성을 이해하는 것은 대수기하학[IV.4]의 영역에 속한다.

I.4 디오판토스 방정식

앞서 말한 대로 특정한 방정식의 해가 존재하는지의 여부는 해의 허용범위에 따라 달라진다. 예를 들어 x를 실수로 한정하면 $x^2 + 3 = 0$의 해가 존재하지 않지만, 범위를 복소수로 확장하면 이 방정식의 해는 $x = \pm i\sqrt{3}$이다. 또한 $x^2 + y^2 = 11$은 x와 y가 실수일 때 무수히 많은 해를 갖지만, x와 y를 정수로 한정하면 해가 존재하지 않는다.

방금 언급한 두 번째 방정식처럼 정수해만 허용하는 방정식을 **디오판토스 방정식**(Diophantine equation)이라 한다. 가장 유명한 사례는 $x^n + y^n = z^n$으로 표현되는 페르마 방정식(Fermat equation)인데, n이 2보다 큰 정수(3 이상의 정수)일 때 이 방정식에는 정수해가 존재하지 않는다는 것을 앤드루 와일즈(Andrew Wiles)가 증명했다(페르마의 마지막 정리[V.10] 참조)(이와는 대조적으로 $x^2 + y^2 = z^2$은 무수히 많은 해를 갖는다). 현대의 대수적 **정수론**[V.10]은 직접 또는 간접적으로 디오판토스 방정식과 깊이 관련되어 있다. 해의 범위가 실수나 복소수로 확장된 방정식을 풀 때에도 이들을 디오판토스 방정식으로 간주하여 해의 구조를 연구하다 보면 많은 사실을 새롭게 알아낼 수 있는데, 이 분야는 산술기하학[IV.5]에 속한다.

디오판토스 방정식은 대체로 해를 구하기가 매우 어렵다는 특성이 있다. 따라서 체계적인 접근법이 있는지 묻는 것은 자연스럽다. 이것은 1900년에 독일의 수학자 다비드 힐베르트(David Hilbert)가 제시했던 23가지 문제 중 10번째 문제였는데, 1970년에 유리 마티야세비치(Yuri Matiyasevitch)는 마틴 데이비스(Martin Davis)와 줄리아 로빈슨(Julia Robinson),

힐러리 푸트남(Hilary Putnam)의 연구에 기초하여 체계적인 접근법은 존재하지 않는다는 사실을 증명했다(자세한 내용은 **정지 문제의 해결불가능성**[V.20] 참조).

1936년에 처치[VI.89]와 튜링[VI.94]은 해를 구하는 방법을 한 단계 향상시켰다. 이들은 알고리즘의 개념을 (두 가지 방법으로) 형식화하여 '체계적 접근법'을 명확하게 규정했다(알고리즘[II.4 §3]과 계산복잡도[IV.20 §1] 참조). 컴퓨터가 없던 시절에는 결코 쉬운 일이 아니었으나, 지금은 힐베르트가 제기했던 10번째 문제의 해답을 다음과 같이 제시할 수 있다. 디오판토스 방정식을 컴퓨터에 입력했을 때, (아무런 오류 없이) 해가 있으면 'YES', 없으면 'NO'라고 출력할 수 있는 프로그램은 존재하지 않는다.

이것이 디오판토스 방정식에 대해 무엇을 말해주는가? 결국, 모든 디오판토스 방정식을 해결해주는 최종이론이 존재할지도 모른다는 희망은 헛된 꿈에 불과했다. 그러므로 개개의 방정식이나 특정 부류의 방정식에 집중하고, 매 경우마다 새로운 해법을 찾아야 한다. 디오판토스 방정식이 수학의 다른 분야에서 제기된 일반적인 질문들과 밀접하게 연관되어 있지 않았다면, 몇 개쯤 풀다가 흥미가 없어졌을 것이다. 예를 들어 $f(x)$가 x의 3차식일 때 방정식 $y^2 = f(x)$는 별로 특별해 보이지 않지만, 이로부터 정의되는 **타원곡선**[III.21]은 현대 정수론의 핵심이자 페르마의 마지막 정리를 증명하는 열쇠이다. 페르마의 마지막 정리에 등장하는 방정식 $x^n + y^n = z^n$은 디오판토스 방정식의 형태를 띠고 있지만, 이 정리를 증명하는 과정에서 정수론도 비약적인 발전을 이루었다. 이 모든 사실을 고려할 때, 우리는 다음과 같은 결론을 내릴 수 있다. 특정한 디오판토스 방정식이 풀이 가능한 방정식의 목록에 추가되는 것 외에 다른 결과를 낳는다면, 분명히 연구해 볼 만한 가치가 있다.

1.5 미분방정식

지금까지는 미지수가 숫자이거나 n차원 공간 속의 한 점(즉, n개의 수로 이루어진 수열)인 방정식만 다루었다. 이런 방정식은 기초적 산술연산의 다양한 조합을 미지수에 적용함으로써 얼마든지 만들어낼 수 있다.

그러나 방정식에는 다항방정식만 있는 것이 아니다. 아래 제시된 두 개의 등식도 전형적인 방정식에 속한다(첫 번째는 상미분방정식이고 두 번째는 편미분방정식이다).

$$\frac{\mathrm{d}^2x}{\mathrm{d}t^2} + k^2x = 0,$$

$$\frac{\partial T}{\partial t} = \kappa\left(\frac{\partial^2 T}{\partial x^2} + \frac{\partial^2 T}{\partial y^2} + \frac{\partial^2 T}{\partial z^2}\right).$$

첫 번째는 단조화운동(simple harmonic motion)을 나타내는 방정식으로 해는 $x(t) = A\sin kt + B\cos kt$이며, 두 번째는 몇 가지 기본적인 수학의 정의[I.3 §5.4]에서 다뤘던 열방정식이다.

미분방정식(differential equation)은 여러 가지 면에서 다항방정식보다 수준이 높은 방정식이다. 첫 번째 이유는 미분방정식의 해가 n차원 공간의 한 점이나 수보다 훨씬 복잡한 함수이기 때문이다(예를 들어 위에 나열한 첫 번째 방정식은 "t의 함수 x를 두 번 미분한 결과가 x에 $-k^2$을 곱한 결과와 같아지려면, x는 어떤 형태의 함수여야 하는가?"라고 묻는

것과 같다). 두 번째로, 미분방정식에서 함수에 가해지는 기본연산인 미분과 적분은 덧셈이나 곱셈보다 훨씬 복잡하다. 셋째, 미분방정식의 해가 '닫힌 형식(closed form, $x(t) = f(t)$의 형태)'으로 구해지는 것은 아주 특별한 경우이고, 대부분의 경우에는 f를 포함하는 방정식의 꼴로 얻어진다.

위에 제시된 첫 번째 방정식을 다시 한번 들여다보자. 주어진 함수 f에 대하여 $\phi(f) = (\mathrm{d}^2f/\mathrm{d}t^2) + k^2f$로 정의하면, $\phi(f + g) = \phi(f) + \phi(g)$이고 임의의 상수 a에 대하여 $\phi(af) = a\phi(f)$라는 의미에서 ϕ는 선형사상이다. 따라서 첫 번째 미분방정식은 무한차원에서 주어진 행렬방정식으로 간주할 수 있다. 열방정식도 이와 비슷한 성질을 갖고 있다. 임의의 함수 T에 대하여 $\psi(T)$를

$$\frac{\partial T}{\partial t} - \kappa\left(\frac{\partial^2 T}{\partial x^2} + \frac{\partial^2 T}{\partial y^2} + \frac{\partial^2 T}{\partial z^2}\right)$$

로 정의하면, ψ는 또 하나의 선형사상이 된다. 이와 같은 미분방정식을 선형미분방정식이라 하며, 여기에 선형대수학을 적용하면 해를 쉽게 구할 수 있다(해를 구하는 중요한 도구 중 하나가 바로 **푸리에 변환**[III.27]이다).

미분방정식의 해를 닫힌 형식으로 구할 수 없는 경우에는 해의 존재성으로 관심을 돌려서 만일 "해가 존재한다면 어떤 특성을 갖고 있는가?"라는 질문으로 출발하는 것이 바람직하다. 다항방정식이 그렇듯이, 이런 경우에도 해의 **존재성**은 해의 범위를 어떻게 설정하느냐에 따라 달라진다. 종종 방정식 $x^2 = 2$에서의 상황에 부딪힌다. 이때 해가 존재한다는 것을 증명하는 것은 어렵지 않으므로 해에 적절한 이름만 붙이면 된다. 미분방정식 $\mathrm{d}y/\mathrm{d}x =$

e^{-x^2}이 간단한 예이다. 어떤 의미에서 보면 이 방정식에는 해가 존재하지 않는다고 할 수 있다. 다항식이나 지수함수[III.25], 삼각함수[III.92] 등 어떤 함수로 테스트를 해 봐도, 미분했을 때 e^{-x^2}이 되는 함수는 존재하지 않기 때문이다. 그러나 다른 관점에서 보면 이 방정식은 어렵지 않게 풀 수 있다. 단순히 e^{-x^2}을 적분하면 된다. 그 결과를 $\sqrt{2\pi}$로 나눈 것이 바로 정규분포함수[III.71 §5]이다. 정규분포는 확률 분야에서 매우 중요하게 취급하는 개념이며, 이것을 나타내는 함수는 특별히 Φ라는 고유의 이름까지 갖고 있다.

대부분의 미분방정식에서는 '이미 알고 있는' 함수를 적분한다 해도, 해를 하나의 공식처럼 쓸 수는 없다. 그 대표적인 예시가 3체문제[V.33]이다. 우주 공간에서 세 개의 천체가 서로 중력을 행사하고 있을 때, 이들은 어떤 식으로 움직일 것인가? 뉴턴의 운동법칙을 적용하면 세 천체의 운동을 서술하는 일련의 미분방정식이 얻어진다. 뉴턴[VI.14]은 천체가 두 개인 경우에 운동방정식의 해를 구하여 행성의 궤도가 타원인 이유를 명쾌하게 설명했다. 그러나 물체가 세 개, 또는 그 이상인 경우에는 대단히 풀기 어려운 것으로 입증됐다. 그런 데에는 그만한 이유가 있다는 사실이 지금은 알려져 있다. 계의 행동이 카오스에 가까워지기 때문이다(카오스에 관해서는 동역학[IV.14]을 참고하기 바란다). 하지만 이로부터 계의 혼돈과 안정성을 연구하는 새롭고도 흥미로운 분야가 탄생했다.

가끔은 해를 쉽게 구할 수 없음에도 불구하고 해의 존재 여부를 판단할 수 있는 경우도 있다. 이런 경우에는 정확한 해보다 방정식에 대한 일반적인 서술에 관심을 갖게 된다. 예를 들어 열방정식이나 파동방정식처럼 시간에 의존하는 형태라면 다음과 같은 질문을 제기할 수 있다. 방정식의 해는 시간이 흐름에 따라 소멸하는가? 아니면 점점 커지는가? 그것도 아니면 거의 일정한 상태로 유지되는가? 이것은 해의 점근적 행동(asymptotic behavior)을 묻는 질문으로, 방정식의 해를 깔끔한 형태로 구할 수 없는 경우에도 몇 가지 기교를 발휘하면 질문의 답을 찾을 수 있다.

디오판토스 방정식과 마찬가지로 편미분방정식 중에도 특별히 중요하게 취급되는 부류가 있다. 그 중 하나가 완전한 해를 구할 수 있는 비선형방정식(nonlinear equation)인데, 이 분야는 연구방법이 매우 독특하다. 해의 특성에 초점이 맞춰지는 것은 다른 방정식의 경우와 비슷하지만, 해를 표현하는 정확한 공식이 중요한 역할을 한다는 점에서 훨씬 더 대수적인 특성을 띤다. 더 자세한 내용은 선형 및 비선형 파동과 고립파[III.49]를 참고하기 바란다.

2 분류하기

군이나 다양체와 같이 새로운 수학적 구조를 이해하고자 할 때, 가장 먼저 해야 할 일은 적절한 적용 예를 찾는 것이다. 가끔은 예를 찾기가 너무 쉬워서 어떻게 분류해야 할지 갈피를 잡을 수 없는 경우도 있지만, 대부분의 경우에는 예가 만족해야 할 조건이 꽤 까다로워서 무한히 긴 '목록'이 얻어지곤 한다. 예를 들어 체 $\mathbb{F}$에 대한 임의의 n차원 벡터공간[I.3 §2.3]은 $\mathbb{F}^n$과 동형사상이므로, 양의 정수 n이 주어지면 하나의 공간이 완벽하게 결정된다. 따라서 우리의 목록은 $\{0\}$, $\mathbb{F}$, $\mathbb{F}^2$, $\mathbb{F}^3$, $\mathbb{F}^4$, ⋯이며, 이를 두고 '수학적 구조를 분류했다'고 말한다.

수학적 구조를 분류해 놓으면 구조에 대한 결과를 증명하는 새로운 방법이 생긴다. 즉, 구조에 부과된 공리로부터 어떤 결과를 유추하는 대신, 그 결과가 목록에 올라 있는 모든 예시에서 성립한다는 것을 확인하면 일반적인 증명이 완료된다. 물론 이것이 추상적인 공리 접근법보다 쉽다고 말할 수는 없지만, 분명 더 쉬울 때도 있다. 실제로 다른 방법으로는 도저히 증명할 수 없었던 결과가 분류를 통해 증명된 사례도 몇 개 있다. 일반적으로 수학적 구조의 사례가 많을수록 그것을 검증하거나, 가정을 세우거나, 또는 반례를 찾기가 쉬워진다. 수학적 구조의 모든 예시를 알고 있으면 (어떤 면에서는) 그 대상을 완전히 이해했다고도 말할 수 있다.

2.1 기본요소와 족 구분

분류이론이 중요하게 부각되는 경우는 크게 두 가지가 있다. 두 경우의 경계선이 다소 모호하긴 하지만, 차이가 비교적 뚜렷하므로 이 소절과 다음 소절에서 따로 다루기로 한다.

첫 번째 경우의 사례로, **정초다면체(regular polytope)**라 불리는 대상을 살펴보자. 초다면체는 다각형, 다면체, 그리고 그들을 고차원으로 일반화한 것을 포함한다. 다들 알다시피 정다각형이란 모든 변의 길이와 모든 변의 각도가 같은 평면도형이고, 정다면체란 모든 면들이 정다각형이면서 서로 합동이며 모든 꼭짓점에서 연결된 변의 수가 같은 입체도형을 말한다. 더 일반적으로, 고차원 정초다면체는 정확하게 정의하기 매우 복잡하지만 어쨌거나 주어

진 차원에서 대칭성이 가장 높은 것이다(이 정의와 동일하면서 일반화시키기 좀 더 쉬운 정의의 3차원 형태는 다음과 같다. 다면체의 꼭짓점을 v라 하고, v를 포함하는 변을 e, e를 포함하는 면을 f라 하자. 이들을 모아놓은 (v, e, f)를 **플래그(flag)**라 하는데, 임의의 두 플래그 (v, e, f)와 (v', e', f')에 대하여 v를 v'으로, e를 e'으로, f를 f'으로 보내는 대칭이 존재할 때 이 다면체는 정다면체이다).

2차원에 존재하는 정다각형의 종류는 쉽게 확인할 수 있다. 2보다 큰 모든 k에 대하여 정 k각형이 존재하며, 2차원의 경우에는 이것이 전부다. 3차원 공간에 존재하는 정다면체는 **플라톤 입체(Platonic solid)**로 알려진 정사면체와 정육면체, 정팔면체, 정십이면체, 그리고 정이십면체이다. 이들 외에 다른 정다면체는 존재하지 않는데, 그 이유는 쉽게 이해할 수 있다. 3차원 다면체의 한 꼭짓점에서는 적어도 세 개 이상의 면이 만나야 하고, 이 면들이 꼭짓점과 만나는 각의 합은 $360°$보다 작아야 한다. 이 조건이 만족되려면 하나의 꼭짓점에서 삼각형 3, 4, 5개가 만나거나 사각형 3개, 또는 오각형 3개가 만나는 수밖에 없다. 방금 나열한 경우들은 순서에 따라 각각 정사면체, 정팔면체, 정이십면체, 정육면체, 그리고 정십이면체에 해당한다.

일부 다각형과 다면체들은 고차원 공간에서도 자연스럽게 일반화될 수 있다. 예를 들어 $\mathbb{R}^n$에서 서로 거리가 같은 점 $n + 1$개는 n차원 **정단체(regular simplex)**의 꼭짓점을 형성하는데, $n = 2$이면 정삼각형이 되고 $n = 3$일 때는 정사면체가 된다. 또한 $\mathbb{R}^n$에서 $0 \leq x_i \leq 1$을 만족하는 모든 $(x_1, x_2, \cdots, x_n)$은 단위 정사각형이나 정육면체의 n차원 유사 형태의

꼭짓점에 해당한다. 그리고 $\mathbb{R}^3$에서 정팔면체는 $|x|$ $+ |y| + |z| \leq 1$을 만족하는 모든 점 (x, y, z)의 집합으로 정의되는데, 이것을 n차원으로 확장하면 $|x_1|$ $+ \cdots + |x_n| \leq 1$을 만족하는 모든 $(x_1, x_2, \cdots, x_n)$의 집합이 된다.

정십이면체와 정이십면체가 어떻게 무한한 정다면체의 족(family)을 이끌어내는지는 자명하지 않으며, 사실 그들은 비슷한 족을 가지지 않는다. 실제로 4차원의 세 가지 예를 제외하면 위의 세 가지 무한족이 목록의 전부이다. 이 세 개의 예외는 상당히 놀랍다. 그중 하나는 정십이면체로 이루어진 120개의 '3차원 면'을 갖고 있으며, 다른 하나는 이것과 쌍대(dual) 관계에 있는 정다면체로, 정사면체로 이루어진 600개의 '면'을 갖고 있다. 4차원에 존재하는 세 번째 예는 좌표로 나타내는 것이 편리하다. 이 정초다면체는 $(\pm 1, \pm 1, \pm 1, \pm 1)$과 $(\pm 2, 0, 0, 0)$, $(0, \pm 2, 0, 0)$, $(0, 0, \pm 2, 0)$, 그리고 $(0, 0, 0, \pm 2)$의 16개 꼭짓점으로 이루어져 있다.

3차원에 존재하는 정다면체가 5개뿐이라는 것은 앞에서 간단한 논리로 증명했지만, 위에 열거한 목록이 모든 차원에 존재하는 정초다면체의 전부라는 것은 증명하기가 훨씬 어렵다. 정초다면체의 목록은 19세기 중반에 루드비히 슐래플리(Schläfli)가 완성했고, 이 목록 외에 다른 정초다면체가 존재하지 않는다는 것은 1969년에 도널드 콕세터(Donald Coxeter)[*]가 처음으로 증명했다.

그러므로 3차원 이상의 고차원 공간에 존재하는 정초다면체는 n차원 형태의 정사면체와 n차원 형

태의 정육면체, n차원 형태의 정팔면체라는 세 가지 족과 5개의 예외적 사례(정십이면체와 정이십면체, 그리고 위에서 언급한 4차원 정초다면체 3개)로 분류된다. 이러한 상황은 많은 분류 정리에서 전형적이다. 예외적 예들(흔히 '산발적 예(sporadic examples)'라 불린다)은 상상하기 어려울 정도로 매우 높은 대칭성을 가진다. 다른 분류에 등장하는 족들과 예외적 예들은 종종 밀접하게 연관되어 있어서, 겉으로 보기에 전혀 무관할 것 같은 분야를 서로 연결시키는 데 중요한 실마리를 제공해준다.

경우에 따라서는 주어진 수학적 구조를 분류하는 것보다, 모든 구조의 바탕이 되는 '기본요소'들을 찾는 것이 유용할 수도 있다. 예를 들어 모든 정수는 소수(prime number)들의 곱으로 표현될 수 있으므로, 정수의 기본요소는 소수이다. 또한 모든 유한군(finite group)은 단순군(simple group)이라는 기본요소의 '곱'으로 표현된다. V부에서 논의될 유한 단순군의 분류[V.7]는 20세기 수학을 대표하는 가장 유명한 정리 중 하나이다.

분류정리와 관련하여 좀 더 자세한 내용을 알고 싶은 독자들은 리 이론[III.48]을 읽어보기 바란다.

2.2 동치, 비동치, 불변량

수학을 연구하다 보면 엄밀한 시각에서 볼 때 두 개의 대상이 분명히 다르지만 그 차이에 대해서는 별로 관심이 가지 않는 경우가 종종 발생한다. 이런 경우에 수학자들은 두 대상을 '근본적으로 같은 것', 또는 '동치(equivalent)'로 간주한다. 동치관계[I.2 § 2.3]에서 이미 설명한 바 있다.

예를 들어 위상수학자들은 물체 A를 연속적으로

---

[*] 도널드 콕세터의 전기: 『무한 공간의 왕』(승산, 2009)

변형시켜서 B를 만들 수 있을 때, A와 B를 동치로 간주한다. 위상수학[I.3 §6.4]에서 언급한 대로, 위상수학에서 구면과 정육면체는 동일한 대상이며, 가운데에 구멍이 뚫린 도넛(원환면)의 표면과 손잡이가 달린 찻잔의 표면도 동일한 대상으로 간주된다 (찻잔의 몸체를 손잡이 쪽으로 흡수시켜서 손잡이를 부풀리면 도넛 모양이 된다). 물론 직관적으로 생각해도 구와 도넛은 같지 않지만, 이들이 다르다는 것을 엄밀하게 증명하기란 결코 쉽지 않다.

동치관계를 증명하는 것보다 비동치관계를 증명하는 것이 왜 더 어려울까? 두 대상이 같다는 것을 증명할 때는 동치관계를 보여주는 단 하나의 변환을 찾으면 그만이지만, 다르다는 것을 증명하려면 가능한 변형을 하나도 빠짐 없이 고려하여 그들 중 어떠한 것도 동치로 귀결되지 않는다는 것을 보여야 하기 때문이다. 그렇다면 구와 원환면이 도저히 상상할 수 없을 정도로 복잡한 변형을 통해 같아질 수도 있지 않을까? 이런 가능성을 어떻게 배제시킬 수 있을까?

대략적인 증명은 다음과 같다. 구와 원환면은 콤팩트 가향곡면(compact orientable surface)에 속한다. 즉, 이들은 경계선 없이 공간의 유한한 부분을 점유하고 있는 2차원 곡면이다. 이런 곡면이 주어지면 여러 개의 삼각형을 이어 붙여서 이와 동치인 곡면을 만들 수 있다. 여기서 유명한 오일러[VI.19]의 정리가 등장한다.

위상학적으로 구와 동치인 다면체 P의 꼭짓점 수를 V, 변의 수를 E, 면의 수를 F라 하면 이들 사이에는 $V - E + F = 2$의 관계가 성립한다.

예를 들어 정이십면체는 12개의 꼭짓점과 30개의 변, 그리고 20개의 면을 갖고 있으므로 $12 - 30 + 20 = 2$이다.

오일러의 정리를 적용할 때 삼각형이 입체가 아닌 평면이라는 것은 별 문제가 되지 않는다. 삼각형을 구면 위에 그리면 구면삼각형이 되지만, 여러 개를 이어서 꼭짓점과 변, 그리고 면의 수를 헤아려 보면 오일러의 정리가 여전히 성립한다는 것을 알 수 있다. 구면 위에 그려진 삼각형의 양을 삼각형분할 (triangulation)이라 한다.

구면을 어떤 식으로 삼각형분할하건, 오일러의 정리 $V - E + F = 2$는 항상 성립한다. 뿐만 아니라 이 공식은 구와 위상수학적으로 동치관계에 있는 다른 도형을 삼각형분할한 경우에도 여전히 성립한다. 왜냐하면 삼각형분할은 V와 E, F의 값에 영향을 주지 않은 채 연속적으로 변형될 수 있기 때문이다.

일반적으로 삼각형분할은 어떤 곡면에도 적용할 수 있으며, 이로부터 계산된 $V - E + F$는 곡면의 특성을 나타내는 척도로서 흔히 오일러 지표(Euler characteristic)라 불린다. 이 값이 의미를 가지려면 오일러의 정리를 다음과 같이 일반화시킬 필요가 있다(증명은 원래 오일러 정리보다 그다지 어렵지는 않다).

(i) 하나의 곡면은 여러 가지 방법으로 삼각형분할될 수 있지만, $V - E + F$의 값은 항상 일정하다.

곡면을 연속적으로 변형시키면서, 그와 동시에 삼각형분할 하나를 연속적으로 변형시키면 새로 얻어진 곡면의 오일러 지표가 원래의 값과 같다는 것을 쉽게 알 수 있다. 다시 말해서, 위의 (i)은 다음과 같은 결과를 낳는다.

(ii) 두 개의 곡면이 연속변형을 통해 서로 상대방으로 변형되는 경우, 이들의 오일러 지표는 같다.

이 사실을 이용하면 두 개의 곡면이 동일하지 않다는 것을 증명하는 방법이 하나 나온다. 두 곡면의 오일러 지표가 다르면 연속적인 변형을 통해 서로 같아질 수 없으므로, 이들은 다른 곡면임이 분명하다. 예를 들어 원환면에 임의의 삼각형분할을 시도하여 $V - E + F$의 값을 계산해 보면 0이 된다는 것을 쉽게 알 수 있다. 즉, 원환면의 오일러 지표는 0이다. 따라서 구와 원환면은 동치가 아님을 완전하게 증명할 수 있다.

오일러 지표는 **불변량**(invariant)의 한 예이다. 즉, 우리의 관심사인 모든 대상을 정의역으로 갖는 함수 ϕ가 존재하여, X와 Y가 동치인 대상일 때 $\phi(X) = \phi(Y)$를 만족한다는 뜻이다. X와 Y가 동치가 아니라는 것을 증명하고 싶을 때는 $\phi(X) \neq \phi(Y)$임을 보이면 된다. ϕ는 오일러 지표처럼 숫자인 경우도 있지만, 다항식이나 군 등 복잡한 대상일 수도 있다.

X와 Y가 다른 경우에도 $\phi(X)$와 $\phi(Y)$는 같을 수 있다. 극단적인 예로 불변량 ϕ가 모든 대상에 대하여 0인 경우도 있다. 하지만 두 대상이 동치가 아님을 증명하기가 너무 힘들기 때문에, 일부에만 적용되는 불변량도 유용하고 흥미로운 것으로 간주된다.

수학자들은 불변량 ϕ를 찾을 때 두 가지 조건을 요구하는데, 서로 반대를 지향하는 경향이 있다. 첫째, ϕ는 가능한 한 **정교하게**(fine) 정의되어야 한다. 즉, X와 Y가 같지 않으면 $\phi(X)$와 $\phi(Y)$도 가능한 한 달라야 한다는 조건이다. 둘째, $\phi(X)$와 $\phi(Y)$가 동치가 아님을 실제로 보여줄 수 있어야 한다. 불변량의 계산이 불가능하다면 있어 봐야 별로 쓸모가 없기 때문이다(극단적인 예로 모든 X를 자신의 동치류로 보내는 '자명한' 사상을 들 수 있다. 이런 경우에 불변량은 '정교하게' 정의되어 있긴 하지만, 이것을 다른 방법으로 정의할 수 없으면 별로 도움이 되지 않는다). 그러므로 가장 강력한 불변량은 계산가능하면서도 너무 쉽지는 않은 것이 될 것이다.

콤팩트 가향곡면을 다룰 때는 비교적 운이 좋은 편이다. 이 경우에는 오일러 지표가 쉽게 계산할 수 있는 불변량일 뿐만 아니라, 이 지표를 이용해서 콤팩트 가향곡면을 완벽하게 분류할 수 있다. 콤팩트 가향곡면의 오일러 지표 k는 $2 - 2g$(g는 0 이상의 정수)의 형태이며(즉, 오일러 지표는 2, 0, −2, −4, … 이다), 오일러 지표가 같은 두 개의 콤팩트 가향곡면은 동치관계에 있다. 그러므로 동치인 두 곡면을 완전히 같은 것으로 간주한다면, g는 곡면을 분류하는 척도가 된다. 흔히 주어진 곡면의 **종수**(genus)로 불리는 이 g는 기하학적으로 '곡면에 뚫려 있는 구멍의 수'로 해석할 수 있다(따라서 구의 종수는 0이며, 원환면의 종수는 1이다).

불변량의 또 다른 사례들은 대수적 위상수학[IV.6]과 매듭 다항식[III.44]을 참고하기 바란다.

3 일반화하기

중요한 수학적 정의가 내려지거나 정리가 증명될

때, 이 분야의 수학적 연구가 끝나는 일은 드물다. 아무리 명백한 수학처럼 보여도 늘 더 잘 이해할 수 있는 법이다. 그중 가장 흔히 시도되는 방법은 현재의 이론을 더 일반적인 것의 '특별한 경우에 대한 서술'로 간주하는 것인데, 이에 대한 몇 가지 예를 살펴보도록 하자.

3.1 가설 완화와 결론 강화

1729라는 숫자는 두 세제곱수의 합으로, 그것도 서로 다른 두 가지 방식으로 표현되는 것으로 유명하다. 즉, $1^3 + 12^3 = 9^3 + 10^3 = 1729$이다. 그러면 세제곱수 네 개의 합으로, 그것도 각기 다른 열 가지 방법으로 표현되는 숫자가 존재하는지 알아보자.

일단 겉으로 보기에는 꽤나 어려운 문제인 것 같다. 만일 이런 수가 존재한다면 매우 큰 수일 것이며, 모든 경우를 일일이 확인해가며 찾는다면 이것만큼 지루한 문제도 없다. 좀 더 깔끔하고 우아한 방법은 없을까?

답은 전제조건을 조금 완화시키는 것으로 밝혀졌다. 이 문제를 다음과 같이 일반화시켜 보자. '지금 우리에게 어떤 특정한 조건을 만족하는 일련의 양의 정수 a_1, a_2, a_3, …이 주어져 있다. 이들 중 네 개를 골라서 더하면 어떤 답이 나올 텐데, 이 수열에서 동일한 답이 나오는 '4개짜리 조합'이 10가지가 있다는 것을 증명하라.' 이것은 원래의 문제를 다소 인위적으로 바꾼 버전이라 할 수 있다. 왜냐하면 '세제곱수'를 '어떤 특정한 조건'이라고 가정하면 되기 때문이다. 이때 이 조건은 수열에 대한 **규정**(identification)으로 생각하는 것이 자연스럽다. 하지만 이런 방식으로 생각하면, 훨씬 넓은 범위의 수열

에 대해서도 같은 결론이 성립할 거라고 생각하기 쉬워진다. 이것은 실제로 사실로 드러난다.

1,000,000,000(10억)보다 작은 세제곱수는 1,000개가 있다. 이 사실만 알고 있으면 '세제곱수 네 개의 합으로, 그것도 각기 다른 열 가지 방법으로 표현되는 수가 존재한다'는 것을 증명할 수 있다. 즉, 양의 정수로 이루어진 임의의 수열 a_1, a_2, a_3, …에서 처음 1,000개의 항들 중 그 어떤 것도 1,000,000,000을 넘지 않으면, 이들 중 네 개의 합으로, 그것도 10가지 다른 방법으로 표현되는 수가 존재한다.

이 사실을 증명하기 위해 우리가 할 일이란 수열 a_1, a_2, a_3, …, a_{1000}에서 네 개를 고르는 방법의 수를 계산하는 것뿐이다. 1,000개 중에서 4개를 취하는 방법의 수는 $1,000 \times 999 \times 998 \times 997/24$인데, 이 값은 $40 \times 1,000,000,000$보다 크다. 그리고 이 수열에서 네 개를 취하여 더한 값은 $4 \times 1,000,000,000$을 초과할 수 없다(이들 중 그 어떤 것도 1,000,000,000을 넘지 않기 때문이다). 즉, '네 개를 고르는 방법의 수'가 '네 개를 골라서 더했을 때 나올 수 있는 결과의 개수'보다 적어도 10배 이상 많다. 따라서 처음 4,000,000,000개 숫자 중 하나를 이 수열 중 네 개의 합으로 표현하는 방법의 수는 평균적으로 10이 넘는다. 그런데 표현방법의 평균이 적어도 10 이상이라는 것은 10가지 방법으로 표현 가능한 수가 반드시 존재한다는 뜻이다.

이런 식으로 문제를 일반화시키는 것이 문제해결에 도움이 되는 이유는 무엇일까? 언뜻 생각해 보면 가정이 적을수록 문제를 풀기가 어려울 것 같지만, 사실은 그렇지 않은 경우가 더 많다. 가정이 적을수록 가정을 적용할 때 선택의 여지가 줄어들어, 증명

을 더 빨리 찾게 되는 것이다. 위의 문제를 일반화시키지 않았다면 선택의 폭이 너무 넓어서 원하는 결론에 도달할 수 없었을 것이다(쉬운 논리를 놔두고 엄청나게 어려운 디오판토스 방정식과 씨름하면서 긴 시간을 허비했을 것이다). 어떤 면에서는, 우리가 문제의 본질을 파악할 수 있었던 것은 가정을 완화시킨 덕분이었다.

앞에서 시도했던 일반화는 '결론의 강화'로 생각할 수도 있다. 우리는 세제곱수와 관련된 정리를 증명하면서 부수적인 사실도 꽤 많이 알게 되었다. 사실 가정(조건)의 완화와 결론의 강화 사이에는 뚜렷한 차이가 없다. $P \Rightarrow Q$를 증명하는 것은 $\neg Q \Rightarrow \neg P$를 증명하는 것과 같은데, 여기서 P를 완화시키면 $P \Rightarrow Q$의 가정은 완화되지만, $\neg Q \Rightarrow \neg P$에서는 결론은 오히려 강화된다.

3.2 더욱 추상적인 결과 증명하기

모듈러 연산(modular arithmetic)의 유명한 정리인 페르마 소정리[III.58]에 의하면 p가 소수이고 a는 p의 배수가 아닐 때, a^{p-1}을 p로 나눈 나머지는 항상 1이다. 즉, a^{p-1}은 법(modulo) p로 1과 합동이다.

이 정리를 증명하는 방법에는 여러 가지가 있는데, 그중 일반화의 좋은 사례라고 생각되는 한 가지를 여기서 소개하기로 한다. 대략적인 증명과정은 다음과 같다. 첫 번째 단계로 1, 2, $\cdots$, $p-1$이 p를 법으로 곱셈에 대하여 법 p로 군[I.3 §2.1]을 이룬다는 것을 증명한다(즉, 곱셈을 한 후 p로 나눈다는 뜻이다). 두 번째 단계는 $1 \leqslant a \leqslant p-1$이면 a의 거듭제곱에 법 p를 취한 값이 부분군을 형성한다는 사실을 보이는 것이다. 게다가 이 군의 부분군의 크기

는 a^m이 법 p로 1과 합동인 가장 작은 양의 정수 m이다. 이제 여기에 라그랑주 정리(Lagrange theorem)를 적용해 보자. 이 정리에 의하면 군의 크기를 부분군의 크기로 나누면 나머지 없이 항상 정수로 떨어진다. 지금의 경우 군의 크기는 $p-1$이므로, $p-1$은 m으로 나누어떨어져야 한다. 그런데 $a^m = 1$이므로 $a^{p-1} = 1$이다.

따라서 페르마 소정리는 라그랑주 정리의 특별한 경우에 불과하다. ('불과'라는 말은 다소 오해의 소지가 있다. p를 법으로 하는 정수가 군을 이룬다는 것이 자명한 것은 아니기 때문이다. 유클리드 알고리즘[III.22]에 이 사실이 증명돼 있다.)

페르마가 활동했던 시대는 군론이 개발되기 전이었으므로 이런 식으로 볼 수는 없었다. 따라서 군이라는 추상적 개념 때문에 페르마 소정리를 완전히 새롭게 볼 수 있다. 더 일반적인 결과의 특수한 경우인 것이다. 하지만 이런 결과는 새롭고 추상적인 개념을 개발할 때까지는 진술조차 불가능하다.

수학적 개념을 추상화하면 여러모로 유용하다. 가장 큰 이점은 일반적인 정리로부터 여러 가지 흥미로운 경우들을 도출할 수 있다는 점이다. 하나의 문제가 주어졌을 때 이로부터 일반적인 정리를 이끌어내면, 모든 경우를 일일이 증명하지 않아도 문제는 완벽하게 풀린 것이나 다름없다. 뿐만 아니라 원래의 문제와 전혀 무관해 보였던 문제까지 하나로 묶을 수 있다. 수학은 이런 식으로 서로 다른 분야들 사이에 어떤 연결고리가 발견될 때마다 비약적인 발전을 이루곤 했다.

3.3 특성 식별하기

$\sqrt{2}$와 $\sqrt{-1}$(또는 허수단위 i)은 사뭇 다른 방식으로 정의되어 있다. $\sqrt{2}$는 자기 자신을 제곱했을 때 2가 되는 양의 실수가 반드시 존재하며, 그것도 단 하나만 존재한다는 사실부터 증명해야 한다. 이 증명이 완료되면 $\sqrt{2}$는 정의된 것이나 다름없다.

그러나 허수단위 i는 위와 같은 식으로 정의할 수 없다. 실수 중에는 자기 자신을 제곱하여 −1이 되는 수가 존재하지 않기 때문이다. 이런 경우에는 다음과 같은 질문에서 출발해야 한다. 자기 자신을 제곱하여 −1이 되는 수가 존재한다면, 그 수는 어떤 특성을 갖고 있어야 하는가? 이런 수가 실수 중에 존재하지 않는다고 해서 포기할 필요는 없다. $\sqrt{-1}$까지 포함하도록 수의 범위를 확장하면 된다.

i의 특성 중 $i^2 = -1$이라는 사실만은 확실하다. 그러나 여기서 멈추지 말고 i가 일반적인 연산을 만족하도록 요구하면, 여러 가지 흥미로운 계산을 수행할 수 있다. 예를 들어 $(i + 1)^2$을 전개하면

$$(i + 1)^2 = i^2 + 2i + 1 = -1 + 2i + 1 = 2i$$

가 된다. 따라서 $(i + 1)/\sqrt{2}$는 i의 제곱근이다.

$i^2 = -1$이라는 것 외에 i가 일반적인 연산규칙을 따른다는 조건을 부과했더니, 복소수라는 새로운 수체계가 얻어졌다. 게다가 이 과정에서 i의 정체가 무엇인지 고민할 필요도 전혀 없었다(복소수[I.3 § 1.5] 참조). 사실 따지고 보면 $\sqrt{2}$를 정의하는 과정도 i와 크게 다를 것이 없었다. 우리에게 필요했던 것은 자기 자신을 제곱했을 때 2가 되면서, 일반적인 연산규칙을 따르는 수였을 뿐, 그 이상은 아무것도 요구하지 않았다.

수학적인 일반화 과정은 대부분 이런 식으로 진행된다. 또 다른 경우로는 x와 a가 실수이고 x가 양수일 때 x^a의 정의를 들 수 있다. 원래 지수란 거듭제곱의 횟수를 의미하므로, a가 정수가 아닐 때는 x^a의 의미를 직관적으로 이해하기가 쉽지 않다. 그러나 수학자들은 a가 어떠한 값이건 전혀 개의치 않는다. 어떻게 그럴 수 있을까? x^a의 값에 연연하지 말고, 그 자체를 a의 함수로 간주하고, **특징짓는** 성질이 무엇인지 생각하는 것이다. 여기서 가장 중요한 요구사항은 $x^{a+b} = x^a x^b$가 만족되어야 한다는 것이다. 그 외에 몇 가지 간단한 특성을 같이 요구하면 함수 x^a이 완벽하게 결정되며, 이것만 있으면 x^a과 관련된 어떠한 논리도 자유롭게 전개할 수 있다. 지수함수에 대하여 좀 더 자세한 내용을 알고 싶으면 **지수함수와 로그함수**[III.25]를 읽어보기 바란다.

추상화(abstraction)와 분류(classification)는 매우 흥미로운 방식으로 상호 연결되어 있다. 수학에서 '추상'이라는 단어는 대상의 정의로부터 무언가를 직접 논할 때보다 대상의 특성을 더 흔히 이용할 경우 사용된다(단, $\sqrt{2}$의 경우에는 이 구별이 다소 모호하다). 추상화의 궁극적인 목적 중 하나는 군이나 벡터공간과 같은 공리체계의 결과를 연구하는 것이지만, 가끔은 추상화보다 분류가 더 유용한 경우도 있다. 분류가 완료되면 개념이 한층 더 분명해진다. 예를 들어 모든 유한차원 벡터공간 V는 $\mathbb{R}^n$(n은 0을 포함하는 양의 정수)과 동형이기 때문에, V를 공리체계에 기초한 대수구조로 생각하는 것보다 $\mathbb{R}^n$이라는 구체적 대상으로 생각하는 것이 더 편리할 때가 있다. 이런 점에서 보면 추상화와 분류는 서로 상

반되는 개념이기도 하다.

3.4 재공식화 후 일반화

차원(dimension)이라는 말은 다분히 수학적 개념이
지만, 일상적인 언어에서도 자주 사용된다. 예를 들
어 의자를 찍은 사진은 3차원 물체를 2차원으로 표
현한 영상이라 할 수 있다. 실제 의자는 높이와 너
비(폭), 그리고 깊이라는 3가지 척도를 갖고 있지만,
사진에 나타난 의자에는 높이와 너비밖에 없다. 간
략히 말해서 도형의 차원이란 도형의 내부에서 이
동할 수 있는 방향의 개수이며, 이 개념은 수학적
으로 엄밀하게 정의할 수 있다(벡터공간[I.3 §2.3] 참
조).

　일반적으로 도형의 차원은 양의 정수이다. 도형
의 내부에서 이동할 수 있는 방향의 수가 1.4개라는
것은 말이 되지 않는다. 그러나 소수차원에 대한 엄
밀한 수학 이론이 있으며, 임의의 양의 실수 d가 주
어졌을 때, 이 값을 차원으로 갖는 도형을 항상 찾을
수 있다.

　수학자들은 언뜻 불가능해 보이는 일을 어떻게
해낼 수 있었을까? 비결은 차원이라는 개념을 재공
식화(reformulation)한 후 일반화시키는 것이다. 우선
차원을 다음 두 가지 특성을 갖는 양으로 새롭게 정
의해 보자.

　(i)　새로 정의된 차원을 '간단한' 도형에 적용하면
　　　기존과 같은 결과가 얻어진다. 즉, 새로운 차
　　　원을 적용해도 선은 여전히 1차원이고 사각
　　　형은 2차원, 육면체는 3차원 도형이다.

　(ii)　새로 정의된 차원이 반드시 양의 정수일 필요

는 없다.

　이런 식의 차원은 여러 가지 방법으로 정의할 수 있
는데, 대부분은 길이와 면적, 그리고 부피의 차이에
초점을 맞춘다. 길이가 2인 직선은 길이가 1인 직선
두 개를 겹치지 않게 합집합을 취한 것과 같고, 한
변의 길이가 2인 정사각형은 한 변의 길이가 1인 정
사각형 4개를 겹치지 않게 합집합을 취한 것과 같
다. 한 변의 길이가 2인 정육면체는 한 변의 길이가
1인 정육면체 8개를 겹치지 않게 합집합을 취한 것
과 같다. 즉, d차원 도형을 r배로 늘리면 d차원 부
피는 r^d배로 커진다. 이 사실을 염두에 두고, 차원이
1.4인 도형을 만들어 보자. 한 가지 방법은 $r^{1.4} = 2$
가 되도록 $r = 2^{5/7}$으로 선택한 후, 도형 X를 r배로
늘린 결과가 X 두 개를 합한 결과와 같은 X를 찾는
것이다. 두 개를 이어 붙이면 부피는 당연히 두 배로
커질 것이므로, 도형 X의 차원 d는 $r^d = 2$라는 차원
규칙을 만족한다. 즉, X는 1.4차원 도형이 되는 것이
다. 더 자세한 내용은 차원[III.17]을 읽어보기 바란
다.

　처음에는 말이 안 되는 또 한 가지 사례로 비가환
기하학(noncommutative geometry)이라는 것이 있다.
원래 '가환(commutative)'은 이항연산[I.2 §2.4]에 적
용되는 개념이기 때문에, 기하학보다는 대수학에
어울리는 단어이다. 그런데 '비가환 기하학'이라니,
대체 무슨 기하학을 말하는 것일까?

　답을 알고 나면 그리 이상할 것도 없다. 비가환 기
하학은 대수구조를 이용하여 기하학의 일부를 재공
식화한 후, 대수법칙을 일반화시킨 것이다. 이 대수
구조에는 가환 이항연산이 포함되어 있는데, 이것

을 비가환 연산으로 일반화시키면 비가환 기하학이 얻어진다.

기하학의 중요한 연구대상은 다양체[I.3 §6.9]이다. 다양체 X가 주어지면 그 위에서 연속인 모든 복소함수의 집합 $C(X)$가 정의되고, 여기 속하는 두 개의 함수를 f, g라 했을 때 임의의 두 복소수 μ, λ를 통해 일차결합으로 만들어진 새로운 함수 $\lambda f + \mu g$도 연속함수이므로, 이 또한 $C(X)$에 속한다. 따라서 $C(X)$는 일종의 벡터공간으로 간주할 수 있다. 또한 f와 g를 **곱한** fg도 연속함수인데($(fg)(x) = f(x)g(x)$로 정의됨), 이 곱셈은 여러 가지 자연스러운 특성을 갖고 있어서(예를 들어 모든 함수 f, g, h에 대하여 $f(g + h) = fg + fh$이다) $C(X)$는 C^*-대수[IV.15 §3]라는 대수체계를 형성한다. 콤팩트 다양체 X의 기하학은 상당 부분 그에 대응되는 C^*-대수 $C(X)$만으로 재공식화될 수 있다. 여기서 '~만으로'라는 표현을 쓴 이유는 $C(X)$가 원래 정의된 다양체 X를 언급하지 않아도 좋다는 뜻이다. 우리에게 필요한 것은 $C(X)$가 대수체계를 형성한다는 사실뿐이다. 따라서 기하학으로부터 직접 도출되지 **않은** 대수체계도 재공식화된 기하학에 얼마든지 적용될 수 있다.

일반적으로 대수체계에는 덧셈과 곱셈이라는 두 가지 연산이 존재하는데, 덧셈은 항상 가환적이지만 곱셈은 그렇지 않다. 그래서 곱셈까지 가환적인 대수체계를 특별히 '가환대수(commutative algebra)'라 부른다. 위에서 fg와 gf는 분명히 같은 함수이므로 $C(X)$는 가환 C^*-대수이다. 따라서 기하학적으로 도출된 대수체계는 항상 가환이다. 그러나 기하학적 개념 중 상당수는 대수체계로 재공식화했을

때 비가환적 C^*-대수에서도 의미가 있기 때문에, '비가환 기하학'이라는 용어가 생긴 것이다. 더 자세한 내용은 **작용소 대수**[IV.15 §5]를 읽어보기 바란다.

재공식화 후 일반화라는 과정은 수학의 발전에 커다란 공헌을 해왔다. 세 번째 사례를 간략하게 살펴보기로 한다. **산술의 기본 정리**[V.14]는 이름에서 알 수 있듯이 정수론의 초석을 이루는 핵심 정리 중 하나로서, 모든 양의 정수는 소수의 곱으로 표현되며, 그 방법은 오직 한 가지 뿐이라는 내용을 골자로 하고 있다. 그러나 정수론자들은 확장된 수체계를 생각하기를 좋아하는데, 이런 경우 대부분 산술의 기본정리가 성립하지 않는다. 예를 들어 $a + b\sqrt{-5}$ (a와 b는 정수)와 같은 수로 이루어진 **환**[III.81 §1]에서 6은 2×3으로 쓸 수도 있고 $(1 + \sqrt{-5}) \times (1 - \sqrt{-5})$로 쓸 수도 있다. 그런데 2, 3, $1 + \sqrt{-5}$, $1 - \sqrt{-5}$는 더 이상 다른 수의 곱셈으로 분해될 수 없으므로, 이 환에서 수 6을 소수의 곱으로 표현하는 방법은 두 가지가 존재하는 셈이다.

그러나 **아이디얼 수**[III.81 §2]까지 포함하도록 '수'의 개념을 일반화시키면, 방금 정의한 환이 산술의 기본정리와 유사한 정리를 만족한다는 것을 증명할 수 있다. 단, 이를 위해서는 재공식화 과정을 거쳐야 하는데, 그 단계는 다음과 같다. 첫째, 개개의 수 γ에 모든 가능한 $\delta\gamma$의 집합을 대응시킨다(δ는 환에 속하는 수이다). 이 집합은 흔히 (γ)로 표기하며, 다음과 같은 닫힘성(closure property)을 갖고 있다. α와 β가 (γ)에 속하고 δ와 ϵ이 환의 원소일 때, $\delta\alpha + \epsilon\beta$도 (γ)에 속한다.

이와 같은 닫힘성을 갖는 환의 부분집합을 아이디얼[III.81 §2]이라 한다. 그리고 아이디얼이 어떤

수 γ에 대하여 (γ)의 형태일 때, 이것을 **주아이디얼** (principal ideal)이라 한다. 그러나 아이디얼 중에는 주아이디얼이 아닌 것도 있으므로, 아이디얼의 집합은 원래 환을 이루는 원소의 집합을 일반화시킨 것으로 생각할 수 있다. 아이디얼에는 덧셈과 곱셈 연산이 자연스럽게 정의되며, 여기에도 소수와 비슷한 개념이 존재한다. 즉, 아이디얼 I를 다른 두 아이디얼의 곱 JK로 표현하면 항상 J와 K 중 하나가 '단위(unit) 아이디얼'일 때, I를 '소아이디얼(prime ideal)'이라 한다. 이런 확장된 설정하에서 '소인수 분해하는 방법은 오직 하나뿐'이라는 사실은 변하지 않는다. 이 개념을 적용하면 원래의 환에서 '유일한 소인수분해가 적용되지 않는' 정도를 가늠할 수 있다. 더 자세한 내용은 대수적 수[IV.1 §7]를 읽어보기 바란다.

3.5 고차원과 다변수

앞에서 다항방정식을 논할 때 언급한 바와 같이, 변수가 하나인 방정식 한 개보다 여러 개의 변수로 이루어진 연립방정식이 훨씬 더 복잡하다. 또한 **편미분방정식**[I.3 §5.4]도 변수가 여러 개인 미분방정식으로 생각할 수 있으며, 따라서 변수가 하나뿐인 상미분방정식(ordinary differential equation)보다 훨씬 풀기 어렵다. 연립방정식과 편미분방정식은 지난 한 세기 동안 수학의 발전을 견인했던 일등공신이자, 일변수에서 다변수로 일반화시키는 대표적 과정이기도 하다.

세 개의 실변수 x, y, z가 포함된 하나의 방정식을 생각해 보자. 이런 경우에는 변수들을 개별적인 대상으로 간주하는 것보다 (x, y, z)라는 하나의 대상으로 취급하는 것이 더 편리하다. 게다가 이 대상은 그 자체로 자연스러운 해석이 가능하다. 3차원 공간에서 하나의 점에 대응되기 때문이다. 이처럼 방정식의 해를 기하학적으로 해석하면 하나의 변수를 여러 개로 확장하는 것이 왜 흥미로운지, 그 이유를 좀 더 쉽게 이해할 수 있다. 또한 대수학의 일부를 일변수에서 다변수로 일반화시킬 때도 '차원의 증가'로 이해하면 된다. 이처럼 대수학과 기하학이 서로 연결되면 한 분야에서 개발된 이론을 다른 분야에 응용할 수 있다.

4 규칙성 발견하기

반지름이 1인 원을 가능한 한 많이 사용하여 평면을 가득 채운다고 생각해 보자. 단, 원들이 서로 겹치거나 포개지면 안 된다. 과연 어떻게 나열해야 할까? 이것은 소위 말하는 채우기 문제(packing problem)의 한 사례로서, 답은 우리의 직관과 일치한다. 원의 중심을 이은 직선들이 삼각형 격자가 되도록 쌓으면 된다(그림 1 참조). 3차원의 경우에도 비슷한 답이 얻어지지만, 증명이 훨씬 어려워서 얼마 전까지만 해도 케플러 추측(Kepler's conjecture)이라는 이름으로 풀리지 않은 채 남아 있었다. 그동안 이 문제를 해결했다고 잘못 주장하는 수학자들이 몇 명 있었으나 모두 오류가 발견되어 철회했고, 1998년에 토머스 헤일스(Thomas Hales)가 컴퓨터를 이용하여 길고도 복잡한 답을 얻어냈는데, 검증하기가 너무 어려워서 장담할 수는 없지만 대부분의 수학자들은 그의 답이 맞을 것으로 예상하고 있다.

구 쌓기 문제는 임의의 차원에서 제기될 수 있다.

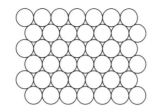

그림 1 가능한 한 많은 원으로 평면 채우기

물론 차원이 높아질수록 점점 더 어려워진다. 예컨 대 97차원에서 가장 효율적인 구의 배열은 영원히 알 수 없을 가능성이 크다. 지금까지 경험에 의하면 가장 콤팩트한 배열은 2차원의 경우처럼 간단하지 않아서, '막무가내식' 찾기만이 유일한 방법일 가능 성이 크다. 어쨌든 이것도 결코 만만한 작업이 아니 다. 정답 후보를 유한한 개수로 줄이는 데 성공했다 해도, 일일이 확인하기에는 그 수가 너무 많기 때문 이다.

그러나 풀이가 어렵다고 해서 포기할 필요는 없 다. 문제를 좀 더 접근가능한 관련 문제로 형식화하 는 것이 훨씬 생산적이다. 지금의 경우, 가장 밀집된 배열을 찾는 대신 찾아낸 배열의 밀도로 관심을 돌 리자. n이 클 경우의 쓸 만한 배열 방법을 간단하게 논증하겠다. 일단은 여러 개의 구가 **효율적으로 쌓여 있는 상태**(maximal packing)에서 시작해 보자. 즉, 구 를 하나씩 고르는데, 결국 이미 선택한 구와 더 이상 겹치지 않게 고르는 것이 불가능하다고 하자. 그런 다음, $\mathbb{R}^n$ 속의 한 점을 x라 하자. 그러면 배열 속의 단위구 중에서 구의 중심과 x 사이의 거리가 2보다 작은 구가 반드시 존재한다. 그렇지 않으면 x를 중 심으로 구를 잡으면 다른 구와 겹치지 않게 되기 때 문이다. 따라서 배열의 구를 두 배로 키우면 $\mathbb{R}^n$ 전 체를 덮는다. n차원 구를 두 배로 확대하면 부피는

2^n배로 커지므로, 확장하지 않았을 때 $\mathbb{R}^n$에서 덮혔 던 부분의 비율은 최소한 2^{-n}이어야 한다.

이 논리만으로는 밀도가 2^{-n}인 구의 배열이 어떻 게 생겼는지 아무것도 알 수 없다. 우리가 한 일이란 여러 개의 구가 효율적으로 쌓여 있는 배열을 하나 고르고 엉성하게 값을 구한 것이다. 이 상황은 명확 한 패턴을 정의했던 2차원의 경우와 확연하게 구별 된다.

이런 식의 차이는 수학의 모든 분야에서 쉽게 찾 아볼 수 있다. 어떤 경우에는 원하는 성질을 가지며 고도의 구조를 가진 패턴을 찾는 것이 최선이지만, 어떤 경우에는 조금 덜 구체적인 배열을 찾는 것이 유리할 수도 있다(답을 찾을 가능성이 거의 없는 문 제일수록 이런 경향이 강하다). 현재 맥락에서 '고도 의 구조'란 '대칭성이 높은 구조'를 말한다.

삼각형 격자는 다소 간단한 패턴이지만, 고도로 복잡한 패턴은 훨씬 복잡하기 때문에 일단 한번 발 견되면 대단히 놀랍다. 구 쌓기 문제가 그 대표적 사 례이다. 이 문제는 차원이 높아질수록 풀기 어렵고 보기 좋은 규칙성을 찾기도 어려워진다. 단 한 가지 예외가 있다. 24차원에서는 믿기 어려울 정도로 조 밀한 배열이 존재하고, 리치 격자(Leech lattice)라는 이름까지 알려져 있다. $\mathbb{R}^n$에서 격자 Λ는 다음 세 가 지 특성을 만족할 때를 말한다.

(i) x와 y가 Λ에 속하면 $x + y$와 $x - y$도 Λ에 속 한다.

(ii) x가 Λ에 속하면 x는 고립되어 있다(isolated). 즉, Λ에 속하는 다른 점과 x 사이의 거리는 어 떤 값 $d(>0)$보다는 크다.

(iii) Λ는 $\mathbb{R}^n$의 $(n - 1)$차원 부분공간에는 속하지 않는다.

격자의 좋은 사례로는 $\mathbb{R}^n$에 존재하는 모든 정수좌표의 집합 $\mathbb{Z}^n$을 들 수 있다. 고밀도 쌓기 문제의 해답을 찾을 때는 격자부터 찾는 것이 바람직하다. 격자상에서 0이 아닌 모든 점들이 0과 최소한 거리 d 이상 떨어져 있다면, 임의의 두 격자점 사이의 거리도 최소한 d 이상 떨어져 있다는 걸 알기 때문이다. x와 y 사이의 거리는 0과 $x - y$ 사이의 거리와 같고, 0과 $x - y$도 격자점이기 때문이다. 따라서 격자 전체를 분석하는 것보다 0 근처의 작은 부분만 살펴봐도 무방하다.

24차원의 경우에는 다음의 조건을 만족하는 격자 Λ가 존재한다는 것을 증명할 수 있다. 또한, 이런 성질을 갖는 격자는 Λ를 회전한 것들뿐이라는 점에서 Λ는 유일하다.

(iv) 행렬식[III.15]이 1이면서 크기가 24×24인 특정 행렬 M이 존재하며, Λ는 이 M의 열벡터들의 정수 계수 일차 결합으로 표현된다.

(v) v가 Λ에 속하는 한 점일 때, 0과 v 사이의 거리의 제곱은 짝수이다.

(vi) 0과의 거리가 가장 가까우면서 0이 아닌 벡터는 거리 2만큼 떨어진 곳에 있다. 그러므로 Λ를 구성하는 모든 점에 반지름이 1인 구를 갖다 놓으면 $\mathbb{R}^{24}$의 구 쌓기가 된다.

0에 가장 가까우면서 0이 아닌 벡터는 하나가 아니라 무려 196,560개나 된다. 이 모든 점들 사이의 거리가 적어도 2 이상이라는 점을 감안하면 엄청나게 큰 수이다.

리치 격자는 대칭성도 매우 높아서, 회전대칭만 8,315,553,613,086,720,000개이다(이 숫자는 $2^{22} \cdot 3^9 \cdot 5^4 \cdot 7^2 \cdot 11 \cdot 13 \cdot 23$을 계산한 결과이다). 이 대칭군에서 항등원 및 음의 항등원으로 이루어진 부분군으로 몫군[I.3 §3.3]을 취하면 산재(sporadic) 단순군[V.7]의 대표적 사례인 콘웨이 군(Conway group) Co_1이 얻어진다. 대칭이 많은 경우에는 하나의 거리를 결정하면 많은 점과의 거리들도 자동적으로 결정되기 때문에, 0에서 제일 가까운 격자점까지의 거리를 결정하기가 쉬워진다(삼각형 격자에서 6중 회전대칭에 의해 0과 거리가 같은 점이 6개 있다는 사실이 유도되는 것과 비슷하다).

리치 격자는 수학연구의 일반적 원리를 잘 보여준다. 하나의 수학체계가 눈에 띄는 특성을 갖고 있을 때, 보통 다른 특성도 갖게 된다. 특히 높은 대칭성은 다른 흥미로운 특성과 연결되곤 한다. 리치 격자가 존재한다는 사실은 그 자체로 놀라운 일이지만, 이것이 $\mathbb{R}^{24}$에서 고밀도 구 쌓기에 해당한다는 것에 비하면 별로 놀라운 일이 아니다. 2004년에 헨리 콘(Henry Cohn)과 아비나프 쿠마르(Abhinav Kumar)는 24차원 공간의 리치 격자가 격자에서 유도된 배열 중에서 가장 조밀한 공 쌓기의 해임을 증명했다. 이것이 24차원에서 가장 조밀한 배열일 것으로 추정하고 있지만, 아직 증명은 안 된 상태이다.

5 명백한 일치 설명하기

산재 유한단순군 중에서 가장 큰 군을 몬스터군

(Monster group)이라 한다. 원소의 개수가 $2^{46} \cdot 3^{20} \cdot 5^9 \cdot 7^6 \cdot 11^2 \cdot 13^3 \cdot 17 \cdot 19 \cdot 23 \cdot 29 \cdot 31 \cdot 41 \cdot 47 \cdot 59 \cdot 71$개이니, 가히 몬스터라 불릴 만하다. 이렇게 엄청난 규모의 군을 무슨 수로 이해할 수 있을까?

가장 좋은 방법은 이것이 어떤 수학적 대상의 대칭군임을 보이는 것이다(**표현론**[IV.9] 참조). 물론 대상의 크기가 작을수록 좋다. 방금 보았듯이 거대한 산재 단순군인 콘웨이 군 Co_1은 리치 격자의 대칭군과 밀접하게 연관되어 있다. 그렇다면 몬스터군의 경우도 이에 대응되는 격자구조가 존재하지 않을까?

몬스터군과 관련된 격자구조가 있다는 것은 쉽게 알 수 있다. 하지만 낮은 차원의 것을 하나 찾아내는 것은 어렵다. 가장 낮은 가능한 차원은 196,883이다.

이제 수학의 다른 분야로 관심을 돌려보자. 대수적 정수론에서 핵심적인 역할을 하는 **타원 모듈러 함수** $j(z)$는 다음과 같은 형태로 주어져 있다(**대수적 수**[IV.1 §8] 참조).

$$j(z) = e^{-2\pi i z} + 744 + 196884 e^{2\pi i z}$$
$$+ 21493760 e^{4\pi i z} + 864299970 e^{6\pi i z} + \cdots.$$

여기서 흥미로운 것은 $e^{2\pi i z}$의 계수인 196,884가 몬스터군을 대칭군으로 갖는 격자구조의 최소차원과 1밖에 차이 나지 않는다는 점이다.

이 관찰을 얼마나 진지하게 여겨야 하는지는 분명치 않으며, 존 맥카이(John McKay)가 자신의 생각을 처음 발표했을 때도 의견이 갈렸다. 일부 학자들은 두 분야가 너무 다르고 연관성도 없기 때문에 우연의 일치일 가능성이 높다고 주장했고, 다른 일각

에서는 함수 $j(z)$와 몬스터군은 각 분야에서 매우 중요하고, 196,883은 꽤 큰 숫자이므로 둘 사이의 유사성은 두 분야가 깊이 관련되어 있을 가능성을 시사한다고 주장했다.

결국은 두 번째 주장이 맞는 것으로 판명되었다. 맥카이와 존 톰슨(John Thompson)은 타원 모듈러 함수 $j(z)$를 면밀히 조사한 끝에, 196,884뿐만 아니라 모든 계수들이 몬스터군과 관련되어 있다는 추측을 내놓았다. 그 후 존 콘웨이(John Conway)와 사이먼 노턴(Simon Norton)은 맥카이-톰슨의 추측을 확장한 '괴물 같은 문샤인(Monstrous Moonshine)' 추측을 제안했고, 이것은 1992년에 리처드 보처즈(Richard Borcherds)에 의해 증명되었다(문샤인*은 몬스터군과 j-함수의 관계를 부정적으로 생각했던 초기의 관점을 상징하는 단어이다).

보처즈는 문샤인 추측을 증명하기 위해 **꼭짓점 대수**[IV.17]라는 새로운 대수를 도입했다. 그리고 이 대수를 분석하기 위해 **끈이론**[IV.17 §2]의 결과를 사용했다. 다시 말해서, 이론물리학에서 나온 개념의 도움을 받아 수학의 전혀 다른 두 분야를 연결시킨 것이다.

이 사례는 수학연구의 또 다른 일반원리를 극단적인 방식으로 보여준다. 서로 다른 두 분야에서 동일한 수열(또는 동일한 수학적 구조)이 얻어졌다면, 두 분야는 겉으로 보이는 것만큼 판이하지 않을 수도 있다. 그리고 둘 사이에 깊은 관계가 발견되면 다른 관계가 연달아 발견될 가능성이 높다. 완전히 다른 계산이 똑같은 답을 주는 사례는 빈번하게 찾아

---

*허튼 소리라는 뜻-옮긴이

볼 수 있는데, 대부분은 아직도 원인이 밝혀지지 않았으며 개중에는 역사상 가장 난해하면서 흥미로운 문제도 있다(거울대칭[IV.16]의 도입부에 또 다른 사례가 소개되어 있다).

이뿐만이 아니다. $j(z)$는 또 다른 수학적 일치를 강하게 암시하고 있다. $e^{\pi\sqrt{163}}$은 그다지 특별할 것 없는 평범한 수처럼 보이지만, 십진표기는 다음과 같이 시작한다.

$$e^{\pi\sqrt{163}}$$
$$= 262537412640768743.99999999999925\cdots.$$

놀랄 만큼 어떤 정수에 아주 가깝다. 대부분의 수학자들은 이것도 우연의 일치라고 생각했으나, 유혹을 뿌리치기 전에 한 번 더 생각해 볼 필요가 있었다. 이런 형태의 수가 특정 정수와 가까울 확률은 수조 분의 1도 채 되지 않기 때문이다. 결국은 이 일치도 우연이 아닌 것으로 밝혀졌는데, 자세한 내용은 대수적 수[IV.1 §8]에 소개되어 있다.

6 세기와 측정하기

정이십면체는 회전대칭을 몇 개나 갖고 있을까? 이 질문의 답을 구하는 한 가지 방법을 여기 소개한다. 정이십면체의 꼭짓점 중 하나를 골라서 v라 하고, v에 제일 가까운 꼭짓점 중 하나를 v'이라 하자. 정이십면체의 꼭짓점은 총 12개이므로, 이 도형을 임의로 회전시켰을 때 v가 위치할 수 있는 곳도 12개가 있다. 그리고 v의 위치가 결정되면 v'은 다섯 개 중 하나의 위치에 놓이게 된다(개개의 꼭짓점은 다섯 개의 이웃 꼭짓점을 갖고 있고, 회전시킨 후에도 v'

은 여전히 v의 이웃 꼭짓점이기 때문이다). 회전이 완료된 후에 v와 v'의 위치가 결정되면 더 이상 선택의 여지는 사라진다. 따라서 회전대칭의 수는 $5 \times 12 = 60$이다.

이것은 셈 논증(counting argument)의 한 사례이다. 즉, '~는 총 몇 개인가?'로 끝나는 질문의 답은 대부분 위와 비슷한 논리로 찾을 수 있다. 그러나 여기서 '논증'은 '셈' 못지않게 중요한 역할을 한다. 왜냐하면 위의 예제에서 회전대칭의 수를 '하나, 둘, 셋, ⋯, 예순'과 같이 순차적으로 헤아리지 않았기 때문이다. 우리는 간단한 논리를 통해 회전대칭의 수가 5×12라는 결론에 도달했으며, 마음만 먹으면 이로부터 회전대칭의 또 다른 특성까지 알아낼 수 있다. 실제로 정이십면체의 회전대칭은 다섯 개의 원소로 이루어진 치환군[III.68] A_5를 형성한다는 것까지도 보일 수 있다.

6.1 정확하게 세기

좀 더 복잡한 셈 문제로 1차원 확률보행(random walk)을 생각해 보자. 보폭이 1로 일정한 사람이 직선을 따라 n걸음을 걸었다. 진행방향이 앞쪽인지 뒤쪽인지는 매번 무작위로 결정된다. 매 걸음마다 현재 위치를 $a_0, a_1, a_2, \cdots, a_n$으로 표기하면, 모든 i에 대해 $a_i - a_{i-1}$은 1 또는 −1이다. 예를 들어 0, 1, 2, 1, 2, 1, 0, −1은 $n = 7$인 경우의 한 사례이다. 0에서 출발하여 1차원 확률보행으로 n걸음을 걸어갔을 때 도달할 수 있는 위치의 개수는 2^n개이다. 왜냐하면 매 걸음마다 두 가지 가능성이 있기 때문이다(현재 위치에 1이 더해질 수도 있고, 1이 빼질 수도 있다).

이제 문제를 조금 어렵게 만들어 보자. 총 걸음수가 $2n$일 때, 0에서 출발하여 0으로 **끝나는** 경우는 몇 가지나 될까?(일정한 보폭으로 걷다가 출발점으로 되돌아오려면 걸어간 횟수는 짝수여야 한다. 그래서 걸음수를 $2n$으로 정한 것이다)

편의를 위해 오른쪽으로 향한 걸음을 R이라 하고, 왼쪽 걸음을 L로 표기하자. R은 현재 위치에서 1을 더한다는 뜻이고, L은 현재 위치에서 1을 뺀다는 뜻이다. 예를 들어 0에서 출발한 확률보행 0, 1, 2, 1, 2, 1, 0, −1은 RRLRLLL로 쓸 수 있다. 따라서 확률보행이 0에서 출발하여 0에서 끝나려면 R의 개수와 L의 개수가 같아야 한다. 또한 전체 과정에서 R의 횟수를 알고 있으면 오른쪽으로 얼마나 이동했는지 알 수 있다. 그러므로 0에서 출발하여 0으로 끝나는 경우의 수는 $2n$개 중에서 n개를 뽑는 방법의 수와 같고, 그 값은 $(2n)!/(n!)^2$이다.

이 문제와 관련하여 좀 더 복잡한 양을 계산해 보자. 0에서 출발하여 중간에 음수영역을 단 한 번도 밟지 않고 0으로 되돌아오는 경우의 수 $W(n)$은 얼마나 될까? $n = 3$(총 6걸음)일 때 가능한 경우는 RRRLLL, RRLRLL, RRLLRL, RLRRLL, RLRLRL의 5가지뿐이다.

위의 다섯 가지 경우 중 세 가지는 도중에 0을 거쳐갔다가 최종적으로 0에 도달한다. RRLLRL은 네 번째 걸음에 0을 거쳐가고, RLRRLL은 두 번째 걸음에, RLRLRL은 두 번째와 네 번째 걸음에 각각 0을 거쳐간다. 이제 한 가지 상황을 가정해 보자. 0에서 출발하여 $2n$걸음을 걸은 후 0으로 되돌아왔는데, 도중에 음수영역으로 접어든 적이 한 번도 없었고, $2k$걸음을 걸었을 때 처음으로 0을 밟았다고 하자(출발 직전에도 0을 밟고 서 있었지만, 이 경우는 제외한다). 그러면 남아 있는 $2(n − k)$걸음도 0에서 출발하여 음수 영역을 한 번도 거치지 않고 0으로 되돌아오는 여행에 속하며, 가능한 경로는 총 $W(n − k)$가지가 있다. 또한 전체 여행에서 처음 $2k$걸음은 R로 시작해서 L로 끝나며(만일 R로 끝났다면 마지막 순간에 음수 영역을 밟았다는 뜻이다), 그 사이에 0을 밟는 경우는 없다. 즉, 처음 R과 마지막 L 사이에 진행된 $2(k − 1)$걸음은 1에서 출발하여 1로 끝나며, 그 사이에 1보다 작은 영역으로 진입하는 경우는 없다. 이런 중간여행에서 가능한 경로의 수는 위에서 내린 정의에 의해 $W(k − 1)$과 같다. 그러므로 처음 $2k(1 \le k \le n)$걸음만에 처음으로 0을 거쳐가는 여행경로의 수 $W(n)$은 다음과 같이 조금 복잡한 점화식을 만족한다.

$$W(n) = W(0)W(n − 1) + \cdots + W(n − 1)W(0).$$

여기서 $W(0) = 1$로 잡는다.

이 식을 이용하여 처음 몇 가지 간단한 경우를 계산해 보자. $W(1) = W(0)W(0) = 1$인데, 이것은 직관적으로 당연한 결과이다. 두 걸음 걸어서 음수 영역을 밟지 않고 제자리로 돌아오는 경우는 RL밖에 없기 때문이다. $W(2) = W(1)W(0) + W(0)W(1) = 2$이고, $W(3)$은 총 6걸음 걷는 경우로서 $W(0)W(2) + W(1)W(1) + W(2)W(0) = 5$가 되어 위에 나열한 경우의 수와 일치한다.

물론 $n = 10^{10}$처럼 엄청나게 큰 수일 때 위의 점화식을 사용하는 것은 별로 좋은 생각이 아니다. 그러나 이 점화식은 형태가 비교적 깔끔해서 **생성함수** [IV.18 §§2.4, 3]를 통해 다룰 수 있다. 자세한 내용은 계수적/대수적 조합론[IV.18 §3]을 참고하기 바란다 (R과 L을 각각 괄호 '['와 ']'로 바꾸면 [IV.18 §3]의 내용과 자연스럽게 연결된다. 거기 등장하는 타당한 괄호 만들기(bracketting)는 음의 영역을 밟지 않는 확률보행과 원리적으로 동일하다).

위의 논리를 적용하면 $W(n)$을 효율적으로 계산할 수 있다. 수학에서는 이것 말고도 정확한 셈 논증(exact counting argument)이 적용되는 경우를 쉽게 찾아볼 수 있는데, 마구잡이로 세지 않고 우아한 논리를 통해 경우의 수를 헤아리는 몇 가지 사례를 여기 소개한다.

(i) 하나의 평면에 n개의 직선을 그렸을 때 분할되는 영역의 수를 $r(n)$이라 하자. 단, 직선들 중에는 평행한 선이 하나도 없고, 세 개의 직선이 한 점에서 만나는 경우도 없다. 종이 위에 선을 그려보면 $r(1) = 2, r(2) = 4, r(3) = 7, r(4) = 11$까지는 쉽게 알 수 있다. 또한 $r(n) = r(n-1) + n$이라는 것도 쉽게 증명할 수 있으며, 점화관계를 이용하면 $r(n) = \frac{1}{2}(n^2 + n + 2)$가 된다. 이 결과는 3차원 이상의 고차원으로 확장될 수 있다.

(ii) 정수 n을 완전제곱수 네 개의 합으로 표현하는 방법의 수를 $s(n)$이라 하자. 제곱의 대상에는 0과 음수도 포함되며, 숫자는 같고 더하는 순서만 달라도 다른 경우로 취급한다(예를 들어 $1^2 + 3^2 + 4^2 + 2^2$과 $3^2 + 4^2 + 1^2 + 2^2$, $1^2 + (-3)^2 + 4^2 + 2^2$과 $0^2 + 1^2 + 2^2 + 5^2$은 30을 표현하는 각기 다른 방법에 해당한다). 증명된 바에 의하면 $s(n)$은 n의 약수들 중 4의 배수가 아닌 약수의 합에 8을 곱한 것과 같

다. 예를 들어 12의 약수는 1, 2, 3, 4, 6, 12인데 이들 중 4의 배수가 아닌 것은 1, 2, 3, 6이다. 따라서 $s(12) = 8(1 + 2 + 3 + 6) = 96$이다. 실제로 완전제곱수 네 개를 더하여 12가 되는 경우는 $1^2 + 1^2 + 1^2 + 3^2$과 $0^2 + 2^2 + 2^2 + 2^2$뿐인데, 여기에 순서를 바꾸고 음수를 허용하면 총 96가지가 된다.

(iii) 공간에 네 개의 직선 L_1, L_2, L_3, L_4가 '일반위치'에 있다고 하자. 즉, 이들 중 어떤 것도 서로 평행하지 않으며, 어떤 두 직선도 한 점에서 만나지 않는다는 뜻이다. 이들 직선과 모두 만나는 직선의 수를 구하자. 알려진 바에 의하면 위에 주어진 네 개의 직선들 중 임의의 세 개를 포함하면서 $\mathbb{R}^3$의 부분집합인 **이차곡면**(quadratic surface)이 존재하는데, 특정한 세 직선에 대응되는 이차곡면은 단 하나뿐이다. 이제 L_1, L_2, L_3을 포함하는 이차곡면을 S라 하자.

곡면 S의 특성을 잘 활용하면 이 문제의 답을 구할 수 있다. 가장 두드러진 특성은 L_1, L_2, L_3을 포함하면서 S에 속하는 일련의 연속 직선족(family of lines)을 찾을 수 있다는 것이다(이 직선족은 연속적으로 변하는 변수 t를 이용하여 $L(t)$로 쓸 수 있다). 게다가 $L(t)$의 모든 선들과 한 번씩 만나는 직선들로 이루어진 또 하나의 연속 직선족 $M(s)$도 존재한다. 특히 $M(s)$에 속하는 모든 직선들은 L_1, L_2, L_3과도 만난다. 사실 L_1, L_2, L_3과 모두 만나는 직선은 $M(s)$에 속한 직선이어야 한다.

직선 L_4가 S와 두 점에서 만난다는 것을 증명할 수 있다. 이 교점을 각각 P, Q라 하자. 그러면 P는 두 번째 직선족에 속하는 직선 $M(s)$ 상의 한 점이고, Q는 또 다른 직선 $M(s')$ 상의 한 점이다($M(s)$와 $M(s')$

이 같으면 L_4가 $M(s)$와 같으므로 L_1, L_2, L_3과 만나게 된다. 따라서 모든 L_i들이 일반 위치에 있다는 처음의 가정에 위배된다). 따라서 두 개의 직선 $M(s)$와 $M(s')$은 모든 L_i들과 만난다. 그런데 모든 L_i와 만나는 직선은 S에 속하는 직선족 $M(s)$ 중 하나여야 하고, P 또는 Q 중 한 점을 통과해야 한다($M(s)$의 모든 직선들은 S에 속하고, L_4는 S와 두 점에서 만나기 때문이다). 따라서 답은 2이다.

이 문제는 고차원 공간으로 일반화될 수 있으며, **슈베르트 계산법(Schubert calculus)**을 통해 답을 구할 수 있다.

(iv) 양의 정수 n을 양의 정수의 합으로 표현하는 방법의 수를 $p(n)$이라 하자. $n = 6$일 때 $p(6) = 11$이며, 각각의 경우를 나열하면 $6 = 1 + 1 + 1 + 1 + 1 + 1 = 2 + 1 + 1 + 1 + 1 = 2 + 2 + 1 + 1 = 2 + 2 + 2 = 3 + 1 + 1 + 1 = 3 + 2 + 1 = 3 + 3 = 4 + 1 + 1 = 4 + 2 = 5 + 1 = 6$이다. 함수 $p(n)$을 **분할함수(partition function)**라 한다. 하디[VI.73]와 라마누잔[VI.82]은 $p(n)$의 근삿값에 해당하는 $\alpha(n)$을 유도했는데, 모든 n에 대하여 $p(n)$은 $\alpha(n)$에 가장 가까운 정수와 같다.

6.2 추정값

위의 예제 (ii)를 일반화시켜서 다음과 같은 질문을 제기해 보자. 정수 n을 6제곱수 10개의 합으로 표현하는 방법의 수 $t(n)$을 공식화할 수 있을까? 일반적으로 그런 공식은 없을 것으로 믿고 있으며, 발견된 사례도 없다. 그러나 공 쌓기 문제에서 보았듯이 정확한 답을 얻을 수 없다 해도 대략적인 값을 추정하는 것은 여전히 흥미로운 문제이다. 지금의 경우에는 $t(n)$에 대한 근사적 표현이면서 쉽게 계산되는 $f(n)$을 찾는 것이 가장 바람직하다. 이것조차 어렵다면 차선책으로 모든 n에 대하여 $L(n) \leq t(n) \leq U(n)$의 관계를 만족하면서 쉽게 계산되는 L과 U를 찾는 방법도 있다. 이런 경우에 L은 $t(n)$의 **하한값**이 되고, U는 **상한값**이 된다. 이제 소개할 예시들은 정확한 셈 방법은 아무도 모르지만, 흥미로운 근삿값이나 혹은 흥미로운 상한과 하한이 있는 경우이다.

(i) 수학 역사상 가장 유명한 셈 문제는 아마도 정수 n 이하의 소수의 개수를 나타내는 $\pi(n)$일 것이다. 물론 n이 작을 때는 $\pi(n)$을 정확하게 계산할 수 있다. 예를 들어 20 이하의 소수는 2, 3, 5, 7, 11, 13, 17, 19이므로 $\pi(20) = 8$이다. 그러나 일반적인 n에 대하여 $\pi(n)$을 표현하는 공식은 아직 알려지지 않았다. n값을 1씩 증가시키면서 소수인지 아닌지 일일이 확인해나갈 수도 있지만, n이 커지면 계산 시간이 엄청나게 길어지기 때문에 별로 현실성이 없다. 더구나 $\pi(n)$이라는 함수 자체에 대해서는 그다지 통찰을 주지 못한다.

여기서 'n보다 작은 소수는 대략 몇 개인가?'로 질문을 조금 완화시키면 해석적 정수론[IV.2]이라는 흥미로운 분야로 접어들게 된다. 특히 19세기 말에 아다마르[VI.65]와 드 라 발레 푸생[VI.67]이 증명한 소수 정리[V.26]에 의하면 n이 무한대로 갈 때 $\pi(n)$과 $n/\log n$의 비율은 1에 수렴한다는 의미에서 $\pi(n)$은 $n/\log n$과 거의 같아진다.

더 정교한 명제도 있다. n에 가깝게 임의로 선택한 정수가 소수일 확률이 대략 $1/\log n$이라는 의미에서 n에 가까운 소수의 '밀도'는 대략 $1/\log n$이라고 믿어진다. 이로부터 $\pi(n)$은 대략 $\int_0^n \mathrm{d}t/\log t$임을 알 수 있는데, 이것을 n의 **로그적분**이라 하고, 줄여서 $\mathrm{li}(n)$으로 표기한다.

$\mathrm{li}(n)$은 $\pi(n)$을 얼마나 정확하게 서술하고 있는가? 아무도 모른다. 그러나 수학 역사상 가장 유명한 난제이자 아직도 해결되지 않은 채 남아 있는 리만 가설[V.26]에 의하면 $\pi(n)$과 $\mathrm{li}(n)$의 차이는 아무리 커도 $c\sqrt{n}\log n$을 넘지 않는다(c는 상수이다). 그런데 $\log n$은 $\pi(n)$보다 훨씬 작기 때문에, $\mathrm{li}(n)$은 $\pi(n)$을 표현하는 좋은 근사식이라고 할 수 있다.

(ii) 평면 위에서 **자기회피보행**(self-avoiding walk)이라는 것은 n걸음을 걸었을 때, 발자국의 위치를 순차적으로 나열한 (a_0, b_0), (a_1, b_1), (a_2, b_2), $\cdots$, (a_n, b_n)이 다음의 조건을 만족할 때를 말한다.

- a_i와 b_i는 모두 정수이다.
- 임의의 i에 대하여 (a_{i-1}, b_{i-1})에서 수평, 또는 수직방향으로 1만큼 이동하면 (a_i, b_i)가 얻어진다. 즉, $a_i = a_{i-1}, b_i = b_{i-1} \pm 1$이거나 $a_i = a_{i-1} \pm 1$, $b_i = b_{i-1}$이다.
- (a_i, b_i) 중 그 어떤 것도 서로 같지 않다.

처음 두 조건은 이 수열이 2차원 평면에서 n걸음을 걸었을 때 거쳐가는 점들이라는 뜻이고, 세 번째 조건은 어떤 점도 두 번 이상 밟지 않는다는 뜻이다. 그래서 이 문제를 '자기회피보행'이라고 부른다.

$(0, 0)$에서 출발하여 길이가 n인 자기회피보행의 수를 $S(n)$이라 하자. $S(n)$을 표현하는 공식은 아직

알려지지 않았고, 그런 공식이 존재할 가능성도 별로 없지만, n이 증가할 때 함수 $S(n)$이 변화하는 규칙성은 꽤 많이 알려져 있다. 예를 들어 $S(n)^{1/n}$이 어떤 극한 c로 수렴한다는 것은 꽤 쉽게 증명할 수 있다. c의 정확한 값은 아직 알려지지 않았지만, (컴퓨터를 이용하면) 2.62에서 2.68 사이임을 알 수 있다.

(iii) 평면에서 원점을 중심으로 반지름 t인 원의 내부에 들어 있는 정수좌표의 개수를 $C(t)$라 하자. 즉, $C(t)$는 $a^2 + b^2 \leq t^2$을 만족하는 정수 쌍 (a, b)의 개수에 해당한다. 반지름이 t인 원의 면적은 πt^2이고, 2차원 평면은 정수좌표가 중심에 위치한 단위정사각형 타일로 덮을 수 있으므로, t가 충분히 큰 경우 $C(t)$는 πt^2과 거의 같을 것이다(증명도 그리 어렵지 않다). 그러나 이 근삿값이 얼마나 정확한지는 분명치 않다.

이 문제를 좀 더 정확하게 정의하기 위해, $|C(t) - \pi t^2|$을 $\epsilon(t)$라 하자. 즉, $\epsilon(t)$는 $C(t)$와 πt^2 사이의 오차를 나타내는 함수이다. 1915년에 하디(Hardy)와 란다우(Landau)는 어떤 상수 $c(>0)$에 대하여 $\epsilon(t)$가 적어도 $c\sqrt{t}$ 보다 크다는 것을 증명했는데, 이 결과나 이와 비슷한 결과들은 $\epsilon(t)$의 정확한 규모일 것으로 짐작된다. 또한 2003년에 헉슬리(Huxley)는 기존의 결과를 꾸준히 개선한 끝에 $\epsilon(t)$의 상한값이 어떤 상수 A에 대하여 $At^{131/208}(\log t)^{2.26}$임을 증명했고, 지금까지 알려진 가장 정확한 상한값으로 평가되고 있다.

6.3 평균

지금까지 논의된 추정값과 근삿값은 주어진 수학적

대상의 개수를 헤아리는 것이 목적인 문제들로만 제한됐다. 그러나 추정값의 목적은 이것이 전부가 아니다. 어떤 수학적 대상의 집합이 주어졌을 때 집합의 크기를 헤아리는 것도 중요하지만, 집합을 대표하는 원소가 어떤 형태인지를 가늠하는 것도 그에 못지않게 중요하다. 이런 종류의 문제들은 각 대상에 대응하는 어떤 수치변수의 평균값을 묻는 형태로 제기되는데, 대표적인 문제 두 개를 여기 소개한다.

(i) 자기회피보행으로 n걸음을 걸어갔을 때, 출발점과 도착점 사이의 평균 거리는 얼마인가? 이 문제에서 대상은 $(0, 0)$에서 출발한 자기회피보행 n걸음이고, 수치변수는 출발점과 도착점 사이의 거리이다.

놀랍게도 이 문제는 아직도 알려진 내용이 거의 없을 정도로 지독하게 어려운 난제이다. $S(n)$이 n보다 작다는 사실만은 분명한데, 전형적인 자기회피 경로는 꺾기를 많이 하므로 출발점과의 거리는 n보다 훨씬 작다. 그러나 $S(n)$의 상한으로 n보다 더 나은 값은 아직 알려지지 않았다.

전형적인 자기회피보행에서 출발점과 도착점 사이의 거리는 보통의 확률보행(같은 점을 여러 번 거쳐도 무방한 걷기)에서 출발점과 도착점 사이의 거리보다 크다고 예상할 수 있다. 따라서 $S(n)$은 $\sqrt{n}$보다 훨씬 클 것이다. 그러나 이 명백해 보이는 사실조차도 아직 증명되지 않았다.

여기에는 이것 말고도 흥미로운 문제가 많이 남아 있는데, 자세한 내용은 §8에서 다룰 예정이다.

(ii) 무작위로 고른 큰 정수를 n이라 하고, n의 서로 다른 소인수의 개수를 $\omega(n)$이라 했을 때, $\omega(n)$의 평균은 얼마나 될까? 언뜻 보기에 이 질문은 말이 안 되는 것 같다. 양의 정수는 무한히 많으므로 n을 무작위로 고를 수조차 없어 보인다. 그러나 어떤 큰 정수 m을 결정한 후 m과 $2m$ 사이에서 n을 무작위로 고른다고 구체화하여 정확한 질문으로 바꿀 수 있다. 그리고 이런 경우에 $\omega(n)$의 평균크기는 $\log\log n$ 근처인 것으로 알려져 있다.

알려진 사실은 또 있다. 확률변수[III.71 §4]에 대해 우리가 알고 있는 것이 평균뿐이라면, 변수가 갖고 있는 대부분의 특성은 아직 결정되지 않은 상태이다. 따라서 평균을 계산하는 것은 이야기의 시작일 뿐이다. 하디와 라마누잔은 $\omega(n)$의 표준편차[III.71 §4]의 근삿값을 계산했는데, 그 값은 약 $\sqrt{\log\log n}$ 이었다. 그 후 팔 에르되시(Paul Erdős)*와 빅토르 카츠(Victor Kac)는 여기서 한 걸음 더 나아가 $\omega(n)$과 $\log\log n$의 차이가 $c\sqrt{\log\log n}$ 이상일 확률을 정확하게 계산했고, 이로부터 $\omega(n)$이 거의 가우스 분포[III.71 §5]를 따른다는 놀라운 사실을 알아냈다.

그 의미를 이해하기 위해, $\omega(n)$이 가질 수 있는 값의 범위를 생각해 보자. 극단적인 예로 n이 그 자체로 소수이면 n의 소인수는 당연히 하나밖에 없고, 그 반대의 극단적인 예는 소인수를 크기 순서로 나열했을 때 $p_1, p_2, p_3, \cdots$이고, $n = p_1 p_2 \cdots p_k$로 표현되는 경우이다. 여기에 소수 정리를 적용하면 k의 크기가 $\log n / \log\log n$임을 증명할 수 있는데, 이 값

---

* 팔 에르되시의 전기: 『우리 수학자 모두는 약간 미친 겁니다』(승산, 1999), 『화성에서 온 수학자』(지호, 1999)

은 $\log (\log n)$보다 훨씬 크다. 그러나 위의 결과에 따르면 이런 수는 예외적인 경우이고, 평범한 수들은 서로 다른 소인수가 그리 많지 않으며, $\log n / \log \log n$보다 작다.

6.4 극값문제

수학문제를 풀다 보면 다양한 제한조건하에서 주어진 양을 최대화하거나 최소화해야 하는 경우가 종종 있는데, 이런 유의 문제를 극값문제(extremal problem)라 한다. 앞에서 논했던 셈문제(counting problem)와 마찬가지로 극값문제 중 일부는 정확한 답을 구할 수 있지만, 대부분의 문제들은 그렇지 않다. 그러나 정답을 구할 수 없는 경우에도 대략적인 계산법은 여전히 흥미롭다. 지금부터 정답을 구할 수 있는 사례와 그렇지 않은 사례를 하나씩 들어 보자.

(i) n은 양의 정수이고 n개의 원소로 이루어진 집합을 X라고 했을 때, X의 부분집합을 골라 어떤 것도 다른 것에는 포함되지 않도록 한다면 몇 개나 고를 수 있는가?

일단 서로 다른 두 부분집합의 원소 개수가 같으면 둘 중 어떤 것도 상대방에게 속하지 않는다는 걸 관찰할 수 있다. 따라서 문제의 조건을 충족시키는 한 가지 방법은 특성 k에 대해 원소의 개수가 k인 부분집합을 모두 골라내는 것이다. n개의 대상에서 k개를 골라내는 방법의 수는 $n!/k!(n-k)!$인데, 이 값은 흔히 $\binom{n}{k}$ 또는 $_nC_k$로 표기한다. 그리고 $\binom{n}{k}$는 n이 짝수이면 $k = n/2$일 때 가장 크고, n이 홀수이면 $k = (n\pm1)/2$일 때 가장 크다. 문제의 단순화를 위

해, 우선 n이 짝수인 경우만 고려해 보자. 방금 우리는 n개의 원소로 이루어진 집합에서 서로 상대방에게 속하지 않는 $\binom{n}{n/2}$개의 부분집합을 고를 수 있음을 보였다. 다시 말해서, $\binom{n}{n/2}$는 이 문제의 하한값이라는 뜻이다. 스퍼너 정리(Sperner's theorem)에 따르면 이 값은 상한값이기도 하다. 즉 X에서 $\binom{n}{n/2}$개가 넘는 부분집합을 선택하면 그들 중 일부는 다른 부분집합에 속하게 된다. 그러므로 이 문제의 정답은 정확하게 $\binom{n}{n/2}$이다(n이 홀수인 경우 짐작할 수 있듯 답은 $\binom{n}{(n+1)/2}$이다).

(ii) 천장에 부착된 두 개의 고리에 무거운 쇠사슬의 양쪽 끝을 걸어 놓으면 쇠사슬이 아래로 축 처지면서 어떤 곡선을 그리게 된다. 이 곡선의 정확한 형태는 무엇인가?

언뜻 보기에 이 문제는 최대화 또는 최소화 문제와 아무런 상관이 없을 것 같지만, 즉시 그런 문제로 바꿀 수 있다. 고전물리학의 '최소작용원리(least action principle)'에 의하면 쇠사슬은 위치에너지를 최소화하는 쪽으로 형태를 잡는다. 그러므로 위의 질문은 다음과 같이 바꿔서 쓸 수 있다. 두 점 A와 B가 거리 d만큼 떨어져 있다. 이들 사이를 연결하면서 길이가 l인 모든 곡선의 집합을 $\mathcal{C}$라 하자. 이들 중 위치에너지가 가장 작은 곡선 $C(\in \mathcal{C})$는 어떤 형태인가? 단, 곡선의 밀도는 균일하다고 가정한다(즉, 곡선의 일부의 질량은 그 부분의 길이에 비례한다). 곡선의 질량을 m, 바닥에서 곡선의 중력중심까지의 높이를 h라 하고 중력상수를 g로 표기하면, 곡선의 총 위치에너지는 mgh이다. 그런데 m과 g는 변하지 않는 상수이므로 이 문제는 또 다음과 같이 쓸

수 있다. C에 속하는 곡선 중 평균높이가 가장 낮은 곡선 C는 어떤 형태인가?

이 문제를 풀려면 **변분법**(calculus of variation)을 사용해야 한다. 간략히 설명하면 다음과 같다. 지금 우리에게 곡선의 집합 C가 주어져 있고, h는 C에 속하는 모든 곡선의 평균높이를 나타내는 함수이다. 우리의 목적은 h를 최소화하는 것인데, 가장 자연스러운 방법은 모종의 '도함수'를 정의한 후 이 도함수가 0이 되는 곡선 C를 찾는 것이다. 단, 이 도함수는 곡선의 위치변화에 따른 높이의 변화율이 아니라, 곡선의 형태를 조금 바꿨을 때 곡선의 전체적인 평균높이의 변화율을 의미한다. 이런 도함수를 이용하여 최솟값을 찾는 것은 $\mathbb{R}$에서 정의된 함수의 극값을 찾는 문제보다 훨씬 복잡하다. 왜냐하면 C가 $\mathbb{R}$보다 훨씬 복잡한 무한차원집합이기 때문이다. 그럼에도 불구하고 이 문제는 명확한 답이 알려져 있다(평균높이가 가장 낮은 곡선은 현수선(catenary)으로, '사슬'이라는 뜻의 라틴어에서 나왔다). 따라서 양끝이 매달린 쇠사슬은 정확한 답을 구할 수 있는 극값문제의 또 다른 예이다.

변분법의 전형적인 문제는 어떤 양을 최대화, 또는 최소화하는 곡선이나 곡면(또는 어떤 함수)을 찾는 식으로 진행된다. 주어진 대상에 최솟값이나 최댓값이 존재하면(이는 무한차원 집합에서는 결코 당연하지 않으며, 따라서 흥미롭고 중요한 질문이 될 수 있다), 이 대상은 **오일러-라그랑주 방정식**(Euler-Lagrange equation)이라는 연립 편미분방정식 [I.3 §5.4]을 만족한다. 최대화 또는 최소화와 관련하여 더 자세한 내용을 알고 싶은 독자들은 **변분법** [III.94]을 읽어보기 바란다(최적화와 라그랑주 승수 [III.64]도 함께 읽어보기 바란다).

(iii) 1과 n 사이에서 (1과 n을 포함하여) 가능한 한 많은 수를 골라내되, 이들 중 어떤 세 개도 등차수열을 이루면 안 된다. 과연 몇 개까지 골라낼 수 있을까? $n = 9$일 때 답은 5이다. 1과 9 사이에서 1, 2, 4, 8, 9를 고르면 이들 중 어떤 세 개도 등차수열을 이루지 않는다. 이제 6개를 고를 수는 없음을 보이자.

골라낸 숫자 중에 5가 있다면 4와 6 중 하나는 빼야 한다. 그렇지 않으면 4, 5, 6이 등차수열을 이루기 때문이다. 마찬가지로 3과 7, 2와 8, 1과 9 중 하나도 빼야 한다. 즉, 9개의 숫자 중에서 4개는 반드시 빠져야 하므로, 6개를 골라내는 것이 불가능하다. 따라서 숫자 5는 후보에서 제외된다.

이제 남은 후보는 1, 2, 3, 4, 6, 7, 8, 9인데, 여기서 1, 2, 3 중 하나는 빼야 하고, 7, 8, 9 중 하나도 빼야 한다. 5는 이미 제외되었으므로 4와 6은 목록에 포함되고, 따라서 2와 8은 들어갈 수 없다. 그리고 1, 4, 7 중 하나도 목록에서 빠져야 한다. 즉, 문제의 조건이 만족되려면 최소한 4개의 숫자가 빠져야 하므로, 6개짜리 목록을 만드는 것은 불가능하다.

$n = 9$인 경우에는 지금처럼 주먹구구식 논리를 펼쳐서 답을 구할 수 있다. 그러나 n이 크면 고려해야 할 경우의 수가 너무 많아서, 이런 식의 문제해결이 불가능해진다. 일반적으로 1과 n 사이에서 세 개 이상의 등차수열을 허용하지 않는 가장 큰 집합은 깔끔한 답이 없어 보이기 때문에, 곧바로 답을 찾는 것보다 하한값과 상한값을 찾는 것이 바람직하다. 하한값을 찾을 때는 등차수열을 포함하지 않는 큰 집합을 만드는 방법을 알아야 하고, 상한값을 찾

을 때는 **어떤 특정한 크기를 넘어선 집합은 반드시 등차수열을 포함할 수밖에 없다**는 사실을 증명해야 한다. 현재까지 최선의 상한과 하한 사이에는 큰 차이가 있다. 1947년에 버렌드(Behrend)는 등차수열을 포함하지 않으면서 크기가 $n/e^{c\sqrt{\log n}}$인 집합을 찾아냈고, 1999년에 장 부르갱(Jean Bourgain)은 크기가 $Cn\sqrt{\log\log n/\log n}$인 모든 집합에는 등차수열이 반드시 포함된다는 사실을 증명했다(이 두 숫자의 차이는 매우 크다. 예를 들어 $n = 10^{100}$일 때 $e^{\sqrt{\log n}}$은 약 4,000,000인 반면, $\sqrt{\log n/\log\log n}$은 약 6.5에 불과하다).

(iv) 컴퓨터 이론에서도 최소화 문제가 자주 등장한다. 컴퓨터로 어떤 작업을 수행하도록 프로그램할 경우 가능한 한 빠른 시간 안에 답이 나오기를 원하기 때문이다. 간단해 보이는 예는 다음과 같다. n자리 숫자 두 개를 곱하려면 최소 몇 단계를 거쳐야 하는가?

'단계'라는 말의 의미가 명확하지는 않지만, n자리 숫자를 전통적인 방식으로 곱하려면 최소한 n^2단계를 거쳐야 한다. 곱하기를 수행하려면 첫 번째 수의 각 자릿수들을 두 번째 수의 모든 자릿수와 일일이 곱해야 하기 때문이다. 그렇다면 곱하기에 관한 한, 더 이상 간단해질 여지가 없을 것 같다. 그러나 문제를 교묘하게 수정하면 두 수를 곱할 때 컴퓨터의 연산 횟수를 크게 줄일 수 있다. 지금까지 알려진 가장 **빠른** 방법은 **고속 푸리에 변환**[III.26]을 이용하는데, 이로부터 연산 횟수가 n^2에서 $Cn\log n\log(\log n)$으로 줄어든다. 일반적으로 $\log n$은 n보다 훨씬 작기 때문에, $Cn\log n\log(\log n)$

은 Cn보다 아주 약간 나쁠 뿐이다. 즉, 연산 횟수가 n^2에 비례하지 않고 그냥 n에 비례한다는 뜻인데, 이런 꼴의 상한을 **선형**이라 부른다. 컴퓨터가 n자리 숫자 두 개를 읽어들이는 데만도 $2n$개의 단계를 거쳐야 하므로, 이 정도면 매우 훌륭한 결과라고 할 수 있다.

이와 비슷한 또 하나의 질문을 던져 보자. 행렬의 곱셈을 가장 빠르게 수행하는 알고리즘은 무엇인가? 두 개의 $n \times n$ 행렬을 전통적인 방식으로 곱한다면 곱셈을 n^3번 수행해야 하지만, 여기서도 단계를 줄이는 방법이 있다. 독일의 수학자 폴커 슈트라센(Volker Strassen)은 $n \times n$ 행렬을 네 개의 $n/2 \times n/2$ 행렬로 쪼개서 곱하는 알고리즘을 개발했다. 언뜻 생각하면 $n/2 \times n/2$ 짜리 행렬의 곱을 여덟 번 계산해야 할 것 같지만,[*] 이 곱들은 부분적으로 연관되어 있어서 일곱 번만 곱하면 나머지는 금방 알아낼 수 있다.[**] 그런 후 반복한다. 즉, 일곱 개의 $n/2 \times n/2$ 행렬의 곱의 계산 속도도 빠르게 할 수 있다.

슈트라센의 알고리즘을 이용하면 곱셈의 횟수가 대략 n^3에서 대략 $n^{\log_2 7}$으로 줄어든다. $\log_2 7$은 2.81보다 더 작으므로, 이 정도면 계산량이 크게 줄어든 셈이다. 단, n이 충분히 크지 않으면 기존의 곱셈이 더 빠를 수도 있다. 행렬을 분할해서 곱하는 알고리즘은 그 후로 꾸준히 연구되어 지금은 계산량이 $n^{2.4}$까지 줄어들었다. 그러나 하한 쪽 상황은 만족스럽

---

[*] 정확하게는 8번의 곱셈과 4번의 덧셈을 수행해야 한다–옮긴이
[**] 정확하게는 7번의 곱셈과 18번의 덧셈을 수행해야 한다. 그러나 n이 큰 경우에는 행렬의 곱셈이 덧셈보다 훨씬 더 오래 걸리기 때문에, 곱셈을 줄이고 덧셈을 늘리는 편이 유리하다–옮긴이

지 못하다. $n \times n$ 행렬의 곱을 계산하려면 적어도 n^2 보다 훨씬 많은 곱셈을 수행해야 한다는 것을 아직 아무도 증명하지 못했기 때문이다.

계산 복잡도[IV.20]와 알고리즘 디자인에 필요한 수학[VII.5]에 이와 비슷한 종류의 문제들이 제시되어 있다.

(v) 최대화 및 최소화와 관련되어 있으면서 매우 미묘한 문제들도 있다. 예를 들어 연달아 나오는 두 소수 사이의 간격이 어떤 특성을 갖고 있는지 생각해 보자. 가장 작은 간격은 1이고(2와 3 사이의 간격), 가장 큰 간격이라는 것은 존재하지 않는다(증명은 간단하다. n이 1보다 큰 임의의 정수일 때, $n! + 2$와 $n! + n$ 사이에는 소수가 존재하지 않는다. n이 커짐에 따라 이 간격은 얼마든지 벌어질 수 있다). 따라서 이 문제에는 최대화나 최소화가 끼어들 여지가 없을 것 같다.

그러나 소수의 간격을 적절한 방식으로 **규격화하**면 이로부터 흥미로운 문제를 제기할 수 있다. 이 절의 앞부분에서 언급한 바와 같이 n 근방에서 소수의 밀도는 약 $1/\log n$이므로(소수 정리), n 근방에서 소수의 평균간격은 약 $\log n$이다. 따라서 연달아 나오는 두 소수 p, q에 대하여 '규격화된 간격'을 $(q - p)/\log p$로 정의하면, 이 값의 평균은 1이다. 그렇다면 $(q - p)/\log p$가 1보다 훨씬 작거나 훨씬 큰 경우도 있을까?

1931년에 베스트진티우스(Westzynthius)는 규격화된 간격이 무한대로 커질 수 있음을 증명했다. 그 후로 많은 수학자들은 이 값이 0에 무한정 가까워질 수도 있다고 믿어오다가(p가 소수일 때 $p + 2$도

소수인 경우가 무한히 많다는 유명한 쌍둥이 소수 추측(twin prime conjecture)이 이 사실을 함의한다), 2005년에 골드스톤(Goldston)과 핀츠(Pintz), 일디림(Yıldırım)에 의해 비로소 증명되었다(이 문제는 해석적 정수론[IV.2 §§6~8]에서 자세히 논의될 것이다).

7 서로 다른 수학적 성질이 양립하는지 결정하기

군이나 다양체와 같은 수학적 개념을 이해하려면 보통 여러 가지 단계를 거쳐야 한다. 처음 단계에서는 개념의 구조를 보여주는 몇 가지 대표적 예시를 통해 익숙해지고, 이런 예로부터 새로운 예시를 만드는 기교를 익힌다. 그리고 하나의 예시와 다른 사례를 연결하는 준동형사상, 또는 '구조 보존 함수(structure preserving function)'를 이해하는 것이 무엇보다 중요하다. 이 내용은 몇 가지 기본적인 수학의 정의[I.3 §§4.1, 4.2]에서 이미 언급된 바 있다.

기본을 익혔다면 그 다음에 할 일은 무엇일까? 일반론이 유용하려면 특별한 예시에서 무언가를 말해줄 수 있어야 한다. 예를 들어 §3.2에서 언급된 라그랑주 정리는 페르마의 소정리를 증명하는 데 사용되었다. 실제로 라그랑주 정리는 군에 대하여 일반적인 성질을 말해주는 중요한 정리이다. G라는 군의 크기가 n이면 G의 부분군의 크기는 n의 인수가 되어야 한다. 페르마의 소정리를 증명할 때는 법 p로 0이 아닌 정수의 곱셈군 G에 대하여 라그랑주 정리를 적용한다. 여기서 얻어진 결론(a^p이 항상 a와 합동이라는 결론)은 결코 명백한 것이 아니다.

그러나 군 G에서 모든 군에 대해 성립하지는 않

는 특별한 성질을 찾고 싶은 경우도 있다. 예를 들어 일부 군에서는 성립하지만 다른 군에서는 성립하지 않는 특성 P가 있는데, G가 이 성질을 만족하는지 확인하려면 어떤 절차를 거쳐야 할까? 이런 경우에 P는 군의 공리로부터 유도되는 특성이 아니므로, 일반적인 군론을 포기하고 특별한 군 G에 집중해야 하는 것처럼 보인다. 그러나 많은 경우에 중간쯤의 가능성도 있다. 즉, G가 갖고 있는 일반적인 특성 Q를 찾은 후, Q로부터 (우리가 관심을 갖고 있는) P라는 특성을 유도해내는 식이다.

한 가지 예를 들어 보자. 다항식 $p(x) = x^4 - 2x^3 - x^2 - 2x + 1$에는 실근이 존재하는가? 이 문제를 푸는 방법 중 하나는 주어진 다항식을 인수분해하여 각 인수를 0으로 만드는 x를 찾는 것이다. 상당한 노력을 하면 $p(x)$가 $(x^2 + x + 1)(x^2 - 3x + 1)$로 인수분해된다는 것을 알 수 있다. 이들 중 첫 번째 괄호는 항상 양수이고, 두 번째 괄호는 두 개의 실근을 갖는 이차방정식이다. 따라서 $p(x) = 0$을 만족하는 근은 $x = (3 \pm \sqrt{5})/2$이다. 그러나 $p(x)$에 국한되지 않는 일반적 이론을 이용하여 답을 구할 수도 있다. $p(1)$은 -3, 즉 음수이고 x가 커지면 $p(x)$는 아주 큰 양수가 된다(x가 크면 x^4항이 다른 항들을 압도하기 때문이다). 그런데 **중간값 정리**(intermediate value theorem)에 의하면, 음수였다가 양수로 바뀌는 연속함수는 그 중간에서 반드시 0을 거쳐야 한다.

두 번째 해법에서도 $p(x)$가 언제 음수가 되는지를 알아야 하므로 약간의 계산은 필요하지만, $p(x)$가 0이 되는 x를 찾는 것보다는 훨씬 쉽다. 여기서 우리는 $p(x)$가 어디선가 음의 값을 갖는다는 일반적인 성질을 확인한 후 중간값 정리를 이용하여 질문의 답을 찾아냈다.

수학적 대상의 일반적인 성질에서 해답의 실마리가 발견되는 경우는 다른 분야에서도 쉽게 찾아볼 수 있다. 예를 들어 n이 소수라거나 군 G가 가환군인 경우(즉, G에 속하는 임의의 원소 g와 h가 $gh = hg$를 만족하는 경우), 또는 주어진 함수가 **복소해석적 함수**[I.3 §5.6]인 경우에는 일반적인 특성으로부터 꽤 많은 정보를 알아낼 수 있다.

대상의 중요한 특성이 밝혀지면 다양한 질문이 제기될 수 있는데, 예를 들면 다음과 같은 식이다. 주어진 수학적 구조가 몇 가지 흥미로운 특성을 갖고 있을 때, 이들 중 어떤 것을 조합하여 나머지 특성을 이끌어낼 수 있는가? 물론 이런 질문이 모두 흥미로운 것은 아니다. 사실 대부분은 너무 쉽거나 지나치게 인위적이다. 그러나 가끔은 대단히 자연스러우며, 간단한 시도로는 해결할 수 없는 질문도 있다. 이것은 수학자들이 말하는 '심오한 질문'에 도달했다는 징조이기도 하다. 지금부터 이런 사례를 몇 개만 살펴보기로 하자.

군 G의 원소로 이루어진 유한집합 $\{x_1, x_2, \cdots, x_k\}$가 존재해서 이들의 곱으로 G의 모든 원소들을 만들어낼 수 있을 때, G를 **유한생성군**(finitely generated group)이라 한다. 예를 들어 $SL_2(\mathbb{Z})$는 $ad - bc = 1$을 만족하는 정수 a, b, c, d의 행렬 $\left(\begin{smallmatrix} a & b \\ c & d \end{smallmatrix}\right)$로 이루어진 군인데, $\left(\begin{smallmatrix} 1 & 1 \\ 0 & 1 \end{smallmatrix}\right)$와 $\left(\begin{smallmatrix} 1 & -1 \\ 0 & 1 \end{smallmatrix}\right)$, $\left(\begin{smallmatrix} 1 & 0 \\ 1 & 1 \end{smallmatrix}\right)$, $\left(\begin{smallmatrix} 1 & 0 \\ -1 & 1 \end{smallmatrix}\right)$을 이리저리 곱하면 $SL_2(\mathbb{Z})$에 속하는 모든 행렬을 만들어낼 수 있다. 즉, $SL_2(\mathbb{Z})$는 유한생성군이다(행렬의 곱셈에 대해서는 [I.3 §3.2]를 참고하기 바란다. 이 증명의 첫단계는 $\left(\begin{smallmatrix} 1 & m \\ 0 & 1 \end{smallmatrix}\right)\left(\begin{smallmatrix} 1 & n \\ 0 & 1 \end{smallmatrix}\right) = \left(\begin{smallmatrix} 1 & m+n \\ 0 & 1 \end{smallmatrix}\right)$임을 보이는 것이다).

이제 두 번째 특성을 살펴보자. G의 원소들 중에

서 자기 자신을 여러 번 거듭제곱하여 항등원소가 되는 x가 존재할 때, x는 유한위수(finite order)를 갖는다고 하고, 이를 만족하는 x의 지수들 중 가장 작은 값을 x의 위수(order)라 한다. 예를 들어 법 7을 취했을 때 0이 아닌 정수들로 이루어진 곱셈군에서 항등원은 1이며, 원소 4의 위수는 3이다. 왜냐하면 $4^1 = 4, 4^2 = 16 \equiv 2 \pmod 7, 4^3 = 64 \equiv 1 \pmod 7$이기 때문이다. 또한 3을 거듭제곱하면 순차적으로 3, 2, 6, 4, 5, 1 $\pmod 7$이 되므로 3의 위수는 6이다. 그런데 개중에는 특정한 정수 n에 대하여 모든 x^n이 항등원이 되는 군도 있다. 즉, 군을 이루는 모든 원소들의 위수가 한결같이 n의 약수이다. 이런 군이 우리에게 주어졌을 때, 무엇을 추가적으로 알아낼 수 있을까?

모든 원소의 위수가 2인 경우를 생각해 보자. 즉, 항등원을 e로 표기했을 때 임의의 원소 a가 $a^2 = e$를 만족하는 경우이다. 이 식의 양변에 a의 역원인 a^{-1}를 곱하면 $a = a^{-1}$가 되므로, 이 군의 모든 원소들은 자기 자신의 역원임을 알 수 있다.

임의의 군 G에서 임의의 두 원소 a, b는 $(ab)^{-1} = b^{-1}a^{-1}$를 만족한다($abb^{-1}a^{-1} = aa^{-1} = e$이기 때문이다). 여기에 위에서 예로 들었던 군의 특성을 적용하면 $ab = ba$임을 증명할 수 있다. 즉, 모든 원소들이 자기 자신의 역원인 군은 자동적으로 아벨 군이 된다.

이로써 우리는 군 G의 모든 원소들이 자기 자신을 제곱했을 때 항등원소가 되면, G는 아벨 군임을 증명했다. 여기에 또 다른 조건을 부과하여 G를 유한생성군이라 하고, 생성원(generator)의 최소집합을 $\{x_1, x_2, \cdots, x_k\}$라 하자. 즉, x_i들부터 G의 모든 원

소들을 만들어낼 수 있으며, 이를 위해서는 모든 x_i가 필요하다는 뜻이다. 그런데 G는 아벨 군이고 모든 원소들이 자기 자신의 역원이므로, x_i로 만들어진 모든 곱은 표준형으로 바꿀 수 있다. 예를 들어 $x_4 x_3 x_1 x_4 x_4 x_1 x_3 x_1 x_5$를 생각해 보자. G는 아벨 군이므로 이 곱은 $x_1 x_1 x_1 x_3 x_3 x_4 x_4 x_4 x_5$로 쓸 수 있고, $x_i = x_i^{-1}$를 적용하면 $x_1 x_4 x_5$가 된다. 이것이 바로 곱셈의 표준형이다.

따라서 G의 원소는 아무리 많아도 2^k개를 넘지 않는다. 표준형 곱셈에서 각 원소 x_i는 있거나, 있지 않거나 둘 중 하나이기 때문이다. 특히, 'G가 유한생성군이면서 항등원이 아닌 모든 원소의 위수가 2이면 G는 유한군(finite group)'이라는 성질이 나온다. 두 원소의 표준형이 다르면 둘은 실제로 다른 원소임을 쉽게 증명할 수 있으므로, G는 정확하게 2^k개의 원소를 갖고 있다(k는 최소 생성원 집합의 원소의 개수이다).

2보다 큰 정수 n에 대하여 군의 모든 원소 x가 $x^n = e$인 경우는 어떻게 될까? 즉, 모든 원소들이 $x^n = e$를 만족하는 유한생성군 G는 유한군인가? 이것은 번사이드[VI.60]가 처음 제기한 질문으로, $n = 2$일 때보다 훨씬 어렵다. 그는 $n = 3$일 때 G가 유한하다는 것을 증명했고, 1968년에 아디언(Adian)과 노비코프(Novikov)는 $n \geq 4381$일 때 G는 반드시 유한하지는 않다는 놀라운 사실을 증명했다. 3과 4381 사이의 간극은 꽤 크지만, 사이를 메우는 속도는 더뎠다. 1992년에 이바노프(Ivanov)가 n의 영역을 $n \geq 13$으로 넓혀 놓았다. 그러나 번사이드 문제는 여전히 난제로 남아 있다. 심지어 생성원이 단 두 개이면서 모든 원소의 위수가 5인 군조차 유한군인지

아닌지 모르는 상태이다.

8 완전히 엄밀하지는 않은 논증 사용하기

수학 명제는 높은 수준의 엄밀성을 갖춘 증명이 있으면 수립된 것으로 여긴다. 증명은 수학의 특성이지만, 경우에 따라서는 별로 엄밀하지 않은 논리가 핵심적인 역할을 할 수도 있다. 예를 들어 수학 명제를 물리학이나 공학 등 다른 분야에 적용할 때는 증명 여부보다 진위 여부가 훨씬 중요하다.

그렇다면 여기서 한 가지 질문이 떠오른다. 증명되지 않은 진술을 어떻게 믿을 수 있다는 말인가? 사실 덜 엄밀한 정당화에는 몇 가지 종류가 있는데, 그들 중 일부를 여기 소개하기로 한다.

8.1 조건부 결론

앞에서도 말했지만, 리만 가설은 가장 유명한 수학 난제로서 아직 증명되지 않은 채로 남아 있다. 그런데 수학자들은 이 문제를 왜 그토록 중요하게 취급하는가? 리만 가설은 소수의 빈도수와 관련된 가설이다. 그러나 소수와 관련된 문제 중에는 차이가 2인 소수는 무수히 많이 존재한다는 쌍둥이 소수 추측도 있다. 그런데 왜 유독 리만 가설만 특별대우를 받고 있을까?

여기에는 몇 가지 이유가 있다. 그중 하나는 리만 가설과 그것을 일반화시킨 형태가 여러 가지 흥미로운 결과를 낳기 때문이다. 간략히 말하자면, 리만 가설은 소수의 수열에 어느 정도 '무작위성'이 있다는 것을 말해준다고 해도 큰 오해는 없다. 여러 가지면에서 소수는 정말로 무작위로 선택된 자연수 집합처럼 행동한다.

소수가 완전히 무작위로 나타난다면 분석하기가 매우 어려울 것 같지만, 사실은 무작위라는 것 자체가 이점으로 작용할 수도 있다. 예를 들어 20세기 후의 런던에서는 매일 적어도 한 명 이상의 여자아이가 태어났다고 자신 있게 말할 수 있는 이유는 신생아의 성별에 무작위성이 존재하기 때문이다. 만일 월요일부터 목요일 사이에 여자아이가 많이 태어나고 금요일부터 일요일 사이에는 남자아이가 많이 태어나는 등, 남여아의 출생비율에 어떤 이상한 규칙성이 존재한다면 위 문장의 신뢰도는 크게 떨어질 것이다. 소수의 경우도 마찬가지다. 수직선에서 소수가 무작위로 배열되어 있다면, 이들의 평균적인 거동에 관해서는 꽤 많은 정보를 알아낼 수 있다. 리만 가설과 그 일반화된 형태에 의하면 소수를 비롯하여 정수론에 등장하는 다양한 수열들은 '무작위로 거동하고 있다'는 것을 정확한 방식으로 형식화한다. 소수와 관련하여 많은 결과가 알려진 것은 바로 이 무작위성 덕분이다. 그동안 수학자들은 리만 가설이 사실이라는 가정하에 수많은 정리를 발표해왔다. 그러므로 누군가가 리만 가설이 참임을 증명한다면, 이 모든 조건부 정리들도 함께 증명되는 셈이다.

리만 가설에 증명을 의지한다면 어떻게 증명으로 받아들일 수 있을까? 그냥 이러이러한 결과는 리만 가설로부터 나온다는 것을 증명하고, 그대로 둘 수도 있을 것이다. 하지만 대부분의 수학자들의 태도는 다르다. 리만 가설을 믿고, 언젠가는 증명된다고 믿는다. 따라서 그로 인한 결과도 믿는다. 물론 조건 없이 증명할 수 있다면 더 안도감을 느끼겠지만 말이다.

증명은 되지 않았지만 사실이라는 가정하에 다른 후속정리를 양산한 또 하나의 사례는 컴퓨터이론에서 찾아볼 수 있다. §6.4의 (iv)에서 언급한 대로, 컴퓨터과학의 주된 목적 중 하나는 주어진 계산의 연산량을 최소한으로 줄이는 것이다. 이 목적은 또다시 두 부분으로 나뉘는데, 하나는 최소 단계로 연산을 수행하는 알고리즘을 찾는 것이고, 다른 하나는 모든 알고리즘이 최소한 어느 이상의 단계를 거쳐야 한다는 사실을 증명하는 것이다. 이들 중 두 번째는 어렵기로 악명 높은 난제로서 부분적으로 증명되긴 했지만, 수학자들이 기정사실로 믿고 있는 내용에는 한참 못 미친다.

컴퓨터 분야에서 아직 증명되지 않은 문제 중에 **NP-완전 문제(NP-complete problem)**라는 부류가 있다. 그에 속한 문제들은 **동등**하게 어려운 것으로 알려져 있다. 주어진 문제들 중 하나를 효율적으로 풀 수 있는 알고리즘이 존재한다면, 나머지 문제를 푸는 효율적 알고리즘으로 변환될 수 있다. 그러나 대개는 바로 그 이유 때문에 사실은 수학자들은 이런 효율적 알고리즘이 존재하지 않는 것으로 믿고 있다. 전문용어를 사용하면 'P는 NP와 같지 않다'로 요약된다. 그러므로 어떤 문제에 대하여 이미 알려진 것보다 더 빠른 알고리즘이 존재하지 않는다는 것을 증명하려면, 이 문제가 NP-완전문제로 밝혀진 기존의 문제만큼 풀기 어렵다는 것을 증명하면 된다. 물론 이것은 엄밀한 증명이 아니지만, 대부분의 수학자들은 P≠NP라고 믿고 있기 때문에 어느 정도 설득력은 있다(계산 복잡도[IV.20] 참조).

어떤 연구 분야는 하나가 아닌 여러 개의 추측에 의존하는 분야도 있다. 이런 분야를 연구하면서 아름답고도 다양한 수학적 경관을 발견하고, 아직 이해하지 못한 부분이 많이 남아 있음에도 어떻게든 전체적인 지도를 그리기 위해 애쓰는 모양새다. 가끔은 이런 식의 접근이 엄밀한 증명을 찾는 데 좋은 전략이 될 수도 있다. 추측은 단순한 넘겨짚기 이상의 것이다. 단, 중요성을 인정받으려면 여러 가지 검정을 거쳐야 하는데, 그중 몇 가지만 예를 들면 다음과 같다. 이미 사실로 알려진 어떤 결과를 새로운 추측으로부터 이끌어낼 수 있는가? 증명 가능한 특별한 경우가 있는가? 그 추측이 참이라면, 다른 문제를 푸는 데 도움이 되는가? 수치적 증거가 뒷받침하는가? 만일 거짓이라면 쉽게 반증될 수 있을 만큼 대담하고 정확한 명제인가? 이 모든 테스트를 통과하는 추측을 만들려면 힘든 연구와 대단한 통찰력이 필요하다. 그러나 한번 만들어지기만 하면 그 자체로 가치 있을 뿐만 아니라, 다른 수학적 명제와 연계하여 다양한 후속추측을 이끌어낼 수 있다. 이렇게 되면 추측 자체를 증명할 기회가 많아지고, 다른 증명으로 이어질 확률도 높아진다. 좋은 추측에 대한 반례도 중요하긴 마찬가지다. 원래의 추측이 다른 여러 분야와 깊이 관련되어 있으면, 추측에 대한 반례는 이 모든 분야에 영향을 미치게 된다.

대수적 정수론[IV.1]은 추측으로 가득 찬 분야이다. 특히 캐나다의 수학자 로버트 랭글랜즈(Robert Langlands)가 제안한 랭글랜즈 프로그램은 정수론과 표현론을 연결하는 여러 개의 추측으로 이루어져 있는데(자세한 내용은 **표현론**[IV.9 §6]을 참고하기 바란다), 이 추측들은 여러 개의 다른 추측과 결과를 일반화하거나 하나로 통합한다. 예를 들어 앤드루 와일즈가 페르마의 마지막 정리[V.10]를 증명할 때 사용했던 시무라-타니야마-베유 추측 (Shimura-Taniyama-Weil conjecture)도 랭글랜즈 프로그램의 일부이다. 랭글랜즈 프로그램은 좋은 추측이 만족해야 할 조건들을 모두 갖추고 있으며, 지난 여러 해 동안 수많은 학자들의 연구를 인도해왔다.

거울대칭[IV.16]도 이와 비슷한 특성을 가진 분야이다. 이것은 대수기하학[IV.4]에서 칼라비-야우 다양체[III.6]들을 연결하는 일종의 쌍대성[III.19]으로, 대수기하학[IV.4]과 끈이론[IV.17 §2]에서도 중요한 역할을 하고 있다. 일부 미분방정식에서 우리가 구하고자 하는 함수에 푸리에 변환[III.27]을 가하면 풀기가 훨씬 쉬워지는 것처럼, 끈이론에서도 거울대칭을 통해 하나의 이론을 '동일한 다른 이론'으로 변형시키면 불가능했던 계산이 가능해질 때가 있다. 이런 식의 변환이 물리학적으로 타당한지는 아직 증명되지 않았지만, 어쨌거나 이 과정을 거치면 누구도 예측하지 못했던 복잡한 공식들이 얻어지며, 이들 중 일부는 다른 방법을 통해 엄밀하게 입증된 상태이다. 막심 콘체비치(Maxim Kontsevich)는 거울대칭의 성공비결을 명확하게 설명하는 추측을 제기한 바 있다.

8.2 수치적 증거

4 이상의 모든 짝수들은 두 소수의 합으로 표현된다. 이것이 유명한 골드바흐 추측[V.27]으로, 어린 학생들도 이해할 수 있을 정도로 간단하지만 아직 증명되지 않은 채로 남아 있다. 그러나 대부분의 수학자들은 리만 가설처럼 골드바흐 추측도 사실일 것

으로 믿고 있다.

수학자들이 골드바흐 추측을 사실로 받아들이는 데에는 두 가지 이유가 있는데, 첫 번째 이유는 앞에서 말한 대로 소수가 무작위로 분포되어 있다면, 참일 것으로 기대되기 때문이다. 짝수 n이 클수록 $n = a + b$로 표현하는 방법이 많아지는데, 소수가 무작위로 분포되어 있으면 a와 b가 모든 소수일 만큼 충분히 많은 소수가 있을 것이기 때문이다. 골드바흐의 추측을 만족할 가능성도 높아진다.

그렇다면 n이 별로 크지 않은 경우에는 운이 없게도 n보다 작은 모든 소수 a에 대하여 $n - a$가 합성수(소수가 아닌 수)일 수도 있지 않을까? 바로 이 시점에서 수치적 증거가 위력을 발휘한다. 그동안 수학자들은 컴퓨터를 이용하여 10^{14}까지 모든 짝수가 두 소수의 합으로 표현된다는 것을 확인했고, 지금까지의 추세로 볼 때 n이 이보다 큰 경우에도 '우연히' 반례가 나타날 가능성은 거의 없다.

더 설득력 있는 논증으로 바꿀 수도 있다. 소수가 무작위로 분포되어 있다는 것을 좀 더 명확하게 보일 수만 있다면, 모든 짝수들이 두 소수의 합으로 표현된다는 사실뿐만 아니라, 하나의 짝수를 두 소수의 합으로 표현하는 방법의 수까지 예측할 수 있다. 예를 들어 a와 $n - a$가 소수이면 둘 다 3의 배수가 될 수 없다(둘 중 하나가 그냥 3일 수는 있다). 즉, n이 3의 배수이면 a는 3의 배수가 될 수 없고, n이 $3m + 1$의 형태이면 a는 $3k + 1$의 형태도 될 수 없다(a가 $3k + 1$의 형태이면 $n - a$는 3의 배수가 되어 원래의 조건에 위배된다). 그러므로 n이 3의 배수이면 두 소수의 합으로 표현되는 경우가 그렇지 않은 경우보다 대략 두 배 정도 많은 셈이다. 이 사실을 이

용하면 'n을 두 소수의 합으로 표현하는 방법의 수' 를 가늠할 수 있는데, 이 값은 수치적 증거와 거의 정확하게 일치한다(컴퓨터로 확인 가능한 n에 대해 서는 모두 사실로 판명되었다). 따라서 우리는 골드 바흐 추측이 사실이며, 이것을 지지하는 원리들도 사실이라는 강한 심증을 가질 수 있는 것이다.

어떤 예측으로부터 예견된 내용이 수치적 증거를 통해 정확하게 맞아떨어지면, 원래의 예측은 그만 큼 신뢰도가 높아진다. 이것은 수학뿐만 아니라 모 든 과학분야에서 공통적으로 나타나는 현상이다.

8.3 허용되지 않은 계산

§6.3에서 언급한 바와 같이, 자기회피보행으로 n걸 음을 걸었을 때 출발점과 도착점 사이의 평균거리 에 대해서는 '알려진 바가 거의 없다'. 그러나 이론 물리학자에게 묻는다면, 전형적인 n걸음 자기회피 보행의 평균거리는 $n^{3/4}$ 근처라고 대답할 것이다. 수학적 증명이 전무한 상태에서 어떻게 이런 주장 을 펼칠 수 있을까? 이런 명백한 불일치는 다음 사 실로 설명할 수 있다. 비록 엄밀하게 증명되지는 않 았지만, 물리학자들은 주의 깊게 사용할 경우 옳은 결과를 주는 듯이 보이는 엄밀하지 못한 방법들을 갖고 있다. 몇몇 분야에서 물리학자들은 그런 방법 으로 수학자들이 증명할 수 있는 것을 훨씬 뛰어넘 는 명제를 수립하기도 한다. 이런 결과들은 수학자 들에게도 매혹적이다. 첫째, 물리학자들이 얻은 결 과들은 앞에서 말한 기준에서 볼 때 매우 그럴듯한 추측이기 때문이다. 이들은 매우 심오하면서도 다 른 논리로는 도저히 추측이 불가능하며, 수치적 증 거를 통해 거의 사실로 받아들여지고 있다. 두 번째

이유는 수학자들이 물리학자의 추측을 증명하기 위 해 다양한 시도를 하다가 순수수학에 커다란 진보 를 가져온 경우가 종종 있기 때문이다.

엄밀하지 않은 계산이 어떤 식으로 진행되는 지 알아보기 위해, 물리학에서 중요한 결과를 낳 은('결과'라는 단어가 마음에 들지 않는다면 '예측' 이라고 불러도 좋다) 피에르-질 드젠(Pierre-Gilles de Gennes)의 논리를 간략하게 살펴보자. 통계물 리학에는 이징모형(Ising model) 및 포츠모형(Potts model)과 밀접하게 관련된 n-벡터모형(n-vector model)이라는 것이 있다(임계현상의 **확률적 모형** [IV.25] 참조). 이것은 $\mathbb{Z}^d$의 모든 점에 $\mathbb{R}^d$의 단위벡 터를 할당한 모형으로, 간단히 말해서 단위벡터가 무작위로 배치된다. 각 배치마다 '에너지'를 할당하 는데 이웃한 두 벡터 사이의 각도가 클수록 계의 에 너지는 증가한다. 드젠은 자기회피보행 문제를 n- 벡터모형에서 $n = 0$인 경우로 변환시켰다. $\mathbb{R}^0$에는 단위벡터라는 것이 존재하지 않기 때문에 0-벡터 문제라는 말 자체가 무의미해 보이지만, 여기에 n- 벡터모형의 변수를 도입하여 n을 0으로 접근시키 면 자기회피보행와 관련된 변수로 변환된다. 드 젠 은 이런 식으로 여러 개의 변수를 도입하여 자기회 피보행의 평균거리 등 중요한 결과를 얻어낼 수 있 었다.

순수 수학자의 입장에서 볼 때, 이것은 매우 위험 한 접근법이다. $n = 0$일 때는 n-벡터모형의 공식들 을 적용할 수 없기 때문에, 굳이 $n = 0$인 경우를 다 루려면 n이 0으로 접근할 때의 극한으로 취급해야 한다. 그러나 n-벡터모형에서 n은 분명히 양의 정 수인데, 어떻게 $n \to 0$인 경우를 논할 수 있다는 말

인가? 일반적인 n에 대해서 n-벡터모형을 정의하는 방법은 아직 알려지지 않았다. 그러나 드 젠의 논증(그리고 이와 비슷한 다른 논증들)을 통해 얻은 결과는 지금까지 알려진 수치적 증거와 놀라울 정도로 정확하게 일치하고 있다. 아직은 알 수 없지만, 여기에는 무언가 그럴만한 이유가 분명히 있을 것이다.

이 절에서 제시된 사례들은 엄밀하지 않은 논증 덕분에 수학이 풍성해진 여러 사례들 중 일부에 불과하다. 이런 논리는 자칫 오류에 빠질 수도 있지만, 수학적 미지의 세계로 깊이 파고 들어가 완전히 새로운 연구분야를 낳을 수도 있다. 그렇다면 엄밀한 논리는 왜 필요한가? 전혀 치밀하지 않은 논증을 통해 올바른 결과를 얻을 수 있다면, 그것으로 충분하지 않을까? 엄밀하지 않은 방법으로 '입증'되었다가 추후에 틀린 것으로 밝혀진 사례도 물론 있지만, 엄밀함에 신경을 쓰는 가장 중요한 이유는 통상 엄밀한 증명을 이해하는 것이 그렇지 않은 것보다 깊은 이해를 제공하기 때문이다. 이 두 가지 형식의 논증은 서로 상호보완적으로 작용하면서 수학의 발전에 기여해왔으며, 앞으로도 그럴 것이다.

9 명시적 증명과 알고리즘 찾기

방정식 $x^5 - x - 13 = 0$은 실근을 갖고 있을까? $f(x) = x^5 - x - 13$이라 했을 때, $f(1) = -13$이고 $f(2) = 17$이므로, $f(x) = 0$을 만족하는 실수 x는 1과 2 사이에 분명히 존재한다.

이것은 순수 존재성 논증(pure existence argument)의 한 사례이다. 즉, 무언가(지금의 경우는 방정식의 해)를 찾는 방법에 대해서는 아무런 언급도 하지 않은 채, 단지 그것이 존재한다는 사실만을 입증하는 논증이다. 만일 방정식이 $x^2 - x - 13 = 0$이었다면, 처음부터 완전히 다르게 접근했을 것이다. 이차방정식에는 두 개의 해가 존재한다는 사실을 이미 알고 있고, 근의 공식을 이용하면 구체적인 값까지 쉽게 찾을 수 있다(이 방정식의 해는 $(1 + \sqrt{53})/2$와 $(1 - \sqrt{53})/2$이다). 그러나 5차방정식에는 근의 공식 같은 것이 존재하지 않는다(5차방정식의 해결불가능성[V.21] 참조).

위의 두 예제는 수학의 두 가지 면을 극명하게 보여준다. 어떤 수학적 대상이 존재한다는 것을 증명할 때, 대상을 직접 묘사하는 명시적 증명(explicit proof)을 할 수도 있지만, 그것이 존재하지 않는다면 어떤 모순이 초래된다는 식의 간접적인 증명밖에 할 수 없는 경우도 있다.

명시적 증명과 간접적 증명의 중간단계도 있다. 위에 언급한 방정식 $x^5 - x - 13 = 0$이 1과 2 사이에서 실근을 갖는다는 논증은 근을 무한정 정확하게 계산할 방법이 있음을 시사하기도 한다. 예를 들어 근을 소수점 이하 둘째 자리까지 알고 싶다면 $x = 1$에서 시작하여 $1.01, 1.02, \cdots, 1.99, 2$까지 증가시켜 나가면서 f를 계산하면 된다. $f(1.71)$은 약 -0.0889이고 $f(1.72)$는 약 0.3337이므로, 근은 1.71과 1.72 사이에 있다(1.72보다 1.71에 가깝다). 뉴턴의 방법 [II.4 §2.3]을 사용하면 좀 더 효율적으로 근의 근삿값을 계산할 수 있다. 실제로 근의 정확한 형태를 표현하는 깔끔한 공식보다 근의 근삿값을 구하는 공식이 더 중요한 경우가 많다(자세한 내용은 수치해석학[IV.21 §1]을 읽어보기 바란다). 그런 방법이 있는 경우, 얼마나 빨리 근사하느냐에 따라 유용성이 다르다.

이처럼 수학적 해법은 크게 세 가지로 분류된다. 수학적 대상을 정의하는 단순하고 깔끔한 공식이 주어진 경우와 존재 여부는 증명할 수 있지만 더 이상의 정보를 얻을 수 없는 경우, 그리고 대상이 존재한다는 증명과 함께 그것을 찾는 알고리즘이 주어진 경우이다. 물론 알고리즘은 빠르게 수행될수록 좋다.

다른 조건이 같은 경우 대략적인 논리보다 엄밀한 논리가 바람직한 것처럼, 간접적인 논리가 이미 주어진 경우에도 명시적 논리나 알고리즘을 찾는 노력은 계속되어야 한다. 명시적 논리를 찾으려는 과정에서 깊은 수학적 통찰을 얻게 되는 경우가 종종 있기 때문이다(그런데 이제 곧 보게 되겠지만, 간접적인 논리도 우리에게 새로운 통찰을 가져다줄 수 있다).

순수 존재성 논증의 가장 유명한 사례는 **초월수**[III.41]와 관련돼 있다. 초월수란 실수 중에서 '계수가 정수인 다항식의 근이 아닌 수'를 말한다. 1844년에 **리우빌**[VI.39]은 실수 중에 이런 수가 존재한다는 사실을 처음으로 증명했다. 그는 약간의 조건만 만족하면 초월수가 된다는 사실을 입증했고, 이 조건을 만족하는 수를 쉽게 만들어냈다(리우빌 정리와 **로스 정리**[V.22] 참조). 그 후 π나 e와 같은 중요한 상수들이 초월수로 밝혀졌는데, 증명은 결코 쉽지 않았다. 지금도 심증적으로는 초월수임이 분명하지만, 그 여부가 아직 증명되지 않은 수들이 많이 남아 있다(더 자세한 내용은 **무리수와 초월수**[III.41]를 읽어 보기 바란다).

위에 언급된 초월수 증명은 모두 직접적(direct)이면서 명시적(explicit)이었다. 그러나 1873년에 **칸토어**[VI.54]는 자신이 개발한 **가산성**[III.11] 이론을 이용하여 초월수의 존재 여부를 완전히 다른 방법으로 증명했다. 그의 증명에 의하면 대수적 수는 가산적이고 초월수는 비가산적이다. 그런데 가산집합은 비가산집합보다 훨씬 적기 때문에, 대부분의 실수는 초월수이다(물론 우리가 일상적으로 접하는 실수가 그래야 할 이유는 없다).

이와 같이 직접논리와 간접논리는 서로 상대방의 단점을 보완하면서 공존해왔다. 칸토어는 초월수가 존재한다는 것을 증명했지만, 구체적인 사례를 단 하나도 제시하지 못했다(엄밀히 말하면 이것은 사실이 아니다. 대수적 수를 적절한 순서로 나열한 후 칸토어의 대각선 논증(diagonal argument)을 적용할 수는 있다. 그러나 이렇게 찾은 수는 실질적으로 별 의미가 없다). 반면에 리우빌의 증명을 이용하면 몇 개의 초월수를 찾을 수 있으니, 이런 면에서는 훨씬 낫다. 그러나 π와 e가 초월수라는 증명과 리우빌의 명시적 논리만 알고 있으면 초월수가 매우 특별한 수라는 선입견을 갖기 쉽다. 이런 논증에서는 칸토어의 증명과는 달리 **전형적인** 실수가 초월수라는 통찰이 완전히 빠져 있다.

20세기에는 고도로 추상적이면서 간접적인 증명이 유행처럼 퍼져나갔다. 그러나 최근에 컴퓨터가 급속도로 발전하면서 수학자들의 태도에 많은 변화가 생겼다(물론 특정 인물에 국한된 이야기가 아니라, 수학계의 전반적인 흐름이 그렇다는 뜻이다). 요즘 수학자들은 증명의 명시성과 효율적인 알고리즘에 더 많은 관심을 갖고 있다.

당연한 이야기지만 알고리즘은 수학적 증명에 도움이 되느냐와는 별개로 그 자체로 관심을 끌기에 충분하다. 그래서 이 절의 나머지 부분에서는 지난 몇 년 사이에 개발된 흥미로운 알고리즘을 소개하기로 한다. 이 알고리즘은 고차원의 **볼록한**(convex) 도형의 부피를 계산하는 데 특히 유용하다.

도형 K에 속하는 임의의 두 점 x, y를 연결하는 선분이 항상 K의 내부에 놓여 있을 때, K를 볼록한 도형이라 한다. 예를 들어 일상적인 삼각형과 사각형은 볼록한 도형이고, 별은 볼록한 도형이 아니다. 도형의 면적과 부피를 고차원에서 정의할 수 있는 것처럼, 볼록한 도형의 정의도 임의의 n차원으로 확장할 수 있다.

볼록한 n차원 도형 K가 다음과 같은 의미에서 구체적으로 주어졌다고 하자. n차원 공간의 임의의 점 $(x_1, \cdots, x_n)$을 입력하면, 이 점이 K에 속하는지 아닌지를 금방 알려주는 컴퓨터 프로그램이 있다고 하자. 과연 K의 부피를 계산할 수 있을까? 이런 유형의 문제를 풀 때는 **통계적** 방법이 가장 효율적이다. 즉, 무작위로 선택된 점이 K에 속하는 빈도수를 계산하면 된다. 예를 들어 원주율 π를 알고 싶다면 2차원 평면에서 한 변의 길이가 2인 정사각형 안에 반지름이 1인 내접원을 그려 넣고, 정사각형 안에서 무작위로 선택된 점이 원 안에 포함되는 경우의 수를 헤아리면 된다. 임의의 점이 원 안에 포함될 확률은 $\pi/4$이므로(정사각형의 면적에 대한 내접원의 면적 비율), 원 안에 포함된 경우의 수를 전체 시행 횟수로 나눈 후 4를 곱하면 원주율 π의 근삿값을 추정할 수 있다.

낮은 차원에서는 이 방법이 꽤 효율적이지만, n이 커지면 당장 어려움이 발생한다. 예를 들어 이 방법으로 n차원 구의 부피를 구하고자 한다면, n차원 입방체 안에 구를 집어 넣고 입방체 안에서 무작위로 고른 점이 구 안에 포함되는 경우와 그렇지 않은 경우의 수를 헤아려야 한다. 그런데 n차원 입방체의 부피는 n차원 구의 부피보다 압도적으로 크기 때문에(2차원에서 원과 정사각형의 면적비율은 $\pi/4$이고, 3차원에서 구와 정육면체의 부피비율은 이보다 작은 $\pi/6$이다. 차원이 높아지면 이 비율은 점점 더 작아진다), 우리가 고른 점이 단 하나라도 구에 포함되려면 엄청나게 많은 점들을 골라야 한다. 그러므로 이 방법은 별로 현실성이 없는 것 같다.

그러나 다행히도 이 문제를 피해 가는 방법이 있다. 부피를 구하고자 하는 볼록한 도형을 K_0이라 하고, K_0을 포함하는 더 큰 도형을 K_1이라 하자. 또 K_1을 포함하는 더 큰 도형을 K_2라 하고, $\cdots$ 이런 식으로 $K_0, K_1, \cdots, K_m$을 하나 잡자. 단, K_i의 부피는 K_{i+1}의 부피보다 적어도 반 이상이 되어야 한다. 이제 위에서 말한 방법으로 K_{i-1}과 K_i의 부피비율을 알아낸 후 모든 K_i를 곱하면 K_0과 K_m의 부피비율이 얻어지고, K_m의 부피를 알고 있다면 이로부터 K_0의 부피를 알아낼 수 있다.

K_{i-1}과 K_i의 부피비율은 어떻게 알 수 있을까? K_i에서 무작위로 여러 개의 점들을 취하여, 이들 중 몇 개가 K_{i-1}에 속하는지를 알아내면 된다. 그런데 바로 여기에 미묘한 문제가 숨어 있다. K_i의 구체적인 형태를 모르면서, 어떻게 K_i에 속하는 점들을 임의로 취한다는 말인가? n차원 입방체라면 별로 어렵지 않다. 모든 x_i가 -1과 $+1$ 사이에 있는 $(x_1, \cdots, x_n)$

을 무작위로 고르면 된다. 그러나 제멋대로 생긴 볼록한 도형에서는 결코 쉬운 일이 아니다.

이 문제를 해결하는 멋진 아이디어를 소개한다. 볼록한 도형 내부의 한 점에서 확률보행을 실행하되, 각 지점에서 내디딜 수 있는 방향을 몇 가지로 한정시키고 그중 하나를 무작위로 선택하는 것이다. 이런 식으로 걷다 보면 걸음수가 많아질수록 위치를 예측하기가 어려워지고, 결국에는 완전한 무작위가 된다. 그러나 이것을 수학적으로 증명하기란 결코 쉽지 않다(더 자세한 내용은 **고차원 기하학과 확률적 유사형태**[IV.26 §6]에 소개되어 있다).

알고리즘에 대하여 좀 더 자세히 알고 싶은 독자들은 **알고리즘**[II.4]과 **계산적 정수론**[IV.3], **수학을 이용한 알고리즘 디자인**[VII.5]를 읽어보기 바란다.

10 수학논문에는 어떤 내용이 실리는가?

20세기 초부터 수학논문은 다른 분야와 달리 매우 특이한 형태로 작성되어 왔다. I부의 마지막 절인 여기에서는 수학자들이 어떤 내용을 논문으로 발표하는지 소개하기로 한다.

전형적인 수학논문에는 형식적인 부분과 비형식적인 부분이 섞여 있다. 대부분의 논문은 서문(introduction)으로 시작하는데, 논문 뒷부분에서 무엇을 기대하고 읽어야 하는지 가늠할 수 있게끔 서술한다. 그리고 대부분의 논문은 몇 개의 절(section)로 나뉘어져 있는데(아주 짧은 논문은 예외이다), 해당 절의 내용을 비형식적인 언어로 짧게 요약하여 제일 앞에 배치해두면 읽는 사람에게 많은 도움이 된다. 그러나 본론으로 들어가면 주요 내용이 매우 구체적이고 형식적이어서, 옳다는 확신을 얻으려면 충분한 노력을 기울일 각오가 돼 있어야 한다.

전형적인 수학논문의 목적은 수학 **명제**를 확립하는 것이다. 이것 자체가 최종목적일 수도 있고(오랜 세월 동안 추측으로 남아 있던 서술을 증명한 경우), 더 큰 목적을 위해 도움을 주기 위한 것일 수도 있지만(잘 이해되지 않은 수학적 현상을 설명하는 경우), 어쨌거나 수학 명제는 수학계의 주된 흐름이다.

수학 문장 중에서 가장 중요한 것은 정리(theorem)이다. 그러나 **명제**(proposition)와 보조정리(lemma), 따름정리(corollary)도 중요한 역할을 한다. 이들이 항상 분명하게 구별되는 것은 아니지만, 대략적인 차이점은 다음과 같다. 정리는 그 자체로 흥미로운 내용을 담고 있어서, 논문과 별개로 분리될 수 있다. 예를 들어 어떤 수학논문에 정리가 증명되어 있다면, 이 정리만 발췌하여 다른 수학자들과 세미나를 할 수도 있다. 수학논문의 주된 목적은 바로 이 정리를 증명하는 것이다. **명제**는 정리와 비슷하지만, 다소 '지루한' 느낌을 준다. 지루한 결과를 증명하려는 것이 이상하게 보일지 모르지만, 명제는 중요하고 유용할 수 있다. 명제가 지루한 느낌을 주는 이유는 놀랄 만한 결과가 별로 없기 때문이다. 명제는 정리를 증명하기 위해 필요한 부수적 수단으로, 누가 봐도 사실임이 분명하고 증명도 별로 어렵지 않다.

명제의 간단한 사례로, 이항연산의 **결합법칙**[I.2 § 2.4]을 생각해 보자. '*'라는 연산자가 $x * (y * z) = (x * y) * z$를 만족한다고 하자. 많은 사람들은 이 법칙을 엄밀하지 않지만 대략적으로 말할 때 '괄호는 무시해도 된다'는 식으로 설명하고 있다. 이 법칙은 괄호 없이 $x * y * z$라고 써도 별 지장이 없음을 말해 주지만, $a * b * c * d * e$라고 써도 되는지는 그다지 분명하지 않다. 세 개를 곱할 때 괄호가 없어도 된다면, 네 개 이상을 곱할 때도 괄호가 필요 없어야 하는데, 막상 써놓고 보면 그 의미가 모호해진다.

많은 학생들은 이런 문제를 한 번도 심각하게 생각해 보지 않은 채 수학과에 진학하고 있다. 결합법칙 때문에 괄호가 상관 없다는 것은 당연해 보인다는 것이다. 사실 틀린 답은 아니다. 결합법칙이 성립하는 이유가 완전히 명백한 것은 아니지만 그다지 놀라운 결과도 아니고, 증명도 별로 어렵지 않다. 이 간단한 결과가 종종 필요하지만, 정리라고 부르기에는 무게감이 다소 떨어지기 때문에 명제라고 부르는 것이다. 결합법칙을 어떻게 증명해야 할지 감을 잡으려면, 결합법칙이 예를 들어 다음의 결과를 낳는다는 사실부터 증명해 보기 바란다.

$$(a * ((b * c) * d)) * e = a * (b * ((c * d) * e)).$$

그 다음에 이 결과를 일반화시키면 된다.

대부분의 수학정리들은 증명과정이 길고 복잡하다. 그래서 이 과정을 남에게 보여주려면 가능한 한 간략하고 명쾌한 논리를 펼쳐야 한다. 이럴 때 가장 좋은 방법은 최초의 가정과 마지막 결론 사이에 **중간결론**을 몇 개 설정해놓고 각 단계별로 증명해나가는 것이다. 이 중간결론에 해당하는 수학적 문장을 **보조정리**라 한다. 예를 들어 $\sqrt{2}$가 무리수라는 표준 증명을 자세히 제시하고 싶다고 하자. 모든 분수 p/q가 분자와 분모 중 적어도 하나는 짝수가 아닌 r/s의 형태로 표현된다는 사실이 필요해진다. 이럴 때 논리가 복잡해지는 것을 방지하려면 위의 서술을 원래의 증명에서 분리하여 따로 취급하는 것이 바람직한데, 이런 것이 바로 보조정리의 대표적 사례이다. 그러면 원래의 증명은 보조정리를 증명하는 과정과 보조정리를 이용하여 원래의 정리를 증명하는 두 단계로 분리된다. 이 방법은 컴퓨터 프로그램을 설계할 때도 매우 유용하다. 길고 복잡한 프로그램을 짤 때는 전체과정을 가능한 한 여러 개의 작은 프로그램으로 분리해놓고 필요할 때마다 호출해서 실행하는 것이 바람직하다.

보조정리 중에는 증명이 매우 어려우면서 다방면으로 유용한 것도 있다. 가장 중요한 보조정리는 평범한 정리보다 중요하다. 그러나 아무리 중요한 결과라 해도 그것이 다른 결과를 증명하기 위한 중간결과였다면, 보조정리라고 부르는 것이 일반적인 통례이다.

따름정리는 수학적 서술로부터 쉽게 유도되는 작은 정리이다. 보통 수학논문에는 하나의 정리에 여러 개의 따름정리가 수반되는데, 증명한 정리의 강력함을 홍보하는 수단이기도 하다. 그리고 증명에 사용된 모든 논리들이 중요성이 떨어지는 다른 서술과 관련되어 있고, 이로부터 정리가 쉽게 증명되는 경우에는 주된 정리를 따름정리로 칭하기도 한다. 이런 경우에 저자는 따름정리가 논문의 주제임을 강조하고, 다른 수학자들은 이것을 정리라고 부른다.

모든 수학적 진술은 **증명**(proof)을 통해 사실로 확립된다. 어떤 정리이건 증명이 가능하다는 것 자체가 수학의 놀라운 특징이다. 2천 년 전에 **유클리드** [VI.2]가 했던 증명은 지금까지도 완벽한 진실로 받아들여지고 있으며, 완전한 설득력을 갖는 설명으로 간주된다. 그러나 수학자들은 18세기 말~19세기 초에 와서야 수학의 특성을 제대로 이해하게 되었고(수학의 언어와 문법[I.2] 참조. 특히 §4를 주의 깊게 읽어보기 바란다), 수학의 언어가 형식화되었다. 증명의 정확한 개념이 세워진 것도 이 무렵의 일이었다. 논리학자의 관점에서 볼 때 증명이란 형식적 언어로 쓰여진 일련의 수학적 문장들로, 다음과 같은 특성을 갖고 있다. 처음 몇 개의 서술은 초기 가정이나 전제(premise)이며, 나머지 서술은 앞 문장으로부터 논리적으로 쉽게 유도되는 내용이다(예를 들어 '$P \wedge Q$가 참이면 P는 참이다'와 같은 식이다. 여기서 $\wedge$는 '그리고(and)'를 뜻하는 논리기호이다). 그리고 마지막 문장에서는 증명되어야 할 문장이 나온다.

사실 이것은 아주 이상적인 경우이고, 실제로 수학논문에 수록되는 대부분의 증명들은 위의 기준을 따르지 않는다. 형식에 맞춰 증명을 하다 보면 논문이 너무 길어지거나, 읽기가 거의 불가능한 글이 되어 버리기 때문이다. 그러나 원칙적으로는 논증을 형식화할 수 있다는 사실이 수학이라는 학문을 떠받치는 주춧돌이자, 논쟁을 종식시키는 가장 확실한 방법이다. 누군가가 다소 미심쩍은 주장을 할 때 진위 여부를 판단하는 최선의 방법은 그에게 형식을 갖춰 좀 더 자세히 설명해달라고 요구하는 것이다. 그의 주장이 틀렸다면 이 과정에서 오류가 드러날 것이고, 그렇지 않다면 그 주장이 옳은 이유가 분명해질 것이다.

수학논문에 등장하는 또 하나의 중요한 요소는 바로 정의(definition)이다. 이 책에서도 특히 III부는 정의로 가득 차 있다. 어떤 정의는 좀 더 간결하게

말하기 위해 주어진다. 예를 들어 삼각형을 대상으로 어떤 사실을 증명하는데, 꼭짓점과 맞은편 변(대변) 사이의 거리가 자주 등장하여 매번 '꼭짓점 A, B, C와 그 대변 BC, AC, AB'라고 언급하는 것은 별로 좋은 생각이 아니다. 이럴 때 삼각형의 한 꼭짓점과 맞은편 변(대변) 사이의 거리를 '높이(altitude)'라고 정의하면 수고를 많이 줄일 수 있다. 단 삼각형의 세 각 중 하나가 둔각(90°보다 큰 각)인 경우에는 좀 더 주의를 기울여야 한다. 둔각삼각형에서는 꼭짓점에서 대변을 향해 내린 수선이 삼각형 내부에 존재하지 않을 수도 있으므로, 높이의 정의를 '삼각형 ABC의 꼭짓점 A와 대변 BC, 또는 그 연장선 사이의 거리'로 확장해야 한다. 이렇게 새로운 용어를 정의하면 증명이 훨씬 간결하고 분명해진다.

이런 식의 정의는 순전히 편의를 위해 도입된 정의이다. 증명 도중에 이런 정의가 필요한 순간이 찾아오면 그냥 필요에 따라 정의를 내리면 된다. 그러나 개중에는 정말로 흥미로운 정의도 있다. 이런 정의는 명백한 것과는 거리가 멀며, 일단 알고 나면 완전히 다른 방식으로 생각하게 만드는데, 그 대표적 사례가 바로 미분의 정의이다. 미분을 모르는 사람에게 $f(x) = 2x^3 - 3x^2 - 6x + 1$이라는 함수를 제시하면서 '$x \geq 0$인 구간에서 $f(x)$의 최솟값을 구하라'고 한다면, 그는 무엇을 어떻게 계산해야 할지 갈피를 잡지 못할 것이다. 그러나 미분의 정의를 아는 사람에게 이것은 간단한 연습문제에 불과하다. 물론 $f(x)$의 최솟값이 함수의 미분과 상관없이 $x = 0$에서 발생할 수도 있고, 미분법도 알아야 하므로 다소 과장이긴 하지만, 이런 것들은 정리라기보다는 명제에 가까운 단순한 사실들이며, 진정한 돌파구

는 개념 자체이다.

흥미로운 정의는 수학의 여러 분야에서 종종 찾아볼 수 있는데, 개중에는 이런 정의가 유난히 많이 존재하는 분야들이 있다. 일부 수학자들은 자신의 연구목적이 올바른 정의를 찾는 것이며, 그 이후에 모든 것이 명백해진다고 말할 정도이다. 맞다. 여전히 증명을 써야 한다. 하지만 연구자들이 찾던 올바른 정의인 경우 이런 증명은 상당히 일사천리로 진행된다. 물론, 새로운 정의를 이용해서 풀 수 있는 문제도 있을 것이다. 그러나 위에서 예로 들었던 최솟값 문제에서 알 수 있듯이, 정의 자체는 이론의 핵심이 아니다. 대부분의 수학자들에게 정의란 정리를 증명하는 수단에 불과하다. 그러나 정리에 파묻혀 사는 수학자들도 좋은 정의는 문제를 해결하는 데 중요한 실마리를 제공한다는 사실을 수시로 확인하고 있다.

여기서 우리는 또 하나의 문제에 직면하게 된다. 수학논문의 주된 목적은 정리를 증명하는 것이지만, 대부분의 수학자들은 자신의 연구분야를 개선하기 위해 다른 사람의 논문을 읽는다. 그러므로 누군가가 다른 분야의 기교를 도입하여 새로운 방식으로 정리를 증명했다면, 곧바로 학계의 관심을 끌게 된다. 게다가 아직 풀리지 않은 문제를 해결했다면 금상첨화이다. 지금부터 대부분의 수학자들이 심각하게 생각하지 않는 문제를 살펴보고, 무엇이 부족한지를 알아 보자.

22, 131, 548845와 같이 십진법으로 표기했을 때 오른쪽으로 읽으나 왼쪽으로 읽으나 똑같은 수를 **회문수**(palindromic number)라 한다. 이들 중 특히 131은 소수라는 이유에서 관심을 끈다. 말이 나온 김에 회문소수(회문수이면서 소수인 수)를 좀 더 찾아 보자. 한 자리 숫자는 모두 회문수이므로 특별할 것이 없고, 두 자리 회문수는 11의 배수이므로 이들 중 소수는 당연히 11뿐이다. 그리고 세 자리 회문소수는 101, 131, 151, 181, 191, 313, 353, 373, 383, 727, 757, 787, 797, 919, 929이다. 자리수가 짝수개인 회문수는 모두 11의 배수인데, 이것은 쉽게 증명할 수 있다. 물론 회문소수의 명단은 929에서 끝나지 않는다. 그 다음으로 등장하는 가장 작은 회문소수는 10301이다.

약간의 수학적 호기심이 있는 사람이라면 여기서 다음과 같은 질문을 떠올릴 것이다. 회문소수의 개수는 무한한가? 정답은 아직 알려지지 않았다. 대부분의 수학자들은 그럴 것으로 믿고 있지만(소수가 무작위로 등장한다면 회문소수도 그럴 것이고, 자릿수가 홀수개인 회문수들만 소인수분해되어야 할 이유도 딱히 없기 때문이다), 어떻게 증명해야 할지는 아직도 오리무중이다.

이 문제는 초등학생도 이해할 수 있을 정도로 간단하다는 점에서 **페르마의 마지막 정리**[V.10]와 **골드바흐 추측**[V.27]을 떠올리게 한다. 그러나 이 두 문제와는 달리 대부분의 수학자들은 회문소수 문제를 '기분전환용 오락문제' 정도로 취급하면서 별다른 관심을 보이지 않고 있다.

왜 이렇게 되었을까? 소수 자체가 수학에서 중요한 관심사가 아니기 때문일까? 아니다. 소수는 중요하다. 그러나 회문수는 경우가 다르다. 수학자들이 회문수를 도외시하는 이유는 정의 자체가 극히 부자연스럽다고 느끼기 때문이다. 회문소수의 특징은 십진법으로 표기했을 때 좌우대칭이라는 점인데,

이것은 수 자체의 자연스런 특성이 아니라 우리가 십진법을 사용하기 때문에 나타난 '인위적 특성'이다. 예를 들어 131을 삼진법으로 표기하면 11212가 되어, 더 이상 회문수가 아니다. 반면에 소수는 어떤 표기법으로 쓰든 간에 항상 소수로 남는다.

이 정도면 꽤 설득력 있는 설명이지만 충분하진 않다. 10이든 혹은 인위적으로 택한 수이든 흥미로운 특성이 숨어 있을 수 있기 때문이다. 예를 들어 "$2^n - 1$의 형태로 표현되는 소수는 무한히 많은가?"라는 질문은 '2'라는 특별한 숫자가 개입되어 있음에도 불구하고 매우 흥미로운 문제로 알려져 있다. 왜 하필 2일까? 여기에는 그럴 만한 이유가 있다. 일반적으로 $a^n - 1$은 $a - 1$을 인수로 갖기 때문에, a가 2보다 크면 소수가 될 수 없다. 게다가 $2^n - 1$은 소수가 될 만한 또 다른 특성을 갖고 있다(계산적 정수론[IV.3] 참조).

그러나 모든 수를 십진법보다 '자연스러운' 이진법으로 표기해서 회문수를 나열해 봐도, 연구대상이 될 만한 특성은 보이지 않는다. 임의의 정수 n을 이진법으로 표기한 후 숫자배열을 완전히 **뒤집어서** 다시 십진법으로 표기한 수를 $r(n)$이라 했을 때, n이 (이진법의 관점에서) 회문수가 되려면 $n = r(n)$을 만족해야 한다. 그러나 이런 식으로 정의된 $r(n)$은 매우 이상하면서 '비수학적인' 함수이다. 예를 들어 1부터 20까지의 정수에 대응되는 $r(n)$을 나열해 보면 1, 1, 3, 1, 5, 3, 7, 1, 9, 5, 13, 3, 11, 7, 15, 1, 17, 9, 25, 5인데, 아무리 들여다봐도 규칙을 찾을 수가 없다. 누구든지 이 수열을 직접 계산해 보면, 처음 생각했던 것보다 훨씬 더 인위적이라는 느낌을 받게 될 것이다. 그리고 이와 같은 방법으로 한 번 뒤집은 수를

다시 한번 뒤집으면 원래 수로 돌아올 것 같지만, 실제 계산해 보면 전혀 그렇지 않다. 예를 들어 10을 이진수로 바꾸면 1010이고 이것을 뒤집으면 0101인데, 이 수를 다시 십진수로 바꾸면 5가 되어 원래의 10과 같지 않다. 그러나 0101은 보통 101로 표기하므로 5에 대응되는 $r(n)$은 10이 아니라 5이다. 즉 5는 이진법의 관점에서 볼 때 회문수이다. 그러나 5를 0101로 표기하자고 결정해도 문제가 해결되지는 않는데, 그럴 경우 5는 더 이상 회문수가 아니므로, 문제 자체에 모호함이 존재한다.

그렇다면 아무도 회문수의 개수가 무한개임을 증명하는 문제에 관심이 없다는 말인가? 아니다. 전혀 그렇지 않다. 약간의 계산을 거치면 n보다 작은 회문수의 개수가 대략 $\sqrt{n}$보다 작음을 증명할 수 있는데(이 증명은 별로 어렵지 않다), 회문수는 극히 드물게 나타난다. 소수의 경우에는 n보다 작은 소수의 개수를 계산하는 것이 너무 어려워서 일단 해답이 알려지면 커다란 도약을 이룰 가능성이 높지만, 회문수는 정의 자체가 인위적이기 때문에 정확한 개수가 알려진다 해도 다른 문제에 응용될 가능성은 별로 없다. 더 일반적인 결과를 증명해서, 회문소수에 대한 것은 따름정리에 불과한 경우라면야 이 문제를 풀자는 실질적 희망이 생길 것이다. 그런 결과라면 놀라운 것이고 분명 흥미롭겠지만, 회문수를 생각해서는 그런 결과를 발견하진 못할 것이다. 그 대신 질문을 일반화시키거나, 이와 비슷하면서 좀 더 자연스러운 문제를 찾아야 한다. 후자의 대표적 사례로는 다음과 같은 문제를 들 수 있다. 양의 정수 m에 대하여 $m^2 + 1$의 형태로 표현되는 소수는 무수히 많이 존재하는가?

좋은 수학문제는 일반성(generality)을 갖고 있어야 한다. 그리고 좋은 문제에 대한 해답은 하나의 문제를 해결하는 데 머무르지 않고 다양한 관련 문제를 양산한다. 그러므로 좋은 문제의 특징을 좀 더 정확하게 표현하면 '일반화 가능성(generalizability)'이라고 할 수 있다. 예를 들어 $\sqrt{2}$는 무리수이다라는 명제는 $\sqrt{2}$라는 하나의 숫자에 한정된 것처럼 보이지만, 이 명제의 증명법을 알고 나면 $\sqrt{3}$이 무리수라는 것도 쉽게 증명할 수 있으며, 동일한 논리를 더 넓은 범위의 수로 확장할 수 있다(대수적 수[IV.1 §1.4] 참조). 그러나 좋은 문제도 직접 풀어보기 전에는 그다지 흥미롭지 않아 보이는 수가 많다. 풀다 보면 이유가 있어서 제기됐다는 걸 알게 된다. '더욱 일반적인 문제의 첫 번째 어려운 예시'이거나, 비슷한 난이도를 갖는 여러 문제들 중 잘 선택된 하나의 예시인 경우가 많다.

수학문제들 중에는 단순한 질문으로 끝나는 것도 있다. 그러나 수학적 질문을 떠올리는 사람들은 대체로 해답이 무엇인지 좋은 감을 갖는 경우가 많다. 질문을 제기한 본인이 직접 증명하진 못했지만 굳게 믿고 있는 수학적 진술을 추측(conjecture)이라 한다. 그런데 어떤 추측은 해답이 알려진 문제보다 더 중요하게 취급되기도 한다. §8.1에서 말한 것처럼, 좋은 추측은 수학연구가 나아갈 방향을 제시해주기 때문이다.

옮긴이 _ 박병철

PART II

현대 수학의 기원

The Origins of
Modern Mathematics

II.1 수에서 수체계로

페르난도 구베아 *Fernando Q. Gouvêa*

인류는 글만큼이나 숫자를 사용해 왔다. 정보를 기록하는 방법을 발달시킨 모든 문명에서는 수를 기록하는 수단 또한 발견된다. 역사학자들 중에는 숫자가 문자보다 먼저 발명되었다고 주장하는 학자도 있다.

한 가지 분명한 사실은 문명 초기에는 숫자가 형용사로 사용되었다는 점이다. 당시 숫자는 사물의 수나 양을 헤아리는 수단이었다. 따라서 '3'이라는 숫자를 사용하기 전에도 '세 개의 살구'라는 말은 존재했을 것이다. 그러나 '셋'이라는 개념이 등장하면서 '세 마리의 물고기'와 '세 마리의 말'을 표현할 때 동일한 형용사를 사용하게 되었고, 이런 경우를 모두 '3'과 같은 기호를 개발하여 사용하면서, 3 자체가 독립적인 개체로 출현할 조건이 갖춰졌다. 그리고 이때부터 인류는 수학을 하기 시작했다.

이 과정은 새로운 종류의 수가 도입될 때까지 계속 반복된 듯하다. 처음에는 수가 사용되다가 기호를 써서 표기된 후, 그 자체로 대상이 되어 비슷한 것들이 체계를 이루게 됐다.

1 초기 수학에서 수의 역할

최초의 수학적 기록은 고대 이집트와 메소포타미아로 거슬러 올라간다. 두 문명권에는 문자를 기록하는 필경사(scribe)가 따로 있었는데, 이들은 사건의 내용을 기록하는 것뿐만 아니라 간단한 산술계산이나 수학문제를 푸는 능력도 겸비해야 했다. 현재 남아 있는 고대 수학문헌들은 젊은 필경사들을 위한 수학교재였던 것으로 추정된다. 이들 중 대부분은 간단한 연습문제로서, 해답이나 간단한 풀이과정이 끝부분에 기록되어 있다. 예를 들어 한 점토판에는 참호를 파는 문제가 25개 수록되어 있고, 또 다른 점토판에는 선형방정식 12개가 수록되어 있으며, 넓이나 길이를 묻는 문제도 있다.

사물을 헤아릴 때뿐만 아니라 측량할 때에도 수를 사용했으므로, 분수의 필요성이 꽤 일찍 대두되었을 것이다. 당시 분수는 표기가 복잡했기 때문에, '부서진 숫자(분수)'를 계산하는 것은 매우 어려운 작업이었을 것이다. 이들은 분수를 어떤 식으로 표기했을까? 이집트의 표기법은 메소포타미아와 전혀 달랐고, 현대의 표기법과도 크게 다르다.

이집트인들에게 분수의 기본개념은 'n분의 1'이었다(이 개념은 훗날 그리스와 지중해인들에게 전해졌다). 예를 들어 '6의 3분의 1은 2'라는 식이다. 이 방식에 의하면 7 나누기 3은 '7의 3분의 1', 즉 '2와 3분의 1'이 된다. 제약조건이 더 있었기 때문에 이 과정은 더 복잡했다. 이집트인들은 최종결과를 표기할 때 동일한 'n분의 1'을 반복해서 쓰지 않았기 때문에, $\frac{2}{5}$는 '3분의 1 더하기 15분의 1'로 쓰는 수밖에 없었다.*

메소포타미아인들은 완전히 다른 분수표기법을 개발했다. 아마도 이 표기법은 서로 다른 단위들 사이를 쉽게 넘나들기 위해 개발된 것으로 추정된다. 바빌로니아인들은 1부터 59 사이의 숫자들을 기호로 표기했고, 여기에 요즘과 비슷한 자릿수의 개념

---

* '5분의 1 더하기 5분의 1'이라고 쓰지 않았다는 뜻이다–옮긴이

을 도입하여 큰 숫자를 표현했다. 그러나 이들이 사용한 진법체계는 십진법이 아닌 60진법이었으므로 1, 20이라는 수는 '1개의 60과 20의 합', 즉 $1 \times 60 + 20 = 80$을 의미했다. 또한 이들은 분수표기에도 동일한 방식을 도입하여 '둘 중 하나'는 '60 중 30'으로 나타냈다. 이 표기법에서 분수부분이 시작되는 부분에 세미콜론(;)을 찍으면 숫자 읽기가 한결 편리해진다(물론 콤마(,)나 세미콜론은 현대인들이 도입한 기호이며, 고대 메소포타미아의 문헌에는 이에 해당하는 기호가 없다). 예를 들어 1;24,36은 $1 + \frac{24}{60} + \frac{36}{60^2}$이라는 뜻인데, 요즘이라면 $\frac{141}{100}$이나 1.41로 쓸 것이다. 메소포타미아인들이 사용했던 숫자표기법을 **60진법** 체계(sexagesimal place-value system)라 한다. 물론 지금 우리가 사용하는 표기법은 **십진법**체계(decimal place-value system)이다.

이집트와 메소포타미아의 분수표기법으로는 복잡한 수를 표현할 수 없다. 예를 들어 메소포타미아식 표기법은 **유한한** 60진수만 채택했는데, 7의 역수인 $\frac{1}{7}$을 표기할 때에는 당장 문제가 발생한다. 60진법 분수로는 $\frac{1}{7}$을 유한하게 표현할 방법이 없기 때문이다. 따라서 $\frac{1}{7}$을 표현하려면 근삿값을 찾는 수밖에 없다. 반면 이집트식 표기법은 모든 양의 유리수를 표현할 수 있지만, 분자가 항상 1이어야 하기 때문에 요즘 시각으로 볼 때 너무 복잡하다. 지금까지 남아 있는 파피루스 문서*에는 훈련을 위해 고안된 듯한 복잡한 분수문제가 수록되어 있는데, 예를 들면 '14, $\frac{1}{4}$, $\frac{1}{56}$, $\frac{1}{97}$, $\frac{1}{194}$, $\frac{1}{388}$, $\frac{1}{697}$, $\frac{1}{776}$'과 같은 식이다(현대식으로 표기하면 $14\frac{28}{97}$이다). 이처럼 계산

---

* 고대 이집트인들이 사용했던 식물성 종이-옮긴이

자체의 흥미에 중점을 둔 문제는 수학이 처음 개발되던 무렵부터 빈번하게 등장한다.

지중해 문화권에서는 한동안 이집트식 표기와 바빌로니아식 표기를 같이 사용했다. 일상적으로 접하는 숫자의 대부분은 '분자가 1인 분수'를 통해 표기하고, 천문학과 항해술에 자주 등장하는 시간이나 각도는 60진법으로 표기했다. 요즘 사용되는 시간단위(1시간 = 60분, 1분 = 60초)는 고대 그리스의 천문학자들과 바빌로니아식 60진법 체계의 영향을 받은 것이다. 그 사이에 무려 4천 년이라는 세월이 흘렀지만, 바빌로니아의 필경사들은 아직도 우리에게 막대한 영향력을 행사하고 있는 것이다.

2 길이는 수가 아니다

고대 그리스와 헬레니즘 문화권의 수학은 더욱 복잡하다. 다들 알다시피 그리스인들은 '수학적 증명'이라는 개념을 처음 창안한 사람들이다. 이들은 명확한 초기가정과 신중한 논리를 통해 인류 역사상 최초로 수학의 연역적 추리법을 개발했으며, 이로부터 수를 다루는 방법 및 수와 다른 양들 사이의 관계를 정립할 수 있었다.

기원전 4세기 이전에 그리스인들은 '같은 단위로 잴 수 없는 양'이 존재한다는 근본적인 사실을 발견했다. 주어진 두 개의 길이를 세 번째 길이의 정수배로 표현할 수 없는 경우가 종종 발생했기 때문이다. 길이와 수가 개념적으로 다른 것이어서 그런 것만은 아니다(물론 이것은 중요하다). 그리스인들은 길이를 나타내는 데 수를 이용할 수 없음을 **증명**하였다.

한 가지 예를 들어 보자. 여기 두 개의 선분이 주어져 있다. 두 선분의 길이가 수를 써서 주어졌다면, 최악의 경우에는 분수로 표현될 수도 있다. 그런데 길이의 단위를 바꾸면 두 길이 모두 정수로 표현되게 할 수 있다. 다시 말해서, 단위길이를 적절히 선택하면 두 선분의 길이를 정수로 나타낼 수 있다는 뜻이다. 따라서 두 개의 선분은 '같은 단위로 잴 수 있다(commensurable)고 할 수 있을 것이다'.

그러나 그리스인들은 이런 식의 '정수화'가 항상 가능하지는 않다는 사실을 **증명했다**는 게 문제였다. 가장 대표적인 사례가 정사각형의 한 변의 길이와 대각선의 길이이다. 그리스인들이 이 두 길이를 같은 단위로 잴 수 없다는 것을 어떻게 알아냈는지는 정확하게 알 수 없지만, 아마도 다음과 같은 논리를 사용했을 것이다. 정사각형의 대각선 길이에서 한 변의 길이를 빼면, 남은 길이는 당연히 대각선보다 짧고 한 변의 길이보다도 짧다. 그러므로 만일 한 변과 대각선이 같은 단위로 표현된다면, 둘의 차이도 같은 단위로 표현될 것이다. 이제 대각선에서 한 변의 길이를 뺀 나머지를 한 변으로 하는 작은 정사각형을 그려서 동일한 논리를 적용해 보자. 그러면 작은 사각형의 한 변과 대각선은 역시 이전과 동일한 단위로 표현되고, 둘의 차이도 마찬가지다(두 번째 자투리 선은 처음 대각선에서 특정 길이를 두 번 빼고 남은 나머지에 해당한다). 이 자투리 선을 한 변으로 하는 더 작은 정사각형을 그려 봐도 결과는 마찬가지다. 그런데 이 과정은 몇 단계 거친 후 종료되는 것이 아니라 무한히 반복되며, 뒤로 갈수록 자투리 선의 길이는 **점점 더 짧아진다**. 이런 식으로 가다 보면 자투리 선의 길이는 처음에 예상했던 단위

길이보다 당연히 짧아질 것이다. 그런데 1보다 작은 (양의) 정수는 존재하지 않으므로, 결국 '정사각형의 한 변과 대각선의 길이를 동시에 표현할 수 있는 공통단위는 존재하지 않는다'는 결론에 도달하게 된다.

물론 대각선도 분명한 길이를 갖고 있다. 정사각형의 한 변의 길이를 1이라 했을 때 대각선의 길이는 $\sqrt{2}$이므로, 위의 논리는 결국 '$\sqrt{2}$는 분수가 아니다'라는 사실을 증명한 셈이다. 그러나 그리스인들은 $\sqrt{2}$를 수로 취급하지 않았다. 그들에게 $\sqrt{2}$는 수가 아니라 길이였고, 좀 더 정확하게 말하면 '정사각형의 한 변의 길이와 대각선 길이 사이의 비율'을 의미했다. 다른 길이에 대해서도 이와 비슷한 논리가 적용된다. 예를 들어 면적이 1인 정사각형의 한 변의 길이와 면적이 10인 정사각형의 한 변의 길이도 '같은 단위로 잴 수 없는 쌍'에 속한다.

결론적으로 말해서, 기원전 4세기 이전의 그리스인들에게 길이는 수가 아니라 일종의 양이었다. 그러나 이런 식으로 따지면 길이뿐만 아니라 면적, 각도, 부피 등도 모두 양에 속한다. 게다가 이들은 각기 다른 종류의 양이므로 비교가 가능하지 않게 된다.

이것은 기하학에서 측정할 때 골치 아픈 문제를 야기한다. 고대 그리스인들은 이 문제를 해결하기 위해 비(ratio)라는 개념에 크게 의존했다. 같은 종류의 두 양 사이에는 특정한 비가 할당되며, 이 값은 다른 종류의 두 양 사이의 비와 같을 수도 있다. 또한 두 비 사이의 동일성은 그리스 기하학에서 가장 중요하고 심오한 개념인 '에우독소스(Eudoxus)의 비례론'에 의해 정의되었다. 예를 들어 원주율 π에

대해 애기하는 것이 아니라 '원의 면적과 그 원의 반지름을 한 변으로 하는 정사각형의 면적 사이의 비는 원의 둘레와 직경 사이의 비와 같다'는 식으로 표현했다(물론 그리스인들에게 π는 수가 아니었다!). 여기서 눈여겨볼 것은 면적의 비와 길이의 비를 동일선상에서 이해했다는 점이다. 고대 그리스의 수학자들은 딱히 π를 칭하는 용어를 만들지 않았지만, 두 수의 비를 비교하긴 했다. 아르키메데스[VI.3]는 '22대 7의 비보다 조금 작으면서 223대 71의 비보다는 조금 큰 값'임을 증명했다.

지금의 시각으로 보면 별로 우아하지 않지만 대단히 잘 통했다. 엄청나게 다양한 양들을 몇 개의 종류(길이, 각도, 표면적 등)로 나눠서 철학적으로 이해하는 데에도 많은 도움을 주었다. 같은 종류의 양들은 비를 통해 서로 연결되고, 비는 인간의 마음이 인식하는 양이므로 서로 다른 종류의 비를 비교할 수 있다. 실제로 그리스어와 라틴어에서 비를 뜻하는 단어는 'reason' 또는 'explanation'을 뜻하는 단어와 같다(그리스어로는 'logos'이고 라틴어로는 'ratio'이다). 그리고 무리수(irrational, 그리스어로 alogos)는 '비가 존재하지 않는(without ratio)', 또는 '이치에 맞지 않는(unreasonable)'이라는 뜻을 담고 있다.

엄밀한 체계이지만 거리와 각도 등 일상적인 양을 측정하려는 필요와는 동떨어져 있음은 분명하다. 그래서 천문학자와 지도제작자 등 당대의 과학자들은 60진법에 기초한 근사적 표현을 주로 사용했는데, 여기에도 약간의 문제가 있었다. 서기 1세기경에 알렉산드리아의 헤론(Heron)은 이론가들이 발견한 내용을 현실적 측정에 적용하는 책을 집필했다. 요즘 우리가 원주율 π를 $\frac{22}{7}$로 대신하는 것도

이 책에서 처음 시작된 전통이다(아마도 아르키메데스가 증명했던 원주율의 상한값과 하한값 중에서 좀 더 간단한 분수를 택했을 것이다). 그러나 이 시대에도 이론수학자들은 현실에 존재하는 양과 수를 엄격하게 구별하고 있었다.

서양에서 고대 그리스 시기 이후 1500년이 넘는 시간 동안 수의 역사에서 수에 대한 중요한 주제는 두 가지였다. 첫째는 다양한 양들 사이의 구별이 서서히 사라진 것이고, 둘째는 이런 수의 개념이 계속 일반화됐다는 것이다.

3 십진법

정수를 표현하는 체계를 처음으로 창안한 사람은 고대 인도의 수학자들이었다. 이들은 서기 5세기 이전에(아마도 한참 전에) 1부터 9까지 아홉 개의 숫자를 나타내는 표기법을 만들었으며, 숫자의 위치로 값을 나타내는 진법을 창안했다. 3이 일의 자리에 있으면 액면 그대로 3이고, 십의 자리에 있으면 10이 3개, 즉 30을 의미하는 식이다. 물론 이 표기법은 지금 우리도 쓰고 있다. 그 사이에 숫자의 모양은 달라졌지만 진법의 원리는 변하지 않았다. 숫자가 없는 빈자리를 표현하기 위해 '0'이라는 숫자를 개발한 것도 이 무렵의 일이었다.

인도의 천문학자들은 정수와 거리가 먼 사인함수를 폭넓게 사용했다. 이들은 사인값을 나타내기 위해 바빌로니아식 60진법을 사용했는데, 개개의 '60진법 자릿수'는 십진법으로 표기했다. 예를 들어 '33과 $\frac{1}{4}$'은 33 15′, 즉 33 단위와 15분을 의미했다(15분은 '$\frac{1}{60}$이 15개 있다'는 뜻이다).

인도에서 시작된 십진표기법은 꽤 이른 시기에 이슬람문화권으로 전파되었다. 9세기 당시 새로 세워진 칼리프의 수도 바그다드에서 **알콰리즈미[VI.5]**는 인도식으로 '아홉 개의 수에 기초한 계산법'을 책으로 출간했고, 몇 세기 후 라틴어로 번역되었다. 대단히 인기 있고 영향력이 커서 중세 후기의 유럽에서는 십진법을 '알고리즘(algorithm)'이라 부를 정도였다.

알콰리즈미는 0을 '빈자리를 채우는 기호'로 간주했을 뿐, 수로 간주하지 않았고 거기에 특별한 의미를 부여하지는 않았다는 점에 주목할 필요가 있다. 그러나 일단 0을 도입하여 계산을 수행하다 보면 기호와 숫자 사이의 구별이 금방 사라진다. 자릿수가 많은 수들을 서로 더하거나 곱하기 위해서는 0과 다른 수를 더하고 곱할 줄 알아야 하기 때문이다. 이리하여 0은 무(無)를 뜻하는 기호에서 서서히 수로 자리매김하게 되었다.

4 사람들이 원하는 것은 수이다

고대 그리스문화가 외부세계의 영향을 받아 변질되면서 실용성을 추구하는 전통이 생겼다. '대수'라는 용어가 파생되게 한 알콰리즈미가 쓴 책에서 이를 볼 수 있다. 이 책에는 실용적인 수학문제들이 집대성되어 있는데, 그는 이 책의 서두에서 이제는 더 이상 그리스 수학 세계에 머물고 있지 않다는 것을 선언했다. '계산에서 사람들이 보통 원하는 것이 무엇인지 생각했더니 그것은 다름 아닌 '수'였다.'

알콰리즈미의 책은 첫 부분에 이차방정식의 해법과 대수적 취급법을 소개하고 있다(그러나 기호는 하나도 없고 전부 글로 적혀 있다). 이 책에서 알콰리즈미가 제시한 해는 학생들도 배우는 내용이다(2차방정식의 근의 공식으로, 다들 알다시피 제곱근이 포함되어 있다). 그러나 여기 등장하는 예제들은 제곱근 안에 들어 있는 수가 한결같이 완전제곱수여서, 제곱근 기호가 쉽게 벗겨진다. 즉, 알콰리즈미는 수(정수 또는 분수)로 떨어지는 문제만을 다룬 것이다.

이 책의 다른 부분을 보면, 알콰리즈미가 정수의 제곱근(루트)을 수로 간주하려고 노력한 흔적이 역력하다. 그는 $(20 - \sqrt{200}) + (\sqrt{200} - 10) = 10$과 같은 예제를 통해 제곱근의 취급법을 설명하고 있다(물론 이 부분도 모두 기호가 아닌 글로 적혀 있다). 그리고 기하학과 측정문제를 주로 다룬 2부에서는 제곱근의 근삿값을 계산하는 방법까지 적어놓았다. '이 두 수를 곱하면 1875이고 여기에 제곱근을 취하면 면적이 되는데, 그 값은 43이 조금 넘는다.'

중세 이슬람의 수학자들은 알콰리즈미의 실용적 전통을 중요하게 생각하면서도, 다른 한편으로는 유클리드[VI.2]의 『원론(Elements)』에 깊은 영향을 받았다. 그래서 이 시기에 발간된 책들은 실용적 측정법과 그리스의 정교함을 모두 담고 있다. 예를 들어 오마르 하이얌(Omar Khayyam)은 저서 『대수학(Algebra)』에서 그리스 스타일의 증명과 수치적 해법을 모두 다뤘는데, 기하학적 방법으로 3차방정식의 해를 구하면서 수치적 방법으로 해를 구하지 못한 것을 안타까워하고 있다.

그러나 '수'의 영역은 서서히, 그리고 꾸준하게 확장돼 갔다. 그리스인들은 $\sqrt{10}$을 수가 아닌 '면적이 10인 정사각형의 한 변의 길이' 혹은 어떤 비로 간주했지만, 중세 이슬람과 유럽에서는 $\sqrt{10}$을 수로 간주하는 수학자들이 점점 많아졌다. 연산에 종종 사용되었으며, 심지어는 방정식의 해로도 등장했다.

5 모든 수에 동등한 자격을 부여하다

정수 외에 분수까지 포함하도록 십진법을 확장한다는 아이디어는 몇 사람의 수학자들에 의해 독립적으로 발견되었는데, 그중 가장 큰 영향을 미친 사람은 플랑드르(네덜란드) 출신의 수학자이자 공학자였던 스테빈[VI.10]이었다. 그가 1585년에 출간한 책 『De Thiende』('10분의 1'이라는 뜻)는 십진법 체계를 대중화하는 데 결정적인 역할을 했으며, 10분의 1과 100분의 1 등에도 자릿수를 할당한다는 아이디어로 오늘날에도 사용되는 체계를 만들었다. 분수 계산을 어떻게 간단히 할 수 있는지 설명하고 실용적인 응용도 많이 제시했다. 실제로 표지에 '점성가와 측량사, 그리고 양탄자 제작자들을 위한 책'이라고 적어 놓았다.

스테빈은 자신의 표기법이 새로운 문제를 야기한다는 사실을 잘 알고 있었다. 예를 들어 $\frac{1}{3}$을 십진법으로 표기하면 무한소수가 된다. 그는 '정확하게 표현하려면 무한히 긴 소수를 나열해야 하지만, 몇 자리만 취하고 나머지를 잘라내도 크게 틀리지 않는다'고 강조했다.

스테빈은 자신의 체계로 모든 길이에 하나의 '수(십진소수)'를 대응시킬 수 있다는 것도 알았다. 1.1764705882($\frac{20}{17}$의 처음 11자리)와 1.4142135623($\sqrt{2}$의 처음 11자리)의 작은 차이를 간파했던 그는 『산술(Arithmetic)』이라는 책에서 대담하게도 '모든

(양)수는 제곱, 세제곱, 네제곱 등의 거듭제곱으로 표현될 수 있으며, 제곱근도 분명한 수이다'라고 주장했다. 또한 그는 '엉뚱한 수나 비이성적인 수 또는 표현할 수 없거나 불합리한 수는 이 세상에 존재하지 않는다'고 주장했는데, 그가 문제 삼았던 수는 오늘날 '무리수(irrational number)'로 알려져 있다(분수로 표현될 수 없는 수를 무리수라 한다).

결국 스테빈은 엄청나게 많은 종류의 '양'들을 십진법으로 정의된 하나의 수체계에 통합시킨 셈이다. 이런 수가 직선 위에서 잰 길이로 표현된다는 사실도 알고 있었다. 이것은 오늘날 우리가 '양의 실수'라 부르는 수집합에 해당한다.

스테빈의 아이디어는 로그(logarithm)가 발명되면서 급속도로 퍼져나갔다. 사인이나 코사인과 마찬가지로, 로그는 매우 실용적인 계산도구이다. 삼각함수와 로그를 실제 계산에 사용하려면 표가 있어야 하는데, 이 표를 십진법으로 표현하면서 거의 모든 사람들이 스테빈의 십진표기법을 수용하게 된 것이다.

이것이 얼마나 대담한 도약인지를 이해하게 된 것은 한참 후의 일이었다. 양의 실수는 단순히 수의 범위를 확장한 개념이 아니라 엄청나게 크고 복잡한 수체계이다. 현대의 수학자들도 양의 실수에 숨어 있는 복잡성을 완전히 이해하지 못하고 있다(집합론[IV.22] 참조).

6 진수와 허위수, 그리고 상상의 수

스테빈이 역사에 남을 책을 집필하던 무렵에 수학자들은 또 다른 도약을 준비하고 있었다. 방정식의

해법을 연구하던 중 음수와 복소수의 유용성에 눈을 뜨게 된 것이다. 스테빈도 음수의 존재를 알고는 있었지만, 심리적으로 강한 거부감을 갖고 있었다. 예를 들어 '−3이 $x^2 + x − 6 = 0$의 해라는 것은 $x^2 − x − 6 = 0$(x를 −x로 바꾼 방정식)의 해가 3임을 의미한다'고 설명했다.

2차방정식에서는 쉽게 피해갈 수 있지만, 3차방정식으로 가면 훨씬 복잡한 문제가 발생한다. 16세기에 몇몇 이탈리아의 수학자들은 3차방정식의 해법을 개발했는데, 풀이과정의 핵심은 제곱근을 추출하는 것이었다. 그런데 문제는 제곱근을 취해야 할 수가 종종 음수였다는 점이다.

당시까지만 해도 대수학문제를 풀다가 음수에 제곱근을 취할 일이 생기면 '해가 없는 문제'로 치부하곤 했다. 그러나 방정식 $x^3 = 15x + 4$에는 분명히 해가 존재하는데($x = 4$가 답이다), 3차방정식의 공식에서는 $\sqrt{-121}$의 계산이 필요했다.

이 문제에 정면으로 도전한 사람은 이탈리아의 수학자이자 공학자였던 봄벨리[VI.8]였다. 그는 1572년에 출판한 자신의 책『대수학(Algebra)』에서 앞으로 나아가 '새로운 종류의 근'으로 계산을 하고, 그런 식으로 3차방정식의 근을 구할 수 있음을 보였다. 이 경우 실제로 3차식을 풀 수 있었고, 더 중요한 것은 이 이상한 새로운 수가 유용하다는 것이었다.

그러나 봄벨리의 새로운 양이 사람들에게 수용될 때까지 오랜 세월을 기다려야 했다. 그로부터 50년 후, 알베르 지라르(Albert Girard)와 데카르트[VI.11]는 '방정식의 해에는 진수(true, 양수를 의미함)와 허위수(false, 음수), 그리고 상상의 수(imaginary, 허수)의 세 가지 종류가 있다'고 말했다. 그러나 이들이

말한 상상의 수가 오늘날 우리가 사용하는 복소수와 같은 개념인지는 분명치 않다. 다만 데카르트는 n차방정식에 n개의 해가 존재해야 한다고 말하는 듯했고, 진수(양수)도 아니고 허위수(음수)도 아닌 해를 '상상의 수'라고 표현한 것 같다.

그 후로 복소수는 서서히 이용되기 시작했다. 수학자들은 음수의 로그와 삼각함수를 연구하면서 복소수의 필요성을 느끼기 시작했고, 방정식의 해를 구할 때에도 반드시 필요한 수임을 깨닫게 되었다. 특히 18세기의 수학자 오일러[VI.19]는 사인-코사인 함수와 복소수의 관계를 규명하여 수학을 비약적으로 발전시켰으며(이 과정에 상수 e가 개입되어 있다), 18세기 중반에는 '모든 다항식은 복소수 내에서 완전히 해를 갖는다'는 것이 잘 알려지게 되었다. 이것이 바로 대수학의 기본정리[V.13]로서, 모두가 만족할 만한 증명을 완성한 사람은 가우스[VI.26]였다. 이로써 방정식이론에는 더 이상의 수가 필요 없는 것처럼 보였다.

7 낡은 수체계와 새로운 수체계

복소수는 실수와 완전히 다른 수이다. 그래서 복소수가 수학에 도입되었을 때 수학자들은 수를 본격적으로 분류하기 시작했다. 스테빈이 주장했던 '수의 평등화'는 후대에 어느 정도 영향을 미쳤으나, '정수는 십진 소수보다 좋은 수'라거나 '유리수는 무리수보다 다루기 쉽다'는 인식까지 바꾸기에는 역부족이었다.

19세기 들어 온갖 새로운 아이디어가 속출하면서 수의 분류에 좀 더 신중을 기해야 한다는 목소리

가 높아졌다. 가우스와 쿠머[VI.40]는 정수론을 연구하던 중 정수와 거동방식이 비슷한 복소수 $a + b\sqrt{-1}$ (a와 b는 정수)에 관심을 갖게 되었고, 방정식의 이론에서는 갈루아[VI.41]가 '방정식의 가해성(solvability)을 분석하려면 어떤 수가 합리적인지(rational)에 대해 전반적인 동의가 있어야 한다'고 지적했다. 그의 논리에 의하면 5차방정식의 일반적인 해법이 존재하지 않는다는 아벨[VI.33]의 정리에서 '합리적 수'란 '방정식의 계수로 사용된 기호에서 다항식의 몫으로 표현되는 수'를 의미한다. 갈루아는 이런 식으로 표현되는 모든 수의 집합이 보통의 연산 규칙을 따른다고 했다.

18세기에 요한 람베르트(Johann Lambert)는 e와 π가 무리수임을 증명한 후, 이들을 근으로 갖는 방정식이 존재하지 않을 수도 있음을 시사했다. 이런 수를 초월수라고 하는데, 람베르트가 활동하던 당시에는 초월수의 존재성조차 알려져 있지 않았다. 그 후 1844년에 리우빌[VI.39]은 초월수가 존재한다는 것을 증명했고, 수십 년 후에 e와 π가 초월수라는 것도 증명되었다. 그리고 19세기 말에 칸토어[VI.54]는 실수의 대부분이 초월수임을 증명했다. 칸토어의 발견은 스테빈이 수체계를 대중화시킨 이래 처음으로 예상치 못한 깊이가 담겨 있음을 밝혔다.

수의 개념에 가장 큰 변화를 가져온 사람은 아마도 해밀턴[VI.37]일 것이다. 그는 1843년에 복소수를 2차원 좌표에 표현한다는 획기적 아이디어를 제안하여 평면기하학을 크게 단순화시켰다. 그 후 해밀턴은 비슷한 아이디어를 3차원 공간으로 확장하려 했다. 이는 불가능한 것으로 드러났는데, 이 때문에 4차원 수체계에 이르게 됐다. 흔히 사원수[III.76]

로 알려진 이 수체계는 기존의 수와 비슷하지만 한 가지 결정적인 차이가 있다. 사원수의 곱셈은 교환법칙을 만족하지 않는다. 즉, q와 q'이 사원수일 때 qq'과 $q'q$는 같지 않다.

해밀턴이 발견한 사원수는 초복소수(hypercomplex number)의 첫 번째 사례였고, 이의 출현으로 많은 질문이 뒤따르게 되었다. '다른 수체계가 더 존재하는가?' '수체계로 간주할 수 있는 대상이란 과연 무엇인가?' '특정한 수들이 교환법칙을 만족하지 않을 수 있다면, 다른 법칙을 만족하지 않는 수들도 만들 수 있을까?'

지적 자극을 받은 수학자들은 모호한 '수'나 '양'의 개념을 버리게 되었고, 대수적 구조라는 좀 더 형식적인 개념에 의지하게 되었다. 이제 개개의 수체계는 우리가 연산을 수행할 수 있는 집합일 뿐, 그 이상의 의미는 없다. 이들을 이용하여 흥미를 끄는 체계를 매개화 혹은 좌표화할 수 있으므로 흥미로운 것이다. 예를 들어 정수(처음에는 '전체수(whole number)'로 불리다가 지금은 '정수(integer)'로 굳어졌다)는 셈의 개념을 형식화하는 데 유용하고, 실수는 공간에서 직선을 매개화하며 기하학의 기초로 활용되고 있다.

20세기가 시작될 무렵에는 다양한 수체계가 이미 알려져 있었다. 정수는 핵심 자리를 차지했고 유리수(분수)와 실수(스테빈의 십진수로서, 지금은 주의 깊게 형식화돼 있다), 그리고 복소수가 그 뒤를 이어 층을 이룬다. 복소수보다 일반적인 체계로는 해밀턴의 사원수가 있다. 하지만 수체계는 이것만 있는 것이 아니다. 정수론자들은 대수적 수로 이루어진 몇 가지 체(field)를 연구하고 있는데, 이것은 복소수의 부분집합으로서 일종의 자율계(autonomous system)로 이해할 수 있다. 갈루아가 도입했던 '보통의 연산 규칙을 만족하는 유한계'는 오늘날 유한체(finite field)로 알려져 있다. 또한 함수론을 연구하는 수학자들은 함수를 수가 아닌 '수와 비슷한 체계'로 이해하고 있다.

20세기 초에 쿠르트 헨젤(Kurt Hensel)은 유리수의 집합으로부터 소수(prime number)에 특별한 역할을 부여한 p진수[III.51]를 도입했다(소수 p는 임의로 선택할 수 있으므로, 헨젤은 무수히 많은 수체계를 새로 도입한 셈이다). 이 체계는 덧셈과 곱셈 등 보통의 산술 규칙을 그대로 따르기 때문에, 현대식 용어로 표현하면 일종의 체로 간주할 수 있다. 헨젤의 p진수는 '분명 수이지만 유리수나 복소수와는 직접적인 관계가 없는' 첫 번째 사례였다(단, p진수와 복소수는 둘 다 유리수를 포함하고 있다는 공통점을 갖고 있다). 그 결과 에른스트 슈타이니츠(Ernst Steinitz)가 p진수를 이용하여 추상적인 체이론을 만들게 됐다.

슈타이니츠가 시도했던 '추상화' 작업은 수학의 다른 분야에서도 진행되었다. 가장 대표적인 사례로는 군론(group theory)과 표현론(representation theory), 그리고 대수적 정수론(algebraic number theory)을 들 수 있다. 뇌터[VI.76]는 이 이론들을 하나로 묶은 '추상대수학(abstract algebra)'을 창안했는데, 이것은 수를 완전히 뒷전으로 미뤄 놓고 연산을 가진 집합의 추상적 구조에 집중한다.

지금은 수를 정의하는 것조차 쉽지 않다. 정수, 유리수, 실수, 복소수는 수임이 분명하지만, p진수도 엄연한 수체계에 속한다. 반면에 사원수는 일부 수학적 개념을 좌표로 표현하는 데 유용하지만 '수'로 취급되는 경우는 거의 없다. 개중에는 케일리(Cayley)의 팔원수[III.76]처럼 좌표로 표현되는 이상한 수도 있다. 결국 목전의 문제를 매개화 혹은 좌표화하는 데 사용된다면 그것을 사용하는 것이다. 필요한 수체계가 아직 없는 것으로 드러난다면 만들어내면 된다.

더 읽을거리

Berlinghoff, W. P., and F. Q. Gouvêa. 2004. *Math through the Ages: A Gentle History for Teachers and Others*, expanded edn. Farmington, ME/ Washington, DC: Oxton House / The Mathematical Association of America.

Ebbingaus, H. -D., et al. 1991. *Numbers*. New York: Springer.

Fauvel, J., and J. J. Gray, eds. 1987. *The History of Mathematics: A Reader*. Basingstoke: Macmillan.

Fowler, D. 1985. 400 years of decimal fractions. *Mathematics Teaching* 110:20-21.

———. 1999. *The Mathematics of Plato's Academy*, 2nd edn. Oxford: Oxford University Press.

Gouvêa, F. Q. 2003. *p-adic Numbers: An Introduction*, 2nd edn. New York: Springer.

Katz, V. J. 1998. *A History of Mathematics*, 2nd edn. Reading, MA: Addison-Wesley.

———, ed. 2007. *The Mathematics of Egypt, Mesopotamia, China, India, and Islam: A Sourcebook*. Princeton, NJ: Princeton University Press.

Mazur, B. 2002. *Imagining Numbers(Particularly the Square Root of Minus Fifteen)*. New York : Farrar, Straus, and Giroux.

Menninger, K. 1992. *Number Words and Number Symbols: A Cultural History of Numbers*. New York : Dover. (Translated by P. Broneer from the revised German edition of 1957/58: *Zahlwort und Ziffer. Eine Kulturgeschichte der Zahl*. Göttingen : Vandenhoeck und Ruprecht.)

Reid, C. 2006. *From Zero to Infinity : What Makes Numbers Interesting*. Natick, MA : A. K. Peters.

II.2 기하학

제레미 그레이 *Jeremy Gray*

1 서론

현대적 의미의 기하학은 20세기 초에 힐베르트 [VI.63]와 아인슈타인(Einstein)이 구축한 기하학이론에서 출발한다. 이것은 19세기의 과격한 '기하학의 재형식화'에 자극을 받아 구축되었다. 유클리드 [VI.2]의 『원론(*Elements*)』을 비롯하여 고대 그리스인들이 쌓아 올린 기하학체계는 '인류의 찬란한 지적 유산'이라는 칭송을 들으며 수천 년 동안 완벽한 진리로 군림해왔다. 그러나 새로운 이론은 과거의 기하학뿐만 아니라 인류의 사고방식까지 송두리째 바꿔놓았다. 이 장에서는 유클리드 시대에서 비유클리드 기하학에 이르는 기하학의 변천사를 조명하고, 리만[VI. 49]과 클라인[VI.57], 그리고 푸앵카레

[VI.61]의 업적을 살펴보기로 한다. 그 과정에서 기하학적 개념이 왜, 어떻게 그렇게 놀랍게 변했는지 살펴본다. 현대기하학의 주된 내용은 이 책의 후반부에서 논의될 것이다.

2 순진한 기하학

기하학, 특히 유클리드 기하학이란 우리 주변에 보이는 물체들을 수학적으로 서술하는 학문을 의미한다. 3차원 공간은 위아래, 좌우, 그리고 앞뒤로 무한히 길게 뻗어 있는 듯 보인다. 그 안에 존재하는 물체들은 특정 위치를 점유하고 있으며, 가끔은 다른 위치로 이동하기도 한다. 임의의 물체의 위치는 직선을 따라 측정한 길이를 이용하여 나타낼 수 있다. 예를 들어, 이 물체는 저 물체로부터 20미터 떨어져 있고, 높이는 2미터이며, … 등과 나타낼 수 있다. 또한 우리는 각도를 측정할 수도 있으며, 길이와 각도는 서로 미묘한 관계에 있다. 그러나 기하학에는 또 다른 측면이 있다. 눈으로 보는 것이 아니라 추론이라는 측면이다. 기하학은 이등변삼각형정리나 피타고라스 정리와 같은 온갖 수학적 정리로 가득 차 있다. 이 정리에는 길이와 각, 형태, 위치 등 우리가 알 수 있는 기하학적 속성들이 일목요연하게 요약되어 있다. 기하학은 고도로 연역적인 학문이라는 점에서 다른 과학분야와 뚜렷하게 구별된다. 가장 단순한 개념을 취하여 깊이 생각하여 실험적 증거를 모을 필요도 없이 공간에 대한 인상적이고 연역적인 지식의 총체를 쌓아 올릴 수 있다.

어떻게 그럴 수 있을까? 정말 그렇게 쉬울까? 굳이 사방팔방 돌아다니지 않고 의자에 편안히 앉은

채로 공간에 대한 확고한 지식을 쌓을 수 있을까? 아니다. 그럴 수는 없다. 길이와 각도에 기초하고 있으면서 유클리드 기하학과 일치하지 않는 다른 기하학도 있기 때문이다. 이 놀라운 발견은 19세기 초에 이루어졌으나, 발견되기 전에 직선성, 길이, 각과 같은 기본적인 개념에 대한 소박한 이해를 좀 더 정확한 것으로 바꿔야 했고, 이 과정은 수백 년이 걸렸다. 일단 개념 전환이 이루어진 후부터 무수히 많은 기하학이 새롭게 발견되었다.

3 고대 그리스의 기하학

기하학은 '이 세계를 대상으로 우리에게 유용한 사실들을 모아 놓은 집합', 또는 '체계화된 한 무더기의 지식'이라 할 수 있다. 어느 쪽이든 기하학의 기원은 학자들마다 의견이 분분하다. 고대 그리스와 바빌로니아인들이 기하학적 지식을 갖고 있었다는 것만은 분명한 사실이다. 만일 그들에게 기하학이 없었다면 거대한 도시와 사원, 그리고 피라미드 같은 초대형 건축물을 건설할 수 없었을 것이다. 그러나 고대 그리스 이전 사람들이 어느 정도의 지식을 갖고 있었는지 풍부하고 자세하게 알 길은 없으며, 플라톤과 아리스토텔레스 이전의 지식수준은 더욱 가늠하기 어렵다. 그런 이유 중 하나는 기원전 300년경에 알렉산드리아의 유클리드라는 학자가 (당대의 지식수준과 비교할 때) 너무도 뛰어난 저술을 남겼기 때문이다. 오늘날 『원론』이라는 제목으로 알려진 그의 책을 읽어 보면, 기하학의 역사라는 것이 '기하학적 지식 수집을 훨씬 능가하는 그 무엇'임을 알게 된다(총 13권으로 이루어져 있다). 이 책은 연역과 추론을 통해 알려진 기하학적 지식을 체계적으로 정리해 놓은 명저로서 몇 개의 주제로 나뉘어져 있으며, 각각의 주제는 복잡한 이론적 구조를 갖고 있다. 그러므로 기하학의 기원이 무엇이건 간에, 유클리드 시대에는 기하학이 논리적 주제의 패러다임으로 정착되었음이 분명하다. 여기 수록된 지식들은 일상적인 경험을 통해 습득된 지식과는 상당히 다르며 수준이 훨씬 높다.

그러므로 확실하지도 않은 기하학의 초창기 역사를 논하는 것보다, 이 글의 '명백하고 확실한 수학적 지식'이라는 기하학의 고고한 주장을 따라갈 것이다. 이처럼 우월한 지식에 대한 추구가 결국 비유클리드 기하학이라는 놀라운 발견을 낳았다. 유클리드 기하학 이외에도 모든 것이 엄밀하고 논리적인 기하학이 있다는 것이다. 더 놀라운 것은 유클리드 기하학보다 더 나은 물리적 우주모형을 제공하는 것으로 밝혀졌다는 것이다.

『원론』의 처음 네 권은 삼각형, 평행사변형, 원으로 대변되는 평면도형을 다루고 있다. 유명한 피타고라스 정리는 첫 번째 책의 47번째 명제로 등장한다. 그 뒤로 이어지는 두 권에는 도형의 비와 크기, 그리고 닮음꼴 이론이 자세히 소개되어 있으며, 그 다음 세 권에는 정수를 집중적으로 다루었다. 이 내용은 유클리드 시대 이전에 사방에 흩어져 있던 지식들을 모아서 정리한 것으로 추정되는데, 요즘 말로 하자면 정수론에 해당한다. 소수의 개수가 무한하다는 증명도 이 부분에 수록되어 있다. 그 다음으로 이어지는 열 번째 책은 $\sqrt{a} \pm \sqrt{b}$ 라는 특별한 형태의 길이를 다루고 있는데, 13권의 책들 중 분량이 가장 많다. 그리고 마지막 세 권의 주제는 3차원 기하학으로, '정다면체는 다섯 가지 종류가 있으며, 그 외의 정다면체는 존재하지 않는다'라는 사실을 증명하면서 끝맺는다(마지막 세 권에서는 제10권에서 정의한 조금 전의 이상한 길이가 중요한 역할을 한다). 이들 중 특히 마지막으로 발견된 다섯 번째 정다면체는 플라톤이 각별한 관심을 가졌던 도형이기도 하다. 플라톤이 말년에 저술했던 『티마이우스(Timaeus)』에는 우주를 서술하는 기본도형으로 다섯 개의 정다면체가 언급되어 있다.

총 13권으로 이루어진 『원론』의 대부분 책들은 서두에 몇 가지 정의를 제시한 후 다양한 사실들을 연역적으로 이끌어내는 식으로 구성되어 있다. 예를 들어 피타고라스 정리를 이해하려면 그와 관련된 결과를 알아야 하고, 이 결과를 이해하려면 그 앞에 제시된 정의를 알아야 하는 등 이런 식으로 거슬러 가다 보면 가장 기본적인 정의에 도달하게 된다. 책의 전체적인 구성은 매우 뛰어나다. 평소 기하학에 대해 회의적인 생각을 품고 있었던 철학자 토마스 홉스(Thomas Hobbes)는 『원론』을 읽고 나서 기하학의 열렬한 신봉자가 되었다. 이 책이 그토록 막대한 위력을 발휘하는 이유는 논리를 풀어나가는 방식이 탁월하기 때문이다. 『원론』은 대체로 정수론과 관련된 부분을 제외하고 **공리적 방법**(axiomatic method)으로 논리를 풀어나가고 있다. 즉, 자명한 사실들로 이루어진 일련의 공리(axiom)를 제시한 후, 순수한 논리를 통해 다양한 정리를 이끌어내는 식이다.

이 방법이 통하려면 세 가지 조건을 만족해야 한다. 첫째, 논리가 **순환**되지 않도록 각별한 주의를 기울여야 한다. 예를 들어 당신이 P라는 명제가 참임을 증명한다고 가정해 보자. 당신은 이전에 제시된 명제 Q로부터 P가 참임을 유추했다. 그리고 또 다른 명제 R로부터 Q가 참임을 유추하는 등 이런 식으로 거슬러 올라갈 때, 다시 명제 P가 나와서는 안 된다. P가 다시 나온다면, 공리로부터 P가 참임을 증명한 것이 아니라 $P, Q, R, \cdots$이라는 모든 명제들이 동등하다는 사실을 입증한 것뿐이다. 이 부분에서 유클리드의 전개방식은 단연 압권이다.

두 번째 조건은 추론의 법칙이 명확하면서 수용 가능해야 한다는 것이다. 기하학에 등장하는 명제들 중 어떤 것은 너무도 자명하여, 증명되어야 한다는 사실을 간과하기 쉽다. 이상적으로는 정의에서 언급된 내용 외에 아무것도 사용하지 않아야 한다. 하지만 이 조건을 만족시키기란 결코 쉽지 않다. 유클리드는 이 부분에서도 탁월한 성공을 거두었으나, 가끔은 오락가락할 때도 있다. 『원론』은 동시대에 쓰여진 어떤 기하학책보다 뛰어나고, 수천 년이 지나도록 기하학의 기본교과서로 통용되어 왔다. 그러나 군데군데 논리적 빈틈이 있어서 후대의 주석가들이 부족한 내용을 채워 넣곤 했다. 예를 들어 유클리드는 '두 원의 반지름의 합이 두 원의 중심 사이의 거리보다 크면 두 원은 어딘가에서 교차한다'는 사실을 가정하지 않았고 증명도 하지 않았다. 그러나 유클리드는 놀라울 정도로 정확하게 추론의 일반법칙을 명시했으며, 이 법칙은 수학의 다른 분야에도 똑같이 적용될 수 있다.

세 번째 조건은 적절한 정의가 동반되어야 한다는 것이다(사실 이것은 두 번째 조건과 일맥상통한다). 유클리드는 두 가지 혹은 세 가지 정의를 제시했는데, 제1권은 '점'과 '선'을 비롯하여 일곱 가지 대상에 대한 정의로 시작된다. 너무 기초적인 개념이어서, 굳이 정의할 필요가 없다고 생각할지도 모를 텐데, 이런 정의가 후대에 추가되었다는 주장도 있다. 그런 다음, 제1권 및 뒤쪽에서 수차례 '삼각형', '평행사변형', '원' 등과 같은 친숙한 도형의 정의를 제시해 수학적 추론을 수월하게 해 준다. 제1권의 공준(postulate)들이 세 번째 부류의 정의를 이루는 데 다소 문제가 되는 것들이다.

제1권에는 일반적 추론법칙의 기초가 되는 다섯 개의 '일반 개념'이 수록되어 있다. '동일한 대상에 각각 동일한 양을 추가하면 동일성이 그대로 유지된다'는 것도 그중 하나이다. 또한 이 책에는 덜 수학적인 다섯 개의 '공준'이 포함되어 있는데, 첫 번째는 '임의의 두 점을 잇는 직선은 항상 그릴 수 있다'는 공준이고, 다섯 번째는 유명한 **평행선공준**(parallel postulate)으로 '하나의 직선이 두 개의 직선과 만났을 때 같은 쪽에 형성되는 두 내각의 합이 직각의 두 배(180°)보다 작으면, 두 직선을 두 내각과 마주보는 방향으로 무한히 연장했을 때 어딘가에서 반드시 교차한다'는 내용을 골자로 하고 있다.

아무리 길게 연장해도 만나지 않는 두 직선을 평행선이라 한다. 스코틀랜드 출신의 편집자 로버트 심슨(Robert Simson)은 1806년에 유클리드의 『원론』을 재출간하면서 평행선공준을 다음과 같이 쉽게 풀어 썼다. 『원론』에서 이 공준과 무관한 부분을 가정할 경우, 평행선공준은 다음과 동치이다. 평면 위에 직선 m과 이 직선상에 놓여 있지 않은 한 점 P가 주어졌을 때, P를 지나면서 m과 만나지 않는 하나의 직선이 존재한다. 이 해석에 의하면 평행선공준은 두 가지 사실을 주장하고 있다. 하나의 직선과 점이 주어졌을 때 그 점을 지나면서 직선에 평행한 선

이 존재한다는 것과, 이와 같은 직선이 단 하나만 존재한다는 것이다.

유클리드 자신도 그가 제시한 평행선공준이 그다지 우아하지 않다는 것을 알고 있었음에 주목할 필요가 있다. 당대의 수학자와 철학자들은 평행선공준을 별로 달가워하지 않았던 것 같다. 유클리드가 제1권에서 29번째 명제까지 언급한 후에 평행선공준을 소개한 것도 아마 이런 이유였을 것이다. 5세기에 활동했던 주석가 프로클루스(Proclus)는 『원론』의 제1권을 분석하던 중 쌍곡선을 길게 연장할수록 점근선에 가까워지지만, 아무리 길게 그려도 결코 만나지 않는다는 사실을 알게 되었다. 직선과 곡선도 만나지 않는 경우가 있는데, 두 개의 직선이 만나지 않는다고 해서 무엇이 문제라는 말인가? 이 문제는 좀 더 철저한 분석이 필요해 보였다. 골치 아프면 평행선공준을 빼 버리고 남은 공준을 이용하여 논리를 전개해도 될 것 같지만, 안타깝게도 『원론』에서 평행선공준을 빼고, 남은 정의들만의 결과로 축소하면 남는 것이 별로 없다. 유클리드 수학의 상당부분이 이 공준에 기초하고 있는 것이다. 가장 대표적인 사례로 '삼각형의 내각의 합은 직각의 두 배'라는 정리를 증명하려면 평행선공준을 사용해야 하는데, 피타고라스 정리를 비롯하여 각도와 관련된 수많은 정리들은 삼각형 내각의 합이 180°라는 사실에 기초하고 있다.

시대를 내려오면서 교육자들이 『원론』에 대해 많은 주장을 했지만, 수많은 전문가들은 불만족스러운 타협을 해야 한다는 걸 알고 있었다. 유용하고 놀랍도록 엄밀한 이론이 얻어졌지만, 이는 평행선공준을 받아들인 대가였던 것이다. 그러나 평행선공

준은 여전히 받아들이기 어려웠다. 다른 공준들처럼 명백하지도 않을뿐더러, 그것을 검증할 방법도 없었다. 수학적 진실의 기준이 높을수록 평행선공준과의 타협은 점점 더 어려워졌다. 이 상황을 어떻게 타개할 것인가? 수학자들은 깊은 고민에 빠졌다.

『원론』에 주석을 달았던 프로클루스는 다음과 같이 주장했다. '평행선공준이 참인지 명백하지 않지만, 이것이 없는 기하학은 황량하다. 따라서 '정리이기 때문에 참'일 가능성만 남는다.' 프로클루스는 이 사실을 다음처럼 논증했다. 두 직선 m과 n이 세 번째 직선 k와 만나는 점을 각각 P, Q라 하고, 이들이 이루는 각도의 합이 직각의 두 배라 하자. 여기에 새로운 직선 l을 추가로 그려 보자. l은 m과 P에서 만난 후 m과 n 사이의 공간으로 들어간다. 그러면 점 P에서 멀어질수록 l과 m 사이의 거리는 멀어진다. 프로클루스는 '그러므로 직선 l은 직선 n과 어디선가 만날 수밖에 없다'고 결론지었다.

그러나 프로클루스의 논리에는 미묘한 오류가 있다. 직선 l과 m 사이의 거리가 점점 멀어지는 것은 맞지만, 이 논리는 직선 m과 n 사이의 거리가 특정 값 이상으로 멀어지지 않는다는 것을 가정하고 있다. 프로클루스는 '평행선공준이 옳다면 직선 m과 n은 평행하며 이들 사이의 거리는 일정하다'는 사실을 잘 알고 있었다. 그러나 평행선공준이 증명되지 않는 한, m과 n 사이의 거리가 유한하다고 주장할 수 없다. 그러므로 '만나지 않는 한 쌍의 선은 무한히 멀어지지도 않는다'는 것이 사실로 증명되지 않는 한, 프로클루스의 증명은 수용될 수 없다.

프로클루스 외에도 많은 사람들이 평행선공준을 증명하려는 시도를 했는데, 기본적인 내용은 모두 비슷하다. 이들의 논리는 평행선공준 및 이로부터 유도된 모든 정리를 유클리드의 『원론』으로부터 분리하는 것으로 시작된다. 이렇게 분리하고 남은 것을 '핵심(core)'이라고 하자. 이 핵심을 이용하여 평행선공준을 하나의 '정리'로 증명하고자 했다. 프로클루스의 시도는 평행선공준이 정리임을 증명한 것이 아니라, 『원론』의 핵심을 이용하여 평행선공준이 '만나지 않는 두 직선은 무한히 멀어지지도 않는다'는 주장과 동일하다는 것을 증명한 셈이다. 이름 외에는 거의 알려진 게 없는 6세기의 저술가 아가니스(Aganis)는 '평행선 사이의 거리는 어디서나 균일하다'고 가정하고 있는데, 이것 역시 '평행선에 대한 유클리드의 정의는 두 직선 사이의 거리가 균일한 한 쌍의 직선을 평행선으로 정의한 것과 동일하다'는 것을 보여줄 뿐이다.

평행선공준과 관련된 논쟁에 끼어 들려면 우선 직선에 대하여 무엇이 정의에 속하고 무엇이 정리에 속하는지를 분명히 구별해야 한다. 만일 기하학의 가정들을 '상식의 전당'에 계속 쌓기만 한다면, 『원론』이 공들여 쌓은 연역적 구조는 단순한 사실의 무더기로 전락할 것이다.

유클리드는 『원론』을 집필하면서 연역적인 논리를 매우 중요하게 여겼지만, 그가 기하학을 어떤 마음으로 대했는지는 알 수 없다. 기하학을 '공간에 대한 수학적 서술'로 취급했을까? 지금까지 남아 있는 책만으로는 기하학에 대한 그의 생각은 알 길이 없지만, 아리스토텔레스와 후세대 주석가들이 발달시킨 그리스의 유명한 우주론에서는 우주가 유한하며, 별들을 고정된 천구가 에워싸고 있다고 보았음에 주목할 필요가 있다. 『원론』에 등장하는 수학적

공간은 무한하다. 그러므로 과거에 수학책을 집필했던 사람들의 수학적 공간은 물리적 세계를 단순히 이상화하려는 의도가 아니었을 것이다.

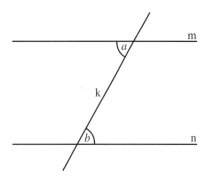

그림 1 직선 m과 n을 횡단선 k가 가로지르면 한 쌍의 엇각(a와 b)이 생긴다.

4 아랍과 이슬람의 주석가들

우리가 알고 있는 고대 그리스의 기하학은 몇 명의 수학자들이 연구한 것으로, 200년이라는 짧은 기간 동안 집중적으로 발표되었다. 이들이 연구한 기하학은 아랍과 이슬람의 작가들에게 전수되어 훨씬 긴 세월 동안 더욱 넓은 지역에 전파되었다. 이 무렵에 활동했던 작가들은 '그리스의 수학 및 과학서적에 주석을 단 사람'으로 알려져 있지만, 사실 이들은 주석가이기 전에 나름대로 창의적이고 혁신적인 과학자이자 수학자였다.[*] 당시 아랍과 이슬람의 수학자들 중 일부는 이전의 수학자들과 마찬가지로 유클리드의 『원론』을 연구하던 중 평행선공준 때문에 꽤나 골머리를 앓았는데, 이들도 평행선공준을 '공준이 아니라 핵심만으로 증명될 수 있는 정리'라고 생각했다.

이 증명을 처음 시도한 사람으로 타빗 이븐 쿠라(Thābit ibn Qurra)가 있다. 그는 알레포(Aleppo)[**] 근처에서 태어나 어린 시절을 보낸 후 바그다드로 이주하여 연구하다가 901년에 세상을 떠났다. 여기에서는 그가 시도했던 첫 번째 증명만 서술하기로 하자. 두 직선 m과 n이 세 번째 직선 k와 만날 때, k의

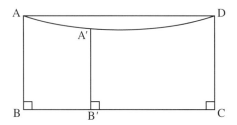

그림 2 AB와 CD는 길이가 같고 각 ADC는 직각이다. 그리고 A′B′은 세로변 AB가 CD를 향해 이동할 때 중간에 거쳐가는 임의의 지점을 나타낸다.

오른쪽(또는 왼쪽)에서 m과 n의 간격이 점점 가까워진다면, 그 반대쪽에서는 둘 사이의 간격이 무한정 멀어진다. 그는 두 직선이 제3의 직선(횡단선)과 만났을 때 형성되는 엇각(그림 1 참조)이 서로 같으면, 횡단선의 한쪽 방향으로 아무리 멀리 가도 두 직선 사이의 거리가 가까워질 수 없다는 것을 증명했다. 그런데 이 상황은 대칭적이므로, 횡단선의 반대쪽 방향으로 진행하면 두 직선은 가까워진다. 그러나 타빗 이븐 쿠라는 반대쪽으로 진행했을 때 두 직선이 무한히 멀어진다는 것을 증명했다. 그리고 이로부터 유클리드의 평행선공준을 유추해냈다. 하지만 이 논증에도 오류가 있다. 두 직선이 양쪽으로 무한히 멀어지는 경우를 고려하지 않은 것이다.

이슬람의 뛰어난 수학자이자 과학자였던 이븐

---

* 이들이 남긴 책은 훗날 다시 유럽으로 전파되어 르네상스의 씨앗이 되었다-옮긴이

** 현재 시리아 서북부의 도시로, 아시아와 유럽을 연결하는 교역의 요지였다-옮긴이

알하이샴(ibn al-Haytham)은 서기 965년에 바스라(Basra)*에서 태어나 1041년에 이집트에서 세상을 떠났다. 그는 두 세로변(그림 2의 AB와 CD)이 밑변(BC)에 수직한 평행사변형(ABCD)을 그린 후, 하나의 세로변에서 다른 세로변을 향하는 수선을 그렸다. 그리고는 이 수선이 밑변과 같다는 증명을 시도하면서, '이를 위해서는 원래의 두 세로변 중 하나(AB)를 다른 세로변을 향해 이동시켰을 때(A′B′) 변의 끝 부분이 직선을 그리고, 이 직선이 방금 전에 그린 수선과 일치해야 한다'고 했다. 이것은 하나의 직선으로부터 거리가 일정한 곡선은 사실상 직선이라고 가정한 것과 동일하며, 평행선공준은 이로부터 쉽게 유도된다. 따라서 이븐 알하이샴도 원래의 목적을 이루지 못한 셈이다. 훗날 오마르 하이얌(Omar Khayyam)은 '직선을 이동시키는 것은 유클리드의 『원론』과 완전히 동떨어진 모호한 개념'이라며 알하이샴의 증명을 맹렬히 비난했다. 사실 유클리드가 사용한 이동과는 사뭇 달랐는데, 알하이샴의 이동에서 얻어지는 곡선의 성질이 불명확했고, 따라서 분석이 필요한 부분이었다.

이슬람 문화권에서 평행선공준을 문제 삼은 마지막 인물은 1201년에 이란에서 태어나 1274년에 바그다드에서 세상을 떠난 나시르 알딘 알투시(Nasir al-Dīn al-Tūsī)로 알려져 있다. 이 책에서 언급된 이슬람 초기 수학의 상당부분은 그의 저술과 주석서를 참고한 것이다. 특히 알투시는 '두 직선이 서로 가까워지기 시작하면 어디선가 만날 때까지 계속 가까워진다'는 것을 증명하기 위해 다음의 명제의

증명에 착수했다.

(*) 두 직선 l과 m이 이루는 각이 직각보다 작으면 l에 수직한 모든 선들은 m과 만난다.

그는 위의 명제 (*)가 참이면 평행선공준도 참이라는 사실을 증명했다. 그러나 아쉽게도 명제 (*)에 대한 논증에는 오류가 있다.

무엇이 잘못되었을까? 당시의 수학만을 사용해서 이런 논리의 참거짓 여부를 알아내는 것은 결코 쉬운 일이 아니다. 이슬람 수학자들의 논리는 매우 정교하고 복잡하여, 서구의 수학자들도 18세기까지는 그들의 수준을 따라잡지 못했다. 그러나 불행히도 이슬람의 수학서적은 꽤 오랜 세월 동안 유럽인들의 관심을 끌지 못했다. (1594년에 바티칸에서 알투시의 책을 출간한 것이 예외인데, 현재 이 책은 알투시가 아닌 그의 아들이 쓴 책으로 추정되고 있다.)

5 되살아난 서구 수학자들의 관심

16세기 유럽에서는 고대 그리스의 수학관련 서적을 번역하는 일이 유행처럼 퍼져나가면서 평행선공준에 대한 수학자들의 관심이 되살아났다. 페레드리코 코만디노(Frederico Commandino)와 프란체스코 마우롤리코(Francesco Maurolico)에 의해 시작된 이 유행은 인쇄술의 보급과 함께 전 유럽으로 빠르게 퍼져나갔고, 비슷한 시기에 오래된 도서관에서 중요한 책 몇 권이 발견되면서 유클리드의 『원론』과 관련된 새로운 해설서가 연이어 출판되었는데, 대

부분의 책에 평행선공준과 관련된 내용이 수록되어 있다. 특히 헨리 새빌(Henry Savile)은 평행선공준을 '유클리드의 얼룩'이라고 표현했다. 그리고 1574년에 『원론』을 편집하여 재출간한 예수회 수사 크리스토퍼 클라비우스(Christopher Clavius)는 평행선을 '거리가 어디서나 동일한 한 쌍의 직선'으로 정의했다.

또한 16~17세기에는 별들이 박혀 있는 천구의 개념이 폐기되고 코페르니쿠스의 천문학이 받아들여지면서 유클리드의 기하학을 이용하여 정의된 물리적 공간이 서서히 수용되기 시작했으며, 뉴턴 [VI.14]은 그의 명저 『프린키피아(Principia Mathematica)』를 통해 유클리드 공간에 기초한 중력 이론을 소개했다. 비록 뉴턴의 물리학이 수용되기까지 다툼이 있었지만, 18세기 들어 뉴턴의 우주론은 이견의 여지가 없는 정설로 받아들여졌다. 하지만 『원론』의 핵심만으로 예상밖의 반직관적 결론이 도출된다면, 공간에 대한 반직관적 사실이 얻어지므로 유클리드 공간과 물리적 공간을 동일시한 것은 위험한 일이라는 논쟁이 가능했다.

1663년에 영국의 수학자 존 월리스(John Wallis)는 평행선공준과 관련하여 새롭고도 미묘한 관점을 제시했다(그의 스승이었던 핼리(Halley)는 아랍어에 능통하여 바티칸에 소장된 알투시의 알려지지 않은 책들을 모두 읽어 보았고, 거기 수록된 증명들을 직접 시도했다고 전해진다). 그러나 월리스는 자신의 논리에서 오류를 발견하고 '내가 증명한 것은 핵심하에서 평행선공준이 '합동은 아니면서 닮은 도형이 존재한다'는 주장과 동일하다는 것이다'라고 적어 놓을 정도의 통찰력이 있었다.

그로부터 거의 반세기가 지난 후, 이탈리아의 예수회 수사이자 평행선공준의 가장 끈질기고 철저한 옹호자였던 지롤라모 사케리(Gerolamo Saccheri)는 1733년에 『모든 오류에서 해방된 유클리드(Euclid Freed Every Flaw)』라는 책을 발표했다(그리고 그 해에 세상을 떠났다). 고전논리학의 걸작으로 꼽히는 이 책은 삼분법(trichotomy)으로 시작된다. 평행선공준이 사실로 확인되지 않는 한, 삼각형 내각의 합은 180°일 수도 있고 이보다 크거나 작을 수도 있다. 그래서 사케리는 하나의 삼각형이 갖는 특성은 모든 삼각형에 똑같이 적용된다는 것을 증명하고, 『원론』의 핵심에 부합되는 기하학도 세 종류가 있다고 결론지었다. 첫 번째 기하학은 모든 삼각형의 내각의 합이 180°보다 작은 체계이고(이것을 'L-기하학'이라 하자*) 두 번째는 삼각형 내각의 합이 180°인 체계이며(이것을 'E-기하학'이라 하자**), 세 번째는 삼각형 내각의 합이 180°보다 큰 기하학 체계이다(이것을 'G-기하학'이라 하자***). 두말할 것도 없이 E-기하학은 유클리드 기하학을 의미한다. 사케리는 이것만이 유일하게 가능한 체계라고 믿었기에, L과 G-기하학이 자체모순으로 붕괴된다는 것을 증명하기로 마음 먹었다. 그는 먼저 G-기하학의 불가능성을 증명한 후 L-기하학으로 관심을 돌렸는데, '평행선공준의 진실성에 위배된다'고 표현했다.

사케리는 L-기하학의 자체모순을 증명하는 과정에서 중요한 명제 몇 개를 제시했다. 예를 들어 L-기하학에 자체모순이 없다면 서로 만나지 않는 한

---

* 이때 L은 Less than의 머리글자–옮긴이
** 이때 E는 Equal to의 머리글자–옮긴이
*** 이때 G는 Greater than의 머리글자–옮긴이

쌍의 직선에 모두 수직인 제3의 직선이 존재하고, 두 직선은 양쪽으로 멀리 갈수록 거리가 멀어진다. 사케리는 이 문제를 해결하기 위해 '무한히 먼 곳에서 직선의 행동'이라는 다소 어리석은 논리에 기댔다가 중요한 오류를 범하게 된다.

사케리의 논리는 천천히 침몰했고, 완전히는 아니지만 점차 잊혔다. 훗날 스위스의 수학자 요한 람베르트(Johann Lambert)는 사케리의 삼분법에 관심을 갖고 파고들었다. 삼분법을 따르기는 했으나, 사케리와는 달리 평행선공준을 증명했다는 주장은 하지 않았다(람베르트의 책은 버려졌다가 그가 죽은 후인 1786년에 출판되었다). 람베르트는 '마음에 들지 않는 결과'와 '불가능한 것'을 엄밀하게 구별했으며, L-기하학에서 삼각형의 면적이 '내각의 합과 180°의 차이'에 비례한다는 것을 증명했다. 그는 L-기하학의 경우 닮음인 삼각형들은 합동이어야만 한다는 것을 알았고, 그것은 천문학에서 사용되던 삼각함수표가 더 이상 유효하지 않으며 모든 크기의 삼각형마다 서로 다른 표를 만들어야 함을 의미했다. 특히 60°보다 작은 각에 대해 그 각이 꼭짓각인 정삼각형은 딱 하나만 존재하므로, 철학자들은 이를 이용한 거리의 척도를 '절대적 거리척도(absolute measure of length)'라 불렀다(예를 들어 꼭짓각이 30°인 정삼각형의 변의 길이를 거리의 척도로 취하는 식이다). 그러나 라이프니츠[VI.15]의 추종자였던 볼프(Wolff)는 이런 아이디어가 불합리하다고 주장했다. 언뜻 생각해도 이것은 직관에 위배된다. 일반적으로 길이란 '파리에 보관되어 있는 1미터짜리 표준 막대에 대한 비율'이나 '지구의 둘레에 대한 비율' 등과 같이 어떤 기준에 대한 상대적 개념이다. 람베르트는 '특별한 삼각형을 길이의 기준으로 삼는 것은 편애나 증오가 투영된 결과이며, 이런 것은 수학과 무관하다'고 주장했다.

6 관점의 변화(1800년대)

서구의 수학자들은 유클리드의 『원론』이 현대판으로 재출간되면서 평행선공준에 한동안 관심을 가졌지만, 점차 시간이 지날수록 그들의 관심은 다른 분야로 옮겨갔다. 프랑스혁명이 일어난 후 르장드르[VI.24]는 에콜 폴리테크니크(École Polytechnique)*에 입학하려는 학생들을 위한 교재를 집필하면서 『원론』에 나타난 엄밀한 형태로 초등 기하학 연구를 복구하려 했다. 하지만 상당히 직관적인 책을 대체하는 것은 차치하고, 필요한 정도의 엄밀성을 보이는 것은 별개의 문제였다. 그러나 이전의 교과서와 마찬가지로 평행선공준을 적절히 방어하지 못했기 때문에, 훗날 르장드르는 자신의 시도가 궁극적으로 실패했음을 깨달았다. 그가 집필한 『기하학 원론(Éléments de Géométrie)』은 여러 번에 걸쳐 재출간되었으며, 개정판이 나올 때마다 평행선공준을 증명하려는 다양한 시도가 추가되었다. 이들 중 일부는 호의적으로 봐 주기 어렵지만, 어떤 것은 상당히 설득력 있는 논리로 평가되고 있다.

르장드르는 고전수학을 연구하면서 평행선공준이 참이라고 굳게 믿고 있었다. 그러나 1800년대에 들어서면서 이런 관점은 더 이상 수용되지 않았다. 평행선공준을 어떻게든 사수해야 한다는 과거

* 1794년에 프랑스에 설립된 최고의 공과대학–옮긴이

의 통념이 바뀌었을 뿐만 아니라, 심지어는 평행선 공준이 거짓이라고 생각하는 수학자도 있었다. 이와 같은 관점의 변화는 1818년에 마르부르크 대학(Marburg University)의 법학과 교수였던 슈바이카르트(F. K. Schweikart)가 가우스[VI.26]에게 보낸 편지에 잘 나타나 있다. 이 편지에서 슈바이카르트는 자신이 '성상기하학(astral geometry)'이라 부르던 새로운 내용을 한 페이지에 걸쳐 소개하고 있는데, 이 기하학 체계에서 삼각형 내각의 합은 항상 180°보다 작다. 또한 정사각형은 특별한 형태를 띠고 있으며, 직각이등변삼각형의 높이는 슈바이카르트가 정한 어떤 '상수'보다 클 수 없다. 그는 여기서 한 걸음 더 나아가 새로운 기하학이 공간의 구조를 서술하는 진정한 기하학이라고 주장했다. 가우스는 긍정적으로 답장했다. 그는 슈바이카르트의 주장을 대부분 수용하면서, 상수가 주어진다면 초등기하학의 모든 것을 할 수 있다고 주장했다. 슈바이카르트의 이등변삼각형에 대한 것은 새로운 정리지만 람베르트의 사후 출판된 책에 비해 거의 나은 점이 없다고 주장하는 이들도 있다. 그러나 여기서 중요한 것은 내용이 아니라 기하학을 대하는 자세이다. 새로운 기하학이 옳을 수도 있으며, 수학적 호기심에 불과한 것이 아니라는 생각 자체가 중요한 것이다. 유클리드의『원론』은 슈바이카르트에게 더 이상 족쇄가 아니었던 것이다.

안타깝게도 새로운 기하학에 대한 가우스의 생각은 별로 알려진 바가 없다. 일부 역사학자들은 (가우스의 독창성을 염두에 두고 하는 말이겠지만) 가우스가 비유클리드 기하학의 원조라고 주장하기도 한다. 그러나 가우스가 남긴 업적 중에서 이를 뒷받침할 만한 증거는 거의 없다. 사실 가우스가 젊었을 때 유클리드 기하학을 연구하면서 평행선에 대하여 새로운 정의를 내린 적은 있다. 일부 역사학자들은 가우스가 말년에 친구들과 주고받은 편지로부터 "그가 평행선과 관련하여 이런 저런 사실들을 알고 있었다"고 주장하고 있지만, 남은 문서들 중에서 비유클리드 기하학을 발견했다는 주장을 뒷받침하거나 알았던 내용을 재구성할 수 있게 해 줄 만한 것은 없다.

앞뒤 정황으로 미루어 볼 때, 가우스는 1810년대에 '유클리드 기하학의 '핵심'으로부터 평행선공준을 증명하려는 과거의 모든 시도는 실패로 끝났고, 앞으로도 성공하지 못할 것'이라고 생각했던 것 같다. 그는 시간이 흐를수록 공간을 서술하는 새로운 기하학의 존재를 점점 더 확신하게 되었다. 그에게 기하학은 논리의 산물인 산술학보다 경험에 바탕을 둔 역학에 더 가까웠다. 1820년대에 가우스는 공간이 비유클리드 기하학으로 서술된다고 믿었으며, 이것을 구현해 줄 후보는 L-기하학뿐이라고 생각했다. 그러나 현실세계와 유클리드 기하학의 차이는 극히 미미하기 때문에, 지상에서 실행되는 관측으로는 사실 여부를 확인할 수 없다. 당시 가우스의 친구이자 천문학자였던 베셀(Bessel)과 올베르스(Olbers)도 가우스의 관점을 지지했다. '과학자'로서의 가우스는 이들의 의견에 깊이 동의했지만, '수학자' 가우스는 비유클리드 기하학에 일말의 의심을 갖고 있었으며 비유클리드 기하를 적절히 묘사하는 데 필요한 수학적 이론의 발달에 기여하지 않은 것은 분명하다.

1820년대 초에 미분기하학을 알게 된 가우스

는 한동안 이 분야를 집중적으로 연구하여 1827년에 그의 걸작 중 하나인 『휘어진 곡면에 관한 일반연구(*Disquisitiones Generales circa Superficies Curvas*)』를 출간했다. 이 책에서 그는 공간 내의 곡면의 기하학을 담고 있는 공간과는 무관하게 내재적인 특성으로 여길 수 있는 특징들이 있음을 보여줬다. 이때 가우스가 마음만 먹었다면 **곡률**[III.78]이 음의 상수인 곡면 위의 삼각형이 쌍곡삼각공식(hyperbolic trigonometric formula)으로 표현된다는 것을 증명할 수 있었을 것이다. 하지만 이 증명을 1840년대에 와서야 발표했다. 만일 그가 1820년대에 이 작업을 완수했다면 L-기하학에 해당하는 곡면기하학의 체계를 세울 수 있었을 것이다.

하지만 곡면만으로는 충분하지 않다. 우리가 2차원 유클리드 기하학을 수용하는 이유는 이것이 3차원 유클리드 기하학의 단순한 형태이기 때문이다. 그러므로 L-기하학의 가정을 만족하는 2차원 기하학을 수용하기 전에 이와 유사한 3차원 기하학이 존재하는지, 그리고 이것이 3차원 유클리드 기하학만큼 그럴듯한 체계를 갖추고 있는지를 먼저 확인할 필요가 있다. 가우스는 이 작업을 수행하지 않았다.

7 보여이와 로바체프스키

비유클리드 기하학의 발견자라는 명예는 헝가리의 수학자 **보여이**[VI.34]와 러시아의 수학자 **로바체프스키**[VI.31]에게 주어졌다. 두 사람은 각기 독립적으로 연구를 수행하여 놀라울 정도로 비슷한 결과를 얻었다. 특히 이들은 2차원과 3차원에서 유클리드 기하학과 근본적으로 다른 공간기하학을 구축했다.

로바체프스키는 첫 논문을 1829년에 이름 없는 러시아 학술지에 발표한 후 1837년에는 프랑스, 1840년에는 독일 학술지에 연달아 발표했고, 1855년에는 프랑스 학술지에 다시 한번 발표했다. 한편 보여이는 1831년에 부친이 쓴 두 권짜리 기하학책에 부록으로 함께 출판했다.

보여이와 로바체프스키의 연구결과는 하나로 묶어서 설명하는 편이 훨씬 쉽다. 두 사람은 평행선을 다음과 같이 정의했다. 직선 m과 (m 위에 있지 않은) 하나의 점 P가 주어졌을 때, 점 P를 지나는 또 다른 직선 중에는 m과 만나는 것도 있고, 만나지 않는 것도 있다. 그리고 이들을 분리하는 경계에는 '점 P를 지나고 m과 만나지 않지만 m에 무한히 가까워지는 두 개의 직선'이 존재한다. 이들 중 P의 오른쪽에서 m에 가까워지는 직선을 n′이라 하고, 왼쪽에서 가까워지는 직선을 n″이라 하자. 이 상황은 그림 3에 표현되어 있는데, 평면 위에 그렸기 때문에 보다시피 약간 휘어져 있다. 유클리드 기하학에서 n′과 n″은 별개의 직선이 아니라, 양쪽으로 무한히 뻗어나가는 하나의 직선에 해당한다.

새로운 관점이긴 하지만, 이런 경우에도 점 P에서 직선 m을 향해 수선을 내릴 수 있다. 이때 왼쪽 평행선과 오른쪽 평행선은 이 수선과 동일한 각도를 이루는데, 이 각을 **평행각**(angle of parallelism)이라 하자. 평행각이 직각이면 이것은 유클리드 기하학이 된다. 그러나 평행각이 직각보다 작으면 새로운 기하학의 가능성이 제기되며, 이런 경우에 평행각의 크기는 P에서 m에 내린 수선의 길이에 따라 좌우되는 것으로 밝혀진다. 보여이와 로바체프스키는 평행각이 직각보다 작다고 가정했을 때 아무런 모순

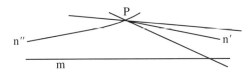

그림 3　직선 n′과 n″은 점 P를 지나면서 'm과 만나는 직선'과 '만나지 않는 직선'을 구분하는 경계에 존재한다.

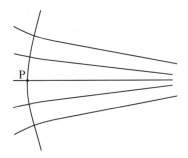

그림 4　일련의 평행선에 모두 수직인 곡선

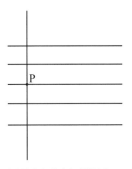

그림 5　유클리드 기하학에서 일련의 평행선에 모두 수직인 선은 직선이다.

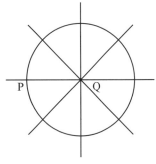

그림 6　한 점을 지나는 여러 개의 유클리드 직선에 모두 수직인 선은 직선이 아니라 원이다.

이 발생하지 않는다는 것을 증명하려는 시도를 하지 않았다. 두 사람은 그냥 '평행각이 직각보다 작다'고 가정해 놓고, 수선의 길이로부터 평행각을 계산하는 데 집중했다.

　보여이와 로바체프스키는 한 직선에 (같은 방향으로) 평행한 모든 직선들과 이 직선들 중 하나에 놓인 점 P가 주어졌을 때, 점 P를 지나면서 모든 직선에 수직인 곡선이 존재한다는 것을 증명했다(그림 4 참조).

　유클리드 기하학에서 이런 식으로 정의된 곡선은 직선이 될 수밖에 없고, 여러 개의 평행선과 모두 직교하면서 주어진 점을 지나는 선은 직선이다(그림 5 참조). 또한 유클리드 기하학에서 한 점 Q를 지나는 여러 개의 직선을 그려 놓고 이들 중 한 직선 위에 있는 점 P를 지나면서 모든 직선과 '동시에 직교하는' 곡선은 점 Q를 중심으로 하는 원이다(그림 6 참조).

　보여이와 로바체프스키가 정의한 곡선은 그림 4나 그림 5와 같은 유클리드식 곡선과 비슷한 특성을 갖고 있다. 즉, 이 곡선은 모든 평행선과 직교하지만 직선이 아니라 곡선이다. 보여이는 이런 곡선을 L-곡선(L-curve)이라 불렀고, 로바체프스키는 극한원(horocycle)이라 불렀다(요즘 수학자들은 로바체프스키의 용어를 쓰고 있다).

　두 사람은 복잡한 논증을 통해 3차원 기하학체계를 이끌어냈는데, 로바체프스키보다 보여이의 논리가 좀 더 명쾌하다. 어쨌거나 이 부분에서는 두 사람 다 가우스를 능가했던 것으로 평가된다. 극한원을 정의하는 그림 6에서 평행선 중 하나를 중심으로 그림을 통째로 회전시키면 3차원의 직선족이 얻어지고, 극한원은 둥그런 그릇 모양의 표면을 그리게 된다. 보여이는 이것을 F-곡면(F-surface)이라 불렀고 로바체프스키는 극한구(horosphere)라 불렀다. 그 후 두 사람은 한층 더 놀라운 사실을 증명했다. 평면이 극한구를 절단하면 원이나 극한원이 생기는데, 극한구의 표면에 '각 변이 극한원으로 이루어진 삼각형'을 그리면 내각의 합이 180°가 된다. 다시 말해서, 극한구를 포함하는 공간은 L-기하학의 3차원 형태이므로 유클리드 기하학과 완전히 다르지만, 극한구의 표면에서는 2차원 유클리드 기하학이 성립한다!

보여이와 로바체프스키는 그들이 제안한 3차원 공간에 구면을 그릴 수 있다는 사실을 알고 있었으며, (그들이 처음은 아니었지만) 구면기하학의 공식들이 평행선공준과 무관하게 성립한다는 것을 증명했다. 로바체프스키는 그가 정의한 평행선을 이용하여 '구면 위의 삼각형은 평면 위의 삼각형을 결정하고, 평면 위의 삼각형은 구면 위의 삼각형을 결정한다'는 사실을 증명했다. 또한 평면 위의 삼각형은 극한구 위의 삼각형을 결정하며, 극한구 위의 삼각형은 평면 위의 삼각형을 결정한다. 이는 곧 구면기하학의 공식들이 극한원 위의 삼각형에 적용될 공식을 결정한다는 뜻이다. 로바체프스키는 보여이와 비슷한 방법을 사용하여 극한구 위의 삼각형이 쌍곡삼각법의 공식으로 표현된다는 것을 증명했다.

구면기하학의 공식들은 구의 반지름에 따라 달라지며, 쌍곡기하학의 삼각함수는 어떤 실수 매개변수에 따라 달라진다. 그러나 이 매개변수를 반지름과 같이 기하학적으로 명확하게 해석할 수는 없다. 그런 결점만 없다면 쌍곡기하학의 공식들은 우리를 안심키는 많은 성질들을 가지고 있다. 특히 삼각형의 세 변의 길이가 아주 짧으면 이 공식들은 우리에게 친숙한 평면기하학의 공식에 가까워진다. 즉, 공간의 아주 작은 영역에서 구면기하학과 쌍곡기하학은 유클리드 기하학과 거의 차이가 없고, 그것은 이 기하학이 어떻게 그토록 오랫동안 발견되지 않은 채 남아 있었는지를 설명해 준다. 그리고 길이와 면적에 대한 공식은 새로운 방식으로 구할 수 있다. 예를 들어 삼각형의 면적은 '180° − 내각의 합'에 비례한다. 로바체프스키는 이런 말끔한 공식이 존재하기 때문에 새로운 기하학을 수용했던 것 같다. 그에게 기하학은 측정에 관한 학문이었고, 기하학의 정리는 측정값들을 서로 연결해주는 부동의 진리였다. 자신의 방법으로 그런 공식이 나왔고, 그것이면 충분했던 것이다.

보여이와 로바체프스키는 새로운 3차원 기하학을 구축한 후 "어떤 기하학이 옳은가?"라는 질문을 제기했다. 우리가 사는 세계는 유클리드 기하학으로 서술되는가? 아니면 실험으로 결정되는 매개변수를 통해 새로운 기하학으로 서술되는가? 보여이는 더 이상의 언급을 하지 않았지만, 로바체프스키는 "별의 시차를 관측하면 질문의 답을 구할 수 있다"고 제안했다. 그러나 이 관측은 엄청난 정밀도를 요구했기에 성공하지는 못했다.

당시 대부분의 수학자들은 보여이와 로바체프스키의 기하학을 무시하거나 별로 좋아하지 않았다. 결국 두 사람은 자신의 발견이 수학계에 미치게 될 성공을 전혀 알지 못한 채 세상을 떠났다. 보여이와 그의 부친은 연구결과를 가우스에게 보냈는데, 가우스는 1832년 "그 연구를 칭찬하는 것은 자신에 대한 칭찬"이므로 칭찬할 수 없다고 답장하며, 약간의 수고를 들이면 보여이의 앞쪽 결과를 더 쉽게 증명할 수 있다고 덧붙였다. 하지만 자신의 옛 친구의 아들이 자신보다 앞서서 기쁘다고도 말했다. 야노스 보여이는 분개했고, 그 뒤 출판을 거부했기 때문에 수학 잡지에 논문을 게재하여 가우스보다 우선권을 주장할 기회를 스스로 박탈해 버리고 만다. 그런데 이상한 것은 가우스가 보여이의 연구결과를 사전에 알았다는 증거가 하나도 남아 있지 않다는 점이다. 보여이의 설명의 서두만 보고도 어떻게 진행될지 곧바로 알아챘을 가능성이 더 크다.

현재 남아 있는 증거자료에 입각하여 더 너그럽게 해석해 보면 다음과 같다. 1830년경에 가우스는 물리적 공간이 비유클리드 기하학으로 서술될지도 모른다는 가능성을 인지했고, 쌍곡기하학을 이용하여 2차원 비유클리드 기하학을 서술하는 방법도 알고 있었다(그가 남긴 논문에는 구체적인 내용이 담겨 있지 않다). 그러나 3차원 이론을 처음 발견한 사람은 분명히 보여이와 로바체프스키였으며, 가우스는 이들의 연구결과를 접한 후에야 비로소 새로운 기하학의 가능성을 깨달았을 것이다.

로바체프스키는 그나마 보여이보다 조금 나은 대접을 받았다. 그는 1829년에 첫 논문을 발표했는데, 당시 로바체프스키보다 훨씬 유명했던 오스트로그라드스키(Ostrogradskii)에게 가혹할 정도로 혹평을 들었다(오스트로그라드스키의 활동무대는 학문의 중심이었던 상트페테르부르크(St. Petersburg)였던 반면, 로바체프스키는 지방도시 카잔(Kazan)에 살고 있었다). 그는《*Journal für die riene und ange-wandte Mathematik*》(크렐레 잡지(*Crelle's Journal*)

로도 알려져 있음)에 논문을 실을 때에도 러시아 학술지(그의 첫 논문을 받아줬던 학술지)에만 증명된 사실을 인용해서 신랄한 비난을 받았고, 1840년에 출간한 책에 대해서는 바보 같다는 단 한 건의 서평밖에 받지 못했다. 어쨌든 그 책을 가우스에게 보냈는데, 가우스는 로바체프스키의 연구를 높이 평가하여, 그를 괴팅겐 대학의 과학아카데미 위원으로 선출했다. 하지만 가우스의 관심은 여기까지였고, 그 후로 로바체프스키는 가우스로부터 아무런 도움도 받지 못했다.

이런 중요한 발견에 대한 끔찍한 반응은 몇 가지 수준에서 분석할 필요가 있다. 보여이와 로바체프스키가 평행선을 정의한 방식이 다소 부적절하긴 했지만, 이 점 때문에 혹평이 쏟아진 것은 아니다. 당대의 수학자들은 이들의 기하학이 기본부터 틀린 이론이어서 일고의 가치가 없다고 생각했다. 두 사람의 비유클리드 기하학은 완전히 잘못된 이론으로 여겨졌기에, 거기서 굳이 틀린 부분을 찾을 필요조차 없었다. 그래서 대부분의 수학자들은 논문을 조롱하거나 아예 언급을 회피했다. 이것은 당시 사람들이 유클리드 기하학에 얼마나 의존하고 있었는지를 보여주는 단적인 사례이다. 과거에 코페르니쿠스와 갈릴레오도 당대의 전문가들로부터 이보다는 나은 대접을 받았다.

8 비유클리드 기하학의 수용

1855년에 가우스가 세상을 떠난 후 그가 생전에 발표하지 않았던 연구자료들이 무더기로 공개되었는데, 그중에는 보여이와 로바체프스키의 연구를 지지하는 증거도 있었고, 비유클리드 기하학의 타당성을 인정하는 편지도 발견되었다. 가우스의 미발표 논문이 속속 출판되면서, 사람들은 보여이와 로바체프스키의 논문을 좀 더 긍정적인 마음으로 바라보기 시작했다.

상당히 우연히도 가우스가 괴팅겐 대학에서 가르쳤던 제자 중에 이 문제를 결정적으로 진전시킬 학생이 하나 있었다(사실 두 사람이 사제지간으로 교류했던 기간은 그리 길지 않다). 바로 **리만**[VI.49]이다. 당시 독일의 수학자들은 일정한 자격을 갖춰야 대학에서 강의를 할 수 있었고, 리만 역시 박사학위를 받은 후 이 자격을 취득하려고 했다. 전통에 따라 세 가지 주제를 제시했는데, 심사위원이었던 가우스는 그중에서 「기하학의 토대에 있는 가설들에 대하여(*On the hypotheses that lie at the foundation of geometry*)」라는 논문을 심사대상으로 선택했다(당시 리만은 다른 논문이 선택될 것으로 짐작하고 있었다). 이 논문은 리만이 세상을 떠난 다음 해인 1867년에 출판되었으며, 기하학을 완전히 재정립한 논문으로 평가되고 있다.

리만은 기하학을 **다양체**[I.3 §§6.9, 6.10]를 연구하는 학문으로 정의했다. 다양체란 간단히 말해서 점으로 이루어진 '공간'으로 작은 규모에서 유클리드 기하학과 비슷하지만, 큰 규모에서 완전히 다를 수 있다. 다양체를 서술하는 방법은 여러 가지가 있는데, 리만이 선택한 것은 미적분학이었다. 다양체는 임의의 차원에서 정의될 수 있으며, 실제로 리만은 무한차원의 다양체까지 다룰 준비가 돼 있었다.

리만 기하학은 배경공간에 따라 달라지는 특성보다 다양체의 **내재적** 특성에 초점이 맞춰져 있는데,

이는 가우스가 추구했던 노선을 따른 것이다. 특히 두 점 x, y 사이의 거리는 다양체 위에서 x와 y를 잇는 여러 곡선들 중 가장 짧은 곡선의 길이로 정의되는데, 이런 곡선을 측지선(geodesic)이라 한다(예를 들어 구면상의 측지선은 구면에 그릴 수 있는 가장 큰 원인 대원(great circle)이다).

2차원 다양체들은 각기 다른 곡률(curvature)을 가질 수 있으며, 심지어 하나의 2차원 다양체의 곡률도 위치마다 다를 수 있다. 즉, 리만은 각 차원에서 무한히 많은 기하학체계를 새로 정의한 셈이다. 게다가 이 기하학들은 유클리드 공간과 아무런 상관없이 독립적으로 정의된다. 이로써 2천 년이 넘도록 기하학을 지배해 왔던 유클리드 기하학은 다른 기하학에 대한 우월성을 완전히 상실하게 되었다.

리만의 논문 제목에 들어 있는 '가설(hypothesis)'이라는 단어가 말해주듯이, 그는 유클리드가 필요로 했던 가정과 같은 것에 전혀 흥미가 없었으며, 유클리드 기하학과 비유클리드 기하학 사이의 논쟁에도 크게 관심을 가지지 않았다. 그는 논문의 서두에서 르장드르의 노력에도 불구하고 기하학의 핵심개념에 모호한 구석이 아직 남아 있다고 지적한 후, 구면기하학과 유클리드 기하학 등 곡률이 일정한 세 가지의 2차원 다양체를 제시하면서 각각의 경우에 삼각형 내각의 합은 임의의 삼각형의 내각의 합이 알려지기만 하면 곧바로 계산할 수 있다고 했다. 그러나 리만은 이 논문에서 보여이와 로바체프스키의 논문을 언급하지는 않았다. 다만 공간의 구조가 일정한 곡률을 가진 3차원 기하학으로 서술된다고 가정했을 때, 세 가지 가능성 중 어떤 기하학이 옳은지 확인하려면 거대한 규모의 측정이 수반되어야 한다

고 지적했을 뿐이다. 또한 리만은 가우스의 곡률을 임의의 차원 공간으로 일반화시킨 후, 곡률이 상수인 공간의 계량[III.56](거리의 정의)은 어떤 것이 가능한지 보였다. 여기서 그가 유도한 공식은 일반적이었지만, 보여이와 로바체프스키의 이론이 그랬던 것처럼 어떤 매개변수(곡률)에 따라 달라지는 형태였다. 곡률이 음수일 때, 거리에 대한 리만의 정의는 비유클리드 기하학의 하나를 묘사한다.

리만은 1866년에 40세의 젊은 나이로 세상을 떠났다. 그 무렵에 이탈리아의 수학자 에우제니오 벨트라미(Eugenio Beltrami)는 독자적으로 연구를 수행하여 리만과 비슷한 결과를 얻었다. 특히 그는 "하나의 곡면을 다른 곡면으로 옮기는 사상(map)이 존재하는가?"라는 질문에 깊은 관심을 갖고 있었다. 예를 들어 특정한 곡면 S에 대해, S에서 평면으로의 사상 중에 S의 측지선을 평면의 직선으로 사상하는 것이 가능한지 물을 수 있다. 벨트라미는 그와 같은 사상은 공간의 곡률이 일정할 때에만 존재한다는 답을 얻었다. 예를 들어 지구의 반구를 평면에 나타내는 잘 알려진 사상이 그런 성질을 갖는다. 벨트라미는 이 사상을 잘 조정해서 곡률이 음의 상수인 곡면에서 원판의 내부로의 사상을 정의했다. 벨트라미는 자신의 발견의 중요성을 깨달았다. 그의 사상은 원판 내부에 계량을 정의하며, 이로부터 얻어진 거리공간은 비유클리드 공간의 공리를 따르기 때문에 아무런 모순도 낳지 않는다.

그로부터 몇 년 전, 독일의 민딩(Minding)은 곡률이 음수로 일정한 의사구면(pseudosphere)을 발견했다. 이것은 추적선(tractrix)이라는 곡선을 중심축에 대하여 회전시켰을 때 얻어지는 곡면으로 나팔과 비슷하게 생겼는데, 유클리드 평면기하학의 공간보다 부자연스러워서 대체기하학으로 보기에는 다소 무리가 있었다. 그 후 프랑스의 수학자 리우빌[VI.39]도 독자적으로 의사구면을 발견했고, 이탈리아의 수학자 코다치(Codazzi)는 의사구면에 그린 삼각형이 쌍곡삼각법으로 서술된다는 것을 증명했다. 그러나 민딩과 코다치는 의사구면이 비유클리드 기하학과 연결되어 있다는 사실은 알아채지 못했다. 이것을 처음으로 간파한 사람은 벨트라미였다.

벨트라미는 자신이 발견한 원판이 일정한 음의 곡률을 갖는 무한공간으로 표현된다는 사실을 깨달았다. 그 위에서는 로바체프스키의 기하학이 성립한다는 것을 의미한다(당시 벨트라미는 보여이의 기하학을 모르고 있었다). 원판과 의사구면 사이의 관계는 평면과 무한원기둥 사이의 관계와 비슷하다는 것도 알았다. 얼마간의 의심의 기간을 거친 후 벨트라미는 리만의 아이디어를 알게 됐고, 자신의 원판이 비유클리드 기하학을 서술하는 좋은 수단임을 깨닫게 되었다. 그의 기하학을 군이 유클리드 3차원 기하학 내의 곡면의 하나로 서술할 필요가 없었던 것이다. 벨트라미는 자신의 연구결과를 1868년에 발표했는데, 지금은 비유클리드 기하학이라 부르는 분야가 단단한 기반 위에 있음을 최초로 공식화한 것이다.

1871년에 독일의 젊은 수학자 클라인[VI.57]도 이 분야에 뛰어들었다. 그 전에 영국의 수학자 케일리[VI.46]는 유클리드식 거리의 개념을 사영기하학[I.3 §6.7]으로 표현했는데, 당시 베를린에서 연구를 진행 중이던 클라인은 케일리의 아이디어를 일반화할 방법을 찾아내고, 벨트라미의 비유클리드 기하학

원뿔의 교차비와 거리

동일 직선상에 놓인 네 개의 점 A, B, C, D가 평면 사영변환을 통해 A′, B′, C′, D′으로 변환되었을 때,

$$\frac{AB}{AD}\frac{CD}{CB}$$

의 값은 변하지 않고 그대로 보존된다. 즉,

$$\frac{AB}{AD}\frac{CD}{CB} = \frac{A'B'}{A'D'}\frac{C'D'}{C'B'}$$

의 관계가 성립한다. 이 양을 점 A, B, C, D의 '교차비 (cross-ratio)'라 하며, 기호로는 CR(A, B, C, D)로 표기한다.

  1871년에 클라인은 비유클리드 기하학을 고정된 원뿔 K의 내부에 있는 점들의 기하학으로 서술했다. 이 경우에 허용되는 변환은 K를 자기 자신으로 보내

고 K의 내부를 역시 K의 내부로 보내는 사영변환이다(그림 7 참조). 클라인은 K의 내부에 있는 점 P와 Q 사이의 거리를 정의하기 위해 '직선 PQ를 연장해서 원뿔 K와 만나는 점을 A, D라 했을 때, 여기에 사영변환을 적용하면 교차비 CR(A, P, D, Q)는 변하지 않는다'는 점에 주목했다. 즉, 교차비는 사영불변량(projective invariant)이다. 또한 직선 PQ 위에서 제3의 점 R이 P와 Q 사이에 놓여 있으면 CR(A, P, D, Q)CR(A, Q, D, R) = CR(A, P, D, R)이다. 클라인은 이 사실을 이용하여 P와 Q 사이의 거리 $d(PQ)$를 $-\frac{1}{2}\log CR(A, P, D, Q)$로 정의했다(앞에 곱해진 $-\frac{1}{2}$은 뒤에 이어지는 삼각법 계산의 편의를 위해 도입되었다). 이 정의에 의하면 거리는 한 직선 위에서 덧셈법칙을 만족한다. 즉, $d(PQ) + d(QR) = d(PR)$이다.

이 사영기하학의 특별한 경우임을 알아냈다. 그러나 당시 베를린의 선도적 수학자였던 바이어슈트라스[VI.44]는 클라인의 아이디어를 맹렬하게 비난했다. 그는 평소에도 사영기하학은 계량기하학이 아니기 때문에 그로부터 계량의 개념을 이끌어낼 수 없다고 주장해왔던 사람이다. 그러나 클라인은 여기에 굴하지 않고 1871, 1872, 1873년에 걸쳐 세 편의 논문을 연달아 발표하면서 지금까지 알려진 모든 기하학은 사영기하학의 일부분으로 간주할 수 있다는 것을 입증했다. 기하학을 공간에 작용하는 군(group)을 연구하는 학문으로 재정의한 것이 아이디어였다. 이런 경우에 도형(공간의 부분집합)의 성질 중 군을 작용시켰을 때 변하지 않는 특성들은 곧바로 기하학적 특성이 된다. 예를 들어 특정 차원에

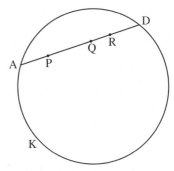

그림 7 비유클리드 기하학을 서술하는 클라인의 사영모형에서 비유클리드 직선 위에 놓인 세 개의 점 P, Q, R.

서는 사영공간에 대응되는 군은 직선을 직선으로 보내는 변환 전체의 군이며, 주어진 원뿔의 내부를 자기 자신으로 사상하는 부분군은 비유클리드 기하학의 변환군으로 간주할 수 있다(상자글 참조. 클라인 기하학의 자세한 설명은 [I.3 §6]을 참조하기 바

란다).

클라인의 이론은 《수학연보(*Mathematische Annalen*)》에 게재된 첫 번째 논문(1871)과 세 번째 논문(1873)에 잘 나타나 있다(《수학연보》는 그 무렵에 새로 창간된 학술지였다). 그의 명성이 점차 높아지면서 학계의 분위기가 서서히 바뀌었고, 1890년대에는 클라인의 논문이 몇 개국 언어로 재출판되면서 에를랑겐 프로그램(Erlangen Program)이라는 이름으로 널리 알려지게 되었다(에를랑겐은 클라인이 23세의 젊은 나이로 교수가 되었던 대학의 이름이지만, 취임강연 때문은 아니다). 몇 년 동안 이 프로그램은 거의 알려져 있지 않았으며, 역사가들의 주장만큼 수학자들에게 영향을 주지는 않았다.

9 다른 수학자들 설득하기

클라인의 기하학이 알려지면서 기하학적 도형 자체에 관심을 가져왔던 수학자들이 도형의 특성이 보존되는 **변환**에 관심을 갖기 시작했다. 예를 들어 유클리드 기하학에서 중요한 변환은 우리에게 친숙한 평행이동과 회전변환이다(경우에 따라 반사변환도 포함될 수 있다). 강체의 운동에 대응하는 데 당대 심리학자들은 우리가 주변 환경으로부터 위와 같은 변화를 인지하면서 기하학적 개념을 배워나간다고 보고 있다. 그러나 이 이론은 특히 기하학적 대상을 비유클리드 기하학으로 확장하는 경우 철학적으로 논란의 여지가 있었다. 적대적인 철학자들을 저지하기 위해 클라인은 자신의 논문에 「소위 말하는 비유클리드 기하학에 대하여(*On the so-called non-Euclidean geometry*)」라는 제목을 붙였다(이것은

특히 괴팅겐 대학의 칸트주의자 로체(Lotze)를 겨냥한 행동이었다). 벨트라미가 이전에 이룬 업적과 클라인의 논문은 비유클리드 기하학을 입증하는 데 결정적인 역할을 했고, 당대의 수학자들은 대부분 두 사람의 논리에 설득되었다. 수학자들은 유클리드 기하학과 마찬가지로 동등하게 타당한 비유클리드 기하학이라 부르는 수학 체계가 있음을 믿게 됐다. 어느 쪽이 우리 우주의 진실이냐에 대해 대부분의 사람들은 유클리드 기하학이 자연스러운 선택이라고 생각했기에, 별다른 논쟁을 벌이지 않았다. 립쉬츠(Lipschitz)는 새로운 기하학으로 모든 역학을 서술할 수 있음을 보였는데, 흥미로운 결과이긴 했지만 큰 관심을 끌지는 못했다. 당대 최고 물리학자 중 한 사람이었던 헬름홀츠(Helmholtz)는 립쉬츠의 결과에 관심을 갖고(그는 리만과도 개인적인 친분이 있었다) 물체의 자유 운동으로부터 공간이 어떤 모양일지 설명했지만, 비유클리드 기하학에 대한 이해가 부족하여 심각한 오류를 범했다. 나중에 헬름홀츠는 벨트라미로부터 오류를 지적받고 두 번째 논문(1870)을 발표했는데, 얼마 후 노르웨이의 수학자 소푸스 리[VI.53]가 또다시 두 번째 논문의 수학적 결함을 지적했다. 그러나 헬름홀츠를 가장 난처하게 만든 사람은 수학자가 아니라 철학자들이었다.

그들의 질문은 '비유클리드 기하학에는 어떤 종류의 지식이 담겨 있는가?'였다. 당시 철학자들 사이에는 칸트의 철학이 다시 유행하고 있었다. 칸트는 공간에 대한 지식을 실험이나 관측을 통한 지식이 아니라 선험적인 직관이라고 생각했다. 직관이 없으면 공간에 대해 아무런 지식도 얻을 수 없다

는 이야기다. 경쟁 이론인 비유클리드 기하학을 대하면서 신칸트주의는 문제에 부딪힌다. 수학자들이 무언가 새로운 논리체계를 만들긴 한 것 같은데, 그것을 과연 이 세계와 관련된 지식이라 할 수 있을까? 이 세계가 두 가지 기하학으로 서술될 리는 없지 않은가? 헬름홀츠는 철학자들을 향해 유클리드 기하학과 비유클리드 기하학의 지식은 '경험'이라는 동일한 방식을 통해 얻어진다고 응대했으나, 이런 경험주의적 색채만으로는 무장한 철학자들을 설득하기에는 역부족이었다. 그 후로 비유클리드 기하학은 20세기 초까지 문젯거리로 남게 된다.

수학자들은 자신들의 입장을 완벽하게 방어하지 못했다. 그러나 공간을 서술하는 기하학이 두 가지라는 뉴스가 널리 퍼지면서 유클리드 기하학이 절대적 진리임을 확신할 수 없게 되었으며, 교육을 받은 일반인들도 "공간의 기하학이란 과연 무엇인가?"라는 근본적 의문을 품기 시작했다. 이런 와중에 새로운 방식의 형식화에서 문제점을 처음으로 제시한 사람은 **푸앵카레**[VI.61]였다. 그는 1880년대 초에 벨트라미의 원판모형을 **공형적**(conformal)으로 표현하는 일련의 논문을 발표해 세계적인 명성을 얻었다(즉, 비유클리드 기하학의 각도가 원판모형에서 동일한 각도로 표현되도록 모형을 재구성했다). 그 후 새로운 원판모형에 복소함수론과 선형미분방정식, 리만 곡면[III.79] 이론, 비유클리드 기하학을 결합하여 새롭고 풍부한 체계를 만들어냈으며, 1891년에는 원판모형을 이용하여 비유클리드 기하학에 모순이 있으면 유클리드 기하학에도 필연적으로 모순이 발생한다는 사실을 증명했다(그 반대도 마찬가지다). 이는 곧 유클리드 기하학이 무모

순이려면 비유클리드 기하학이 무모순이어야 한다는 것을 의미한다. 누군가가『원론』의 핵심으로부터 유클리드 기하학의 평행선공준을 증명한다면, 본의 아니게 유클리드 기하학이 모순임을 입증하게 되는 셈이라는 흥미로운 결과가 나온다.

어느 기하학이 실제 우주를 서술하는지 결정하는 것은 당연히 물리학 쪽으로 시선을 돌려야 할 것 같다. 그러나 푸앵카레의 생각은 달랐다. 그는 1902년에 발표한 논문에서 인간의 경험은 다양하게 해석될 수 있으므로, 무엇이 수학에 속하고 무엇이 물리학에 속하는지 논리적으로 구별할 방법은 없다고 주장했다. 예를 들어 천문학적 규모의 삼각형을 그려 놓고 내각의 합을 측정한다고 상상해 보자. 삼각형의 각 점들은 최단거리로 연결돼야 하므로, 빛의 경로를 따라가야 한다. 우여곡절 끝에 내각의 합이 180°보다 작게 나왔고, 이 값과 180°의 차이가 삼각형의 면적에 비례한다고 가정하자. 푸앵카레의 논리에 의하면, 이런 경우에 내릴 수 있는 결론은 두 가지가 있다. 빛은 우주공간에서 직진하며, 공간의 기하학은 비유클리드적이다라는 결론과, 빛은 공간에서 휘어지며, 우주공간은 유클리드적이다라는 결론이 그것이다. 또한 그는 두 가지 가능성 중 어느 것이 옳은지 확인할 방법은 없으며, 우리가 할 수 있는 일이란 둘 중 하나를 선택한 후 그 규약을 따르는 것뿐이라고 했다. 어느 쪽을 택해도 상관이 없다면 둘 중 간단한 쪽을 선택하는 것이 바람직하므로 유클리드 기하학을 선택할 것을 권했다.

이러한 철학적 관점은 20세기에 **규약주의**(conventionalism)라는 이름으로 장수하였으나, 푸앵카레의 생애에서는 전혀 받아들여지지 않았다. 당시 규약

주의를 비난한 유명인사로는 이탈리아의 수학자로 과학과 철학에 대한 문제에 대한 대중적인 수필 작가였던 페데리고 엔리케스(Federigo Enriques)를 들수 있다. 그는 "우리가 제어할 수 있는가?"라는 질문을 기준으로 기하학적 특성인지 물리적 특성인지를 구별할 수 있다고 주장했다. 예를 들어 우리는 중력법칙을 바꿀 수 없지만 주변 물체의 위치를 옮겨서 중력의 세기를 조절할 수는 있으므로, 중력은 수학이 아닌 물리적 현상에 속한다는 논리이다. 푸앵카레는 자신의 원판모형을 안쪽은 뜨겁고 가장자리로 갈수록 차가워지는 금속 원판에 비유하며 여기에 냉각법칙을 적용하면 비유클리드 기하학이 얻어진다고 했다. 그러나 엔리케스는 열의 이동도 결국은 물리적 현상이므로 인위적으로 조절할 수 있다고 주장했다. 반면에 푸앵카레가 애초에 주장했던 공간의 구조는 인위적으로 조절할 수 없으므로 물리학이 아닌 수학적 특성에 속한다고 반박했다.

10 그 후의 상황

이 문제는 결국 해결되었지만, 처음에 의도했던 방식대로 해결되지는 않았다. 두 가지 변화로 인해 수학자들은 푸앵카레가 제기한 간단한 양자택일을 넘어서게 되었다. 1899년에 힐베르트[VI.63]는 공리에 입각하여 기존의 기하학체계를 처음부터 다시 세우는 작업에 착수했다. 기존의 이탈리아 수학자들의 초창기 아이디어를 뛰어넘어 다양한 종류의 공리적 연구로 가는 길을 열었다. 그는 '수학이 타당한 것은 논리 자체가 타당하기 때문이며, 이로부터 심오한 연구가 탄생한다'는 구호 아래, 수학의 형식을 새롭게 구축했다. 또한 1915년에는 아인슈타인이 중력의 기하학 이론이라 할 수 있는 일반 상대성 이론을 발표함으로써 수학에 대한 신뢰를 회복시켰다. 기하학은 두 사람의 업적에 힘입어 범위가 훨씬 넓어졌고, 기하학과 물리적 공간의 관계는 한층 더 복잡해졌다. 아인슈타인은 당대의 기하학적 아이디어를 최대한 활용했는데, 리만의 연구가 없었다면 생각할 수도 없었을 것이다. 그의 일반 상대성이론에 의하면 중력은 4차원 시공간이라는 다양체의 곡률로 표현된다(일반 상대성 이론과 아인슈타인 방정식 [IV.13] 참조). 아인슈타인은 우주를 바라보는 관점을 완전히 바꿔 놓았으며, 일반 상대성 이론에서 제기된 문제들 중 상당수는 아직도 해결되지 않은 채 남아 있다.

더 읽을거리

Bonola, R. 1955. *History of Non-Euclidean Geometry*, translated by H. S. Carslaw and with a preface by F. Enriques. New York: Dover.

Euclid. 1956. *The Thirteen Books of Euclid's Elements*, 2nd edn. New York: Dover.

Gray, J. J. 1989. *Ideas of Space: Euclidean, Non-Euclidean, and Relativistic*, 2nd edn. Oxford: Oxford University Press.

Gray, J. J. 2004. *Janos Bolyai, non-Euclidean Geometry and the Nature of Space*. Cambridge, MA: Burndy Library.

Hilbert, D. 1899. *Grundlagen der Geometrie* (many subsequent editions). Tenth edn., 1971, translated by

L. Unger, *Foundations of Geometry*. Chicago, IL: Open Court.

Poincaré, H. 1891. Les géométries non-Euclidiennes. *Revue Générales des Sciences Pures et Appliquées* 2:769-74. (Reprinted, 1952, in *Science and Hypothesis*, pp. 35-50. New York: Dover.)

———. 1902. L'expérience et la géométrie. In *La Science et l'Hypothèse*, pp. 95-110. (Reprinted, 1952, in *Science and Hypothesis*, pp. 72-88. New York: Dover.)

II.3 추상대수학의 발전

카렌 헝거 파셜 *Karen Hunger Parshall*

1 서론

대수학이란 무엇인가? 고등학교에 갓 입학한 학생들에게 대수학은 x, y, a, b 등 낯선 기호와 이들을 다루는 법칙으로 이루어진 추상적 언어체계이다. 여기서 문자는 변수나 상수를 나타내며, 다양한 목적으로 사용될 수 있다. 예를 들어 직선은 종이 위에 직선을 그려서 표현할 수도 있지만, 직교좌표에서 $y = ax + b$라는 대수방정식으로 표현할 수도 있다. 뿐만 아니라 이런 방정식을 잘 다룬 후 적절한 해석을 내리면 (만일 존재한다면) 방정식의 근을 구할 수 있다. 직선과 x축의 교점이 바로 $y = 0$인 지점이기 때문이다. 다시 말해서, 방정식으로부터 이 직선이 좌표축에 대하여 얼마나 기울어져 있는지, 또는 얼마나 평평하게 누워 있는지를 알 수 있다는 뜻

이다. 그리고 직선이 두 개인 경우에는 두 직선이 만나는 교점으로부터 연립방정식의 해를 구할 수 있다(또는 두 직선이 평행하다는 것을 증명할 수도 있다).

직선을 다루는 수많은 기교들과 추상적인 방법들이 이미 많은 것처럼 보이는 그 순간 내용이 깊어진다. 이보다 복잡한 곡선인 2차식 $y = ax^2 + bx + c$나 3차식 $y = ax^3 + bx^2 + cx + d$ 또는 4차식 $y = ax^4 + bx^3 + cx^2 + dx + e$를 새로 배우지만, 같은 종류의 기초와 규칙이 적용되며 비슷한 종류의 질문을 던질 수 있다. 주어진 곡선의 근들은 어디에 있는가? 두 곡선이 주어졌을 때 그들은 어디에서 교차하는가?

이런 종류의 대수학에 통달한 고등학생이 대학에 입학하여 대수학 수업을 수강한다고 가정해 보자. 지금까지 익숙하던 x, y, a, b나 그것들이 어떤 상황인지 묘사해 주던 멋진 그래프는 본질적으로 사라져 버린다. 대학 수업은 '현대적'으로 변한 과감한 신세계의 대수학을 반영한다. 현대대수학의 주된 대상은 군[I.3 §2.1]과 환[III.81 §1], 체[I.3 §2.2] 등 추상적인 구조들이다. 이들은 비교적 적은 개수의 공리로부터 정의되며, 부분군(subgroup)이나 아이디얼(ideal), 또는 부분체(subfield) 등 더 작은 부분구조로 이루어져 있다. 또한 이들은 군 준동형사상(homomorphism)이나 환 **자기동형사상**[I.3 §4.1]과 같은 사상을 통해 서로 연결되어 있다. 이런 새로운 형태의 대수학의 목적 중 하나는 대상의 저변에 깔려 있는 수학적 구조를 이해하고, 이로부터 군과 환, 그리고 체에 관한 이론을 구축하는 것이다. 이렇게 만들어진 추상적 이론은 기본 공리는 만족하지만 군

이나 환이 명백하게 드러나지 않는 체계를 포함하여 다양한 경우에 적용될 수 있다. 사실 이것은 현대대수학이 갖고 있는 엄청난 위력 중 하나에 불과하다. 대수구조에서 일반적인 사실이 증명되면, 구체적인 예시에 대해서는 일일이 증명할 필요가 없다. 이런 추상적 접근법을 사용하면 겉으로 보기에 완전히 다른 대상들 사이에서 중요한 공통점을 찾을 수 있다.

고등학생들이 학교에서 배우는 다항방정식과 전문수학자들의 연구대상인 현대대수학이 목적과 도구와 철학적 관점까지 이토록 다른데 어떻게 '대수학'이라는 하나의 이름으로 불리고 있는 것일까? 이들 사이에 관계가 있기는 한가? 그렇다. 관계가 있긴 있다. 이들이 어떤 식으로 관련돼 있는지에 대한 논의는 길고도 복잡하다.

2 대수학이 없던 시대의 대수학: 고대 바빌로니아에서 헬레니즘시대까지

1차 및 2차방정식의 해법은 기원전 2000년경에 설형문자가 새겨진 고대 바빌로니아의 점토판에서 찾아볼 수 있다. 그러나 이 문제는 요즘 고등학생들이 알아볼 수 있는 기호로 적혀 있지 않을뿐더러, 고등학교 수학시간에 배우는 일반적인 기법으로 풀지도 않았다. 특별한 경우에만 적용되는 특별한 해법들이 일련의 조리법처럼 나열되어 있을 뿐이다. 일반적이고 이론적인 정당화도 없으며, 문제는 측정가능한 선분이라든지, 영역의 넓이 등 대체로 기하학적으로 주어졌다. 예를 들어 기원전 1800~1600년 사이의 유물로 추정되는 점토판에는 다음과 같은

문구가 적혀 있다(이 점토판은 영국 박물관에 보관되어 있으며, 'BM 13901, 문제 1'로 분류되어 있다).

The surface of my confrontation I have accumulated: 45′ is it. 1, the projection, you posit. The moiety of 1 you break, 30′ and 30′ you make hold. 15′ to 45′ you append: by 1, 1 is equalside. 30′ which you have made hold in the inside you tear out: 30′ the confrontation.[*]

이 문제를 현대식 표기법으로 다시 쓰면 $x^2 + 1x = \frac{3}{4}$이다. 바빌로니아인들은 60진법을 사용했으므로, 점토판에 적힌 45′은 $\frac{45}{60} = \frac{3}{4}$을 의미한다. 그리고 그 뒤에는 주어진 문제를 푸는 알고리즘이 제시되어 있다. 1차항의 계수인 1의 절반은 $\frac{1}{2}$이고, 이것을 제곱하면 $\frac{1}{4}$이다. 여기에 상수항 $\frac{3}{4}$을 더하면 1이 되는데, 이것은 1의 제곱과 같다. 여기서 $\frac{1}{2}$을 뺀 값이 정사각형의 한 변이다. 현대의 독자라면 이차방정식의 근의 공식이라 부르는 것과 동등한 알고리즘임을 쉽게 알 수 있을 것이다. 그러나 바빌로니아의 점토판에는 일반적인 해법 없이 특별한 문제를 푸는 방법만 적혀 있다. 다른 점토판도 숫자만 다를 뿐 해법은 모두 비슷하며, 방정식이라는 개념은 없다. 점토판을 새긴 바빌로니아의 기록관은 평면도형에 입각하여 문제를 풀었다. 기원전 1650년경에 만들어진 고대 이집트의 파피루스 문서에도 이와 비슷한 문제들이 기록되어 있는데, 그로부터 150년

---

[*] 해석: '변의 길이를 구하려는 정사각형의 한 변을 1만큼 늘렸더니 넓이가 45′인 직사각형이 되었다. 1을 반으로 쪼개 30′과 30′으로 만들어 'ㄱ'자 손잡이를 만든다. 15′과 45′을 더하면 1이므로 공통길이는 1이다. 만들었던 손잡이의 길이인 30′을 빼면 구하려던 값은 30′이다.' 의미는 뒤의 설명과 그림 1을 참고할 것-옮긴이

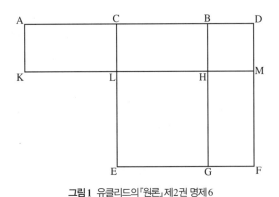

그림 1 유클리드의 『원론』 제2권 명제 6

쯤 전에 작성된 문서를 그대로 옮겨 적은 것으로 추정된다.

각 문제마다 특별한 방식으로 답을 찾았던 초기의 비이론적 해법은 연역적 논리와 일련의 공리를 통해 수학체계를 세운 유클리드[VI.2]의 『원론』과 극명한 대조를 이룬다(더 자세한 내용은 기하학[II.2]을 참고하기 바란다). 이 책에서 유클리드는 분명한 정의와 몇 개의 공리, 또는 자명한 사실로부터 이미 알고 있는 (물론 미지의 결과도 몇 개 포함해서) 엄밀한 기하학적 맥락의 결과를 연역적으로 유추해냈다. 공리에 기초한 기하학은 '유클리드식 표준'으로 자리잡았다. 그런데 기하학과 대수학은 과연 무슨 관계에 있을까? 여기서 잠시 유클리드의 『원론』 제2권에 수록된 6번째 명제를 살펴보자.

한 선분을 이등분하고 동일 직선상에 선분을 추가해 늘리자. 이렇게 만들어진 전체 선분과 추가한 선분을 양변으로 하는 직사각형의 넓이와 원래 선분의 절반을 한 변으로 하는 정사각형의 넓이를 더한 값은, 원래 선분의 절반과 추가한 선분으로 만들어지는 선분을 한 변으로 하는 정사각형의 면적과 같다.

이는 분명히 기하학적 작도에 관한 것이지만, 역시 분명하게 면적이 같은 직사각형과 정사각형에 관한 설명이기도 하다. 따라서 이는 우리가 방정식으로 쓸 수 있는 무언가를 묘사하고 있다. 그림 1은 유클리드의 작도에 대응하는 그림이다. 유클리드는 직사각형 ADMK의 면적이 직사각형 CDML과 HMFG의 면적의 합과 같다는 것을 증명하기 위해 CB를 한 변으로 하는 정사각형을 이용하여 '직사각형 CDML과 HMFG의 면적에 정사각형 LHGE의 면적을 더하면 정사각형 CDFE의 면적과 같다'는 논리를 펼쳤다. 여기에 CB = a, BD = b를 대입하면 이 관계는 고등학교 수학시간에 배운 완전제곱의 전개식 $(2a + b)b + a^2 = (a + b)^2$과 같아진다. 그렇기는 하지만 유클리드에게 이것은 구체적인 **기하학적 구성**이었고 특정한 **기하학적 동등함**이었다. 이 때문에 양수가 아닌 양은 다룰 수가 없었다. 기하학적 도형의 **변**은 양수로만 **측정**되기 때문이다. 유클리드가 생각했던 기하학적 수학세계에 음수가 끼어들 자리는 없다. 그럼에도 불구하고 역사학자들이 『원론』 제2권을 '기하적 대수(geometric algebra)'의 교과서로 평가하는 이유는 여기 등장하는 명제들이 대수학의 언어로 쉽게 해석될 수 있기 때문이다. 유클리드는 기하학적 언어로 설명했지만, 결국 그가 논한 내용은 대수학이라는 것이다.

유클리드가 세웠던 기하학의 엄밀한 기준은 가히 수학의 최고봉이라 할 만하지만, 고대 그리스의 수학이 모두 이런 것은 아니었다. 당시 대부분의 수학자들은 풀이법을 체계화하는 것보다 각 경우마다 별개로 적용되는 특별하고 기발한 해법을 찾는 데 주력했다. 많은 이들이 인류 최고의 수학자 3~4

인 중 한 명으로 꼽는 아르키메데스[VI.3]보다 더 나은 예는 없을 것이다. 그도 유클리드처럼 특별한 문제를 제기한 후, 기하학적 논리로 해결했다. 기하학이 엄밀함의 표준을 규정하는 한 4차 이상의 고차방정식과 음수는 수학적 고려대상에서 제외될 수밖에 없다(예를 들어 『원론』 제2권의 명제 6은 2차방정식으로 표현되고, 입방체와 관련된 명제는 3차방정식으로 표현된다. 그러나 우리가 사는 공간은 3차원이므로, 4차 이상의 고차방정식으로 표현되는 문제는 존재하지 않는다). 그러나 서기 3세기 중반에 활동했던 알렉산드리아의 디오판토스(Diophantus)는 아르키메데스처럼 특별한 문제들을 제기하면서도 기하학적 논리에 의존하지 않고 고대 바빌로니아식 알고리즘으로 해답을 구함으로써 기하학의 한계를 극복했다.

디오판토스는 자신의 책 『산술(Arithmetica)』에서 일반적인 부정방정식 문제들을 소개했는데, 구체적인 해를 제시하기 전에 해가 만족해야 할 특별한 성질이나 형태를 먼저 규정하곤 했다. 그가 문제를 서술하는 방식은 후대의 수학자들이 즐겨 사용했던 은유적 형식과 크게 달랐다. 그의 기호는 좀 더 대수적이었고, 16세기 수학자들에게 영감을 주었다(아래를 보라). 특히 그는 미지수의 0~6제곱을 표기할 때 그만의 특별한 기호를 사용했다. 그러므로 디오판토스의 수학은 기하학에 기반을 둔 유클리드나 아르키메데스의 수학과 뚜렷하게 구별된다.

예를 들어 『산술』 제2권에는 다음과 같은 문제가 수록되어 있다. '세 개의 숫자가 있다. 이들 중 임의로 하나를 제곱한 후 바로 다음 수를 빼도 완전제곱수가 된다면, 세 숫자는 무엇인가?' 현대식 표기법을 사용하면 디오판토스는 $(x + 1, 2x + 1, 4x + 1)$의 형태의 답으로 제한하여 시작한다. $(x + 1)^2 - (2x + 1) = x^2$이고 $(2x + 1)^2 - (4x + 1) = 4x^2$이므로, 세 가지 조건 중 두 개는 만족된다. 그러나 나머지 하나의 조건까지 만족되려면 $(4x + 1)^2 - (x + 1) = 16x^2 + 7x$도 완전제곱수가 되어야 한다. 디오판토스는 별다른 이유 없이 $16x^2 + 7x = 25x^2$으로 놓고 방정식을 풀어서 $\frac{16}{9}$, $\frac{23}{9}$, $\frac{37}{9}$을 답으로 제시했다. 그는 아무런 기하학적 정당화를 하지 않았는데, 그가 보기에는 불필요했던 것이다. 그에게 필요한 것은 단 하나의 답이었던 것이다. 또한 그는 오늘날 더 일반적인 방정식의 집합이라 부를 만한 것을 만들지도 않았고, 가능한 모든 해를 찾으려고 하지도 않았다.

디오판토스(그는 아르키메데스보다 400년 이상 후에 태어났다)의 수학은 기하학도 아니고, 현대적 의미의 대수학도 아니다. 그가 제시했던 문제와 답들은 유클리드나 아르키메데스의 문제와 확연하게 다르다. 당시 알렉산드리아 수학자들의 주관심사는 '기하적 대수'와 상반되는 '알고리즘대수(algorithmic algebra)'였다. 그의 아이디어는 16세기 유럽 수학자들에게 전수되어 기하학의 새로운 가능성을 열어주었다.

3 대수학이 없던 시대의 대수학: 중세 이슬람 세계

한 문명권에서 발생한 수학은 매우 복잡한 과정을 거쳐 다른 문명으로 전달된다. 로마제국의 멸망과 함께 유럽의 위상이 약해지면서, 유클리드와 디오판토스의 수학은 중세 이슬람문명권으로 스며들었다. 이슬람의 학자들은 그리스 수학을 번역하여 보존하는 데 그치지 않고 더 넓은 영역으로 확장시켰다.

알콰리즈미[VI.5]는 왕실에서 설립한 바그다드 지혜의 전당(House of Wisdom)에 상주하는 학자로서, 유클리드의 『원론』 제2권에 등장하는 기하학적 논리와 고대 바빌로니아 특유의 알고리즘을 결합했다. 특히 그의 대표작 『완성과 균형의 계산법에 관한 소책자(al-Kitāb al-mukhtasar fī hisāb al-jabr wa'l-muqābala)』의 첫 부분에는 1차 및 2차방정식을 이론적으로 소개하고 있다('완성'이라는 뜻의 'al-jabr'는 대수학을 뜻하는 'algebra'의 어원으로 알려져 있다). 그는 음수와 0을 채택하지 않았으므로 현대대수학에서 $ax^2 + bx + c = 0$으로 표기되는 2차방정식을 6가지 형태로 분류했다. 예를 들어 '어떤 수의 제곱에 그 수의 10배를 더하면 39이다'라는 문제를 제시한 후 곱셈과 덧셈, 뺄셈을 이용한 알고리즘을 통해 답을 구하는 식이다. 이 책에 제시된 풀이과정은 앞서 언급했던 점토판 BM 13901과 거의 동일하다. 그러나 알콰리즈미는 여기서 끝내지 않고 '이 답이 정확한지 확인하려면 동일한 문제를 기하학적으로 해석할 필요가 있다'고 강조하면서 '2차식의 완전제곱화'라는 과정을 추가로 도입했다(유클리드의 『원론』 제2권에도 이 과정이 소개되어 있는데, 알콰리즈미의 논리가 좀 더 형식적이다. 그로부터 한 세대 뒤에 태어난 이집트 이슬람의 수학자 아부 카밀(Abū-Kāmil, 850년경~940)은 한층 더 높은 수준에서 유클리드 기하학을 기하적 대수체계에 도입했다). 이렇게 두 분야가 합쳐지면서 수학자들은 도형의 면적이나 선의 길이를 덧셈, 뺄셈, 곱셈 등의 연산으로 해석하게 되었으며, 결국에는 특정 문제의 기하학적 해보다 **일반적인 방정식의 대수적 해**에 더 많은 관심을 갖게 되었다.

이와 같은 추세는 수학자이자 시인이었던 오마르 하이얌(Omar Khayyam, 1050년경~1130년)의 『알자브르(Al-jabr)』가 출간되면서 더욱 빠르게 진행되었다. 이 책에는 3차방정식의 해법이 소개되어 있는데, 하이얌은 알콰리즈미처럼 0과 음수를 도입하지 않은 채 체계적으로 풀었다. 알콰리즈미를 따라 하이얌은 기하학적 정당화를 했지만 그가 제시한 일반적 해법은 현대적 의미의 대수학에 가장 근접한 해법으로 평가되고 있다.

11세기 초에 활동했던 페르시아의 수학자 알카라지(al-Karaji)는 유클리드의 『원론』에서 시작된 방정식의 기하학적 해법을 잘 알고 있었다. 그리고 아부 카밀이 그랬던 것처럼, 디오판토스의 수학에도 조예가 깊었다. 두 종류의 수학에 모두 정통했던 알카라지는 디오판토스가 『산술』에서 제시했던 특별한 문제들을 체계적으로 다루는 일반론을 개발하여 종합하였다. 디오판토스의 수학은 이슬람 수학자들에게 온전한 형태로 전수되었지만, 서방세계의 수학자들은 16세기에 번역 붐이 일기 전까지 디오판토스의 수학에 대해 거의 모르고 있었다. 서방세계는 인도 수학자들의 업적도 거의 몰랐다. 인도의 수학자들은 8세기경에 2차방정식을 푸는 알고리즘을 개발했고, 12세기에 브라마굽타(Brahmagupta)는 $ax^2 + b = y^2$으로 표현되는 방정식의 정수해를 구하는 데 성공했다(이 방정식은 오늘날 펠 방정식(Pell's equation)으로 알려져 있다. 여기서 a와 b는 정수이며, a는 완전제곱수가 아니다).

4 대수학이 없던 시대의 대수학: 서방세계

동쪽에서 이슬람이 한창 번영을 누릴 때, 서구유럽은 로마제국의 멸망과 함께 한동안 침체기를 겪다가 정치적, 문화적으로 서서히 안정을 찾아가고 있었다. 그 결과 13세기까지 가톨릭교회가 굳건하게 자리잡았고 곳곳에 대학이 설립되었으며, 경제도 활력을 되찾았다. 뿐만 아니라 8세기에 이슬람세력이 이베리아반도를 지배하는 동안 건립된 궁정과 도서관, 그리고 바그다드의 지혜의 전당과 같은 연구기관들은 중세 이슬람 학문의 결실이 유럽으로 전달되는 데 중요한 역할을 했다. 그러나 12~13세기에 이베리아반도에 대한 이슬람제국의 영향력이 약해지면서, 번역본으로 전수되던 고대 그리스 학문과 이슬람의 학문이 유럽으로 스며들기 시작했다. 특히 피사(Pisa)시의 영향력 있는 행정관의 아들이었던 **피보나치**[VI.6]는 알콰리즈미의 책을 읽고, 아라비아의 숫자체계가 금융과 상업에 지대한 영향을 미칠 것이며(당시 유럽인들은 불편한 로마숫자를 쓰고 있었다) 오늘날 1, 2차방정식으로 알려진 알콰리즈미의 이론과 기하학적 증명, 그리고 그의 알고리즘이 수학의 발전을 위해 반드시 필요하다는 사실을 깨달았다. 피보나치는 1202년에 알콰리즈미의 수학과 그의 업적을 찬양하는 『산반서(*Liber Abbaci*)』를 출간하여 이슬람의 수학이 유럽에 전파되는 데 중요한 역할을 했다.

알콰리즈미의 수학에서 특히 실용적인 면은 피보나치의 책을 통해 전 유럽으로 퍼져나갔다. 14~15세기에는 상업의 중요성이 부각되면서 회계사와 장부기록관을 양성하는 산반학교(abacus school, 피보나치의 책에 실린 단어에서 유래된 이름이다. 중국의 주판에서 기인했다는 설은 사실이 아니다)가 이탈리아반도 곳곳에 설립되었다. '마에스트리 다바코(maestri d'abaco)'라 불린 이들 학교의 교사들은 피보나치의 저서에서 찾은 알고리즘에 기반하여 이를 확장시켰다. 또한 독일에서는 코시스트(Cossist, 독일어로 algebra를 의미하는 'Coss'에서 유래됨. '고도의 계산을 수행하는 사람'이라는 뜻)들이 전통을 세우고 대수학을 도입하여 수학의 주류를 이루게 된다.

1494년에 이탈리아의 루카 파치올리(Luca Pacioli)는 그때까지 알려진 모든 수학의 개요서인 『백과전서(*Summa*)』를 출간했다(이 책은 인쇄물의 형태로 출판된 세계최초의 수학책이었다). 그는 이 책에서 알콰리즈미와 피보나치의 기하학적 증명을 소개하여, 사그라들던 관심을 다시 불러일으켰다. 하이얌의 업적을 모르고 있었던 파치올리는 "지금까지 알려진 해법은 알콰리즈미와 피보나치가 발견한 6가지 경우뿐이다. 그동안 3차방정식의 해를 구하려는 시도가 있었으나 성공하지 못했다. 그러나 언젠가는 반드시 해결될 것이다"라고 주장했다.

파치올리의 책은 당시까지 풀리지 않은 문제를 중요하게 다루었다. 다양한 3차방정식의 해를 구하는 알고리즘은 과연 존재하는가? 만일 존재한다면, 알콰리즈미와 피보나치의 책에 나와 있는 것처럼 기하학적인 논리로 증명될 수 있는가?

16세기 이탈리아의 수학자들 중 첫 번째 질문에 처음으로 답을 제시한 사람은 **카르다노**[VI.7]였다. 그는 1545년에 출간된 저서 『위대한 기술(*Ars Magna*)』에서 기하학적 논리에 입각하여 다양한 3차방정식의 해법을 제시했다. 이것은 알콰리즈미와 피보나치가 완성했던 2차방정식의 해법을 3차로 확장하여 성공을 거둔 첫 번째 사례였다. 또한 카르다노는 자신의 제자 루도비코 페라리(Ludovico Ferari, 1522~1565)가 발견한 4차방정식의 해법도 공개했다. 그가 이 해법에 관심을 가진 이유는 3차방정식과 달리 기하학적으로 정당화하지 못했기 때문이다. 그는 자신의 책에 '3차방정식을 포함하여 지금까지 언급된 내용은 완벽하게 증명되었다. 그러나 앞으로 언급될 내용(반드시 필요한 내용도 있고, 단순히 호기심을 자극하는 것도 있다)은 완벽하게 설명되지 않았기 때문에, 간단히 소개만 하고 넘어갈 것'이라고 적어 놓았다. 이때부터 대수학은 기하학의 껍질을 벗고 독자적인 길을 가게 된다.

5 대수학의 탄생

이러한 추세는 1560년대에 디오판토스의 『산술(Arithmetica)』이 라틴어로 번역되면서 더욱 빠르게 진행되었다(디오판토스의 수학은 비기하학적이며 매우 축약적이다). 대수학을 문제해결의 일반적 수단으로 바라본 대표적 수학자로는 봄벨리[VI.8]와 비에트[VI.9]를 들 수 있다. 1572년에 출간된 봄벨리의 『대수학(Algebra)』에는 대수학을 기하학이나 정수론 등 다른 분야에 응용하는 문제가 다양하게 수록되어 있다. 그리고 비에트는 1591년에 '풀리지 않은 문제를 하나도 남기지 않는다'는 취지 하에 『해석학 기술 개론(In Artem Analyticem Isagoge)』을 출간했다. 그는 이 책에서 변수는 자음으로, 상수는 모음으로 나타내는 표기법과 미지수가 하나인 방정식의 해법을 소개했다. 그는 자신의 기법을 '그럴듯한 기

호 논리학'이라 불렀다.

그러나 차원성(dimensionality)은 비에트에게 여전히 골칫거리였다(그는 이것을 동질성의 법칙(law of homogeneity)이라 불렀다). 그는 '동질적인 크기만을 서로 비교할 수 있다'면서 크기를 두 가지 유형으로 분류했는데, 하나는 변수 (변 A)(현대식 표기법으로는 x)와 (정사각형 A)(또는 x^2), 그리고 (정육면체 A)(또는 x^3) 등의 '단계(ladder) 척도' 등이고, 다른 하나는 1차원 계수(길이 B), 2차원 계수(평면 B), 3차원 계수(입체 B) 등이었다. 비에트의 법칙에 의하면 (육면체 A) + (평면 B)(변 A)와 같은 연산은 별 문제 없이 수행할 수 있다(현대식 표기로 $x^3 + bx$에 해당함). 왜냐하면 (육면체 A)의 차원은 3이고, 2차원 계수 (평면 B)와 1차원 변수 (변 A)의 곱도 3차원이기 때문이다. 그러나 1차원 계수 (길이 B)와 1차원 변수 (변 A)를 곱한 2차원의 양에 3차원 변수 (육면체 A)를 더할 수 없다(이것도 현대식 표기로 $x^3 + bx$에 해당한다). 두 항의 차원이 다르기 때문이다. 비에트는 이런 제한에도 불구하고 동질성 법칙이 성립하는 경우에 한하여 문자끼리의 덧셈, 뺄셈, 곱셈, 나눗셈을 정의했고, 제곱, 세제곱, 네제곱 등 임의의 거듭제곱 연산까지 수행할 수 있는 '분석 기술'이었다. 물론 이 법칙을 곡선에 적용하는 데에는 실패했지만, 초보적인 대수학체계를 갖고 있었던 것이다.

대수학을 곡선에 성공적으로 적용한 사람은 페르마[VI.12]와 데카르트[VI.11]였다. 이들이 개발한 해석기하학은 오늘날 고등학교 대수학 교과서에 등장한다. 페르마를 비롯하여 토머스 해리엇(Thomas Harriot, 1560~1621) 같은 수학자들은 비에트에게 영향을 받았고, 데카르트는 변수를 x, y로, 상수를

a, b, c로 표기하는 오늘날의 규약을 제안했을 뿐 아니라 대수를 산술화하기 시작했다. 그는 기하학에 등장하는 모든 양들을 선, 또는 선의 거듭제곱으로 해석하는 기본단위를 도입하여(x, x^2, x^3, x^4 등) 동질성 문제를 해결했다. 페르마는 이 문제와 관련하여 1636년에 라틴어로 쓴 『평면과 입체 자취 개론(*Introduction to plane and solid loci*)』을 출간했고, 데카르트는 1637년 철학 저작 『방법서설(*Discours de la Méthode*)』의 부록 세 편 중 하나로 『기하학(*La Géométrie*)』을 출간했다. 두 저작 모두 기하학적 곡선을 두 개의 미지수로 이루어진 방정식으로 표현하여, 해석기하학이라는 새로운 장을 열었다. 다시 말해서, 과거에 기하학으로 여겨졌던 문제를 대수적 방법으로 해결한 것이다. 페르마에게 곡선은 직선이나 원뿔의 단면(x와 y의 2차방정식)이었으며 데카르트도 마찬가지였으나, 방정식을 더욱 일반화시켜서 다항식의 변환 및 단순화와 관련된 다항방정식의 해를 구하고자 했다.

데카르트는 일반적인 진술이나 증명을 제시하지 못했지만, 대수학의 기본 정리[V.13]의 초보적인 형태를 이미 알고 있었다. 즉, 해의 범위를 복소수 $\mathbb{C}$로 확장했을 때, n차다항식 $x^n + a_{n-1}x^{n-1} + \cdots + a_1x + a_0$은 n개의 근을 갖는다. 예를 들어 3차방정식 $x^3 - 6x^2 + 13x - 10 = 0$은 2라는 하나의 실근과 두 개의 허근을 갖고 있다. 데카르트는 이 문제를 더 연구해서 5차와 6차다항식을 분석하기 위한 적절한 변환이 개입된 대수적 기법을 개발했다. 동질성이라는 제한으로부터 자유로워진 그는 카르다노가 까다롭게 여겼던 영역까지 자유롭게 넘나들며 대수학적 기교를 마음껏 적용할 수 있었다. 뉴턴[VI.14]은 1707년에 출간한 『보편산술(*Arithmetica Universalis*)』에서 기하학으로부터 자유로워진 대수학을 십분 활용하여 대수학의 산술화(실수와 일상적 연산을 기반으로 한 산술적 연산모형의 구현)를 체계적으로 논했다.

데카르트의 『기하학』은 대수적 탐구가 더 필요한 문제를 최소한 두 개 드러내 보였다. 달랑베르[VI.20]나 오일러[VI.19]와 같은 18세기 수학자들도 대수학의 기본 정리를 증명하기 위해 다양한 시도를 했지만, 이 정리를 처음으로 엄밀하게 증명한 사람은 가우스[VI.26]였다. 그는 평생동안 네 가지 다른 방법으로 증명했다. 첫 번째는 박사학위논문에 실린 대수기하학적 증명(1799)이고 현대 용어로 다항식의 분해체(splitting field)와 관련된 증명(1816)이었다. 대수학의 기본 정리는 주어진 방정식의 해가 몇 개인지 말해주고 있지만, 이것만으로 정확한 해나 해를 찾는 방법까지 알 수는 없다. 18~19세기에 일부 수학자들은 이 문제를 집중적으로 파고들었고, 이들의 업적이 후대에 전수되어 20세기 초에 현대대수학이라는 새로운 분야가 탄생했다. 그리고 n개의 미지수로 이루어진 (연립)방정식의 일반적인 행동을 이해하려는 시도와 정수론적 문제를 대수적으로 접근하려는 노력도 현대대수학의 초석을 쌓는 데 일조했다.

6 대수방정식의 해

다항식의 근을 찾는 문제는 고등학교 수준의 대수학부터 전문수학자의 연구주제까지 직접적으로 연결해 준다. 오늘날의 고등학생들은 2차방정식의 공식을 충실하게 이용하여 근을 구할 것이다. 이 공식을 유도하려면 주어진 다항식을 좀 더 풀기 쉬운 형태로 바꿔야 한다. 카르다노와 페라리는 3차 및 4차방정식의 근의 공식을 구할 때는 좀 더 복잡한 조작이 필요하다는 점을 인식했다. 더 높은 차수의 다항식(방정식)에도 근의 공식이 존재할지를 묻는 것은 자연스럽다. 이 질문을 좀 더 정확하게 표현하면 다음과 같다. 덧셈, 뺄셈, 곱셈, 나눗셈, 제곱근 등 기본적인 연산만으로 방정식의 근을 표현하는 공식이 과연 존재하는가? 이런 공식이 존재할 때, 주어진 방정식을 **거듭제곱근으로 풀 수 있는**(solvable by radicals)이라 한다.

18세기 수학자들(오일러, 알렉상드르 테오필 방데르몽드(Alexandre-Théophile Vandermonde, 1735~1796), 웨어링[VI.21], 에티엔 베주(Étienne Bézout, 1730~1783)는 고차방정식의 근의 공식을 찾기 위해 많은 노력을 기울였다. 이 문제는 1770~1830년 사이에 점진적이면서 커다란 진보를 보였는데, 가장 큰 공헌을 한 사람은 **라그랑주**[VI.22]와 **아벨**[VI.33], 그리고 가우스였다.

라그랑주는 1771년에 출간한 『방정식의 대수적 해법에 관한 고찰(*Réflections sur la résolution algébrique des équations*)』에서 방정식의 대수적 해법에 관한 일반원리를 찾기 위해 3차 및 4차방정식을 분석했다. 그는 카르다노의 연구에 기초하여 3차방정식 $x^3 + ax^2 + bx + c = 0$이 항상 $x^3 + px + q = 0$의 형태(2차항이 없는 3차방정식)로 변형될 수 있으며, u^3과 v^3이 특정한 2차방정식의 해일 때 $x = u + v$ 꼴로 쓸 수 있음을 보였다. 그리고 x_1, x_2, x_3이 3차방정식의 세 근일 때 $u = \frac{1}{3}(x_1 + \alpha x_2 + \alpha^2 x_3)$, v

$= \frac{1}{3}(x_1 + \alpha^2 x_2 + \alpha x_3)$으로 표현된다는 것도 증명했다. 여기서 α는 1의 원시 세제곱근(primitive cube root)이다. 다시 말해서 중간함수 u와 v는 x_1, x_2, x_3으로 이루어진 유리식이나 분해식(resolvent)으로 쓸 수 있다는 뜻이다. 반대로 x_1, x_2, x_3의 일차결합 $y = Ax_1 + Bx_2 + Cx_3$에서 출발하여 각 x_i의 순서를 바꾸면 6가지 y가 얻어지는데, 이때 각 y는 특정한 6차방정식의 근이 된다. 이 방정식을 분석하여(대칭다항식의 성질을 한껏 이용한다) u와 v를 원시세제곱근 α와 x_1, x_2, x_3을 써서 동일하게 표현할 수 있었다. 라그랑주는 이 두 가지 분석법(풀 수 있는 방정식의 근들이 유리함수인 중간 표현식과 근의 치환에 의한 유리함수의 행동과 관련하여)을 이용하여 3차 및 4차방정식의 완벽한 해를 구할 수 있었다. 여기서 중요한 것은 3차방정식과 4차방정식의 해법을 하나의 논리로 이끌어냈다는 점이다. 그렇다면 이 방법을 5차 이상의 방정식에도 적용할 수 있을까? 사실 라그랑주는 자신의 논리를 5차방정식으로 확장하는 데 실패했다. 그 후 라그랑주의 제자인 파올로 루피니(Paolo Ruffini, 1765~1822)와 아벨(Abel)은 5차방정식이 거듭제곱근을 이용하여 **풀 수 없는 방정식**임을 증명했다(5차방정식의 해결불가능성 [V.21] 참조). 그러나 이 부정적인 결과는 또 하나의 질문을 낳았다. 풀이 가능한 대수방정식은 어떤 형태이며, 그 이유는 무엇인가?

3차방정식과 4차방정식의 풀이가능성을 논할 때에는 1의 세제곱근과 네제곱근이 중요한 역할을 한다. 1의 세제곱근은 3차방정식 $x^3 - 1 = 0$의 근이며, 1의 네제곱근은 4차방정식 $x^4 - 1 = 0$의 근이다. 따라서 일반적으로 n차방정식에서는 원분방정식(cyclotomic equation) $x^n - 1 = 0$이 중요한 역할을 할 것이다. 그럼, 과연 n이 얼마일 때 이 방정식의 해를 작도할 수 있을까? 이 질문을 대수학적으로 풀어 쓰면 다음과 같다. 1의 n제곱근을 정수의 일상적인 연산(덧셈, 뺄셈, 곱셈, 나눗셈)과 거듭제곱근만으로 표현하려면 n은 얼마여야 하는가? 가우스는 1801년에 발표한 『산술에 관한 연구(*Disquisitiones Arithmeticae*)』에서 이 문제를 포함하여 다양한 문제를 다뤘는데, 거기서 내려진 결론 중 하나는 정17각형이 작도 가능하다는 것이었다(또는 1의 17제곱근은 작도할 수 있다). 그는 방정식을 분석할 때 라그랑주가 개발했던 기법을 사용하면서 독자적으로 **모듈러 연산**[III.58]의 핵심개념과 모듈러 '세계' $\mathbb{Z}_p$를 창안했으며(여기서 p는 소수이다. p를 양의 정수로 일반화시킨 $\mathbb{Z}_n(n \in \mathbb{Z}^+)$을 정의할 수도 있다), 오늘날 순환군(cyclic group)으로 알려진 원시원소(primitive element, 생성자(generator)라고도 함)의 개념을 도입하기도 했다.

가우스의 업적을 얼마나 알았는지는 분명하지 않지만, 1830년경에 **갈루아**[VI.41]는 분해식에 관한 라그랑주의 이론과 방정식의 풀이 가능성과 관련된 **코시**[VI.29]의 치환 및 대치 이론을 참고하여 다항방정식을 거듭제곱근으로의 가해성이라는 일반적인 문제로 풀었다. 그의 접근법은 기존의 아이디어로부터 빌린 것이었지만, 중요한 면 한 가지는 기본적으로 새로운 것이었다. 이전의 수학자들은 주어진 차수의 방정식의 해를 **계산하는 구체적 알고리즘**을 구하는 데 집중했던 반면, 갈루아는 주어진 방정식에서 유도되긴 하지만 더 일반적인 방정식을 구성한 것에 기반하여, 주어진 **방정식을 풀 수 있는지**

없는지 파악할 수 있게 해 주는 일반적인 절차를 제시했다.

이 과정에서 갈루아는 모든 문제를 체(field, 그는 이것을 '유리 영역(domain of rationality)'이라 불렀다)와 군(group, 정확하게는 치환군)의 두 가지 개념으로 정리했다. n차 다항방정식 $f(x) = 0$의 계수가 속한 바탕체 안에서 n개의 근을 가지면 가약(reducible), 그렇지 않으면 기약(irreducible)이라 부르자. 그러나 $f(x)$는 더 큰 체에서 가약일 수도 있다. 예를 들어 실수체 $\mathbb{R}$에서 정의된 다항식 $x^2 + 1$을 생각해 보자. 고등학교 시절에 배웠겠지만, 이 다항식은 실수영역에서 인수분해할 수 없다(즉, 이 다항식은 실수 r_1, r_2에 대하여 $x^2 + 1 = (x - r_1)(x - r_2)$의 형태로 표현할 수 없다). 그러나 x의 영역을 복소수체 $\mathbb{C}$로 확장하면 $x^2 + 1 = (x + \sqrt{-1})(x - \sqrt{-1})$로 표현 가능하다. 따라서 x의 범위를 실수체 $\mathbb{R}$에 속하는 a, b에 대하여 $a + b\sqrt{-1}$ 꼴의 수로 확장하면 다항식 $x^2 + 1 = 0$은 가약이다. x가 체 $\mathbb{F}$의 원소이고 체 $\mathbb{F}$에 x의 n제곱근이 존재하지 않을 때, 위와 비슷한 과정을 거치면 $y^n = x$를 만족하는 y를 $\mathbb{F}$에 추가할 수 있다. 이런 경우에 y를 **라디칼**(radical)이라 하며, y로 이루어진 모든 다항식들은 더 큰 체를 이룬다(각 항의 계수는 $\mathbb{F}$에 속한다). 이와 관련하여 갈루아가 증명한 내용은 다음과 같다. $\mathbb{F}$에 라디칼을 연속적으로 추가하여 $f(x)$가 1차식의 곱으로 인수분해되는 체 K를 만들 수 있으면, 방정식 $f(x) = 0$은 거듭제곱근을 이용하여 풀 수 있다. 갈루아는 주어진 체에 원소(특히 원시원소)를 추가하는 과정 및 새롭게 확장된 체의 내부구조를 분석하는 방법을 개발했는데, 이 분석은 $f(x) = 0$을 만족하는 n

개의 근 사이의 관계를 보존하는 (유한)대치군(K의 자기동형사상(automorphism))을 통해 이루어진다. 갈루아의 군론적 분석은 특히나 강력하다. 그는 (용어는 요즘과 달랐지만) 군의 정규부분군(normal subgroup)과 몫군(factor group), 가해군(solvable group) 등을 도입했으며, 군의 추상적인 성질과 내부구조로부터 방정식의 풀이가능성을 정확하게 알아낼 수 있었다.

갈루아는 이런 개념을 1830년대에 도입했으나, 1846년에 리우빌[VI.39]이 그의 논문을 《순수 수학과 응용(*Journal des Mathématiques Pures et Appliquées*)》이라는 학술지에 발표하기 전까지는 학계에 전혀 알려지지 않았다. 논문이 발표된 후에도 거의 20년 동안 별다른 관심을 끌지 못하다가 조제프 세레(Joseph Serret, 1819~1885)와 조르당[VI.52]이 갈루아의 업적을 재조명하면서 비로소 수학자들의 관심을 끌게 된다. 특히 조르당은 1870년에 발표한 논문 「치환과 대수방정식에 관한 논문(*Traité des Substitutions et des Équations Algébriques*)」에서 대수방정식에 관한 갈루아의 업적을 소개했을 뿐만 아니라, 라그랑주와 가우스, 코시, 그리고 갈루아 등의 뒤를 이어 치환군의 일반적 구조이론을 개발했다. 라디칼을 이용한 대수방정식의 해법에서 출발했던 이 연구경향은 19세기 말에 세 개의 다른 분야와 합쳐지게 되는데, 첫 번째는 군의 곱셈표(multiplication table)로 정의되는 케일리[VI.46]의 추상적 군론이고 두 번째는 루드비그 실로우(Ludwig Sylow, 1832~1918)와 오토 횔더(Otto Hölder, 1859~1937)의 구조론이며, 세 번째는 리[VI.53]와 클라인[VI.57]의 기하학적 연구이다. 1893

년에 하인리히 베버(Heinrich Weber, 1842~1914)는 초창기 연구를 집약해 군과 체의 개념을 최초로 추상적으로 정의하여 현대 수학자들에게 훨씬 익숙한 꼴로 바꿨다. 지금도 군과 체는 수학과 물리학의 여러 분야에서 핵심적인 역할을 하고 있다.

7 미지수가 n개인 다항식

대수방정식의 해법에는 미지수가 한 개인 다항식의 근을 구하는 문제와 관련돼 있었다. 그러나 17세기 말에 라이프니츠[VI.15] 같은 수학자들은 미지수가 두 개 이상인 선형 연립방정식의 해법에 많은 관심을 갖고 있었다. 당시에는 널리 알려지지 않았지만, 라이프니츠는 세 개의 선형방정식과 세 개의 미지수로 이루어진 연립방정식의 풀이가능성을 방정식의 계수로부터 주어지는 어떤 식으로부터 알아냈다. 이 식은 훗날 코시가 행렬식[III.15]이라 부르게 되는 것으로, 계수들이 이루는 $n \times n$ 배열, 즉 행렬[I.3 §4.2]과 관계된 것이다. 이는 가브리엘 크라메르(Gabriel Cramer, 1704~1752)가 18세기 중반 미지수가 n개인 n개의 선형 연립방정식을 다루면서 독자적으로 발달시키고 연구했다. 이렇게 시작된 행렬식 이론은 곧바로 선형 연립방정식의 풀이라는 맥락과는 독립적으로 자체적인 대수적 연구 주제가 되었고, 방데르몽드(Vandermonde), 피에르 시몽 라플라스[VI.23], 코시 등의 관심을 끌었다.

행렬식은 실베스터[VI.42])가 행렬(matrix)이라 불렀던 숫자배열과 밀접하게 관련되어 있다. 그러나 처음에 행렬은 선형 연립방정식을 푸는 도구가 아니라 두 개, 세 개, 또는 일반적으로 n개의 미지수를

가진 동차다항식의 변수를 선형변환시키는 수단이
었다. 예를 들어 가우스는 그의 책 『산술에 관한 연
구』에서 계수가 정수이면서 두 개, 또는 세 개의 미
지수로 이루어진 이차형식($a_1x^2 + 2a_2xy + a_3y^2$
또는 $a_1x^2 + a_2y^2 + a_3z^2 + 2a_4xy + 2a_5xz + 2a_6yz$
의 형태)이 변수의 선형변환하에서 형식이 변하는
규칙성을 연구했다. 특히 변수가 세 개인 경우에는
선형변환 $x = \alpha x' + \beta y' + \gamma z'$, $y = \alpha' x' + \beta' y' +$
$\gamma' z'$, $z = \alpha'' x' + \beta'' y' + \gamma'' z'$을 적용하여 새로운 형
태의 형식을 유도했는데, 이 과정에서 변수의 선형
변환을 다음과 같은 정사각형 배열로 표현했다.

$$
\begin{array}{ccc}
\alpha, & \beta, & \gamma \\
\alpha', & \beta', & \gamma' \\
\alpha'', & \beta'', & \gamma''
\end{array}
$$

그리고 변환의 결과를 설명하는 부분에서 행렬곱셈
의 구체적인 사례를 들었다. 그 후 19세기 중반에 아
서 케일리는 행렬을 그 자체로 연구하여 많은 성질
을 밝혀냈고 행렬이론이 자체적인 수학 체계임을
정립했다. 이런 대수적인 생각은 결국 대수 이론의
용어로 재해석되고, 벡터공간[I.3 §2.3]의 이론과 선
형대수 영역에서 독자적인 역할을 하게 된다.

　동차다항식의 선형변환은 불변식이론(theory of
invariants)이라는 새로운 분야를 낳았는데, 그 기원
은 가우스의 『산술에 관한 연구』에서 찾을 수 있다.
가우스는 삼변수 이차형식의 이론에서처럼 선형변
환 $x = \alpha x' + \beta y'$, $y = \gamma x' + \delta y'$을 이용한 이변수 2
차방정식을 먼저 분석했고, 그 결과 새로운 이변수
변환 $a_1'(x')^2 + 2a_2'x'y' + a_3'(y')^2$을 얻었다. 여기
서 $a_1' = a_1\alpha^2 + 2a_2\alpha\gamma + a_3\gamma^2$, $a_2' = a_1\alpha\beta + a_2(\alpha\delta +$
$\beta\gamma) + a_3\gamma\delta$, $a_3' = a_1\beta^2 + 2a_2\beta\delta + a_3\delta^2$이다. 여기서

가우스가 지적한 대로 두 번째 식의 제곱에서 첫 번
째 식과 세 번째 식의 곱을 빼면 $a_2'^2 - a_1'a_3' = (a_2^2 -$
$a_1a_3)(\alpha\delta - \beta\gamma)^2$이라는 관계가 얻어진다. 실베스터
가 1850년대 초에 사용했던 용어로 표현하면, 가우
스는 이진 이차형식의 계수로 이루어진 $a_2^2 - a_1a_3$
에 선형변환을 가하면 선형변환을 나타내는 행렬
식의 제곱($\alpha\delta - \beta\gamma$의 제곱)이 곱해진 것만큼 변한
다는 의미에서 불변식임을 안 것이다. 실베스터가
이 용어를 처음 사용했던 무렵에 영국의 수학자 불
[VI.43]의 연구에서도 불변식 현상이 나타났다. 케
일리는 불변식에 관심을 보이긴 했으나 1840년대
말에 실베스터와 만난 후에야 n개의 미지수를 갖는
m차 동차다항식의 모든 불변식과 이들로 이루어진
연립다항식의 공통불변식을 구하는 데 모든 노력을
기울였다.

　케일리와 (특히) 실베스터는 이 문제를 순수
한 대수적 관점에서 바라보았지만, 불변식 이론
은 정수론 및 기하학과도 밀접하게 관련되어 있
다. 정수론적인 불변식 이론에 관심을 가졌던 수학
자는 고트홀드 아이젠슈타인(Gotthold Eisenstein,
1823~1852)과 에르미트[VI.47]였고, 오토 헤세
(Otto Hesse, 1811~1874)와 폴 고르단(Paul Gordan,
1837~1912), 알프레트 클렙슈(Alfred Clebsch,
1833~1872) 등은 기하학에 불변식 이론을 도입했
다. 특별한 형식, 또는 여러 형식으로 이루어진 계에
서 '근본적으로 다른' 불변식은 몇 개나 존재하는지
이해하는 것에 유독 관심이 모아졌다. 1868년에 고
르단은 미지수가 n개인 임의의 이차 형식과 관련된
불변식들은 유한개의 불변식으로 표현될 수 있다
는 것을 증명하여, 이 분야에서 획기적인 발전을 이

루었다. 그러나 1880년대 말에서 1890년대 초에 걸쳐 힐베르트[VI.63]는 대수이론과 관련된 새롭고 추상적인 개념을 불변식 이론에 도입했는데, 이 과정에서 그는 고든의 결과를 재증명했을 뿐만 아니라, 이 결과가 n개의 미지수를 갖는 m차 형식에서도 일반적으로 성립한다는 것까지 증명했다. 힐베르트의 업적이 알려진 후로 구체적인 계산에 매달려왔던 영국과 독일의 수학자들은 구조론에 가까운 존재정리(existence theorem) 쪽으로 관심을 돌렸고, 얼마 지나지 않아 추상적인 현대대수학과 만나게 된다.

8 '수'의 특성을 이해하기 위한 도전

기원전 6세기 피타고라스 학파는 수의 성질을 형식적으로 연구했다. 예를 들어 이들은 양의 정수 중에서 $6 = 1 + 2 + 3$이나 $28 = 1 + 2 + 4 + 7 + 14$처럼 약수의 합이 자기 자신과 같아지는 수를 완전수라 불렀다(약수를 더할 때 자기 자신은 제외한다). 16세기에 카르다노와 봄벨리는 $a + \sqrt{-b}$ (a와 b는 실수)로 표현되는 복소수와 그 연산을 집중적으로 연구했고, 17세기에 페르마는 n이 2보다 큰 정수일 때(즉, $n = 3, 4, 5, 6 \cdots$ 일 때) $x^n + y^n = z^n$을 만족하는 정수해 x, y, z는 존재하지 않는다는 것을 증명했다고 주장했다(단, $z = x$이고 $y = 0$이거나 $z = y$이고 $x = 0$인 자명한 경우는 제외한다). 이것은 훗날 페르마의 마지막 정리[V.10]로 알려지게 되는데, 특히 17~18세기의 수학자들은 이 정리와 씨름을 벌이는 와중에 다양한 개념들을 창안해냈다. 이런 노력의 핵심은 갈루아가 체를 확장했던 것처럼 정수를 확장한 새로운 종류의 수체계를 분석하는 대

수적 해석학의 창안이었다. 새로운 수체계를 만들고 분석하는 유연성은 현대대수학의 상징으로 우뚝 서서 20세기까지 활발하게 연구되었다.

이 길을 처음으로 걸어간 사람은 오일러였다. 그는 1770년에 발표한 『대수학 원론(Elements of Algebra)』에서 $n = 3$인 경우에 페르마의 마지막 정리를 증명하기 위해 $a + b\sqrt{-3}$ (a, b는 정수)의 형태로 표현되는 수체계를 도입한 후, 더 이상의 증명 없이 정수를 소인수분해할 때처럼 이들을 소수 원소(prime element)의 곱으로 분해했다. 그 후 가우스는 1820~1830년대에 걸쳐 $a + b\sqrt{-1}$ 의 형태로 표현되는 수들을 좀 더 체계적으로 연구했는데(여기서 a와 b는 정수이다. 이 수는 오늘날 가우스 정수(Gaussian integer)로 알려져 있다), 가우스 정수는 정수와 마찬가지로 덧셈, 뺄셈, 곱셈, 나눗셈에 대하여 닫혀 있다. 가우스는 이 수체계에 대한 대수학의 기본 정리[V.14]를 증명하기 위해 단위원소(unit)와 소수, 노름(norm) 등을 새롭게 정의했다. 그리고 이로부터 탐구하고 만들어낼 수 있는 완전히 새로운 대수적 세상이 있다는 사실을 증명했다(자세한 내용은 대수적 수[IV.1]를 참조하기 바란다).

오일러는 페르마의 마지막 정리에서 영감을 떠올린 반면, 가우스는 이차상호법칙[V.28]을 복이차 상호법칙(law of biquadratic reciprocity)으로 일반화시키는 과정에서 새로운 아이디어를 떠올렸다. 이차상호율이란 다음을 말한다. 정수 a와 $m(m \geq 2)$에 대하여 방정식 $x^2 = a$가 m을 법으로(mod m) 해를 가질 때, a를 법 m에 대한 제곱잉여(quadratic residue mod m)'라 한다. 그렇다면 p와 q가 서로 다른 소수일 때, p가 법 q에 대한 제곱잉여임을(또는 그렇지

않다는 것을) 알고 있다면, q가 법 p에 대한 제곱잉여인지(또는 그렇지 않은지)를 알 수 있는 간단한 방법이 존재할 것인가? 1785년에 르장드르는 이 질문에 다음과 같은 답을 제시했다. p와 q 중 적어도 하나가 1 mod 4이면, $p \bmod q$인 상태는 $q \bmod p$인 상태와 같다. 그리고 p와 q가 둘 다 법 4로 3과 같으면 $p \bmod q$인 상태는 $q \bmod p$인 상태와 같지 않다. 그러나 이 증명에서 오류가 있었다. 그 후 1796년에 가우스는 이를 엄밀하게 증명하여 하나의 수학정리로 정착시켰고(그는 무려 여덟 가지 방법으로 이 정리를 증명했다), 1820년대에는 두 개의 4차 합동식 $x^4 \equiv p \pmod{q}$와 $y^4 \equiv q \pmod{p}$에 대하여 이와 비슷한 질문을 제기했다. 그리고 질문의 답을 찾는 과정에서 가우스 정수를 도입했고, 고차잉여이론을 구축하려면 새로운 종류의 '정수'를 도입해야 한다는 사실도 깨달았다. 그 후 아이젠슈타인과 디리클레[VI.36], 에르미트, 쿠머[VI.40], 크로네커[VI.48] 등은 가우스의 관점을 이어받아 이 문제를 연구했다. 그러나 1871년에 디리클레에게 보낸 열 번째 논문 「정수론 강의록(Vorlesungen über Zahlentheorie)」에서 정수론이 아닌 집합론과 공리를 이용하여 근본적인 단계에서 개념을 재정립한 사람은 데데킨트[VI.50]였다. 그는 체, 환, 아이디얼[III.81 §2], 모듈[III.81 §3]의 일반적 개념을 도입했으며(정확하게 공리에 입각한 정의는 아니었다), 새롭고 추상적인 개념을 이용하여 정수론에 입각한 이론을 분석했다. 데데킨트는 '높은' 수준에서 명확한 답을 얻기 위해 '구체적인' 문제를 새롭고 추상적인 형태로 바꾸었는데, 철학적 관점에서 볼 때 갈루아의 접근법과 크게 다르지 않다. 20세기 초에 뇌터

[VI.76]와 그녀의 제자 바르털 판 데르 바르던(Bartel van der Waerden, 1903~1996)은 데데킨트의 아이디어를 한 단계 더 발전시켜서 20세기의 특징이 된 대수학으로의 구조적 접근을 시도했다.

19세기에 정수론이 발전하면서 유럽 대륙에서 '수'에 대한 개념이 새롭게 정립되던 무렵, 영국제도에서는 전혀 다른 분야가 관심의 대상으로 떠오르고 있었다. 영국의 수학자들은 18세기 말부터 수의 성질('음수와 허수는 수학적으로 타당한 개념인가?' 등)뿐만 아니라 대수학의 의미('$ax + by$라고 썼을 때, a, b, x, y는 어떤 값을 가질 수 있으며, '+'의 의미는 무엇인가?' 등)를 놓고 진지한 토론을 벌였다. 1830년대에 아일랜드의 수학자 해밀턴[VI.37]은 자신의 관점에서 실수와 허수의 덧셈이라는 논리적 문제를 우회할 수 있는 '통합된' 해석을 시도했다. 그는 주어진 실수 a, b에 대하여 복소수 $a + b\sqrt{-1}$을 순서쌍 (a, b)로 간주하고(그는 이것을 '커플'이라 불렀다), 이들을 대상으로 덧셈과 뺄셈, 곱셈, 나눗셈을 정의했다. 복소수를 위와 같이 표기하면 2차원 좌표평면 위에 나타낼 수 있다. 이 사실을 간파한 해밀턴은 곧바로 후속질문을 떠올렸다. 복소수가 2차원 수라면, 3차원 공간에 표현되는 수체계도 존재할 것인가? 그 후 10년 동안 해밀턴은 이 질문을 수시로 떠올리면서 다양한 방법을 시도하다가 마침내 3차원 수는 존재하지 않지만, 4차원 수는 존재한다는 결론에 도달했다. 그가 찾아낸 수는 **사원수**[III.76]로서, $(a, b, c, d) = a + bi + cj + dk$의 형태로 표현된다. 여기서 a, b, c, d는 실수이고 i, j, k는 ij = −ji = k, jk = −kj = i, ki = −ik = j, $i^2 = j^2 = k^2 = -1$을 만족한다. 2차원의 경우와 마찬가지로 덧셈은 각 성분

별로 수행하면 된다. 반면 0이 아닌 모든 원소가 곱
에 대한 역원을 갖도록 곱을 정의할 수 있지만 교환
법칙은 만족하지 않는다. 따라서 이 수체계는 '일상
적인' 산술법칙을 모두 따르지는 않는다.

해밀턴과 동시대에 활동했던 영국의 일부 수학
자들은 어느 정도까지 그런 새로운 수학 세상을 만
들어도 좋은지 회의적이었지만, 케일리 같은 수학
자는 이 아이디어를 한 단계 더 발전시켜서 팔원
수체계를 만들어냈다. 팔원수는 곱셈의 교환법칙
을 만족하지 않을 뿐만 아니라, (나중에 확인된 사
실이지만) 결합법칙도 만족하지 않는다. 이런 체
계가 새로 만들어지면 당연히 여러 가지 질문이 쏟
아지기 마련이다. 당시 해밀턴이 떠올렸던 질문은
"계수들로 이루어진 바탕체(base field)가 실수가 아
닌 복소수라면 어떤 결과가 얻어지는가?"였다. 이
런 경우, 0이 아닌 복소사원수 $(-\sqrt{-1}, 0, 1, 0) =$
$-\sqrt{-1} + j$와 $(\sqrt{-1}, 0, 1, 0) = \sqrt{-1} + j$를 곱하면
$1 + j^2 = 1 + (-1) = 0$이 된다. 다른 말로 하면 복소
사원수는 영인자를 갖는다. 즉, 0이 아닌 두 수를 곱
한 결과가 0이 될 수도 있다는 뜻이다. 이것은 정수
와 확연하게 구별되는 특성 중 하나이다. 복소사원
수는 벤자민 피어스(Benjamin Peirce, 1809~1880)
와 프로베니우스[VI.58], 레오르그 셰퍼스(Georg
Sheffers, 1866~1945), 테오도르 몰린(Theodor
Molien, 1861~1941), 카르탕[VI.69], 요제프 베데르
부른(Joseph H. M. Wedderburn, 1882~1948) 등에 의
해 내용이 더욱 풍성해지면서 훗날 독립적인 대수
학으로 자리잡게 된다. 또한 복소사원수는 가우스
와 케일리, 실베스터의 손을 거치면서 행렬이론(바
탕체 위에서 n^2차원 대수체계를 형성하는 $n \times n$ 행

렬)과 자연스럽게 연결되었으며, 헤르만 그라스만
(Hermann Grassmann, 1809~1877) 등이 창안한 n차
원 벡터공간이론(n차원 대수는 벡터덧셈, 스칼라배
와 함께 벡터곱셈이 정의된 n차원 벡터공간이다)과
통합되었다.

9 현대대수학

1900년 즈음에 새로운 대수적 구조가 많이 식별되
었고 성질도 탐구되었다. 이들 중 어떤 것은 처음
에 독립적인 구조처럼 보였다가 나중에 다른 대수
구조에서 발견되기도 했다. 즉, 이들의 발견에 이
르게 한 문제들보다 수학적으로 훨씬 일반적인 구
조였던 것이다. 20세기의 처음 10년 동안 대수학자
(1900년대까지는 없던 용어이다)들은 다양한 대수
체계들 사이의 공통점(군, 체, 환 등)을 인식하고 유
한단순군에는 어떤 것이 있는가? 이들을 체계적으
로 분류할 수 있는가? 등 한층 더 추상적인 질문을
제기했다(유한단순군의 분류[V.7] 참조). 뿐만 아니
라 칸토어[VI.54]의 집합론과 공리론에서 영감을 얻
은 힐베르트 등의 수학자들은 공리화를 통한 분석
과 비교라는 공통표준을 이해하기 시작했다. 예를
들어 1910년에 에른스트 슈타이니츠(Ernst Steinitz,
1871~1928)는 공리적 관점에서 출발하여 추상적
체이론의 기초를 세웠고, 1914년에 아브라함 프렝
켈(Abraham Fraenkel, 1891~1965)은 이와 비슷한
방식으로 추상적 환이론의 기초를 세웠다. 그리고
1920년대 말에 바르던(Waerden)은 이러한 결과들
이 힐베르트의 불변식 이론 및 데데킨트와 뇌터의
대수적 정수론과 철학적으로 깊이 연관되어 있음을

간파했다. 바르던이 1930년에 출간한 『현대대수학 (*Moderne Algebra*)』에는 요즘 고등학교에서 배우는 다항식 대수를 비롯하여 '현대대수학'의 거의 모든 내용이 망라되어 있다.

더 읽을거리

Bashmakova, I., and G. Smirnova. 2000. *The Beginnings and Evolution of Algebra*, translated by A. Shenitzer. Washington, DC: The Mathematical Association of America.

Corry, L. 1996. *Modern Algebra and the Rise of Mathematical Structures*. Science Networks, volume 17. Basel: Birkhäuser.

Edwards, H. M. 1984. *Galois Theory*. New York: Springer.

Heath, T. L. 1956. *The Thirteen Books of Euclid's Elements*, 2nd edn. (3 vols). New York: Dover.

Høyrup, J. 2002. *Lengths, Widths, Surfaces: A Portrait of Old Babylonian Algebra and Its Kin*. New York: Springer.

Kelin, J. 1968. *Greek Mathematical Thought and the Origin of Algebra*, translated by E. Brann. Cambridge, MA: The MIT Press.

Netz, R. 2004. *The Transformation of Mathematics in the Early Mediterranean World: From Problems to Equations*. Cambridge: Cambridge University Press.

Parshall, K. H. 1988. The art of algebra from al-Khwārizmī to Viète: A study in the natural selection of ideas. *History of Science* 26: 129-64.

———. 1989. Toward a history of nineteenth-century invariant theory. In *The History of Modern Mathematics*, edited by D. E. Rowe and J. McCleary, volume 1, pp. 157-206. Amsterdam: Academic Press.

Sesiano, J. 1999. *Une Introduction à l'histoire de l'algèbre: Résolution des équations des Mésopotamiens à la Renaissance*. Lausanne: Presses Polytechniques et Universitaires Romandes.

Van der Waerden, B. 1985. *A History of Algebra from al-Khwārizmī to Emmy Noether*. New York: Springer.

Wussing, H. 1984. *The Genesis of the Abstract Group Concept: A Contribution to the History of the Origin of Abstract Group Theory*, translated by A. Shenitzer. Cambridge, MA: The MIT Press.

II.4 알고리즘
장 뤽 샤베르 *Jean-Luc Chabert*

1 알고리즘이란 무엇인가?

'알고리즘(algorithm)'을 정확히 정의하기란 결코 쉽지 않다. 이와 비슷한 의미를 가진 단어로는 '규칙 (rule)', '기법(technique)', '절차(procedure)', 또는 '방법 (method)' 등을 꼽을 수 있겠으나, 그다지 만족스럽지는 않다. 고등학교에서 배우는 두 양수의 긴 곱셈 같은 것을 알고리즘의 예로 제시할 수도 있다. 하지만 비형식적인 설명이나 잘 선택한 사례로부터 오랫동안 진화를 거쳐온 개념인 알고리즘이 무엇인지 감을 얻을 수는 있지만, 이 개념은 20세기에 와서야 만족할 만한 형식적인 정의가 나왔고, 지금도 진화하는 개념이다. 이 장에서는 알고리즘의 발달과정과 현재 통용되고 있는 정확한 의미를 알아보기로 한다.

1.1 주판과 알고리무스

숫자의 곱셈에서 시작해 보자. 두 수를 곱하는 방법은 수의 표기법에 따라 크게 달라진다. 로마 숫자로 CXLVII에 XXIX를 십진법 숫자 147과 29의 곱으로 바꾸지 말고 곱해 보라. 어렵고 시간이 많이 든다. 왜 로마 제국의 산수가 극히 초보적인지 이해할 수 있을 것이다. 진법은 로마식처럼 '가법적(additive)'일 수도 있고, 십진법처럼 위치적(positional)일 수도 있다. 위치에 기반을 둔 수체계는 다양한 진법을 쓸 수 있는데, 예를 들어 수메르인들은 10과 60을 기저단위로 사용했다.

인류는 오랜 세월 동안 **주판(abacus)**을 이용하여 계산을 수행해 왔다. 그 기원은 확실치 않지만, 모래 위에 선을 그려 놓고 그 위에 돌을 이리 저리 옮기면서 숫자를 헤아렸던 것이 주판의 기원으로 추정된다(미적분을 뜻하는 단어 calculus는 라틴어로 작은 돌이라는 뜻이다). 그 후 주판알이 장착된 계산용 판이 등장했다. 이를 이용해 주어진 진법으로 수를 표현할 수 있게 됐다. 예를 들어 십진법이면 세로줄은 몇 번째 자리인지에 따라 1, 10, 100, 1,000 등의 단위를 나타낸다. 여기에 정확한 규칙을 적용하면 사칙연산을 **빠르고** 정확하게 수행할 수 있다(중국에

서 만들어진 주판도 그중 하나이다).

12세기에 아라비아의 수학이 라틴어로 번역되면서 십진법이 전 유럽으로 퍼져나가기 시작했다. 십진법은 연산을 수행하기에 매우 효율적이었고 새로운 계산 방법이 나오게 됐다. 이때부터 사람들은 주판을 이용한 기존의 계산법과 구별하기 위해, 새로운 계산법을 알고리무스(algorimus)라 불렀다.

1, 2, 3, … 이라는 숫자표기법은 원래 인도에서 시작되었지만, 지금은 아라비아 숫자로 알려져 있다. '알고리즘'이라는 단어도 아랍의 수학자 **알콰리즈미[VI.5]**의 이름에서 유래된 것이다. 앞서 말한 대로 그는 9세기에 가장 오래된 대수학책인 『완성과 균형을 통한 계산의 모든 것을 담은 책(*al-Kitāb al-mukhtasar fī hisāb al-jabr wa'l-muqābala*)』을 집필했고, 제목에 등장하는 'al-jabr'는 algebra(대수학)의 어원이 되었다.

1.2 유한성

방금 살펴본 바와 같이 중세시대에 '알고리즘'은 십진법으로 표기된 정수의 모든 계산과정을 통칭하는 말이었다. 그러나 17세기에 **달랑베르[VI.20]**가 출간한 『백과사전(*Encyclopédie*)』을 보면, 알고리즘은 산술적인 계산법에 한정된 용어가 아니라 '미적분의 알고리즘'이나 '사인함수의 알고리즘'처럼 모든 계산법에 통용되는 단어로 정의되어 있다.

그 후 알고리즘은 '정확한 규칙에 따라 행해지는 모든 체계적 계산법'을 뜻하는 단어로 통용되다가 컴퓨터 시대가 도래하면서 좀 더 명확한 의미를 띠게 된다. 컴퓨터를 이용한 연산은 유한한 시간 안에 원하는 결과가 나와야 하기 때문에 **유한성**

(finiteness)이 중요한 요소로 부각되었고, 이에 따라 알고리즘은 다음과 같이 재정의되었다.

알고리즘이란 유한한 양의 데이터로부터 유한한 단계를 거쳐 결과를 내놓을 수 있는 유한한 규칙들의 집합이다.

보다시피 '유한'이 엄청나게 강조되어 있다. 알고리즘 자체도 유한해야 하고, 그것을 구현하는 단계도 유한해야 한다.

물론 고전적인 관점에서 볼 때 위 서술은 수학적 정의는 아니다. 잠시 후에 언급되겠지만, 이를 더욱 형식화하는 것이 중요했다. 그러나 지금 당장은 위의 서술을 정의로 받아들이고, 몇 가지 고전적인 사례를 살펴보기로 하자.

2 세 가지 역사적 사례

알고리즘의 특성 중 아직 언급하지 않은 것은 단순한 과정을 되풀이하는 **반복성**이다. 반복의 중요성을 이해하기 위해, 큰 수의 곱셈을 떠올려 보자. 어떤 크기의 자연수에든 통하는 방법이다. 숫자가 클수록 계산과정은 길어지지만, 중간에 거치는 각 과정들은 완전히 똑같다는 것이 대단히 중요하다. 세 자리 숫자 두 개를 곱할 줄 안다면, 137자리 수 두 개를 곱하기 위해 어떤 새로운 원리도 배울 필요가 없다 (심지어 당신이 계산하는 것을 상당히 싫어할지라도). 큰 숫자의 곱셈은 결국 한 자리 숫자 곱셈의 반복으로 진행되기 때문이다. 이 절에서는 반복이 알고리즘에서 대단히 중요한 역할을 한다는 것을 보

게 될 것이다.

2.1 유클리드 알고리즘: 반복

알고리즘의 특성을 가장 잘 보여주는 사례로는 기원전 3세기에 탄생한 유클리드 알고리즘[III.22]을 들 수 있다. 이것은 두 정수 a, b의 최대공약수를 구하는 방법으로, 지금도 종종 사용되고 있다(최대공약수는 영어로 greatest common divisor(gcd)인데, 종종 highest common factor(hcf)로 불리기도 한다).

두 정수 a, b의 최대공약수란 a와 b의 약수들 중 공통되면서 가장 큰 양의 정수를 의미한다. 그러나 최대공약수 d를 다음을 만족하는 유일한 양의 정수로 정의하면 여러 모로 편리하다. 첫째, d는 a와 b의 약수이다. 둘째, c가 a와 b의 또 다른 공약수이면 d는 c로 나누어떨어진다. 유클리드의 『원론』 제7권에 수록된 첫 번째와 두 번째 명제를 이용하면 d를 구할 수 있는데, 첫 번째 명제는 다음과 같다. 서로 다른 두 개의 정수에서 출발하여 큰 수에서 작은 수를 연속적으로 빼는데, 각 단계에서 빼고 남은 수가 직전의 수를 나누지 않고 마침내 1을 얻으면, 원래의 두 수는 서로소이다. 즉, 연속적으로 번갈아 빼나가다가 최종적으로 얻어진 값이 1이면 두 수의 최대공약수가 1이라는 뜻이다. 이런 경우에 두 수는 **서로소** (relatively prime 또는 coprime)라 한다.

2.1.1 번갈아 빼기

방금 언급한 유클리드의 알고리즘에 대하여 좀 더 자세히 알아 보자. 이 방법은 다음 두 가지 사실에 기초하고 있다.

(i) $a = b$이면 a와 b의 최대공약수는 b(또는 a)
이다.

(ii) d가 a와 b의 공약수이면 d는 $a - b$와 b의 공
약수이기도 하다. 따라서 a와 b의 최대공약수
는 $a - b$와 b의 최대공약수와 같다.

이제 두 수 $a, b(a \geqslant b)$의 최대공약수를 구해 보자. a
$= b$이면 (i)에 의해 최대공약수는 b이고, 그렇지 않
으면 (ii)에 의해 $a - b$와 b의 최대공약수를 구하면
된다. 둘 중 큰 수를 a_1, 작은 수를 b_1이라 하자(물론
$a - b = b$이면 $a_1 = b_1 = b$가 된다). 이로써 a, b의
최대공약수를 구하는 문제는 a_1과 b_1의 최대공약수
를 구하는 문제로 바뀌었으며, a_1은 처음 시작했던
두 개의 수 중 큰 수 a보다 작다. 만일 $a_1 = b_1$이면
a_1과 b_1의 최대공약수는 b_1이며, 이것은 a와 b의 최
대공약수이기도 하다. 그렇지 않으면(즉, $a_1 \neq b_1$이
면) a_1을 $a_1 - b_1$로 대치하여 $a_1 - b_1$과 b_1 중 큰 수
를 앞쪽에 놓고 이전과 동일한 과정을 반복하면 된
다.

이 절차가 제대로 동작한다는 것을 입증하려면
추가 관찰이 필요하다. 이것은 양의 정수에 관한 **정
렬원리**(well-ordering principle)라 부르는 기본적인 사
실이다.

(iii) 양의 정수의 감소열 $a_0 > a_1 > a_2 > \cdots$는 유한
하다.

유클리드의 반복알고리즘을 계속 적용해나가면 숫
자가 점점 작아지므로, 이 과정은 어딘가에서 반드
시 끝날 수밖에 없다. 이 시점에 도달하면 a_k는 b_k와

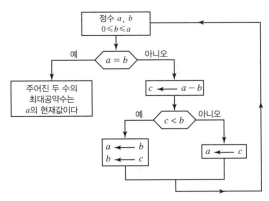

그림 1 유클리드 알고리즘의 순서도

같아지고, 이 값이 바로 a와 b의 최대공약수이다(그
림 1 참조).

2.1.2 유클리드 나눗셈

유클리드의 알고리즘은 약간 다른 방식으로 서술될
수도 있다. 특히 **유클리드 나눗셈**(나머지가 나오는
나눗셈, Euclidean division)이라는 조금 복잡한 개념
을 도입하면 알고리즘이 훨씬 간단해진다. 이것은
a와 b가 두 개의 양의 정수일 때, 다음의 조건을 만
족하는 정수 q와 r이 (유일하게) 존재한다는 사실에
기초하고 있다.

$$a = bq + r, \qquad 0 \leqslant r < b.$$

이때 q는 **몫**(quotient)이고 r은 나머지(remainder)이
다. 그러면 위에 언급된 (i)과 (ii)는 다음과 같은 내용
으로 대치된다.

(i′) $r = 0$이면 a와 b의 최대공약수는 b이다.

(ii′) a와 b의 최대공약수는 b와 r의 최대공약수와
같다.

이런 경우에는 첫 번째 단계에서는 (a, b)를 (b, r)로 대치한다. $r \neq 0$이면 두 번째 단계에서 (b, r)을 (r, r_1)로 대치한다. 여기서 r_1은 b를 r로 나눴을 때의 나머지이며, 그 후로는 $r_2, r_3, \cdots$으로 이어진다. 그러면 나머지로 이루어진 수열은 뒤로 갈수록 작아지므로 $(b > r > r_1 > r_2 \geqq 0)$, 이 알고리즘은 유한한 과정 안에 종료되고, 그때 얻어진 (0이 아닌) 나머지가 최대공약수이다.

위에 언급된 두 가지 방법이 동일하다는 것은 쉽게 증명할 수 있다. 예를 들어 $a = 103{,}438$이고 $b = 37$일 때를 생각해 보자. 여기에 첫 번째 방법을 적용하여 103,438에서 37을 계속 빼나가다 보면 언젠가는 37보다 작은 값이 얻어질 텐데, 이것은 103,438을 37로 나눈 나머지와 같으며, 두 번째 방법은 바로 이 수(r)에서 시작한다. 즉, 반복된 뺄셈이 나머지를 구하는 데 매우 비효율적이라는 것이 두 번째 방법을 쓰는 이유이다. 이렇게 얻은 효율성은 현실적으로 아주 중요한데, 두 번째 방법은 다항시간 알고리즘[IV.20 §2]이 되는 반면 첫 번째 방법은 지수적으로 긴 시간이 걸린다.

2.1.3 일반화

유클리드의 알고리즘은 덧셈과 뺄셈, 그리고 곱셈이 정의되어 있는 모든 체계에 일반적으로 적용될 수 있다. 가우스 정수로 이루어진 환[III.81 §1] $\mathbb{Z}[i]$는 물론이고(정수 a, b에 대하여 $a + bi$의 형태로 이루어진 수를 가우스 정수라 한다), 실수 계수를 갖는 (혹은 계수가 체의 원소인) 모든 다항식의 환과 체에도 적용된다. 단, 나머지를 갖는 나눗셈과 비슷한 개념이 필요하다. 예를 들어 다항식에 관한 다음의 서술을 생각해 보자. 임의의 두 다항식 A, B에 대하여(단, $B \neq 0$) $A = BQ + R$을 만족하는 다항식 Q와 R이 존재한다. 여기서 $R = 0$이거나 R의 차수는 B의 차수보다 낮다.

유클리드가 『원론』 제10권 명제 2에서 말했듯이, 이 과정을 수행할 때 숫자 a, b는 반드시 정수일 필요가 없다. a/b가 유리수이기만 하면 이 과정은 무한히 반복되지 않고 어디선가 끝난다. 이로부터 연분수[III.22]라는 개념이 탄생하게 되는데, 자세한 내용은 III부에서 소개할 예정이다. 연분수는 17세기가 되어서야 비로소 명시적으로 연구되기 시작했지만, 개념적인 뿌리는 아르키메데스[VI.3]까지 거슬러 올라간다.

2.2 아르키메데스의 원주율(π) 계산법: 근사와 유한성

원의 둘레와 지름 사이의 비율은 원의 크기에 상관없이 항상 일정하다. 이 값은 18세기부터 그리스문자 π로 표기되어 왔다([III.70] 참조). 기원전 3세기경에 아르키메데스가 고전적인 접근법을 사용하여 원주율의 근삿값 $\frac{22}{7}$를 어떻게 얻었는지 살펴보자. 우선 주어진 원에 내접하는 다각형(모든 꼭짓점이 원주와 닿는 다각형)과 외접하는 다각형(모든 변이 원주에 접하는 다각형)을 그려서 이 다각형의 둘레를 계산하면 π의 상계와 하계가 얻어진다. 원의 둘레는 내접하는 다각형의 둘레보다 크고, 외접하는 다각형의 둘레보다 작기 때문이다(그림 2 참조). 아르키메데스는 정6각형에서 시작하여 정12각형, 정24각형 등 변의 수를 두 배씩 늘리면서 π의 범위를 좁혀나가다가, 96각형을 끝으로 다음과 같은 결과를 얻어냈다.

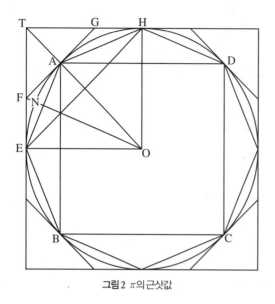

그림2 π의 근삿값

$$3 + \tfrac{10}{71} \leqslant \pi \leqslant 3 + \tfrac{1}{7}.$$

이 과정은 분명히 반복적이다. 그렇다면 이것도 알고리즘이라 부를 수 있을까? 엄밀히 따지면 대답은 '아니오'이다. 다각형의 변의 수를 아무리 늘려도, 우리가 얻을 수 있는 것은 근삿값에 불과하다. 그러나 원하는 정확도로 π를 계산하는 알고리즘이긴 하다. 예를 들어 소수점 이하 10번째 자리까지 맞는 결과를 원한다면, 유한한 단계의 알고리즘을 거쳐 원하는 값을 구할 수 있다. 여기서 중요한 것은 위의 과정을 여러 번 반복했을 때 얻어지는 결과가 하나의 명확한 값으로 수렴한다는 점이다. 즉, 다각형의 변의 수를 무한정 늘려나가면 계산결과는 원주율 π에 무한히 가까워진다는 점이다. 1609년에 독일의 수학자 루돌프 판 퀼렌(Ludolph van Ceulen)은 2^{62}각형을 이용하여 π를 소수점 이하 35번째 자리까지 계산했다.

그럼에도 불구하고, 원주율의 근삿값을 계산하는 알고리즘과 두 양의 정수의 최대공약수를 계산하는 유클리드의 알고리즘 사이에는 근본적인 차이가 있다. 전자는 정수가 아닌 수를 계산하는 수치적 알고리즘(numerical algorithm)이고(수치해석학[IV.21] 참조), 후자는 이산 알고리즘(discrete algorithm)에 속한다.

2.3 뉴턴-랩슨법: 점화식

1670년경에 뉴턴[VI.14]은 방정식의 근을 찾는 새로운 방법을 개발했다. 그 내용을 이해하기 위해, $x^3 - 2x - 5 = 0$이라는 방정식을 생각해 보자(뉴턴도 이 방정식을 예로 들었다). 뉴턴은 방정식의 근은 대략 2에 가까운 값일 것이라는 설명으로 시작한다. 따라서 x를 $2 + p$라 가정하고 이 값을 방정식에 대입하면 p에 관한 방정식이 얻어지는데, 그 결과는 $p^3 + 6p^2 + 10p - 1 = 0$이다. x는 2에 가까운 수이므로 p는 꽤 작을 것으로 추정된다. 그러므로 이 방정식에서 p^3과 $6p^2$은 무시할 수 있다($10p - 1$은 p^3이나 $6p^2$보다 훨씬 크다). 그러면 p에 관한 방정식은 $10p - 1 = 0$으로 축약되고, $p = \tfrac{1}{10}$이라는 값이 얻어진다. 따라서 x의 근삿값은 2.1이다. 물론 정확한 답은 아니지만 더 나은 근삿값이다. 이제 이 과정을 반복하여 $x = 2.1 + q$라 하고 원래 방정식에 대입하여 q에 대한 방정식을 풀면 된다. 결과는 $q = -0.0054$이며, x의 2차 근삿값은 2.0946이다.

그런데 이 과정을 반복하면 x는 과연 정확한 값으로 수렴할 것인가? 지금부터 뉴턴의 해법을 좀 더 면밀하게 분석해 보자.

2.3.1 접선과 수렴

뉴턴 자신은 그렇게 하지 않았지만, 뉴턴의 방법은 함수 f의 그래프를 이용하여 기하학적으로 해석할 수 있다. 방정식 $f(x) = 0$의 해 x는 $y = f(x)$라는 그래프가 x축과 만나는 점에 해당한다. $x = a$라는 초기 근삿값에서 출발하면(위의 예제에서는 $a = 2$였다) 위에서 했던 대로 $p = x - a$가 되고, $f(x)$에 x 대신 $a + p$를 대입하면 새로운 함수 $g(p)$가 얻어지는데, 이것은 원래 그래프에서 원점 $(0, 0)$을 $(a, 0)$으로 옮긴 그래프와 같다. 이제 $g(p)$에서 p^2 이상의 고차항을 모두 무시하고 p의 1차항과 상수항만 남긴 것인데, 이는 g에 가장 가까운 선형근사이다. 이것을 기하학적으로 해석하면 점 $(0, g(0))$에서 g에 접하는 접선의 방정식과 같다. 따라서 우리가 얻은 p값은 $(0, g(0))$에 접하는 접선이 x축과 만나는 점의 x좌표에 해당한다. 여기에 a를 더하면 원점이 $(0, 0)$으로 되돌려지고, $x = a + p$라는 근사해에서 출발하여 f의 근에 대한 근사를 다시 할 수 있다. 바로 이런 이유 때문에 뉴턴의 해법을 **접선법**(tangent method)이라고도 부른다(그림 3 참조). 점 $(a, f(a))$에서 f에 접하는 접선이 x축과 만나는 점이 $y = f(x)$가 x축과 만나는 점과 a 사이에 있으면 새로운 근사는 이전의 근사보다 정확하다.

뉴턴이 $a = 2$로 선택했던 예제에서는 (우연히) 그렇지 않았지만, 2.1 이후의 값들은 위의 서술과 일치한다. $(a, f(a))$가 x축 위에 있으면서 곡선의 볼록한 부분에 속하거나 $(a, f(a))$가 x축 아래에 있으면서 곡선의 오목한 부분에 속하면, 뉴턴의 접근법으로 바람직한 근사해를 구할 수 있다. 이 조건을 만족하면서 $f(x) = 0$의 해가 중근이 아닌 경우, 근사해

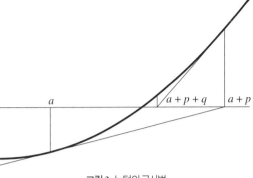

그림 3 뉴턴의 근사법

의 수렴은 이차적(quadratic)이다. 즉, 각 단계에서 얻어진 근사해의 오차는 이전 단계에서 얻은 근사해의 오차의 제곱과 거의 같다. 또는 각 단계에서 구한 해의 유효숫자 개수는 이전 단계에서 얻은 해의 유효숫자 개수의 두 배라고 말할 수도 있다. 엄청나게 빠르다.

초기 근삿값의 선택은 분명히 중요하며, 예상 못한 심오한 질문을 던진다. 이는 **복소다항식의 복소근**들을 찾고자 할 때 더욱 명확해진다. 뉴턴의 방법은 이런 더욱 일반화된 상황에서도 쉽게 적용될 수 있다. 예를 들어 어떤 복소다항식의 근을 z라 하고, 초기 근삿값을 z_0이라 하자. 여기에 뉴턴의 근사법을 연속적으로 적용하면 $z_0, z_1, z_2, \cdots$라는 근삿값의 수열이 얻어질 텐데, 이들은 z로 수렴할 수도 있고, 그렇지 않을 수도 있다. 이 수열이 z로 수렴하는 모든 z_0의 집합을 **끌림영역**(domain of attraction)이라 하고, $A(z)$로 표기하자. $A(z)$를 어떻게 결정할 수 있을까?

이 질문을 처음 떠올린 사람은 케일리[VI.46]였다. 1879년에 그는 2차식을 대상으로 계산에 착수하여 쉽게 답을 구한 후 곧바로 3차 이상의 고차다항식으

로 옮겨갔으나, 문제가 갑자기 어려워져서 $A(z)$를 구하지 못했다. 예를 들어 다항식 $z^2 - 1$의 근 ± 1의 끌림영역은 세로축을 경계로 하는 열린 반평면으로 비교적 간단한 반면, $z^3 - 1$의 근 $1, \omega, \omega^2$의 끌림영역은 엄청나게 복잡하다(이 문제의 답은 **프랙탈 집합**(fractal set)으로, 1918년에 쥘리아(Julia)가 알아냈다). 뉴턴의 방법과 프랙탈 집합은 동역학[IV.14]에서 좀 더 자세히 다룰 예정이다.

2.3.2 점화식

뉴턴은 근사법의 각 단계마다 새로운 방정식을 만들어내야 했다. 그러나 1690년에 랩슨(Raphson)은 굳이 그럴 필요가 없음을 깨달았다. 그는 특별한 예시를 통해 모든 단계에 적용되는 하나의 방정식을 유도했는데, 그의 기본적 관찰을 일반적으로 적용하면 접선의 개념을 써서 쉽게 해석할 수 있다. $x = a$에서 $y = f(x)$에 접하는 직선의 방정식은 $y - f(a) = f'(a)(x - a)$이며, 이 직선은 $x = a - f(a)/f'(a)$에서 x축과 만난다. 뉴턴의 근사법을 랩슨이 수정한 **뉴턴-랩슨법**(Newton-Raphson method)은 바로 이 단순한 방정식에서 튀어나온 것이다. $a_0 = a$라는 초기 근삿값에서 출발하여 뉴턴-랩슨법을 순차적으로 적용했을 때, 각 단계에서 얻어지는 근삿값은 다음과 같은 점화식으로 표현된다.

$$a_{n+1} = a_n - \frac{f(a_n)}{f'(a_n)}.$$

예를 들어 $f(x) = x^2 - c$에 뉴턴-랩슨법을 적용하면 $a_{n+1} = \frac{1}{2}(a_n + c/a_n)$이라는 점화식이 얻어지고, 이 값은 $\sqrt{c}$로 수렴한다(f에 $x^2 - c$를 대입한 것이다). 서기 1세기에 알렉산드리아의 헤론(Heron)은

이 방법을 이용하여 제곱근의 근삿값을 구했다. 여기서 a_0이 $\sqrt{c}$에 가까우면 c/a_0도 $\sqrt{c}$에 가깝고, $a_1 = \frac{1}{2}(a_0 + c/a_0)$은 a_0과 c/a_0의 산술평균이므로 둘 사이에 놓인다.

3 알고리즘은 항상 존재하는가?

3.1 힐베르트의 열 번째 문제: 형식화의 필요성

1900년에 개최된 제2회 세계수학자대회(International Congress of Mathematicians, ICM)에서 힐베르트[VI.63]는 23개의 수학문제를 제시했다. 이 문제들과 힐베르트의 연구는 20세기 동안 수학계에 지대한 영향을 미치게 된다(그레이(Gray)의 책 (2000) 참조). 그가 제시한 23개의 문제 중 지금 우리의 관심사와 직접 관련된 것은 **열 번째 문제**이다. 미지수가 여러 개인 정수 계수 다항방정식인 디오판토스 방정식(Diophantine equation)이 주어졌을 때, '유한한 연산을 거쳐 정수해의 존재 여부를 판별할 수 있는가?' 다시 말해, 우리는 임의의 디오판토스 방정식에 대해 최소한 하나의 정수해가 존재하는지 알려주는 알고리즘을 찾아야 한다. 물론 많은 디오판토스 방정식의 해를 구할 수 있고 해가 없는 경우에도 그 사실을 쉽게 증명할 수 있지만, 항상 그런 것은 아니다. 페르마 방정식 $x^n + y^n = z^n (n \geq 3)$이 그 대표적 사례이다(페르마의 마지막 정리[V.10]가 증명되기 전에도 몇 개의 특별한 정수 n에 대하여 이 방정식의 해의 존재 여부를 판별하는 알고리즘이 알려져 있었지만, 결코 쉬운 문제는 아니었다).

힐베르트가 제시한 열 번째 문제의 답이 '예'임을 증명하고자 한다면, 힐베르트가 요구한 '절차'를 보

여줄 수 있어야 한다. 이를 위해서 '절차'가 무엇인지 정확하게 이해할 필요는 없다. 그러나 이 문제의 답이 아니오임을 증명하려 한다면 그런 알고리즘이 존재하지 않는다는 것을 입증해야 하고, 이를 위해서는 무엇을 알고리즘으로 볼 것인지 정확히 말해야 한다. 이 장의 §1에서 알고리즘의 정의를 내리긴 했지만, 힐베르트의 열 번째 문제에 답을 제시할 수 있을 정도로 정확한 정의는 아니었다. 알고리즘에는 어떤 종류의 규칙이 허용되는가? 그리고 특정 문제를 해결하는 알고리즘이 아예 존재하지 않는다는 것을 어떻게 증명할 수 있을까? (이것은 알고리즘은 존재하지만 찾을 수 없는 경우와 분명히 구별되어야 한다.)

3.2 귀납적 함수: 처치 명제

지금 우리에게 필요한 것은 알고리즘에 대한 엄밀하고 형식적인 정의(formal definition)이다. 17세기에 라이프니츠[VI.15]는 수학적 증명을 간단한 계산으로 줄여주는 보편 언어의 개념을 처음으로 떠올렸다. 그 후 19세기의 논리학자 찰스 배비지(Charles Babbage), 불[VI.43], 프레게[VI.56] 등은 논리의 '대수화'를 통해 수학적 논리를 형식화하려고 시도했고, 1931~1936년에 걸쳐 괴델[VI.92]과 처치[VI.89], 스티븐 클린(Stephen Kleene)은 귀납적 함수(recursive function)라는 개념을 도입했다(데이비스의 책 (1965) 참고). 간단히 말해서 귀납적 함수는 알고리즘으로부터 계산되는 함수이다. 그러나 이 함수의 정의는 알고리즘의 정의와 완전히 다르며, 그 자체로 완전히 정확한 정의가 있다.

3.2.1 원시귀납적 함수

간략히 말하자면 귀납적 함수는 귀납적으로 정의되는 함수이다. 그 뜻을 이해하기 위해, 덧셈과 곱셈을 $\mathbb{N} \times \mathbb{N}$에서 $\mathbb{N}$으로 가는 함수로 간주해 보자. 그리고 대응관계를 강조하는 의미에서 $x + y$는 $\text{sum}(x, y)$로, xy는 $\text{prod}(x, y)$로 표기하자.

다들 알다시피 곱셈은 '반복되는 덧셈'을 줄여서 표현한 것이다. 이 사실을 좀 더 자세히 분석해 보자. 방금 정의한 prod라는 함수는 $\text{prod}(1, y) = y$와 $\text{prod}(x + 1, y) = \text{sum}(\text{prod}(x, y), y)$라는 두 가지 규칙에 의거하여 표현할 수 있다. 여기서 '기본적 경우 (base case)'에 해당하는 $\text{prod}(1, y)$를 알기 때문에, 모든 'prod'는 이 간단한 규칙으로부터 정의된다.

방금 우리는 하나의 함수가 다른 함수를 통해 '귀납적으로 정의'될 수 있음을 보았다. $\mathbb{N}^n$에서 $\mathbb{N}$으로의 함수 중에서 가장 중요한 귀납적 방법을 포함한 몇 가지 기본적 방법으로 만들 수 있는 모든 함수의 모임을 이해해 보자. 이런 함수를 n항 함수(n-ary function)라 한다.

먼저 나머지를 구성하기 위한 기본적인 함수들이 필요하다. 아주 간단한 함수 집합만 고려하면 충분할 것으로 드러났다. 가장 기본적인 함수는 $\mathbb{N}^n$의 모든 원소들이 하나의 양수 c에 대응되는 상수함수이다. 그 다음으로 기본적인 함수는 양의 정수 n을 $n + 1$에 대응시키는 후행함수(successor function)로서, 상수함수 못지않게 간단하지만 훨씬 흥미롭다. 그리고 마지막으로 고려할 것은 $\mathbb{N}^n$의 수열 $(x_1, \cdots, x_n)$을 k번째 좌표 x_k로 보내는 사영함수 U_k^n이다.

하나의 함수에서 다른 함수를 만드는 방법은 두 가지가 있다. 첫 번째는 치환(substitution)으로, m항함수 ϕ와 m개의 n항 함수 $\psi_1, \cdots, \psi_m$이 주어졌을 때, 다음과 같은 n항 함수를 새롭게 정의할 수 있다.

$$(x_1, \cdots, x_n) \mapsto \phi(\psi_1(x_1, \cdots, x_n), \cdots, \psi_m(x_1, \cdots, x_n)).$$

예를 들어 $(x+y)^2 = \mathrm{prod}(\mathrm{sum}(x, y), \mathrm{sum}(x, y))$이므로, 함수 'sum'과 'prod'에 치환을 적용하면 함수 $(x, y) \mapsto (x+y)^2$이 정의된다.

두 번째는 원시점화식(primitive recursion)으로, 'sum' 함수로부터 'prod' 함수를 만들어낸 첫 번째 방법보다 좀 더 일반적인 귀납적 방법이다. $(n-1)$항 함수 ψ와 $(n+1)$항 함수 μ가 주어졌을 때, 다음과 같은 n항 함수 ϕ를 정의할 수 있다.

$$\phi(1, x_2, \cdots, x_n) = \psi(x_2, \cdots, x_n)$$
$$\phi(k+1, x_2, \cdots, x_n)$$
$$= \mu(k, \phi(k, x_2, \cdots, x_n), x_2, \cdots, x_n).$$

다시 말해서 ψ는 ϕ의 **초깃값**(첫 번째 좌표가 1일 때의 ϕ값)이고, μ는 $\phi(k+1, x_2, \cdots, x_n)$을 $\phi(k, x_2, \cdots, x_n), x_2, \cdots, x_n$과 k로 나타낸 함수에 해당한다(sum과 prod의 경우 k와 무관하게 실행되기 때문에 간단하다).

위의 사례처럼 기본함수로부터 치환과 원시점화식이라는 두 가지 연산으로부터 만들어지는 함수를 **원시귀납함수**(primitive recursive function)라 한다.

3.2.2 귀납적함수
컴퓨터 프로그래밍을 조금 할 줄 아는 사람이라면, 원시귀납함수가 **효과적으로 계산가능한 함수**(effectively computable function)임을 보일 수 있다. 즉, 모든 원시귀납함수는 알고리즘으로 계산가능하

다(예를 들어 원시점화연산은 프로그램의 반복문 'FOR'를 이용하여 직접 계산할 수 있다).

그 반대는 어떨까? 계산가능한 모든 함수는 원시귀납함수인가? 예를 들어 양의 정수 n을 n번째 소수(prime number) p_n에 대응시키는 함수를 생각해 보자. p_n을 구하는 알고리즘은 어렵지 않게 찾을 수 있다. 이 알고리즘을 함수 $n \mapsto p_n$이 원시귀납함수임을 보이는 증명으로 바꾸는 것은 (원시귀납함수를 이해하고 싶은 사람에게) 아주 좋은 연습문제가 될 것이다.

그러나 항상 그런 것은 아니다. 계산가능한 함수 중에는 원시귀납함수가 아닌 것도 있다. 1928년에 빌헬름 아커만(Wilhelm Ackermann)은 '이중귀납적으로' 정의되는 아커만 함수를 도입했는데, 아래 제시된 함수는 아커만 함수가 아니지만 매우 비슷하다. 다음과 같은 점화식으로 정의된 함수 $A(x, y)$를 생각해 보자.

(i) 모든 y에 대하여 $A(1, y) = y + 2$
(ii) 모든 x에 대하여 $A(x, 1) = 2$
(iii) $x > 1$이고 $y > 1$일 때,
$$A(x+1, y+1) = A(x, A(x+1, y)).$$

예를 들어 $A(2, y+1) = A(1, A(2, y)) = A(2, y) + 2$이다. 이 결과와 $A(2, 1) = 2$를 이용하면 모든 y에 대하여 $A(2, y) = 2y$임을 알 수 있다. 그리고 이와 비슷한 과정을 거치면 $A(3, y) = 2^y$이 된다. 일반적으로 모든 x에 대하여 y를 $A(x+1, y)$로 보내는 함수는 y를 $A(x, y)$로 보내는 함수의 '반복'이며, 이는 곧 x, y의 값이 작아도 $A(x, y)$는 얼마든지 커질 수 있음

을 의미한다. 예를 들어 $A(4, y + 1) = 2^{A(4, y)}$이므로, $A(4, y)$는 y가 커짐에 따라 '지수의 지수함수적으로' 증가한다. 몇 가지 값을 제시하면 $A(4, 1) = 2$, $A(4, 2) = 2^2 = 4$, $A(4, 3) = 2^4 = 16$, $A(4, 4) = 2^{16} = 65536$, $A(4, 5) = 2^{65536}$이다.

귀납법적 논리를 이용하면 '임의의 원시귀납함수 ϕ에 대하여 함수 $A(x, y)$가 $\phi(y)$보다 빠르게 증가하는 x가 존재한다'는 것을 증명할 수 있다. 조금 과하게 단순화시켜 표현하면 다음과 같다. $\psi(y)$와 $\mu(y)$가 $A(x, y)$보다 느리게 증가하는 함수라면, 이들로부터 원시점화과정을 거쳐 만들어진 함수 ϕ도 $A(x, y)$보다 느리게 증가한다는 것을 증명할 수 있다. 이 사실로부터 '대각'함수 $A(y) = A(y, y)$를 정의할 수 있는데, 이 함수는 어떤 $A(x, y)$보다도 빠르게 증가하기 때문에 원시귀납함수가 아니다.

어떤 함수가 알고리즘으로 계산가능한지를 정확하게 알고 싶다면, '계산가능한 함수'의 정의에 아커만 함수처럼 이례적인 함수까지 포함시켜야 한다. 아커만 함수도 원리적으로는 계산가능하기 때문이다. 즉, 원시귀납함수보다 포괄적인 함수를 고려해야 한다는 뜻이다. 괴델과 처치, 클린은 이런 취지에서 각자 다른 방식으로 논리를 전개하여 동일한 종류의 점화함수를 얻어냈다. 예를 들어 클린은 **최소화**(minimization)라 불리는 세 번째 구성법을 도입했는데, f가 $(n + 1)$항 함수일 때 $f(x_1, \cdots, x_n, y) = 0$을 만족하는 가장 작은 y를 n항 함수 $g(x_1, \cdots, x_n)$으로 정의하는 식이다(단, $f(x_1, \cdots, x_n, y) = 0$을 만족하는 y가 존재하지 않으면 g는 $(x_1, \cdots, x_n)$에 대하여 정의되지 않는다고 간주한다. 앞으로 논리를 전개할 때 이런 경우는 제외할 것이다).

아커만 함수뿐만 아니라, 컴퓨터로 계산가능한 모든 함수는 귀납함수에 속한다. 이로부터 우리는 계산가능성(computability)을 형식적으로 정의할 수 있다.

3.2.3 효과적인 계산가능성

처치는 귀납함수를 형식적으로 정의한 후 귀납함수는 '효과적으로 계산가능한 함수와 같다'고 주장했다. 대부분의 수학자들은 그의 주장을 믿었으나, 사실 그것은 증명될 수 없는 주장이었다. 귀납함수는 수학적으로 명확한 개념인 반면, 효과적으로 계산가능한 함수는 '알고리즘'의 경우처럼 다소 직관적인 개념이기 때문이다. 이것은 초수학(metamathematics)에 속하는 내용으로, 흔히 **처치의 명제**(Church's thesis)로 알려져 있다.

3.3 튜링머신

1936년에 튜링[VI.94]은 처치의 논제가 참임을 입증하는 강력한 증거를 제시했다. 그는 알고리즘의 개념을 완전히 달라 보이는 방식으로 형식화했는데, 결국은 기존의 알고리즘과 같은 것으로 판명되었다. 다시 말해서, 튜링이 정의한 '계산가능한 함수'는 귀납적이었고, 귀납적인 함수는 계산가능했던 것이다. 튜링의 접근법은 훗날 **튜링머신**(Turing machine)이라는 개념을 낳았는데, 이것은 지극히 원시적인 형태의 컴퓨터로 간주할 수 있고, 실제 컴퓨터를 개발하는 데 중요한 역할을 했다. 실제로 튜링머신을 통해 계산가능한 함수는 컴퓨터로 프로그램될 수 있다. 튜링머신의 체계가 원시적이라 해서 덜 강력한 것은 아니다. 실제로 하드웨어에 이식하거나 프로그램하기가 지나치게 번거롭다는 뜻일 뿐이다. 귀납함수는 튜링의 계산가능한 함수와 동일하므로 컴퓨터상에서 구현 가능하다. 따라서 처치의 명제가 틀렸다면 컴퓨터 프로그램으로 구현할 수 없는 '효율적 과정'이 존재해야 하는데, 그럴 가능성은 별로 없다. 튜링머신과 관련된 자세한 내용은 계산 복잡도[IV.20§1]를 읽어보기 바란다.

튜링은 힐베르트의 열 번째 문제를 일반화시킨 문제에 대한 답으로 튜링머신을 제안했다. 1922년에 힐베르트는 '임의의 수학적 서술의 증명 가능성을 판별하는 기계적 과정(mechanical process)이 존재하는가?'라는 질문을 제기했다(이것은 오늘날 결정 문제(Entscheidungsproblem)로 알려져 있다). 튜링은 이 질문의 답을 찾다가 '기계적 과정'의 개념을 분명하게 정의하기 위해 튜링머신을 떠올렸고, 여기에 대각논증(diagonal argument)을 적용하여 힐베르트의 질문에 대한 답이 '아니오'라는 결론을 내렸다. 튜링의 논리는 정지 문제의 해결불가능성[V.20]을 참조하기 바란다.

4 알고리즘의 특성

4.1 반복 대 귀납

앞에서도 말했지만 수학문제를 풀다보면 전의 항들에 의해 다음 항이 결정되는 수열을 자주 접하게 되는데, 이런 종류의 문제는 **반복법**(iteration)과 **귀납법**(recursion)이라는 두 가지 방법으로 해결할 수 있다. 반복법은 첫 번째 항을 계산한 후 점화식을 이용하여 두 번째 항, 세 번째 항, … 을 순차적으로 계산하는 방법이다. 반면에 귀납법은 계산과정 자체로부

터 계산과정이 정의되기 때문에 일종의 순환논리처럼 보이지만, 변수가 더 작은 경우의 절차를 호출하므로 허용된다. 사실 '귀납'은 미묘하면서도 강력한 개념이다. 지금부터 간단한 예를 통해 반복법과 귀납법의 차이를 알아보자.

우리의 목적은 $n! = 1 \cdot 2 \cdot 3 \cdot \cdots \cdot (n-1) \cdot n$을 계산하는 것이다. 당장 눈에 보이는 점화식은 $n! = n \cdot (n-1)!$이고, 초기조건은 $1! = 1$이다. 이 사실을 간파했다면 2!, 3!, 4! …을 거쳐 $n!$을 계산할 수 있다. 이것이 바로 반복법이다. 이와는 달리 귀납법은 $n!$에 도달하기 위한 계산과정의 결과를 fact(n)이라 했을 때, fact(n) = $n \times$ fact($n-1$)이 귀납적 절차이다. 두 번째 방법으로 $n!$을 알고 싶으면 $(n-1)!$을 구하면 되고, $(n-1)!$을 알고 싶다면 $(n-2)!$을 구하면 되고, … 이런 식으로 계속 줄여나가다 보면 결국 $1! = 1$에 도달하게 된다. 즉 귀납법은 반복법과 비슷하지만, 반복이 '거꾸로' 진행된다는 특징을 갖고 있다.

사실 이 예제는 너무 간단해서 반복법과 귀납법의 차이가 한눈에 보이지 않는다. 게다가 현실적으로 $n!$을 계산할 때에는 귀납법보다 반복법이 더 쉽고 자연스러워 보인다. 지금부터는 귀납법이 반복법보다 훨씬 간단한 예를 살펴보기로 한다.

4.1.1 하노이탑

하노이탑은 1884년에 에두아르 뤼카(Édouard Lucas)가 처음 제시했던 문제이다. 가운데에 구멍이 뚫려 있는, 크기가 각기 다른 원반 여러 개가 기둥 A에 꽂혀 있다. 단 이들은 아래에서 위로 갈수록 크기가 작아지는 쪽으로 정렬된 상태이다. 그리고 그 옆

에는 원반이 섞여 있지 않은 두 개의 기둥 B와 C가 설치되어 있다. 우리에게 주어진 임무는 다음의 규칙에 따라 기둥 A에서 기둥 B로 고리를 모두 옮기는 것이다. (1) 원반은 한 번에 한 개씩만 옮길 수 있다. (2) 기둥의 제일 위에 놓여 있는 원반만 옮길 수 있으며, 옮겨진 원반은 다른 기둥에 꽂아야 한다. (3) 어떤 기둥이건 간에, 위에 놓인 원반은 밑에 있는 원반보다 작아야 한다.

처음에 원반이 3개뿐이었다면 이 문제는 쉽게 해결되지만, 원반의 수가 많아질수록 문제의 난이도가 급속하게 높아진다. 그러나 여기에 귀납적 논리를 도입하면 답을 구하는 알고리즘이 존재한다는 것을 금방 알 수 있다. 예를 들어 원반이 $n-1$개일 때 필요한 모든 이동과정을 $H(n-1)$이라 했을 때, $H(n)$은 다음과 같다. 기둥 A에서 $n-1$개의 원반을 $H(n-1)$에 따라 기둥 C로 옮긴 후, A의 마지막 원반을 B로 옮긴다. 그리고 C에 있는 $n-1$개의 원반을 $H(n-1)$에 따라 B로 옮기면 된다. n개의 원반을 A에서 B로 옮기는 과정을 $H_{AB}(n)$이라 하면, 방금 언급한 귀납적 과정은 다음과 같이 쓸 수 있다.

$$H_{AB}(n) = H_{AC}(n-1)H_{AB}(1)H_{BC}(n-1).$$

보다시피 $H_{AB}(n)$은 $H_{AC}(n-1)$과 $H_{BC}(n-1)$에 의해 결정되는데, 이들은 $H_{AB}(n-1)$과 같다. 그리고 $H_{AB}(1)$은 지극히 간단하다. 이로써 우리는 완전한 점화식을 얻게 된다.

귀납법을 쓰면 원하는 결과를 얻기 위해 원반을 $2^n - 1$번 옮겨야 한다는 것을 어렵지 않게 알 수 있다. 그리고 이보다 적은 이동횟수로 목적을 달성하는 것은 불가능하다. 그러므로 원반의 총 이동횟수

는 n에 대한 지수함수로 표현되며, n이 크면 대단히 긴 시간이 든다.

더 나아가 n이 크다면 현재 과정의 어느 단계에 있는지를 추적하는 데 더 많은 메모리를 사용해야만 한다. 대조적으로, 우리가 반복 과정 중간에서 이전 과정을 불러 오려면, 보통 바로 직전 반복의 결과만을 아는 것으로도 충분하다. 즉, 한 차례 반복의 실행결과만 기억하면 된다는 이야기다. 실제로 하노이탑 문제도 반복적 절차로 풀 수 있다. 설명하기는 쉽지만 문제가 정말로 풀리는지는 분명하지 않다. 간단히 말하자면 원반 n개의 위치를 n비트 수열에 저장하고, 각 단계마다 그 다음 n비트 수열을 얻어내는 아주 간단한 규칙을 적용하는 식이다. 이 규칙은 '지금까지 거쳐온 단계의 수'와 무관하기 때문에, 원반의 위치를 저장하는 것보다 필요한 메모리가 매우 작다.

4.1.2 확장된 유클리드 알고리즘

유클리드 알고리즘도 자연스러운 귀납적 절차가 있는 또 다른 사례이다. 앞서 말한 바와 같이 a와 b가 양의 정수이면 $a = qb + r$로 쓸 수 있다($0 \leq r < b$). 이 알고리즘은 a와 b의 최대공약수가 b와 r의 최대공약수와 같다는 사실에 기초하고 있다($\gcd(a, b) = \gcd(b, r)$). 여기서 나머지 r은 a와 b로부터 쉽게 계산되고 (b, r) 쌍은 (a, b) 쌍보다 작기 때문에 이 알고리즘은 귀납적이며, $(a, 0)$ 꼴의 쌍에 도달했을 때 종료된다.

유클리드의 알고리즘을 확장한 것이 베주 **보조정리**(Bézout's lemma)로서, 내용은 다음과 같다. 임의의 양의 정수쌍 (a, b)에 대하여 다음의 관계를 만족

하는 정수 u, v가 존재한다(단 u, v는 음수일 수도 있다).

$$ua + vb = d = \gcd(a, b).$$

u와 v를 어떻게 구할 것인가? 귀납적으로 정의된 확장된 유클리드 알고리즘에서 그 해답을 찾을 수 있다. b와 r에 대하여 위의 조건, 즉, $u'b + v'r = d$를 만족하는 정수쌍을 (u', v')이라 하자. 그런데 $a = qb + r$이므로 $r = a - qb$를 위의 식에 대입하면 $d = u'b + v'(a - qb) = v'a + (u' - v'q)b$이고, 여기서 $u = v'$, $v = u' - v'q$라 하면 $ua + vb = d$가 된다. 즉, a, b에 대응되는 쌍 (u, v)는 b, r에 대응되는 쌍 (u', v')으로부터 구할 수 있고 b, r은 a, b보다 작은 수이므로 (u, v)를 구하는 과정은 귀납적이다. 이 과정의 '바닥'은 $r = 0$일 때인데, 이 경우에 $1b + 0r = d$이다. 일단 여기에 이르면, 유클리드 알고리즘을 '거꾸로' 밟아가 (u, v) 쌍을 방금 기술한 방법으로 바꿔나가면 된다. 이런 과정이 존재한다는 것은 베주의 보조정리가 참(true)임을 의미한다.

4.2 복잡도

지금까지 우리는 알고리즘을 이론적 관점에서 고려했을 뿐, 그것의 실용적인 중요성은 논의하지 않았다. 그러나 어떤 계산을 수행하거나 명제를 증명하는 알고리즘이 존재한다 해도, 그것을 항상 컴퓨터로 구현할 수 있는 것은 아니다. 알고리즘 중에는 단계가 너무 많아서 컴퓨터로 구현했을 때 수십 억 년이 소요되는 알고리즘도 있기 때문이다. 알고리즘의 복잡도(complexity)는 간략히 말해서 결론이 내려질 때까지 거쳐야 할 단계의 수와 관련되어 있다

(단계의 수는 입력된 정보의 양에 따라 달라지는 함수이다). 더 정확히는 알고리즘의 시간 복잡도(time complexity)에 해당한다. 그러나 복잡도는 시간에 국한된 개념이 아니다. 결과를 얻기 위해 요구되는 메모리의 최대치를 공간 복잡도(space complexity)라 한다. 복잡도 이론은 다양한 과제를 수행할 때 요구되는 계산상의 자원(resource)을 연구하는 학문이다. 자세한 내용은 계산 복잡도[IV.20]에서 다루기로 하고, 여기서는 독자들의 이해를 돕기 위해 간단한 예를 소개하기로 한다.

4.2.1 유클리드 알고리즘의 복잡도

유클리드 알고리즘을 컴퓨터로 구현할 때 소요되는 시간은 몫과 나머지를 계산할 때 거쳐야 할 단계의 수와 밀접하게 관련되어 있다. 즉, 귀납적 절차가 자기 자신을 호출하는 횟수에 따라 소요시간이 크게 좌우된다는 뜻이다. 물론 이 횟수는 최대공약수를 구하고자 하는 정수 a와 b의 크기에 따라 달라진다. 제일 먼저 알 수 있는 사실은 $0 < b \leq a$일 때 a를 b로 나눈 나머지가 $a/2$보다 작다는 것이다. 예를 들어 $b \geq a/2$이면 a를 b로 나눈 나머지는 $a - b$인데, 이 값은 기껏해야 $a/2$이다(이 경우에 몫은 항상 1이다). 그리고 $b \leq a/2$인 경우에는 나머지가 b보다 작으므로 역시 $a/2$보다 작다. 따라서 나머지를 계산할 때 처음 두 단계를 거치면 둘 중 큰 수가 처음의 절반 이하로 줄어든다. 약간의 계산을 거치면 필요한 단계의 수가 최대 $2\log_2 a + 1$임을 알 수 있는데, 이 값은 대략 a의 자릿수에 비례한다. 일반적으로 a의 자릿수는 a 자체의 값보다 훨씬 작으므로 유클리드 알고리즘은 숫자가 커도 쉽게 구현할 수 있

다. 즉, 이 알고리즘은 이론적으로 중요할 뿐만 아니라 실용성도 뛰어나다.

최악의 경우에 요구되는 나누기 횟수는 19세기 전반이 되어서야 비로소 알려졌다. 방금 언급한 $2\log_2 a + 1$은 1841년에 피에르-조세프-에티엔 핀크(Pierre-Joseph-Étienne Finck)가 알아낸 것이다. 이 결과를 조금 개선하면 a와 b가 연속되는 피보나치 수(Fibonacci number)일 때 가장 긴 시간이 소요된다는 사실을 어렵지 않게 증명할 수 있다. 이는 곧 나누기 횟수가 $\log_\phi a + 1$을 넘지 않는다는 뜻이다. 여기서 ϕ는 황금비(golden ratio)를 나타낸다.

유클리드 알고리즘은 공간 복잡도 또한 낮다. 일단 숫자 쌍 (a, b)가 새로운 쌍 (b, r)로 대치되면 원래의 쌍은 더 이상 생각할 필요가 없으므로 각 단계에서 기억해야 할 양이 별로 많지 않다(또는 컴퓨터 메모리를 많이 잡아먹지 않는다). 반면에 확장된 유클리드 알고리즘은 일련의 치환과정을 거쳐 $ua + vb = d$를 만족하는 u, v를 구하는 식으로 진행되기 때문에, 언뜻 보기에는 a와 b의 최대공약수(또는 d)를 계산하기 위해 거쳐온 모든 과정을 기억해야 할 것 같다. 그러나 이 과정을 자세히 들여다보면 임의의 단계에서 몇 개의 숫자를 기억하는 것으로 충분하다.

예를 들어 $a = 38$, $b = 21$일 때 $38u + 21v = 1$을 만족하는 u와 v를 찾아 보자. 유클리드 알고리즘의 첫 단계는 다음과 같다.

$$38 = 1 \times 21 + 17.$$

이는 곧 $17 = 38 - 21$임을 의미한다. 두 번째 단계는

$$21 = 1 \times 17 + 4$$

인데, 여기에 방금 말한 17(17을 38과 21로 표현한 식)을 대입하면

$$21 = 1 \times (38 - 21) + 4$$

가 된다. 이 식을 정리하면 $4 = 2 \times 21 - 38$이다. 유클리드 알고리즘의 세 번째 단계는 다음과 같다.

$$17 = 4 \times 4 + 1.$$

이제 17과 4를 38과 21로 표현하면

$$38 - 21 = 4 \times (2 \times 21 - 38) + 1$$

이 된다. 이 식을 정리하면 $1 = 5 \times 38 - 9 \times 21$이 얻어지면서 모든 과정이 종료된다.

보다시피 각 단계에서 두 숫자를 a와 b로 표현하는 방식만 알면 된다. 따라서 확장된 유클리드 알고리즘의 공간 복잡도는 (적절하게 적용한다면) 별로 크지 않다.

5 알고리즘의 현대적 의미

5.1 알고리즘과 확률

앞서 말한 바와 같이 알고리즘의 개념은 1920~1930년대에 자리를 잡은 후에도 꾸준히 변해왔다. 여기에는 몇 가지 이유가 있는데, 무작위성(randomness)이 알고리즘을 구현하는 유용한 도구로 부각된 것도 그중 하나이다. 지금까지 이 책에서 언급된 알고리즘은 결정론적 절차라고 서술했기 때문에, 선뜻 이해가 가지 않을 것이다. 알고리즘에 무

작위가 도입된 사례는 잠시 후에 다룰 예정이다. 알고리즘의 개념이 변한 두 번째 이유는 **양자알고리즘**(quantum algorithm)이 개발되었기 때문인데, 더 자세히 알고 싶은 독자는 **양자계산**[III.74]을 읽어보기 바란다.

알고리즘에 확률이 개입된 사례는 다음과 같다. 주어진 정수 n에 대하여 '계산은 쉽지만 분석하기 어려운' 함수 $f(n)$이 정의되었다고 하자. n은 d자리 수이고, (예를 들면 뉴턴의 근사법을 이용하여) $\sqrt{n}$의 근삿값을 소수점 이하 d번째 자리까지 구한다고 했을 때, d번째 자리에 해당하는 수를 $f(n)$이라 하자. 예를 들어 구간 10^{30}과 10^{31} 사이에서 $f(n) = 0$인 n은 얼마나 자주 나타날 것인지를 알고 싶다고 하자. 이 문제는 이론적으로 풀기가 쉽지 않고, 컴퓨터 계산도 결코 만만치 않다. 10^{30}과 10^{31} 사이에 숫자가 너무 많기 때문이다. 그러나 10^{30}과 10^{31} 사이에 10,000개의 숫자를 무작위로 뽑아서 위의 계산을 수행하여 $f(n) = 0$을 만족하는 n의 비율을 산출했을 때, 이 값이 전체 비율과 비슷할 확률은 상당히 높다. 따라서 대략적인 답만 구해도 되는 상황이라면, 컴퓨터의 자원을 많이 소모하지 않으면서 원하는 결과를 얻을 수 있다.

5.1.1 의사난수

그런데 결정론적 컴퓨터로 10^{30}과 10^{31} 사이에서 10,000개의 난수를 어떻게 만들어낼 수 있을까? 결론부터 말하자면, 군이 그럴 필요가 없다. 완벽한 난수는 아니지만 난수와 거의 비슷한 **의사난수**(pseudorandom number)를 만드는 것으로 충분하다. 이 아이디어는 1940년대에 **폰 노이만**[VI.91]이 처음 제안한 것으로, 대략적인 내용은 다음과 같다. 제일 먼저 $2n$자리 정수 a를 골라서(이것을 '시드(seed)'라 한다) a^2을 계산한 후, a^2의 $(n+1)$번째 자리부터 $3n$번째 자리까지를 취하여 새로운 $2n$자리 숫자 b를 만든다. 그 다음에는 b를 시드로 간주하여 b^2을 계산한 후, 다시 $(n+1)$번째 자리부터 $3n$번째 자리까지를 취하여 새로운 $2n$자리 숫자 c를 만들고, … 와 같은 과정을 되풀이한다. 곱셈이 반복될수록 자릿수들이 서로 복잡하게 얽히기 때문에, 최종적으로 얻어진 $2n$자리 정수는 난수와 거의 비슷한 배열을 갖게 된다. 이 정도면 난수를 생성하는 알고리즘으로 손색이 없다.

의사난수를 만드는 방법은 이것 외에도 많이 있는데, 명백한 질문이 제기된다. 어떤 수열을 의사난수로 간주할 수 있을까? 이것은 매우 까다로운 질문으로, 여러 가지 답이 제안돼 있다. 확률알고리즘과 의사난수는 **계산 복잡도**[IV.20 §§6, 7]에서 자세히 다뤄질 예정이며, 그곳에서 '의사무작위 생성자(pseudorandom generator)'도 논의될 것이다(주어진 수가 소수인지를 판별할 때에도 확률알고리즘이 사용되는데, 이 내용은 **계산적 정수론**[IV.3 §2]에서 논의될 것이다). 지금 당장은 0과 1로 이루어진 무한수열을 대상으로 위와 비슷한 질문을 제기해 보자. 이런 수열의 무작위성은 무엇을 기준으로 판단해야 하는가?

지금까지 여러 개의 답이 제시되었는데, 그중 하나는 간단한 통계적 실험을 생각하는 것이다. 이 수열이 무작위라면, 0과 1의 전체적인 빈도수는 대략 비슷해야 한다. 더 일반적으로 임의의 작은 부분수열이 등장하는 빈도수도 등분배원칙을 따라야 한

나. 즉, 이 수열이 무작위라면 '00110'과 같은 부분수열이 등장할 확률은 $\frac{1}{32}$에 가까워야 한다(자릿수가 5이므로 이론적 확률은 $\frac{1}{2^5} = \frac{1}{32}$이다).

그러나 결정론적 과정에 의해 생성된 수열임에도 이러한 간단한 검정을 통과하는 것은 얼마든지 가능하다. 만일 0과 1로 이루어진 수열이 정말로 무작위적인지 검정하려 한다면(예를 들어 동전던지기의 결과 등), 똑같은 수열을 생성하는 알고리즘을 알아차릴 수 있는지 그 수열을 매우 의심스럽게 바라볼 것이다. 예를 들어 누군가가 원주율 π의 숫자배열을 난수로 사용하려 한다면, 위에서 말한 통계적 검정을 통과할지라도 무작위 수열이라고 인정하지 않을 것이다. 그러나 단순히 "이 수열을 귀납적 방법으로 재현할 수 없는가?"라고 묻는 것은 무작위성을 검증하는 데 충분하지 않다. 예를 들어 귀납적으로 만들 수 없는 수열과 0을 번갈아가며 나열해 새로운 수열을 만들면 이 수열은 여전히 귀납적으로 생성될 수 없지만 무작위와는 거리가 멀기 때문이다.

그래서 1919년에 폰 미제스(von Mises)는 0과 1로 이루어진 수열이 무작위성을 띠기 위한 조건으로 '충분히 긴 영역에서 0과 1의 출현 확률이 똑같이 $\frac{1}{2}$이어야 하고, 적절한 과정을 통해 취해진 부분수열도 이와 동일한 조건을 만족해야 한다'고 주장했다. 그리고 1940년에 처치는 미제스가 말한 '적절한 과정을 통해 취해진 부분수열'을 '적절한 과정을 통해 만들어진 귀납적 함수'로 구체화시켰으나, 이것도 충분하지 않았다. 처지가 제시한 조건을 만족하면서 '반복 로그법칙(law of the iterated logarithm)'을 만족하지 않는 수열도 있기 때문이다(무작위수열

은 이 법칙을 반드시 만족해야 한다). 요즘은 무작위성을 판단하는 기준으로 1966년에 제안된 마틴-뢰프 논제(Martin-Löf thesis)가 자주 사용되고 있다. 이 기준에 의하면 무작위수열은 '유효 통계 수열검정(effective statistical sequential test)'을 통과해야 하는데, 여기서 정확히 형식화할 수는 없지만 귀납적 함수에 기초한 개념이다. 처치의 논제는 학계에서 널리 인정되고 있는 반면, 마틴-뢰프의 논제는 아직도 논란의 여지가 남아 있다.

5.2 알고리즘이 수학에 미친 영향

옛날부터 수학은 존재 문제를 매우 비중 있게 다뤄왔다. 예를 들어 "모든 계수가 정수인 다항방정식의 근이 될 수 없는 수, 즉 초월수[III.41]는 과연 존재하는가?"는 존재 문제의 대표적 질문이라 할 수 있다. 이 질문에는 두 종류의 답이 제시되어 있는데, 하나는 π와 같은 수를 구체적으로 제시하면서 이들이 초월수임을 증명하는 식이고(1873년에 린데만(Lindemann)이 증명했다), 다른 하나는 칸토어[VI.54]가 했던 것처럼 '간접적인 증명'을 제시하는 식이다. 그는 실수 중에는 정수 계수 다항방정식의 근으로 표현되는 수보다 그렇지 않은 수가 '훨씬' 많으며(가산집합과 비가산집합[III.11] 참조), 따라서 이들 중 일부는 초월수가 되어야 한다는 것을 증명했다.

5.2.1 구성주의학파

1910년경에 브라우어르[VI.75]가 이끌던 직관주의학파[II.7 §3.1] 수학자들은 모든 수학적 주장은 참 아니면 거짓이라는 배중률(principle of excluded middle)을 거부했다. 특히 브라우어르는 존재하지 않으면 모순이 발생한다는 식으로 초월수의 존재를 증명했던 논리를 절대로 받아들이지 않았다. 이들은 향후 발생하게 될 '구성주의' 학파 중 첫 번째로 무언가의 존재를 증명하려면 그것을 명백하게 만들어서(구성해서) 보여줄 수 있어야 한다고 주장했다.

당시 이들의 주장을 지지하는 수학자들은 그리 많지 않았지만 구성적인 증명과 간접적인 증명이 크게 다르다는 점만은 대부분 인정하고 있었다. 그 후 컴퓨터과학이 등장하면서 둘 사이의 차이점이 더욱 크게 부각되었고, 존재 증명에는 한층 더 까다로운 조건이 부가되었다. 어떤 수학적 대상을 생성하는 알고리즘은 '타당한 시간 안에' 종료되어야 한다는 조건이 바로 그것이다.

5.2.2 효과적 결과

정수론에서 '효과적 결과(effective result)'와 '비효과적 결과(ineffective result)' 사이에는 중요한 차이가 있다. 예를 들어 1922년에 제안되어 1983년에 팔팅스(Falting)에 의해 증명된 **모르델 추측**[V.29]에 의하면, 4차 이상($n > 3$)의 매끄러운 유리평면곡선(rational plane curve)은 많아야 유한개의 유리점을 가진다. 유명한 페르마의 방정식 $x^n + y^n = z^n$이 $n \geq 4$일 때 유한한 개수의 정수해를 갖는다는 것도, 모르델 추측에서 파생된 결과 중 하나이다(물론 지금 우리는 이 방정식에 '자명하지 않은 해'가 존재하지 않는다는 사실을 잘 알고 있다. 그러나 모르델의 추론은 페르마의 마지막 정리보다 먼저 증명되었으며, 이로부터 파생된 결과들도 매우 다양하다). 그러나 팔팅스의 증명은 해의 개수(무한히 많은 경우는 제외)나 구체적인 값에 대하여 아무런 정보도 제공하지 못하고 있으므로 **비효과적 결과**에 속한다. 따라서 이 문제는 컴퓨터로 모든 해를 찾을 수 없고, 다 찾았는지 알 수가 없다. 정수론 분야에서 비효과적 결과는 이것 말고도 많이 있는데, 이들 중 하나라도 효과적 결과로 변환된다면 커다란 돌파구가 될 것이다.

비효과적 결과의 또 다른 사례로는 4색정리[V.12]를 들 수 있다. 이 문제는 드 모르간[VI.38]의 제자였던 프랜시스 거스리(Francis Guthrie)가 1852년에 처음으로 제안했고, 1976년에 아펠(Appel)과 하켄(Haken)이 증명했다. 이들은 이론적 논증을 적용하여 4색문제를 유한한 개수의 종류로 분류했는데, 그래도 손으로 일일이 확인하기에는 종류가 너무 많아서 컴퓨터를 이용했다. 그런데 이런 증명을 과연 수용할 수 있을까? 컴퓨터 프로그램에 오류가 있을 수도 있지 않을까? 오류가 없다 해도, 그런 규모의 계산을 올바로 했는지 어떻게 알 수 있을까? 모든 것이 올바르게 작동되었다 해도, 컴퓨터를 통한 증명이 정리가 왜 참인지 말해주는가? 이 질문들은 지금까지도 수학자들 사이에 숱한 논쟁을 불러일으키고 있다.

더 읽을거리

Archimedes. 2002. *The Works of Archimedes*, translated by T. L. Heath. London: Dover. Originally published 1897, Cambridge University Press, Cambridge.

Chabert, J. -L., ed. 1999. *A History of Algorithms:*

From the Pebble to the Microchip. Berlin : Springer.

Davis, M., ed. 1965. *The Undecidable*. New York : The Raven Press.

Euclid. 1956. *The Thirteen Books of Euclid's Elements*, translated by T. L., Heath (3 vols.), 2nd edn. London : Dover. Originally published 1929, Cambridge University Press, Cambridge.

Gray, J. J. 2000. *The Hilbert Challenge*. Oxford : Oxford University Press.

Newton, I. 1969. *The Mathematical Papers of Isaac Newton*, edited by D. T. Whiteside, volume 3(1670- 73), pp. 43-47. Cambridge : Cambridge University Press.

II.5 수학적 해석학의 엄밀함

톰 아치볼드 *Tom Archibald*

1 배경

이 장에서는 엄밀함(rigor)이 수학적 해석학에 도입된 과정을 살펴보기로 한다. 꽤나 복잡한 이야기가 될 것이다. 수학(특히 미적분학)이 탄생한 17세기 말부터 20세기 초까지 200여 년 동안 수학은 과거 어느 때보다 많은 변화를 겪었기 때문이다. 과거와 비교할 때 올바르고 논리적인 서술이 갖춰야 할 조건은 크게 달라지지 않았지만, 엄밀한 논리가 요구되는 상황과 논리가 지향하는 목적은 시대에 따라 수시로 변해왔다. 1700년대에 요한 베르누이(Johann

Bernoulli)와 다니엘 베르누이[VI.18], 오일러[VI. 19], 라그랑주[VI.22] 등이 시도했던 방대한 수학적 해석학은 기초가 명확하지 않아 후대의 수학자들로부터 많은 비평을 받았으며, 세월이 흐르면서 상당부분이 수정되었다. 그 후 1910년경부터 수학적 해석학에 엄밀함을 추구하는 방법이 수학계의 중요한 이슈로 떠오르기 시작했다.

수학은 계산 기법, 기하학적 대상의 중요한 특징 묘사하기, 세상의 현상을 모형화하는 것 이상이다. 오늘날 대부분의 수학자들은 자신의 결론을 정당화하는 엄밀한 논리를 생산하는 데 많은 시간을 투자하고 있다. 이런 결론들은 수학적 사실을 서술하는 정리(theorem)의 형태로 제시되며, 그 뒤에는 그 정리가 참임을 입증하는 증명이 뒤따른다. 간단한 예를 들어 보자. 6으로 나누어떨어지는 모든 양의 정수는 2로도 나누어떨어진다. 6의 배수 6, 12, 18, 24, …는 모두 짝수이므로, 이 서술이 참임을 쉽게 짐작할 수 있을 것이다. 증명 방법은 여러 가지가 있는데, 그중 하나는 다음과 같다. '6은 2로 나누어떨어진다. 따라서 6으로 나누어떨어지는 수는 2로도 나누어떨어진다.'

독자들 중에는 이 증명에 만족하는 사람도 있고, 그렇지 않은 사람도 있을 것이다. 이런 증명에 직면하면 당장 떠오르는 질문이 있다. 세 개의 정수 a, b, c가 주어졌는데, c는 b로 나누어떨어지고 b는 a로 나누이떨어진다면, c는 a로 나누어떨어지는가? 정수는 어떤 수이며, '나누어떨어진다'는 말은 정확하게 무엇을 의미하는가? 수학자들은 이런 질문에 직면했을 때 최소한의 무정의 용어를 사용하여 개념(하나의 수를 다른 수로 나눴을 때 나누어떨어진다는 개념 등)을 정확하게 정의한다('정수'와 같은 용어가 그 대표적 예이다. 그러나 여기서 더 깊이 파고 들어가면 집합(set)에 도달하기도 한다). 예를 들어 $qm = n$인 정수 q가 존재하면 n은 m으로 나누어떨어진다고 정의하면 다음과 같이 한층 더 정확한 증명을 제시할 수 있다. n이 6으로 나누어떨어지면 어떤 정수 q에 대하여 $n = 6q$로 쓸 수 있고, 이것은 $n = 2(3q)$와 동일하다. 그런데 q가 정수이면 $3q$도 정수이므로 n은 2의 배수가 된다. 다시 말해서, 6으로 나누어떨어지는 수의 정의를 만족하는 수는 2로 나누어떨어지는 수의 정의도 만족한다. 즉, 우리는 '나누어떨어진다'의 정의에서 출발하여 6으로 나누어떨어지는 수는 2로도 나누어떨어진다는 명제가 참임을 증명한 셈이다.

역사적으로 수학 저자들의 엄밀함에 대한 만족도는 그 정도가 다양했다. 단순히 윤곽막 잡은 사실을 완전히 정당화하지 않고 널리 이용한 결과나 방법들도 종종 있었다. 이런 일은 새로 대두되어 빠르게 발달하는 분야에서 흔히 나타난다. 예를 들어 고대 이집트인들은 곱셈과 나눗셈을 알고 있었지만 이 계산법의 타당성에 대한 증명은 어떤 기록에도 남아 있지 않다. 아마도 이집트인들은 형식을 갖춘 증명 없이 곱하기와 나누기 연산을 사용했던 것 같다. 이집트문화권에서 곱셈과 나눗셈이 수용된 이유는 그것을 정당화하는 철저한 논리가 있었기 때문이 아니라, 계산결과가 현실적인 경험과 일치했기 때문일 것이다.

17세기 중반에 수학 연구에 종사했던 유럽의 저술가들은 **유클리드[VI.2]**의 『원론』이 제공하는 엄밀한 수학적 모형을 잘 알고 있었다. 앞서 서술한 연역적 혹은 '종합적' 논증은 기하학적(more geometrico) 증명이라고 할 수 있다. 오늘날의 관점에서 볼 때 유클리드가 내세웠던 논리와 가정, 그리고 정의들은 그다지 엄밀하다고 할 수 없지만 기본적인 생각은 매우 명확하다. 명확한 정의와 일반적으로 수용되는 개념(예를 들면 전체가 부분보다 크다는 사실 등)에서 출발하여 차근차근 정리를 유도했으며, 이 과정에서 불분명한 개념이나 용어는 사용하지 않았다. 유클리드가 기하학에 사용했던 고전적 논리는 정수론과(**페르마[VI.12]** 참조) 해석기하학(**데카르트 [VI.11]** 참조), 역학(갈릴레오) 분야에서도 광범위하게 사용되었다.

이 장의 주제는 **해석학**(analysis)의 엄밀함이다. 고대에 기원을 두고 있는 해석학이라는 용어는 그 이래로 꽤 많은 변화를 겪어 왔다. 1600년경에는 계산을 하거나 길이를 구할 때 미지수(오늘날이라면 x라고 쓸 것이다)를 써서 계산하는 수학을 가르쳤다. 데카르트 등에 의해 기하학으로 유입되긴 했지만, 대수학과 밀접하게 관련된 단어였다. 따라서 여기서 주로 논의하는 해석학의 엄밀함이란, 주로 미분이나 적분과 관련된 이론의 엄밀함을 의미한다. 17세기 후반에 **뉴턴[VI.14]**과 **라이프니츠[VI.15]**는 미분법과 적분법의 기초를 세운 후 곡선의 접선과 법선, 그리고 곡선으로 둘러싸인 영역의 면적을 구하는 기존의 방대한 계산법을 종합하여 미적분학이라는 수학의 금자탑을 완성했다. 이 기법은 대단히 성공적이었고, 특히 역학과 미분방정식 등 다양한 분야로 확장되었다.

미적분학의 가장 커다란 특징은 무한을 사용한다는 점이다. 무한히 작은 양을 무한개 모아서 유한한 답을 얻어내는 계산 방법을 고안한 것이다. 예를 들어 같은 간격으로 점을 찍어 원주를 수많은 동일한 조각들로 분할하자. 그런 다음 이 점들과 중심을 이어 삼각형들을 만든다. 이 삼각형들의 면적을 모두 더하면 원의 면적과 비슷할 것이다. 원래의 원을 잘게 쪼갤수록 삼각형 면적의 합은 원의 면적에 가까워진다. 이런 내접 삼각형이 무한히 많다고 상상할 경우, 각각의 면적은 '무한히 작다' 혹은 **무한소**라고 생각할 수 있다. 그러나 이 경우에는 삼각형의 개수가 무한이므로, 무한히 작은 삼각형의 면적을 무한 번 더하면 유한한 값이 얻어질 수 있다(0은 무한번 더해도 여전히 0이고 유한한 수를 무한번 더하면 무한인 것과는 다르다). 비록 무엇을 하는 것인지 해석은 달랐지만, 이와 같은 계산을 하는 많은 기교가 고안되었다. 무한은 '실질적인' 양인가? 아니면 '잠재적인' 양인가? 어떤 양이 무한소이면 0으로 취급해도 되는가? 아리스토텔레스의 추종자들은 실무한이라는 개념을 병적으로 싫어했는데, 당시에는 이것이 보편적인 관점이었다.

뉴턴과 라이프니츠 및 직후의 계승자들은 이런 종류의 계산법을 정당화하는 논리를 개발했다. 그러나 무한히 작은 양과 극한과정, 무한합, 극한(limit)이 개입된 계산은 미적분의 창시자들이 자신들의 논증에 새로운 기반을 찾는 과정이었고, 이런 논증을 이해하는 것은 모호한 용어나 다른 결론이 나올 수도 있음에도 특정한 결론을 이끌어내곤 했으므로 종종 오해를 사곤 했다. 이들이 논했던 대상은 무한소(우리가 직접 경험하는 것보다 훨씬 작은 양)와 지극히 작은 수로 이루어진 비율(0/0 꼴의 분수), 무한히 많은 양수들의 합 등을 다루고 있다. 특히 테일러급수(Taylor series)는 다양한 의문을 야기했다. $x = a$에서 연속이고 미분가능한 함수는 그 지점에서의 함숫값과 미분값을 이용하여 다음과 같이 표현될 수 있다.

$$f(x) = f(a) + f'(a)(x-a) + \tfrac{1}{2}f''(a)(x-a)^2 + \cdots.$$

예를 들어 $\sin x = x - x^3/3! + x^5/5! - \cdots$이다. 뉴턴도 이 사실을 잘 알고 있었지만, 오늘날에는 뉴턴의 제자였던 **브룩 테일러**[VI.16]의 이름을 따서 테일러급수로 알려져 있다.

미적분학 초창기에는 저자들 사이에 용어가 통일되지 않아 많은 혼란이 야기되었고, 이러한 불분명함으로 인해 미적분학의 다양한 문제점들이 가려지는 문제가 생겼다. 가장 중요한 문제점은 특정 결과를 얻는 데 실패한 논리가 다른 부분에서는 성공을 거두었다는 점이다. 이것은 해석학의 적용범위를 확장하는 데 심각한 걸림돌로 작용했다. 결국 해석학은 모든 문제를 해결하고 엄밀한 체계를 갖춘 분야로 자리를 잡게 되지만, 기나긴 시간이 걸렸고 20세기 초에 와서야 완성됐다.

해석학이 초기에 직면했던 문제는 라이프니츠가 얻었던 결과에 잘 나타나 있다. 여기 변수 u와 v가 주어져 있고, 두 변수는 또 다른 변수 x에 따라 변한다고 하자. x의 미소변화는 x의 미분인 dx로 표기한다. 미분은 지극히 작은 값이며, 길이와 같은 기하학적 양으로 해석하면 된다. 이들은 보통의 방식(더하거나 나누기)으로 다른 양들과 비교되거나 조합될 수 있었다. 이제 x가 $x + dx$로 변하면 u는 $u + du$로, v는 $v + dv$로 변한다. 그렇다면 uv는 어떻게 변할 것인가? 라이프니츠는 $uv + u\,dv + v\,du$라고 결론지었다. 즉, $d(uv) = u\,dv + v\,du$라는 뜻이다. $d(uv) = (u + du)(v + dv) - uv$라는 것이 대강의 요지이다. 그런데 정상적인 대수학법칙에 따라 우변을 전개하면 $u\,dv + v\,du + du\,dv$이므로, 결국 라이프니츠는 $du\,dv$를 0으로 취급한 셈이다. 물론 du와 dv는 지극히 작은 값(무한소)이므로, 이들을 곱한 양은 더욱 작아져서 0으로 취급하자는 것이다. 그러나 문제는 무한소를 0으로 간주하는 논리에 일관성이 결여되어 있다는 점이다. 예를 들어 $y = x^2$이라는 함수에 위의 논리를 적용하면(즉, $(x + dx)^2$을 전개하면) $dy/dx = 2x + dx$가 되는데, 우변의 dx를 0으로 간주하면 좌변의 dy를 0으로 나눈다는 문제가 발생한다. 둘 중 어느 것이 옳은가? dx가 0이 아니라면, 이 명백한 모순을 어떻게 해결해야 하는가?

약간 더 기교적인 수준에서, 미적분은 분자와 분모가 0으로 접근하거나 실제 0에 도달할 때 dy/dx 꼴의 비의 '궁극적인' 값을 자주 다룰 필요가 생긴다. 여기서 dy/dx는 라이프니츠가 도입한 표기법인데, 뉴턴에게도 약간 다르지만 기호나 개념상 접근법에서 같은 문제가 발생한다. 뉴턴은 보통 시간에 의존하는 변수에 대해 얘기하고, (예를 들어) 찰나의 짧은 시간 동안의 '덧없는 증분(evanescent increment)'을 고려할 때 접근하는 값을 구하려 했다. 시간에 따라 혹은 다른 변수의 값에 따라 변하는 과정에 있는 변량이라는 개념이 오랫동안 혼란을 부추겼다. 일반적으로 변수가 어떤 특정값에 가까워진다는 것은 그 값을 향하여 '무한히 가깝게' 접근한다는 뜻이지만, 이 '접근'이 정확히 무엇을 의미하는지는 명확하지 않았다.

2 18세기의 접근법과 비평

물론 미적분이 엄청난 결과를 내놓은 것으로 밝혀지지 않았다면, 아무도 굳이 비판하려 하지 않았을 것이다. 그러나 뉴턴과 라이프니츠의 방법은 이전 세대 수학자들이 매달렸던 문제(주로 접선과 면적을 구하는 문제)의 해법으로 널리 수용되었으며, 이전에는 다룰 수 없었던 문제까지 풀 수 있게 되었다. 테일러와 요한 베르누이, 다니엘 베르누이, 오일러, 달랑베르[VI.20], 라그랑주 등 18세기 수학자들은 도형의 면적, 주어진 양의 최대-최솟값, 공중에 매달린 쇠사슬의 모양을 서술하는 미분방정식, 진동하는 끈 위에 있는 한 점의 위치변화, 천체역학, 함수의 특성과 관련된 문제(주로 변하는 양에 대한 해석학적 식) 등 다양한 분야의 문제들을 체계적으로 분석하여 해답을 제시했고, 유효성이 의심되는 기교적인 논증을 채택했다. 발산하는 급수의 조작, 허수의 이용, 실무한을 이용한 조작 등을 이들 유능한 저자들이 효과적으로 이용했다. 그러나 설명이 항상 완벽하지는 않았기 때문에, 다른 사람들이 이 방법을 사용하여 동일한 결과를 얻기가 쉽지 않았다. 요즘 시각으로 보면 매우 기이한 상황이다. 예를 들어 오일러가 유도한 결과를 재현하려면 오일러처럼 생각해야 했다. 이 기이한 상황은 19세기까지 계속되었다.

지금은 기초적인 혼란으로 여기는 문제를 놓고도 종종 논쟁이 벌어지곤 했는데, 무한급수의 경우 형식적인 식이 타당한 영역에 대한 혼란이 있었다. 예를 들어 다음과 같은 급수를 생각해 보자.

$$1 - 1 + 1 - 1 + 1 - 1 + 1 - \cdots .$$

지금의 관점에서 볼 때(코시[VI.29] 참조) 급수는 발산한다. 부분합이 1, 0, 1, 0, …으로 진동하면서 특정한 극한값을 갖지 않기 때문이다. 그러나 위와 같은 식의 진정한 의미에 대하여 한때 약간의 논쟁이 있었다. 예를 들어 오일러와 니콜라우스 베르누이는 합(sum)과 무한합의 값(value of an infinite sum)이 다를 수도 있다고 했고, 특히 베르누이는 $1 - 2 + 6 - 24 + 120 - \cdots$의 합은 존재하지 않지만, 이런 식으로 표현되는 급수의 대수적 값은 존재한다고 주장했다. 이 말이 무슨 뜻이건 간에, 오일러는 해당 급수의 값을 나타내는 유한한 값이 그 급수의 합이라는 관점을 고수했다. 그는 1755년에 발표한 『미분의 기초(Institutiones Calculi Differentialis)』에서 $1/(1 + x) = 1 - x + x^2 - x^3 + \cdots$이므로 $1 - 1 + 1 - 1 + \cdots = \frac{1}{2}$이라고 주장했는데, 이 관점은 널리 수용되지 못했다. 또한 정의역을 벗어난 구간으로 함수를 확장하는 문제(예를 들면 로그함수의 진수가 음수인 경우)도 이와 비슷한 논쟁을 야기했다.

18세기 해석학의 언어와 방법론에 가장 혹독한 비평을 쏟아낸 사람은 아마도 영국의 철학자 조지 버클리(George Berkeley, 1685~1753)일 것이다. 그는 '존재하는 것은 인식되어야 한다'는 이상주의적 관점을 고수하면서 '철학적 논의를 위해 각 대상의 특성을 추상화시키는 것은 불가능하다'고 주장했다. 간단히 말해서, 철학의 대상이 되려면 완전한 형태로 인식 가능해야 한다는 것이다. 그는 1734년에 발표한 과학비평서 『신앙이 없는 어느 수학자에게 보내는 글(The Analyst: Or, a Discourse Addressed to an Infidel Mathematician)』을 통해 무한히 작은 대상은 인식이 불가능할 뿐만 아니라 다분히 추상

적인 개념이므로, 수학에 도입되어서는 안 된다고 주장하면서 무한소를 '죽은 양(量)의 유령'이라고 비난했다. 그의 주장에 따르면 양이 작다고 무시하는 것은 수학적 논리에 부합되지 않으며, '수학계산에 나타난 오차는 아무리 작아도 논리 전체를 망가뜨린다'. 그는 화살을 뉴턴에게 돌려 '뉴턴이 이런 종류의 모호한 논리를 후대에 퍼뜨렸다'며 맹렬히 비난했다. 버클리의 주장은 당대의 수학자들에게 큰 영향을 미치지 못했지만, 미적분학을 더욱 근본적인 단계에서 재조명해야 한다는 분위기를 조성하는 데에는 성공했다. 그 후 오일러와 달랑베르, 라자르(Lazare), 카르노(Carnot) 등은 미분의 진정한 의미를 규명하기 위해 노력했고, 미적분학의 계산을 정당화하는 다양한 논리를 개발했다.

2.1 오일러

18세기 해석학에 가장 큰 업적을 남긴 사람은 단연 오일러였다. 그의 성공과 중요한 교재가 널리 읽힌 덕택에 논증을 정당화하는 데 사용한 논법은 사후에도 큰 영향을 끼쳤다. 하지만 그의 논법은 어딘가 부주의하다는 인상을 준다. 미적분학의 표기법을 다소 마음대로 다룬 데다가, 요즘 기준으로 볼 때 논리의 상당부분에 결함이 있기 때문이다. 특히 무한급수와 곱을 계산할 때 이런 현상이 더욱 두드러지게 나타나는데, 대표적인 예를 하나만 들어 보자.

$$\sum_{n=1}^{\infty} \frac{1}{n^2} = \frac{\pi^2}{6}.$$

초창기에 오일러는 이 관계식을 다음과 같이 증명했다. 우선 $\sin x$의 전개식을 이용하여 아래 함수의

근을 구한다.

$$\frac{\sin\sqrt{x}}{\sqrt{x}} = 1 - \frac{x}{3!} + \frac{x^2}{5!} - \frac{x^3}{7!} + \cdots.$$

근의 위치는 π^2, $(2\pi)^2$, $(3\pi)^2$, $\cdots$ 등이다. 오일러는 (별다른 설명 없이) 유한 대수방정식의 인수정리를 이용하여 위의 방정식을 다음과 같이 표현했다.

$$\frac{\sin\sqrt{x}}{\sqrt{x}} = \left(1 - \frac{x}{\pi^2}\right)\left(1 - \frac{x}{4\pi^2}\right)\left(1 - \frac{x}{9\pi^2}\right)\cdots.$$

(2)과 (3)은 동일한 함수를 전개한 것이므로, (2)에 나타난 x의 계수 $-\frac{1}{3!} = -\frac{1}{6}$은 (3)을 전개했을 때 얻어지는 x의 계수와 같아야 한다. 즉,

$$\frac{1}{\pi^2} + \frac{1}{4\pi^2} + \frac{1}{9\pi^2} + \cdots = \frac{1}{6}$$

이다. 이제 양변에 π^2을 곱하면 (1)이 재현된다.

그러나 이 증명에는 몇 가지 허점이 있다. 식 (3)처럼 무한히 많은 항들을 곱한 결과는 유한한 값이 될 수도 있고, 무한대가 될 수도 있다. 오늘날이라면 무한곱이 유한한 값을 가지기 위해 만족해야 하는 특정한 조건을 명시했을 것이다. 또한 (유한한) 다항식을 (무한히 많은 항으로 이루어진) 멱급수로 표현할 때에도 그 타당성을 먼저 입증해야 한다. 오일러는 인생의 후반에 이 결과에 대한 다른 논증을 제시했다. 하지만 오일러는 이런 식의 논리가 통하지 않는 **반례**를 알고 있었던 것 같지만, 그것을 심각한 결점으로 생각하지 않았던 것 같다. 당시에는 논리상 예외적인 경우가 있어도 일반적인 증명으로 통용되곤 했다. 이것은 19세기 후반에 와서야 다수의 노력으로 정리가 어떤 조건하에서 성립하는지를 분명히 밝히는 해석학의 결과로서 서술하게 됐다.

오일러는 무한급수의 합이나 무한소의 의미를 해석하는 데 별다른 신경을 쓰지 않았다. 그는 종종 dx와 같은 미분을 별생각 없이 0으로 취급했고, 미분의 비율(dy/dx)도 문제에 따라 다르게 해석했다.

무한히 작다는 것은 0에 무한히 가깝다는 뜻이므로, 그냥 0으로 간주해도 상관없다. 사람들은 무한소라는 개념이 수수께끼 같다고 하지만, 내가 보기에는 별로 그렇지 않다. 수수께끼 같다는 생각 때문에 무한소를 다루는 미적분학이 의심스럽게 보이는 것이다.

오일러는 1755년에 출간한 『미분의 기초(*Institutiones Calculi Differentialis*)』에서 위와 같이 선언한 후, 0/0 형태의 분수에 대해 논하면서 일상적인 수와 섞어서 계산할 때 미분은 0으로 취급해도 된다고 정당화했다. 그는 미분방정식을 다룰 때에도 이와 같은 관점을 고수했다.

그러나 정의와 관련된 논쟁은 끊임없이 계속되었다. 특히 오일러와 달랑베르, 다니엘 베르누이와 연관된 진동하는 끈(vibrating string) 문제는 **함수**[I.2 §2.2]의 정의와 밀접한 관련이 있고, "해석학에서 급수(특히 삼각급수)로 전개될 수 있는 함수는 어떤 함수인가?"라는 근본적 의문을 낳았다. 임의의 곡선을 진동하는 끈의 초기위치로 설정할 수 있다는 아이디어가 함수의 개념을 확장시켰고, 19세기 초반에 **푸리에**[VI.25]는 이러한 함수를 해석적으로 구현하는 데 성공했다. 그리고 이와 함께 끊어진 함수(일종의 **불연속함수**)가 본격적으로 연구되기 시작했다. 이 함수를 다루는 방법은 훗날 해석학의 기초에 관한 중요한 이슈로 부각되었으며, 대수연산 및 삼각함수와 관련된 '자연스러운' 대상이 연달아 발

견되면서 현대적인 함수의 개념으로 이어졌다.

2.2 18세기 말의 반응

영국의 버클리의 비평에 대한 중대한 반응으로 콜린 매클로린(Colin Maclaurin, 1698~1746)은 1742년에 미적분학의 기본개념을 정리한 『유율론 (*Treatise of Fluxions*)』을 출간하면서 무한히 작은 양(무한소)이라는 개념을 폐기시켰다. 18세기 중반에 스코틀랜드 계몽주의 사상을 이끌었던 그는 당대 최고의 수학자이자 뉴턴의 열렬한 지지자이기도 했다. 당대의 다른 영국 수학자들과 달리, 맥클로린이 집필한 책은 유럽 대륙에서도 널리 읽혔는데, 특히 뉴턴의 천체역학을 소개한 책은 꽤 인기가 많았다. 또한 자신의 기반을 극한의 개념 위에 놓으려고 했다(그는 극한값을 '결정할 수 있는(assignable) 유한한 양'이라고 불렀다). 매클로린은 다양한 분수의 극한값을 계산했지만, 이해하기 어렵기로 유명하다. 해석학 분야에서 그가 남긴 업적은 달랑베르에게 전수되어 훗날 해석학의 중요한 초석이 되었다.

달랑베르는 버클리와 매클로린의 영향을 받아 무한소를 실질적인 양으로 취급하지 않았다. 그는 미분을 극한값으로 이해하면서도 무한소를 0으로 취급한 오일러의 관점과 자신의 관점을 조율하기 위해 많은 노력을 기울였다. 달랑베르의 관점은 『백과전서(*Encyclopédie*)』의 미분편(1754)과 극한편(1765)에 잘 나타나있는데, 여기서 그는 대수적 극한보다 기하학적 극한을 더 중요하게 다루었다. 달랑베르는 수학적 양을 대치하거나 단순화시키는 등 형식적으로 다루지 않았으며, 극한값을 길이(또는 길이의 조합)와 면적 등 기하학적 양의 극한으로 이

해했다. 예를 들면 원을 그 안에 내접하는 다각형의 극한으로 이해하는 식이었다. 실제 계산을 수행하는 데 미분을 채택했으므로, 현존하는 알고리즘으로 서술되는 대상이 실재함을 입증하자는 것이 주요 목표였던 것으로 보인다.

2.2.1 라그랑주

18세기 들어 미분과 적분은 독자적인 계산법으로 입지를 굳히면서 역학과 물리학에 응용되는 미적분학과 다른 길을 가기 시작했다. 그리고 18세기 후반에는 미적분학위 주된 방법론이 기하학으로부터 멀어지면서, 미적분을 '해석적 함수를 대수적으로 분석하는 수단'으로 점차 인식하게 되었다. 당시 '해석적(analytic)'이라는 말은 다양한 뜻으로 통용되었는데, 오일러를 비롯한 여러 수학자들은 해석학에서 한 가지 형태로 표현되는 함수(즉, 변수들 사이의 상호관계)를 '해석적 함수'라 불렀다.

대수적 관점에서 미적분학의 기초를 확립한 사람은 라그랑주였다. 그는 해석학의 기본 특성 중 하나인 함수의 멱급수전개(power series expansion)를 집중적으로 연구했으며, 이를 통해 해석적 함수(analytic function)라는 용어는 테일러급수의 수렴 여부와 연계되어 더욱 현대적인 의미를 띠게 되었다. 라그랑주는 프랑스혁명 이후 군사 엔지니어를 양성하기 위해 설립된 에콜 폴리테크니크(École Polytechnique)의 교수로 재직했는데, 이때 강의했던 내용을 정리하여 1797년에 출간한 『해석함수론 (*Théorie des Functions Analytiques*)』을 읽어 보면 해석학에 대한 그의 관점을 분명하게 알 수 있다. 라그랑주는 함수의 전개이론에 입각하여 '모든 함수

는 대수적 함수의 무한급수 전개식으로 표현된다'
고 가정했다. 그리고는 전개식에 지수가 음수이거
나 분수인 항이 나타나지 않는다는 가정하에 멱급
수 전개식을 얻어냈는데, 여기 사용된 논리는 다소
임시변통이라는 인상을 준다. 독자들의 이해를 돕
기 위해 1987년에 프레이저(Fraser)가 제시했던 예
를 들어 보자. 함수 $f(x) = \sqrt{x+i}$ 를 i에 대한 멱급수
로 전개하면 어떻게 될까? (여기서 i는 허수단위가
아니라 작은 증분(increment)을 의미한다.) 일반적으
로는 i의 지수가 정수인 항들만 나타날 것이다. 라그
랑주는 '함수는 2가함수(two-valued function)'인 반
면 $i^{m/n}$은 n가함수이므로, $i^{m/n}$이 포함된 항은 나타
나지 않는다고 생각했다. 따라서 전개식

$$\sqrt{x+i} = \sqrt{x} + pi + qi^2 + \cdots + ti^k + \cdots$$

는 $\sqrt{x}$ 때문에 2가함수이며, i에 붙어 있는 지수들은
모두 정수이다. 라그랑주는 분수지수를 무시한 채
$f(x+i) = f(x) + i^a P(x, i)$로 썼는데, 여기서 P는 $i = 0$일 때 유한한 값을 갖는 함수이다. 그는 이 식을 응
용하여

$$f(x+i) = f(x) + pi + qi^2 + ri^3 + \cdots$$

이라고 결론지었다. 여기서 p는 x의 함수이므로
$f(x)$의 도함수는 $f'(x) = p(x)$라고 정의했다. 프랑스
어 dérivée는 도함수(derivative)의 어원으로, 라그랑
주의 용어로 f는 도함수의 '원시함수(primitive)'이
다. 비슷하게 테일러 공식의 고차 계수와 고계 도함
수를 관련지을 수 있다.

물론 요즘의 시각으로 보면 기묘한 순환 논법처
럼 보인다. 18세기에는 급수 전개의 '대수적' 무한

과정과 미분의 사용을 구별했기 때문이다. 라그랑
주는 멱급수 전개식을 극한과정의 결과로 생각하지
않았다. 훗날 코시가 극한과정을 현대적 의미로 재
정의한 후, 라그랑주의 논리는 부적합판정을 받게
된다.

3 19세기 전반

3.1 코시

19세기의 처음 10년 동안은 해석학에서의 엄밀함
에 대하여 많은 논의가 이루어졌다. 특히 프랑스 수
학자 코시의 극한접근법이 재조명되면서 지대한
영향을 미쳤다. 코시의 목표는 교육적인 것이었고,
1820년대 초에 그는 에콜 폴리테크니크에서의 개
론 강의를 준비하며 아이디어를 발전시켰다. 당시
학생들은 프랑스 전역에서 선발된 수재들이었음에
도 불구하고 그의 접근방식이 너무 어렵다고 여겼
다. 그 때문에 코시가 자신만의 방법을 고수하는 동
안 다른 교수들은 무한소를 이용한 구식 접근법을
사용했다. 사실 구식 접근법이 학생들에게는 직관
적으로 좀 더 이해하기 쉬울 뿐만 아니라, 기초역학
문제의 풀이에 더 잘 맞기 때문이다. 코시는 1830
년에 7월 혁명으로 왕위에 오른 루이 필립에게 충성
을 맹세하지 않았다는 이유로 파리에서 추방되었
다. 이로 인해 애초에도 소수의 학생들만이 따르던
코시의 접근법은 영향력이 줄었다.

그가 제안했던 극한과 연속, 그리고 도함수의 정
의는 프랑스와 이탈리아의 수학자들에게 서서히 수
용되었다. 그가 이 정의를 사용하여 증명을 이끌어
내는 방법과 다양한 형태로 사용한 평균값정리 등

은 특별한 성질을 갖는 양을 기호 조작하는 수준의 해석학을 '부등식을 이용하여 무한을 다루는 논리의 과학'으로 격상시켰다.

코시가 위대한 업적을 남길 수 있었던 이유 중 하나는 정의가 명확했기 때문이다. 초창기 저자들에게 무한급수의 합은 다소 모호한 개념이었는데, 일종의 수렴성 논증($\sum_{n=0}^{\infty} 2^{-n}$과 같은 기하급수 등)으로 해석하는가 하면, 가끔은 수열의 진원지인 원함수의 값으로 수열의 합을 계산하기도 했다(특히 오일러가 이 방법을 자주 사용했다). 코시는 무한수열의 합을 부분합의 극한값으로 정의했는데, 그 덕분에 숫자나 함수로 이루어진 급수(수열의 합)를 통일된 방법으로 계산할 수 있게 되었으며, 실수에 대한 개념 위에 미적분학과 해석학의 기반을 놓는 중요한 한걸음이었다. 결국 지배적이게 된 이러한 동향을 '해석학의 산술화(arithmetization of analysis)'라 불렀다. 이와 비슷하게 연속함수는 '변수가 무한히 작게 증가했을 때 함숫값도 무한히 작게 변하는' 함수로 해석되었다(코시 1821, pp. 34-35 참조).

코시는 무한히 작은 양을 다루는 데 조금도 주저하지 않았으며, 이 개념을 더 깊이 분석하지도 않았다. 그리고 변하는 양의 극한값을 다음과 같은 서술형 문장으로 정의했다.

주어진 변수의 값이 어떤 특정한 값으로 우리가 원하는 만큼 무한정 가까워질 때, 최종적으로 도달하는 값을 **극한값**(limit)이라 한다. 예를 들어 무리수는 거기에 한없이 가까워지는 다양한 분수들의 극한값으로 정의할 수 있다.

코시(1821, p. 4)

오늘날의 관점에서 볼 때 완벽한 정의는 아니지만, 이로부터 코시는 해석학의 통합적 기초를 세울 수 있었다.

예를 들어 코시가 내린 연속함수의 정의에서도 무한히 작은 양을 사용한 것을 볼 수 있다. 예를 들어 함수 $f(x)$가 유한한 실수영역에서 1가함수일 때, 그 영역 안에서 임의의 x_0을 골랐다고 하자. x_0의 값이 $x_0 + a$로 커지면 함숫값은 $f(x_0 + a) - f(x_0)$만큼 변한다. 코시는 이 구간 안에서 a가 0으로 접근할 때, $f(x_0 + a) - f(x_0)$이 0으로 무한히 줄어들면 f는 연속함수라고 했다. 다시 말해서, 코시는 함수의 연속성을 점(point)이 아닌 **구간**(interval)의 성질로 정의한 것이다. 특정 구간 안에서 변수가 무한히 작게 변하면 연속함수의 값도 무한히 작게 변한다. 아마도 코시는 연속성을 특정 구간 안에서 함수가 갖는 특성으로 간주했던 것 같다.

함수의 연속성에 대한 코시의 정의는 함수의 도약(불연속 지점에서 일어나는 함숫값의 갑작스러운 변화)이 함수의 특성을 이해하는 데 중요한 요소임을 말해주고 있다. 이것은 **미적분학의 기본 정리**[I.3 §5.5]를 논할 때 마주했던 문제였다. 그는 1814년 정적분에 대한 소논문에서는 다음과 같이 썼다.

함수 $\phi(z)$가 $z = b'$과 $z = b''$ 사이에서 연속적으로 증가하거나 감소할 때, 적분 $\int_{b'}^{b''} \phi'(z)dz$는 보통 $\phi(b'') - \phi(b')$으로 표현된다. 그러나⋯ 이 구간에서 함수가 어떤 값에서 다른 값으로 갑작스럽게 변하면 위의 적분값은 작아진다.

전집(제1권, pp. 402-3)

코시는 강의에서 정적분을 정의할 때 함수가 연속임을 가정했다. 그는 적분을 수행할 때 적분구간을 함수가 증가하거나 감소하는 유한개의 구간으로 분할한 후(이런 식의 분할이 항상 가능한 것은 아니지만, 코시는 예외적인 경우를 그다지 심각하게 생각하지 않았다), 정적분을 $S = (x_1 - x_0)f(x_0) + (x_2 - x_1)f(x_1) + \cdots + (X - x_{n-1})f(x_{n-1})$의 극한값($n$이 아주 클 때의 값)으로 정의했다. 그리고는 평균값정리와 함수의 연속성을 이용하여 이 극한값이 존재한다는 사실을 구체적으로 증명했다.

코시의 강의록은 1821년과 1823년에 출판되었다. 에콜 폴리테크니크의 학생들은 그의 이론을 점차 이해하게 되었고, 다수가 이를 이용하기 시작했다. 이는 코시의 지지자였던 아베 모아뇨(Abbé Moigno)가 1841년 가다듬어 개설한 강좌에 모아져 있다. 그 후로 수학자들이 코시의 정의를 빈번히 인용하면서 프랑스 수학의 표준으로 자리잡게 된다. 1820년대에 파리에서 생활했던 아벨[VI.33]과 디리클레[VI.36], 그리고 리만[VI.49]도 코시의 정의를 기반으로 연구를 진행했다.

코시는 라그랑주의 접근법을 피해 '대수학의 모호함'을 거부했다. 그의 논리는 (기하학을 비롯한 여러 분야에서) 다분히 직관적이었지만 직관의 위험성을 충분히 인식하고 있었기에, 엄밀한 정의를 고수하는 것이 얼마나 중요한지를 보여주는 다양한 사례들을 직접 만들어 제시했다. 그중 하나는 $x \neq 0$일 때 e^{-1/x^2}이고 $x = 0$일 때 0인 함수인데, 이 함수는 무한정 미분할 수 있음에도 불구하고 원점에서 테일러급수로 전개했을 때 원래의 함숫값으로 수렴하지 않는 독특한 성질을 갖고 있다. 코시는

강의시간에 이 사례를 언급했지만, 사실 그는 반례(counterexample) 탐색의 전문가가 아니었다. 사실 수학적 정의를 분명히 하기 위해 반례를 찾아내는 경향은 그로부터 한참 후에 탄생했다.

아벨은 코시의 연구에서 오류를 찾아낸 것으로 유명하다. 특히 연속함수의 합이 수렴하면 연속이라는 코시의 주장을 문제 삼았는데, 이것이 사실이려면 급수는 균등하게 수렴해야 한다(uniformly convergence). 1826년에 아벨은 다음과 같은 반례를 제시했다.

$$\sum_{k=1}^{\infty} (-1)^{k+1} \frac{\sin kx}{k}.$$

이 급수는 x가 π의 홀수배일 때 불연속이다. 코시는 몇 명의 수학자들이 이 문제를 지적한 후에야 두 수렴성의 차이를 인식했다. 수학역사가들은 이 명백한 오류를 여러 번 언급했는데, 특히 보타치니는 코시가 아벨이 제시했던 반례가 무슨 얘기인지 몰랐을 거라고 주장했다(보타치니 1990, p.85 참조).

코시와 비슷한 시기에 활동했던 보헤미아의 수학자 볼차노[VI.28]도 빼놓을 수 없다. 성직자이자 대학교수였던 그는 미적분학의 기초를 확립하는 데 지대한 공헌을 했지만, 당대에는 별다른 명성을 누리지 못했다. 그는 1817년에 '연속함수의 값이 양에서 음으로 바뀌는 구간 안에는 함수를 0으로 만드는 근이 적어도 하나 이상 존재한다'는 사잇값 정리(intermediate value theorem)를 발표했다. 또한 볼차노는 무한집합을 연구하여 모든 유계집합(bounded infinite set)에는 한 점을 중심으로 하는 원판 안에 무한히 많은 점이 포함되어 있는, 그런 점이 적어도 하나 이상 존재한다는 볼차노-바이어슈트라스 정리

를 발표하기도 했다. 이것을 '극한점(limit point)'이라고 하는데, 바이어슈트라스[VI.44]도 볼차노와 무관하게 독자적으로 연구를 수행하여 동일한 결론에 도달했으나, 1870년대까지는 볼차노의 이름이 더 많이 알려져 있었다.

3.2 리만과 적분, 그리고 반례들

모든 미적분 강좌의 일부인 리만 적분 때문에 리만은 해석학의 기초와 불가결하게 연결돼 있다. 하지만 그는 엄밀함과 관련된 문제에 휘둘리지 않았다. 오히려 그는 엄밀함과 거리가 먼 직관적 논리를 통해 풍성한 결과를 얻어낸 수학자로 알려져 있다. 리만의 연구에서 엄밀성의 문제가 발생하는 지점이 많지만, 그의 혁신에 대한 폭넓은 관심 때문에 연구자들은 그의 통찰을 정확히 하려고 했다.

1854년 리만은 유급으로 강의를 할 수 있는 자격시험으로 정적분을 주제로 한 두 번째 논문을 발표했다. 여기서 그는 **푸리에 급수**[III.27]를 이용한 함수 전개를 논하면서 불연속함수에 대한 코시의 개념을 일반화시켰다(이 이론은 1807년에 푸리에가 처음 제안했으나, 1820년대에 와서야 학계에 알려지게 되었다). 푸리에 급수는 유한구간 위에서 함수를 다음 꼴로 나타낸 것을 말한다.

$$f(x) = a_0 + \sum_{n=1}^{\infty} (a_n \cos(nx) + b_n \sin(nx)).$$

리만에게 영감을 준 사람은 디리클레[VI.36]였다. 그는 함수의 푸리에 급수 전개가 원래 함수로 수렴하는지에 대한 질문에 대하여 코시가 범했던 오류를 수정했고, 1829년에는 '주기가 2π이고 그 안에서

적분 가능하고 극점을 유한개 갖는 함수에 대한 푸리에 급수의 수렴성을 증명하였고, 도약하는 불연속점에서의 값은 양쪽으로부터의 극한값의 평균'이라는 사실을 증명했다. 리만은 디리클레의 결과를 이어받아 '이 문제는 무한소 미적분과 가장 밀접하게 연관되어 있으며, 이 사실을 더 명확하고 분명하게 하는 데 기여할 것'이라고 강조했다(리만 1854, p.238 참조). 리만은 디리클레의 연구결과를 확장하여 그가 제시한 조건을 더욱 면밀하게 분석한 끝에 정적분을 다음과 같이 정의했다.

구간 a와 b 사이에서 순차적으로 증가하는 변숫값을 $x_1, x_2, \cdots, x_{n-1}$이라 하고, 편의를 위해 $x_1 - a$를 δ_1, $x_2 - x_1$을 $\delta_2, \cdots, b - x_{n-1}$을 δ_n이라 하자. 그리고 ϵ을 양의 진분수라 했을 때, 다음 급수

$$S = \delta_1 f(a + \epsilon_1 \delta_1) + \delta_2 f(x_1 + \epsilon_2 \delta_2) \\ + \delta_3 f(x_2 + \epsilon_3 \delta_3) + \cdots + \delta_n f(x_{n-1} + \epsilon_n \delta_n)$$

은 (구간의) 간격 δ와 ϵ에 따라 다른 값을 가진다. 이 급수가 δ와 ϵ의 선택에 상관없이 δ가 0에 접근할수록 어떤 고정된 극한값 A에 무한히 가까워진다는 성질이 있으면, 이 값을 $\int_a^b f(x)\,dx$로 표현한다.

리만은 이 정의의 중요성을 강조하기 위해 임의의 구간에서 불연속임에도 불구하고 적분 가능한 함수를 예로 들었다. 따라서 적분은 각 구간에서 미분불가능한 점이 생긴다. 리만의 정의는 미분과 적분 사이의 역관계(inverse relationship)에 약간의 문제점을 야기하는데, 리만의 예가 그 문제를 명백히 드러내 준다. 해석학의 엄밀함을 추구하는 과정에서 코시

의 연구에서부터 이미 명백해진 이런 '병적인' 반례들이 이 무렵 상당히 많아진다.

정적분에 관한 리만의 논문은 그가 사망한 직후인 1867년에 발표되었고, 그로부터 6년이 지난 1873년에는 가스통 다르부(Gaston Darboux)가 리만의 논문에 해설을 곁들인 후속논문을 발표했다. 그후 해석함의 엄밀함이 중요한 이슈로 부각되면서, 리만의 접근법이 수학자들 사이에 널리 알려지게 되었다(이 움직임을 주도한 바이어슈트라스 학파는 다음 절에서 언급될 것이다). 리만의 접근법은 불연속인 점들의 집합에 주의를 끌게 되는데, 1870년대 칸토어[VI.54]의 점집합(point set) 이론에 많은 영향을 미치게 된다.

리만의 연구가 해석학의 기초에 이목을 끌었듯 디리클레의 원리도 마찬가지였다. 리만은 복소해석학을 연구하면서 이른바 디리클레 문제에 깊은 관심을 가졌는데, 그 내용은 다음과 같다. 닫힌 평면영역의 경계에서 함수 g가 정의되어 있을 때, 이 영역의 내부에서는 라플라스 편미분방정식[I.3 §5.4]을 만족하고 경계에서는 g와 같은 값을 갖는 함수 f가 존재할 것인가? 리만은 '그렇다'고 주장했다. 그는 이 문제를 주어진 영역 안에서 어떤 적분값이 최소가 되는 함수를 찾는 문제로 단순화한 후, 물리학적 논리를 이용하여 그런 함수는 항상 존재해야 한다고 결론지었다. 그러나 리만이 사망하기 전에 바이어슈트라스[VI.44]는 리만의 주장에 이의를 제기했고, 1870년에 반례를 공식적으로 발표했다. 이 때문에 리만의 결과를 재형식화하고 다른 방법으로 증명하려는 시도가 생겨났다. 결국 힐베르트[VI.63]가 1900년에 표현한 정확하고 광범위한 가정하에서 타당하다는 것이 밝혀져 디리클레의 원리는 구제되었다.

4 바이어슈트라스 학파

바이어슈트라스는 본과 뮌스터에서 학창시절을 보낼 때부터 수학에 남다른 열정을 갖고 있었으나, 결코 순탄치 않은 청년기를 보냈다. 그는 1840년부터 1856년까지 고등학교 교사로 재직하면서 독자적인 연구를 수행했는데, 처음에는 무명으로 논문을 발표했다. 1854년부터 독일의 수학학술지 《*Journal für die reine und angewandte Mathematik*》(흔히 크렐레 잡지(Crelle's Journal)로 알려져 있음)에 논문을 발표하여 실력을 인정받았고, 1856년에 베를린 대학의 교수로 임용되어 해석학을 강의하기 시작했다. 그는 1860년대 초부터 1890년 사이에 네 개의 강좌를 주기적으로 번갈아 맡았는데, 해가 거듭될수록 내용이 개선되어 당대의 주요 연구자들도 그의 강의를 들었다고 한다. 이때 강좌에 참여했던 립쉬츠(R. Lipschitz)와 뒤 브와 레이몽(P. du Bois-Reymond), 슈바르츠(H. A. Schwarz), 횔더(O, Hölder), 칸토어, 쾨니히스베르거(L. Koenigsberger), 미타그 레플러(Mittag-Leffler), 코발레프스카야[VI.59], 푹스(L. Fuchs) 등이 (논문으로 출판되지 않은) 바이어슈트라스의 이론을 자신의 학생들에게 가르치게 되면서, 수학계 전반에 간접적으로 많은 영향을 미쳤다. 또한 이들은 바이어슈트라스의 접근법을 자신의 연구에 접목하여 많은 결과를 얻었기 때문에, 바이어슈트라스가 말년에 강의록을 출간했을 때 대부분의 내용은 이미 널리 사용되고 있었다(이 논문은 1878년에 강의했던 내용을 골자로 하고 있다). 그의 접근법은 독일 밖에서도 널리 수용되었으며, 특히 프랑스의 수학자 에르미트[VI.47]와 조르당[VI.52]도 바이어슈트라스의 이론을 학생들에게 강의했다.

바이어슈트라스의 접근법은 코시의 이론에 기초하고 있다(둘 사이의 관계를 자세히 분석한 사례는 없다). 바이어슈트라스의 접근법 전반의 주제는 크게 두 가지로 나눌 수 있는데, 하나는 극한 과정에서 운동의 개념 혹은 변숫값의 변화를 금지한 것이고, 다른 하나는 복소변수함수를 표현한 것이다. 이 둘은 밀접하게 관련돼 있다. 바이어슈트라스가 운동과 무관한 정의를 하기 위해서는 오늘날 실직선 혹은 복소평면의 위상(topology)과 극한점이라는 아이디어, 국소적 행동과 대역적 행동의 명확한 구분이라는 연구가 필요했다. 바이어슈트라스가 가장 중요하게 취급했던 분야는 함수론(한 개 또는 여러 개의 실변수 또는 복소변수를 갖는 함수)이었다. 그러나 여기에 집합론이 포함되어 있지 않다는 것은 그가 함수를 순서쌍의 집합으로 간주하지 않았음을 의미한다.

바이어슈트라스의 강의록은 정수로부터 유리수, 음수, 실수를 만들면서 시작하는데, 이제는 친숙한 방식이다. 그는 정수들 사이의 뺄셈으로부터 음수를 도입했고 단위분수와 십진전개법 등 통일된 방법으로 유리수와 무리수를 도입했는데, 요즘 시각으로 볼 때 모호한 구석이 종종 눈에 띈다. 실수에 대한 바이어슈트라스의 정의도 현대수학의 기준에는 다소 미달이지만, 해석학을 산술화(arithmetization)시켰다는 점에서 높이 평가할 만하다. 그는 수체계를 개발하는 한편으로는 멱급수 전개를 이용하여 유리함수로부터 다양한 종류의 함수를 찾아냈다. 그러므로 바이어슈트라스의 접근법에서 다항식(정수형 유리함수라 불렀다)은 '정수의 특징을 갖는 함수', 즉 모든 곳에서 멱급수 전개가 수렴하는 함수로 일반화된다. 바이어슈트라스의 분해정리에 의하면 이 조건을 만족하는 임의의 함수는 '소(prime)' 함수들과 지수가 특정 형태의 다항식인 지수함수의 곱으로 표현된다(이 곱은 무한곱일 수도 있다).

극한에 대한 바이어슈트라스의 정의는 매우 현대적이다.

변수 x가 또 다른 양 y와 함께 무한히 작아진다는 것은 '임의의 양수 ϵ을 아무리 작게 잡아도 모든 x에 대하여 $|x| < \delta$일 때 $|y| < \epsilon$을 만족하는 δ가 반드시 존재한다'는 것을 의미한다.

바이어슈트라스(1988, p.57)

바이어슈트라스는 다변수 유리함수의 연속성을 증명할 때 이 정의를 사용했다. 이로써 주어진 값으로 무한히 가깝게 접근한다는 종전의 극한개념은 서로 연관된 부등식에 대한 양적인 명제로 대치되었다. 그 후 부등식을 통해 가정을 체계화하는 것은 바이어슈트라스 학파의 가장 중요한 연구주제가 되었다. 미분방정식에서 해의 존재성에 대한 립쉬츠와 횔더의 조건도 그런 예임을 언급한다. 이런 언어의 명확성 때문에 과거 다루지 못했던 것들, 예를 들어 극한의 순서를 바꾸는 것과 관련한 것들을 이제는 바이어슈트라스의 접근법에 숙달한 이들은 판에 박은 듯 다룰 수 있게 됐다.

유리함수의 급수 전개를 이용하면 일반적인 함수를 만들 수 있다. 이 사실은 바이어슈트라스의 연구에서 핵심적인 역할을 했다. 그는 1841년에 균등 수렴성의 중요성을 이미 간파하고 있었으며, 그의 강의에서는 균등수렴과 점별 수렴(pointwise convergence)의 차이가 분명하다. 또한 그는 '부분합이 수렴하면 전체급수도 수렴한다'는 코시의 정의는 그대로지만, 수렴성은 다음과 같이 표현됐다. 임의의 작은 양수 ϵ에 대하여, $n > N$인 모든 n에 대하여 $|s_0 - (f_1(x_0) + f_2(x_0) + \cdots + f_n(x_0))| < \epsilon$을 만족하는 N이 존재하면, 급수 $\sum f_n(x)$는 $x = x_0$에서 s_0에 수렴한다. 또한 어떤 특정 영역 안에 있는 모든 x에 대하여 ϵ마다 동일한 N이 위의 조건을 만족하면 $\sum f_n(x)$는 이 영역 안에서 균등수렴한다. 위의 급수는 연속인 유리함수로 이루어져 있으므로, 균등수렴성은 합이 연속임을 보장한다. 이런 관점에서 볼 때 균등수렴성은 삼각급수라는 맥락 자체보다 훨씬 중요하다(물론 삼각급수도 중요한 개념이다). 균등수렴성은 함수론 전체를 통틀어 중요한 도구라 할 수 있다.

바이어슈트라스는 엄밀함과 관련하여 다른 수학자들(특히 리만)을 맹렬하게 비판했다. 다른 어떤 선도적인 인물보다도, 수용된 개념의 어려움을 설명하고, 해석적 행동이 다른 것들 사이를 구분하기 위해 반례들을 만들어냈다. 가장 유명한 예로는 모든 곳에서 연속이지만 모든 곳에서 미분 불가능한 $f(x) = \sum b^n \cos(a^n x)$이다. 이 함수는 $b < 1$일 때 균등수렴하지만, $ab > 1 + \frac{3}{2}\pi$이면 어떤 x에서도 미분 불가능하다. 또한 바이어슈트라스는 디리클레의 원리가 적용되지 않는 함수를 만들었고, 급수전개를

더 넓은 영역으로 확장하는 데 걸림돌이 되는 '자연적인 경계를 구성하는 집합'을 구축하기도 했다. 이처럼 전형적인 사례보다 변칙적인 사례를 찾는 과정 자체가 해석학의 다양한 가정들을 전례 없이 정확한 수준으로 끌어올렸다. 그 덕분에 1880년대부터 해석학은 일반적인 서술보다 완벽하게 정확한 서술을 추구하게 되었고, 이 추세는 지금까지 계속되고 있다. 전형적인 사례를 통해 추론하던 것으로부터 가정과 정의가 완벽하게 서술될 때까지는 수십 년의 세월이 걸렸지만, 이런 접근법은 해석학을 제외한 다른 수학 분야에도 지대한 영향을 미쳤다(특히 대수기하학 분야에서는 일반적인 사례에 기초한 논리가 1920년대까지 대세를 이루었다). 이런 점에서 볼 때, 바이어슈트라스 학파가 이끌었던 엄밀한 논리와 설명이 현대수학의 기초를 이루었다는 데에는 이견의 여지가 없다.

4.1 바이어슈트라스와 리만이 수학계에 미친 영향

해석학은 그 자체로 중요하고 응용분야도 많지만, 여러 가지 이유에서 수학의 엄밀함을 떠받치는 기초가 되었다. 물론 모든 수학자들이 급수전개 및 유리함수 등에 대하여 바이어슈트라스의 엄밀한 접근법을 수용한 것은 아니었다. 리만의 기하학적 접근법을 선호하는 수학자도 있었으며, 리만의 기하학은 바이어슈트라스처럼 하나의 학파를 형성할 정도는 아니었지만 그의 접근법이 제공하는 통찰도 열광적으로 받아들여졌다. 하지만 어떤 후속 논의든 바이어슈트라스가 마련한 엄밀함에 비견될 수준에 이르러야 했다. 그 후로 해석학의 접근법은 다양한 방식으로 진화했지만, 바이어슈트라스가 정의했던

극한의 엄밀한 개념은 그대로 유지되었다. 당시 수학계에서 해석학 못지않게 엄밀한 정의가 필요했던 분야는 다름 아닌 수체계였다.

실수의 개념을 가장 성공적으로 정의한 사람은 아마도 데데킨트[VI.50]일 것이다. 그는 바이어슈트라스가 그랬던 것처럼 정수를 기본적인 수로 간주한 후, 수의 범위를 유리수로 확장시켰다. 유리수가 만족하는 대수적 특성은 오늘날 체[I.3 §2.2]의 개념으로 정립되어 있는데, 이 아이디어를 처음 제안한 사람도 데데킨트였다. 그는 유리수가 삼분법(trichotomony law)을 만족한다는 사실을 증명했다. 즉, 임의의 유리수 x는 전체 유리수를 3가지 종류로 분할한다. 즉, 모든 유리수는 x보다 작은 수와 x 자신, 그리고 x보다 큰 수로 분류될 수 있다. 또한 데데킨트는 주어진 유리수보다 작거나 큰 수는 무한대까지 뻗어 있으며, 임의의 유리수는 수직선 위의 한 점에 대응된다는 것도 증명했다. 그러나 그는 수직선 위에 유리수에 대응되지 않는 점이 무수히 많다는 사실도 인지하고 있었으며, 모든 수는 수직선 위의 한 점에 대응되어야 한다는 믿음하에 절단(cut)을 이용하여 실수 연속체에서 유리수 이외의 수를 구축했다. 절단은 유리수로 이루어진 공집합이 아닌 쌍 (A_1, A_2)로 표현되는데, 첫 번째 집합에 포함된 모든 유리수는 두 번째 집합에 포함된 모든 유리수보다 작으며, 두 집합을 합하면 모든 유리수 집합 전체어야 한다. 이러한 절단은 A_1에서 가장 크거나 A_2에서 가장 작은 원소 x로부터 만들어질 수도 있다. 그러나 A_1에 가장 큰 원소가 존재하지 않거나 A_2에 가장 작은 원소가 존재하지 않는 경우에는 이 절단을 이용하여 무리수를 정의할 수 있다. 이 조건을 만족

하는 모든 절단의 집합은 수직선 위의 점에 대응되며, 이로써 수직선은 누락된 수 없이 꽉 차게 된다. 그러나 수직선이 수의 연속체를 이룬다는 것은 일종의 가설처럼 들릴 수도 있으므로, 비판적인 독자들은 데데킨트의 방법에 이의를 제기하고 싶을 것이다.

데데킨트의 구성은 특히 독일에서 실수의 기반을 구축하는 최선의 방법에 대해 열띤 논의를 자극했다. 칸토어, 하이네(E. Heine), 논리학자 프레게[VI.56] 등이 이런 논의에 가담했다. 특히 실수를 코시의 유리수 수열의 동치류로 간주했던 하이네와 칸토어는 유리수만으로 기본적 산술연산을 정의했으며, 프랑스의 수학자 샤를 머레이(Charles Méray)도 이와 비슷한 방법을 제안했다. 프레게는 1884년에 발표한『산술의 기초(Die Grundlagen der Arithmetik)』을 통해 논리 위에서 정수체계를 구축하려고 했다. 그의 논리는 실용적인 결과를 내놓지 못했으나, 다양한 구축법들이 수학적으로 작동하는 것도 중요하지만, 내부모순이 없음을 증명할 수 있어야 한다는 중요한 메시지를 남겼다.

이처럼 일부 수학자들이 실수와 무한집합, 그리고 해석학의 기본개념을 구축하기 위해 많은 노력을 기울였음에도 수학계의 여론은 하나로 통일되지 않았다. 예를 들어 베를린에서 이름을 떨쳤던 레오폴드 크로네커[VI.48]는 실수의 존재를 부정하면서 진정한 수학은 유한집합에 기초해야 한다고 주장했다. 바이어슈트라스와 공동연구를 하면서 깊은 영향을 받았던 그는 정수와 다항식의 긴밀한 유사성으로부터 모든 수학을 구축하려고 노력했다. 따라서 크로네커에게 해석적 방법은 수학적 이단이었으

며 열심히 반대했다. 이러한 관점은 훗날 브라우어르[VI.75]를 비롯한 직관론자들과 쿠르트 헨젤(Kurt Hansel)과 같은 정수론학자들에게 직간접적으로 많은 영향을 미쳤다.

해석학의 기초를 다지려는 모든 노력은 (항상 명시되지는 않았지만) 그 저변에 깔려 있는 양(quantity)의 개념에 기초하고 있었다. 그러나 1880~1910년 사이에 해석학 연구는 집합론 쪽으로 옮겨가게 된다. 이러한 움직임을 주도한 인물은 바이어슈트라스의 제자였던 칸토어였다. 그는 1870년대에 푸리에 급수의 불연속성을 연구하다가 "각기 다른 무한집합을 어떻게 구별할 수 있는가?"라는 질문에 심취하게 되었다. 유리수와 대수적 수가 가산[III.11]이지만, 실수는 그렇지 않기 때문에 서로 기수(cardinality)가 다른 무한집합의 계층이 있음을 알게 됐다. 칸토어의 이론은 처음에 별다른 관심을 끌지 못했는데, 1880년대에 미타그 레플러(Mittag-Leffler)와 후르비츠(Hurwitz)는 유도집합(derived set)(주어진 집합의 극한점으로 이루어진 집합)과 조밀집합(dense set), 그리고 조밀한 곳이 없는 집합(nowhere-dense set)의 개념을 실제 계산에 응용했지만, 이 발견이 해석학에서 중요하다는 사실은 처음에는 널리 인식되지 못했다.

집합론이 수학의 모든 분야를 다루는 기본도구임을 확신한 칸토어는 1882년에 집합의 과학이 산술학과 함수론, 그리고 기하학을 기수에 기초하여 하나로 통합시킨다고 주장했다. 서술방식이 다소 모호하여 처음에는 많은 지지를 받지는 못했지만 그 후로 집합론은 해석학을 다루는 언어로 확실한 입지를 굳히게 된다(집합론이 가장 큰 역할을 한 분야

는 측도[III.55]와 집합의 가측성(measurability)이었다). 어떤 함수가 추상적 의미로 집합의 '측도'를 잴 수 있는지를 알아내는 과정은 사실 해석학이 집합론을 흡수한 방법의 하나였다. 르베그[VI.72]와 보렐[VI.70]의 적분 및 가측성에 대한 연구는 매우 구체적이고 밀접하게 집합론과 미적분을 묶었다.

20세기 초반에는 공리구조에 대한 수학이론이 새로운 관심사로 떠오르면서 해석학의 기초가 더욱 단단해졌다. 이 분야에 가장 큰 업적을 남긴 사람으로는 1890년대 초에 기하학의 공리를 새롭게 구축한 다비드 힐베르트와, 당시 이탈리아학파를 이끌었던 페아노[VI.62]를 들 수 있다. 힐베르트는 공리에 입각하여 실수를 새로 정의했고, 여기에 영향을 받은 그의 동료와 제자들은 열정적으로 공리이론에 빠져들었다. 이들은 실수와 같은 특별한 대상의 존재를 직접 증명하지 않고, 이들이 갖는 기본적인 수학적 성질을 만족하는 체계를 상정했다. 그러면 실수(혹은 다른 대상)는 이들 공리계에 의해 정의된다. 이플(Epple)이 지적한 바와 같이, 이러한 정의는 다른 대상으로부터 실수를 서술하는 방법을 제공하지 않을뿐더러 실수의 존재 여부에 대해서도 아무런 정보를 주지 않기 때문에, '존재론적 관점에서 중립'이라 할 수 있다(Epple 2003, p.316). 힐베르트의 제자인 에른스트 체르멜로(Ernst Zermelo)는 집합론의 공리체계를 꾸준히 연구하여 1908년에 논문으로 발표하기도 했다([IV.22 §3] 참조). 집합론의 문제는 역설이라는 형태로 출발했는데 가장 유명한 것이 러셀[VI.71]의 역설이다. 자기 자신을 포함하지 않는 모든 집합으로 이루어진 집합을 S라 하자. 그러면 S는 자기 자신을 포함할 수도 있고, 그렇

지 않을 수도 있다. 체르멜로는 집합의 정의를 부분적으로 피해감으로써 이 문제를 피했다. 1910년에 바일[VI.80]은 수학을 '양(量)의 과학'이 아닌 '∈' 혹은 '소속(membership)'의 과학이라고 말했다. 체르멜로가 세운 공리체계는 항상 논쟁의 대상이 되었다. 가장 큰 문제는 공리체계에 무모순성(consistency)이 결여되어 있었다는 점인데, 이처럼 '의미를 배제한(meaning-free)' 공리계는 수학이라는 그림에서 직관을 제거했다는 점에서 지적을 받았다.

20세기 초에 수학은 빠르게 발전하면서 배경도 복잡해졌지만, 공리와 관련된 논쟁은 '해석학의 엄밀함은 무엇으로 이루어지는가?'라는 질문을 넘어 다양한 수준의 논쟁을 야기시켰다. 반면에 해석학자와 무한소 미적분학을 가르치는 교사들은 이런 논쟁을 대수롭지 않은 일상사로 여겼다. 또한 집합론이 기본적인 수학 대상을 서술하는 언어로 자리잡으면서, 예를 들어 하나의 실변수를 갖는 실함수는 실수쌍으로 이루어진 집합으로 정의되었다. 위너[VI.85]는 1914년에 집합론에 입각하여 순서쌍(ordered pair)을 정의했으며, 함수가 집합론적으로 정의된 것도 이 무렵의 일이었다. 하지만 해석학 연구는 대개 이들 어휘와 관련돼 남아 있을 수도 있는 기초론적 문제를 회피하였으며, 이들 문제와는 뚜렷이 달랐다. 물론 그렇다고 해서 당시의 수학자들이 해석학을 순전히 형식적인 관점에서 바라보았다는 뜻은 아니다. 대부분의 수학자들은 수와 함수를 여전히 직관적으로 이해했고, 실수와 집합론의 공리는 필요한 경우에만 언급되었다. 그러나 해석학의 기본인 미분과 적분, 무한급수, 그리고 이들의 존재 여부와 수렴 여부는 20세기 초에도 꾸준히 연구되었으며, 무한소와 무한대에 관한 논쟁은 한풀 꺾인 상태였다.

이 이야기의 대미를 장식할 주인공은 로빈슨[VI.95](1918~1974)이다. 모형 이론(model theory)의 전문가였던 그는 '비표준(nonstandard)' 해석학을 연구하여 1961년에 논문을 발표했다. 모형 이론이란 논리적 공리체계와 이들을 만족하는 구조 사이의 관계를 연구하는 분야이다. 로빈슨의 미분은 보통의 실수에 '미분'의 집합을 더해 얻는데, 순서체의 공리를 만족하지만(실수와 같은 보통의 연산이 존재한다), 모든 양의 정수 n에 대하여 $1/n$보다 작은 원소를 갖는다. 일부 수학자들은 이것이 '라이프니츠가 추구했던 궁극의 이론(실수와 동일한 구조를 갖는 무한소이론)으로, 실수를 다룰 때 마주치는 불편한 문제를 해결해줄 것'이라며 열렬하게 지지했다. 광풍 같은 연구를 자극했고 일부는 상당한 환호를 받았지만, 로빈슨의 접근법은 해석학의 기초로 널리 수용되지 못했다.

더 읽을거리

Bottazzini, U. 1990. Geometrical rigour and 'modern analysis': an introduction to Cauchy's *Cours d'Analyse*. In Cauchy(1821). Bologna: Editrice CLUB.

Cauchy, A. -L. 1821. *Cours d'Analyse de l'École Royale Polytechnique: Première Partie — Analyse Algébrique*. Paris: L'Imprimerie Royale. (Reprinted, 1990, by Editrice CLUB, Bologna.)

Epple, M. 2003. The end of the science of quantity:

foundations of analysis, 1860-1910. In *A History of Analysis*, edited by H. N. Jahnke, pp. 291-323. Providence, RI: American Mathematical Society.

Fraser, C. 1987. Joseph Louis Lagrange's algebraic vision of the calculus. *Historia Mathematica* 14:38-53.

Jahnke, H. N., ed. 2003. *A History of Analysis*. Providence, RI: American Mathematical Society/ London Mathematical Society.

Riemann, G. F. B. 1854. Ueber die Darstellbarkeit einer Function durch eine trigonometrische Reihe. *Königlichen Gesellschaften der Wissenschaften zu Göttingen* 13:87-131. Republished in Riemann's collected works(1990): *Gesammelte Mathematische Werke und Wissenschaftliche Nachlass und Nachträge*, edited by R. Narasimhan, 3rd edn., pp. 259-97. Berlin: Springer.

Weierstrass, K. 1988. *Einleitung in die Theorie der Analytischen Functionen: Vorlesung Berlin 1878*, edited by P. Ullrich. Braunschweig: Vieweg/DMV.

II.6 증명의 발달사

레오 코리 *Leo Corry*

1 서론 - 미리 생각해 볼 것들

증명의 발달사는 많은 면에서 수학 자체의 발달사와 궤를 같이 한다. 역사를 돌아보면 수학은 수와 양(量), 도형의 특성을 파악하는 과학적 지식의 요체였으며, 실험이나 귀납적 추론보다 '증명(proof)'을 통해 타당성이 입증돼 왔다. 그러나 수학의 특성을 이렇게 단정지으면 문제의 소지가 있다. 무엇보다도 문명의 역사에서 다른 어떤 지성 활동보다 수학과 자연스럽게 연관된 대부분의 행위가 누락되기 때문이다. 예를 들어 훗날 수학에서 흔히 하는 증명이라는 아이디어에 근접한 개념이 고대 메소포타미아와 이집트 문명에서 발견되지 않지만, 그 시대 사람들이 공들여 쌓은 지식의 요체는 산술이나 기하학에 속한다고 말하는 것이 자연스러울 것이다. 쐐기문자로 기록된 점토판의 수천 개의 수학적 절차 중에서 정당화하는 내용이 있다고 해도, 그것은 귀납적이거나 경험에 근거한 것에 불과하다. 이들 점토판은 추가 설명이나 일반적인 정당화에 대한 시도 없이 '특정한 문제의 답을 얻으려면 이런 절차를 따르라'는 문구만 반복적으로 보여준다. 중국, 일본, 마야, 인도(힌두) 문명도 수학과 자연스럽게 연결되는 지식을 쌓아 왔다. 하지만 이들 문명이 추구했던 수학적 증명의 정도는 고대 그리스의 전통만큼이나 강하지 않았다는 점엔 의문의 여지가 없으며, 오늘날 전형적으로 그리스와 연관짓는 구체적인 형태가 아니었음은 분명하다. 일반적이고 연역적인 증명에 기반하여 정당화하진 않았지만, 이들의 지성 활동을 수학적 지식의 사례라고 말해도 좋은 걸까? 그래도 좋다고 한다면, 위에서 제안한 대로 수학을 증명으로 뒷받침하는 지식의 요체라고 특징지을 수는 없다. 그럼에도 (그렇게 쉽게 포기하고 싶지는 않으므로) 증명이라는 리트머스 시험지가 수학과 다른 분야를 구별하는 유용한 기준을 준다는 것은 분명하다.

이 중요한 질문을 완전히 무시하지 않으면서, 이 글의 초점을 대략 기원전 5세기 이전 혹은 그 무렵 그리스에서 시작된 얘기에 맞춰 보고자 한다. 대개 숫자나 도형과 관련된 독특한 주장의 집합체가 있었으며, 이들 주장의 타당성이 대단히 특별한 방식, 즉 일반적이면서 연역적인 논리인 '증명'을 통해 입증될 수 있고 입증되어야 했던 때가 바로 이 시기이기 때문이다. 이 얘기가 정확히 언제, 어디서 시작됐는지는 분명하지 않고, 증명이라는 독특한 개념에 대한 직접적인 역사적 출처가 있는지 또한 분명치 않다. 논증할 때 논리와 추론을 사용하는 것을 중시한 것은 고대 그리스의 공적 생활의 영역, 예를 들어 정치와 법률, 수사학 등에서도 이미 기원전 5세기보다 한참 전에 확립됐으므로, 수학적 증명의 기원도 아마 이들 영역에서 발견될 가능성이 있다.

역사적이고 방법론적인 의문은 논의의 초기 단계부터 자연스럽게 제기된다. 예를 들어 최초의 수학자였던 (철학자이자 과학자이기도 했지만) 밀레투스의 탈레스(Thales of Miletus)는 '교차하는 두 직선의 맞꼭짓각은 서로 같다'거나 '삼각형의 두 꼭짓점이 원의 지름 양끝에 놓여 있고 나머지 한 점이 원주 상의 임의의 점에 놓여 있으면, 이 삼각형은 직각삼각형이다'라는 등, 몇 가지 기하학적 정리를 증명한 인물로 알려져 있다. 이런 기록을 액면 그대로 인정한다 하더라도, 당장 몇 가지 질문이 머릿속에 떠오른다. 어떤 의미에서 탈레스가 이 사실을 '증명'했다고 주장하는 것인가? 더 구체적으로 '탈레스는 이 사실을 증명하기 위해 무엇을 가정했으며, 어떤 추론 방법을 타당하다고 여겼는가?' 이에 대해 의문을 풀어줄 만한 자료는 거의 없다. 그러나 한 가지 확실

한 것은 복잡한 역사를 거치면서 알려진 결과와, 사용한 기법과, (해결된 것과 해결을 요하는) 문제들로 이루어진 지식의 덩어리가 축적됐다는 사실이다. 이 '지식의 덩어리'가 점차 한두 가지 예보다는 일반적인 논증이 모든 경우를 정당화하기 위해 필요한 규제적인 개념인 증명까지 포함하게 됐을 것이다. 이 발달 과정을 거치면서 증명의 개념은 대화형('협의적'임을 뜻한다)이나 '확률적 추론'에 의한 진실과 대비되는 엄밀한 연역적 논증과 연관되게 되었다. 왜 그렇게 됐는지를 확립하는 것은 흥미롭고 까다로운 역사적 문제인데, 여기서는 다루지 않을 것이다.

기원전 300년경에 집필된 유클리드[VI.2]의 『원론』은 날로 복잡해져 가는 지식의 요체에 숙달하고 싶어 하는 이들에게 필요한 기본개념, 결과, 증명, 기법을 체계화한 저서들 중에서 두드러지게 성공적이고 포괄적인 저서이다. 고대 그리스에서 이런 시도만 있었던 것은 아님을 강조하고 싶다. 『원론』은 어느 시대에서든 지식이 발전하는 분야라면 흔히 찾을 수 있는 단순한 모음, 집대성, 정본화의 문제 이상의 시도였다. 이 책에는 두 가지 종류의 주장이 담겨 있다. 하나는 기본적인 가정, 즉 공리(axiom)이고, 다른 하나는 정리(theorem)인데, 이들이 어떻게 공리로부터 나왔는지 설명, 즉 증명과 함께 나오는 더 상세한 진술들이었다. 『원론』이 담고 있고 구현한 증명법은 이후 수세기 동안 증명의 패러다임으로 자리잡는다.

이 글은 애초 유클리드식 수학이라는 틀 안에서 빚어진 연역적 증명이라는 개념의 진화 과정과 고대 그리스, 이슬람, 르네상스 유럽, 근대 초기 유럽

과학의 주류 수학 문명에서 이 개념이 어떻게 실천돼 왔는지 윤곽을 잡은 후, 19세기와 20세기로의 전환기에 대해서도 다룬다. 초점은 주로 기하학에 맞춰지겠지만, 산술이나 대수와 같은 분야도 관련하여 다룰 것이다. 우리의 주제 자체로부터 이런 선택을 충분히 정당화할 수 있다. 사실 수학이 증명에 의존한다는 독특한 점 때문에 다른 과학과 확연하게 구별되는 것처럼, 유클리드식의 기하학도 (적어도 17세기에 한참 접어든 후까지) 산술, 대수, 삼각법과 같은 다른 관련 분야들과 독보적으로 구별된다.

기하학을 제외한 다른 수학분야에서 얻어진 결과들도 기하학(또는 기하학과 유사한 것)과의 연결 관계가 확인된 후에야 그 타당성을 인정받을 수 있었다. 그러나 19세기 수학에서 주로 비유클리드 기하학[II.2 §§6~10]의 등장과 해석학의 기초[II.5]에서의 문제와 관련한 중요한 발달 때문에 수학은 결국 일대 전환기를 맞게 된다. 이때부터 산술과 집합론[IV.22]이 확실성과 명료함의 보루가 되었고, 이를 중심으로 기하학을 포함한 다른 수학 분야들의 타당성과 명료함을 이끌어내게 되었다(이런 발달 과정에 대한 자세한 소개는 수학 기초의 위기[II.7]를 보라). 그러나 이 근본적인 변화가 있기 전에도 수학자들이 염두에 두고, 탐구하고, 연구한 방법이 유클리드식 증명뿐만은 아니었다. 이 글에서는 기하학에 초점을 맞추는 까닭에 훗날 타당한 수학 지식의 주류가 될 중요한 발달에 대해선 논의하지 못할 것이다. 이와 관련하여 중요한 예를 딱 하나만 언급하고 넘어가자. 여기서는 수학적 귀납법의 원리가 어떻게 탄생하고 발달했으며 보편적 타당성을 갖는 추론 규칙으로 받아들여졌는지, 그리고 마침내 19세기 후반에 산술의 기본 공리의 하나로 어떻게 명문화됐는지에 대한 기본적인 질문은 쫓아가지 않는다. 더욱이 증명 개념의 진화도 여기서 다룰 수 없는 여러 가지 면을 갖고 있는데, 예를 들어 수학을 세부 분야로 내부적으로 체계화하는 방법의 발달이라든지, 수학과 주변 분야 사이의 끊임없이 변하는 상호 관계 같은 것이 그렇다. 조금 다른 수준에서 이 문제는 수학 자체가 어떻게 사회적으로 제도화된 산업이 됐는가와 관련돼 있다. 증명이 어떻게 유도되며, 공표되며, 전파되며, 비평되며, 종종 다시 쓰여지며 개선되는지와 같은 흥미로운 질문도 이 글에선 논의하지 않는다.

2 그리스의 수학

『원론』은 수학의 기본개념, 도구, 결과, 종합 기하와 산술의 문제에 대해 논의하는 것은 물론 수학적 증명의 역할과, 증명이 밟아가는 형식을 제시했다는 점에서 그리스 수학의 모범이라 할 수 있다. 『원론』에 등장하는 증명은 모두 여섯 부분으로 나뉘어져 있으며, 각 증명마다 그림이 첨부되어 있다. 『원론』의 명제 I.37을 예로 들어 보겠다. 여기에 인용한 유클리드의 글은 토머스 히스(Thomas Heath) 경의 고전적인 번역에서 인용한 것으로, 일부 용어는 현재의 용법과 뜻이 다르다. 예를 들어 두 삼각형의 밑변이 하나의 직선에 놓여 있고 높이가 같으면 두 삼각형은 '동일 평행선상에 놓여 있다'고 하고, 두 도형이 '같다'는 것은 넓이가 같다는 뜻이다. 설명을 위해 증명의 각 단계마다 이름을 붙였는데, 원문에는 없는 내용이다. 증명은 그림 1에 제시되어 있다.

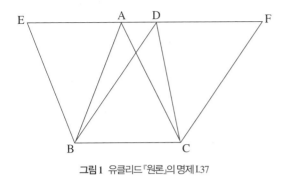

그림 1 유클리드 『원론』의 명제 I.37

전제(Protasis). 밑변이 같고 동일 평행선상에 놓여 있는 삼각형들은 같다.

설정(Ekthesis). 밑변 BC를 공유하면서 동일 평행선상에 있는 두 삼각형을 ABC, DBC라 하자.

목표의 정의(Diorismos). 삼각형 ABC와 삼각형 DBC는 같은 삼각형임을 주장한다.

작도(Kataskeue). AD를 E, F까지 양방향으로 늘인다. B에서 CA와 평행한 선분을 그려 BE라 하고, C에서 BD와 선분을 그려 CF라 하자.

증명(Apodeixis). 도형 EBCA와 도형 DBCF는 평행사변형이다. 이들은 밑변이 BC로 같고 BC, EF라는 동일 평행선상에 놓여 있으므로 같다. 또한 평행사변형 EBCA는 대각선 AB에 의해 이등분되므로, 삼각형 ABC는 이 평행사변형의 면적의 절반이며, 평행사변형 DBCF는 대각선 DC에 의해 이등분되므로, 삼각형 DBC는 이 평행사변형의 면적의 절반이다. 따라서 삼각형 ABC와 삼각형 DBC는 같다.

결론(Sumperasma). 그러므로 밑변이 같고 동일 평행선상에 놓여 있는 삼각형들은 같다.

이 예는 기하학적 도형의 성질을 진술한 명제 중 하나다. 또한 『원론』에는 수행해야 할 일을 나타내는 명제도 포함돼 있다. 대표적인 사례가 명제 I.1로 '주어진 유한한 길이의 직선으로부터 정삼각형을 작도하는 법'이다. 이 경우에도 증명은 6단계로 나뉘어 있으며, 역시 그림이 첨부되어 있다. 『원론』에서 산술에 해당하는 세 권에 나타나는 모든 명제가 이런 형식적인 구조를 따르고 있고, 가장 중요한 것은 모든 명제에 그림이 첨부되어 있다는 것이다. 예를 들어 명제 IX.35를 원본대로 쓰면 다음과 같다.

연속된 비율로 원하는 만큼 수를 나열하고, 두 번째 수와 마지막 수로부터 첫 번째와 동일한 수를 뺀다. 그러면 두 번째 수로부터의 초과분과 첫 번째 수의 비는, 마지막 수의 초과분과 마지막 수 앞쪽의 모든 수들의 비와 같다.

이렇게 번거롭게 형식화한 글을 처음 읽으면 이해하기 어려울 것이다. 현대식 용어로 이 정리에 상응하는 진술을 한다면, 주어진 등비수열 $a_1, a_2, \cdots, a_{n+1}$에 대해 다음이 성립한다는 말이다.

$$(a_{n+1} - a_1) : (a_1 + a_2 + \cdots + a_n) = (a_2 - a_1) : a_1.$$

그러나 이런 식으로 옮겨 놓으면 형식적인 기호 조작을 하지 않았고, 할 수도 없었던 원문의 정신이 제대로 전달되지 않는다. 더욱 중요한 것은 현대의 대수적 증명이, 그리스식 증명에서는 기하학적으로 작도가 꼭 필요하지 않을 때조차도 도처에 그림이 나온다는 점을 반영하지 못한다는 것이다. 명제 IX.35에 첨부된 그림은 그림 2와 같고, 이 명제의 증명은 다음과 같이 시작한다.

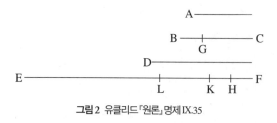

그림 2 유클리드 『원론』 명제 IX.35

가장 작은 A에서 출발하여 연속된 비율로 나열된 수 A, BC, D, EF가 있다. BC, EF에서 A와 동일한 BG, FH를 빼자. GC와 A의 비는 EH와 A, BC, D(의 합)의 비와 같다고 주장한다. FK를 BC와 같게 만들고, FL을 D와 같게 만들면…

이 명제와 증명과정은 고대 그리스식 표기법, 특히 진정한 의미의 기호 언어 없이도 어떻게 수학을 했는지에 대한 능력과 한계를 동시에 보여주는 좋은 사례다. 특히 그리스인들이 증명을 (이론적으로조차) 순수한 논리적 구성물이 아니라, 그림에 적용되는 특별한 종류의 논증으로 생각했음을 보여준다. 그림은 논거에 시각적 도움을 주기 위한 것이라기보다는, 증명의 **설정**(ekthesis) 부분을 통해 명제의 일반적인 특징과 표현이 지시하는 관념을 담는 수단이었다.

그림을 중심에 둔 것과 더불어 6단계 구조는 대부분의 그리스 수학의 전형이었다. 그리스 수학 증명에 흔히 등장하는 작도나 그림은 아무 종류나 나오는 것이 아니라, 오늘날 자와 컴퍼스만을 이용한 작도라고 부르는 것들이 나온다. **증명**(apodeixis) 부분의 추론은 직접적 연역이나 모순에 의한 논증을 사용했지만, 항상 결과를 미리 알린 후 증명으로 정당화하고 있다. 또한 그리스인들의 기하학적 사고, 특히 유클리드식 기하학적 증명은 철저하게 동질성원리(principle of homogeneity)를 고수하고 있다. 즉 숫자나 길이, 넓이, 부피 등을 비교하거나, 더하거나, 뺄 때 그 대상은 반드시 같은 종류의 양이어야 했다 (수[II.1 §2] 참조).

그리스식 증명 중에서 특히 흥미로운 것들은 곡선의 길이나, 굽은 도형들로 둘러싸인 영역의 넓이나 부피를 계산하는 것과 관련돼 있다. 그리스 수학에는 곡선을 다각형으로 점차 근사하여 결국 무한대로 보낸다는 개념을 표현할 수 있는 유연한 표기법이 결여돼 있었다. 그 대신 현대적 개념의 극한(limit)과 비슷한 증명법을 개발했지만, 순수하게 기하학적인 증명이라는 틀 안에서만 그렇게 했으며 어김없이 앞서 서술한 6단계 증명 구조를 따랐다. 무한을 내포한 이 과정은 훗날 **아르키메데스**[VI.3]의 업적으로 돌려지는 연속원리(continuity principle)에 기초한 것이다. 예를 들어 유클리드는 이 원리를 다음처럼 진술하고 있다. 같은 종류지만 두 양 A, B(두 개의 길이나, 두 개의 넓이나, 두 개의 부피)가 주어져 있고 A가 B보다 클 경우, A에서 $A/2$보다 큰 값을 빼고 남은 값에서 그것의 절반보다 큰 값을 빼는 과정을 충분히 여러 번 반복하면, 언젠가는 B보다 작은 양이 남는다. 유클리드는 두 원의 면적비가 이들의 지름으로 만들어진 정사각형의 면적비와 같다는 것을 증명할 때 이 원리를 사용했다(명제 XII.2). 훗날 **소진법**(exhaustion method)으로 알려진 이 방법은 **이중모순**(double contradiction)에 기초한 것으로, 향후 수백 년 동안 증명의 표준으로 통용되었다. 그림 3은 이중모순을 표현한 것으로, 명제 XII.2에 첨부된 그림이다.

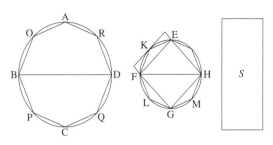

그림 3 유클리드 『원론』 명제 XII.2

BD를 한 변으로 하는 정사각형과 FH를 한 변으로 하는 정사각형의 면적비가 원ABCD와 원EFGH의 면적비와 같지 않다고 하면, 원ABCD와 면적 S의 비는 원EFGH의 면적보다 크거나 작아야 한다. S는 원EFGH보다 클 수도 있고 작을 수도 있다. 원에 내접하는 다각형의 꼭짓점수를 점차 늘려나가면 연속원리에 의해 원의 면적과 다각형의 면적은 점점 더 가까워지고, 둘 사이의 차이는 우리가 원하는 만큼, 예를 들어 S와 EFGH의 차이보다 작게 만들수 있다. 따라서 S가 EFGH보다 크거나 작다고 가정하면 '이중모순'에 도달하게 된다.

고대 그리스의 수학문헌에는 지금까지 언급한 증명이나 작도 형태와는 다른 것도 가끔 눈에 띈다. 그중에는 두 직선의 동기화된 움직임(삼등분곡선 (trisectrix)이나, 아르키메데스의 나선)에 기초한 것도 있고, 다양한 기계장치나 가상적인 역학 장치에 기초한 증명도 있다. 그러나 위에 언급한 유클리드식의 증명은 가능한 한 따라야 하는 모범이었다. 아르키메데스가 재활용한 양피지문헌에는 (극단적으로 이상화된 것이지만) 역학 운동을 고려하여 표준적이지 않은 방법으로 넓이나 부피를 구한 증거가 남아 있다. 하지만 이조차도 이상적인 모형이 으뜸이라는 증언을 털어 놓고 있다. 아르키메데스는 에라토스테네스(Eratosthenes)에게 보낸 편지에서 자신의 기발한 역학적인 증명을 서술하면서도, 경험적(heuristic)인 특성을 강조하느라 공을 들이고 있다.

3 이슬람과 르네상스 시대의 수학

유클리드가 고대 그리스 수학의 주류를 대표하듯이, 이슬람 수학을 대표하는 인물은 알콰리즈미 [VI.5]이다. 그가 남긴 업적은 수학의 발달에 지대한 영향을 미쳤으며, 특히 18세기 말에 이탈리아의 수학자 카르다노[VI.7]의 연구를 통해 널리 알려지게 되었다. 알콰리즈미의 업적은 크게 두 가지로 나눌 수 있다. 하나는 수학적 사고를 곳곳에서 대수화 (algebraization)한 것이고, 다른 하나는 일반적인 수학 지식과 특히 수학에서의 대수적 추론의 타당성을 합리화하는 주요 수단으로 여전히 유클리드식의 기하학적 증명법에 의존한 것이다.

알콰리즈미의 대표작인 『완성과 균형의 계산법에 관한 소책자(al-Kitāb al-mukhtasar fī hisāb al-jabr wa'l-muqābala)』에는 이 두 가지 특징이 조합된 중요한 예가 있다. 그는 이 책에서 미지의 길이가 어떤 숫자와 (한 변의 길이가 알려져 있지 않은) 정사각형의 결합으로 표현된 문제의 해법을 논한다. '계수'가 양수이며 답이 양의 유리수인 경우만 염두에 뒀기 때문에 6가지 유형을 고려해야 했고, 각 문제마다 미지의 값을 찾는 해법이 필요했다. 중세 이슬람 문명권에서 출간된 수학책에서, 일반적인 2차방정식이나 모든 경우를 풀 수 있는 알고리즘의 완전한 개념은 다뤄지지 않는다. 가령 '어떤 수의 제곱

에 그 수의 몇 배를 더하면 특정한 숫자가 된다(예를
들어 현대적 표기법으로 $x^2 + 10x = 39$와 같은 2차
방정식)'라거나, '어떤 수의 몇 배에 특정한 수를 더
하면 그 수의 제곱이 된다(예를 들어 $3x + 4 = x^2$)'와
같은 문제는 완전히 다른 문제로 취급되었으며, 따
라서 알콰리즈미는 이 문제들을 따로 취급했다. 그
러나 그는 이 문제들을 기하학적 용어로 바꾼 뒤, 구
체적인 그림으로 구축된 유클리드식 기하학적 정
리에 의지하는 방법으로 타당성을 **증명**했다. 하지
만 문제는 관련된 측정값에 구체적인 수치적 양이
주어져 있고, 첨부된 그림에도 이 값들이 제시돼 있
다는 점에는 주목할 만하다. 이런 점에서 알콰리즈
미의 증명은 유클리드식 증명과 흥미로운 차이를
보인다. 그러나 문제와 보통 관련되는 세 가지 양이
모두 같은 종류의 수, 즉 넓이여야 한다는 그리스의
'동질성 원리'는 여전히 적용되고 있다.

예를 들어 방정식 $x^2 + 10x = 39$를 생각해 보자.
알콰리즈미는 이 문제를 다음과 같이 서술했다.

> 어떤 수의 정사각형에 그 수의 10배를 조합하여 39가
> 되는 수는 무엇인가?

이어지는 해법은 다음과 같다.

> 근에 곱해진 수의 절반[5]을 취하여, 자신과 곱한다
> [25]. 이 양에 39를 더하면 64를 얻는다. 이 값의 제곱
> 근을 취하면 8이고, 여기서 근에 곱해진 수의 절반[5]
> 을 빼면 3이 남는다. 그러면 이 수 3이 정사각형의 길
> 이이고, 이 수를 제곱한 값은 당연히 9이다.

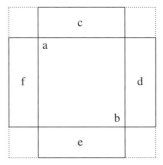

그림 4 알콰리즈미가 2차방정식의 공식을 기하학적으로 정당화한
그림.

이 과정의 **정당성**은 그림 4로 제시한다.

이 그림에서 **ab**는 가운데 있는 정사각형의 넓이,
즉 x^2이고 직사각형 c, d, e, f의 넓이는 각각 $\frac{10}{4}x$이
다(긴 변 = x, 짧은 변 = $\frac{10}{4}$). 따라서 네 개를 모두 더
하면 $10x$가 되어 주어진 문제와 일치한다. 귀퉁이에
있는 작은 정사각형의 면적은 각각 $(\frac{10}{4})^2 = 6.25$이
고 이들까지 더하면 가장 큰 테두리의 정사각형이
되는데, 그 면적은 64이므로 한 변의 길이는 8이다.
따라서 문제의 답은 3이라는 결론이 내려진다.

알콰리즈미보다 한 세대 뒤에 활동했던 아부 카
밀 슈자(Abu Kamil Shuja)는 이 접근법을 더욱 강화
하여 새로운 문제를 풀어냈다. 특히 『원론』에 수록
된 정리와 그림을 십분 활용하여 자신의 해법의 타
당성을 입증했다. 이미 기하학과 산술에서 받아들
여졌던 유클리드식의 증명의 우수성은 이로 인해
대수적 방법과 관련되게 되었고, 결국 르네상스 수
학의 주된 연구과제가 되었다. 1545년에 카르다노
가 집필한 『위대한 술법(*Ars Magna*)』은 이 새로운
경향을 선도했던 대표작으로, 3차 및 4차방정식의
해법까지 다루고 있다. 카르다노가 수용하고 발달
시켰던 대수적 추론 방식은 갈수록 추상적이고 형

식적으로 변해갔지만, 여전히 그림에 근거한 유클리드식의 기하학적 논증을 참조하여 자신의 논증과 해법을 정당화했다.

4 17세기의 수학

17세기에 이르러 증명의 개념은 또 한 차례 중요한 변화를 겪게 된다. 이 시기 뉴턴[VI.14]과 라이프니츠[VI.15]는 동시에 무한소 미적분학을 개발하여 수학의 발달에 큰 영향을 미쳤다. 면적과 부피, 접선의 기울기, 최대와 최소 등을 구하는 중요한 기교들의 도입 및 점진적인 개선을 포함하여 17세기 대부분에 걸쳐 확장된 과정은 이 획기적인 개발로 정점을 찍었다. 미적분학의 출현은 고대 그리스로 거슬러 올라가는 전통적 관점을 정교하게 만든 것들과, 수학적 증명에서 타당한 도구로 수용하느냐는 문제로 뜨거운 논쟁을 일으킨 '불가분량(indivisible)'과 같은 완전히 새로운 아이디어도 포함한다. 이와 동시에 이슬람에서 시작되어 르네상스 시대까지 꾸준히 확장되어 왔던 대수적 기교와 접근법은 새로운 추진력을 얻었고, 페르마[VI.12]와 데카르트[VI.11]의 연구로부터 시작하여 점차 기하학적 결과를 증명하는 데 쓸 수 있는 도구들의 무기고 속으로 편입되기 시작했다. 이런 경향의 바탕에는 수학 증명에 대한 다른 개념과 경험이 깔려 있는데, 지금부터 간단하게 묘사하고 설명하려고 한다.

페르마의 계산법은 고대 그리스의 기하학적 증명이 어떻게 수정되고 확장돼 왔는지를 보여주는 좋은 사례이다. 그는 일반화된 쌍곡선(현대식 표기법으로 쓰면 $(y/a)^m = (x/b)^n$(단, $m, n \neq 1$)과 그 점근

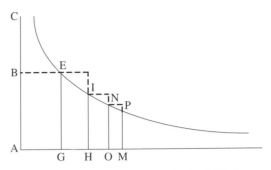

그림 5 쌍곡선 아래 부분의 면적에 대한 페르마의 증명

선으로 에워싸인 면적을 계산했다.

예를 들어 2차쌍곡선($y = 1/x^2$으로 표현되는 곡선)은 두 점 사이의 관계를 통해 순수하게 기하학적으로 정의될 수 있다. 즉 가로축 좌표의 제곱의 비율과 세로축 좌표의 역비율이 같은 점들을 연결하면 2차쌍곡선이 된다($AG^2 : AH^2 :: IH : EG$, 그림5 참조). 현대적 관점에서 볼 때 이는 표준적인 기호 조작을 수행할 수 있는 방정식이 아니라, 오히려 고대 그리스 수학의 규칙이 적용되는 4항 비례식이다. 게다가 유클리드의 스타일을 따라 철저하게 기하학적으로 증명했다. 그러므로 선분 AG, AH, AO 등을 일정한 비율로 선택하면, 사각형 EH, IO, NM 등의 면적의 비도 일정한 비율을 이루어 EH : IO :: IO : NM :: … :: AH : AG라고 증명할 수 있다.

여기서 페르마는 등비수열에서의 여러 양의 합을 구하는 표현으로, 앞서 언급한 『원론』의 명제 IX.35, 즉 현대적 표기로 다음 식을 이용했다.

$$(a_{n+1} - a_1) : (a_1 + a_2 + \cdots + a_n) = (a_2 - a_1) : a_1.$$

페르마의 증명은 이 시점부터 갑자기 흥미로운 쪽으로 방향을 튼다. 그는 디오판토스의 연구에서 발

견하여 일종의 '근사적 동등함(approximate equality)'을 가능케 하는 다소 모호한 개념인 아데퀴어(adequare)를 도입한다. 이 개념을 도입하면 고대 그리스 기하학에서 무한대를 논할 때 사용했던 번거로운 '이중모순'을 굳이 사용할 필요가 없어진다. 사각형 EH가 '점차 사라져서 0으로 축소'되는 경우 수평선, GE, 쌍곡선으로 둘러싸인 부분의 면적은 무한히 많은 사각형의 면적의 합과 같아질 것이다. 그리고 명제 IX.35에 의하면, 이 합은 사각형 BG의 면적과 같다. 페르마가 이중모순의 방법을 살짝 언급하며, '이 결과는 아르키메데스가 했던 방식으로 더 긴 증명을 써서도 쉽게 확인할 수 있다'고 선언함으로써 아직은 고대의 권위에 의지했다는 건 의미심장하다.

표준으로 받아들여진 기하학적 증명을 확장하려는 카발리에리(Cavalieri), 로베르발(Roberval), 토리첼리(Torricelli) 등의 시도는 불가분량이라는 개념과 관련하여 더욱 혁신적인 접근법에 도달하게 된다. 특히 토리첼리는 1643년에 쌍곡선 $xy = k^2$을 y축 중심으로 회전시킨 도형의 부피를 계산했다.

불가분량의 기본개념은 무한히 많은 선분의 모임 혹은 합이 면적을 이루고, 무한히 많은 면의 모임 혹은 합이 부피를 이룬다는 것이다. 토리첼리는 반지름이 0부터 a에 이르는, 나란히 내접하여 쌓여 있는 무한히 많은 원기둥들이 '쌍곡선을 회전하여 만든 도형'의 부피를 이룬다는 아이디어에 기초하여 부피를 계산했다. 현대의 대수적 표기법을 사용하면, 이 도형에 내접하면서 반지름이 x인 원기둥의 높이는 k^2/x이므로 이 원기둥의 옆면적은 $2\pi x(k^2/x) = \pi(\sqrt{2}k)^2$이 되는데, 이 값은 반지름 x에 무관하며 반지름이 $\sqrt{2}k$인 원의 면적과 같다. 그러므로 불가분량에 기초한 토리첼리의 계산법에서 무한히 많은 원통의 옆면적의 합은 면적이 $2\pi k^2$인 원을 0부터 a 사이에 있는 x에 대하여 모두 더한 값과 같으며, 이것은 부피가 $2\pi k^2 a$인 원기둥과 같다.

이런 종류의 증명은 유클리드식 기하학적 증명의 규칙과 완전히 어긋나므로, 당대의 많은 이들은 수용하지 않았다. 반면 특히 무한한 입체의 부피가 유한한 것으로 보이는 경우 이 증명의 유익함은 대단히 매력적이었는데, 토리첼리 자신도 몹시 놀랐다고 한다. 토리첼리의 지지자와 반대자 모두 이런 종류의 계산법이 모순이나 틀린 결과를 낳을 수도 있음을 깨달았다. 18세기에 무한소 미적분학과 관련된 여러 기법과 개념들이 급속도로 발달하면서, 불가분량에 기초한 계산법은 사실상 사라졌다.

유클리드식 기하학적 증명으로 제한됐던 고전적인 패러다임은 데카르트의 손에서 기하학 모두를 아우르는 대수화가 진행되며 다른 방향으로 벗어난다. 기하학적 증명에 사용하는 그림에서 '단위 길이'를 핵심요소로 도입한 것이 데카르트가 밟은 중요한 단계였다. 그때까지는 존재하지 않았던 선분의 연산이 가능해진 것은 이런 단계를 밟았기 때문인데, 데카르트는 1637년에 출간한 「기하학(La Géométrie)」에서 이를 구체적으로 강조하고 있다.

산술은 덧셈, 뺄셈, 곱셈, 나눗셈, 제곱근(이것은 나눗셈의 일종으로 간주할 수 있다) 등 4~5개의 연산으로 이루어져 있다. 마찬가지로 기하학에서도 문제에서 요구하는 선을 구하려면 선끼리 더하거나 뺄 필요가 있다. 또는 가능한 한 수와 가깝게 관련 짓기 위해 단

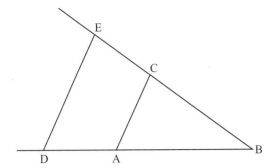

그림 6 두 선분의 나눗셈을 데카르트의 기하학적 계산으로 표현한 그림

위길이(unit)라 부르기로 한 선 하나를 취하는데, 일반적으로는 임의로 선택할 수 있다. 이때 다른 선 두 개가 주어질 때 어떤 네 번째 선을 찾아서, 이 중 하나와 남은 하나에 대한 비가 네 번째 선과 단위길이에 대한 비와 같아지게 할 수 있는데 이는 곱셈에 해당한다. 마찬가지로 네 번째 선과 이 선들 중 하나에 대한 비를 단위길이와 남은 선에 대한 비와 같게 할 수 있고 이는 나눗셈에 해당한다. 마지막으로 단위길이와 다른 선 하나 사이에서 한 개나 두 개 혹은 여러 개의 기하 평균을 찾을 수 있는데, 이는 주어진 선의 제곱근, 세제곱근 등을 구하는 것과 같다.

즉 예를 들어 그림 6에서 AB가 단위길이일 때, 주어진 두 선분 BD, BE에 대해 이들 길이를 나눈 것은 BC로 나타낼 수 있다.

이 증명은 삼각형의 닮은꼴 원리를 이용했으므로 언뜻 보기엔 유클리드식 증명 같지만, 그것을 선분들 사이의 연산을 정의하는 데 이용했고 단위길이를 도입했다는 점에서 기하학적 증명에서 근본적으로 벗어났을 뿐만 아니라 완전히 새로운 지평을 열었다고 할 수 있다. 유클리드식 증명에는 길이의

측정이 빠져 있을 뿐만 아니라, 선분의 연산을 도입한 결과 전통적으로 기하학 정리와 관련됐던 '차원'의 중요성이 희미해졌다. 데카르트는 $a - b$나 a/b, a^2, b^3, 그리고 이들의 제곱근과 같은 표현을 이용하면서도 '대수학에서 채택하는 용어를 이용하기 위해 이들을 제곱, 세제곱 등으로 부르고 있지만, 모두 단순한 길이'로 이해해야 한다고 강조했다. 차원을 제거하면 동질성을 지켜야 할 필요도 없어진다. 직접적인 기하학적 의미가 있는 경우에만 크기(magnitude)를 다루었던 기존 세대들과는 달리, 데카르트는 $a^2b^2 - b$나 이것의 세제곱근과 같은 식을 만드는 데 아무 문제가 없다고 보았다. 그는 'a^2b^2을 단위길이로 한 번 나눠지고 b에 단위길이를 두 번 곱한 양으로 생각해야 한다'고 했다. 고대 그리스의 기하학자들과 이들을 계승한 이슬람, 르네상스의 수학자들에게 이런 말을 했다면 그들은 결코 이해하지 못했을 것이다.

기하학의 대수화, 특히 기하학적 사실을 대수적 절차로 증명할 수 있다는 새로운 가능성은 그 무렵에 이루어진 대수방적식의 아이디어가 통합된 것과 관련이 있다. 이런 아이디어는 1591년에 이르러서야 비에트[VI.9]의 손을 거치면서 완전히 발전했다. 그러나 17세기의 모든 수학자가 대수적인 사고와 관련된 중요한 발달을 자연스러운 방향으로 보거나, 이 분야에서의 명백한 진보의 신호로 여긴 것은 아니었다. 기하학에서 고전적인 유클리드식 접근법에서 이탈하려는 시도에 대한 유명한 반대자는 다름아닌 뉴턴[VI.14]이었다. 그는 1707년에 출간한 『보편산술(*Arithmetica Universalis*)』을 통해 자신의 관점을 다음과 같이 피력했다.

방정식은 산술적 계산을 표현한 것으로, 진정한 기하학적인 양(선, 곡면, 입체와 이들 사이의 비율)이 있어 이와 같다는 것을 보이지 못하는 한 기하학에서 설 자리가 없다. 이런 과학의 제1원칙에도 불구하고 경솔하게도 최근 곱셈, 나눗셈 등이 기하학에 도입되었다. (중략) 따라서 이 두 과학을 혼동해서는 안 되며, 이들을 혼동하여 쓰는 근자의 과학자들은 기하학적 우아함을 이루고 있는 단순함을 잃어버린 것이다.

뉴턴의『프린키피아(Principia)』를 보면 이런 주장이 결코 말만 앞세운 게 아니었음을 알 수 있다. 그는 자신의 새로운 물리법칙을 서술할 때 최고의 확실성을 부여하는 올바른 언어라고 믿었던 유클리드식 증명을 선호했다. 자신이 개발한 미적분학은 반드시 필요한 경우에만 사용했고, 논문 전체에서 대수학은 배제했다.

5 18세기 수학에서의 기하학과 증명

18세기 수학은 수학적 해석학에 주로 초점이 맞춰졌다. 미적분학이 개발된 직후부터 해석학의 기초에 관련한 질문들이 제기됐고, 19세기 말이 될 때까지 질문들은 명확히 해결되지 않았다. 당시 제기된 질문의 상당수는 타당한 수학적 증명이 무엇이냐는 것과 관련된 것이었는데, 이 문제를 놓고 수학자들 사이에 열띤 공방이 벌어지면서 오랜 세월 동안 논란의 여지 없이 수학적 확실함의 상징으로 군림해왔던 기하학의 입지가 점차 약해졌고, 산술이 그 자리를 대신하게 되었다. 오일러[VI.19]에 의한 미적분학의 재구성은 이러한 변화의 물결 속에서 최초

의 중요한 단계였다. 그 후로 미적분학은 순수 기하학적 뿌리에서 일단 갈라져 나온 후, 대수적인 취향의 함수 개념 위에 중심을 두었다. 오일러의 후계자들에 의해 기하학보다 대수학을 선호하는 경향은 더욱 확고해졌다. 예를 들어 달랑베르[VI.20]는 무엇보다도 수학적 확실성을 더 높은 수준의 일반성과 추상성을 갖는 대수학에서 찾았고, 기하학과 역학은 그 다음 순위에 두었다. 이는 뉴턴과 뉴턴 시대의 전형적인 관점으로부터 뚜렷이 이탈한 것이었다. 이러한 경향은 점차 최고조에 다달았고, 라그랑주[VI.22]의 등장과 함께 훌륭하게 갖춰진 계획 속으로 녹아 들었다. 그는 1788년에 출간한『해석역학(Méchanique Analitique)』의 서문에서 굳이 기하학에 의존하지 않아도 수리 과학에서 확실성을 구현할 수 있다는 파격적인 주장을 펼쳤다. 여기서 잠시 그의 글을 읽어 보자.

이 책에는 그림이 없다. 내가 추구하는 수학에는 작도나, 기하학이나, 역학적 논증이 필요 없으며, 특정 규칙을 일관성 있게 따르는 대수적 연산만 있으면 충분하다.

구체적 발달 과정은 너무 길고 복잡하여 지면에서 모두 다루기엔 역부족이다. 여기서 중요한 것은 미적분학이 상당한 영향을 끼쳤음에도 불구하고 기하학의 주류 경계 내에서 증명의 기본 개념은 18세기 동안 그다지 변하지 않았다는 점이다. 이들 개념에 관해서는 라그랑주와 동시대에 살았던 철학자 임마누엘 칸트(Immanuel Kant)의 관점을 눈여겨볼 필요가 있다.

당대의 과학에 박학다식했던 칸트는 특히 수학에 조예가 깊었다. 수학적 지식과 증명에 관한 그의 관점을 '철학적으로' 일일이 논할 필요는 없다. 하지만 그가 당대의 개념을 알고 있었으므로, 그의 과학관은 당시에 이해되던 증명에 대한 **역사적 관점**에 대해 통찰을 준다. 특히 칸트가 철학적 논증과 기하학적 증명의 차이점을 강조했다는 점이 흥미롭다. 전자는 일반적인 개념을 다루는 반면, 후자는 '시각화할 수 있는 직관(Anschauung)'에 기초하여 구체적이지만 비경험적인 개념을 다룬다. 『순수이성비판(*Critique of Pure Reason*)』에는 둘 사이의 차이점이 다음과 같이 유명한 구절에 요약되어 있다.

철학자에게 삼각형의 개념이 주어졌고, 삼각형 내각의 합이 직각과 어떤 관계에 있는지 자신의 방식으로 알아내도록 했다. 그는 삼각형의 개념에 대해서 3개의 직선과 3개의 각으로 이루어져 있다는 것밖에 모른다. 철학자가 아무리 이 개념에 대해 고민해 봐도 결코 새로운 것을 만들어낼 수 없을 것이다. 직선, 각, '3'이라는 수의 개념을 분석하고 규명할 수는 있겠지만, 이미 이 개념에 포함된 특성 이외에는 알아낼 방법이 없다. 이제 똑같은 문제가 기하학자에게 주어졌다고 하자. 그는 제일 먼저 삼각형을 작도해 볼 것이다. 또한 한 꼭짓점을 기준으로 한 변을 연장해 그 합이 직각의 두 배인 내각과 외각을 만드는데, 기하학자는 그 점에서 반대편 변에 평행한 직선을 그어 외각이 다른 두 내각과 같은 각들로 나누어진다는 것을 알아차릴 것이다. 이처럼 수학자는 일련의 추론과 직관을 통해 보편타당하면서 분명한 답을 얻어낼 수 있다.

요긴대 칸트는 수학적 증명의 본성이 다른 종류의 연역적 논증(예를 들면 철학)과 구별되는 것은 그림이 중심이며 이들이 하는 역할에 있다고 주장했다. 『원론』에서 그랬던 것처럼 그림은 추상적 추론에 불과한 것에 대한 경험적 안내자에 그치는 것이 아니라, 공간뿐만 아니라 시간과 공간 내에 분명히 자리하고 있는 수학적 아이디어를 독특한 방법으로 구현한 '직관'이다.

아무리 짧더라도 한 점으로부터 점차 뻗어나가는 것을 마음속으로 그려보지 않으면 선을 나타낼 도리가 없다. 이 방법으로만 직관을 얻을 수 있다.

칸트에게 있어 '시각적인 직관'으로서 그림이 하는 역할은 기하학이 단순한 경험의 과학이 아니며, 종합적 특성이 누락된 거대한 동어반복만도 아님을 설명해주는 것이었다. 칸트에 따르면 기하학적 증명은 논리의 제약을 받긴 하지만, 관련된 용어의 순수한 논리적 분석을 훨씬 뛰어넘는 무엇이었다. 이런 관점은 '수학적 증명이란 무엇인가?'라는 당대에 확립된 질문에서 시작된 새로운 철학적 분석에서 핵심을 이루었다.

6 19세기 수학과 증명의 형식적 개념

19세기는 기하학을 비롯한 수학의 여러 분야에서 방법론뿐 아니라 다양한 세부분야의 목표에서도 중요한 진보가 많이 이루어진 시기였다. 지식의 장(場)이라 할 수 있는 논리학도 커다란 변화를 겪었고, 서서히 수학에 가까워지면서 전체적인 범위와 방법이 완전히 변했다. 그 결과 19세기 말에는 증명의 개념과 수학에서의 역할도 완전히 달라졌다.

1854년, 리만[VI.49]은 독일의 괴팅겐에서 '기하학의 기초를 이루는 가정에 대하여'라는 제목으로 역사에 남을 강연을 했다. 이와 비슷한 시기에 비유클리드 기하에 대한 보여이[VI.34], 로바체프스키[VI.31]의 연구뿐만 아니라, 이와 관련된 가우스[VI.26]의 아이디어까지 1830년대부터 시작된 것들이 점차 알려지기 시작했다. 일관되고 대안적인 기하학 체계가 존재한다는 사실은 증명 및 수학적 엄밀성에서의 기하학의 역할을 포함하여 기하학적 지식의 본질에 대한 기본적이고 오랜 믿음에 대한 수정이 불가피하다는 것을 의미했다. 이와 관련하여 더 의미심장했던 흐름은 1822년 퐁슬레(Jean Poncelet)의 논문이 발표된 후로 자체의 미해결 연구 주제와 기본 문제를 갖춘 대단히 활발한 분야가 된 사영기하학[I.3 §6.7]에 대한 새로운 관심이었다. 다른 가능한 기하학적 관점에 사영기하학이 추가되면서 통합과 분류에 대한 다양한 시도가 촉진되었고, 그중에서도 군론(group theory)에 기초한 이론이 가장 주목을 받았다. 1870년대에 이 분야를 이끌어간 수학자는 클라인[VI.57]과 리[VI.53]였다. 1882년에 모리츠 파쉬(Moritz Pasch)는 사영기하학과 관련하여 공리적 기초와 기본정리들 사이의 내부 관계에 대한 체계적인 연구에 투자한 영향력 있는 논문을 썼다. 파쉬는 저서를 통해 오랜 세월 동안 유클리드 기하학에서 발견된 논리적 간극을 메우려고 시도했다. 19세기의 어떤 수학자보다 체계적이었던 그는 기하학의 모든 결과들은 공리로부터 엄밀한 논리적 연역을 통해 얻어야 하며, 해석적 방법이나 특히 그

림 혹은 관련된 도형의 성질에 의존해선 안 된다고 강조했다. 어떤 면에서 보면 의식적으로 유클리드식 정통(당시에는 다소 느슨해져 있었다) 증명으로 되돌아가는 것 같지만, 그림을 대하는 태도는 이전과 근본적으로 달랐다. 파쉬는 기하학적 문제를 그림으로 시각화하는 것에 한계가 잠재돼 있음을(또한 그림 자체에 오해의 소지도 있음을) 간파하고, 증명의 순수한 논리적 구조에 중점을 두었다. 그러나 그는 기하학과 기하학적 증명에 관하여 완전한 형식론자는 아니었다. 그는 기하학의 기원과 의미를 심사숙고하면서 경험에 기초한 접근법을 꾸준히 수용했지만, 그림은 경험적 발견의 용도로만 사용해야 한다는 주장에는 다소 미흡했다.

대응하는 그림 없이 기하학의 기본명제들을 이해하기란 결코 쉽지 않다. 그림은 대단히 단순한 사실들로부터 관찰한 것들을 표현해준다. 그러나 정리는 관찰만으로 얻어지지 않으며, 그것은 증명의 대상이다. 연역하는 과정에서 수행한 추론은 그림을 통해 확인할 필요가 있지만, 그림 하나만으로 정당화될 수는 없고, 기존의 명제나 정의로부터 타당성이 입증되어야 한다.

파쉬의 연구가 기하학적 증명에서 그림이 차지하던 중심적인 역할을 크게 감소시키고, 순수 연역적인 관계에 우호적이게 되는 데 기여한 건 분명했지만, 당장 기하학의 공리를 철저히 재구성하거나, 기하학이 근본적으로 시각화할 수 있는 공간적인 직관(Anschauung)을 다루는 학문이라는 개념까지 바뀌게 한 것은 아니었다. 19세기의 기하학에서 가장 중

요한 발달들은 다른 요인들과 복합적으로 삭용하여 증명 개념에 의미심장한 변화를 일으켰다.

해석학은 19세기에도 여전히 중요한 연구 분야였고, 해석학의 기초에 대한 연구는 점차 기하학적 엄밀함보다 산술적 엄밀함과 동일시되었다. 이 변화를 주도한 사람은 코시[VI.29], 바이어슈트라스[VI.44], 칸토어[VI.54], 데데킨트[VI.50] 등이었는데, 이들의 목표는 직관에 의존하는 논증과 개념을 제거하고 한층 더 기본적인 명제와 정의를 우선하는 것이었다. (사실 19세기 후반에 데데킨트가 산술의 기초를 정립한 후에야, 이들 연구가 추구한 엄밀한 형식화에 대한 공리적인 버팀목이 마련됐다.) 기하학이든 대수든 혹은 산술이든 수학 이론의 공리적 기초를 연구하고, 가능한 대안 공준 체계를 탐구하자는 아이디어는 19세기에 조지 피콕(George Peacock), 찰스 배비지(Charles Babbage), 존 허셜(John Herschel) 등이 추구했으며, 방향은 조금 달랐지만 지리학적이고 수학적인 맥락에서는 헤르만 그라스만(Hermann Grassmann)도 비슷한 연구를 수행했다. 그러나 이들도 일반적으로 연구했다기보다는 다소 예외적으로 연구했기 때문에, 해석학과 기하학에서 증명의 새로운 개념을 빚어내는 데는 상당히 제한된 역할밖에 하지 못했다.

이런 경향들은 하나로 결합되어 페아노[VI.62]와 그의 이탈리아 후계자들이 증명에 대한 새로운 접근법을 만들어내는, 중요한 전환점을 밎았다. 페아노의 주 연구분야는 해석학이었지만, 인공언어(artificial language), 특히 수학적 증명을 완벽한 형식을 다룰 수 있게 해 주는 인공언어 개발에 흥미가 있었다. 그는 1889년에 이 개념적 언어를 증명에 성공적으로 응용하여 자연수에 대한 유명한 **공준체계**[III.67]를 탄생시켰다. 파쉬가 제시했던 사영기하학의 공리계는 페아노의 인공언어에 하나의 과제를 던져주었고, 페아노는 기하학의 연역 구조와 관련된 논리적 용어와 기하학적 용어 사이의 관계를 연구하는 데 착수했다. 이러한 맥락에서 공리로 이루어진 독립적인 집합이라는 개념을 도입했고, 파쉬의 공리계를 약간 수정한 자신의 사영기하학 공리계에 적용했다. 이런 견해에도 불구하고 페아노는 증명을 형식적 개념으로 이해하지 않았으며, 기하학에 관한 관점도 이전의 수학자들과 크게 다르지 않았다.

누구든지 가설을 세우고 그로부터 논리적 결론을 이끌어낼 수 있다. 그러나 여기에 기하학이라는 이름을 붙이려면 앞에서 도입한 가설이나 가정이 물리적 도형에 대한 단순하고 기본적인 관찰에 의한 결과를 서술하고 있어야 한다.

페아노의 영향을 받은 마리오 피에리(Mario Pieri)는 추상적이고 형식적인 이론을 다루는 기호주의(symbolism)를 개발했다. 페아노나 파쉬와 달리 피에리는 기하학을 순수 논리적인 체계로 보는 관점을 꾸준히 발달시켰는데, 이 체계에서는 기하학 정리도 가정이 되는 전제로부터 유도되고, 기본용어도 경험이나 직관적인 의미와는 분리된다.

19세기가 끝나갈 무렵, **힐베르트**[VI.63]가 위에서 묘사한 다양한 기하학적 연구 경향을 종합하고 완성시킨 『기하학의 기초(Grundlagen der Geometrie)』를 출간하면서 기하학과 증명의 새로운 장이 열리게 된다. 힐베르트는 데자르그(Desargues) 정리와 파푸스(Pappus) 정리 등 사영기하학의 기본적 결과들 사이의 논리적 상호관계를 포괄적으로 분석했는데, 특히 이들 정리의 증명에서 연속성의 역할에 주목했다. 힐베르트는 실수뿐만 아니라 다양한 수체[III.63]에서 좌표를 취할 수 있는 일반화된 해석기하학에 기초하여 분석했다. 이 접근법은 임의의 기하학의 종합적인 산술화를 만들어냈고, 덕분에 연역체계로서의 유클리드 기하학의 논리적 구조를 분명히 할 수 있었다. 또한 이를 통해 유클리드 기하학과 다른 알려진 기하학(비유클리드 기하학, 사영기하학, 비아르키메데스 기하학 등) 사이의 관계도 분명하게 드러난다. 또한 힐베르트의 접근법은 무엇보다도 논리 자체에 초점이 맞춰져 있기 때문에, 그림은 단순히 발견술적인 역할로 격하된다. 사실 『기하학의 기초』에 수록된 여러 증명에는 여전히 그림이 첨부되어 있지만, 논리적 분석의 전체 목적은 그림으로 인한 오해를 피하려는 것이었다. 따라서 증명, 특히 기하학적 증명은 그림에 관련한 논증이 아니라 순수 논리적 논증이 됐다. 또한 증명을 유도하는 출발점이라 할 수 있는 공리의 본질과 역할도 큰 변화를 겪었다.

파쉬의 관점을 이어받은 힐베르트는 기하학에 대해 새로운 공리계를 도입하여, 초창기 기하학의 공리계에 내재하는 논리적 간극을 메우려고 시도했다. 그의 공리는 모두 다섯 종류로 이루어져 있으며(결합공리, 순서공리, 합동공리, 평행선공리, 연속성공리), 각 공리는 우리가 이해하는 공간적 직관에 잘 부합하는 방향으로 서술돼 있다. 그리고 모든 공리는 점, 선, 면이라는 세 가지 기본 대상에 대해 진술돼 있다. 이들은 직접 정의돼 있지 않고, 공리계가 이들에 대한 암시적 정의를 제공하게끔 되어 있다. 다시 말해서 처음부터 점이나 선을 정의하고 여기에 부합된다고 보이는 공리를 상정하기보다는, 점이나 선을 직접 정의하지 않으며 공리계가 상정하는 공리들을 만족하는 대상이라고만 정의한 것이다. 또한 힐베르트는 이런 종류의 공리들이 서로 독립적일 것을 요구했고, 이 요구조건이 충족되는지를 확인하는 방법을 도입했다. 이를 위해 그는 하나의 공리를 만족하지 않으면서 그 외의 모든 공리를 만족하는 기하학 모형을 만들어 보였다. 또한 공리계가 무모순이도록 하여, 기하학의 무모순성이 자신이 제시한 산술체계의 무모순성에 의존하도록 만들 수 있기를 요구했다. 처음에는 산술에 대한 공리계의 무모순성을 증명하는 것이 큰 장애물이 되지 않을 거라 생각했지만, 머지않아 그렇지 않다는 것을 깨달았다. 힐베르트는 처음에 공리계에 단순성(simplicity)과 완전성(completeness)이라는 두 가지 조건을 추가로 부과했다. 이들 중 단순성이란 본질적으로 '하나의 공리는 두 개 이상의 개념을 담으면 안 된다'는 것이었다. 그러나 공리계 내의 모든 공리가 '단순'해야 한다는 요구는 힐베르트나 후계자들도 후속 연구에서 명확하게 정의하거나, 체계적으로 연구하지는 않았다. 두 번째 조건인 완전성은 (1900년에 힐베르트가 생각하기에) 수학적 영역을 적절하게 공리화한 공리계라면, 이로부터 이미 알려진 **모든** 정리를 증명할 수 있어야 한다는 것이다. 힐베르트는 자신의 공리계로부터 유클리드 기하학의 모든 정리를 증명할 수 있다고 주장했지만, 물론 형식적으로 증명할 수 있는 성질은 아니었다. 사실 임의의 공리계에 대하여 '완전성'이라는 성질을 형식적으로 증명할 수는 없기 때문에, 모든 공리계가 만족해야 할 표준요구사항이 되지는 않았다. 1900년에 힐베르트가 제시했던 완전성과, 훨씬 후대에 나타난 모형 이론적 개념으로 현재 수용되고 있는 완전성은 완전히 다른 개념임에 주목해야 한다. 현대적 의미의 완전성은 모형 이론적 개념으로, 주어진 공리계 안에서 어떤 명제가 참임이 알려져 있든 그렇지 않든 항상 증명 가능해야 한다는 조건을 말한다.

정의되지 않은 개념이나 암시적 정의로서의 부수적 공리계의 사용은, 피에리가 고안했던 순수논리적 체계로서의 기하학이라는 관점에 상당한 추진력을 더했으며, 결국 수학에서의 진리와 증명의 개념 자체가 변하게 됐다. 힐베르트는 데데킨트의 생각을 이어받아 '점, 선, 면은 이론의 논리구조를 변화시키지 않은 채 의자, 책상, 맥주잔으로 대체할 수 있다'고 여러 차례 주장했다. 뿐만 아니라 집합론의 역설들에 대해 논하면서 공리로부터 암시적으로 정의된 개념의 무모순성은 수학적 존재의 본질이라고 강조했다. 힐베르트가 도입한 새로운 방법론과 기하학의 개관에 대한 새로운 관점이 성공을 거둔 영향을 받아, 수학자들은 수학에 대한 새로운 관점과 새로운 수학 활동을 계속 촉진해 나갔고, 여러 가지 면에서 힐베르트가 담아낸 관점을 넘어섰다. 20세기 초 미국에서는 엘리아킴 무어(Eliakim H. Moore)의 선도 아래, 문제의 체계가 정의하는 연구 분야에 대한 직접적인 흥미와는 별개로 공준 체계(postulate system)에 대한 연구를 자체적인 연구로 변화시켰다. 예를 들어 이들 수학자들은 군, 체, 사영기하학

등에서 독립적인 공준의 최소집합을 정의했지만, 각 분야에 대한 구체적 연구는 전혀 수행하지 않았다. 반면에 저명한 수학자들은 수학적 진실과 증명에 대한 형식주의적 관점을 수용하기 시작했고 빠르게 성장해 나가는 수학 분야들에 적용하기 시작했다. 특히 과격한 근대주의 수학자 하우스도르프[VI.68]의 연구에서 이와 같은 경향을 보여주는 중요한 사례를 들 수 있는데, 그는 힐베르트의 업적에 새롭고 형식적인 기하학적 관점을 꾸준히 접목시켰던 최초의 인물이기도 하다. 예를 들어 1904년에 그는 다음과 같은 글을 남겼다.

칸트 이후의 모든 철학적 논쟁에서 수학 또는 적어도 기하학은 늘 타율적이고, 순수하든 경험적이든, 주관적이든 과학적으로 개정됐든, 선천적이든 후천적이든 (더 적절한 용어가 필요한) 직관이라 부를 만한 어떤 외적인 사건에 의존하는 것처럼 취급되어 왔다. 현대수학의 가장 중요하고 기본적인 과제는 이러한 의존성에서 탈피하여, 타율성을 극복하고 자율성을 향해 헤쳐나가는 것이다.

힐베르트 자신도 그런 관점을 추구했고, 산술의 무모순성에 관한 논쟁에 참가하면서 1918년경 자신의 '유한주의(finitist)' 계획을 체계화했다. 유한주의 계획은 형식주의적 관점을 적극적으로 수용했지만, 무모순성이라는 이 특별한 문제를 해결한다는 제한된 목적을 갖고 있었다. 따라서 힐베르트는 기하학에 대해 기본적으로 경험주의자의 관점을 유지했으며, 결코 기하학에 대한 자신의 공리적 분석을 수학 전체의 형식적인 개념의 일부로 간주하지는

않았다. 그는 공리적 접근법을 당시까지 공들여 쌓은 이론을 개념적으로 명확히 하는 도구의 하나로 여겼던 것인데, 이에 대한 가장 대표적인 이론은 기하학뿐이었던 것이다.

힐베르트의 공리적 접근법이 수학적 진리와 증명에 끼친 영향력은 일부 수학자, 특히 프레게[VI.56]로부터 강력한 반응을 불러일으켰다. 프레게의 관점은 20세기가 시작될 무렵 논리학의 지위 변화와 점차 수학화 및 형식화되어 가는 상황과 밀접히 관련돼 있다. 이런 변화 과정은 19세기를 관통하며, 논리 대수를 만들어낸 불[VI.43], 드 모르간[VI.38], 그라스만(Grassmann), 찰스 피어스(Charles S. Peirce), 에른스트 슈뢰더(Ernst Schröder) 등의 연이은 노력의 결과였다. 그렇지만 새롭고 형식적인 논리 개념을 향한 가장 의미 있는 단계는 현대 수학적 증명에서 논리적 한정사[I.2 §3.2](∀, ∃)의 역할을 점차 이해하게 되면서부터였다. 특히 코시, 볼차노[VI.28], 바이어슈트라스는 해석학을 엄밀화하는 과정에서 시각적 직관과 거리를 두는 과정의 일부로써 비공식적이지만 점차 명백한 방식으로 한정사에 대한 한층 더 깊은 이해를 이끌었다. 한정사는 1879년에 출간된 프레게의 책 『개념표기법(Begriffsschrift)』을 통해 처음으로 형식적으로 정의됐고, 체계적으로 성문화되었다. 프레게의 공리계나, 나중에 제안된 페아노와 러셀[VI.71]의 유사한 체계들은, 논리 기호와 대수나 산술의 기호 사이의 차이뿐만 아니라 명제들의 연결사(connective)들과 한정사 사이의 차이점도 전면에 내세웠다.

프레게는 형식체계(formal system)의 개념을 정립했는데, 형식체계 안에서는 허용 가능한 모든 기호, 정합논리식(well-formed formula)을 낳는 모든 법칙들, 공리들(즉 미리 선정한 정합논리식), 모든 추론 법칙이 미리 정의되어 있다. 이런 체계에서 모든 연역적 추론은 **구문론적으로**(syntactically), 즉 순전히 기호적 수단만으로 확인할 수 있다. 프레게는 이런 체계를 기반으로 증명에 논리적 간극이 없는 이론을 구축하고자 했다. 이렇게 만들어진 이론은 해석학 및 해석학의 산술적 기초(원래 프레게의 연구의 동기를 제공한 분야들)에 적용할 수 있을 뿐만 아니라, 당시 발달 중이던 새로운 기하학 체계에도 적용 가능할 것이었다. 한편 프레게의 관점에서 수학 이론의 공리들은 (비록 형식체계 내의 정합논리식에 불과해 보이지만) 이 세계의 진리를 담고 있는 것이었다. 바로 이것이 프레게가 힐베르트를 비판한 근본 이유였다. 힐베르트의 주장과는 반대로 프레게는 공리계가 참이라는 것이 무모순성을 입증한다고 생각했다.

지금까지 기하학과 해석학이라는 별개 분야의 기초론적 연구가 서로 다른 방법론과 철학적 관점으로부터 영감을 받았음에도, 20세기로의 전환기에 어떻게 완전히 새로운 수학적 증명 개념을 만들어 내는 결과로 수렴됐는지 보았다. 이 새로운 개념 속에서 수학적 증명은 순전히 구문론적 용어로 입증되는 순수 논리적 구성체로 간주되며, 그림을 통한 시각화와는 독립적인 것으로 나타난다. 그 후로 이 개념은 오늘날까지 수학계를 지배하고 있다.

에필로그

20세기 초에 안정화된 새로운 개념의 증명은 타당

한 수학적 논증을 구성하는 것은 무엇인가에 대해 오늘날에도 널리 받아들여지고 있는 이상적인 모형을 제공했다. 물론 그 후로 수학자들이 고안하고 발표한 실제 증명들이 완전히 형식적인 문장으로 제시되는 경우는 드물다. 보통은 독자들을 설득하기에 충분할 만큼 정확한 언어로 명확히 표현돼 제시되는 경우가 많은데, 원칙적으로는 (아마도 지속적인 노력이 필요하겠지만) 완전히 형식적인 문장으로 바꿀 수는 있다. 하지만 수십 년을 거치며 이런 지배적이던 개념의 한계가 점차 드러났고, 어떤 것을 타당한 수학적 논증으로 셀 것이냐는 대안적 개념이 점차 현대 수학 현장에서 수용되기 시작했다.

이 아이디어를 체계적으로 추구하려던 시도는, 완전하게 형식적이고 순수하게 구문론적 연역 논증으로써의 증명이라는 개념에서부터 일찌감치 예상치 못한 심각한 난관에 봉착했다. 1920년대 초 힐베르트와 그의 동료들은 '증명' 자체를 연구 대상으로 하는 완전히 발달된 수학적 이론을 개발했다. 이 이론은 증명의 형식적인 개념을 전제로 한 것이었는데, 형식화된 체계로 표현된 산술 증명의 직접적이고 **유한주의적인** 무모순성 증명을 주는 야심찬 계획의 일부로 떠올랐던 것이다. 힐베르트는 물리학자가 자신이 사용할 실험장비를 테스트하고 철학자가 이성 비판에 몰두하는 것처럼, 수학자는 순전히 수학적 수단으로 증명을 분석할 수 있어야 한다고 주장했다. 이 계획이 시작되고 약 10년이 지나시, **괴델** [VI.92]은 '수학적 진리'와 '증명 가능성'이 같지 않다는 것을 보여주는 유명한 **불완전성 정리**[V.15]를 발표했다. 이 정리에 따르면 무모순이면서 충분히 풍부한 임의의 공리계(수학자들이 자주 사용하는 전통적 공리계도 포함)에는 참이면서 증명될 수 없는 수학 명제가 반드시 존재한다. 괴델의 연구는 힐베르트의 유한주의 계획이 지나치게 낙관적이었음을 뜻하지만, 그와 동시에 힐베르트의 증명론으로부터 심오한 수학적 통찰을 얻을 수 있음도 명백히 하였다.

어떤 중요한 수학적 명제의 참거짓 여부를 결정할 수 없다는 증명의 출현도 이와 밀접한 관련하에서 발전됐다. 흥미롭게도 이렇게 부정적인 듯 보이는 결과들이 그런 명제의 진실성을 입증하는 정당한 기초가 무엇인지에 대한 새로운 아이디어를 제공했다. 예를 들어 1963년에 폴 코헨(Paul Cohen)은 보통의 집합론 공리계로는 **연속체가설**[IV.22 §5]을 증명할 수도, 반증할 수도 없다는 것을 입증했다. 대부분의 수학자들은 코헨의 결과를 그냥 사실로 받아들이면서 (물론 원래 예상했던 방향은 아니었지만) 문제가 해결되었다고 생각했지만, 휴 우딘(Hugh Woodin)을 비롯한 현대 집합론자들은 연속체가설이 **거짓**이라고 믿을 만한 근거가 있다는 입장을 고수한다. 이 주장을 정당화하기 위해 이들이 택한 전략에서는 증명의 형식적 개념이 완전히 다르다. 즉 새로운 공리계를 고안한 다음 바람직한 성질을 갖고 있음을 보여서 수용할 수 있음을 논증한 후, 이로부터 연속체가설의 부정을 함의함을 증명한 것이다(자세한 내용은 **집합론**[IV.22 §10]을 참조하기 바란다).

두 번째로 심각한 난관은 다양한 수학분야에서 증명의 길이가 점차 길어지고 있다는 사실로부터 나온다. **유한 단순군의 분류**[V.7]가 두드러진 예인데, 수많은 수학자들이 여러 분야에서 연구한 증명으로 이루어져 있다. 하나로 모으면 1만 페이지에 달하는 이 결과 논증들은 1980년대 초반 증명이 완료됐다는 선언 이후 그에 대한 오류들이 발견됐다. 오류들을 고치는 것은 상대적으로 직접적인 작업이었고, 오류가 수정되면 군론학자들은 이 정리를 받아들이고 이용했다. 그러나 한 사람이 모든 것을 확인하기 어려울 정도로 증명이 길어지면서 수용 가능한 증명이라는 개념은 난관에 봉착했다. 최근의 눈에 띄는 사례인 **페르마의 마지막 정리**[V.10]와 **푸앵카레 추측**[V.25]은 조금 다른 이유에서 검증하기가 매우 어려웠다. 두 경우 모두 길이가 길 뿐만 아니라(유한단순군 분류이론의 증명보다는 훨씬 짧지만) 내용도 상당히 어려웠기 때문이다. 증명이 완료되었다고 선언한 시점부터 수학계가 받아들이기까지 꽤나 긴 시간이 소요되었는데(검증할 자격이 있는 몇몇 사람의 엄청난 노력이 필요했기 때문이다), 이 두 증명이 큰 돌파구를 마련했음은 논란의 여지가 없었지만, 사회학적 측면에서 흥미로운 질문이 제기되었다. 누군가가 어떤 증명을 완료했다고 주장했을 때 그것을 주의 깊게 검증할 사람이 한 명도 없다면(위에 언급한 두 증명의 경우와 달리 다른 수학자들이 검증에 시간을 들일 준비가 안 돼 있기 때문일 수도 있다), 이 증명은 어떤 상태에 있다고 취급해야 하는가?

정수론, 군론, 조합론 등의 다양한 수학분야에서는 확률에 기초한 증명도 등장한다. 때로는 수학 명제를 완전히 확실히 증명하지 않고, 오류가 날 확률이 대단히 작다는 것을(예를 들면 1조 분의 1 이하) 증명할 수도 있다(예를 들어 **계산적 정수론**[IV.3 §2]의 확률적 소수 검정에 대한 논의를 보라). 이런 경우 형식적인 증명은 없지만, 예를 들어 위에서 언급한 긴 증명에서 심각한 오류가 있을 가능성보다는 준 명제가 참이라고 했다가 실수할 확률이 아마 더 낮을 것이다.

컴퓨터의 도움을 받은 증명은 또 다른 난관을 만들어낸다. 1976년에 케네스 아펠(Kenneth Appel)과 볼프강 하켄(Wolfgang Haken)은 유명한 4색정리[V.12]를 증명했다. 그들은 엄청나게 많은 지도의 배치를 점검할 필요가 있었고, 컴퓨터의 도움으로 검증을 했다. 처음에는 증명의 타당성을 놓고 논쟁이 벌어졌지만 얼마 지나지 않아 증명을 수용하는 쪽으로 의견이 수렴되었으며, 지금은 그런 증명이 몇 개 더 발표되었다. 일부 수학자들은 **컴퓨터의 도움을 받은 증명**뿐만 아니라, **컴퓨터로 생성한 증명**에 수학의 미래가 달려있다고 믿는다. 비록 지금은 소수의 의견이긴 하지만, 이런 시각에서 보면 수용 가능한 수학적 증명에 대한 현재의 관점은 곧 무의미해질 수도 있다.

마지막으로 강조할 것은 다양한 수학분야에 걸쳐 근본적으로 중요하면서 가까운 시일 안에 증명될 가능성이 거의 없는 추측들이 상당수 제기되어 있다는 점이다. 그런 추측의 진위를 탐구하는 수학자들이 언젠가는 수용 가능한 증명이 나올 거라고(혹은 추측이 사실이라고) 가정하고 그에 따른 결과를 체계적으로 연구하는 사례가 늘고 있다. 학계를 선도하는 학술지에서도 이런 조건부 결과를 종종 찾아볼 수 있고, 이에 대한 논문에 박사학위도 수여되고 있다.

이 모든 동향들은 현재 통용되는 타당한 수학적 증명에 대한 개념, 수학적 진리의 현주소, '순수'와

'응용' 분야의 관계에 대해 흥미로운 질문을 불러일으킨다. 증명이란 어떤 구문론적 법칙을 만족하는 일련의 기호라는 형식적인 개념은 지금도 대부분의 수학자가 자신의 연구분야의 본질적 규칙으로 여기는 바탕에 대한 이상적인 모형을 제공해 주고 있다. 이는 어떤 공리계가 갖는 힘에 대해 광범위한 수학적 분석을 가능케 하지만, 동시에 수학자들이 실제 전문적인 연구에서 타당하다고 수용할 자세가 돼 있는 논증의 종류가 어떻게 변화하는지를 설명하기에는 다소 부족하다.

감사의 글. 이 글의 초고에 대해 조언을 아끼지 않은 호세 페레이로스(José Ferreirós)와 라비엘 네츠(Raviel Netz)에게 깊은 감사를 표한다.

더 읽을거리

Bos, H. 2001. *Redefining Geometrical Exactness. Descartes' Transformation of the Early Modern Concept of Construction.* New York : Springer.

Ferreirós, J. 2000. *Labyrinth of Thought. A History of Set Theory and Its Role in Modern Mathematics.* Boston, MA : Birkhäuser.

Grattan-Guinness, I. 2000. *The Search for Mathematical Roots, 1870-1940: Logics, Set Theories and the Foundations of Mathematics from Cantor through Russell to Gödel.* Princeton, NJ : Princeton University Press.

Netz, R. 1999. *The Shaping of Deduction in Greek Mathematics: A Study in Cognitive History.* Cambridge : Cambridge University Press.

Rashed, R. 1994. *The Development of Arabic Mathematics: Between Arithmetic and Algebra,* translated by A. F. W. Armstrong. Dordrecht : Kluwer.

II.7 수학 기초의 위기

호세 페레이로스 *José Ferreirós*

기초론의 위기는 수학자들 사이에서는 유명한 사건이며, 상당수 비수학자들에게도 잘 알려져 있다. 잘 훈련 받은 수학자라면 아래에 설명할 '논리주의', '형식주의', '직관주의'라 부르는 세 가지 관점이라든지, 괴델의 불완전성 결과들[V.15]이 수학 지식의 상태에 대해 무엇을 말해주는지 알고 있을 것이다. 전문 수학자들은 그런 주제에 대해 다소 독선적인 태도를 보이는 경향이 있다. 기초론적 논의는 별로 중요하지 않다면서 승리자의 편에 서거나, 원리의 문제 중 하나 혹은 일종의 흥미로운 방안의 하나로 수정주의적인 형태를 옹호하기도 한다. 하지만 역사적 논쟁의 실제 개략적 흐름은 잘 알려져 있지 않으며, 어떤 미묘한 철학적 문제가 걸려 있는지는 종종 무시된다. 이 장에서는 개념상 더 중요한 문제에 초점을 맞추기 위해 주로 개략적인 흐름에 대해 논의하려 한다.

수학의 기초를 흔드는 위기 상황은 힐베르트[VI. 63]가 이끄는 '고전적인'(19세기 후반의 수학을 뜻한다) 열혈 수학자들과, 브라우어르[VI.75]가 이끌고 널리 인정되던 교조주의의 강력한 개편을 옹호했던 비판자들 사이에서 1920년대에 국한돼 벌어졌던 사건 정도로 이해되고 있다. 하지만 현대 수학의 발달과 그것이 야기한 철학적 방법론적 문제는 떼려야 뗄 수 없는 관계에 있으며, 이들 사이에는 길고도 광범위한 '위기'가 있었다. 이는 대단히 중요한 일이었다고 생각하며, 이 글을 쓰면서 그런 견지를 채택하려고 한다.

이처럼 긴 과정 속에서도 다소 눈에 띄는 기간을 골라낼 수는 있다. 이처럼 길게 지속된 위기상황 속에서도 특별히 관심을 끄는 기간이 있었다. 1870년경 비유클리드 기하의 수용 여부에 대한 많은 논쟁이 있었고, 복소해석학과 심지어는 실수에 대한 기초가 적절한지에 대한 논쟁도 있었다. 20세기 초에는 집합론, 연속체의 개념, 논리 및 공리적 방법의 역할 대 직관의 역할에 대한 논쟁이 있었다. 1925년에 이르러서는 이들 논쟁에서의 주요한 의견들이 개진되었고 자세한 수학적 연구 주제로 변모되면서 적절한 의미에서의 위기가 있었다. 그러다가 1930년대에 괴델[VI.92]이 불완전성 정리들을 증명했는데, 이는 몇 가지 염원을 담은 믿음을 버리지 않고는 동화될 수 없는 결과였다. 이들 사건과 논쟁거리를 좀 더 자세히 분석하기로 하자.

1 초기 기초론적 문제

1899년 힐베르트가 논리주의(logicism)라 불리게 되는 관점을 채택했다는 증거가 있다. 논리주의는 논리적 개념을 사용해 수학의 기본 개념들을 정의할 수 있으며, 논리적 원리만으로 수학의 주요 원리들을 연역할 수 있다는 논제였다.

논리학 이론의 범위에 대한 모호하고 치기 어린 개념 위에서 기초된 탓에 시간이 흐르면서 이 논제는 점차 불분명해졌다. 하지만 역사적으로 논리주의는 현대 수학, 특히 집합론적 접근법과 방법론의 융성에 대한 산뜻하고 지성적인 반응이었다고 말할 수 있다. 당시 대다수의 수학자들은 집합론은 단지 (세련된) 논리학의 일부일 뿐이라는 의견을 가지고 있었다.* 정수와 실수의 이론을 집합론으로부터 유도할 수 있다는 사실과, 대수학과 실해석학 및 복소해석학에서 집합론적 방법이 점차 중요해졌다는 사실에서 이 논제는 기반을 갖춘 것으로 여겨졌다.

힐베르트가 이해하는 수학은 데데킨트[VI.50]의 방식이었다. 초창기 논리주의의 정수는 힐베르트와 데데킨트가 당대에는 대담하고 파격적으로 보였던 모종의 현대적 방법을 의식적으로 채용했다는 것이다. 이런 방법들은 19세기 동안 점차 출현하기 시작했고, 특히 괴팅겐 수학계(가우스[VI.26]와 디리클레[VI.36])와 관련돼 있다. 이런 방법들은 리만[VI.49]의 참신한 아이디어로 중요한 전환점을 맞이했고, 데데킨트, 칸토어[VI.54], 힐베르트 등을 거쳐 현대적 모습을 갖추게 된다. 한편 당대 큰 영향력을 행사하던 베를린 학파 수학계는 이러한 새로운 경향에 반대하는 자세를 취했다. 크로네커[VI.48]가 정면으로 그들과 맞붙었으며, 바이어슈트라스[VI.44]는 조금 더 예민하게 반응했다. (바이어슈트라스의 이름은 실해석학에서 엄밀함을 도입한 사람의 대명사이

---

* 리만이나 칸토어와 같은 주요 인물은 동의하지 않았다는 것을 언급해야겠다(페레이로스의 책(1999) 참조). '대다수'에는 데데킨트, 페아노[VI.62], 힐베르트, 러셀[VI.71] 등이 포함된다.

지만, 아래에서 지적하겠지만 사실 자신의 시대에 공들여 만들어진 현대적인 방법에는 호의적이지 않았다.) 파리와 다른 지역의 수학자들도 이러한 새롭고 급진적인 생각을 회의적인 시각으로 바라보고 있었다.

현대적 접근법의 가장 특징적인 면은 다음과 같다.

(i) 디리클레가 제안한 '임의의' 함수라는 개념을 수용했고,

(ii) 무한 집합 및 기수가 더 큰 무한을 전폭적으로 수용했고,

(iii) '계산 대신 생각하기'를 선호했고(디리클레), 공리적으로 특징지어진 '구조'에 집중했고,

(iv) '순수 존재론적' 증명 방법에 자주 의지했다.

대수적 정수론[IV.1]에 대한 데데킨트의 접근법 (1871)은 이런 특징을 보여주는 초창기의 영향력 있는 예이다. 그는 수체[III.63]와 아이디얼[III.81 §2]을 집합론적으로 정의했으며, 그가 유일 인수분해 정리와 같은 기본 정리를 증명할 때 사용한 방법이 이에 속한다. 정통 정수론적 방법에서 놀랄 만큼 탈피한 데데킨트는 대수적 수의 인수분해 성질을 대수적 수의 무한 집합인 어떤 아이디얼의 용어를 써서 연구했다. 이 새로운 추상적 개념에 아이디얼 두 개의 곱을 적절히 준 것을 보태, 대수적 수의 환에서는 아이디얼이 소아이디얼(prime ideal)로 유일하게 분해됨을 증명할 수 있었다.

영향력 있는 대수학자 크로네커는 데데킨트의 증명으로는 특히 유의미한 인자나 아이디얼 같은 것을 계산할 수 없다며 순수 존재론적 증명이라고 불평했다. 크로네커의 견해로는 집합론적 방법과 관련된 구조의 대수적 성질에 집중하여 연구하는 추상적인 방식은 알고리즘적 취급법, 즉 **구성적**(constructive) 방법과는 지나치게 거리가 멀다는 것이다. 하지만 데데킨트에게는 이런 불평이 그릇된 것이며, 자신은 리만이 복소 함수론에서 강조했던 '계산 대신 생각하기'라는 원리를 솜씨 있게 설명하는 데 성공했을 뿐이라고 말했다. 구체적인 문제에는 더 미묘한 계산 기교의 개발이 필요함은 분명하다. 데데킨트는 몇 편의 논문에서 이런 기교에 기여하는 한편 일반적이고 개념적인 이론의 중요성을 강조하기도 했다.

리만과 데데킨트의 아이디어와 방법론은 1867 ~1872년 사이에 발표된 논문들을 통해 더 널리 알려지게 됐다. 그들은 수학 이론이 반드시 공식이나 계산에 기초할 필요가 없고, 진정한 수학이론은 명확하게 형식화된 일반적 개념에 기반할 수 있으며, 해석적 수식이나 계산 도구는 이론의 추가적 발달에 필요한 것으로 격하시킨 관점을 대단히 직설적으로 옹호했기 때문에 특히나 충격적이었다.

함수론에 대한 리만과 바이어슈트라스의 접근법의 상반되는 점이 특히 뚜렷이 드러나는 예를 살펴 보며 그 차이를 설명해 보자. 바이어슈트라스는 $\sum_{n=0}^{\infty} a_n(z-a)^n$ 꼴의 멱급수의 모임으로 서로 해석적 연속[I.3 §5.6])에 의해 연결돼 있는 것을 통해 해석함수(혹은 복소해석적 함수[I.3 §5.6])를 표현했다. 리만은 크게 상반되면서도 더 추상적인 접근법을 취해, 함수가 해석적이라는 것은 코시-리만의 **미분 가능조건**[I.3 §5.6]*을 만족할 때라고 정의했다. 바이

어슈트라스는 이런 산뜻하고 개념적인 정의를 불쾌한 것으로 여겼는데, 미분가능한 함수의 부류를 완전히 (예를 들어 급수 표현의 용어로) 세심하게 특징지은 적이 없었기 때문이다. 비평가로 유명했던 바이어슈트라스는 리만의 정의를 반박하기 위해 자신의 유명한 비평 능력을 이용해 '어느 곳에서도 미분불가능하면서 연속인 함수'의 예를 제시했다.

해석학과 함수론을 연구할 때 무한급수를 주요 수단으로 애용했던 바이어슈트라스는 함수는 해석적 수식이라는 18세기적 개념에 더 친숙했다. 반면 리만과 데데킨트는 함수 f란 각각의 x에 어떤 값 $y = f(x)$를 '마음대로' 할당하는 것이라는 디리클레의 추상적인 개념에 호의적이었다. 바이어슈트라스는 자신의 편지에서 디리클레의 이런 함수 개념은 흥미로운 수학적 발달의 출발점으로 삼기에는 너무나 일반적이고 모호하다고 비판했다. 아마 연속성[I.3 §5.2]이나 적분[I.3 §5.5]과 같은 일반적인 개념을 정의하고 분석하는 데 딱 맞는 올바른 틀이라는 점을 간파하지 못한 듯하다. 이러한 틀은 19세기 수학에서 개념적 접근이라 불리게 되었다.

방법론에 관한 논쟁은 수학의 다른 분야에서도 치열하게 진행됐다. 크로네커는 1870년에 지인에게 보낸 편지에서 볼차노-바이어슈트라스 정리는 '명백한 궤변'이라고 말하면서 자신이 곧 반례를 제시하겠다고 약속했다. 볼차노-바이어슈트라스 정리는 '실수로 이루어진 유계 무한 집합은 집적점(accumulation point)을 가진다'는 내용으로, 바이어슈트라스가 유명한 베를린 강연에서 발표한 후 고전적인 해석학의 주춧돌로 인정되고 있었다. 그러나 크로네커에게는 이 정리가 실수의 완비성 공리($\mathbb{R}$ 내의 공집합이 아닌 중첩된 폐구간의 모든 수열은 공집합이 아닌 교집합을 갖는다)에 전적으로 의존한다는 것이 문제였다. 실수는 유리수로부터 초등적인 방법으로는 구성할 수 없는 것이며, 실수체계를 구축하려면 모든 가능한 데데킨트 절단(Dedekind cut)과 같이 과하게 많은 무한집합을 사용해야 한다(데데킨트 절단은 다음을 만족하는 $\mathbb{Q}$의 부분집합 C이다. 만약 유리수 p, g가 $p < q$이고 $q \in C$라면 $p \in C$이다. 가능한 절단 전체의 모임은 무한집합이다). 다시 말해서 크로네커는 볼차노-바이어슈트라스 정리의 집적점은 유리수로부터 초등적인 연산을 써서 구성할 수 없다는 점이 문제라는 것을 상당히 자주 지적하였다. 실수의 집합 혹은 '연속체'라는 고전적인 개념에는 현대 수학의 비구성적 요소의 씨앗이 이미 내재돼 있다는 것이었다.

훗날 1890년경 힐베르트가 불변량 이론(invariant theory) 연구에서 또 하나의 기본적인 결과인 기저 정리(basis theorem)를 순수 존재론적으로 증명하며 논쟁에 이르게 됐다. 기저 정리는 (현대적 용어로는) 다항식 환의 아이디얼은 항상 유한 생성 집합이라는 명제이다. 파울 고르단(Paul Gordan)은 이 주제에 대한 엄청난 양의 알고리즘적 연구로 불변식의 '왕'으로 유명했는데, 그런 증명은 '신학'이며 수학이 아니라고 농담조로 언급했다. (물론 증명이 순수 존재론적이었고 구성적이지 않았기 때문에 신의 존재

---

* 리만은 일련의 독립적인 특징, 예를 들어 리만 곡면[III.79]과의 관련성이나 특이점에서의 행동과 같은 특징을 이용해 구체적인 함수들을 결정했다. 이러한 특징은 모종의 변분원리('디리클레의 원리')에 의해 함수를 결정하는데, 바이어슈트라스는 이 원리 또한 비판하고 반례를 제시하기도 했다. 힐베르트와 네서(Kneser)는 훗날 디리클레의 원리를 재형식화하고 정당화했다.

성에 대한 철학적 증명과 비견될 만하다고 해서 그렇게 말한 것이 분명하다.)

이 초창기의 기초론적 논쟁으로부터 대립적인 관점이 점차 명확해졌다. 또한 집합론에서 칸토어가 제시한 증명도 존재성 증명의 중요한 사례로 떠올랐다. 칸토어는 1883년의 논문에서 더 큰 무한 집합과 현대적 방법을 분명하게 옹호했다. 은연중에 크로네커의 관점을 공격한 것이었다. 1882년 크로네커는 공개적으로 데데킨트의 방법론을 비판했고, 칸토어에게는 개인적으로 반대 의견을 제시했으며, 1887년에는 자신의 기초론적 관점을 자세히 설명하기 위해 논문을 발표하였다. 데데킨트는 1888년 자연수에 대한 자세한 집합론적(즉, 그에게 있어 논리주의적) 이론으로 응수했다.

비난전의 1라운드는 후르비츠(Hurwitz), 민코프스키[VI.64], 힐베르트, 볼테라(Volterra), 페아노, 아다마르[VI.65] 등 새롭고 강력한 원군이 포진돼 있고, 클라인[VI.57]과 같은 영향력 있는 인물이 변호에 나선 현대적 진영의 명백한 승리로 끝났다. 리만식의 함수론은 지금도 더 정제될 필요는 있지만, 실해석학, 정수론 및 다른 분야에서 현대적 방법론이 힘을 보여주고 있으며 밝은 미래를 약속하고 있다. 1890년대를 거치면서 일반적으로 현대적 관점, 특히 논리주의는 엄청난 확장을 겪었다. 힐베르트는 새로운 방법론을 공리주의적 방법으로 발달시켰으며, 이를 기하학과 실수 체계를 자신의 방식으로 나루는 데(1899년과 그 뒤로 이어진 일련의 논문들) 효과적으로 이용했다.

그러다가 칸토어, 러셀, 체르멜로 등이 극적으로 이른바 논리의 역설들을 발견하게 됐는데 아래에

서 논의하기로 한다. 역설에는 두 종류가 있었다. 하나는 어떤 집합이 존재한다는 가정으로부터 모순이 나온다는 것을 보여 주는 논증이었다. 이런 역설은 나중에 **집합론적 역설**로 불리게 됐다. 다른 하나는 훗날 **의미론적(semantic) 역설**로 알려지게 된 것으로, 진위와 결정가능성 개념에서 나타나는 어려움이었다. 이들 역설은 논리주의가 제안했던 당대의 수학 발달이라는 매력적인 관점을 완전히 파멸시켰다. 사실 논리주의의 전성기는 이들 역설이 나오기 이전, 즉 1900년 이전이었고, 러셀과 '유형이론(theory of types)'으로 부흥하기도 했지만, 1920년에 이르러서는 수학자들보다는 철학자들에게 더 관심의 대상이었다. 하지만 현대적 방법의 옹호자들과 이들 방법에 대한 구성주의자들의 비판은 여전히 남아 있었다.

2 1900년경

힐베르트는 1900년 파리 세계수학자대회에서 집합론의 중요한 문제였던 칸토어의 **연속체 문제**[IV.22 §5]와 모든 집합을 정렬할 수 있느냐는 문제를 위시하여 23개의 유명한 수학 문제의 목록을 제시했다. 두 번째 문제는 실수의 집합 $\mathbb{R}$의 개념에 대한 일관성을 수립하는 문제였다. 힐베르트가 이 문제들로부터 제기한 것은 우연이 아니며, 오히려 20세기의 수학의 향방을 제시하려는 명확한 진술이었다. 힐베르트의 젊은 동료 체르멜로가 **연속체(continuum)** $\mathbb{R}$을 정렬할 수 있음을 보일 때 채택한 이 두 문제와 **선택공리**[III.1]는 위에서 나열한 특성 (i)~(iv)의 전형적인 예다. 1905~1906년 사이에 발표된 많은 논

문들에서 보이듯 덜 대담한 이들이 이런 특성들을 거부하고 크로네커의 의심을 되살려낸 것은 다소 의아하다. 이는 다음 단계인 2차 논쟁을 불러일으켰다.

2.1 역설과 무모순성

놀라운 사태 전환 속에서 현대 수학의 승리자들은 타당성에 새로운 의심을 던지는 논쟁에 휘말리게 됐다. 1896년경, 칸토어는 모든 서수(ordinal)와 모든 기수(cardinal)의 집합이라는 무해해 보이는 개념들이 모순을 일으킨다는 것을 발견했다. 서수의 경우 이 모순을 보통 **부랄리-포르티 역설**(Burali-Forti paradox)이라 부르고, 기수의 경우 **칸토어의 역설**이라 부른다. 모든 초한 서수가 집합을 이룬다고 가정하면, 칸토어의 기존의 결과에 따라 자기 자신보다 더 작은 서수를 갖는 것이 존재하게 되며 기수에 대해서도 마찬가지다. 이들 역설을 알게 된 데데킨트는 인간의 사고가 완전히 합리적일 수 있는지 의심하기 시작했다. 더 심각하게도 1901~1902년 체르멜로와 러셀은 현재 **러셀의 역설** 혹은 **체르멜로-러셀의 역설**이라 부르는 대단히 초등적인 모순을 발견했는데, 이에 대해선 곧 논의하겠다. 집합론을 논리의 일부로 이해하는 관점은 더는 지지될 수 없음이 명백해졌고, 새로운 불안정의 시기가 도래했다. 하지만 이런 논쟁에 대해 심각하게 혼란스러워 한 것은 자신들의 이론에서 모순이 제기된 논리학자들뿐이었다.

체르멜로-러셀의 역설이 중요한 이유를 설명해보자. 리만으로부터 힐베르트까지 많은 수학자들은 잘 정의된 논리적 성질 혹은 수학적 성질이 주어지면 그 성질을 만족하는 **모든** 대상의 집합이 존재한다는 원리를 받아들였다. 기호로 표기하면, 잘 정의된 성질 p에 대해, $\{x : p(x)\}$라는 대상, 즉 집합이 존재한다는 것이다. 예를 들어 '실수'라는 성질(힐베르트의 공리계를 써서 형식적으로 표현할 수 있다)인 경우 실수의 집합이 존재한다. 이를 **내포 원리**(comprehension principle)라 불렀는데, 흔히 소박한(naive) 집합론이라 부르는 집합론의 논리적 이해의 기초를 이루는 것이다. 물론 소박하다는 것은 나중에 가서야 명백해졌지만 말이다. 내포의 원리는 기본적인 논리 법칙의 하나이고, 따라서 집합론의 모든 것은 초등적인 논리의 일부에 불과하다고 여겨졌다.

체르멜로-러셀의 역설은 이런 내포의 원리가 모순을 유도한다는 것을 보인 것이고, 대단히 초등적이면서도 아주 순수하게 논리적인 것처럼 보이는 성질로 형식화했음에도 그렇다는 것이었다. $p(x)$를 $x \notin x$라는 성질이라고 하자(부정(negation)과 원소(membership)라는 성질은 순수 논리적 개념으로 여길 수 있음을 염두에 둘 것). 따라서 내포의 원리로부터 집합 $R = \{x : x \notin x\}$의 존재성이 도출되지만, 금세 모순에 이르게 된다. 만일 $R \in R$이라면 (R의 정의로부터) $R \notin R$이며, $R \notin R$이라면 $R \in R$이기 때문이다. 힐베르트는 (선배 동료 **프레게**[IV.56]와 마찬가지로) 논리주의를 버리게 되었고, 심지어 크로네커가 옳았을지도 모른다고 생각하기도 했다. 결국 힐베르트는 논리학 이론을 정제해야 할 필요성을 집합론이 보여준다고 결론내렸다. 또한 기본적인 **수학적** 이론은 (논리적인 공리가 아니라) 수학적인 공리에 기초하고 있으므로 집합론을 공리적으로 구축할 필요가 있었고, 체르멜로가 이 작업을 수행했다.

힐베르트는 어떤 수학적 대상의 집합이 존재한다는 것은 대응하는 공리계가 무모순, 즉 모순이 없다는 증명에 해당한다는 주장을 옹호한 것으로 유명하다. 힐베르트가 칸토어의 역설에 대한 반응으로 이런 유명한 원리에 도달했다는 것을 문헌상의 증거가 시사하고 있다. 잘 정의된 개념으로부터 곧장 대응하는 집합으로 건너뛰기 전에 그러한 개념들이 논리적으로 무모순인지 증명해야 한다는 것이 힐베르트의 논리라고 볼 수 있다. 예를 들어 실수의 집합을 받아들이기 전에, 실수에 대한 힐베르트의 공리계의 무모순성을 증명해야 한다는 것이다. 힐베르트의 원리는 수학적 존재성이라는 개념에서 형이상학적 내용을 제거하는 한 가지 방편이다. 수학적 대상이 독립적인 형이상학적 존재가 아니라 사고의 경계 내에 있는 일종의 '이상적 존재'라는 관점은 데데킨트와 칸토어에 의해 이미 제기되어 있었다.

'논리적' 역설은 부랄리-포르티, 칸토어, 러셀의 이름이 붙은 것들만 있는 것이 아니다. 러셀, 리처드(Richard), 쾨니히(König), 그렐링(Grelling) 등이 형식화한 의미론적 역설도 많다(아래에서 리처드의 역설을 논의하겠다). 서로 다른 역설의 홍수 속에 많은 혼란이 야기됐지만, 한 가지는 분명했다. 이런 역설들이 현대 논리학의 발달을 증진시키고, 수학자들이 자신의 이론을 엄격히 형식적으로 제시할 필요가 있다는 것을 확신시켜 주는 데 중요한 역할을 수행했다는 것이다. 어떤 이론을 정확하고 형식적인 언어 내에서 진술할 수 있어야만 의미론적 역설을 버릴 수 있고, 의미론적인 것과 집합론적인 것 사이의 차이를 형식화할 수 있는 것이다.

2.2 서술성

1903년 프레게와 러셀의 책을 통해 집합론의 역설이 수학계에 널리 알려졌을 때, 푸앵카레[VI.61]는 이 역설들을 논리주의와 형식주의 모두를 비판하는 데 이용했다.

푸앵카레가 역설들을 분석하면서 서술성(predicativity)이라고 이름을 붙인 중요하고 새로운 개념이 나오게 됐는데, 수학에서는 비서술적(impredicative)인 정의를 피해야 한다는 결론에 이르게 됐다. 간략히 말해 비서술적인 정의라는 것은 어떤 원소를 도입할 때 이미 그 원소를 포함하는 전체집합을 참조하여 정의하는 경우를 말한다. 전형적인 예는 다음과 같은 것이다. 데데킨트는 자연수 집합 $\mathbb{N}$을 다음처럼 정의했다. 1을 포함하며, $1 \notin \sigma(\mathbb{N})$인 단사함수 σ에 대해 닫혀 있는 집합 전체의 교집합이 자연수 집합이다(σ는 후행함수(successor function)라 부른다). 데데킨트의 아이디어는 $\mathbb{N}$을 최소의 것으로 특징짓자는 것이었는데, 그 과정에서 이미 $\mathbb{N}$ 자체를 정의에 포함해야 하는 집합 전체에 호소하여 $\mathbb{N}$을 도입하고 있다. 이런 종류의 과정은 푸앵카레로서는 (또한 러셀도) 받아들일 수 없는 것이었다. 특히 더 큰 전체집합을 참조해야만 관련된 대상을 정의할 수 있는 경우 그러했다. 푸앵카레는 자신이 연구한 역설 각각에서 비서술적인 과정의 예를 찾아냈다.

언어적이고 의미론적인 역설의 하나인 리처드의 역설을 예로 드는데, 앞서 말한 대로 진위 및 결정가능성의 개념이 중요하다. 먼저 **정의가능한**(definable)

실수라는 개념부터 시작하자. 정의는 특정 언어로 유한한 표현으로 나타낼 수 있어야 하므로, 정의가 능한 수는 가산개여야만 한다. 실제로 이런 정의를 알파벳 순(사전식 순서(lexicographic order)라고 알려져 있다)으로 나열하면 정의가능한 실수를 구체적으로 셀 수 있다. 이 목록에 대각선 논법, 즉 $\mathbb{R}$이 가산[III.11]이 아님을 칸토어가 증명할 때 이용했던 방법을 적용하자는 것이 리처드의 생각이었다. 정의가능한 수를 $a_1, a_2, a_3, \cdots$이라 하자. 이제 a_n의 소수점 이하 n번째 자리와 r의 소수점 이하 n번째 자리가 항상 다르도록 조직적으로 새로운 수 r을 정의하자. (예를 들어, a_n의 소수점 이하 n번째 자리가 2가 아니면 r의 소수점 이하 n번째 자리를 2로 정하고, 2인 경우에는 4로 정한다.) 그러면 r은 정의가능한 수들의 집합에 속할 수 없다. 하지만 이 구성 과정에서 수 r은 유한개의 단어를 써서 정의했다! 푸앵카레는 비서술적인 정의를 금지하므로, r은 정의가능한 수 전체를 참조하여 정의됐기 때문에 r이라는 수의 도입을 막아야 한다는 것이다.[*]

수학 기초론에 대한 이런 접근법에서는 (자연수 이외의) 모든 수학적 대상은 구체적인 정의를 써서 도입해야만 한다. 만일 정의가 정의하려고 하는 대상 전체를 가정하고 이를 참조하는 경우엔 순환적인 정의가 되어, 정의하려는 대상 자체가 자신의 정의를 구성하는 격이 된다. 이런 관점에서 '정의'는 서술적이어야 한다. 즉, 정의하려고 하는 대상 이전에 이미 수립된 것들의 전체만을 참조할 수 있다. 러

셀과 바일[VI.80]처럼 영향력 있는 수학자들은 이러한 관점을 수용했고 발전시켰다.

체르멜로는 이를 확신하지 못했는데, (데데킨트가 정의한 $\mathbb{N}$과 같이) 집합론뿐만 아니라 고전적인 정의에서도 비서술적 정의가 문제없이 종종 이용됐다고 논박했다. 특정한 예로 대수학의 기본정리[V.13]에 대한 코시[VI.29]의 증명을[**] 인용했는데, 사실 더 간단한 비서술적인 정의의 예로는 실해석학에서의 최소상계(least upper bound)의 정의가 있다. 실수는 각각 서술적인 용어를 통해 구체적인 정의를 써서 따로 도입하지 않았으며, 오히려 실수의 무한 유계 집합의 최소상계를 하나 골라낼 수 있다는 방식을 사용해 비서술적인 방식으로 정의가 돼 있다. 하지만 체르멜로는 이런 정의로부터 대상을 '만들어내지' 않으며, 단지 그런 대상을 집어내는 것이므로 이런 정의들은 무해하다고 주장했다(판 헤이예노르트(van Heijenoort)의 책(1967, pp.183~98)에 실린 체르멜로의 논문(1908)을 보라).

러셀은 비서술적 정의를 폐지하자는 푸앵카레의 생각을 중요하게 여겼고, 영향력 있는 **유형이론**(theory of types)에서 그런 정의를 '사악한 순환 원리'라 칭하였다. 유형이론은 고차 논리 체계의 하나로, 집합이나 성질, 관계, 집합의 집합 등을 정량화(quantify)한다. 간략히 말해서 어떤 집합의 원소는 항상 균질한 유형의 대상이어야만 한다는 생각에

---

[*] (애초부터 언어와 표현이 고정된) 잘 결정된 형식적인 이론 내에서 수학적 정의를 하자는 것이 현대적인 해결책이다. 리처드의 역설은 정의가능성이라는 것의 뜻의 모호성에 기대고 있다.

[**] 코시의 논증은 명백히 비구성적, 혹은 우리가 말하는 '순수 존재론적'이다. 다항식이 하나의 근을 갖는다는 것을 보이기 위해 코시는 다항식의 절댓값을 연구해서 이 절댓값이 대역적인 최솟값 σ를 갖는다는 것을 보였다. 이 대역적인 최솟값이 비서술적으로 정의돼 있다. 코시는 이 값이 양수라고 가정했고, 이를 통해 모순임을 유도했다.

기초한 것이다. 예를 들어 $\{a, b\}$와 같은 '개체'들의 집합이나, $\{\{a\}, \{a, b\}\}$와 같은 개체의 **집합**들의 집합은 있을 수 있지만, $\{a, \{a, b\}\}$와 같은 '혼잡된' 집합은 있을 수 없다는 것이다. 비서술성을 피하기 위해 러셀이 채택한 소위 분지(ramification) 개념 때문에 러셀의 유형이론은 다소 복잡해졌다. 러셀의 체계와, 무한의 공리, 선택공리, (분지성을 누그러뜨리는 상당히 임기응변적인 수단인) '환원(reducibility)'의 공리를 조합하면 집합론과 수체계의 발달에는 충분했다. 이로부터 화이트헤드(Whitehead)와 러셀의 저명한 『수학원리(*Principia Mathematica*)』의 논리적 기반이 마련됐는데, 이 책에서 저자들은 수학의 기초를 주의 깊게 발달시켜 나갔다.

1930년까지 유형이론은 중요한 논리 체계였지만, 흐비스테크(Chwistek), 램지(Ramsey) 등이 간파한 대로 단순화한(즉, 분지성이 없는) 유형이론의 형태로도 『수학원리』 스타일의 기초를 만드는 데 충분했다. 램지는 비서술성에 대한 걱정을 제거하기 위한 논증을 제안하고, 『수학원리』의 다른 존재성 공리, 즉 무한 공리와 선택 공리를 논리의 원리로 정당화하려고 했다. 하지만 램지의 논증은 결론에 이르지 못했다. 논리주의를 역설로부터 구하려는 러셀의 시도는 몇몇 철학자(특히 빈 학파)를 제외하면 여전히 확신을 주지 못했다.

푸앵카레의 제안은 1918년 바일(Weyl)이 자신의 책 『연속체(*Das Kontinuum*)』에서 제안한 흥미로운 기초론적 접근법의 핵심 원리가 되기도 했다. 보통은 고전 논리를 이용해 발달시켰던 자연수에 대한 이론을 받아들이고, 이로부터 서술적으로 작업하자는 것이 주요 아이디어였다. 따라서 브라우어르와

달리 바일은 배중률의 원리를 받아들였다. (이 점과 브라우어르의 관점은 다음 절에서 논의하겠다.) 히지만 실수 체계 전체는 쓸 수 없었다. 바일의 체계에서 $\mathbb{R}$이라는 집합은 완비가 아니었고, 볼차노-바이어슈트라스 정리는 성립하지 않았으므로 해석학에서 보통 유도되는 결과들을 대체한 복잡한 정리들을 고안해야만 했다.

바일의 스타일로 수학에서 **서술적 기초론**이라는 아이디어는 최근 몇십 년 간 괄목할 만한 결과에 이르기까지 차근차근 발달했다(페퍼만(Feferman)의 책(1998)을 보라). 서술적 체계는 현대적인 방법론 전체를 지지하는 체계들과, 다소 엄격한 구성주의적 체계들 사이에 놓여 있다. 이 체계는 관례적인 체계뿐만 아니라, 지금은 구식이 된 논리주의, 형식주의, 직관주의라는 3대 체계에도 맞지 않는 기초론적 접근법의 하나이다.

2.3 선택공리

역설들이 중요하긴 하지만 그것이 기초론적 논쟁에 끼친 영향은 종종 실제보다 과장돼 왔다. §1에서 논의했던 것과는 대조적으로 역설이 논쟁의 진정한 시작이라는 설명을 지나치게 자주 발견하게 된다. 하지만 20세기의 첫 10년에만 주목해 봐도, 기존의 역설보다 중요하진 않지만 비슷하게 중요했던 논란은 있었다. 바로 선택공리와 정렬성(well-ordering) 정리에 대한 체르멜로의 증명을 둘러싼 논쟁이다.

§2.1로부터 당시 집합 및 집합을 규정하는 성질 사이의 관련성은 수학자들과 논리학자들의 마음에 (모순적인 내포의 공리를 통해) 깊이 자리 잡고 있었음을 돌이켜 보라. 선택 공리(axiom of choice, AC)

란 공집합이 아닌 서로소인 집합들의 무한한 모임이 주어지면, 그 모임에 속한 각 집합에서 정확히 한 개의 원소를 선택하여 만든 선택 집합(choice set)이 존재한다는 원리이다. 비판가들이 보기에는 선택 집합의 존재성만을 진술하고 있을 뿐이고 이 집합을 결정하는 성질을 주지 않는다는 것이 이 원리의 문제점이었다. 사실 선택 집합을 구체적으로 특징지을 수 있는 경우에는 선택공리의 사용은 항상 피할 수 있다! 하지만 체르멜로의 정렬성 정리에서는 선택공리를 반드시 이용해야만 한다. 칸토어, 데데킨트, 힐베르트의 이상적인 의미에서는 ℝ에 필요한 정렬성이 '있지만', 구성적인 관점에서는 완전히 손이 닿는 범위 밖인 것처럼 보인다.

따라서 선택공리는 집합론에 대한 기존의 관념의 모호함만 부각시켰고, 수학자들이 훨씬 더 명확하게 집합론을 도입해야 한다는 당위성이 요구됐다. 선택공리는 한편으로는 임의의 부분집합들에 대한 기존의 관점을 구체적으로 진술한 것에 불과했으면서도, 다른 한편으로는 성질을 이용하여 무한 집합을 구체적으로 정의해야 한다는 필요성에 대한 강력한 관점과 상충하는 것은 명백했다. 깊은 논쟁의 단계가 마련됐다. 이 특정한 주제에 대한 논쟁만큼 현대 수학의 방법론에서 존재론적 함의를 명확히 해야 한다는 각성에 더 기여한 것은 없다. 보렐[VI.70], 베어(Baire), 르베그[VI.72]는 비판가들이었으면서도 모두가 좀 덜 명확한 방식으로 선택공리에 의존하여 해석학의 정리를 증명했다는 점을 알면 유익할 것이다. 체르멜로에게 이 공리를 처음 제안한 힐베르트의 제자 에르하르트 슈미트(Erhard Schmidt)가 해석학자였던 것은 우연이 아니었다.*

체르멜로의 증명이 출간된 이후, 유럽 전역에서 치열한 논쟁이 벌어졌다. 체르멜로는 나무랄 데 없는 공리계 내에서 자신의 증명을 전개할 수 있음을 보여주려는 시도의 일환으로 집합론의 기초를 다지는 데 박차를 가했다. 이로 인한 결과가 유명한 체르멜로 공리계[IV.22 §3]인데, 역사적으로는 칸토어, 데데킨트 및 체르멜로 자신의 기여들로부터 집합론에 대한 주의 깊은 분석을 통해 출현한 걸작이다. 프렝켈(Fraenkel)과 폰 노이만[VI.91]이 몇 가지(대치의 공리와 정칙성의 공리)를 추가하고, 바일(Weyl)과 스콜렘[VI.81]이 제안한 주요한 혁신들이 더해지면서(개체나 집합들 위에서 정량화하고, 그들의 성질 위에서는 정량화(quantify)하지 않는 1차 논리[IV.23 §1] 내에서 형식화하였다), 1920년대에 이르러 체르멜로 공리계는 우리가 알고 있는 형태를 갖추게 되었다.

ZFC 공리계(체르멜로, 프렝켈 공리계에 선택공리를 더한 공리계)는 현대 수학의 방법론의 주요 특징을 성문화한 것으로, 수학 이론의 발달과 증명의 수행에 대한 만족할 만한 틀을 제공했다. 특히 비서술적 정의와 임의의 함수 개념을 허용하는 강한 존재성 원리를 포함하여, 순수 존재론적 증명을 타당하게 만들었고, 중요한 수학적 구조를 정의할 수 있게 했다. 따라서 §1에서 언급한 경향 (i)~(iv) 모두를 보여주고 있다. 체르멜로 자신의 연구는 1900년경 힐베르트의 비형식적인 공리화와 완전히 궤를 같이

---

* 1905년 프랑스 해석학자들이 주고받은 편지(무어(Moore)의 책(1982)과 에발트(Ewald)의 책(1996) 참고)와 정렬성 정리에 대해 체르멜로가 1908년에 두 번째로 증명한 정교한 논증을 읽으면 훨씬 통찰력을 얻을 수 있을 것이다(판 헤이예노르트(van Heijenoort)의 책(1967) 참조).

하고 있으며, 무모순성을 증명하겠다는 약속도 빠 트리지 않았다. 체르멜로-프렝켈의 공리계든 폰노 이만-베르나이스-괴델의 공리계든 공리적 집합론 은 대부분의 수학자들이 기본 원리로 간주하고 있 다.

1910년에는 러셀의 유형이론과 체르멜로의 집합 론 사이의 대비가 뚜렷했다. 유형이론은 형식적인 논리 내에서 발달한 것이었고, (비록 나중에는 실용 적인 이유로 절충됐지만) 출발점은 서술성 방침을 따르고 있었다. 수학을 이끌어내기 위해 무한 공리 와 선택공리를 가정할 필요가 있었지만, 이들을 명 백한 공리계라기보다는 잠정적 가정인 것처럼 은유 적으로 다뤘다. 체르멜로의 집합론은 비형식적으로 제시되었고, 비서술적 관점을 전폭적으로 수용했으 며, 고전적인 수학 전체와 칸토어의 더 큰 기수 이론 을 이끌어내기에 충분한 강력한 존재성 가정을 공 리로 주장했다. 1920년대 둘 사이의 구분이 상당히 모호해졌는데 특히 앞서 지적한 처음 두 가지 특징 이 그랬다. 체르멜로의 공리계는 현대적인 형식 논 리 언어 내에서 완전해지고 형식화됐다. 러셀주의 자들도 단순화한 유형이론을 채택하여 현대 수학의 비서술적이고 '존재론적' 방법을 수용했다. 이 때문 에 이론이 지칭하는 대상을 마치 수학자들이 실제 로 구체적으로 정의할 수 있느냐에 무관한 것처럼 취급한다는 의미로, (다소 혼란을 야기하는) 용어인 '수학적 플라톤주의(Platonism)'로 불린다.

한편 20세기의 처음 10년 간 네덜란드의 젊은 수 학자 브라우어르는 철학적 색채를 띤 구성주의의 한 형태에서 자신의 길을 찾기 시작했다. 그는 1905 년 두드러지게 형이상학적이고 윤리적인 관점을 제

시하고, 1907년 자신의 논문에서 수학자들을 위해 이에 대응하는 기초론에 공을 들이기 시작했다. 그 의 '직관주의' 철학은 개인의 의식이 유일한 지식의 원천이라는 오래된 형이상학적 관점에서 나온 것이 다. 자체로는 별로 흥미롭지 않은 철학이므로, 여기 서는 브라우어르의 구성주의적 원리에 집중하기로 한다. 1910년경 브라우어르는 위상수학에서 **고정점 정리**[V.11]와 같은 중요한 기여 덕에 저명한 수학자 가 되었다. 제1차 세계대전의 끝 무렵 자신의 기초 론적 아이디어를 자세하게 담은 노작을 출간하기 시작하여 유명한 '위기'를 만들어 내는데, 이제 그 이야기를 시작해 보려 한다. 브라우어르는 형식주 의와 직관주의 사이의 관례적인 (하지만 오해하기 쉬운) 차이를 규명하는 데도 성공했다.

3 엄밀한 의미에서의 '위기'

1921년, 힐베르트의 신봉자로 유명한 수학자였던 바일이 직관주의를 옹호하고 수학에서 '기초론의 위기'를 진단한 논문을《수학 저널(*Mathematische Zeitschrift*)》에 게재했다. 그 위기는 브라우어르의 '혁명'을 수단으로 하여 해석학의 낡은 상태의 '소 멸'을 가리키고 있었다. 바일의 논문은 잠든 자들 을 깨우는 선전 전단지로 의도한 것이었으며, 실제 로도 그렇게 됐다. 그 해 힐베르트는 이에 응답하 면서 브라우어르와 바일이 '크로네커의 독재'를 수 립할 목적으로 '반란'을 획책했다고 비난했다(만코 수(Mancosu)의 책(1998)과 판 헤이예노르트의 책 (1967)에서 관련 논문을 보라). 기초론의 논쟁은 '고 전적인' 수학을 정당화하려는 힐베르트의 시도와,

상당히 개편된 직관주의적 수학으로 브라우어르가 발달시킨 재구성 사이의 전투를 향해 극적으로 치닫게 됐다.

당시 수학자들은 왜 브라우어르의 관점을 '혁명적'이라고 불렀을까? 1920년까지 중요한 기초론적 쟁점은 실수(real number)를 수용하느냐는 것이었고, 더 근본적으로는 더 높은 기수의 무한과 존재론적 증명을 제한 없이 사용하는 것을 뒷받침했던 집합론의 비서술성과 강한 존재성 가정의 수용 여부였다. 집합론은 비서술적 정의에 대한 의존성과 강력한 존재성 가정(특히 1918년 시에르핀스키[VI.77]가 광범위하게 사용한 선택공리) 때문에 비판 받았고, 이로 인해 고전 해석학까지도 비판을 받았다. 따라서 집합과 부분집합의 존재성을 수립하고 정의하는 문제가 생겼을 때 이를 수용하는 원리에 대한 논쟁이 20세기 첫 20년 간 논쟁의 주를 이루었다. '임의의 부분집합들'을 이야기할 때 그 뒤의 모호한 아이디어를 엄밀하게 만들 수 있느냐는 것이 핵심 질문이었다. 가장 일관된 반응이 체르멜로가 공리화한 집합론과, 바일이 『연속체』에서 제시한 서술적 체계로 나타났다. (화이트헤드와 러셀의 『수학원리(Principia Mathematica)』는 서술주의와 고전 수학 사이에서 타협하려 했으나 성공하지 못했다.)

그런데 브라우어르가 새롭고 훨씬 더 기본적인 질문을 전면에 내세웠다. 누구도 자연수에 대한 전통적인 방식의 추론에 의문을 제기하지 않았고, 특히 한정사(quantifier)의 사용과 배중률의 원리는 주저 없이 사용돼 왔다. 하지만 브라우어르는 이러한 가정들에 대해 굳건한 비판자로 나섰고 바일보다 훨씬 더 과격한 해석학 대안 이론의 개발에 착수했

다. 그 과정에서 새로운 연속체의 이론을 발견하였고, 마침내 바일을 끌어들여 새로운 시대의 도래를 선포하게 했다.

3.1 직관주의

브라우어르는 네덜란드 과학 아카데미의 《논문집(Verhandelingen)》에 1918년과 1919년 독일어로 게재한 두 편의 논문에서 자신의 '직관주의적 집합론'에 대한 관점을 체계적으로 발달시키기 시작했다. 이들 기고문은 브라우어르가 직관주의의 '제2막'으로 간주한 것들인데, 수학의 직관주의적 기초론을 강조했던 1907년이 '제1막'이었다. 클라인과 푸앵카레는 이미 수학 지식에서 직관이 피할 수 없는 역할을 한다고 주장한 바 있다. 증명과 수학 이론의 발달에서 직관이 논리만큼이나 중요하며, 수학은 순수 논리로 귀결될 수 없다는 것이다. 물론 이론과 증명은 논리적으로 체계화해야 하지만, 기본 원리(공리)들은 직관에 기반을 둔다는 것이다. 하지만 브라우어르는 이들보다 더 나아가서 수학이 언어나 논리와는 완전히 독립적이라고 주장했다.

1907년부터 브라우어르는 모든 수학 문제를 풀 수 있다는 힐베르트의 확신과 동등하게 여겼던 배중률의 원리를 거부했다. 배중률은 p가 어떠한 명제든 $p \lor \neg p$라는 명제(즉, p이거나 p가 아니라는 명제)가 항상 참이어야 한다는 논리학의 원리다. (예를 들어 π를 십진법으로 전개하면 무한히 많은 7이 나오거나 유한개의 7만 나온다는 결론을 설령 어느 쪽인지 증명하지 못하더라도 배중률로부터 얻을 수 있다.) 우리가 보통 사용하는 논리적 원리는 유한집합의 부분집합을 다루면서 추상화한 논리적 원리

를 고수한 것이며, 무한 집합에도 적용하는 것은 잘 못이라는 것이 브라우어르의 생각이었다. 제1차 세계대전 후 브라우어르는 수학을 체계적으로 재구축하는 일에 착수했다.

p에 대한 구성적 증명이 있거나 q에 대한 구성적 증명이 있는 경우에만 'p 또는 q'라는 명제를 진술할 수 있다는 것이 직관주의자들의 입장이었다. 이런 관점은 **모순에 의한 증명**(reductio ad absurdum)은 타당하지 않다는 결과를 낳는다. 힐베르트의 기저 정리(§1 참조)에 대한 최초의 증명을 생각해 보자. 이는 모순에 의한 증명으로 달성했다. 힐베르트는 기저가 무한하다는 가정으로부터 모순을 이끌어낼 수 있다는 것을 보였고, 이로부터 기저가 유한하다고 결론지었던 것이다. 이 과정 뒤에 깔린 논리를 구체적으로 보면 배중률 $p \vee \neg p$의 구체적 적용 사례에서 출발하여 $\neg p$를 지지할 수 없다는 것($\neg p$가 거짓이다)을 보여서, p가 참이어야만 한다는 결론을 내린다는 것이다. 하지만 구성주의 수학에서는 존재한다고 가정하는 대상에 대해 구성하는 절차를 요구하며, 임의의 수학 명제의 배경으로 **구체적인 구성법**을 요구한다. 이와 비슷하게 앞서 §2.1에서 최소상계를 적용하는 실해석학의 많은 증명들뿐만 아니라 대수학의 기본 정리에 대한 코시의 증명도 언급했다. 이런 증명들은 구성주의자에게는 타당하지 못하며, 많은 수학자들이 이들 명제에 대한 구성적 증명을 찾아 정리를 구제하려고 애썼다. 예를 들어 바일과 네서(Kneser)는 대수학의 기본 정리에 대한 구성주의적 증명을 연구했다.

배중률을 사용하기 때문에 구성주의자들이 받아들이지 않을 만한 사례는 쉽게 찾을 수 있다. 단지 임의의 미해결 수학 문제에 적용하면 된다. 예를 들어 카탈란(Catalan) 상수는

$$K = \sum_{n=0}^{\infty} \frac{(-1)^n}{(2n+1)^2}$$

이다. K가 초월수인지 아닌지는 알려져 있지 않다. 따라서 '카탈란 상수는 초월수'라는 명제를 p라고 두면, 구성주의자는 p가 참이거나 거짓이라는 명제를 받아들이지 않을 것이다.

구성주의자들은 진실이 무엇인지에 대해 관점이 다르다는 것을 깨닫기 전까지는 이상해 보이며 심지어는 명백히 틀려 보인다. 구성주의자에게 있어 어떤 명제가 참이라는 것은 논의 중인 엄격한 방법에 부합하는 증명을 할 수 있다는 **의미**일 뿐이며, 어떤 명제가 거짓이라는 것은 실제로 반례를 제시할 수 있다는 **의미**일 뿐이다. 존재성에 대한 모든 명제를 엄격하게 구성주의적으로 증명하거나 구체적 반례를 찾을 수 있는 것은 아니므로, (이런 개념의 진실성 하에서는) 배중률의 원리를 믿을 이유가 없다. 따라서 어떤 성질을 갖는 자연수가 존재한다는 것을 확립하려면, **모순에 의한 증명**으로는 충분하지 않다. 구성주의자를 설득하고 싶다면 구체적 결정 방법이나 구성법으로 존재성을 보여야만 한다.

이 관점이 수학은 영원했던 것이 아니며 역사와 무관하지 않다는 것을 어떻게 함의하는지도 주목하라. 1882년에 와서야 린데만(Lindemann)이 π가 초월수[III.41]임을 증명했다. 이 날 이후 그 전까지는 참도 아니고 거짓도 아니었던 명제들에 참이냐 거짓이냐는 진릿값을 부여할 수 있게 되었다. 역설처럼 보이지만, 브라우어르가 보기에는 수학적 대상

은 정신적 구성물이며, 이런 대상이 독립적으로 존재한다는 '형이상학적' 가정을 거부했기 때문에 전혀 문제가 없었다.

1918년 브라우어르는 칸토어와 체르멜로의 집합을 구성주의적 대안물들로 대체했고, 훗날 이들을 '스프레드(spread)'와 '종(specie)'이라 불렀다. 기본적으로 특징적인 성질 하나로 정의된 집합을 **종**이라 하는데, 다만 **모든** 원소는 기존에 따로 구체적인 구성을 통해 정의돼 있어야 한다는 전제조건이 있다. 특히 임의의 종은 엄격히 서술적이게 된다.

스프레드의 개념은 직관주의 고유의 특징으로 브라우어르가 정의한 연속체의 기초를 이룬다. 이 개념은 이상화를 피하고 수학적 구성의 본성이 임시적임을 정당화하기 위한 시도다. 예를 들어 2의 제곱근으로 점점 가깝게 근사하는 유리수의 수열을 정의하고 싶다고 하자. 고전 해석학에서는 그런 수열이 풍부하게 존재한다는 것을 알 수 있지만, 브라우어르는 그런 수열을 구성하는 방법에 훨씬 주의를 기울여 **선택 수열(choice sequence)**이라는 개념을 정의했다. 초기조건 $x_1 = 2$와 점화식 $x_{n+1} = (x_n^2 + 2)/2x_n$과 같은 규칙을 만드는 것이 그런 수열을 구성하는 한 가지 방법이다. 하지만 어떤 제한조건을 따르면서 조금 덜 엄격하게 결정된 선택 수열을 만드는 방법도 있다. 예를 들어, 분모가 n이고 x_n^2과 2의 차가 기껏해야 $100/n$이 되도록 하는 x_n은 유일하게 결정되지는 않지만, 이렇게 해서 구성한 수열이 점점 $\sqrt{2}$에 다가가는 수열을 만들어내는 것은 분명하다.

따라서 선택 수열을 출발부터 완전히 구체화할 필요는 없으며, 시간이 달라지면 수학자들이 자유롭게 선택해 만들 수 있다. 이런 특징들 때문에 선택 수열은 고전적인 해석학자들의 수열과는 확연하게 구별된다. 직관주의자의 수학은 '만들어 내는 수학'이라는 말도 있다. 이와 대조적으로 고전 수학에서는 수학적 대상이 자체로 완전히 결정되며, 수학자들의 사고 과정과는 독립적이므로 일종의 영원불멸의 객관성을 특징으로 한다.

스프레드는 선택 수열들을 원소로 가지며, 수열들을 어떻게 구성하는지 규제하는 규칙과 같은 것이다.[*] 예를 들어 어떤 선분을 나타내기 위해 특정한 방식으로 시작하는 선택 수열 전체로 이루어진 스프레드를 택할 수 있다. (일반적으로 스프레드는 고립된 원소들이 아니라, 연속적인 영역을 나타낸다.) 브라우어르는 어떤 관념적(Platonic)인 존재인 점(즉, 실수)들로 이루어진 대상이 아니라, 코시 조건을 만족하는 원소들로 구성된 스프레드를 이용하여 새롭게 **연속체**를 수학적으로 구상해냈는데, 이 연속체가 좀 더 진정으로 '연속'이다. 흥미롭게도 이런 관점은 23세기 전 연속체의 우선권을 강조하고, 신장성이 없는 점들이 신장성이 있는 연속체를 구성할 수 있다는 관념을 거부했던 아리스토텔레스를 연상시킨다.

브라우어르의 해석학 재정립을 위한 다음 단계는 함수 개념을 분석한 것이었다. 브라우어르는 스

---

[*] 더 정확히 말하면 스프레드는 규칙 두 개로 정의한다. 이 문제 혹은 다른 문제에 대한 더 자세한 내용은 하이팅(Heyting)의 책(1956)이나 혹은 더 최근의 반 아텐(Van Atten)(2003)을 보라. 스프레드를 각 꼭짓점(node)에 이미 얻어진 수학적 대상을 부여하여 얻은 자연수의 보편 트리(tree)의 (자연수의 모든 유한 수열로 구성된) 부분트리의 하나로 볼 수도 있다. 스프레드의 규칙 하나는 이 트리의 꼭짓점을 규정하며, 다른 하나는 이들을 대상으로 보내는 함수다.

스프레드의 각 원소에 값을 부여하는 것을 함수라고 정의했다. 하지만 스프레드의 본성 때문에 구성적으로 허용할 수 있으려면 선택 수열의 초반부에만 완전히 의존하도록 값을 부여해야 했다. 이 정의는 대단히 놀라운 사실을 도출했다. 모든 곳에서 정의된 함수는 모두 연속(심지어는 균등 연속)이었다. $x < 0$일 때는 $f(x) = 0$이고, $x \geq 0$이면 $f(x) = 1$인 함수 f에 대해 궁금해 할 수 있을 것이다. 브라우어르에게 있어서 이는 잘 정의된 함수가 아니기 때문인데, 양일지, 0일지, 음일지 알지 못하는(아마도 영원히 모를) 스프레드들을 결정할 수 있다는 것이 바탕에 깔린 이유이다. 예를 들어 4와 $2n$ 사이의 모든 짝수가 소수 두 개의 합이면 1이고, 그렇지 않으면 -1이 되도록 x_n을 잡을 수 있기 때문이다.

배중률의 거부는 직관주의자의 부정(negation)과 고전적인 부정의 의미가 다르다는 결과를 낳았다. 따라서 직관주의 산술 역시 고전 산술과는 달랐다. 그렇지만 1933년 괴델(Gödel)과 겐첸(Gentzen)은 산술에 대한 데데킨트-페아노 공리계[III.67]가 형식화된 직관주의적 산술에 상대적으로 무모순임을 보일 수 있었다. (즉, 두 형식 체계의 문장들 사이에 대응 관계를 주어, 고전 산술의 모순이 직관주의 산술의 모순을 유도하게 할 수 있었다. 따라서 직관주의 산술이 무모순이라면 고전 산술 역시 무모순이어야 한다.) 비록 해석학 체계나 집합론에 대해 상응하는 증명은 발견되지 않았지만, 힐베르트주의자들에게는 작은 승리였다.

처음엔 직관주의의 발달이 순수 수학을 간단하고 우아하게 표현해 줄 것이라는 희망이 있었다. 하지만 1920년대 브라우어르의 재구성이 발달해 갈수록 직관주의적 해석학이 점차 극도로 복잡하고 이질적으로 변하게 되었음은 점차 분명해졌다. 브라우어르는 걱정하지 않았고, 1933년에는 "진리의 공은 마법의 공보다 덜 투명한 법이다"라고 말하기도 했다. 그렇지만 브라우어르가 수학적 직관의 영역을 완전히 만족스러운 방식으로 기술했다고 확신한 바일조차도 1925년 '수학자들은 자신들이 쌓은 이론의 상당수가 눈앞에서 안갯속으로 흩어지는 것을 고통스럽게 바라보고 있다'고 언급했다. 바일은 그 직후 직관주의를 포기한 것으로 보인다. 다행히도 고전 수학을 회복시키는 다른 방식을 제안하는 대안이 되는 접근법이 있었다.

3.2 힐베르트 프로그램

이 대안이 되는 접근법이란 물론 힐베르트 프로그램을 말하는데, 수학의 고전적 이론의 수용성에 대해 1928년 기억할 만한 구절을 통해 '세상에서 회의적인 의심을 영원히 제거'하겠다고 약속한다. 힐베르트가 1904년에 발달시키기 시작한 이 새로운 관점은 형식 논리와, 주어진 식들(공리)로부터 증명할 수 있는 식들의 조합적 연구에 강력하게 의존하고 있다. 현대적 논리와 더불어 증명들은 형식적인 계산으로 변형하여 기계적으로 점검할 수 있게 하고, 이 과정을 순수하게 구성적이게 하는 것이다.

§1의 논의에 비추어 볼 때, 이 새로운 프로그램이 현대적이고 반크로네커적인 방법론을 정당화하기 위해 크로네커식의 방법을 채택했다는 것이 흥미롭다. 공리계로부터 모순이 되는 식을 증명하는 것은 불가능하다는 것을 보이는 것이 힐베르트의 목적이었다. 일단 이 사실을 조합적 혹은 구성적으로(혹은

힐베르트가 말했듯이 유한적(finitary)으로) 보일 수 있으면, (비록 실수나 초한 집합처럼 비크로네커적인 대상에 대해 얘기하는 공리들이라 하더라도) 공리계에 정당성을 부여하는 논증으로 간주할 수 있다는 것이다.

하지만 당시 힐베르트의 논리학 이론에 대한 이해에는 결함이 있었기 때문에 힐베르트의 아이디어는 그다지 큰 위력을 발휘하지 못했다.[*] 1917~1918년에 와서야 힐베르트는 이 주제로 되돌아왔는데, 이번에는 논리학에 대한 훨씬 정제된 이해를 갖추었고 자신의 프로그램에 상당한 기교적 난관이 있음을 잘 인지하고 있었다. 다른 수학자들도 이 프로그램을 더 잘 이해하도록 하는 데 결정적 역할을 했다. 1921년에는 조수였던 베르나이스(Bernays)의 도움을 받아 수학의 형식화에 대해 대단히 정제된 개념에 도달했고, 수학적 증명과 이론의 논리적 구조를 더 깊고 조심스럽게 탐구해야 할 필요성을 인지하게 됐다. 힐베르트 프로그램은 1922년 후반 라이프치히(Leipzig)의 강연에서 분명히 공식화됐다.

여기에서는 1925년의 논문 「무한에 대해서(On the infinite)」에서 제시한 (판 헤이예노르트(1967) 참고) 성숙된 형태의 힐베르트 프로그램을 설명하겠다. 현대 수학의 추론 원리들과 방식들의 논리학적 수용성을 구문론적(syntactic) 무모순성 증명을 이용하여 확립하자는 것이 주요 목적이었다. 공리주의(axiomatics), 논리학, 형식화를 통해 순수 수학적인

관점에서 수학을 연구할 수 있게 하는데(그래서 메타수학(metamathematics)이라는 이름이 붙었다), 힐베르트는 매우 약한 수단을 채택하여 이들 이론들의 무모순성을 정립하길 바랐다. 특히 힐베르트는 바일과 브라우어르의 비판 모두에 대해 대답하고, 그로 인해 집합론, 고전적 실수 이론, 고전 해석학은 물론 (모순에 의한 증명으로 간접 증명하는 근거인) 배중률을 갖춘 고전 논리학을 정당화하길 바랐다.

힐베르트의 접근법의 주안점은 수학 이론을 완전히 정확하게 만들어 그것들의 성질에 대해 정확한 결과를 얻을 수 있게 하자는 것이었다. 프로그램을 완성하는 데 필요했던 요소들은 다음과 같다.

(i) 어떤 수학 이론(예를 들어 실수 이론) T에 대해 적절한 공리계와 기본 개념들을 찾을 것

(ii) 고전적인 논리에 대한 공리들과 추론 규칙을 찾아서, 주어진 명제들로부터 새로운 명제까지 순수하게 구문론적이고 형식적인 절차로 넘어갈 수 있게 할 것

(iii) T를 순수 논리 계산으로 형식화하여 T의 명제들이 기호들의 문자열에 불과하며, 증명은 형식적 추론 규칙을 따르는 이런 기호의 열이 되게 할 것

(iv) 모순을 표현하는 기호들의 열이 증명의 마지막 줄이 되는 것이 불가능함을 보여주는 T의 형식적인 증명들의 유한적인 연구

사실 데데킨트-페아노 산술이나 체르멜로-프렝켈 집합론처럼 수리논리학 개론 과정에서 배우는 것들처럼 1차 논리를 써서 형식화한 비교적 간단

---

[*] 힐베르트가 1905년에 제시한 논리는 1879년의 프레게(Frege)의 체계나 1890년대의 페아노(Peano)의 체계보다 한참 뒤처져 있다. 이 기간의 논리학 이론의 발달에 대해서는 다루지 않겠다(예를 들어 무어(Moore)의 책(1988)을 보라.)

한 체계를 통해 단계 (ii)와 단계 (iii)은 해결할 수 있다. 수학적 증명을 명문화하는 데는 1차 논리로 충분하다는 것이 밝혀졌지만, 흥미롭게도 괴델의 증명 [V.15]이 나오고 나서야 깨닫게 됐다.

증명들을 형식화하면 어떤 증명이든 유한한 조합적 대상이 되어 그 체계의 형식적인 규칙을 따르는 기호들의 배열에 불과해진다는 것이 힐베르트의 주된 통찰이었다. 베르나이스가 말한 대로 이론 T의 연역적 구조를 정수론적 영역으로 '투사'한 것과 마찬가지여서, 이 영역에서 T의 무모순성을 표현하는 게 가능해졌다. 이런 구체화 덕에 형식화한 증명들의 유한적인 연구는 그 이론의 무모순성만 수립하면 충분하다는 것, 즉 T의 무모순성을 표현하는 문장만 증명하면 된다는 희망을 갖게 되었다. 하지만 이런 희망은 기존의 통찰로는 보장되지 않았으며 결국에는 틀린 것으로 드러났다.*

또한 이 프로그램은 논리 계산뿐만 아니라 공리 체계 각각이 완전하다(complete)는 점을 중요하게 상정하고 있다. 간략히 말해서 모든 관련된 결과를 유도할 수 있게 해 줄 만큼 충분히 강력해야 한다는 뜻이다.** 괴델이 증명한 대로 (원시귀납적) 산술을 포함하는 체계에 대해서는 이 가정은 틀린 것으로 밝혀졌다.

힐베르트가 의미한 유한주의(finitism)가 무엇인지 조금 더 얘기할 필요가 있다. (더 자세한 것은 테이트(Tait)의 논문(1981)을 보라.) 유한주의는 1920년

내의 프로그램에서 푸앵카레나 브라우어르와 같은 직관주의자들의 원리를 어느 정도 채용한 중요한 점이며, 힐베르트 자신이 1900년에 고려했던 아이디어로부터는 꽤 벗어난 것이었다. 프레게나 데데킨트와 같은 논리학자들의 관점과는 반대로, 논리나 순수 사고는 우리의 직접적인 경험 속에서 '직관적으로' 주어지는 무언가(기호(sign)나 식(formula))를 요구한다는 것이 핵심 아이디어이다.

1905년 푸앵카레는 산술에 대한 형식적인 무모순성 증명은 긴 식과 증명들에 관한 귀납법으로 이어져야만 하는데, 그러기 위해서는 수립해야 할 대상인 귀납법과 동등한 공리에 의존하게 되므로 순환 논법이 될 것이라는 견해를 피력했다. 힐베르트는 1920년대에 메타수학 수준에서 요구하는 귀납법의 형태는 전면적인 산술적 귀납법보다 훨씬 약한 형태이며, 이 약한 형태는 직관적으로 주어진다고 본 기호들의 유한성에 기초한 것이라고 응수했다. 유한성 수학은 그 이상 정당화나 축소가 필요하지 않다는 것이다.

힐베르트의 프로그램은 처음에는 약한 이론들을 연구하면서 점차 발전해 가다가, 점차 강한 이론으로 나아간다. 형식 체계의 메타이론(metatheory)은 무모순성, 완전성(논리학적 의미로 '완전성'은 체계 내의 계산에서 나타낼 수 있는 참이거나 타당한 식은 모두 내부에서 형식적으로 연역할 수 있음을 뜻한다) 및 여타 성질들을 연구한다. 명제논리(propositional logic)가 무모순이며 완전하다는 것은 금세 증명되었다. 서술적 논리로도 알려진 1차 논리가 완전하다는 것은 괴델이 1929년의 학위논문에서 증명했다. 1920년대를 통틀어 힐베르트와 공

---

* 더 자세한 내용은 예를 들어 지크(Sieg)의 글(1999)을 참고하라.
** 물론 '관련된 결과'라는 개념을 정확히 할 필요가 있다. 그럼으로써 구문론적 완전성 개념이나 의미론적 완전성의 개념에 이르게 된다.

동 연구자들의 이목은 초등 산술과 이들의 하위 체계들을 공략하는 것이었는데, 일단 이 일만 완수되면, 훨씬 더 어렵지만 중요한 실수 이론 및 집합론의 경우로 프로그램이 옮겨갈 것이었다. 아커만(Ackermann)과 폰 노이만이 산술의 몇몇 하위 체계에 대해 무모순성 결과를 확립할 수 있었지만, 1928년부터 1930년 사이 힐베르트는 산술의 무모순성은 이미 정립되었다고 확신하고 있었다. 그러다가 괴델의 불완전성 결과들의 치명타를 맞게 된다(§4 참조).

이 프로그램을 묘사하는 이름 '형식주의'는 힐베르트의 **방법**이 수학 이론 각각을 형식화하고 증명 구조를 형식적으로 연구하는 것으로 구성돼 있다는 데서 나온 것이다. 하지만 이 이름은 다소 편파적이며 심지어는 혼란을 준다. 수학에서 활짝 핀 **철학**인 직관주의와 대비되어 이용될 때 특히 그렇다. 대부분의 수학자들과 마찬가지로 힐베르트 역시 결코 수학을 식을 가지고 노는 단순한 게임이라고 여기지 않았다. 사실 힐베르트는 (비형식적인) 수학 명제들도 의미심장하며, 이들 명제들로 표현된 개념적 내용물에도 깊이가 있다고 종종 강조했다.[*]

3.3 사적인 논쟁들

이런 위기는 지적인 수준에서뿐만 아니라 사적인 수준에서도 전개됐다. 이는 주요 인물들의 개성과 잇따르는 사건들 때문에 최종 결과를 피할 수 없다

---

[*] 예를 들어 로베(Rowe)가 1992년에 편집한 1919~1920년의 강의나, 1930년에 발표한 같은 제목의 논문 「자연과 수학적 이해(*Natur und mathematisches Erkennen*)」에서도 대단히 명시적으로 드러나 있다(『전집(*Gesammelte Abhandlungen*)』 3권을 보라).

는 점에서 비극이라고도 말할 수 있다.

힐베르트와 브라우어르는 둘 다 대단히 고집이 세고 영리했지만 상당히 다른 개성을 갖고 있었다. 브라우어르의 세계관은 이상주의적이었고, 유아론(solipsism)적인 경향을 보였다. 예술적 기질을 지녔으며 별난 사생활을 누렸다. 현대 세계를 경멸했고, 자신의 내부의 삶을 들여다보는 것을 (현실이 항상 그렇지는 않았을지라도 적어도 원리상) 유일한 탈출구로 보았다. 수학계, 특히 그의 주변에 모여든 국제적인 위상수학자 집단 중에 친구들이 있었지만 혼자 연구하는 것을 좋아했다. 힐베르트는 견해나 태도에서 전형적인 근대주의자(modernist)였다. 낙관주의와 이성주의로 가득했고, 자신의 대학, 조국, 국제 사회를 새로운 세계로 선도할 준비가 돼 있었다. 공동 연구에 대단히 호의적이었고, 클라인의 제도 발전 및 세력화 계획에 기꺼이 가담했다.

제1차 세계대전의 영향으로 1920년대 초반 독일인들은 세계수학자대회 참석이 금지돼 있었다. 1928년 마침내 이 금지령이 풀렸을 때 힐베르트는 기회를 놓치지 않았지만, 브라우어르는 독일 대표단에 여전히 부과돼 있는 제한 때문에 분노했고 다른 수학자들을 설득하기 위해 회람 서신을 보내기도 했다. 사실 둘의 관점이 판이하다는 것은 수학자라면 누구나 아는 사실이었기에, 두 사람의 충돌은 이미 예견된 수순이었다. 조금 다른 수준에서 힐베르트는 1920년대 무모순성 증명을 찾아내려는 자신의 계획을 성공시키려는 희망을 품고 반대론자들에게 크게 양보를 한 적이 있다. 브라우어르는 이 사건을 두고 "이론의 제안자로서 책임감 없는 행동"이라고 비난하며 또 한 차례의 양보를 요구했다.[**] 아

마도 힐베르트는 심한 모욕을 느꼈을 것이며, 젊은 세대 최고의 수학자로 여겨지던 브라우어르에게 권위에서 비롯되는 위협을 받았다고 느꼈을 것이다.

최후의 결정타는 1928년의 사건과 더불어 찾아왔다. 브라우어르는 1915년부터 당대 최고의 권위를 자랑하는 수학 학술지 《수학연보(*Mathematische Annalen*)》의 편집인 중 한 명으로 활동해 왔고, 힐베르트는 그보다 앞선 1902년부터 그곳의 편집장으로 있었다. 평소 '악성빈혈'에 시달려온 힐베르트는 질병이 말기에 이르렀다고 생각하고, 학술지의 미래를 위해 브라우어르를 편집진에서 퇴출시키기로 결심했다. 얼마 후 그는 편집인들에게 자신의 소견을 알리는 서신을 돌렸는데, 아인슈타인은 그의 제안은 현명치 못하다며 그 일에는 관여하고 싶지 않다는 답장을 보냈다. 하지만 다른 구성원들은 연장자이고 평소 존경해온 힐베르트를 화나게 하고 싶어 하지 않았다. 마침내 전체 편집진을 해산하고 새 편집진을 구성하는 수상쩍은 절차가 진행되었다. 브라우어르는 이 행동에 대단히 동요했으며, 그 결과 《수학연보》는 기존의 편집주간들이었던 아인슈타인과 카라테오도리(Carathéodory)마저 잃게 되었다(반 데일런(van Dalen, 2005) 참조).

그 후 브라우어르는 수 년 동안 학술지에 논문을 게재하지 않았으며, 몇 권의 책 출간 계획 또한 마무리하지 못했다. 그가 학계에서 사라지고 기존의 정치적 소란이 점차 가라앉으면서 수학에 대한 '위기감'도 점차 사라졌다(헤셀링(Hesseling)의 책(2003)

참조). 그리고 힐베르트는 이후의 논쟁이나 기초론적 발달에는 그다지 개입하지 않았다.

4 괴델과 후유증

힐베르트가 승리를 거둔 부분은 '수학연보 전쟁'뿐만이 아니었다. 수학계 대부분이 현대 수학적 방식으로 연구했기 때문이다. 그러나 1931년 《월간 수학과 물리학(*Monatshefte für Mathematik und Physik*)》 저널에 괴델의 유명한 논문이 게재되면서 힐베르트의 프로그램은 심각한 타격을 받았다. 괴델은 메타수학의 산술화라는 대단히 독창적인 메타수학적 방법을 개발하여 공리적 집합론이나 데데킨트-페아노 산술과 같은 체계가 불완전함을 증명할 수 있었다(괴델의 정리[V.15] 참조). 즉, 그 체계 내의 언어만으로 엄격하게 형식화된 명제 P 중에서 P도 $\neg P$도 그 체계 내에서 형식적으로 증명할 수 없는 것이 존재한다는 것이다.

이 정리는 형식적인 증명으로는 산술적 진위를 포착할 수조차 없다는 것을 보여주기 때문에, 힐베르트의 노력에 이미 심각한 문제가 있음을 보여주고 있다. 하지만 문제는 그뿐만이 아니었다. 괴델의 논증을 자세히 들여다보면 이 최초의 메타수학적 증명 자체도 형식화될 수 있어 '괴델의 두 번째 정리'에 이르게 되는데, 위에 언급한 체계에서는 내부에서 명문할 수 있는 어떤 증명으로도 무모순성을 수립할 수 없다는 것이 명백해졌다. 괴델이 이룩한 메타수학의 산술화를 통해 형식적 산술의 언어 내에서 바로 그 형식 체계의 무모순성을 표현하는 문장을 항상 구축할 수 있다. 그런데 이 문장은 **증명 불**

가능한 명제 중의 하나로 밝혀진다.[*] 이것을 대우명제로 표현하면, 1 = 0의 증명 불가능성에 대한 (형식 산술 체계 내에서 명문화할 수 있는) 유한적이고 형식적인 증명을 그 체계의 모순으로 변환할 수 있다! 따라서 어떤 체계가 (대부분의 수학자들이 확신하고 있듯) 정말 무모순이라면, 그건 유한적으로 증명할 수 없다.

당시 괴델이 '폰 노이만 추측(즉, 무모순성에 대한 유한적인 증명이 있으면, 초등 산술 내에서 형식화 및 성문화할 수 있다)'이라 불렸던 것에 따르면, 두 번째 정리는 힐베르트 프로그램의 실패를 뜻했다 (만코수의 책(1999, p. 38)을 보라. 당시의 반응을 더 보고 싶으면 도슨(Dawson)의 책(1997, pp. 68 이후)을 보라.) 괴델의 부정적인 결과는 순수하게 구성적이고 심지어는 유한적이므로, 기초론적 논쟁의 모든 당사자들에게도 타당하다는 것을 강조한다. 소화하기 어려운 증명들이지만 결국 기초론적 연구에서의 기본 용어들을 재정립하는 데 이르렀다.

수리 논리와 기초론 연구는 **모형 이론**[IV.23]의 번성과 함께 겐첸(Gentzen) 스타일의 증명 이론으로 훌륭하게 발달했는데, 이 모든 것이 20세기 초반 30여 년의 기초론 연구에 뿌리를 두고 있다. 체르멜로-프렝켈 공리계로도 오늘날의 수학 대부분에 엄밀한 기초를 제공하는 데는 충분하고, 집합의 '반복적' 개념의 용어로[**] 상당히 신뢰할 만한 직관적 정당

화가 가능하다. 하지만 일반적으로 기초론의 연구는 본래의 야심찬 목표를 달성하는 대신 '수학자들은 수학적 활동의 소용돌이 속으로 끌려갔으며, 이제는 수학적 평의회 내에서 완전한 참정권을 누리고 있다'는[***] 느낌을 준다.

하지만 이런 인상은 다소 피상적이다. 증명 이론도 발달하여 고전적인 이론들을 구성적이라고 간주할 수 있는 체계들로까지 주목할 만하게 환원시켰다. 놀라운 예로는 산술의 보수적인 확장 (conservative extension), 즉 산술의 언어를 확장한 체계로 산술의 모든 정리를 포함할 뿐만 아니라 산술의 언어 내에서는 새로운 결과가 없다는 의미에서 '보수적인' 체계 내에서 해석학을 형식화할 수 있다는 것이다. 심지어 해석학의 일부는 원시귀납적 산술(primitive recursive arithmetic)의 보수적인 확장 내에서 발달시킬 수도 있다(페퍼만(Feferman)의 책 (1998)을 보라). 이로부터 적절한 구성적 이론의 수용성의 기초를 마련할 수 있는 철학적 기반은 무엇이냐는 질문이 제기된다. 하지만 이런 체계들에 대해 이 질문은 힐베르트의 유한주의 수학에 대한 질문보다 훨씬 더 복잡하다. 아직까지는 일반적인 합의에 이르지 못했다고 말하는 것이 공정할 것 같다.

근원이 무엇이며 무슨 정당화가 가능하든, 수학

---

[*] 더 자세한 내용은 예를 들어 스멀리언(Smullyan)의 책(2001)이나 판 헤이예노르트의 책(1967) 혹은 수리 논리학에 대한 좋은 입문서들을 보라. 두 가지 정리 모두 힐베르트, 베르나이스(1934/39)에 의해 조심스럽게 증명됐다. 잘못 쓰여진 해설서와, 괴델의 결과를 잘못 해석한 것이 넘쳐난다.

[**] 집합론적 우주를 다음과 같은 연산을 반복한 산물이라고 보는

것이 기본 아이디어이다. 먼저 기본 영역 V_0(유한 집합일 수도 있고, 심지어는 Ø일 수도 있다)에서 출발하여 이 영역 내의 원소들이 이루는 가능한 **집합들**을 구성하여 새로운 영역 V_1을 준 뒤, $V_0 \cup V_1$을 구성하고 이를 (무한을 넘어서까지!) 반복한다. 이로부터 체르멜로가 1930년에 능숙하게 묘사한 열린 결말의 집합론적 우주가 만들어진다. 반복적 집합관에 대해서는 예를 들어 베나세라프, 퍼트남의 마지막 논문들(1983)을 보라.

[***] 지안-카를로 로타(Gian-Carlo Rota)의 글(1973)에서 나온 표현을 인용했다.

이란 인간의 활동이다. 이 뻔한 얘기는 이 이야기의 후속 전개에서 명백해질 것이다. 수학계는 '고전적'인 아이디어와 방법을 버리길 거부했고, 구성주의자들의 '혁명'은 도중하차했다. 형식주의는 실패에도 불구하고, 실제로는 20세기 수학자들의 공공연한 이데올로기로 자리매김했다. 주중에는 대단히 현실적인 수학적 대상을 연구하다가 일요일에만 교회에 출석하는 사람들의 신앙보다도 형식주의가 덜 현실적인 믿음이라고 언급한 이들도 있다. 어떤 부르바키[VI.96] 일원이 말한 대로 수학자들이 근무일에 수학적 플라톤주의를 버린 건 수학 지식에 관련한 달갑지 않은 철학적 질문에 대해 준비된 대답이 필요할 때뿐이었다.

형식주의가 자의식이 강하고, 자율적인 수학 연구자들 세계의 욕구에는 대단히 잘 맞았다는 걸 주목해야 한다. 이들은 형식주의 때문에 완전히 자유롭게 주제를 선택하고, 이를 연구하기 위해 현대적 방법을 채택할 수 있었다. 하지만 사색적인 수학자들에게는 형식주의가 답이 아니라는 것이 명백해진 지는 오래됐다. 수학적 지식에 대한 인식론적 질문들은 '세상으로부터 제거'되지 않았다. 철학자, 역사가, 인지 과학자 등등은 이의 내용과 발달을 이해하는 더 적합한 방식을 계속 찾고 있다. 말할 것도 없이 이는 수학 연구자들의 자율성을 위협하지 않는다. 자율성을 걱정하는 대신 시장과 다른 세력들이 우리에게 부과한 입력에 대해 걱정하는 게 아마 더 나을 것이다.

(준)구성주의와 현대 수학 모두 계속 발달해 왔다. 이들 사이의 대비는 그냥 통합돼 버렸다. 현역 수학자들의 99% 정도는 '현대적'이기 때문에 다소

균형을 잃었지만 말이다(그런데 수학에 대한 올바른 방법에 관한 문제에서 통계가 중요할까?). 아다마르[VI.65]는 프랑스에서의 논쟁에 대해 언급하며 1905년에 '수학에는 눈에 띄는 두 가지 신념, 두 가지 사고방식이 있다'고 썼다. 지금에 와서는 두 접근법 모두 가치가 있으며, 서로를 보충하면서 평화롭게 공존할 수 있다고 인식되고 있다. 특히 효과적인 방법, 알고리즘, 계산 수학에 대한 관심은 최근 몇십 년 동안 눈에 띄게 성장했는데, 이 모든 것이 구성주의 전통에 더 가까운 것이다.

기초론의 논쟁은 공리적 집합론의 형식화, 직관주의의 발흥을 포함하여 풍부한 아이디어와 결과, 핵심 통찰과 발전을 유산으로 남겼다. 공리계를 정제하여 현대적 수리 논리가 출현한 것이 이런 발전 가운데 가장 중요한 것 중의 하나인데, 1936년경에는 반복성과 계산가능성의 이론에 이르게 된다(알고리즘[II.4 §3.2] 참조). 그 과정에서 형식 체계의 특징, 가능성, 한계에 대한 이해가 상당히 명확해졌다.

모든 논쟁을 통틀어 가장 뜨거웠던 쟁점이자 주요 원천이었던 것 중의 하나는 연속체를 어떻게 이해하느냐는 질문이었다. 여러분은 아마도 실수에 대한 집합론적 이해와, 연속체가 점들로 '구성돼'있다는 생각을 거부했던 브라우어르의 견해를 기억할 것이다. 칸토어의 연속체가설(continuum hypothesis)에 대한 결과로 인해 이것이 더욱 미궁 속의 문제였다는 사실이 드러났다. 연속체가설이란 실수 집합의 기수가 두 번째 초한기수(transfinite cardinal)인 $\aleph_1$이라는 추측을 말하는데, 혹은 이와 동치로 $\mathbb{R}$의 모든 무한 부분집합은 $\mathbb{N}$ 또는 $\mathbb{R}$ 중 하나와 일대일대

응한다는 추측이다. 1939년 괴델은 연속체가설이 공리적 집합론과 무모순임을 증명했지만, 1963년 폴 코헨(Paul Cohen)은 연속체가설이 이들 공리계와 독립임을(즉, 연속체가설을 부정한 것이 **공리적 집합론**[IV.22 §5]과 무모순임을) 증명했다. 몇몇 수학자들이 연속체에 대한 대안적 접근법을 제안하고 있으며, 일부는 칸토어의 질문을 해결할 새롭고 설득력 있는 집합론적 원리를 찾으려고 애쓰고 있기 때문에 이 문제는 지금도 살아 있다(우딘(Woodin)의 책(2001)을 보라).

기초론적 논쟁은 현대 수학의 독특한 스타일과 방법론, 특히 소위 수학적 플라톤주의나 현대 수학의 존재성 관련 특징(베나세라프, 퍼트남(1983)에서 베르나이스가 1935년에 쓴 고전적인 논문 참조), 즉 (적어도 여기서는) 형이상학적 존재성이라는 의도했던 함의보다는 방법론적 특징을 명확히 하는데 결정적인 방식으로 기여하기도 했다. 현대 수학은 인간 혹은 기계가 효율적인 정의와 구성을 수용할 수 있느냐는 것과는 독립적으로 주어진 원소들을 고려하여 구조를 탐구한다. 놀라워 보일 수도 있지만, 이런 특징은 과학적 사고라는 더 일반적인 특징과 과학 현상의 모형화 안에서 수학 구조가 하는 역할을 통해 설명할 수 있을 것이다.

결국 논쟁으로 인해 수학 및 수학의 현대적 방법들은 여전히 중요한 철학적 문제들로 둘러싸여 있음이 명백해졌다. 상당량의 수학적 지식을 당연하게 여길 수 있으면, 확실성과 명확성으로 명성이 자자한 수학을 사용해 정리들을 확립하고 문제들을 풀 수 있다. 하지만 가장 기본적인 것만 갖춘 출발점을 드러내 놓으면 철학적 문제들을 피할 수 없다. 여기까지 읽은 독자들은 특히 직관주의에 대한 논의뿐만 아니라 힐베르트 프로그램 뒤의 기본 아이디어, 그리고 형식적인 수학과 대응하는 비형식적인 수학 사이의 관계에 대한 문제들이, 괴델의 정리들로 인해 주목을 받게 되었음을 느꼈을 것이다.

감사의 글. 마크 반 아텐(Mark van Atten), 제레미 그레이(Jeremy Gray), 파올로 만코수(Paolo Mancosu), 호세 루이즈(José F. Ruiz), 윌프레드 지크(Wilfried Sieg)와 이 글의 초고에 대해 유용한 언급을 해 준 편집자들에게 감사한다.

더 읽을거리

베르나이스, 브라우어르, 칸토어, 데데킨트, 괴델, 힐베르트, 크로네커, 폰 노이만, 푸앵카레, 러셀, 바일, 체르멜로 등이 쓴 관련 글을 모두 나열하는 것은 불가능하다. 독자들은 판 헤이예노르트(1967), 베나세라프, 퍼트남(1983), 하인츠만(Heinzmann, 1986), 에발트(1996), 만코수(1998)의 자료집에서 찾을 수 있을 것이다.

Benacerraf, P., and H. Putnam, eds. 1983. *Philosophy of Mathematics: Selected Readings*. Cambridge： Cambridge University Press.

Dawson Jr., J. W. 1997. *Logical Dilemmas: The Life and Work of Kurt Gödel*. Wellesley, MA： A. K. Peters.

Ewald, W., ed. 1996. *From Kant to Hilbert: A Source*

Book in the Foundations of Mathematics, 2 vols. Oxford: Oxford University Press.

Feferman, S. 1998. *In the Light of Logic*. Oxford: Oxford University Press.

Ferreirós, J. 1999. *Labyrinth of Thought: A History of Set Theory and Its Role in Modern Mathematics*. Basel: Birkhäuser.

Heinzmann, G., ed. 1986. *Poincaré, Russell, Zermelo et Peano*. Paris: Vrin.

Hesseling, D. E. 2003. *Gnomes in the Fog: The Reception of Brouwer's Intuitionism in the 1920s*. Basel: Birkhäuser.

Heyting, A. 1956. *Intuitionism: An Introduction*. Amsterdam: North-Holland. Third revised edition, 1971.

Hilbert, D., and P. Bernays. 1934/39. *Grundlagen der Mathematik*, 2 vols. Berlin: Springer.

Mancosu, P., ed. 1998. *From Hilbert to Brouwer: The Debate on the Foundations of Mathematics in the 1920s*. Oxford: Oxford University Press.

———. 1999. Between Vienna and Berlin: the immediate reception of Gödel's incompleteness theorems. *History and Philosophy of Logic* 20: 33-45.

Mehrtens, H. 1990. *Moderne—Sprache—Mathematik*. Frankfurt: Suhrkamp.

Moore, G. H. 1982. *Zermelo's Axiom of Choice*. New York: Springer.

———. 1998. Logic, early twentieth century. In *Routledge Encyclopedia of Philosophy*, edited by E.

Craig. London: Routledge.

Rowe, D. 1992. *Natur und mathematisches Erkennen*. Basel: Birkhäuser.

Sieg, W. 1999. Hilbert's programs: 1917-1922. *The Bulletin of Symbolic Logic* 5: 1-44.

Smullyan, R. 2001. *Gödel's Incompleteness Theorems*. Oxford: Oxford University Press.

Tait, W. W. 1981. Finitism. *Journal of Philosophy* 78: 524-46.

van Atten, M. 2003. *On Brouwer*. Belmont, CA: Wadsworth.

van Dalen, D. 1999/2005. *Mystic, Geometer, and Intuitionist: The Life of L. E. J. Brouwer.* Volume I: *The Dawning Revolution.* Volume II: *Hope and Disillusion*. Oxford: Oxford University Press.

van Heijenoort, J., ed. 1967. *From Frege to Gödel: A Source Book in Mathematical Logic*. Cambridge, MA: Harvard University Press. (Reprinted, 2002.)

Weyl, H. 1918. *Das Kontinuum*. Leipzig: Veit.

Whitehead, N. R., and B. Russell. 1910/13. *Principia Mathematica*. Cambridge: Cambridge University Press. Second edition 1925/27. (Reprinted, 1978.)

Woodin, W. H. 2001. The continuum hypothesis, I, II. *Notices of the American Mathematical Society* 48: 567-76, 681-90.

옮 긴 이 _ 정 경 훈

PART III

수학적 개념

Mathematical Concepts

III.1 선택 공리

다음 문제를 생각해 보자. $a + b$나 ab가 유리수인 두 무리수 a, b를 찾는 것은 (두 경우 모두 $a = \sqrt{2}$와 $b = -\sqrt{2}$를 택하면 되므로) 어렵지 않다. 그렇다면 a^b이 유리수인 예도 있을까? 그렇다는 답을 주는 우아한 증명이 있다. $x = \sqrt{2}^{\sqrt{2}}$이라 하자. x가 유리수라면 필요한 예를 얻는다. x가 무리수인 경우에도 $x^{\sqrt{2}} = \sqrt{2}^2 = 2$가 유리수이므로 역시 예를 얻는다.

이 논증으로 a^b이 유리수인 무리수 a, b가 있을 수 있다는 사실을 확증할 수 있다. 그런데 이 증명에는 아주 흥미로운 특징이 있다. 실제로 그런 무리수 a, b를 제시하지 못한다는 점에서 비구성적(non-constructive)이라는 점이 그렇다. $a = b = \sqrt{2}$를 택할 수도 있고, $a = \sqrt{2}^{\sqrt{2}}$과 $b = \sqrt{2}$를 택할 수도 있다는 것만 말해준다. 두 대안 중 어느 것이 성립할지는 말해주지 못할 뿐만 아니라, 그걸 어떻게 알아낼 것인지에 대한 단서도 전혀 주지 못한다.

일부 철학자들 및 철학에 크게 영향받은 수학자들은 이런 종류의 논증을 곤란하게 여겼지만, 이 논증은 적어도 주류 수학에서는 완전히 받아들여지고 있으며, 중요한 추론 방식으로 사용된다. 형식적으로 우리는 '배중률(law of excluded middle)'에 호소해 왔다. 원하는 진술의 부정이 참일 수 없음을 보여서 진술 자체가 참이어야 한다고 연역한 것이다. 보통 사람들은 위의 증명에 대해 어떤 의미에서 타낭하지 않다고 반응하기보다는, 단지 그것의 비구성적인 성격이 다소 놀랍다는 반응을 보인다.

그렇지만 비구성적 증명을 만났을 때, 자연스럽게 구성적 증명이 있는지에 대해 자문해 볼 수 있다.

어떤 진술이 참이라는 것을 증명하는 것은 참임을 확인하기 위한 것뿐만 아니라 왜 참인지에 대한 아이디어를 얻기 위함이기 때문에, 실제로 구성적 증명인 경우 진술에 대한 통찰력을 더 얻을 수 있다는 점은 중요하다. 물론 구성적 증명이 있냐는 질문은 비구성적 증명이 타당하지 않음을 암시하는 것이 아니며, 다만 구성적 증명이 있는 게 진술을 이해하는 데 더 유익하다는 것뿐이다.

선택 공리(axiom of choice)는 다른 집합들로부터 새로운 집합을 구성할 때 사용하는 몇 가지 규칙 중 하나다. 임의의 집합 A의 부분집합을 모두 모은 집합을 만들 수 있다는 진술(멱집합 공리(power-set axiom)라 부른다)이나, 임의의 집합 A와 어떠한 성질 p에 대해서도 p를 만족하는 A의 원소를 모두 모은 집합을 만들 수 있다는 명제(내포 공리(axiom of comprehension)라 부른다)가 그러한 규칙들의 전형적인 예이다. 간략히 말해, 선택 공리는 어떤 집합을 구성할 때 명시적이지 않은 선택을 임의의 횟수만큼 허용한다는 것을 말해준다.

다른 공리들과 마찬가지로 선택 공리도 너무 자연스러워 보여서 사용하면서도 사용한다는 사실을 알아채지 못할 수도 있고, 실제로도 최초로 형식화되기 전에도 많은 수학자들이 이미 그것을 사용해 왔다. 무슨 뜻인지 감을 잡기 위해, 가산집합[III.11]들로 이루어진 가산(countable) 모임의 합집합을 취하면 가산이라는, 잘 알려진 증명을 살펴보자. 이 모임이 가산이라는 사실로부터 이 집합들은 $A_1, A_2, A_3, \cdots$으로 늘어 놓을 수 있고, 각 집합 A_n이 가산이라는 사실로부터 이 집합의 원소들을 $a_{n1}, a_{n2}, a_{n3}, \cdots$처럼 쓸 수 있다. 그런 뒤 원소 a_{nm} 모두를 세는 체계적인 방법을 찾아내서 증명을 마친다.

이 증명에서는 명시적이지 않은 선택을 무한번 했다. 각 A_n이 가산집합이라고 했기 때문에 각 A_n에 대해 명시적인 선택 방법은 주지 않은 채 원소들을 '선택'하여 나열했다. 더욱이 집합 A_n에 대해 아무것도 모르므로, 원소들을 나열할 방법을 선택하는 것이 불가능함은 명백하다. 이런 언급은 증명이 무효라는 것이 아니라, 비구성적이라는 것을 확실히 보여준다. (하지만 집합 A_n이 무엇인지 아는 경우, 각원소를 구체적으로 나열할 수 있을 수도 있으며, 그때는 그 특정 집합들의 합집합이 가산집합이라는 사실을 구성적으로 증명할 수 있음에 주목하라.)

또 다른 예를 살펴보자. 어떤 그래프[III.34]의 꼭짓점들을 두 개의 집단 X, Y로 나누어, 같은 집단에 들어 있는 어떤 두 꼭짓점도 변으로 연결되지 않게 할 수 있을 때 이분그래프(bipartite graph)라고 말한다. 예를 들어 모든 짝 사이클(cycle)(원 하나 위에 짝수 개의 점을 늘어 놓고, 이웃한 점끼리 이은 그래프)은 이분그래프지만, 홀 사이클은 그렇지 않다. 서로소인 무한개의 짝 사이클의 합집합은 이분그래프일까? 물론 그렇다. 각 사이클 C를 두 개의 집단 X_C 및 Y_C로 나누고, X를 X_C들의 합집합이라 두고 Y를 Y_C들의 합집합이라 두면 되기 때문이다. 하지만 각 사이클 C에 대해 어떤 것을 선택하여 X_C라 부르고 어떤 것을 선택하여 Y_C라 부를 것인가? 이번에도 방법을 명시적으로 줄 수는 없으므로, (터놓고 말하지는 않았지만) 선택 공리를 사용한 것이다.

일반적으로 공집합이 아닌 집합들의 모임 X_i가 주어졌을 때, 각 집합에서 원소 x_i를 선택할 수 있다는 명제가 선택 공리이다. 더 정확히 말해, i가 어떤 첨자 집합 I 위에서 움직일 때 각 X_i가 공집합이 아니면, 모든 i에 대해 $f(i) \in X_i$를 만족하는 I에서 정의된 함수 f가 존재한다는 명제이다. 이러한 함수 f를 이 모임의 선택함수(choice function)라 부른다.

집합이 하나일 때는 이런 규칙이 따로 필요하지 않다. 사실 집합 X_1이 공집합이 아니라는 진술은 정확히 $x_1 \in X_1$인 x_1이 있다는 진술과 같다. (더 형식적으로는 1을 x_1로 보내는 함수 f가 집합 X_1 하나로 이루어진 '모임'의 선택함수라고 말할 수 있다.) 집합이 두 개거나 집합들의 모임이 유한할 때도 집합의 개수에 대한 귀납법을 써서 선택함수가 존재함을 증명할 수 있다. 하지만 무한히 많은 집합인 경우, 집합을 구성하는 다른 규칙들을 사용해서는 선택함수의 존재성을 연역할 수 없다는 것이 밝혀졌다.

왜 사람들은 선택 공리를 가지고 호들갑을 떠는 걸까? 이 공리를 증명에 사용하면 그 부분은 자동적으로 비구성적이기 때문이다. 이는 공리의 진술 자체에 반영돼 있다. '두 집합의 합집합을 만들 수 있다'처럼 우리가 이용하는 다른 규칙은 그 성질(u가 $X \cup Y$의 원소라는 것은 u가 X의 원소이거나 Y의 원소이거나 둘 다의 원소인 것이다)에 의해 유일하게 정의된다고 주장할 수 있다. 하지만 선택 공리인 경우에는 그렇지 않다. 존재성 주장의 대상인 선택함수를 성질에 의해 유일하게 구체화할 수 없으며, 선택 공리에는 보통은 선택함수가 많다.

이런 이유 때문에 선택 공리에 무슨 잘못은 없지만, 그것이 구성적이지 않은 증명이라는 사실에 주의를 주기 위해, 이를 사용할 경우 선택 공리를 사용했음을 알리는 것이 좋다는 것이 주류 수학계의 일반적인 관점이다.

선택 공리와 연관된 증명의 진술 중 한 예로 바나흐-타르스키 역설[V.3]이 있다. 이 역설은 단단한 단위 구면을 유한개의 부분집합으로 쪼갠 후, (회전, 반사, 평행이동을 이용하여) 재조립하여 두 개의 단단한 단위 구면을 만드는 방법이 있음을 주장한다. 증명에서는 이런 집합을 정의하는 구체적인 방법은 제공하지 않는다.

선택 공리가 '바람직하지 않은' 혹은 '대단히 직관에 반하는' 결과를 낸다는 주장도 가끔 있으나, 조금 더 생각하면 사실 우리가 고려하는 대부분의 결과는 직관에 반하지 않는다. 예를 들어 위의 바나흐-타르스키 역설을 생각해 보자. 왜 이상하고 역설처럼 보일까? 이는 부피가 보존되지 않았다고 느끼기 때문이다. 사실 이런 느낌은 공을 분해하여 얻은 부분집합들 전체에 의미 있는 부피를 부여할 수는 없다는 엄밀한 논증으로 바꿀 수 있다. 하지만 이는 전혀 역설이 아니다. 다면체처럼 좋은 집합의 부피는 무슨 뜻인지 말할 수 있지만, 구면의 부분집합 모두에 합리적인 부피를 정의할 수 있다고 추정할 아무런 근거가 없다. (측도론(measure theory)이라 부르는 주제를 이용하여 가측 집합[III.55]이라는 대단히 넓은 범위의 집합에 부피를 줄 수 있지만, 모든 집합이 가측 집합이라고 믿을 근거는 전혀 없으며, 사실 가측 집합이 아닌 집합이 있다는 것 역시 선택 공리를 사용하여 증명할 수 있다.)

우리가 논의했던 기본 꼴보다 평상시의 수학에서 더 자주 사용하는 선택 공리의 다른 형태가 두 가지 있다. 하나는 정렬 원리(well-ordering principle)라는 것으로 모든 집합은 정렬집합[III.66]이 될 수 있다는 진술이다. 또 하나는 초른의 보조정리(Zorn's lemma)로, 적절한 상황하에서 '극대(maximal)' 원소가 존재한다는 명제를 말한다. 예를 들어 벡터공간에서 극대이며 일차독립인 집합을 기저(basis)라고 하는데, 벡터공간 내의 일차독립인 집합들의 모임에 초른의 보조정리를 적용하여 모든 벡터공간에 기저가 있음을 증명할 수 있는 것으로 밝혀졌다.

집합의 다른 구성 원리들을 가정할 때 이 두 가지 진술 각각이 선택 공리를 함의하며, 거꾸로 선택 공리로부터 이들을 연역할 수도 있다. 이러한 점에서 이들 진술은 선택 공리와 동치이기 때문에, 이들 명제를 선택 공리의 다른 형태라 부른 것이다. 실수 집합을 정렬하거나, 실수열 전체의 벡터공간에서 기저를 찾는 데 몇 분쯤 소모해 보면, 이 두 가지 형태의 공리가 왜 비구성적인지 감을 잡을 수 있을 것이다.

선택 공리에 대해 더 많은 것, 특히 형식적 집합론의 다른 공리들과의 관계에 대해서 더 알고 싶은 독자들은 집합론[IV.22]을 보라.

III.2 결정 공리

다음과 같은 '무한 게임'을 생각해 보자. 두 명의 참가자 A, B가 A부터 시작하여 번갈아 가면서 자연수를 하나씩 댄다. 이를 통해 그들은 무한 수열을 만들게 된다. 이 수열이 '궁극적으로 주기적'이면 A가 이기고, 그렇지 않으면 B가 이긴다고 하자. (궁극적으로 주기적인 수열이란 1, 56, 4, 5, 8, 3, 5, 8, 3, 5, 8, 3, 5, 8, 3, …처럼 어느 정도 이후에 반복되는 규칙성을 갖는 수열을 말한다.) 궁극적으로 주기적인 수열은 상당히 특별한 것이므로, B에게 필승 전략이 있다는 것을 보이는 것은 어렵지 않다. 하지만 모든 유한 수열은 궁극적으로 주기적인 수많은 수열의 시작 부분이기 때문에, 이 게임의 어느 단계에서든 (B의 경기력이 좋지 않으면) A가 이길 가능성은 항상 존재한다.

더 일반적으로 무한한 자연수열들의 모임 S마다 다음과 같이 대응하는 무한 게임을 하나 만들 수 있다. A의 목적은 만들어지는 수열이 S 안에 있도록 하는 것이고, B의 목적은 그 반대이다. 두 참가자 중 한 명에게 필승 전략이 있는 경우, 결과로 얻는 게임이 **결정돼 있다**(determined)고 한다. 이미 보았듯이 S가 궁극적으로 주기적인 수열의 집합인 경우 이 게임은 결정돼 있으며, 사실 아무렇게나 쓴 집합 S에 대응하는 게임이 거의 결정돼 있다는 것을 보이기는 쉽다. 그럼에도 불구하고, 결정되지 않는 게임이 존재한다는 것이 밝혀졌다. ('A에게 필승 전략이 없으면 A는 승리를 보장할 수 없으므로, B에게 필승 전략이 있어야 한다'라는 그럴듯해 보이는 논증이 어디서 무너지는지 보는 것은 유익한 연습문제이다.)

비결정 게임을 구성하는 것이 그다지 어렵지는 않지만, 구성에는 **선택 공리**[III.1]를 사용한다. 간략히 말하면 가능한 모든 전략을 정렬할 때, 각 전략이 무한 수열들보다 더 적은 선행 전략을 갖도록 정렬할 수 있고, 그런 뒤 서로 상대방의 필승 전략이 되지 않게끔 S나 그 여집합에 속한 수열들을 번갈아 가면서 선택하는 것이다.

결정 공리(axiom of determinacy)는 모든 게임이 결정된다는 주장이다. 선택 공리와는 상충하지만, 선택 공리가 **없는** 체르멜로-프렝켈 공리계[III.99]에 이 공리를 더하면 흥미로워진다. 예를 들어 많은 실수 집합이 르베그 가측 집합이라는 등 놀랍게도 좋은 성질을 갖는다는 것이 유도된다. 결정 공리의 변형들은 큰 기수(cardinal)의 이론과 밀접하게 관련돼 있다. 더 자세한 것은 **집합론**[IV.22]을 보라.

바나흐 공간

노름 공간과 바나흐 공간[III.62]을 보라.

III.3 베이즈 분석

한 쌍의 표준 주사위를 던진다고 해 보자. 두 눈의 합이 10일 확률은 $\frac{1}{12}$인데, 주사위가 나오는 방법의 수 36가지 중 세 가지(4와 6, 5와 5, 6과 4)가 합이 10이기 때문이다. 그러나 첫 번째로 던진 주사위의 눈이 6이었다고 하면, 이 정보가 주어진 경우 합이 10일 **조건부 확률**(conditional probability)은 (다른 주사위의 눈이 4일 확률이어야 하므로) $\frac{1}{6}$이다.

일반적으로 B가 주어질 때 A의 확률은 A와 B의 확률을 B의 확률로 나눈 것으로 정의한다. 기호로는 다음과 같이 쓴다.

$$\mathbb{P}[A \mid B] = \frac{\mathbb{P}[A \wedge B]}{\mathbb{P}[B]}.$$

이로부터 $\mathbb{P}[A \wedge B] = \mathbb{P}[A \mid B]\mathbb{P}[B]$가 나온다. 한편 $\mathbb{P}[A \wedge B]$는 $\mathbb{P}[B \wedge A]$와 같다. 따라서

$$\mathbb{P}[A \mid B]\mathbb{P}[B] = \mathbb{P}[B \mid A]\mathbb{P}[A]$$

이다. 왼편은 $\mathbb{P}[A \wedge B]$이고 오른편은 $\mathbb{P}[B \wedge A]$이기 때문이다. $\mathbb{P}[B]$로 나누면 베이즈 정리(Bayes's theorem)

$$\mathbb{P}[A \mid B] = \frac{\mathbb{P}[B \mid A]\mathbb{P}[A]}{\mathbb{P}[B]}$$

를 얻는데, B가 주어질 때 A의 조건부 확률을 A가 주어질 때 B의 조건부 확률로 나타내는 정리이다.

미지의 **확률 분포**[III.71]로 주어진 무작위 데이터를 분석하는 것이 통계학에서의 근본적인 문제이다. 이때 베이즈 정리가 중요한 기여를 한다. 예를 들어 공정한 동전을 던졌는데 그중 앞면이 세 번 나왔다고 하자. 동전을 던진 횟수가 1번부터 10번 사이라고 했을 때, 몇 번 던졌는지 추측하고 싶다고 하자. H_3이 동전 세 개가 앞면이 나오는 사건을 나타낸다고 하고, C를 동전의 수라 하자. 그러면 1부터 10까지의 각 n에 대해 조건부 확률 $\mathbb{P}[H_3 \mid C = n]$을 계산하는 것은 어렵지 않지만, 우리가 알고 싶은 것은 그 반대, 즉 $\mathbb{P}[C = n \mid H_3]$이다. 베이즈 정리에 따라 이 값은 다음과 같다.

$$\mathbb{P}[H_3 \mid C = n] \frac{\mathbb{P}[C = n]}{\mathbb{P}[H_3]}.$$

이로부터 $\mathbb{P}[C = n]$일 확률을 알 경우 다양한 조건부 확률 $\mathbb{P}[C = n \mid H_3]$ 사이의 비율을 구할 수 있다. 보통 $\mathbb{P}[C = n]$은 알지는 **못하지만** 일종의 추측은 할 수 있는데, 이를 **선행 분포**(prior distribution)라고 한다. 동전의 앞면이 세 개가 나왔다는 것을 알기 전, 1과 10 사이의 n에 대해 n개의 동전을 던졌을 확률을, 예를 들어 $\frac{1}{10}$이라고 추측할 수 있다. 이런 정보를 얻은 후, 위의 계산을 이용하여 평가를 수정하면 $C = n$일 확률이 $\frac{1}{10}\mathbb{P}[H_3 \mid C = n]$에 비례하게 되는 **후행 분포**(posterior distribution)을 얻는다.

베이즈 분석은 단순히 베이즈 정리를 적용하여 선행 확률을 후행 확률로 대체하는 것 이상이다. 특히 바로 위에서 예로 든 것처럼 명백한 선행 확률이 항상 있는 건 아니어서, 여러 가지 방식으로 '최적'인 선행 확률을 골라내는 방법을 고안하는 것은 미묘하면서도 흥미로운 수학 문제이다. 더 깊은 논의를 위해서는 **수학과 의료 통계학**[VII.11]과 **수리 통계학**[VII.10]을 보라.

III.4 꼬임군
존슨 F. E. A. Johnson

각각 n개의 구멍이 나 있는 평행한 두 평면을 취하자. 각 평면에 난 구멍에 1부터 n까지 번호를 붙이고, 첫 번째 평면의 구멍에서부터 두 번째 평면의 구멍까지 같은 구멍에는 두 줄이 들어가지 않도록 줄을 늘어뜨리자. 얻어지는 결과를 n-꼬임(n-braid)이라 부른다. 서로 다른 3-꼬임 두 개의 2차원 사영을 **매듭 다이어그램**[III.44]과 비슷한 방식으로 그림 1에 나타내었다.

다이어그램에서 짐작할 수 있듯이 우리는 줄을 왼쪽에서 오른쪽으로 움직이되 '되돌아가시 않도록' 제한하기 때문에, 예를 들어 줄에 매듭이 지어지는 것은 허용하지 않는다.

꼬임을 기술할 때 몇 가지 자유가 허용된다. 줄의

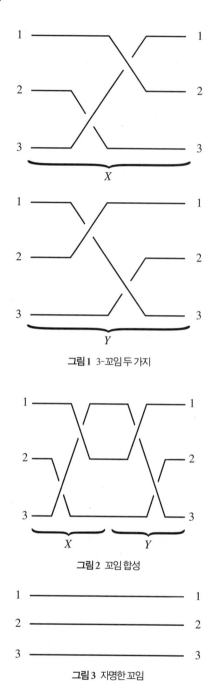

그림 1 3-꼬임 두 가지

그림 2 꼬임 합성

그림 3 자명한 꼬임

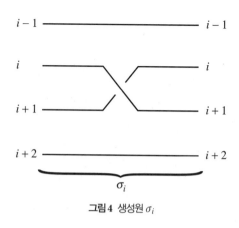

그림 4 생성원 σ_i

의 '같다'는 개념은 꼬임 동위(braid isotopy)라 부르는 동치관계[I.2 §2.3]이다.

꼬임들을 다음처럼 합성할 수 있다. 공통의 (중간) 평면에서 두 꼬임의 끝과 끝을 짝지어주고, 줄을 이은 후 중간 평면을 없앤다. 그림 2는 그림 1에서의 꼬임 X와 Y를 합성한 XY를 나타낸 것이다.

이러한 합성 개념에 의해 n-꼬임들은 군 B_n을 이룬다. 위의 예에서는 $Y = X^{-1}$인데 '줄을 탄탄하게 잡아당기면', XY가 항등원으로 작용하는 **자명한 꼬임**(그림 3)과 꼬임 동위임을 보일 수 있기 때문이다.

자명한 꼬임의 i번째 줄과 $i + 1$번째 줄을 엇갈리게 하여 그림 4에서와 같이 만든 꼬임을 σ_i라 할 때, 군 B_n은 원소 $(\sigma_i)_{1 \leq i \leq n-1}$들에 의해 생성된다. 독자들은 생성원 σ_i와 $\{1, 2, \cdots, n\}$ 위의 **치환군**[III.68] S_n을 생성하는 호환(transposition)이 유사하다는 것을 인지할 수 있을 것이다. 사실 임의의 꼬임은 다음 규칙에 의해 치환을 하나 결정한다.

$i \mapsto$ 'i번째 줄의 오른쪽 끝에 붙은 숫자'.

끝점에서의 행동 이외의 것을 모두 무시하면, σ_i를

양끝은 고정시킨 채 줄을 끊거나 서로를 뚫고 지나가지 않는 한, 늘이거나, 줄이거나, 구부리거나, '같은' 꼬임이 되는 여타 3차원 이동을 허용한다. 이때

호환 $(i, i+1)$로 보내는 전사 준동형사상(homomorphism) $B_n \to S_n$을 준다. 하지만 B_n이 무한군이므로 이 사상은 동형사상(isomorphism)은 아니다. 사실 σ_i는 위수(order)가 무한이지만, 호환 $(i, i+1)$은 제곱하면 항등치환이다. 아르틴[VI.86]은 유명한 1925년의 논문 「꼬임 이론(*Theorie der Zopfe*)」에서 B_n의 곱(합성)은 다음 두 종류의 관계식이 완전히 결정한다는 것을 보였다.

$$\sigma_i \sigma_j = \sigma_j \sigma_i \quad (|i - j| \geqslant 2),$$
$$\sigma_i \sigma_{i+1} \sigma_i = \sigma_{i+1} \sigma_i \sigma_{i+1}.$$

이 관계식들은 훗날 통계 물리학에서 양-백스터 방정식(Yang-Baxter equation)이라 알려진 것 때문에 중요하다.

생성원과 관계식으로 정의한 군에서, 생성원으로 나타낸 임의의 단어가 항등원인지 결정하는 것은 모든 경우에 균일하게 통하는 방법이 없다는 점에서 보통은 어렵다(기하적/조합적 **군론**[IV.10] 참조). 아르틴은 B_n에 대해서 '꼬임을 빗질하여' 이 문제를 기하학적으로 풀었다. 가르사이드(Garside)의 다른 대수적인 방법(1967)은 B_n의 두 원소가 언제 켤레인지도 결정해 준다.

이런 질문의 결정가능성 및 여러 가지 다른 면과 관련하여 꼬임군은 **선형군**(linear group)과 밀접한 유사성을 보인다. 즉, 군 안의 모든 원소가 마치 $N \times N$ 가역행렬(invertible matrix)인 것처럼 행동할 것 같아 보인다. 이런 유사성 때문에 꼬임군이 실제로 선형군임을 증명할 수 있을 것처럼 보이지만, 실제로 증명하는 문제는 여러 해 동안 미해결로 남아 있다가 2001년에 와서야 비글로우(Bigelow)와 크라머(Krammer)가 독립적으로 증명을 찾아냈다.

여기서 설명한 군은 엄밀히 말하면 평면의 꼬임군인데, 이 평면에는 구멍을 냈다. 종종 깜짝 놀랄 만한 맥락에서 다른 종류의 꼬임군도 나올 수 있다. 통계 물리학과의 관계는 이미 언급했다. 대수기하학에서도 대수 곡선의 예외적인 점들을 버림으로써 구멍이 날 때가 등장한다. 따라서 꼬임은 위상수학에 기원을 두고 있음에도, 처음 접했을 땐 순전히 대수적으로 보이는 '구성적 갈루아 이론(constructive Galois theory)'과 같은 분야와도 꽤 깊이 관련돼 있다.

III.5 빌딩
마크 로넌 *Mark Ronan*

벡터공간 위의 가역인 선형 변환은 일반 **선형군**(general linear group)이라 부르는 군을 이룬다. 벡터공간의 차원이 n이고 상수체를 K라 할 때 이 군을 $GL_n(K)$라 표기하며, 벡터공간의 기저를 고정하면 군의 원소를 **행렬식**[III.15]이 0이 아닌 $n \times n$ 행렬로 쓸 수 있다. 수학에서 이 군 및 부분군들은 대단히 중요한데, 다음과 같은 방식으로 '기하학적으로' 연구할 수 있다. 벡터공간 V를 보는 대신(물론 원점은 독특한 역할을 하며 군에 의해 고정된다), V에 대응하는 **사영공간**[I.3 §6.7]을 이용한다. V의 1차원 부분공간들이 사영공간은 점이고, 2차원 부분공간들은 직선이며, 3차원 부분공간들은 평면이며, …와 같이 계속된다.

선형사상(혹은 행렬)에 제한조건을 부과하여 $GL_n(K)$의 중요한 부분군을 여러 개 얻을 수 있다. 예를 들어 $SL_n(K)$는 행렬식이 1인 선형 변환 전체로 구성된다. 군 $O(n)$은 n차원 실 내적공간에서 모든 벡터 v 및 w에 대해 $\langle \alpha v, \alpha w \rangle = \langle v, w \rangle$를 만족하는 선형변환 α(혹은 행렬 꼴로는 $AA^T = I$인 모든 실행렬 A) 전체로 구성된다. 더 일반적으로 이중선형 형식이나 켤레선형 형식처럼 특정한 형식을 보존하는 선형사상을 모두 모으면, $GL_n(K)$의 유사한 부분군을 많이 정의할 수 있다. 이런 부분군을 고전군(classical group)이라 부른다. 고전군들은 단순군(simple group)이거나 단순군에 가깝다. 예를 들어 상수 행렬로 이루어진 부분군으로 잘라 몫(군)을 취하면 대개 단순군이 된다. K가 실수체이거나 복소수체인 경우, 이런 고전군은 리 군(Lie group)이다.

리 군 및 리 군의 분류에 대해서는 리 이론[III.48]에서 논의한다. 단순 리 군은 A_n, B_n, C_n, D_n(여기서 n은 자연수)으로 알려진 네 개의 종류 중 하나로 귀착되는 고전군과 더불어 E_6, E_7, E_8, F_4, G_2라 부르는 꼴로 이루어져 있다. 아래첨자는 군의 차원과 관련돼 있다. 예를 들어 A_n 꼴의 군은 $n+1$차원에서 가역인 선형 변환들의 군이다.

임의의 체에 대해 단순 리 군과 유사한 군들이 있는데, 이를 보통 리 꼴의 군(groupsof Lie type)이라 부른다. 예를 들어 K는 유한체일 수 있는데, 이 경우 이런 군들은 유한군이다. 거의 대부분의 유한 단순군이 리 꼴인 것으로 밝혀졌다(유한 단순군의 분류[V.7] 참조). 고전군의 바탕에 깔린 기하학 이론은 20세기 전반까지 발달했다. 사영공간 및 사영공간의 다양한 부분 기하를 이용하면 고전군에 대해

서는 유사한 것들을 만들 수 있었지만, E_6, E_7, E_8, F_4, G_2 꼴의 군에서는 그렇지 못했다. 이런 이유 때문에 자크 티츠(Jacques Tits)는 모든 종류의 군을 포함하는 기하학적 이론을 찾으려 했고, 결국 빌딩(Builiding)의 이론을 창안하기에 이른다.

빌딩의 완전한 추상적 정의는 다소 복잡하므로, 대신 A_{n-1} 꼴의 군 $GL_n(K)$와 $SL_n(K)$에 관련된 빌딩을 살펴봄으로써 어떤 개념인지 감을 잡아 보자. 빌딩은 그래프[III.34]의 고차원 유사물로 여길 수 있는 추상 단체 복체(abstract simplicial complex)이다. 빌딩은 꼭짓점(vertex)이라 부르는 점들로 구성돼 있고, 꼭짓점의 쌍 일부가 그래프와 마찬가지로 변(edge)을 이루는데, 꼭짓점 세 개가 3차원 면(face)을 이룰 수도 있고, k개의 꼭짓점의 집합이 $k-1$차원 '단체(simplex)'를 이룰 수도 있다. (일반 위치에 있는 유한 집합의 볼록 껍질(convex hull)이 '단체'라는 단어의 기하학적 의미이다. 예를 들어 3차원 단체는 사면체이다.) 단체의 면은 모두 포함해야 하므로, 예를 들어 꼭짓점 세 개가 2차원 면을 이루려면 점들의 쌍 각각이 변으로 연결돼 있어야 한다.

A_{n-1} 꼴의 빌딩을 이루려면 1차원, 2차원, 3차원(사영공간에서 각각 점, 선, 평면에 대응한다) 등등의 공간을 모두 모으고, 이들을 '꼭짓점'들로 간주하면서 시작해야 한다. 진부분공간의 축소열(nested sequence)이 단체를 이룬다. 예를 들어 5-공간 내의 4-공간 내의 2-공간은 이 세 부분공간들이 꼭짓점인 '삼각형'을 이룬다. 1-공간을 포함하는 2-공간을 포함하는 3-공간… 과 같이 구성하는 크기가 최대인 단체는 꼭짓점이 $n-1$개다. 이런 단체들을 방(chamber)이라 부른다.

부분공간이 많기 때문에 빌딩은 거대한 대상이다. 그렇지만 빌딩에는 아파트(apartment)라 부르는 중요한 부분 기하가 있다. A_{n-1}의 경우에는 벡터공간의 기저를 하나 취한 후, 이 기저의 부분집합으로 생성되는 모든 부분공간을 취함으로써 얻을 수 있다. 예를 들어 A_3의 경우 벡터공간은 4차원이므로, 기저는 네 개의 원소를 가진다. 따라서 이의 부분집합은 1-공간을 네 개, 2-공간을 여섯 개, 3-공간을 네 개 생성한다. 이런 아파트를 시각적으로 보기 위해, 네 개의 1-공간을 사면체의 꼭짓점으로 보고, 여섯 개의 2-공간을 변들의 중점들로, 네 개의 3-공간들을 면의 중점들로 보는 게 도움이 된다. 아파트에는 24개의 방이 있는데, 원래 사면체의 각 면에 여섯 개씩 있으며,[*] 이들은 사면체 겉면의 삼각 타일덮기를 이룬다. 이 겉면은 (초)구면과 위상적으로 동치인데, 이 빌딩의 모든 아파트 역시 그러하다. 이런 빌딩을 구면 빌딩(spherical building)이라 부른다. 리 유형의 군에 대한 빌딩은 모두 구면 빌딩이며, A_3이 사면체에 대응하듯 이들 군의 아파트는 (위에서 나온 리 표기에서 아래첨자 n에 대해) n차원 내의 정칙(regular) 및 반정칙(semiregular) (초)다면체와 관련돼 있다.

빌딩은 다음과 같은 뚜렷한 특성 두 가지를 갖는다. 첫째, 임의의 방 두 개는 어떤 공통의 아파트 안에 있다. 위에서 든 예에서는 명백하지 않지만, 선형대수를 이용하여 증명할 수 있다. 둘째, 어떤 빌딩 안에서 모든 아파트는 동형이며, 임의의 두 아파트는 적절하게 만난다. 더 정확히 말해 A와 A'이 아파트라면, $A \cap A'$은 볼록이며 $A \cap A'$을 고정하며 A에서 A'으로 가는 동형사상(isomorphism)이 존재한다. 이 두 가지 특징이 원래 티츠가 빌딩을 정의할 때 이용한 것이다.

구면 빌딩 이론은 리 유형의 군의 괜찮은 기하학적 기반이 될 뿐만 아니라, 리 대수와 같이 복잡한 도구를 사용할 필요 없이 임의의 체 K에 대해 E_6, E_7, E_8, F_4 꼴의 군을 구성할 때도 이용할 수 있다. 일단 빌딩을 구성하면(더구나 놀랍게 단순한 방식으로 구성할 수 있다), 자기동형사상(automorphism)의 존재성에 대한 티츠의 정리는 이 군 자체가 존재해야만 한다는 것을 보여 준다.

구면 빌딩에서 아파트들이 구의 타일덮기를 이루지만, 다른 꼴의 빌딩 역시 중요한 역할을 한다. 그 중 특히 중요한 것은 아핀 빌딩(affine building)인데, 여기서 아파트는 유클리드 공간의 타일덮기이며, 이런 빌딩은 K가 p-진체[III.51]일 때 $\mathrm{GL}_n(K)$와 같은 군들로부터 자연스럽게 발생한다. 이런 체들에 대해서는 하나는 구면 빌딩, 하나는 아핀 빌딩이라는 두 개의 빌딩이 존재한다. 그런데 아핀 빌딩이 더 많은 정보를 담고 있으며 구면 빌딩은 '무한대일 때'의 구조로 나온다. 아핀 빌딩 너머엔 쌍곡 빌딩이 있는데, 여기에서 아파트는 쌍곡공간의 타일붙임을 이루며, 쌍곡 카츠-무디 군(hyperbolic Kac-Moody group)의 연구에서 자연스럽게 발생한다.

---

[*] 예를 들어 벡터공간 V의 기저가 $\{v_1, v_2, v_3, v_4\}$라면, $V \supset \langle v_1, v_2, v_4 \rangle \supset \langle v_1, v_2 \rangle \supset \langle v_2 \rangle$와 같은 것이 방이므로, 개수는 $4! = 24$다. 사면체의 면, 예를 들어 $\langle v_1, v_2, v_4 \rangle$를 품는 방은 여섯 개다—옮긴이

III.6 칼라비-야우 다양체

에릭 자슬로우 *Eric Zaslow*

1 기본 정의

유제니오 칼라비(Eugenio Calabi)와 싱-퉁 야우 (Shing-Tung Yau)의 이름을 딴 칼라비-야우 다양체는 리만 기하학과 대수기하학에서 나타나며, 끈이론과 거울대칭에서 중요한 역할을 한다.

이것이 어떤 다양체인지 설명하기 위해서는 먼저 실 다양체[I.3 §6.9]의 가향성(유향성) 개념을 떠올릴 필요가 있다. 실 다양체가 가향(orientable)이라는 것은 각 점에서 좌표계를 고를 때, 겹치는 영역에서 정의된 두 좌표계 $x = (x^1, \cdots, x^m)$, $y = (y^1, \cdots, y^m)$으로부터 나오는 야코비 행렬식 $\det(\partial y^i / \partial x^j)$가 항상 양수이게 할 수 있을 때를 말한다. 이것의 자연스러운 복소수 유사 개념이 칼라비-야우 다양체다. 이제 다양체는 복소다양체이며, 각 국소좌표계 $z = (z^1, \cdots, z^n)$마다 복소해석적 함수[I.3 §5.6] $f(z)$가 있다. f는 반드시 비소실(nonvanishing), 즉 0을 값으로 갖지 않아야 한다. 물론 $\tilde{z}(z)$가 다른 좌표계일 때 대응하는 함수 $\tilde{f}$는 관계식 $f = \tilde{f} \det(\partial \tilde{z}^a / \partial z^b)$에 의해 관련돼 있어야 한다는 양립가능성 조건도 필요하다. 이 정의에서 모든 복소수항을 실수항으로 대체하면, 실다양체의 가향성 개념을 얻는다는 것에 주목하라. 따라서 칼라비-야우 다양체는 비형식적으로 복소 방향을 갖는 복소다양체로 생각할 수 있다.

2 복소다양체와 에르미트 구조

논의를 더 진행하기 전에, 복소 기하와 캘러(Kähler) 기하에 대한 몇 가지 용어부터 소개하고 넘어가자. 복소다양체란 모든 점 근방에서 복소 좌표계 $z = (z^1, \cdots, z^n)$을 찾을 수 있다는 의미에서 국소적으로 $\mathbb{C}^n$을 닮아 보이는 구조를 말한다. 더욱이 두 좌표계 z와 $\tilde{z}$가 겹치는 곳에서 좌표 함수 $\tilde{z}^a$는 z^b들의 함수로 간주할 경우 복소해석적 함수다. 따라서 복소다양체 위에서 복소해석적 함수의 개념이 의미를 가질 뿐만 아니라, 이 함수를 표현하는 데 사용한 좌표계에 의존하지도 않는다. 이렇게 하면 복소다양체의 국소 기하는 정말 $\mathbb{C}^n$의 열린집합처럼 보이며, 한 점에서의 접공간은 $\mathbb{C}^n$ 자체처럼 보인다.

복소 벡터공간에서는 기저 e_a에 대한 에르미트 행렬[III.50 §3] g_{ab}로 표현되는 에르미트 내적[III.37]을 생각하는 것이 자연스럽다. 복소다양체에서 접공간 위의 에르미트 내적을 '에르미트 계량(Hermitian metric)'이라 부르며, 좌표 기저를 써서 에르미트 행렬 $g_{a\bar{b}}$로 표현할 수 있는데, 이는 위치에 따라 다르다.[*]

3 홀로노미와 리만 기하에서의 칼라비-야우 다양체

리만다양체[I.3 §6.10] 위에서 벡터를 어떤 경로를 따라 길이를 유지하면서 '항상 같은 방향을 가리키도록' 움직여 줄 수 있다. 경로 끝에 도착하여 얻는 벡터가 경로 자체에 의존한다는 것은 곡률(curvature)

---

[*] $g_{a\bar{b}}$로 표기한 것은 에르미트 내적이 켤레-선형성을 가짐을 시사한다.

이 설명해 준다. 고리의 경우, 출발점의 벡터가 놓아 오면 같은 점에서의 새로운 벡터가 된다. (구면에서 북극으로부터 적도까지 갔다가, 적도를 따라 $\frac{1}{4}$을 돌아서 북극으로 되돌아가는 경로를 생각하는 것이 좋은 예다. 접방향을 가리키며 시작했던 '상수' 벡터는 여정이 끝나면 90°만큼 회전해 있을 것이다.) 각 고리마다 시작 벡터를 끝 벡터로 보내주는 **홀로노미 행렬**(holonomy matrix)이라 부르는 행렬 작용소를 대응시키고, 이런 행렬이 생성하는 군을 이 다양체의 **홀로노미 군**(holonomy group)이라 부른다. 경로를 따라가는 과정 중에 벡터의 크기는 변하지 않으므로, 홀로노미 행렬은 모두 길이를 보존하는 행렬이 이루는 직교군 O(m) 안에 놓인다. 다양체가 가향인 경우 홀로노미 군은 SO(m) 안에 놓여야만 하는데, 벡터들의 유향 기저를 고리를 따라 이동해 보면 알 수 있다.

복소 차원이 n인 복소다양체는 복소 좌표 z^j의 실수부분과 허수부분으로 좌표를 잡아 생각하면 실차원이 $m = 2n$인 실 다양체이기도 하다. 이런 식으로 발생하는 실 다양체는 추가 구조를 갖는다. 예를 들어 복소 좌표 방향을 $i = \sqrt{-1}$로 곱할 수 있다는 사실은, 실 접공간 위의 작용소 중 제곱하여 -1인 것이 존재해야 함을 의미한다. 이런 작용소는 고윳값 $\pm i$를 갖는데, 각각 '복소해석적(holomorphic)' 방향 및 '비해석적(anti-holomorphic)' 방향으로 생각할 수 있다. 에르미트 성질이 이 두 방향이 수직임을 알려주는데, 이들이 고리를 따라 이동한 후에도 고정돼 있으면 이 다양체를 **캘러 다양체**라 부른다. 이는 홀로노미 군이 U(n)의 부분군임을 뜻한다(자체가 SO(m)의 부분군이며, 복소다양체는 항상 실 가

향이다). 캘러 성질은 다음처럼 국소적으로 멋지게 특징지을 수 있다. 어떤 좌표 조각(patch)에서의 에르미트 계량의 성분을 g_{ab}라 하면, 이 조각 위에 $g_{ab} = \partial^2 \varphi / \partial z^a \partial \bar{z}^b$를 만족하는 함수 φ가 존재한다.

위에서 언급한 비계량적 칼라비-야우 다양체의 정의에 맞게 주어진 복소 방향과 **양립하는 캘러 구조**(compatible Kähler structure)는 실 가향인 경우의 자연스러운 유사물인 SU(n) ⊂ U(n) 안에 놓인 홀로노미가 나온다. 이것이 칼라비-야우 다양체의 계량적 정의이다.

4 칼라비 예상

임의의 복소 방향이 주어진 복소 차원이 n인 캘러 다양체에 대해, 칼라비는 복소 방향과 합치하며 좌표는

$$\tilde{g}_{ab} = g_{ab} + \frac{\partial^2 u}{\partial z^a \partial \bar{z}^b}$$

로 주어진 새로운 캘러 계량 $\tilde{g}$ 및 함수 u가 존재할 거라고 예상했다. f가 위에서 논의한 복소해석적 방향을 주는 함수일 때, 양립 조건은 다음 식으로 쓸 수 있다.

$$\det\left(g_{ab} + \frac{\partial^2 u}{\partial z^a \partial \bar{z}^b} \right) = |f|^2.$$

따라서 칼라비-야우 다양체의 계량적 개념은 u에 대한 만만치 않은 비선형 편미분방정식에 해당한다. 칼라비는 이 방정식의 해가 유일함을 증명했고, 야우는 존재성을 증명했다. 따라서 사실상 칼라비-야우 다양체의 계량적 정의는 캘러 구조와 복소 방향이 유일하게 결정한다.

야우의 정리는 복소 방향을 갖는 다양체 위에서 홀로노미 군 $SU(n)$을 갖는 거리공간과, 비동치 캘러 구조 공간 사이의 대응을 수립해 준다. 후자의 공간은 대수기하의 기법을 써서 쉽게 탐구할 수 있다.

5 물리학에서의 칼라비-야우 다양체

아인슈타인의 중력, 일반 상대성 이론은 리만 시공간 다양체의 계량이 따라야만 하는 방정식을 세운다(일반 상대성 이론과 아인슈타인 방정식[IV.13] 참조). 이 방정식은 계량, 리치 곡률[III.78] 텐서, 물질의 에너지-운동량 텐서라는 세 가지 대칭 텐서를 포함한다. 물질이 없는 경우 리치 텐서가 0인 리만다양체는 이 방정식의 해이므로, 아인슈타인 다양체의 특수한 경우다. 유일한 $SU(n)$-홀로노미 계량을 갖는 칼라비-야우 다양체는 리치 텐서가 0이므로 일반 상대성 이론에서 흥미를 가진다.

아인슈타인 이론을 입자들의 양자이론에 포함시키는 것은 이론 물리학의 기본적인 문제다. 이 계획은 양자 중력(quantum gravity)으로 알려져 있는데, 칼라비-야우 다양체는 양자 중력의 선도적인 이론인 끈 이론[IV.17 §2]에서 특히 중요하다.

끈 이론의 기본 대상은 1차원 '끈'이다. 시공간에서 끈의 움직임은 세계면(worldsheet)으로 알려진 2차원 궤적으로 묘사하므로, 세계면의 모든 점은 그 점이 놓여 있는 시공간에서의 점을 이용해 이름 붙일 수 있다. 이런 방식으로 2차원 리만 곡면[III.79]에서 시공간 다양체 M으로 가는 사상의 양자장론으로부터 끈 이론이 구성된다. 2차원 곡면에는 리만 계량이 주어져야 하는데, 고려해야 할 계량의 공간은 무한차원이다. 이는 2차원에서 양자 중력을 해결해야 한다는 의미이고, 이의 4차원에서의 대응하는 문제와 마찬가지로 너무 어렵다. 하지만 2차원 세계면 이론이 우연히도 등각(conformal)이라면(국소적 척도 변환에 불변), 등각 동치가 아닌 계량들은 유한차원 공간만큼만 남으므로 이론은 잘 정의된다.

이런 고려로부터 칼라비-야우 조건이 나온다. 초끈 이론이 의미를 갖기 위해 2차원 이론이 등각이어야 한다는 조건은 본질적으로 시공간의 리치 텐서가 0이어야 한다는 조건이다. 따라서 2차원 조건으로부터 시공간 방정식이 나오며, 이는 정확히 물질이 없는 아인슈타인 방정식으로 드러난다. 이 조건에 덧붙여 이 이론이 '초대칭성(supersymmetry)'을 갖춰야 한다는 '현상학적' 기준을 부과하면, 시공간 다양체 M이 복소다양체임이 요구된다. 이 두 조건을 아우르면 M이 홀로노미 군 $SU(n)$을 갖는 복소다양체, 즉 칼라비-야우 다양체임을 뜻한다. 야우의 정리에 의해 선택할 수 있는 M은 대수기하학적 방법으로 쉽게 묘사할 수 있다.

끈 이론의 핵심만 뽑아냈다고 볼 수 있는 '위상적 끈'이라 부르는 이론이 있는데, 이에 대해서는 엄밀한 수학적 틀을 마련할 수 있다. 칼라비-야우 다양체는 심플렉틱(symplectic) 다양체인 동시에 복소다양체이고, 이로부터 칼라비-야우 다양체에 A와 B라 부르는 두 가지 형태의 위상적 끈을 대응시킬 수 있다. 어떤 칼라비-야우 다양체의 A 형태가 전혀 다른 '거울 쌍(mirror partner)'의 B 형태와 관련돼 있다는 놀라운 현상이 거울대칭성이다. 이런 동치 관계에서 나오는 수학적 결과는 극도로 풍부하다. (더 자세한 것은 거울대칭[IV.16]을 보라. 이 글에서 논의한 것들과 관련된 개념들은 심플렉틱 다양체[III.88]를 보라.)

변분법

변분법[III.94]을 보라.

III.7 기수

집합의 기수(cardinality)는 그 집합이 얼마나 큰지 알려주는 척도다. 더 정확히 말해, 두 집합 사이에 일대일대응(전단사함수)이 있으면 두 집합의 기수가 같다고 말한다. 그렇다면 기수는 어떤 모습일까?

유한집합의 기수를 뜻하는 유한 기수가 있다. 어떤 집합이 정확히 n개의 원소를 가지면 '기수가 n'이다. 그리고 가산[III.11] 무한집합이 있다. 이들은 모두 기수가 같으며('가산'이라는 것의 정의로부터 나온다) 보통 $\aleph_0$이라고 쓴다.* 예를 들어 자연수, 정수, 유리수는 모두 기수가 $\aleph_0$이다. 하지만 실수 집합은 가산이 아니고, 따라서 $\aleph_0$을 기수로 갖지 않는다. 사실 실수의 기수는 $2^{\aleph_0}$으로 표기한다.

기수끼리는 더할 수도 곱할 수도 있고, 심지어 기수의 기수 거듭제곱도 취할 수 있는 것으로 밝혀졌다(따라서 '$2^{\aleph_0}$'은 하늘에서 뚝 떨어진 표기법이 아니다). 더 자세한 것과 추가 설명은 집합론[IV.22 §2]을 보라.

---

* 알레프 널 혹은 알레프 영이라고 읽는다—옮긴이

III.8 범주

유제니아 쳉 *Eugenia Cheng*

군[I.3 §2.1]이나 벡터공간[I.3 §2.3]을 공부할 때는 특히 이들 사이의 특정 종류의 함수에 주목한다. 군 사이의 중요한 함수는 군 **준동형사상**[I.3 §4.1]이고, 벡터공간 사이의 중요한 사상은 **선형사상**[I.3 §4.2]이다. 이런 사상은 '구조를 보존'하는 함수이므로 중요하다. 예를 들어 군 G로부터 군 H로의 준동형사상 ϕ는 G의 모든 원소 g_1, g_2에 대해 $\phi(g_1 g_2) = \phi(g_1)\phi(g_2)$라는 의미에서 '곱을 보존'한다. 마찬가지로 선형사상은 덧셈과 상수배를 보존한다.

구조를 보존하는 사상이라는 개념은 단지 이 두 가지 예보다 훨씬 더 일반적으로 적용되며, 이런 사상들의 일반적인 성질을 이해하는 것이 범주 이론(category theory)의 목적이다. 예를 들어 주어진 형태의 수학 구조 A, B, C에 대해, f와 g가 각각 A로부터 B로, B로부터 C로 구조를 보존하는 함수이면, 이의 합성 $g \circ f$는 A로부터 C로의 구조를 보존하는 함수이다. 즉, 구조를 보존하는 함수끼리 합성을 할 수 있다(적어도 하나의 치역이 다른 하나의 정의역과 같을 때). 또한 구조를 보존하는 함수를 이용하여 두 구조가 언제 '본질적으로 같은지'를 결정할 수 있다. 만일 A로부터 B로의 구조를 보존하는 함수가 있고, 이의 역함수 역시 구조를 보존하면 A와 B를 **동형**(isomorphic)이라 부른다.

범주는 이와 같은 성질들을 추상적으로 논의하게 해 주는 수학 구조이다. 범주는 대상(object)의 모임과, 대상들 사이의 **사상**(morphism)으로 구성된다. 즉, a와 b가 범주의 대상이면, a와 b 사이에 사상의 모임이 존재한다. 또한 사상들 사이의 **합성** 개념이 있다. f가 a로부터 b로의 사상이고, g가 b로부터 c로의 사상이면, a로부터 c로의 사상이 되는 f와 g의 합성이 존재한다. 이 합성은 결합법칙을 만족해야 한다. 또한 각 대상 a마다 **항등사상**이 존재하는데, 다른 사상 f와 합성하면 f를 얻는다는 성질을 갖는다.

앞선 논의가 시사하듯, 군의 범주는 범주의 예다. 이 범주의 대상은 군이고, 사상은 군 준동형사상이며, 합성과 항등사상은 익숙한 방식으로 정의한다. 하지만 모든 범주가 이런 식이어야 한다는 뜻은 결코 아님을 다음 예들을 통해 알 수 있다.

(i) 자연수들을 대상으로 취하고, 실계수 $n \times m$ 행렬 전체를 n에서 m으로의 사상으로 두면 범주를 만들 수 있다. 사상의 합성은 보통의 행렬 곱셈이다. 보통은 $n \times m$ 행렬을 자연수 n에서 자연수 m으로의 사상으로 생각하진 않지만, 어쨌든 범주의 공리는 만족한다.

(ii) 임의의 집합을 범주로 만들 수 있다. 집합의 원소를 대상이라 하고, x로부터 y로의 사상은 '$x = y$'라는 주장으로 두면 된다. 마찬가지로 순서집합도 범주로 만들 수 있다. x에서 y로의 사상은 '$x \leq y$'라는 주장이라 두면 된다. ('$x \leq y$'와 '$y \leq z$'의 '합성'은 '$x \leq z$'다.)

(iii) 임의의 군 G를 다음 방법으로 범주로 만들 수 있다. 대상은 딱 한 개이며, 이 대상으로부터 자신으로 가는 사상은 이 군의 원소라 하자. 두 사상의 합성은 군의 곱셈으로 정의한다.

(iv) 대상이 **위상공간**[III.90]이고 연속함수가 사상

인 명백한 범주가 있다. 대상은 똑같지만, 연속함수가 아니라 연속함수의 **호모토피류**[IV.6 §2]를 사상으로 취하는 덜 명백한 범주도 있다.

사상을 함수(map)라 부르기도 한다. 하지만 위의 예들이 보여주듯 범주의 사상이 꼭 함수처럼 생겨야만 하는 것은 아니다. 사상을 화살(arrow)이라고 부르기도 하는데, 일부는 일반적인 범주의 추상적 본성을 강조하기 위해서이고, 일부는 사상을 그림으로 표현할 때 종종 화살표를 쓰기 때문이다.

'대상과 사상'이라는 일반적인 언어와 틀 덕분에 범주의 '모습', 즉 사상 및 이들이 만족하는 방정식들에만 의존하는 구조적 특징을 찾고 연구할 수 있다. 특정한 구조적 특징을 갖는 범주에도 모두 적용할 수 있게 일반적으로 논증할 뿐만 아니라, 관심 있는 구조로 자세히 들어가지 않고도 구체적 배경을 논증할 수 있게 하자는 것이 아이디어이다. 후자를 성취하기 위해 전자를 사용하는 것을 친밀감 혹은 반감을 섞어 '추상적 난센스(abstract nonsense)'라 부르기도 한다.

위에서 언급한 대로, 범주의 사상은 일반적으로 화살표로 표현한다. 따라서 a에서 b로의 사상 f를 $a \xrightarrow{f} b$로 나타내며, 합성은 화살표를 연달아 써서 $a \xrightarrow{f} b \xrightarrow{g} c$처럼 나타낸다. 이런 표기법 덕분에 복잡한 계산이 대단히 쉬워지며, 범주 이론과 종종 관련돼 있는 이른바 **가환 다이어그램**(commutative diagram)의 개념이 나온다. 예를 들어 사상의 합성 사이에 $g \circ f = t \circ s$와 같은 등식은 다음 다이어그램이 **가환**이다, 즉 a에서 c로 가는 서로 다른 경로의 합

성이 같다는 주장으로 표현한다.

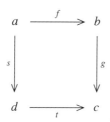

일련의 긴 합성이 다른 합성과 같다는 것의 증명은, 이미 가환인 것이 알려진 더 작은 다이어그램들 사이의 빈곳을 '채우는' 문제가 된다. 더욱이 많은 중요한 수학 개념, 예를 들어 자유군, 자유환, 자유대수, 몫, 곱, 서로소 합집합(disjoint union), 함수공간, 직접 극한(direct limit)과 역 극한(inverse limit), 완비화(completion), 콤팩트화, 기하학적 구현 등을 가환 다이어그램을 써서 표현할 수 있다.

서로소 합집합의 경우 어떻게 하는지 보자. 두 집합 A와 B의 **서로소 합집합**은 사상 $A \xrightarrow{p} U$와 $B \xrightarrow{q} U$를 갖춘 집합 U가 다음 성질을 가질 때를 말한다. 임의의 집합 X와 사상 $A \xrightarrow{f} X$와 $B \xrightarrow{g} X$에 대해 다음을 가환 다이어그램으로 만드는 유일한 사상 $U \xrightarrow{h} X$가 존재한다.

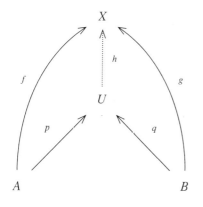

여기서 p와 q는 A와 B가 서로소 합집합에 어떻게 포함되는지를 알려준다. 정의에서 '다음 성질을 가

질 때'가 가리키는 부분은 **보편성**(universal property)이다. 서로소 합집합에서 다른 집합으로 가는 함수는 정확히 개별 집합에서 주어진 함수가 결정함을 표현하는 성질로, 서로소 합집합을 완전히 특징짓는 성질이다(동형인 것을 같은 것으로 정의할 때). 두 집합에서 다른 집합으로의 함수가 있을 때, '가장 자유로운' 방식으로 어떤 정보도 더하거나 뭉개는 법 없이 함수를 정의한다는 사실을 보편성이 표현한다고 보는 것이 또 하나의 관점이다. 범주 이론으로 어떻게든 '정준(canonical)' 구조를 묘사하는 방식에서 보편성이 중심을 이룬다. (**기하적/조합적 군론**[IV.10]에서 자유군을 논의한 것도 보라.)

범주의 또 다른 중요 개념은 **동형사상**이다. 예상할 수 있듯이, 동형사상은 양측 역원을 갖는 사상으로 정의한다. 주어진 범주에서 동형인 대상은 '그 범주에서 같은 것'으로 생각한다. 따라서 범주는 '동형인 것은 같다고 하고' 대상을 분류하는 가장 자연스러운 틀을 제공한다.

범주는 일종의 수학적 구조이므로 그 자체도 범주를 이룬다(러셀 유형의 역설을 피하기 위해 크기에 제한을 가할 경우). 범주 사이에서 구조를 보존하는 사상을 **함자**(functor)라 부른다. 다른 말로 하면 범주 X에서 범주 Y로의 함자 F는 X의 대상을 Y의 대상으로 보내고 X의 사상을 Y의 사상으로 보내는데, a의 항등사상을 Fa의 항등사상으로 보내며, f와 g의 합성을 Ff와 Fg의 합성으로 보내는 경우를 말한다. '표시된 점' s를 갖는 위상공간 S에 기본군 $\pi_1(S, s)$를 대응하는 것이 함자의 중요한 예인데, 두 위상공간 사이의 연속사상은 (표시된 점을 표시된 점으로 보낼 때) 기본군 사이의 군 준동형사상을 준다는 것이 대수적 위상 수학의 기초 정리 중 하나이다.

더욱이 **자연스러운 변환**(natural transformation)이라 부르는 함자 사이의 사상이라는 개념도 있는데, 위상공간의 함수들 사이의 호모토피(homotopy) 개념과 유사하다. 주어진 연속 함수 $F, G: X \to Y$에 대해 F에서 G로의 호모토피가 X의 모든 점 x에 대해 Fx에서 Gx로의 Y 안의 경로를 주듯, 주어진 함자 $F, G:X \to Y$에 대해 F에서 G로의 자연스러운 변환은, X의 모든 점 x에 대해 Fx에서 Gx로의 Y 안의 사상을 준다. X 안의 경로의 F에 의한 상은 공간 Y의 '구멍'을 지나지 않으면서 G에 의한 상으로 연속적으로 변환된다는 호모토피에서의 사실과 유사한 가환 조건도 있다. 범주의 경우 구멍을 피한다는 이런 개념은 목적 범주 Y 내의 '자연성 조건(naturality condition)'이라 알려져 있는 어떤 사각형 다이어그램이 교환된다는 것으로 표현된다.

자연스러운 변환의 한 가지 예가 모든 벡터공간이 이중 쌍대 공간과 '정준적으로' 동형이라는 사실을 담고 있다. 즉, 각 벡터공간을 이중 쌍대 공간으로 보내는 벡터공간의 범주에서 자신으로 가는 함자가 있으며, 정준 동형사상에 의해 이 함자로부터 항등 함자로 보내는 자연스러운 가역 변환이 존재한다. 대조적으로 유한차원 벡터공간은 자신의 쌍대 공간과 동형이지만, 이 동형사상이 기저의 선택을 요하기 때문에 정준 동형은 아니다. 이 경우 자연스러운 변환을 구성하려고 시도해 보면, 자연성 조건에 어긋남을 알게 된다. 자연스러운 변환이 존재할 때, 범주들은 대상, 사상, 사상 사이의 사상을 갖는 범주의 2차원 일반화인 **2-범주**를 형성한다. 사상

사이의 사상은 2차원 사상으로 생각할 수 있으며, 더 일반적으로 n-범주는 n까지의 각 차원마다 사상을 갖는다.

범주와 범주 언어는 다른 수학 분야에서도 광범위하게 쓰인다. 역사적으로 이 주제는 대수적 위상수학과 밀접히 결합돼 있는데, 에일렌베르크(Eilenberg)와 매클레인(Mac Lane)이 1945년 이 개념을 처음으로 도입했다. 그 뒤를 대수기하학, 이론 컴퓨터 과학, 이론물리, 논리학에서 응용이 뒤따랐다. 범주 이론은 추상적인 본성과 다른 수학 분야에 대한 의존성의 결여 때문에 '가장 기본적인' 것으로 여겨질 수 있다. 사실, **집합론적 기초**[IV.22 §4]에서 사용하는 집합의 원소 관계 대신 사상을 기본 개념으로 모든 것을 구성하자는 주장과 함께, 범주 이론은 수학의 기본에 대한 대안 후보로 제안되어 왔다.

유체론

이차 상호법칙부터 유체론까지[V.28]까지를 보라.

코호몰로지

호몰로지와 코호몰로지[III.38]를 보라.

III.9 콤팩트성과 콤팩트화

테렌스 타오 *Terence Tao*

수학에서 유한집합의 행동과 무한집합의 행동이 다소 다를 수 있다는 것은 잘 알려져 있다. 예를 들어 다음 명제들은 X가 유한집합이면 항상 참이지만, X

가 무한집힙이면 언제나 거짓임을 쉽게 보일 수 있다.

모든 함수가 유계다. $f : X \to \mathbb{R}$이 X 위의 실숫값 함수라면, f는 유계여야 한다. (즉, 모든 $x \in X$에 대해 $|f(x)| \leqslant M$인 유한한 수 M이 존재한다.)

모든 함수는 최댓값을 갖는다. $f : X \to \mathbb{R}$이 X 위의 실숫값 함수라면, 모든 $x \in X$에 대해 $f(x_0) \geqslant f(x)$인 점 $x_0 \in X$가 적어도 하나 존재한다.

모든 수열은 상수 부분수열을 갖는다. $x_1, x_2, x_3, \cdots \in X$가 X 위의 점으로 이루어진 수열이면, 상수인 부분수열 $x_{n_1}, x_{n_2}, x_{n_3}, \cdots$이 존재해야 한다. 다른 말로 하면, 어떤 $c \in X$에 대해 $x_{n_1} = x_{n_2} = \cdots = c$이다. (이 사실은 무한 비둘기집의 원리라 알려져 있다.)

모든 함수가 유계라는 첫 번째 명제는 **국소 대 대역 원리**(local-to-global principle)의 아주 단순한 예로 볼 수도 있다. 가정은 모든 $x \in X$에 대해 (비록 x에 따라 상계는 다르지만) $|f(x)|$가 각자 유계라는 주장이므로 '국소적' 유계성이다. 결론은 모든 $x \in X$에 대해 $|f(x)|$를 하나의 값 M을 상계로 잡을 수 있다는 '대역적' 유계성이다.

지금까지는 X를 집합으로만 보았다. 하지만 많은 수학 분야에서 여기에 추가적인 구조, 예를 들어 위상[III.90], 거리[III.56], 군 구조[I.3 §2.1] 등을 부여하고 싶어 한다. 이런 경우, 어떤 대상들은 무한집합임에도 유한집합과 비슷한 성질, 특히 국소 대 대역 성질을 보이는 것으로 드러난다. 위상공간과 거리공간의 범주에서 이처럼 '거의 유한'인 대상들은 콤팩트 공간으로 알려져 있다. (다른 범주도 '거의 유한'

인 대상을 갖는다. 예를 들어 군의 범주에는 **사유한 군**(pro-finite group)의 개념이 있고, 노름 공간[III.62] 사이의 선형작용소[III.50]에 대해서는 '거의 유한 계수(rank)를 갖는' 콤팩트 작용소가 유사한 개념이며, 이외에도 더 있다.)

닫힌 단위 구간 $X = [0, 1]$이 콤팩트 집합의 좋은 예다. 이는 무한집합이므로, X에 대해 진술한 앞의 세 가지 주장은 거짓이다. 하지만 연속성이나 수렴성과 같은 위상적 개념을 삽입하여 개선하면, $[0, 1]$에 대한 이런 주장들을 다음처럼 회복할 수 있다.

모든 연속함수가 유계다. $f : X \to \mathbb{R}$이 X 위의 실숫값을 갖는 연속함수라면, f는 유계여야 한다. (이것도 국소 대 대역 원리 꼴이다. 함수가 국소적으로 지나치게 변하지 않으면, 대역적으로도 지나치게 변하지 않는다.)

모든 연속함수는 최댓값을 갖는다. $f : X \to \mathbb{R}$이 X 위의 실숫값 연속함수라면, 모든 $x \in X$에 대해 $f(x_0) \geqslant f(x)$인 점 $x_0 \in X$가 적어도 하나 존재한다.

모든 수열은 수렴하는 부분수열을 갖는다. $x_1, x_2, x_3, \cdots \in X$가 X의 점으로 이루어진 수열이면, 어떤 극한 $c \in X$로 수렴하는 부분수열 $x_{n_1}, x_{n_2}, x_{n_3}, \cdots$이 존재해야 한다(이 명제는 **볼차노-바이어슈트라스 정리**(Bolzano-Weierstrass theorem)라 알려져 있다).

다른 주장들과 마찬가지로 유한집합에서는 꽤 자명한 유사물이 있는 네 번째 주장을 더할 수 있다.

모든 열린 덮개는 유한 부분덮개를 갖는다. $\mathcal{V}$가 열린집합의 모임이고, 이들 열린집합의 합집합이 X를 포함하면(이 경우 $\mathcal{V}$를 X의 **열린 덮개**라 부른다), $\mathcal{V}$에 속하는 어떤 유한개의 모임 $V_{n_1}, V_{n_2}, \cdots, V_{n_k}$로 여전히 X를 덮을 수 있다.

열린 단위 구간 $(0, 1)$이나 실직선 $\mathbb{R}$과 같은 집합에서는 이 네 가지 위상적 명제 모두 쉽게 반례를 구성할 수 있으므로 거짓이다. X가 유클리드 공간 $\mathbb{R}^n$의 부분집합일 때, X가 위상적으로 유계이고 닫힌 집합이면 위의 명제들이 모두 사실이지만, 그렇지 않으면 모두 거짓이라는 주장이 **하이네-보렐 정리**(Heine-Borel theorem)이다.

위의 네 가지 주장은 서로 긴밀히 관련돼 있다. 예를 들어 X 내의 모든 수열이 수렴하는 부분수열을 갖는다는 것을 알 경우, 모든 연속함수가 최댓값을 갖는다는 것을 재빨리 유도할 수 있다. 먼저 X의 점의 수열 x_n 중에서 $f(x_n)$이 f의 최댓값(더 정확히는 최소상계)으로 다가가는 수열인 **최대화하는 수열**을 만들어낸 후, 이 수열에서 수렴하는 부분수열을 조사하면 된다. 사실 공간 X에 꽤 순한 가정(예를 들어 X가 거리공간)을 더 주면, 이들 중 어느 하나로부터 나머지 명제들을 연역할 수 있다.

조금 심하게 단순화하자면, 위상공간 X에 대해 위의 네 주장 중 하나(따라서 네 가지 모두)가 성립하면 X를 **콤팩트 공간**(comopact space)이라고 말한다. 이 네 주장이 일반적으로는 완전히 동치는 아니기 때문에, 콤팩트성의 공식적인 정의는 네 번째 명제, 즉 모든 열린 덮개가 유한 부분덮개를 갖는다는 명제만을 사용한다. 예를 들어 세 번째 명제에 근거한 **수열 콤팩트성** 등 다른 콤팩트성의 개념도 있지만, 이들 개념 사이의 차이는 기교적이므로 여기서는 간략히 얼버무리기로 한다.

콤팩트성은 공간의 강력한 성질이며, 수학의 여러 분야에서 여러 가지 방식으로 이용된다. 그중 한가지가 국소 대 대역 성질에 호소하는 방법으로, 어떤 함수나 양을 국소적으로 제어한 뒤 콤팩트성을 이용하여 이런 국소적 제어를 대역적 제어로 확장한다. 또 한 가지는 함수의 최댓값과 최솟값을 찾는 것으로 특히나 **변분법**[III.94]에서 유용하다. 세 번째는 수렴하지 않는 수열을 다룰 때, 원래 수열의 부분수열을 통해 볼 필요성을 받아들여 극한의 개념을 일부나마 건질 때 쓴다. (하지만 서로 다른 부분수열은 서로 다른 극한값으로 수렴할 수 있으므로, 콤팩트성으로부터 극한점의 존재성은 보장되지만 유일성은 보장되지 않는다.) 어떤 대상의 콤팩트성은 다른 대상의 콤팩트성을 이끌어내는 경향도 있다. 예를 들어 콤팩트 집합의 연속함수에 의한 상도 콤팩트이며, 콤팩트 집합 유한개, 심지어는 무한개의 곱집합 역시 콤팩트이다. 뒤의 결과는 **티코노프 정리**(Tychonoff theorem)로 알려져 있다.

물론 흥미로운 많은 공간은 콤팩트가 아니다. 실직선 $\mathbb{R}$은 콤팩트가 아닌 명백한 예인데, 실직선을 '탈출하려고 하는' $1, 2, 3, \cdots$처럼 수렴하는 부분수열을 전혀 남기지 않는 수열이 있기 때문이다. 그렇지만 공간에 점을 몇 개 더하면 콤팩트성을 얻을 수 있는 경우가 종종 있는데, 이 과정을 **콤팩트화**(compactification)라 부른다. 예를 들어 실직선에는 양 끝에 각각 $+\infty$와 $-\infty$라 부르는 점을 한 점씩 더해 콤팩트화할 수 있다. 그 결과 얻는 대상 $[-\infty, \infty]$를 **확장한 실직선**(extended real line)이라 부르는데, 자연스러운 방식으로 위상을 주어 기본적으로 $+\infty$

나 $-\infty$로 수렴한다는 것에 의미를 줄 수 있다. 확장한 실직선은 콤팩트이다. 확장한 실수의 어떤 수열 x_n이든 $+\infty$로 수렴하거나, $-\infty$로 수렴하거나, 유한한 수로 수렴하는 부분수열을 찾을 수 있기 때문이다. 따라서 이와 같은 실직선의 콤팩트화를 이용하여, 더는 실수가 아닌 것까지로 극한의 개념을 일반화할 수 있다. 보통의 실수 대신 확장한 실수를 다루려면 몇 가지 결점이 있기는 하지만(예를 들어 실수 두 개는 항상 더할 수 있지만, $+\infty$와 $-\infty$의 합은 정의할 수 없다), 그냥 두면 발산했을 수열에서 극한을 취할 수 있다는 것은 대단히 강력한 능력이며, 특히 무한급수와 특이적분의 이론에서 강력하다.

비콤팩트 공간 하나에 서로 다른 콤팩트화가 많이 있는 것으로 밝혀졌다. 예를 들어 **극사영**(stereographic projection)이라는 도구를 이용하면, 한 점을 제거한 원과 실직선을 위상적으로 동일시할 수 있다. (예를 들어 실수 x를 $(x/(1+x^2), x^2/(1+x^2))$으로 보내면 $\mathbb{R}$에서부터, 중심이 $(0, \frac{1}{2})$이고 반지름이 $\frac{1}{2}$인 원에서 북극 $(0, 1)$을 제거한 공간으로 사상할 수 있다.) 그런 다음 빠진 점을 채워 넣으면, 실직선의 '한 점 콤팩트화' $\mathbb{R} \cup \{\infty\}$를 얻는다. 더 일반적으로 임의의 합리적인 위상공간(예를 들어 국소적으로 콤팩트인 하우스도르프 공간(locally compact Hausdorff space))은 한 점만을 더한다는 점에서 '최소' 콤팩트화인 한 점 콤팩트화 $X \cup \{\infty\}$로부터, 많은 점을 더하는 '최대' 콤팩트화인 **스톤-체흐 콤팩트화**(Stone-Čech compactification) βX에 이르기까지 다양하게 콤팩트화할 수 있다. 자연수 $\mathbb{N}$의 스톤-체흐 콤팩트화 $\beta\mathbb{N}$은 수학에서 무한성 분야에서 대단히 유용한 도구인 **초필터**(ultrafilter)의 공간이다.

콤팩트화를 이용하여 공간에서 발산의 종류를 구별할 수 있다. 예를 들어 확장한 실직선 $[-\infty, \infty]$는 $+\infty$로의 발산과 $-\infty$로의 발산을 구별한다. 같은 맥락에서 실평면 $\mathbb{R}^2$의 콤팩트화인 **사영평면**[I.3 §6.7] 같은 것을 이용하면, x축을 따라(혹은 근방에서) 발산하는 수열과 y축을 따라(혹은 근방에서) 발산하는 수열을 구별할 수 있다. 서로 다른 방식으로 발산하는 수열이 뚜렷하게 다른 행동을 보일 때 자연스럽게 이런 콤팩트화가 발생한다.

콤팩트화의 또 다른 용도는 한 종류의 수학적 대상을 다른 것들의 엄밀한 극한으로 보게 해 주는 것이다. 예를 들어 평면 내에서의 직선은 점점 커지는 원들의 극한으로 볼 수 있는데, 원들의 공간을 적절히 콤팩트화하여 직선들을 포함하게 해 주면 가능하다. 이런 관점 덕에 원들에 대한 정리로부터 직선들에 대한 정리를 연역할 수 있으며, 역으로 직선들에 대한 정리로부터 큰 원들에 대한 정리를 연역할 수도 있다. 다소 다른 수학 영역에서 디랙 델타 함수(Dirac's delta function)는 엄밀히 말해서 함수가 아니지만, **측도**[III.55]나 **분포**[III.18]의 공간과 같은 함수 공간의 (국소적) 콤팩트화된 공간에 존재한다. 따라서 디랙 델타 함수를 고전적인 함수의 극한으로 볼 수 있으며, 이는 델타 함수를 조작하는 데 대단히 유용하다. 또한 콤팩트화를 이용하여 연속인 것을 이산인 것들의 극한으로 볼 수도 있다. 예를 들어 순환군의 수열 $\mathbb{Z}/2\mathbb{Z}, \mathbb{Z}/3\mathbb{Z}, \mathbb{Z}/4\mathbb{Z}, \cdots$의 극한이 단위원의 군 $\mathbb{T} = \mathbb{R}/\mathbb{Z}$이도록 콤팩트화할 수 있다. 이런 간단한 예들도 훨씬 복잡한 콤팩트화의 예들로 일반화할 수 있고, 기하학, 해석학, 대수학에서 많이 응용할 수 있다.

III.10 계산 복잡도

주어진 계산 작업을 수행하는 데 계산 자원이 얼마나 필요한지 결정하는 것은 이론 컴퓨터 과학의 기본적인 도전 문제 중 하나이다. 가장 기본적인 자원은 '시간', 혹은 이와 동등하게 (주어진 하드웨어에서) 작업 수행에 가장 효율적인 알고리즘을 이행하는 데 필요한 단계의 수이다. 작업에 필요한 입력의 크기에 따라 시간이 어느 규모로 커지는가가 특히 중요한데, 예를 들어 $2n$자릿수의 정수를 인수분해하려면 n자릿수의 정수일 때보다 얼마나 시간이 더 드느냐는 것이다. 계산의 경제성과 관련한 자원으로 메모리가 있다. 컴퓨터가 알고리즘을 시행하는 데 필요한 저장 공간은 얼마나 필요하며, 얼마나 줄일 수 있는지 질문할 수 있다. 복잡도(complexity)는 허용되는 자원에 어떤 제한이 있을 때 수행할 수 있는 계산 문제들의 집합이다. 예를 들어 복잡도 종류 $\mathcal{P}$는 '다항식 시간' 안에 수행할 수 있는 문제들, 즉 문제의 규모가 n(위의 예에서는 인수분해할 정수의 자릿수)일 때 어떤 자연수 k를 잡아 기껏해야 n^k단계에 계산을 수행할 수 있는 문제들로 구성돼 있다. 어떤 문제가 종류 $\mathcal{P}$에 속한다는 것은 문제의 입력 규모를 상수배만큼 늘렸을 때, 문제를 푸는 데 걸리는 시간도 기껏해야 상수배만큼 커진다는 것과 동치이다. 자릿수가 n인 두 수의 곱셈이 이런 문제의 좋은 예인데, 보통의 긴 곱셈을 사용할 경우 n을 $2n$으로 바꾸면 소요시간이 4배만큼 늘기 때문이다.

예를 들어 양의 정수 x가 주어져 있고 이 수가 두 소수 p와 q의 곱이라고 하자. p와 q를 결정하는 것은 얼마만큼 어려울까? 아무도 모르지만, 한 가지는 쉽게 알 수 있다. p와 q가 무엇인지 안다면 pq가 정말로 x인지를 검사하는 것은 (적어도 컴퓨터에게는) 어렵지 않다. 사실 방금 위에서 살펴봤듯이 긴 곱셈에는 다항식 시간이 소요되며, x와 답을 비교하는 것은 훨씬 더 쉽다. 복잡도 종류 $\mathcal{NP}$는 옳은 답을 다항식 시간 안에는 찾을 수 없을지 몰라도, 답이 옳은지는 다항식 시간 안에 검증할 수 있는 계산 작업들로 이루어져 있다. 기본적으로 차이가 있음에도 놀랍게도 $\mathcal{P} \neq \mathcal{NP}$를 어떻게 증명해야 할지 아무도 모르며, 이 문제는 이론 컴퓨터 과학에서 가장 중요한 문제로 널리 간주되고 있다.

여기서는 두 가지 중요한 복잡도 종류를 언급하기로 한다. $\mathcal{PSPACE}$는 입력의 크기를 증가시키면 메모리의 양을 기껏해야 다항식 규모로 증가시켜 풀 수 있는 문제들로 구성돼 있다. 예를 들어 체스와 같은 게임에 대한 합리적인 계산 전략과 관련된 자연스러운 종류로 밝혀졌다. 복잡도 종류 $\mathcal{NC}$는 '다항식 규모의 회로와 기껏해야 $\log n$의 다항식의 깊이'로 계산할 수 있는 모든 불(Boole) 함수의 집합이다. 이 종류는 병렬 처리를 이용하여 대단히 빨리 풀 수 있는 문제들의 종류의 한 가지 모형이다. 일반적으로 복잡도 개념은 흥미롭고도 직관적으로 인식할 수 있는 공통 특징을 갖는 문제들의 큰 집단을 특징짓는 데 놀랄 만큼 유용하다. 또 하나 놀라운 점은 거의 대부분의 복잡도 종류마다 그중 '가장 어려운 문제'들이 있어, 그 문제의 해답을 그 종류 내의 모든 문제의 해답으로 변형할 수 있다는 것이다. 이런 문제들을 고려 중인 종류에 대해 완전(complete)이라고 말한다.

다른 여러 가지 복잡도 종류와 이런 논점들은 계

산 복잡도[IV.20]에서 논의한다. 나음 웹 주소에서 많은 수의 복잡도 종류를 간단한 정의와 더불어 찾을 수 있다.

https://complexityzoo.uwaterloo.ca/Complexity_Zoo

연분수

유클리드 알고리즘과 연분수[III.22]를 보라.

III.11 가산집합과 비가산집합

자연수 집합, 제곱수 집합, 소수 집합, 정수 집합, 유리수 집합, 실수 집합 등등 무한집합은 수학에서 항상 발생한다. 이 집합들의 크기를 비교하려는 것은 자연스러운데, 직관적으로는 자연수의 집합이 정수의 집합보다 '작은' 것으로 느껴지며(양의 정수가 자연수이므로), 제곱수의 집합보다는 훨씬 큰 집합으로 느껴진다(전형적인 큰 수가 제곱수일 가능성은 낮으므로). 그런데 정확한 방식으로 크기를 비교할 수 있을까?

확실한 방법은 유한집합에 대한 직관에 기초하는 것이다. A와 B가 유한집합이면, 크기를 비교하는 방법은 두 가지가 있다. 하나는 각각의 원소를 세는 것으로, 음이 아닌 두 정수 m과 n을 얻을 텐데 $m < n$인지 $m = n$인지 $m > n$인시 단순히 확인해 보면 된다. 그런데 A와 B의 크기를 모르고도 서로를 비교하는 중요한 방법이 하나 더 있다. A의 원소와 B의 원소를 짝지어 한 집합의 원소가 모두 소진될 때까지 지워나가는 것이다. 더 먼저 소진되는 집합이 개

수가 더 적은 집합이며, 만일 똑같이 소진되면 크기가 같은 집합이다.

두 번째 방법을 적절히 변형하면 무한집합에도 적용할 수 있다. 두 집합 사이에 일대일대응이 있으면 두 집합의 크기가 같다고 선언하는 것이다. 처음에는 다소 이상해 보이는 결과가 생기기는 하지만, 중요하고 유용한 정의인 것으로 밝혀졌다. 예를 들어 자연수와 완전제곱수 사이에는 각 n에 n^2을 대응하는 명백한 일대일대응이 있다. 따라서 이 정의에 따르면 자연수 개수'만큼'의 제곱수가 있다. 이와 비슷하게 각 n에 n번째 소수를 대응하면 자연수 개수만큼의 소수가 있음을 증명할 수 있다.[*]

정수 $\mathbb{Z}$는 어떨까? $\mathbb{N}$보다 '두 배 많은' 것처럼 보이지만, 이번에도 둘 사이에 일대일대응을 찾을 수 있다. 정수를 그냥 $0, 1, -1, 2, -2, 3, -3, \cdots$ 의 순서로 나열한 후 명백한 방식으로 자연수와 짝지어 주는 것이다. 즉, 1과 0, 2와 1, 3과 -1, 4와 2, 5와 -2, $\cdots$ 등과 같이 말이다.

어떤 무한집합이 자연수 집합과 같은 크기를 가지면 가산(countable, 셀 수 있는) 집합이라고 부른다. 위의 예가 보여주듯, 이는 집합의 원소를 나열할 수 있다는 것과 정확히 같은 말이다. 사실 어떤 집합을 $a_1, a_2, a_3, \cdots$처럼 나열했다면, n을 a_n으로 보내는 대응이 있다. 물론, 예를 들어 $\mathbb{Z}$에서 $-3, -2, -1, 0, 1, 2, 3, 4, \cdots$처럼 나열하려고 시도했다가 실패하는 경우도 많다는 것에 주목할 가치가 있다. 따라서 어

---

[*] 자연수로 이루어진 충분히 좋은 집합에는 '밀도'라는 유용한 정의를 할 수 있다. 이 정의에 따르면 짝수는 밀도가 1/2인 반면, 제곱수나 소수는 예상할 수 있듯 밀도가 0이다. 하지만 이는 현재 논의 중인 크기의 개념이 아니다.

떤 집합이 가산이라고 말할 때 나열하려는 **모든** 시도 혹은 명백한 시도가 통한다는 얘기가 아니며, 다만 원소를 나열하는 **어떤** 방법이 있다는 얘기일 뿐임을 인식할 필요가 있다. 이는 두 집합을 비교하여 한 집합의 원소가 남으면 두 집합 사이에는 일대일 대응이 있을 수 없다는 것을 아는 유한집합과는 극명한 대조를 보인다. 바로 이 차이가 앞서 언급한 '이상한 결과'의 주요 원인이다.

제곱수의 집합이나 정수의 집합처럼 $\mathbb{N}$보다 작거나 커 보이는 집합이 사실은 가산집합임을 알게 됐다. 이제 '훨씬 커' 보이는 집합 $\mathbb{Q}$로 눈길을 돌리자. 유리수를 모두 나열하겠다고 희망할 수 있을까? 임의의 두 유리수 사이에 무한히 많은 유리수가 있는데, 이들을 나열하다 보면 그중 빠트리는 것을 피하기는 힘들어 보인다. 하지만 놀랍게도 유리수를 모두 나열하는 것은 **가능**하다. 분모와 분자의 절댓값이 어떤 고정된 숫자 k보다 작은 것은 유한개뿐이므로 나열하기 쉽다는 것이 핵심 아이디어이다. 이제 순서대로 진행한다. 먼저 분자와 분모가 기껏해야 1인 것들 뒤에 기껏해야 2인 것들을 놓는 식으로 나아간다(예를 들어 $\frac{1}{2}$은 $\frac{2}{4}$나 $\frac{3}{6}$ 등으로 다시 나오지 않도록 어떤 수든 목록에 두 번 넣지 않도록 주의한다). 이로부터 다음과 같은 순서가 나온다. 0, 1, -1, 2, -2, $\frac{1}{2}$, $-\frac{1}{2}$, 3, -3, $\frac{1}{3}$, $-\frac{1}{3}$, $\frac{2}{3}$, $-\frac{2}{3}$, $\frac{3}{2}$, $-\frac{3}{2}$, 4, -4, $\cdots$.

똑같은 아이디어를 이용하여 훨씬 더 커 보이는 집합, 예를 들어 '대수적 수(실수 중에서 $\sqrt{2}$처럼 정수 계수 다항방정식을 만족하는 것들)'의 집합도 나열할 수 있다. 실제로 각 다항식이 유한개의 근을 갖는다는 것에 주목하면(따라서 나열할 수 있다), 대

수적 수가 가산적으로 무한하다는 것을 보이기 위해서는 다항식들만 나열할 수 있으면 된다. 그런 뒤 그 나열에서 각 다항식의 자리에 그것의 근들을 나열하면 되기 때문이다. 각각의 d에 대해 차수와 모든 계수의 절댓값이 최대 d인 다항식들을 나열하면(단, 이전에 나온 다항식은 제외한다) 모든 다항식을 나열할 수 있다.

위의 예들로부터 **모든** 무한집합이 가산집합일 거라고 추측하기 쉽다. 하지만 칸토어[VI.54]는 '대각선' 논법이라 부르는 아름다운 논증으로 실수는 가산 집합이 아님을 보였다. 모든 실수를 나열한 목록 $r_1, r_2, r_3, \cdots$이 있다고 상상하자. 이 목록이 모든 실수를 포함할 수는 없음을 보이는 것이 목적이므로, 이 목록 안에 없는 실수를 만들고 싶다. 어떻게 하면 될까? 각 r_i를 무한 십진 소수로 쓰고, 새로운 수 s를 다음처럼 정의하자. s의 소수점 이하 첫 번째 자리는 r_1의 첫 번째 자리와 다른 것으로 고른다. 이로 인해 이미 s가 r_1과 같을 수 없다는 것은 보장된다. (9가 반복되는 종류의 수와 같아지는 것을 피하기 위해 s에 사용하는 숫자는 0이나 9가 아닌 것이 좋다.) 그런 다음, s의 소수점 이하 두 번째 자리는 r_2의 소수점 이하 두 번째 자리가 아닌 것으로 고른다. 이로부터 s가 r_2와 같을 수 없음이 보장된다. 이런 식으로 계속하면 이 목록 안에 없는 수 s를 얻게 된다. n이 무엇이든 실수 s와 r_n의 소수점 이하 n번째 자리가 다르므로 s는 r_n과 같을 수 없기 때문이다!

어떤 대상을 (s의 다양한 자릿수처럼) 구체화할 때 '독립적인 선택이 무한가지' 있으면 언제든 유사한 논증을 사용할 수 있다. 예를 들어 $\mathbb{N}$의 부분집합 전체의 집합이 가산이 아니라는 것을 보이는 데 똑

같은 아이디어를 사용해 보자. 즉, 모든 부분집합을 $A_1, A_2, A_3, \cdots$처럼 나열했다고 하자. 이제 어떤 A_n과도 같지 않은 새로운 집합 B를 정의하려고 한다. 1이 A_1에 속하지 않을 때만 1을 B에 포함하면 B가 A_1과 다르다는 것이 보장되며, 2가 A_2에 속하지 않을 때만 2를 B에 포함하면 B가 A_2와 다르다는 것이 보장된다. 이는 그 이후로도 계속할 수 있다. 이 집합 B를 $\{n \in \mathbb{N} : n \notin A_n\}$으로 쓸 수 있다는 점도 주목할 만한 흥미로운 사실인데, 러셀의 역설에 나오는 집합과 놀랄 정도로 닮아 보인다.

가산집합은 '가장 작은' 무한집합이다. 하지만 실수의 집합이 결코 '가장 큰' 무한집합은 아니다. 사실 위의 논증은 어떠한 집합 X도 자신의 부분집합 전체의 집합과는 일대일대응을 만들 수 없다는 것을 보여준다. 따라서 실수의 부분집합 전체의 집합은 실수의 집합보다 '확실히 더 큰' 집합이고, 이를 바탕으로 논증을 계속할 수 있다.

셀 수 있다는 개념, 즉 가산성을 염두에 두면 대단히 유용할 때가 종종 있다. 예를 들어 모든 실수가 대수적인 수인지 알고 싶다고 하자. 특별한 수가 초월수[III.41]임을 보이는 것은 정말 어려운 연습이지만(이것은 대수적 수가 아님을 의미하는데, 이에 대한 아이디어는 리우빌 정리와 로스 정리[V.22]에서 찾을 수 있다), 위의 개념은 초월수가 존재한다는 사실의 자명함을 극명하게 보여 준다. 실수의 집합은 비가산집합이지만, 대수적 수의 집합은 가산집합이기 때문이다! 더욱이 이로부터 '대부분의' 실수는 초월수이며, 대수적 수는 실수 중에서 대단히 작은 비율만을 차지함을 보일 수 있다.

III.12 *C*-대수

바나흐 공간[III.62]은 벡터공간[I.3 §2.3]이면서 거리공간[III.56]이므로, 바나흐 공간의 연구는 선형대수와 해석학의 혼합이다. 하지만 더욱 대수적인 구조를 가진 바나흐 공간을 살펴보면, 더 복잡한 대수와 해석학의 혼합에 이르게 된다. 특히 바나흐 공간의 두 원소를 더할 수는 있지만, 일반적으로 곱할 수는 없다(가능할 때가 가끔씩 있다). 곱셈 구조를 갖는 벡터공간을 대수(algebra)라 부르고, 벡터공간이 바나흐 공간이기도 하며 곱셈이 모든 원소 x와 y에 대해 $\|xy\| \leq \|x\|\|y\|$라는 성질을 가지면 바나흐 대수(Banach algebra)라 부른다. (바나흐 대수의 기본 이론은 바나흐가 연구한 것이 아니므로, 역사적 사실을 반영하지는 않는 이름이다. 겔판트(Gelfand) 대수가 더 적절한 이름일 것이다.)

대합(involution)이란 각 원소 x에 원소 x^*를 대응시키는 함수로 $x^{**} = x$, $\|x^*\| = \|x\|$, $(x + y)^* = x^* + y^*$, $(xy)^* = y^*x^*$를 만족할 때를 말하는데, C^*-대수는 C^*-항등식 $\|xx^*\| = \|x\|^2$을 만족하는 수반연산을 갖는 바나흐 대수를 말한다. 힐베르트 공간[III.37] H 위에서 정의된 연속인 선형사상 T를 모두 모은 대수 $B(H)$가 C^*-대수의 기본 예다. T의 노름(norm)은 모든 $x \in H$에 대해 $\|Tx\| \leq M\|x\|$를 만족하는 가장 작은 상수 M으로 정의하며, 수반연산은 T를 수반작용소(adjoint operator)로 보내준다. 수반작용소 T^*는 H의 모든 원소 x, y에 대해 $\langle x, Ty \rangle = \langle T^*x, y \rangle$를 만족하는 사상을 말한다. (이 성질을 갖는 작용소가 정확히 하나 존재함을 보일 수 있다.) H가 유한차원이면 T는 어떤 n에 대해 $n \times n$ 행렬로 여길 수

있는데, 이때 T^*는 T의 전치행렬의 복소 켤레 행렬
이다.

모든 C^*-대수를 어떤 힐베르트 공간 H에 대해
$B(H)$의 부분대수로 표현할 수 있다는 명제가 겔판
트와 나이마르크(Naimark)의 기본정리다. 더 많은
정보를 원하면, 작용소 대수[IV.15 §3]를 보라.

III.13 곡률

오렌지를 반으로 쪼갠 후 안쪽을 떠내고 남은 반쪽
짜리 껍질을 평평하게 펴려고 하면 아마 껍질은 찢
어지고 말 것이다. 말안장이나 눅눅해진 감자칩을
평평하게 하려고 하면 반대 문제가 생긴다. 이번에
는 펴려고 하는 면이 '너무 많아서' 겹쳐야만 한다.
하지만 벽지 두루마리를 평평하게 하려면, 만 것을
그냥 펴면 되므로 어렵지 않다. 구면과 같은 곡면은
양으로 굽어 있다(positively curved)고 말하고, 안장
모양의 것은 음으로 굽어 있다(negatively curved)고
하며, 벽지의 일부와 같은 것은 평평하다(flat)고 말한
다.

곡면이 평면 위에 놓여 있지 않더라도 평평할 수
있다는 것에 주목하라. 이는 곡면 내부에 놓인 경로
를 통해 거리를 측정하는 내재적 기하(intrinsic geo-
metry)의 용어를 써서 곡률을 정의할 수 있기 때문
이다.

위의 곡률 개념을 분명히 정의하는 다양한 방법
이 있고, 곡면의 각 점마다 그 점에서 '얼마나 굽어
있는지' 말해주는 숫자를 구하는 정량적 방법도 있

다. 이를 위해서는 곡면 위에 경로의 길이를 결정하
는 데 이용하는 리만 계량[I.3 §6.10]이 필요하다. 곡
률의 개념은 고차원으로도 확장할 수 있어, d차원
리만 다양체 위의 점에서의 곡률을 생각해 볼 수 있
다. 하지만 차원이 2보다 큰 경우 한 점에서 다양체
가 휘어 있는 방식은 더 복잡해서 숫자 하나로는 표
현할 수 없고, 이른바 리치 텐서(Ricci tensor)라는 것
으로 표현한다. 더 자세한 것은 리치 흐름[III.78]을
보라.

방금 서술한 개념뿐만 아니라, 기하학적 대상이
평평한 것으로부터 얼마나 벗어나 있는지를 측정하
는 많은 다양한 대안적 정의까지 포함하여 곡률은
현대 기하학의 기본 개념 중 하나다. 또한 일반 상대
성이론에서 핵심적인 부분이기도 하다(일반 상대성
이론과 아인슈타인 방정식[IV.13] 참조).

III.14 디자인
피터 카메론 *Peter J. Cameron*

블록 디자인은 통계학에서 실험 물질에서의 계통적
차이에 대처하는 방법의 하나로 실험을 설계할 때
처음 사용됐다. 예를 들어 농업 실험에서 일곱 가지
종류의 씨앗을 검사하려고 하는데, 실험에 사용할
21개 구획의 땅이 있다고 하자. 모든 구획이 동일하
다고 간주할 경우, 각 종류별로 세 개의 구획에 심는
것이 최선의 전략임은 명백하다. 하지만 가용한 구
획이 서로 다른 지역에 있는 일곱 개의 농장에 각각
세 구획씩 있다고 하자. 그냥 단순하게 각 농장마다

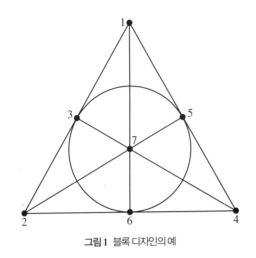

그림 1 블록 디자인의 예

수학자들은 BIBD 및 관련된 디자인 종류의 이론을 광범위하게 발달시켰다. 사실, 이런 디자인을 연구한 것은 통계학에서 사용하기 전으로 거슬러 올라간다. 1847년 커크먼(T. P. Kirkman)은 $(v, 3, 1)$ 디자인이 존재하는 것은 v를 6으로 나눈 나머지가 1 또는 3인 경우와 필요충분조건임을 증명했다. (슈타이너(Steiner)가 이들의 존재성 문제를 제기한 것은 1853년 이후의 일이지만, 이런 디자인은 현재 슈타이너 3중계(Steiner triple system)라 부른다.)

커크먼은 더 어려운 문제도 제안했다. 직접 인용하자.

열다섯 명의 아가씨가 학교에서 일주일 동안 연달아 세 명씩 나란히 산책한다. 어느 두 명도 두 번 이상 나란히 걷지 않도록 날짜를 조정해야 한다.

해답에는 (15, 3, 1) 슈타이너 3중계가 필요한데, 35개의 블록을 '복제'라 부르는 일곱 개의 집합으로 분할할 수 있어야 한다는 추가 조건이 필요하며, 각 복제는 점의 집합을 분할하는 블록 다섯 개로 이루어져 있어야 한다. 커크먼 자신이 해답을 하나 제시했지만, 레이-차우드리(Ray-Chaudhuri)와 윌슨(Wilson)이 v를 6으로 나눈 나머지가 3이면, 이 성질을 갖는 $(v, 3, 1)$ 디자인이 항상 존재함을 증명한 것은 1960년대 후반이었다.

어떤 v, k, λ에 대해 디자인이 존재할까? 주어진 k와 λ에 대해 (v, k, λ) 디자인이 존재하는 v 값이 어떤 합동식 류로 제한된다는 것은 개수 세기 논증으로 보일 수 있다. (위에서 $(v, 3, 1)$ 디자인이 존재할 필요충분조건은 v를 6으로 나눈 나머지가 1 또는 3인

한 종류씩 심으면, 씨앗 종류의 차이인지 지역 간의 계통적 차이인지를 구별할 수 없으므로 정보를 얻을 수 없다. 따라서 다음과 같은 계획을 따르는 것이 더 낫다. 첫 번째 농장에는 1, 2, 3종류를 심고, 두 번째 농장에는 1, 4, 5종류, 그 뒤로는 각각 1, 6, 7; 2, 4, 6; 2, 5, 7; 3, 4, 7; 3, 5, 6종류를 심는 것이다. 그림 1에 이러한 디자인이 묘사돼 있다.

이 배열을 균형 잡힌 불완전 블록 디자인(balanced incomplete block design) 혹은 줄여서 BIBD라고 부른다. 일곱 농장에서 사용한 씨앗 종류의 집합이 블록이다. 모든 농장마다 모든 종류를 심을 수는 없기 때문에 이 블록은 '불완전'하다. 디자인이 '균형 잡혔다'는 것은 같은 블록에는 각 종류의 쌍이 같은 횟수만큼(지금 경우에는 한 번씩) 나타나기 때문이다. 일곱 종류가 있고, 각 블록에는 세 종류씩 있으며, 한 블록에 다른 종류는 한 번씩만 나오므로 이를 (7, 3, 1) 디자인이라고 한다. 이는 유한 **사영평면**의 한 예이기도 하다. 기하학과의 관련성 때문에 종류를 보통 '점'이라 부른다.

경우였음에 주목하라.) 유한개의 예외만 제외하면 각 k와 λ에 대해 이런 제한이 어떤 디자인이 존재할 필요충분조건임을 보인 것이 리처드 윌슨이 발전시킨 점근 존재성 정리다.

디자인의 개념은 더 일반화되었다. $t-(v, k, \lambda)$ 디자인은 임의의 t개의 점이 정확히 λ개의 블록에 포함된다는 성질을 갖는다. 루크 테이를링크(Luc Teirlinck)는 모든 t에 대해 자명하지 않은 t-디자인이 존재한다는 것을 보였지만, $t>3$인 예는 상대적으로 드물다.

통계학자들의 고민은 조금 다르다. 도입부에서 살펴본 예에서 여섯 곳의 농장이 이용 가능하다면 실험에는 BIBD를 이용할 수 없지만, 가장 가능성이 있는(실험 결과로부터 대부분의 정보를 얻을 수 있게 해 주는) '효율적인' 디자인을 골라야 한다. BIBD가 존재한다면 가장 효율적이겠지만, 다른 경우는 그다지 많이 알려지지 않았다.

다른 종류의 디자인도 있다. 이들도 통계학에서 중요하게 다뤄질 수 있으며 새로운 수학으로 이끌기도 한다. 여기서는 **직교 배열**(orthogonal array)을 예로 들겠다. 이 행렬에서 임의의 두 행을 취하여 얻는 2×9 행렬의 열은 {0, 1, 2}를 기호로 하는 모든 순서쌍이 정확히 한 번씩 나온다.

$$
\begin{matrix}
0 & 0 & 0 & 1 & 1 & 1 & 2 & 2 & 2 \\
0 & 1 & 2 & 0 & 1 & 2 & 0 & 1 & 2 \\
0 & 1 & 2 & 1 & 2 & 0 & 2 & 0 & 1 \\
0 & 2 & 1 & 1 & 0 & 2 & 2 & 1 & 0
\end{matrix}
$$

이 배열은, 네 가지 다른 처방이 있고 각 처방을 세 가지 수준에서 적용할 수 있으며, 실험할 구획이 아홉 곳인 경우에 사용할 수 있다.

디자인 이론은 오류 정정 부호와 같은 다른 조합론적 주제와도 밀접히 관련돼 있으며, 사실 피셔(Fisher)는 해밍(R. W. Hamming)이 오류 정정이라는 맥락에서 해밍 부호를 발견하기 5년 전에 디자인의 하나로 해밍 부호를 '발견'했다. 이와 관련된 다른 주제로는 쌓기나 덮기 문제가 있으며, 특히 고전 기하학의 상당수 유한 형태를 디자인으로 간주할 수 있는 유한 기하학과 연관이 있다.

III.15 행렬식

2×2 행렬

$$
\begin{pmatrix}
a & b \\
c & d
\end{pmatrix}
$$

의 행렬식은 $ad - bc$로 정의한다. 3×3 행렬

$$
\begin{pmatrix}
a & b & c \\
d & e & f \\
g & h & i
\end{pmatrix}
$$

의 행렬식은 $aei + bfg + cdh - afh - bdi - ceg$로 정의한다. 이 두 가지 식의 공통점은 무엇이고, 어떻게 일반화하며, 왜 일반화가 중요한 걸까?

첫 번째 질문부터 시작하기 위해 몇 가지 간단한 관찰을 하자. 두 식 모두 행렬의 성분들의 곱을 더하거나 뺀 것이다. 각각의 곱은 각 행과 열로부터 정확히 하나의 원소만을 포함한다. 두 경우 모두, 행렬에서 성분을 선택할 때 '아래로 기울 때'보다는 '위로 기울 때' 곱에 음의 부호가 붙는 것 같다.

이 정도면 $n \geqslant 4$일 때 $n \times n$ 행렬에 대해 정의를

어떻게 확장해야 하는지 쉽게 알 수 있다. 각 행과 열에서 하나씩만 사용하여 n개 곱한 항의 가능한 것들을 단순히 더하고 빼면 된다. 더할 항인지 뺄 항인지 결정하는 것이 어려운 부분이다. 이를 위해, 곱을 하나 골라 이로부터 $\{1, 2, \cdots, n\}$에서의 치환 σ를 다음처럼 정의하자. 각 $i \leq n$에 대해, 곱은 i번째 행에 정확히 한 개의 성분만을 포함하고 있다. 이 성분이 j번째 열이면 $\sigma(i) = j$라 두자. 이 치환이 짝치환이면 곱은 더하고, 홀치환이면 곱을 뺀다(**치환군** [III.68] 참조). 따라서 예를 들어 위의 3×3 행렬식에서 항 afh에 대응하는 치환은 1을 1로, 2를 3으로, 3을 2로 보낸다. 이는 홀치환이므로 afh에 음의 부호를 부여한 것이다.

왜 특별히 이런 곱만을 골랐고, 왜 방금 정의한 대로 음의 부호를 선택하여 정의하는 게 중요한지 설명할 필요는 여전히 있다. 이것이 행렬을 선형사상으로 간주할 때 이 행렬의 영향에 대해 뭔가를 말해주기 때문이다. A를 $n \times n$ 행렬이라 하자. 그러면 [I.3 §3.2]에서 설명한 대로 A는 $\mathbb{R}^n$에서 $\mathbb{R}^n$으로 가는 구체적인 선형사상 α를 준다. A의 행렬식은 이 선형사상이 부피를 어떻게 바꾸는지 말해준다. 더 정확히 말해서 X가 n차원 부피가 V인 $\mathbb{R}^n$의 부분집합일 때, 선형사상 α를 이용하여 X를 변환한 결과인 αX는 V에 A의 행렬식을 곱한 부피를 갖는다. 이를 다음처럼 기호로 표현할 수 있다.

$$\mathrm{vol}(\alpha X) = \det A \cdot \mathrm{vol}(X).$$

예를 들어 다음의 2×2 행렬을 생각해 보자.

$$A = \begin{pmatrix} \cos\theta & -\sin\theta \\ \sin\theta & \cos\theta \end{pmatrix}.$$

이 행렬에 대응하는 선형사상은 $\mathbb{R}^2$에서 θ만큼의 회전변환이다. 어떤 도형을 회전하면 부피는 변하지 않으므로 A의 행렬식이 1일 것으로 기대할 수 있고, 정말로 행렬식 $\cos^2\theta + \sin^2\theta$는 피타고라스 정리에 의해 1이다.

위의 설명은 한 가지 점에서는 다소 과하게 단순화한 것이다. 행렬식은 음수일 수 있지만, 부피는 분명 그렇지 않기 때문이다. 예를 들어 어떤 행렬의 행렬식이 -2라면, 이는 선형사상이 부피를 2배로 만들지만 도형을 반사해서 '도형의 안팎을 바꾼다'는 것을 의미한다.

행렬식이 유용한 성질을 많이 가진다는 사실은, 부피를 이용한 위의 해석을 통해 자명하게 알 수 있다. (하지만 이 해석이 옳은지는 분명하지 않아서, 행렬식의 이론을 구축할 때는 다른 부분에서 많은 일을 해야만 한다.) 그런 성질 중 세 가지를 살펴보기로 한다.

(i) V가 **벡터공간**[I.3 §2.3]이고 $\alpha : V \to V$가 선형사상이라 하자. $v_1, v_2, \cdots, v_n$을 V의 기저라 하고, 이 기저에 대해 α를 표현한 행렬을 A라 하자. 이제 $w_1, w_2, \cdots, w_n$을 V의 다른 기저라 하고, 이 기저에 대해 α를 표현한 행렬을 B라 하자. 그러면 A와 B는 다른 행렬이지만, 둘 다 같은 선형사상 α를 표현하므로 부피에 대해서도 똑같은 효과를 내야만 한다. 이로부터 $\det(A) = \det(B)$라는 사실이 따라 나온다. 다른 방식으로 표현하자. 행렬식은 행렬의 성질이라기보다는 선형사상의 성질로 생각하는 것이 더 낫다.

위의 의미에서 똑같은 선형사상을 나타내는 두 행렬을 **닮음행렬**(similar matrix)이라고 부른다. A와 B가 닮은 행렬일 필요충분조건은 $P^{-1}AP = B$인 가역행렬 P가 존재할 때라는 것이 밝혀졌다. ($n \times n$ 행렬 P가 가역이라는 것은 PQ가 $n \times n$ 항등행렬 I_n과 같아지는 행렬 Q가 존재할 때를 말하는데, 이로부터 QP가 I_n과도 같아진다는 것도 따라 나온다. 이 경우 Q는 P의 **역행렬**(inverse matrix)이라 부르고, P^{-1}로 표기한다.) 방금 보인 사실은 닮은 행렬은 행렬식이 같다는 것이다.

(ii) 임의의 $n \times n$ 행렬 A와 B가 각각 $\mathbb{R}^n$ 위의 선형사상 α, β를 표현한다고 하자. 행렬의 곱 AB는 선형사상 $\alpha\beta$, 즉 β 뒤에 α를 시행해서 얻어지는 사상을 표현한다. β가 부피를 $\det B$배만큼 곱하고 α가 $\det A$배만큼 곱해주므로, $\alpha\beta$는 $\det A \det B$배만큼 곱해준다. 이로부터 $\det(AB) = \det A \det B$라는 사실이 나온다. (곱의 행렬식은 행렬식의 곱과 같다.)

(iii) A가 행렬식이 0인 행렬이고 B가 임의의 행렬이면, 방금 논의한 곱셈 성질로부터 AB의 행렬식도 0일 것이다. I_n은 행렬식이 1이므로, 특히 AB는 I_n과 같을 수 없다. 따라서 행렬식이 0인 행렬은 가역이 아니다. 이 사실의 역도 참인 것으로 밝혀졌다. 행렬식이 0이 아닌 행렬은 가역이다. 따라서 행렬식을 통해 어떤 행렬이 가역인지 찾아낼 수 있다.

III.16 미분형식과 적분
테렌스 타오 *Terence Tao*

1변수 미적분에서 적분이 기본 개념 중 하나라는 것은 두말할 나위가 없다. 하지만 이 주제에서 나타나는 적분 개념은 사실 세 가지이다. 부정적분(indefinite integral) 혹은 원시함수(antiderivative integral)로 알려진 $\int f$와, 곡선 아래의 넓이나 밀도가 고르지 않은 1차원 대상의 질량을 구하려고 할 때 이용하는 부호 없는 정적분(unsigned definite integral) $\int_{[a,\,b]} f(x)\,dx$, 그리고 입자를 a로부터 b까지 이동할 때 필요한 일의 양을 계산하려고 할 때 사용하는 **부호 있는 정적분**(signed definite integral) $\int_a^b f(x)\,dx$가 있다. 논의를 간단히 하기 위해 여기에서는 실직선 전체에서 연속인 함수 $f : \mathbb{R} \to \mathbb{R}$에만 이목을 집중하기로 하며, 마찬가지로 미분형식을 다룰 때는 전체 영역에서 연속인 형식만을 논의하기로 한다. 또한 적분 개념을 완전히 엄밀하게 하려면 반드시 해소해야 하는 (통상적인) '입실론-델타'라는 해석학적 문제를 논의할 필요를 피하기 위해 '무한소(infinitesimal)'와 같은 비공식적 용어도 이용하기로 한다.

물론 1변수 미적분에서 이 세 가지 적분 개념은 서로 긴밀히 연결돼 있다. 사실 **미적분의 기본정리** [I.3 §5.5]는 임의의 부정적분 $F = \int f$에 다음 식

$$\int_a^b f(x)\,dx = F(b) - F(a) \qquad (1)$$

를 통해 부호가 있는 정적분 $\int_a^b f(x)\,dx$와 관련지어 주며, 부호가 없는 정적분은 $a \le b$인 경우에 타당한 간단한 등식

$$\int_a^b f(x)\,\mathrm{d}x = -\int_b^a f(x)\,\mathrm{d}x = \int_{[a,\,b]} f(x)\,\mathrm{d}x \quad (2)$$

를 통해 연결돼 있다.

하지만 1변수 미적분에서 다변수 미적분으로 옮겨가면, 이 세 가지 개념은 서로 상당히 다른 방향으로 퍼져가기 시작한다. 부정적분은 **미분방정식의 해**나, 접속이나 **벡터장**[IV.6 §5]이나 **다발**[IV.6 §5]의 적분 개념으로 일반화된다. 부호 없는 정적분은 르베그 적분[III.55]이나, 더 일반적으로 **측도 공간**에서의 적분으로 일반화된다. 마지막으로 부호 있는 정적분은 **미분형식의 적분**으로 일반화되는데, 여기서 집중적으로 다룰 것이다. 이 세 개념이 여전히 서로 관련돼 있긴 하지만, 1변수 때만큼 서로 바꿔 쓸 수는 없다. 미분형식의 적분 개념은 미분위상, 기하, 물리에서 근본적으로 중요하며, 고차원 및 일반적인 다양체에서 (간략히 말해) 미적분의 기본정리가 얼마나 벗어나는지를 재는 **코호몰로지**[IV.6 §4]에서 가장 중요한 예인 **드람 코호몰로지**(de Rham cohomology)를 내놓는다.

물리학에서 부호 있는 정적분의 기본 응용 중 하나로, 외부의 장이 존재할 때 점 a에서 점 b까지 1차원 입자가 이동하는 데 필요한 일의 양 계산을 비형식적으로 다시 살펴봄으로써 어떤 개념인지 동기를 부여하자(예를 들어 대전된 입자를 전기장에서 움직여 볼 수 있다). 입자를 점 $x_i \in \mathbb{R}$에서 근처의 점 $x_{i+1} \in \mathbb{R}$로 옮기는 데 필요한 일의 양은 무한소 수준에서 (아주 작은 오차로) 변위 $\Delta x_i = x_{i+1} - x_i$에 입자의 최초의 위치 x_i에 의존하는 비례상수 $f(x_i)$에 따라 비례한다. 따라서 필요한 전체의 일은 근사적으로 $f(x_i)\Delta x_i$이다. x_{i+1}이 x_i의 오른쪽이길 요구

하지 않았기 때문에 변위 Δx_i(또는 무한소 일 $f(x_i)\Delta x_i$)는 음수일 수도 있다. a에서 b로 이동하는 데 필요한 일을 계산하는 비-무한소 문제로 돌아가기 위해, a에서 b까지의 임의의 이산 경로 $x_0 = a, x_1, x_2, \cdots, x_n = b$를 선택하여, 전체 일을

$$\int_a^b f(x)\,\mathrm{d}x \approx \sum_{i=0}^{n-1} f(x_i)\,\Delta x_i \quad (3)$$

로 근사시킨다. 여기서도 x_{i+1}이 x_i보다 오른쪽이길 요구하지 **않기** 때문에, 경로를 여러 번 '역행'하는 것도 가능하다. 따라서 어떤 i에 대해 $x_i < x_{i+1} > x_{i+2}$일 수도 있다. 하지만 어떤 경로를 택하든 식 (3)에서 최대 간격이 0으로 수렴하는 한 이런 역행의 효과는 결국 소거되며, 경로의 전체 길이 $\sum_{i=0}^{n-1}|\Delta x_i|$(역행이 포함된 정도를 제어한다)가 유계인 한 극한은 다음의 부호 있는 부정적분과 같아지는 것으로 밝혀졌다.

$$\int_a^b f(x)\,\mathrm{d}x. \quad (4)$$

특히 $a = b$인 경우 경로가 닫혀 있으므로(즉, $x_0 = x_n$) 부호 있는 정적분이 0임을 알 수 있다.

$$\int_a^a f(x)\,\mathrm{d}x = 0. \quad (5)$$

부호 있는 정적분에 대한 이런 비형식적인 정의로부터, 실수 a, b, c의 상대 위치에 무관하게 다음 이어붙임 공식이 성립한다는 것이 명백해진다.

$$\int_a^c f(x)\,\mathrm{d}x = \int_a^b f(x)\,\mathrm{d}x + \int_b^c f(x)\,\mathrm{d}x. \quad (6)$$

특히 $a = c$라 두고 (5)를 이용하여 다음 결론을 내릴 수 있다.

$$\int_a^b f(x)\,dx = -\int_b^a f(x)\,dx.$$

따라서 a에서 b까지의 경로를 뒤집어 b에서 a까지의 경로를 택하면, 적분의 부호가 바뀐다. a, b 사이의 실수의 집합 $[a, b]$가 b와 a 사이의 실수 집합과 정확히 일치하기 때문에, 이는 **부호 없는 정적분** $\int_{[a, b]} f(x)\,dx$와는 대조를 이룬다. 따라서 경로는 집합과는 딱히 같지는 않다는 것을 보았다. 경로는 뒤집을 수 있는 **향**을 갖는 반면, 집합은 그렇지 않다.

이제 1차원 적분에서 고차원 적분으로, 즉 1변수 미적분에서 다변수 미적분으로 옮겨가 보자. 차원을 높일 수 있는 대상이 두 가지인 것으로 드러나는데, 하나가 '바탕 공간'으로 지금부터는 $\mathbb{R}$ 대신 $\mathbb{R}^n$이 될 것이고,* 또 하나는 그 위에서 적분을 수행할 경로인데 이제는 유향 k차원 다양체 S가 될 것이다. 예를 들어 $n = 3$이고 $k = 2$라면, $\mathbb{R}^3$에 놓여 있는 곡면 위에서 적분하는 것이다.

$n \geq 1$이고 $k = 1$인 경우부터 시작하자. 여기서는 $\mathbb{R}^n$에서 연속적으로 미분가능한 경로(혹은 **길이를 갖는 유향 곡선(oriented rectifiable curve)**) γ가 곡선 위의 점 a에서 출발해 b에서 끝날 때 적분하기로 한다. (곡선이 열린 경로냐 닫힌 경로냐에 따라 이 두 점은 달라도 좋고, 같아도 좋다.) 물리적 관점에서는 여전히 a에서 b까지 이동하는 데 필요한 일을 계산하는 것이지만, 이번에는 a에서 b까지 가는 데 1차원 대신 고차원에서 이동한다. 1차원에서는 역행하는 부분은 소거되기 때문에 어떤 경로를 이용하는

*미분형식의 적분 개념은 추상적인 n차원 다양체처럼 훨씬 일반적인 공간 위에서 적분할 때 정말 강력하긴 하지만, 단순함을 위해 유클리드 공간 $\mathbb{R}^n$ 위에서의 적분부터 시작한다.

지 구체적으로 줄 필요가 없었다. 하지만 고차원에서는 경로 γ의 정확한 선택이 중요해진다.

a에서 b까지의 경로는 단위 구간 $[0, 1]$에서 $\mathbb{R}^n$으로 가며 $\gamma(0) = a$ 및 $\gamma(1) = b$인 연속적으로 미분가능한 함수 γ라고 형식적으로 묘사할 수(혹은 매개화할 수) 있다. 예를 들어 a에서 b로 가는 선분은 $\gamma(t) = (1 - t)a + tb$로 매개화할 수 있다. 이 선분은 $\tilde{\gamma}(t) = (1 - t^2)a + t^2b$처럼 다양하게 다른 식으로 매개화할 수 있지만, 정확히 어떤 매개화를 고르느냐는 것은 1차원에서처럼 궁극적으로 적분에 영향을 주지는 않는다. 반면 b에서 a로 가는 반대 방향 선분 $(-\gamma)(t) = ta + (1 - t)b$는 완전히 다른 경로여서, $-\gamma$를 따르는 적분은 γ를 따르는 적분과 부호가 반대인 것으로 드러난다.

1차원 경우처럼, 연속경로 γ를 이산경로

$$x_0 = \gamma(t_0), x_1 = \gamma(t_1), x_2 = \gamma(t_2), \cdots, x_n = \gamma(t_n)$$

으로 근사할 필요가 있다(단, $\gamma(t_0) = a$ 및 $\gamma(t_n) = b$). 이번에도 역행을 어느 정도 허용하여 t_{i+1}이 꼭 t_i보다는 크지 않아도 좋다. x_i에서 x_{i+1}까지의 변위 $\Delta x_i = x_{i+1} - x_i \in \mathbb{R}^n$은 이제 상수가 아니라 벡터이다. (사실, 다양체로의 일반화라는 시각에서는 Δx_i를 점 x_i에서 바탕 공간 $\mathbb{R}^n$에 대한 무한소 **접벡터(tangent vector)**로 보아야 한다.) 1차원일 경우, 스칼라 변위 Δx_i를 원래 변위에 위치 x_i에 따라 정해지는 비례상수 $f(x_i)$를 써서 새로운 수 $f(x_i)\Delta x_i$로 변환했었다. 고차원의 경우에서도 여전히 선형 의존성은 있지만, 이번에는 변위가 벡터이므로 간단했던 비례 상수 대신 $\mathbb{R}^n$에서 $\mathbb{R}$로의 **선형 변환** ω_{x_i}로 대체해야 한다. 따라서 $\omega_{x_i}(\Delta x_i)$는 점 x_i로부터 x_{i+1}

까지 이동하는 데 소요되는 무한소 '일'을 나타낸다. 기교적인 용어로 ω_{x_i}는 x_i에서의 접벡터 공간 위에서의 선형 범함수(linear functional)이므로, 따라서 x_i에서의 여접 벡터(cotangent vector)이다. (3)과 유사하게, a로부터 b까지 곡선 γ를 따라 이동하는 데 소요되는 알짜 일 $\int_\gamma \omega$는

$$\int_\gamma \omega \approx \sum_{i=0}^{n-1} \omega_{x_i}(\Delta x_i) \qquad (7)$$

로 근사시킬 수 있다. 1차원에서의 경우처럼, 곡선을 분할한 최대 간격 $\sup_{0 \le i \le n-1} |\Delta x_i|$가 0으로 수렴하고, 경로의 전체 길이 $\sum_{i=0}^{n-1} |\Delta x_i|$가 유계인 한, (7)의 오른변이 수렴한다는 것을 보일 수 있다. 이 극한값을 $\int_\gamma \omega$라고 쓴다. (우리의 이목을 연속함수에만 제한하고 있음을 기억하라. 이 극한값의 존재성은 ω의 연속성을 이용한다.)

이처럼 $\mathbb{R}^n$의 각 점에 여접벡터를 연속적으로 할당하는* 대상 ω를 1형식이라 부르며, (7)은 곡선 γ를 따라 임의의 1형식 ω를 적분하는 조리법을 준다. 강조점을 약간 옮겨 말하자면, 이 식이 곡선 γ를 1형식 ω를 '상대로' 적분하게 해 준다. 사실 적분이란 곡선 γ와 형식 ω를 입력으로 취하여 스칼라 $\int_\gamma \omega$를 주는 이항연산으로 생각하는 것이 유용하다 (어떤 면에서는 내적과 비슷하다). 사실 곡선과 형식 사이에는 '쌍대성'이 있다. 예를 들어 형식의 적분이 선형작용소라는 사실을 (일부) 표현하는 항등식

$$\int_\gamma (\omega_1 + \omega_2) = \int_\gamma \omega_1 + \int_\gamma \omega_2$$

와, γ_2의 시작점이 γ_1의 끝점과 같고 $\gamma_1 + \gamma_2$를 γ_1과 γ_2의 이어붙임인 경우 (6)을 일반화한 항등식

$$\int_{\gamma_1 + \gamma_2} \omega = \int_{\gamma_1} \omega + \int_{\gamma_2} \omega$$

를 비교해 보라.**

f가 $\mathbb{R}^n$에서 $\mathbb{R}$로의 미분가능한 함수라면, 점 x에서의 미분[I.3 §5.3]은 $\mathbb{R}^n$에서 $\mathbb{R}$로의 선형사상이었음을 기억하라. f의 미분도 연속이면 이 선형사상은 x에 따라 연속적으로 변한다. 따라서 1형식으로 간주할 수 있는데 $\mathrm{d}f$라 표기하고 x에서의 미분은 $\mathrm{d}f_x$라 쓴다. 이 1형식은 모든 무한소 v에 대해 근사식

$$f(x + v) \approx f(x) + \mathrm{d}f_x(v)$$

가 성립하게 해 주는 유일한 1형식이라고 특징지을 수 있다. (더 엄밀히 말하면, 이 조건은 $v \to 0$일 때 $|f(x + v) - f(x) - \mathrm{d}f_x(v)| / |v| \to 0$이라는 뜻이다.)

이제 미적분의 기본정리 (1)은 γ가 점 a에서 점 b로 가는 임의의 유향 곡선일 때

$$\int_\gamma \mathrm{d}f = f(b) - f(a) \qquad (8)$$

로 일반화할 수 있다. 특히 γ가 폐곡선이면, $\int_\gamma \mathrm{d}f = 0$이다. 위의 식에서 왼쪽 편을 해석하기 위해서, $\int_\gamma \omega$ 꼴의 적분에서 ω가 우연히도 $\mathrm{d}f$ 꼴인 특별한 예로 간주하고 있음에 주목하라. 또한 이런 해석에 따라 적분 기호 없이 나타나는 $\mathrm{d}f$도 1형식의 하나로

---

* 더 정확히는, ω를 여접다발의 단면(section)으로 생각할 수 있다.

** 이런 쌍대성은 추상적이면서도 훨씬 더 일반적인 호몰로지 및 코호몰로지라는 형식화를 이용하면 가장 잘 이해할 수 있다. 특히 경로 위에서의 적분만이 아니라, 경로들의 형식적인 합이나 차에서의 적분을 포괄하도록 적분의 개념을 확장하면 γ_1이 끝나는 곳에서 γ_2가 시작해야 한다는 요구조건을 제거할 수 있다. 그렇게 하면 곡선과 형식 사이의 쌍대성이 더욱 대칭성을 띤다.

독립적인 의미를 가짐에 주목하라.

충분히 작은 모든 폐곡선에* 대한 적분이 0인 1형식을 닫힌 형식(closed form)이라 부르며, 연속적으로 미분가능한 함수 f에 대해 df꼴로 쓸 수 있는 것은 완전 형식(exact form)이라 부른다. 따라서 기본 정리는 모든 완전 형식이 닫힌 형식임을 뜻한다. 이는 모든 다양체에 대해서도 타당한 일반적인 사실로 밝혀졌다. 역도 참일까? 즉, 모든 닫힌 형식이 완전 형식일까? 영역이 유클리드 공간이거나 단순연결(simply connected) 다양체라면 '그렇다'가 답이겠지만(푸앵카레 보조정리(Poincaré lemma)의 특수한 경우이다), 일반적인 영역에서는 그렇지 않다. 현대적인 용어로는, 이런 영역의 드람 코호몰로지가 0이 아닐 수도 있음을 설명해 준다.

방금 살펴본 것처럼 1형식은 모든 경로 γ에 $\int_\gamma \omega$라고 쓰는 스칼라를 대응하는 대상 ω라고 생각할 수 있다. 물론 ω는 경로들에 스칼라를 주는 그저 그런 전통적인 함수일 뿐만 아니라, 앞서 논의했던 이어붙임 규칙 및 역행 규칙을 만족해야만 한다. 이 사실과 연속성 가정을 함께 하면, 사실상 γ와 조합하여 어떤 적분을 정의하는 데 이용할 수 있으면서 연속적으로 변하는 어떤 선형함수와 결부될 수밖에 없게 된다. 이제 경로에 대한 이런 기본 아이디어를 $k > 1$일 때 k차원 집합으로 일반화할 수 있는지 보자. 단순하게 하기 위해 2차원인 경우, 즉 $\mathbb{R}^2$ 내의 (유향) 곡면 위에서 형식을 적분하는 데 집중하도록 하자. 이것만으로도 일반적인 경우의 많은 특징을

설명할 수 있기 때문이다.

물리적으로 이런 적분은 곡면을 통과하는 어떤 장(예를 들어 자기장)의 플럭스(flux)를 계산할 때 발생한다. 1차원 유향 곡선은 구간 $[0, 1]$에서 $\mathbb{R}^n$으로 가며 연속적으로 미분가능한 함수 γ로 매개화했다. 따라서 2차원 유향 곡면은 단위 정사각형 $[0, 1]^2$에서 정의되고 연속적으로 미분가능한 함수 ϕ로 매개화하는 것은 자연스럽다. 이렇게 하면 적분하고 싶어 하는 곡면을 모두 다루지 못하는 것은 사실이지만, 더 일반적인 곡면도 조각들로 잘라 $[0, 1]^2$과 같이 '좋은' 영역을 이용하여 매개화할 수 있다는 것이 밝혀졌다.

1차원 경우에는 유향 구간 $[0, 1]$을 t_i부터 $t_{i+1} = t_i + \Delta t_i$까지 무한소 유향 구간으로 잘라서 $x_i = \gamma(t_i)$부터 $x_{i+1} = \gamma(t_{i+1}) = x_i + \Delta x_i$까지의 무한소 곡선이 나왔다. Δx_i와 Δt_i는 근사식 $\Delta x_i \approx \gamma'(t_i) \Delta t_i$에 의해 관련돼 있음에 주목하자. 2차원인 경우에는 단위 정사각형 $[0, 1]^2$을 명백한 방식으로 무한소 정사각형들로 쪼갠다.** 전형적인 무한소 사각형은 (t_1, t_2), $(t_1 + \Delta t, t_2)$, $(t_1, t_2 + \Delta t)$, $(t_1 + \Delta t, t_2 + \Delta t)$ 꼴의 꼭짓점을 갖는다. 그러면 ϕ가 묘사하는 곡면은 $\phi(t_1, t_2)$, $\phi(t_1 + \Delta t, t_2)$, $\phi(t_1, t_2 + \Delta t)$, $\phi(t_1 + \Delta t, t_2 + \Delta t)$를 꼭짓점으로 갖는 영역들로 분할되며, 각각은 향을 그대로 갖는다. ϕ가 미분가능하므로 작은 규모의 거리에서는 근사적으로 선형이므로, $x = \phi(t_1, t_2)$라 하고 $\Delta_1 x$와 $\Delta_2 x$를 무한소 벡터

---

* 정확한 필요조건은 축약가능한(contractible) 곡선이라는 것인데, 연속적으로 변형하여 한 점으로 줄어들 수 있다는 뜻이다.

** 무한소 유향 직사각형, 평행사변형, 삼각형 등도 이용할 수 있는데, 이로부터도 적분 개념은 동등하게 나온다.

$$\Delta_1 x = \frac{\partial \phi}{\partial t_1}(t_1, t_2)\Delta t, \quad \Delta_2 x = \frac{\partial \phi}{\partial t_2}(t_1, t_2)\Delta t$$

라 할 때, 이 영역은 $\mathbb{R}^n$에서 $x, x + \Delta_1 x, x + \Delta_2 x, x + \Delta_1 x + \Delta_2 x$를 꼭짓점으로 갖는 유향 평행사변형으로 근사할 수 있다. 이 대상을 **차원(dimension)**이 $\Delta_1 x \wedge \Delta_2 x$이고 **기준점(base point)**이 x인 무한소 평행사변형이라 부르기로 하자. 기호 '$\wedge$'는 단순히 표기상 편의를 위한 것으로 당분간 굳이 해석하려고 하지는 않겠다. 곡선 위에서의 적분과 유사한 방식으로 적분하기 위해, 이제는 x에 의존해 연속적으로 변하는 기준점 위의 범함수 ω_x 같은 것이 필요하다. 이 범함수는 모든 무한소 평행사변형을 취해, 이 평행사변형을 통해 지나가는 '플럭스'의 양으로 간주할 수 있는 무한소 값 $\omega_x(\Delta_1 x \wedge \Delta_2 x)$를 돌려준다.

1차원에서의 경우처럼 ω_x도 특정한 성질을 가지길 기대할 수 있다. 예를 들어 $\Delta_1 x$를 두 배하면 무한소 평행사변형의 한 변을 두 배하는 것이므로, (ω의 연속성에 의해) 이 평행사변형을 지나는 '플럭스'도 두 배여야 한다. 더 일반적으로 $\omega_x(\Delta_1 x \wedge \Delta_2 x)$는 $\Delta_1 x$ 및 $\Delta_2 x$ 각각에 선형으로 의존해야 하는데, 다른 말로 **이중선형(bilinear)**이어야 한다. (1차원의 경우에서 선형 독립성의 개념을 일반화한다.)

또 하나 중요한 성질은 다음과 같다.

$$\omega_x(\Delta_2 x \wedge \Delta_1 x) = -\omega_x(\Delta_1 x \wedge \Delta_2 x). \quad (9)$$

즉, 이중선형 형식 ω_x는 **반대칭(antisymmetric)**이다. 이번에도 직관적으로 설명할 수 있다. $\Delta_2 x \wedge \Delta_1 x$가 나타내는 평행사변형은 $\Delta_1 x \wedge \Delta_2 x$가 나타내는 평행사변형과는 향이 바뀐 것만 제외하면 동일하므로, 양의 값으로 계산했던 '플럭스'라면 이번에는 음

으로 계산해야 하고, 음의 값이었다면 양으로 계산해야 한다. $\Delta_1 x = \Delta_2 x$인 경우 평행사변형이 퇴화하므로, 플럭스가 없어야 한다는 데 주목하는 것이 이를 보는 또 하나의 방식이다. 이 사실과 이중선형성으로부터 반대칭성이 나온다. 2형식 ω는 각 점에 이런 성질들을 갖는 범함수 ω_x를 연속적으로 대응하는 것을 말한다.

ω가 2형식이고 $\phi : [0, 1]^2 \to \mathbb{R}^n$이 연속적으로 미분가능한 함수면, ϕ에(혹은, 더 정확히는 ϕ에 의한 유향 정사각형 $[0, 1]^2$의 상에) '대한' ω의 적분 $\int_\phi \omega$를 다음 근사식으로 정의할 수 있다.

$$\int_\phi \omega \approx \sum_i \omega_{x_i}(\Delta x_{1,i} \wedge \Delta x_{2,i}) \quad (10)$$

단, 여기에서 ϕ의 상은 (대략) 크기가 $\Delta x_{1,i} \wedge \Delta x_{2,i}$이고 기준점이 x_i인 평행사변형으로 분할한 것이다. 이 평행사변형이 배열된 순서를 결정할 필요는 없는데, 덧셈이 교환법칙과 결합법칙을 만족하기 때문이다. 평행사변형을 '점차 곱게' 분할할수록 식 (10)의 오른쪽 변이 어떤 유일한 극한값으로 수렴한다는 것을 보일 수 있다(여기서 정확한 정의는 하지 않겠다).

2차원 유향 곡면에 대한 2형식을 어떻게 적분하는지 보았다. 더 일반적으로 임의의 $0 \le k \le n$에 대해 ($\mathbb{R}^n$과 같은) n차원 다양체 위에서 k형식의 개념을 정의할 수 있고, 이를 그 다양체 위의 유향 k차원 초곡면을 상대로 적분할 수 있다. 예를 들어 다양체 X 위에서 0형식은 스칼라 함수 $f : X \to \mathbb{R}$과 같은 것으로, (0차원인) 양으로 향을 갖는 점 x 위에서 적분하면 $f(x)$이며, 음으로 향을 갖는 점 x 위에서 적분하면 $-f(x)$다. $k = 2$인 경우 우리가 보았던 것과 상

당히 비슷하게, k형식은 크기가 $\Delta x_1 \wedge \cdots \wedge \Delta x_k$인 무한소 k차원 평행다면체에(따라서 k차원 '곡면'의 일부분에도) 어떻게 값을 부여해 주는지 알려준다. $k \neq k'$인 경우 k'차원 곡면 위에서 k형식의 적분은 0으로 이해하는 것이 관례다. 0형식, 1형식, 2형식 등과 이들의 형식적인 합과 차를 묶어 **미분형식**(differential form)이라 부른다.

스칼라 함수에 수행할 수 있는 기본 연산이 세 가지 있다. 덧셈 $(f, g) \mapsto f + g$, 점별 곱 $(f, g) \mapsto fg$와, 미분 $f \mapsto \mathrm{d}f$가 있는데, 물론 마지막 것은 f의 미분이 연속이 아니면 그다지 유용하지는 않다. 이 연산들 사이에는 다양한 관계가 있다. 예를 들어 곱은 덧셈에 대해 **분배적**(distributive)이다. 즉

$$f(g + h) = fg + fh$$

이며, 미분은 곱에 대해 **곱의 미분성**(derivation)을 갖는다.

$$\mathrm{d}(fg) = (\mathrm{d}f)g + f(\mathrm{d}g).$$

이 세 가지 연산을 모두 미분형식에도 일반화할 수 있는 것으로 밝혀졌다. 형식을 더하는 것은 쉽다. ω와 η가 k형식이고, $\phi : [0, 1]^k \to \mathbb{R}^n$이 연속적으로 미분가능한 함수이면, $\int_\phi (\omega + \eta)$는 $\int_\phi \omega + \int_\phi \eta$로 정의한다. 소위 **쐐기곱**(wedge product)을 이용하여 미분형식을 곱할 수 있다. ω가 k형식이고 η가 l형식이면 $\omega \wedge \eta$는 $(k + l)$형식이다. 간략히 말해서, 기준점이 x이고 크기가 $\Delta x_1 \wedge \cdots \wedge \Delta x_{k+l}$인 $(k + l)$차원 무한소 평행다면체가 주어지면, 기준점이 x이고 크기가 $\Delta x_1 \wedge \cdots \wedge \Delta x_k$ 및 $\Delta x_1 \wedge \cdots \wedge \Delta x_l$인 평행다면체에서 각각 ω와 η를 계산한 후 그 결과를 곱

한다.

연속적으로 미분가능한 k형식 ω의 미분 $\mathrm{d}\omega$는 ω의 '변화율'을 재는 $(k + 1)$형식이다. 이게 무슨 의미인지, 특히 왜 $\mathrm{d}\omega$가 $(k + 1)$형식인지 보기 위해, 다음과 같은 종류의 질문에 어떻게 대답할지 생각해 보자. $\mathbb{R}^3$에 구면과 어떤 흐름이 주어져 있는데, 이 곡면에서 빠져 나가는 알짜 플럭스, 즉 빠져 나가는 플럭스와 들어오는 플럭스의 차를 알고 싶다고 하자. 한 가지 방법은 곡면을 조그만 평행사변형의 합집합으로 근사시키고, 각각을 빠져 나가는 플럭스를 계산하여 이 플럭스들을 모두 더하는 것이다. 또 하나의 방법은 꽉 찬 공을 조그만 평행다면체의 합집합으로 근사시킨 후, 각각의 **알짜** 플럭스를 측정한 후 결과를 더하는 것이다. 평행다면체가 충분히 작다면, 마주보는 면의 쌍마다 한 면을 통해 빠져나가는 양과, 다른 면을 통해 들어가는 양 사이의 차를 조사하여 알짜 플럭스를 쓸 만하게 근사시킬 수 있는데, 이는 2형식의 변화율에 달려 있다.

평행다면체에서 빠져나가는 알짜 플럭스를 합하는 과정은 꽉 찬 공 위에서 어떤 3형식을 적분하는 것으로 좀 더 엄밀하게 묘사할 수 있다. 이런 식으로, 2형식이 어떻게 변하는지에 대한 정보가 어떤 3형식에 담겨 있어야 한다고 기대하는 게 자연스럽다.

이런 조작을 정확히 구성하려면 약간의 대수가 필요한데 여기서는 생략한다. 하지만 근본적으로 반대칭성 (9) 때문에 약간의 부호 변화가 있어야 한다는 부분만 제외하면, 스칼라 부분과 유사한 법칙을 따른다는 것을 언급하겠다. 예를 들어 ω가 k형식이고 η가 l형식이면, 곱에 대한 교환법칙은 다음처

럼 된다.

$$\omega \wedge \eta = (-1)^{kl} \eta \wedge \omega.$$

기본적으로는 k차원과 l차원 사이에 kl번의 교환이 필요하기 때문이다. 곱에 대한 미분 규칙은 다음과 같다.

$$d(\omega \wedge \eta) = (d\omega) \wedge \eta + (-1)^k \omega \wedge (d\eta).$$

또 하나의 규칙은 미분작용소 d가 멱영(nilpotent)이라는 것이다.

$$d(d\omega) = 0. \qquad (11)$$

다소 직관에 반하는 것처럼 보이지만, 이 사실은 근본적으로 중요하다. 왜 이를 기대할 수 있는지 보기 위해 1형식의 두 번 미분을 생각해 보자. 원래의 1형식은 조그만 선분 각각에 스칼라를 하나씩 대응했다. 이를 미분한 2형식은 조그만 평행사변형 각각에 스칼라를 대응한다. 이 스칼라는 근본적으로 평행사변형의 네 변을 따라갈 때 1형식이 주는 스칼라의 합을 재는 것이다(물론 의미 있는 답을 얻으려면, 극한을 취할 때 평행사변형의 넓이로 나눠 주어야 한다). 이 과정을 반복하면, 다면체의 여섯 개의 면과 결부된 여섯 개의 스칼라의 합을 얻게 된다. 그런데 이 스칼라들은 각자 대응하는 면 주위의 네 개의 방향 변에 대응된 스칼라들의 합에서 온 것이고, 각 변은 각 방향으로 한 번씩 두 번(두 개의 면에 속하므로) 셈한다. 따라서 각 변이 기여한 값들은 소거되고, 이들의 합은 0이다.

2형식을 공의 표면 위에서 적분할 때와, 꽉 찬 공 위에서 이 형식의 미분을 적분하는 것 사이의 관계에 대해 일찌감치 설명한 것은 미적분의 기본정리의 일반화로 생각할 수 있고, 이 관계 자체도 놀랄 만큼 일반화할 수 있다. 모든 유향 다양체 S와 미분형식 ω에 대해 ∂S가 S의 유향 경계일 때(여기서 정의하지는 않겠다), 다음 주장

$$\int_S d\omega = \int_{\partial S} \omega \qquad (12)$$

를 <u>스토크스 정리</u>(Stokes's theorem)라 부른다. 사실 이 정리는 미분작용소 $\omega \mapsto d\omega$의 정의나 다름없다고 볼 수도 있는데, 즉 미분은 경계 작용소의 수반 작용소(adjoint operator)이다. (예를 들어 등식 (11)은 유향 다양체의 경계 ∂S 자체는 경계가 없다, 즉 $\partial(\partial S) = \varnothing$이라는 기하학적 관찰과 쌍대이다.) 스토크스 정리의 특별한 경우로 S가 닫힌 다양체, 즉 경계가 없을 때 $\int_S d\omega = 0$임을 알 수 있다. 이 관찰로부터 닫힌 형식과 완전 형식의 개념을 일반적인 미분형식으로 확장할 수 있으며, 이로부터 ((11)과 더불어) 드람 코호몰로지(de Rham cohomology) 완전히 정할 수 있다.

이미 0형식을 스칼라 함수와 동일시할 수 있다는 것을 보았다. 유클리드 공간에서는 내적을 이용하여 선형범함수와 벡터를 동일시할 수 있으므로, 1형식을 벡터장과 동일시할 수 있다. 특별한 (대단히 물리적인) 경우인 3차원 유클리드 공간 $\mathbb{R}^3$인 경우, 유명한 오른손 규칙을[*] 통해 2형식도 벡터장과 동일시할 수 있고, 3형식은 이 규칙의 변형을 써서 스칼라 함수와 동일시할 수 있다. (이는 호지 쌍대성(Hodge

---

[*] 오른손 규칙은 완전히 임의적인 규약이다. 왼손 규약을 이용하여 동일시할 수도 있는데, 여기저기 무해한 부호의 변화만 제외하면 완전히 똑같은 이론을 얻는다.

duality)이라 알려진 개념의 예다.) 이 경우 미분연산자 $\omega \mapsto d\omega$는 ω가 0형식인 경우 **그래디언트** 작용(gradient operation) $f \mapsto \nabla f$와, ω가 1형식인 경우 **회전** 작용(curl operation) $X \mapsto \nabla \times X$와, ω가 2형식인 경우 **발산** 작용(divergence operation) $X \mapsto \nabla \cdot X$와 동일시할 수 있다. 따라서 예를 들어, (11)번 규칙은 적절하게 매끄러운 스칼라 함수와 벡터장 X에 대해 $\nabla \times \nabla f = 0$ 및 $\nabla \cdot (\nabla \times X) = 0$을 뜻하며, 이런 해석 하에 스토크스 정리 (12)는 3차원에서 곡선 및 곡면에 대한 적분에 대해 다변수 미적분 강좌에서 들은 바 있는 '발산 정리', '그린 정리', '스토크스 정리' 등 다양한 정리를 가리킨다.

1차원에서 (2)에 의해 부호 있는 정적분이 부호 없는 정적분과 관련돼 있듯이, 미분형식의 적분과 르베그(혹은 리만) 적분 사이에 관련이 있다. 유클리드 공간 $\mathbb{R}^n$에는 n개의 표준 좌표 함수 $x_1, x_2, \cdots, x_n : \mathbb{R}^n \to \mathbb{R}$이 있다. 따라서 이들의 미분 $dx_1, \cdots, dx_n$은 $\mathbb{R}^n$ 위의 1형식이다. 이들의 쐐기곱을 취하면, n형식 $dx_1 \wedge \cdots \wedge dx_n$을 얻는다. 여기에 임의의 (연속인) 스칼라 함수 $f : \mathbb{R}^n \to \mathbb{R}$을 곱해 다른 n형식 $f(x)dx_1 \wedge \cdots \wedge dx_n$을 얻을 수 있다. Ω가 $\mathbb{R}^n$의 임의의 유계 열린 영역이면, 다음 등식을 얻는다.

$$\int_\Omega f(x)\, dx_1 \wedge \cdots \wedge dx_n = \int_\Omega f(x)\, dx.$$

여기에서 왼편은 (Ω를 양으로 향해 있는 n차원 다양체로 볼 때) 미분형식의 적분이며, 오른편은 Ω 위에서의 리만 적분 혹은 르베그 적분이다. 만일 Ω에 음의 향을 주면, 왼편의 부호를 바꿔야 한다. 이런 관계는 (2)를 일반화한다.

미분형식에서 언급할 만한 가치가 있는 연산이 하나 더 있다. 예를 들어 한 다양체에서 다른 다양체로 (X와 Y가 차원이 다른 것도 허용한다) 연속적으로 미분가능한 사상 $\Phi : X \to Y$가 있다고 하자. 그러면 당연히 X의 모든 점 x는 앞으로 밀려(push forward) Y의 점 $\Phi(x)$가 된다. 비슷하게 x가 기준점인 무한소 접벡터 $v \in T_x X$ 역시 앞으로 밀리면 $\Phi(x)$에 기준점을 둔 접벡터 $\Phi_* v \in T_{\Phi(x)} Y$가 된다. 비형식적으로 말하면, $\Phi_* v$는 무한소 근사 $\Phi(x + v) = \Phi(x) + \Phi_* v$를 만족하도록 정의할 수 있다. x에서 다변수 함수 Φ의 미분 $D\Phi : T_x X \to T_{\Phi(x)} Y$에 대해 $\Phi_* v = D\Phi(x)(v)$라 쓸 수 있다. 마지막으로 X 내의 임의의 k차원 유향 다양체 S 역시 앞으로 밀면 Y 내의 유향 다양체 $\Phi(S)$가 되는데(예를 들어 Φ의 상이 k보다 차원이 낮은 경우) 퇴화하는 경우도 있다.

적분이란 다양체와 미분형식 사이의 쌍대 쌍(duality paring)임을 보았다. 다양체가 X로부터 Y까지 Φ에 의해 앞으로 밀리기 때문에, 미분형식은 Y로부터 X까지 뒤로 당겨질(pullback) 거라고 기대할 수 있다. 사실 Y 위의 임의의 k형식 ω에 대해 다음과 같은 **변수 변환 공식**(change-of-variable formula)

$$\int_{\Phi(S)} \omega = \int_S \Phi^*(\omega)$$

를 만족하는 **당김**(pullback)이라 부르는 X 위의 유일한 k형식 $\Phi^* \omega$를 정의할 수 있다. 0형식(즉, 스칼라 함수)의 경우, $f : Y \to \mathbb{R}$의 당김 $\Phi^* f : X \to \mathbb{R}$은 구체적으로 $\Phi^* f(x) = f(\Phi(x))$에 의해 주어지며, 1형식 ω의 당김은 다음 식에 의해 구체적으로 주어진다.

$$(\Phi^* \omega)_x(v) = \omega_{\Phi(x)}(\Phi_* v).$$

다른 미분형식에도 비슷한 정의를 줄 수 있다. 당김

작용은 여러 가지 좋은 성질을 향유한다. 예를 들어 쐐기곱을 보존하며,

$$\Phi^*(\omega \wedge \eta) = (\Phi^* \omega) \wedge (\Phi^* \eta)$$

미분도 보존한다.

$$d(\Phi^* \omega) = \Phi^*(d\omega).$$

이런 성질들을 이용하면, 다변수 미적분에서 변수 변환 공식을 별로 힘들이지 않고 복구할 수 있다. 더욱이 유클리드 공간으로부터 다른 다양체로 전체 이론을 별 수고 없이 옮겨갈 수 있다. 이 때문에 미분형식과 적분의 이론이 다양체에 대한 현대적 연구, 특히 미분위상수학[IV.7]에서 필요불가결한 도구인 것이다.

III.17 차원

2차원 집합과 3차원 집합의 차이는 무엇인가? 간단하게 2차원 집합은 평면 속에 있지만, 3차원 집합은 공간의 일부를 채운다고 답할 수 있다. 이것은 좋은 답일까? 삼각형, 사각형, 원은 평면에 그릴 수 있는 반면, 사면체, 육면체, 공은 그릴 수 없으므로 이는 많은 집합에 대해 그럴듯한 답으로 보인다. 하지만 공의 겉면은 어떤가? 3차원 대상인 꽉 찬 공과 대조적으로 보통 2차원인 것으로 여긴다. 하지만 공의 겉면은 평면 내에 살지 않는다.

그렇다면 앞의 엉성한 대답이 부정확하다는 뜻일까? 꼭 그렇지는 않다. 선형대수의 관점에서는 $\mathbb{R}^3$

에서 원점이 중심이고 반지름이 1인 구면을 나타내는 집합 $\{(x, y, z) : x^2 + y^2 + z^2 = 1\}$은 평면에 포함되지 않기 때문에 3차원이다. (구면이 생성하는 아핀 부분공간이 $\mathbb{R}^3$ 전체라는 말을 써서 대수적 언어로 표현할 수 있다.) 하지만 이런 '3차원' 감각은 구면에는 두께가 없다는 개략적 아이디어에는 부합하지 않는다. 구면이 2차원인 다른 감각의 차원이라는 개념은 없는 걸까?

차원은 수학 전반에서 대단히 중요하지만 단일한 개념은 아님을 위의 예가 설명해 준다. 사각형이나 육면체와 같은 단순한 집합의 차원에 대한 아이디어를 일반화하는 자연스러운 방식은 많은 것으로 밝혀졌으며, 어떤 정의를 사용하느냐에 따라 차원이 달라지는 집합이 있다는 점에서 서로 일관되지 않는 경우도 종종 있다. 이 글의 나머지 부분에서는 몇 가지 다른 정의를 정리하기로 한다.

어떤 집합의 차원에 대한 가장 기본적인 아이디어는 '점을 구체화하는 데 필요한 좌표의 수'다. 이를 이용하면 구면이 2차원임을 정당화할 수 있다. 구면의 어떤 점이든 경도와 위도로 구체화할 수 있기 때문이다. 사실 대단히 인위적인 것도 마다하지 않을 경우 구면의 점을 단 하나의 숫자로 구체화할 수도 있기 때문에, 이 아이디어를 엄밀한 수학적 정의로 바꾸는 것은 다소 미묘하다. 어떤 두 수를 잡더라도 자릿수를 교대로 끼워 넣어 숫자 하나로 만들 수 있고, 이 수로부터 원래 두 수를 복구할 수도 있기 때문이다. 예를 들어 두 수 $\pi = 3.141592653\cdots$, $e = 2.718281828\cdots$에서 교대로 각 자릿수를 택하면 $32.174118529821685238\cdots$을 만들 수 있는데, 자릿수를 교대로 취하면 π와 e를 다시 얻을 수 있

다. 심지어는 닫힌 구간 [0, 1](즉, 0과 1을 포함하여 사이에 낀 모든 수의 집합)에서 구면으로 가는 연속 함수가 모든 값을 취하도록 할 수도 있다.

따라서 '자연스러운' 좌표계라는 것이 무슨 뜻인지 결정해야만 한다. 이런 결정법의 하나로부터 [I.3 §6.9]와 미분위상수학[IV.7]에서 논의한 대단히 중요한 개념인 '다양체'의 정의에 이르게 됐다. 이는 구면의 모든 점이 평면의 어떤 조각과 '닮아 보이는'(N과 유클리드 평면 $\mathbb{R}^2$의 어떤 부분집합 사이에 '좋은' 일대일대응 ϕ가 있다는 점에서) 근방 N에 포함된다는 아이디어에 근거한 것이다. 여기서 '좋다'는 다른 뜻을 가질 수 있는데, '좋다'의 전형적인 뜻은 ϕ와 역사상이 둘 다 연속이거나, 미분가능하거나, 무한히 미분가능하다는 것이다.

따라서 d차원 집합이란 점을 구체화하는 데 d개의 수가 필요하다는 직관적인 개념을 발달시켜 엄밀한 정의로 만들면, 바랐던 대로 구면이 2차원이라고 말해 줄 수 있다. 이제 다른 직관적인 개념을 택하면 무엇을 얻을 수 있는지 살펴보자.

종이 한 장을 두 조각으로 자르고 싶다고 하자. 종이를 구분하는 경계는 보통은 1차원이라고 여기는 곡선일 것이다. 왜 이 경계는 1차원일까? 여기서 똑같은 추론을 사용할 수 있다. 곡선을 두 조각으로 분리하면 조각난 둘이 서로 만나는 부분은 한 개의 점(혹은 곡선이 고리였다면 한 쌍의 점)이므로 0차원이다. 따라서 d차원의 집합을 둘로 자르고 싶어 할 경우 (d − 1)차원이 필요하다는 감을 얻을 수 있어 보인다.

이 아이디어를 좀 더 정확히 만들어 보자. X가 집합이고 x와 y가 X의 점이라 하자. x와 y를 연결하며 Y를 피하는 연속경로가 없을 때, 집합 Y를 x와 y 사이의 **장벽**(barrier)이라고 부르자. 예를 들어 반지름이 2인 꽉 찬 공 X에 대해, x를 X의 중심이라 하고 y를 X의 경계에 있는 점이라 하면, 반지름이 1인 공의 겉면은 x와 y 사이의 장벽이다. 이런 용어를 갖추면, 다음처럼 귀납적 정의를 할 수 있다. 유한 집합은 0차원이고, 일반적으로 X가 **기껏해야** d차원이라는 것은 X의 임의의 두 원소 사이에 기껏해야 (d − 1)차원 장벽이 있을 때라고 부르자. 또한 X가 d차원이라는 것은 기껏해야 d차원이지만 기껏해야 (d − 1)차원은 아닐 때라고 부르기로 하자.

위 정의는 의미가 있지만, 결국엔 어려움에 봉착하게 된다. 평면 위의 임의의 두 점 사이의 장벽으로 작용하면서도, 어떤 곡선 조각도 포함하지 않는 병적인 집합 X를 만들 수 있기 때문이다. 그러면 X는 0차원이어야 하고, 따라서 평면이 1차원이 되므로 만족스럽지 못하다. 위의 정의에 약간의 조작을 하면 이런 병적인 것들을 제거할 수 있으며, 브라우어르[VI.75]가 제안한 정의가 나온다. 완비 **거리공간** [III.56] X가 기껏해야 차원이 d라는 것은, 임의의 서로소인 닫힌 집합 A와 B에 대해, $A \subset U$이고 $B \subset V$인 두 열린 집합을 찾아 $U \cup V$의 여집합 Y(즉, X에 속하지만 U나 V에는 속하지 않는 모든 것의 집합)가 기껏해야 차원이 d − 1인 경우를 말한다. 이때 집합 Y가 바로 장벽이다. (주요 차이점은 이 집합이 닫힌 집합이어야 한다는 것이다.) 이제 차원이 −1인 공집합부터 귀납법을 시작하면 된다. 브라우어르의 정의는 집합의 **귀납 차원**(inductive dimension)으로 알려져 있다.

차원에 대한 유용한 정의에 이르는 기본적인 아

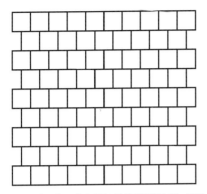

그림 1 어느 넷도 겹치지 않으면서 사각형을 덮는 방법

이디어로 르베그[VI.72]가 제안한 것이 있다. 예를 들어 실수에서 열린 구간, 즉 끝점을 포함하지 않는 구간을 더 짧은 구간들로 덮으려 한다고 하자. 그러면 짧은 구간들을 겹치게 할 수밖에 없지만, 새로 구간을 잡을 때 앞서 잡은 구간의 끝점을 포함하도록 하면 어떤 점도 두 개를 넘는 구간에는 포함되지 않도록 만들 수는 있다.

이제 열린, 즉 경계를 포함하지 않는 사각형을 더 작은 열린 사각형들로 덮으려 한다고 해 보자. 이번에도 더 작은 사각형들을 겹쳐야만 하는데, 이번에는 상황이 살짝 더 나쁘다. 사각형 세 개에 포함돼야만 하는 점이 있기 때문이다. 하지만 그림 1에서처럼 사각형을 벽돌 쌓듯이 배열하고 이를 약간 확장하면, 네 개의 사각형이 겹치는 일은 없도록 하며 덮을 수 있다. 일반적으로 전형적인 d차원 집합을 더 작은 열린 집합으로 덮으려면, 집합 $d+1$개가 겹칠 수밖에 없지만, 이보다 더 많이 겹치지 않게는 할 수 있어 보인다.

이로부터 나오는 정확한 정의는 놀랍도록 일반적이다. $\mathbb{R}^n$의 부분집합뿐만 아니라 임의의 **위상공간**[III.90]에 대해서도 의미가 있다. 어떤 집합 X가 기

껏해야 d차원이라는 것은, X를 유한개의 열린 집합 $U_1, \cdots, U_n$으로 어떻게 덮더라도, 다음 성질을 갖는 유한개의 열린 집합 $V_1, \cdots, V_m$을 찾을 수 있을 때를 말한다.

(i) 집합 V_i들도 X 전체를 덮는다.
(ii) 모든 V_i가 적어도 한 개의 U_j의 부분집합이다.
(iii) 어떤 점도 V_i 중 $d+1$개 이상에는 포함되지 않는다.

X가 거리공간이면 반지름이 작은 U_i들을 잡을 수 있는데, 그러면 V_i들도 작을 수밖에 없다. 따라서 기본적으로 X를 어떤 $d+2$개도 겹치지 않는 열린 집합으로 덮을 수 있으며, 이런 열린 집합은 원하는 만큼 작게 할 수 있음을 말해 주는 정의다.

그런 후에 X가 기껏해야 d차원인 가장 작은 d를 X의 **위상 차원**(topological dimension)이라 정의한다. 이번에도 초등 기하학에서 나오는 익숙한 도형에 대해 '정확한' 차원을 주는 정의임을 보일 수 있다.

네 번째 직관적인 아이디어는 **호몰로지 및 코호몰로지 차원**이라 알려진 개념으로 이른다. 임의의 적당한 위상공간, 예를 들어 다양체 X에 **호몰로지 및 코호몰로지군**[IV.6 §4]이라 알려진 일련의 군을 대응할 수 있다. 여기서는 호몰로지군만 다루는데, 코호몰로지에 대해서도 아주 비슷한 논의를 할 수 있다. 간략히 말해서 n번째 호몰로지군은 낯힌 n차원 다양체 M에서 X로 가는 연속사상 중에 다른 흥미로운 것이 얼마나 있는지 알려준다. X가 차원이 n보다 작은 다양체라면, 상수 사상과 흥미롭게 다른 것을

정의하기에는 X 내에는 공간이 충분치 않다는 점에서 n번째 호몰로지군이 자명하다는 것을 보일 수 있다. 반면 n차원 구면의 n번째 호몰로지군은 $\mathbb{Z}$인데, 이는 어떤 정수 매개변수를 이용하여 n구로부터 자신으로 가는 사상을 분류할 수 있음을 말해준다.

따라서 어떤 공간이 최소 n차원이라는 것은 n차원 다양체로부터의 흥미로운 사상이 들어 있을 여유가 있느냐로 말하고 싶은 유혹이 든다. 이 생각으로부터 정의가 한 무더기 나온다. 어떤 구조 X의 호몰로지 차원은 자명하지 않은 n번째 호몰로지군을 갖는 X의 부분구조가 존재하는 가장 큰 n으로 정의한다. (지나치게 여유가 많아도 연속 사상을 변형하기가 쉬워 상수 함수와 동등하다는 것을 보이기 쉬워져 호몰로지군이 자명할 수 있기 때문에, 부분구조를 생각하는 것은 필수이다.) 하지만 호몰로지는 대단히 일반적인 개념이며 서로 다른 호몰로지 이론이 많아서, 호몰로지 차원의 개념끼리 서로 다른 것이 많다. 이 중 일부는 기하학적이지만, 대수적 구조에 대한 호몰로지 이론도 있다. 예를 들어 적당한 이론을 이용하면, 환[III.81 §1]이나 군[I.3 §2.1]과 같은 대수적 구조에도 호몰로지 차원을 정의할 수 있다. 기하학적 아이디어가 대수적으로 보상을 받는 아주 좋은 예다.

이제 차원에 대한 다섯 번째이자 (적어도 이 글에서는) 최종인 직관적인 아이디어, 즉 **규모**를 재는 데 영향을 주는 방식으로 눈길을 돌리자. 어떤 도형 X가 얼마나 큰지 전달하려면, X가 1차원일 때는 길이를, 2차원이면 넓이를, 3차원이면 부피를 주는 것이 좋은 방법이다. 물론 이는 차원이 무엇인지 이미 안다는 것을 전제하고 있는데, 차원을 미리 알지 **못하**

더라도 어떤 측도가 가장 적절한지 결정하는 방법이 있음을 곧 보게 될 것이다. 그런 후 상황을 역전하여, 이 최선의 측도에 대응하는 수를 사실 차원이라고 **정의**할 수 있다.

이를 위해, 도형을 확대하면 각기 다른 방식으로 길이, 넓이, 부피의 규모가 변한다는 사실을 이용하겠다. 곡선을 취해 (모든 방향으로) 두 배 늘리면, 길이는 두 배가 된다. 더 일반적으로 C배 늘리면, 길이는 C배가 된다. 하지만 2차원 도형을 취해 C배하면, 넓이는 C^2배가 된다. (간략히 말해서 도형의 작은 부분을 취해 '두 방향으로' 각각 C배하기 때문에, 넓이는 C배를 두 번 해야만 한다.) 또한 3차원 도형의 부피는 C^3배가 되는데, 예를 들어 반지름이 3인 공의 부피는 반지름이 1인 공의 부피의 27배이다.

도형을 확대할 때 측정이 어떤 규모로 커지느냐 하는 것은, 여전히 길이인지, 넓이인지, 부피인지 미리 알고 있어야 하는 것처럼 보이겠지만 그렇지 않다. 예를 들어 정사각형을 2배로 확대한 새로운 사각형은 원래 사각형과 합동인 네 개의 복사본으로 나눌 수 있다. 따라서 사전에 넓이를 알지 못하더라도, 새로운 사각형의 크기는 원래 사각형의 크기의 네 배라고 말할 수 있다.

이런 관찰은 놀라운 결과를 낳는데, 정수가 아닌 차원을 부여하는 것이 자연스러운 집합이 존재한다는 것이다! 칸토어[VI.54]가 맨 먼저 정의한 유명한 집합으로 지금은 **칸토어 집합**(Cantor set)이라 부르는 것이 아마 가장 간단한 예일 것이다. 이 집합은 다음처럼 만든다. 먼저 닫힌 구간 $[0, 1]$에서 시작하고, 이를 X_0이라 부르자. 그런 후, X_0을 삼등분하여 가운데 부분, 즉 $\frac{1}{3}$과 $\frac{2}{3}$ 사이의 모든 점을 제거하되

$\frac{1}{3}$과 $\frac{2}{3}$는 남겨 놓아 X_1을 구성한다. 따라서 X_1은 두 개의 닫힌 구간 $[0, \frac{1}{3}]$, $[\frac{2}{3}, 1]$의 합집합이다. 이제 이 두 닫힌 구간을 삼등분하여 가운데 부분들을 제거하여 집합 X_2를 구성한다. 즉, X_2는 구간 $[0, \frac{1}{9}]$, $[\frac{2}{9}, \frac{1}{3}]$, $[\frac{2}{3}, \frac{7}{9}]$, $[\frac{8}{9}, 1]$ 네 개의 합집합이다.

일반적으로 X_n은 닫힌 구간의 합집합인데, X_{n+1}은 각각을 삼등분하여 가운데 부분을 제거한 것들로 잡으면, X_n보다 개수는 두 배 많은(크기는 각각 $\frac{1}{3}$인) 구간들로 구성된다. 일단 수열 $X_0, X_1, X_2, \cdots$를 만들면, 모든 X_i들의 교집합, 즉 삼등분하여 가운데를 제거하는 과정을 아무리 계속 하더라도 남는 실수 전체로 칸토어 집합을 정의한다. 3진 소수 전개를 했을 때, 0과 2로만 구성된 수들이라는 것을 보이는 것은 어렵지 않다. (두 종류의 3진 전개가 가능한 수가 있다. 예를 들어 $\frac{1}{3}$은 0.1이거나 0.022222…이다. 이런 경우, 유한하게 끝나는 것 대신 숫자가 반복되는 전개를 택한다. 따라서 $\frac{1}{3}$은 칸토어 집합에 속한다.) 사실 n번째 삼등분하여 가운데 부분을 제거할 때는 '소수점' 이후 n번째 자리에 1이 나오는 수를 모두 제거하는 것이기 때문이다.

칸토어 집합은 흥미로운 사실을 많이 갖고 있다. 예를 들어 이 집합은 **비가산집합**[III.11]이지만, 측도[III.55]가 0이다. 간단히 첫 번째 주장을 설명하자면 자연수의 임의의 부분집합 A마다 칸토어 집합의 다른 원소를 대응해 줄 수 있는데($i \in A$라면 $a_i = 2$로, 그 외에는 $a_i = 0$으로 수어 3진 진기로 $0.a_1 a_2 a_3 \cdots$인 수를 잡는다), 자연수의 부분집합은 비가산개 있기 때문이다. 두 번째 주장을 정당화하기 위해서는 X_n을 구성하는 구간의 전체 길이가 $(\frac{2}{3})^n$임에 주목해야 한다. (X_{n-1}로부터 X_n을 구성할 때 $\frac{1}{3}$씩 제거하기 때문이다.) 칸토어 집합은 모든 X_n에 속하므로, n이 어떤 값이든 측도는 $(\frac{2}{3})^n$보다 작아야만 하므로 0임을 의미한다. 따라서 칸토어 집합은 어떤 면으로는 아주 크며, 다른 면으로는 아주 작다.

칸토어 집합은 **자기닮음**(self-similar)이라는 추가 성질을 가지고 있다. X_1은 구간 두 개로 이루어져 있는데, 이 구간 중 하나만 들여다보면 삼등분한 가운데 부분을 반복적으로 제거하므로, 전체 칸토어 집합을 구성할 때와 완전히 똑같은데, 다만 규모만 $\frac{1}{3}$로 준다. 즉, 칸토어 집합은 자신을 $\frac{1}{3}$로 축소한 사본 두 개로 구성돼 있다. 이로부터 다음 명제를 연역할 수 있다. 칸토어 집합을 3배 확장한 집합은 원래 것과 합동인 복제 두 개로 구성되므로 원래 것보다 '두 배 크다'.

이 사실이 칸토어 집합의 차원에 대해 어떤 결론을 줄까? 만일 차원이 d라면, 확장한 집합은 3^d배만큼 커야 한다. 따라서 3^d은 2와 같아야만 한다. 이는 d가 $\log 2 / \log 3$, 어림잡아 0.63임을 의미한다.

일단 이 사실을 알면, 칸토어 집합의 수수께끼는 줄어든다. 조금 뒤에 보겠지만, 차원이 기껏해야 d인 집합의 가산개의 합집합의 차원은 기껏해야 d라는 유용한 성질로부터 소수(fractional) 차원의 이론을 발달시킬 수 있다. 따라서 칸토어 집합의 차원이 0보다 크다는 사실은, 가산 집합일 수 없다는 것을 뜻한다(점 하나의 차원은 0이므로). 반면 칸토어 집합의 차원이 1보다 작기 때문에, 1차원 집합보다는 **훨씬** 작으므로 측도가 0인 것은 놀랄 일이 아니다. (곡면은 부피를 갖지 않는다는 말과 다소 비슷한데, 여기서는 차원이 2와 3이 아니라 0.63과 1일 뿐이다.)

가장 유용한 소수 차원 이론은 **하우스도르프**[VI.68]가 개발했다. 먼저 d가 정수가 아닐 때도 'd차원 부피'를 가능하게 해 주는 자연스러운 방법인 하우스도르프 측도라는 개념부터 시작한다. 예를 들어 $\mathbb{R}^3$의 곡선이 하나 있는데, 구면을 이용하여 얼마나 쉽게 덮을 수 있는지를 고려하여 길이를 알아내고 싶다고 하자. 이 길이는 구면들의 지름의 합으로 만들 수 있는 최소 길이라고 말하자는 게 첫 번째 아이디어일 것이다. 하지만 이건 통하지 않는다. 운 좋게 아주 긴 곡선이 촘촘히 말려 있는 걸 찾으면, 지름이 작은 구면 하나로도 덮을 수 있을 것이기 때문이다.

하지만 구면이 작아야 한다는 요구 조건이 있으면 이 논의는 더는 불가능하다. 구면들의 지름이 기껏해야 δ여야 한다는 요구 조건이 있다고 하자. 이때 지름의 합 중 가장 작은 값을 $L(\delta)$라 하자. δ가 작을수록, 유연성이 작아지므로 $L(\delta)$는 더 커질 것이다. 따라서 δ가 0으로 수렴할수록 $L(\delta)$는 어떤 극한(무한일 수도 있다) L로 다가가는데, 이 L을 곡선의 길이라 부른다.

이제 $\mathbb{R}^3$ 안에 매끈한 곡면이 하나 있고, 이를 구면으로 덮어서 나오는 정보로부터 넓이를 끌어내고 싶다고 하자. 이번에는 (곡면의 오직 한 부분과만 만나고, 이 부분은 거의 평평할 정도로) 아주 작은 구면으로 덮어서 얻는 넓이는 대략 구면의 지름의 제곱에 비례할 것이다. 하지만 바꿔야만 하는 세세한 부분은 이것뿐이다. 구면의 지름이 기껏해야 δ일 때 곡면을 덮는 구면들의 지름의 제곱의 합을 최소로 만든 것을 $A(\delta)$라 하자. 그런 후 곡면의 넓이는 δ가 0으로 수렴할 때 $A(\delta)$의 극한이라고 선언하는 것

이다. (엄밀히 말해 이 극한에 $\pi/4$를 곱해야 하지만, 그러면 그 정의는 쉽게 일반화할 수 없게 된다.)

방금 $\mathbb{R}^3$ 내의 도형에 대해 길이와 넓이를 정의하는 방법을 주었다. 이 둘 사이의 차이라고는 길이일 때는 작은 구면의 지름의 합을 생각하는데, 넓이일 때는 작은 구면의 지름의 제곱의 합을 생각했다는 것이다. 일반적으로 d차원 **하우스도르프 측도**(Housdorff measure)는 지름의 d제곱의 합을 생각하여 비슷하게 정의한다.

하우스도르프 측도의 개념을 이용하여 소수 차원을 엄밀히 정의할 수 있다. 임의의 도형 X에 대해 다음 의미에 맞는 적절한 d가 딱 하나밖에 없다는 걸 보이는 건 어렵지 않다. c가 d보다 작으면 X의 c차원 하우스도르프 측도는 무한이지만, c가 d보다 크면 0이다. (예를 들어 매끄러운 곡면의 c차원 하우스도르프 측도는 $c < 2$이면 0이고, $c > 2$이면 무한이다.) 이런 d를 집합 X의 **하우스도르프 차원**(Hausdorff dimension)이라 부른다. 하우스도르프 차원은 프랙탈 집합을 분석하는 데 매우 유용하며, **동역학**[IV.14]에서 더 자세히 논의한다.

어떤 집합의 하우스도르프 차원이 위상 차원과 같을 필요가 없다는 걸 깨닫는 게 중요하다. 예를 들어 칸토어 집합의 위상 차원은 0이고, 하우스도르프 차원은 $\log 2 / \log 3$이다. **코흐 눈송이**(Koch snowflake)로 알려진 대단히 꼬불꼬불한 곡선이 더 큰 예이다. 이는 곡선이므로(또한 한 점만 빼면 둘로 쪼갤 수 있다) 위상 차원은 1이다. 하지만 대단히 꼬불꼬불하기 때문에 길이는 무한이고, 실제 하우스도르프 차원은 $\log 4 / \log 3$이다.

III.18 분포

테렌스 타오 *Terence Tao*

함수는 보통 정의역(domain)이라 부르는 집합 X의 각 원소 x에, 공역(range)이라 부르는 다른 집합 Y의 점 $f(x)$를 할당하는 대상 $f:X \to Y$라 정의한다. (라그랑주와 수학의 문법[I.2 §2.2]을 보라.) 따라서 함수의 정의는 집합론적이며, 함수에 수행할 수 있는 기본적인 연산은 값매김(evaluation), 즉 X의 원소 x가 주어지면 f를 x에 값을 매겨 Y의 원소 $f(x)$를 얻는 것이다.

하지만 이렇게 함수를 묘사하는 것이 최선이 아닌 수학 분야들이 있다. 예를 들어 기하학에서는 함수가 점에 어떻게 작용하느냐는 것이 기본적인 성질이 아니라, 점보다 훨씬 복잡한 대상(예를 들어 다른 함수, 다발[IV.6 §5], 단면, 스킴[IV.5 §3], 층(sheaf))을 어떻게 앞으로 미는지(push forward) 혹은 당기는지(pull back)가 더 기본적인 성질이다. 해석학에서도 비슷한데, 함수는 꼭 점을 어떻게 하느냐로 정의할 필요가 없고, 다른 종류의 대상, 예를 들어 집합이나 함수와 같은 것을 어떻게 하느냐로 정의해야 한다. 집합일 경우 측도(measure)의 개념이, 함수일 경우 분포(distribution)의 개념이 나온다.

물론 이 모든 함수 및 함수 비슷한 대상의 개념은 서로 관련돼 있다. 해석학에서는 다양한 함수 개념을 생각할 때 대단히 '매끄러운' 함수의 모임이 한쪽 끝을, 대단히 '매끄럽지 않은' 함수의 모임이 반대쪽 끝을 차지하며 스펙트럼을 이룬다고 생각하는 것이 도움이 된다. 매끄러운 함수의 모임은 구성원에 대해서는 대단히 제한적이다. 이는 좋은 성질을 가지고 있고, 이들에 수행할 수 있는 연산(예를 들어 미분)이 많다는 뜻이지만, 자신이 다루는 함수가 이 범주에 속하는지 보장하지는 못한다는 것을 뜻한다. 역으로 매끄럽지 않은 함수의 모임은 대단히 일반적이고 포괄적이다. 다루는 함수가 이 모임에 들어 있다는 것을 보이기는 쉽지만, 보통 이런 함수들 위에 수행할 수 있는 연산의 수는 어마어마하게 줄어든다(함수공간[III.29] 참조).

그럼에도 매끄럽지 않은 함수를 매끄러운 함수로 원하는 만큼 잘(적절한 위상[III.90]으로) 근사시킬 수 있는 경우가 종종 있기 때문에, 다양한 모임의 함수를 통합적인 방법으로 다룰 수 있는 경우가 많다. 그런 후 매끄러운 함수에 자연스럽게 정의된 연산이 있으면, 매끄럽지 않은 함수 위에도 그 연산을 자연스럽게 확장할 방법이 딱 하나 있을 가능성이 농후하다. 매끄럽지 않은 함수로 점점 더 잘 다가가는 매끄러운 근사 함수열을 잡고, 여기에 연산을 수행한 후 극한을 취하는 것이다.

분포 혹은 일반화된 함수(generalized function)는 이 스펙트럼의 가장 매끄럽지 않은 끝단에 속해 있지만, 그것의 정체가 무엇인지 말하기 전에 좀 더 매끄러운 모임의 함수를 몇 가지 고려하며 시작하는 게 도움이 될 것이다. 비교하기 위한 이유도 있고, 매끄러운 함수의 모임으로부터 쌍대성(duality)이라 부르는 과정을 통해 매끄럽지 않은 함수의 모임을 얻기 때문인 이유도 있다. 함수공간 E에 정의된 선형범함수(linear functional)는 단순히 E로부터 스킬라 $\mathbb{R}$이나 $\mathbb{C}$로 가는 선형사상이라 정의한다. 전형적인 E는 노름 공간이거나 최소한 위상을 갖고 있는 경우가 많은데, 이때 쌍대 공간(dual space)은 연속인 선형범함수의 공간이다.

해석적 함수(analytic function)의 모임 $C^\omega[-1, 1]$. 여러 가지 면에서 '가장 좋은' 함수들로 $\exp(x)$, $\sin(x)$, 다항함수와 같이 익숙한 함수들을 많이 포함하고 있다. 하지만 여러 가지 목적에 비춰 볼 때 유용하기에는 너무 빽빽한 모임을 이루기 때문에 이들에 대해서는 더 논의하지 않는다. (예를 들어 해석적 함수가 어떤 구간 위에서 항상 0이라면, 전체에서 0일 수밖에 없다.)

시험 함수(test function)의 모임 $C_c^\infty[-1, 1]$. 구간 $[-1, 1]$에서 정의되고 매끈한(즉, 무한히 미분가능한) 함수 f들로, 1과 -1 근방에서는 0인(즉, $x > 1 - \delta$이거나 $x < -1 + \delta$이면 $f(x) = 0$인 $\delta > 0$을 찾을 수 있다) 것들이다. 해석적 함수들보다는 더 많고 따라서 분석하여 다루기가 더 쉽다. 예를 들어 어떤 작은 집합 밖에서는 0이지만 내부에서는 0이 아닌 매끄러운 '절단(cutoff) 함수'를 만들면 유용한 경우가 종종 있다. 또한, 이들 함수에 미적분의 모든 연산(미분, 적분, 합성, 합성곱, 값매김 등)을 적용할 수 있다.

연속함수(continuous function)의 모임 $C^0[-1, 1]$. 값매김 $x \mapsto f(x)$ 개념이 모든 $x \in [-1, 1]$에 대해 의미가 있을 정도로 충분히 정칙(regular)인 함수들이며, 이런 함수를 적분하고, 곱이나 합성과 같은 대수적 조작을 할 수 있지만, 미분과 같은 연산을 하기에는 충분히 정칙이지는 않다. 그래도 해석학에서 다루는 함수에서 보통은 더 매끄러운 축에 속하는 것으로 간주하고 있다.

제곱적분가능 함수(square-integrable function)의 모임 $L^2[-1, 1]$. 가측 함수 $f : [-1, 1] \to \mathbb{R}$ 중에서 르베그 적분 $\int_{-1}^{1} |f(x)|^2 dx$가 유한인 것들이다. 보통 이런 두 함수 f, g에 대해 $f(x) \neq g(x)$인 x의 집합의 측도가 0이면 같은 것으로 간주한다. (따라서 집합론적 관점에서 보면, 문제의 대상은 사실 함수의 동치류[I.2 §2.3]다.) 원소가 하나인 집합 $\{x\}$의 측도가 0이므로, $f(x)$의 값을 바꿔도 함수가 바뀌지는 않는다. 따라서 제곱적분가능 함수 $f(x)$에 대해 구체적인 점 x에서 값매김의 개념은 의미가 없다. 하지만 측도 0인 집합에서만 다른 두 함수는 르베그 적분[III.55]이 동일하므로, 적분은 의미가 있다.

이 모임의 요점은 다음과 같은 면에서 자기 쌍대(self-dual)라는 것이다. 이 클래스의 두 함수는 내적(inner product) $\langle f, g \rangle = \int_{-1}^{1} f(x) g(x) dx$로 서로 짝지어줄 수 있다. 따라서 주어진 함수 $g \in L^2[-1, 1]$에 대해 사상 $f \mapsto \langle f, g \rangle$는 $L^2[-1, 1]$ 위에서 선형범함수를 정의하는데, 연속인 범함수로 드러난다. 더욱이 $L^2[-1, 1]$ 위의 임의의 선형범함수 ϕ마다, 모든 f에 대해 $\phi(f) = \langle f, g \rangle$를 만족하는 유일한 함수 $g \in L^2[-1, 1]$이 존재한다. 이는 리스 표현 정리(Riesz representation theorem)의 특수한 경우이다.

유한 보렐 측도(finite Borel measure)의 모임 $C^0[-1, 1]^*$. 유한 보렐 측도[III.55] μ는 $C^0[-1, 1]$ 위에서 $f \mapsto \langle \mu, f \rangle = \int_{-1}^{1} f(x) d\mu$로 정의한 연속인 선형범함수를 결정한다. 또 다른 리스 표현 정리로부터 $C^0[-1, 1]$ 위의 임의의 연속인 선형범함수는 이런 식으로 만들어지므로, 원리상 유한 보렐 측도를 $C^0[-1, 1]$ 위에서의 연속인 선형범함수라고 정의할 수 있다.

분포의 모임 $C_c^\infty[-1, 1]^*$. 측도를 $C^0[-1, 1]$ 위에서의 연속인 선형범함수로 여길 수 있는 것처럼, 분포 μ는 $C_c^\infty[-1, 1]$ 위에서 (적당한 위상을 줄 때) 연속인 선형범함수이다. 따라서 분포는 '가상 함수'로 볼 수 있다. 직접 값을 매길 수도 없고, 열린 집합 위에서 적분을 할 수도 없지만, 그래도 임의의 시험 함수 $g \in C_c^\infty[-1, 1]$와 짝을 이뤄 $\langle \mu, g \rangle$라는 수를 만들어낸다. 유명한 예가 **디랙 분포(Dirac distribution)** δ_0인데, 임의의 시험 함수 g와 짝을 지으면 0에서의 g의 값 $g(0)$을 돌려주는 범함수로, 즉 $\langle \delta_0, g \rangle = g(0)$이 되도록 정의한다. 비슷하게 디랙 분포의 미분 $-\delta_0'$도 있는데, 임의의 시험 함수 g와 짝을 지으면 0에서의 g의 미분계수 $g'(0)$을 돌려주는 범함수, 즉 $\langle -\delta_0', g \rangle = g'(0)$이 되도록 정의한다. 시험 함수에는 대단히 많은 연산이 가능하고 연속인 선형범함수를 정의할 방법이 많기 때문에, 분포의 모임은 상당히 크다. 이러한 사실과 더불어, 간접적이고 가상적인 분포의 본질에도 불구하고 여전히 많은 연산을 정의할 수 있다. 이는 나중에 논의하기로 한다.

초함수(hyperfunction)의 모임 $C^\omega[-1, 1]^*$. 분포보다도 더 일반적인 함수 모임도 있다. 예를 들어 초함수가 있는데 간략히 말하면 시험 함수 $g \in C^\infty[-1, 1]$을 대상으로 하기보다는 오직 해석적 함수 $g \in C^\omega[-1, 1]$을 대상으로 짝을 짓는 선형범함수로 생각할 수 있다. 하지만 해석적 함수의 모임은 너무 듬성듬성하므로, 초함수는 해석학에서 분포만큼 유용하지는 않은 경향이 있다.

얼핏 보기에는 분포 μ가 힘을 발휘하려면 시험 함수 g를 거쳐야만 내적 $\langle \mu, g \rangle$를 만들 수 있으므로, 분포의 개념은 용도가 제한돼 보인다. 하지만 이 내적을 이용하면 애초에는 시험 함수에만 정의될 수 있었던 연산을 취할 수 있으며, 쌍대성에 의해 분포로 **확장**할 수 있다. 전형적인 예가 미분이다. 예를 들어 분포의 미분 μ'을 어떻게 정의하는지, 혹은 다른 말로 시험 함수 g와 분포 μ에 대해 $\langle \mu', g \rangle$를 어떻게 정의하는지 알고 싶다고 하자. μ 자체가 시험 함수 $\mu = f$라면 부분적분을 이용하여 값을 매길 수 있고(시험 함수는 -1과 1에서 값이 0임을 기억하라), 그 결과 다음 식을 얻는다.

$$\langle f', g \rangle = \int_{-1}^{1} f'(x) g(x) \, dx$$
$$= -\int_{-1}^{1} f(x) g'(x) \, dx = -\langle f, g' \rangle.$$

g가 시험 함수라면 g'도 그렇다는 것에 주목하라. 따라서 $\langle \mu', g \rangle = -\langle \mu, g' \rangle$으로 정의하여 위 식을 임의의 분포로 일반화할 수 있다. 이는 디랙 분포의 미분에서 $\langle \delta_0', g \rangle = -\langle \delta_0, g' \rangle = -g'(0)$임을 정당화해 준다.

더 형식적으로 말하면, 이 과정에서 한 일은 (시험 함수의 조밀한(dense) 공간 위에서 정의된) 미분작용소의 수반작용소를 계산한 것이다. 그런 후 다시 한번 수반작용소를 취해 일반적인 분포에 대해 미분작용소를 정의한 것이다. 이런 과정은 잘 정의되며 다른 많은 개념들에도 잘 통한다. 예를 들어 분포 둘을 더할 수 있으며, 분포에 매끈한 함수를 곱할 수 있고, 분포 둘의 합성곱을 구할 수 있으며, 분포의 왼쪽과 오른쪽에 적절히 매끈한 함수를 합성할 수 있다. 심지어 분포의 푸리에 변환(Fourier transform)

까지 취할 수 있다. 예를 들어 디랙 델타 δ_0의 푸리에 변환은 상수 함수 1이며, 역도 그러한 반면(사실상 푸리에 역변환이다), 분포 $\sum_{n \in \mathbb{Z}} \delta_0(x - n)$은 자신의 푸리에 변환이다. (사실상 푸아송 합 공식(Poisson summation formula)이다.) 따라서 분포의 공간은 상당히 작업하기 좋은 공간이며, 많은 함수 모임을(예를 들어 측도와 적분가능 함수를 모두) 포함하고 있고, 해석학에서의 많은 흔한 연산에 대해 닫혀 있다. 시험 함수가 분포의 공간에서 조밀하므로, 분포에서 정의한 연산은 보통 시험 함수의 연산과도 잘 맞는다. 예를 들어 f와 g가 시험 함수이고 분포의 관점에서 $f' = g$라면, 고전적인 관점에서도 $f' = g$는 옳다. 이 때문에 혼란이나 부정확함을 두려워하지 않고도, 분포를 시험 함수인 것처럼 조작할 수 있는 경우가 많다. 분포의 값매김과 점별곱은 둘 다 잘 정의되지 않기 때문에 주의해야 할 기본 연산이다. (예를 들어 디랙 델타 함수의 제곱은 분포로는 잘 정의되지 않는다.)

분포를 보는 또 하나의 관점은 시험 함수의 약 극한(weak limit)으로 보는 것이다. 함수의 수열 f_n이 모든 시험 함수 g에 대해 $\langle f_n, g \rangle \to \langle \mu, g \rangle$이면, 분포 μ로 약하게 수렴한다(converge weakly)고 말한다. 예를 들어 φ가 전체 적분 $\int_{-1}^{1} \varphi = 1$인 시험 함수라면, 시험 함수열 $f_n(x) = n\varphi(nx)$가 디랙 델타 분포 δ_0으로 약하게 수렴하며, $f_n'(x) = n^2 \varphi'(nx)$는 디랙 델타 함수의 미분 δ_0'으로 약하게 수렴함을 보일 수 있다. 반면 $g_n(x) = \cos(nx)\varphi(x)$는 0으로 약하게 수렴한다(리만-르베그 보조정리의 변종이다). 따라서 심한 진동이 극한에서 가끔 '사라진다'는 면에서 약한 수렴성은 강한 수렴성의 개념에는 존재하지 않는 이상

한 특징을 몇 가지 갖는다. 더 매끈한 함수 대신 분포를 이용해 연구하여 얻는 이점 중 하나는 약한 수렴성 하에서(예를 들어 바나흐-알라오글루 정리(Banach-Alaoglu theeorem)에 의해) 분포 공간의 콤팩트성을 얻는 경우가 종종 있다는 것이다. 따라서 실수를 유리수들의 극한으로 여길 수 있듯, 분포를 더 매끈한 함수들의 점근적 극단으로 간주할 수 있다.

분포가 더 매끈한 함수들과 밀접한 관련이 있으면서도 쉽게 미분할 수 있기 때문에, 편미분방정식(PDE)의 연구, 특히 방정식이 선형인 경우 대단히 유용하다. 예를 들어 선형 PDE는 종종 분포라는 관점에서 PDE의 해인 기본해(fundamental solution)를 써서 일반해를 묘사할 수 있다. 더 일반적으로 분포 이론은 (약 미분(weak derivative)처럼 관련된 개념과 더불어) 선형 및 비선형 PDE의 일반해(generalized solution)를 정의하는 중요한(물론 유일하지는 않은) 수단을 준다. 이름으로부터 짐작할 수 있듯, 분포는 특이점(singularity), 충격(shock), 그리고 다른 매끈하지 않은 행동의 형성을 허용하기 때문에, 매끈하거나 고전적(classical)인 해의 개념을 일반화한다. 먼저 일반해를 만든 후, 이 일반해가 실제로 매끈하다는 것을 추가 논증으로 보이는 것이 PDE의 매끈한 해를 만드는 가장 쉬운 방법인 경우도 있다.

III.19 쌍대성

쌍대성(duality)은 수학의 거의 모든 분야에 퍼져 있는 중요하고 일반적인 주제다. 주어진 수학적 대상에, 그 대상의 성질을 이해하는 데 도움을 주는 관련된 '쌍대' 대상을 대응할 수 있는 것으로 밝혀지는 경우가 매우 잦다. 수학에서 쌍대성은 중요하지만, 모든 현상을 포괄하는 단일한 정의는 없다. 따라서 몇 가지 예와 이들이 드러내는 특징적인 모습을 몇 가지 들여다보자.

1 플라톤 입체(정다면체)

정육면체의 여섯 면의 중심마다 점을 찍고, 이 점들을 새로운 다각형의 꼭짓점이라 하자. 그러면 정팔면체를 얻는다. 이 과정을 반복하면 어떻게 될까? 정팔면체의 여덟 개의 면의 중심마다 점을 찍으면, 이들이 정육면체의 여덟 꼭짓점이라는 걸 알게 된다. 이 때문에 정육면체와 정팔면체는 서로 '쌍대'라고 말한다. 다른 정다면체에 대해서도 똑같은 얘기를 할 수 있다. 정이십면체와 정십이면체는 서로 쌍대이며, 정사면체의 쌍대는 정사면체다.

방금 묘사한 쌍대성은 정다면체를 단순히 세 개의 집단으로 나눈 것 이상이다. 입체에 대한 명제를 쌍대 입체에 대한 명제와 연결시킬 수 있다. 예를 들어 정이십면체의 두 면은 변 하나를 공유할 때 **인접**해 있다고 말하는데, 이는 쌍대인 정십이면체의 대응하는 꼭짓점이 변으로 이어져 있는 것과 필요충분조건이다. 이 때문에 정이십면체의 변과, 정십이면체의 변 사이에 대응관계도 있다.

2 사영평면에서의 점과 직선

사영평면[I.3 §6.7]을 정의하는 서로 동등한 방법이 몇 가지 있다. 첫째가 이 글에서 사용할 정의인데, $\mathbb{R}^3$에서 원점을 지나는 모든 직선들의 집합으로 정의한다. 이 직선들을 사영평면의 '점'이라 부른다. 이 집합을 기하학적 대상으로 시각화하고 이런 '점'을 점처럼 보이게 하려면, 원점을 지나는 각 직선에, 이 직선이 단위구면과 $\mathbb{R}^3$에서 만나는 두 점의 쌍을 대응하는 것이 도움이 된다. 사실, 정반대의 두 점을 동일시한 단위구면으로 사영평면을 정의할 수도 있다.

사영평면에서 원점을 지나는 같은 평면에 놓인 모든 '점'들의(즉, 원점을 지나는 직선들의) 집합이 전형적인 '직선'이다. 이는 이 평면이 단위구면과 만나는 대원에 대응하는데, 이때도 정반대의 두 점은 동일시한다.

사영평면에서 직선과 점 사이에는 자연스러운 대응이 있다. 각 점 P는 P와 수직인 모든 점들로 이루어진 직선 L에 대응하고, 각 직선 L은 L의 모든 점과 수직인 유일한 점 P에 대응한다. 예를 들어 P가 z-축이면, 대응하는 사영직선 L은 xy-평면에 놓여 있으며 원점을 지나는 모든 직선들의 집합이며, 역도 성립한다. 이런 대응에는 다음과 같은 기본 성질이 있다. 점 P가 어떤 직선 L에 속하면, P에 대응하는 직선은 L에 대응하는 점을 포함한다.

이 때문에 점과 직선에 대한 명제를 직선과 점에 대한 명제로 논리적으로 동등하게 번역할 수 있다. 예를 들어 세 점이 공선적(collinear)(즉 모두 한 직선에 있다)일 필요충분조건은 대응하는 세 직선이 공점적(concurrent)(즉 모두 한 점을 지난다)인 것이다.

일반적으로 사영기하에서 어떤 정리를 증명하면, 이와 쌍대인 다른 정리를 (쌍대 정리가 원래 것과 동일한 것으로 밝혀지는 경우는 제외하고) 힘들이지 않고 얻을 수 있다.

3 집합과 여집합

X를 집합이라 하자. A가 X의 부분집합이면, X의 원소 중에서 A에 속하지 않는 원소의 집합을 A의 **여집합(complement)**이라 하고 A^C라 쓴다. A의 여집합의 여집합은 당연히 A이므로, 집합과 여집합 사이에는 일종의 쌍대성이 있다. 드 **모르간 법칙(De Morgan's rule)**은 두 명제 $(A \cap B)^C = A^C \cup B^C$와 $(A \cup B)^C = A^C \cap B^C$를 가리키는데, 여집합을 취하면 '교집합이 합집합으로 바뀌고' 역도 성립한다는 걸 말해준다. 처음 법칙을 A^C와 B^C에 적용하면 $(A^C \cap B^C)^C = A \cup B$를 얻는다. 이 등식의 양변에 여집합을 취해주면 두 번째 법칙을 얻는다.

드 모르간 법칙 때문에, 합집합과 교집합에 대한 법칙은 서로 바꿔도 항상 참이다. 예를 들어 유용한 항등식으로 $A \cup (B \cap C) = (A \cup B) \cap (A \cup C)$가 있다. 이를 집합의 여집합에 적용하고 드 모르간의 법칙을 이용하면, 역시 유용한 항등식 $A \cap (B \cup C) = (A \cap B) \cup (A \cap C)$를 즉각 이끌어낼 수 있다.

4 쌍대 벡터공간

예를 들어 $\mathbb{R}$ 위에서의 벡터공간[I.3 §2.3]을 V라 하자. **쌍대 공간(dual space)** V^*는 V 위에서의 모든 **선형범함수(linear functional)**, 즉 V로부터 $\mathbb{R}$로의 선형사상들의 집합으로 정의한다. 적절한 덧셈 및 상수배를 정의하여 V^*도 벡터공간으로 만드는 것은 어렵지 않다.

T를 벡터공간 V로부터 벡터공간 W로 가는 선형사상[I.3 §4.2]이라 하자. 쌍대 공간 W^*의 원소 w^*가 주어졌다면, T와 w^*를 이용하여 v를 실수 $w^*(Tv)$로 보내는 사상, 즉 V^*의 원소를 만들 수 있다. T^*w^*로 나타내는 이 사상이 선형임은 쉽게 검사할 수 있다. 사상 T^* 자체도 T의 **수반사상(adjoint map)**이라 부르는 선형사상인데, W^*의 원소를 V^*의 원소로 보낸다.

이는 쌍대성의 전형적인 특징이다. 대상 A로부터 대상 B로의 함수 f가 있으면, 대개 B의 쌍대로부터 A의 쌍대로 가는 함수 g가 생기는 경우가 흔하다.

예를 들어 T^*가 위로의 함수(전사함수)라 하자. $v \neq v'$이라 하면, $v^*(v) \neq v^*(v')$인 v를 찾을 수 있는데 $T^*w^* = v^*$인 $w^* \in W^*$에 대해 $T^*w^*(v) \neq T^*w^*(v')$이므로, $w^*(Tv) \neq w^*(Tv')$이 되어 $Tv \neq Tv'$이다. 즉, T가 일대일함수(단사함수)임을 증명했다. T^*가 일대일함수면 T가 위로의 함수라는 것도 증명할 수 있다. 실제로 T가 위로의 함수가 아니면, TV는 W의 진부분 공간이므로 모든 $v \in V$에 대해 $w^*(Tv) = 0$인 비자명 선형범함수 w^*를 찾을 수 있어, $T^*w^* = 0$이 되어 T^*가 일대일임에 모순이기 때문이다. V와 W가 유한차원이면 $(T^*)^* = T$이므로, 이 경우 T가 일대일함수일 필요충분조건은 T^*가 위로의 함수인 것이다. 따라서 쌍대성을 이용하여 존재성 문제를 유일성 문제로 바꿀 수 있다. 이처럼 어떤 종류의 문제를 다른 특성의 문제로 변환하는 것이 쌍대성의 대단히 유용한 특징이다.

벡터공간이 추가 구조를 가질 경우 쌍대 공간의 정의도 바뀔 수 있다. 예를 들어 X가 실 **바나흐 공간** [III.62]이면, X^*는 X에서 $\mathbb{R}$로의 선형범함수 전체 대신 **연속인**(continuous) 선형범함수의 공간으로 정의한다. 연속인 선형범함수 f의 노름을 $\sup\{|f(x)| : x \in X, \|x\| \leqslant 1\}$로 정의하면, 이 공간은 바나흐 공간이 된다. X가 구체적인 바나흐 공간인 경우(예를 들어 **함수공간**[III.29]에서 논의한 공간 중 하나), 쌍대 공간을 구체적으로 묘사할 수 있으면 대단히 유용하다. 즉, 구체적으로 묘사한 바나흐 공간 Y와, Y의 0이 아닌 원소 y 각각에 X에서 정의된 0이 아닌 연속인 선형범함수 ϕ_y를 대응하는 방법을 (모든 연속인 선형범함수는 어떤 $y \in Y$에 대해 ϕ_y 꼴이도록) 찾고 싶어 한다.

이런 관점에서 X와 Y가 동일한 상태를 갖는다고 보는 것이 더 자연스럽다. 이는 $\phi_y(x)$ 대신 $\langle x, y \rangle$로 쓰는 표기법이 반영한다. 이렇게 하면, 순서쌍 (x, y)를 실수 $\langle x, y \rangle$에 대응해주는 사상 $\langle \cdot, \cdot \rangle$이 $X \times Y$에서 $\mathbb{R}$로의 연속인 이중선형사상이라는 데로 이목을 돌릴 수 있다.

더 일반적으로, 수학적 대상 A, B와 일종의 '상수' 집합 S 및 각 변수에 독립적으로 구조를 보존하는 함수 $\beta : A \times B \to S$가 있으면, A의 원소를 B의 쌍대의 원소로 여길 수 있고, 반대도 성립한다. β와 같은 함수를 **짝 사상**(pairing)이라 부른다.

5 극체

X가 $\mathbb{R}^n$의 부분집합이고 $\langle \cdot, \cdot \rangle$를 $\mathbb{R}^n$ 위에서의 표준 내적[III.37]이라 하자. 이때 X의 **극체**(polar)는 모든 $x \in X$에 대해 $\langle x, y \rangle \leqslant 1$인 $y \in \mathbb{R}^n$의 집합을 말하고 X°로 표기한다. X°가 닫혀 있고 볼록이라는 것과, X가 닫혀 있고 볼록이면 $(X^\circ)^\circ = X$임을 확인하는 것은 어렵지 않다. 또한 $n = 3$이고 X가 원점에 중심을 둔 정다면체라면 X°는 쌍대 정다면체(의 확장)이며, X가 노름 공간의 '단위구면', 즉 노름이 기껏해야 1인 모든 점의 집합이면, X°는 쌍대 공간의 단위구면과 쉽게 동일시할 수 있다.

6 가환군의 쌍대

G가 가환군일 때, G의 **지표**(character)는 G에서 절댓값이 1인 복소수의 군 $\mathbb{T}$로의 준동형사상이다. 두 지표를 명백한 방식으로 곱할 수 있는데, 이 곱에 의해 G의 지표의 집합은 또 하나의 가환군을 이루고, 이를 G의 **쌍대군** $\hat{G}$이라 부른다. 여기서도 G가 위상 구조를 가지면, 보통 연속성 조건을 추가로 부여한다.

군이 $\mathbb{T}$ 자체일 때가 중요한 예다. $\mathbb{T}$에서 $\mathbb{T}$로의 연속 준동형사상이 어떤 정수 n(음수일 수도 있고, 0일 수도 있다)에 대해 $e^{i\theta} \mapsto e^{in\theta}$ 꼴임을 보이는 것은 어렵지 않다. 따라서 $\mathbb{T}$의 쌍대군은 $\mathbb{Z}$(와 동형)다.

군 사이의 이런 꼴의 쌍대성을 **폰트랴긴 쌍대성**(Pontryagin duality)이라 부른다. $g \in G$와 $\psi \in \hat{G}$에 대해 $\langle g, \psi \rangle$를 $\psi(g)$라 정의하면 G와 $\hat{G}$ 사이에 쉽게 짝 사상을 만들 수 있음에 주목하라.

적절한 조건하에 이 짝 사상은 G와 $\hat{G}$에서 정의된 함수들로 확장할 수 있다. 예를 들어 G와 $\hat{G}$가 유한군이며 $f : G \to \mathbb{C}$ 및 $F : \hat{G} \to \mathbb{C}$일 때, $\langle f, F \rangle$

를 $|G|^{-1} \sum_{g \in G} \sum_{\psi \in \hat{G}} f(g) F(\psi)$로 정의할 수 있다. 일반적으로 G 위의 함수들의 복소 **힐베르트 공간** [III.37]과 $\hat{G}$ 위의 함수들의 힐베르트 공간 사이의 짝 사상을 얻는다.

이렇게 확장한 짝 사상은 또 하나의 중요한 쌍대성에 이르게 된다. 힐베르트 공간 $L^2(\mathbb{T})$에서 주어진 함수 f에 대해 푸리에 **변환**(Fourier transform)은 다음 식으로 정의되는 함수 $\hat{f} \in l_2(\mathbb{Z})$이다.

$$\hat{f}(n) = \frac{1}{2\pi} \int_0^{2\pi} f(e^{i\theta}) e^{-in\theta} d\theta.$$

다른 가환군 위의 함수에 대해서도 푸리에 변환을 유사하게 정의할 수 있는데, 이는 많은 수학 분야에서 매우 유용하게 쓰인다(예를 들어 **푸리에 변환** [III.27]이나 **표현론**[IV.9]을 보라). 앞선 예들과는 다소 대조적으로 어떤 함수 f에 대한 명제를 이의 푸리에 변환 $\hat{f}$의 동등한 명제로 번역하기는 쉽지 않지만, 바로 이 때문에 푸리에 변환이 강력한 것이다. 만일 $\mathbb{T}$ 위에서 정의된 함수 f를 이해하고 싶으면, f와 $\hat{f}$를 동시에 들여다보아 성질을 연구할 수 있다. 어떤 성질은 f의 용어를 쓸 때 자연스럽게 표현되는 사실로부터 나오고, 어떤 것은 $\hat{f}$의 용어를 쓸 때 자연스러운 것들로부터 나온다. 따라서 푸리에 변환은 '수학적 능력을 두 배로' 만들어 준다.

7 호몰로지와 코호몰로지

X를 콤팩트인 n차원 **다양체**[I.3 §6.9]라고 하자. M과 M'이 각각 X의 i차원 부분다양체 및 $(n-i)$차원 부분다양체이고, 잘 행동하며 충분히 일반적인 위치에 있으면, 유한개의 점들의 집합에서 만난다. M

과 M'이 어떻게 만나는지 반영하도록 자연스러운 방식으로 이 점들에 1이나 −1을 할당하면, 그 점에서 이 수들의 합은 M과 M'의 **교차수**(intersection number)라 부르는 불변량이다. 이 값은 M과 M'의 **호몰로지류**[IV.6 §4]에만 의존하는 것으로 밝혀졌다. 따라서 X의 r번째 호몰로지군을 $H_r(X)$라 쓸 때, 이로부터 $H_i(X) \times H_{n-i}(X)$에서 $\mathbb{Z}$로의 사상을 정의할 수 있다. 이 사상은 각 변수에 대해 독립적으로 군 준동형사상이며, 결과로 얻는 짝 사상은 **푸앵카레 쌍대성**(Poincaré duality)이라 부르는 개념에 이르게 되고, 결국 호몰로지에 쌍대인 현대적인 코호몰로지 이론에 이르게 됐다. 다른 예들과 마찬가지로 호몰로지와 관련된 많은 개념이 쌍대 개념을 갖는다. 예를 들어 호몰로지에서 경계 사상이 있는데, 코호몰로지에서는 여경계(coboundary) 사상이 (반대 방향으로) 있다. X에서 Y로의 연속 사상마다 호몰로지군 $H_i(X)$에서 호몰로지군 $H_i(Y)$로의 준동형사상이 나오는데, 코호몰로지군 $H^i(Y)$에서 $H^i(X)$로의 준동형사상도 나온다는 것이 또 다른 예이다.

8 이 책에서 논의하는 다른 예들

위의 예들로 쌍대성의 완전한 목록을 꾸리기엔 어림조차 없다. 이 책에만도 몇 가지 예가 더 있다. 예를 들어 **미분형식**[III.16]에 대한 글에서 k형식과 k차원 초곡면 사이의 짝 사상을 논의하고 있으므로 쌍대성을 논의한 것이다(미분형식을 곡면 위에서 적분하여 얻었다). **분포**[III.18]에 대한 글에서는 쌍대성을 어떻게 이용하여 디랙 델타 함수처럼 함수와 비슷한 대상을 엄밀하게 정의할 수 있는지 보였다.

거울대칭[IV.16]에 대한 글에서는 칼라비 아우 다양체[III.6]와 소위 '거울 다양체' 사이의 놀라운(또한 대체로 추측 수준의) 쌍대성을 논의한다. 보통은 거울 다양체가 원래 다양체보다 훨씬 이해하기 쉬우므로, 푸리에 변환처럼 이런 쌍대성은 달리 생각조차 못했을 어떤 계산들을 가능케 해 준다. 또한 **표현론[IV.9]**에 대한 글은 어떤 (비가환) 군들의 '랭글랜즈 쌍대(Langlands dual)'를 논의한다. 이 쌍대성을 잘 이해하면 수많은 중요한 미해결 문제를 풀 수 있다.

III.20 동역학계와 카오스

과학적 관점에서 동역학계(dynamical system)는 행성의 모임이나, 은하의 물처럼 시간에 따라 변하는 물리계다. 그런 계를 이루는 부분의 시간 t에서의 위치나 속도는 그 시간 이전의 위치나 속도에만 의존하는 경우가 많은데, 그 계의 행동이 **편미분방정식계[I.3 §5.3]**의 지배를 받는다는 것을 의미한다. 아주 간단한 편미분방정식의 모임도 물리계의 매우 복잡한 행동으로 이어지는 경우가 흔하다.

수학적 관점에서 동역학계는, 바로 그 전까지의 행동으로부터 시간 t에서의 계의 행동을 결정하는 정확한 규칙을 따르며 시간에 따라 발전하는 임의의 수학적 대상을 말한다. 위에서처럼 '바로 그 전까지'는 무한소적인 이전 시간을 언급하는 경우가 종종 있으므로 미적분이 개입하는 것이다. 하지만 '시간' t가 정수를 값으로 취하며 't의 바로 그 전 시간'

이 $t-1$인 이산(discrete) 동역학계에 대한 활발한 이론도 있다. t에서의 계가 $t-1$에서의 계에 어떻게 의존하는지 알려주는 함수를 f라 하면, 계 전체는 f를 **반복**하는 과정, 즉 f를 누적 적용하는 것으로 생각할 수 있다.

연속 동역학계인 경우 아주 간단한 함수 f도 충분히 자주 반복하면, 대단히 복잡한 행동에 이를 수 있다. 특히, 이산인 경우와 연속인 경우 모두 가장 흥미로운 동역학계 몇 가지는 **카오스(chaos)**라 알려진 초기 조건에 대한 극도의 민감성을 보인다. 예를 들어 기후를 지배하는 방정식이 그렇다. 지표면 위에서 모든 점에서 (높은 상공은 말할 것도 없고) 풍속을 정확히 구체화하길 희망할 수 없기 때문에, 이는 근사를 해야만 한다는 의미다. 관련된 방정식이 카오스적이므로 최초에는 작았을 수도 있는 부정확한 결과는 빠르게 전파되며 계를 압도한다. 약간만 다르고, 동등하게 좋은 근삿값으로 시작해도 상당히 짧은 시간 후 계가 완전히 다른 방식으로 발전했다는 것을 알게 된다. 이 때문에 며칠 이상 앞서 정확히 예보하는 것은 불가능하다.

동역학계와 카오스에 대해 더 많은 것은 **동역학[IV.14]**을 참조하라.

III.21 타원곡선
조던 엘렌버그 *Jordan S. Ellenberg*

체(field) K 위의 타원곡선은 K 위에서 정의된 점 하나를 지나는 종수(genus)가 1인 대수곡선(algebraic curve)으로 정의할 수 있다. 이것이 당신의 취향에 비해 지나치게 추상적인 정의라고 생각된다면, 그와 동치인 다음과 같은 정의를 할 수 있다. 평면 내의 타원곡선은 다음 꼴의 방정식으로 결정된다.

$$y^2 + a_1 xy + a_3 y = x^3 + a_2 x^2 + a_4 x + a_6 \quad (1)$$

K의 표수(characteristic)가 2가 아니면, 이 방정식을 어떤 3차식 f를 써서 더 간단한 꼴 $y^2 = f(x)$로 변형할 수 있다. 이런 면에서 타원곡선은 다소 구체적인 대상이다. 하지만 이 정의로부터 수론과 대수기하에서 엄청난 양의 아이디어, 예, 문제가 나오고 무궁무진해 보이는 수학적 관심의 대상이 나온다. 'X의 가장 간단하고 흥미로운 예가 타원곡선'인 'X'에 많은 가치가 있다는 것이 부분적인 이유이다.

예를 들어 타원곡선 E의 점 중 K에서 좌표를 갖는 것들은 자연스럽게 $E(K)$라 부르는 가환군을 이룬다. 이런 종류의 군 연산을 갖는 연결된 사영 대수다양체[III.95]를 가환 대수다양체(Abelian variety)라 부르는데, 타원곡선은 1차원인 가환 대수다양체일 뿐이다. 모델-베유 정리(Mordell-Weil theorem)로부터 K가 수체(number field)이고 A가 가환 대수다양체일 때 모델-베유 군이라 부르는 $A(K)$는 사실 유한생성 가환군인데, 이런 가환군은 많은 연구가 되었지만 여전히 수수께끼가 상당히 많다(곡선 위의 유리점과 모델 추측[V.29] 참조). A가 타원곡선이어서 E라 부르기로 한 경우 버치-스위너톤-다이어 추측[V.4]이 군 $E(K)$의 계수(rank)에 대한 예상 공식을 주기는 하지만, 이 경우조차 모르는 것이 상당히 많다. 타원곡선 위의 유리점이라는 주제에 대해 더 많은 것은 산술기하학[IV.5]을 보라.

$E(K)$가 가환군을 이루기 때문에 주어진 소수 p에 대해 $pP = 0$인 P로 이루어진 부분군을 살펴볼 수 있다. 이 군을 $E(K)[p]$라 부른다. 특히 K의 대수적 폐포(closure) $\overline{K}$를 취해 $E(\overline{K})[p]$를 들여다볼 수 있다. K가 수체[III.63](혹은 표수가 p가 아닌 임의의 체)인 경우, 애초에 어떤 E에서 시작했든 이 군은 $(\mathbb{Z}/p\mathbb{Z})^2$과 동형인 것으로 밝혀졌다. 모든 타원곡선에 대해 군이 똑같다는 게 왜 흥미로운 걸까? 갈루아 군[V.21] $\mathrm{Gal}(\overline{K}/K)$가 집합 $E(\overline{K})[p]$를 치환하는 것으로 드러났기 때문이다. 실제로 군 $(\mathbb{Z}/p\mathbb{Z})^2$ 위에서 $\mathrm{Gal}(\overline{K}/K)$의 작용은 갈루아 군의 표현[III.77]을 결정하게 된다. 이 표현이 현대 수론에서 핵심을 이루게 된 갈루아 표현론(Galois representation)의 기초를 이루는 예이다. 실제로 앤드루 와일즈의 페르마의 마지막 정리[V.10]의 증명은, 결국 타원곡선에서 발생하는 갈루아 표현에 대한 어떤 정리에서 나온다. 와일즈가 이런 특수한 갈루아 표현에 대해 증명한 것은 갈루아 표현과 모듈러 형식[III.59]이라 부르는 고전적인 해석적 함수를 일반화한 보형 형식(automorphic form) 사이에 전면적인 대응관계가 있다는 랭글랜즈 프로그램(Langlands program)으로 알려진 추측의 모임 중 작은 특수한 경우였다.

다른 방향에서, E가 $\mathbb{C}$ 위의 타원곡선인 경우 좌표가 복소수인 E의 점집합은 $E(\mathbb{C})$라 표기하는 복소다양체[III.88 §3]이다. 이 다양체는 복소평면을 어떤 변환군 Λ로 자른 다양체로 표현할 수 있는 것으로 밝혀졌다. 더욱이 이런 변환은 어떤 복소수 c에 대해 z를 $z + c$로 보내는 평행이동들뿐이다. (이처럼 꼴으로 $E(\mathbb{C})$를 표현하는 것은 타원함수[V.31]의 도움을 받아 표현할 수 있다.) 각 타원곡선으로부터 이런 식으로 복소수의 부분집합(실은 부분군)이 생기는데, 이의 원소를 타원곡선의 주기(period)라 부른다. 이런 구성은 대단히 어려운 것으로 명성이 자자한 강력한 대수기하의 분야인 호지 이론(Hodge theory)의 시작으로 간주할 수 있다. (이 이론의 중심 질문인 호지 추측(Hodge conjecture)은 클레이 재단의 백만 달러 문제 중 하나이다.)

$M_{1,1}$로 표기하는 타원곡선의 모듈라이 공간[IV.8]으로 표현할 수 있다는 것이 또 다른 관점이다. 이는 곡선이긴 하지만 타원곡선은 아니다. (사실 터놓고 말하자면 $M_{1,1}$은 딱히 곡선은 아니며, 누구에게 묻느냐에 따라 다르겠지만 오비폴드[IV.4 §7] 혹은 대수적 스택(algebraic stack)이라고 부르는 대상인데, 점을 몇 개 제거하고 점들을 반이나 $\frac{1}{3}$로 접은 후 접힌 점들을 다시 붙이면 곡선으로 생각할 수 있다. 이 분야의 전문가들도 이 과정이 시각화하기에는 다소 어렵다고 본다는 걸 알면 위안이 될지도 모르겠다.) 곡선 $M_{1,1}$은 두 가지 면에서 '가장 간단한 예'다. 가장 간단한 모듈러 곡선(modular curve)이며 곡선의 모듈라이 공간 중에서 가장 간단한 것이다.

III.22 유클리드 알고리즘과 연분수
키이스 볼 *Keith Ball*

1 유클리드 알고리즘

산술의 기본정리[V.14]는 유일한 방식으로 모든 정수를 소수의 곱으로 분해할 수 있다는 명제로, 아주 오래 전부터 알려져 있었다. 보통은 두 정수 m, n의 최대공약수(h라고 하자)를 찾는 유클리드 알고리즘을 써서 증명한다. 그 과정에서 어떤 정수 a, b(꼭 양수는 아니다)에 대해 h를 $am + bn$ 꼴로 쓸 수 있음을 보일 수 있다. 예를 들어 17과 7의 최대공약수는 1인데, 1을 $1 = 5 \times 17 - 12 \times 7$로 쓸 수 있음은 분명하다.

이 알고리즘은 다음처럼 작동한다. m이 n보다 크다고 하면 m을 n으로 나누어, 몫 q_1과 n보다 작으며 음이 아닌 나머지 r_1을 찾는다. 즉 다음을 얻는다.

$$m = q_1 n + r_1. \tag{1}$$

$r_1 < n$이므로 n을 r_1로 나누어 두 번째 몫과 나머지를 얻을 수 있다.

$$n = q_2 r_1 + r_2. \tag{2}$$

r_1을 r_2로 나누고, r_2를 r_3으로 나누는 등 이 방법을 계속 적용하자. 나머지는 매번 작아지지만 0보다 작아질 순 없다. 따라서 어떤 지점에서 과정이 멈추고 나머지가 0이어야, 즉 완전히 나누어떨어져야 한다. 예를 들어 $m = 165$이고 $n = 70$이면 알고리즘으로 생성되는 일련의 나눗셈은 다음과 같다.

$$165 = 2 \times 70 + 25 \tag{3}$$
$$70 = 2 \times 25 + 20 \tag{4}$$
$$25 = 1 \times 20 + 5 \tag{5}$$
$$20 = 4 \times 5 + 0 \tag{6}$$

이 절차를 밟아 가면 최후의 0이 아닌 나머지(이 경우에는 5)가 m과 n의 최대공약수임을 보장해 준다. 한편 마지막 줄로부터 5가 그 전의 나머지 20의 인수임을 알 수 있다. 끝에서 두 번째 줄은 5가 그 윗

줄의 몫 25의 인수라는 것도 보여준다(25가 20과 5의 조합이므로). 이 알고리즘을 되짚어가면 5가 m = 165와 n = 70의 공약수라는 결론을 내릴 수 있다. 따라서 5가 m과 n의 공약수의 하나임은 분명하다.

한편 끝에서 두 번째 줄은 5를 25와 20의 정수 계수 조합으로 쓸 수 있음을 보여준다. 20을 70과 25의 정수 계수 조합으로 쓸 수 있음을 그 앞줄이 보여주기 때문에, 5를 70과 25의 정수 계수 조합으로 쓸 수 있다.

$$5 = 25 - 20 = 25 - (70 - 2 \times 25)$$
$$= 3 \times 25 - 70.$$

알고리즘을 되짚어가면 25를 165와 70으로 표현할 수 있으며 다음 결론을 내릴 수 있다.

$$5 = 3 \times (165 - 2 \times 70) - 70$$
$$= 3 \times 165 - 7 \times 70.$$

이로부터 5가 165와 70의 최대공약수임을 알 수 있다. 왜냐하면 165와 70의 약수라면 자동으로 $3 \times 165 - 7 \times 70$의 약수여야 하므로, 5의 약수기 때문이다. 이 과정에서 최대공약수를 원래의 수 m과 n의 정수 계수 조합으로 표현할 수 있다는 것도 보였다.

2 수의 연분수

유클리드 이후 1500년 동안 인도와 아라비아 학파 수학자들은 자연수쌍 m, n에 유클리드 알고리즘을 적용하여 비 m/n을 표현하는 식을 만들 수 있음을 깨달았다. 식 (1)은 $F = n/r_1$에 대해

$$\frac{m}{n} = q_1 + \frac{r_1}{n} = q_1 + \frac{1}{F}$$

이라 쓸 수 있다. 이제 식 (2)로 F를

$$F = q_2 + \frac{r_2}{r_1}$$

라 표현할 수 있다. 알고리즘의 다음 단계는 r_1/r_2를 표현하는 것인데, 이런 식으로 계속할 수 있다. 알고리즘이 k단계에서 끝나면, 이 식들을 m/n에 대한 연분수(continued fraction)라 부르는 것에 모아 쓸 수 있다.

$$\frac{m}{n} = q_1 + \cfrac{1}{q_2 + \cfrac{1}{q_3 + \ddots \ + \cfrac{1}{q_k}}}.$$

예를 들어

$$\frac{165}{70} = 2 + \cfrac{1}{2 + \cfrac{1}{1 + \frac{1}{4}}}$$

이다.

연분수는 정수 165와 70을 참고하지 않아도 비 165/70 = 2.35714…로부터 직접 만들 수도 있다. 2.35714…에서 최대한 큰 정수, 즉 2를 빼면서 시작한다. 이제 남은 수의 역수를 취하면 1/0.35714… = 2.8이다. 이번에도 최대한 큰 정수 2를 뺄 수 있으므로 $q_2 = 2$임을 알 수 있다. 0.8의 역수는 1.25이므로 $q_3 = 1$이고, 마지막으로 1/0.25 = 4이므로 $q_4 = 4$이며 연분수는 여기서 끝난다.

17세기에 활동했던 수학자 존 월리스(John Wallis)는 무한 단계의 연분수를 허용할 경우 유리수뿐만 아니라 모든 수에 연분수 전개가 있다는 것을 인식하고 체계적으로 연구한 최초의 사람인 듯하다. 2.35714…로부터 했던 것과 똑같은 방법으로 임의

의 양수에서 출발하면 연분수를 만들 수 있다. 예를 들어 수가 $\pi = 3.14159265\cdots$라면 3을 빼면서 시작하고, 남은 수의 역수를 취해 $1/0.14159\cdots = 7.06251\cdots$을 취한다. 따라서 π의 경우 두 번째 몫은 7이다. 이런 과정을 계속하면 다음과 같은 연분수를 만들 수 있다.

$$\pi = 3 + \cfrac{1}{7 + \cfrac{1}{15 + \cfrac{1}{1 + \cfrac{1}{292 + \cfrac{1}{1 + \ddots}}}}}. \qquad (7)$$

분수에서 나오는 수 3, 7, 15 등의 수를 π의 **부분 몫**(partial quotient)이라 부른다.

실수의 연분수는 유리수로 근사할 때 이용할 수 있다. 몇 단계 후 연분수를 자르면 유한 연분수가 남으므로 유리수이다. 예를 들어 연분수 (7)에서 첫 단계 내려가면 친숙한 근삿값 $\pi \approx 3 + \frac{1}{7} = \frac{22}{7}$를 얻고, 한 단계 더 내려가면 $3 + 1/(7 + \frac{1}{15}) = \frac{333}{106}$을 얻는다. 각 단계에서 깎아내면 유리수 근삿값의 수열을 얻는다. π에 대해서는

$$3, \frac{22}{7}, \frac{333}{106}, \frac{355}{113}, \cdots$$

으로 시작한다. 어떤 실수 x로부터 시작하더라도, 연분수 근삿값의 수열은 단계를 점차 늘릴수록 x에 수렴한다. 사실 정확히 이렇게 단계를 늘려 깎은 분수가 π로 수렴한다는 것이 식 (7)의 형식적인 해석이다.

x에 더 좋은 근삿값을 얻기 위해서는 당연히 더 '복잡한' 분수, 즉 더 큰 분자와 분모를 가진 분수가 필요하다. x에 대한 연분수 근사로 얻은 수열은 다음 면에서 x의 **최적 근사**(best approximation)이다. p/q가 이렇게 얻은 분수 중 하나라면, 분모 s가 q보다 작은 분수 r/s 중에는 p/q보다 x에 더 가까운 것은 없다.

더욱이 p/q가 x의 연분수에서 나오는 근삿값 중 하나일 경우, 오차 $x - p/q$는 분모 q의 크기에 비해 상대적으로 너무 클 수는 없다. 구체적으로 말해 항상 다음이 성립한다.

$$\left| x - \frac{p}{q} \right| \leqslant \frac{1}{q^2}. \qquad (8)$$

이 오차 추정값은 연분수 근삿값이 얼마나 특별한지 보여준다. 아무 생각 없이 분모 q를 하나 고르고 p/q가 x에 가깝도록 하는 분자 p를 고르면, x는 $(p - 1/2)/q$와 $(p + 1/2)/q$ 사이에 있다는 것밖에 보장하지 못한다. 따라서 오차가 $1/(2q)$에 달할 수 있는데 q가 큰 정수일 경우 $1/q^2$보다 훨씬 크다.

x에 대한 연분수 근삿값이 때로는 식 (8)이 보장한 것보다 훨씬 작을 수도 있다. 예를 들어 (7)에서 세 번째 단계에서 깎아 얻는 근삿값 $\pi \approx \frac{355}{113}$는 대단히 정확한데, 그다음 부분 몫인 292가 비교적 큰 수기 때문이다. 따라서 꼬리 부분인 $1/(292 + 1/(1 + \ddots))$을 무시하더라도 값이 크다지 바뀌지 않는다. 이런 의미에서 분수를 써서 근사시키기 가장 어려운 수는 부분 몫이 가장 최소일 수 있는 수, 즉 모든 부분 몫이 1인 수다. 이 수

$$1 + \cfrac{1}{1 + \cfrac{1}{1 + \ddots}} \qquad (9)$$

은 부분 몫에서 나오는 수열이 주기적, 즉 반복되기 때문에 쉽게 계산할 수 있다. 이 수를 ϕ라 부르면, $\phi - 1$은 $1/(1 + 1/(1 + \ddots))$이다. 이 수의 역수가 정확히 ϕ에 대한 연분수 (9)다. 따라서

$$\frac{1}{\phi - 1} = \phi$$

여야 하고, 이는 $\phi^2 - \phi = 1$을 뜻한다. 이 2차방정식의 근은 $(1 + \sqrt{5})/2 = 1.618\cdots$과 $(1 - \sqrt{5})/2 = -0.618\cdots$이다. 우리가 찾으려고 하는 수는 양수이므로 이 근 중 첫 번째 것, 이른바 **황금비**(golden ratio)이다.

식 (9)가 방정식 $x^2 - x - 1 = 0$의 양수 해를 나타냈듯, 주기적인 연분수는 어떤 2차방정식의 근임을 보이는 것은 상당히 쉽다. 이 사실은 이미 16세기에도 이해했던 것 같다. 그 역인 임의의 2차식의 근의 연분수가 주기적이라는 것을 증명하는 것은 상당히 더 미묘하다. 이 사실은 18세기 라그랑주[VI.22]가 수립했는데, 이차 수체[III.63]에서 단위원소(unit)의 존재성과 밀접한 관련이 있다.

3 함수의 연분수

수학에서 가장 중요한 함수 몇 가지는 무한합을 이용할 때 가장 쉽게 묘사할 수 있다. 예를 들어 **지수함수**[III.25]는 무한급수로 다음과 같다.

$$e^x = 1 + x + \frac{x^2}{2} + \cdots + \frac{x^n}{n!} + \cdots.$$

또한 x와 같은 변수를 포함하는 간단한 꼴로 연분수 전개를 할 수 있는 함수도 많다. 이런 것들이 어쩌면 역사적으로 가장 중요한 연분수일 것이다.

예를 들어 함수 $x \mapsto \tan x$는 다음과 같은 연분수 전개

$$\tan x = \cfrac{x}{1 - \cfrac{x^2}{3 - \cfrac{x^2}{5 - \ddots}}} \tag{10}$$

를 갖는데, 탄젠트 함수가 수직 점근선을 갖는 $\pi/2$의 홀수배를 제외한 모든 x에 대해 성립한다.

어떤 함수의 무한급수를 절사하여 그 함수에 대한 **다항함수 근사**(polynomial approximation)를 얻을 수 있는 반면, 연분수를 절사하면 다항식의 비로 주어지는 **유리 함수 근사**(rational function approximation)를 얻는다. 예를 들어 탄젠트 함수를 1단계에서 깎아내면, 다음과 같은 근사식을 얻는다.

$$\tan x \approx \frac{x}{1 - x^2/3} = \frac{3x}{3 - x^2}.$$

이런 절사가 $\tan x$로 급속도로 수렴한다는 점이 π가 무리수, 즉 정수 둘의 몫이 아니라는 사실을 증명하는 데 중대한 역할을 하였다. 이 증명은 1760년대 요한 람베르트(Johann Lambert)가 발견하였다. 람베르트는 이 연분수를 이용하여 x가 0이 아닌 유리수라면 $\tan x$도 유리수가 아님을 보였다. 그런데 $\tan(\pi/4) = 1$은 분명히 유리수이므로, $\pi/4$는 유리수일 수 없었던 것이다.

III.23 오일러 방정식 및 나비에-스토크스 방정식
찰스 페퍼먼 *Charles Fefferman*

오일러 방정식과 나비에-스토크스 방정식은 이상화된 유체의 운동을 묘사한다. 과학과 공학에서 중요함에도 불구하고 거의 이해하지 못하는 방정식이며, 수학에서 중요한 도전문제이다.

방정식을 서술하기 위해 d가 2나 3인 유클리드 공간 $\mathbb{R}^d$에서 작업한다. 유체가 위치 $x = (x_1, \cdots, x_d)$

$\in \mathbb{R}^d$와 시간 $t \in \mathbb{R}$에서 속도 벡터 $u(x, t) = (u_1(x, t), \cdots, u_d(x, t)) \in \mathbb{R}^d$로 움직이며, 유체 내의 압력이 $p(x, t) \in \mathbb{R}$이라 가정하자. 오일러 방정식은 모든 (x, t)에 대해

$$\left(\frac{\partial}{\partial t} + \sum_{j=1}^{d} u_j \frac{\partial}{\partial x_j} \right) u_i(x, t) = \frac{-\partial p}{\partial x_i}(x, t) \quad (i = 1, \cdots, d) \tag{1}$$

를 말하고, 나비에-스토크스 방정식은 모든 (x, t)에 대해

$$\left(\frac{\partial}{\partial t} + \sum_{j=1}^{d} u_j \frac{\partial}{\partial x_j} \right) u_i(x, t)$$
$$= \nu \left(\sum_{j=1}^{d} \frac{\partial^2}{\partial x_j^2} \right) u_i(x, t) - \frac{\partial p}{\partial x_i}(x, t) \quad (i = 1, \cdots, d) \tag{2}$$

를 말한다. $\nu > 0$은 유체의 '점도(viscosity)'라 부르는 마찰 계수다.

이 글에서는 비압축성 유체에 관심을 집중해 (1)이나 (2)를 만족하며 추가로 모든 (x, t)에 대해

$$\text{div } u \equiv \sum_{j=1}^{d} \frac{\partial u_j}{\partial x_j} = 0 \tag{3}$$

이 성립하도록 제한하겠다. 오일러 방정식과 나비에-스토크스 방정식은 뉴턴의 법칙 $F = ma$를 유체의 무한소 부분에 적용한 것에 불과하다. 사실 다음 벡터

$$\left(\frac{\partial}{\partial t} + \sum_{j=1}^{d} u_j \frac{\partial}{\partial x_j} \right) u$$

는 유체 분자 하나가 시간 t 및 위치 x에서 경험하는 가속도임을 쉽게 보일 수 있다.

오일러 방정식에서 나오는 힘 F는 전적으로 기울기 압력으로부터 나온다(예를 들어 고도에 따라 압력이 증가하면, 유체를 아래로 밀어내리는 알짜힘이 있다). 식 (2)에서의 추가항

$$\nu \left(\sum_{j=1}^{d} \frac{\partial^2}{\partial x_j^2} \right) u$$

는 마찰력으로부터 나온다.

나비에-스토크스 방정식은 여러 가지 다양한 상황하에서 실제 유체에 행한 실험과 대단히 잘 일치한다. 유체가 중요하기 때문에 나비에-스토크스 방정식도 중요하다.

오일러 방정식은 나비에-스토크스 방정식에서 단순히 $\nu = 0$인 극한 경우이다. 하지만 ν가 작은 경우조차도 오일러 방정식의 해와 나비에-스토크스 방정식의 해는 대단히 다른 행동을 보인다는 걸 보게 될 것이다.

$u^0(x)$가 주어진 초기 벡터, 즉 $\mathbb{R}^d$ 위에서의 벡터 값 함수일 때, 다음 초기 조건

$$\text{모든 } x \in \mathbb{R}^d \text{에 대해 } u(x) = u^0(x) \tag{4}$$

를 만족하는 오일러 방정식 (1)과 (3)의 해를 이해하거나, 나비에-스토크스 방정식 (2)와 (3)의 해를 이해하기를 원한다. 조건 (3)에 부합해야 하므로 다음을 가정한다.

$$\text{모든 } x \in \mathbb{R}^d \text{에 대해 } \text{div } u^0(x) = 0.$$

또한 무한 에너지처럼 물리적으로 불합리한 조건을 피하려면, 고정된 t마다 $u(x, t)$뿐만 아니라 $u^0(x)$ 역시 $|x| \to \infty$일 때 '충분히 빨리' 0으로 수렴해야 한다. '충분히 빨리' 수렴한다는 것의 의미를 정확히 구체화하지는 않겠지만, 지금부터는 이처럼 속도가 빨리 감소하는 경우만을 다루기로 한다.

물리학자나 공학자는 나비에-스토크스 방정식 (2)~(4)의 해를 정확하고 효율적으로 계산하는 방법을 알고 싶어 하고, 이 해가 어떻게 행동하는지 이해하고 싶어 한다. 수학자라면 먼저 해가 존재하는지 묻고, 존재한다면 해가 하나뿐인지 묻고 싶어 한다. 오일러 방정식이 나온 지 250년이 넘었고, 나비에-스토크스 방정식이 나온 지도 100년이 훌쩍 넘었다. 하지만 모든 시간에 대해 나비에-스토크스 방정식이나 오일러 방정식의 해가 존재하는지, 아니면 대신 유한 시간에 '붕괴하는지'에 대해 전문가 사이에 공감대가 없다. 엄밀한 증명이 뒷받침하는 답은 멀리 떨어져 있어 보인다.

오일러 방정식과 나비에-스토크스 방정식에 대해 '붕괴(breakdown)'의 문제를 좀 더 정확히 진술해 보자. 식 (1)~(3)을 $u(x, t)$의 제1미분 및 제2미분이라 부르자. 식 (4)에서 초기 속도 $u^0(x)$가 모든 차수의 미분

$$\partial^\alpha u^0(x) = \left(\frac{\partial}{\partial x_1}\right)^{\alpha_1} \cdots \left(\frac{\partial}{\partial x_d}\right)^{\alpha_d} u^0(x)$$

를 갖고, 이 미분들이 $|x| \to \infty$일 때 '충분히 빨리' 0으로 수렴한다고 가정하는 것이 자연스럽다. 이때 나비에-스토크스 방정식 (2)~(4)나 오일러 방정식 (1), (3), (4)가 모든 $x \in \mathbb{R}^d$와 $t > 0$에 대해 정의된 해 $u(x, t)$, $p(x, t)$ 중에서, 모든 차수의 미분

$$\partial^\alpha_{x, t} u(x, t) = \left(\frac{\partial}{\partial t}\right)^{\alpha_0} \left(\frac{\partial}{\partial x_1}\right)^{\alpha_1} \cdots \left(\frac{\partial}{\partial x_d}\right)^{\alpha_d} u(x, t)$$

와 $\partial^\alpha_{x, t} p(x, t)$가 모든 $x \in \mathbb{R}^d$와 $t \in [0, \infty)$에 대해 존재하는 것이 있는지(또한 $|x| \to \infty$일 때 '충분히 빨리' 0으로 수렴하는지) 질문할 수 있다. 이런 성질을 갖는 쌍 u와 p를 오일러 혹은 나비에-스토크스 방정식의 '매끈한' 해라고 부른다. 3차원의 경우 그런 해가 존재하는지 아무도 알지 못한다. 식 (4)의 초기 속도 u^0이 결정하는 어떤 시간 $T = T(u^0) > 0$이 존재하여, $x \in \mathbb{R}^d$와 $t \in [0, T)$에서 정의되는 오일러 및 나비에-스토크스 방정식의 매끈한 해 $u(x, t)$, $p(x, t)$가 존재한다는 것은 알고 있다.

공간이 2차원일 때('2D 오일러' 혹은 '2D 나비에-스토크스'라고 말한다)는 $T = +\infty$로 취할 수 있는데, 달리 말해 2D 오일러나 2D 나비에-스토크스에서는 '붕괴'가 일어나지 않는다. 공간이 3차원일 때는 위의 어떤 유한값 $T = T(u^0)$에 대해

$$\Omega = \{(x, t) : x \in \mathbb{R}^3, \ t \in [0, T)\}$$

에서 정의되고 오일러 혹은 나비에-스토크스 방정식의 매끈한 해 $u(x, t)$, $p(x, t)$ 중에 어떤 미분

$$|\partial^\alpha_{x, t} u(x, t)| \ \text{또는} \ |\partial^\alpha_{x, t} p(x, t)|$$

가 Ω에서 유계가 아닌 것이 존재할 가능성을 배제하지 못한다. 이는 시간 T를 지나서는 매끈한 해가 존재하지 않음을 의미하게 된다. (3D 오일러나 3D 나비에-스토크스가 시간 T에서 '붕괴'한다고 말한다.) 3D 오일러나 3D 나비에-스토크스 중 하나 혹은 둘 다 실제로 그런 일이 생길 수도 있다. 어느 쪽을 믿어야 할지는 아무도 모른다.

3D 나비에-스토크스 방정식과 오일러 방정식에 대해 많은 컴퓨터 모의실험이 수행됐다. 나비에-스토크스 모의실험은 붕괴의 증거를 보이지 않았지만, 이것이 의미하는 바는 붕괴로 이어지는 초기 속도 u^0이 상당히 드물게 나타난다는 점을 감안해서 받아들여야 한다. 3D 오일러 방정식의 해는 대단히

매끄럽지 않게 행동하므로, 주어진 수치적 연구만으로 붕괴가 일어난다고 판단하기 힘들다. 사실 3D 오일러 방정식의 수치적 모의실험을 믿을 만하게 수행하는 건 힘들기로 악명이 높다.

붕괴가 일어날 수 있다고 가정하고 나비에-스토크스와 오일러의 해가 어떻게 행동하는지 연구하는 것은 유용하다. 예를 들어 시간 $T < \infty$에서 3D 오일러 방정식의 해가 붕괴할 경우, 빌(Beale), 카토(Kato), 마에다(Majda)의 정리는 '소용돌이도(vorticity)'

$$\omega(x, t) = \operatorname{curl}(u(x, t))$$
$$= \left(\frac{\partial u_2}{\partial x_3} - \frac{\partial u_3}{\partial x_2}, \frac{\partial u_3}{\partial x_1} - \frac{\partial u_1}{\partial x_3}, \frac{\partial u_1}{\partial x_2} - \frac{\partial u_2}{\partial x_1} \right) \tag{5}$$

가 $x \to T$일 때 너무 커져서, 적분

$$\int_0^T \left(\max_{x \in \mathbb{R}^3} |\omega(x, t)| \right) dt$$

가 발산한다는 주장이다. 3D 오일러 방정식이 붕괴한다고 주장하는 그럴듯한 컴퓨터 모의실험 몇 가지가 틀렸음을 입증하는 데 이용된 정리이다. 또한 t가 유한 붕괴 시간 T로 접근할수록 소용돌이 벡터 $\omega(x, t)$의 방향이 대단히 맹렬하게 변해야만 한다는 것도 알려졌다.

식 (5)에서의 벡터 ω에는 자연스러운 물리적 의미가 있다. 이 벡터는 시간 t에서 점 x 주변으로 유체가 어떻게 회전하는지를 나타낸다. 시간 t에서 x지점에 유체 속에 회전축이 $\omega(x, t)$와 나란하게 향하도록 작은 바람개비를 놓으면, 유체로 인해 각속도 $|\omega(x, t)|$로 회전한다.

3D 나비에-스토크스 방정식에서 붕괴가 일어난다면, 압력 $p(x, t)$는 위로 아래로 모두 유계가 아니라는 것을 스베라크(V. Sverak)의 최근 결과가 보여준다.

나비에-스토크스 방정식의 '약해(weak solution)'를 연구하자는 것이 1930년대에 르레(J. Leray)가 개척한 유망한 아이디어이다. 그 아이디어는 다음과 같다. 처음 볼 때는 나비에-스토크스 방정식 (2)와 (3)은 $u(x, t), p(x, t)$가 충분히 매끈할 때, 예를 들어 u를 x_i들로 두 번 미분한 것들이 존재하는 경우만 의미가 있어 보인다. 하지만 형식적으로 계산하면 (2)와 (3)은 $u(x, t)$와 $p(x, t)$가 대단히 매끄럽지 않은 경우조차도 의미가 있는 (2'), (3')이라는 조건과 명백히 동치임을 보일 수 있다. 먼저 (2'), (3')을 어떻게 유도하는지 본 후, 어떻게 이용하는지 논의하겠다.

$\mathbb{R}^n$ 위의 어떤 함수 F가 0이라는 것은 모든 매끈한 함수 θ에 대해 $\int_{\mathbb{R}^n} F\theta\, dx = 0$이라는 것과 동치라는 관찰이 출발점이다. 이런 언급을 3D 나비에-스토크스 방정식 (2), (3)에 적용하여 간단한 형식적 계산(부분적분)을 수행하면, (2)와 (3)이 다음 방정식과 동치라는 걸 알게 된다.

$$\iint_{\mathbb{R}^3 \times (0, \infty)} \left\{ -\sum_{i=1}^3 u_i \frac{\partial \theta_i}{\partial t} - \sum_{i, j=1}^3 u_i u_j \left(\frac{\partial \theta_i}{\partial x_j} \right) \right\} dx\, dt$$

$$= \iint_{\mathbb{R}^3 \times (0, \infty)} \left\{ \nu \sum_{i,j=1}^3 \left(\frac{\partial^2}{\partial x_j^2} \theta_i \right) u_i + \left(\sum_{i=1}^3 \frac{\partial \theta_i}{\partial x_j} \right) p \right\} dx\, dt \tag{2'}$$

및

$$\iint_{\mathbb{R}^3 \times (0, \infty)} \left\{ \sum_{i=1}^3 u_i \frac{\partial \varphi}{\partial x_i} \right\} dx\, dt = 0. \tag{3'}$$

더 정확히 말해, 주어진 매끈한 함수 $u(x, t)$와 $p(x, t)$에 대해 방정식 (2), (3)이 성립하는 것은 $\mathbb{R}^3 \times (0, \infty)$의 어떤 콤팩트 부분집합 밖에서는 0인 모든 매끈한 함수 $\theta_1(x, t), \theta_2(x, t), \theta_3(x, t), \varphi(x, t)$에 대해 (2′), (3′)이 성립하는 것과 필요충분조건이다.

$\theta_1, \theta_2, \theta_3, \varphi$를 시험함수(test function)라 부르고, u, p가 3D 나비에-스토크스 방정식의 약해를 이룬다고 말한다. 식 (2′), (3′)에서의 모든 미분이 매끈한 시험 함수에 적용되므로, 식 (2′), (3′)은 대단히 매끄럽지 않은 함수 u와 p에 대해서도 의미를 갖는다. 요약하면 다음 결론을 얻는다.

매끈한 쌍 (u, p)가 3D 나비에-스토크스 방정식의 해일 필요충분조건은 약해인 것이다. 그런데 약해라는 아이디어는 매끄럽지 않은 (u, p)에 대해서도 의미를 갖는다.

우리는 다음 단계를 따라서 약해를 이용할 수 있기를 바란다.

단계 (i): $\mathbb{R}^3 \times (0, \infty)$ 전체에서 3D 나비에-스토크스 방정식의 적절한 약해가 존재함을 증명한다.

단계 (ii): 3D 나비에-스토크스의 적절한 약해는 항상 매끈해야 함을 증명한다.

단계 (iii): 단계 (i)에서 구성한 적절한 약해가 사실은 $\mathbb{R}^3 \times (0, \infty)$ 전체에서 3D 나비에-스토크스 방정식의 매끈한 해라는 결론을 내린다.

여기서 '적절하다'는 것은 '지나치게 크지 않다'는 뜻인데 정확한 정의는 생략한다.

위와 비슷한 계획들이 흥미로운 편미분방정식들에 대해 성공을 거뒀다. 하지만 3D 나비에-스토크스에 대해서는 계획의 일부만이 수행됐다. 3D 나비에-스토크스의 적절한 약해를 구성하는 방법은 오랜 기간 알려져 왔지만, 이런 해의 유일성은 아직 증명되지 않았다. 셰퍼(Sheffer)의 연구, 린(Lin)의 연구, 카파렐리(Caffarelli), 콘(Kohn), 니렌베르크(Nirenberg)의 연구 덕택에 3D 나비에-스토크스의 적절한 약해는 항상 소수 차원[III.17]이 작은 어떤 집합 $E \subset \mathbb{R}^3 \times (0, \infty)$를 제외하면 매끈해야 한다는 것, 즉 모든 차수에 대해 미분을 갖는다는 점것이 알려져 있다. 특히 E는 곡선을 포함할 수 없다. 붕괴를 배제하려면 E가 공집합이라는 것을 보여야만 한다.

오일러 방정식에 대해서도 약해가 의미를 갖지만, 셰퍼와 슈니렐만(Shnirelman)의 예에서 볼 수 있듯이 약해는 대단히 이상하게 행동할 수 있다. 2차원 유체가 처음에는 평온하고 외부 힘이 없는데도 갑자기 공간의 어떤 유계 영역 내에서 움직이기 시작할 수 있고, 다시 평온해질 수도 있다. 2D 오일러의 약해도 이런 행동을 보일 수 있다.

나비에-스토크스 및 오일러 방정식은 위에서 논의한 붕괴 문제에 덧붙여 많은 기본적인 문제가 발생한다. 그런 문제 하나를 언급하며 글을 마치자. 3D 나비에-스토크스나 오일러 방정식에 대해 초기 속도 $u^0(x)$를 하나 고정하자. 시간 $t = 0$에서의 에너지 E_0은 다음 식으로 주어진다.

$$E_0 = \frac{1}{2} \int_{\mathbb{R}^3} |u(x, 0)|^2 \mathrm{d}x.$$

$\nu \geq 0$에 대해 초기 속도가 u^0이고 점도가 ν일 때의 나비에-스토크스의 해를 $u^{(\nu)}(x, t) = (u_1^{(\nu)}, u_2^{(\nu)}, u_3^{(\nu)})$

라 놓자. ($\nu = 0$이면, $u^{(0)}$은 오일러 방정식의 해다.) 적어도 $\nu > 0$일 때, 모든 시간에 대해 $u^{(\nu)}$가 존재한다고 가정하자. 시간 $t \geq 0$에서 $u^{(\nu)}(x, t)$의 에너지는

$$E^{(\nu)}(t) = \frac{1}{2} \int_{\mathbb{R}^3} |u^{(\nu)}(x, t)|^2 \mathrm{d}x$$

로 주어진다. 식 (1)~(3)을 써서 초등적인 계산을 하면((1)이나 (2)에 $u_i(x)$를 곱하고, i에 대해 더하고, 모든 $x \in \mathbb{R}^3$ 위에서 적분하고, 부분적분을 한다) 다음을 보일 수 있다.

$$\frac{\mathrm{d}}{\mathrm{d}t} E^{(\nu)}(t) = -\frac{1}{2} \nu \int_{\mathbb{R}^3} \sum_{i,\,j=1}^{3} \left(\frac{\partial u_i^{(\nu)}}{\partial x_j} \right)^2 \mathrm{d}x. \quad (6)$$

특히 오일러 방정식일 때는 $\nu = 0$이므로, 해가 존재하는 한 시간에 무관하게 에너지가 E_0과 같음을 (6)이 보여준다.

이제 ν가 작지만 0은 아니라고 가정하자. (6)에서 ν가 작으면 $|(\mathrm{d}/\mathrm{d}t)E^{(\nu)}(t)|$가 작으므로 오랜 시간 동안 에너지가 거의 꾸준하다고 추측하는 게 자연스럽다. 하지만 수치적, 물리적 실험은 그렇지 않음을 강력하게 시사한다. 오히려 u^0에는 의존하지만 ν에는 의존하지 않는 어떤 $T_0 > 0$이 존재하여, ($\nu > 0$인 한) 아무리 ν가 작더라도 시간 T_0에 이르면 유체가 최소한 초기 에너지의 절반을 잃는 것으로 보인다.

이 주장을 증명 혹은 반증할 수 있다면 대단히 중요할 것이다. 우리는 점도가 아주 작은데 왜 많은 에너지를 소멸시키는지를 이해할 필요가 있다.

III.24 익스팬더
애비 위그더슨 *Avi Wigderson*

1 기본 정의

익스팬더는 놀라운 성질을 갖는 특별한 종류의 그래프[III.34]로 많은 많은 응용을 가진다. 간략히 말해서 그래프 내의 꼭짓점의 집합이 여집합과 많은 변으로 연결돼 있어서 대단히 끊기 힘든 그래프다. 더 정확하게 말하면 꼭짓점이 n개인 그래프가 c-익스팬더(expander)는 것은 모든 $m \leq \frac{1}{2}n$에 대해 꼭짓점이 m개인 부분집합 S와 S의 여집합 사이에 변이 적어도 cm개 있다는 것이다.

이 정의는 G가 엉성한 그래프일 때, 즉 변의 수가 적을 때 특히 흥미롭다. 여기서는 중요하고 특별한 경우인 차수가 d인 정칙 그래프(d-정칙 그래프)에 집중하기로 하는데, d는 꼭짓점의 수 n에 무관한 어떤 고정된 상수이다. d-정칙이라는 것은 모든 꼭짓점이 다른 꼭짓점과 정확히 d개 연결된 그래프를 말한다. G가 d-정칙 그래프이면 S로부터 여집합으로 가는 변의 수는 많아야 dm개임이 명백하므로, c가 고정된 상수인 경우(즉, n에 따라 0으로 수렴하지 않으면) 임의의 꼭짓점 집합과 여집합 사이의 변의 수는 가능한 최대의 수를 상수로 하는 범위 내에 있다. 이 언급에서 짐작할 수 있듯 보통은 그래프 한 개에 관심이 있는 것이 아니라, 그래프의 무한한 모임에 관심이 있다. d-정칙인 그래프의 무한한 모임이 익스팬더 모임(family of expanders)이라는 것은 모임 내의 모든 그래프가 c-익스팬더인 상수 $c > 0$이 존재할 때를 말한다.

2 익스팬더의 존재성

익스팬더의 존재성을 처음 증명한 사람은 핀크서 (Pinkser)인데, $d \geq 3$일 때 n이 크면 n개의 꼭짓점을 갖는 거의 대부분의 d-정칙 그래프가 익스팬더임을 증명했다. 즉, 모든 고정된 $d \geq 3$에 대해 꼭짓점이 n개인 d-정칙 그래프 중 n이 무한대로 갈 때 익스팬더가 아닌 것의 비율이 0으로 수렴하게 하는 상수 $c > 0$이 존재함을 증명했다. 이 증명은 조합론에서 **확률적 방법론**[IV.19 §3]을 사용하기 시작한 초창기의 예이다. 무작위로 균등하게 선택한 d-정칙 그래프에서 집합 S에서 나가는 변의 **기댓값**이 $d|S|(n-|S|)/n$이므로 적어도 $(\frac{1}{2}d)|S|$임을 보이는 것은 어렵지 않다. 그런 후 표준적인 '꼬리 추정법(tail estimate)'을 이용하여, 임의의 고정된 S에 대해 S를 떠나는 변의 수가 기댓값과 상당히 다를 확률이 극히 작아서, 모든 집합에 대해 이 확률들을 다 더한 값조차도 작음을 증명했다. 따라서 모든 집합 S가 자신의 여집합에 최소한 $c|S|$개의 변을 가질 확률이 높다. (한 가지 면에서 이런 묘사는 오해를 부른다. 변을 독립적으로 선택하지 않기 때문에 무작위 d-정칙 그래프에 관한 사건의 확률을 즉각 논의할 수 있는 문제는 아니다. 하지만 볼로바쉬 (Bollobás)는 무작위 정칙 그래프를 다룰 수 있게 해주는 동등한 모형을 정의했다.)

이 증명이 익스팬더를 구체적으로 묘사하지는 않음에 주목하라. 다만 그것이 충분히 많다는 것만 증명하는 것이다. 이는 앞의 증명의 가진 결점인데, 일종의 구체적인 묘사나 최소한 익스팬더를 만들어내는 효율적인 방법에 의존하는 익스팬더의 응용이 있다는 걸 나중에 볼 것이기 때문이다. 그런데 '구체적인 묘사'나 '효율적인 방법'이 정확히 무엇일까? 이 질문에 대한 가능한 답은 많은데, 그중 두 가지를 논의하자. 첫 번째는 모든 자연수 n에 대해 꼭짓점이 n개 근처인(개수에 유연성을 두어 예를 들어 꼭짓점의 개수를 n과 n^2 사이로 할 수 있다) d-정칙 c-익스팬더의 모든 꼭짓점과 변을 n에 대한 다항식 시간 안에 나열하는 알고리즘이 있어야 한다는 것이다(계산 복잡도[IV.20 §2] 참조). 이런 종류의 묘사를 '순하게 명시적(mildly explicit)'인 묘사라 부른다.

'순하다'는 것에 대한 감을 얻기 위해, 다음 그래프를 생각하자. 길이가 k인 모든 01 수열들이 꼭짓점이고, 정확히 한 자리만 다른 수열끼리 변으로 연결한다. 이 그래프는 때로 k차원 **이산 (초)정육면체**(discrete cube)라 부른다. 꼭짓점은 2^k개이므로 모든 꼭짓점과 변을 나열하는 데 필요한 시간은 k에 비하면 어마어마하다. 하지만 많은 목적을 고려해 봤을 때 그런 목록은 사실 필요하지 않다. 문제가 되는 것은 각 꼭짓점을 표현하는 간결한 방법과, 임의의 주어진 꼭짓점의 이웃들을 표현한 것을 나열하는 효율적인 알고리즘이 있느냐는 것이다. 여기서 01 수열 자체는 대단히 간결한 표현이며, 그런 주어진 수열 σ에 대해 σ를 한 자리만 바꿔 얻을 수 있는 k개의 수열을 2^k이 아니라 k에 대한 다항식 시간 안에 나열하는 것은 대단히 쉽다. 어떤 꼭짓점의 이웃을 나열하는 시간을 꼭짓점의 수의 **로그**에 대한 함수 정도로 효율적으로 묘사할 수 있으면 **강하게 명시적**(strongly explicit)인 그래프라 부른다.

구체적으로 구성된 익스팬더를 찾는 연구는 수론이나 대수와 같은 분야에서 나온 아이디어를 종종 이용하는 몇몇 아름다운 수학의 원천이었다. 최초의 구체적인 익스팬더는 마굴리스(Margulis)가 발견했다. 마굴리스의 구성법 및 다른 구성법 하나를 제시하겠다. 이들 구성법은 아주 간단하게 묘사할 수 있지만, 이들이 정말로 익스팬더라는 것을 증명하는 것은 그리 쉽지 않다.

마굴리스의 구성법은 모든 자연수 m에 대해 8-정칙 그래프 G_m을 하나 준다. $\mathbb{Z}_m$이 m을 법으로 하는 정수들 전체의 집합일 때 꼭짓점의 집합은 $\mathbb{Z}_m \times \mathbb{Z}_m$이다. 꼭짓점 (x, y)의 이웃은 $(x + y, y)$, $(x - y, y)$, $(x, y + x)$, $(x, y - x)$, $(x + y + 1, y)$, $(x - y + 1, y)$, $(x, y + x + 1)$, $(x, y - x + 1)$이다(모든 연산은 m을 법으로 한 것이다). G_m이 익스팬더라는 마굴리스의 증명은 **표현론**[IV.9]에 기반을 둔 것으로, 전개 상수 c에 대한 구체적인 범위는 주지 않는다. 훗날 가버(Gabber)와 갈릴(Galil)이 **조화해석학**[IV.11]을 이용하여 범위를 하나 유도했다. 이 그래프 모임은 강하게 명시적임에 주목하라.

또 다른 구성법은 모든 소수 p에 대해 p개의 꼭짓점을 갖는 3-정칙 그래프를 제공한다. 이번에는 꼭짓점이 $\mathbb{Z}_p$이며, 꼭짓점 x를 $x+1$, $x-1$, x^{-1}와 연결한다(p를 법으로 하는 x의 역원을 말하며, 0의 역원은 0이라 정의한다). 이들 그래프가 익스팬더라는 것은 셀베르그(Selberg)의 3/16 정리라는 수론에서의 깊은 결과에 의지한다. 이 모임은 순하게 명시적일 뿐인데, 현재로서는 큰 소수를 결정적으로 생성하는 게 불가능하기 때문이다.

최근까지 구체적으로 알려진 익스팬더 구성법은 대수적 방법들뿐이었다. 하지만 2002년 라인골트(Reingold), 바드한(Vadhan), 위그더슨(Wigderson)이 이른바 그래프의 지그재그 곱(zigzag product)을 도입하고, 이를 이용하여 익스팬더를 조합론적으로 반복적으로 구성하였다.

3 익스팬더와 고윳값

어떤 그래프가 c-익스팬더일 조건은 꼭짓점의 모든 부분집합과 관련돼 있다. 그런 부분집합은 지수적으로 존재하기 때문에, 겉으로는 어떤 그래프가 c-익스팬더인지 점검하는 일은 지수 시간이 걸리는 긴 작업일 것처럼 보인다. 사실 이 문제는 co NP 완전 문제[IV.20 §§3, 4]로 밝혀졌다. 하지만 이와 밀접히 관련돼 있으며, 다항 시간 안에 점검할 수 있으며 어떤 면에서는 더 자연스러운 성질을 지금부터 설명하겠다.

n개의 꼭짓점을 갖는 그래프 G에 대해 **인접행렬**(adjacency matrix) A는 u와 v가 연결돼 있으면 A_{uv}를 1로 정의하고, 그렇지 않으면 0으로 정의한 $n \times n$ 행렬이다. 이 행렬은 실대칭 행렬이므로 n개의 실수 **고윳값**[I.3 §4.3] $\lambda_1, \lambda_2, \cdots, \lambda_n$을 갖는데 $\lambda_1 \geq \lambda_2 \geq \cdots \geq \lambda_n$이도록 이름을 붙이자. 더욱이 서로 다른 고윳값에 대응하는 **고유벡터**[I.3 §4.3]는 수직이다.

이 고윳값들은 G에 대한 유용한 정보를 대단히 많이 담고 있다고 밝혀졌다. 이에 대한 논의에 들어가기 전에, 어떻게 A가 선형사상으로 작용하는지 간단하게 살펴보자. G의 꼭짓점 집합 위에서 주어진 함수 f에 대해 Af의 u에서의 값은, u의 모든 이웃 v에 대해 $f(v)$들을 더한 값으로 준다. 이로부터 G가 d-정칙이고 f가 모든 꼭짓점에서 1인 함수일 경우 Af는 모든 꼭짓점에서 값이 d인 함수임을 즉각 알 수 있다. 다른 말로 하면, 상수함수는 고윳값 d를 갖는 A의 고유벡터이다. 이 값이 가장 큰 고윳값 λ_1이고, 그래프가 연결그래프이면 두 번째 큰 고윳값 λ_2가 d보다 확실히 작다는 것을 보이는 것도 어렵지 않다.

사실 λ_2와 그래프의 연결성 사이의 관계는 이보다 훨씬 더 깊다. 간략히 말해 λ_2가 d와 더 멀리 떨어져 있을수록 그래프의 전개 매개변수 c가 더 커진다. 더 정확히 말하면 c가 $\frac{1}{2}(d - \lambda_2)$와 $\sqrt{2d(d - \lambda_2)}$ 사이에 있음을 보일 수 있다. 이로부터 d-정칙 그래프의 무한한 모임이 익스팬더 모임인 것과 모임 내의 모든 그래프에 대해 스펙트럼 간극(spectral gap) $d - \lambda_2$가 최소한 어떤 상수 $a > 0$ 이상인 것이 필요충분조건임이 따름정리로 나온다. c에 대한 이 한곗값들이 중요한 이유 중 하나는 앞서 언급한 대로 어떤 그래프가 c-익스팬더인지 검증하는 것은 어려운 반면, 두 번째로 큰 고윳값은 다항 시간 안에 계산할 수 있기 때문이다. 따라서 적어도 어떤 그래프의 확장성이 얼마나 좋은지를 추정할 수는 있다.

d-정칙 그래프 G에서 또 하나 중요한 매개변수는 λ_1이 아닌 고윳값들의 최대 절댓값인데 이를 $\lambda(G)$라 표기한다. $\lambda(G)$가 작으면 G는 여러 가지 면에서 무작위 d-정칙 그래프처럼 행동한다. 예를 들어 A와 B가 서로소인 꼭짓점 집합이라 하자. G가 무작위 그래프였다면, 약간의 계산을 통해 A로부터 B까지의 변의 수 $E(A, B)$가 대략 $d|A||B|/n$임을 기대할 수 있다. d-정칙 그래프 G의 임의의 서로소인 두 집합에 대해 $E(A, B)$가 이 기댓값과 기껏해야 $\lambda(G)\sqrt{|A||B|}$밖에 차이 나지 않는다는 것을 보일 수 있다. 따라서 $\lambda(G)$가 d에 비해 작으면, 적절히 큰 두

집합 A와 B 사이에 대략 기대한 수의 변을 얻을 수 있다. 이는 $\lambda(G)$가 작은 그래프는 '무작위 그래프처럼 행동'한다는 것을 보여준다.

d-정칙 그래프 중에서 $\lambda(G)$가 얼마나 작을 수 있는지 묻는 것은 논의 진행에 있어 자연스러운 질문이다. 알론(Alon)과 보파나(Boppana)는 n이 커질수록 0으로 수렴하는 어떤 함수 g에 대해 항상 최소한 $2\sqrt{d-1} - g(n)$이 됨을 보였다. 프리드먼(Friedman)은 n개의 꼭짓점을 갖는 거의 대부분의 d-정칙 그래프는 0으로 수렴하는 $h(n)$에 대해 $\lambda(G) \leqslant 2\sqrt{d-1} + h(n)$임을 보여, 전형적인 d-정칙 그래프는 $\lambda(G)$에 대한 최적의 한곗값에 맞먹을 만큼 대단히 가까워진다는 것을 극도로 기교적인 재주로 증명한다. 더욱 놀라운 점은 루보츠키(Lubotzky), 필립스(Philips), 사낙(Sarnak) 그리고 독자적으로 마굴리스가 유명한 라마누잔 그래프(Ramanujan graph)라는 구체적인 구성으로 하곗값에 버금갔다는 것이다. 이들은 $d - 1$이 소수의 거듭제곱인 각 d에 대해 $\lambda(G) = 2\sqrt{d-1}$인 d-정칙 그래프 G의 모임을 구성했다.

4 익스팬더의 응용

익스팬더의 가장 명백한 응용으로는 아마도 통신 네트워크일 것이다. 익스팬더가 고도로 연결돼 있다는 것은, 이런 네트워크의 일부를 끊어내려면 수많은 개별 통신 회선을 파괴해야 한다는 점에서 '결함 감내성'이 높다는 뜻이다. 이런 망에서 지름이 작다는 바람직한 성질은 익스팬더 위에서의 확률보행(random walk)을 분석하면 나온다.

d-정칙 그래프 G에서 길이가 m인 **확률보행**이라는 것은 v_{i-1}의 이웃 v_i를 무작위로 선택한 경로 v_0, $v_1, \cdots, v_m$을 말한다. 그래프 위에서의 확률보행은 많은 현상을 모형화하는 데 이용할 수 있다. 확률보행에 대한 가장 잦은 질문은 이 걸음이 얼마나 빨리 '섞이느냐', 즉 m이 얼마나 커야 $v_m = v$일 확률이 모든 꼭짓점 v에 대해 거의 같아지느냐는 것이다.

$v_k = v$일 확률을 $p_k(v)$라 두면, $p_{k+1} = d^{-1}Ap_k$임을 보이는 것은 어렵지 않다. 다른 말로 하면, $k + 1$단계 후의 분포가 k단계 후의 분포에 어떻게 의존하는지 보여주는 확률보행의 **추이 행렬**(transition matrix) T가 인접행렬 A의 d^{-1}배라는 것이다. 따라서 최대 고윳값은 1이고, $\lambda(G)$가 충분히 작으면 다른 고윳값들은 모두 작다.

그런 경우라고 가정하고, p를 G의 꼭짓점 위에서의 임의의 **확률분포**[III.71]라고 하자. 그러면 $d^{-1}\lambda_i$를 고윳값으로 갖는 T의 고유벡터 u_i에 대해 p를 선형결합 $\sum_i u_i$로 쓸 수 있다. T를 k번 적용하면 새로운 분포는 $\sum_i (d^{-1}\lambda_i)^k u_i$가 될 것이다. $\lambda(G)$가 작으면, $(d^{-1}\lambda_i)^k$은 $i = 1$이어서 값이 1인 경우를 제외하면 모두 빠르게 0으로 수렴한다. 다른 말로 하면, 짧은 시간 후에 p에서 '상수가 아닌 부분'은 0으로 수렴하므로 남는 것은 균등분포이다.

따라서 익스팬더 위의 확률보행은 빨리 섞인다. 익스팬더의 몇 가지 응용의 심장부에 이 성질이 있다. 예를 들어 V가 큰 집합이고 f가 V로부터 구간 $[0, 1]$의 함수라고 할 때, f의 평균값을 빠르고 정확히 추정하고 싶다. V에서 무작위 표본 $v_1, v_2, \cdots, v_k$를 고르고 평균 $k^{-1}\sum_{i=1}^{k} f(v_i)$를 구하는 것이 자연스러운 아이디어이다. k가 크고 v_i가 독립적으로 선택되면, 이 표본 평균이 진짜 평균으로 거의 틀림없이 수렴한다는 것을 증명하는 것은 그다지 어렵지 않다(두 값의 차가 ϵ보다 클 확률은 기껏해야 $e^{-\epsilon^2 k}$이다).

아이디어는 대단히 간단하지만, 무작위성을 담보할 자원을 실제로 구현할 필요가 있다. 이론 컴퓨터 과학에서 무작위성은 자원으로 간주되므로, 가능하면 적게 이용하는 편이 바람직하다. 위의 과정에서 각 v_i에 대해 대략 $\log(|V|)$비트의 무작위성이 필요하므로, 전체는 $k \log(|V|)$비트가 필요하다. 더 개선할 수는 없을까? 아즈타이(Ajtai), 콤로스(Komlós), 세메레디(Szemerédi)는 큰 폭의 개선이 가능함을 보였다. V에 구체적인 익스팬더의 꼭짓점을 대응하는 것이다. 그런 후 $v_1, v_2, \cdots, v_k$를 무작위로 고르는 대신, V의 무작위 점 v_1을 고르고 이 익스팬더 그래프의 확률보행의 꼭짓점이도록 선택한다. 여기에 필요한 무작위성은 훨씬 작다. v_1을 고를 때 $\log(|V|)$비트가 필요하고 이후의 v_i마다 $\log(d)$비트가 필요하므로 모두 $\log(|V|) + k \log(d)$비트가 필요하다. V가 대단히 크고 d가 고정된 상수이기 때문에 이는 엄청난 절약으로 이어진다. 사실상 첫 번째 표본점에 대해서만 값을 치르면 된다!

하지만 이 표본이 얼마나 좋은 걸까? 당연히 v_i 사이에 강력한 종속성이 있다. 하지만 정확성에 있어서 '아무 것도' 잃은 게 없다는 게 입증됐다. 이번에도 추정값과 진짜 평균과의 차이가 ϵ보다 클 확률은 기껏해야 $e^{-\epsilon^2 k}$이다. 따라서 무작위성을 절약했으면서도 아무 대가도 치르지 않는다.

이는 익스팬더의 실용적인 응용 및 수학에서의 응용을 포함한 무수한 응용 중 하나에 불과하다. 예

를 들어 그로모프(Gromov)는 유명한 **바움-콘 추측**
[IV.15 §4.4]의 어떤 변형에 반례를 줄 때 익스팬더
를 이용했다. 또한 '무손실 익스팬더'라 부르는 이분
그래프는 효율적으로 해독할 수 있는 선형 부호를
만드는 데 이용된다. (이 말의 뜻에 대한 서술을 보
려면 **신뢰할 수 있는 정보 전달**[VII.6]을 보라.)

III.25 지수함수와 로그함수

1 거듭제곱

2, 4, 8, 16, 32, 64, 128, 256, 512, 1024, …은 매우 잘
알려진 수열이다. 각 항은 전 항의 두 배이므로, 예
를 들어 이 수열의 일곱 번째 항 128은 $2 \times 2 \times 2 \times 2$
$\times 2 \times 2 \times 2$와 같다. 수학 전반에 걸쳐 이런 종류의
반복적인 곱이 등장하므로, 그것을 더 다루기 쉬운
표기법을 마련하는 게 편리하다. 따라서 $2 \times 2 \times 2 \times$
$2 \times 2 \times 2 \times 2$는 보통 2^7으로 쓰고, '2의 7제곱' 혹은
'2의 7승'이라 읽는다. 더 일반적으로 a가 임의의 실
수이고 m이 자연수일 때 a^m은 $a \times a \times \cdots \times a$를 나
타내며, a를 m번 곱한 것이다. 이 곱을 'a의 m제곱'
이라 부르고, a^m 꼴의 수를 a의 **거듭제곱(power)**이라
부른다.

어떤 수를 거듭제곱으로 올리는 것을 **지수화(ex-
ponentiation)** 혹은 **누승**이라 부른다. (수 m을 **지수
(exponent)**라 부른다.) 지수화에 대해 다음 항등식은
기본적인 성질이다.

$$a^{m+n} = a^m \cdot a^n.$$

이는 지수화하면 '덧셈을 곱셈으로 바꾼다'는 것을
의미한다. 작은 예를 통해 보면 이 항등식이 왜 참이
어야 하는지 알기 쉬우므로, 잠시동안만 오래 전의
성가신 표기법으로 돌아가자. 예를 들어 다음을 알
수 있다.

$$
\begin{aligned}
2^7 &= 2 \times 2 \times 2 \times 2 \times 2 \times 2 \times 2 \\
&= (2 \times 2 \times 2) \times (2 \times 2 \times 2 \times 2) \\
&= 2^3 \times 2^4.
\end{aligned}
$$

예를 들어 $2^{3/2}$을 구하라는 요청을 받았다고 하자.
처음 보기에는 질문 자체가 말이 되지 않는 것처럼
보인다. 방금 살펴본 2^m의 정의에서 m이 양의 정수
라는 점이 본질적인 부분이기 때문이다. 2를 1.5번
곱한다는 것은 말이 되지 않는다. 하지만 수학자들
은 일반화하길 좋아하며, m이 자연수인 경우가 아
니면 2^m에 곧장 의미를 부여할 수 없다고 해서, 다
양한 범위의 수에 지수의 의미를 만들어내는 걸 막
는 것은 아무것도 없다.

우리의 일반화가 더 자연스러울수록, 그것이 더
흥미롭고 유용할 가능성이 크다. 어떤 대가를 치르
더라도 '덧셈을 곱셈으로 바꾼다'는 성질은 유지하
게 하는 것이 자연스럽게 만드는 방법이다. 이로부
터 $2^{3/2}$에 대해 할 수 있는 합리적이고 의미 있는 선
택은 하나만 남는다. 기본 성질을 유지하려면

$$2^{3/2} \cdot 2^{3/2} = 2^{3/2 + 3/2} = 2^3 = 8$$

이어야만 한다. 따라서 $2^{3/2}$은 $\pm\sqrt{8}$이어야 한다.
$2^{3/2}$을 양수로 취하는 것이 편리한 것으로 밝혀졌으

므로 $2^{3/2}$은 $\sqrt{8}$로 정의한다.

비슷한 논증을 쓰면 2^0을 1로 정의해야 함을 보일 수 있다. 기본 성질을 유지하고 싶으면

$$2 = 2^1 = 2^{1+0} = 2^1 \cdot 2^0 = 2 \cdot 2^0$$

이어야 하므로, 양변을 2로 나누어 $2^0 = 1$을 답으로 얻기 때문이다.

이런 종류에서 우리가 하는 일은 **함수 방정식**(functional equation), 즉 함수를 미지의 것으로 하는 방정식을 푸는 것이다. 좀 더 명확히 살펴보기 위해 2^t을 $f(t)$라 쓰기로 하자. 우리에게 주어진 정보는 기본 성질 $f(t+u) = f(t)f(u)$와 시작할 수 있게 해주는 한 개의 값 $f(1) = 2$이다. 이로부터 f에 대해 할 수 있는 한 많은 것을 연역하기를 원한다.

f에 대해 부과한 이 두 조건으로 f가 양의 값을 가진다는 최소한의 가정을 할 경우, 모든 유리수에 대해 f의 값이 결정된다는 것을 보이는 것은 멋진 연습문제이다. 예를 들어 $f(0)$이 1이어야 함을 보이기 위해서는 $f(0)f(1) = f(1)$임에 주목하는 것이고, $f(3/2)$이 $\sqrt{8}$이어야만 하는 것은 이미 보였다. 남은 증명은 이와 비슷한 정신의 논증을 사용하는데 $f(p/q)$는 2^p의 q제곱근이어야만 한다는 것이 결론이다. 더 일반적으로 $a^{p/q}$에 대한 유일한 합리적인 정의는 a^p의 q제곱근이다.

함수 방정식으로부터 끌어낼 수 있는 것은 모두 끌어냈지만, 이는 t가 유리수일 때만 의미를 가진다. t가 무리수일 때도 합리적인 정의를 할 수 있을까? 예를 들어 $2^{\sqrt{2}}$의 가장 자연스러운 정의는 무엇이어야 할까? 함수 방정식만으로는 $2^{\sqrt{2}}$이 무엇이어야 할지 결정할 수 없으므로, 이런 종류의 질문에 대답하는 방법은 f가 가져야만 하는 자연스러운 추가 중에서 함수 방정식과 더불어 f를 유일하게 구체화하는 것이 무엇인지 들여다보는 것이다. 명백한 선택이 두 가지인 것으로 밝혀졌는데, 둘 다 잘 통한다. 첫 번째는 f가 증가 함수(increasing function)여야 한다는 것으로, s가 t보다 작으면 $f(s)$가 $f(t)$보다 작아야 한다는 것이다. 두 번째로는 f가 연속함수 [I.3 §5.2]라고 가정하는 것이다.

원리상 첫 번째 성질을 어떻게 이용할 수 있는지 $2^{\sqrt{2}}$을 예로 들어 보자. 이 값을 직접 계산하지 않고, 점점 더 정확한 값으로 추정하는 것이다. 예를 들어 $1.4 < \sqrt{2} < 1.5$이므로 순서 성질로부터 $2^{\sqrt{2}}$은 $2^{7/5}$과 $2^{3/2}$ 사이에 있어야 하며, 일반적으로 $p/q < \sqrt{2} < r/s$이면 $2^{\sqrt{2}}$은 $2^{p/q}$과 $2^{r/s}$ 사이에 있어야 한다. 두 유리수 p/q와 r/s가 점차 가까워질수록, $2^{p/q}$과 $2^{r/s}$ 역시 점차 가까워진다는 걸 보일 수 있다. 따라서 p/q와 r/s가 점점 가까워지게 선택하면 $2^{p/q}$과 $2^{r/s}$이 어떤 극한값으로 수렴하는데, 이 극한값을 $2^{\sqrt{2}}$이라고 부른다.

2 지수함수

수학이 가지는 정말 중요한 개념의 전형적인 특징 중 하나는, 다르지만 동등한 다양한 방식으로 정의할 수 있다는 것이다. 지수함수 $\exp(x)$도 분명 이런 성질을 갖고 있다. 비록 많은 목적에서 최선은 아니지만, 지수함수를 생각하는 가장 기본적인 방법은 e가 2.7182818로 시작하는 어떤 수일 때 $\exp(x)$와 e^x이 같다고 생각하는 것이다. 왜 이 수에 초점을 맞추는가? 이 수가 구별되는 한 가지 성질은 함수 $\exp(x)$

= e^x을 미분하면 다시 e^x을 얻는다는 것인데, 이 사실이 성립하는 유일한 수가 e이 때문이다. 실제로 여기에서 지수함수를 정의하는 두 번째 방법이 나온다. 초기조건 $f(0) = 1$과 미분방정식 $f'(x) = f(x)$를 만족하는 유일한 해이다.

exp(x)를 정의하는 세 번째 방법은 교재에서 종종 택하는 방법으로, exp(x)의 테일러 급수(Taylor series)라 부르는 다음 멱급수의 극한으로 정의하는 것이다.

$$\exp(x) = 1 + x + \frac{x^2}{2!} + \frac{x^3}{3!} + \cdots.$$

이 정의의 오른쪽 변이 어떤 수를 x제곱하여 얻는 함수라는 사실이 즉각적으로 당연하지는 않기 때문에, e^x 대신 exp(x)라는 표기를 이용하겠다. 하지만 약간의 작업을 하면 이 함수가 기본 성질 exp($x + y$) = exp(x)exp(y), exp(0) = 1 및 (d/dx)exp(x) = exp(x)를 만족함을 검증할 수 있다.

지수함수를 정의하는 방법은 이뿐만이 아니다. 지수함수의 의미를 진정으로 말해주는 정의에 훨씬 더 가까운 또 다른 방법이 있다. 예를 들어 10년 동안 자금을 투자하려고 한다고 가정해 보자. 이때 다음과 같은 선택권이 주어져 있다. 10년 후 투자금에 100%를 더해 받을 수도 있고(즉, 두 배), 매년 투자금에 10% 올린 것을 새 투자금으로 설정할 수도 있다. 어느 쪽이 더 나을까?

두 번째 경우가 더 나은 투자인 이유는 **복리**로 이자가 붙기 때문이다. 예를 들어 100달러로 시작하면 1년 후에는 110달러를 받고, 2년 후에는 121달러를 받게 된다. 2년에 11달러가 증가한 것은 원래 100달러의 10% 이자에 추가로 1달러가 더 생긴 것

인데, 첫 해에 번 이자의 10% 이자 때문이다. 두 번째 계획을 따를 경우 매년 1.1배씩 늘기 때문에 받을 돈은 결국 100달러 곱하기 1.1^{10}이다. 1.1^{10}의 근삿값은 2.5937이므로, 200달러 대신 거의 260달러를 받게 된다.

이자를 매월 복리로 받으면 어떻게 될까? 투자금에 $1\frac{1}{10}$을 10번 곱하는 대신 $1\frac{1}{120}$을 120번 곱하면 된다. 10년이 끝날 때쯤에는 투자한 100달러는 $(1 + \frac{1}{120})^{120}$배, 대략 2.707배로 곱하면 될 것이다. 매일 복리로 받으면 이 값을 대략 2.718 정도까지 늘릴 수 있는데, 이는 미심적을 정도로 e와 가깝다. 사실 e는 n이 무한대로 갈 때 $(1 + \frac{1}{n})^n$의 극한값으로 정의할 수 있다.

이 식이 정말 극한값을 갖는지는 한 눈에 명백해 보이지는 않는다. $(1 + \frac{1}{n})^m$은 임의의 고정된 지수 m에 대해 n이 무한대로 갈 때 1로 수렴하는 반면, 임의의 고정된 n에 대해 m이 무한대로 가면 ∞로 발산하기 때문이다. $(1 + \frac{1}{n})^n$일 때 지수의 증가가 밑 $1 + \frac{1}{n}$의 감소를 정확하게 보정하여 극한값이 2와 3 사이에 놓이게 된다. x가 임의의 실수일 때 $(1 + \frac{x}{n})^n$ 역시 어떤 극한값으로 수렴하는데, 이것을 exp(x)로 정의한다.

이런 식으로 정의한 exp(x)가 좋은 정의이려면 필요한 주요 성질, 즉, exp(x)exp(y) = exp($x + y$)를 얻을 수 있는지를 보여주는 논증을 간략히 소개하겠다. 식

$$\left(1 + \frac{x}{n}\right)^n \left(1 + \frac{y}{n}\right)^n$$

을 취하면

$$\left(1 + \frac{x}{n} + \frac{y}{n} + \frac{xy}{n^2}\right)^n$$

과 같다. $1+x/n+y/n+xy/n^2$의 $1+x/n+y/n$에 대한 비는 $1+xy/n^2$보다 작은데, $(1+xy/n^2)^n$은 1로 수렴함을 보일 수 있다(여기서 n의 증가는 xy/n^2의 빠른 감소를 보충하기에는 충분하지 않다). 따라서 큰 n에 대해 우리가 취한 수는

$$\left(1+\frac{x+y}{n}\right)^n$$

과 대단히 가깝다. n을 무한대로 보내면, 원하는 결과를 유도할 수 있다.

3 정의를 복소수로 확장하기

$\exp(x)$를 e^x으로 생각하면, 이 정의를 복소수로 일반화하는 건 가망이 없어 보인다. 직관은 아무것도 말해 주지 않으며, 함수 방정식도 도움이 안 되며, 연속성이나 순서 관계를 이용하여 결정할 수도 없다. 하지만 멱급수나 복리 이자 정의는 쉽게 일반화할 수 있다. z가 복소수일 때 $\exp(z)$의 가장 통상적인 정의는 다음과 같다.

$$1+z+\frac{z^2}{2!}+\frac{z^3}{3!}+\cdots.$$

실수 θ에 대해 $z=i\theta$라 두어 나온 식을 실수부와 허수부로 쪼개면 다음을 얻는데

$$1-\frac{\theta^2}{2!}+\frac{\theta^4}{4!}+\cdots+i\left(\theta-\frac{\theta^3}{3!}+\frac{\theta^5}{5!}-\cdots\right)$$

$\cos(\theta)$와 $\sin(\theta)$에 대한 멱급수 전개를 이용하면 $\exp(i\theta)=\cos(\theta)+i\sin(\theta)$임을 말해 주어, 복소평면의 단위원 위에서 편각이 θ인 점에서의 공식이 나온다. 특히 $\theta=\pi$라 두면 ($\cos(\pi)=-1$ 및 $\sin(\pi)=0$이므로) $e^{i\pi}=-1$이라는 유명한 공식을 얻는다.

이 식은 너무 빼어나서 단순히 형식적인 대수 조작을 수행한 후 깨닫게 되는 단순한 사실이라기보다는 그럴듯한 이유가 있어서 성립해야 한다는 느낌이 든다. 물론 그럴 만한 이유가 있다. 이를 보기 위해 복리 이자 아이디어로 돌아가 n이 무한대로 갈 때 $(1+z/n)^n$의 극한값으로 $\exp(z)$를 정의하자. $z=i\pi$인 경우에만 집중하자. 왜 n이 아주 크면 $(1+i\pi/n)^n$은 -1에 가까워야 하는 걸까?

이에 답하기 위해서 기하학적으로 생각해 보자. 어떤 복소수에 $1+i\pi/n$을 곱하는 것은 어떤 효과가 있는가? 아르강 다이어그램(Argand diagram)*에서 이 수는 1의 수직 방향 위쪽 가까이에 있다. 1을 지나는 수직선은 단위원에 접하므로 이 수가 원 위에 놓여 있고 편각이 π/n인 수와 대단히 가까움을 의미한다(원 위에서 어떤 수의 편각은 1부터 그 수까지의 원호의 길이인데, 이 경우 이 원호는 거의 직선이다). 따라서 $1+i\pi/n$을 곱하는 것은 π/n만큼의 회전과 매우 가깝다. 회전에서 이를 n번 시행하면 π만큼의 회전이므로 -1을 곱하는 것과 같다. 똑같은 논증을 $\exp(i\theta)=\cos(\theta)+i\sin(\theta)$를 정당화하는 데 사용할 수 있다.

이 기세를 이어 나가 지수함수의 미분이 왜 지수함수인지 알아보자. 이미 $\exp(z+w)=\exp(z)\exp(w)$라는 사실은 알고 있으므로, exp를 z에서 미분한 것은 w가 0으로 수렴할 때 $\exp(z)(\exp(w)-1)/w$의 극한값이다. 따라서 w가 작을 때 $\exp(w)-1$이 w에 대단히 가까움을 보이면 충분하다. $\exp(w)$에 대해 김

* 아르강 평면이라고도 부르는데, 보통은 복소 평면 혹은 가우스 평면이라 부르는 것이다–옮긴이

을 얻기 위해, 큰 n을 택하고 $(1 + w/n)^n$을 생각하자. 이 값이 정말로 $1 + w$에 가깝다는 걸 증명하는 것도 어렵지 않지만, 여기서는 비형식적인 논증으로 대신하자. 1년 동안 이자를 조금, 예를 들어 0.5%밖에 주지 않는 은행 계좌를 갖고 있다고 해 보자. 이 이자를 매월 복리로 받으면 얼마나 더 받을 수 있을까? 그다지 많지 않다는 게 답이다. 이자의 총량이 아주 작다면, 이자에 대한 이자도 무시할 만하다. 이 사실이 w가 작을 때 $(1 + w/n)^n$이 $1 + w$에 가까운 본질적인 이유이다.

지수함수의 정의를 더 확장할 수도 있다. 필요한 주요 재료는 곱셈, 극한 논법이 가능할 것이다. 따라서 x가 바나흐 대수[III.12] A의 원소라면 $\exp(x)$가 의미를 갖는다. (가장 영감을 주는 정의는 아니지만, 여기서는 멱급수 정의가 가장 쉽다.)

4 로그함수

지수함수와 마찬가지로 자연로그도 여러 가지 방식으로 정의할 수 있다. 여기 세 가지를 제시한다.

(i) 함수 $\log$는 함수 $\exp$의 역함수다. 즉, t가 양의 실수일 때 $u = \log(t)$라는 명제는 $t = \exp(u)$라는 명제와 동치다.

(ii) t를 양의 실수라 하자.

$$\log(t) = \int_1^t \frac{dx}{x}.$$

(iii) $|x| < 1$이면 $\log(1 + x) = x - \frac{1}{2}x^2 + \frac{1}{3}x^3 - \cdots$ 이다. 이로부터 $0 < t < 2$에 대해 $\log(t)$를 정의할 수 있다. $t \geq 2$일 때는 $\log(t)$를 $-\log(1/t)$로

정의할 수 있다.

로그함수의 가장 중요한 특징은 $\exp$에 대한 함수방정식의 역인 $\log(st) = \log(s) + \log(t)$라는 함수방정식이다. 즉, $\exp$가 덧셈을 곱셈으로 바꾸는 반면, $\log$는 곱셈을 덧셈으로 바꾼다. $\mathbb{R}$은 덧셈에 대해 군을 이루고, 양의 실수 $\mathbb{R}_+$는 곱셈에 대해 군을 이룬다. $\exp$는 $\mathbb{R}$로부터 $\mathbb{R}_+$로의 동형사상이고, 역함수 $\log$는 $\mathbb{R}_+$로부터 $\mathbb{R}$로의 동형사상이라는 것이 더 공식적인 표현이다. 따라서 어떤 면에서는 두 군이 같은 구조를 가지는데, 지수함수와 로그함수가 이를 설명해 주는 것이다.

첫 번째 정의를 사용해서 왜 $\log(st)$가 $\log(s) + \log(t)$와 같아야 하는지 살펴보자. $s = \exp(a)$ 및 $t = \exp(b)$라 쓰자. 그러면 $\log(s) = a, \log(t) = b$이고

$$\begin{aligned} \log(st) &= \log(\exp(a)\exp(b)) \\ &= \log(\exp(a + b)) \\ &= a + b \end{aligned}$$

이므로 원하는 결과가 나온다.

일반적으로 $\log$의 성질은 $\exp$의 성질과의 밀접한 관련 속에서 파생된다. 하지만 $\log$를 복소수로 확장하려고 할 때는 복잡한 일이 생긴다는 점이 둘 사이의 대단히 중요한 차이다. 처음 볼 땐 꽤 쉬워 보인다. 모든 복소수 z는 어떤 음이 아닌 실수 r과 어떤 수 θ(각각 z의 절댓값과 편각)에 대해 $re^{i\theta}$으로 쓸 수 있다. $z = re^{i\theta}$이라면 ($\log$에 대한 함수 방정식과 $\log$가 $\exp$의 역함수라는 사실을 이용하여) $\log(z)$를 $\log(r) + i\theta$라고 생각하기 쉽다. 문제는 θ가 유일하게 결정되지 않는다는 것이다. 예를 들어 $\log(1)$은

얼마일까? 보통은 0이라고 하고 싶겠지만, $1 = e^{2\pi i}$이므로 $\log(1) = 2\pi i$라고 괴상한 주장을 할 수도 있다.

이런 어려움 때문에 (아무리 살펴봐도 로그값을 갖지 않는 수인 0을 제외하더라도) 복소평면 전체에서 로그함수를 정의하는 최선의 방법은 단 한 가지도 없다. $r > 0$ 및 $0 \leqslant \theta < 2\pi$이도록 $z = re^{i\theta}$을 쓰면 정확히 한 가지로 쓸 수 있고, 따라서 $\log(z)$를 $\log(r) + i\theta$라고 정의하는 것이 한 가지 규약이다. 하지만 이 함수는 연속함수가 아니다. 양의 실수축을 넘어가면 편각이 2π만큼 뛰므로 로그값도 $2\pi i$만큼 뛰기 때문이다.

놀랍게도 이런 어려움은 수학에 치명타를 입히는 것과는 거리가 멀고, 복소 해석학에서 대단히 일반적인 경로 적분을 계산할 수 있게 해 주는 코시 유수 정리(Cauchy's residue theorem)처럼 몇 가지 놀라운 정리의 배경이 되는 매우 긍정적인 현상이다.

III.26 고속 푸리에 변환

$f : \mathbb{R} \to \mathbb{R}$이 주기가 1인 주기함수라면, 푸리에 계수를 계산하여 f에 대한 유용한 정보를 상당히 얻을 수 있다(이유에 대한 논의는 푸리에 변환[III.27]을 보라). 이는 이론적 이유와 실용적 이유 모두에서 그러한데, 실용적인 이유 때문에 푸리에 계수를 빨리 계산할 좋은 방법이 있으면 대단히 바람직하다. 이런 방법을 (비록 가우스(Gauss)가 150년 전에 예견했음이 밝혀졌지만) 쿨리(Cooley)와 터키(Tukey)가 1965년에 발견했다.

f의 r번째 푸리에 계수는 다음 식으로 주어진다.

$$\hat{f}(r) = \int_0^1 f(x)\,e^{-2\pi irx}\mathrm{d}x.$$

적분에 대한 구체적인 공식이 없을 경우 적분을 수치적으로 근사하길 원할 텐데(예를 들어 f가 수식으로 주어지지 않고 물리적 신호로 주어진 경우가 그렇다), 자연스러운 방법은 이산화하는 것, 즉 적분을 $N^{-1}\sum_{n=0}^{N-1} f(n/N)e^{-2\pi irn/N}$ 꼴의 합으로 변환하는 것이다. f가 너무 거칠게 진동하지 않고 r이 너무 크지 않으면, 이 합은 좋은 근삿값이다.

위의 합은 r에 N의 배수를 더해도 변하지 않을 것이므로, n/N 꼴의 점에서의 f값만 신경을 쓴다. 더욱이 f의 주기성으로부터 n에 N의 배수를 더하는 것도 아무 차이가 없다. 그러므로 n과 r 모두 N을 법으로 하는 정수들의 군 $\mathbb{Z}_N$에(모듈러 연산[III.58]을 보라) 속한다고 가정할 수 있다. 이 점을 반영하도록 표기법을 바꾸자. $\mathbb{Z}_N$ 위에서 정의된 함수 g에 대해 g의 이산 푸리에 변환 $\hat{g}$도 $\mathbb{Z}_N$ 위에서 정의된 함수로 다음 식으로 정의한다.

$$\hat{g}(r) = N^{-1} \sum_{n \in \mathbb{Z}_N} g(n)\,\omega^{-rn}. \tag{1}$$

여기서 $e^{2\pi i/N}$을 ω로 썼으며 $\omega^{-rn} = e^{-2\pi irn/N}$이다. n에 대한 합을 바로 위에서처럼 0부터 $N-1$까지의 합으로 간주해도 좋다는 것에 주목하라. $f(n/N)$ 대신 $g(n)$으로 쓴 것도 표기법이 달라진 부분이다.

이산 푸리에 변환은 함수 g에 대응하는 열벡터에 (각 r과 n에 대해 성분이 $n^{-1}\omega^{-rn}$인) 어떤 $N \times N$ 행렬을 곱하는 것으로 생각할 수 있다. 따라서 대략 N^2번의 산술 연산을 이용하여 계산할 수 있다. 식

(1)에 훨씬 더 효율적으로 합을 계산할 수 있게 해주는 대칭성이 있다는 관찰로부터 고속 푸리에 변환이 나왔다. N이 2의 거듭제곱일 때 가장 쉽게 볼 수 있는데, 더 쉽게 보기 위해 $N = 8$인 경우를 살펴보기로 하자. 그러면 계산해야 하는 합은 0과 7 사이의 각 r에 대해 다음과 같다.

$$g(0) + \omega^{-r}g(1) + \omega^{-2r}g(2) + \cdots + \omega^{-7r}g(7).$$

이와 같은 합은 다음처럼 다시 쓸 수 있다.

$$g(0) + \omega^{-2r}g(2) + \omega^{-4r}g(4) + \omega^{-6r}g(6)$$
$$+ \omega^{-r}(g(1) + \omega^{-2r}g(3) + \omega^{-4r}g(5) + \omega^{-6r}g(7)).$$

이 합이 흥미로운 것은

$$g(0) + \omega^{-2r}g(2) + \omega^{-4r}g(4) + \omega^{-6r}g(6)$$

과

$$g(1) + \omega^{-2r}g(3) + \omega^{-4r}g(5) + \omega^{-6r}g(7)$$

자체도 이산 푸리에 변환의 값이기 때문이다. 예를 들어 $0 \leqslant n \leqslant 3$에 대해 $h(n) = g(2n)$이라 두고 $\omega^2 = e^{2\pi i/4}$ 대신 ψ라 쓰면, 첫 번째 식은 $h(0) + \psi^{-r}h(1) + \psi^{-2r}h(2) + \psi^{-3r}h(3)$과 같다. h를 $\mathbb{Z}_4$ 위에서 정의된 함수로 생각하면 정확히 $\hat{h}(r)$에 대한 공식이다.

비슷한 언급을 두 번째 식에도 적용할 수 있다. g의 '짝수 부분'과 g의 '홀수 부분'의 이산 푸리에 변환을 계산할 수 있으면, g의 푸리에 변환 값은 g의 두 부분의 변환값의 선형결합이므로 대단히 쉽다. 따라서 N이 짝수일 때 $\mathbb{Z}_N$에서 정의된 함수의 이산 푸리에 변환을 계산하는 데 필요한 연산의 수를

$F(N)$이라 쓰면, 다음 꼴의 점화식을 얻는다.

$$F(N) = 2F(N/2) + CN.$$

이 식은 $\mathbb{Z}_N$ 위의 함수를 변환한 값 N을 계산하기 위해서는, $\mathbb{Z}_{N/2}$ 위에서의 함수 두 개의 그런 변환을 계산하고 각각 상수개의 단계가 소요되는 N개의 일차변환을 계산하면 충분하다는 것으로 해석할 수 있다.

N이 2의 거듭제곱이면 이를 반복할 수 있으므로 $F(N/2)$는 기껏해야 $2F(N/4) + CN/2$ 등등이 될 것이다. 그 결과 $F(N)$이 기껏해야 어떤 상수 C에 대해 $CN \log N$임을 보이는 것은 어렵지 않은데 CN^2에 비해 상당한 개선이다. N이 2의 거듭제곱이 아니면 위의 논증은 통하지 않지만 이 방법이 통하도록 개조할 수 있고, 유사한 효율성을 얻을 수 있다. (사실 임의의 유한 가환군 위에서의 푸리에 변환도 마찬가지다.)

일단 푸리에 변환을 효율적으로 계산하면, 즉각적으로 쉬워지는 계산들도 있다. 간단한 예가 푸리에 역변환인데, 푸리에 변환과 공식이 대단히 비슷하므로 비슷한 방식으로 계산할 수 있다. 이로 인해 쉬워지는 또 다른 계산은 다음처럼 정의되는 두 수열의 합성곱(convolution)이다. $a = (a_0, a_1, a_2, \cdots, a_m)$와 $b = (b_0, b_1, b_2, \cdots, b_n)$이 두 수열일 때, 합성곱은 c_r을 $a_0 b_r + a_1 b_{r-1} + \cdots + a_r b_0$으로 정의하여 얻는 수열 $c = (c_0, c_1, c_2, \cdots, c_{m+n})$이다. 이 수열을 $a * b$라 쓴다. 푸리에 변환의 가장 중요한 성질 중 하나는 '합성곱을 곱으로 변환한다'는 것이다. 즉, a와 b를 $\mathbb{Z}_N$ 위에서의 함수로 간주하는 적절한 방법을 찾으면, $a * b$의 푸리에 변환은 함수 $r \mapsto \hat{a}(r)\hat{b}(r)$

이다. 따라서 $a * b$를 계산하기 위해서는 각 r에 대해 $\hat{a}$과 $\hat{b}$을 계산하고 둘을 곱한 후, 그 결과에 푸리에 역변환을 취하면 된다. 이 계산의 모든 단계가 빠르기 때문에 합성곱을 신속히 계산할 수 있다.

이 방법으로부터 두 다항식 $a_0 + a_1 x + \cdots + a_m x^m$과 $b_0 + b_1 x + \cdots + b_n x^n$을 곱하는 빠른 방법이 즉각 나오는데, 곱한 다항식의 계수가 수열 $c = a * b$로 주어지기 때문이다. 모든 a_i가 0과 9 사이라면 곱한 다항식을 $x = 10$에서 계산하는 것은 빠른 절차이므로(계수 c_r 중 어느 것도 자릿수가 많지 않기 때문에) n자리 정수 둘을 곱하는 방법이 나오고, 이는 긴 곱셈보다 훨씬 빠르다. 이들은 고속 푸리에 변환의 수많은 응용 중 둘일 뿐이다. 푸리에 변환을 봄으로써 신호를 분석하고 싶어 하는 공학이 더 직접적인 응용의 원천이다. 양자계산[III.74]도 대단히 놀라운 응용처다. 양자 컴퓨터를 이용하여 큰 정수를 대단히 빨리 인수분해할 수 있다는 것이 피터 쇼어(Peter Shor)의 유명한 결과인데, 본질적으로 고속 푸리에 변환에 의존하는 알고리즘으로, $N \log N$단계를 거의 기적적인 방법으로 '병렬' 처리가 가능한 수많은 $\log N$단계로 쪼갤 수 있는 양자계산의 능력을 이용한다.

III.27 푸리에 변환
테렌스 타오 *Terence Tao*

f를 $\mathbb{R}$에서 $\mathbb{R}$로의 함수라 하자. 보통은 f에 대해 말할 게 별로 없지만, 어떤 함수들은 유용한 대칭성을 갖는다. 예를 들어 모든 x에 대해 $f(-x) = f(x)$라면 f는 **짝함수**(even function)라 부르고, 모든 x에 대해 $f(-x) = -f(x)$라면 f는 **홀함수**(odd function)라 부른다. 더욱이 모든 함수 f는 짝함수 부분 f_e와 홀함수 부분 f_o의 **중첩**(superposition)으로 쓸 수 있다. 예를 들어 $f(x) = x^3 + 3x^2 + 3x + 1$은 짝함수도 홀함수도 아니지만 $f_e(x) = 3x^2 + 1$ 및 $f_o(x) = x^3 + 3x$에 대해 $f_e(x) + f_o(x)$로 쓸 수 있다. 일반적인 함수 f에 대해 이런 분해는 유일하며 다음 식으로 주어진다.

$$f_e(x) = \frac{1}{2}(f(x) + f(-x))$$

및

$$f_o(x) = \frac{1}{2}(f(x) - f(-x)).$$

짝함수와 홀함수가 향유하는 대칭성은 무엇일까? 이들을 다루는 유용한 방법으로 다음과 같은 방법이 있다. 실직선 위에는 항등사상 $\iota : x \mapsto x$와, 반사 사상 $\rho : x \mapsto -x$라는 두 가지 변환으로 이루어진 군이 있다. 실직선 위의 임의의 변환 ϕ는 실직선 위에서 정의된 함수 f를 함수 $g(x) = f(\phi(x))$에 대응해 주는 변환으로 이어진다. $\phi = \iota$인 경우 변환된 함수는 $f(x)$에 불과하지만, $\phi = \rho$일 때는 $f(-x)$이다. f가 짝함수거나 홀함수면 변환된 함수 모두 원래 함수 f의 스칼라 배이다. 특히 $\phi = \rho$일 때, f가 짝함수면 변환된 함수가 $f(x)$여서 상수 1을 곱하고, f가 홀함수면 변환된 함수가 $f(-x)$여서 상수 -1을 곱한다.

방금 서술한 과정은 일반적인 푸리에 변환 개념의 극히 단순한 전형으로 여길 수 있다. 아주 개략적으로 말하면, '대부분의' 함수를 '대칭' 함수의 중첩으로 분해하는 체계적 방법이 푸리에 변환이다. 여기서 대칭 함수들은 보통 상당히 구체적으로 정의된다. 예를 들어 가장 중요한 예가 삼각함수[III.92] $\sin(nx)$와 $\cos(nx)$로 분해하는 것이다. 이들은 진동수나 에너지와 같은 물리적 개념과도 종종 관련돼 있다. 대칭성은 보통 어떤 군[I.3 §2.1] G(대개는 가환군이다)와 결합돼 있다. (위에서 고려한 경우는 원소가 두 개인 군이다.) 사실 군을 공부하는데, 더 정확히는 군을 대칭군으로 간주할 수 있는 여러 방식을 다루는 이론인 군 표현론[IV.9]을 공부하는 데 푸리에 변환은 기본적인 도구다. 또한 벡터를 정규직교기저[III.37]의 선형결합으로 표현하거나, 행렬이나 선형사상[III.50]의 고유벡터[I.3 §4.3]의 선형결합으로 표현하는 것처럼 선형대수학의 주제들과도 관련돼 있다.

좀 더 복잡한 예제를 위해 양의 정수 n을 고정하고, $\mathbb{C}$에서 $\mathbb{C}$로의 함수, 즉 복소평면에서 정의된 복소숫값 함수를 분해하는 체계적인 방법을 정의해 보자. f가 그런 함수이고 j가 0과 $n-1$ 사이의 어떤 정수면, f가 차수가 j인 조화함수라는 것은 다음 성질을 가질 때를 말한다. $\omega = e^{2\pi i/n}$이라 하여 ω를 1의 원시 n근이라 할 때($\omega^n = 1$이지만, ω의 더 작은 양의 거듭제곱은 1이 아니라는 뜻이다) 모든 $z \in \mathbb{C}$에 대해 $f(\omega z) = \omega^j f(z)$를 만족함을 뜻한다. $n = 2$이면 $\omega = -1$이므로 $j = 0$일 때는 짝함수의 정의를 복구할 수 있고, $j = 1$일 때는 홀함수의 정의를 복구할 수 있음에 주목하라. 사실 이에 영감을 받아 f를 조화함수들로 분해하는 일반적인 공식을 줄 수 있는데, 역시 유일한 것으로 밝혀졌다. 만일

$$f_j(z) = \frac{1}{n} \sum_{k=0}^{n-1} f(\omega^k z) \omega^{-jk}$$

이라 정의하면, 모든 z에 대해

$$f(z) = \sum_{j=0}^{n-1} f_j(z)$$

가 성립하는 것과($k = 0$이면 $\sum_j \omega^{-jk} = n$이고, 그 외에는 0임을 이용하라) $f_j(\omega z) = \omega^j f_j(z)$임을 것을 증명하는 것은 간단한 연습문제다. 따라서 f를 조화함수의 합으로 분해할 수 있다. 이 푸리에 변환에 대응하는 군은 1의 n제곱근 $1, \omega, \cdots, \omega^{n-1}$이 이루는 곱셈군, 즉 위수가 n인 순환군이다. 근 ω^j는 복소평면에서 각 $2\pi j/n$만큼의 회전과 관련돼 있다.

이제 무한군을 생각하자. f를 단위원 $\mathbb{T} = \{z \in \mathbb{C} : |z| = 1\}$에서 정의된 복소숫값을 갖는 함수라 하자. 기교적인 문제를 피하기 위해 f가 매끈하다(smooth), 즉 무한번 미분가능하다고 가정하겠다. f가 어떤 정수 n과 상수 c에 대해 간단한 형태 $f(z) = cz^n$이면, f는 위수가 n인 회전 대칭을 갖는다. 즉, 이번에도 $\omega = e^{2\pi i/n}$이라 두면, 모든 복소수 z에 대해 $f(\omega z) = f(z)$다. 초기 예제를 보았으니, 임의의 매끈한 함수 f를 이런 회전대칭 함수의 중첩으로 표현할 수 있다는 것도 놀랍게 다가오지는 않을 것이다. 사실 다음처럼 쓸 수 있는데,

$$f(z) = \sum_{n=-\infty}^{\infty} \hat{f}(n) z^n$$

여기에서 $\hat{f}(n)$은 진동수(frequency) n에서 f의 푸리에 계수(Fourier coefficient)라 부르는 수로 다음 식

$$\hat{f}(n) = \frac{1}{2\pi} \int_0^{2\pi} f(e^{i\theta}) e^{-in\theta} d\theta$$

로 주어졌다. 이 식은 앞선 분해를 단위원에 제한

했을 때 $n \to \infty$의 극한 경우로 간주할 수 있다. 또한 복소해석적 함수[I.3 §5.6]의 테일러 급수 전개의 일반화로 여길 수도 있다. f가 닫힌 단위 원판 $\{z \in \mathbb{C} : |z| \leqslant 1\}$ 위에서 복소해석적 함수라면, 다음 식으로 주어지는 테일러 계수

$$a_n = \frac{1}{2\pi i} \int_{|z|=1} \frac{f(z)}{z^{n+1}} dz$$

에 대해

$$f(z) = \sum_{n=0}^{\infty} a_n z^n$$

으로 쓸 수 있다. 일반적으로 푸리에 해석학과 복소해석학 사이에는 매우 밀접한 관련이 있다.

f가 매끈하고 푸리에 계수가 0으로 매우 빠르게 수렴하면, 푸리에 급수 $\sum_{n=-\infty}^{\infty} \hat{f}(n) z^n$이 수렴하는 것을 보이는 것은 쉽다. f가 매끈하지 않으면(예를 들어 단순히 연속이면) 문제는 더 미묘해진다. 이때는 이 급수가 구체적으로 정확히 어떤 의미로 수렴하는지 주의해야 한다. 사실 조화해석학[IV.11]의 상당 부분이 이런 종류의 문제 및 이에 대한 대답을 주는 도구를 개발하는 데 투자되고 있다.

이 형태의 푸리에 해석과 관련한 대칭군은 단위원군 $\mathbb{T}$이다. (수 $e^{i\theta}$은 단위원 위의 점이기도 하면서 각 θ만큼의 회전으로도 생각하고 있음에 주목하라. 그러므로 단위원은 자신의 회전대칭군과 동일시할 수 있다.) 하지만 여기서 중요한 두 번째 군이 있는데, 정수의 덧셈군 $\mathbb{Z}$다. 기본 대칭함수를 두 개 z^m과 z^n을 잡은 뒤 곱하면 z^{m+n}을 얻으므로, $n \to z^n$은 $\mathbb{Z}$에서 이런 함수들의 곱셈군으로 가는 동형사상이다. 군 $\mathbb{Z}$는 $\mathbb{T}$의 폰트랴긴 쌍대(Pontryagin dual)로 알려져 있다.

편미분방정식의 이론과 관련된 조화해석학 분야에서 가장 중요한 푸리에 변환은 유클리드 공간 $\mathbb{R}^d$에서 정의된다. $f : \mathbb{R}^d \to \mathbb{C}$ 꼴의 모든 함수 중에서 '기본적인' 것으로 간주되는 것은 평면파(plane wave) $f(x) = c_\xi e^{2\pi i x \cdot \xi}$인데 여기서 $\xi \in \mathbb{R}^d$는 (평면파의 진동수라 부르는) 어떤 벡터이고, $x \cdot \xi$는 위치 x와 진동수 ξ 사이의 내적이며, c_ξ는 복소수다. (이 수의 절댓값이 평면파의 진폭(amplitude)이다.) $H_\lambda = \{x : x \cdot \xi = \lambda\}$ 꼴의 집합은 ξ에 수직인 (초)평면의 집합이며, 이런 집합 위에서 $f(x)$의 값은 상수임에 주목하라. 더욱이 H_λ 위에서 f가 취하는 값은 $H_{\lambda+2\pi}$ 위에서 취하는 값과 항상 같다. 이로부터 '평면파'라는 이름이 설명된다. 함수 f가 충분히 '좋으면(예를 들어 매끈한 함수이며 x가 커질수록 급속히 감소할 때)' 평면파의 중첩으로 유일하게 표현할 수 있다는 것이 드러났는데, 이때 '중첩'은 합이 아니라 적분으로 해석해야 한다. 더 정확히 말하면 다음 공식이 있다.[*]

$$f(x) = \int_{\mathbb{R}^d} \hat{f}(\xi) e^{2\pi i x \cdot \xi} d\xi.$$

단, 여기에서

$$\hat{f}(\xi) = \int_{\mathbb{R}^d} f(x) e^{-2\pi i x \cdot \xi} dx$$

이다. 함수 $\hat{f}(\xi)$는 f의 푸리에 변환(Fourier transform)으로 알려져 있고, 두 번째 공식은 푸리에 반전공식(Fourier inversion formula)으로 알려져 있다. 이 두 공식은 원래 함수가 어떻게 푸리에 변환한 함수를

---

[*] 어떤 책에서는 푸리에 변환이 살짝 다르게 정의되어 2π나 -1과 같은 인수들이 다른 자리로 옮겨가기도 한다. 이런 표기법 상의 차이는 약간의 이득과 손해를 보게 하는데, 전부 서로 동등하다.

결정하며, 역으로도 어떻게 결정하는지 보여준다. $\hat{f}(\xi)$는 진동수 ξ만큼 진동하는 성분을 함수 f가 얼마나 포함하는지 알려주는 양으로 볼 수 있다. 이번에도 다소 매끄럽지 않거나 천천히 감소하는 함수일 때는 더 미묘해지지만, f가 충분히 좋으면 이들 적분의 수렴성을 정당화하는 데 아무 문제가 없는 것으로 드러났다. 이 경우 바탕군은 유클리드 군 $\mathbb{R}^d$인데(d차원 평행이동군으로도 간주할 수 있다), 위치 변수 x와 진동수 변수 ξ가 모두 $\mathbb{R}^d$에 포함돼 있으므로 $\mathbb{R}^d$도 이런 설정에서는 자신의 폰트랴긴 쌍대군이다.*

함수에 대한 다양한 선형작용소, 예를 들어 $\mathbb{R}^d$에서의 라플라스 작용소를 이해하는 것은 푸리에 변환의 주요 응용 중 하나다. 주어진 함수 $f : \mathbb{R}^d \to \mathbb{C}$의 라플라스 작용소 Δf는 다음 식으로 정의한다.

$$\Delta f(x) = \sum_{j=1}^{d} \frac{\partial^2 f}{\partial x_j^2}.$$

단, 여기에서 벡터 x는 좌표 꼴 $x = (x_1, \cdots, x_d)$로 생각하며, f는 d개의 실변수를 갖는 함수 $f(x_1, \cdots, x_d)$로 생각한다. 기교적 문제를 피하기 위해, 위의 식이 어려움 없이 의미를 갖는 충분히 매끄러운 함수인 경우만 고려하자.

일반적으로 함수 f와 이의 라플라스 작용소 Δf 사이에 명백한 관계는 없다. 하지만 f가 $f(x) = e^{2\pi i x \cdot \xi}$처럼 평면파인 경우 다음처럼 매우 단순한 관계가 있다.

$$\Delta e^{2\pi i x \cdot \xi} = -4\pi^2 |\xi|^2 e^{2\pi i x \cdot \xi}.$$

즉, 평면파 $e^{2\pi i x \cdot \xi}$에 대해 라플라스 작용소는 상수 $-4\pi^2 |\xi|^2$만큼 곱하는 효과가 있다. 다른 말로 하면, 평면파는 라플라스 작용소 Δ에 대해 고유함수**가 된다. (더 일반적으로 평면파는 평행이동과 가환인 임의의 선형작용소에 대해 고유함수가 된다.) 따라서 라플라스 작용소를 푸리에 변환이라는 렌즈를 통해 보면 매우 단순해진다. 푸리에 변환은 임의의 함수를 평면파의 중첩으로 쓸 수 있게 해 주고, 라플라스 작용소는 각 평면파에 대해 매우 단순한 효과를 내기 때문이다. 좀 더 구체적으로는 라플라스 작용소를 일반적인 함수에 작용하면

$$\begin{aligned}\Delta f(x) &= \Delta \int_{\mathbb{R}^d} \hat{f}(\xi) e^{2\pi i x \cdot \xi} d\xi \\ &= \int_{\mathbb{R}^d} \hat{f}(\xi) \Delta e^{2\pi i x \cdot \xi} d\xi \\ &= \int_{\mathbb{R}^d} (-4\pi^2 |\xi|^2) \hat{f}(\xi) e^{2\pi i x \cdot \xi} d\xi\end{aligned}$$

이다. 여기서 라플라스 작용소 Δ와 적분의 순서를 바꾼 것을 적절히 좋은 f에 대해서는 엄밀하게 정당화할 수 있는데, 자세한 것은 생략한다.

이 식은 Δf를 평면파의 중첩으로 나타낸다. 그런데 그런 표현은 유일하며, 푸리에 반전공식이

$$\Delta f(x) = \int_{\mathbb{R}^d} \widehat{\Delta f}(\xi) e^{2\pi i x \cdot \xi} d\xi$$

임을 말해준다. 따라서

$$\widehat{\Delta f}(\xi) = (-4\pi^2 |\xi|^2) \hat{f}(\xi)$$

인데 푸리에 변환의 정의에서 부분적분을 써서 이 사실을 직접 유도할 수도 있다. 이 등식은 푸리에 변

---

* 이는 내적에 의존했기 때문이다. 내적을 쓰고 싶지 않으면, 폰트랴긴 쌍대는 $\mathbb{R}^d$의 쌍대 벡터공간인 $(\mathbb{R}^d)^*$였을 것이다. 하지만 이런 미묘함은 대부분의 응용에서는 그다지 중요하지 않다.

** 엄밀히 말해 평면파는 $\mathbb{R}^d$에서 제곱적분가능한 함수가 아니므로 일반화된 고유함수다.

환이 라플라스 작용소를 대각화(diagonalization)함을, 즉 라플라스의 작용소를 취하는 것을 푸리에 변환을 통해 보면 함수 $F(\xi)$에 승수 $-4\pi^2|\xi|^2$을 곱하는 것에 불과하다는 것을 보여준다. 양 $-4\pi^2|\xi|^2$은 진동수 ξ에 대응하는 에너지 레벨(energy level)로[*] 해석할 수 있다. 다른 말로 하면, 라플라스 작용소는 푸리에 승수(Fourier multiplier)로 볼 수 있다. 즉, 라플라스 작용소를 계산하기 위해서는 푸리에 변환을 취해 승수를 곱하고 다시 푸리에 역변환을 취하면 된다. 이런 관점 덕에 라플라스 작용소를 대단히 쉽게 조작할 수 있다. 예를 들어 위의 식을 반복하여 라플라스 작용소의 거듭제곱을 계산할 수 있다. $n = 0, 1, 2, \cdots$일 때

$$\widehat{\Delta^n f}(\xi) = (-4\pi^2|\xi|^2)^n \hat{f}(\xi).$$

더 일반적인 라플라스 작용소의 함수까지 발달시킬 수 있다. 예를 들어 다음처럼 제곱근을 취할 수 있다.

$$\widehat{\sqrt{-\Delta} f}(\xi) = 2\pi|\xi| \hat{f}(\xi).$$

이로부터 분수 미분작용소의 이론과 더 일반적인 함수 미적분[IV.15 §3.1] 이론이 나온다(의사미분작용소(pseudodifferential operator)의 특수한 경우다). 함수 미적분이란 주어진 작용소(예를 들어 라플라스 작용소)부터 시작하여 이 작용소에 제곱근, 지수, 역 등을 취한 여러 가지 함수를 연구하는 것이다.

위의 논의가 보여주듯 푸리에 변환은 미분방정

식의 이론에서 특히 중요한 여러 흥미로운 연산을 개발하는 데 이용할 수 있다. 이런 연산을 효율적으로 분석하기 위해서는 푸리에 변환에 대한 다양한 추정할 수 있어야 한다. 예를 들어 함수 f를 어떤 노름으로 측정했을 때 크기와, 이의 푸리에 변환을 다른 노름으로 측정한 크기와의 관계를 아는 것이 중요할 때가 종종 있다. 이 점에 대한 추가 논의는 함수 공간[III.29]을 보라. 이런 유형 중에서 특히 중요하고 놀라운 비교식이 프란셰렐 항등식(Plancherel identity)인데

$$\int_{\mathbb{R}^d} |f(x)|^2 \mathrm{d}x = \int_{\mathbb{R}^d} |\hat{f}(\xi)|^2 \mathrm{d}\xi$$

푸리에 변환의 L_2 노름이 실은 원래 함수의 L_2 노름과 같다는 것을 보여준다. 그러므로 푸리에 변환은 유니터리 작용소이고, 따라서 함수의 진동수-공간 표현을 어떤 면에서는 물리적-공간 표현의 '회전'으로 볼 수 있다.

푸리에 변환 및 이와 결부된 작용소와 관련한 비교식을 더 얻는 것이 조화해석학의 중요 요소다. 프란셰렐 항등식의 변종 중에 합성곱 공식(convolution formula)이 있다.

$$\int_{\mathbb{R}^d} f(y) g(x-y) \mathrm{d}y = \int_{\mathbb{R}^d} \hat{f}(\xi) \hat{g}(\xi) \mathrm{e}^{2\pi i x \cdot \xi} \mathrm{d}\xi.$$

이 공식은 두 함수 f와 g의 합성곱(convolution)

$$f * g(x) = \int_{\mathbb{R}^d} f(y) g(x-y) \mathrm{d}y$$

를 각각의 푸리에 변환을 통해 분석할 수 있게 해준다. 특히 f나 g의 푸리에 계수가 작으면 합성곱 $f * g$의 푸리에 계수도 작을 거라고 예상할 수 있다. 이런 관계는 푸리에 변환이 어떤 함수와 자신 혹

---

[*] 이런 관점을 취할 경우, 에너지가 양수이도록 Δ 대신 $-\Delta$를 취하는 것이 보통이다.

은 다른 함수들과의 **상관관계**를 제어한다는 뜻이다. 이러한 이유로 확률론, 조화해석학, 수론에서 다양한 대상의 무작위성이나 균등 분포 성질을 이해하는 데 푸리에 변환이 중요한 도구가 되는 것이다. 예를 들어 위의 아이디어를 추구하면, 서로 독립인 무작위 변수를 많이 더한 합은 결국 가우스 **분포**[III.71 §5]를 닮는다는 중심 극한 정리를 수립할 수 있다. 심지어는 이런 방법을 이용하여 충분히 큰 홀수는 소수 세 개의 합이라는 비노그라도프의 정리[V.27]도 입증할 수 있다.

위의 아이디어들을 여러 방향으로 일반화할 수 있다. 예를 들어 라플라스 작용소를 더 일반적인 작용소로 바꾸고, 평면파를 그 작용소의 (일반화된) 고유함수로 바꿀 수 있다. 이로부터 **스펙트럼 이론**[III.86]과 함수 미적분이라는 주제에 이른다. 또한 푸리에 승수(와 합성곱)의 대수를 더 추상적으로 연구할 수 있는데, 이로부터 C*-대수[IV.15 §3]의 이론이 나온다. 또한 선형작용소의 이론을 넘어 이중선형, 다중선형, 심지어는 비선형작용소까지도 연구할 수 있다. 이로부터 특히 점별곱 작용 $(f(x), g(x)) \mapsto fg(x)$를 일반화하여 미분방정식에서 중요한 **파라곱**(paraproduct)의 이론이 나온다. 다른 방향으로는 유클리드 공간 $\mathbb{R}^d$를 더 일반적인 군으로 대체할 수 있는데, 이 경우 평면파의 개념 대신 (가환군인 경우) **지표**(character)나 (비가환군인 경우) **표현**(representation)의 개념으로 대체된다. 푸리에 변환의 변종으로 라플라스 변환이나 멜린(Mellin) 변환(다른 변환에 대해서는 **변환**[III.91]을 참조하라) 같은 것이 있는데, 대수적으로 푸리에 변환과 대단히 비슷하며 비슷한 역할을 한다(예를 들어 라플라스 변환은 미분방정식을 분석하는 데도 유용하다). 푸리에 변환이 테일러 급수와 연관돼 있음을 앞에서 살펴본 바 있는데, 직교 다항식이나 **구면 조화함수**[III.87] 등의 특수 다항식[III.85]으로 함수를 전개하는 것뿐만 아니라 특히 디리클레 급수를 비롯한 중요한 급수들의 전개와도 관련돼 있다.

푸리에 변환은 함수를 많은 성분으로 정확히 분해하는데, 각 성분은 확실한 진동수를 갖는다. 어떤 응용에서는 함수를 더 적은 개수의 성분으로 분해하고, 각 성분은 순전히 단일 진동수로 이루어지기보다는 어떤 진동수 대역을 갖도록 '모호한' 접근법을 채택하는 게 더 유용하다. 이런 분해는 함수와 푸리에 변환이 동시에 $\mathbb{R}^d$의 아주 작은 영역에 집중돼 있는 것은 불가능하다는 주장인 **불확정성 원리**(uncertainty principle)의 제약을 덜 받는다는 장점이 있다. 이로부터 푸리에 변환의 변종인 **웨이블릿 변환**[VII.3] 등이 나오는데, 응용 수학과 계산 수학의 많은 문제 및 조화해석학과 미분방정식의 몇 가지 문제들에 더 잘 맞는다. 양자역학에서 근본적인 불확정성 원리도 푸리에 변환을 수리물리학, 특히 고전 물리와 양자 물리의 관계에 연결해 주며, 기하학적 양자화(geometric quantization)와 미세국소 해석학(microlocal analysis)을 이용하여 엄밀하게 연구할 수 있다.

III.28 푹스 군
제레미 그레이 *Jeremy Gray*

기하학에서 가장 기본적인 대상 중의 하나가, 도넛의 겉면 모양을 한 곡면인 **원환면(torus)**이다. 원환면을 만들고 싶으면 사각형을 하나 골라 반대 변끼리 서로 붙이면 된다. 위쪽 변과 아래쪽 변을 붙이면 원기둥이 나오며, 지금은 동그라미가 된 남은 두 변을 붙이면 원환면을 얻는다.

좀 더 수학적으로 원환면을 만드는 방법은 다음과 같다. 보통의 (x, y) 좌표 평면에서 $0 \leq x \leq 1$, $0 \leq y \leq 1$을 만족하는 점들로 이루어져 있고, $(0, 0)$, $(1, 0)$, $(1, 1)$, $(0, 1)$을 꼭짓점으로 하는 사각형에서 시작한다. 이 사각형은 수평으로, 그리고 수직으로 움직일 수 있다. 이 사각형을 정수 m, n에 대해 수평으로 m단위, 수직으로 n단위 이동하면 좌표가 $m \leq x \leq m + 1$, $n \leq y \leq n + 1$을 만족하는 점들로 이루어진 사각형을 얻는다. m과 n을 모든 정수 위에서 두루 움직이면 전체 평면을 덮는 정사각형들의 사본들을 얻는데, 정수 좌표를 갖는 각 점마다 사각형 네 개씩 만난다. 이 평면에 **타일로 덮었다** 혹은 **쪽매를 붙였다(tessellate)**고 하는데(모자이크 내의 대리석 조각을 뜻하는 라틴어 단어에서 온 말이다), 이 사각형들을 흑과 백으로 교대로 칠하면 무한 체스판 문양을 얻을 수 있다.

원환면을 만들기 위해 점을 '동일시'한다. 두 점 (x, y), (x', y')에 대해 $x - x'$과 $y - y'$이 둘 다 정수면, 새로운 어떤 도형에서는 같은 점에 대응한다고 말한다. 이 새로운 도형이 어떻게 생겼는지 보기 위해, 평면의 어떤 점이든 원래 정사각형의 내부 혹은

변의 어떤 점에 대응한다는 관찰을 한다. x도 y도 정수가 아니면 점 (x, y)는 사각형 내부의 딱 한 섬에 대응한다. 따라서 새로운 공간은 원래 사각형과 상당히 닮아 보인다. 하지만 점 $(\frac{1}{4}, 0)$과 $(\frac{1}{4}, 1)$은 어떨까? 이들은 새로운 공간에서는 같은 점에 대응하는데, 사각형의 윗변과 아랫변에서 대응하는 부분은 모두 마찬가지다. 따라서 이들 변은 새로운 공간에서는 동일시된다. 마찬가지 논법으로 왼쪽 변과 오른쪽 변도 그렇다. 그 결과 점들을 이런 규칙에 따라 동일시하면 원환면을 얻는다.

이런 식으로 원환면을 만들 경우, 원래 사각형 내에 작은 그림을 그리면 원환면 위에 작은 그림을 그릴 수 있다. 그러면 사각형 내의 길이가 원환면의 길이에 정확히 대응한다. 드럼을 사용한 구식 인쇄가 이런 식이었다. 원통 위에 잉크를 묻힌 그림을 종이 위에 굴려 정확히 똑같은 사본을 만들었다. 따라서 최소한 작은 그림인 한 원환면의 기하학은 정확히 유클리드 기하학과 같다. 수학적 용어로 원환면 위의 기하학이 평면의 기하학으로부터 물려받았으며 따라서 **국소적으로 유클리드적**이라고 말한다. 물론 원환면 위에서는 한 점으로 줄어들 수 없는 곡선을 그릴 수 있지만, 평면에서는 그럴 수 없으므로 대역적으로는 다르다.

또한 힘든 작업을 대신해 줄 군을 도입했다는 것도 주목하자. 이 경우 군은 정수 m, n에 대해 순서쌍 (m, n)의 집합으로 $(m, n) + (m', n')$은 $(m + m', n + n')$으로 정의한 것이다.

원환면과 구면은 닫혀 있고(즉 경계가 없고) 콤팩트인(어떤 의미에서든 무한으로 가지 않는) 곡면의 무수히 많은 종류 중 둘에 불과하다. 구멍이 둘

인 원환면이나 더 일반적으로 구멍이 n개인 원환면 (종수가 2, 3, 4, …인 곡면)이 이 종류에 포함되는 예다. 비슷한 방식으로 이런 곡면을 만들려면 **푹스 군** (Fuchsian group)이 필요하다.

변의 개수가 네 개 이상인 다각형을 이용하여 그런 곡면을 얻을 수 있다고 기대하는 것은 자연스럽다. 변이 여덟 개인 다각형, 예를 들어 정팔각형을 이용하여 1번과 3번 변을, 2번과 4번 변을, 5번과 7번 변을, 6번과 8번 변을 각각 이어붙이면 구멍이 둘인 원환면이 나오는 것으로 밝혀진다. 원환면에서 했던 것과 같은 결과를 달성하려면 어떻게 군을 이용할 수 있을까? 이를 위해서는 수많은 정팔각형 사본을 변에서만 겹치도록 들어맞게 만들 방법이 필요하다. 문제는 평면에서는 정팔각형으로 타일덮기를 할 수 없다는 것이다. 정팔각형의 내각은 135°이므로 각 꼭짓점에서 여덟 개의 팔각형이 만나기에는 너무 크기 때문이다.

유클리드 기하 대신 **쌍곡기하학**[I.3 §6.6]을 이용하는 것이 앞으로 나가는 방법이다. 하지만 그런 도구 없이도 문제에 접근할 수 있다. 복소평면 위의 단위 원판 $\mathbb{D} = \{z : |z| \leqslant 1\}$을 잡고 **뫼비우스 변환**(Möbius transformation), 즉 $z \mapsto (az + b)/(cz + d)$ 꼴의 사상들의 군을 잡자. 이 사상들이 원과 직선을 원과 직선으로 보내며(두 유형이 섞여 있어서 때로는 원을 직선으로 보낼 수도 있고, 역도 가능하다), 익숙한 유클리드 회전과 마찬가지로 각을 같은 각으로 보낸다는 것은 통상적인 계산으로 보일 수 있다. $\mathbb{D}$를 자기 자신으로 보내는 뫼비우스 변환만을 고르면 군을 얻게 되는데, 이를 G라고 부르자. 이제 푹스 군에 대단히 가까워졌다.

유클리드 평면에서 정사각형이 맡았던 역할을 해줄 도형을 찾을 필요가 있다. 군 G는 $\mathbb{D}$의 지름 및 $\mathbb{D}$의 경계에 수직인 원호를, $\mathbb{D}$의 지름 및 $\mathbb{D}$의 경계에 수직인 원호로 보내주는 성질을 가지므로, 이들이 직선의 역할을 맡게 하고 그중 여덟을 (비유클리드) 팔각형의 변이라 둔다. 이렇게 할 수 있는 방법이 많으므로, 일을 쉽게 하기 위해 대칭의 정도가 가장 큰 것을 고른다. 즉, 원판 $\mathbb{D}$의 중심에 중심을 둔 '정팔각형'을 그린다. 여전히 선택의 여지가 남는다. 팔각형이 클수록 내각들은 작아진다. 따라서 각 꼭짓점에 여덟씩 모여 원하는 대로 들어맞도록 내각이 $\pi/4$인 팔각형을 그린다. 다각형의 여러 사본에서 대응하는 자리에 놓인 점들을 동일시하면, 결과로 얻는 공간은 종수가 2인 리만 곡면[III.79]이다.

푹스 군은, ($\mathbb{D}$를 자신으로 사상하는 뫼비우스 변환들의 군인) G의 부분군 중에서 어떤 다각형을 '일제히' 사방으로 움직여서 원판을 덮게 할 때를 말한다. 원환면일 때처럼 점들이 동등하다는 개념이 있고(다른 타일 속의 대응하는 점들), 동등한 점들을 동일시하면 다각형의 변을 쌍으로 동일시하여 얻을 수 있는 것과 같은 공간을 얻는다. 이것이 우리가 원하던 공간이다.

이 모든 것을 쌍곡기하의 언어로 기술할 수 있다. **원판 모형**(disk model)은 $\mathbb{D}$ 위에서의 리만 **계량**[I.3 §6.10]을 써서 정의할 수 있는데, 전미분은 다음과 같다.

$$\mathrm{d}s = \frac{|\mathrm{d}z|}{\sqrt{1 - |z|^2}}.$$

G의 원소는 $\mathbb{D}$ 내에서 쌍곡거리를 보존하는 방식으로 도형을 움직인다. 따라서 방금 묘사한 방식으로

점들을 동일시하여 얻는 곡면 위의 기하학은 원환면이 국소적으로 유클리드적이었듯 **국소적으로 쌍곡적**(locally hyperbolic)이다.

$4n(n > 2)$개의 변을 갖는 정칙 도형으로 시작하여 위의 구성을 수행하면 종수가 n인 리만 곡면을 얻는 것으로 밝혀진다. 하지만 수학자들은 그 이상을 할 수 있다. 평면으로 되돌아가 정사각형 대신 직사각형 혹은 좀 더 일반적인 평행사변형으로 시작해도 똑같은 구성법이 통한다는 것을 보이기는 비교적 쉽다. 사실 원래의 구성법을 평면 위에서 수직으로 보는 대신 적절한 각도에서 바라보면, 정사각형은 아무렇게나 고른 어떤 평행사변형으로도 변환할 수 있다(확대되거나 축소될 수도 있다). 평행사변형을 이용해도 원환면을 얻지만, 이 원환면은 정사각형과 평행사변형이 다른 것과 같은 방식으로, 원래 원환면과 다르다. 각이 비틀리는 것이다. 한 평행사변형으로부터 다른 평행사변형으로 각을 보존하는 유일한 사상이 닮음이라는 것(두 방향, 즉 모든 방향으로 똑같은 양만큼 균일하게 확대하는 것)을 보이는 것은 전적으로 자명한 연습문제만은 아니다. 따라서 결과로 얻어지는 원환면들은 각이 무엇인지 의미가 다르다. 즉, **공형 구조**(conformal structure)가 다르다.

쌍곡 원판에서도 같은 일이 벌어진다. 쌍으로 변들의 길이가 같은 $4n$각형(측지선의 일부들이다)을 고르고, 이 다각형을 일제히 움직여 변끼리 정확히 일치시키면, 리만 곡면이 또 얻어진다. 하지만 다각형이 등각적으로 동등하지 않으면, 대응하는 곡면들도 마찬가지다. 모두 똑같은 종수 n을 갖지만, 등각 구조가 다르다. 심지어는 더 나아가 다각형의 꼭짓점들이 원판의 경계 위에 놓이는 것도 허용할 수 있는데, 이 경우 다각형의 대응하는 변은 쌍곡 거리가 무한하다. 이때 만들어지는 공간은 '구멍 난' 리만 곡면이며, 이번에도 수학자들은 등각 구조를 바꿀 수 있다.

몇 가지 단순한 것을 제외하면 모든 리만 곡면은 어떤 푹스 군에서부터 방금 묘사한 방식으로 나온다는 **균일화 정리**(uniformization theorem)에서 푹스 군이 근본적으로 중요하다는 것이 나온다. 여기에는 종수(genus)가 1보다 큰 모든 리만 곡면과, 구멍이 최소 한 개 이상인 종수 1인 곡면이 포함되는데 등각 구조는 아무거나 다 가능하다.

푸앵카레[VI.61]가 1881년 독일 수학자 라자루스 푹스(Lazarus Fuchs)의 연구에 고무되어 초기하 방정식 및 관련된 미분방정식을 연구하던 도중 발견하여 푹스 군이라는 이름을 붙였다. 클라인[VI.57]은 슈바르츠(Schwarz)의 이름을 따서 짓는 것이 더 적절하다며 항의했고, 푸앵카레는 슈바르츠의 관련 논문을 읽고 나서 그의 의견에 동의하려고 했다. 하지만 그때는 이미 푹스가 자신의 이름을 붙이는 것에 동의한 후였다. 클라인이 지나치게 (푸앵카레의 관점에서) 항의하자, 3차원 단위구면의 등각 변환의 연구에서 발생하는 유사한 종류의 군에 공공연하게 **클라인 군**(Kleinian group)이라는 이름을 붙였다. 현재까지 이 이름들은 그대로 붙어 있지만, 클라인 군의 연구는 푹스 군의 연구보다 훨씬 더 어려워서 푸앵카레도 클라인도 그 개념으로 할 수 있는 게 별로 없었다. 하지만 모든 리만 곡면은 구면이나, 유클리드 평면이나, 쌍곡 평면에서 나올 수 있다는 아이디어는 둘 다 예상하던 것이었다. 이 균일화 정리는 1907년에 와서야 푸앵카레와 쾨베(Koebe)가 독자적으로 엄밀하게 증명했다.

푹스 군의 형식적인 정의는 다음과 같다. 뫼비우스 변환 전체의 군의 부분군 H가 원판 $\mathbb{D}$ 내의 모든 콤팩트 집합 K에 대해 유한개의 $h \in H$를 제외하면 $h(K)$와 K가 서로소일 때 **불연속적으로** 작용한다고 말한다. 뫼비우스 변환 전체의 군의 부분군 H가 원판 $\mathbb{D}$ 위에서 불연속적으로 작용할 때 **푹스 군**이라 부른다.

III.29 함수공간

테렌스 타오 *Terence Tao*

---

1 함수공간이란 무엇인가?

수나 복소수로 연구할 때 수 x의 크기, 즉 절댓값 $|x|$라는 자연스러운 개념이 있다. 또한 이 크기의 개념을 써서 두 수 x와 y 사이의 거리를 $|x - y|$로 정의할 수 있고, 따라서 어떤 수의 쌍이 가까운지 서로 떨어져 있는지 정량적으로 말할 수 있다.

하지만 자유도가 더 높은 대상을 다루면 사정이 좀 복잡해진다. 예를 들어 3차원 육면체 상자의 '크기'를 정하는 문제를 생각하자. 그런 크기의 후보로 길이, 폭, 높이, 부피, 겉넓이, 지름(가장 긴 대각선의 길이), 편심도 등등 몇 가지가 있다. 불행히도 이들 각각의 크기로 비교한 것은 서로 동등하지 않다. 예를 들어 상자 A가 상자 B보다 길이가 길고 부피가 클 수 있지만, 상자 B의 폭이 더 넓고 겉넓이가 더 클 수도 있다. 이 때문에 상자의 '크기' 개념이 하나뿐

이라는 생각은 버리고, 그런 개념이 다양하게 있다는 것을 인정하고 그들이 모두 유용할 수 있다고 생각해야 한다. 어떤 응용에서는 부피가 큰 상자와 작은 상자를 구별하고 싶을 수도 있고, 어떤 응용에서는 정육면체에 가까운 상자와 납작한 상자를 구별하고 싶을 수도 있다. 물론 여러 크기들 사이에는 몇 가지 관계가 있어서(예를 들어 **등주 부등식**[IV.26] 때문에 겉넓이를 알면 가능한 부피의 상계를 줄 수 있다) 처음 봤을 때만큼 무질서한 상황은 아니다.

이제 정의역과 공역이 고정된 함수로 눈길을 돌리자(구간 $[-1, 1]$에서 실직선 $\mathbb{R}$로 가는 함수 $f : [-1, 1] \to \mathbb{R}$을 염두에 두면 좋다). 이런 대상은 자유도가 무한하기 때문에 '주어진 함수 f가 얼마나 크냐'는 (혹은 '두 함수 f와 g가 얼마나 가까우냐'처럼 밀접히 관련된) 질문에 대해 다른 답을 주는 '크기'의 개념이 무한히 많다는 것도 놀라운 일은 아니다. 어떤 측도로 재면 무한한 크기를 갖지만 다른 측도로는 유한한 크기를 갖는 함수도 있고, 마찬가지로 두 함수가 한 측도로는 대단히 가깝지만 다른 측도로는 매우 멀 수도 있다. 이번에도 혼란스러운 상황처럼 보이지만, 이는 함수들이 어떤 것은 크고, 어떤 것은 넓고, 어떤 것은 매끈하고, 어떤 것은 진동한다는 등등 서로 다른 특징을 다양하게 가진다는 것을 반영한다. 따라서 어떤 응용이냐에 따라 다른 특징보다 더 가중치를 줘야 하는 특징이 있을 수도 있다. 해석학에서 이런 특징들은 함수의 정량적, 정성적 묘사를 가능하게 해주는 다양한 표준 **함수공간**(function space) 및 관련된 **노름**(norm)에 담겨 있다.

형식적으로 함수공간 X는 (정의역과 공역이 고정된) 함수들이 원소를 이루는 **노름 공간**[III.52]을 말

한다. 해석학에서 고려하는 표준 함수공간의 다수는(당연히 전부는 아니다) 단순히 노름 공간일 뿐만 아니라 바나흐 공간[III.53]이기도 하다. X에 속한 함수 f의 노름 $\|f\|_X$는 f가 얼마나 큰지를 재는 함수공간적 방법이다. 보편적이지는 않지만 이런 노름들은 간단한 식으로 정의되는 경우가 보통이며, 공간 X는 정의 $\|f\|_X$가 의미를 갖고 유한한 것들만으로 구성되는 경우가 보통이다. 따라서 어떤 함수 f가 어떤 함수공간 X에 포함된다는 단순한 사실이 이미 그 함수에 대한 정성적인 정보를 어느 정도 전달한다. 예를 들어 이런 노름은 함수 f의 정칙성,* 붕괴의 정도, 유계성, 적분가능성을 뜻할 수 있다. 노름 $\|f\|_X$의 실제 값은 정량적 정보를 준다. f가 얼마나 **정칙적**(regular)인지, 얼마나 **붕괴**(decay)하는지, 어떤 상수에 의해 **유계**(bounded)인지, 적분값은 얼마나 큰지를 알려 줄 수 있다.

2 함수공간의 예

이제 자주 이용되는 함수공간의 예를 제시하겠다. 간단하게 하기 위해 $[-1, 1]$로부터 $\mathbb{R}$로의 함수들의 공간만을 고려한다.

2.1 $C^0[-1, 1]$

이 공간은 $[-1, 1]$로부터 $\mathbb{R}$까지의 **연속함수**[I.3 §5.2]들로 이루어져 있고, 때로는 $C[-1, 1]$이라고 표기한다. 아주 매끄럽지 않은 함수들과 관련된 기교적 미묘함을 많이 피할 수 있을 만큼 연속함수는 충분히

---

*함수가 더 매끈하게 변할수록 더 '정칙'인 것으로 간주된다.

정칙적이다. $[-1, 1]$과 같은 **콤팩트**[III.9] 구간에서 정의된 연속함수는 유계이므로, 이 공간에 부여하는 가장 자연스러운 노름은 $\|f\|_\infty$라 표기하는 **상한 노름**(supremum norm), 즉 $|f(x)|$의 값 중 가능한 최댓값이다. (형식적으로는 $\sup\{|f(x)| : x \in [-1, 1]\}$로 정의하는데, $[-1, 1]$ 위의 연속함수에서는 두 정의가 동등하다.)

상한 노름은 균등 수렴성과 관련된 노름이다. 함수열 $f_1, f_2, \cdots$가 f로 균등 수렴한다는 것은 n이 ∞로 다가갈 때 $\|f_n - f\|_\infty$가 0으로 다가갈 때를 말한다. 공간 $C^0[-1, 1]$은 함수끼리 더할 뿐만 아니라 곱할 수도 있다는 유용한 성질을 갖는다. 이로 인해 이 공간은 **바나흐 대수**(Banach algebra)의 기본 예가 된다.

2.2 $C^1[-1, 1]$

이 공간은 $C^0[-1, 1]$보다 더 제한된 구성원을 갖는다. 함수 f가 $C^1[-1, 1]$ 안에 있으려면 연속이어야 할 뿐만 아니라, 미분도 연속이어야 한다. 여기서 상한 노름은 더는 자연스럽지가 않은데, 연속적으로 미분가능한 함수의 수열이 이 노름 하에서 미분 불가능한 함수로 수렴할 수도 있기 때문이다. 대신 여기서 올바른 노름은 $\|f\|_\infty + \|f'\|_\infty$로 정의한 C^1-**노름** $\|f\|_{C^1[-1, 1]}$이다.

C^1-노름이 함수의 크기 및 미분의 크기를 모두 측정한다는 것에 주목하라. (단순히 미분의 크기만 측정할 경우 상수 함수의 노름은 0이기 때문에 만족스럽지 못하다.) 따라서 이 노름은 상한 노름보다는 더 큰 정칙도를 강요한다. 연속적으로 두 번 미분가능한 함수들의 공간 $C^2[-1, 1]$이나 무한히 미분가능

한 함수들의 공간 $C^\infty[-1, 1]$까지 비슷한 정의를 계속할 수 있다. (α-횔더 연속(Hölder continuous)인 함수들의 공간 $C^{0,\alpha}[-1, 1]$ 등 이 공간들의 '분수' 버전도 있다. 이런 변종들은 여기서 논의하지 않겠다.)

2.3 르베그 공간 $L^p[-1, 1]$

앞서 언급한 상한 노름 $\|f\|_\infty$는 모든 $x \in [-1, 1]$에 대해 $|f(x)|$의 크기를 동시에 제어한다. 하지만 아주 작은 집합의 x에 대해 $|f(x)|$가 아주 큰 경우, 전형적인 $|f(x)|$ 값은 훨씬 작음에도 불구하고 $\|f\|_\infty$는 아주 클 수 있다. 작은 집합에서의 함숫값에 영향을 덜 받는 노름으로 연구하는 것이 더 많은 이점을 가질 때도 있다. 함수 f의 L^p-노름은

$$\|f\|_p = \left(\int_{-1}^{1} |f(x)|^p \mathrm{d}x \right)^{1/p}$$

으로 정의한다. 이는 $1 \le p < \infty$와 임의의 가측 함수 f에 대해 정의된다. 함수공간 $L^p[-1, 1]$은 위의 노름이 유한인 가측 함수의 모임이다. 가측 함수 f의 노름 $\|f\|_\infty$는 진정한 상한으로, 간략히 말해 측도가 0인 집합을 무시하면 $|f(x)|$의 최댓값임을 의미한다. 이 노름은 p를 무한대로 보낼 때 노름 $\|f\|_p$의 극한값임이 밝혀졌다. L^∞-노름은 오직 함수의 '높이'에만 관련돼 있지만, L^p-노름은 그 대신 함수의 '높이'와 '폭'의 조합과 관련돼 있다.

$L^2[-1, 1]$은 힐베르트 공간[III.37]이므로 이들 노름 중에서 L^2-노름이 특히 중요하다. 이 공간은 유난히 대칭성이 풍부해서 광범위한 종류의 유니터리 변환, 즉 $L^2[-1, 1]$ 위에서 정의된 가역인 선형사상 T 중에서 모든 $f \in L^2[-1, 1]$에 대해 $\|Tf\|_2 = \|f\|_2$인 변환을 갖는다.

2.4 소볼레프 공간 $W^{k,p}[-1, 1]$

르베그 노름은 어느 정도 함수의 높이와 폭을 제어하지만, 정칙성에 대해서는 아무 얘기도 하지 못한다. L^p에 속한 함수가 미분가능하다거나 심지어 연속이어야 할 이유조차 없다. 그런 정보를 담기 위해서는 $k \ge 0$과 $1 \le p \le \infty$에 대해 다음 식으로 정의한 소볼레프 노름(Sobolev norm)에 눈을 돌리는 것이 보통이다.

$$\|f\|_{W^{k,p}[-1, 1]} = \sum_{j=0}^{k} \left\| \frac{\mathrm{d}^j f}{\mathrm{d}x^j} \right\|_p.$$

소볼레프 공간 $W^{k,p}[-1, 1]$은 이 노름이 유한인 함수들의 공간이다. 따라서 어떤 함수와 최초 k번의 미분이 모두 $L^p[-1, 1]$에 속하면, 그 함수는 $W^{k,p}[-1, 1]$ 안에 놓인다. 한 가지 미묘한 점이 있다. f가 보통의 의미에서 k번 미분가능하길 요구하지 않으며, 분포[III.18]의 관점에서 약한 의미로 미분가능하길 요구한다는 점이다. 예를 들어 함수 $f(x) = |x|$는 0에서 미분가능하지 않지만, $x < 0$이면 $f'(x)$는 -1이고 $x > 0$이면 1인 자연스러운 약 미분(weak derivative)을 갖는다. $\{0\}$은 측도 0인 집합이기 때문에 $f'(0)$을 구체적으로 제시할 필요가 없고 이 함수는 $L^\infty[-1, 1]$에 속하며, 따라서 f는 $W^{1,\infty}[-1, 1]$에 (립쉬츠 연속(Lipschitz continuous) 함수의 공간으로 밝혀졌다) 속한다. 이런 일반화된 미분가능한 함수를 생각할 필요가 있는 것은, 이들이 없으면 $W^{k,p}[-1, 1]$이 완비 공간이 아니기 때문이다.

소볼레프 노름은 편미분방정식과 수리물리학을 해석적으로 연구할 때 특히 자연스럽고 유용하다. 예를 들어 $W^{1,2}$ 노름은 함수와 연관된 '에너지'(의 제곱근으)로 해석할 수 있다.

3 함수공간의 성질

함수공간의 구조에 대한 지식이 함수를 연구하는 데 도움을 주는 방법은 많다. 예를 들어 함수공간에 좋은 기저가 있어서 그 공간 내의 모든 함수를 기저들의 (무한일 수도 있는) 선형결합으로 쓸 수 있고 이 선형결합이 원래 함수로 어떻게 수렴하는지 정량적인 평가를 할 수 있다면, 계수들을 써서 함수를 효율적으로 표현할 수 있으며 더 매끈한 함수들로 근사할 수 있게 해 준다. 예를 들어 $L^2[-1, 1]$에 대한 기본적인 결과 중에 프란셰렐 정리(Plancherel theorem)가 있는데 무엇보다 다음을 만족하는 수열 $(a_n)_{n=-\infty}^{\infty}$가 있음을 알려 준다.

$$N \to \infty \text{일 때} \left\| f - \sum_{n=-N}^{N} a_n e^{\pi i n x} \right\|_2 \to 0.$$

이는 $L^2[-1, 1]$ 내의 모든 함수를 L^2 내에서 원하는 정확도로 삼각 다항식, 즉 $\sum_{n=-N}^{N} a_n e^{\pi i n x}$ 꼴의 식으로 근사할 수 있음을 보여 준다. 수 a_n은 f의 n번째 푸리에 계수 $\hat{f}(n)$으로, 다음 식으로 주어진다.

$$\hat{f}(n) = \frac{1}{2} \int_{-1}^{1} f(x) e^{-\pi i n x} dx.$$

이 결과는 함수 $e^{\pi i n x}$들이 $L^2[-1, 1]$에 대해 매우 좋은 기저를 이룬다는 얘기로 간주할 수 있다. (이들은 실제로 노름이 1이고 서로 다른 것들 사이의 내적은 항상 0인 정규직교기저이다.)

또 하나의 기본적 사실은 어떤 함수공간들은 다른 공간에 임베드(embed)되어, 한 공간의 함수가 저절로 다른 공간에 속하기도 한다는 것이다. 더욱이 하나의 노름을 다른 노름과 비교하여 상계를 주는 부등식이 종종 있다. 예를 들어 $C^1[-1, 1]$처럼 매우

정칙성이 높은 공간 내의 함수는 $C^0[-1, 1]$처럼 정칙성이 낮은 공간에 자동으로 속하며, $L^\infty[-1, 1]$처럼 높은 차수의 적분가능 공간은 $L^1[-1, 1]$처럼 낮은 차수의 적분가능 공간에 자동으로 속한다. (이 명제는 구간 $[-1, 1]$을 측도가 무한인 집합, 예를 들어 실직선 $\mathbb{R}$로 바꾸면 더이상 참이 아니다.) 이런 포함 관계는 뒤집을 수 없지만, 정칙성과 적분가능성을 '거래'할 수 있게 해 주는 소볼레프 임베딩 정리(Sobolev em-bedding theorem)가 있다. 이 결과는 정칙성은 높지만 적분가능성이 낮은 공간을 정칙성은 낮지만 적분가능성은 높은 공간에 임베드할 수 있다는 것을 말해준다. 다음의 식

$$\|f\|_\infty \leq \|f\|_{W^{1,1}[-1, 1]}$$

이 이런 꼴의 추정의 한 예인데, $|f(x)|$와 $|f'(x)|$의 적분이 모두 유한이면 f가 유계여야 한다($\|f\|_1$의 유한성보다 훨씬 더 강한 적분가능성 조건이다)는 것을 말해준다.

또 하나 매우 유용한 개념은 쌍대성[III.19]의 개념이다. 주어진 함수공간 X에 대해 쌍대 공간 X^*는 형식적으로 X 위에서 연속인 선형범함수 전체, 혹은 더 정확히 X의 노름에 대해 연속인 선형사상 $\omega : X \to \mathbb{R}$(함수공간이 복소숫값을 가지면 $\omega : X \to \mathbb{C}$) 전체의 모임으로 정의한다. 예를 들어 q가 p의 쌍대 지수(dual exponent) 혹은 켤레 지수(conjugate exponent), 즉 식 $1/p + 1/q = 1$로 정의될 때, 공간 $L^p[-1, 1]$ 위의 모든 선형범함수 ω는 어떤 함수 $g \in L^q[-1, 1]$에 대해

$$\omega(f) = \int_{-1}^{1} f(x) g(x) dx$$

꼴이라는 것이 밝혀졌다.

함수공간 내의 함수들을 쌍대 공간의 함수들에 어떻게 선형범함수로 작용하는지 살펴봄으로써 분석할 수 있는 경우가 종종 있다. 비슷하게 함수공간에서 함수공간으로 가는 연속인 선형작용소 $T:X \to Y$를 분석하는 대신 수반작용소 $T^*:Y^* \to X^*$를 생각하여 분석할 수 있다. 여기에서 선형범함수 $\omega:Y \to \mathbb{R}$에 대해 $T^*\omega$는 $T^*\omega(x) = \omega(Tx)$로 정의된 X 위의 범함수다.

어떤 함수공간 X는 다른 함수공간 X_0과 X_1 사이를 '보간한다(interpolate)'는 중요한 사실 한 가지를 더 언급한다. 예를 들어 $1 < p < \infty$인 공간 $L^p[-1, 1]$이 $L^1[-1, 1]$과 $L^\infty[-1, 1]$ '사이에 놓여 있다'는 자연스러운 의미를 줄 수 있다. 보간한다는 것의 정확한 정의는 이 글에서 다루기에는 지나치게 기교적이지만, 보통은 '극단'의 공간 X_0과 X_1이 '중간' 공간 X보다는 다루기가 더 쉽다는 사실 때문에 유용하다. 이런 이유 때문에 X에 대해 증명하기 어려운 결과를 X_0과 X_1에 대한 훨씬 쉬운 결과를 증명한 뒤 이들 사이에서 '보간'하여 증명하기도 한다. 예를 들어 **영의 부등식(Young inequality)**에 대한 짧은 증명을 얻는 데 이용할 수 있는데, 이는 다음 명제를 말한다. $1 \leqslant p, q, r \leqslant \infty$가 식 $1/p + 1/q = 1/r + 1$을 만족하며 f와 g가 각각 $L^p(\mathbb{R})$과 $L^q(\mathbb{R})$에 속할 때 $f * g$가 $f * g(x) = \int_{-\infty}^{\infty} f(y)g(x - y)\mathrm{d}y$로 정의된 **합성곱(convolution)**이라면, 다음 부등식이 성립한다.

$$\left(\int_{-\infty}^{\infty} |f * g(x)|^r \mathrm{d}x \right)^{1/r}$$
$$\leqslant \left(\int_{-\infty}^{\infty} |f(x)|^p \mathrm{d}x \right)^{1/p} \left(\int_{-\infty}^{\infty} |g(x)|^q \mathrm{d}x \right)^{1/q}.$$

극단적인 경우인 $p = 1$, $q = 1$, $r = \infty$인 경우 부등식을 증명하기 쉽기 때문에 보간 이론이 유용하다. 이 결과를 보간 이론의 도움을 받지 않고 증명하는 것은 훨씬 어렵다.

III.30 갈루아 군

유리수 계수를 갖는 주어진 다항함수 f에 대해, 모든 유리수 및 f의 모든 근을 포함하는 가장 작은 체[I.3 §2.2]를 f의 **분해체(splitting field)**라고 정의한다. f의 갈루아 군(Galois group)은 분해체의 **동형사상**[I.3 §4.1] 전체로 구성된 군이다. 동형사상 각각은 f의 근을 치환하므로, 갈루아 군은 이들 근의 **치환**[III.68] 전체의 군의 부분집합으로 생각할 수 있다. 갈루아 군의 구조와 성질은 다항식의 해결가능성(solvability)과 밀접히 연관돼 있는데, 특히 갈루아 군은 모든 다항식을 **거듭제곱근으로 풀 수**(즉, 보통의 산술 연산과 거듭제곱근을 포함한 공식으로 풀 수) 없다는 것을 보일 때 이용할 수 있다. 짜릿한 정리이기는 하지만 갈루아 군의 응용이 이것만은 결코 아니다. 갈루아 군은 현대 대수적 수론에서 중심적인 역할을 하고 있다.

더 자세한 것은 5차방정식의 해결가능성[V.21]과 대수적 수[IV.1 §20]를 보라.

III.31 감마함수

벤 그린 *Ben Green*

n이 자연수일 때 $n!$이라고 쓰는 **팩토리얼**은 $1 \times 2 \times$ $\cdots \times n$, 즉 n까지의 모든 자연수의 곱이다. 예를 들어 처음 여덟 개의 팩토리얼은 1, 2, 6, 24, 120, 720, 5040, 40320이다. (느낌표 표기법은 크리스티앙 크램프(Christian Kramp)가 200년 전 인쇄하기 편하도록 도입했다. $n!$이 증가하는 속도에 약간의 경고를 전달하려는 의도도 있었을 것이다. 한물 간 기호지만 20세기 문헌에도 여전히 발견되는 기호로는 $\lfloor n$이 있다.) 이 정의로부터 양의 정수가 아닌 수의 팩토리얼이라는 것은 의미가 없어 보이겠지만, 의미 있게 만들 수 있을 뿐만 아니라 대단히 유용한 것으로 밝혀졌다.

Γ로 쓰는 **감마함수**(gamma function)는 자연수에서는 팩토리얼 함수와 부합하면서도, 모든 실수에 대해 심지어 모든 복소수에 대해 의미를 갖는 함수다. 사실 여러 가지 이유에서 $n = 2, 3, \cdots$일 때 $\Gamma(n) = (n-1)!$이도록 정의하는 것이 자연스럽다. 적분의 수렴성 여부는 그다지 주의하지 않은 채 다음처럼 쓰면서 시작하자.

$$\Gamma(s) = \int_0^\infty x^{s-1} e^{-x} dx. \tag{1}$$

부분적분하면 다음을 알 수 있다.

$$\Gamma(s) = [-x^{s-1} e^{-x}]_0^\infty + \int_0^\infty (s-1) x^{s-2} e^{-x} dx. \tag{2}$$

x를 무한대로 보낼수록 $x^{s-1} e^{-x}$은 0으로 다가가며, 예를 들어 s가 1보다 큰 실수라면 $x = 0$일 때

$x^{s-1} = 0$이다. 따라서 그런 s에 대해서는 위의 식에서 첫 항을 무시할 수 있다. 그런데 두 번째 항은 단순히 $\Gamma(s-1)$에 대한 식이므로, $\Gamma(s)$를 $(s-1)!$과 비슷한 것으로 생각하고 싶을 경우에 필요한 식인 $\Gamma(s) = (s-1)\Gamma(s-1)$임을 보인 것이다.

s가 복소수이고 s의 실수 부분 $\mathrm{Re}(s)$가 양수인 경우에도, 위의 적분이 실제로 수렴한다는 것을 보이는 것은 어렵지 않다. 더욱이 그 영역에서 **복소해석적 함수**[I.3 §5.6]를 정의한다. s의 실수 부분이 음수면 적분이 전혀 수렴하지 않으므로, 감마함수 전체를 정의하는 데 식 (1)을 사용할 수는 없다. 대신 성질 $\Gamma(s) = (s-1)\Gamma(s-1)$을 이용하여 정의를 확장할 수 있다. 예를 들어 $-1 < \mathrm{Re}(s) \leq 0$이면 위의 정의가 직접 통하지 않는다는 것을 알지만, $\mathrm{Re}(s+1) > 0$이므로 $s + 1$에 대해서 통한다는 것은 안다. $\Gamma(s+1)$이 $s\Gamma(s)$와 같길 바라므로 $\Gamma(s)$를 $\Gamma(s+1)/s$로 정의하는 것이 이치에 맞는다. 일단 이렇게 정의하면 $-2 < \mathrm{Re}(s) \leq 1$인 s값에 이목을 돌릴 수 있고, 이런 식으로 계속할 수 있다.

독자들은 (예를 들어) $\Gamma(0)$을 정의하려면 0으로 나누어야 한다며 항의할 수도 있다. 하지만 Γ가 **유리형 함수**[V.31]이길 요구한다면 (유리형 함수는 '값' ∞가 허용되기 때문에) 완전히 허용할 수 있다. 실제로 우리가 정의한 Γ가 0, -1, -2, $\cdots$에서 단순 극(pole)을 갖는다는 걸 보이기는 어렵지 않다.

사실 Γ의 유용한 성질을 공유하는 함수는 많다. (예를 들어 임의의 s에 대해 $\cos(2\pi s) = \cos(2\pi(s+1))$이고 모든 정수 n에 대해 $\cos(2\pi n) = 1$이므로, $F(s) = \Gamma(s)\cos(2\pi s)$ 역시 $F(s) = (s-1)F(s-1)$ 및 $F(n) = (n-1)!$이라는 성질을 갖는다.) 그렇지

만 여러 가지 이유에서 팩토리얼 함수를 유리형 함수로 가장 자연스럽게 확장한 것은 우리가 정의한 함수 Γ다. 자연스러운 맥락에서 자주 발생한다는 사실이 가장 설득력 있는 이유지만, 어떤 면에서는 모든 실수에 대해 팩토리얼 함수를 가장 매끈하게 사이를 메운 함수라는 사실도 큰 이유이다. 실제로 $f : (0, \infty) \to (0, \infty)$가 $f(x + 1) = xf(x)$, $f(1) = 1$이며 $\log f$가 볼록인 경우, $f = \Gamma$다.

$\Gamma(s)\Gamma(1 - s) = \pi/\sin(\pi s)$처럼 Γ를 포함한 흥미로운 공식이 많다. 유명한 결과 $\Gamma(\frac{1}{2}) = \sqrt{\pi}$도 있는데, 근본적으로 '정규 분포 곡선' $h(x) = (1/\sqrt{2\pi})e^{-x^2/2}$ 아래의 넓이가 1이라는 사실과 동치다. (식 (1)에서 $x = u^2/2$로 치환하면 보인다.) 바이어슈트라스(Weierstrass) 곱 공식은 Γ에 관련한 매우 중요한 결과인데, γ가 오일러 상수

$$\gamma = \lim_{n \to \infty} \left(1 + \frac{1}{2} + \cdots + \frac{1}{n} - \log n \right)$$

일 때, 모든 복소수 z에 대해

$$\frac{1}{\Gamma(z)} = z e^{\gamma z} \prod_{n=1}^{\infty} \left(1 + \frac{z}{n} \right) e^{-z/n}$$

이라는 명제다. 이 공식은 Γ가 결코 0을 값으로 갖지 않으며, 0과 음의 정수에서 단순 극을 가짐을 명백히 보여 준다.

그런데 왜 감마함수가 중요할까? 수학의 많은 분야에서 자주 나타난다는 것이 간단한 이유지만, 여전히 이 질문에 대한 답이 말끔히 주어진 것은 아니다. 한 가지 이유는 (1)로 정의된 Γ가 논란의 여지없이 자연스러운 함수인 $f(x) = e^{-x}$의 멜린 변환(Mellin transform)이기 때문이다. 멜린 변환은 푸리에 변환[III.27]의 한 형태지만, 가장 익숙한 종류의

푸리에 변환의 거주지인 $(\mathbb{R}, +)$가 아니라 군 $(\mathbb{R}^+, \times)$ 위의 함수에 대해 정의된다. 이런 이유 때문에 수론, 특히 곱셈적으로 정의된 함수를 푸리에 변환을 취해 연구하는 해석적 정수론[IV.2]에서 Γ가 종종 보이는 것이다.

수론의 맥락에서 Γ가 나타나는 한 가지 예는

$$\Xi(s) = \Gamma(s/2) \pi^{-s/2} \zeta(s) \tag{3}$$

라 할 때, 리만 제타 함수[IV.2 §3]의 함수 방정식, 즉

$$\Xi(s) = \Xi(1 - s)$$

에서다. ζ 함수는 잘 알려진 곱 표현으로 나타낸다.

$$\zeta(s) = \prod_{p} (1 - p^{-s})^{-1}.$$

여기에서 곱은 소수에 대한 것이고, 이 표현은 $\mathrm{Re}(s) > 1$일 때 타당하다. (3)에서 나오는 추가 인자 $\Gamma(s/2)\pi^{-s/2}$은 '무한대에서의 소수'로부터 나온다고 간주할 수 있다(엄밀히 정의할 수 있는 용어다).

스털링 공식(Stirling's formula)은 감마함수를 다룰 때 대단히 유용한 도구다. 간단한 함수들을 써서 $\Gamma(z)$를 꽤 정확하게 근사시켜 주기 때문이다. $n!$에 대해 아주 개략적이지만 유용한 경우가 많은 근사는 $(n/e)^n$으로 $\log(n!)$이 대략 $n(\log n - 1)$임을 말해 준다. 스털링의 공식은 이처럼 엉성한 근사보다 더 세밀한 버전이다. $\delta > 0$이라 하고, z가 절댓값이 최소한 1이고 편각이 $-\pi + \delta$와 $\pi - \delta$ 사이에 있는 복소수라 하자. (두 번째 조건은 극이 존재하는 음의 실수축으로부터 z를 떨어트려 놓는다.) 이때 스털링 공식은 다음 명제이다.

$$\log \Gamma(z) = (z - \tfrac{1}{2})\log z - z + \tfrac{1}{2}\log 2\pi + E.$$

여기에서 오차항 E는 기껏해야 $C(\delta)/|z|$인데, $C(\delta)$는 δ에 의해 결정되는 어떤 양의 실수를 말한다. (δ를 작게 만들수록 $C(\delta)$를 더 크게 해야 한다.) 이를 이용하면, 복소평면의 임의의 고정된 수직 띠에서 $\operatorname{Im} z \to \infty$일 때 Γ가 지수적으로 붕괴한다는 것을 확인할 수 있다. 사실 $\alpha < \sigma < \beta$일 경우, 모든 $|t| > 1$에 대해

$$|\Gamma(\sigma + it)| \leqslant C(\alpha, \beta)|t|^{\beta-1}e^{-\pi|t|/2}$$

가 σ에 대해 균등하게 성립한다.

III.32 생성함수

어떤 조합론적 구조를 정의했는데, 음이 아닌 정수 n에 대해 크기가 n인 그런 구조의 예가 몇 개인지 알고 싶다고 하자. 이 개수를 a_n이라 나타낼 때 수열 $a_0, a_1, a_2, a_3, \cdots$을 분석하고 싶다. 상당히 복잡한 구조라면 아주 어려운 문제일 수 있지만, 수열과 똑같은 정보를 담고 있는 **생성함수**(generating function)라 부르는 다른 대상을 고려하면 쉬워질 때가 있다.

생성함수를 정의하려면, 수열 a_n을 멱급수에서 계수들의 수열로 간주하면 그만이다. 즉, 수열의 생성함수 f는 다음과 같다.

$$f(x) = a_0 + a_1 x + a_2 x^2 + a_3 x^3 + \cdots.$$

때때로 f에 대해 간결한 식을 유도할 수 있어서 a_n

각각을 참조하지 않고도 분석할 수 있기 때문에 생성함수가 유용할 수 있다. 예를 들어 어떤 중요한 생성함수는 식 $f(x) = (1 - \sqrt{1 - 4x})/2x$로 쓸 수 있다.* 그런 경우, 다른 방식을 쓰는 대신 f의 성질로부터 수열 $a_0, a_1, a_2, \cdots$의 성질을 유도할 수 있다.

생성함수에 대해 더 많은 것은 **계수적/대수적 조합론**[IV.18]과 **변환**[III.91]을 보라.

III.33 종수

종수(genus)는 곡면의 위상적 불변량, 즉 곡면에 대응하는 양이면서 곡면을 연속적으로 변형하더라도 변하지 않는 양이다. 간략히 말해 곡면의 구멍의 수에 대응하기 때문에, 공의 종수는 0, 원환면의 종수는 1, 프레첼 모양(즉, 8자 모양을 부풀린 곡면)은 종수가 2, ⋯ 등등이다. 가향 곡면을 삼각화하고, 꼭짓점, 변, 면의 수를 세어 V, E, F라 각각 나타내면 **오일러 지표**(Euler characteristic)는 $V - E + F$로 정의한다. g가 종수이고 χ가 오일러 지표일 때, $\chi = 2 - 2g$임을 보일 수 있다. 전반적인 논의는 [I.4 §2.2]를 보라.

임의의 음이 아닌 정수 g에 대해 종수가 g인 가향 곡면(orientable surface)이 정확히 한 개라는 명제가 **푸앵카레**[VI.61]의 유명한 결과이다. (비가향 곡면에도 종수를 정의할 수 있는데, 여기서도 비슷한 결과가 성립한다.) 이 정리에 대해 더 많은 것은 **미분위상수학**[IV.7 §2.3]을 보라.

---

*a_n이 카탈란 수일 때의 생성함수이다–옮긴이

가향 곡면, 따라서 종수 하나마다 매끈한 대수 곡선을 대응할 수 있다. 타원곡선[III.21]은 종수가 1인 매끈한 곡선으로 정의할 수 있다. 더 자세한 것은 대수기하학[IV.4 §10]을 보라.

III.34 그래프

그래프는 모든 수학 구조 중에서 가장 간단한 것 중의 하나다. 꼭짓점(vertex)(보통은 유한개)이라 부르는 원소들과 이들의 쌍 몇 개를 '인접'하도록 혹은 '연결'하여 구성한다. 꼭짓점들을 평면 내의 점으로 나타내고, 인접한 점들을 선으로 이어서 나타내는 것이 보통이다. 이 선을 변(edge)이라 부른다. (선을 어떻게 그리느냐 혹은 시각화하느냐는 중요하지 않다. 중요한 것은 두 점이 연결돼 있느냐의 여부다.)

예를 들어 어떤 나라의 철도망을 그래프로 나타낼 수 있다. 철도역을 나타내는 데 꼭짓점을 이용할 수 있고, 어떤 철로를 따라 두 역이 인접해 있으면 두 꼭짓점을 연결할 수 있다. 또 다른 예는 인터넷에서 찾을 수 있다. 전 세계의 컴퓨터가 꼭짓점이고, 이들 사이가 직접 연결돼 있으면 두 꼭짓점은 인접해 있다.

그래프이론에서의 많은 문제는 그래프의 구조적 성질이 다른 성질에 대해 무엇을 말해줄 수 있느냐는 형태의 질문이다. 예를 들어 n개의 꼭짓점으로 이루어진 그래프인데 삼각형을 포함하지 않는 것을 찾고 싶다고 하자(서로 연결된 세 꼭짓점으로 정의한다). 이 그래프에는 변이 몇 개나 있을 수 있을

까? 최소한 n이 짝수라면 n개의 꼭짓점을 균등하게 두 집단으로 나누고 한 집단의 모든 꼭짓점을 다른 집단의 모든 꼭짓점과 연결할 수 있으므로 당연히 $\frac{1}{4}n^2$개는 가능하다. 그런데 그보다 많은 변이 있을 수도 있을까?

그래프에 대한 전형적인 질문의 예가 더 있다. k를 양의 정수라 하자. n개의 꼭짓점을 갖는 모든 그래프가 서로 연결된 k개의 꼭짓점을 갖거나, 어떤 두 점도 서로 연결되지 않은 k개의 꼭짓점을 갖도록 하는 n이 항상 존재해야 하는 걸까? $k = 3$일 때는 $n = 6$이면 충분하므로 상당히 쉬운 질문이지만, $k = 4$만 되어도 벌써 그런 n이 존재하는지 명백하지는 않다.

이런 문제(첫 번째는 '극단적 그래프이론(extremal graph theory)'의 토대를 이루는 문제이며, 두 번째는 '램지 이론(Ramsey theory)'의 토대가 되는 문제이다)에 대해 더 많은 것과, 일반적인 그래프에 대한 연구는 극단적/확률적 조합론[IV.19]을 보라.

III.35 해밀턴 작용소
테렌스 타오 Terence Tao

현대 물리학의 수많은 이론과 방정식은 처음 볼 때는 따라잡기 힘들 정도의 다양성을 보여준다. 예를 들어 고전역학과 양자역학, 혹은 비상대성 물리와 상대성 물리, 혹은 입자 물리와 통계 물리를 비교해 보라. 하지만 이 모든 이론을 연결하는 강력한 통합된 주제가 있다. 그중 하나는 이 모든 것에서 (계의

정상 상태(steady state)뿐만 아니라) 시간에 따라 발전(evolve)하는 물리계를, 종종 대부분 그 계의 주어진 상태에서의 전체 에너지를 묘사한다고 해석할 수 있는 해밀턴 작용소(Hamiltonian)라 부르는 하나의 대상이 조절한다는 것이다. 간략히 말해, 각 물리 현상(예를 들어 전자기, 원자 결합, 퍼텐셜 우물에서의 입자들 등)은 단일한 해밀턴 작용소 H에 대응할 수 있는 반면, 고전, 양자, 통계 등등 각 형태의 역학은 해밀턴 작용소를 이용하여 물리계를 묘사하는 다른 방식에 대응한다. 예를 들어 고전 물리에서 해밀턴 작용소는 그 계의 위치 q와 운동량 p의 함수 $(q, p) \mapsto H(q, p)$인데, 다음 해밀턴 방정식

$$\frac{\mathrm{d}q}{\mathrm{d}t} = \frac{\partial H}{\partial p}, \qquad \frac{\mathrm{d}p}{\mathrm{d}t} = -\frac{\partial H}{\partial q}$$

에 따라 발전한다. (비상대론적) 양자역학에서 해밀턴 작용소 H는 (보통 위치 작용소 q와 운동량 작용소 p의 형식적인 조합인) 선형작용소[III.50]가 되고, 계의 파동함수 ψ는 다음 슈뢰딩거 방정식[III.83]에 따라 발전한다.

$$i\hbar \frac{\mathrm{d}}{\mathrm{d}t} \psi = H\psi.$$

통계역학에서 해밀턴 작용소 H는 그 계의 미시 상태(microstate)의 함수이며, 주어진 온도 T에서 그 계가 주어진 미시 상태에 놓일 확률은 $e^{-H/kT}$에 비례한다. 다른 역학에서도 비슷한 얘기를 할 수 있다.

수학의 많은 분야가 물리에서의 대응 분야와 밀접하게 얽혀 있으므로, 해밀턴 작용소의 개념이 순수 수학에서 나타나는 것도 놀라운 일은 아니다. 예를 들어 고전 물리에서 동기를 얻은 (운동량 사상(moment map)과 같은 이의 일반화도 포함하여) 해

밀턴 작용소는 동역학계, 미분방정식, 리 군론, 심플렉틱 기하학에서 중요한 역할을 한다. 양자역학에서 동기를 얻은 (관측가능값(observable)이나 의사미분작용소(pseudo-differential operator)와 같은 일반화뿐만 아니라) 해밀턴 작용소는 작용소 대수, 스펙트럼 이론, 표현론, 미분방정식, 미세국소 해석학에서 현저한 역할을 한다.

이처럼 물리학과 수학의 많은 분야에서 해밀턴 작용소가 등장하기 때문에, 겉보기에는 관련이 없는 분야, 예를 들어 고전역학과 양자역학, 심플렉틱 역학과 작용소 대수 사이에 가교 역할로서 유용하게 사용할 수 있다. 주어진 해밀턴 작용소의 성질은 그 해밀턴 작용소와 관련된 물리적, 수학적 대상에 대해 많은 것을 드러내 주는 경우가 보통이다. 예를 들어 해밀턴 작용소의 대칭성은 그 해밀턴 작용소가 묘사하는 대상의 대칭성을 이끌어내는 것이 보통이다. 수학적 혹은 물리적 대상의 흥미로운 특징 전부를 해밀턴 작용소로부터 곧장 읽어낼 수는 없지만, 그럼에도 그런 대상의 행동과 성질을 이해하는 데 여전히 기본적 개념이다.

꼭짓점 작용소 대수[IV.17 §2.1]와 거울대칭[IV.16 § §2.1.3, 2.2.1], 심플렉틱 다양체[III.88 §2.1]를 보라.

III.36 열방정식
이고르 로드니안스키 *Igor Rodnianski*

고체 내의 열의 전달을 수학적으로 서술하면서 열방정식을 맨 먼저 제안한 사람은 푸리에[VI.25]이

다. 그 이후 이 방정식의 영향력은 수학의 많은 분야에서 감지되었다. 얼음의 생성(스테판 문제(Stefan problem))이나, 비압축 점성 유체의 이론(나비에-스토크스 방정식[III.23])이나, 기하학적 흐름(예를 들어 곡선을 최소화하는 흐름 및 조화 사상 열 흐름 문제), 브라운 운동[IV.24], 다공성 매질에서의 액체의 침투(헬레-쇼 문제(Hele-Shaw problem)), 지표(index) 정리(예를 들어 가우스-보네-천 공식(Bonnet-Chern formula)), 주식의 옵션가격(블랙-숄즈 공식[VII.9 § 2]), 3차원 다양체의 위상(푸앵카레 추측[V.25]) 등 전혀 이질적인 현상들을 설명한다. 열방정식의 밝은 미래는 탄생 때부터 예견할 수 있었다. 어쨌든 푸리에 해석[III.27]의 창조라는 작은 사건이 뒤따랐기 때문이다.

열의 전파는 간단한 연속성 원리에 기초하고 있다. C가 물질의 열용량이고 D가 밀도일 때, 작은 시간 간격 Δt 동안 작은 부피 ΔV 내에서 열의 양 u의 변화는 대략 다음과 같다.

$$CD\frac{\partial u}{\partial t}\Delta t \Delta V.$$

그런데 이 값은 ΔV로 들어가고 나가는 열의 양에 의해서도 주어지는데, K가 열전도 상수이고 $\boldsymbol{n}$이 ΔV의 경계에 수직인 단위 법벡터일 때 대략

$$K\Delta t \int_{\partial \Delta V} \frac{\partial u}{\partial \boldsymbol{n}}$$

이다.

따라서 모든 물리 상수를 1로 두고 Δt와 ΔV로 나눈 뒤 이들 값을 0으로 근접시키면, 3차원 고체 Ω 내의 열의 양(즉, 온도)의 변화가 다음 고전적인 열방정식의 지배를 받는다는 것을 알게 된다.

$$\frac{\partial}{\partial t}u(t,\boldsymbol{x}) - \Delta u(t,\boldsymbol{x}) = 0. \qquad (1)$$

여기서 $u(t,\boldsymbol{x})$는 점 $\boldsymbol{x} = (x,y,z)$에서 시간이 t일 때의 온도이며,

$$\Delta = \frac{\partial^2}{\partial x^2} + \frac{\partial^2}{\partial y^2} + \frac{\partial^2}{\partial z^2}$$

은 3차원 라플라스 작용소인데, ΔV의 지름이 0으로 다가갈 때 다음의 극한값이 Δu이기 때문이다.

$$\frac{1}{\Delta V}\int_{\partial \Delta V} \frac{\partial u}{\partial \boldsymbol{n}}.$$

$u(t,\boldsymbol{x})$를 결정하려면, 식 (1)을 초기 분포 $u_0(\boldsymbol{x}) = u(0,\boldsymbol{x})$와 고체의 경계 $\partial \Omega$ 위에서의 경계 조건으로 보충할 필요가 있다. 예를 들어 겉면을 $0°$로 유지한 꽉 찬 단위 육면체 C에 대해 열방정식은 디리클레(Dirichlet) 경계 조건을 갖는 문제로 간주할 수 있다. 푸리에의 제안대로 $u(t,\boldsymbol{x})$는 $u_0(\boldsymbol{x})$를 푸리에 급수

$$u_0(x,y,z) = \sum_{k,m,l=0}^{\infty} C_{kml}\sin(\pi kx)$$
$$\times \sin(\pi my)\sin(\pi lz)$$

로 전개하여 변수 분리법으로 찾으면 다음 해를 얻게 된다.

$$u(t,x,y,z) = \sum_{k,m,l=0}^{\infty} e^{-\pi^2(k^2+m^2+l^2)t}C_{kml}\sin(\pi kx)$$
$$\times \sin(\pi my)\sin(\pi lz).$$

이 간단한 예가 이미 열방정식의 해가 평형 상태로 수렴하는 경향이 있다는 열방정식의 기본 성질을 분명히 하고 있다. 이번 경우 온도 $u(t,\boldsymbol{x})$가 상수 분포 $u^*(\boldsymbol{x}) = C_{000}$으로 수렴한다는 물리적으로 직관

적인 사실을 빈영한다.

절연된 물체 내에서 열의 전파는 u의 법 미분(즉, 경계 $\partial\Omega$에 대해 법 방향을 말한다)을 0으로 설정하도록 선택한 **노이만(Neumann)** 경계 조건에 대응한다. 이 해도 비슷한 방식으로 구성할 수 있다.

푸리에 해석학이 열방정식과 밀접히 관련돼 있는 것은 삼각함수들이 라플라스 작용소의 **고유함수** [I.3 §4.3]들이기 때문이다. 라플라스 작용소를 더 일반적으로 선형, 자기수반[III.50 §3.2], 음이 아닌 해밀턴 작용소[III.35]로 고윳값 λ_n들이 이산 집합을 이루고, 대응하는 고유함수들이 ψ_n인 H로 대체하면 더 일반적인 열방정식을 많이 얻을 수 있다. 즉, 다음과 같은 열 흐름을 생각한다.

$$\frac{\partial}{\partial t}u + Hu = 0.$$

H가 생성하는 **열 반군(heat semigroup)**을 e^{-tH}이라 할 때 해 $u(t)$는 식 $u(t)=e^{-tH}u_0$으로 주어지며, 다음과 같은 더 구체적인 형태를 취하기도 한다.

$$u(t, \boldsymbol{x}) = \sum_{n=0}^{\infty} e^{-\lambda_n t} C_n \psi_n(\boldsymbol{x}).$$

여기서 계수 C_n은 H에 대한 u_0의 푸리에 계수, 즉 u_0을 합 $\sum_{n=0}^{\infty} C_n \psi_n$으로 썼을 때 나오는 계수들이다. (자기수반작용소에 대한 **스펙트럼 정리**[III.50 §3.4]에서 이런 분해가 존재한다는 사실이 나온다. 마찬가지로 열 흐름 역시 연속 스펙트럼을 갖는 자기수반작용소로 생성될 수 있다.) 특히 $t \to +\infty$일 때 $u(t, \boldsymbol{x})$의 점근 행동은 H의 스펙트럼이 완전히 결정한다.

구체적이긴 하지만 이런 표현은 열방정식의 행동을 정량적으로 그다지 잘 묘사하지는 못한다. 양적

으로 묘사하기 위해서는 구체적으로 해를 구성하겠다는 생각을 포기하고, 대신 일반적인 해의 부류에 적용되면서도 더 복잡한 열방정식의 분석에도 유용할 만큼 충분히 탄탄한 원리와 방법을 찾아야 한다.

에너지 항등식이라 부르는 것이 이런 유형의 방법 중 첫 번째다. 에너지 항등식을 유도하려면, 주어진 해에 의존할 수도 있는 어떤 양을 열방정식에 곱한 뒤 부분적분한다. 이런 꼴의 항등식 중 가장 간단한 두 가지는 절연체의 **전체 열이 보존된다**는 항등식

$$\frac{\mathrm{d}}{\mathrm{d}t}\int_\Omega u(t, \boldsymbol{x})\,\mathrm{d}\boldsymbol{x} = 0$$

과, 다음 에너지 항등식이다.

$$\int_\Omega u^2(t, \boldsymbol{x})\,\mathrm{d}\boldsymbol{x} + 2\int_0^t \int_\Omega |\nabla u(s, \boldsymbol{x})|^2\mathrm{d}\boldsymbol{x}\,\mathrm{d}s$$
$$= \int_\Omega u^2(0, \boldsymbol{x})\,\mathrm{d}\boldsymbol{x}.$$

두 번째 항등식에 벌써 열방정식의 기본적인 매끄러움(smoothing) 성질이 포착된다. 세 피적분자 모두가 음이 아닌데 첫 번째와 세 번째 적분이 유한하므로, 설사 평균 제곱 기울기가 초기에는 무한이었더라도 u의 평균 제곱 기울기의 평균은 유한이고, 심지어는 t가 커지면 0으로 감소한다. 사실 Ω의 경계를 제외하면 임의의 정도의 평활성이 일어나는데, 평균적으로 그럴 뿐만 아니라 **모든 시간** $t > 0$에 대해서도 그렇다.

열방정식의 두 번째 기본 원리는 **대역적 최댓값 원리(global maximum principle)**

$$\max_{\boldsymbol{x}\in\Omega,\,0\leqslant t\leqslant T} u(t,\boldsymbol{x})$$
$$\leqslant \max\left(u(0, \boldsymbol{x}), \max_{\boldsymbol{x}\in\partial\Omega,\,0\leqslant t\leqslant T} u(t,\boldsymbol{x})\right)$$

인데 물체에서 가장 뜨거운 지점은 전체 시간 동안 경계 위에 있거나, 최초 분포일 때라는 익숙한 사실을 말해준다.

마지막으로 $\mathbb{R}^n$에서 열방정식의 확산성은 음이 아닌 해 u에 대한 **하르나크 부등식**(Harnack inequality)에 포착돼 있다. 이 부등식은 $t_2 > t_1$일 때

$$\frac{u(t_2, \boldsymbol{x}_2)}{u(t_1, \boldsymbol{x}_1)} \geq \left(\frac{t_1}{t_2}\right)^{n/2} e^{-|\boldsymbol{x}_2 - \boldsymbol{x}_1|^2/4(t_2 - t_1)}$$

임을 말한다. 이는 시간이 t_1일 때 $\boldsymbol{x}_1$에서의 온도가 어떤 값을 가지면, 시간 t_2일 때 $\boldsymbol{x}_2$에서의 온도가 그다지 지나치게 많이 작을 수는 없음을 말해준다.

이런 꼴의 하르나크 부등식은 열방정식의 연구에서 매우 중요한 대상인 **열핵**(heat kernel)

$$p(t, \boldsymbol{x}, \boldsymbol{y}) = \frac{1}{(4\pi t)^{n/2}} e^{-|\boldsymbol{x} - \boldsymbol{y}|^2/4t}$$

을 특징으로 삼는다. 열핵의 많은 쓸모 중 하나는 초기 데이터 u_0으로부터 전체 공간에서 (즉, $\mathbb{R}^n$에서) 열방정식의 해를 다음 식으로 구성할 수 있게 해 준다는 것이다.

$$u(t, \boldsymbol{x}) = \int_{\mathbb{R}^n} p(t, \boldsymbol{x}, \boldsymbol{y}) u_0(\boldsymbol{y}) \, \mathrm{d}\boldsymbol{y}.$$

또한 초기 점의 교란은 t 시간이 지난 후에는 원래 교란 지점 주변의 반지름이 $\sqrt{t}$ 인 공 안에 분포한다는 것도 보여준다. 공간 규모와 시간 규모 사이의 이런 종류의 관계는 열방정식의 특징인 **포물적 비례성**(parabolic scaling)을 보여준다.

아인슈타인이 보여준 대로 열방정식은 브라운 운동의 확산 과정과 긴밀히 연결돼 있다. 사실 브라운 운동은 열핵 $p(t, \boldsymbol{x}, \boldsymbol{y})$로 주어지는 추이 확률 밀도를 갖는 확률 과정 B_t를 써서 수학적으로 기술한다. $\boldsymbol{x}$

에서 시작하는 n차원 브라운 운동 $B_t^{\boldsymbol{x}}$에 대해, 기댓값 E의 도움을 받아 계산한 다음 함수

$$u(t, \boldsymbol{x}) = \mathbb{E}[u_0(\sqrt{2}B_t^{\boldsymbol{x}})]$$

가 정확히 $\mathbb{R}^n$에서 초기 자료가 $u_0(\boldsymbol{x})$인 열방정식의 해다. 열방정식의 이론과 확률론 사이에서 서로 이익이 되는 관계의 출발이다. 이런 관계를 가장 유익하게 응용한 것이 **파인만-카츠 공식**(Feynman-Kac formula)으로

$$u(t, \boldsymbol{x}) = \mathbb{E}\left[\exp\left(-\int_0^t V(\sqrt{2}B_s^{\boldsymbol{x}}) \, \mathrm{d}s\right) u_0(\sqrt{2}B_t^{\boldsymbol{x}})\right]$$

브라운 운동을 초기 자료가 $u_0(\boldsymbol{x})$인 다음 열방정식

$$\frac{\partial}{\partial t} u(t, \boldsymbol{x}) - \Delta u(t, \boldsymbol{x}) + V(\boldsymbol{x}) u(t, \boldsymbol{x}) = 0$$

의 해와 연결지어 준다.

고전적인 방정식을 대단히 일반적으로 변형하더라도, 위에서 기술한 열방정식의 세 가지 기본 원리는 그대로 혹은 조금 약화시키면 성립한다는 점에서 놀랄 만큼 탄탄하다. 예를 들어 계수 a_{ij}가 유계이며 타원성 조건 $\lambda|\xi|^2 \leq \sum_{i,j} a_{ij} \xi^i \xi^j \leq \Lambda|\xi|^2$을 만족한다는 것만 가정해도, 다음 열방정식

$$\frac{\partial}{\partial t} u - \sum_{i,j=1}^n \frac{\partial}{\partial x_i}\left(a_{ij}(\boldsymbol{x}) \frac{\partial}{\partial x_j} u\right) = 0$$

의 해의 연속성에 대한 질문에도 이 원리들을 적용할 수 있다. 더욱이 '비발산 꼴'의 방정식도 살펴볼 수 있다.

$$\frac{\partial}{\partial t} u - \sum_{i,j=1}^n a_{ij}(\boldsymbol{x}) \frac{\partial}{\partial x_i} \frac{\partial}{\partial x_j} u = 0.$$

여기에서 열방정식과 대응하는 확률적 확산 과정 사이의 관계는 특히나 유용한 것으로 밝혀졌다. 이런 분석이 **변분법**[III.94]과 완전 비선형 문제에서 아름다운 응용으로 이어졌다.

리만 다양체[I.3 §6.10] 위의 열방정식에 대해서도 동일한 원리가 성립한다. 다양체 M에 대해 라플라스 작용소의 적절한 유사물은 라플라스-벨트라미 작용소(Laplace-Beltrami operator) Δ_M이므로 M에 대한 열방정식은 다음과 같다.

$$\frac{\partial}{\partial t} u - \Delta_M u = 0.$$

리만 계량이 g라면, 국소 좌표계로 Δ_M은 다음 꼴이다.

$$\Delta_M = \frac{1}{\sqrt{\det g(\boldsymbol{x})}} \sum_{i,j=1}^{n} \frac{\partial}{\partial x_i} \left(g^{ij}(\boldsymbol{x}) \sqrt{\det g(\boldsymbol{x})} \frac{\partial}{\partial x_j} \right).$$

이 경우 **리치 곡률**[III.78]이 아래로 유계인 다양체 위의 열방정식에 대해, 변형된 하르나크 부등식이 성립한다. 다양체 위의 열방정식에 대한 관심은 부분적으로 비선형 기하학적 흐름 및 이 흐름의 장기간의 행동을 이해하려는 시도에서 동기를 받은 것이다. 일찍감치 나온 기하학적 흐름 중 하나가 다음의 **조화사상 흐름**(harmonic map flow)

$$\frac{\partial}{\partial t} \Phi - \Delta_M^N \Phi = 0$$

으로 콤팩트 리만 다양체 M과 N 사이의 사상 $\Phi(t, \cdot)$의 변형을 서술한다. 작용소 Δ_M^N은 비선형 라플라스 작용소인데 Δ_M을 N의 접공간 위로 사용하여 구성한다. 이 작용소는 에너지

$$E[U] = \frac{1}{2} \int_M |dU|_N^2$$

과 관련된 **그래디언트 흐름**(gradient flow)으로, M과 N 사이에서 사상 U가 늘어난 정도를 잰다. N의 단면 **곡률**(sectional curvature)이 양이 아니라는 조건 하에 조화 사상 열 흐름은 정칙이며, $t \to +\infty$일 때 M과 N 사이의 어떤 (에너지 범함수 $E[U]$의 임계함수인) 조화 사상으로 수렴한다는 것을 보일 수 있다. 이 열방정식은 조화 사상의 존재성을 수립하는 데 이용하고, 주어진 사상 $\Phi(0, \cdot)$로부터 어떤 조화 사상 $\Phi(+\infty, \cdot)$으로의 연속적인 변형을 만들 때도 이용한다. 목표 다양체 N에 대한 곡률 가정이 조화 사상 열 흐름의 중요한 **단조성질**(monotonicity)의 원인인데, 에너지 부등식을 사용하여 빛을 발한다.

이런 종류의 변형 원리의 훨씬 더 극적인 응용은 3차원 **리치 흐름**[III.78]에서 나타난다.

$$\frac{\partial}{\partial t} g_{ij} = -2\mathrm{Ric}_{ij}(g).$$

이는 주어진 다양체 M 위의 계량 모임 $g_{ij}(t)$의 모임의 **준선형**(quasilinear) 열 발전을 알려준다. 이 경우 흐름이 정칙일 필요는 없지만 '수술(surgery)'을 통해 흐름으로 확장할 수 있는데, 수술의 구조와 흐름의 장기적 행동을 정확히 분석할 수 있는 방식으로 확장할 수 있다. 이런 분석은 특히 임의의 3차원 단순 연결 다양체가 3차원 구와 미분동형임을 보여주므로 푸앵카레 예상의 증명을 준다.

열방정식의 장기간의 행동은 **반응-확산계**의 분석 및 관련된 생물학적 현상에도 중요하다. 이는 이미 **튜링**[VI.94]이 거의 균질한 초기 상태로부터 동물의 피부 패턴과 같은 비균질 패턴이 형성되는 **형태발생**

(morphogenesis)을 반응–확산 방정식

$$\frac{\partial}{\partial t} u = \mu \Delta u + f(u, v), \quad \frac{\partial}{\partial t} v = \nu \Delta v + g(u, v)$$

의 기하급수적 불안정성을 통해 이해하려고 시도했던 연구에서 제안된 것이다.

이런 예들은 열방정식의 장기적 행동, 특히 해가 평형상태로 수렴하는지 오히려 기하급수적인 불안정성이 발생하는지의 경향을 강조한다. 하지만 다양체 M 위에서 열방정식의 단기적 행동이 M의 기하학 및 위상과의 관련에서 가장 중요하다는 것이 밝혀졌다. 이런 관계는 두 겹으로 이루어져 있다. 먼저 Δ_M의 스펙트럼과 M의 기하학 사이의 관계를 수립하고자 한다. 둘째, 단기적 행동의 분석을 **지표 정리**(index theorem)를 증명하는 데 이용할 수 있다. 평면 영역에서 첫 번째 측면은 '북의 모양을 들을 수 있는가?'라는 마크 카츠(Marc Kac)의 잘 알려진 질문에 포착돼 있다. 다양체일 때는 t가 0으로 수렴할 때 바일 공식(Weyl formula)

$$\sum_{i=0}^{\infty} e^{-t\lambda_i} = \frac{1}{(4\pi t)^{n/2}} (\mathrm{Vol}(M) + O(t))$$

로 시작한다. 이 항등식의 왼쪽 변은 Δ_M의 열핵의 대각합(trace)이다. 즉,

$$\sum_{i=0}^{\infty} e^{-t\lambda_i} = \mathrm{tr}\, e^{-t\Delta_M} = \int_M p(t, x, x)\, dx$$

인데 여기서 $p(t, x, y)$는 $u(0, x) = u_0(x)$인 열방정식 $\partial u / \partial t - \Delta_M u = 0$의 임의의 해가

$$u(t, x) = \int_M p(t, x, y) u_0(y)\, dy$$

로 주어지게 하는 함수다. 바일 등식의 오른쪽 변은 열핵 $p(t, x, y)$의 단기적 점근 성질을 반영한다.

지표 공식을 열 흐름으로 접근하는 방법은 바일의 등식의 양 변을 정밀하게 하는 일로 볼 수 있다. 왼쪽 변의 대각합은 더 복잡한 '초대각합(super-trace)'으로 대체하고, 오른쪽 변은 열핵의 전체 점근 성질을 포함하는데 미묘한 소거를 이해할 필요가 생긴다. 이런 종류의 예 중 가장 간단한 것이 가우스-보네 공식(Gauss-Bonnet formula)

$$\chi(M) = 2\pi \int_M R$$

로 2차원 다양체 M의 오일러 지표와, 스칼라 곡률의 적분을 연결지어준다. 오일러 지표 $\chi(M)$은 외미분(exterior differential) 0형식, 1형식, 2형식의 공간에 제한한 **호지 라플라스 작용소**(Hodge Laplacian) $(d + d*)^2$과 관련된 열 흐름의 대각합의 선형결합으로부터 나온다. 일반적인 **아티야-싱어 지표 정리**[V.2]는 디랙 작용소(Dirac operator)의 제곱으로 주어지는 작용소와 관련된 열 흐름과 관련된다.

III.37 힐베르트 공간

벡터공간[I.3 §2.3]과 선형사상[I.3 §4.2]의 이론은 수학의 많은 부분을 뒷받침한다. 하지만 선형사상은 일반적으로 각을 보존하지 않으므로, 벡터공간의 개념만을 이용해서는 각을 정의할 수 없다. 내적공간(inner product space)은 각의 개념이 의미를 갖기에 알맞게 충분한 추가 구조를 갖는 벡터공간이라고 생각할 수 있다.

벡터공간 위의 가장 간단한 내적의 예는 길이

가 n인 모든 실수열의 공간 $\mathbb{R}^n$ 위에 정의된 표준 상수곱인데 다음처럼 정의한다. $v = (v_1, \cdots, v_n)$과 $w = (w_1, \cdots, w_n)$이 그런 수열이면, $\langle v, w \rangle$로 표기하는 이들의 상수곱은 합 $v_1 w_1 + v_2 w_2 + \cdots + v_n w_n$이다. 예를 들어 $(3, 2, -1)$과 $(1, 4, 4)$의 상수곱은 $3 \times 1 + 2 \times 4 + (-1) \times 4 = 7$이다.

상수곱의 성질 중에서 두 가지를 여기 제시한다.

(i) 각 변수에 대해 독립적으로 선형이다. 즉, 모든 세 벡터 u, v, w와 두 상수 λ, μ에 대해 $\langle \lambda u + \mu v, w \rangle = \lambda \langle u, w \rangle + \mu \langle v, w \rangle$이고, 비슷하게 $\langle u, \lambda v + \mu w \rangle = \lambda \langle u, v \rangle + \mu \langle u, w \rangle$도 성립한다.

(ii) 임의의 벡터 v를 자신과 상수곱한 $\langle v, v \rangle$는 항상 음이 아닌 실수이며, v가 영벡터일 때만 0이다.

일반적인 벡터공간에서 벡터 v, w의 쌍의 함수 $\langle v, w \rangle$가 이 두 가지 성질을 가지면 내적이라 부르고, 내적을 갖는 벡터공간을 내적공간이라 부른다.* 벡터공간의 스칼라(상수)가 복소수이면, (i) 대신 다음처럼 개정한 것을 사용해야 한다.

(i′) 모든 세 벡터 u, v, w와 두 상수 λ, μ에 대해 $\langle \lambda u + \mu v, w \rangle = \lambda \langle u, w \rangle + \mu \langle v, w \rangle$ 및 $\langle u, \lambda v + \mu w \rangle = \bar{\lambda} \langle u, v \rangle + \bar{\mu} \langle u, w \rangle$가 성립한다. 즉, 내

적은 두 번째 변수에 대해 켤레 선형(conjugate-linear)이다.

$\mathbb{R}^2$와 $\mathbb{R}^3$에서 두 벡터 v, w의 상수곱은 v의 길이 곱하기 w의 길이 곱하기 두 벡터 사이의 각의 코사인 값이므로 내적과 각이 관련돼 있다. 특히 v는 자신과의 각이 0이므로 $\langle v, v \rangle$는 v의 길이의 제곱이다.

이 사실이 내적공간에서 길이와 각을 **정의**할 자연스러운 방법을 준다. 어떤 벡터 v에 대해 $\|v\|$로 표기하는 길이 혹은 **노름**(norm)은 $\sqrt{\langle v, v \rangle}$다. 두 벡터 v와 w에 대해 둘 사이의 각은 0과 π(혹은 $180°$) 사이에 있다는 사실과, 각의 코사인 값이 $\langle v, w \rangle / \|v\| \|w\|$라는 것을 써서 정의한다. 일단 길이가 정의되면 거리도 얘기할 수 있다. v와 w 사이의 거리 $d(v, w)$는 둘의 차의 길이, 즉 $\|v - w\|$다. 이렇게 정의한 거리는 **거리공간**[III.56]의 공리들을 만족한다. 각의 개념으로부터, v와 w가 서로 수직이라는 것은 단순히 $\langle v, w \rangle = 0$이라는 의미라고 말할 수 있다.

내적공간의 유용성은 2, 3차원 공간의 기하학을 나타낼 수 있는 능력을 훨씬 넘어선다. 내적공간이 진정 독자적인 공간으로 인정을 받는 것은 무한차원일 때이다. 이때는 **노름 공간과 바나흐 공간**[III.62]의 말미에서 간단히 논의한 **완비성**(completeness)이라는 추가 성질을 만족하면 편하다. 완비 내적공간을 **힐베르트 공간**(Hilbert space)이라 부른다.

두 가지 중요한 힐베르트 공간의 예는 다음과 같다.

(i) 표준 상수곱을 갖는 $\mathbb{R}^n$의 자연스러운 무한차원 일반화가 ℓ_2인데, 수열 $(a_1, a_2, a_3, \cdots)$ 중에

---

* 보통은 대칭성 $\langle v, w \rangle = \langle w, v \rangle$도 가정하며, 스칼라가 복소수인 경우에는 켤레 대칭성 $\langle v, w \rangle = \overline{\langle w, v \rangle}$를 가정한다. 그럴 경우 뒤쪽 변수에 대한 선형성이나 켤레 선형성은 자동으로 나온다-옮긴이

서 무한합 $|a_1|^2 + |a_2|^2 + |a_3|^2 + \cdots$이 수렴하는 것 전체의 집합이다. $(a_1, a_2, a_3, \cdots)$과 $(b_1, b_2, b_3, \cdots)$의 내적은 $a_1 b_1 + a_2 b_2 + a_3 b_3 + \cdots$이다. (코시-슈바르츠 부등식[V.19]에 의해 이 값이 수렴함을 보일 수 있다.)

(ii) $L_2[0, 2\pi]$는 0과 2π 사이의 모든 실수의 구간 $[0, 2\pi]$에서 정의된 함수 f 중에서 $\int_0^{2\pi} |f(x)|^2 dx$가 의미가 있고 유한인 것들의 집합이다. $L_2[0, 2\pi]$의 두 함수 f와 g의 내적은 $\int_0^{2\pi} f(x) g(x) dx$로 정의한다. (기술적인 의미에서, 0이 아닌 함수의 노름이 0일 수도 있으므로 이 정의는 딱히 정확하지는 않지만 그 문제는 쉽게 처리할 수 있다.)

두 번째 예는 푸리에 해석학에서 핵심이다. **삼각함수**는 $\cos(mx)$이나 $\sin(nx)$ 꼴의 함수인데, 서로 다른 삼각함수의 내적은 0이므로 모두 수직이다. 더 중요한 것은 공간 내의 모든 함수 f를 삼각함수들의 (무한) 선형결합으로 나타낼 수 있다는 점에서, 삼각함수들이 공간 $L_2[0, 2\pi]$의 좌표계 기능을 한다는 것이다. 이 덕분에 힐베르트 공간으로 음파를 모형화할 수 있다. 함수 f가 음파를 나타내면, 구성성분을 이루는 순음(pure tone)이 삼각함수들이다.

삼각함수들의 이런 성질들은 모든 힐베르트 공간은 **정규직교기저**(orthonormal basis)를 갖는다는 힐베르트 공간의 매우 일반적이고 중요한 현상을 설명해 준다. 정규직교기저란 다음 세 가지 성질을 갖는 벡터 e_i들의 집합을 말한다.

- 모든 i에 대해 $\|e_i\| = 1$

- $i \neq j$이면 $\langle e_i, e_j \rangle = 0$이다

- 공간의 모든 벡터 v는 $\sum_i \lambda_i e_i$ 꼴의 수렴하는 합으로 표현할 수 있다.

삼각함수들은 $L_2[0, 2\pi]$의 정규직교기저를 이루지는 않지만, 적당히 상수배하면 이룬다. 푸리에 해석 이외의 많은 맥락에서도 주어진 정규직교기저로 벡터를 분해하여 유용한 정보를 얻을 수 있고, 그런 기저의 존재성으로부터 일반적 사실을 많이 연역할 수 있다.

상수가 복소수인 힐베르트 공간은 양자역학에서도 중심을 이룬다. 양자역학계의 가능한 상태와, 어떤 선형사상에 대응하는 시스템의 관측 가능한 특징을 나타내는 데 힐베르트 공간의 벡터를 사용할 수 있다.

여러 가지 이유로 힐베르트 공간 위의 **선형사상**[III.50]을 연구하는 것은 수학의 중요한 분야이다 (**작용소 대수**[IV.15] 참조).

III.38 호몰로지와 코호몰로지

R이 $\mathbb{Z}$나 $\mathbb{C}$와 같은 가환환일 때 위상공간[III.90] X에 일련의 군 $H_n(X, R)$을 대응할 수 있다. (계수가 R인) X의 **호몰로지군**(homology group)이라 부르는 이 군들은 X에 대해 상당한 정보를 담고 있으면서도, (최소한 다른 불변량들에 비해) 계산하기 쉽기 때문에 강력한 불변량이다. 밀접히 연관된 **코호몰로지군**(cohomology group) $H^n(X, R)$은 환으로 만들 수 있

기 때문에 더 유용하다. 조금 과하게 단순화하면 코호몰로지군 $H^n(X)$의 원소는 여차원(codimension)이 n인 부분공간 Y의 동치류[I.2 §2.3] $[Y]$들이다. (물론 이게 정말 말이 되려면 X가 다양체[I.3 §6.9]처럼 상당히 좋은 공간이어야 한다.) $[Y]$와 $[Z]$가 각각 $H^n(X, R)$과 $H^m(X, R)$에 속하면 이들의 곱은 $[Y \cap Z]$다. '전형적'인 $Y \cap Z$는 여차원이 $n+m$이므로, 동치류 $[Y \cap Z]$는 $H^{n+m}(X, R)$에 속한다. 호몰로지군과 코호몰로지군은 대수적 위상수학[IV.6]에 좀 더 자세히 기술하였다.

호몰로지와 코호몰로지의 개념은 위의 논의가 암시하는 것보다 훨씬 일반적인 것이 되어, 지금은 위상공간에만 얽매여 있지도 않다. 예를 들어 군 코호몰로지의 개념은 대수에서 대단히 중요하다. 위상수학 내에서도 다양한 호몰로지 및 코호몰로지 이론이 존재한다. 1945년 에일렌베르크(Eilenberg)와 스틴로드(Steenrod)는 적은 개수의 공리계를 고안하여 이 분야를 대단히 명확히 했다. 위상공간에 이런 공리들을 만족하는 아무 군이나 대응한 것이 호몰로지 이론이며, 호몰로지 이론의 기본적 성질은 이들 공리계로부터 나온다.

(base point)이라 부른다. 고리 두 개의 기준점이 같을 때, 하나를 다른 하나로 연속적으로 변형하면서 중간 경로들이 X에 존재하면서 주어진 기준점에서 시작하고 끝나게 할 수 있으면 두 고리가 **호모토픽**(homotopic)하다고 말한다. 예를 들어 X가 평면 $\mathbb{R}^2$이면, $(0, 0)$에서 시작하고 끝나는 임의의 두 경로는 연속동형이다. 반면 X가 원점을 제외한 평면이면, 원점이 아닌 어떤 점에서 시작하고 끝나는 두 경로가 서로 연속동형인가의 여부는 원점 주변을 같은 횟수만큼 도는지에 달렸다.

연속동형성(호모토피)은 **동치관계**[I.2 §2.3]이며 기준점이 x인 경로들의 동치류는 x에 대응하는 X의 **기본군**(fundamental group)을 이루고 이를 $\pi_1(X, x)$라 표기한다. X가 연결공간이면 이 군은 x에 의존하지 않으므로 대신 $\pi_1(X)$라고 표기한다. 군의 연산은 '이어붙임(concatenation)'이다. x에서 시작하고 끝나는 두 경로의 '곱'은 하나를 따라간 후 다른 하나를 따라가는 복합 경로이며, 동치류의 곱은 이 곱의 동치류로 정의한다. 이 군은 대단히 중요한 불변량인데 (예를 들어 **기하적/조합적 군론**[IV.10 §7]을 보라), 대수적 위상수학[IV.6 §§2, 3]에서 설명하는 고차원 호모토피군의 수열 중 첫 번째 항이다.

III.39 호몰로지군

X가 위상공간[III.90]이면 X 내의 **고리**(loop)는 동일한 점에서 시작하고 끝나는 경로, 혹은 더 형식적으로는 $f(0) = f(1)$을 만족하는 연속함수 $f : [0, 1] \to X$를 말한다. 경로가 시작하고 끝나는 점을 기준점

III.40 아이디얼류 군

산술의 기본 정리[V.14]는 모든 양의 정수를 소수의 곱으로 (순서 바꿈은 제외하고) 정확히 한 가지 방법으로 쓸 수 있다는 주장이다. 비슷한 정리들이 다

른 맥락에서도 여전히 참이다. 예를 들어 다항식에 대해 유일 인수분해 정리가 있고, 가우스 정수(Gaussian integer), 즉 a, b가 정수일 때 $a + ib$ 꼴의 수에 대해서도 있다.

하지만 대부분의 수체[III.63]에 대해 대응하는 '정수환(ring of integers)'은 유일 인수분해 성질을 갖지 않는다. 예를 들어 a, b가 정수일 때 $a + b\sqrt{-5}$ 꼴의 수를 모은 환[III.81 §1]에서는 6을 2×3으로도 $(1 + \sqrt{-5})(1 - \sqrt{-5})$로도 인수분해할 수 있다.

아이디얼류 군은 유일 인수분해가 얼마나 성립하지 않는지를 재는 한 가지 수단이다. 임의의 수체의 정수 환에 대해 아이디얼[III.81 §2]의 집합 위에 곱셈 구조를 정의할 수 있는데, 이에 대해서는 유일 인수분해가 성립한다. 환의 원소 자체는 이른바 '주아이디얼(principal ideal)'에 대응하므로, 모든 아이디얼이 주아이디얼이면 환에 대해서도 유일 인수분해가 성립한다. 주아이디얼이 아닌 아이디얼이 있으면, 이들 위에 자연스러운 동치관계[I.2 §2.3]를 정의하여 아이디얼류(ideal class)라 부르는 동치류가 군[I.2 §2.1]을 이루도록 할 수 있다. 이 군이 아이디얼류 군이다. 모든 주아이디얼은 이 군의 항등원을 형성하므로, 아이디얼류 군이 더 크고 복잡할수록 환이 유일 인수분해 성질로부터 멀다. 더 자세한 것은 대수적 수[IV.1]에서 특히 §7을 보라.

III.41 무리수와 초월수
벤 그린 *Ben Green*

무리수는 둘 다 정수인 a, b를 써서 a/b 꼴로 쓸 수 없는 수다. $\sqrt{2}$, e, π처럼 자연스럽게 발생하는 대단히 많은 수가 무리수다. $\sqrt{2}$가 무리수라는 다음의 증명은 수학 전체에서 가장 잘 알려진 논증 중 하나다. $\sqrt{2} = a/b$라 하자. 공통인수는 약분할 수 있으므로 a, b가 공통인수를 갖지 않는다고 가정해도 좋다. $a^2 = 2b^2$을 얻으므로, a가 짝수여야 한다는 뜻이다. $a = 2c$라 하자. 그러면 $4c^2 = 2b^2$이므로 $2c^2 = b^2$이다. 따라서 b도 짝수여야 한다. 하지만 a, b가 서로소라는 가정에 모순이다.

수학에서는 어떤 구체적인 수가 유리수인지 아닌지에 대한 유명한 예상들이 있다. 예를 들어 $\pi + e$와 π^e은 무리수인지 알려져 있지 않고, 오일러 상수(Euler's constant)

$$\gamma = \lim_{n \to \infty}\left(1 + \frac{1}{2} + \cdots + \frac{1}{n} - \log n\right)$$
$$\approx 0.577215\cdots$$

역시 알려져 있지 않다. $\zeta(3) = 1 + 2^{-3} + 3^{-3} + \cdots$이 무리수라는 것은 알려져 있다. $\zeta(5)$, $\zeta(7)$, $\zeta(9)$, $\cdots$가 무리수라는 것은 거의 틀림이 없다. 하지만 이런 수 중 무한히 많은 수가 무리수임이 알려져 있지만, 구체적으로 알려진 것은 하나도 없다.

다음은 e가 무리수라는 사실의 고전적인 증명이다.

$$e = \sum_{j=0}^{\infty} \frac{1}{j!}$$

이 p/q라면

$$p(q-1)! = \sum_{j=0}^{\infty} \frac{q!}{j!}$$

이어야 한다. 좌변과 우변에서 $j \leqslant q$인 항의 합은 모두 정수다. 따라서 다음 양

$$\sum_{j \geqslant q+1} \frac{q!}{j!} = \frac{1}{q+1} + \frac{1}{(q+1)(q+2)} + \cdots$$

역시 정수다. 하지만 이 양이 0보다 크고 1보다 작다는 것을 보이는 것은 어렵지 않으므로 모순이다.

여기서 사용한 원리는 음이 아닌 정수의 절댓값은 최소 1이어야 한다는 것으로, 무리수와 초월수의 이론에서 놀랍게도 강력한 원리다.

다른 수들보다도 더 무리수인 수가 있다. 어떤 의미에서 가장 무리수인 수는 황금비 $\tau = \frac{1}{2}(1+\sqrt{5})$이다. 인접한 피보나치 수의 비가 이 수와 가장 가까운 유리수 근사인데 다소 느리게 수렴하기 때문이다. τ가 무리수라는 사실에 대한 다소 우아한 증명도 있다. $\tau \times 1$ 직사각형 R을 한 변의 길이가 1인 정사각형과 $1/\tau \times 1$ 직사각형으로 가를 수 있다는 관찰에 근거한 것이다. τ가 유리수라면, R과 닮았으면서 두 변의 길이가 정수인 직사각형을 만들 수 있을 것이다. 이 직사각형에서 정사각형을 제거하면, 여전히 R과 닮았으면서 두 변의 길이가 정수인 더 작은 직사각형이 남는다. 즉, 이 과정을 무한히 계속할 수 있다는 말이므로 당연히 불가능하다.

초월수(transcendental number)는 대수적 수(algebraic number)가 아닌 수, 즉 정수 계수 다항방정식의 근이 아닌 수를 말한다. $\sqrt{2}$는 $x^2 - 2 = 0$의 근이므로 초월수가 아니며, $\sqrt{7+\sqrt{17}}$도 마찬가지다.

초월수가 있기는 할까? 이 질문의 답은 1844년 리우빌[VI.39]이 제시했는데, 그는 다양한 수가 초월수라는 것을 보였다. 그중 다음 수

$$\kappa = \sum_{n \geqslant 1} 10^{-n!}$$

$$= 0.110001000000000000000000010\cdots$$

이 잘 알려진 예다. 이 수는 어떤 대수적 수보다도 더 정확하게 유리수로 근사할 수 있기 때문에 대수적 수가 아니다. 예를 들어 110001/1000000은 분모는 그다지 크지 않으면서도 κ와 대단히 가까운 유리수 근사이다.

리우빌은 α가 n차 다항식의 근이면, 모든 정수 a 및 q에 대해

$$\left| \alpha - \frac{a}{q} \right| > \frac{C}{q^n}$$

를 성립시키는, α에 의존하는 상수 C가 있음을 보였다. 말로 표현하면, α는 유리수로 그다지 잘 근사시킬 수 없다는 뜻이다. 나중에 로스(Roth)는 지수 n을 임의의 $\varepsilon > 0$에 대해 $2 + \varepsilon$으로 대체할 수 있음을 증명했다. (이 주제에 대해서는 리우빌의 정리와 로스의 정리[V.22]를 참조하라.)

30년 후 초월수의 존재성에 대한 완전히 색다른 접근법을 칸토어[VI.54]가 발견했다. 칸토어는 대수적 수의 집합이 가산[III.11]임을 증명하였는데, 간략히 말하면 순서대로 나열할 수 있다는 뜻이다. 더 정확히 말하면 자연수의 집합 $\mathbb{N}$으로부터 대수적 수의 집합으로 가는 전사 함수(surjective map)가 있다. 이와 대조적으로 실수 $\mathbb{R}$은 가산이 아니다. 이에 대한 칸토어의 유명한 증명은 모든 실수의 나열이 반드시 불완전하다는 것을 보이는 데 대각선 논법을

사용한다. 따라서 대수적 수가 아닌 실수가 존재해야만 한다.

일반적으로 구체적인 수가 초월수라는 것을 보이는 것은 다소 어렵다. 예를 들어 모든 초월수를 유리수로 매우 잘 근사할 수 있는 것은 아닌데, 이 사실은 유용한 충분조건일 뿐이다. 어떤 수가 초월수라는 것을 보이는 다른 방법들이 있다. e와 π 모두 초월수로 알려져 있고, 모든 $\varepsilon > 0$에 대해 $|e - a/b| > C(\varepsilon)/b^{2+\varepsilon}$임이 알려져 있으므로 e는 유리수로 그다지 잘 근사되지는 않는다. $\zeta(2m)$은 항상 π^{2m}의 유리수배이므로 $\zeta(2), \zeta(4), \cdots$는 모두 초월수이다.

초월수에 대한 현대적 이론은 아름다운 결과를 풍부하게 담고 있다. $\alpha \neq 0, 1$이 대수적 수이고 β가 유리수가 아닌 대수적 수라면, α^β이 초월수임을 말해주는 겔폰트-슈나이더 정리(Gel'fond-Schneider theorem)가 초창기의 결과이다. 특히 $\sqrt{2}^{\sqrt{2}}$도 초월수이다. x_1, x_2가 서로 일차독립인 복소수이며 y_1, y_2, y_3이 서로 일차독립인 세 복소수일 때, 다음 여섯 개의 수

$$e^{x_1 y_1}, e^{x_1 y_2}, e^{x_1 y_3}, e^{x_2 y_1}, e^{x_2 y_2}, e^{x_2 y_3}$$

중 적어도 하나는 초월수라는 **여섯 지수 정리**(six-exponentials theorem)도 있다. 이와 관련하여 x_1과 x_2가 서로 일차독립인 복소수이며 y_1과 y_2가 서로 일차독립일 때, 다음 네 수

$$e^{x_1 y_1}, e^{x_1 y_2}, e^{x_2 y_1}, e^{x_2 y_2}$$

중 적어도 하나는 초월수라는 예상인(현재 미해결인) **네 지수 추측**(four-exponentials conjecture)이 있다.

III.42 이징 모형

이징 모형(Ising model)은 통계 물리에서 기본 모형의 하나이다. 원래는 열을 가한 강자성 물질의 행동을 모형화하려고 고안한 것인데, 그 후 여러 가지 다른 현상을 모형화하는 데 이용됐다.

다음은 이 모형의 특수한 경우다. 절댓값이 기껏해야 n인 정수들의 순서쌍 전체의 집합을 G_n이라 하자. G_n의 각 점 x에 1이나 −1인 값 σ_x를 할당하는 방법을 배치(configuration)라고 말한다. 점들은 원자들을 나타내고 σ_x는 x의 '스핀이 위'인지 '스핀이 아래'인지를 나타낸다. 각 배치 σ에 $-\sum \sigma_x \sigma_y$값을 '에너지' $E(\sigma)$로 대응한다. 여기에서 합은 이웃한 x와 y의 쌍 전체에 대한 합이다. 따라서 이웃한 점들과 부호가 다른 점들이 많으면 에너지가 높고, 부호가 같은 점들의 큰 군집으로 G_n이 분할되면 에너지가 작다.

각 배치마다 $e^{-E(\sigma)/T}$에 비례하는 확률이 대응돼 있다. 여기서 T는 온도를 나타내는 양의 실수다. 따라서 에너지가 작을수록 주어진 배치가 나올 확률이 더 높으므로, 전형적인 배치는 같은 부호를 갖는 점들의 군집을 이루는 경향을 보인다. 하지만 온도 T가 증가할수록 확률이 좀 더 비슷해지므로 이러한 군집 효과는 점차 작아진다.

n을 무한대로 근접시킬 때 이 모형의 극한이 퍼텐셜이 0인 2차원 이징 모형이다. 일반적인 모형 및 이와 관련한 상전이(phase transition)에 대해 더 자세한 논의는 임계 현상의 확률적 모형[IV.25 §5]을 보라.

III.43 조르당 표준형

$n \times n$ 실 행렬 혹은 복소 행렬[I.3 §4.2] A가 주어졌는데 이 행렬을 이해하고 싶다고 하자. $\mathbb{R}^n$이나 $\mathbb{C}^n$ 위에서의 선형사상으로 어떻게 행동하는지 혹은 A의 거듭제곱이 얼마인지 질문하고 싶을 것이다. 일반적으로 이런 질문에 대답하는 것은 그다지 쉽지는 않지만, 어떤 행렬에 대해서는 대단히 쉽다. 예를 들어 A가 대각행렬(diagonal matrix)인 경우, 즉 0이 아닌 성분이 모두 대각선 위에 있는 경우에는 위의 두 질문에 대해 즉시 대답할 수 있다. x가 $\mathbb{R}^n$이나 $\mathbb{C}^n$의 벡터라면, Ax는 x의 각 성분을 대응하는 A의 대각 원소를 곱해서 얻으며, A^m을 계산하기 위해서는 각 대각 성분을 m제곱하면 된다.

따라서 $\mathbb{R}^n$에서 $\mathbb{R}^n$으로의 혹은 $\mathbb{C}^n$에서 $\mathbb{C}^n$으로의 선형사상 T가 주어질 때, T를 대각행렬로 표현하게 해 주는 어떤 기저를 찾아낸다면 아주 좋을 것이다. 이것만 가능하다면 선형사상을 '이해'한다는 느낌이 들 것이다. 그런 기저가 있다는 말은 고유벡터[I.3 §4.3]로 이루어진 기저가 있다는 뜻이다. 그런 기저가 존재할 때 선형사상을 대각화할 수 있다고 말한다. 물론 행렬에도 (행렬 A가 $\mathbb{R}^n$이나 $\mathbb{C}^n$ 위에서 x를 Ax로 보내는 사상을 결정하므로) 똑같은 용어를 적용할 수 있다. 따라서 행렬의 고유벡터로 이루어진 기저가 있으면, 혹은 이와 동치로 $P^{-1}AP$가 대각행렬인 가역행렬 P가 존재할 때 대각화할 수 있다고 말한다.

모든 행렬을 대각화할 수 있을까? 실수 위에서는 심지어는 고유벡터조차 없을 수 있다는 흥미롭지 못한 이유에서 답은 '아니오'이다. 예를 들어 평면에서의 회전은 고유벡터가 없는 것이 분명하다. 따라서 복소수 위의 행렬과 선형사상으로 이목을 제한하기로 하자.

행렬 A가 있으면 특성 다항식(characteristic polynomial), 즉 $\det(A - tI)$는 대수학의 기본 정리[V.13]에 의해 당연히 근을 갖는다. λ가 그런 근이면 선형대수의 표준 사실로부터 $A - \lambda I$는 특이 행렬(singular matrix)이고, 따라서 $(A - \lambda I)x = 0$, 즉 $Ax = \lambda x$인 벡터 x가 존재함을 말해준다. 따라서 고유벡터가 적어도 하나는 존재한다. 하지만 불행히도 기저를 이룰 만큼 충분한 고유벡터가 있을 이유는 없다. 예를 들어 $(1, 0)$을 $(0, 1)$로 보내고, $(0, 1)$을 $(0, 0)$으로 보내는 선형사상 T를 생각하자. 명백한 기저에 대해 이 사상을 표현하는 행렬은 $\left(\begin{smallmatrix} 0 & 0 \\ 1 & 0 \end{smallmatrix}\right)$이다. 이 행렬은 대각화할 수 없다. 왜 불가능한지 보는 한 가지 방법은 다음과 같다. 특성다항식은 t^2임을 알 수 있으므로 유일한 근이 0이다. 간단한 계산으로 $Tx = 0$이면 x가 $(0, 1)$의 상수배여야 함이 드러나므로, 일차독립인 두 개의 고유벡터를 찾을 수는 없다. T^2이 영행렬임을 관찰할 수 있으므로(T^2이 $(1, 0)$과 $(0, 1)$을 모두 $(0, 0)$으로 보내므로), T를 대각화할 수 있다면 이의 대각행렬은 영행렬이어야 하고(영행렬이 아닌 대각행렬을 제곱하면 영행렬이 아니므로) T 역시 영행렬이어야 하는데 그렇지 않다는 게 좀 더 우아한 증명법이다.

똑같은 논증을 쓰면 어떤 k에 대해 $A^k = 0$인 임의의 행렬 A(이런 행렬을 멱영 행렬(nilpotent matrix)이라 부른다)는 A 자체가 영행렬이 아니면 대각화할 수 없다는 것을 보일 수 있다. 예를 들어 0이 아닌 원소는 모두 주대각선 아래에 있는 임의의 행렬에 적용할 수 있다.

그렇다면 위의 행렬 T에 대해서는 아무 얘기도 할 수 없는 걸까? $T^2(1, 0) = (0, 0)$이므로 어떤 면에서는 $(1, 0)$을 '거의' 고유벡터라고 느낄 수 있다. 따라서 그런 벡터를 허용하여 관점을 확장하면 어떻게 될까? $T - \lambda I$의 어떤 거듭제곱이 x를 0으로 보낼 경우, 벡터 x를 고윳값이 λ인 T의 **일반화된 고유벡터**라고 말한다. 예를 들어 위의 예에서 벡터 $(1, 0)$은 고 윳값이 0인 일반화된 고유벡터다. 각 고윳값 λ에 대응하는 '고유공간(λ를 고윳값으로 갖는 모든 고유 벡터들의 공간)'이 있듯이, 고윳값이 λ인 일반화된 고유벡터로 이루어진 '일반화된 고유공간'도 있다.

행렬을 대각화하는 것은 정확히 벡터공간($\mathbb{C}^n$)을 고유공간으로 분해하는 것에 대응한다. 따라서 **임의의** 행렬에 대해 벡터공간을 일반화된 고유공간으로 분해할 수 있기를 바라는 것은 자연스럽다. 이는 사실로 드러난다. 공간을 쪼개는 방법을 **조르당 표준형**(Jordan normal form)이라 부르며, 지금부터 더 자세히 설명하겠다.

잠시 멈춰서 질문해 보자. 일반화된 고유벡터가 나오는 가장 간단한 상황이 무엇일까? 위의 예를 n차원으로 명백히 일반화한 것이어야 할 것이다. 다른 말로 하면 e_1을 e_2로, e_2를 e_3으로, $\cdots$, e_{n-1}을 e_n으로 보내고, e_n은 0으로 보내는 선형사상 T가 있다. 이는 다음 행렬에 대응한다.

$$\begin{pmatrix} 0 & 0 & 0 & \cdots & 0 & 0 \\ 1 & 0 & 0 & \cdots & 0 & 0 \\ 0 & 1 & 0 & \cdots & 0 & 0 \\ \vdots & \vdots & \vdots & \ddots & \vdots & \vdots \\ 0 & 0 & 0 & \cdots & 1 & 0 \end{pmatrix}.$$

이 행렬은 대각화할 수 없지만, 적어도 행동을 이해

하는 건 매우 쉽다.

이 행렬만큼 쉽게 이해할 수 있는 행렬들을 대각으로 더한 것이 행렬의 조르당 표준형이다. 물론 0 이 아닌 고윳값도 고려해야 하며, 다음 꼴의 행렬을 **블록**(block)이라 정의하자.

$$\begin{pmatrix} \lambda & 0 & 0 & \cdots & 0 & 0 \\ 1 & \lambda & 0 & \cdots & 0 & 0 \\ 0 & 1 & \lambda & \cdots & 0 & 0 \\ \vdots & \vdots & \vdots & \ddots & \vdots & \vdots \\ 0 & 0 & 0 & \cdots & 1 & \lambda \end{pmatrix}.$$

이 행렬 A에서 λI를 빼면 정확히 위에 나온 행렬이 므로 $(A - \lambda I)^n$은 정말 영행렬이다. 따라서 블록은 정말 이해하기 쉬운 선형사상을 나타내며, 모든 벡터가 고윳값이 똑같은 일반화된 고유벡터다. 모든 행렬을 이런 블록으로 분해할 수 있다는 것을 조르 당 표준형 정리가 말해준다. 즉, 어떤 행렬이 조르당 표준형이라는 것은 다음 꼴일 때를 말한다.

$$\begin{pmatrix} B_1 & 0 & \cdots & 0 \\ 0 & B_2 & \cdots & 0 \\ \vdots & \vdots & \ddots & \vdots \\ 0 & 0 & \cdots & B_k \end{pmatrix}.$$

여기에서 B_i들은 블록이며 크기들은 제각각일 수 있다. 또한 0들은 블록 크기에 따라 크기가 정해지는 부분행렬을 뜻한다. 크기가 1인 블록은 고유벡터 하나로 이루어져 있음에 주목하자.

일단 A를 조르당 표준형으로 쓰면, 전체 공간을 A의 작용을 이해하기 쉬운 부분공간으로 쪼갠 것이다. 예를 들어 A가 다음 행렬이라고 하자.

$$\begin{pmatrix} 4 & 0 & 0 & 0 & 0 & 0 & 0 \\ 1 & 4 & 0 & 0 & 0 & 0 & 0 \\ 0 & 1 & 4 & 0 & 0 & 0 & 0 \\ 0 & 0 & 0 & 4 & 0 & 0 & 0 \\ 0 & 0 & 0 & 1 & 4 & 0 & 0 \\ 0 & 0 & 0 & 0 & 0 & 2 & 0 \\ 0 & 0 & 0 & 0 & 0 & 1 & 2 \end{pmatrix}.$$

이 행렬은 크기가 3, 2, 2인 블록 세 개로 이루어져 있다. 그러면 A에 대한 많은 정보를 즉시 읽어낼 수 있다. 예를 들어 고윳값 4를 생각하자. 이 고윳값의 특성다항식의 근으로서의 중복도인 대수적 중복도(algebraic multiplicity)는 고윳값이 4인 모든 블록의 크기의 합인 5다. 반면 고유공간의 차원을 말하는 기하적 중복도(geometric multiplicity)는 그런 블록의 개수인 2이다(각 블록마다 고유벡터는 하나뿐이므로). 또한 이 행렬의 최소다항식($P(A) = 0$인 가장 낮은 차수의 다항식 $P(t)$)을 쉽게 쓸 수 있다. 먼저 각 블록의 최소다항식은 즉시 쓸 수 있는데, 블록의 크기가 k이고 일반화된 고윳값이 λ라면 $(t - \lambda)^k$이다. 전체 행렬의 최소다항식은 개별 블록에 대한 최소다항식의 '최소공배수'이다. 위의 행렬에서는 세 블록에 대해 $(t - 4)^3$, $(t - 4)^2$, $(t - 2)^2$을 얻으므로, 전체 행렬의 최소다항식은 $(t - 4)^3 (t - 2)^2$이다.

벡터공간 위에서 작용하는 선형사상과는 동떨어진 맥락에서 조르당 표준형을 일반화할 수 있다. 예를 들어 이 정리와 유사한 정리로 가환군에 적용되는 것이 있는데, 모든 가환군을 순환군의 직적(direct product)으로 분해할 수 있다는 명제로 밝혀졌다.

III.44 매듭 다항식
리코리쉬 *W. B. R. Lickorish*

1 매듭과 고리

3차원 공간 안에서 닫힌(다른 말로, 시작한 곳에서 끝나는) 곡선이 자신과는 만나지 않으면 **매듭**(knot)이라 부른다. **연환**(link)은 서로소인 곡선이 여러 개 모인 것으로, 각각을 연환의 성분이라 부른다. 다음과 같은 것들이 매듭과 연환의 간단한 예다.

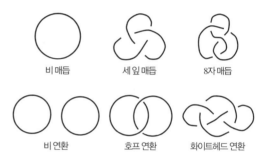

비매듭　세잎매듭　8자매듭
비연환　호프 연환　화이트헤드 연환

두 매듭이 동등하다 혹은 '같다'는 것은 매듭 하나를 '줄'을 끊지 않고 연속적으로 움직여서 다른 하나로 만들 수 있을 때를 말한다. 이런 이동에 대한 전문용어는 '**동위**(isotopy)'이다. 예를 들어 다음 매듭은 모두 같다.

매듭 이론의 첫 번째 문제는 두 매듭이 서로 같거나 다름을 어떻게 결정할 것인가이다. 두 매듭이 아주 달라 보이더라도 정말로 다르다는 것을 어떻게 **증명**할까? 고전기하에서 삼각형 하나를 강체운동하여 다른 하나로 옮길 수 있으면 두 삼각형이 '같다' 혹은 **합동**(congruent)이라고 말한다. 각 삼각형에 변의 길이와 각을 측정하는 숫자들을 할당하면 합동인지 결정하는 데 도움이 된다. 마찬가지로 각 매듭과 연환에 **불변량**(invariant)이라 부르는 수학적 개체를 할당하여, 두 연환의 불변량이 다르면 같은 연환이 아니도록 할 수 있다. 많은 불변량이 3차원 공간에서 연환의 여집합의 기하학이나 위상과 관련돼 있다. 이 여집합의 **기본군**[IV.6 §2]은 훌륭한 불변량이지만, 두 군을 구별하기 위해서는 대수적 기법들이 필요하다. 알렉산더(J. W. Alexander) 다항식(1926년에 출판된 논문에 나온다)은 이런 군들을 구별하다가 유도된 연환 불변량이다.[*] 비록 대수적 위상수학[IV.6]에 뿌리를 두고 있지만, 알렉산더 다항식은 타래(skein) 관계식을 만족한다는 것이 오랫동안 알려져 있었다(아래를 보라). 1984년의 홈플리(HOMFLY)[**] 다항식은 알렉산더 다항식을 일반화한 것이며, 타래 이론만의 간단한 조합만을 기반으로 만들 수 있다.

1.1 홈플리 다항식

연환의 각 성분에 향이 주어져 있어 방향을 화살표로 나타냈다고 하자. 각 유향 연환 L에 대응하는 홈플리 다항식 $P(L)$은 두 변수 v와 z를 갖는 어떤 정수계수 다항식이다(v와 z의 양의 지수 및 음의 지수 모두 허용한다). 이 다항식은 다음 성질을 갖는다.

$$P(\text{비 매듭}) = 1 \qquad (1)$$

또한 다음 선형 타래 관계식(skein relation)을 만족한다.

$$v^{-1}P(L_+) - vP(L_-) = zP(L_0). \qquad (2)$$

이는 교차점(crossing) 한 곳의 근처에서

과 같이 주어진 것을 제외하면 세 개의 연환이 같은 경우, 관계식 (2)가 성립한다는 뜻이다.

원리상 v^{-1}와 $-v$ 대신 x와 y를 쓸 수도 있지만, 이는 좋은 표기법으로 밝혀졌다. 알렉산더 다항식도 (2)의 특별한 경우를 만족하지만, 이런 일반적인 선형 관계식을 이용할 수 있다는 것을 깨닫기까지는 존스(V. F. R. Jones) 다항식이 발견될 때까지 거의 60년이 걸렸다. 유향 연환 다이어그램에서 가능한 교차점의 형태가 두 가지임에 주목하라. 교차점 아래의 호를 따라 화살표 방향으로 교차점을 향해 접근할 때, 위쪽의 유향 호가 왼쪽에서 오른쪽으로 넘어가는 것처럼 보이면 교차점이 **양으로 향해** 있고, 위쪽에서 교차하는 호가 오른쪽에서 왼쪽으로 넘어가면 **교차점이 음으로 향해** 있다고 한다. 연환 L의 교차점에서 타래 관계를 해석할 때 교차점이 양으로 향해 있으면 L_+로 해석하고, 음으로 향해 있으면 L로 해석하는 것이 중요하다.

유향 연환에 이런 다항식을 일관성 있게, 유일하게, 연환 다이어그램의 선택에 관계없이 부여하는 게 가능하다는 정리는 이 이론을 뒷받침하는 데 전혀 당연하지 않은 정리이다. 이 사실의 증명 중 하나가 리코리쉬(Lickorish)의 책(1997)에 나와 있다.

---

[*] 음의 지수도 허용하기 때문에 엄밀히 말하면 다항식은 아니다. 하지만 매듭 이론에서는 그렇게 통칭한다. 이하 마찬가지다―옮긴이

[**] 공동 발견자 Hoste, Ocneanu, Millett, Freyd, Lickorish, Yetter의 머리글자를 따서 붙였다. 이와 독립적으로 Przytycki, Traczyk도 발견했기 때문에 HOMFLY-PT 다항식이라 부르기도 한다―옮긴이

1.2 홈플리 계산

매듭의 다이어그램에서 교차점 몇 개의 위쪽 교차와 아래쪽 교차를 잘 바꾸면 언제나 비 매듭을 만들 수 있다. 마찬가지로 연환도 비 연환을 만들 수 있다. 비록 교차점의 수에 따라 계산 길이가 기하급수적으로 증가하긴 하지만, 이를 이용하여 임의의 연환의 다항식을 위의 관계식으로부터 계산할 수 있다. 다음은 P(세 잎 매듭)를 계산한 것이다. 우선 다음 타래 관계부터 고려하자.

$$v^{-1}P\left(\infty\right) - vP\left(\propto\right) = zP\left(\bigcirc\bigcirc\right).$$

왼쪽의 비 매듭 두 개를 다항식 1로 대체하면, 성분이 두 개인 비 연환의 홈플리 다항식이 $z^{-1}(v^{-1} - v)$임을 볼 수 있다. 다음처럼 두 번째로 타래 관계식을 이용하자.

$$v^{-1}P\left(\ominus\right) - vP\left(\ominus\right) = zP\left(\ominus\right).$$

비 연환에 대한 앞의 답으로 바꿔 넣으면, 호프 연환(Hopf link)에 대한 홈플리 다항식이 $z^{-1}(v^{-3} - v^{-1}) - zv^{-1}$임을 볼 수 있다. 마지막으로 다음 타래 관계식을 보자.

$$v^{-1}P\left(\otimes\right) - vP\left(\otimes\right) = zP\left(\otimes\right).$$

이미 호프 연환에 대해 계산한 것과 비 매듭의 값 1을 치환해 넣으면 다음을 얻는다.

$$P(\text{세 잎 매듭}) = -v^{-4} + 2v^{-2} + z^2v^{-2}.$$

비슷한 계산을 하면 다음을 보일 수 있다.

$$P(\text{8자 매듭}) = v^2 - 1 + v^{-2} - z^2.$$

따라서 세 잎 매듭과 8자 매듭은 다항식이 다르다. 이로부터 둘이 다른 매듭임이 **증명**된다. 실험적으로 목걸이로 (걸쇠로 끝을 이어서) 세 잎 매듭을 만들면, 이를 움직여서 정말로 8자 매듭을 만드는 것은 불가능하다. 매듭의 다항식은 방향의 선택에는 무관함에 주목하라(연환은 그렇지 않다).

거울로 매듭을 반사하는 것은 매듭의 다이어그램의 모든 교차점에서 위 교차와 아래 교차를 서로 바꾸는 것과 동등하다. (다이어그램을 그린 그림을 거울로 생각하라.) 반사한 매듭의 다항식은 원래 매듭에서 v가 나올 때마다, $-v^{-1}$으로 바꾸는 것만 제외하면 똑같다. 따라서 세 잎 매듭과, 이 매듭의 반사

의 홈플리 다항식은 각각

$$-v^{-4} + 2v^{-2} + z^2v^{-2} \text{ 및 } -v^4 + 2v^2 + z^2v^2$$

이다. 두 다항식이 같지 않으므로, 세 잎 매듭과 이 매듭의 반사는 다른 매듭이다.

2 다른 다항식 불변량

홈플리 다항식은 1984년에 발견된 존스의 다항식에 자극받은 것이다. 유향 연환 L에 대해 존스 다항식 $V(L)$은 변수가 $t(t^{-1}$도 포함해서) 하나뿐이다. 이는 $P(L)$에서 $v = t$ 및 $z = t^{1/2} - t^{-1/2}$으로 치환하여 얻는데 여기서 $t^{1/2}$은 t의 형식적인 제곱근이다. 알렉산더 다항식은 $v = 1$, $z = t^{-1/2} - t^{1/2}$으로 치환하여 얻는다. 기본군, 덮개 공간, 호몰로지 이론을 써

서 위상수학의 용어로 이 다항식을 잘 이해할 수 있고, 행렬식을 포함한 다양한 방법으로 계산할 수 있다. 1969년 콘웨이(J. H. Conway)는 자신이 정규화한 알렉산더 다항식(홈플리 다항식에서 $v = 1$로 치환하여 얻는 z만을 변수로 갖는 다항식)을 논의하다가 처음으로 타래 관계식의 이론을 개발했다.

선형 타래 관계식에 기초한 다항식이 하나 더 있는데, 이것은 카우프만(L. H. Kauffman)이 만들었다. 무향 다이어그램에서 다음처럼 다른 네 개의 연환들을 포함한 식을 이용한다.

카우프만 다항식은 구별할 수 있지만 홈플리는 구별할 수 없는 매듭의 쌍의 예가 있으며, 반대 경우도 마찬가지다. 어떤 쌍은 두 다항식 어떤 것으로도 구별할 수 없다.

2.1 교대 매듭에의 응용

존스 다항식의 경우 '카우프만 괄호 다항식(Kauffman's bracket polynomial)'을 이용하여 대단히 쉽게 형식화할 수 있으므로, 존스 다항식을 일관성 있게 정의할 수 있다는 것을 쉽게 증명할 수 있다(홈플리 다항식은 그렇지 못하다). 이런 접근법은 매듭의 기약 교대 다이어그램은 그 매듭의 다이어그램 중에서 교차점의 수가 최소라는 대단히 믿을 만한 테이트(P. G. Tait)의 예상(1898)을 엄밀하게 확인할 때 이용됐다. 여기서 '교대(alternating)'라는 것은 매듭을 따라갈 때 교차점들을 위로, 아래로, 위로, 아래로, … 등등 교대로 지나간다는 뜻이다. 모든 매듭

에 그런 다이어그램이 대응되는 것은 아니다. '기약(reduced)'이라는 것은 다이어그램의 평면 여집합이 각 교차점마다 인접한 네 개의 서로 '다른' 영역을 갖는다는 뜻이다. 따라서 예를 들어 임의의 비자명 기약 교대 다이어그램은 비 매듭의 다이어그램일 수 없다. 또한 8자 매듭은 절대 교차점의 수가 3인 다이어그램으로 그릴 수 없다.

2.2 물리학

홈플리 다항식은 알렉산더 다항식과는 달리 고전적인 대수적 위상수학의 용어로의 해석이 알려져 있지 않다. 하지만 매듭 다이어그램에 적절한 표기를 붙여 합한 상태합(state sum)의 모임으로 재공식화할 수 있다. 이는 통계역학의 아이디어를 필요로 하는데, 초등적인 설명이 카우프만의 책(1991)에 나와 있다. 전체 홈플리 다항식의 이론을 확장한 것은 위상적 양자장론이라 부르는 일종의 등각장론(conformal field theory)으로 발전한다.

더 읽을거리

Kauffman, L. H. 1991. *Knots and Physics*. Singapore: World Scientific.

Lickorish, W. B. R. 1997. *An Introduction to Knot Theory*. Graduate Texts in Mathematics, volume 175, New York: Springer

Tait, P. G. 1898. On knots. In *Scientific Papers*, volume I, pp. 273-347. Cambridge: Cambridge University Press.

III.45 *K*-이론

K-이론은 위상공간[III.90] *X*의 가장 중요한 불변량인 *X*의 *K*-군(*K*-group)과 관련한 이론이다. $K^0(X)$를 만들려면 *X* 위의 벡터다발(의 동치류) 전체를 택한 후, 직합(direct sum)을 군의 연산으로 이용한다. 이로부터는 군이 아니라 반군(semigroup)밖에 나오지 않는다. 하지만 $\mathbb{N}$으로부터 $\mathbb{Z}$를 구성하는 것과 같은 방법으로 $a - b$ 꼴의 형태의 식에 동치류를 주어 준군으로부터 군을 쉽게 구성할 수 있다. *i*가 양의 정수일 때 군 $K^{-i}(X)$를 정의하는 자연스러운 방법이 있는데, 군 $K^0(S^i \times X)$와 밀접히 관련돼 있다. **보트 주기성 정리**(Bott periodicity theorem)는 $K^i(X)$가 *i*의 홀짝값에만 의존함을 말해 주므로, 서로 다른 *K*-군은 $K^0(X)$와 $K^1(X)$밖에 없다. 더 자세한 것은 **대수적 위상수학**[VI.6 §6]을 보라.

*X*가 콤팩트 다양체와 같은 위상공간이면, *X*로부터 $\mathbb{C}$로의 모든 연속함수의 C^*-대수 $C(X)$를 대응할 수 있다. 이 대수의 용어로 *K*-군을 정의할 수 있음이 밝혀졌다. $C(X)$ 꼴이 아닌 대수에도 적용할 수 있는 방식이다. 특히 가환이 아닌 곱을 갖는 대수에도 적용된다. 예를 들어 *K*-이론은 C^*-대수의 중요한 불변량을 제공한다. **작용소 대수**[IV.15 §4.4]를 보라.

라그랑주 승수

최적화와 라그랑주 승수법[III.64]을 보라.

III.46 리치 격자

$\mathbb{R}^d$에 격자(lattice)를 정의하기 위해 *d*개의 일차독립인 벡터 $v_1, \cdots, v_d$를 취하고 $a_1, \cdots, a_d$가 정수인 선형결합 $a_1 v_1 + \cdots + a_d v_d$를 모두 취한다. 예를 들어 $\mathbb{R}^2$에서 **육각형 격자**를 정의하기 위해서는 v_1과 v_2를 각각 $(1, 0)$과 $(1/2, \sqrt{3}/2)$로 취할 수 있다. v_2는 v_1을 $\pi/3$만큼 회전한 것이며, $v_2 - v_1$도 v_2를 $\pi/3$만큼 회전한 것임에 주목하라. 이런 과정을 계속하면, 원점 주변의 정육각형의 꼭짓점을 모두 생성할 수 있다.

$\mathbb{R}^2$에서 육각형 격자는 위수(order)가 6인 회전대칭성을 가지므로 다소 특이하다. 이 때문에 여러 가지 면에서 '최고의' 격자다. (예를 들어 벌들은 벌집을 육각형 격자 모양으로 배열하며, 비슷한 크기의 비누 거품은 자연스럽게 육각형 격자 꼴로 배열된다.) 리치 격자는 24차원에서 비슷한 역할을 한다. 모든 24차원 격자 중에서 '가장 대칭적'인데, 대칭성의 정도가 상당히 어마어마하다. 수학 연구의 일반적 목표[I.4 §4]에서 더 자세히 논의했다.

III.47 *L*-함수

케빈 버자드 *Kevin Buzzard*

1 수열을 어떻게 '꾸릴' 수 있나?

예를 들어 다음과 같은 수열이 주어졌다고 하자.

$$\pi, \ \sqrt{2}, \ 6.023 \times 10^{23}, \ \cdots$$

이 수열을 하나의 대상에 꾸려 넣어 수열에 대한 모

든 것을 기억하도록 하고, 수열에 대해 새로운 통찰력까지 주게 할 수 있을까? 생성함수[III.32]를 이용하는 것이 표준 기교인데, 수론 및 다른 분야에서 대단히 유익한 것으로 입증된 다른 방법이 더 있다. 주어진 수열 $a_1, a_2, a_3, \cdots$에 대해 디리클레 급수(Dirichlet series)를

$$L(s) = \frac{a_1}{1^s} + \frac{a_2}{2^s} + \frac{a_3}{3^s} + \cdots$$
$$= \sum_{n \geq 1} a_n / n^s$$

으로 정의한다. 여기에서 s는 양의 정수나 실수일 수 있다. 수열 $a_1, a_2, \cdots$이 지나치게 빨리 증가하지 않으면(앞으로 그렇게 가정할 것이다), 충분히 큰 s 값에 대해 급수 $L(s)$가 수렴할 것이다. 더욱이 처음 수열이 간단한 경우에도 대단히 '풍부한' 대상일 수 있다. 예를 들어 모든 n에 대해 $a_n = 1$일 때 결과로 얻는 $L(s)$는 유명한 리만 제타 함수[IV.2 §3] $\zeta(s) = 1^{-s} + 2^{-s} + 3^{-s} + \cdots$로 $s > 1$이면 수렴하고, 무엇보다도 오일러가 보인 대로 다음 식을 만족한다(각 짝수마다 이런 게 하나씩 있다).

$$\zeta(2) = \pi^2/6, \quad \zeta(4) = \pi^4/90,$$
$$\zeta(12) = \frac{691\pi^{12}}{638512875}.$$

따라서 1, 1, 1, $\cdots$처럼 간단한 수열에서도 해답을 간절히 바라는 자연스러운 질문이 나온다.

제타 함수가 L-함수(L-function)의 전형적인 예다. 하지만 모든 디리클레 급수가 L-함수라 불릴 자격이 있는 건 아니다. 아래에 제타 함수가 갖는 '좋은' 성질을 언급할 텐데, 간략히 말해 이런 좋은 성질을 갖는 디리클레 급수를 L-함수로 간주한다. 물론 이

게 공식적인 정의는 아니지만, 사실 'L-함수'의 공식적인 정의는 없다. (사람들이 정의하려고 애썼지만, 어떤 것이 올바른 정의여야 하는지에 대한 진정한 의견 일치는 없다.) 수학적 대상 X에 수열 $a_1, a_2, \cdots$를 대응한 뒤 대응하는 디리클레 급수 $L(s)$가 제타 함수의 좋은 성질을 공유한다는 증거가 있어 보이면, $L(s)$를 X의 L-함수라 부르는 것이 현실이다.

2 $L(s)$가 가질 수 있는 좋은 성질은 무엇인가?

제타 함수를 소수들에 대한 무한곱 $\zeta(s) = \prod_p (1 - p^{-s})^{-1}$으로도 쓸 수 있음을 확인할 수 있다. 이 곱은 보통 오일러 곱(Euler product)이라 부르는데, 디리클레 급수가 L-함수라는 호칭을 받을 자격이 있으려면 유사한 곱 전개가 있어야 한다. 이런 전개의 존재성은 수열 $a_1, a_2, \cdots$가 곱셈적(multiplicative)이라는 성질, 즉 m과 n이 서로소이면 $a_{mn} = a_m a_n$이라는 성질보다 조금 더 강한 성질과 긴밀히 관련돼 있다.

더 나아가기 위해서는 지평선을 확장해야 한다. s가 복소수이더라도 실수부가 충분히 크면, $L(s)$가 의미가 있다는 걸 보이는 것은 어렵지 않다. 더욱이 복소평면에서 합이 수렴하는 영역 내에서 복소해석적 함수[I.3 §5.6]를 정의한다. 예를 들어 제타 함수를 정의하는 디리클레 급수는 $\text{Re}(s) > 1$인 모든 s에 대해 수렴한다. $s \neq 1$인 임의의 복소수 s에 대해 복소해석적 함수로 유일하게 확장된다는 것이 제타 함수에 대한 표준 사실이다. 이런 현상은 제타 함수의 유리형 함수로의 연속으로 알려져 있다. $1 + x + x^2 + x^3 + \cdots$이 $|x| < 1$일 때만 수렴하지만, $1/(1 - x)$로 다시 쓰면 1이 아닌 임의의 복소수 x에

대해 자연스럽게 해석할 수 있는 것과 유사하다. 유리형 함수로의 연속은 일반적인 L-함수에 기대하는 또 다른 성질이다. 그렇지만 디리클레 급수를 복소평면 전체 위의 함수로 확장하는 것은 '전적으로 형식적인' 기교는 아님을 강조하는 건 중요하다. 무작위 수열 $a_1, a_2, \cdots$에 대응하는 디리클레 급수 $L(s)$는 급수를 수렴하는 영역을 넘어 자연스럽게 확장할 수 있을 이유가 없다. 유리형 함수로의 연속이 존재한다는 사실은, 어떤 의미에서 급수 내에 미묘한 대칭성이 존재한다는 것에 대한 엄밀한 방식의 주장이다.

유리형 함수로의 연속이라는 주제를 꺼낸 김에 리만 가설[V.26], 즉 $\zeta(s)$를 복소평면 전체 위의 함수로 확장하면 $0 < \mathrm{Re}(s) < 1$이고 $\zeta(s) = 0$인 복소수 s는 모두 실수부가 $\frac{1}{2}$이어야 한다는 추측을 간단히 언급해야겠다. 많은 L-함수에 대해서도 리만 가설과 유사한 가설이 있지만 거의 대부분 미해결 문제다.

마지막으로 강조하고 싶은 성질은 $\zeta(s)$와 $\zeta(1-s)$를 연관지어주는 비교적 간단한 공식이 있다는 것이다. 이 관계식은 제타 함수의 **함수 방정식**이라 부르는데, L-함수라 부를 자격이 있는 디리클레 함수라면 유사한 성질을 가져야 한다. (일반적으로 $\bar{L}(s)$가 켤레 복소 수열 $\overline{a_1}, \overline{a_2}, \cdots$에 대응하는 디리클레 급수일 때, 어떤 실수 k에 대해 $L(s)$와 $\bar{L}(k-s)$ 사이의 관계를 찾는다.)

수론에서 발생하는 디리클레 급수의 많은 예가 오일러 곱, 유리형 함수로의 연속, 함수 방정식이라는 세 가지 핵심 성질을 갖거나 아니면 적어도 가질 거라고 추측한다. 이런 것들이 L-함수로 알려지게

된 디리클레 급수들이다. 예를 들어 A, B가 정수이며 3차다항식 $x^3 + Ax + B$의 세 근이 모두 다를 때, 다음 방정식

$$y^2 = x^3 + Ax + B \tag{1}$$

는 타원곡선[III.21]을 하나 정의하며, 여기에 어떤 수열 $a_1, a_2, \cdots$가 자연스럽게 대응한다. (최소한 n이 소수일 때 a_n은 n을 법으로 했을 때 (1)의 해의 개수와 관련돼 있다. 더 자세한 것은 **산술기하학**[IV.5 §5.1]을 보라.) 하지만 이에 대응하는 디리클레 급수 $L(s)$의 복소평면으로의 유리형 함수로의 연속의 존재성을 보이는 것은 수 년 동안 미해결 문제였다. 현재는 **페르마의 마지막 정리**[V.10]의 증명으로부터 영향을 받은 와일즈(Wiles), 테일러(Taylor) 및 다른 이들의 연구 결과, 존재하는 것으로(사실 극점(pole)도 갖지 않는 것으로) 알려져 있다.

3 왜 L-함수가 중요한가?

최초로 L-함수를 사용한 사람은 **디리클레**[VI.36] 자신이었는데, 이를 이용하여 일반적인 등차수열에는 무한히 많은 소수가 있음을 증명하였다(**해석적 정수론**[IV.2 §4]을 보라). 실제로 리만 가설이 여전히 미해결 문제이긴 하지만, 리만 제타 함수의 근의 위치에 대한 부분적인 결과만으로도 소수의 분포에 대한 깊은 결과를 준다.

하지만 최근 백여 년 동안 수학자들은 두 번째 용도가 있다는 것을 깨달았다. X가 수학적 대상이고 $L(s)$가 이에 대응하는 L-함수라면, X의 산술 구조와 $L(s)$가 갖는 값, 전형적으로 $L(s)$를 정의하는

디리클레 급수가 수렴하지 않는 점에서의 값을 연결하는 심오한 예상들이 있다! 따라서 X의 L-함수를 연구하여 X를 연구할 수 있다. 이런 현상의 기본적인 예가 버치-스위너톤-다이어 예상[V.4]으로 방정식 (1)과 관련된 L-함수가 $s = 1$에서 0값을 가질 필요충분조건이 (1)이 x와 y 모두가 유리수인 해를 무한히 많이 갖는다는 명제의 약한 형태다. 이 예상에 대해 많은 것이 알려져 있고, 들리뉴(Deligne), 벨린슨(Belinson), 블로흐(Bloch), 카토(Kato)의 연구로 대단히 일반화됐다. 하지만 이 글을 쓰는 현재 여전히 미해결 문제이다.

III.48 리 이론

마크 로넌 *Mark Ronan*

1 리군

수학에서 군이 중요한 이유는 무엇일까? 어떤 수학적 구조의 대칭성을 이해하여 구조를 이해할 수 있는 경우가 종종 있는데, 대칭들이 군을 이룬다는 것이 한 가지 중요한 이유이다. 어떤 수학 구조들은 매우 대칭적이라서 유한개뿐 아니라 연속적으로 많은 대칭을 가진다. 이런 경우에 리 군과 리 이론의 영역에서 이해를 찾으려 하는 것이다.

가장 간단한 '연속'군의 하나가 평면 $\mathbb{R}^2$에서 원점 주변으로의 회전 전체로 이루어진 군 SO(2)다. SO(2)의 각 원소에 그 원소의 회전각 θ를 대응할 수 있다. θ만큼 반시계 방향으로의 회전을 R_θ라 쓰면 군의 연산은 $R_\theta R_\varphi = R_{\theta+\varphi}$로 주어지는데, 여기서 $R_{2\pi}$는 군의 항등원 R_0과 같은 것으로 이해한다.

군 SO(2)는 연속군일 뿐만 아니라 리 군(Lie group)이기도 하다. 간략히 말해 매끈한 곡선(즉, 연속일 뿐만 아니라 미분가능하기도 한 곡선)의 개념을 의미 있게 정의할 수 있는 군이다. SO(2)의 주어진 두 원소 R_θ와 R_φ에 대해, θ가 φ가 될 때까지 매끈하게 변형하여 R_θ로부터 R_φ까지의 매끈한 경로를 쉽게 정의할 수 있다. (t가 0부터 1까지 갈 때, 매개변수꼴로 $R_{(1-t)\theta+t\varphi}$로 준 경로가 이런 경우의 가장 명백한 경로이다.) 리 군의 모든 점의 쌍을 항상 경로로 연결할 수 있는 (항상 경로로 연결할 수 있는 경우, 리 군이 **연결돼**(connected) 있다고 말한다) 것은 아니다. SO(2) 및 평면에서 원점을 지나는 직선에 대한 반사를 모두 포함한 것들로 구성된 O(2)는 연결돼 있지 않은 리 군의 예다. 두 개의 회전은 경로로 연결할 수 있고 임의의 두 반사끼리도 마찬가지지만, 회전에서부터 반사로 연속적으로 바꾸는 방법은 없다.

소푸스 리[VI.53]는 미분방정식에 대해 **갈루아 이론**[V.21]과 유사한 이론을 만들 목적으로 리 군을 도입했다. 위의 예처럼 $\mathbb{R}^n$이나 $\mathbb{C}^n$에서 가역인 선형변환으로 구성된 리 군은 **선형 리 군**이라 불리며, 중요한 리 군의 부류를 이룬다. 선형 리 군인 경우 '연속', '미분가능', '매끈함' 같은 용어를 이해하기가 꽤 쉽다. 하지만 원소들이 선형변환으로 주어지지 않은 더 추상적인 (실수 및 복소수 체 위의) 리 군도 생각할 수 있다. 리 군을 완전히 일반적으로 적절히 정의하기 위해서는 매끈한 **다양체**[I.3 §6.9]의 개념이 필요하다. 하지만 간단한 논의를 위해 대부분 선형 리 군에만 이목을 제한하겠다.

주어진 공간에서 한두 개의 구체적인 기하학적 구조를 보존하는 모든 변환을 모으는 것이 리 군을 만드는 가장 흔한 방법이다. 예를 들어 **일반 선형군** $GL_n(\mathbb{R})$은 $\mathbb{R}^n$에서 $\mathbb{R}^n$으로의 가역인 선형변환 전체의 군으로 정의한다. 이 군 안에 부피와 향을 보존하는(혹은 이와 동치로 **행렬식**[III.15]이 1인) 선형변환만을 모은 **특수 선형군** $SL_n(\mathbb{R})$이 있다. 거리를 보존하는 선형변환을 모으면 **직교군** $O(n)$을 얻는다. 거리와 향을 모두 보존하는 선형변환을 모으면 **특수 직교군** $SO(n)$을 얻는데, $SL_n(\mathbb{R}) \cap O(n)$과 같음을 쉽게 볼 수 있다. $\mathbb{R}^n$의 (회전, 반사, 평행이동처럼 거리와 각을 보존하는) 강체운동을 모은 **유클리드 군** $E(n)$은 직교군 $O(n)$에 ($\mathbb{R}^n$과 동형인) 평행이동군을 더해 생성할 수 있다. 위의 모든 군에서 실수 $\mathbb{R}$을 복소수 $\mathbb{C}$로 대체한 유사 군들이 존재한다. 예를 들어 $GL_n(\mathbb{C})$는 $\mathbb{C}^n$의 가역인 복소 선형변환 전체의 군이며, 직교군 $O(n)$의 복소수 버전은 **유니터리군** $U(n)$이다. **사원수**[III.76] 위에서 $O(n)$이나 $U(n)$과 유사한 군으로 **심플렉틱군** $Sp(2n)$도 있다. $E(n)$을 제외하면 모두 선형 리 군임이 명백하며, $E(n)$과 동형인 선형 리 군을 묘사하는 것도 어렵지는 않다.

리 군의 중요한 많은 예가 유한차원인데, 간략히 말하면 유한개의 연속 매개변수를 이용하여 묘사할 수 있다는 뜻이다. (무한차원 리 군도 중요하긴 하지만, 다루기가 더 어렵고 자세한 것은 여기서 논의하지 않는다.) 예를 들어 $\mathbb{R}^3$에서 원점을 고정하는 회전들의 군 $SO(3)$은 3차원이다. 각 회전은 세 개의 매개변수를 이용하여 구체화할 수 있는데, 예를 들어 x-축, y-축, z-축 주변의 회전으로 구체화할 수 있다. 이들 특별한 매개변수는 비행기 조종사들에게

세는 비행기의 진행 방향을 x-축으로 둘 때 롤(roll), 피치(pitch), 요(yaw)로 알려져 있다. 축과 회전각을 이용하여 회전을 구체화할 수도 있다. 축을 구체화하는 데 매개변수가 두 개 필요하고(예를 들어 구면 좌표계를 쓴다), 회전각을 구체화하기 위해 매개변수가 하나 필요하다. 이 각을 0부터 π 사이에서 잡자(π보다 큰 각으로 회전하는 것은, 반대 방향으로 π보다 작은 각으로 회전하는 것과 같은 효과를 낸다).

다음처럼 $SO(3)$을 기하학적으로 표현할 수 있다. 원점이 중심이고 반지름이 π인 공을 B라 하자. B에서 중심이 아닌 각 점 P에 대해, (O가 원점일 때) O로부터 P까지의 (라디안 단위로) 거리만큼 축 OP 주변으로 $\mathbb{R}^3$의 회전을 대응시키고, O 자체에는 항등사상을 대응시킨다. B의 겉면 위의 대척점 P와 P′에, 동일한 π라디안만큼의 회전이 대응한다는 것이 유일한 모호함이다. 이런 점들의 쌍을 함께 붙이면 이런 모호함은 제거할 수 있다. 이는 $SO(3)$을 위상공간[III.90]처럼 보면 3차원 **사영공간**[I.3 §6.7] $\mathbb{RP}^3$과 동등하다는 것을 말해준다. 이와는 대조적으로 군 $SO(2)$는 훨씬 단순하여 위상적으로 원과 동등하다.

리 군은 연속 운동을 포함하는 어떤 주제에서든 자연스럽게 나온다. 예를 들어 안내(유도) 장치의 설계와 같은 응용 분야에서도 나타나며, 기하학이나 미분방정식과 같은 순수 분야에서도 나타난다. 리 군 및 이와 밀접히 관련되며 아래에서 논의할 리 대수도 여러 가지 형태의 대수, 특히 양자역학과 관련된 물리 분야에서 나타나는 대수 구조에서 자주 나타난다.

2 리대수

위의 예에서 볼 수 있듯, 리 군은 보통 '굽어' 있고 위상이 자명하지 않다. 하지만 리 군에 리 대수(Lie algebra)라 부르는 평평한 구조를 대응하여 리 군을 유익하게 분석할 수 있다. 공처럼 대칭적인 대상을 접평면 하나와의 관계를 연구하여 공부하자는 아이디어와 비슷하다. 리 대수는 항등원에서의 리 군에 대한 접평면을 이용하는데, 이를 리 군의 '로그'로 볼 수 있다.

리 대수가 어떻게 발생하는지 보기 위해, 선형 리 군을 생각하자. 군의 원소는 벡터공간 위의 선형사상, 혹은 이와 동치로 (좌표계 기저를 선택하면) 정사각행렬로 볼 수 있다. 일반적으로 두 행렬 A와 B는 교환되지 않지만(즉, AB는 BA와 같을 필요가 없다) 항등행렬 I와 매우 가까운 행렬을 살펴보면 상황은 훨씬 간단해진다. 아주 작은 양수 ϵ과 고정된 두 행렬 X, Y에 대해 $A = I + \epsilon X$ 및 $B = I + \epsilon Y$라 두면

$$AB = I + \epsilon(X + Y) + \epsilon^2 XY$$

및

$$BA = I + \epsilon(X + Y) + \epsilon^2 YX$$

이다. 따라서 ϵ^2을 포함하는 항을 무시하면 A와 B가 '거의 교환'되며 A와 B의 곱은 '거의' X와 Y의 덧셈에 대응하는 것으로 볼 수 있어, 정말로 X, Y를 각각 A, B의 '로그'와 유사한 것으로 볼 수 있다.

이제 선형 리 군 G에 대해 충분히 작은 ϵ에 대해 $I + \epsilon X$가 크기 ϵ^2의 오차 내로 G에 포함되는 행렬 X 전체의 공간을 G의 리 대수 $\mathfrak{g}$라고 비형식적으로 정의하자. 예를 들어 일반 선형군 $GL_n(\mathbb{C})$의 리 대수 $\mathfrak{gl}_n(\mathbb{C})$는 $n \times n$ 복소 행렬 전체의 공간이다. 리 대

수는 군 G 안에 있는 가능한 순간 방향 및 속도 전체를 묘사하는 것으로 볼 수도 있고, 더 정확히는 G 내에서 항등원 R_0을 지나는 매끈한 곡선 $\epsilon \mapsto R_\epsilon$들의 미분 R_0'의 모임이라고 정의할 수 있다. 이 정의는 더 추상적인 리 군에도 그다지 어려움 없이 확장할 수 있다. (비행기 조종사의 예로 돌아가면, 리 군 $SO(3)$은 고정된 좌표계에 대해 비행기의 현재 방향을 기술하는 데 이용할 수 있는 반면, 리 대수 $\mathfrak{so}(3)$은 롤, 피치, 요의 현재 비율을 기술하는 데 이용할 수 있어 조종사가 비행기의 방향을 매끄럽게 바꿀 수 있게 해 준다.)

방금 살펴봤듯이 일반 선형군 $GL_n(\mathbb{C})$의 리 대수 $\mathfrak{gl}_n(\mathbb{C})$는 $n \times n$ 복소 행렬 전체의 공간이다. 특수 선형군 $SL_n(\mathbb{C})$의 리 대수는 대각합이 0인 모든 행렬로 이루어진 부분공간이다. ϵ^2 규모의 오차 내에서 $\det(I + \epsilon X) = I + \epsilon \operatorname{tr} X$이기 때문에, $\epsilon \mapsto I + \epsilon X$가 군 안의 원소라면 $\operatorname{tr} X = 0$이기 때문이다. $SO(n)$의 리 대수 $\mathfrak{so}(n)$은 $O(n)$의 리 대수 $\mathfrak{o}(n)$과 같고, 이 둘은 반대칭 행렬 전체의 공간과 같다. 이와 비슷하게 $SU(n)$의 리 대수 $\mathfrak{su}(n)$과 $U(n)$의 리 대수 $\mathfrak{u}(n)$은 반에르미트 행렬의 공간과 같다. (어떤 행렬이 반에르미트 행렬이라는 것은 전치행렬의 복소 켤레와 자신의 합이 영행렬일 때다.)

리 군이 곱셈에 닫혀 있다는 것은 리 대수가 덧셈에 닫혀 있다는 것을 보이는 데 이용할 수 있다. 따라서 리 대수는 (실) 벡터공간이다. 하지만 리 대수를 단순한 벡터공간 이상으로 만들어 주는 추가 구조가 있다. 예를 들어 A와 B가 리 군 G에서 항등원에 매우 가까운 원소라 하자. 그러면 리 대수 $\mathfrak{g}$의 원소 X, Y와 매우 작은 ϵ에 대해 $A \approx I + \epsilon X$

와 $B \approx I + \epsilon Y$라 쓸 수 있다. 행렬대수를 약간 이용하면 A와 B의 교환자(commutator) $ABA^{-1}B^{-1}$는 G의 원소인데 $[X, Y] = XY - YX$에 대해 $I + \epsilon^2[X, Y]$로 근사할 수 있으며, 어떤 의미에서 A와 B가 얼마나 교환되지 않는지를 재는 원소이다. 이 양 $[X, Y]$를 X와 Y의 리 괄호(Lie bracket)라 부른다. 비형식적으로는 처음에는 X 방향으로 무한소 양만큼 이동한 후 Y 방향으로 움직인 뒤, X 방향과 Y 방향 순서대로 되돌아 왔을 때의 방향의 순 변화를 나타낸다. 이 새로운 방향은 X와 Y의 원래 방향과 상당히 다를 수 있다.

리 괄호는 좋은 항등식을 많이 만족하는데, 예를 들어 반대칭 항등식 $[X, Y] = -[Y, X]$와 **야코비 항등식**(Jacobi identity)

$$[[X, Y], Z] + [[Y, Z], X] + [[Z, X], Y] = 0$$

을 만족한다. 군, 환, 체와 같은 대수적 대상을 대수적 항등식 몇 개를 써서 공리처럼 정의할 수 있듯, 이런 항등식을 이용하면 행렬이나 리 군에 대해 전혀 언급하지 않으면서도 리 대수를 완전히 추상적인 방식으로 정의할 수도 있다. 하지만 여기서는 리 대수에 대한 추상적 접근에는 집중하지 않을 것이다. 익숙한 리 대수의 예로는 리 괄호 $[x, y]$를 외적 $x \times y$로 정의한 $\mathbb{R}^3$이 있다. 리 괄호가 (자명한 경우가 아니면) 결합법칙을 만족하지 않음에 주목하라.

선형 리 군 G가 리 대수 $\mathfrak{g}$ 위에 리 괄호 연산 $[\cdot, \cdot]$를 자연스럽게 생성한다는 것을 보았다. 역으로 리 군이 연결군이면, 리 대수의 덧셈, 상수배, 리 괄호 연산으로부터 리 군을 거의 재구성할 수 있다. 더 정확히 말하면 리 군의 모든 원소 A는 리 대수의 어떤

원소 X의 지수[III.25] $\exp(X)$로 쓸 수 있다. 예를 들어 리 군이 SO(2)라면 이를 $\mathbb{C}$에서의 단위원과 동일시할 수 있다. 1에서 이 원에 대한 접선은 수직선이므로, 이의 리 대수를 순허수의 집합 $i\mathbb{R}$과 동일시할 수 있다(하지만 보통은 리 대수를 그냥 $\mathbb{R}$이라고 말한다). 그러면 각 θ만큼의 회전은 $\exp(i\theta)$로 쓸 수 있다. $\exp(i\theta) = \exp(i(\theta + 2\pi))$이므로 이 표현이 유일하지는 않음에 주목하라. 리 군 $\mathbb{R}$의 리 대수 역시 $\mathbb{R}$임을 보이는 건 어렵지 않으며(이를 이해하려면 $\mathbb{R}$을 이와 동형인 양의 실수의 곱셈군으로 바꿔 생각하는 게 도움이 된다), 이 경우 군의 원소를 지수로 표현하는 방법은 유일하다. 일반적으로 연결된 두 리 군의 리 대수가 동일하면 이들 리 군의 보편 덮개도 동일하며, 따라서 서로 밀접하게 관련돼 있다.

선형 리 군의 경우 지수는 다음의 익숙한 공식으로 기술할 수 있다.

$$\exp(X) = \lim_{n \to \infty} \left(I + \frac{1}{n}X\right)^n.$$

더 일반적인 추상 리 군의 경우 지수는, 1변수 미적분에서 나오는 항등식

$$\frac{\mathrm{d}}{\mathrm{d}t}\mathrm{e}^{tX} = X\mathrm{e}^{tX}$$

을 적절히 일반화한 것을 이용하여, 상미분방정식의 용어로 기술하는 것이 가장 적합하다.[*] 하지만 리 군의 비가환성 때문에 $\exp(X + Y)$는 $\exp(X)\exp(Y)$

---

[*] 사실 리 군과 리 대수는 상미분방정식과 편미분방정식의 대수적 면을 기술하는 데 훌륭한 도구다. 리 군을 써서 그런 방정식이 시간에 따라 발전하는 양상을 모형화할 수 있으며, 방정식을 기술하는 미분작용소는 대응하는 리 대수 위에서 모형화할 수 있다. 하지만 리 이론과 미분방정식 사이의 이런 중요한 관계는 여기서 논의하지 않는다.

와 같지는 않고, 그 대신 정확한 항등식은 베이커-캠벨-하우스도르프 공식(Baker-CampbellHausdorff formula)이다.

$$\exp(X)\exp(Y) = \exp(X + Y + \tfrac{1}{2}[X, Y] + \cdots).$$

여기서 빠진 항들은 리 괄호를 포함하는 적절히 복잡한 무한급수로 이루어져 있다. 리 대수와 리 군을 연결하는 지수 사상은 리 괄호와 밀접히 관련돼 있고, 이 때문에 리 괄호 연산을 가진 리 대수를 먼저 연구하고 분류하여 리 군을 연구하고 분류할 수 있다.

3 분류

어떤 수학 구조가 언제 분류 가능한가라는 질문은 언제나 흥미로운데, 중요한 구조이면서 간단히 분류할 수 없는 경우 특히 그렇다. 이런 기준에서 볼 때 리 대수의 분류와 관련하여 얻어진 결과들이 흥미롭다는 것을 부정할 수 없고, 이는 20세기로의 전환기의 가장 위대한 수학적 성취의 하나로 여겨지고 있다.

$\mathfrak{sl}_n(\mathbb{C})$처럼 복소 벡터공간의 구조를 갖는 리 대수인 복소 리 대수를 분류하는 것이 더 쉬운 것으로 밝혀졌다. 실 리 대수는 (실)차원이 두 배이며 원래 대수의 복소화(complexification)라 부르는 복소 리 대수에 임베드할 수 있다. 하지만 같은 복소 리 대수가 몇 가지 서로 다른 실 리 대수의 복소화로 나타날 수 있다(이때 실 리 대수를 복소 리 대수의 실 형식(real form)이라 부른다).

리 군과 리 대수를 분류하는 첫 단계는 단순(sim-ple) 리 군과 리 대수에 이목을 제한하는 것이다(이들은 더 작은 성분을 '인수로' 갖지 않는다는 점에서 소수와 유사하다). 예를 들어 유클리드 군 E(n)은 연결된 정규부분군인 평행이동군 $\mathbb{R}^n$을 포함한다. 이 부분군으로 자르면 직교군 O(n)을 얻으므로 E(n)은 단순군이 아니다. 더 형식적으로 말해 연결된 진부분 정규부분군을 포함하지 않는 리 군이 단순하다고 말하며, 리 대수가 단순하다는 것은 진부분 아이디얼[III.81 §2]을 포함하지 않을 때다. 이런 의미에서 리 군 SL$_n$($\mathbb{C}$)와 이 군의 리 대수 $\mathfrak{sl}_n(\mathbb{C})$는 모든 n에 대해 단순하다. 유한차원 복소 단순 리대수는 빌헬름 킬링(Wilhelm Killing)과 엘리 카르탕[VI.69]이 1888~1894년에 분류하였다.

단순 리 대수의 직합으로 (재배열만 제외하면) 유일하게 분해할 수 있는 소위 반단순(semisimple) 리 대수라는 맥락에서 분류한 것인데, 자연수를 소수의 곱으로 유일하게 분해할 수 있다는 것과 비슷하다. 더욱이 일반적인 유한차원 리 대수 $\mathfrak{g}$는 반단순 리 대수($\mathfrak{g}$의 레비 부분대수(Levi subalgebra)라 부른다)와 가해(solvable) 부분대수의 ($\mathfrak{g}$의 라디칼(radical)이라 알려져 있다) 조합으로(더 정확히는 '반직적(semi direct product)'으로) 표현할 수 있음을 레비의 정리가 보여준다. 가해 리 대수는 군론에서의 가해 군[V.21]의 개념과 관련돼 있는데 분류하기도 어렵고, 많은 응용에서는 반단순 리 대수에만(따라서 단순 리 대수에만) 이목을 제한할 수 있다.

단순 리 대수는 대단히 멋진 방식으로 서로 관련돼 있는 더 작은 부분대수(아이디얼은 아니다)로 쪼갤 수 있다. $\mathfrak{sl}_{n+1}$의 경우가 전형적이므로 이를 이용하여 일반적 이론을 설명하자. 이 리 대수는 대각합이 0인 $(n+1) \times (n+1)$ 행렬 전체로 구성되는데 다음과 같이 직합으로 쪼갤 수 있다.

$$\mathfrak{sl}_{n+1} = \mathfrak{n}_+ \oplus \mathfrak{h} \oplus \mathfrak{n}_-.$$

여기서 $\mathfrak{h}$는 대각합이 0인 대각행렬의 집합이며, $\mathfrak{n}_+$와 $\mathfrak{n}_-$는 각각 대각선이 0인 상삼각 및 하삼각 행렬의 집합이다. 대각행렬 X와 Y는 서로 교환되므로 리 괄호 $[X, Y] = XY - YX$는 0이다. 다른 말로 하면 X와 Y가 $\mathfrak{h}$에 속하면 $[X, Y] = 0$이다. 모든 원소 X와 Y에 대해 $[X, Y] = 0$인 리 대수를 가환 리 대수(Abelian Lie algebra)라 부른다.

단순 리 대수 $\mathfrak{g}$는 카르탕 부분대수(Cartan subalgebra)라 부르는 극대 가환 부분대수 $\mathfrak{h}$를 써서 비슷하게 분해할 수 있다. (단순 리 대수가 아닌 경우 카르탕 부분대수의 정의는 좀 더 복잡하다.) 카르탕 부분대수는 나머지 리 대수 위에 작용할 때 동시 대각화가 가능하기 때문에 중요하다. 이는 $\mathfrak{h}$의 여집합을 $\mathfrak{h}$의 작용에 불변인 근 공간(root space)이라 알려진 1차원 성분 $\mathfrak{g}_\alpha$들로 쪼갤 수 있다는 뜻이다. 다른 식으로 표현하자. X가 $\mathfrak{h}$에 속하고 Y가 근 공간에 속하면, $[X, Y]$는 Y의 상수배라는 뜻이다. (이런 대각화에는 대수학의 기본 정리[V.13]가 필요하므로, 복소 리 대수로 작업할 필요가 있는 것이다.)

$\mathfrak{sl}_{n+1}$에 대해서는 다음과 같다. 근 공간 $\mathfrak{g}_{ij}$는 i번째 행과 j번째 열에 있는 한 개의 성분만 제외하면 모두 0인 행렬들로 이루어진 1차원 공간이다. $X \in \mathfrak{h}$(즉, X가 대각합이 0인 대각행렬)이고 $Y \in \mathfrak{g}_{ij}$라면, $[X, Y]$도 $\mathfrak{g}_{ij}$에 속한다는 것을 보이는 건 어렵지 않다. 사실

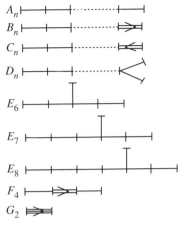

그림 1 딘킨 다이어그램

$$[X, Y] = (X_{ii} - X_{jj}) Y$$

이다. 대각행렬 X를 대각선에 나타나는 n개의 성분을 좌표로 갖는 벡터와 동일시하고 i번째 자리는 1이고 나머지는 0인 벡터를 e_i라 쓰면, $X_{ii} - X_{jj}$는 $\langle e_i - e_j, X \rangle$라 다시 쓸 수 있다. 벡터 $e_i - e_j$를 근 벡터(root vector)라 칭한다.

일반적으로 복소 반단순 리 대수 $\mathfrak{g}$는 근 벡터 α 및 대응하는 근 공간 $\mathfrak{g}_\alpha$들로 완전히 기술할 수 있다. $\mathfrak{g}$의 계수(rank)는 카르탕 부분대수 $\mathfrak{h}$의 차원과 같으며, 근 벡터들이 생성하는 벡터공간의 차원과도 같다. 예를 들어 $\mathfrak{sl}_{n+1}$의 계수는 n이며, 근 벡터는 방금 본 대로 $e_i - e_j$들이다. 근 벡터의 집합은 전혀 임의적이지 않으며, 단순하지만 상당히 제한적인 기하학적 성질을 따라야만 한다. 예를 들어 근 벡터 α를 다른 근 벡터 β에 수직인 초평면에 반사하면, 반사변환을 s_β라 할 때 반사한 결과 $s_\beta(\alpha)$ 역시 근 벡터여야 한다. ('수직'이라는 개념을 정확히 하기 위해 카르탕 부분대수 위에 킬링 형식(Killing form)으로 알

려진 특별한 내적을 정의할 필요가 있지만, 여기서는 논의하지 않겠다.) 이런 반사들이 생성하는 군을 리 대수의 바일 군(Weyl group)이라 부른다.

근 벡터들은 근 체계(root system)라 부르는 것을 이루는데, 위에서 언급한 기하학적 성질 때문에 모든 근 체계를 분류할 수 있으며 따라서 복소 반단순 리 대수를 모두 분류할 수 있다. 이렇게 분류한 것은 딘킨 다이어그램(Dynkin diagram)이라 부르는 아주 간단한 다이어그램으로 주어지는데, 그림 1에 나타내었다.

이 다이어그램의 꼭짓점은 소위 단순근(simple root)이라 부르는 것에 대응한다. 모든 근은 단순근의 선형결합인데, 계수들이 모두 음이 아니거나, 모두 양이 아니다. 두 꼭짓점 사이가 어떻게 결합돼 있느냐(혹은 단절돼 있느냐)는 것이 대응하는 두 단순근 사이의 내적을 결정한다. 둘 사이가 단절돼 있으면 내적은 0이고, 단일 결합이면 근 벡터들은 길이가 같으며 둘 사이의 각은 120°이다. 단일 결합만을 갖는 다이어그램에서는 근 벡터들이 $\mathbb{R}^n$에서의 직선들의 집합을 생성하는데, 이들 직선들은 서로 90°나 60°의 각을 이룬다. B_n, C_n, F_4, G_2 꼴의 다이어그램에서는 어떤 꼭짓점 쌍 사이에는 화살표가 있다. 화살표는 긴 근에서 짧은 근으로 향하고 있다. 처음 세 가지 경우 근의 길이의 비는 $\sqrt{2}$이며, G_2의 경우에는 $\sqrt{2}$이다. 이들 경우에는 근의 길이는 정확히 두 가지가 있지만, 단일 결합인 경우들에서는 모든 근의 길이가 같다.

A_n 다이어그램은 $\mathfrak{sl}_{n+1}$에 대응하는 것이다. $1 \leq i \leq n$에 대해 $e_i - e_{i+1}$들이 다이어그램의 왼쪽으로부터 오른쪽까지 단순근들을 나타낸다. 다이어그램에서 두 단순근이 인접해 있지 않으면 내적이 0이며, 인접해 있으면 내적이 −1이다. 근 $e_i - e_j$는 어떤 연결된 다이어그램 위에서 계수가 모두 1이거나 모두 −1인 단순근들의 합으로 쓸 수 있다.

무한한 모임 A_n, B_n, C_n, D_n은 고전 리 대수에 대응하는데, 이들의 실 형식은 $\mathfrak{sl}_{n+1}(\mathbb{R})$, $\mathfrak{so}(2n+1)$, $\mathfrak{sp}(2n)$, $\mathfrak{so}(2n)$이다. 이들은 각각 고전 리 군 $SL_{n+1}(\mathbb{R})$, $SO(2n+1)$, $Sp(2n)$, $SO(2n)$에 대응하는 리 대수다.

일찌감치 언급한 대로 계수가 n인 단순 리 대수 $\mathfrak{g}$는 차원이 n인 카르탕 부분대수와, 각각의 근마다 대응하는 1차원 근 공간의 집합의 합으로 분해할 수 있다. 이로부터

$$\dim \mathfrak{g} = \mathfrak{g}의\ 계수 + 근의\ 개수$$

임이 뒤따른다. 단순 리 대수들의 차원은 다음과 같다.

$$\dim A_n = n + n(n+1) = n(n+2),$$
$$\dim B_n = n + 2n^2 = n(2n+1),$$
$$\dim C_n = n + 2n^2 = n(2n+1),$$
$$\dim D_n = n + 2n(n-1) = n(2n-1),$$
$$\dim G_2 = 2 + 12 = 14,$$
$$\dim F_4 = 4 + 48 = 52,$$
$$\dim E_6 = 6 + 72 = 78,$$
$$\dim E_7 = 7 + 126 = 133,$$
$$\dim E_8 = 8 + 240 = 248.$$

다이어그램의 꼭짓점 각각은 단순근에 대응하므로, 그 근에 수직인 초평면에 대한 반사변환에도 대응한다. 이러한 반사들의 집합은 상당히 우아한 방

식으로 바일 군(Weyl group) W를 생성한다. 꼭짓점 i에 대응하는 반사를 s_i로 나타내면, W는 다음 관계식만을 갖는 위수 2인 원소 s_i로 생성된다.

$$(s_i s_j)^{m_{ij}} = 1.$$

여기서 m_{ij}는 $s_i s_j$의 위수이다(생성원과 관계식에 대한 논의는 [IV.10 §2]를 보라.) 이런 위수는 다이어그램으로부터 다음 규칙에 의해 결정된다.

   (i) 결합이 없으면 $s_i s_j$의 위수는 2이다.

   (ii) 단일 결합이면 $s_i s_j$의 위수는 3이다.

   (iii) 이중 결합이면 $s_i s_j$의 위수는 4이다.

   (iv) 삼중 결합이면 $s_i s_j$의 위수는 6이다.

예를 들어 A_n 꼴의 바일 군은 치환군[III.6] S_{n+1}과 동형이고, $s_1, \cdots, s_n$이 호환 (1 2), (2 3), $\cdots$, (n $n+1$)이도록 택할 수 있다. 근 체계 B_n과 C_n에 대응하는 딘킨 다이어그램은 똑같은 바일 군을 생성함에 주목하라.

원칙적으로 근 체계의 분류로부터 모든 유한차원 반단순 리 대수 및 리 군의 분류가 나온다. 하지만 현재 단순 리 대수 및 리 군에 대한 많은 기본적인 질문의 일부만 이해돼 있다. 예를 들어 리 이론에서 특히 중요한 목표는 주어진 리 군이나 리 대수의 선형 표현을 이해하는 것이다. (간략히 말해서 선형 표현이란 추상 리 군이나 리 대수의 각 원소에 행렬을 대응하여 선형 리 군이나 리 대수로 이해하는 방식이다.) 모든 단순 리 대수와 리 군의 표현이 분류돼 있고 구체적으로 묘사할 수 있기는 하지만, 이런 묘사를 통해 작업하는 것이 항상 쉬운 것은 아니며,

(주어진 표현을 더 간단한 표현으로 어떻게 분해하느냐와 같은) 기본적인 질문에 대답하는 것은 종종 대수적 조합론으로부터의 복잡한 도구를 필요로 한다.

위에서 개요를 설명한 근 체계의 이론은 무한차원 리 대수의 중요한 부류인 카츠–무디 대수(Kac-Moody algebra)로 확장할 수 있다. 이런 대수는 물리학의 여러 분야와 (꼭짓점 작용소 대수[IV.17]에서 설명한 것처럼) 대수적 조합론에서 발생한다.

III.49 선형 및 비선형 파동과 고립파

리차드 팰라이스 *Richard S. Palais*

1 존 스콧 러셀과 거대 이동파

전 세계적으로 존 스콧 러셀(John Scott Russell)은 기존의 어떤 증기선보다 거대했던 그레이트 이스턴(The Great Eastern) 호를 설계한 조선 공학자로 알려져 있다. 그레이트 이스턴 호는 오래 전에 잊혀졌지만, 수학자들은 수학적 훈련과 배경이 제한됐음에도 불구하고 (그가 '거대한 이동파'라고 칭했던) 고립파(soliton)로 알려진 대단히 중요한 수학적 개념을 최초로 인지한 사람으로 러셀을 기억할 것이다. 다음은 러셀이 어떻게 이를 처음 인지했는지를 묘사하는 유명한 인용문이다.

좁은 수로를 따라 한 쌍의 말이 빠르게 끄는 보트의 움직임을 관찰하고 있었다. 보트가 갑자기 멈췄는데 수로 내에서 움직이던 물은 멈추지 않았다. 격렬한 동

요 상태로 뱃머리 주변에 축적되더니, 갑자기 배에서 멀어지고, 외딴 커다란 높이의 둥글고, 부드럽고, 윤곽이 분명한 물기둥 모양을 취한 채 엄청난 속도로 앞쪽으로 흐르면서, 모양의 변화나 속도의 감소 없이 수로를 따라 계속 나아갔다. 말에 탄 채 쫓아가서 시간당 8, 9마일 가량, 길이 30피트 남짓과 높이 1피트에서 1피트 반 정도의 원래 모양을 여전히 유지한 채 흘러가는 것을 따라 잡았다. 높이는 점차 감소했고, 1, 2마일 정도 쫓아간 후 구불구불한 수로에서 놓치고 말았다. 내가 이동파라 부른 특이하고 아름다운 현상을 처음으로 접한 1834년의 8월은 그러했다.

러셀(1844)

당신은 러셀이 묘사한 것에서 아무런 이상한 점을 느끼지 못했을 수도 있을 텐데, 사실 똑같은 현상을 보았던 러셀 이전과 이후의 많은 사람들 역시 보통에서 벗어난 그 어떤 것도 눈치채지 못했다. 하지만 러셀은 파동 현상에 매우 익숙했으며, 과학자다운 날카로운 관찰력을 가졌다. 러셀이 충격을 받은 것은 뱃머리 파가 장거리를 이동하면서도 놀랍게 안정적이었다는 사실이다. 예를 들어 잔잔한 호수에서 이동하는 수면파를 만들려고 애써도, 파동이 긴 거리 동안 하나의 '기둥'을 이루며 전진하지 않으며, 금세 더 작은 잔물결로 흩어진다는 것을 러셀은 알고 있었다. 협소한 수로에서 진행하는 수면파에 뭔가 특별한 게 있는 게 분명했다.

러셀은 자신의 발견에 매혹됐다. (심지어는 다소 집착했다.) 러셀은 집에 파도 탱크를 만들어 광범위한 실험을 진행하고 결과를 자료로 기록하고 공책에 스케치를 남겼다. 예를 들어 고립파의 속도는 파고에 의존한다는 것을 발견했으며, 속도를 파고의 함수로 나타내는 정확한 공식도 찾아낼 수 있었다. 하지만 더 놀라운 것은 러셀의 노트에서 두 개의 고립파가 상호작용하는 놀라운 스케치를 찾을 수 있다는 것으로, 백 년이 넘은 뒤에 KdV 방정식의 엄밀한 해로 재발견됐을 때 대단한 경탄을 불러 일으켰다(§3 참조).

하지만 (곧 살펴보겠지만) 고립파는 대단히 비선형적인 현상이어서 러셀 시대의 최고의 수학자들, 특히 스토크스(Stokes)와 에어리(Airy)는 당시 쓸 수 있었던 수면파에 대한 선형화된 이론을 통해 러셀의 발견을 이해하려고 했다가 고립파와 같은 행동의 흔적을 발견하는 데 실패했고, 러셀이 본 것이 사실인지 의문을 표했다.

러셀이 사망한 이후 1871년 부시네스크(Boussinesq)와, 1895년 코르테버흐(Korteweg) 및 더프리스(de Vries)가 이 현상을 더 복잡하고 비선형적으로 다루면서 러셀의 주의 깊은 관찰과 실험이 마침내 수학적 이론에 완전히 부합하는 것으로 드러났다. 거대한 이동파의 중요성을 완전히 인식하는 데는 또 70년이 더 걸렸고, 이후 20세기 후반 동안 집중적인 연구 대상이 되었다.

2 코르테버흐-더프리스 방정식

코르테버흐와 더프리스가 좁은 수로에서의 파동의 움직임을 기술하는 적절한 미분방정식을 최초로 유도하였다. 이 방정식을 보통 KdV 방정식이라 부르는데, 다음처럼 간결한 꼴로 쓸 수 있다.

$$u_t + uu_x + \delta^2 u_{xxx} = 0.$$

여기에서 u는 각각 공간과 시간을 나타내는 두 변수 x와 t의 함수다. '공간'은 1차원이므로 x는 실수이며, $u(x, t)$는 시간 t일 때 x지점에서의 파동의 높이를 나타낸다. 표기법 u_t는 $\partial u / \partial t$를 줄여 쓴 것이고 비슷하게 u_x는 $\partial u / \partial x$를 나타내며 u_{xxx}는 $\partial^3 u / \partial x^3$을 의미한다.

각 t마다 x에 $u(x, t)$를 대응시키는 $\mathbb{R}$에서 $\mathbb{R}$로의 함수를 $u(t)$라 쓰면, 이 방정식이 함수 $u(t)$가 시간에 따라 어떻게 '발전'하는지 기술한다는 뜻에서 **발전 방정식(evolution equation)**의 한 예다. 발전 방정식에 대한 코시 문제(Cauchy problem)는 초깃값 $u(0)$의 지식으로부터 이러한 발전 과정을 결정하는 문제다.

2.1 몇 가지 모형 방정식

KdV 방정식을 넓게 보기 위해서는 다른 발전 방정식 세 개를 간단히 살펴보는 것이 유용하다. 첫 번째는 고전적인 **파동 방정식[I.3 §5.4]**

$$u_{tt} - c^2 u_{xx} = 0$$

이다. 이 방정식에 대해 코시 문제를 풀기 위해, 파동 작용소 $(\partial^2/\partial t^2) - c^2(\partial^2/\partial x^2)$을 $(\partial/\partial t - c(\partial/\partial x))$ $(\partial/\partial t + c(\partial/\partial x))$로 인수분해한다. 그런 후 이른바 특성 좌표 $\xi = x - ct$, $\eta = x + ct$로 변환한다. 그러면 방정식은 $\partial^2 u / \partial \xi \partial \eta = 0$이 되므로 일반해는 $u(x, t) = F(\xi) + G(\eta)$임이 명백하다. '실험실 좌표' x, t로 다시 변환하면 일반해는 $u(x,t) = F(x - ct) + G(x + ct)$이다. 파동의 처음 모양이 $u(x, 0) = u_0(x)$이고 초기 속도가 $u_t(x, 0) = v(x, 0) = v_0(x)$이

면, 쉬운 대수적 계산을 써서 다음처럼 매우 구체적인 공식

$$u(x, t) = \frac{1}{2}[u_0(x - ct) + u_0(x + ct)]$$
$$+ \frac{1}{2c} \int_{x-ct}^{x+ct} v_0(\xi) \, d\xi$$

를 얻는데, 파동 방정식에 대한 코시 문제의 '달랑베르 해(d'Alembert's solution)'라고 알려져 있다.

$v_0 = 0$은 '현을 뜯는' 중요한 경우인데, 초기 윤곽 u_0이 각각 $(1/2)u_0$과 윤곽이 똑같은 '움직이는 파' 두 개의 합으로 쪼개져 왼쪽과 오른쪽으로 각각 하나씩 속력 c로 이동한다고 기하학적으로 해석할 수 있음에 주목하라. $u_0(x) = F(x) + G(x)$이므로 $u_0'(x) = F'(x) + G'(x)$인데 $v_0(x) = u_t(x, 0) = -cF'(x) + cG'(x)$라는 힌트를 이용하여 달랑베르의 해를 유도하는 것은 쉬운 연습문제다.

다음에 생각할 방정식은

$$u_t = -u_{xxx} \tag{1}$$

로 KdV 방정식에서 비선형 항 uu_x를 제거하여 얻는다. 이 방정식은 단순히 선형일 뿐만 아니라 $u(x, t)$가 해라면 모든 상수 x_0과 t_0에 대해 $u(x - x_0, t - t_0)$도 해라는 점에서 평행이동 불변이다. 그런 방정식은 푸리에 변환[III.27]을 이용하여 풀 수 있다. $u(x, t) = e^{i(kx - \omega t)}$ 꼴의 '평면파' 해를 찾아보자. 이를 식 (1)에 대입하면 다음 방정식을 얻는다.

$$-i\omega e^{i(kx - \omega t)} = ik^3 e^{i(kx - \omega t)}.$$

따라서 간단한 대수 방정식 $\omega + k^3 = 0$을 얻는다. 이는 (1)의 확산 관계식(dispersion relation)이라 불린

다. 푸리에 변환의 도움을 받으면 모든 해가 $e^{i(kx-\omega t)}$ 꼴의 해의 중첩임을 아는 것은 어렵지 않는데, 확산 관계식은 이런 초등 해 각각에서 '파동수(wave number)' k와 '각진동수(angular frequency)' ω가 어떤 관계가 있는지 알려준다.

함수 $e^{i(kx-\omega t)}$은 속도 ω/k로 이동하는 파동을 나타내는데 방금 이 값이 $-k^2$과 같음을 보였다. 따라서 해의 서로 다른 평면파 성분은 서로 다른 속도로 진행한다. 각진동수가 클수록 속도도 빠르다. 이런 이유에서 방정식 (1)은 확산 방정식이라 부른다.

KdV 방정식에서 u_{xxx}항을 제거하면 어떻게 될까? 그러면 비점성 버거스 방정식(inviscid Burgers equation)

$$u_t + uu_x = 0 \qquad (2)$$

을 얻는다. 항 uu_x는 $(\partial/\partial x)(\frac{1}{2}u^2)$으로 다시 쓸 수 있다. 이제 t에 대한 함수인 다음 적분 $\int_{-\infty}^{\infty} u(x,t)dx$를 생각하자. 이 함수의 미분은 $\int_{-\infty}^{\infty} u_t\, dx$인데 방정식 (2)가 이 적분이

$$-\int_{-\infty}^{\infty} \frac{\partial}{\partial x}(\tfrac{1}{2}u^2)\, dx$$

와 같음을 알려주므로 $[-\frac{1}{2}u(x,t)^2]_{-\infty}^{\infty}$와 같아진다. 따라서 $\frac{1}{2}u(x,t)^2$이 무한대에서 0이 되면 $\int_{-\infty}^{\infty} u(x,t)dx$는 '운동 상수'다. 이를 비점성 버거스 방정식이 '보존 법칙'을 갖는다고 말한다. (방금 이용한 논법은 u 및 이의 x에 대한 편미분들의 매끈한 함수 F에 대해 $u_t = (F(u))_x$ 꼴의 임의의 방정식에도 똑같이 사용할 수 있다. 이는 일반 보존 법칙(general conservation law)으로 알려져 있다. 예를 들어 $F(u) = -(\frac{1}{2}u^2 + \delta^2 u_{xx})$로 택하면 KdV 방정식이 나온다.)

비점성 버거스 방정식(또는 F가 오직 u의 함수일 때 다른 보존 법칙)들은 특성 곡선법(method of characteristic)으로 풀 수 있다. 이 방법의 아이디어는 xt-평면 상의 매끈한 곡선을 찾아, 코시 문제의 해가 그 곡선 위에서 상수가 되도록 하는 것이다. s_0이 $t(s_0) = 0$인 값이라 하고, $x(s_0)$을 x_0이라 하자. 그러면 $u(x,t)$가 이 곡선을 위에서 취하는 상숫값은 $u(x_0, 0)$일 텐데 이를 $u_0(x_0)$이라 하자. 이른바 특성 곡선(characteristic curve) 위에서의 u의 미분은 $(d/ds)u(x(s), t(s)) = u_x x' + u_t t'$이므로, 이 해가 곡선 위에서 상수이려면 이 값이 0이어야만 한다. 따라서 $u_t = -uu_x$라는 사실을 이용하여

$$\frac{dx}{dt} = \frac{x'(s)}{t'(s)} = -\frac{u_t}{u_x} = u(x(s), t(s)) = u_0(x_0)$$

임을 알게 되어, 특성 곡선은 기울기가 $u_0(x_0)$인 직선이다. 다른 말로 하면 u는 직선 $x = x_0 + u_0(x_0)t$를 따라서 상숫값 $u_0(x_0)$을 갖는다.

마지막에 서술한 결과를 다음처럼 기하학적으로 해석할 수 있음에 주목하자. 시간 t에서의 파형을 (즉, 사상 $x \mapsto u(x,t)$의 그래프) 알기 위해 최초의 파형 $(x, u_0(x))$의 각 점을 오른쪽으로 $u_0(x)t$만큼 이동시킨다. 최초의 파형에서 u_0이 감소하는 부분을 들여다본다고 하자. 그렇다면 초기 파형에서 더 이르고 높은 부분이 ($u_0(x)$가 크기 때문에) 더 빠른 속도로 이동하므로, 파도의 음의 기울기는 더 음수가 된다. 실제로 유한 시간이 흐른 후 파도의 더 이른 부분이 더 나중 부분을 '따라잡아' 더는 어떤 함수의 그래프가 아니라는 뜻이 된다. 이런 종류의 문제가 일어나는 최초의 시간을 '단절(breaking) 시간'이라 부르는데, 이를 파도가 깨지는 것으로 시각화

할 수 있기 때문이다. 이런 과정을 **충격파 형성**(shock formation) 혹은 **파형의 가팔라짐과 단절**(steepening and breaking of the wave profile)로 칭한다. 보존 법칙을 갖는 다른 방정식에서도 이런 현상이 일어난다.

2.2 간격 분리법

이제 $u_t = -uu_x - u_{xxx}$ 꼴로 KdV 방정식 자체로 돌아가자. 왜 이 방정식에서는 러셀이 실험으로 관찰한 것처럼 놀랄 만큼 안정된 해가 나오는 걸까? 직관적 이유는 u_{xxx}항의 확산 효과와 uu_x항의 충격파 생성 효과 사이의 균형 때문이다.

이런 종류의 균형을 분석하는 데 매우 일반적인 기교가 있음이 드러났다. 순수 수학계에서는 보통 **트로터 곱 공식**(Trotter product formula)이라 부르는 반면, 응용수학 및 수치해석학 계에서는 **간격 분리법**(split-stepping)이라 부른다. 대략적인 아이디어는 간단하다. t를 $t + \Delta t$로 증가시키면, 먼저 방정식 $u_t = -u_{xxx}$ 부분에서 요구되는 대로 u가 $u - u_{xxx}\Delta t$로 바뀐다. 그런 후 방정식 $u_t = -uu_x$가 요구하는 작은 변화량 $u - u_{xxx}\Delta t - uu_x\Delta t$까지 더 나아간다. 함수 $u(t, x)$를 계산하기 위해서는 초기 함수 u_0에서 출발하여 교대로 이런 꼴의 작은 간격을 연속적으로 반복한다. 그런 후 간격을 0으로 보내어 극한을 취한다.

간격 분리법은 KdV에서 u_{xxx}로부터의 확산이 uu_x로부디의 충격파 생성의 균형을 맞추는 메커니즘을 이해하는 방법을 시사한다. 파형의 발전을 이런 방식의 작은 간격의 연속된 쌍으로 이루어진 것이라고 상상할 경우, u, u_x, u_{xxx}가 그다지 크지 않을 경우 파형을 가파르게 하는 메커니즘이 지배하게

된다. 하지만 t가 단절 시간 T_B에 접근하더라도, u는 (u_0의 일부를 수평으로 이동한 부분으로 만들어지기 때문에) 여전히 유계이다. 최대 기울기, 즉 u_x의 최댓값이 함수 $(T_B - t)^{-1}$처럼 폭발한다는 것을 증명하는 건 어렵지 않은데, 한편 u_{xxx}는 함수 $(T_B - t)^{-5}$처럼 폭발한다. 따라서 단절 시간 및 단절 지점 근처에서 u_{xxx}항은 비선형성을 위축시키고 임박한 충격파를 확산시킨다. 따라서 일종의 음의 되먹임 (negative feedback) 때문에 안정성이 생긴다. 컴퓨터 모의실험 결과는 바로 그런 각본대로 진행됨을 보여준다.

3 고립파 사이의 상호 작용

KdV 방정식이 세 번 미분 항으로부터의 확산과 비선형 항의 충격파 생성 효과 사이의 균형을 표현한다는 것을 방금 보았고, 실제로 순한 확산성과 약한 비선형성을 지니는 1차원 물리계의 많은 모형을 제어하는 방정식은 일정 정도의 근사 수준에서 KdV에 이르게 된다.

1894년 논문에서 코르테버흐와 더프리스는 KdV 방정식을 도입하고, 좁은 수로에서의 파동의 움직임을 지배하는 방정식임을 보이는 설득력 있는 수학적 논증을 제시했다. 또한 러셀이 파도 탱크의 도움으로 실험적으로 결정한 파고와 속도의 관계를 포함하여, 러셀이 묘사하는 성질을 정확히 갖는 이동파 해가 있다는 것도 구체적인 계산을 통해 보였다.

하지만 KdV 방정식의 더 놀라운 성질이 분명해진 것은 훨씬 나중이었다. 1954년 페르미, 파스타,

울람(Fermi, Pasta, Ulam, FPU)이 아주 초창기의 디지털 컴퓨터를 이용하여 비선형 복원력을 갖는 탄성 줄에 대한 수치적 실험을 하였는데, 그런 계의 정규 모드 사이에서 에너지가 스스로 분배되는 방식에 대한 당시의 예상에 모순되는 결과가 나왔다. 십여 년 후 자부스키(Zabusky)와 크러스컬(Kruskal)은 FPU의 결과를 재조사한 유명한 논문에서 FPU의 탄성 줄을 KdV 방정식으로 잘 근사할 수 있음을 보였다. 그런 후 FPU 실험에서 사용했던 것에 대응하는 초기조건을 갖는 KdV 방정식의 코시 문제를 컴퓨터 실험을 통해 풀었다. 그 모의실험의 결과 최초의 '고립파'의 예가 관찰되었는데, 어떤 KdV 방정식들이 놀랄 만큼 입자처럼 행동함(탄성 산란)을 보인다는 것을 표현하기 위해 이 용어를 붙였다. 자부스키와 크러스칼은 고립파의 응집성이 페르미, 파스타, 울람이 관찰한 이례적인 결과를 설명할 수 있음을 보였다. 하지만 이 수수께끼를 풀면서 더 큰 수수께끼를 찾아냈다. KdV 고립파의 행동은 응용수학에서 기존에 보았던 어떤 것과도 달랐으며, 이들의 놀라운 행동을 설명하려는 탐구로 인해 그 후 30년 동안 응용수학의 방향을 바꾼 일련의 발견에 이르게 됐다. 이제 위의 간단한 묘사 뒤에 깔린 자세한 수학을 일부 채우려고 하는데, KdV 방정식의 구체적인 해에 대한 논의부터 시작한다.

KdV의 이동파 해를 찾는 것은 간단하다. 먼저 이동파 $u(x, t) = f(x - ct)$를 KdV에 대입하여 상미분방정식 $-cf' + 6ff' + f''' = 0$을 얻는다. f가 무한대에서 0이어야 한다는 경계조건을 더하면, 통상적인 계산에 의해 다음과 같은 2변수 이동파 해의 모임이 나온다.

$$u(x, t) = 2a^2 \operatorname{sech}^2(a(x - 4a^2t + d)).$$

이들이 러셀이 관찰한 고립성 파인데 지금은 보통 KdV의 1-고립파 해라고 칭한다. 진폭 $2a^2$은 속도 $4a^2$의 딱 절반인 반면 '폭'은 a^{-1}에 비례함에 주목하라. 따라서 고립성 파가 더 높을수록 폭이 더 좁고 더 빨리 움직인다.

그런 후 토다(Toda)의 방식을 따라 KdV의 2-고립파 해를 '유도'하겠다.[*] 1-고립파 해를 $u(x, t) = 2(\partial^2/\partial x^2)\log\cosh(a(x - 4a^2t + d))$ 꼴 혹은 $K(x, t) = 1 + e^{2a(x - 4a^2t + d)}$에 대해 $u(x, t) = 2(\partial^2/\partial x^2)\log(x, t)$ 꼴로 다시 쓴다. 이제 $\eta_i = a_i(x - 4a^2t + d_i)$라 두고 $K(x, t) = 1 + A_1 e^{2\eta_1} + A_2 e^{2\eta_2} + A_3 e^{2(\eta_1 + \eta_2)}$에 대해 $u(x, t) = 2(\partial^2/\partial x^2)\log K(x, t)$ 꼴의 해를 찾아 일반화해 보자. 여기서 A_i와 d_i는 KdV에 대입하여 식을 만족하는 것으로 고른다. 임의의 $A_1, A_2, a_1, a_2, d_1, d_2$에 대해 $A_3 = ((a_2 - a_1)/(a_1 + a_2))^2 A_1 A_2$라 정의하면 이런 꼴의 $u(x, t)$는 KdV를 만족함을 확인할 수 있는데, 이런 식으로 생기는 KdV의 해를 2-고립파 해라 부른다.

a_1과 a_2를 이렇게 고르면, 다음을 보일 수 있다.

$$u(x, t) = 12\frac{3 + 4\cosh(2x - 8t) + \cosh(4x - 64t)}{[\cosh(3x - 36t) + 3\cosh(x - 28t)]^2}.$$

특히 $u(x, 0) = 6\operatorname{sech}^2(x)$이며, $\phi = \frac{1}{3}\log(3)$일 때 $u(x, t)$는 t가 크고 음수이면 점근적으로 $2\operatorname{sech}^2(x - 4t - \phi) + 8\operatorname{sech}^2(x - 16t + \frac{1}{2}\phi)$에 가까우며, t가

---

[*] 이건 명백한 사기다! 이런 꼴의 해가 있다는 지식만으로 K를 교묘하게 고를 수 있다니.

크고 양수이면 점근적으로 $2\text{sech}^2(x - 4t + \phi) + 8$ $\text{sech}^2(x - 16t - \frac{1}{2}\phi)$에 가깝다.

이게 무엇을 말해주는지 주목하라. $-T$로부터 T까지의 발전을 따르면 (T가 크고 양수일 때) 처음에는 1-고립파 두 개의 중첩을 보게 된다. 더 높고 좁은 왼쪽의 고립파가, 더 낮고 넓지만 천천히 움직이는 오른쪽의 고립파를 따라 잡는다. $t = 0$ 주변에서 ($6\,\text{sech}^2(x)$의 모양을 한) 하나의 혹으로 합쳐진 후, 원래의 모양이 복원되어 다시 분리된다. 다만 이번에는 더 높고 좁은 것이 오른쪽에 있다. 마치 서로 곧장 뚫고 지나간 것처럼 행동한다. 이들 사이의 상호작용이 내는 유일한 효과는 쌍으로 위상전이(phase shift)가 일어났다는 것이다. 더 느린 것은 원래 있어야 할 곳에서 약간 지체됐고, 더 빠른 고립파는 원래 있어야 할 곳보다 약간 더 앞서 있다. 이런 위상의 이동을 제외하면, 최종 결과는 선형 작용에서 기대하는 것과 같다. 고립파 두 개가 만날 때의 상호 작용은 면밀히 들여다봐야만 고도의 비선형성을 감지할 수 있다. (예를 들어 시간 $t = 0$에서 합쳐진 파동의 최대 진폭 6은 더 큰 쪽의 파동이 분리될 때의 최대 진폭 8보다 실제로도 더 낮다는 것에 주목하라.) 하지만 정말로 놀라운 것은 두 고립파 각각의 회복력, 즉 충돌 이후 다시 원래대로 되돌아가는 능력이다. 에너지가 방출되지도 않을 뿐만 아니라 실제 모양도 보존된다. (놀랍게도 러셀(1844, p.384)은 자신의 파도 탱크에서 수행한 2-고립파의 싱호 작용 실험을 스케치로 남겼다.)

이제 자부스키와 크러스칼의 컴퓨터 실험으로 돌아가자. 이들은 수치적 이유에서 주기적 경계 조건인 경우를 다루었는데, 사실상 KdV 방정식 $u_t + uu_x$ $+ \delta^2 u_{xxx} = 0$(식 (1)이라 불렀다)을 직선 위가 아니라 원 위에서 연구한 셈이다. 출판 보고서용으로 $\delta = 0.022$를 선택했고 초기조건은 $u(x, 0) = \cos(\pi x)$를 이용했다. 위의 배경을 염두에 두고 처음으로 '고립파'라는 용어를 사용한 1965년의 보고서의 다음 발췌문을 읽으면 흥미로울 것이다.

(I) 처음에는 식 (1)의 처음 두 항이 지배하며 고전적인 따라잡기 현상이 일어난다. 즉, u는 영역 내에서 음의 기울기를 갖는 지점에서 가팔라진다. (II) 둘째, u가 충분히 가팔라진 후 세 번째 항이 중요해지며 불연속성의 형성을 막는 기능을 한다. 그 대신 (차수가 δ인) 짧은 파장의 진동이 전면의 왼쪽에서 발달한다. 이 진동의 진폭이 늘어나다가 마침내 **각각의** 진동이 거의 꾸준한 진폭에 도달하고(왼쪽으로부터 오른쪽까지 선형으로 증가한다), (1)의 고립성 파 하나의 모양을 갖는다. (III) 마지막으로 각 '고립성 파 펄스' 혹은 **고립파**는 진폭에 선형으로 비례하는 속도로 (펄스가 올라오는 u의 배경 값에 상대적으로) 균등하게 움직이기 시작한다. 따라서 고립파들은 따로 퍼지며 멀어진다. 주기성 때문에 둘 이상의 고립파가 결국 공간적으로 겹치며 비선형적으로 상호작용한다. 상호작용 직후 크기나 모양이 사실상 영향을 받지 않은 채 다시 나타난다. 다른 말로 하면 고립파들은 자신들의 특성을 잃지 않고 서로를 '통과해 지나간다.' 이로써 국소화된 펄스가 상호작용하여 되돌릴 수 없게 흩어지지 않는 비선형 물리적 과정을 얻는다.'

자부스키, 크러스칼(1965)

더 읽을거리

Lax, P. D. 1996. *Outline of a Theory of the KdV Equation in Recent Mathematical Methods in Nonlinear Wave Propagation*. Lecture Notes in Mahtematics, volume 1640, pp. 70-102. New York : Springer.

Palais, R. S. 1997. The symmetries of solitons. *Bulletin of the American Mathematical Society* 34 : 339-403.

Russell, J. S. 1844. Report on waves. In *Report of the 14th Meeting of the British Association for the Advancement of Science*, pp. 311-90. London : John Murray.

Toda, M. 1989. *Nonlinear Waves and Solitons*. Dordrecht : Kluwer.

Zabusky, N. J., and M. D. Kruskal. 1965. Interaction of solitons in a collisionless plasma and the recurrence of initial states. *Physics Review* Letters 15 : 240-43.

III.50 선형작용소와 그것의 성질

1 선형작용소의 예

벡터공간[I.3 §2.3] V와 W 사이의 선형사상[I.3 §4.2]이란 조건 $T(\lambda_1 v_1 + \lambda_2 v_2) = \lambda_1 T v_1 + \lambda_2 T v_2$를 만족하는 함수 $T : V \to W$다. '선형사상'과 거의 바꿔 사용하는 말로는 '선형변환' 혹은 '선형작용소'가 있다. 선형변환 쪽은 어떤 대상에 대한 선형사상이 미치는 효력에 주의를 더 끌려고 할 때 주로 사용하는데,

예를 들어 반사나 회전과 같은 기하학적 작용을 묘사할 때 '변환'이라는 단어를 고를 수 있다. '작용소'는 무한차원 공간들 사이, 특히 총체적으로 어떤 대수를 구성하는 것의 하나에 불과한 선형사상일 때 단어로 선택하는 경향이 있다. 여기서 논의하려는 사상들이 바로 이런 것들이다.

선형작용소의 몇 가지 예를 통해 논의를 시작하자.

(i) X가 무한 수열을 원소로 갖는 바나흐 공간[III.62]일 때 수열 $(a_1, a_2, a_3, \cdots)$을 수열 $(0, a_1, a_2, a_3, \cdots)$으로 보내는 X로부터 X로의 '이동(shift)' S를 정의할 수 있다. (다른 말로 하면 처음에 0을 집어 넣고, 수열의 다른 값들을 한 자리 오른쪽으로 이동한다.) 사상 S는 선형이고, X 위의 노름이 그렇게 병적인 것만 아니라면, S는 X로부터 X로의 연속함수이다.

(ii) X가 닫힌 구간 $[0, 1]$에서 정의된 함수공간[III.29]이고 w가 어떤 고정된 함수일 때, 함수 f를 곱 fw(함수 $x \mapsto f(x)w(x)$를 줄여 쓴 표기법)로 보내는 사상 M은 선형이며, 적절한 의미에서 w가 충분히 작으면 M은 X에서 X까지의 연속인 선형사상이다. 이런 사상을 곱사상(multiplier)이라 부른다. ('곱사상'이라는 성질은 공간 X와 사상 M에만 의존하는 것이 아니라 X를 함수공간으로 나타낼 때 선택하는 방식에도 의존하기 때문에, 사상 자체의 내재적 성질은 아님에 주목하라.)

(iii) 함수공간 위에 선형작용소를 정의하는 또 하나의 중요한 방식은 핵(kernel)을 이용하는 것이다. 행렬을 이용하여 유한차원 벡터공간 사이의 사상을 정의하는 것과 비슷한 방식으로 선형사상을 정의

하는데 사용할 수 있는 2변수 함수 K를 핵이라 부른다. 다음 식은 K를 이용하여 어떤 선형사상 T를 정의한 것이다.

$$Tf(x) = \int K(x, y) f(y) \, \mathrm{d}y. \qquad (1)$$

이 식과, 행렬과 열벡터의 곱을 정의하는 다음 식 사이의 형식적인 유사성에 주목하라.

$$(Av)_i = \sum_j A_{ij} v_j.$$

(1)이 연속 선형사상을 정의하기 위해서는 이번에도 K는 적절한 조건들을 만족해야만 한다.

$L^2(\mathbb{R})$ 내의 함수를 역시 그 안에 다른 함수로 보내는 **푸리에 변환**[III.27] $\mathcal{F}$가 핵을 이용하여 선형작용소를 정의하는 좋은 예이다. 이 변환은 다음 식으로 정의한다.

$$(\mathcal{F}f)(\alpha) = \int_{-\infty}^{\infty} f(x) \, \mathrm{e}^{-i\alpha x} \mathrm{d}x.$$

이 경우 핵은 함수 $K(\alpha, x) = \mathrm{e}^{-i\alpha x}$이다.

　(iv) 예를 들어 f가 $\mathbb{R}$ 위에서 정의된 미분가능 함수일 때 이의 미분을 $\mathrm{D}f$라 쓰면, $\mathrm{D}(\lambda f + \mu g) = \lambda \mathrm{D}f + \mu \mathrm{D}g$이므로 D를 선형사상으로 생각할 수 있다. D를 작용소로 간주하기 위해서는 f가 적절한 함수공간에 속할 필요가 있다. 어떻게 간주하는 것이 가장 좋은 방법이냐는 것은 맥락에 따라 천차만별이다. 좋은 함수공간을 고르는 것은 대단히 중요할 수 있고, 미묘한 질문을 야기할 수도 있다. D가 공간 내의 모든 함수에 대해서 정의되지는 않으며, D가 연속이길 요구하지 않는다고 주장하는 것도 한 가지 방법이다. 때로는 D가 불연속이지만 조밀한 함수집합에서 정의되면 충분한 때도 있다.

마찬가지로 그래디언트[I.3 §5.3]와 라플라스 작용소[I.3 §5.4] 등 많은 편미분작용소가 적절히 볼 때 선형작용소들이다.

2　작용소들의 대수

개개의 작용소도 중요할 수도 있지만, 선형작용소들이 어떤 **모임**을 이룬다는 사실이 없었다면 지금만큼 흥미롭지 않았을 것이다. X가 바나흐 공간이면, X로부터 자신으로 가는 모든 연속 선형작용소의 집합 $B(X)$는 **바나흐 대수**(Banach algebra)로 알려진 구조를 이룬다. 간략히 말해 바나흐 대수란, 바나흐 공간(작용소 T의 노름은 $\|x\| \leqslant 1$인 모든 x에 대해 $\|Tx\|$의 상한으로 정의한다)이면서 원소를 더할 뿐만 아니라 곱할 수도 있다는 뜻이다. T_1과 T_2의 곱은 합성 $T_1 T_2$로 정의하는데 부등식 $\|T_1 T_2\| \leqslant \|T_1\| \|T_2\|$를 만족한다는 것을 쉽게 보일 수 있다. 이 대수는 X가 **힐베르트 공간**[III.37] H일 때 특히 중요하다. $B(H)$의 부분대수들은 매우 풍부한 구조를 갖고 있는데, **작용소 대수**[IV.15]에서 논의한다.

3　힐베르트 공간 위에서 정의된 작용소의 성질

일반적인 바나흐 공간과는 달리 힐베르트 공간 H에는 **내적**(inner product)이 있다. 따라서 H에서 H로의 연속인 선형작용소가 어떻게든 내적과 관련돼 있길 바라는 것은 자연스럽다. 이런 기본적인 아이디어로부터 여러 가지 다른 정의들이 나오는데, 각각 중요한 작용소 모임을 집어낸다.

3.1 유니터리 사상 및 직교 사상

임의의 두 벡터 x, y에 대해 $\langle T_x, T_y \rangle$가 $\langle x, y \rangle$와 같아야 한다는 의미에서 내적을 **보존**한다는 조건이 아마도 작용소 T에 대해 요구할 수 있는 가장 명백한 조건일 것이다. 특히 이 조건은 모든 x에 대해 $\|Tx\| = \|x\|$를 뜻하므로, T는 거리를 보존하는 사상인 **등거리사상(isometry)**이다. 이에 덧붙여 T가 가역일 경우(상이 H 전체인 경우 그렇다) T는 유니터리 사상이다. 유니터리 사상은 군을 이룬다. H가 n차원이면 이 군은 $U(n)$이라 부르는 중요한 리 군[III.48 §1]이 된다. H가 (복소가 아닌) 실 힐베르트 공간이면 '유니터리'라는 단어 대신 '직교'라는 단어를 쓰고, 대응하는 리 군은 $O(n)$이라 부른다. $n = 3$인 경우 직교 사상은 회전과 반사들이므로, 회전과 반사로 이루어진 군을 n차원으로 일반화한 것이 $O(n)$이다.

3.2 에르미트 사상 및 자기수반 사상

H에서 H로의 임의의 작용소 T가 주어졌을 때, 모든 x, y에 대해 $\langle Tx, y \rangle = \langle x, T^*y \rangle$라는 성질을 갖는 H에서 H로의 작용소 T^*가 있다. 이 작용소는 유일하며 T의 **수반작용소(adjoint operator)**라 부른다. T가 자신의 수반작용소와 같다는 것이 가질 수 있는 두 번째 성질인데, 모든 x, y에 대해 $\langle Tx, y \rangle = \langle x, Ty \rangle$라는 것과 필요충분조건이다. 이런 작용소들은 **에르미트 작용소(Hermitian)** 혹은 (상수가 실수인 경우) **자기수반 작용소(self-adjoint operator)**라 부른다. 에르미트 작용소의 간단한 예의 원천은 공간 $L^2[0, 1]$ 위에서의 곱사상들인데, 곱해 주는 함수가 유계이며 실숫값을 가질 때이다. 곧 보겠지만, 어떤 면에서는 이런 것들만이 유일한 예이다.

3.3 행렬의 성질

H가 정규직교기저를 갖는 유한차원 공간이면, 이 기저에 대해 T를 표현하는 행렬 A를 구성할 수 있다. 위에서 논의한 T의 여러 가지 성질은 행렬 A에 대해 동등한 성질들로 전환된다. 행렬 A의 **전치행렬**은 $(A^T)_{ij} = A_{ji}$로 정의하는 A^T이고, **켤레 전치행렬**은 $(A^*)_{ij} = \overline{A_{ji}}$로 정의하는 A^*다. AA^*가 항등행렬이면 $n \times n$ 행렬 A는 유니터리 행렬이다. A가 실행렬이고 AA^T가 항등행렬이면 A는 **직교행렬**이며, $A = A^*$이면 에르미트 행렬, $A = A^T$이면 A는 자기수반 행렬이다(이 경우는 A를 대칭행렬이라 부른다). 작용소 T가 위의 네 성질 중 어느 하나를 만족하는 것은 T에 대응하는 행렬 A가 대응하는 성질을 갖는 것과 필요충분조건이다.

3.4 스펙트럼 정리

유니터리 작용소의 수반작용소는 원래 작용소의 역행렬임에 주목하라. 특히 유니터리 작용소와 에르미트 작용소는 자신들의 수반작용소와 교환법칙이 성립한다. 이런 성질을 갖는 작용소를 **정규(normal) 작용소**라 부른다. 정규작용소가 중요한 것은 유명한 스펙트럼 정리 때문이다. T가 유한차원 공간 H 위의 정규작용소라면, T의 고유벡터로 이루어진 **정규직교기저**[III.37]가 있다는 것이 스펙트럼 정리의 주장이다. 다른 말로 하면 서로 수직인 단위벡터들로 이루어진 H의 기저가 있어, 이 기저에 대한 T의 행렬이 대각행렬이라는 성질을 갖는다는 것이다. 이는 선형대수에서 대단히 유용한 정리이다. 일반적으로 T가 힐베르트 공간 H 위의 정규작용소인 경우 스펙트럼 정리로부터 H의 '기저'와 비슷한 것이 있어서, 이에 대해 T가 곱작용소와 비슷하다는 것이다. H로부터 어떤 측도[III.55]에 대해 제곱적분가능한 함수들의 공간 H'으로 가는 등장인 동형사상 ϕ가 있어, $\phi T \phi^{-1}$가 H' 위의 곱작용소라고 조금 달리 표현할 수 있다.

3.5 사영

힐베르트 공간 위의 사상 중에서 중요한 클래스로는 **직교사영**(orthogonal projection)의 집합이 있다. 일반적으로 어떤 대수의 원소 T가 $T^2 = T$라는 성질을 가지면 **멱등**(idempotent)이라 부른다. 어떤 공간 X 위의 작용소로 이루어진 대수라면 T를 **사영**(projection)이라 부른다. 모든 x가 X의 부분공간 TX로 사상되며 이 부분공간 내의 모든 점은 ($T(Tx) = T^2x = Tx$이기 때문에) T에 의해 고정된다는 것에 주목하면, 이 이름이 왜 적절한지 볼 수 있다. Tx가 항상 $x - Tx$와 직교하는 사영은 **직교사영**이라 부른다. 이는 T가 H의 어떤 부분공간 Y로의 사영이고, 모든 벡터를 Y 내의 가장 가까운 점으로 보내주어 벡터 $x - Tx$가 부분공간 Y 전체와 직교한다는 것을 말해준다.

III.51 **수론에서의 국소성과 대역성**

페르난도 구베아 *Fernando Q. Gouvêa*

유추는 강력한 도구다. 서로 다른 이론 사이에 나란한 점을 발견하면 한 이론의 통찰력을 다른 이론에 옮길 수 있는 경우가 종종 있다. 어떤 것을 '국소적으로' 연구하는 것은 함수의 이론으로부터 왔다. 함수와 수 사이의 유사성에 근거해 수론으로 이 개념을 수입하면, 완전히 새로운 종류의 수인 p진수 및 현대 수론을 안내하는 아이디어의 하나가 된 **국소대역 원리**에 이르게 된다.

1 함수를 국소적으로 연구하기

다음과 같은 다항식이 있다고 하자.

$$f(x) = -18 + 21x - 26x^2 + 22x^3 - 8x^4 + x^5.$$

이 다항식을 쓴 방식 자체로부터 눈에 보이는 것들이 있다. 예를 들어 $x = 0$을 대입하면 $f(0) = -18$이라는 것을 즉시 볼 수 있다. 다른 사실들은 좀 덜 명백하다. 예를 들어 $f(2)$나 $f(3)$의 값을 결정하기 위해서는 약간의 산수를 해야 한다. 하지만 이 다항식을

$$f(x) = 5(x-2) - 6(x-2)^2 - 2(x-2)^3 + 2(x-2)^4 + (x-2)^5$$

으로 변형하면, $f(2) = 0$임을 즉각 볼 수 있다. (물론 두 식이 정말로 같은지는 확인해야만 한다!) 마찬가지로

$$f(x) = 10(x-3)^2 + 16(x-3)^3 + 7(x-3)^4 + (x-3)^5$$

으로 변형할 수 있으므로 $f(3)$도 0임을 알 수 있고, 사실 이 다항식이 $x = 3$에서 중근을 가진다는 것도 알 수 있다.

처음 식은 어떤 것보다도 0이라는 값에 특권을 주

어 'x = 0에서 국소적'으로 기술한 것이라고 생각하는 것이 한 가지 방법이다. 그러면 다른 두 식은 각각 2와 3에서의 국소화이다. 반면, 다항식 $f(x)$를 인수분해하면

$$f(x) = (x-2)(x-3)^2(x^2+1)$$

과 같은 식(이 식도 옳다)은 훨씬 '대역적'임에 분명하다. 이는 근이 무엇인지 전부 말해준다. 2, 3, $\pm\sqrt{-1}$이 근이며 3은 중근이다.

식이 무한대를 갖는 것도 허용하면, 비슷한 아이디어를 다항식이 아닌 함수에도 확장할 수 있다. 예를 들어

$$g(x) = \frac{x^2 - 5x + 2}{x^3 - 2x^2 + 2x - 4}$$

라 해 보자. 0에서 국소적으로 다음처럼 쓸 수 있다.

$$g(x) = -\frac{1}{2} + x + \frac{1}{2}x^2 - \frac{3}{8}x^3 - \frac{3}{16}x^4 + \frac{7}{32}x^5 + \cdots.$$

혹은 2에서 국소적으로 다음처럼 쓸 수 있다.

$$g(x) = -\frac{2}{3}(x-2)^{-1} + \frac{5}{18} + \frac{5}{54}(x-2)$$
$$- \frac{35}{324}(x-2)^2 + \frac{55}{972}(x-2)^3$$
$$- \frac{115}{5832}(x-2)^4 + \frac{65}{17496}(x-2)^5 + \cdots.$$

$x = 2$를 대입하면 분모가 0이기 때문에 이번에는 $(x-2)$의 음의 지수를 이용해야 한다는 것에 주목하라. 어쨌든 이렇게 전개하면 2에서의 '나쁜 정도'가 그렇게 나쁘지 않다는 것을 알려준다. 구체적으로 말해 $g(2)$는 정의할 수 없지만, $(x-2)g(2)$는 의미가 있으며 $-\frac{2}{3}$다.

이를 계속하는 것은 쉽다. 일반적인 함수를 a에서 국소적으로 다루기 위해서는 때로 $(x-a)$의 분수

지수를 이용해야 할 수도 있지만, 그것보다 그다지 많이 나빠지지는 않는다. 이런 식으로 전개하는 것은 함수론에서 매우 강력한 도구다. 수를 연구하는 데도 그만큼 강력한 도구를 찾자는 것이 p진수를 발견하게 된 한 가지 동기였다.

2 수는 함수와 비슷하다

수와 함수 사이에서 유사한 점을 끌어낼 수 있다는 것을 처음 깨달은 사람은 데데킨트[VI.50]와 하인리히 베버(Heinrich Weber)다. 그들의 계획에서 양의 정수는 다항식과 비교할 수 있고, 분수는 위의 $g(x)$와 같은 함수처럼 다항식의 몫과 유사하다. 더 복잡한 함수는 더 복잡한 종류의 수와 비슷하다. 예를 들어 타원함수[V.31]는 일종의 대수적 수와 비슷하다. 반면 $\sin(x)$와 같은 함수는 e나 π와 같은 초월수[III.41]와 좀 더 비슷하다.

데데킨트와 베버는 함수를 더 잘 이해하기 위해 '함수는 수와 비슷하다'는 아이디어를 밀어 붙였다. 특히, 대수적 수를 연구하기 위해 개발한 기교를 지금은 대수적 함수로 알려진 함수의 모임 전체를 연구하는 데 이용할 수 있음을 보였다. 하지만 함수가 수와 같다면, 수도 함수와 같아야만 한다는 것을 처음 발견한 사람은 쿠르트 헨젤(Kurt Hensel)이다. 특히, 함수의 이론에서 대단히 유용한 국소 전개와 비슷한 것을 수에 대해서도 찾기 위해 착수했다.

헨젤의 아이디어의 감을 잡기 위해 우리가 보통 수를 나타내는 방식이 이미 올바른 방향을 가리키고 있다는 것을 눈치채면서 시작해 보자. 사실 34291과 같은 표현은

$$34291 = 1 + 9 \cdot 10 + 2 \cdot 10^2$$
$$+ 4 \cdot 10^3 + 3 \cdot 10^4$$

을 뜻한다. 10을 변수 x와 비슷한 것으로 생각하면 정확히 다항식과 닮았다. 더구나 다항식을 다른 식 $(x-a)$를 써서 전개하는 것처럼, 수도 다른 진법으로 쓸 수 있다. 예를 들어 다음과 같다.

$$34291 = 4 + 4 \cdot 11 + 8 \cdot 11^2$$
$$+ 3 \cdot 11^3 + 2 \cdot 11^4.$$

어떻게 이런 전개를 찾았는지는 쉽게 알 수 있다. 먼저 34291을 11로 나눈 후 나머지를 본다. 4다. 맨 처음 항이다. 그 다음 원래 수에서 4를 빼면 11로 나눠떨어지는 수를 얻는다.

$$34291 - 4 = 34287 = 3117 \cdot 11.$$

이제 3117을 11로 나누어 다음 나머지를 구하면 두 번째 항을 준다. 이 과정을 반복하면 11진법 전개를 구할 수 있게 된다.

  상당히 유망해 보이지만 한 가지 작은 통찰력을 놓치고 있다. 10은 인수분해할 수 있지만 $(x-2)$는 그렇지 않기 때문에, 10이 꼭 $(x-2)$와 비슷하지는 않다는 것이다. 따라서 십진법으로 전개하는 것은 $(x-1)(x-2)$로 인수분해할 수 있는 $(x^2 - 3x + 2)$의 거듭제곱으로 다항식을 전개하려고 하는 것과 조금 더 비슷하다. 이런 전개는 가능한 x값을 두 개를 보는 것이므로 그다지 국소적이지 않다. 마찬가지로 십진법 전개는 2에 대한 정보와 5에 대한 정보가 혼합돼 있다. 진수로는 항상 소수(prime number)를 택하는 것이 타협책이다.

  아이디어를 살리기 위해 $p = 11$을 택하자. 양수를 11진법, 즉 '11의 거듭제곱으로 된 다항식'으로 쓸 수 있다는 것은 이미 알고 있다. 분수는 어떨까? $\frac{1}{2}$을 택해 보자. 처음 단계는 나머지, 즉, $\frac{1}{2} - r$이 11로 나누어떨어지는 0과 10 사이의 수 r을 찾는 것이다. $\frac{1}{2} - 6 = -\frac{11}{2} = -\frac{1}{2} \cdot 11$이다. 따라서 처음 항은 6이다. (여기서 나누어떨어진다는 것의 뜻을 알기 위해서 $r = 4$를 택하면 어떻게 되는지 생각해 보라. 그러면 $\frac{1}{2} - r$은 $-\frac{7}{2}$인데 이 수를 11로 나누면 $-\frac{7}{22}$인데 11이라는 인수가 분모에 있다. 이와 같은 경우는 허용되지 않는데, $r = 6$일 때는 이런 일이 생기지 않는다.)

  이제 몫 $-\frac{1}{2}$로 반복해 보자. $-\frac{1}{2} - 5 = -\frac{11}{2} = -\frac{1}{2} \cdot 11$임을 알 수 있다. 따라서 두 번째 항은 $5 \cdot 11$일 것이다. 그런데 또 $-\frac{1}{2}$로 계속해야 한다! 따라서 이를 계속 반복해야 하므로, 남은 항의 계수는 모두 5일 것이다. 다른 말로 하면 다음과 같다.

$$\frac{1}{2} = 6 + 5 \cdot 11 + 5 \cdot 11^2 + 5 \cdot 11^3$$
$$+ 5 \cdot 11^4 + 5 \cdot 11^5 + \cdots.$$

여기서 등호가 무엇을 의미하는지는 확실치는 않지만, 어쨌든 11의 거듭제곱으로 무한급수 전개를 얻었다. 이를 $\frac{1}{2}$의 11진 전개라 부른다. 더욱이 이런 전개를 써서 산수를 해도 '통한다.' 예를 들어 양변에 2를 곱하고 재배열하면 ($2 \times 6 = 12 = 1 + 11$이므로 1을 자리 올림하는 등) 결국 1을 얻게 된다.

  헨젤은 무한 전개 및 ($\frac{5}{33}$와 같은 수를 다룰 수 있도록) 11의 음수 거듭제곱을 유한개 허용하고, 어떤 경우에는 11의 분수 지수를 허용하면 모든 대수적 수를 이렇게 전개할 수 있음을 보였다. 헨젤은 이런 전개가 '11에서 국소적인' 정보를 주는 것으로 보아야 한다고 논증했다. 똑같은 일이 모든 소수에 대해서도 일어난다. 따라서 소수 p가 있으면 수를 p의 거듭제곱으로 전개하여 'p에서 국소적으로' 생각할 수 있다. 이런 것들을 p진 전개(p-adic expansion)라 부른다. 함수의 경우와 마찬가지로 이렇게 전개하면 그 수가 p로 얼마나 나누어지는지를 즉각 알려주는 반면, 다른 소수에 대한 모든 정보는 감춘다. 이런 점에서 진정 '국소적'이다.

3 p진수

최고의 답은 언제나 새로운 질문을 부른다. 어떤 유리수든 p진 전개할 수 있다는 것을 발견했으면 이런 전개로 직접 '산수를 할' 수 있는지, 따라서 고려하고 있는 수의 세계를 넓힌 것인지 등의 질문은 피할 수 없다. 일단 소수 p를 고르면 모든 유리수는 p진 전개를 준다. 그런데 그런 전개는 모두 유리수로부터 온 것일까?

어림도 없다. 그런 전개의 전체 집합은 모든 유리수의 집합보다 훨씬 크다는 것을 쉽게 보일 수 있다. 따라서 헨젤의 다음 조치는 가능한 모든 p진 전개의 집합 $\mathbb{Q}_p$가 새로운 수의 영역임을 지적하는 것이었다(p진수(p-adic number)라 불렀다). 유리수를 모두 포함할 뿐만 아니라 훨씬 많은 것을 포함했다.

$\mathbb{Q}_p$를 생각하는 가장 좋은 방법은 실수의 집합 $\mathbb{R}$과의 유추를 통해서다. 실수는 보통 십진 전개로 주어진다. e = 2.718…이라고 쓸 때 우리가 뜻하는 것은 다음 식이다.

$$e = 2 + 7 \cdot 10^{-1} + 1 \cdot 10^{-2} + 8 \cdot 10^{-3} + \cdots.$$

이렇게 전개한 것의 전체집합이 모든 실수의 집합이다. 유리수를 모두 포함할 뿐만 아니라 훨씬 크다.

물론 둘 다 유리수를 포함하고 있다는 것을 제외하면 두 영역은 전적으로 거의 다르다. 예를 들어 $\mathbb{Q}_p$와 $\mathbb{R}$ 모두에 '두 수 사이의 거리'라는 자연스러운 개념이 있다. 하지만 고려 대상인 수가 설령 유리수인 경우에도 두 거리는 완전히 다르다. 실수에서는 2가 2001/1000과 상당히 가깝지만, 5진수로는 둘 사이의 거리가 상당히 멀다.

실수에서처럼 p진수로도 미적분을 할 수 있다는 것이 밝혀졌다. 다른 수학적 아이디어들도 역시 확장된다. 따라서 헨젤의 아이디어는 우리가 수학을 할 수 있는 (수학적) '평행 우주' 체계에 이르게 된다. (하나는 각 소수에 대한 것이고, 다른 하나는 실수에 대한 것이다.)

4 국소 대역 원리

대부분의 수학자는 처음에는 헨젤의 새로운 수를 형식적인 면에서는 흥미롭게 여겼지만, 요점이 뭔지 의아하게 생각했다. 수학자들이 단순히 재미를 위해 새로운 수 체계를 채택하지는 않기 때문에 뭔가 유용할 필요가 있었다. 헨젤은 자신의 수에 매혹되었고 그에 대해 계속 논문을 썼지만, 처음부터 유용성을 설명하는 데는 문제가 있었다. 예를 들어 그는 새로운 방식으로 대수적 수론의 기본을 개발하는 데 이용할 수 있음을 보였지만, 대부분의 사람들은 낡은 방식에 대해서도 만족하는 듯했다.

어려운 결과를 아름답고 쉽게 증명하면 새로운 아이디어의 힘을 설명할 수 있다. 헨젤은 바로 그런 주장을 담은 논문을 한 편 썼는데, e가 초월수라는 쉽고도 우아한 p진수 증명에 관한 것이었다. 이는 정말로 사람들의 이목을 끌기는 했지만, 불행히도 증명을 세심히 들여다보면서 미묘한 오류가 있음을 알 수 있었다. 그 결과 헨젤의 새로운 수에 대한 사람들의 의심은 더욱 깊어 갔다.

이런 조류는 헬무트 하세(Helmut Hasse)가 뒤집었다. 하세는 괴팅겐에서 연구 중이었다. 그는 어느 시점에선가 중고 서점으로 걸어 들어갔다가 몇 년 전 헨젤이 쓴 책(1913)을 한 권 발견했다. 하세는 흥미로워 했고 마르부르크로 가서 헨젤과 함께 연구했다. 몇 년 후인 1920년 하세는 수론에서 p진수를 결정적인 도구로 만들어주는 아이디어를 발견했다.

하세가 보여준 것은 수론에서의 어떤 문제를 '국소적으로' 대답할 수 있다는 것이다. 그다지 중요하지는 않지만 따라가기에는 꽤 쉬운 예가 있다. x가 다른 유리수 y의 제곱, 즉 $x = y^2$인 유리수라고 하자. 모든 유리수는 p진수이므로, 모든 소수 p에 대해 p진수로 생각할 때 x도 제곱수이다. 유사하게 실수 x도 제곱수다. 다른 말로 하면 유리수 y는 각 국소적 상황에서 제곱근으로 작용하기 때문에 일종의 '대역적' 제곱근으로 볼 수 있다.

여기까지는 너무 따분하다. 그런데 이제 상황을 뒤집어 보자. 이제 모든 소수 p에 대해 x를 p진수로 간주할 때 어떤 p진수의 제곱이며(p에 따라 다를 수 있다), x를 실수로 생각했을 때도 어떤 실수의 제곱이었다고 하자. 선험적으로 x의 국소적 제곱근은 모두 다를 수 있다! 하지만 이런 가정 하에서는 x는 어떤 유리수의 제곱인 것으로 드러나서, 모든 국소적인 제곱근들이 사실은 어떤 '대역적인' 제곱근으로부터 나온 것이어야만 한다.

이로부터 유리수를 '대역적'인 것으로, 다양한 $\mathbb{Q}_p$와 $\mathbb{R}$을 '국소적'인 것으로 생각하기에 이른다. 그러면 앞 절은 '제곱이다'는 성질이 대역적으로 참인 것과 '국소적으로 모든 곳에서' 참인 것이 필요충분 조건이라는 주장이다. 이는 강력하고 반짝이는 아이디어로 밝혀졌고 하세 원리(Hasse principle) 혹은 국소 대역 원리(local-global principle)로 알려지게 됐다.

물론 이 예는 모든 국소적인 경우에 문제를 풀면 대역적으로 풀 수 있다는 강한 경우의 원리를 설명해 준다. 하지만 보통은 지나친 바람이다. 그렇지만, 국소적으로 문제를 공략한 후 국소적인 조각들을 맞추는 것은 현대 수론에서 기본적인 기교의 하나가 됐다. 유체론[V.28]에서의 예전 증명들을 단순화하는 데도 이용됐고, 페르마의 마지막 정리[V.10]에 대한 증명에서처럼 새로운 결과를 얻는 데도 이용됐다. 결국 헨젤은 옳았다. 모든 수론가들의 심장 속에 실수와 함께 헨젤의 새로운 수가 자리를 차지하고 있다.

더 읽을거리

Gouvêa, F. Q. 2003. *p-adic Numbers*: An Introduction, revised 3rd printing of the 2nd edn. New York: Springer.

Hasse, H. 1962. Kurt Hensels entscheidener Anstoss zur Entdeckung des Lokal-Global-Prinzips. *Journal für die reine und angewandte Mathematik* 209:3-4.

Hensel, K. 1913. *Zahlentheorie*. Leipzig: G. J. Göschenische.

Roquette, P. 2002. History of valuation theory. I. In *Valuation Theory and Its Applications*, volume I, pp. 291-355. Providence, RI: American Mathematical Society.

Ullrich, P. 1995. On the origins of *p*-adic analysis. *Proceedings of the 2nd Gauss Symposium. Conference A: Mathematics and Theoretical Physics, Munich, 1993*, pp. 459-73. Symposia Gaussiana. Berlin: Walter de Gruyter.

Ullrich, P. 1998. The genesis of Hensel's *p*-adic numbers. In *Charlemagne and His Heritage. 1200 Years of Civilization and Science in Europe*, volume 2, pp. 163-78. Turnhout: Brepols.

로그함수

지수함수와 로그함수[III.25]를 보라.

III.52 망델브로 집합

어떤 복소수 C에 대해 식 $f(z) = z^2 + C$로 정의된 복소 다항식 f가 있다고 하자. 임의의 복소수 z_0을 고르면 반복, 즉 함수 f를 계속 적용하여 수열 z_0, $z_1, z_2, \cdots$를 얻을 수 있다. 즉, $z_1 = f(z_0)$, $z_2 = f(z_1)$ 등등으로 놓는다. 어떤 경우 얻은 수열이 무한대

로 다가가는 반면 어떤 경우에는 유계 상태, 즉 0으로부터의 고정된 거리 내에 머물러 있다. 예를 들어 $C = 2$로 잡고 $z_0 = 1$에서 시작하면 수열이 1, 3, 11, 123, 15131, $\cdots$처럼 나아가므로 무한대로 가는 게 분명하고, 반면 z_0을 $\frac{1}{2}(1 - \mathrm{i}\sqrt{7})$과 같게 잡으면 $z_1 = z_0{}^2 + 2 = z_0$임을 알 수 있으므로 모든 항이 z_0과 같기 때문에 수열은 유계이다. 상수 C에 대응하는 쥘리아 집합(Julia set)은 z_0에 대응하는 수열이 유계인 z_0 전체의 집합이다. 쥘리아 집합은 보통 프랙탈 모양을 갖는다([IV.14 §2.5] 참조).

쥘리아 집합을 정의하기 위해서는 C를 고정하고 z_0에 대해 여러 가지 가능성을 고려한다. 만일 z_0을 고정하고 C에 대해 여러 가지 가능성을 고려하면 어떻게 될까? 그 결과가 망델브로 집합(Mandelbrot set)이다. $z_0 = 0$으로 잡았을 때 수열이 유계로 남아 있는 C 전체의 집합이 정확한 정의다. (다른 z_0값을 고려할 수도 있지만, 결과로 얻어지는 집합은 간단한 변수 변환으로 연관돼 있기 때문에 흥미로울 만큼 다르지는 않다.)

망델브로 집합도 대중적인 상상을 사로잡는 복잡한 프랙탈 모양을 갖는다. 망델브로 집합의 자세한 기하학은 아직 완전히 이해되지는 않았다. 미해결 문제로 남은 몇 가지는 동역학계에 대한 매우 일반적인 정보를 담고 있기 때문에 대단히 중요하다. 더 자세한 것은 동역학[IV.14 §2.8]을 보라.

Ⅲ.53 다양체

구의 표면은 아주 작은 부분을 들여다보면 평면의 일부처럼 보인다는 성질을 가졌다. 더 일반적으로 d-차원 다양체 혹은 d-다양체는 '국소적으로' d차원 유클리드 공간[I.3 §6.2]처럼 보이는 기하학적 대상이다. 따라서 2-다양체는 구면이나 원환면처럼 매끈한 곡면이다. 시각화하기는 어렵지만, 고차원 다양체는 중요한 연구 주제다. 다양체에 대한 기본은 몇 가지 기본적인 수학의 정의[I.3 §§6.9, 6.10]에 있다. 더 고급 아이디어는 미분위상수학[IV.7]과 대수적 위상수학[IV.6]에서 논의한다. 또한 대수기하학[IV.4], 모듈라이 공간[IV.8], 리치 흐름[Ⅲ.78]을 보라. (이것도 다양체를 다룬 글의 완전한 목록과는 거리가 멀다.)

Ⅲ.54 매트로이드
도미닉 웰시 *Dominic Welsh*

해슬러 휘트니(Hassler Whitney)가 1935년 매트로이드(matroid)의 개념을 도입했을 때의 원래 목적은 벡터공간[I.3 §2.3]에서 벡터들을 모은 구조에서 일차독립성에 대한 명시적 언급을 피하면서도 중요한 요소를 포착하는 추상적 개념을 만드는 것이었다.

이를 위해 두 가지 중요한 성질을 분리해냈고, 이런 성질들을 갖는 부분집합의 모임이 모두 어떤 '매트로이드'의 '독립 집합'의 모임일 거라고 예상했다. 이런 성질 중 일차독립인 집합의 모든 부분집합이 일차독립이라는 첫 번째 성질은 명백한 것이었

다. 두 번째 성질은 다소 미묘하다. A와 B가 일차독립인 집합이고 B가 A보다 더 많은 원소를 포함하면, A에는 들어 있지 않은 B의 원소 중 A에 더해 준 집합이 여전히 일차독립인 것이 있다는 성질이다. 마지막으로 자명한 것들을 피하기 위해 모든 매트로이드에서 공집합은 일차독립이어야만 한다고 주장했다.

따라서 형식적으로 **매트로이드**(matroid)는 어떤 유한집합 E와, **독립 집합**(independent set)이라 부르는 E의 어떤 부분집합의 모임으로 다음 공리를 만족하는 것으로 정의한다.

(i) 공집합은 독립 집합이다.

(ii) 독립 집합의 부분집합은 독립이다.

(iii) A와 B가 독립 집합이고 A의 원소의 개수가 B의 원소의 수보다 하나 작으면, A에는 포함되지 않는 B의 원소 x 중에 $A \cup \{x\}$가 독립인 것이 있다.

(iii)번 성질을 **교환**(exchange) 공리라 부른다. 가장 기본적인 매트로이드의 예는 벡터공간에서 보통의 일차독립인 벡터들의 집합을 '독립 집합'으로 하는 것이다. 이 경우 교환 공리는 슈타이니츠의 교환 보조정리(Steinitz's exchange lemma)라고 알려져 있다. 하지만 벡터공간의 부분집합이 아닌 매트로이드의 예는 많다.

예를 들어 그래프이론에서 발생하는 중요한 매트로이드가 있다. 그래프에서 **사이클**(cycle)은 서로 다른 꼭짓점 v_i에 대해, (v_1, v_2), (v_2, v_3), $\cdots$, (v_{k-1}, v_k), (v_k, v_1) 꼴의 변의 모임을 말한다. 아무 그래프나 잡

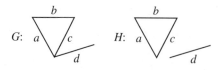

그림 1 똑같은 매트로이드를 결정하는 두 가지 그래프

은 뒤, 순환을 포함하지 않는 변의 부분집합을 '독립' 집합이라 부르자.

따라서 변들의 사이클과 벡터들 중에서 일차종속인 것이 유사하다고 생각하는 것이다. 독립인 집합의 부분집합도 사이클을 포함하지 않는 것은 명백하므로 조건 (ii)를 만족한다. A와 B가 각각 변이 t개 및 $t+1$개인 집합으로 둘 다 사이클을 포함하지 않을 때, B의 변 중 A에 들어 있지 않은 하나를 택해 A에 더해도 사이클이 생기지 않는 것이 적어도 하나 있다는 것은 살짝 덜 명백하다. 어쨌거나 벡터공간의 맥락과는 매우 다른 곳에서 나오면서도 매트로이드의 예임을 볼 수 있다.

그래프의 변과, 2를 법으로 하는 정수들의 체 $\mathbb{F}_2$ 위에서의 벡터공간 내의 벡터와 동일시하는 방법이 있는 것으로 밝혀졌다(모듈러 연산[III.58] 참조). G의 꼭짓점이 n개인 경우 각 꼭짓점에 $\mathbb{F}_2^n$의 어떤 기저 원소를 대응하고 각 변에는 두 끝점에 대응하는 기저 원소의 합으로 주어지는 벡터를 대응할 수 있다. 그러면 변의 집합이 독립인 것은 $\mathbb{F}_2^n$에서 대응하는 벡터들이 일차독립인 것과 필요충분조건이다. 곧 보겠지만, 그럼에도 벡터의 집합과 **동형조차** 아닌 중요한 매트로이드의 예가 있다.

그래프 내에서 독립인 집합들의 모임이 그래프의 정보를 일부 전달하지만 모두를 전달하지는 않음에 주목하라. 예를 들어 그림 1의 그래프 G와 H를 생각

하자. 그래프로서는 G와 H가 다르지만, 둘 다 집합 $\{a, b, c, d\}$ 위에서 똑같은 매트로이드를 결정한다. (독립 집합은 크기가 3보다 작거나 같은 집합 중에서 $\{a, b, c\}$만 뺀 것이다.) 이런 매트로이드는 다음 행렬의 열벡터로 형성되는 매트로이드와 똑같다는 것에 주목하라.

$$A = \begin{array}{c} \begin{matrix} a & b & c & d \end{matrix} \\ \begin{pmatrix} 1 & 0 & 1 & 1 \\ 0 & 1 & 1 & 1 \\ 0 & 0 & 0 & 1 \end{pmatrix} \end{array}.$$

하지만 대부분의 매트로이드는 그래프로부터도 행렬로부터도 나오지 않는 것으로 밝혀졌다.

아주 간단한 공리만으로 매트로이드를 정의할 수 있음에도 불구하고, 선형대수와 그래프이론으로부터의 많은 기본적인 결과를 매트로이드라는 넓은 세계로 확장할 수 있다. 예를 들어 G가 연결그래프라 하자. B가 G의 매트로이드의 극대(maximal) 독립 집합이면, B는 G의 모든 꼭짓점에 인접하는 수형도(tree)임을 증명하는 건 어렵지 않다. 이런 수형도를 G의 **생성 수형도**(spanning tree)라 부른다. 연결 집합의 생성 수형도의 변의 수는 꼭짓점의 수보다 개수가 하나 모자란다. 이와 비슷하게 벡터공간 혹은 벡터들의 임의의 부분집합에서 극대 일차독립인 집합은 크기가 같다. 이 두 가지는 모든 매트로이드에서 극대 독립 집합은 크기가 같다는 일반적인 사실의 특수한 경우이다. 이 공통의 크기를 매트로이드의 **계수**(rank)라 부르고, 벡터공간과의 유사성 때문에 극대 독립 집합을 기저(basis)라 부른다.

매트로이드는 수학의 많은 분야에서 자연스럽게 발생하는데, 종종 뜻하지 않게 나타난다. 예를 들

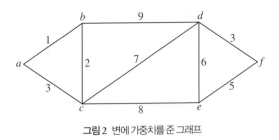

그림 2 변에 가중치를 준 그래프

어 최소 연결 문제(minimum connector problem)를 생각하자. 어떤 회사가 철로나 전화 케이블처럼 여러 개의 도시를 연결하려 하는데 전체 비용을 최소화하고 싶다고 하자. 이 문제가 다음 문제와 동치라는 것은 명백하다. 각 변 e에 음이 아닌 가중치(weight) $w(e)$가 주어진 연결그래프 G에 대해, G의 모든 꼭짓점들을 이어주면서도 전체 가중치가 최소인 변의 집합을 찾아라. 이 문제를 최소 가중치를 갖는 생성 수형도를 찾는 문제로 귀착시킬 수 있다는 것은 어렵지 않게 보일 수 있다.

이 문제에 대한 고전적인 알고리즘이 있다. 이 문제에 대해 생각할 수 있는 가장 단순한 알고리즘인데 다음처럼 한다. 최소 가중치를 갖는 변을 하나 찾는 것부터 시작하고, 이어지는 단계마다 어떤 단계에서든 이미 선택한 집합에 순환이 생기지 않도록 하는 변 중 가중치가 최소인 것을 더한다.

예를 들어 그림 2에 나타낸 그래프를 생각하자. 이 알고리즘을 연속적으로 적용하면 변 (a, b), (b, c), (d, f), (e, f), (c, d)가 선택되어 전체 가중치가 $1 + 2 + 3 + 5 + 7 = 18$인 생성 수형도가 된다. 이 알고리즘의 작동 방식 때문에 **탐욕 알고리즘**(greedy algorithm)으로 알려져 있다.

지금 덜 적합한 변을 택하고 나중에 보상을 받을

가능성을 부인한다는 점에서, 처음 볼 때는 이런 알고리즘이 통한다는 것은 다소 있음직하지 않아 보인다. 하지만 실제로 이것이 정확한 알고리즘이라는 것을 보이는 것은 어렵지 않다. 사실 일반적인 매트로이드에도 거의 똑같은 방식으로 확장된다. 각 원소가 음이 아닌 가중치를 갖는 매트로이드 내에서 가중치가 최소인 기저를 고르는(비교적 빠른) 알고리즘을 준다.

다소 더 놀라운 것은, 이런 탐욕 알고리즘이 통하는 유일한 구조가 매트로이드라는 것이다. 더 정확히 말해, I가 집합 E의 부분집합의 모임으로 $A \in I$이고 $B \subseteq A$이면 $B \in I$라는 성질을 갖는다고 하자. w를 임의의 가중치 함수라 하고 원소들의 가중치의 합을 집합의 가중치라고 부르기로 할 때, 가중치가 최대인 I의 원소 B를 고르는 것이 문제라고 하자. 위에서처럼 최대 가중치를 갖는 원소 e에서 출발한 후 나머지 원소 중에서 각 단계에서 선택된 원소가 I의 원소여야 한다는 단서를 만족하는 것 중 가중치가 최대인 원소를 계속해서 골라나가는 것을 탐욕 알고리즘이라 하자. 그 결과 다음이 사실로 밝혀졌다. 모든 가중치 함수 w에 대해 탐욕 알고리즘이 I에서 통하는 것과, I가 어떤 매트로이드의 독립 집합의 모임이라는 것과 필요충분조건이다. 따라서 매트로이드는 많은 최적화 문제에서 '자연스러운 터전'을 이룬다. 더욱이 많은 매트로이드가 벡터공간이나 그래프로부터 유도되지 않은 문제로부터 생기기 때문에, 정말로 유용한 개념이다.

III.55 측도

측도론을 이해하고 왜 유용하고 중요한지 이해하기 위해서는 길이에 대한 문제부터 시작하는 것이 유익하다. 0부터 1까지의 닫힌 구간 $[0, 1]$ 내의 작은 구간의 열이 있는데 전체 길이가 1보다 작다고 하자. 이것으로 $[0, 1]$을 덮을 수 있을까? 다른 말로 $\sum(b_n - a_n) < 1$인 구간 $[a_1, b_1], [a_2, b_2], \cdots$가 주어질 때 이들의 합집합이 $[0, 1]$일 수 있을까?

"아니죠. 전체 길이가 너무 작아요"라고 대답하고 싶은 유혹이 든다. 하지만 이는 질문을 재진술한 것에 불과하다. 왜 '전체 길이가 1보다 작은 것'이 실제로 이 구간들이 $[0, 1]$을 덮을 수 없다는 것을 함의할까? '왼쪽부터 오른쪽으로 나아가도록 구간들을 재배열하면 결코 $[0, 1]$의 오른쪽 끝에는 도달하지 못한다'는 것도 끌리는 답이다. 다른 말로 하면 n번째 구간의 길이가 $b_n - a_n = d_n$일 때 이 구간들을 그냥 평행이동하여 $[0, d_1], [d_1, d_1+d_2], \cdots$로 만들자는 것이다. 이렇게 재배열하면 정말로 $\sum d_n$을 넘는 어떤 점도 덮을 수 없으므로 $[0, 1]$을 덮을 수 없겠지만, 왜 이 사실이 원래 구간들이 $[0, 1]$을 덮을 수 없다는 것을 함의하는 걸까?

구간이 유한개일 때는 이런 재배열이 통한다는 것을 보이기는 꽤 쉽지만, 일반적으로는 통하지 않는다. 원래의 질문을 조금 바꿔서 이번에는 유리수에 대해서만 한다고 하자. 즉, 구간 $[0, 1]$ 대신 유리수 구간 $[0, 1] \cap \mathbb{Q}$로 바꾸기로 하자. 이제 예를 들어 구간들의 길이가 $\frac{1}{4}, \frac{1}{8}, \frac{1}{16}, \cdots$이면 전체 길이는 겨우 '$\frac{1}{2}$'이므로, 왼쪽부터 오른쪽까지 쌓은 구간들은 겨우 $[0, \frac{1}{2}] \cap \mathbb{Q}$만을 덮을 것이다. 하지만 유리수를 q_1, $q_2, \cdots$로 나열하고(가산집합 및 비가산집합[III.11]을 보라) q_1 주변에 길이가 $\frac{1}{4}$인 구간을 놓고, q_2 주변에 길이가 $\frac{1}{8}$인 구간을 놓고, 등등 계속하면 원래의 구간들로 $[0, 1] \cap \mathbb{Q}$ 전체를 덮을 수도 있다.

이런 관찰은 우리의 문제에 대한 답은 유리수는 공유하지 못하는 실수의 성질을 포함해야만 하며, '당연하다'는 어떠한 논증도 무너진다는 것을 보여준다. 사실 실수에 대해서는 결과가 **사실**이며, 증명은 좋은 연습문제이다.

왜 이게 중요한 사실일까? 실수의 일반적인 집합에 대해 '길이'를 정의하려는 소망에서 기인한 것이기 때문이다(논의를 간단히 하고 '무한 길이'에 대한 자질구레함을 피하기 위해 $[0, 1]$에 집중한다). 어떤 집합의 '길이'가 무엇이어야 할까? 구간이라면 답은 명백하고, 구간의 유한 합집합에 대해서도 명백하다. 하지만 $\{\frac{1}{2}, \frac{1}{3}, \frac{1}{4}, \cdots\}$이나 $\mathbb{Q}$와 같은 집합은 어떨까?

구간의 유한 합집합을 이용하려는 것이 자연스러운 첫 번째 시도일 것이다. 집합 A를 덮는 구간들의 유한 합집합의 최솟값을 A의 길이로 잡을 수 있다. 더 정확히 말해 A를 덮는 구간들의 유한 합집합 $[a_1, b_1] \cup \cdots \cup [a_n, b_n]$ 전체를 움직일 때 $(b_1 - a_1) + \cdots + (b_n - a_n)$의 하한을 A의 길이로 정의할 수 있다.

불행히도 이런 정의는 대단히 바람직하지 못한 성질을 갖는다. 예를 들어 구간 $[0, 1]$ 내의 모든 유리수의 집합의 길이는 1일 것이고, $[0, 1]$ 내의 모든 무리수의 집합의 길이도 1일 것이다. 따라서 서로소인 두 집합(게다가 아주 자연스러운 집합이다)의 합집합의 길이가 각각의 길이의 합이 아니게 된다. 따라서 이런 꼴의 '길이'는 이런 집합들에 대해서는 그다지 바르게 행동하지 않는다.

우리가 알고 있는 익숙한 모든 집합에 적용되며 A와 B가 서로소일 때 A와 B의 길이의 합이 $A \cup B$의 길이라는 의미에서 **덧셈적**(additive)인 길이의 개념을 원한다. 놀랍게도 원하는 바를 이룰 수 있는데, 가산 개의 덮개를 허용하는 것이 핵심 아이디어이다. 즉, 위의 정의를 다음처럼 수정한다. 집합 A의 길이는(혹은, 보통의 이름을 주자면 **측도**(measure)는) A를 덮는 구간들의 합집합 $[a_1, b_1] \cup [a_2, b_2] \cup \cdots$ 전체를 움직일 때 $(b_1 - a_1) + (b_2 - a_2) + \cdots$의 하한으로 정의한다. 위에서 논의한 퍼즐 덕분에 구간 $[a, b]$의 측도는 희망한 대로 $b - a$이다.

$[0, 1]$ 내의 유리수 전체의 집합의 측도가 0임을 보이는 것도 어렵지 않으며, $[0, 1]$ 내의 무리수 전체의 측도는 1로 밝혀진다. 사실 모든 가산집합은 측도가 0이다. 많은 맥락에서 측도가 0인 집합은 '무시할 수 있는' 집합 혹은 '중요하지 않은' 집합으로 간주한다. 비가산이지만 측도가 0인 집합(예를 들어 **칸토어 집합**[III.17])도 있다는 것도 언급할 가치가 있다.

하지만 이렇게 정의해도 서로소인 두 집합 A, B에 대해 $A \cup B$의 측도가 A, B 각각의 측도의 합이 아닌 쌍이 있다. 하지만 모든 '합리적인' 집합에 대해서는 측도가 덧셈적임을 보일 수 있다. 더 정확히 말해 $[0, 1]$의 부분집합이 **가측**이라는 것은 그 집합과 여집합의 측도를 더해 (당연히) 1일 때를 말한다. A, B가 서로소인 가측 집합이면 합집합의 측도는 각각의 측도의 합이다.

구간, 구간의 유한 합집합, 구간의 가산 합집합, 칸토어 집합, 유리수나 무리수를 포함하는 것들 등

등 수학에서 자연스럽게 발생하거나 구체적인 정의를 갖는 집합이 가측임을 보일 수 있으므로 대단히 유용하다. 사실 가측 집합을 가산개 합집합해도 역시 가측인데, 가측 집합들이 **시그마-대수**(sigma-algebra)를 이룬다고 말한다. 더 좋은 것이 성립한다. 가산 개의 가측 집합의 서로소인 합집합의 측도는 각각의 측도의 합이라는 의미에서 **가산 덧셈적**이라는 것이다.

일반적으로 다른 많은 상황에서도, 사람들은 관심 있어 하는 모든 집합을 포함하며 가산 덧셈적인 측도, 혹은 '길이 함수'를 정의할 수 있는 시그마-대수를 찾고 싶어 한다. 위의 예는 $[0, 1]$의 **르베그 측도**(Lebesgue measure)라 부른다. 일반적으로 가산 덧셈적인 측도를 정의하고 싶으면, 시작에 앞서 위의 퍼즐과 같은 결과가 항상 필요하다.

보렐 집합(Borel set) 전체의 대수가 중요한 시그마-대수다. 이 대수는 열린 구간과 닫힌 구간을 모두 포함하는 시그마-대수 중 가장 작다. 간략히 말하면 열린 구간과 닫힌 구간으로부터 가산 개의 합집합과 교집합을 사용하여 만들 수 있는 집합들의 모임이다. (하지만 만들어 가는 과정이 대단히 복잡할 수 있다는 사실이 가려질 위험이 있다. 사실 보렐 집합의 초한적 계층구조(transfinite hierarchy)가 존재한다.) 모든 보렐 집합의 시그마-대수는 르베그 가측 집합으로 이루어진 시그마-대수보다 더 작은데, 측도가 0인 임의의 집합이 꼭 보렐 집합인 것은 아니기 때문이다. 보렐 집합은 '쉽게 서술할 수 있다'는 기교적 의미에서 **서술적 집합론**[IV.22 §9]에서 기본 개념 중 하나이다.

가산 덧셈적인 측도를 갖는 시그마-대수의 예

가 또 있다. 평면 내의 단위 정사각형 $[0, 1]^2$에서 구간 대신 직사각형에 기초를 두고 작업할 수 있다. 따라서 어떤 집합의 측도를 그 집합을 덮는 직사각형들의 열의 전체 넓이의 최솟값으로 정의할 수 있다. 이로부터 우아하고 강력한 적분법이 나온다. 예를 들어 $[0, 1]$에서 정의되며 $[0, 1]$에서 값을 갖는 함수 f의 적분은 그냥 '그래프 아래의 넓이'로, 즉, 집합 $\{(x, y) : y \leqslant f(x)\}$의 측도로 정의한다. 복잡해 보이는 많은 함수도 적분할 수 있다. 예를 들어 유리수에서는 1을, 무리수에서는 0을 주는 함수 f는 적분값 0을 갖는다는 것을 쉽게 확인할 수 있는데, 리만 적분의 이론에서는 지나치게 빨리 변해서 적분가능하지 않았던 함수다.

적분에 대한 이런 접근법은 수학에서 기본적인 개념 중의 하나인 이른바 르베그 적분(Lebesgue integral)에 이르게 된다(르베그[VI.72]에 대한 글에서 좀 더 논의한다). 르베그 적분은 리만 적분으로는 가능하지 않은 다양한 범위의 함수를 적분할 수 있게 해 주지만, 더 중요한 사실은 리만 적분에는 부족한 대단히 좋은 극한의 성질을 갖는다는 것이다. 예를 들어 $f_1, f_2, \cdots$가 $[0, 1]$에서 $[0, 1]$로의 르베그 적분가능한 함수열이고 모든 x에 대해 $f_n(x)$가 $f(x)$로 수렴하면, f도 르베그 적분가능하며 f_n의 르베그 적분은 f의 르베그 적분으로 수렴한다.

III.56 거리공간

수학의 많은 맥락, 특히 해석학에서 수학적 대상 두

개가 가깝다는 말을 하고 싶고, 그것이 정확히 무슨 뜻인지 이해하고 싶어 한다. 대상이 평면의 두 점 (x_1, x_2), (y_1, y_2)인 경우 이런 작업은 간단하다. 둘 사이의 거리는 피타고라스 정리에서

$$\sqrt{(y_1 - x_1)^2 + (y_2 - x_2)^2}$$

이므로, 이 거리가 작으면 두 점이 가깝다는 것이 의미를 갖는다.

이제 n차원 공간의 두 점 $(x_1, \cdots, x_n)$, $(y_1, \cdots, y_n)$이 있다고 하자. 방금 전과 같이 $n = 2$일 때의 식을 일반화하여 이들 사이의 거리를 정의하는 것은 간단한 문제이다.

$$\sqrt{(y_1 - x_1)^2 + (y_2 - x_2)^2 + \cdots + (y_n - x_n)^2}.$$

물론 이 식이 쉽게 일반화된다는 것 자체만으로는 이런 개념이 의미 있는 거리의 정의를 이룬다는 것을 보증하지는 않는다. 따라서 이런 거리가 의미 있다고 간주하려면 어떤 성질을 가져야 하느냐는 문제를 제기할 수 있다. 이 질문에 대한 생각의 결과로 나온 추상적 개념이 거리공간(metric space)이다.

X를 '점'들의 집합이라 하자. 주어진 임의의 두 점 x, y에 두 점 사이의 거리로 간주하고 싶은 실수 $d(x, y)$를 할당하는 방법이 있다고 하자. 다음은 이러한 거리가 가져야 할 세 가지 좋은 성질이다.

(P1) $d(x, y) \geqslant 0$이며 등호는 $x = y$일 때만 성립한다.

(P2) 임의의 x, y에 대해 $d(x, y) = d(y, x)$이다.

(P3) 임의의 세 점 x, y, z에 대해 $d(x, y) + d(y, z) \geqslant d(x, z)$이다.

세 성질 중 처음 것은 두 점이 같아서 거리가 0일 때만 제외하면, 두 점 사이의 거리는 항상 양수여야 한다는 말이다. 두 번째는 거리가 대칭적(symmetric)인 개념이라는 것이다. x에서 y까지의 거리는 y에서 x까지의 거리와 같아야 한다. 세 번째 성질은 삼각부등식(triangle inequality)이라 부르는데, x, y, z를 삼각형의 세 꼭짓점으로 여기면 어떤 변의 길이든 나머지 두 변의 길이의 합을 초과하지 않는다는 것이다.

집합 X의 점의 쌍 (x, y)에 대해 정의한 함수 d가 위의 세 성질 (P1)~(P3)을 만족하면 계량(metric, 거리)이라 부른다. 이 경우 X와 d가 함께 묶여 거리공간(metric space)을 이룬다. 보통의 거리 개념을 이처럼 추상화한 것은 대단히 유용한데, 피타고라스 정리로부터 유도되지 않는 유용한 거리의 예가 많다. 여기 몇 가지 예가 있다.

(i) X를 n차원 공간, 즉 n개의 실수의 수열 $(x_1, \cdots, x_n)$ 전체의 공간을 $\mathbb{R}^n$이라 하자. 피타고라스 정리로부터 유도한 위의 식이 정말 성질 (P1)~(P3)을 만족함을 보일 수 있다. 이런 거리를 유클리드 거리(Euclidean distance)라 부르고, 결과로 얻는 거리공간을 유클리드 공간(Euclidean space)이라 부른다. 수학에서 거리공간 중 가장 기본적이고 중요한 부류가 아마 유클리드 공간일 것이다.

(ii) 오늘날 정보는 보통 0과 1로 이루어진 문자열로, 예를 들어 000111010010의 꼴로 전송한다. 이런 두 문자열 사이의 해밍 거리(Hamming distance)는 두 문자열에서 다른 자리의 개수로 정의한다. 예를 들어 문자열 00110100

과 00100101의 네 번째 자리와 여덟 번째 자리만 서로 다르기 때문에 거리는 2이다. 이런 거리의 개념도 성질 (P1)~(P3)을 만족한다.

(iii) 어떤 도시에서 다른 도시로 차를 운전해 갈 때, 우리가 관심을 두는 거리는 까마귀가 날아가는 거리가 아니라, 가용한 도로망을 따라 가는 가장 짧은 경로의 길이다. 마찬가지로 런던에서 시드니까지 여행할 때 문제가 되는 것은 지표면을 따라 가는 가장 짧은 경로의 (측지선(geodesic)이라 부른다) 길이이며, 지구를 뚫고 들어가는 '진짜' 거리는 아니다. 많은 유용한 거리가 가장 짧은 경로라는 아이디어에서 나오는데, 성질 (P3)이 성립하는 게 보장된다.

(iv) 유클리드 공간에서 회전 대칭성은 중요한 특징이다. 다른 말로 하면, 평면이나 공간을 회전해도 점들 사이의 유클리드 거리는 변하지 않는다. 대칭성을 많이 갖는 거리도 있는데, 이들은 기하학적으로 매우 중요하다. 특히 19세기 초 쌍곡계량[I.3 §§6.6, 6.10]의 발견은 평행선 공준을 유클리드의 다른 공리로부터 증명할 수 없음을 설명해 주었다. 이로부터 수천 년 동안 미해결이었던 문제가 해결됐다. 리만계량[I.3 §6.10]을 보라.

III.57 집합론의 모형

간략히 말해 보통의 집합론의 공리[IV.22 §3.1](즉, ZF 공리계나 ZFC 공리계)가 성립하는 구조가 집합론의 모형이다. 무슨 뜻인지 설명하기 위해 먼저 군에 대해 생각해 보자. 군론의 공리에서는 곱이나 역원과 같은 연산을 언급하는데, 이런 공리를 만족하는 연산을 갖춘 집합이 군론의 모형이다. 다른 말로 하면, 군론의 모형은 군과 다름 없다. 그렇다면 'ZF의 모형'은 무슨 뜻일까? ZF의 공리계는 '원소' 관계, 즉, '∈'라는 관계만을 언급한다. ZF의 모형은 관계 E를 갖는 집합 M으로 'E' 대신 '∈'로 바꾸면 M에서 ZF 공리계가 모두 성립할 때를 말한다.

하지만 이 두 종류의 모형 사이에는 대단히 중요한 차이가 있다. 처음 군을 대하면 순환군이나 정다각형의 대칭군과 같은 매우 간단한 예부터 시작하여 **대칭군 및 교대군**[III.68]과 그 이상 더 복잡한 예까지 구성해 나간다. 하지만 ZF의 모형에는 이런 부드러운 과정이 들어설 여유가 없다. 사실 수학의 모든 것이 ZF의 언어로 형식화될 수 있으므로, ZF의 모든 모형에는 수학 전체 세상의 '복사본'이 들어 있게 된다. 이 때문에 ZF의 모형을 연구하는 것이 더 까다롭다.

당혹스럽게 여겨지기 쉬운 사실은 ZF의 모형이 **집합**(set)이라는 점이다. 이는 '전체' 집합(모든 집합을 원소로 갖는 집합)이 있다는 뜻처럼 보이는데, 러셀의 역설[II.7 §2.1]로부터 그런 집합이 없다는 것을 쉽게 알 수 있기 때문이다. 모형 M이 실제 수학적 우주에서는 집합이지만, 모형 내에는 전체 집합이 없다는 것(다른 말로 하면 M의 모든 원소 y에 대해 yEx인 M의 원소 x가 없다는 것)이 이런 명백한 문제에 대한 답이다. 따라서 모형의 관점에서 '전체 집합은 없다'는 명제는 참이다.

모형에 대한 더 일반적인 것은 **모형 이론**[IV.23]을 보고, 집합론의 모형에 대한 것은 **집합론**[IV.22]을 보라.

III.58 모듈러 연산
벤 그린 *Ben Green*

십진법 전개로 …7로 끝나는 제곱수가 있을까? 438345는 9로 나누어떨어지는가? 어떤 정수 n에 대해 $n^2 - 5$가 2의 거듭제곱인가? $n^7 - 77$은 피보나치 수일 수 있는가?

이런 질문과 더 많은 질문들을 모듈러 연산(modular arithmetic)을 이용하여 대답할 수 있다. 첫 번째 질문부터 살펴보자. 처음 제곱수 몇 개를 나열하면 1, 4, 9, 16, 25, …에서 마지막 자리의 수가 7인 것을 찾지 못한다. 사실 마지막 자리의 수만 쓰면 다음 수열

$$1, 4, 9, 6, 5, 6, 9, 4, 1, 0, 1, 4, 9, 6, 5, 6, \cdots$$

을 얻는데, 이 수열은 반복되고 7은 포함되지 않는 듯한다.

이런 현상은 다음처럼 설명할 수 있다. n을 제곱하려 한다고 하자. n을 항상 10의 배수와 나머지의 합, 즉 $r \in \{0, 1, \cdots, 9\}$에 대해 $n = 10q + r$로 쓸 수 있다. 이제 n을 제곱하면

$$\begin{aligned} n^2 &= (10q + r)^2 \\ &= 100q^2 + 20qr + r^2 \\ &= 10(10q^2 + 2qr) + r^2 \end{aligned}$$

을 얻는다. 이 식에서 마지막 자리의 수에 영향을 주는 것은 r^2이므로, 제곱수의 마지막 자리수로 이루어진 수열이 왜 10을 주기로 반복되며, 따라서 7을 포함하지 않는지 즉시 설명해 준다.

모듈러 연산이란 기본적으로 이런 종류의 논증을 쓰는 표기법에 불과하다. 두 수 n과 r이 10으로 나누어 나머지가 같으면, 이 두 수가 **법(modulo) 10에 대해 합동이다**라고 말하고 $n \equiv r \bmod 10$이라고 쓴다. 방금 위에서 증명한 것은 $n \equiv r \bmod 10$이면 $n^2 \equiv r^2 \bmod 10$이라는 명제다. 앞의 논의는 10 대신 임의의 법 m으로 바꿔도 모두 성립한다. 즉, n과 r이 m으로 나눈 나머지가 같으면, 이 두 수가 m을 **법 m으로 합동이다**(congruent modulo m)라고 말하고 $n \equiv r \bmod m$이라 쓴다. 이와 동치로 m이 $n - r$을 나누면, n과 r은 m을 법으로 합동이다. (어떤 정수 a가 다른 정수 b를 **나눈다**는 것은 b가 a의 정수배일 때를 말한다.) 위의 논증은 증명하기 그다지 어렵지 않은 다음 일반적인 사실의 한 가지 경우에 불과하다. $a \equiv a' \bmod m$이고 $b \equiv b' \bmod m$이면 $ab \equiv a'b' \bmod m$이고 $a + b \equiv a' + b' \bmod m$이다.

$10 \equiv 1 \bmod 9$임에 주목하라. 따라서 $10 \times 10 \equiv 1 \times 1 \equiv 1 \bmod 9$가 나오는데 실은 모든 $d \in \mathbb{N}$에 대해 $10^d \equiv 1 \bmod 9$이다. 어떤 수 N의 십진 전개가 $a_d a_{d-1} \cdots a_2 a_1 a_0$이라고 하자. 이는 다음을 의미한다.

$$N = a_d 10^d + a_{d-1} 10^{d-1} + \cdots + a_1 10 + a_0.$$

모듈러 연산의 규칙을 적용하면 다음을 얻는다.

$$N \equiv a_d + a_{d-1} + \cdots + a_1 + a_0 \bmod 9.$$

이 사실은 십진법으로 각 자리의 수를 합한 결과가 9로 나눠지는지 보라는 잘 알려진 9의 배수 판정법을 준다. 예를 들어 $N = 438345$이면 각 자릿수의 합은 27인데 이는 9로 나누어떨어진다. 따라서 N은 9의 배수다(실제로 $N = 9 \times 48705$다).

m이 법이고 n이 정수일 때, $n \equiv r \bmod m$이며 0과 $m - 1$ 사이에 있는 r값은 정확히 한 개다. 이 수 r을 m을 법으로 하는 n의 **최소 나머지** 혹은 그냥 **나머지**(residue)라 부른다.

이제 이 글의 첫 부분에서 제기한 세 번째 질문, 즉 $n^2 - 5$가 2의 거듭제곱일 수 있느냐는 문제를 생각해 보자. $n = 3$이면 $3^2 - 5 = 4$는 2의 거듭제곱이지만, 조금 더 실험해 보면 예가 더 드러나지 않는다. n이 3보다 커지면 문제의 어떤 면이 바뀌는 걸까? 그때는 $n^2 - 5$가 4보다 크므로, 이 수가 2의 거듭제곱이라면 8로 나누어떨어져야 한다는 것이 중요한 관찰이다. 이는 $n^2 \equiv 5 \bmod 8$임을 의미해야 하지만, 결코 그럴 수가 없다. 사실 처음 여덟 개의 제곱수의 나머지는 1, 4, 1, 0, 1, 4, 1, 0이고 이 수열이 8을 주기로 반복할 것임을 안다(실은 주기가 4이다). 따라서 절대 5를 포함할 수 없다.

모듈러 연산은 조심스럽게 이용해야 한다. 덧셈과 뺄셈에 대한 규칙은 간단하지만, 나눗셈은 조금 미묘하다. 예를 들어 $ac \equiv bc \bmod m$이 주어진 경우 일반적으로는 c로 나누어 $a \equiv b \bmod m$이라는 결론을 내리는 것은 허용되지 않는다. 예를 들어 $a = 2$, $b = 4$, $c = 3$, $m = 6$인 경우 그렇다.

무엇이 잘못됐는지 살펴보자. $ac \equiv bc \bmod m$이라 말하는 것은 m이 $ac - bc = (a - b) \times c$를 나눈다는 것이다. 하지만 m이 c를 나눌 수 있으므로 (혹은 적어도 공통 인수를 가질 수 있으므로) 이 사실이 m이 $a - b$를 나눈다는 것을 의미하지 않음은 분명하다. 그렇지만 m이 c와 공통 인수를 갖지 않으면 $a - b$를 나누어야 하므로, 이 경우에는 정말로 $a \equiv b \bmod m$을 얻는다. 특히 임의의 소수 p에 대해 대단히 유용한 소거법칙(cancelation law)을 얻는다. $ac \equiv bc \bmod p$이고 $c \not\equiv 0 \bmod p$이면, $a \equiv b \bmod p$다.

지금까지의 예는 10이나 8처럼 구체적인 법과 관련됐을 때만 모듈러 연산이 쓸모가 있는 것처럼 보였을 수도 있다. 하지만 이는 사실과는 거리가 멀며, 이 주제가 진정 자체적인 주제인 것은 더 일반적인 m을 살펴볼 때다. 예를 들어 수론에서의 기본적인 결과 중 하나는 페르마 소정리(Fermat's little theorem)로 p가 소수이고 $a \not\equiv 0 \bmod p$이면, $a^{p-1} \equiv 1 \bmod p$라는 명제다. 지금 바로 증명해 보자. $a, 2a, 3a, \cdots, (p-1)a \bmod p$를 생각하자. $ra \equiv sa \bmod p$라면 소거법칙으로부터 $r \equiv s \bmod p$를 연역할 수 있으므로, 이로부터 $a, 2a, \cdots, (p-1)a$가 모두 p를 법으로 다르다는 사실이 따라 나온다. 더욱이 이들 수는 $0 \bmod p$가 아니다. 따라서 수 $a, 2a, 3a, \cdots, (p-1)a \bmod p$는 $1, 2, 3, \cdots, p-1 \bmod p$의 재배열에 불과하다는 결론을 내릴 수밖에 없다. 특히 이들 두 집합의 수를 곱한 것도 같으므로, 다음의 결과가 나온다.

$$a^{p-1}(p-1)! \equiv (p-1)! \bmod p.$$

$(p-1)!$이 p의 배수가 아니므로, 이번에도 소거법칙을 적용하여 양변을 모두 $(p-1)!$로 나눌 수 있다. 이로부터 다음 결과가 나온다.

$$a^{p-1} \equiv 1 \bmod p.$$

오일러 정리(Euler's theorem)는 페르마의 작은 정리에서 법을 합성수로 일반화한 것이다. m이 양의 정수이고 a가 m과 서로소(coprime)인 양의 정수라면(a와 m이 공통 인수를 갖지 않는다는 뜻이다), $a^{\phi(m)} \equiv 1 \bmod m$이라는 명제다. 여기서 ϕ는 오일러의 파이 함수(Euler's totient function)인데, $\phi(m)$은 m보다 작으면서 m과 서로소인 자연수의 개수다. 예를 들어 m이 9라면 m과 서로소이며 m보다 작은 자연수는 1, 2, 4, 5, 7, 8이므로 $\phi(9) = 6$이 되어, 오일러의 정리로부터 $5^6 \equiv 1 \bmod 9$임을 유도할 수 있다. 직접 점검해 보자. $5^6 = 15625$이고 자릿수의 합이 19이므로 $1 \bmod 9$와 합동이다. 페르마-오일러 정리에 대한 추가 논의는 수학과 암호학[VII.7], 계산적 정수론[IV.3], 배유 추측[V.35]을 보라.

$n^7 - 77$이 피보나치 수일 수 있느냐는 위의 마지막 질문은 독자들에게 연습문제로 남긴다.

III.59 모듈러 형식
케빈 버자드 Kevin Buzzard

1 복소수 내의 격자

복소수에 대해 처음 배울 때 우리는 복소수를 하나의 실수 차원과 허수 차원으로 이루어진 2차원 공간으로서 배우게 된다. i가 -1의 제곱근일 때 복소수 $z = x + iy$는 실수부 x와 허수부 y를 갖는다.

실수부와 허수부가 정수(integer)인 복소수가 어떻

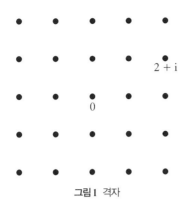

그림 1 격자

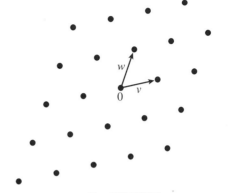

그림 2 일반적인 격자

게 생겼을지 생각해 보자. 3 + 4i나 −23i와 같은 이런 복소수는 복소평면에서 '격자'(lattice)를 형성한다(그림 1 참조).

정의에 의해 이 격자의 모든 원소는 어떤 정수 쌍 m, n에 대해 $m + ni$ 꼴이다. 이때 격자가 1과 i로 생성된다고 말하고 $\mathbb{Z} + \mathbb{Z}i$라는 표기법을 쓴다. 이 격자는 수많은 다른 방식으로도 **생성(generate)**할 수 있음에 주목하라. 예를 들어 $(1, -i)$ 쌍으로도, $(1, 100 + i)$ 쌍으로도, 심지어는 $(101 + i, 100 + i)$ 쌍으로도 생성할 수 있다. 사실 이 격자가 $(a + bi, c + di)$로 생성된다는 것(이 격자의 모든 원소를 $a + bi$와 $c + di$의 정수 결합으로 쓸 수 있다는 뜻)과 a, b, c, d에 대해 $ad - bc = \pm 1$인 것은 필요충분조건이다.

2 더 일반적인 격자

v와 w가 임의의 두 복소수일 때, 이번에도 정수 a, b에 대해 $av + bw$ 꼴의 복소수 집합을 생각하자. (그림 2 참조)

격자는 정확히 이런 것들이다. 두 복소수 v와 w가 둘 다 0이 아니며 v/w는 실수가 아니라는 단서 하에

(v와 w가 둘 다 한 직선 위에 있지 않도록 보장하기 위해서이다) v와 w로 생성되는 복소평면 내의 격자 (grid) $\mathbb{Z}v + \mathbb{Z}w$를 말한다.

$\tau = x + iy$가 $y \neq 0$인 복소수라면 τ에 대응하는 표준 격자, 즉 $\mathbb{Z}\tau + \mathbb{Z}$가 존재한다. 이 격자를 Λ_τ라 부르는데 $\Lambda_\tau = \Lambda_{-\tau}$임에 주목하라. 하지만 일반적으로 서로 다른 복소수 τ는 서로 다른 격자를 준다. 더욱이 어떤 τ에 대해서도 Λ_τ와 같지 않은 격자는 무수히 많으며, 단순한 이유 때문에 모든 τ에 대해 1은 Λ_τ에 속한다.

3 격자 사이의 관계

Λ가 v와 w로 생성되는 격자이고 α가 0이 아닌 복소수일 때, 모든 상황을 α만큼 곱해서 αv와 αw로 생성되는 격자 $\alpha\Lambda$를 이끌어낼 수 있다. 기하학적으로는 격자를 회전하고 규모를 바꾼 것이라고 말힐 수 있다.

Λ가 v와 w에 의해 생성되는 격자일 때 모든 것을 w로 나누어 규모를 조정하면, 새로운 격자 $(1/w)\Lambda$

를 얻는데, v/w 및 $w/w = 1$로 생성된 격자다. 특히 이 새로운 격자는 $\tau = v/w$에 대해 격자 Λ_τ와 같다.

이상한 일처럼 보이지만 Λ_τ에도 이런 규모 재조정을 적용할 수 있다. Λ_τ는 $(\tau, 1)$로도 생성되지만 a, b, c, d가 정수이고, $ad - bc = \pm 1$을 만족하는 임의의 순서쌍 (v, w)에 대해서도 $(v, w) = (a\tau + b, c\tau + d)$로 생성된다. $a\tau + b$를 $c\tau + d$로 나누고 $\sigma = (a\tau + b)/(c\tau + d)$라 두면 다음을 알 수 있다.

$$\frac{1}{c\tau + d}\Lambda_\tau = \Lambda_\sigma. \tag{1}$$

4 격자 위의 함수로서의 모듈러 형식

모듈러 형식(modular form)이 모종의 유계성 조건과 변환 성질을 따른다는 형식적 정의는 그다지 깨달음을 주지 않는다. 변환 성질이 어디서 왔는지를 보는 한 가지 방법은 격자를 생각하는 것이다. k가 정수일 때 가중치가 k인 모듈러 형식은 각 격자 Λ에 복소수 $f(\Lambda)$를 할당하는 함수 f로 다음 성질을 가질 때를 말한다.

$$f(\alpha\Lambda) = \alpha^{-k}f(\Lambda). \tag{2}$$

이 함수가 어떤 미분가능성 조건과 어떤 유계성 조건 등 다른 조건도 만족해야 하지만, 중요한 성질은 위의 성질이다. k가 짝수이고 최소 4라면, 가중치가 k인 모듈러 형식의 예로는 다음 식으로 정의되는 아이젠슈타인 급수(Eisenstein series) G_k가 있다.

$$G_k(\Lambda) = \sum_{0 \neq \lambda \in \Lambda} \lambda^{-k}.$$

k가 최소 4라는 가정이 이 합의 수렴성을 보장하고,

k가 짝수라는 것이 이 함수가 0이 아님을 보장한다.

모든 격자를 재조정하면 어떤 τ에 대해 Λ_τ 꼴을 취한다는 것을 보았으므로, 식 (2)는 그런 격자 위에서의 값이 결정한다는 것을 함의한다. 허수부가 양수인 복소수의 집합을 $\mathcal{H}$로 나타내면, $\Lambda_\tau = \Lambda_{-\tau}$이므로 모듈러 형식은 사실 $\tau \in \mathcal{H}$에 대해 Λ_τ 위에서의 값으로 결정된다.

그렇다고 $\mathcal{H}$ 위의 아무 함수나 모듈러 형식을 주는 것은 아니다. 식 (1)은 f가 모듈러 형식이고 F를 $\mathcal{H}$ 위에서 $F(\tau) = f(\Lambda_\tau)$로 정의한 함수일 경우, F는 $ad - bc = 1$인 모든 $a, b, c, d \in \mathbb{Z}$에 대해 다음 식

$$F\left(\frac{a\tau + b}{c\tau + d}\right) = (c\tau + d)^k F(\tau) \tag{3}$$

를 만족해야 함을 말해준다. ($ad - bc = -1$인 경우를 제외한 것은 이 경우 $(a\tau + b)/(c\tau + d)$가 상반평면(upper half-plane)에 있지 않기 때문이다.) 이 방정식이 모듈러 형식의 정의에서 심장부에 있다.

수 년 동안 수학자들은 유용한 이론을 주기 위해 F가 가져야 하는 다른 바람직한 성질을 분리해 냈다. 오늘날 모듈러 형식은 F가 복소해석적 함수[I.3 §5.6]이며 y가 $+\infty$로 갈 때 $F(x + iy)$가 지나치게 빨리 커지지 않는다는 추가 성질을 만족하길 요구한다. 이런 가정으로부터 무게가 k인 모듈러 형식이 이루는 벡터공간이 유한차원임이 나온다. 위의 아이젠슈타인 급수는 이런 추가 성질을 만족하므로, 최초의 기본적인 모듈러 형식의 예이다.

5 왜 모듈러 형식인가?

모듈러 형식은 산술, 기하, 표현론 및 심지어는 물리

와도 관련돼 있다. 모듈러 형식은 페르마의 마지막 정리[V.10]를 테일러(Taylor)와 와일즈(Wiles)가 증명할 때 중요한 역할을 맡기도 했다. 왜 그럴까? 모듈러 형식과 다른 수학적 대상 사이에 관련이 있다는 것이 일반적인 이유인데, 여기서 그런 관련 하나를 간략히 설명하겠다.

복소평면의 격자는 타원곡선[III.21]과 관련돼 있다. 복소수를 격자로 자르면(몫을 취하면) 타원곡선이며, 모든 타원곡선은 이런 식으로 발생한다. 따라서 타원곡선 혹은 타원곡선의 족(family)을 연구하기 위해서는 격자들의 모임을 대신 연구할 수 있다. 어떤 대상을 연구하기 위해 그 대상 위의 함수를 연구하는 것도 한 가지 방법인데, 격자 전체의 모임 위에 정의된 함수인 모듈러 형식이 정확히 그런 것이다. 사실 모듈러 형식의 일반화인 보형 형식(automorphic form)은 넓은 범위의 대수적 대상의 모임을 이런 식으로 연구하는데 대단한 영향을 끼쳤다.

III.60　모듈라이 공간

수학에서 중요한 문제는 분류(classification)이다(수학 연구의 일반적 목표[I.4 §2] 참조). 수학적 구조의 십합과 동치성의 개념이 있을 때, 보통은 동치류[I.2 §2.3]를 설명하고 싶어 한다. 예를 들어 두 유향 콤팩트 곡면은 하나를 연속적으로 변형하여 다른 하나를 만들 수 있으면 동등하다고 말한다. 그러면 각 동치류는 종수[III.33] 혹은 곡면에 난 '구명의 수'로 완전히 묘사할 수 있다.

위상적 동치성은 두 곡면이 상대적으로 동지이기 쉽다는 점에서 다소 '성기다'. 그 결과 동치류는 상당히 간단한 집합인 양의 정수의 집합으로 매개화할 수 있다. 하지만 많은 기하학적 맥락에서는 더 세밀한 동치 개념이 중요하다. 예를 들어 여러 가지 맥락에서 2차원 격자[III.59]에서 하나를 회전하고 크기를 확대하여 다른 격자가 될 경우 동치라고 부르고 싶어 한다. 이처럼 동치 관계를 매개화하는 집합이 흥미로운 기하학적 구조를 갖는 경우로 귀결될 때가 종종 있다. 그런 집합을 모듈라이 공간(moduli space)이라 부른다. 더 자세한 것은 [IV.8]과 [IV.23]을 보라.

III.61　몬스터군

유한 단순군의 분류[V.7]는 21세기 수학의 기념비 중 하나이다. 이름이 시사하듯, 모든 유한군의 구성 재료로 여길 수 있는 유한 단순군을 완전히 기술한 것이다. 이에 따르면 모든 유한 단순군은 18개의 무한한 족(familiy)에 속하거나, 26개의 '산재(sporadic)'군에 속한다. 이 산재군 중 808,017,424,794,512,875,886,459,904,961,710,757,005,754,368,000,000,000개의 원소를 갖는 가장 큰 군이 몬스터군이다.

몬스터군은 분류 정리에서 주인공 역할을 밑을 뿐만 아니라 다른 수학 분야와도 놀랍고 깊은 관련이 있다. 몬스터군의 충실한(faithful) 표현[IV.9] 중 가장 차원이 낮은 것이 196,883인데, 중요하고 유명한 '타원 모듈러 함수(elliptic modular function)'의 $e^{2\pi i z}$의 계수가 196,884라는 것이 가장 놀라운 것이다(대수적 수[IV.1 §8] 참조). 재미있는 우연의 일치와는 거리가 먼데, 이 두 수가 단 1밖에 차이가 나지 않는다는 사실이 둘 사이의 아주 깊은 관계의 징후이다. 더 자세한 것은 꼭짓점 작용소 대수[IV.17 §4.2]를 보라.

나비에-스토크스 방정식

오일러 방정식 및 나비에-스토크스 방정식[III.23]을 보라.

III.62 노름 공간과 바나흐 공간

함수 f를 다항식 P로 근사하는 것은 종종 유용하다. 예를 들어 휴대용 계산기로 로그함수[III.25 §4]를 계산하도록 설계하고 싶지만, 계산기는 무한히 많은 자릿수를 다룰 수 없기 때문에 정확한 계산을 기대할 수 없다. 따라서 그 대신 $\log(x)$를 잘 근사하는 다른 함수 $P(x)$를 계산하도록 시킬 것이다. 다항식은 기본 연산인 덧셈과 곱셈으로부터 만들어낼 수 있기 때문에 좋은 선택이다. 이런 아이디어는 두 가지 질문을 부른다. 어떤 함수들을 잘 근사시킬 수 있을까? 또 어떤 것을 좋은 근사라고 부를 것인가?

두 번째 질문에 대한 답이 첫 번째 질문의 답을 결정하는 건 분명한데, 두 번째 질문에 대한 올바른 답이 하나만 있는 건 아니다. 어떤 것이 좋은 근사인지 선언하는 건 여러분에게 달려 있기 때문이다. 하지만 그 모든 결정이 똑같이 자연스러운 건 아니다. P

와 Q를 다항식이라 하고, f와 g는 더 일반적인 함수이고 x는 실수라고 하자. $P(x)$가 $f(x)$와 가깝고 $Q(x)$가 $g(x)$와 가까우면, $P(x) + Q(x)$도 $f(x) + g(x)$와 가까울 것이다. 또한 λ가 실수이고 $P(x)$가 $f(x)$와 충분히 가까우면 $\lambda P(x)$도 $\lambda f(x)$에 가까울 것이다. 이런 비공식적인 논증은 잘 근사시킬 수 있는 함수들이 벡터공간[I.3 §2.3]을 이룸을 시사한다.

가능한 많은 경로 중에서 하나를 택해 다음과 같은 일반적인 상황에 도달했다. 벡터공간 V가 주어져 있는데(이 경우에는 함수들로 이루어져 있다), 벡터공간의 두 원소가 가깝다는 것이 무엇인지 정확한 방식으로 말할 수 있어야 한다.

가깝다는 것이 무엇이냐는 것은 형식적으로 거리공간[III.56]의 개념에 포착돼 있으므로, 벡터공간 V에 거리 d를 정의하는 것이 명백한 접근법이다. 두 구조(이 경우에는 벡터공간의 선형 구조와 계량으로부터의 거리 구조)를 함께 모을 때는 두 구조가 서로 자연스러운 방식으로 관련돼 있어야 한다는 것이 일반적인 원리다. 현재 경우 요구하는 자연스러운 성질은 두 가지이다. 첫 번째는 평행이동 불변성(translation invariance)이다. u와 v가 두 벡터이고 각각에 w를 더하여 평행이동해도 거리가 변하지 않아야 한다. 즉, $d(u + w, v + w) = d(u, v)$여야 한다. 두 번째는 거리가 척도(scale)를 올바로 반영해야 한다는 것이다. 예를 들어 두 벡터 u와 v를 두 배하면 둘 사이의 거리도 두 배여야 한다. 더 일반적으로 u와 v에 어떤 상수 λ를 곱하면, 둘 사이의 거리는 $|\lambda|$배만큼 곱해야 한다. 즉, 다음이 성립해야 한다.

$$d(\lambda u, \lambda v) = |\lambda| d(u, v).$$

거리 함수가 처음 성질을 만족하면 $w = -u$라 두어 $d(u, v) = d(0, v - u)$임을 알 수 있다. 그러므로 0으로부터의 거리를 알면, 모든 거리를 안다는 사실이 따라 나온다. $d(0, v)$ 대신 $\|v\|$라 쓰기로 하자. 그러면 방금 보인 사실은 $d(u, v) = \|v - u\|$이다. 표기법 $\|\cdot\|$는 노름(norm)이라 부르며 $\|v\|$는 v의 노름이라 부른다. d가 비례를 적절히 반영하는 거리라는 사실로부터 노름의 다음 두 가지 성질을 쉽게 유도할 수 있다.

(i) 임의의 벡터 v에 대해 $\|v\| \geq 0$이다. 더욱이 $\|v\| = 0$은 $v = 0$일 때뿐이다.

(ii) 임의의 벡터 v와 임의의 상수 λ에 대해 $\|\lambda v\| = |\lambda| \|v\|$이다.

또한 이른바 **삼각부등식**도 성립한다.

(iii) 임의의 벡터 u, v에 대해 $\|u + v\| \leq \|u\| + \|v\|$이다.

이는 평행이동 불변성과 거리공간의 삼각부등식으로부터 다음처럼 하면 나온다.

$$\|u + v\| = d(0, u + v) \leq d(0, u) + d(u, u + v)$$
$$= d(0, u) + d(0, v) = \|u\| + \|v\|.$$

일반적으로 벡터공간 V 위에서 성질 (i)~(iii)을 만족하는 어떤 함수 $\|\cdot\|$든 V 위의 노름이라 부른다. 노름을 갖는 벡터공간은 **노름 공간**(normed space)이라 부른다. 주어진 노름 공간 V에 대해 두 벡터 u, v 사이의 거리 $\|u - v\|$가 작으면 가깝다고 말할 수 있다.

중요한 노름 공간의 예는 많은데, 그중 여러 개를 이 책의 다른 곳에서 논의하고 있다. **힐베르트 공간**[III.37]의 노름이 두드러지는 예들인데, 평행이동뿐만 아니라 회전할 때도 그대로인 거리를 노름이라고 생각할 수 있다. 다른 예들은 **함수공간**[III.29]에서 논의돼 있다.

다항식에 의한 근사를 어떻게 논의하느냐의 문제로 돌아가자. 앞서 제기한 두 가지 문제에 대해 가장 흔하게 주어지는 답은 다음과 같다. 잘 근사할 수 있는 함수들은 실수 내의 어떤 닫힌 구간 $[a, b]$에서 정의된 연속함수이다. 이런 함수들은 $C[a, b]$로 표기하는 벡터공간을 이룬다. 좋은 근사의 개념을 정확히 하기 위해 이 공간에 노름을 도입한다. $\|f\|$는 구간 내의 모든 x에 대해, 즉 a와 b 사이의 모든 x에 대해 $|f(x)|$의 최댓값으로 정의한다. 이렇게 정의하면, 두 함수 f와 g 사이의 거리 $\|f - g\|$가 작다는 것은 구간 내의 모든 x에 대해 $|f(x) - g(x)|$가 작다는 것의 필요충분조건이다. 이런 상황일 때 f가 g를 **고르게 근사**(uniformly approximate)한다고 말한다. $[a, b]$ 위의 모든 연속함수를 다항식으로 고르게 근사할 수 있다는 것은 명백하지 않은데, 그런 근사가 가능하다는 명제를 **바이어슈트라스 근사 정리**(Weierstrass approximation theorem)라 부른다.

노름 공간이 다른 방식으로도 발생할 수 있다. 대부분의 **편미분방정식**[I.3 §5.4]에 대해 방정식의 해를 깔끔한 식으로 쓸 수 있는 건 아니다. 하지만 해가 존재한다는 것을 증명하는 기교는 많이 있는데, 보통은 극한 논법을 포함한다. 예를 들어 가끔씩 어떤 함수열 $f_1, f_2, \cdots$를 생성하여 이들 함수가 '극한 함수' f로 '수렴'한다는 것을 보일 수 있는데, $f_1, f_2,$

…를 만들어낸 방식 때문에 f가 원래 방정식의 해여야만 한다는 것이다. 이번에도 여기에 의미를 주고 싶으면 두 함수가 가깝다는 것이 무엇인지 알아야만 하며, 이는 함수 f_n들이 노름 공간에 속해야 함을 뜻한다.

f를 묘사하지 않았는데 어떻게 이들 함수가 어떤 극한 f로 수렴한다는 것을 보일 수 있을까? 힐베르트 공간 및 중요한 함수공간 대부분을 포함하는 흥미로운 노름 공간은 대개 어떤 조건 하에서는 극한들이 정말 존재함을 보장해 주는 완비성(completness)이라 부르는 추가 성질을 갖는다는 것이 답이다. 수열 $v_1, v_2, \cdots$ 내의 벡터들이 수열을 따라 충분히 멀리 가면 서로 대단히 가까워질 경우, 그 노름 공간에 속하는 어떤 극한 v로 수렴해야만 한다는 것을 말해 주는 성질이 완비성이라고 비형식적으로 표현할 수 있다. 완비 노름 공간은 이런 공간의 일반적 이론을 상당히 개발한 폴란드 수학자 스테판 바나흐[VI.84]의 이름을 따라 바나흐 공간(Banach space)으로 알려져 있다. 바나흐 공간에는 노름 공간이 일반적으로는 갖지 않는 유용한 성질이 많다. 완비성은 병적인 예들을 배제하는 성질이라고 생각할 수 있다.

바나흐 공간의 이론은 벡터공간과 거리공간을 섞기 때문에 선형대수와 해석학을 섞으므로 때로는 선형해석학(linear analysis)으로 알려져 있다. 바나흐 공간은 현대의 해석학 전반에서 일어난다. 이 책에서 예를 들어 편미분방정식[IV.12], 조화해석학[IV.11], 작용소 대수[IV.15]을 참조하라.

III.63 수체

벤 그린 *Ben Green*

유리수체 $\mathbb{Q}$의 '유한 확대체(finite extension field)' K를 수체(number field)라 한다. 이는 K가 체[I.3 §2.2]이며 $\mathbb{Q}$ 위의 벡터공간[I.3 §2.3]으로 간주할 때 유한차원이라는 뜻이다. 다음처럼 달리 기술하는 것이 조금 더 구체적이다. 대수적 수(즉, 정수 계수 다항식의 근) $\alpha_1, \cdots, \alpha_k$를 유한개 취하고 α_i의 모든 유리함수를 모은 체 K를 생각하자. (다른 말로 하면, K는 $\alpha_1^2 \alpha_3 / (\alpha_2^2 + 7)$과 같은 수로 구성된다.) 그러면 K는 수체이며(이 체가 $\mathbb{Q}$ 위에서 유한차원이라는 것은 완전히 당연하지만은 않은 사실이다) $\mathbb{Q}(\alpha_1, \cdots, \alpha_k)$라 표기한다. 역으로, 모든 수체는 이런 꼴이다.

가장 간단한 수체는 아마도 이차체(quadratic field)일 것이다. 이는 제곱인자가 없는 정수 d(음수일 수도 있다는 것을 강조하는 건 중요하다)에 대해 $\mathbb{Q}(\sqrt{d}) = \{a + b\sqrt{d} : a, b \in \mathbb{Q}\}$ 꼴의 체다. 제곱인자가 없다는 것은 d의 인수 중 제곱수인 것은 자명한 제곱수인 1뿐임을 말한다. 이는 편의상 모든 $\mathbb{Q}(\sqrt{d})$가 다르게 하기 위해서이다. (예를 들어 제곱인자를 허용하면 $\sqrt{12} = 2\sqrt{3}$이기 때문에 $\mathbb{Q}(\sqrt{12})$는 $\mathbb{Q}(\sqrt{3})$과 같아질 것이다.) 다른 중요한 수체 중에 원분체(cyclotomic field)가 있다. 원시 m근 ζ_m을 하나 (구체적으로 하려면 $e^{2\pi i/m}$으로) 택한 후 이를 $\mathbb{Q}$에 '붙여서' 체 $\mathbb{Q}(\zeta_m)$을 얻는다.

왜 수체를 생각하는 걸까? 역사적으로는 몇몇 디오판토스 방정식을 인수분해할 수 있게 해 준다는 것이 중요했기 때문이다. 예를 들어 라마누잔-나겔 방정식(Ramanujan-Nagell equation) $x^2 = 2^n - 7$은 체

$\mathbb{Q}(\sqrt{-7})$ 내의 계수를 허용할 경우 나음처럼 분해할 수 있고,

$$(x + \sqrt{-7})(x - \sqrt{-7}) = 2^n$$

페르마 방정식 $x^n + y^n = z^n$은 체 $\mathbb{Q}(\zeta_n)$의 계수를 허용할 경우

$$x^n = (z - y)(z - \zeta_n y)\cdots(z - \zeta_n^{n-1} y) \qquad (1)$$

와 동치다.

이런 인수분해가 무엇에 유용할지 생각하기 전에, 수체 K 내의 정수의 개념을 이해할 필요가 있다. 어떤 수 $\alpha \in K$가 (대수적) 정수라는 것은 $\mathbb{Z}$에서 계수를 갖고 최고차항이 1인 다항식의 근일 때를 말한다. 제곱인자가 없는 d에 대해 $\mathbb{Q}(\sqrt{d})$와 같은 간단한 체에서는 이런 정수들을 꽤 구체적으로 기술할 수 있다. $d \equiv 1 \pmod 4$만 아니면 정수 a, b에 대해 $a + b\sqrt{d}$꼴의 수들이고, $d \equiv 1 \pmod 4$인 경우에는 정수 a, b에 대해 $a + b(\frac{1}{2}(1 + \sqrt{d}))$꼴의 수를 모두 포함해야 한다. K에 포함된 대수적 정수의 집합을 O_K로 종종 표기하는데, 이는 환[III.81 §1]을 이룬다.

불행히도 (1)과 같은 인수분해는 처음 보기만큼 그렇게 도움이 되지는 않는다. 최소한 $\mathbb{Z}$에서 익숙한 성질들이 바뀌지 않고 유지되길 기대할 경우, O_K는 그다지 OK가 아닌 것으로 드러난다. 특히, 소수로 유일하게 인수분해할 수 있다는 사실이 성립하지 않는다. 예를 들어 체 $\mathbb{Q}(\sqrt{-5})$에서 $2 \cdot 3 = (1 + \sqrt{-5})(1 - \sqrt{-5})$이다. 양변의 수들은 모두 이 체의 정수들인데 어떤 것도 더는 분해할 수 없다.

놀랍게도 O_K를 아이디얼[III.81 §2]이라 부르는 대

상으로 구성된 더 큰 집합에 포함시키면 유일 인수분해 성질을 복구할 수도 있다. 이런 아이디얼들에 자연스러운 동치관계[I.2 §2.3]를 부여할 수 있는데, 동치류의 개수는 수론에서 가장 중요한 불변량 중의 하나로 유수(class number)라 부르고 $h(K)$라 쓴다. 어떤 의미에서 유수는 수체 K에서 '유일 인수분해 성질이 성립하지 않는 정도'를 잰다. (더 자세한 것은 대수적 수[IV.1 §7]를 보라.) 유수가 유한하다는 사실은 대수적 수론에서의 기본을 이루는 두 가지 유한성 정리(finiteness theorem) 중 하나이다.

$h(K) = 1$일 때는 아이디얼을 추가하지 않아도 정수환 O_K 자체가 유일 인수분해 성질을 만족한다. 이런 상황은 그다지 자주 일어나지 않는다. d가 양수이고 제곱인자가 없을 때 체 $\mathbb{Q}(\sqrt{-d})$ 중에서 d가 1, 2, 3, 7, 11, 19, 43, 67, 163인 아홉 가지 경우에만 이런 성질을 갖는다. 이런 수를 결정하는 문제는 가우스[VI.26]가 제기한 것인데, 1952년에 와서야 마침내 히그너(Heegner)가 풀었다.

$h(\mathbb{Q}(\sqrt{-163})) = 1$이라는 것은 몇 가지 놀라운 사실과 밀접히 관련돼 있다. 예를 들어 $x = 0, 1, \cdots,$ 39에 대해 다항식 $x^2 + x + 41$은 소수만을 값으로 취한다($4 \times 41 = 163 + 1$임을 관찰할 것). 또한 수 $e^{\pi\sqrt{163}}$은 정수와의 차가 10^{-12}을 넘지 않는다.

$d > 0$이면서 유수가 1인 체 $\mathbb{Q}(\sqrt{d})$가 무한히 많은 지를 결정하는 것은 잘 알려진 미해결 문제이다. 가우스와 뒤이은 저자들은 무한히 많다고 예상한다.

대수적 수론에서 두 번째 기본적인 유한성 결과는 디리클레의 단위원소 정리(Dirichlet's unit theorem)이다. 단위원소(unit)란 $x \in O_K$ 중에 $xy = 1$인 $y \in O_K$가 존재하는 것을 말한다. 1과 -1은 항상 단위

원소이지만, 그 외에도 더 있을 수 있다. 예를 들어 $\mathbb{Q}(\sqrt{2})$에서 $17 - 12\sqrt{2}$는 (역수가 $17 + 12\sqrt{2}$이므로) 단위원소이다. 단위원소들은 곱셈에 대해 가환군 $\mathcal{U}_K$를 이룬다. 이 군이 유한 계수를 가짐을, 즉 유한개의 원소로 생성된다는 것을 디리클레의 정리가 말해준다.

$d > 0$이고 제곱인자가 없으면, $K = \mathbb{Q}(\sqrt{d})$에 대해 $\mathcal{U}_K$의 계수는 1이다. $d \not\equiv 1 \pmod 4$일 때 계수가 최소 1이라는 것은 펠 방정식(Pell equation) $x^2 - dy^2 = 1$이 자명하지 않은 해를 갖는다는 것과 동치이다. 이는 펠 방정식을 $(x - y\sqrt{d})(x + y\sqrt{d}) = 1$로 분해할 수 있기 때문이다. $\mathbb{Q}(\sqrt{2})$의 단원 $17 - 12\sqrt{2}$는 방정식 $x^2 - 2y^2 = 1$의 해 $x = 17$, $y = 12$에 대응한다.

이 글에서 논의한 주제에 좀 더 자세한 내용은 페르마의 마지막 정리[V.10]를 보라.

III.64 최적화와 라그랑주 승수

키이스 볼 *Keith Ball*

1 최적화

미적분을 소개한 후 머지않아 대부분의 학생은 **최적화**(optimization), 즉 보통은 **목적 함수**(objective function)라고 칭하는 주어진 미분가능 함수의 최댓값 혹은 최솟값을 찾는 문제에 응용하는 법을 배운다. 목적 함수 f가 x에서 최대화 혹은 최소화되면, 점 $(x, f(x))$에서의 그래프에 대한 접선이 수평이라는 관찰이 매우 유용하다(그렇지 않다면 x에 매우 가까운 점 x'에 대해 $f(x')$이 더 크거나 작을 것이다). 이는 f의 최댓값과 최솟값을 찾는 일을 $f'(x) = 0$인 $f(x)$의 값만 들여다보는 일로 좁힐 수 있음을 의미한다.

이제 변수가 하나 이상인 목적 함수, 예를 들어 다음과 같은 함수가 있다고 하자.

$$F(x, y) = 2x + 10y - x^2 + 2xy - 3y^2.$$

평면 위의 대응하는 점 (x, y) 위에 F의 값 $F(x, y)$를 높이로 갖도록 점을 찍어 준 '그래프'는 이제는 곡선 대신 곡면이다. 매끈한 곡면은 각 점에서 접선이 아니라, 접평면을 갖는다. F에 최댓값이 있으면, 수평인 접평면을 갖는 점에서 생겨야 한다.

각 점 (x, y)에서의 접평면은 (x, y) 근처에서 F를 가장 근사하는 선형 함수의 그래프이다. h, k가 작은 값이면, $F(x + h, y + k)$의 값은 $F(x, y)$에 다음 꼴의 함수

$$(h, k) \mapsto ah + bk$$

를 더한 함수, 즉 $F(x, y)$에 h와 k에 대한 어떤 선형 함수를 더한 함수에 근사할 것이다. 몇 가지 기본적인 수학의 정의[I.3 §5.3]에서 설명한 대로 (x, y)에서 F의 미분이 바로 이 선형사상이다. 이 사상은 수의 쌍 (a, b)로 나타낼 수 있으므로, $\mathbb{R}^2$의 벡터로 생각할 수 있다. 이 미분 벡터를 보통 (x, y)에서 함수 F의 **그래디언트**(gradient)라 부르고 $\nabla F(x, y)$로 쓴다. 벡터 표기법으로 (x, y) 대신 $\boldsymbol{x}$, (h, k) 대신 $\boldsymbol{h}$라 쓸 때, (x, y) 근처에서 F의 근사식은 다음과 같다.

$$F(\boldsymbol{x} + \boldsymbol{h}) \approx F(\boldsymbol{x}) + \boldsymbol{h} \cdot \nabla F. \tag{1}$$

따라서 ∇F는 $\boldsymbol{x}$에서 출발하였을 때 F가 가장 커지

는 방향을 가리키며, ∇F의 크기는 이 방향으로 F의
'그래프'의 기울기이다.

그래디언트의 성분 a와 b는 편미분을 이용하여
계산할 수 있다. 숫자 a는 y를 고정시키면서 x를 변
하게 할 때 $F(x, y)$가 얼마나 빨리 변하는지 알려준
다. 따라서 a를 찾기 위해서는 $F(x, y) = 2x + 10y -$
$x^2 + 2xy - 3y^2$에서 y를 상수로 취급하고 x에 대해
미분한다. 이 경우에는 다음과 같은 편미분을 얻는
다.

$$a = \frac{\partial F(x, y)}{\partial x} = 2 - 2x + 2y.$$

마찬가지로 다음을 얻는다.

$$b = \frac{\partial F(x, y)}{\partial y} = 10 + 2x - 6y.$$

이제 접평면이 수평인 점을 찾기 위해서는 그래
디언트가 0인 점, 즉 (a, b)가 영벡터인 점들을 찾고
싶다. 따라서 다음 연립방정식

$$2 - 2x + 2y = 0,$$
$$10 + 2x - 6y = 0$$

을 풀어서 $x = 4$, $y = 3$을 얻는다. 따라서 최댓값의
후보는 $(4, 3)$뿐이고 이 점에서 F의 값은 19이다. 19
가 정말로 F의 최댓값임을 확인할 수 있다.

2 그래디언트와 등위선

곡면(예를 들어, 지도 상의 지형)을 표현하는 가장
흔한 방법은 등위선(contour line), 즉 같은 높이의 곡
선을 이용하는 방법이다. 다양한 '대표'값 V에 대해
$F(x, y) = V$ 꼴의 곡선을 xy-평면에 여러 개 그려 보

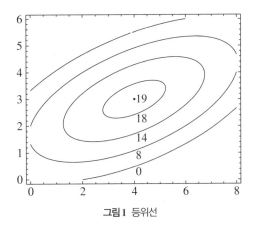

그림1 등위선

자. 앞서 생각했던 함수

$$F(x, y) = 2x + 10y - x^2 + 2xy - 3y^2$$

에 대해, 값 0, 8, 14, 18, 19에서의 등위선은 그림 1에
나타냈다. 예를 들어 14 등위선은 곡면의 높이가 14
인 모든 점을 포함한다. 이 그림은 $(4, 3)$에서 높이가
19인 봉우리를 이루는 타원형 혹이 나 있음을 시사
한다.

등위선과 그래디언트 사이에 간단한 기하학적 관
계가 있다. 벡터 방정식 (1)은 F가 순간적으로 상수
인 방향 $\boldsymbol{h}$는 상수곱 $\boldsymbol{h} \cdot \nabla F$를 0으로 만드는 방향, 즉
∇F에 수직인 방향임을 보여준다. 각 점에서 그래디
언트는 그 점을 지나는 등위선에 수직이다. 이 사실
은 다음 절에서 논의할 라그랑주 승수법(method of
Lagrange multiplier)의 바탕을 이룬다.

3 제약 조건 하의 최적화와 라그랑주 승수

변수가 여러 가지 등식이나 부등식을 만족한다는
제한을 갖는 값일 때 목적 함수의 최댓값이나 최솟
값에 흥미 있는 경우가 종종 있다. 예를 들어 다음

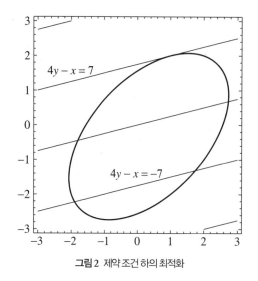

그림 2 제약 조건 하의 최적화

문제를 생각해 보자.

다음 제약 조건

$$G(x, y) = x^2 - xy + y^2 - x + y - 4 = 0 \quad (2)$$

을 만족하는 모든 순서쌍 (x, y)에 대해 다음 함수의 최댓값을 찾아라.

$$F(x, y) = 4y - x.$$

그림 2는 xy-평면에서 $G(x, y) = 0$이 정의하는 곡선과 (타원), 함수 $4y - x$의 등위선을 몇 개 보여준다. (x, y)가 곡선 위의 점일 때 $4y - x$의 가능한 최댓값을 찾는 것이 목적이다. 따라서 곡선 위에서 $4y - x = V$가 곡선 위의 점을 포함하는 가능한 최대의 V값을 구하고 싶다. V값은 직선이 다이어그램 위로 움직여 갈수록 증가하는데, 곡선의 가장 위쪽을 닿고 지나가는 직선은 $4y - x = 7$로 이름을 붙인 곡선이다. 따라서 우리가 찾는 최댓값은 7이고, $4y - x = 7$이 곡선과 닿는 점에서 최대를 갖는다. 이 점이

$(1, 2)$임을 확인하는 건 쉽다.

이 점을 그림이 아니라 대수적으로는 어떻게 찾아낼까? 눈치채야 할 중요한 점은 최적화하는 직선이 곡선에 접한다, 즉 직선과 곡선이 공통점에서 나란하다는 사실이다. 이 직선은 함수 F의 등위선으로 선택했다. 곡선 역시 G의 0-등위선이다. 앞 절에서의 논의로부터 이들 등위선이 각각 (문제의 점에서) F와 G의 그래디언트에 수직임을 알고 있다. 따라서 두 그래디언트는 서로 나란해야 하고, 하나가 다른 것의 배수여야 한다. 즉, $\nabla F = \lambda \nabla G$이다.

따라서

$G(x, y) = 0$이라는 제약 하에서 $F(x, y)$를 최대화

하라는 제약 조건 하의 최적화 문제의 해를 찾아내는 방법을 얻는다.

$$\nabla F(x, y) = \lambda \nabla G(x, y), \quad G(x, y) = 0 \quad (3)$$

인 점 (x, y)와 수 λ를 찾으면 된다.

예 (2)에 대해서는 그래디언트 방정식이 두 개의 편미분방정식.

$$-1 = \lambda(2x - y - 1), \quad 4 = \lambda(-x + 2y + 1).$$

을 결정한다. 이로부터 다음 결론을 내릴 수 있다.

$$x = \frac{2 + \lambda}{3\lambda}, \quad y = \frac{7 - \lambda}{3\lambda}. \quad (4)$$

이들 값을 방정식 $G(x, y) = 0$에 대입하면

$$\frac{13(1 - \lambda^2)}{3\lambda^2} = 0$$

을 얻으므로 두 해 $\lambda = 1$과 $\lambda = -1$을 얻는다. $\lambda = 1$을 (4)에 대입하면 F가 최댓값을 갖는 점 $(1, 2)$를 얻

는다. ($\lambda = -1$을 취하면 최솟값이다.)

이 문제를 풀기 위해 도입한 수 λ를 라그랑주 승수(Lagrange multiplier)라 부른다. 이 문제를 재공식화하여 다음과 같은 라그랑지안(Lagrangian)

$$\mathcal{L}(x, y, \lambda) = F(x, y) - \lambda G(x, y)$$

를 정의한 후, 식 (3)을 단일 방정식

$$\nabla \mathcal{L} = 0$$

으로 응축할 수 있다. $\mathcal{L}$을 λ에 대해 미분하면 $G(x, y)$를 얻으므로, 이 편미분이 0이라는 것이 $G(x, y)$가 0이라는 것과 동치라는 점 때문에 이 방법이 통한다. 다른 두 개의 편미분이 0인 것은 $\nabla F = \lambda \nabla G$와 동치이다. 이런 재공식화가 놀라운 점은 x와 y에 대한 제약 조건 하의 최적화 문제를 x, y, λ와 관련하여 제약 조건이 없는 문제로 바꿨다는 사실이다.

4 일반적인 라그랑주 승수법

현실의 문제에서는 여러 개의 제약 조건 $G_1(x_1, \cdots, x_n) = 0$, $G_2(x_1, \cdots, x_n) = 0$, $\cdots$, $G_m(x_1, \cdots, x_n) = 0$이 주어졌을 때, 다변수 $x_1, \cdots, x_n$의 함수 F의 함수를 최적화하길 원한다. 이 경우 각 제약조건에 대해 라그랑주 승수를 도입하고, 다음 식으로 라그랑지안을 정의한다.

$$\mathcal{L}(x_1, \cdots, x_n, \lambda_1, \cdots, \lambda_m)$$
$$= F(x_1, \cdots, x_n) - \sum_1^m \lambda_i G_i(x_1, \cdots, x_n).$$

λ_i에 대한 $\mathcal{L}$의 편미분이 0인 것은 $G_i(x_1, \cdots, x_n) = 0$

인 것과 필요충분조건이다. 또한 x_i에 대한 편미분이 0인 것은 $\nabla F = \sum_1^m \lambda_i \nabla G_i$인 것과 필요충분조건이다. 이는 모든 그래디언트 ∇G_i와 수직인(따라서 이들의 '등위 초곡면' 모두에 놓여 있는) 어떤 방향이든 그래디언트 ∇F와도 수직이므로, 모든 제약조건을 만족하면서 F가 증가하는 방향은 찾을 수 없다는 것을 말해준다.

이런 종류의 문제는 경제학에서 빈번하게 발생하는데, 여기서 목적 함수 F는 (최소화하려는) 비용이고, 제약 조건은 여러 가지 항목을 어떤 총량 조건에 맞추기 위해 필요한 조건이다. 예를 들어 다양한 식품에 대해 다양한 영양 수요 요구를 만족하며 공급가를 최소화하고 싶다고 하자. 이 경우 라그랑주 승수는 '개념적 가격'으로 해석할 수 있다. 방금 본 대로 최적 지점에서는 $\nabla F = \sum_1^m \lambda_i \nabla G_i$ 꼴의 방정식을 얻는다. 이로부터 G_i를 소량 변경할 경우 F가 얼마나 변경될지, 즉 다양한 요구 조건을 늘렸을 때 관련 비용의 증가량을 알 수 있다.

라그랑주 승수에 대한 또 다른 이용에 대해서는 네트워크에서 교통량의 수학[VII.4]을 보라.

III.65 오비폴드

평면 $\mathbb{R}^2$을 어떤 대칭군으로 묶[I.3 §3.3]을 취하면 다양체[I.3 §6.9]를 얻을 수도 있다. 예를 들어 정수 벡터만큼의 평행이동으로 이루어진 군이라면 두 점 (x, y)와 (z, w)가 동치인 것은 $z - x$와 $w - y$가 둘 다 정수인 것과 필요충분조건이고, 몫 공간은 원환면이다. 그 대신 $\pi/3$의 배수만큼 원점 주변으로의 회전군을 취하면, 원점이 아닌 모든 점은 정확히 다섯 개의 다른 점과 동치인 반면 원점은 자신하고만 동치다. 이 경우 몫을 취한 결과는 예외적 행동을 보이는 원점이 특이점이기 때문에 다양체가 아니다. 하지만 이런 점은 잘 이해되는 종류의 특이점이다. 간략히 말하자면 다양체는 국소적으로 $\mathbb{R}^n$과 비슷하게 생긴 것인데, 오비폴드(orbifold)는 $\mathbb{R}^n$을 대칭들의 군으로 자른 것과 비슷하게 생긴 것이며 특이점을 몇 개 가질 수 있다. 대수기하학[IV.4 §7]과 거울대칭 [IV.16 §7]을 보라.

III.66 서수

서수(ordinal)란 0부터 시작하여 다음 두 가지 절차를 따를 때 얻어지는 것이라고 대략적으로 말할 수 있다. 가진 것이 무엇이든 1을 더할 수도 있고, 지금까지 가진 것을 '모두 모을 수(혹은 극한을 취할 수)' 있다. 따라서 0부터 1을, 다음에는 2를, 다음에는 3을, … 등등을 얻을 것이다. 이 모든 걸 한 후에는 이들의 '극한(즉 0, 1, 2, 3, …의 극한)'을 취해 ω라 부르는 것을 얻는다. 그런 후에는 1을 더할 수 있으므로 $\omega+1$을 얻고, 그 뒤에는 $\omega+2$ 등등을 얻는다. 역시 이번에도 이 모든 것의 극한을 취할 수 있고 $\omega+\omega$라 부르는 서수를 얻는다. 역시 이를 반복한다. 마지막의 '이를 반복'한다는 것에는 상당히 많은 것이 들어 있음에 주목하라. 예를 들어 서수는 그냥 ω들과 자연수의 유한한 합으로만 구성되지는 않는데,

$\omega, \omega+\omega, \omega+\omega+\omega, \cdots$의 극한을 취할 수 있고, 이를 ω^2이라 부를 수 있기 때문이다.

서수는 두 가지 방식으로 생겨난다(밀접히 관련된 것으로 밝혀진다). 우선 정렬(well-ordering)의 '크기'를 측정한다. 집합 위의 정렬이란 (공집합이 아닌) 모든 부분집합이 최소 원소를 갖도록 해 주는 순서를 말한다. 예를 들어 실수에서 집합 $\{\frac{1}{2}, \frac{2}{3}, \frac{3}{4}, \cdots\} \cup \{\frac{3}{2}, \frac{5}{3}, \frac{7}{4}, \cdots\}$은 정렬돼 있는 반면, $\{\cdots, \frac{1}{4}, \frac{1}{3}, \frac{1}{2}\}$은 그렇지 않다. 앞의 집합은 순서를 보존하는 전단사함수가 있다는 뜻에서 $\omega+\omega$보다 작은 서수들과 순서 동형(order isomorphic)이다. 따라서 이 집합의 순서형(order type)이 $\omega+\omega$라고 말할 수 있다.

서수는 초한 과정에 첨자를 주고 싶을 때 흔히 발생한다. 여기서 '초한(transfinite)'이란 '유한을 넘어간다'는 뜻이다. 예를 들어 위의 정렬된 집합의 원소를 '크기가 증가하는 순서로 세고' 싶다고 하자. 어떻게 할까? $\frac{1}{2}$부터 시작하여, 다음에는 $\frac{2}{3}$, 다음에는 $\frac{3}{4}$, 등등으로 셀 것이다. 하지만 모든 시간의 끝이 지나도 $\frac{3}{2}$이나 $\frac{5}{3}$와 같은 원소에는 아직 도달조차 못한다. 따라서 다시 시작해야 한다. '시간 ω'에 이른 후 $\frac{3}{2}$을 세고, 시간 $\omega+1$에서 $\frac{5}{3}$를 세고, …와 같이 계속된다. 따라서 시간 $\omega+\omega$에 이르면 세는 것이 완전히 끝난다.

수학에서 서수가 어떻게 발생하는지를 포함하여 더 많은 예와 더 자세한 설명은 집합론[IV.22 §2]을 보라.

III.67 페아노 공리

누구나 자연수 0, 1, 2, 3 등등이 무엇인지 안다. 그런데 '등등'을 어떻게 하면 정확하게 만들 수 있을까? 자연수에 대해 추론하는 방식을 들여다보아 몇 가지 기본 원리 혹은 **공리**(axiom)를 추출하여 이들로부터 나온 결과가 자연수가 무엇이어야 하는지에 대한 직관적 그림과 부합할 수 있을까? 다른 식으로 표현하여, 자연수에 대해 어떤 것을 증명하려고 할 때 시작하려면 어떤 가정이 필요한 걸까?

이 질문에 대답하기 위해 자연수를 벗겨 내어 0이라 부르는 대상과, 직관적으로는 '1을 더하는 것'으로 생각하는 **후행자 함수**(successor function)라 부르는 연산 s만을 최소한의 것으로 남기자. 이렇게 긴축한 언어로 0, $s(0)$, $s(s(0))$, … 의 모두가 서로 다른 자연수이며, 다른 것은 없다는 두 가지를 말하고 싶다.

다음 두 가지 공리를 이용하는 것이 한 가지 간단한 방법이다. 첫 번째는 0은 어떤 것의 후행자가 아니라는 것이다.

(i) 모든 x에 대해 $s(x) \neq 0$이다.

두 번째는 서로 다른 원소의 후행자를 취하면 여전히 서로 다르다는 것이다.

(ii) 모든 x, y에 대해 $x \neq y$면, $s(x) \neq s(y)$다.

이 사실이 예를 들어 $s(s(s(0))) \neq s(0)$을 함의함에 주목하라. 왜냐하면 둘이 같다면, (ii)번 규칙으로부터 $s(s(0)) = 0$을 연역할 수 있는데 (i)번 규칙에 모순이기 때문이다.

이제 다른 자연수가 없다는 것은 어떻게 말할 수 있을까? 모든 x에 대해 $x = 0$이거나 $x = s(0)$이거나 $x = s(s(0))$이거나… 등등이 성립한다고 말하고 싶은 것이다. 하지만 이는 무한히 긴 명제이므로 당연히 허용되지 않는다. 이처럼 아주 자연스러운 시도가 실패하면 이런 목표에 도달할 방법은 없을 거라고 추측하게 되지만, 사실 훌륭한 해결책인 귀납법이 있다. 귀납법의 원리를 표현하는 공리는 다음과 같다.

(iii) A가 다음 성질을 갖는 자연수의 부분집합이라 하자. $0 \in A$과, $x \in A$이면 $s(x) \in A$. 그러면 A는 자연수의 집합이어야 한다.

A를 목록 0, $s(0)$, $s(s(0))$, … 에 나오는 모든 수의 집합으로 잡으면, 이 공리가 자연수가 '더는' 없다는 직관적인 생각을 표현함에 주목하라.

(i), (ii), (iii)번 규칙을 자연수에 대한 **페아노 공리**(Peano axiom)라 부른다. 위에서 설명한 대로 자연수에 대한 모든 추론은 페아노 공리만 필요하도록 귀결시키거나 다시 쓸 수 있다는 점에서, 페아노 공리는 자연수를 '특징짓는다'.

논리학에서 이용하는 관련된 체계가 있는데 1차 **페아노 공리**라 부른다. 여기서의 아이디어는 페아노 공리를 1차 **논리**[IV.23 §1]의 언어로 표현하고 싶다는 것이다. 이는 기호 0이나 s와 같은 기호, 논리 연결사 및 유사한 것들, (자연수 위에서 움직이는 것으로 해석하는) 변수들은 허용하지만 그 이상은 허용하지 않음을 의미하므로, 기호의 '원소'는 없으며 집합도 허용되지 않는다. (하지만 기교적인 이유로 '덧셈'과 '곱셈'에 대한 기호는 허용한다.)

어떤 것은 허용되며 어떤 것은 허용되지 않는지 감을 잡기 위해 '무한히 많은 완전제곱수가 있다'와 '양의 정수의 무한집합은 무한히 많은 홀수나 무한히 많은 짝수를 포함한다'는 명제를 생각해 보자. 약간의 노력을 들이면 두 명제 중 첫 번째 것은 1차 논리로 다음처럼 표현할 수 있다.

$$(\forall m)(\exists n)(\exists x) \quad xx = m + n.$$

말로 표현하면, 모든 m에 대해 $m + n$ 꼴의 완전제곱수를 찾을 수 있다는 말이다(m보다 더 크다는 사실을 표현하는 방법이다). 하지만 두 번째 명제를 표현하기 위해서는 A가 자연수 집합의 모든 **원소**(element)가 아니라, 가능한 모든 **부분집합**(subset)을 범위로 갖도록 $(\forall A)$를 쓰고 싶어 하게 된다. 바로 이런 것이 1차 논리에서는 허용되지 않는 주요한 것이다.

이런 관점에 의하면 (i), (ii)번 규칙은 괜찮지만 (iii)번 규칙은 그렇지 않다. 그 대신 1차 논리 명제 $p(x)$ 하나마다 정해지는 공리의 무한집합인 '공리 스킴(axiom scheme)'을 이용해야 한다. 따라서 (iii)번 규칙은 다음과 같아야 한다. 각 명제 $p(x)$에 대해, $p(0)$이 참이고, $p(x)$가 참이면 $p(s(x))$도 참인 경우, 모든 x에 대해 $p(x)$도 참이라고 말해주는 공리가 하나 있다.

이 공리는 보통의 페아노 공리만큼의 강력한 힘을 갖지 못함에 주목하라. 예를 들어 가능한 식 $p(x)$는 가산개만 있는 반면, A로 가능한 집합은 비가산

개다. 1차 페아노 산술의 공리계를 만족하면서도 자연수가 아닌 구조임을 의미하는 '비표준' 모형도 존재하는 것으로 밝혀졌다.

사실 명제 $p(x)$에도 매개변수(parameter)를 허용한다. 예를 들어 $p(x)$는 '$x = y + z$인 z가 존재한다'라는 y에 의존하는 명제일 수도 있는데, y보다 크거나 같은 자연수 전체의 집합에 대응한다. 또한 덧셈과 곱셈이 어떻게 행동할지 말해주는 공리를 몇 개 더 한다(예를 들어 덧셈의 교환법칙). 이런 공리 전체가 페아노 산술(Peano Arithmetic) 혹은 줄여서 PA로 알려져 있다.

이 글에서 논의한 주제 몇 가지에 대해 더 알고 싶으면 **모형이론**[IV.23]을 보라.

III.68 치환군

마틴 리벡 *Martin W. Liebeck*

S를 집합이라 하자. S에서 S로의 일대일대응이면서 위로의 함수, 즉 S의 원소를 '재배열'하는 함수를 S의 **치환**(permutation)이라 말한다. 예를 들어 $S = \{1, 2, 3\}$이면 1을 3으로, 2를 1로, 3을 2로 보내는 함수 $a : S \to S$는 S의 치환이며, 1을 3으로, 2를 2로, 3을 1로 보내는 함수 b도 마찬가지다. 반면 1을 3으로, 2를 1로, 3을 1로 보내는 함수 c는 치환이 아니다. 실수 집합 $\mathbb{R}$의 치환의 예로는 함수 $x \mapsto 8 - 2x$가 있다.

유한군론의 입장에서 연구해야 할 가장 중요한

치환은 n이 양의 정수일 때 $I_n = \{1, 2, \cdots, n\}$ 위에서의 치환이다. I_n의 모든 치환의 집합을 S_n으로 표기하자. 따라서 예를 들어 앞 절에서 정의한 치환 a와 b는 S_3에 속한다. S_n 안에 모두 몇 개의 치환이 있는지 세기 위해서는 치환 $f : I_n \to I_n$에 대해 $f(1)$에 대해 n가지의 선택이 있고, $f(2)$에 대해서는 ($f(1)$과 다른 아무거나 선택할 수 있으므로) $n-1$가지의 선택이 있으며, $f(3)$에 대해서는 $n-2$가지의 선택이 있는 등 계속 나아가다 $f(n)$에 대해서는 1가지의 선택밖에 없다는 것을 관찰하면 된다. 따라서 S_n에 있는 치환의 전체 개수는 $n(n-1)(n-2)\cdots 3 \cdot 2 \cdot 1 = n!$이다.

f와 g가 집합 S의 치환이면, 합성 $f \circ g$는 모든 $s \in S$에 대해 $f \circ g(s) = f(g(s))$로 정의한다. $f \circ g$ 역시 S의 치환임을 보이는 것은 상당히 쉽다. $f \circ g$ 대신 기호 '$\circ$'를 생략하여 보통 fg라고 쓴다. 예를 들어 첫 번째 절에서처럼 $a, b \in S_3$이면, $ab \in S_3$은 1을 2로, 2를 1로, 3을 3으로 보내는 반면 ba는 1을 1로, 2를 3으로, 3을 2로 보낸다. $ab \neq ba$임에 주목하라.

S가 임의의 집합일 때 모든 $s \in S$에 대해 $\iota(s) = s$로 정의한 항등함수(identity function) $\iota : S \to S$는 S의 치환이며, f가 S의 치환이면 모든 것을 원래 왔던 곳으로 되돌려 보내 결국 $ff^{-1} = f^{-1}f = \iota$를 만족하는 역치환 f^{-1}가 있다. 예를 들어 위의 치환 $a \in S_3$의 역치환은 1을 2로, 2를 3으로, 3을 1로 보낸다. 또한 S의 임의의 치환 f, g, h에 대해 $f(gh) = (fg)h$가 성립하는데, 둘 다 임의의 $s \in S$를 $f(g(h(s)))$로 보내기 때문이다.

따라서 S의 치환 전체는 합성이라는 이항연산[I.2 §2.4]과 더불어 군[I.3 §2.1]의 공리를 만족한다. 특

히 S_n은 크기가 $n!$인 유한군인데 차수가 n인 대칭군(symmetric group)이라 알려져 있다.

사이클 표기법(cycle notation)으로 알려진 것이 치환을 간결하게 표현하는 깔끔한 방법이다. 예를 들어 설명하는 게 가장 좋다. 치환 $1 \mapsto 3, 2 \mapsto 5, 3 \mapsto 6, 4 \mapsto 4, 5 \mapsto 2, 6 \mapsto 1$을 $d \in S_6$이라 부르자. 이를 $1 \mapsto 3 \mapsto 6 \mapsto 1, 2 \mapsto 5 \mapsto 2, 4 \mapsto 4$로 쓰면 좀 더 경제적으로 나타낼 수 있다. 이때 숫자 1, 3, 6은 길이가 3인 d의 사이클(cycle)을 이룬다고 말하며, 마찬가지로 2, 5는 길이가 2인 사이클을, 4는 길이가 1인 사이클을 이룬다. 그런 후 $d = (1\,3\,6)(2\,5)(4)$라고 표기하여 표기법을 훨씬 압축한다. 첫 번째 사이클에서 숫자 1, 3, 6 각각은 다음 수로 보내며 마지막 수는 처음 수로 보낸다고 하고, 두 번째와 세 번째 사이클도 그렇게 이해한다. 이것이 d에 대한 사이클 표기법이다. 각 사이클에는 겹치는 숫자가 없음에 주목해야 하는데, 이것을 서로소인 사이클이라 부른다. S_n 내의 모든 치환을 서로소인 사이클의 곱으로 표현할 수 있다는 것을 보이는 건 그다지 어렵지 않은데, 치환의 사이클 표기법이란 이를 두고 한 말이다. 예를 들어 S_3의 여섯 개의 사이클을 사이클 표기법으로 쓰면 ι, $(1\,2)(3)$, $(1\,3)(2)$, $(2\,3)(1)$, $(1\,2\,3)$, $(1\,3\,2)$다. (첫 번째 절의 치환 a와 b는 각각 $(1\,3\,2)$와 $(1\,3)(2)$다.) S_3의 곱셈표를 작성하며 몇 분쯤 보내는 것도 좋을 것이다.

치환 g의 사이클 형태(cycle shape)는 g의 사이클 표기법에서 서로소인 사이클의 길이를 감소하는 순서로 내려 적어 얻는 수열을 말한다. 예를 들어 S_9에서 $(1\,6\,3)(2\,4)(5\,8)(7)(9)$의 사이클 형태는 $(3, 2, 2, 1, 1)$인데 혹은 더 간결하게 $(3, 2^2, 1^2)$이라 적는다.

치환 $f \in S_n$의 **거듭제곱**을 자연스럽게 $f^1 = f, f^2 = ff, f^3 = f^2 f$ 등등으로 정의할 수 있다. 예를 들어 $e = (1\,2\,3\,4) \in S_4$이면 $e^2 = (1\,3)(2\,4), e^3 = (1\,4\,3\,2), e^4 = \iota$이다. 치환 $f \in S_n$의 **위수**(order)는 $f^r = \iota$인 최소의 양의 정수 r, 즉, 모든 수를 원래 수로 보내기 위해 적용해야 하는 f의 최소 횟수로 정의한다. 따라서 위의 4-사이클 e의 위수는 4다. 일반적으로 r-사이클(즉, 길이가 r인 사이클)의 위수는 r과 같으며, 사이클 표기법으로 나타낸 치환의 위수는 (서로 소인) 사이클의 길이들의 최소공배수와 같다.

치환의 위수를 계산할 수 있다는 것은 종종 유용한데 그런 예가 하나 있다. 다음과 같은 방식으로 여덟 장의 카드 뭉치를 섞는다고 하자. 이 카드 뭉치를 균등하게 둘로 나눈 후 '번갈아 섞는' 경우, 예를 들어 원래 순서가 $1, 2, 3, 4, \cdots$였다면 새로운 순서는 $1, 5, 2, 6, \cdots$일 것이다. 이렇게 섞는 방법을 몇 번이나 반복하면 카드들이 원래 순서로 되돌아갈까? 이런 카드 섞기로부터 카드 위치 여덟 곳에 대해 1을 1로, 2를 5로, 3을 2로, 4를 6으로, 등등으로 보내는 치환이 나오는데 사이클 표기법으로는 $(1)(2\,5\,3)(4\,6\,7)(8)$이다. 이 치환의 위수가 3이므로 세 번 섞은 후에는 원래 순서로 돌아간다. 다른 개수의 카드, 예를 들어 52장의 카드에 같은 문제를 적용하면 상황은 상당히 흥미로워진다.

군론에서 중요한 것으로 치환에서 약간 미묘한 개념인 **짝치환**(even permutation) 및 **홀치환**(odd permutation)의 개념이 있다. 이번에도 예로 설명하는 것이 가장 좋다. $n = 3$을 택하고 x_1, x_2, x_3을 세 개의 변수라 하자. S_3에서의 치환을 숫자 1, 2, 3이 아니라 이 세 변수를 옮겨주는 것으로 생각하자. 따라서 치환 $(1\,3\,2)$는 x_1을 x_3으로, x_2를 x_1로, x_3을 x_2로 보낼 것이다. 이제 Δ를 식 $\Delta = (x_1 - x_2)(x_1 - x_3)(x_2 - x_3)$이라고 하자. S_3의 치환을 명백한 방식으로 Δ에 적용해 보자. 예를 들어 $(1\,2\,3)$은 Δ를 $(x_3 - x_1)(x_3 - x_2)(x_1 - x_2)$로 보낼 것이다. 이 값은 $(x_1 - x_2)$와 $(x_1 - x_3)$의 순서만 바뀌었을 뿐 Δ와 똑같음에 유념하자. 따라서 $(1\,2\,3)$은 Δ를 Δ로 보낸다. 하지만 $(1\,2)(3)$을 Δ에 적용하면 $(x_2 - x_1)(x_2 - x_3)(x_1 - x_3) = -\Delta$를 얻는다. S_3의 모든 치환이 Δ를 $+\Delta$ 혹은 $-\Delta$로 보낸다는 것을 알 수 있다. Δ를 $+\Delta$로 보내는 치환을 **짝치환**이라 부르고, Δ를 $-\Delta$로 보내는 것을 **홀치환**이라 부른다. $\iota, (1\,2\,3), (1\,3\,2)$는 짝치환인 반면, $(1\,2)(3), (1\,3)(2), (2\,3)(1)$은 홀치환임을 확인할 수 있다.

일반적인 n에 대한 짝치환 및 홀치환의 정의는 이 예와 대단히 비슷하다. $x_1, \cdots, x_n$을 변수들이라 하고, S_n의 치환이 숫자 1, 2, $\cdots$, n 대신 이 변수들을 옮겨주는 것으로 간주하자. 모든 $i < j$에 대해 $x_i - x_j$를 곱한 것을 Δ라고 정의하자. 앞의 예에서와 마찬가지로 $g \in S_n$을 Δ에 적용할 수 있으며 결과는 $+\Delta$거나 $-\Delta$다. g의 **부호**(signature)는 $g(\Delta) = \mathrm{sgn}(g)\Delta$인 숫자 $\mathrm{sgn}(g) \in \{+1, -1\}$로 정의한다. 이로부터 부호 함수 $\mathrm{sgn} : S_n \to \{+1, -1\}$을 정의할 수 있다. 치환 $g \in S_n$에 대해 $\mathrm{sgn}(g) = +1$이면 짝치환, $\mathrm{sgn}(g) = -1$이면 홀치환이라고 부른다.

정의로부터 모든 $g, h \in S_n$에 대해

$$\mathrm{sgn}(gh) = \mathrm{sgn}(g)\,\mathrm{sgn}(h)$$

임이 쉽게 따라 나오며, 2-순환의 부호는 -1임도 쉽게 알 수 있다. r-순환 $(a_1 a_2 \cdots a_r)$은 2-순환들의 곱

$(a_1 a_r)(a_1 a_{r-1}) \cdots (a_1 a_2)$로 나타낼 수 있으므로, r-순환의 부호는 $(-1)^{r-1}$이다. 따라서 치환 $g \in S_n$의 순환꼴이 $(r_1, r_2, \cdots, r_k)$라면

$$\text{sgn}(g) = (-1)^{r_1-1}(-1)^{r_2-1}\cdots(-1)^{r_k-1}$$

이다. 이로부터 임의의 치환의 부호를 계산하는 것은 쉽다. 예를 들어 S_5에서 짝치환은 순환꼴이 (1^5), $(2^2, 1)$, $(3, 1^2)$, (5)인 것이다. 이런 것들의 개수를 세면 S_5에는 모두 60개의 짝치환이 있다는 것을 알게 되는데, S_5의 치환의 개수 $5! = 120$의 정확히 절반이다. 일반적으로 S_n에서 짝치환의 개수는 $\frac{1}{2}n!$이다.*

이런 복잡한 정의로 무엇을 하려는 것일까? S_n에서 짝치환들의 집합은 A_n이라 쓰는데 차수가 n인 교대군(alternating group)이라 부르는 크기가 $\frac{1}{2}n!$인 부분군을 이룬다는 것이 답이다. $n \geqslant 5$일 때 A_n은 항등 부분군과 A_n 자체를 제외하면 정규부분군[I.3 §3.3]이 없다는 의미에서 단순군(simple group)이라는 사실 때문에, 교대군은 유한군에서 매우 중요한 군이다(유한 단순군의 분류[V.7]를 보라). 예를 들어 A_5는 크기가 60인 단순군인데, 실은 가환이 아닌 유한 단순군 중 가장 작은 군이다.

III.69 상전이

얼음 덩어리에 열을 가하면 물로 변한다. 이처럼 대

단히 익숙한 현상도 사실 대단히 수수께끼와 같은데, 화학물질 H_2O가 온도에 대해 연속적으로 의존하지 않는다는 성질을 보여주기 때문이다. 얼음 덩어리는 차츰 부드러워지는 것이 아니라 고체에서 액체로 직행한다.

이런 것이 상전이(phase transition)의 예다. '국소적'인 상호작용을 하는(즉, 입자 하나의 행동은 바로 근방의 입자들에 의해서만 직접적 영향을 받는) 입자들이 많이 개입돼 있는 계에서 상전이가 일어나는 경향이 있다.

이런 계를 수학적으로 모형화할 수 있고, 상응하는 모형의 연구는 통계물리학이라 부르는 영역에 속해 있다. 이런 모형에 대한 추가 논의는 임계 현상의 확률적 모형[IV.25]을 보라.

III.70 π

어떤 수가 다른 수보다 수학적으로 더 중요하고 근본적인 이유는 무엇일까? 예를 들어 왜 대부분이 2가 $\frac{43}{32}$보다 더 중요하다는 데 동의할까? 수에서는 성질이 중요하며, 특히 다른 수들과는 구별될 수 있는 흥미로운 성질이 있느냐가 정말 중요한 것이라는 것이 가능한 답의 하나다. 물론 이 경우 무엇을 흥미로운 성질로 여길지 결정해야 한다. 예를 들어 $\frac{43}{32}$은 두 배 했을 때 $\frac{43}{16}$인 유일한 수라는 성질을 왜 흥미롭다고 간주하지 않는 걸까? 우리가 고르는 모든 수 x에 대해, 두 배했을 때 $2x$인 유일한 수라는 유사한 성질이 있다는 것이 명백한 이유의 하나다.

---

* 당연히 $n \neq 1$인 경우에 그렇다-옮긴이

이와는 대조적으로 '가장 작은 소수'라는 성질은 구체적인 수를 언급하지 않고도, 중요성을 설명하기 쉬운 개념인 '소수'라는 용어를 써서 쉽게 진술할 수 있는 성질이다. 이 성질은 정확히 하나의 수에만 적용되어야 하며, 따라서 그 수는 수학에서 중요한 역할을 할 가능성이 큰데 실제로도 그렇다. (우연이지만 $\frac{43}{32}$은 통계 물리에서 중요한 임계 지수로 예상하고 있으므로 흥미로운 수로 차별될 수도 있음을 의미하지만, 그럼에도 2처럼 기본적이지는 않다.)

π가 수학에서 가장 중요한 상수의 하나라는 건 모두 동의하는데, π에는 성질이 풍부하기 때문에 이런 주장은 앞 절의 준거에 의해 정당화할 수 있다 (얼마나 많은지 계산에서 예상치 못하게 π가 나와도 그다지 놀라지도 않는다). 예를 들어 다음은 오일러[VI.19]의 유명한 정리이다.

$$\sum_{n=1}^{\infty} \frac{1}{n^2} = 1 + \frac{1}{4} + \frac{1}{9} + \frac{1}{16} + \frac{1}{25} + \cdots = \frac{\pi^2}{6}.$$

제곱수의 역수를 더하는 것과 π가 도대체 무슨 관련이 있는지 궁금할지도 모르겠다. 이는 완벽히 합당한 질문이지만, 적어도 경험 많은 수학자에게는 원리상 관계가 있을 거라는 생각은 놀랍지 않다. 등식의 양변은 사실 같은 양을 두 가지 다른 방법으로 계산한 것임을 보이는 것이 수학에서 항등식을 증명하는 대단히 흔한 방법이다. 이 등식의 경우 푸리에 해석[III.27]의 기본 사실인 프란셰렐 항등식(Plancherel identity)이라는 명제를 이용할 수 있다. $f : \mathbb{R} \to \mathbb{C}$가 주기가 2π인 주기함수일 때, 모든 정수 n(양수이든 음수이든)에 대해 다음 식으로 n번째 푸리에 계수(Fourier coefficient) a_n을 정의한다.

$$a_n = \frac{1}{2\pi} \int_{-\pi}^{\pi} f(x)\, e^{inx} dx.$$

그러면 다음이 성립한다는 것이다.

$$\frac{1}{2\pi} \int_{-\pi}^{\pi} |f(x)|^2 dx = \sum_{n=-\infty}^{\infty} |a_n|^2.$$

이제 x가 어떤 정수 n에 대해 $(2n - \frac{1}{2})\pi$와 $(2n + \frac{1}{2})\pi$ 사이에 있으면 1로, 그 외에는 0으로 정의한 함수 f를 잡으면, 왼쪽 변을 계산하여 $\frac{1}{2}$임을 알게 된다. 또한 n이 홀수면 $|a_n|^2 = 1/(\pi n)^2$이고, $|a_0|^2 = \frac{1}{4}$이며, n이 0이 아닌 짝수면 $|a_n|^2 = 0$임을 약간만 계산하면 알게 된다. 따라서

$$\frac{1}{2} = \frac{1}{4} + \frac{1}{\pi^2} \sum_{\text{홀수 } n} \frac{1}{n^2}$$

이다. $n^2 = (-n)^2$임을 염두에 두면 다음을 쉽게 연역할 수 있다.

$$\frac{\pi^2}{8} = 1 + \frac{1}{3^2} + \frac{1}{5^2} + \frac{1}{7^2} + \cdots.$$

이는 증명하려던 등식과 흡사한데, 오른변이 $\sum_n 1/n^2 - \sum_n 1/(2n)^2$, 즉 $\sum_n 1/n^2$의 4분의 3임을 눈치채면 얻을 수 있다. 따라서 $\sum_n 1/n^2 = \pi^2/6$이다.

이제 π가 나타나는 이유가 생겼다. 푸리에 계수의 공식에서 나온 것이다. 더욱이 계수에서 나오는 이유도 설명할 수 있다. $\mathbb{R}$ 위에서의 주기함수는 단위원에서 정의된 함수로 생각하는 것이 더 자연스럽다. 푸리에 계수 a_n은 단위원에서 정의된 평균의 일종이므로, 원의 길이 2π로 나눠야만 하는 것이다.

그런데 π는 무엇인가? 아마도 가장 기본적이라 할 만한 정의를 방금 보았다. 원의 둘레를 지름으로 나눈 비다. 그런데 π가 이토록 흥미로운 것은 수많은 성질로 정의할 수 있기 때문이다. 여기 그중 몇

개가 있다.

(i) 함수 $\sin x$를 다음 멱급수와 같다고 정의한다.

$$x - \frac{x^3}{3!} + \frac{x^5}{5!} - \cdots.$$

그러면 π는 $\sin x = 0$인 가장 작은 양수 x다. ($\sin x$에 대해 더 알고 싶으면 **삼각함수**[III.92]를 보라.)

(ii) $\pi = \int_{-1}^{1} \frac{dx}{\sqrt{1-x^2}}$.

(iii) $\frac{\pi}{2} = \int_{-1}^{1} \sqrt{1-x^2}\, dx$.

(iv) $\frac{\pi}{4} = 1 - \frac{1}{3} + \frac{1}{5} - \frac{1}{7} + \frac{1}{9} - \cdots$.

(v) $\sqrt{2\pi} = \int_{-\infty}^{\infty} e^{-x^2/2} dx$.

(vi) $\pi = \sum_{k=0}^{\infty} \frac{1}{16^k}\left(\frac{4}{8k+1} - \frac{2}{8k+4} - \frac{1}{8k+5} - \frac{1}{8k+6}\right)$.

두 번째와 세 번째 성질의 오른쪽 변에 나오는 적분은 각각 단위원의 둘레의 절반과, 넓이의 절반을 나타내는 식이다. 따라서 이런 정의는 단위원의 둘레와 넓이가 각각 2π 및 π라는 기하학적 사실을 해석학적으로 표현한 것이다.

다섯 번째 성질은 $e^{-x^2/2}$ 앞에 어떤 상수를 두어야 유명한 **정규분포**[III.71 §5]를 만들 수 있는지 말해준다. (왜 여기 π가 나와야 하는가? 여러 가지 이유를 댈 수 있다. 함수 $e^{-x^2/2}$이 푸리에 해석에서 특별한 역할을 하며, π도 그렇다는 것이 한 가지 이유

이다. $e^{-x^2/2}$의 또 다른 중요한 성질은 함수 $f(x,y) = e^{-(x^2+y^2)/2}$이 **회전 불변**(rotationally invariant)이라는 사실인데, 회전은 원을 포함하므로 π가 관련되는 것이다.)

마지막 식은 최근 데이비드 베일리(David Bailey), 피터 보바인(Peter Borwein), 사이먼 플루페(Simon Plouffe)가 발견한 놀라운 공식이다. 항 $1/16^k$이 있다는 사실 때문에 앞 자릿수를 모두 계산하지 않고도 16진법으로 π의 자리수를 계산하는 방법을 준다. 상당히 뒷자리까지 16진법으로 자릿수를 계산하는 데 이용됐는데, 예를 들어 16진법으로 소수점 이하 1조 번째 자리는 8이다. (이 식에 대한 추가 논의는 **수학: 실험 과학**[VIII.5 §7]을 보라.)

π처럼 자연스러운 수가 무리수인 데다 **초월수**[III.41]로 밝혀졌다는 게 비수학자들에게는 역설적으로 보이는 사실이다. 하지만 이는 전혀 놀라운 일이 아니다. π를 정의하는 성질은 쉽지만 다항방정식의 해로 이르지 않으며, 따라서 π가 초월수가 아니라면 놀라운 일이었을 것이다. 마찬가지로 π의 십진 전개에서 패턴을 찾을 수 있다면 놀라운 일일 것이다. 사실 π는 **십진법에 대해 정규**(normal to base 10), 즉 모든 수열이 예상하는 빈도로 나타난다고 예상하고 있다. 예를 들어 연속하는 자리의 쌍을 들여다 보면, 35가 전체에서 1/100번쯤 나타난다고 예상한다. 하지만 이 예상은 대단히 어려운 것 같으며, π의 십진 전개가 0부터 9까지의 모든 수를 무한히 많이 담고 있는지조차 증명되지 않았다.

III.71 확률 분포
제임스 노리스 *James Norris*

1 이산 분포

동전을 던질 때 앞면이 나올지 뒷면이 나올지 전혀 모른다. 하지만 다른 의미로 동전의 행동은 상당히 예측가능하다. 많은 횟수를 던지면, 앞면이 나오는 비율은 $\frac{1}{2}$에 가까울 가능성이 대단히 크다.

이런 현상을 수학적으로 연구하기 위해서는 모형화가 필요한데, 가능한 결과의 집합을 나타내는 **표본 공간**(sample space)과 그 공간 위에서의 확률을 말해 주는 **확률 분포**(probability distribution)를 정의하여 해결한다. 동전의 경우 자연스러운 표본 공간은 집합 {H, T}이고, 각 원소에 $\frac{1}{2}$씩 확률을 부여하는 것이 명백한 분포일 것이다. 혹은 앞면의 횟수에만 관심이 있으므로 집합 {0, 1}을 대신 이용할 수도 있다. 한 번 던진 후 앞면의 수가 0일 확률이 $\frac{1}{2}$이고, 1일 확률이 $\frac{1}{2}$이다. 더 일반적으로 (이산) 표본 공간은 그냥 집합 Ω이며, Ω의 각 원소에 (모두 더하면 1이 되도록) 음이 아닌 실수를 부여하는 방식을 Ω 위의 확률 분포라고 말한다. Ω의 특정 원소에 부여한 수는 대응하는 결과가 일어날 확률이며, 전체 확률이 1이라고 해석할 수 있다.

Ω가 크기 n인 집합일 때 Ω 위의 **균등 분포**(uniform distribution)는 Ω의 각 원소에 $1/n$의 확률을 부여하는 확률 분포이다. 하지만 결과가 다르면 확률을 다르게 부여하는 것이 더 적절한 경우가 종종 있다. 예를 들어 0과 1 사이의 임의의 실수 p에 대해, 집합 {0, 1} 위에서 1에는 숫자 p를, 0에는 $1-p$를 할당하는 분포가 **모수**(parameter)가 p인 베르누이

(Bernoulli) 분포이다. 이는 불공정한 동전을 던지는 모형에 사용할 수 있다.

공정한 동전을 n번 던진다고 하자. 매번 던지는 결과에 관심이 있다면, 길이가 n인 가능한 모든 01-수열로 이루어진 표본 공간을 선택해야 할 것이다. 예를 들어 $n = 5$라면 표본 공간의 전형적인 원소는 01101과 같은 것이다. (이 특정 원소는 결과가 뒷면, 앞면, 앞면, 뒷면, 앞면 순서로 나왔음을 나타낸다.) 그런 수열은 2^n개이며 발생할 가능성이 모두 똑같으므로, 이 공간에서의 적절한 분포는 각 수열에 확률 $1/2^n$을 할당하는 균등 분포일 것이다.

하지만 앞면과 뒷면의 특정한 수열에는 관심이 없고 그냥 '앞면이 나온 횟수'에만 관심이 있다면? 이 경우 표본 공간은 집합 $\{0, 1, 2, \cdots, n\}$이다. 앞면이 나온 횟수가 k일 확률은 2^{-n}에 01-수열 중에서 정확히 k개의 1을 포함하는 것의 개수를 곱한 것이다. 이 개수는

$$\binom{n}{k} = \frac{n!}{k!(n-k)!}$$

이므로, k에 부여하는 확률은 $p_k = \binom{n}{k}2^{-n}$이다.

더 일반적으로 각각 성공 확률이 p인 실험을 독립적으로 n번 시행한 수열에 대해, 주어진 수열이 k번 성공하고 $n-k$번 실패할 확률은 $p^k(1-p)^{n-k}$이다. 따라서 정확히 k번 성공할 확률은 $p_k = \binom{n}{k}p^k(1-p)^{n-k}$이다. 이를 모수가 n과 p인 **이항 분포**(binomial distribution)라 부른다. 이 분포는 예를 들어 불공정한 동전을 n번 던질 때 앞면이 나오는 횟수를 모형화한다.

예를 들어 한 번 성공할 때까지 이런 실험을 반복한다고 하자. k번 실험을 수행할 경우 $k-1$번 실패

한 후 한 번 성공이 따를 확률은 $p_k = (1-p)^{k-1}p$이다. 따라서 이 식은 첫 번째 성공할 때까지의 실험 횟수의 분포를 준다. 이를 모수가 p인 **기하 분포**(geometric distribution)라 부른다. 특히 공정한 동전을 앞면이 처음 나올 때까지 던지는 횟수는 모수가 $\frac{1}{2}$인 기하 분포를 따른다. 이때 표본 공간은 음이 아닌 모든 정수의 집합, 특히 무한집합임에 주목하라. 따라서 이 경우 확률을 더해서 1이라는 조건은 무한급수 $\sum_{k=1}^{\infty} p_k$가 1로 수렴해야 한다는 요구와 같다.

이제 더 복잡한 실험을 상상하자. 예를 들어 방사성 물질이 있는데 가끔씩 알파 입자를 방출한다고 하자. 보통은 이런 방출이 독립적이며, 어떤 시간에든 동등하게 일어난다고 가정하는 것이 합리적이다. 예를 들어 분당 방출 횟수가 λ라면, 주어진 1분 동안 k개의 입자가 방출될 확률은 얼마일까?

큰 n에 대해 1분을 똑같은 구간 n개로 쪼개는 것이 이 문제를 생각하는 한 가지 방법이다. n이 충분히 크면 같은 구간에서 방출이 두 번 일어날 확률이 너무 작으므로 무시할 수 있으며, 분당 평균 방출 횟수가 λ이므로 주어진 구간 동안의 방출 확률은 근사적으로 λ/n이어야만 한다. 이 수를 p라 부르자. 방출이 독립적이므로, 방출 횟수는 성공 확률이 p인 시행을 n번 할 때 성공의 횟수라고 간주할 수 있다. 따라서 $p = \lambda/n$일 때 모수가 n과 p인 이항 분포를 얻는다.

n이 커질수록 p가 작아짐에 주목하라. 또한 방금까지의 근사는 점점 나아진다. 따라서 n을 무한대로 보내고 결과로 얻는 '극한 분포'를 연구하는 것이 자연스럽다. $n \to \infty$일 때 이항 분포의 확률이 $p_k = e^{-\lambda}\lambda^k/k!$로 수렴함을 확인할 수 있다. 이 수

들은 음이 아닌 정수의 집합 위에서 모수가 λ인 **푸아송 분포**(Poisson distribution)로 알려진 분포를 정의한다.

2 확률 공간

다트판에 다트를 하나 던진다고 하자. 다트에 그다지 능숙하지 못하기 때문에 다트가 어디를 맞출지 쉽게 예상할 수 없겠지만, 적어도 확률적으로 모형화하려고 노력할 수는 있다. 다트가 맞을 곳을 나타내는 점들인 둥근 판이 선택할 수 있는 명백한 표본 공간이다. 하지만 문제가 있다. 이 원판 내의 특정한 점을 바라보면, 다트가 정확히 그 지점에 맞을 확률은 0이다. 그런데 어떻게 확률 분포를 정의할 수 있을까?

'과녁에 맞힐 확률은 얼마인가'와 같은 질문에 완벽한 의미를 주는 것은 아주 쉽다는 사실에 해답의 단서가 있다. 과녁을 맞히려면 다트가 판의 특정 영역에 맞아야 하는데, 이런 일이 일어날 확률은 0이 아닐 수 있다. 예를 들어 과녁 영역의 넓이를 판의 전체 넓이로 나눈 값과 같을 수도 있다.

방금 관찰한 대로 표본 공간의 각 '점'에 확률을 부여할 수는 없지만, **부분집합**에 확률을 줄 희망은 여전히 있다는 것이다. 즉, Ω가 표본 공간이고 A가 Ω의 부분집합일 때, 집합 A에 0과 1 사이의 값 $\mathbb{P}(A)$를 부여하려고 시도할 수는 있다. 이 값이 임의의 결과가 집합 A에 속할 확률을 나타내며, 집합 A의 '질량' 개념과 비슷한 것이라고 생각할 수 있다.

무언가가 표본 공간에 있을 확률은 1이어야만 하므로, 이게 통하려면 $\mathbb{P}(\Omega)$는 1이어야 한다. 또한 A

와 B가 Ω의 서로소인 부분집합일 때, $\mathbb{P}(A \cup B)$는 $\mathbb{P}(A) + \mathbb{P}(B)$여야 한다. 이로부터 $A_1, \cdots, A_n$이 모두 서로소이면, $\mathbb{P}(A_1 \cup \cdots \cup A_n)$이 $\mathbb{P}(A_1) + \cdots + \mathbb{P}(A_n)$ 이어야 한다는 사실이 나온다. 실은 유한 합집합뿐만 아니라 가산적으로 무한한 합집합[III.11]일 때도 이 사실이 성립해야 한다는 중요한 것으로 밝혀졌다. (Ω의 모든 부분집합이 아니라 가측[III.55]인 부분집합 A에만 $\mathbb{P}(A)$를 정의하려고 시도해야 한다는 사실과 관련돼 있다. 현재 목적 하에서는 실제로 정의할 수 있는 집합 A에 대해서만 $\mathbb{P}(A)$를 생각하면 충분하다.)

표본 공간 Ω의 모든 '합리적인' 부분집합 위에서 정의되는 함수 $\mathbb{P}$가 앞의 두 절에서 언급한 조건들을 만족할 때 Ω를 **확률 공간**(probability space)이라고 말한다. 이 함수 $\mathbb{P}$ 자체는 **확률 측도**(probability measure) 혹은 **확률 분포**(probability distribution)라 알려져 있다. $\mathbb{P}$를 구체적으로 말할 때는 **확률 분포**라는 용어를 선호하는 경향이 있다.

3 연속 확률 분포

$\mathbb{R}$ 위에서 정의되며 특히 중요한 분포 세 개가 있는데, 그중 둘을 이 절에서 논의하겠다. 첫 번째는 구간 [0, 1]에서 정의된 **균등 분포**(uniform distribution)이다. '[0, 1] 내의 모든 점이 동등하다'는 개념을 포착하고 싶다. 위에서 언급한 문제들에 비춰볼 때 어떻게 할 수 있을까?

'질량'이라는 은유법을 진지하게 받아들이는 것이 좋은 방법이다. 어떤 물체를 구성하는 무한히 작은 점들 전체의 질량을 더해서 전체의 질량을 계산할 수는 없지만, 이들 점에 **밀도**를 부여하고 적분할 수는 있다. 여기서 하려는 일이 정확히 그렇다. 구간 [0, 1]의 각 점에 **확률 밀도**(probability density)를 1로 부여한다. 그러면 예를 들어 부분 구간 $[\frac{1}{3}, \frac{1}{2}]$의 확률은 적분 $\mathbb{P}([\frac{1}{3}, \frac{1}{2}]) = \int_{1/3}^{1/2} 1\,dx = \frac{1}{6}$을 계산하여 정할 수 있다. 더 일반적으로 구간 $[a, b]$에 부여되는 확률은 길이 $b - a$다. 서로 소인 구간의 합집합의 확률은 각 구간의 길이의 합이다.

이런 '연속' 균등 분포는 이산 균등 분포와 마찬가지로 대칭성이 요구되는 경우 자연스럽게 일어나는 때가 많다. 또한 극한 분포로도 발생한다. 예를 들어 어떤 은둔자가 동굴 깊숙이 살며, 시계나 자연광원과 떨어져서 '매일'의 시간을 23시간부터 25시간 사이에서 무작위 길이 동안 지낸다고 하자. 처음에는 시각이 몇 시일지 약간 짐작을 할 수 있고, '지금 점심을 먹고 있으니 아마 밖은 밝을 거야'와 같은 말을 할 수 있을 것이다. 하지만 이런 체제에서 몇 주가 지난 후에는 아무런 짐작을 할 수 없게 되며, 바깥의 어떤 시간도 다른 시간과 그냥 똑같은 시간일 것이다.

이제 어떤 양의 상수 λ의 선택에 의존하며 다소 더 흥미로운 밀도 함수를 들여다보자. 음이 아닌 실수 전체의 집합에서 정의된 밀도 함수 $f(x) = \lambda e^{-\lambda x}$을 생각하자. 구간 $[a, b]$에 대응하는 확률을 계산하려면 다음을 계산해야 한다.

$$\int_a^b f(x)\,dx = \int_a^b \lambda e^{-\lambda x}\,dx = e^{-\lambda a} - e^{-\lambda b}.$$

이런 확률 분포를 모수가 λ인 **지수**(exponential) 분포라 부른다. 지수 분포는 예를 들어 방사성 핵이 붕괴하는데 걸리는 시간이나, 다음 스팸 메일이 도착

할 때까지의 시간 등 순간석인 사건을 모형화하는
데 적절하다. 그 이유는 **무기억성(memorylessness)**
이라는 가정에 근거한 것이다. 예를 들어 핵이 시
간 s에서 그냥 남아 있다는 것을 아는 경우, 나중 시
간 $s + t$까지 붕괴하지 않은 채 남아 있을 확률은 원
래부터 시간 t까지 그냥 남아 있을 확률과 같다. 핵
이 시간 t까지 남아 있을 확률을 $G(t)$로 나타내자. 그
러면 s까지 그냥 남아 있다가 $s + t$까지도 그냥 남
아 있을 확률은 $G(s + t) / G(s)$이므로 이 값이 $G(t)$
와 같아야 한다. 즉, $G(s + t) = G(s)G(t)$다. 이런 성질
을 갖는 감소함수는 **지수함수**[III.25], 즉 어떤 양수
λ에 대해 $G(t) = \mathrm{e}^{-\lambda t}$ 꼴밖에 없다. $1 - G(t)$가 시간
t 이전에 핵이 붕괴할 확률을 나타내므로 이 값이
$\int_0^t f(x)\mathrm{d}x$와 같아야 하고, 이로부터 $f(x) = \lambda\mathrm{e}^{-\lambda x}$임
을 쉽게 유도할 수 있다.

세 번째이며 가장 중요한 분포는 아래 나올 것이
다.

4 확률 변수, 평균, 분산

주어진 확률 공간에서 **사건(event)**이란 그 공간에서
(충분히 좋은) 부분집합으로 정의한다. 예를 들어
균등 분포를 갖는 구간 $[0, 1]$이 확률 공간일 때, 0부
터 1 사이에서 무작위로 고른 수가 최소 $\frac{1}{2}$ 이상임을
나타내는 사건은 구간 $[\frac{1}{2}, 1]$이다. 그냥 임의의 사건
뿐만 아니라 확률 공산에 대응히는 임의익 수에 대
해 생각하는 것이 유용할 때가 종종 있다. 예를 들어
앞면이 나올 확률이 p인 불공정한 동전을 던져 나
오는 수열을 다시 한번 보자. 이 실험에 관련된 자연
스러운 표본 공간은 0과 1로 이루어진 모든 수열의
집합 Ω이다. 앞서 k개의 앞면이 나올 확률이 $p_k = \binom{n}{k}p^k(1 - p)^{n-k}$임을 보였으며, 이를 표본 공간 $\{0,$
$1, 2, \cdots, n\}$ 위에서의 분포로 묘사한 바 있다. 하지만
원래 집합 Ω를 표본 공간으로 간주하고 앞면이 나
오는 횟수를 나타내는 Ω로부터 $\mathbb{R}$로의 함수 X, 즉
수열 ω에 대해 1의 개수를 $X(\omega)$로 정의하는 것이 보
통은 더 자연스럽고 훨씬 더 편리하다. 이때는 다음
처럼 쓴다.

$$\mathbb{P}(X = k) = p_k = \binom{n}{k}p^k(1 - p)^{n-k}.$$

이와 같은 함수를 **확률 변수(random variable)**라 부른
다. X가 집합 Y에서 값을 갖는 확률 변수일 때, 집합
Y의 부분집합 위에서 다음 식으로 정의된 함수 P가
X의 분포이다.

$$P(A) = \mathbb{P}(X \in A) = \mathbb{P}(\{\omega \in \Omega : X(\omega) \in A\}).$$

P가 정말로 Y 위에서의 확률 분포임을 보이는 것은
어렵지 않다.

여러 가지 목적에서 확률 변수의 분포만 알면 충
분하다. 그렇지만 표본 공간에서 정의된 확률 분포
의 개념은 **임의의 양**에 대한 우리의 직관을 포착하
고 있고, 그 이상의 질문을 할 수 있게 해 준다. 예를
들어 처음과 마지막 던진 것이 같은 결과가 나왔을
때 앞면이 k번 나올 확률을 묻고 싶었다면 X의 분포
는 답을 주지 못하겠지만, X를 수열 위에서 정의한
함수로 간주한 더 풍부한 모형은 답을 줄 수 있다.
더욱이 예를 들어 확률 변수 $X_1, \cdots, X_n$이 서로 **독립
(independent)**이라는 얘기를 할 수 있다. 이는 가능한
모든 A_i에 대해, 모든 i에 대해 $X_i(\omega) \in A_i$인 Ω의 부
분집합의 확률이 곱 $\mathbb{P}(X_1 \in A_1) \times \cdots \times \mathbb{P}(X_n \in A_n)$

으로 주어진다는 의미다.

확률 변수 X에 관련하여 이를 특징짓는 중요한 수가 둘이 있는데, **평균(mean)** 혹은 **기댓값(expectation)**이라 부르는 $\mathbb{E}(X)$와 **분산(variance)** $\text{var}(X)$이다. 이 두 수는 X의 분포가 결정한다. X가 정숫값을 취하고 $\mathbb{P}(X = k) = p_k$인 경우 다음과 같다.

$$\mathbb{E}(X) = \sum_k kp_k, \quad \text{var}(X) = \sum_k (k - \mu)^2 p_k.$$

단, $\mu = \mathbb{E}(X)$이다. X가 보통 얼마나 큰지 알려 주는 것이 평균이다. 분산, 혹은 더 정확히는 이의 제곱근 **표준편차(standard deviation)** $\sigma = \sqrt{\text{var}(X)}$는 전형적인 X값이 평균으로부터 얼마나 떨어져 있는지 알려 준다. 분산에 대해 유용한 다음 대안 공식을 유도하는 것은 어렵지 않다.

$$\text{var}(X) = \mathbb{E}(X^2) - E(X)^2.$$

분산의 의미를 이해하기 위해 다음 상황을 생각해 보자. 100명이 시험을 치렀는데, 평균이 75%였다고 하자. 이는 유용한 정보를 어느 정도 주지만, 점수가 어떻게 분포하는지에 대한 완전한 정보는 주지 못한다. 예를 들어 시험이 네 문제로 구성돼 있고, 그중 셋은 매우 쉬웠고 하나는 거의 불가능하여 모든 점수가 75% 근처에 밀집해 있을 수도 있다. 혹은 50명 정도는 만점을 받았고, 50명 정도는 절반쯤 받았을 수도 있다. 이 상황을 모형화하기 위해 100명의 사람으로 이루어진 표본 공간을 Ω라 하고, 확률 분포는 균등 분포라고 하자. 주어진 임의의 사람 ω에 대해 $X(\omega)$를 그 사람이 받은 점수라 하자. 그럴 경우 처음 경우였다면 거의 모든 사람의 점수가 평균 75% 근방에 가깝기 때문에 분산은 작을 것

이다. 반면 두 번째 경우 거의 대부분의 점수는 평균으로부터 25점 가량 떨어져 있기 때문에 분산은 $25^2 = 625$에 가까울 것이다. 따라서 분산은 이 두 상황의 차이를 이해하는 데 도움을 준다.

이 글의 서두에서 논의한 대로 공정한 동전을 n번 던진 수열 중에서 앞면이 나오는 '기대' 횟수는 비율이 보통 $\frac{1}{2}$에 가깝다는 뜻에서 $\frac{1}{2}n$ 근처다. n번 던졌을 때 앞면의 횟수를 X로 모형화할 경우, 즉 X가 모수가 n과 $\frac{1}{2}$인 이항 분포를 따른다면 $\mathbb{E}(X) = \frac{1}{2}$임을 계산하는 것은 어렵지 않다. X의 분산은 $\frac{1}{4}n$이므로 분포가 퍼진 정도를 측정하는 자연스러운 거리 척도는 $\sigma = \frac{1}{2}\sqrt{n}$이다. 이로부터 큰 n에 대해 X/n이 $\frac{1}{2}$에 가까울 확률이 1에 가깝다는 것을 보일 수 있는데, 우리의 경험에 부합한다.

더 일반적으로 $X_1, X_2, \cdots, X_n$이 독립인 확률 변수들이면, $\text{var}(X_1 + \cdots + X_n) = \text{var}(X_1) + \cdots + \text{var}(X_n)$이다. 모든 X_i가 평균이 μ이고 분산이 σ^2인 동일한 분포를 갖는다면 **표본 평균(sample average)** $\overline{X} = n^{-1}(X_1 + \cdots + X_n)$의 분산이 $n^{-2}(n\sigma^2) = \sigma^2/n$임이 나오는데, 이 값은 n이 무한히 커질수록 0에 가까워진다. 임의의 $\epsilon > 0$에 대해 $|\overline{X} - \mu|$가 ϵ보다 클 확률은 n이 무한히 커질수록 0에 가까워진다는 것을 증명할 때도 이런 관찰을 이용할 수 있다. 따라서 표본 평균은 평균 μ에 '확률 수렴(converges in probability)'한다.

이 결과는 **약한 큰 수의 법칙(weak law of large numbers)**이라 부른다. 위에서 간략히 소개한 논증에서는 확률 변수들의 분산이 유한값일 것을 암묵적으로 가정했지만, 이런 가정은 불필요한 것으로 드러난다. 처음 n개의 변수의 표본 평균은 n이 무한히

커질수록 1의 확률로 μ에 수렴한다는 명제인 **강한 큰 수의 법칙**(strong law of large numbers)도 있다. 이름이 시사하듯 강한 법칙으로부터 약한 법칙을 유도할 수 있다는 의미에서 강한 법칙이 약한 법칙보다 강하다. 확률론을 이용하여 모형화하려고 선택한 실제 사건에 대한 통계적인 측면의 장기 예측을 가능케 해 주는 법칙들임에 주목하자. 더욱이 이런 예측은 실험적으로 확인할 수 있으며, 실험적 증거가 이들을 확증해 준다. 이로 인해 이런 모형이 과학적으로 정당함을 설득력 있게 설명한다.

5 정규 분포와 중심 극한 정리

이미 본 대로 모수가 n과 p인 이항 분포에서 확률 p_k는 식 $\binom{n}{k}p^k(1-p)^{n-k}$으로 주어졌다. n이 클 때 그래프 위에 (k, p_k)를 도시해 보면, 평균 np 근처에서 뾰족한 봉우리를 갖는 종 모양의 곡선에 놓여 있음을 눈치 챌 수 있다. 곡선에서 높은 부분의 폭은 이 분포의 표준 편차인 $\sqrt{np(1-p)}$ 정도의 규모를 갖는다. 간단한 설명을 위해 np가 정수라 하고, 새로운 분포 q_k를 $q_k = p_{k+np}$로 정의하자. 점 (k, q_k)는 $k = 0$에서 봉우리를 이룬다. 이 그래프를 가로 방향으로 $\sqrt{np(1-p)}$만큼 압축하고 세로로 같은 인자만큼 확대하여 비율을 조정하면, 이 점들은 모두 다음 그래프에 가깝게 놓인다.

$$f(x) = \frac{1}{\sqrt{2\pi}}e^{-x^2/2}.$$

이는 $\mathbb{R}$ 위의 **표준 정규 분포**(standard normal distribution)로 알려진 유명한 분포의 밀도 함수다. 보통은 **가우스 분포**(Gaussian distribution)라고도 알려져

있다.

이를 달리 표현하자면, 불공정한 동전을 많은 횟수로 던져 앞면이 나올 횟수에서 평균을 뺀 후 표준 편차로 나누면 표준 정규 확률 변수와 가깝다는 것이다.

함수 $(1/\sqrt{2\pi})e^{-x^2/2}$은 확률론부터 푸리에 해석 [III.27] 및 양자역학까지 엄청나게 다양한 수학적 맥락에서 나온다. 왜 그래야 할까? 그런 질문에 대한 답이 흔히 그렇듯 이 함수가 다른 함수는 갖지 못하는 성질을 갖는다는 것이 답이다.

그런 성질 중 하나는 **회전 불변성**이다. 이번에도 다트판에 과녁을 겨냥하여 다트를 던진다고 가정해 보자. 하나는 x-좌표, 하나는 y-좌표에 대한 독립인 정규 분포 두 개(예를 들어 각각 평균이 0이고 분산이 1이다)를 수직으로 더한 결과로 이를 모형화할 수 있다. 이렇게 하면 2차원 '밀도 함수'는 식 $(1/2\pi)e^{-x^2/2}e^{-y^2/2}$으로 주어지는데 (x, y)를 r로 나타낼 때 $(1/2\pi)e^{-r^2/2}$이라고 편리하게 쓸 수 있다. 다른 말로 하면 밀도 함수는 원점으로부터의 거리에만 의존한다(이것이 '회전 불변'이라 부르는 이유이다). 이 흥미로운 성질은 고차원에서도 성립한다. 또한 $(1/2\pi)e^{-r^2/2}$이 그런 **유일한** 함수임을 확인하는 것은 꽤 쉬운 것으로 밝혀졌다. 더 정확히 말하면, x-좌표와 y-좌표를 각각 분산이 1인 독립인 확률 변수로 만들어주는 유일한 회전 불변 밀도 함수다. 따라서 정규 분포는 매우 특별한 대칭성을 갖는다.

이런 성질을 좀 더 밀고 나가면 수학에서 정규 분포가 어디서나 나온다는 것을 설명해 준다. 하지만 정규 분포는 이보다 훨씬 더 놀라운 성질도 갖는데, 실제 세계의 무질서함을 수학으로 모형화할 때마

다 나오는 이유가 된다. 중심 극한 정리(central limit theorem)에 따르면 독립이고 동일한 분포를 갖는(유한한 평균 μ 및 0이 아닌 유한 분산 σ^2을 갖는) 임의의 확률 변수 $X_1, X_2, \cdots$에 대해 다음이 모든 실수 x에 대해 성립한다.

$$\lim_{n \to \infty} \mathbb{P}(X_1 + \cdots + X_n \leq n\mu + \sqrt{n}\,\sigma x)$$
$$= \int_{-\infty}^{x} \frac{1}{\sqrt{2\pi}} e^{-y^2/2} \mathrm{d}y.$$

$X_1 + \cdots + X_n$의 기댓값은 $n\mu$이며 표준 편차는 $\sqrt{n}\,\sigma$이므로, 이를 생각하는 또 하나의 방법은 $Y_n = (X_1 + \cdots + X_n - n\mu)/\sqrt{n}\,\sigma$라 두는 것이다. 이러면 $X_1 + \cdots + X_n$을 평균 0 및 분산 1을 갖도록 크기를 조절하는 것이고, 위의 확률은 $Y_n \leq x$일 확률이 된다. 따라서 애초에 어떤 분포로 시작했든 독립적인 사본을 많이 합한 극한 분포는 (적절한 규모 조절 후) 정규 분포이다. 자연스러운 과정의 상당수를 작고 독립적인 무작위 효과의 축적으로 현실적으로 모형화할 수 있다. 주어진 도시에서 성인들의 키의 분포처럼 우리가 관찰하는 많은 분포가 익숙한 종 모양인 것도 이 때문이다.

불가능할 정도로 복잡한 계산처럼 보이는 것을 단순화하는 것이 중심 극한 정리의 유용한 응용이다. 예를 들어 모수 n이 클 때 이항 분포 확률은 계산하기 힘들 정도로 복잡하다. 하지만 예를 들어 X가 모수가 n과 $\frac{1}{2}$인 이항 확률 변수일 때, X를 모수가 $\frac{1}{2}$인 독립인 베르누이 확률 변수 $Y_1, \cdots, Y_n$들의 합 $Y_1 + \cdots + Y_n$으로 쓸 수 있다. 따라서 중심 극한 정리에 의해

$$\lim_{n \to \infty} \mathbb{P}(X \leq \frac{1}{2}n + \frac{1}{2}\sqrt{n}x) = \int_{-\infty}^{x} \frac{1}{\sqrt{2\pi}} e^{-y^2/2} \mathrm{d}y$$

이다.

III.72 사영 공간

실 사영 평면(real projective plane)은 여러 가지 방식으로 정의할 수 있다. 그중 한 가지는 세 개의 동차 좌표를 이용하는 것이다. 0이 아닌 상수 λ에 대해 (x, y, z)와 $(\lambda x, \lambda y, \lambda z)$가 동일한 것으로 간주할 때, 전형적인 점 x, y, z는 모두 0이 아닌 (x, y, z)로 표현할 수 있다. 각 (x, y, z)에 대해 $(\lambda x, \lambda y, \lambda z)$ 꼴의 점들은 원점과 (x, y, z)를 지나는 직선임에 주목하면, 실 사영 평면은 $\mathbb{R}^3$에서 원점을 지나는 모든 직선들의 집합이라고 좀 더 기하학적으로 정의할 수 있다. 이런 직선들은 단위구면과 오직 서로 정반대에 있는 두 점에서만 만난다. 따라서 단위구면 위에서 정반대에 있는 두 점을 동치로 간주하여 동치류[I.2 §2.3]로 묶을 취할 수 있고, 그 몫공간[I.3 §3.3]이 바로 실 사영 평면의 세 번째 정의이다. 보통의 유클리드 평면에서 시작하여 직선이 가질 수 있는 가능한 기울기마다 하나의 '무한원점(point at infinity)'을 더한 것으로 사영 평면을 정의하는 것이 네 번째 방법이다. 적절한 위상을 주면 사영 평면을 유클리드 평면의 콤팩트화[III.9]로 정의한 것에 해당한다.

세 번째 정의를 취하면, 사영 평면에서의 직선은 대척점들을 동일시한 대원으로 정의할 수 있다. 그럴 경우 임의의 두 직선이 정확히 한 점에서 만난다는 것과(어떤 두 대원이든 정확히 두 개의 대척점에서 만나므로), 임의의 두 점이 정확히 한 개의 직선

위에 있다는 것을 보이는 것은 어렵지 않다. 사영 평면의 개념을 훨씬 더 추상적으로 일반화시켜 정의할 때 이런 성질을 이용할 수 있다.

$\mathbb{R}$이 아닌 다른 체에 대해서도 비슷하게 정의할 수 있으며, 고차원에서도 정의할 수 있다. 예를 들어 0이 아닌 복소수 λ에 대해 $(z_1, z_2, \cdots, z_{n+1})$과 $(\lambda z_1, \lambda z_2, \cdots, \lambda z_{n+1})$이 동치라고 할 때, 모두는 0이 아닌 z_i에 대해 $(z_1, z_2, \cdots, z_{n+1})$ 꼴의 모든 점의 집합이 n차원 복소사영공간(complex projective n-space)이다. 이는 $\mathbb{C}^{n+1}$에서 원점을 지나는 모든 '복소 직선'의 집합이다. 사영 기하에 대해 좀 더 자세한 내용은 몇 가지 기본적인 수학의 정의[I.3 §6.7]를 보라.

III.73 **이차 형식**
벤 그린 *Ben Green*

예를 들어 $q(x_1, x_2, x_3) = x_1{}^2 - 3x_1 x_2 + 4x_3{}^2$처럼 미지수의 유한집합 $x_1, x_2, \cdots, x_n$에 대해 차수가 2인 동차다항식이 이차 형식(quadratic form)이다. 여기서 계수 1, −3, 4는 정수이지만, 이 아이디어는 $\mathbb{Z}$에서 임의의 환 R로 즉각 일반화할 수 있다. 선형 함수가 중요한 것은 부정할 수 없고, 2가 1 다음의 양의 정수이므로 이차 형식 또한 중요할 거라고 기대할 수 있는데, 선형대수 자체를 포함하여 많은 다양한 수학 분야에서 실제로도 중요하다.

여기 이차 형식에 대한 정리 두 개가 있다.

정리 1. x, y, z가 $\mathbb{R}^d$의 세 점일 때, 이들 사이의 거리는 삼각부등식을 만족한다.

$$|x - z| \leqslant |x - y| + |y - z|.$$

정리 2. 홀수 소수 p를 두 제곱수의 합으로 쓸 수 있다는 것과 4로 나눈 나머지가 1이라는 것은 필요충분조건이다.

왜 정리 1이 이차 형식과 관련이 있다는 것인지 처음에는 분명해 보이지 않는다. 이유는 유클리드 거리

$$|x| = \sqrt{x_1{}^2 + \cdots + x_d{}^2}$$

의 제곱이 실수 $\mathbb{R}$ 위에서의 이차 형식이라는 것이다. (여기에서 x_i는 x의 좌표들이다.) 이 이차 형식은 다음 내적에서

$$\langle x, y \rangle = x_1 y_1 + \cdots + x_d y_d$$

$|x|^2$을 $\langle x, x \rangle$이도록 하면 나온다. 내적은 다음 관계식을 만족한다.

(i) 모든 $x \in \mathbb{R}^d$에 대해 $\langle x, x \rangle \geqslant 0$이 성립하며, 등호는 $x = 0$일 때만 성립한다.

(ii) $\langle x, y + z \rangle = \langle x, y \rangle + \langle x, z \rangle$가 모든 $x, y, z \in \mathbb{R}^d$에 대해 성립한다.

(iii) $\langle \lambda x, y \rangle = \langle x, \lambda y \rangle = \lambda \langle x, y \rangle$가 모든 $\lambda \in \mathbb{R}$ 및 $x, y \in \mathbb{R}^d$에 대해 성립한다.

(iv) $\langle x, y \rangle = \langle y, x \rangle$가 모든 $x, y \in \mathbb{R}^d$에 대해 성립한다.

더 일반적으로 이런 관계식을 만족하는 임의의 함

수 $\phi(x, y)$를 내적이라 부른다. 삼각 부등식은 수학에서 가장 중요한 부등식이라 부를 만한 코시-슈바르츠 부등식[V.19]

$$|(x, y)| \leq |x||y|$$

의 결과로 나온다.

$\mathbb{R}^d$의 이차 형식이 모두 내적에서 오는 것은 아니지만, 어떤 대칭 이중선형 형식(symmetric bilinear form) $g : \mathbb{R}^d \times \mathbb{R}^d \to \mathbb{R}$에서 나오기는 한다. 이들은 양수 조건 (i)만 제외하고 내적의 모든 성질을 갖는 2변수 함수를 말한다. 주어진 이차 형식 $q(x) = g(x, x)$에 대해 다음 극 항등식(polarization identity)

$$g(x, y) = \tfrac{1}{2}(q(x + y) - q(x) - q(y))$$

를 써서 g를 복구할 수 있다. 이차 형식과 대칭 이중선형 형식 사이의 이런 관계는 $\mathbb{R}$을 임의의 체 k로 바꾸어도, k의 표수가 2일 때 몇 가지 심각한 기교적 문제가 생길 때만 제외하면 잘 통한다(위의 식에서 분수 $\tfrac{1}{2}$이 나오기 때문이다). 선형대수학에서는 대칭 이중선형 형식부터 먼저 논의한 후 이차 형식을 정의하곤 한다. 처음에 언급했던 것과 같은 구체적인 정의 대신 이처럼 더 추상적인 접근법을 취하면, $\mathbb{R}^d$의 기저를 구체화할 필요가 없다는 이점을 얻는다.

기저를 잘 고르면 이차 형식을 특히 보기 좋은 모양으로 만들 수 있다. $0 \leq s \leq t \leq d$를 만족하는 어떤 s와 t에 대해

$$q(x) = x_1^2 + \cdots + x_s^2 - x_{s+1}^2 - \cdots - x_t^2$$

이도록 항상 쓸 수 있다. (여기서 $x_1, \cdots, x_t$는 우리가 잘 고른 기저에 대한 x의 좌표다.) 양 $s - t$는 형식의 부호(signature)라 부른다. (유클리드 거리를 정의하는 형식처럼) $s = d$인 경우 양의 정부호(positive definite) 형식이라 부른다. 양의 정부호가 아닌 형식은 대단히 흔히 나온다. 예를 들어 형식 $x^2 + y^2 + z^2 - t^2$은 특수 상대성 이론에서 중요한 역할을 하는 민코프스키 공간[I.3 §6.8]을 정의하는 데 이용된다.

이제 수론에서의 이차 형식의 예로 눈을 돌려, 정수 $\mathbb{Z}$ 위의 이차 형식에 대한 대단히 유명한 정리 두 개부터 시작하자. 첫 번째는 이 글의 서두에서 언급한 정리 2이다. 이는 페르마[VI.12]에 의한 정리다. $x^2 + 2y^2$이나 $x^2 + 3y^2$과 같은 다른 이진(binary) 이차 형식에 대해서도 관련된 결과가 많다. 하지만 일반적으로 $x^2 + ny^2$으로 나타낼 수 있는 소수가 무엇인지에 대한 질문은 대단히 미묘하며 흥미로워서, 유체론[V.28]에 대한 문제에 이르게 된다.

1770년 라그랑주[VI.22]는 모든 자연수 n을 제곱수 네 개의 합으로 쓸 수 있음을 보였다. 실제로 n에 대해 그런 표현의 개수 $r_4(n)$은 다음 식으로 주어진다.

$$r_4(n) = \sum_{\substack{d \mid n \\ 4 \nmid d}} d.$$

이 식은 수론에서 가장 중요한 주제의 하나인 모듈러 형식[III.59]의 이론을 써서 설명할 수 있다. 사실 생성 급수

$$f(z) = \sum_{n=0}^{\infty} r_4(n) e^{2\pi i n z}$$

은 세타 급수(theta series)인데, 그 결과 어떤 모듈러 형식으로 볼 수 있게 해 주는 모종의 변환 관계를 만족한다.

$a_1, \cdots, a_4 \in \mathbb{N}$인 이차 형식 $a_1 x_1^2 + a_2 x_2^2 + a_3 x_3^2 + a_4 x_4^2$이 15보다 작거나 같은 양의 정수를 모두 나타낼 수 있으면, 모든 양의 정수를 나타낼 수 있다는 진술이 콘웨이(Conway)와 슈니베르거(Schneeberger)의 놀라운 정리다. 라마누잔[VI.82]은 그런 형식 55개를 나열했다. 사실 그중 하나는 15를 나타낼 수 없지만, 나머지 54개는 완전한 목록을 이룬다. 예를 들어 모든 양의 정수는 $x_1^2 + 2x_2^2 + 4x_3^2 + 13x_4^2$ 꼴로 쓸 수 있다.

변수가 세 개인 이차 형식은 더 다루기 힘들다. 가우스[VI.26]는 $n = x_1^2 + x_2^2 + x_3^2$이라는 것과 어떤 정수 t와 k에 대해 n이 $4^t(8k + 7)$ 꼴이 아니라는 것과 필요충분조건임을 증명했다. 지금도 $x_1^2 + x_2^2 + 10x_3^2$ 꼴(라마누잔의 3진 형식이라 알려져 있다)로 쓸 수 있는 정수가 정확히 무엇인지는 알려져 있지 않다.

소수 이론의 관점에서 변수가 하나인 이차 형식이 가장 이해하기 힘들다. 예를 들어 $x^2 + 1$ 꼴의 소수가 무한히 있을까?

$\mathbb{R}$ 위의 이차 형식이지만 미지수 $x_1, \cdots, x_n$에 정수를 대입하는 형식에 관련한 주제 한 가지만 마지막으로 언급하자. 특히 오펜하임(Oppenheim)의 예상을 확인한 마굴리스(Margulis)의 아름다운 결과를 언급하자. 그 결과 중 하나는 다음과 같다. 임의의 $\epsilon > 0$에 대헤

$$0 < |x_1^2 + x_2^2 \sqrt{2} - x_3^2 \sqrt{3}| < \epsilon$$

인 정수 x_1, x_2, x_3을 찾을 수 있다. 관련된 맥락에서 오늘날 전방위 연구에서 매우 영향력 있는 것으로 밝혀진 에르고딕 이론[V.9]에서 나온 기교를 이용하

여 증명한다. x_1, x_2, x_3이 얼마나 클 수 있는지 구체적인 한계는 알려지지 않았다.

III.74 양자계산

알려진 고전적 방법과는 근본적으로 다른 방식으로 양자역학에서의 '중첩' 현상을 이용하여 몇 가지 중요한 경우에 대해서 놀랄 만큼 효율적으로 계산을 수행하는 이론적인 장치가 바로 양자 컴퓨터이다. 고전 물리학에서는 입자가 가질 수 있는 성질이 있으면, 입자는 그 성질을 갖거나 혹은 갖지 않는다. 하지만 양자역학에 따르면, 입자는 그 성질을 가질 수도 있고 갖지 않을 수도 있는 여러 가지 상태의 선형결합인 일종의 중간 상태로 존재할 수 있다. 이런 선형결합에서의 계수를 **확률 진폭**(probability amplitude)이라 부른다. 측정을 할 때 그 입자가 어떤 상태로 발견될 확률은 그 상태와 관련된 계수의 제곱의 절댓값이 알려 준다.

측정을 할 때 정확히 무슨 일이 생기는지는 수수께끼와 같은데, 이것은 물리학자들과 철학자들 사이에서 논쟁의 대상이다. 다행히도 이른바 측정 문제를 풀지 않아도 양자 문제를 이해할 수 있다. 사실 전혀 양자역학을 이해하지 못해도 가능하다. (마찬가지로 비슷한 이유에서 이론 컴퓨터 과학에서도 트랜지스터가 무엇인지, 어떻게 작동하는시 감조차 잡지 못해도 원칙적으로는 중요한 연구를 할 수 있다.)

양자계산을 이해하기 위해서는 두 가지 계산 모

형을 살펴보는 것이 도움이 된다. 실제 컴퓨터에 들어간 개념을 수학적으로 정제한 것이 **고전적 계산**의 개념이다. 임의의 주어진 시간에서 컴퓨터의 '상태'는 n비트 문자열, 즉 길이가 n인 0과 1의 수열로 모형화할 수 있다. 전형적인 문자를 σ라 쓰고 $\sigma_1, \sigma_2, \cdots, \sigma_n$이 비트를 구성한다고 하자. 최초의 문자열에 수행하는 매우 간단한 연산의 연속이 '계산'이다. 예를 들어 n보다 작은 세 수 i, j, k를 택해서 현재 상태 σ의 k번째 비트 σ_k를 $\sigma_i = \sigma_j = 1$이면 1로, 그렇지 않으면 0으로 보내는 것도 연산이다. 이런 연산이 '간단하다'는 것은 본성이 **국소적**일 때다. σ에 작용하는 이 연산은 σ의 비트 중 제한된 개수에 의존하면서 영향을 준다. 고전적인 컴퓨터의 '상태 공간'은 이 모형에서 가능한 n비트 문자열 전체의 집합 $\{0, 1\}^n$인데 Q_n이라 표기하기로 한다.

몇 단계가 지난 후 계산이 끝났다고 선언한다. 이 지점에서 최종 상태에 대한 '측정'이라는 단순한 절차, 즉 결국 얻게 된 문자열의 비트를 들여다보는 일을 수행한다. 현재 문제가 '결정 문제'라면 단일 비트만 점검하여 답이 아니면 0, 답이 맞으면 1이 되도록 계산을 체계화할 것이다.

마지막 두 절의 아이디어에 익숙하지 않다면, 이 글을 계속 읽기 전에 **계산 복잡도**[IV.20]의 처음 몇 절을 읽을 것을 강력히 권한다.

다음에 고려할 모형은 **확률적 계산(probabilistic computation)**이다. 고전적 계산과 똑같은데 다만 각 단계에서 (불공정할 수도 있는) 동전던지기를 허용하여, 동전을 던진 결과에 따라 간단한 조작을 하도록 허용하는 것이 다르다. 예를 들어 이번에는 세 수 i, j, k를 택해 다음처럼 하기로 하자. $\frac{2}{3}$

의 확률로 앞서 서술한 연산을 수행하며, $\frac{1}{3}$의 확률로 σ_k를 $1 - \sigma_k$로 바꾸는 것이다. 알고리즘에 무작위성을 도입하는 것이 대단히 도움이 된다는 건 놀랍다. (마찬가지로 무작위성을 이용하는 모든 알고리즘은 사실 '무작위성을 제거'할 수 있다고 믿을 만한 강력한 이론적 이유가 있다는 것도 대단히 놀랍다. 자세한 것은 [IV.20 §7.1]을 보라.)

이제 무작위 확률적 계산을 k단계 동안 수행하도록 허용하고, 결과를 조사하지 않았다고 하자. 컴퓨터의 현재 상태는 어떻게 모형화할 수 있을까? 고전적인 경우와 정확히 똑같이 n비트 문자열을 상태라고 정의할 수 있고, 그냥 측정하기 전까지는 계산을 알 수 없는 상태에 있다고 말하면 된다. 하지만 컴퓨터의 상태는 완전한 수수께끼는 아니다. 각 n비트 문자열 σ에 대해 상태가 σ일 확률 p_σ가 있을 것이다. 다른 말로 하면 컴퓨터의 상태를 Q_n 위의 **확률분포**[III.71]라고 생각하는 것이 낫다. 이 확률 분포는 원래 문자열에 의존할 것이며, 따라서 원칙적으로는 문자열에 대한 유용한 정보를 줄 수 있다.

무작위 계산을 이용하여 결정 문제를 푸는 예를 들자. 최초의 문자열이 σ일 때 계산이 끝난 후 어떤 비트(일반성을 잃지 않고 첫 번째 비트라 하자)가 1일 확률을 $P(\sigma)$라 쓰자. 예를 들어 '예'가 답이기 위해서는 모든 문자열 σ에 대해 $P(\sigma)$가 적어도 a이며, '아니오'가 답이기 위해서는 모든 문자열 σ에 대해 $P(\sigma)$가 기껏해야 어떤 작은 수 b가 되도록 할 수 있다고 하자. c를 a와 b의 평균이라고 두자. 이제 어떤 커다란 m에 대해 m번의 계산을 하자. 매우 높은 확률로, 답이 '예'라면 첫 번째 비트는 cm번보다 많은 횟수로 1일 것이며, 답이 '아니오'라면 cm보다 적은 횟수로 1일 것이다. 따라서 확실하지는 않지만, 적어도 오류가 날 가능성을 무시할 수 있을 정도의 수준으로 결정 문제를 풀 수 있다.

확률적 컴퓨터의 '상태 공간' Q_n은 위의 가능한 확률 분포들, 혹은 이와 동치로 $\sum_{\sigma \in Q_n} p_\sigma = 1$인 가능한 함수 $p : Q_n \to [0, 1]$ 전체로 구성된다. 양자 컴퓨터의 상태 공간도 Q_n 위에서 정의된 함수들로 이루어져 있지만, 두 가지 차이가 있다. 첫째, 실수뿐만 아니라 복소수도 값으로 취할 수 있다. 둘째, $\lambda : Q_n \to \mathbb{C}$가 상태일 때 λ의 크기에 대해 $\sum_{\sigma \in Q_n} |\lambda_\sigma|^2 = 1$이라는 요구조건이 있다. 다른 말로 하면, λ는 바나흐 공간[III.62] $l_1(Q_n, \mathbb{R})$의 음이 아닌 단위 벡터가 아니라 힐베르트 공간[III.37] $l_2(Q_n, \mathbb{C})$의 단위 벡터이다. 상수 λ_σ들은 앞서 언급한 확률 진폭이다. 이것이 무엇을 의미하는지는 나중에 설명하겠다.

양자 컴퓨터의 가능한 상태 중에서 어떤 문자열에서는 1값을 취하고, 다른 문자열에서는 0을 취하는 함수인 '기저 상태(basis state)'가 있다. 문제의 문자열이 σ일 때 이를 디랙(Dirac)의 '브라(bra)'와 '켓(ket)' 표기법을 이용하여 $|\sigma\rangle$로 쓰는 것이 보통이다. 이들의 선형결합이 다른 '순수 상태(pure state)'들인데 이때도 디랙의 표기법을 이용한다. 예를 들어 $n = 5$일 때, $|\psi\rangle = (1/\sqrt{2})|01101\rangle + (i/\sqrt{2})|11001\rangle$는 컴퓨터가 취할 수 있는 꽤 단순한 상태다.

하나의 상태에서 다른 상태를 얻기 위해서는 이번에도 '국소적인' 작용을 적용하는데, 새로운 힐베르트 공간 맥락에 맞게 개량해야 한다. 우선 기저 상태 $|\sigma\rangle$가 있다고 하자. 이번에도 매우 적은 수의 비트를 살펴보기로 하자. 예를 들어 i, j, k번째 세 개

의 비트를 살펴본다면 삼중쌍 $\tau = (\sigma_1, \sigma_2, \sigma_3)$은 여덟 가지 가능성을 취할 수 있는데, 이들을 훨씬 작은 상태 공간인 $\sum_{\tau \in Q_3} |\mu_\tau|^2 = 1$인 함수 $\mu : Q_3 \to \mathbb{C}$의 전체 공간 내의 기저 상태들로 생각할 수 있다. 복소 힐베르트 공간에서 단위 벡터를 단위 벡터로 보내는 명백한 연산은 유니터리 사상[III.50 §3.1]인데 실제로도 이들을 이용한다.

예를 들어 설명하자. $n = 5$라 하고, i, j, k가 1, 3, 4라 하자. 이 세 비트에 대해 $|000\rangle$을 $(|000\rangle + i|111\rangle)/\sqrt{2}$로 보내고, $|111\rangle$을 $(i|000\rangle + |111\rangle)/\sqrt{2}$로 보내고, 나머지 3비트 수열은 그대로 보내는 것이 한 가지 가능한 연산이다. 초기 기저 상태가 $|01000\rangle$이었다면, 1, 3, 4번째 비트는 $|000\rangle$이므로 이 연산이 끝난 결과 상태는 $(|01000\rangle + i|11110\rangle)/\sqrt{2}$일 것이다.

기저 상태에 기본 연산을 어떻게 하는지 설명했는데, 기저 상태가 상태 공간의 기저를 이루므로 사실 일반적인 상태에 대해서도 설명한 것이다. 다른 말로 기저 상태의 선형결합(혹은 중첩)으로 시작했으면, 위에서 서술한 연산을 각 기저 상태에 적용하고 결과에 대응하는 선형결합을 취한다.

따라서 양자계산의 기본 연산은 상태 공간에 대단히 특별한 종류의 유니터리 사상을 작용하는 것으로 이루어져 있다. k비트 문자열에서의 연산이면 (k는 보통은 매우 작다), 이 사상의 행렬은 이 k비트를 조작하는 데 사용하는 $2^k \times 2^k$ 유니터리 행렬의 (기저에 적절히 순서를 주었다면) 2^{n-k}개의 복사본을 대각선에 합한 것이다. 이런 기본 연산을 차례로 수행한 것이 양자계산이다.

양자계산의 결과를 측정하는 것은 더 수수께끼

같다. 기본 아이디어는 단순하다. 몇 가지 기본 연산을 하고 결과 상태의 비트 중 하나를 살펴보면 된다. 하지만 상태가 기저 상태가 아니라 그런 상태의 중첩이라면 '살펴본다'는 게 무슨 뜻일까? 바로 확률적 계산에서의 측정과는 다소 다른 확률적 과정인, 출력의 r번째 비트를 '측정'하는 것이다. 결과 상태가 $\sum_{\sigma \in Q_n} \lambda_\sigma |\sigma\rangle$라면, 1을 측정할 확률은 k번째 비트가 1인 모든 σ의 $|\lambda_\sigma|^2$값을 더한 것이고, 0을 측정할 확률은 k번째 비트가 0인 것에 대해 더한 것이다. 이 때문에 λ_σ를 확률 진폭이라 부르는 것이다. 양자계산으로부터 유용한 결과를 얻으려면, 확률적 계산에서처럼 여러 차례 수행해야 한다.

양자계산과 확률적 계산 사이에 다음과 같은 두 가지 중요한 차이가 있음에 주목하라. 확률적 계산의 상태를 Q_n 위의 확률 분포로 묘사했는데, 기저 상태의 볼록(convex) 결합이라고 부를 수도 있다. 하지만 이런 확률 분포는 컴퓨터 내에 무엇이 있는지, 즉 기저 상태를 말해주지 않는다. 오히려 컴퓨터 내에 무엇이 있는지에 대한 우리의 **지식**을 말해 주는 것이다. 이와는 대조적으로 양자 컴퓨터의 상태는 **실제로** 2^n차원 힐베르트 공간 내의 단위 벡터이다. 따라서 어떤 의미에서 엄청난 양의 계산이 병렬로 진행될 수 있고, 이 사실 때문에 양자계산이 강력한 것이다. 한 번만 측정해도 '붕괴'하기 때문에 계산에 대해서는 그다지 많이 알 수는 없지만, 서로 다른 부분들이 서로 체계적으로 '간섭'하게 하는 건 바랄 수 있다. 확률이 아니라 확률 진폭을 다룬다는 사실인 두 번째 중요한 차이가 이런 '간섭'과 관련돼 있다. 간략히 말해, 양자 계산은 '분리'할 수 있고 '스스로 재조립'될 수 있는 반면, 확률적 계산은 일단 분리되면 계속 분리돼 있다. 양자계산에서의 재조립 과정에는 확률 진폭의 **상쇄**(cancelation)가 긴요하다. 전형적인 유니터리 행렬을 역행렬과 곱하면, 엄청난 양의 상쇄가 일어나서 곱한 행렬의 대각선 이외의 성분은 모두 0이 된다는 것이 극단적인 예다.

이 모든 것은 두 가지 명백한 질문을 부른다. '양자 컴퓨터가 무엇에 쓸모가 있는가'와, '실제로 만들 수 있는가' 하는 것이다. 양자 컴퓨터로 고전적 계산과 확률적 계산을 수행할 수 있는 것으로 드러났기 때문에, 첫 번째 질문은 그 이외의 것도 할 수 있느냐는 질문에 해당한다.[*] 고전적인 계산에 비해 상태 공간이 훨씬 더 크며(단순히 n차원이 아니라 2^n차원이다) 재조립 과정은 모든 계수들이 대단히 비슷한(또한 작은) 규모인 상태 공간에서 멀리 떨어진 부분까지 사실상 도달할 수 있으며, 유용한 측정을 할 수 있는 상태로 다시 돌아갈 수 있다는 것을 의미하기 때문에 그렇다고 생각할 수 있다. 하지만 이 공간이 대단히 광대하다는 것은 엄청난 수의 기본 연산을 사용할 준비가 돼 있지 않은 한 대부분의 상태에는 접근할 수 없다는 것을 의미한다. 또한 대단히 특별한 상태여야만 유용한 측정을 할 수 있으므로, 산출된 계산 결과는 '전형적인' 상태가 아니어야 한다는 것도 중요하다.

양자 컴퓨터가 유용하려면 대단히 주의 깊게(또한 영리하게) 조직화해야 함을 이런 논증이 보여준다. 하지만 그런 계산으로 짜릿한 예가 있다. 피터

---

[*] 양자계산을 고전적으로 흉내 내는 것도 가능하지만, 그러기 위해서는 황당할 정도의 긴 시간이 든다. 계산 불가능한 함수를 양자 컴퓨터로 계산할 수 없지만, 계산 가능한 함수의 계산에는 훨씬 효율적일 수 있다.

쇼어(Peter Shor)는 양자 컴퓨터를 이용하여 고속 푸리에 변환[III.26]을 극히 빠르게 한 것이다. 고속 푸리에 변환은 대칭성이 있기 때문에 계산을 쪼갤 수 있고, 양자 컴퓨터에 이상적으로 맞춤한 방식으로 '병렬로('중첩으로'라고 말하는 것이 더 나을 것이다)' 수행할 수 있다. 초고속 푸리에 변환은 이산 로그 문제나 큰 정수의 인수분해와 같은 몇 가지 유명한 계산 문제를 (고전적인 방법으로) 푸는 데 이용할 수 있다. 큰 수의 인수분해는 현대 컴퓨터 보안의 심장부에 놓여 있는 공개키 암호 체계를 깨는 데 이용할 수 있다(이 문제들에 대한 추가 논의는 수학과 암호학[VII.7 §5] 및 계산적 정수론[IV.3 §3]을 보라).

정말로 이런 계산을 할 수 있는 기계를 만들 수 있을까? 양자역학에서 복잡한 상태가 더 이상 쓸모가 없는 간단한 상태로 '붕괴', 즉 '결어긋남(decoherence)'으로 알려진 현상을 막기가 대단히 어렵기 때문에 비롯되는 만만치 않은 문제들도 극복해야 한다. 몇 가지 발전이 있었지만, 큰 수를 빠르게 인수분해할 수 있는 양자 컴퓨터를 만들 수 있을지 혹은 언제쯤 가능한지 말하기에는 너무 이르다.

그렇지만 양자 컴퓨터의 개념이 제기하는 이론적 도전은 흥미롭다. 양자 컴퓨터의 응용으로 이미 발견된 몇 안 되는 것과 상당히 다른 것을 찾으라는 대단히 단순한 문제가 아마도 가장 흥미로운 문제일 것이다. 양자 컴퓨터가 큰 수를 인수분해할 수 있다는 사실은 이 컴퓨터가 훨씬 강력하다는 강한 증거이지만, 그 이유를 더 잘 이해할 수 있으면 좋을 것이다. (상호통신 복잡도[IV.20 §5.1.4]와 같은 다른 용도에는 양자 컴퓨터가 더 낫다는 것이 알려져 있다.) 훨씬 간단한 작업 중에 (최소한 고전적 컴퓨터가 할

수 없는 것에 대해 잘 알려진 그럴 듯한 가설이 참이라면) 양자 컴퓨터로는 쉽지만 고전적인 컴퓨터로는 어려운 것이 있을까? 양자 컴퓨터가 NP-완전[IV.20 §4] 문제를 풀 수 있을까? 그럴 수 없다는 것이 다수의 의견이고, 사실 그럴 수 없다는 명제는 복잡성 이론에서의 많은 '그럴듯한 가설'의 하나지만, 고전적인 계산에서의 이미 알려진 그럴 듯한 가설에 대한 증명처럼 이 명제를 신뢰할 만한 더 강력한 이유가 있으면 좋을 것이다.

III.75 양자군
샨 마지드 *Shahn Majid*

오늘날 양자군(quantum group)으로 알려진 대상에 이르는 길은 적어도 세 가지다. 양자기하학(quantum geometry), 양자대칭성(quantum symmetry), 자기쌍대성(self-duality)으로 간략히 요약할 수 있다. 모두가 양자군을 발명해야 할 중요한 이유였으며, 현대적 이론의 발달에 각자 역할을 수행했다.

1 양자 기하학

고전역학을 양자역학으로 대체하여, 입자의 위치와 운동량 공간에서 위치와 운동량을 서로 가환이 아닌 작용소로 형식화해야 한다는 것이 지난 세기 물리학 최고의 발견이다. 이런 비가환성이 하이젠베르크의 '불확정성 원리'의 바탕이지만, 좌표

끼리 가환이 아닌 일반적인 기하학 개념이 필요함을 시사한다. 비가환 대수에 대한 한 가지 접근법을 **작용소 대수**[IV.15 §5]에서 논의하고 있다. 하지만 리 군[III.48 §1] 혹은 리 군과 밀접히 관련된 대상인 구, 원환면 등과 같은 예들로부터 기하학이 성장해 왔다는 것에 주목하는 것이 또 하나의 접근법이다. 기하학을 '양자화'하고 싶으면 먼저 이런 기본적인 예를 어떻게 일반화하는지 생각해 봐야 한다. 달리 말해 '양자 리 군' 및 그에 대응하는 '양자' 균질(homogeneous) 공간을 정의하려고 노력해야 한다는 것이다.

첫 번째 단계는 점들의 용어 대신 대응하는 대수들의 용어로 기하학적 구조를 생각하는 것이다. 예를 들어 $SL_2(\mathbb{C})$는 $\alpha\delta - \beta\gamma = 1$을 만족하는 복소수를 성분으로 갖는 2×2행렬 $\left(\begin{smallmatrix} \alpha & \beta \\ \gamma & \delta \end{smallmatrix}\right)$들의 집합으로 정의된다. 이를 $\mathbb{C}^4$의 부분집합으로, 실은 단순한 부분집합이 아니라 **대수다양체**[III.95]로 생각할 수 있다. 이 대수다양체와 연관된 자연스러운 함수의 모임은 ($\mathbb{C}^4$에서 정의된) 변수가 네 개인 다항식을 이 대수다양체에 제한한 것들의 집합이다. 두 다항식이 대수다양체 위에서 같은 값을 가지면 동일시한다. 다른 말로 하면, 네 개의 변수 a, b, c, d의 다항식의 대수를 다항식 $ad - bc - 1$이 생성하는 **아이디얼**[III.81 §2]로 **몫**[I.3 §3.3]을 취한 대수를 잡는다(이런 구성은 **산술기하학**[IV.5 §3.2]에서 자세히 논의한다). 결과로 나오는 대수를 $\mathbb{C}[SL_2]$라 부르자.

다항 관계식으로 정의된 임의의 집합 $X \subset \mathbb{C}^n$에 대해 같은 일을 할 수 있다. 이로부터 이런 꼴의 집합과 생성원이 n개인 모종의 가환 대수 사이에 정확한 일대일대응이 나온다. X에 대응하는 대수를 $\mathbb{C}[X]$라 하자. 비슷한 구성들이 대개 그렇듯(예를 들어 **쌍대성**[III.19]에서 수반 사상에 대한 논의를 보라) X로부터 Y로의 적절한 함수는 $\mathbb{C}[Y]$에서 $\mathbb{C}[X]$로의 함수를 준다. 더 정확히 말해 X에서 Y로의 함수 ϕ는 (적절한 의미에서) 다항식이어야 하고, $\mathbb{C}[Y]$에서 $\mathbb{C}[X]$로의 함수는 모든 $x \in X$와 $p \in \mathbb{C}[Y]$에 대해 식 $\phi^*(p)(x) = p(\phi x)$를 만족하는 대수 준동형사상 ϕ^*이다.

앞의 예로 되돌아가면, 집합 $SL_2(\mathbb{C})$에는 행렬의 곱으로 정의하는 군 구조 $SL_2(\mathbb{C}) \times SL_2(\mathbb{C}) \to SL_2(\mathbb{C})$가 있다. 집합 $SL_2(\mathbb{C})) \times SL_2(\mathbb{C})$는 $\mathbb{C}^8$ 내의 대수다양체이며 행렬 곱은 행렬의 성분에 대해 다항식과 같은 방식으로 정해지므로 **쌍대곱**(coproduct)이라 알려진 대수 준동형사상 $\Delta : \mathbb{C}[SL_2] \to \mathbb{C}[SL_2] \otimes \mathbb{C}[SL_2]$를 얻는다. (대수 $\mathbb{C}[SL_2] \otimes \mathbb{C}[SL_2]$는 $\mathbb{C}[SL_2 \times SL_2]$와 동형이다.) Δ를 다음 식으로 표현할 수 있음이 밝혀졌다.

$$\Delta\begin{pmatrix} a & b \\ c & d \end{pmatrix} = \begin{pmatrix} a & b \\ c & d \end{pmatrix} \otimes \begin{pmatrix} a & b \\ c & d \end{pmatrix}.$$

한두 마디 설명이 필요한 식이다. 변수 a, b, c, d는 4변수 다항식의 대수($ad - bc - 1$로 자른 것이다)에서의 생성원 네 개이며, 오른쪽 변은 $\Delta a = a \otimes a + b \otimes c$ 등등으로 쓸 것을 간편하게 표기한 것이다. 따라서 Δ는 생성원들에 대해 **텐서곱**[III.89]과 행렬의 곱을 혼합한 방식으로 정의된다.

SL_2에서의 행렬 곱이 결합법칙을 만족한다는 것과 $(\Delta \otimes id)\Delta = (id \otimes \Delta)\Delta$라는 주장과 동등함을 보일 수 있다. 이 표현이 무슨 뜻인지 이해하기 위해 Δ가 $\mathbb{C}[SL_2]$의 원소를 $\mathbb{C}[SL_2] \otimes \mathbb{C}[SL_2]$로 보낸다는

것을 염두에 두자. 따라서 $(\Delta \otimes \mathrm{id})\Delta$를 적용하려면 먼저 Δ부터 적용하므로 $\mathbb{C}[SL_2] \otimes \mathbb{C}[SL_2]$의 원소가 나온다. 이 원소는 $p \otimes q$ 꼴의 원소들의 선형결합일 텐데, 각각을 $\Delta p \otimes q$로 대체하는 것이다.

마찬가지로 $SL_2(\mathbb{C})$의 나머지 군 구조도 대수 $\mathbb{C}[SL_2]$의 용어로 동등하게 표현할 수 있다. 군의 항등원에 대응하는 **쌍대단위**(counit) 사상 $\epsilon : \mathbb{C}[SL_2] \to k$가 있고, 군의 역원에 대응하는 **대척 사상**(antipode) $S : \mathbb{C}[SL_2] \to \mathbb{C}[SL_2]$가 있다. 군의 공리는 이들 사상에 동등한 성질로 나타나는데 이로 인해 $\mathbb{C}[SL_2]$는 '호프 대수(Hopf algebra)' 혹은 '양자군'이 된다. 형식적인 정의는 다음과 같다.

정의. 체 k 위의 **호프 대수**는 다음 성질을 만족하는 4조 (H, Δ, ϵ, S)를 말한다.

 (i) H는 k 위에서 단위원을 갖는 대수이다.

 (ii) $\Delta : H \to H \otimes H$, $\epsilon : H \to k$는 대수 준동형사상이며, $(\Delta \otimes \mathrm{id})\Delta = (\mathrm{id} \otimes \Delta)\Delta$ 및 $(\epsilon \otimes \mathrm{id})\Delta = (\mathrm{id} \otimes \epsilon)\Delta = \mathrm{id}$를 만족한다.

 (iii) m이 H 위의 곱일 때 $S : H \to H$는 $m(\mathrm{id} \otimes S)\Delta = m(S \otimes \mathrm{id})\Delta = 1\epsilon$인 선형사상이다.

이렇게 형식화하면 두 가지 좋은 점이 있다. 첫 번째는 호프 대수의 개념이 아무 체에서나 의미가 있다는 것이다. 두 번째는 어디에도 H가 가환이라는 조건이 없다는 것이다. 물론 H가 군에서 유도된 것이면 분명 가환이므로(두 다항식의 곱이 가환이므로), 따라서 비가환 호프 대수를 찾을 수 있으면 군의 개념을 엄밀히 일반화한 것을 얻은 것이다. 자연

스러운 비가환 호프 대수가 정말로 많다는 것이 지난 20여 년 동안의 발견이다.

예를 들어 양자군 $\mathbb{C}_q[SL_2]$는 기호 a, b, c, d 위에서 다음 관계식

$$ba = qab, \quad bc = cb, \quad ca = qac, \quad dc = qcd,$$
$$db = qbd, \quad da = ad + (q - q^{-1})bc,$$
$$ad - q^{-1}bc = 1$$

로 자른 비가환 자유결합 대수(free associative noncommutative algebra)로 정의한다. $\mathbb{C}[SL_2]$에서와 동일한 식으로 준 Δ, 적절한 사상 ϵ 및 S에 대해 호프 대수를 이룬다. 여기서 q는 $\mathbb{C}$에서의 0이 아닌 원소인데, $q \to 1$일 때 $\mathbb{C}[SL_2]$를 얻는다. 이 예는 모든 복소 단순 리 군 G에 대해 표준적 예인 $\mathbb{C}_q[G]$로 일반화된다.

군론과 리 군론의 상당수가 양자군으로 일반화될 수 있다. 예를 들어 하(Haar) 적분은 Δ와 관련되며 어떤 의미에서 평행이동 불변인 선형사상 $\int : H \to k$이다. 이 적분이 존재하면 상수배만 제외하면 유일한데, 모든 유한차원 호프 대수를 포함하여 흥미로운 대부분의 경우 실제로 존재한다. 마찬가지로 미분형식[III.16]의 복체(complex)의 개념 (Ω, d)도 모든 대수 H 위에서 의미를 갖는데 미분 구조를 대신할 수 있다. 여기서 $\Omega = \oplus_n \Omega^n$은 $\Omega^0 = H$와 Ω^1이 생성하는 결합 대수여야 하는데, 고전적인 경우와는 달리 등급기환성(graded commutativity)은 가정하지 않는다. H가 호프 대수일 때 Ω가 평행이동 불변임을 요구할 수 있는데, 이번에도 어떤 의미에서 쌍대곱 Δ를 포함한다. 이 경우 Ω 및 복체로서의 **코호몰로지**[IV.6 §4] 모두 초(super) (혹은 등급을 갖는) 양자군

이다. 등급을 갖는 호프 대수의 공리계는 하인츠 호프(Heinz Hopf)가 원래 1947년에 군의 코호몰로지 환의 구조를 표현하기 위해 도입한 것으로, 이 결과 때문에 이 주제의 근원으로의 완전한 회귀를 이루었다. $\mathbb{C}_q[G]$를 모두 포함하여 대부분의 양자군에 대해 자연스러운 최소 복체 (Ω, d)가 있다. 따라서 '양자군'은 단순한 호프 대수일 뿐만 아니라, 리 군의 구조와 비슷한 추가 구조를 갖는다.

q-변형(deformation)과 관련이 없는 양자군도 많다. 또한 유한군의 이론에도 응용된다. G가 유한군이면, G 위의 모든 함수에 점별곱(pointwise product) 및 $f \in k(G)$와 $g, h \in G$에 대해 $(\Delta f)(g, h) = f(gh)$인 쌍대곱을 준 대수 $k(G)$가 대응된다. 여기서 $k(G) \otimes k(G)$와 $k(G \times G)$를 동일시하면 Δf는 2변수 함수가 되는데, 이 대수가 호프 대수임은 훨씬 쉽게 확인할 수 있다. 유한집합 위에는 흥미로운 고전적 미분 구조가 절대 있을 수 없지만, 양자군에 대해 개발된 방법을 사용하면 임의의 유한군 위에 평행이동 불변인 복체 (Ω^1, d)가 한 개 이상 있다. 양자군 이론의 일부를 미분기하학에 더 적용하면, 예를 들어 교대군 A_4는 자연스럽게 리치-평평한(Ricci-flat) 반면 대칭군 S_3은 자연스럽게 상수 **곡률**[III.13]을 가지므로 훨씬 3-구에 가깝다는 것을 알 수 있다.

2 양자 대칭성

수학에서는 어떤 구조의 유한 혹은 무한소 변환으로써의 군이나 리 대수의 작용으로 대칭성을 표현한다. 역변환 및 합성에 닫혀 있는 변환들의 모임이 있으면 반드시 보통의 군을 이루게 된다. 그러면 어떻게 이를 일반화할 것인가? 군 G가 동시에 여러 대상에 작용할 수 있다는 관찰부터 시작하는 게 답이다. 어떤 군이 두 대상 X와 Y에 작용하면 직적 $X \times Y$에도 $g(x, y) = (gx, gy)$에 의해 작용한다. 여기서 대각(diagonal) 함수 혹은 '복제(duplication)' 함수 $\Delta : G \to G \times G$를 은연중에 사용하고 있다. 군의 원소를 복제하여 하나는 첫 번째 대상에, 다른 하나는 두 번째 대상에 작용한다. 이를 일반화하려면 이번에도 군 G의 개념을 대수의 개념으로 대체해야 한다. 이번에는 g_i가 G의 군의 원소이고 λ_i가 k에서 나온 상수들일 때 형식적인 선형결합 $\sum \lambda_i g_i$ 전체의 집합인 군 대수(group algebra) kG를 이용한다. 이런 꼴의 선형결합 중 가장 간단한 꼴이라고 이해하면 G의 원소가 kG의 기저를 이루는데, 이들은 G에서처럼 곱할 수 있다. 그런 후 더 일반적인 선형결합에도 명백한 방식으로 곱의 정의를 확장한다. Δ도 기저 원소 위에서 $\Delta g = g \otimes g$인 것을 kG에서 $kG \otimes kG$로의 함수로 선형 확장한다. 적절한 함수 ϵ과 S를 대응해 주면 kG는 호프 대수가 된다. 앞 절과는 완전히 다른 쌍대곱을 사용했음에 주목해야 하는데, 군의 곱이 이미 대수 속으로 들어갔기 때문이다. 임의의 리 대수 $\mathfrak{g}$에 대응하는 '포락대수(enveloping algebra)' $U(\mathfrak{g})$에 대해서도 비슷한 얘기를 할 수 있다. 이 대수는 $\mathfrak{g}$의 기저로 생성되며 적절한 관계식을 만족하며, $\mathfrak{g}$가 작용하는 대상들의 텐서곱에 작용할 때 원소 $\xi \in \mathfrak{g}$를 '나눠 갖는' 쌍대곱 $\Delta \xi = \xi \otimes 1 + 1 \otimes \xi$에 의해 호프 대수가 된다.

이 두 예를 근거로 추정하여, 대수 H가 두 표현 V, W의 텐서곱 $V \otimes W$를 결합법칙이 성립하는 방식으로 만들 수 있게 해 주는 추가 구조 Δ를 가질 때 일반적인 '양자대칭'이라고 부른다. 원소 $h \in H$ 는 $h(v \otimes w) = (\Delta h)(v \otimes w)$로 작용하는데, 여기에서 Δh의 한 부분은 $v \in V$ 위에 작용하고 다른 부분은 $w \in W$ 위에 작용한다. 이 두 번째 경로를 따라가면 앞 절에서 주었던 호프 대수 공리계에 이른다.

위에서 든 예들에서 Δ는 대칭적인 형태임에 주목하라. 그 결과 V와 W가 군이나 리 대수의 표현일 때 $v \otimes w$를 $w \otimes v$로 보내는 명백한 함수에 의해 $V \otimes W$와 $W \otimes V$는 동형이다. 하지만 일반적으로는 $V \otimes W$와 $W \otimes V$는 관련돼 있지 않을 수도 있으므로, 이제는 텐서곱이 가환이 아닐 수도 있다. 좋은 예인 경우 $V \otimes W \cong W \otimes V$일 수도 있지만, 명백한 함수에 의해서 동형일 필요는 없다. 그 대신 모든 V와 W의 쌍마다 몇 가지 합리적인 조건을 따르는 자명하지 않은 동형사상이 있을 수도 있다. 모든 복소 단순 리 대수마다 대응되며 $U_q(\mathfrak{g})$로 표기하는 덩치 큰 클래스에서는 실제로 그렇다. 이들 예에서 동형사상은 임의의 세 표현에 대해 꼬임 관계식(braid relation) 혹은 양-백스터 관계식(Yang-Baxter relation)을 따른다 (꼬임군[III.4] 참조). 그 결과 이 양자군들로부터 매듭(knot)과 3차원 다양체 불변량[III.44](군 $SL_2(\mathbb{C})$의 리 대수를 $\mathfrak{sl}_2$라 할 때 $U_q(\mathfrak{sl}_2)$로부터 존스 매듭 불변량(Jones knot invariant))이 나온다. 여기서 매개변수 q는 형식적인 변수로 간주하는 것이 유용하며, 이들 예는 고전적인 덮개 대수 $U(\mathfrak{g})$의 변형으로 생각할 수 있다. 이들은 원래 드린펠트(Drinfeld)와 짐보(Jimbo)가 양자 적분가능계(integrable system)의 이론을 연구하면서 나왔다.

3 자기쌍대성

푸리에 변환[III.27]을 갖는 구조 중에서 가환군 다음으로 가장 간단한 범주[III.8]라는 것이 호프 대수를 보는 세 번째 관점이다. 명백하게 보이지는 않지만, 앞서 정의에서 나온 공리 (i)~(iii)에는 모종의 대칭성이 있다. H가 단위원을 갖는 대수라는 조건 (i)을 선형사상 $m : H \otimes H \to k$ 및 $\eta : k \to H$(여기에서 η는 H의 항등원을 k에서의 1의 상으로 구체화한다)의 용어를 써서 어떤 직접적인 가환 다이어그램을 만족해야 한다는 것으로 쓸 수 있다. 이 다이어그램에서 화살표를 모두 뒤집으면 (ii)에서 나열한 공리들을 얻어 '쌍대대수(coalgebra)'라 부르는 것을 얻는다. 쌍대대수의 구조 Δ와 ϵ이 대수 준동형사상이라는 조건은, 화살표를 뒤집을 때 불변인 어떤 다이어그램들의 모임으로 줄 수 있다. 마지막으로 (iii)의 공리를 가환 다이어그램으로 나타내면 위의 의미에서 화살표를 뒤집었을 때 불변이다.

따라서 호프 대수의 공리들은 화살표를 뒤집는 것에 대해 대칭이라는 특별한 성질을 갖는다. H가 유한차원 호프 대수인 경우 H의 수반 사상들을 써서 구조 사상을 정의하면(그러면 화살표 방향이 뒤집힌다) H^*도 호프 대수라는 것이 이것의 실용적인 결과이다. 무한차원인 경우에는 적절한 위상적 쌍대 공간이 필요한데, 그렇지 않으면 두 호프 대수가 서로 쌍으로 짝지어진다는 말밖에는 할 수 없다. 예를 들어 위의 $\mathbb{C}_q[SL_2]$와 $U_q(\mathfrak{sl}_2)$는 쌍으로 짝지을 수 있는 반면, G가 유한이면 $(kG)^* = k(G)$는 G 위의 함수로 이루어진 호프 대수이다.

이것의 응용으로 H를 기저 $\{e_a\}$를 갖는 유한차원 대수라 하고 H^*가 쌍대기저 $\{f^a\}$를 가진다고 하고,

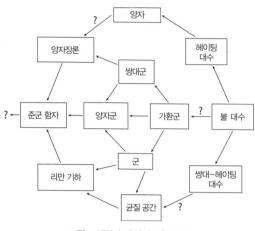

그림 1 맥락 속에 양자군을 두기.
자기쌍대 범주는 가로축 위에 나타냈다.

H 위에서 오른쪽 평행이동 불변 적분을 $\int$로 나타낸다고 하자. 푸리에 변환 $\mathcal{F}: H \to H^*$는

$$\mathcal{F}(h) = \sum_a \left(\int e_a h \right) f^a$$

로 정의하며, 많은 놀라운 성질이 있다. 가환군일 필요는 없는 임의의 유한군 G에 대한 푸리에 변환 $\mathcal{F}: k(G) \to kG$가 이것의 특수한 경우이다. G가 가환이면 지표(character)들의 군을 $\hat{G}$이라 할 때 $kG \cong k(\hat{G})$이 되어, 유한 가환군에 대한 보통의 푸리에 변환을 복구할 수 있다. 비가환인 경우 kG는 가환이 아니며, 따라서 보통의 '푸리에 쌍대' 공간 위의 함수들로 이루어진 대수가 아니라는 것이 중요하다.

이런 관점 덕분에 진정한 양자군의 두 번째 중요한 부류인 자기 쌍대 꼴인 '이중 교차곱(bicross-product)'이 발견됐다. 이들은 '좌표' 대수인 동시에 '대칭' 대수이며, 실제로도 양자역학과 관련돼 있다. 다음처럼 쓸 수 있는 예는

$$\mathbb{C}[\mathbb{R}^3 \rtimes \mathbb{R}]_\lambda \blacktriangleright\!\!\triangleleft U(\mathfrak{so}(1,3))$$

x, y, z, t를 좌표로 가지며 t가 다른 변수들과는 가환이 아닌 어떤 비가환 시공간에서의 이른바 푸앵카레 양자군(Poincaré quantum group)이다. 이 양자군은 블랙홀과 같은 특징을 지니는 굽은 기하학 내에서 움직이는 입자의 양자화로도 해석할 수 있다. 본질적으로 양자군의 자기쌍대성은 (시공간 기하학으로서의) 중력과 양자 이론을 통합하는 '장난감 모형(toy model)'의 패러다임을 제공해 준다.

그림 1에 나타낸 큰 그림의 일부를 설명한다. 일관성 있는 '텐서곱'의 개념을 갖는 대상들의 범주를 준군 범주(monoidal category) 혹은 텐서 범주(tensor category)라 부르며, 양자군의 표현인 경우 그런 개념이 있음을 보였다. 또한 '잊어버리는 함자(forgetful functor)'는 벡터공간의 범주로 양자군의 작용을 잊게 할 수 있다. 이를 통해 양자군을 (표현론적 의미에서) 두 번째로 일반적인 자기 쌍대 범주, 즉 준군 범주 사이의 함자들의 범주에 담을 수 있다. 오른쪽 위에 (드 모르간) 쌍대성을 갖는 원시적인 구조로 불(Boole) 대수를 포함시켰다. 하지만 여기에서의 쌍대성과 다른 쌍대성 사이의 관계는 추정이다.

더 읽을거리

Majid, S. 2002. *A Quantum Groups Primer*. London Mathematical Society Lecture Notes, volume 292. Cambridge: Cambridge University Press.

III.76 사원수, 팔원수, 노름을 갖는 나눗셈 대수

복소수[I.3 §1.5]의 도입과 더불어 수학은 복잡하게 도약하였다. 이 수를 정의하려면 불신을 거두고 새로운 수 i를 도입하여 $i^2 = -1$이라고 선언해야 한다. 전형적인 복소수는 $a + ib$ 꼴인데, 복소수의 연산은 실수에 대한 보통의 규칙으로부터 쉽게 연역할 수 있다. 예를 들어 $1 + 2i$와 $2 + i$를 곱하기 위해서는 그냥 괄호를 전개하면 된다.

$$(1 + 2i)(2 + i) = 2 + 5i + 2i^2 = 5i.$$

마지막 등식은 $i^2 = -1$이라는 사실에서 나온다. 복소수 근을 허용할 경우 모든 다항식을 1차 인수로 분해할 수 있다는 것이 복소수의 큰 장점 중의 하나인데, 이것이 바로 유명한 대수학의 기본 정리[V.13]다.

복소수를 정의하는 또 다른 방법은 실수의 쌍이라는 것이다. 즉, $a + ib$라 쓰는 대신 그냥 (a, b)라고 쓰는 것이다. 두 복소수의 덧셈은 두 벡터를 더할 때와 같은 방식으로 더하면 된다. 즉 $(a, b) + (c, d) = (a + c, b + d)$이다. 하지만 둘을 곱하는 것은 덜 명백하다. (a, b)와 (c, d)의 곱은 $(ac - bd, ad + bc)$인데 (a, b)와 (c, d)를 $a + ib$와 $c + id$로 되돌아가 생각하지 않는 한 이상한 정의처럼 보인다.

어쨌든 두 번째 정의로부터 2차원 벡터공간 $\mathbb{R}^2$로부터 조심스럽게 곱의 정의를 선택하면 복소수를 만들 수 있다는 사실에 이목이 끌린다. 이로부터 즉각 질문이 뒤따른다. 고차원 공간에서도 마찬가지일까?

현 상태로는 질문이 완전히 정확하지는 않은데, '똑같다'는 것을 명확하게 하지 않았기 때문이다. 더 정확히 하기 위해서는 이 곱셈이 가져야 하는 성질부터 질문해야 한다. 따라서 $\mathbb{R}^2$으로 돌아가서 (a, b)와 (c, d)의 곱을 (ac, bd)라 정의하는 단순한 생각이 왜 나쁜지부터 생각하자. 물론 $a + ib$와 $c + id$의 곱이 $ac + ibd$가 아니라는 것이 부분적인 이유지만, $\mathbb{R}^2$에서 벡터를 곱하는 다른 방식에 관심을 두지 않아야 할 이유는 없지 않을까?

단순한 대안으로 정의하는 것의 문제점은 **영인자**(zero divisor), 즉 0이 아닌 수의 쌍을 함께 곱하면 0을 줄 수 있다는 것이다. 예를 들어 $(1, 0)(0, 1) = (0, 0)$이다. 영인자가 있을 경우 이들은 곱셈에 대한 역원을 갖지 못한다. 그 수체계의 0이 아닌 모든 수가 곱셈에 대한 역원을 가지며 $xy = 0$이면, $x = 0$이거나 $y = x^{-1}xy = x^{-1}0 = 0$이어야 하기 때문이다.

복소수의 원래 정의로 돌아가서, 어떻게 하면 그 이상을 할 수 있는지 생각해 보자. 복소수에 대해서도 실수인 경우에 했던 일을 '똑같이 해' 볼 수 있다. 즉, 복소수의 순서쌍 (z, w)을 '초복소수(supercomplex)'라고 정의하면 안 될까? 여전히 벡터공간이길 바라기 때문에 (z, w)와 (u, v)의 합은 $(z + u, w + v)$이길 바라지만, 곱을 정의하는 가장 좋은 방법이 무엇일지 생각해야 한다. 앞서 통했던 식, 즉 $(zu - wv, zv + wu)$를 그대로 이용하는 것이 명백한 예상이다. 하지만 그렇게 할 경우 $(1, i)$와 $(1, -i)$의 곱을 계산하면 $(1 + i^2, i - i) = (0, 0)$이므로 영인자가 생긴다.

방금의 예는 다음과 같은 생각에서 나온 것이다. 복소수 $z = a + ib$의 **절댓값**(modulus)은 벡터 (a, b)의 길이를 재는 것으로 실숫값 $|z| = \sqrt{a^2 + b^2}$이다.

z의 켤레 복소수 $a - ib$를 $\bar{z}$라 쓸 때 $\sqrt{z\bar{z}}$라 쓸 수도 있다. a, b로 복소수를 택할 수 있게 허용하면 $a^2 + b^2$이 음수가 아닐 이유가 없으므로 제곱근을 취할 수도 없을 것이다. 또한 $a^2 + b^2 = 0$이라 해도 $a = b = 0$이 따라 나오지도 않는다. 위의 예는 $a = 1$과 $b = i$를 택하고 $(1, i)$를 '켤레' $(1, -i)$에 곱해서 나온 것이다.

하지만 z와 w가 복소수일 때도 쌍 (z, w)에 절댓값을 정의하는 자연스러운 방법이 있다. $|z|^2 + |w|^2$은 음수가 아닌 것이 **보장**되므로 제곱근을 취할 수 있다. 또한 $z = a + ib$와 $w = c + id$인 경우 벡터 (a, b, c, d)의 길이인 $(a^2 + b^2 + c^2 + d^2)^{1/2}$을 얻는다.

이런 관찰에 의해 또 다른 관찰이 뒤따른다. 실수의 복소 켤레는 실수 자체이다. 따라서 복소수에 대해 실수 때 사용한 것과 '똑같은 식을 이용'하고 싶으면, 그 식에 켤레 복소수를 자유롭게 도입할 수 있을 것이다. 그러기 전에 쌍 (z, w)에 대한 '켤레'가 무엇일지 생각해 보자. $(z, 0)$이 복소수처럼 행동하길 바라므로, 이 수의 켤레는 $(\bar{z}, 0)$이어야 한다. 마찬가지로 z와 w가 실수라면 (z, w)의 켤레는 $(z, -w)$여야 한다. 이로부터 일반적인 쌍 (z, w)에 대해서는 합리적인 가능성은 $(\bar{z}, -\bar{w})$ 혹은 $(\bar{z}, -w)$의 두 가지가 남는다. 이 중 두 번째 것을 생각해 보자.

(z, w)와 이의 켤레로 정한 $(\bar{z}, -w)$의 곱이 $(|z|^2 + |w|^2, 0)$이길 바란다. 식

$$(z, w)(u, v) = (zu - wv, zv + wu)$$

에 켤레 복소수를 도입하여 목표를 달성하고 싶다. 원하는 결과를 얻기 위해 취할 수 있는 당연한 방법은

$$(z, w)(u, v) = (zu - \bar{w}v, \bar{z}v + wu)$$

이며, 이렇게 개선한 식이 쌍 (z, w)의 집합 위에서 결합적(associative)인 **이항연산**[I.2 §2.4]을 정의한다는 것이 드러난다. 첫 번째 것을 켤레의 정의로 택하려고 할 경우 영인자가 나오게 된다는 것을 알게 된다. (이런 정의 하에서는 $(0, i)$가 자신의 켤레여야 한다는 것부터 이미 문제의 조짐을 보인다.)

방금 4차원 실 벡터공간 혹은 2차원 복소 벡터공간을 이루는 '수'의 집합인 **사원수**(quaternion) $\mathbb{H}$를 정의했다. (문자 '$\mathbb{H}$'는 사원수를 발견한 윌리엄 로완 해밀턴(William Rowan Hamilton)을 기린 것이다. 발견 경위에 대한 이야기는 **해밀턴**[VI.37] 참조) 그런데 왜 이렇게 하고 싶어 하는 걸까? 방금 정의한 곱의 개념이 교환법칙을 만족하지 않는다는 걸 알고 나면 더욱 더 무시하기 힘든 질문이 된다. 예를 들어 $(0, 1)(i, 0) = (0, i)$이지만 $(i, 0)(0, 1) = (0, -i)$이기 때문이다.

이에 대답하기 위해 한 걸음 물러나서 다시 복소수에 대해 생각하자. 복소수를 이용하면 모든 다항방정식을 풀 수 있다는 사실이 이 수의 도입을 가장 명백하게 정당화해 주지만, 이것만이 유일한 정당화는 아니다. 특히 복소수는 회전과 확대라는 중요한 **기하학적 해석**이 가능하다. 이런 관계는 복소수 $a + ib$를 행렬 $\left(\begin{smallmatrix} a & -b \\ b & a \end{smallmatrix}\right)$로 쓰는 또 다른 방식을 택할 경우 특히나 명백해진다. 복소수 $a + ib$만큼 곱하는 것은 평면 $\mathbb{R}^2$ 위에서의 **선형사상**[I.3 §4.2]으로 생각할 수 있고 이것이 그 선형사상의 행렬이다. 예를 들어 복소수 i는 행렬 $\left(\begin{smallmatrix} 0 & -1 \\ 1 & 0 \end{smallmatrix}\right)$에 대응하는데 이는 원점 주변으로 반시계 방향으로 $\frac{1}{2}\pi$만큼 회전을 나타내

는 행렬이며, 이 회전이 정확히 복소평면에서 i만큼 곱할 때 벌어지는 일이다.

복소수를 $\mathbb{R}^2$에서 $\mathbb{R}^2$로의 선형사상으로 간주할 수 있다면, 사원수도 $\mathbb{C}^2$에서 $\mathbb{C}^2$로의 선형사상으로 해석할 수 있어야 할 것이다. 실제로도 그렇다. 쌍 (z, w)를 행렬 $\begin{pmatrix} z & \bar{w} \\ -w & \bar{z} \end{pmatrix}$에 대응시키자. 그런 뒤 그런 행렬 두 개를 곱한 것을 생각하자.

$$\begin{pmatrix} z & \bar{w} \\ -w & \bar{z} \end{pmatrix}\begin{pmatrix} u & \bar{v} \\ -v & \bar{u} \end{pmatrix} = \begin{pmatrix} zu - \bar{w}v & z\bar{v} + \bar{w}\bar{u} \\ -\bar{z}v - wu & \bar{z}\bar{u} - w\bar{v} \end{pmatrix}.$$

이 곱은 정확히 (z, w)와 (u, v)의 사원수 곱인 $(zu - \bar{w}v, \bar{z}v + wu)$에 대응하는 행렬이다! 이로부터 사원수의 곱이 결합법칙을 만족한다고 앞서 언급한 사실을 금방 증명할 수 있다. 왜일까? 행렬의 곱이 결합법칙을 만족하기 때문이다. (이는 함수의 합성이 결합법칙을 만족하기 때문에 그렇다. [I.3 §3.2]를 보라.)

행렬 $\begin{pmatrix} z & \bar{w} \\ -w & \bar{z} \end{pmatrix}$의 행렬식[III.15]이 $|z|^2 + |w|^2$임에 주목하면, 쌍 (z, w)의 절댓값은 ($\sqrt{|z|^2 + |w|^2}$으로 정의한다) 대응하는 행렬의 행렬식에 불과하다. 이로부터 두 사원수의 곱의 절댓값은 각각의 절댓값의 곱임이 증명된다(곱의 행렬식이 행렬식의 곱이므로). 또한 행렬의 수반행렬(즉 전치행렬의 켤레 행렬) $\begin{pmatrix} z & \bar{w} \\ -w & \bar{z} \end{pmatrix}$가 켤레 쌍 $(\bar{z}, -w)$에 대응하는 것도 주목하라. 마지막으로 $|z|^2 + |w|^2 = 1$이면

$$\begin{pmatrix} z & \bar{w} \\ -w & \bar{z} \end{pmatrix}\begin{pmatrix} \bar{z} & -\bar{w} \\ w & z \end{pmatrix} = \begin{pmatrix} 1 & 0 \\ 0 & 1 \end{pmatrix}$$

인데[*] 이로부터 행렬이 유니터리[III.50 §3.1]임을 말해준다는 것도 볼 수 있다. 역으로 행렬식이 1인 임의의 유니터리 2×2 행렬은 $\begin{pmatrix} z & \bar{w} \\ -w & \bar{z} \end{pmatrix}$ 꼴임을 쉽게 볼 수 있다. 따라서 단위 사원수(즉, 절댓값이 1인 사원

수)는 기하학적인 해석을 갖는다. 단위 복소수가 $\mathbb{R}^2$ 위의 회전에 대응하듯, 이들은 $\mathbb{C}^2$에서의 '회전(행렬식이 1인 유니터리 사상)'에 대응한다.

$\mathbb{C}^2$에서 행렬식이 1인 유니터리 변환의 군 SU(2)는 중요한 리 군[III.48 §1]으로, 특수 유니터리 군(special unitary group)이라 부른다. 또 하나의 중요한 리 군은 $\mathbb{R}^3$의 회전들의 군인 SO(3)이다. 놀랍게도 단위 사원수는 이 군으로도 묘사할 수 있다. 이를 보기 위해서는 사원수를 더 전통적인 방식으로 달리 표현하는 것이 편하다.

사원수는 -1의 제곱근이 하나가 아니라 i, j, k(와 각각의 음수)로 부르는 세 개가 있는 수의 체계로서 도입하는 것이 보통이다. 일단 $i^2 = j^2 = k^2 = -1$과 $ij = k, jk = i, ki = j$를 알면 사원수 두 개를 곱할 때 필요한 정보는 모두 갖게 된다. 예를 들어 $ji = jjk = -k$이다. 전형적인 사원수는 $a + ib + jc + kd$ 꼴인데 앞서 생각하던 사원수의 방식으로는 복소수쌍 $(a + ic, b + id)$에 대응한다. 이제 사원수를 a가 실수이고 $\boldsymbol{v}$가 $\mathbb{R}^3$의 벡터 (b, c, d)인 쌍 $(a, \boldsymbol{v})$로 생각할 수도 있다. 이때 $(a, \boldsymbol{v})$와 $(b, \boldsymbol{w})$의 곱을 계산하면 $(ab - \boldsymbol{v} \cdot \boldsymbol{w}, a\boldsymbol{w} + b\boldsymbol{v} + \boldsymbol{v} \wedge \boldsymbol{w})$인데, 여기에서 $\boldsymbol{v} \cdot \boldsymbol{w}$와 $\boldsymbol{v} \wedge \boldsymbol{w}$는 각각 $\boldsymbol{v}$와 $\boldsymbol{w}$의 내적과 벡터 곱이다.

$q = (a, \boldsymbol{u})$가 절댓값이 1인 사원수라면 $a^2 + \|\boldsymbol{u}\|^2 = 1$이므로, q를 어떤 단위벡터 $\boldsymbol{v}$에 대해 $(\cos\theta, \boldsymbol{v}\sin\theta)$ 꼴로 쓸 수 있다. 이 사원수는 방향이 $\boldsymbol{v}$인 축 주변으로 2θ만큼 반시계 방향으로 회전한 변환 R에 대응한다. 이 각은 처음에 기대했던 것도 아닐 뿐

---

[*] 사원수에서는 일반적으로는 교환법칙이 성립하지 않기 때문에, 당연한 사실은 아니다. 이 조건하에서는 성립하는데, 아래쪽에 그 이유가 설명되어 있다-옮긴이

만 아니라, 대응 관계가 작동하는 방식도 다르다. w 가 또 다른 벡터라면 이를 사원수 $(0, w)$로 나타낼 수 있다. 이제 사원수 $(0, Rw)$에 대한 깔끔한 식이 있다면 좋을 것이다. q의 절댓값이 1이므로 q의 켤레인 동시에 곱에 대한 역원인 $(\cos\theta, -v\sin\theta)$를 q^*라 할 때 $(0, Rw) = q(0, w)q^*$인 것으로 밝혀졌다. 따라서 회전 R을 하기 위해서는 q를 곱하는 것이 아니라, q에 의한 켤레(conjugation)를 취한다. (한쪽에는 q를 곱하고, 다른 편에는 q^{-1}를 곱한다는 것이 단어 '켤레'의 또 다른 뜻이다.) q_1과 q_2가 각각 회전 R_1과 R_2에 대응하는 회전이면

$$q_2 q_1 (0, w) q_1{}^* q_2{}^* = q_2 q_1 (0, w)(q_2 q_1)^*$$

이고 이로부터 $q_2 q_1$이 회전 $R_2 R_1$에 대응한다는 사실에 대응한다. 이는 사원수의 곱이 회전의 합성에 대응한다는 것을 말해준다.

이미 살펴봤듯이 단위 사원수는 군 SU(2)를 이룬다. SU(2)와 $\mathbb{R}^3$ 위의 회전들이 이루는 군 SO(3)과 같다고 증명한 것처럼 비칠 수도 있다. 하지만 우리가 한 일은 그런 것이 아닌데, $\mathbb{R}^3$의 모든 회전마다 그 회전을 주는 단위 사원수는 두 개이기 때문이다. 이유는 간단하다. 벡터 v 주변으로 θ만큼 반시계 방향으로 회전한 것은 $-v$ 주변으로 $-\theta$만큼 반시계 방향으로 회전한 것과 같기 때문이다. 다른 말로 하면 q가 단위 사원수면, q와 $-q$가 $\mathbb{R}^3$의 동일한 회전변환을 준다. 따라서 SU(2)는 SO(3)과 동형이 아니며, 실은 SO(3)의 이중 덮개(double cover)다. 이 사실은 수학과 물리학에서 중요한 파문을 일으킨다. 특히 기본 입자들의 '스핀' 개념은 이 사실이 배경을 이룬다.

일찌감치 고려했던 문제로 돌아가 보자. 어떤 n에 대해 $\mathbb{R}^n$의 벡터들을 곱하는 좋은 방법이 있을까? $n = 1, 2, 4$일 때 그럴 수 있다는 사실은 이미 알고 있다. $n = 4$일 때는 교환법칙을 포기해야 했지만, 사원수의 곱이 중요한 군 SU(2)와 SO(3)을 표현하는 매우 간결한 방법을 주기 때문에 충분히 보상을 받았다. 이들 군은 가환이 아니므로 사원수의 곱은 반드시 가환이 아니어야 성공할 수 있다.

사원수에 이르게 된 과정을 계속하는 것이 우리가 할 수 있는 명백한 일이다. 즉, 사원수의 쌍 (q, r)을 생각하고, 이들의 쌍을 다음 식을 이용해 곱해 볼 수 있다.

$$(q, r)(s, t) = (qs - r^*t, q^*t + rs).$$

사원수 q의 켤레 q^*가 복소수 z의 복소 켤레 $\bar{z}$의 유사물이므로, 이 식은 복소수의 쌍, 즉 사원수의 곱에 이용했던 것과 기본적으로 같은 식이다.

하지만 조심할 필요가 있다. 사원수의 곱은 교환법칙이 성립하지 않으므로, 앞의 것과 '기본적으로 똑같은' 식을 쓰는 방법이 많기 때문이다. 왜 위의 식을 골라야 할까? 예를 들어 q^*t 대신 tq^*를 택하면?

위에서 제안한 식은 영인자가 생기는 것으로 드러난다. 예를 들어 (j, i)(l, k)를 계산하면 (0, 0)이기 때문이다. 하지만 이를 조금 바꾼 식

$$(q, r)(s, t) = (qs - tr^*, q^*t + rs)$$

에서 $(q, r)(q^*, -r)$을 계산하면 $(|q|^2 + |r|^2, 0)$과 같다는 것을 염두에 두면 상당히 일찌감치 유용한 수 체계를 만들어냄을 알 수 있다. 이를 $\mathbb{O}$라고 표기하

며 원소를 **팔원수**(octonion)(혹은 케일리 수(Cayley number)라고 부른다. 불행히도 팔원수의 곱셈은 결합법칙조차 만족하지 않지만, 그래도 대단히 좋은 성질 두 가지가 있다. 0이 아닌 모든 팔원수는 곱셈에 대한 역원을 가지며, 0이 아닌 두 팔원수를 곱하면 결코 0이 아니다. (팔원수의 곱이 결합법칙을 만족하지 않으므로, 이 두 성질은 이제 명백히 동치인 것은 아니다. 하지만 팔원수 둘로 생성되는 부분대수는 결합법칙을 만족하므로, 이 두 성질이 동치임을 증명하는 데는 충분하다.)

따라서 $n = 1, 2, 4, 8$일 때는 수체계를 얻었다. 좋은 개념의 곱셈이 있는 차원은 이들뿐인 것으로 밝혀졌다. 물론 여기서 '좋다'는 말에는 기교적인 뜻이 있다. 영인자를 갖지만 결합법칙이 성립하는 행렬의 곱셈이 많은 목적에 비춰볼 때 영인자는 없지만 결합법칙을 갖는 팔원수보다 '더 낫기' 때문이다. 따라서 차원 1, 2, 4, 8이 왜 특별한지 더 정확히 보면서 마치기로 하자.

위에서 구성한 모든 수 체계에는 **노름**[III.62]으로 줄 수 있는 크기 개념이 있다. 실수와 복소수 z에 대해서 z의 노름은 그냥 절댓값이다. 사원수와 팔원수 x에 대해서는 x^*가 x의 켤레일 때 $\sqrt{x^*x}$로 정의한다. (이 정의는 실수와 복소수에 대해서도 통한다.) x의 노름을 $\|x\|$라 쓰기로 하면, 이 노름은 모든 x와 y에 대해 $\|xy\| = \|x\|\|y\|$를 만족한다. 이 성질은 대단히 유용하다. 예를 들어 노름이 1인 원소들은 곱셈에 대해 닫혀 있다는 사실을 말해 주는데, 이 사실은 복소수와 사원수가 기하학적으로 중요한 이유를 설명하면서 여러 차례 이용했다.

다른 차원과 1, 2, 4, 8차원이 구별되는 특징은 이

들 차원에서만 다음 성질을 만족하는 노름 $\|\cdot\|$과 곱셈의 개념을 정의할 수 있다는 것이다.

(i) 곱셈의 항등원이 있다. 즉, 모든 x에 대해 $1x = x1 = x$인 1이 있다.

(ii) 곱셈이 **이중선형**(bilinear)이다. 즉, 모든 x, y, z에 대해 $x(y + z) = xy + xz$이며, a가 실수일 때 $x(ay) = a(xy)$이다. 비슷한 사실이 오른쪽의 곱에 대해서도 성립한다.

(iii) 임의의 x, y에 대해 $\|xy\| = \|x\|\|y\|$이다. (따라서 영인자가 없다.)

위의 성질을 만족하는 노름과, 벡터의 곱이 있는 벡터공간 $\mathbb{R}^n$을 **노름을 갖는 나눗셈 대수**(normed division algebra)라 한다. 따라서 노름을 갖는 나눗셈 대수는 1, 2, 4, 8차원에만 존재한다. 더욱이 이들 차원에서도 $\mathbb{R}, \mathbb{C}, \mathbb{H}, \mathbb{O}$만이 유일한 예이다.

후르비츠 정리(Hurwitz theorem)로 알려진 이 사실을 증명하는 방법은 다양하다. 여기서는 그중 하나를 아주 간략히 살펴보자. 후르비츠 정리의 아이디어는 노름을 갖는 나눗셈 대수 A가 위의 예 중 하나를 포함한다면, 이 예 혹은 이 수열의 다음 것을 포함한다는 것을 보이자는 것이다. 즉, A는 $\mathbb{R}, \mathbb{C}, \mathbb{H}, \mathbb{O}$ 중 하나거나, $\mathbb{C}$에서 $\mathbb{H}$를 구성하거나 $\mathbb{H}$에서 $\mathbb{O}$를 구성할 때 사용한 절차(케일리-딕슨 구성법(Cayley-Dickson construction)으로 알려져 있다)를 통해 $\mathbb{O}$로부터 만들어지는 대수를 포함해야 한다는 것이다. 하지만 $\mathbb{O}$에 케일리-딕슨 구성을 적용하면 영인자가 있는 대수가 얻어진다.

이런 논증이 어떻게 통하는지 보기 위해, 예를 들

어 A가 $\mathbb{O}$를 진부분 대수로 포함한다고 하자. A 위의 노름은 유클리드 노름[III.37], 즉 내적으로부터 만들어지는 노름이어야 하는 것으로 드러난다. (간략히 말해서 노름이 1인 원소를 곱하면 노름이 바뀌지 않으므로 A에는 너무 많은 대칭이 존재하게 되는데, A의 노름은 노름 중에서 가장 대칭적인 것인 유클리드 노름이어야 하기 때문이다.) A의 원소가 원소 1과 수직이면 허수(imaginary number)라 부르자. 그러면 A위에서 1*를 1이라 하고, x가 허수인 경우 x*를 $-x$라 정의하여 선형으로 확장하면 켤레 연산을 정의할 수 있다. 이 연산은 우리가 바라는 모든 성질을 가진다는 것을 보일 수 있다. 특히 A의 모든 원소 a에 대해 $aa^* = a^*a = \|a\|^2$이다. 노름이 1인 원소 중에서 $\mathbb{O}$ 전체와 수직인 원소를 골라 i라 부르자. 그러면 i* $= -$i이므로 $1 = $i*i $= -$i^{2}이어서 i$^2 = -1$이다. 이제 i 및 A에 포함돼 있는 $\mathbb{O}$의 사본으로 생성되는 대수를 취하자. 대수적 조작을 약간 하면 이 대수가 $\mathbb{O}$에 속하는 x, y에 대해 $x + iy$ 꼴로 구성돼 있음을 설명할 수 있다. 더욱이 $x + iy$와 $z + iw$의 곱은 $xz - wy^* + i(x^*w + zy)$인 것으로 드러나기 때문에, 정확히 케일리-딕슨 구성이 주는 것과 같아진다.

사원수 및 팔원수에 대해 더 자세한 사항은 훌륭한 출처 두 개가 있다. 하나는 존 바에즈(John Baez)가 http://math.ucr.edu/home/baez/octonions에서 논의한 것이고, 콘웨이(J. H. Conway)와 스미스(D. A. Smith)가 쓴 책 『사원수와 팔원수에 관하여: 그들의 기하, 대수, 대칭(*On Quaternions and Octonions: Their Geometry, Arithmetic, and Symmetry*)』(Wellesley, MA : AK Peters, 2003)이다.

III.77 표현

유한군[I.3 §2.1] G의 각 원소 g에 벡터공간[I.3 §2.3] V에서 자신으로의 선형사상 T_g를 대응하는 방법을 가리켜 **선형표현**(linear representation)이라 부른다. 물론 이런 대응은 G의 군 구조를 반영해야 하므로 $T_g T_h$는 T_{gh}와 같아야 하고, G의 항등원 e에 대해 T_e는 V 위의 항등사상이어야 한다.

벡터공간 V의 차원이 G의 크기보다 훨씬 작을 수 있다는 것이 선형표현이 유용한 한 가지 이유다. 그런 경우 표현은 G에 대한 정보를 특히 효율적으로 담는다. 예를 들어 원소가 60개인 **교대군**[III.68] A_5는 정20면체의 회전 대칭의 군과 동형이므로, $\mathbb{R}^3$의 변환군(혹은 이와 동치로 3×3 행렬의 군)으로 생각할 수 있다.

표현이 유용한 더 기본적인 이유는 모든 표현을 **기약 표현**(irreducible representation)이라 부르는 구성 요소로 분해할 수 있다는 사실 때문이다. 기약 표현에 대한 몇 가지 기본적인 사실만으로 G에 대한 수많은 정보를 끌어낼 수 있음이 밝혀졌다.

이런 아이디어는 무한군으로도 일반화할 수 있는데, 리 군[III.48 §1]인 경우 특히 중요하다. 리 군은 미분 구조를 가지므로 준동형사상 $g \mapsto T_g$가 이런 구조를 반영하는 표현(예를 들어 미분가능)이어야 흥미롭다.

표현에 대해 더 자세한 것은 **표현론**[IV.9]에서 논의한다. **작용소 대수**[IV.15 §2]도 보라.

III.78 리치 흐름

테렌스 타오 *Terence Tao*

임의의 리만 다양체[I.3 §6.10]를 택해 그 다양체의 기하학을 매끈하게 하여 더 대칭적으로 만드는 기교가 리치 흐름(Ricci flow)이다. 이는 다양체의 위상을 이해하는 데 매우 유용한 도구로 입증됐다.

임의의 차원의 리만 다양체 위에서 리치 흐름을 정의할 수 있지만, 여기서는 설명을 위해 시각화하기 쉬운 2차원 다양체, 즉 곡면으로 제한한다. 3차원 공간 $\mathbb{R}^3$에 대한 매일의 경험으로부터 구면, 원기둥, 평면, 원환면(도넛의 겉면 모양) 등등의 많은 곡면에 친숙하다. 이는 곡면을 더 큰 **바탕 공간**(ambient space)(이 경우에는 3차원 유클리드 공간)의 부분집합으로 생각하는 **외부적**(extrinsic) 방식이다. 반면 외부 공간과의 관계가 아니라 곡면 위의 점들끼리 서로 어떻게 서 있는지 고려하여 좀 더 추상적이고 내재적(intrinsic)인 방식으로 곡면을 생각할 수 있다. (예를 들어 클라인의 병은 내재적인 관점에서는 완벽하게 말이 되는 곡면이고 4차원 유클리드 공간 $\mathbb{R}^4$ 안에서는 외부적으로 볼 수 있지만, 3차원 유클리드 공간 $\mathbb{R}^3$ 안에서는 외부적으로는 볼 수 없다.) 이 두 가지 관점이 거의 동등한 것으로 밝혀졌지만, 여기서는 내재적인 관점을 채택하는 것이 더 편리하다.

지구 표면이 곡면의 좋은 예이다. 외부적으로는 3차원 공간 $\mathbb{R}^3$의 부분집합이다. 하지만 이 곡면의 다양한 지역을 2차원 평면의 어떤 부분집합과 동일시해주는 함수나 **지도**(chart, 좌표계)의 모임인 **지도책**(atlas, 아틀라스)을 이용하여 2차원처럼 볼 수도 있

다. 원래의 곡면을 덮기에 충분할 정도의 지도가 있다면, 이런 지도책으로 곡면을 서술하기에는 충분하다. 곡면을 이런 식으로 생각하는 것은 충분히 내재적이지 못한데, 곡면에 부여할 수 있는 지도책은 한 개 이상이며 여러 가지 작은 수준에서 지도책끼리 다를 수 있기 때문이다. 예를 들어 어떤 지도책에서는 로스앤젤레스가 지도의 가장자리에 있을 수 있는 반면, 다른 지도책에서는 이 시가 들어 있는 지도에서는 항상 내부에 있을 수도 있다. 하지만 지도책 하나에서 유도할 수 있는 사실 중 많은 것이 지도책의 선택에는 무관하다. 예를 들어 지구에 대한 정확한 지도책이라면 무엇이든 로스앤젤레스 시에서 시드니까지 바다를 거치지 않고 여행하는 건 불가능하다는 것을 알 수 있다. 이용하는 지도책에 의존하지 않는 곡면에 관한 사실이 있으면, **내재적 혹은 좌표와는 독립**(coordinate independent)이라고 말한다. 리치 흐름도 곡면 위의 내재적인 흐름으로 드러날 것이다. 외부 공간이나 지도에 대한 아무 지식이 없어도 정의할 수 있는 것이다.

곡면 혹은 2차원 다양체의 수학적 개념을 비형식적으로 서술했다. 하지만 리치 흐름을 묘사하기 위해서는 **리만 곡면** 혹은 **2차원 리만 다양체**라는 더 복잡한 개념이 필요하다. 이는 곡면 M 위에 곡면 위의 임의의 두 점 x, y 사이의 거리 $d(x, y)$를 구체적으로 주는 추가적(내재적) 구조인 **리만 계량**(Riemannian surface) g가 있을 때를 말한다. 이 계량을 쓰면 곡면 위의 임의의 두 곡선 γ_1, γ_2가 만날 때 이루는 각 $\angle \gamma_1, \gamma_2$를 정의할 수 있다. 예를 들어 지구의 적도는 임의의 경선과 직각으로 만난다. 또한 곡면 위의 임의의 집합 A의 넓이(예를 들어 오스트레일리아의

넓이) |A|를 정의할 때 이용할 수 있다. 이런 거리, 각, 넓이가 만족해야 하는 성질이 몇 가지 있지만, 가장 중요한 성질은 다음처럼 비형식적으로 진술할 수 있다. 리만 곡면의 기하학은 작은 길이 규모에서는 유클리드 평면의 기하학과 대단히 가까워야 한다.

위의 진술이 뜻하는 예를 들기 위해 곡면 M 위의 임의의 점 x를 잡고, 양의 반지름 r을 무작위로 고르자. 리만 계량 g가 구체적인 거리의 개념을 주므로, x를 중심으로 하고 반지름이 r인 원판 $B(x, r)$을 x와의 거리 $d(x, y)$가 r보다 작은 모든 점 y의 집합으로 정의할 수 있다. 리만 계량 g가 넓이의 개념을 정의하므로 이 원판 $B(x, r)$의 넓이를 논의할 수 있다. 유클리드 평면이라면 물론 넓이가 πr^2일 것이다. 리만 곡면에서는 꼭 그럴 이유는 없는데, 예를 들어 r이 무한으로 갈수록 πr^2은 임의로 커질 수 있지만 구면 전체(따라서 이 곡면 내의 모든 원판들)의 넓이는 유한이다. 하지만 r이 대단히 작으면 원판 $B(x, r)$의 넓이가 점점 πr^2에 가까워지길 요구한다. 더 정확히 말해 r이 0으로 갈수록 넓이와 πr^2 사이의 비가 극한값 1로 수렴하길 요구한다.

이로부터 스칼라 곡률(scalar curvature) $R(x)$의 개념이 나온다. 구면과 같은 경우에는 작은 원판 $B(x, r)$의 넓이 $|B(x, r)|$은 사실 πr^2보다 약간 더 작다. 이 경우 곡면이 x에서 **양의 스칼라 곡률**을 갖는다고 말한다. 안장과 같은 곡면인 경우 작은 원판 $B(x, r)$의 넓이 $|B(x, r)|$은 πr^2보다 조금 더 크다. 이 경우 곡면이 x에서 **음의 스칼라 곡률**을 갖는다고 말한다. 원기둥과 같은 경우 작은 원판 $B(x, r)$의 넓이 $|B(x, r)|$은 πr^2과 같거나 거의 같다. 이 경우 곡면이 x에서 **스칼라 곡률 0**을 갖는다고 말한다. (3차원 공간의 부분집합으로 외부에서 보았을 때 원기둥은 '굽어' 있음에도 그렇다.) 복잡한 곡면 위에서는 어떤 점에서는 곡률이 양인데 다른 점에서는 곡률이 0이거나 음수일 가능성도 있다. 주어진 점 x에서의 스칼라 곡률 $R(x)$는 좀 더 정확히 다음 식으로 정의할 수 있다.

$$R(x) = \lim_{r \to 0} \frac{\pi r^2 - |B(x, r)|}{\pi r^4 / 24}.$$

(외부 공간 내에 들어 있는 곡면일 경우, 스칼라 곡률의 이런 내재적인 개념과 여기서는 논의하지 않지만 **가우스 곡률**(Gauss curvature)의 외부적 개념이 거의 동일하다.)

이를 정제한 개념이 **리치 곡률**(Ricci curvature) $\mathrm{Ric}(x)(v, v)$의 개념이다. 이제 작은 원판 $B(x, r)$ 내부에서 x로부터 발산하는 단위벡터 v방향 주변으로 (라디안으로 측정한) 작은 각 θ만큼 잘라낸 부채꼴 영역 $A(x, r, \theta, v)$를 생각하자. 기본적으로 리만 계량이 적절한 거리와 각의 개념을 주기 때문에 이 영역은 잘 정의된다. 유클리드 공간에서는 이 영역의 넓이 $|A(x, r, \theta, v)|$가 $\frac{1}{2}\theta r^2$이다. 하지만 곡면 위에서는 넓이 $|A(x, r, \theta, v)|$가 $\frac{1}{2}\theta r^2$보다 약간 작거나 약간 클 수도 있다. 이런 경우 곡면이 x에서 v 방향으로 각각 양의 리치 곡률을 갖거나 음의 리치 곡률을 갖는다고 말한다. 더 정확히는 다음처럼 정의한다.

$$\mathrm{Ric}(x)(v, v) = \lim_{r \to 0} \lim_{\theta \to 0} \frac{\frac{1}{2}\theta r^2 - |A(x, r, \theta, v)|}{\theta r^4 / 24}.$$

곡면에 대해서는 이처럼 더 복잡한 곡률의 개념이 사실은 스칼라 곡률의 절반과 같은 것으로, 즉

$Ric(x)(v, v) = \frac{1}{2}R(x)$인 것으로 밝혀졌다. 특히 2차원에서 방향 v는 리치 곡률에 아무 역할을 하지 않는다. 하지만 위의 개념을 모두 다른 차원으로 확장할 수 있다. (예를 들어 3차원 다양체에 스칼라 곡률과 리치 곡률을 정의하려면 원판과 부채꼴 영역 대신 구와 입체 영역을 이용해야 하고, πr^2을 $\frac{4}{3}\pi r^3$으로 대체하는 것과 같은 필요한 조정을 해 주어야 한다.) 고차원에서는 리치 곡률이 스칼라 곡률보다 훨씬 더 복잡한 것으로 드러났다. 예를 들어 3차원에서는 어떤 점 x가 어떤 방향으로는 양의 리치 곡률을 갖지만, 다른 방향으로는 음의 리치 곡률을 가질 수도 있다. 직관적으로는 앞쪽 방향의 좁은 영역은 '안으로 굽어' 있는 반면, 뒤쪽 방향의 좁은 영역은 '밖으로 굽어' 있는 경우다.

리치 흐름이란 리치 곡률이 음인 방향으로는 계량 g를 **늘리**고, 양인 방향으로는 **줄이**는 과정이라고 비형식적으로 묘사할 수 있다. 곡률이 더 강할수록 계량을 더 빨리 늘리거나 줄인다. 늘리거나 줄이는 개념이 무엇인지는 형식적으로 정의하지 않겠지만, 그 방향의 점들 사이의 거리를 늘리고 줄인다. 거리의 개념을 바꾸기 때문에, 각과 부피의 개념에도 (앞서 언급한 대로 2차원에서 모든 방향으로 리치 곡률이 같다는 것과 밀접한 관련이 있는 사실인데, 2차원에서의 리치 흐름은 **공형적**(conformal), 즉 흐름에도 각이 영향을 받지 않는 개념인 것으로 드러났지만) 영향을 미친다. 리치 흐름은 다음 식으로 간결하고 정확하게 서술할 수 있다.

$$\frac{\mathrm{d}}{\mathrm{d}t}g = -2\mathrm{Ric}.$$

하지만 여기서는 계량 g를 시간 변수 t로 미분한다는 것이 무슨 뜻인지, 혹은 그 미분과 리치 곡률에 -2를 곱한 것이 같다는 것이 무슨 뜻인지는 여기서 정의하지는 않겠다.

원칙적으로는 원하는 만큼 긴 시간 동안 다양체 위에 리치 흐름을 적용할 수 있다. 그렇지만 실제로는 리치 흐름이 더는 다양체처럼 보이지 않게 하며 대단히 작은 규모일 때도 유클리드 기하학과 닮지 않게 되는 **특이점**(singularity)을 발달시키는 수가 있다(특히 양의 곡률을 갖는 경우). 예를 들어 완전히 둥근 구면에 리치 흐름을 적용하면, 구가 꾸준한 비율로 줄어들다가 한 점이 되어 더는 2차원 다양체가 아니게 된다. 3차원일 때는 더 복잡한 특이점이 가능하다. 예를 들어 다양체에서 원기둥 모양의 '목(neck)'은 리치 흐름에 의해 줄어들다가, 목을 따라 몇 곳에서 기둥이 한 점으로 가늘어지는 **목졸림**(neck pinch)이 생길 수 있다. 그리고리 페렐만(Grigori Perelman)이 최근의 대단히 중요한 논문에서 3차원 리치 흐름에서 형성될 수 있는 특이점의 종류를 완전히 분류했다.

몇 년 전 리처드 해밀턴(Richard Hamilton)은 리치 흐름이 다양체의 구조를 단순화하는 데 훌륭한 도구가 된다는 기본적인 관찰을 한다. 일반적으로 말해 다양체에서 곡률이 양인 부분은 모두 압축해서 없어지게 하는 반면, 다양체에서 곡률이 음인 부분은 부풀려서 내부에서 아무리 그럴듯한 점을 택하더라도 다양체가 상당히 똑같아져 보이기 시작한다는 의미에서 대단히 균질해진다. 사실 이 흐름은 다양체를 극히 대칭적인 성분으로 분리하는 것처럼 보인다. 예를 들어 2차원에서 리치 흐름은 구면에서처럼 곡률이 양수이거나, 원기둥처럼 0이거나,

쌍곡 공간(hyperbolic space)에서처럼 음수이며 상수인 계량을 갖는 다양체를 항상 내놓는 것으로 귀결된다. 이처럼 항상 상수 곡률 계량이 발견된다는 사실은 **균일화 정리**[V.34]로 알려져 있으며 곡면의 이론에서 근본적으로 중요하다. 고차원에서는 리치 흐름이 완벽한 대칭성을 갖기 전에 특이점을 발생시킬 수 있지만, 이런 식으로 발달한 특이점을 '수술(surgery)'(미분위상수학[IV.7 §§2.3, 2.4] 참조)할 수 있어서 다양체를 다시 매끈하게 만들 수 있으며, 리치 흐름 과정을 재개할 수 있다는 것이 드러났다. (하지만 이런 수술로 인해 다양체의 위상이 변할 수 있다. 예를 들어 연결 다양체가 서로 연결되지 않은 두 조각으로 분리될 수도 있다.) 최근 페렐만이 보인 것은 3차원에서 특이점을 제거하기 위해 수술할 경우, 정말로 리치 흐름이 (약간의 순한 가정을 만족하는) 임의의 다양체를 대단히 대칭적이고 구체적으로 묘사할 수 있는 조각들의 유한 합집합으로 변환된다는 것인데, 이 결론을 정확하게 서술한 것은 서스톤(Thurston)의 **기하화 추측**(geometrization conjecture)으로 알려져 있다. 이 예상의 결과 중 하나가 임의의 단순연결(simply connected)(다양체 위의 임의의 고리를 다양체를 떠나지 않게 하면서 한 점으로 매끄럽게 축소할 수 있다는 의미) 콤팩트 3차원 다양체는 사실 3-구(보통의 2차원 구와 3차원 유클리드 공간의 관계처럼, 4차원 유클리드 공간에 대응하는 대상)로 매끄럽게 변형할 수 있다는 **푸앵카레 추측**[V.25]인데 현재는 페렐만이 엄밀하게 증명한 정리가 됐다. 푸앵카레 예상의 증명은 현대 수학의 최근 성과 중에서 가장 인상적인 것 중 하나다.

III.79 리만 곡면

앨런 비어든 *Alan F. Beardon*

D를 복소평면 내의 **영역**(region)(즉, 연결이고 열린 집합)이라 하자. D 위에서 정의된 복소숫값을 갖는 함수 f의 미분은 $\mathbb{R}$의 부분집합에서 정의된 실숫값 함수에서와 똑같이 정의한다. 즉, w에서 f의 미분은 z가 w로 수렴할 때 '차분 몫(difference quotient)' $(f(z) - f(w))/(z - w)$의 극한이다. 물론 이 극한이 항상 존재할 필요는 없는데, D의 모든 w에 대해 존재할 경우 f를 D에서의 **복소해석적**(complex analytic) 함수 혹은 **정칙**(holomorphic) 함수라 부른다. 복소해석적 함수는 놀라운 성질들을 갖는다. 예를 들어 어떤 함수가 영역에서 해석적 함수라면, 자동적으로 그 영역의 모든 점에서 테일러 급수로 전개할 수 있으며 이로부터 무한히 미분가능하다는 것을 유도할 수 있다. 이는 실변수 실숫값 함수의 이론과는 극명한 대조를 이루는데, 예를 들어 한 번 미분가능한 함수가 어떤 점 x에서는 두 번 미분가능하지 않은 반면, 다른 점 y에서는 세 번 미분가능할 수도 있기 때문이다. **복소해석학**(complex analysis)은 복소해석적 함수를 연구한다. 다른 어떤 수학 주제보다도 실질적인 면에서 엄청나게 유용할 뿐만 아니라, 이론적인 면에서도 심오하고 아름다운 주제일 것이다. (복소 해석학의 기본적인 결과 몇 가지는 [I.3 § 5.6]에 서술돼 있다.)

군론 연구자들이 동형인 군을 보통 구별하지 않으며 위상수학자들이 위상동형인 위상공간을 구별하지 않듯이, 복소해석학자들은 D와 D' 사이에 해석학적 일대일대응이 있으면 두 영역 D와 D'을 구별하지 않는다. 이런 대응이 있는 경우 D와 D'이 공형(conformal) 동치라고 말한다. 이름이 말해주듯 공형 동치성은 동치관계[I.2 §2.3]인데, 이 사실의 증명은 f가 D로부터 D'으로의 해석적인 일대일대응이면 역함수 $f^{-1}: D' \to D$ 역시 해석적이라는 놀라운 사실에 의존한다. 이것도 실해석학과 대조적이다. D와 D'이 공형 동치면, D 위의 해석적 함수의 '흥미로운' 성질이 자동으로 D' 위에서 정의된 해석적 함수의 대응하는 성질로 옮겨 간다. 사실 이 명제는 어떤 성질이 '흥미롭다'는 것의 정의처럼 받아들일 수 있다(물론 순전히 수치적인 명제는 보통 이런 사상 하에서 옮겨가지 않으므로, 복소 해석학의 수치적인 면과는 충돌하지만). 해석적 함수의 어떤 성질들이 이런 면에서 '흥미로운지' 알고 싶은 건 자연스럽다. 일부 고립점은 제외하고 D에서 교차하는 두 곡선 사이의 각이 해석적 함수에 의해 보존된다는 것이 그런 성질 중 하나인데, 이것이 '공형'이라는 단어*의 어원이다. 어떤 일대일대응(미분가능성은 가정하지 않았다)이 곡선 사이의 각을 보존하면(각의 크기뿐만 아니라 시계 방향이냐 반시계 방향이냐도 보존할 때) 이 함수가 해석적 함수라는 사실은 덜 알려져 있다. 따라서 간략히 말해 각의 보존성이 테일러 급수의 존재성을 의미한다!

복소 해석학이 다른 분야에 끼치는 영향은 지대하기 때문에, 해석적 함수를 연구할 수 있는 보다 일반적인 곡면을 찾으려고 하는 것은 자연스럽다. 이로부터 리만 곡면의 정의가 나온다(박사 학위 논문

에서 이 아이디어를 도입한 베른하르트 리만[VI.49]의 이름을 땄다). 곡면 S 위에 좌표계를 놓기 위해 S를 평면 영역 D 위로 일대일대응하는 함수를 찾아본다. 성공한다면 D로부터 S까지 좌표계를 옮길 수 있다. 많은 곡면(예를 들어 구면)에 대해 그런 함수를 찾는 건 가능하지 않으며, 국소 좌표계(local coordinate)로 만족해야만 한다. 이는 S의 각 점 w에 대해 w의 어떤 근방 N을 어떤 평면 영역 위로 사상하여 N에 제한된 좌표계를 얻는다는 뜻이다. 이런 방법이 무한히 많은 것이 보통이므로 추이 사상(transition map)들, 즉 w에서의 좌표계에서 또 다른 좌표계로의 사상들의 클래스를 따져야만 한다. 곡면에서 이런 추이 사상이 각각 해석적 일대일대응일 때가 정확히 리만 곡면(Riemann surface)이다. 이런 정의는 2차원 다양체[I.3 §6.9]의 정의와 닮아 보이지만, 추이 사상이 해석적 함수여야 한다는 조건이 훨씬 강하므로 2차원 다양체가 모두 리만 곡면인 것은 아니다.

리만 곡면을 만드는 것은 어렵지 않다. 예를 들어 수평 탁자 위에 놓인 구 S를 생각하자. 구의 꼭대기 점 P에 광원이 하나 놓여 있다고 상상하면, S에서 P를 제외한 모든 점은 탁자 위에 '그림자'를 드리운다. 탁자에는 간단한 좌표계가 있으므로 이 '그림자'를 이용하여 S에서 점 P를 제외한 모든 점에 좌표계를 정의할 수 있다. 마찬가지로 탁자에 접하는 점 Q에 광원을 놓으면 S 전체에서 Q만 제외하고 좌표계를 준다. 두 번째 좌표계를 반사변환과 합성하면, 구면이 실제로 리만 곡면 구조를 갖는다는 것을 보일 수 있다. 무한대를 포함하는 질문을 만족스럽게 다룰 수 있게 해 주기 때문에 대단히 중요한 예이며,

---

* conformal은 어원으로는 '형태가 같다'는 정도의 의미, 즉 공형성을 뜻한다. 형태가 무엇이냐는 질문이 나올 수 있는데, '각'을 중요한 형태로 보고 있으므로 '등각'이라고도 번역한다-옮긴이

리만 구면이라 알려져 있다.

또 다른 예로 정육면체 C를 생각하고, (간단한 논의를 위해) 여덟 개의 꼭짓점을 제거하자. C의 주어진 면 F(경계를 이루는 변은 제외)에 대해 F를 $\mathbb{C}$로 보내는 유클리드 강체 운동을 찾을 수 있으므로, F 위에 쉽게 좌표계를 정의할 수 있다. w가 C의 어떤 변 E 위의 내부점이면, E에서 만나는 두 개의 면을 '펼쳐' E를 포함하는 평면 영역을 만든 후 이 영역을 유클리드 강체 운동에 의해 $\mathbb{C}$로 사상할 수 있다. 이런 식으로 하여 C가 리만 곡면임을 알 수 있다(꼭짓점은 제외). 꼭짓점 문제는 기교적인 수단을 써서 해결할 수 있는데, 임의의 다면체가(심지어는 '네모난' 원환면처럼 손잡이가 달린 것도) 리만 곡면임을 보이는 데 일반화할 수 있는 방법이다. **콤팩트 곡면(compact surface)**으로 알려진 예들이다. 그런 곡면 각각이 2변수 복소 기약 다항식 $P(z, w)$와 일대일로 대응한다는 것은 심오하지만 흥미로운 고전적 결과다. 이런 대응관계가 어떻게 통하는지 감을 잡기 위해 $w^3 + wz + z^2 = 0$과 같은 방정식으로 생각하자. 각 z에 대해 방정식을 풀어 w의 세 값 w_1, w_2, w_3을 줄 수 있다. z가 $\mathbb{C}$ 안에서 변하는 걸 허용하면 w_j값들도 변하는데, 이들이 변하면서 (연결돼 있음을 보일 수 있는) 리만 곡면 W를 하나 구성한다. 이 곡면은 $\mathbb{C}$ '위에' 놓여 있는 것으로 여길 수 있는데, $\mathbb{C}$에서 유한개의 점 z만을 제외하면 W에는 z '위에' 정확히 세 개의 점이 있다.

앞서 언급한 대로 리만 곡면이 중요한 것은 해석적 함수 및 이들의 놀라운 성질을 써서 연구할 수 있는 가장 일반적인 곡면이기 때문이다. 리만 곡면 R 위에서 해석적 함수 f가 무엇인지 정의하는 것은 쉽다. R의 일부에 주어진 좌표계에 대해 f를 좌표들의 함수로 생각할 수 있으므로, f가 좌표에 해석적으로 의존할 때 해석적 함수로 간주하면 된다. 추이 사상들이 해석적 함수들이므로, f가 한 좌표계에 대해 해석적 함수인 것과 문제의 점에서 정의된 다른 모든 좌표계에 대해 해석적 함수라는 것은 필요충분조건이다.

한 좌표계에서 성립하면 다른 모든 좌표계에서도 성립한다는 간단한 성질이 이 이론의 핵심 특징 중 하나다. 예를 들어 (추상적) 리만 곡면 위에서 두 곡선이 교차한다고 하자. 두 곡선을 교차점 위에서 서로 다른 국소 좌표계를 써서 평면 영역으로 옮긴 후 각각 교각을 측정하면, 반드시 같은 결과가 나와야 한다(한 좌표계에서 다른 좌표계로의 추이 사상이 각을 보존하므로). 따라서 추상적인 리만 곡면 위에서 교차하는 곡선 사이의 각은 잘 정의된 개념이다.

리만 곡면 위에서의 해석학은 해석적 함수를 넘어갈 수 있는 것으로 드러났다. **조화함수(harmonic function)**(라플라스 방정식[I.3 §5.4]의 해)는 해석적 함수와 긴밀하게 관련돼 있는데, 해석적 함수의 실수부는 조화함수이며 역으로 임의의 조화함수는 (국소적으로) 어떤 해석적 함수의 실수부이기 때문이다. 따라서 리만 곡면 위에서의 복소 해석학은 (조화함수를 연구하는) 퍼텐셜 이론과 은연중에 합쳐진다.

어쩌면 리만 곡면에 대한 모든 정리 중 가장 심오한 것은 **균일화 정리[V.34]**일 것이다. 간략히 말하자면 모든 리만 곡면은 유클리드 기하, 구면 기하, 쌍곡 기하 중 어느 하나로부터 다각형 하나를 택해(몇 가지 기본적인 수학의 정의[I.3 §§6.2, 6.5, 6.6] 참조),

직사각형의 반대 변들을 붙여서 원환면을 얻는 것과 똑같은 방법으로 이들의 변을 붙여서 얻을 수 있음을 말해준다(푹스 군[III.28]도 참조). 놀랍게도 유클리드 기하나 구면 기하에서는 대단히 적은 수의 리만 곡면이 나온다. 본질적으로 모든 리만 곡면은 쌍곡 평면으로부터(만) 이런 식으로 구성할 수 있다. 복소평면의 거의 모든 영역에는 자연스럽고 내재적인 기하학이 갖춰져 있는데, 이 기하는 예상되는 유클리드 기하가 아니며 쌍곡 기하를 특징으로 한다는 것이다. 일반적인 평면 영역의 유클리드 기하적 특징은 $\mathbb{C}$ 내에 포함됐다는 사실로부터 나온 것이지, 자체의 내재적인 쌍곡 기하학으로부터 나온 것은 아니다.

다.

$$\zeta(s) = \prod_p (1 - p^{-s})^{-1}.$$

여기서 오른 변의 곱은 모든 소수에 대한 곱이다. 이 식은 $(1 - p^{-s})^{-1}$를 $1 + p^{-s} + p^{-2s} + \cdots$으로 쓴 후 곱을 전개하고 산술의 기본 정리[V.14]를 이용하여 증명할 수 있다. 리만[VI.49]은 더 깊은 관련을 발견하여 유명한 리만 가설[IV.2 §3]로 형식화했다.

리만 제타 함수는 중요한 수론적 정보를 담고 있는 함수족의 하나일 뿐이다. 예를 들어 디리클레 L-함수(Dirichlet L-function)는 등차수열에서의 소수의 분포와 밀접히 관련돼 있다. 이들 함수와 리만 제타 함수에 대해 더 자세한 것은 해석적 정수론[IV.2]을 보라. 더 복잡한 제타 함수는 베유 추측[V.35]에서 서술하였다. L-함수[III.47]도 보라.

III.80 리만 제타 함수

리만 제타 함수(Riemann zeta function) ζ는 복소수 위에서 정의된 함수로 소수의 분포에 대한 매우 중요한 성질을 놀라운 방식으로 다수 담고 있다. s가 실수부가 1보다 큰 복소수일 때 $\zeta(s)$는 $\sum_{n=1}^{\infty} n^{-s}$으로 정의한다. $\mathrm{Re}(s) > 1$이라는 조건은 이 급수가 수렴하는 걸 보장하기 위해 필요하다. 어쨌든 결과로 얻어지는 함수는 복소해석적[I.3 §5.6] 함수이므로, 해석적 연속(analytic continuation)이라는 수단을 써서 정의를 확장할 수 있다. 그 결과 얻는 함수는 복소평면 모든 곳에서 정의된다(단, 1에서의 값은 ∞이다).

이 함수가 소수의 분포와 관련돼 있다는 첫 번째 단서는 오일러의 곱 공식(Euler's product formula)이

III.81 환, 아이디얼, 모듈

1 환

군[I.3 §2.1]이나 체[I.3 §2.2]와 마찬가지로 환(ring)은 어떤 공리계를 만족하는 대수적 구조다. 환과 체에 대한 공리계를 동시에 기억하기 위해서는 덧셈과 곱셈 두 가지 연산을 갖는 간단한 예 둘을 생각하는 게 도움이 된다. 모든 정수의 집합 $\mathbb{Z}$는 환을 이루며, 모든 유리수의 집합 $\mathbb{Q}$는 체를 이룬다. 일반적으로 환이란 '+'와 '×'로 표기하는 이항연산[I.2 §2.4]을 갖춘 집합으로 0이 아닌 원소가 곱셈에 대한 역원을

갖는다는 것만 제외하면 모든 체의 공리계를 만족할 때를 말한다.

정수가 환의 전형적인 예이긴 하지만, 역사적으로 환은 다항식을 포함한 여러 가지 출처로부터 추상화의 하나로 나온 개념이다. 정수처럼 다항식(예를 들어 계수가 실수인 다항식)도 더할 수 있고 곱할 수 있으며, 이들 연산도 곱셈이 덧셈에 대해 분배법칙을 갖는 것처럼 예상할 수 있는 성질을 모두 갖기 때문에 다항식의 공간은 환을 이룬다. 임의의 양의 정수 n에 대해 n을 법으로 하는 정수들이나, 유리수(혹은 임의의 다른 체)나, a, b가 정수일 때 $a + bi$ 꼴의 복소수 전체의 집합 $\mathbb{Z}[i]$가 다른 예들이다.

때로는 곱셈이 가환이라는 조건이나 항등원을 갖는다는 가정도 생략한다. 이러면 조금 더 복잡한 이론에 이르지만, (주어진 체 혹은 환을 성분으로 갖는) $n \times n$ 행렬 전체의 집합과 같은 중요한 예들을 포함한다.

다른 대수적 구조와 마찬가지로, 환으로부터 새로운 환을 형성하는 여러 가지 방법이 있다. 예를 들어 부분환을 취하거나 두 환의 직적을 취할 수 있다. 조금 덜 자명하지만 환 R로부터 시작하여 R에서 계수를 갖는 다항식 전체의 환을 만들 수 있다. 또한 몫[I.3 §3.3]도 취할 수 있지만, 이를 논의하기 위해서는 아이디얼(ideal)의 개념부터 도입해야만 한다.

2 아이디얼

대수적 구조 A에 대해 전형적인 몫을 구성하는 방법은 부분구조 B를 택하고 'B의 원소만큼 차이가 나면' A의 두 원소가 '동등하다'고 간주하는 것이다. A가 군이거나 벡터공간[I.3 §2.3]이면, B는 정규부분군 또는 부분공간이다. 하지만 환일 때는 상황이 약간 다르다.

몫을 준동형사상[I.3 §4.1]의 상이라고 보는 다른 방식으로 생각하면 이유를 알 수 있다. 우리가 몫을 취하고 싶어 하는 부분구조는 이들 준동형사상의 핵(kernel)이므로, 환 준동형사상의 핵(즉, 사상한 값이 0인 원소들의 집합)이 어떤 것일지 자문해야 한다.

$\phi : R \to R'$이 두 환 사이의 준동형사상이고, $\phi(a) = \phi(b) = 0$이면 $\phi(a + b) = 0$이다. 또한 r이 R의 임의의 원소라면, $\phi(ra) = \phi(r)\phi(a) = 0$이다. 따라서 준동형사상의 핵은 덧셈에 대해 닫혀 있고, 또한 환의 원소를 곱해도 닫혀 있다. 이들 두 성질은 아이디얼의 개념을 정의한다. 예를 들어 짝수 전체의 집합은 $\mathbb{Z}$에서 아이디얼이다. 흥미로운 경우 아이디얼은 부분환과 다른데, 아이디얼이 1을 포함하면 환의 모든 원소 r에 대해 r을 포함해야만 하기 때문이다. (이 차이를 매우 명백하게 해 주는 예는 모든 다항식의 환에서 상수 다항식으로 구성된 부분집합이다. 상수들은 부분환을 이루지만 아이디얼을 이루지 않는 것은 분명하다.)

환 R의 임의의 아이디얼 I에 대해 I를 핵으로 갖는 준동형사상, 즉 R에서 몫 R/I로 가는 몫 사상이 있음을 보이는 것은 어렵지 않다. 여기서 R/I는 보통 'R이지만 I만큼 차이가 나는 두 원소는 같은 것으로 간주하여' 구성한다.

환의 몫은 대수적 수론[IV.1]에서 극히 유용한데, 대수적 수에 대한 질문을 다항식에 대한 질문으로 재진술할 수 있기 때문이다. 어떻게 하는지 감을 잡기 위해 계수가 정수인 모든 다항식의 환 $\mathbb{Z}[X]$와, 다항식 $X^2 + 1$의 배수(정수 계수 다항식만큼 곱한 것) 전체로 구성된 아이디얼을 생각하자. $\mathbb{Z}[X]$를 이 아이디얼로 자른 몫에서는 두 다항식이 $X^2 + 1$의 배수만큼 차이가 나면 같은 것으로 간주한다. 특히 X^2은 -1과 같다. 다른 말로 하면 이 몫환(quotient ring)에서는 -1의 제곱근이 있으며, 사실 이 몫환은 앞서 만났던 환 $\mathbb{Z}[i]$와 동형이다.

정수를 소인수분해하고 싶어 하듯, 환에서도 똑같은 일을 하고 싶어 한다. 하지만 환의 원소를 ($\mathbb{Z}$에서의 소수처럼) 더는 인수분해할 수 없는 '기약(irreducible)' 원소로 분해하는 것은 대개 가능하지만, 많은 경우 인수분해가 유일하지는 않다. 처음에는 다소 예상 밖의 일처럼 보이며, 18세기 및 19세기 초창기의 많은 연구자들도 걸려 넘어지는 장벽이었다. 다음의 예를 고려해 보자. a, b가 정수일 때 $a + b\sqrt{-3}$ 꼴의 모든 복소수를 모은 환 $\mathbb{Z}[\sqrt{-3}]$에서 4는 2×2 및 $(1+\sqrt{-3}) \times (1-\sqrt{-3})$으로 인수분해할 수 있다.

3 모듈

체와 벡터공간의 관계는 환과 모듈(module)의 관계와 같다. 다른 말로 하면 둘 다 덧셈과 상수배를 기본 연산으로 하는 대수적 구조이지만, 이번에는 상수가 체가 아니라 환에서 오는 것을 허용한다. 체가 아닌 환 위의 모듈의 예로는 가환군 G를 임의로 택하면 된다. 이를 $\mathbb{Z}$ 위의 모듈로 바꿀 수 있다. 덧셈은 군의 연산으로 주고, 상수배는 명백한 방식으로 준다. 예를 들어 $3g$는 $g + g + g$를 의미하고, $-2g$는 $g + g$의 역원을 의미한다.

정의가 간단하기 때문에 일반적으로 모듈의 구조는 벡터공간의 구조보다 훨씬 더 미묘할 수 있다는 사실이 가려져 버린다. 예를 들어 일차독립이며 모듈을 생성하는 원소들을 모듈의 기저라고 정의할 수 있다. 하지만 벡터공간의 기저에 대한 많은 유용한 사실이 모듈에서는 성립하지 않는다. 예를 들어 $\mathbb{Z}$를 자신 위에서의 모듈로 간주할 수 있는데, $\{2, 3\}$은 모듈을 생성하지만 기저를 포함하지는 않는다. 마찬가지로 집합 $\{2\}$는 일차독립이지만 기저로 확장할 수 없다. 사실 모듈은 기저를 갖는 것과는 대단히 거리가 멀 수 있다. 예를 들어 $\mathbb{Z}$ 위에서 n을 법으로 하는 정수들을 생각하면 x에 대해 $nx = 0$이므로 단 한 개의 원소마저도 일차독립이 아닐 수 있다.

다음 모듈의 예는 중요하다. V가 복소 벡터공간이고 α가 V에서 V로의 선형사상이라 하자. $v \in V$이고 P가 복소 다항식일 때 Pv를 $P(\alpha)v$라 정의하면 이를 환 $\mathbb{C}[X]$의 모듈로 만들 수 있다. (예를 들어 P가 다항식 $X^2 + 1$이면 $Pv = \alpha^2 v + v$이다.) 모듈에 대한 일반적인 구조에 대한 결과를 이 예에 적용하면, 조르당 표준형 정리[III.43]의 증명을 하나 얻는다.

III.82 스킴

조던 엘렌버그 *Jordan S. Ellenberg*

수학사에서 완전히 일반적이라 여겼던 정의가 어떤 흥미로운 문제를 다루기에는 사실 지나치게 제한적임을 발견하는 일이 잦다. 예를 들어 '수'의 개념은

여러 차례 확장돼 왔다. 가장 주목할 만한 것은 무리수와 복소수를 편입한 것으로, 전자는 기하학의 문제에서 나온 것이며 후자는 임의의 대수 방정식의 해를 묘사하기 위해 필요했다. 비슷한 방식으로 한때 대수다양체(algebraic variety) 혹은 어떤 유한 차원 공간에서의 대수 방정식의 해집합의 연구로 이해됐던 대수기하학은 '스킴(scheme)'이라 알려진 훨씬 일반적인 대상을 포괄하도록 성장했다. 빈약한 예지만 두 방정식 $x + y = 0$ 및 $(x + y)^2 = 0$을 생각하자. 평면에서 이 두 방정식은 똑같은 해집합을 가지므로, 똑같은 다양체를 서술한다. 하지만 이 두 대상에 연관된 스킴은 완전히 다르다. 1960년대 알렉산더 그로텐디크(Alexander Grothendieck)가 진두지휘한 광대한 계획이 바로 대수기하를 스킴 언어로 재공식화한 것이었다. 위의 예가 시사하듯 스킴 이론적 관점은 전통적인 기하학적인 관점(방정식의 해집합)보다는 주제(방정식)의 대수적 면을 강조하는 경향이 있다. 이런 관점으로 오랫동안 희망했던 대수적 수론[IV.1]과 대수기하의 통합을 현실화했고, 실제로 수론에서의 최근의 많은 성장은 스킴 이론이 제공한 기하학적 통찰력이 없었다면 불가능했을 것이다.

스킴조차도 현재 관심 있는 문제를 모두 다루는 데는 충분하지 않으며, 필요한 경우 훨씬 더 일반적인 개념인 스택(stack), '비가환 대수다양체', 층(sheaf)의 유도 범주(derived category) 등이 나온다. 이질적인 것으로 보이겠지만 스킴이 우리에게 그러하듯, 우리의 후세대에는 이들이 두 번째 본성이 될 것임에는 의문이 없다. 일반적인 대수기하에 대해 더 알고 싶으면 대수기하학[IV.4]을 보라. 스킴은 산술기하학[IV.5]에서 훨씬 자세히 논의한다.

III.83 슈뢰딩거 방정식
테렌스 타오 *Terence Tao*

수리물리학에서 슈뢰딩거 방정식(Schrödinger equation) 및 이와 밀접히 관련된 하이젠베르크 방정식(Heisenberg equation)은 비상대론적 양자역학에서 가장 기본적인 방정식인데, 비상대론적 고전역학에서 해밀턴의 운동 법칙(Hamilton's law of motion) 및 이와 밀접히 연관된 푸아송 방정식(Poisson equation)과 똑같은 역할을 한다. (상대론적 양자역학에서 하이젠베르크 방정식의 역할을 양자장론의 방정식이 차지하는 반면, 슈뢰딩거 방정식은 자연스럽고 직접적인 유사한 방정식이 없다.) 순수 수학에서 슈뢰딩거 방정식과 이의 변종은 편미분방정식[IV.12] 분야에서 연구하는 기본적인 방정식의 하나이며, 기하학과 스펙트럼 및 산란 이론(scattering theory)과 적분가능계(integrable system)에 응용된다.

다양한 힘이 영향을 끼칠 때 여러 입자의 양자 동역학을 서술하는데 슈뢰딩거 방정식을 이용할 수 있지만, 간단히 하기 위해 여기서는 질량이 $m > 0$이고 함수 $V : \mathbb{R}^n \to \mathbb{R}$로 잡은 단일 퍼텐셜의 영향만 받으며 n차원 공간 $\mathbb{R}^n$에서 움직이는 단일 입자만 고려하기로 한다. 기교적 문제를 피하기 위해 논의하는 모든 함수가 매끈하다고 가정하겠다.

고전역학에서 이 입자는 각 시간 t마다 특별한 위치 $q(t) \in \mathbb{R}^n$과 구체적인 운동량 $p(t) \in \mathbb{R}^n$을 갖는다. (결국 $v(t) = q'(t)$가 입지의 속도일 때, 익숙한 법칙인 $p(t) = mv(t)$를 관찰하게 된다.) 따라서 주어진 시간 t에서의 이 계의 상태는 상 공간(phase space)이라 부르는 공간 $\mathbb{R}^n \times \mathbb{R}^n$의 원소 $(q(t), p(t))$로 묘사할 수 있다. 이 상태의 에너지는 상 공간 위의 해밀턴 함수[III.35] $H : \mathbb{R}^n \times \mathbb{R}^n \to \mathbb{R}$로 기술할 수 있는데, 이 경우에는 다음처럼 정의된다.

$$H(q, p) = \frac{|p|^2}{2m} + V(q).$$

(물리적으로 양 $|p|^2/2m = \frac{1}{2}m|v|^2$은 운동에너지를 나타내며, $V(q)$는 퍼텐셜 에너지를 나타낸다.) 이 계는 해밀턴의 운동 방정식을 따르며 발전해 간다.

$$q'(t) = \frac{\partial H}{\partial p}, \qquad p'(t) = -\frac{\partial H}{\partial q}. \qquad (1)$$

여기에서 p와 q는 벡터이므로, 여기서의 미분은 그래디언트[I.3 §5.3]임을 계속 염두에 두어야 한다. 해밀턴의 운동 방정식은 모든 고전적인 계에 타당하지만, 현재 '퍼텐셜 우물(potential well)'에 있는 구체적인 입자의 경우 다음처럼 된다.

$$q'(t) = \frac{1}{m}p(t), \qquad p'(t) = -\nabla V(q). \qquad (2)$$

첫 번째 방정식은 $p = mv$라는 주장이며, 두 번째 방정식은 기본적으로 뉴턴의 두 번째 운동 법칙이다.

(1)로부터 임의의 고전적인 관측 가능값 $A : \mathbb{R}^n \times \mathbb{R}^n \to \mathbb{R}$에 대해 푸아송의 운동 방정식을 쉽게 유도할 수 있나.

$$\frac{\mathrm{d}}{\mathrm{d}t}A(q(t), p(t)) = \{H, A\}(q(t), p(t)). \qquad (3)$$

단, 여기에서

$$\{H, A\} = \frac{\partial H}{\partial p}\frac{\partial A}{\partial q} - \frac{\partial A}{\partial p}\frac{\partial H}{\partial q}$$

는 H와 A의 푸아송 괄호(Poisson bracket)이다. 특히 $A = H$라 두면, 모든 $t \in \mathbb{R}$와 t에 독립인 어떤 양 E에 대해 에너지 보존 법칙

$$H(q(t), p(t)) = E \qquad (4)$$

를 얻는다.

이제 위의 고전적인 계에 대한 양자역학적 유사물을 분석하자. 플랑크 상수(Planck's constant)로 알려진 작은 변수 $\hbar > 0$이 필요하다. 이제는 시간 t에서의 입자의 상태를 상 공간에서의 한 점 $(q(t), p(t))$로 기술할 수는 없지만, 위치에서의 복소숫값 함수로 시간에 따라 발전하는 파동 함수(wave function)로 대신 기술할 수 있다. 즉, 각 t에 대해 $\mathbb{R}^n$에서 $\mathbb{C}$로의 함수 $\psi(t)$가 존재한다. $\langle \cdot, \cdot \rangle$가 다음 내적

$$\langle \phi, \psi \rangle = \int_{\mathbb{R}^n} \phi(q)\overline{\psi(q)}\,\mathrm{d}q$$

를 가리킬 때 정규화 조건 $\langle \psi(t), \psi(t) \rangle = 1$을 만족하는 것이 요구조건이다. 고전적인 입자와는 달리 파동 함수 $\psi(t)$는 구체적인 위치 $q(t)$를 가져야 하는 것은 아니다. 하지만 다음 식으로 정의되는 평균 위치(average position) $\langle q(t) \rangle$는 알 수 있다.

$$\langle q(t) \rangle = \langle Q\psi(t), \psi(t) \rangle = \int_{\mathbb{R}^n} q|\psi(t, q)|^2\,\mathrm{d}q.$$

여기에서 위치 q에서의 $\psi(t)$의 값을 $\psi(t, q)$라 썼고, Q는 $(Q\psi)(t, q) = q\psi(t, q)$로 정의되는 위치 작용소(position operator), 즉 Q는 점별로 q만큼 곱하는 작용소다. 마찬가지로 ψ는 구체적인 운동량 $p(t)$를 갖지는 않지만, 다음 식으로 정의되는 평균 운동량

(average momentum)$\langle p(t)\rangle$는 알 수 있다.

$$\langle p(t)\rangle = \langle P\psi(t), \psi(t)\rangle$$
$$= \frac{\hbar}{i}\int_{\mathbb{R}^n} (\nabla_q \psi(t,q))\overline{\psi(t,q)}\,dq.$$

여기에서 운동량 작용소(momentum operator) P는 플랑크의 법칙(Planck's law)

$$P\psi(t,q) = \frac{\hbar}{i}\nabla_q \psi(t,q)$$

로 정의된다. P의 모든 성분이 자기수반[III.50 3.2]이므로 벡터 $\langle p(t)\rangle$는 실숫값을 가짐에 주목하라. 더 일반적으로 복소숫값을 갖는 제곱적분가능 함수의 공간 $L^2(\mathbb{R}^n)$에 작용하는 작용소[III.50] A를 뜻하는 양자 관측 가능값이 임의로 주어질 때, 시간 t에서 A의 평균값 $\langle A(t)\rangle$를 다음 식으로 정의할 수 있다.

$$\langle A(t)\rangle = \langle A\psi(t), \psi(t)\rangle.$$

해밀턴의 운동 방정식 (1)의 유사식은 시간 의존성(time-dependent) 슈뢰딩거 방정식

$$i\hbar\frac{\partial \psi}{\partial t} = H\psi \tag{5}$$

인데 여기에서 H는 이제 고전적인 관측 가능값이 아니라, 양자 관측 가능값이다. 더 정확히 말해 다음과 같다.

$$H = \frac{|P|^2}{2m} + V(Q).$$

다른 말로 하면 다음 식을 얻는다.

$$i\hbar\frac{\partial \psi}{\partial t}(t,q) = H\psi(t,q)$$
$$= -\frac{\hbar^2}{2m}\Delta_q \psi(t,q) + V(q)\psi(t,q).$$

여기에서

$$\Delta_q \psi = \sum_{j=1}^{n} \frac{\partial^2 \psi}{\partial q_j^2}$$

는 ψ의 라플라스 작용소(Laplacian)다. 푸아송의 운동 방정식 (3)의 유사식은 임의의 관측 가능값 A에 대해 하이젠베르크 방정식

$$\frac{d}{dt}\langle A(t)\rangle = \left\langle \frac{i}{\hbar}[H(t), A(t)]\right\rangle \tag{6}$$

이다. 여기에서 $[A, B] = AB - BA$는 A와 B의 교환자(commutator) 혹은 리 괄호(Lie bracket)이다. (양 $(i/\hbar)[A, B]$는 가끔 A와 B의 양자 푸아송 괄호라고 부른다.)

양자 상태 ψ가 (에너지 레벨(energy level) 혹은 고윳값(eigenvalue)으로 알려져 있는) 어떤 실수 E에 대해 식 $\psi(t,q) = e^{(E/i\hbar)t}\psi(0,q)$를 따라 진동한다면, 시간 독립성(time-independent) 슈뢰딩거 방정식을 얻는다. 모든 t에 대해

$$H\psi(t) = E\psi(t) \tag{7}$$

(이를 식 (4)와 비교하라.) 더 일반적으로 스펙트럼 이론(spectral theory)이라는 중요한 주제가 시간 의존성 방정식 (5)와 시간 독립성 방정식 (7) 사이의 많은 관련을 제공해 준다.

고전역학의 방정식과 양자역학의 방정식 사이에는 강력한 유사성이 몇 가지 있다. 예를 들어 (6)으로부터 방정식

$$\frac{d}{dt}\langle q(t)\rangle = \frac{1}{m}\langle p(t)\rangle, \quad \frac{d}{dt}\langle p(t)\rangle = -\langle \nabla_q V(q)(t)\rangle$$

를 얻을 수 있는데, (2)와 비교할 수 있다. 또한 해밀턴의 운동 방정식의 고전적인 해 $t \mapsto (q(t), p(t))$가 주어지면, 슈뢰딩거 방정식의 대응하는 근사해 $\psi(t)$

모임을 예를 들어 다음 식으로 구성할 수 있다.[*]

$$\psi(t, q) = e^{(i/\hbar)L(t)} e^{(i/\hbar)p(t) \cdot (q - q(t))} \varphi(q - q(t)).$$

여기에서

$$L(t) = \int_0^t \frac{p(s)^2}{2m} - V(q(s)) ds$$

는 고전적인 작용(classical action)이며 φ는 다음 의미에서 정규화됐고

$$\int_{\mathbb{R}^n} |\varphi(q)|^2 dq = 1$$

느리게 변하는 임의의 함수이다. $\hbar$가 작을 때 작은 오차만 제외하면 ψ가 식 (5)의 해임을 확인할 수 있다. 물리학에서 이 사실은 플랑크 상수가 작고, 거시적 규모로 연구하는 경우(이 덕에 느리게 변하는 함수 φ를 이용할 수 있다) 고전역학으로 양자역학을 정확하게 근사할 수 있다는 대응 원리(correspondence principle)의 예이다. 수학에서는 (더 정확히는 미세국소(microlocal) 해석학 및 반고전(semiclassical) 해석학 분야에서) 이 원리의 형식화가 여러 가지 있어서, 슈뢰딩거 방정식을 분석하기 위해 해밀턴의 운동 방정식의 해에 대한 지식을 이용할 수 있게 해 준다. 예를 들어 고전적인 운동 방정식이 주기적인 해를 가지면 슈뢰딩거 방정식도 보통 거의 주기적인 해를 가지며, 반면 고전적인 방정식이 매

우 카오스적인 해를 가지면 슈뢰딩거 방정식도 보통 그렇다(이 현상은 양자 카오스(quantum chaos) 혹은 양자 에르고딕성(quantum ergodicity)이라 부른다).

슈뢰딩거 방정식에는 흥미로운 면이 많다. 여기에서는 설명을 위해 한 가지, 즉 산란 이론(scattering theory)만 언급한다. 퍼텐셜 함수 V가 무한대에서 충분히 빨리 붕괴하고 $k \in \mathbb{R}^n$이 0이 아닌 진동수 벡터라면, 에너지 수준을 $E = \hbar^2 |k|^2 / 2m$으로 설정하여 시간 독립성 슈뢰딩거 방정식 $H\psi = E\psi$는 $|q| \to \infty$일 때 점근적으로 다음처럼 행동하는

$$\psi(q) \approx e^{ik \cdot q} + f\left(\frac{q}{|q|}, k\right) \frac{e^{i|k||q|}}{r^{(n-1)/2}}$$

해 $\psi(q)$를 갖는다. 여기서 표준 함수 $f : S^{n-1} \times \mathbb{R}^n \to \mathbb{C}$는 산란 진폭 함수(scattering amplitude function)라 알려져 있다. 산란 진폭은 퍼텐셜 V에 대해 비선형적으로 의존하며, V로부터 f로의 함수는 산란 변환(scattering transform)으로 알려져 있다. 산란 변환은 푸리에 변환[III.27]의 비선형 변종으로 볼 수 있는데, 적분가능계의 이론과 같은 편미분방정식의 많은 영역과 연관돼 있다.

슈뢰딩거 방정식의 일반화와 변종은 많다. 다수 입자 계로 일반화하거나, 자기장 혹은 비선형 항과 같은 외부 힘을 더할 수도 있다. 또한 이 방정식을 전자기에서의 맥스웰 방정식[IV.13 §1.1]과 같은 다른 물리 방정식과 결합할 수도 있고, 정의역 $\mathbb{R}^n$ 대신 원환면이나 이산 격자나 다양체 같은 다른 공간으로 대체할 수도 있다. 아니면 정의역 내에 침투할 수 없는 장애물을 놓을 수도 있다(따라서 사실상 공간에서 그 영역을 정의역에서 제외한다). 이런 변형의 연구는 순수수학과 수리물리학 모두에서 광대하

---

[*] 직관적으로 이 함수 $\psi(t, q)$는 $q(t)$ 근처의 위치와 $p(t)$ 근처의 운동량에서 국소화돼 있어서 상 공간에서 $(q(t), p(t))$ 근처에서 국소화돼 있다. 합리적으로 잘 정의된 위치와 속도를 가지며 '입자와 같은' 행동을 보이는 그런 국소화된 함수는 때로는 '파동 패킷(wave packet)'으로 알려져 있다. 슈뢰딩거 방정식의 전형적인 해는 파동 패킷처럼 행동하지 않지만, 파동 패킷의 중첩 혹은 선형 결합으로 분해할 수 있다. 이런 분해는 그런 방정식의 일반해를 분석하는 유용한 도구이다.

고 다양한 분야에 이르게 된다.

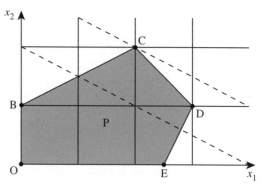

그림 1 LP에서의 실현가능 영역 'P'

III.84 단체 알고리즘

리차드 베버 *Richard Weber*

1 선형계획법

단체(simplex) 알고리즘은 산업, 과학, 기술에서 일어나는 가장 중요한 수학 문제 몇 가지를 푸는 탁월한 도구다. 선형계획법이라 부르는 이런 문제에서는 선형 제약 조건하에서 어떤 선형 함수를 최대화 혹은 최소화하려고 한다. 한 예로 1947년 미국 공군이 제기한 식단 문제를 들 수 있다. 77가지의 다른 가격의 식량(치즈, 시금치 등)을 최소 가격으로 병사들의 아홉 가지 영양소(단백질, 철분 등)의 1일 최소 요구량을 만족시키는 양을 찾으라는 문제였다. 투자 목록(portfolio)의 구성요소 찾기, 항공기 승무원 당번표 작성, 2인 게임에서 최적의 전략 찾기에서 추가 응용이 발생했다. 선형계획법의 연구는 최적화 이론에서 **쌍대성[III.19]**, 볼록성의 중요성, **계산 복잡도[IV.20]** 등과 같은 중심 아이디어를 많이 고취시켰다.

선형계획법(LP)의 입력 자료는 두 개의 벡터 $b \in \mathbb{R}^m$과 $c \in \mathbb{R}^n$ 및 $m \times n$ 행렬 $A = (a_{ij})$이다. 문제는 m개의 제약 조건 $a_{i1}x_1 + \cdots + a_{in}x_n \leqslant b_i$, $i = 1, \cdots, m$ 하에서 **목적 함수(objective function)** $c_1x_1 + \cdots + c_nx_n$을 최소화하는 음이 아닌 n개의 결정 변수 $x_1, \cdots, x_n$의 값을 찾는 것이다. 식단 문제에서는 $n = 77$이고 $m = 9$였다. 다음의 간단한 예(식단 문제가

아니다)에서는 $n = 2$이고 $m = 3$이다. 진지한 실생활 문제에서는 n과 m은 10만을 넘을 수 있다.

$$\text{최대화할 값} \quad x_1 + 2x_2$$
$$\text{제약 조건} \quad -x_1 + 2x_2 \leqslant 2,$$
$$x_1 + x_2 \leqslant 4,$$
$$2x_1 - x_2 \leqslant 5,$$
$$x_1, x_2 \geqslant 0.$$

제약 조건은 실현가능 영역(feasible region) (x_1, x_2)를 정의하는데, 그림 1에서 어두운 영역 'P'로 나타낸 볼록 다각형이다. 점선 두 개는 목적 함수의 값이 4인 곳과 6인 곳을 나타낸다. 명백히 점 C에서 최대다.

일반적인 얘기도 예시와 비슷하다. 실현가능 영역 P = $\{x : Ax \leqslant b, x \geqslant 0\}$이 공집합이 아니면 $\mathbb{R}^n$에서의 볼록 다면체이고, 최적 해는 이들 꼭짓점 중 하나에서 찾을 수 있다. 부등식 제약 조건 왼쪽 변의 여유를 만회하기 위해 '여유변수(slack variable)' x_3, $x_4, x_5 \geqslant 0$을 도입하는 것이 도움이 된다. 다음처럼 쓸 수 있다.

$$-x_1 + 2x_2 + x_3 \qquad\quad = 2,$$
$$x_1 + x_2 \qquad + x_4 \qquad = 4,$$
$$2x_1 - x_2 \qquad\qquad + x_5 = 5.$$

이제 변수가 다섯 개이고 방정식이 세 개이므로, 변수 $x_1, \cdots, x_5$ 중 어느 두 개를 0으로 두어 나머지 세 변수에 대해 방정식을 풀 수 있다(혹은 하필 독립이 아닌 경우 약간 변화를 주어 푼다). 다섯 개 중에서 변수 두 개를 고르는 방법은 열 가지다. 대응하는 해 열 개 모두가 $x_1, x_2, x_3, x_4, x_5 \geq 0$을 만족하지는 않지만, 그중 다섯은 만족한다. 이들을 실현가능 기본해 (basic feasible solution, BFS)라 부르고 O, B, C, D, E 라고 표기하는 P의 꼭짓점에 대응한다.

2 알고리즘은 어떻게 작동하나

조지 단치히(George Dantzig)는 도입부에 언급한 공군의 식단 문제를 푸는 수단으로 단체 알고리즘을 발명했다. '계획법(program)'이라는 단어는 아직 컴퓨터 코드를 의미하는 뜻으로 이용되지는 않았는데, 병참 계획이나 일정을 가리키는 군사 용어였다. 이 알고리즘은 LP가 유계 최적해를 갖는다면 최적값은 BFS, 즉 실현가능한 점들의 다면체 P의 꼭짓점에서(혹은 이른바 '극점(extreme point)'에서) 갖는다는 기본 사실에 의존한다. 실현 가능한 다면체를 부르는 다른 이름이 '단체'인데, 여기서 알고리즘의 이름이 나왔다. 단체 알고리즘은 다음처럼 작동한다.

0단계. BFS를 하나 고른다.

1단계. 이 BFS가 최적인지 검사한다.

그렇다면 멈춘다.

그렇지 않다면 2단계로 간다.

2단계. 더 나은 BFS를 찾는다.

1단계부터 반복한다.

BFS, 즉 P의 꼭짓점은 유한개뿐이므로 이 알고리즘은 반드시 멈춘다.

개요를 보여주었으니 자세히 들여다보자. 0단계에서 꼭짓점 O에 대응하는 BFS $x = (x_1, x_2, x_3, x_4, x_5) = (0, 0, 2, 4, 5)$를 골랐다고 하자. 1단계에서는 x_1이나 x_2를 0에서부터 증가시킬 수 있는지 알고 싶다. 따라서 x_3, x_4, x_5와 목적 함수 $c^{\mathrm{T}}x$를 x_1과 x_2로 쓰고, 이를 1번 사전에 나타낸다.

1번 사전
$x_3 = 2 + x_1 - 2x_2,$
$x_4 = 4 - x_1 - x_2,$
$x_5 = 5 - 2x_1 + x_2,$
$c^{\mathrm{T}}x = x_1 + 2x_2$

사전의 마지막 식은 x_1이나 x_2를 0에서부터 증가시키면 $c^{\mathrm{T}}x$의 값을 증가시킬 수 있음을 보여준다. x_2를 증가시킨다고 하자. 첫 번째와 두 번째 식으로부터 x_3과 x_4도 증가해야 하며, x_2가 1인 순간인 $x_3 = 0, x_4 = 3, x_5 = 6$인 경우를 넘어서 증가시킬 수는 없음을 볼 수 있다. x_2를 최대한 증가시키면 2단계를 완수한 것이고, 꼭짓점 B로 명명한 새로운 BFS $x = (0, 1, 0, 3, 6)$에 도달한다. 이제 1단계를 되풀이할 준비가 됐고, 따라서 현재 0인 변수들, 즉 x_1, x_3을 써서 x_2, x_4, x_5와 $c^{\mathrm{T}}x$를 쓰면 2번 사전이 나온다.

```
               2번 사전

    x_2 = 1 + \frac{1}{2}x_1 - \frac{1}{2}x_3,

    x_4 = 3 - \frac{3}{2}x_1 + \frac{1}{2}x_3,

    x_5 = 6 - \frac{3}{2}x_1 - \frac{1}{2}x_3,

    c^T x = 2 + 2x_1 - x_3
```

$$x_2 = 1 + \tfrac{1}{2}x_1 - \tfrac{1}{2}x_3,$$
$$x_4 = 3 - \tfrac{3}{2}x_1 + \tfrac{1}{2}x_3,$$
$$x_5 = 6 - \tfrac{3}{2}x_1 - \tfrac{1}{2}x_3,$$
$$c^T x = 2 + 2x_1 - x_3$$

이는 x_1을 0부터 증가시키면 $c^T x$를 증가시킬 수 있지만, 2에 이르면 $x_4 = 0$이므로 더는 증가시킬 수 없음을 보여준다. 이로부터 새로운 해 (2, 2, 0, 0, 3)이 나오고 이 점이 꼭짓점 C이다. 한 번 더 1 단계를 할 준비가 됐고, 따라서 3번 사전을 계산하고 현재 0에 해당하는 변수 x_3과 x_4로 모든 걸 쓴다.

$$x_1 = 2 + \tfrac{1}{3}x_3 - \tfrac{2}{3}x_4,$$
$$x_2 = 2 - \tfrac{1}{3}x_3 - \tfrac{1}{3}x_4,$$
$$x_5 = 3 - x_3 + x_4,$$
$$c^T x = 6 - \tfrac{1}{3}x_3 - \tfrac{4}{3}x_4$$

이제 $x_3, x_4 \geq 0$이라는 요구 조건 때문에 알고리즘은 멈추며, 3번 사전의 마지막 줄로부터 모든 실현 가능한 x에 대해 $c^T x \leq 6$임이 증명된다.

마지막 사전에는 중요한 정보가 더 있다. 작은 $\epsilon^T = (\epsilon_1, \epsilon_2, \epsilon_3)$에 대해 b를 $b + \epsilon$으로 바꾸면, $c^T x$의 최댓값이 $6 + \tfrac{1}{3}\epsilon_1 + \tfrac{4}{3}\epsilon_2$로 바뀐다는 것이다. 계수 $\tfrac{1}{3}$은 '그림자 가격'이라 부르는데, b_1이 증가할 때 단위당 지불할 용의가 있는 양이기 때문이다.

3 알고리즘 수행 방법

단체 알고리즘을 돌릴 때 심각한 일은 사전을 계산

할 때 하게 된다. 2번 사전을 찾기 위해서는 1번 사전의 첫 번째 식을 이용하여 x_2를 x_1과 x_3으로 쓸 수 있고, 그런 후 다른 식에는 x_2 대신 바꿔 넣는다. 행렬 A의 대부분의 성분이 0이라는 사실처럼 특수한 구조를 이용하여 계산하는 수고를 줄여주는 단체 알고리즘의 여러 변형이 발명돼 있다. 사전의 자료는 이른바 계수들의 타블로(tableau)에 담는 것이 보통이다.

실용적이고 이론적인 걱정거리는 더 있다. 0으로부터 증가시키는 변수인 추축(pivot)을 어느 것으로 고를지 걱정할 수 있다. O에서 시작할 때 0부터 증가시킬 첫 번째 변수를 x_1과 x_2 중 어느 것부터 선택하느냐에 따라 C로 가는 경로가 O, E, D, C일 수도 있고, O, B, C일 수도 있다. 알고리즘이 가장 짧은 경로를 택할지 보장해 주는 알려진 방법은 없다.

단체 알고리즘에서 실제로 몇 단계가 필요한지에 대한 질문은 m개의 면을 갖는 n차원 유계 다면체에 대해 지름(임의의 두 점 사이를 변으로 횡단하는 가장 짧은 경로 위에 놓여 있는 변의 최대 개수로 정의한다)은 기껏해야 $m - n$이라는 유명한 허쉬 추측(Hirsch conjecture)과 관련돼 있다. 이 추측이 사실인 경우 어떤 버전의 단체 알고리즘은 변수의 수와 제약 조건의 수에 선형적으로만 증가하는 단계 수 내에서 수행할 수 있음을 시사한다. 하지만 클리(Klee)와 민티(Minty)는 1972년 찌그러진 n차원 초정육면체($m = 2n$개의 면과 지름이 n) 위에 기반을 둔 예를 들어, 가능한 추측 중에서 목적 함수가 단위 길이당 최대의 비율로 증가하는 변수를 고르는 알고리즘인 경우, 2^n개의 꼭짓점을 모두 들른 후에야 최적값에 도달한다는 것을 보였다. 사실 결정론적 추축 선택

규칙 대부분에 대해 필요한 단계의 수가 n에 대해 지수적으로 증가하는 예들이 알려져 있다.

다행히도 실질적 문제들은 최악의 예제들보다는 사정이 훨씬 낫다. 전형적으로는 제약조건이 m개 인 문제를 푸는 데는 $O(m)$만큼의 단계가 필요하다. 더욱이 카치안(Khachian)은 원칙적으로 실행 시간 이 n에 대해 다항식 규모로만 증가하는 알고리즘을 써서 선형계획법을 풀 수 있다는 것을 이른바 타원 체 알고리즘(ellipsoid algorithm)을 분석하여 증명하 였다. 따라서 ($x_1, \cdots, x_n$이 정수이길 요구하여) 다항 실행 시간 알고리즘이 알려져 있지 않은 '정수 선형 계획법'보다 선형계획법이 훨씬 쉽다.

카마카(Karmarkar)는 1984년 선형계획법 문제에 대해 '내부점 방법' 방법(interior method)의 길을 텄 다. 다면체 P의 꼭짓점 위가 아니라 내부에서 움직 이는 방법인데, 때로는 단체 알고리즘보다 더 빨리 거대한 LP를 풀 수 있다. 현대 컴퓨터 소프트웨어는 두 방법을 다 사용하며 수백만 개의 제약 조건과 변 수를 갖는 LP를 쉽게 풀 수 있다.

더 읽을거리

Dantzig, G. 1963. *Linear Programming and Extensions*. Princeton, NJ: Princeton University Press.

Karmarkar, N. 1984. A ncw polynomial-time algorithm for linear programming. Combinatorica 4:373-95.

Khachian, L. G. 1979. A polynomial algorithm in linear programming. *Soviet Mathematics Doklady* 20:191-94.

Klee, V., and G. Minty. 1972. How good is the simplex algorithm? In *Inequalities III*, edited by O. Shisha, volume 16, pp. 159-75. New York: Academic Press.

고립파

선형 및 비선형 파동과 고립파[III.49]를 보라.

III.85 특수 함수

쾨르너 *T. W. Körner*

우리가 살펴본 함수라고는 다항식의 몫뿐인데, $f(1) = 0$이라는 조건 하에 다음 미분방정식

$$f'(x) = 1/x \qquad (1)$$

을 모든 $x > 0$에 대해 풀라는 요청을 받았다고 하자.

P, Q가 공통 인자가 없는 다항식일 때 $f(x) = P(x)/Q(x)$를 써서 시도해 보면 다음을 알 수 있다.

$$x(Q(x)P'(x) - P(x)Q'(x)) = Q(x)^2.$$

계수를 비교하면 $Q(0) = P(0) = 0$임을 보일 수 있 으므로 $P(x)$와 $Q(x)$ 모두 x로 나누어떨어지게 되어 가정에 모순임을 보일 수 있다. 따라서 아는 함수만 으로는 (1)을 풀 수 없다. 하지만 미적분의 기본정리 [I.3 §5.5]로부터 식 (1)이 실제로 다음과 같은 해를 가진다는 것을 알 수 있다.

$$F(x) = \int_1^x \frac{1}{t} \, dt.$$

더 연구해 보면 함수 F가 유용한 성질을 많이 가짐이 드러난다. 예를 들어 $u = t/a$로 치환하여 다음을 알 수 있다.

$$F(ab) = \int_1^a \frac{1}{t}dt + \int_a^{ab} \frac{1}{t}dt$$

$$= \int_1^a \frac{1}{t}dt + \int_1^b \frac{1}{u}du$$

$$= F(a) + F(b).$$

또한 역함수의 미분법에 대한 공식을 써서 F^{-1}가 다음 미분방정식

$$g'(x) = g(x)$$

의 해임을 알 수 있다. 따라서 이 함수에 로그(logarithm)라는 이름을 붙인 뒤, 표준 함수 목록에 추가하자.

좀 더 발달한 수준에서, 부분적분을 써서 오일러[VI.19]가 도입한 감마함수[III.31]

$$\Gamma(x) = \int_0^\infty t^{x-1}e^{-t}dt$$

는 모든 $x > 0$에 대해 정의되며, 모든 $x > 1$에 대해

$$\Gamma(x) = (x-1)\Gamma(x-1)$$

이라는 성질을 갖기 때문에($\Gamma(1) = 1$이므로) 모든 $n \geq 1$에 대해 $\Gamma(n) = (n-1)!$임을 알 수 있다. 팩토리얼(factorial)과의 관련으로부터 기대할 수 있듯, 감마함수는 수론과 통계학에서 대단히 유용한 것으로 드러난다.

로그함수나 감마함수와 같은 '특수 함수'는 실제로 광범위하게 연구되었으며 대단히 유용한 것으로 드러났다. 어떤 저자들은 '물리 문제의 해로 나타난

함수' 같은 것이나 '휴대용 계산기가 일반적으로 제공하지 않는 함수' 등의 좀 더 제한된 의미에서 '특수 함수'라는 말을 사용하지만, 그다지 유용하지 않은 제한인 것 같다.

이처럼 명백한 일반성에도 불구하고, 많은 수학자들의 마음속에 특수 함수의 이론은 특정한 아이디어 및 방법론의 모음과 관련돼 있다. 사실 이런 이론은 휘태커(Whittaker)와 왓슨(Watson)의 『현대 해석학 강의(A Course of Modern Analysis)』(1902년에 처음 출간됐으며 지금도 잘 팔린다) 혹은 아브라모위츠(Abramowitz)와 스테군(Stegun)의 『수학 함수 핸드북(Handbook of Mathematical Functions)』 같은 특별한 책과 관련돼 있다. 이런 관련은 단순한 역사적 우연일 수도 있지만, '특수 함수'라는 말은 보통 '수리물리 방정식', '아름다운 공식', '전적으로 독창적'이라는 말과 보통 연계돼 있기 마련이다. 특히 르장드르 다항식(Legendre polynomial)인 경우 이런저런 주제를 설명하기로 한다. (다음 절에는 좀 더 고급 수학이 들어 있고 몇 가지 긴 계산으로 치장했지만, 독자들은 간단히 내용을 훑어만 보고 나중에 주의 깊게 다시 읽어도 좋다.)

라플라스 방정식[I.3 §5.4] $\Delta\psi = 0$의 해를 들여다보아 지구의 중력 퍼텐셜 ψ를 조사하고 싶다고 하자. 지구는 타원체형으로 거의 구형에 가까우므로 구면 좌표계 (r, θ, ϕ)를 사용하고, 지구가 회전축에 대칭임에 주목하면 ψ가 r과 θ에만 의존한다고 가정해도 좋다. 이런 가정 하에서 라플라스 방정식은 다음 꼴을 취한다.

$$\sin\theta \frac{\partial}{\partial r}\left(r^2 \frac{\partial\psi}{\partial r}\right) + \frac{\partial}{\partial\theta}\left(\sin\theta \frac{\partial\psi}{\partial\theta}\right) = 0. \qquad (2)$$

표준 기교인 변수 분리법을 따라 $\psi(r,\theta) = R(r)\Theta(\theta)$ 꼴의 해를 찾는다. 약간의 계산 후 식 (2)로부터 다음이 나온다.

$$\frac{1}{R(r)}\frac{\mathrm{d}}{\mathrm{d}r}(r^2 R'(r)) = -\frac{1}{\sin\theta\Theta(\theta)}\frac{\mathrm{d}}{\mathrm{d}\theta}(\sin\theta\Theta'(\theta)). \tag{3}$$

식 (3)의 한쪽 변은 r에만 의존하고 다른 변은 θ에만 의존하므로, 양변은 어떤 상수 k와 같아야만 한다. 방정식

$$\frac{1}{R(r)}\frac{\mathrm{d}}{\mathrm{d}r}(r^2 R'(r)) = k$$

의 해는 $l(l+1) = k$일 때 $R(r) = r^l$이다. 이때 θ에 대응하는 식은 다음과 같다.

$$\frac{1}{\sin\theta\Theta(\theta)}\frac{\mathrm{d}}{\mathrm{d}\theta}(\sin\theta\Theta'(\theta)) = -l(l+1). \tag{4}$$

이제 $x = \cos\theta$, $y(x) = \Theta(\theta)$라고 치환하여 (4)를 변환하면 **르장드르 방정식**(Legendre's equation)을 얻는다.

$$(1-x^2)y''(x) - 2xy'(x) + l(l+1)y(x) = 0. \tag{5}$$

$f(x) = \sum_{j=0}^{\infty} a_j x^j$ 꼴의 비자명 해를 찾는 경우, 전형적인 계수들의 식을 세워 보면 l이 정수가 아닐 경우 x가 1로 다가갈 때(즉, θ가 0으로 다가갈 때) $f(x)$는 유계가 아님이 드러나는데, 이런 해는 물리적으로 유용하지 않다. 하지만 l이 양의 정수면 차수가 l인 다항식 해가 존재한다. (l이 음의 정수면 똑같은 다항식이 다시 나타난다.) 사실 다음처럼 더 강한 명제를 얻는다. l이 양의 정수면 르장드르 방정식 (5)를 만족하고 $P_l(1) = 1$인 차수 l인 다항식 P_l이 유일하게 존재한다. P_l을 l차 르장드르 다항식이라 부른

다. 원래 문제로 돌아와서 다음 꼴의 해가 있음을 알수 있다.

$$\psi(r,\theta) = \sum_{n=0}^{\infty} A_n \frac{P_n(\cos\theta)}{r^{n+1}}.$$

$r \to \infty$일 때 $\psi(r,\theta) \to 0$임을 요구하면 이 식이 가장 일반적인 해라는 것이, 물리학자들에게는 당연하며 수학자들은 증명할 수 있는 사실이다. r이 크면 처음 몇 항만이 최종 답에 크게 기여할 것이다.

르장드르 다항식을 얻는 방법은 많다. 독자들은 귀납적으로 $Q_0(x) = 1$ 및 $Q_1(x) = x$라 두고 '3항 점화식'

$$(n+1)Q_{n+1}(x) - (2n+1)xQ_n(x) + nQ_{n-1}(x) = 0$$

을 이용하여 Q_n을 정의하면 $Q_n(1) = 1$이고 Q_n이 르장드르 방정식 (5)($l = n$일 때)를 만족하는 다항식이므로 Q_n이 차수가 n인 르장드르 다항식임을 확인해 보길 바란다.

$v_n(x) = (x^2-1)^n$이라 두면

$$(x^2-1)v'_n(x) = 2nxv(x)$$

이다. 이 식의 양변을 라이프니츠 법칙을 이용하여 $n+1$번 미분하면 $v_n^{(n)}$이 $l = n$일 때 르장드르 방정식 (5)를 만족한다는 것을 볼 수 있다. $v_n(x) = (x-1)^n(x+1)^n$을 라이프니츠 법칙을 이용하여 n번 미분하는데 항 하나만을 제외하면 $x = 1$일 때 모두 0임에 주목하면 $v_n^{(n)}$은 $v_n^{(n)}(1) = 2^n n!$인 다항식임을 알 수 있다. 이 정보를 함께 모으면, **로드리게스 공식**(Rodriguez formula)을 얻는다.

$$P_n(x) = \frac{1}{2^n n!} v_n^{(n)}(x) = \frac{1}{2^n n!} \frac{\mathrm{d}^n}{\mathrm{d}x^n}(x^2 - 1)^n.$$

식 (5)는 스텀(Sturm)-리우빌(Liouville) 방정식의 예다. $l = n$ 및 $y = P_n$이라 두고 약간 바꿔 쓰면, 다음 방정식을 얻는다.

$$\frac{\mathrm{d}}{\mathrm{d}x}((1 - x^2)P'_n(x)) + n(n + 1)P_n(x) = 0. \quad (6)$$

m과 n이 양의 정수라면, (6)을 이용하여 부분적분하면 다음을 얻는다.

$$-n(n + 1)\int_{-1}^{1} P_n(x)P_m(x)\,\mathrm{d}x$$
$$= \int_{-1}^{1}\left(\frac{\mathrm{d}}{\mathrm{d}x}((1 - x^2)P'_n(x))\right)P_m(x)\,\mathrm{d}x$$
$$= [(1 - x^2)P'_n(x)P_m(x)]_{-1}^{1}$$
$$+ \int_{-1}^{1}(1 - x^2)P'_n(x)P'_m(x)\,\mathrm{d}x$$
$$= \int_{-1}^{1}(1 - x^2)P'_n(x)P'_m(x)\,\mathrm{d}x.$$

따라서 대칭성에 의해

$$n(n + 1)\int_{-1}^{1} P_n(x)P_m(x)\,\mathrm{d}x$$
$$= m(m + 1)\int_{-1}^{1} P_n(x)P_m(x)\,\mathrm{d}x$$

이므로, $m \neq n$이면 다음이 성립한다.

$$\int_{-1}^{1} P_n(x)P_m(x)\,\mathrm{d}x = 0. \quad (7)$$

(7)로 주어지는 '직교 관계식'은 중요한 결과를 낳는다. P_r이 정확히 차수가 r인 다항식이므로, 차수가 $n - 1$보다 작거나 같은 임의의 다항식 Q를

$$Q(x) = \sum_{r=0}^{n-1} a_r P_r(x)$$

로 쓸 수 있고, 따라서 다음이 성립한다.

$$\int_{-1}^{1} P_n(x)Q(x)\,\mathrm{d}x = \sum_{r=0}^{n-1} a_r \int_{-1}^{1} P_n(x)P_r(x)\,\mathrm{d}x = 0. \quad (8)$$

따라서 P_n은 더 낮은 차수의 모든 다항식과 직교한다.

구간 $[-1, 1]$에서 $P_n(x)$의 부호가 변하는 점들이 $\alpha_1, \cdots, \alpha_m$이라고 하자. 이때

$$Q(x) = (x - \alpha_1)(x - \alpha_2)\cdots(x - \alpha_m)$$

이라 하면, $P(x)Q(x)$는 $[-1, 1]$ 위에서 부호가 바뀌지 않는다는 것을 알기 때문에

$$\int_{-1}^{1} P_n(x)Q(x)\,\mathrm{d}x \neq 0$$

이다. 식 (8) 때문에 Q의 차수 m은 적어도 n이어야 하므로, 따라서 (차수가 n인 다항식은 기껏해야 n개의 근을 가지므로) P_n은 정확히 n개의 서로 다른 근을 가져야 하며 모두 구간 $[-1, 1]$ 안에 있어야 한다.

가우스[VI.26]는 이 사실을 이용하여 강력한 수치 적분 방법을 얻었다. $x_1, x_2, \cdots, x_{n+1}$이 구간 $[-1, 1]$에서 서로 다른 점이라고 하자.

$$e_j(x) = \prod_{i \neq j} \frac{x - x_i}{x_j - x_i}$$

라 두면, $e_j(x)$는 차수가 n인 다항식으로 $x = x_j$일 때는 값이 1이며, $k \neq j$인 $x = x_k$에 대해서는 값이 0이다. 따라서 R이 기껏해야 차수가 n인 다항식이면, 다음으로 주어지는 다항식

$$Q(x) = R(x_1)e_1(x) + R(x_2)e_2(x) + \cdots$$
$$+ R(x_{n+1})e_{n+1}(x) - R(x)$$

의 차수는 기껏해야 n이고, Q는 $n+1$개의 점 x_j에서 0이다. 따라서 $Q=0$이므로

$$R(x) = R(x_1)e_1(x) + R(x_2)e_2(x) + \cdots + R(x_{n+1})e_{n+1}(x)$$

이다. $a_j = \int_{-1}^{1} e_j(x)\,dx$라 쓰면

$$\int_{-1}^{1} R(x)\,dx = a_1 R(x_1) + a_2 R(x_2) + \cdots + a_{n+1} R(x_{n+1})$$

이다. f가 차수가 n 이하인 다항식일 때는 정확한 등식인 다음 근사식

$$\int_{-1}^{1} f(x)\,dx \approx a_1 f(x_1) + a_2 f(x_2) + \cdots + a_{n+1} f(x_{n+1}) \quad (9)$$

이 잘 행동하는 다른 함수에도 통하길 바라는 것이 자연스럽다.

가우스는 $(n+1)$번째 르장드르 다항식의 $n+1$개의 근으로 x_j를 취하면 상당히 개선할 수 있다는 것을 관찰하였다. P가 차수가 기껏해야 $2n+1$인 다항식이라 하자. 그러면 $(n+1)$번째 르장드르 다항식을 P_{n+1}이라 할 때

$$P(x) = Q(x)P_{n+1}(x) + R(x)$$

이며 Q와 R이 기껏해야 차수가 n인 다항식이 되도록 쓸 수 있다. P_{n+1}이 더 낮은 차수의 다항식과는(따라서 Q와도) 수직이고 x_j의 정의에 의해 $P_{n+1}(x_j) = 0$이므로, 근사식 (9)는 R에 대해 등식이다. 즉, 다음을 얻는다.

$$\int_{-1}^{1} P(x)\,dx = \int_{-1}^{1} P_{n+1}(x)Q(x)\,dx + \int_{-1}^{1} R(x)\,dx$$
$$= 0 + \sum_{j=1}^{n+1} a_j R(x_j)$$
$$= \sum_{j=1}^{n+1} a_j (P_{n+1}(x_j)Q(x_j) + R(x_j))$$
$$= \sum_{j=1}^{n+1} a_j P(x_j).$$

가우스가 제안한 대로 x_j를 선택하면 차수가 기껏해야 $2n+1$인 모든 다항식에 대해 '구적(quadrature) 공식' (9)가 정확히 참임을 보였다. 이런 선택이 수치적으로 적분하는 대단히 좋은 방법을 준다는 것은 놀랍지도 않을 것이다. '가우스 구적법'은 오늘날 컴퓨터에서 적분을 계산하는 데 이용하는 중요한 두 가지 방법 중 하나다.

다른 특수 함수도 몇 가지 간략히 살펴보며 마치자.

드 므아브르(de Moivre) 공식을 생각하자.

$$\cos n\theta + i\sin n\theta = (\cos\theta + i\sin\theta)^n.$$

이항 전개를 이용하여 다음을 알 수 있다.

$$\cos n\theta + i\sin n\theta = \sum_{r=0}^{n} \binom{n}{r} i^r \cos^{n-r}\theta \sin^r\theta$$

실수부를 취하면, 다음이 성립한다.

$$\cos n\theta = \sum_{r=0}^{\lfloor n/2 \rfloor} \binom{n}{2r} (-1)^r \cos^{n-2r}\theta \sin^{2r}\theta$$

$\sin^2\theta = 1 - \cos^2\theta$이므로 다음을 얻는다.

$$\cos n\theta = \sum_{r=0}^{\lfloor n/2 \rfloor} \binom{n}{2r} (-1)^r \cos^{n-2r}\theta (1 - \cos^2\theta)^r$$
$$= T_n(\cos\theta).$$

여기에서 T_n은 n번째 체비쇼프 다항식(Chebyshev polynomial)이라 불리는 차수가 n인 다항식이다. 체비쇼프 다항식은 수치 해석에서 중요한 역할을 한다.

다음에 나올 함수들은 무한 합을 계산할 필요가 있다. 독자들은 그럴듯한 계산으로 받아들이거나 취향에 따라 엄밀하게 정당화해도 좋다. 우선 다음 함수

$$h(x) = \sum_{n=-\infty}^{\infty} \frac{1}{(x-n\pi)^2}$$

이 π의 배수가 아닌 모든 실수 x에 대해 잘 정의됨을 관찰하자. 또한 $h(x+\pi) = h(x)$ 및 $h(\frac{1}{2}\pi - x) = h(\frac{1}{2}\pi + x)$임에 주목하자. $f(x) = h(x) - \mathrm{cosec}^2(\pi x)$라 놓자. 모든 $0 < x \le \frac{1}{2}\pi$에 대해 다음 두 식

$$0 < \sum_{n=1}^{\infty} \frac{1}{(x-n\pi)^2} < K_1$$

및

$$0 < \mathrm{cosec}^2 x - \frac{1}{x^2} < K_2$$

를 만족하는 상수 K_1과 K_2가 존재함을 보임으로써, 모든 $0 < x < \pi$에 대해 $|f(x)| < K$인 상수 K가 존재함을 유도할 수 있다. 간단한 계산으로 다음을 보일 수 있다.

$$f(x) = \tfrac{1}{4}\left(f(\tfrac{1}{2}x) + f(\tfrac{1}{2}(x+\pi))\right). \tag{10}$$

(10)을 한 번 적용하면 모든 $0 < x < \pi$에 대해 $|f(x)|$

$< \frac{1}{2}K$임을 보일 수 있고, 반복 적용하면 $f(x) = 0$임을 보여준다. 따라서 π의 정수배가 아닌 모든 실수 x에 대해

$$\mathrm{cosec}^2 x = \sum_{n=-\infty}^{\infty} \frac{1}{(x-n\pi)^2}$$

이다.

복소평면에서 유사한 것을 찾으면 다음 꼴의 함수에 이르게 된다.

$$F(z) = \sum_{n=-\infty}^{\infty} \sum_{m=-\infty}^{\infty} \frac{1}{(z-n-mi)^3}.$$

실함수 $\mathrm{cosec}^2 x$가 $\mathrm{cosec}^2(x+\pi) = \mathrm{cosec}^2(x)$를 만족하고 주기가 π인 반면, 방금 정의한 복소 함수 F는

$$F(z+1) = F(z), \qquad F(z+i) = F(z)$$

를 만족하므로 주기가 1과 i인 이중 주기함수(doubly periodic function)임을 관찰하라. F와 같은 함수를 타원 함수(elliptic function)라 부르며 삼각함수[III.92]의 이론과 나란한 이론이 존재한다.

함수 $E(x) = (2\pi)^{-1/2} e^{-x^2/2}$은 가우스 함수(Gaussian function) 혹은 정규 함수(normal function)라 부르는데 확률론 및 확산 과정의 연구에서 나온다([III.71 §5]와 [IV.24] 참조). x가 거리, t가 시간에 대응할 때 편미분방정식

$$\frac{\partial^2 \phi}{\partial x^2}(x, t) = K \frac{\partial \phi}{\partial t}(x, t)$$

는 확산에 대해 합리적인 모형을 제공한다. $\phi(x, t) = \psi(x, t) = (Kt)^{-1/2} E(x(Kt)^{-1/2})$이 해임을 확인하는 것은 쉽다. 다양한 t값에 대해 x의 함수로서의 $\psi(x, t)$의 그래프를 스케치해 보면, 독자들도 ψ를 $t = 0$일 때 $x = 0$에서의 교란에 대한 반응으로 간주할 수 있

음이 보일 것이다. 주어진 x값에 대해 t의 함수로서 $\psi(x, t)$의 행동을 고려하면 '원점에서의 교란이 x에 미치는 영향은 $x^{1/2}$ 규모의 시간이 지난 후에야 감지할 수 있다'는 것을 보게 된다. 살아 있는 세포는 확산 과정에 의존하며 살아가는데, 방금 위에서 살펴본 결과는 이런 과정이 먼 거리를 가면 대단히 느리다는 것을 (올바로) 시사한다. 이로부터 단일한 세포의 크기에 한계를 준다는 것이 그럴듯하다. 따라서 큰 유기체는 다세포여야만 한다.

통계학자들은 이 함수와 관련된 **오차 함수(error function)**를 끊임없이 이용한다.

$$\mathrm{erf}(x) = \frac{2}{\pi^{1/2}} \int_0^x \exp(-t^2)\,dt.$$

$\mathrm{erf}(x)$는 (다항식의 몫, 삼각함수, 지수함수[III.25] 등과 같은) 초등함수의 합성으로 표현할 수 없다는 리우빌[VI.39]의 유명한 정리가 있다.

이 글에서는 몇 가지 특수 함수의 몇 안 되는 성질만을 살펴볼 수 있었지만, 이처럼 적은 표본만으로도 일반적인 함수들을 연구하는 것보다는 특별한 함수 혹은 그런 클래스의 연구로부터 얼마나 흥미로운 수학이 생길 수 있는지 볼 수 있다.

III.86 스펙트럼

앨런 *G. R. Allan*

벡터공간[I.3 §2.3] 위에서의 선형사상[I.3 §4.2]이나 작용소의 이론에서 **고윳값**과 **고유벡터**[I.3 §4.3]의 개념은 중요한 역할을 한다. V가 ($\mathbb{R}$ 또는 $\mathbb{C}$ 위의) 벡터 공간이고 $T : V \to V$가 선형사상일 때 T의 **고유벡터(eigenvector)**란 어떤 상수 λ에 대해 $T(e) = \lambda e$인 영벡터가 아닌 벡터 $e \in V$를 말하며, 이때 λ가 e에 대응하는 **고윳값(eigenvalue)**이다. V가 유한차원이면 고윳값은 T의 **특성 다항식(characteristic polynomial)** $\chi(t) = \det(tI - T)$의 근이기도 하다. 상수가 아닌 모든 복소 다항식은 근을 가지므로 (이른바 대수학의 **기본 정리**[V.13]) 복소 벡터공간은 적어도 한 개의 고윳값을 갖는다. 상수체가 $\mathbb{R}$이면 모든 작용소가 고유벡터를 갖는 것은 아니다. (예를 들어 $\mathbb{R}^2$에서 원점 주변의 회전을 생각하라.)

해석학에서 발생하는 선형작용소는 보통 무한 차원 공간에 작용한다([III.50] 참조). 복소 바나흐 공간[III.62]에 작용하는 **연속 선형작용소(continuous linear operator)**를 생각하는데 (비록 무한 차원 바나흐 공간 위의 모든 선형작용소가 연속인 것은 아니지만) 이를 간단히 **작용소(operator)**라 칭하기로 한다. X가 무한 차원일 경우 그런 작용소 모두가 고윳값을 갖는 것은 아님을 보게 될 것이다.

예시 1. X가 실직선의 닫힌 구간 $[0, 1]$ 위의 연속인 복소숫값 함수로 이루어진 바나흐 공간 $C[0, 1]$이라 하자. 벡터공간의 구조는 '자연스러운' 것이다. (즉, $f, g \in X$에 대해 합 $f + g$는 모든 t에 대해 $(f + g)(t) = f(t) + g(t)$로 정의하며, 노름은 상한 노름(supremum norm), 즉 $|f(t)|$의 최댓값이다.)

이제 u를 $[0, 1]$ 위에서 연속인 복소숫값 함수라 하자. 여기에 $C[0, 1]$ 위의 **곱셈 작용소(multiplication operator)** M_u를 다음처럼 대응할 수 있다. 주어진 함수 f에 대해 t를 $u(t)f(t)$로 보내는 함수를 $M_u(f)$라 하자. M_u가 선형이며 연속임은 명백하다. M_u가 고 윳값을 갖는지 갖지 않는지는 u의 선택에 달려 있음을 볼 수 있다. 두 가지 간단한 경우를 생각하자.

(i) u를 상수 함수 $u(t) \equiv k$라 하자. 그러면 M_u가 한 개의 고윳값 k를 가지며, X의 (0이 아닌) 임의의 함수 f는 모두 고유벡터임이 분명하다.

(ii) 모든 t에 대해 $u(t) = t$라 하자. 복소수 λ가 M_u의 고윳값이라 하자. 그러면 0 함수가 아닌 어떤 함수 $f \in C[0, 1]$에 대해 $u(t)f(t) = \lambda f(t)$, 즉 모든 t에 대해 $(t - \lambda)f(t) = 0$이어야 한다. 그러면 모든 $t \neq \lambda$에 대해 $f(t) = 0$인데, f가 연속함수이므로 $f(t) \equiv 0$이 되어 가정에 모순된다. 따라서 이런 u를 선택할 경우 M_u는 고윳값을 갖지 않는다.

X를 복소 바나흐 공간이라 하고, T를 X 위의 작용소라 하자. $ST = TS = I$인 X 위의 작용소 S가 존재할 때 T를 가역(invertible)이라고 부르자(여기서 ST는 S와 T의 합성이며, I는 X 위의 항등 작용소이다). 그러면 T가 가역일 필요충분조건은 T가 단사 함수 (injective function)(즉, $x = 0$인 경우만 $T(x) = 0$)이면서 전사 함수(surjective function)(즉, $T(X) = X$)인 것이다. T가 전사이면서 단사인 경우 선형 역사상 T^{-1}가 연속 작용소라는 것을 보이는 부분은 간단한 대수는 아니다. 복소수 λ가 T의 고윳값인 것은 정확히 $T - \lambda I$가 단사가 아닐 때이다.

V가 유한 차원 공간이면 단사인 작용소 $T : V \to V$는 반드시 전사여야 하고 따라서 가역이다. X가 무

한 차원이면 이런 관계는 더는 타당하지 못하다.

예시 2. $\sum_{n \geq 1} |\xi_n|^2 < \infty$인 복소수 수열 $(\xi_n)_{n \geq 1}$로 이루어진 **힐베르트 공간**[III.37] l^2을 H라 하자. S를 $S(\xi_1, \xi_2, \xi_3, \cdots) = (0, \xi_1, \xi_2, \cdots)$로 정의하는 '오른쪽 이동' 작용소라 하자. 그러면 S는 단사지만 전사는 아니다. $S^*(\xi_1, \xi_2, \xi_3, \cdots) = (\xi_2, \xi_3, \cdots)$으로 정의하는 '역 이동' S^*는 전사지만 단사가 아니다.

이 예시를 염두에 두고 다음 정의를 한다.

정의 3. X가 복소 바나흐 공간이고 T가 X 위의 작용소라 하자. T의 **스펙트럼**(spectrum)은 $\mathrm{Sp}\,T$ 혹은 $\sigma(T)$로 나타내는데, $T - \lambda I$가 가역이 아닌 모든 복소수 λ의 집합이다.

다음 언급할 내용은 명백하다.

(i) X가 유한 차원이면, $\mathrm{Sp}\,T$는 T의 고윳값의 집합이다.

(ii) 일반적인 X에 대해 $\mathrm{Sp}\,T$는 T의 고윳값들의 집합을 포함하지만, 더 클 수도 있다. (예를 들어 예제 2에서 0은 S의 고윳값이 아니지만 S의 스펙트럼에는 포함돼 있다.)

스펙트럼이 $\mathbb{C}$에서 항상 유계이며 닫힌(즉, **콤팩트**[III.9]) 집합임을 보이는 것은 쉽다. 더 깊은 결과는 절대 공집합이 아니라는 것, 즉 $T - \lambda I$가 가역이 아닌 λ가 항상 있다는 것이다. 이는 T의 스펙트럼에 속하지 않는 λ에 대해 $\lambda \mapsto (\lambda I - T)^{-1}$로 정의한 작용

소 값을 갖는 해석적 함수에 리우빌의 정리[I.3 §5.6]를 적용하여 증명한다.

예시 1 계속. 모든 곱셈 작용소가 고윳값을 갖는 것은 아님을 이미 보았다. 하지만 쉽게 묘사할 수 있는 스펙트럼은 갖는다. M_u를 그런 작용소라 하고 함수 u가 취하는 값 $u(t)$들의 집합을 S라 하자. $\mu = u(t_0)$이 그런 값 중 하나일 때 작용소 $M_u - \mu I$를 생각한다. $C[0, 1]$의 임의의 함수 f에 대해 t_0에서 $(M_u - \mu I)f$의 값은 $u(t_0)f(t_0) - \mu f(t_0) = 0$이다. 이로부터 $M_u - \mu I$가 전사가 아님을 알 수 있고(예를 들어 $M_u - \mu I$의 치역은 0이 아닌 상수 함수를 포함하지 않는다), 따라서 μ는 M_u의 스펙트럼에 속한다. 따라서 S는 M_u의 스펙트럼에 포함된다. 실은 두 집합이 같다는 것을 보이는 것도 어렵지 않다.

이 예를 일반화하여 K가 $\mathbb{C}$의 공집합이 아닌 임의의 콤팩트 부분집합일 때, K를 스펙트럼으로 갖는 선형작용소 T가 존재한다는 것을 쉽게 보일 수 있다. K 위에서 정의되고 복소숫값을 갖는 연속함수들의 공간을 X라 하고, 각 $z \in K$에 대해 $u(z) = z$라 두고 (K가 $[0, 1]$이었을 때 정의했던 것처럼) T를 곱셈 연산자 M_u라 하면 된다.

스펙트럼은 작용소 이론의 대부분의 측면에서 중요하다. 힐베르트 공간의 작용소에 대한 결과로 스펙트럼 정리라 알려진 것을 간단하게 하나 언급한다(변종이 많다).

내적 $\langle x, y \rangle$를 갖는 힐베르트 공간을 H라 하자. H 위의 연속인 선형작용소 T가 H의 모든 원소 x, y에 대해 $\langle Tx, y \rangle = \langle x, Ty \rangle$이면 **에르미트 작용소**(Hermitian)라 부른다.

예시 4.

(i) H가 유한 차원이면, H 위의 선형작용소 S가 에르미트 작용소일 필요충분조건은 어떤(따라서 **모든**) 정규직교기저[III.37]에 대해, S를 나타내는 행렬이 에르미트 행렬(즉, $A = \overline{A}^{\mathrm{T}}$인 행렬)인 것이다.

(ii) 힐베르트 공간 $L_2[0, 1]$ 위에서 연속함수 u를 곱하는 작용소를 M_u라 하자(예제 1에서와 같지만, 여기서는 그냥 $C[0, 1]$이 아니라 $L_2[0, 1]$의 함수에 적용한다). 그러면 M_u가 에르미트 작용소일 필요충분조건은 u가 실숫값 함수인 것이다.

H가 유한 차원이고 T가 H 위의 에르미트 작용소이면, H는 T의 고유벡터로 이루어진 정규직교기저('대각 기저')를 갖는다. 이와 동치로, $\{\lambda_1, \cdots, \lambda_k\}$가 T의 서로 다른 고윳값들이고 P_j가 H로부터 고유공간 $E_j \equiv \{x \in H : Tx = \lambda_j x\}$ 위로 떨어지는 정사영일 때 $T = \sum_{j=1}^k \lambda_j P_j$라 쓸 수 있다.

H가 무한 차원이고 T가 H 위의 에르미트 작용소이면, H가 고유벡터로 이루어진 기저를 갖는다는 것은 일반적으로는 더는 참이 아니다. 하지만 표현 $T = \sum \lambda_j P_j$는 T의 스펙트럼 위에서 '정사영을 값으로 갖는 측도'에 대한 일종의 적분 표현 $T = \int \lambda \, dP$로 일반화할 수 있다는 것은 대단히 중요하다.

이른바 **콤팩트 에르미트 작용소**(compact Hermitian operator)라 부르는 중간 경우가 있는데, '콤팩트'성은 일종의 강력한 연속성으로 응용에서 대단히 중요하다. 일반적인 경우보다 기교적인 면이 훨씬 간단하고, 적분보다는 무한급수를 포함한다. 꽤 읽을 만한 입문서로는 영(Young)의 책(1988)이 있다.

더 읽을거리

Young, N. 1988. *An Introduction to Hilbert Space*. Cambridge : Cambridge University Press.

III.87 구면 조화함수

주기가 2π인 광범위한 주기함수 $f(\theta)$를 삼각함수[III.92] $\sin n\theta$와 $\cos n\theta$의 무한 선형결합, 혹은 이와 동치로 $\sum_{n=-\infty}^{\infty} a_n e^{in\theta}$ 꼴의 합으로 분해할 수 있다는 관찰이 푸리에 해석[III.27]의 출발점이다.

실직선 위에서 정의된 주기함수 f를 복소평면 내의 단위원 T에서 정의된 동등한 함수 F로 여기는 것이 이 함수를 생각하는 한 가지 유용한 방법이다. 원 위의 전형적인 점은 $e^{i\theta}$ 꼴을 띠므로 $F(e^{i\theta})$을 $f(\theta)$로 정의한다. (θ에 2π를 더하면 $e^{i\theta} = e^{i(\theta+2\pi)}$이므로 $F(e^{i\theta})$은 변하지 않으며, f가 주기가 2π인 함수이므로 $f(\theta)$도 변하지 않는다는 것에 주목하라.)

$f(\theta) = \sum_{n=-\infty}^{\infty} a_n e^{in\theta}$이고 $e^{i\theta}$ 대신 z라 쓰면, $f(z) = \sum_{n=-\infty}^{\infty} a_n z^n$이다. 따라서 $\mathbb{R}$ 위에서 정의된 주기함수 대신 $\mathbb{T}$ 위에서 정의된 함수로 간주하면, 푸리에 해석은 함수를 임의의 정수 n에 대해 함수 z^n들의 무한 선형결합으로 분해해 준다.

함수 z^n에 어떤 특별한 점이 있을까? 이들이 $\mathbb{T}$의

지표(character)라는 것이 답이다. 즉, $\mathbb{T}$에서 정의된 복소숫값을 갖는 0이 아닌 연속함수이며, $\mathbb{T}$의 모든 z와 w에 대해 관계식 $\phi(zw) = \phi(z)\phi(w)$를 만족한다.

이제 $\mathbb{T}$ 대신 $\mathbb{R}^3$의 단위구면인 2차원 집합 S^2 위에서($x^2 + y^2 + z^2 = 1$인 점 (x, y, z)의 집합으로 정의한다) 정의된 함수 F를 상상하자. 더 일반적으로 $x_1^2 + \cdots + x_d^2 = 1$인 점 $(x_1, \cdots, x_d)$의 집합으로 정의하는 S^{d-1}에서 정의된 함수 F는 어떨까? 그런 F가 충분히 좋은 경우 분해하는 자연스러운 방법이 있을까? 즉, 푸리에 해석을 고차원 구로 일반화하는 좋은 방법이 있을까?

구 S^2과 원 $S^1 = \mathbb{T}$ 사이에는, 중요하지만 처음에는 사기를 떨어트리는 차이가 있다. 평면 S^2의 점으로서가 아니라 복소수의 집합으로서 $\mathbb{T}$를 정의한 것은 그렇게 해야 곱셈군을 이루기 때문이다. 이와 대조적으로 공은 유용한 군 구조를 갖지 않으므로 지표에 대해 얘기할 수 없다(이유에 대한 단서는 사원수, 팔원수, 노름을 갖는 나눗셈 대수[III.76]를 보라). 이 때문에 일반적인 함수를 분해하고 싶어 하는 대상인 '좋은' 함수가 무엇이어야 할지 덜 명확해진다.

하지만 복소수를 쓰지 않고도 왜 삼각함수가 자연스럽게 나오는지 설명하는 다른 방법이 있다. S^1의 전형적인 점을 $x^2 + y^2 = 1$인 (x, y)로 쓸 수 있고, 이와 동치로 어떤 실수 θ에 대해 $(\cos\theta, \sin\theta)$로 쓸 수 있다. 그러면 복소수를 피하고 싶어 하는 기본 함수 $\cos n\theta$와 $\sin n\theta$를 x와 y로 쓸 수 있다. 예를 들어 $\cos\theta$와 $\sin\theta$가 각각 x와 y이므로, $\cos 2\theta = \cos^2\theta - \sin^2\theta = x^2 - y^2$ 등등이다. ($x^2 + y^2 = 1$이므로 $x^2 - y^2 = 2x^2 - 1 = 1 - 2y^2$임에 주목하라.) 일반적으로

$\cos n\theta$와 $\sin n\theta$는 $\cos\theta$와 $\sin\theta$의 다항식으로 항상 쓸 수 있으므로, 기본 삼각함수는 어떤 다항식을 단위원에 제한한 것으로 생각할 수 있다.

어떤 다항식들일까? 이들은 **조화함수**이며 **동차함수**인 것으로 드러났다. 조화다항식 $p(x, y)$는 **라플라스 방정식**[I.3 §5.4] $\Delta p = 0$을 만족하는 다항식을 말하는데 여기서 Δp는

$$\frac{\partial^2 p}{\partial x^2} + \frac{\partial^2 p}{\partial y^2}$$

를 가리킨다. 예를 들어 $p(x, y) = x^2 - y^2$이면, $\partial^2 p / \partial x^2 = 2$이고 $\partial^2 p / \partial y^2 = -2$이므로 $x^2 - y^2$은 바란 대로 조화다항식이다. 라플라스 작용소 Δ가 선형작용소이므로 조화다항식은 벡터공간을 이룬다. 차수가 n인 동차다항식은 각 항의 전체 차수가 n인 것 혹은 $p(\lambda x, \lambda y)$가 항상 $\lambda^n p(x, y)$인 다항식 $p(x, y)$를 말한다. 예를 들어 $x^3 - 3xy^2$은 차수가 3인 동차다항식(이고 조화다항식)이다. 차수가 n인 동차 조화다항식은 조화다항식 전체 공간의 부분공간을 이룬다. $n = 0$일 때는 1차원이고, $n > 0$일 때는 2차원이다. ($n > 0$일 때는 $A\cos n\theta + B\sin n\theta$ 꼴의 함수들의 공간에 대응한다. 예를 들어 다항식 $x^3 - 3xy^2$은 $\cos 3\theta$라는 함수에 대응한다.)

조화다항식의 개념은 고차원으로 아주 쉽게 일반화된다. 예를 들어 3차원에서 조화다항식은 다음과 같은 다항식 $p(x, y, z)$다.

$$\frac{\partial^2 p}{\partial x^2} + \frac{\partial' p}{\partial y^2} + \frac{\partial^2 p}{\partial z^2} = 0.$$

차수가 n이고 차원이 d인 **구면 조화함수**(spherical harmonic)는 차수가 n인 동차식이고 d개의 변수를 갖는 조화다항식을 초구 S^{d-1}에 제한한 것이다.

구면 조화함수가 상당히 유용하며, 원 위에서의 삼각다항식과 매우 유사함을 보여주는 성질이 몇 가지 있다. 차원 d를 고정하고 단위구면 $S = S^{d-1}$ 위에서의 하 측도(Haar measure)를 $d\mu$로 표기하겠다. 기본적으로 이는 f가 S에서 $\mathbb{R}$로의 적분가능 함수일 때, $\int_S f(x)d\mu$가 평균임을 뜻한다.

(i) **직교성.** p와 q가 차원이 d인 구면 조화함수이고 차수가 다르면, $\int_S p(x)q(x)d\mu = 0$이다.

(ii) **완비성.** $L^2(S, \mu)$에 속하는($\int_S |f(x)|^2 d\mu$가 존재하며 유한하다는 뜻이다) 모든 함수 $f : S \to \mathbb{R}$은, 차수가 n인 구면 조화함수 H_n에 대해 $\sum_{n=0}^{\infty} H_n$ 꼴로($L^2(S, \mu)$에서 수렴하도록) 쓸 수 있다.

(iii) **분해의 유한 차원성.** 각 d와 n에 대해 차원이 d이고 차수가 n인 구면 조화함수가 이루는 벡터공간은 유한 차원이다.

이들 세 성질로부터 $L^2(S, \mu)$가 구면 조화함수로 이루어진 **정규직교기저**[VI.37]를 갖는다는 걸 쉽게 유도할 수 있다.

구면 조화함수는 왜 자연스러우며 왜 유용할까? 두 질문 모두 여러 가지 답을 줄 수 있는데, 여기 각각 하나씩 제시한다.

$\mathbb{R}^n$ 위에서 정의된 함수에 작용하는 라플라스 작용소 Δ를 임의의 리만 다양체[I.3 §6.10] M 위에서 정의된 함수에 작용하도록 일반화할 수 있다. 이렇게 일반화한 작용소는 Δ_M이라 쓰는데 M에 대한 **라플라스-벨트라미 작용소**(Laplace-Beltrami operator)라 부르며, 이 작용소의 행동이 M의 기하학에 대한 수

많은 정보를 준다. 특히 라플라스-벨트라미 작용소를 초구 S^{d-1}에 대해서도 정의할 수 있는데, 이때는 그냥 **벨트라미 작용소**라 부른다. 구면 조화함수는 벨트라미 작용소의 **고유벡터**[I.3 §4.3]로 밝혀졌다. 더 정확히 말해, 차수가 n이고 차원이 d인 구면 조화함수는 고윳값이 $-n(n+d-2)$인 고유벡터이다. ($\cos n\theta$를 두 번 미분하면 $-n^2\cos n\theta$인데 $d=2$인 경우에 해당함에 주목하라.) 이를 이용하면 색다르지만 더 자연스럽게(하지만 덜 초등적으로) 구면 조화함수를 정의할 수 있다. 이런 정의와 라플라스 작용소가 자기수반작용소라는 사실을 결합하면, 구면 조화함수의 여러 가지 중요한 성질을 많이 설명할 수 있다. (이 언급을 증폭한 것은 **선형작용소와 그것의 성질**[III.50 §3]을 보라.)

푸리에 해석이 중요한 한 가지 이유는, 다수의 중요한 선형작용소를 함수의 푸리에 변환에 적용할 경우 대각 작용소가 되어 특히 이해하기 쉽다는 것이다. 예를 들어 f가 매끈한 주기함수이고 $\sum_{n\in\mathbb{Z}}a_n e^{in\theta}$이라고 쓰면 f의 미분은 $\sum_{n\in\mathbb{Z}}na_n e^{in\theta}$이다. f와 f'의 n번째 푸리에 계수를 각각 $\hat{f}(n)$과 $\widehat{f'}(n)$이라 쓰면 $\widehat{f'}(n)=n\hat{f}(n)$을 유도한 것인데, 함수 f를 미분하기 위해서는 푸리에 변환에 함수 $g(n)=n$을 점별로(pointwise) 곱하기만 하면 된다는 것을 말해준다. 이는 미분방정식을 푸는 데 대단히 유용한 기법을 제공한다.

이미 언급한 대로 구면 조화함수는 라플라스 작용소의 고유벡터지만, 다른 선형작용소도 여러 개 대각화한다. 좋은 예가 **구면 라돈 변환**(spherical Radon transform)인데 다음처럼 정의한다. f가 S^{d-1}로부터 $\mathbb{R}$로의 함수라면 구면 라돈 변환 Rf는 S^{d-1}로부터 $\mathbb{R}$로의 또 다른 함수로, x에서의 Rf의 값은 x와 수직인 모든 점 y에서 f값의 평균이다. 이는 평면 위에서 정의된 함수를 직선들 위에서의 평균값으로 대체해주는 더 유용한 라돈 변환과 밀접히 관련돼 있다. 라돈 변환의 역변환은 의료 영상기기의 출력으로부터 영상을 만드는데 중요하다. 구면 조화함수는 구면 라돈 변환에 대한 고유함수임이 드러났다. 더 일반적으로 w가 적절한 함수 혹은 일반화된 함수일 때 $Tf(x)=\int_S w(x\cdot y)f(y)\,d\mu(y)$ 꼴의 임의의 변환 T는 구면 조화함수에 의해 대각화된다. 주어진 구면 조화함수에 대응하는 고윳값은 이른바 **풍크-헤케 공식**(Funk-Hecke formula)으로 계산할 수 있다.

구면 조화함수는 **체비쇼프 다항식**과 **르장드르 다항식**[III.85]을 연결하는 방법을 주며, 두 다항식 모두 자연스러운 개념임을 보여준다. 체비쇼프 다항식은 x에 대한 다항식으로 볼 때, 차원이 2인 구면 조화함수, 즉 S^1 위에서의 2변수 동차 조화다항식과 같다. 예를 들어 원 S^1의 모든 (x,y)에 대해 $x^2+y^2=1$이기 때문에 앞서 생각했던 함수 x^3-3xy^2은 S^1 위에서 $4x^3-3x$와 같은데, $4x^3-3x$는 체비쇼프 다항식이다. 르장드르 다항식은 x에 대한 다항식으로, 차원이 3인 구면 조화함수이다. 예를 들어 $p(x,y,z)=2x^2-y^2-z^2$이라면 $\Delta p=0$인데, S^2 위의 모든 점에서 $x^2+y^2+z^2=1$이므로 $p(x,y,z)=3x^2-1$이다. 따라서 $3x^2-1$은 르장드르 다항식이다.

이런 다항식과 흔히 정의하는 체비쇼프 다항식 및 르장드르 다항식이 같다는 것을 간략히 증명하자. 이들이 각 차수마다 한 개씩 있는 다항식으로 모종의 직교 관계식을 만족하는 수열이라는 것이 보통의 정의이다. 차수가 다른 구면 조화함수는 직교하므로, 방금 서술한 다항식도 모종의 직교 관계식을 가져야 한다. 어떤 관계식인지 계산해 보면 정확히 체비쇼프 다항식 및 르장드르 다항식을 정의하는 관계식이라는 것을 발견할 수 있다.

III.88 심플렉틱 다양체

가브리엘 파테르나인 *Gabriel P. Paternain*

심플렉틱 기하학(symplectic geometry)은 고전 물리를 지배하는 기하학이며, 더 일반적으로 다양체 위의 군의 작용을 이해하게 돕는 데 중요한 역할을 한다. 리만 기하학과 복소 기하학의 특징을 일부 공유하며, (세 가지 기하학적 구조를 통합하는) **캘러 다양체**(Kähler manifold)라는 중요한 다양체 부류를 포함한다.

1 심플렉틱 선형대수

리만 기하학[I.3 §6.10]이 유클리드 기하학[I.3 §6.2]에 근거한 것과 마찬가지로, 심플렉틱 기하학은 이른바 **선형 심플렉틱 공간** $(\mathbb{R}^{2n}, \omega_0)$의 기하학에 근거한다.

$\mathbb{R}^2$의 주어진 두 벡터 $v = (q, p)$와 $v' = (q', p')$에 대해, v와 v'으로 생성되는 평행사변형의 **부호**를 갖는 넓이(signed area) $\omega_0(v, v')$은 다음 식으로 주어진다.

$$\omega_0(v, v') = \det \begin{pmatrix} q' & q \\ p' & p \end{pmatrix} = pq' - qp'.$$

J가 2×2 행렬

$$J = \begin{pmatrix} 0 & 1 \\ -1 & 0 \end{pmatrix}$$

일 때 $\omega_0(v, v') = v' \cdot Jv$처럼 내적을 이용하여 쓸 수도 있다. 선형변환 $A : \mathbb{R}^2 \to \mathbb{R}^2$이 넓이와 방향을 보존하면, 모든 v와 v'에 대해 $\omega_0(Av, Av') = \omega_0(v, v')$이다.

심플렉틱 기하학은 이와 같은 2차원 부호를 갖는 넓이 측도 및 이 측도를 보존하는 변환을 연구하지만, 단순한 평면 이상이 아니라 차원이 $2n$인 일반적인 공간에도 적용된다.

$\mathbb{R}^{2n}$을 $\mathbb{R}^n \times \mathbb{R}^n$으로 쪼개면, $\mathbb{R}^{2n}$의 벡터 v를 각각 $\mathbb{R}^n$에 속하는 q와 p에 대해 $v = (q, p)$처럼 쓸 수 있다. **표준 심플렉틱 형식**(standard symplectic form) $\omega_0 : \mathbb{R}^{2n} \times \mathbb{R}^{2n} \to \mathbb{R}$은 다음 식으로 정의한다.

$$\omega_0(v, v') = p \cdot q' - q \cdot p'.$$

여기에서 '$\cdot$'는 $\mathbb{R}^n$에서의 보통 내적을 가리킨다. 기하학적으로 $\omega_0(v, v')$은 v와 v'을 $q_i p_i$-평면으로 사영하여 생성되는 평행사변형의 부호를 갖는 넓이의 합으로 해석할 수 있다. 행렬을 써서 표현하면, I가 $n \times n$ 항등행렬일 때 $2n \times 2n$ 행렬

$$J = \begin{pmatrix} 0 & I \\ -I & 0 \end{pmatrix} \tag{2}$$

에 대해

$$\omega_0(v, v') = v' \cdot Jv \tag{1}$$

라 쓸 수 있다.

임의의 두 벡터의 곱 ω_0을 보존하는 선형사상 $A :$ $\mathbb{R}^{2n} \to \mathbb{R}^{2n}$(즉, 모든 $v, v' \in \mathbb{R}^{2n}$에 대해 $\omega_0(Av, Av')$ $= \omega_0(v, v')$)을 심플렉틱 선형변환(symplectic linear transformation)이라 부르는데, 마찬가지로 $2n \times 2n$ 행렬 A가 심플렉틱 행렬이라는 것은 A^T가 A의 전치 행렬일 때 $A^T J A = J$인 것과 필요충분조건이다. 심플렉틱 선형변환과 심플렉틱 기하학의 관계는 강체운동과 유클리드 기하학의 관계와 같다. $(\mathbb{R}^{2n}, \omega_0)$의 모든 심플렉틱 선형변환의 집합은 고전적인 리군[III.48 §1]의 하나인데 $\mathrm{Sp}(2n)$으로 나타낸다. 심플렉틱 행렬 $A \in \mathrm{Sp}(2n)$은 항상 행렬식[III.15]이 1임을 보일 수 있으므로, 부피를 보존한다. 하지만 $n \geq 2$일 때 역은 성립하지 않는다. 예를 들어 $n = 2$이면, 다음 선형사상

$$(q_1, q_2, p_1, p_2) \mapsto (aq_1, q_2/a, ap_1, p_2/a)$$

는 모든 $a \neq 0$에 대해 행렬식이 1이지만, $a^2 = 1$일 때만 심플렉틱 선형변환이다.

표준 심플렉틱 형식 ω_0은 언급할 만한 성질 세 가지를 갖는다. 첫 번째는 이중선형(bilinear)이라는 것으로, 식 $\omega_0(v, v')$은 v'을 고정할 때 v에 대해 선형이며, 반대도 마찬가지다. 두 번째는 반대칭(anti-symmetric)이라는 것으로 모든 v, v'에 대해 $\omega_0(v, v')$ $= -\omega_0(v, v')$이다. 특히 $\omega_0(v, v) = 0$이다. 마지막으로 퇴화하지 않는(nondegenerate) 형식이라는 것으로 0이 아닌 모든 v에 대해 $\omega_0(v, v') \neq 0$인 0이 아닌 벡터 v'이 존재한다는 뜻이다. 이 세 성질을 따르는 형식은 표준 심플렉틱 형식 ω_0만은 아니지만, 이런 세 성질을 갖는 모든 형식은 가역인 선형변환으로 변수를 바꾸면 표준 형식 ω_0으로 전환할 수 있음이 밝혀졌다. (다르부 정리(Darboux's theorem)의 특수한 경우다.) 따라서 본질적으로 $2n$차원에서 선형 심플렉틱 기하학은 $(\mathbb{R}^{2n}, \omega_0)$이 '유일'하다. 홀수 차원 공간에는 심플렉틱 형식이 없다.

2 $(\mathbb{R}^{2n}, \omega_0)$의 심플렉틱 미분동형사상

유클리드 기하에서는 모든 강체운동이 자동적으로 선형(혹은 아핀(affine)) 변환이다. 하지만 심플렉틱 기하에서는 심플렉틱 선형변환 이외에도 많은 심플렉틱 사상이 있다. $(\mathbb{R}^{2n}, \omega_0)$의 비선형 심플렉틱 사상들은 심플렉틱 기하의 연구에서 중요한 대상 중 하나다.

$U \subset \mathbb{R}^{2n}$을 열린 집합이라 하자. 사상 $\phi : U \to \mathbb{R}^{2n}$이 매끈하다(smooth)는 것은 모든 차수의 편미분이 연속일 때다. 매끈한 사상이 역함수도 매끈할 때 미분동형사상(diffeomorphism)이라 부른다.

매끈한 비선형사상 $\phi : U \to \mathbb{R}^{2n}$이 심플렉틱 사상(symplectic map)이라는 것은 모든 $x \in U$에 대해 ϕ를 한 번 미분한 야코비 행렬 $\phi'(x)$가 심플렉틱 선형변환일 때이다. 비형식적으로 말하자면, 무한소로 작은 규모에서 심플렉틱 선형변환처럼 행동하는 것이 심플렉틱 사상이다. 심플렉틱 선형변환의 행렬식이 1이므로, 다변수 미적분을 이용하면 심플렉틱 사상은 항상 부피를 보존하며 국소적으로 가역임을 결론지을 수 있다. 간략히 말해, A가 충분히 작은 U의 부분집합일 때 사상 $\phi : A \to \phi(A)$가 가역이며, $\phi(A)$와 A의 부피가 같다. 하지만 $n \geq 2$일 때 역은 참이 아니다. 심플렉틱 사상의 클래스는 부피를 보존하는 사상보다 훨씬 제한적이다. 실제로 그로모프 비

압축 정리(Gromov's nonsqueezing theorem)는 이 치이가 얼마나 현저한지를 보여준다(아래를 보라).

심플렉틱 사상은 해밀턴(Hamilton) 역학 시대에 **정준 변환**(canonical transformation)이라는 이름으로 상당히 오랫동안 알려져 있었다. 다음 소절에서 간단하게 설명하겠다.

2.1 해밀턴의 방정식

비선형 심플렉틱 사상은 어떻게 만들 수 있을까? 익숙한 예제를 탐구하면서 시작하자. 길이가 l이고 질량이 m인 단진자의 운동을 생각하고 시간 t에서 수직 방향과 이루는 각을 $q(t)$라 하자. 운동 방정식은 다음과 같다.

$$\frac{\mathrm{d}^2 q}{\mathrm{d}t^2} + \frac{g}{l}\sin q = 0.$$

여기에서 g는 중력가속도이다. **운동량**(momentum) p를 $p = ml^2 q$라 정의하면, 이 2차 미분방정식을 **상평면**(phase plane) $\mathbb{R}^2$에서의 1차 연립방정식으로 변환할 수 있다. 즉, 다음을 얻는다.

$$\frac{\mathrm{d}}{\mathrm{d}t}(q, p) = X(q, p). \tag{3}$$

여기에서 **벡터장**(vector field) $X : \mathbb{R}^2 \to \mathbb{R}^2$은 식 $X(q, p) = (p/ml^2, -mgl\sin q)$로 주어진다. 각 $(q(0), p(0)) \in \mathbb{R}^2$에 대해 초기 조건 $(q(0), p(0))$을 갖는 방정식 (3)의 유일한 해 $(q(t), p(t))$가 존재한다. 그러면 임의의 고정된 시간 t에 대해 $\phi_t(q(0), p(0)) = (q(t), p(t))$로 주어지며 **넓이를 보존한다**는 놀라운 성질을 갖는 **발전 사상**(evolution map)(혹은 **흐름**(flow)) $\phi_t : \mathbb{R}^2 \to \mathbb{R}^2$을 얻는다. 이는 X가 **비발산**(divergence free)임을, 혹은 다른 말로 다음 식

$$\frac{\mathrm{d}}{\mathrm{d}q}\frac{p}{ml^2} + \frac{\mathrm{d}}{\mathrm{d}p}(-mgl\sin q) = 0$$

을 관찰하여 유도할 수 있다. 사실 모든 시간 t에 대해 ϕ_t는 $(\mathbb{R}^2, \omega_0)$ 위의 심플렉틱 사상이다.

더 일반적으로 고전역학에서 자유도가 유한인 임의의 시스템은 발전 사상 ϕ_t가 항상 심플렉틱 사상이도록 비슷하게 재공식화할 수 있다. 이런 맥락에서 이 사상들은 정준변환으로도 알려져 있다. 170여 년 전 아일랜드 수학자 **윌리엄 로완 해밀턴**[VI.37]이 어떻게 일반적으로 할 수 있는지를 보여주었다. 주어진 임의의 매끈한 함수 $H : \mathbb{R}^{2n} \to \mathbb{R}$(해밀턴 작용소라 부른다)에 대해 다음처럼 주어지는 1차 연립 미분방정식

$$\frac{\mathrm{d}q_i}{\mathrm{d}t} = \frac{\partial H}{\partial p_i}, \quad i = 1, \cdots, n, \tag{4}$$

$$\frac{\mathrm{d}p_i}{\mathrm{d}t} = \frac{\partial H}{\partial q_i}, \quad i = 1, \cdots, n \tag{5}$$

은 모든 시간 t에 대해 $(\mathbb{R}^{2n}, \omega_0)$ 위의 심플렉틱 사상인 발전 작용소 $\phi_t : \mathbb{R}^{2n} \to \mathbb{R}^{2n}$을 준다. ($H$에 대한 약간 순한 증가 가정이 필요한데 여기서는 무시한다.) 형식 ω_0과의 관련을 보기 위해, 식 (4)와 (5)를 다음처럼 동등한 꼴로 쓸 수 있음을 관찰하라.

$$\frac{\mathrm{d}x}{\mathrm{d}t} = J\nabla H(x). \tag{6}$$

여기에서 ∇H는 H의 보통의 기울기벡터[I.3 §5.3]이며 J는 (2)에서 정의하였다. 식 (6), (1)과 ω_0의 반대칭 성질로부터 모든 t에 대해 ϕ_t가 심플렉틱 사상임을 확인하는 것은 어렵지 않다(t에 대한 $\omega_0(\phi_t'(x)v, \phi_t'(x)v')$의 미분을 계산하여 이 값이 0과 같음을 확인하는 것이 주요 수법이다).

심플렉틱 사상이 부피를 보존한다는 사실은 이미 지적하였다. 해밀턴 계가 부피를 보존한다는 것은 (리우빌의 정리(Liouville's theorem)로 알려진 결과) 19세기에 상당한 이목을 끌었고, 측도를 보존하는 변환에서의 반복 성질을 연구하는 에르고딕 이론 [V.9] 발달의 구동력이었다.

심플렉틱 사상 혹은 정준변환은 복잡한 계를 동등하면서도 분석하기 더 쉬운 계로 대체할 수 있게 해 주기 때문에 고전 물리에서 중요한 역할을 수행했다.

2.2 그로모프 비압축 정리

심플렉틱 사상과 부피를 보존하는 사상의 차이는 무엇일까? 이 질문에 대답하기 위해 $\mathbb{R}^{2n}$ 내에 연결된 열린 집합 U와 V가 있다고 하고, 하나를 심플렉틱 사상을 이용하여 다른 하나에 임베드(embed)하고 싶다고 하자. 이는 심플렉틱 사상 $\phi : U \to V$ 중에 ϕ가 치역 위로의 위상동형사상인 것을 찾아야 함을 뜻한다. 그런 ϕ가 부피를 보존해야만 한다는 것을 알기 때문에 U의 부피는 기껏해야 V의 부피여야 한다는 명백한 제한을 얻는데, 이런 제한만이 문제일까? 원점을 중심으로 하고 반지름이 R인 열린 공 $B(R) = \{x \in \mathbb{R}^{2n} : |x| < R\}$을 생각하면 부피가 유한임은 분명하다. R과 r이 어떤 값이든, 이를 부피가 무한인 다음 원기둥

$$C(r) = \{(q, p) \in \mathbb{R}^{2n} : q_1^2 + q_2^2 < r^2\}$$

에 임베드하는 것은 어렵지 않다. 사실 충분히 작은 양수 a에 대해 선형 심플렉틱 사상

$$(q, p) \mapsto$$
$$(aq_1, aq_2, q_3, \cdots, q_n, p_1/a, p_2/a, p_3, \cdots, p_n)$$

이면 만사형통이다. 하지만 부피가 무한인 다음 원기둥

$$Z(r) = \{(q, p) \in \mathbb{R}^{2n} : q_1^2 + p_1^2 < r^2\}$$

을 생각하면 상황이 근본적으로 달라진다. 비슷한 선형사상

$$(q, p) \mapsto$$
$$(aq_1, q_2/a, q_3, \cdots, q_n, ap_1, p_2/a, p_3, \cdots, p_n)$$

을 시도해 볼 수 있다. 이 사상은 부피를 보존하며 (행렬식이 1이다), a가 작은 값일 때 $B(R)$을 $Z(r)$에 임베드한다. 하지만 이 사상이 심플렉틱 사상인 것은 $a = 1$일 때뿐이므로 $R \le r$이어야만 심플렉틱 임베딩 사상이 된다. $R > r$일 때도 $B(R)$을 $Z(r)$ 내로 압축하는 비선형 심플렉틱 임베딩이 있을지 모른다고 생각하고 싶은 유혹이 들겠지만, 1985년 그로모프의 놀라운 정리는 그런 사상을 찾아낼 수 없음을 주장한다.

그로모프의 이 심오한 결과 및 이로부터 나오는 다른 결과에도 불구하고, $\mathbb{R}^{2n}$의 집합이 다른 집합으로 어떻게 임베드되는지에 대해 여전히 그다지 많이 알지는 못한다.

3 심플렉틱 다양체

미분위상학[IV.7]으로부터 차원이 d인 다양체는 각 점이 유클리드 공간 $\mathbb{R}^d$의 열린 집합과 위상동형인

근방을 갖는 **위상공간**[III.90]임을 기억하자. 아주 작은 거리 규모에서는 이 다양체가 어떻게 보이는지 묘사해 준다는 점에서 $\mathbb{R}^d$를 이 다양체의 **국소 모형**으로 생각할 수 있다. 또한 **매끈한 다양체**는 '추이 함수(transition function)'들이 매끈한 것들임도 기억하자. 이는 $\psi : U \to \mathbb{R}^d$와 $\varphi : V \to \mathbb{R}^d$가 국소 좌표계일 때, 두 열린 집합 $\varphi(U \cap V)$와 $\psi(U \cap V)$ 사이의 추이 함수 $\psi \circ \varphi^{-1}$가 매끈함을 뜻한다.

심플렉틱 다양체도 비슷하게 정의하지만, 이번에는 국소 모형이 선형 심플렉틱 공간 $(\mathbb{R}^{2n}, \omega_0)$이다. 더 정확히 말하면, 심플렉틱 다양체 M은 차원이 $2n$인 다양체로 추이 함수들이 $(\mathbb{R}^{2n}, \omega_0)$의 심플렉틱 미분동형사상인 국소 좌표계의 정의역으로 덮을 수 있는 것이다.

물론 $(\mathbb{R}^{2n}, \omega_0)$의 열린 부분집합은 심플렉틱 다양체다. $\mathbb{R}^{2n}$을 $\mathbb{Z}^{2n}$의 작용으로 잘라 얻는 원환면 $\mathbb{T}^{2n}$이 콤팩트 심플렉틱 다양체의 예다. 다른 말로 하면 두 점 $x, y \in \mathbb{R}^{2n}$에 대해 $x - y$가 정수 좌표들을 가지면 동등하다고 하여 얻는다. 또 다른 중요한 심플렉틱 다양체의 예에는 리만 곡면[III.79], 복소사영공간[III.72], 여접다발[IV.6 §5] 등이 포함돼 있다. 하지만 주어진 콤팩트 다양체에 대해 심플렉틱 다양체로 만들어주는 국소 좌표계를 줄 수 있는지 판단하는 것은 활짝 열린 미해결 문제이다.

$(\mathbb{R}^{2n}, \omega_0)$에서 공간 $\mathbb{R}^{2n}$ 내의 임의의 평행사변형에 '넓이' $\omega_0(v, v')$을 할당할 수 있다는 것을 본 바 있다. 심플렉틱 다양체 M에도 비슷하게 넓이 $\omega_p(v, v')$을 할당할 수 있지만, 점 $p \in M$을 기준점으로 하는 무한소 평행사변형에만 줄 수 있다. 그런 평행사변형의 축은 무한소 벡터(혹은 더 정확히는 **접벡터**) v

와 v'이다. M에 대한 모든 국소 좌표계가 심플렉틱 미분동형사상이도록 하는 이런 방법이 유일하게 존재한다. **미분형식**[III.16]의 언어를 쓰면, 사상 $p \to \omega_p$는 반대칭 비퇴화 2-형식으로, M 안의 비-무한소 2차원 곡면 S의 '넓이' $\int_S \omega$를 계산하는 데 이용될 수 있다. 충분히 작은 폐곡면 S에 대해 적분 $\int_S \omega$가 0임을 보일 수 있으므로, ω는 닫힌 형식이다. 실제로 심플렉틱 다양체를 좀 더 추상적으로 (좌표계를 언급하지 않고) 닫힌, 반대칭, 비퇴화 2형식 ω를 갖는 매끈한 다양체라고 정의할 수 있다. 이런 추상적인 정의가 국소 좌표계를 이용하여 준 더 구체적인 정의와 동치라는 주장이 다르부의 고전적인 정리다.

마지막으로 **캘러 다양체**가 특별한 심플렉틱 다양체의 클래스를 준다. 이 다양체는 **복소다양체**이기도 한 심플렉틱 다양체로, 관계식 (1)을 일반화한 조건인 두 구조가 자연스럽게 부합한다는 조건을 만족하는 다양체다. $\mathbb{R}^{2n}$의 점 (q, p)를 $\mathbb{C}^n$의 점 $p + iq$와 동일시하면, 선형변환 $J : \mathbb{R}^{2n} \to \mathbb{R}^{2n}$은 i배 하는 작용소임을 관찰하라.

$$J : (z_1, \cdots, z_n) \mapsto (iz_1, \cdots, iz_n).$$

따라서 등식 (1)은 ω_0이 주는 심플렉틱 구조와, J가 주는 복소구조와, 내적 '·'가 주는 리만 구조를 관련짓는다. 복소다양체는 작은 거리 규모에서는 $\mathbb{C}^n$의 영역과 닮아 보이는 다양체로, 추이 함수가 **복소해석적 함수**[I.3 §5.6]이길 요구한다. (매끈한 사상 $f : U \subset \mathbb{C}^n \to \mathbb{C}^n$이 복소해석적 함수라는 것은 $f(z_1, \cdots, z_n)$의 각 좌표 성분이 각 변수 z_k에 대해 복소해석적 함수일 때다.) 복소다양체 위에서는 접벡터에 i만큼 곱할 수 있다. 이로부터 각 점 $p \in M$에 대해 p에서의 모든 접벡터 v에 대해 $J_p^2 v = -v$인 선형사상 J_p를 줄 수 있다. 캘러 다양체는 (무한소 평행사변형에 부호를 갖는 넓이를 대응해 주는) 심플렉틱 구조 ω와, (p에서의 임의의 두 접벡터 v, v'의 내적 $g_p(v, v')$을 계산해 주는) 리만 계량 g를 갖는 복소다양체 M이다. 이 두 구조는 (1) 식과 유사한 식, 즉

$$\omega_p(v, v') = g_p(v', J_p v)$$

에 의해 연결돼 있다. 캘러 다양체의 예에는 복소 벡터공간 $\mathbb{C}^n$, 리만 곡면, 복소사영공간 $\mathbb{CP}^n$이 포함돼 있다.

콤팩트 심플렉틱 다양체로 캘러 다양체가 아닌 예는 $\mathbb{R}^4$을 $\mathbb{Z}^4$과 닮은 군의 심플렉틱 작용으로 잘라서 얻을 수 있다(군의 연산이 보통의 것과는 다르다). 군의 구조에 변화를 주는 것 자체가 몫 다양체가 캘러가 되는 것을 막는 위상적 성질(첫 번째 베티수(Betti number)가 홀수)을 표명한다.

더 읽을거리

Arnold, V. I. 1989. *Mathematical Methods of Classical Mechanics*, 2nd edn. Graduate Texts in Mathematics, volume 60. New York: Springer.

McDuff, D., and D. Salamon. 1998. Introduction to *Symplectic Topology*, 2nd edn. Oxford Mathematical Monographs. Oxford: Clarendon Press/Oxford University Press.

III.89 텐서곱

U, V, W가 어떤 체 위의 벡터공간[I.3 §2.3]일 때 $U \times V$에서 W로의 **이중선형사상(bilinear form)**은 다음 두 규칙

$$\phi(\lambda u + \mu u', v) = \lambda\phi(u, v) + \mu\phi(u', v)$$

및

$$\phi(u, \lambda v + \mu v') = \lambda\phi(u, v) + \mu\phi(u, v')$$

을 만족하는 사상 ϕ를 말한다. 즉, 각 변수에 대해 선형일 때이다.

내적[III.37]처럼 많은 중요한 사상이 이중선형이다. 두 벡터공간 U와 V의 텐서곱 $U \otimes V$는 $U \times V$ 위에 정의할 수 있는 '가장 일반적인' 이중선형사상이라는 아이디어를 포착하는 방법이다. 무슨 뜻인지 감을 잡기 위해 $U \times V$로부터 '완전히 임의의' 벡터공간 W로의 '완전히 임의의' 이중선형사상을 정의해 보려 하는데, $\phi(u, v)$ 대신 표기법 $u \otimes v$를 사용하기로 한다. 이 선형사상이 완전히 일반적이기 때문에 이중선형이라는 사실로부터 연역할 수 있는 것밖에 알 수 없다. 예를 들어 $u \otimes v_1 + u \otimes v_2 = u \otimes (v_1 + v_2)$임을 안다. 이 예로부터 $U \otimes V$의 모든 원소가 $u \otimes v$ 꼴이라는 인상을 받을지도 모르지만 그렇지 않다. 예를 들어 $u_1 \otimes v_1 + u_2 \otimes v_2$와 같은 식을 간단히 할 방법은 없다. ($U \times V$로부터 W까지의 이중선형사상이 취하는 값의 집합이 일반적으로는 W의 부분공간이 아님을 반영하는 사실이다.)

따라서 $U \otimes V$의 전형적인 원소는 $u \otimes v$ 꼴의 원소들의 **선형결합**이며, 서로 다른 선형결합이 $U \otimes V$에

서 같은 원소를 주는 규칙은 이중선형 성질 때문에 어쩔 수 없을 때다. 예를 들어 $(u_1 + 2u_2) \otimes (v_1 - v_2)$ 는 언제나 다음과 같다.

$$u_1 \otimes v_1 + 2u_2 \otimes v_1 - u_1 \otimes v_2 - 2u_2 \otimes v_2.$$

위의 생각을 좀 더 형식적으로 표현하는 방법은 $U \otimes V$가 **보편성**(universal property)을 갖는다고 말하는 것이다. (다른 보편성의 예는 기하적/조합적 군론 [IV.10]과 범주[III.8]를 보라.) 문제의 성질은 다음과 같은 것이다. $U \times V$로부터 어떤 공간 W로의 임의의 이중선형사상 ϕ가 주어지면, 모든 u, v에 대해 $\phi(u, v) = \alpha(u \otimes v)$인 $U \otimes V$에서 W로의 선형사상 α를 찾을 수 있다. 즉, $U \times V$ 위에서 정의된 모든 이중선형 사상 ϕ는 $U \otimes V$에서 정의된 선형사상에 자연스럽게 대응한다. (이 사상은 $u \otimes v$를 $\phi(u, v)$로 보낸다. 텐서곱의 정의에서 동일시한 것 때문에, 이런 원소들의 선형결합으로 이 선형사상을 일관성 있게 확장할 수 있음이 보장된다.)

U와 V가 각각 기저 $u_1, \cdots, u_m$과 $v_1, \cdots, v_n$을 갖는 유한 차원 공간일 때, 벡터 $u_i \otimes v_j$들이 $U \otimes V$의 기저를 이룸을 보이는 것은 어렵지 않다. $U \otimes V$가 $V \otimes U$와 자연스럽게 동형이고, $U \otimes (V \otimes W)$가 $(U \otimes V) \otimes W$와 자연스럽게 동형이라는 점에서 교환적이고 결합적이라는 것이 텐서곱의 또 다른 중요한 성질이다.

벡터공간의 텐서곱을 논의했지만, 이 정의는 모듈[III.81 §3]이나 C^*-대수[IV.15 §3]처럼 이중선형성 개념이 의미가 있는 임의의 대수적 구조로 쉽게 일반화할 수 있다. 때로는 두 구조의 텐서곱이 곧장 기대하는 것이 아닐 수도 있다. 예를 들어 n을 법으로

하는 정수의 집합을 $\mathbb{Z}_n$이라 할 때, $\mathbb{Z}_n$과 $\mathbb{Q}$를 모두 $\mathbb{Z}$ 위의 모듈로 생각하자. 그러면 이들의 텐서곱은 0이다. 이는 $\mathbb{Z}_n \times \mathbb{Q}$로부터의 이중선형사상은 반드시 0 사상이어야 한다는 사실을 반영한다.

텐서곱은 많은 수학적 맥락에서 발생한다. 좋은 예로는 양자군[III.75]을 보라.

초월수

무리수 및 초월수[III.41]를 보라.

III.90 위상공간
벤 그린 *Ben Green*

위상공간은 **연속함수**[I.3 §5.2]의 개념을 이해할 수 있게 해 주는 가장 기본적인 맥락을 제공한다.

$f : \mathbb{R} \to \mathbb{R}$이 연속이라는 것이 무슨 뜻인지 표준 정의를 되새겨 보자. $f(x) = y$라 하자. 그러면 x'이 x에 가까울 때마다 $f(x')$이 y에 가까우면 f가 x에서 연속이다. 물론 이를 수학적으로 엄밀한 개념으로 만들려면 '가깝다'는 말의 뜻을 정확히 해야 한다. $\varepsilon > 0$이 어떤 작은 양의 상수일 때 $|f(x') - f(x)| < \varepsilon$이면 $f(x')$이 y에 가깝다고 말할 수 있고, 또 다른 양의 상수 δ에 대해 $|x - x'| < \delta$일 때 x가 x'과 가깝다고 간주할 수 있다.

ε을 아무리 작게 선택하더라도 적절한 δ를 찾을 수 있으면 f가 x에서 **연속**(continuous at x)이라고 말한다. (물론 δ는 ε에 의존하도록 허용해야 한다.) 또한 f가 실직선 위의 모든 점 x에서 연속이면 **연속함**

수(continuous function)라 부른다.

$\mathbb{R}$을 임의의 집합 X로 바꿀 때 이 개념을 어떻게 일반화할까? 앞의 정의는 두 점 $x, x' \in X$가 가까운지 결정할 수 있을 때만 의미가 있다. 유클리드 공간에 잘 임베드돼 있지 않을 수도 있는 일반적인 집합이라면, 추가 구조가 더 있지 않으면 불가능하다. (그런 구조가 더해지면 거리공간[III.56]의 개념을 갖게 되는데, 거리공간은 위상공간보다 덜 일반적이다.)

가까움의 개념을 쓸 수 없으면 어떻게 연속성을 정의할까? 답은 **열린 집합**(open set)의 개념에서 찾을 수 있다. 어떤 집합 $U \subset \mathbb{R}$에 대해 U의 임의의 점 x에 대해, U 안에 포함되며 x를 포함하는 구간 (a, b)가 (즉, $a < x < b$) 존재할 때 **열린 집합**이라 부른다.

$f : \mathbb{R} \to \mathbb{R}$이 연속일 때 U가 열린 집합이면 $f^{-1}(U)$가 열린 집합임을 확인하는 것은 즐거운 연습문제이다. 역으로 모든 열린 집합 U에 대해 $f^{-1}(U)$가 열린 집합이면, f가 연속이다. 그러므로 최소한 $\mathbb{R}$에서 $\mathbb{R}$로의 함수에 대해서는, 순전히 열린 집합의 용어로 연속성을 특징지을 수 있다. 열린 집합이 무엇인지 정의할 때가 되어서야만 가까움의 개념이 이용된다.

이제 형식적인 정의로 눈을 돌리자. **위상공간**(topological space)은 어떤 집합 X에 다음 공리들을 만족하는 X의 부분집합('열린 집합'이라 부른다)의 모임 $\mathcal{U}$가 갖춰져 있을 때.

- 공집합 $\varnothing$과 집합 X 모두 열린 집합이다.
- $\mathcal{U}$는 임의의 합집합에 대해 닫혀 있다. (즉, $(U_i)_{i \in I}$가 열린 집합의 모임일 때 $\cup_{i \in I} U_i$도 열린 집합이다.)
- $\mathcal{U}$는 유한 교집합에 닫혀 있다. (즉, $U_1, \cdots, U_k$가 열린 집합이면 $U_1 \cap \cdots \cap U_k$도 열린 집합이다.)

모임 $\mathcal{U}$를 X의 **위상**(topology)이라 부른다. $\mathbb{R}$에서 보통의 열린 집합은 위의 공리들을 만족함을 확인하는 것은 쉽다. 따라서 이들 집합을 갖춘 $\mathbb{R}$은 위상공간을 이룬다.

위상공간의 부분집합이 **닫힌 집합**(closed set)이라는 것은 이 집합의 여집합이 열린 집합일 때를 말한다. '닫혀 있다'가 '열려 있지 않다'를 뜻하지 않음에 주목하라. 예를 들어 공간 $\mathbb{R}$에서 반폐구간 $[0, 1)$은 열린 집합도 닫힌 집합도 아니며, 공집합은 열린 집합인 동시에 닫힌 집합이다.

열린 집합에 요구되는 성질이 많지 않기 때문에 위상공간의 개념은 다소 일반적인 개념임에 주목하라. 실제로 많은 상황 하에서 이 개념은 다소 지나치게 일반적이어서, 위상공간이 추가 성질을 갖는다고 가정하는 것이 편리할 수 있다. 예를 들어 위상공간 X에서 임의의 서로 다른 두 점 x_1과 x_2에 대해, x_1과 x_2를 각각 포함하며 서로소인 열린 집합 U_1과 U_2가 존재하면 **하우스도르프 공간**(Hausdorff space)이라 부른다. 하우스도르프 위상공간($\mathbb{R}$이 명백한 예이다)은 일반적인 위상공간은 꼭 갖지 않을 수도 있는 유용한 성질을 많이 갖는다.

$\mathbb{R}$로부터 $\mathbb{R}$로의 함수에 대해 연속성의 개념을 전적으로 열린 집합의 용어로 형식화할 수 있음을 일찍이 보았다. 이는 두 위상공간 사이의 함수에 대해서도 연속성을 정의할 수 있음을 뜻한다. X와 Y가

위상공간이고 $f: X \to Y$가 둘 사이의 함수일 때, 모든 열린 집합 $U \subset Y$에 대해 $f^{-1}(U)$가 열린 집합이면 f가 연속이라고 간단히 정의한다. 놀랍게도 거리의 개념에 의존하지 않는 유용한 연속성의 정의를 찾아냈다.

연속함수가 역함수도 연속이면 **위상동형사상**(homeomorphism)으로 알려져 있다. 두 공간 X와 Y 사이에 위상동형사상이 있으면, 위상이라는 관점에서 동등한 것으로 간주한다. 도넛과 찻잔을 서로 연속적으로 변형할 수 있기 때문에(둘 다 점토로 만들었다고 상상하라) 위상수학자들은 둘을 구별할 수 없다고 말하는 위상수학 관련 글을 종종 볼 수 있다.

위상공간 X의 위상을 묘사할 때 **기저**(basis)를 주는 것이 매우 유용한 방법이다. 부분 모임 $\mathcal{B} \subseteq \mathcal{U}$가 기저라는 것은 모든 열린 집합이 (즉, $\mathcal{U}$의 원소) $\mathcal{B}$에 속하는 열린 집합의 합집합이라는 성질을 가질 때를 말한다. 열린 구간 $\{(a, b) : a < b\}$의 모임은 보통 위상을 갖는 공간 $\mathbb{R}$의 기저이며, **열린 공**의 모임, 즉 $\{B_\delta(x) = \{y : |x - y| < \delta\}\}$의 모임은 $\mathbb{R}^2$의 기저다.

몇 가지 예를 들어 보자.

이산 위상(discrete topology). X를 임의의 집합이라 하고, $\mathcal{U}$를 X의 모든 부분집합의 모임으로 잡자. 위상공간의 공리들이 만족된다는 것을 점검하는 것은 간단한 문제이다.

유클리드 공간(Euclidean space). $X = \mathbb{R}^d$라 하고, 유클리드 거리로 열린 집합 전체를 $\mathcal{U}$라고 하자. 즉, $U \subseteq X$가 열린 집합이라는 것은 모든 $u \in U$에 대해 $B_\delta(u)$

가 U에 포함되는 $\delta > 0$이 존재할 때를 말한다. 이 경우 공리계가 만족된다는 걸 확인하는 건 약간 더 수고스럽다. 더 일반적으로 임의의 거리공간에서 비슷한 방식으로 열린 집합을 정의할 수 있으므로 위상공간을 이룬다.

부분공간 위상(subspace topology). X가 위상공간이고 $S \subseteq X$일 때, S를 위상공간으로 만들 수 있다. $U \in \mathcal{U}$가 X의 열린 집합일 때 $S \cap U$ 꼴의 모든 집합을 S의 열린 집합으로 선언하는 것이다.

자리스키 위상(Zariski topology). 대수기하학[IV.4]에서 이용된다. 연립 다항방정식의 근의 자취를 닫힌 집합으로(따라서 여집합을 열린 집합으로) 줌으로써 구체화한다. 예를 들어 $\mathbb{C}^2$에서 닫힌 집합은 정확히 다음 꼴이다.

$$\{(z_1, z_2) : f_1(z_1, z_2) = f_2(z_1, z_2)$$
$$= \cdots = f_k(z_1, z_2) = 0\}.$$

여기에서 $f_1, \cdots, f_k$는 다항식이다. 이것이 위상을 정의한다는 것을 보이는 것은 다소 자명하지 않은데, 닫힌 집합의 임의의 교집합이 닫혀 있다는 것을 보이는 것이 어렵다(열린 집합의 임의의 합집합이 열려 있다는 것과 동등한 주장이다). 이는 힐베르트 기저 정리(Hilbert's basis theorem)의 결과이다.

위상공간의 개념은 수학에서 추상화의 힘을 보여주는 매우 좋은 예다. 정의는 단순하며, 자연스러운 상황을 넓게 포괄하면서도, 순수하게 위상공간의 세계 내에서 흥미로운 정의를 만들고 정리를 증명할 수 있을 만큼 충분한 내용을 갖고 있다. 예를 들어 $\mathbb{R}$이나 $\mathbb{R}^2$에 적용되는 익숙한 개념을 취해서 일반적인 위상공간의 세계에서 유사한 것을 찾으려 애써 보는 것은 재미있는 일이다. 두 가지 예를 주겠다.

연결성(connectedness). 연결성의 대략적인 아이디어는 연결 집합이 명백한 방식으로 두 개로 쪼개지지 않는다는 것이다. 대부분의 사람은 $\mathbb{R}^2$의 적절히 합리적인 부분집합의 그림이 있으면 어떤 것이 연결돼 있고 어떤 것이 연결돼 있지 않은지 명백히 알 수 있다고 생각할 것이다. 그런데 잠재적으로 대단히 성가신 집합까지 포함하여 어떤 것이 연결돼 있고 어떤 것이 아닌지 모든 집합에 적용되는 정확한 수학적 정의를 할 수 있을까? 예를 들어 정확히 한 개만 유리수 좌표를 갖는 모든 점의 집합

$$S = ((\mathbb{Q} \times \mathbb{R}) \cup (\mathbb{R} \times \mathbb{Q})) \setminus (\mathbb{Q} \times \mathbb{Q})$$

는 부분 공간 위상으로 연결돼 있을까, 연결돼 있지 않을까? 실제로 $\mathbb{R}^2$에만 적용되는 것이 아니라 모든 위상공간에 적용되는 정의를 줄 수 있음이 밝혀졌다. 어떤 공간 X가 **연결공간(connected space)**이라는 것은 서로소이고 공집합이 아닌 열린 집합으로의 분해 $X = U_1 \cup U_2$가 없을 때를 말한다. S가 연결 집합인지 아닌지 판단하는 것은 독자에게 맡긴다.

콤팩트성(compactness). 수학 전체에서 가장 중요한 개념 중 하나지만, 처음 보기에는 이상해 보인다. 예를 들어 $\mathbb{R}^2$에서 유계이고 닫힌 집합의 개념을 일반적인 위상공간으로 추상화하려는 시도에서 나온다.

X를 덮는(즉, 합집합이 X인) 임의의 열린 집합 U의 모임 $\mathcal{C}$에 대해, 여전히 X를 덮는 유한한 모임 $\{U_1, \cdots, U_d\} \subseteq \mathcal{C}$를 찾을 수 있을 때, X를 **콤팩트(compact)**라 부른다. 보통 위상을 갖는 $\mathbb{R}^2$에 이 정의를 특화하면, 사실 $S \subseteq \mathbb{R}^2$이 (부분 공간 위상으로) 콤팩트일 필요충분조건은 유계이고 닫힌 집합이라는 것을 증명할 수 있다. 더 많은 정보를 원한다면 **콤팩트성과 콤팩트화**[III.9]를 보라.

III.91 변환
쾨르너 *T. W. Körner*

실수의 유한 수열 $a_0, a_1, \cdots, a_n$($\boldsymbol{a}$라고 간단히 쓴다)이 있을 때 다음 다항식을 살펴볼 수 있다.

$$P_a(t) = a_0 + a_1 t + \cdots + a_n t^n.$$

역으로 차수가 $m \leq n$인 주어진 다항식 Q에 대해, 다음과 같은 유일한 수열 $b_0, b_1, \cdots, b_n$을 복구할 수 있다.

$$Q(t) = b_0 + b_1 t + \cdots + b_n t^n.$$

예를 들어 $b_k = Q^{(k)}(0)/k!$이라 하면 된다.

$a_0, a_1, \cdots, a_n$과 $b_0, b_1, \cdots, b_n$이 유한 수열일 때,

$$P_a(t) P_b(t) = P_{a*b}(t)$$

와 같이 주어진 수열 $c_0, c_1, \cdots, c_{2n}$을 $\boldsymbol{a} * \boldsymbol{b} = \boldsymbol{c}$라 쓰면

$$c_k = a_0 b_k + a_1 b_{k-1} + \cdots + a_k b_0$$

이다(단, $i > n$이면 a_i와 b_i를 0으로 해석한다). 이 수열을 수열 a와 b의 합성곱(convolution)이라 부른다.

이런 관찰을 어떻게 이용할 수 있나 보기 위해, 주사위 두 개를 던질 때 첫 번째 것이 u를 보일 확률이 a_u이고 두 번째 주사위가 v를 보일 확률을 b_v라 할 때 무슨 일이 생기나 보자. 둘의 합이 k일 확률 c_k는 위에 준 식으로 주어진다. a_u와 b_u를 보통의 공정한 주사위를 던질 때 u가 나올 확률로 잡으면(즉, $1 \leq u \leq 6$이면 $1/6$이고, 그 외에는 0)

$$P_c(t) = P_a(t) P_b(t)$$
$$= \left(\tfrac{1}{6}(t + t^2 + \cdots + t^6)\right)^2$$

이다. 이 다항식은 다음처럼 쓸 수 있다.

$$\tfrac{1}{36}(t(t+1)(t^4+t^2+1))(t(t^2+t+1)(t^3+1))$$
$$= \tfrac{1}{36}(t(t+1)(t^2+t+1))(t(t^4+t^2+1)(t^3+1))$$
$$= P_A(t) P_B(t).$$

여기에서 A와 B는 $A_1 = A_4 = \tfrac{1}{6}$, $A_2 = A_3 = \tfrac{2}{6}$이고, 그 외에는 $A_u = 0$이며, $B_1 = B_3 = B_4 = B_5 = B_6 = B_8 = \tfrac{1}{6}$이며, 그 외에는 $B_v = 0$으로 주어진 수열이다. 따라서 공정한 주사위 A와 B를 가져와 A의 두 면에는 2, 두 면에는 3, 한 면에는 1, 남은 한 면에는 4라고 쓰고, B에는 각 면에 1, 3, 4, 5, 6, 8이라 번호를 매기면, 두 주사위를 던져서 합이 k일 확률이 원래의 공정한 주사위 두 개를 던졌을 때의 확률과 같다. 다항식 $t + t^2 + \cdots + t^6$의 근을 고려하면, 이런 성질을 가지며 양의 정수로 제한하여 주사위에 표준적이지 않게 번호를 매기는 방법은 유일하다는 것을 보이기는 어렵지 않다.

이런 일반적인 아이디어를 무한 수열로 쉽게 확장할 수 있다. a가 수열 $a_0, a_1, \cdots$일 때 '무한 다항식' $(Ga)(t)$를 $\sum_{r=0}^{\infty} a_r t^r$으로 정의할 수 있다. 당분간 무슨 의미에서 합이 존재하는지는 걱정하지 않고 형식적으로 진행하기로 한다. 앞에서와 비슷하게 무한 수열 $c = a * b$가

$$c_k = a_0 b_k + a_1 b_{k-1} + \cdots + a_k b_0$$

으로 주어질 때

$$(Ga)(t)(Gb)(t) = (G(a * b))(t)$$

임을 관찰할 수 있다. (이번에도 이를 a와 b의 합성곱이라 부른다.)

주어진 액면가의 화폐를 이용하여 r단위를 거슬러 주는 방법의 가짓수를 구하는 잘 알려진 문제가 있다. (예를 들어 1달러와 5달러 지폐로 43달러를 만드는 방법이 몇 가지인지 질문할 수 있다.) 어떤 권종을 써서 a_r가지 방법으로 r단위를 만들 수 있고 완전히 다른 권종으로 b_r가지 방법을 이용할 수 있으면, 두 가지 권종을 모두 사용하도록 허락할 경우 k단위를 만드는 방법의 수 c_k가 앞서 정의한 수임을 보이는 것은 어렵지 않다.

1달러 지폐를 사용하여 r달러를 만드는 방법의 수가 a_r이고, 2달러 지폐를 사용하여 r달러를 만드는 방법의 수가 b_r인 간단한 경우 이를 적용하면 어떻게 되는지 보자.

$$(Ga)(t) = \sum_{r=0}^{\infty} t^r = \frac{1}{1-t},$$
$$(Gb)(t) = \sum_{r=0}^{\infty} t^{2r} = \frac{1}{1-t^2}$$

임을 관찰할 수 있으므로, 부분분수를 이용하여

$$(\mathcal{G}c)(t) = (\mathcal{G}(a * b))(t) = (\mathcal{G}a)(t)(\mathcal{G}b)(t)$$

$$= \frac{1}{(1-t)(1-t^2)} = \frac{1}{(1-t)^2(1+t)}$$

$$= \frac{1}{2(1-t)^2} + \frac{1}{4(1+t)} + \frac{1}{4(1-t)}$$

$$= \frac{1}{2}\sum_{r=0}^{\infty}(r+1)t^r + \frac{1}{4}\sum_{r=0}^{\infty}(-1)^r t^r + \frac{1}{4}\sum_{r=0}^{\infty}t^r$$

$$= \sum_{r=0}^{\infty}\frac{2r+3+(-1)^r}{4}t^r$$

임을 알 수 있다. 따라서 r이 홀수인 경우 $\frac{1}{2}(r+1)$ 이지 방법, r이 짝수인 경우 $\frac{1}{2}(r+2)$가지 방법으로 r달러를 거슬러 줄 수 있다. 이런 간단한 경우라면 직접 결과를 얻을 수도 있지만, 방금 보여준 방법은 모든 경우에 자동으로 성립한다. (복소근을 가지고 작업하는 걸 허용할 경우 계산이 훨씬 쉬워질 수 있다.

수열 $a_0, a_1, \cdots$을 테일러 급수(Taylor series) $\sum_{r=0}^{\infty} a_r x^r$으로 보내는 변환을 '생성함수변환(generating function transform)' 혹은 '$\mathcal{G}$-변환($\mathcal{G}$-transform)'이라 한다. (표준 명칭은 아니다. 대부분의 수학자는 간단히 **생성함수**[IV.18 §§2.4, 3]라고 말한다.) $\mathcal{G}$-변환을 이용하여 수열에 대한 문제를 어떻게 테일러 급수에 대한 문제로 재진술하는지 다음 두 가지 예가 보여준다. 먼저 $u_0 = 0, u_1 = 1$ 및 모든 $n \geqslant 0$에 대해

$$u_{n+2} - 5u_{n+1} + 6u_n = 0$$

인 수열 u_n을 찾는 문제를 생각하자. 모든 $n \geqslant 0$에 대해

$$u_{n+2}t^{n+2} - 5u_{n+1}t^{n+2} + 6u_n t^{n+2} = 0$$

임을 관찰하고, 모든 $n \geqslant 0$에 대해 더하면 다음이 나온다.

$$((\mathcal{G}u)(t) - u_1 t - u_0) - 5(t(\mathcal{G}u)(t) - u_0)$$
$$+ 6t^2(\mathcal{G}u)(t) = 0.$$

$u_0 = 0, u_1 = 1$이므로 재배열하면 다음을 얻는다.

$$(6t^2 - 5t + 1)(\mathcal{G}u)(t) = t.$$

따라서 부분분수를 이용하여 다음을 얻는다.

$$(\mathcal{G}u)(t) = \frac{t}{6t^2 - 5t + 1} = \frac{t}{(1-2t)(1-3t)}$$

$$= \frac{-1}{1-2t} + \frac{1}{1-3t}$$

$$= -\sum_{r=0}^{\infty}(2t)^r + \sum_{r=0}^{\infty}(3t)^r$$

$$= \sum_{r=0}^{\infty}(3^r - 2^r)t^r.$$

이로부터 $u_r = 3^r - 2^r$임이 나온다.

다음으로 $u_0 = 1$이고 모든 $n \geqslant 0$에 대해

$$(n+1)u_{n+1} + u_n = 0$$

인 u_n을 찾는 다소 자명하지 않은 문제를 생각해 보자. 모든 t에 대해

$$(n+1)u_{n+1}t^n + u_n t^n = 0$$

이 모든 n에 대해 더한 뒤 무한 합에 대한 보통의 미분 규칙을 가정하면 다음을 얻는다.

$$(\mathcal{G}u)'(t) + (\mathcal{G}u)(t) = 0.$$

이 미분방정식은 어떤 상수 A에 대해 $(\mathcal{G}u)(t) = Ae^{-t}$임을 알려준다. $t = 0$이라 두어

$$1 = u_0 = (\mathcal{G}u)(0) = Ae^0 = A$$

를 얻는다. 따라서

$$(\mathcal{G}u)(t) = e^{-t} = \sum_{r=0}^{\infty} \frac{(-1)^r}{r!} t^r$$

이므로 $u_r = (-1)^r / r!$ 이다.

수열 및 이들의 $\mathcal{G}$-변환 사이의 대응 관계 몇 가지를 써 보자.

$$(a_0, a_1, a_2, \cdots) \longleftrightarrow (\mathcal{G}a)(t),$$
$$(a_0 + b_0, a_1 + b_1, a_2 + b_2, \cdots) \longleftrightarrow (\mathcal{G}a)(t) + (\mathcal{G}b)(t),$$
$$\boldsymbol{a} * \boldsymbol{b} \longleftrightarrow (\mathcal{G}a)(t)(\mathcal{G}b)(t),$$
$$(0, a_0, a_1, a_2, \cdots) \longleftrightarrow t(\mathcal{G}a)(t),$$
$$(a_1, 2a_2, 3a_3, \cdots) \longleftrightarrow (\mathcal{G}a)'(t).$$

수열 $\boldsymbol{a}$를 이의 $\mathcal{G}$-변환으로부터 복구할 수 있다는 것도 중요하다. 이를 보는 한 가지 방법은 다음 사실에 주목하는 것이다.

$$a_r = \frac{(\mathcal{G}a)^{(r)}(0)}{r!}.$$

위의 예에서처럼 대응 규칙들을 이용하여 수열에 대한 문제를 함수에 대한 문제로 바꾸고, 반대로도 할 수 있다. 교재나 시험에서 이런 변환은 문제를 단순하게 하는 효과를 낸다. 실생활에서는 문제가 더 복잡한 문제로 바뀌는 경우가 보통이다. 하지만 가끔씩은 운이 좋으며, 이런 경우들 때문에 이런 변환이 수학자들의 무기고에서 그토록 가치 있는 무기인 것이다.

지금까지는 $\mathcal{G}$-변환을 형식적으로 다루었다. 하지만 해석학의 방법을 이용하고 싶을 경우, 적어도 $|t|$가 작은 경우 $\sum_{r=0}^{\infty} a_r t^r$이 수렴하는지 알아야 할 필요가 있다. a_r이 지나치게 빠르게 증가하지 않으면 항상 수렴한다. 하지만 이 아이디어를 '양측 수열' (a_r), 즉 r이 음이 아닌 정수가 아니라 모든 정수 전체를 움직이도록 하여 합을 $\sum_{r=-\infty}^{\infty} a_r t^r$이 되도록 확장하려고 하면 어려움에 부딪치게 된다. $|t|$가 작으면 큰 음수 r에 대해 $|t^r|$이 커지고, 반면 $|t|$가 크면 큰 양수 r에 대해 $|t^r|$이 커진다. 많은 경우 $\sum_{r=-\infty}^{\infty} a_r t^r$이 $t = -1$과 $t = 1$에서라도 수렴하길 바라는 것이 최선이다. 고작 두 점에서만 정의되는 함수에 대해 얘기하는 것은 별로 유용하지 못하지만, $\mathbb{R}$에서 $\mathbb{C}$로 넘어가면 이 상황을 구제할 수 있다.

r이 모든 정수에서 움직일 때 잘 행동하는 복소수 수열 (a_r)이 있을 때, 단위원 위에 있는 복소수 z에 대해(혹은 다른 말로 $|z| = 1$일 때) 합 $\sum_{r=-\infty}^{\infty} a_r z^r$을 생각하자. 그런 z는 어떤 $\theta \in \mathbb{R}$에 대해

$$z = e^{i\theta} = \cos\theta + i\sin\theta$$

와 같이 쓸 수 있기 때문에 주기가 2π인 함수 $\sum_{r=-\infty}^{\infty} a_r e^{ir\theta}$을 생각하는 것이 더 유용하다. 따라서 다음 식으로 주어지는 '푸리에 급수 변환(이 역시 표준용어는 아니다)' $\mathcal{H}$를 얻는다.

$$(\mathcal{H}a)(\theta) = \sum_{r=-\infty}^{\infty} a_r e^{ir\theta}.$$

$\mathcal{H}$-변환은 양측 수열 $\boldsymbol{a}$에 대해 실직선 위에서 정의된 주기가 2π인 복소숫값 함수 $f = \mathcal{H}a$를 주는데, 수학자들은 역사적으로 이 과정을 뒤집어서 f로부터 $\boldsymbol{a}$를 얻는 데 흥미를 보여 왔다. 만일

$$f(\theta) = \sum_{r=-\infty}^{\infty} a_r e^{ir\theta}$$

이면, 형식적인 논증을 써서 다음을 얻는다.

$$\frac{1}{2\pi}\int_{-\pi}^{\pi} f(\theta)\,e^{-ik\theta}\,d\theta = \frac{1}{2\pi}\int_{-\pi}^{\pi}\sum_{r=-\infty}^{\infty}a_r e^{i(r-k)\theta}\,d\theta$$

$$= \sum_{r=-\infty}^{\infty}\frac{a_r}{2\pi}\int_{-\pi}^{\pi}e^{i(r-k)\theta}\,d\theta$$

$$= \sum_{r=-\infty}^{\infty}\frac{a_r}{2\pi}\int_{-\pi}^{\pi}\cos(r-k)\theta + i\sin(r-k)\,\theta\,d\theta$$

$$= a_k.$$

여기에서

$$\hat{f}(k) = \frac{1}{2\pi}\int_{-\pi}^{\pi} f(\theta)\,e^{-ik\theta}\,d\theta$$

라 쓰면, 유명한 푸리에 합 공식을 얻는다.

$$f(\theta) = \sum_{r=-\infty}^{\infty}\hat{f}(r)\,e^{ir\theta}.$$

디리클레[VI.36]는 적절히 잘 행동하는 함수에 대해 자연스럽게 해석하면 이 공식이 성립함을 증명했지만, 적절한 해석의 문제와 더 넓은 범위의 함수에 대한 증명이 정착되는 데는 훨씬 긴 세월이 걸렸다(칼레손의 정리[V.5]를 보라). 이 문제의 몇 가지는 오늘날에도 미해결이다.

구체적인 계산을 하지 않고도 $\mathcal{H}$-변환으로부터 어떤 수열에 대한 질적인 정보를 얻거나 반대로 줄 수도 있다는 것에 주목할 가치가 있다. 예를 들어 $a_r r^{m+3}$이 유계 수열을 이루면 항별 미분 규칙이 $\mathcal{H}a$를 m번 연속적으로 미분할 수 있음을 보여주며, f가 m번 연속적으로 미분가능하면 부분적분을 반복하여 $r^m \hat{f}(r)$이 유계 수열을 이룬다는 것을 보여준다.

전화기 시스템과 같은 '블랙박스' 속으로 신호 f를 입력하면 Tf라는 신호가 결과로 나온다고 가정하자. 물리학과 공학에서 중요한 많은 블랙박스는 '무한 선형성', 즉 잘 행동하는 함수 g_r과 상수 c_r에 대해

$$T\left(\sum_{r=-\infty}^{\infty}c_r g_r\right)(\theta) = \sum_{r=-\infty}^{\infty}c_r T g_r(\theta)$$

이라는 성질을 갖는다. 그런 것 중 많은 수가 어떤 상수 γ_k에 대해

$$T e_k(\theta) = \gamma_k e_k(\theta)$$

라는 핵심 성질도 갖는데, 여기에서 양 $e^{-ik\theta}$ 대신 $e_k(\theta)$라 썼다. 다른 말로 하면 함수 e_k는 T에 대한 고유함수[I.3 §4.3]라고 할 수 있다. 푸리에 합 공식을 이용하여 다음 공식을 얻을 수 있다.

$$T f(\theta) = \left(\sum_{r=-\infty}^{\infty}\hat{f}(r) T e_r\right)(\theta)$$

$$= \sum_{r=-\infty}^{\infty}\gamma_r \hat{f}(r) e_r(\theta).$$

이런 맥락에서 f를 진동수가 k인 단순 신호 e_k들의 가중치를 부여한 합으로 생각하는 것도 말이 된다.

수학자들은 합을 적분으로 바꿀 때 무슨 일이 일어나는지 늘 관심이다. 이 경우 고전적인 푸리에 변환을 얻는다. F가 적절히 잘 행동하는 함수 $F:\mathbb{R}\to\mathbb{C}$일 때, 이의 **푸리에 변환** $\mathcal{F}$는 다음 식으로 정의한다.

$$\mathcal{F}F(\lambda) = \int_{-\infty}^{\infty}F(t)\,e^{-i\lambda s}\,ds.$$

대학 수학 과정의 처음 1, 2년 전형적으로 가르치는 해석학은 대부분 이런 변환 및 관련 주제라는 맥락에서 개발된 것이다. 그런 해석(분석)을 이용하면,

다음 대응관계를 얻는 것은 어렵지 않다.

$$F(t) \longleftrightarrow (\mathcal{F}F)(\lambda),$$

$$F(t) + G(t) \longleftrightarrow (\mathcal{F}F)(\lambda) + (\mathcal{F}G)(\lambda),$$

$$F * G(t) \longleftrightarrow (\mathcal{F}F)(\lambda)(\mathcal{F}G)(\lambda),$$

$$F(t + u) \longleftrightarrow e^{-iu\lambda}(\mathcal{F}F)(\lambda),$$

$$F'(t) \longleftrightarrow i\lambda \mathcal{F}F(\lambda).$$

이런 맥락에서 F와 G의 합성곱은 다음으로 정의한다.

$$F * G(t) = \int_{-\infty}^{\infty} F(t - s)G(s)\,\mathrm{d}s.$$

푸리에 변환의 중요성은 합성곱을 곱으로 변환시켜주는 것이고, 합성곱의 중요성은 이것이 푸리에 변환에 의해 곱으로 변환되는 연산이라고 말하는 것은 일리가 있다. $\mathcal{G}$-변환을 이용하여 미분방정식을 풀 수 있었듯 $\mathcal{F}$-변환을 이용하여 물리학 및 확률론 등에서 발생하는 중요한 부류의 **편미분방정식**[I.3 §5.4]을 풀 수 있다. 푸리에 변환에 대해 더 자세한 것은 [III.27]을 보라.

푸리에 합 공식 (1)을 크기 변환하면, $|t| < \pi N$일 때 다음 식을 얻는다.

$$F(t) = \sum_{r=-\infty}^{\infty} \frac{1}{2\pi N} \int_{-\pi N}^{\pi N} F(s)\,e^{-irs/N}\mathrm{d}s\,e^{irt/N}.$$

$N \to \infty$이라 두면 대략 형식적으로 다음을 얻는다.

$$F(t) = \frac{1}{2\pi} \int_{-\infty}^{\infty} (\mathcal{F}F)(s)\,e^{ist}\mathrm{d}s.$$

이는 다음 멋진 공식으로 해석할 수 있다.

$$(\mathcal{F}\mathcal{F}F)(t) = 2\pi F(-t).$$

푸리에 합 공식처럼 이 푸리에 반전공식(Fourier in-version formula)도 식을 참신한 방법으로 해석해야 한다는 대가를 치러야 할 때도 있지만 광범위한 상황에서 증명할 수 있다.

푸리에 반전공식이 아름답기는 하지만, 실질적으로나 이론적으로 $\mathcal{F}F = \mathcal{F}G$이면 $F = G$여야 한다는 관찰이 필요함에 주목해야 한다. 푸리에 반전변환의 유일성은 보통 증명하기 쉬우며 이용하기도 편리하며, 반전공식이 성립할 조건보다 더 넓은 범위에서 성립한다. 다른 변환에 대해서도 비슷한 결과가 성립한다.

주기가 2π인 함수에 관련한 푸리에 합에 대해 얘기할 때, $\hat{f}(r)$은 신호 f가 진동수가 $2\pi r$인 신호에서 차지하는 비율을 잰다고 말했다. 똑같은 방식으로 $(\mathcal{F}F)(\lambda)$는 F가 λ에 가까운 진동수로 분해되는 비율을 잰다. 보통 **하이젠베르크 불확정성 원리**(Heisenberg uncertainty principle)라 부르는 부등식의 종류가 있는데, 대부분의 $\mathcal{F}F$가 좁은 대역에 집중돼 있으면 사실상 신호 F는 대단히 널리 퍼져야 한다는 것을 말해준다. 이 사실은 신호를 조작하는 능력에 강력한 제한을 가하며, 양자 이론에서 중심적인 위치를 점하고 있다.

이 글의 서두에 수열의 변환에 대해 다뤘고, 양측 수열보다는 단측 수열을 다루는 것이 더 쉬움을 살펴본 바 있다. 마찬가지로 $t < 0$일 때 $F(t) = 0$이라는 것을 아는 넓은 범위의 함수 $F : \mathbb{R} \to \mathbb{C}$에 푸리에 변환을 적용할 수 있다. 더 구체적으로 F가 그런 단측 함수이고 지나치게 빠르게 증가하지 않으면, x와 y가 실수이고 x가 충분히 크면 **라플라스 변환**(Laplace transform)을 계산할 수 있다.

$$(\mathcal{L}F)(x+\mathrm{i}y) = \int_{-\infty}^{\infty} F(s)\,\mathrm{e}^{-(x+\mathrm{i}y)s}\,\mathrm{d}s$$

$$= \int_{0}^{\infty} F(s)\,\mathrm{e}^{-(x+\mathrm{i}y)s}\,\mathrm{d}s.$$

더 자연스러운 표기법

$$(\mathcal{L}F)(z) = \int_{-\infty}^{\infty} F(s)\,\mathrm{e}^{-zs}\,\mathrm{d}s$$

를 쓰면 $\mathcal{L}F$를 복소해석적 함수[I.3 §5.6](즉, 복소 미분가능 함수)의 가중치를 준 평균으로 간주할 수 있고, 이를 이용하여 $\mathcal{L}F$가 복소해석적 함수임을 보일 수 있다. 라플라스 변환은 푸리에 변환의 성질을 다수 공유하므로, 라플라스 변환을 조작할 때는 복소해석적 함수에 대한 광범위한 결과와 성질을 이용할 수 있다. 소수정리[V.26]처럼 수론에서의 많은 깊은 결과들은 라플라스 변환을 교묘하게 이용할 때 가장 쉽게 얻을 수 있다.

지금껏 논의한 변환들은 합성곱을 곱으로 보낸다는 사실이 시사하듯 모두 같은 유형에 속한다. 변환이라는 일반적인 관념은 '고전적인 변환'의 어떤 면들에 집중하고 나머지를 잃는 것을 감수하며 여러 가지 다른 방향으로 발달하였다.

이런 새로운 변환 중 가장 중요한 것 중 하나가 겔판트 변환(Gelfand transform)인데, 추상적인 가환 바나흐 대수의 구체적인 표현을 준다. 작용소 대수[IV.15 §3.1]에서 논의한다. 푸리에 변환의 적분 정의를 확장한 다른 적분 변환(integral transform)들은 다음과 같은 대응관계로 정해진다.

$$F(t) \longleftrightarrow \int_{-\infty}^{\infty} F(s)\,K(\lambda - s)\,\mathrm{d}s$$

혹은 더 일반적으로

$$F(t) \longleftrightarrow \int_{-\infty}^{\infty} F(s)\,\kappa(s,\lambda)\,\mathrm{d}s$$

처럼 대응한다.

또 하나의 중요한 변환은 라돈 변환(Radon transform) 혹은 x-선 변환(x-ray transform)이다. 3차원 경우를 고려할 텐데, 상당히 비형식적으로 얘기하기로 한다. 방사선을 $\boldsymbol{u}$ 방향으로 물체에 쪼인다고 하자. $\mathbb{R}^3$에서 물체의 서로 다른 부분이 얼마나 방사선을 흡수했는지 나타내는 함수를 f라 하자. 주어진 직선 위에서 흡수된 방사선의 양을 측정할 수 있다. $\boldsymbol{u}$ 방향의 모든 직선들이 흡수한 양을 나타내는 정보들을 2차원 영상으로 나타낼 수 있다. 일반적으로 f를 이용하여 새로운 함수

$$(\mathcal{R}f)(\boldsymbol{u},\boldsymbol{v}) = \int_{-\infty}^{\infty} f(t\boldsymbol{u} + \boldsymbol{v})\,\mathrm{d}t$$

를 정의할 수 있는데, $\boldsymbol{u}$에 수직인 벡터 $\boldsymbol{v}$를 따라 $\boldsymbol{u}$ 방향의 직선 위에 흡수된 방사능의 양을 말해준다. $\mathcal{R}f$로부터 f를 복구하는 문제를 다루는 것이 단층촬영 문제(tomography problem)이다.

변환이라는 아이디어는 이처럼 많은 방향으로 발달돼 왔기 때문에, 일반적인 정의를 주려고 시도하면 지나치게 포괄적이어서 유용하지 않게 돼 버린다. 다양한 변환에 대해 말할 수 있는 최선의 이야기는 이들 변환들이 고전적인 푸리에 변환과 다소간의 유사성을 띠며, 이들을 발견한 이들에 의해 이런 유사성이 유용한 것으로 드러났다는 것이다(푸리에 변환[III.27], 구면 조화함수[III.87], 표현론[IV.9 §3], 웨이블릿과 응용[VII.3] 참조).

III.92 삼각함수

벤 그린 *Ben Green*

기본 삼각함수 'sin'과 'cos' 및 관련된 네 함수 'tan', 'cot', 'sec', 'cosec'는 대부분의 독자들에게 어떤 식으로든 친숙할 것이다. 사인 함수 $\sin : \mathbb{R} \to [-1, 1]$을 정의하는 한 가지 방법은 다음과 같다.

거의 대부분의 수학 분야에서 호의 길이를 이용하여 정의한 라디안(radian)을 이용하여 각을 잰다. 그림 1에서 각 ∠AOB가 θ라디안이라고 말하는 것은 원호 AB의 길이가 θ라는 얘기다. 이 정의는 $0 \leqslant \theta < 2\pi$일 때 의미가 있다. 그런 후 P가 B로부터 OA에 내린 수선의 발일 때, PB의 길이를 $\sin \theta$라 정의한다. 이 길이가 올바른 부호를 갖도록 정의하는 것은 대단히 중요하다. $0 < \theta < \pi$이면 양의 부호를 택하는 반면, $\pi < \theta < 2\pi$이면 음의 부호를 택한다. 다른 말로 하면 $\sin \theta$는 점 B의 y-좌표이다.

지금까지 사인 함수는 구간 [0, 2π)에서 정의했다. $\mathbb{R}$ 전체에서 정의하기 위해서는 간단히 주기가 2π라고(즉, 모든 정수 n에 대해 관계식 $\sin \theta = \sin(2\pi n + \theta)$를 만족한다고) 주장하면 된다.

사인 함수를 이렇게 정의하면 문제가 하나 있다. 호 AB의 길이라는 게 무슨 뜻일까? 길이를 이해하는 진정 만족스러운 방법은 미적분을 이용하는 방법뿐이다. 석어도 (x, y)가 1사분면에 놓여 있는 경우 단위원의 식은 $y = \sqrt{1 - x^2}$이다. (그렇지 않으면 부호에 주의해야 한다.) $y = a$와 $y = b$ 사이에서 곡선 $y = f(x)$의 호의 길이를 주는 공식은 다음과 같다.

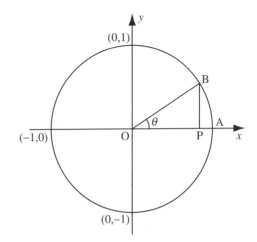

그림 1 삼각함수를 기하학적으로 해석하기

$$S = \int_a^b \sqrt{1 + (dx/dy)^2}\, dy.$$

(이 식을 길이의 정의로 간주해도 좋다. 다만, 그림을 그려야 이런 정의가 나온 동기를 알 수 있다.) 원일 때는 $\sqrt{1 + (dx/dy)^2} = 1/\sqrt{1 - y^2}$이다. 점 $P = (x, \sin \theta)$와 $A = (1, 0)$ 사이의 원호의 길이가 θ이므로, 이로부터 $0 \leqslant \theta \leqslant \pi/2$일 때 다음 식이 나온다.

$$\int_0^{\sin\theta} \frac{dy}{\sqrt{1 - y^2}} = \theta. \qquad (1)$$

(x가 무엇인지는 상관하지 않는다.) 비록 음함수 꼴로 주어져 있는 식이지만, $0 \leqslant \theta \leqslant \pi/2$일 때 사인 함수를 정확히 정의하는 것으로 여길 수 있다.

수학에서 가장 자연스러운 개념의 상당수가 그렇듯, sin도 여러 가지 동등한 방법으로 정의할 수 있다. 첫 번째 정의와의 동등성이 명백하지는 않지만, 또 하나의 정의는 다음과 같다.

$$\sin z = z - \frac{z^3}{3!} + \frac{z^5}{5!} - \frac{z^7}{7!} + \cdots. \qquad (2)$$

이 무한급수는 모든 실수 z에 대해 수렴한다. 결과로 얻는 정의는 (1)에 비해 뚜렷한 이점이 있는데, z 가 임의의 복소수일 때도 의미가 있다는 점이다(그래서 문자를 θ에서 z로 바꾼 것이다). 따라서 sin을 $\mathbb{C}$ 위의 복소해석적 함수[I.3 §5.6]로 확장할 수 있다.

사인 함수가 해석적 함수라면 도함수는 무엇일까? 해답은 코사인 함수 $\cos z$인데, 역시 sin과 상당히 비슷하게 기하학적으로도 정의할 수 있고, 멱급수로 정의할 수 있다. 멱급수 정의는

$$\cos(z) = 1 - \frac{z^2}{2!} + \frac{z^4}{4!} - \frac{z^6}{6!} + \cdots. \qquad (3)$$

과 같으며, sin에 대한 급수를 항별로 미분하여 얻을 수 있다(물론 이런 조작을 적절히 정당화해야 하는데 정당화가 가능하다).

한 번 더 미분하면, 식 $(d^2/dz^2)\sin z = -\sin z$를 얻는다. 사실 $\sin : \mathbb{R} \to [-1, 1]$을 미분방정식 $y'' = -y$와 초깃값 조건 $y(0) = 0$, $y'(0) = 1$을 만족하는 유일한 해 y로 정의할 수도 있다. 이는 (1)과 (2) 두 정의의 동등성을 증명하는 매우 실용적인 방법이다. (정의 (1)을 이용하여 $\sin'' = -\sin$을 증명하는 것은 좋은 미적분 연습문제이다.)

궁극적으로 멱급수 (2)와 (3)은 sin과 cos의 가장 중요한 측면인 지수함수[III.25]와의 관계를 드러내 준다.

$$e^z = 1 + z + \frac{z^2}{2!} + \frac{z^3}{3!} + \cdots.$$

이를 (2) 및 (3)과 비교하면, 유명한 공식을 얻는다.

$$e^{i\theta} = \cos\theta + i\sin\theta.$$

지수함수 $\theta \mapsto e^{in\theta}$은 지표, 즉 $\mathbb{R}/2\pi\mathbb{Z}$로부터 단위원 S^1로의 군 준동형사상이다(2π를 법으로 하는 덧셈

및 곱셈에 대해 각각 군을 이룬다). 이 때문에 $\mathbb{R}$ 위에서의 주기가 2π인 함수에 푸리에 해석[III.27]을 하기에 자연스러운 대상이 된다. sin과 cos은 실수를 값으로 가지므로, 이런 함수 $f(x)$를 지수함수가 아니라 다음 급수로 분해하는 것이 편리하다.

$$a_0 + a_1 \cos x + b_1 \sin x$$
$$+ a_2 \cos 2x + b_2 \sin 2x + \cdots.$$

호의적인 상황(예를 들어 함수 f가 충분히 매끄러운 경우)에서는 계수 a_i와 b_i를 다음과 같은 '직교 관계식'을 써서 복구할 수 있다.

$$\frac{1}{\pi} \int_0^{2\pi} \cos nx \cos mx \, dx$$
$$= \begin{cases} 0 & n, m \geqslant 0, \, n \neq m \text{일 때,} \\ 1 & n = m \text{일 때} \end{cases}$$

및

$$\frac{1}{\pi} \int_0^{2\pi} \cos nx \sin mx \, dx = 0 \qquad n, m \geqslant 0 \text{일 때.}$$

따라서 예를 들어 $n \geqslant 1$일 때 다음을 얻는다.

$$a_n = \frac{1}{\pi} \int_0^{2\pi} f(x) \cos nx \, dx.$$

이와 같은 삼각함수로의 분해는 궁극적으로 CD 플레이어나 휴대전화 등과 같은 장치의 바탕을 이룬다.

sin, cos 및 (여기서 논의하지 않은) 다른 네 종류의 삼각함수와 이들 함수를 포함하는 적분에 관련된 공식이 한 무더기 있다는 것을 언급하며 결론짓는다. 이들 공식들 때문에 고전적인 유클리드 기하에서 삼각함수가 필수 도구인 것이다. 이런 설정에서는 공식이 더 많다. 한 가지 아름다운 예를 언급하자

면, 단위원에 내접하며 각이 A, B, C인 삼각형의 넓이는 정확히 $2\sin A\sin B\sin C$이다.

비가산 집합

가산 집합과 비가산 집합[III.11]을 보라.

III.93 보편 덮개

X를 위상공간[III.90]이라 하자. 닫힌 구간 $[0, 1]$로부터 X로의 연속함수 f 중에 $f(0) = f(1)$을 만족하는 것을 X의 고리(loop)라고 정의한다. 고리들의 연속족(continuous family)은 모든 t에 대해 $F(t, 0) = F(t, 1)$인 $[0, 1]^2$에서 X로의 연속함수 F를 말한다. 각 t에 대해 $f_t(s)$를 $F(t, s)$라고 놓은 고리 f_t를 정의할 수 있고, 이렇게 하면 고리 f_t들이 t에 따라 '연속적으로 변한다'는 것이 아이디어이다. 고리 f가 **축약가능**(contractible)하다는 것은 한 점으로 연속적으로 줄어들 수 있을 때이다. 더 형식적으로는 모든 s에 대해 $F(0, s) = f(s)$이며, $F(1, s)$값이 모두 동일한 고리들의 연속족 $F(t, s)$가 있을 때다. 모든 고리가 축약가능하면, X를 **단순연결**(simply connected)돼 있다고 말한다. 예를 들어 구면은 단순연결돼 있지만, 원환면을 감는 축약불가능한 고리가 존재하므로 원환면은 단순연결돼 있지 않다(원환면을 감는 고리를 연속적으로 변형해도 여전히 원환면을 똑같은 횟수만큼 감아야 하기 때문이다).

충분히 좋은 경로 연결(path-connected) 공간에 대해(즉, 다양체[I.3 §6.9]처럼 주어진 X의 두 점을 연속인 경로로 연결할 수 있는 공간일 때), 다음처럼 밀

접히 연관된 단순 연결 공간 $\tilde{X}$를 정의할 수 있다. 먼저 X에서 임의의 '기준점' x_0을 고른다. 그런 뒤 $[0, 1]$로부터 X까지의 연속경로 f 중에서 $f(0) = x_0$인 것의 집합을 택한다($f(1)$이 x_0이길 요구하지는 않는다). 다음으로 이런 경로 f와 g에 대해, $f(1) = g(1)$이며 f로 시작하여 g로 끝나며 시작점과 끝점이 항상 동일한 경로들의 연속족이 있으면 **호모토픽**(homotopic) 혹은 **위상동형**이라고 간주한다. 즉, $F(t, 0) = x_0$이며 모든 t에 대해 $F(t, 1) = f(1) = g(1)$이고, 모든 s에 대해 $F(0, s) = f(s)$ 및 $F(1, s) = g(s)$인 $[0, 1]^2$에서 X까지의 연속함수 F가 존재하면 f와 g가 호모토픽이라고 말한다. 마지막으로 X의 **보편 덮개**(universal cover) $\tilde{X}$는 경로들의 모든 호모토피류(homotopy class)의 공간, 즉 x_0에서 출발하는 연속경로들의 전체의 공간을 **호모토피 동치관계**[I.2 §2.3]로 취한 **몫**[I.3 §3.3]을 가리킨다.

보편 덮개가 실제 문제에서 어떻게 사용되는지 살펴보자. 앞서 언급했듯이 원환면은 단순연결이 아닌데, 보편 덮개는 무엇일까? 이 질문에 답하기 위해서는 원환면을 살짝 인위적인 방식으로 생각하는 게 도움이 된다. 한 점 x_0을 고정하고, x_0에서 시작하는 모든 연속경로의 집합을 원환면으로 간주하는데, 두 경로의 끝점이 같으면 그 둘을 같은 것으로 본다. 이렇게 하면 각 경로에 대해 '우리가 관심 있어 하는 것은' 어디서 끝나느냐 하는 것뿐이고, 끝점의 집합은 명백히 원환면 자체이기 때문이다. 하지만 이것은 보편 덮개의 정의가 아니다. 보편 덮개는 경로의 끝점에만 관심을 둘 뿐만 아니라, 어떻게 끝점에 도달하는지도 관심을 두기 때문이다. 예를 들어 경로가 하필 고리였다면 끝점은 x_0 자체일 텐데,

이 고리가 원환면을 몇 차례나 감으며, 어떤 방식으로 감는지가 우리의 관심사이다.

$\mathbb{R}^2$에서 두 점의 차가 $\mathbb{Z}^2$에 속하면 동치라고 정의하여 몫을 취한 것을 원환면이라 정의할 수 있다. 그러면 $\mathbb{R}^2$의 모든 점은 이 몫 사상에 의해 원환면의 한 점으로 사상된다. 그러면 원환면 위의 임의의 연속 경로는 다음 의미에서 평면 위로 유일하게 '들어 올릴(lift)' 수 있다. $\mathbb{R}^2$에서 원환면의 점 x_0으로 사상되는 점 u_0을 하나 고정한다. 그런 후 x_0에서 출발하는 원환면 내의 연속인 경로를 그리면, 정확히 한 가지 방법으로 $\mathbb{R}^2$의 경로를 그려서 이 경로의 각 점이 원환면의 경로에서의 적절한 점으로 사상되게 할 수 있다.

이제 x_0에서 출발하며 x_1에서 끝나는 원환면 위의 두 경로가 있다고 하자. 그러면 둘 다 u_0에서 출발하여 '들어 올린' 두 경로에 대해 우리가 아는 것은 끝점이 동등하다는 것뿐, 이들이 같은 점인지는 알지 못한다. 만일 첫 번째 경로가 축약가능한 고리였고 두 번째가 원환면을 감는 고리였을 경우, 이들을 들어 올린 경로는 **다른** 점에서 끝날 것이다. 이를 시각화하려고 노력하면 대단히 자연스럽고 그럴 듯한 결과임을 알게 되겠지만, 두 경로를 '들어 올린 경로'가 같은 점에서 끝나는 것과 원래 경로들끼리 위상동형인 것은 필요충분조건으로 드러난다. 다른 말로 하면 원환면의 경로들의 호모토피류와 $\mathbb{R}^2$의 점들 사이에 일대일대응이 있다. 이는 $\mathbb{R}^2$이 원환면의 보편 덮개임을 보여준다. 공간에서 보편 덮개로 넘어가는 조작은 어떤 면에서는 보편 덮개에서 공간을 얻을 때 이용하는 몫 작용을 '펴' 준다.

$\mathbb{Z}^2$의 $\mathbb{R}^2$ 위로의 자연스러운 군 작용[IV.9 §2]을 생각하는 것이 이 예를 생각하는 유익한 방법이다. $\mathbb{Z}^2$의 각 원소 (m, n)을 평행이동 $(x, y) \mapsto (x + m, y + n)$에 대응한다. 그런 후 $\mathbb{Z}^2$을 이 작용으로 자른 것을 원환면으로 간주할 수 있다. 즉, 작용의 궤도(orbit)를 ($\{(x + m, y + n) : (m, n) \in \mathbb{Z}^2\}$ 꼴의 집합) 원환면의 원소로 간주하고, 몫 위상을 준다(기본적으로 $\mathbb{Z}^2$의 두 평행이동이 가깝다는 것은 정말로 가깝다는 뜻이다). $\mathbb{Z}^2$의 $\mathbb{R}^2$ 위로의 군 작용은 **자유(free)** 작용이며 **이산(discrete)** 작용이다. 이는 $\mathbb{Z}^2$의 0이 아닌 각 원소는 $\mathbb{R}^2$의 각 점의 작은 근방을 완전히 동떨어진 곳으로 보낸다는 뜻이다. 모든 충분히 좋은 공간 X는, 자신의 보편 덮개를 유사한 군 작용으로 몫을 취한 공간이 되는 것으로 드러났는데, 이 군이 X의 **기본군**[IV.6 §2]이다.

이름이 시사하듯 보편 덮개는 보편성을 갖는다. 간략히 말해서 공간 Y 및 Y로부터 X로의 연속인 전사함수의 쌍에 대해, X 내의 작은 이웃의 역상이 Y 내의 작은 이웃의 서로 소인 합집합일 때 X의 **덮개(covering)**라 부른다. U가 X의 보편 덮개고 Y가 X의 덮개라면, U는 자연스러운 방식으로 Y의 덮개가 된다. 예를 들어 무한 원기둥을 둘둘 마는 사상에 의해 원기둥을 원환면의 덮개로 정의할 수 있는데, 평면이 이 원기둥을 덮는다. 따라서 X의 연결된 덮개는 모두 보편 덮개의 몫 공간이다. 더욱이, X의 기본군의 어떤 부분군이 보편 덮개에 작용할 때의 궤도 공간이다. 이런 관찰은 X의 기본군의 부분군의 켤레류와, 덮개의 동치류 사이에 대응을 준다. 이런 '갈루아 대응(Galois correspondence)'은 수학 다른 곳에 유사한 것들이 많은데, 확대체(field extension)의 이론에서 나오는 대응이 가장 고전적이다(5차방정식의 해결불가능성[V.21]을 보라).

보편 덮개를 이용하는 예는 기하적/조합론 군론 [IV.10 §§7, 8]에서 찾을 수 있다.

III.94 변분법

로렌스 에반스 *Lawrence C. Evans*

변분법(calculus of variation)은 자체로도 하나의 이론이며 특정 종류의 (보통 극도로 비선형인) 상미분 및 편미분방정식을 연구하는 기법의 도구상자다. 적절한 '에너지' 범함수의 임계점을 찾을 때 발생하는 방정식들인데, 다른 비선형 문제들보다는 훨씬 더 다루기 쉽다.

1 임계점

미적분을 배우는 첫 해에 나오는 간단한 관찰부터 시작하자. 이때 $f = f(t)$가 실직선 $\mathbb{R}$ 위에서 정의된 매끈한 함수이고 f가 어떤 점 t_0에서 극대 혹은 극소를 가지면 $(\mathrm{d}f/\mathrm{d}t)(t_0) = 0$이라는 것을 배운다.

변분법은 이런 통찰력을 광범위하게 확장한 것이다. 우리가 고려할 기본 대상은 범함수(functional) F인데 실수에 대해 적용하는 것이 아니라 함수에, 더 정확히는 허용 가능한 특정 함수 부류에 적용한 범함수다. 즉, F는 함수 u를 인자로 취해 실수 $F(u)$를 준다. u_0이 F를 극소화하는 함수, 즉 허용 가능한 함수 u에 대해 항상 $F(u_0) \leqslant F(u)$라면, 'u_0에서 F의 미분이 0'임을 기대할 수 있다. 물론 이 아이디어는 정

확히 만들 필요가 있는데, 허용 가능한 함수의 공간이 무한 차원이기 때문에 솜씨가 필요하다. 그렇지만 실제로는 변분법은 표준 미적분만 사용하는 걸로 귀결되며, 최소화하는 함수 u_0의 본질에 깊은 통찰력을 준다.

2 1차원 문제

변분 기법이 적용되는 가장 간단한 상황은 1변수 함수와 관련된 것이다. 이런 설정 하에서 적절한 범함수를 최소화하는 함수가 왜 특정 상미분방정식을 자동으로 만족해야만 하는지 보기로 하자.

2.1 최단 거리

몸풀기 문제로, 평면에서 두 점을 잇는 가장 짧은 경로가 선분임을 보이기로 하자. 물론 명백한 사실이지만, 여기서 개발할 방법은 훨씬 더 흥미로운 상황에도 적용할 수 있다.

평면 위의 두 점 P, Q가 주어졌다고 하자. 여기서 허용 가능한 함수의 모임은 구간 $I = [a, b]$에서 정의되며, $u(a) = P$ 및 $u(b) = Q$를 만족하며, 매끈하며 실수를 값으로 갖는 함수 u다. 이 곡선의 길이는 다음과 같다.

$$F[u] = \int_I (1 + (u')^2)^{1/2} \mathrm{d}x. \qquad (1)$$

여기에서 $u = u(x)$이며 기호 `'`은 x에 대한 미분을 가리킨다. 이제 특정한 곡선 u_0이 길이를 최소화한다고 가정하자. u_0의 그래프가 선분이라는 것을 유도하고 싶은데, 이를 최소화 함수 u_0에서 'F의 미분을 0으로 두어' 얻으려는 것이다.

이 아이디어에 의미를 주기 위해, 구간 I에서 정의되어 있고 끝점에서 0인 다른 매끈한 함수 w를 고르자. 각 t에 대해 $f(t)$를 $F[u_0 + tw]$로 정의한다. 함수 $u_0 + tw$의 그래프가 주어진 끝점들을 이어주는데, u_0이 최소 길이를 주기 때문에 $\mathbb{R}$에서 $\mathbb{R}$로의 보통 함수인 f는 $t = 0$에서 최솟값을 갖는다. 따라서 $(df/dt)(0) = 0$이다. 그런데 적분 기호 아래서 미분한 뒤 부분적분을 거치면 $(df/dt)(0)$을 구체적으로 계산할 수 있다. 이로부터 다음이 나온다.

$$\int_I \frac{u_0' w'}{(1+(u_0')^2)^{1/2}}\,dx = -\int_I \left(\frac{u_0'}{(1+(u_0')^2)^{1/2}}\right)' w\,dx.$$

이 항등식은 위에서 구체적으로 준 성질을 갖는 모든 함수 w에 대해 성립하므로, 결론적으로 구간 I 내의 모든 곳에서 다음이 성립한다.

$$\left(\frac{u_0'}{(1+(u_0')^2)^{1/2}}\right)' = \frac{u_0''}{(1+(u_0')^2)^{3/2}} = 0. \quad (2)$$

지금까지의 논의를 요약하자. u_0의 그래프가 주어진 끝점들 사이의 거리를 최소화한다면 u_0''은 항등적으로 0이어야 하고, 따라서 최단 경로는 선분이다. 결론이 그다지 짜릿해 보이지 않겠지만, 이처럼 간단한 경우에도 흥미로운 특징이 있다. 변분법을 쓰면 자동적으로 다음 식

$$\kappa = \frac{u''}{(1+(u')^2)^{3/2}}$$

에 이목을 집중하게 되는데, u의 그래프의 **곡률**(curvature)로 밝혀진 양이다. 최소화 함수 u_0의 그래프는 모든 곳에서 곡률이 0이다.

2.2 일반화: 오일러-라그랑주 방정식

앞의 예에서 이용한 기법은 대단히 강력하며, 광범위하게 일반화할 수 있는 것으로 밝혀졌다.

길이 범함수 (1)을 다음처럼 더 일반적인 범함수로 바꾸는 것이 한 가지 유용한 확장이다.

$$F[u] = \int_I L(u', u, x)\,dx. \quad (3)$$

여기에서 $L = L(v, z, x)$는 주어진 함수인데, 가끔 라그랑지안(Lagrangian)이라 부른다. 그러면 $F[u]$는 구간 I에서 정의된 주어진 함수 u의 '에너지' 혹은 '작용(action)'으로 해석할 수 있다.

이제 특정한 곡선 u_0이 고정된 경계 조건 하에서 F의 최소화 함수라 가정하자. u_0의 행동 양식에 대한 정보를 추출하고 싶은데, 이를 위해 처음 예에서처럼 진행한다. 위에서처럼 매끈한 함수 w를 고르고 $f(t) = F[u_0 + tw]$라 정의한 뒤, f가 $t = 0$에서 극값을 가진다는 것을 관찰하여 결론적으로 $(df/dt)(0) = 0$임을 유도한다. 앞서 계산한 것처럼 이 미분을 구체적으로 계산한다.

$$\frac{df}{dt}(0) = \int_I L_v w' + L_z w\,dx = \int_I (-(L_v)' + L_z) w\,dx.$$

여기에서 L_v와 L_z는 편미분 $\partial L/\partial v$와 $\partial L/\partial z$를 (u_0', u_0, x)에서 계산한 것을 나타낸다. 주어진 조건을 만족하는 모든 함수 w에 대해 이 식이 0이므로, 구간 I의 모든 곳에서

$$-(L_v(u_0', u_0, x))' + L_z(u_0', u_0, x) = 0 \quad (4)$$

이 성립한다. 함수 u_0에 대한 이 비선형 상미분방정식을 오일러-라그랑주 방정식(Euler-Lagrange equation)이라 부른다. 여기서의 핵심은 범함수 F의 최소

화 함수는 이 미분방정식의 해여야만 하며, 종종 중요한 기하학적 정보나 물리적 정보를 담고 있다는 것이다.

예를 들어 실직선을 따라 움직이는 질량 m인 입자의 운동 에너지와 퍼텐셜 (위치) 에너지 W의 차로 해석할 수 있는 $L(v, z, x) = \frac{1}{2}mv^2 - W(z)$를 잡자. 그러면 오일러-라그랑주 방정식 (4)는

$$mu_0{}'' = -W'(u_0)$$

이 되어 뉴턴의 제2운동 법칙이다. 물리학의 기본 법칙을 변분법으로 우아하게 유도할 수 있는 것이다.

2.3 연립식

다음처럼 두면 이 기법을 더 일반화할 수 있다.

$$F[u] = \int_I L(u', u, x)\,\mathrm{d}x. \qquad (5)$$

여기에서 인자는 구간 I에서 $\mathbb{R}^m$으로 가는 사상으로 벡터를 값으로 갖는 함수 u다. 만일 u_0이 적절한 함수들의 모임에서 최소화 함수라면, 위에서 논의한 것과 비슷한 아이디어를 이용하여 오일러-라그랑주 방정식을 계산할 수 있다. 그러면 각 k마다 다음 방정식을 얻는다.

$$-(L_{v^k}(u_0', u_0, x))' + L_{z^k}(u_0', u_0, x) = 0. \qquad (6)$$

여기에서 L_{v^k}와 L_{z^k}는 (u_0', u_0, x)에서 L을 u'과 u의 k번째 변수로 편미분한 것을 나타낸다. 이들 방정식은 $u_0 = (u_0{}^1, \cdots, u_0{}^m)$의 성분들이 결합된 연립 상미분방정식을 이룬다.

기하학적 예로 다음처럼 두자.

$$L(v, z, x) = \left(\sum_{i,j=1}^{m} g_{ij}(z) v^i v^j \right)^{1/2}.$$

따라서 $F[u]$는 g_{ij}가 결정하는 리만 계량[I.3 §6.10] 안에서 곡선 u의 길이다. u_0이 단위 속력 곡선인 경우, 약간의 수고를 하면 오일러-라그랑주 연립방정식 (6)을 다음처럼 다시 쓸 수 있다.

$$(u_0{}^k)'' + \sum_{i,j=1}^{m} \Gamma_{ij}{}^k (u_0{}^i)'(u_0{}^j)' = 0 \quad (k = 1, \cdots, m)$$

여기에서 $\Gamma_{ij}{}^k$은 크리스토펠 기호(Christoffel symbol)라 부르는 것으로, g_{ij}를 써서 계산할 수 있는 양이다. 이 연립 상미분방정식의 해는 측지선(geodesic)이라 부른다. 따라서 길이를 최소화하는 곡선들이 측지선임을 유도하였다.

물리적인 예로는 $L(v, z, x) = \frac{1}{2}m|v|^2 - W(z)$가 있는데, 여기서 오일러-라그랑주 방정식은

$$mu_0{}'' = -\nabla W(u_0)$$

이다. 이는 $\mathbb{R}^m$ 안에서 퍼텐셜 에너지 W 하에서 입자가 움직일 때의 뉴턴의 제2법칙이다.

3 고차원 문제

변분법은 다변수 함수를 포함하는 식에도 적용할 수 있는데, 이 경우 결과로 얻는 오일러-라그랑주 방정식은 편미분방정식(PDE)이다.

3.1 최소 넓이

첫 번째 예는 최단 거리 곡선에 대한 처음 예를 확장한 것이다. 이 문제에서는 평면 내에 경계가 ∂U인 영역 U와, 경계 위에서 정의된 실숫값 함수 g가 주

어져 있다. 이제 경계에서는 g와 같아야 하며 U에서 정의된 실숫값 함수 u를 허용 가능한 함수로 하는 클래스를 들여다보자. u의 그래프는 g의 그래프와 경계가 일치하는 2차원 곡면으로 생각할 수 있다. 이 곡면의 넓이는 다음과 같다.

$$F[u] = \int_U (1 + |\nabla u|^2)^{1/2} dx. \qquad (7)$$

주어진 경계를 갖는 모든 곡면 중에서 넓이를 최소로 하는 특정한 함수를 u_0이라 가정하자. 이 이른바 **최소곡면**(minimal surface)의 기하학적 행동에 대해 무엇을 유도할 수 있을까?

이번에도 $f(t) = F[u_0 + tw]$라 두고 t에 대해 미분하는 등의 작업을 한다. 몇 가지 계산 후 결국 영역 U 내에서 다음이 성립함을 발견하게 된다.

$$\operatorname{div}\left(\frac{\nabla u_0}{(1 + |\nabla u_0|^2)^{1/2}}\right) = 0. \qquad (8)$$

여기서 'div'는 발산(divergence) 작용소를 가리킨다. 이 비선형 PDE는 **최소곡면 방정식**이다. 왼쪽 변은 u_0의 그래프의 **평균 곡률**(mean curvature)의 두 배로 밝혀졌다. 그 결과 최소곡면은 모든 곳에서 **평균 곡률**이 0임을 보였다.

때때로 최소곡면은 함수 g에 의해 구체화된 경계를 이루는 고정된 철사 틀 사이에 비누막을 펼쳤을 때 형성되는 곡면이라고 물리적으로 간주할 수 있다.

3.2 일반화: 오일러-라그랑주 방정식

이제 넓이 범함수 (7)을 일반적인 다음 식

$$F[u] = \int_U L(\nabla u, u, x) dx \qquad (9)$$

로 대체하는 것은 직접적이면서도 때로는 대단히 유익하다. 여기에서 U는 $\mathbb{R}^n$ 내의 영역으로 잡는다. u_0이 주어진 경계 조건 하에서 최소화 함수라 가정하면, 오일러-라그랑주 방정식을 유도할 수 있다.

$$-\operatorname{div}(\nabla_v L(\nabla u_0, u_0, x)) + L_z(\nabla u_0, u_0, x) = 0. \qquad (10)$$

이는 최소화 함수가 반드시 만족해야 하는 비선형 PDE다. 주어진 PDE가 이런 꼴이면 **변분방정식**(variational equation)이라 부른다.

$L(v, z, x) = \frac{1}{2}|v|^2 + G(z)$라 잡은 경우, 대응하는 오일러-라그랑주 방정식은 비선형 푸아송 방정식이다.

$$\Delta u = g(u).$$

여기에서 $g = G'$이고 $\Delta u = \sum_{k=1}^n u_{x_k x_k}$는 u의 라플라스 작용소[I.3 §5.4]를 나타낸다. 이 중요한 PDE가 변분 방정식임을 보였다. 범함수 $F[u] = \int_U \frac{1}{2}|\nabla u|^2 + G(u) dx$의 최소화 함수나 다른 임계점을 구성하여 해를 찾을 수 있기 때문에, 이는 가치 있는 통찰력이다.

4 변분법에서의 다른 사안

위의 예들은 제1변분 계산이라 부르는 간단한 방법을 적절한 기하학적, 물리적 문제에 적용하면 얼마나 유용한지 꽤 설득력 있게 보여준다. 실제로도 변분 원리와 방법은 수학 및 물리 모두 여러 가지 분야에서 나타난다. 수학자들이 가장 중요하다고 여기는 많은 대상의 바탕에 일종의 변분 원리가 있다. 그런 목록은 인상적이며, 우리가 논의한 예 이외에도 해밀턴 방정식, 양-밀스 방정식(Yang-Mills equation) 및 셀베르그-위튼 방정식(Selberg-Witten equation), 각종 비선형 파동 방정식, 통계 물리에서의 깁스 상태(Gibbs state), 최적 제어 이론(opti-mal control theory)에서 나온 동적 계획법 방정식(dynamic programming equation)이 포함돼 있다.

많은 문제가 남는다. 예를 들어 $f = f(t)$가 점 t_0에서 극솟값을 가지면, $(df/dt)(t_0) = 0$일 뿐만 아니라 $(d^2f/dt^2)(t_0) \geqslant 0$임도 안다. 세심한 독자라면 이 관찰의 일반화인 제2변분 계산법이 변분법에서 중요함을 올바로 추측할 수 있을 것이다. 이는 임계점이 실제로 안정적인 최소화 함수인지 보장하는 데 필요한 적절한 볼록성 조건에 대한 통찰력을 준다. 이보다 더 기본적인 것은 최소화 함수 혹은 다른 임계함수의 존재성에 대한 질문이다. 수학자들은 '일반화한' 해를 찾을 수 있는 적절한 함수공간을 고안하는데 엄청난 창의력을 투자했다. 하지만 이러한 약해(weak solution)는 매끈할 필요가 없으므로, 이들의 정칙성(regularity) 및/또는 특이점(singularity)의 존재성에 대한 추가 질문을 역점을 두어 다루어야 한다.

하지만 이런 문제들은 대단히 기교적인 수학적 문제로 이 글의 범위를 훨씬 넘는다. 독자들의 이목에 대한 지나친 요구가 최소화되길 바라면서 여기서 논의를 마친다.

III.95 대수다양체

간단한 대수다양체(variety)의 두 가지 예는 원과 포물선인데, 각각 다항방정식 $x^2 + y^2 = 1$ 및 $y = x^2$으로 정의할 수 있다. 한 가지 자격만 고르라면, 대수다양체는 연립 다항방정식의 해집합이어야 한다. 하지만 포함하고 싶지 않은 예도 이 자격을 만족한다. 예를 들어 방정식 $x^2 - y^2 = 0$의 해집합은 두 직선 $x = y$ 및 $x = -y$의 합집합이므로 자연스럽게 두 조각으로 쪼개진다. 따라서 연립 다항방정식의 해는 대수적 집합(algebraic set)이라 부르고, 더 작은 대수적 집합의 합집합으로 쓸 수 없으면 대수다양체라 부른다.

방금 준 예들은 평면 $\mathbb{R}^n$의 부분집합이었다. 하지만 이 개념은 훨씬 더 일반적이다. 대수다양체는 임의의 n에 대해 $\mathbb{R}^n$ 내에 살 수도 있고, 임의의 n에 대해 $\mathbb{C}^n$ 내에 살 수도 있다. 사실 이 정의는 $\mathbb{F}$가 임의의 체일 때 $\mathbb{F}^n$에서도 의미가 있으며, 흥미로우면서도 중요하다. 지금까지 정의한 대수다양체는 아핀다양체(affine variety)였다. 여러 가지 목적에서 사영다양체(projective variety)를 다루는 것이 더 편리하다. 정의는 비슷하지만 이번에는 사영공간[III.72] 내에 살며, 이들을 정의하는 데 이용하는 다항식은 동차 다항식이어야, 즉 해의 상수배는 여전히 해여야 한다.

더 자세한 정보는 대수기하학[IV.4]과 산술기하학[IV.5]을 보라.

III.96 벡터다발

X를 위상공간[III.90]이라 하자. X 위의 벡터다발 (vector bundle)은 간략히 말하자면, X의 각 점마다 벡터공간을 대응하는데 x를 변화시킬 때 이 공간들이 '연속적으로 변하도록' 할 수 있을 때다. 예를 들어 $\mathbb{R}^3$ 내의 매끈한 곡면 X를 생각하자. 각 점 x마다, x에 따라 연속적으로 변하며 자연스러운 방식으로 2차원 벡터공간과 동일시할 수 있는 접평면(tangent plane)을 대응할 수 있다. 더 정확한 정의는 다음과 같다. X 위에서 계수가 n인 벡터다발은 연속 사상 $p : E \to X$를 갖춘 위상공간 E가 모든 점 x에 대해 역상 $p^{-1}(x)$가 (즉, E의 원소 중 x로 사상되는 점들의 집합) n-차원 벡터공간일 때를 말한다. 더욱이 X의 충분히 작은 영역 U에 대해 U의 역상은 $\mathbb{R}^n \times U$와 위상동형이다. (이 성질은 국소적 자명성(local triviality)이라 부른다.) $\mathbb{R}^n \times X$에 사상 $p(v, x) = x$가 갖춰진 공간이 X 위에서 계수가 n인 가장 명백한 벡터다발인데 자명한 다발(trivial bundle)이라 부른다. 하지만 흥미로운 다발은 2-구의 접다발처럼 자명하지 않은 다발이다. 벡터다발들을 이해하면 위상공간에 대해 많은 것을 알 수 있다. 이런 이유 때문에 벡터다발은 대수적 위상수학에서 중심이다. 더 자세한 것은 대수적 위상수학[IV.6 §5]을 보라.

III.97 폰 노이만 대수

군[I.3 §2.1] G의 유니터리 표현(unitary representation)은 G의 각 원소 g에 어떤 힐베르트 공간[III.37] H에서 정의된 유니터리 사상[III.50 §3.1] U_g를 대응하는 군 준동형사상[I.3 §4.1]을 말한다. 폰 노이만 대수 (von Neumann algebra)는 특별한 종류의 C^*-대수 [III.12]인데 유니터리 표현의 이론과 밀접하게 관련돼 있다. 폰 노이만 대수를 정의하는 동등한 방법이 몇 가지 있다. 그중 하나는 다음과 같다. 주어진 임의의 유니터리 표현에 대해 교환자 대수(commutant algebra)는 표현의 유니터리 사상 U_g 모두와 가환인 $B(H)$의 작용소[III.50] 전체의 집합으로 정의하는데, 이들은 C^*-대수를 이룬다. 폰 노이만 대수는 이런 식으로 생기는 대수들이다. 다음처럼 추상적으로 정의할 수도 있다. C^*-대수 A가 폰 노이만 대수라는 것은 (A 자체를 바나흐 공간으로 간주할 때) X의 쌍대 공간[III.19 §4]이 A인 바나흐 공간[III.62] X가 존재할 때를 말한다.

폰 노이만 대수의 기본적인 구성 재료는 인자 (factor)라 부르는 특별한 종류의 폰 노이만 대수다. 인자의 분류는 연구의 주요 주제 중 하나인데, 20세기 후반의 가장 유명한 정리 몇 가지를 포함하고 있다. 더 자세한 것은 작용소 대수[IV.15 §2]를 보라.

III.98 웨이블릿

흑백 사진을 컴퓨터에서 다른 컴퓨터로 보내고 싶으면, 각 픽셀을 검은색은 0으로, 흰색은 1로 부호화하는 것이 가장 명백한 방법이다. 하지만 어떤 그림에 대해서는 대단히 비효율적이라는 것이 분명하다. 예를 들어 왼쪽 절반은 완전히 흰색이고 오른쪽 절반은 완전히 검은색인 정사각형 그림이라면, 픽셀의 목록을 모두 보내는 것보다 그림을 재구성하는 방법을 보내는 것이 분명히 더 낫다. 더욱이 픽셀의 정확한 세부사항은 보통 중요하지 않다. 예를 들어 회색톤을 원하면, 검은 픽셀과 흰 픽셀을 적절한 비율로 섞고 고르게 분포하게만 하면 되기 때문이다.

하지만 그림을 부호화하는 좋은 방법을 찾는 것은 어려우며, 공학에서 중요한 연구 영역이다. 그림이란 사각형에서 $\mathbb{R}$로 가는 함수로 생각할 수 있다. 그런 함수 전체의 집합은 **벡터공간**[I.3 §2.3]을 이루는데, 좋은 부호화 방법을 마련하려면 이 공간의 좋은 기저를 찾는 것이 자연스럽다. 여기서 '좋다'는 말의 뜻은 흥미로운(즉, 보내고 싶은 그림과 같은 종류의 표현에 대응하는) 함수들을, 인간의 눈이 찾아내지 못하는 약간의 변이만 제외하면 계수 몇 개만으로 결정할 수 있다는 것이다.

웨이블릿(wavelet)은 여러 가지 목적에서 특히나 좋은 기저다. 어떤 면에서는 **푸리에 변환**[III.27]과 닮았지만, 뚜렷한 경계, 그림 전체에 퍼져 있기보다는 '국소적인' 패턴 등의 세부사항을 부호화하는데 훨씬 더 적합하다. 더 자세한 것은 **웨이블릿과 응용**[VII.3]을 보라.

III.99 체르멜로-프렝켈 공리

체르멜로-프렝켈 공리(Zermelo-Fraenkel axiom)(혹

은 ZF 공리)는 집합론에 기초를 제공하는 공리들의 모임이다. 그들을 두 가지 관점으로 볼 수 있다. 첫 번째는 집합 위에 '허용되는 연산'의 목록으로 보는 것이다. 예를 들어 주어진 집합 x와 y에 대해 원소가 정확히 x와 y인 '쌍 집합(pair set)'이 존재한다는 것을 진술하는 공리가 있다.

수학의 모든 것을 집합론으로 귀결시킬 수 있으므로, ZF 공리는 수학의 기초 전체라고 간주할 수 있다는 것이 ZF 공리가 중요한 한 가지 이유다. 물론 이러기 위해서는 ZF 공리에 의해 허용되는 연산이 실제로 보통의 수학적 구성 전체를 수행할 수 있게 허용해야 한다는 것이 필수다. 그 결과 어떤 공리들은 다소 미묘해진다.

ZF 공리를 보는 다른 방법은 공집합 하나로부터 출발하여 모든 집합의 세상을 '쌓아 올리는 데' 딱 필요한 것들을 준다고 보는 것이다. 다양한 ZF 공리들을 들여다보면, 각각이 집합론적 우주를 창조할 때 필수적인 역할을 한다는 것을 볼 수 있다. 다르게 표현하면, ZF 공리는 임의의 집합의 우주 혹은 더 정확히는 임의의 집합론의 모형이 따라야만 하는 '닫힘성 규칙'들이다. 예를 들면 모든 집합에 대해 멱집합(부분집합 전체의 집합)이 있다는 공리가 있는데, 이 공리 덕분에 공집합 하나만으로 시작하여 거대한 집합의 모임을 쌓아 올릴 수 있다. 공집합의 멱집합을 취하고, 공집합의 멱집합의 멱집합을 취하는 식이다. 사실 모든 집합의 우주는 (어떤 면에서) 공집합을 포함하며, ZF에서 허용하는 모든 연신에 닫힌 것들이라고 기술할 수 있다.

ZF 공리는 **1차 논리**[IV.23 §1]의 언어로 쓰여 있다. 따라서 각 공리는 보통의 논리 연산과, '원시적

인 관계'인 구성원 관계뿐만 아니라, 변수를 언급할
수 있다(모든 집합 위에서 변하는 것으로 해석할 수
있다). 예를 들어 쌍 집합 공리는 형식적으로 다음처
럼 쓸 수 있다.

$$(\forall x)(\forall y)(\exists z)(\forall t)(t \in z \Leftrightarrow t = x \text{ 또는 } t = y).$$

규약 상 ZF 공리는 **선택 공리**[III.1]를 포함하지 않
는다. 선택 공리를 포함할 경우 보통은 'ZFC 공리'라
부른다.

ZF 공리에 대한 더 자세한 논의는 **집합론**[IV.22 §
3.1]을 보라.

옮긴이 _ 고등과학원 수학부 연구진

강 현 석	강 효 상
김 명 호	김 선 광
김 영 주	김 현 규
박 윤 경	서 애 령
석 진 명	양 민 석
원 준 영	유 환 철
이 광 우	이 승 진
이 은 주	이 정 연
이 준 호	임 수 봉
전 우 진	정 기 룡
조 시 훈	조 진 석
최 진 원	한 강 진
현 윤 석	황 택 규

PART IV

수학의 분야

Branches of Mathematics

고등과학원은 한국의 기초과학을 세계적인 수준으로 만들고자 1996년 설립된 우리나라 최초의 순수이론 기초과학 연구기관이다. 현재 서울 홍릉에 연구자들이 연구에 전념할 수 있는 최적의 환경을 조성하여, 세계적인 석학들을 포함한 유능한 연구진이 각각의 분야에서 활발한 활동을 하고 있다.

IV.1 대수적 수

배리 메이저 *Barry Mazur*

이 장에서 다룰 주제는 세부 분야들이 현대 수학의 거의 모든 부분과 맞닿아 있음에도, 그 기원은 고대 그리스에서부터 시작한다. 1801년 정수론의 현대적 사고방식의 '기초를 세운 논문'이라 할 수 있는 칼 프리드리히 가우스[VI.26]의 『산술에 관한 연구(*Disquisitiones Arithmeticae*)』가 출판되었다. 최근의 연구에서도 여전히 이루지 못한 목표는 그 초기 형태까지 고려한다면 상당수 가우스의 작업에서 비롯됐다고 볼 수 있다.

이 글은 대수적 수의 고전적 이론 중 일부를 배우고 생각해 보는 데 관심 있는 독자들의 안내서가 되도록 쓰였다. 최소한의 이론적 배경만으로도 많은 것을 이해하고 대수적 수의 거의 모든 아름다움을 감상할 수 있을 것이다. 이 여행을 시작하고자 하는 독자들이 배낭 속에 가우스의 『산술에 관한 연구』와 대븐포트(Davenport)의 『산술(*The Higher Arithmetic*)』(1992)을 함께 가지고 다니기를 추천한다. 대븐포트의 책은 이 주제를 설명하는 데 있어서 보석 같은 책으로서 고등학교 수준 이상의 수학을 거의 사용하지 않으면서도 기본이 되는 아이디어들을 깊고 명확하게 설명해 준다.

1 2의 제곱근

대수적 수와 대수적 정수(algebraic integer)에 대한 연구는 일반적인 유리수와 정수에서 시작하여 끊임없이 그것들에 관한 연구로 돌아온다. 최초의 대수적 무리성(algebraic irrationality)은 수로서라기보다 어떤 기하적인 질문에 대한 간단한 답을 얻고자 할 때 발생한 **장애물**로서 등장했다.

정사각형에서 대각선과 변의 비가 자연수들의 비로 표현되지 않는다는 것은 초기의 피타고라스 학파의 학자들에게 성가신 문제 중 하나였다. 그러나 이 비를 제곱하면 $2:1$이 된다. 그래서 앞으로는 이 것을 대수적으로 다루고자 한다(실제로 후세의 수학자들은 그렇게 했다). 우리는 이 비를 오직 이것의 제곱이 2라는 사실밖에 알지 못하는 암호로 생각할 수 있다(밑에서 살펴보겠지만 이것은 대수적 수에 대한 크로네커[VI. 48]의 관점이다). $\sqrt{2}$는 여러 가지 형태로 쓸 수 있다. 예를 들면

$$\sqrt{2} = |1 - i| \qquad (1)$$

이고 $1 - i = 1 - e^{2\pi i/4}$을 세상에서 가장 간단한 삼각합(trigonometric sum)으로 생각할 수 있다. 뒤에서 우리는 이차 무리수에 대한 이것의 일반화를 살펴볼 것이다. 또한 $\sqrt{2}$를 여러 가지 무한 수열의 극한으로도 볼 수 있고 그중의 하나는 다음과 같이 아름다운 연분수[III.22]로 주어진다.

$$\sqrt{2} = 1 + \cfrac{1}{2 + \cfrac{1}{2 + \ddots}}. \qquad (2)$$

이 연분수와 직접적으로 연관된 것이 펠 방정식(Pell equation)으로 알려진 디오판토스 방정식(Diophantine equation)이다.

$$2X^2 - Y^2 = \pm 1. \qquad (3)$$

위 방정식을 만족하는 정수해 (x, y)는 무수히 많이

존재하며 그것의 비로 주어지는 분수 y/x는 정확히 식 (2)에서 앞의 몇 개 항까지만 계산해서 얻은 값과 같다. 예를 들어, 처음에 찾을 수 있는 정수해는 (1, 1), (2, 3), (5, 7), (12, 17)이고

$$\left. \begin{array}{l} \frac{3}{2} = 1 + \frac{1}{2} = 1.5, \\[2mm] \frac{7}{5} = 1 + \dfrac{1}{2+\frac{1}{2}} = 1.4, \\[3mm] \frac{17}{12} = 1 + \dfrac{1}{2+\frac{1}{2+\frac{1}{2}}} = 1.416\cdots \end{array} \right\} \qquad (4)$$

이다.

　　(3)에서 우변의 ± 1을 0으로 바꾸면 $2X^2 - Y^2 = 0$이라는 식이 되고, 이것의 모든 실수해 (X, Y)의 비는 $Y/X = \sqrt{2}$가 된다. 따라서 (4)에 나오는 분수들의 수열의 극한이 $\sqrt{2}$로 수렴한다는 것을 쉽게 알 수 있다(이 수열은 번갈아가며 $\sqrt{2} = 1.414\cdots$보다 커졌다 작아졌다 한다). 보다 놀라운 사실은 (4)가 $\sqrt{2}$를 최적 근사하는 분수들의 목록이라는 것이다. (여기서 유리수 a/d가 실수 α를 최적 근사한다는 것은, a/d가 분모가 d 이하인 분수들 중에서 α와 가장 가깝다는 것을 의미한다.) 이 현상을 좀 더 깊이 있게 보기 위해서 조건부 수렴(conditionally convergent)하는 또 다른 중요한 무한수열

$$\frac{\log(\sqrt{2}+1)}{\sqrt{2}} \qquad (5)$$
$$= 1 - \frac{1}{3} - \frac{1}{5} + \frac{1}{7} + \frac{1}{9} + \cdots \pm \frac{1}{n} + \cdots$$

을 생각해 보자. 여기서 n은 양의 홀수이며 $\pm 1/n$의 부호는 n을 8로 나누었을 때 나머지가 1이거나 7이면 양으로, 나머지가 3이거나 5인 경우에는 음으로 결정된다. (5)의 아름다운 공식을 계산기로 최소한

소수점 이하 첫째 자리까지는 직접 확인해 보기를 바란다. 이 공식은 일반적이고 강력한 L-함수[III.47]의 특수값을 구하는 해석적 공식(analytic formula)의 한 예로, 전체 이야기 흐름에서 보다 대수적인 측면과 해석적인 측면을 이어주는 다리 역할을 한다. 앞으로 이 이론에 대해 이야기할 때는 간단하게 '해석적 공식'이라고 하겠다.

2 황금비

오랫동안 기하학적 매력의 대상이었던 이차 무리수를 찾는다면 황금비라 알려진 $\frac{1}{2}(1+\sqrt{5})$는 $\sqrt{2}$의 강력한 경쟁자가 될 것이다. 양변의 비가 $\frac{1}{2}(1+\sqrt{5}):1$인 사각형은 그림 1과 같이 그 사각형에서 정사각형을 계속 빼 나가도 양변이 전과 동일한 비율을 유지한다. 이것을 삼각합으로 표현하면

$$\tfrac{1}{2}(1+\sqrt{5}) = \tfrac{1}{2} + \cos\tfrac{2}{5}\pi - \cos\tfrac{4}{5}\pi \qquad (6)$$

가 된다. 이것의 연분수 전개는

$$\tfrac{1}{2}(1+\sqrt{5}) = 1 + \cfrac{1}{1 + \cfrac{1}{1+\cdots}} \qquad (7)$$

이며, 처음 몇 개 항까지만 계산해서 차례로 얻어지는 분수들의 수열은

$$\frac{y}{x} = \frac{1}{1}, \frac{2}{1}, \frac{3}{2}, \frac{5}{3}, \frac{8}{5}, \frac{13}{8}, \frac{21}{13}, \frac{34}{21}, \cdots \qquad (8)$$

이다. 이 수열은

$$\tfrac{1}{2}(1+\sqrt{5}) = 1.618033988749894848\cdots$$

을 최적 근사하는 유리수들의 수열이고, '최적 근사'

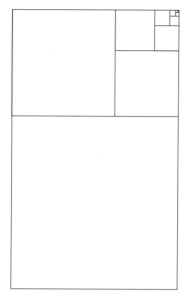

그림 1 바깥 직사각형은 높이 대 너비의 비가 황금비와 같다. 그림에서와 같이 여기서 정사각형을 빼면 너비 대 높이의 비가 황금비인 직사각형이 남게 된다. 이 작업은 물론 계속 반복할 수 있다.

의 의미는 이미 언급한 바와 같다. 예를 들어, 분수

$$\frac{34}{21} = 1 + \cfrac{1}{1 + \cfrac{1}{1 + \cfrac{1}{1 + \cfrac{1}{\ddots}}}}$$

은 1.619047619047619047⋯이고 분모가 21 이하인 유리수 중에서는 황금비와 가장 가깝다.

그렇지만 연분수*에서 오로지 1만 나타나는 점을 이용하면, 어떤 수학적인 의미에서 황금비가 모든 무리수 가운데 유리수로 근사가 가장 잘 안 되는 수임을 보일 수 있다.

피보나치 수열(Fibonacci number)에 익숙한 독자들은 분자와 분모가 이루는 수열이 피보나치 수열이 됨을 알 수 있을 것이다. 방정식 (3)과 유사하게

---

* 모든 실 이차 대수적 수들의 연분수 전개는 결국에는 그 성분들에 있어서 순환하는 규칙성을 갖게 된다. 위에서 살펴본 식 (2)와 (7)에서 이것을 생생하게 볼 수 있다.

$$X^2 + XY - Y^2 = \pm 1 \qquad (9)$$

을 생각해 보자. 이때, 우변의 ± 1을 0으로 바꾸면 $X^2 + XY - Y^2 = 0$이라는 방정식을 얻고 이것의 양의 실수해 (X, Y)는 $Y/X = \frac{1}{2}(1 + \sqrt{5})$, 즉 황금비를 이룬다. 그리고 이제 (8)에 나오는 분자 y와 분모 x는 (9)의 양의 정수해가 된다. (5)와 유사한 황금비에 대한 공식(즉, '해석적 공식')은 조건부 수렴하는 무한급수

$$\frac{2 \log\left(\frac{1}{2}(1 + \sqrt{5})\right)}{\sqrt{5}} \qquad (10)$$
$$= 1 - \frac{1}{2} - \frac{1}{3} + \frac{1}{4} + \frac{1}{6} + \cdots \pm \frac{1}{n} + \cdots$$

이다. 여기서 n은 5로 나누어떨어지지 않는 양의 정수이고, $\pm 1/n$의 부호는 n을 5로 나누었을 때 나머지가 ± 1이면 양, 그렇지 않으면 음이 된다.

부호가 양인지 음인지를 결정하는 것은 n이 법(modulo) 5로 제곱잉여(quadratic residue)인지 여부이다. 여기서 이 용어에 대해 간략하게 설명하겠다. m이 정수일 때 두 정수 a, b가 법 m으로 합동(기호로는 $a \equiv b \bmod m$이라고 쓴다)이라는 것은 $a - b$가 m의 정수 배수임을 의미한다. a, b, m이 모두 양의 정수이면, $a \equiv b \bmod m$은 a와 b를 각각 m으로 나누었을 때 '나머지(때로는 '잉여'라고 부른다)'가 같다는 것과 동치이다(모듈러 연산[III.58] 참조). m과 서로소인 정수 a가 어떤 정수의 제곱과 법 m으로 합동일 때, a를 법 m으로 제곱잉여라고 하며, 그렇지 않은 경우에는 법 m으로 제곱비잉여(quadratic nonresidue)라고 부른다. 따라서 1, 4, 6, 9, ⋯는 법 5로 제곱잉여이고, 2, 3, 7, 8, ⋯은 법 5로 제곱비잉여이다.

방정식 (5)와 (10)의 일반화(즉, '디리클레 지표 (Dirichlet character)에 대응하는 L-함수의 해석적 공식')는 조건부 수렴하는 $\pm 1/n$항들의 급수에 관한 놀라운 공식을 이끌어낸다. 여기서 n은 어떤 고정된 수와 서로소인 양의 정수들이며, $\pm 1/n$의 부호는 n이 그 정수에 대한 법으로 제곱잉여인지 제곱비잉여인지에 따라 결정된다.

3 이차 무리성

2차방정식의 근의 공식

$$X = \frac{-b \pm \sqrt{b^2 - 4ac}}{2a}$$

는 일반적인 2차방정식 $aX^2 + bX + c = 0$에 대한 해(일반적으로는 두 개)를 찾게 해 준다. 이 공식은 $\sqrt{D}$에 대한 유리식으로 표현되어 있고, $D = b^2 - 4ac$는 다항식 $aX^2 + bX + c$의 판별식, 또는 다른 말로 이에 대응하는 동차 이차 형식[III.73] $aX^2 + bXY + cY^2$의 판별식으로 불린다. 이를 통해 많은 무리수를 찾을 수 있는데, 플라톤(Plato)의 〈대화편〉 『테아에테투스(Theaetetus)』에는 D가 완전제곱이 아닐 때 $\sqrt{D}$가 무리수가 된다는 것을 발견한 것으로 인정받은 젊은 테아에테투스가 나온다. 처음에는 어떤 문제의 **장애물**로 인식되었던 것이 결국에는 효과적으로 연구할 수 있는 수 또는 **어떤 대수적 대상**으로 구체화되는 흥미로운 전환은, 수학 전반에 걸쳐 다른 상황에서도 계속 반복된다. 한참 후에 복소 이차 무리성 역시 그 모습을 드러냈다. 이 역시도 처음에는 '숫자로' 여겨지기보다는 **방해물**로 여겨졌다. 예를 들면, 니콜라스 슈케(Nicholas Chuquet)는 1484

년 그의 논문 『*Le Triparty*』에서 어떤 것의 세제곱이 그것의 제곱보다 4만큼 더 큰 수가 존재할 수 있냐는 질문을 던졌고, 2차방정식의 근의 공식을 적용하면 '불가능한' 수가 나오기 때문에 이런 수는 존재할 수 없다는 결론을 내렸다. 우리의 용어*에 따르면 이 불가능한 수가 바로 복소 이차 무리수이다.

모든 실수('정수'의 제곱근을 포함한) 이차 무리수에 대해서는 $\sqrt{2}$의 경우 식 (1)~(5)에서, $\frac{1}{2}(1+\sqrt{5})$의 경우 식 (6)~(10)에서 비슷한 맥락의 논의를 했다. 복소 이차 무리수에도 이와 같은 이론이 있지만 흥미로운 차이가 있다. 우선 첫째로 복소 이차 무리수에 대해서는 연분수 전개와 직접적으로 비교할 만한 것이 없다. 실제로 간단하면서도 확실한 사실은 복소 이차 무리수에 수렴하는 유리수로 구성된 무한 수열을 찾을 수 없다는 것이다! 그에 상응하여 펠 방정식에 해당하는 방정식이 오직 유한개의 해만을 갖게 된다. 다만 위안이 되는 것은 밑에서 보겠지만 더욱 간단한 형태의 적절한 '해석적 공식'이 존재한다는 것이다.

d는 양수도 될 수 있고 음수도 될 수 있는, 제곱인 수가 없는 정수라고 하자. d에 대하여 그와 연관된 상당히 중요한 숫자 τ_d가 있다. d가 법 4로 1과 합동인 경우(즉, $d-1$이 4의 배수인 경우) τ_d는 $\frac{1}{2}(1+\sqrt{d})$이며, 그렇지 않은 경우에 τ_d는 $\sqrt{d}$이다. 이러한 이차 무리수 τ_d를 기본 2차 대수적 정수(fundamental algebraic integer of degree 2)고 부른다. '대수적 정수'에 대한 일반적인 개념은 §11에서 정의될 것이다.

---

* 봄벨리[VI.8]는 16세기에 양수 또는 음수의 무리 제곱근을 '귀 먹은 수'(deaf)'(현재도 사용 중인 무리한 수(surd)라는 단어를 연상시킨다) 또는 '이름 붙일 수 없는 수라고 불렀다.

이차의 대수적 정수는 난순히 정수 a, b에 의해 주어지는 2차방정식 $X^2 + aX + b$의 근을 의미한다. 첫 번째 경우(d가 법 4로 1과 합동인 경우) τ_d는 방정식 $X^2 - X + \frac{1}{4}(1 - d)$의 근이고, 두 번째 경우에는 $X^2 - d$의 근이다. τ_d에 특별한 이름이 붙은 이유는 모든 이차 대수적 정수가 1과 기본 2차 대수적 수의 정수 계수 일차 결합으로 표현되기 때문이다.

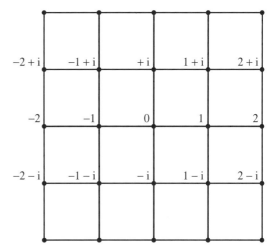

그림 2 가우스 정수들은 복소평면 상에 펼쳐진 정사각형 타일로 이루어진 격자의 꼭짓점들이다.

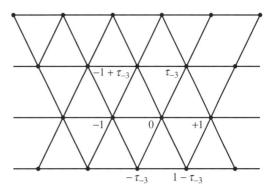

그림 3 R_{-3}의 원소들은 복소평면 상에 펼쳐진 정삼각형으로 이루어진 격자의 꼭짓점들이다.

4 환과 체

수학적 대상의 성질을 연구할 때 각각을 독립적으로 보지 않고 하나의 **모임**으로 생각하는 것이 얼마나 중요한지를 당연하고 보편적으로 인식하게 된 것은 초기 수학의 거대한 진보 중 하나로 꼽을 수 있다. R이 복소수들의 환(ring)이라는 것은 1을 포함하고 덧셈, 뺄셈, 곱셈이라는 연산에 대해 닫혀 있다는 것을 의미한다. 즉, a와 b가 R 안에 있는 두 개의 숫자일 때 $a \pm b$와 ab 역시 R에 있어야 한다. 이러한 환 R이 추가적인 성질, 즉 영이 아닌 수에 의한 나눗셈에 대해서 닫혀 있다는 성질(즉, b가 영이 아니면 a/b도 R에 있게 된다)을 만족하면 R을 체(field)라고 부른다. (이러한 개념들은 체[I.3 §2.2]와 환, 아이디얼, 모듈[III.81]에서 좀 더 다루어진다.) 정수 $\{0, \pm1, \pm2, \cdots\}$로 이루어진 $\mathbb{Z}$가 환에 있어서 '기초가 되는 예'이다. 분명히 이것은 복소수로 이루어진 가장 작은 환이다.

1과 τ_d의 정수 계수 일차 결합에 의해 만들어지는 모든 실수 또는 복소수의 집합은 덧셈, 뺄셈, 곱셈에 대하여 닫혀 있고 따라서 환이 된다. 우리는 이 환을 R_d로 나타낸다. 즉, R_d는 두 정수 a, b에 대하여 $a + b\tau_d$의 형태인 모든 수의 집합이다. R_d는 환의 원형이라 할 수 있는 $\mathbb{Z}$를 제외하면 대수적 정수로 이루어진 환의 최초의 기본적인 예이며, 이차 무리수들을 담는 용기로서 가장 중요한 환이다. 모든 이차 무리 대수적 정수는 정확히 한 개의 R_d에 포함된다.

예를 들어 d가 -1이면 그에 대응하는 환 R_{-1}은 보통 가우스 정수(Gaussian integer)의 환으로 불리며 실수부와 허수부가 각각 정수인 복소수로 이루어져 있다. 이러한 복소수들은 복소평면 상에서 변의 길이가 1인 정사각형으로 이루어진 무한 타일들의 꼭 짓점들로 시각화할 수 있다(그림 2 참조).

d가 -3이면 그에 대응하는 환 R_{-3}의 복소수들은 복소평면 상에 펼쳐진 정삼각형으로 이루어진 타일의 꼭짓점들이다(그림 3 참조).

R_d를 가지고 그것에 관한 환이론적 질문을 할 수 있다. 이를 위해 유용한 표준 용어들을 살펴보자. 복소수의 환 R에서 단위 원소(unit) u는 R의 원소로서 그것의 역수 $1/u$도 역시 R의 원소가 되는 수이다. R에서 기약(irreducible) 원소란 단위 원소들을 제외하고 단위가 아닌 두 수의 곱으로 표현되지 않는 수이다. 복소수의 환 R이 유일 인수분해 성질(unique factorization property, UFD)을 갖는다는 것은, 0도 단위도 아닌 R 상의 대수적 수가 기약 원소들의 곱으로 표현되고 그 표현법이 유일하다는 뜻이다. (두 개의 인수분해가 있을 때, 한 개의 인수분해에서 기약 원소들의 순서를 바꾸거나 기약 원소들에 단위를 곱함으로써 또 다른 인수분해를 얻게 되면 두 개의 인수분해는 같은 것으로 간주한다.)

환의 원형이 되는 정수들의 환 $\mathbb{Z}$에서 단위는 ± 1 뿐이고 모든 기약 원소들은 소수인 p에 대해서 $\pm p$의 형태가 된다. 1보다 큰 정수는 (양의) 소수들의 곱으로 유일하게 표현된다는 기본 사실(즉, $\mathbb{Z}$가 유일 인수분해 성질을 갖는다)은 정수와 관련된 정수론의 많은 부분에서 중요하게 쓰인다. 사실 정수의 유일 인수분해 성질(UFD)은 가우스가 어렵게 깨달은 증명이 필요한 사실이며, 실제로 가우스는 이를 증명하기도 했다(산술의 기본 정리[V.14] 참조).

가우스 정수들의 환 R_{-1}이 4개의 단위 원소, 즉 ± 1과 $\pm i$만을 갖는다는 것은 쉽게 알 수 있는 사실

이다. 이 단위 원소들에 의한 곱은 (그림 2에서 보았던) 무한 정사각형 타일의 대칭을 만든다. 환 R_{-3}은 여섯 개의 단위 원소, 즉 ± 1, $\pm\frac{1}{2}(1 + \sqrt{-3})$과 $\pm\frac{1}{2}(1 - \sqrt{-3})$을 갖는다. 이 단위들에 의한 곱은 그림 3에서 묘사되었던 무한 정삼각형 타일의 대칭을 만들어낸다.

R_d의 산술을 이해하기 위해서는 다음 질문이 중요하다. 어떤 소수 p가 R_d에서 기약 원소가 되거나 기약 원소들의 곱으로 인수분해될 것인가? 소수가 R_d에서 기약 원소들의 곱으로 인수분해될 경우 정확히 두 개의 기약 원소들의 곱으로 표현된다는 것을 곧 보게 될 것이다. 예를 들어, 가우스 정수들의 환 R_{-1}에서 다음과 같은 인수분해

$$2 = (1 + i)(1 - i),$$
$$5 = (1 + 2i)(1 - 2i),$$
$$13 = (2 + 3i)(2 - 3i),$$
$$17 = (1 + 4i)(1 - 4i),$$
$$29 = (2 + 5i)(2 - 5i),$$
$$\vdots$$

를 볼 수 있는데, 괄호 안의 가우스 정수들은 가우스 정수들의 환에서 모두 기약 원소들이다.

홀수인 소수 p가 R_{-1}에서 두 개 이상의 소수들의 곱으로 인수분해될 경우 p가 R_{-1}에서 분해(split) 된다고 하고, 그렇지 않은 경우 p가 소수로 남아 있다(remain prime)고 하자. 앞으로 보게 되겠지만 대수적 정수의 보다 일반적인 환에서(R_d와 같은 형태의 환에 대해서도) 분해된다는 것과 소수로 남는다는 것에 대해 공식적으로 합의된 정의는, 가우스 정수들의 환 R_{-1}에서 방금 정의한 개념들과 아주 작지만 매우 중요한 차이를 갖는다. (위의 이분법에

서 소수 p가 2인 경우는 제외했다. 이는 2가 R_{-1}에서 분기(ramify)하기 때문이다. 이 개념에 대해서는 §7을 보기 바란다.) 어떤 경우든, 환 R_d에서 합의된 정의에 따라 어떤 소수가 분해되고 소수로 남는가에 대해 기초적이며 계산 가능한 **법칙**이 존재한다. 이 법칙은 법 $4d$에 대한 p의 잉여에 의존한다. 위에서 보여준 자료들을 바탕으로 직접 가우스 정수들의 환에 관한 이 법칙을 추측해 보기 바란다. 일반적으로 R_d와 같은 대수적 정수의 환에서 어떤 소수가 분해되고 소수로 남는가에 대한 기초적이며 계산 가능한 규칙을 대수적 정수의 환에 대한 **분해법칙**(splitting law)이라고 한다.

5 이차 정수들의 환 R_d

환에서 정의된 매우 중요한 '대칭', 즉 **자기동형사상** [I.3 §4.1]이 있다. 이것은 $\sqrt{d}$를 $-\sqrt{d}$로 보내고 모든 정수들은 고정시킨다. 좀 더 일반적으로는 유리수 u와 v에 대해서 $\alpha = u + v\sqrt{d}$를 **대수적 켤레**(algebraic conjugate)라고 부르는 $\alpha' = u - v\sqrt{d}$로 보낸다. ('대수적'이라는 단어를 쓰는 것은 이것이 복소수에서 켤레복소수에 의한 대칭과는 꼭 같을 필요가 없다는 것을 상기시켜주기 위함이다!)

위의 공식을 기본 이차 무리수 τ_d의 대수적 켤레를 취하는 연산에 바로 적용해 볼 수 있다. d가 법 4로 1과 합동이 아닌 경우 $\tau_d = \sqrt{d}$이고 분명하게 $\tau_d' = -\tau_d$라는 것을 알 수 있다. 반면에 d가 법 4로 1과 합동인 경우 $\tau_d = \frac{1}{2}(1 + \sqrt{d})$이고 $\tau_d' = \frac{1}{2}(1 - \sqrt{d})(1 + \sqrt{d})$가 된다. 대칭 $\alpha \mapsto \alpha'$은 모든 대수적 공식들을 따른다. 예를 들어 R_d에 있는 수들 α, β, γ에 대해서

$\alpha\beta + 2\gamma^2$과 같은 다항식 표현에 대한 대수적 켤레를 계산하기 위해서는 단순히 각각의 숫자들을 대수적 켤레들로 바꾸면 되고 결국 $\alpha'\beta' + 2\gamma'^2$이라는 결과를 얻게 된다.

R_d의 숫자 $\alpha = x + y\tau_d$와 관련된 가장 의미 있는 정수는 두 수의 곱인 $\alpha\alpha'$으로 정의되는 **노름**(norm) $N(\alpha)$이다. 이것은 $\tau_d = \sqrt{d}$일 때는 $x^2 - dy^2$과 같고 $\tau_d = \frac{1}{2}(1 + \sqrt{d})$일 때는 $x^2 + xy - \frac{1}{4}(d - 1)y^2$과 같다. 노름은 **곱셈적**(multiplicative)인데 이는 $N(\alpha\beta) = N(\alpha)N(\beta)$임을 의미하고, 각각의 인자들의 노름에 대한 공식을 곱한 다음 곱의 노름에 대한 공식과 비교해 봄으로써 직접 확인할 수 있다. 이러한 성질은 R_d에서 대수적 수들을 인수분해할 때 유용한 전략을 제공해 주고, 또한 R_d에서 숫자 α가 언제 단위 원소가 되고 언제 소수가 되는지에 대한 판정법을 알려준다. 실제로 $\alpha \in R_d$가 단위 원소라는 것과 $N(\alpha) = \alpha\alpha' = \pm 1$이 된다는 것은 동치 조건이다. 즉, 단위 원소는 두 가지 경우에 따라서 다음의 방정식들

$$X^2 - dY^2 = \pm 1 \qquad (11)$$

또는

$$X^2 + XY - \frac{1}{4}(d - 1)Y^2 = \pm 1 \qquad (12)$$

의 정수해로 주어진다. 이것의 증명은 다음과 같다. $\alpha = x + y\tau_d$가 R_d에서 단위 원소인 경우 이것의 역수 $\beta = 1/\alpha$도 역시 R_d에 있게 되고 당연히 $\alpha\beta = 1$이다. 양변에 노름을 취하고 위에서 이야기했던 곱셈적인 성질을 이용하면 $N(\alpha)$와 $N(\beta)$가 역수 관계에 있는 정수라는 것을 알 수 있게 된다. 따라서 그들은 둘 다 +1이거나 −1이 된다. 이것을 통해 방정식

(11) 또는 (12)를 경우에 따라 잘 택하면 (x, y)가 그 방정식의 해가 된다는 것을 볼 수 있다. 반대쪽 방향을 위해서 $N(\alpha) = \alpha\alpha' = \pm1$이라고 가정하면 α의 역수는 단순히 $\pm\alpha'$이 된다. 이것이 R_d에 있기 때문에 실제로 α가 R_d에서 단위 원소가 된다.

공식 (3)과 (9)를 일반화한 (11)과 (12)의 좌변에 나타나는 동차 이차 형식들은 중요한 역할을 한다. 이 중 R_d와 관련된 것을 R_d에 대한 기본 이차 형식(fundamental quadratic form)이라고 하고, 이것의 판별식 D를 기본 판별식(fundamental discriminant)이라고 한다. (d가 법 4로 1과 합동인 경우 D는 d와 같고 그렇지 않은 경우 $4d$와 같다.) d가 음수이면 오직 유한개의 단위 원소만이 존재한다. ($d < -3$이면 ±1만이 단위가 된다.) 그러나 d가 양수가 되면 R_d는 실수로만 구성되며 이 경우에는 무한개의 단위 원소가 존재한다. 1보다 큰 단위 원소들은 모두 그것들 중 가장 작은 ε_d의 거듭제곱으로 나타나며, 이것을 기본 단위(fundamental unit)라고 부른다.

예를 들어, $d = 2$이면 기본 단위 ε_2는 $1 + \sqrt{2}$이고 $d = 5$이면 기본 단위 $\varepsilon_5 = \frac{1}{2}(1 + \sqrt{5})$는 황금비가 된다. 단위의 거듭제곱들은 다시 단위가 되기 때문에 한 개의 단위에서 곧바로 무한개의 단위를 기계적으로 만들어낼 수 있다. 예를 들어, 황금비의 거듭제곱을 취하면

$$\varepsilon_5 = \tfrac{1}{2}(1 + \sqrt{5}), \qquad \varepsilon_5^2 = \tfrac{1}{2}(3 + \sqrt{5}),$$
$$\varepsilon_5^3 = 2 + \sqrt{5}, \qquad \varepsilon_5^4 = \tfrac{1}{2}(7 + 3\sqrt{5}),$$
$$\varepsilon_5^5 = \tfrac{1}{2}(11 + 5\sqrt{5})$$

와 같은 수들을 얻게 되고, 이 수들은 모두 R_5의 단위 원소들이다. 이러한 기본 단위 원소에 대한 연구

는 이미 12세기 인도에서 이루어졌다. 하지만 일반적으로 d가 변화할 때 그들이 구체적으로 어떻게 행동하는지에 대해서는 아직도 수수께끼로 남겨져 있다. 예를 들어, 후아(Hua)(1942)의 심오한 정리는 $\varepsilon_d < (4e^2d)^{\sqrt{d}}$임을 보여준다. (이 추정의 역사에 대한 토의와 증명에 대해서는 나키위츠(Narkiewicz)의 책 (1973) 3장과 8장을 보기 바란다.) 이 경계에 가까이 간 d에 대한 예들은 있지만 무한개의 제곱 인수가 없는 정수 d가 $\varepsilon_d > d^{d^{\eta}}$을 만족하게 되는 양수 η가 존재하는가에 대해서는 아직도 알려져 있지 않다. (예를 들면, 유일 인수분해 성질을 만족하는 R_d가 무한개라면 이 질문에 대한 답은 '예'가 된다. 이것은 브라우어(Brauer)(1947)와 지겔(Siegel)(1935)의 유명한 정리로부터 나온다. 브라우어-지겔 정리의 증명에 대해서는 나키위츠의 책(1973) 8장의 정리 8.2 또는 랭(Lang)의 책(1970)을 보기 바란다.)

6 이항 이차 형식과 유일 인수분해 성질

일반적인 정수들의 환 $\mathbb{Z}$의 유일 인수분해 원리는 매우 중요한 사실이다. 주어진 환 R_d에 대해서 이 원리가 성립하느냐 안 하느냐라는 질문은 대수적 정수론의 중심적인 내용이다. R_d에서 유일 인수분해 성질의 성립을 결정하는 유용하고 분석 가능한 제약 조건이 있다. 이 제약 조건은 심오한 산술적인 문제들과 연관이 있고 그것만으로도 중요한 연구의 대상이 되어 왔다. 유일 인수분해의 제약 조건을 표현하는 방식 중 한 가지는 R_d의 기초 이론의 대부분이 담겨 있는 가우스의 『산술에 관한 연구』(1801)에서 이미 중요하게 다루어졌다.

이 '제약 조건'은 R_d의 기본 판별식 D를 판별식으로 갖는 이항 이차 형식 $aX^2 + bXY + cY^2$ 중 '본질적으로 다른' 것의 개수가 얼마나 많은지와 관련이 있다. ($aX^2 + bXY + cY^2$의 판별식은 $b^2 - 4ac$이고 판별식 D는 $d \equiv 1 \bmod 4$이면 d이고 그렇지 않으면 $4d$와 같다는 것을 상기하기 바란다.)

판별식이 D가 되는 이항 이차 형식 $aX^2 + bXY + cY^2$을 정의하기 위해서는 단순히 $b^2 - 4ac = D$가 되는 계수의 순서쌍 (a, b, c)를 찾으면 된다. 이러한 형식이 하나 주어지면 이것을 이용해서 또 다른 형식을 만들 수 있다. 예를 들어 X를 $X - Y$로 바꾸고 Y는 고정시키는 작은 선형 변화를 가하면 $a(X - Y)^2 + b(X - Y)Y + cY^2$이라는 형식을 얻게 되고 이를 간단히 하면 $aX^2 + (b - 2a)XY + (c - b + a)Y^2$이 된다. 즉, 계수의 순서쌍이 $(a, b - 2a, c - b + a)$가 되는 새로운 이항 이차 형식을 얻게 되고 (쉽게 확인할 수 있듯이) 이것의 판별식은 다시 D가 된다. X를 $X + Y$로 바꾸고 Y를 고정시킴으로써 이 변화를 '되돌릴' 수 있다. 이렇게 되돌리기를 하고 이항 이차 형식을 간단하게 정리하면 다시 원래의 이항 이차 형식을 얻게 된다. 이런 식으로 얻은 두 개의 이항 이차 형식들은 가역성(reversibility)으로 인해 X와 Y가 정수 안에서 변화할 때 갖게 되는 값의 집합이 같게 된다. 따라서 이 둘을 **동등하다**(equivalent)고 생각하는 것이 타당하다.

보다 일반적으로 두 개의 이항 이차 형식들이 동등하다는 것은 한 개의 이항 이차 형식이 '역행 가능한' 선형 변화에 의해서 다른 이항 이차 형식(또는 그것에 −1을 곱한 것)으로 바뀔 수 있다는 것을 의미한다. 다시 말해, $rv - su = \pm 1$을 만족하는 정수

r, s, u, v를 고르고 X와 Y를 선형결합 $X' = rX + sY$, $Y' = uX + vY$로 바꿔서 얻은 이항 이차 형식을 간단하게 정리하면 새로운 계수의 순서쌍을 얻게 되는 것을 말한다. $rv - su = \pm 1$이라는 조건은 비슷한 연산에 의해서 다시 원래의 이항 이차 형식으로 바꿀 수 있고 새롭게 얻은 이항 이차 형식의 판별식이 원래 것과 같은 D가 된다는 것을 보증해 준다. 따라서 판별식이 D이면서 '본질적으로 다른' 이항 이차 형식들이라는 것은 이와 같은 변수 변환에 의해서 하나가 다른 하나로 바뀔 수 없다는 것을 의미한다.

다음은 가우스가 발견한 유일 인수분해에 대한 놀라운 제약 조건이다.

(i) 유일 인수분해 원리가 R_d에서 성립한다는 것과 (ii) 판별식이 R_d의 기본 판별식과 같은 모든 동차의 이차 형식들 $aX^2 + bXY + cY^2$이 R_d의 기본 이차 형식과 동등하다는 것은 동치조건이다.

더 나아가 판별식이 R_d의 기본 판별식과 같은 이차 형식들 중 동등하지 않은 이차 형식의 개수는 R_d가 '유일 인수분해를 만족하는' 정도라고 구체적으로 표현된다.

만약 지금까지 이항 이차 형식 이론을 본 적이 없었다면 $D = -23$인 경우의 이차 형식들을 손으로 계산해 보기 바란다. 판별식 $D = b^2 - 4ac = -23$인 특정한 이차 형식 $aX^2 + bXY + cY^2$에서 시작하면 된다. 그런 다음 계수의 선형 변화를 잘 고르고 이를 통해 수열을 이용해서 계수 a, b, c의 크기를 최대한 줄인다. 결국에는 판별식이 −23인 (동등하

지 않은) 두 개의 이차 형식 중 하나에서 끝나게 될 것이다. 그 둘이란 기본 형식 $X^2 + XY + 6Y^2$과 또 다른 이차 형식 $2X^2 + XY + 3Y^2$이다. 예를 들어 이항 이차 형식 $X^2 + 3XY + 8Y^2$과 $X^2 + XY + 6Y^2$이 동등하다는 것을 확인할 수 있겠는가?

이런 종류의 연습 문제는 **숫자들의 기하학**이 궁극적으로 이론에서 중요한 역할을 한다는 것을 알려주는 작은 단서가 된다. 이러한 생각들이 유서 깊다는 것에서 예상할 수 있듯이 아름다운 방법들이 이와 같은 계산을 하기 위해서 발견되어 왔다. 그럼에도 고대에서부터 현대까지 이 분야 또는 관련 분야에서 활동하는 수학자들이 위의 연습문제와 같은 쉽고 간단한 계산들을 손으로 수없이 많이 해 왔다는 것은 공공연한 비밀이다.

내가 바라는 대로 당신이 이런 종류의 연습 문제를 좀 더 풀어 보려 한다면, 다음의 방법은 계산을 좀 더 체계적으로 하는 데 도움을 줄 것이다. 우선, 형식을 $a, b, c \geq 0$이 되는 동등한 형식으로 바꿀 수 있는, 간단하고 역행 가능한 계수들의 선형 변화를 찾아라. (어쩌면 모든 숫자에 -1을 곱해야 할 수도 있다.)

순서쌍 (a, b, c)로 주어지고 판별식이 -23인 이항 이차 형식을 모두 나열하는 가장 확실한 방법은 순서쌍을 양의 홀수인 b에 대해서 증가하는 순서로 쓰는 것이다. 각각의 b에 대해서 곱이 $\frac{1}{4}(b^2 + 23)$이 되도록 a와 c를 고를 수 있다. 여기서 중요한 것은 b를 감소시킬 수 있는(동시에 a와 c는 경계 안에 있게 하는) 이동에 대한 목록을 만드는 것이다. 이것에 대한 큰 단서이자 도움이 되는 사실은 서로소인 두 개의 정수 x, y에 대해서 이차 형식 $aX^2 + bXY + cY^2$

의 $(X, Y) = (x, y)$에서의 값을 생각하면 정수 $a' = ax^2 + bxy + cy^2$을 얻게 되고, 여기서 b'과 c'을 잘 고르면 원래의 이차 형식과 동등하면서 첫 번째 계수가 a'인 이차 형식 $a'X^2 + b'XY + c'Y^2$을 얻게 된다는 것이다. 따라서 이차 형식에 의해서 표현되는 작은 정수를 찾는 것이 한 가지 전략이 될 수 있다. 또한 계수의 선형 변화의 '예'인 $X \mapsto X - Y, Y \mapsto Y$는 계수 b를 $2a$보다 작은 정수로 바꿀 수 있게 해 줄 것이다. 이제 $X^2 + XY + 6Y^2$이 $2X^2 + XY + 3Y^2$과 동등하다는 것을 확인할 수 있겠는가?

방금 살펴본 바와 같이 일반적인 이론에 의해 R_{-23}은 유일 인수분해 성질을 만족하지 않는다. 이 것을 또한 직접적으로도 볼 수 있다. 예를 들어,

$$\tau_{-23} \cdot \tau'_{-23} = 2 \cdot 3$$

이고 이 등식에 나오는 4개의 인자는 모두 R_{-23}에서 기약 원소들이다. 믿을 만한 안내서가 되기 위해 나는 이쯤에서 앞의 논의들과 '유일 인수분해의 실패'가 어떤 관계가 있는지에 대한 단서를 주고자 한다. 다음 단락에서 보다 명확해지겠지만 등식 $\tau_{-23} \cdot \tau'_{-23} = 2 \cdot 3$에서 근원적인 문제는 모든 인자가 환에서 소수라는 점이다. 우리는 현재 환 R_{-23}에서 이 것을 더 인수분해할 수 있는 수들을 **놓치고** 있다. 예를 들면, 우리는 이 등식에 나오는 인수들의 **최대 공약수**와 같은 역할을 하는 수들이 부족하다. 이 문제에 대한 일반적인 이론(지금은 이것을 다루지 않겠지만 유클리드 알고리즘[III.22]을 참고하기 바란다)에 의하면 현재 놓치고 있는 것은 R_{-23}에 있는 원소 γ 중에서 τ_{-23}과 2의 (계수가 환 R_{-23}의 원소인) 일차 결합으로 나타내지고 환 R_{-23}에서 τ_{-23}과 2

의 공약수가 되는 수이다. 즉, τ_{-23}/γ와 $2/\gamma$가 모두 R_{-23}에 속한다는 뜻이다. 이러한 수가 있다면 이것의 노름이 $N(\tau_{-23}) = 6$과 $N(2) = 4$를 나눠야 하기 때문에 2가 되어야 한다. 하지만 쉽게 확인할 수 있듯이 이것은 불가능하므로 환 R_{-23}에서 τ_{-23}과 2의 공약수가 되는 수는 존재하지 않는다. 그러나 우리는 '특정한 이항 이차 형식들이 **동등하지 않다**'는 사실을 통해 이를 증명할 수 있다는 데 더 관심이 있으므로 여기서 더 나아가 보겠다.

우선, R_{-23}의 원소 α, β에 의한 일차 결합

$$\alpha \cdot \tau_{-23} + \beta \cdot 2$$

를 어떤 두 정수 u, v에 대해 $u \cdot \tau_{-23} + v \cdot 2$로 쓸 수 있음을 확인할 수 있다. 이런 일차 결합의 노름을 구하고 이것을 u, v를 정수 계수로 갖는 함수로 봄으로써 체계적으로 이항 이차 형식을 계산하자.

$$N(u \cdot \tau_{-23} + v \cdot 2) = (\tau_{-23}u + 2v)(\tau'_{-23}u + 2v)$$
$$= 6u^2 + 2uv + 4v^2.$$

u, v를 변수로 보고 이것이 변수임을 강조하기 위해서 U, V로 바꾸면 τ_{-23}과 2의 일차 결합들의 집합에 의해서 얻어지는 **노름 이차 형식**(norm quadratic form)을

$$6U^2 + 2UV + 4V^2 = 2 \cdot (3U^2 + UV + 2V^2)$$

이라고 할 수 있다.

이제, 사실과는 달리 위에서처럼 공약수 γ가 있었다고 가정해 보자. 특별히, 환 R_{-23}에서 γ의 배수들은 정확히 τ_{-23}과 2의 일차 결합이 될 것이다. 그러면 이런 일차 결합을 묘사하는 또 다른 방법을 알 수

있다. 즉, 임의의 정수들의 순서쌍 (u, v)에 대해서

$$u \cdot \tau_{-23} + v \cdot 2 = \gamma \cdot (r\tau_{-23} + s) = r\gamma\tau_{-23} + s\gamma$$

를 만족하는 정수에 대한 순서쌍 (r, s)가 존재한다. 위에서처럼 노름을 취하면

$$N(\gamma \cdot (r\tau_{-23} + s)) = N(r\gamma\tau_{-23} + s\gamma)$$
$$= N(\gamma)(6r^2 + rs + s^2)$$

이 된다. 다시 r, s를 변수로 생각하고 R, S로 이름을 바꾸면 이에 해당하는 노름 이차 형식을 얻는다.

$$N(\gamma) \cdot (6R^2 + RS + S^2) = 2 \cdot (6R^2 + RS + S^2).$$

위의 사실들(위에서처럼 γ가 존재한다는, 사실과 다른 가정에 의해 얻은)에서 중요한 아이디어는 (U, V)에서 (R, S)로 가는 변수들의 일차 변환이 있고 두 개의 이차 형식 $2 \cdot (3U^2 + UV + 2V^2)$과 $2 \cdot (6R^2 + RS + S^2)$이 동등하다는 것이다. 하지만 이 이차 형식들은 동등하지 않다! 따라서 이들의 비동등성은 추정했던 γ가 존재하지 않으며 환 R_{-23}에서 인수분해는 유일하지 않다는 것을 보여준다.

7 유수와 유일 인수분해 성질

앞 절에서 기본 판별식과 같은 판별식을 갖는 동등하지 않은 이차 형식들의 집합이 유일 인수분해에 내한 제약 조건이 된다는 것을 보았다. 그 뒤에 R_d의 **아이디얼류 군**(ideal class group) H_d로 알려진 이 제약 조건을 좀 더 분명하게 표현해 주는 형태를 발견하였다. 이름에서도 알 수 있듯이 이것을 묘사하기 위해서는 **아이디얼**[III.81 §2]과 **군**[I.3 §2.1]이라는 단어

들을 사용해야 한다. R_d의 부분집합 I가 다음의 닫힘 성질들을 만족하면 아이디얼(ideal)이 된다. (1) α가 I에 속하면 $-\alpha$도 I에 속하고 (2) $\tau_d \alpha$도 I에 속해야 하며 (3) α와 β가 I에 속하면 $\alpha + \beta$도 I에 속해야 한다. (첫 번째와 세 번째 성질이 더해지면 α와 β의 임의의 정수 결합이 I에 속하게 됨을 알 수 있다.) 이런 아이디얼의 기본적인 예는 R_d에서 어떤 고정된 0이 아닌 원소 γ의 배수들의 집합이다. 여기서 γ의 배수란 γ와 R_d의 원소의 곱을 의미한다. 이 집합을 간결하게 (γ) 또는 좀 더 의미를 살려서 $\gamma \cdot R_d$라고 나타낸다. 이런 종류의 아이디얼, 즉 한 개의 0이 아닌 원소 γ의 모든 배수들의 집합으로 표현되는 아이디얼을 주아이디얼(principal ideal)이라고 부른다. 예를 들어, 환 R_d 자체도 아이디얼이고(이것은 결국 1과 τ_d의 모든 일차 결합으로 구성되어 있다) 심지어 주아이디얼이 된다. 간결한 용어로 쓰자면 (1) $= 1 \cdot R_d = R_d$이다. 엄밀히 말하면 원소 하나의 집합 {0}도 아이디얼이지만 우리가 관심 있는 것은 0이 아닌 아이디얼이다.

앞에서 다루었던 이항 이차 형식과 관련된 제약 조건 원리와 직접적으로 대응하는 아이디얼과 연관된 제약 조건 원리가 있다.

R_d에서 유일 인수분해 원리가 성립한다는 것은 R_d의 모든 아이디얼이 주아이디얼이라는 것과 동치이다.

이를 숙고해 보면 '이상적인(ideal)'이라는 뜻의 아이디얼이라는 단어가 왜 선택되었는지 알 수 있을 것이다. R_d의 모든 주 아이디얼은 R_d의 원소 γ에 대해 $\gamma \cdot R_d$의 형태로 주어진다. (γ는 단위에 의한 곱을

제외하고 유일하게 결정된다.) 하지만 때로는 보다 일반적인 아이디얼들도 존재한다. R_d의 두 개의 원소(앞에서 나온 τ_{-23}과 2를 생각해 보자)에 대해서 이들의 정수 결합들의 집합이 R_d의 어떤 고정된 원소 γ의 배수들의 집합으로 표현되지 않을 때 주 아이디얼이 아닌 보다 일반적인 아이디얼이 생기게 된다. 이러한 현상은 R_d의 산술이 희망하는 것처럼 자연스럽게 이루어지도록 하는 충분히 좋은 인수분해를 가능하게 해 주는 R_d의 수들을 놓치고 있다는 신호가 된다. 주아이디얼 $\gamma \cdot R_d$가 γ라는 수에 대응되는 것처럼 보다 일반적인 아이디얼들(τ_{-23}과 2의 모든 정수 결합의 집합을 생각해 보자)은 '아이디얼 수'에 대응한다고 생각할 수 있고 '원칙적으로' 환의 원소여야 하지만 실제로는 그렇지 않다.

아이디얼들이 아이디얼 수들을 의미한다고 생각하면 그들을 곱해 보는 것은 어떤 의미가 있을 것이다. I와 J가 R_d의 두 개의 아이디얼일 때, $I \cdot J$는 I의 원소 α와 J의 원소 β의 곱 $\alpha \cdot \beta$들의 모든 유한 합들의 집합을 의미한다. 두 개의 주아이디얼의 곱 $(\gamma_1) \cdot (\gamma_2)$는 주아이디얼 $(\gamma_1 \cdot \gamma_2)$가 되고 희망하는 바와 같이 주아이디얼들의 곱은 대응하는 수들의 곱에 대응한다. 임의의 아이디얼 I에 아이디얼 (1)을 곱하면 그대로 I가 된다($(1) \cdot I = I$). 그러므로 아이디얼 (1)을 단위아이디얼(unit ideal)이라고 부른다. 아이디얼들의 곱(multiplication of ideals)이라는 새로운 개념으로 §4에서 약속했었던 소수 p가 환 R_d에서 분해된다는 것과 소수로 남아 있다는 것의 일반적인 정의를 내릴 수 있다.

정의를 내리기 위해 필요한 아이디어는 수들이 아닌, 아이디얼들에 대한 곱셈을 이용하자는 것이

다. 따라서 소수 p에 대해서 생각할 때 우리가 먼저 할 일은 R_d에서의 주아이디얼 (p)에 주목하는 것이다. 이 아이디얼이 R_d에서 두 개의 다른 아이디얼들(반드시 주아이디얼일 필요는 없고 이것이 중요한 점이다)의 곱으로 인수분해되고, 이들 중 어느 것도 단위아이디얼 $(1) = R_d$가 아니면 p가 R_d에서 분해된다(split)고 한다. 한편, 인수 중 하나가 아이디얼 $(1) = R_d$가 아니면 아이디얼 (p)에 대한 인수분해가 불가능할 때 p가 R_d에서 소수로 남아 있다(remains prime)고 한다. 또 다른 중요한 세 번째 정의가 있는데, 주아이디얼 (p)가 다른 아이디얼 I의 제곱으로 표현될 때 p가 R_d에서 분기한다(ramify)고 한다. 계속해서 다른 개념에 대한 정의를 하자면, 아이디얼 P가 단위아이디얼이 아닌 두 개의 아이디얼의 곱으로 '인수분해'되지 않을 때 P를 소아이디얼(prime ideal)이라고 한다. 이 정의는 P가 주아이디얼이 아니어도 성립한다. 따라서 우리의 관심을 R_d에 속한 수들의 곱셈적인 산술에서 아이디얼에 대한 것으로 바꾸고자 한다.

두 개의 아이디얼 각각에 적당한 주아이디얼을 곱해서 같은 아이디얼을 얻으면 두 개의 아이디얼이 같은 **아이디얼류(ideal class)**에 있다고 정의하자. 이것은 아이디얼들에 대한 자연스러운 **동치관계**[I.2 §2.3]이다. 이것은 또한 **곱셈**을 보존한다. 즉, I와 J가 두 개의 아이디얼이면 그들의 곱 $I \cdot J$의 아이디얼류는 I와 J의 아이디얼류에만 의존한다. (다른 말로 하면, I'이 I와 같은 아이디얼류에 있고 J'이 J와 같은 아이디얼류에 있을 때, $I' \cdot J'$은 $I \cdot J$와 같은 아이디얼류에 있게 된다.) 그러므로 **아이디얼류들의 곱**을 생각할 수 있다. 각각의 아이디얼류에서 아이디

얼을 뽑아서 곱한 뒤 그 곱이 속한 아이디얼류를 택한다. R_d의 아이디얼류들의 집합 H_d는 방금 정의한 곱셈과 함께 아벨군(Abelian group)을 이루게 된다. 여기서 아벨군이 된다는 것은 이 곱셈의 법칙이 결합적(associative)이고 가환적(commutative)이며 역(inverse)이 존재한다는 것을 의미한다. 항등원(identity element)은 주아이디얼 R_d 자체가 된다. 아이디얼류 군(ideal class group) H_d는 직접적으로 환 R_d의 아이디얼들이 얼마나 주아이디얼들이 되는지 그 정도를 측정한다. 대략적으로 말하면, 이것은 모든 아이디얼들에 대한 곱셈적인 구조를 얻은 뒤 그것을 주아이디얼들로 '나눔'으로써 측정할 수 있다.

§6에서 언급했듯이 아이디얼류와 이항 이차 형식 사이에는 밀접한 관계가 있다. 그 관계를 살펴보기 위해서 R_d의 아이디얼 I를 택하고 이것을 R_d의 원소 α, β의 모든 정수 결합의 집합으로 표현하자. 그러고 나서 I의 원소들에 대한 노름 함수, 즉

$$N(x\alpha + y\beta) = (x\alpha + y\beta)(x\alpha' + y\beta')$$
$$= \alpha\alpha'x^2 + (\alpha\beta' + \alpha'\beta)xy + \beta\beta'y^2$$

을 생각해 보자. 이것은 계수 x, y를 변수로 갖는 이항 이차 형식이다. I를 생성하는 다른 α, β를 가지고 다른 형식을 만들면, 두 개의 형식들은 판별식이 D이고 서로 동등한 두 개의 다른 형식들에 상수를 곱한 것이 된다. 더 나아가서 이 형식들의 동치류는 I의 아이디얼류에만 의존한다.

R_d에는 오직 유한개의 서로 다른 아이디얼류가 존재한다는 것을 증명할 수 있다. 즉, 아이디얼류 군 H_d가 유한하다는 것이다. 원소의 개수는 h_d로 표현하며 이것을 R_d의 **유수(class number)**라고 한다. 따

라서 R_d의 유일 인수분해에 대한 제약 조건은 군 H_d의 자명하지 않음(nontriviality)에 의해서 주어진다. 다르게 표현하면, R_d에서 유일 인수분해가 성립한다는 것과 이것의 유수가 1이라는 것은 동치이다. 그러나 H_d가 자명하든 그렇지 않든 이것의 상세한 군이론적 구조는 R_d의 산술과 깊이 관련되어 있다.

유수는 §1의 공식 (5)와 (10)의 일반화와 관련이 있다. 즉, §1에서 넌지시 말했던 **해석적 공식**이다. 이 공식들은 앞으로 다룰 주제들 중 하나의 시작을 나타내며 이산적인 산술 문제들과 미적분학, 무한 급수, 공간의 부피와 같이 **복소해석[I.3 §5.6]**으로 접근이 가능한 것들 사이에 다리를 형성한다. 다음은 이와 관련된 예이다.

(i) $d > 0$이 제곱인수가 없는 정수이고, D는 d가 법 4로 1과 합동이냐 아니냐에 따라 d 또는 $4d$이면,

$$h_d \cdot \frac{\log \varepsilon_d}{\sqrt{D}} = \sum_{n>0} \pm \frac{1}{n}$$

이 된다. 여기서 n은 D와 서로소인 수들이며 부호 $\pm$는 오직 n의 법 D에 대한 잉여류에 의해서 결정된다.

(ii) $d < 0$이면 좀 더 간단한 공식을 얻게 된다. R_d에는 논의에 필요한 기본 단위 ε_d가 존재하지 않지만 $d = -1$이거나 -3인 경우 단순히 ± 1 말고도 더 많은 단위근(root of unity)이 존재한다. w_d가 R_d에서의 단위근의 개수를 나타낸다고 하면 다음과 같은 공식을 얻게 된다.

$$\frac{h_d}{w_d \sqrt{|D|}} = \sum_{n>0} \pm \frac{1}{n}.$$

d가 $-\infty$에 가까이 가면 유수 h_d는 무한대에 가까이 간다.

h_d의 증가에 관한 유효한 하계(lower bound)들이 있지만 이 하계들은 실제 증가와 아마도 크게 차이가 날 것이다(골드펠트(Goldfeld)(1985) 참고). 알려진 유효한 하계들은 대단히 약하다. 하지만 이 하계들은 골드펠트, 그로스(Gross), 재기어(Zagier)의 아름다운 업적에서 왔다. 그들은 모든 실수 $r < 1$에 대해서 $h_d > C(r) \log |D|^r$을 만족하는 계산 가능한 상수 $C(r)$이 존재한다는 것을 보였다. 예를 들어, $(D, 5077) = 1$이면

$$h_d > \frac{1}{55} \prod_{p \mid D} \left(1 - \frac{2\sqrt{p}}{p+1}\right) \cdot \log |D|$$

이다.

오늘날까지도 R_d가 유일 인수분해 성질을 만족하게 하는 $d > 0$이 무한히 많다는 것을 아무도 증명하지 못했다는 것은 놀라운 이론적 빈틈이다. 특별히 4분의 3 이상이 유일 인수분해 성질을 만족할 것으로 예상하고 있기 때문에 더욱 그렇다! 헨리 코헨(Henri Cohen)과 헨드릭 렌스트라(Hendrik Lenstra)에 의해서 우리의 예상은 더욱 정확해졌다. 그들은 특정한 확률적 기댓값(현재는 **코헨-렌스트라 발견**(Cohen-Lenstra heuristics)이라고 알려져 있다)을 통해 모든 양의 기본 판별식 중에서 유수가 1인 양의 기본 판별식의 밀도를 0.75446…이라고 추측하였다.

8 타원 모듈러 함수와 유일 인수분해 성질

d가 음수일 때 R_d의 유일 인수분해에 대한 다른 제약 조건이 있다. 이제 R_d를 복소평면 상의 격자(그림 3 참조)라고 하면 우리가 쓸 수 있는 훌륭한 도구가 만들어지는데, 그것은 바로 다음과 같은 클라인 [VI.57]의 고전적인 타원 모듈러 함수(elliptic modular function)이다.

$$j(z) = e^{-2\pi iz} + 744 + 196884e^{2\pi iz}$$
$$+ 21493760e^{4\pi iz} + 864299970e^{6\pi iz} + \cdots. \tag{13}$$

흔히 'j-함수'라 불리는 이 함수는 $y > 0$인 복소수 $z = x + iy$에 대해서 수렴한다. $z = x + iy$와 $z' = x' + iy'$이 그러한 두 개의 복소수일 때, $j(z) = j(z')$이라는 것은 복소평면에서 z와 1이 생성하는 격자와 z'과 1이 생성하는 격자가 같다는 것과 동치이다. (또는 $ad - bc = 1$을 만족하는 정수 a, b, c, d에 대해서 $z' = (az + b)/(cz + d)$라는 것과도 동치이다.) 다른 말로 하면 값 $j(z)$는 z와 1에 의해 생성되는 격자에만 의존하고 그것에 의해 특정 지어진다.

(슈나이더(Schneider)의 정리에 의해) $y > 0$인 대수적 수 $\alpha = x + iy$에 대해서 $j(\alpha)$도 대수적이면 α는 (복소) 이차 무리수라는 것이 밝혀졌다. 그리고 그 역 또한 참이다. 특별히 d가 음수이면 $\alpha = \tau_d$가 복소 이차 무리수이기 때문에 j-함수의 τ_d에서의 값 $j(\tau_d)$ 역시 대수적 수이다(사실 대수적 정수이다). 이것은 현재 논의에서 중요한 점이다. 첫째로 환 R_d는 복소평면 상에 놓여진 τ_d와 1로 생성된 격자로 볼 수 있기 때문에 앞의 단락에 의해서 환 R_d의 원소 α와 1이 생성하는 격자가 전체 환 R_d와 같으면 값 $j(\tau_d)$는 τ_d를 α로 바꾸어도 같은 값이 된다. 더 중요한 것

은 $j(\tau_d)$가 R_d의 유수와 거의 비슷한 차수를 갖는 대수적 수라는 점이다. 특별히 이것이 일반적인 정수가 된다는 것과 R_d가 유일 인수분해 성질을 만족한다는 것은 동치이다. (이것은 복소 곱셈(complex multiplication)으로 알려진 고전적 이론의 위대한 응용들 중 하나이다.) 간략히 말하면 d가 음수일 때 언제 유일 인수분해 성질이 R_d에서 성립하는가에 대한 답이 여기에 있는 것이다. $j(\tau_d)$가 보통의 정수이면 답은 예이고 그렇지 않으면 답은 아니오이다.

R_d가 유일 인수분해 성질을 만족하게 하는 모든 음수 d를 찾는 것은 놀라운 이야기를 만든다. 그러한 d는 정확히 9개가 있다. (아래에서 확인해 보라.) 하지만 20년 동안 정수론자들은 9개의 숫자들을 알고 있었으면서도 단지 이러한 수가 10개를 넘지 못한다는 것만을 증명하였을 뿐이다. 가능한 d의 10번째 숫자의 비존재성을 어떻게 정립하고 또 재정립했는가에 대한 역사는 이 주제에 있어서 흥미로운 부분들 중 하나이다. 히그너(K. Heegner)는 1952년에 발표한 논문에서 이 가능한 10번째 수의 비존재성을 증명했다고 주장했다. 하지만 그의 증명은 다소 익숙하지 않은 언어를 사용하고 있어서 그 당시 수학자들에게 이해되지 못했다. 그의 논문과 그가 주장한 증명은 스타크(Stark, 1967)와 베이커(Baker, 1971)에 의해 독자적인 방법으로 10번째 수의 비존재성이 (수학자 사회가 만족할 정도로) 정립되었던 1960년대 후반까지는 대부분 잊혀졌다. 그때서야 수학자들은 히그너의 원래 논문을 다시 한번 면밀히 보게 되었고 실제로 그가 주장했던 것을 정확히 증명했다는 사실을 발견하게 되었다. 더 나아가 그의 증명은 밑바탕에 깔려 있는 문제들을 이해하는

데 있어서 우아하고 직접적으로 개념을 형성해 주는 길을 제공해 주었다.

다음은 d의 아홉 개의 값이다.

$$d = -1, -2, -3, -7, -11,$$
$$-19, -43, -67, -163.$$

그리고 다음은 그에 해당하는 아홉 개의 $j(\tau_d)$값이다.

$$j(\tau_d) = 2^6 3^3, \ 2^6 5^3, \ 0, \ -3^3 5^3, \ -2^{15},$$
$$-2^{15} 3^3, \ -2^{18} 3^3 5^3, \ -2^{15} 3^3 5^3 11^3,$$
$$-2^{18} 3^3 5^3 23^3 29^3.$$

스타크가 지적한 것처럼, 이러한 d 중 몇 개에 대해서는 τ_d를 단순히 j의 거듭제곱 멱급수 전개에 '끼워 넣으면' 더욱 놀라운 공식을 얻게 된다. 예를 들어, $d = -163$이면

$$e^{-2\pi i \tau_d} = -e^{\pi\sqrt{163}}$$

은 $j(\tau_{-163})$의 멱급수의 첫 번째 항이다(공식 (13)을 보라). $j(\tau_{-163}) = -2^{18} 3^3 5^3 23^3 29^3$이고 j-함수의 멱급수에 나오는 모든 항들 $e^{2\pi n \tau_d}(n > 0)$은 비교적 작기 때문에 $e^{\pi\sqrt{163}}$이 정수에 상당히 가깝다는 것을 알 수 있다. 실제로 이것은 $2^{18} 3^3 5^3 23^3 29^3 + 744 + \cdots$이고 계산해 보면 $262{,}537{,}412{,}640{,}768{,}744 - \epsilon$이다. 여기서 오차항 ϵ은 7.5×10^{-13}보다 작다.

9 이항 이차 형식에 의한 소수의 표현

보통의 정수에 대한 어렵고 작위적인 문제들 중 예상보다 많은 문제들에 대해서 대수적 정수들의 더

큰 환에 대한 자연스럽고 다루기 쉬운 문제로 바꾸는 게 가능하다는 것이 밝혀졌다. 이들 중에서 내가 가장 좋아하는 예는 페르마[VI.12]에 의한 정리로서, 소수 p가 두 개의 제곱수의 합으로 표현되면, $p = a^2 + b^2(0 < a \leq b)$이면, 그러한 표현은 오직 하나뿐이라는 것이다. (예를 들어 $1^2 + 10^2$은 소수 101을 두 개의 제곱수의 합으로 표현하는 유일한 방법이다.) 더 나아가 소수 p가 두 개의 제곱수의 합으로 표현된다는 것의 필요충분조건은 p가 2이거나 p가 $4k + 1$의 형태인 것이다. ('필요조건'임을 보이는 것은 쉽다. 왜냐하면 모든 제곱수는 법 4로 0이나 1과 합동이고 두 개의 제곱수의 합인 홀수는 필연적으로 법 4로 1과 합동이기 때문이다.) 정수들에 관한 이 명제는 가우스 정수들의 환에 대한 기초적인 명제로 바뀔 수 있다. 왜냐하면 $i = \sqrt{-1}$을 가지고 $a^2 + b^2 = (a + ib)(a - ib)$로 쓰면 $a^2 + b^2$을 가우스 정수들의 환의 (켤레) 원소들인 $a \pm ib$의 노름으로 볼 수 있기 때문이다. 따라서 p가 $p = a^2 + b^2$이라는 두 제곱들의 합으로 표현되는 소수라면 $a \pm ib$ 각각의 원소들은 소수를 노름으로 갖게 된다. 그러면 가우스 정수들의 환에서 $a \pm ib$ 자체가 소수가 된다는 것은 쉽게 유도할 수 있다. 실제로 $a \pm ib$가 두 개의 가우스 정수들의 곱으로 인수분해되면 인수들의 노름들은 소수 p를 나누는 정수가 되어야 하고 이것은 인수가 될 가능성을 크게 제한한다. 그들 중 하나는 반드시 단위 원소여야 한다.

다시 말해 $p = a^2 + b^2$이면

$$p = (a + ib)(a - ib)$$

는 정수인 소수 p를 두 개의 가우스 소수의 곱으로

인수분해한 것이다. 페르마의 정리에서 유일성 부분은 (사실상 동치라는 것을 손쉽게 보일 수 있지만) 가우스 정수들의 환 R_{-1}의 유일 인수분해 성질에서 온다. $4k+1$의 형태를 갖는 모든 소수 p가 두 제곱수의 합으로 표현된다는 것은 가우스 정수들의 환에서 소수 p의 분해 법칙(splitting law)에서 온다. 홀수인 (통상적 의미의) 소수 p가 노름이고 따라서 가우스 정수들의 환 안에서 두 개의 서로 다른 소수의 곱으로 분리된다는 것은 p가 법 4로 1과 합동이라는 것과 동치이다. 이 결과는 산술에 관한 방대한 이야기의 서막에 불과하다.

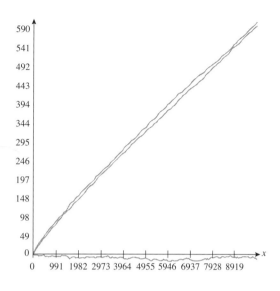

그림 4 그림에서 두 개의 그래프 중 위에 있는 것은 X보다 작은 소수 중에서 가우스 정수들의 환에서 소수로 남아 있는 것들의 개수를 나타내고 밑에 있는 것은 X보다 작은 소수 중에서 가우스 정수들의 환에서 분해되는 것들의 개수를 나타낸다. x축 주변을 맴도는 세 번째 그래프는 두 수의 차를 나타낸다. 이 자료를 제공해 준 윌리엄 스타인 (William Stein)에게 감사를 전한다.

10 잉여와 비잉여 사이의 경주, 그리고 분해 법칙

$p \equiv 1 \bmod 4$이면 p가 분해되고 $p \equiv -1 \bmod 4$이면 분해되지 않는다는 가우스 정수들의 환에서 소수 p에 대한 간단한 분해 법칙은 이러한 경우들이 각각 얼마나 자주 일어날까라는 질문으로 우리를 이끈다 (그림 4 참조). 디리클레[VI.36]는 m과 c가 서로소인 정수일 때 등차수열 $c, m+c, 2m+c, \cdots$에는 무한히 많은 소수가 있다는 유명한 정리를 증명하였다. 이 결과의 보다 정확한 형태는 우리가 방금 던진 질문에 대한 명확한 점근적 답을 준다. 즉, x가 무한대로 갈 때, x보다 작은 소수 중에서 분해되는 것의 수를 x로 나눈 비율은 1이 되지 않는다. (디리클레의 정리에 대한 좀 더 깊은 논의를 위해서는 해석적 정수론[IV.2 §4]을 보라.)

재미 삼아 더 까다로운 질문을 던져 볼 수도 있을 것이다. x보다 작은 소수 중에서 분해되는 소수와 분해되지 않는 소수 중 정확히 어느 것이 더 많을

까?(그림 4 참조) 이것에 대한 어떤 관점을 취하기 위해 질문을 좀 더 넓혀 보자. 4 또는 홀수인 소수 q에 대해서 $A(x)$는 $\ell < x$인 소수 중에서 법 q로 제곱잉여인 것의 개수를 나타내고, $B(x)$는 $\ell < x$인 소수 중에서 법 q로 제곱비잉여인 것의 개수를 나타낸다고 하자. $D(x) = A(x) - B(x)$가 그 차이를 나타낸다고 하면, $D(x)$는 어떻게 생겼을까?

이 문제에 대한 역사와 현재의 상황에 관해 흥미로운 설명을 원한다면 그랜빌(Granville)과 마틴 (Martin)의 책(2006)을 보라.

11 대수적 수와 대수적 정수

음수 d에 대해서 대수적 정수들인 $j(\tau_d)$를 살펴보고 삼각합을 다루어 보았기 때문에, 정수들이 그랬듯

이 이런 이차 정수들의 환의 깊은 구조는 보다 큰 대수적 수들의 관점에서 볼 때 더 이해가 잘 될지도 모른다는 단서를 얻을 수 있다. 따라서 이제 대수적 수들을 가장 일반적으로 다루어 보자.

최고차항의 계수가 1인 다항식이란 다음과 같은 다항식

$$P(X) = X^n + a_1 X^{n-1} + \cdots + a_{n-1} X + a_n$$

을 의미한다. 즉, 차수가 n이면서 X^n의 계수가 1인 다항식이다. 일반적으로 다른 계수들은 그냥 복소수라고 가정한다. 만약 $P(X) = X^n + a_1 X^{n-1} + \cdots + a_{n-1}X + a_n$이 그런 다항식이고 Θ가 $P(\Theta) = 0$을 만족하는 복소수라면, 즉 Θ가 다항 방정식

$$\Theta^n + a_1 \Theta^{n-1} + \cdots + a_{n-1} \Theta + a_n = 0$$

을 만족하면, Θ를 다항식 $P(X)$의 근(root)이라고 한다. 가우스에 의해서 처음으로 증명된 대수학의 기본 정리[V.13]는 위와 같은 n차다항식은 항상 n개의 선형 다항식의 곱으로 인수분해된다는 것을 보장해 준다. 즉, 복소수들 $\Theta_1, \Theta_2, \cdots, \Theta_n$에 의해서

$$P(X) = (X - \Theta_1)(X - \Theta_2) \cdots (X - \Theta_n)$$

이 되고 사실 이 복소수들은 정확히 $P(X)$의 근이 된다.

Θ가 위와 같은 방정식 $P(X) = X^n + a_1 X^{n-1} + \cdots + a_{n-1}X + a_n$의 근이 되고 더 나아가 계수들 a_i가 유리수이면 Θ는 대수적 수(algebraic number)라고 불린다. 계수들이 단순히 유리수일 뿐만 아니라 사실 정수가 되면 Θ는 대수적 정수(algebraic integer)라고 불린다. 따라서 예를 들면, 모든 유리수의 제곱근은

대수적 수가 되고 '일반적'인 정수의 제곱근은 대수적 정수가 된다. 일반적인 정수들 또는 대수적 정수들의 n제곱근에 대해서도 같은 이야기를 할 수 있다. 다른 종류의 예로서 j-함수의 복소 이차 무리 정수들 위에서의 값이 대수적 정수라는 정리를 앞에서 이미 언급하였다. 이 정리의 (임의의) 특수한 예로서 복소수 $j(\tau_{-23})$은 최고차항의 계수가 1인 다항식

$$X^3 + 3491750X^2$$
$$- 5151296875X + 12771880859375$$

의 근이 된다. 모든 대수적 수가 대수적 정수 나누기 일반적인 정수의 형태로 쓰여질 수 있음을 보이는 것은 연습문제로 남기겠다.

12 대수적 수의 표현

어떤 수학적 개념을 다루든 우리는 한 가지 혹은 여러 방식으로, 연구에서 발생하는 다양한 형태의 쌍대 문제(dual problem)와 더불어, 그 개념을 효과적으로 다루기 위한 다양한 표현 방법들과 직면한다. 이 장의 서두에서 이차 무리수를 다룰 때 이런 현상의 일부분을 보았고 앞으로도 그것들을 다루면서 계속 이 현상을 살펴볼 텐데, 이차 무리수가 제곱근(radical)들로, 결국에는 반복되는 연분수들로, 또는 삼각합(trigonometric sum)들로 표현되는 것과 이것들이 모두 통합된 이론에 기여함을 보게 될 것이다.

이 표현의 문제는 일반적으로 대수적 수에서 한층 더 심각해지며, 여러 가지 방식으로 나타난다. 예를 들어 대수적 수는 정의하는 방정식들이 쉽게 얻

어지지 않는 특정한 대수적 다양체 상의 점들에 대한 좌표로 나타날 수도 있고, j-함수와 같이 어떤 함수의 특수한 값으로 나타날 수도 있다. 따라서 대수적 수들을 나타내는 획일적 방법을 찾고자 하는 것은 당연한 일이며, 이 주제의 역사를 살펴보면 이를 위해 얼마나 많은 노력을 기울였는지 알 수 있다. 예를 들어 일반적인 3차방정식 $X^3 = bX + c$의 해에 대한 유명한 공식으로 알려진 중첩된 제곱근 표현

$$X = \left(\frac{c}{2} + \sqrt{\frac{c^2}{2} - \frac{b^3}{27}}\right)^{1/3} + \left(\frac{c}{2} - \sqrt{\frac{c^2}{2} - \frac{b^3}{27}}\right)^{1/3}$$

(14)

또는 이것에 대응하는 4차방정식의 일반해에 초점을 맞춰 보자. 이 공식들은 16세기 이탈리아 대수학의 주요 업적이었으며, 19세기 초의 위대한 업적 중 하나인 '일반적인 5차 대수적 수들은 위와 같이 표현되지 않는다'는 것의 증명으로 끝을 맺는다 (5차방정식의 해결불가능성[V.21] 참조). 이처럼 5차 대수적 수들을 해석적으로 표현하려던 시도는 19세기 후반 클라인(Klein)에 의해 쓰인 고전 『정이십면체(*The Icosahedron*)』의 원천이 되었다. 크로네커(Kronecker)는 대수적 수를 특정한 해석 함수들의 값으로 표현함으로써 이런 수들을 표현하는 획일적인 방법을 수립하는 것이 '젊은 시절의 꿈(그의 Jugendtraum)'이었다고 말했다.

13 단위근

대수적 수에 관한 이론에서 핵심적인 역할을 하는 것은 단위근, 즉 방정식 $X^n = 1$의 n개의 복소해, 또는 다르게 표현하면 방정식 $X^n - 1$의 n개의 근이다.

$\zeta_n = e^{2\pi i/n}$이라고 하면, 그 근들은 정확히 ζ_n과 이것의 거듭제곱들이며, 따라서 특히 대수적 정수들이기도 하다. 이들은 다음과 같은 인수분해를 가능하게 한다.

$$X^n - 1 = (X - 1)(X - \zeta_n)(X - \zeta_n^2)\cdots(X - \zeta_n^{n-1}).$$

ζ_n의 거듭제곱들은 원점을 중심으로 하는 정n각형의 꼭짓점들이 된다. 이것은 가우스가 젊은 시절에 발견한 다음과 같은 결과를 이끌어낸다. 컴퍼스와 직선 자를 이용하여 실제로 제곱근을 만들 수 있음을 보일 수 있고, 따라서 ζ_n이 제곱근과 통상적인 산술 연산만으로 표현된다면 자와 컴퍼스만을 이용하여 정n각형을 그릴 수 있으며 그 역도 성립한다.

도형을 그리는 것과 제곱근이 왜 이렇게 깊은 연관이 있는지를 알고자 한다면 다음을 생각해 보자. 숫자 0과 1 사이의 거리라고 볼 수 있는 단위 거리와 함께 어떤 것에 의해서든 0과 1 사이에 x라는 특정한 점이 주어졌다면, 우선 자와 컴퍼스를 이용해서 $x/4$를 '작도할' 수 있고 그 다음에 빗변의 길이가 $1 + x/4$이고 다른 한 변의 길이가 $1 - x/4$가 되는 직각삼각형을 (자와 컴퍼스를 이용해서) 그릴 수 있다. 피타고라스 정리는 이 삼각형의 세 번째 변의 길이가 $\sqrt{x}$임을 말해준다. 이 일련의 생각들을 따라가면(하지만 방금 논의했던 예와는 달리 실수뿐만 아니라 복소수까지 다루기 위해서는 수정을 해야 한다), 다음의 방정식

$$\zeta_3 = \tfrac{1}{2}(1 + i\sqrt{3}),$$
$$\zeta_4 = \sqrt{i},$$

$$\zeta_5 = \tfrac{1}{4}(\sqrt{5} - 1) + i\tfrac{1}{8}(\sqrt{5 + \sqrt{5}}),$$
$$\zeta_6 = -\tfrac{1}{2}(1 + i\sqrt{3})$$

이 각각 정삼각형, 정사각형, 정오각형 그리고 정육각형의 (함축적인) 작도 방법을 제공해 줌을 알 수 있다. 대조적으로 ζ_7은 산술연산과 제곱근만으로는 표현이 되지 않는다. (이것은 2차방정식의 근이지만, 이 2차방정식의 계수는 기약 3차방정식 $X^3 - \tfrac{7}{3}X + \tfrac{7}{27}$의 근의 유리적 표현들이다.) 따라서 정칠각형이 표준적이고 고전적인 방법으로는 작도될 수 없음을 암시한다. 그리고 실제로도 그런 작도는 '각의 삼등분'이 없으면 불가능하다. (하지만 원칙적으로 괄호 안에 있었던 정보들과 식 (14)를 이용하여 ζ_7을 제곱근과 삼중근을 이용하여 표현할 수 있다.)

가우스는 $n > 2$가 소수이면 정n각형이 고전적인 방식으로 작도된다는 것과 n이 페르마 소수가 된다는 것, 즉 $2^{2^a} + 1$의 형태의 소수가 된다는 것이 동치임을 보였다. 예를 들어, 11각형과 13각형은 고전적인 방법으로 작도할 수 없지만, ζ_{17}이 유리수에 의한 연산과 반복되는 제곱근에 의해 표현되기 때문에 17각형이 고전적으로 작도 가능하다는 것은 유명하다.

따라서 단위근이 항상 제곱근들의 반복되는 유리적 표현으로 쓰이는 것은 아니다. 하지만 이것은 상호적이지 않다. 모든 정수의 제곱근들은 단위근의 정수 결합으로 표현되기 때문이다. 더욱 불가사의한 것은 (양수 d에 대해) R_d 안에서, 알려진 공식이 없는 기본 단위 ε_d들이 단위근의 유리적 표현으로 분명하게 쓰여지는 단위 c_d와 밀접한 관련이 있다는 것이다. (아래를 보라. 이것은 원형 단위(circular unit)라고 불린다.) 이것은 아름다운 공식

$$c_d = \varepsilon_d^{h_d} \qquad (15)$$

을 만족하고 이 공식은 유일 인수분해에 대한 또 하나의 구체적인 시험 방법을 제공한다. 등식 $c_d = \varepsilon_d$는 R_d에서 유일 인수분해 원리가 성립하기 위해 필요한 '리트머스' 용지와 같다.

관련된 공식들을 좀 더 살펴보기 위해서 p를 홀수인 소수이고, a를 p로 나누어떨어지지 않는 정수라고 하자. 그리고 a가 법 p로 제곱잉여, 즉 a가 법 p로 정수의 제곱과 합동이면 $\sigma_p(a)$를 $+1$로 정의하고 그렇지 않으면 -1로 정의하자. 식 (1)과 (6)의 간단한 삼각합들은 이차 가우스 합(quadratic Gauss sum)으로 일반화된다.

$$\pm i^{(p-1)/2}\sqrt{p}$$
$$= \zeta_p + \sigma_p(2)\zeta_p^2 + \sigma_p(3)\zeta_p^3 + \cdots$$
$$+ \sigma_p(p-2)\zeta_p^{p-2} + \sigma_p(p-1)\zeta_p^{p-1}.$$
$$(16)$$

맨 앞의 부호 $\pm$가 무엇인지를 결정하는 것을 제외하면 이 공식에 대한 증명은 그리 어렵지 않지만, 가우스는 상당한 노력 끝에 이것조차도 해결하였다. 공식 (6)과 (16) 사이의 관계를 보기 위해, 예를 들어 $p = 5$라고 하면 (16)의 좌변은 $\sqrt{5}$가 되고 우변은

$$\zeta_5 - \zeta_5^2 - \zeta_5^{-2} + \zeta_5^{-1} = 2\cos\tfrac{2}{5}\pi - 2\cos\tfrac{4}{5}\pi$$

가 된다. 원형 단위 c_p에 관해 이것은

$$\prod_{a=1}^{(p-1)/2} (\zeta_p^a - \zeta_p^{-a})^{\sigma_p(a)} = \prod_{a=1}^{(p-1)/2} \sin(\pi a/p)^{\sigma_p(a)}$$

과 같이 정의되며 또 다른 공식들을 유도한다. 예를 들어, $p = 5$이면 $\varepsilon_p = \tau_5 = \frac{1}{2}(1 + \sqrt{5})$이고, $h_5 = 1$이기 때문에 공식 (6)에 $p = 5$를 대입하면

$$\frac{1 + \sqrt{5}}{2} \doteq \frac{\zeta_5 - \zeta_5^{-1}}{\zeta_5^2 - \zeta_5^{-2}} = \frac{\sin \frac{1}{5}\pi}{\sin \frac{2}{5}\pi}$$

가 된다.

14 대수적 수의 차수

Θ가 대수적 수이면서 또한 유리수이면 Θ는 '일반적인' 정수가 된다. 증명을 해 보면 다음과 같다. Θ가 유리수이면 이것을 기약분수 $\Theta = C/D$로 쓸 수 있다. Θ가 또한 대수적 수이면, 이것은 최고차항의 계수가 1인 유리 계수 다항식 $\Theta^n + a_1\Theta^{n-1} + \cdots + a_n$의 근이 되고, 따라서 등식

$$(C/D)^n + a_1(C/D)^{n-1}$$
$$+ \cdots + a_{n-1}(C/D) + a_n = 0$$

을 얻게 된다. 양변에 D^n을 곱하면

$$C^n + a_1 C^{n-1} D$$
$$+ \cdots + a_{n-1}CD^{n-1} + a_n D^n = 0$$

이 되는데, 모든 항이 (일반적인) 정수들이고 첫 번째 항을 제외하고 모두 다 D로 나눠진다는 것을 알 수 있다. $D > 1$이면 소인수 p를 갖게 되고 첫 번째 항을 제외하고 모든 항이 p로 나누어진다. 모든 항을 다 더하면 0이 되므로 p는 C^n을 나누어야 하고, 따라서 C를 나누게 된다. 하지만 C/D가 기약분수이기 때문에 이것은 모순이다. 따라서 처음에 Θ가 정수들의 비로 표현되고 $D > 1$이라는 가정에 모순

이 된다. 증명을 원할 수도 있겠지만 이 사실은 앞에서 테아에테투스(Theaetetus)에 의한 결과라고 했었던, $\sqrt{A}$가 무리수인 것과 A가 완전제곱이 아니라는 것이 동치임을 함의한다.

대수적 수 Θ의 차수는 Θ가 만족하는 유리 계수 a_i로 이루어진 다항관계 $\Theta^n + a_1\Theta^{n-1} + \cdots + a_{n-1}\Theta + a_n = 0$ 중에서 가장 작은 n으로 정의된다. 이에 해당하는 다항식 $P(X) = X^n + a_1 X^{n-1} + \cdots + a_{n-1}X + a_n$은 유일하다. 만약에 이런 다항식이 두 개 있다면 그 차는 더 작은 차수를 갖게 되고 또한 Θ를 근으로 갖게 된다. (선행계수로 나누어 줌으로써 최고차항의 계수가 1인 다항식으로 만들 수 있다.) 이러한 $P(X)$를 Θ의 **최소다항식**(minimal polynomial)이라고 부른다. 최소다항식은 유리수 체 위에서 **기약**(irreducible)이다. 즉 이것은 더 작은 차수의 유리 계수 다항식 두 개의 곱으로 인수분해되지 않는다. (만약 인수분해가 되면, 인수 중 하나는 Θ를 근으로 갖기 때문에 이것이 더 이상 최소의 차수를 갖는다고 할 수 없다.) Θ의 최소다항식 $P(X)$는 항상 Θ를 근으로 갖고 최고차항의 계수가 1인 유리 계수 다항식 $G(X)$의 인수가 된다. (P와 G의 최대공약수는 Θ를 근으로 갖고 최고차항의 계수가 1인 유리 계수 다항식이 되고, 이것의 차수는 P의 차수보다 작아질 수 없으므로 P가 되어야 한다.) Θ의 최소다항식 $P(X)$는 서로 다른 근을 갖는다. ($P(X)$가 중근을 갖게 되면 초등 미적분학에 의해 이것의 도함수 $P'(X)$와 자명하지 않은 인수를 공유하게 된다. 도함수는 $P(X)$보다 차수가 작고 또한 유리 계수를 가지므로, P와 P'의 최대공약수는 $P(X)$의 자명하지 않은 인수분해를 주게 되어 이것은 $P(X)$가 기약이라는 것과 모

순이 된다.)

n번째 단위근 $\zeta_n = e^{2\pi i/n}$이 차수가 정확히 $\phi(n)$인 대수적 수가 된다는 것은 가우스에 의한 기본적인 결과이다. 여기서 ϕ는 오일러의 ϕ-함수(Euler's ϕ-function)이다. 예를 들어 p가 소수이면 ζ_p의 최소 다항식은

$$\frac{X^p - 1}{X - 1} = X^{p-1} + X^{p-2} + \cdots + X + 1$$

이고, 차수는 $\phi(p) = p - 1$이다.

15 최소다항식으로 결정되는 암호로서의 대수적 수

우리는 대수적 수가 (특정한 종류의) 복소수들임을 분명히 하였다. 그러나 대수적 수 Θ를 대하는 다른 방법이 있고, 그중에서 크로네커(Kronecker)가 때때로 제안한 방법은 Θ가 유리 계수를 갖는 (최고차항의 계수가 1인 유일한) 최소다항식의 근이 된다는 것을 이용해서 이것을 대수적 관계식을 만족하는 미지수로 보는 것이다. 예를 들어, Θ의 최소 다항식이 $P(X) = X^3 - X - 1$일 때, 위의 관점에 따르면 Θ는 단지 Θ^3이 $\Theta + 1$로 대치될 수 있다는 규칙을 만족하는 대수적 기호인 것이다. (마치 복소수 i를 i^2이 -1로 대치될 수 있다는 성질을 만족하는 기호로 이해할 수 있는 것과 같다.) Θ의 최소다항식의 모든 근들은 Θ가 만족하는 것과 같은 유리 계수 다항관계식을 만족한다. 이 근들을 Θ의 켤레(conjugate)라고 한다. Θ가 n차의 대수적 수이면, Θ는 n개의 서로 다른 켤레를 갖게 되고 당연하게도 이것들은 다시 대수적 수가 된다.

16 다항식 이론에 대한 몇 가지 언급

변수가 한 개인 다항식 이론에서(따라서 특별히 대수적 수들에 대한 이론에서) 중요한 것은 일반적인 근과 계수의 관계이다.

$$\prod_{i=1}^{n}(X - T_i)$$
$$= X^n + \sum_{j=1}^{n}(-1)^j A_j(T_1, T_2, \cdots, T_n)X^{n-j}.$$

다항식 $A_j(T_1, T_2, \cdots, T_n)$은 j차 동차방정식이고(이 것은 모든 단항식의 전체 차수가 j가 된다는 의미이다), 정수 계수를 가지며 변수 $T_1, T_2, \cdots, T_n$에 대해서 대칭적이다(즉, 변수들의 순서를 바꾸어도 변하지 않는다).

상수항은 근들의 곱으로 주어진다.

$$A_n(T_1, T_2, \cdots, T_n) = T_1 \cdot T_2 \cdots \cdot T_n.$$

이것은 노름(norm) 형식이라고 알려져 있다. X^{n-1}의 계수는 근들의 합으로 주어진다.

$$A_1(T_1, T_2, \cdots, T_n) = T_1 + T_2 + \cdots + T_n.$$

그리고 이것은 대각합(trace) 형식이다.

$n = 2$이면 노름과 대각합이 목록 상에 있는 대칭 다항식들의 전부이다. $n = 3$이면 노름과 대각합 이외에 차수가 2인 대칭다항식도 갖는다.

$$A_2(T_1, T_2, T_3)$$
$$= T_1 T_2 + T_2 T_3 + T_3 T_1$$
$$= \tfrac{1}{2}\{(T_1 + T_2 + T_3)^2 - (T_1^2 + T_2^2 + T_3^2)\}.$$

켤레근들의 대칭성이 이런 대칭 다항식에 잘 반영되어 있다는 것은 이 이론과, 좀 더 구체적으로는 갈

루아 이론[V.21]에 있어서 매우 중요하다. 특별히 우리는 다음과 같은 기본적인 결과를 얻게 된다. T_1, T_2, $\cdots$, T_n의 모든 유리 계수 대칭다항식은 대칭다항식 $A_j(T_1, T_2, \cdots, T_n)$의 유리 계수 다항식으로 표현되며, 정수 계수에 대해서도 비슷한 결과를 얻게 된다. 예를 들어, 위의 등식은 $T_1^2 + T_2^2 + T_3^2$이 다음과 같이

$$A_1(T_1, T_2, T_3)^2 - 2A_2(T_1, T_2, T_3)$$

으로 표현됨을 보여준다.

17 대수적 수의 체와 대수적 정수의 환

0이 아닌 대수적 수의 역은 다시 대수적 수가 된다. 두 개의 대수적 수의 합, 차, 곱도 대수적 수가 된다. 두 개의 대수적 정수의 합, 차, 곱은 대수적 정수가 된다. (뒤에 나온) 이런 사실들에 대한 깔끔한 증명은 선형 대수, 특별히 크라메르 규칙(Cramer's rule)의 힘을 보여주는 좋은 예가 된다. 그 증명은 모든 정수 계수 행렬이(따라서 정수 격자를 보존하는 유한 차원 벡터공간의 모든 선형 변환이) 최고차항이 1인 정수 계수 다항식의 항등식을 만족한다는 것을 보여준다.

다항 관계식을 찾는 데 있어서(더 구체적으로, 대수적 수들과 대수적 정수들이 합과 곱에 대해서 닫혀 있다는 것을 보여주는 데 있어서) 위의 사실이 얼마나 유용한가를 보기 위해서 손으로 직접 $\sqrt{2} + \sqrt{3}$이 대수적 정수가 됨을 확인해 보자. 이를 위한 한 가지 방법은 이것이 만족하는 최고차항의 계수가 1인 4차 다항 관계식을 찾는 것이다. 이는 결코 아름

다운 계산이 될 수 없을 것 같다! 하지만 만약 선형 대수에 친숙한 사람이라면 유리수 위에서 1, $\sqrt{2}$, $\sqrt{3}$, $\sqrt{6}$에 의해서 생성되는 4차원 벡터공간을 생각하는 덜 고통스러운 방법이 있다. $\sqrt{2} + \sqrt{3}$을 곱하는 것은 이 벡터공간의 선형 변환 T를 정의하게 되고 이것의 특성 다항식(characteristic poly-nomial) P를 계산할 수 있다. 케일리-해밀턴 정리(Cayley-Hamilton theorem)에 의하면 $P(T) = 0$이고, 이것은 $\sqrt{2} + \sqrt{3}$이 P의 근이 됨을 의미한다.

방금 살펴봤던 '닫힘 성질'은 대수적 수들의 체와 대수적 정수들의 환을 완전히 일반적으로 연구할 수 있게 해 준다. 수체(number field)는 (체로서) 유한개의 대수적 수들에 의해 생성된 체를 말한다. 사실 모든 수체 K가 세심하게 고른 한 개의 대수적 수에 의해 생성된다는 것은 잘 알려진 결과이다. 이 대수적 수의 차수는 K의 차수와 같은데, 여기서 K의 차수는 K를 유리수체 $\mathbb{Q}$ 위에서의 벡터공간으로 봤을 때의 차수를 의미한다. 갈루아 이론의 도입부에 나오는 주된 관찰 중 하나는 K가 n차의 수체이면 K에서 복소수체로 가는 정확히 서로 다른 n개의 환 준동형사상(ring homomorphism)('임베딩(embedding)') $\iota : K \to \mathbb{C}$가 존재한다는 것이다. (이것은 ι가 1을 1로 보내며 덧셈과 곱셈 법칙을 보존한다는 것을 의미한다. 즉, $\iota(x + y) = \iota(x) + \iota(y)$이고 $\iota(x \cdot y) = \iota(x) \cdot \iota(y)$이다.) 이런 임베딩으로부터 매우 유용한 K 상의 유리수값 함수들을 만들 수 있다. K의 원소 x에 대해서 K에서 $\mathbb{C}$로 가는 서로 다른 n개의 임베딩에 대한 x의 상(image)인 n개의 복소수 $x_1, x_2, \cdots, x_n$을 만들 수 있다. 그러면

$$a_j(x) = A_j(x_1, x_2, \cdots, x_n)$$

이라고 하자. 여기서 $A_j(X_1, X_2, \cdots, X_n)$은 §14에서 나왔던 j번째 대칭 다항식이다. (다항식 A_j가 대칭적이기 때문에 위의 표현에서 상 $x_1, x_2, \cdots, x_n$의 순서에 대해서는 걱정할 필요가 없다.) a_j의 값들이 유리수가 된다는 것은 곧바로 명확하게 보이지는 않지만 그렇다는 것을 말해주는 정리가 있다.

K에 속하는 대수적 수 Θ가 (체로서) K를 생성하면, 유리수들 $a_j(\Theta)$는 이것의 최소다항식의 계수가 된다. 일반적으로는 이것의 최소다항식의 거듭제곱의 계수가 된다. 이런 함수들 중에서 가장 중요한 것은 $x \mapsto N_{K/\mathbb{Q}}(x)$로 표시되는 **노름** 함수와 보통 $x \mapsto \mathrm{trace}_{K/\mathbb{Q}}(x)$로 표시되는 **대각합** 함수인데, 각각은 곱셈적 함수 $a_n(x) = x_1 \cdot x_2 \cdot \cdots \cdot x_n$과 덧셈적 함수 $a_1(x) = x_1 + x_2 + \cdots + x_n$이다.

대각합 함수는 $\mathbb{Q}$-벡터공간 K 위에서의 기본적인 대칭 이중 선형 형식

$$\langle x, y \rangle = \mathrm{trace}_{K/\mathbb{Q}}(x \cdot y)$$

를 정의하는 데 사용되기도 하며, 이 형식은 비퇴화적(nondegenerate)이라는 것이 밝혀졌다. 이 비퇴화성은 x, y가 모두 대수적 정수이면 $\langle x, y \rangle$가 일반적인 정수가 된다는 사실과 함께 K의 **모든** 대수적 정수들로 이루어진 환 $\mathcal{O}(K)$가 덧셈적인 군으로서 유한 생성되었다는 것을 보이는 데 쓰인다. 좀 더 구체적으로 말하면, K 안에 대수적 정수들에 대한 기저(basis)가 있다는 것이다. 즉, 유한 집합 $\{\Theta_1, \Theta_2, \cdots, \Theta_n\}$이 있고 K 안에 있는 모든 다른 대수적 정수들은 Θ_i의 '일반적인' 정수를 계수로 갖는 결합으로 표

현된다는 뜻이다.

이 구조에 대해서 요약해 보자. 수체 K는 $\mathbb{Q}$ 상의 유한 차원 벡터공간이고 비퇴화 이중 선형 대칭 형식 $(x, y) \mapsto \langle x, y \rangle$와 격자 $\mathcal{O}(K) \subset K$를 갖는다. 더 나아가, 이중 선형 형식을 $\mathcal{O}(K)$로 제한하면 정숫값을 갖는다.

$D(K)$로 표시되는 K의 **판별식**은 격자 $\mathcal{O}(K)$의 기저가 $\{\Theta_1, \Theta_2, \cdots, \Theta_n\}$일 때 ij-성분이 $\langle \Theta_i, \Theta_j \rangle$인 행렬의 **행렬식**[III.15]으로 정의된다. 이 행렬식은 기저의 선택에 의존하지 않는다.

판별식은 수체 K에 대한 중요한 정보를 알려준다. 그중 한 가지는 이차 체에서 논의했던 **분해**와 **분기**에 대한 자연스러운 일반화가 있다는 것이고, $D(K)$의 소인수 p는 정확히 확대체 K에서 분기하는 소수들이라는 것이다. 민코프스키의 정리[VI.64]에 의하면 n차 수체 K의 판별식 $D(K)$의 절댓값은 항상

$$\left(\frac{\pi}{4}\right)^n \cdot \left(\frac{n^n}{n!}\right)^2$$

보다 크다. K가 유리수체가 아니라면 이것은 1보다 크다. 이것으로부터 유리수체의 자명하지 않은 확대체가 있으면 그 체에서 분기하는 소수가 항상 존재한다는 것을 알 수 있다. 이 결과는 우리가 방금 정의했던 대수적 구조들의 도움 없이는 증명하기가 상당히 어렵다. 주어진 정수 D에 대해서 판별식이 D인 서로 다른 수체는 유한개뿐이라는 **에르미트**[VI.47]의 정리에 의해서 정수 $D(K)$는 정말로 수체 K를 판별하는 '꼬리표'가 된다. (모든 정수가 판별식이 될 수 있는 것은 아니다. 이차 수체에서 그런 것처럼 판별식이 되는 정수 D는 4로 나누어떨어지거나 법 4로 1과 합동이어야 한다.)

18 대수적 정수의 모든 켤레들의 절댓값 크기에 대해서

조금 전에 보았던 것처럼, 대수적 정수 Θ의 최소 다항식의 계수들은 일반적인 정수들 $a_j(\Theta_1, \Theta_2, \cdots, \Theta_n)$으로 주어진다. 여기서 Θ_i는 Θ의 모든 켤레이다. 이 모든 계수들의 크기들은 모두 어떤 보편적인 수 M보다 작고, M은 Θ의 차수와 이것의 켤레들 중에서 절댓값이 가장 큰 것에만 의존한다. 결과적으로 주어진 n과 양수 B에 대해서, Θ와 이것의 켤레들의 절댓값이 모두 B보다 작고 차수가 n보다 작은 대수적 정수는 유한개뿐이다. (이것은 주어진 n과 M에 대해서 n차 이하의 다항식 중 모든 계수의 절댓값이 M 이하인 것은 유한개뿐이기 때문이다.) 이 유한성에 대한 결과는 크로네커에 의한 다음의 관찰에 핵심적인 열쇠가 된다. Θ가 대수적 수이고 Θ와 이것의 켤레들의 절댓값이 모두 1이면 Θ는 단위근이다. 사실, Θ의 모든 거듭제곱은 차수가 Θ의 차수보다 작거나 같고, 그것과 그것의 켤레들의 절댓값이 모두 1이라는 성질을 공유한다. 결과적으로, 그런 대수적 정수들은 오직 유한개밖에 없고, 따라서 $\Theta^a = \Theta^b$을 만족하는 서로 다른 a와 b가 존재해야만 한다. 하지만 이것은 Θ가 단위근일 때만 가능하다.

19 베유 수

이 주제를 조금 더 따라가기 위해서 크로네커의 관찰에서 가정을 일반화하고 절댓값이 r인 베유 수 (Weil number)[*]를 그것과 그것의 켤레들이 모두 절댓값 r을 갖는, 0이 아닌 대수적 정수라고 정의하자. 앞 절에서 살펴봤던 것에 의하면 주어진 차수와 절댓값에 대한 베유 수는 오직 유한개만이 존재한다. 조금 전에 기술했던 크로네커의 정리에 의하면 절댓값이 1인 베유 수들은 정확히 단위근이다. 여기에 증명을 시도해 볼 만한 몇 가지 기본적인 사실들이 있다. 우선, 이차 베유 수 ω는 정확히 이차 대수적 정수로서 $|\mathrm{trace}(\omega)| \leq 2\sqrt{|N(\omega)|} = 2\sqrt{\omega\omega'}$이 되는 수이다. 여기서, ω'은 ω의 (대수적) 켤레를 의미한다. 둘째로, p가 소수이면 절댓값이 $\sqrt{p}$인 이차 베유 수 ω는 ω를 포함하는 (유일한) 이차 정수들의 환 R_d의 소수인 원소이고, 따라서 이 환에서 정수 p에 대한 소인수분해 $\omega\omega' = \pm p$를 이끌어낸다.

p가 다시 소수이고 ν가 자연수일 때 절댓값이 $p^{\nu/2}$인 베유 수들은 산술에서 매우 중요하다. 이것들은 유한체 상에서의 연립 다항 방정식의 유리해의 개수를 세는 데 있어서 열쇠가 된다. 이것에 대한 하나의 구체적인 예를 살펴보자. 가우스 정수 $\omega = -1 + i$와 이것의 대수적 켤레(이 예에서는 복소수 켤레와 일치한다) $\bar{\omega} = -1 - i$는 (절댓값이 2인) 베유 수들이고, 크기가 2의 거듭제곱인 모든 유한 체 위에서의 방정식 $y^2 - y = x^3 - x$의 해의 개수를 통제한다. 구체적으로, 크기가 2^ν인 체에서 이 방정식의 해의 개수는 다음의 공식

$$2^\nu - (-1-i)^\nu - (-1+i)^\nu$$

으로 주어진다(이것은 정수이다). 이는 수학의 또

---

[*] 이는 보통 베유 수에 요구되는 것보다 더 약한 조건이지만, 표준 용법에서의 우리의 일탈이 그리 큰 혼란을 야기하지는 않을 것이다.

다른 거대한 장을 이룬다.

로 포함될 것으로 기대된다.

20 에필로그

우리가 다루었던 환 R_d에서 대수적 켤레라는 하나의 대칭성 $\alpha \mapsto \alpha'$은 19세기 초 아벨[VI.33]과 갈루아[VI.41]에 의해서 일반적인 수체의 대칭들의 (갈루아) 군에 대한 풍성한 연구를 낳았다(5차방정식의 해결불가능성[V.21] 참조). 이런 갈루아 군들과 그들의 선형 표현들은 수체를 아주 상세히 이해하는 데 있어 열쇠가 되기 때문에 이 연구는 매우 집중적으로 진행되었다. 현대에서 대수적 정수론은 보통 산술기하학[IV.5]으로 불리는 것과 밀접한 연관이 있다. 대수적 수를 자연스러운 해석 함수를 이용해 표현함으로써 대수적 수에 대한 이론적인 부분들을 구체적으로 다루고자 했던 크로네커의 꿈은 아직 완전히 이루어지지 않았다. 그럼에도 그 꿈을 이룰 수 있는 여지는 상당히 확대되었는데(아마도 해석적이고 대수적인 함수들을 더 추가해야 할 수도 있다), 대수기하학과 군 표현론의 모든 부분이 이것을 다루기 위해 도입되고 있다. 예를 들면 다른 것들과 함께 시무라 다양체(Shimura variety)로 알려진 대상을 다루는 랭글랜즈 프로그램(Langlands program)이 있다. 한편으로, 이러한 다양체들은 군 표현론이나 고전적인 대수기하학과 밀접한 연관이 있고 이러한 이론들을 이해하는 데 큰 도움이 된다. 다른 한편, 그것은 수체들의 갈루아 군에 대한 구체적인 선형 표현들을 얻는 데 중요한 원천이 된다. 이 프로그램은 현대 수학의 영광들 중 하나로서, 다음 세기의 시작과 함께 쓰일 수학에 대한 안내서에 매력적인 장으

더 읽을거리

기본적인 교과서들

우선 배경 지식이 가장 적게 필요한 세 권의 고전적인 책을 나열하고자 한다.

Davenport, H. 1992. *The Higher Arithmetic: An Introduction to the Theory of Numbers*. Cambridge: Cambridge University Press.

Gauss, C. F. 1986. *Disquisitiones Arithmeticae*, English edn. New York: Springer.

Hardy, G. H., and E. M. Wright. 1980. *An Introduction to the Theory of Numbers*, 5th edn. Oxford: Oxford University Press.

다음은 좀 더 높은 단계에 대해서 놀랍도록 설명이 잘 되어 있는 책들이다.

Borevich, Z. I., and I. R. Shafarevich. 1966. *Number Theory*. New York: Academic Press.

Cassels, J., and A. Fröhlich. 1967. *Algebraic Number Theory*. New York: Academic Press.

Cohen, H. 1993. *A Course in Computational Algebraic Number Theory*. New York: Springer.

Ireland, K., and M. Rosen. 1982. *A Classical Introduction to Modern Number Theory*, 2nd edn. New York: Springer.

Serre, J. -P. 1973. *A Course in Arithmetic*. New York: Springer.

기술적인 논문과 책들

Baker, A. 1971. Imaginary quadratic fields with class number 2. *Annals of Mathematics (2)* 94:139-52.

Brauer, R. 1950. On the Zeta-function of algebraic number fields. I. *American Journal of Mathematics* 69:243-50.

Brauer, R. 1950. On the Zeta-function of algebraic number fields. II. *American Journal of Mathematics* 72:739-46.

Goldfeld, D. 1985. Gauss's class number problem for imaginary quadratic fields. *Bulletin of the American Mathematical Society* 13:23-37.

Granville, A., and G. Martin. 2006. Prime number races. *American Mathematical Monthly* 113:1-33.

Gross, B., and D. Zagier. 1986. Heegner points and derivatives of L-series. *Inventiones Mathematicae* 84:225-320.

Heegner, K. 1952. Diophantische Analysis und Modulfunktionen. *Mathematische Zeitschrift* 56:227-53.

Hua, L. -K. 1942. On the least solution of Pell's equation. *Bulletin of the American Mathematical Society* 48:731-35.

Lang, S. 1970. *Algebraic Number Theory*. Reading, MA: Addison-Wesley.

Narkiewicz, W. 1973. *Algebraic Numbers*. Warsaw: Polish Scientific Publishers.

Siegel, C. L. 1935. Über die Classenzahl quadratischer Zahlörper. *Acta Arithmetica* 1:83-86.

Stark, H. 1967. A complete determination of the complex quadratic fields of class-number one. *Michigan Mathematical Journal* 14:1-27.

IV.2 해석적 정수론

앤드류 그랜빌 *Andrew Granville*

1 서론

정수론이란 무엇인가? 누군가는 정수론을 단지 수에 대한 연구라고 생각하겠지만 수학에서 수는 어디에서나 나오기 때문에 그것은 너무 개괄적인 정의이다. 정수론을 다른 수학의 분야들과 구별하기 위해 방정식 $x^2 + y^2 = 15925$를 살펴보고 이 방정식이 해를 갖는지를 알아보자. 이 방정식은 당연히 해를 갖고 그 해의 집합은 $\mathbb{R}^2$ 평면에서 반지름이 $\sqrt{15925}$인 원을 나타낸다. 그러나 정수론 학자들은 이 방정식의 **정수해**에 흥미가 있으며, 현재 그런 해의 존재성은 그리 명백하지 않다.

위의 질문을 고려하는 데 있어 유용한 첫걸음은 15925가 25의 배수라는 것에 주목하는 것이며, 실제로 15925는 25×637이다. 게다가 637은 49×13으로 더 분해될 수 있다. 즉 $15925 = 5^2 \times 7^2 \times 13$이다. 우리는 이것으로부터 정수해를 구하는 데 많은 도움을 얻을 수 있다. $a^2 + b^2 = 13$을 만족하는 정수 a, b를 구할 수 있다면, a, b 각각에 $5 \times 7 = 35$를 곱해서 원래 방정식의 정수해를 구할 수 있기 때문이다. 여기서 $2^2 + 3^2 = 13$이므로 2와 3이 방정식의 해라는 것에 주목하자. 이 수들에 35를 곱함으로써 원래 방정식의 정수해 $70^2 + 105^2 = 15925$를 얻을 수 있다.

이 간단한 예에서도 볼 수 있듯이, 양의 정수를 곱셈에 대해 더 이상 분해될 수 없는 성분들로 나타내는 것은 유용하다. 이 성분을 소수(prime number)라 부르고 산술의 기본 정리[V.14]는 모든 양의 정수를

소수들의 곱으로 나타낼 수 있고 그 표현이 유일하다는 것을 서술한다. 다시 말해, 양의 정수와 소수의 유한곱 사이에 일대일대응이 있다는 것이다. 많은 경우, 어떤 양의 정수를 소인수들로 분해하고 그 소인수들을 이해하면 그 정수에 대해 필요한 정보를 얻게 된다. 이것은 분자를 구성하고 있는 원자를 연구함으로써 분자에 관해 많은 것을 알 수 있는 것과 마찬가지이다. 예를 들면, 방정식 $x^2 + y^2 = n$이 정수해를 갖는다는 것은, n을 소인수분해했을 때 모든 $4m + 3$ 꼴의 소수가 짝수번 나온다는 것과 동치임이 알려져 있다(이것은 우리에게 $x^2 + y^2 = 13475$의 어떠한 정수해도 존재하지 않는다는 것을 말해준다. 왜냐하면 $13475 = 5^2 \times 7^2 \times 11$이고 11은 이 곱에서 홀수번 나오기 때문이다).

소수인 정수들과 그렇지 않은 정수들을 결정하는 작업을 시작해 보면 곧 많은 소수가 있다는 사실이 확실해진다. 그러나 작업을 진행하면 할수록 소수들은 양의 정수 중 매우 작은 비율을 차지하는 것처럼 보인다. 또한 소수들이 다소 불규칙한 형태로 나타나기 때문에 모든 소수를 나타낼 수 있는 공식이 있는지 궁금해진다. 그러한 공식을 찾지 못하더라도 소수의 많은 부분을 대략적으로 묘사할 수 있을까? 우리는 또한 소수가 무한히 많은지 질문할 수 있다. 무한히 많다면 한 양수가 주어졌을 때 그보다 작은 소수가 얼마나 많이 있는지 빠르게 결정할 수 있을까? 또는 적어도 소수의 개수에 대한 좋은 추정값이라도 얻을 수 있을까? 결국 소수들을 찾는 데 몹시 긴 시간을 소비하고 있다면 소수인지를 판단할 수 있는 빠른 방법이 존재하는지 묻는 것 이외에는 다른 방법이 없다. 이 마지막 질문은 계산적 정수

론[IV.3]에서 논의하고 나머지 질문은 이 장에서 다루게 된다.

지금까지 우리는 정수론이 수학의 다른 분야와 어떻게 구별되는지를 논의해 왔고, 이제 더 나아가 대수적 정수론과 해석적 정수론 사이의 더 심오한 차이점을 다룰 준비가 되었다. 둘 사이의 가장 큰 차이점은 이 장의 주제인 해석적 정수론이 **좋은 근삿값**을 찾는 문제에 관심이 있는 반면 대수적 정수론은 정확한 공식들에 의해 답이 나오는 문제에 관심이 있다는 것이다. 해석적 정수론에서 추정하는 어떤 양에 대해, 꽤 인위적이고 불명확한 것을 제외하고 정확한 공식이 존재하리라 기대하지 않는다. 그런 양들 중에 가장 좋은 예 하나는 앞으로 구체적으로 논의하게 될 x보다 작거나 같은 소수의 개수를 추정하는 문제이다.

우리는 앞으로 근삿값을 구하는 문제를 논의할 것이므로, 어떤 근삿값이 얼마나 좋은지 감을 잡을 수 있는 용어가 필요하다. 예를 들어, x가 충분히 클 때 $f(x)$가 $25x^2$보다 더 크지 않다는 성질을 만족하는 꽤 불규칙한 함수 $f(x)$가 있다고 가정하자. 이 사실은 함수 $g(x) = x^2$을 꽤 잘 이해하고 있기 때문에 유용하다. 일반적으로, 모든 x에 대해 $|f(x)| \leq cg(x)$인 상수 c를 구할 수 있다면 $f(x) = O(g(x))$라고 나타낸다. 보통 문장 속에서는 'x 이하인 수들의 소인수 개수에 대한 평균은 $\log \log x + O(1)$이다'와 같은 식으로 쓰인다. 이는 x가 충분히 클 때 |평균 $- \log \log x| \leq c$인 어떤 상수 c가 존재한다는 것을 의미한다.

$\lim_{x \to \infty} f(x)/g(x) = 1$이면 $f(x) \sim g(x)$라고 나타낸다. 그리고 약간 덜 정확할 때, 즉 x가 충분히 클

때 $f(x)$와 $g(x)$가 가까워진다는 것을 말하고 싶으나 '가까워진다'가 어떤 의미인지 명확하게 말할 수 없거나 말하고 싶지 않을 때 $f(x) \asymp g(x)$라고 나타낸다.

합에 대한 기호 $\sum$과 곱에 대한 기호 $\prod$를 이용하는 것은 편리하다. 일반적으로 더하거나 곱해지는 항들을 기호 밑에 나타낸다. 예를 들어, $\sum_{m \geq 2}$는 2보다 크거나 같은 모든 정수 m에 대한 합이고, $\prod_{\text{소수} p}$는 모든 소수 p에 대한 곱이다.

2 소수의 개수에 대한 범위

고대 그리스 수학자들은 무한히 많은 소수가 존재한다는 것을 알았다. 귀류법에 의한 그들의 아름다운 증명은 다음과 같다. 소수들의 개수가 유한하다고 가정하자. 소수의 개수를 k라고 하고 각각 $p_1, p_2, \cdots, p_k$라고 하자. $p_1 p_2 \cdots p_k + 1$의 소인수들은 무엇일까? 이 수가 1보다 크기 때문에 적어도 한 개의 소인수가 있어야만 하고, 이것은 어떤 j에 대해 p_j여야 한다(모든 소수들은 $p_1, p_2, \cdots, p_k$에 포함되기 때문이다). 하지만 그러면 p_j는 $p_1 p_2 \cdots p_k$와 $p_1 p_2 \cdots p_k + 1$을 모두 나누어야 하고, 따라서 그들의 차이인 1을 나누어야 하므로 불가능하다.

많은 사람들은 이 증명이 단지 소수의 개수가 유한할 수 없음을 보여주고 무한히 많은 소수를 실제로 나열하지는 않기 때문에 좋아하지 않는다. 이러한 결함은 각각의 $k \geq 2$에 대해 수열 $x_1 = 2, x_2 = 3,$ $x_{k+1} = x_1 x_2 \cdots x_k + 1$을 정의함으로써 어느 정도 해결할 수 있다. 그러면 각각의 x_k는 적어도 한 개의 소인수 q_k를 포함해야 하고 이러한 소인수들은 서로

값이 달라야만 한다. 왜냐하면 $k < \ell$이면 q_k는 $x_\ell - 1$을 나누는 x_k를 나누고 q_ℓ은 x_ℓ을 나누기 때문이다. 그래서 이로부터 소수들의 무한한 수열을 얻는다.

18세기 오일러[VI.19]는 소수가 무한히 많이 있다는 것의 다른 증명을 제시했고, 그것은 후세에 커다란 영향을 미치게 되었다. 다시 소수들의 목록이 $p_1, p_2, \cdots, p_k$라고 가정하자. 앞서 언급했던 것처럼 산술의 기본 정리는 모든 정수의 집합과 소수들의 곱의 집합 사이에 일대일대응이 있다고 말해주고, 소수들의 곱의 집합은 그러한 소수들만 있다면 $\{p_1^{a_1} p_2^{a_2} \cdots p_k^{a_k} : a_1, a_2, \cdots, a_k \geq 0\}$이다. 그러나 오일러가 관찰했던 것처럼 이것은 처음 집합의 원소들을 포함하는 합이, 두 번째 집합의 원소들을 포함하는 유사한 합과 같아야만 한다는 것을 알려준다.

$$\sum_{\substack{n \geq 1, \\ \text{양의 정수 } n}} \frac{1}{n^s}$$
$$= \sum_{a_1, a_2, \cdots, a_k \geq 0} \frac{1}{(p_1^{a_1} p_2^{a_2} \cdots p_k^{a_k})^s}$$
$$= \left(\sum_{a_1 \geq 0} \frac{1}{(p_1^{a_1})^s} \right) \left(\sum_{a_2 \geq 0} \frac{1}{(p_2^{a_2})^s} \right) \cdots \left(\sum_{a_k \geq 0} \frac{1}{(p_k^{a_k})^s} \right)$$
$$= \prod_{j=1}^{k} \left(1 - \frac{1}{p_j^s} \right)^{-1}.$$

마지막 등식은 밑에서 두 번째 줄 각각의 합이 등비수열이기 때문에 성립한다. 오일러는 $s = 1$이면 좌변이 ∞인 반면에 우변은 어떤 유리수와 같게 된다는 것을 알아차렸다(각각의 $p_j > 1$이기 때문에). 이것은 모순이고 따라서 소수들의 개수는 유한할 수 없다($s = 1$일 때 좌변이 왜 무한대인지 알고 싶다면, 함수 $1/t$가 감소하기 때문에 $(1/n) \geq \int_n^{n+1} (1/t) \, dt$이고, 따라서 $\sum_{n=1}^{N-1} (1/n) \geq \int_1^N (1/t) \, dt = \log N$이며 $N \to \infty$일 때 ∞로 간다는 것에 주목해라).

위의 증명을 하는 동안에 소수의 개수가 유한하다는 잘못된 가정하에서 $\sum n^{-s}$에 대한 공식을 구했다. 그 공식을 올바르게 고치기 위해서는, 잘못된 가정 없이 분명한 방식으로 다시 써야 한다.

$$\sum_{\substack{n \geq 1, \\ \text{양의 정수 } n}} \frac{1}{n^s} = \prod_{\text{소수 } p} \left(1 - \frac{1}{p^s} \right)^{-1}. \quad (1)$$

그러나 여기서 공식의 양변이 수렴하는지에 약간 신중하게 살펴볼 필요가 있다. 이런 공식은 양변이 둘 다 절대수렴할 때 안전하게 쓸 수 있고 이것은 $s > 1$일 때 성립한다(무한합 또는 무한곱에서 항들의 순서를 임의로 바꿔도 값이 변하지 않는다면 그것을 절대수렴(absolutely convergent)한다고 한다).

우리는 오일러처럼 $s = 1$일 때 (1)에 무슨 일이 일어나는지 이해할 수 있기를 원한다. 양변 모두 $s > 1$일 때 수렴하고 같기 때문에, 자연스럽게 위에서 s가 1보다 큰 쪽에서 1로 다가갈 때 양변의 공통된 극한을 고려해 볼 수 있다. 이를 위해 앞에서처럼 (1)의 좌변이

$$\int_1^\infty \frac{dt}{t^s} = \frac{1}{s-1}$$

에 의해 잘 근사되고, 따라서 $s \to 1^+$일 때 발산한다는 것에 주목하자. 이로부터

$$\prod_{\text{소수 } p} \left(1 - \frac{1}{p} \right) = 0 \quad (2)$$

임을 알 수 있다. 로그를 취하고 무시할 만한 항들을 버리고 나면

$$\sum_{\text{소수 } p} \frac{1}{p} = \infty \quad (3)$$

를 얻는다. 그럼 소수는 얼마나 많을까? 이에 대한

아이디어를 얻는 한 방법은 정수의 다른 수열에 대해서 (3)과 비슷한 형태의 합이 보이는 움직임을 알아내는 것이다. 예를 들어, $\sum_{n \geqslant 1} 1/n^2$은 수렴하고 이런 의미에서 소수는 제곱수보다 더 많다. 이러한 논증은 지수 2를 임의의 $s > 1$로 대체하더라도 성립한다. 왜냐하면 관찰해 왔던 것처럼 합 $\sum_{n \geqslant 1} 1/n^s$은 약 $1/(s-1)$이고 이 경우엔 수렴하기 때문이다. 사실, $\sum_{n \geqslant 1} 1/n(\log n)^2$은 수렴하기 때문에 앞과 같은 의미에서 소수들은 $\{n(\log n)^2 : n \geqslant 1\}$의 수들보다 더 많고, 그러므로 x보다 작거나 같은 소수들의 개수가 적어도 $x/(\log x)^2$인 무한히 많은 정수 x가 존재한다.

그래서 소수들은 풍부한 것처럼 보이지만, 정수가 점점 더 커질수록 소수가 정수에서 점점 더 작은 부분을 구성한다는, 계산으로부터 얻은 우리의 관찰 역시 확인해 보려고 한다. 이것을 보이는 가장 쉬운 방법은 '에라토스테네스의 체(sieve of Eratosthenes)'를 이용하여 소수들을 세 보는 것이다. 에라토스테네스의 체는 어떤 수 x보다 작거나 같은 모든 양의 정수들을 가지고 시작한다. 이것들로부터 숫자 4, 6, 8, ⋯, 즉 2가 아닌 모든 2의 배수를 지운 후, 지워지지 않은 2보다 더 큰 수 중 첫 번째인 3을 가지고 그것의 모든 배수들을 지우는데, 역시 3은 포함되지 않는다. 그런 다음 5가 아닌 모든 5의 배수를 지우고, 이런 식으로 계속 지워 나가자. 이러한 과정을 반복하다 보면 결국 x보다 작거나 같은 소수들만 남는다.

이것은 소수가 얼마나 많이 있는지를 추측하는 한 방법을 제안한다. 2가 아닌 x 이하의 모든 2의 배수를 지우고 나면(이것을 '2에 의한 체거름'이라고 부른다) 대략 x 이하의 정수 중 절반 정도만이 남고, 3에 의한 체거름 후에는 남아 있던 수 중 대략 3분의 2가 남는다. 이것을 계속하면 y 이하의 모든 소수들로 체거름했을 때 약

$$x \prod_{p \leqslant y} \left(1 - \frac{1}{p}\right) \qquad (4)$$

정도의 정수가 남는다고 기대할 수 있다. $y = \sqrt{x}$이면 모든 합성수는 제곱근보다 큰 소인수를 갖지 않기 때문에 지워지지 않은 정수들은 1과 x 이하의 소수들이다. 그렇다면 (4)는 $y = \sqrt{x}$일 때 x 이하인 소수들의 개수에 대한 좋은 근사일까?

이 질문에 답하기 위해 공식 (4)가 무엇을 추정하고 있는지 좀 더 엄밀하게 따져 볼 필요가 있다. 즉 y보다 작거나 같은 어떤 소인수도 포함하지 않는 x 이하의 정수의 개수에 y 이하의 소수의 개수를 더한 것을 근사해 보는 것이다. 소위 포함-배제의 원리(inclusion-exclusion principle)라 불리는 이 방법은 (4)에서 주어진 근사가 2^k 이내에서는 정확하다는 것을 보이는 데 이용될 수 있다. 여기서 k는 y보다 작거나 같은 소수의 개수이다. k가 매우 작지 않다면, 2^k의 오차항은 우리가 추정하려는 양보다 훨씬 더 커서 이러한 근사는 쓸모가 없다. k가 $\log x$의 작은 상수배보다 작다면 상황이 꽤 좋지만, 이미 살펴봤듯 $y \approx \sqrt{x}$이면 이 값은 우리가 기대하는 y 이하의 소수들의 개수보다 훨씬 적다. 그래서 (4)를 x 이하의 소수들의 개수에 대한 좋은 추정치를 얻는 데 이용할 수 있는지는 확실하지 않다. 그러나 우리는 이 논증을 x 이하인 소수들의 개수에 대한 상계를 구하는 데 이용할 수 있다. 왜냐하면 x 이하인 소수의 개수는 y보다 작거나 같은 소인수들을 갖지 않는 x 이

하인 정수의 개수와 y 이하인 소수의 개수를 더한 수보다는 크지 않기 때문이고, 그것은 2^k과 공식 (4)를 더한 수를 넘지 않는다.

지금 우리는 (2)에 의해 y가 점점 커짐에 따라 곱 $\prod_{p \leqslant y}(1 - 1/p)$가 0으로 수렴한다는 것을 알고 있다. 그래서 임의의 작은 양수 ε에 대해 $\prod_{p \leqslant y}(1 - 1/p) < \varepsilon/2$를 만족하는 y를 구할 수 있다. 이 곱에서 모든 항은 최소한 $1/2$이기 때문에 그 곱은 최소한 $1/2^k$이다. 그러므로 임의의 $x \geqslant 2^{2k}$에 대해 오차항 2^k은 더 이상 (4)에서의 양보다 크지 않고, 그래서 x 이하인 소수의 개수는 (4)의 두 배보다 더 크지 않으므로 y의 선택에 의해 εx보다 작다. 우리는 원하는 만큼 ε을 작게 만들 수 있기 때문에 소수들은 예측했던 것처럼 정말로 정수들 속에서 무시할 정도의 비율을 차지한다.

포함-배제의 원리를 사용하면 $y = \sqrt{x}$인 경우 (4)로 추정하는 방법의 오차항이 너무 클지 몰라도, 우리는 여전히 (4)가 x 이하인 소수들의 개수를 추정하는 좋은 근사방법이라고 기대할 수 있다. (포함-배제의 원리가 아닌) 다른 논증이 더 작은 오차항을 줄지도 모른다. 그리고 정말 그렇다는 것이 밝혀졌는데, 실제로 오차는 (4)보다 훨씬 커지지는 않는다. 그러나 $y = \sqrt{x}$일 때 x 이하인 소수의 개수는 사실 (4)의 약 8/9배이다. 그러면 (4)는 왜 좋은 근사를 주지 않을까? 소수 p로 체거름을 할 때 우리는 남아 있었던 정수들이 대략 p개당 1개 꼴로 지워진다고 가정했다. 주의 깊게 분석하면 이것이 p가 작을 때는 정당화될 수 있으나 큰 p에 대해서는 실제보다 훨씬 좋지 않은 근사를 준다는 것을 알 수 있다. 사실상 (4)는 y가 x의 고정된 거듭제곱보다 더 클 때는 정확한 근사를 주지 않는다. 그러면 무엇이 잘못됐을까? 비율이 대략 $1/p$일 것이라는 기대에는 p에 의해 체거름된 결과가 p보다 작은 소수들로 인해 일어났던 일과는 무관하다는 무언의 가정이 있다. 그러나 고려하는 소수들이 더 이상 작지 않다면 이 가정은 잘못된 것이다. 이것이 x 이하인 소수의 개수를 추정하기 어려운 주요한 이유 중의 하나이고, 관련된 많은 문제의 핵심에는 정말 이와 비슷한 어려움이 놓여 있다.

위에서 주어진 범위를 좀 더 개선할 수는 있으나 그것이 소수들에 대한 점근적 추정값을 주는 것처럼 보이지는 않는다(즉, x가 커짐에 따라 1에 가까워지는 인수에 대해서만 올바른 추정값이다). 그러한 추정값에 대한 첫 번째 좋은 추측은 19세기 초에 나왔고, 이것은 가우스[VI.26]가 16살 때 300만까지의 소수의 표를 공부할 때 'x 근처에서의 소수의 밀도는 약 $1/\log x$'라고 관찰했던 것과 거의 일치한다. 이를 해석하면 x 이하의 소수들의 개수가 대략

$$\sum_{n=2}^{x} \frac{1}{\log n} \approx \int_{2}^{x} \frac{dt}{\log t}$$

라고 추측할 수 있다. 가장 가까운 정수로 반올림한 이 예측을 인간의 영리함과 컴퓨터의 능력이 합심해 발견한 소수의 개수에 대한 최근의 데이터와 비교해 보자. 표 1은 10의 다양한 거듭제곱 이하인 실제 소수의 개수와 함께, 그들과 가우스의 공식에서 주어진 개수 사이의 차이를 나타낸 것이다. 이 차이는 주어진 수보다 매우 작고 그래서 그의 예측은 놀랍게도 정확하다. 가우스의 예측은 항상 실제보다 확실히 더 많이 세어지는 것 같기는 하나, 마지막 열

x	$\pi(x) = \#\{$소수 $\leqslant x\}$	초과된 셈: $\int_2^x \frac{dt}{\log t} - \pi(x)$
10^8	5,761,455	753
10^9	50,847,534	1,700
10^{10}	455,052,511	3,103
10^{11}	4,118,054,813	11,587
10^{12}	37,607,912,018	38,262
10^{13}	346,065,536,839	108,970
10^{14}	3,204,941,750,802	314,889
10^{15}	29,844,570,422,669	1,052,618
10^{16}	279,238,341,033,925	3,214,631
10^{17}	2,623,557,157,654,233	7,956,588
10^{18}	24,739,954,287,740,860	21,949,554
10^{19}	234,057,667,276,344,607	99,877,774
10^{20}	2,220,819,602,560,918,840	222,744,643
10^{21}	21,127,269,486,018,731,928	597,394,253
10^{22}	201,467,286,689,315,906,290	1,932,355,207

표 1 다양한 x 이하의 소수들과 가우스의 예측에서 초과된 셈

의 너비가 중간 열의 너비의 약 반이기 때문에 그 차이는 $\sqrt{x}$와 같은 식으로 나타난다.

1930년대에 위대한 확률론자인 헤럴드 크라메르(Herald Cramér)는 가우스의 예측을 해석하는 확률적인 방법을 제안했다. 우리는 소수들을 0, 1들의 한 수열로서 나타낼 수 있다. 만약 3부터 시작해서 소수일 때는 1을 쓰고 그렇지 않을 때 0을 쓴다면 수열 1, 0, 1, 0, 1, 0, 0, 0, 1, 0, 1, … 을 얻을 수 있다. 크라메르의 아이디어는 소수를 표현하는 이 수열이 0과 1로 표현되는 한 '전형적인' 수열과 같은 특성을 갖는다고 가정하는 것이고, 소수들에 관련된 정밀한 추측들을 만드는 데 이 원리를 이용하는 것이다. 더 구체적으로 $X_3, X_4, \cdots$를 값 0, 1을 가지는 **확률변수**[III.71 §4]의 무한수열이라고 두고, 변수 X_n은 $1/\log n$의 확률로 1과 같다고 하자(따라서 $1 - 1/\log n$의 확률로 0과 같게 된다). 또한 변수들

이 독립적이라고 가정하자. 그러면 각각의 m에 대해 X_m 이외의 변수들에 관련된 정보는 X_m에 대해서 아무것도 알려주지 않는다. 크라메르는 소수들을 표현하는 수열에서 1의 분포에 관한 어떤 명제가 성립한다는 것과, 그의 무작위 수열에서 그것이 1의 확률로 성립한다는 것이 동치임을 제안했다. 이 명제를 해석하는 데에는 약간의 주의가 필요하다. 예를 들어 모든 무작위 수열은 1의 확률로 무한히 많은 짝수를 포함할 것이다. 하지만 그러한 예들을 고려하는 일반적인 원리를 공식화하는 게 가능하다.

여기에 가우스-크라메르 모형을 이용한 한 예가 있다. **중심 극한 정리**[III.71 §5] 덕분에 1의 확률로 우리의 수열에서 처음 x개의 항들 중에

$$\int_2^x \frac{dt}{\log t} + O(\sqrt{x} \log x)$$

만큼의 1이 있다는 것을 증명할 수 있다. 이 모형은 같은 사실이 소수들을 표현하는 수열에 대해서도 참이어야만 한다는 것을 보여주고, 그래서 표에 나타난 것처럼

$$\#\{\text{소수} \leqslant x\} = \int_2^x \frac{dt}{\log t} + O(\sqrt{x} \log x) \quad (5)$$

임을 예측할 수 있다.

가우스-크라메르 모형은 소수들의 분포를 묻는 질문에 대해 생각할 수 있는 아름다운 방법을 제공하나, 증명을 주지는 않으며 증명을 위한 도구가 될 수 있는 것처럼 보이지도 않는다. 그래서 증명을 위해선 다른 곳을 살펴보아야만 한다. 해석적 정수론에서는 산술에서 자연스럽게 나타나는 대상들을 세려고 시도하지만 쉽게 세어지지는 않는다. 지금까지 소수에 관련된 논의는 기초 정의와 (특히 산술의

기본 정리를 포함한) 약간의 초등적인 성질로부터 따라오는 상계 및 하계에 집중되어 왔다. 이러한 범위들 중에 어떤 것은 좋으나 어떤 것은 나쁘다. 이를 개선하기 위해 언뜻 자연스러워 보이지 않는 무언가를 할 것이고, 우리의 질문을 복소함수들에 관한 질문으로 다시 만들 것이다. 이를 통해 해석학의 심오한 도구들에 의존할 수 있을 것이다.

3 해석적 정수론에서의 '해석학'

이러한 해석적인 기법들은 리만[VI.49]의 1859년 회고록에서 탄생했는데, 거기서 그는 오일러의 공식 (1)에서 나타나는 함수에 주목했다. 한 가지 결정적인 차이라면, 그는 s가 복소숫값을 갖는 경우까지 고려했다. 더 정확하게는 리만은 현재 리만 제타 함수라 불리는 함수를 다음과 같이 정의했다.

$$\zeta(s) = \sum_{n \geq 1} \frac{1}{n^s}.$$

이로부터 이미 실수인 s에 대해서 보아왔던 것처럼 s의 실수 부분이 1보다 크면 항상 수렴한다는 것을 쉽게 알 수 있다. 그러나 s의 복소숫값들을 허용하는 것의 가장 중요한 이점 중 하나는, 결과적으로 생기는 함수가 복소해석적 함수[I.3 §5.6]이고 해석적 연속의 과정을 이용해 $\zeta(s)$를 1로부터 떨어져 있는 모든 s에 대해서도 잘 정의할 수 있다는 것이다. (이 현상에 대해 유사하지만 보다 기초적인 예는 무한합 $\sum_{n \geq 0} z^n$이며, 수렴할 필요충분조건은 $|z| < 1$이다. 그러나 그것이 수렴한다면 $1/(1-z)$와 같게 되고 이 공식은 $z = 1$ 이외의 모든 곳에서 복소해석적 함수를 정의한다.) 리만은 x 이하인 소수의 개수에 대

한 가우스의 추측이 $\zeta(s)$의 영점들, 즉 $\zeta(s) = 0$인 s의 값들에 대해 좋은 이해를 얻는 것과 동치라는 놀라운 사실을 증명했다. 리만의 깊은 연구는 우리의 주제를 탄생시켰고, 따라서 적어도 관련 없어 보이는 이 문제들을 연결시키는 논증의 핵심 단계는 스케치만 하더라도 가치가 있을 것이다.

리만의 시작점은 오일러의 공식 (1)이다. s가 복소수일 때도 이것의 실수 부분이 1보다 크기만 하면 이 공식이 성립한다는 것을 증명하기는 어렵지 않다. 따라서

$$\zeta(s) = \prod_{\text{소수 } p} \left(1 - \frac{1}{p^s}\right)^{-1}$$

이 성립한다. 양변에 로그를 취하고 미분을 하면 등식

$$-\frac{\zeta'(s)}{\zeta(s)} = \sum_{\text{소수 } p} \frac{\log p}{p^s - 1} = \sum_{\text{소수 } p} \sum_{m \geq 1} \frac{\log p}{p^{ms}}$$

를 얻는다. 우리는 $p \leq x$인 소수들과 $p > x$인 소수들을 구별하는 어떤 방법이 필요하다. 즉 $x/p \geq 1$인 소수들은 세고 $x/p < 1$인 소수들은 세지 않으려 한다. 이것은 $y < 1$일 때 0이고, $y > 1$이면 1인(그래서 그래프는 계단처럼 보인다) 계단함수(step function)를 이용하면 가능하다. 불연속점인 $y = 1$에서는 평균값 $\frac{1}{2}$을 택하면 편리하다. 해석적 정수론에서 중요한 도구 중 하나인 페론(Perron)의 공식은 다음과 같이 적분에 의해 이 계단함수를 표현한다. 임의의 $c > 0$에 대해

$$\frac{1}{2\pi i} \int_{s:\text{Re}(s) = c} \frac{y^s}{s} \, ds = \begin{cases} 0, & 0 < y < 1 \text{일 때,} \\ \frac{1}{2}, & y = 1 \text{일 때,} \\ 1, & y > 1 \text{일 때.} \end{cases}$$

이 성립한다. 이 적분은 복소평면에서 $t \in \mathbb{R}$일 때

$c + it$인 점들로 이루어진 수직선을 따라 적분하는 **경로적분**(path integral)이다. $p^m < x$이고 $p^m > x$가 아닌 p^m에 대응하는 항을 세기 위해 $y = x/p^m$에 페론의 공식을 적용한다. '$\frac{1}{2}$'을 피하기 위해 x가 소수의 거듭제곱이 아니라고 하면 다음의 식을 얻는다.

$$\sum_{\substack{p \text{ 는 소수, } m \geqslant 1 \\ p^m \leqslant x}} \log p$$

$$= \frac{1}{2\pi i} \sum_{p \text{ 는 소수, } m \geqslant 1} \log p \int_{s:\text{Re}(s)=c} \left(\frac{x}{p^m}\right)^s \frac{ds}{s}$$

$$= -\frac{1}{2\pi i} \int_{s:\text{Re}(s)=c} \frac{\zeta'(s)}{\zeta(s)} \frac{x^s}{s} ds. \tag{6}$$

c를 충분히 크게 잡는다면 모든 것이 절대수렴하기 때문에 합과 적분의 순서를 바꾸는 것을 정당화할 수 있다. 지금 위의 등식에서 좌변은 x 이하의 소수들의 개수를 세고 있는 것이 아니라, 오히려 각각의 소수 p에 대해 $\log p$의 가중치를 더해서 '가중된' 형태를 세고 있는 것이다. 그렇지만 x가 클 때 이 가중된 셈에 대해 좋은 추정값을 줄 수 있다는 것을 보일 수만 있다면, x 이하인 소수의 개수에 대한 가우스의 예측은 따라나온다. (6)에서의 합은 정확히 x보다 작거나 같은 정수들의 최소공배수에 로그를 취한 값이라는 것에 주목하자. 아마도 이것은 왜 이 소수들에 대해 가중된 셈 함수를 고려해야 하는지를 설명해 줄 것이다. 또 다른 설명은 p 근처에서의 소수들의 밀도가 정말로 약 $1/\log p$이면, $\log p$의 가중을 곱하는 것이 모든 곳에서의 밀도를 약 1로 만든다는 것이다.

복소해석학을 어느 정도 안다면 **코시의 유수 정리**(Cauchy's residue theorem)가 (6)에서의 적분이 피적분함수 $(\zeta'(s)/\zeta(s))(x^s/s)$의 '유수(residue)들', 즉 이

함수의 극점들의 항으로 계산하게 해준다는 것을 알 것이다. 게다가 유한한 점들을 제외하고는 해석적인 임의의 함수 f에 대해, $f'(s)/f(s)$의 극점들은 f의 영점과 극점이다. $f'(s)/f(s)$의 극점들은 차수가 1이고 유수는 단순히 f의 대응하는 영점의 차수이거나 대응하는 극점의 차수에 마이너스를 곱한 것이다. 이러한 사실들을 이용하여 우리는 **명시적 공식**

$$\sum_{\substack{p \text{ 는 소수, } m \geqslant 1 \\ p^m \leqslant x}} \log p = x - \sum_{\rho:\zeta(\rho)=0} \frac{x^\rho}{\rho} - \frac{\zeta'(0)}{\zeta(0)} \tag{7}$$

을 얻을 수 있다. 여기서 $\zeta(s)$의 영점들은 중복도를 고려하여 세어지는데, 다시 말해서 ρ가 $\zeta(s)$의 차수 k의 영점이면 합에서 ρ에 대해 k개의 항이 존재한다. x 이하인 소수들의 개수를 한 복잡한 함수의 영점들의 항들로 정확히 표현하는 공식이 있을 수 있다는 것은 정말 놀라우며, 리만의 연구가 왜 사람들의 상상력을 자극하고 그렇게 큰 영향을 미쳤는지 알 수 있다.

리만은 (함수가 자연스럽게 정의되지 않는) 복소평면의 왼편에서 $\zeta(s)$의 값들을 쉽게 결정하게 해주는 또 다른 놀라운 점을 관찰했다. 그 아이디어는 결과적으로 나오는 곱이 모든 s에 대하여 **함수방정식**

$$\xi(s) = \xi(1 - s) \tag{8}$$

를 만족하는 $\xi(s)$가 되도록 $\zeta(s)$에 어떤 단순한 함수를 곱하는 것이다. 그는 이것이 $\xi(s) = \frac{1}{2} s(s - 1) \pi^{-s/2} \Gamma(\frac{1}{2}s) \zeta(s)$로 두면 된다는 것을 알아냈다. 여기서 $\Gamma(s)$는 그 유명한 **감마함수**[III.31]이고, 양수들에

서는 팩토리얼과 같으며(즉, $\Gamma(n) = (n-1)!$) 다른 모든 s에 대해서도 잘 정의되고 연속이다.

식 (1)을 주의 깊게 해석해 보면 $\zeta(s)$는 $\mathrm{Re}(s) > 1$인 어떠한 영점도 갖지 않는다는 것을 밝힐 수 있다. 그러면 (8)로부터 $\mathrm{Re}(s) < 0$인 $\zeta(s)$의 유일한 영점들이 $-2, -4, \cdots$('자명한 영점(trivial zero)들'라는 것을 추론할 수 있다. 그러므로 (7)을 이용하기 위해서는 $0 \leqslant \mathrm{Re}(s) \leqslant 1$인 모든 s의 집합인 임계대(critical strip) 안에서 영점들을 알아내야 한다. 여기서 리만은, 만약 사실로 밝혀진다면 소수 분포의 거의 모든 측면에 대한 거대한 통찰을 가능케 하는 또 하나의 놀라운 관찰을 했다.

리만 가설. $0 \leqslant \mathrm{Re}(s) \leqslant 1$이고 $\zeta(s) = 0$이면 $\mathrm{Re}(s) = \frac{1}{2}$이다.

직선 $\mathrm{Re}(s) = \frac{1}{2}$ 위에는 직선을 따라 위로 갈수록 더욱 조밀해지는 무한히 많은 영점들이 있다고 알려져 있다. 리만 가설은 최저 높이순(즉, $|\mathrm{Im}(s)|$가 가장 작은 순)으로 100억 개의 영점들에 대해 계산으로 검증되었고, 최소 40%의 영점들에 대해 이것이 성립함이 증명되었으며, 소수 분포와 다른 수열들에 대한 다양한 경험적 주장들과 잘 맞아떨어진다. 하지만 그럼에도 불구하고 리만 가설은 아마 수학의 모든 분야를 통틀어 가장 유명하고 애타게 하는 증명되지 않은 가설로 남아 있다.

리만은 어떻게 그의 '가설'을 생각했을까? 리만의 회고록은 그가 그런 놀라운 추측을 어떻게 제시했는지에 대한 어떠한 단서도 주지 않으며, 그 후 오랫동안 인류가 오직 순수한 사고만으로 오를 수 있는

가장 높은 경지의 한 예로 받들어졌다. 그러나 1920년대에 지겔(Siegel)과 베유[VI.93]는 출판되지 않은 리만의 기록들을 찾았고, 이로부터 리만이 ('오직 순수한 생각'이라기엔 너무나 많은) 상당한 양의 손 계산으로 몇 개의 최저 영점을 소수 여러 자리까지 알아낼 수 있었음이 명백해졌다. 그럼에도 여전히 리만 가설은 상상력의 거대한 도약이며, 그것으로부터 $\zeta(s)$의 영점들을 계산하는 알고리즘을 생각해내게 된 것은 놀라운 성취이다. ($\zeta(s)$의 영점들이 어떻게 계산될 수 있는지에 대한 논의는 **계산적 정수론**[IV.3]을 참고하기 바란다.)

만약 리만 가설이 참이라면, 부등식

$$\left| \frac{x^\rho}{\rho} \right| \leqslant \frac{x^{1/2}}{|\mathrm{Im}(\rho)|}$$

을 증명하는 것은 어렵지 않다. (7)에 이것을 대입하여

$$\sum_{\text{소수 } p,\, p \leqslant x} \log p = x + O(\sqrt{x} \log^2 x) \qquad (9)$$

를 추론할 수 있다. 그리고 이는 (5)로 '번역'될 수 있다. 사실 이러한 추정이 성립한다는 것은 리만 가설이 참이라는 것과 동치이다.

리만 가설은 이해하기 쉽지도 않고 완전히 이해할 수도 없다. 동치인 (5)가 아마도 더 이해하기 쉬울 것이다. 내가 선호하는 또 다른 형태는 모든 $N \geqslant 100$에 대해

$$|\log(\mathrm{lcm}[1, 2, \cdots, N]) - N| \leqslant \sqrt{N}\,(\log N)^2$$

이라는 것이다.

x 이하인 소수의 개수에 대한 가우스의 예측에서 초과분에 초점을 맞추기 위해 리만 가설이 참이면,

그리고 참일 때만 (7)로부터 추론할 수 있는 다음과 같은 근사를 이용한다.

$$\frac{\int_2^x (1/\log t)\,dt - \#\{\text{소수} \leq x\}}{\sqrt{x}/\log x}$$
$$\approx 1 + 2 \sum_{\substack{\frac{1}{2}+i\gamma \text{가} \\ \zeta(s)\text{의 영점인} \\ \text{모든 실수 } \gamma > 0}} \frac{\sin(\gamma \log x)}{\gamma}. \tag{10}$$

여기서 우변은 X 이하인 소수의 개수에 관한 가우스의 예측에서 초과되는 셈을 $\sqrt{x}$처럼 증가하는 어떤 것으로 나눈 양이다. 소수들의 표를 보면 이 양은 대략 상수인 것처럼 보인다. 그러나 우변을 살펴보면 그런 것 같지도 않다. 우변에서 첫 번째 항 '1'은 (7)에서 나오는 소수들의 제곱이 기여하는 양에 대응된다. 다음 항들은 (7)에서 $\zeta(s)$의 영점들을 포함하는 항에 대응한다. 이러한 항들은 분모가 γ이고, 따라서 이 합에서 가장 중요한 항들은 γ가 최솟값이 되는 것들이다. 게다가 이 각각의 항들은, 반은 양수이고 반은 음수인 진동하는 사인 파동을 갖는다. 그 안에 $\log x$가 있다는 것은 이러한 진동이 천천히 일어난다는 것(우리가 표1에서 그것들을 거의 알아차리지 못한 이유이다)을 의미하나, 그 진동은 반드시 발생하며 실제로 (10)에서의 값은 결국 음수가 된다. 이 값이 처음으로 음수가 되는(즉 x 이하인 소수가 $\int_2^x (1/\log t)$보다 더 많은) x의 값이

$$x \approx 1.398 \times 10^{316}$$

이라는 것이 최선의 추측이긴 하지만, 어떤 x에 대해 그 값이 음수가 되는지는 아직 어느 누구도 알아내지 못하고 있다. 소수들의 표가 단지 10^{22}까지만 주어져 있는 상황에서 어떻게 그러한 추측에 도달

할 수 있을까? 좌변을 근사하는 것은 (10)의 우변의 처음 1,000개의 항을 이용하는 것으로 시작한다. 어떤 지점에서 그 근사가 음수가 될 것처럼 보이면 어느 정도 확신이 들 때까지 (그게 백만일지라도) 계속해서 더 많은 항을 근사해 보면 된다.

주어진 함수를 이처럼 사인과 코사인의 합으로 표현함으로써 더 잘 이해하려는 시도는 드문 일은 아니다. 이것은 실제로 음악에서 화성학을 공부하는 방법이고 (10)은 이러한 관점에서 보았을 때 꽤 주목할 만하다. 어떤 전문가들은 (10)이 '소수들은 그들 안에서 음악을 갖는다'고 말해주며 그래서 리만 가설을 그럴듯하게, 심지어 바람직하게 만든다고 말한다.

소위 소수정리(prime number theorem)라 불리는

$$\#\{\text{소수} \leq x\} \sim \int_2^x \frac{dt}{\log t}$$

를 아무런 가정 없이 증명하기 위해 앞에서와 같은 접근을 할 수 있지만, 여기서는 x 이하인 소수의 개수에 대해서 그렇게 강한 근사를 요구하지는 않기 때문에, 단지 직선 $\mathrm{Re}(s) = 1$ 근처의 영점들이 공식 (7)에 많이 기여하지 않는다는 것을 보이기만 하면 된다. 19세기 말에 이 과업은 직선 $\mathrm{Re}(s) = 1$ 위에 실제로 어떠한 영점들도 없다는 것을 보이는 문제로 축소되었다. 이것은 결국 1896년에 드 라 발레 푸생 [VI.67]과 아다마르[VI.65]에 의해 입증되었다.

그 이후의 연구는 $\zeta(s)$의 임계대 중 영점들이 없는 영역을 점점 확장시켰으나(그래서 x 이하인 소수의 개수의 근사를 개선했다) 리만 가설의 증명에는 근처에도 가지 못했다. 이것은 수학의 유명한 미해결 문제로 남아 있다.

'x 이하인 소수는 얼마나 많이 있는가?' 같은 단순한 질문에는 가까운 문제를 더 멀어 보이게 하는 복소해석학의 방법보다는 기본적인 방법들을 이용한 단순한 답이 있을 만하다. 그러나 (7)은 소수정리가 맞다는 것은 직선 $\mathrm{Re}(s) = 1$ 위에 $\zeta(s)$의 어떠한 영점들도 존재하지 않는다는 것과 동치라는 것을 말해주므로, 혹자는 그러한 증명에 복소해석학이 포함되어야 하는 것은 필연적이라고 주장할지도 모른다. 1949년에 셀베르그(Selberg)와 에르되시(Erdős)는 소수정리의 초등적인 증명을 제시하여 수학세계를 놀라게 했다. 여기서 '초등적인'이라는 단어는 '쉽다'는 뜻이 아니라, 단지 증명이 복소해석학 같은 고등적인 수단을 이용하지 않는다는 것을 의미하며, 사실 그들의 논증은 복잡하다. 물론 그들의 증명은 어떻게든 직선 $\mathrm{Re}(s) = 1$ 위에 영점이 없다는 것을 보여주고, 실제로 표면 아래의 섬세한 복소해석학적 증명은 그들의 조합론으로 교묘하게 가려져 있다(그 논증을 주의 깊게 검토한 잉햄(Ingham)의 논고(1949)를 참고하라).

4 등차수열에서의 소수들

x 이하인 소수들의 개수(지금부터 $\pi(x)$로 나타낼 것이다)에 대한 좋은 추정값을 주었으니, 법(modulo) q로 a와 합동인 소수들의 개수에 대해서도 물어볼 수 있을 것이다(이것이 무엇을 뜻하는지 모른다면 **모듈러 연산**[III.58]을 참고하라). 이 양을 $\pi(x;q,a)$라고 하자. 우선 법 4로 2와 합동인 소수는 오직 한 개뿐이며, 만약 a와 q가 1보다 큰 공약수를 갖는다면 등차수열 $a, a + q, a + 2q, \cdots$에는 많아야 하나의

소수밖에 없다는 것에 주목하자. $\phi(q)$를 $(a, q) = 1$이고 $1 \leq a \leq q$인 정수의 개수라고 하자(기호 (a, q)는 a와 q의 최대공약수를 나타낸다). 그러면 무한히 많은 소수들 중 몇 개의 작은 유한한 수들을 제외하고는 모두 $1 \leq a < q, (a, q) = 1$에 대해 $a, a + q, a + 2q, \cdots$인 $\phi(q)$개의 등차수열에 속한다. 계산에 따르면 소수들이 이 $\phi(q)$개의 등차수열 사이에서 꽤 고르게 나누어져 있고, 그래서 극한으로 가면 각각의 등차수열에서의 소수들의 비율이 $1/\phi(q)$가 될 것이라고 예측할 수 있다. 다시 말해 $(a, q) = 1$이기만 하면, $x \to \infty$일 때

$$\pi(x;q,a) \sim \frac{\pi(x)}{\phi(q)} \qquad (11)$$

라고 추측할 수 있다.

법 q에 대하여 a와 합동인 소수의 개수가 무한하다는 것조차 자명한 것은 아니다. 이것은 디리클레[VI.36]의 유명한 정리이다. 그런 질문을 고려하기 위해 우리는 법 q로 a와 합동인 정수 n을 동일시하는 체계적인 방법이 필요하고, 이것은 디리클레가 현재 (디리클레) **지표**(character)로 알려진 함수의 한 종류를 도입함으로써 주어졌다. 공식적으로 법 q에 대한 **지표**는 (흥미로운 순서로 나열된) 다음의 세 가지 성질을 갖는 $\mathbb{Z}$에서 $\mathbb{C}$로 가는 함수 χ를 말한다.

(i) n과 q가 1보다 큰 공약수를 갖는다면 $\chi(n) = 0$이다.

(ii) χ는 법 q에 대하여 **주기적**(periodic)이다(즉 모든 정수 n에 대해 $\chi(n + q) = \chi(n)$이다).

(iii) χ는 **곱셈적**(multiplicative)이다(즉, 임의의 두 정수 m과 n에 대해 $\chi(mn) = \chi(m)\chi(n)$이다).

법 q에 대한 지표의 쉽지만 중요한 예는 $(n, q) = 1$이면 1이고 그렇지 않으면 0인 **주지표(principal character)** χ_q이다. q가 소수이면 또 다른 중요한 예인 **르장드르 기호(Legendre symbol)** $(\frac{\cdot}{q})$가 있다. 이것은 n이 q의 배수이면 0이라 두고, n이 법 q에 대하여 제곱잉여(quadratic residue)이면 1, 법 q에 대하여 제곱비잉여(quadratic nonresidue)이면 -1이라 둔다 (정수 n은 n이 법 q에 대하여 완전제곱이면 제곱잉여라 한다). q가 합성수이면 르장드르 기호를 일반화한 **르장드르-야코비 기호(Legendre-Jacobi symbol)**라 알려진 함수 $(\frac{\cdot}{q})$도 마찬가지로 지표이다. 이것 역시 법 q에 대한 제곱수들을 약간 덜 직접적인 방법으로 분별하는 데 도움을 주는 중요한 예이다.

이 지표들은 모두 실숫값을 갖는데 이것은 일반적이라기보다는 예외에 가깝다. 다음은 $q = 5$인 경우에 실제로 복소숫값을 갖는 지표의 한 예이다. $\chi(n)$을 $n \equiv 0 \pmod 5$이면 0, $n \equiv 2$이면 i, $n \equiv 4$이면 -1, $n \equiv 3$이면 $-i$, $n \equiv 1$이면 1이라 하자. 이것이 지표임을 보려면 법 5에 대한 2의 거듭제곱들은 2, 4, 3, 1, 2, 4, 3, 1, $\cdots$이고 i의 거듭제곱들은 $i, -1, -i, 1, i, -1, -i, 1, \cdots$이라는 것에 주목하면 된다.

법 q에 대해 정확하게 $\phi(q)$개의 서로 다른 지표가 있다는 것을 보일 수 있다. 그들의 유용성은 위의 특성들과 다음의 공식으로부터 온다. 여기서, 합은 법 q에 대한 모든 지표들에 대해 더해지고 $\overline{\chi}(a)$는 $\chi(a)$의 켤레복소수를 나타낸다.

$$\frac{1}{\phi(q)} \sum_{\chi} \overline{\chi}(a)\chi(n) = \begin{cases} 1, & n \equiv a \pmod q \text{일 때,} \\ 0, & \text{그 이외.} \end{cases}$$

이 공식은 우리에게 무엇을 알려줄까? 법 q로 a와 합동인 정수들의 집합을 이해하는 것은 $n \equiv a \pmod$

q)이면 1이고 그렇지 않으면 0인 함수를 이해하는 것과 같다. 이 함수는 공식의 우변을 나타낸다. 그러나 그것은 특별히 다루기 좋은 함수는 아니며, 따라서 우리는 그것을 곱셈적이라서 더 좋은 함수인 지표들의 일차 결합으로 나타낸다. 이 일차 결합에서 지표 χ와 연관된 계수는 $\overline{\chi}(a)/\phi(q)$이다.

위 공식으로부터 다음이 따라나온다.

$$\sum_{\substack{p\text{는 소수,}\, m \geqslant 1 \\ p^m \leqslant x \\ p^m \equiv a \,(\mathrm{mod}\, q)}} \log p$$

$$= \frac{1}{\phi(q)} \sum_{\chi \,(\mathrm{mod}\, q)} \overline{\chi}(a) \sum_{\substack{p\text{는 소수,}\, m \geqslant 1 \\ p^m \leqslant x}} \chi(p^m) \log p.$$

좌변의 합은 앞에서 모든 소수를 셀 때 일찍이 고려해 왔던 합을 상황에 맞게 자연스럽게 고친 것이다. 그리고 각각의 합

$$\sum_{\substack{p\text{는 소수,}\, m \geqslant 1 \\ p^m \leqslant x}} \chi(p^m) \log p$$

에 대한 좋은 추정값을 찾을 수 있다면 좌변의 합을 추정할 수 있다. (7), (10)과 유사한 명시적 공식을 얻기 위해, 앞서 했던 것처럼 이러한 합을 디리클레 L-함수

$$L(s, \chi) = \sum_{n \geqslant 1} \frac{\chi(n)}{n^s}$$

의 영점들의 관점에서 접근해 보자.

이 함수는 $\zeta(s)$의 주요한 특성들과 밀접하게 유사한 특성들을 갖는 것으로 드러난다. 특히 여기서는 χ의 곱셈적 성질이 매우 중요하다. 왜냐하면 그것은 (1)과 유사한 다음의 공식을 이끌어내기 때문이다.

$$\sum_{n \geq 1} \frac{\chi(n)}{n^s} = \prod_{p는 소수} \left(1 - \frac{\chi(p)}{p^s}\right)^{-1}. \quad (12)$$

즉 $L(s, \chi)$는 **오일러 곱(Euler product)**을 갖는다. 우리는 또한 임계대에서 모든 영점 ρ가 $\text{Re}(\rho) = \frac{1}{2}$을 만족한다는 '일반화된 리만 가설'을 믿는다. 이것은 법 q로 a와 합동이며 x 이하인 소수의 개수가

$$\pi(x;q,a) = \frac{\pi(x)}{\phi(q)} + O(\sqrt{x} \log^2(qx)) \quad (13)$$

와 같이 추정될 수 있다는 것을 의미한다. 그래서 일반화된 리만 가설은 x가 q^2보다 약간 크다면 우리가 희망했던 추정값(공식 (11))을 함의한다.

어떤 범위에서 공식 (11)을 조건 없이, 다시 말해 일반화된 리만 가설의 도움 없이 증명할 수 있을까? 우리는 이 새로운 설정으로 소수정리의 증명을 거의 바꿔놓을 수 있지만, 오직 x가 매우 클 때만 (11)을 얻을 수 있다. 사실 x는 q의 거듭제곱 형태로 보았을 때 지수함수보다 더 커야만 하고, 이것은 우리가 일반화된 리만 가설로부터 얻었던 'x는 q^2보다 약간 크다'보다 훨씬 더 크다. 우리는 여기서 좋은 추정값을 얻는 x의 범위에 대한 q의 함수로서의 적절한 시작점을 묻는 새로운 종류의 문제를 보게 된다. 이것은 우리가 하는 소수정리의 탐구와는 유사성이 없다. 어쨌든, 'x는 q^2보다 약간 크다'라는 제한조차 현재의 방법으로는 도달하기 힘들지만, 그조차도 여전히 가장 좋은 답으로 보이지 않는다. 계산에 따르면 (11)은 x가 q보다 약간 크기만 해도 성립하는 것처럼 보인다. 그래서 리만 가설과 그것의 일반화조차도 우리에게 소수 분포의 정확한 행동을 말해주는 데 충분히 강력한 것은 아니다.

20세기 내내 1-직선 근처에서 디리클레 L-함수의 영점의 개수에 대한 범위를 구하기 위한 많은 아이디어들이 있었다. 어떠한 **지겔 영점(Siegel zero)**도 존재하지 않는다면 (11)이 성립하는('q에 대한 다항함수와 q에 대한 지수함수 중간 정도'로) x의 범위에 대한 대대적인 개선이 있을 수 있다는 것이 알려져 있다. 이렇게 추정되는 $L(s, (\frac{\cdot}{q}))$의 영점 β는 $\beta > 1 - c/\sqrt{q}$인 실수일 것이고, 존재하더라도 극히 드물다는 것을 보일 수 있다.

지겔 영점들이 드물다는 것은 L-함수[III.47]의 영점들은 전하들처럼 서로 밀어낸다는 **듀링-하일브론 현상(Deuring-Heilbronn phenomenon)**의 결과이다. (이 현상은 디오판토스 근사 문제에서 기초가 되는 부분인, 다른 대수적인 수들은 서로 밀어낸다는 사실과 유사하다.)

$(a, q) = 1$일 때 법 q로 a와 합동인 가장 작은 소수는 얼마나 큰가? 지겔 영점들의 존재 가능성에도 불구하고 q가 충분히 크면 항상 $q^{5.5}$보다 더 작은 소수가 있다는 것을 증명할 수 있다. 이러한 종류의 결과를 얻는 것은 지겔 영점들이 존재하지 않을 때는 어렵지 않다. 지겔 영점들이 있다면, (7)과 유사하나 $L(s,\chi)$의 영점들에 관련된 명시적 공식으로 되돌아간다. β가 지겔 영점이라면 그 명시적 공식에서 두 개의 명백히 큰 항 $x/\phi(q)$와 $-(\frac{a}{q})x^\beta/\beta\phi(q)$가 있다는 것을 알 수 있다. $(\frac{a}{q}) = 1$일 때 그것들은 서로 상쇄되지만(β가 1에 가깝기 때문에) 더욱 주의를 기울이면

$$x - \left(\frac{a}{q}\right)\frac{x^\beta}{\beta}$$

$$= (x - x^\beta) + x^\beta\left(1 - \frac{1}{\beta}\right) \sim x(1 - \beta)\log x$$

를 얻는다. 이것은 전보다 더 작은 항이지만 포함된 다른 영점들의 기여보다 더 크다는 것을 보이는 것은 그다지 어렵지 않다. 왜냐하면 듀링-하일브론 현상은 지겔 영점이 다른 영점들에 영향을 주어 왼쪽으로 멀리 밀어낸다는 것을 의미하기 때문이다. $(\frac{a}{q})$ = −1일 때 앞에서와 똑같은 두 항들은, $(1 − \beta)\log x$가 작다면 법 q로 a와 합동인 x 이하인 소수가 우리가 기대하던 것보다 두 배 많다는 것을 말해준다.

지겔 영점들과 대수적 수[IV.1 §7]에서 정의되고 논의된 **유수**(class number) 사이에는 밀접한 관계가 있다. 디리클레의 **유수 공식**(class number formula)은 $q > 6$에 대하여 $L(1, (\frac{\cdot}{q})) = \pi h_{-q}/\sqrt{q}$ 이다. 여기서 h_{-q}는 체(field) $\mathbb{Q}(\sqrt{−q})$의 유수이다. 유수는 항상 양수이고 따라서 결과는 곧 $L(1, (\frac{\cdot}{q})) \geqslant \pi/\sqrt{q}$로 나온다. 또 다른 결과는 h_{-q}가 작다는 것은 $L(1, (\frac{\cdot}{q}))$이 작다는 것과 동치라는 것이다. 이것이 지겔 영점들에 대한 정보를 주는 이유는 도함수 $L'(\sigma, (\frac{\cdot}{q}))$이 1에 가까운 실수 σ에 대해서 (너무 작지 않은) 양수라는 것을 보일 수 있기 때문이다. 이것은 $L(1, (\frac{\cdot}{q}))$이 작다는 것은 $L(s, (\frac{\cdot}{q}))$이 1 가까이에서 실수 영점을, 즉 지겔 영점 β를 갖는다는 것과 동치라는 것을 말해준다. $h_{-q} = 1$일 때, 그 연결성은 더욱 직접적이다. 이때에는 지겔 영점 β가 근사적으로 $1 − 6/(\pi\sqrt{q})$라는 것을 보일 수 있다(또한 h_{-q}의 더 큰 값들에 대한 더 복잡한 공식들이 있다).

이러한 관련성은 h_{-q}에 대한 좋은 하계를 얻는 것이 지겔 영점의 가능한 범위에 대한 적절한 제한을 얻는 것과 동치라는 것을 보여준다. 지겔은 임의의 $\varepsilon > 0$에 대해 $L(1, (\frac{\cdot}{q})) \geqslant c_\varepsilon q^{−\varepsilon}$인 상수 $c_\varepsilon > 0$이 존재한다는 것을 보였다. 그의 증명은 그것의 성질상 c_ε

에 대한 명확한 값을 줄 수 없기 때문에 만족스럽지 못하다. 왜 그러한가? 그 증명은 두 부분으로 구성되어 있다. 첫 번째 부분에서는 일반화된 리만 가설을 가정한다. 그런 경우에 명시적인 범위를 쉽게 구할 수 있다. 두 번째 부분에서는 일반화된 리만 가설들의 첫 번째 반례에 대한 하계를 구한다. 그래서 일반화된 리만 가설이 참이지만 증명되지 않은 상태로 남아 있다면, 지겔의 증명은 명시적 범위를 구하는 데 활용할 수 없다. 명시적인 상수를 구하면서 증명될 수 있는 것과 그럴 수 없는 것 사이의 이러한 이분법은 해석적 정수론에서 넓은 부분에 걸쳐 나타난다. 그리고 그것은 대개 지겔의 결과의 한 응용, 특히 추정값 (11)이 성립하는 범위에 대한 결과의 응용으로부터 나온다.

정수 계수를 갖는 다항식은 정수를 대입했을 때 그 결과가 항상 소수일 수는 없다. 이것을 보이기 위해 p가 $f(m)$을 나눈다면 p는 또한 $f(m + p)$, $f(m + 2p)$, …를 나눈다는 것에 주목해 보자. 하지만 소수가 풍부한 어떤 다항식들이 있다. 유명한 예로 $x^2 + x + 41$이 있는데 이것은 $x = 0, 1, 2, \cdots, 39$에 대해 그 값이 소수이다. 비록 계수들이 매우 커져야 하지만, 더 많은 연속되는 소숫값들을 갖는 2차다항식은 거의 확실히 존재한다. $x = 0, 1, 2, \cdots, p − 2$에 대해 다항식 $x^2 + x + p$가 언제 소숫값을 갖는지로 질문을 좀 더 제한시켰을 때 라비노비치(Rabinowitch)에 의해 주어진 답은 다소 놀랍다. 그것은 $q = 4p − 1$이고 $h_{-q} = 1$일 때만 일어난다. 가우스는 유수에 대한 방대한 계산을 했고, $h_{-q} = 1$인 q의 값들이 정확히 아홉 개가 있고 가장 큰 수는 $163 = 4 \times 41 − 1$이라고 예측했다. 연구자들은 1930년대에 듀링-하일브론 현상을 이용하여 가우스의 목록에 있지 않은 $h_{-q} = 1$인 q의 값은 많아야 한 개 있다는 것을 보였다. 하지만 그러한 방법들은 대개 추정하는 추가적인 반례의 크기에 대해 어떤 범위도 알려주지 못했다. 1960년대가 돼서야 비로소 베이커(Ba-ker)와 스타크(Stark)가 어떠한 10번째 q도 존재하지 않다는 것을 보였고, 두 개의 증명 모두 여기서 보아온 것과는 크게 동떨어져 있다. (사실 희그너(Heeg-ner)는 1950년대에 우리가 지금은 옳은 증명이었다고 이해하는 증명을 했지만, 당시의 수학자들은 시대를 너무 앞서 간 그의 증명을 인정하고 세부적인 내용이 모두 옳다고 쉽사리 믿지 못했다.) 1980년대에 골드펠트(Goldfeld), 그로스(Gross), 재기어(Zagier)는 $L(s, (\frac{\cdot}{q}))$의 영점들을 밀어내는 또 다른 종류의 L-함수의 영점들에 대한 듀링-하일브론 현상을 이용하여 $h_{-q} \geqslant \frac{1}{7700} \log q$라는 것을 보임으로써, 현재까지 알려진 가장 좋은 결과를 얻었다.

몇 개의 드문 법(modulo)들을 제외하고는 소수들이 등차수열에서 고르게 분포되어 있다는 아이디어를 활용하여 봄비에리(Bombieri)와 비노그라도프(Vinogradov)는 x가 q^2보다 약간 더 크면(즉, 우리가 일반화된 리만 가설로부터 '항상' 얻는 것과 같은 범위에서) (11)이 '거의 항상' 성립한다는 것을 증명하였다. 더 정확히 말해서, 주어진 큰 x에 대해 (11)은 $\sqrt{x} / (\log x)^2$보다 작은 '거의 모든' q와 $(a, q) = 1$인 모든 a에 대해 성립한다. '거의 모든'은 $\sqrt{x}/(\log x)^2$보다 작은 모든 q 중에서, (11)이 $(a, q) = 1$인 모든 a에 대해서 성립하는 것은 아닌 경우의 비율이 $x \to \infty$일 때 0으로 간다는 것을 의미한다. 그래서 무한히 많은 반례들이 있을 수 있다는 가능성을 배제하

면 안 된다. 그러나 이것은 일반화된 리만 가설에 모순되기 때문에 우리는 반례들이 있을 거라고 믿지 않는다.

바반-대븐포트-할버스탐 정리(Barban-Davenport-Halberstam theorem)는 더 약한 결과를 주지만 실현 가능한 범위 전체에 대해서는 가치가 있다. 임의의 주어진 큰 x에 대해, 추정값 (11)은 $q \leqslant x/(\log x)^2$이고 $(a, q) = 1$인 '거의 모든' 쌍들 q와 a에 대하여 성립한다.

5 작은 구간에서의 소수

가우스의 예측은 x '주변'의 소수들과 관련 있고, 그래서 그의 예측을 해석할 때에는 x 근처의 작은 구간에서의 소수의 개수를 고려하는 것이 아마 더 이치에 맞을 것이다. 우리가 가우스를 믿는다면 x와 $x + y$ 사이에 있는 소수의 개수가 약 $y/\log x$일 거라고 예상할 수 있다. 즉, 소수-셈 함수(prime-counting function) π의 형태로 나타내면, $|y| \leqslant x/2$에 대해

$$\pi(x + y) - \pi(x) \sim \frac{y}{\log x} \qquad (14)$$

를 예상할 수 있다. 그러나 y의 범위에 약간 주의를 기울여야 한다. 예를 들어, $y = \frac{1}{2}\log x$이면 확실히 각각의 구간에 소수 반 개가 존재한다고 기대할 수 없다. 예측이 합당하게 해석되기 위해서는 명백하게 충분히 큰 y가 필요하다. 실제로 가우스-크라메르 모형은 $|y|$가 $(\log x)^2$보다 약간 더 클 때 (14)가 성립한다는 것을 말해준다.

소수정리의 증명에서 이용했던 것과 같은 방법으로 (14)의 증명을 시도한다면 다음과 같이 ρ제곱들

사이의 차이를 제한시키려 할 것이다.

$$\left| \frac{(x+y)^\rho - x^\rho}{\rho} \right| = \left| \int_x^{x+y} t^{\rho-1} \mathrm{d}t \right|$$

$$\leqslant \int_x^{x+y} t^{\mathrm{Re}(\rho)-1} \mathrm{d}t$$

$$\leqslant y(x+y)^{\mathrm{Re}(\rho)-1}.$$

$\frac{1}{2}$의 오른쪽에 있는 $\zeta(s)$의 영점들의 밀도에 대한 범위를 잘 이용하면 (14)가 $x^{7/12}$보다 약간 큰 y에 대해 성립한다는 것을 보일 수 있다. 그러나 리만 가설을 가정해도 그런 방법을 통해 길이가 $\sqrt{x}$ 이하인 구간들에 대해 (14)를 증명할 수 있을 것 같아 보이지는 않는다.

1949년에 셀베르그(Selberg)는 $|y|$가 $(\log x)^2$보다 약간 더 클 때 '거의 모든' x에 대해서 (14)가 참이라는 것을 보였다. 다시 한번 말하지만, '모든'이 아닌 '거의 모든'은 1로 향하는 밀도를 갖는다는 것을 의미하고 무한히 많은 반례가 있을 수 있다는 뜻이다. 그러나 당시에는 그 가능성이 그리 커 보이지 않았다. 따라서 1984년에 마이어(Maier)가 임의의 고정된 $A > 0$에 대해 추정값 (14)가 $y = (\log x)^A$일 때 무한히 많은 정수들 x에 대하여 성립하지 않는다는 것을 보인 것은 굉장히 놀라운 사건이었다. 그의 기발한 증명은 작은 소수들이 언제나 한 구간에서 기대했던 것만큼 많은 배수를 갖지는 않는다는 것을 보여주는 데 기초한다.

$p_1 = 2 < p_2 = 3 < \cdots$을 소수들의 수열이라 두자. 우리는 지금 연속되는 소수들의 차 $p_{n+1} - p_n$의 크기에 관심이 있다. X 이하인 소수가 약 $x/\log x$개 정도 있기 때문에 소수의 평균 차이는 $\log x$이고, 따라서 얼마나 자주 연속되는 소수의 차가 평균값이 되

p_n	$p_{n+1} - p_n$	$\frac{p_{n+1} - p_n}{\log^2 p_n}$
113	14	0.6264
1,327	34	0.6576
31,397	72	0.6715
370,261	112	0.6812
2,010,733	148	0.7026
20,831,323	210	0.7395
25,056,082,087	456	0.7953
2,614,941,710,599	652	0.7975
19,581,334,192,423	766	0.8178
218,209,405,436,543	906	0.8311
1,693,182,318,746,371	1132	0.9206

표 2 소수 사이의 알려진 가장 큰 차이

며 그 차가 아주 작거나 클 수 있는지 물어볼 수 있다. 가우스-크라메르 모형은 연속되는 소수들의 차이가 평균의 λ배보다 더 큰, 즉 $p_{n+1} - p_n > \lambda \log p_n$인 n의 비율이 대략 $e^{-\lambda}$이라고 알려준다. 그리고 정확히 k개의 소수를 포함하는 구간 $[x, x + \lambda \log x]$의 비율은 근사적으로 비슷하게 $e^{-\lambda} \lambda^k / k!$이며, 앞으로 보게 될 다른 고려사항에 의해 뒷받침된다. 이 분포의 끝부분을 보고 크라메르는 $\limsup_{n \to \infty} (p_{n+1} - p_n)/(\log p_n)^2 = 1$이라고 추측했고, 우리가 갖고 있는 증거는 이것을 뒷받침하는 것처럼 보인다(표 2 참조).

가우스-크라메르 모형은 '어떤 산술도 알지' 못한다는 큰 문제점을 가지고 있다. 특히 일찍이 언급했던 것처럼 이 모델은 작은 소수들에 의해 나누어지는 것을 예측하지 못한다. 이런 결점의 한 징후는 대략 차이가 2인 소수들만큼이나 차이가 1인 소수들이 있어야만 한다고 예측하는 것이다. 그러나 두 소수의 차가 1이라면 그들 중 하나는 짝수여야만 하기

때문에 차이가 1인 경우는 한 번밖에 없지만, 차가 2인 소수들의 쌍은 수없이 많이 존재하고 무한히 많을 것으로 예상된다. 그 모형으로 소수쌍에 관한 올바른 추측을 하려면 공식화할 때 작은 소수들에 의해 나뉘는 것을 고려해야 하고, 이는 상황을 더 복잡하게 만든다. 더 간단한 모형에서조차 이런 확연한 오류들이 생기기 때문에, 연속하는 소수들 사이의 가장 큰 차이에 대한 크라메르의 추측은 어느 정도 의심을 가지고 다뤄야 한다. 그리고 작은 소수로 나누어지는 성질이 가우스-크라메르 모델에서 올바르다면 $\lim \sup_{n \to \infty}(p_{n+1} - p_n)/(\log p_n)^2$이 $\frac{2}{8}$보다 더 커야 한다는 추측이 나오게 된다.

소수들 사이의 큰 차이를 구하는 것은 합성수들의 긴 수열을 구하는 것과 동치이다. 이것을 명시적으로 구해 보면 어떨까? 예를 들어, $2 \le j \le n$에 대해 $n! + j$가 j로 나누어지므로 합성수임을 알 수 있다. 그래서 적어도 n만큼 차이 나는 연속하는 소수들이 있고, 그것들 중 첫 번째는 $n! + 1$보다 작거나 같은 소수 중 가장 큰 소수이다. 그러나 이러한 관찰은 특별히 유용하지는 않다. 왜냐하면 $n!$ 근처에 있는 소수들 사이의 평균차는 $\log(n!)$이고 대략 $n \log n$과 같은데, 우리는 평균보다 더 큰 차이를 갖는 경우를 찾고 있기 때문이다. 하지만 이 논의를 일반화시켜서 실제로 각각이 작은 소인수를 갖는, 연속하는 정수들의 긴 수열이 있다는 것을 보일 수 있다. 1930년대에 에르되시는 그 질문을 다음과 같이 재공식화했다. 양의 정수 z를 고정시키고 각각의 소수 $p \le z$에 대해, 가능한 한 큰 정수 y에 대하여 모든 양의 정수 $n \le y$가 합동식 $n \equiv a_p \pmod p$ 중 적어도 하나를 만족하도록 정수 a_p를 고르자. 이

제 X를 z 이하인 소수들의 곱이라 하고(소수정리에 의해 $\log X$는 대략 z이다) x를 모든 $p \le z$에 대해 $\alpha \equiv -a_p \pmod p$인 X와 $2X$ 사이의 정수라 하자(이 정수는 **중국인의 나머지 정리**(Chinese remainder theorem)에 의해 존재한다). m이 $x + 1$과 $x + y$ 사이의 정수이면 $m - x$는 y보다 작은 양의 정수이고, 따라서 어떤 소수 $p \le z$에 대해 $m - x \equiv a_p \pmod p$이다. $x \equiv -a_p \pmod p$이기 때문에 m은 p에 의해 나누어지고, 따라서 $x + 1$부터 $x + y$까지의 모든 정수는 합성수이다. 이 기본적인 아이디어를 이용하여 $p_{n+1} - p_n$이 약 $(\log p_n)(\log \log p_n)$인 무한히 많은 소수 p_n이 있다는 것을 보일 수 있는데, 그것은 평균보다 현저하게 크지만 크라메르의 추측과는 거리가 멀다.

6 평균보다 더 작은 소수들 사이의 차이

지금까지 두 소수의 차가 평균보다 훨씬 큰 연속하는 소수쌍이 무한히 많이 있다는 것, 즉 $\lim \sup_{n \to \infty}(p_{n+1} - p_n)/(\log p_n) = \infty$를 어떻게 증명하는지 살펴보았다. 이번에는 두 소수의 차가 평균보다 작은 무한히 많은 연속하는 소수쌍이 있음을, 즉 $\lim \inf_{n \to \infty}(p_{n+1} - p_n)/(\log p_n) = 0$을 증명하려 한다. 물론, 차이가 2인 무한히 많은 소수쌍이 존재한다고 여겨지지만 이 질문은 지금으로서는 아주 다루기 힘들어 보인다.

최근까지 연구자들은 두 소수의 차가 작은 소수들에 대한 문제 해결에 성공한 적이 거의 없었다. 2000년 이전의 최고 결과는 평균의 4분의 1보다 작은 차이를 갖는 소수들이 무한히 많이 있다는 것이

었다. 그러나 단순한 가중치 함수를 이용해 짧은 구간에서의 소수들을 세는 골드스톤(Goldston), 핀츠(Pints), 일디림(Yıldırım)의 최근 방법론은

$$\liminf_{n \to \infty} (p_{n+1} - p_n) / (\log p_n) = 0$$

을 증명하고 약 $\sqrt{\log p_n}$보다 더 크지 않은 차이를 갖는 연속하는 소수쌍이 무한히 많이 있다는 것까지도 증명한다. 그들의 증명은 놀랍게도, 등차수열에서의 소수들에 대한 추정값에, 특히 (11)이 (일찍이 논의했던 것처럼) $\sqrt{x}$ 이하의 거의 모든 q에 대해 성립한다는 데 기초한다. 게다가 그들은 다음과 같은 종류의 조건부 결과를 얻었다. 만약 실제로 (11)이 $\sqrt{x}$보다 약간 더 큰 수 이하의 거의 모든 q에 대해 성립한다면 무한히 많은 소수들 p_n에 대해 $p_{n+1} - p_n$ ≤ B인 정수 B가 존재한다.

7 소수들 사이의 매우 작은 차이

3과 5, 5와 7과 같이 두 소수의 차가 2인, 소위 쌍둥이 소수(twin prime)라 불리는 소수쌍은 그것이 무한히 많이 존재함을 아직 어느 누구도 증명하진 못했지만, 꽤 많이 나타나는 듯하다. 사실 모든 짝수인 정수 $2k$에 대해 그 차가 $2k$인 많은 소수쌍이 있는 것처럼 보이지만, 이 역시 아직 증명되지 않았다. 이것은 우리 주제에서 미해결된 문제 중의 하나이다.

유사한 성격을 갖는 문제로 1760년대에 나온 골드바흐의 추측(Goldbach's conjecture)이 있다. 2보다 큰 모든 짝수는 두 개의 소수의 합으로 나타낼 수 있는가? 이것은 여전히 해결되지 못한 문제로, 실제로 한 출판인은 최근에 그것의 해답에 상금으로 백만

달러를 내놓았다. 우리는 그것이 거의 모든 정수들에 대해 참이라는 것을 알고 있고 4×10^{14} 이하의 모든 짝수들에 대해 컴퓨터로 검사해왔다. 이 문제에 대한 가장 유명한 결과는 첸(Chen)(1966)에 의한 것으로, 그는 모든 양수를 하나의 소수와 많아야 두 개의 소인수를 갖는(즉, 소수이거나 '거의 소수'인) 두 번째 정수의 합으로 나타낼 수 있다는 것을 보였다.

사실 골드바흐[VI.17]는 결코 이 질문을 한 적이 없다. 그는 1760년대에 한 편지에서 오일러에게 1보다 큰 모든 정수는 많아야 세 개의 소수의 합으로 쓰여질 수 있는지 물었고, 이것은 현재 '골드바흐의 추측'이라 부르는 것을 함의한다. 1920년대 비노그라도프(Vinogradov)는 모든 충분히 큰 홀수를 세 개의 소수의 합으로 나타낼 수 있다는 것을 보였다(따라서 모든 충분히 큰 양수들은 4개의 소수의 합으로 나타낼 수 있다). 우리는 실제로 5보다 큰 모든 홀수는 세 개의 소수의 합이라는 것을 믿고 있지만, 알려진 증명은 단지 충분히 큰 수들에서만 성립한다. 이 경우에 '충분히 큰'이 어느 정도인지 명시할 수 있는데, 현재 그 증명을 위해서는 수들이 적어도 e^{5700}이어야 하며 이것이 머지않아 상당히 줄어들지도 모른다는 소문이 있다.

$q \leq x$인 소수쌍들 $q, q + 2$의 정확한 수를 추측하기 위해 다음과 같이 진행해 보자. 작은 소수들에 의해 나누어지는 것을 고려하지 않는다면 가우스-크라메르 모델은 x 이하인 임의의 정수가 대략 $1/\log x$의 확률로 소수라는 것을 제안하고, 그래서 우리는 x 이하인 수들 중 $x/(\log x)^2$만큼의 소수쌍 $q, q + 2$가 있을 거라고 기대할 수 있다. 하지만 $q, q + 1$의

예에서 봤듯이, 작은 소수들은 반드시 고려해야만 하고, 따라서 2에 의해 나누어짐을 생각해 보자. 둘 다 홀수인 임의의 정수쌍들의 비율은 $\frac{1}{4}$이지만, q와 $q+2$가 둘 다 홀수인 임의의 q의 비율은 $\frac{1}{2}$이다. 그래서 우리는 우리의 추측 $x/(\log x)^2$을 인자 $(\frac{1}{2})/(\frac{1}{4}) = 2$에 의해 조정해야 한다. 마찬가지로, 둘 다 3에 의해(또는 사실 임의의 주어진 홀수인 소수에 의해) 나누어지지 않는 임의의 정수쌍들의 비율은 $(\frac{2}{3})^2$(그리고 각각 $(1 - 1/p)^2$)이지만 q와 $q+2$ 둘 다 3에 의해(또는 소수 p에 의해) 나누어지지 않는 임의의 q의 비율은 $\frac{1}{3}$(그리고 각각 $(1 - 2/p)$)이다. 각각의 소수 p에 대해 공식을 조정하면 결국 예측

$$\#\{q \leqslant x : q, q+2 \text{ 모두 소수}\}$$
$$\sim 2 \prod_{p \text{는 홀수소수}} \frac{(1 - 2/p)}{(1 - 1/p)^2} \frac{x}{(\log x)^2}$$

에 도달하게 된다. 이것은 **점근적 쌍둥이 소수 추측**으로 알려져 있다. 이 추측은 그럴듯해 보이지만, 위의 경험적 논증을 무언가 엄밀한 것으로 바꾸기 위한 현실적인 아이디어는 어디에도 없어 보인다. 별다른 조건 없이 성립하는, 한 알려진 좋은 결과는 x보다 작거나 같은 쌍둥이 소수들의 개수는 결코 우리가 예측해왔던 양의 4배보다 많을 수 없다는 것이다. 우리는 $x/(\log x)^2$을 $\int_2^x (1/(\log t)^2)\,dt$로 대체하여 더 정밀한 예측을 만들 수 있다. 그렇다면 양변의 차이가 어떤 상수 $c > 0$에 대해 $c\sqrt{x}$보다 크지 않다는 것을 예상할 수 있고, 이는 계산에 의한 증거로 잘 뒷받침된다.

비슷한 방법으로 임의의 다항식 형식의 패턴에서의 소수의 개수에 대한 추측을 만들 수 있다. $f_1(t), f_2(t), \cdots, f_k(t) \in \mathbb{Z}[t]$를 선행계수가 양수이면서 차수가 1 이상인 서로 다른 기약 다항식이라고 하고, $\omega(p)$를 p가 $f_1(n)f_2(n) \cdots f_k(n)$을 나누는 정수 $n \pmod{p}$의 개수라 정의하자(위의 쌍둥이 소수의 경우, $f_1(t) = t$, $f_2(t) = t+2$이고, $\omega(2) = 1$ 그리고 모든 홀수인 소수 p에 대해 $\omega(p) = 2$이다). 만약 $\omega(p) = p$이면 p는 항상 다항식값들 중 적어도 한 개를 나누고, 그래서 다항식값들이 동시에 소수가 될 수 있는 경우는 단지 유한번에 불과하다(이러한 예는 $f_1(t) = t$, $f_2(t) = t+1$이고, 그 경우에 $\omega(2) = 2$이다). 그렇지 않다면 $f_1(n), f_2(n), \cdots, f_k(n)$이 모두 소수인 x보다 작은 정수 n의 개수가, x가 충분히 클 때 약

$$\prod_{p \text{는 소수}} \frac{(1 - \omega(p)/p)}{(1 - 1/p)^k}$$
$$\times \frac{x}{\log|f_1(x)| \log|f_2(x)| \cdots \log|f_k(x)|} \quad (15)$$

로 예측되는 다항식들의 **허용 가능한 집합**을 얻는다. 골드바흐의 추측에서 예측들, 즉 $p + q = 2N$인 소수쌍 p, q의 개수에 대한 예측을 만드는 데 유사한 경험적 방법을 이용할 수 있다. 이러한 예측들은 또다시 계산에 의한 증거들과 잘 맞아떨어진다.

추측 (15)에 대해 증명된 몇 가지 경우가 있다. 소수정리의 증명을 변형하면 허용 가능한 다항식들 $qt + a$(다른 말로 등차수열에서의 소수들)와 $at^2 + btu + cu^2 \in \mathbb{Z}[t, u]$(뿐만 아니라 차수 2인 두 변수의 다른 다항식들도)에 대해 그런 결과를 얻을 수 있다. 또한 차수 n인 n변수의 특정 종류의 다항식(허용 가능한 '노름 형식(norm-form)')에 대해서도 알려져 있다.

20세기 내내 이 상황은 거의 개선되지 않았고, 아주 최근에서야 프리들랜더(Friedlander)와 이와니에크(Iwaniec)가 전혀 다른 방법으로 다항식 $t^2 + u^4$에 대해 그런 결과를 얻어 난관을 극복했다. 그리고 나서 그 뒤에 히스-브라운(Heath-Brown)이 임의의 허용 가능한 차수 3인 두 변수의 동차다항식에 대한 결과를 얻었다.

또 다른 진정으로 획기적인 비약적 진보가 최근에 일어났는데, 그것은 2004년에 그린(Green)과 타오(Tao)가 증명한, 모든 k에 대해 소수들의 무한히 많은 k항의 등차수열, 즉 $a, a + d, a + 2d, \cdots,$ $a + (k - 1)d$가 모두 소수인 정수쌍이 존재한다는 결과이다. 그린과 타오는 최근에 소수들의 k항의 등차수열의 개수가 실제로 (15)에 의해서 잘 근사되는지 보이기 위해 많은 노력을 기울이고 있다. 그들은 또한 그들의 결과를 다항식들의 다른 모임들로 확장시키고 있다.[*]

8 다시 돌아보는 소수 사이의 차이

1970년대에 갤러거(Gallagher)는 ($f_j(t) = t + a_j$에 대해) 추측된 예측 (15)로부터 정확히 k개의 소수를 포함하는 구간 $[x, x + \lambda \log x]$의 비율이 $e^{-\lambda} \lambda^k / k!$(또한 §5에서 가우스-크라메르의 발견적 방법으로부터 추측된 값)에 가깝다고 추론했다. 이것은 x가 X

에서 $2X$까지 변할 때 구간 $[x, x + y]$에서의 소수의 개수는 평균이 $\int_x^{x+y} (1/\log t) dt$이고 분산이 $(1 - \delta)$ $y/\log x$인 정규분포를 갖는다는 예측을 뒷받침하도록 최근에 확장되었다. 여기서 δ는 정확하게 0과 1 사이에 있는 어떤 상수이고 y는 x^δ이다.

$y > \sqrt{x}$일 때 리만 제타 함수는 명시적 공식 (7)에 의해 구간 $[x, x + y)$에서의 소수 분포에 대한 정보를 제공한다. 실제로 명시적 공식을 이용하여 '분산'

$$\frac{1}{X} \int_X^{2X} \Big(\sum_{\substack{p \text{는 소수} \\ x < p \leqslant x + y}} \log p - y \Big)^2 dx$$

를 계산하면, $\int_X^{2X} x^{i(\gamma_j - \gamma_k)} dx$ 형태의 항들의 합을 얻는다. 여기서 우리는 리만 가설을 가정하고 있고 $\zeta(s)$의 영점들을 $0 < \gamma_1 < \gamma_2 < \cdots$로 나타내고 있다. 이 합은 $|\gamma_j - \gamma_k|$가 작은 쌍 γ_j, γ_k에 대응되는 항으로 제한되어 있다(이 경우에 적분에서 소거는 거의 없다). 따라서 작은 구간에서 소수의 분포에 대한 분산을 이해하기 위해서는 작은 구간에서 $\zeta(s)$의 영점들의 분포를 이해할 필요가 있다. 1973년에 몽고메리(Montgomery)는 이를 조사해, 연속되는 영점들 사이의 평균차이의 α배보다 작은 차이를 갖는 $\zeta(s)$의 영점들의 쌍들의 비율이 적분

$$\int_0^\alpha \left(1 - \left(\frac{\sin \pi \theta}{\pi \theta} \right)^2 \right) d\theta \tag{16}$$

로 주어진다는 것을 제안했고, 한 제한된 범위에서 이것과 동치인 형태를 증명했다. 영점들이 '임의로' 놓여진다면 (16)은 α에 의해 대체될 것이다. 사실 (16)은 작은 α에 대해 약 $\frac{1}{9}\alpha^3$이고, 그것은 α보다 훨씬 작다. 이것은 서로 가까운 $\zeta(s)$의 영점들의 쌍이 기대했던 것보다 훨씬 적다는 것을 의미하고, 비공

---

[*] 2013년 5월 이탕 장(Yitang Zhang)은 쌍둥이 소수 추측에 관한 엄청난 결과를 발표해 수학계에 큰 화제를 불러일으켰다. 그는 '차이가 정확히 N인 소수의 쌍이 무한히 많다'는 명제가 어떤 $N \leqslant 70{,}000{,}000$에 대해 성립함을 증명했다. 이 결과는 폴리매스(polymath) 프로젝트에 의해 $N \leqslant 246$으로 더 개선되어(2014년 6월 기준) 지속적인 관심을 받고 있다-옮긴이

식적으로 $\zeta(s)$의 영점들은 서로 밀어낸다고 표현한다.

몽고메리는 프린스턴 고등과학원에서 물리학자 프리먼 다이슨과 나눈, 지금은 유명해진 대화에서 그의 아이디어를 언급했다. 다이슨은 즉시 (16)을 양자 카오스에서 에너지 준위를 모형화하는 데서 오는 함수로 인식했다. 그는 이것이 우연의 일치가 아니라고 생각했고, 리만 제타 함수가 모든 측면에서 에너지 준위 같이 분포되어 있고 결국 임의의 에르미트 행렬[III.50 §3]의 고윳값[I.3 §4.3] 분포로 모형화된다고 제안했다. 현재 다이슨의 제안이 올바르고 디리클레의 L-함수뿐만 아니라 다른 종류의 L-함수, 심지어 L-함수에 관련된 다른 통계량까지도 확장될 수 있다는, 계산과 이론에 따른 충분한 증거들이 있다.

주의해야 할 것이 있다. 이 새로운 '랜덤 행렬 이론'의 추측된 결과들 중 아무런 가정 없이 증명되었거나, 혹은 예견할 수 있는 가까운 미래에 증명될 것으로 보이는 것들은 매우 적다. 그들은 너무 어려워 이전에는 할 수 없던 예측을 만드는 하나의 도구를 제공할 뿐이다. 그러나 적어도 우리가 여전히 잘 입증되는 예측을 만들 수 없다는 것에 관한 아주 중요한 하나의 질문이 있다. $\zeta(s)$는 $\frac{1}{2}$-직선에서 얼마나 커지는가? t의 값들이 T에 가까워질 때 $|\zeta(\frac{1}{2}+it)|$가 $\sqrt{\log T}$ 보다 더 커지며, $\log T$보다는 더 커지지 않는다는 것을 보일 수 있다. 그러나 엄밀한 증명을 요구하지 않더라도 실제로 최대 크기의 차수가 상계에 더 가까운지 하계에 더 가까운지는 명확하지 않다.

9 체 방법

지금까지 논의한 거의 모든 것은 소수를 세기 위한 리만식 접근법의 발전에 관한 것이었다. 이 접근법은 매우 다루기 어렵고 우리가 제기하고 싶은 많은 자연스러운 질문들(예를 들어 k개의 소수쌍 $n+a_1$, $n+a_2, \cdots, n+a_k$를 세는 문제)에 적합한 것은 아니다. 그러나 에라토스테네스(Eratosthenes) 체의 수정된 형태인 체 방법(sieve method)으로 되돌아갈 수 있으며 적어도 상계를 얻을 수 있다. 예를 들어, $N < n \leq 2N$인 소수쌍 n, $n+2$의 개수에 대한 상계를 구하기를 원한다고 가정해 보자. 하나의 가능성은 y가 고정된 값일 때, 얼마나 많은 $N < n \leq 2N$인 소수쌍 n, $n+2$에 대해 n, $n+2$ 둘 다 y보다 작은 소인수를 갖는 경우가 존재하는지를 결정하는 일일 것이다. y를 $(2N)^{1/2}$이라고 하면 이 방법은 정확하게 쌍둥이 소수들을 세게 되지만 실행하기에는 너무 어려워 보인다. 하지만 그 대신 y를 N의 작은 거듭제곱이라 하면 계산은 더 쉬워지고 좋은 범위를 얻을 수 있는 방법을 얻게 된다(그러나 이러한 방법으로 얻은 범위는 거듭제곱이 $\frac{1}{2}$에 가까워질 때 정확성이 떨어진다.)

1920년대에 브런(Brun)은 이런 종류의 질문에서 포함-배제의 원리를 어떻게 유용한 도구로 만들 수 있는지 보였다. 이 원리는 주어진 정수 m에 서로소인 집합 S에 속하는 정수 n의 개수를 셀 때 가장 잘 드러난다. 명백하게 우리가 추구하는 양보다 더 많은, S에 속하는 정수의 개수에서 시작한다. 그런 다음 m을 나누는 각각의 소수 p에 대해, p에 의해 나누어지는 S에 속하는 정수의 개수를 뺀다. $n \in S$가 정확히 m의 r개의 소인수에 의해 나누어진다면, 지금까지 n의 기여에 대해 $1 + r \times (-1)$만큼 세어왔고, 그것은 0보다 작거나 같고 $r \geq 2$이면 0보다 작다. 그러나 우리는 $r \geq 2$일 때 0이기를 원한다(n이 m과 서로소가 아니기 때문에). 그래서 우리는 원하는 양보다 작은 수를 얻는다. 이를 보완하기 위해 m을 나누는 각각의 소수쌍들 $p < q$에 대해 pq에 의해 나누어지는 S에 속하는 정수들의 개수를 더해 주자. 지금까지 n의 기여에 대해 $1 + r \times (-1) + \binom{r}{2} \times 1$만큼을 세어왔고, 이는 0보다 크거나 같고 $r \geq 3$에 대해서는 0보다 크다. 비슷하게 pqr 등에 의해 나누어지는 정수의 개수를 빼도록 하자.

각각의 $n \in S$에 대해 우리는 결국 $(1-1)^r$을 세게 된다. 여기서 r은 (m, n)의 서로 다른 소인수들의 개수이다. 이 합을 이항정리로 전개시키면 이 등식을 다음과 같이 표현할 수 있다. 이때 $(n, m) = 1$이면 $\chi_m(n) = 1$이고 그렇지 않으면 0이라 하자. 그러면

$$\chi_m(n) = \sum_{d \mid (m,n)} \mu(d)$$

이다. 여기서 뫼비우스 함수(Möbius function) $\mu(m)$은 m이 어떤 소수의 제곱에 의해 나누어지면 0과 같고, 그렇지 않으면 m의 서로 다른 소인수의 개수를 나타내는 함수 $\omega(m)$에 대해 $(-1)^{\omega(m)}$과 같다.

막 논의된 포함-배제의 부등식들은 임의의 $k \geq 0$에 대해 성립하고 모든 $n \in S$에 대해 더해지는

$$\sum_{\substack{d \mid (m,n) \\ \omega(d) \leq 2k+1}} \mu(d) \leq \chi_m(n) \leq \sum_{\substack{d \mid (m,n) \\ \omega(d) \leq 2k}} \mu(d)$$

로부터 얻을 수 있다.

완전한 합보다 이런 단축된 합을 이용하는 이유는 훨씬 적은 항들이 있고, 따라서 n의 값들에 대해 더해질 때 훨씬 작은 반올림 오차들이 있기 때문이다(에라토스테네스의 체를 이용해 x 이하인 소수들의 개수를 추정하려는 시도를 좌절시킨 것이 바로 반올림 오차라는 것을 기억하라). 한편, 그것들은 많은 적합한 항들이 빠져 있어서 도저히 정확한 답을 줄 수 없다는 약점이 있다. 그러나 k를 신중하게 선택하면 빠진 항들이 완전한 합에 많은 기여를 하지 않게 되고 우리는 좋은 답을 얻게 된다.

작은 변형들은 다양한 질문에서 잘 작용한다. '조합적 체'에서는 상계합과 하계합의 부분인 d를 고르는 데 있어서 그것들이 포함하는 소인수들의 전체 개수를 셈에 의해 고르는 것이 아니라, 대신에 여러 구간들 각각에서의 d의 소인수들의 개수 같은 다른 기준들을 사용하여 고른다. 그런 방법을 이용하여 브런은 쌍둥이 소수 $p, p+2$가 너무 많이 존재할 수는 없다는 것을 보였다. 실제로 $p+2$ 또한 소수인 모든 p에 대해 $1/p$의 합은 수렴하고 이것은 (3)과 대조적이다.

'셀베르그 상계 체'에서는 $d \leq D$(D는 너무 크지는 않게 선택된다)일 때만 0이 아니고 모든 n에 대하여 특성

$$\chi_m(n) \leq \left(\sum_{d \mid n} \lambda_d \right)^2$$

을 가지는 λ_d를 고려한다. 적합한 n에 대해서 더하여 결과로 나오는 이차 형식을 최소화함으로써 최적의 해답을 발견한다. 하계들은 또한 셀베르그의 방법을 벗어나서 구할 수 있다. 그것은 첸이 $p+2$가 많아야 두 개의 소인수들을 갖는 무한히 많은 소수 p가 있다는 것을 증명할 수 있었던 방법이나, 골드스톤, 핀츠, 일디림이 때때로 소수들 사이에 작은 차

이가 있다는 것을 입증할 수 있었던 방법을 이용하여 얻을 수 있다. 이러한 방법들은 그린과 타오의 연구에서도 역시 필수적인 요소이다. 또한 등차수열과 작은 구간에서의 소수들의 개수에 대한 좋은 상계를 얻을 수 있다.

- 길이 y인 임의의 구간에서의 소수들의 개수는 결코 $2y / \log y$보다 크지 않다.
- 공차가 q인 등차수열에서 x보다 작은 소수의 개수는 결코 $2x / \phi(q) \log (x/q)$보다 크지 않다.

각각의 경우에 분모에 나타나는 $\log$는 고려되고 있는 정수(각각 y와 x/q)의 개수의 로그라는 것에 주목하라. 예상했던 것처럼 $\log x$는 아니지만 이것은 단지 고려되는 정수의 개수가 적을 때만 중요한 차이를 만들 것이다. 그 외에 주목할 것은 이러한 부등식이 인자 2에 의해 예상되는 양보다 더 크다는 것이다. 이때의 '2'는 개선될 수 있을까? 아마도 그것은 우리가 일찍이 지겔 영점이 있다면 어떤 등차수열에서 예상했던 것보다 2배만큼 많은 소수들을 얻는다는 것을 보아 왔기 때문에 개선되기 어려울 것이다. 그러므로 이 두 개의 공식들에서 '2'를 개선할 수 있다면 어떠한 지겔 영점도 없다는 것을 추론할 수 있을 것이다!

10 매끄러운 수

모든 소인수들이 y보다 작거나 같다면 그 정수를 y-매끄러운 수(y-smooth)라고 하자. X 이하인 정수들 중 $\sqrt{x}$-매끄러운 수들은 $1 - \log 2$의 비율을 차지하며, 사실 임의의 고정된 $u > 1$에 대해 $x = y^u$이면, x 이하이면서 y-매끄러운 정수들의 비율이 $\rho(u)$가 되는 어떤 수 $\rho(u) > 0$이 존재한다. 이 비율은 일반적으로 쉽게 정의되지 않는 듯하다. $1 \leq u \leq 2$에 대해 $\rho(u) = 1 - \log u$이지만, 더 큰 u에 대해 적분 지연 방정식(integral delay equation)

$$\rho(u) = \frac{1}{u} \int_0^1 \rho(u-t) \, dt$$

로 가장 잘 정의된다. 그런 방정식은 체 이론에서 발생하는 질문들에 대해 정확한 추정값을 구할 때 일반적으로 사용된다.

매끄러운 수들의 분포에 대한 질문은 알고리즘의 분석에서 빈번히 발생하고 그 결과 최근의 많은 연구의 초점이 되고 있다(매끄러운 수의 예에 대해서는 계산적 정수론[IV.3 §3]을 참고하라).

11 원 방법

현재 논의에서 중요한 역할을 하는 해석학의 또 다른 방법론은 소위 원 방법이라는 불리는 것이고 그것은 하디[VI.73]와 리틀우드[VI.79]로 거슬러 올라간다. 이 방법은 임의의 정수 n에 대해

$$\int_0^1 e^{2i\pi nt} dt = \begin{cases} 1, & n = 0 \text{일 때,} \\ 0, & \text{그 이외.} \end{cases}$$

이라는 사실을 이용한다. 예를 들어 p와 q가 소수인 방정식 $p + q = n$의 해의 개수 $r(n)$을 구하고 싶다면, 그것을 다음과 같은 적분으로 표현할 수 있다.

$$r(n) = \sum_{\substack{p,\,q \leqslant n \\ \text{모두 소수}}} \int_0^1 e^{2i\pi(p+q-n)t} \mathrm{d}t$$

$$= \int_0^1 e^{-2i\pi nt} \left(\sum_{p \text{는 소수},\, p \leqslant n} e^{2i\pi pt} \right)^2 \mathrm{d}t.$$

첫 번째 등식은 $p + q \neq n$일 때 피적분함수가 0이고 그렇지 않을 때는 1이기 때문에 성립하고, 두 번째 등식은 확인하기 쉽다.

언뜻 보기에는 직접적으로 $r(n)$을 추정하는 것 보다 적분을 추정하는 것이 더 어려워 보이지만 실제로는 그렇지 않다. 예를 들어 등차수열에 대한 소수정리는 작은 m에 대해 t가 유리수 l/m일 때 $P(t) = \sum_{p \leqslant n} e^{2i\pi pt}$을 추정할 수 있게 해 준다. 이 경우에 다음이 성립한다.

$$P\left(\frac{l}{m}\right) = \sum_{(a,m)=1} e^{2i\pi al/m} \sum_{\substack{p \leqslant n, \\ p \equiv a \,(\mathrm{mod}\, m)}} 1$$

$$\approx \sum_{(a,m)=1} e^{2i\pi al/m} \frac{\pi(n)}{\phi(m)} = \mu(m) \frac{\pi(n)}{\phi(m)}.$$

t가 l/m에 충분히 가깝다면 $P(t) \approx P(l/m)$이다. 우리는 그런 t의 값을 **주호**(major arc)라고 부르고 주호들 위에서의 적분을 합산하면, $r(n)$의 매우 좋은 근사를 준다고 믿는다. 실제로 우리는 (15)와 같은 식으로부터 예측할 수 있는 양들에 매우 가까운 값을 얻는다. 그래서 골드바흐의 추측을 증명하기 위해 우리는 t의 다른 값들(즉, **열호**(minor arc)들)의 적분에 대한 기여가 매우 작다는 것을 보일 필요가 있다. 이것은 많은 문제에서 좋은 결과를 이끌어내는 데 도움을 주지만, 아직 아무도 이를 이용해 골드바흐 문제를 해결하는 데 성공하지 못했다. 또한 위의 '이

산적 변형'도 유용하다. (임의의 주어진 정수 $m \geqslant 1$에 대해 성립하는) 항등식

$$\frac{1}{m} \sum_{j=0}^{m-1} e^{2i\pi jn/m} \mathrm{d}t = \begin{cases} 1, & n \equiv 0 \,(\mathrm{mod}\, m) \\ 0, & \text{그 이외} \end{cases}$$

을 이용하여 $m > n$이라면

$$r(n) = \sum_{\substack{p,\,q \leqslant n \\ \text{모두 소수}}} \frac{1}{m} \sum_{j=0}^{m-1} e^{2i\pi j(p+q-n)/m}$$

$$= \sum_{j=0}^{m-1} e^{-2i\pi jn/m} P(j/m)^2$$

이다. 이를 다른 비슷한 방식으로 해석할 수도 있지만 법 m에 대해 표현하면 법 m에 대한 곱셈군의 특성을 이용할 수 있기 때문에 때때로 이점을 갖는다.

위 단락에서의 $P(j/m)$ 같은 합들이나 더 단순한 $\sum_{n \leqslant N} e^{2i\pi n^k/m}$ 같은 합들은 **지수합**(exponential sum)이라 불리며, 해석적 정수론에서 하는 많은 계산에서 핵심적인 역할을 한다. 이들을 연구하는 여러 기법들이 있다.

(1) 합 $\sum_{n \leqslant N} e^{2i\pi n/m}$은 등비수열이기 때문에 계산하기 쉽다. 높은 차수의 다항식에 대해서도 종종 이 경우로 줄일 수 있다. 예를 들어, $n_1 - n_2 = h$라 하면

$$\left| \sum_{n \leqslant N} e^{2i\pi n^2/m} \right|^2$$

$$= \sum_{n_1,\, n_2 \leqslant N} e^{2i\pi(n_1^2 - n_2^2)/m}$$

$$= \sum_{|h| \leqslant N} e^{2i\pi h^2/m} \sum_{\substack{\max\{0,\, -h\} < n_2 \\ \leqslant \min\{N, N-h\}}} e^{4i\pi hn_2/m}$$

을 얻을 수 있고 여기서 안쪽 합은 등비수열이다.

(2) 법 p에 대한 방정식들의 해의 개수를 매우 정확하게 제시한 베유(Weil)와 들리뉴(Deligne)의 연구는 해석적 정수론에서의 다양한 응용에 이상적으로 적합하다. 예를 들어, '클루스터만 합(Kloosterman sum)' $\sum_{a_1 a_2 \cdots a_k \equiv b \pmod{p}} e^{2i\pi(a_1 + a_2 + \cdots + a_k)/p}$은 많은 질문들에서 자연스럽게 나타난다. 여기서 a_i는 법 p에 대한 정수들에 대해 움직이고 $(b, p) = 1$이다. 들리뉴는 그것의 합 안에서 엄청난 양이 소거되는, 각각이 절대값 1인 약 p^{k-1}개의 항들이 있어 전체적으로 $kp^{(k-1)/2}$보다 작거나 같은 절댓값을 갖는다는 것을 보였다(베유 추측[V.35] 참조).

(3) 우리는 일찍이 $\zeta(s)$의 값들이 '함수방정식'에 의해 직선 $\mathrm{Re}(s) = \frac{1}{2}$에 대해 대칭이라는 사실을 논의했다. 복소평면에서 또한 대칭성을 갖는('모듈러 형식'이라 불리는) 다른 함수들이 있다. 일반적으로 s에서의 함수의 값은 $\alpha\delta - \beta\gamma = 1$을 만족하는 어떤 정수 $\alpha, \beta, \gamma, \delta$에 대해 $(\alpha s + \beta)/(\gamma s + \delta)$에서의 함숫값과 관련이 있다. 때때로 지수합은 모듈러 함수의 값과 관계가 있을 수 있고 그 후에 함수의 대칭성을 이용하면 또 다른 점에서의 그 모듈러 함수의 값에 관련시킬 수 있다.

12 더 많은 L-함수

디리클레 L-함수 너머에는 그들 중 몇은 잘 이해되고 몇은 이해되지 않는, 많은 유형의 L-함수가 있다(L-함수[III.47] 참조). 최근에 가장 주목 받고 있

는 유형은 타원곡선에 관련된 L-함수의 종류이다(산술기하학[IV.5 §5.1] 참조). 타원곡선 E는 판별식 $4a^3 + 27b^2$이 0이 아닌 $y^2 = x^3 + ax + b$ 형태의 방정식에 의해 주어진다. 관련된 L-함수 $L(E, s)$는 그것의 오일러 곱으로 매우 쉽게 묘사된다.

$$L(E, s) = \prod_p \left(1 - \frac{a_p}{p^s} + \frac{p}{p^{2s}} \right)^{-1}. \tag{17}$$

여기서 a_p는 정수이고 $4a^3 + 27b^2$을 나누지 않는 소수 p에 대해 p와 방정식 $y^2 \equiv x^3 + ax + b \pmod{p}$의 해 $(x, y) \pmod{p}$의 개수의 차로 정의된다. 각각의 $|a_p|$가 $2\sqrt{p}$보다 작음을 보일 수 있고, 따라서 위의 오일러 곱은 $\mathrm{Re}(s) > \frac{3}{2}$일 때 절대수렴한다. 그런 의미에서 (17)은 이런 s값들에 대해 좋은 정의이다. 그런데 이것을 $\zeta(s)$에서 했던 것처럼 전체 복소평면으로 확장할 수 있을까? 이는 매우 심오한 문제이며, 그 답은 '예'이다. 사실 이것은 페르마의 마지막 정리[V.10]를 함의하는 앤드루 와일즈(Andrew Wiles)의 유명한 정리이다.

또 다른 흥미로운 질문은 우리가 소수 p를 아우를 때 $a_p / 2\sqrt{p}$의 값의 분포를 이해하는 것이다. 이 값들은 모두 구간 $[-1, 1]$에 놓여 있다. 그것들이 그 구간에 균등하게 분포되기를 기대할지 모르나 사실 결코 그렇게 될 수 없다. 대수적 수[IV.1]에서 논의되었던 것처럼 $a_p = \alpha_p + \bar{\alpha}_p$로 쓸 수 있고 $|\alpha_p| = \sqrt{p}$이다. 그리고 α_p는 베유 수라고 부른다. 우리가 $\alpha = \sqrt{p} e^{\pm i\theta_p}$이라고 쓴다면 어떤 각 $\theta_p \in [0, \pi]$에 대해 $a_p = 2\sqrt{p} \cos(\theta_p)$이다. 그러면 θ_p를 원의 위쪽 절반에 속하는 것으로 생각할 수 있다. 놀라운 것은 거의 모든 타원곡선들에 대해 θ_p는 균등하게 분포되어

있지 않고, 이것은 특정 호에서의 θ_p의 비율이 그 호의 길이에 비례하지 않는다는 것을 의미한다. 그보다는 임의의 주어진 호에서의 부분이 그 호 아래에서의 넓이에 비례하는 식으로 분포한다. 이것은 리처드 테일러(Richard Taylor)의 최근 연구 결과이다.

$L(E, s)$에 대한 리만 가설의 올바른 비유는 모든 자명하지 않은 영점들이 직선 $\mathrm{Re}(s) = 1$ 위에 있다는 것으로 나타난다. 이것은 참이라고 여겨진다. 또한, $\zeta(s)$의 영점들 같이 임의로 선택된 행렬들의 고윳값을 결정하는 규칙들에 의하여 분포된다고 믿어진다.

이러한 L-함수들은 종종 $s = 1$에서 영점들을 갖고(버치-스위너톤-다이어 추측[V.4]과 연관된다) 그 영점들은 디리클레 L-함수(§4에서 언급된 것처럼 골드펠트, 그로스, 재기어에 의해 h_{-q}에 대한 하계를 얻기 위해 이용되었던 것이다)의 영점들을 밀어낸다.

L-함수는 산술기하학의 많은 분야에서 나타나고 그들의 계수는 보통 법 p에 대한 어떤 방정식을 만족하는 점들의 개수를 묘사한다. **랭글랜즈 프로그램**(Langlands program)은 이러한 관련성을 심오한 수준으로 이해하는 것을 추구한다.

모든 '자연스러운' L-함수는 이 글에서 논의되었던 것들과 같은 해석적인 특성들을 많이 갖는다. 셀베르그는 이러한 현상이 더욱 일반적이어야 한다고 제안했다. 다음을 만족하는 합 $A(s) = \sum_{n \geqslant 1} a_n/n^s$을 고려해 보자.

- $\mathrm{Re}(s) > 1$일 때 잘 정의된다.
- 이 영역에서(또는 더 작을 때에도) 오일러 곱

$$\prod_p (1 + b_p/p^s + b_{p^2}/p^{2s} + \cdots)$$

를 갖는다.

- 어떤 n의 주어진 거듭제곱보다도 더 작은 계수 a_n을 갖는다.
- 어떤 상수들 $\theta < \frac{1}{2}$과 $\kappa > 0$에 대해 $|b_n| < \kappa n^{\theta}$을 만족한다.

셀베르그는 우리가 $A(s)$에 대한 좋은 정의를 내릴 수 있어야 하고 $A(s)$는 $A(s)$와 $A(1 - s)$를 연결하는 대칭성을 가져야 한다고 추측했다. 게다가 그는 리만 가설이 $A(s)$에 대해 성립해야 한다고 추측했다!

최근 희망적인 관측은 셀베르그의 L-함수들의 모임이 정확하게 랭글랜즈에 의해 고려된 것들과 같다는 것이다.

13 결론

지금까지 소수들의 분포에 대한 가장 중요한 질문들에 대한 최근의 견해를 묘사했다. 수 세기에 걸친 연구에도 증명된 것이 너무 없다는 것이 좌절감을 안겨주고 있고, 소수들은 자신들의 신비를 너무 조심스럽게 보호하고 있다. 각각의 새로운 획기적 진전은 영리한 아이디어들과 대단한 기술적인 솜씨를 요구하는 것처럼 보인다. 오일러[VI.19]는 1770년에 이에 대해 다음과 같이 썼다.

수학자들은 소수들의 수열에서 어떤 순서를 발견하기 위해 헛되이 시도해 왔으나, 매번 우리가 얻은 것은 인간의 사고로는 결코 간파할 수 없을 것 같은 어떤 신비들이 있다고 믿는 근거들뿐이다.

더 읽을거리

하디(Hardy)와 라이트(Wright)의 고전(1980)은 해석적 주제에 관한 논의의 질적인 측면에서 입문자들을 위한 정수론 교재 중에서 가장 뛰어나다. 해석적 정수론의 핵심에 대한 최고의 입문서는 대븐포트(Davenport)(2000)의 거장다운 책이다. 리만 제타 함수에 대해 당신이 알고 싶었던 모든 것은 티치마쉬(Titchmarsh)(1986)에 있다. 마지막으로 이 주제의 중요한 쟁점들을 소개하는 책으로, 이 분야의 현대 거장들인 (이와니에크(Iwaniec)와 코왈스키(Kowalski)(2004), 몽고메리(Montgomery)와 본(Vaughan)(2006)이 쓴, 최근에 발간된 두 권의 책이 있다.

다음의 참고문헌은 이 글에 대해 중요한 여러 개의 논문들을 포함하고 있고, 논문들의 내용은 목록에 있는 책들 어디에서도 논의되지 않은 것이다.

Davenport, H. 2000. *Multiplicative Number Theory*, 3rd edn. New York: Springer.

Deligne, P. 1977. Applications de la formule des traces aux sommes trigonométriques. In *Cohomologie Étale* (SGA 4 1/2). Lecture Notes in Mathematics, volume 569. New York: Springer.

Green, B., and T. Tao. 2008. The primes contain arbitrarily long arithmetic progressions. *Annals of Mathematics* 167:481-547.

Hardy, G. H., and E. M. Wright. 1980. An *Introduction to the Theory of Numbers*, 5th edn. Oxford: Oxford University Press.

Ingham, A. E. 1949. Review 10,595c (MR0029411).

Mathematical Reviews. Providence, RI: American Mathematical Society.

Iwaniec, H., and E. Kowalski. 2004. *Analytic Number Theory*. AMS Colloquium Publications, volume 53. Providence, RI: American Mathematical Society.

Montgomery, H. L., and R. C. Vaughan. 2006. *Multiplicative Number Theory I: Classical Theory*. Cambridge: Cambridge University Press.

Soundararajan, K. 2007. Small gaps between prime numbers: the work of Goldston-Pintz-Yıldırım. *Bulletin of the American Mathematical Society* 44:1-18.

Titchmarsh, E. C. 1986. *The Theory of the Riemann Zeta-Function*, 2nd edn. Oxford: Oxford University Press.

IV.3 계산적 정수론

칼 포메런스 *Carl Pomerance*

1 서론

역사적으로 계산은 수학을 발전시키는 원동력이었다. 밭의 크기를 측정하기 위해 이집트인들은 기하학을 발명했고, 행성의 위치를 예측하기 위해 그리스인들은 삼각함수를 고안했다. 대수학은 수학자들이 세상을 모형화하는 데 쓰이는 방정식을 다루기 위해 생겨났다. 그 외에도 많은 예가 있으며 이는 단순히 역사적인 것만은 아니다. 오히려 계산은 무엇보다 중요하다. 현대 기술의 많은 부분이 빠르게 계산하는 알고리즘에 기초하고 있는데, 이러한 예시는 CT촬영(CAT scans)*을 용이하게 한 웨이블릿[VII.3]으로부터 날씨와 지구온난화를 예측하기 위해 쓰이는 극도로 복잡한 체계의 수치적 추정법까지, 또 인터넷 검색엔진이 기반하고 있는 조합적 알고리즘 디자인의 수학까지 다양하다(알고리즘 디자인의 수학[VII.5 §6] 참조).

순수수학에서도 계산이 필요한데, 위대한 정리와 추측의 많은 부분들이 본질적으로 계산의 경험들로부터 동기 부여된 것이다. 계산에 뛰어났던 가우스[VI.26]는 오직 구체적인 예를 이끌어내거나 발견한 다음에야 비로소 근본적인 정리를 증명하는 것이 필요하다고 믿었다. 순수수학의 어떤 분야들은 그 분야 각각에서 처음 계산적 유래와의 연결성을 잃었을지도 모르지만, 그동안 값싼 계산 능력과 편리한 수학적 소프트웨어의 등장은 이런 경향을 뒤바꾸는 데 도움이 되어 왔다.

정수론은 분명히 계산에 새로운 주안점을 두고 있는 수학 분야 중 하나이며 이는 곧 이 글의 주제이다. 가우스는 1801년 출간한 선견지명 있는 명저**에서 다음과 같이 예측하였다.

소수인지 합성수인지 판별하고, 합성수라면 소인수분해하는 문제는 정수론에서 가장 중요하고 유용한 문제 중 하나로 알려져 있다. 이 문제가 산업과 고대와 현대의 기하학자들의 지혜를 사로잡아 왔음은 더 이상 상세히 논의하는 것이 불필요할 정도이다. 그럼에도 지금까지 제시된 모든 방법들은 특수한 경우에 제한되거나 존경스러운 사람들이 만든 계산표의 범위를 초과하는 수에 대해서는 너무 힘들고 어려워 계산에 숙련된 사람들의 인내심조차 버거워할 정도이다. 게다가 이런 방법들이 모든 큰 수에 적용되는 것도 아니다. 더 나아가 과학 그 자체의 존엄은 우리에게 모든 가능한 수단을 동원하여 매우 우아하고 유명한 문제해결을 탐구하라고 요구하는 것처럼 보인다.

정수론에서 소인수분해는 매우 기초적인 문제지만, 본질적으로 계산은 정수론의 모든 분야에서 필요하다. 그리고 어떤 분야에서는 그 자체가 수학적 흥미 대상으로서, 우리가 논의하는 알고리즘을 포함하는 견고한 계산 문헌 같은 것도 있다. 이 장에서 우리는 계산 정신이 발휘된 몇 가지 예를 해석적 정수론(소수 분포와 리만 가설), 디오판토스 방

---

* X-선 전산화 단층촬영-옮긴이

** 여기서는 그의 책인 『정수론 연구』(혹은 『산술에 대한 연구(*Disquisitiones Arithmeticae*)』)를 뜻한다-옮긴이

정식(페르마의 마지막 정리와 ABC 추측), 기초정수론(소수 여부와 소인수분해)에 대해 제시할 것이다. 우리가 탐구할 두 번째 주제는 계산과 경험적 추론, 그리고 추측 간의 강력하고 적극적인 상호작용이다.

2 소수와 합성수 구별하기

간단한 문제를 생각해 보자. 1보다 큰 정수 n이 소수인지 합성수인지 결정하는 것 말이다. 이를 풀기 위한 알고리즘은 모두 알고 있듯이 모든 정수로 n을 나누어 보는 것이다. 이때 진약수(proper factor)*를 찾을 수 있으면 n은 합성수이고 찾지 못하면 n은 소수이다. 예를 들어 $n = 269$라 하자. 이 수는 홀수이므로 짝수인 약수를 갖지 못한다. 3의 배수도 아니므로 3의 배수인 약수도 없다. 이 과정을 계속하면 5, 7, 11, 13도 약수가 아님을 알 수 있다. 이 다음 후보인 17의 제곱은 269보다 큰데, 만약 269가 17의 배수라면 이는 269가 17보다 작은 어떤 수와 17의 곱이어야 함을 의미하는 것이고, 이러한 수들은 이미 약수에서 배제시켰으므로 13에서 이 나눗셈을 끝낼 수 있어 269가 소수라는 결론을 얻는다. (실제로 이 알고리즘을 해 보면 269를 17로 나누어 $269 = 15 \times 17 + 14$가 된다. 이때 몫인 15는 17보다 작으므로 17^2은 269보다 큼을 의미하고 더 이상 계산할 필요가 없어진다.) 일반적으로 n이 합성수라면 $\sqrt{n}$ 이하의 진약수를 갖게 되므로 n이 소수임을 알게 된 시점에서 $\sqrt{n}$보다 큰 수로 나누는 일을 그만두면 된다.

이러한 직접적인 계산 방법은, 작은 수에 대해 머릿속으로 계산해 보고 조금 더 큰 수에 대해서는 기계의 도움을 받아 계산하기에 매우 좋다. 하지만 n의 자릿수를 두 배로 늘린다면, 최악의 경우에 계산 시간은 제곱이 되는 '지수시간(exponential-time)'이므로 이 방법은 적용하기 힘들어진다. 이 알고리즘을 20자리 수에 대해 할 수 있을 수도 있지만 40자리 수의 소수 여부를 알아내는 데는 얼마나 걸릴지 생각해 보자. 이러니 백 자리, 천 자리 수에 대한 생각은 아예 접는 게 좋다. 보다 큰 입력자료에 대해 어떤 알고리즘의 처리 시간 정도에 대한 문제는 다른 알고리즘에 비해 그 중요성을 평가하는 데 절대적으로 중요하다. 소수임을 알아내는 데 나눗셈을 사용하면 지수시간이 걸리므로 이와 대조적인 곱셈을 생각해 보자. 학교에서 배운 대로 곱셈을 하면 각 자리의 숫자를 차례로 골라 다른 수의 각 자리 숫자와 곱하여 평행사변형 모양으로 배열한 다음 이를 다 더하면 답을 얻게 된다.** 이때 각 수의 자릿수를 배로 늘리면 이 평행사변형은 각 방향으로 2배 커지게 되어 계산에 걸리는 시간은 4배가 된다. 두 수의 곱셈은 입력자료의 길이가 2배로 늘어날 때 상수 배만큼 처리시간이 늘어나는 '다항시간(polynomial time)' 알고리즘의 한 예가 된다.

이제 가우스의 제안을 다음과 같이 바꾸어 말해 보자. 소수와 합성수를 구분하는 것이 다항시간 알고리즘으로 가능할까? 합성수의 약수를 찾아내는

** 영미권의 그리드 방식(grid method)으로 우리의 곱셈법과 본질적으로 같다-옮긴이

다항시간 알고리즘이 있을까? 시행착오적인 나눗셈은 둘 다 할 수 있으므로, 지금 시점에서는 이들이 두 개의 서로 다른 질문처럼 보이지 않을지도 모른다. 하지만 가우스가 했던 것처럼 이 두 질문을 분리하는 것이 편하다는 것을 알게 될 것이다.

먼저 어떤 수가 소수인지 알아내는 문제에 초점을 맞춰 보자. 우리가 찾고자 하는 것은 소수는 만족하고 합성수는 만족하지 않거나 그 반대의 경우가 되는, 간단히 계산되는 어떤 기준 같은 것이다. 윌슨(Wilson)의 정리가 정확히 이에 해당된다. $6! = 720$을 보자. 이 수는 7의 배수보다 딱 1만큼 작은 수이다. 윌슨의 정리에 의하면 n이 소수일 때 $(n-1)! \equiv -1 \pmod{n}$이 된다. (이 문장이나 이와 비슷한 문장의 의미는 **모듈러 연산**[III. 58]에 설명되어 있다.) n이 합성수일 때 이 정리는 성립하지 않는데, 합성수일 때 성립한다고 가정하면 n이 $(n-1)! + 1$을 나누어야 하고, p를 n의 소인수라 할 때 p는 n보다 작으므로 $(n-1)!$의 약수가 되어 $(n-1)! + 1$을 나눌 수 없어 모순이 되기 때문이다. 즉 우리는 소수 여부를 가리는 완벽한 기준을 얻게 되었다. 하지만 윌슨의 정리가 간단히 적용되는 것은 아니다. 왜냐하면 팩토리얼(factorial, 계승)값과 합동인 수를 빠르게 계산하는 방법이 아직 알려지지 않았기 때문이다. 예를 들어 이미 269가 소수임을 알고 있음을 이용하여 윌슨의 정리에 적용하면 $268! \equiv 1 \pmod{269}$로 쓸 수 있다. 그런데 이 사실을 미리 알고 있지 않더라면 도대체 $268!$을 269로 나눈 나머지를 어떻게 빨리 찾을 수 있었을까? $268!$의 각 항을 하나하나 계산해 볼 수도 있겠지만, 17 이하의 수들이 약수인지 나눠보는 것보다 훨씬 많은 시간이 소요

될 것이다. 어떤 것을 할 수 **없다**는 사실을 증명하기는 어려운데, 실제로 $a!$을 b로 나눈 나머지를 다항시간 안에 계산할 수 없다고 증명된 바도 없다. 단순계산을 좀 더 빠르게 하는 몇 가지 방법이 있기는 하지만 지금까지 알려진 모든 방법은 지수시간이 걸리는 것들뿐이다. 그래서 윌슨의 정리는, 기대할 만한 방법처럼 보이지만 $a!$을 b로 나눈 나머지를 찾기 전에는 실제로 쓸모가 없다.

페르마의 소정리[III.58]는 어떨까? 2^7은 128인데 이 수는 7의 배수보다 2가 큰 수이고, $3^5 = 243 \equiv 3 \pmod 5$이다. 페르마의 소정리는 n이 소수이고 a가 정수일 때 a^n과 a가 법 n으로 합동임을 말하고 있다. 큰 수의 거듭제곱을 법 n으로 계산하는 것이 쉽지 않다면 어떤 수의 거듭제곱을 법 n으로 구하는 것도 아마 힘들 것이다.

어떤 아이디어가 떠오르면 적절한 예를 들어 한번 계산해 보는 것도 나쁘지 않다. 91을 법으로 2^{91}을 계산하기 위해 $a = 2$, $n = 91$이라 하자. 수학에서 매우 유용하게 쓰이는 약분(reduction)을 이용하여 이 문제에서 등장하는 수들을 더 작게 만들자. 만약 법 91로 2^{45}이 r_1이라는 수라는 것을 안다면 문제를 $2^{91} \equiv 2r_1^2 \pmod{91}$로 바꿔 쓸 수 있음을 눈여겨보자. 답을 얻기 위해 간단한 계산을 했을 뿐인데, 지수는 반으로 줄어든 것이다. 이를 계속하면 얻고자 하는 바가 명확해진다. 법 91로 2^{22}이 r_2라면 $2^{45} \equiv 2r_2^2 \pmod{91}$이 되고, 2^{22}은 2^{11}의 제곱임을 이용하여 다음 합동식을 쓰는 식으로 계속하면 이 과정을 '자동화'하는 것은 어렵지 않다. 우리는 다음의 지수들

$$1, 2, 5, 11, 22, 45, 91$$

을 얻게 되며 이를 이진법으로 쓰면

$$1, 10, 101, 1011, 10110, 101101, 1011011$$

인데, 이는 1011011에서 왼쪽부터 한 자리씩 늘려 읽으면서 얻은 수들이다. 이 수열은 각 항별로 변화 과정상 두 배가 되는지, 두 배보다 1만큼 큰 수가 되는지를 보여주는 것이다.

이 과정에서 보이는 증가 정도는 매우 좋다고 할 수 있다. n의 자릿수가 두 배가 되면 지수들의 수열도 두 배가 되고, 모듈러 곱셈(modular multiplication) 계산으로 지수 한 항에서 다음 항을 얻는 데 걸리는 시간은 네 배가 된다. (문제의 크기가 두 배가 될 때, 그냥 곱한 뒤 n으로 나누어 나머지를 구하는 것은 네 배만큼의 시간이 걸린다.) 즉 여덟 배의 시간이 걸리므로 따라서 다항시간이 소요되는 방법이 되고, 이 방법을 '멱법(powermod)' 알고리즘이라 부른다.

이제 $a = 2, n = 91$일 때에 대해 페르마의 소정리를 적용하자. 우리가 얻게 된 수열은 법 91로

$$2^1 \equiv 2, \quad 2^2 \equiv 4, \quad 2^5 \equiv 32, \quad 2^{11} \equiv 46,$$
$$2^{22} \equiv 23, \quad 2^{45} \equiv 57, \quad 2^{91} \equiv 37$$

의 합동식들이고 각 항은 이전 항을 제곱하거나 제곱하여 2를 곱함으로써 얻어진다.

여기서 잠깐, 페르마의 소정리는 2^{91}을 91로 나눈 나머지가 2가 된다고 주장했던 게 아닌가 하는 독자가 있을지 모르겠다. 맞는 말이지만, 이 정리는 n이 소수일 때 성립한다고 말했을 뿐이다. 어쩌면 여러

분은 이미 91이 합성수임을 알고 있고, 사실 이 계산은 이를 뒷받침해준다.

놀랍게도, 지금 계산한 것은 합성수이지만 소인수가 잘 보이지 않는 수 n에 대해 계산한 예가 된다! 이번에는 밑을 2 대신 3으로 택해서 앞에서 했던 것과 같이 멱법 알고리즘을 해 보자. 계산 끝에 도달할 결론은 $3^{91} \equiv 3 \pmod{91}$이며 페르마의 소정리를 만족한다. 하지만 이미 91이 합성수임을 알고 있으므로, 91이 소수라는 결론을 섣불리 내릴 독자들은 없을 것이라 생각한다! 그러므로 이제 다음과 같이 정리할 수 있다. 페르마의 소정리는 어떤 수가 합성수인지 알아내는 데는 유용하지만 소수인지 알아내는 데는 쓸 수 없다고 말이다.

페르마의 소정리에는 두 가지 흥미로운 면이 있다. 첫 번째는 부정적인 면으로, $n = 561$과 같은 어떤 합성수는 **모든** 정수 a에 대해 페르마의 소정리를 만족하기도 한다. 이러한 수 n을 카마이클 수(Carmichael number)라 부르는데, 소수성 검정의 관점에서는 불행하게도 이와 같은 수는 무수히 많다는 것이 알포드(Alford), 그랜빌(Granville), 포메런스(Pomerance)의 연구결과를 통해 밝혀졌다. 그러나 긍정적인 측면도 있는데, 어떤 큰 수 x 이하의 수 n과 $a^n \equiv a \pmod{n}$을 만족시키는 n 미만의 수 a에 대해 a, n의 쌍을 임의로 택하면 (x값이 커짐에 따라) 대부분은 n이 소수인 쌍을 택하게 되며, 이는 에르되시(Erdős)와 포메런스의 결과에 의해 뒷받침될 수 있다.

페르마의 소정리와 (홀수인) 소수의 기초적인 성질을 결합해 보는 것도 생각해 볼 수 있다. n이 소수인 홀수일 때 합동식 $x^2 \equiv 1 \pmod{n}$의 해는 정확히

±1 두 개뿐이다. 실제로 이 성질을 만족하는 어떤 합성수도 있지만 두 개의 서로 다른 홀수 소인수를 갖는 합성수는 이를 만족하지 않는다.

이제 우리가 소수인지 알아내고 싶은 홀수를 n이라 두고, 정수 a가 $1 \leq a \leq n-1$과 $a^{n-1} \equiv 1 \pmod{n}$을 만족한다고 가정하자. $x \equiv a^{(n-1)/2}$인 수 x는 $x^2 = a^{n-1} \equiv 1 \pmod{n}$이 되므로 앞에서 언급했던 소수의 성질대로 n이 소수라면 x는 ±1 중 하나여야 한다. 따라서 $a^{(n-1)/2}$을 계산하여 이 값이 n을 법으로 ±1 중 어느 것도 아니면 n은 틀림없이 합성수가 된다.

이 아이디어를 $a = 2$, $n = 561$일 때 적용하자. 이미 카마이클 수 561에 대해 $2^{560} \equiv 1 \pmod{561}$임을 알고 있으니 법 561로 2^{280}의 값은 얼마가 될까? 이 값은 1이 되어 561이 합성수임을 증명하지 못한다. 하지만 이제 우리는 2^{140}이 또한 1의 제곱근임을 알기 때문에 더 나아갈 수 있고 이 값을 계산하면 $2^{140} \equiv 67 \pmod{561}$임을 알게 된다. 즉 1의 제곱근이 ±1이 아닌 경우를 얻게 되고, 561이 합성수임을 증명한 것이다. (물론 561은 3의 배수이므로 소수가 아님을 쉽게 알 수 있지만 훨씬 덜 명백한 수에 대해서도 이 방법을 적용할 수 있다.) 실제로는 더 큰 지수에서 작은 지수로 거꾸로 밟아나갈 필요는 없다. 실제로는 앞서 간략히 서술된 효과적인 방법으로 561을 법으로 2^{560}을 계산하는 중에 2^{140}과 2^{280}을 구했을 것이고 이 과정에서 앞서 했던 것보다 더 빠르고 강력하게 풀었을 것이다.

우리가 기술했던 것의 일반적인 원리를 생각해 보자. n을 홀수인 소수이고 a는 n으로 나눠지지 않는 정수라 가정하자. 홀수 t에 대해 $n-1 = 2^s t$와

같이 쓸 수 있으며 $i = 0, 1, \cdots, s-1$일 때

$$a^t \equiv 1 \pmod{n}$$

이거나

$$a^{2^i \cdot t} \equiv -1 \pmod{n}$$

이 된다.[*] 이를 강력한 페르마 합동식(strong Fermat congruence)이라 부르자. 여기서 놀라운 점은 모니에르(Monier)와 라빈(Rabin)에 의해 각각 증명된 것처럼 카마이클 수와의 유사성은 찾을 수 없다는 것이다. 이 두 사람의 결과에 의하면, n이 홀수인 합성수일 때 $1 \leq a \leq n-1$인 a에 대해 최소 $\frac{3}{4}$만큼의 수가 강력한 페르마 합동식을 만족하지 않는다는 것이다.

실제로 증명보다 소수와 합성수를 구별하는 데만 관심이 있다면 여기까지만 읽어도 충분하다. 위의 이야기를 다시 적용하기 위해, 큰 홀수 n에 대해 1 이상 $n-1$ 이하의 수 중 20개의 수를 a로 택하고 이 a를 밑으로 강력한 페르마 합동식을 증명해 보자. 이런 a 중 만족하지 않는 a가 나오면 n이 합성수임을 뜻하는 것이므로 계산을 멈춰도 된다. 또 만약 이 20개의 a에 대해 강력한 페르마 합동식을 만족한다면 실제로 n이 소수라 추측할 수 있을 것이다. 사실 n이 합성수인데 20개의 밑에 대해 모두 강력한 페르마 합동식이 성립할 확률은 모니에르-라빈 정리에 의하면 4^{-20}이며 이 수는 10^{-12}보다 작으므로 소수 여부에 대한 믿을 만한 **확률적 검정**을 갖게 된 것

---

[*] 법 n으로 $a^{2s \cdot t} \equiv 1$이므로 $a^{2(s-1) \cdot t} \equiv 1$ 혹은 $a^{2(s-1) \cdot t} \equiv -1$이고 전자의 경우 다시 $a^{2(s-2) \cdot t} \equiv 1$ 혹은 $a^{2(s-2) \cdot t} \equiv -1$이다. 이 과정을 계속하여 위 $s+1$개의 합동식을 얻게 된다-옮긴이

이다. 이 검정에 의해 n이 합성수라는 결론을 얻으면 이는 믿을 수 있으며, n이 소수라는 결론을 얻으면 소수가 아닐 가능성은 무시해도 될 정도로 작아진다.

1부터 $n - 1$까지의 수 중 $\frac{3}{4}$의 a가 홀수인 합성수 n이 실제로 합성수임을 쉽게 확인할 수 있는 단서를 제공한다면, 단지 하나만 찾는 것은 당연히 그렇게 어렵지 않아야 할 것이다! 이런 수 하나가 발견될 때까지 작은 수부터 순서대로 확인해 보는 것은 어떨까? 매우 훌륭한 아이디어지만, 이 작업은 과연 언제 끝날까? 여기서 잠시 생각해 보면, 우리는 밑 a를 무작위로 택하여 거듭제곱을 계산한 것이 아니라 결과적으로 작은 수들 중에서 택했던 것이다. 그럼에도 그들이 마치 무작위로 선택되었던 것처럼 행동한다는 것을 경험적으로 주장할 수 있을까? 사실 그 수들 사이에는 모종의 연관이 있다. 예를 들어 a를 2로 택하는 것이 n이 합성수라는 결과를 주지 못한다면, 어떤 2의 거듭제곱을 택하든 마찬가지일 것이다. 2나 3을 택하는 것이 n이 합성수임을 증명하지 못하지만 6을 택하면 증명할 수 있는 경우도 이론적으로는 가능하다. 하지만 이런 경우가 흔한 것은 아니다. 따라서 우리의 시행착오를 약간 수정하여 소숫값인 a들은 서로 독립적이라고 가정하자. (이 책의 뒷부분인 소수정리[V.26]의 내용에 따르면) $\log n \log \log n$까지 대략 $\log n$개의 소수가 있고, n이 합성수임에도 그 소수들 중 어느 것도 이를 증명하는 데 도움이 되지 않을 확률은 경험적으로 약 $4^{-\log n}$이며 이 값은 $n^{-4/3}$보다 작다. 무한합 $\sum n^{-4/3}$이 수렴하므로 최소한 큰 수 n에 대해서는 $\log n \log \log n$ 정도까지만 계산하면 될 것이다.

밀러(Miller)는 계산이 필요한 수의 한계를 조금 더 약하게 $c(\log n)^2$ 정도라는 결과를 증명하고자 했지만,[*] 이 증명에는 리만 가설[V.26]의 일반화를 가정해야 한다. (아래에서 리만 가설에 대해 이야기하겠지만 밀러가 가정한 리만 가설의 일반화는 이 글의 범위를 벗어난다.) 이후의 결과에서 바흐(Bach)는 위 식의 상수 c의 값을 2로 둘 수 있음을 증명하고자 했다. 요약하자면 일반화 리만 가설이 참이고, $2(\log n)^2$ 이하의 모든 양의 정수 a에 대해 강력한 페르마 합동식이 만족되면 n은 소수이다. 즉, 수학의 다른 분야에서의 유명 미해결 가설이 증명되면 결정적 알고리즘(deterministic algorithm)을 통해 n이 소수인지 합성수인지 다항시간 안에 결론을 내릴 수 있을 것이다. (이 조건부 검정을 사용하는 것은 매력적인데, 거짓말을 하지 않도록 되어 있기 때문에 이것이 만약 특정한 합성수가 소수라고 말해주고 당신이 그것을 알아차릴 수 있다면야, 이 실패는 수학에서 가장 유명한 추측의 반증이 될 것이다. 이는 아마 그리 처참한 실패는 아닐 것이다!)

1970년대의 밀러의 테스트 후에 계속 도전했던 질문은 미해결 문제를 가정하지 않고 다항시간 내에 소수 여부를 밝히는 것이 가능한가 하는 것이다. 최근 2004년에 아그라왈(Agrawal) 등은 이것이 완벽히 가능하다는 것을 밝혔다. 그들의 아이디어는 이항정리와 페르마의 소정리를 결합한 데서 시작한다. 주어진 정수 a에 대해 다항식 $(x + a)^n$을 생각하고 이를 다항정리를 이용해 전개하자. 첫 번째 항 x^n과 마지막 항 a^n 사이의 항들은 각각 $n! / (j!(n - j)!)$

---

[*] $c(\log n)^2$은 $\log n \log \log n$보다 증가율이 더 크다-옮긴이

을 계수로 가지므로, n이 소수이면 이 수는 정수이지만 분모의 n의 약수가 없어 n으로 나누어진다. 다시 말해서 계수는 $0 \pmod n$이다. 예를 들어 $(x+1)^7$은

$$x^7 + 7x^6 + 21x^5 + 35x^4 + 35x^3 + 21x^2 + 7x + 1$$

이고 모든 중간항의 계수가 7의 배수임을 확인할 수 있다. 따라서 $(x+1)^7 \equiv x^7 + 1 \pmod 7$이라 쓸 수 있다. (두 다항식에 대응되는 각 항의 계수가 법 n으로 합동이면 이 두 다항식이 법 n으로 합동이라 한다.) 일반적으로 n이 소수이고 a가 정수이면, 이항정리와 페르마의 소정리를 이용하여

$$(x+a)^n \equiv x^n + a^n \equiv x^n + a \pmod n$$

을 얻게 된다. $a = 1$인 간단한 경우 이 합동식이 소수 여부와 실제로 동치임을 쉽게 보일 수 있다. 하지만 윌슨의 기준처럼 사실 이 계수들이 모두 n으로 나누어지는지를 빠르게 확인하는 방법은 없다.

지수를 증가시키기 전에 이 다항식을 더 살펴보자. 정수들에 대해 그랬던 것처럼 한 다항식을 다른 다항식으로 나누어 몫과 나머지를 구해 보자. 예를 들어 두 다항식 $g(x)$와 $h(x)$를 다른 다항식 $f(x)$로 나누었을 때 나머지가 같다면 $g(x) \equiv h(x) \pmod{f(x)}$라고 이해할 수 있다. 또 $f(x)$로 나눈 나머지가 mod n으로 합동이라면 $g(x) \equiv h(x) \pmod{n, f(x)}$로 쓰자. 정수 합동식의 멱법 알고리즘에서처럼 $f(x)$의 차수가 너무 크지 않으면 $g(x)^n$을 n과 $f(x)$에 대해 합동으로$\pmod{n, f(x)}$ 쉽게 계산할 수 있을 것이다. 이것이 아그라왈 등이 제안한 방법이다. 차수가 너무 크지 않은 보조다항식 $f(x)$와 너

무 크지 않은 a의 한계가 되는 수 B에 대해, $a = 1, 2, \cdots, B$인 a로

$$(x+a)^n \equiv x^n + a \pmod{n, f(x)}$$

라면, n은 쉽게 합성수임을 알 수 있는 몇 개의 합성수이거나 소수여야 한다. (모든 합성수가 합성수임을 판단하기 어려운 것은 아니다. 예를 들어 작은 소인수를 가진 합성수에 대해서는 쉽게 알아챌 수 있다.) 이런 아이디어들이 모여 아그라왈 등의 소수성 검정을 만들었다. 모든 세부사항을 보이기 위해서는, 한계가 되는 수 B와 위에서 쓰인 보조다항식 $f(x)$를 구체화하여 이 내용이 정확히 엄밀한 검정을 통과한 소수임을 증명해야 한다.

2004년에 아그라왈 등은 보조다항식 $f(x)$가 지수 r의 상계를 $(\log n)^5$으로 갖는, 아름답고 간단한 다항식 $x^r - 1$로 택해도 된다는 것을 증명하였다. 이렇게 하면 시행시간이 $(\log n)^{10.5}$ 이내가 된다. 수치적으로는 비효율적인 방법을 이용하여 그들은 시행시간을 $(\log n)^{7.5}$으로 줄일 수 있음을 보였다. 최근 렌스트라(Lenstra)와 포메런스는 그리 간단하지는 않지만 시행시간을 $(\log n)^6$까지 줄일 수 있다는 것을 효과적인 방법을 통해 수치적으로도 구했다. 여기서는 보조다항식들의 집합을 $x^r - 1$ 꼴을 포함하는 더 큰 집합으로 확장시키는 방법을 이용하였다. 특별히 여기서는 어떤 정n각형을 자와 컴퍼스만으로 작도(대수적 수[IV.1 §13] 참조)하는 가우스의 유명한 알고리즘과 관련 있는 다항식을 사용하였다. 이는 실제로 소수와 합성수를 구분하는 문제에 대해 언급한 가우스의 유명한 방법을 끌어온 셈이 되었다.

실제적으로 소수 여부를 알아내는 새로운 다항

시간 검정이 있을까? 지금까지 알려진 것은 없으며, 여러 수학자가 고군분투 중이다. 예를 들어 **타원곡선[III. 21]**의 산술성을 이용하여 매우 큰 수에 대해서도 성실하게 적용해 볼 수는 있다. 이 알고리즘은 다항시간 내에 시행된다고 추측되지만 심지어 항상 종료된다는 것조차 증명되지 않았다. 만약 (이 경우 알고리즘 작동이 끝나는 순간) 우리가 합당한 증명을 얻는다면, 아마 처음 시작할 때 과연 이것이 잘 작동할지 확신할 수 없는 순간들을 견뎌낼 수 있을 것이다. 앳킨(Atkin)과 모레인(Morain)이 개척한 이 방법은 최근에 20,000자리 이상의 수들에 대한 소수 여부를 증명하는 데 사용되었는데, 이는 소수성 검정을 더 쉽게 만들어주는 $2^n - 1$과 같은 특별한 꼴이 아니었다. 앞서 설명했던 새로운 유형의 다항시간 검정에 대한 기록은 매우 하찮게도 300자릿수에 대한 것뿐이다.

특별한 형태의 수에 대해서는 더 빨리 소수 여부를 검정할 수 있다. 2의 거듭제곱보다 1만큼 작은 소수인 메르센 소수(Mersenne primes)는 특별한 소수 중 가장 유명하다. 메르센 소수가 무한히 많다고 의심되기는 하나, 그 증명에 도달하기에는 아직 갈 길이 먼 것처럼 보인다. 지금까지 단지 43개의 메르센 소수가 알려져 있고, 가장 큰 수는 915만 자릿수인 $2^{30402457} - 1$이다.[*]

소수성 검정에 대한 더 많은 내용과 다양한 다른 자료를 통한 참고자료를 원하는 독자는 크랜달(Crandall)과 포메런스의 책(2005)을 참고하길 바란다.

---

[*] 2014년 기준 48개까지 알려져 있으며, 가장 큰 수는 1,700만 자릿수이다-옮긴이

3 합성수의 소인수분해

소수 여부 검정이 알려진 것에 비하면 큰 수의 소인수분해는 암흑기에 있는 것과 다름 없다. 사실 두 문제의 해결 능력 간의 불균형은 인터넷상의 전자상거래의 보안성을 위한 방화벽을 형성한 것이다(이유가 궁금한 독자는 수학과 암호학[VII.7]을 참고하기 바란다). 이는 매우 중요한 수학의 응용이지만 수학자들이 기초적인 문제를 효과적으로 풀지 못했기 때문에 특이한 것일 뿐 요령껏 얻어낸 결과는 아니다.

그렇지만, 한 가지 요령이 있는데 이 배경의 일부는 두 수의 최대공약수(GCD)를 구하는 유클리드 알고리즘[III.22]이다. 두 양의 정수 m과 n의 GCD를 구하기 위해 두 수의 약수를 모두 찾아놓고 공통된 것 중 가장 큰 것을 택하는 가장 단순한 방법을 생각할 수 있다. 하지만 유클리드 알고리즘은 몇 단계까지 계산해야 하는가의 상한이 두 수 중 더 작은 수의 로그값에 의해 결정되고, 따라서 다항시간 안에 가능할 뿐 아니라 실제로도 꽤 빨리 계산할 수 있어 매우 효과적이다.

n과 1이 아닌 공약수를 가질 가능성이 있는 특별한 수 m을 만들 수 있으면 이런 약수를 찾기 위해 유클리드 호제법을 쓸 수 있다. 예를 들어 폴라드(Pollard)와 스트라센(Strassen)은 (독립적으로) 마지막 절에서 이야기할 나눗셈법을 돋보이게 하기 위해 이 아이디어를 곱셈과 다항식값의 빠른 서브루틴과 함께 사용하였다. 다소 기적적으로 $n^{1/2}$까지의

정수를 택하고 이를 길이가 $n^{1/4}$인 $n^{1/4}$개의 부분구간으로 나누어 기초적인 총 $n^{1/4}$단계를 거치도록 각의 부분구간에 대해 그 안에 있는 모든 정수의 곱과 n의 GCD를 계산할 수 있다. n이 합성수이면 이들과 구한 GCD 중 최소한 한 개는 1보다 크고 그렇다면 이런 일이 일어나는 최초의 구간이 n의 진약수를 포함하고 있었을 것이다. 현재까지 이 알고리즘은 우리가 알고 있는 소인수분해의 엄격하고 결정적인 가장 빠른 방법이다.[*]

가장 실제적인 인수분해 알고리즘은 증명되지 않았지만 타당해 보이는 자연수에 관한 가설에 기초해 있다. 이 방법을 통해 항상 소인수분해할 수 있다는 것을 면밀히 증명할 수는 없어도, 언제나 빠르게 소인수분해 결과를 얻을 수 있으며 실제로 그렇게 해 오고 있다. 이런 상황은 가설이 실험에 의해 검증되는 실험과학과 닮아 있다. 특정 소인수분해 알고리즘을 적용했을 때 그 효과는 이제 너무 압도적이어서 어떤 과학자는 여기에 물리법칙이 연관되어 있다고 주장할지도 모른다. 수학자로서 우리는 증명을 찾아내야 하지만, 운 좋게도 우리가 소인수분해하는 수가 우리를 기다리지 않고 방법을 보여주기도 한다.

나는 종종 8051을 소인수분해하라는 고등학교 때의 경시문제를 언급하곤 한다. $8051 = 90^2 - 7^2$ $= (90 - 7)(90 + 7)$임에 주목해서 $83 \cdot 97$이라는 소인수분해를 읽어내는 것이 요령이다. 실제로 모든 홀수인 합성수는 두 제곱수의 차이로서 소인수분해

될 수 있으며, 이는 페르마[VI.12]로부터 기원한 아이디어이다. n을 두 수 a, b의 곱으로 쓸 수 있으면 $u = \frac{1}{2}(a + b), v = \frac{1}{2}(a - b)$로 두어 $n = u^2 - v^2$, $a = u + v, b = u - v$가 된다. 이 방법은 $n = 8051$일 때처럼 n이 $n^{1/2}$과 가까운 약수를 가질 때 효과가 있었지만, 최악의 경우 페르마 방법은 시행착오적 나눗셈보다도 더 느리다.

(크레트칙(Kraitchik), 브릴하트(Brillhart)-모리슨(Morrison), 슈로펠(Schroeppel)의 연구에 뒤이은) 포메런스의 이차체법(quadratic sieve method)은 페르마의 생각을 모든 홀수 합성수로 확장하려는 시도이다. 예를 들어 $n = 1649$라 하고 $n^{1/2}$보다 큰 가장 작은 정수인 $j = 41$에서 시작해 보자. j를 변화시키면서 계산하면 결국 $j^2 - 1649$가 제곱수라는 사실을 얻을 수 있고 페르마의 방법을 이용할 수 있다. 이를 위해 다음과 같이 식을 나열해 보자.

$$41^2 - 1649 = 32,$$
$$42^2 - 1649 = 115,$$
$$43^2 - 1649 = 200,$$
$$43^2 - 1649 = 200,$$
$$\vdots$$

페르마의 방법은 종종 매우 빈약하여, 제곱수가 아직 보이지 않는 것은 놀랍지도 않은 일이다. 하지만 여기서 첫째 줄과 셋째 줄을 곱하면, 제곱수를 얻을 수 있지 않을까! $32 \cdot 200 = 80^2$이므로 첫째 줄과 셋째 줄을 곱하고 법 1649로 계산하면

$$(41 \cdot 43)^2 \equiv 80^2 \pmod{1649}$$

이고, 이 식 $u^2 \equiv v^2 \pmod{1649}$를 만족하는 두 수 u,

---

[*] n이 합성수일 때 $n^{1/2}$보다 작은 소인수를 찾기 위해서는 작은 수와의 공약수를 찾는 것이 더 쉽다는 것을 이용하므로 구간을 나누어 구한다─옮긴이

v를 얻는다. 이것이 $u^2 - v^2 = 1649$를 뜻하는 것은 아니지만 1649가 $u - v$와 $u + v$ 중 하나를 나눌 수도 있고, 그렇지 않다면 1649의 어떤 약수와 그 약수로 1649를 나눈 수가 각각 $u - v$와 $u + v$를 나누게 된다. 즉 1649와 $u - v$ 혹은 $u + v$의 GCD가 1649의 진약수 중 하나가 될 것이다. $v = 80$, u는 법 1649로 $u = 41 \cdot 43 \equiv 114$로 두면, $u \not\equiv \pm v \pmod{1649}$이고 이제 계산할 준비가 끝났다. $114 - 80 = 34$와 1649와의 GCD는 17이므로 17을 1649로 나누면 $1649 = 17 \cdot 97$이 되어 결론을 얻게 된다.

이 내용을 일반화해 보자. 1649를 소인수분해하면서 $\sqrt{n}$보다 큰 가장 작은 수부터 시작해 j를 증가시켜 나가며, 2차다항식 $f(j) = j^2 - n$의 연속된 값을 보고 합동식 $j^2 \equiv f(j) \pmod{n}$을 생각한다. 그리고 $\prod_{j \in \mathcal{M}} f(j)$가 제곱수가 되는 집합 $\mathcal{M}$을 찾아 이 제곱수를 v^2이라 둔다. 또 $u = \prod_{j \in \mathcal{M}} j$로 놓으면 $u^2 \equiv v^2 \pmod{n}$이 된다. 법 n으로 $u \not\equiv \pm v$이므로 n과 $u - v$의 GCD를 이용하여 n을 약수들의 곱으로 쪼갠다.

앞서 살펴본 예에서 짚고 넘어갈 내용이 또 있다. 계산된 내용에서 32와 200을 이용해 제곱수를 만들었지만 115는 사용하지 않았다. 이를 생각했었다면 32와 200이 115보다 더 유용하다는 것에서 시작했다고 말할 수 있을 것이다. 그 이유는 32와 200은 매끄러운 수(smooth number, 소인수를 작은 수만 허용하는 수를 매끄러운 수라 한다)이지만 115는 상대적으로 큰 소수 23을 가지므로 매끄러운 수가 아니기 때문이다. 소인수분해를 했을 때 그 소수가 처음 k개의 소수만을 허용하는 $k + 1$개의 양의 정수를 생각해 보자. 이런 수들의 공집합이 아닌 어떤 부분집

합은 곱해서 제곱수를 만든다는 것을 쉽게 증명할 수 있다. 그 증명을 위해 $p_1^{a_1} p_2^{a_2} \cdots p_k^{a_k}$이라는 수와 지수벡터(exponent vector) $(a_1, a_2, \cdots, a_k)$를 연결짓자. 제곱수들은 모든 지수가 짝수이기 때문에 우리는 a_i가 홀수인지 짝수인지 알아낸다. 따라서 이 벡터들은 성분으로 0이나 1만을 갖는다고 생각해도 되는데, 이 벡터들을 더할 때 (원래의 수를 곱하는 과정과 대응되도록) 법 2로 더하는 것이다. 성분이 k개인 $k + 1$개의 벡터를 갖고 있으므로 쉬운 행렬계산을 통해 더해서 영벡터가 나오는 공집합이 아닌 부분집합이 반드시 존재한다. 이 영벡터에 대응되는 정수가 제곱수가 된다.

앞서 다뤘던 예 $n = 1649$에서 첫 번째와 세 번째 수인 $32 = 2^5 3^0 5^0$과 $200 = 2^3 3^0 5^2$은 각각 지수벡터 $(5, 0, 0)$과 $(3, 0, 2)$와 대응되고, 이들은 법 2로 $(1, 0, 0)$, $(1, 0, 0)$이 된다. 따라서 이 벡터의 합은 $(0, 0, 0)$이다. 위에서 언급한 바에 의하면 충분한 개수인 4개의 벡터 대신 운 좋게도 2개의 벡터만으로 원하는 값을 찾았다.

이차체법을 이용하여 일반적으로 $f(j) = j^2 - n$ 값으로 이루어진 수열의 각 항에서 매끄러운 수들을 골라 그들의 지수벡터를 법 2로 쓰고 다 더해서 영벡터가 되는, $\prod_{j \in \mathcal{M}} f(j)$가 제곱수가 되도록 부분집합 $\mathcal{M}$을 찾기 위해 행렬을 이용하는 것이다.

덧붙여, 이차체법에서 '체'는 매끄러운 수 $f(j) = j^2 - n$을 찾는 데에서 기인한 용어이다. 이 숫자들은 (이차)다항식의 연속된 값이고 따라서 주어진 소수로 나누어지는 이 수들은 수열 안에서 규칙적으로 위치하고 있다. 예를 들어 우리가 다루었던 $j^2 - 1649$가 5로 나누어지려면 $j \equiv 2, 3 \pmod{5}$이

어야 한다. 에라토스테네스의 체와 매우 비슷한 이 체는 $j^2 - n$이 매끄러운 수가 되는 특별한 j를 찾는 데 효과적으로 쓰인다. 그렇지만 가장 핵심적인 문제는 $f(j)$를 선택하도록 결정하기 위해서는 그것이 얼마나 매끄러운가 하는 것이다. 만약 포함된 k개의 소수들을 작게 제한하면, 행렬 방법을 사용하기 위해 그들을 그렇게 많이 찾을 필요는 없다. 하지만 그런 매우 매끄러운 값은 굉장히 드물게 나타난다. 소수들의 상한을 조금 늘리면, 매끄러운 값 $f(j)$는 더 자주 생기지만 k가 커지므로 많은 $f(j)$를 이용해야 할 것이다. 작은 상한과 큰 상한 사이 어딘가에 정확한 상한이 있기는 하다! 이를 잘 선택하기 위해서는 소인수분해되지 않는 2차다항식의 값이 얼마나 자주 매끄러운 수가 되는지 알아야 한다. 불행히도, 이를 말해주는 정리는 없지만 그 빈도가 같은 크기의 임의의 수들에 대해서 거의 비슷할 것이라는, 증명하기 어렵지만 아마 옳을 듯한 가정을 통해 여전히 좋은 선택을 할 수 있다.

최종적으로는 마지막 GCD가 n과 서로소이면 그냥 조금만 더 계속하여 n을 더 쪼개는 새로운 기회를 줄 수 있는 일차 종속이 되는 것을 찾아야 함에 주목하자.

이런 아이디어들은 (이차체법을 이용하여) n을 소인수분해하는 데 걸리는 시간은 대략

$$\exp\left(\sqrt{\log n \log\log n}\right)$$

이 된다는 사실로 안내해준다. 나눗셈처럼 n의 자릿수에서 지수가 되는 대신, 이는 n의 자릿수의 제곱근에 지수가 들어간다. 이것만으로도 크게 향상되었지만 다항식과는 여전히 큰 차이가 있다.

렌스트라와 포메런스는 실제로 이차체법에 대해 위에서 한 것과 같은 시간의 복잡성을 띠는 엄밀한 확률적 소인수분해법에 대해 결과를 얻었다. (다양한 시점에서 동전을 던지고 그 결과에 따라 다음 작업을 한다는 의미에서의 무작위성이다. 이 과정에도 불구하고 확실한 시간 한계 내에서의 진실된 소인수분해를 얻을 수 있을 것이라고 생각할 수 있다.) 하지만 이 방법은 컴퓨터로 구현하기에 그렇게 실용적이지는 않고, 현실적으로 둘 중 하나를 택하라면 엄밀하지 않은 이차체법을 선택해야 할 것이다. 1977년 《사이언티픽 아메리칸(Scientific American)》[*]에 처음 출간된 마틴 가드너(Martin Gardner)의 칼럼에서 처음 발표된 129자리 RSA 암호문제는 이차체법을 이용하여 성공적으로 1994개의 수로 소인수분해되었다.

또 다른 체를 이용한 소인수분해 알고리즘인 **수체체**(number field sieve)는 1980년대 후반 거듭제곱에 가까운 수에 대해 폴라드가 발견했고, 불러(Buhler), 렌스트라와 포메런스가 후에 일반적인 정수에 대해 발전시켰다. 이 방법은 이차체와 비슷한 생각을 이용하지만 어떤 대수적 수의 집합에서의 곱을 제곱수로 모은 것이다. 수체체는 c가 2보다 조금 작은 수일 때

$$\exp\left(c(\log n)^{1/3}(\log\log n)^{2/3}\right)$$

과 같은 복잡한 시간이 걸릴 것이라 추측된다. 100자릿수를 넘거나 작은 소인수가 보이지 않는 합성

---

[*] 대중과학잡지. 한국어 번역판은 《사이언스 올제(Science Ollze)》 −옮긴이

수에 대해 이 방법이 선택되는데, 바로 200자릿수에 대해 실행한 기록이 있기 때문이다.

체처럼 자료를 거르는 방식을 이용한 방법은, 이를 사용하면 거의 같은 크기의 모든 합성수는 동일한 정도로 소인수분해하기 어렵다는 속성을 지닌다. 예를 들어 n을 소인수분해하는 것은 n이 제곱근에 가까운 두 소수의 곱이든 다섯제곱근에 가까운 다섯 개 소수의 곱이든 상관없이 비슷한 정도로 어려울 것이다. 이는 작은 소인수가 시행착오적 나눗셈을 성공적으로 만들어주는 것과는 꽤 다르다. 이제 큰 소인수를 찾기 전에 작은 소인수부터 찾고 작은 경우를 넘어 더 큰 나눗셈을 하는 렌스트라의 유명한 소인수분해법을 살펴보자. 그의 방법을 **타원곡선법(elliptic curve method)**이라 부른다.

이차체법처럼 타원곡선법은 n과의 GCD가 n의 진약수인 m을 구한다. 이차체법은 작은 많은 성공으로부터 힘들여 m을 찾았지만, 타원곡선법은 본질적으로 하나를 운 좋게 선택하고 싶어 한다.

임의의 수 m을 택하여 n과의 GCD를 구하는 방법은 잠깐 성공할 수도 있지만 n이 작은 소인수를 갖지 않으면 결과를 얻는 데 어마어마한 시간이 걸릴 거라 예상할 수 있다. 이와는 달리 타원곡선법은 상당한 솜씨가 요구된다.

우선 폴라드의 '$p-1$ 방법'을 생각해 보자. 소인수분해하고자 하는 수 n과 k가 어떤 큰 수라 가정하자. 당신은 모르지만, n은 $p-1$이 k를 나누는 소인수 p와 $q-1$이 k를 나누지 않는 다른 소인수 q를 가진다. 이런 식으로 n을 쪼개어 쓸 수 있다. 먼저 페르마의 소정리에 의해 $u^k \equiv 1 \pmod{p}$, $u^k \not\equiv 1 \pmod{q}$인 수를 많이 찾을 수 있다. 이런 u 중 하나를 택해 n

을 법으로 $u^k - 1$을 n보다 작은 정수로 표현한 값을 m이라 두자. 그러면 m과 n의 GCD는 p로 나누어지지만 q로 나누어지지 않는 진약수가 된다. 폴라드는 어떤 적절한 유계를 갖는 수들의 최소공배수를 m으로 택해 이 수가 많은 약수를 갖고 $p-1$이 k를 나누는 적절한 기회가 생기도록 만들자고 제안한다. 폴라드의 방법에서 최선의 선택은 n이 $p-1$이 매끄러운 수인 (이차체법에서 봤듯이 $p-1$의 모든 소인수가 작은 경우) 소인수 p를 가질 때이다. 하지만 n이 그런 소인수를 갖지 못하면, 폴라드의 방법으로는 쉽게 구할 수 없다.

이것이 의미하는 바는 소수 p와 대응하는 법 p의 $p-1$개의 영 아닌 잉여(residue)들의 곱셈적 군[I.3 §2.1]이 있다는 것이다. 게다가 n과 서로소인 수들을 가지고 법 n으로 산술을 할 때, 우리가 인식하든 아니든 사실 이런 군에서 산술을 하고 있는 것이다. 우리는 u^k이 법 p로는 대응하는 군의 항등원이지만, 법 q로는 아니라는 사실을 활용한다.

타원군의 맥락에서 렌스트라(Lenstra)는 폴라드의 방법을 멋지게 이용하였다. 소수 p와 관련된 많은 타원곡선군이 있으므로 원소의 수가 매끄러운 수가 되는 경우를 생각해낼 수 있다. 여기서 하세(Hasse)와 듀링(Deuring)의 매우 중요한 정리를 살펴보자. $p > 3$일 때 p를 법으로 하는 **타원곡선[III. 21]**은 $x^3 + ax + b$가 법 p로 중근을 갖지 않는 정수 a, b에 대해 합동식 $y^2 \equiv x^3 + ax + b \pmod{p}$의 해들의 집합을 말하는데, 여기에 '무한점(point at infinity)'을 덧붙인다. (단순히 성분별로 더하는 것은 아니지만) 꽤 간단한 덧셈은 타원곡선이 무한점을 항등원으로 갖는 군이 되게 해 준다(곡선 상의 유리점과 모델 추

측[V.29] 참조). 하세는 후에, 베유[VI. 93]가 그의 유
명한 증명 '곡선에 대한 리만 가설'로부터 일반화한
결과에서 타원곡선군의 원소의 수가 항상 $p + 1 -
2\sqrt{p}$와 $p + 1 + 2\sqrt{p}$ 사이에 있음을 보였다(베유 추
측[V.35] 참조). 또 듀링은 이 범위 안의 모든 수는 실
제로 어떤 p를 법으로 하는 타원곡선과 관련이 있
음을 증명하였다.

　정수 x_1, y_1, a를 임의로 택하고, y_1^2이 $x_1^3 + ax_1 + b$
와 법 n으로 합동이 되도록 하는 정수 b를 정하자.
그러면 계수가 a, b인 곡선과 그 위의 점 $P(x_1, y_1)$이
생긴다. 폴라드의 방법을 흉내 내어 k는 전처럼 약
수가 많게 하고, 점 P를 u와 같이 여기자. 타원곡선
합의 연산을 따라 P를 k번 더한 점을 kP라 표기하
자. 이 kP가 법 p로 연산했을 때 무한점이 되고(이
곡선에서의 점의 개수는 k의 약수일 것이다) 법 q로
무한점이 아니면 n과의 GCD가 p로 나누어지지만
q의 배수가 아닌 수 m을 얻게 된다.

　m을 어디서 얻게 되었는지 생각해 보기 위해 곡
선을 사영시켜 생각하는 것이 편리하다. (x, y, z)가
합동식 $y^2z \equiv x^3 + axz^2 + bz^3 \pmod{p}$를 만족시킨
다고 하자. 0이 아닌 c에 대해, (x, y, z)와 같이 $(cx,
cy, cz)$도 이 합동식을 만족시킨다. 신비로웠던 무한
점의 비밀도 밝혀지는데 그 점은 $(0, 1, 0)$이 된다. 그
리고 우리가 가진 점 $P = (x_1, y_1)$은 $(x_1, y_1, 1)$이 된
다. (이 내용은 고전적인 **사영기하학**[I.3 §6.7]의 법 p
형태이다.) 법 n으로 점 $kP = (x_k, y_k, z_k)$를 계산해
보자. 그러면 m이 될 만한 수는 z_k이다. kP가 법 p로
무한점이라면 $z_k \equiv 0 \pmod{p}$이고, 법 q로 무한점이
아니라면 $z_k \not\equiv 0 \pmod{q}$이기 때문이다.

　폴라드의 $p - 1$ 방법이 실패했을 때 우리가 의지

할 만한 것은 k를 크게 하거나 포기하는 것이다. 타
원곡선법으로 임의로 택한 곡선에 대해 풀리지 않
는다면 다른 곡선을 택할 수도 있다. n의 찾지 못한
소인수 p에 대응하여 p를 법으로 하는 새로운 타원
곡선을 고르고, 군의 원소 개수가 매끄러워지게 하
여 새롭게 시도할 기회로 삼을 수 있을 것이다. 타원
곡선법은 약 50자리까지의 소인수를 가지는 수들
을 소인수분해하는 데 상당히 성공적이었고, 때때
로 심지어 다소 더 큰 소수들이 발견되기도 했다.

　추측하기를 n의 최소의 소인수 p를 찾는 데 산술
과정 법 n은 타원곡선을 쓰면

$$\exp(\sqrt{2 \log p \log\log p})$$

의 시간이 걸린다. 이 추측을 증명할 때 우리의 발목
을 잡는 것은 타원곡선에 대한 부족한 지식이 아니
라 매끄러운 수의 분포에 대해 정보가 부족하다는
점이다.

　이것에 대한 더 자세한 내용과 다른 소인수분해
법을 알고 싶다면 크랜달과 포메런스의 책(2005)을
참고하기 바란다.

4 리만 가설과 소수의 분포

그저 평범한 소수표를 보고 있던 10대의 가우스는
소수들의 빈도가 로그적으로 감소하고, 1부터 x까
지의 소수의 개수를 $\pi(x)$라고 쓸 때 함수 $\mathrm{li}(x) =
\int_2^x (1/\log t)dt$가 $\pi(x)$의 좋은 근사가 될 것이라 추측
했다. 60년 후 리만[VI. 49]은 리만 제타 함수 $\zeta(s) =
\sum_n n^{-s}$에 대해 s의 실수부가 $\frac{1}{2}$보다 큰 복소반평면
에서는 해를 갖지 않음을 가정했을 때 가우스의 추

측이 어떻게 증명되는지 보였다. 급수 $\zeta(s)$는 s의 실수부가 1보다 큰 영역에서만 수렴하지만, 해석적 연속으로 Re > 0인 범위로 확장할 수 있는데 $s = 1$에서 극점(pole)을 갖는다. (해석적 연속 과정에 대한 간단한 설명이 몇 가지 기본적인 수학적 정의[I.3 § 5.6]에 나와 있다.) 리만 제타 함수의 연속은 $\{x\}$를 x의 소수부분(즉, $\{x\} = x - [x]$)이라 할 때 등식 $\zeta(s) = s/(s-1) - s\int_1^\infty \{x\}x^{-s-1}$임을 이용하고, s의 실수부가 0보다 큰 반평면에서 이 적분은 상당히 잘 수렴함에 주목하면 꽤나 구체적으로 보일 수 있다. 사실 위에서 언급된 리만의 함수방정식을 통해 $\zeta(s)$를 전체복소평면에서 $s = 1$일 때 하나의 극점을 갖는 유리형 함수(meromorphic function)로 연속시킬 수 있다.

s의 실수부가 $\frac{1}{2}$보다 클 때 $\zeta(s)$는 절대로 0이 아니라는 주장이 리만 가설[IV. 2 §3]이며 거의 틀림없이 이는 수학에서 가장 유명한 미해결문제이다. 1896년, 아다마르[VI. 65]와 드 라 발레 푸생[VI. 67]은 소수정리[V.26]라 알려진 가우스 추측의 더 약한 형태를 증명할 수 있었는데, $\mathrm{li}(x)$가 $\pi(x)$로 근사하는 강도가 분명히 놀랍고도 이상하다는 것이다. 예를 들어 $x = 10^{22}$이면

$$\pi(10^{22}) = 20146728668931590629 0$$

이고 $\mathrm{li}(x)$에 가까운 정수는

$$\mathrm{li}(10^{22}) \approx 201467286691248261497$$

이다. 분명히 보이듯 가우스의 추측이 정확히 들어맞은 것이다!

$\mathrm{li}(x)$의 수치계산은 적분의 수치방법(numerical method)을 이용하면 간단한데, 다양한 수학적 계산패키지로 직접 구할 수 있다. 하지만 (구르동(Gourdon)에 의한) $\pi(10^{22})$의 계산은 당연하게 구할 수 있는 것이 아니다. 약 2×10^{20}개의 소수를 하나하나 세기란 너무나 수고스러운 일인데, 과연 어떻게 셀 수 있을 것인가? 사실, 조합적 기교를 이용하면 모두를 나열하지 않고도 셀 수 있다. 예를 들어, 1부터 10^{22}까지의 구간에서 6과 서로소인 수가 정확히 $2 \times [10^{22}/6] + 1$개 있음은 하나하나 세지 않고도 알 수 있다. 대신 이 구간 안의 숫자들을 6개씩 묶어 각 덩어리 안에 6과 서로소인 수가 두 개임을 생각할 수 있다. (마지막 덩어리인 $10^{22} - 3$, $10^{22} - 2$, $10^{22} - 1$, 10^{22}에서는 한 개만 나오기 때문에 '1'을 더한다.) 마이셀(Meissel)과 레머(Lehmer), 라가리아스(Lagarias), 밀러(Miller)와 오딜즈코(Odlyzko)는 약 $x^{2/3}$개의 기본적인 단계로 나누어 $\pi(x)$를 계산하는 우아한 조합적 방법을 제시하였다. 이 방법은 드레글리즈(Déléglise)와 리밧(Rivat)에 의해 세분화되었으며 후에 구르동은 여러 컴퓨터로 나누어 계산하는 방법을 발견하였다.

폰 코흐(von Koch), 그리고 후에 숀펠트(Schoenfeld)의 결과로부터 3 이상인 모든 x에 대해

$$|\pi(x) - \mathrm{li}(x)| < \sqrt{x}\log x \qquad (1)$$

가 성립한다는 주장이 리만 가설과 **동치**임을 알게 되었다. 따라서 어마어마한 $\pi(10^{22})$값을 계산하는 것은 리만 가설에 대한 계산적 증거의 관점에서 볼 수 있다. 사실 하나하나 센 결과가 식 (1)에 위배된다면 반증을 얻게 되는 것이다.

$\zeta(s)$가 근을 갖는 값에서 식 (1)의 역할은 분명지

않다. 그 연결성을 이해하기 위해 모든 음의 짝수에서 $\zeta(s) = 0$이므로 소위 '자명한' 근이라고 부르는 이런 음의 짝수들을 제외시키자. 자명하지 않은 근 ρ는 무한히 많다고 알려져 있으며 위에서 언급했다시피, ρ의 실수부가 $\frac{1}{2}$ 이하임을 가정할 수 있다. 이런 근들 간의 어떤 대칭성을 찾을 수 있는데 ρ가 근이면, $\bar{\rho}, 1 - \rho, 1 - \bar{\rho}$도 모두 근이 된다. 그러므로 리만 가설은 모든 자명하지 않은 근의 실수부는 $\frac{1}{2}$이라는 주장을 하고 있다. (ρ와 $1 - \rho$의 대칭성은 리만의 함수방정식 $\zeta(1 - s) = 2(2\pi)^{-s}\cos(\frac{1}{2}\pi s)$ $\Gamma(s)\zeta(s)$로부터 왔으며 이 대칭성은 아마도 리만 가설을 경험적으로 뒷받침할 것이다.)

소수와의 관련성은 산술의 기본 정리에서 시작하는데, 이는 $\mathrm{Re}\, s > 1$일 때 수렴하는 곱의 항등식

$$\zeta(s) = \sum_{n=1}^{\infty} n^{-s} = \prod_{\text{소수}\, p} \sum_{j=0}^{\infty} p^{-js}$$
$$= \prod_{\text{소수}\, p} (1 - p^{-s})^{-1}$$

을 이끌어낸다. 따라서 로그미분(다시 말해 양변에 로그를 취한 후 미분하는 것)을 하면 다음의 식을 얻는다.

$$\frac{\zeta'(s)}{\zeta(s)} = -\sum_{\text{소수}\, p} \frac{\log p}{p^s - 1} = -\sum_{\text{소수}\, p} \sum_{j=1}^{\infty} \frac{\log p}{p^{js}}.$$

즉 $\Lambda(n)$을 n이 어떤 소수 p의 거듭제곱 꼴로 $n = p^j$ ($j \geqslant 1$)으로 쓰여질 때 $\log p$, 쓰여지지 않을 때 0이 되는 함수로 정의하면

$$\sum_{n=1}^{\infty} \frac{\Lambda(n)}{n^s} = -\frac{\zeta'(s)}{\zeta(s)}$$

의 항등식을 얻는다. 상대적으로 지루한 여러 계산들을 통해 함수

$$\psi(x) = \sum_{n \leqslant x} \Lambda(n)$$

을 ζ의 근들(그리고 하나의 극점)에 대응되는 ζ'/ζ의 극점에서의 유수(residue)와 연결시킬 수 있다. 실제로 리만은 다음의 아름다운 식을 증명하였다.

$$\psi(x) = x - \sum_{\rho} \frac{x^{\rho}}{\rho} - \log(2\pi) - \frac{1}{2}\log(1 - x^{-2}).$$

여기서 x는 소수나 소수의 거듭제곱이 아니고, 위에서 ζ의 자명하지 않은 근 ρ에 대한 합은 $|\mathrm{Im}\, \rho| < T$의 대칭적인 영역에서의 합을 생각하고 $T \to \infty$로 보낸다고 이해하면 된다. 기초적인 조작을 통하면 함수 $\psi(x)$가 ζ의 자명하지 않은 근 ρ와 직접적으로 연결되어 있음이 명백해진다.

위에서 정의한 함수 $\psi(x)$에 대해 간단히 이해해 보자. 이 함숫값은 구간 $[1, x]$의 수들의 최소공배수의 로그값이다. 식 (1)처럼 리만 가설을 초보적으로 해석해 보자. 그러면 리만 가설은 3보다 크거나 같은 x에 대해

$$|\psi(x) - x| < \sqrt{x}\log^2 x$$

와 동치가 된다. 이 부등식은 단지 최소공배수, 자연로그, 절댓값, 제곱근에 대한 기초 개념만을 포함하지만 여전히 리만 가설과 동치이다.

많은 $\zeta(s)$의 자명하지 않은 근 ρ들은 실제로 계산되어 왔고, 이 ρ들이 s의 실수부가 $\frac{1}{2}$인 실수선 위에 있음이 증명되었다. 어떻게 복소수 ρ의 실수부가 $\frac{1}{2}$임을 계산적으로 증명했는지 궁금해 하는 사람들도

있을 것이다. 예를 들어 (비현실적으로 큰) 10^{10}자리 수로 계산을 수행한다고 가정하고 실수부가 $\frac{1}{2} + 10^{-10^{100}}$인 해를 우연히 찾았다고 가정하자. $\frac{1}{2}$ 그 자체로부터 이 수를 구별할 수 있다는 것은 계산의 정확함을 뛰어넘는 일일 수도 있다. 그럼에도 특수한 근 ρ가 실수부를 $\frac{1}{2}$로 갖는다는 것을 볼 수 있는 방법이 있다. 여기에 포함된 두 아이디어가 있는데 하나는 기초적인 미적분에서 배운 것이다. 실수에서 정의된 연속인 실숫값 함수 $f(x)$에 대해 근의 개수를 세는 중간값 정리가 때때로 사용된다. 예를 들어 $f(1) > 0$, $f(1.7) < 0$, $f(2.3) > 0$이면, 1과 1.7 사이에 최소한 하나, 또 1.7과 2.3 사이에 최소한 하나의 f의 근이 존재한다. f가 정확히 두 개의 근을 갖는다는 다른 이유가 있다면, 이 두 해가 바로 그것이라고 생각하게 될 것이다. 복소함수 $\zeta(s)$의 근의 위치를 정확히 찾기 위해 실숫값 함수 $g(t)$를 $g(t) = \zeta(\frac{1}{2} + it)$로 정의하자. $0 < t < T$인 t에 대해 $g(t)$값의 부호 변화를 보면, $\mathrm{Re}\,\rho = \frac{1}{2}$이고 $0 < \mathrm{Im}\,\rho < T$인 근 ρ의 **하한**(lower bound)을 찾게 된다. 게다가 복소해석학에서의 **편각원리**(argument principle)라 불리는 방법을 이용하여 $0 < \mathrm{Im}\,\rho < T$인 근 ρ의 **정확한 개수**를 셀 수 있다. 운이 좋아서 정확히 센 결과와 하한이 같다면 이 영역에서 ζ의 해의 실수 부분이 모두 $\frac{1}{2}$이 된다는 것을 보이게 된다. (그리고 덧붙여, 이 근들은 모두 단순해(simple zero)이다.) 만약 셈한 결과가 같지 않다면 리만 가설의 반증은 아니지만, 우리가 더 세밀하게 데이터를 확인해 볼 구간이 어디인지를 확실하게 지시해준다. 지금까지는 이런 접근을 시도할 때마다 셈이 맞아떨어졌다. 때때로 매우 가깝게 떨어진 점에서 $g(t)$값을 계산해야만 했음에도 말

이다.

처음 몇 개의 자명하지 않은 근은 리만 그 자신이 스스로 계산한 것이다. 유명한 암호학자이자 초기 컴퓨터 과학자 앨런 튜링[VI.94]도 몇 개의 제타함수의 해를 계산했다. 이러한 계산의 지금까지의 최고 기록은 구르동에 의한 것인데 그는 리만이 예언한 대로 허수부가 양수인 처음 10^{13}개의 제타함수의 해가 모두 $\frac{1}{2}$을 실수부로 갖음을 증명하였다. 구르동의 방법은 제타함수 해 계산의 현대를 연 오딜즈코와 숀헤이즈(Schönhage)가 1988년에 개척한 방식을 수정한 것이다.

제타함수를 자세히 계산하는 것은 매우 유용하고 소수를 정밀하게 추정케 한다. p_n을 n번째 소수라 할 때, 소수정리에 의하면 n이 무한히 커짐에 따라 p_n은 $n \log n$에 근접한다. 실제로 이차항이 계수 $n \log n$을 갖고 지금까지 모든 충분히 큰 수 n에 대해 $p_n > n \log n$이 성립한다. 구체적으로 구한 제타추정으로 로저(Rosser)는 앞의 서술에서 '충분히 큰' 수의 상한을 구할 수 있었고, 그 후 수가 작은 경우를 검증해 보면서, 사실 모든 n에 대해 $p_n > n \log n$을 증명할 수 있었다. 로저와 숀펠트는 1962년 매우 유용하고 수치적으로 자세한 이런 종류의 부등식들로 가득 찬 논문을 썼다.

리만 가설이 증명되었을 때를 상상해 보자. 힘들게 풀린 문제 부근에는 또 다른 문제가 버티고 있어 수학의 문제는 지치지 않고 계속 생성된다. 자명하지 않은 모든 근이 s의 실수부가 $\frac{1}{2}$에 있음을 이미 안다면, 그 선 위에서 근이 분포하는 양상에 대해 궁금해진다. T가 주어졌을 때 얼마나 많은 근이 T보다 작은 허수부를 갖고 있을지에 대해 꽤 간단히 이해

하고 있다. 사실 리만이 이미 발견한 것처럼 해의 개수를 써 보면 대략 $(1/2\pi)T\log T$이다. 따라서 평균적인 근들은 높이 T^* 주변의 단위 구간에서 대략 $(1/2\pi)\log T$만큼 더 가까이 분포하는 경향이 있다.

이로써 우리는 하나의 해와 다음 해 사이의 평균 거리 혹은 간격을 알게 되었지만 이 간격이 얼마나 되는지에 대해 궁금해진다. 이를 논의하기 위해 간격의 평균이 1이 되도록 '정규화(normalize)'하자. 리만의 결과와 리만 가설에 대한 우리의 가정을 함께 생각하면 T 주변의 간격에 $(1/2\pi)\log T$를 곱하면 혹은 동등하게 각각의 해 ρ에 대해 그 수의 허수부를 $(1/2\pi)t\log t$로 바꾸면 원래대로 복원될 수 있다. 이 방법으로 연속된 해 사이의 정규화된 간격을 수열로 $\delta_1, \delta_2, \cdots$라 쓰자. 이때 δ_i들의 평균은 1이다.

어떤 δ_n이 커지면 평균이 1이어야 하므로 다른 수들은 0에 가까워야 함을 수치계산을 통해 알 수 있다. 수학은 확률 현상을 잘 연구해 왔으며 우리는 푸아송(Poisson), 가우시안(Gaussian) 등의 다양한 **확률분포**[III. 71] 등의 용어에 익숙하다. 확률 현상이 여기서도 일어나고 있는 것일까? 이런 제타 함수의 해들이 확률적인 것은 전혀 아니지만, 아마 확률적인 관점으로 생각해 보는 것은 가망이 있을 것이다.

20세기 초 힐베르트[VI.63]와 포여(Pólya)는 제타 함수의 해가 어떤 **연산**[III.50]의 **고윳값**[I.3 §4.3]에 대응된다는 사실을 제안했다. 도발적인 문제가 된 것이다! 그런데 어떤 연산일까? 약 50년 후 프린스턴의 고등과학원에서 다이슨(Dyson)과 몽고메리(Montgomery)가 나눈, 이제는 유명해진 대화에서는

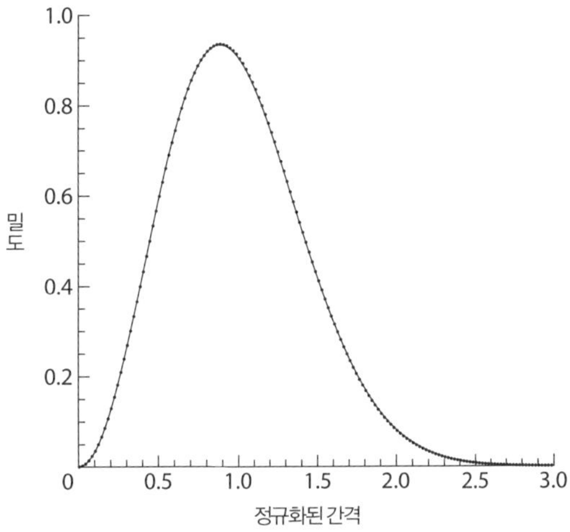

그림 1 근접이웃간격과 고댕 분포

자명하지 않은 근들이 소위 가우시안 유니터리 앙상블(Gaussian unitary ensemble, GUE)로부터 온 랜덤행렬의 고윳값과 비슷한 행동양상을 보인다고 추측했다. 이제 GUE 추측이라 알려진 이 추측은 수치적으로 다양한 방식에 의해 검증되었다. 오딜즈코도 이를 검증하였는데, 그는 이 추측에 관한 설득력 있는 증거를 찾았다. 근들의 모임이 커지면 이들의 분포는 GUE 추측에서 예견한 대로 대응된다.

예시로 n이 $10^{23}+17368588794$에서 시작하는 δ_n을 1041417089로 택하자. (이런 근들의 허수부분은 대략 1.3×10^{22}이다.) 각각의 구간 $(j/100, (j+1)/100)$에 대해 이 구간에서의 정규화된 간격의 비율을 계산하고 위치를 표시해 보자. GUE의 랜덤행렬의 고윳값을 다루었다면, 이 자료가 (닫힌 공식(closed formula, 유한한 몇몇 '잘 알려진' 함수들로 표현 가능한 공식)은 없지만 쉽게 계산 가능한) **고댕 분포**(Gaudin distribution)로 알려진 어떤 분포로 수렴하기를 바랄 것이다. 오딜즈코는 친절하게 그림 1의 그래프를 제공해 주었고, 이는 방금 묘사한 데이터

들을 고댕 분포와 대조시켜 그린 것이다. (그러나 혼란을 피하기 위해 두 개당 하나의 데이터는 제외시켰다.) 마치 목걸이에 진주가 꿰인 듯하다! 이 일치는 완벽하게 놀랍다.

사고실험과 수치계산의 중요한 상호작용을 통해 우리는 제타함수에 대해 더 깊게 이해할 수 있었다. 하지만 다음은 무엇을 해야 할까? GUE 추측은 랜덤행렬이론과의 관계에 대해 더 관련성이 있는지를 살펴볼 것을 제안하고 있다. 즉 랜덤행렬이론이 단지 제타함수의 거대한 추측에만 쓰일 수도 있고 위대한 정리로 이어지지 않을 수도 있다는 것이다. 하지만 여기서 진실을 언뜻 볼 수 있는 힘을 부정할 수는 없다. 이것의 성장에 대해서는 다음 장에서 이야기하자.

5 디오판토스 방정식과 ABC 추측

리만 가설에서 페르마의 마지막 정리[V.10]로 옮겨가자. 지난 10년 전까지 이 문제는 유명 미국 드라마 「스타트렉(*Star Trek*)」의 한 에피소드에서도 언급될 정도로 수학에서 가장 유명한 미해결 문제 중 하나였다. n이 3 이상의 양의 정수일 때 방정식 $x^n + y^n = z^n$을 만족하는 양의 정수해 x, y, z, n은 존재하지 않는다는 것이 이 정리의 내용이다. 이 추측은 1995년 앤드루 와일즈의 증명이 출판되기까지 350년 동안 미해결 문제로 남아 있었다. 덧붙여 이와 같은 특별한 디오판토스 방정식(즉, 변수가 정수로 제한된 방정식)의 해보다 더 중요하고 수세기 동안 증명하려고 탐구했던 것들은 대수적 정수론[IV. 1] 분야를 확립하는 데 도움을 주었다. 그리고 그 증명은 그 자체로 모듈러 형식[III.59]과 타원곡선 간의 오랫동안 찾아왔던 놀라운 연결성을 규명했다.

그런데 왜 페르마의 마지막 정리가 참인지 알고 있을까? 말하자면 증명에 나오는 모든 복잡한 내용의 전문가가 아닌 경우에도, 사실상 해가 없다고 해서 놀라기는 했을까? 상당히 간단하고도 경험적인 논의로 페르마의 주장을 뒷받침할 수 있다. 우선 $n = 3$인 경우 다시 말해서 $x^3 + y^3 = z^3$에 대해서는 초보적인 방법으로 다룰 수 있는데, 이는 오일러[VI.19]에 의해 이미 해결되었다. 그러니 $n \geq 4$인 경우에* 초점을 맞추자. S_n을 정수의 n제곱수들의 집합이라 두자. S_n의 두 원소를 더해도 다시 S_n의 원소가 될까? 이런 일이 절대 일어나지 않는다고 와일즈가 증명했으니 절대로 그럴 리는 없을 것이다! 하지만 순진하게 생각하려는 중임을 기억하자.

집합 S_n을 임의의 집합으로 바꾸고 이 상황을 다시 따라해 보자. 실제로 모든 제곱수들을 한 집합에 넣으려고 한다. 에르되시와 울람(Ulam)의 1971년 아이디어에 따라 확률과정으로 집합 $\mathcal{R}$을 만드는데, 각각의 독립적인 정수 m이 $\mathcal{R}$로 들어갈 확률은 $m^{-3/4}$이 되도록 하는 것이다. 전형적으로 구간 $[1, x]$에서 $\mathcal{R}$의 원소가 약 $x^{1/4}$이 되거나 최소한 이 값이 자릿수가 되도록 할 수 있다. 이제 1과 x 사이에 네제곱수와 그 이상의 제곱수가 되는 수들의 개수도 약 $x^{1/4}$이 되어 이런 제곱수들의 상황을 모형화하는, 다시 말해 4 이상의 n에 대해 모든 집합 S_n의 합집합으로 우리가 가진 집합 $\mathcal{R}$을 택할 수 있다. 여

---

* 실제로 페르마 자신이 $n = 4$인 경우를 쉽게 계산했으나 여기서는 그의 증명은 무시하자.

기서 a, b, c가 $\mathcal{R}$의 원소일 때 $a + b = c$가 될 것 같은 일이 얼마나 가능한지가 우리의 물음이다.

m보다 작은 $\mathcal{R}$의 원소 a, b로 $m = a + b$와 같이 쓸 수 있는 확률은 $\sum_{0 < a < m/2} a^{-3/4}(m-a)^{-3/4}$값과 비례하는데, m보다 작은 수 a에 대해 a와 $m - a$가 모두 $\mathcal{R}$의 원소일 확률이 $a^{-3/4}(m-a)^{-3/4}$이기 때문이다. 실제로 m이 짝수이면 $a = \frac{1}{2}m$일 때 $a = m - a$이므로 조금 다를 수 있다. 이런 경우도 포함하기 위해 위의 합에 항 $(\frac{1}{2}m)^{-3/4}$을 더하자. 합에서 각 $m - a$를 $\frac{1}{2}m$으로 바꾸면 추정하기 쉽고 $m^{-1/2}$에 비례한다고 밝혀지는 더 큰 합을 얻게 된다. 다시 말해서, 임의의 수 m이 $\mathcal{R}$의 두 원소의 합일 확률은 기껏해야 $m^{-1/2}$과 비례하는 어떤 값이 된다. 이제 이런 합에서와 같이 주어진 m에 대해 일어날 수 있는 경우는 m보다 작은 수를 포함하고, 따라서 m 자체로 $\mathcal{R}$의 원소일 확률은 이와 독립이다. 그러므로 m이 $\mathcal{R}$의 원소의 두 합일 뿐 아니라 그 자체로 $\mathcal{R}$의 원소가 될 확률은 최대한 $m^{-1/2}m^{-3/4} = m^{-5/4}$과 비례하는 값이다. 따라서 이제는 얼마나 많이 $\mathcal{R}$의 두 원소의 합이 다시 $\mathcal{R}$의 원소가 될 수 있는지를 셀 수 있게 되었다. 이는 기껏해야 $\sum_m m^{-5/4}$의 상수배가 된다. 그러나 이 합은 수렴하고, 따라서 우리는 오직 유한개의 예들만을 기대한다. 게다가 이 수렴하는 급수의 끝부분은 매우 작은 값이므로 어떤 큰 예가 있으리라고 기대하지도 않는다.

따라서 이런 논의는 지수 u, v, w가 최소 4일 때

$$x^u + y^v = z^w \qquad (2)$$

의 양의 정수해가 기껏해야 유한개임을 제안한다. 페르마의 마지막 정리는 $u = v = w$인 특수한 경우

이므로 이에 대한 반례도 역시 유한개일 것이다.

이 정도면 깔끔하고 충분해 보이지만, 이 논의에는 놀랄 만한 사실이 있다! 4 이상의 u, v, w에 대해 식 (2)는 **무한히 많은** 양의 정수해를 갖는다. 예를 들어 $17^4 + 34^4 = 17^5$인데, $a = 1$, $b = 2$, $u = 4^*$의 더 일반적인 항등식을 말할 수 있다. 만약 a, b가 양의 정수이고 $c = a^u + b^u$이면, $(ac)^u + (bc)^u = c^{u+1}$이 된다. 무한히 많은 예를 얻는 다른 방법은 하나의 예가 존재함을 가정함으로써 예들을 만드는 것인데, x, y, z, u, v, w가 (2)를 만족시키는 양의 정수일 때 어떤 정수 a에 대해 x, y, z 대신 $a^{vw}x$, $a^{uw}y$, $a^{uv}z$를 대입하면 무한개의 해를 얻을 수 있다.

핵심은 우리가 고려하고 있는 것과 같은 경우(주어진 정수가 지수가 되는 경우)는 상당히 독립적이지 않다는 것이다. 예를 들어 A와 B가 둘 다 u제곱수이면 AB도 그렇고, 따라서 이는 언급했던 것처럼 비슷한 수들을 무한히 많이 생성할 수 있다.

따라서 어떻게 하면 이런 사소함을 말끔히 차단하고 우리의 경험적인 주장을 구해낼 수 있을까? 이렇게 하는 한 가지 간단한 방법은 (2)에서의 x, y, z가 서로소라고 주장하는 것이다. 이는 페르마의 경우처럼 같은 지수를 갖는 경우에는 아무런 제한을 주지 않는데, $x^n + y^n = z^n$의 해 x, y, z의 최대공약수가 d일 때 서로소인 수 x/d, y/d, z/d도 해이기 때문이다.

페르마의 정리에 관해서 와일즈가 최종적으로 증명하기 전에는 실제로 어느 범위까지 증명되었는지 질문할 수 있을 것이다. 불러(Buhler) 등의 논문

---

* $c = 17$. ─옮긴이

(1993)은 4,000,000까지의 지수 n에 대한 검증을 포함한다. 이런 종류의 자명함과 거리가 먼 계산은 19세기 쿠머[VI.40]와 20세기 초 반디베르의 결과에 기원을 두고 있다. 사실 1993년 불러 등이 같은 범위에서 원분체(cyclotomic field)를 다루는 반디베르의 관련된 추측 역시 증명했지만, 일반적으로 이 추측은 틀렸을 것이다.

몇 가지 작은 경우의 계산과 결합하여 위에서 확률적으로 이야기함으로써 매우 도발적인 추측들이 깊이 있게 가까워진다. 위의 내용에 대한 확률적 주장은 $1/u + 1/v + 1/w < 1$인 지수 u, v, w에 대해 식 (2)가 기껏해야 유한개의 x, y, z가 서로소인 해만을 갖는다고 확장하고 있다. 이 추측은 페르마-카탈랑(Fermat-Catalan) 추측으로 알려져 있는데, 이는 본질적으로 페르마의 마지막 정리와 8과 9가 유일한 연속된 거듭제곱수임을 말한(최근 미허일레스쿠(Mihäilescu)에 의해 증명된) 카탈랑 추측을 포함하고 있기 때문이다.

어떤 해의 가능성을 용납하는 것도 좋은데, 여기서 계산에 관한 주제가 관여할 수 있기 때문이다. 예를 들어 $1 + 8 = 9$이므로 $x = 1$, $y = 2$, $z = 3$이 방정식 $x^7 + y^3 = z^2$의 해이다. (지수 7은 지수들의 역수의 합을 1보다 작게 하려고 택한 값이다. 따라서 7 대신 더 큰 수로 바꿀 수도 있지만 각 경우의 거듭제곱은 여전히 1이므로 지수가 7 이상인 모든 예를 하나의 예로 간주할 수 있다.) 다음은 식 (2)의 알려진 해들이다.

$$1^n + 2^3 = 3^2,$$
$$2^5 + 7^2 = 3^4,$$
$$13^2 + 7^3 = 2^9,$$
$$2^7 + 17^3 = 71^2,$$
$$3^5 + 11^4 = 122^2,$$
$$33^8 + 1549034^2 = 15613^3,$$
$$1414^3 + 2213459^2 = 65^7,$$
$$9262^3 + 15312283^2 = 113^7,$$
$$17^7 + 76271^3 = 21063928^2,$$
$$43^8 + 96222^3 = 30042907^2.$$

숫자가 큰 예들은 보이케르즈(Beukers)와 재기어(Zagier)가 철저한 컴퓨터 계산으로 찾아낸 것들이다. 아마도 이것이 모든 해를 다 적은 듯하며 혹은 아닐 수도 있다. 증명은 없다.

그러나 특수한 u, v, w에 대해 더 이야기할 것이 남아 있다. 팔팅스(Faltings)와 다르몽(Darmon), 그랜빌의 유명한 논문(1995)의 결과를 이용하면 역수의 합이 1보다 작은 어떤 고정된 수 u, v, w에 대해 식 (2)의 해가 서로소인 세 수 x, y, z는 기껏해야 유한개만 있음을 증명할 수 있다. 지수를 특별하게 선택하면 모든 해를 다 찾아볼 수 있을 수도 있는데, 이를 모두 다루게 되면 이 작업은 초월수론(transcendental number theory)에서의 효과적인 방법인 산술기하학[IV.5]과 어려운 계산과의 상호작용을 포함할 것이다. 특히 지수의 세 집합이 $\{2, 3, 7\}$, $\{2, 3, 8\}$, $\{2, 3, 9\}$, $\{2, 4, 5\}$일 때의 모든 해는 위의 표에 다 적어두었다. $\{2, 3, 7\}$의 경우를 계산한 것과 다른 식들과의 관계는 푸넨(Poonen) 등의 2007년 결과에서 볼 수 있다.

외스터를레(Oesterlé)와 매서(Masser)의 ABC 추측[V.1]은 현혹될 정도로 간단하다. 이 문제는 양의 정수를 해로 갖는 방정식 $a + b = c$를 포함하기 때문에 이름이 그렇게 붙여졌다. $a + b = c$에 의미를 부여하기 위해 n을 나누는 소수들의 곱으로 영이 아닌 수 n의 라디칼(radical)을 정의하고 $\text{rad}(n)$으로 쓰자. 예를 들면 $\text{rad}(10) = 10$, $\text{rad}(72) = 6$, $\text{rad}(65536) = 2$이다. 특히 거듭제곱 꼴은 그 수 자체보다 작은 라디칼을 갖고 다른 많은 수도 그렇게 된다. 기본적으로 ABC 추측은 만약 $a + b = c$라면 abc의 라디칼은 작아질 수 없다고 주장한다. 더 자세히 말하면 아래와 같다.

ABC 추측. 모든 양수 ε에 대해 $a + b = c$이고 $\text{rad}(abc) < c^{1-\varepsilon}$인 서로소인 세 양의 정수 a, b, c는 기껏해야 유한개이다.

ABC 추측이 페르마 카탈랑 문제를 곧바로 푼다는 것에 주목해 보자. 실제로 u, v, w가 $1/u + 1/v + 1/w < 1$인 양의 정수이면 $1/u + 1/v + 1/w \leq 41/42$임을 쉽게 보일 수 있다. 식 (2)의 서로소인 해를 찾았다고 가정하면, $x \leq z^{w/u}$, $y \leq z^{w/v}$이므로

$$\text{rad}(x^u y^v z^w) \leq xyz \leq (z^w)^{41/42}$$

이다. 따라서 $\varepsilon = 1/42$인 ABC 추측은 기껏해야 유한개의 해만 갖고 있음을 내포한다.

ABC 추측은 다른 놀랄 만한 결과도 가지고 있는데, 매우 잘 정리된 그랜빌과 터커(Tucker)의 글 (2002)을 보라. 실제로 ABC 추측과 그 일반화는 많은 것들을 증명한다. 틀린 문장은 모든 것을 의미하기 때문에 나는 ABC 추측은 틀린 것 같다고 농담하곤 한다. 그러나 ABC 추측은 아마도 사실일 것이다.

실제로 이해하기 조금 어렵긴 하지만 에르되시-울람의 확률적 주장은 그에 대해서도 경험적 증거를 제공하도록 수정될 수 있다.

이런 주장에 바탕을 둔 것은 $\text{rad}(n)$의 하한이 주어졌을 때의 n의 분포에 대한 완전하고 엄밀한 결과이다. ABC 추측의 구체적인 형태로 이끌기 위해 이런 아이디어는 판 프랑켄휴이센(van Frankenhuijsen)의 논문에서와 스튜어트(Stewart)와 테넌바움 (Tenenbaum)에 의해 연구되었다. 여기서 더 약한 문장을 생각해 보자. a, b, c가 $a + b = c$를 만족하는 서로소인 양의 정수이고 c가 충분히 크면

$$\text{rad}(abc) > c^{1 - 1/\sqrt{\log c}} \tag{3}$$

이다.

수치로 구한 증거들이 식 (3)에 반해 계속 누적되는 방법을 알고 싶을 수도 있다. 이 부등식은 $\text{rad}(abc) = r$이면 $\log(c/r)/\sqrt{\log c} < 1$임을 주장한다. 따라서 $T(a, b, c)$를 검정통계량(test statistic) $\log(c/r)/\sqrt{\log c}$라 쓰자. 니타(Nitaj)가 운영하는 ABC 추측에 대한 많은 정보를 포함하는 웹사이트도 있다(www.math.unicaen.fr/~nitaj/abc.html). 이 데이터를 검증하면 $T(a, b, c) \geq 1$인 예는 상당히 적고, 지금까지 알려진 것 중 하나는

$a = 7^2 \cdot 41^2 \cdot 311^3 = 2477678547239$
$b = 11^{16} \cdot 13^2 \cdot 79 = 613474843408551921511$
$c = 2 \cdot 3^3 \cdot 5^{23} \cdot 953 = 613474845886230468750$
$r = 2 \cdot 3 \cdot 5 \cdot 7 \cdot 11 \cdot 13 \cdot 41 \cdot 79 \cdot 311 \cdot 953$
$\quad = 28828335646110$

이며

$$T(a, b, c) = \frac{\log(c/r)}{\sqrt{\log c}} = 2.43886\cdots$$

이다. $T(a, b, c) < 2.5$라는 건 항상 참일까?

누군가는 경험적(시행착오적) 발견에 너무 몰두한 나머지, 자신이 사실은 정리를 증명하고 있는 것이 아니라 추측을 만들고 있다는 것을 잊어버릴지도 모른다. 경험적 발견은 보통 확률적인 아이디어에 기반하지만, (무작위적이지 않은) 어떤 잠재적 구조가 있다면 그로 인해 판이 엎어지게 된다. 그런데 잠재적 구조가 없는지 어떻게 알 수 있을까? '$abcd$ 추측'의 경우를 생각해 보자. 여기 $a + b + c + d = 0$을 만족하는 정수 a, b, c, d가 있다. 각 항이 서로소라는 조건은, 이 중 어느 두 개를 택해도 서로소이거나 네 수를 모두 나누는 공약수가 1밖에 없는 경우의 두 가지 가능성이 있다. 전자의 조건이 세 항만 있는 추측에 더 취지가 맞을 것처럼 보이지만 어떠한 짝수도 사용할 수 없다는 점에서 다소 너무 강한 조건일수도 있다. 그래서 어느 두 개를 택해도 공약수가 2보다 큰 쌍이 없는 네 개의 항을 택했다고 가정하다. 이 조건하에서, 앞서 설명했던 경험적 방법에 따르면 모든 양수 ε에 대해

$$\mathrm{rad}(abcd)^{1+\varepsilon} < \max\{|a|, |b|, |c|, |d|\} \quad (4)$$

가 되는 경우는 기껏해야 유한개임을 제시하는 것처럼 보인다. 하지만 (그랜빌이 포메런스에게 제안했던) 다항식의 항등식

$$(x + 1)^5 = (x - 1)^5 + 10(x^2 + 1)^2 - 8$$

을 생각해 보면, x가 10의 배수이면 네 항은 뒤의 두 항만 최대공약수가 2이고 다른 두 개씩 항을 고르면 서로소가 된다. x를 10의 배수인 $11^k - 1$이라 하자. 네 항 중 가장 큰 항은 11^{5k}이고 네 항의 곱의 라디칼은 기껏해야

$$110(11^k - 2)((11^k - 1)^2 + 1) < 110 \cdot 11^{3k}$$

이 된다. 경험적 방법에 의하면 일어날 수 없는 그런 일이 여기 우리 눈 앞에 있다!

여기서 일어나고 있는 일은 이 다항식의 항등식이 잠재적인 구조를 제공하고 있다는 점이다. 네 항 $abcd$ 추측에 대해 그랜빌은 모든 $\varepsilon > 0$에 대해 식 (4)의 모든 반례가 기껏해야 유한개의 다항식들의 모임에서 왔다고 추측했다. 그리고 ε이 0으로 줄어들 때 이런 다항식들의 모임의 수는 무한히 커진다.

여기서 우리는 디오판토스 방정식 분야의 매우 일부만 보았고, 그리고 나서 경험과 작은 해에 대한 계산적 탐색 간의 동적인 관계를 주로 살펴보았다. 계산적인 디오판토스 방정식을 주제로 하는 더 많은 내용은 스마트(Smart)의 책(1998)에서 볼 수 있을 것이다.

경험적인 주장은 보통 연구대상이 무작위로 행동하는 것을 가정하고 이런 식으로 생각하는 것이 유용한 몇 가지 경우에 대해 이야기했었다. 다른 예시들은 쌍둥이 소수 추측($p + 2$가 소수인 소수 p가 무한히 많다), 골드바흐의 추측(2보다 큰 모든 짝수는 두 소수의 합으로 쓸 수 있다)과 정수론에서의 셀 수 없이 많은 추측들을 포함한다. 확률적 관점에서 계산을 통한 증거는 놀라우며 심지어 굉장하기까지 해, 모형의 진실성에 확신을 가지게 되었다. 반면, 우리가 계속해 온 모든 것이 거짓증명이라면 우리는 여전히 진실로부터 동떨어져 있을 것이다. 그럼

에도 계산과 경험적 사고의 상호작용은 우리 지식의 축적의 없어서는 안될 부분을 형성하고 있고 수학은 이를 통해 더 풍요로워진다.

덧붙이는 말과 감사의 말

계산적 정수론에 대한 토론을 위해 독자들에게 코헨(Cohen)의 책(1993)을 추천하고 싶은데, 이 책은 이 글에서 게을리한 주제들을 포함하고 있다. 기꺼이 그들의 전문지식을 공유해 준 구르동(X. Gourdon), 그랜빌(A. Granville), 오딜즈코(A. Odlyzko), 섀퍼(E. Schaefer), 사운다라라잔(K.Soundararajan), 스튜어트(C. Stewart), 테이데만(R. Tijdeman), 판 프랑켄훼이선(M. van Frankenhuijsen)에게 감사의 말을 전하고 싶다. 더불어, 이런 설명과 함께 도움이 되는 제안들을 해 준 그랜빌과 D. 포메런스에게 감사한다. 이 글은 부분적으로 NSF grant DMS-0401422의 지원을 받았다.*

더 읽을거리

Agrawal, M., N. Kayal, and N. Saxena. 2004. PRIMES is in P. *Annals of Mathematics* 160:781-93.

Buhler, J., R. Crandall, R. Ernvall, and T. Metsänkylä. 1993. Irregular primes and cyclotomic invariants to four million. *Mathematics of Computation* 61:151-53.

Cohen, H. 1993. *A Course in Computational Algebraic Number Theory*. Graduate Texts in Mathematics, volume 138. New York: Springer.

Crandall, R., and C. Pomerance. 2005. *Prime Numbers: A Computational Perspective*, 2nd edn. New York: Springer.

Darmon, H., and A. Granville. 1995. On the equations $z^m = F(x, y)$ and $Ax^p + By^q = Cz^r$. *Bulletin of the London Mathematical Society* 27:513-43.

Erdős, P., and S. Ulam. 1971. Some probabilistic remarks on Fermat's last theorem. *Rocky Mountain Journal of Mathematics* 1:613-16.

Granville, A., and T. J. Tucker. 2002. It's as easy as *abc*. *Notices of the American Mathematical Society* 49:1224-31.

Odlyzko, A. M., and A. Schönhage. 1988. Fast algorithms for multiple evaluations of the Riemann zeta function. *Transactions of the American Mathematical Society* 309:797-809.

Poonen, B., E. Schaefer, and M. Stoll. 2007. Twists of $X(7)$ and primitive solutions to $x^2 + y^3 = z^7$. *Duke Mathematics Journal* 137:103-58.

Rosser, J. B., and L. Schoenfeld. 1962. Approximate formulas for some functions of prime numbers. *Illinois Journal of Mathematics* 6:64-94.

Smart, N. 1998. *The Algorithmic Resolution of Diophantine Equations*. London Mathematical Society Student Texts, volume 41. Cambridge: Cambridge University Press.

* 2007년 프랑스의 수학자 스피로(Szpiro)가 ABC 추측의 승냉을 발표하였으나, 곧 오류가 발견되었다. 2012년 8월에 모치즈키(Mochizuki)가 ABC 추측의 증명을 발표하였다. 2012년 10월에 이 증명에 약간의 오류가 발견되었으나, 그는 이것이 비교적 사소한 오류라고 답변하였고, 증명을 교정하였다. 현재(2014년 1월) 모치즈키 논문의 최종 버전은 2013년 12월에 발표되었다. 모치즈키의 증명이 옳은지는 아직 학계에서 논란이 일고 있다(위키피디아 인용)-옮긴이

IV.4 대수기하학

야노스 콜라르 *János Kollár*

1 서론

대수기하학(algebraic geometry)이란, 간략히 말하면 다항식들을 이용한 기하학 연구이고, 또한 기하학을 이용한 다항식들에 대한 연구이다.

많은 사람들이 대수기하학의 기초적인 대상들을 고등학교에서 '해석기하학(analytic geometry)'이라는 이름으로 배웠다. $y = mx + b$를 직선 L의 방정식이라고 하고, 또는 $x^2 + y^2 = r^2$을 반지름이 r인 원 C의 방정식이라고 부를 때, 이미 기하학과 대수학 사이의 기본적인 대응관계를 생각한 것이다.

만일 직선 L과 원 C가 서로 만나는 점들을 찾고자 한다면, 단순히 $mx+b$를 원의 방정식 $x^2 + (mx + b)^2 = r^2$의 y의 자리에 대입하고, 그 결과로 얻어진 x에 대한 2차방정식을 풀어서 두 교차점의 x좌표들을 얻으면 된다.*

이 간단한 예에 대수기하학의 방법론이 담겨 있다. 즉, 기하학적인 문제를 비교적 손쉽게 풀 수 있는 대수 문제로 바꾸고, 반대로 대수학적 문제에 대해서는 기하학적 관점을 통해 새로운 통찰 또는 이해를 얻는 것이다. 여러 개의 다항식들로 이루어진 연립다항방정식(system of polynomial equations)의 공통근을 추측하는 것은 어려운 일이지만, 일단 상응하는 기하학적 그림을 그리고 나면 그 문제들에 대한 정성적인 이해를 할 수 있게 되고, 이를 바탕으

---

* 이렇게 얻어진 x의 좌표를 직선 L 또는 원 C의 방정식에 대입하여 두 교차점의 y좌표들도 찾을 수 있다–옮긴이

로 대수학이 제공하는 도구들을 이용해 정확한 정량적 해답을 얻게 된다.

2 다항식과 그 기하

다항식은 수와 변수들을 가지고 더하고 곱하는 연산들을 통해 얻을 수 있는 표현이다. 가장 익숙한 다항식은 $x^3 - x + 4$ 같은 일변수 다항식들이지만 두 개 또는 세 개의 변수를 사용하여, 예를 들어 $2x^5 - 3xy^2 + y^3$과 같은 차수가 5인 이변수 5차다항식 또는 $x^5 - y^7 + x^2z^8 - xyz + 1$ 같은 삼변수 10차다항식을 얻을 수도 있다. 일반적으로 $x_1, x_2, \cdots, x_n$으로 표현되는 n개의 변수를 가지는 다항식을 생각할 수 있고 그것을 $f(x_1, \cdots, x_n)$이나 $f(\boldsymbol{x})$, 또는 구체적으로 명시되지 않은 다항식을 표시할 때는 간단히 f라고 나타낸다.

다항식은 컴퓨터를 이용해서 계산할 수 있는 유일한 함수이다(비록 당신의 주머니 속의 계산기에 로그를 '계산할 수 있을 것 같은' 버튼이 있겠지만, 그것은 아주 작은 오차범위 이내로 근사하는 다항식을 몰래 계산하는 것이다).

앞에서 직선 L과 원 C에 대해서 썼던 방정식들을 $y - mx - b = 0$과 $x^2 + y^2 - r^2 = 0$으로 살짝 바꾸어 쓸 수 있다. 그리고 나면 L과 C를 해집합으로 묘사할 수 있는데, 직선 L은 $y - mx - b$의 해집합($y - mx - b = 0$을 만족시키는 모든 점 (x, y)들의 집합)이고 원 C는 $x^2 + y^2 - r^2$의 해집합이다.

비슷하게 3차원 공간 $2x^2 + 3y^2 - z^2 - 7$의 해집합은 쌍곡면(hyperboloid)이고 $z - x - y$의 해집합은 평면이다. 이 두 가지 방정식들의 공통 해집합은

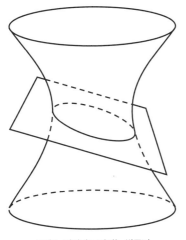

그림 1 평면과 교차하는 쌍곡면

2차원 공간 내에서 위 쌍곡면과 평면이 만나는 공통 부분, 즉 타원이 된다(그림1 참조).

임의의 개수의 변수를 가지는 연립다항방정식의 공통 해집합은 **대수적 집합**(algebraic set)이라고 불린다. 이 대수적 집합들이 대수기하학의 기본적인 대상이다.

대부분의 사람들은 기하학이 3차원에서 끝난다고 느낀다. 시공간(space-time)이라고도 불리는 4차원에 대한 감각을 가진 사람들은 매우 소수에 불과하다. 그리고 5차원은 거의 대부분의 사람들에게 인식하기 힘든 대상이다. 그렇다면 변수가 여러 개인 다변수 연립다항방정식의 기하란 무슨 의미인가?

이 지점에서 대수학이 우리를 구조해 주는 역할을 한다. 5차원 공간의 반지름이 r인 4차원 구면(sphere)의 모양은 어떠해야만 하는가를 생각하며 시각화하려 한다면 큰 어려움을 겪겠지만, 그 방정식을 생각한다면 쉽게 그것을

$$x_1^2 + x_2^2 + x_3^2 + x_4^2 + x_5^2 - r^2 = 0$$

이라고 쓸 수 있고, 이것을 가지고 계산할 수 있다. 또한 이 방정식은 컴퓨터로 계산할 수 있는 것이라 응용적인 측면에서도 아주 유용하다.

그럼에도 이 글의 나머지 부분에서는 이변수 또는 삼변수의 경우만 생각하겠다. 이 경우에서 모든 기하학의 출발과 수많은 흥미로운 질문들, 그리고 그 해답들이 유래하였기 때문이다. 대수기하학의 중요성은 대수학과 기하학 사이에 의미심장한 상호작용이 빈번하게 일어난다는 사실에서 찾을 수 있다. 다음 두 가지 예를 가지고 이를 설명해 보자.

3 대부분의 모양은 대수적이다

수학에서 자주 등장하여 고유의 이름이 있는 모양들(예를 들어 직선, 평면, 원, 타원, 쌍곡선, 포물선, 쌍곡면, 포물면, 타원면)은 대부분 모두 대수적이다. 심지어 훨씬 더 이상한 모양의 뒤러(Dürer)의 나사선(conchoid), 뉴턴[VI.14]의 삼지창형 곡선(trident) 그리고 케플러(Kepler)의 엽선(folium)은 모두 대수적이다.

어떤 모양들은 연립다항방정식의 근으로 묘사할 순 없지만, 다항부등식으로는 묘사할 수 있다. 예를 들어, 부등식 $0 \leq x \leq a$와 $0 \leq y \leq b$는 함께 변의 길이가 a, b인 직사각형을 묘사한다. 이와 같이 다항부등식들을 이용하여 묘사할 수 있는 모양들을 **준대수적**(semialgebraic)이라고 하며 모든 정다면체들은 준대수적이다.

그렇다고 모든 모양들이 다 대수적 집합인 것은 아니다. 예를 들어 사인함수 $y = \sin x$의 그래프를 생각해 보자. 이것은 x가 π의 배수가 되는 지점에서

x축을 무한번 지난다. 만약 $f(x)$가 다항식이라면 그 것은 기껏해야 그 다항식의 차수만큼 많은 근을 가진다. 그러므로 $y = f(x)$는 절대로 $y = \sin x$와 같아 보일 수 없다.

그러나 x의 값들을 아주 크지 않은 부분에서만 고려한다면 다항식을 이용하여 $\sin x$에 충분히 가깝게 근사할 수 있다. 한 예로 7차 테일러 다항식

$$x - \tfrac{1}{6}x^3 + \tfrac{1}{120}x^5 - \tfrac{1}{5040}x^7$$

은 $\sin x$와의 오차가 구간 $-\pi < x < \pi$에서 기껏해야 0.1이다. 이것은 원점으로부터 아주 먼 곳에서 무슨 일이 일어나는지는 개의치 않고 원점 근처의 국소적인 모양만을 생각할 때, 모든 '고려할 만한' 기하학적 모양은 전부 대수적이라는 존 내쉬(John Nash)의 기초적인 한 정리의 아주 특별한 경우이다. 여기서 무엇이 고려할 만한 모양인가? 분명히 모든 모양이 다 이에 해당하는 것은 아니다. 프랙탈은 심오하게 비대수적이다. 가장 적합한 모양들은 다양체[I.3 §6.9]이고, 이들은 모두 다항식을 이용해 묘사가 가능하다.

내쉬의 정리. M을 n차원 실수공간의 임의의 다양체라 하고, 어떤 큰 양수 R을 고정하자. 그러면 적어도 반지름이 R인 원점 중심의 공(ball) 내부의 영역에서 주어진 다양체 M을 해집합으로 원하는 만큼 가깝게 근사하는 다항식 f가 항상 존재한다.

4 암호와 유한기하학

3차원 공간의 쌍원뿔을 정의하는 방정식 $x^2 + y^2 =$ z^2을 생각해 보자(그림 4 참조). 만일 자연수들 중에서만 해를 생각한다면 방정식 $x^2 + y^2 = z^2$의 해들은 이 중 가장 잘 알려진 두 개의 해 (3, 4, 5), (5, 12, 13)과 같이 모든 변이 정수길이를 가지는 직각 삼각형과 대응하는 피타고라스의 **삼중쌍**(Pythagorean triples)이 될 것이다.

이제 같은 방정식을 생각하되 양변이 짝수냐 홀수냐 하는 **홀짝성**(parity)만을 고려한다고 가정해 보자. 예를 들자면 $3^2 + 15^2$과 4^2은 양쪽이 다 짝수이므로 $3^2 + 15^2 \equiv 4^2$ (mod 2), 즉 다시 말해 '2를 법(modulo)으로 하여 양변이 같다'라고 할 수 있다. $x^2 + y^2$과 z^2의 홀짝성은 오직 변수 x, y, z의 홀짝성에만 의존하므로 x, y, z를 각각 짝수일 때는 0, 홀수일 때는 1인 것처럼 다룰 수 있다. 그러면 2를 법으로 할 때, 방정식은 네 개의 해

$$000, 011, 101, 110$$

을 갖게 된다. 이 해들은 컴퓨터 메시지 속의 부호처럼 보인다. 다항식들과 그것들의 2를 법으로 한 해들을 이용하는 것이 정말 뛰어난(아마도 가장 좋은) **오류 정정 부호**[VII.6 §§3~5]를 만드는 방법이라는 사실이 발견되었을 때, 그것은 꽤 놀라운 사건이었다.

여기에는 상당히 본질적이면서 새로운 무언가가 있다. 3차원 공간이란 무엇인지 잠시 생각해 보자. 많은 이들에게 그것은 쉽게 손에 잡히지 않는 무정형의 어떤 것이지만, 우리의 선조 데카르트[VI.11]를 비롯한 대수기하학자들에는 단순히 x, y, z축의 좌표인 세 가지 숫자로 구성된 점들의 모임일 뿐이다. 여기서 한 걸음 더 나아가 '2를 법으로 하는 3차

원 공간'을 2를 법으로 할 때의 값을 세 개의 좌표로 갖는 모든 점들의 모임이라고 하자. 이 점들 중에 4개는 위에서 언급되었고, 이 외에도 4개의 점이 더 존재한다. 대수학의 아름다움은 이렇게 단지 '8개의 점만을 가지는 3차원 공간'에서도 직선, 평면, 구면, 그리고 원뿔들에 대해 이야기할 수 있는 방법을 제공해 준다는 데 있다.

이런 논의를 여기서 멈출 필요는 없으며 2 외에도 임의의 정수를 법으로 하는 경우도 다룰 수 있다. 예를 들어 7을 법으로 한다고 해 보자. 가능한 좌푯값으로 0, 1, 2, 3, 4, 5, 6이 있고, 따라서 '7을 법으로 하는 3차원 공간'에는 $7^3 = 343$개의 점들이 있다.[*]

이런 공간에서의 기하학에 대해 이야기하는 것은 아주 흥미로운 일이지만 기술적으로는 매우 어려운 일이다. 하지만 이런 일련의 과정을 원래 주어진 공간의 '이산화(discretization)'라는 관점에서 볼 수 있다는 보상이 따른다. 매우 큰 수(특히 큰 소수) n을 법으로 하는 공간을 생각하면 이것은 원래 익숙한 기하학적 현상들과 매우 유사해진다.

이런 접근은 특별히 정수론에서 제기되는 문제들을 생각할 때 여러 풍성한 결과들을 가져다 주었다. 한 예로 앤드루 와일즈(Andrew Wiles)의 페르마의 마지막 정리를 증명하는 과정에서 이와 같은 관점은 중요한 역할을 했다.

위 주제에 관해 좀 더 알고 싶은 독자는 산술기하학[IV.5]을 참고하기 바란다.

---

[*] 소수 7을 법으로 할 때 생기는 정수들의 잉여류(residue class)들은 앞에서 언급된 것처럼 0, 1, 2, 3, 4, 5, 6과 같은 7개의 정수로 대표되고, 대수적으로 체(field)를 이루게 되는데, 이 유한체(finite field) 내의 원소를 좌표로 취하는 3차원 공간을 뜻한다-옮긴이

---

5 다항식의 스냅사진

방정식 $x^2 + y^2 = R$을 생각하자. 만일 $R > 0$이면 이 방정식의 실수해들은 반지름 $\sqrt{R}$인 원을 이룬다. 만일 $R = 0$이면 실수해는 원점뿐이고, $R < 0$이면 공집합을 얻는다. 그러므로 $R > 0$이면 해집합의 기하가 R을 결정하지만, 다른 R에 대해서는 그렇지 않다. 물론 여기서 복소수해들을 생각할 수도 있고 복소수 해집합은 항상 R을 결정한다. (예를 들어 x축과 교차점은 $(\pm\sqrt{R}, 0)$이다.)

R이 유리수라면 방정식 $x^2 + y^2 = R$의 유리수해에 대해 질문할 수 있고, R이 정수이면 또한 임의의 정수 m에 대해 'm을 법으로 하는 평면'에서 위 방정식의 해를 생각해 볼 수도 있다.

심지어 위 방정식 $x^2 + y^2 = R$에 대해 x, y 자체가 $x = x(t), y = y(t)$인 t를 변수로 하는 다항식 해가 있는지 찾아볼 수도 있다(더 일반적으로는 숫자 R을 포함하는 임의의 환(ring)의 원소들 내에서 해를 구하는 문제를 생각할 수도 있다).

나는 다항식이 핵심적인 수학적 대상이며, 해집합을 볼 때마다 다항식의 '스냅사진(단편)'을 찍는 것이라 생각한다. 어떤 스냅사진은 위에서 $R > 0$인 방정식 $x^2 + y^2 = R$의 실수체 위에서의 경우처럼 유용하고, 또 몇몇은 $R < 0$인 경우의 스냅사진처럼 그리 쓸모가 없을 때도 있다.

이와 같이 그려지는 다항식의 스냅사진이 얼마나 좋고 유용할 수 있을까? 이 스냅사진들로부터 방정식을 결정할 수 있을까?

종종 쌍곡선의 바로 '그' 방정식에 대해 이야기하지만, 실제로는 '쌍곡선의 방정식들 중 하나'라고 말하는 것이 더 정확할 것이다. 실제 쌍곡선 $x^2 - y^2 -$

$R = 0$은 또한 임의의 0이 아닌 c에 대해 방정식 cx^2 $- cy^2 - cR = 0$으로도 주어질 수 있다. 또한, 그것의 전개식을 신경 쓰지 않는다면 방정식 $(x^2 - y^2 - R)^2 = 0$으로도 위 쌍곡선을 표현할 수 있다. 물론 더 높은 거듭제곱도 생각할 수 있다. 그러면 이번에 방정식 $f(x, y) = (x^2 - y^2 - R)(x^2 + y^2 + R^2) = 0$은 어떤가? 실수해들만 살펴본다면 $x^2 + y^2 + R^2$은 모든 실수 x, y에 대해 항상 양수이므로 이 역시 바로 위의 쌍곡선을 표현하게 된다. 그러나 일변수 다항식의 경우처럼 전체적으로 이 다항식을 이해하고 싶다면 모든 복소수해들도 다같이 생각해야 한다. 그러면 $(\sqrt{-1}R, 0) = 0$이지만 이 복소수점 $f(\sqrt{-1}R, 0)$은 쌍곡선 $x^2 - y^2 - R = 0$ 위에 놓여 있지 않음을 알게 된다. 일반적으로 R이 0이 아닌 경우에는, f가 $x^2 - y^2 - R$과 정확히 똑같은 복소수해들을 가지는 다항식이라면 항상 어떤 m과 0이 아닌 c에 대해 $f(x, y) = c(x^2 - y^2 - R)^m$과 같이 표현될 수 있음을 알 수 있다.

왜 $R = 0$인 경우는 다른가? 그 이유는 0이 아닌 R에 대해 다항식 $x^2 - y^2 - R$은 기약(irreducible)인(다시 말해 다른 다항식들의 곱으로 표현될 수 없는) 데 반해, ($R = 0$인 경우에는) 다항식 $x^2 - y^2 = (x + y)(x - y)$가 기약인수 $x + y$와 $x - y$로 약분가능 (reducible)하기 때문이다. 후자의 경우에는 $g(x, y)$가 $x^2 - y^2$과 정확히 같은 복소수해들을 가지는 다항식이라면 항상 어떤 m, n 그리고 0이 아닌 c에 대해 $g = c \cdot (x + y)^m(x - y)^n$으로 표현됨을 알 수 있다.

하나의 방정식이 아닌 여러 개의 방정식들의 모임인 연립방정식에 대해서도 유사한 질문을 할 수 있고, 그 해답은 대수기하학의 기본 정리에 의해 주어진다. 이 정리는 때로는 힐베르트의 영점정리 (Nullstellensatz)라고도 불리는데, 일반적으로는 이 정리의 독일어 원어에 해당하는 이름으로 가장 많이 불린다. 여기서는 편의상 방정식 하나의 경우에 대해 기술해 보겠다.

힐베르트의 영점정리. 두 개의 복소 계수 다항식 f, g가 정확히 똑같은 복소수 해집합을 갖는다는 것은 두 다항식이 정확히 같은 기약 다항식들을 인수로 가진다는 것과 동치이다.

정수 계수 다항식들에 대해서는 훨씬 더 강력한 결과를 말할 수 있다. 예를 들어 $x^2 - y^2 - 1 = 0$과 $2(x^2 - y^2 - 1) = 0$은 실수체나 복소수체 위에서 정확하게 같은 해들을 가지고 또한 임의의 홀수인 소수를 법으로 하는 수들 위에서도 정확히 같은 해집합을 갖지만, 2를 법으로 할 때는 다른 해집합을 갖는다. 이런 경우와 관련된 일반적인 결과는 다음과 같이 쉽고 간단하다.

산술적인 영점정리. 정수 계수를 갖는 두 개의 다항식 f, g가 모든 정수 m에 대해 m을 법으로 하는 수 위에서 항상 같은 해집합을 갖는 것의 필요충분조건은 $f = \pm g$이다.

6 베주의 정리와 교차이론

다항식 $h(x)$의 차수가 n이면 그 다항방정식은 적절한 중복도(multiplicity)를 고려하여 세면 항상 n

개의 복소수해를 가진다. 그러면 연립방정식 $f(x, y) = g(x, y) = 0$에서는 무슨 일이 일어날까? 기하학적으로는 평면 위에 두 개의 곡선을 생각할 수 있고, 그래서 대체로 유한개의 교차점에서 서로 만날 것이라고 예상할 수 있다.

f, g가 둘 다 일차라면, 평면 위의 두 개의 직선을 가지게 된다. 평면 위의 두 직선은 대개 한 점에서 만나지만, 평행하거나 일치할 수도 있다. 이 '평행한 두 직선'의 경우가 '평행한 두 직선은 무한대에서 만난다'는 고전적인 선언과 더불어, **사영평면**과 **사영공간**[III.72]의 정의를 도출했다. (사영공간과 그에 상응하는 사영다양체에 대한 소개는 대수기하학의 가장 중요한 단계 중 하나이다. 약간 기술적인 논의가 필요한 관계로 이 글에서는 생략하지만, 이 개념들은 가장 기초적인 단계에서도 필수불가결한 요소가 된다).

다음으로 차수가 2인 두 개의 다항식, 다시 말해 두 개의 평면 원뿔곡선(plane conic)을 생각해 보자. 두 개의 매끄러운(smooth) 원뿔곡선들은 보통 최대 네 점에서 만난다(간단히 두 개의 타원을 그리며 확인해 보라). 이 경우에도 다소 퇴화된(degenerate) 경우들이 존재한다. 두 개의 원뿔곡선이 일치할 수도 있고, 각각의 원뿔곡선이 직선 두 개의 합으로 표현되어 그중 한 직선을 서로 공유하며 만날 수도 있다. 어떤 경우든지 1779년에 성립된 다음과 같은 기본 정리를 서술할 준비가 되어 있다.

베주(Bézout)의 정리. $f_1(x)$, $\cdots$, $f_n(x)$를 n개의 변수를 가지는 n개의 다항식이라고 하고, 각각의 i에 대해 d_i를 f_i의 차수라고 하자. 그러면

(i) 방정식계 $f_1(x) = \cdots = f_n(x) = 0$은 최대 $d_1 d_2 \cdots d_n$개의 해를 갖거나

(ii) 모든 f_i들이 어떤 대수곡선 C 위에서 0이 되어, 공통근들의 연속적인 모임이 존재한다.

예를 들어, 경우 (ii)는 다음과 같은 연립방정식 $xz - y^2 = y^3 - z^2 = x^3 - z = 0$에서 발생한다. 왜냐하면 임의의 t에 대해 (t, t^2, t^3)이 모두 공통근이 되기 때문이다. 이런 경우는 실제로 아주 드물다. 만일 다항식 f_i의 계수를 무작위로 뽑는다면, 확률 1로 경우 (i)이 발생할 것이다.

이상적으로, 첫 번째 경우가 발생했을 때 '중복도를 고려하면' 정확하게 $d_1 d_2 \cdots d_n$개의 공통근을 갖는다는 좀 더 강력한 주장을 하고 싶다. 실제로 이것은 성립하고, 대수기하학의 매우 유용한 특징의 첫 번째 예를 보여 준다. 심지어 아주 퇴화된 경우에 대해서도 중복도를 정의하고, 그것을 손쉽게 셀 수 있다. 이것은 종종 큰 도움이 되곤 하는데, 실제로 전형적인(또는 '일반적인') 경우들은 보통 계산하기가 매우 어렵기 때문이다. 이런 문제점을 해결하기 위해 우리는 때때로 해답은 같지만, 계산은 훨씬 수월한 아주 특별하게 퇴화된 경우를 찾아 원래 문제를 풀기도 한다.

위에서 언급한 중복도에 대해 생각하는 방법은 두 가지가 있다. 하나는 대수적인 것이고, 다른 하나는 기하적인 것이다. 대수적인 정의는 계산적으로 매우 용이하지만, 다소 기교적이다. 기하적인 해석은 설명하기가 더 쉬워 함께 생각해 보겠지만, 실제 계산은 꽤 어려운 것일 수도 있다.

$x = p$를 방정식계 $f_1(x) = \cdots = f_n(x) = 0$의 중복

도 m인 고립된(isolated) 공통근이라고 가정하자. 그러면 매우 작은 ϵ_i에 의해 조금 섭동된 연립방정식

$$f_1(\boldsymbol{x}) + \epsilon_1 = \cdots = f_n(\boldsymbol{x}) + \epsilon_n = 0$$

은 $\boldsymbol{x} = \boldsymbol{p}$ 근처에서 정확하게 m개의 공통근을 가질 것이다.

교차이론(intersection theory)은 위와 같은 베주의 정리의 일반화를 다루는 대수기하학의 한 분야이다. 앞 단락에서는 초곡면(hypersurface), 다시 말해 다항식 하나의 해집합들의 교차에 대해서만 살펴보았다. 그러나 좀 더 일반적인 대수적 집합들의 교차에 대해서도 살펴볼 수 있다. 또한 베주의 정리의 두 번째 결론, 즉 (ii)가 성립할 경우에도 고립된 교차점의 개수를 세고 싶은데 이것은 매우 기교적인(그러나 많은 경우 매우 유용한) 방법에 의해 가능하다.

7 대수다양체, 스킴, 오비폴드, 스택

3차원 공간의 다음과 같은 연립다항식 $xz = yz = 0$을 생각해 보자. 이 연립다항식은 평면 $z = 0$과 직선 $x = y = 0$의 두 부분으로 이루어져 있다. 여기서 이 평면과 직선 어느 것도 다른 대수적인 집합들의 합집합으로 쓰이지 않는다는 것을 쉽게 알 수 있다(단, 직선이 그 자체와 그 위에 있는 임의의 점 하나의 합집합이라고 주장하는 트집잡기 좋아하는 사람들을 제외하고는 말이다). 일반적으로 임의의 대수적 집합은 더 이상 쪼갤 수 없는 작은 대수적 집합들의 합집합으로 쓰여지며 그 방법은 오직 한 가지뿐이다. 이 기본적인 벽돌과 같은 대수적 집합을 기약 대수적 집합이라고 하거나, 아니면 대수다양체(algebraic

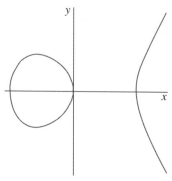

그림 2 매끄러운 3차곡선: $y^2 = x^3 - x$

variety)라고 부른다.

때로는 이런 상황이 우리가 대략적으로 예상하는 것과 정확히 맞아떨어지지 않을 수도 있다. 예를 들어, 그림 2와 같은 곡선은 두 개의 연결된 성분을 가진다. 그러나 이 두 부분 모두 대수적 집합은 아니다.

이유는 이 방정식의 복소해를 살펴봄으로써 주어진다. 후에 이 방정식은 복소해들이 (무한대의 한 점을 제외하고) 원환체(torus)라고 불리는 연결집합을 이룸을 볼 것이다. 같은 방정식의 실수해를 볼 때는 그림과 같은 두 개의 성분이 나타나는데 그것이 원환체의 한 단면을 택하는 것과 같기 때문이다.

일반적으로 방정식 $f = 0$의 해집합이 대수적 집합으로서 기약인 것은 f가 다항식으로서 기약인 것(또는 기약 다항식의 n제곱이 되는 것)과 동치이다. 한쪽 방향의 증명은 쉽게 알 수 있다. 만일 $f = gh$라면 f의 해집합은 g의 해집합과 h의 해집합의 합집합이 될 것이기 때문이다.

그러나 대수기하학의 많은 문제들에서, 이렇게 해집합만을 고려하는 것은 충분하지 않다. 예를 들어, 다항식 $f = x^2(x - 1)(x - 2)^3$을 생각해 보자. 그

것은 차수가 6이고, $x = 0, 1, 2$에서 3개의 근을 갖는다. 그러나 이 근들은 모두 다른 성향을 가진다. 일반적으로 f가 $x = 0$에서 중근(double root)을 가지고 $x = 2$에서 삼중근(triple root)을 가진다고 말한다. 만일 f에 아주 작은 ϵ을 더해 섭동시킨다면, 섭동된 방정식 $f(x) + \epsilon = 0$은 $x = 0$ 근처에서 두 개의 (복소)해와 $x = 1$ 근처에서 한 개의 해, 그리고 $x = 2$ 근처에서 세 개의 해를 가지게 될 것이다. 그래서 이 중복도는 방정식의 섭동(perturbation)에 대해 중요한 기하학적 정보를 전달한다.

비슷하게 $x^2y = 0$과 $xy^3 = 0$은 (두 개의 좌표축으로 이루어진) 같은 대수적 집합을 정의하지만, 첫 번째 식은 y축에 '중복도 2를 부여하고', 두 번째 식은 x축에 '중복도 3을 부여한다'고 말하는 것이 자연스러울 것이다.

여러 개의 방정식으로 이루어진 연립방적식을 생각할 때는 좀 더 복잡한 일이 발생할 수 있다. 3차원 공간의 연립방정식 $x = y^2 = 0$과 $x^3 = y = 0$을 생각해 보자. 두 식 모두 z축을 정의하되, 첫 번째 것은 중복도 2로, 두 번째 것은 중복도 3으로 정의한다고 말하는 것이 합당할 것이다. 그러나 중복도 이외에 또 다른 차이가 있다. 첫 번째 경우에 그 중복도는 'y축 방향을 향해 나가고', 두 번째 경우에는 'x축 방향을 향해 나가는' 것처럼 보인다. 좀 더 복잡한 움직임을 고려해 보자면, $x - cy = y^3 = 0$과 같은 또 다른 연립방정식을 생각할 수도 있을 것이다.

간단히 말해서 스킴(scheme)이란 중복도와 그 중복도가 발생하는 방향까지 함께 고려하는 대수적인 집합을 가리킨다.

xy-평면과 원점을 중심으로 대칭인 사상(map)을 생각해 보자. 그러면 점 (x, y)는 $(-x, -y)$로 옮겨진다. 이제 각 점 (x, y)를 위 사상에 의한 상(image) $(-x, -y)$와 서로 붙여 보자. 무엇이 얻어지는가? $x \geq 0$인 오른쪽 반평면(half-plane)이 $x \leq 0$인 왼쪽 반평면으로 옮겨지므로, 위 과정에서 오른쪽 반평면에 무슨 일이 일어나는지만 살펴보면 된다. 양의 y축이 음의 y축과 서로 붙게 되어, 결과적으로 만들어지는 곡면은 (조금 덜 뾰족한) '바보모자(dunce cap)*'가 될 것이다.

대수적으로 그것은 뿔 $z^2 = x^2 + y^2$의 절반인 원뿔이다. 이 원뿔은 꼭짓점을 제외하고는 매끄럽고 상당히 아름답게 보인다. 이것은 조금 복잡하지만 평면 위의 한 점을 중심으로 하는 대칭에 의해 만들어질 수 있음을 위에서 보았다. 더 일반적으로 n차원 실수공간 $\mathbb{R}^n$을 택하고, 거기에 유한개의 대칭성(symmetry)을 생각해 본다고 하자. 만일 이 대칭에 의해 옮겨지는 점들을 서로 붙이게 되면 또다시 대부분의 점에서는 매끄럽지만 몇몇 점에서는 상당히 복잡한 대수다양체를 얻게 될 것이다. 이와 같은 다양체들을 조각으로 하여 만들어지는 다양체를 **오비폴드(orbifold)**라고 부른다(오비폴드에 대해 더 정확한 정의를 내리고 싶다면, 이 과정에서 어떤 대칭성이 사용되었는지 또한 고려해 봐야 한다). 실제 상황에서 이와 같은 다양체들은 자주 등장하고, 그것이 이런 다양체들이 그들만의 이름을 가지게 되는 이유가 된다.

끝으로 스킴과 오비폴드가 함께 만나면 **스택(sta-**

* 학교에서 공부를 못하거나 게으른 학생에게 벌로 씌우던 원추형 종이 모자를 뜻한다–옮긴이

ck)이라는 개념을 얻게 된다. 이 (복잡한 구조를 가진) 스택에 대한 연구는 자기 자신을 채찍질하며 고행했던 옛적의 수행자들과 같은 기질을 가진 사람들에게 강력히 추천하고 싶다.

8 곡선, 곡면, 3-폴드

모든 기하학적인 대상에 대해서도 그렇듯이, 다양체에 대해 할 수 있는 가장 간단한 질문 중의 하나는 그것의 차원(dimension)이 얼마냐는 것이다. 예상하듯이, 평면 위의 곡선은 1차원이고, 3차원 공간의 곡면은 2차원이다. 이런 종류의 질문은 $S = (x^4 + y^4 + z^4 = 0)$과 같은 예를 만나기 전까지는 간단해 보인다. 이 예는 3차원 실수공간에서 원점만을 정의하지만 그럼에도 2차원이다. 왜 그런가? 이유는 잘못된 스냅사진을 바라보고 있었기 때문이다. 복소수를 이용하면 항상 $z = \sqrt[4]{-x^4 - y^4}$과 같은 해집합을 구할 수 있고, 그래서 주어진 방정식 $x^4 + y^4 + z^4 = 0$의 복소수해는 두 개의 독립변수 x, y와 하나의 종속변수 z로 주어진다. 그러므로 S를 2차원이라고 하는 것은 합당하다.

이런 생각은 좀 더 일반적으로도 적용될 수 있다. X가 어떤 n차원 복소공간 $\mathbb{C}^n$ 내의 다양체라고 하자. 그리고 $\mathbb{C}^n$의 기저 또는 좌표계로(따라서 X를 위한 좌표계로도) 사용될 수 있는 n개의 독립적인 방향들을 무작위로 뽑아 보자. 특별히 퇴화된 경우를 제외하고, 확률 1로 X 위의 어떤 점 x에 대해 처음 d개의 좌표는 독립적으로 변하고, 나머지 좌표는 앞의 d개의 좌표에 의존하는 숫자 d를 찾을 수 있다. 이때 숫자 d는 오직 X에만 의존하고, 이를 X의

차원(정확하게는 대수적 차원(algebraic dimension)이라고 부른다.

만일 X가 다양체이고 f가 다항식이라면 (f가 X 위에서 항등적으로 0이 되거나, f가 X 위의 어떤 점에서도 0이 되지 않는 경우를 제외하고는) 그 교차 $X \cap (f = 0)$은 X보다 하나 작은 차원을 가지게 된다.

만일 X가 실수 계수 방정식들로 정의되는 $\mathbb{R}^n$의 부분집합이고, 매끄럽다면 그것의 위상적 차원[III.17]은 대수적 차원과 같게 된다(매끄러움(smoothness)에 대해서는 다음 절에서 논의할 것이다).

복소다양체에 대해서는 위상적 차원은 대수적 차원의 두 배이다. 그래서 대수기하학자에게 $\mathbb{C}^n$은 n차원이다. 특히 대수기하학자들에게 $\mathbb{C}$는 '복소직선(complex line)'이지만 다른 분야의 수학자들에게는 '복소평면(complex plane)'이 된다. 물론 우리 대수기하학자들에게 '복소평면'은 $\mathbb{C}^2$이다.

1차원 다양체는 곡선(curve)이라 하고, 2차원 다양체는 곡면(surface)이라 한다. 그리고 3차원 다양체는 3-폴드(threefold)라 한다.

대수 곡선에 대한 이론은 매우 잘 연구되어 있고, 아주 매력적인 주제이다. 우리는 곧 모든 대수곡선들의 모임에 대한 개관을 어떻게 얻을 수 있는지 살펴볼 것이다. (대수)곡면론은 지난 세기 동안에 집중적으로 연구되어 왔고, 현재 상당한 수준의 이해에 도달해 있다. 곡면론은 곡선론보다 훨씬 더 복잡하다. 그러나 3차원과 그보다 큰 차원의 다양체에 대해서는 아직까지 거의 알려진 바가 없다. 현재의 가설로는 모든 차원의 다양체가 적어도 큰 틀에서

는 똑같은 양태를 나타낼 것이라고 예측되고 있다. 이 분야에 대한(주로 3차원 다양체에 대한) 몇 가지 진전에도 불구하고, 여전히 많은 질문들이 미해결로 남겨져 있다.

9 특이점과 특이점 해소

그림 3과 같은 대수 곡선 중 가장 간단한 예제들을 생각해 본다면, 곡선의 대부분의 점들은 매끄럽지만, 유한개의 좀 더 복잡한 구조를 가지는 특이점(singular point)들이 있음을 보게 될 것이다. 이 곡선들을 그림 2의 곡선과 비교해 보자.

이 세 개의 곡선들은, 그 방정식에 상수항이 없으므로 모두 원점을 지난다. 그림 2의 방정식은 1차항을 가지고 있고 원점에서 매끄럽고 아름답게 보이는 반면, 그림 3의 방정식들은 1차항이 없고 곡선은 원점에서 더 복잡해진다. 이것은 우연이 아니다. 상당히 작은 x에 대해서 고차의 거듭제곱 $x^2, x^3, \cdots$은 그 절댓값이 x보다 훨씬 작고, 결론적으로 원점 근처에서는 1차항이 곡선의 모양에 결정적인 영향을 주게 된다. 만일 $ax + by = 0$과 같은 1차항들만 있다면 원점을 지나는 직선을 얻을 것이고, $ax + by + cx^2 + gxy + ey^2 + \cdots = 0$과 같은 대수곡선은 적어도 매우 작은 x, y값에 대해서는 직선 $ax + by = 0$과 아주 유사할 것이다.

좌푯값이 (p, q)인 또 다른 점의 근방에서 곡선을 살필 때는, $(p, q) = (0, 0)$으로 좌표변환함으로써 $(x, y) \mapsto (x - p, y - q)$인 경우로 항상 바꿔 생각할 수 있다.

일반적으로 만일 $f(\mathbf{0}) = 0$이고 f가 영이 아닌

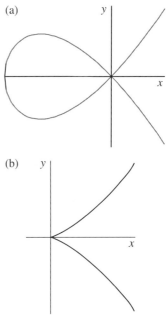

그림 3 특이 3차곡선: (a) $y^2 = x^3 + x^2$, (b) $y^2 = x^3$

1차항 $L(f)$를 가진다면 초곡면 $f = 0$은 초평면(hyperplane) $L(f) = 0$과 매우 가깝다. 이것이 소위 말하는 음함수 정리(implicit function theorem)이다. 이와 같이 표현되는 점들을 매끄럽다(smooth)고 하고, 매끄럽지 않은 점들을 특이(singular)하다고 한다. 또한 X 위의 특이점들의 집합이 모든 편도함수 $\partial f / \partial x_i$들의 공통근으로 정의되는 대수적 집합이 됨도 쉽게 알 수 있다. 임의로 생성된 초곡면은 확률 1로 매끄럽지만, 그래도 여전히 많은 특이 초곡면들이 있다.

임의의 d차원 대수다양체 X의 매끄러운 점과 특이점들은 X와 d차원 선형 부분공간(linear subspace)들을 비교함으로써 유사하게 정의될 수 있다.

특이점은 또한 위상수학이나 미분기하학과 같은 다른 기하학 분야에서도 나타나지만, 이런 분야들은 눈에 띄는 예외인 파국 이론(catastrophe theory)을

제외하곤, 특이점을 고려하는 데 있어 미온적이고 대체로 피해가는 논의를 택한다. 그러나 대조적으로, 대수기하학은 이 특이점을 연구하는 데 있어서 아주 강력한 도구들을 제공해 준다.

먼저 초곡면의 특이점, 또 다른 말로 함수들의 임계점(critical point)을 다루는 경우부터 생각해 보자. 이런 특이점을 생각할 때에는 단순히 다항식만 고려하기보다 좀 더 일반적인 멱급수(power series), 다시 말해 '무한한 차수를 지닌' 다항식으로 표현되는 함수 $f(x_1, \cdots, x_n)$을 함께 생각하는 것이 자연스럽다. 표현의 단순화를 위해 항상 $f(\mathbf{0}) = 0$이라 가정하자. 각각의 ϕ_i가 멱급수로 주어지는 좌표변환 $x_i \mapsto \phi_i(\mathbf{x})$에 의해 $f(\phi_1(\mathbf{x}), \cdots, \phi_n(\mathbf{x})) = g(\mathbf{x})$가 성립할 때, 두 개의 함수 f, g는 서로 동치(equivalent)인 것으로 간주한다.

일변수의 경우 임의의 함수 f는

$$f = x^m (a_m + a_{m+1} x + \cdots)$$

와 같이 쓰여질 수 있다(단 $a_m \neq 0$). 여기에 다음과 같은 대입(또는 그것의 역)

$$x \mapsto x \sqrt[m]{a_m + a_{m+1} x + \cdots}$$

는 f가 항상 x^m와 동치관계에 있음을 알려준다. 함수 x^m들이 서로 다른 m값을 가지면 모두 동치가 아니므로 이 특정한 경우 f를 멱급수로 전개할 때 발생하는 가장 낮은 차수의 단항식(monomial)이 동치관계 안에서 주어진 f를 완전히 결정하게 된다. (심지어 f가 다항식일 때도 위와 같은 변수의 변환은 항상 (무한한) 멱급수를 동반하므로 좀 더 일반적인 멱급수 함수영역에서 생각하는 것이 더 편리한 일이다).

일반적으로는 한 멱급수의 가장 낮은 차수의 항들이 특이점을 완전히 결정하지는 않지만, 충분히 더 많은 항들을 택하면 다음과 같은 결과에 의해 특이점을 결정할 수 있다.

해석적인 특이점의 대수화. 주어진 멱급수 f에 대해, $f_{\leqslant N}$을 N보다 더 큰 차수의 모든 항을 제거하여 얻어진 다항식이라고 하자. 만일 원점 $\mathbf{0}$이 초곡면($f = 0$)의 고립특이점이라면, f는 충분히 큰 N에 대해 $f_{\leqslant N}$과 동치 관계에 있다.

원점 $\mathbf{0}$에서 비고립특이점의 예를 살펴보기 위해서,

$$g(x, y, z) = \left(y + \frac{x}{1-x} \right)^2 - z^3$$
$$= (y + x + x^2 + x^3 + \cdots)^2 - z^3$$

을 생각해 보자. 이것은 $\mathbf{0}$에서만 특이점을 가지지 않고, 곡선 $y + (x/(1-x)) = z = 0$ 위의 모든 점에서 특이점을 가진다. 반면에 모든 부분합 $g_{\leqslant N}$은 $\mathbf{0}$에서 고립특이점을 갖는다.

만약 두 개의 멱급수 f, g가 주어졌다면 f의 섭동으로 $f + \epsilon g$ 꼴의 함수를 생각할 수 있다. 특이점 이론을 발전시키는 아주 중요한 한 가지 질문은 '주어진 다항식 또는 멱급수 f의 섭동들에 대해서 어떤 정보를 이야기할 수 있는가?'이다.

예를 들어 일변수의 경우 다항식 x^m은 $x^m + \epsilon x^r$과 같이 섭동될 수 있고, 만일 $r < m$이라면 이것은 x^r과 동치가 된다. 모든 섭동이 x^m을 포함하므로, $r > m$이면 x^m의 어떤 섭동도 x^r과 동치일 수는 없다

(왜냐하면 원점 근방에서는 x^m이 x^r에 비해 훨씬 크기 때문이다). 따라서 동치관계 안에서 x^m의 가능한 모든 섭동들은 $\{x^r : r \leqslant m\}$이다.

한편 임의의 주어진 ϵ에 대해 두 다항식 $xy(x^2 - y^2) + \epsilon y^2(x^2 - y^2)$과 $xy(x^2 - y^2) + \eta y^2(x^2 - y^2)$을 서로 동치관계에 있게 하는 η는 단지 24개밖에 없음을 어렵지 않게 확인할 수 있다. (실제로, 두 다항식 모두가 원점을 지나는 네 개의 직선을 정의한다. 첫 번째 다항식은 직선 $y = 0, x = y, x = -y, x = -\epsilon y$를 결정하고, 두 번째 것은 ϵ 대신에 η를 사용하는 것을 제외하고는 같은 직선들을 결정한다. 이 둘 사이의 주어진 동치관계의 선형 부분은 네 개의 직선으로 구성된 첫 번째 집합에서 두 번째 집합으로 사상하는 선형 변환을 결정하므로, 각각의 직선에 대해 이 변환에 대한 상(image)을 정해줄 수 있는 방법은 총 24가지이다.) 그리하여 $xy(x^2 - y^2)$은 동치가 아닌 섭동들의 연속한 모임을 가지게 된다.

간단한 특이점들. 다항식 또는 멱급수 $f(x_1, \cdots, x_n)$이 단지 유한개의 동치가 아닌 섭동들만 가진다고 하자. 그러면 f는 다음의 표준형(normal form) 중의 하나와 동치관계에 있다.

$$A_m \quad x_1^{m+1} + x_2^2 + \cdots + x_n^2 \qquad (m \geqslant 1),$$
$$D_m \quad x_1^2 x_2 + x_2^{m-1} + x_3^2 + \cdots + x_n^2 \quad (m \geqslant 4),$$
$$E_6 \quad x_1^3 + x_2^4 + x_3^2 + \cdots + x_n^2,$$
$$E_7 \quad x_1^3 + x_1 x_2^3 + x_3^2 + \cdots + x_n^2,$$
$$E_8 \quad x_1^3 + x_2^5 + x_3^2 + \cdots + x_n^2.$$

위 이름들은 필연적으로 리 군의 분류[III.48]를 떠올리게 한다. 이런 연관성은 수없이 많지만, 설명하

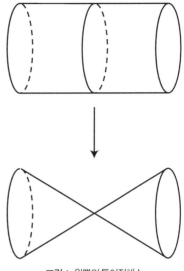

그림 4 원뿔의 특이점해소

기가 쉽지는 않다. $n = 3$일 경우, 이런 종류들은 듀발 특이점(Du val singularity) 또는 유리 이중점(rational double point)이라고도 불린다.

다시 원뿔 $z^2 = x^2 + y^2$을 생각해 보자. 앞에서는 이 원뿔의 이대일(two-to-one) 매개화에 대해 살펴보았다. 이제 또 다른, 그리고 여러 면에서 더 나은 실수 위에서의 매개화에 대해 생각해 보자.

(u, v, w)-공간에서 매끄러운 원통 $u^2 + v^2 = 1$을 생각하자. 사상 $(u, v, w) \mapsto (uw, vw, w)$는 그림 4와 같이 원통을 원뿔로 보낸다. 이 사상(함수)은 꼭짓점을 제외하고는 일대일이고, 이 꼭짓점의 원상(preimage)은 $(w = 0)$-평면의 원 $u^2 + v^2 = 1$이 된다 (예리한 독자들은 복소수 위에서 이 사상을 생각하면 별로 좋지 못하다는 것을 눈치 챌 것이다. 일반적으로, 실수와 복소수 둘 다에서 적합한 매개화를 원하지만, 그것은 설명하기 조금 더 복잡한 이야기가 될 것이다).

이 원뿔 위의 원통이 주는 이점은 그것이 특이점

을 가지고 있지 않다는 점이다. 매끈한 다양체를 이용한 주어진 다양체의 매개화는 여러 면에서 매우 유용하고, (대수기하학의) 주요 결과 중 하나는 (적어도 실수나 복소수 위에서) 매개화가 항상 존재한다고 말해준다(앞에서 살펴본 유한기하학에서는 이 문제가 아직 미해결이다).

히로나카(Hironaka)의 특이점해소 정리. 임의의 대수다양체 X에 대해 또 다른 매끈한 대수다양체 Y와 X의 모든 매끈한 점들에서 가역(invertible)인 다항식들로 정의된 전사(surjective) 사상 $\pi : Y \to X$가 항상 존재한다.

(그림 4의 원뿔의 예에서는 특이점해소 정리에 원통 전체를 생각할 수도 있지만, 원통에서 원뿔의 꼭짓점으로 보내지는 원 위의 유한개의 점을 뺀 것도 정리를 만족시킬 수 있다. 이와 같은 사소한 경우를 피하기 위해 사상 π는 다음과 같이 아주 강한 의미에서 전사여야 한다. 만약 X 위의 매끈한 점들 $x_i \in X$의 열(sequence)이 X 안에서 극한점으로 수렴하면 그 점들의 원상 $\pi^{-1}(x_i)$들의 부분열(subsequence)도 역시 Y 안에서 극한점으로 수렴해야 한다.)

10 곡선의 분류

대수다양체들의 분류가 어떤 식으로 진행되는지에 대한 아이디어를 얻기 위해서 n차원 공간의 차수가 d인 초곡면들을 생각해 보자. 이것들은 모두 차수가 d인 다항식 $f(x_1, \cdots, x_n) = 0$으로 주어진다. 차

수가 최대 d인 모든 다항식들의 집합은 $V_{n,d}$라고 불리는 벡터공간을 형성한다. 이처럼 초곡면들은 두 가지 명백한 이산불변량(discrete invariant)인 차원(dimension)과 차수(degree)를 가지고 f의 계수들을 연속적으로 변화시킴으로써 같은 차원과 차수를 갖는 초곡면들 사이를 움직일 수 있다. 더욱이 $V_{n,d}$ 전체집합은 그 자체가 하나의 대수다양체이다. 우리의 목표는 아래와 같은 두 단계를 거쳐 모든 다양체들도 비슷하게 이해하는 것이다.

첫 번째 단계는 다양체에 연관된, 그러면서도 다양체를 연속적으로 변화시킬 때는 변하지 않는 어떤 정수들을 정의하는 것이다. 이와 같은 정수들을 **이산불변량**이라고 한다. 가장 간단한 예는 차원이다.

두 번째 단계는 같은 이산불변량을 가지는 모든 다양체들의 집합이 **모듈라이 공간**[IV.8]이라 불리는 또 다른 대수다양체에 의하여 매개화된다는 것을 보이는 것이다. 게다가 이런 매개화를 위해 선택되는 그 대수다양체가 가능한 한 가장 경제적이길 원한다. 다음 절에서 이 말의 의미에 대해 좀 더 자세히 살펴볼 것이다.

곡선들에 대해 이 과정들이 어떻게 이루어지는지 살펴보자. 여기서는 차원을 제외하고는 이산불변량이 딱 하나 더 존재하는데, 바로 곡선의 **종수(genus)**이다. 이 종수에 대해서는 꽤 많은 서로 다른 정의가 있다. 가장 간단한 정의 중 하나는 다양체의 위상(topology)을 생각하는 것이다. E를 매끄러운 곡선이라 하고 그것의 복소수점들을 살펴보자. 국소적으로 이 곡선은 $\mathbb{C}$와 닮았으므로, 위상적인 곡면이 된다. 무한대에서 몇 개의 구멍들을 서로 붙이고 니

면 콤팩트 곡면을 얻는다. $\sqrt{-1}$에 의한 곱은 이 곡면에 방향(orientation)을 주고, 결국 위상수학의 기본적인 이론들은 몇 개의 손잡이가 붙여진 구면을 얻게 된다는 것을 말해준다(미분위상수학[IV.7] 참조). 대수곡선의 종수는 바로 이 (주어진 곡선에 대응하는 이 위상적 곡면의) 손잡이의 개수로 정의된다. 실제로 이것이 무슨 의미인지 살펴보기 위해, 몇 가지 예들을 생각해 보자.

2차원 평면 위의 직선은 구면에서 한 점을 뺀 것처럼 볼 수 있는, 복소수들로 이뤄진 복소평면과 같다. 이 $\mathbb{C}$에 무한대의 한 점을 더해 만들어진 구면을 리만 구면(Riemann sphere)이라고 한다. 따라서 직선의 종수는 0이다.

다음으로 평면 원뿔곡선을 생각해 보자. 여기서는 사영기하의 성질을 사용하는 것이 더 낫다. 이 원뿔곡선의 임의의 접선을 택하고, 이것을 무한원선(line at infinity)이 되게 옮겨 보자. 그러면 적절한 좌표변환에 의해 방정식 $y = x^2$으로 주어지는 포물선을 얻게 된다.* 이때 다항식으로 주어진 사상 $t \mapsto (t, t^2)$과 그것의 역사상 $(x, y) \mapsto x$를 생각하면 이 포물선이 직선과 서로 동형(isomorphic)임을 알 수 있고,

따라서 이 이차곡선의 종수도 0이라고 말할 수 있다.

3차곡선의 경우는 훨씬 더 복잡하다. 첫 번째 유의할 점은 (우리가 잘 아는) $y = x^3$은 적절하지 않은 예라는 것이다. 이 3차곡선은 모든 점에서 매끄럽지만(그래서 종수 0을 가지지만), 무한대 점에서 특이점을 가진다(진행의 편의를 위해 앞부분에서 사영기하에 대해 조용히 지나쳤던 결정이 우리를 괴롭히기 시작한다). 어떤 경우라도 성립하는 올바른 방향은 삼차곡선의 변곡점(inflection point)에서 접선을 택하고 그것을 무한원선으로 옮기는 것이다. 그러면 몇 가지 계산을 통해 훨씬 더 단순화된 방정식 $y^2 = f(x)$(단 여기서 f는 3차식)을 얻는다. 그러면 종수는 얼마인가?

특별한 경우인 $y^2 = x(x-1)(x-2)$를 생각해 보자. 이 방정식을 (복소수인) x-좌표축으로 보내지는 이대일 사영(two-to-one projection)으로 이해하려 하는데, 사실 그냥 x축보다는 무한대의 점이 더해진 리만 구면으로 보내지는 사영을 생각하는 것이 더 낫다. 만일 닫힌 구간 $0 \leqslant x \leqslant 1$과 반직선 $2 \leqslant x \leqslant +\infty$를 리만 구면으로부터 잘라냈다고 해 보자. 그러면 함수 $y = \sqrt{x(x-1)(x-2)}$는 두 개의 분지함수(branch function)를 가진다(이 말의 뜻은 각각의 x에 대해 y가 $x(x-1)(x-2)$의 양의 제곱근과 음의 제곱근인 두 개의 다른 값을 택한다는 뜻이다. 그러나 x가 연속적으로 움직이면, y도 연속적으로 변하게 할 수 있다.** (리만) 구면에서 두 개의 절단선을 뺀 부분은 위상적으로 원통과 같다. 그러므로 복소 삼

---

* 사영평면(projective plane)이 X, Y, Z 세 개의 동차좌표계(homogeneous coordinate)로 표시된다고 하면, 이 평면 위의 임의의 직선은 차수가 1인 어떤 동차방정식(homogeneous equation)에 의해 주어지게 되는데, 이 평면의 Z가 0이 아닌 점들의 부분집합들은 $x = X/Z$, $y = Y/Z$에 의해 좌표 x, y를 갖는 보통이 $\mathbb{C}^2$ 평면에 해당하고, 이 평면의 입장에서 보면 동차방정식 $Z = 0$에 의해 주어지는 직선은 '무한대'에 위치한 직선이 된다. 본문에서 말하는 것처럼, 주어진 이차곡선과 한 점에서만 만나는 접선을 무한원선으로 변환하면 이 직선을 제외한 나머지 부분은 앞서 이야기한 것처럼 보통의 $\mathbb{C}^2$ 평면에 해당하고, 이때 우리의 이차곡선도 (적절한 좌표변환을 해 주면) $y = x^2$과 같은 포물선으로 나타난다는 이야기이다−옮긴이

** 이와 같이 해서 두 개의 분지함수를 얻을 수 있다−옮긴이

차곡선은 두 개의 원통을 서로 붙인 것이 되고, 이로부터 원환체를 얻어 종수가 1임을 알 수 있다.

차수가 d인 매끄러운 평면곡선의 종수는 $\frac{1}{2}(d-1)(d-2)$임이 밝혀졌지만, 이 결과를 위상수학적인 방식으로 직접 설명하는 것은 어렵다.

차원이 더 높은 고차원 대수다양체의 이산불변량들에 대해서도 유사하게 간단한 설명을 부여하는 것은 대수기하학자들에겐 (아마도 가망 없는) 꿈 같은 얘기다. 불행히도 복소수점들의 위상적 불변량(topological invariant)들은 이 경우 충분히 좋지 않고, 때로는 도움이 되기보다 오히려 잘못된 길로 인도할 수도 있다.

곡선의 분류에 대한 이러한 접근의 더 자세한 실례로 낮은 종수를 가지는 모든 대수곡선들의 목록은 다음과 같다.

종수 0. 0을 종수로 가지는 곡선은 단 하나뿐이다. 앞에서 보았듯이, 이 곡선은 항상 평면 위에 직선이나 이차곡선으로 구현될 수 있다.

종수 1. 종수 1인 모든 곡선은 평면 3차곡선이고, 그것은 $y^2 = f(x)$(단, f는 3차식) 형태의 방정식으로 주어질 수 있다. 종수 1인 곡선은 보통 타원곡선[III.21]이라고 불리는데, 그것은 이런 곡선들이 처음에 타원 위의 호의 길이를 계산하는 타원적분의 모습으로 나타났기 때문이다. 이 부분에 대해선 뒤에서 좀 더 자세히 살펴보도록 하자.

종수 2. 종수 2인 모든 곡선은 $y^2 = f(x)$(단 f는 5차식) 형태의 방정식에 의해 주어질 수 있다(이런 곡선들은 무한대에서 특이점을 가진다). 더 일반적으로 f의 차수가 $2g + 1$이거나 $2g + 2$이면, 곡선

$y^2 = f(x)$는 종수 g를 갖는다. g가 3 이상인 경우에 대해 이와 같은 곡선들은 **초타원**(hyperelliptic) 곡선이라 불리고, 꽤나 특별한 성질을 가진다.

종수 3. 종수 3인 모든 곡선은 (초타원곡선이거나) 차수가 4인 평면곡선으로 구현될 수 있다.

종수 4. 종수 4인 모든 곡선은 (초타원곡선이거나) 차수가 2와 3인 두 개의 방정식의 공통근으로 주어지는 공간곡선(space curve)으로 표현될 수 있다.

여기서 초타원곡선들이 하나의 분리된 모임을 이루지 않는다는 사실을 강조하고 싶다. 임의의 초타원곡선은 위에 묘사된 같은 종류의 일반적인 곡선으로 연속적으로 옮길 수 있다. 이것은 훨씬 더 복잡한 표현(representation)을 통해 보여질 수 있다.

꽤나 더 길어지겠지만, 종수 10까지는 이와 같은 방법으로 분류를 계속해 나갈 수 있다. 그러나 종수가 더 커지면 이와 같은 아주 구체적인 설명은 불가능해진다.

11 모듈라이 공간

다시 차수가 3인 이변수 다항식들의 벡터공간 $V_{2,3}$으로 매개화되는 평면 3차곡선들의 집합으로 돌아가 보자. 이 상태가 아주 효율적이지는 않다. 예를 들어 $x^3 + 2y^3 + 1$과 $3x^3 + 6y^3 + 3$은 다른 다항식이지만 같은 곡선을 정의한다. 또한 두 개의 좌표축을 서로 바꾸는 변환에 의해 같아질 수 있는 방정식 $x^3 + 2y^3 + 1$을 $2x^3 + y^3 + 1$과 서로 다르다고 구별할 큰 이유가 없다. 좀 더 일반적으로, 앞에서 살

펴보았듯이, 차수가 3인 임의의 곡선은 방정식 $y^2 = f(x)$(단, $f = ax^3 + bx^2 + cx + d$)에 의해 주어지는 곡선으로 항상 변환될 수 있다.

이것을 염두에 두면 상황은 조금 나아지지만 아직 최적은 아니며, 고려해야 할 단계가 두 단계 더 있다. 첫째, 우리는 항상 f의 최고차항의 계수를 1로 놓을 수 있다. 실제로 y에 $\sqrt{a}\,y_1$을 대입하고 전체 방정식을 a로 나누면 식 $y_1^2 = x^3 + \cdots$를 얻는다. 둘째, x에 $ux_1 + v$를 대입하여, 방정식이 $y^2 = f(ux_1 + v) = f_1(x_1)$(여기서, f_1은 아주 구체적으로 서술될 수 있다)인 또 다른 타원곡선을 얻을 수 있다. 이것이 $y^2 = $ (3차다항식) 형태를 더 지저분하게 하지 않는 범위에서 우리가 택할 수 있는 유일한 좌표변환이라는 것을 어렵지 않게 알 수 있다.

아직 이 변환에서 무엇이 일어나는지 명확하지 않다. 그래서 좀 더 잘 이해하기 위해, f의 세 개의 근을 생각하면(여기서 불가피하게 복소수가 다시 등장할 수 밖에 없다) $f(x) = (x - r_1)(x - r_2)(x - r_3)$으로 쓸 수 있다. 이제 $x \mapsto (r_2 - r_1)x + r_1$이라는 대입을 하면, 새로운 다항식 $f_1(x)$를 얻고 두 근은 0과 1이 된다. 그리하여 타원곡선이 $y^2 = x(x - 1)(x - \lambda)$의 형태로 변환된 것이다. 그래서 원래 f의 정해지지 않은 네 개의 계수를 생각하는 대신에, 단지 한 가지 정해지지 않은 숫자 λ만 고려하면 된다.

이 형태도 여전히 완전하게 유일하지는 않다. 우리가 택한 변환에서 두 근 r_1, r_2를 각각 0과 1로 보냈었는데, 꼭 그래야만 하는 것은 아니고, 임의의 (순서를 생각한) 두 근에 대해서도 동일하게 할 수 있다. 예를 들어 $x \mapsto 1 - x$와 같이 대입할 수 있고, 이것은 λ를 $1 - \lambda$로 보낸다. 혹은 $x \mapsto \lambda x$ 대입을 하

면 이것은 λ를 λ^{-1}로 보낸다. 모두 고려하면 총 6개[*]의 값

$$\lambda, \quad \frac{1}{\lambda}, \quad 1 - \lambda, \quad \frac{1}{1 - \lambda}, \quad \frac{-\lambda}{1 - \lambda}, \quad \frac{1 - \lambda}{-\lambda}$$

들은 모두 '똑같은' 타원곡선을 정의한다. 대부분의 경우 이 6개의 값이 서로 다르지만, 때때로 그중 몇 개가 일치할 수도 있을 것이다. 예를 들어 $\lambda = -1$일 때는 이 6개의 λ에 관한 식에서 단지 서로 다른 3개의 값만 얻게 된다. 이는 타원곡선 $y^2 = x(x - 1)(x + 1)$이 $(x, y) \mapsto (-x, \pm\sqrt{-1}\,y)$ 그리고 $(x, y) \mapsto (x, \pm y)$로 이루어진 4개의 대칭을 갖는다는 사실에 대응한다(타원곡선에 관한 특별한 성질 중에 하나는 모든 타원곡선이 앞의 대칭 중 두 번째 쌍에 해당하는 대칭을 항상 가진다는 것이다). $\lambda = 1$일 때는 위 6개의 식에서 얻어지는 서로 다른 값의 개수의 절반에 해당하는 4/2개의 새로운 대칭을 더 찾을 수 있다).

가장 좋은 방법은 이 과정을 집합 $\mathbb{C} \setminus \{0, 1\}$ 위에 작용하는 대칭군(symmetric group) S_3(즉, 원소가 3개인 집합의 치환(permutation)이 이루는 군)의 작용(action)으로서 생각하는 것이다.

이것으로 우리가 쓸 수 있는 방법들이 모두 소진됐다는 것은 절대 자명하지 않지만, 우리는 사실 최종 결과에 도달해 있다.

타원곡선의 모듈라이. 모든 타원곡선들의 집합은 몫 오비폴드(quotient orbifold) $(\mathbb{C} \setminus \{0, 1\})/S_3$의 점들과 자

[*] 이것은 주어진 3개의 근 중에서 순서 있게 두 개를 택하는 방법의 수와 같다–옮긴이

연스런 일대일대응 관계에 있고, 이 오비폴드의 점은 여분의 자기동형사상(extra automorphism)을 함께 고려한 타원곡선에 대응한다.

이것은 일반적인 현상의 가장 간단한 예이다.

모듈라이 원리. 흥미 있는 대부분의 경우에 있어서, 고정된 이산불변량을 가지는 모든 대수다양체들의 집합은 어떤 오비폴드의 점들과 자연스런 일대일대응 관계에 있고, 이 오비폴드의 점은 여분의 자기동형사상을 함께 고려한 대수다양체에 대응한다.

모듈라이 공간(moduli space)이라고도 불리는 종수가 g인 매끄러운 곡선들의 모듈라이 오비폴드 (moduli orbifold)는 $\mathcal{M}_g$로 표시된다. 이것은 대수기하학에서 (특히 최근의 끈이론[IV.17 §2]과 거울대칭 [IV.16]에서의 발전과의 밀접한 연관성 덕분에) 가장 집중적으로 연구된 오비폴드 중 하나이다.

12 실질적인 영점정리

대수기하학의 기초적인 문제 중에 여전히 흥미로운 질문들이 있다는 예를 보여주기 위해, m개의 주어진 다항식 $f_1, \cdots, f_m$이 언제 (복소수) 공통근을 갖지 않는지를 결정하는 문제를 생각해 보자. 고전적인 해답은 당연한 필요조건이 실제로는 충분조건도 된다는 다음과 같은 정리에 의해 주어진다.

약한 영점정리. 다항식 $f_1, \cdots, f_m$이 (복소수) 공통근을 갖지 않는다는 것의 필요충분조건은 적당한 다항식

$g_1, \cdots, g_m$이 있어서

$$g_1 f_1 + \cdots + g_m f_m = 1$$

을 만족한다는 것이다.

이제 최대 차수가 100 이내인 다항식들 중에서 이 g_j들을 찾을 수 있는지 아닌지에 대한 추측을 해보자. 일단 다음과 같이 쓸 수 있다.

$$g_j = \sum_{i_1 + \cdots + i_n \leq 100} a_{j, i_1, \cdots, i_n} x_1^{i_1} \cdots x_n^{i_n}$$

(단, 여기서 $a_{j, i_1, \cdots, i_n}$들은 정해지지 않은 변수이다.) 만일 $g_1 f_1 + \cdots + g_m f_m$을 변수 $x_1, \cdots, x_n$들의 다항식으로 쓴다면, 상수항은 1이 되어야만 하고, 나머지 다른 모든 계수들은 모두 0이 되어야만 한다. 그래서 이로부터 변수 $a_{j, i_1, \cdots, i_n}$들의 연립 1차방정식을 얻게 된다. 연립 1차방정식의 해에 대한 존재유무는 잘 알려져 있고(더불어 관련된 컴퓨터 프로그램도 잘 제공되어 있다), 그로부터 $\deg g_j \leq 100$인 g_j가 존재하는지 여부에 대한 해답을 찾을 수 있다. 물론 (공통근이 없음을 보이기 위해, 위와 같은 g_j를 찾을 때) 차수 100이 너무 작다면 좀 더 큰 차수 범위에서 찾아 보고, 그래도 안 되면 조금 더 큰 차수 범위를 고려해 보는 과정을 반복해야 할 수도 있다. 그렇다면 이 과정은 언제 끝날 것인가? 이에 대한 해답은 최근에야 증명된 다음과 같은 결과에 의해서 주어진다.

실질적인 영점정리. $f_1, \cdots, f_m$을 차수가 d를 넘지 않는 n변수의 다항식들이라고 하자(단, $d \geq 3$, $n \geq 2$이다). 만일 이 다항식들의 공통근이 존재하지 않는다면,

$g_1 f_1 + \cdots + g_m f_m = 1$을 성립하게 하는 g_j들의 차수는 기껏해야 $d^n - d$이다.

대부분의 연립방정식에 대해서는 $\deg g_j \leqslant (n-1)(d-1)$ 범위에서 g_j들을 구할 수 있지만, 일반적으로 위에서 주어진 상한 $d^n - d$는 더 개선될 수 없다.

이미 설명했듯이 이 결과는 의미적으로는 주어진 다항방정식계가 공통근을 갖는지 갖지 않는지를 결정하는 문제에 대한 계산적인 방법을 알려준다. 그렇지만 실제 상황에서는 결국 극도로 큰 숫자의 연립 1차방정식을 푸는 문제와 직면하게 되어 아직 그리 유용한 결과는 아니다. 우리는 여전히 계산적으로 효율적이고 간단한 방법은 알고 있지 않다.

13 그래서, 무엇이 대수기하학인가?

나에게 대수기하학은 대수학과 기하학의 통일 또는 일치에 대한 일종의 믿음이다. 가장 짜릿하고도 심오한 (수학적) 발전은 (서로 다르게 보이는 분야들 사이의) 새로운 연관성의 발견으로부터 생겨난다. 우리는 이미 이런 종류에 대한 몇 가지 단서들을 보았지만 그보다 더 많은 부분들이 언급되지 못했다. 데카르트 좌표계와 함께 탄생한 대수기하학은 이제 부호 이론(coding theory), 정수론, 컴퓨터를 이용한 기하학적 디자인, 그리고 이론 물리학을 한데 아우르며 발전하고 있다. 이와 같은 (새로운) 연관성들 중 몇몇은 최근 10년 내에 등장했고, 앞으로도 훨씬 더 많은 것들이 나타나길 기대한다.

더 읽을거리

대부분의 대수기하학 문헌은 매우 기교적이다. 그중 눈에 띄는 예외가 브리스콘(E. Brieskorn)과 크뇌레르(H. Knörrer)의 『*Plane Algebraic Curves*』(Birkhäuser, Boston, MA, 1986)이다. 이 책은 고대 이래로 예술과 과학을 통해 나타나는 대수적인 곡선들에 대한 긴 개괄과 함께 시작하고, 꽤 많은 멋진 그림과 재현으로 이해를 돕는다. 또 클레멘스(C.H. Clemens)의 『*A Scrapbook of Complex Curve Theory*』(American Mathematical Society, Providence, RI, 2003)와 커완(F. Kirwan)의 『*Complex Algebraic Curves*』(Cambridge University Press, Cambridge, 1992)도 역시 쉽게 이해할 수 있는 단계에서 시작하는 책이다(하지만 후반부로 갈수록 꽤 빠른 속도로 심화된 주제들로 넘어간다).

대수기하학에서 사용되는 기법들에 대한 가장 좋은 기본서는 리드(M. Reid)의 『*Undergraduate Algebraic Geometry*』(Cambridge University Press, Cambridge, 1988)이다. 대수기하학에 대한 좀 더 일반적인 개괄에 대해 관심이 있는 독자들에게는 스미스(K.E. Smith), 카한패(L. Kahanpää), 케캘래이넨(P. Kekäläinen), 트래이브스(W. Traves)의 『*An Invitation to Algebraic Geometry*』도 좋은 선택이 될 것이고, 좀 더 체계적인 접근을 위해서는 해리스(J. Harris)의 『*Algebraic Geometry*』(Springer, New York, 1995), 샤파레비치(I. R. Shafarevich)의 『*Basic Algebraic Geometry I, II*』(Springer, New York, 1994)가 적절할 것이다.

IV.5 산술기하학

조던 엘렌버그 *Jordan S. Ellenberg*

1 디오판토스 문제, 단독으로서 혹은 모임으로서

우리의 목표는 산술기하학(arithmetic geometry)의
몇 가지 중요한 아이디어를 기술하는 것이다. 얼핏
기하는 없고 약간의 산수가 관여된 것처럼 보이는
문제로 시작해 보자.

문제. 아래 방정식이 0이 아닌 유리수해 x, y, z를 갖
지 않는다는 것을 입증해 보아라.

$$x^2 + y^2 = 7z^2. \tag{1}$$

(위 방정식은 피타고라스 방정식 $x^2 + y^2 = z^2$과
계수 7만 다른데, 피타고라스 방정식은 무한히 많은
해를 가진다는 것이 알려져 있다. 이는 이러한 약간
의 변화가 큰 결과를 초래하는 산술기하학의 면모
중 하나이다.)

풀이. x, y, z가 (1)을 만족하는 유리수라 하자. 이로
부터 모순을 이끌어낼 것이다.

만약 정수 n이 x, y, z의 최소 공통 분모라면 정수
a, b, c, n에 대해

$$x = a/n, \quad y = b/n, \quad z = c/n$$

으로 쓸 수 있다. 처음의 방정식 (1)은 이제

$$\left(\frac{a}{n}\right)^2 + \left(\frac{b}{n}\right)^2 = 7\left(\frac{c}{n}\right)^2$$

으로 바뀌고, 다시 n^2을 곱해 주면

$$a^2 + b^2 = 7c^2 \tag{2}$$

이 된다. 만약 a, b, c가 공약수 m을 가진다면, a/m,
b/m, c/m로 치환해도 (2)는 여전히 성립한다. 그래
서 a, b, c가 공약수를 갖지 않는다고 가정해도 무방
하다.

이제 위 방정식을 법(modulo) 7로 환원시키자(모
듈러 연산[III. 58] 참조). $\bar{a}$와 $\bar{b}$를 각각 법 7에 대한 a
와 b의 환원값이라고 하자. (2)의 우변은 7의 배수이
므로 0으로 환원되고

$$\bar{a}^2 + \bar{b}^2 = 0 \tag{3}$$

이 남는다. 이제 $\bar{a}$와 $\bar{b}$에 대하여 각각 7가지 경우만
있다. 따라서 $\bar{a}, \bar{b}$의 49가지 경우의 수 중에서 어느
경우가 이 방정식을 만족하는지 확인하면, (3)의 해
가 $\bar{a} = \bar{b} = 0$밖에 없다는 것은 몇 분 간의 계산을 통
해 충분히 확인할 수 있다.

한편 $\bar{a} = \bar{b} = 0$이라는 것은 a와 b가 모두 7의 배
수라는 것과 같다. 이 경우 a^2과 b^2은 둘 다 49의 배
수가 된다. 따라서 그 합 $7c^2$ 역시 49의 배수이다. 고
로 c^2은 7의 배수가 되고, 이로 인해 c 자신도 7의 배
수가 된다. 특히 a, b, c는 7이라는 공약수를 갖는다.
앞에서 a, b, c가 공약수를 갖지 않는다고 가정했기
때문에 이제 원하던 모순에 도달했다. 따라서 가정
했던 해는 모순이다. 결국 (1)의 어떠한 해도 0이 아
닌 유리수로 구성되지 않는다는 결론에 이른다.*

일반적으로 (2)와 같은 다항식의 유리해를 결정

---

* 연습문제: 왜 우리 논리에서 해 $x = y = z = 0$으로는 모순을 얻
을 수 없는가?

하는 것을 **디오판토스** 문제라고 한다. (2)를 한 단락으로 마무리할 수 있었지만 이것은 예외적인 경우임이 밝혀졌다. 일반적으로 디오판토스 문제는 대단히 어렵다. 예를 들면, (2)를 조금 고쳐서 다음의 방정식을 생각할 수 있다.

$$x^5 + y^5 = 7z^5. \tag{4}$$

(4)가 0이 아닌 유리해를 갖는지 갖지 않는지 모른다. 하지만 이 간단한 질문에 대한 답을 결정하는 작업은 현존하는 가장 강력한 기법도 충분하지 않을 만큼 엄청난 작업이 될 것이다.

더 일반적으로 임의의 가환환[III.81] R을 가지고 특정 다항방정식이 R에서 해를 갖는지를 물어볼 수도 있다. 예를 들면, (2)가 해 x, y, z를 다항식환 $\mathbb{C}[t]$ 안에서 가질 것인가? (답은 '예'이다. 몇 가지 해를 찾는 것은 연습문제로 남긴다.) 이렇게 R 위에 주어진 다항식의 해를 구하는 문제를 R 위의 **디오판토스 문제**라 한다. 산술기하학의 범위는 특정한 경계를 갖지 않지만, 일차적으로 수체[III.63]의 부분환 위에서 디오판토스 문제의 해를 다룬다고 할 수 있다. (정확히는 대개 R이 수체의 부분환인 **경우에만** 디오판토스 문제라 부른다. 하지만 더 일반적인 정의가 지금의 목적에 더 부합한다.)

(2)와 같은 특정한 방정식에 대해, 각각의 가환환 R마다 하나씩 **무수히** 많은 디오판토스 문제를 연관시킬 수 있다. 현대 대수기하학의 지배적 관점(어떤 면에서는 기본적 관점)은 이러한 거대한 문제의 앙상블이 하나의 개체로서 다뤄질 수 있다는 것이다. 이렇게 확장된 관점은 개개의 문제를 따로 고려했을 때 보이지 않던 구조를 드러낸다. 이렇게 만든 디오판토스 문제의 총체를 **스킴**이라 부른다. 우리는 나중에 스킴으로 돌아와서, 명확한 정의를 내리는 대신 그것이 무엇을 의미하는지를 살펴볼 것이다.

한 가지 변명: 나는 최근 수십 년 간 있었던 산술기하학의 발전 중 아주 일부만 기술할 것이다. 무엇보다 이 정도 분량의 원고에서 모두 다루기엔 너무 많은 양이기 때문이다. 그 대신에 독자에게 최소한의 기술적인 지식이 있다는 가정하에 스킴의 개념에 대해 약간 다룰 것이다. 마지막 절에서는 본문에서 개발된 개념을 통해 산술기하학의 몇 가지 놀라운 문제들을 논의할 것이다. 스킴의 이론은 산술기하학뿐 아니라 1960년대에 그로탕딕(Grothendieck)과 동업자들에 의해 개발된 대수기하학(algebraic geometry)의 영역 자체를 이해해야 한다. 하지만 산술적 배경에서는, 스킴을 사용함으로써 '기하적이지 않아' 보이는 환경에 기하적인 아이디어를 확장하는 것이 특히 중요하다.

2 기하가 없는 기하학

스킴의 추상적인 이론에 뛰어들기 전에 2차방정식에서 조금 더 맴돌아 보자. 지금까지의 논의에서 드러나지는 않았지만, 디오판토스 문제의 해는 기하의 영역에서 적절하게 분류된다. 여기서의 목표는 왜 그런지를 설명하는 것이다.

아래 방정식을 생각하자.

$$x^2 + y^2 = 1. \tag{5}$$

어떤 $x, y \in \mathbb{Q}$가 (5)를 만족하는가? 이 문제는 앞 절에서 다뤘던 것과는 상당히 다른 냄새를 풍긴다. 앞에서 어떠한 유리해도 갖지 않는 방정식을 보았다. 반면 이제 곧 (5)에서도 무한히 많은 유리해를 가지는 것을 보게 될 것이다. $x = 0$, $y = 1$과 $x = \frac{3}{5}$, $y = -\frac{4}{5}$가 대표적인 예이다. (네 개의 해 $(\pm 1, 0)$과 $(0, \pm 1)$은 수학에서 상투적인 표현으로 '얼굴에 비치는' 해라고 불린다.)

물론 방정식 (5)는 즉시 '원의 방정식'이라 인식되기도 한다. 이 말은 정확히 무엇을 의미하는가? (5)를 만족하는 실수 (x, y)의 순서쌍으로 이루어진 집합은 좌표평면에 나타냈을 때 원을 이룬다는 것이다.

그래서 기하학이 대개 그러하듯이, 기하학은 원을 그리는 데서 시작한다. 이제 (5)의 해를 더 많이 찾고 싶다 가정해 보자. P는 점 $(1, 0)$이고 L은 P를 지나고 기울기가 m인 직선이라 하자. 그러면 다음의 기하적인 사실이 도출된다.

(G) 직선과 원은 0개, 1개 혹은 2개의 점에서 교차한다. 점 하나에서 교차하는 경우는 그 직선이 원에 접하는 경우뿐이다.

(G)로부터 L이 P에서 원에 접하지 않는다면, P가 아닌 원과 직선의 교점이 유일하다는 결론을 얻는다. (5)의 해 (x, y)를 찾기 위해서는 이 점의 좌표를 정해야 한다. L이 $(1, 0)$을 지나고 기울기가 m인 직선이라 하자. 말하자면 그 직선 L_m의 방정식은 $y = m(x - 1)$로 주어진다. L_m과 원의 교점의 x-좌표를 얻기 위해서는 방정식 $y = m(x - 1)$과 $x^2 + y^2 = 1$을 풀어야 한다. 즉, $x^2 + m^2(x - 1)^2 = 1$ 또는 이와 동치인

$$(1 + m^2)x^2 - 2m^2x + (m^2 - 1) = 0 \qquad (6)$$

을 풀어야 한다.

물론 (6)은 $x = 1$이라는 해를 가진다. 다른 해는 얼마나 많이 있는가? 앞선 기하학적 논의를 통해서 (6)은 많아야 하나의 해를 더 갖는다고 믿어진다. 한편으로는 기하적 사실 (G)와 유사한[*] 다음의 대수적 사실을 이용할 수 있다.

(A) 방정식 $(1 + m^2)x^2 - 2m^2x + (m^2 - 1) = 0$ 은 x에 대한 해를 0개, 1개 혹은 2개 가진다.

물론 명제 (A)의 결론은 (6)뿐 아니라 x에 대한 임의의 2차방정식에 대해 성립한다. 그것은 인수분해 정리의 결과이다.

이 경우 사실상 어떠한 정리를 이용할 필요도 없으며, 직접 계산을 하여 (6)의 해 $x = 1$과 $x = (m^2 - 1)/(m^2 + 1)$을 찾을 수 있다. 결론적으로 그 원과 직선 L_m의 교집합은 $(1, 0)$과 다음의 좌표를 가지는 점 P_m으로 이루어져 있다.

$$\left(\frac{m^2 - 1}{m^2 + 1}, \frac{-2m}{m^2 + 1} \right). \qquad (7)$$

식 (7)을 통하여 각각의 기울기 m에 대하여 (5)의 해 P_m을 연관짓는 대응 $m \mapsto p_m$을 만들 수 있다. 더 나아가 원 위의 $(1, 0)$이 아닌 임의의 점은 유일한 직선에 의해 $(1, 0)$과 이어지기 때문에, 기울기 m과 $(1, 0)$이 아닌 방정식 (5)의 해 사이의 일대일대응을 만

[*] (G)와 달리 (A)는 접한다는 것이 언급되지 않았음에 유의하라. 이는 §4에서 살펴볼 예정이지만 대수학적 배경에서는 접한다는 개념이 더욱 미묘하기 때문이다.

든 셈이다.

이 작업의 아주 좋은 점은 (5)의 해를 $\mathbb{R}$뿐 아니라 $\mathbb{Q}$를 비롯한 더 작은 체(field)에 대해 만들어낼 수 있다는 것이다. m이 유리수일 때, (7)로 주어진 해의 좌표 또한 유리수라는 것은 당연하다. 예를 들어 $m = 2$일 때, 그 해는 $(\frac{3}{5}, -\frac{4}{5})$이다. 사실, (7)은 (5)가 $\mathbb{Q}$ 위에서 무수히 많은 해를 가진다는 것을 보일 뿐 아니라 해를 변수 m에 대해 **매개화하는** 방법을 알려준다. (5)의 해 중에서 $(1, 0)$이 아닌 것들이 m의 유리숫값과 일대일대응한다는 것은 연습문제로 남겨둔다. 아쉽게도, 디오판토스 문제의 해가 이런 방식으로 매개화되는 경우는 대단히 드물다! 그럼에도 (5)와 같은 다항식의 해 중 하나 혹은 여러 변수에 의해 표시되는 것은 산술기하학에서 특별한 역할을 한다. 그것들은 **유리다양체**(rational variety)라 불리며, 이 주제에서 어떤 방식으로든 가장 잘 알려진 예의 부류이다.

이 논의의 핵심적인 면모에 관심을 기울여 보자. (5)의 해를 구성하기 위해 우리는 기하적 직관(예컨대 (G)와 같은 사실에 대한 지식)에 의존했다. 한편 구성에 대한 대수적 정당성을 확립했고, 이제 이 불필요한 비계(飛階)*와 같은 기하적 직관을 걷어치울 수 있다. (6)이 $x = 1$이 아닌 유일한 해를 가져야 한다는 것을 **제안한** 것은 바로 직선과 원에 대한 기하적 사실이다. 하지만 일단 그러한 생각에 이르면 순전히 대수적인 명제 (A)에 의해 기껏해야 하나의 해가 있다는 것을 **보일** 수 있는데, 여기엔 어떠한 기하

도 관여되어 있지 않다.

논증이 어떠한 기하에 기대지 않고 성립할 수 있다는 사실은, 얼핏 보기에 기하학적이지 않은 상황에도 논증이 이용될 수 있다는 것을 의미한다. 예를 들면 (5)의 해를 유한체 $\mathbb{F}_7$에서 찾으려 한다고 하자. 이제 그 해집합을 '원'이라 말하는 것은 적절하지 않아 보인다. 그것은 그저 유한한 점들로 이루어진 집합이다! 그럼에도 기하학적인 영감을 받은 논증은 여전히 완벽히 작동한다. $\mathbb{F}_7$에서 가능한 m의 값은 0, 1, 2, 3, 4, 5, 6이고 대응하는 해 P_m은 $(-1, 0)$, $(0, -1)$, $(2, 2)$, $(5, 5)$, $(5, 2)$, $(2, 5)$, $(0, 1)$이다. 이들 일곱 점은 $(1, 0)$과 더불어 $\mathbb{F}_7$에서 (5)의 해집합을 구성한다.

이제 디오판토스 문제의 묶음 전체를 한 번에 다루는 것의 장점이 보이기 시작했다. 우리는 (5)의 해를 $\mathbb{F}_7$ 위에서 찾기 위해서 (5)를 $\mathbb{R}$ 위에서 푸는 문제로부터 영감을 얻은 방법을 이용했다. 마찬가지로, 일반적인 경우 기하에서 제시된 방법은 디오판토스 문제를 푸는 데 도움을 준다. 그리고 이러한 방법은 일단 완벽히 대수적인 형태로 옮겨 적으면 기하로 여겨지지 않는 경우에도 여전히 적용된다.

지금부터 특정한 방정식의 완연히 대수적인 형태가 우리를 속일 수도 있다는 가능성을 진심으로 염두에 두어야 한다. 아마도 $\mathbb{F}_7$에서 (5)의 해집합 같은 것들을 포함하는 충분히 일반적인 '기하'의 개념이 있었을 것이고, 그 인에서 이 특정한 예는 '원'이라고 불릴 자격이 있었을 것이다. 그렇다면 그렇게 부르지 않을 이유가 무엇이란 말인가? 그것은 임의의 직선과 0, 1, 혹은 2개의 교점을 가진다는, 원의 가장 중요한 성질을 지니고 있다. 물론 무한성, 연속성,

---

* 높은 곳에서 공사를 할 수 있도록 임시로 설치한 가설물—옮긴이

둥긂 등과 같이 이 집합이 가지지 못한 원의 성질도 있다. 하지만 산술기하학을 다룰 땐 방금 기술한 성질은 필요하지 않다. $\mathbb{F}_7$ 위에서 (5)의 해집합은 우리 관점에서 단위원이라 부를 수 있는 모든 자질을 갖추고 있다.

요약하자면 현대적인 관점은 좌표공간의 고정적인 이야기를 뒤집어보는 것으로 생각할 수 있다. 좌표 공간에서는 기하학적인 대상(곡선, 직선, 점, 곡면)을 가지고 '이 곡선의 방정식은 무엇인가?' 내지는 '그 점의 좌표는 무엇인가'와 같은 질문을 한다. 밑에 놓여 있는 대상은 기하학적이며 대수가 그 특성을 이야기한다. 우리에게 이 상황은 정확히 반대이다. 밑에 놓여 있는 대상은 **방정식**이고 각각의 해가 지니는 기하학적인 성질은 단순히 그 방정식의 대수적 특성을 이야기하는 도구일 뿐이다. 산술기하학자에게 '단위원'이란 $x^2 + y^2 = 1$이다. 그러면 그 둥근 것은 무엇인가? 그건 단지 $\mathbb{R}$ 상의 해집합의 **그림**일 뿐이다. 바로 이것이 기존의 관점과 큰 차이를 만들어낸다.

3 다양체로부터 환과 스킴까지

이번 절에서는 '스킴이 무엇인가?'라는 질문에 대한 명확한 답을 얻으려 한다. 엄밀한 정의를 내리는 것은 여기서 다루는 수월하고 알맞은 것 이상의 대수적 장치들을 요구하므로, 대신 비유를 통해 그 물음에 접근할 것이다.

3.1 형용사와 성질

형용사에 대해 생각해 보자. 예를 들어 '노랗다'와 같은 형용사는 그 형용사가 적용되는 명사들의 집합을 만들어낸다. 각각의 형용사 A에 대하여 이러한 명사들의 집합을 $\Gamma(A)$라 할 수 있다. 일례로 Γ('노랗다')는 {레몬, 통학버스, 바나나, 태양, …}과 같은 무한집합이다.* 그리고 누구나 $\Gamma(A)$가 A를 아는 데 중요하다는 것에 동의할 것이다.

이제 우리들 중 어느 이론가가 어휘를 절약하고자 하는 열망에서, 형용사를 전적으로 배제할 수 있다고 제안했다고 해 보자. A 대신에 $\Gamma(A)$만 말했다 하더라도 오직 명사만 관여하는 문법이론에 의해 그럭저럭 알아들을 수 있었을 것이다.

이것은 좋은 생각일까? 여기엔 확실히 잘못으로 이어질 만한 몇 가지 구석이 있다. 예를 들어 같은 명사들의 집합에 대해 여러 다른 형용사가 대응된다면 어쩔 것인가? 그렇다면 새로운 관점은 기존의 것보다 덜 세밀할 것이다. 하지만 두 형용사가 **정확히** 같은 명사들의 집합에 적용된다면 그 둘은 같거나 적어도 동의어라고 말하는 것은 확실히 타당해 보인다.

두 형용사 사이의 관계는 어떨까? 예를 들어, '거대하다'가 '크다'보다 강하다고 말할 수 있는 것처럼 두 형용사에 대해 어느 하나가 다른 것보다 더 강하다고 이야기할 수 있다. 형용사들의 이러한 관계가 명사들의 집합 단계에서 여전히 보이는가? 그렇다. A가 B보다 '강하다고 하는 것'은 정확히 $\Gamma(A)$가 $\Gamma(B)$에 포함되는 경우라 할 수 있다. 다시 말해, 어

---

* 물론, 실생활에서는 '노랗다'와의 관계가 뚜렷하지 않은 명사가 있다. 하지만 우리의 목표는 이것을 수학적으로 보이게 하는 것이니 세상의 모든 개체가 확실히 노랗거나 노랗지 않다고 해 두자.

떤 큰 것들은 거대하지는 않지만 모든 거대한 것들이 크다는 점에서 '거대하다'는 '크다'보다 강하다고 할 수 있다.

지금까지는 순조롭다. 기술적인 어려움으로 그 대가를 치뤘다. 간단하고 익숙한 형용사를 사용하는 것보다 명사들의 무한집합을 다루는 것은 훨씬 더 수고스러운 일이지만, 그 대가로 우리는 일반화할 수 있는 기회를 얻었다. '집합론적 문법학자'라고 부를 만한 우리의 이론가는 이미 알려진 형용사 A에 대하여 $\Gamma(A)$ 꼴로 나타나는 명사들의 집합에 아마도 아무런 특별한 것이 없다는 데 주목할 것이다. 개념을 바꾸어 '형용사'를 '명사들의 집합'이라고 다시 정의하는 것이 어떻겠는가? 이론가는 일반적인 의미의 '형용사'와의 혼란을 피하기 위해, 심지어 '성질'이라는 새로운 용어를 도입해 그의 새로운 연구대상을 지칭할 것이다.

이제 여러모로 활용할 수 있는 성질로 이루어진 새로운 세상을 얻었다. 예를 들어 성질 {'통학버스', '태양'}은 '노랗다'보다 강하고, 성질 {'태양'}(명사 '태양'과 다르다는 데 주의!)은 '노랗다', '거대하다', '크다' 및 {'통학버스', '태양'} 등의 성질보다 강하다.

독자들은 모든 것을 감안해 봐도 이런 '형용사' 개념을 재정립하는 일이 좋은(유용한) 생각이라는 것을 받아들이지 못했을 것이다. 사실 그것은 좋은 생각이 아닐 것이고 그렇기 때문에 집합론적 문법이 사용되지 않는 것이다. 하지만 여기 상응하는 대수기하학의 이야기는 꽤 다른 상황이다.

3.2 좌표환

경고: 다음 두 항목은 환(ring)과 아이디얼(ideal)의

이론에 친숙하지 않은 독자들에겐 어려울 것이다. 그런 독자는 다음 절로 건너 뛰거나, 환, 아이디얼, 모듈[III.81]을 먼저 읽어 보기 바란다(대수적 수[IV.1]도 참조할 것).

복소 아핀 다양체(complex affine variety)(앞으로 간단히 '다양체(variety)'라 적겠다)가 유한한 수의 다항식 집합에 대한 $\mathbb{C}$ 위에서의 해집합이라는 것을 떠올려보자. 예를 들어, 우리가 좋아하는 다음의 방정식을 만족하는 $\mathbb{C}^2$ 안에서 얻어진 해 (x, y)의 집합으로 한 다양체 V를 정의할 수 있다.

$$x^2 + y^2 = 1. \tag{8}$$

그렇다면 사실 (8)의 복소수 해집합은 구면에서 두 점을 제거한 모양이지만(자명한 사실은 아니다), V는 앞에서 '단위원'이라 불렀던 것이다.

더 일반적인 관심사는 주어진 다양체 X에 대해, 그 위의 점을 복소수로 대응시키는 다항식 함수들의 환을 이해하는 것이다. 이러한 환을 X의 **좌표환**(coordinate ring)이라 부르고 $\Gamma(X)$로 적는다.

당연히 x, y의 임의의 다항식이 하나 주어졌을 때, 그것을 고려 중인 다양체 V의 함수로 여길 수 있다. 그렇다면 V의 좌표환은 단순히 다항식환 $\mathbb{C}[x, y]$일까? 꼭 그런 것은 아니다. 한 예로 $f = 2x^2 + 2y^2 + 5$라는 함수를 생각해 보자. V의 여러 점에서 이 함수의 값을 취하면 다음을 얻는다.

$$f(0, 1) = 7, \quad f(1, 0) = 7,$$
$$f(1/\sqrt{2}, 1/\sqrt{2}) = 7, f(i, \sqrt{2}) = 7, \cdots$$

f가 계속 같은 값을 갖는다는 점에 주목하자. 사실 V의 모든 점 (x, y)에 대해 $x^2 + y^2 = 1$이므로, $f =$

$2(x^2 + y^2) + 5$는 V의 모든 점에서 7이 될 수밖에 없다. 따라서 $2x^2 + 2y^2 + 5$와 7은 V 위의 같은 함수를 부르는 다른 이름일 뿐이다.

그래서 $\Gamma(V)$는 $\mathbb{C}[x, y]$보다 작다. 그것은 $\mathbb{C}[x, y]$로부터 두 다항식 f와 g가 V의 모든 점에서 같은 값을 가질 때 같은 함수로 간주하여 얻어진 환이다. (더 형식적으로는 이변수 복소다항식의 집합에 동치관계[I.2 §2.3]를 정의한 것이다.) f와 g가 정확히 $x^2 + y^2 - 1$의 배수만큼 차이가 날 때 이 성질을 가진다는 것을 알 수 있다. 고로 V 위에서 다항식 함수들의 환은 $x^2 + y^2 - 1$로 생성된 아이디얼로 $\mathbb{C}[x, y]$의 몫을 취한 것이다. 환을 $\mathbb{C}[x, y]/(x^2 + y^2 - 1)$로 적겠다.

임의의 다양체에 대해 어떻게 함수들의 환을 대응시키는지를 보였다. 두 다양체 X, Y에 대해 그 좌표환 $\Gamma(X)$와 $\Gamma(Y)$가 동형[I.3 §4.1]이라면 X와 Y가 어떤 의미에서 '같은' 다양체임을 보이는 것은 어렵지 않다. 이 관찰로부터 다양체에 대한 연구를 아예 배제하고 환에 대한 연구를 하자는 생각으로 넘어가는 것은 간단하다. 물론 여기서 앞선 우화의 집합론적 문법학자 입장에서 '다양체'를 '형용사' 역할로, '좌표환'을 '명사들의 집합' 역할로 다루고 있다.

다행히도 다양체의 기하적 성질을 그 좌표환의 대수적 성질로부터 복원할 수 있다. 만약 그렇지 않았더라면 좌표환은 별다른 쓸모가 없었을 것이다! 기하와 대수의 관계는 특별히 산술기하학뿐 아니라 일반적으로 대수기하에 속하는 아주 긴 이야기이지만, 그 맛을 보기 위해 몇 가지 예제들을 논의해 보자.

다양체의 단순한 기하학적 특성 중 하나는 기약성(irreducibility)이다. 어떤 다양체 X가 가약(reducible)이라는 것은 둘 중 어느 것도 X 전체가 아니라는 것이다. 예를 들어 아래 $\mathbb{C}^2$ 안의 다양체는 두 직선 $x = y$, $x = -y$의 합으로 나타난다.

$$x^2 = y^2. \qquad (9)$$

다양체가 기약이라는 것은 분리되지 않는 경우를 말한다. 따라서 모든 다양체는 기약 다양체로부터 만들어진다. 기약 다양체와 일반 다양체의 관계는 소수와 일반 양의 정수 사이의 관계와 상당히 비슷하다.

기하에서 대수로 넘어와서, 어떤 환 R이 정역(integral domain)이라는 것은 임의의 0이 아닌 R의 원소 f, g에 대해 fg가 여전히 0이 아닌 경우를 말한다. $\mathbb{C}[x, y]$가 좋은 예이다.

사실. 다양체 X가 기약일 필요충분조건은 $\Gamma(X)$가 정역인 것이다.

전문가라면 여기서 '기약성'의 문제를 얼버무리고 있다는 것을 알아차릴 것이다.

이 사실을 증명하지는 않겠지만 다음의 예가 이를 분명히 보여준다. (9)를 통해 정의된 다양체 X 위의 두 함수 $f = x - y$와 $g = x + y$를 생각해 보자. 이 둘 중 어느 것도 0이 아니다. 예를 들어 $f(1, -1)$이나 $g(1, 1)$은 0이 아니다. 하지만 그 곱은 $x^2 - y^2$이고 X 위에서 0이 된다. 고로 $\Gamma(X)$는 정역이 아니다. 여기서 고려 중인 함수 f와 g는 X를 더 작은 다양체 둘의 합으로 분해하는 것과 밀접히 연관되어 있다는 것에 주목해야 한다.

또 하나의 중요한 기하학적 개념은 한 다양체에서 다른 다양체로 가는 함수의 개념이다. (습관적으로 이런 함수를 '사상(map/morphism)'이라 부른다.) 예를 들어, W가 $xyz = 1$로 정의된 $\mathbb{C}^3$ 안의 다양체라고 하자. 이제 사상 $F : \mathbb{C}^3 \to \mathbb{C}^2$은

$$F(x, y, z) = \left(\frac{1}{2}(x + yz), \ \frac{1}{2i}(x - yz) \right)$$

로 정의되어 W의 점을 V의 점으로 보낸다.

다양체의 좌표환을 알면 다양체 사이의 사상을 보는 것이 아주 쉬워진다. 두 다양체 V_1, V_2 사이의 사상 $G : V_1 \to V_2$와 V_2 위의 다항함수 f는 v를 $f(G(v))$로 보내는 V_1 위의 다항함수를 정의한다는 사실에만 주목하자. 이렇게 정의된 V_1 위의 함수는 $G^*(f)$로 표시한다. 예를 들어, f가 V 위에서 $x + y$이고 F가 위에 주어진 사상이라면 $F^*(f) = \frac{1}{2}(x + yz) + \frac{1}{2i}(x - yz)$이다. G^*가 $\mathbb{C}$-대수 준동형사상($\mathbb{C}$-algebra homomorphism)(즉, 환의 준동형사상으로서 $\mathbb{C}$의 원소를 자기 자신으로 보내는 사상)임은 쉽게 확인할 수 있다. 더 나아가 다음의 정리를 얻는다.

사실. 임의의 다양체 쌍 V, W에 대해 G를 G^*로 대응시켜주는 것은 W에서 V로 가는 다항함수와 $\Gamma(V)$에서 $\Gamma(W)$로 가는 $\mathbb{C}$-대수 준동형사상 사이의 일대일대응이다.

'V에서 W로 가는 단사(injection)가 있다'는 서술을 '성질 A는 성질 B보다 강하다'는 것의 유사로 생각하더라도 그리 틀린 것은 아니다.

기하를 대수로 변환하는 움직임은 추상화에 대한 순진한 집착이나 기하에 대한 혐오에 기반한 것이 아니다. 그보다는 겉보기에 서로 다른 이론들을 통합하려는 보편적인 수학적 본능의 일부이다. 나는 디외도네(Dieudonné)가『대수기하학의 역사(*History of Algebraic Geometry*)』(1985)에 적은 것보다 이를 더 잘 표현할 수 없다.

… 크로네커(Kronecker)와 데데킨트(Dedekind)-베버(Weber)의 1882년 두 회고록은, 동시에 발명되었던 대수기하학과 대수적 수 이론의 심오한 유사성을 인지했음을 기록하고 있다. 게다가 대수기하학의 개념은 우리에게 가장 단순하면서도 가장 명쾌한데, 우리가 환, 아이디얼, 모듈 등의 '추상적인' 대수적 개념을 통해 조련되었기 때문이다. 하지만 정확하게 이 '추상적인' 성격으로 인해 이에 해당되는 기하적인 개념을 쉽사리 복원할 수 없는 것에 당황한 동시대인은 이를 거부했다. 따라서 대수학파(algebraic school)의 영향은 1920년까지 아주 미약하게 남아 있었다. 확실히 크로네커가 처음으로 이들 두 이론을 하나로 통합한 광대한 대수기하학적 구성을 꿈꾼 것으로 보인다. 이 꿈은 아주 최근에 우리 시대에 들어서야 스킴 이론에 의해 실현되었다.

그러므로 이제 스킴으로 넘어가 보자.

3.3 스킴

우리는 각각의 다양체 X가 환 $\Gamma(X)$를 낳고, 더 나아가 이러한 환들의 대수적 연구로 다양체의 기하적 연구를 대신할 수 있다는 것을 보았다. 하지만 명사로 이루어진 임의의 집합이 형용사에 해당되지 않

는 것처럼 모든 환이 다양체의 좌표환에 해당하는 것은 아니다. 예를 들어 정수의 환 $\mathbb{Z}$는 다음의 이유로 어떠한 다양체의 좌표환도 아니다. 다양체 V에 대해 임의의 복소수 a로 주어진 상수함수 a는 V 위의 함수가 되고 따라서 $\mathbb{C} \subset \Gamma(V)$이다. 하지만 $\mathbb{Z}$는 $\mathbb{C}$를 포함하지 않기 때문에 이는 어떠한 다양체의 좌표환도 될 수 없다.

이제 집합론적 문법학자의 결정타를 흉내 낼 준비가 되었다. 전부 다는 아니지만 어떤 환은 기하학적 대상(다양체)으로부터 나온다는 것을 알고 있다. 그리고 이러한 다양체의 기하학은 이들 특정한 환의 대수적 성질로 기술된다는 것도 알고 있다. 그렇다면 임의의 환 R을 그 기하학이 R 자신의 대수적 성질로 결정되는 '기하학적 대상'으로 여기는 것이 왜 안 되겠는가? 문법학자는 그의 일반화된 형용사를 지칭하기 위해 '성질'이라는 새로운 용어를 도입해야 했다. 우리도 좌표환이 아닌 환에 대하여 같은 입장을 가지며, 그것들을 스킴이라 칭하겠다.

따라서 어찌되었든 스킴의 정의는 다소 따분할 수 있다. 스킴은 바로 환이다! (사실 여기서 몇 가지 기술적 문제를 숨기고 있다. 아핀 스킴(affine scheme)을 환이라고 하는 것이 정확하다. 하지만 관심 영역을 아핀 스킴으로 제한하는 것이 설명하려는 것에 지장을 주지는 않을 것이다.) 그보다 더 흥미로운 것은 초창기 대수기하학자를 '당황하게' 했던 어려운 작업을 어떻게 수행할 수 있느냐는 것이다. 어떻게 임의의 환에 대한 '기하학적' 특성을 알아볼 것인가?

예를 들어 만약 R이 임의의 기하학적 대상이라면 그것은 '점'을 가지고 있어야 한다. 하지만 어떤 환의 '점'이라는 것은 무엇인가? 분명히 이것은 그 환의 원소를 뜻하지는 않는다. $R = \Gamma(X)$인 경우, R의 원소는 X 위의 함수이지 X의 점은 아니기 때문이다. 필요한 것은 X 위 임의의 점 p에 대응하는 어떤 대상이다.

핵심적인 관찰은 $\Gamma(X)$의 함수 f가 주어졌을 때 p는 이것을 복소수 $f(p)$로 대응시키는, $\Gamma(X)$에서 $\mathbb{C}$로 가는 어떤 사상으로 볼 수 있다는 것이다. 이 사상은 준동형사상으로 값매김 준동형사상(evaluation homomorphism)이라고 부른다. X 위의 점은 $\Gamma(X)$에서 준동형사상을 결정하기 때문에, 기하에 의존하지 않고 $R = \Gamma(X)$에 대하여 '점'을 정의하는 자연스러운 방법은 R에서 $\mathbb{C}$로 가는 준동형사상을 '점'이라고 말하는 것이다. 이러한 준동형사상의 핵(kernel)은 극대아이디얼(maximal ideal), 즉 R의 적절한 아이디얼 중 R을 제외하고는 더 큰 아이디얼에 포함되지 않는 것이 된다. 더 나아가 R의 모든 극대아이디얼은 X의 점 p로부터 나타난다. 따라서 X의 점을 묘사하는 아주 간단한 방법은 그것들을 R의 극대아이디얼이라 하는 것이다. 현대의 대수기하학자라면 극대아이디얼뿐 아니라 모든 소아이디얼(prime ideal)이 점에 대응한다고 했을 것이다. 극대가 아닌 아이디얼에 해당하는 '점'은 일반적인 의미의 점이 아니다. 예를 들어 영아이디얼(zero ideal)(만약 그것이 소아이디얼이라면)은 '포괄적 점(generic point)'에 해당하는데, 그것은 어떤 의미로는 X의 모든 곳에 있으면서 다른 의미로는 특정한 어느 곳에도 있지 않다. 이러한 기술은 다소 모호하게 들리지만 대수 쪽에서 영아이디얼이라는 것은 아주 구체적인 것이다. 그리고 사실 '포괄적 점'의 정확한 개념을 통해서 종종 어떤 부류의 모호한 기하적 논법이 엄밀한 증명이 되기도 한다.

우리가 도달한 정의는 $R = \Gamma(X)$뿐 아니라 임의의 환에 대해서도 성립한다. 따라서 환의 '점'을 그 소아이디얼로 정의할 수도 있다. R의 소아이디얼의 집합은 Spec R이라는 이름을 가지고 있고, 이를 R에 연관된 스킴(scheme associated with R)이라 부른다. (더 정확하게 Spec R은 그 점들이 R의 소아이디얼인 '국소환 달린 위상공간(locally ringed topological space)'으로 정의되지만, 지금 논의에서는 이 정의까지 필요하지는 않다.)

이제 첫 번째 절에서 언급했던, 스킴이 여러 다양한 환 위에서 디오판토스 문제를 하나로 엮은 것이라는 주장을 해명할 때가 왔다. 예를 들어, R이 $\mathbb{Z}[x, y]/(x^2 + y^2 - 1)$이라 하자. 이제 $f : R \to \mathbb{Z}$인 준동형사상을 나열할 것이다. f를 특정하기 위해서는 $\mathbb{Z}$ 안에서 $f(x)$와 $f(y)$의 값을 지정하기만 하면 된다. 하지만 $x^2 + y^2 - 1 = 0$이므로 반드시 $\mathbb{Z}$에서

$$f(x)^2 + f(y)^2 - 1 = 0$$

이어야 하기 때문에, 이 값들을 아무렇게나 지정할 수는 없다. 달리 말하자면 $(f(x), f(y))$는 $\mathbb{Z}$ 상에서 디오판토스 방정식 $x^2 + y^2 = 1$의 해를 만들어 준다. 게다가 같은 논법에 의해 임의의 환 S에 대하여 준동형사상 $f : R \to S$는 S에서 $x^2 + y^2 = 1$의 해를 주고 그 역도 성립한다. 요약하면 다음과 같다.

각각의 S에 대하여 R에서 S로 가는 환 준동형사상의 집합과 S 안에서 $x^2 + y^2 = 1$의 해집합 사이에 일대일대응이 성립한다.

이러한 성질은 R이 여러 다른 환에 대한 디오판토스 방정식의 정보를 '포괄'한다고 말할 당시에 고려되었던 것이다.

바라던 바대로 다양체의 모든 기하적 성질은 그 좌표환을 통해 계산될 수 있다는 점으로부터, 그 기하학적 성질을 다양체뿐 아니라 일반적인 스킴에 대해서도 정의할 수 있다. 예를 들어 다양체 X가 기약이라는 것이 바로 $\Gamma(X)$가 정역이라는 것과 동치라는 것을 이미 보았다. 따라서 일반적으로 스킴 Spec R이 기약이라는 것은 R이 정역이란 것과 동치라 할 수 있다(정확히는 R을 영라디칼(nilradical)로 나눈 것이 정역이다). 스킴의 연결성, 차원, 매끈함 등의 성질을 이야기할 수도 있다. 이러한 모든 기하적 성질은 기약성과 마찬가지로 순수하게 대수적으로 표현할 수 있다. 사실 산술기하학자의 사고방식에 의하면 이 모든 것들은 근본적으로 대수적 성질이었다.

3.4 예: Spec $\mathbb{Z}$, 수직선

수학 교육에서 처음으로 맞닥뜨리는(그리고 정수론의 궁극적인 주제인) 환은 정수의 환 $\mathbb{Z}$이다. 이것이 어떻게 우리의 그림에 맞아 들어갈까? 스킴 Spec $\mathbb{Z}$는 $\mathbb{Z}$의 소아이디얼을 점으로 가지고 있는데, 이들은 소수 p에 대한 주아이디얼(principal ideal) (p)와 영아이디얼의 두 가지 형태를 지닌다.

$\mathbb{Z}$를 Spec $\mathbb{Z}$ 상의 '함수'들의 환으로 생각해야 한다. 어떻게 정수가 함수가 될 수 있는가? 단지 Spec $\mathbb{Z}$의 한 점에서 어떻게 정수 n의 값을 줄 것인지 말하기만 하면 된다. 만약 그 점이 0이 아닌 소아이디얼 (p)라면 (p)에서의 값매김 준동형사상은 정확

히 (p)를 핵으로 가진다. 따라서 (p)에서 n의 값은 n을 p로 나눈 나머지이다. 점 (0)에서 값매김 준동형사상은 항등사상(identity map) $\mathbb{Z} \to \mathbb{Z}$이므로 그 값은 그냥 n이 된다.

4 원은 얼마나 많은 점을 가지고 있는가?

이제 §2의 방법론으로 돌아가, 특별히 유한체 $\mathbb{F}_p$ 위에서 방정식 $x^2 + y^2 = 1$을 다루는 경우에 관심을 기울이자.

V를 $x^2 + y^2 = 1$의 해에 대한 스킴이라 하자. 임의의 환 R에 대해 $V(R)$을 $x^2 + y^2 = 1$의 해집합으로 표기하자.

만약 R이 유한체 $\mathbb{F}_p$라면 $V(\mathbb{F}_p)$는 $\mathbb{F}_p^2$의 부분집합이 된다. 특히 이것은 유한집합이 된다. 따라서 자연스럽게 이 집합이 얼마나 큰지 의문을 가질 수 있다. 달리 말해서 원에는 얼마나 많은 점이 있을까?

§2에서 기하적 직관의 도움을 받아 임의의 $m \in \mathbb{Q}$에 대해 다음 점

$$P_m = \left(\frac{m^2 - 1}{m^2 + 1}, \frac{-2m}{m^2 + 1} \right)$$

이 V 위에 있다는 것을 보았다.

P_m이 방정식 $x^2 + y^2 = 1$을 만족함을 보이는 대수 계산은 유한체 위에서도 다른 것이 없다. 따라서 $V(\mathbb{F}_p)$가 $p + 1$개의 점으로 이루어져 있다는 생각에 마음이 기울어져 있을 수도 있다. 말하자면 각각의 $m \in \mathbb{F}_p$에 대해 점 P_m이 주어지고, 여기 $(1, 0)$을 추가한 것이다.

하지만 이것은 꼭 옳지만은 않다. 예를 들어 $p = 5$인 경우, $(0, 1), (0, -1), (1, 0), (-1, 0)$의 네 점이 $V(\mathbb{F}_5)$

전체가 된다는 것을 쉽게 확인할 수 있다. 다양한 m에 대하여 P_m을 계산하다 보면 즉각 문제점이 발생한다. m이 2 또는 3이라면 P_m의 공식에 등장하는 분모 $m^2 + 1$이 0이 되기 때문에 공식이 성립하지 않는다! 이것은 $\mathbb{Q}$에서는 $m^2 + 1$이 항상 양수라서 보이지 않던 결함이다.

여기에 어떤 기하학적 배경이 있을까? 직선 L_2, 즉 $y = 2(x - 1)$과 V의 교점을 생각하자. 만약 (x, y)가 교점이라면

$$x^2 + (2(x - 1))^2 = 1,$$
$$5x^2 - 8x + 3 = 0$$

이 된다. $\mathbb{F}_5$에서는 $5 = 0$이고 $8 = 3$이므로 이 방정식은 $3 - 3x = 0$이 된다. 다시 적으면 $x = 1$이고, 또 다시 $y = 0$이 유도된다. 다시 말해 직선 L_2는 원 V와 단 한 점에서 만난다는 것이다!

여기서 두 가지 가능성이 남아 있는데, 둘 다 우리의 기하학적 직관에 거슬린다. L_2가 V에 접했다고할 수도 있겠지만, 이 경우 V는 $(1, 0)$에서 이미 수직선 $x = 1$이 접선이 되기 때문에 복수의 접선을 갖게된다. 또 다른 가능성은 L_2가 V에 접하지 않는다고하는 것이다. 하지만 마찬가지로 원 V에 접하지도 않는 직선이 오직 한 점에서만 만난다는 거북한 상황에 놓이게 된다. 이 지점에서 여러분은 왜 앞에서 문장 (A)에 '접선'의 대수적 정의를 포함시키지 않았는지 알아차리기 시작했을 것이다!

이러한 곤경은 산술기하학의 특성을 잘 드러낸다. $\mathbb{F}_p$ 위의 기하와 같은 고상한 맥락으로 이동하고 나면 '직선이 원과 많아야 두 점에서 교차한다'와 같은 어떤 면모는 그대로 남지만, '$(1, 0)$에서 원에 접하

는 접선은 유일하다'와 같은 것들은 폐기되어야 한다.*

이들 특성과 상관없이 $V(\mathbb{F}_p)$에 있는 점의 개수를 계산할 준비가 되어 있다. 먼저 $p = 2$인 경우 $V(\mathbb{F}_2)$에는 (0, 1)과 (1, 0)의 두 점만 있다. p가 짝수인 경우는 처리되었고 이후로는 p를 홀수라고 가정해도 무방하다. 정수론의 기초적인 결과에 따르면 $m^2 + 1 = 0$이 $\mathbb{F}_p$에서 해를 가질 필요충분조건은 $p \equiv 1 \pmod 4$인데, 이 경우 정확히 두 개의 m이 존재한다. 따라서 $p \equiv 3 \pmod 4$인 경우에는 L_m이 (1, 0)이 아닌 V의 다른 점을 지나고 총 $p + 1$개의 점이 있고, $p \equiv 1 \pmod 4$인 경우에는 L_m이 (1, 0)에서만 V와 만나는 m이 둘 있다. 이 두 경우의 m을 제외하면 $V(\mathbb{F}_p)$에는 총 $p - 1$개의 점이 있다.

결론적으로 $|V(\mathbb{F}_p)|$는 $p = 2$일 때 2이고, $p \equiv 1 \pmod 4$일 때 $p - 1$, 그리고 $p \equiv 3 \pmod 4$인 경우 $p + 1$이 된다. 흥미 있는 독자에게는 다음의 연습문제가 유용할 것이다. $x^2 + 3y^2 = 1$은 $\mathbb{F}_p$에서 얼마나 많은 해를 가지는가? $x^2 + y^2 = 0$의 경우는 어떠한가?

더 일반적으로 X가 임의의 연립방정식의 해로 주어진 스킴이라 하자.

$$F_1(x_1, \cdots, x_n) = 0, \quad F_2(x_1, \cdots, x_n) = 0, \cdots. \quad (10)$$

여기서 F_i는 정수를 계수로 가지는 다항식이다. 이제 X에 대해 정수 $N_p(X)$가 $\mathbb{F}_p$ 안에서 (10)의 해의 개수일 때, 수열 $N_2(X), N_3(X), N_5(X), \cdots$를 나열할 수 있다. 이 정수의 목록은 스킴 X에 대한 놀랄 만큼

많은 기하학적 정보를 담고 있다. 가장 단순한 부류의 스킴에 대해서조차 이 목록을 분석하는 것은 다음 절에서 살펴볼 것처럼 현재 많은 관심을 받고 있는 심오한 문제이다.

5 고전과 현대 산술기하학의 몇 가지 문제

이 절에서는 산술기하학의 몇몇 괄목할 만한 성공에 대한 인상을 주고 이 분야의 연구자들의 관심을 끄는 몇 가지 문제를 소개할 것이다.

여기엔 경고가 하나 따른다. 이어서 몇 가지 아주 깊이 있고 복잡한 수학을 간단하면서 전문적이지 않게 묘사하려 한다. 그 결과로 그것들을 종종 지나치게 단순화할 것이다. 사실상 틀린 주장은 피하려 하지만 문헌에 등장하는 것과 다른 정의(예를 들어 타원곡선의 L-함수의 정의)를 종종 사용할 것이다.

5.1 페르마에서 버치-스위너톤-다이어까지

페르마의 마지막 정리[V.10]는 두말할 필요 없이 현대 산술기하학의 가장 괄목할 만한 성과이지만 이미 페르마의 마지막 정리의 증명이 세상에 등장했으며 여기서 또 다른 증명을 시도하지는 않을 것이다. (여기서 수학적 의미의 '현대적(comtemporary)'이라 함은 오래된 농담에서 말하는 대로 '내가 대학원에 들어간 이후 증명된 정리'를 의미한다. '대학원에 들어가기 진에 증명된 정리'는 줄여서 '고전적(classical)'이라 한다.) 다만 증명의 구조에 대하여 앞서 논의된 산술기하학 부분과 연계하여 약간의 설명을 하는 데 만족할 것이다.

페르마의 마지막 정리(정확히 말하자면 **페르마**

---

* 이 경우에 올바른 태도는 L_2가 V에 접하지 않고, 원과 한 점에서 밖에 만나지 않는 특정한 직선이 있다고 보는 것이다.

[VI.12]가 증명했다는 것을 상상하기도 힘들기 때문에 '페르마의 추측'이라 부르는 게 맞다)는 홀수인 소수 l에 대하여 다음 방정식이 양의 정수해 A, B, C를 가지지 않는다는 것이다.

$$A^l + B^l = C^l. \tag{11}$$

증명의 핵심적인 부분은 프라이(Frey)와 엘구와쉬(Hellegouarch)에 의해 독립적으로 제시되었는데, 임의로 주어진 (11)의 해 (A, B, C)에 아래 방정식으로 주어진 어떤 다양체 $X_{A,B}$를 대응시키는 것이다.

$$y^2 = x(x - A^l)(x + B^l).$$

$N_p(X_{A,B})$에 대해 무엇을 말할 수 있는가? 간단한 실험을 해 보자. $\mathbb{F}_p$ 안에서는 x에 p개의 선택이 있다. 각각의 x에 대하여 $x(x - A^l)(x + B^l)$이 제곱잉여냐 아니냐에 따라서 0개, 1개 또는 2개의 y가 선택된다. $\mathbb{F}_p$에는 같은 수의 제곱잉여나 제곱비잉여가 있기 때문에 이들이 같은 빈도로 등장한다고 예측할 수 있다. 그렇다면 평균적으로 y를 하나 선택했을 때 x를 p개 선택할 수 있는데, 이로부터 $N_p(X_{A,B}) \sim p$라는 근삿값을 생각할 수 있다. $a_p = p - N_p(X_{A,B})$를 이 근삿값의 오차라 하자. X가 $x^2 + y^2 = 1$에 연관된 스킴일 경우 $p - N_p(X)$가 대단히 규칙적이었던 것을 상기해 보자. 특히 이 수치는 법 4로 1과 합동인 소수들에서는 1이고, 법 4로 3과 합동인 소수들에서는 -1이다. (특별히 이 경우에도 근삿값 $N_p(X) \sim p$가 쓸 만하다는 것에 주목하자.) a_p 역시 같은 형태의 규칙성을 가지고 있을까?

사실 a_p의 성질은 아주 **불규칙적**이다. 메이저(Mazur)의 유명한 정리에 의하면 a_p는 자체로도 규칙적이지 않을 뿐 아니라, 그 값을 여러 소수로 나눈 나머지 역시 불규칙하다!

사실(메이저). l이 3보다 큰 소수이고 b는 양의 정수라 하자. (mod b)로 1과 합동인 모든 소수 p에 대하여 a_p가 (mod l)로 같은 값을 가지는 경우는 없다.*

반면에 와일즈(Wiles)가 200쪽에 걸쳐 증명한 것을 간략하게 요약하자면, A, B, C가 (11)의 해일 때 a_p에 (mod l)을 취하면 필연적으로 주기성을 가져야 한다는 것인데, 이는 $l > 3$인 경우 메이저의 정리에 모순된다. $l = 3$인 경우는 오일러[VI.19]의 오래된 정리이다. 이로써 페르마 정리의 증명이 완성되고, 나는 이 증명으로부터 다양체 X의 연구에 $N_p(X)$의 값을 세밀하게 다루는 것이 흥미로운 방법이라는 주장이 힘을 얻었기를 바란다!

하지만 이야기가 페르마에서 끝나는 것은 아니다. 일반적으로 $f(x)$가 정수 계수를 가지는 3차다항식이고 중근이 없을 때, 곡선 E는 다음 방정식

$$y^2 = f(x) \tag{12}$$

로 정의되는데, 이를 **타원곡선**[III.21]이라 부른다. (타원곡선은 타원이 아니라는 데 주의해야 한다.) 산술기하학자들은 분야의 초창기부터 타원곡선의

---

* 메이저에 의해 증명된 정리는 상당히 다른 모양을 가지고 있고 훨씬 더 일반적인 경우를 다룬다. 메이저는 특정 모듈러 곡선은 유리점을 가지지 않는다는 것을 보였다. 이로부터 위의 사실이 $X_{A,B}$뿐 아니라 $y^2 = f(x)$로 주어진 임의의 방정식에 대해 참이라는 것을 보일 수 있다. 여기서 $f(x)$는 중근을 가지지 않는 3차다항식이다. 이러한 관점은 페르마의 정리를 다룬 다른 적당한 논의로 넘기겠다.

유리점 연구에 매진했다. 관련된 내용을 잘 다루기 위해서는 책 한 권 분량이 필요한데, 실제로 실버먼(Silverman)과 테이트(Tate)가 쓴 책(1992)이 이 내용을 다루고 있다. 앞에서와 마찬가지로 $a_p(E)$를 $p - N_p(E)$로 정의할 수 있다. 먼저 만약 예상한 $N_p(E) \sim p$가 좋은 근삿값이라면 $a_p(E)$가 p에 비해 작다는 것을 기대해 볼 수 있다. 한편 1930년대에 하세(Hasse)의 정리는 유한하게 많은 소수를 제외하고 모든 소수 p에 대해 $a_p(E) \leqslant 2\sqrt{p}$임을 보인다.

타원곡선은 유리점을 무한히 많이 가지고 있기도 하고 유한한 수만 가지고 있기도 한다. 유리점의 좌표는 소수 p에 의한 나머지를 택하면 $\mathbb{F}_p$ 위의 점을 주기 때문에 많은 수의 유리점을 가지고 있는 타원곡선은 유한체 위에서 더 많은 점을 가지기를 기대해 볼 수 있다. 반대로 a_p의 목록을 알면 E가 $\mathbb{Q}$에서 가지는 점에 대한 결론을 도출할 수도 있을 것이라 기대해 볼 수도 있다.

이런 식의 결론을 위해서는 무한히 긴 숫자의 목록 a_p를 잘 엮을 필요가 있다. 그러기 위해서 타원곡선의 L-함수[III.47]가 s를 변수로 하여 아래 정의로 주어진다.

$$L(E, s) = \prod_p{}'(1 - a_p p^{-s} + p^{1-2s})^{-1}. \quad (13)$$

위의 $\prod'$은 이 곱이 다항식 f로 쉽게 결정되는 몇 개의 유한한 소수를 제외하고 이루어졌다는 표시이다. (계속 그래왔듯이, 여기서도 지나치게 단순화하고 있다. 위에 적은 것은 우리에게 상관없을 만큼 다소간 보통 문헌에 등장하는 $L(E, s)$와는 다르다.) s가 $\frac{3}{2}$보다 큰 실수일 때 (13)의 곱이 수렴한다는 것을 보이는 것은 어렵지 않다. 더 나아가 s의 실수부

가 $\frac{3}{2}$보다 큰 복소수에 대해 (13)의 우변이 잘 정의된다는 것까지 보일 수도 있다. 와일즈의 정리 이후에 나온 브로일(Breuil), 콘래드(Conrad), 다이아몬드(Diamond)와 테일러(Taylor)의 정리를 더하여 도출되는 훨씬 더 심오한 사실은 $L(E, s)$를 모든 복소수 s에 대해 복소해석적 함수[I.3 §5.6]로 정의할 수 있다는 것이다.

대략적인 논법에 의하여 $N_p(E)$와 $L(E, 1)$값 사이에 관련이 있음직하다. 만약 a_p가 (대부분 p보다 큰 $N_p(E)$에 대응하여) 대부분 음이라면 무한곱에서 나오는 항들은 1보다 작아지는 경향을 보일 것이다. a_p가 양인 경우에는 곱해지는 항들이 1보다 커지는 경향이 있다. 특별히 E가 유리점을 많이 가지는 경우 $L(E, 1)$이 0에 가까워진다고 기대해 볼 수 있다. 물론 이런 추측은 (13)의 우변에 있는 무한곱이 잘 정의된다는 가정 하에 의미를 가진다! 그럼에도 버치-스위너톤-다이어 추측[V.4]은 위의 경험적 예상을 엄밀히 기술했는데, 이는 일반적으로 성립할 것이라 믿어지고 여러 부분적인 결과와 수치적인 실험에 의해 뒷받침되고 있다. 한편 다음 추측이 버치-스위너톤-다이어로부터 도출될 수 있다.

추측. 타원곡선 E가 $\mathbb{Q}$ 상에서 무한히 많은 점을 가질 필요충분조건은 $L(E, 1) = 0$인 것이다.

골리바긴(Kolyvagin)은 1988년에 이 예상의 한 방향을 증명했다. 만약 $L(E, 1) \neq 0$이라면 E는 유한한 수의 유리점을 가진다. (정확히는 콜리바긴은 이후 등장한 와일즈와 다른 사람들의 증명을 더했을 때 위의 결론을 주는 정리를 증명했다.) 그것은 $L(E, s)$

가 $s = 1$에서 단순해(simple zero)를 가질 때 E가 무한히 많은 유리점을 가진다는 그로스(Gross)와 재기어(Zagier)의 정리로부터 도출된다. 여기까지가 타원곡선의 L-함수와 그 유리점의 관계에 대하여 알려진 전부이다. 하지만 이런 지식의 빈곤이 버치-스위너턴-다이어 예상이 같은 선상에서 극히 작은 일부로 여겨지는 더 일반적이고 정교한 예상을 구성하는 것을 멈추지는 못한다.

점의 수를 세는 주제를 벗어나기 전에 잠시 멈춰 더 훌륭한 결과를 살펴보자. 앙드레 베유[VI.93]의 정리는 유한체 상 곡선 위에 있는 점의 개수의 상한을 준다. (여기서는 사영기하학을 소개하지 않았기 때문에, 일반적으로 통용되는 것에는 미치지 못하는 수준에 만족해야만 한다.) $F(x, y)$가 두 개의 변수를 가지는 기약 다항식이고, X는 $F(x, y) = 0$으로 주어진 스킴이라 하자. 그러면 X의 복소점들은 $\mathbb{C}^2$ 상의 특정한 부분집합을 정의하는데, 이를 대수곡선(algebraic curve)이라 부른다. X는 $\mathbb{C}^2$에 다항식 하나로 제약을 두어 얻어졌기 때문에 X의 복소차원은 1이고 실수차원은 2로 예상된다. 따라서 위상적으로 보면 $X(\mathbb{C})$는 곡면이 된다. 사실 곡면 $X(\mathbb{C})$는 거의 대부분의 F에 대하여, 어떤 음이 아닌 정수 g와 d가 있어 'g개의 구멍을 가진 도넛'에서 d개의 점을 뺀 것과 같은 위상을 가진다. 이 경우에 X를 종수(genus)가 g인 곡선이라 부른다.

§2에서 유한체 상의 스킴의 양상은 마치 $\mathbb{R}$과 $\mathbb{C}$ 위에서의 기하학적인 직관을 통해 나온 사실을 '기억'하는 것처럼 보였다. 거기서 다뤘던 예는 원이 직선과 많아야 두 점에서 만난다는 사실이다.

베유의 정리는 유사하지만 훨씬 더 심오한 현상

을 조명한다.

사실. $F(x, y)$의 해로 주어진 스킴 X가 종수 g인 곡선이라 하자. 그렇다면 유한한 경우를 제외한 모든 소수 p에 대하여 $\mathbb{F}_p$ 위에서 X에 있는 점의 개수는 많아야 $p + 1 + 2g\sqrt{p}$이고 적어도 $p + 1 - 2g\sqrt{p} - d$가 된다.

베유의 정리는 기하와 산술이 애초에 밀접한 연관을 가지고 있다는 사실을 조명한다. $X(\mathbb{C})$가 위상적으로 더 복잡할수록, 더 많은 수의 $\mathbb{F}_p$점들이 p에 대해 '예상된' 답으로부터 멀어질 수 있다는 것이다. 더 나아가 모든 유한체 $\mathbb{F}_q$에 대하여 집합 $X(\mathbb{F}_q)$의 크기를 아는 것으로 X의 종수를 결정할 수 있다. 달리 말하자면 유한한 **점들의 집합** $X(\mathbb{F}_q)$들은 어떤 방식으로 복소점들의 공간 $X(\mathbb{C})$의 위상을 '기억'하고 있다는 것이다! 현대적인 언어로는 일반적인 스킴에 적용되는 **에탈 코호몰로지**(étale cohomology)라는 이론이 있어, $\mathbb{C}$ 상에 정의된 다양체의 위상에 적용되는 코호몰로지(cohomology) 이론을 따라간다는 것이다.

잠시 $F(x, y) = x^2 + y^2 - 1$을 가지고 우리가 좋아하는 곡선으로 되돌아가자. 이 경우에, $X(\mathbb{C})$에 대해 $g = 0$이고 $d = 2$이다. 앞선 결과에 의하면 $X(\mathbb{F}_p)$는 $p + 1$개 혹은 $p - 1$개의 점을 가지고, 따라서 정확히 베유의 범위에 부합한다. 또한 타원곡선은 항상 종수가 1이라는 사실에 주목하자. 따라서 앞서 등장했던 하세의 정리 역시 베유의 정리 중 특별한 경우에 해당한다.

§2에서 $\mathbb{R}$, $\mathbb{Q}$ 혹은 다양한 유한체에서 $x^2 + y^2 = 1$

의 해가 m을 매개변수로 쓰여진다는 사실을 떠올려 보자. 이 경우에 바로 이 매개변수를 통해 $X(\mathbb{F}_p)$의 크기에 대한 간단한 공식을 이끌어냈다. 앞에서 대부분의 스킴이 그런 식의 매개변수를 가지지 못한다는 사실을 지적했었다. 이제 적어도 대수곡선에 대해서는 좀 더 정확히 진술할 수 있다.

사실. 만약 X가 종수 0인 곡선이라면 X의 점은 매개변수 하나로 표시된다.

이 사실의 역도 어느 정도는 참이다('특이점을 가진 곡선'에 대해 여기서 다룬 이상을 요구함에도 불구하고 말이다). 다시 말해 디오판토스 방정식의 해를 매개변수화할 수 있냐는 순전히 대수적인 질문에 이로써 기하학적인 답이 주어진다.

5.2 곡선 위의 유리점

앞서 밝혔듯이, 어떤 타원곡선(즉 종수가 1인 곡선)은 유한한 수의 유리점만 가지는 반면에 어떤 것들은 무한히 많은 유리점을 가진다. 다른 특성을 가진 대수곡선의 상황은 어떨까?

앞에서 이미 종수가 0인 곡선이 무한한 개수의 점을 가지는 경우, 즉 $x^2 + y^2 = 1$인 경우를 보았다. 한편 곡선 $x^2 + y^2 = 7$은 종수가 0임에도 §1의 논증을 살짝 다듬어서 이 곡선에는 어떠한 유리점도 **없다**는 것을 보일 수 있다. 이들이 오직 가능한 두 경우임이 밝혀졌다.

사실. 만약 X가 종수가 0인 곡선이라면, $X(\mathbb{Q})$는 공집합이거나 무한집합이다.

앞서 소개되었던 메이저의 정리에 의해 종수 1인 곡선 역시 유사한 이분법에 맞아떨어진다.

사실. 만약 X가 종수 1인 곡선이라면 X는 많아야 16개의 유리점을 가지거나 무한히 많은 유리점을 가진다.

종수가 더 큰 곡선은 어떤가? 1920년대 초기에 모델(Mordell)은 다음을 추측했다.

추측. 만약 X가 종수가 2보다 큰 곡선이라면 X는 유한한 수의 유리점만 가진다.

이 추측은 1983년에 팔팅스(Faltings)에 의해 증명되었다. 사실 그는 이 추측이 특별한 경우로 가지는 더 일반적인 정리를 증명했다. 팔팅스의 작업이 스킴 Spec $\mathbb{Z}$의 중요한 기하학적 성질의 연구를 통해 이뤄졌다는 것은 언급할 만하다.

어떤 집합이 유한이란 것을 증명할 때, 자연스럽게 그 크기를 제한할 수 있는지의 여부에 관심이 간다. 예를 들자면 6차다항식 $f(x)$가 중근을 가지지 않을 때, 곡선 $y^2 = f(x)$는 종수 2를 가진다. 따라서 팔팅스의 정리에 의하면 유한히 많은 쌍의 유리수 (x, y)만이 $y^2 = f(x)$를 만족한다.

질문. 유리 계수를 가지고 중근이 없는 모든 6차다항식 f에 대해 $y^2 = f(x)$의 해의 개수가 B보다 작아지는 상수 B가 존재하는가?

이 질문에 대해서는 여전히 답이 없고 질문의 가

부에 대한 어떤 공감대도 없는 듯하다. 현재 세계기록은 켈러(Keller)와 쿨레시(Kulesz)에 의해 만들어진 다음의 곡선으로 얻어졌는데, 588개의 유리점을 가지고 있다.

$$y^2 = 378371081x^2(x^2-9)^2$$
$$- 229833600(x^2-1)^2.$$

위 질문에 대한 관심은 고차원 다양체의 점에 대한 랭(Lang)의 추측과의 관계로부터 나온다. 카포라소(Caporaso), 해리스(Harris), 메이저는 랭의 추측인 위 질문에 대해 긍정적인 답변을 한다는 결과를 증명했다. 이를 통해 자연스럽게 앞의 추측에 대한 자연스러운 접근법을 생각해볼 수 있다. 만약 누군가 6차다항식 $f(x)$의 무한수열을 만들어 $y = f(x)$가 점점 더 많은 유리해를 가지게 된다면, 그의 증명은 랭의 추측을 부정할 수 있을 것이다! 아직까지 아무도 이 작업에 성공적이지 않았다. 만약 누군가 위의 경우에 대해 긍정적인 답을 **증명**할 수 있다면 아마도 랭의 예상을 정리로 바꾸는 작업에 전혀 더 가까워지지 않더라도, 그것이 참일 것이라는 믿음에 힘을 실을 수 있을 것이다.

이 장을 통하여 현대 산술기하학의 이론을 조금 훑어보았다. 어쩌면 위에서 언급한 랭의 추측 같은 우리가 전혀 알지 못하는 영역의 질문은 회피하면서, 수학자들의 성공만 너무 강조했는지도 모른다. 현재의 수학 발전 단계에서는 디오판토스 문제에 연관된 스킴은 **기하학**을 가진다고 자신 있게 이야기할 수 있다. 하지만 언급해 두어야 할 사실은 이 기하학이 무엇이다라고 말할 수 있냐는 점에서 앞서 기술한 발전에도 불구하고 고전적인 기하학적 상황에

대한 지식에 비하면 우리의 이해가 여전히 만족스럽지 못하다는 것이다.

더 읽을거리

Dieudonné, J. 1985. *History of Algebraic Geometry*. Monterey, CA: Wadsworth.

Silverman, J., and J. Tate. 1992. *Rational Points on Elliptic Curves*. New York: Springer.

IV.6 대수적 위상수학

버트 토타로 *Burt Totaro*

서론

위상수학은 기하학적인 대상을 연속적으로 변형해도 변하지 않는 성질에 관한 학문이다. 좀 더 수학적인 언어로 표현하자면, 위상수학은 두 공간이 위상동형이면 같은 것으로 간주하면서 **위상공간**[III. 90]을 분류하려고 노력한다. 대수위상은 위상공간에 '구멍의 개수'로 생각될 수 있는 수를 할당한다. 이러한 구멍은 두 공간이 위상동형인지 아닌지 확인할 때 쓰일 수 있다. 예를 들어 어떤 종류의 서로 다른 수의 구멍을 갖는 두 공간은 하나가 다른 하나의 연속적인 변형으로 얻어질 수 없다. 좋은 조건의 경우에는 그 역으로 두 공간이 (어떤 엄밀한 의미에서) 같은 수의 구멍을 가지면 위상동형이라는 명제를 보일 수 있다고 희망할 수 있다.

위상수학은 19세기에 시작된 상대적으로 새로운 수학의 한 분야이다. 이전의 수학은 방정식의 해를 찾는 것, 낙하하는 물체의 경로를 찾는 것, 또는 게임에서 질 확률을 구하는 문제들처럼, 문제를 정확히 해결하려고 해 왔다. 수학문제들이 점점 더 복잡해지면서 대부분의 문제가 정확한 공식에 의해 해결될 수 없음이 확인되었다. 고전적인 예 중 하나는 중력의 영향 아래 지구, 태양, 그리고 달의 앞으로의 움직임을 계산하는 3체 문제[V. 33]로 알려진 문제이다. 위상수학은 정량적인 답이 불가능할 때 정성적인 예측을 가능하게 해 준다. 예를 들어 위상수학의 간단한 사실 중 하나는 뉴욕에서 몬테비데오*까지 여행을 할 때 정확한 위치를 모르더라도 어딘가에서 적도를 통과해야만 한다는 것이다.

1 연결성과 교차수

아마도 가장 간단한 위상적 성질은 **연결성**(connectedness)이라고 불리는 것이다. 아래에서 확인하겠지만, 이것은 여러 가지로 정의될 수 있다. 연결성이 무엇을 의미하는지 알게 되면 위상적 대상을 성분(component)이라고 부르는 연결된 부분들로 나눌 수 있게 된다. 이러한 부분들의 개수는 간단하지만 유용한 **불변량**[I.4 §2.2]이 된다. 만약 두 공간이 서로 다른 개수의 연결 성분을 갖는다면 이 두 대상은 위상동형이 아니다.

좋은 성질의 위상공간에 대해서는 연결성의 여러 정의들이 동치가 된다. 그러나 이들은 공간의 구멍을 세는 방법으로 일반화될 수 있으며, 이러한 일반화는 흥미롭게도 서로 다르고 모두 중요하다.

연결성의 첫 번째 해석은 [0, 1]에서 주어진 공간 X로의 연속함수 f로 정의된 **경로**(path)의 개념을 이용하는 것이다. (함수 f를 $f(0)$에서 $f(1)$까지의 경로로 생각한다.) 만약 두 점을 연결하는 경로가 있다면 X의 두 점을 동치라고 하자. 이런 **동치류**[I.2 §2.3]들의 집합을 X의 **경로연결성분**(path component)들의 집합이라 부르고 $\pi_0(X)$라고 하자. 이는 X의 '연결된 조각의 개수'를 정의하는 자연스러운 방법이고 X는 이들로 세분화된다. 구면(sphere)과 같이 다른 표준이 되는 공간에서 X로 가는 함수를 생각하면서 이 개념을 일반화시킬 수 있다. 이는 다음 절의 주제가

---

* 우루과이의 수도-옮긴이

될 호모토피군(homotopy group)의 개념으로 이어진다.

연결성을 생각하는 다른 방법은 선분에서 X로의 함수가 아닌 X에서 실직선으로의 함수에 기초한다. X에 정의된 함수가 미분가능하다는 것이 의미 있는 경우를 생각하자. 예를 들어 X는 어떤 유클리드 공간의 열린 집합이나 더 일반적으로 **미분다양체**[I.3 §6.9]가 될 수 있다. 미분값이 모든 점에서 0인 실숫값을 갖는 X 위의 함수를 생각하자. 이 함수들은 $H^0(X, \mathbb{R})$('실수 계수를 갖는 0번째 코호몰로지군(cohomology group)')이라 불리는 실수 **벡터공간**[I.3 §2.3]을 형성한다. 미적분학에 의하면 정의역인 구간에서 정의된 미분값이 0인 함수는 상수함수이다. 만약에 정의역이 몇 개의 연결된 부분들로 나뉘어 있다면 이 사실은 더 이상 성립하지 않는다. 이 경우 X의 각각의 구간에서만 상수함수라는 것을 알 수 있다. 그러므로 이런 함수들의 자유도의 수가 연결부분의 개수와 같고, 그래서 벡터공간 $H^0(X, \mathbb{R})$의 차원이 연결부분의 수를 정의하는 또 다른 방법이다. 이것은 코호몰로지군의 가장 간단한 예이다. 코호몰로지는 §4에서 다루어질 것이다.

연결성의 아이디어를 이용해서 홀수 차수의 모든 실 계수 다항식은 항상 실근을 갖는다는 대수학의 중요한 정리를 증명할 수 있다. 예를 들어 $x^3 + 3x - 4 = 0$의 근이 되는 실수가 반드시 존재한다. 기본 아이디어는 x가 아주 큰 양수이거나 아주 작은 음수이면 x^3항은 다른 항들보다 훨씬 큰(절댓값의 개념에서) 수가 된다는 것이다. 차수가 가장 큰 다항식의 차수가 홀수이기 때문에 어떤 양수 x에 대해 $f(x) > 0$이고 어떤 음수 x에 대해 $f(x) < 0$이다. 만약 함수

f가 어떤 값에서도 0이 아니라면 함수는 실직선에서 원점을 제외한 실직선으로의 연속함수가 된다. 그러나 실직선은 연결되어 있고 반면에 원점을 제외한 실직선은 연결성분이 양수 부분과 음수 부분, 이렇게 두 개이다. 연결공간 X에서 다른 공간 Y로의 연속함수는 X를 Y 안의 하나의 연결 성분으로 보내야 한다는 것을 쉽게 알 수 있다. 위의 경우 이것은 f가 양수값과 음수값 모두를 갖는다는 것에 모순이 된다. 그러므로 f는 반드시 어떤 점에서 0이 되어야 하고 이것으로 증명은 끝난다.

이 논리는 가장 기본적인 위상수학의 정리 중 하나인, 미적분학에서의 '중간값 정리(intermediate value theorem)'로 설명될 수 있다. 이 정리의 동치인 다른 형태는 상반평면(upper half-plane)에서 하반평면(lower half-plane)으로 가는 연속곡선은 어떤 점에서 반드시 수평축을 지나야 한다고 서술될 수 있다. 이 아이디어는 위상수학에서 가장 유용한 개념 중 하나인 **교차수**로 이어진다. M을 유향 미분다양체라고 하자. (간단히 말해, 다양체 내부의 한 점을 기준으로 그 모양을 연속적으로 밀어나갈 때, 모양이 뒤집히지 않는다면 그 다양체는 유향, 즉 방향을 가진다. 방향이 없는 가장 간단한 다양체는 뫼비우스의 띠(Möbius strip)이다. 모양을 뒤집기 위해서는 이것을 띠 주변으로 홀수 바퀴만큼 밀면 된다.) A와 B를 두 차원의 합이 M의 차원과 같은 M의 두 개의 닫힌 유향 부분다양체라고 하자. 마지막으로 A와 B가 횡단적으로 교차해서 그 교차하는 영역이 '알맞은' 차원, 즉 0이 되고 따라서 분리된 점들의 집합이라고 가정하자.[*]

이제 p를 그중의 한 점이라고 하자. A, B 그리고

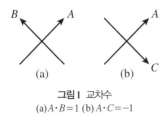

그림 1 교차수
(a) $A \cdot B = 1$ (b) $A \cdot C = -1$

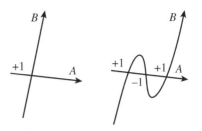

그림 2 부분다양체 움직임

M의 관계에 자연스럽게 의존하는 p에 1 또는 -1의 가중치를 주는 방법이 있다(그림 1 참조). 예를 들어, M이 어떤 구면이고 A는 M의 적도이며 B가 닫힌 곡선이라면, 적절한 방향이 A와 B에 주어졌을 때 p에서의 가중치는 B가 p에서 A를 위아래 중 어느쪽으로 가로지르는지 알려줄 것이다. 만약 A와 B가 유한개의 점에서만 만난다면 A와 B의 교차수($A \cdot B$)를 이런 모든 점들에서의 가중치(+1 또는 -1)의 합이 되도록 정의할 수 있다. 특별히 M이 **콤팩트**[III.9]라면(즉, M을 어떤 N에 대해 $\mathbb{R}^N$의 닫힌 유계 부분집합으로 볼 수 있다면) A와 B는 유한개의 점에서 만나게 된다.

교차수에 관한 중요한 점은 이것이 다음의 관점에서 하나의 **불변량**이라는 것이다. 만약 A와 B를 만나는 점의 개수는 비록 다를 수 있더라도 횡단적으로 만나도록 A'과 B'으로 연속적으로 움직이면 교차수 $A' \cdot B'$은 $A \cdot B$와 같다. 이것이 왜 사실인지 알기 위해 다시 A와 B가 곡선이고 M이 2차원인 경우를 생각해 보자. 만약 A와 B가 가중치 1을 갖는 한 점에서 만난다면 둘 중의 하나를 움직여서 가중치

1, -1, 1을 갖는 세 점에서 만나도록 움직일 수 있다. 그러나 교차수에 기여하는 총합은 변하지 않는다. 이것은 그림 2에서 설명되었다. 그 결과 교차수 $A \cdot B$는 **임의의 보공간**, 즉 두 차원의 합이 전체공간의 차원이 되는 두 공간에 대해 정의된다. 만약 두 공간이 횡단적으로 만나지 않는다면 그들이 그렇게 될 때까지 그들을 움직일 수 있고 방금 주어진 정의를 사용할 수 있다.

특히 두 공간이 0이 아닌 교차수를 가지면 두 공간은 결코 서로소가 되도록 움직여질 수가 없다. 이것이 연결성에 관한 앞의 주장들을 설명하는 다른 방법이다. 적도와 교차수가 1이 되는, 뉴욕에서 몬테비데오를 연결하는 하나의 곡선을 쉽게 그릴 수 있다. 그러므로 이 곡선을 연속적으로 어떻게 변형하더라도(여기서 양 끝점은 고정되어야 한다. 더 일반적으로, 만약 A나 B 둘 중 하나가 경계를 갖는다면 그 경계는 고정되어야만 한다) 적도와의 교차수는 항상 1이 되고 특히 적도와 적어도 한 점에서 만나야 한다.

위상수학에서 교차수의 많은 응용 중의 하나는 **매듭이론**[III.44]으로부터 파생된 **연환수**(linking number)의 아이디어이다. 매듭(knot)이란 주어진 공간의 한 점에서 같은 점으로의 경로, 또는 좀 더 형

---

* A와 B의 차원의 합이 전체 차원이기 때문에 둘이 평행하다거나 포함되지 않는다면 교차하는 영역의 차원은 0이어야 한다. 2차원 공간에서 두 직선이나 3차원 공간에서 직선과 평면을 생각해 보라. 이렇게 교차하는 것을 횡단적으로 교차한다고 말한다-옮긴이

그림 3 매듭에 의해 경계되어진 곡면

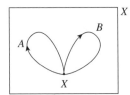 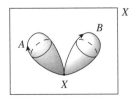

그림 4 기본군과 고차원 호모토피군에서의 곱

식적으로 $\mathbb{R}^3$에서의 닫힌 연결 1차원 부분다양체이다. 주어진 임의의 매듭 K에 대해 K가 경계가 되는 곡면 S를 $\mathbb{R}^3$에서 항상 찾을 수 있다(그림 3 참조). 이제 L을 K와 서로소인 매듭이라고 하자. L과 K의 연환수는 L과 곡면 S의 교차수로 정의된다. 교차수의 성질은 만약 L과 K의 연환수가 0이 아니면 매듭 L과 K는, 둘을 떨어뜨리는 것이 불가능하다는 의미에서 '연결'되어 있다는 것을 뜻한다.

2 호모토피군

$\mathbb{R}^2$ 평면에서 원점을 빼면 평면과 근본적으로 다른 새로운 공간을 얻는다. 이것은 하나의 구멍을 갖는다. 그러나 평면과 원점이 빠진 평면 모두 연결되어 있기 때문에 성분을 세어 이 차이를 발견할 수 없다. 이러한 종류의 구멍을 구분하는 **기본군**(fundamental group)이라는 불변량을 정의하며 이 글을 시작한다.

첫 번째 접근방법으로, 공간의 기본군의 원소를 $[0, 1]$에서 X로의 $f(0) = f(1)$인 연속함수 f로 정의된 **고리**(loop)로 말할 수 있다. 그러나 이 방법은 다음의 두 가지 이유로 적절하지 않다. 매우 중요한 첫 번째 이유는 두 고리가 X 안에서 연속적으로 하나의 고리에서 다른 고리로 변형될 수 있다면 동

치로 여긴다는 것이다. 이런 경우 이 둘을 **호모토픽**(homotopic)하다고 한다. 이것에 대해 좀 더 형식적으로 f_0과 f_1을 두 개의 고리라고 하자. 그러면 이 둘 사이의 **호모토피**(homotopy)는 0과 1 사이의 각각의 s에 대해 $F(s, t) = f_s(t)$인 $[0, 1]^2$에서 X로 가는 연속함수인 고리 f_s들의 집합이다. 그래서 s가 0에서 1로 증가함에 따라 고리 f_s는 f_0에서 f_1로 연속적으로 움직인다. 두 개의 고리가 호모토픽하면 그 둘을 같은 것으로 생각한다. 그래서 호모토피의 원소들은 고리가 아닌 고리의 동치류(equivalence class), 또는 고리의 **호모토피류**(homotopy class)이다.

심지어 앞의 설명도 완전히 옳지는 않은데, 기술적인 이유로 고리에 다음과 같은 추가 조건을 주어야 하기 때문이다. 모든 고리는 **기준점**(base point)이라고 하는 주어진 한 점에서(그러므로 그 점에서 끝나는) 시작한다. X가 연결되어 있다면 기준점이 어떤 점이어도 상관없다는 것을 알게 되지만 그 경우에도 기준점이 모든 고리들에 대해 같을 필요가 있다. 이렇게 기준점을 고정시키는 이유는 이로부터 두 고리를 곱하는 방법을 알 수 있기 때문이다. x가 기준점이고 A와 B가 x에서 시작하고 끝나는 두 개의 고리라면 A를 따라서, 그리고 B를 따라서 움직이는 새로운 고리를 정의할 수 있다. 이것은 그림 4에서 설명되었다. 이 새로운 고리를 A와 B의 곱으

로 생각하자. 이 곱의 호모토피류는 오로지 A와 B의 호모토피류에만 의존하게 된다는 것을 쉽게 확인할 수 있고, 따라서 이 이항연산으로 이런 호모토피류들의 집합이 군[I.3 §2.1]이 된다는 것을 확인할 수 있다. 이 군을 기본군이라고 부르고 $\pi_1(X)$라고 쓴다.

기본군은 우리가 접하는 거의 모든 공간에 대해 계산될 수 있다. 이것은 두 개의 공간을 구별할 수 있는 중요한 방법이 된다. 우선 임의의 n에 대해 $\mathbb{R}^n$에 있는 모든 고리는 연속적으로 한 점으로 변형될 수 있으므로 $\mathbb{R}^n$의 기본군은 단 하나의 원소를 갖는 자명한 군이다. 반면에 원점이 빠진 평면의 기본군은 정수군 $\mathbb{Z}$와 동형(isomorphic)이다. 이것은 $\mathbb{R}^2 \setminus \{0\}$ 위에 주어진 고리에 이 고리를 연속적으로 변형해도 변하지 않는 정수를 정의할 수 있다는 것을 말해준다. 이 정수는 **회전수**(winding number)로 알려져 있다. 직관적으로 이 회전수는 고리가 원점 주위를 시계방향으로 휘감는 경우 양수로, 반시계 방향으로 휘감는 경우 음수로 세는 회전 횟수의 총합이다. $\mathbb{R}^2 \setminus \{0\}$의 기본군은 자명하지 않기 때문에 $\mathbb{R}^2 \setminus \{0\}$은 평면과 위상동형일 수 없다. (대수위상의 방법을 사용하지 않고 이 사실의 초등적인 증명을 찾는 것은 흥미로운 연습문제이다. 그러한 증명들은 존재하지만 그들을 찾기란 까다롭다.)

기본군의 고전적인 응용 중 하나는 모든 복소수 계수를 가지는 상수가 아닌 다항식은 복소근을 가진다는 **대수학의 기본 정리**[V.13]의 증명이다. (기본군이 직접적으로 언급되지는 않지만 그 증명은 인용된 글에 요약되어 있다.)

기본군은 공간이 갖고 있는 '1차원 구멍'의 개수에 관해 말해준다. 기본적인 예는 원이다. 원은 원점을 뺀 실평면과 근본적으로 같은 이유에 의해 $\mathbb{Z}$를 기본군으로 갖는데, 원의 주어진 한 점에서 시작해 같은 점에서 끝나는 경로가 그 원을 몇 바퀴 도는지 알 수 있기 때문이다. 다음 절에서 더 많은 예들을 볼 것이다.

고차원 구멍을 생각하기 전에 먼저 가장 중요한 위상공간 중에 하나인 n차원 구면에 대해 알아볼 필요가 있다. 임의의 자연수 n에 대해 이것은 원점에서 거리가 1인 $\mathbb{R}^{n+1}$의 점들의 집합으로 정의된다. 이를 S^n이라고 표시한다. 그래서 0차원 구면(0-sphere) S^0은 두 점으로 이루어져 있고, 1차원 구면(1-sphere) S^1은 원, 2차원 구면(2-sphere) S^2은 지표면과 같은 구면이다. 높은 차원의 구면은 조금 익숙해질 필요가 있지만, 낮은 차원의 구면과 마찬가지 방법으로 다룰 수 있다. 예를 들어 2차원 구면은 속이 꽉 찬 2차원 원판에서 경계인 원 위의 점들을 하나의 점으로 모아 붙여 만들 수 있다. 같은 방법으로 3차원 구면은 속이 꽉 찬 3차원 공에서 경계인 2차원 구면 위의 점들을 하나의 점으로 모아 붙여 얻을 수 있다. 3차원 구면은 우리에게 익숙한 3차원 공간 $\mathbb{R}^3$에 '무한대에' 점 하나를 더한 것으로 연상할 수 있다.

이제 익숙한 2차원 구면 S^2에 대해 생각해 보자. 모든 고리는 이 구면 위에서 한 점으로 줄어들 수 있기 때문에 기본군은 자명하다. 그러니 이것이 S^2의 위상이 자명하다는 것을 의미하지는 않는다. 이는 공간의 흥미로운 성질을 알기 위해 다른 불변량이 필요하다는 것을 의미한다. 심지어 모든 고리가 항상 줄어들 수 있더라도, 그렇게 할 수 없는 다른 사상들이 있다는 관찰에 기반해 그러한 불변량을 찾을 수 있다. 정말로 구면 자체는 한 점으로 줄어들 수 없다. 이것을 좀 더 형식적으로 말하면, 구면에서 구면으로의 항등사상은 구면에서 한 점으로의 함수와 호모토픽하지 않다.

이러한 아이디어는 위상공간 X의 고차원 호모토피군의 개념을 생각하게 한다. 간단히 말해 이것은 임의의 자연수 n에 대해 n차원 구면에서 X로의 연속함수를 생각함으로써 X의 'n차원 구멍'의 개수를 세는 것이다. 이러한 임의의 n차원 구면이 X의 구멍을 감싸는지 보려고 한다. 다시 한번 S^n에서 X로 가는 두 함수가 호모토픽하면 동치라고 하자. 그리고 n번째 호모토피군 $\pi_n(X)$의 원소는 이러한 함수들의 호모토피류들로 정의된다.

f를 $[0, 1]$에서 X로의 $f(0) = f(1) = x$인 연속함수라고 하자. (원한다면) $f(0) = f(1) = x$를 0과 1을 같은 점으로 '동일시'함으로써 구간 $[0, 1]$을 원 S^1으로 전환할 수 있다. 그러면 f는 원의 하나의 지정된 점이 x로 가는 원 S^1에서 X로의 함수가 된다. 고차원 구면 S^n에서 정의된 함수들의 군 연산을 정의하기 위해 S^n의 한 점 s와 X의 한 점 x를 고정하고 s를 x로 보내는 함수들만 생각한다.

A와 B를 이러한 성질을 갖는 S^n에서 X로의 두 연속함수라고 하자. S^n에서 X로의 '곱' $A \cdot B$는 다음과 같이 정의된다. 먼저 S^n의 적도를 한 점으로 '압축' 한다. $n = 1$일 때 적도는 단지 두 점으로 이루어져 있고 그 결과 8자 모양이 된다. 비슷하게 n에 대해서는 처음의 압축되기 전의 S^n의 북반구와 남반구로부터 만들어진 두 개의 S^n이 한 점에서 접해 있는 공간을 얻는다. 이제 남반구에서 X로 보내기 위해 함

수 A를, 북반구에서 X로 보내기 위해 함수 B를 이용하고 적도에서는 기준점 x로 보낸다. (두 반구에 대해 압축된 적도는 점 s의 역할을 한다.)

1차원의 경우처럼 이 연산은 집합 $\pi_n(X)$를 군이 되게 하고 이 군이 공간 X의 n번째 호모토피이다. 이것을 공간이 갖는 'n차원 구멍'을 세는 것으로 생각할 수 있다.

이러한 군들은 '대수'위상의 시작이다. 대수 위상의 시작은 임의의 위상공간으로부터 대수적 대상, 이 경우는 군을 구성하는 것이다. 만약 두 공간이 위상동형이면 그 둘의 기본군, 고차원 호모토피군은 반드시 동형이 된다. 이것은 고차원 구멍의 개수를 세는 처음의 생각보다 더 많은 것을 말해준다. 왜냐하면 군은 숫자보다 많은 정보를 갖고 있기 때문이다.

임의의 S^n에서 $\mathbb{R}^m$으로의 연속함수는 직관적으로 한 점으로 연속적으로 줄어들 수 있다. 이것은 $\mathbb{R}^m$의 고차원 호모토피군들이 자명하다는 것을 말해주고 $\mathbb{R}^m$이 고차원 구멍이 없다는 추상적인 생각의 구체적 표현이 된다.

어떤 조건하에서는 다른 두 위상공간 X와 Y가 모든 종류의 같은 수의 구멍을 가져야 한다는 것을 보일 수 있다. 만약 X와 Y가 위상동형이면 자명하게 이것은 사실이다. 그러나 X와 Y가 **호모토피 동치** (homotopy equivalence)라는 약한 기준에서 동치여도 이것은 사실이다. X와 Y를 위상공간이라 하고 f_0과 f_1을 X에서 Y로 가는 연속함수라고 하자. f_0에서 f_1로의 호모토피는 구면에서처럼 다음과 같이 비슷하게 정의된다. 이것은 f_0에서 시작하고 f_1에서 끝나는 X에서 Y로의 연속함수들의 집합이다. 그

런 다음, 만약 그런 호모토피가 존재한다면 f_0과 f_1이 호모토픽하다고 한다. 다음으로 X에서 Y로의 호모토피 동치는 연속함수 $f : X \to Y$인데 어떤 다른 연속함수 $g : Y \to X$가 있어서 $g \circ f : X \to X$가 X에서, 그리고 $f \circ g : Y \to Y$가 Y에서 각각 항등사상과 호모토픽하게 되는 연속함수 f를 말한다. (여기서 '호모토픽하다'를 '같다'로 바꾸면 위상동형의 정의를 얻는다.) X에서 Y로의 호모토피 동치가 있으면 X와 Y를 **호모토피 동치**라고 하고, X와 Y가 같은 **호모토피 유형**(homotopy type)을 갖는다고 한다.

좋은 예는 X가 단위원이고 Y가 원점이 빠진 평면일 때이다. 이 둘은 같은 기본군을 갖고 '근본적으로 같은 이유에서' 그러하다는 것을 언급했다. 이제 좀 더 엄밀히 볼 수 있다. $f : X \to Y$를, (x, y)를 (x, y)로 보내는 함수라고 하자. (첫 번째는 원에 속하는 점이고 두 번째는 평면에 속하는 점이다.) $g : Y \to X$를, (u, v)를

$$\left(\frac{u}{\sqrt{u^2 + v^2}}, \frac{v}{\sqrt{u^2 + v^2}} \right)$$

로 보내는 함수라고 하자. (원점이 Y에 포함되지 않기 때문에 $u^2 + v^2$은 0이 될 수 없다.) 그러면 $g \circ f$는 단위원에서 항등사상과 같다는 것을 쉽게 확인할 수 있고, 그래서 항등사상과 호모토픽하다. $f \circ g$에 대해서는 g와 같은 식으로 주어진다. 좀 더 기하학적으로 이것은 각각의 원점에서 방사하는 선의 점들을 그 선과 단위원이 만나는 한 점으로 보내는 함수이다. 이 함수가 Y에서의 항등사상과 호모토픽하다는 것을 보이는 건 어렵지 않다. (기본 아이디어는 원점에서 방사하는 선을 그들이 단위원과 만나는 점들로 줄어들도록 하는 것이다.)

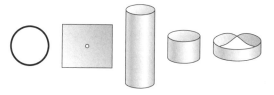

그림 5 원과 호모토피 동치인 몇몇 공간들

간략히 말하면 두 공간이 같은 수의, 모든 종류의 구멍을 갖는다면 이 두 공간은 호모토피 동치이다. 이것은 위상동형의 개념보다 '같은 모양을 갖는 것'의 좀 더 유연한 개념이다. 예를 들어 서로 다른 차원의 유클리드 공간은 위상동형이 아니지만 그들 모두 호모토피 동치이다. 사실 그들 모두 한 점과 호모토피 동치이다. 이러한 공간을 **축약가능**(contractible)하다고 부르고 이런 공간을 어떤 종류의 구멍도 없는 공간으로 생각한다. (앞에서 보았듯이) 원은 축약가능하지 않지만 원점이 빠진 평면, 원기둥면 $S^1 \times \mathbb{R}$, 유한한 원기둥면 $S^1 \times [0, 1]$, 그리고 뫼비우스 띠(그림 5)와 같은 많은 다른 자연스러운 공간과 호모토피 동치이다. 대부분의 대수위상에서의 (호모토피군이나 코호몰로지군과 같은) 불변량은 호모토피 동치인 임의의 두 공간에 대해 같다. 그리하여 원의 기본군이 정수와 동형이라는 것은 방금 언급한 공간들에 대해서도 마찬가지라는 것을 말해준다. 간단히 말해 이것은 이런 모든 공간들은 '하나의 기본적인 1차원 구멍'을 갖는다는 것을 의미한다.

3 기본군과 고차원 호모토피군의 계산

기본군에 관한 더 많은 이해를 위해 이미 알고 있

는 것들을 복습하고 몇 가지 새로운 예제들을 살펴보자. 2차원 또는 임의의 고차원 구면의 기본군은 자명한 군이다. 2차원 원환면(torus) $S^1 \times S^1$은 $\mathbb{Z}^2 = \mathbb{Z} \times \mathbb{Z}$를 기본군으로 갖는다. 그리하여 원환면에 있는 고리는 두 정수를 결정하고 이들은 모선방향(meridian direction)과 경선방향(longitudinal direction)을 몇 번 감는지를 측정한다.

기본군은 비가환군(non-Abelian group)이 될 수 있다. 즉 어떤 기본군의 a와 b에 대해 $ab \neq ba$가 될 수 있다. 가장 간단한 예는 한 점에서 만나는 두 원으로 된 공간 X이다(그림 6 참조). 이 공간의 기본군은 두 개의 생성원(generator) a와 b를 갖는 자유군[IV.10 §2]이다. 간략히 말해 이 자유군의 원소는, $abaab^{-1}a$와 같이 생성원과 그 역들로 쓸 수 있는 임의의 곱이다. 여기에서 만약 a와 a^{-1}, b와 b^{-1}가 이웃해 있을 땐 이들을 생략한다. (그래서, 예를 들어 $abb^{-1}bab^{-1}$ 대신에 $abab^{-1}$로 쓴다.) 생성원은 각각의 원을 도는 고리에 대응된다. 자유군은 어떤 의미에서 가장 비가환적인 군이다. 특히 ab는 ba와 다르고, 이것은 위상적으로 고리 a를 따라 움직였다가 고리 b를 따라 움직이는 것은, 고리 b를 따라 움직였다가 고리 a를 따라 움직이는 것과 호모토픽하지 않다는 것을 말한다.

이 공간은 약간 인위적인 것 같지만 많은 문헌에서 나타나는, 두 점이 제외된 평면과 호모토픽 동치이다. 더 일반적으로 d점이 제외된 평면의 기본군은 d개의 생성원을 갖는 자유군이다. 이것은 기본군이 구멍의 개수를 센다는 것의 엄밀한 의미이다.

기본군과 다르게 고차원 호모토피군 $\pi_n(X)$는 n이 적어도 2 이상일 때 가환(Abelian)이다. 그림 7은

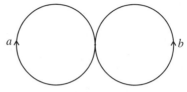

그림 6 두 원의 한 점에서의 합

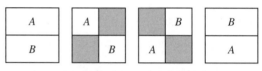

그림 7 임의의 공간의 π_2가 가환이라는 증명

$n = 2$일 때의 '그림에 의한 증명'이고 임의의 더 큰 n에 대해서도 증명이 된다. 그림에서 2차원 구면을, 경계를 한 점으로 간주하는 사각형으로 생각하면, π_2의 임의의 원소 A, B는 정사각형의 경계를 기준점 x로 보내는, 정사각형에서 X로의 연속함수로 표현된다. 그림은 (몇몇 단계에 의한) 정사각형의 음영부분과 경계를 기준점 x로 보내는 AB에서 BA로의 호모토피를 설명한다. 이 그림은 하나의 끈이 다른 끈 주위를 감싸는, 자명하지 않은 가장 간단한 꼬임(braid)을 상기시킨다. 이것이 대수위상과 꼬임군[III. 4]의 긴밀한 관계의 시작이다.

기본군은 특히 저차원에서 유용하다. 예를 들어 모든 콤팩트 연결곡면(또는 2차원 다양체)은 표준 목록(미분위상 기하학[IV.7 §2.3] 참조) 중의 하나와 위상동형이고, 모든 목록에 있는 공간은 서로 다른 기본군을 갖는다는 것을 보인다. 그래서 어떤 닫힌 곡면을 가지고 그것의 기본군을 계산하면 그것이 분류 목록의 어떤 위치에 있는지를 알려준다. 게다가 공간의 기하학적인 성질은 기본군과 밀접하게 관련돼 있다. 곡률[III.13]이 양인 리만 계량[I.3 §6.10]

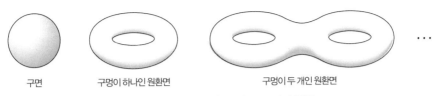

그림 8 구면, 원환면, 그리고 종수(genus)가 2인 곡면

을 갖는 곡면(2차원 구면과 **실 사영평면**[I.3 §6.7])은 정확하게 유한한 기본군을 갖는 곡면이다. 곡률이 0인 계량을 갖는 곡면(원환면이나 클라인 병(Klein bottle))은 무한하지만 '거의 가환'인(유한한 지수 (index)를 가진 가환인 부분군이 존재하는) 기본군을 가지는 곡면이다. 곡률이 음인 나머지 곡면은 자유군과 같이 '극도로 비가환'인 기본군을 갖는다(그림 8 참조).

3차원 다양체에 관한 한 세기 이상의 연구가 있은 후 서스턴(Thurston)과 페렐만(Perelman)의 진보적인 연구 덕분에 이들에 대한 결과도 2차원의 결과와 거의 비슷하다는 것을 알게 되었다. 기본군은 3차원 다양체의 기하학적인 성질을 거의 완벽하게 설명한다(3차원[IV.7 §2.4] 참조). 그러나 이것은 4차원과 그 이상의 차원에서는 성립하지 않는다. 이들은 기본군이 자명하다는 것을 의미하는, **단일연결**(simply connected)이면서 서로 다른 많은 다양체들이 있고 그래서 이들을 구별하기 위해 더 많은 불변량이 필요하다. (예를 들어, 4차원 구면 S^4과 곱 공간 $S^2 \times S^2$은 모두 단일연결이다. 더 일반적으로 임의의 개수의 $S^2 \times S^2$들의 연결된 합(connected sum), 즉 4차원 공들을 제거하고 경계인 3차원 구면을 붙여서 얻어진 공간을 생각할 수 있다. 이러한 4차원 다양체는 모두 단일연결이고 그럼에도 불구하고 그들 중 어떤 두 공간도 위상동형이 아니고 심지어 호모토피 동치도 아니다.)

서로 다른 공간들을 구별하는 하나의 자명한 방법은 **고차원 호모토피군**을 이용하는 것이고 사실 이것은 간단한 경우에 잘 적용된다. 예를 들어 r개의 $S^2 \times S^2$의 연결된 합의 π_2는 $\mathbb{Z}^{2r}$과 동형이다. 또한 임의의 차원의 구면 S^n은(비록 $n \geq 2$인 경우 단일연결이지만) $\pi_n(S^n)$이 (자명한 군이 아닌) 정수와 동형임을 계산하여 축약가능하지 않음을 보일 수 있다. 그리하여 각각의 n차원에서 자기 자신으로의 연속함수는 하나의 정수를 결정하고 이를 함수의 **차수**(degree)라고 한다. 이것은 원에서 원 자신으로 가는 사상의 회전수의 개념을 일반화한다.

그러나 일반적으로 호모토피군은 계산이 놀랍도록 어려워서 한 공간을 다른 공간과 구별하는 유용한 방법이 아니다. 이에 대한 한 가지 예는 $\pi_3(S^2)$이 정수군과 동형이라는 호프(Hopf)의 발견(1931)이다. 2차원 구면이 2차원 구멍을 갖는다는 것은 $\pi_2(S^2) \cong \mathbb{Z}$에 의하여 자명하지만 2차원 구면이 3차원 구멍을 갖는다는 것은 어떤 의미인가? 이것은 그러한 구멍이 어떠해야 하는지에 관한 우리의 순진한 관점에 대응되지 않는다. 구면의 호모토피군을 계산하는 것은 수학 전체에서 가장 어려운 문제 중 하나가 되었다. 우리가 알고 있는 몇몇 계산을 표 1에 나타냈지만, 많은 노력에도 불구하고 호모토피군 $\pi_i(S^2)$은 예를 들어 단지 $i \leq 64$인 경우에만 알려

	S^1	S^2	S^3	S^4	S^5	S^6	S^7	S^8	S^9
π_1	$\mathbb{Z}$	0	0	0	0	0	0	0	0
π_2	0	$\mathbb{Z}$	0	0	0	0	0	0	0
π_3	0	$\mathbb{Z}$	$\mathbb{Z}$	0	0	0	0	0	0
π_4	0	$\mathbb{Z}/2$	$\mathbb{Z}/2$	$\mathbb{Z}$	0	0	0	0	0
π_5	0	$\mathbb{Z}/2$	$\mathbb{Z}/2$	$\mathbb{Z}/2$	$\mathbb{Z}$	0	0	0	0
π_6	0	$\mathbb{Z}/4\times\mathbb{Z}/3$	$\mathbb{Z}/4\times\mathbb{Z}/3$	$\mathbb{Z}/2$	$\mathbb{Z}/2$	$\mathbb{Z}$	0	0	0
π_7	0	$\mathbb{Z}/2$	$\mathbb{Z}/2$	$\mathbb{Z}\times\mathbb{Z}/4\times\mathbb{Z}/3$	$\mathbb{Z}/2$	$\mathbb{Z}/2$	$\mathbb{Z}$	0	0
π_8	0	$\mathbb{Z}/2$	$\mathbb{Z}/2$	$\mathbb{Z}/2\times\mathbb{Z}/2$	$\mathbb{Z}/8\times\mathbb{Z}/3$	$\mathbb{Z}/2$	$\mathbb{Z}/2$	$\mathbb{Z}$	0
π_9	0	$\mathbb{Z}/3$	$\mathbb{Z}/3$	$\mathbb{Z}/2\times\mathbb{Z}/2$	$\mathbb{Z}/2$	$\mathbb{Z}/8\times\mathbb{Z}/3$	$\mathbb{Z}/2$	$\mathbb{Z}/2$	$\mathbb{Z}$
π_{10}	0	$\mathbb{Z}/3\times\mathbb{Z}/5$	$\mathbb{Z}/3\times\mathbb{Z}/5$	$\mathbb{Z}/8\times\mathbb{Z}/3\times\mathbb{Z}/3$	$\mathbb{Z}/2$	0	$\mathbb{Z}/8\times\mathbb{Z}/3$	$\mathbb{Z}/2$	$\mathbb{Z}/2$

표 1 구면의 처음 몇 개의 호모토피군

졌다. 정수론적인 흥미를 갖는 패턴이 있지만 일반적으로 구면의 호모토피의 정확한 추측을 형식화하는 것은 불가능한 것 같다. 그리고 구면보다 더 복잡한 공간들의 호모토피군을 계산하는 것은 훨씬 더 어렵다.

어떤 어려움이 포함되어 있는지 알기 위해 $\pi_3(S^2)$의 0이 아닌 원소를 표현하는 것으로 알려진 S^3에서 S^2로의 **호프 사상**(Hopf map)을 정의하자. 호프 사상에 대한 여러 동치인 정의들이 존재하는데, 그중 하나는 S^3의 점 (x_1, x_2, x_3, x_4)를 $|z_1|^2 + |z_2|^2 = 1$을 만족하는 복소수쌍 (z_1, z_2)로 생각하는 것으로, $z_1 = x_1 + ix_2$와 $z_2 = x_3 + ix_4$로 놓는다. 그러면 (z_1, z_2)를 복소수 z_1/z_2로 보낸다. 이것은 S^2로의 함수처럼 보이지 않을지도 모르지만 사실 이것은 z_2가 0일 수 있기 때문에 함수의 상은 복소수가 아닌, S^2와 자연스러운 방법으로 동일시되는, 리만 구면 (Riemann sphere)이므로 S^2로의 함수이다.

호프 사상을 정의하는 다른 방법은 S^3의 점 $(x_1,$ $x_2, x_3, x_4)$를 단위 사원수로 보는 것이다. [III. 76]의 사원수(quaternion)에 관한 글에서 각각의 단위 사원수는 구면의 회전과 관련될 수 있다는 것이 보여졌다. 만약 S^3의 어떤 점 s를 고정하고 각각의 단위 사원수를 관련된 회전에서의 s의 상으로 보내면 앞의 단락에서 정의된 함수와 호모토픽한 S^3에서 S^2로의 함수를 얻는다.

호프 사상은 중요한 구조이고 이 글에서 한 번 이상 또 언급될 것이다.

4 호몰로지군과 코호몰로지환

호모토피군은 계산이 다소 미스터리하고 매우 어려울 수 있다. 다행스럽게도 호몰로지군(homology group)과 코호몰로지군(cohomology group)이라는 위상공간의 구멍의 개수를 세는 다른 방법이 있다. 정의는 호모토피의 정의보다 다소 어렵지만 계산은 더 쉽고, 또 이런 이유로 훨씬 더 많이 사용된다.

위상공간 X의 n번째 호모토피군 $\pi_n(X)$은 n차원 구면에서 X로의 연속함수로 표현된다는 것을 상기하자. 간단히 하기 위해 X를 다양체라고 하자. 호모토피군과 호몰로지군의 두 가지 중요한 차이가 있다. 첫째는 호몰로지의 기본적인 대상들이 n차원 구면보다 좀 더 일반적이라는 것이다. X의 모든 닫힌 유향 n차원 부분다양체 A는 X의 n차원 호몰로지군 $H_n(X)$의 원소를 결정한다. 이것은 호몰로지군이 호모토피군보다 훨씬 더 큰 것처럼 보이게 하지만 사실 호몰로지와 호모토피의 두 번째 차이 때문에 그렇지 않다. 호모토피에서처럼 호몰로지군의 원소들은 부분다양체 자체가 아니라 그들의 동치류들이다. 그러나 호몰로지에서 동치관계의 정의가, 호모토피에서 두 구면이 호모토픽하다는 것보다 어떤 두 부분다양체가 동치라는 것을 더 쉽게 만든다.

호몰로지의 형식적인 정의를 기술하지는 않겠지만, 여기 그 특성을 전달할 수 있는 몇 가지 예제들이 있다. X를 원점이 빠진 평면이라 하고 A를 원점 주위로 도는 원이라 하자. 만약 이 원을 연속적으로 변형하면 처음의 원과 호모토픽한 새로운 곡선을 얻지만 호몰로지에서는 좀 더 많은 것을 할 수 있다. 예를 들어 두 점이 접하여 8자 모양이 되는 연속 변형을 생각할 수 있다. 이것의 반쪽은 원점을 내포해야 하지만 이것은 고정하고 다른 반쪽을 멀리 밀어낼 수 있다. 그러면 이 결과로 원점을 내포하는 것과 내포하지 않는 두 개의 닫힌 곡선 얻는다. 이것은 두 개의 성분을 갖는 1차원 다양체가 되고 처음의 원과 동치이다. 이것은 좀 더 일반적인 연속변형으로 생각할 수 있다.

두 번째 예는 호몰로지의 정의로부터 다른 다양

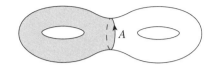

그림 9 원 A는 곡면의 호몰로지에서 0을 나타낸다.

체를 포함하는 것이 얼마나 자연스러운지를 보여준다. 이번에는 X를 원이 빠진 $\mathbb{R}^3$이라 하고 A는 그것의 내부에 이 원을 포함하는 구면이라고 하자. 원을 XY-평면에 있다고 가정하고, 이것과 A 모두 원점을 중심으로 한다고 가정하자. 그러면 A의 위 그리고 아래의 두 끝점이 만날 때까지 원점으로 압축할 수 있다. 이렇게 하면 원환면 내부의 구멍이 한 점으로 합쳐진 모양을 얻는다. 그러나 연속적인 변형을 더 가해서 이 구멍을 열 수 있고, 이것은 처음의 원을 중심으로 하는 '관'인 진짜 원환면을 얻는다. 호몰로지의 관점에서 이 원환면은 구면 A와 동치이다.

좀 더 일반적인 규칙은 X가 다양체이고 B가 경계를 갖는 X의 콤팩트 유향 $(n+1)$차원 부분다양체라면 이것의 경계 ∂B는 0과 동치일 것이다. (이것은 $[\partial B] = 0 \in H_n(X)$라고 말하는 것과 같다.)(그림 9 참조)

군 연산을 정의하는 것은 쉽다. A와 B가 호몰로지류 $[A]$와 $[B]$가 되는 서로 만나지 않는 X의 부분다양체라면 $[A] + [B]$는 $[A \cup B]$의 호몰로지류이다. (좀 더 일반적으로 호몰로지의 정의는 임의의 부분다양체들이 만나든 만나지 않든 덧셈이 허용된다.) 기본군과 다르게 항상 가환이 되는 몇 가지 간단한 예를 살펴보자. 구면의 호몰로지군 $H_i(S^n)$은 $i = 0$과 $i = n$에 대해서 정수 $\mathbb{Z}$와, 그 외의 경우에는

0과 동형이다. 이것은 구면의 복잡한 호모토피군과 대조적이며 n차원 구면은 하나의 n차원 구멍을 갖고 다른 구멍은 갖지 않는다는 단순한 생각을 더 잘 반영한다. 정수인 원의 기본군이 첫 번째 호몰로지군과 같음에 주목하자. 일반적으로 경로연결공간(path-connected space)의 첫 번째 호몰로지군은 항상 기본군의 '가환화(Abelianization)'이다(이것은 형식적으로 가장 큰 가환 몫군(quotient group)으로 정의된다). 예를 들어 두 점이 빠진 평면의 기본군은 두 개의 생성원을 갖는 자유군인 반면 첫 번째 호몰로지군은 두 생성원을 갖는 자유 가환군 또는 $\mathbb{Z}^2$이다.

2차원 원환면의 호몰로지군 $H_i(S^1 \times S^1)$은 $i = 0$일 때 $\mathbb{Z}$와, $i = 1$일 때 $\mathbb{Z}^2$과, $i = 2$일 때 $\mathbb{Z}$와 동형이다. 이 모두는 기하학적 의미를 갖는다. 임의의 공간의 0번째 호몰로지군은 r개의 연결성분을 갖는 공간 X에 대한 0번째 호몰로지군 $\mathbb{Z}^r$과 동형이다. 그래서 원환면의 0번째 호몰로지군이 $\mathbb{Z}$와 동형이라는 것은 원환면이 연결되어 있다는 것을 의미한다. 원환면의 임의의 고리는 첫 번째 호몰로지군 $\mathbb{Z}^2$ 원소를 결정하고 이것은 원환면의 경선(meridian)과 위선(longitudinal) 방향을 몇 번 회전하는지를 측정한다. 그리고 마지막으로 원환면은 닫힌 유향 다양체이기 때문에 원환면의 2차원의 호몰로지는 $\mathbb{Z}$와 동형이다. 이것은 전체 원환면이 2차원 호몰로지의 원소를 결정하고 이것이 사실 이 군의 생성원임을 말해준다. 반대로 호모토피군 $\pi_2(S^1 \times S^1)$은 자명한 군이다. 이것은 2차원 구면에서 2차원 원환면으로 가는 흥미로운 함수가 없다는 것이지만 호몰로지는 다른 2차원 닫힌 다양체에서 2차원 원환면으로 가는 흥미로운 함수가 있다는 것을 보여준다.

앞에서 언급했듯이 호몰로지군을 계산하는 것은 호모토피군을 계산하는 것보다 훨씬 쉽다. 주된 이유는 호몰로지군이 더 작은 부분들과 그들의 교집합들의 호몰로지군으로 쓰인다는 결과 때문이다. 또 다른 호몰로지군의 중요한 성질은 X에서 Y로의 연속함수 f가 자연스럽게 각각의 i에 대해 $H_i(X)$에서 $H_i(Y)$로 가는 준동형사상 f_*를 유도한다는 의미에서 '함자적'이라는 것이다. $f_*([A])$는 $[f(A)]$로 정의된다. 다시 말해, $f_*([A])$는 f의 A의 상의 동치류이다.

단지 다르게 번호를 매기는 것만으로도 '코호몰로지'라는 밀접하게 연관된 개념을 정의할 수 있다. X를 닫힌 유향 n차원 다양체라고 하자. i번째 **코호몰로지군** $H^i(X)$를 호몰로지군 $H_{n-i}(X)$로 정의하자. 그리하여 코호몰로지류($H^i(X)$의 원소)를 표현하는 하나의 방법은 X의 여차원(codimension) i(이것은 S의 차원이 $n - i$임을 의미한다)의 닫힌 유향 부분다양체 S를 선택함으로 표현할 수 있다. 대응하는 코호몰로지류를 $[S]$라고 쓴다.

다양체보다 좀 더 일반적인 공간들에 대해서는 코호몰로지가 단지 호몰로지를 다르게 번호 매기는 것이 아니다. 간단히 말해, X가 위상공간이라면 $H^i(X)$의 원소를 X에서 자유롭게 움직일 수 있는 X의 여차원 i-부분공간으로 표현되는 것이라고 생각할 수 있다. 예를 들어 f를 X에서 i차원 다양체로 가는 연속함수라고 가정하자. 만약 X가 다양체이고 f가 충분히 '좋은 성질'을 가진다면, 다양체 안의 '일반적인' 점의 역상(inverse image)은 X의 i-여차원 부분다양체가 될 것이다. 그리고 그 점을 움직임에 따라 이 부분다양체는 연속적으로 변형될 것이며, 이는 앞에서 원이 두 개의 원이 되거나 구면이 원환면이 되는 것과 비슷한 식이다. 만약 X가 좀 더 일반적인 위상공간이라면 함수 f는 여전히 $H^i(X)$의 코호몰로지류를 결정하고 이것을 다양체에서의 임의의 점의 X에서의 역상으로 표현되는 것으로 생각한다.

그러나 X가 유향 n차원 다양체일지라도 코호몰로지는 호몰로지와 다른 장점들을 갖는다. 코호몰로지는 다른 이름의 호몰로지이기 때문에 이것은 이상하게 보일지 모른다. 그러나 다르게 번호를 매김으로써 X의 코호몰로지군에 매우 유용한 더 많은 대수적 구조를 줄 수 있다. 코호몰로지류를 더할 수 있을 뿐 아니라 그들을 서로 곱할 수 있다. 게다가 이런 방법으로 X의 코호몰로지군은 환[III.81 §1]이 된다. (물론 호몰로지군에 대해서도 이것을 할 수 있지만 코호몰로지군은 등급환(graded ring)이라는 것이 된다. 특히, $[A] \in H^i(X)$이고 $[B] \in H^j(X)$이면 $[A] \cdot [B] \in H^{i+j}(X)$이다.)

코호몰로지류의 곱은 특히 다양체에서 다양한 기하학적 의미를 갖는다. 이것은 두 다양체의 교집합에 의해 주어진다. 이것은 §1의 교차수에 관한 이야기를 일반화한다. §1에서는 다양체의 0차원의 교집합을 고려했지만, 이제 고차원 교집합(그것의 코호몰로지류)을 생각한다. 좀 더 자세하게, S와 T를 각각 X의 여차원이 i와 j인 유향 부분다양체라고 하자. S를 약간 움직이면서(이것은 $H^i(X)$에서 그것의 동치류를 변화시키지 않는다) S와 T가 횡단적으로 만난다고 가정할 수 있고, 이것은 S와 T의 교집합이 X의 여차원이 $i+j$인 매끄러운 부분다양체임을 뜻한다. 그러면 코호몰로지류 $[S]$와 $[T]$의 곱은 단지 $H^{i+j}(X)$에서 S와 T의 교집합의 코호몰로지류이다.

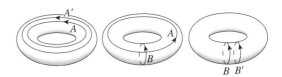

그림 10 $A^2 = A \cdot A' = 0$, $A \cdot B = [\text{point}]$, $B^2 = B \cdot B' = 0$.

(게다가 부분다양체 $S \cap T$는 S, T, X로부터 방향을 물려받는다. 이것은 대응하는 코호몰로지류를 정의하기 위해 필요하다.)

그 결과 다양체의 코호몰로지환을 계산하기 위해 어떤 부분다양체들과 그들이 서로 어떻게 교차하는지 봄으로써 코호몰로지군의 기저를 지정하는 것으로 충분하다. (이미 언급했듯이 이것은 상대적으로 쉽다.) 예를 들어 그림 10에서 보여진 것처럼 원환면의 코호몰로지환을 계산할 수 있다. 다른 예로 복소사영평면[III. 72] $\mathbb{CP}^2$의 코호몰로지는 다음 세 개의 기본적인 부분다양체(점의 여차원이 4이므로 $H^4(\mathbb{CP}^2)$에 속하는 점, $H^2(\mathbb{CP}^2)$에 속하는 복소사영직선 $\mathbb{CP}^1 = S^2$, 그리고 코호몰로지환에서 항등원 1을 나타내는 $H^0(\mathbb{CP}^2)$에 속하는 전체공간 $\mathbb{CP}^2$를 기저로 갖는다는 것을 어렵지 않게 보일 수 있다. 코호몰로지환의 곱은 $[\mathbb{CP}^1][\mathbb{CP}^1] = [\text{point}]$에 의해 묘사된다. 왜냐하면 임의의 서로 다른 두 직선은 한 점에서 횡단적으로 만나기 때문이다.

복소사영평면의 코호몰로지환의 계산은 매우 간단하지만 몇 가지 좋은 결과들을 갖는다. 우선 복소대수곡선의 교집합에 관한 베주정리를 유도한다(대수기하학[IV.4 §6] 참조). $\mathbb{CP}^2$에서의 차수 d인 대수곡선은 $H^2(\mathbb{CP}^2)$에서 직선 $\mathbb{CP}^1$의 동치류의 d배수를 나타낸다. 그러므로 차수가 d와 e인 두 개의 대수

곡선 D와 E가 횡단적으로 만나면 $[D \cap E]$의 코호몰로지류는

$$[D] \cdot [E] = (d\,[\mathbb{CP}^1])(e[\mathbb{CP}^1]) = de[\text{point}]$$

와 같다. 복소다양체의 복소 부분다양체들에 대해, 교차수는 항상 -1이 아닌 $+1$이고 그래서 이것은 D와 E가 정확히 de점에서 만난다는 것을 의미한다.

$\mathbb{CP}^2$의 코호몰로지환의 계산을 구면의 호모토피군에 관한 어떤 것을 증명하기 위해 사용할 수 있다. $\mathbb{CP}^2$은 2차원 구면과 닫힌 4차원 공의 합집합으로 구성될 수 있는데, 앞서 정의된 호프 사상으로 공의 3차원 구면 경계의 각 점과 2차원 구면의 각 점을 하나의 점으로 이어 붙이면 된다.

한 공간에서 다른 공간으로의 상수함수 또는 상수함수와 호모토픽한 사상은 적어도 $i > 0$일 때 호몰로지군 H_i 사이의 영준동형사상(zero homomorphism)을 준다. S^3과 S^2의 0이 아닌 호몰로지군은 서로 다른 차원에 있기 때문에 호프 사상 $f : S^3 \to S^2$ 또한 영준동형사상을 유도한다. 그럼에도 f가 상수함수와 호모토픽하지 않다는 것을 보일 수 있다. 만약 호모토픽하다면 함수 f를 이용하여 2차원 구면에 4차원 공을 붙여 얻어진 공간 $\mathbb{CP}^2$은 상수함수를 이용하여 2차원 구면에 4차원 공을 붙여 얻어진 공간과 호모토피 동치일 것이다. 두 번째 공간 Y는 한 점에서 동일시된 S^2과 S^4의 합집합이다. 그러나 사실 Y는 코호몰로지환이 동형(isomorphic)이 아니기 때문에 복소사영평면과 호모토피 동치가 아니다. 특히, $\mathbb{CP}^2$에서 $[\mathbb{CP}^1][\mathbb{CP}^1] = [\text{point}]$인 것과 다르게 $H^2(Y)$의 임의의 원소의 자기 자신과의 곱은 항상 0이다. 그러므로 f는 $\pi_3(S^2)$에서 0이 아니다. 이 논리

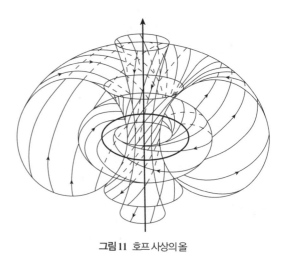

그림 11 호프 사상의 올

에 대한 좀 더 꼼꼼한 설명은 $\pi_3(S^2)$이 정수와 동형이라는 것과 호프 사상 $f : S^3 \to S^2$이 이 군의 생성원이라는 것을 보여준다.

이 주장은 호모토피군, 코호몰로지환, 다양체 등 모든 대수위상의 기본개념들 사이에 많은 관계들 중 몇몇을 보여준다. 마지막으로 호프 사상 $f : S^3 \to S^2$이 자명하지 않음을 그림으로 보여주는 방법이 있다. 2차원의 임의의 점으로 가는 S^3의 부분집합을 보자. 이것의 역상들은 3차원 구면에서의 모든 원들이다. 이들을 그리기 위해 S^3에서 한 점을 뺀 것과 $\mathbb{R}^3$이 위상동형이라는 사실을 이용할 수 있다. 그래서 이 역상들은 직선(S^3으로부터 제외된 그 점을 지나는 원)으로 그려지는 하나의 원을 갖는 3차원 공간을 모두 채우는 서로 만나지 않는 원들의 모임을 이룬다. 이 그림의 놀라운 성질은 이 아주 큰 원들의 모임에 속하는 임의의 두 원은 서로 연환수 1을 갖는다는 것이다. 그래서 이 모임에 속하는 임의의 두 원을 떨어트릴 수 없다(그림 11 참조).

5 벡터다발과 특성류

올다발이라는 또 하나의 중요한 위상적 개념을 소개할 것이다. E와 B가 위상공간이고 x는 B의 점이고 $p : E \to B$가 연속함수이면 x 위의 p의 올(fiber)은 E의 부분공간이다. 만약 p의 모든 올이 F와 위상동형이면 p를 올이 F인 올다발(fiber bundle)이라고 한다. B는 기저공간(base space)이라 하고 E는 전체공간(total space)이라고 한다. 예를 들어, 임의의 곱공간 $B \times F$는 B 위에서의 자명한 F-다발(trivial F-bundle)이라고 불리는 B 위에서의 올다발이다. (이 경우 연속함수는 (x, y)를 x로 보내는 함수이다.) 그러나 많은 자명하지 않은 올다발이 있다. 예를 들어, 뫼비우스 띠는 올이 닫힌 구간인 원 위에서의 올다발이다. 이 예는 올다발에 대한 오래된 이름인 '뒤틀린 곱(twisted product)'을 설명하는 데 도움이 된다. 또 다른 예로 호프 사상은 3차원 구면을 2차원 구면 위에서의 원다발(circle bundle)의 전체공간으로 생각할 수 있게 만든다.

올다발은 간단한 공간으로부터 복잡한 공간을 만드는 기본적인 방법이다. 지금부터 벡터다발이라고 하는 가장 중요하고 특별한 경우에 대해 다룰 것이다. 공간 B 위에서의 벡터다발은 올이 모두 어떤 차원 n을 갖는 실벡터공간인 올다발 $p : E \to B$를 말한다. 이 차원을 벡터다발의 차수(rank)라고 부른다. 선다발(line bundle)은 차수가 1인 벡터다발을 의미한다. 예를 들어 (경계를 포함하지 않는) 뫼비우스 띠를 원 S^1 위에서의 선다발로 볼 수 있다. 이것은 자명하지 않은 선다발이다. 즉, 자명한 선다발 $S^1 \times \mathbb{R}$과 동형이 아니다(이것을 만드는 방법은 여러 가지가 있다. 그중 하나는 띠 $\{(x, y) : 0 \le x \le 1\}$을 생각하

고 각각의 $(0, y)$와 $(1, -y)$를 동일시하는 것이다. 이 선다발의 기저공간은 모든 $(x, 0)$점들의 집합이고 이것은 $(0, 0)$과 $(1, 0)$이 동일시되었기 때문에 원이다).

M이 n차원의 매끄러운 다양체이면 접다발(tangent bundle) $TM \to M$은 차수가 n인 벡터다발이다. M을 어떤 유클리드 공간 $\mathbb{R}^n$의 부분다양체로 생각함으로써 이 다발을 쉽게 정의할 수 있다. (모든 매끄러운 다양체는 유클리드 공간으로 사영될 수 있다.) 그러면 TM은 점 x에서 M에 접하는 벡터 v에 의한 쌍 (x, v)들의 $M \times \mathbb{R}^N$의 부분공간이다. 함수 $TM \to M$은 쌍 (x, y)를 x로 보내는 함수이다. 그러면 x 위의 올은 M의 차원과 같은 차원의 유클리드 공간 $\mathbb{R}^N$의 아핀부분공간(affine subspace)에 속하는 v를 갖는 모든 쌍 (x, y)의 집합 형태를 갖는다. 임의의 올다발에 대해 단면(section)은 기저공간 B에서 전체공간 E로 가는, 각각의 B의 점 x를 x 위의 올의 어떤 점으로 보내는 연속함수를 의미한다. 다양체의 접다발의 단면은 벡터장(vector field)이라고 부른다. 다양체의 모든 점에 (길이 0의 경우를 포함하는) 화살표를 놓음으로써 벡터장을 그릴 수 있다.

매끄러운 다양체를 분류하기 위해 그들의 접다발을 연구하는 것이 중요하고, 특히 이것이 자명한지 아닌지를 보는 것이 중요하다. 원 S^1과 원환면 $S^1 \times S^1$ 같은 어떤 다양체는 정말로 자명한 접다발을 갖는다. n차원의 다양체 M의 접다발이 자명한 것과 M의 각 점에서 n개의 독립적인 벡터를 찾을 수 있다는 것은 동치이다. 그래서 위와 같은 경우 그러한 벡터장을 기술함으로써 접다발이 자명하다는 것을 보일 수 있다. (원이나 원환면의 경우 그림 12

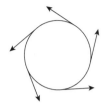

그림 12 원과 원환면의 접다발의 자명함

그림 13 털 달린 공 정리

참조). 그러나 일반적으로 주어진 다양체의 접다발이 자명하지 않다는 것을 어떻게 보일 수 있을까?

한 가지 방법은 교차수를 이용하는 것이다. M을 n차원의 닫힌 유향다양체라고 하자. M을 접다발 TM 안에 있는 M의 각 점에 영벡터를 주는 '영단면'의 상과 동일시할 수 있다. TM의 차원이 M의 차원의 정확히 2배이기 때문에 §1의 교차수의 이야기는 TM에서의 잘 정의된 M의 자기교차수(self-intersection number) $M^2 = M \cdot M$을 준다. 이를 **오일러 지표**(Euler characteristic) $\chi(M)$이라고 부른다. 교차수의 정의에 의해 영단면과 횡단적으로 만나는 M의 임의의 벡터장 v에 대해 M의 오일러 지표는 부호를 고려한, v의 영점들의 수(의 합)와 같다.

그 결과 M의 오일러 지표가 0이 아니라면 M의 모든 벡터장은 영단면과 만나야만 한다. 다시 말해 M의 모든 벡터장은 어딘가에서 0이 되어야 한다. 가장 간단한 예는 M이 2차원 구면 S^2일 때 발생한다. 영단면과의 교차수가 2인 벡터장 하나를 쉽게 써 볼 수 있다(예를 들어 남극과 북극에서 영이 되는 위도의 원들을 따라 동쪽을 향하는 것). 그러므로 2차원 구면은 오일러 지표 2를 갖고 그래서 2차원 구면의 모든 벡터장은 어딘가에서 영이 되어야만 한다. 이는 코코넛 껍질의 털을 빗질하여 모든 점에서 부드럽게 만드는 것은 불가능하다는 '털 달린 공 정

리(hairy ball theorem)'로 알려진 위상수학의 유명한 정리이다(그림 13 참조).

이것은 주어진 벡터장이 얼마나 자명하지 않은지를 측정하는 **특성류**(characteristic class) 이론의 시작이다. 다양체의 접다발에 국한할 필요가 없다. 주어진 위상공간 X 위에서 정의된 차수가 n인 임의의 유향벡터다발 E에 대해, $H^n(X)$ 안에서 **오일러 류**(Euler class)라 불리는 코호몰로지류 $\chi(E)$를 정의할 수 있다. 다발이 자명하면 $\chi(E)$는 영이 되어야 한다. 직관적으로 E의 오일러 류는 E의 일반 단면의 해집합에 의해 표현되는 코호몰로지류이다. 이것은 (예를 들어 X가 다양체라면) X가 E에서 여차원이 n이기 때문에 X의 여차원 n-부분다양체이어야 한다. X가 닫힌 유향 n차원 다양체라면 $H^n(X) = \mathbb{Z}$에서 접다발의 오일러 류는 X의 오일러 지표이다.

특성류에 영감을 준 것들 중 하나는 1940년대에 모든 차원으로 일반화된 가우스-보넷(Gauss-bonnet) 정리였다. 이 정리는 리만 계량을 갖는 닫힌 다양체의 오일러 지표는 어떤 곡률함수의 다양체에서의 적분으로 표현된다는 정리이다. 좀 더 넓게 보면 미분기하의 중요한 목적은 곡률과 같은 리만 다양체의 기하학적 성질이 어떻게 다양체의 위상과 연관되어 있는지 이해하는 것이다.

복소벡터다발, 즉 올이 복소벡터공간인 올다발에 대한 특성류는 특히 편리한 것으로 판명되었다.

실제로 실벡터다발은 보통 대응하는 복소벡터다발을 구성하여 연구한다. E가 위상공간 X 위의 차수 n인 복소벡터다발이면 E의 천 류(Chern class)들은 $c_1(E), \cdots, c_n(E)$가 $H^{2i}(X)$에 속하는 X 상의 코호몰로지류들의 수열 $c_1(E), \cdots, c_n(E)$이다. 다발이 자명하면 이들은 모두 영이 되어야 한다. 최상위 천 류(top Chern class) $c_n(E)$는 단순하게 E의 오일러 류가 된다. 그리하여 이것은 모든 곳에서 0이 아닌 E의 단면을 찾는 것에 대한 첫 번째 제약 조건이 된다. 더 일반적인 천 류도 비슷한 해석을 갖는다. 임의의 $1 \leq j \leq n$에 대해 E의 j개의 일반단면을 찾자. 이 단면들의 선형독립인 X의 부분집합은 여차원 $2(n+1-j)$를 갖는다. (예를 들어 X를 다양체라 가정하고) 천 류 $c_{n+1-j}(E)$는 정확히 이 부분집합의 코호몰로지류이다. 그리하여 천 류들은 자연스럽게 주어진 복소벡터다발이 자명한지 아닌지를 측정한다. 실벡터다발의 **폰트랴긴 류**(Pontryagin class)는 대응하는 복소벡터다발의 천 류로 정의된다.

미분위상수학의 위대한 업적 중 하나는 임의로 주어진 호모토피 유형과 접다발의 임의로 주어진 폰트랴긴 류를 갖는 적어도 5차원의 매끄러운 닫힌 단일연결 다양체가 단지 유한개만 존재한다는 설리번의 정리(1977)이다. 이 명제는 도널드슨이 1980년대에 발견한 것처럼 4차원에서는 성립하지 않는다 (미분위상수학[IV.7 §2.5] 참조).

6 K-이론과 일반화된 코호몰로지 이론

기하학에서의 벡터다발의 유용함은 얼마나 많은 서로 다른 벡터다발이 위상공간 X 위에 존재하는지를 보면서 X의 '구멍'을 측정하는 새로운 방법을 이끌었다. 이 아이디어는 K-이론(K-theory)(벡터다발의 동치류와 연관된 이론이라서 독일어 'Klasse'의 앞 글자를 땄다)으로 알려진, 임의의 공간에 코호몰로지환과 같은 환을 정의하는 간단한 방법을 준다. K-이론은 위상공간을 새로운 각도에서 볼 수 있는 매우 유용한 이론이 되었다. 보통의 코호몰로지를 사용해 많은 노력으로만 풀 수 있었던 몇몇 문제들이 K-이론으로 쉽게 해결될 수 있었다. 이 이론은 1950년대 그로탕딕(Grothendieck)에 의해 대수기하에서 만들어졌고, 1960년대 아티야(Atiyah)와 히르체브루흐(Hirzebruch)에 의해 위상으로 확장되었다.

K-이론은 몇 줄로 정의될 수 있다. 위상공간 X에 대해 X의 K-이론, 가환군 $K^0(X)$를 다음과 같이 정의한다. 그것의 원소는 X 위의 두 개의 복소벡터다발 E와 F의 형식적 차이 $[E] - [F]$로 쓰이고, 이 군에 부여된 유일한 관계는 X의 두 개의 벡터다발 E와 F에 대해 $[E \oplus F] = [E] + [F]$이다. 여기에서 $E \oplus F$는 두 다발의 **직합**(direct sum)을 의미하고 E_x와 F_x를 X의 주어진 점 x에서의 올이라고 한다면, $E \oplus F$의 x에서의 올은 단순히 $E_x \times F_x$라고 정의한다.

이 단순한 정의는 많은 이론들을 이끌어낸다. 우선 가환군 $K^0(X)$는 사실 환이 되고 X 위의 두 벡터다발의 곱은 텐서곱[III. 89]으로 정의한다. 이 관점에서 K-이론은 보통의 코호몰로지처럼 행동한다. 이러한 유사성은 $K^0(X)$가 정수 i에 대한 전체 가환군 열 $K^i(X)$의 한 부분임을 암시하고, 정말로 이 군들을 정의할 수 있다. 특히 $K^{-i}(X)$는 $K^0(\text{point} \times X)$로의 제한이 0인 $K^0(S^i \times X)$의 원소들의 부분군으로 정의될 수 있다.

그러면 매우 놀라운 일이 발생한다. 군 $K^i(X)$는 주기 2로 주기적(periodic)이게 된다. 즉, 모든 정수 i에 대해 $K^i(X) = K^{i+2}(X)$이다. 이것은 **보트 주기성**(Bott periodicity)으로 알려진 유명한 현상이다. 그래서 임의의 위상공간에는 단지 두 개의 서로 다른 K-군 $K^0(X)$와 $K^1(X)$가 있다.

이것은 K-이론이 보통의 코호몰로지보다 적은 정보를 갖고 있는 것처럼 보이게 하지만 사실 그렇지 않다. 둘 사이에 긴밀한 관계가 존재하지만 둘 중의 어떤 것도 다른 하나를 결정하지 못한다. 각각은 공간의 모양의 서로 다른 관점을 전면에 보여준다. 보통의 코호몰로지는 그것의 번호와 함께 매우 직접적으로 하나의 공간이 다른 차원의 조각들로부터 만들어진다는 사실을 보여준다. 단지 서로 다른 두 개의 군을 갖는(그 결과 계산하기가 더 쉽다) K-이론은 처음엔 중요하지 않게 보인다. 그러나 벡터다발을 포함하는 기하학적인 문제들은 종종 보통의 코호몰로지에서 알기 어렵고 복잡한 정보를 포함한다. 반면 이러한 정보들은 K-이론을 통해 표면으로 드러나게 된다.

K-이론과 보통의 코호몰로지 사이의 기본적인 관계는 X에 있는 벡터다발로부터 구성된 군 $K^0(X)$가 짝수 차원의 코호몰로지군에 관한 어떤 정보를 '알고 있다'는 것이다. 좀 더 정확히는, 가환군 $K^0(X)$의 차수는 모든 짝수 차원의 코호몰로지군 $H^{2i}(X)$의 차수의 합이다. 이 관계는 X 위의 주어진 벡터다발에 그것의 천 류를 결합하는 것으로부터 온다. 홀수 K-군 $K^1(X)$는 비슷한 방법으로 홀수 차원의 보통의 코호몰로지와 관련되어 있다.

이미 암시하였듯이, 단지 차수만이 아닌 정확한 군 $K^0(X)$는 보통의 코호몰로지보다 특정한 기하 문제에 더 잘 적용된다. 이 현상은 기하학적인 문제들을 벡터다발의 용어로 보는 것, 그리하여 결국 선형대수의 용어로 보는 것의 유용함을 보여준다. K-이론의 고전적인 응용 중 하나는 구면 중에서 0, 1, 3, 7차원 구면만이 접다발이 자명하다는 보트(Bott), 케르베르(Kervaire), 밀너(Milnor)에 의한 증명이 있다. 이것은 대수학의 기본정리의 관점에서 (가환이나 교환을 가정하지 않는) 실 나눗셈 대수(real division algebra)를 가질 수 있는 차원은 단지 1, 2, 4, 8이라는 대수학의 심오한 결과를 갖는다. 정말로 이러한 모든 4가지 종류의 나눗셈 대수(실수, 복소수, 사원수, 팔원수)가 있다(사원수, 팔원수, 노름을 갖는 나눗셈 대수[III.76] 참조).

n차원의 실 나눗셈 대수의 존재가 왜 $(n-1)$차원 구면이 자명한 접다발을 갖는 것을 뜻하는지 보자. 사실 우리는 단지 유한차원의 x, y가 $XY = 0$인 v의 벡터이면 $x = 0$이거나 $y = 0$인 '곱'이라고 부르는 이항함수 $V \times V \to V$를 갖는 실 벡터공간 V를 가정한다. 또한, 편의를 위해 V에 항등원 1이 있고 그래서 모든 $x \in V$에 대해 $1 \cdot x = x \cdot 1 = x$라고 가정하자. 그러나 사실 이런 가정이 없어도 된다. V가 n차원을 갖는다면 V를 $\mathbb{R}^n$과 동일시할 수 있다. 그러면 구면 S^{n-1}의 각 점 x에 대해 x에 의한 좌측곱셈(left multiplication)은 $\mathbb{R}^n$에서 자신으로 가는 선형 동형사상(linear isomorphism)을 준다. 길이가 1이 되도록 결과를 조정하면 x에 의한 좌측곱셈은 (1을 갖도록 조정된) 점 1이 x로 가는 S^{n-1}에서 자신으로 가는 미분동형사상(diffeomorphism)을 준다. 점 1에서 이 미

분동형사상의 미분을 취하면 구면의 점 1에서의 접 공간에서 x에서 접공간으로 가는 선형 동형사상이 결정된다. 구면에서 점 x는 임의로 주어지기 때문에 점 1에서의 접공간의 기저를 선택하는 것은 $(n-1)$ 차원 구면의 전체 접다발의 자명함을 결정한다.

또 다른 응용으로 K-이론은 구면의 낮은 차원 호모토피군의 최고의 '설명'을 제공하고 특히 여기에서 정수론적 패턴이 보여진다. 특히 베르누이 수 (Bernoulli number)의 분모들이 이러한 군 중에 나타나고(적어도 5인 n에 대해 $\pi_{n+3}(S^n) \cong \mathbb{Z}/24$와 같은) 이러한 패턴은 밀너, 케르베르, 애덤스에 의해 K-이론을 이용하여 설명된다.

아티야-싱어 지표 정리[V.2]는 K-이론을 이용하여 닫힌 다양체 위의 선형 미분방정식의 깊은 분석을 제공한다. 이 정리는 물리학의 게이지 이론 (gauge theory)과 끈이론(string theory)에서 K-이론을 중요하게 만들었다. K-이론은 또한 비가환 환에 대해서도 정의될 수 있는데, 사실 '비가환 기하학'에서 중요한 개념이다(작용소 대수[IV.15 §5] 참조).

K-이론의 성공은 다른 '일반화된 코호몰로지 이론'에 대한 연구를 이끌었다. 복소 보충경계(complex cobordism)의 중요성을 두드러지게 하는 이론이 있다. 그것의 정의는 매우 기하학적이다. 다양체 M의 복소 보충경계군은 (접다발에 복소구조를 갖는) 다양체들의 M으로의 사상들에 의해 생성된다. 이 군에서의 관계는 만약 어떤 다양체가 다른 다양체의 경계라면 0으로 간주된다는 것을 말해준다. 예를 들어, 두 원의 합집합이 만약 어떤 원기둥의 양끝이 된다면, 그 두 원의 합집합은 0으로 간주한다.

복소 보충경계는 K-이론이나 보통의 코호몰로 지보다 훨씬 더 풍부한 것으로 판명된다. 이것은 위상공간의 구조를 깊이 보지만 그 대신 계산이 어렵다. 지난 30년에 걸쳐 타원 코호몰로지(elliptic cohomology)나 모라바 K-이론(Morava K-theory)과 같은 모든 일련의 코호몰로지 이론들은 복소 보충경계의 '단순화'로 구성되어 왔다. 위상수학에서는 계산하기 쉬운 불변량과 많은 정보를 갖는 불변량 사이에 지속적인 줄다리기가 있다. 한 관점에서 보면, 복소 보충경계와 그것의 불변량은 구면의 호모토피군의 이해와 계산에 가장 강력한 도구를 제공한다. 베르누이 수가 나타난다는 수준을 넘어 모듈러 형식[III.59]과 같은 훨씬 깊은 정수론이 나타난다. 다른 관점에서 보면, 복소 보충경계의 기하학적 정의는 대수기하에서 그것을 유용하게 만들어 준다.

7 결론

리만[VI.49]과 같은 선구적인 위상수학자에 의해 소개된 일련의 생각들은 간단하지만 강력하다. 심지어 순수하게 대수적일지라도, 어떤 문제든 기하학적인 언어로 바꿔 보자. 그리고 나서 기하학적인 세부사항은 무시하고 문제의 위상구조 또는 내재된 모양을 연구해 보자. 마지막으로 원래의 문제로 돌아가서 얼마나 많은 것을 얻었는지 확인하자. 코호몰로지와 같은 기본적인 위상석 아이디어는 정수론부터 끈이론까지, 수학 전반에 걸쳐 사용된다.

더 읽을거리

위상공간의 정의부터 기본군과 그 이상에 대한 책으로는 암스트롱(M.A. Armstrong)의 『*Basic Topology*』(Springer, New York, 1983)이 좋다. 현재의 기본적인 대학원 교재는 해처(A. Hatcher)의 『*Algebraic Topology*』(Cambridge University Press, Cambridge, 2002)이다. 두 명의 위대한 위상수학자 보트(R. Bott)와 밀너(J. Milnor) 또한 뛰어난 책을 썼다. 모든 젊은 위상수학자는 보트와 투(L. Tu)의 『*Differential Forms in Algebraic Topology*』(Springer, New York, 1982), 밀너의 『*Morse Theory*』(Princeton University Press, Princeton, NJ, 1963), 그리고 밀너와 스타셰프(J. Stasheff)의 『*Characteristic Classes*』(Princeton University Press, Princeton, NJ, 1974)를 반드시 읽어야 한다.

IV.7 미분위상수학

타우브스 *C. H. Taubes*

1 미분다양체

이 글은 미분다양체(smooth manifold)라고 하는 대상의 분류에 대한 것으로, 미분다양체가 무엇인지에 대해서 먼저 이야기하려 한다. 매끄러운 공의 표면을 예로 들어 참고하면 좋다. 표면의 작은 부분을 아주 가까이서 들여다보면 평면의 한 부분처럼 보인다. 물론 더 크게 보면 근본적으로 다르다. 일반적으로도 이런 현상이 발생하는데, 미분다양체는 굉장히 난해한 모양일 수 있지만 부분적으로는 규칙적인 모양이어야 한다. 이 '부분적으로 규칙적'이라는 조건은, 다양체의 각 점의 근방(neighborhood)이 특정 차원의 표준 유클리드 공간의 한 부분처럼 생겨야 한다는 것을 의미한다. 다양체의 모든 점에서 그 차원이 d와 같은 경우, 다양체를 d차원이라고 한다. 도식화하면 그림 1과 같다.

근방이 '표준 유클리드 공간의 한 부분처럼 보인다'는 말이 무슨 의미일까? 그것은 그 근방으로부터 (우리가 보통 생각하는 거리를 가진) $\mathbb{R}^d$로 가는 '좋은" 일대일함수 ϕ가 있다는 뜻이다. ϕ가 근방의 점들과 $\mathbb{R}^d$의 점들을 '동일화하는' 것으로 생각할 수 있다. 즉, x와 $\phi(x)$를 같게 생각한다. 이때 함수 ϕ를 **좌표함수**(coordinate chart)라 하고, 유클리드 공간에서의 선형함수들의 기저(basis)를 **좌표계**(coordinate system)라고 한다. 그 이유는 ϕ를 사용하여 $\mathbb{R}^d$에서의 좌표로 근방의 점들을 표시할 수 있기 때문이다. 즉, 근방의 점 x를 $\phi(x)$의 좌표로 표시할 수 있다. 예를 들어 유럽은 구면의 한 부분이다. 보통의 유럽 지

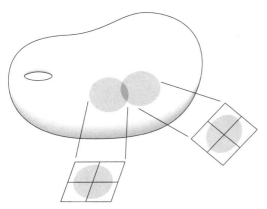

그림 1 유클리드 공간의 영역처럼 생긴 다양체의 작은 부분

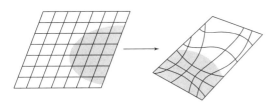

그림 2 사각형 격자로부터 뒤틀린 사각형 격자로 가는 추이함수

도는 유럽의 각 점을 평평한 2차원 유클리드 공간, 즉 위도와 경도가 표시된 사각형 격자 안의 점과 같게 본다. 위도와 경도로부터 지도의 좌표계가 주어지는데, 이는 실제 유럽의 좌표계로 변환될 수 있다.

여기서 간단하지만 중요한 관찰을 할 수 있다. M과 N을 서로 만나는 근방이라 하고, 두 함수 $\phi : M \to \mathbb{R}^d$와 $\psi : N \to \mathbb{R}^d$가 각각 좌표함수로 주어진다고 하자. 그러면 교집합 $M \cap N$은 두 개의 좌표함수를 가지게 되고, $\mathbb{R}^d$ 안의 두 열린 영역 $\phi(M \cap N)$과 $\psi(M \cap N)$ 사이에 동일화 함수가 주어진다. 첫 번째 영역의 점 x에 해당하는 두 번째 영역의 점은 $\psi(\phi^{-1}(x))$가 된다. 이 합성함수를 추이함수(transition function)라 하는데, 교집합의 한 좌표함수에서의 좌표가 다른 좌표함수에서의 좌표와 어떻게 연관되는지를 알려준다. 추이함수는 두 영역 $\phi(M \cap N)$과

$\psi(M \cap N)$ 사이의 **위상동형사상**[III.90]이다.

첫 번째 유클리드 영역에서 사각형 격자를 택한 뒤 추이함수 $\psi\phi^{-1}$를 이용해 두 번째 영역으로 보냈다고 하자. 그 상이 다시 사각형 격자가 될 수도 있겠지만, 일반적으로는 다소 비틀린 모양일 것이다. 그림 2에 그 모양이 그려져 있다.

유클리드 공간의 부분과 동일화할 수 있는 영역들로 모든 점이 둘러싸인 공간을 나타낼 때 **위상다양체**(topological manifold)라는 용어를 쓴다. 여기서 '위상'이란 단어가 쓰인 것은, 추이함수가 연속이어야 한다는 기본적인 조건을 제외하고는 다른 제약이 없다는 것을 나타내기 위해서이다. 그러나 매우 안 좋은 형태의 연속함수도 있기 때문에, 보통의 경우 추이함수가 사각형 좌표 격자를 비트는 효과를 제한하기 위하여 추가조건을 도입한다.

여기서 주로 관심 있는 경우는 추이함수가 모든 차수에서 미분가능한 경우이다. 모든 추이함수가 무한번 미분가능하도록 하는 좌표함수의 모임이 있는 경우, 다양체가 **미분구조**(smooth structure)를 가진다고 하며 **미분다양체**라 불린다. 미분다양체는 미적분학을 하기 위한 자연스러운 무대가 되기 때문에 특히 흥미롭다. 간단히 말해서, 계속 미분가능하다는 개념이 본질적으로 의미가 있도록 하는 가장 일반적인 조건이다.

다양체에 정의된 함수 f가 **미분가능**(differentiable)하다는 것은, 임의의 좌표함수 $\phi : N \to \mathbb{R}^d$에 대해서, ($\mathbb{R}^d$ 안의 영역에서 정의된) 함수 $g(y) = f(\phi^{-1}(y))$가 미분가능[I.3 §5.3]한 경우이다. 추이함수가 미분가능하게 되는 좌표함수를 잡을 수 없는 경우에는 다양체에서 미적분학을 할 수 없는데, 그 이

유는 함수가 한 좌표함수에서 미분가능하게 보이더라도, 주변 좌표함수에서 보았을 때는 일반적으로 미분가능하지 않을 것이기 때문이다.

이를 나타내는 1차원 예가 있다. 실직선의 원점 근방에서 다음과 같은 두 좌표함수를 생각하자. 첫 번째는 실수 x를 단순히 자기 자신으로 나타내는, 명백하게 보이는 좌표함수이다. (형식적으로 말하면, 함수 ϕ는 간단한 식 $\phi(x) = x$로 정의된다.) 두 번째는 x를 점 $x^{1/3}$으로 나타내는 것이다. (여기서 음수 x의 세제곱근은 $-x$의 세제곱근의 음수로 정의한다.) 두 좌표함수 사이의 추이함수는 무엇인가? 만약 t가 첫 번째 좌표함수에 사용된 $\mathbb{R}$ 안의 영역의 점이라면, $\phi^{-1}(t) = t$이고, 따라서 $\psi(\phi^{-1}(t)) = \psi(t) = t^{1/3}$이다. 이것은 t에 대한 연속함수이지만 원점에서 미분가능하지 않다.

이제 두 번째 좌표함수에서 사용된 영역에 정의되는 가장 간단한 함수 $h(s) = s$를 생각하고, 다양체 자체에서 보았을 때 그에 해당하는 함수 f가 어떻게 되는지 계산하자. x에서의 f의 값은, x에 해당하는 점 s에서의 h의 값이어야 한다. 이 점은 $\psi(x) = x^{1/3}$이고, 따라서 $f(x) = h(x^{1/3}) = x^{1/3}$이다. 마지막으로, 다양체의 점 x는 첫 번째 영역의 점 $t = \phi(x) = x$에 대응하기 때문에, 그에 대한 첫 번째 영역의 함수는 $g(t) = t^{1/3}$이다. (이것이 f와 같은 것은 단지 ϕ가 아주 특별한 함수로 주어졌기 때문이다.) 따라서 한 좌표계에서는 충분히 미분가능한 함수 h가, 다른 좌표계에서는 연속이지만 미분가능하지 않은 함수 g로 바뀌게 된다.

위상다양체 M에 두 개의 좌표함수 집합이 주어져 있고, 양쪽 다 추이함수가 무한번 미분가능하다고 하자. 그러면 각 좌표함수 집합이 다양체에 미분구조를 주게 된다. 여기서 매우 중요한 사실은 두 미분구조가 근본적으로 다를 수 있다는 것이다.

이것이 어떤 의미인지 보기 위하여, 두 좌표함수 집합을 K, L이라 하자. 주어진 함수 f가 K의 관점에서 미분가능하면 K-미분가능이라 하고, L의 관점에서 미분가능하면 L-미분가능이라 한다. 함수가 L-미분가능하지 않으면서 K-미분가능한 경우나 그 반대의 경우 모두 쉽게 일어날 수 있다. 그러나 K와 L이 **같은 미분구조를 준다**고 할 수 있는 상황이 있는데, M에서 자기 자신으로 가는 함수 F가 있어서 다음 세 조건을 만족하는 경우이다. 첫째, F의 역함수가 존재하고 F와 F^{-1} 모두 연속이다. 둘째, F와 K-미분가능 함수의 합성은 L-미분가능이다. 셋째, 역함수 F^{-1}와 L-미분가능 함수의 합성은 K-미분가능이다. 간단히 말하면, F는 K-미분가능 함수를 L-미분가능 함수로 바꾸고 F^{-1}는 다시 원래대로 바꾼다. 이러한 함수 F가 존재하지 않는 경우, K와 L에 의하여 주어진 미분구조가 본질적으로 다르다고 여겨진다.

이러한 일이 어떻게 일어나는지 보기 위해 1차원 예를 다시 살펴보자. 앞서 보았듯이 ϕ-좌표함수를 사용했을 때 미분가능하다고 여기는 함수들과, ψ-좌표함수를 사용했을 때 미분가능하다고 여기는 함수들은 서로 같지 않다. 예를 들어, 함수 $x \mapsto x^{1/3}$은 ϕ-미분가능하지 않지만 ψ-미분가능하다. 그럼에도 불구하고 ϕ-미분가능한 함수와 ψ-미분가능한 함수는 직선에 같은 미분구조를 주는데, 이는 ψ-미분가능 함수를 자기 자신으로 가는 함수 $F : t \mapsto t^3$과 합성하면 ϕ-미분가능 함수가 되기 때문이다.

다양체가 두 개 이상의 미분구조를 가질 수 있는지에 대한 문제는 매우 어렵지만, 실제로 그런 일이 일어난다. 또한 미분구조가 전혀 없는 다양체도 있다. 이러한 두 사실은 이 글의 핵심 관심사로 바로 이어진다. 이는 미분위상기하학의 두 개의 성배를 찾기 위해 오랫동안 시도돼 왔던 과제이다.

- 위상다양체에 줄 수 있는 모든 미분구조의 목록.
- 위상다양체에 임의의 미분구조가 주어졌을 때, 그것을 목록의 해당 구조와 일치시키는 방법.

2 다양체에 대해 무엇이 알려져 있나?

이 글을 쓰는 시점까지 위의 두 항목에 대해 많은 성취가 이루어져 있다. 따라서 이 절에서는 21세기 초 상황이 어떠한지를 요약하고, 그 과정에서 여러 다양체의 예를 소개할 것이다.

무대를 마련하기 위해 먼저 간단히 주제를 벗어난 이야기를 해야 한다. 두 개의 다양체가 있을 때 그것들을 서로 만나지 않게 나란히 놓는다면, 기술적으로 말해서 두 개의 성분(component)을 가지는 하나의 다양체로 취급할 수 있다. 이러한 경우, 각 성분을 따로따로 연구할 수 있다. 그러므로 이 장에서는 오직 **연결다양체**(connected manifold), 즉 하나의 성분만 가지는 다양체만 다룰 것이다. 연결다양체에서는 한 점에서 임의의 다른 점까지 다양체를 벗어나지 않고 움직일 수 있다.

두 번째 기술적인 내용은 구면과 같이 크기가 제한되어 있는 다양체와, 평면처럼 무한대로 뻗어 나가는 다양체를 구분하는 것이 도움이 된다는 것이다. 더 정확하게는 **콤팩트**[III.9] 다양체와 그렇지 않은 다양체의 구분에 대한 이야기이다. 콤팩트 다양체는 적당한 n에 대해서 $\mathbb{R}^n$의 닫힌 유계(bounded) 부분집합으로 표현되는 다양체라 생각할 수 있다. 앞으로 나올 논의는 대부분 콤팩트 다양체에 대한 것이다. 아래의 몇몇 예에서 보겠지만, 콤팩트 다양체에 대한 이야기는 그렇지 않은 다양체에 대한 것보다 덜 복잡하다. 간단히 하기 위해 종종 '다양체'라는 단어를 '콤팩트 다양체'를 의미하도록 쓸 것이다. 콤팩트가 아닌 다양체에 대해서도 논의할 경우에는 문맥으로부터 명확할 것이다.

2.1 0차원

0차원 다양체는 하나밖에 없다. 점 하나이다. 이 문장의 끝에 있는 마침표는, 멀리서 보았을 때 0차원의 연결다양체처럼 보인다. 여기서 위상다양체와 미분다양체를 구분하는 것은 무의미함에 주목하라.

2.2 1차원

1차원 콤팩트 연결 위상다양체는 하나밖에 없는데, 다름 아닌 원이다. 게다가 원은 단 하나의 미분구조만을 가지고 있다. 다음은 이 구조를 표현하는 한 방법이다. xy-평면에 있는 단위원, 즉 $x^2 + y^2 = 1$인 점 (x, y)의 집합을 대표로 잡자. 이것을 서로 겹치는 두 개의 구간으로 덮을 수 있는데, 각각이 원의 절반보다 약간 더 큰 부분을 덮는다. 구간 U_1과 U_2가 그림 3에 그려져 있다. 각 구간은 좌표계를 이루게 된다. 왼쪽의 구간 U_1은, 주어진 점까지 x축의 양의 방향으로부터 반시계방향으로 각도를 잼으로써, 연속적으로 매개화할 수 있다. 예를 들어 점 $(1, 0)$은 각도

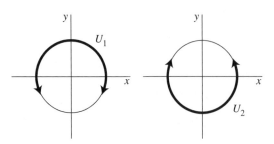

그림 3 원을 덮는 두 개의 좌표함수

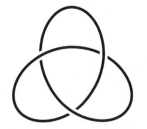

그림 5 3차원에서 꼬여 있는 닫힌 곡선

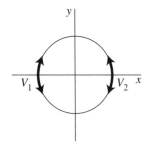

그림 4 호 U_1과 U_2의 교집합

0, 점 $(-1, 0)$은 각도 π를 가진다. U_2를 각도로써 매개화하려면, x축의 음의 방향에서 각도 π로 시작해야 할 것이다. 각도를 연속적으로 변화시켜가며 점을 U_2에서 움직인다면, 점 $(1, 0)$에 도달하였을 때 그 점은 U_2 안의 점으로서 각도 2π를 사용하여 매개화된다.

바로 볼 수 있듯이 호 U_1과 U_2는 두 개의 분리된 더 작은 호에서 만난다. 그림 4에 이것이 V_1과 V_2로 표시되어 있다. V_1에서의 추이함수는 항등함수(identity map)인데, V_1의 점에 대해서는 U_1에서 잰 각도와 U_2에서 잰 각도가 같기 때문이다. 반면, V_2의 점에 대해서는 U_2에서 잰 각도는 U_1에서 잰 각도에 2π를 더해서 얻어진다. 따라서 V_2 위의 추이함수는 항등함수가 아니라 좌표함수에 2π를 더하는 함수가 된다.

이 1차원 예는 여러 가지 중요한 문제를 일으키는데, 모두 특별히 문제되는 한 질문과 연관되어 있다. 이를 설명하기 위해, 먼저 평면 안에 원의 모형이 될 수 있는 닫힌 곡선이 많이 있다는 사실을 고려하자. 사실 '많이'라는 단어는 상황을 상당히 축소하여 말한 것이다. 게다가 왜 평면 안의 원만 생각해야 하는가? 3차원 공간 안에도 닫힌 곡선은 매우 많다. 예를 들어 그림 5를 보라. 그뿐만 아니라 차원이 1보다 큰 다양체라면 모두 닫힌 곡선을 가지고 있다. 앞서 1차원 콤팩트 연결 미분다양체는 하나밖에 없다고 주장했는데, 따라서 이 모든 닫힌 곡선은 '같은' 것으로 취급되어야 한다. 왜 그럴까?

답은 다음과 같다. 우리는 다양체를 보통 더 큰 공간 안에 놓여 있는 것처럼 생각한다. 예를 들어 평면 안에 놓인 원이나, 3차원 유클리드 공간 안에 꼬여 있는 원을 상상할 수 있다. 그러나 위에서 소개된 '미분다양체'라는 개념은, 더 높은 차원의 공간 안에 어떻게 놓여 있는지에 관계되지 않는다는 점에서, 내재적인(intrinsic) 것이다. 사실 더 높은 차원의 공간이 존재할 필요조차 없다. 원의 경우에는 다음과 같이 말할 수 있다. 원은 평면 안의 닫힌 곡선, 또는 3차원 공간 안의 매듭(knot), 또는 그 어떤 것도 될 수 있다. 원을 더 높은 차원의 유클리드 공간 안에서 보면, 미분가능하다고 여겨질 함수들의 모임이 정의된다. 즉, 큰 유클리드 공간의 좌표에 대해 미분가능한 함수를 잡아, 그것을 원에 국한한 것들이다. 그러한 모임을 어떻게 잡아도, 또 다른 모임과 같은 미분구조를 주게 된다. 따라서 더 높은 차원에 원을 놓는 여러 가지 흥미로운 방법이 있음에도 불구하고(사실 3차원 공간 안의 매듭을 분류하는 것은 매력적이고, 그 자체로 활발히 연구되는 주제이다. **매듭다항식**[III.44] 참조), 어떤 관점에서 보든지 얻어지는 미분구조는 모두 같다.

원에 단 하나의 미분구조만 있다는 것을 어떻게 증명하는가? 그뿐만 아니라 1차원에 단 하나의 콤팩트 위상다양체만 있다는 것을 어떻게 증명하는가? 이 장에서는 증명을 하지 않을 것이므로, 이 질문들은 다음 조언과 함께 연습문제로 남겨둔다. 정의에 대하여 열심히 생각하라, 그리고 미분다양체에 대한 문제에는 미적분학을 사용하라.

2.3 2차원

2차원 콤팩트 연결다양체에 대한 이야기는 1차원의 경우보다 훨씬 풍부하다. 우선 다양체에 방향을 줄 수 있는지 여부에 따라 기본적으로 두 종류로 나눈다. 간단히 말해서, 양면을 가지는 다양체와 하나의 면만을 가지는 다양체의 구분이다. 더 형식적으로 정의하면 2차원 다양체에 **방향을 줄 수 있다**(orientable)고 하는 것은, 그 안에 포함되며 자기 자신을 지나지 않고 꼬임이 없는 모든 닫힌 곡선이 항상 양면을 가지는 경우이다. 이는 닫힌 곡선의 한 면으로부터 반대 면으로 가는, 닫힌 곡선과 만나지는 않지만 매우 가까이 있는 경로를 잡을 수 없다는 것

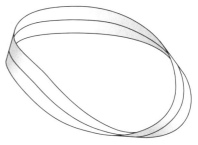

그림 6 한면만을 가진 뫼비우스의 띠

과 같다. 뫼비우스의 띠(그림 6 참조)에는, 중앙 닫힌 곡선의 한 면으로부터 반대 면으로 가는, 중앙 닫힌 곡선을 지나지 않지만 매우 가까이 있는 경로를 잡을 수 있기 때문에, 방향을 줄 수 없다. 방향을 줄 수 있는 콤팩트 연결 2차원 위상다양체들은 기본적인 식품들의 모임과 일대일대응이 된다. 사과, 도넛, 구멍이 두 개인 프레첼, 구멍이 세 개인 프레첼, 구멍이 네 개인 프레첼 등이다(그림 7 참조). 이들은 기술적으로 **종수**(genus)라 불리는 정수에 의해 분류된다. 구면의 경우 0, 원환면(torus)의 경우 1, 구멍이 두 개인 원환면의 경우 2 등이다. 종수는 그림 7의 예에서 구멍의 개수를 센 것이다. 종수에 의해 분류된다는 것은 이러한 다양체들이 서로 같을 필요충분조건이 같은 종수를 가진다는 것이다. 이 정리는 **푸앵카레**[VI.61]에 의한 것이다.

모든 2차원 위상다양체는 정확히 하나의 미분구조를 가지게 된다. 따라서 그림 7의 목록은 방향을 줄 수 있는 2차원 **미분다양체**들의 목록과 같다. 여기서 잊지 말아야 할 것은 미분다양체의 개념이 내재적이란 것이고, 따라서 다양체가 3차원 공간이나 또는 어떤 다른 공간 안에서 곡면으로서 어떻게 표현되는지에 무관하다는 것이다. 예를 들어 오렌지,

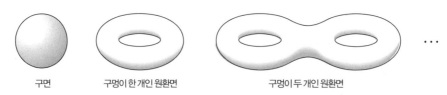

구면 구멍이 한 개인 원환면 구멍이 두 개인 원환면 ...

그림 7 방향을 줄 수 있는 2차원 다양체

바나나, 수박의 각 표면은 모두 2차원 구면, 즉 그림 7 가장 왼쪽 예의 모습을 표현하고 있다.

그림 7에 그려진 모양들은 더 높은 차원의 다양체를 분류할 때 중요한 역할을 할 아이디어를 제시해 준다. 구멍이 두 개인 원환면을 다음과 같은 과정에 의한 결과로 볼 수 있음을 주목하라. 구멍이 한 개인 두 원환면에서 각각 원판(disk)을 잘라내고, 원 모양의 경계를 따라서 붙인 다음, 모서리를 매끄럽게 만든다. 그림 8에 이 과정이 묘사되어 있다. 이렇게 자르고 붙이는 과정은 **수술**(surgery)의 한 예이다. 구멍이 한 개인 원환면과 구멍이 두 개인 원환면에 비슷한 수술을 하여 구멍이 세 개인 원환면을 얻을 수 있고, 이 과정을 계속할 수 있다. 따라서 방향을 줄 수 있는 2차원 다양체는, 구멍이 한 개인 원환면과 구면의 두 가지 기본 구성 요소만 가지고 표준적인 수술만 사용하여 모두 얻어진다. 이 과정을 잘 이해했는지 확인해 볼 수 있는 좋은 연습문제가 있다. 그림 8에서와 같은 수술을 구면과 또 다른 다양체 M에 대해서 한다고 하자. 그 결과로 나오는 다양체가 위상구조와 미분구조에 관하여 M과 같다는 것을 증명하라.

방향을 줄 수 없는 2차원 다양체는 모두 다음과 같은 형태의 수술을 사용하여 만들어낼 수 있다. 방향을 줄 수 있는 2차원 다양체에서 먼저 원판을 잘라낸 후에 뫼비우스의 띠 위에 붙이는 수술이다. 더

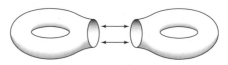

그림 8 자르고 붙이는 과정

정확하게 하자면, 뫼비우스의 띠는 원을 경계로 가진다는 것을 주목하라. 방향을 줄 수 있는 2차원 다양체에서 원판을 잘라낸 결과도 원 모양의 경계를 가진다. 이 원 모양의 경계를 뫼비우스의 띠의 경계에 붙이고 모서리를 매끄럽게 만들면, 그 결과는 방향을 줄 수 없는 미분다양체가 된다. 방향을 줄 수 없는 모든 2차원 위상다양체(따라서 방향을 줄 수 없는 모든 2차원 미분다양체)는 이런 방법으로 얻어진다. 게다가 이렇게 얻은 다양체는, 이에 사용된 방향을 줄 수 있는 다양체의 구멍의 개수(종수)에만 의존한다.

뫼비우스의 띠와 구면의 수술로 얻어진 다양체를 **사영평면**(projective plane)이라 부른다. 뫼비우스의 띠와 원환면으로 얻어진 다양체는 **클라인 병**(Klein bottle)이라 부른다. 그림 9에 그 모양이 그려져 있다. 방향을 줄 수 없는 예들은 3차원 유클리드 공간 안에 깔끔하게 넣을 수 없다. 클라인 병의 그림으로부터 볼 수 있듯이, 어떻게 놓더라도 다른 부분을 통과하게 되는 부분이 존재하게 된다.

모든 2차원 다양체가 위에 주어진 목록에 빠짐없

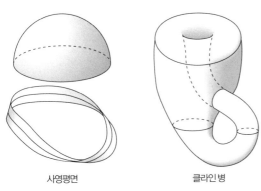

사영평면   클라인병

그림 9 방향을 줄 수 없는 두 곡면. 사영평면을 만들려면 뫼비우스의 띠의 경계를 반구의 경계와 붙이면 된다.

이 들어있는지 어떻게 증명하는가? 한 방법은 아래 3차원 경우에 논의될 기하학적 기법을 사용하는 것이다.

2.4 3차원

이제 모든 3차원 미분다양체는 완전히 분류되어 있다. 그러나 이것은 매우 최근의 성과이다. 한동안 모든 3차원 다양체의 목록과 그들을 서로 구분하는 방법에 대한 추측이 있었다. 이 추측에 대한 증명이 최근 그리고리 페렐만(Grigori Perelman)에 의하여 완성되었는데, 이는 수학계의 큰 경사이다. 그 증명은 이 장의 마지막 부분에서 더 논의할 기하를 사용한다. 여기서는 분류 방법에 대해 집중하려 한다.

분류에 들어가기에 앞서 다양체의 **기하구조**(geometric structure)라는 개념을 소개할 필요가 있다. 간단히 말해서, 이것은 다양체 안의 경로들의 길이를 정의하는 규칙이다. 이 규칙은 다음과 같은 조건들을 만족해야 한다. 한 점에 머물러 있는 상수 경로는 길이 0을 가지지만, 조금이라도 움직이는 경로는 양의 길이를 가진다. 두 번째로, 한 경로가 다른 경로

의 끝에서 시작한다면, 그 둘을 이은 경로의 길이는 각 경로의 길이의 합이다.

경로의 길이에 대한 이와 같은 규칙으로부터 두 점 x와 y 사이의 거리 $d(x, y)$에 대한 개념을 자연스럽게 생각할 수 있다. 두 점 사이의 가장 짧은 경로의 길이를 거리로 잡으면 된다. $d(x, y)^2$이 x와 y에 대한 매끄러운(smooth) 함수인 경우에 특히 흥미로워진다.

사실 기하구조를 가진다는 사실 자체는 특별할 것이 없다. 다양체에는 기하구조가 엄청나게 많다. n차원 유클리드 공간의 원점을 중심으로 한 반지름 2인 공의 내부에 대한 매우 유용한 세 가지 기하구조가 아래에 주어져 있다. 아래 식에서, 주어진 경로는 초차원적인 화가에 의해 실시간으로 그려진 것처럼 보이고, $x(t)$는 시간 t에서 경로 위 연필 촉의 위치를 나타낸다. 여기서 t는 실직선의 적당한 구간 안에서 움직인다.

$$
\left.\begin{aligned}
\text{길이} &= \int |\dot{x}(t)|\,dt; \\
\text{길이} &= \int |\dot{x}(t)|\frac{1}{1+\frac{1}{4}|x(t)|^2}\,dt; \\
\text{길이} &= \int |\dot{x}(t)|\frac{1}{1-\frac{1}{4}|x(t)|^2}\,dt;
\end{aligned}\right\} \quad (1)
$$

식에서 $\dot{x}$는 경로 $t \to x(t)$의 시간에 대한 미분을 나타낸다.

이 기하구조들 중 첫 번째는 두 점 사이에 표준 유클리드 거리를 준다. 이러한 이유로 이 기하구조를 공에 대한 **유클리드 기하**(Euclidean geometry)라고 부른다. 두 번째는 **구면기하**(spherical geometry)라 불리는 것을 정의하는데, 임의의 두 점 사이의 거리가 그에 대응되는 $(n + 1)$차원 유클리드 공간의 반지름

1인 구면의 두 점 사이의 각이기 때문이다. 여기서 대응관계는 지구 극지방 부분을 지도에 나타낼 때 쓰이는 $(n + 1)$차원 형태의 입체사영(stereographic projection)으로 주어진다. 세 번째 거리함수는 공의 쌍곡기하(hyperbolic geometry)라고 불리는 것을 정의한다. n차원 유클리드 공간의 반지름 2인 공을, $(n + 1)$차원 유클리드 공간 안의 특정한 쌍곡면 (hyperbola)*과 같게 보았을 때 이것이 나타난다.

앞서 본 식 (1)에 묘사된 기하구조들은 단위공의 회전, 그리고 특정 다른 변환들에 대해서 대칭적이다. (몇 가지 기본적인 수학의 정의[I.3 §§6.2, 6.5, 6.6]에서 유클리드, 구면, 그리고 쌍곡기하에 대하여 더 읽어 볼 수 있다.)

앞서 언급했듯이, 주어진 다양체에는 아주 많은 기하구조가 있는데, 따라서 그중 특별히 원하는 성질을 가진 것을 찾기를 바랄 것이다. 이 목표를 염두에 둔 채로, 특별히 원하는 구조의 모형으로 쓰일 수 있는 $\mathbb{R}^n$ 안의 공에 대한 적당한 '표준' 기하구조 S를 명시했다고 해 보자. 이것은 방금 앞에서 정의한 것들로 할 수도 있고 각자 선호하는 것으로 할 수도 있다. 이로부터 콤팩트 다양체에 대하여 구조 S에 대응되는 개념이 나온다. 간단히 말해서, 다양체의 기하구조가 유형 S라는 것은, 다양체의 모든 점이 마치 구조 S를 가지는 단위공에 속해 있는 것처럼 보이는 것이다. 즉, 공에 구조 S를 사용하여 다양체의 기하구조를 보존하는 좌표함수를 잡을 수 있을 때이다. 더 정확하게 하기 위하여, x의 작은 근방 N에

함수 $\phi : N \to \mathbb{R}^d$를 이용하여 좌표계를 정의하려 한다고 해 보자. 만약 이를 공 안에 상(image) $\phi(N)$이 놓이도록, 그리고 N의 임의의 두 점 x와 y 사이의 거리가, 공의 기하구조 S로부터 정의된 $\phi(x)$와 $\phi(y)$ 사이의 거리와 같도록 할 수 있다면, 다양체가 유형 S 기하구조를 가진다고 한다. 특히 공 위의 구조가 각각 유클리드, 구면, 쌍곡인 경우 그 기하구조를 유클리드, 구면, 쌍곡 구조라고 한다.

예를 들어 모든 차원의 구면은 구면 구조를 가진다(그래야만 할 것이다!). 모든 2차원 다양체는 구면, 유클리드, 쌍곡 중 하나의 기하구조를 가지게 된다. 게다가 그중 한 유형의 구조를 가지게 되면, 다른 유형의 구조는 가지지 못한다. 특히 구면은 구면 구조를 가지지만 유클리드, 쌍곡 구조는 가지지 않는다. 반면 2차원 원환면은 유클리드 구조만을 가지고, 그림 7에 나열된 나머지 다양체들은 모두 쌍곡 구조만을 가진다.

윌리엄 서스턴(William Thurston)은 훌륭한 직관으로 3차원 다양체가 기하구조로 분류될지도 모른다는 것을 알아차렸다. 특히 그는 기하화 추측 (geometrization conjecture)이라 알려진 추측을 하였는데, 간단히 말하면 모든 3차원 다양체가 '좋은' 부분으로 구성되어 있다는 것이다.

모든 3차원 미분다양체는, 미리 결정된 2차원 구면과 구멍이 한 개인 원환면들의 집합을 따라, 각 부분이 여덟 개의 가능한 기하구조 중 정확히 하나를 가지도록, 표준적인 방법으로 나뉠 수 있다.

여덟 개의 가능한 구조에는 구면, 유클리드, 쌍곡

---

* 저자는 hyperbola를 hyperboloid의 의미로 쓰고 있는 듯하다. 보통 hyperbola는 1차원, hyperboloid는 2차원 이상의 쌍곡 물체를 의미한다-옮긴이

구조가 포함되어 있다. 이와 나머지 다섯은, 정확히 말할 수 있는 어떠한 의미에서 최대한으로 대칭적인 것들이다. 나머지 다섯은 앞서 나열된 셋처럼 여러 리 군[III.48 §1]에 관계되어 있다.

페렐만의 증명 이후, 기하화 추측은 이제 기하화 정리로 알려지게 되었다. 곧 설명하겠지만 이 정리는 §1의 끝 부분에서 시작된 과제에서 3차원 부분에 대한 만족스러운 해답을 주고 있다. 그 이유는 여덟 중 하나의 기하구조를 가지는 다양체는 군론(group theory)을 사용하여 표준적인 방법으로 설명될 수 있기 때문이다. 그 결과 기하화 정리는 다양체 분류에 대한 문제를 군론이 답할 수 있는 문제로 바꾸어 놓는다. 뒤의 내용은 이를 어떻게 해야 하는지에 대한 것이다.

여덟 기하구조는 각각 기하구조가 주어져 있는 **모형 공간**과 연관되어 있다. 예를 들어, 구면 구조의 경우 모형 공간은 3차원 구면이다. 유클리드 구조에 대해서는 모형 공간이 3차원 유클리드 공간이다. 쌍곡 구조에 대해서는 4차원 유클리드 공간 안의 3차원 쌍곡면인데, 여기서 좌표 (x, y, z, t)는 $t^2 = 1 + x^2 + y^2 + z^2$을 만족해야 한다. 여덟 경우 모두 모형 공간은, 임의의 두 점 사이의 거리를 보존하는 자기 자신으로의 함수들로 이루어진 표준적인 군을 가지고 있다. 유클리드 공간의 경우, 이 군은 3차원 유클리드 공간의 평행이동과 회전으로 이루어진 군이다. 구면 구조의 경우 4차원 유클리드 공간의 회전군이고, 쌍곡 구조의 경우 4차원 민코프스키(Minkowski) 공간의 로렌츠(Lorentz) 변환군이다. 여기서 자기 자신으로 가는 함수들로 이루어진 군을 주어진 기하구조에 대한 **등거리사상군(isometry group)**이라고 부른다.

다양체와 군론의 관계가 생기는 것은, 여덟 모형 공간 중 어떤 것이라도, 그 등거리사상군의 적당한 이산(discrete)부분군의 집합이, 그에 해당하는 기하구조가 있는 콤팩트 다양체를 결정하기 때문이다. (부분군이 이산이라는 것은 부분군의 모든 점이 고립되어 있다는 것이다. 고립되었다는 말은, 그 점의 근방이 부분군의 다른 점을 포함하지 않는다는 것이다.) 이 콤팩트 다양체는 다음과 같이 얻어진다. 모형 공간의 두 점 x와 y에 대해서, 부분군에 $Tx = y$가 되는 등거리사상 T가 있는 경우, x와 y가 서로 **동치(equivalent)**라고 선언된다. 다시 말해서 x는 부분군의 원소에 의한 등거리사상의 모든 상과 동치이다. 이 동치의 개념이 실제로 **동치관계[I.2 §2.3]**가 되는 것은 쉽게 확인할 수 있다. 이제 이 동치류(equivalence class)와 콤팩트 다양체의 점이 일대일 대응 관계가 된다.

이러한 과정에 대한 1차원 예가 있다. 등거리사상군이 평행이동인 모형 공간으로 실직선을 생각하자. 2π의 정수배만큼 움직이는 평행이동의 집합은 평행이동군의 이산부분군이 된다. 실직선에 주어진 점 t에 대해서, 이 부분군에서 온 평행이동에 대한 상은 $t + 2n\pi$ 형태의 모든 수이다(n은 정수이다). 따라서 두 실수가 동치인 것은 2π의 정수배만큼 차이가 날 때이고, t의 동치류는 $\{t + 2n\pi : n \in \mathbb{Z}\}$이다. 이 동치류를 원 위의 점 $(x, y) = (\cos t, \sin t)$와 관련지을 수 있는데, t에 2π의 배수를 더하는 것이 사인이나 코사인값에 영향을 주지 않기 때문이다. (직관적으로 말해서 각 t를 $t + 2\pi$와 동치로 생각한다면, 실직선을 원을 따라 계속 감고 있는 것이다.)

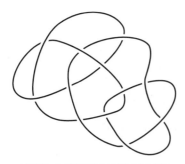

그림 10 두 개의 매듭으로 이루어진 연환

등거리사상군의 특정 부분군과 기하구조가 주어진 콤팩트 다양체 사이의 관계는 반대 방향으로도 잘 성립한다. 즉, 부분군을 다양체로부터 비교적 간단하게 되찾을 수 있는데, 다양체의 각 점이, 모형 공간과 같은 거리함수를 가지는 좌표계에 놓여 있다는 사실을 이용하면 된다.

페렐만의 업적 이전에도 기하화 추측의 타당성에 대한 엄청난 양의 증거가 있었는데, 그중 많은 부분이 서스턴에 의한 것이다. 이 증거에 대해 논의하려면, 약간의 배경지식을 위해 주제에서 벗어난 이야기를 조금 할 필요가 있다. 먼저 3차원 구면 안의 **연환(link)**이라는 개념을 소개할 필요가 있다. 연환은 유한개의 서로 만나지 않는 매듭의 합집합에 주어지는 이름이다. 그림 10에 두 개의 매듭으로 만들어진 연환의 예가 그려져 있다.

연환에서의 수술(surgery on a link)에 대한 개념 또한 필요하다. 이를 위해서 연환을 두껍게 만들어, 속이 꽉 차 있고 꼬여 있는 튜브처럼 보이게 하자. (매듭을 절연선 안의 구리라고 생각하고, 속이 꽉 찬 튜브를 구리와 그 주변의 절연 물질을 합한 것으로 보자.) 각 튜브 성분의 경계는 실제로 그림 7의 구멍 한 개 원환면과 같다는 것에 주목하자. 따라서 그중 하

나의 튜브를 제거하면, 3차원 구면에서 튜브 모양이 빠진 형태의, 원환면을 경계로 가지는 부분이 남게 된다.

이제 수술을 정의하기 위하여, 꼬여 있는 튜브를 제거한 뒤 다시 다른 방법으로 갖다 붙이는 것을 상상해 보자. 즉 튜브의 경계를, 빼고 남은 영역의 경계에 갖다 붙이는데, 원래 붙어 있던 방식과 같지 **않도록** 붙이는 것이다. 예를 들어 '비매듭(unknot)'을 잡아보자. 이것은 주어진 평면 안의 평범한 둥근 원인데, 여기서는 3차원 구면의 좌표계 안에 놓여 있는 것으로 생각한다. 그 주위의 속이 꽉 찬 튜브를 잡아 빼낸 뒤, 다음과 같이 '잘못된' 방법으로 경계를 붙여서 다시 채워 넣자. $\mathbb{R}^3$에서 튜브를 빼낸 부분의 경계로서 그림 11 제일 왼쪽에 있는 원환면을 생각하자. 중앙의 원환면은 튜브의 안쪽이라고 생각하자. '잘못된' 방법으로 붙인다는 것은 제일 왼쪽 원환면의 'R'과 'L'이라 표시된 원들을, 중앙 원환면의 그에 해당하는 부분과 같은 것으로 생각하는 것이다. 그 결과로 만들어진 공간은 원과 2차원 구면의 곱인 3차원 다양체가 된다. 즉, 순서쌍 (x, y)의 집합인데 여기서 x는 원의 점이고 y는 2차원 구면의 점이다. 원환면의 경계를 붙이는 방법은 이밖에도 많이 있고, 대부분의 경우 그에 해당하는 수술로부터 서로 다른 3차원 다양체가 얻어진다. 그중 한 방법이 그림 11의 제일 오른쪽에 그려져 있다.

일반적으로, 주어진 어떠한 연환에 대해서도, 수술을 사용하여 가산적으로 무한한(countably infinite) 서로 다른 3차원 미분다양체를 만들 수 있다. 뿐만 아니라 레이먼드 리코리쉬(Raymond Lickorish)는 3차원 구면에서 **적당한** 연환을 잡아 수술을 하는

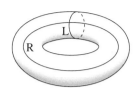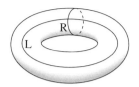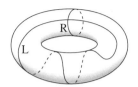

그림 11 튜브를 튜브 모양 구멍에 붙이는 여러 방법

것으로 모든 3차원 다양체를 얻을 수 있다는 것을 증명하였다. 불행히도 연환에서의 수술로 3차원 다양체를 구분하는 것은 미분구조를 분류하는 핵심 과제에 대한 만족스러운 해답을 주지 않는데, 그 과정이 유일한 것과는 거리가 멀기 때문이다. 주어진 임의의 다양체에 대해서 이를 만들어낼 수 있는 연환과 수술의 조합은 당황스러울 정도로 많다. 게다가 이 글을 쓰는 시점까지 3차원 구면 안의 매듭과 연환을 분류하는 방법이 알려져 있지 않다.

아무튼 여기서 기하화 추측에 대해 서스턴이 제시한 증거를 살짝 맛보기로 한다. 주어진 임의의 연환에 대해서 수술을 사용해 만든 3차원 다양체는, 유한개를 제외하면 모두 기하화 추측의 결론을 만족한다. 서스턴은 또한 비매듭을 제외한 임의의 매듭에 대해서, 유한개의 수술을 제외하면 모두 쌍곡기하구조를 갖는 다양체를 만든다는 사실을 증명했다.

한편 1904년 푸앵카레가 제시한 **푸앵카레 추측**은 페렐만이 증명한 기하화 추측의 한 특별한 경우로서 성립한다. 푸앵카레 추측을 말하기 위해 **단일연결**(simply connected) 다양체라는 개념이 필요하다. 단일연결 다양체는 그 안의 임의의 닫힌 곡선이 한 점으로 줄어들 수 있는 성질을 가진 것이다. 더 정확히 하기 위해, 다양체의 한 점을 '기준점'으로 지정

하자. 그러면 기준점에서 시작하고 끝나는 임의의 경로는 시작점과 끝점이 기준점에 고정된 채 연속적으로 변형될 수 있고, 그렇게 변형된 결과는 기준점에서 출발해서 그 자리에 그대로 머무는 경로가 된다. 예를 들어 2차원 구면은 단일연결이지만 원환면은 그렇지 않은데, 원환면을 '한 바퀴' 도는 닫힌 곡선(예를 들어 그림 11에 그려진 원환면의 R이나 L)은 한 점으로 줄어들 수 없기 때문이다. 사실 구면은 단일연결인 유일한 2차원 다양체이고, 1보다 높은 차원의 구면은 모두 단일연결이다.

푸앵카레 추측. 모든 콤팩트 단일연결 3차원 다양체는 3차원 구면이다.

2.5 4차원

이상한 차원이다. 아무도 콤팩트 4차원 미분다양체의 분류에 대해서 유용하면서 실현 가능한 추측을 만들어내지 못했다. 반면 4차원 위상다양체의 여러 범주에 대한 분류는 잘 이해되어 있다. 그중 대부분은 마이클 프리드먼(Michael Freedman)의 업적이다.

4차원에서 어떤 위상다양체는 미분구조를 가지지 않는다. '$\frac{11}{8}$ 추측'은 4차원 위상다양체가 최소 하나의 미분구조를 가질 필요충분조건을 제시한다. 여기서 분수 $\frac{11}{8}$은 4차원에 나타나는 특정한 대칭

이중선형형식(bilinear form)의 부호수(signature)와 위수(rank)의 비율의 절댓값을 나타낸다. $\frac{0}{0}$의 경우를 제외하면, $\frac{11}{8}$ 추측에서 주장하는 것은, 미분구조가 존재하는 것과 이 비율이 $\frac{11}{8}$ 이상인 것이 같다는 것이다. 위 이중선형형식은 주어진 4차원 다양체 안의 여러 2차원 곡면들 사이의 교점의 개수를 부호 가중치(signed weight)를 고려해서 셈으로써 얻어진다. 여기에서 4차원 안의 2차원 곡면 두 개는 일반적으로 유한개의 점에서 만난다는 사실에 주목하라. 이는 2차원 평면 안의 두 닫힌 곡선이 일반적으로 유한 개의 점에서 만난다는, 다소 쉽게 보이는 사실에 대한 더 높은 차원에서의 일반화이다. 이 이중선형형식은 당연하게도 **교차형식**(intersection form)이라 불린다. 교차형식은 프리드먼의 분류 정리에서 중요한 역할을 한다.

한편 모든 미분구조를 나열하는 문제는 4차원에서는 전혀 해결되지 않았다. 하나 이상의 미분구조를 갖는 위상다양체에 대해서 그 미분구조가 모두 알려진 예가 하나도 없다. 어떠한 4차원 위상다양체는 서로 다른 미분구조를 (가산적으로) 무한히 많이 가진다는 것이 알려져 있다. 어떠한 것은 알려진 미분구조가 단 하나밖에 없다. 예를 들어 4차원 구면은 자명한 미분구조를 하나 가지는데, 이것이 알려져 있는 유일한 미분구조이다. 그러나 그 기본이 되는 위상다양체는, 모두가 알고 있는 한, 여러 개의 미분구조를 가질지도 모른다. 그런데 4차원에서 콤팩트가 아닌 다양체에 대한 이야기는 정말로 기이하다. 예를 들어 표준적인 4차원 유클리드 공간과 위상동형인 미분다양체가 비가산적으로 (uncountably) 많이 있다는 것이 알려져 있다. 하지만

여기에서조차, 이러한 '이색적인' 미분구조 중 단 하나에 대해서도 구체적으로 만드는 방법이 알려져 있지 않기 때문에, 우리가 이해하고 있는 것이 최선이라고 할 수 없다.

사이먼 도널드슨(Simon Donaldson)은 주어진 4차원 다양체 위의 미분구조를 구분할 능력이 있는 기하학적 불변량들의 집합을 제시했다. 도널드슨의 불변량은 최근에 더 계산이 쉬운 불변량들로 대체되었다. 에드워드 위튼(Edward Witten)이 제시하였고 사이버그-위튼 불변량(Seiberg-Witten invariant)이라 불린다. 더 최근에는 피터 오즈바스(Peter Ozsvath)와 졸탄 사보(Zoltan Szabo)가 같은 정보를 포함할지도 모르며 더 쉽게 사용할 수 있는 불변량들의 집합을 설계하였다. (넓은 의미에서 정의된) 사이버그-위튼 불변량이 모든 미분구조를 구분하는가? 아무도 알지 못한다. 이 장의 마지막 부분에서 이들 불변량에 대해 더 다룰 것이다.

프리드먼의 결과가 아래의 위상구조에 대한 4차원 푸앵카레 추측을 포함하고 있음을 주목하자.

4차원 구면은 다음과 같은 성질을 가진 유일한 콤팩트 4차원 위상다양체이다. 1차원 원이나 2차원 구면에서 정의되며 기준점을 지나는 사상은 모두 연속적으로 변형하여 기준점만을 지나도록 할 수 있다.

미분구조에 대한 이 추측은 아직 해결되지 않았다.

4차원에서의 기하화 추측/정리가 있는가?

2.6 5차원 이상

§1의 마지막에 언급한 문제들은 놀랍게도 5차원 이상의 모든 차원에서 거의 해결되었다. 이것은 오래전 존 스톨링스(John Stallings)의 결과로부터 스티븐 스메일(Stephen Smale)에 의해서 해결되었다. 위상다양체가 이러한 더 높은 차원에서도, 미분구조를 가지려면 어떤 조건들을 만족해야 하는지에 대해 질문을 할 수 있다. 예를 들어 존 밀너(John Milnor)와 몇몇 사람들은 5 ~ 18차원의 구면의 미분구조의 개수가 각각 1, 1, 28, 2, 8, 6, 992, 1, 3, 2, 16256, 2, 16, 16이라는 것을 알아냈다.

언뜻 보면 3, 4차원보다 5차원 이상이 더 다루기 쉽다는 것이 놀랍게 보인다. 그러나 여기에는 그럴 만한 이유가 있다. 높은 차원에서는 뭔가 조작을 할 만한 공간이 있고, 이것이 큰 차이를 만든다. 이를 짐작하기 위해 n을 양의 정수라 하고 n차원 구면을 S^n으로 표시하자. 더 구체적으로, S^n을 유클리드 공간 $\mathbb{R}^{n+1}$에서 $x_1^2 + \cdots + x_{n+1}^2 = 1$인 점 $(x_1, \cdots, x_{n+1})$의 모임으로 보자. 이제 곱다양체 $S^n \times S^n$을 생각하자. 이것은 점의 순서쌍 (x, y)의 모임으로, 여기서 x는 하나의 S^n 안의 점이고 y는 또 다른 S^n 안의 점이다. 이 곱다양체의 차원은 $2n$이 된다. $S^n \times S^n$은 그 안에 두 개의 특별한 S^n을 가지고 있는데, 하나는 $y = (1, 0, \cdots)$인 점 (x, y)로 이루어져 있고 다른 하나는 $x = (1, 0, \cdots)$인 점 (x, y)로 이루어져 있다. 첫 번째 것을 S_R, 두 번째 것을 S_L이라 하자. 여기서 특히 흥미로운 사실은 S_R과 S_L이 정확히 한 점 $((1, 0, \cdots), (1, 0, \cdots))$에서 만난다는 사실이다.

덧붙이자면 $n = 1$인 경우에 공간 $S^1 \times S^1$은 그림 7의 도넛이다. 그 안의 1차원 구면 S_R과 S_L은 그림

11의 가장 왼쪽에 그려진 원들이다.

지금까지의 이야기에 동의한다면, 이제 진보된 문명의 한 외계인이 아르크투루스로부터 은하기지까지 가는 도중에 당신을 납치해서 어떤 미지의 $2n$차원 다양체 안에 떨어뜨렸다고 가정해 보자. 당신은 이 다양체가 $S^n \times S^n$일 것이라 의심하지만 확실하지 않다. 그렇게 생각하는 이유 중 하나는 당신이 한 쌍의 n차원 구면을 그 안에서 찾았기 때문이다. 당신은 그중 하나를 M_R, 다른 하나를 M_L이라고 부른다. 불행히도 그 둘은 $2N+1$개의 점에서 만나는데, 여기서 $N > 0$이다. 만약 당신이 정확히 한 점에서 만나는 다른 한 쌍의 구면을 찾을 수 있었다면 덜 초조했을 것이다. 따라서 당신은 어쩌면 M_L을 약간 움직여서 $2N$개의 원치 않는 교점을 제거할 수 있지 않은지 여부를 알고 싶어 한다.

여기서 놀라운 점은, 어떤 차원에서든지 교점을 제거하는 문제는 다루고 있는 $2n$차원 다양체 안의 적당한 0, 1, 2차원 다양체들에만 관계된다는 것이다. 이것은 오래전 해슬러 휘트니(Hassler Whitney)가 관찰한 사실이다. 특히 휘트니는 $2n$차원 다양체 안에 2차원 원판을 잡아, 그 경계가 되는 닫힌 곡선이 반은 M_L, 반은 M_R에 놓이도록 할 수 있다는 사실을 발견하였다. 이 경계가 되는 닫힌 곡선은 두 개의 교점(하나는 M_L에서 M_R로 갈 때이고, 다른 하나는 반대로 돌아올 때이다)에서 만나야만 한다. 또한 원판은 M_L, M_R과 만나는 섬에서 수직으로 뒤어나와야 한다. 만약 원판의 내부가 M_L과 M_R 모두와 만나지 않고 원판이 다시 돌아와서 자기 자신과 만나게 되는 점이 없다면, M_L에서 원판에 매우 가까운 부분을 (M_L이 찢어지지 않도록 나머지 부분을 늘리면

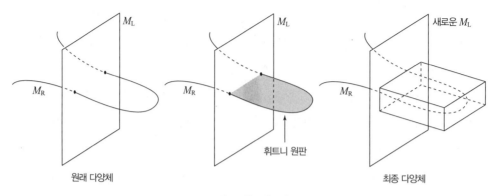

그림 12 휘트니 트릭

서) 원판을 따라 밀 수 있다. 이 원판을 M_R 약간 넘어서까지 확장시킨다면, 원판의 끝까지 밀었을 때 두 개의 교점을 제거한 것이 된다. 그림 12는 이에 대한 그림이다. 이렇게 미는 과정(휘트니 트릭)은, 위와 같은 원판을 찾을 수 있다면, 임의의 차원의 임의의 다양체에서 실행할 수 있다. 문제는 그러한 원판을 찾는 것이다. 그림 13은 왼쪽의 '좋은' 원판과, 중앙과 오른쪽의 잘못 택한 원판의 단면을 보여주는 그림이다. 만약 당신이 잘못 택했지만 그래도 경계 조건은 만족하는 원판을 가지고 있다면, 원판의 내부를 약간 흔들어서 더 좋게 만들 수 있기를 바랄 것이다. 당신은 새로운 원판이 자기교차점이 없고 내부가 M_L, M_R과 만나지 않기를 바란다. 원판에 평행인 방향으로 흔드는 것은 도움이 되지 않는데, 그것은 단지 원판에서 교점의 위치를 바꿀 뿐이기 때문이다. 마찬가지로 문제가 되는 M_L이나 M_R 방향으로 흔드는 것도 소용이 없는데, 이는 M_L이나 M_R에서 교점의 위치를 바꿀 뿐이다. 따라서 원판을 흔들 때 $2n$차원 중 $(2+n)$차원은 쓸모가 없다. 그러나 작업할 수 있는 $2n - (n+2) = n - 2$만큼의 차원이 남아 있는데, $n - 2$는 $2n > 4$인 경우에 양수이다. 이

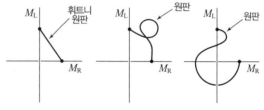

그림 13 휘트니 원판의 가능한 후보들

경우 사실 나머지 차원 중 어떤 방향으로 흔들어도 원하는 결과를 얻는다.

이제 $2n = 4$(따라서 $n = 2$)인 경우에는 추가 차원이 없고, 따라서 작게 흔들어도 교점이 없는 새로운 원판을 만들 수 없다. 주어진 후보 원판이 M_R을 만난다면 휘트니 트릭은 단지 한 쌍의 교점을 새로운 교점의 모임으로 바꾸어 놓을 뿐이다. 원판이 자기 자신이나 M_L을 만난다면, 새로운 형태의 M_L이 자기교차점, 즉 한 부분이 돌아와서 다른 부분을 만나는 점을 가지게 된다.

휘트니 트릭을 사용할 수 없는 것이 4차원 위상수학의 골칫거리이다. 따라서 4차원 위상다양체의 분류에 대한 마이클 프리드먼의 정리를 위한 주된 보조정리는, 휘트니 트릭에서 사용할 위상적으로(하

지만 매끄럽지는 않게!) 포함(embed)된 원판을 찾을 수 있는 흔한 상황을 설명하고 있다.

3 기하가 어떻게 연관되는가

4차원 이하의 미분다양체에 대해 현재 우리가 이해하고 있는 많은 부분이, 기하학적 기법이라 불릴 수 있는 것들에 의한 것이다. 주어진 3차원 다양체 위에 표준 기하구조를 찾는 것이 하나의 예이다. 기하화 정리에 대한 페렐만의 증명이 이 방법으로 진행된다. 그 아이디어는, 주어진 3차원 다양체에 필요에 맞는 아무 기하구조나 잡은 다음, 적당히 잘 정의된 규칙에 따라 연속적으로 변형시켜가는 것이다. 이러한 변형을 시간에 따라 변하는 과정으로 보면, 기하구조가 시간이 지남에 따라 더 대칭적이 되도록 변형 규칙을 고안하는 것이 목표가 된다.

리처드 해밀턴(Richard Hamilton)이 도입하여 많이 연구되었으며 그 후 페렐만이 사용한 규칙에서는, 어떤 시간에서 기하구조의 시간 도함수의 값을 그 시간에서의 기하구조의 특정 성질들에 연관 지어 정하고 있다. 이는 고전적 열방정식[I.3 §5.4]의 비선형 형태이다. 열방정식에 익숙하지 않은 독자를 위한 설명을 하면, 가장 간단한 형태는 실직선 위의 함수를 변화시키는 것으로 다음과 같다. τ를 시간 매개변수라 하고, $f(x)$를 초기 열분포를 나타내는 직선 위에 정의된 함수라 하자. 시간에 따라 변하는 함수들의 모임은, 임의로 주어진 양수 τ에 대해 함수 $F_\tau(x)$를 연관시키는데, 이 함수는 시간 τ에서의 열분포를 나타낸다. $F_\tau(x)$의 τ에 대한 편도함수는 x에 대한 2계도함수와 같고, 초기조건은 $F_0(x) =$ $f(x)$이다. 초기함수 f가 어떤 구간 밖에서 0이라면 F_τ에 대한 식을 다음과 같이 쓸 수 있다.

$$F_\tau(x) = \frac{1}{(4\pi\tau)^{1/2}} \int_{-\infty}^{\infty} e^{-(x-y)^2/4\tau} f(y)\,dy. \quad (2)$$

τ가 무한대로 갈 때, $F_\tau(x)$가 x에 대한 함수로서 0으로 고르게 수렴한다는 것을 식 (2)로부터 알 수 있다. 특히 이 극한은 초기함수 f와 전혀 관계가 없다. 또한 항등적으로 0이기 때문에, 가장 대칭적인 함수이다. 식 (2)에서의 F_τ에 대한 표현으로부터 이를 알 수 있다. 임의의 점에서 F_τ의 값은, 원래 함숫값의 가중평균(weighted average)이다. 게다가 τ가 증가함에 따라, 이 평균은 직선의 더 큰 영역에서의 표준평균과 같아 보인다. 물리적으로도 이는 매우 그럴듯한데, 시간이 지남에 따라 열은 더욱 더 엷게 퍼져나간다.

해밀턴이 도입하고 페렐만이 사용한 기하구조의 시간에 따른 모임은, 각 시간에서의 기하구조의 시간 도함수를 리치 곡률(Ricci curvature)과 연관시키는 방정식에 의해서 정의된다. 리치 곡률이란 기하구조의 관점에서, 위의 열방정식에 쓰인 함수 F_τ의 2계도함수 대신 자연스럽게 사용될 적당한 양이다. 해밀턴과 페렐만에 의해서 연구된 아이디어는, 시간에 따라 진화하는(evolve) 기하구조에 의해, 기하화 추측이 그 존재성을 예견하는 표준적인 조각들로 다양체가 분리되도록 하는 것이다. 페렐만은 기하화 추측에 의해 필요한 조각이, 시간이 지남에 따라 서로 비교적 가깝게(거리함수를 적당히 재조정하여 측정된 거리에 의해) 머무르는 점들의 영역으로 나타난다는 것을 증명하였다. 반면, 서로 다른 영역에 있는 점들은 계속 멀어지게 된다.

기하구조의 시간에 따른 진화에 대하여 페렐만과 해밀턴이 사용한 방정식은 다소 복잡하다. 그 표준적인 형태에는 리만 계량[I.3 §6.10]에 대한 개념이 따른다. 리만 계량은, n차원 다양체 위의 좌표계에서 보면, 원소가 좌표에 대한 함수인 대칭적 양의 정부호(positive-definite) $n \times n$ 행렬로 나타난다. 전통적으로 이 행렬의 성분을 $\{g_{ij}\}_{1 \leqslant i, j \leqslant n}$으로 표기한다. 이 행렬이 기하구조를 결정하는데, 반대로 기하구조로부터 행렬을 얻을 수도 있다.

해밀턴과 페렐만은 리만 계량의 시간에 따른 모임 $\tau \to g_\tau$를 연구하는데, 여기서 시간에 따른 변화에 대한 규칙은 g_τ의 τ-미분에 대한 방정식을 사용하여 얻어진다. 그 식의 형태는 $\partial_\tau(g_\tau)_{ij} = -2R_{ij}[g_\tau]$인데, 여기서 $\{R_{ij}\}_{1 \leqslant i, j \leqslant n}$은 앞서 언급한 리치 곡률로서, 시간 τ에서 계량 g_τ에 의해 결정되는 적당한 대칭행렬이다. 모든 리만 계량은 리치 곡률을 가지는데, 리치 곡률의 성분은, 행렬 성분과 그것들의 좌표 방향에 대한 1계, 2계 편도함수에 대한 표준 (비선형) 함수이다. 유클리드, 구면, 쌍곡기하를 정의하는 계량에 대한 리치 곡률은 특히 간단한 형태 $R_{ij} = cg_{ij}$를 가지고 있는데, 여기서 c는 각각 0, 1, −1이다. 더 자세한 내용에 대해서는 리치 흐름[III.78]을 보라.

이 절의 처음에 언급했듯이 기하학은 4차원 미분다양체의 분류 계획의 발전에도 핵심적인 역할을 해 왔다. 이 경우 기하학적으로 정의된 정보가 위상적으로 같은 다양체들의 미분구조를 구분하는 데 쓰인다. 다음은 이것이 어떻게 되는지에 대한 아주 간단한 개요이다.

우선 아이디어는 다양체에 기하구조를 도입하고 이를 이용하여 표준적인 연립 편미분방정식을 정의하는 것이다. 주어진 임의의 좌표계에서, 이 방정식들은 함수들의 특정 집합에 대한 것이다. 방정식의 내용은, 그 집합에서 택한 함수들의 1계도함수의 특정 선형 조합이, 함수 자신에 대한 1차, 2차식의 항과 같다는 것이다. 도널드슨 불변량, 그리고 더 새로운 사이버그-위튼 불변량의 경우, 관련된 방정식들은 전자기에 대한 맥스웰 방정식[IV.13 §1.1]의 비선형 일반화이다.

아무튼, 그런 뒤에 대수적 가중치를 고려해서 해의 개수를 구한다. 대수적 가중을 고려하는 것은 불변량[I.4 §2.2], 즉 주어진 기하구조가 바뀌어도 변하지 않는 수를 얻기 위해서이다. 여기서 중요한 것은, 단순히 개수를 세는 것은 구조에 보통 의존하지만, 가중을 적절히 고려하면 그렇지 않다는 것이다. 예를 들어, 연속적으로 변하는 기하구조의 모임이 있는데, 새로운 해가 쌍으로만 나타나고 존재하던 해가 쌍으로만 사라지는 것을 상상해 보자. 한 쌍의 해에서 하나의 가중치는 +1이고, 다른 하나의 가중치는 −1이다.

다음 간단한 모형이 이렇게 나타나고 사라지는 현상을 설명하고 있다. 여기서 방정식은 원 위의 함수 하나에 대한 것이다. 즉 변수 x에 대한, 주기 2π를 가지는 함수 f에 관한 것이다. 예를 들어, 방정식 $\partial f / \partial x + \tau f - f^3 = 0$을 생각해 보자. 여기서 τ는 미리 정해진 상수이다. τ를 변화시켜 가는 것을 기하구조 변화의 모형로 볼 수 있다. $\tau > 0$일 때, 정확히 세 개의 해가 존재한다. $f \equiv 0$, $f \equiv \sqrt{\tau}$, 그리고 $f \equiv -\sqrt{\tau}$이다. 그러나 $\tau \leqslant 0$인 경우에 해는 오직 $f \equiv 0$뿐이다. 따라서 τ가 0을 지나는 순간 해의 개수가 변한다. 그렇지만 적절히 가중을 고려해 세면 개수가 τ에 의존하지 않게 된다.

이제 4차원 이야기로 돌아가자. 만약 가중치를 고려한 합이 기하구조에 무관하다면, 그 바탕이 되는 미분구조에만 관련된다. 따라서 주어진 위상다양체의 두 기하구조가 다른 합을 준다면, 그 바탕이 되는 미분구조는 달라야만 한다.

앞서 언급했듯이 오즈바스와 사보는, 사이버그-위튼 불변량보다 사용하기 쉽지만 아마도 같은 정보를 가지고 있다고 예상되는, 4차원 다양체에 대한 불변량을 정의하였다. 이 불변량 역시 특정 연립미분방정식의 해의 개수를 창의적인 방법으로 세어서 정의된다. 이 경우 방정식은 코시-리만 방정식[I.3 § 5.6]과 유사한데, 그 무대는 4차원 다양체를 더 간단한 조각으로 자른 후에 정의될 수 있는 공간이다. 4차원 다양체를 규정된 방식으로 자르는 방법은 무수히 많지만, 대수적 가중을 고려하여 적절히 창의적인 방법으로 세면 모두 같은 개수가 나온다.

뒤늦게 밝혀진 사실이지만, 주어진 위상 다양체의 미분구조들을 구분하는 데 미분방정식을 이용하는 것은 (미분하는 데 미분구조가 필요하기 때문에) 매우 타당한 방법이다. 그렇다 하더라도 대수적으로 미분방정식의 해의 개수를 세는 도널드슨/사이버그-위튼/오즈바스-사보의 방법이, 다룰 수 있으면서도 유용한 숫자를 준다는 사실에 항상 놀라움을 느낀다. (모든 경우에 같은 개수를 얻는 것은 전혀 도움이 되지 않는다.)

더 읽을거리

다양체에 대해 일반적으로 더 알고 싶은 독자는 밀너(J. Milnor)의 『*Topology from the Differentiable Viewpoint*』(Princeton University Press, Princeton, NJ, 1997) 또는 기유밍(V. Guillemin)과 폴락(A. Pollack)의 『*Differential Topology*』(Prentice Hall, Englewood Cliffs, NJ, 1974)를 참조할 수 있다. 2, 3차원 다양체의 분류에 대한 좋은 입문서는 서스턴(W. Thurston)의 『*Three-Dimensional Geometry and Topology*』(Princeton University Press, Princeton, NJ, 1997)이다. 이 책은 또한 기하구조에 대한 좋은 내용을 담고 있다. 푸앵카레 추측에 대한 페렐만의 증명 전문은 모건(J. Morgan)과 티안(G. Tian)의 『*Ricci Flow and the Poincaré Conjecture*』(American Mathematical Society, Providence, RI, 2007)에서 찾을 수 있다. 4차원 위상 다양체에 대한 이야기는 프리드먼(M. Freedman)과 퀸(F. Quinn)의 『*Topology of 4-Manifolds*』(Princeton University Press, Princeton, NJ, 1990)에 있다. 4차원 미분다양체에 대해서는 일반적인 입문서로 사용할 만한 책이 없다. 사이버그-위튼 불변량을 소개하는 책으로는 모건(J. Morgan)의 『*Topology of Smooth Four-Manifolds*』(Princeton University Press, Princeton, NJ, 1995)가 있다. 한편, 도널드슨 불변량에 대한 자세한 논의는 도널드슨(Donaldson)과 크론하이머(P. Kronheimer)의 『*Geometry of Four-Manifolds*』(Oxford University Press, Oxford, 1990)에 있다. 마지막으로, 5차원 이상의 이야기가 부분적으로 밀너(J. Milnor)의 『*Lectures on the h-Cobordism Theorem*』(Princeton University Press, Princeton, NJ, 1965), 그리고 커비(R. Kirby)와 지벤만(L. Siebenmann)의 『*Foundational*

Essays on Topological Manifolds, Smoothings and Triangulations(Princeton University Press, Princeton, NJ, 1977)에 있다.

IV.8 모듈라이 공간

데이비드 벤-즈비 *David D. Ben-Zvi*

수학에서의 중요한 문제들 중 많은 것들은 분류[I.4 §2]와 관련이 있다. 우리는 수학적 대상들의 모임과, 언제 두 대상을 동등한 것으로 보아야 하는지에 대한 개념을 가지고 있다. 두 개의 동등한 대상들조차 표면적으로는 매우 다르게 보일 수 있기 때문에, 동등한 대상들은 같은 묘사를 가지고 동등하지 않은 대상들은 다른 묘사를 가진다는 식으로 그들을 설명하고자 한다.

모듈라이 공간은 기하학적인 분류문제에 대한 기하학적인 해집합이라고 생각할 수 있다. 이 장에서는 리만 곡면[III.79]들의 모듈라이 공간을 중심으로 모듈라이 공간의 핵심적 특징 몇 가지를 설명하려 한다. 넓은 의미에서 **모듈라이 문제**는 세 가지의 구성요소를 가지고 있다.

대상: 어떠한 기하학적 대상들을 묘사하고 매개화하려 하는가?

동등성: 언제 두 개의 대상을 동형이나 '같다고' 동일시할 수 있는가?

족(모임, family): 어떤 식으로 대상을 변형하거나 조절하도록 허용하는가?

이 글에서는 이러한 구성요소가 어떠한 의미를 가지고 있는지, 모듈라이 문제를 푼다는 것이 무슨 의미인지, 그리고 이러한 질문들의 이점이 무엇인지에 대해 이야기하려 한다.

모듈라이 공간은 대수기하학[IV.4]과 미분기하학,

그리고 대수적 위상수학[IV.6]에서 나타난다. (모듈라이 공간은 위상수학에서 종종 **분류공간**(classifying space)이라 불린다.) 기본적인 아이디어는 우리가 분류하고자 하는 대상들의 **전체**에 대해 기하학적 구조를 주는 것이다. 만약 이것의 기하학적 구조를 이해할 수 있다면, 대상들 각각의 기하에 대한 강력한 통찰을 얻을 수 있다. 더군다나 모듈라이 공간들은 그들 자체로도 풍부한 기하학적 대상들이다. 모듈라이 공간은 그것의 기하에 관한 어떤 서술이라도 원래의 분류 문제와 연관된 '모듈러적' 해석을 갖는다는 점에서 '의미 있는' 공간이다. 그 결과, 모듈라이 공간에 대한 연구는 다른 어떤 공간보다 깊이 있는 결과에 도달하게 해 준다. 이제부터 논의할 타원곡선[III. 21]들의 모듈라이 공간은 대수적 수론[IV.1]이나 위상수학에서 분류하는 기하학과 직접적인 관련이 없는 여러 분야에서 핵심적인 역할을 한다. 또한, 모듈라이 공간연구는 물리학(특히 끈이론[IV.17 §2])과의 교류를 통해 최근 몇 년 간 많은 업적을 남겼다. 이러한 여러 분야와의 교류는 모듈라이 공간 연구에 대한 새로운 설명과 질문을 이끌어 냈다.

1 준비운동: 평면 안의 직선들의 모듈라이 공간

비교적 쉬워 보이지만 모듈라이 공간들의 중요한 아이디어들을 설명하는 문제를 살펴보는 것으로 시작하자.

문제. 원점을 지나는 실평면 $\mathbb{R}^2$ 안의 모든 직선들의 모임을 묘사하라.

글자 수를 줄이기 위해, '원점을 지나는 직선'을 '직선'으로 표현하자. 이 분류문제는 각 직선 L에 대해 계산이 가능하고 다른 직선이 떨어져 있는 것에 도움을 주는 본질적인 매개변수 혹은 **모듈러스**를 각 직선에 대응시킴으로써 쉽게 해결된다. 이 양은 각 직선에 대해 계산될 수 있으며, 서로 다른 직선이 얼마나 다른지 설명하는 데 도움을 준다. 이를 위해 그저 평면 상에 표준 데카르트 좌표 x, y를 지정하고 x축과 직선 L이 이루는 반시계방향으로의 각도 $\theta(L)$을 재기만 하면 된다. 가능한 θ의 값은 $0 \leqslant \theta < \pi$라는 것을 알게 되고, 그러한 θ에 대해 x축과의 각도가 θ인 직선은 L이 유일하다는 것을 알게 된다. 그래서 우리는 **집합**으로서 분류문제의 완전한 답을 얻게 된다. 즉, **실사영 직선** $\mathbb{RP}^1$으로 알려진 직선 L들의 집합은 반열린 구간 $[0, \pi)$와 일대일대응 관계에 있다.

그러나 우리는 분류문제에 대한 **기하학적인 답**을 찾고 있는 중이다. 이를 위해 무엇이 수반되어야 하는가? 우리에겐 언제 두 직선이 서로 가까이 있는지에 대한 자연스러운 개념이 있으며, 답은 그것을 묘사해야만 한다. 달리 말하면, 직선들의 모임은 자연스러운 **위상구조**[III. 90]를 가진다. 아직까지 우리의 답은 각 $\theta(L)$에 대해 π에 가까울 때 직선 L이 수평에 가깝다는 것을 반영하지 못하고 있다. 즉, 그것은 x축($\theta = 0$인 경우) 및 각 $\theta(L)$이 0에 가까운 직선 L과도 가깝다. 우리는 π가 0에 가까워지도록 구간 $[0, \pi)$를 '휘감는' 어떤 방법을 찾을 필요가 있다.

이렇게 하는 방법 중 하나는 반열린 구간 $[0, \pi)$ 대신에 닫힌 구간 $[0, \pi]$를 택하고 두 점 0과 π를 동일화하는 것이다(이런 생각은 적절한 **동치관계**[I.2

§2.3]를 정의함으로써 쉽게 공식화할 수 있을 것이다). 만약 점 π와 0을 같은 것이라고 본다면, π에 가까워지는 수는 곧 0에 가까워지는 수인 것이다. 이것은 선분의 양끝을 붙여서 위상적인 원을 얻는 한 방법이다.

동일한 결론을 얻는 더 자연스러운 방법은 다음과 같은 $\mathbb{RP}^1$의 기하학적 구조를 통해 얻을 수 있다. 평면 $\mathbb{R}^2$ 안의 단위원 S^1을 생각해 보자. 원 위의 각 점 $s \in S^1$에 대해 직선 $L(s)$를 대응시키는 명백한 방법이 있다. 점 s와 원점을 지나는 직선을 $L(s)$라 하자. 그러면 단위원 S^1에 의해 매개화되는 직선들의 족, 다시 말해 S^1의 점들을 $\mathbb{RP}^1$의 직선들로 보내는 사상(혹은 함수) $s \mapsto L(s)$를 얻는다. 이 방법이 가진 중요한 점은 원 S^1 위의 두 점이 가깝다는 사실이 무엇을 뜻하는지 이미 알고 있다는 것과 사상 $s \mapsto L(s)$가 연속이라는 것이다. 그러나 이 사상은 임의의 s에 대해, s와 $-s$를 같은 직선에 대응시키기 때문에 일대일대응이 아니라 이대일함수이다. 이를 극복하기 위해서는 원 S^1 위의 점 s와 그것의 반대쪽 점 $-s$를 동일화하여 **몫공간**[I.3 §3.3](위상적으로 이 공간은 여전히 S^1이다)을 얻어야 한다. 그러면, 사영직선 $\mathbb{RP}^1$과 이 몫공간은 일대일대응을 가지고 이 대응은 양방향 모두 연속적이다.

공간 $\mathbb{RP}^1$을 평면 안의 직선들의 **모듈라이 공간**으로 이해했을 때의 핵심적인 특징은 직선이 조절될 수 있는, 즉 족들 사이에서 연속적으로 변할 수 있는 방법을 묘사한다는 것이다. 하지만 직선들의 족은 언제 나타나는가? 다음과 같은 방식으로 이에 대한 좋은 예를 만들 수 있다. 평면 안의 연속 곡선 $C \subset \mathbb{R}^2 \setminus 0$이 있다고 하자. 곡선 C 위의 각 점 c

에 대해 원점과 c를 지나가는 직선 $L(s)$를 대응시키자. 이를 통해 C에 의해 매개화되는 하나의 직선족을 얻는다. 더군다나, c를 $L(c)$로 대응시키는 함수 $C \to \mathbb{RP}^1$은 연속함수이고 그래서 매개화는 연속적인 것이다.

예를 들어, 곡선 C를 실직선 $\mathbb{R}$의 복제인 y좌표가 1인 점들 $(x, 1)$이라 하자. 그러면 C에서 $\mathbb{RP}^1$으로 가는 사상은 수직선 $\mathbb{R}$과 x축으로부터 떨어져 있는 모든 직선들로 이루어진 $\mathbb{RP}^1$의 부분집합 $\{L : \theta(L) \neq 0\}$ 사이의 동형사상(isomorphism)을 결정한다. 조금 더 추상적으로 우리는 원점을 지나는 직선들의 모임이 어떠한 변수들에 연속적으로 의존한다는 것이 무슨 의미인지에 대한 직관적인 개념을 가지고 있다. 그리고 이 개념은 $\mathbb{RP}^1$의 기하학적 구조에 의해 밝혀질 수 있다. 한 예로, 당신이 나에게 $\mathbb{R}^2$ 안의 연속적인 37개의 매개변수를 갖는 직선들의 족을 알려준다는 것은 $v \in \mathbb{R}^{37}$을 $L(v) \in \mathbb{RP}^1$으로 대응시키는 $\mathbb{R}^{37}$에서 $\mathbb{RP}^1$으로 가는 연속적인 사상을 알려주는 것과 같다. (더 구체적으로, θ가 π와 가깝지 않은 곳에서는 $\mathbb{R}^{37}$ 상의 실함수 $v \mapsto \theta(L(v))$가 연속함수라는 것을 말한다. 만약, θ가 π와 가까울 때는 y축을 기준으로 각도를 재는 함수 ϕ를 사용하면 된다.)

1.1 다른 족들

직선들의 족들에 대한 아이디어는 $\mathbb{RP}^1$의 위상적 구조뿐 아니라 다양한 기하학적 구조들에 대해서도 생각하게끔 한다. 예를 들어, 우리는 평면 위의 직선들 중 **미분가능한** 족의 개념을 생각할 수 있다. 즉, 각도가 미분가능하게 변하는 직선들의 모임을 생각할 수 있다. (마찬가지로 '미분가능' 대신 '가측인 (measurable)', 'C^∞', '실해석적인' 등의 개념을 생각할 수 있다.) 그러한 족을 적절히 매개화하기 위해서, 우리는 $\mathbb{RP}^1$이 그것에서 정의된 함수들에 대한 미분을 할 수 있는 미분다양체[I.3 §6.9]이길 기대한다. $\mathbb{RP}^1$의 그러한 구조는 앞 절에서 정의한 각도함수들 θ, ϕ를 이용하여 구체화될 수 있다. 함수 θ는 x축에 가깝지 않은 직선들에 대해 좌표계를 제공하고, ϕ는 y축에 가깝지 않은 직선들에 대한 좌표계를 준다. $\mathbb{RP}^1$에서 정의된 함수들을 이러한 좌표계로 표현함으로써 함수의 미분을 계산할 수 있다. $\mathbb{RP}^1$ 상에 이 미분가능 구조를 줄 수 있다는 것은 $C \subset \mathbb{R}^2 \setminus 0$에서 정의된 미분가능 곡선 $c \mapsto L(c)$가 미분가능이란 것을 증명함으로써 보일 수 있다. 즉, $L(c)$가 x축에 가깝지 않은 직선이라면, 함수 $x \mapsto \theta(L(x))$가 $x = c$에서 미분가능인지 확인하면 되고 유사한 방식으로 y축에 가깝지 않은 경우엔 ϕ를 이용하여 확인할 수 있다. 여기서 $\mathbb{RP}^1$에서 정의된 θ와 ϕ를 곡선 C에서 정의된 함수로 바꾸거나 '당긴다'고 하여 함수 $x \mapsto \theta(L(x))$와 $x \mapsto \phi(L(x))$는 당김(pull back)이라고 불린다.

이제 미분가능한 공간으로서의 $\mathbb{RP}^1$의 기본 성질을 정리할 준비가 되었다.

미분다양체 X에 의해 매개화되는 $\mathbb{R}^2$ 내의 미분가능한 직선족이라 함은 X에서 $\mathbb{RP}^1$으로 가는 함수 $x \mapsto L(x)$로써 함수 θ와 ϕ의 두 당김 $x \mapsto \theta(L(x))$, $x \mapsto \phi(L(x))$가 미분가능한 함수일 때이다.

(미분가능 구조를 가진) $\mathbb{RP}^1$을 $\mathbb{R}^2$ 안의 직선들의 (미분가능하게 변하는 족들의) 모듈라이 공간이라 부른다. $\mathbb{RP}^1$은 직선들의 보편적으로 미분가능한 족 (universal differentiable family of lines)을 가진다는 말이다. 이러한 정의로부터, $\mathbb{RP}^1$의 각 점은 $\mathbb{R}^2$의 직선에 대응되고 이러한 직선들은 점의 위치를 변화시킴에 따라 미분가능하게 변한다. 위의 명제가 말하는 것은 X에 의해 매개화된 임의의 미분가능한 직선족들은 함수 $f : X \to \mathbb{RP}^1$을 만들고 $x \in X$를 직선 $L(f(x))$로 대응시키는 것으로 묘사된다는 것이다.

1.2 다시 표현하기: 직선다발

연속적 혹은 미분가능한 직선족의 개념을 다음과 같이 다시 표현하는 것은 흥미로운 일이다. X를 주어진 한 공간이라 가정하고 $x \mapsto L(x)$를 X 안의 각 점 x에 대한 직선 $L(x)$의 대응이라 가정해 보자. 또, 각 점 $x \in X$에 대해 $\mathbb{R}^2$들의 복제를 생각하자. 즉, 데카르트 곱 $X \times \mathbb{R}^2$을 생각하자. 그러면 직선 $L(x)$를 x 위의 $\mathbb{R}^2$의 부분집합으로 간주할 수 있다. 이것은 $x \in X$에 의해 매개화되는 직선들 $L(x)$를 연속적으로 변화시키는 모임, 달리 말해 X 상에서 직선다발(line bundle)로 알려진 것을 제공한다. 더군다나 이 직선다발은 각 x에 대해 $\mathbb{R}^2$을 대응시키는 '자명한' 벡터다발[IV.6 §5] $X \times \mathbb{R}^2$으로 임베드(embed)된다. 만약 X가 사영직선 $\mathbb{RP}^1$ 그 자체이면, 우리는 '항상 참인(tautological)' 직선다발을 얻는다. 즉, 각 점 $s \in \mathbb{RP}^1$에 대해 직선 L_s를 $\mathbb{R}^2$의 직선으로 대응시키는 것으로 간주할 수 있다.

명제. 주어진 위상공간 X에 대해 다음 두 집합에는 자연스러운 일대일대응이 존재한다.

(i) 연속함수 $f : X \to \mathbb{RP}^1$들의 집합

(ii) 자명한 벡터다발 $X \times \mathbb{R}^2$ 안에 포함된 X 상의
     직선다발들의 집합

이 일대일대응은 함수 f를 대응하는 $\mathbb{RP}^1$ 상에서 항상 참인 직선다발의 당김(pullback)으로 보낸다. 즉, 함수 f는 $x \mapsto L_{f(x)}$로 정의되는 직선다발에 대응된다. (이것이 당김인 이유는 직선다발 L이 $\mathbb{RP}^1$ 위에서 정의된 함수를 X 위에서 정의된 함수로 바꾸기 때문이다.)

그러므로 공간 $\mathbb{RP}^1$은 자명한 $\mathbb{R}^2$ 다발 안에서 정의된 **보편적인** 직선다발을 가져다 준다. 다시 말해서, 자명한 $\mathbb{R}^2$ 다발 안의 어떤 직선다발이라도, $\mathbb{RP}^1$ 위의 **보편적인** (항상 참인) 예시를 당김으로써 얻을 수 있다.

1.3 족의 불변량들

S^1에서 그 자신으로 가는 어떤 연속함수 f에 대해 **차수**라고 알려져 있는 정수를 이용하여 다음과 같이 정의할 수 있다. 간단히 말해서, 함수 f의 차수란 정의역 x가 원을 한 바퀴 도는 동안 함숫값 $f(x)$가 원을 몇 바퀴 돌았는지를 나타내는 수이다. (만약 반시계방향으로 n바퀴 돌았다면, 차수를 $-n$이라 정의한다.) 차수를 정의하는 또 다른 방법은 x가 원 S^1을 한 바퀴 도는 동안 함숫값 $f(x)$가 S^1 위의 고정된 일반적인 한 점을 몇 번 지났는지를 세는 것이다. 만약, 그 한 점을 반시계방향으로 지나가는 경우 $+1$, 시계방향으로 지나가는 경우 -1로 정의한다.

앞에서 살펴보았듯이, 닫힌 구간 $[0, \pi]$의 양끝점을 동일화함으로써 얻은 원 S^1을 직선의 모듈라이

공간 $\mathbb{RP}^1$을 매개화하는 것으로 여길 수 있다. 이 점을 차수의 개념과 결합할 때, 우리는 다양하고 흥미로운 결론들을 얻을 수 있다. 특히 **회전수**(winding number)라는 개념을 정의할 수 있다. γ를 원 S^1에서 평면 $\mathbb{R}^2$으로 가는 연속함수라 하고, 이것이 0을 피한다고 가정하자. 그리고 이 함수의 상(image)을 C라 하자. (물론 C는 자기 자신과 교차할 수 있다.) 그러면, 함수 γ를 이용하여 S^1에서 그 자신으로 가는 함수를 정의할 수 있다. C 안의 각 점 c에 대해 원점과 c를 연결하는 직선 $L(c)$를 생각하자. 이 직선 $L(c)$는 $\mathbb{RP}^1$의 한 점으로 생각할 수 있고 결국 앞의 논의로부터 $L(c)$는 $\mathbb{RP}^1$을 매개화하는 S^1의 한 점에 대응시킬 수 있다. 이러한 합성함수들의 차수는 정확히 C가 원점 0을 감는 횟수의 두 배가 되고, 따라서 γ의 회전수를 이 차수의 절반으로 정의내릴 수 있다.

더 일반적으로, $\mathbb{R}^2$의 직선족들을 매개화하는 어떤 공간 X에 대해, 소위 말해 'X가 원을 감는 방식'을 측정하기를 원한다. 엄밀히 말해, X에서 $\mathbb{RP}^1$으로 가는 함수 ϕ(매개화된 직선들의 족을 정의하는 함수)가 주어졌을 때 어떠한 함수 $f : S^1 \to X$에 대해서도 합성함수 $\phi \circ f$의 회전수가 무엇인지 측정할 수 있기를 원한다. 여기서, 합성함수 $\phi \circ f$는 S^1의 한 점 x를 X의 점 $f(x)$에 대응시키고 또 그것으로부터 직선족의 한 직선 $\phi(f(x))$에 대응시키는 함수이다. 따라서 함수 ϕ는 각각의 함수 $f : S^1 \to X$에 대해 $\phi \circ f$의 회전수라는 정수를 대응시키는 방법을 제공한다. 이 방법은 함수 ϕ가 연속적으로 변형되더라도 달라지지 않는다. 즉, 이것은 ϕ의 위상적 불변량이다. ϕ는 X의 첫 번째 **코호몰로지군**[IV.6

§4] $H^1(X, \mathbb{Z})$ 안에서 어떤 유(class)에 속하는지에 의존한다. 동등하게, 자명한 $\mathbb{R}^2$다발에 포함되는 X 위의 임의의 직선다발에 대해서, 우리는 그 직선다발의 **오일러 류(Euler Class)**라 불리는 코호몰로지류를 대응시켰다. 이것은 벡터다발의 **특성류[IV.6 §5]**들에 대한 첫 번째 예이다. 이것은 우리가 기하학적 대상들의 집단의 모듈라이 공간을 이해한다면, 이러한 대상들의 집합족에 대한 위상적 불변량을 정의할 수 있음을 뜻한다.

2 곡선들의 모듈라이와 타이히뮐러 공간

모듈라이 공간의 가장 유명한 예라고 할 수 있는 곡선들의 모듈라이 공간과 그 사촌격인 타이히뮐러 공간(Teichmüller Space)에 집중해 보도록 하자. 이러한 모듈라이 공간은 콤팩트 리만 곡면(compact Riemann surface)의 분류문제에 대한 기하학적 해답이고 리만 곡면에 관한 '고차원의 이론'이라 생각할 수 있다. 모듈라이 공간은 각각의 모듈라이 점이 리만 곡면을 나타낸다는 점에서 '의미 있는 공간'이다. 그 결과, 모듈라이 공간에 대한 모든 기하학적 서술은 리만 곡면의 기하학적 성질을 말해준다.

먼저 매개화하고자 하는 대상에 대해 살펴보자. 리만 **곡면**이 복소 **구조**가 주어진 어떤 위상 곡면 X(방향이 있는 연결된 공간)란 점을 기억해 보자. 복소 구조는 다양한 방법으로 묘사될 수 있어 그로부터 곡면 위에서 복소 해석학, 기하학, 대수학을 가능하게 한다. 특히, 곡면 X 위의 복소구조는 X의 열린 부분집합에서 **복소해석적[I.3 § 5.6]**이라는 개념과 **유리형함수[V.31]**를 정의할 수 있게 해 준다. 엄밀

히 말해서, X는 2차원 다양체이지만 좌표계(chart)는 $\mathbb{R}^2$의 열린 부분집합이 아니라 $\mathbb{C}$의 부분집합이고, 거기서 정의되는 함수들을 잘 붙여서 복소해석적이 되도록 X 위의 함수를 정의할 수 있다. 동일한 개념으로서 X 위의 **공형 구조(conformal structure)**를 생각할 수 있는데, 이것은 X 안 곡선 사이의 각도를 정의할 수 있게 해 준다. 또 다른 중요한 동일 개념으로는 X를 어떤 복소대수적 곡선(complex-algebraic curve)(기호에서 혼란을 불러일으킬 수 있는 부분이다. 즉, 위상학이나 실수의 관점으로 보면 리만 곡면은 2차원이므로 곡면이다. 하지만 복소해석이나 복소대수의 관점으로 보면 리만 곡면은 1차원이고, 따라서 곡선으로 간주된다)으로 생각할 수 있게 하는 X 위의 대수구조가 있다. 대수구조는 X 위에서의 다항식, 유리, 혹은 대수적 함수가 무엇인지 말할 수 있게 하고 통상적으로 **사영공간[III.72]** $\mathbb{CP}^2$(또는 $\mathbb{CP}^n$)에서 다항방정식의 해집합으로 구현된 X로 명시된다.

다음으로 리만 곡면들에 대한 분류문제, 즉 모듈라이 공간을 말하기 위해서는 언제 두 개의 리만 곡면을 동등하게 볼 것인지에 대해 규정해야 한다. (모듈라이 문제의 마지막 요소인 리만 곡면의 족에 대한 개념은 §2.2로 미룬다.) 이를 위해, "언제 두 리만 곡면 X와 Y를 '동일시'할 수 있는가?" 혹은, "우리의 분류문제에서 동치문제에 대한 동등한 대표원을 생각할 수 있는가?"와 같은 질문에 대한 리만 곡면 사이의 **동형사상(isomorphism)**의 개념을 정의해 두어야 한다. 이 문제는 우리의 이전 모형 예시(평면 안의 직선 분류문제)에 이미 숨어 있었다. 즉, 두 개의 직선은 평면에서 (부분집합으로서) 같은 직선일 때

만 같은 것으로 볼 수 있다. 이러한 순진한 선택은 더욱 추상적으로 정의된 리만 곡면에서는 적용될 수 없다. 만약 우리가 리만 곡면을 어떤 큰 공간, 예를 들면 복소 사영공간의 대수적 방정식의 해집합들에서 견고하게 표현한다면, 우리는 앞에서와 비슷하게 두 개의 곡면이 부분집합으로 같을 때만 같은 것으로 간주할 수 있다. 그러나 이것은 응용을 고려한다면 너무 자세한 분류이다. 우리가 관심 있는 것은 리만 곡면들의 **내재적 기하학**이지 리만 곡면을 표현하기 위해 선택하는 특정 밥법으로부터 오는 부수적인 특징이 아니다.

극단적으로, 하나의 곡면을 리만 곡면으로 만드는 여분의 기하학적인 구조를 무시하도록 선택할 수 있다. 즉, 우리는 두 개의 리만 곡면 X와 Y가 위상적으로 같다면 ('머그잔이 도넛과 같다'의 관점에서) 그들을 동일화할 수 있다. 위상적 분류에서 콤팩트 리만 곡면의 분류는 곡면의 단일한 양의 정수, 즉 종수 g('구멍의 수')로 표현할 수 있다. 종수가 0인 모든 곡면은 리만 구면 $\mathbb{CP}^1 \simeq S^2$과 동형이고, 종수가 1이면 원환면 $S^1 \times S^1$과 동형이다. 그래서 이 경우엔 '변조(modulation)'에 대해 문제될 것은 없다. 분류하는 것은 단일한 이산적인 불변량의 가능한 값들의 목록을 제시함으로써 해결된다.

그러나 만약 우리가 단순히 위상적 다양체가 아니라 **리만 곡면으로서의** 리만 곡면에 관심이 있다면, 이러한 분류는 너무나 엉성하다. 위상적 분류는 복소구조를 완전히 무시한 방법인 것이다. 이러한 결점을 극복하기 위해 이제 분류법을 세밀히 하고자 한다. 이를 위해 두 개의 리만 곡면 X와 Y가 (공형적으로 혹은 복소해석적으로) **동등하다**는 것은 그

들 사이에 기하를 보존하는 위상적 동등함이 있다는 말이다. 즉, 어떤 위상동형사상(homeomorphism) 있는데 그것은 곡선들 사이의 각을 보존하거나, 복소해석적 함수를 복소해석적 함수로 보내거나 혹은 유리함수를 유리함수로 보내는 것이다. (위 세 조건들은 서로 동치인 명제이다.) 이산적 불변량인 곡면의 종수를 여전히 사용할 수 없음에 주의하라. 그러나 곧 살펴보겠지만, 이 불변량은 모든 동등하지 않은 리만 곡면들을 구별하기에 충분하지 않다.

사실 동등하지 않은 리만 곡면들의 집합족을 **연속적인 매개변수들로** 매개화할 수 있다. (그러나 리만 곡면의 집합족이 무엇을 의미하는지를 정확히 설명할 수 있기 전까지는 이 생각에 대해 적절한 의미를 부여할 수 없다.) 그래서 다음 단계는 이산적인 불변량을 고정하고, 동일한 종수를 가진 리만 곡면의 서로 다른 동형류들을 자연스러운 기하학적 방식으로 분류하려 시도하는 것이다.

이런 분류 과정에서 중요한 단계는 **균일화 정리** [V.34]이다. 이 정리는 임의의 단순연결된 리만 곡면은 리만 구면 $\mathbb{CP}^1$, 복소평면 $\mathbb{C}$, 위쪽 반평면 $\mathbb{H}$(즉, 단위 원판 D) 중 하나와 복소해석적으로 동형임을 설명한다. **보편덮개공간[III.93]**은 항상 단순연결된 리만 곡면이므로, 균일화정리는 임의의 리만 곡면을 분류하는 하나의 접근법을 제공한다. 예를 들어 종수가 0인 임의의 **콤팩트[III.9]** 리만 곡면은 단순연결이고, 사실은 리만 구면과 동형이므로 균일화정리는 종수가 0인 리만 곡면의 분류문제에 대한 답을 준다. 즉, $\mathbb{CP}^1$은 종수가 0인 **유일한** 리만 곡면이고 이 경우 위상적인 분류와 공형적인 분류는 일치한다.

2.1 타원곡선들의 모듈라이

다음으로 보편덮개가 $\mathbb{C}$인 리만 곡면들, 같은 말로 $\mathbb{C}$의 몫공간인 리만 곡면을 고려해 보자. 예를 들어, $\mathbb{Z}$에 의한 $\mathbb{C}$의 공간, 즉 $z - w$가 정수일 때 z와 w를 동치로 간주하는 몫공간을 생각해 보자. 이것은 복소수 $\mathbb{C}$를 원기둥으로 '감싸는' 효과를 가진다. 원기둥들은 콤팩트집합이 아니지만 대신에 $\mathbb{Z}^2$에 의한 몫을 취함으로써 콤팩트 곡면을 얻을 수 있다. 즉, z와 w를 그들의 차이가 $a + bi(a, b$ 모두 정수)일 때 동등하다 여길 수 있다. 이제 $\mathbb{C}$는 두 방향에서 둘러싸여지고 그 결과 복소구조(또는 공형 혹은 대수적 구조)를 가진 원환면을 얻는다. 이것이 바로 종수가 1인 콤팩트 리만 곡면이다. 더 일반적으로, $\mathbb{Z}^2$ 대신 z와 w에 대해 $z - w$가 L에 속할 때 동등한 것으로 취급하는 어떠한 격자 L로 대체될 수 있다. ($\mathbb{C}$의 격자 L이라 함은 $\mathbb{C}$의 가법적(additive) 부분군으로서 두 가지 성질을 갖는다. 첫째, L은 어떠한 직선에도 포함되지 않는다. 둘째, L은 이산적이다. 즉, L 상의 임의의 두 점 사이의 거리는 어떤 고정된 양수 $d > 0$보다 크거나 같다. 격자는 또한 수학연구의 일반적 목표[I.4 §4]에서 다루어졌다. 격자 L에 대한 기저라 함은 L의 두 복소수 u, v로서, 임의의 L 안의 복소수 z는 적당한 정수 a, b에 대해 $au + bv$ 꼴로 쓸 수 있는 것을 뜻한다. 그러한 기저는 유일하지 않다. (예를 들어, $L = \mathbb{Z} \oplus \mathbb{Z}$라면, 자명한 기저는 $u = 1$, $v = $ i이다. 그러나 $u = 1$, $v = 1 + $ i 또한 기저가 될 수 있다.) 만약 어떤 격자를 이용해 $\mathbb{C}$의 몫을 만든다면 또다시 복소구조를 가지는 원환면을 얻는다. 종수 1인 어떠한 리만 곡면도 이러한 방식으로 얻을 수 있다.

위상적 관점에서 보면 어떠한 두 원환면도 동등하다. 하지만 복소구조를 염두에 둔다면, 다른 격자의 선택이 다른 리만 곡면을 만든다는 것을 알기 시작할 것이다. L에 대한 어떤 변화는 리만 곡면에 영향을 주지 **않는다**. 예를 들어, 주어진 격자에 대해 어떤 0이 아닌 복소수 λ를 곱한다면 그 몫공간 $\mathbb{C}/L$은 영향을 받지 않는다. 즉, $\mathbb{C}/L$과 $\mathbb{C}/\lambda L$은 당연히 동형이다. 따라서 하나의 격자가 다른 격자의 상수배가 아닐 때의 격자들 사이의 차이에 대해서만 염두에 두면 된다. 기하학적으로, 이것은 회전과 확대의 조합에 의해 다른 곡면을 얻을 수 없음을 말한다.

몫공간 $\mathbb{C}/L$을 취함으로써 우리는 단순히 '아무것도 없는' 리만 곡면이 아니라 '원점'을 가지는 리만 곡면을 얻는다. 즉, 원점 $0 \in \mathbb{C}$의 상인 구별되는 점 $e \in E$가 있다. 다른 말로 **타원곡선**을 얻는다.

정의. ($\mathbb{C}$ 상의) 타원곡선이라 함은 종수가 1이고 표지된 점 $e \in E$가 있는 리만 곡면을 뜻한다. 동형인 타원곡선들은 회전에 대해 같은 격자 $L \subset \mathbb{C}$들과 일대일대응 관계에 있다.

덧붙이는 말. 사실 격자 $L \subset \mathbb{C}$는 아벨군(가환군) $\mathbb{C}$의 **부분군**이므로 타원곡선 $E = \mathbb{C}/L$은 e를 항등원으로 가지는 자연스러운 아벨군이다. 이것은 e를 타원곡선을 정의하는 정보들 중 일부로 유지시키는 중요한 동기이다. E에 대해 말할 때, e의 위치를 기억하게 해 주는 더 미묘한 이유는 그것이 E를 더욱 유일하게 정의하는 데 도움을 주기 때문이다. 종수가 1인 임의의 곡면 E는 많은 대칭성 혹은 **자기동형 사상**[I.3 §4.1]을 가지고 있기 때문에 이것은 유용하다. 즉, 임의의 점 x를 다른 주어진 점 y로 보내는 E의 복소해석적 자기동형이 있다. (만약 E를 군으로 간주한다면, 그것은 평행이동에 의해 얻을 수 있다.) 그래서 만약 누군가 우리에게 종수가 1인 곡면 E'을 준다면 E와 E'을 동일화할 수 있는 방법은 하나도 없거나, 그들 사이의 한 동형사상에 E의 자기동형사상을 합성함으로써 무수히 많은 방법을 찾을 수 있다. 나중에 논의하겠지만, 자기동형사상은 대다수의 모듈라이 문제에서 끊임없이 나타나고 집합족의 행동을 고려할 때 결정적인 역할을 한다. 그것은 대체로 상황을 다소간 '견고하게' 만드는 데 편리하고, 그래서 다른 대상들 사이의 가능한 동형사상들이 덜 '헐렁하고' 더 유일하게 결정된다. 타원곡선의 경우, 점 e를 구분하는 것은 E의 대칭성을 줄임으로써 이러한 성질을 갖게 해 준다. 이렇게 한다면, 기껏해야 하나의 방법으로 두 개의 타원곡선을 동일화할 수 있다. (그 한 가지 방법은 원점을 원점으로 보내는 것이다.)

(표지된 점이 선택된) 종수가 1인 리만 곡면은 구체적인 '선형대수적 정보들'로 묘사할 수 있음을 확인했다. 즉, 하나의 격자 $L \subset \mathbb{C}$, 혹은 영이 아닌 모든 L의 상수곱인 λL을 동일한 것으로 간주하는 동치류로 묘사된다. 이것은 분류문제, 혹은 모듈라이 문제에 대한 이상적인 환경이다. 다음 단계는 위의 동치관계를 고려한 모든 격자 모임의 명확한 매개화를 찾는 것이고, 어떤 의미에서 분류문제에 대한 기하학적인 해답을 얻었는지 결정하는 것이다.

격자들의 모임을 매개화하기 위해서는 모든 모듈라이 문제들에서 이용했던 과정을 따라야 한

다. 첫째로 어떤 부가적인 구조를 선택해 격자들을 매개화하고 이러한 선택을 배제할 때 어떻게 될지 살펴보자. 주어진 임의의 격자 L에 대해 기저 $\omega_1, \omega_2 \in L$을 선택한다. 즉, L을 정수들의 선형결합 $a\omega_1 + b\omega_2$의 집합으로 표현한다. 우리는 이것에 방향을 부여해야 한다. 즉, ω_1과 ω_2이 생성하는 (span) 기본 평행사변형이 양으로 방향을 갖게 해야 한다. (즉, 평행사변형의 꼭짓점으로서 수들 $0, \omega_1$, $\omega_1 + \omega_2, \omega_2$를 시계방향으로 나열한다. 타원곡선의 기하학적 관점에서 보면 L은 E의 기본군[IV.6 § 2]이고 방향에 대한 조건은 L을 두 개의 고리들 혹은 '경선(meridian)'들 $A = \omega_1$, $B = \omega_2$에 대해 그것들의 유향교차수(oriented intersection number) $A \cap B$가 -1이 아니라 1이 되도록 한다.) 상수배에 대해서는 같은 격자들을 다루고 있기 때문에 L에 적당한 복소수를 곱하여 ω_1이 1, ω_2가 $\omega = \omega_2/\omega_1$이 되도록 할 수 있다. 방향에 대한 조건은 ω가 상반평면 $\mathbb{H}$에 있음을 말한다. 즉, 복소수 ω의 허수 부분(Im ω)이 양수이다. 역으로, 주어진 상반평면 $\mathbb{H}$에 있는 복소수 $\omega \in \mathbb{H}$는 유일한 유향격자 $L = \mathbb{Z}1 \oplus \mathbb{Z}\omega$(즉, 1과 ω의 정수 결합 $a + b\omega$의 집합)를 결정한다. 이러한 두 개의 격자는 적당한 회전에 의해 겹쳐지지 않는다.

이것은 타원곡선들에 대해 무엇을 말해 주는가? 앞에서 이미 하나의 타원곡선은 격자 L과 항등원 e에 의해 정의된다는 것을 보았다. 이제 L에 부가적인 구조, 즉 유향기저를 주게 되면, 그것을 복소수 $\omega \in \mathbb{H}$에 의해 매개화할 수 있다. 이것은 타원곡선들에 부여하고 싶었던 '추가적인 구조'를 더욱 명확히 한다. 우리는 타원곡선 E, 구별점 e, 그리고 E에 주

어진 격자(기본군) L의 유향기저 ω_1, ω_2의 선택 모두를 통틀어 **표지된**(marked) 타원곡선이라고 부른다. 요점은 임의의 격자는 무한히 많은 다른 기저를 가지고 그것들은 E의 자기동형사상을 만들어낸다는 점이다. 이들 기저들 중에 하나를 '표지'함으로써 그것들이 자기동형사상이 되는 것을 멈출 수 있다.

2.2 족 그리고 타이히뮐러 공간

새로운 정의를 이용하여 §2.1의 내용을 표지된 타원곡선들은 상반평면 $\mathbb{H}$ 안의 점들 ω와 일대일 대응 관계에 있다고 요약할 수 있다. 그러나 상반평면은 단순히 점의 **집합** 이상의 것이다. 그것은 특별히 위상적인 구조와 복소 구조라는 기하학적 구조들의 무리들을 가진다. 이러한 기하학적 구조는 어떠한 의미로 표지된 타원곡선들의 기하학적 성질을 반영할까? 달리 말해서, 어떤 의미에서 복소다양체 $\mathbb{H}$, 즉 표지점이 1개 있는 종수 1인 리만 곡면들의 타이히뮐러 공간 $\mathcal{T}_{1,1}$이 표지된 타원곡선들을 분류하는 문제의 기하학적인 해답이라는 것인가?

이 질문에 답하기 위해, 리만 곡면들의 **연속족**(continuous family)과 **복소해석족**(complex-analytic family)의 개념이 필요하다. 어떤 위상적 공간 S, 예를 들어 S^1 같은 것에 의해 매개화되는 리만 곡면들의 **연속족**은 '연속적으로 바뀌는' 리만 곡면 X_s를 각 점 $s \in S$에 대응시키는 것을 뜻한다. 평면 안의 직선들의 모듈라이의 예에서, 직선들의 연속족은 직선과 x축 혹은 y축과의 각도로 정의되는 변수들에 의해 특징지어진다. 평면 안의 한 곡선 C에 의해 기하학적으로 정의되는 직선들의 모임은 연속족을 만들어냈다. 더 추상적으로 말하자면, 직선들의 연

속족은 매개변수 공간 상에서 직선다발을 정의했다. 이와 비슷하게 리만 곡면들의 연속족에 대한 올바른 판별법은 바로 임의의 리만 곡면들에 대해 계산할 수 있는 '합리적으로'정의된 기하학적 양은 집합족 내에서 연속적으로 변해야 한다는 것이다. 예를 들어, 종수가 g인 리만 곡면은 고전적으로 $4g$각형에서 각각의 변에 대해 그것의 반대쪽 변을 붙임으로써 만들어진다. 이를 통해 얻는 리만 곡면은 변의 길이와 다각형의 각도에 의해 완전히 결정된다. 따라서 이러한 방식으로 묘사되는 리만 곡면들의 연속족은 정확히 변의 길이들과 각도들이 매개변수 집합의 연속함수를 결정하는 리만 곡면들의 족이어야 한다.

더 추상적이고 위상적인 설명으로서, 만약 공간 S의 점들에 의존하는 리만 곡면들 $\{X_s,\ s \in S\}$의 모임이 있고 이 모임들을 연속족으로 만들고자 한다면, 그 합집합 $\bigcup_{s \in S} X_s$에 개개의 X_s에 주어지는 위상을 확장하여 하나의 위상공간 구조 X를 주어야 한다. 이 결과를 **리만 곡면 다발**(Riemann surface bundle)이라 한다. X 안의 각 점 x에 대해 그것이 속해 있는 X_s에 대해 함숫값을 s로 주는 함수가 있다. 우리는 이 함수가 연속 혹은 그 이상(올뭉치 (fibration) 혹은 올다발(fiber bundle))이길 원한다. 이 정의는 굉장히 큰 유동성을 가지고 있다. 예를 들어 S가 복소다양체라면 앞에서와 같은 방법으로 $\{X_s, s \in S\}$를 S에 의해 매개화되는 리만 곡면들의 **복소해석족**이라고 말할 수 있다. 즉, X_s들의 합집합은 각각의 X_s의 복소구조를 확장하는 복소구조(다른 말로, 복소다양체)를 갖고, 매개집합으로 가는 함수가 복소해석적이어야 한다. '복소해석적'을 '대수적'이

라는 말로 대체해도 이 개념은 성립한다. 이러한 추상적 정의는 리만 곡면들을 더 구체적인 방법(방정식으로 잘라내거나, 좌표조각(coordinate path)을 이어 붙이는(glue) 등)으로 정의하려 할 때, 족이 복소해석적이라면(그리고 비슷하게 연속이나 대수적이라면) 방정식의 계수들이나 이어 붙이는 정보들이 정확하게 그 족 안에서 복소해석적 함수로서 변한다는 성질을 가지고 있다.

현실적인 계산에서, S 안의 하나의 점 s에 의해 매개화되는 리만 곡면들의 (연속적, 해석적, 혹은 다른 어떤) 족에 대해 X_s는 단일 리만 곡면이다. 이런 간단한 경우에서도 리만 곡면들을 동치류로 고려하고자 한다면, 같은 공간 S에 의해 매개화되는 두 개의 해석족 $\{X_s\}$와 $\{X'_s\}$에 동치류 혹은 동형사상의 개념을 이용할 수 있다. 즉, 두 곡면 X_s와 X'_s이 모든 s에 대해 동형이고 그 동형사상이 s에 해석적으로 의존한다면 두 개의 족은 동등하다고 정의한다.

족의 개념을 가지고 표지된 타원곡선들의 모듈라이 공간으로서 상반평면이 가지고 있는 특징적 성질을 공식화할 수 있다. 즉, 표지된 타원곡선들의 해석족이 밑점 $e_s \in E_s$와 격자 L_s의 기저의 선택이 연속적으로 변하는 동안, 종수 1인 곡면들이 연속적이거나 해석적으로 변하는 족이 되도록 할 수 있다.

상반평면 $\mathbb{H}$는 표지된 타원곡선에 대해 평면의 직선들의 모듈라이 공간인 $\mathbb{RP}^1$과 유사한 역할을 수행한다. 다음의 정리가 이 점을 명확히 한다.

정리. 주어진 임의의 위상공간 S에 대해서, (1) S에서 $\mathbb{H}$로 가는 연속함수들의 집합과 (2) S에 의해 매개화되는 표지된 타원곡선의 연속족의 동형류 사이에 일대일 대응이 존재한다. 유사하게, (1) 임의의 복소다양체 S에서 $\mathbb{H}$로 가는 해석함수의 모임과 (2) S에 의해 매개화되는 해석족의 동형류 사이에 일대일대응이 존재한다.

이 정리를 S가 하나의 점일 때 적용하면, 이미 알고 있듯이, $\mathbb{H}$의 각 표지된 타원곡선들의 동형류와 일대일대응 관계에 있음을 말해준다. 그러나 이것은 더 많은 정보를 담고 있다. 즉, $\mathbb{H}$를 위상구조와 복소구조를 가진 공간으로서 표지된 타원곡선들의 구조와 타원곡선들을 조절하는 방법을 구현한다. 반대로 이 정리를 $S = \mathbb{H}$ 자기 자신이고, $S \to \mathbb{H}$가 항등사상인 경우에 적용해 보자. 이때는 $\mathbb{H}$ 자기 자신이 표지된 타원곡선들의 족을 가지고 있다. 즉, $\omega \in \mathbb{H}$에 의해 정의되는 리만 곡면들의 모임은 타원곡선을 올로 갖는 $\mathbb{H}$ 위에서의 복소다양체와 잘 맞아 들어간다. 이 집합족을 **보편족**(universal family)이라 한다. 왜냐하면 정리의 의해, 어떤 족도 이러한 하나의 보편 예시로부터 '유도되기'(당겨지기(pulled back)) 때문이다.

2.3 타이히뮐러 공간에서 모듈라이 공간으로

타원곡선들의 분류에 대해 하나의 표지를 선택함으로써(같은 말로, 격자 $L = \pi_1(E)$에 한 유향 기저를 줌으로써) 그것에 대한 만족스럽고 완벽한 그림을 얻었다. 만약 표지를 선택하지 않고 타원곡선들을 그 자체로 본다면 무슨 이야기를 할 수 있을까? 우리는 $\mathbb{H}$의 두 점이 똑같은 타원곡선의 두 개의 다른 표지와 대응한다면 동치라고 여김으로써 어떻게든 표지를 '잊을' 필요가 있다.

군(혹은 격자) $\mathbb{Z} \oplus \mathbb{Z}$에 주어진 두 개의 기저들에

대해 하나의 기저를 다른 하나로 보내는 2×2 가역 행렬이 있다. 만약 두 기저들이 **방향을 갖는다면**, 이 행렬은 판별식이 1이다. 즉, 행렬

$$A = \begin{pmatrix} a & b \\ c & d \end{pmatrix} \in \mathrm{SL}_2(\mathbb{Z})$$

는 $\mathbb{Z}$를 원소로 갖는 가역 유니모듈러 행렬들의 군의 한 원소이다. 유사하게 격자 L과 $\mathbb{Z} \oplus \mathbb{Z}$를 같게 보는 방향이 있는 두 개의 동형사상을 표현하는 유향기저 (ω_1, ω_2), (ω_1', ω_2')이 있을 때, $\omega_1' = a\omega_1 + b\omega_2$와 $\omega_2' = c\omega_1 + d\omega_2$인 어떤 행렬 $A \in \mathrm{SL}_2(\mathbb{Z})$가 있다. 만약 $\omega = \omega_1/\omega_2$이고 $\omega' = \omega_1'/\omega_2'$일 때, 표준화된 기저 $(1, \omega)$와 $(1, \omega')$을 생각한다면 우리는 상반평면 위의 하나의 변환을 얻는다. 여기서 변환식은

$$\omega' = \frac{a\omega + b}{c\omega + d}$$

로 주어진다. 즉, 군 $\mathrm{SL}_2(\mathbb{Z})$가 상반평면에 정수 계수를 갖는 선형 분수변환(fractional transformation) 혹은 뫼비우스 변환(Möbius trans-formation)으로 작용하고 있고 상반평면 위의 두 점이 이 변환으로 서로 옮겨질 때 같은 타원곡선에 대응된다. 이런 상황이라면 두 점을 동등한 것으로 간주해야 한다. 즉, 표지를 '잊는다'는 생각을 공식화하는 방법이다. 상수 행렬 $-\mathrm{Id} \in \mathrm{SL}_2(\mathbb{Z})$는 ω_1을 $-\omega_1$로 ω_2를 $-\omega_2$로 대응시키는데, 이것은 상반평면에서 자명하게 작용하고 있다. 그래서 우리는 상반평면 $\mathbb{H}$에 군 $\mathrm{PSL}_2(\mathbb{Z})$ $= \mathrm{SL}_2(\mathbb{Z})/\{\pm\mathrm{Id}\}$의 작용을 가지고 있다.

따라서 "동형류는 상반평면의 $\mathrm{PSL}_2(\mathbb{Z})$ 궤도와 일대일대응 관계에 있다" 또는 "몫공간 $\mathbb{H}/\mathrm{PSL}_2(\mathbb{Z})$의 점들과 일대일대응 관계에 있다"고 결론지을

수 있다. 이 몫공간은 자연스러운 몫위상(quotient topology)을 갖고 있고, 사실은 복소평면 $\mathbb{C}$와 동일화할 수 있다고 밝혀진 복소해석적 구조를 줄 수 있다. 이것은 $\mathbb{H}$ 위에서 $\mathrm{PSL}_2(\mathbb{Z})$에 불변인 고전적인 **모듈러 함수**[IV.1 §8] $j(z)$를 이용하여 나타낼 수 있다. 즉, 자연스러운 좌표함수 $\mathbb{H}/\mathrm{PSL}_2(\mathbb{Z}) \to \mathbb{C}$를 정의한다.

이로써 타원곡선들에 대한 모듈라이 문제를 푼 것처럼 보인다. 즉, 각 점들이 타원곡선들의 동형류들과 일대일대응 관계에 있는 위상적이고 복소해석적인 공간 $\mathfrak{M}_{1,1} = \mathbb{H}/\mathrm{PSL}_2(\mathbb{Z})$를 얻었다. 즉, $\mathfrak{M}_{1,1}$이 타원곡선들에 대해 기대할 수 있을 만큼 좋은 **엉성한 모듈라이 공간**으로서의 자격을 갖추었다. 그러나 모듈라이 공간으로서의 $\mathfrak{M}_{1,1}$은 공간 $\mathcal{T}_{1,1}$이 가지고 있는 한 가지 성질에 대한 중요한 시험을 통과하지 못한다(§2.2 참조). 즉, 원 $S = S^1$에 대해, S에 의해 매개화되는 임의의 타원곡선들의 족이 S에서 $\mathfrak{M}_{1,1}$로 가는 하나의 함수에 대응되지 **않는다**.

이 실패의 원인은 자기동형사상의 문제에 있다. 자기동형사상이라 함은 E에서 자기 자신으로 가고 밑점 e를 보존하는 복소해석적인 동형사상을 일컫는다. 다시 말해서, 이는 0과 격자 L을 보존하는 복소해석적 자기사상(self-map)을 뜻한다. 그러한 함수는 항상 회전이어야 한다. 즉, 절댓값이 1인 어떤 복소수 λ의 곱으로 주어지는 함수이다. 평면 안의 일반적인 격자 L에 대해, L을 자기 자신으로 보내는 함수는 $\lambda = -1$로 주어지는 곱함수임을 알아내는 것은 어렵지 않다. 이것은 $\mathrm{SL}_2(\mathbb{Z})$에서 $\mathrm{PSL}_2(\mathbb{Z})$로 몫을 취할 때의 그 -1과 같다는 것에 주의하라. 그러나 더 많은 대칭성을 갖는 두 개의 특별한 격자가 있다. 바로 1의 네제곱근이 i에 대응하는 **정사각 격**

자 $L = \mathbb{Z} \cdot 1 \oplus \mathbb{Z} \cdot i$와 1의 여섯제곱근에 대응되는 **육각 격자** $L = \mathbb{Z} \cdot 1 \oplus \mathbb{Z} \cdot e^{2\pi i/6}$이 있다. (육각 격자는 점 $\omega = e^{2\pi i/3}$에 의해서도 표현됨에 주의하라.) 정사각형의 반대쪽 변을 붙임으로써 만들어지는 타원곡선에 대응되는 제곱 격자는 정사각형의 회전 대칭군 $\mathbb{Z}/4\mathbb{Z}$를 가진다. 정육각형의 반대쪽 모서리를 붙임으로써 만들어지는 타원곡선에 대응되는 육각 격자는 정육각형의 회전 대칭군 $\mathbb{Z}/6\mathbb{Z}$를 가진다.

타원곡선들의 자기동형사상의 수는 이러한 특별한 점들 $\omega = i$와 $\omega = e^{2\pi i/6}$에서 불연속적으로 늘어난다. 이것은 이미 $\mathfrak{M}_{1,1}$이 모듈라이 공간으로서 무엇인가 잘못되어 있다는 것을 말한다. 우리는 이 문제를 이미 **표지된** 타원곡선들의 공간 $\mathcal{T}_{1,1}$을 이용하여 피해 왔다. 표지를 보존하는 타원곡선상의 자기동형사상은 존재하지 않기 때문이다. 공간 $\mathfrak{M}_{1,1}$과 관련하여 이러한 문제들을 관찰했을 법한 곳은 몫 공간 $\mathbb{H}/\mathrm{PSL}_2(\mathbb{Z})$를 생각했을 때이다. 우리는 $\mathrm{SL}_2(\mathbb{Z})$ 대신에 $\mathrm{PSL}_2(\mathbb{Z})$로 몫을 생각함으로써 동형사상 $\lambda = -1$을 피했다. 그러나 두 개의 특별한 점 i와 $e^{2\pi i/6}$은 정수 계수를 갖는 $\mathbb{H}$ 상의 뫼비우스 변환에 의해 보존된다. 이들은 항등함수가 아닌 뫼비우스 변환에 의해 보존되는 가능한 모든 점들이다. 즉, 몫 $\mathbb{H}/\mathrm{PSL}_2(\mathbb{Z})$는 이 두 개의 특별한 궤도에 대응되는 점들에서 자연스러운 원뿔형 특이점(conical singularity)들을 갖는다. 하나는 각도가 π인 뿔처럼 생겼고 나머지 하나는 각도가 $\frac{2}{3}\pi$인 뿔처럼 생겼다. (같은 현상이 일어나는 다음과 같은 예를 생각해 보자. 임의의 복소수 z에 대해 z와 $-z$를 동일화한다고 생각해 보자. 그러면 결과적인 공간은 복소평면을 뿔로 감싸고 원점 0에서 특이점을 갖게 된

다. 원점 0이 특이화되는 이유는 변환 $z \mapsto -z$에 의해 보존되기 때문이다. 여기서 각도는 π인데 그 이유는 동일화되는 점들이 고립점을 기준으로 이대일 방식의 정반대 쪽 점들이기 때문이다.) 이러한 특이점들은 j-함수를 이용하여 설명할 수 있지만 그것은 이 방법에 기본적인 어려움이 있음을 암시한다.

그래서 왜 자기동형사상들은 '좋은' 모듈라이 공간의 존재에 방해가 되는가? 우리는 그 어려움을 단위원 $S = S^1$에 의해 매개화되는 표지된 타원곡선들의 흥미로운 연속족을 생각함으로써 설명할 수 있다. 먼저 $E(i)$를 앞에서 언급했던 두 개의 정수결합 $1, i$로 만들어지는 '정사각' 타원곡선이라 하자. 다음으로 0과 1 사이의 각 t에 대해, E_t를 $E(i)$의 복제라 하자. 그러면, 족의 모든 올(fiber)이 $E(i)$인 상수 혹은 '자명한' 타원곡선들의 집합족을 단위구간 $[0, 1]$에서 얻는다. 이제, 구간의 끝점에서 두 타원곡선을 $90°$ 회전으로 주어지는 자기동형사상, 즉 i를 곱하는 자명하지 않은 방식으로 동일화하자. 이것은 우리가 단위원 상에서 타원곡선들의 족을 바라보는데, 각 원소는 $E(i)$의 복제이며 원을 한 바퀴 돌 때마다 $90°$씩 비틀어진다는 것을 의미한다.

S^1에서 $\mathfrak{M}_{1,1}$로 가는 함수를 이용하여 이러한 타원곡선들의 족을 얻을 수 없다는 점은 쉽게 찾아낼 수 있다. 이유는 다음과 같다. 족의 모든 원소들은 서로 동형이기 때문에 단위원의 각 점들은 $\mathfrak{M}_{1,1}$의 같은 점(즉, $\mathbb{H}$ 안에서 i와 동치관계에 있는 점)에 대응시켜야 한다. 그러나 상수함수 $S^1 \to \{i\} \in \mathfrak{M}_{1,1}$은 S^1 위의 타원곡선들의 **자명한** 족 $S^1 \times E_i$, 다시 말해 모든 곡선들이 $E(i)$와 같아서 원을 돌아가면서 비틀어지지 않는 족들을 분류한다. 즉, 모든 곡

선들이 $E(i)$인 족이지만, 원을 한 바퀴 돈다고 해서 곡선들이 비틀어지지 **않는다!** 따라서 $\mathfrak{M}_{1,1}$로 가는 함수들보다 타원곡선들의 족이 더 많다. 몫공간 $\mathbb{H}/\mathrm{PSL}_2(\mathbb{Z})$는 자기동형사상에 의해 발생되는 복잡성을 다룰 수 없다. S^1을 $\mathbb{C}^*$로 대치한 복소해석족에 이러한 구성의 변형을 적용할 수 있다. 이것은 모듈라이 문제들의 아주 일반적인 현상이다. 즉, 대상들이 자명하지 않은 자기동형사상을 가지고 있다면, 언제나 한 흥미로운 매개변수 집합에서 위와 같이 모든 원소들이 같은 자명하지 않은 족을 얻는 구성을 모방할 수 있다. 결과적으로, 동형류의 집합을 함수에 의해 분류할 수 없다는 것이다.

이 문제에 대해 우리는 무엇을 해야 하는가? 한 가지 접근법은 엉성한 모듈라이 공간들을 다루도록 우리 자신이 물러서는 것이다. 즉, 옳은 모듈라이 점, 그리고 기하는 갖지만 임의의 집합족을 분류하지는 말자는 것이다. 다른 접근법으로서 타이히뮐러 공간 $\mathcal{T}_{1,1}$로 이끄는 방법이 있다. 즉, 모든 자기동형사상을 '제거'하여 어떤 종류의 표지를 고정시키는 것이다. 다른 말로 하자면, 주어진 대상들에 충분한 여분의 구조를 선택하여 이것들을 보존하는 어떠한 자명하지 않은 자기동형사상도 없도록 하는 방법이다. 사실, 격자 L의 기저를 선택하여 $\mathfrak{M}_{1,1}$의 무한 덮개 $\mathcal{T}_{1,1}$을 얻는 것보다 더 경제적인 방법이 있다. 즉, L과 일치하는 하나의 기저(예를 들면, $L/2L$에서 뽑는 것)를 고정하는 것이다. 궁극적으로 자기동형성을 데이터의 일부로 포함시키는 것이고, 이것은 점들이 내재적 대칭성을 갖는 '공간'으로 나타난다. 이것이 **오비폴드**[IV.4 §7] 혹은 **스택**[IV.4 §7]이라는 개념인데, 이 개념들은 본질적으로 모든 모듈라이 문제들을 다루기에 충분히 유동적이다.

3 종수가 높은 모듈라이 공간과 타이히뮐러 공간

종수가 높은 리만 곡면에 대해 타원곡선과 그것의 모듈라이 공간의 그림을 가능한 한 많이 일반화하고자 한다. 각각의 g에 대해 종수가 g인 콤팩트 리만 곡면들을 분류하고 그것들이 조절되는 방법을 알려주는 종수가 g인 곡선들의 모듈라이 공간 $\mathfrak{M}_g$에 대한 정의를 내리고자 한다. 그래서 $\mathfrak{M}_g$의 각 점들은 종수가 g인 콤팩트 리만 곡면, 더 정확히 말하자면, 동치류의 리만 곡면과 대응해야만 한다. 여기서 동치류의 리만 곡면이라 함은 두 곡면 사이에 복소해석적 동형사상이 있을 때를 말한다. 부가적으로 $\mathfrak{M}_g$가 종수 g인 곡면들의 연속족의 구조를 구현하도록 하고자 한다. 비슷하게, 'n개의 구멍이 뚫린' 종수가 g인 리만 곡면들을 매개화하는 모듈라이 공간 $\mathfrak{M}_{g,n}$이 있다. 즉, 순수한 리만 곡면이 아니라 n개의 서로 다른 점(구멍)들에 의해 '장식된' 혹은 '표지된' 리만 곡면을 매개화하고자 한다. 이러한 리만 곡면들은 구멍을 구멍으로 보내고 장식을 보존하는 복소해석적 사상이 있으면 동치로 간주된다. 자기동형사상이 있는 리만 곡면이 있으므로, $\mathfrak{M}_g$가 리만 곡면들의 모든 족을 분류할 수 있기를 원하지는 않는다. 즉, 앞에서 논의한 꼬인 정사각 격자 구성과 유사한 예들을 원한다. 그러나 만약 우리가 충분히 많은 여분의 표지를 가진 리만 곡면들을 생각한다면, 강한 의미에서의 모듈라이 공간을 얻을 수 있다. 그러한 표지를 선택하는 방법은 고정된 g에 대해 $\mathfrak{M}_{g,n}$의 충분히 많은 표지를 가진 n으로 생각하는 것이다. 또 다른 접근법으로 타이히뮐러 공간 $\mathcal{T}_g$와 $\mathcal{T}_{g,n}$으로 이끄는 기본군의 생성자들에 표지를 주는 것을 생각할 수 있다. 앞으로 이러한 방법들에 대해 개략적으로 설명하고자 한다.

$\mathfrak{M}_g$를 구성하기 위해 균일화정리로 돌아가자. 종수가 1보다 큰 임의의 콤팩트 곡면 X는 상반평면 $\mathbb{H}$를 그것의 보편덮개로 갖는다. 따라서 Γ가 $\mathbb{H}$의 공형자기사상들의 군의 부분군으로서의 X의 기본군으로 표현될 때 그것은 몫 $X = \mathbb{H}/\Gamma$로 표현된다. $\mathbb{H}$의 모든 공형자기동형사상들의 군은 실수를 계수로 갖는 선형 분수변환(linear fractional transformation)들의 군 $\mathrm{PSL}_2(\mathbb{R})$이다. 모든 콤팩트 리만 곡면들의 기분군은 생성자가 $2g$개인 $A_i, B_i (i = 1, \cdots, g)$와 하나의 관계식(즉, 모든 교환자 $A_i B_i A_i^{-1} B_i^{-1}$가 항등원)을 가진 어떤 추상적인 군 Γ_g이다. 이러한 방식으로 $\mathbb{H}$에 작용하는 한 부분군 $\Gamma \subset \mathrm{PSL}_2(\mathbb{R})$에 대해 $\mathbb{H}/\Gamma$는 리만 곡면이다. 기술적으로, 작용은 부동점이 없어야 하고 적절히 불연속적이어야 한다. 이러한 군 Γ를 푹스 군[III.28]이라 한다. 그래서 평면 상의 격자들 $L \simeq \mathbb{Z} \oplus \mathbb{Z}$에 의한 타원곡선들의 표현의 변형은 Γ가 푹스 군인 $\mathbb{H}/\Gamma$인 상위 종류의 리만 곡면의 표현이다.

종수가 g인 리만 곡면들의 타이히뮐러 공간 $\mathcal{T}_g$는 기본군에 표지된 종수 g인 곡면에 대한 모듈라이 문제의 해 공간이다. 즉, 우리의 대상은 종수 g인 곡면 X와 $\pi_1(X)$의 생성자들의 집합인 A_i, B_i이다. 이 생성자들은 켤레화(conjugation)로 $\pi_1(X)$와 Γ_g 사이의 동형사상을 준다.[*] 동치관계는 표지를 보존하는 복

소해석적 함수들이다. 마지막으로, 연속족(각각, 복소해석족)이라는 것은 기본군의 표지가 연속적으로 변화하는 리만 곡면의 족을 뜻한다. 달리 말해서, 리만 곡면들 위에 표지가 있는 복소해석적 족을 갖는 위상적/복소다양체 $\mathcal{T}_g$라는 모듈라이 공간이 가지는 다음과 같은 강력한 성질을 주장하고자 한다.

$\mathcal{T}_g$의 특징적 성질. 어떠한 주어진 위상공간(각각 복소다양체) S에 대해, $S \to \mathcal{T}_g$로 가는 연속함수들(복소해석적 함수들)의 집합과 S에 의해 매개화되는, 표지가 되어 있고 종수가 g인 리만 곡면들의 연속적(복소해석적) 집합족들의 동형류와 일대일대응 관계에 있다.

3.1 여담: '추상적 난센스'

그러한 공간이 왜 존재하는지 말하기 전에 일반적이고 전혀 기하학적인 원리가 아닌 **범주 이론**[III.8] 혹은 '추상적 난센스'로서 이러한 특징적 성질이 그러한 위상공간이자 복소다양체로서의 공간이 완전하면서도 유일하게 결정된다는 것은 매우 흥미로운 일이다. 매우 추상적인 방법으로, 임의의 위상공간 M은 그것의 점들의 집합이다. 이들 점들의 경로들의 집합 등에 의해 재구성될 수 있다. 다르게 말하자면, M을 임의의 위상공간 S의 S에서 M으로 가는 연속함수들의 집합을 대응시키는 '기계'라 생각할 수 있다. 이 기계는 'M의 점들의 함자(functor)'이다. 유사하게 하나의 복소다양체 M은 다른 어떠한 복소

---

[*] X의 기본군은 밑점의 선택에 의존하지만 두 군 $\pi_1(X, x)$와 $\pi_1(X,$

$y)$는 x에서 y로 가는 하나의 경로를 선택함으로써 동일화될 수 있다. 그리고 다른 선택들은 하나의 고리의 켤레화로 연결된다. 따라서 만약 A_i, B_i의 집합이 켤레로만 다른 생성자들의 집합을 동일화하고자 한다면, 우리는 밑점의 선택을 무시할 수 있다.

다양체 S에서 M으로 가는 복소해석적 함수들의 집합을 대응시키는 기계를 제공한다. 범주론의 흥미로운 발견(요네다 보조정리(Yoneda lemma))은 바로 일반적인 이유로(이것은 기하학적인 것과 아무 관련이 없다) 이러한 기계나 혹은 함자들이 M을 하나의 공간 혹은 복소다양체로서 유일하게 결정하도록 한다.

앞에서 묘사했던 모듈라이 문제(대상, 동치류, 족들을 주는 것)들은 S에 동형으로서 S 상의 모든 족들의 집합을 대응시키는 기계를 제공한다. 그래서 단지 **모듈라이 문제**를 갖추기만 하면 이미 타이히뮐러 공간에 유일하게 결정되는 위상적이고 복소구조를 가진 공간을 얻는다. 이제 흥미로운 점은 앞에서 구성했던 기계와 똑같은 기계를 만들어주는 '실체적' 공간이 존재하느냐 마느냐의 문제와 그것을 구체적으로 구성할 수 있느냐의 문제, 그리고 리만 곡면들에 대한 흥미로운 사실들을 배우기 위해 그것이 가진 기하학적인 면을 이용할 수 있느냐의 문제이다.

3.2 모듈라이 공간과 표현

다시 본래의 주제로 돌아와서, 우리는 이미 아주 구체적인 타이히뮐러 공간의 한 모형을 가지고 있다는 것을 발견했다. 표지 $\pi_1(X) \simeq \Gamma_g$를 고정하기만 하면, Γ_g를 $\mathrm{PSL}_2(\mathbb{R})$의 푹스 부분군으로 표현하는 모든 방법을 볼 수 있는 것이다. 잠시 동안 푹스 조건을 무시하자. 이 말은 Γ_g의 교환자 조건을 만족하는 $2g$개의 ($\pm\mathrm{Id}$로 같은) 실계수 행렬들 $A_i, B_i \in \mathrm{PSL}_2(\mathbb{R})$을 찾자는 뜻이다. 이것은 $2g$개의 행렬들의 원소들에 대한 명확하고 (대수적인!) 방정식들의

집합을 주는 것이고, 따라서 $\Gamma_g \to \mathrm{PSL}_2(\mathbb{R})$로 가는 모든 표현들의 공간을 결정한다. 이제 모든 $2g$ 행렬들을 동시에 켤레화시키는 $\mathrm{PSL}_2(\mathbb{R})$의 작용으로 몫 공간을 생각하면 **표현다양체** $\mathrm{Rep}(\Gamma_g, \mathrm{PSL}_2(\mathbb{R}))$을 얻는다. 이것은 $\mathbb{C}$에서의 격자들을 회전에 대해 유사한 것으로 간주하고자 했던 것이다. 그리고, $\mathbb{H}$의 몫들이 $\mathrm{PSL}_2(\mathbb{R})$의 두 개의 켤레부분군에 의해 같아지는 현상에서 유래되었다.

Γ_g에서 $\mathrm{PSL}_2(\mathbb{R})$로 가는 모든 표현들의 공간을 표현했다면 Γ_g에서 $\mathrm{PSL}_2(\mathbb{R})$로 가는 모든 푹스 표현들로 구성되어 있는 표현다양체의 부분집합으로서 타이히뮐러 공간을 생각할 수 있다. 운 좋게도 이 부분집합은 표현다양체 안에서 **열린** 집합이고, 이것은 위상공간으로서의 $\mathcal{T}_g$에 좋은 정보를 준다. 사실 Γ_g는 $\mathbb{R}^{6g-6}$과 동형이다. (이것은 **푹스-닐슨** 좌표로 명확히 구현할 수 있는데, 이는 $\mathcal{T}_g$ 안의 $3g-3$개의 변과 $3g-3$개의 각들과 관련된 찢고 붙이기 작업을 제공하는 곡면을 매개화한다.) 이제 표지되지 않은 리만 곡면들의 모듈라이 공간 $\mathfrak{M}_g$를 얻기 위해 표지 $\pi_1(X) \cong \Gamma_g$를 '잊으려' 한다. 다른 말로, $\mathcal{T}_g$에서 서로 다른 두 점이 근원이 같은 리만 곡면을 갖지만 다르게 표지된 것들을 동일화하려 한다. 이러한 동일화는 $\mathbb{H} = \mathcal{T}_{1,1}$에서 모듈러군 $\mathrm{PSL}_2(\mathbb{Z})$를 일반화시킨 종수 g **사상류군**(mapping class group) MCG_g 혹은 $\mathcal{T}_g$ 상의 **타이히뮐러 모듈러군**의 작용에 의해 가능해진다. (사상류군은 종수 g인 곡면의 자기 미분가능 동형사상들의 군으로 정의되는데, 이는 곡면들을 위상적으로 동형인 채 유지시키면서 기본군에 자명하게 작용하는 미분가능 동형사상들이다.) 타원곡선의 경우에서처럼, 자기동형사상들을 갖는 리

만 곡면들은 MCG_g의 부분군에 의해 고정되는 $\mathcal{T}_g$의 원소들에 대응되고 몫공간 $\mathfrak{M}_g = \mathcal{T}_g / \mathrm{MCG}_g$에서 특이점들이 된다.

표현다양체들 혹은 표현들의 모듈라이 공간들은 기하학, 위상수학, 정수론에서 중요하고 견고한 모듈라이 공간들이다. 주어진 어떤 (이산적) 군 Γ에 대해, (예를 들어) Γ에서 $n \times n$ 행렬들의 군으로 가는 준동형사상을 매개화하는 공간을 찾고자 한다고 하자. 동치류 개념은 GL_n의 켤레로 주어질 것이고 연속적(혹은 해석적, 대수적 등) 집합족의 개념은 행렬들의 그것으로 주어질 것이다. 이 문제는 Γ가 $\mathbb{Z}$일 때조차 흥미를 끈다. 이때에는 단순히 켤레로 같은 가역인 $n \times n$ 행렬들($1 \in \mathbb{Z}$의 상)만 고려해도 된다. 만약 '충분히 좋은' 행렬들(예를 들면, 유일한 야코비 블록을 갖는 행렬들)을 고려하지 않는다면 엉성한 의미에서조차 이 모듈라이 문제에 대한 모듈라이 공간은 존재하지 않는다. 이것은 모듈라이 문제들에서 흔히 일어나는 현상의 좋은 예이다. 즉, 우리는 하나의 모듈라이 공간을 얻기 위한 기회를 갖기 위해 '나쁜' (불안정한) 대상들을 던져 버리라고 강요 받는다. (자세한 내용은 멈퍼드(Mumford)와 수오미넨(Suominen)의 1972년 논문을 참고하기 바란다.)

3.3 모듈라이 공간과 야코비안

상반평면 $\mathbb{H} = \mathcal{T}_{1,1}$과 그것에 주어지는 $\mathrm{PSL}_2(\mathbb{Z})$의 작용은 타원곡선들의 모듈라이와 그것의 기하에 대한 만족스러울 만큼 완전한 그림을 준다. 불행하게도 표현다양체의 열린 부분집합으로서 $\mathcal{T}_g$의 그림은 논외이다. 특별하게 표현다양체는 자연스러운

복소구조를 갖지 못해서 복소다양체로서 $\mathcal{T}_g$의 기하학적 묘사에 대해 알 수 없다. 이런 실패는 종수가 1보다 큰 경우에 대한 연구보다 모듈라이 공간 연구 방법 중 몇몇이 더욱 복잡하다는 점을 반영한다. 특별히, 높은 종수의 곡면들의 모듈라이 공간은 종수가 1인 경우에 얻은 향에 대한 정보와 선형대수로는 순전히 설명되지 않는다.

이러한 복잡성에 대한 책임의 일부분은 기본군 $\Gamma_g \simeq \pi_1(X)(g > 1)$이 더 이상 가환이 아니라는 점과 특별히 기본군은 더 이상 첫 번째 호몰로지군 $H_1(X, \mathbb{Z})$와 같지 않다는 점에서 기인한다. 이와 관련된 문제는 X가 더 이상 군이 아니라는 것이다. 이러한 문제에 대한 아름다운 해법은 야코비안 $\mathrm{Jac}(X)$의 구조에 의해 얻을 수 있다. 야코비안은 타원곡선들에서 가지는 원환면(즉, $(S^1)^{2g}$과 동형)이라는 성질, 가환군 그리고 복소다양체(사실은 복소해석적 다양체)라는 성질을 공유하고 있다. (타원곡선 위에서 야코비안은 타원곡선 자기 자신이다.) 야코비안은 X의 기하에서 '가환적' 혹은 '선형적'인 면을 잡아낸다. 타원곡선들의 모듈라이 공간 $\mathfrak{M}_{1,1} = \mathcal{A}_1$의 모든 좋은 성질과 선형대수적 기술들을 공유하고 있는, 복소대수적 원환면(소위 **가환다양체**(Abelian variety))을 위한 모듈라이 공간 $\mathcal{A}_g$가 있다. 좋은 소식(토렐리 정리(Torelli theorem))은 각각의 리만 곡면 X를 그것의 야코비안에 대응시킴으로써 $\mathfrak{M}_g$를 $\mathcal{A}_g$의 복소해석적 닫힌 부분집합으로 임베딩시킬 수 있다는 점이다. 흥미로운 소식(쇼트키 문제(Schottky problem))은 그 이미지가 내재적으로 규정짓기에는 너무 복잡하다는 점이다. 사실 이런 문제들에 대한 해결책은 비선형 편미분방정식이라는, 이 문제에서

아주 멀리 떨어져 있는 영역에서 찾을 수 있다.

3.4 나아갈 방향

이 절에서는 모듈라이 공간과 그것의 응용에 관한 흥미로운 질문에 대한 힌트를 주고자 한다.

변형(deformation)과 퇴화(degeneration). 모듈라이 공간들에서 두 가지 주된 주제는 어떤 대상이 주어진 대상에 가까운가 혹은 멀리 떨어져 있는가이다. 변형 이론은 모듈라이 공간의 미적분학이다. 즉, 그 이론은 공간의 국소적 구조에 대해 묘사한다. 달리 말해서 주어진 한 대상에 대해, 변형 이론은 그것의 모든 작은 섭동(perturbation)(이 문제에 대한 아름다운 논의를 보려면 메이저(Mazur)의 2004년 논문을 보라)을 묘사하는 이론으로 여겨진다. 다른 측면으로 대상이 퇴화할 때 무슨 일이 일어나는지 물을 수 있다. 대부분의 모듈라이 공간들, 예를 들어 곡선들의 모듈라이 공간은 콤팩트집합이 아니다. 그래서 '무한대로 뻗어가는' 족이 있다. 대상들의 가능한 모든 퇴화들을 분류해 주는 '의미 있는' 모듈라이 공간의 콤팩트를 찾는 것은 중요하다. 모듈라이 공간을 콤팩트화시키는 것의 또 다른 이점은 완비공간(completed space)에서 적분을 계산할 수 있다는 것이다. 이것은 다음에 나오는 내용에 결정적인 역할을 한다.

모듈라이 공간으로부터 얻는 불변량. 기하학과 위상수학에서 모듈라이 공간의 중요한 응용은 양자장론(quantum field theory)으로 부터 영감을 얻었다. 거기에서 한 입자는 두 점 사이의 '가장' 고전적인 경로를 따르기보다는 변화하는 확률들을 갖는 모든 경로들을 따른다(거울대칭[IV.16 §2.2.4] 참조). 고전적인 방법은 하나의 공간에 (거리 개념과 같은) 기하학적인 구조를 고정하고 이러한 구조를 이용하여 몇몇 양을 계산하고 결국에는 이러한 계산이 선택한 구조에 의존하지 않는다는 것을 보임으로써 많은 위상적 불변량을 알아내는 방법이다. 새로운 방법을 통해 그러한 기하학적 구조 '모두를' 동시에 한 번 보는 것이고, 모든 선택들의 공간 상에서 양을 적분하는 것을 생각할 수 있다. 만약 수렴성을 증명한다면, 그 결과는 어떠한 선택에도 의존하지 않을 것이다. 끈이론(string theory)은 이러한 생각의 중요한 응용들로 발전해왔고, 이런 방식으로 얻어진 적분들의 모임에 풍부한 구조를 줌으로써 특별히 발전해 왔다. 도널드슨과 사이버그-위튼 이론들은 이러한 철학을 4차원 다양체의 위상적 불변량을 주는 데 이용하였다. 그로모프-위튼 이론은 이 철학을 심플렉틱 다양체[III.88]의 위상에 적용한다. 예를 들면, 이런 문제들이 있다. 일반적인 위치에 있는 14개의 점을 지나는 차수가 5인 유리평면곡선(rational plane curve)은 얼마나 많이 있을까? (답: 87,304개)

모듈러 형식. 수학에서 가장 심오한 아이디어 중 하나인 랭글랜즈 문제는 타원곡선들의 모듈라이 공간을 일반화시킨 모듈라이 공간에서 정수와 함수론(조화해석학)을 연결시킨다. 이러한 모듈나이 공간들(시무라 다양체)은 대칭공간(예를 들어, $\mathbb{H}$을 산술군(예를 들어, $PSL_2(\mathbb{Z})$)의 몫공간으로 표현할 수 있다. **모듈러 형식**[III. 59]들과 동형형식들은 이러한 모듈라이 공간 위에서의 특별한 함수들이다. 이것들은 모듈라이 공간의 큰 대칭군과 결합하여 묘사된다. 이는 최근 페르마의 마지막 정리[V.10]와 시무라-타니야마-베유 추측의 증명의 업적들(와일즈, 테일러-와일즈, 브뢰유-콘래드-다이아몬드-테일러)을 통해 가치가 입증된 수학의 아주 흥미롭고 활동적인 분야이다.

더 읽을거리

모듈라이 공간에 대한 역사적 흐름과 참고문헌으로 다음 논문들을 강하게 추천한다. 변형의 개념에 중점을 둔 모듈라이 공간에 대한 아름답고 접근할 만한 개요는 메이저(Mazur)(2004)에 의해 주어졌다. 헤인(Hain)(2000)과 루이젠가(Looijenga)(2000)의 논문들은 모든 모듈라이 문제들 중에 가장 오래되고 가장 중요한, 곡선들의 모듈라이 공간의 연구에 대해 훌륭히 소개하고 있다. 멈퍼드(Mumford)와 수오미넨(Suominen)이 쓴 논문(1972)은 대수기하학에서 모듈라이 공간 연구의 기반이 되는 주된 아이디어들을 소개한다.

Hain, R. 2000. Moduli of Riemann surfaces, transcendental aspects. In *School on Algebraic Geometry, Trieste, 1999*, pp. 293-353. ICTP Lecture Notes Series, no.1. Trieste: The Abdus Salam International Centre for Theoretical Physics.

Looijenga, E. 2000. A minicourse on moduli of curves. In *School on Algebraic Geometry, Trieste, 1999*, pp. 267-91. ICTP Lecture Notes Series, no. 1. Trieste: The Abdus Salam International Centre for Theoretical Physics.

Mazur, B. 2004. Perturbations, deformations and variations (and 'near-misses') in geometry. Physics and number theory. *Bulletin of the American Mathematical Society* 41(3):307-36.

Mumford, D., and K. Suominen. 1972. Introduction to the theory of moduli. In *Algebraic Geometry, Oslo, 1970: Proceedings of the Fifth Nordic Summer School in Mathematics*, edited by F. Oort, pp. 171-222. Groningen: Wolters-Noordhoff.

IV.9 표현론

이안 그로노브스키 *Ian Grojnowski*

1 서론

수학과 물리학의 많은 대상들이 대칭을 가진다는 것은 수학의 근본적인 주제이다. 이런 대칭을 일반적으로 연구하는 것이 군론[I.3 §2.1]의 목적이라면, 표현론(representation theory)은 특별한 경우의 대칭을 연구하는 것을 목적으로 한다. 표현론과 일반적인 군론의 차이점은 표현론에서는 벡터공간[I.3 §2.3]의 대칭에 관심을 한정시킨다는 것이다. 이 글을 통해 왜 이것이 합리적인 방법인지 그리고 이것이 어떻게 군의 연구에 영향을 주는지를, 켤레류(conjugacy class)와 관련된 좋은 구조들을 가지는 군들에 집중하여 살펴봄으로써 설명할 것이다.

2 왜 벡터공간인가?

표현론의 목적은 군이 외부에서 대칭들의 모임으로서 작용할 때, 군의 내부구조가 그 작용을 어떻게 지배하는지를 이해하는 것이다. 이와 반대 방향에서 군을 대칭의 집합으로 간주함으로써 군의 내부적인 구조에 대하여 알게 되는 것들 또한 표현론에서 연구하는 대상이다.

'대칭들의 모임으로 작용'한다는 것의 의미를 좀 더 정확하게 정립하는 것으로 논의를 시작하도록 하자. 이해하고자 하는 아이디어는, 만약 군 G와 어떤 대상 X가 주어진다면, G의 각 원소 g를 $\phi(g)$라고 부르는 X의 어떤 대칭에 대응시킬 수 있다는 것이다. 이 대응 관계가 의미를 가지려면, 대칭의 합성이

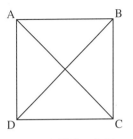

그림 1 사각형과 그 대각선

적절하게 가능하도록 해야만 한다. 즉, $\phi(h)$를 적용하고 나서 $\phi(g)$를 적용한 결과인 $\phi(g)\phi(h)$가 $\phi(gh)$라는 대칭과 일치해야만 한다. 만약 X가 집합이면, X의 대칭은 그 원소들의 치환[III.68]의 한 종류가 된다. 집합 X의 모든 치환들의 군을 Aut(X)라고 하자. 그러면 군 G의 X 위에서의 작용(action)은 G에서 Aut(X)로 가는 준동형사상(homomorphism)으로 정의된다. 그런 준동형사상이 있을 때, 우리는 G가 X 위에 작용한다고 말한다.

마음속에 품고 있어야 할 그림은 G가 X에 '무언가를 한다'는 것이다. 이 아이디어는 종종 표기법에서 ϕ를 생략함으로써 좀 더 간결하고 생생하게 표현된다. 즉, g에 대응하는 대칭의 x 위에서의 효과를 $\phi(g)(x)$라고 쓰는 대신에, 간단히 g 자체를 치환으로 생각하여 gx라고 쓸 수 있다. 그러나 가끔씩은 정말로 ϕ에 대해서 이야기할 필요가 있다. 예를 들어, X 위에서의 G의 서로 다른 두 작용을 비교하고 싶을 수도 있다.

다음의 예시를 보도록 하자. X를 중심이 원점에 있는 평면 위의 정사각형이라고 하고, 그 꼭짓점들을 A, B, C, D라고 하자(그림 1 참조). 한 정사각형은 8개의 대칭을 가지고 있다. 4개의 90° 회전과 4개의 반사들이 그것이다. 이제 G를 이 8개의 대칭으로 이

루어진 군이라고 하자. 이 군은 D_8 또는 위수(order)가 8인 **정이면체군(dihedral group)**이라고 불린다. 정의 상 G는 정사각형에 작용하고 있다. 그렇지만 동시에 G는 정사각형의 **꼭짓점**들의 집합에도 작용하고 있다. 예를 들어 y축에 대한 반사는 꼭짓점 A와 B, 그리고 C와 D를 맞바꾸고 있다. 여기에서는 마치 아무것도 한 일이 없는 것처럼 보일 수도 있다. 처음부터 G를 대칭들의 모임으로 정의함으로써, G의 각 원소마다 하나의 대칭을 대응시키는 데 별로 노력을 들이지 않았기 때문이다. 하지만 G를 집합 {A, B, C, D}의 치환들로 이루어진 군으로 정의한 것은 아니었으므로, 적어도 새로운 작용을 하나 얻었다고는 할 수 있다.

이 점을 좀 더 명료하게 하기 위해, 정사각형으로부터 충분히 자연스럽게 얻을 수 있는 집합들을 포함하여, G가 작용하는 다른 집합들을 좀 더 살펴보기로 하자. 예를 들어, G는 꼭짓점들의 집합 {A, B, C, D}뿐만 아니라 변들의 집합 {AB, BC, CD, DA}와 대각선들의 집합 {AC, BD}에도 역시 작용하고 있다. 마지막 경우에는 G의 서로 다른 원소들이 같은 방법으로 작용하는 경우가 있다는 점에 주목하길 바란다. 예를 들어, 시계방향으로 $90°$ 회전은 두 대각선을 서로 맞바꾸는데, 반시계 방향으로 $90°$ 회전 역시 두 대각선을 맞바꾼다. 만약 G의 모든 원소들이 서로 다르게 작용한다면, 그 작용이 **충실하다**(faithful)고 한다.

정사각형 위의 작용들('y축에 대한 반사', '$90°$ 회전' 등)은 전체 데카르트 평면(Cartesian plane) $\mathbb{R}^2$에도 적용될 수 있다는 것을 주목하자. 따라서 $\mathbb{R}^2$은 G가 작용하는 또 다른, 그리고 훨씬 큰 집합이 된다.

그런데 $\mathbb{R}^2$을 집합이라고만 부르면, $\mathbb{R}^2$의 원소들은 서로 더해지고, 실수배될 수 있다는 매우 흥미로운 사실을 잊어버리게 된다. 달리 말해서, $\mathbb{R}^2$이 **벡터공간(vector space)**이라는 것을 잊어버리는 것이다. 실제로는 G의 작용이 이 추가적인 구조와도 매우 잘 들어맞는다. 예를 들어, 만약에 g가 대칭들 중 하나이고, v_1과 v_2가 $\mathbb{R}^2$의 두 원소라면, $v_1 + v_2$에 g를 작용한 결과는 $g(v_1) + g(v_2)$와 같다. 이 때문에, G가 벡터공간 $\mathbb{R}^2$ 위에 선형으로 작용한다고 말한다. 주어진 벡터공간 V에 대하여 $GL(V)$를 V에서 V로 가는 가역 선형사상(invertible linear map)들의 집합이라고 하자. 만약에 V가 벡터공간 $\mathbb{R}^n$이라면, 이 집합은 우리에게 친숙한 실수들을 성분으로 가지는 $n \times n$ 가역 행렬들의 군 $GL_n(\mathbb{R})$이 된다. 비슷하게 $V = \mathbb{C}^n$이면, 복소수를 성분으로 가지는 가역 행렬들의 군이 된다.

정의. 군 G의 벡터공간 V 위에서의 **표현(representation)**은 G에서 $GL(V)$로 가는 준동형사상이다.

달리 말하면 군 작용은 군을 치환들의 모임으로 간주하는 방법인 반면에 표현은 군 작용의 특별한 경우로서 이 치환들이 가역 선형사상이 될 때를 뜻한다. 이를 강조하기 위하여 때때로 표현들을 **선형표현(linear representation)**이라고 부르는 것을 볼 수 있다. 앞서 살펴본 D_8의 $\mathbb{R}^2$ 위에서의 표현에서는, G에서 $GL_2(\mathbb{R})$로 가는 준동형사상이 '시계방향으로 $90°$ 회전'이라는 대칭을 행렬 $\left(\begin{smallmatrix} 0 & 1 \\ -1 & 0 \end{smallmatrix}\right)$으로, '$y$축에 대한 반사'를 행렬 $\left(\begin{smallmatrix} -1 & 0 \\ 0 & 1 \end{smallmatrix}\right)$로 보내고 있다.

주어진 G의 하나의 표현으로부터, 선형대수학에

서 알려진 자연스러운 방법들을 통해 다른 여러 표현들을 만들어낼 수 있다. 예를 들어, ρ를 위에서 살펴본 $\mathbb{R}^2$위의 G의 표현이라고 할 때, 이것의 **행렬식** [III.15] $\det \rho$는 G에서 $\mathbb{R}^*$(0이 아닌 실수들과 곱셈으로 이루어진 군)로 가는 준동형사상이 된다. 왜냐하면 행렬식(determinant)의 곱셈이 갖는 성질로부터,

$$\det(\rho(gh)) = \det(\rho(g)\rho(h))$$
$$= \det(\rho(g))\det(\rho(h))$$

임을 알 수 있기 때문이다. 0이 아닌 실수 t는 $\mathrm{GL}_1(\mathbb{R})$의 원소인 '곱하기 t'로 이해할 수 있기 때문에, $\det \rho$는 D_8의 1차원 표현이 된다. 이때, $\det \rho$에 의해서 회전들은 항등원(identity)으로 작용하고, 반사들은 곱하기 -1로 작용한다는 것을 알 수 있다.

'표현'의 정의는 형식적으로 '작용'의 정의와 매우 유사하고, 사실 V의 모든 선형 자기동형사상(linear automorphism)은 V의 벡터들의 집합 위에서의 치환이기 때문에, G의 V 위에서의 표현들은 G의 V 위에서의 작용들의 부분 집합을 이룬다. 그렇지만 표현들의 집합은 일반적으로 훨씬 흥미로운 대상이다. 이것은 다음과 같은 일반적인 원리의 한 예이다. 만약에 어떤 집합이 추가적인 구조(벡터공간이 덧셈 구조를 갖는 것과 같은)를 가지고 있다면, 그 구조를 사용하지 않는 것은 실수이다. 구조는 많으면 많을수록 좋다.

이 점을 강조하기 위해 그리고 표현의 장점을 강조하기 위해 군들의 집합 위에서의 작용에 관한 일반적인 내용들을 살펴보는 것으로부터 시작해 보자. G가 집합 X 위에 작용한다고 가정한다면, 각각의 원소 x에 대하여 gx 꼴의 모든 원소들(g가 G의 원소일 때)의 집합은 'x의 궤도(orbit)'라고 불린다. 궤도들이 X의 분할(partition)을 이룬다는 것은 쉽게 알 수 있다.

예시. G가 정이면체군 D_8이고, 정사각형의 두 꼭짓점들로 이루어진 순서쌍의 집합(모두 16개) X 위에 작용한다고 하자. 그러면 X 위에서의 G의 궤도는 총 세 개이다. 즉, {AA, BB, CC, DD}, {AB, BA, BC, CB, CD, DC, DA, AD}, {AC, CA, BD, DB}가 있다.

G의 X 위에서의 한 작용이 추이적(transitive)이라는 것은 궤도가 하나뿐임을 뜻한다. 달리 말하면, X의 원소 x와 y에 대하여, $gx = y$가 되는 G의 한 원소 g를 찾을 수 있다는 것이다. 만약 한 작용이 추이적이지 않다면, 각 궤도 위에서의 G의 작용을 고려함으로써, 주어진 작용을 서로소인 집합들 위에서의 추이적인 작용들의 모임으로 분해할 수 있다. 따라서 G의 집합 위에서의 **모든** 작용들을 연구하고자 할 때, 추이작용(transitive action)들을 연구하는 것만으로도 충분하다. 작용들을 마치 '분자'처럼 생각하고, 그 분자들을 분해하면 얻어지는 '원자'들을 추이작용이라고 생각하는 것이다. 이러한 아이디어, 즉 더 이상 분해될 수 없는 대상들로 분해하는 것이 표현론에서 매우 근본적인 생각이라는 것을 보게 될 것이다.

그렇다면 가능한 추이작용들에는 어떤 것들이 있을까? G의 부분군 H들은 그런 작용의 풍부한 원천이다. 주어진 부분군 H에 대하여, H의 **좌잉여류**(left coset)는 집합 $\{gh : h \in H\}$로 정의되고, 보통 gH

로 표기한다. 군론의 기초적인 결과 중 하나는 좌잉 여류들이 G를 분할한다는 것이다(우잉여류(right coset)들 역시 마찬가지이다). 이 좌잉여류들의 집합 (통상 G/H로 표기한다) 위에는 자명하게 주어지는 G의 작용이 있다. 만약 g'이 G의 한 원소라면, g'은 잉여류 gH를 잉여류 $(g'g)H$로 보낸다.

모든 추이작용은 이런 모양이다! G의 집합 X 위에서의 추이작용에 대하여, 한 원소 $x \in X$를 선택하고, H_x를 $hx = x$를 만족하는 h들로 이루어진 G의 부분군이라고 하자. (이 집합은 x의 안정자(stabilizer)'라고 불린다.) 그러면 X 위에서의 G의 작용이 H_x의 좌잉여류들의 집합 위에서의 G의 작용과 같다*는 것을 확인할 수 있다. 예를 들어, 위에서 언급한 D_8의 첫 번째 궤도 위에서의 작용은 한 대각선에 대한 반사에 의해서 생성되는 부분군 H(원소가 두 개이다)의 좌잉여류들의 집합 위에서의 작용과 동형이다. 만약 우리가 x와 다른 원소, 예를 들어 $x' = gx$와 같은 원소를 고른다면, x'을 고정하는 부분군은 간단히 $gH_x g^{-1}$로 주어진다. 이것은 켤레부분군(conjugate subgroup)이라고 불리고, $gH_x g^{-1}$의 좌잉여류 역시 같은 궤도를 묘사하고 있다.

이로부터 G의 추이작용들과 부분군들의 켤레류(conjugacy class)(즉, 어느 주어진 부분군과 켤레 동형인 부분군들의 모임)들이 일대일대응 관계라는 것을 알 수 있다. 만약에 G가 주어진 원래의 집합 X에 추이적이지 않은 방법으로 작용한다면, X를 궤도들의 합집합으로 분해할 수 있고, 이 대응 관계의 결과로 각 궤도들은 한 부분군들의 켤레류와 연관 지어진다. 이것은 우리에게 X 위에서의 G의 작용을 기술하는 편리한 '부기(bookkeeping)' 체계를 준다. 부분군들의 켤레류가 몇 번 등장하는지만 추적하면 된다.

연습문제. 앞선 예제에서 세 궤도는 각각 대각선에 대한 반사로 생성되는 부분군 R과, 자명한 부분군, 그리고 R의 또 다른 복제에 대응됨을 확인해라.

이것은 군들이 집합 위에 어떻게 작용하는가 하는 문제를 완전히 해결한다. 작용들을 지배하는 내부 구조는 G의 **부분군** 구조인 것이다.

잠시 후에는 군들이 벡터공간 위에서 어떻게 작용하는지에 대한 문제에 대응하는 해답을 보게 될 것이다. 그 전에 먼저 잠시 동안 집합들의 경우를 들여다보고, 이미 질문에 답을 했음에도 왜 그것에 관해서 너무 만족해서는 안 되는지를 생각해 보자.**

핵심은 한 군의 부분군 구조가 **지독하게 복잡하다**는 데 있다.

예를 들어, 크기가 n인 임의의 유한군은 모두 대칭군[III.68] S_n의 부분군이다(이것은 '케일리의 정리(Cayley's theorem)'로서 군 G의 자기 자신 위에서의 작용을 고려함으로써 얻어지는 결과이다). 따라서 대칭군 S_n의 모든 부분군들의 켤레류를 나열하기 위해서는 크기가 n보다 작은 모든 유한군을 이해해

---

* 여기서 '같다'는 것은 'G가 작용하는 집합들로서 동형(isomorphic)이다'라는 것을 의미한다. 가볍게 읽는 독자들은 '같다'라고 이해해도 좋지만, 좀 더 신중한 독자라면 여기에서 멈춰서 이것이 정확하게 무엇을 의미하는지 이끌어내거나 혹은 찾아 보아야만 한다.

** 연습문제: D_8의 예로 돌아가서 모든 가능한 추이작용들을 나열하시오.

야만 한다.[*] 또 다른 예로, 순환군(cyclic group) $\mathbb{Z}/n\mathbb{Z}$를 생각해 보자. 이 경우 부분군들은 n의 약수에 대응하게 되는데, n의 약수가 된다는 것은 매우 섬세한 성질로서 n이 달라짐에 따라 순환군들이 매우 다르게 행동하도록 만든다. 만약에 n이 2의 거듭제곱이라면 상당히 많은 부분군들이 존재하는 반면, 만약 n이 소수라면 거의 부분군을 갖지 않게 된다. 따라서 단지 순환군처럼 단순한 군의 부분군 구조를 알고 싶다 하더라도, 정수론과 같이 어려운 내용이 등장하게 된다.

관심을 선형 표현들로 돌리면 조금 편안해진다. 표현의 경우에서도 집합 위에서의 군의 작용과 마찬가지로, 주어진 표현들을 '원자적'인 것들로 분해할 수 있음을 보게 될 것이다. 그렇지만 집합의 경우와는 달리, 이 원자적 표현들('기약표현(irreducible representation)' 혹은 단순히 '기약(irreducible)'이라고 부르는)은 상당히 아름다운 규칙성을 띤다는 것이 밝혀졌다.

표현론의 좋은 성질들은 많은 경우에 다음의 사실로부터 유래되었다. 대칭군 S_n의 원소들은 곱해질 수만 있는 데 반해, GL(V)의 원소들, 즉 행렬들은 곱해질 수만 있을 뿐만 아니라 서로 더해질 수도 있다는 것이다. (그러나 조심해야 할 점은 GL(V)의 두 원소의 합은 가역이 아닐 수 있으므로 다시 GL(V)의 원소일 필요가 없다는 것이다. 하지만 그 합은 자기준동형 대수(endomorphism algebra) End(V)의 원소가 된다. $V = \mathbb{C}^n$일 때, End(V)는 가역인 것과 비가역인 것 모두를 포함하는, 친숙한 복소수를 성분으로 하는 $n \times n$ 행렬들의 대수가 된다.)

더하는 것이 가능하다는 점이 만들어내는 차이를 보기 위하여, 순환군 $G = \mathbb{Z}/n\mathbb{Z}$를 고려해 보자. $\omega^n = 1$을 만족하는 각각의 $\omega \in \mathbb{C}$에 대하여, 원소 $r \in \mathbb{Z}/n\mathbb{Z}$를 1차원 공간 $\mathbb{C}$에서 자기 자신으로 가는 선형사상인 곱하기 ω^r에 대응시킴으로써, $\mathbb{C}$ 위에서의 G의 표현 χ_ω를 하나 얻게 된다. 이것은 각각의 1의 n제곱근마다, 서로 다른 n개의 1차원 표현들을 주는데, 이들이 1차원 표현들의 전부라는 것이 알려져 있다. 뿐만 아니라 $\rho : G \to$ GL(V)가 $\mathbb{Z}/n\mathbb{Z}$의 임의의 표현일 때, 함수의 푸리에 모드(Fourier mode)를 찾는 공식을 모방하여, ρ를 χ_ω들의 직합(direct sum)으로 쓸 수 있다. 표현 ρ를 이용하여, 각각의 $r \in \mathbb{Z}/n\mathbb{Z}$마다 선형사상 $\rho(r)$을 대응시킨 후, 이제 선형사상 $p_\omega : V \to V$를 다음 공식으로 정의하자.

$$p_\omega = \frac{1}{n} \sum_{0 \leqslant r < n} \omega^{-r} \rho(r).$$

그러면 p_ω는 End(V)의 원소가 되고, 실제로 V의 부분공간 V_ω로의 사영[III.50 §3.5]이 된다는 것을 확인할 수 있다. 사실 이 부분공간은 고유공간[I.3 §4.3]이 된다. 즉, $\rho(1)v = \omega v$를 만족하는 모든 벡터들로 이루어진 부분공간으로서, ρ가 표현이므로 $\rho(r)v = \omega^r v$를 만족하게 된다. 이 사영 p_ω는, 단위원 위에 정의된 함수 $f(\theta)$의 n번째 푸리에 계수[III.27] $a_n(f)$에 대응하는 것으로 이해되어야만 한다. 위 공식이 푸리에 전개 공식 $a_n(f) = \int e^{-2\pi i n \theta} f(\theta)\, d\theta$와 형식적으로 비슷하게 보인다는 점에 주목하기 바란

---

[*] 유한 단순군의 분류[V.7]는 적어도 S_n의 부분군의 켤레류의 개수 γ_n을 추정할 수 있도록 해 준다. 피버(Pyber)에 의하면 $2^{((1/16)+o(1))n^2} \leqslant \gamma_n \leqslant 24^{((1/6)+o(1))n^2}$이다. 등호는 하계(lower bound)일 것으로 기대된다.

다.

함수 f의 푸리에 급수가 가지는 흥미로운 점은, 적절한 상황에서는 그 합이 다시 f가 된다는 것이다. 다시 말해, 푸리에 급수는 함수 f를 삼각함수 [III.92]들로 분해한다. 비슷하게 부분공간 V_ω들의 흥미로운 점은, 이들을 이용하여 표현 ρ를 분해할 수 있다는 것이다. 서로 다른 임의의 사영 p_ω들의 합성은 0이 된다는 사실로부터

$$V = \bigoplus_\omega V_\omega$$

가 된다는 것을 알 수 있다. 각각의 V_ω를 $\mathbb{C}$의 복사본인 1차원 공간들의 합으로 쓸 수 있는데, 이들 중 어느 하나를 생각하더라도 ρ를 그 위로 제한하면 그것은 앞서 정의했던 단순 표현(simple representation) χ_ω가 된다. 따라서 ρ는 매우 단순한 '원자들', 즉 χ_ω들의 결합으로 분해된 것이다.*

행렬을 더할 수 있다는 이 능력은 매우 유용한 결과를 낳는다. 유한군 G가 복소벡터공간 V 위에 작용한다고 하자. V의 부분공간 W가 G의 모든 원소 g에 대하여 $gW = W$를 만족할 때, W가 G-불변(G-invariant)이라고 한다. 이제 W가 G-불변부분공간(G-inavariant subspace)이고, U를 여부분공간(complementary subspace)(즉, V의 임의의 원소를 W의 한 원소와 U의 한 원소의 합으로 유일하게 쓸 수 있도록 하는 V의 부분공간)이라고 하자. ϕ는 U 위로의 임의의 사영이라고 하자. 그러면 선형사상

$1/|G|\sum_{g \in G} g\phi$ 역시 어떤 여부분공간 위로 사영이 됨을 보이는 것은 쉬운 연습문제이다. 뿐만 아니라 이 여부분공간은 G-불변이라는 점은 G의 한 원소 g'을 위의 합에 적용하는 것이 단지 그 항들을 재배열하는 것과 같다는 것으로부터 알 수 있다.

이 관찰이 매우 유용한 이유는 이를 통해 임의의 표현을 기약표현(irreducible representation), 즉 G-불변부분공간을 가지지 않는 표현들로 분해할 수 있기 때문이다. 실제로 만약 ρ가 기약이 아니라면 V는 G-불변부분공간 W를 갖게 된다. 이제 위에서 언급한 것처럼, $V = W \oplus W'$으로 쓸 수 있으면서 G-불변인 V의 부분공간 W'이 있다는 것을 안다. 만약 W 또는 W'이 또다시 G-불변부분공간을 가진다면, 또다시 분해를 하며 이런 작업을 계속해 나갈 수 있다. 바로 앞에서 순환군의 경우에 이러한 과정이 이루어지는 것을 것을 보았다. 그때 기약표현들은 1차원 표현 χ_ω들이었다.

추이 작용들이 집합 위의 작용들의 기본 구성 요소인 것과 마찬가지로, 기약표현들은 임의의 복소표현(complex representation)의 기본 구성 요소이다. 이 지점에서 '기약표현들에는 어떤 것들이 있는가?'라는 질문이 제기된다. 많은 중요한 예제들에서 이 질문에 대한 답이 잘 알려져 있지만 아직 일반적인 방법으로 해결할 수 있는 답은 밝혀지지 않았다.

작용과 표현의 차이점에 대한 논의로 돌아가면, 군 G의 유한 집합 X 위에서의 작용을 선형화할 수 있다는 중요한 관찰을 할 수 있다. 만약 X가 n개의 원소를 가지고 있다면, X 위에서 정의된 모든 복소숫값 함수들로 이루어진 힐베르트 공간[III.37] $L^2(X)$를 생각할 수 있다. 이 공간은 x는 1로 보내고,

---

* 이 글의 나머지를 정리하자면 다음과 같다. 푸리에 변환과의 닮은 점은 단순한 유사성이 아니다. 주어진 표현을 그것의 기약합인 자들로 분해하는 것은 이 예제와 푸리에 변환을 모두 포함하는 개념이다.

X의 다른 원소들은 0으로 보내는 '델타 함수(delta function)' δ_x들로 이루어진 자연스러운 기저를 갖고 있다. 이제 명백한 방법으로 X 위에서의 G의 작용을 이 기저 위에서의 G의 작용으로 바꿀 수 있다. 간단히 $g\delta_x$를 δ_{gx}라고 정의하면 된다. 임의의 함수 f는 기저 함수 δ_x들의 선형결합이므로, 이 정의를 선형성을 이용하여 확장할 수 있다. 이것은 G의 $L^2(X)$ 위에서의 작용을 하나 주게 되고 그것은 다음과 같은 단순한 공식에 의해 정의된다. 만약 f가 $L^2(X)$에 속하는 함수라면, gf는 $(gf)(x) = f(g^{-1}x)$로 정의된 함수이다. 같은 말로, f라는 함수가 x에게 하는 것을 gf라는 함수가 gx에 한다. 따라서 집합 위에서의 한 작용은 군의 각 원소마다 매우 특별한 행렬들, 즉 0과 1로만 이루어져 있고 각 행과 열마다 정확히 하나의 1만 나타나는 행렬들을 대응시키는 것으로 이해할 수 있다(이런 행렬들을 치환행렬(permutation matrix)이라고 부른다). 반면에 일반적인 표현은 임의의 가역행렬을 대응시킨다는 차이가 있다.

이제 심지어 X 자신이 G의 작용에 대해서 하나의 궤도를 이루는 경우라고 할지라도, 위에서 정의된 $L^2(X)$ 위에서의 표현은 더 작은 조각들로 쪼개질 수도 있다. 이 현상의 극단적인 예로, $\mathbb{Z}/n\mathbb{Z}$의 곱셈으로 주어지는 자기 자신 위에서의 작용을 생각할 수 있다. 방금 보았듯이 위에서 고려한 '푸리에 전개'를 이용하면, $L^2(\mathbb{Z}/n\mathbb{Z})$는 n개의 1차원 표현들의 합으로 분해된다.

이제 임의의 군 G의 곱셈으로 주어지는, 좀 더 정확하게 좌측곱셈(left multiplication)으로 주어지는 자기 자신 위에서의 작용에 대하여 생각해 보자. 즉, 각 원소 g마다 G의 원소 h를 gh로 보내는 G의 치환을 대응시킬 것이다. 이 작용은 분명히 추이적이다. 집합 위의 작용으로서는 더 이상 분해될 수 없는 것이다. 하지만 이 작용을 G의 벡터공간 $L^2(G)$ 위에서의 표현으로 선형화하면, 이 작용을 분해할 수 있는 훨씬 큰 유연성을 갖게 된다. 사실은, 이 표현이 많은 기약표현들의 직합으로 분해될 뿐만 아니라 G의 모든 기약표현 ρ가 이 직합의 합인자로 나타나고, ρ가 나타나는 횟수는 ρ가 작용하는 부분공간의 차원과 같다는 것이 알려져 있다.

방금 논의한 표현을 G의 좌정규표현(left regular representation)이라고 부른다. 모든 기약표현이 그 속에 규칙적으로 나타난다는 사실은 이 표현을 매우 유용한 것으로 만들어 준다. 주목할 점은, 복소벡터공간의 모든 자기동형사상은 고유벡터(eigenvector)를 가지기 때문에, 복소벡터공간 위에서의 표현을 분해하는 것이 실벡터공간 위에서의 경우보다 더 쉽다는 것이다. 따라서 복소표현을 연구하는 것으로 시작하는 점이 가장 간단하다.

이제 유한군의 복소표현에 관한 기본정리를 제시할 때가 되었다. 이 정리는 유한군에 대하여 얼마나 많은 기약표현들이 있는가를 알려줄 뿐만 아니라, 더 나아가 표현론이 '푸리에 분해의 비가환적 형태(non-Abelian analogue of Fourier decomposition)'라는 것을 알려주고 있다.

$\rho : G \to \mathrm{End}(V)$를 G의 표현이라고 하자. ρ의 지표(character) χ_ρ는 그것의 대각합(trace)으로 정의된다. 즉, χ_ρ는 G에서 $\mathbb{C}$로 가는 함수이고, 각 원소 $g \in G$에 대하여 $\chi_\rho(g) = \mathrm{tr}(\rho(g))$이다. 임의의 두 행렬 A와 B에 대하여 $\mathrm{tr}(AB) = \mathrm{tr}(BA)$이므로, $\chi_\rho(hgh^{-1}) = \chi_\rho(g)$임을 안다. 그러므로, χ_V는 G 위에 아무렇게나

정의된 함수들과는 전혀 다른 함수이다. 이 함수는 군의 원소들의 **켤레류**(conjugacy class) 위에서 상수 함수이다. 이제 K_G를 이러한 성질을 가지는 G 위에서의 복소숫값 함수들 전체로 이루어진 벡터공간이라고 하자. 이 공간을 G의 **표현환**(representation ring)이라고 부른다.

주어진 군의 기약표현들의 지표들은 그 군에 대한 매우 중요한 정보들을 가지고 있는데, 이 정보들은 자연스럽게 하나의 행렬로 표현된다. 각 열은 켤레류들을, 각 행들은 기약표현들을 나타내고, 각 성분들은 주어진 표현의 주어진 켤레류 위에서의 지표의 값을 나타낸다. 이 배열은 주어진 군의 **지표표**(character table)라고 불리고, 그 군의 표현에 관한 모든 중요한 정보들을 포함하고 있다. 이것은 우리의 주기율표(periodic table)에 해당한다. 이와 관련된 기본 정리는 이 배열이 정사각형이라는 것이다.

정리(지표표는 정사각형이다). G를 유한군이라고 가정하면, 기약표현의 지표들은 K_G의 정규직교기저(orthonormal basis)를 이룬다.

지표들의 기저가 **정규직교**(orthonormal)라는 것은, 다음과 같이 정의된 에르미트 내적(Hermitian inner product)

$$\langle x, \psi \rangle = |G|^{-1} \sum_{g \in G} \chi(g) \overline{\psi(g)}$$

가 $\chi = \psi$이면 1이고, 그렇지 않으면 0이라는 뜻이다. 기약지표들이 기저가 된다는 사실은 특히, 정확하게 G의 켤레류의 개수만큼의 기약표현들이 있다는 것을 의미하고, 또한 각각의 ρ를 그것의 지표로

보내는 함수, 즉 표현들의 동형류(isomorphism class)에서 K_G로 가는 함수가 단사(injection)라는 것을 의미한다. 따라서 임의의 표현의 동형류가 그것의 지표에 의해 결정된다.

군 G가 벡터공간 위에 어떻게 작용할 수 있는지를 통제하는 내부 구조는 G의 각 원소들의 켤레류들의 구조이다. 이것은 G의 모든 부분군에 대해서 그 켤레류들을 모아 놓은 집합보다는 훨씬 쉬운 구조를 가지고 있다. 예를 들어, 대칭군 S_n 속에서 두 치환이 같은 켤레류에 들어 있을 필요충분조건은 그들이 같은 순환 유형(cycle type)을 갖는 것이다. 따라서 S_n 속에는 켤레류와 n의 분할(partition)들 사이에 일대일대응이 있다.*

더 나아가 부분군들을 어떻게 셀 것인가 하는 것은 완전히 불분명한 문제인 반면에, 원소들의 켤레류들은 훨씬 다루기가 쉽다. 예를 들어 켤레류는 군을 분할하기 때문에, 공식 $|G| = \sum_{\text{켤레류 } C} |C|$를 얻는다. 표현의 측면에서도 정규표현 $L^2(G)$를 기약표현들로 분해할 때 얻어지는 비슷한 공식

$$|G| = \sum_{\text{기약인 } V} (\dim V)^2$$

이 있다. 군의 모든 부분군 위에서의 합들과 관련하여, 이와 비슷하고 간단한 공식이 있을 것이라는 건 상상조차 할 수 없다.

주어진 유한군 G의 표현들의 일반적인 구조를 이해하는 문제를 G의 지표표를 결정하는 문제로 줄

---

* 모든 분할들의 집합은 합리적인 조합론적 대상일 뿐만 아니라, S_n의 모든 부분군의 집합의 크기보다 훨씬 작다. 하디[VI.73]와 라마누잔[VI.82]은 분할의 개수가 대략 $(1/4n\sqrt{3})\,e^{\pi\sqrt{(2n/3)}}$이라는 것을 보였다.

였다. $G = \mathbb{Z}/n\mathbb{Z}$인 경우, 앞서 얻은 n개의 기약표현들에 관한 묘사는 이 행렬(지표표)의 모든 성분들이 단위근(root of unity)이라는 것이다. 비교해 보기 위해서 아래 왼쪽에 정사각형의 대칭들의 군인 D_8의 지표표를, 오른쪽에는 $\mathbb{Z}/3\mathbb{Z}$의 지표표를 넣었다.

$$
\begin{array}{ccccc} \quad & \quad & \quad & \quad & \quad \\ 1 & 1 & 1 & 1 & 1 \\ 1 & 1 & 1 & -1 & -1 \\ 1 & 1 & -1 & 1 & -1 \\ 1 & 1 & -1 & -1 & 1 \\ 2 & -2 & 0 & 0 & 0 \end{array} \qquad \begin{array}{ccc} 1 & 1 & 1 \\ 1 & z & z^2 \\ 1 & z^2 & z \end{array}
$$

여기에서 $z = \exp(2\pi i/3)$이다.

첫 번째 표를 어떻게 얻었는가 하는 뻔한 질문은 위의 정리와 관련된 중심 문제를 시사한다. 즉, 비록 이 정리가 지표표의 모양을 말해주고 있기는 하지만, 여전히 실제 지푯값(character value)들이 무엇인지 이해하는 데에는 도움을 주고 있지 않다. 얼마나 **많은** 표현들이 있는지는 알고 있지만, 그들이 무엇인지, 심지어 그것들의 차원이 얼마인지조차 모르고 있다. '비가환 푸리에 변환(non-Abelian Fourier transform)'과 같은 식으로 표현을 구성하는 일반적인 방법은 없다. 이것이 표현론의 가장 중요한 문제이다.

이제 D_8의 경우에는 이 문제를 어떻게 풀 수 있는지 보도록 하자. 이 글에서 이미 이 군의 세 가지 기약표현을 만났다. 첫 번째는 '자명한(trivial)' 1차원 표현이다. 대응하는 준동형사상 $\rho: D_8 \to \mathrm{GL}_1$은 D_8의 모든 원소를 항등원으로 보낸다. 두 번째는 앞에서 구체적으로 적어 놓았던 2차원 표현으로, D_8의 각각의 원소들이 $\mathbb{R}^2$ 위에서 명백한 방식으로 작용한다. 이 표현의 행렬식(determinant)은 **자명하지 않**은 1차원 표현이 된다. 이것은 회전을 1로 보내고,

반사는 -1로 보낸다. 따라서 우리는 위 지표표의 세 번째 행까지를 채웠다. D_8은 항등원 축들에 대한 반사, 대각선에 대한 반사, 90° 회전, 180° 회전에 대응하는 다섯 개의 켤레류를 가지고 있기 때문에, 이제 두 행이 남았다는 것을 안다.

등식 $|G| = 8 = 2^2 + 1 + 1 + (\dim V_4)^2 + (\dim V_5)^2$은 이 채워지지 않은 두 표현이 1차원이라는 것을 알려준다. 아직 알려지지 않은 지푯값들을 얻는 한 방법은 지표들의 직교성(orthogonality)을 이용하는 것이다.

조금 덜 임시방편적인 방법은, 작은 X에 대하여 $L^2(X)$를 분해하는 것이다. 예를 들어, X가 대각선들의 쌍 $\{AC, BD\}$일 때 $L^2(X) = V_4 \oplus \mathbb{C}$임을 알 수 있다. 여기서 $\mathbb{C}$는 자명한 표현이다.

지금부터는 표현론에서 다뤄지는 좀 더 현대적인 주제들을 살펴볼 것이다. 그러려면, 일정 수준의 고등수학으로부터 파생된 언어를 사용할 수밖에 없다. 이들 언어들 중에서 그 일부에만 친숙한 독자들은 나머지 부분들은 훑어보는 것으로 만족해야만 할 것이다. 각각의 논의들이 서로 다른 선행 지식들을 필요로 하기 때문이다.

체계적이지는 않지만, 일반적으로 표현을 찾아내는 좋은 방법 중 하나는 G가 작용하는 대상들을 먼저 찾은 다음, 그 작용들을 '선형화'하는 것이다. 앞에서 이미 예를 하나 보았다. G가 집합 X 상에서 작용할 때, $L^2(X)$ 위에 일어나는 작용을 선형화된 작용으로 간주할 수 있는 것이다. 모든 기약 G-작용집합(irreducible G-set)들이 어떤 부분군 H에 대하여 G/H 꼴로 주어짐을 떠올리기 바란다. 따라서 $L^2(G/H)$를 생각할 수 있고, 이뿐만 아니라 H의 임의의 표

현 W에 대하여, 벡터공간 $L^2(G/H, W) = \{f : G \to W \mid f(gh) = h^{-1}f(g), g \in G, h \in H\}$를 생각할 수 있다. 기하학적인 용어를 선호하는 이들을 위해 다시 말하자면, 이것은 G/H 상 W-다발과 연관된 단면들(sections of the associated W-bundle on G/H)로 이루어진 공간이다. 이 표현은 W의 H에서 G로 유도된 표현(induced representation)이라고 불린다.

또 다른 선형화들 역시 중요하다. 예를 들어, G가 위상공간(topological space) X 위에 연속적으로 작용할 때 이것이 호몰로지류(homology class)들 위에 어떻게 작용하는지, 그래서 결국 X의 호몰로지[IV.6 §4]* 위에 어떻게 작용하는지 살펴볼 수 있다. 가장 간단한 경우는 원 S^1 위에 정의된 함수 $z \to \bar{z}$이다. 이 함수의 제곱은 항등함수이기 때문에, 이것은 $\mathbb{Z}/2\mathbb{Z}$의 S^1 위에서의 한 작용이 되고, 이것은 다시 $\mathbb{Z}/2\mathbb{Z}$의 $H_1(S^1) = \mathbb{R}$ 위의 표현이 된다(이때, 항등원은 곱하기 1을 표현하고, $\mathbb{Z}/2\mathbb{Z}$의 다른 하나의 원소는 곱하기 -1을 표현한다).

이와 같은 방법들은 그동안 모든 유한 단순군[I.3 §3.3]들의 지표표를 계산하는 데 사용되어 왔다. 하지만 아직은 모든 군들에 적용되는 일반적인 설명에는 이르지 못하고 있다.

지표표의 많은 산술적인 성질들은 원하는 비가환 푸리에 변환의 성질에 대한 단서를 주고 있다. 예를 들어, 한 켤레류의 크기는 군의 크기를 나누는데, 사실은 한 기약표현의 차원 역시 군의 크기를 나눈다. 이 아이디어를 발전시키면, 법 p에 대한 지푯값

---

* 이 글에서 말하는 호몰로지군이란, 단순히 호몰로지류들의 정수 계수를 가지는 형식적인 합을 뜻한다. 만약 벡터공간이 필요하다면, 우리는 실수 계수를 취할 것이다.

을 p-국소 부분군(p-local subgroup)이라고 불리는 것들과 연관 짓는 방법으로 나아가게 된다. 이 군들은 $N(Q)/Q$ 꼴로 주어지는데, 이때 Q는 G의 부분군이고, Q의 원소의 개수는 p의 거듭제곱이며, $N(Q)$는 Q의 정규화 부분군(normalizer), 즉 Q를 정규 부분군(normal subgroup)으로 가지는 G의 가장 큰 부분군을 뜻한다. 만약 'p-실로우 부분군(p-Sylow subgroup)'이라고 불리는 G의 특별한 부분군이 가환이면, 브루에(Broué)의 아름다운 추측은 G의 표현들이 가지는 본질적이고 완전한 모습을 알려준다. 그러나 일반적으로 이 질문들은 막대한 최신 연구들의 중심에 위치하고 있다.

3 푸리에 해석

벡터공간 위에서 군의 작용을 연구하는 것이 중요한 이유를 제시하기 위해서, 표현들에 관한 이론이 집합 위에서의 군의 작용들에 대한 이론에서는 볼 수 없는 좋은 구조를 가지고 있다는 것을 설명하였다. 그 이유를 좀 더 역사적인 관점에서 보자면, 함수들의 공간 위에 어떤 군 G가 자연스럽게 작용하는 경우가 매우 많고, 전통적으로 관심이 있었던 많은 문제들이 이 G의 표현을 분해하는 것과 관련이 있다는 점에서 시작되었다고 할 수 있다.

§3에서는 G가 콤팩트 리 군[III.48 §1]인 경우에 집중할 것이다. 이 경우에도 유한군의 표현론이 가지는 많은 좋은 특징들이 지속적으로 나타나는 것을 볼 것이다.

전형적인 예로 원 S^1 위에서 정의된 제곱적분가능한(square-integrable) 함수들의 공간 $L^2(S^1)$을 들

수 있다. 원을 ℂ 속에서의 단위원으로 이해할 수 있고, 따라서 이것을 원의 회전들로 이루어진 군과 동일시할 수 있다(왜냐하면, $e^{i\theta}$을 곱하는 것은 원을 θ만큼 회전시키기 때문이다). 이 작용은 $L^2(S^1)$ 위의 작용으로 선형화된다. 만약 f가 S^1 위에 정의된 제곱적분가능한 함수이고, w가 이 원에 속한다고 하면, $(w \cdot f)(z)$는 $f(w^{-1}z)$로 정의된다. 즉, f가 z에 하는 것을 $w \cdot f$가 wz에 한다.

고전적인 푸리에 해석에서는 $L^2(S^1)$에 속하는 함수들을 삼각함수들로 이루어진 기저로 표현한다. 즉, $z^n (n \in \mathbb{Z})$ 꼴의 함수들의 합으로 표현하는 것이다(z를 $e^{i\theta}$으로, z^n을 $e^{in\theta}$으로 쓰면, 좀 더 '삼각함수처럼' 보인다). 만약 w를 고정하고, $\phi_n(z) = z^n$이라고 쓴다면, $(w \cdot \phi_n)(z) = \phi_n(w^{-1}z) = w^{-n}\phi_n(z)$가된다. 특히 각 w에 대하여, $w \cdot \phi_n$은 ϕ_n의 상수배이므로, ϕ_n에 의해 생성된 1차원 부분공간은 S^1의 작용에 대하여 불변이다. 사실 연속적인 표현들만을 생각한다면, S^1의 모든 기약표현들이 이런 형태로 주어진다.

이제 위 상황을 전혀 문제될 것 없어 보이는 방법으로 일반화하자. 1을 n으로 바꾸고, n차원 구면(n-sphere) S^n 위에 정의된 제곱적분가능한 복소숫값 함수들로 이루어진 공간 $L^2(S^n)$을 이해하려고 한다. n-구 위에는 회전들로 이루어진 군 SO($n + 1$)이 작용힌디. 이전과 마찬가지로, 이 작용은 공간 $L^2(S^n)$ 위에서의 SO($n + 1$)의 표현으로 바뀌고, 이 표현을 기약표현들로 분해하고 싶다. 즉, $L^2(S^n)$을 SO($n + 1$)의 극소 불변부분공간(minimal invariant subspace)들의 직합으로 분해하고자 한다.

이런 분해가 가능하다는 것이 알려졌고, 그 증

명은 유한군의 경우와 매우 비슷하다. 특별히 SO($n + 1$)과 같은 콤팩트군들은 그 위에 하 측도(Haar measure)라고 불리는 자연스러운 확률측도 [III.71 §2]를 가지는데, 이 측도를 이용하면 군 위에서 정의된 함수들의 평균을 정의할 수 있게 된다. 간단히 말해서, SO($n + 1$)의 경우의 증명과 유한군의 경우의 증명 간의 유일한 차이점은 몇몇의 합들을 적분으로 대체해야만 한다는 것이다.

이 방법을 적용하여 증명할 수 있는 일반적인 결과는 다음과 같다. 만약 G가 콤팩트군이고 콤팩트 공간 X 위에 연속적으로 작용하고 있다면, 즉, X의 치환 $\phi(g)$가 연속일 뿐만 아니라, g가 변화할 때 연속적으로 따라서 변한다면, $L^2(X)$는 유한차원 최소 G-불변부분공간들의 직교직합(orthogonal direct sum)으로 나누어진다. 달리 말해, G의 $L^2(X)$ 위에서의 선형화된 작용은 각각이 유한차원인 기약표현들의 직교직합으로 분해된다. 이제 $L^2(X)$의 힐베르트 공간 기저(Hilbert space basis)를 찾는 문제는 두 가지 하위 문제로 나뉜다. 먼저 X와는 독립적인 문제로서, G의 모든 기약표현을 결정해야만 하고, 그러고 나서 각각의 기약표현들이 $L^2(X)$ 속에 몇 번씩 나타나는지를 결정해야 한다.

$G = S^1$(S^1은 SO(2)와 동일시된다)이고, $X = S^1$인 경우, 이 기약표현들이 1차원임을 보았다. 이제 콤팩트군 $G = $ SO(3)의 S^2 위에서의 작용을 살펴보자. G의 $L^2(S^2)$ 위에서의 작용이 라플라스 작용소(Laplacian)라고 불리는 $L^2(S^2)$ 위에 정의된 미분작용소(differential operator) Δ와 교환된다는 것을 보일 수 있는데, Δ는 다음과 같이 정의된다.

$$\Delta = \frac{\partial^2}{\partial x^2} + \frac{\partial^2}{\partial y^2} + \frac{\partial^2}{\partial z^2}.$$

즉, 임의의 $g \in G$와 충분히 매끄러운 함수 f에 대하여, $g(\Delta f) = \Delta(gf)$가 성립한다. 특히, f가 라플라스 작용소의 고유함수(eigenfunction)일 때, 즉 어떤 $\lambda \in \mathbb{C}$에 대하여 $\Delta f = \lambda f$를 만족할 때는, 각각의 $g \in SO(3)$에 대해,

$$\Delta g f = g \Delta f = g \lambda f = \lambda g f$$

가 성립하고, gf도 역시 Δ의 고유함수가 된다. 그러므로 고윳값을 λ로 가지는 라플라스 작용소의 고유함수들로 이루어진 공간 V_λ는 G-불변이다. 사실은 만약 V_λ가 0이 아니라면, G의 V_λ 위에서의 작용은 기약표현이 된다는 것도 알 수 있다. 더 나아가, SO(3)의 각 기약표현들은 이 방법으로 정확히 한 번씩 등장한다. 좀 더 정확히 말하자면, 아래와 같은 힐베르트 공간 직합(Hilbert space direct sum)을 얻는다.

$$L^2(S^2) = \bigoplus_{n \geq 0} V_{2n(2n+2)}.$$

이때 각 고유공간(eigenspace) $V_{2n(2n+2)}$의 차원은 $2n + 1$이다. 이것은 고윳값이 **불연속적인**(discrete) 경우에 속한다. (이런 고유공간들은 **구면 조화함수** [III.87]에서 좀 더 다뤄진다.)

각각의 기약표현들이 많아야 한 번씩만 등장한다는 좋은 특징은 $L^2(S^n)$의 경우에서 볼 수 있는 특별한 현상이다. (이 현상이 나타나지 않는 예로서, 유한군 G의 정규표현 $L^2(G)$에서는 각 기약표현 ρ가 $\dim \rho$만큼 나타난다는 것을 기억하기 바란다.) 그렇지만 다른 현상들은 좀 더 일반적으로 성립한다. 예

를 들어 콤팩트 리 군 G가 공간 X 위에 미분가능하게 작용한다면, $L^2(X)$의 G-불변부분공간들 중에서 특별히 한 표현에 대응하는 것들을 모두 합한 공간은, 어떤 교환가능한 미분작용소들의 모임에 대한 공통 고유벡터들의 집합과 항상 같게 된다. (앞선 예시는 라플라스 작용소 하나만 있는 경우이다.)

특정한 미분 방정식의 해처럼 흥미로운 **특수 함수**[III.85]들은 종종 행렬의 성분과 같은 표현론적인 의미를 가지고 있다. 그러면 그들의 특성들은 함수해석학과 표현론의 일반적인 결과들로부터, 특별한 계산 없이 쉽게 얻어질 수 있다. 초기하 방정식(Hypergeometric equation), 베셀 방정식(Bessel equation), 그리고 많은 적분가능계(integrable system)들이 이런 방식으로 나타난다.

이 밖에도 콤팩트군의 표현론과 유한군의 표현론 사이에는 더 많은 유사점이 있다. 콤팩트군 G와 기약표현 ρ가 주어졌을 경우에도 그 차원이 유한하기 때문에 대각합을 생각할 수 있고, 따라서 지표 χ_ρ를 정의할 수 있다. 종전과 마찬가지로, χ_ρ는 각 켤레류 위에서 상수함수이다. 결국, 켤레화에 불변이고 제곱적분가능한 함수 전체로 이루어진 힐베르트 공간 속에서, 기약표현들의 지표들이 정규직교기저를 이루고 있다는 관점에서 '지표표는 정사각형이다'라고 말할 수 있다(하지만 이제는 '정사각형'이 무한히 크다). $G = S^1$인 경우, 이것은 푸리에 정리이다. G가 유한군이면 이것은 §2의 정리이다.

4 콤팩트 아닌 군, 표수가 p인 군, 그리고 리 대수

'지표표는 정사각형' 정리는 좋은 켤레류의 구조를

가진 군들에 관심을 집중하도록 한다. 만약 그런 성질은 유지하면서 콤팩트라는 조건을 완화시킨 군들을 생각하면 어떤 일이 생길까?

전형적인 콤팩트가 아닌 군으로 실수 $\mathbb{R}$이 있다. S^1과 같이, $\mathbb{R}$은 자기 자신 위에 자명한 방법으로 작용하므로(실수 t는 평행이동 $s \mapsto s + t$에 대응한다), 이 작용을 늘 하던 대로 선형화하고, $L^2(\mathbb{R})$을 $\mathbb{R}$-불변부분공간들로 분해해 보도록 하자.

이 상황에서 우리는 1차원 표현들의 **연속적인 모임**을 갖게 된다. 각각의 실수 λ에 대하여 $\chi_\lambda(x) = e^{2\pi i \lambda x}$으로 함수 χ_λ를 정의할 수 있다. 이 함수들이 제곱적분가능하지 않은 어려움에도 불구하고, 고전적인 푸리에 해석은 L^2-함수를 이 함수들로 표현할 수 있다는 것을 알려준다. 하지만 이제 푸리에 모드들이 연속적인 모임 안에서 변화하기 때문에, 더 이상 하나의 함수를 푸리에 모드의 합으로 분해할 수 없다. 대신, 적분을 이용해야만 한다. 먼저 함수 f의 푸리에 변환 $\hat{f}$을 공식 $\hat{f}(\lambda) = \int f(x)e^{2\pi i \lambda x}\,\mathrm{d}x$로서 정의한다. 원하는 f의 분해는 $f(x) = \int \hat{f}(\lambda) e^{-2\pi i \lambda x}\mathrm{d}\lambda$이다. 푸리에 반전공식(Fourier inversion formula)으로 알려진 이 공식은 f가 χ_λ들의 가중적분(weighted integral)이라는 것을 알려준다. 또한 이것을 함수 χ_λ로 생성되는 1차원 부분공간들의 (직합이 아니라) '직적분(direct integral)'으로 분해한 것처럼 생각할 수 있다. 하지만 χ_λ들이 $L^2(\mathbb{R})$에 속하지 않기 때문에 이 상황을 다룰 때는 상당히 조심해야만 한다.

이 예제는 일반적인 경우에 무엇을 예상해야 하는지 알려준다. 만약 X가 측도(measure)를 가진 공간이고, G가 그 위에 연속적으로, 그리고 X의 부분

공간들의 측도를 보존하는 방식으로(평행이동이 $\mathbb{R}$의 부분공간들의 길이를 보존하듯이) 작용한다면, 그 작용은 모든 기약표현들의 집합 위에 정의된 측도 μ_X를 만들어내고, $L^2(X)$는 모든 기약표현들 위에서의 이 측도에 대한 적분으로 분해될 수 있다. 이런 분해를 명확하게 기술하고 있는 정리를 X에 대한 프란셰렐 정리(Plancherel theorem)라고 부른다.

좀 더 복잡하지만 더 전형적인 예로, 실수를 성분으로 하고 행렬식이 1인 2×2 행렬들로 이루어진 군 $\mathrm{SL}_2(\mathbb{R})$의 $\mathbb{R}^2$ 위에서의 작용을 살펴보고, $L^2(\mathbb{R}^2)$을 분해하는 방법을 찾아보도록 하자. S^2 위에 정의된 함수들을 다룰 때 했던 것처럼, 미분작용소를 사용할 것이다. 여기에는 반드시 매끄러운(smooth) 함수들만 다루어야 하고, 원점에서 정의되지 않는 함수들을 허용해야 하는 작은 기술적인 면이 수반된다. 이번 경우에 적절한 미분작용소는 오일러 벡터장(Euler vector field) $x(\partial/\partial x) + y(\partial/\partial y)$인 것으로 알려져 있다. 만약 f가 모든 x, y 그리고 $t > 0$에 대하여 $f(tx, ty) = t^s f(x, y)$를 만족한다면, f가 이 작용소의 고윳값이 s인 고유함수가 되고, 뿐만 아니라 이 고윳값에 해당하는 고유공간 W_s에 속하는 모든 함수들은 이런 형태를 가진다는 것을 쉽게 보일 수 있다. 또 W_s를 $W_s^+ \oplus W_s^-$로 분해할 수 있는데, 이때 W_s^+와 W_s^-는 각각 W_s 속의 짝함수(even function)와 홀함수(odd function)들로 이루어진 공간을 뜻한다.

W_s의 구조를 분석하는 가장 쉬운 방법은 리 대수 [III.48 §2] $\mathfrak{sl}_2$의 작용을 계산하는 것이다. 리 대수(Lie algebra)에 친숙하지 않은 독자들을 위해서, 리 군(Lie group) G의 리 대수는 항등원에 무한소로 가

까운 G의 원소들의 작용을 기록하고 있으며, 리 대수 $\mathfrak{sl}_2$는 대각합이 0인 2×2 행렬들의 공간과 같고, $\begin{pmatrix} a & b \\ c & -a \end{pmatrix}$는 미분작용소 $(-ax - by)(\partial/\partial x) + (-cx + ay)(\partial/\partial y)$로 작용한다는 것만을 가지고 논의를 진행하겠다.

W_s의 모든 원소는 $\mathbb{R}^2$ 위의 함수이다. 만약 이 함수들을 단위원으로 제한한다면, W_s로부터 S^1 위에 정의된 매끈한 함수들의 공간으로 가는 사상을 얻게 되는데, 실제로는 이 사상은 동형사상임이 알려져 있다. 이미 이 공간이 푸리에 모드 z^m들로 이루어진 기저를 가진다는 것을 알고 있다. 함수 $w_m(x, y) = (x + iy)^m(x^2 + y^2)^{(s-m)/2}$은 W_s에 속하면서 S^1에 제한했을 때, $(x + iy)^m = z^m$이 되는 유일한 함수이다. 이제 다음과 같이 이 함수들 위에 간단한 행렬들의 작용들을 계산할 수 있다(이를 위해, 앞 단락에서 살펴보았던 행렬들과 미분작용소들 사이의 관계를 상기하기 바란다).

$$\begin{pmatrix} 0 & -i \\ i & 0 \end{pmatrix} \cdot w_m = mw_m,$$

$$\begin{pmatrix} 1 & i \\ i & -1 \end{pmatrix} \cdot w_m = (m - s)w_{m+2},$$

$$\begin{pmatrix} 1 & -i \\ -i & -1 \end{pmatrix} \cdot w_m = (-m - s)w_{m-2}.$$

따라서 s가 정수가 아니라면, $SL_2(\mathbb{R})$의 작용을 이용하여 W_s^+에 속하는 하나의 w_m으로부터, 나머지를 모두 얻을 수 있음을 알게 된다. 따라서 $SL_2(\mathbb{R})$은 W_s^+ 위에 기약적으로 작용한다. 비슷하게 $SL_2(\mathbb{R})$은 W_s^- 위에서도 기약적으로 작용한다. 그러므로 이 경우와 유한/콤팩트 경우 사이의 중대한 차이점을 만나게 된다. G가 콤팩트가 아니면, G의 기약표현

은 무한차원일 수도 있다.

$s \in \mathbb{Z}$일 때, W_s의 공식을 좀 더 자세히 살펴보면 좀 더 불편한 차이점들을 볼 수 있다. 이들을 이해하기 위해, 가약(reducible)인 표현들과 분해가능한(decomposable) 표현들을 신중하게 구분하도록 하자. 앞의 것은 자명하지 않은 G-불변부분공간을 갖는 표현들을 뜻하고, 나중의 것은 G가 작용하는 공간을 G-불변부분공간들의 직합으로 분해할 수 있는 표현들을 뜻한다. 분해가능한 표현들은 명백히 가약이다. 유한/콤팩트인 경우에 일종의 평균을 내는 과정을 이용하여 가약인 표현들이 분해가능함을 보였다. 지금은 그런 평균을 얻기 위한 자연스러운 확률 측도가 없고, 사실은 이 경우에는 가약이면서 분해가능하지 않은 표현이 있다는 것이 알려져 있다.

실제로 만약 s가 음이 아닌 정수라면, 부분공간 W_s^+와 W_s^-는 이런 현상의 예제가 된다. 이들은 분해불가능하지만(사실 s가 -1이 아닌 음의 정수인 경우에도 그렇다), 차원이 $s + 1$인 불변부분공간을 포함하고 있다. 따라서 이 표현을 기약표현들의 직합으로 쓸 수 없다. (조금 약한 것은 할 수 있다. 만약 $(s + 1)$차원인 부분공간으로 나눈 몫을 취하면, 그 몫표현(quotient representation)은 분해될 수 있다.)

이처럼 분해불가능이지만 가약인 표현들을 얻기 위해서 공간 $L^2(\mathbb{R}^2)$ 속에서가 아니라, 원점을 제거한 $\mathbb{R}^2$ 위에서 정의된 매끈한 함수들의 공간에서 작업을 했다는 것을 이해하는 것이 매우 중요하다. 예를 들어 위의 함수 w_m들은 제곱적분가능하지 않다. 만약 G가 $L^2(X)$의 부분공간 위에 작용하는 표현들만 살펴본다면, 그들을 기약표현들의 직합으

로 분해할 수 있다. 주어진 G-불변부분공간에 대하여, 그것의 직교여공간(orthogonal complement)은 여전히 G-불변이기 때문이다. 따라서 다소 미묘한 다른 표현들을 무시하고, 이런 경우만 살펴보는 것이 최선인 것처럼 보일 것이다. 그러나 **모든** 표현을 공부하고 나서 어떤 것들이 $L^2(X)$ 속에서 나타나는지를 묻는 것이 더 쉬운 것으로 밝혀졌다. $SL_2(\mathbb{R})$의 경우에 방금 만들었던 표현들, 즉 $W_s^{\pm}$의 부분몫(subquotient)들이 모든 기약표현들의 집합을 이루고 있고,* 그중에서 어떤 것들이 $L^2(\mathbb{R}^2)$ 속에 어떤 중복도(multiplicity)로 나타나는지를 말해주는 프란셰렐의 공식이 알려져 있다.

$$L^2(\mathbb{R}^2) = \int_{-\infty}^{\infty} W_{-1+it}\, e^{it} dt.$$

요약: 만약 G가 콤팩트가 아니라면, 더 이상 G 위에서 평균을 취할 수가 없다. 이것은 다양한 결과들을 낳는다.

연속적인 모임으로 나타나는 표현들. $L^2(X)$의 분해는 직합이 아닌, 직적분의 형태로 주어진다.

기약표현들의 직합으로 분해되지 않는 표현들. $SL_2(\mathbb{R})$의 $W_s^{\pm}$에서의 작용과 같이 심지어 한 표현이 유한한 길이의 합성열(composition series)을 갖는다고 할

지라도, 직합으로 분해될 필요가 없을 수도 있다. 따라서 모든 표현들을 기술하기 위해서는 단순히 기약표현들을 기술하는 것보다 더 많은 것을 해야만 한다. 또한 그들이 어떻게 함께 묶여 있는지를 기술할 필요가 있다.

지금까지는 콤팩트 아닌 군 G의 표현들에 대한 이론이 콤팩트인 경우의 좋은 특성들을 아무것도 갖고 있지 않은 것처럼 보인다. 하지만 기표표가 정사각형이라는 것에 대응하는 특성이 하나 남아 있다. 실제로 여전히 군의 원소의 대각합으로서 지표를 정의할 수 있다. 그러나 지금은 기약표현이 무한차원 벡터공간이어서 대각합이 쉽게 정의되지 않을 수 있기 때문에 조심해야 한다. 사실, 지표들은 G 위에 정의된 함수가 아니라 **분포**[III.18]이다. 표현의 지표는 어떤 표현 ρ의 반단수화(semisimplification)를 결정한다. 즉, 어떤 기약표현들이 ρ의 부분들이 되는지를 말해준다. 하지만 그들이 어떻게 결합하는지는 알려주지 않는다.**

이 현상들은 하리시-찬드라가 1950년대에 발표한 앞선 논의(정확한 조건은 리 군들이 실수 위에 정의된 환원적인 리 군(real reductive Lie group)를 포함해야 한다. 이 개념은 이 장의 후반부에서 설명될 것이다), 그리고 푸리에 해석학의 고전적인 정리들을 이 상황으로 일반화시킨 매우 뛰어난 일련의 논문들을 통해 발견했다.***

---

* 이것을 정확하게 하기 위해서는 '동형(isomorphic)'이라는 것이 무엇을 의미하는지에 주의해야만 한다. 많은 서로 다른 위상공간(topological space)들이 같은 $\mathfrak{sl}_2$-모듈 구조를 가질 수 있기 때문에, 정확한 개념은 무한소(infinitesimal) 동치(equivalence)의 개념이다. 이 개념을 밀고 나가면, 하리시-찬드라 모듈(Harish-Chandra module)들의 범주(category)에 이르게 되는데, 이 범주는 좋은 유한성 성질(finiteness property)들을 가지고 있다.

** 이것은 하리시-찬드라의 한 주요 정리로서 지표를 정의하는 분포는 군의 반단순 원소로 이루어진 어떤 조밀한 부분 집합 위에서 정의된 해석적 함수로 주어진다는 것이다.
*** 실환원적 군들의 기약 유니터리(unitary) 표현들을 결정하는 문제는 아직도 해결되지 않았다. 가장 완성에 가까운 결과들은 보건

조금 더 이른 시기에 브라우어(Brauer)는 독자적으로 유한군의 표수가 p인 체(field) 위에 정의된 유한 차원 벡터공간 위에서의 표현론을 연구하였다. 여기에서도 역시, 가약표현들이 직합으로 분해될 필요는 없다. 문제는 콤팩트성(compactness)의 결여가 아니라(지금은 명백히, 모든 것이 유한하다) 군 위에서 **평균**을 취할 수 없다는 것이다. 무언가를 $|G|$로 나누고 싶지만, 종종 $|G|$는 0이 된다. 이를 보여주는 간단한 예제는 x를 2×2 행렬 $\left(\begin{smallmatrix} 1 & x \\ 0 & 1 \end{smallmatrix}\right)$에 대응시키는 군 $\mathbb{Z}/p\mathbb{Z}$의 $\mathbb{F}_p^2$ 위에서의 작용이다. 열 벡터 $\left(\begin{smallmatrix} 1 \\ 0 \end{smallmatrix}\right)$이 이 작용에 의해 고정되고 따라서 불변부분공간을 생성하기 때문에, 이 표현은 가약이다. 그렇지만, 만약에 이 작용을 분해할 수 있다면, 행렬 $\left(\begin{smallmatrix} 1 & x \\ 0 & 1 \end{smallmatrix}\right)$은 모두 대각화가 가능해야 하는데, 실제로는 그렇지 않다.

이럴 때 무한히 많지만, 여전히 한 무리 속에서 변화하는 분해불가능한 표현들이 존재하는 것이 가능하다. 그렇지만 종전과 마찬가지로, **기약표현**들은 오직 유한하게 많아서 여전히 '지표표는 정사각형' 정리가 성립할 기회가 있다. 이때 정사각형의 행들은 기약표현들의 지표들에 의해 매개화된다. 브라우어는 바로 그런 정리를 증명했는데, 지표들을 p-**반단순**(p-semisimple)인 G 속의 켤레류들, 즉 위수(order)가 p로 나누어지지 않는 원소들의 켤레류들과 짝짓는 방법을 사용하였다.

하리시-찬드라와 브라우어의 결과로부터 두 가지 대략적인 교훈을 끌어낼 것이다. 첫 번째로 군의 표현들의 범주(category)는 항상 합리적인 대상이지만, 표현이 무한차원인 경우에는 그것을 연구

하기 위해선 매우 기술적인 작업이 필요하다. 이 범주의 대상(object)들은 반드시 기약표현들의 직합으로 분해될 필요는 없고(이럴 때, 이 범주는 **반단순**(semisimple)하지 않다고 한다), 크기가 무한한 무리들로 나타날 수도 있지만 기약 대상들은 정확한 방법에 의해 어떤 '대각화가능한' 켤레류와 짝지어진다. 언제나 '지표표는 정사각형이다' 정리에 대응하는 무언가가 있는 것이다.

좀 더 일반적인 맥락 속에서 표현들을 고려할 때(예를 들어, 벡터공간 위에 작용하는 리 대수, 양자군(quantum group), 무한차원 복소 혹은 p진 벡터공간 위에 작용하는 p진 군(p-adic group) 등)도 이 정성적인 특징들은 그대로 남아 있게 된다는 것이 밝혀졌다.

두 번째 교훈은 항상 어떤 종류의 '비가환 푸리에 변환'을 기대해야 한다는 것이다. 즉, 기약표현들을 매개화하는 집합이 있고, 이 집합으로 지푯값을 기술하는 것이다.

실환원군(real reductive group)의 경우에, 하리시-찬드라의 작업은 콤팩트군에 대한 바일(Weyl)의 지표 공식(character formula)을 일반화하여 그러한 해답을 제공하고 있다. 그러나 임의의 군에 대한 해답을 알려져 있지 않다. 특별한 종류의 군들에 대해서, 부분적으로 성공적인 일반 원리들이 있는데(궤도 연구법(orbit method)), 브루에의 추측(Broué's conjecture), 그들 중 가장 깊이가 있는 것은 랭글랜즈 프로그램(Langlands program)으로 알려진 매우 특별한 일련의 추측들이다. 이에 대한 논의는 잠시 뒤로 미루도록 한다.

(Vogan)에 의해 얻어졌다.

5 막간: '지표표는 정사각형' 정리에 대한 철학적 교훈

'지표표는 정사각형'이라는 기본적인 정리는 G의 켤레류 구조가 적절한 방식으로 통제되는 경우에 G의 모든 기약표현들의 범주가 재미있을 것으로 기대된다. 그런 성질을 갖는 주목할 만한 한 무리의 군들의 예로서 환원적 대수군(reductive algebraic group)의 유리점(rational point)들을 설명하고, 랭글랜즈 프로그램에 의해 그려지는 그들의 추측된 표현론을 설명하면서 이 장을 끝맺고자 한다.

아핀 대수군(affine algebraic group)이란 GL_n의 부분군들로서 행렬의 성분을 변수로 가지는 다항식에 의해 정의되는 군을 뜻한다. 예를 들어, 행렬식은 행렬의 성분들에 대한 다항식이므로, GL_n에 속하는 행렬식이 1인 행렬들의 모임으로 정의되는 군 SL_n은 아핀 대수군이다. 다른 예로, 행렬식이 1이고 방정식 $AA^T = 1$을 만족하는 행렬들의 집합인 SO_n을 들 수 있다.

위의 표기법은 행렬이 어떤 종류의 성분(coefficient)을 가질 수 있는지를 특정짓지 않았다. 이 모호함은 의도된 것이다. 주어진 대수군 G와 체 k에 대하여, $G(k)$를 그 성분이 k 속의 값을 가지는 군이라고 하자. 예를 들어, $SL_n(\mathbb{F}_q)$는 행렬식이 1이고, 성분이 $\mathbb{F}_q$에 속하는 $n \times n$ 행렬들의 집합이다. $SL_n(\mathbb{R})$과 $SO_n(\mathbb{R})$이 리 군인 반면, $SL_n(\mathbb{F}_q)$와 그 부분군인 $SO_n(\mathbb{F}_q)$는 유한군이다. 또한 $SO_n(\mathbb{R})$은 콤팩트이고, $SL_n(\mathbb{R})$은 콤팩트가 아니다. 따라서 여러 체들 위에서의 아핀 대수군들 가운데서 논의했던 세 가지 유형의 군들, 즉 유한군, 콤팩트 리 군, 콤팩트 아닌 리 군을 모두 찾을 수 있다.

$SL_n(\mathbb{R})$을 $SL_n(\mathbb{C})$에 속하는 행렬들로서, 자기 자신과 그 복소켤레행렬(complex conjugation)을 같은 행렬들의 집합으로 생각할 수 있다. $SL_n(\mathbb{C})$ 위에는 복소켤레화의 일종의 '비틀어진(twisted)' 형태로서, 행렬 A를 $(A^{-1})^T$의 복소켤레행렬로 보내는 또 다른 대합(involution)이 있다. 이 새로운 대합에 대한 고정점들(즉, 행렬식이 1인 행렬 A들로서, A가 $(A^{-1})^T$의 복소켤레행렬과 같은 것들)은 $SU_n(\mathbb{R})$이라고 불리는 군을 이루고 있다. 이것은 $SL_n(\mathbb{C})$의 실형식(real form)*이라고 불리고 콤팩트군이다.

$SL_n(\mathbb{F}_q)$와 $SO_n(\mathbb{F}_q)$는 거의 단순군이다.** 불가사의하게도 유한 단순군의 분류에 의하면, 26개를 제외한 모든 유한 단순군은 이런 형태이다. 훨씬 쉬운 정리는 연결된 콤팩트군들도 역시 이런 형태임을 알려준다.

이제 주어진 대수군 G에 대하여 $\mathbb{Q}_p$가 p진 숫자들로 이루어진 체일 때 군 $G(\mathbb{Q}_p)$를 생각할 수 있고, 또 $G(\mathbb{Q})$를 생각할 수 있다. 말이 나온 김에, 대수다양체의 함수체[V.30]와 같은 임의의 체 k에 대하여 $G(k)$를 생각할 수도 있을 것이다. 앞 절에서의 교훈은 이 모든 군들이 좋은 표현론을 가지기를 희망하지만 그러기 위해서는 극복해야만 하는 심각한 '해석적' 또는 '산술적'인 문제들이 있을 것이라는 점이다. 이 문제들은 체 k의 성질에 강하게 의존할 것이다.

독자들이 너무 낙관적인 견해를 받아들이지 않도

---

* $SL_n(\mathbb{R})$과 $SU_n(\mathbb{R})$이 둘 다 $SL_n(\mathbb{C})$의 '실형식'이라고 할 때, 좀 더 정확하게는 다음을 뜻한다. 두 경우 모두에 그 성분이 어떤 다항식들의 집합의 해가 되는 실행렬들로 이루어진 군의 한 부분군으로 묘사되고 있고, 같은 다항식들의 집합을 복소행렬에 적용했을 때 그 결과가 $SL_n(\mathbb{C})$와 동형이 된다는 것이다.
** 이 군들을 그들의 중심(center)으로 나누었을 때 단순군이 된다.

록, 모든 아핀 대수군이 좋은 켤레류 구조를 가지는 것은 아니라는 점을 지적하고 싶다. 예를 들어, V_n을 GL_n에 속하는 위삼각행렬(upper triangular matrix)들 중에서 대각선의 성분들이 1인 행렬들의 집합이라고 하고, k를 $\mathbb{F}_q$라고 하자. 충분히 큰 n에 대하여, $V_n(\mathbb{F}_q)$의 켤레류들은 매우 크고 복잡한 모임이 된다. 그들을 분별 있게 매개화하려면, 적어도 n개 이상의 매개변수가 필요하며(다른 말로 하면, 그들은 어떤 의미에서 차원이 n보다 큰 모임에 속하게 된다), 사실은 심지어 11과 같은 작은 n값에 대해서도 매개화하는 방법은 알려져 있지 않다. (이것이 '그럴 듯한' 질문인지조차 불분명하다.)

좀 더 일반적으로, 가해군(solvable group)은 비록 자기 자신은 '합리적'일지라도, 복잡한 켤레류 구조를 가지는 경향이 있다. 따라서 그들의 표현론 역시 비슷하게 복잡할 것이라고 예상할 수 있다. 우리가 바랄 수 있는 최선은 지표들의 성분들을 이런 복잡한 구조를 **사용하여** 묘사하는 결과, 즉 일종의 비가환 푸리에 적분(non-Abelian Fourier integral)이다. 일부의 p-군(p-group)에 대해서는 키릴로프(Kirillov)가 1960년대에 '궤도 연구법'의 한 예로서 그런 결과를 얻었지만, 일반적인 결과는 아직 알려지지 않았다.

다른 한편으로 연결된 콤팩트군들과 비슷한 군들은 좋은 켤레류 구조를 가진다. 특별히 유한 단순군들이 그러하다. 대수군 G가 **환원적**(reductive)이라는 것은, $G(\mathbb{C})$가 콤팩트 실형식(compact real form)을 가진다는 것이다. 예를 들어, SL_n은 $SU_n(\mathbb{R})$이라는 실형식이 존재하므로 환원적이다. GL_n과 SO_n 역시 환원적인 반면, V_n은 환원적이지 않다.*

군 SU_n의 켤레류를 살펴보도록 하자. $SU_n(\mathbb{R})$에 속하는 모든 행렬들은 대각화 가능하고, 두 켤레행렬들은 순서를 재정렬하면 동일한 고윳값들을 가진다. 반대로 같은 고윳값을 가지는 $SU_n(\mathbb{R})$의 임의의 두 행렬은 서로 켤레 관계에 있다. 따라서 켤레류들은 대각행렬로 이루어진 부분군을 S_n이 성분들의 자리를 바꾸는 작용으로 나눈 몫에 의해 매개화된다.

이 예제는 일반화시킬 수 있다. 임의의 콤팩트 연결군은 **극대 원환면**(maxiaml torus) T, 즉 원들의 곱과 동형인 극대(maximal) 부분군을 가진다. (앞의 예에서는 대각행렬들로 이루어진 부분군이 극대 원환면이다.) 임의의 두 극대 원환면은 G 속에서 서로 켤레 관계에 있고, G의 임의의 켤레류는 어떤 유일한 T 위에서의 W-궤도 안에서 T와 만난다. 이때, W는 **바일군**(Weyl group)이라고 불리는 유한군 $N(T)/T$를 뜻한다($N(T)$는 T의 정규화부분군이다).

대수적으로 닫혀 있는 체 $\bar{k}$에 대해서 $G(\bar{k})$의 켤레류들을 묘사하는 것은 약간 더 복잡할 뿐이다. 임의의 원소 $g \in G(\bar{k})$는 **조르당 분해**[III.43]를 갖는다. 이것은 $g = su = us$로 나타내며, 이때 s는 $T(\bar{k})$의 한 원소와 켤레 관계에 있고, u는 $GL_n(\bar{k})$의 원소로 봤을 때, **유니포턴트**(unipotent)하다. (행렬 A가 유니포턴트하다는 것은 $A - I$를 여러 번 거듭제곱하면 0이 된다는 뜻이다.) 유니포턴트 원소들은 콤팩

---

* 이 논의와 상관은 없지만, 매우 놀라운 점은 콤팩트 연결군들이 쉽게 분류된다는 것이다. 그들 각각은 본질적으로 원들과 비가환, 단순 콤팩트군들의 곱으로 주어진다. 비가환 단순 콤팩트군들은 다시 딘킨 다이어그램[III.48 §3]에 의해 분류된다. 그들은 SU_n, Sp_{2n}, SO_n 그리고 나머지 다섯 가지 E_6, E_7, E_8, F_4, G_2이다. 이게 전부다!

트 부분군과는 절대로 만나지 않는다. $G = \mathrm{GL}_n$이면 이것은 보통의 조르당 분해에 해당한다. 이때 유니포턴트 원소들의 켤레류는 n의 분할에 의해서 매개화되고, 이 분할들은 §2에서 보았듯이 정확하게 $W = S_n$의 켤레류이다. 일반적인 환원군들의 경우에도, 유니포턴트 켤레류들은 W의 켤레류와 거의 같은 것이 된다.[*] 특히 그 크기가 유한하고 k에 의존하지 않는다.

마지막으로 k가 대수적으로 닫혀 있지 않은 경우에는 켤레류들을 일종의 갈루아 내림(Galois descent)으로 기술할 수 있다. 예를 들어 $\mathrm{GL}_n(k)$에서 반단순(semisimple) 켤레류들은 여전히 그들의 특성 다항식(characteristic polynomial)에 의해서 결정되지만, 이 다항식의 계수들이 k에 속한다는 사실이 가능한 켤레류들을 제한하고 있다.

켤레류들을 그렇게 자세하게 묘사하려는 이유는 그에 대응하는 용어들을 사용하여 표현론을 묘사하기 위해서이다. 이 켤레류 구조가 가지는 대략적인 특색 중 하나는, 주어진 체 k를 G에 붙어 있는 유한한 조합론적인 정보들, 즉 k와 독립적인 W, T에 의존하는 격자(lattice), 근(root), 가중치(weight) 등으로부터 떼어내는 방법이다.

지표표는 정사각형이라는 정리로부터 나온 '철학'은 표현론 역시 이런 식의 분리를 받아들여야만 한다는 것을 시사한다. 그것은 원의 대응물인 k^*의 표현론으로부터, 그리고 유한군 W와 같은 $G(\bar{k})$의 조합론적인 구조로부터 얻어져야만 한다. 더 나아가 표현들은 '조르당 분해'를 가져야만 한다.[**] '유니포턴트' 표현들은 일종의 조합론적인 복잡성을 가지겠지만, k에는 거의 의존하지 않아야 하고, 콤팩트군은 유니포턴트 표현을 갖지 않아야 한다.

랭글랜즈 프로그램은 위에서 나열한 맥락을 따르는 묘사를 제공하면서, 더 나아가 제안된 모든 결과를 넘어서서 지표표의 성분들마저 묘사하고 있다. 따라서 이 무리에 속하는 예들에서 기대했던 '비가환 푸리에 변환'을 (추측적으로) 주고 있다.

6 맺음: 랭글랜즈 프로그램

여기에서는 단지 내용을 암시하는 선에서 결론 맺고자 한다. 만약 $G(k)$가 환원군이라면, 적절한 $G(k)$의 표현들의 범주를, 혹은 최소한 그 범주의 반단순화(semisimplification)로 생각할 수 있는 지표표라도 묘사할 수 있기를 바란다.

심지어 k가 유한한 경우에도, $G(k)$의 켤레류들이 기약표현들을 매개화하리라는 것은 너무 큰 바람이다. 하지만 다음과 같이, 그리 멀리 떨어지지 않은 내용이 추측되었다.

대수적으로 닫혀 있는 체 위에서 정의된 환원군 G에 대하여 랭글랜즈는 랭글랜즈 쌍대(Langlands dual)라고 불리는 또 다른 환원군 $^L G$를 대응시키

---

[*] 그들은 서로 다르지만 관련이 있다. 정확하게 말하면, 그들은 대응하는 아핀 바일군의 '루스티그(Lusztig)의 양쪽 칸(two-sided cell)'이라고 불리는 조합론적인 정보로 주어진다.

[**] 그런 종류의 정리는 그린(Green)과 스테인버그(Steinberg)에 의해서 $\mathrm{GL}_n(\mathbb{F}_q)$의 경우에 제일 먼저 증명되었다. 하지만 지표에 대한 조르당 분해의 개념은 브라우어르(Brauer)의 모듈러 표현론(modular representation theory)의 작업으로부터 시작되었다. §3에서 언급한 것은 '지표표는 정사각형' 정리에 대한 브라우어르의 모듈러 대응물이다.

고, $G(k)$의 표현들이 $^LG(\mathbb{C})^*$의 켤레류들에 의해 매개화될 것이라고 추측하였다. 하지만 이들은 앞에서 다른 것처럼 $^LG(\mathbb{C})$의 원소들의 켤레류가 아니라, k의 갈루아 군(Galois group)에서 ^LG로 가는 **준동형사상**(homomorphism)들이다. 랭글랜즈 쌍대는 처음엔 조합론적인 방법으로 정의되었으나, 지금은 개념적인 정의가 존재한다. $(G, {}^LG)$ 쌍의 몇몇 예로는 $(\mathrm{GL}_n, \mathrm{GL}_n)$, $(\mathrm{SO}_{2n+1}, \mathrm{Sp}_{2n})$, $(\mathrm{SL}_n, \mathrm{PGL}_n)$이 있다.

이런 방식으로 랭글랜즈 프로그램은 표현론을 G의 구조와 k의 산술적 특징으로부터 유래한 것으로 기술하고 있다.

비록 이런 묘사가 그 추측들의 특색을 드러내고는 있지만, 그 추측은 서술된 것과 완전히 같지는 않다. 예를 들어 갈루아 군**을 $\mathrm{GL}_1(k) = k^*$의 경우에 그 대응이 참이 되는 방식으로 변경해야만 한다. 이것은 $k = \mathbb{R}$인 경우에는 $\mathbb{R}^*$(또는 콤팩트 형식(compact form) S^1)의 표현론, 즉 푸리에 해석학이다. 다른 한편으로 k가 p진 국소체(p-adic local field)일 때, k^*의 표현론은 국소유체론(local class field theory)에 의해서 묘사된다. 여기서 이미 랭글랜즈 프로그램의 놀라운 측면을 볼 수 있다. 그것은 정확하게 조화해석학(harmonic analysis)과 정수론을 통합시키면서 일반화하고 있다.

가장 감탄해 마지않을 수 없는 랭그랜즈 프로그램의 형태는 바로 표현의 범주와 랭글랜즈 매개변수들의 공간 위에 정의된 어떤 기하학적인 대상들 사이의 '유도된 범주의 동치(equivalence of derived category)'이다. 바로 이 추측이 기대해왔던 푸리에 변환이다.

비록 많은 진척이 이루어져 왔지만, 랭글랜즈 프로그램의 대다수 부분은 아직 증명이 필요한 채로 남아 있다. 유한 환원군에 대해서는 조금 약한 내용들이, 대부분 루스티그(Lusztig)에 의해서 증명되었다. 26개를 제외한 모든 유한 단순군이 환원군들에 의해 생겼고, 26개의 산발적인 군(sporadic group)은 각각 계산된 지표표가 있기 때문에 이 결과는 이미 모든 유한 단순군의 지표표를 결정하고 있다.

$\mathbb{R}$ 위에서 정의된 군들의 경우, 하리시-찬드라와 그 이후의 연구자들에 의해 이 추측들이 확인되었다. 그러나 다른 체의 경우, 오직 단편적인 정리들만 증명되었다. 여전히 해결되지 않은 것이 아주 많이 남아 있다.

더 읽을거리

표현론에 대한 좋은 입문서로 알페린(Alperin)의 『*Local Representation Theory*』(Cambridge University Press, Cambridge, 1993)가 있다. 랭글랜즈 프로그램에 관해서는 1979년에 출간된 『*Automorphic Forms, Representations, and L-functions*』('The Corvallis Proceedings'로 더 잘 알려져 있다)라는 제목의 AMS(American Mathematics Society) 서적이 좀 더 수준이 높을 뿐 아니라 입문하기에도 좋은 책이다.

---

* 여기에서 $\mathbb{C}$가 등장하는 이유는, 우리가 복소벡터공간 위의 표현들을 보고 있기 때문이다. 만약 체 $\mathbb{F}$ 위의 표현들을 보기 원한다면, $^LG(\mathbb{F})$를 고려하면 된다.

** 갈루아 군의 이런 적절한 변형은 베유-들리뉴(Weil-Deligne) 군으로 불린다.

IV.10 기하적 / 조합적 군론

마틴 브리드슨 *Martin R. Bridson*

1 조합적 · 기하적 군론이란 무엇인가?

군과 기하는 수학에서 자주 등장하는 대상이다. 군은 어떤 수학적 대상이 가지는 대칭변환(또는 자기동형사상[I.3 §4.1])이 군의 형태를 이루고, 기하는 이는 어떤 추상적인 문제를 보다 직관적으로 생각하게 해 주며 비슷한 성질을 가지는 대상들을 좀 더 넓은 시각으로 바라볼 수 있게 정리해 주기 때문이다.

이 장의 목적은 무한군과 이산군의 연구 방법에 대해 설명하는 것으로, 12세기부터 계속되어 온 조합적 접근 방법뿐 아니라, 지난 20년 간 이 분야에 큰 발전을 가져다 준 기하적 접근 방법에 대해서도 살펴볼 것이다. 이 글을 통해 단순히 대수학을 연구하는 사람들만이 아닌 모든 수학자들이 군에 대한 연구가 중요하다는 것을 깨달을 수 있다면 좋겠다.

기하적 군론의 주된 초점은 군의 작용(group action)을 이용하거나 기하적 개념을 군론의 용어로 변환시키는 과정을 통해 기하학/위상수학과 군론과의 연관성을 탐구하는 데 있다. 이러한 연관성들에 대해 깊게 탐구하는 과정은 기하학/위상수학과 군론 모두의 연구에 큰 도움이 된다. 또한 수학의 다른 분야의 문제들도 군론의 문제로 바꿔 생각해 봄으로써 그 문제들을 더 깊이 이해하고 풀어내는 데 도움이 될 수 있으므로, 다시 한번 모든 수학자들에게 군에 대한 연구가 중요하다는 점을 강조하고 싶다.

기하적 군론이라는 독자적인 개념은 1980년대 후반에 가서야 생겨났지만, 대부분의 중요한 아이디어는 이미 19세기 말부터 시작되었다. 그 당시 저차원 위상수학과 조합적 군론은 서로 긴밀하게 연관되어 연구되었다. 간단히 말하자면 조합적 군론은 군의 표현(presentation)(생성원들과 그들의 관계)을 이용하여 군을 연구하는 학문이다. 이 글을 계속해서 읽어나가기 위해서는, 먼저 이 용어들에 대한 이해가 필요하다. 여기서 정의를 먼저 설명하고 넘어가자면, 갑자기 흐름을 끊고 장황한 설명이 이어지게 되므로 그 부분은 §2로 미루도록 한다. 하지만 만약 $\Gamma = \langle a_1, \cdots, a_n \mid r_1, \cdots, r_m \rangle$과 같은 표현이 낯선 독자들은 잠시 읽기를 멈추고 정의를 설명한 부분을 먼저 읽고 난 후 다시 글을 읽어나가기를 추천한다.

비록 방금 대략적인 조합적 군론의 정의를 소개했지만, 수학의 다른 많은 분야들이 그렇듯 조합적 군론 또한 기본 정의보다 핵심 문제와 연구 배경에 의해 더 잘 정의된다. 이 분야의 연구는 쌍곡 등거리변환(hyperbolic isometry)의 이산군을 이해하고자 하는 노력에서 시작되었는데, 특히 1895년 푸앵카레[VI. 61]에 의해 다양체[I.3 §6.9]의 기본군[IV.6 §2]이 발견되면서부터 더 활발히 진행되었다. 통합된 군론에 대한 연구는 20세기에 들어 처음 10년 간 티체(Tietze)와 덴(Dehn)에 의해 더 깊게 연구되기 시작했고, 그 이후에 많은 결실들을 얻을 수 있게 되었다.

세기를 대표하는 조합적 군론의 문제들이 모두 위상수학에서 나온 건 아니다. 다른 분야의 수학자들 역시 군에 대한 기초적인 질문들을 던졌다. 예를 들면, 다음과 같은 흥미로운 질문들이 있다. 다음과 같은 유형의 군이 존재하는가? 어떤 군이 다음과 같은 성질을 만족하는가? 이 군의 부분군은 어떻게 생겼는가? 다음과 같은 군은 무한군인가? 군의 유한한 몫(quotient)들이 주어졌을 때, 이 군의 구조는 언제 알아낼 수 있는가? 다음 절에서 이러한 종류들의 문제들과 관련된 수학적 배경에 대해 설명하려고 시도하겠지만, 먼저 쉽게 표현할 수 있지만 어려운 고전적인 문제들을 몇 가지 소개한다. (i) 군 G가 유한생성군(finitely generated group)이고 임의의 G의 원소 x에 대해 $x^n = 1$을 만족하는 양의 정수 n이 항상 존재한다고 가정하자. 이때 G는 유한군인가? (ii) $\phi(\gamma) = 1$인 어떤 $\gamma \neq 1$이 존재하는 유한표현군 Γ와 전사 준동형사상 $\phi : \Gamma \to \Gamma$가 존재할까? (iii) 유한하게 표현되는 무한 단순군[I.3 §3.3]이 존재하는가? (iv) 모든 가산군(countable group)이 어떤 유한생성군, 심지어 유한표현군의 부분군과 동형인가?

위 문제들 중 첫 번째 문제는 1902년에 번사이드에 의해 제시되었고, 두 번째 문제는 호프가 다양체 간의 차수가 1인 사상을 연구하는 도중에 제시했다. 조합적 군론과 기하적 군론의 중요한 점들이 무엇인지에 대해 살펴볼 수 있도록 §5에서 남은 네 개의 문제들에 대한 답을 제시할 것이다. 이러한 문제들에 답하기 위해 주어진 성질을 만족하는 **구체적인 군**을 만드는 방법을 연구할 수도 있다. 이렇게 만들어지는 특별한 군들은 수학의 다른 분야에서 일어나는 다양한 현상들을 나타내야 할 때 특히 흥미롭게 사용된다.

조합적 군론의 또 다른 기본적인 문제들의 형식은 다음과 같다. 어떤 군(또는 어떤 군의 주어진 원소들)이 이런저런 성질을 갖는지 갖지 않는지를 판단하는 알고리즘이 존재하는가? 예를 들어, 한 유한 표현군이 자명한 군인지 아닌지 결정하기 위한 유한번의 과정으로 구성된 알고리즘이 존재하는가? 이러한 종류의 질문들은 §6에서 다룰 히그먼 임베딩 정리(Higman embedding theorem) 등을 통해 알 수 있듯이 군론과 논리학의 매우 긴밀하고 상호보완적인 연관관계를 보여준다. 특히 논리학은 이러한 조합적 군론과의 연관관계를 통해 위상수학에도 영향을 미친다. 예를 들면, 군론에서 쓰는 새로운 대상을 만드는 방법을 이용하면 4차원 이상의 어떤 한 쌍의 삼각화된 콤팩트 다양체가 서로 동형사상인지 아닌지를 판단할 수 있는 알고리즘이 존재하지 않음을 보일 수 있다. 즉, 2차원이나 3차원에서 얻어진 다양체의 분류에 대한 결과가 꼭 고차원의 경우로 확장되는 건 아니라는 것을 알 수 있다.

일반적으로 조합적 군론은 위와 같은 문제들을 풀기 위한 대수적 방법론을 개발하려는 시도, 또는 그렇게 하는 과정에서 발견되는 흥미로운 군들을 이해하려는 노력이라고 생각할 수 있다. 어떤 군이 흥미로운가에 대한 내용은 §10에서 좀 더 자세히 다루기로 한다.

조합적 군론의 몇몇 중요한 성과는 내재된 조합적 성질에서 비롯되지만, 지난 20년 간 소개된 기하적 기법에 의해 더 많은 사실을 알아낼 수 있었다. 그로모프(Gromov)가 발견한 군론의 알고리즘 문제와 리만 기하학의 중요한 문제(흔히 채우기 문제(filling problem)라 불린다)의 연관성이 이러한 사실에 대한 좋은 예이다. 특히 기하적 군론의 진정한 강점은 단순히 조합적 군론의 기법을 정제시키고 발전시키는 역할을 하는 것이 아니라 다른 분야의 기본적인 중요한 문제들을 생각할 수 있는 새로운 길

을 열어준다는 데 있다. 예를 들어 기하적 군론은 고
전적인 **단단함 정리**[V.23]들(모스토의 단단함 정리
(Mostow's rigidity theorem) 등)을 더 잘 이해하고 더
넓게 확장할 수 있는 방법을 제시해 준다. 이러한 방
법론의 핵심은 유한생성군을 어떤 기하적 대상으로
간주할 수 있다는 아이디어로, 케일리[VI.46](1878)
나 덴(Dehn, 1905)에 의해 처음 연구되기 시작했고
1980년대에 들어 그로모프에 의해서 그 중요성을
인지할 수 있게 되었다. 자세한 설명은 이 장의 후반
부에서 찾아볼 수 있다.

2 군을 표현하기

한 군이 주어졌을 때, 그 군을 어떻게 묘사할 수 있
을까? 예시를 통하여 군을 묘사하는 일반적인 방법
을 알아보고 왜 이러한 방법이 적절한지에 대해 이
해해 보도록 하자.

먼저 유클리드 평면을 정삼각형 타일들로 채운
타일덮기를 생각해 보자. 이때 이 타일덮기의 대칭
변환들, 즉 타일을 타일로 보내는 평면의 강체 운동
들을 모두 모아 놓은 군 Γ_Δ를 어떻게 묘사할 것인
가? 먼저 임의의 타일 T를 골라 그 타일의 한 변을 e
라고 하고 이를 이용하여 세 개의 대칭변환을 고를
수 있다. 첫 번째로 변환 α는 e를 포함하는 평면 위
의 직선에 대한 반사라고 하자. 나머지 두 번째, 세
번째 변환 β와 γ는 각각 e의 양 끝점과 그 점들의 대
변의 중점을 연결한 직선들에 대한 반사라고 하자.
조금만 생각해 보면, 이 타일덮기의 임의의 대칭적
인 변환들은 이 세 형태의 변환들을 적절한 순서로
반복했을 때 얻어진다는 점을 알 수 있다. 이때 집합

$\{\alpha, \beta, \gamma\}$가 군 Γ_Δ를 생성한다고 말한다.

이 변환들에 대해 조금 더 생각해 보자. 만약 α를
두 번 반복한다면, 이 타일덮기는 원래의 위치로 돌
아올 것이다. 따라서 $\alpha^2 = 1$이다. 마찬가지로 $\beta^2 = \gamma^2 = 1$이고, 또 $(\alpha\beta)^6 = (\alpha\gamma)^6 = (\beta\gamma)^3 = 1$이라는
것도 알 수 있다.

실제로 군 Γ_Δ는 지금까지 발견한 사실들에 의해
완전히 결정됨을 알 수 있는데, 이를 다음과 같이 요
약해서 나타낸다.

$$\Gamma_\Delta = \langle\, \alpha, \beta, \gamma \mid \alpha^2, \beta^2, \gamma^2, (\alpha\beta)^6, (\alpha\gamma)^6, (\beta\gamma)^3 \,\rangle.$$

이러한 표기법이 의미하는 바가 무엇인지에 대해
더 자세히 알아보는 것이 이 절의 목적이라 할 수 있
다.

먼저 이미 알고 있는 사실들로부터 다른 관계
식을 찾을 수 있음을 쉽게 알 수 있다. 예를 들어
$\beta^2 = \gamma^2 = (\beta\gamma)^3 = 1$임을 알고 있다면

$$(\gamma\beta)^3 = (\gamma\beta)^3 (\beta\gamma)^3 = 1$$

도 성립함을 보일 수 있다. (마지막 등호는 $\beta\beta$와
$\gamma\gamma$항들을 반복적으로 지워 보면 성립함을 알 수 있
다.) 이제 위와 같은 방법으로 얻어지는 관계식을 제
외하면 군 Γ_Δ에 다른 종류의 관계식이 존재하지 않
음을 보이려고 한다.

이를 좀 더 형식적으로 엄밀하게 나타내 보자. 어
떤 군 Γ의 부분집합 $S \subset \Gamma$에 대해 만약 Γ의 임
의의 원소가 S의 원소들과 원소의 역원들의 곱으
로 표현된다면, S를 군 Γ의 **생성원들의 집합**(set of
generators)이라고 정의한다. 다시 말하면, 군의 임의
의 한 원소가 있을 때, 적당한 s의 원소 s_i들과 1 또

는 −1의 값을 가지는 ε_i들이 있어서 원래의 군의 원소를 $s_1^{\varepsilon_1} s_2^{\varepsilon_2} \cdots s_n^{\varepsilon_n}$과 같이 나타낼 수 있다는 말이다. 만약 이와 같은 곱이 Γ의 항등원이 될 경우 이 곱을 **관계식**이라고 부른다.

여기서 약간의 모호함이 생긴다. Γ의 어떤 원소들의 '곱'을 얘기할 때, 이는 마치 Γ의 또 다른 원소를 얘기하는 것처럼 들리지만, 방금 단락에서 그러한 의미로 '곱'을 얘기한 건 아니다. 관계식은 Γ의 항등원이 아니라 단순히 **문자의 나열**이라고 생각할 수 있다. 즉 만약 $ab^{-1}a^{-1}bc$와 같이 쓴다면, 이는 생성집합 S의 원소 a, b, c들을 위 식에 맞추어 곱해 보면 Γ의 항등원이 된다는 말이다. 이러한 상황을 좀 더 명확하게 이해하기 위해 **자유군** $F(S)$라는 개념을 정의한다.

구체적인 설명을 위해 생성집합 $S = \{a, b, c\}$에 대응되는 세 개의 생성원을 가지는 자유군을 생각해 보자. 일반적인 원소는 S의 원소들과 그 역원들을 가지고 만든 '단어'의 형태, 예를 들면 위에서 언급했던 $ab^{-1}a^{-1}bc$와 같은 형태를 가지게 된다. 그러나 경우에 따라서 두 단어가 같은 원소로 취급되는 경우도 있다. 예를 들어 $abcc^{-1}ac$와 $abab^{-1}bc$는 cc^{-1}과 $b^{-1}b$를 지워버리면 같은 형태를 가지므로 같은 원소라고 간주한다. 좀 더 엄밀하게 이러한 두 원소들을 **동치관계**에 있다고 정의하고, 자유군의 원소들은 이러한 동치관계에 대한 **동치류**[I.2 §2.3]라고 말할 수 있다. 단어들의 곱은 단순히 그들을 연결하여 나열하면 된다. 예를 들어 두 단어 ab^{-1}와 $bcca$의 곱은 $ab^{-1}bcca$이고 짧게 $acca$로 나타낼 수 있다. 항등원은 아무 글자도 포함되지 않은 '빈 단어'이다. 이것이

바로 세 생성원 a, b, c로 생성되는 자유군이다. 비록 일반적인 생성집합 S로 어떻게 확장하면 되는지 비교적 자명하지만, 이 장에서는 생성집합을 계속 $S = \{a, b, c\}$로 두고 설명할 것이다.

생성원 a, b, c로 생성되는 자유군을 좀 더 추상적으로 결정하는 방법은 자유군이 다음과 같은 **보편 성질**(universal property)을 따르고 있다고 서술하는 것이다. 만약 G가 어떤 군이고 ϕ가 $S = \{a, b, c\}$에서 G로 가는 한 함수일 경우, a를 $\phi(a)$로 보내고 b를 $\phi(b)$로 보내고 c를 $\phi(c)$로 보내는 $F(S)$에서 G로 가는 준동형사상 Φ는 유일하게 존재한다. 실제로 Φ가 위와 같은 성질을 갖도록 하려면 이전에 제시했던 방법으로 자유군을 정의할 수밖에 없게 된다. 예를 들어, 준동형사상의 정의에 의해 $\Phi(ab^{-1}ca)$는 $\phi(a)\phi(b)^{-1}\phi(c)\phi(a)$가 되어야 하므로, 유일성은 자명하다. 이러한 정의가 잘 정의된 준동형사상을 주는 이유를 간단하게 설명하면, 어떤 식이 $F(S)$에서 참이 되려면 이 식은 모든 군들에서도 참이 되어야 하기 때문이다. Φ가 준동형사상이 아니라면 $F(S)$에서는 성립하지만 G에서는 성립하지 않는 관계식이 있어야 하는데, 이는 불가능하다.

이제 Γ_Δ로 돌아가보자. 이 군이 α, β, γ를 생성원으로 가지고 $\alpha^2 = \beta^2 = \gamma^2 = (\alpha\beta)^6 = (\alpha\gamma)^6 = (\beta\gamma)^3 = 1$을 만족하는 '가장 자유로운' 군임을(혹은 그런 군과 동형임을) 보이려고 한다. 여기서 말하는 '가장 자유로운' 군이라는 말은 정확히 무슨 뜻일까?

위 문제에 대해 답을 내리는 동안 α, β, γ의 의미에 대한 혼란(이들은 Γ_Δ의 원소인가, 아니면 이제 만들려는 Γ_Δ와 동형인 군의 원소인가?)을 없애기

위해서 이들 대신에 a, b, c로 표기하도록 한다. 따라서 a, b, c를 생성원으로 가지고 $a^2 = b^2 = c^2 = (ab)^6 = (ac)^6 = (bc)^3 = 1$을 만족하는 '가장 자유로운' 군 $G = \langle a, b, c \mid a^2, b^2, c^2, (ab)^6, (ac)^6, (bc)^3 \rangle$을 만들어 보려고 한다.

이러한 작업을 하기 위해서는 크게 두 가지 방법이 있다. 먼저 첫 번째 방법은 자유군에 대해 처음 이야기했을 때 언급한 방법을 그대로 따라하는 것인데, 이 경우는 한 단어가 다른 한 단어에 단순히 서로 역원인 원소들의 곱을 넣거나 지웠을 때만 두 단어를 동치관계로 보는 것이 아니라, a^2, b^2, c^2, $(ab)^6$, $(ac)^6$, $(bc)^3$과 같은 단어들을 넣거나 지웠을 경우에도 동치관계로 보는 것이 차이점이다. 예를 들어, 이 군에서 ab^2c는 ac와 동치관계가 있게 된다. 이제 G를 이렇게 원소들을 연결하여 곱으로 표시한 단어들의 동치류의 집합으로 정의할 수 있다.

좀 더 깔끔한 방법으로는 좀 더 개념적으로 접근하여 자유군의 보편 성질을 이용해 G를 구하는 것이다. G가 a, b, c를 생성원으로 가지므로, $F(S)$의 보편 성질에 의해 $\Phi(a) = a$, $\Phi(b) = b$, $\Phi(c) = c$이고, a^2, b^2, c^2, $(ab)^6$, $(ac)^6$, $(bc)^3$을 모두 G의 항등원으로 보내는 $F(S)$에서 G로 가는 준동형사상 Φ가 유일하게 존재해야 한다. 따라서 Φ의 핵[I.3 §4.1]은 집합 $R = \{a^2, b^2, c^2, (ab)^6, (ac)^6, (bc)^3\}$을 포함하는 $F(S)$의 **정규부분군**[I.3 §3.3]이 된다. 이제 R을 포함하는 가장 작은 $F(S)$의 정규부분군(같은 말로, R을 포함하는 $F(S)$의 모든 정규부분군의 교집합)을 《R》로 정의하자. 그러면 a, b, c에 의해 생성되고 $a^2 = b^2 = c^2 = (ab)^6 = (ac)^6 = (bc)^3 = 1$을 관계식으로 가지는 **임의의** 군에 대해, 몫[I.3 §3.3]

$F(S)/\langle\!\langle R \rangle\!\rangle$에서 그 군으로 가는 전사 준동형사상이 항상 존재하게 된다. 바로 이 몫 그 자체가 우리가 찾는 군이다. 이 군은 a, b, c에 의해 생성되고 R을 관계식으로 가지는 가장 큰 군이 된다.

이제 Γ_Δ는 방금 두 가지 방법으로 묘사한 $G = \langle a, b, c \mid a^2, b^2, c^2, (ab)^6, (ac)^6, (bc)^3 \rangle$과 동형이다. 좀 더 정확하게 말하면, a를 α, b를 β 그리고 c를 γ로 보내는 $F(S)/\langle\!\langle R \rangle\!\rangle$에서 Γ_Δ로 가는 사상은 동형사상이 된다.

위와 같이 새로운 군을 만드는 방법은 매우 일반적인 방법이다. 만약 어떤 군 Γ가 주어져 있다면 Γ를 생성하는 어떤 집합 S와, Γ가 몫 $F(S)/\langle\!\langle R \rangle\!\rangle$과 동형사상이 되게 하는 관계식 $R \subset F(S)$를 찾을 수 있는데, 이 집합 S와 관계식 R을 군 Γ의 **표현**(presentation)이라고 말한다. 만약 S와 R이 모두 유한집합이면, 이 표현은 유한하다고 말한다. 어떤 군이 유한한 표현을 가지면, 이 군을 **유한표현군**이라고 부른다.

사실 군의 표현은 특별히 군 Γ를 언급하지 않고도 추상적인 방법으로 정의할 수 있다. 어떤 집합 S와 집합 $R \subset F(S)$가 주어졌을 때, $\langle S \mid R \rangle$을 군 $F(S)/\langle\!\langle R \rangle\!\rangle$로 정의하자. 이 군은 S에 의해 생성되고 R을 관계식으로 가지는 '가장 자유로운' 군이 된다. $\langle S \mid R \rangle$에 존재하는 유일한 관계식은 R에 의해 만들어지는 관계식뿐이다.

이렇게 추상적인 방법으로 바꾸어 생각했을 때 얻는 심리적 이점은, 원래대로라면 어떤 군 Γ로 시작해서 이를 나타내는 방법을 먼저 찾아야 하는 데 반해, 이러한 추상적인 방법은 처음부터 생성원들로 간주될 집합 S와 만족해야 할 관계식들을 묘사하는 $S^{\pm 1}$의 원소들로 구성된 단어들의 집합 R을 알고 문제들을 생각해 나갈 수 있다는 것이다. 이러한 방법은 아주 많은 종류의 군들을 다양한 방법으로 만들어낼 수 있도록 해 준다. 예를 들어 수학의 다른 분야의 문제들을 군의 표현에 대한 문제로 바꾸고, 방금 정의된 군의 성질들을 연구하여 원래 알고 싶었던 문제에 대한 정보를 얻어낼 수도 있다.

3 왜 유한표현군에 대해 연구할까?

수학의 전 분야에 걸쳐 군은 자기동형사상들의 군의 형태로 등장한다. 자기동형사상은 한 대상에서 자기 자신으로 가는 사상 중 대상이 가지고 있는 특정한 성질을 보존하는 것을 말한다. 한 벡터공간[I.3 §2.3]에서 자기 자신으로 가는 가역선형사상[I.3 §4.2]과 위상공간[III.90]에서 위상공간으로 가는 위상동형사상 등이 그 예이다. 군은 어떤 대상이 가지고 있는 대칭성을 잘 함축하여 나타내 주므로 수학자들에게 있어 주요 관심대상이다. 즉, 군이 가지고 있는 일반적인 성질을 이해하고 싶어 하고, 더 중요한 몇몇 군에 대해 어떻게 생겼는지 밝혀내고, 알려진 군으로부터 또는 새로운 아이디어를 이용하여 새로운 군들을 만들어내는 기법을 연구하게 된다. 또한 한 군이 주어졌을 때, 군의 추상화 과정을 역으로 따라감으로써 좀 더 구체적인 예를 찾게 된다. 예를 들어 한 군이 어떤 흥미로운 대상의 자기동형사상들의 군으로 간주될 수 있도록 하는 방법을 찾을 수 있다면, 그 대상과 군 모두의 본성을 좀 더 잘 이해하는 데 도움이 될 것이다. (이러한 주제에 더 관심이 있다면, **표현론[IV.9]**에 대해 읽어 보면 좋다.)

3.1 왜 군을 생성원들과 관계식들로 표현할까?

이 문제에 대해 간단히 대답하자면, 군들이 '원래부터 이러한 형태'를 띤 채로 나타나기 때문이다. 특히 위상수학에서 이러한 일을 빈번히 경험할 수 있다. 이 말이 정확히 무슨 뜻인지에 대해 일반적인 이야기를 하기 전에, 먼저 간단한 예시를 통하여 설명해 보도록 하자. 실수집합 $\mathbb{R}$의 세 점 0, 1, 2에 대한 반사들로 생성되는 $\mathbb{R}$의 모든 등거리변환을 모아 놓은 군을 D라고 하자. 즉 이 군은 각각 x를 $-x$, $2 - x$, $4 - x$로 보내는 세 함수 α_0, α_1, α_2에 의해 생성되는 군이다. 이 군을 무한 정이면체군으로 간주해도 좋다. 잘 들여다보면 α_2는 α_0과 α_1에 의해 생성되므로 군을 생성하는 데 꼭 필요하지 않은 원소임을 알 수 있다. 하지만 우선 이런 관찰을 모른 체하고, 이들을 이용하여 군의 표현을 구해 보도록 하자.

먼저 D에 속하는 사상들에 대한 U의 상들이 실직선 전체를 덮는 열린 구간 U를 하나 고른다. 여기서는 $U = (-\frac{1}{2}, \frac{3}{2})$이라고 가정하자. 이제 항등원을 제외한 모든 D의 원소에 대해 U를 U와 만나지 않는 다른 상으로 보내지 못하는 유일한 원소들은 α_0과 α_1뿐이고, 이들로 만들어지는 길이가 3 이하인 곱들 중 $\mathbb{R}$의 항등원 역할을 하는 것은 α_0^2과 α_1^2뿐이다. 따라서 D의 표현이 $\langle \alpha_0, \alpha_1 \mid \alpha_0^2, \alpha_1^2 \rangle$이라고 예측할 수 있다.

사실 이것은 다음과 같은 일반적인 결과의 특수한 경우에 불과하다. X를 **경로연결[IV.6 §1]**된 단일연결[III.93] 위상공간이라고 하고, Γ를 X에서 자기 자신으로 가는 위상동형사상들의 군이라고 하자. 그러면 U에 의한 상을 모두 모았을 때 X를 덮는 임의의 경로로 연결된 열린 부분집합 $U \subset X$에 대하여

$\Gamma = \langle S \mid R \rangle$이라는 표현을 하나 만들 수 있는데, 바로 $S = \{ \gamma \in \Gamma \mid \gamma(U) \cap U \neq \emptyset \}$이라 하고 R은 $w = 1$이 되는 길이가 3 이하인 모든 $w \in F(S)$를 모아 놓은 집합이라고 하면 된다. 따라서 적당한 부분집합 U를 하나 찾을 때마다 Γ의 표현을 하나 얻게 되고, 이제 군론을 연구하는 학자들이 해야 할 작업은 이 정보들을 이용하여 군의 성질을 밝혀내는 일이다.

이러한 작업이 얼마나 어려운지에 대해 살펴보기 위해서 간단히 다음과 같은 군

$$G_n = \langle\, a_1, \cdots, a_n \mid a_i^{-1} a_{i+1} a_i a_{i+1}^{-2}, \ i = 1, \cdots, n \,\rangle$$

에 대해 생각해 보자. (단, $i = n$일 때 $i + 1$은 1로 간주한다.) G_3과 G_4 중 하나는 자명한 군이 되고 다른 하나는 무한한 원소를 갖게 된다. 각각 무엇이 자명한 군이고 무엇이 무한군인지 판단할 수 있겠는가?

좀 더 사소한 부분까지 살펴보기 위해, 잘 알고 있다고 생각하는 유한표현군, (앞에서 이미 언급되었던) Γ_Δ에 대해서 생각해 보자. 만약 평면을 삼각형으로 덮는 것에 익숙하지 않은 앞을 볼 수 없는 친구에게 이 군을 묘사하고 싶다고 할 때, 그가 이 군을 이해하도록 만들거나, 아니면 적어도 우리가 이 군을 이해하고 있다고 설득하려면 어떻게 해야 할까?

그 친구는 아마도 자연스럽게 군의 원소들을 나열해 달라고 부탁할 것이고, 우리는 거기에 맞추어 주어진 생성원들의 곱(단어)들을 말해줄 것이다. 그러나 그렇게 하다 보면 바로 장애물에 부딪히고 만다. 두 단어 w_1, w_2가 같은 동치류를 주는 경우 이 단어들을 반복해서 나열하는 일은 피해야 하기 때문이다. 즉, 달리 말하면 정확히 어떤 경우에 $w_1^{-1} w_2$가

이 군의 관계식이 되는지를 인지해야 한다. 어떤 단어들이 관계식인지 결정하는 과정을 군의 **단어 문제**(word problem)라고 말한다. 군 Γ_Δ에서조차도 이 과정은 꽤 긴 시간을 필요로 하며, 군 G_n에서 이 과정을 시도한다면 곧바로 이 작업이 아주 힘들다는 것을 깨닫게 된다.

이러한 단어 문제의 해를 알게 되면 단순히 군의 원소들을 효과적으로 나열할 수 있을 뿐만 아니라, $w_1 w_2 = w_3$인지를 판단하는 것은 결국 $w_1 w_2 w_3^{-1} = 1$이 되는지 판단하는 것과 같으므로 군의 곱셈표(multiplication table)를 결정할 수 있게 한다는 사실 또한 염두에 두자.

3.2 왜 '유한'표현된 군인가?

무한히 많은 대상들을 적절히 묶어 유한개의 정보로 만드는 과정은 **콤팩트성**[III.9]과 연결되어 수학의 여러 방면에서 자주 등장한다. 유한표현된다는 말은 결국엔 콤팩트 조건을 만족한다는 말과 같다. 즉, 한 군이 유한표현된다는 것은 이 군이 어떤 자연스러운 콤팩트 공간의 기본군이라는 사실과 동치인데, 이에 대해서는 나중에 다시 자세히 살펴보기로 한다.

유한표현된 군을 연구하는 또 다른 좋은 이유는 역시 나중에 다룰 히그먼 임베딩 정리(Higman embedding theorem)에 의해 임의의 **튜링머신**[IV.20 §1.1]에 대한 문제를 유한표현군들과 그들의 부분군에 대한 문제로 바꿔 생각할 수 있다는 것이다.

4 기초적인 결정 문제

20세기 초, 막스 덴(Max Dehn)은 저차원 다양체의 기하와 위상에 대해 연구하던 중 그가 다루는 많은 문제들이 유한표현군에 대한 문제로 '환원'될 수 있음을 알게 되었다. 예를 들어 그는 **매듭 다이어그램** [III.44]을 유한표현군과 연결지을 수 있는 간단한 식을 제시했다. 다이어그램에서의 각각의 교차마다 하나의 관계식을 줄 수 있는데, 이러한 관계식들을 가진 군이 정수집합 $\mathbb{Z}$와 동형인 필요충분조건은 매듭이 풀리지 않는 것과 같다는 것이다. 즉, 매듭을 연속적으로 변화시켜 원을 만들 수 있다는 것과 동치라는 것이다. 일반적으로 매듭 다이어그램에서 어떤 매듭이 풀리지 않는다는 것을 보이는 것은 아주 어려운 일이기 때문에, 처음에 이 발견은 매우 유용할 것으로 생각되었으나 얼마 후 어떤 유한표현군이 $\mathbb{Z}$와 동형인 것을 보이는 것 역시 상당히 어려운 일이라는 사실을 깨달았다. 예를 들어, 다음과 같은 $\mathbb{Z}$의 표현을 생각해 보자.

$$\langle a_1, a_2, a_3, a_4, a_5 \mid$$
$$a_1^{-1} a_3 a_4^{-1}, a_2 a_3^{-1} a_1, a_3 a_4^{-1} a_2^{-1},$$
$$a_4 a_5^{-1} a_4 a_3^{-1} \rangle.$$

이 군은 가능한 가장 작은 풀리지 않는 매듭인 단 네 개의 교차만을 가진 다이어그램을 덴의 방법에 적용시켜 얻어진 것이다. 이 표현이 $\mathbb{Z}$를 나타냄을 보이는 일은 쉽지 않아 보인다.

따라서 덴의 계속된 연구는 결국 그로 하여금 군의 표현으로부터 유용한 정보를 얻어내는 일이 얼마나 어려운 일인지를 이해하게 했다. 특히 그는 이미 위에서 언급된 단어 문제가 얼마나 기본적인 역할을 하는지에 대해 알게 해 준 첫 번째 사람이며, 군의 표현 등의 잘 정의된 대상으로부터 유용한 지식을 추출해내는 **알고리즘**을 개발하는 복잡한 문제와 연관된 기본적인 문제들이 존재한다는 사실을 이해하기 시작한 첫 번째 사람이기도 하다. 1912년에 발표된 매우 유명한 글에서 그는 다음과 같이 서술했다.

일반적인 이산군은 n개의 생성원들과 m개의 관계식들로 주어진다. 이와 관련하여 풀기가 아주 어려울 뿐만 아니라 심지어 주제에 대해 깊숙이 이해하지 않는다면 풀어내기 불가능한 세 개의 기본적인 문제들을 적어본다.

1. **항등원(단어) 문제:** 군의 원소들은 생성원들의 곱으로 주어진다. 이때 원소가 항등원인지 아닌지를 판단하는 유한번의 과정을 가진 방법은 무엇일까?

2. **변환(켤레류) 문제:** 군의 임의의 두 원소 S와 T가 주어져 있다. 이때 S와 T를 서로 변환시킬 수 있는지, 즉 $S = UTU^{-1}$를 만족하는 어떤 군의 원소 U가 존재하는지 판단할 수 있는 방법은 무엇일까?

3. **동형사상 문제:** 두 군이 주어졌을 때, 한 군이 다른 한 군과 동형인지 아닌지를 판단하는 방법은 무엇일까? (좀 더 자세하게, 한 군의 생성원들과 다른 군의 생성원들의 대응관계가 주어졌을 때 이 대응관계가 동형사상을 주는지 아닌지를 판단하는 방법은 무엇일까?)

이제 이러한 문제들에 대해 자세히 생각해 볼 텐데, 그 내용을 세 개의 과정으로 요약하면 다음과 같다. 먼저, 이 문제들이 아주 일반적인 유한표현군에 대해선 풀 수 없다는 증명을 간략하게 제시할 것이다.

두 번째로, 덴의 문제들이 우리가 자주 접하는 군들의 종류 하나하나가 얼마나 복잡한지를 측정할 수 있는 기본적인 방법을 제시한다는 사실을 설명할 것이다. 예를 들어, 만약 동형사상문제를 한 종류의 군들에 대해 증명할 수 있지만 다른 한 종류의 군들에 대해서는 증명할 수 없다면, 지금까지는 의미가 확실치 않아 사용하기 힘들었던 용어인 '어려운' 군이라는 말을 두 번째 종류의 군들에 대해선 사용할 수 있게 된다.

마지막으로 기하가 조합적 군론의 기본적인 문제들의 핵심을 이루고 있다는 사실을 이야기하려 한다. 이 사실은 아마 바로 받아들이기엔 불분명해 보이지만, 숨겨져 있는 기하적 성질은 단순히 취향에 따라 생각해 볼 문제가 아닌 군론의 가장 기본적인 요소 중 하나이다. 이러한 관점에 대해 좀 더 명확히 이해하기 위해 리만 다양체[I.3 §6.10] 안의 최소면적 원반의 규모가 큰 기하학 연구가 임의의 유한표현군의 단어 문제의 복잡성에 대한 연구와 어떤 즉각적인 연관관계를 가지는지에 대해 설명할 것이다.

5 기존의 군으로부터 만들어진 새로운 군

만약 어떤 두 군 G_1과 G_2가 주어져 있고, 이제 이 두 군을 합쳐서 새로운 군을 만들고 싶다고 가정해 보자. 가장 먼저 생각해 볼 만한 방법은 일반적으로 군론을 배울 때 항상 배우는 데카르트 곱(Cartesian product) $G_1 \times G_2$일 것이다. 이 군의 임의의 원소는 $g \in G_1$, $h \in G_2$에 대해 (g, h)의 형태를 가지고, 두 원소 (g, h)와 (g', h')의 곱은 (gg', hh')으로 주어진다. e가 G_2의 항등원일 때 (g, e) 형태의 모든 원소들을 모아 놓은 집합은 $G_1 \times G_2$ 안에 있는 G_1의 복사본이 되며, 마찬가지로 e가 G_1의 항등원일 때 (e, h) 형태의 원소들을 모두 모으면 G_2의 복사본이 된다.

이러한 복사본들의 원소들 간에는 자명하지 않은 관계식이 존재하는데, 예를 들어 $(e, h)(g, e) = (g, e)(e, h)$가 성립한다. 이제 두 군 Γ_1과 Γ_2가 주어졌을 때, Γ_1의 복사본과 Γ_2의 복사본을 가지지만 가능한 한 적은 관계식들을 가지도록 하는, 새로운 방식의 결합방법을 이용해 만든 군인 **자유곱**(free product) $\Gamma_1 * \Gamma_2$에 대해 설명하려고 한다. 좀 더 자세하게 설명하면, $i_1(\Gamma_1)$과 $i_2(\Gamma_2)$가 $\Gamma_1 * \Gamma_2$를 생성하지만 둘 사이에 겹침이 없도록 하는 두 임베딩 $i_j : \Gamma_j \to \Gamma_1 * \Gamma_2$를 찾으려고 한다. 이러한 요구조건은 보편 성질을 이용하여 다음과 같이 깔끔하게 서술될 수 있다. 군 G와 두 개의 준동형사상 $\phi_1 : \Gamma_1 \to G$와 $\phi_2 : \Gamma_2 \to G$가 주어졌을 때, $j = 1, 2$에 대해 $\Phi \circ i_j = \phi_j$가 되는 준동형사상 $\Phi : \Gamma_1 * \Gamma_2 \to G$가 유일하게 존재한다. (좀 더 간략하게 얘기하면 Φ는 Γ_1의 복사본 위에서는 ϕ_1처럼 작용하고, Γ_2의 복사본 위에서는 ϕ_2와 같이 작용한다는 것이다.)

이 성질이 $\Gamma_1 * \Gamma_2$를 동형류 안에서 유일하게 결정한다는 사실은 쉽게 보일 수 있지만, 여전히 $\Gamma_1 * \Gamma_2$가 정말로 존재한다는 사실은 쉽게 증명하기 어려워 보인다. (이러한 종류의 문제는 어떤 대상을 보편 성질을 이용해 정의할 때 일반적으로 생기는 장점이자 단점이다.) 하지만 이 상황에서는 군의 표현을 이용하면 존재성을 쉽게 증명할 수 있다. A_1과 A_2가 겹치는 문자가 없도록 Γ_1의 표현 $\langle A_1 \mid R_1 \rangle$을 고르고 Γ_2의 표현 $\langle A_2 \mid R_2 \rangle$를 고르면 군 $\Gamma_1 * \Gamma_2$를 $\langle A_1 \sqcup A_2 \mid R_1 \sqcup R_2 \rangle$로 정의하면 된다. (여기서 $\sqcup$은 교집합이 없는 집합들의 합집합을 뜻한다.)

좀 더 직관적으로, $\Gamma_1 * \Gamma_2$를 Γ_1에 속하는 원소 a_i들과 Γ_2에 속하는 원소 b_j들을 a_1, b_n을 제외한 나머지 원소들은 항등원이 되지 않도록 골라 교대로 배치한 수열 $a_1 b_1 \cdots a_n b_n$을 모아 놓은 집합이라고 정의할 수도 있다. 군 Γ_1과 Γ_2의 연산은 이 집합으로 자연스럽게 확장되는데, 예를 들어 $(a_1 b_1 a_2)(a_1' b_1') = a_1 b_1 a_2' b_1'$과 같이 쓸 수 있다. 여기서 $a_2' = a_2 a_1'$이며, 만약 $a_2 a_1' = 1$인 경우는 두 항을 지우고 $b_2' = b_1 b_1'$이라고 바꾼 뒤 곱을 단순히 $a_1 b_2'$이라고 쓰면 된다.

자유곱은 위상수학에서 매우 자연스럽게 등장한다. 만약 두 위상공간 X_1, X_2와 각각의 고정된 한 점 $p_1 \in X_1$, $p_2 \in X_2$가 있을 때, $X_1 \sqcup X_2$를 $p_1 = p_2$라는 동일화를 이용하여 만든 공간 $X_1 \vee X_2$의 기본군[IV.6 §2]은 $\pi_1(X_1, p_1)$과 $\pi_1(X_2, p_2)$의 자유곱으로 주어진다. 사이페르트-반 캄펜(Seifert-van Kampen) 정리에 의해 X_1과 X_2를 붙인 공간의 기본군을 각각의 큰 부분공간들의 기본군으로부터 어떤 식으로 표현할 수 있는지 알 수 있다. 만약 부분공간의 포함사상이 기본군 사이의 단사함수를 준다면, 붙인 공간의 기본군은 이제 정의할 **융합된 자유곱**(amalgamated free product)으로 표현할 수 있다.

두 군 Γ_1과 Γ_2가 주어져 있다. 만약 어떤 다른 군이 Γ_1과 Γ_2의 복사본들을 포함하고 있다면, 이 두

복사본의 교집합에는 항등원이 포함되어 있어야 한다. 자유군 $\Gamma_1 * \Gamma_2$는 가장 적은 제한조건만을 가지고 만든 가장 자유로운 군이다. 이제 Γ_1과 Γ_2의 복사본들이 자명하지 않게 만나고 있음을 가정하고, 그들의 부분군들 중 이 교집합 안에 존재하는 것들은 무엇인지 살펴본 후, 이러한 제한조건들을 만족하는 가장 자유로운 군을 만들 것이다.

A_1을 Γ_1의 부분군이라고 하고 ϕ를 A_1에서 Γ_2의 부분군 A_2로 가는 동형사상이라고 가정하자. 자유군에 대해 설명할 때 제시한 예에서 보듯이, 보편 성질을 이용하면 'A_1과 A_2를 동일시하는 가장 자유로운 곱'이란 말을 정의할 수 있다. 이번에도 역시 군의 표현을 이용하면 존재성을 쉽게 보일 수 있다. 만약 $\Gamma_1 = \langle S_1 \mid R_1 \rangle$이고 $\Gamma_2 = \langle S_2 \mid R_2 \rangle$라 하면, 찾고자 하는 군은

$$\langle S_1 \sqcup S_2 \mid R_1 \sqcup R_2 \sqcup T \rangle$$

의 형태를 갖게 된다. 여기서 $T = \{ u_a v_a^{-1} \mid a \in A_1 \}$로 쓸 수 있는데, u_a는 Γ_1(의 표현)에서 a를 나타내는 단어이고, v_a는 Γ_2에서 $\phi(a)$를 나타내는 단어이다.

이 군은 Γ_1과 Γ_2의 A_1과 A_2에 대한 **융합된 자유곱**이라고 부른다. 때로는 좀 더 자유롭고 모호할 수 있는 표기법인 $\Gamma_1 *_{A_1 = A_2} \Gamma_2$ 또는 $A \cong A_j$인 추상적인 군 A를 이용하여 $\Gamma_1 *_A \Gamma_2$와 같이 나타내기도 한다.

자유군과는 달리 융합된 자유곱을 만드는 과정에서 자연스럽게 등장하는 사상 $\Gamma_i \to \Gamma_1 *_A \Gamma_2$는 단사함수임이 그렇게 자명해 보이지 않는데, 1927년에 슈라이어(Schreier)에 의해 실제로 단사함수임이

증명되었다.

위와 비슷한 방법으로 1949년에 히그먼(Higman), 노이만(B. Neumann), 노이만(H. Neumann)은 다음과 같은 질문에 답할 수 있게 해 주는 새로운 대상을 고안했다. 한 군 Γ와 Γ의 두 부분군들 사이의 동형사상 $\psi : B_1 \rightarrow B_2$가 주어졌을 때, ψ가 군의 켤레화 사상을 B_1로 제한시킨 사상이 되도록 Γ를 더 큰 군에 임베드시킬 수 있을까?

이제 자유곱과 융합된 자유곱에 대한 개념을 이해한 독자들은 위 질문에 어떻게 답할 수 있을지에 대해 대충 짐작할 수 있을 것이다. 원하는 포락군 (enveloping group)을 $\Gamma *_\psi$라고 하고 보편적인 후보들의 표현을 기술한다. 그리고 Γ에서 $\Gamma *_\psi$로 가는 자연스러운 사상(즉 각각의 단어들을 자기 자신으로 보내는 사상)이 단사함수임을 보인다. 따라서 $\Gamma = \langle A \mid R \rangle$이 주어졌을 때 한 기호 $t \notin A$(보통 안정한 글자(stable letter)라고 부른다)를 도입하고 임의의 $b \in B_1$에 대해 $\hat{b} = b$이고 $\tilde{b} = \psi(b)$인 단어들 $\hat{b}$, $\tilde{b} \in F(A)$를 고르면

$$\Gamma *_\psi = \langle A, t \mid R, t\hat{b}t^{-1}\tilde{b}^{-1} \ (b \in B_1) \rangle$$

과 같이 정의할 수 있다. 이것이 새로운 원소 t를 이용하여 원하는 모든 식들을 만족시킬 수 있는, 즉 임의의 원소 $b \in B_1$에 대해서 $t\hat{b}t^{-1} = \tilde{b}$가 되도록 하는, Γ로부터 얻어지는 가장 자유로운 군이 된다. 이 군은 히그먼, 노이만, 노이만의 이름을 따서 Γ의 HNN 확장(HNN extension)이라고 불린다.

이제 Γ에서 $\Gamma *_\psi$로 가는 자연스러운 사상이 단사함수임을 보여야 한다. 즉, 만약 Γ의 한 원소 γ를 골라 $\Gamma *_\psi$의 원소로 간주하면, t와 $\Gamma *_\psi$의 관계식

을 이용해서 γ를 항등원으로 만들 수 없음을 보여야 한다. 이는 브리튼의 보조정리(Britton's lemma)로 불리는 더 일반적인 결과에 의해 증명할 수 있다. w를 자유군 $F(A, t)$의 한 단어라고 가정하자. 그러면 이 단어가 군 $\Gamma *_\psi$ 안에서 항등원이 될 수 있기 위한 유일한 상황은 이 단어가 t를 갖지 않고 군 Γ 안에서 항등원으로 간주될 수 있거나, t를 가지고 있지만 '끼임'을 포함시켜 자연스러운 방법으로 간단하게 만들 수 있는 경우이다. 끼임은 어떤 B_1의 원소를 나타내는 $F(A)$의 단어 b를 포함하는 tbt^{-1}와 같은 형태의 단어(이 경우 $\psi(b)$로 바꾼다), 혹은 어떤 B_2의 원소를 나타내는 단어 b'을 포함하는 $t^{-1}b't$와 같은 형태의 단어(이 경우에는 $\psi^{-1}(b')$으로 바꾼다)를 말한다. 따라서 만약 t를 포함하는 주어진 단어가 어떠한 종류의 끼임도 가지고 있지 않으면, 이 단어를 몇 개의 문자를 지워 항등원으로 만들 수는 없음을 알 수 있다.

이와 비슷한 결과는 융합된 자유곱 $\Gamma_1 *_{A_1 = A_2} \Gamma_2$에도 존재한다. 만약 $g_1, \cdots, g_n$이 Γ_1에는 속하지만 A_1에는 속하지 않고, $h_1, \cdots, h_n$이 Γ_2에는 속하지만 A_2에는 속하지 않을 때, 단어 $g_1 h_1 g_2 h_2 \cdots g_n h_n$은 $\Gamma_1 *_{A_1 = A_2} \Gamma_2$의 항등원이 될 수 없다.

이러한 종류의 어떤 것을 지우지 못한다는 결과는 우리가 관심을 가지고 있는 준동형사상이 단사함수라는 것 이외에도 많은 것을 이야기해 준다. 이들은 융합된 자유곱과 HNN 확장의 자유스러움에 대해 좀 더 다각도로 바라볼 수 있게 해 준다. 예를 들어, 융합된 자유곱 $\Gamma_1 *_{A_1 = A_2} \Gamma_2$에서 어떤 Γ_1의 원소 g가 존재하여 이 원소가 생성하는 군이 무한 군이고, 그 군과 A_1과의 유일한 공통원소가 항등원

이라고 가정하자. 또한 비슷한 조건을 만족하는 Γ_2의 원소 h도 존재한다고 하자. 그러면 g와 h에 의해 생성되는 $\Gamma_1 *_{A_1 = A_2} \Gamma_2$의 부분군은 이 두 원소들을 생성원으로 하는 자유군이 된다. 조금 더 생각해 보면, 임의의 $\Gamma_1 *_{A_1 = A_2} \Gamma_2$의 유한부분군은 Γ_1 또는 Γ_2의 복사본의 켤레류여야만 한다는 사실도 알아낼 수 있다. 비슷하게 $\Gamma *_\psi$의 유한부분군은 Γ의 부분군의 켤레류여야 한다. 이러한 사실들에 대해서는 나중에 나오는 만들기 과정을 통해 좀 더 자세히 알아보기로 한다.

지금까지 언급한 방법 이외에도 군을 조합하는 다양한 방법이 존재한다. 여기서는 융합된 자유곱과 HNN 확장에 좀 더 초점을 맞추었는데, 그것은 이러한 방법들이 이제 다루게 될 기본적인 문제들에 대한 분명한 해답을 제시하기 때문이기도 하지만, 이 방법들이 가지고 있는 근본적인 매력과 이러한 군들이 기본군을 계산하는 과정에서 자연스럽게 등장한다는 사실 때문이기도 하다. 또한 이러한 군들은 나중에 설명할 **수목군론**(arboreal group theory)의 시작을 알리기도 했다. 지면이 여유롭다면, 군론을 연구하는 학자들에게 빼 놓을 수 없는 중요한 도구 중의 하나인 **반직접곱**(semidirect product)과 **화환곱**(wreath product)에 대해서도 설명할 것이다.

HNN 확장과 융합된 자유곱에 대한 몇몇 적용 예시들을 살펴보기 전에, 모든 원소의 계수가 유한한 유한생성된 무한군이 존재하는지를 묻는 번사이드 문제에 대해 다시 생각해 보자. 이 질문은 20세기 전반에 걸쳐 중요한 결과들을 만들어냈는데, 특히 러시아에서 활발했다. 여기서 이 문제를 다시 짚고 넘어가는 것이 적절해 보이는데, 그 이유는 보다 보편적인 대상에 대해 공부하는 것이 일반적인 문제를 푸는 데도 매우 유용할 수 있다는 사실을 다시 한번 보여주기 때문이다.

5.1 번사이드 문제

어떤 지수 m이 주어졌을 때, 이 문제는 자유 번사이드군(free burnside group) $B_{n,m}$을 정의하면 좀 더 명확하게 나타낼 수 있다. 이 군은 표현 $\langle a_1, \cdots, a_n \mid R_m \rangle$으로 나타낼 수 있고, 여기서 R_m은 자유군 $F(a_1, \cdots, a_n)$에서 지수가 m인 모든 원소들을 모아 놓은 것이다. 이러한 정의로부터 어떠한 군이 생성원이 n개 이하이고 모든 원소의 위수가 m의 배수라면, $B_{n,m}$에서 그 군으로 가는 전사함수를 만들 수 있음은 분명하다. 따라서 모든 원소가 같은 유한계수를 가지는 유한생성 무한군이 존재하는 것은 적당한 n, m에 대해 $B_{n,m}$이 무한함을 보이는 것과 동치이다. 다시 말해서, '어떤 조건을 만족하는 군이 존재하는가'라는 형태의 문제가 한 고정된 군에 대한 문제의 형태로 바뀐다.

1968년에 노비코프(Novikov)와 에디안(Adian)은 $n \geq 2$이고 $m \geq 667$이 홀수이면 $B_{n,m}$이 무한군임을 보였다. 정확히 어떤 범위에서 $B_{n,m}$이 무한한지에 대한 문제는 여전히 활발하게 연구되고 있는 문제이다. 조금 더 범위를 확장하여 $B_{n,m}$의 몫으로 주어지는 유한표현 무한군이 존재하는지에 대해서도 물을 수 있는데, 이 문제도 여전히 풀리지 않은 문제이다. 젤마노프(Zelmanov)는 각각의 $B_{n,m}$의 유한몫의 개수가 유한함을 보여 필즈 메달을 수상했다.

5.2 모든 가산군은 어떤 유한생성군에 임베드 가능하다

어떤 가산군 G가 주어지면 G의 원소들을 항등원 g_0부터 시작하여 $g_0, g_1, g_2, \cdots$와 같이 나열할 수 있다. 이제 G와 무한순환군 $\langle s \rangle \cong \mathbb{Z}$와의 자유곱을 생각하자. Σ_1을 $G * \mathbb{Z}$에서 $s_n = g_n s^n (n \geq 1)$ 형태의 모든 원소들을 모아 놓은 집합이라고 하자. 그러면 Σ_1으로 생성되는 부분군 $\langle \Sigma_1 \rangle$은 자유군 $F\langle \Sigma_1 \rangle$과 동형이 된다. 비슷하게 $\Sigma_2 = \{s_2, s_3, \cdots\}$(즉 Σ_1에서 $s_1 = g_1 s$를 제거한 집합)이라고 하면 $\langle \Sigma_2 \rangle$는 $F\langle \Sigma_2 \rangle$와 동형이다. 따라서 사상 $\psi(s_n) = s_{n+1}$은 $\langle \Sigma_1 \rangle$에서 $\langle \Sigma_2 \rangle$로 가는 동형사상이 된다. 이제 안정한 글자가 t인 HNN 확장 $(G * \mathbb{Z})*_\psi$를 생각하자. 이 군은 이미 살펴봤듯이 G의 복사본을 포함한다. 또한 모든 $n \geq 1$에 대해서 $ts_n t^{-1} = s_{n+1}$이 성립하므로 이 군은 s_1, s, t 세 개의 원소로도 생성된다. 따라서 임의의 가산군은 세 개의 생성원을 가지는 군에 임베드할 수 있다. (실제로 이와 같은 생성 과정을 조금 더 생각해 보면, 두 개의 생성원을 가지는 군을 만들 수도 있다. 이 과정은 독자에게 연습문제로 남긴다.)

5.3 유한생성군의 동치류의 개수는 비가산이다

이 사실은 1932년에 B. H. 노이만에 의해 발견되었다. 무한히 많은 소수가 존재하기 때문에, P를 어떤 무한히 많은 소수들로 이루어진 집합이라고 하면 $\oplus_{p \in P} \mathbb{Z}_p$와 같은 형태의 비가산적으로 많은 서로 동형관계가 아닌 군들이 존재한다. 이러한 군들이 유한생성군에 임베드될 수 있음을 알고 있으므로, HNN 확장의 유한부분군들에 대해 남긴 설명을 이용하면 이때 만들어진 어떠한 두 유한생성군들도

동형관계가 아님을 알 수 있다.

5.4 호프 문제에 대한 해답

만약 군 G에 대해 G에서 G로 가는 모든 전사 준동형사상이 동형사상이 되면, G를 **호프군**(Hopfian group)이라고 부른다. 많은 친숙한 군들이 이와 같은 성질을 가지고 있다. 예를 들어 유한군은 자명하게 호프군이며, 선형대수학을 이용하면 $\mathbb{Z}^n$도 호프군임을 보일 수 있다. 자유군의 경우도 마찬가지이며, 이제 곧 다루게 될 행렬들의 군인 $SL_n(\mathbb{Z})$의 경우도 그러하다. 호프군이 아닌 군의 간단한 예로서는 정수들의 무한순열로 이루어진 군(각각의 좌표의 합을 덧셈으로 하면 된다)을 들 수 있는데, $(a_1, a_2, a_3, \cdots)$을 $(a_2, a_3, a_4, \cdots)$로 보내는 함수를 생각하면 이 함수는 분명히 전사 준동형사상이지만 $(1, 0, 0, \cdots)$을 핵의 원소로 갖는다. 그렇다면 유한표현군의 예도 존재할까? 이 질문에 대한 대답은 '그렇다'이고, 히그먼이 처음으로 그 예를 찾았다. 다음의 예는 바움슬라그(Baumslag)와 솔리타(Solitar)의 예이다.

$p \geq 2$를 정수라고 하고 $\mathbb{Z}$를 한 원소 a에 의해 생성되는 자유군 $\langle a \rangle$와 동일시하자. 그러면 $\mathbb{Z}$의 부분군 $p\mathbb{Z}$와 $(p + 1)\mathbb{Z}$는 각각 a^p과 a^{p+1}의 거듭제곱들의 집합으로 이해할 수 있다. 이제 이 부분군들 사이의 사상 ψ를 a^p을 a^{p+1}으로 보내도록 정의하고, 여기에 대응되는 HNN 확장을 B라 하자. 그러면 이 군은 $B = \langle a, t \mid ta^{-p}t^{-1}a^{p+1} \rangle$과 같은 표현을 갖는다. $t \mapsto t, a \mapsto a^p$으로 정의되는 준동형사상 $\psi : B \rightarrow B$는 분명히 전사함수이지만, 이 사상은 $c = ata^{-1}t^{-1}a^{-2}tat^{-1}a$와 같이 끼임을 갖지 않는 원소, 즉 브리튼의 보조정리에 의해 항등원이 될 수 없

는 원소를 핵으로 갖는다. ($p = 3$인 경우에 방금과 같이 정의된 c가 B의 항등원이 아님을 직접 보이려고 시도해 보면, 이 보조정리가 얼마나 유용한지 깨닫게 될 것이다.)

5.5 충실한 선형 표현을 갖지 않는 군

임의의 체에 대해서 정의된 행렬들의 유한생성군 G는 잉여유한군(residually finite group), 즉 임의의 항등원이 아닌 원소 $g \in G$에 대해 $\pi(g) \neq 1$이 되는 어떤 유한군 Q와 준동형사상 $\pi : G \to Q$가 존재하는 군이 됨을 쉽게 증명할 수 있다. 예를 들어, 만약 한 원소 $g \in \mathrm{SL}_n(\mathbb{Z})$가 주어져 있다면 g의 모든 항들의 절댓값보다 더 큰 정수 m을 하나 잡고 모든 항들을 법 m으로 보내는 $\mathrm{SL}_n(\mathbb{Z})$에서 $\mathrm{SL}_n(\mathbb{Z}/m\mathbb{Z})$로 가는 준동형사상을 생각하면 된다. 이때 g의 상은 유한군 $\mathrm{SL}_n(\mathbb{Z}/m\mathbb{Z})$의 항등원이 아님이 분명하다.

호프군이 아닌 군들은 잉여유한군이 아니고, 따라서 어떤 체에 대해서도 행렬들의 군들과 동형일 수 없다. 위에서 정의된 호프군이 아닌 군 B의 경우 항등원이 아닌 원소 c를 생각해 보면, 왜 이 군이 잉여유한군이 아닌지를 관찰할 수 있다. 위에서 이미 $\psi(c) = 1$을 만족하는 $\psi : B \to B$인 전사 준동형사상이 존재함을 알았다. 이제 c_n을 $\psi^n(c_n) = c$를 만족하는 한 원소라고 하자. (전사함수이므로 이러한 원소가 항상 존재한다.) 만약 $\pi(c) \neq 1$인 B에서 유한군 Q로 가는 준동형사상 π가 존재한다면, $\pi \circ \psi^n$과 같은 형태의 무한히 많은 서로 다른 B에서 Q로 가는 준동형사상이 존재할 것이다. 이와 같은 사상들이 서로 다른 이유는 $m > n$일 때는 $\pi \circ \psi^m(c_n) = 1$이고 $\pi \circ \psi^n(c_n) = \pi(c) \neq 1$이기 때문이다. 그런데

유한생성군에서 유한군으로 가는 준동형사상은 생성원들의 상으로 결정되므로 이러한 준동형사상은 유한개밖에 존재할 수 없게 되어 이는 모순이 된다.

5.6 무한히 많은 단순군

브리튼의 보조정리는 $c \neq 1$이라는 점 외에도 더 많은 사실을 말해준다. t와 c로 생성되는 B의 부분군 Λ는 사실 이 두 원소로 생성되는 자유군이 된다는 것이다. 따라서 B의 서로 다른 복사본 B_1, B_2를 각각 가지고 있는 Γ를 $c_1 \mapsto t_2, t_1 \mapsto c_2$로 정의되는 동형사상을 이용하여 붙여서 융합된 자유곱 Λ를 만들어낼 수 있다. 임의의 $\Gamma = B_1 *_\Lambda B_2$의 유한몫에서 $c_1 (= t_2)$과 $c_2 (= t_1)$의 몫은 항상 항등원이어야 함을 이미 관찰했으므로, 이 유한몫 자체가 자명한 군임을 쉽게 알 수 있다. 따라서 Γ는 유한몫을 갖지 않는 무한군이며, 이로부터 Γ를 어떤 적절한 극대 정규 진부분군(maximal proper normal subgroup)으로 나눈 상은 항상 무한하며, 극대성에 의해 단순군이 된다는 사실을 알 수 있다.

방금 만들어낸 단순군들은 무한군이며 유한생성군이지만, 유한표현군은 아니다. 물론 유한표현 무한단순군은 존재하지만, 예를 찾는 일은 훨씬 어렵다.

6 히그먼 정리와 결정불가능성

방금 서로 동형이 아닌 유한생성군이 비가산적으로 많다는 사실을 알아보았다. 하지만 유한표현군의 개수는 가산적이므로, 유한생성군 중 유한표현군의 부분군이 될 수 있는 것의 개수는 가산적일 것이다.

그렇다면 그러한 군은 어떤 것들일까?

이 질문에 대한 완벽한 해답은 1961년 히그먼의 매우 아름다우면서 어려운 정리를 통해 증명되었다. 이 정리를 간략하게 말하면 알고리즘적으로 묘사할 수 있는 군들만이 그러한 군이 될 수 있다는 것이다. (만약 대략적으로조차 이 말이 무슨 뜻인지 이해하기 어렵다면, 정지 문제의 해결불가능성[V.20]을 읽은 후 이 절을 읽는 것이 좋겠다.)

유한개의 문자들의 집합 A로부터 만들 수 있는 단어들의 집합 S에 대해, 만약 S의 단어들을 모두 만들어낼 수 있는 어떤 알고리즘(좀 더 수학적으로 말하면 튜링머신)이 존재할 때 S를 귀납적으로 셀 수 있다라고 정의한다. 특히 흥미로운 예로서 A가 단 하나의 문자로 이루어진 경우를 들 수 있는데, 이 경우 단어들은 그 길이에 의해 완전히 결정되며 S를 음이 아닌 정수의 집합으로 간주할 수 있다. S는 순서를 가지지 않는 집합으로 생각하며, 따라서 S의 모든 원소를 나열하는 알고리즘이 꼭 어떤 단어 w가 S에 속하는지 아닌지를 판단할 수 있어야 할 필요는 없다. 만약 우리가 컴퓨터 옆에 서서 S의 단어들을 찾는 과정을 살펴보고 있을 때, '만약 어떤 단어가 나올 단어였으면 지금쯤이면 벌써 나왔어야 했지'라고 스스로 말할 수 있는 어떤 순간, 즉 한 단어가 S에 속하지 않는다고 확신할 수 있는 어떤 특별한 순간은 존재하지 않는다는 말이다. 만약 이러한 조건까지 만족시킬 수 있는 알고리즘을 찾고 싶다면 귀납적 집합이라는 더 강한 용어를 사용해야 하는데, 어떤 집합 S가 귀납적 집합이라는 말은 S뿐만 아니라 S의 여집합 또한 귀납적으로 셀 수 있어야 한다는 말이다. 그러면 S에 속하는 원소들뿐만 아니라 S에 속하지 않는 원소들도 나열할 수 있다.

어떤 유한생성군의 표현이 유한개의 생성원들을 갖고 그들의 관계식들의 집합이 귀납적으로 셀 수 있을 때, 이 군이 귀납적으로 표현가능하다고 말한다. 다른 말로 하면 그러한 군들이 꼭 유한표현될 필요는 없지만, 적어도 군의 표현은 적당한 알고리즘으로 구현될 수 있을 정도로 '좋아야' 한다는 말이다.

히그먼의 임베딩 정리는 유한생성군 G가 귀납적으로 표현가능할 필요충분조건은 이 군이 어떤 유한표현군의 부분군이 된다는 것이다.

이 정리가 얼마나 자명하지 않은지는 다음과 같은 군의 표현을 보면 이해할 수 있다. 각각의 생성자 a_n이 분수 $1/n!$인 덧셈에 대한 유리수의 군은

$$Q = \langle\, a_1, a_2, \cdots \mid a_n^n = a_{n-1} \ \ \forall n \geqslant 2 \,\rangle$$

와 같이 나타낼 수 있다. 히그먼의 정리는 Q를 어떤 유한표현군 안에 임베드할 수 있다는 사실을 알려주는데, 정확히 어떠한 임베딩을 이용하면 되는지 찾으려고 하면 쉽지 않아 보인다.

히그먼 정리의 힘은 이 정리가 20세기 수학의 가장 중요한 연구 주제 중 하나인 결정불가능성(unde-cidability)에 대한 결과를 내포하고 있기 때문이기도 하다. 좀 더 명확하게 설명하기 위해서 풀 수 없는 단어 문제를 가진 유한표현군이 존재한다는 사실과, 수열을 이루는 군들 사이에 동형사상이 존재한다는 사실을 결정할 수 없는 어떤 유한표현군들의 수열이 존재한다는 사실을 증명할 것이다. (단 이미 언급했던 몇몇 사실들을 이용한다.) 또한 이러한 군론의 결정불가능한 현상들을 위상수학의 내용으로 어떻게 바꿀 수 있는지에 대해서도 얘기할 것이다.

결정불가능성은 귀납적으로 세어지지만 귀납적이지는 않은 어떤 부분집합 $S \subset \mathbb{N}$이 존재한다는 사실에서 비롯된다. 이 사실을 이용하여 풀리지 않는 단어 문제를 가지는 유한표현군을 어렵지 않게 만들어낼 수 있다. 위에서 얘기한 조건을 만족하는 S에 대해서

$$J = \langle a, b, t \mid t(b^n ab^{-n})t^{-1}$$
$$= b^n ab^{-n} \quad \forall n \in S \rangle$$

라는 군을 하나 생각한다. 이 군은 자유군 $F(a, b)$와 이 군의 부분집합 L을 $\{b^n ab^{-n} : n \in S\}$와 같은 원소들로 생성되는 부분군이라고 정의했을 때 항등사상 $L \to L$에 대한 HNN 확장이라고 이해할 수 있다. 브리튼의 보조정리에 의해 단어

$$w_m = t(b^m ab^{-m})t^{-1}(b^m a^{-1} b^{-m})$$

이 $1 \in J$와 같을 필요충분조건이 $m \in S$인 것임을 알 수 있는데, 정의에 의해 $m \in S$인지 아닌지를 결정하는 알고리즘이 존재하지 않으므로 어떤 w_m이 관계식인지 알 수 없다. 따라서 J는 풀 수 없는 단어 문제를 갖게 된다.

풀 수 없는 단어 문제를 가지는 유한표현군이 존재한다는 사실을 보이는 일은 훨씬 더 복잡한데, 히그먼의 임베딩 정리를 간단하게 이용하면 이 사실은 거의 자명해진다. 히그먼의 정리로부터 J는 유한표현군 Γ에 임베드할 수 있고, 따라서 만약 J의 생성원으로부터 만들어진 한 단어가 항등원을 나타내는지 아닌지 결정할 수 없다면, Γ의 생성원으로부터 만들어진 단어들에 대해 결정하는 일도 불가능하다는 것을 비교적 단순한 방법으로 보일 수 있

게 된다.

만약 어떤 풀리지 않는 단어 문제를 가진 유한 표현군이 하나 주어져 있다면, 이 문제를 다른 문제들에 대한 불확정성 문제로 쉽게 바꿀 수 있다. 예를 들어 $\Gamma = \langle A \mid R \rangle$(단, 여기서 $A = \{a_1, \cdots, a_n\}$이고 어떤 a_i도 Γ의 항등원이 아니라고 하자)이 풀리지 않는 단어 문제를 가진 한 유한표현군이라고 가정하고, A의 원소들과 그들의 역원으로 만들어지는 임의의 단어 w에 대해, 군 Γ_w를 다음과 같은 표현으로 정의하자.

$$\langle A, s, t \mid R, t^{-1}(s^i a_i s^{-i})t(s^i w s^{-i}), i = 1, \cdots, n \rangle.$$

만약 Γ에서 $w = 1$이라면, Γ_w는 s, t를 생성원으로 하는 자유군임을 어렵지 않게 알 수 있다. 만약 $w \neq 1$이라면, Γ_w는 HNN 확장이다. 특히 이 군은 Γ의 복사본을 가지고, 따라서 풀리지 않는 단어 문제를 가지므로 자유군이 될 수 없다. Γ에서 $w = 1$인지 판별하는 알고리즘을 가지고 있지 않으므로, 이는 곧 군 Γ_w들이 서로 동형인지 아닌지 판단할 수 없다는 말이 된다.

이 논의와 비슷한 방법으로, 주어진 유한표현군이 자명한 군인지를 판별하는 알고리즘은 없다는 사실도 보일 수 있다.

잠시 후에 임의의 유한표현군 G가 어떤 콤팩트 4차원 다양체의 기본군이 된다는 사실을 설명할 것이다. 이 정리의 증명을 엄밀히 관찰하여 1958년 마르코프(Markov)는 4차원 이상에서 어떤 콤팩트 다양체(예를 들어, 어떤 단체의 복합체(simplicial complex)로 표현된 다양체)들이 서로 위상동형인지 판단하는 알고리즘은 없다는 사실을 밝혀냈다.

그의 기본적 아이디어는 만약 삼각화된 4차원 다양체들이 서로 위상동형(homeomorphic)인지 판단하는 알고리즘이 존재한다면, 그를 이용하여 어떤 유한표현군이 자명한 군인지 판별할 수 있어야 하므로 방금 이야기한 내용들에 의해 모순을 얻게 된다는 것이다. 이 아이디어를 사용하기 위해서는 4차원 다양체 중 자명한 군의 서로 다른 표현들과 연결된 것들은 서로 위상동형이라는 사실을 염두에 두어야 실수가 없다. 이 부분이 증명에 있어서 가장 신중해야 할 부분이다.

놀랍게도 어떤 콤팩트 3차원 다양체가 서로 위상동형인지를 결정하는 알고리즘은 존재한다. 이는 아주 증명하기 어려운 정리로, 서스턴의 기하화 추측 [IV.7 §2.4])에 대한 페렐만의 풀이를 바탕으로 증명할 수 있다.

7 위상적 군론

이제 보는 방향을 조금 바꿔서 위상수학자의 관점에서 $P \equiv \langle a_1, \cdots, a_n \mid r_1, \cdots, r_m \rangle$이라는 기호를 바라보도록 하자. P를 군을 만들어내는 표현으로 생각하는 대신에 **위상공간**[III.90], 좀 더 구체적으로는 **2차원 복합체**를 만들어내는 표현으로 생각할 것이다. 그런 공간들은 점들과 몇몇 점들을 잇는 선으로 이루어지는데, 이때 이 점들을 **꼭짓점**(vertex)이라고 부르고 선들을 **변**(edge), 또는 **1-셀**(1-cell)이라고 부른다. 만약 몇몇 1-셀들이 사이클을 이루면, 이 사이클은 **면**(face), 또는 **2-셀**(2-cell)들로 채워진다고 말한다. 위상적으로 각각의 면들은 방향을 가지고 있는 사이클로 이루어진 경계를 가진 원판이 된다.

이 복합체가 무엇인지 알기 위해서, 먼저 $\mathbb{Z}^2$의 가장 일반적인 표현인 $P \equiv \langle a, b \mid aba^{-1}b^{-1} \rangle$를 생각해 보자. (이 군은 a, b로 생성되며, 관계식은 곧 $ab = ba$임을 의미한다.) 먼저 한 개의 꼭짓점과 두 개의 방향을 가진 변(이들은 고리(loop)가 된다)으로 이루어진 그래프 K^1을 생각해 보자. 각각의 모서리에 a, b라는 이름을 붙인다. 다음으로, $[0, 1] \times [0, 1]$이라는 사각형을 생각하여, 변에 방향을 준 후, a, b, a^{-1}, b^{-1}와 같이 한 바퀴 돌며 이름을 붙인다. 각각의 붙여진 이름에 맞도록 사각형을 그래프에 붙여 본다. 조금 생각해 보면, 완성된 결과물이 원환면, 즉 베이글 형태의 겉면이라는 것을 알 수 있다. 원환면의 기본군이 $\mathbb{Z}^2$이라는 관찰은 꽤 중요한 것으로 밝혀졌는데, 이 군이 바로 문제 해결의 시작점이다.

부착사상(attaching map)을 이용하면 위와 같은 '붙이기' 과정을 더 정확하게 묘사할 수 있다. 먼저 사각형의 꼭짓점들을 K^1의 꼭짓점으로 보내고 (꼭짓점을 제외한) 변들을 위상동형사상을 이용하여 열린 모서리로 보내는 사각형 S의 경계로부터 그래프 K^1로 가는 연속함수 ϕ를 생각하자. 그러면 원환면은 $K^1 \sqcup S$에서 사각형의 경계에 위치한 점 x를 그 상 $\phi(x)$와 일치시키는 동치관계에 의해 만들어지는 상이 된다.

이러한 좀 더 추상적인 언어를 이용해서 위와 같은 만들기를 일반적인 표현의 경우에 어떻게 일반화시킬 수 있는지 쉽게 알 수 있다. 어떤 표현 $P \equiv \langle a_1, \cdots, a_n \mid r_1, \cdots, r_m \rangle$이 주어졌을 때, 한 개의 점과 n개의 방향을 가진 고리들로 이루어진 그래프를 하나 생각하고, 각각의 고리들을 $a_1, \cdots, a_n$이라 이름 붙인다. 이제 각각의 r_j에 다각원판을 붙이는데, 원판의 경계에 해당하는 사이클을 단어 r_j를 따라 만들어지는, 방향을 가진 변들로 이루어진 수열에 맞춰 붙이면 된다.

일반적으로 결과물은 $\langle a, b \mid aba^{-1}b^{-1} \rangle$에서처럼 곡면이 되는 것은 아니고, 변과 꼭짓점에 특이점을 가지는 2차원 복합체가 된다. 아마 몇몇 예를 살펴보면 좀 더 도움이 될 것이다. $\langle a \mid a^2 \rangle$과 같은 표현을 이용하면 사영평면이 만들어진다. $\langle a, b, c, d \mid aba^{-1}b^{-1}, cdc^{-1}d \rangle$와 같은 표현을 이용하면 원환면과 클라인 병(Klein bottle)이 한 점에서 붙어 있는 형태를 얻는다. 때로는 어떤 모양인지 상상하기가 꽤 어려운데, $\langle a, b \mid a^2, b^3, (ab)^3 \rangle$과 같은 표현이 어떤 복합체를 주는지를 생각해 보면 된다.

$K(P)$를 만드는 것은 **위상적 군론**의 시작이다. 이미 언급됐던 사이페르트-반 캄펜 정리는 $K(P)$의 기본군이 P가 표현하는 군과 같음을 보여준다. 하지만 더 이상 군은 불가사의한 표현의 형태로 갇혀 있지 않고, '층 변환(deck transformation)'이라는 위상동형사상을 통해 $K(P)$의 **보편 덮개**[III.93]에 작용한다. 따라서 간단한 $K(P)$의 만들기 과정을 통해(그리고 덮개공간(covering space)이라는 위상수학의 고상한 이론과 함께), 추상적인 유한표현군을 어떤 대역적·기하적·위상적 기술들을 사용할 수 있는 풍부한 구조를 가질 수 있는 가능성을 가진 대상의 대칭변환에 대한 군으로 이해하고자 하는 목적을 달성할 수 있게 된다.

군에 대한 좀 더 발전된 위상적 모형을 얻기 위해, $K(P)$를 $\mathbb{R}^5$에 임베드하고(유한 **그래프**[III.34]를 $\mathbb{R}^3$에 임베드했듯이), 그 상으로부터 어떤 작은 고정된 거리만큼 떨어져 있는 모든 점들을 모은 모든 콤팩트 4차원 다양체 M을 생각하자. (이 임베딩이 적당히 '부드럽다고' 가정할 수 있다.) 여기서 얻고자 하는 것은 $\mathbb{R}^3$에 어떤 그래프가 임베드되어 있을 때, 고정된 거리만큼 떨어져 있는 점들을 모아 만든 곡면(소매와 같은 모양)과 비슷한 개념으로, 그 개념의 고차원 형태라고 할 수 있다. 이때 M의 기본군은 P로 표현되는 군이 되며, 따라서 이제 임의의 유한표현군이 어떤 다양체(M의 보편덮개)에 작용할 수 있도록 할 수 있음을 알 수 있다. 따라서 해석학이나 미분기하학에서 사용하는 방법들을 이용할 수 있게 된다.

미리 언급했듯이, $K(P)$와 M을 만드는 과정은 이 정리가 더 어려운 의미를 함축하고 있다는 사실을 말해주는데, 바로 어떤 군이 유한표현군이라는 것은 그 군이 어떤 콤팩트 복합체의 기본군이자 콤팩트 4차원 다양체의 기본군이라는 것과 동치라는 것이다. 이 결과는 몇 가지 자연스러운 궁금증을 불러일으킨다. 먼저, 임의의 유한표현군 Γ에 대해 더욱 나은, 더 많은 정보를 포함한 위상적 모형이 존재하는가? 만약 그렇지 않다면, 더 나은 모형을 만들어내는 과정에서 문제가 되는 군들은 어떤 종류들인가? 예를 들어 Γ를 기본군으로 가지는 좀 더 저차원의 다양체를 만들어낼 수 있다면, 3차원 기하에 대해 물리적으로 알고 있는 사실들을 이용할 수 있을 것이다. 하지만 콤팩트 3차원 다양체들의 기본군은 매우 특수한 것으로 밝혀졌는데, 이 관찰은 20세기 말의 가장 중요한 수학적 발견의 핵심과 깊은 연관이 있다. 다른 흥미로운 연구방향은 어떠한 군들이 **곡률**[III.13] 조건이나 복소 기하학에서 나오는 조건들을 만족하는 콤팩트 공간의 기본군이 되는지 살펴보는 것이다.

특히 많은 흥미로운 조건들이 다음과 같은 질문으로부터 나온다. 임의의 유한 표현군을 보편덮개가 호모토피[IV.6 §2]한 콤팩트 공간(아마도 복합체나 다양체)의 기본군으로 표현할 수 있도록 하는 방법이 있을까? 이 문제는 위상수학의 관점에서 볼 땐 아주 자연스러운데, 그 이유는 축약가능한 보편덮개를 가진 공간은 그들의 기본군에 의해서 완전히 (단, 호모토피[IV.6 §2]에 무관하게) 결정되기 때문이다. 만약 기본군이 Γ라 하면, 그러한 공간을 Γ의 분류공간(classifying space)이라고 부르며, 이 공간이 가지고 있는 호모토피에 대한 불변성은 곧 군 Γ가 많은 불변성을 가질 수 있도록 해 준다. ($K(P)$가 Γ가 아니라 P에 의존하여 정의됨으로써 생기는 복잡한 상황으로부터 벗어날 수 있게 해 준다.)

만약 P로부터 Γ를 이해하는 것이 얼마나 어려운지 이야기했던 부분을 아직 기억하고 있다면 이러한 의존성을 정말 없앨 수 있을지에 대해 의심스럽게 느껴질 수도 있는데, 사실 이 의심은 매우 합리적이다. 임의의 유한표현군에 대해 분류공간을 만들어내는 과정에는 많은 제약 조건들이 있다. 이러한 제약조건(일반적으로 유한성조건(finiteness condition)이라고 불린다)에 대한 연구는 현대 군론과 위상수학, 호몰로지대수 등 많은 영역에 걸쳐 활발히 진행되고 있다.

이 연구의 한 가지 방향은, 콤팩트 분류공간(꼭 다양체일 필요는 없다)의 존재성을 보장해주는 자연스러운 조건을 찾는 것이다. 현대 군론의 몇몇 연구에서 그렇듯이, 이러한 연구에서도 양이 아닌 곡률들의 기본적인 역할들을 명확하게 하는 일이 아주 중요하다. 좀 더 조합적인 조건도 역시 등장한다. 예를 들어, 린던(Lyndon)은 자명하지 않은 지수를 가지는 한 개의 관계식 $r \in F(A)$로 정의되는 표현 $P \equiv \langle A \mid r \rangle$에 대해, $K(P)$의 보편덮개가 축약가능하다는 것을 보였다.

이러한 분야와 비슷한 또 다른 매우 활발한 연구 분야로서, 분류공간의 유일성과 단단함(rigidity)에 대한 연구를 들 수 있다. (보통 그렇듯이, 여기서 단단함이란 어떤 두 대상이 약한 의미로 동치일 때, 사실은 강한 의미로도 동치가 되는 상황을 말한다.) 어떤 두 콤팩트 다양체가 동형인 기본군과 호모토피한 보편덮개를 가지면, 이 두 다양체는 사실은 위상동형이라는 (아직 증명되지 않은) 보렐 추측(Borel conjecture)이 그러한 예이다.

지금까지 군을 기본군으로 이해할 수 있음을 계속 얘기했는데, 이는 어떤 자유 작용을 만들어낸다. 즉 군의 원소들을 한 위상공간의 대칭변환들로 이해할 수 있고, 이러한 대칭변환들은 고정점을 갖지 않는다. 기하적 군론으로 넘어가기 전에 아주 많은 경우에서 대부분의 중요한 군의 작용들은 자유롭지 않음을 언급하고자 한다. 대신 성질을 잘 알고 있는 안정자를 이용할 수 있다. (한 점의 안정자(stabilizer)라 함은 군의 대칭변환들 중 그 점을 고정시키는 것들을 모두 모아 놓은 집합을 말한다.) 예를 들어, Γ_Δ를 연구하는 자연스러운 방법은 이 군의 삼각화된 평면에 대한 작용을 연구하는 것인데, 각각의 꼭짓점은 12개의 대칭변환에 의해 움직이지 않고 고정된다.

수형도에 작용하는 군의 작용에 대한 바스-세르(Bass-Serre)의 이론은 적당한 위상공간에 대한 자유롭지 않은 작용을 통해 대수적 구조를 밝히려는 노력이 얼마나 큰 장점을 갖는지 더 명확히 보여준다. 이것은 이미 얼마나 유용한지 배웠던 융합된 자유곱과 HNN 확장에 대한 이론도 포함한다. (이 이론과 그 확장은 **수목군론**의 시초라고 불려지기도 한다.)

수형도(tree)는 어떤 회로(circuit)도 갖지 않는 연결된 그래프를 말한다. 때때로 수형도를 각각의 변의 길이가 1인 거리공간[III.56]으로 간주하는 것이 더 도움이 된다. 수형도에 대한 가능한 군의 작용들은 변들을 뒤집지 않은 채 등거리가 되게 모서리로 보내는 것들이다.

만약 군 Γ가 집합 X에 작용한다면(다시 말하면, 만약 이 군을 X의 대칭변환들의 군으로 이해할 수 있다면) 한 점 $x \in X$의 궤도(orbit)는 $g \in \Gamma$에 대한 x의 상인 gx들을 모두 모아 놓은 집합으로 정의한다. 군 Γ가 융합된 자유곱 $A *_C B$로 표현될 수 있을 필요충분조건은 이 군이 두 개의 꼭짓점의 궤도, 한 개의 모서리의 궤도, 그리고 A, B, C를 안정자로 갖도록 한 수형도에 작용한다는 것이다(이때 A, B는 인접한 두 꼭짓점의 안정자이고, C는 모서리의 안정자로 A, B와 교점을 갖는다). HNN 확장은 한 개의 꼭짓점의 궤도와 한 개의 모서리의 궤도를 갖는 작용과 대응된다. 따라서 융합된 자유곱과 HNN 확장은 바스-세르 이론의 기본 관심 대상인 **군들의 그래프** 형태로 나타난다. 이들은 어떤 몫공간의 정보(즉, 한 (그래프의 형태를 갖는) 몫공간과 변과 꼭짓점들의 안정자들의 패턴)로부터 수형도에 대한 군의 작용을 찾아내는 일을 가능하도록 해 준다.

바스-세르 이론의 쉽게 찾을 수 있는 장점은 임의의 $A *_C B$의 유한부분군이 A 또는 B의 부분군과 켤레류 관계라는 정리의 분명하고 잘 짜여진 증명을 준다는 것이다. 한 수형도의 몇몇 꼭짓점들로 이루어진 집합 V에 대해 $\max\{d(x, v) \mid v \in V\}$를 최소화시키는 x라는 꼭짓점, 또는 꼭짓점들의 중점이 항상 존재한다. 이제 이 V에 대한 관찰을 유한군의 궤도에 적용시키면, x는 이 부분군의 작용에 대한 고정점이 되고, 따라서 임의의 점의 안정자는 A 또는 B의 부분군과 켤레류가 된다.

수목군론은 이 적용 예시보다 훨씬 더 깊은 범위까지 파고 들어간다. 특히 이 이론은 유한표현군의 분해 이론의 기초가 된다. 예를 들어, 자연스러운 방법으로 임의의 유한표현군을 모서리의 안정자가 순환군이 되도록 하는 군의 그래프들로 최대한 나눌 수 있다. 이는 놀랍게도 3차원 다양체의 분해 이론과 아주 닮았는데, 이러한 연관성은 단순히 비슷한 정도가 아니라 지난 십 년 간의 기하적 군론의 가장 중요한 결과들을 설명할 수 있을 정도이다. 만약 이와 관련하여 더 많은 사실을 알고 싶으면 JSJ 분해(JSJ decomposition)에 관한 글을 찾아 보면 된다. 군의 **복합체**(complex of group)에 대해서도 찾아 보면 군의 그래프와 비슷한 고차원에서의 이론에 대해서도 공부할 수 있다.

8 기하적 군론

먼저 $\mathbb{Z}$의 표현 $P \equiv \langle a, b \mid aba^{-1}b^{-1} \rangle$에 대해 다시 생각해 보면서 $K(P)$에 대한 관점을 새롭게 해 보자. 복합체 $K(P)$는 앞서 살펴봤듯이 원환면이다. 이제 원환면을 군 $\mathbb{Z}^2$의 작용$((m, n) \in \mathbb{Z}^2$이 $(x, y) \mapsto$

$(x + m, y + n)$과 같은 변환을 주는 작용)에 의한 유클리드 평면 $\mathbb{R}^2$의 상으로 정의할 수 있다. 실제로, $\mathbb{R}^2$은 적당한 정사각형 타일덮기에 의해 원환면의 보편덮개가 된다. 만약 이 작용에 대한 원점의 궤도를 생각하면 이 궤도는 $\mathbb{Z}^2$의 복사본이 되고, $\mathbb{Z}^2$의 거대한 기하학을 만난다. '$\mathbb{Z}^2$의 기하학'이란 아이디어를 좀 더 정확하게 하면, 각각의 타일들의 변의 길이를 1이라 정하고 점들의 **그래프 거리**(graph distance)를 한 점에서 다른 한 점으로 변을 따라갈 때 가장 짧은 경로의 길이라고 정의한다.

위와 같은 예에서 알 수 있듯이, $K(P)$를 만들어내는 과정은 기하적 군론의 (서로 연관된) 두 개의 중요한 연구 방향들과 모두 관계가 있다. 첫 번째 방향은 좀 더 고전적인 것으로 거리공간이나 위상공간에 대한 군의 작용(예를 들어, 위의 예에서 나온 $\mathbb{Z}^2$의 평면에 대한 작용 또는 $K(P)$의 기본군의 보편덮개에 대한 작용)을 관찰하는 것으로, 그러한 공간들과 군의 구조들을 좀 더 명확히 하는 것이다. 이러한 연구를 통해 얻어낼 수 있는 성과는 이러한 군이 원하는 성질을 가지는지 가지지 않는지에 따라 많이 달라진다. $\mathbb{Z}^2$의 $\mathbb{R}^2$에 대한 작용은 좋은 기하적 구조를 가진 공간 위의 등거리사상들로 이루어지고, 이 작용에 대한 몫(원환면)은 콤팩트집합이 된다. 이러한 작용들은 여러모로 이상적이라고 할 수 있지만, 때로는 좀 더 다양한 종류의 군을 얻기 위하여 조건들을 조금 약하게 바꿀 필요도 있고, 때로는 더 많은 구조를 요구함으로써 관심대상을 좀 더 좁혀 그 자체로 흥미로운 특정한 성질을 가지는 군과 공간에 대해 연구하기도 한다.

이러한 첫 번째 기하적 군론의 연구 방향은 두 번째 것과 섞여 있다. 두 번째 연구 방향은, 유한생성군을 다음과 같이 정의되는 단어 거리(word metric)라는 개념이 있는 기하적 대상으로 간주하는 것이다. 어떤 군 Γ의 생성집합 S가 주어져 있을 때, 각각의 원소 $\gamma \in \Gamma$를 어떤 $s \in S$에 대해 γs 또는 γs^{-1}와 같은 형태를 갖는 원소들과 연결한 그래프를 Γ의 케일리 그래프(Cayley graph)라고 한다(이 그래프는 $K(P)$의 보편덮개의 모서리들로 이루어진 그래프와 같다). 모든 모서리들의 길이를 1이라 할 때, γ_1과 γ_2 사이의 거리 $d_S(\gamma_1, \gamma_2)$를 γ_1에서 γ_2로 가는 가장 짧은 경로의 길이라고 하자. 이 값은 S로 생성되는 자유군의 단어들 중에서 Γ에서 $\gamma_1^{-1}\gamma_2$와 같은 값을 주는 것들을 생각했을 때, 그중 가장 짧은 단어의 길이와 같다.

단어 거리와 케일리 그래프는 어떤 생성집합을 선택하느냐에 따라 달라지지만, 크게 봤을 때 그들의 기하학은 달라지지 않는다. 이 주장을 좀 더 정확하게 하기 위해서, **준등거리사상**(quasi-isometry)이라는 개념을 소개한다. 이 사상은 큰 범위에서 비슷한 공간들을 결정하는 동치관계를 주는 사상이다. 만약 X와 Y가 두 개의 거리공간일 때, 함수 $\phi : X \to Y$가 다음과 같은 두 성질을 만족하면, 이 함수를 X에서 Y로 가는 준등거리사상이라고 부른다. 첫 번째는 어떤 양의 실수 c, C, ϵ이 존재하여 $cd(x, x') - \epsilon \le d(\phi(x), \phi(x')) \le Cd(x, x') + \epsilon$이 성립하는 것이다. 즉 ϕ에 의해 기껏해야 어떤 정해신 상수 배수 정도로만 서로 떨어지게 된다는 말이다. 두 번째는 임의의 $y \in Y$에 대해 $d(\phi(x), y) \le C'$을 만족하는 $x \in X$가 항상 존재하도록 하는 상수 C'이 존재한다는 것이다. 즉 ϕ가 '준전사함수'라는 말인데, 이는 Y의 모든 원소가 어떤 X의 원소의 상과 아주 가깝다는 뜻이다.

예를 들어, 두 공간 $\mathbb{R}^2$과 $\mathbb{Z}^2$을 생각해 보자. (이때 $\mathbb{Z}^2$의 거리는 위에서 정의했던 그래프 거리로 주어진다.) 이 경우 (x, y)를 $(\lfloor x \rfloor, \lfloor y \rfloor)$(여기서 $\lfloor x \rfloor$는 x보다 작거나 같은 가장 큰 정수로 정의한다)로 보내는 사상 $\phi : \mathbb{R}^2 \to \mathbb{Z}^2$이 준등거리사상이 됨은 쉽게 알 수 있다. 만약 두 점 (x, y)와 (x', y')의 유클리드 거리 d가 10 이상이면, 점 $(\lfloor x \rfloor, \lfloor y \rfloor)$와 $(\lfloor x' \rfloor, \lfloor y' \rfloor)$ 사이의 그래프거리는 $\frac{1}{2}d$와 $2d$ 사이에 위치한다. 위와 같은 논의에서 이 공간들의 국소 구조에 대해서는 거의 신경 쓰지 않았음을 기억해 두자. 사상 ϕ는 연속함수가 아니지만 준등거리사상이 된다.

만약 ϕ가 X에서 Y로 가는 준등거리사상이면, 이 사상의 '준역사상'이 되는 Y에서 X로 가는 준등거리사상 ψ가 존재함도 쉽게 보일 수 있다. 여기서 '준역사상'이라는 말은 모든 $x \in X$는 $\psi\phi(x)$로부터 어떤 정해진 유한한 거리 안에 위치해 있고, 모든 $y \in Y$는 $\phi\psi(y)$로부터 어떤 정해진 유한한 거리 안에 위치해 있다는 말이다. 일단 이를 이해하고 나면, 준등거리사상이 동치관계를 준다는 사실을 쉽게 알 수 있다.

다시 케일리 그래프와 단어 거리로 돌아가면, 만약 어떤 하나의 군에서 두 개의 서로 다른 생성원들의 집합을 고르면, 거기에 대응되는 케일리 그래프는 서로 준등거리관계에 있다. 따라서 이런 준등거리사상에 대해 일정한 어떤 케일리 그래프의 성질은 단지 그래프가 가지고 있는 성질이 아니라 군 자체가 가지고 있는 성질이라고 볼 수 있다. 이러한 불변량을 다룰 때 Γ 자체를 하나의 공간으로 생각해

도 좋으며(어떤 케일리 그래프를 생성하는지 상관하지 않으므로), 이를 서로 준등거리 관계에 있는 임의의 거리공간, 예를 들면 Γ를 기본군으로 가지는 닫힌 리만 다양체의 보편덮개(존재성에 대해서는 이미 설명되었다)로 대체해도 상관 없음을 알 수 있다. 이제 해석학의 여러 도구들을 가져와 사용할 수 있게 된다.

흔히 밀너-슈바르츠 보조정리(Milnor-Švarc lemma)라고 불리는, 많은 사람들에 의해 독자적으로 발견된 기본적인 사실은 이러한 기하적 군론의 두 연구 방향이 깊숙이 연관되어 있음을 알려준다. 거리공간 X의 임의의 두 점에 대해 그 점들의 거리가 두 점 사이를 잇는 통로의 길이들의 최대하계와 같을 때, X를 길이공간(length space)이라고 부른다. 밀너-슈바르츠 보조정리는 어떤 한 군 Γ가 길이공간 X의 등거리사상들의 집합으로서 '진성불연속적(properly discontinuously)'으로 작용하고 그 상이 콤팩트라면, Γ는 유한생성군이며 X와 (임의의 단어 거리에 대해서도) 준등거리 관계에 있다는 것이다.

이미 이와 관련한 예를 살펴본 적이 있다. $\mathbb{Z}^2$은 유클리드 평면과 준등거리 관계에 있다. 조금 덜 분명하지만, Γ_Δ의 경우도 마찬가지이다. (Γ_Δ의 원소 α를 $\mathbb{Z}^2$에서 $\alpha(0)$과 가장 가까운 점으로 보내는 사상을 생각해 보자.)

콤팩트 리만 다양체의 기본군은 그 다양체의 보편덮개와 준등거리 관계에 있다. 따라서 준등거리사상에 대한 불변량의 관점에서 보면, 그러한 다양체들에 대한 연구는 곧 임의의 유한표현군에 대한 연구와 동치이다. 곧 이 동치관계에 대한 자명하지 않은 결과들에 대해 다룰 것이다. 하지만 먼저 유한

생성군이 큰 범위의 기하학에서 거리를 가진 대상으로 간주될 때 생기는 새로운 종류의 문제에 대해 생각해 보자. 유한 생성군들을 준등거리사상에 대한 동치관계로 분류하면 어떤 결과를 얻을 수 있을까?

이는 물론 불가능한 작업이지만, 그럼에도 불구하고 특히 단단함에 대한 연구를 통해 많은 아름다운 정리들을 발견할 수 있도록 해 준 현대 기하적 군론의 한 표지판과 같은 역할을 한다. 예를 들어, 큰 범위에서 $\mathbb{Z}^n$을 연상시키는 어떤 유한생성군 Γ를 얻게 되었다고 가정하자. 달리 말해서, $\mathbb{Z}^n$과 준등거리관계에 있는 군을 얻게 되었다고 하자. 이 알 수 없는 군과 $\mathbb{Z}^n$ 사이에 대수적으로 정의된 사상이 꼭 쉽게 보이지 않더라도, 이 군이 유한 지수를 가지는 $\mathbb{Z}^n$의 복사본인 부분군을 꼭 포함하고 있어야 한다는 사실을 말해준다.

이러한 결과들의 핵심은 1981년에 발표된 획기적인 정리인 **그로모프의 다항식 증가 정리**(Gromov's polynomial growth theorem)이다. 이 정리는 유한생성군 Γ의 항등원과의 거리가 r 이내인 점들의 개수에 관련된 정리이다. 이 개수를 함수 $f(r)$로 표시할 때, 그로모프는 r이 무한대로 발산할 때 $f(r)$이 어떻게 증가하는지, 그리고 이 사실이 군 Γ에 대해서 어떤 것들을 얘기해 주는지에 관심을 가졌다.

만약 Γ가 d개의 생성원을 가지는 아벨군(가환군, Abelian group)이면 $f(r)$의 값이 $(2r+1)^d$ 이하(각각의 생성원의 지수는 $-r$에서 r 사이에 있어야 하므로)임을 어렵지 않게 알 수 있다. 따라서 이 경우 $f(r)$은 r에 대한 다항식 이하로 증가한다. 이와 정반대로 극단적인 경우를 생각해 보자. 만약 Γ가 두 생성원 a, b를 가지는 자유군이면, $f(r)$은 지수함수적으로 크게 증가하는데, 이는 a와 b로 이루어진(하지만 그들의 역원은 포함하지 않는) 길이가 r인 모든 수열이 Γ 안에서 다른 원소를 주기 때문이다.

이렇게 양극단에 있는 경우를 생각했을 때, $f(r)$이 다항식 이하로 증가한다는 조건이 Γ의 가환성(commutativity)에 대해 어떤 것들을 말해 줄 수 있을지 궁금해진다. 운 좋게도, 이러한 생각을 정확히 표현할 수 있게 해 주는 오래 연구된 개념이 존재한다. 임의의 군 G와 그 군의 임의의 부분군 H에 대해 **교환자**(commutator) $[G, H]$는 G의 원소 g와 H의 원소 h에 대해 $ghg^{-1}h^{-1}$와 같은 형태의 모든 원소들에 의해 생성되는 부분군으로 정의된다. 만약 G가 아벨군이면 $[G, H]$는 항등원 하나만 포함하고, 만약 G가 아벨군이 아니면 $[G, G]$는 항등원 이외의 원소도 포함하는 새로운 군 G_1이 되지만, $[G, G_1]$은 자명한 군일 수도 있다. 이 경우 G를 2단계 멱영군이라고 한다. 일반적으로 만약 각각의 i에 대해 $G_0 = G$, $G_{i+1} = [G, G_i]$와 같이 정의했을 때 이 수열은 결국 자명한 군으로 수렴한다면, 가장 처음으로 자명한 군이 되는 경우가 G_k일 때 G를 k단계 **멱영군**(k-step nilpotent group)이라고 한다. 적당한 k에 대해 G가 k단계 멱영군이 되면 G를 **멱영군**(nilpotent group)이라고 한다.

그로모프의 정리는 군이 다항식적으로 증가할 필요충분조건은 군이 유한지수를 가지는 멱영군을 부분군으로 갖는 것과 동치라는 것을 말한다. 이 사실은 아주 훌륭한 결과이다. 다항식적으로 증가하는 조건은 단어 거리의 선택과 무관하며 준등거리사상에 대한 불변량임을 쉽게 알 수 있다. 따라서 유한지수를 가지는 부분멱영군을 가진다는 단단하고 대수적인 것으로 보이는 조건이 사실은 준등거리사상에 대한 불변량이고, 따라서 무르고 강건한 군의 성질이라는 것이다.

지난 15년 간 준등거리사상의 단단함에 대한 정리는 여러 종류의 군들에 대해서 연구되어 왔다. 반단순 리 군(semisimple Lie group)이나 3차원 콤팩트 다양체의 기본군(대수적 동치관계에 의한 분류보다 준등거리사상들에 의한 분류가 더 깊이 연관되어 있는)들 안의 격자들뿐만 아니라 군을 나타내는 그래프로 정의되는 다양한 군들이 그 예이다. 이러한 종류들에 대해 정리를 증명하기 위해서는 다양한 공간들의 종류들을 구분하고 연결지을 수 있도록 해 주는 준등거리사상에 대한 자명하지 않은 불변량이 어떤 것들이 있는지를 먼저 밝혀야 한다. 많은 경우 그러한 불변량들은 위상수학의 도구들과 비슷한 적절한 도구들을 개발하여 그들이 연속사상이 아닌 준등거리사상에 대해서 좋게 행동할 수 있도록 수정함으로써 얻어진다.

9 단어 문제의 기하학

이제 앞서 언급했던 조합적 군론의 기본 결정 문제가 본질적으로 기하학적 성질을 가지고 있다는 사실을 설명해야 할 때이다. 특히 단어 문제의 기하학에 대해 설명하는 데 집중하고자 한다.

그로모프의 **채우기 정리**(filling theorem)는 리만 기하학[I.3 §6.10]의 최소면적을 가지는 원판에 대한 매우 기하학적인 연구와, 대수학이나 논리학의 문제에 훨씬 가까운 것처럼 보이는 단어 문제에 대한 연구가 놀랍게도 서로 밀접한 관련이 있음을 설명해

준다.

기하적 측면에서, 기본 연구 대상은 콤팩트 리만 다양체 M의 **등주함수**(isoperimetric function) $\mathrm{Fill}_M(l)$이다. 임의의 길이가 l인 축약가능한 닫힌 경로가 주어졌을 때, 이 경로를 경계로 가지는 원반들 중 최소넓이를 가지는 원판이 존재한다. 길이가 l인 모든 닫힌 경로들에 대한 최소넓이 원반들 중에서 가장 큰 면적을 가지는 것의 넓이를 $\mathrm{Fill}_M(l)$이라고 정의한다. 따라서 등주함수는, '모든 길이가 l인 닫힌 경로는 기껏해야 넓이가 $\mathrm{Fill}_M(l)$인 원반으로 채울 수 있다'라는 명제를 참으로 만드는 가장 작은 함수라고 생각할 수 있다.

여기서 비눗방울 자국의 모양을 한번 떠올려 보자. 만일 길이가 l인 원형 모양의 줄을 유클리드 평면 위에 만들어 비눗물에 넣어 보면, 만들어지는 비눗방울 자국은 기껏해야 $l^2/4\pi$ 이하의 넓이를 갖게 된다. 만약 같은 실험을 **쌍곡공간**[I.3 §6.6] 위에서 하면 넓이는 l에 대한 선형함수에 의해 위로 유계가 된다. 이와 마찬가지로, $\mathbb{E}^n$과 $\mathbb{H}^n$의 등주거리함수(그리고 그들을 등거리사상의 군으로 나눈 상)는 각각 이차함수 또는 선형함수이다. 후반부에선 다른 종류의 기하학(좀 더 정확하게는 콤팩트 리만 다양체)에서는 어떤 종류의 등주거리함수가 등장하는지에 대해서 논의할 것이다.

채우기 정리를 서술하기 위해 이 정리의 대수적 측면에 대해 먼저 생각할 필요가 있다. 여기서 임의의 유한표현군 $\Gamma = \langle A \,|\, R \rangle$에 대한 단어 문제를 직접적인 방법으로 풀어내려는 시도가 얼마나 복잡한 과정인지에 대한 정도를 측정하는 함수를 먼저 찾아보려고 한다. 만약 단어 w가 Γ에서 항등원과 같

은지 아닌지를 알고 싶지만 Γ에 대한 본질적인 특징에 대해서 더 아는 게 없을 때에는, 관계식 $r \in R$을 넣거나 빼는 과정을 반복하는 방법 말고는 적당한 방법이 없다.

군 $\Gamma = \langle a, b \mid b^2 a, baba \rangle$와 같이 간단한 예를 먼저 생각하자. 이 군에서 aba^2b는 항등원과 같다. 이를 어떻게 증명할 수 있을까? 그냥 다음과 같이 해야 할 것이다.

$$aba^2b = a(b^2a)ba^2b = ab(baba)ab$$
$$= abab = a(baba)a^{-1} = aa^{-1} = 1.$$

이제 이 문제를 케일리 그래프를 이용하여 기하학적으로 증명해 보도록 하자. 군 Γ에서 $aba^2b = 1$이므로, 항등원에서부터 시작해서 a, b, a, a, b로 이름 붙여진 모서리들을 차례대로 따라나가면(이 경우 $1, a, ab, aba, aba^2, aba^2b = 1$이라는 꼭짓점을 차례대로 지나가게 된다) 그래프 안의 회로를 하나 얻는다. 증명에서 나오는 부등식은 이 회로에 작은 닫힌 곡선들을 넣거나 지움으로써 항등원이 되도록 '축약시키는' 방법으로 생각할 수 있다. 예를 들어, $baba$가 관계식이므로 b, a, b, a를 모서리들의 방향 목록에 삽입할 수 있고, a, a^{-1}라는 자명한 닫힌 곡선을 지울 수도 있다. 이러한 축약은 만약 이 케일리 그래프를 각각의 닫힌 곡선을 면으로 채워서 2차원 다양체로도 바꿔 생각할 수 있다면 좀 더 위상적인 특성을 갖게 된다. 그러면 원래의 회로의 축소 과정은 점점 이 작은 면들을 건너는 것으로 이루어진다.

따라서 단어 w가 항등원과 같음을 보이는 어려움은 w의 면적, $\text{Area}(w)$와 깊은 연관관계가 있다. 이 값은 대수적으로는 w를 항등원으로 만들기 위해서 넣거나 빼야 할 관계식들의 수열의 길이의 최솟값이고, 기하적으로는 w를 표현하는 회로를 채우는 원판을 만드는 데 필요한 면의 개수의 최솟값이 된다.

덴 함수(Dehn function) $\delta_\Gamma : \mathbb{N} \to \mathbb{N}$은 단어 w의 길이 $|w|$에 대한 함수로 $\text{Area}(w)$의 범위를 제한한다. $\delta_\Gamma(n)$은 길이가 n 이하이며 Γ에서 항등원과 같은 단어들 중에서 가장 큰 면적이다. 만약 덴 함수가 급속도로 증가하면, 항등원과 같은 값을 주는 길이는 매우 짧지만 동시에 넓은 면적을 가지고 있는 단어가 존재하게 되어 단어 문제를 풀기가 아주 어려워진다. 따라서 그들이 항등원과 같다는 사실을 증명하기 위한 어떤 시도도 매우 길어질 수밖에 없다. 이렇게 덴 함수에 의해 생기는 상한에 대한 결과를 **등주거리 부등식**(isoperimetric inequality)이라고 부른다.

δ_Γ의 밑첨자는 어떤 의미에서는 불분명할 수 있는데 같은 군의 다른 유한 표현들이 일반적으로는 다른 덴 함수를 만들어내기 때문이다. 하지만 이 모호함은 만약 한 군이 서로 동형인 두 유한표현으로 정의된다면, 심지어 서로 준등거리 관계이기만 해도, 대응하는 덴 함수는 같은 정도의 증가비율을 가지기 때문에 그다지 큰 혼란을 야기하지는 않는다. 좀 더 정확하게 서술하면, 두 함수는 일반적으로 기하적 군론에서의 **기본 동치관계**(standard equivalence relation) '$\simeq$'라고 부르는 것에 의해 서로 **동등하다**. 두 단조함수 $f, g : [0, \infty) \to [0, \infty)$에 대해 만약 모든 $l \geqslant 0$에 대해 $f(l) \leqslant Cg(Cl + C) + Cl + C$를 만족하는 어떤 상수 $C > 0$이 존재한다면 $f \preccurlyeq g$라고 표현하고, 만약 $f \preccurlyeq g$, $g \preccurlyeq f$이면 $f \simeq g$라고 한다.

이 관계를 $\mathbb{N}$에서 $[0, \infty)$로 가는 함수로 확장하는 것도 가능하다.

사실 $\text{Fill}_M(l)$과 $\delta_\Gamma(n)$은 서로 매우 닮았는데, 채우기 정리가 이 둘의 연관성을 좀 더 분명하게 나타내 준다. 이 정리는 만약 M이 매끄러운 콤팩트 다양체일 때, Γ를 M의 기본군 $\pi_1 M$이라 하면, $\text{Fill}_M(l) \simeq \delta_\Gamma(l)$이 성립한다는 것이다.

예를 들어, $\mathbb{Z}^2$이 유클리드 기하학을 가지는 원환면 $T = \mathbb{R}^2/\mathbb{Z}^2$의 기본군이므로, $\delta_{\mathbb{Z}^2}(l)$은 이차함수가 된다.

9.1 덴 함수란 무엇인가?

단어 문제의 복잡함의 정도가 리만 기하학과 조합적 기하학에서의 등주거리 문제와 연관되어 있음을 앞에서 살펴보았다. 이러한 발견은 지난 15년 간 덴 함수의 본성을 이해하는 데 큰 도움을 주었다. 예를 들어, 어떤 숫자 ρ에 대해 n^ρ이 덴 함수가 되는지에 대해 궁금해 할 수 있다. 그러한 모든 숫자들을 모아 놓은 집합은 가산집합이 됨을 보일 수 있는데, 이 집합을 등주거리 스펙트럼(isoperimetric spectrum)이라 하고 IP로 정의한다. 이 집합에 대해서는 현재 많은 사실들이 잘 알려져 있다.

많은 수학자들의 연구에 이어 브래디(Brady)와 브리드슨(Bridson)은 IP의 폐포가 $\{1\} \cup [2, \infty)$임을 보였다. IP의 좀 더 섬세한 구조는 버겟(Birget)과 립스(Rips), 사피어(Sapir)에 의해 튜링머신의 시간함수라는 이름으로 묘사할 수 있다. 후에 이 수학자들과 올샨스키(Ol'shanskii)는 유한생성군 Γ의 단어 문제들을 풀기 위한 임의의 접근이 얼마나 복잡한가를 이해하기 위해 덴 함수가 얼마나 중요한가에 대

해 설명할 수 있게 되었다. Γ의 단어 문제가 NP 문제일 필요충분조건은 Γ가 덴 함수가 다항식이 되는 유한표현군의 부분군인 것이 된다. (여기서 NP 문제는 유명한 'P 대 NP' 문제에서 나온 NP이다. 이를 이해하기 위해서는 계산 복잡도[IV.20 §3]를 참고하면 된다.

IP의 구조는 다음과 같은 자연스러운 질문을 불러일으킨다. 덴 함수가 선형함수, 또는 이차함수가 되는 두 개의 특별한 종류의 군들은 어떤 특징을 가지고 있을까? 덴 함수가 이차함수가 되는 군들의 종류들의 본질적인 성질에 대해서는 아직까지는 알려진 바가 거의 없지만, 선형함수의 경우에는 아름답고 분명한 묘사가 가능하다. 바로 다음 절에서 설명할 단어 쌍곡군(word hyperbolic group)들이다.

모든 덴 함수가 n^α의 형태를 가지고 있는 건 아니다. 예를 들어 $n^\alpha \log n$과 같은 형태의 덴 함수도 존재하며, 어떤 지수함수를 반복적으로 적용하더라도 그것보다 빨리 증가하는 함수도 가능한데, 예를 들어 다음과 같은 군의 덴 함수를 생각해 보면 된다.

$$\langle a, b \mid aba^{-1}bab^{-1}a^{-1}b^{-2} \rangle.$$

만약 Γ에 대한 단어 문제가 풀 수 없는 문제이면, $\delta_\Gamma(n)$은 어떤 귀납적 함수보다도 빨리 증가한다. (이 사실은 어떤 종류의 군들을 정의하는 데 쓰이기도 한다.)

9.2 단어 문제와 측지선

한 리만 다양체의 닫힌 측지선(closed geodesic)은 완벽히 매끄러운 곡면 위에 놓인 고무줄이 이루는 곡선처럼 국소적으로 거리를 최소화시키는 닫힌 곡

선을 이야기한다. 원구의 대원이나 모래시계의 허리 부분과 같은 예로부터 다양체가 **영호모토픽**(null-homotopic)한 닫힌 측지선을 가지고 있을 수도 있다는 사실을 알 수 있다. 즉, 그 곡선들을 연속적으로 움직여 한 점으로 만들 수 있다는 뜻이다. 그렇다면 어떤 계량(metric)을 주더라도 항상 그러한 측지선이 무한히 많은 콤팩트 위상 다양체를 만들 수 있을까? (엄밀하게 말하면, 한 닫힌 곡선 측지선을 따라 n번 돌면, 여전히 측지선이 얻어지므로 이 문제에서는 '원시' 측지선의 개수만을 세도록 한다.)

기하적인 관점에서만 보면 이는 아주 어려운 문제이다. 특정한 계량에 대한 정보는 사라지고 남아 있는 위상공간 위의 임의의 일반적인 모든 종류의 계량에 대해 다루어야 하기 때문이다. 그러나 군론은 이 문제를 해결할 수 있는 방법을 제시한다. 만약 기본군 $\pi_1 M$의 덴 함수가 2^{2^n} 이상으로 빠르게 증가한다면, 임의의 M 위의 리만 계량에 대해 모두 영호모토픽인 무한히 많은 닫힌 측지선이 존재해야 한다. 증명은 여기에 적기에는 너무 복잡하므로 생략하도록 한다.

10 어떤 군들을 공부해야 하는가?

지금까지 여러 가지 이야기를 하면서 멱영군, 3차원 다양체 군, 덴 함수가 선형인 군, 한 개의 관계식을 갖는 군 등 몇 가지 특별한 종류의 군들이 등장했다. 이제 관점을 조금 바꿔 모든 유한표현군들의 세계의 탐험을 시작하면서 등장하는 군들이 어떠한 것들이 있는지 쉬운 경우부터 살펴보도록 하자.

물론 자명한 군이 가장 먼저 나올 것이고, 유한군들도 쉽게 생각할 수 있다. 유한군들은 이 책의 많은 곳에서 다뤄지는 대상이므로 이 장에서는 다루지 않기로 하며, 큰 범위의 기하학을 다루는 방법과 마찬가지로 유한 지수의 공통 부분군을 가지는 군들을 크게 다른 군들로 구분하지 않을 것이다.

가장 먼저 생각할 수 있는 무한군은 물론 $\mathbb{Z}$이지만, 무엇이 다음에 오는지는 논의해 볼 만하다. 만약 가환성이란 안전한 장치를 여전히 유지하고 싶다면 유한생성된 아벨군들이 다음에 올 것이다. 그러면 이 가환성을 서서히 없애는 방향으로 새로운 군들을 만들어 나간다면, 점점 멱영군, 다환군(polycyclic group), 가해군(solvable group), 기본순종군(elementary amenable group) 등등으로 확대된다. 이미 그로모프의 다항식적 증가 정리에 대한 논의에서 멱영군에 대해서는 언급했다. 이 군은 아벨군의 가장 자연스러운 확장이므로 많은 분야에서 찾아볼 수 있으며 그들에 대해 잘 알고 있고 그 양은 상당히 방대한데, 왜냐하면 k 단계 멱영군에 대해 k에 대한 귀납법을 이용하여 많은 것들을 증명할 수 있기 때문이다. 또한 G가 유한 생성 아벨군 G_i / G_{i+1}을 정교하게 이용함으로써 만들어진다는 사실도 이용할 수 있다. 좀 더 큰 다환군의 모임도 비슷한 방법으로 만들 수 있으며, 유한생성 가해군의 경우 반드시 유한생성일 필요는 없는 아벨군에서 유한번의 단계를 거쳐 만들어진다. 이 마지막 군의 종류는 단순히 더 클 뿐 아니라 다루기도 더욱 어렵다. 예를 들어 다환군들 사이에서 동형류 문제는 풀리는 문제이지만, 가해군들 사이에서는 풀리지 않는다. 군 G에서 $G^{(0)} = G$, $G^{(n)} = [G^{(n-1)}, G^{(n-1)}]$으로 귀납적으로 정의되는 **유도수열**(derived series)

이 유한번의 과정 내에 자명한 군이 될 때 G를 가해군이라고 한다.

순종성(amenability)이라고 불리는 개념은 기하학과 해석학, 군론 사이의 중요한 연결고리를 제시한다. 가해군은 순종군이지만 역은 성립하지 않는다. 유한표현군이 순종군이 될 필요충분조건이 '계수(rank)가 2인 자유부분군을 포함하지 않는다'라면 이 말은 사실이 아니지만, 이 개념에 대해 처음 접하는 사람에게는 어떤 군이 순종군인지를 판단할 때 도움이 되기도 한다.

이제 $\mathbb{Z}$로 다시 돌아가 조금 더 모험정신을 가지고 가환성이라는 안전장치를 벗어 던지고 대신 자유곱을 생각해 보도록 하자. 이러한 좀 더 자유로운 관점에서, 유한생성 자유군이 $\mathbb{Z}$ 이후로 가장 먼저 등장하게 된다. 그렇다면 다음에 등장할 군은 무엇일까? 기하적으로 생각해서, 자유군이 정확하게 케일리 그래프가 수형도인 경우라는 사실을 기억한다면, 수형도와 비슷한 케일리 그래프를 갖는 군들은 무엇인가 물어볼 수 있다.

수형도의 가장 중요한 성질은, 그 안의 모든 삼각형들이 퇴화가능하다는 것이다. 만약 수형도 안의 임의의 세 점을 잡고 그들을 가장 짧은 경로로 연결하면, 이 경로 상의 모든 점들이 적어도 하나 이상의 다른 경로에도 포함된다. 이로부터 수형도가 곡률이 음의 무한대인 공간이라는 사실을 알 수 있다. 이유에 대해 간략하게 설명하면, 만약 한 공간의 계량을 조정하여 쌍곡평면 $\mathbb{H}^2$과 같이 곡률이 어떤 유한한 음의 값을 갖도록 바꾸었다고 하자. 만약 일반적인 거리 함수 $d(x, y)$를 $(1/n)d(x, y)$로 바꾸고 n을 무한대로 발산시키면, (고전적인 미분기하학

의 관점에서) 이 공간의 곡률은 음의 무한대로 발산한다. 이는 삼각형들이 점점 퇴화하고 있다는 사실로부터 생각할 수 있다. 새로 조정된 쌍곡공간 ($\mathbb{H}^2$, $(1/n)d$) 안에 있는 삼각형의 임의의 변이 다른 두 변의 합집합의 $\delta(n)$ 근방에 포함되도록 하는, $n \to \infty$일 때 $\delta(n) \to 0$인 어떤 상수 $\delta(n)$이 존재한다. 좀 더 가볍게 얘기하면, $\mathbb{H}^2$ 안의 삼각형은 **고르게 얇으며** (uniformly thin) 계량을 조정하면 점점 더 얇아진다.

이러한 그림을 염두에 두고, 수형도로부터 조금 더 나아가 어떤 군들이 모든 삼각형들이 고르게 얇은 케일리 그래프를 가지게 되는가를 물어볼 수 있다. (이때 그 굵기를 어떤 상수 δ로 고정시키는 것은 의미가 없는데, 이는 만약 생성집합을 바꾼다면 이 값도 달라지기 때문이다.) 이 문제에 대한 해답은 그로모프의 **쌍곡군**(hyperbolic group)이다. 이 군은 수학의 다른 많은 부분에서 동등한 정의가 등장하는 매우 흥미로운 종류의 군들이다. 예를 들어, 앞에서 벌써 덴 함수가 선형인 군들이 바로 이 군들이라는 사실을 언급한 바 있다. (왜 두 정의가 같은지는 물론 전혀 자명한 사실이 아니다.)

그로모프의 훌륭한 통찰력으로 얇은 삼각형이라는 조건이 음의 곡률을 가진 다양체의 큰 범위의 기하학의 핵심을 내포하고 있으므로 쌍곡군이 그러한 공간에 대해 등주거리사상으로서 매우 좋게 작용하는 군들이 가지고 있는 깊은 성질들을 공유하고 있다는 사실을 발견했다. 따라서 쌍곡군들이 유한개의 부분군들의 유한한 켤레류들만을 가지고 있다면, $\mathbb{Z}^2$의 복사본은 포함하지 않게 되고, (꼬임에 대해 함께 고려하여) 어떤 콤팩트 분류 공간을 포함하게 된다. 그들의 켤레류 문제는 2차식 이하의 시

간 안에 풀어낼 수 있고, 셀라(Sela)는 꼬임 없는 쌍곡군들 사이에서의 동형문제까지도 풀어낼 수 있음을 보였다. 그들의 아주 재미있는 성질들과 자연스러운 정의 이외에도 쌍곡군들에 대해 더 흥미로운 사실은 통계학적 관점에서 **확률 유한표현군(random finitely presented group)**이 쌍곡군이라는 것이다.

음의 곡률 또는 양이 아닌 곡률을 갖는 공간들은 지난 20년 간 수학의 많은 분야의 연구에서 핵심적인 역할을 했다. 여기서 이 주장을 더 명확하게 설명하려는 시도만 하기에도 지면이 부족하지만, 이 사실은 쌍곡군을 좀 더 자연스럽게 확장하기 위해 어떤 군들을 살펴보아야 하는지에 대해 알려준다. 우리에겐 **양이 아니게 휘어진 군(nonpositively curved group)**이 필요하다. 이 군은 대응되는 케일리 그래프가 핵심적인 기하적 대상인, 음이 아닌 곡률을 가진 단일연결된 공간('CAT(0) 공간')으로부터 생기는 쌍대콤팩트 등주거리사상들의 군들을 가지도록 정의된다. 하지만 쌍곡군의 경우와 다르게, 정의를 조금씩 바꿔가며 얻게 되는 군들은 매우 다양하며 그들을 정확하게 서술하고 그들의 다양한 성질들을 알아내는 일 또한 많은 연구를 필요로 한다.

음의 곡률에서 양이 아닌 곡률로 넘어가면서 마주하게 되는 추가적인 어려움은, 가장 자주 등장하는 한 종류의 군에서 동형사상 문제가 풀리지 않기 때문에 발생한다. 바로 **자갈군(combable group)**이라고 불리는 군이다.

이제 자유군으로 돌아가 어떤 쌍곡군들이 자유군의 **가장 가까운** 이웃들인지에 대해 생각해 보자. 놀랍게도, 이 모호한 질문에는 명확한 해답이 존재한다.

수목군론에서 가장 위대한 결과 중 하나는 임의의 유한생성군 G에서 자유군 F로 가는 준동형사상들의 집합 $\mathrm{Hom}(G, F)$를 유한하게 묘사하는 방법이 존재한다는 것을 증명한 것이다. 이러한 묘사를 위한 기본 재료들은 셀라가 **극한군(limit group)**이라고 부른 군들이다. 극한군 L을 정의하기 위한 많은 방법 중 하나는, 각각의 유한 부분집합 $X \subset L$에 대해 X 위에서 단사인 유한생성군으로 가는 준동형사상이 존재하는 군으로 정의하는 것이다.

극한군은 **1차 논리[IV.23 §1]**가 자유군의 1차 논리를 닮은 군들로 정의될 수도 있다. 어떻게 1차 논리가 군에 대한 자명하지 않은 사실을 얘기해 줄 수 있는지 살펴보기 위해 다음과 같은 문장을 생각해 보자.

$$\forall x, y, z$$
$$(xy \neq yx) \vee (yz \neq zy) \vee (xz = zx) \vee (y = 1).$$

이와 같은 성질을 가진 군을 **가환추이적(commutative transitive)**이라고 한다. 만약 x가 $y \neq 1$과 교환가능하고 y가 z와 교환가능하면 x와 z도 교환가능하다는 뜻이다. 자유군과 아벨군은 이 성질을 갖지만, 예를 들어 아벨군이 아닌 자유군들의 직접곱은 이 성질을 만족하지 않는다.

자유 아벨군이 극한군이 된다는 것은 쉽게 증명할 수 있다. 하지만 만약 자유군과 정확하게 같은 1차 논리를 가지는 군들로 관심 범위를 좁히면 쌍곡군들로만 이루어진 좀 더 작은 종류의 군들을 얻게 된다. 여기에 속하는 군들이 이제 우리가 집적으로 관찰할 대상들이다. 그들은 모두 음의 곡률을 가지는 분류공간을 가지고, 그래프들과 쌍곡곡면들로부터 계층구조적인 방법으로 생성된다. 종수 g가 2 이 상인 닫힌 곡면의 기본군 Σ_g도 이 집합에 속하며, 오래 전부터 조합적 군론에서 주장했던 모든 자유 군이 아닌 군들 중에서 군 Σ_g들이 가장 자유군 F_n 을 닮았다는 의견에도 근거를 마련해준다.

이러한 의견을 지난 논의와 함께 생각해 보면, 군 $\mathbb{Z}^n$과 자유군 F_n, 그리고 군 Σ_g가 가장 기초적인 무한군들임을 알 수 있다. 이제 이들 군들의 자기 동형사상들과 연관된 수많은 아이디어들을 생각 할 수 있다. 특히 그들의 외부 자기동형사상군들인 $GL_n(\mathbb{Z})$, $\mathrm{Out}(F_n)$, 그리고 $\mathrm{Mod}_g \cong \mathrm{Out}(\Sigma_g)$(사상류 군) 간에 놀라운 평행관계가 존재한다. 이 세 종류 의 군들은 수학의 전역에 걸쳐 기본적인 역할을 하 는 매우 중요한 군들이다. 이들을 여기서 언급하는 것은 자연스러운 군들의 종류들에 대한 지식을 찾 는 것을 넘어서서, 그들에 대한 깊고 철저한 연구과 정 자체가 큰 도움이 되는 어떤 '보석'들이 군론에 존재한다는 사실을 확실히 하고 싶기 때문이다. 이 러한 범주에 포함시킬 수 있는 다른 군들의 예로는 콕세터군(Coxeter group)(Γ_Δ가 원형인 일반화된 반 사군), 아틴군(Artin group)(역시 수학의 많은 분야에 걸쳐 등장하는 꼬임군[III.4])이 있다.

마지막 절에서 몇몇 군들을 긴 설명 없이 빠르게 소개했다. 물론 여기서 다루지 않았지만 매우 흥미 로운 다른 군들이 많이 존재한다. 따라서 히그먼 정 리가 말하듯이, 유한표현군들에 대한 도전, 기쁨, 그 리고 좌절은 멈추지 않을 것이다.

더 읽을거리

Bridson, M. R., and A. Haefliger. 1999. *Metric Spaces of Non-Positive Curvature*. Grundlehren der Mathematischen Wissenchaften, volume 319. Berlin: Springer.

Gromov, M. 1984. Infinite groups as geometric objects. In *Proceedings of the International Congress of Mathematicians, Warszawa, Poland, 1983*, volume 1, pp. 385-92. Warsaw: PWN.

————. 1993. Asymptotic invariants of infinite groups. In *Geometric Group Theory*, volume 2. London Mathematical Society Lecture Note Series, volume 182. Cambridge: Cambridge University Press.

Lyndon, R. C., and P. E. Schupp. 2001. *Combinatorial Group Theory*. Classics in Mathematics. Berlin: Springer.

IV.11 조화해석학

테렌스 타오 *Terence Tao*

1 서론

대부분의 해석학은 일반적인 함수[I.2 §2.2]와 작용소[III.50]의 연구를 중심으로 전개되는 경향이 있다. 함수들은 주로 실수나 복소수를 함숫값으로 갖지만 벡터공간[I.3 §2.3]이나 다양체[I.3 §6.9] 같은 다른 집합의 원소를 함숫값으로 가져도 된다. 작용소는 그 자체가 함수임에도 불구하고, 그 정의역과 치역이 함수들의 공간이기 때문에 '두 번째 수준'에 있다. 즉, 작용소는 함수를 입력으로 받은 후 변형된 함수를 출력으로 되돌려준다. 조화해석학은 특별히 그런 함수들의 **정량적** 속성과 다양한 작용소가 함수에 적용될 때 함수의 정량적인 속성들이 어떻게 변하는지에 초점을 맞춘다.[*]

함수의 '정량적 속성'이란 무엇인가? 여기 두 개의 중요한 예가 있다. 첫째, 어떤 함수가 고르게 유계라고 불리는 경우는 어떤 실수 M이 존재해서 모든 x에 대해 $|f(x)| \leqslant M$인 경우이다. 두 함수 f와 g가 '고르게 가까운 상태'인지 아는 것은 종종 유용할 수 있는데 고르게 가깝다는 의미는 두 함수의 차 $f - g$가 고르게 작은 한계를 갖는 것이다. 둘째, 어떤 함수가 **제곱적분가능하다(square integrable)**라고 불리는 경우

는, 적분 $\int |f(x)|^2 \, \mathrm{d}x$가 유한한 값을 갖는 경우이다. 제곱적분가능한 함수들은 **힐베르트 공간**[III.37]의 이론으로 분석될 수 있다는 점에서 중요하다.

조화해석학의 전형적인 질문은 아마 다음과 같을 것이다. 만일 어떤 함수 $f : \mathbb{R}^n \to \mathbb{R}$이 제곱적분가능하고, 그 기울기벡터장 ∇f가 존재하며 ∇f의 n개의 성분들이 모두 제곱적분가능하면, 이것이 f가 고르게 유계라는 것을 뜻하는가? (대답은 $n = 1$인 경우에 '예'이고 $n = 2$인 경우는 '아니오'이다. 이것은 **소볼레프 임베딩 정리(Sobolev embedding theorem)**의 특별한 경우인데, 그 정리는 **편미분방정식**[IV.12]을 분석하는 데 본질적으로 중요하다.) 그렇다면 정확한 경계는 무엇인가? 즉, $|f|^2$과 $|(\nabla f)_i|^2$의 적분이 주어졌을 때, f에 대해 얻을 수 있는 고른 경계 M에 대해 무엇을 말할 수 있는가?

실함수나 복소함수는, 물론 수학에서 매우 익숙한 것들이고 누구나 고등학교에서 그것들을 만났다. 많은 경우에 주로 **특수 함수**[III.85]들이 다항식, 지수함수, 삼각함수, 다른 구체적으로 정의된 함수들을 다룬다. 그런 함수들은 전형적으로 풍부한 대수적 구조나 기하적 구조를 가지고, 많은 질문들은 대수나 기하의 방법으로 정확하게 대답될 수 있다.

하지만 많은 수학적인 상황에서 구체적인 공식이 주어지지 않은 함수들을 다뤄야만 한다. 예를 들면, 상미분 또는 편미분방정식의 해들은 종종 구체적인 대수적 형태(다항식, **지수함수**[III.25], **삼각함수**[III.92]와 같은 친숙한 함수들의 합성)로 주어지지 않는다. 그런 경우에 함수에 대해 어떻게 생각할 것인가? 답을 하자면 그것의 속성에 초점을 맞추고 그것들로 연역할 수 있는 것이 무엇인지 보는 것이다.

---

[*] 엄밀히 말하면 이것은 실변수 조화해석학이라는 분야를 기술한 것이다. 추상 조화해석학이라 불리는 다른 분야가 있는데 그 분야는 실수나 복소수를 함숫값으로 갖는 함수들을 (종종 매우 일반적인 정의역에서) 평행이동이나 회전변환 같은 대칭성을 이용하여 (예를 들면, 푸리에 변환이나 그 변종들을 통해서) 연구할 수 있는 방법과 주로 관계되어 있다. 물론 그 분야는 실변수 조화해석학과 관계가 있지만 아마도 진정한 의미로 표현론이나 함수해석학과 더 가까울 것이며 여기에서 논의되지는 않을 것이다.

미분방정식의 해가 유용한 공식으로 기술될 수 없더라도 그것에 대한 특정한 사실들을 밝혀낼 수 있고, 그 사실들로부터 흥미로운 결과들을 이끌어낼 수 있다. 사람들이 바라보는 속성들의 몇 가지 예는 측도가능성(measurability), 유계성, 연속성, 미분가능성, 매끈함(smoothness), 해석적임(analyticity), 적분가능성, 또는 무한점에서의 빠른 소멸이다. 어떤 속성과 그 속성을 가진 함수들의 집합을 선택하여 흥미롭고 일반적인 함수들을 다룰 수 있다. 일반적으로 말하면, 해석학은 개별적인 함수보다 일반적인 함수들의 모임에 더 깊은 관심이 있다(함수 공간 [III.29] 참조).

이 접근 방법은 심지어 매우 구조적이고 구체적인 공식을 가지고 있는 단일한 함수의 경우에도 유용할 수 있다. 구조와 공식을 순전히 대수적인 방식으로 활용하는 것은 항상 쉬운 것은 아니고, 심지어 가능하지 않은 경우도 있어 대신에 더 해석적인 도구들에 의지해야 한다. 전형적인 예는 에어리 함수

$$\mathrm{Ai}(x) = \int_{-\infty}^{\infty} e^{i(x\xi + \xi^3)} d\xi$$

이다. 비록 이것은 특정한 적분으로 구체적으로 정의되지만 $\mathrm{Ai}(x)$가 항상 수렴하는 적분인지, 또한 $x \to \pm\infty$일 때 이 적분이 0으로 수렴하는지와 같은 기초적인 질문에 대답하려면 조화해석학의 도구를 사용하여 진행하는 것이 가장 쉽다. 이 경우 에어리 함수가 $x \to +\infty$일 때 거의 기하급수적으로 빠르게 감소하는 반면 $x \to -\infty$일 때 다항식의 속도로 감소한다는 다소 놀라운 사실이 있음에도, 정상위상원리(principle of stationary phase)라고 알려진 방법을 사용하여 앞의 두 질문에 긍정적인 대답을 할 수 있다.

해석학의 세부 분야로서 조화해석학은 앞에서 언급한 정성적인 속성뿐 아니라 그 속성들과 관계된 정량적인 한계에도 특별한 관심을 가진다. 예를 들면, 단순히 어떤 함수가 유계라는 것보다는 그 한계가 무엇인지 알고 싶은 것이다. 즉, 모든 $x \in \mathbb{R}$에 대해 $|f(x)| \leq M$인 가장 작은 수 $M \geq 0$이 무엇인지 아는 것인데, 이 수는 f의 sup 노름 또는 L^∞ 노름으로 알려져 있고 $\|f\|_{L^\infty}$로 표기한다. 또한 f가 제곱적분가능하다는 것을 가정하는 대신에 L^2 노름 $\|f\|_{L^2} = (\int |f(x)|^2 \, dx)^{1/2}$, 더 일반적으로 $0 < p < \infty$ 범위에서 L^p 노름 $\|f\|_{L^p} = (\int |f(x)|^p \, dx)^{1/p}$을 이용해 p-거듭제곱 적분가능성을 도입하여 정량화할 수 있다. 비슷하게, 앞에서 언급한 대부분의 다른 정성적인 속성들을 다양한 노름[III. 62]을 도입하여 정량화할 수 있는데, 그것은 주어진 함수에 양의 실수(또는 ∞)값을 할당하여 그 함수의 한 특성의 정량적인 측도를 제공한다. 게다가 순수 조화해석학에서 중요한 이 노름들과 관련된 정량적 추정은 응용수학, 예를 들면 특정 수치 알고리즘의 오차분석을 할 때에도 유용하다.

함수는 무한히 많은 자유도를 가지고 있기에 함수에 줄 수 있는 노름의 수 역시 무한하다는 것은 그리 놀라운 일이 아니다. 함수가 얼마나 큰지 정량화하는 여러 가지 방법이 있다. 이 노름들은 종종 서로 상당히 다를 수 있다. 예를 들면, 어떤 함수 f가 몇 개의 값만 매우 커서 그 그래프가 높고 얇은 '산 모양'을 가지면 그것은 매우 큰 L^∞ 노름을 가지지만, 그 L^1 노름 $\int |f(x)| \, dx$는 상당히 작다. 반대로, f가 매우 넓게 퍼진 그래프를 가지면 $|f(x)|$가 모든 x에

대해 작지만 $\int |f(x)|\,\mathrm{d}x$는 매우 클 수 있는데, 그런 함수는 큰 L^1 노름을 가지지만 작은 L^∞ 노름을 가진다. L^2 노름이 때때로 L^1 노름이나 L^∞ 노름과 매우 다르게 행동하는 것을 보여주는 비슷한 예를 만들 수 있다. 그러나 L^1 노름과 L^∞ 노름을 조정하면 자동적으로 L^2 노름이 조정된다는 점에서 L^2 노름은 이 두 노름 '사이'에 있다는 것이 드러난다. 직관적으로 그 이유는 L^∞ 노름이 너무 크지 않으면 산 모양의 함수들은 제외되고, L^1 노름이 작으면 대부분의 넓은 모양의 함수들이 제외되기 때문이고 남은 함수들은 결국 중간에 있는 L^2 노름에 좋게 행동하기 때문이다. 더 정량적으로 부등식

$$\|f\|_{L^2} \leq \|f\|_{L^1}^{1/2} \|f\|_{L^\infty}^{1/2}$$

이 있는데, 그것은 $|f(x)| \leq M$이면 $|f(x)|^2 \leq M|f(x)|$라는 쉬운 대수적 사실로부터 따라 나온다. 이 부등식은 조화해석에서 가장 본질적인 부등식 중의 하나인 **횔더 부등식**[V.19]의 특별한 경우이다. 두 '극단의' 노름을 조절하는 것이 '중간의' 노름들을 조절하게 해 준다는 생각은 일반화될 수 있고, 이 분야의 또 다른 기초적인 도구로서 **보간법**(interpolation)으로 알려진 매우 강력하고 편리한 방법을 이끈다.

단일한 함수와 그것의 모든 노름에 대한 연구는 결국 지겨워지게 된다. 수학의 거의 모든 분야는 단지 대상만이 아니라 대상 사이의 **사상**(map)들을 생각할 때 더 흥미로워진다. 지금 같은 경우에 질문의 대상은 함수들이고, 도입부에 언급한 것처럼 함수를 함수로 대응하는 사상을 **작용소**(operator)라 한다. (특정 상황에서는 **변환**[III.91]이라고 불린다.) 작용

소는 상당히 복잡한 수학적 대상으로 보일지도 모른다. 그 입력과 출력이 함수들이고 함수들은 입력과 출력이 보통의 숫자들이다. 그러나 함수를 변형하고 싶은 많은 상황이 있기 때문에, 그것들은 사실 매우 자연스러운 개념이다. 예를 들면, 미분은 함수 f를 그 도함수 $\mathrm{d}f/\mathrm{d}x$로 대응시키는 작용소로 생각할 수 있다. 이 작용소는 잘 알려진 (부분적인) 역인 **적분**이라는 작용소를 가지는데, 그것은 f를 공식

$$F(x) = \int_{-\infty}^{x} f(y)\,\mathrm{d}y$$

로 정의된 함수 F로 대응시킨다. 덜 직관적이지만 특히 중요한 예는 **푸리에 변환**[III.27]이다. 이것은 f를 다음 공식

$$\hat{f}(x) = \int_{-\infty}^{\infty} e^{-2\pi i x y} f(y)\,\mathrm{d}y$$

로 $\hat{f}$에 대응시킨다. 두 개 혹은 그 이상의 입력을 가지는 작용소를 고려하는 것도 흥미롭다. 특히 인상적인 예는 **점별곱**(pointwise product)과 **합성곱**(convolution)이다. f와 g가 두 함수이면 그 점별곱 fg는 명백히

$$(fg)(x) = f(x)g(x)$$

로 정의된다. $f * g$로 표기하는 합성곱은 다음과 같이 정의된다.

$$f * g(x) = \int_{-\infty}^{\infty} f(y)g(x-y)\,\mathrm{d}y.$$

이것은 흥미로운 작용소의 매우 작은 표본일 뿐이다. 조화해석학의 본래 목표는 푸리에 해석, 실해석, 복소해석과 관계된 작용소를 이해하는 것이었다. 하지만 요즘에 분야가 상당히 커져서 조화해석학의

방법은 훨씬 다양한 작용소의 집합에 적용되고 있다. 예를 들면, 그것들은 다양한 선형, 비선형 편미분방정식의 해를 이해하는 데 특히 유익한데, 그런 방정식의 해는 초기 상태에 작용소를 적용한 것으로 생각할 수 있기 때문이다. 그것들은 해석적 수론이나 조합론적 수론에서 지수합과 같은 다양한 표현의 진동을 이해해야 할 때 매우 유용하다. 조화해석은 기하적 측도론, 확률론, 에르고딕 이론, 수치해석, 미분기하에 등장하는 작용소를 분석하는 데 적용되고 있다.

조화해석학의 주요 관심사는 일반적인 함수에 이런 작용소들의 효과에 대한 정성적인 정보와 정량적인 정보를 모두 얻는 것이다. 정량적인 측정의 전형적인 예는 부등식

$$\|f * g\|_{L^\infty} \leqslant \|f\|_{L^2} \|g\|_{L^2}$$

인데, 그것은 모든 $f, g \in L^2$에 대해 성립한다. 이 결과는 **영 부등식**(Young's inequality)의 특별한 경우, $f * g(x)$의 정의를 쓰고 **코시-슈바르츠 부등식**[V.19]을 적용해서 쉽게 증명할 수 있다. 그 결과로 두 L^2 함수의 합성곱이 항상 연속이라는 정성적인 결론을 이끌어낼 수 있다. 이 논증에선 배울 것이 있기 때문에 논증을 간략히 묘사해 보자.

L^2에 있는 함수에 대한 본질적인 사실은 어떤 함수 f라도 연속인 **콤팩트지지함수**(compactly supported function)로 임의로 잘 (L^2 노름으로) 근사할 수 있다는 것이다. (콤팩트지지함수는 어떤 구간 $[-M, M]$ 밖에서 함숫값을 0으로 갖는다는 것을 의미한다.) L^2에 있는 두 함수 f와 g가 주어졌을 때, $\tilde{f}$와 $\tilde{g}$를 이런 근사함수라 하자. $\tilde{f} * \tilde{g}$가 연속임을 증명하는 것은 실해석학 연습문제 수준이다.

$$f * g - \tilde{f} * \tilde{g} = f * (g - \tilde{g}) + (f - \tilde{f}) * \tilde{g}$$

이기 때문에 이전의 부등식으로부터 $\tilde{f} * \tilde{g}$와 $f * g$는 L^∞ 노름 공간 안에서 가깝다는 것을 쉽게 알 수 있다. 그러므로 $f * g$는 연속함수로 L^∞ 노름에서 임의로 잘 근사할 수 있다. 기초 실해석학의 표준적인 결과(연속함수의 균등극한(uniform limit)은 연속이다)가 $f * g$가 연속임을 말해 준다.

조화해석학에 빈번히 등장하는 이 논증의 일반적인 구조에 주목하자. 첫째, 원하는 결과를 쉽게 증명할 수 있는 '간단한' 함수들의 종류를 확인한다. 그 다음, 더 넓은 종류의 함수들도 간단한 함수들로 적절한 관점에서 근사할 수 있다는 것을 보인다. 마지막으로, 이 정보를 이용하여 다양한 종류의 함수에서도 역시 그 결과가 성립함을 연역한다. 지금의 경우에 단순한 함수들은 연속이고 유한한 지지집합(support)을 갖는 함수들이었고, 다양한 종류의 함수는 제곱적분가능한 함수들로 구성되었으며, 근사할 수 있는 적절한 관점은 L^2 노름으로 가까운 정도였다.

다음 절에서는 작용소의 정성적이고 정량적인 분석의 심화된 예들을 다룰 것이다.

2 예: 푸리에 합

정량적인 결과와 정성적인 결과의 상호작용을 설명하기 위해, 역사적으로 조화해석학을 공부하는 주요한 동기 중의 하나인 푸리에 급수의 합에 대한 기초적인 이론의 일부를 묘사하겠다.

이 절에서는 주기가 2π인 함수 즉, 모든 x에 대해 $f(x + 2\pi) = f(x)$인 함수 f를 생각해 볼 것이다. 그런 함수의 한 예로 $f(x) = 3 + \sin(x) - 2\cos(3x)$가 있다. $\sin(nx)$와 $\cos(nx)$의 유한한 선형결합으로 쓰여지는 함수를 삼각다항식이라고 부른다. $\sin(x)$와 $\cos(x)$에 대한 다항식, 또는 조금 더 편리하게는 e^{ix}과 e^{-ix}의 다항식으로 표현되기 때문에 여기에 '다항식'이라는 단어가 쓰인다. 즉, 삼각다항식은 어떤 N과 어떤 계수들($c_n : -N \leqslant n \leqslant N$)에 대해 $\sum_{n=-N}^{N} c_n e^{inx}$으로 쓰여질 수 있다. 만약에 f가 이런 형태로 표현된다는 것을 안다면, 그 계수 c_n들을 상당히 쉽게 구할 수 있다. 그것은 공식

$$c_n = \frac{1}{2\pi} \int_0^{2\pi} f(x) e^{-inx} dx$$

로 주어진다.

우리가 훨씬 더 다양한 종류의 함수, 즉 무한한 일차 결합에 대해 비슷한 무엇인가를 말할 수 있다는 것은 주목할 만한 매우 중요한 사실이다. f가 연속인 주기함수(또는 더 일반적으로 $|f(x)|$의 적분이 0과 2π 사이에서 유한하다는 의미로 **절대적분가능**(absolutely integrable) 함수라고 가정하자. 그러면 위에서 c_n에 대한 정확한 공식

$$\hat{f}(n) = \frac{1}{2\pi} \int_0^{2\pi} f(x) e^{-inx} dx$$

를 이용하여 f의 **푸리에 계수** $\hat{f}(n)$을 정의할 수 있다. 삼각다항식의 예는 무한 삼각다항식의 한 종류를 표현하는 다음 등식

$$f(x) = \sum_{n=-\infty}^{\infty} \hat{f}(n) e^{inx}$$

을 암시하지만 이것이 항상 참인 것은 아니고, 심지어 그것이 참인 경우에도 그것을 엄밀하게 정당화하거나, 무한합의 의미를 정확히 말하기 위해선 상당한 노력이 필요하다.

질문을 더 정확하게 하기 위해 각 자연수 N에 대해 **디리클레 합 작용소**(Dirichlet summation operator) S_N을 도입하자. 이것은 함수 f를 공식

$$S_N f(x) = \sum_{n=-N}^{N} \hat{f}(n) e^{inx}$$

으로 정의된 함수 $S_N f$로 대응시킨다. 지금 알고 싶은 것은 $N \to \infty$일 때, $S_N f$가 f로 수렴하는지 여부이다. 대답은 놀랍도록 복잡한 것으로 밝혀졌다. 함수 f에 대한 가정뿐 아니라 '수렴'을 어떻게 정의하는지에도 결정적으로 의존한다. 예를 들면, 만약 f를 연속이라 가정하고 고르게 수렴하는 지 묻는다면, 대답은 명확히 '아니오'이다. $S_N f$가 f로 점마다 수렴하지 않는 연속인 함수들의 예가 있다. 그렇지만 더 약한 형태의 수렴을 묻는다면 대답은 '예'이다. $S_N f$는 L^p 위상에서 임의의 $0 < p < \infty$에 대해 f로 필연적으로 수렴할 것이고, 비록 점마다 수렴해야 하지는 않지만 $S_N f(x)$가 수렴하지 않는 점 x의 집합이 측도[III.55] 0이라는 의미로 **거의 모든 점**에서 수렴할 것이다. 만약 단지 f가 절대적분가능하다고만 가정한다면 $0 < p \leqslant \infty$를 만족하는 모든 p에 대해 L^p 위상에서 발산하는 것과 마찬가지로 부분합 $S_N f$는 모든 점 x에서 발산할 수 있다. 이 모든 결과들의 증명은 조화해석학의 정량적인 결과들, 특히 f를 함수 $\sup_{N>0} |S_N f(x)|$에 대응하는 **극대작용소**와 관련된 추정값만큼이나 디리클레 합 $S_N f(x)$에 대한 다양한 종류의 L^p 추정값에 궁극적으로 의존한다.

이런 결과들은 증명하기 약간 까다로운 만큼 디

리클레 합 작용소 S_N을 페제르 합 작용소(Fejér summation operator) F_N으로 대체한 단순한 결과에 대해 먼저 논의해 보자. 각각의 N에 대해 작용소 F_N은 처음 N개의 디리클레 작용소들의 평균이다. 즉, 그것은 공식

$$F_N = \frac{1}{N}(S_0 + \cdots + S_{N-1})$$

로 주어진다. $S_N f$가 f로 수렴한다면 $F_N f$ 역시 수렴한다는 것을 보이는 것은 그리 어렵지 않다. 하지만 $S_N f$를 평균 내는 것은 상쇄를 일으켜 때때로 심지어 $S_N f$가 수렴하지 않는 경우에도 $F_N f$가 f로 수렴하게 만들 수 있다. 실제로, f가 연속이고 주기적인 경우에는 언제나 $F_N f$가 f로 수렴한다는 사실의 증명을 요약해 보겠다. 그것은 이미 살펴본 대로 $S_N f$의 경우에 사실과는 거리가 멀다.

그 기본 구조에 있는 논증은 L^2에 있는 두 함수의 합성곱이 연속인 것을 보일 때 사용한 것과 비슷하다. f가 삼각다항식인 경우에 어떤 값 이후의 모든 N에 대해 $S_N f = f$이기 때문에 그 결과는 증명하기 쉽다는 것에 먼저 주목하라. 이제 바이어슈트라스 근사 정리(Weierstrass approximation theorem)는 모든 연속인 주기함수 f가 삼각다항식으로 고르게 근사될 수 있는, 즉 모든 $\varepsilon > 0$에 대해 $\|f - g\|_{L^\infty} \leqslant \varepsilon$을 만족하는 어떤 삼각다항식이 있다는 것을 말해준다. 충분히 큰 N에 대해 $F_N g$가 g와 가깝다는 것을 알고 있고(g가 삼각다항식이기 때문에) f에 대해서도 같은 것을 연역하려 한다.

첫째 단계는 등식

$$F_N f(x) = \int_{-\pi}^{\pi} \frac{\sin^2(\frac{1}{2}Ny)}{N\sin^2(\frac{1}{2}y)} f(x - y)\,dy$$

를 증명하기 위해 삼각함수에 대한 교묘한 조작을 약간 수행한다. 이 표현의 정확한 형태는 사용할 예정인 함수

$$u(y) = \frac{\sin^2(\frac{1}{2}Ny)}{N\sin^2(\frac{1}{2}y)}$$

의 두 속성보다는 덜 중요하다. 하나는 $u(y)$가 항상 음수가 아니라는 것이고, 다른 하나는 $\int_{-\pi}^{\pi} u(y)\,dy = 1$이다. 이 두 사실은

$$F_N h(x) = \int_{-\pi}^{\pi} u(y)h(x - y)\,dy$$
$$\leqslant \|h\|_{L^\infty} \int_{-\pi}^{\pi} u(y)\,dy = \|h\|_{L^\infty}$$

를 말할 수 있게 해 준다. 즉, 모든 유계인 함수 h에 대해 $\|F_N h\|_{L^\infty} \leqslant \|h\|_{L^\infty}$이다.

이 결과를 응용하기 위해 $\|f - g\|_{L^\infty} \leqslant \varepsilon$을 만족하는 삼각다항식 g를 선택하고 $h = f - g$라 하자. 그러면 $\|F_N h\|_{L^\infty} = \|F_N f - F_N g\|_{L^\infty} \leqslant \varepsilon$임을 알 수 있다. 위에서 언급한 것처럼, 만일 N을 충분히 크게 선택하면 $\|F_N g - g\|_{L^\infty} \leqslant \varepsilon$이 성립하고, 그래서 **삼각부등식[V.19]**을 사용하여

$$\|F_N f - f\|_{L^\infty}$$
$$\leqslant \|F_N f - F_N g\|_{L^\infty} + \|F_N g - g\|_{L^\infty} + \|g - f\|_{L^\infty}$$

를 알게 된다. 오른쪽의 각 항은 ε을 넘지 않기 때문에 이것은 $\|F_N f - f\|_{L^\infty}$이 3ε을 넘지 않음을 보여준다. 또한, ε을 임의로 작게 만들 수 있기 때문에 이것은 $F_N f$가 f로 수렴함을 보여준다.

비슷한 논증으로 (삼각부등식 대신에 **민코프스키 적분부등식[V.19]**을 사용하면) 모든 $1 \leqslant p \leqslant \infty$, $f \in L^p$, $N \geqslant 1$에 대해 $\|F_N f\|_{L^p} \leqslant \|f\|_{L^p}$임을 보여준다. 결과적으로 위의 논증을 변형하면 모

든 $f\in L^p$에 대해 $F_N f$가 L^p 위상에서 f로 수렴함을 보일 수 있다. 다소 더 어려운 결과는 (하디-리틀우드 극대 부등식(Hardy-Littlewood maximal inequality)으로 알려진 조화해석학의 기초 결과에 의존하면) 모든 $1 < p \le \infty$에 대해 어떤 상수 C_p가 존재해서 부등식 $\|\sup_N |F_N f|\|_{L^p} \le C_p \|f\|_{L^p}$이 모든 함수 $f\in L^p$에 대해 성립함을 주장한다. 결과적으로 모든 $f\in L^p$과 $1 < p \le \infty$에 대해 $F_N f$가 f로 거의 모든 점에서 수렴함을 보일 수 있다. 이 논증을 약간 변형하면 f가 단지 절대적분가능하다고 가정할 때에도 끝점의 경우 또한 다룰 수 있다. 이 장 마지막 부분의 하디-리틀우드 극대 부등식에 대한 논의를 참고하기 바란다.

이제 디리클레 합으로 신속히 돌아가자. 조화해석학에 있는 상당히 세련된 기술들(칼데론-지그문트(Calderón-Zygmund) 이론 등)을 사용하면 $1 < p < \infty$ 일 때 디리클레 작용소 S_N이 N에 대해 L^p에서 고르게 유계임을 보일 수 있다. 달리 말하면, 이 범위의 모든 p에 대해 어떤 양의 실수 C_p가 존재해서 모든 함수 $f\in L^p$와 모든 음이 아닌 정수 N에 대해 부등식 $\|S_N f\|_{L^p} \le C_p \|f\|_{L^p}$이 성립한다. 결과적으로 L^p에 있는 모든 함수 f와 $1 < p < \infty$를 만족하는 모든 p에 대해 $S_N f$가 L^p 위상에서 f로 수렴한다는 것을 보일 수 있다. 하지만 $S_N f$에 대한 정량적인 추정은 끝점 $p = 1$과 $p = \infty$에서 실패하고, 이로부터 수렴 결과 또한 (구체적으로 반례를 건설하거나 고른 유계성 원리(uniform boundedness principle)라 불리는 결과를 이용하면) 이 끝점들에서 실패함을 보일 수 있다.

만약 $S_N f$가 거의 모든 점에서 f로 수렴하는지 질문한다면 어떻게 될까? 거의 모든 점에서 수렴은 $p < \infty$일 때 L^p에서의 수렴으로부터 따라오지 않아서, 그것을 증명하는 데 위의 결과들을 사용할 수 없다. 이 물음은 생각보다 훨씬 더 어려운 질문이란 점이 밝혀졌다. 칼레손의 정리[V.5]에 의해 풀리고 헌트(Hunt)에 의해 확장된 유명한 미해결 문제였던 것이다. 칼레손은 $p = 2$인 경우에 $\|\sup_N |S_N f|\|_{L^p} \le C_p \|f\|_{L^p}$ 형태의 추정을 증명했고, 헌트는 $1 < p < \infty$인 모든 p로 이 증명을 일반화했다. 이 결과는 $1 < p \le \infty$일 때, L^p 함수의 디리클레 합이 실제로 거의 모든 점에서 수렴함을 시사한다. 반면에 이 추정은 끝점 $p = 1$에서 성립하지 않고, 실제로 콜모고로프[VI.88]에 따른 절대적분가능한 함수의 디리클레 합이 모든 점에서 발산하는 예가 있다. 이 결과들은 조화해석학의 이론을 상당히 많이 필요로 한다. 특히 그들은 하이젠베르크 불확정성 원리를 염두에 두고 공간 변수와 진동 변수를 둘 다 여러 번 분해한다. 그 다음에 직교성의 다양한 표현을 활용하여 조각들을 주의 깊게 다시 모은다.

요약하자면 다양한 작용소에 대한 L^p 추정 같은 정량적 추정은 급수나 수열의 수렴 같은 정성적인 결과들을 얻기 위한 중요한 방법이 된다. 사실 이 점을 주장할 수 있는 몇 개의 원리들(고른 유계성 원리 또는 스타인의 극대 원리(Stein's maximal principle)라고 알려진 결과)이 있고, 특정한 경우에 질적인 결과가 참이 되기 위해 양적인 주정이 반드시 존재해야 한다는 관점에서 볼 때 이것은 유일한 방법이라 할 수 있다.

3 조화해석학의 일반적인 주제들: 분해, 진동 그리고 기하

조화해석 방법의 한 특징은 그것들이 전체적이기보다는 국소적이라는 것이다. 예를 들면, 함수 f를 분석할 때, 그것을 각각의 함수가 그 지지집합 ($f_i(x) \neq 0$인 x들의 집합)이 작은 직경을 가진다는 관점에서 '국소화된' 합 $f = f_1 + \cdots + f_k$로 분해하는 것이 일반적이다. 이것은 공간 변수(spatial variable)의 국소화라 불린다. 이 과정을 f의 푸리에 변환 $\hat{f}$에 적용하여 진동 변수(frequency variable)를 국소화할 수 있다. f를 이렇게 조각내어 각 조각들에 대해 추정을 수행할 수 있고, 작업을 마친 후 조각들을 다시 결합한다. 이렇게 하는 한 이유인 '각개격파' 전략은 일반적인 함수가 다양한 다른 특징들, 예를 들면 산 모양이거나 불연속 또는 어떤 지점에서의 높은 진동수를 갖고 매끄럽거나 다른 지점에서 낮은 진동수를 갖는 등의 다양한 특징을 가진 것들을 한번에 모두 다루기가 어렵기 때문이다. 함수 f의 분해를 잘 선택하면 이런 특징들을 서로 고립시킬 수 있어서, 산 모양의 부분은 f_i로 가고 높은 진동수 부분은 다른 조각으로 가는 등, 각 조각들을 어려움을 일으키는 한 특징만을 가지도록 할 수 있다. 개별적인 조각들의 추정을 다시 모을 때, 삼각부등식 같은 거친 도구나 아니면 직교성 또는 다루기 쉬운 조각들을 조직화하는 영리한 알고리즘 같은 것에 의존하는 세밀한 도구들을 사용할 수 있다. 분해 방법의 주된 결점은 (미적인 것을 제외하고) 최적의 한계를 주지 못한다는 것이지만, 최상의 것과 상수배 정도 차이가 나는 수준의 추정으로도 대부분의 경우에는 충분하다.

분해 방법의 간단한 예로서 다음 공식

$$\hat{f}(\xi) = \int_{\mathbb{R}} f(x)\,e^{-2\pi ix\xi}\,dx$$

로 정의된 함수 $f : \mathbb{R} \to \mathbb{C}$의 푸리에 변환 $\hat{f}(\xi)$를 생각해 보자. 만약 어떤 노름으로 측정된 f의 크기에 대한 정보가 주어졌을 때, 적절한 노름으로 측정된 $\hat{f}$의 크기에 대해 무엇을 말할 수 있는가?

여기 이 질문에 대한 두 개의 간단한 관찰이 있다. 첫째, $e^{-2\pi ix\xi}$의 절댓값은 항상 1이기 때문에 $|\hat{f}(\xi)|$는 $\int_{\mathbb{R}} |f(x)|\,dx$를 넘지 못한다. 이것은 적어도 $f \in L^1$인 경우에 $\|\hat{f}\|_{L^\infty} \leq \|f\|_{L^1}$임을 말해준다. 특히, $\hat{f} \in L^\infty$이다. 둘째, 푸리에 해석의 매우 기초적인 사실인 프란셰렐 정리는 $f \in L^2$이면 $\|f\|_{L^2}$이 $\|\hat{f}\|_{L^2}$과 같다는 것을 말해준다. 따라서 f가 L^2에 속하면 $\hat{f}$도 L^2에 속한다.

만약 f가 중간에 있는 L^p 공간에 있다면 어떻게 되는지 알고 싶다고 하자. 달리 말해서, 만약 $1 < p < 2$인 경우 무슨 일이 일어나는가? L^p은 L^1이나 L^2에 포함되지 않기 때문에 위의 결과들을 직접적으로 사용할 수 없다. 그렇지만 $f \in L^p$을 택하여 이 문제의 어려움이 무엇인지 생각해 보자. f가 L^1에 있지 못하는 이유는 너무 천천히 감소하기 때문일 수 있다. 예를 들면, 함수 $f(x) = (1 + |x|)^{-3/4}$은 $1/x$보다는 $x \to \infty$일 때, 더욱 천천히 0으로 가는 경향이 있기 때문에 그 적분은 무한대이다. 하지만 f에 지수 $3/2$를 올리면, 함수 $(1 + |x|)^{-9/8}$을 얻고 그것은 유한한 적분을 가질 만큼 빠르게 감소한다. 따라서 f는 $L^{3/2}$에 속하게 된다. 비슷한 예들은 f가 L^2에 속하는 데 실패하는 이유가 그것이 $|f|^p$의 적분이 유한하게 되기에는 충분할 만큼 천천히 무한대로 가지만, $|f|^2$의 적분이 유한하게 되기에는 충분히 천

천히 가지 않기 때문이라는 것을 보여준다.

이 두 가지 이유가 완전히 다르다는 점에 주목하자. 따라서 함수 f를 두 함수의 합으로 나누는 것을 시도할 수 있는데, 하나는 f의 값이 큰 부분으로 다른 하나는 f의 값이 작은 부분으로 나눌 수 있다. 즉, 어떤 기준점 λ를 선택하여 $|f(x)| < \lambda$인 경우에는 $f_1(x)$를 $f(x)$로 그렇지 않은 경우에는 0으로 정의할 수 있고, $|f(x)| \geq \lambda$인 경우에는 $f_2(x)$를 $f(x)$로 그렇지 않은 경우에는 0으로 정의할 수 있다. 그러면 $f_1 + f_2 = f$이고 f_1과 f_2는 각각 f의 작은 부분과 큰 부분이다.

모든 x에 대해 $|f_1| < \lambda$이기 때문에,

$$|f_1(x)|^2 = |f_1(x)|^{2-p}|f_1(x)|^p < \lambda^{2-p}|f_1(x)|^p$$

을 알게 된다. 따라서 f_1은 L^2에 속하고 $\|f_1\|_{L^2} \leq \lambda^{2-p}\|f_1\|_{L^p}$이다. 비슷하게, $f_2(x) \neq 0$인 경우엔 $|f_2(x)| \geq \lambda$이기 때문에 모든 x에 대해 부등식 $|f_2(x)| \leq |f_2(x)|^p/\lambda^{p-1}$을 갖게 되고, 그것은 f_2가 L^1에 속하고 $\|f_2\|_{L^1} \leq \|f_2\|_{L^p}/\lambda^{p-1}$이라는 것을 말해준다.

위에서 주목한 바에 의하면, f_1의 L^2 노름과 f_2의 L^1 노름에 대해 현재 가지고 있는 지식으로부터 $\hat{f}_1$의 L^2 노름과 $\hat{f}_2$의 L^∞ 노름에 대한 상계를 얻을 수 있다. 모든 λ에 대해 이런 전략을 사용하고 그 결과들을 영리하게 엮으면 하우스도르프-영 부등식(Hausdorff-Young inequality)을 얻을 수 있는데, 이 정리는 다음과 같다. p가 1과 2 사이에 있다고 하고 p'은 쌍대 지수(dual exponent), 즉 $p/(p-1)$이라 하자. 그러면 어떤 상수 C_p가 있어서 모든 함수 $f \in L^p$에 대해 부등식 $\|\hat{f}\|_{L^{p'}} \leq C_p\|f\|_{L^p}$을 만족한다. 이 결

과를 얻기 위해 사용한 특별한 분해는 실보간법(real interpolation)이라고 전형적으로 알려져 있다. 이 방법은 최적의 C_p값을 주지는 않는데, 그 최적의 값은 $p^{1/2p}/(p')^{1/2p'}$이라는 것이 밝혀져 있지만 그것을 증명하는 데에는 더 정교한 방법들을 필요로 한다.

조화해석학의 또 다른 기본적인 주제는 진동이라는 파악하기 힘든 현상을 정량화하려는 시도이다. 어떤 표현이 심하게 진동하면 직관적으로 그 평균값의 크기가 다소 작다는 것을 예상할 수 있는데, 그 이유는 양수와 음수 부분 혹은 복소수인 경우에 넓은 범위의 편각이 상쇄될 것이기 때문이다. 예를 들면, 주기가 2π인 함수 f가 매끄럽다면 큰 n에 대한 푸리에 계수

$$\hat{f}(n) = \frac{1}{2\pi}\int_{-\pi}^{\pi} f(x)e^{-inx}\,dx$$

은 $\int_{-\pi}^{\pi} e^{-inx} = 0$이기 때문에 매우 작을 것이고, 상대적으로 느린 $f(x)$값의 변화는 상쇄가 일어나는 것을 막기에 충분하지 않다. 이 주장은 부분적분을 반복하여 쉽고 엄밀하게 증명할 수 있다. 이 현상의 일반화는 정상위상원리(principle of stationary phase)를 포함하는데, 다른 것들보다도 앞에서 논의한 에어리 함수 $\mathrm{Ai}(x)$를 정확하게 조절하도록 해 준다. 또한 그것은 함수의 감소와 매끄러움을 그 푸리에 변환의 감소와 매끄러움과 관련지어주는 하이젠베르크 불확정성 원리를 산출한다.

진동에 대한 조금 다른 표현으로 다르게 진동하는 함수의 수열이 있다면 그 합이 삼각부등식으로 얻을 수 있는 상계보다 현저히 작다는 원리에 들어 있다. 다시 말해 이것은 단순히 삼각부등식으로는 알 수 없는 상쇄의 결과이다. 예를 들어, 푸리에 해

석의 프란셰렐 정리는 삼각다항식 $\sum_{n=-N}^{N} c_n e^{inx}$이 L^2 노름으로

$$\left(\frac{1}{2\pi} \int_0^{2\pi} \left| \sum_{n=-N}^{N} c_n e^{inx} \right|^2 \right)^{1/2} = \left(\sum_{n=-N}^{N} |c_n|^2 \right)^{1/2}$$

을 가진다는 것을 지시한다. 이 한계(이것은 직접적인 계산으로 증명할 수 있다)는 함수 $c_n e^{inx}$에 삼각부등식을 단순하게 적용하면 얻을 수 있는 한계 $\sum_{n=-N}^{N} |c_n|$보다는 더 작다. 이 등식은 조화함수 e^{inx}가 내적[III.37]

$$\langle f, g \rangle = \frac{1}{2\pi} \int_0^{2\pi} f(x) \overline{g(x)} \, dx$$

에 대해 모두 서로 직교라는 관찰과 함께 피타고라스 정리의 한 특별한 경우로 바라볼 수 있다. 이 직교라는 개념은 여러 가지 방식으로 일반화되어 왔다. 예를 들면, '거의 직교함'이라는 일반적이고 확고한 개념이 있는데, 간략히 말하면 그것은 한 무리의 함수의 내적이 0은 아니지만 상당히 작다는 것을 의미한다.

조화해석학의 많은 논증은 어떤 점에서 직육면체, 구, 혹은 상자 모양 같은 특정한 종류의 기하적인 대상에 대한 조합론적인 명제와 관계가 있다. 예를 들면, 그런 명제 중의 유용한 것 하나는 **비탈리 덮개 보조정리**(Vitali covering lemma)인데, 그것은 유클리드 공간에 있는 주어진 구들의 모임 $B_1, \cdots, B_k$에 대해 부분적인 구들을 선택해서 서로 겹치지 않음에도 원래의 구들이 덮는 부피의 의미 있는 비율을 가질 수 있다는 것이다. 더 정확하게, 겹치지 않는 구들을 선택해서

$$\text{vol}\left(\bigcup_{j=1}^{m} B_{i_j} \right) \geq 5^{-n} \text{vol}\left(\bigcup_{j=1}^{k} B_j \right)$$

가 되게 할 수 있다. (상수 5^{-n}은 개선될 수 있지만 여기서 중요하지 않다.) 이 결과는 '탐욕 알고리즘 (greedy algorithm)'의 의해 얻어진다. 구들을 하나씩 선택할 때 각 단계에서 기존에 선택된 구들과 모두 겹치지 않는 것 중에서 가장 큰 구를 차례로 뽑으면 된다.

비탈리 덮개 보조정리의 한 결과는 하디-리틀우드 극대 부등식인데, 그것을 간단히 기술해 볼 것이다. 함수 $f \in L^1(\mathbb{R}^n)$, 임의의 $x \in \mathbb{R}^n$, 임의의 $r > 0$이 주어졌을 때, $|f|$의 평균을 중심이 x이고 반지름이 r인 n차원 구 $B(x, r)$ 위에서 계산할 수 있다. 그다음 f의 **최대 함수** $F(x)$를 r이 양의 실수 범위 내의 값을 가질 때 가장 큰 평균으로 정의할 수 있다. (더 정확히 최소상계를 택한다.) 그러면 각각의 양의 실수 λ에 대해 집합 X_λ를 $F(x) > \lambda$인 x들의 집합으로 정의할 수 있다. 하디-리틀우드 극대 부등식은 X_λ의 부피가 $5^n \|f\|_{L^1}/\lambda$를 넘지 못한다는 것을 주장한다.*

그것을 증명하기 위해 집합 X_λ는 적당한 구들로 덮을 수 있다는 것을 관찰할 수 있는데, 각각의 구 위에서 $|f|$의 적분값이 적어도 $\lambda \text{vol}(B(x, r))$이 되도록 할 수 있다. 이러한 결과는 구들의 모임에 대해 비탈리 덮개 보조정리를 응용함으로써 도출된다. 하디-리틀우드 극대 부등식은 정량적인 결과이지만, 르베그 미분 정리(Lebesgue differentiation theorem)라는 정성적인 결과를 수반한다. 정리는 다

---

* 이 형태의 하디-리틀우드 부등식은 §2에서 간단히 언급되었던 부등식과 상당히 달라 보이지만, 그 부등식은 앞서 언급된 실보간법을 통해 유도할 수 있다.

음과 같다. 만약 f가 $\mathbb{R}^n$에서 절대적분가능한 함수이면 거의 모든 $x \in \mathbb{R}^n$에 대해 x를 중심으로 갖는 유클리드 구 위에서의 f의 평균

$$\frac{1}{\mathrm{vol}(B(x,r))} \int_{B(x,r)} f(y)\,dy$$

들은 $r \to 0$일 때, $f(x)$로 다가간다는 것이다. 이 예는 조화해석학에서 근본적인 기하의 중요성을 설명해 준다. (이 경우는 거리 공간 상 구들의 조합론이다.)

더 읽을거리

Stein, E. M. 1970. *Singular Integrals and Differentiability Properties of Functions*. Princeton, NJ: Princeton University Press.

———. 1993. *Harmonic Analysis*. Princeton, NJ: Princeton University Press.

Wolff, T. H. 2003. *Lectures on Harmonic Analysis*, edited by I. Łaba and C. Shubin. University Lecture Series, volume 29. Providence, RI: American Mathematical Society.

IV.12 편미분방정식

세르규 클라이너만 *Sergiu Klainerman*

서론

편미분방정식은 함수방정식의 중요한 한 종류로서, 하나 이상의 변수를 가지는 미지함수로 이루어진 방정식 혹은 연립방정식을 뜻한다. 대강 비유하자면, 편미분방정식에서의 미지함수란 다항방정식(예를 들면 $x^2 + y^2 = 1$)에서의 미지수와 같다. 더 일반적인 함수방정식과 구별되는 편미분방정식의 특징은 미지함수뿐만 아니라 미지함수의 편도함수들과 고정된 함수들 또한 포함되어 서로 대수적으로 조합되어 있다는 것이다. 다른 중요한 함수방정식들로는 적분방정식과 상미분방정식(ordinary differential equation, ODE)이 있는데, 적분방정식은 미지함수들의 다양한 적분들을 포함하고 있고, 상미분방정식은 미지함수가 1개의 변수(시간 변수 t)를 가지므로 방정식에 미지함수의 상미분들 d/dt, $d^2/dt^2, d^3/dt^3, \cdots$만 포함하고 있다.

이 주제의 방대한 영역을 다루기 위한 최선의 방식은 몇 가지 주요 사안들을 아주 대략적인 관점에서 보여주고, 셀 수 없이 많은 현재의 연구방향에 대해서는 더욱더 대략적인 아이디어를 제시하는 것 정도이다. 편미분방정식이라는 주제를 설명하려고 할 때 마주치는 어려움은 주제에 대한 정의를 내리려고 시도할 때부터 발생한다. 편미분방정식론을 (예를 들어 대수기하학이 다항식의 근을 공부하는 것이나 위상수학이 다양체를 공부하는 것처럼) 분명하게 정의된 대상들의 집합을 공부하는 통합된 수학의 한 분야로 보아야 하는가? 아니면 일반 상대

성이론, 다변복소함수론, 유체동역학 같이 광활한 고유의 영역을 갖추고 있으면서, 그 중심에 특수하고 아주 어려운 편미분방정식들이 자리하고 있는 독립적인 분야들의 모임으로 보아야 하는가? 이 장에서 이야기하고 싶은 내용은 비록 편미분방정식의 일반적인 이론을 정립하는 것이 본질적으로 어려운 일이라 하더라도, 편미분방정식이 중심적인 역할을 하는 수학과 물리학의 다양한 분과들 사이에서 깜짝 놀랄 만한 일관성을 발견할 수 있다는 것이다. 특히 편미분방정식의 어떤 방법론들은 놀라울 정도로 효과적이라서 각각의 분야들이 가지는 경계에 구애받지 않는다. 그렇기에 이제껏 편미분방정식에 관해 쓰인 책 중에 가장 뛰어난 책의 제목에 편미분방정식이 언급되지 않았다는 것은 놀랍지 않다. 그 책은 쿠랑[VI.83]과 힐베르트[VI.63]가 지은 『수리물리학의 방법(Methods of Mathematical Physics)』이다.

제한된 지면에서 이 거대한 분야를 공평하게 다루는 것은 불가능하기 때문에, 많은 주제들과 그에 관련된 세부사항들을 생략할 수밖에 없었다. 특히 해의 깨짐현상(breakdown)에 관한 기초적인 사안들에 대해서는 거의 다루지 않았고 미해결 문제에 관한 논의 또한 하지 않았다. 위의 주제들을 포함하여 더욱 자세하고 길게 쓴 이 글의 다른 버전은 아래 주소에서 찾을 수 있다.

https://web.math.princeton.edu/~seri/homepage/

papers/gws-2006-3.pdf

1 기본적인 정의들과 사례들

편미분방정식의 가장 간단한 예는 라플라스 방정식

[I.3 §5.4]

$$\Delta u = 0 \qquad (1)$$

이다. 여기서 Δ는 라플라스 작용소(Laplacian)로, $\mathbb{R}^3$ 상에서 정의되고 $\mathbb{R}$ 상에서 값을 가지는 함수들 $u = u(x_1, x_2, x_3)$에 작용하는 미분작용소(differential operator)이고, 다음과 같은 규칙을 따른다.

$$\Delta u(x_1, x_2, x_3)$$
$$= \partial_1^2 u(x_1, x_2, x_3) + \partial_2^2 u(x_1, x_2, x_3) + \partial_3^2 u(x_1, x_2, x_3).$$

여기서 $\partial_1, \partial_2, \partial_3$은 편미분들 $\partial/\partial x_1$, $\partial/\partial x_2$, $\partial/\partial x_3$에 대한 표준적인 약칭 기호이다. (이 장 전반에서 이 약칭 기호를 쓸 것이다.) 기본적인 예가 두 개 더 있는데([I.3 §5.4]에도 서술되어 있다), 아래의 열방정식(heat equation)과 파동방정식(wave equation)이다.

$$-\partial_t u + k\Delta u = 0, \qquad (2)$$
$$-\partial_t^2 u + c^2 \Delta u = 0. \qquad (3)$$

각 방정식에서 방정식을 만족하는 함수 u를 찾아야 한다. 라플라스 방정식에서의 u는 x_1, x_2, x_3에 의존하고, 다른 두 개의 방정식에서는 t에도 의존한다. 방정식 (2)와 (3)도 기호 Δ를 포함하고 있는 것을 관찰할 수 있는데, 시간 변수 t에 관한 편미분 또한 가지고 있다. 상수 k(양수)와 상수 c는 고정되어 있고 각각 확산(diffusion)의 정도와 빛의 속도를 나타내는데, 수학의 관점에서 보면 중요한 사항은 아니다. 왜냐하면 예를 들어 $u(t, x_1, x_2, x_3)$이 (3)의 해라면, $v(t, x_1, x_2, x_3) = u(t, x_1/c, x_2/c, x_3/c)$는 $c = 1$일 때 같은 방정식을 만족하기 때문이다. 그러므로 방정식을 공부할 때 상수들을 1이라고 놓아도 된다.

두 개의 방정식 모두 시간 변수 t가 변화할 때 방정식에 해당하는 물리적 대상이 어떻게 변화하는지를 서술하기 때문에 **발전방정식(evolution equation)**이라고 불린다. 방정식 (1)을 방정식 (2)와 (3) 모두의 특별한 경우로 해석할 수 있다는 점을 살펴보자. 만약 $u = u(t, x_1, x_2, x_3)$이 t에 의존하지 않는 (2) 또는 (3)의 해라면, $\partial_t u = 0$이고, 따라서 u는 식 (1)을 만족해야 한다.

위의 세 사례에서 찾고자 하는 해들이 방정식이 의미를 가질 만큼 충분히 미분가능하다는 암묵적인 가정을 하려고 한다. 이후의 내용에서 다루겠지만 편미분방정식론의 중요한 발전 중 하나는 **분포**[III.18]와 같이 **약화된** 형태의 미분가능성만을 요구하는 더 정제된 개념의 해에 관한 연구이다.

중요한 편미분방정식의 예들을 몇 가지 더 살펴보자. 첫 번째는 **슈뢰딩거 방정식**[III.83]

$$i\partial_t u + k\Delta u = 0 \qquad (4)$$

으로, u는 $\mathbb{R} \times \mathbb{R}^3$ 상에서 정의되고 $\mathbb{C}$ 상의 값을 가지는 함수이다. 이 방정식은 질량을 가지는 입자의 양자역학적 변화를 서술하며, $k = \hbar/2m$이고 $\hbar > 0$은 플랑크 상수(Planck's constant), m은 입자의 질량이다. 열방정식을 다룰 때처럼 간단한 변수 변환을 통해서 k를 1로 놓을 수 있다. 이 방정식은 형식적으로는 열방정식과 매우 비슷하지만, 정성적 성질면에서는 매우 다르다. 이는 한 방정식의 형태를 조금 변화시켜도 해의 성질이 매우 달라질 수 있다는 편미분방정식론의 중요하고도 일반적인 관점을 잘 보여준다.

또 다른 예는 아래의 클라인-고든 방정식(Klein-Gordon equation)이다.

$$-\partial_t^2 u + c^2 \Delta u - \left(\frac{mc^2}{\hbar}\right)^2 u = 0. \qquad (5)$$

이 방정식은 상대론적인 관점에서 슈뢰딩거 방정식에 대응된다. 물리적인 해석에서 매개변수 m은 질량을 말하고 mc^2은 정지에너지(아인슈타인(Einstein)의 유명한 방정식 $E = mc^2$을 반영하는 정지에너지)를 말한다. 상수 c와 $mc^2/\hbar$는 시간 변수와 공간 변수에 대해서 적절히 변수 변환하여 모두 1로 규격화(normalization)할 수 있다.

위에서 언급한 다섯 개의 방정식들은 열전도(방정식(2)), 전자기파 전파(방정식(3))와 같은 특별한 물리현상에 관련하여 만들어졌지만, 기적처럼 본래의 응용을 크게 넘어서는 다양한 종류의 연관성을 가진다. 특히 위 방정식들은 3차원 공간에 국한하여 연구할 이유가 전혀 없다. 위 방정식들을 매우 쉽게 n개의 변수 $x_1, x_2, \cdots, x_n$을 가진 유사한 방정식으로 일반화할 수 있다.

여태까지 나열한 모든 편미분방정식들은 **중첩원리(principle of superposition)**라고 불리는 간단하면서도 기초적인 원리를 따르는데, 이는 함수 u_1과 u_2가 위 방정식들 중 어느 한 방정식의 해라면 이것을 선형결합한 함수 $a_1 u_1 + a_2 u_2$ 또한 같은 방정식의 해가 된다는 것을 뜻한다. 다시 말해서 해들을 모두 모은 공간은 **벡터공간**[I.3 §2.3]이 된다. 또한, 이 원리를 따르는 방정식들을 **동차 선형방정식(homogeneous linear equation)**이라고 부른다. 만약 해 공간이 벡터공간이 아니고 아핀공간(affine space, 벡터공간을 평행이동한 공간)이라면, 해당하는 편미분방정식을 **비동차 선형방정식(inhomogeneous linear equation)**

이라고 부른다. 좋은 예로서 푸아송 방정식(Poisson's equation)

$$\Delta u = f \qquad (6)$$

가 있는데, 여기서 $f : \mathbb{R}^3 \to \mathbb{R}$은 미리 주어진 함수이고 $u : \mathbb{R}^3 \to \mathbb{R}$이 미지함수이다. 동차 선형방정식도 아니고 비동차 선형방정식도 아닌 방정식은 **비선형방정식**(nonlinear equation)이라고 부른다. 아래의 **최소곡면방정식**[III.94 §3.1]

$$\partial_1 \left(\frac{\partial_1 u}{(1 + |\partial_1 u|^2 + |\partial_2 u|^2)^{1/2}} \right)$$
$$+ \partial_2 \left(\frac{\partial_2 u}{(1 + |\partial_1 u|^2 + |\partial_y u|^2)^{1/2}} \right) = 0 \quad (7)$$

은 명백히 비선형이다. 이 방정식의 해 $u : \mathbb{R}^2 \to \mathbb{R}$의 그래프는 (비누막과 같이) 넓이를 최소화하는 곡면이다.

방정식 (1), (2), (3), (4), (5)는 단순히 선형인 정도를 넘어서서 **상수 계수 선형방정식**(constant-coefficient linear equation)들이다. 이는 위 방정식들을

$$\mathcal{P}[u] = 0 \qquad (8)$$

의 형태로 표현할 수 있음을 뜻하며, 여기서 $\mathcal{P}$는 u의 편도함수들을 실수 계수나 복소수 계수를 가지고 선형결합하여 만든 미분작용소를 말한다(이러한 연산자를 상수 계수 선형작용소라고 부른다). 한 가지 예로 라플라스 방정식 (1)의 경우에 $\mathcal{P}$는 간단하게 라플라스 작용소 Δ가 되고 파동방정식 (3)인 경우에는 **달랑베르 작용소**(d'Alembertian)

$$\mathcal{P} = \square = -\partial_t^2 + \partial_1^2 + \partial_2^2 + \partial_3^2$$

이 된다. 상수 계수 선형방정식의 특별한 성질은 **평행이동 불변성**(translation invariance)이다. 간단히 말해서, 함수 u를 평행이동할 때 $\mathcal{P}u$ 또한 같은 방식으로 평행이동된다는 것이다. 더욱 엄밀하게 말하자면 $v(x)$를 $u(x - a)$라고 정의할 때(따라서 x에서의 u의 값은 $x + a$에서의 v의 값이 된다. 여기서 x와 a는 $\mathbb{R}^3$ 공간에 속한다), $\mathcal{P}v(x)$는 $\mathcal{P}u(x - a)$와 같다. 이러한 기초적 사실의 결과를 통해 동차인 상수 계수 선형방정식 (8)의 해들은 평행이동 후에도 여전히 해가 됨을 짐작할 수 있다.

대칭성은 편미분방정식론에서 본질적인 역할을 한다. 그러니 잠시 논의를 멈추고 먼저 대칭의 일반적인 정의를 내려보도록 하자. 함수를 함수로 보내는 임의의 가역 작용 $T : u \to T(u)$를 편미분방정식에서의 대칭이라고 말하는데, 이는 u가 어떤 편미분방정식을 만족하는 것과 $T(u)$가 같은 편미분방정식을 만족하는 것이 동치일 때 의미를 가진다. 위의 성질을 가지는 편미분방정식을 대칭 T에 대해서 **불변**(invariant)이라고 부른다. 항상 그렇지는 않지만 많은 경우에 대칭 T는 선형 연산자이다. 두 개의 대칭을 합성하면 다시 대칭이 되고, 어떤 대칭의 역연산 또한 대칭이므로 모든 대칭을 모은 집합은 자연스럽게 **군**[I.3 §2.1]을 형성하게 된다(전형적인 예는 유한 또는 무한 차원 리 군[III.48 §1]이다).

평행이동군은 **푸리에 변환**[III.27]과 긴밀한 관계를 맺고 있다. (실제로 푸리에 변환은 평행이동군의 표현론(representation theory)으로 볼 수 있다.) 그렇기 때문에 평행이동 대칭은 상수 계수 편미분방정식을 푸는 데 푸리에 변환이 유용한 도구일 수 있음을 강력히 암시하고, 실제로도 유용하게 사용된다.

위에서 소개한 기본적인 상수 계수 선형작용소인 라플라스 작용소 Δ과 달랑베르 작용소 $\Box$은 여러 관점에서 형식적인 유사성을 가진다. 라플라스 작용소는 **유클리드 공간**[I.3 §6.2] $\mathbb{R}^3$의 기하와 본질적으로 연관되어 있고, 달랑베르 작용소는 **민코프스키 공간**[I.3 §6.8] $\mathbb{R}^{1+3}$과 비슷한 연관성이 있다. 이는 라플라스 작용소가 유클리드 공간 $\mathbb{R}^3$의 모든 강체운동과 교환(commute) 가능하며, 달랑베르 작용소가 민코프스키 시공간에서 강체운동에 상응하는 **푸앵카레 변환**(Poincaré transformation)과 가환이라는 것을 뜻한다. 전자의 경우 이는 불변성이 공간 상의 점들의 유클리드 거리를 보존하는 모든 $\mathbb{R}^3$의 변환에 적용된다는 것을 의미한다. 파동방정식의 경우에는 유클리드 거리가 (상대성 이론의 언어로 **사건**(event)이라 불리는) 시공간 상의 점들 사이의 **시공간 거리**(space-time distance)로 대체되어야 한다. 즉 $P = (t, x_1, x_2, x_3)$과 $Q = (s, y_1, y_2, y_3)$일 때 두 점 사이의 거리는 다음과 같은 식으로 주어진다.

$$d_M(P, Q)^2 = -(t-s)^2 + (x_1 - y_1)^2 + (x_2 - y_2)^2 + (x_3 - y_3)^2.$$

이 기본적인 사실의 결과로서 파동방정식 (3)의 모든 해들이 평행이동과 **로렌츠 변환**[I.3 §6.8]에 불변임을 추론할 수 있다.

위에서 소개한 또 다른 발전방정식 (2)와 (4)는 t가 고정되었을 때 공간 변수 $x = (x^1, x^2, x^3) \in \mathbb{R}^3$의 회전변환에 대해 불변이라는 것은 분명하다. 이 방정식들은 또한 갈릴레오 불변(Galilean invariant)인데 이것은 특별히 슈뢰딩거 방정식 (4)인 경우 $u = u(t, x)$가 해라면 모든 벡터 $v \in \mathbb{R}^3$에 대해서 $u_v(t,$ $x) = e^{i(x \cdot v)} e^{it|v|^2}(t, x - vt)$ 또한 해가 됨을 의미한다.

반면에 푸아송 방정식 (6)은 **상수 계수 비동차 선형방정식**의 예로서 상수 계수 선형 미분연산자 $\mathcal{P}$와 주어진 함수 f에 관하여

$$\mathcal{P}[u] = f \qquad (9)$$

와 같은 형태로 표현된다. 이러한 방정식을 풀기 위해서는 선형 연산자 $\mathcal{P}$가 가역성(invertibility)을 갖는지 혹은 갖지 않는지에 대한 이해가 필요하다. 만약 $\mathcal{P}$가 가역이라면, u는 $\mathcal{P}^{-1}f$와 같을 것이고, 가역이 아니라면 해가 존재하지 않거나 무한개의 해가 존재할 것이다. 비동차방정식은 대응되는 동차방정식과 밀접하게 연관되어 있는데, 예를 들어 u_1과 u_2가 둘 다 같은 비동차항 f에 대해서 비동차방정식 (9)를 만족한다면 그것들의 차인 $u_1 - u_2$는 대응되는 동차방정식 (8)을 만족한다.

선형 동차 편미분방정식들은 중첩의 원리를 만족하지만 평행이동에 대해 불변이어야 하는 것은 아니다. 일례로 열방정식 (2)를 고쳐서 계수 k가 더 이상 상수가 아니라 (x_1, x_2, x_3)에 대한 임의의 매끄러운(smooth) 양수 함수라고 가정해 보자. 이렇게 만든 방정식은 각각의 지점마다 서로 다른 열전도율을 가지는 매질 위에서의 열류(heat flow)를 기술하는 모형이 된다. 이에 해당하는 해 공간은 평행이동에 대해 불변이 아니다(열류가 평행이동에 대해 불변이 될 수 없는 매질을 생각하면 이는 놀라운 사실이 아니다). 이와 같은 방정식들을 **변수 계수를 갖는 선형방정식**이라고 부르며, 상수 계수 방정식보다 더욱 풀기 어렵고 정성적 성질을 서술하기도 더욱 어렵다(예를 들어 변수 k를 가지고 있는 (2)와 같은 종

류의 방정식에 대한 접근으로 **확률과정**[IV.24 §5.2]을 참조하라). 마지막으로 (7)과 같은 비선형방정식은 많은 경우에 여전히 (8)의 형태로 표기할 수 있지만 이때의 연산자 $\mathcal{P}$는 비선형 미분연산자이다. 예를 들어 (7)에 적합한 연산자는 다음과 같은 식

$$\mathcal{P}[u] = \sum_{i=1}^{2} \partial_i \left(\frac{1}{(1 + |\partial u|^2)^{1/2}} \partial_i u \right)$$

로 주어지며 $|\partial u|^2 = (\partial_1 u)^2 + (\partial_2 u)^2$이다. 이와 같은 연산자는 명백히 선형이 아니다. 그러나 근본적으로는 $\mathcal{P}$가 대수적 연산과 편도함수들로 구성되어 있고 이들이 모두 '국소적(local)' 연산이라는 사실을 통해 $\mathcal{P}$가 최소한 '국소적' 연산자라는 중요한 사실을 관찰할 수 있다. 더 정확하게 표현하면 u_1과 u_2가 어떤 열린 집합 D에서 서로 같은 함수일 때, $\mathcal{P}[u_1]$과 $\mathcal{P}[u_2]$ 역시 그 집합에서 서로 일치한다. 특히 만약 (위의 예에서처럼) $\mathcal{P}[0] = 0$이라면, u가 어떤 영역에서 0이 될 때 $\mathcal{P}[u]$ 또한 그 영역에서 항상 0이 된다.

이제까지 방정식들이 $\mathbb{R}^3$, $\mathbb{R}^+ \times \mathbb{R}^3$, $\mathbb{R} \times \mathbb{R}^3$과 같이 전체 공간에서 성립한다고 가정했다. 현실에서는 흔히 전체 공간 안의 어떤 고정된 영역으로 제한하여 생각하므로, 방정식 (1)로 예를 들자면 대개 $\mathbb{R}^3$ 상의 열린 유계영역(bounded open domain)에서 미리 명시한 **경계조건**(boundary condition)을 주어서 연구한다. 경계조건에 대한 기본적인 몇 가지 예들을 살펴보자.

예. 열린 영역 $D \subset \mathbb{R}^3$ 위에서 정의된 라플라스 방정식에 대한 **디리클레 문제**(Dirichlet problem)는 D의 경계에서 미리 정해진 양식을 따르고 내부에서는 라플라스 방정식을 만족하는 함수 u를 찾는 문제이다.

더 정확히 말하면 연속함수 $u_0 : \partial D \to \mathbb{R}$을 명시했을 때, D의 폐포(closure) $\overline{D}$에서 연속이고 D의 내부에서 두 번 연속미분가능하며, 아래의 방정식을 만족하는 연속함수 u를 찾아야 한다.

$$\left.\begin{array}{ll} \Delta u(x) = 0, & \text{모든 } x \in D, \\ u(x) = u_0(x), & \text{모든 } x \in \partial D. \end{array}\right\} \quad (10)$$

기본적인 편미분방정식론의 결과로서 영역 D가 충분히 매끄러운 경계를 가지면 경계 ∂D에 임의로 연속함수 u_0을 지정한 문제 (10)은 정확히 한 개의 해를 가진다고 알려져 있다.

예. 플라토 문제(Plateau problem)는 주어진 곡선에 둘러싸인 곡면 중 최소 넓이를 가지는 곡면을 찾는 문제이다.

곡면이 어떤 충분히 매끄러운 영역 D에서 정의된 함수의 그래프일 때, 다시 말해서 $\{(x, y, u(x, y)) : (x, y) \in D\}$와 같은 형태의 집합인 경계 곡선이 D의 경계 ∂D 위의 함수 u_0의 그래프일 때, 위의 문제는 선형방정식 (1)을 비선형방정식 (7)로 바꾼 디리클레 문제 (10)과 동치임이 밝혀져 있다. 또한 많은 경우에 위 방정식들에 대한 ∂D 위의 디리클레 경계조건 $u(x) = u_0(x)$를 ∂D 위의 노이만 경계조건 (Neumann boundary condition) $n(x) \cdot \nabla_x u(x) = u_1(x)$와 같은 다른 경계조건으로 자연스럽게 교체할 수 있다. 여기서 $n(x)$는 x에서 D에 대한 (단위 길이의)

외향법선(outward normal)이다. 일반적으로 말해서 디리클레 경계조건은 물리적으로 '흡수'하거나 '고정'되어 있는 벽에 해당한다. 반면에 노이만 경계조건은 '반사'하거나 '고정되지 않은' 벽에 해당한다.

발전방정식 (2)~(4)에 대해서도 자연스러운 경계조건을 도입할 수 있다. 가장 간단한 방법은 $t = 0$일 때 u의 값을 미리 지정하는 것이다. 좀 더 기하학적인 시각에서 생각해 보면, 이것은 $(0, x, y, z)$의 꼴을 갖는 모든 시공간 지점에서 u의 값을 미리 명시하는 것이다. 위의 꼴을 갖는 시공간 점들의 집합은 $\mathbb{R}^{1+3}$에서 초평면(hyperplane)을 이루는데, 이것은 초기시간 곡면(initial time surface)의 한 예이다.

예. 열방정식 (2)에 대한 코시문제(Cauchy problem)(혹은 초깃값 문제(initial value problem), 때때로 IVP로 줄여 표기)란 미리 지정한 함수 $u_0 : \mathbb{R}^3 \to \mathbb{R}$과 초기시간 곡면 $\{0\} \times \mathbb{R}^3 = \partial(\mathbb{R}^+ \times \mathbb{R}^3)$ 위에서 서로 같고 시공간 영역 $\mathbb{R}^+ \times \mathbb{R}^3 = \{(t, x) : t > 0, x \in \mathbb{R}^3\}$ 위에서 방정식을 만족하는 해 $u : \mathbb{R}^+ \times \mathbb{R}^3 \to \mathbb{R}$을 찾아야 하는 문제이다.

다시 말해서, 코시문제는 $\mathbb{R}^+ \times \mathbb{R}^3$의 폐포 위에서 정의되고 $\mathbb{R}$ 상의 값을 가지며 아래의 조건

$$\left.\begin{aligned} -\partial_t u(t, x) + k\Delta u(t, x) = 0 \\ \text{모든 } (t, x) \in \mathbb{R}^+ \times \mathbb{R}^3, \\ u(0, x) = u_0(x) \qquad \text{모든 } x \in \mathbb{R}^3 \end{aligned}\right\} \quad (11)$$

을 만족하는 충분히 매끄러운 함수 u를 찾는 문제이다.

함수 u_0은 보통 코시문제의 초기조건이라고 불리거나 **초기데이터** 혹은 그냥 데이터라고 불린다. 적절하게 주어진 매끈함(smoothness) 조건이나 소멸(decay) 조건하에서 위의 방정식이 임의의 데이터 u_0에 대해서 정확히 한 개의 해를 가짐을 보일 수 있다. 흥미롭게도 만약 미래 영역(future domain) $\mathbb{R}^+ \times \mathbb{R}^3 = \{(t, x) : t > 0, x \in \mathbb{R}^3\}$을 과거 영역(past domain) $\mathbb{R}^- \times \mathbb{R}^3 = \{(t, x) : t < 0, x \in \mathbb{R}^3\}$으로 교체하면 위 명제는 거짓이 된다.

슈뢰딩거 방정식 (4)에 대해서도 IVP를 같은 방식으로 만들 수 있는데, 이때는 과거와 미래 두 경우 모두 해를 찾아낼 수 있다. 하지만 파동방정식 (3)일 때는 초기시간 곡면 $t = 0$ 상의 초기위치(initial position) $u(0, x) = u_0(x)$뿐만 아니라 초기속도(initial velocity) $\partial_t u(0, x) = u_1(x)$ 또한 명시해야 한다. 왜냐하면 방정식 (3)은 ((2)나 (4)와는 달리) u의 값을 이용하여 형식적으로 $\partial_t u$를 결정할 수 없기 때문이다. 매우 일반적인 초기조건 u_0과 u_1에 대해서는 (3)에 관한 IVP의 (초기 초평면 $t = 0$의 과거와 미래 모두에 해당하는) 매끄럽고 유일한 해를 찾아낼 수 있다.

많은 수의 또 다른 경곗값 문제(boundary value problem)들도 제시해 볼 수 있다. 예를 들어 (음파처럼) 유계영역 D 안에서의 파동의 시간변화를 분석할 때, 시공간 영역 $\mathbb{R} \times D$를 도입하고, 코시 데이터(초기 경계 $0 \times D$ 위에서의 데이터)와 디리클레 혹은 노이만 데이터(공간 경계 $\mathbb{R} \times \partial D$에서의 데이터)를 명시하는 것이 자연스럽다. 반면에 고려하고 있는 물리적 문제가 유한한 크기의 장애물 밖에서의 파동(예를 들어 전자기파)의 시간변화에 대한 것이라면 D 위에서의 경계조건을 가지는 $\mathbb{R} \times (\mathbb{R}^3 \setminus D)$에서 생각해야 한다.

주어진 편미분방정식에 대한 경계조건과 초기조건의 선택은 매우 중요하다. 물리적인 배경에서 등장하는 방정식들에 대해서는 방정식을 유도하는 맥락에서 자연스럽게 결정할 수 있다. 예를 들어 진동하는 끈의 경우 영역 $(a, b) \times \mathbb{R}$에서의 1차원 파동방정식 $\partial_t^2 u - \partial_x^2 u = 0$으로 서술하는데, $t = t_0$에서의 초기조건 $u = u_0$과 $\partial_t u = u_1$은 원래 끈이 있던 위치와 속도에 해당한다. 경계조건 $u(a) = u(b) = 0$을 통해 끈의 양쪽 끝 부분이 고정되어 있다는 사실을 알 수 있다.

지금까지는 스칼라(scalar) 방정식만을 고려했다. 스칼라 방정식은 오직 미지함수 u 하나만 존재하며 u의 값으로 실수 $\mathbb{R}$이나 복소수 $\mathbb{C}$만 가지는 방정식을 뜻한다. 그러나 중요한 편미분방정식 중 많은 것들이 여러 개의 스칼라 미지함수들을 포함하거나 혹은 (이와 동치로서) $\mathbb{R}^m$과 같은 다차원 벡터공간 상에서의 값을 가지는 미지함수들을 포함한다. 이러한 방정식들을 **연립편미분방정식**이라고 부른다. 연립방정식의 중요한 한 가지 예로서 다음과 같은 **코시-리만 방정식**[I.3 §5.6]이 있다.

$$\partial_1 u_2 - \partial_2 u_1 = 0, \quad \partial_1 u_1 + \partial_2 u_2 = 0. \quad (12)$$

여기서 $u_1, u_2 : \mathbb{R}^2 \to \mathbb{R}$은 평면 위에서 정의된 실숫값 함수이다. **코시**[VI.29]가 관찰한 사실은 복소함수 $w(x + iy) = u_1(x, y) + i u_2(x, y)$가 **복소해석적**[I.3 §5.6]인 것과 복소함수의 실수부 u_1과 허수부 u_2가 연립방정식 (12)를 만족하는 것이 동치라는 것이다. 이 연립방정식을 상수 계수 선형방정식 (8)의 형태로 표현하는 것도 가능하지만, 이때는 u는 벡터 $\binom{u_1}{u_2}$이고 $\mathcal{P}$는 스칼라 미분연산자가 아니라 연산자의

행렬 $\left(\begin{smallmatrix} -\partial_2 & \partial_1 \\ \partial_1 & \partial_2 \end{smallmatrix}\right)$이다.

연립방정식 (12)는 방정식 2개와 미지함수 2개로 이루어져 있다. 이것은 **결정된 연립방정식**(determined system)의 표준적인 사례이다. 간단히 말해서, 어떤 연립방정식이 미지함수보다 더 많은 방정식을 포함하고 있다면 더 **결정되었다고**(overdetermined) 말하고, 미지함수보다 적은 방정식을 포함하고 있다면 덜 **결정되었다고**(underdetermined) 한다. 덜 결정된 방정식들은 미리 명시된 어떠한 데이터에 대해서도 일반적으로 무한개의 해를 가진다. 반면에 더 결정된 방정식들은 추가적인 **양립 가능성 조건**(compatibility condition)들을 도입하지 않는 한 해를 전혀 수용하지 않는 경향이 있다.

코시-리만 연산자 $\mathcal{P}$가 주목할 만한 아래의 성질

$$\mathcal{P}^2[u] = \mathcal{P}[\mathcal{P}[u]] = \begin{pmatrix} \Delta u_1 \\ \Delta u_2 \end{pmatrix}$$

를 가진다는 것 또한 살펴보자. 따라서 $\mathcal{P}$는 2차원 라플라스 작용소 Δ의 제곱근으로 이해할 수 있다. 고차원에서도 라플라스 작용소에 대한 제곱근을 비슷한 형식으로 정의할 수 있는데 더욱 놀랄 만한 사실은 $\mathbb{R}^{1+3}$에서의 달랑베르 작용소 $\Box$ 또한 그렇게 할 수 있다는 것이다. 이를 위해 먼저 아래의 성질

$$\gamma^\alpha \gamma^\beta + \gamma^\beta \gamma^\alpha = -2m^{\alpha\beta}I$$

를 만족하는 네 개의 4×4 복소행렬 $\gamma^1, \gamma^2, \gamma^3, \gamma^4$이 필요하다. 여기서 I는 4×4 단위행렬이고 $\alpha = \beta = 1$일 때는 $m^{\alpha\beta} = \frac{1}{2}$이고, $\alpha = \beta \neq 1$일 때는 $m^{\alpha\beta} = -\frac{1}{2}$이며 그 밖의 경우에는 0이다. γ 행렬들을 이용하면 다음과 같이 **디랙 연산자**(Dirac operator)를 도입할 수 있다. $u = (u_1, u_2, u_3, u_4)$를 $\mathbb{R}^{1+3}$에서 정의되고

$\mathbb{C}^4$ 상의 값을 갖는 함수라고 가정하고

$$\mathcal{D}u = i\gamma^\alpha \partial_\alpha u$$

라고 놓으면 실제로 $\mathcal{D}^2 u = \Box u$임을 쉽게 확인할 수 있다. 아래의 방정식

$$\mathcal{D}u = ku \qquad (13)$$

를 디랙 방정식이라고 부르는데, 이 방정식은 전자와 같이 질량을 가지며 상대론적인 자유입자(free particle)와 연관되어 있다.

편미분방정식이라는 개념을 벡터공간 대신 **벡터다발**[IV.6 §5] 상의 값을 가지는 함수나 **다양체**[I.3 §6.9]들 간의 사상까지도 포괄하도록 확장할 수 있다. 이러한 일반화된 편미분방정식은 기하학과 현대 물리학에서 중요한 역할을 수행한다. 기본적인 사례로서 **아인슈타인 장 방정식**[IV.13]이 있다. 가장 간단하게 '진공(vacuum)'의 경우 방정식은 다음과 같은 꼴이다.

$$\mathrm{Ric}(g) = 0. \qquad (14)$$

여기서 $\mathrm{Ric}(g)$는 시공간 다양체 $M = (M, g)$의 리치 곡률 텐서[III.78]이다. 이 경우엔 시공간 계량(metric) 자체가 찾아야 하는 대상이 된다. 보통 이런 방정식들은 좌표계를 잘 선택하면 '국소적'으로 더 전통적인 연립 편미분방정식으로 환원될 수 있는데, '좋은' 좌표계를 선택하는 작업이나 좌표계들을 어떻게 선택해야 서로 잘 호환되는지 산출해내는 작업은 자명하지 않은 중요한 작업이다. 실제로 편미분방정식을 풀기 위해서 좋은 좌표계의 집합을 찾아내는 작업은 그 자체만으로도 의미를 가지는 중요한 편미분방정식의 문제가 될 수 있다.

편미분방정식은 수학과 과학의 전분야와 매우 긴밀하게 연관되어 있다. 편미분방정식은 아주 중요한 물리 이론들, 예를 들어 탄성론, 유체동역학, 전자기학, 일반 상대성이론, 비상대론적 양자역학과 같은 이론들의 수학적 기반을 제공한다. 더욱 현대적인 상대론적 양자장론(relativistic quantum field theory)에서는 이론상 무한개의 미지함수를 포함하는 방정식들이 등장하는데, 이는 편미분방정식의 영역을 넘어서지만 이 경우조차 기본적인 방정식들은 편미분방정식이 가지는 국소성을 그대로 보존한다. 게다가 **양자장론**[IV.17 §2.1.4]은 언제나 연립편미분방정식으로 서술할 수 있는 고전적 장론(classical field theory)에서 시작한다. 예를 들면 약한 상호작용과 강한 상호작용에 대한 표준모형은 양-밀스-힉스 장론(Yang-Mills-Higgs field theory)에 바탕을 두고 있다. 고전역학에서의 상미분방정식은 1차원 편미분방정식으로도 볼 수 있는데, 이 경우도 포함하면 물리학의 전분야를 미분방정식으로 서술할 수 있다. 가장 기본적인 몇 가지 물리 이론의 토대가 되는 편미분방정식들의 예를 보고 싶다면 **나비에-스토크스 방정식**[III.23], **열방정식**[III.36], **슈뢰딩거 방정식**[III.83], **아인슈타인 방정식**[IV.13]을 참조하라.

주요 편미분방정식들의 한 가지 중요한 특징은 분명하게 나타나는 보편성이다. 예를 들어 **딜링베르그**[VI.20]가 진동하는 끈의 운동을 서술하기 위해 처음 고안해낸 파동방정식은 이후에 음파와 전자기파의 전파현상을 설명할 때 또다시 발견되었다. 열이 퍼지는 현상을 설명하기 위해 **푸리에**[VI.25]가 처음

도입한 열방정식은 소멸적 효과가 중요한 역할을 하는 다른 많은 상황들에서도 등장한다. 라플라스 방정식, 슈뢰딩거 혹은 또 다른 많은 기본적인 방정식들의 경우도 이와 비슷하다.

더더욱 놀라운 것은 특별한 물리 현상을 설명하기 위해 처음에 유도된 방정식들이 복소해석학, 미분기하학, 위상수학, 대수기하학처럼 '순수'수학이라고 여겨지는 수학의 여러 분야에서 핵심적인 역할을 수행한다는 것이다. 예를 들어 복소해석적 함수의 성질을 연구하는 복소해석학은 $\mathbb{R}^2$ 영역의 코시-리만 방정식 (12)의 해를 연구하는 것으로도 볼 수 있고, 호지 이론(Hodge theory)은 다양체 위에서 코시-리만 방정식을 일반화한 한 종류의 연립 선형 편미분방정식의 해공간을 공부하는 데 바탕을 두고 있으며, 위상수학과 대수기하학에서 본질적인 역할을 한다. 아티야-싱어 지표정리[V.2]는 다양체 상에서 유클리드 버전의 디랙 연산자와 연관되는 특별한 종류의 선형 편미분방정식들을 이용하여 표현된다. 중요한 기하학 문제들은 특별한 편미분방정식의 해를 찾는 문제로 환원될 수 있는데, 대개 이 방정식은 비선형이다. 이미 한가지 예를 살펴보았는데, 주어진 곡선을 경계로 하는 곡면 중 최소 넓이를 가지는 곡면을 찾는 플라토 문제가 그것이다. 또 다른 두드러지는 예는 곡면이론의 균일화 정리[V.34]인데, 콤팩트 리만 곡면(compact Riemann surface) S(리만 계량[I.3 §6.10]을 가지는 2차원 곡면)를 하나 선택한 후 아래의 방정식(라플라스 방정식 (1)의 비선형적인 변종)

$$\Delta_S u + e^{2u} = K \qquad (15)$$

의 해를 찾으면, 계량의 공형류(conformal class)를 바꾸지 않으면서도(다시 말해서 곡면 위에 있는 곡선들 사이의 각을 바꾸지 않으면서도) 곡면 위의 모든 점에서 곡면이 '동일하게 굽어 있도록(equally curved)'(더 정확히 말해서 상수의 스칼라 곡률[III.78]을 갖도록) 계량을 균일화할 수 있다. 이 정리는 곡면이론에서 본질적으로 중요한 역할을 하는데, 특히 곡면 S의 오일러 지표[I.4 §2.2]라고 불리는 숫자 $\chi(S)$를 사용해서 콤팩트 곡면을 위상수학적으로 분류할 수 있게 해 준다. 서스턴(Thurston)이 균일화 정리를 3차원에 대응시킨 기하화 추측[IV.7 §2.4]은 최근 페렐만(Perelman)이 또 다른 방정식을 풀어서 증명을 완성했는데, 이때의 방정식은 리치 흐름[III.78] 방정식

$$\partial_t g = 2\mathrm{Ric}(g) \qquad (16)$$

로, 주의 깊게 선택된 좌표변환을 통해 열방정식 (2)의 비선형 형태로 변형시킬 수 있다. 기하학 연구에 관한 추측의 증명은 모든 3차원 콤팩트 다양체들을 완벽히 분류하는 데 있어서 결정적인 단계가 되며, 잘 알려진 푸앵카레 추측[IV.7 §2.4]에 대한 증명을 포함한다. 푸앵카레 추측을 증명하려 할 때 발생하는 여러 기술적 어려움들을 극복하기 위해서는 리치 흐름 방정식의 해에 대한 정성적 성질을 자세하게 분석해야 하는데, 이 작업은 지난 100년에 걸쳐 발전한 기하적 편미분방정식(geometric PDE)의 모든 이론을 필요로 한다.

마지막으로 편미분방정식이 물리학과 기하학뿐만 아니라 다수의 응용과학 분야에서도 발생한다는 점에 주목해 보자. 예를 들어, 공학분야에서는 편

미분방정식의 해 u의 특성을 제어하고 싶은 상황이 많은데, 이를 위해 직접적인 영향을 끼칠 수 있는 데이터들을 잘 조작해야 한다. 바이올린 연주자가 (방정식 (3)과 밀접한 관련이 있는) 진동하는 끈 방정식(vibrating string equation)의 해를 어떻게 조작하는지 한번 생각해 보자. 바이올린 연주자는 아름다운 소리를 만들어내기 위해서 현 위에서의 활의 움직임과 힘을 잘 조절해야 한다. 이런 유형의 문제들을 다루는 수학이론을 제어이론(control theory)이라고 한다.

복잡한 물리계를 다룰 때 매 시간 그 계의 상태에 대한 완벽한 정보를 얻기란 거의 불가능하다. 이때에는 보통 물리계에 영향을 끼치는 다양한 요소들에 관해서 어떤 무작위성을 가정하는데, 이는 **확률미분방정식**(stochastic differential equation, SDE)이라고 불리는 아주 중요한 방정식의 등장배경이 된다. 확률미분방정식은 한 개 이상의 방정식들의 일종의 **확률변수**[III.71 §4]를 포함한다. 한 예로 수리금융의 **블랙-숄즈 모형**[VII.9 §2]이 있다. 확률미분방정식의 일반적인 논의는 **확률과정**[IV.24 §6]에서 찾아볼 수 있다.

이 장의 나머지 부분은 다음과 같은 계획에 따라 전개될 것이다. §2에서는 일반적인 편미분방정식론의 기본개념과 성과에 대해 소개할 것이다. 여기서 강조하고 싶은 것은 일반적인 이론전개가 가능하면서 유용하게 쓰이는 상미분방정식과는 달리 편미분방정식에 대해 일반이론을 전개하는 것은 그다지 유용하지 않다는 것인데, 이는 이후에 서술할 몇 가지 중요한 방해요소들 때문이다. 따라서 방정식을 타원형(elliptic), 포물형(parabolic), 쌍곡형(hyperbolic)

혹은 분산형(dispersive)으로 분류하여 논의해야만 한다. 그러나 비록 중요한 예들을 망라하는 쓸모 있는 일반적 이론을 전개하는 것이 불가능하다 하더라도, 다양한 기본 방정식을 다룰 수 있는 인상적이고 보편적인 개념들과 방법론이 있다. 이에 대해선 §3에서 논의하려고 한다. 이러한 이론은 편미분방정식을 잘 정의된 하나의 수학분야로 느낄 수 있게 해 줄 것이다. §4에서는 이 이론을 더욱 전개하여 주요 방정식들을 유도할 때 나타나는 공통의 특성들을 찾아낼 것이다. 또한 통합적인 편미분방정식론에 중심적인 역할을 하는 또 다른 주제들인 **정칙성**(regularity)과 **깨짐현상**(breakdown)에 대해 간략하게 논의하려고 한다. §5에서는 편미분방정식이라는 주제를 이끌어가는 주된 목표에 대해서 논의할 것이다.

2 일반적인 방정식들

대수기하학이나 위상수학과 같은 수학의 다른 분야들을 보고 있으면 편미분방정식에도 아주 일반적인 이론이 있어서 다양한 특수 사례들에 잘 적용할 수 있을 것처럼 보인다. 아래에서 논의할 것처럼 이런 관점은 심각한 결함을 가지고 있는 아주 오래된 관점이다. 하지만 이런 관점에도 훌륭한 점은 있는데 §2에서 보여주고 싶은 내용이 바로 그것이다. 너무 형식적인 정의는 피할 것이고 그 대신 수식으로 표현 가능한 사례들에 초점을 맞출 것이다. 더 정확한 정의를 원하는 독자는 이 글의 온라인 버전을 찾아보면 된다.

간결성을 위해서 이 글에서는 거의 **결정된** 연립

편미분방정식만을 고려하려고 한다. 가장 간단한 편미분방정식 구분법은 (1)~(5)처럼 한 개의 방정식과 한 개의 미지함수로 이루어져 있는 스칼라 방정식과, (12), (13)과 같은 연립 편미분방정식으로 구분하는 것이다. 또 다른 간단하면서도 중요한 개념은 편미분방정식의 계(order)로서, 방정식에 나타나는 미분 횟수 중 가장 큰 수로 정의하며 다항식의 **차수(degree)**와 유사하다. 예를 들어 위에서 열거한 다섯 개의 기본 방정식 (1)~(5)는 공간 변수로 2계(second order)이며, 그들 중 몇 개((2) 혹은 (4))는 시간 변수로는 1계(first order)이다. 방정식 (12)와 (13)은 맥스웰 방정식과 마찬가지로 1계이다.[*]

앞서 우리는 편미분방정식이 선형과 비선형으로 나뉘고, 선형방정식은 다시 상수 계수 방정식과 변수 계수 방정식으로 나뉘어진다는 것을 살펴보았다. 비선형방정식은 비선형항의 '세기(strength)'를 사용하여 더욱 세부적으로 분류할 수 있다. 척도의 한 쪽 끝에는 **반선형(semilinear)**방정식이 있는데, 모든 비선형 항의 계가 선형항보다 작은 방정식들을 뜻한다. 예를 들어 방정식 (15)는 선형항 $\Delta_S u$가 2계인 반면에 비선형 항 e^u의 계가 0, 다시 말해서 어떠한 도함수도 포함하지 않기 때문에 반선형이다. 이러한 방정식들은 선형방정식에 매우 가까워서 보통 선형방정식이 섭동되었다고 생각하는 것이 효과적이다. 비선형성이 더욱 강한 방정식의 종류로서 준**선형 방정식(quasilinear equation)**이 있는데, 가장 큰 계를 가지는 u의 도함수들은 선형성을 가지지만 그

도함수들의 계수는 저계의 비선형성을 가질 때를 말한다. 예를 들어 2계 방정식 (7)은 준선형이다. 왜냐하면 만약 방정식을 곱의 법칙을 이용해서 전개하여 아래의 준선형 형태

$$F_{11}(\partial_1 u, \partial_2 u)\partial_1^2 u + F_{12}(\partial_1 u, \partial_2 u)\partial_1 \partial_2 u$$
$$+ F_{22}(\partial_1 u, \partial_2 u)\partial_2^2 u = 0$$

으로 만들면 F_{11}, F_{12}, F_{22}는 u의 저계 도함수들에 대해 명시적으로 표현된 대수적 함수(explicit algebraic function)이기 때문이다. 준선형방정식 역시 어느 정도 섭동론적인 방법을 이용하여 분석할 수 있지만, 반선형방정식보다 일반적으로 분석하기 더 어렵다. 마지막으로 선형성을 전혀 띠지 않는 완전 비선형(fully nonlinear) 방정식이 있다. 전형적인 예로 몽주-암페어(Monge-Ampère) 방정식

$$\det(D^2 u) = F(x, u, Du)$$

가 있는데 여기서 $u : \mathbb{R}^n \to \mathbb{R}$은 미지함수, Du는 u의 그래디언트[I.3 §5.3], $D^2 u = (\partial_i \partial_j u)_{1 \leq i, j \leq n}$은 u의 헤시안 행렬(Hessian matrix), 그리고 $F : \mathbb{R}^n \times \mathbb{R} \times \mathbb{R}^n \to \mathbb{R}$은 미리 주어진 함수이다. 이 방정식은 다양체 임베딩 문제부터 칼라비-야우 다양체[III.6]의 복소 기하학에 이르는 다수의 기하학적인 상황에서 등장한다. 완전 비선형방정식들은 모든 편미분방정식들 중에서 가장 어렵고 이해하기가 힘들다.

덧붙이는 말. 아인슈타인 방정식처럼 물리로부터 발생하는 대부분의 기본 방정식들은 준선형이다. 완전 선형방정식은 선형 편미분방정식의 특성 이론에서 등장하는데, 이에 대해선 이 글의 나머지 부분 또

---

[*] 상미분방정식론에서는 미지함수의 숫자를 늘려서 고계(higher-order)방정식을 저계(lower-order)방정식(심지어 1계 방정식)으로 변환하는 간단한 방법이 잘 알려져 있다(동역학[IV.14 §1.2] 참조).

는 기하학 항목에서 논의할 것이다.

2.1 1계 스칼라 방정식

1계 스칼라 편미분방정식은 차원을 막론하고 언제나 1계 연립상미분방정식으로 환원시킬 수 있다. 이 중요한 사실을 간단히 보여주는 예로 2차원에서 정의되는 아래의 방정식이 있다.

$$a^1(x^1, x^2)\partial_1 u(x^1, x^2) \\ + a^2(x^1, x^2)\partial_2 u(x^1, x^2) = f(x^1, x^2). \quad (17)$$

여기서 a^1, a^2, f는 미리 주어진 실함수이며 $x = (x^1, x^2) \in \mathbb{R}^2$를 변수로 갖는다. 그러면 방정식 (17)은 1계 2×2 연립방정식

$$\left.\begin{array}{l} \dfrac{dx^1}{ds}(s) = a^1(x^1(s), x^2(s)), \\[2mm] \dfrac{dx^2}{ds} = a^2(x^1(s), x^2(s)) \end{array}\right\} \quad (18)$$

와 연관 지을 수 있다. 문제를 간단히 만들기 위해서 $f = 0$이라고 하자.

이제 $x(s) = (x^1(s), x^2(s))$가 (18)의 해라고 가정하고 s가 변할 때 $u(x^1(s), x^2(s))$가 어떻게 변할지를 생각해 보자. 연쇄법칙(chain rule)을 쓰면 아래의 식

$$\frac{d}{ds}u = \partial_1 u \frac{d}{ds}\frac{dx^1}{ds} + \partial_2 u \frac{dx^2}{ds}$$

이 성립함을 알 수 있고, 방정식 (17)과 (18)은 ($f = 0$으로 가정했을 때) 위의 식이 0임을 말해준다. 다시 말해서 $f = 0$으로 놓은 방정식 (17)의 모든 해 $u = u(x^1, x^2)$는 (18)의 해인 $x(s) = (x^1(s), x^2(s))$의 형태의 매개곡선 위에서 항상 상수이다.

따라서 원론적으로는 만약 방정식 (17)의 특성곡선(characteristic curve)이라고 불리는 (18)의 해를 모두 알고 있다면, (17)의 모든 해를 찾을 수 있다. '원론적'이라고 이야기한 이유는 비선형 연립방정식 (18)이 일반적으로 풀기가 쉽지 않기 때문이다. 그럼에도 불구하고 상미분방정식은 다루기가 더 쉽고 §2의 뒷부분에서 논의할 상미분방정식의 기본정리(fundamental theorem of ODE)를 이용하면 적어도 국소적으로는 s의 작은 구간에서 (18)을 풀 수 있다.

u가 특성곡선을 따라서 상수라는 사실은 명시적 해를 찾을 수 없는 상황에서조차도 중요한 정성적 성질을 얻게 해 준다. 계수 a^1, a^2가 매끄러운(혹은 실해석적인) 함수이고 초기 데이터도 집합 $\mathcal{H}$에서 잘 정의되며 몇몇의 불연속점 x_0을 제외한 $\mathcal{H}$의 모든 점에서 매끄러운(혹은 실해석적인) 함수라고 해 보자. 그러면 해 u는 x_0에서 출발하는 특성곡선 Γ, 다시 말해 초기조건 $x(0) = x_0$을 만족하는 (18)의 해 위의 점들을 제외한 모든 점에서 매끄럽다(혹은 실해석적이다). 즉, x_0에서의 불연속성은 정확히 Γ를 따라서만 전파된다. 여기서 **편미분방정식의 해의 특이점(singularity)들은 특성곡선(혹은 더 일반적으로 특성초곡면)을 따라서 전파된다**는 중요한 원리를 엿볼 수 있는데, 이에 대해선 이후에 더 자세히 설명하겠다.

계수 a_1, a_2와 f가 $x = (x^1, x^2)$에만 의존하지 않고 u에도 의존하도록 방정식 (17)을 아래와 같이 일반화할 수 있다.

$$a^1(x, u(x))\partial_1 u(x) \\ + a^2(x, u(x))\partial_2 u(x) = f(x, u(x)). \quad (19)$$

해당하는 특성 연립방정식은

$$\left.\begin{array}{l} \dfrac{\mathrm{d}x^1}{\mathrm{d}s}(s) = a^1(x(s), u(s, x(s))), \\[2mm] \dfrac{\mathrm{d}x^2}{\mathrm{d}s}(s) = a^2(x(s), u(s, x(s))) \end{array}\right\} \qquad (20)$$

이다.

(19)의 특별한 예로 2차원에서 정의된 스칼라 방정식

$$\partial_t u + u\partial_x u = 0, \quad u(0, x) = u_0(x) \qquad (21)$$

를 생각해 보자. 이 방정식은 버거스 방정식(Burgers equation)이라고 불린다. 여기서 $a^1(x, u(x)) = 1$과 $a^2(x, u(x)) = u(x)$라 하자. 이렇게 a^1, a^2를 선택하면 (20)에서 $x^1(s)$는 s가 된다. 이제 $x^2(s)$는 $x(s)$라고 표기하면 우리는 아래와 같은 **특성방정식**을 유도할 수 있다.

$$\frac{\mathrm{d}x}{\mathrm{d}s}(s) = u(s, x(s)). \qquad (22)$$

(21)의 임의의 해 u와 임의의 특성곡선 $(s, x(s))$에 대해서도 항상 $(\mathrm{d}/\mathrm{d}s)u(s, x(s)) = 0$을 만족한다. 따라서 원론적으로 (22)의 해를 전부 알게 되면 (21)의 모든 해를 찾아낼 수 있다. 하지만 해 u가 (22)에도 나타나기 때문에 이것은 순환논리이다.

이런 어려움을 어떻게 피해갈 수 있는지 알아보기 위해 (21)에 대한 초깃값 문제(IVP), 즉 $u(0, x) = u_0(x)$를 만족하는 해들을 찾아보자. 초깃값이 $x(0) = x_0$에 해당하는 특성곡선 $x(s)$를 생각해 보면, u는 이 곡선을 따라서 상수이기 때문에 항상 $u(s, x(s)) = u_0(x_0)$이 만족되어야 한다. 그러므로 (22)로 되돌아가면, $\mathrm{d}x/\mathrm{d}s = u_0(x_0)$이 되므로 결국 $x(s) = x_0 + su_0(x_0)$임을 알 수 있다. 따라서

$$u(s, x_0 + su_0(x_0)) = u_0(x_0) \qquad (23)$$

이 성립함을 알 수 있고 이는 해 u의 형태를 간접적으로 보여준다. (23)으로부터 한 가지 더 알 수 있는데, 만약 초기 데이터가 직선 $t = 0$ 위의 점 x_0을 제외한 모든 점에서 매끄러운(혹은 실해석적인) 함수라면, 이에 해당하는 해 또한 x_0에서 시작하는 특성곡선 위의 점들을 제외한 x_0의 작은 근방(neighborhood) V에서 매끄럽다(혹은 실해석적이다). V의 크기가 작은 것은 불가피한데, 그 이유는 보다 멀리 떨어진 곳에 새로운 특이점이 있을 수 있기 때문이다. 실제로 u는 직선 $x + su_0(x)$를 따라서 상수여야 하고, 직선의 기울기는 $u_0(x)$에 의존하게 된다. 직선들이 서로 교차하는 점에서 u는 다른 값을 갖게 되므로, 이 점은 u의 특이점이 될 수밖에 없다. 이러한 폭발 현상(blow-up phenomenon)은 매끄럽지만 상수가 아닌 어떠한 초기 데이터 u_0에 대해서도 항상 일어난다.

덧붙이는 말. 선형방정식 (17)과 준선형방정식 (19) 사이에는 중요한 차이가 있다. 전자의 특성곡선은 오로지 계수 $a^1(x), a^2(x)$에만 의존하는 데 반해, 후자의 특성곡선은 방정식의 해 u에 직접적으로 의존한다. 두 경우 모두 특이점은 방정식의 특성곡선만을 따라서 전파된다. 그러나 비선형방정식의 경우 초기 데이터가 아무리 매끄럽다 해도 새로운 특이점이 보다 멀리 떨어진 곳에서 형성될 수 있다.

위에서 소개한 방법은 해밀턴-야코비 방정식(Ha-milton-Jacobi equation)

$$\partial_t u + H(x, \mathrm{D}u) = 0, \quad u(0, x) = u_0(x) \quad (24)$$

와 같은 $\mathbb{R}^d$ 상의 완전비선형방정식에도 적용된다. 여기서 $u : \mathbb{R} \times \mathbb{R}^n \to \mathbb{R}$은 미지함수이고 $\mathrm{D}u$는 u의 그래디언트이며, 해밀토니안[III.35] $H : \mathbb{R}^d \times \mathbb{R}^d \to \mathbb{R}$과 초기 데이터 $u_0 : \mathbb{R}^d \to \mathbb{R}$이 미리 주어져 있다. 예를 들어 아이코날 방정식(eikonal equation) $\partial_t u = |\mathrm{D}u|$는 해밀턴-야코비 방정식의 특수한 경우이다. (24)에 해당하는 연립 상미분방정식은 아래와 같다.

$$\left. \begin{array}{l} \dfrac{\mathrm{d}x^i}{\mathrm{d}t} = \dfrac{\partial}{\partial p_i} H(x(t), p(t)), \\[3mm] \dfrac{\mathrm{d}p_i}{\mathrm{d}t} = -\dfrac{\partial}{\partial x^i} H(x(t), p(t)). \end{array} \right\} \quad (25)$$

여기서 첨자 i는 1부터 d까지 변한다. 방정식 (25)는 해밀토니안 연립 상미분방정식(Hamiltonian system of ODEs)으로 알려져 있다. 이 연립방정식과 해밀턴-야코비 방정식은 위에서 논의한 경우들보다 조금 더 깊은 관련성이 있다. 간략히 말해서 비선형 편미분방정식의 이중특성곡선(bicharacteristic curve)이라 불리는 (25)의 해 $(x(t), p(t))$에 대한 지식만 있으면 (24)의 해 u를 찾아낼 수 있다. 재차 강조하면 특이점들은 항상 이중특성곡선(혹은 초곡면)을 따라서만 전파될 수 있고 버거스 방정식의 경우에서처럼 거의 모든 매끄러운 데이터에 대해서 특이점이 발생할 것이다. 따라서 연속미분가능한 고전적인 해는 오로지 시간 변수에 대해 국소적으로만 만들어낼 수 있다. 해밀턴-야코비 방정식과 해밀토니안 연립 상미분방정식 모두 고전역학뿐만 아니라 선형 편미분방정식의 특이점 전파이론에서도 본질적인

역할을 하며, 이 두방정식이 가지는 깊은 연관성은 양자역학에 슈뢰딩거 방정식을 도입하는 데 중요한 역할을 수행한다.

2.2 상미분방정식의 초깃값 문제

일반적인 편미분방정식론에 대한 설명을 이어나가기 전에 비교대상으로 상미분방정식의 초깃값 문제를 먼저 논의할 필요가 있다. 다음과 같은 1계 상미분방정식

$$\partial_x u(x) = f(x, u(x)) \quad (26)$$

와 초기조건

$$u(x_0) = u_0 \quad (27)$$

을 가지고 시작해 보자. 간결성을 위해서 (26)은 스칼라 방정식이고 f는 $f(x, u) = u^3 - u + 1 + \sin x$와 같이 x와 u의 함수로서 좋은 성질을 갖추고 있다고 하자. 초기 데이터 u_0을 사용하면 (26)에 x_0을 대입해서 $\partial_x u(x_0)$의 값을 결정할 수 있다. 이제 방정식 (26)을 x에 관하여 미분하고 연쇄법칙을 적용하여 방정식

$$\partial_x^2 u(x) = \partial_x f(x, u(x)) + \partial_u f(x, u(x)) \partial_x u(x)$$

를 유도할 수 있고, 앞서 말한 예에서는 $\cos x + 3u^2(x) \partial_x u(x) - \partial_x u(x)$가 된다. 따라서

$$\partial_x^2 u(x_0) = \partial_x f(x_0, u_0) + \partial_u f(x_0, u_0) \partial_x u_0$$

이 성립하는데, $\partial_x u(x_0)$값은 이미 결정되었으므로 $\partial_x^2 u(x_0)$ 또한 초기 데이터 u_0으로부터 직접 계산해낼 수 있다. 또한 이 계산은 함수 f와 1계 편도함수

역시 포함하고 있다. 방정식 (26)에 고계 미분을 취하면 $\partial_x^3 u(x_0)$을 결정할 수 있을 뿐만 아니라 x_0에서 u의 모든 고계 도함숫값을 귀납적으로 결정할 수 있다. 따라서 테일러 급수(Taylor series)

$$u(x) = \sum_{k \geq 0} \frac{1}{k!} \partial_x^k u(x_0)(x - x_0)^k$$
$$= u(x_0) + \partial_x u(x_0)(x - x_0)$$
$$+ \frac{1}{2!} \partial_x^2(x_0)(x - x_0)^2 + \cdots$$

의 도움을 받으면 '원론적으로' $u(x)$의 값을 결정할 수 있게 된다. 원론적이라고 말한 이유는 테일러 급수가 수렴하리라는 보장이 없기 때문이다. 하지만 코시-코발레프스카야 정리(Cauchy-Kovalevskaya theorem)라 불리는 아주 중요한 정리를 이용하면, 만약 함수 f가 위의 예 $f(x, u) = u^3 - u + 1 + \sin x$처럼 실해석적일 때, x_0의 근방 J에서는 테일러 급수가 실해석적인 방정식의 해 u로 수렴함을 알 수 있다. 따라서 우리가 얻은 해가 초기조건 (27)을 만족하는 (26)의 유일한 해임을 쉽게 보일 수 있다. 요약하면 f가 좋은 성질을 갖고 있는 함수일 때, 상미분방정식의 초깃값 문제는 적어도 어떤 시간 구간 위에서 해를 가지며 이 해는 유일하다.

위의 결과는 다음과 같은 더 일반적인 방정식

$$a(x, u(x))\partial_x u = f(x, u(x)), \quad u(x_0) = u_0 \quad (28)$$

에 대해서 항상 성립하지는 않는다. 실제로 위에서 제시한 귀납적 논법이 스칼라 방정식 $(x - x_0)\partial_x u = f(x, u)$의 경우에 잘 통하지 않는데, 간단한 이유로 초기조건 $u(x_0) = u_0$으로부터 $\partial_x u(x_0)$값조차 결정할 수 없다. 비슷한 문제는 방정식 $(u - u_0)\partial_x u = f(x, u)$에서도 발생한다. 위의 귀납적 논법을 (28)에

도 적용할 수 있게 하는 확실한 조건은 $a(x_0, u_0) \neq 0$이며 이 조건이 성립하지 않을 때는 초깃값 문제 (28)이 특성적(characteristic)이라고 말한다. 만약 a와 f 모두 실해석적이라면, 코시-코발레프스카야 정리를 또다시 적용해서 x_0의 작은 근방에서 (28)의 유일한 해석적 해를 얻어낼 수 있다. $N \times N$ 연립방정식

$$A(x, u(x))\partial_x u = F(x, u(x)), \quad u(x_0) = u_0$$

의 경우 $A = A(x, u)$는 $N \times N$ 행렬이고 비특성 조건(noncharacteristic condition)은

$$\det A(x_0, u_0) \neq 0 \quad (29)$$

이다. 상미분방정식론이 발전하면서 특히 중요하다고 밝혀진 사실은 비퇴화성 조건(nondegeneracy condition) (29)가 방정식의 유일한 해를 얻는 데 필수적인 반면, A와 F가 해석적이라는 조건은 전혀 중요하지 않으며 간단한 국소 립쉬츠 조건(local Lipschitz condition)으로 대체해도 상관없다는 것이다. 예를 들어 A와 F의 1계 미분이 존재하여 국소적으로 유계임을 가정하면 충분하고, 이는 1계 미분이 연속이면 언제든지 성립한다.

정리(상미분방정식의 기본정리). 행렬 $A(x_0, u_0)$이 가역이고 A와 F가 연속이면서 국소적으로 유계인 1계 도함수를 가진다고 하자. 그러면 x_0을 포함하는 어떤 시간 구간 $J \subset \mathbb{R}$과 J 위에서 정의되고 초기조건 $u(x_0) = u_0$을 만족하는 유일한 해[*] u가 존재한다.

이 정리의 증명은 피카르 반복법(Picard iteration method)을 기반으로 한다. 아이디어는 근사해의 수열

$u_{(n)}(x)$를 만들어서 원하는 해로 수렴시키는 것이다. 일반성을 잃지 않고 A를 항등행렬이라고 가정해도 무방하다.** 먼저 $u_{(0)}(x) = u_0$이라고 놓고 귀납적으로

$$\partial_x u_{(n)}(x) = F(x, u_{(n-1)}(x)), \quad u_{(n-1)}(x_0) = u_0$$

이라 정의하자. 각 단계에서 풀어야 하는 방정식은 아주 간단한 선형방정식이라서 피카르 반복법을 수치적으로 구현하기 쉽도록 해 준다. 아래에서도 확인할 수 있듯이 이 방법을 변형하면 비선형 편미분방정식을 풀 때에도 적용할 수 있다.

덧붙이는 말. 일반적으로 국소적 존재 정리(local existence theorem)는 조건들을 완화시킬 수 없다. 이미 $A(x_0, u_0)$에 대한 가역성 조건이 필수적이라는 것을 확인했다. 또한 해가 존재하는 구간 J를 실직선 전체가 되도록 확장하는 것도 언제나 가능한 것은 아니다. 예를 들어 $x = 0$에서 초기조건 $u = u_0$을 갖는 비선형방정식 $\partial_x u = u^2$을 생각해 보면, 해 $u = u_0/(1 - xu_0)$은 유한 시간 안에 무한대가 되어 버린다. 이를 편미분방정식 용어로 폭발(blow up)한다고 말한다.

기본정리와 위에서 언급한 예로 비추어 봤을 때 상미분방정식론의 주요 목표는 다음과 같이 정의할 수 있다.

(i) 대역적(global)으로 해가 존재하기 위한 판단 기준을 찾아라. 해가 폭발할 경우에 해의 극한에서의 행동(limiting behavior)을 서술하라.

(ii) 대역적인 해가 존재할 경우에 해 혹은 해들의 모임의 점근적 행동(asymptotic behavior)를 서술하라.

위의 두 가지 목표를 모두 달성할 수 있는 일반적인 이론을 개발하는 것이 불가능하다 하더라도(실제로는 응용을 가지는 특별한 종류의 방정식으로 제한해야 한다), 위에서 언급한 일반적인 국소적 존재성과 유일성 정리는 강력하고 통합적인 이론적 바탕을 제공해 준다. 일반적인 편미분방정식에 대해서도 비슷한 일이 일어난다면 연구에 많은 도움이 될 것이다.

2.3 편미분방정식의 초깃값 문제

1차원 문제인 경우에는 초기조건을 한 점에 명시했다. 고차원 문제일 때는 초곡면 $\mathcal{H} \subset \mathbb{R}^d$, 즉 $(d-1)$차원 부분집합(혹은 더 정확히 말해서 부분다양체)에 명시하는 것이 자연스럽다. k계의 일반적인 방정식, 다시 말해 k계 도함수들을 포함하는 방정식의 경우 u의 값과 $k-1$계까지의 $\mathcal{H}$에 대한 법선 방향 도함수들을 명시해야 한다. 예를 들어 2계 파동방정식 (3)과 초기 초곡면 $t = 0$에 대해서는 u와 $\partial_t u$의 초깃값을 명시해야 한다.

이런 종류의 초기 데이터를 사용하여 해를 얻어내려면, 데이터가 퇴화(degenerate)하지 않아야 한다(우리는 앞서 상미분방정식의 사례에서 이 사실을 확인했다). 이런 이유로 아래의 일반적 정의를 생각

---

* A와 F가 해석적이라는 가정은 하지 않기 때문에 해 또한 해석적이지 않을 수 있다. 하지만 해의 1계 도함수는 연속이다.

** A가 가역행렬이기 때문에 방정식의 양변에 역행렬 A^{-1}를 곱해 주면 된다.

해 볼 필요가 있다.

정의. k계의 준선형 연립 편미분방정식과 초곡면 $\mathcal{H}$에서 해가 만족해야 할 $k-1$계까지의 법선 방향 도함수가 초기 데이터로서 주어졌다고 하자. 만약 초기 데이터를 이용하여 $\mathcal{H}$의 한 점 x_0에서 모든 고계 도함수를 형식적으로 결정할 수 있다면, 연립방정식이 x_0에서 **비특성적(noncharacteristic)**이라고 말한다.

x_0의 무한히 작은 근방을 머릿속에서 그림으로 대강 상상해 보면, 이 정의를 잘 이해하는 데 어느 정도 도움이 될 것이다. 초곡면 $\mathcal{H}$가 매끄럽다면 이 근방과의 교집합은 거의 $(d-1)$차원 아핀 부분공간이다. 이 교집합 위에서의 u와 $k-1$계까지의 법선 방향 도함수들의 값이 초기 데이터로 주어져 있으므로, 다른 편도함수들을 결정하는 문제는 선형대수학 문제이다(왜냐하면 모든 것이 무한소적이기 때문이다). 연립방정식이 x_0에서 비특성적이라는 것은 이 선형대수학 문제가 유일한 해를 갖는다는 것이고 이는 특정 행렬이 가역이면 된다. 이 조건이 바로 앞서 언급한 비퇴화성 조건이다.

2차원 공간에서의 1계 방정식을 예로 들어 위에서 제시한 아이디어를 살펴보자. 이 경우 $\mathcal{H}$는 곡선 Γ이고, $k-1=0$이기 때문에 $\Gamma \subset \mathbb{R}^2$에 u값을 지정해야 하지만 도함수에 대해서는 걱정하지 않아도 된다. 따라서 우리는 연립방정식

$$a^1(x, u(x))\partial_1 u(x) + a^2(x, u(x))\partial_2 u(x)$$
$$= f(x, u(x)), \quad u|_\Gamma = u_0 \quad (30)$$

을 풀려고 하며 a^1, a^2와 f는 ($\mathbb{R}^2$에 속한 점인) x와 u의 실함수이다. 한 점 p의 작은 근방에서 곡선 Γ가 점들의 집합 $x = (x^1(s), x^2(s))$로 매개화된다고 하자. Γ에 대한 단위 법선(unit normal)은 $n(s) = (n_1(s), n_2(s))$로 표기한다.

앞서 살펴본 상미분방정식의 경우처럼 데이터 u_0과 Γ에 따라 주어진 u의 도함수와 방정식 (30)을 이용하여 Γ 위의 주어진 한 점에서 u의 모든 도함수들을 결정할 수 있도록 Γ의 조건들을 찾아내려고 한다. 모든 가능한 곡선 Γ들 중에서 특별히 이전에 살펴본 **특성곡선**(식 (20) 참조)을 분류하면 다음과 같다.

$$\left.\begin{array}{l} \dfrac{dx^1}{ds} = a^1(x(s), u(x(s))), \\[2mm] \dfrac{dx^2}{ds} = a^2(x(s), u(x(s))), \end{array}\right\} \quad x(0) = p.$$

그러면 다음과 같은 사실을 증명할 수 있다.

특성곡선 위에서 방정식 (30)은 퇴화한다. 즉 데이터 u_0을 이용하여 u의 1계 미분을 결정할 수 없다.

다시 한번 그림을 그려서 생각해 보면, 공간 상의 각 점마다 특별한 방향이 있어서 만약 초곡면이면(위 경우에는 직선이 이 방향과 접해 있으면) 해당 행렬이 비가역이라는 것이다. 즉 이 방향들을 좇아 이동하면 특성곡선 위를 따라가게 된다.

반대로 비특성적 조건

$$a^1(p, u(p))n_1(p) + a_2(p, u(p))n_2(p) \neq 0 \quad (31)$$

이 어떤 점 $p = x(0) \in \Gamma$에서 만족하면 x_0에서의 u

의 모든 고계 미분값들을 데이터 u_0과 Γ 위에서의 u의 미분값으로 결정할 수 있다. 만약 곡선 Γ가 방정식 $\psi(x^1, x^2) = 0$으로 주어지고 0이 되지 않는 그래디언트 $D\psi(p) \neq 0$을 가진다면 조건 (31)은 아래의 형태

$$a^1(p, u(p))\partial_1\psi(p) + a^2(p, u(p))\partial_2\psi(p) \neq 0$$

을 갖는다. 위의 논의를 조금 더 진행하면 고차원에서 정의된 고계방정식, 심지어 연립방정식으로도 확장할 수 있다. $\mathbb{R}^d$ 상의 2계 스칼라 방정식

$$\sum_{i,j=1}^{d} a^{ij}(x)\partial_i\partial_j u = f(x, u(x)) \qquad (32)$$

와 그래디언트가 $D\psi$가 0이 되지 않는 함수 ψ에 대해서 방정식 $\psi(x) = 0$으로 정의한 $\mathbb{R}^d$ 상의 초곡면 $\mathcal{H}$에 대한 경우는 특히 중요하다. 한 점 $x_0 \in \mathcal{H}$에서의 단위 법선을 $n = D\psi / |D\psi|$ 혹은 성분 형태로 $n_i = \partial_i\psi / |\partial\psi|$라고 정의하자. (32)의 초기 조건으로서 $\mathcal{H}$ 위에 u와 법선 방향 미분 $n[u](x) = n_1(x)\partial_1 u(x) + n_2(x)\partial_2 u(x) + \cdots + n_d(x)\partial_d u(x)$의 값이 아래와 같다고 하자.

$$u(x) = u_0(x), \quad n[u](x) = u_1(x), \quad x \in \mathcal{H}.$$

그러면 $\mathcal{H}$가 점 p에서 (방정식 (32)에 관하여) 비특성적이라는 것(즉 초기 데이터 u_0, u_1로 p에서 u의 모든 미분값들을 결정할 수 있다는 것)이 아래의 식

$$\sum_{i,j=1}^{d} a^{ij}(p)\partial_i\psi(p)\partial_j\psi(p) \neq 0 \qquad (33)$$

과 동치라는 것을 보일 수 있다.

반면에 $\mathcal{H}$ 안의 모든 점 x에 대해서

$$\sum_{i,j=1}^{d} a^{ij}(x)\partial_i\psi(x)\partial_j\psi(x) = 0 \qquad (34)$$

을 만족하면 $\mathcal{H}$는 (32)의 특성초곡면이다.

예. (32)의 계수 a가 조건

$$\sum_{i,j=1}^{d} a^{ij}(x)\xi_i\xi_j > 0, \quad \forall \xi \in \mathbb{R}^d, \forall x \in \mathbb{R}^d \qquad (35)$$

를 만족하면 (34)에 의해 명백히 $\mathbb{R}^d$ 상의 어떠한 곡면도 특성적일 수 없다. 특히 라플라스 방정식 $\Delta u = f$가 바로 이런 경우이다. 또한 극소 곡면 방정식 (7)이 아래의 형태

$$\sum_{i,j=1,2} h^{ij}(\partial u)\partial_i\partial_j u = 0 \qquad (36)$$

이고, $h^{11}(\partial u) = 1 + (\partial_2 u)^2$, $h^{22}(\partial u) = 1 + (\partial_1 u)^2$, $h^{12}(\partial u) = h^{21}(\partial u) = -\partial_1 u\partial_2 u$인 경우를 생각해 보자. 그러면 대칭행렬 $h^{ij}(\partial u)$로 주어지는 이차 형식 (quadratic form)이 모든 ∂u에 대해서 양의 정부호 (positive definite)라는 것을 쉽게 확인할 수 있다. 실제로

$$h^{ij}(\partial u)\xi_i\xi_j$$
$$= (1 + |\partial u|^2)^{-1/2}(|\xi|^2 - (1 + |\partial u|^2)^{-1}(\xi\cdot\partial u)^2) > 0$$

이므로 (36)이 비선형이라 하더라도 $\mathbb{R}^2$ 상의 모든 곡면이 비특성적임을 알 수 있다.

예. $\Box u = f \in \mathbb{R}^{1+d}$ 상의 파동방정식을 생각해 보자. $\psi(t, x) = 0$ 형태의 초곡면이

$$(\partial_t \psi)^2 = \sum_{i=1}^{d} (\partial_i \psi)^2 \qquad (37)$$

을 만족하면 모두 특성곡면이다. 이 식은 유명한 아이코날 방정식이며, 파동 전파 분야에서 중요한 역할을 한다. 이 방정식이 두 개의 해밀턴-야코비 방정식(식 (24) 참조)

$$\partial_t \psi = \pm \left(\sum_{i=1}^{d} (\partial_i \psi)^2 \right)^{1/2} \qquad (38)$$

으로 나누어지는 것을 관찰해 보자. 위에 해당하는 해밀토니안의 이중특성곡선은 파동방정식의 이중특성곡선이라고 불린다. (37)의 특수해(particular solution)로서 $\psi_+(t, x) = (t - t_0) + |x - x_0|$과 $\psi_-(t, x) = (t - t_0) - |x - x_0|$을 찾을 수 있는데, 이 해들의 등위면(level surface) $\psi_\pm = 0$은 $p = (t_0, x_0)$을 꼭짓점으로 갖는 빛원뿔의 앞쪽과 뒤쪽이다. 물리적으로 이는 광원 p에서 뻗어 나오는 광선들을 모두 모은 집합을 나타낸다. 광선들은 $|\omega| = 1$인 $\omega \in \mathbb{R}^3$에 관한 방정식 $(t - t_0)\omega = (x - x_0)$으로 주어지고, 정확히 해밀턴-야코비 방정식 (38)의 이중특성곡선의 (t, x) 성분이다. 더 일반적으로 선형 파동방정식

$$a^{00}(t, x)\partial_t^2 u - \sum_{i, j} a^{ij}(t, x)\partial_i \partial_j u = 0 \qquad (39)$$

에서 $a^{00} > 0$이고 a^{ij}가 (35)를 만족할 때, 특성곡선은 해밀턴-야코비 방정식

$$-a^{00}(t, x)(\partial_t \psi)^2 + a^{ij}(x)\partial_i \psi \partial_j \psi = 0$$

으로 주어지거나 동치인

$$\partial_t \psi = \pm \left((a^{00})^{-1} \sum_{i, j} a^{ij}(x)\partial_i \psi \partial_j \psi \right)^{1/2} \qquad (40)$$

으로 주어진다. 이에 해당하는 해밀토니안 연립방정식의 이중특성곡선을 (39)의 이중특성곡선이라고 부른다.

덧붙이는 말. 1계 스칼라 방정식 (17)의 경우, 일반해를 간접적으로 찾을 때 특성초곡면에 대한 지식이 어떻게 활용되는지 살펴보았다. 또한 특이점들은 특성초곡면을 따라서만 전파된다는 것을 확인했다. 2계 방정식의 경우, 특성초곡면에 대한 지식은 방정식을 풀기에 충분하지 않지만 여전히 특이점이 전파되는 방식과 같은 중요한 정보를 제공해 준다. 예를 들어 파동방정식 $\Box u = 0$에 한 점 $p = (t_0, x_0)$을 제외한 모든 곳에서 매끄러운 초기 데이터 u_0, u_1이 주어진 경우에, 해 u의 특이점은 p를 꼭짓점으로 갖는 빛원뿔 $-(t - t_0)^2 + |x - x_0|^2 = 0$의 모든 점에서 나타난다. 이 사실을 좀 더 세련되게 표현하면, 특이점들은 이중 특성초곡면을 따라서 전파된다. 여기서 찾을 수 있는 일반적인 원리는 바로 **편미분방정식의 특이점들은 특성초곡면을 따라 전파된다**라는 것이다. 이것은 매우 중요한 원리이기 때문에 (1)에 대한 디리클레 조건과 같은 일반적인 경계조건에 대해서도 이 원리를 정확히 서술해 둘 필요가 있다.

특이점들의 전파. 만약 어떤 점 p를 특이점으로 갖는 편미분방정식의 경계조건 혹은 계수가 p의 어떤 조그마한 근방 V에서 매끄럽다면(혹은 실해석적이라면), 그 방정식의 해는 p를 지나는 특성초곡면을 제외하면 V 안에서 특이점을 가질 수 없다. 특히 특성초곡면이 존재하지 않는 경우에 방정식의 해는 p가 아닌 V의 모든 점에서 항상 매끄러운(혹은 실해석적인) 함수여야

한다.

덧붙이는 말. (i) 위에서 언급한 경험적 원리는 큰 척도에서 보면 일반적으로 성립하지 않는다. 실제로 버거스 방정식의 경우에서처럼 비선형 발전방정식의 해는 초기조건이 아무리 매끄럽다 하더라도 새로운 특이점을 만들어낼 수 있다. 선형방정식에 대해서는 방정식의 이중특성초곡면에 기초하여 이 원리의 대역적인 형태를 만들 수 있다. 아래의 (iii)을 보라.

(ii) 이 원리에 따르면 경계조건 $u\,|_{\partial D} = u_0$을 가진 방정식 $\Delta u = f$의 해는 경곗값 u_0이 연속이기만 하면, f가 D에서 매끄러울 때 D의 내부에서 자동적으로 매끄러운 함수가 된다. 게다가 f가 실해석적일 때 해 또한 항상 실해석적이다.

(iii) 선형방정식에 대해서는 이 원리의 더 정확한 형태가 존재하며, 일반적 이론의 기초가 되는 역할을 한다. 예를 들어 일반적인 파동방정식 (39)의 경우에 특이점들이 언제나 이중특성초곡면을 따라서 전파됨을 보일 수 있다. 이 이중특성초곡면은 해밀턴-야코비 방정식 (40)의 이중특성곡선이다.

2.4 코시-코발레프스카야 정리

상미분방정식의 경우 비특성적인 초깃값 문제가 항상 국소적으로(다시 말해 주어진 점의 어떤 시간 구간에서) 해를 가진다는 것을 확인했다. 고차원에서도 이 사실이 성립할까? 실해석적인 환경으로만 생각을 제한하면 답은 '그렇다'인데, 이 경우에는 코시-코발레프스카야 정리를 적절하게 확장할 수 있다. 정확히 표현하면 실해석적인 계수와 실해석적인 초곡면 $\mathcal{H}$와 $\mathcal{H}$ 위의 적당한 실해석적인 초기 데이터를 가진 일반적인 준선형방정식을 생각하는 경우이다.

정리(코시 코발레프스카야(CK)). 만약 위에서 주어진 모든 실해석적 조건들이 성립하고 초기 초곡면 $\mathcal{H}$가 x_0에서 비특성적이라면* x_0의 어떤 근방에서 정의되는 유일한 실해석적 함수 $u(x)$가 존재하여 연립방정식을 만족하고 초기조건과 상응한다.

홀름그렌(Holmgren)은 특별히 방정식이 선형일 때, CK 정리에서 주어진 실해석적 해가 매끄러운 해와 매끄러운 비특성초곡면의 집합까지 포함하여 고려해도 유일하다는 정리를 증명하였다. CK 정리는 비특성적 조건과 실해석적 가정들이 주어지면 다음과 같은 간단한 방법으로 해를 찾을 수 있음을 보여준다. 먼저 해의 형식적인 테일러 전개 $u(x) = \sum_\alpha C_\alpha (x - x_0)^\alpha$을 생각해 보자. 그러면 $\mathcal{H}$ 위에 주어진 초기조건과 방정식으로부터 만들 수 있는 간단한 대수적 식을 이용하여 귀납적으로 계수항 C_α를 결정할 수 있다. 더 정확히 말해서 CK 정리는 이와 같은 방식으로 얻어진 형식적인 테일러 전개가 $x_0 \in \mathcal{H}$의 작은 근방에서 수렴함을 말해준다.

하지만 CK 정리에 필요한 실해식직 조건들은 너무나 제한적이어서 이 정리가 확실히 일반적이라고

---

* (32)와 같은 종류의 2계 방정식에 대해서 이 말은 정확히 (33)이 된다.

말하기에는 다소 오해의 소지가 있다. 첫 번째 한계는 파동방정식 $\Box u = 0$을 생각하는 즉시 드러난다. 이 방정식의 가장 기본적인 성질은 **전파속도의 유한성**인데, 쉽게 말해서 주어진 시간 t에서 해 u가 0이 아닌 집합이 유계였다면, 이후의 모든 시간에 대해서도 계속 해가 0이 아닌 집합은 유계이다. 그러나 이런 성질을 만족하는 실해석적 함수는 모든 곳에서 0인 함수뿐이다(**몇 가지 기본적인 수학의 정의[I.3 §5.6]** 참조). 그러므로 실해석적인 해만 고려해서는 파동방정식에 대한 논의를 적절하게 진행할 수 없다. 이와 관련해서 **아다마르[VI.65]**는 매끄럽지만 실해석적이지 않은 임의의 데이터가 주어지는 다수의 중요한 경우들에 대해서 코시 문제를 푸는 것이 불가능함을 처음으로 지적했다. 예를 들어 $\mathbb{R}^d$ 안의 라플라스 방정식 $\Delta u = 0$을 생각해 보자. 임의의 초곡면 $\mathcal{H}$는 앞서 확인했듯이 비특성적이지만 임의의 매끄러운 초기조건 u_0, u_1에 대한 코시 문제 $u|_{\mathcal{H}} = u_0, n[u]|_{\mathcal{H}} = u_1$은 $\mathcal{H}$의 어떤 점에서도 그 근방에서 정의된 국소적 해를 수용하지 않을 수도 있다. 실제로 $\mathcal{H}$를 초평면 $x_1 = 0$으로 잡고 매끄럽지만 실해석적이지 않은 데이터에 대한 코시문제가 국소적인 영역에서 해를 갖는다고 가정해 보자. 이 영역은 원점을 중심으로 하는 조그만 닫힌 공(closed ball) B를 포함하고 있으므로 위의 해 u는 경계 ∂B에서 u의 값을 경곗값으로 갖는, B에서 정의한 디리클레 문제의 해라고도 해석할 수 있다. 그러나 경험적 원리(이 경우에는 엄격히 증명할 수 있다)에 따르면 이 해는 B의 내부에서 실해석적이어야 하므로 초기 데이터에 관한 우리의 가정에 모순된다.

반면에 $\mathbb{R}^{d+1}$ 안의 파동방정식 $\Box u = 0$에 대한 코시 문제는 임의의 매끄러운 초기 데이터 u_0, u_1을 공간류 초곡면(spacelike hypersurface)에 지정해 놓으면 항상 유일한 해를 가진다. 공간류 초곡면이란 그 곡면에 속해있는 모든 점 $p = (t_0, x_0)$에 대해서 p의 법선벡터가 (미래 방향 혹은 과거 방향의) 빛원뿔에 놓여 있는 초곡면 $\psi(t, x) = 0$을 의미한다. 해석적으로 표현하면 아래와 같다.

$$|\partial_t \psi(p)| > \left(\sum_{i=1}^{d} |\partial_i \psi(p)|^2 \right)^{1/2}. \qquad (41)$$

이 조건은 $t = t_0$과 같은 형태의 초곡면에 대해서 명백히 성립할 뿐만 아니라, 이들과 근접해 있는 다른 초곡면들 또한 공간류 초곡면이다. 이와는 대조적으로 시간류 초곡면(timelike hypersurface), 다시 말해

$$|\partial_t \psi(p)| < \left(\sum_{i=1}^{d} |\partial_i \psi(p)|^2 \right)^{1/2}$$

을 만족하는 초곡면에 대한 초깃값 문제는 **타당하지 않은**(ill-posed) 문제이다. 즉 일반적인 비해석적 초기조건들에 대한 초깃값 문제의 해를 찾아내는 것이 불가능하다. 시간류 초곡면의 한 예로는 초평면 $x^1 = 0$이 있다. '타당하지 않다'라는 말의 의미를 더 자세히 알아보자.

정의. 만약 주어진 편미분방정식 문제가 매끄러운 함수 공간을 포함하는 어떤 큰 함수 공간*에 속한 임

---

* 여기서는 표현이 모호할 수밖에 없다. 정확한 함수 공간은 개별적인 경우에 맞추어 명시해야 한다.

의의 데이터에 대해서 항상 해의 존재성과 유일성을 가지면, 그 문제를 타당한(well-posed) 문제라고 말한다. 여기에 덧붙여 해들은 데이터에 대해서 연속적인 의존성을 가져야 한다. 그렇지 않은 문제는 타당하지 않다(ill-posed)고 부른다.

데이터에 대한 연속적 의존성은 매우 중요하다. 실제로 초기조건에 대한 아주 작은 변화가 해의 큰 변화를 가져오는 초깃값 문제는 거의 쓸모가 없을 것이다.

2.5 표준적인 분류

위에서 언급했듯이 상미분방정식과 편미분방정식 사이의 본질적인 차이는 라플라스 방정식과 파동방정식이 보여주는 서로 다른 양상으로 인해 나타나고, CK 정리가 갖고 있는 일반성이 환상에 불과했음을 알게 되었다. 이 두 개의 방정식은 기하학과 물리학에서 매우 중요한 응용을 갖기 때문에, 이들의 주요 성질들을 기준으로 삼는 가장 넓은 형태의 방정식 분류 체계를 만드는 것은 커다란 관심사가 된다. 라플라스 방정식을 모델로 삼는 방정식을 **타원형**(elliptic) 방정식이라고 부르고 파동방정식을 모형으로 삼는 방정식을 **쌍곡형**(hyperbolic) 방정식이라고 부른다. 다른 두 가지 중요한 모형으로 열방정식(식 (2) 참조)과 슈뢰딩거 방정식(식 (4) 참조)이 있는데, 이 방정식들과 닮은 방정식들을 각각 **포물형**(parabolic), **분산형**(dispersive) 방정식이라고 부른다.

타원형 방정식은 가장 탄탄한 이론적 배경을 가지고 있으며, 가장 특징짓기 쉽다. 즉 특성초곡면을 수용하지 않으면 타원형이다.

정의. 특성초곡면이 존재하지 않는 선형 또는 준선형 $N \times N$ 연립방정식을 타원형 방정식이라고 부른다.

(32)와 같이 계수 a^{ij}가 조건 (35)를 만족하는 방정식들은 명백히 타원형 방정식이다. 극소곡면방정식 (7) 또한 타원형 방정식이며, 코시-리만 연립방정식 (12)가 타원형 방정식인 것도 쉽게 보일 수 있다. 아다마르가 지적했던 것처럼 타원형 방정식에 대한 초깃값 문제는 타당하지 않다. 타원형 편미분방정식의 해들로 구성된 집합을 매개화하는 자연스러운 방법은 영역 $D \subset \mathbb{R}^n$의 경계에서 u와 u의 도함수들(도함수들의 미분 횟수는 방정식의 계의 절반 정도가 될 것이다)에 대한 조건을 명시하는 것이다. 이러한 문제들을 **경곗값 문제**(boundary value problem, BVP)라고 부른다. 전형적인 예가 바로 어떤 영역 $D \subset \mathbb{R}^n$에서 주어진 라플라스 방정식 $\Delta u = 0$에 대한 디리클레 경계조건 $u|_{\partial D} = u_0$이다. 만약 영역 D가 가벼운 정칙성(regularity) 가정을 만족하고 경곗값 u_0이 연속이라면, 이 문제가 u_0에 연속적으로 의존하는 유일한 해를 가진다는 것을 보일 수 있으므로, 라플라스 방정식에 대한 디리클레 문제는 타당하다. 라플라스 방정식에 대한 또 다른 타당한 문제로 노이만 경계조건 $n[u]|_{\partial D} = f$가 있다. 여기서 n은 경계에 대한 단위 외법선(exterior unit normal)이다. 이 문제는 ∂D에서 정의되고 평균값이 0인 모든 연속함수에 대해서 타당하다. 일반 이론에 관한 전형적인 문제 중 하나는 주어진 타원형 연립방정식에 대한 모든 타당한 경곗값 문제들을 분류하는 것이다.

이전에 살펴보았던 특이점 전파 원리(propagation of singularities principle)의 결과로서, 다음과 같은 일반적 사실을 최소한 경험적으로는 추론해낼 수 있다.

어떤 정칙영역 D에서 정의되고 매끄러운(혹은 실해석적인) 계수를 가지는 타원형 방정식의 고전적 해는, 경계조건의 매끄러운 정도와 상관없이 D의 내부에서 매끄럽다(혹은 실해석적이다).*

쌍곡형 방정식은 근본적으로 초깃값 문제에 대해서 타당하다. 이런 관점에서 쌍곡형 방정식은 상미분방정식에 대한 국소적 존재 정리와 유사한 결과를 증명할 수 있는 자연스러운 방정식 유형이다. 더 정확히 말하면 충분히 정칙인 초기조건들에 대해서 유일한 해가 존재한다. 따라서 코시문제를 방정식에 대한 모든 해들을 매개화하는 자연스러운 방법으로 떠올릴 수 있다.

그러나 쌍곡성(hyperbolicity)에 대한 정의는 초기 초곡면으로 생각하는 특정한 초곡면에 따라 달라진다. 파동방정식의 $\square u = 0$의 경우 표준적인 초깃값 문제

$$u(0, x) = u_0(x), \qquad \partial_t u(0, x) = u_1$$

은 타당하다. 이것은 임의의 매끄러운 초기 데이터 u_0, u_1에 대해서 u_0, u_1에 연속적으로 의존하는 유일

* 고려하고 있는 경계조건은 타당해야 한다. 또한 이 경험적 원리는 일반적으로 비선형방정식이 한 개일 때의 고전적 해에 대해서만 성립한다. 실제로 어떤 비선형 타원형 연립방정식에 대해서는 고전적인 해를 전혀 수용하지 않는 타당한 경곗값 문제의 사례가 존재한다.

한 해를 찾을 수 있다는 뜻이다. 이미 이전에 살펴보았듯이, $\square u = 0$에 대한 초깃값 문제는 초기 초곡면 $t = 0$을 임의의 공간류 초곡면 $\psi(t, x) = 0$((41) 참조)으로 바꾸어도 여전히 타당하다. 하지만 시간류 초곡면에 대해서는 타당하지 않으므로 비해석적인 코시 데이터를 지정했을 때 해가 존재하지 않을 수도 있다.

쌍곡성에 대한 대수적인 조건을 만드는 것은 더 어렵다. 쉽게 말하면, 쌍곡형 방정식은 타원형 방정식과 가장 거리가 먼 방정식이다. 타원형 방정식에 대한 특성 초평면은 존재하지 않는 반면에 쌍곡형 방정식에 대해서는 임의의 점이 주어졌을 때 항상 그 점을 통과하는 특성초곡면이 존재할 만큼 많다. 쌍곡형 방정식의 가장 쓸모 있는 유형 중 하나로서 대부분의 중요한 사례들을 포함하는 유형은 아래와 같은 형태의 방정식으로 이루어져 있다.

$$A^0(t, x, u)\partial_t u + \sum_{i=1}^{d} A_i(t, x, u)\partial_i u = F(t, x, u),$$
$$u|_{\mathcal{H}} = u_0. \qquad (42)$$

여기서 계수 $A^0, A^1, \cdots, A^d$는 모두 대칭 $N \times N$ 행렬이고 $\mathcal{H}$는 $\psi(t, x) = 0$으로 주어진다. 이러한 연립방정식은 행렬

$$A^0(t, x, u)\partial_t \psi(t, x) + \sum_{i=1}^{d} A_i(t, x, u)\partial_i \psi(t, x) \quad (43)$$

가 양의 정부호성을 가질 때 타당하다. 이 조건을 만족하는 연립방정식 (42)는 대칭 쌍곡형(symmetric hyperbolic) 방정식이라고 불린다. 특별한 경우인 $\psi(t, x) = t$에서 조건 (43)은

$$(A^0 \xi, \xi) \geqslant c|\xi|^2 \quad \forall \xi \in \mathbb{R}^N$$

이 된다. 다음은 일반 쌍곡형 방정식 이론의 기본적인 결과로서 대칭 쌍곡형 연립방정식에 대한 해의 국소적 존재성과 유일성 정리라고 불린다.

정리(쌍곡형 방정식의 기본 정리). 초깃값 문제 (42)는 충분히 매끄러운 A, F, $\mathcal{H}$와 충분히 매끄러운 초기조건 u_0을 가진 대칭 쌍곡형 연립방정식에 대해서 국소적으로 타당하다. 다시 말해서 적당한 매끄러움 조건이 만족되면 임의의 점[*] $p \in \mathcal{H}$에 대하여 p의 작은 근방 $\mathcal{D}$가 존재해서 그 내부에 정의된 유일하고 연속적으로 미분가능한 해 u가 존재한다.

덧붙이는 말. (i) 이 정리가 갖는 국소적인 성질은 이전에 논의한 일반적인 특이점 전파 원리의 경우와 마찬가지로 필수적인데, 그 이유는 이 결과를 특별한 경우인 버거스 방정식 (21)에 대해서 대역화(globalization)할 수 없기 때문이다. 버거스 방정식이 일반적인 비선형 대칭 쌍곡형 연립방정식에 속한다는 것은 자명하다. 이 정리의 정확한 형태는 $\mathcal{D}$가 얼마나 커질 수 있는지에 대한 하계 또한 제공한다.

(ii) 이 정리의 증명은 이전의 상미분방정식 항목에서 살펴보았던 피카르 반복법의 변형에 바탕을 두고 있다. 처음에 $\mathcal{H}$의 근방에서 $u_{(0)} = u_0$이라 하고 $u_{(n)}$을 다음과 같이 귀납적으로 정의한다.

$$A^0(t, x, u_{(n-1)})\partial_t u_{(n)} + \sum_{i=1}^{d} A_i(t, x, u_{(n-1)})\partial_i u_{(n)}$$

$$= F(t, x, u_{(n-1)}), \quad u_{(n)}|\mathcal{H} = u_0.$$

반복되는 각 단계에서 선형방정식을 풀어야 함을 주목해 보자. 선형화(linearization)는 비선형 편미분방정식을 연구할 때 사용하는 지극히 중요한 도구이다. 비선형방정식은 중요한 어떤 특수해 근처에서 선형화하지 않고서는 거의 이해하기가 불가능하다. 따라서 거의 예외 없이 비선형 편미분방정식에 대한 어려운 문제들은 선형방정식에 대한 특정 문제들을 이해하는 것으로 환원된다.

(iii) 피카르 반복법을 수행하기 위해서는 $u_{(n-1)}$항을 사용하여 $u_{(n)}$값에 대한 정확한 추정을 해야 한다. 이 과정은 에너지 유형의 사전추정값(priori esimate)을 필요로 하는데 이는 §3.3에서 논의할 것이다.

쌍곡형 방정식의 또 다른 중요한(타원형, 포물형, 분산형 방정식들과는 공유하지 않는) 성질은 이전에 파동방정식 (3)에 대해서 언급했던 **전파속도의 유한성**이다. 이 간단한 경우를 다시 한번 생각해 보자. 파동방정식의 초깃값 문제는 키르히호프 공식(Kirchhoff formula)에 의해 직접적으로 풀 수 있다. 이 공식을 이용하면 $t = 0$에서의 초기 데이터가 반지름 $a > 0$과 중심 $x_0 \in \mathbb{R}^3$을 가진 공 $B_a(x_0)$의 외부에서 0이면, 이후의 시간 $t > 0$에서 해가 공 $B_{a+ct}(x_0)$ 외부에서 0임을 알 수 있다. 일반적으로 전파속도의 유한성은 쌍곡형 방정식의 의존 영역(domain of dependence)과 영향 영역(domain of

---

[*] 여기서의 '점'이란 시공간 점 $(t, x) \in \mathbb{R}^{1+d}$을 뜻한다. 마찬가지로 $\mathcal{D}$는 시공간 점들의 집합이다.

influence)을 사용하여 가장 잘 표현할 수 있다. (일반
적인 정의를 알고 싶으면 온라인 버전을 보라.)

쌍곡형 편미분방정식은 현대 장론이 가지는 상대
론적인 특성과 긴밀하게 연결되어 있기 때문에 물
리학에서 본질적인 역할을 수행하고 있다. 방정식
(3), (5), (13)은 **선형장론**(linear field theory)의 가장 간
단한 사례이며 분명히 쌍곡형 방정식이다. 다른 기
본적인 예들은 맥스웰 방정식[IV.13 §1.1] $\partial^\alpha F_{\alpha\beta} = 0$
또는 양-밀스 방정식 $D^\alpha F_{\alpha\beta} = 0$과 같은 게이지장론
(gauge field theory)에서 나타난다. 마지막으로 아인
슈타인 방정식 (14) 또한 쌍곡형 방정식이다.* 쌍곡
형 방정식의 다른 중요한 예는 탄성이나 점성이 없
는 유체에 관한 물리학에서 등장한다. 후자에 속하
는 예로서 버거스 방정식 (21)과 압축성 오일러 방
정식(compressible Euler equation)은 쌍곡형 방정식
이다.

반면에 타원형 방정식은 시간에 무관하거나 더
일반적으로 **정지상태**(steady-state)인 쌍곡형 방정식
의 해를 서술할 때 나타난다. 타원형 방정식은 또한
잘 정의된 **변분법**[III.94]에 의해 직접 유도할 수도
있다.

마지막으로 타원형 방정식과 쌍곡형 방정식 사이
에 위치하는 포물형 방정식과 슈뢰딩거 유형의 방
정식에 대해 간단히 다뤄보려고 한다. 이 유형들에
속하는 유용한 방정식들은

$$\partial_t u - Lu = f \qquad (44)$$

그리고

$$i\partial_t u + Lu = f \qquad (45)$$

의 형태로 각각 분류할 수 있다. 여기서 L은 타원형
2계 연산자이다. 우리가 찾고자 하는 것은 $t \geq t_0$에
서 정의되고 초기조건

$$u(t_0, x) = u_0(x) \qquad (46)$$

를 초곡면 $t = t_0$ 위에서 만족하는 해 $u = u(t, x)$이
다. 엄밀히 말하면 앞의 초곡면은 방정식의 계가 2
이며, 방정식으로부터 직접적으로 $t = t_0$에서의 $\partial_t^2 u$
값을 결정할 수 없기 때문에 특성적이다. 하지만 이
것은 심각한 문제는 아니다. 방정식을 ∂_t에 관하여
미분함으로써 여전히 $\partial_t^2 u$를 결정할 수 있다. 그러
므로 초기조건 (46)을 가진 초깃값 문제 (44)(또는
(45))는 타당하지만, 쌍곡형 방정식일 때와는 관점
이 다르다. 예를 들어 열방정식 $-\partial_t u + \Delta u$는 양수 t
에 대해서 타당하지만 음수 t에 대해서는 타당하지
않다. 또한 열방정식은 초기조건이 무한대 근처에
서 증가하는 속도에 대한 가정이 없으면 초깃값 문
제에 대한 유일한 해가 존재하지 않을 수도 있다. 방
정식 (44)의 특성초곡면이 위의 형태밖에 없다는 것
또한 증명할 수 있는데, 이는 포물형 방정식이 타원
형 방정식과 매우 흡사하다는 것을 보여준다. 예를
들어 만약 계수 a^{ij}와 f가 매끄러우면(혹은 실해석
적이면), 해 u는 초기 데이터 u_0이 매끄럽지 않아도
$t > t_0$에 대해서 반드시 매끄러워야(변수 x에 대해
실해석적이어야) 하며, 이것은 특이점 전파 원리에
도 일관되어 있다. 열방정식은 초기조건을 매끄럽
게 만든다. 열방정식이 다수의 응용에서 유용한 이

---

* 게이지 이론과 아인슈타인 방정식에서 쌍곡성이란 개념은 게이
지 혹은 좌표의 선택에 의존한다. 양-밀스 방정식의 경우를 예로
들면 오직 로렌츠 게이지일 때만 잘 정의된 비선형 파동 연립방정
식을 얻을 수 있다.

유가 바로 이 때문이다. 포물형 편미분방정식은 물리학에서 확산(diffusion) 현상이나 소멸(dissipation) 현상이 중요할 때 등장하는 반면에, 기하학과 변분법에서는 보통 양의 정부호성을 가지는 범함수(functional)의 그래디언트 흐름(gradient flow)을 생각할 때 나타난다. 리치 흐름 (16) 또한 적당히 좌표변환을 거치면 포물형 편미분방정식으로 생각할 수 있다.

기본적인 예로 슈뢰딩거 방정식 (4)를 포함하는 분산형(dispersive) 편미분방정식은 여러 관점에서 쌍곡형 편미분방정식과 유사한 행동양식을 보여주는 발전방정식이다. 예를 들어 분산형 방정식의 초깃값 문제는 시간이 흐르는 방향이나 그 반대 방향 모두에 대해서 타당한 경향이 있다. 하지만 분산형 편미분방정식의 해는 특성곡면을 따라서 전파되지 않는다. 그 대신 해를 갖고 있는 공간 주파수(spatial frequency)에 의해 결정되는 속도로 움직인다. 일반적으로 고주파는 저주파에 비해서 훨씬 빠른 속도로 전파되는 경향이 있기 때문에 결국 공간 속으로 해가 넓게 퍼져가는 분산(dispersion)을 야기하게 된다. 실제로 해의 전파속도는 보통 무한이다. 이런 성질들은 포물형 방정식의 경우와도 또 다른데, 포물형 방정식은 해의 고주파 성분을 분산시키지 않고 소멸시키는(0으로 보내는) 경향이 있다. 물리학에서 분산형 방정식은 양자역학으로부터 등장한다. 분산형 방정식은 상대론적 방정식의 비상대론적 극한 $c \to \infty$이며 특정한 종류에 속하는 유체의 행동양식을 기술하는 모형에 대한 근사이기도 하다. 예를 들어 코르테베흐-더프리스 방정식[III.49]

$$\partial_t u + \partial_x^3 u = 6u\partial_x u$$

는 수로관에 얇게 흐르는 물결파를 서술하는 분산형 방정식이다.

2.6 선형방정식에 대한 특별한 주제들

가장 성공적인 일반 이론은 선형방정식, 특히 상수계수를 가지는 선형방정식에 관한 것인데, 이들에 대해서는 푸리에 해석이 극강의 도구를 제공한다. 방정식 분류, 타당성, 특이점 전파와 같은 주제들이 선형방정식에 대한 연구를 지배해 왔지만, 아래의 내용을 포함하는 재미있는 다른 주제들 또한 존재한다.

2.6.1 해의 국소적 존재성

이 주제는 방정식 (9)의 해가 국소적으로 존재할 수 있도록 선형 연산자 $\mathcal{P}$와 주어진 데이터 f에 대한 조건을 결정하는 문제이다. 코시-코발레프스카야 정리는 f와 $\mathcal{P}$의 계수가 실해석적일 때 해의 국소적 존재성에 대한 판단기준을 제공해주지만, 이 가정을 조금 완화시켜서 f가 실해석적인 대신 매끄럽다고 했을 때는 놀랍게도 심각한 장애요소가 등장한다. 예를 들어 복소함수 $u : \mathbb{R} \times \mathbb{C} \to \mathbb{C}$ 상에서 정의된 레비 연산자(Lewy operator)

$$\mathcal{P}[u](t, z) = \frac{\partial u}{\partial \bar{z}}(t, z) - iz\frac{\partial u}{\partial t}(t, z)$$

를 가지는 방정식 (9)를 생각하면, 실해석적인 f에 대해서는 국소적 해가 존재하지만 '대부분'의 매끄러운 f에 대해서는 그렇지 않다. 레비 연산자는 $\mathbb{C}^2$ 상의 하이젠베르크 군(Heisenberg group)에서 정의된 접방향 코시-리만 방정식에 긴밀하게 연관되어 있으며, 2차원의 코시-리만 연산자 $\mathcal{P}$를 $\mathbb{C}^2$ 안의 이차곡면에 제한하는 연구에서 발견되었다. 이 사례가 국소적으로 해가 존재하는 방정식을 특징짓는 것이 목표인 **국소적 해 존재성** 연구의 시작점이다. 코시-리만 다양체(Cauchy-Riemann manifold) 이론은 (고차원의) 코시-리만 방정식을 '접방향 코시-리만 복합체(tangential Cauchy-Riemann complex)'와 관련하여 나타나는 실초곡면에 제한하는 연구에서 비롯되었으며, 표준적인 분류에 잘 들어맞지 않는 흥미로운 선형 편미분방정식의 매우 풍부한 예들을 제공한다.

2.6.2 유일 연속

이 주제는 해가 항상 존재하지는 않지만 유일성은 가지고 있는 다양한 타당하지 않은 문제에 관한 것이다. 기초적인 예는 **해석적 연속**(analytic continuation)에 대한 것이다. 연결된 영역 D에서 정의된 두 개의 복소해석적 함수(holomorphic function)가 (원판이나 구간 같이) 이산적이지 않은(nondiscrete) 집합에서 일치하면 D의 전 영역에서 일치해야 한다. 이 사실은 코시-리만 방정식 (12)의 유일 연속 결과로 볼 수 있다. 비슷한 의미를 가지는 다른 예는 **홀름 그렌**(Holmgren) 정리인데, 이 정리는 실해석적인 계수와 데이터를 가진 선형방정식 (9)의 해는 매끄러운 함수의 범위에서 생각해도 유일하다는 것을 주장한다. 더 일반적으로 (공간류 곡면이 아닌 시간류 곡면 상의 데이터를 가진 파동 방정식과 같은) 타당하지 않은 문제에 관한 연구는 제어이론(control theory)과 자연스럽게 연관되어 발생한다.

2.6.3 스펙트럼 이론

양자역학을 위시한 여러 물리이론들에서 뿐만 아니라 기하학과 해석적 **정수론**[IV.2]에서도 본질적인 중요성을 지닌 이 이론에 대한 설명을 어떻게 시작해야 될지 모르겠다. 주어진 행렬 A를 보통 선형대수학 도구들을 이용하여 **고윳값과 고유벡터**[I.3 §4.3]를 찾음으로써 분석할 수 있는 것처럼 함수해석학 [IV.15] 도구를 이용하여 선형 미분작용소 $\mathcal{P}$의 스펙트럼[III.86]과 고유함수를 이해함으로써 $\mathcal{P}$와 $\mathcal{P}$에 연관된 편미분방정식에 대해 많은 것을 배울 수 있다. 스펙트럼 이론의 전형적인 문제는 $\mathbb{R}^d$ 상의 고윳값 문제이다.

$$-\Delta u(x) + V(x)u(x) = \lambda u(x).$$

선형작용소 $-\Delta + V$는 공간에 국지적으로 분포하며(예를 들어 $L^2(\mathbb{R}^d)$ 노름이 유한이며) 위의 방정식을 만족하는 함수 u를 함수 λu로 보낸다. 이때는 u를 **고윳값** λ에 대한 **고유함수**라고 부른다.

고유함수 u에 대해서 $\phi(t, x) = e^{-i\lambda t}u(x)$라고 정의하자. 그러면 ϕ가 슈뢰딩거 방정식

$$i\partial_t \phi + \Delta \phi - V\phi = 0 \tag{47}$$

의 해가 됨을 쉽게 확인할 수 있다. 또한 ϕ는 아주 특별한 형태를 가지고 있다. 이러한 해는 (47)이 서술하는 물리계의 **속박상태**(bound state)라고 불린다. 고윳값 λ들은 이산 집합을 이루는데, 물리계의 양자 에너지 준위(quantum energy level)에 해당하며 퍼텐셜 V의 선택에 매우 민감하다. **역 스펙트럼 문제**(inverse spectrum problem) 또한 중요하다. 고윳값들에 대해 전부 알고 있으면 퍼텐셜 V를 결정할 수 있

겠는가? 작용소 $-\Delta + V$를 다른 타원형 작용소로 교체하면 고윳값 문제를 상당히 일반적으로 연구할 수 있다. 예를 들어 기하학에서는 **라플라스-벨트라미 작용소**(Laplace-Beltrami operator)에 대한 고윳값 문제를 연구하는 것이 중요한데, 이 작용소는 $\mathbb{R}^n$에서의 라플라스 작용소를 일반적인 **리만 다양체**[I.3 § 6.10]로 자연스럽게 일반화한 것이다. 다양체가 어떤 산술 구조를 가질 때(예를 들어 상반평면(upper half-plane)을 이산적 산술군으로 나눈 몫(quotient)일 때), 이 문제는 수론에서 매우 큰 중요성을 가지는데, 예를 들어 **헤케-마스 형식**(Hecke-Maas form)에 대한 이론을 이끌어낸다. 미분기하학에서 유명한 문제(북의 모양을 '들을' 수 있는가?)는 라플라스-벨트라미 작용소의 스펙트럼에 관한 성질로부터 콤팩트 곡면 상의 계량을 특징짓는 것이다.

2.6.4 산란 이론

이 이론은 작거나 국지적인 퍼텐셜이 양자적 입자를 '가둘' 수 없어서 마치 자유 입자처럼 양자적 입자가 무한히 멀리 달아나 버린다는 양자역학적 직관을 형식화한 이론이다. 방정식 (47)의 경우에 산란하는 해는 $t \to \infty$일 때 점점 자유롭게 행동하는 해이다. 즉 산란하는 해들은 퍼텐셜이 없는 자유 슈뢰딩거 방정식(free Schrödinger equation) $i\partial_t\psi + \Delta\psi = 0$의 해처럼 행동한다. 산란 이론의 전형적인 문제는 $V(x)$가 $|x| \to \infty$일 때 충분히 빨리 0으로 수렴하면, 속박 상태를 제외한 모든 해는 $t \to \infty$일 때 산란함을 보이는 것이다.

2.7 결론

데이터가 해석적인 경우, CK 정리를 이용하여 아주 일반적인 편미분방정식에 대한 초깃값 문제를 국소적으로 풀 수 있다. 우리는 편미분방정식의 특성 초곡면에 대한 일반이론을 가지고 있으며, 이 이론이 특이점 전파에 어떻게 연결되는지도 잘 이해하고 있다. 또한 기본적 유형인 타원형과 쌍곡형 방정식에 대해서 상당히 일반적으로 구분해낼 수 있으며, 일반적인 포물형, 분산형 방정식을 정의할 수 있다. 충분히 매끄러운 초기조건을 가진 많은 비선형 쌍곡형 연립방정식에 대한 초깃값 문제를 시간에 대해 국소적으로 풀 수 있다. 비슷한 시간 국소적 결과들이 일반적인 종류의 비선형 포물형 그리고 분산형 방정식에 대해서도 성립한다. 선형방정식에 대해서는 훨씬 더 많은 이야기를 할 수 있다. 우리는 타원형과 포물형 방정식에 대한 해의 정칙성에 관해 만족스러운 결과를 가지고 있고 많은 쌍곡형 방정식들의 특이점 전파도 잘 이해하고 있다. 또한 어떤 면에서는 스펙트럼 이론과 산란 이론 그리고 유일 연장에 관한 문제를 아주 일반적으로 연구할 수 있다.

일반적 이론의 가장 큰 단점은 국소성에서 대역성으로 관심을 옮길 때 발생한다. 특수한 방정식들이 갖는 중요한 대역적 특성들은 너무 미묘해서 일반적인 형식 체계에 맞출 수가 없기 때문에 각각의 편미분방정식들을 개별적으로 연구해야 한다. 비선형방정식의 경우에는 특히 그렇다. 비선형방정식의 해가 갖는 장기적인 행동양식은 방정식의 특수한 성질에 매우 민감하게 반응한다. 더구나 일반적인 관점은 불필요한 기교적 복잡함으로 인해 중요한 특수 경우들의 주요 성질들을 이해하기 어렵게 만들 때가 있다. 쓸모 있는 일반적 이론 체계는 대칭 쌍곡형 연립방정식에 대한 국소적 타당성과 전파속도의 유한성의 경우처럼 특수한 현상들을 쉽고 우아하게 다룰 수 있어야 한다. 하지만 대칭 쌍곡형 연립방정식조차도 쌍곡형 방정식의 중요한 사례들에 관한 더 세밀한 질문을 연구하기에는 너무 일반적인 것으로 밝혀졌다.

3 일반적인 아이디어들

일반적 이론에서 관심을 돌리면 이전에 서술한 실용적인 관점, 즉 편미분방정식론은 통합적 주제가 아니라 유체동역학, 일반 상대성이론, 다변수복소함수론, 탄성이론 등 각각 특수한 방정식들을 중심으로 조직되는 주제들의 모임이라는 관점을 받아들이는 쪽으로 기울어지게 된다. 하지만 이런 매우 광범위한 관점 또한 나름의 심각한 단점을 가지고 있다. 특수한 방정식들이 고유의 성질을 지니고 있다 하더라도, 그런 성질들을 유도해낼 때 사용하는 도구들은 서로 밀접하게 연관되어 있기 때문이다. 실제로 상당한 양의 아이디어는 대부분의 중요한 방정식에 적용할 수 있다. 지면의 제약상 그런 아이디어들 중 일부만을 소개하려고 한다.*

---

* 나는 힐베르트 공간 방법, 콤팩트성, 음함수정리(implicit function theorem) 등과 연결되어 있는 중요한 함수해석적인 도구들을 위의 몇 가지 예에서 다루지 못했다. 또한 확률론적인 방법의 중요성과 타원형 편미분방정식의 대역적 성질을 다루는 위상수학적 방법도 언급하지 못했다.

3.1 타당성

바로 앞에서 살펴보았듯이 타당성(well-posedness) 문제는 현대 편미분방정식론의 핵심이다. 타당성 문제는 주어진 매끄러운 초기조건 혹은 경계조건들에 대한 유일한 해를 수용하고, 이 해는 데이터에 연속적으로 의존해야 하는 문제임을 다시 한번 상기해 보자. 편미분방정식을 타원형, 쌍곡형, 포물형, 분산형 방정식으로 분류할 수 있게 만들어 주는 것도 바로 이 조건이다. 비선형 발전방정식을 연구하는 첫 번째 단계는 상미분방정식일 때와 비슷하게 해의 시간 국소적 존재성과 유일성을 증명하는 것이다. 비타당성(ill-posedness)은 타당성에 상반되는 개념으로 역시 많은 응용에서 중요하다. 시간류 초곡면 $z = 0$ 위의 데이터를 가진 파동방정식 (3)에 대한 코시문제가 전형적인 사례이다. 타당하지 않은 문제는 이미 언급했듯이 제어 이론에서 자연스럽게 등장하며 역 산란(inverse scattering)에서도 등장한다.

3.2 명시적 표현과 기본해

기본 방정식 (2)~(5)는 명시적으로(explicitly) 풀 수 있다. 예를 들어 $\mathbb{R}_+^{1+d}$ 안의 열방정식에 대한 초깃값 문제의 해, 즉 $t \geq 0$일 때 아래의 방정식

$$-\partial_t u + \Delta u = 0, \quad u(0, x) = u_0(x)$$

를 만족하는 함수 u는

$$u(t, x) = \int_{\mathbb{R}^d} E_d(t, x - y) u_0(y) \, dy$$

로 주어지며 여기서 E_d는 열 연산자 $-\partial_t + \Delta$의 기본해라고 불리는 특정한 함수이다. 이 함수는 명시적

으로 정의되는데, $t \leq 0$일 때는 0, $t > 0$일 때는 공식 $E_d(t, x) = (4\pi t)^{-d/2} e^{-|x|^2/4t}$으로 주어진다. E_d는 두 영역 $t < 0$와 $t > 0$ 모두에서 방정식 $(-\partial_t + \Delta)E = 0$을 만족하지만 $t = 0$에서 특이점을 갖기 때문에 전체 공간 $\mathbb{R}^{1+d}$에서 방정식을 만족하지는 않는다는 것을 관찰해 보자. 사실 임의의 함수[*]

$$\phi \in C_0^\infty(\mathbb{R}^{d+1})$$

에 대해서 아래의 식이 성립한다.

$$\int_{\mathbb{R}^{d+1}} E_d(t, x)(\partial_t \phi(t, x) + \Delta\phi(t, x)) \, dt \, dx = \phi(0, 0). \quad (48)$$

분포 이론[III.18]의 언어로 말하면, 식 (48)은 E_d가 분포로서 방정식 $(-\partial_t + \Delta)E_d = \delta_0$을 만족함을 의미한다. 여기서 δ_0은 원점에서 지지되는 $\mathbb{R}^{1+d}$ 위의 디랙 분포(Dirac distribution)이다. 즉, $\delta_0(\phi) = \phi(0, 0)$, $\forall \phi \in C_0^\infty(\mathbb{R}^{d+1})$ 이다. 비슷한 개념의 기본해를 푸아송, 파동, 클라인-고든, 슈뢰딩거 방정식에서도 정의할 수 있다.

상수 계수를 가지는 선형 편미분방정식을 푸는 강력한 방법은 **푸리에 변환[III.27]**에 바탕을 두고 있다. 예를 들어 공간 1차원에서 정의되고 초기조건 $u(0, x) = u_0$을 가지는 열방정식 $\partial_t - \Delta u = 0$을 생각해 보자. $\hat{u}(t, \xi)$를 u의 공간 변수에 대한 푸리에 변환이라고 하면 아래와 같다.

$$\hat{u}(t, \xi) = \int_{-\infty}^{+\infty} e^{-ix\xi} u(t, x) \, dx.$$

그러면 $\hat{u}(t, \xi)$가 아래의 미분방정식

$$\partial_t \hat{u}(t, \xi) = -\xi^2 \hat{u}(t, \xi), \quad \hat{u}(0, \xi) = \hat{u}_0(\xi)$$

를 만족함을 쉽게 알 수 있다. 이 방정식은 간단한 적분을 통해 풀 수 있고, 그 결과는

$$\hat{u}(t, \xi) = \hat{u}_0(\xi) e^{-t|\xi|^2}$$

이다. 따라서 역 푸리에 변환을 이용하면 $u(t, x)$에 대한 아래의 식

$$u(t, x) = (2\pi)^{-1} \int_{-\infty}^{+\infty} e^{ix\xi} e^{-t|\xi|^2} \hat{u}_0(\xi) \, d\xi$$

가 유도된다. 비슷한 공식을 다른 기본적인 방정식에 대해서도 유도할 수 있다. 초기조건 $u(0, x) = u_0$, $\partial_t u(0, x) = 0$을 갖는 3차원의 파동방정식 $-\partial_t^2 u + \Delta u = 0$을 예로 들면, 공식

$$u(t, x) = (2\pi)^{-3} \int_{\mathbb{R}^3} e^{ix\xi} \cos(t|\xi|) \hat{u}_0(\xi) \, d\xi \quad (49)$$

를 찾을 수 있다. 조금 더 계산하면 공식 (49)를 아래의 형태

$$u(t, x) = \partial_t \left((4\pi t)^{-1} \int_{|x-y|=t} u_0(y) \, da(y) \right) \quad (50)$$

로 다시 표현할 수 있다. 여기서 da는 반지름이 t이고 중심이 x인 구 $|x - y| = t$의 넓이요소이다. 이것은 잘 알려진 **키르히호프 공식**이고 (49)와는 대조적으로 여기서의 적분은 물리적인 변수 t와 x에 대한 것이다. 이 두 공식을 비교해 보는 것은 꽤 유익하다. 프란셰렐 항등식(Plancherel identity)을 이용하면 (49)로부터 L^2 유계

$$\int_{\mathbb{R}^3} |u(t, x)|^2 dx \leq C \|u_0\|_{L^2(\mathbb{R}^3)}^2$$

을 아주 쉽게 추론해낼 수 있는 반면에 (50)으로부

[*] 매끄러우며 $\mathbb{R}^{1+d}$ 안에서 콤팩트 지지집합(compact support)을 가지는 임의의 함수

터 같은 유계를 얻기는 불가능해 보이는데, 그 이유는 공식에 도함수가 포함되어 있기 때문이다. 한편 (50)은 영향 영역(domain of influence)에 관한 정보를 제공하는 데 있어서는 완벽하다. 실제로 공식으로부터 u_0이 공 $B_a = \{|x - x_0| \leq a\}$ 바깥 영역에서 0일 때 임의의 시간 t에서 해 $u(t, x)$는 공 $B_{a+|t|}$의 바깥 영역에서 0임을 쉽게 알 수 있다. 이런 사실은 푸리에 변환에 기초한 공식 (49)에서는 전혀 명백해 보이지 않는다. 해에 대한 서로 다른 표현식이 심지어 서로 반대되는 강점과 약점을 가진다는 이 사실은 변수 계수를 갖는 선형방정식이나 비선형 파동방정식과 같이 더욱 복잡한 방정식에 대한 근사해 혹은 근사기본해(parametrix)를 구성할 때 중요하다. 두 가지 유형의 구성이 가능한데 하나는 물리 공간 공식 (50)을 모방하는 물리 공간적 구성이고, 다른 하나는 공식 (49)를 모방하는 푸리에 공간적 구성이다.

3.3 사전추정값

대부분의 방정식은 명시적으로 푸는 것이 불가능하다. 그러나 만약 해가 가지는 **정성적인 정보**에 관심이 있다면 꼭 정확한 공식을 사용해서 그 정보를 유도할 필요는 없다. 하지만 어떻게 해야 이런 정보를 추출해낼 수 있을까? 사전추정값이 이를 위한 매우 중요한 기법이다.

가장 잘 알려진 예로서 에너지추정값(energy estimate), 최대원리(maximum principle), 단조성을 이용한 논법(monotonicity argument)이 있다. 첫 번째 유형에 대한 가장 간단한 예는 아래의 항등식이다(보크너 유형 항등식(Bochner-type identity)이라고 불리

는 것들 중 가장 간단한 예이다).

$$\int_{\mathbb{R}^d} |\partial^2 u(x)|^2 dx = \int_{\mathbb{R}^d} |\Delta u(x)|^2 dx.$$

좌변은

$$\int_{\mathbb{R}^d} \sum_{1 \leq i,j \leq d} |\partial_i \partial_j u(x)|^2 dx$$

를 짧게 표기한 것이다. 이 항등식은 연속적으로 두 번 미분가능하고 $|x| \to \infty$일 때 0으로 수렴하는 모든 함수 u에 대해서 성립한다. 이 공식은 부분적분을 이용하여 꽤 쉽게 증명할 수 있다. 보크너 항등식의 결과로서 u가 제곱적분가능한 데이터 f를 가진 푸아송 방정식 (6)의 매끄러운 해이고 무한대에서 0으로 수렴한다면, u의 2계 도함수들의 제곱적분이 아래의 유계

$$\int_{\mathbb{R}^d} |\partial^2 u(x)|^2 dx \leq \int_{\mathbb{R}^d} |f(x)|^2 dx < \infty \quad (51)$$

를 갖는다는 사전추정값을 얻을 수 있다. 따라서 이 공식을 통해 얻을 수 있는 정성적인 사실은 (평균제곱적인 관점에서) 평균적으로 u는 f보다 '두 번 미분 정도의 정칙성(regularity)'을 더 가진다는 것이다.* 이를 에너지 유형의 계측이라고 부르는데, 그 이유는 물리적인 상황에서 L^2 노름의 제곱은 보통 일종의 운동에너지로 해석할 수 있기 때문이다.

보크너 항등식을 $\mathbb{R}^d$가 아닌 더 일반적인 리만 다양체로 확장할 수도 있는데, 이때는 다양체의 곡률

---

* 중요한 사실은 (51)의 L^2 노름을 L^p 노름 $1 < p < \infty$ 또는 횔더(Hölder) 타입의 노름으로 바꿀 수 있다는 것으로, 온라인 버전에서 이에 대한 내용을 찾아 볼 수 있다. 첫 번째 경우는 칼데론-지그문트(Calderon-Zygmund) 계측에 해당하고 두 번째는 샤우더(Schauder) 계측에 해당한다. 두 가지 모두 2계 타원형 편미분방정식의 해에 대한 정칙적 성질을 연구할 때 상당히 중요하다.

을 포함하는 저위항들을 추가해야 한다. 이런 항등 식들은 다양체상의 기하적 편미분방정식에 대한 이론에서 주요한 역할을 수행한다.

에너지 유형의 항등식과 계측은 포물형, 분산형 그리고 쌍곡형 편미분방정식에 대해서도 존재한다. 예를 들어 이들은 매끄러운 초기 데이터를 가진 쌍곡형 편미분방정식의 국소적 존재성, 유일성, 전파 속도의 유한성을 보이는 데 기본적인 역할을 한다. 에너지 추정값은 소볼레프 임베딩 부등식(Sobolev embedding inequality)과 같은 부등식과 결합했을 때 특히 강력하여, 에너지 추정값으로부터 얻은 'L^2' 정보를 점별(pointwise)(혹은 'L^∞') 유형의 정보로 변환할 수 있다(함수 공간[III.29 §§2.4, 3] 참조).

(위의 예에서처럼 부분적분으로부터 얻는) 에너지 항등식과 L^2 계측이 거의 모든 주요한 편미분방정식들에 적용되는 반면에 최대원리는 오로지 타원형과 포물형 방정식에서만 적용할 수 있다. 아래 정리는 최대원리를 가장 간단하게 보여준다. 이 정리가 라플라스 방정식의 해에 대한 명시적인 표현식 없이도 해에 관한 매우 중요한 정성적인 정보를 제공한다는 점에 주목해 보라.

정리(최대 원리). u가 매끄러운 경계 ∂D를 가진 연결된 $\mathbb{R}^d$ 안의 유계 영역 D에서 정의된 라플라스 방정식 (1)의 해라고 하자. u는 또한 D의 폐포에서 연속이고 D의 내부에서 연속인 1계, 2계 편도함수를 갖는다고 하자. 그러면 u는 경계 위에서 반드시 최댓값과 최솟값을 가져야 한다. 또한 u가 D의 내부점에서도 최댓값이나 최솟값을 갖는다면 u는 반드시 D 안에서 상수이다.

이 방법론은 아주 견고하며 많은 종류의 2계 타원형 방정식으로 쉽게 확장할 수 있다. 포물형 방정식이나 연립방정식으로도 확장 가능한데, 예를 들어 리치 흐름을 연구할 때 핵심적인 역할을 하기도 한다.

이제 다른 종류의 중요한 사전적 계측들을 간략히 언급하려 한다. 소볼레프 부등식은 타원형 방정식에서 가장 큰 중요성을 지니며 선형과 비선형인 쌍곡형과 분산형 방정식에도 이에 대응되는 여러가지 부등식들이 있다. 스트리카츠 계측(Strichartz estimate)과 이중선형 계측(bilinear estimate)이 이에 포함되고, 칼레만 계측(Carleman estimate)은 타당하지 않은 문제와 유일 연속에 관련하여 기본적인 역할을 한다. 마지막으로 비리얼(virial) 항등식, 포호자에브(Pohozaev) 항등식, 모라베츠(Morawetz) 부등식과 같이 단조성 공식*으로부터 얻는 여러 가지 사전적 계측들은 몇몇 비선형방정식들에 대한 해가 정칙성이 깨지거나 폭발(blow up)하는 것 또는 대역적인 해가 존재하고 다른 해로 수렴하는 현상 등을 보이는 데 이용될 수 있다.

요약해서 말하면, 사전추정값이 현대적인 편미분방정식론의 거의 모든 측면에서 가장 본질적인 역할을 하고 있다고 말해도 과언이 아니다.

3.4 가죽끈과 연속성 논법

가죽끈(bootstrap)** 논법은 비선형방정식에 대한 사

---

* 아마도 단조 현상의 가장 익숙한 예는 물리학의 열역학 제2법칙일 것이다. 이 법칙은 다수의 물리계에서 총 엔트로피(entropy)는 시간에 대한 증가 함수라고 말한다.
** 모터의 발명 이전에 가죽끈으로 시동을 걸었던 것에서 유래하여, 최초의 시작이 되는 방법론/철학을 의미한다−옮긴이

전추정값을 유도해내는 방법론 혹은 강력한 일반적인 철학이다. 이 철학에 따르면 우리는 서술하려고 하는 해에 대해 경험적인 가정을 하는 것으로 논의를 시작해야 한다. 이 가정은 본래의 비선형방정식을 이 가정과 일관된 성질을 만족하는 계수를 가진 선형방정식으로 생각할 수 있게 해 준다. 그러면 이미 알고 있는 사전추정값에 기초하여 선형방정식의 방법론을 사용해도 되기 때문에, 이 선형방정식의 해가 우리가 상정했던 것과 같이 행동함을 보일 수 있게 되며, 해의 행동양식은 사실 더 좋아진다. 이 강력한 방법론은 방정식을 실제로 선형화할 필요가 없기 때문에 **개념적인 선형화**라는 용어로 특징지을 수 있다. 이 방법론은 또한 어떤 매개변수에 관한 연속성 논법으로 볼 수 있는데, 매개변수는 발전방정식의 경우 시간 변수로 자연스럽게 잡을 수도 있지만 인공적인 매개변수를 자유롭게 도입해도 된다. 후자의 경우가 비선형방정식에 대해 응용할 때 전형적으로 나타난다. 이 글의 온라인 버전은 위의 두 가지 경우에 대해서 이 방법론을 잘 보여주는 몇 가지 예들을 포함하고 있다.

3.5 일반화된 해의 방법

편미분방정식은 미분을 포함하고 있기 때문에 논의를 할 때 미분가능한 함수만을 고려하는 것은 당연해 보인다. 하지만 미분이라는 개념을 일반화해서 더 넓은 범위의 함수들, 그리고 초함수와 같이 함수는 아니지만 함수류(function-like)인 대상들에 대해서도 의미를 갖도록 할 수 있다. 이는 편미분방정식을 더 넓은 맥락으로 확장시키고 **일반화된 해** (generalized solution)라는 개념을 가능케 한다.

편미분방정식에서 일반화된 해를 소개하는 가장 좋은 방법은 디리클레 원리(Dirichlet principle)를 통해 이 개념의 중요성을 설명하는 것이다. 이 원리는 유계 영역 $D \subset \mathbb{R}^d$에서 정의되고 미리 명시된 디리클레 경계조건 $u|_{\partial D} = f$를 만족하며, 적당한 함수공간 X에 속하는 모든 함수들 중에 디리클레 적분(혹은 디리클레 범함수)

$$\|u\|_{Dr}^2 = \frac{1}{2}\int_D |\nabla u|^2 = \frac{1}{2}\sum_{i=1}^{d}\int_D |\partial_i u|^2 \qquad (52)$$

을 최소화하는 함수 u가 조화함수(harmonic function)(즉 방정식 $\Delta u = 0$의 해)라는 관찰로부터 유래되었다. 이 사실을 사용하여 처음으로 디리클레 문제를 풀려고 시도했던 사람은 리만[VI.49]이었다. 그의 아이디어는, 즉 문제

$$\Delta u = 0, \quad u|_{\partial D} = u_0 \qquad (53)$$

의 해 u를 찾기 위해서 ∂D에서 u_0과 같으면서 디리클레 적분을 최소화하는 함수 u를 (디리클레 문제를 직접 풀지 않고 다른 수단을 이용하여) 찾아야 한다는 것이었다. 이를 위해 함수들의 집합, 더 정확히 말하면 함수공간을 명시해야 하고 이 집합 위에서 적분을 최소화해야 한다. 이 집합의 선택에 대한 역사는 매우 흥미롭다. 자연스러운 선택은 $\overline{D}$ 위의 연속적으로 미분가능한 함수의 공간 $X = C^1(\overline{D})$이다. 함수 v의 노름을

$$\|v\|_{C^1(\overline{D})} = \sup_{x \in D}\left(|v(x)| + |\partial v(x)|\right)$$

로 정의하면, v가 이 공간에 속해 있을 때 디리클레 노름 $\|v\|_{Dr}$은 유한이다. 사실 리만은 $X = C^2(\overline{D})$(위

와 비슷하지만 두 번 연속적으로 미분가능한 함수)를 선택했다. 이 시도는 과감했지만 결점이 있었고, 결국 바이어슈트라스[VI.44]의 예리한 비판이 뒤따랐다. 바이어슈트라스는 범함수가 $C^2(\overline{D})$나 $C^1(\overline{D})$에서 최솟값을 가지지 않을 수 있다는 것을 보였다. 하지만 리만의 기본적인 아이디어는 다시 부활하여 적절한 함수공간을 정의하고, 일반화된 해의 개념을 도입하고, 이 해들의 **정칙성 이론**을 개발하는 등의 길고 감격적인 과정을 거쳐 결국 대성공을 거두었다. (디리클레 원리를 정확히 서술하기 위해서는 **소볼레프 공간**[III.29 §2.4]에 대한 정의가 필요하다.)

이후 많은 종류의 선형,[*] 비선형인 타원형, 포물형 방정식에 적용할 수 있도록 방대하게 확장되어온 이 방법론을 간략하게 요약해 보자. 이 방법론은 두 단계로 이루어져 있다. 첫 번째 단계에서는 최소화 과정을 진행한다. 바이어슈트라스가 발견했던 것처럼 자연스러운 함수공간들이 최솟값을 가지는 함수를 포함하지 않을 수도 있다 하더라도 그 대신 일반화된 해를 찾기 위해 이 과정을 진행할 수 있다. 디리클레 문제(또는 이 방법을 적용할 수 있는 다른 문제)의 해인 **함수**를 찾고 있었기 때문에 이렇게 하는 것이 신통찮아 보일 수도 있다. 하지만 여기서 두 번째 단계로 넘어가면 일반화된 해가 실제로는 고전적인 해라는 것을 보이는 것이 어느 정도 가능하게 된다. 이 단계가 이전에 언급한 '정칙이론(regularity theory)'이다. 그러나 몇몇 상황에서는 일반화된 해가 특이점을 가지고 있고 따라서 정칙일 수 없다는

것이 밝혀졌다. 그러므로 도전해야 할 사항은 이런 특이점들의 성질을 잘 이해해서 현실적인 **부분적** 정칙성 결과를 증명하는 것이다. 예를 들어 작은 '이례적인 집합'에서 떨어진 모든 곳에서 일반화된 해가 매끄럽다는 점을 증명하는 것이 때때로 가능하다.

일반화된 해가 타원형 문제에 가장 효과적이지만, 그 적용 범위는 모든 편미분방정식을 망라한다. 예를 들어 기초적인 선형방정식에 대한 기본해를 분포로 해석해야 한다는 것을 이미 살펴보았다. 따라서 기본해는 일반화된 해의 사례가 된다.

일반화된 해의 개념은 공간 1차원의 연립 보존법칙들과 같은 비선형 발전방정식에 대해서도 성공적인 것으로 밝혀졌다. 훌륭한 예로서 버거스 방정식 (21)이 있다. 이미 살펴보았듯이 $\partial_t u + u \partial_x u = 0$의 해는 초기조건이 얼마나 매끄러운지에 상관없이 유한 시간 안에 특이점을 발생시킨다. 따라서 특이점이 발생하는 시간 이후에도 일반화된 해의 관점으로 위의 해가 계속 의미를 가질 수 있는지 자문하는 것은 자연스럽다. 자연스럽게 생각할 수 있는 일반화된 해는 매끄러우며 유계집합의 바깥에서 0인 모든 함수 ϕ에 대해서

$$\int_{\mathbb{R}^{1+1}} (\partial_t u + u \partial_x u) \phi = 0$$

을 만족하는 함수 u인데, 이는 u가 매끄러운 함수가 아닐 때에도 위의 적분이 의미를 갖기 때문이다. 부분적분을 취하면(첫째 항은 t에 대해서, 둘째 항은 x에 대해서 취하면) 아래의 식을 얻을 수 있다.

$$\int_{\mathbb{R}^{1+1}} u \partial_t \phi + \frac{1}{2} \int_{\mathbb{R}^{1+1}} u^2 \partial_x \phi = 0 \quad \forall \phi \in C_0^\infty(\mathbb{R}^{1+1}).$$

엔트로피 조건이라고 불리는 추가적인 조건하에서

---

[*] 기하학에 응용한 주목할 만한 예로서 호지 이론(Hodge theory)이 있다.

버거스 방정식에 대한 초깃값 문제는 유일한 일반화된 해를 수용한다. 또한 이 해는 대역적이다. 다시 말해 모든 $t \in \mathbb{R}$에서 유효하다. 오늘날 많은 종류의 1차원 '보존법칙'의 쌍곡형 연립방정식의 대역적 해에 대한 만족스러운 이론을 가지고 있다. 이 이론을 적용할 수 있는 연립방정식들을 '강쌍곡형(strictly hyperbolic)' 방정식이라고 부른다.

더욱 복잡한 비선형 발전방정식에 대해서 일반화된 해를 어떻게 구성해야 좋은가라는 질문은 기본적이지만 답하기가 매우 어렵다. 고차원 발전방정식에 대한 **약해**(weak solution)라는 개념은 르레(Leray)에 의해서 처음 도입되었다. 만약 어떤 일반화된 해에 대해서 어떠한 종류의 유일성도 증명할 수 없으면, 그 일반화된 해를 **약해**라고 부른다. 이런 불만족스러운 상황은 임시적인 것, 다시 말해 기술적인 무능함의 결과이거나 개념 그 자체의 결점 때문에 피할 수 없는 것일 수도 있다. 르레는 콤팩트성 방법(compactness method)을 이용해서 **나비에-스토크스 방정식[III.23]**에 대한 초깃값 문제의 약해를 만들어낼 수 있었다. 콤팩트성 방법(그리고 콤팩트성 상실을 영리하게 회피할 수 있는 이 방법의 현대적인 확장)의 가장 큰 장점은 모든 데이터에 대한 대역적 해를 제공해 주는 것이다. 이것은 초임계(supercritical) 또는 임계(critical)의 비선형 발전방정식을 다룰 때 특히 중요해서 이후에 논의할 것이다. 이런 방정식들에 대한 고전적 해는 유한시간 안에 특이점을 발생시킬 것으로 예상된다. 문제는 이런 해들을 거의 제어할 수 없다는 것이다. 특히 해들의 유일성을 증명하는 법을 알지 못한다.* 다른 중요한 비선형 발전방정식에 대해서도 비슷한 유형의 해가

이후에 소개되었다. 나비에-스토크스 방정식처럼 대부분의 흥미로운 초임계 발전방정식에 대해서 지금까지 발견된 유형의 약해들이 얼마나 유용한지는 아직 판단할 수 없다.

3.6 미시국소 해석, 근사기본해 그리고 초미분법

쌍곡형과 분산형 방정식이 가지는 본질적인 난점 중 하나는 물리적 공간과 관련이 있는 기하학적 특성, 그리고 푸리에 공간에서 가장 잘 보이는 진동(oscillation)과 밀접한 관련이 있는 다른 특성 간의 상호작용이다. 미시국소 해석(microlocal analysis)은 아직 개발 중에 있는 일반적 철학으로서, 이에 따르면 물리적 공간이나 푸리에 공간 혹은 두 공간 모두에서 주의 깊은 국소화를 통해 주된 난점을 분리해낼 수 있다. 이런 관점은 선형 쌍곡형 방정식에 대한 근사기본해를 구성하고 이들을 특이점 전파에 관한 결과를 증명할 때 사용하므로 중요하게 응용된다. 근사기본해는 이미 이전에 언급했듯이 변수 계수를 가지는 선형방정식의 근사해로서 더 매끄러운 오차항을 갖는다. 초미분법(paradifferential calculus)은 미시국소 해석을 비선형방정식으로 확장한 것이다. 초미분법은 크고 작은 주파수들이 서로 어떻게 상호작용하는지 주의를 기울이면서 비선형방정식의 형태를 조작할 수 있게 해 줄 만큼 기술적으로 다재다능하다.

---

* 르레는 이 문제에 대해서 크게 걱정했었다. 이후의 다른 수학자들처럼 르레는 자신이 구성한 약해의 유일성을 보일 수 없었지만 적어도 약해가 특이점을 유발하지 않는 한 고전해와 일치한다는 사실은 보일 수 있었다.

3.7 비선형방정식의 척도적 성질

만약 어떤 편미분방정식의 한 해를 적절한 방법으로 척도변환(rescaling)했을 때 다시 해가 된다면 이 편미분방정식이 **척도적 성질(scaling property)**을 갖는다고 말한다. 본질적으로 모든 기본적인 비선형 방정식들은 잘 정의된 척도적 성질을 가지고 있다. 버거스 방정식 (21), 즉 $\partial_t u + u \partial_x u = 0$을 예로 들어 보자. 만약 u가 이 방정식의 해이면 $u_\lambda(t, x) = u(\lambda t, \lambda x)$로 정의한 u_λ 또한 해가 된다. 비슷하게 만약 u가 $\mathbb{R}^d$ 상의 3차 비선형 슈뢰딩거 방정식

$$i\partial_t u + \Delta u + c|u|^2 u = 0 \tag{54}$$

의 해이면 $u_\lambda(t, x) = \lambda u(\lambda^2 t, \lambda x)$도 해이다. 방정식의 비선형적인 척도와 해에 적용할 수 있는 선형적 계측 간의 관계를 살펴보면, 방정식을 아임계(subcritical), 임계(critical), 초임계(supercritical) 방정식으로 분류할 수 있으며 이 분류법은 아주 유용하다. 이것에 대한 내용은 §4에서 더 자세하게 다룰 것이다. 당장은 아임계 방정식은 존재하는 사전추정값으로 비선형성을 제어할 수 있는 방정식, 초임계 방정식은 비선형성이 더 강하게 나타나는 방정식이라고 생각해도 무방하다. 임계방정식은 경계선상에 있다. 임계성에 대한 정의와 이것이 정칙성이라는 주제와 맺는 관련성은 비선형 편미분방정식에서 아주 중요한 경험적 역할을 수행한다. 보통 초임계 방정식은 특이점을 유발하고 아임계 방정식은 그렇지 않다고 예상한다.

4 주요 방정식들

§3에서 모든 편미분방정식에 대한 일반적 이론을 찾는 것은 희망이 없지만, 그럼에도 가치 있는 일반적 아이디어와 기교가 존재하며 이들이 거의 모든 중요한 방정식과 관련이 있다는 것을 살펴보았다. §4에서는 우리가 중요하다고 말하는 방정식의 특징들을 어떻게 구분지을 수 있는지에 대해서 알아볼 것이다.

기본 편미분방정식들 중 대부분은 간단한 기하학적 원리들로부터 유도할 수 있는데, 이 원리는 현대 물리학의 바탕을 이루는 기하학적 원리와도 일치하게 된다. 이런 원리들은 이 주제에 대한 통합적인 체계[*]를 제공해 주며 일종의 목적성과 결속력을 갖도록 해 준다. 이들은 또한 왜 라플라스 작용소나 달랑베르 작용소와 같은 아주 극소수의 선형 미분연산자들이 만연해 있는지를 설명해 준다.

연산자를 가지고 논의를 시작해 보자. 라플라스 작용소는 이 글의 시작부분에서 언급했듯이 유클리드 공간의 강체 운동에 대해서 불변인 가장 간단한 미분연산자이다. 이 사실은 수학적으로 중요한데 그 이유는 이 사실이 다수의 대칭적 성질을 야기하기 때문이다. 또한 많은 물리 법칙들이 강체 운동에 대해 불변이기 때문에 물리학적으로도 중요하다. 달랑베르 작용소는 이와 비슷하게 민코프스키 공간의 자연스러운 대칭이나 푸앵카레 변환에 불변인 가장 간단한 연산자이다.

---

[*] 아래의 개괄적인 내용은 수학자, 물리학자, 공학자들이 연구한 편미분방정식들의 수가 엄청나게 많음에도 이들을 통합하는 간단하고 기본적인 원리가 존재한다는 것을 보여주기 위한 시도일 뿐이다. 결단코 아래에서 논의되는 방정식들에만 주의를 기울일 가치가 있다고 여겨서는 안될 것이다.

이제 방정식으로 관심을 돌려보자. 물리학의 관점에서 열방정식은 그것이 확산 현상(diffusive phenomenon)의 가장 간단한 패러다임이기 때문에 기본적인 방정식이다. 또한 슈뢰딩거 방정식은 클라인-고든 방정식의 뉴턴 극한(Newtonian limit)으로 볼 수 있다. 전자의 기하학적 체계는 갈릴레오 공간(Galilean space)으로 이것 자체도 민코프스키 공간의 뉴턴 극한이다.[*]

수학적인 관점에서 열, 슈뢰딩거, 파동 방정식은 해당하는 연산자 $\partial_t - \Delta$, $(1/i)\partial_t - \Delta$, 그리고 $\partial_t^2 - \Delta$가 Δ로 만들 수 있는 가장 간단한 발전 연산자이기 때문에 기본적인 방정식이다. 파동방정식은 더 깊은 의미에서 기본적인데, $\Box = -\partial_t^2 + \Delta$와 민코프스키 공간 $\mathbb{R}^{1+n}$ 사이의 연관성 때문이다. 라플라스 방정식에 관해서는 $\Delta\phi = 0$의 해를 $\Box\phi = 0$의 시간에 독립적인(time-independent) 특수해라고 볼 수 있다. Δ와 $\Box$ 또는 $\Box - k^2$에 대한 제곱근 연산자를 로렌츠 군(Lorentz group)의 '스피너 표현(spinorial representation)'에 해당하도록 불변적이고 국소적으로 잘 정의하면 관련된 디랙 연산자((13) 참조)를 유도할 수 있다. 같은 맥락에서 우리는 모든 리만 다양체나 로렌츠 다양체를 연산자 Δ_g이나 $\Box_g$에 각각 연관짓거나 또는 해당하는 디랙 연산자에 연관지을 수 있다. 이 방정식들은 자신들이 정의되어 있는 공간의 대칭성을 그대로 물려받는다.

4.1 변분적 방정식

물리학과 기하학 모두에서 본질적인 역할을 하는 대칭들을 명시했을 때 이 대칭들을 가진 방정식을 만들어내는 일반적이고 지극히 효과적인 방법이 있다. 아래의 식

$$\mathcal{L}[\phi] = \sum_{\mu,\nu=0}^{3} m^{\mu\nu}\partial_\mu\phi\partial_\nu\phi - V(\phi) \quad (55)$$

와 같이 라그랑지안(Lagrangian)이라고 불리는 스칼라 양으로 논의를 시작해 보자. ϕ는 $\mathbb{R}^{1+3}$에서 정의된 실함수이고 V는 ϕ에 대한, 예를 들어 $V(\phi) = \phi^3$과 같은 실함수이다. 여기서 ∂_μ는 좌표 x^μ, $\mu = 0, 1, 2, 3$에 대한 편미분을 나타내고, $m^{\mu\nu} = m_{\mu\nu}$는 앞에서처럼 대각선 원소가 $(-1, 1, 1, 1)$인 4×4 대각행렬을 나타내며 민코프스키 계량과 관련되어 있다. $\mathcal{L}[\phi]$에 대해서 작용적분(action integral)이라 불리는 적분

$$S[\phi] = \int_{\mathbb{R}^{3+1}} \mathcal{L}[\phi]$$

를 정의할 수 있다. $\mathcal{L}[\phi]$와 $S[\phi]$ 모두 평행이동과 로렌츠 변환에 대해 불변이다. 다시 말해서, $T : \mathbb{R}^{1+3} \to \mathbb{R}^{1+3}$이 계량을 변화시키지 않는 함수일 때 새로운 함수 $\psi(t, x) = \phi(T(t, x))$를 정의하면, $\mathcal{L}[\phi] = \mathcal{L}[\psi]$이고 $S[\phi] = S[\psi]$이다.

이제 작용적분을 최소화하는 함수 ϕ에 대해 생각해 보자. 우리는 이로부터 S를 ϕ에서 적절한 의미로 미분을 하면 0이라는 결론을 내릴 수 있기를 바란다. 하지만 ϕ는 무한차원 공간에 존재하기 때문에 아주 직접적인 방법으로 미분을 이야기할 수는 없다. 이 문제를 다루기 위해 어떤 구간 $(-\epsilon, \epsilon)$에 속하는 s에 대하여 정의되고 매끄러운 함수

---

[*] c를 빛의 속도라고 할 때 민코프스키 계량 $m = \mathrm{diag}(-1/c^2, 1, 1, 1)$에서 극한 $c \to \infty$를 취하면 이 사실을 알 수 있다.

$\phi^{(s)} : \mathbb{R}^{1+3} \to \mathbb{R}$로 이루어진 단일매개변수족(one parameter family)이 모든 $x \in \mathbb{R}^3$에 대해서 $\phi^{(0)}(x) = \phi(x)$이고, $\mathbb{R}^{1+3}$ 안의 어떤 유계 집합 바깥에서 $\phi^{(s)}(x) = \phi(x)$를 만족하면 ϕ의 **콤팩트 변분**(compact variation)이라고 정의하자. 이렇게 하면 s에 대해서 미분할 수 있게 된다.

주어진 한 변분에 대해서 $\dot{\phi}$는 $\mathrm{d}\phi^{(s)}/\mathrm{d}s|_{s=0}$으로 표기한다.

정의. 만약 어떤 장 ϕ에 대한 임의의 콤팩트 변분 $\phi^{(s)}$이

$$\frac{\mathrm{d}}{\mathrm{d}s}S[\phi^{(s)}]\Big|_{s=0} = 0$$

을 만족하면 우리는 ϕ를 **정상**(stationary)이라고 부른다.

변분 원리(variational principle). 변분 원리 혹은 최소작용원리(principle of least action)란 주어진 물리계에서 용인되는 해는 그 계의 라그랑지안으로부터 정의한 작용 적분에 대해서 정상이어야 한다는 원리이다.

변분 원리를 이용하면 라그랑지안이 주어졌을 때 ϕ가 정상이라는 사실로부터 연립 편미분방정식을 하나 얻을 수 있는데, 이를 오일러-라그랑주 방정식(Euler-Lagrange equation)이라고 부른다. $\mathbb{R}^{1+3}$ 상의 비선형 파동방정식

$$\Box\phi - V'(\phi) = 0 \tag{56}$$

이 라그랑지안 (55)의 오일러-라그랑주 방정식임을 한번 증명해 보자. ϕ의 콤팩트 변분 $\phi^{(s)}$에 대해서

$S(s) = S[\phi^{(s)}]$이라고 놓자. 부분적분을 하면 아래의 식

$$\frac{\mathrm{d}}{\mathrm{d}s}S(s)\Big|_{s=0} = \int_{\mathbb{R}^{3+1}} [-m^{\mu\nu}\,\partial_\mu\dot{\phi}\,\partial_\nu\phi - V'(\phi)\dot{\phi}]$$
$$= \int_{\mathbb{R}^{3+1}} \dot{\phi}\,[\Box\phi - V'(\phi)]$$

를 얻는다. 작용원리와 ϕ의 임의성을 생각하면 ϕ는 (56)을 만족해야만 한다. 따라서 (56)은 라그랑지안 $\mathcal{L}[\phi] = m^{\mu\nu}\partial_\mu\phi\partial_\nu\phi - V(\phi)$에 해당하는 오일러-라그랑주 방정식이다.

전자기학의 맥스웰 방정식과 이 방정식의 아름다운 확장인 양-밀스 방정식, 파동 함수, 일반상대론의 아인슈타인 방정식 또한 변분적이다. 즉, 이 방정식들은 라그랑지안으로부터 유도할 수 있다.

덧붙이는 말. 변분 원리는 주어진 물리계에서 용인되는 해는 정상이라는 것만을 주장한다. 일반적으로 원하는 해들이 작용 적분을 최소화하거나 최대화한다고 예상할 이유는 없다. 실제로 맥스웰 방정식이나 양-밀스 방정식, 파동 사상, 아인슈타인 방정식과 같이 시간에 의존하는 물리계에 대한 방정식의 경우 이 예상은 참이 아니다.

그러나 시간에 의존하지 않는 물리계나 기하학 문제에서 찾고 싶은 해 중 대다수는 극점(extremal)이 되는 것으로 밝혀졌다. 가장 간단한 예는 리만 다양체 M 안에서 길이를 최소화하는 측지선(geodesic)에 대한 것이다.* 더 정확히 설명하면 길이 범함수(length functional)는 M 위에 고정된 두 점을 연결하는 곡선 γ를 받아 그 곡선의 길이 $L(\gamma)$를 값으로 내

놓으므로 작용 적분의 역할을 하고 있다. 이 경우 측지선은 이 범함수의 정상점(stationary point)은 아니지만 최소점이 된다. 또한 이미 디리클레 원리에 따라서 디리클레 문제 (53)의 해는 디리클레 적분 (52)를 최소화한다는 것을 알고 있다. 다른 예로 최소곡면 방정식 (7)이 있는데, 이 방정식의 해는 넓이 적분을 최소화한다.

다양한 범함수, 다시 말해 작용 적분의 최소점 (minimizer)에 대한 연구는 유서 깊은 수학 분야로서 변분법(calculus of variation)이라는 이름을 가지고 있다(추가적인 내용을 알고 싶으면 변분적 방법[III.94]을 보라).

변분 원리와 관련이 있는 또 다른 기본적 원리가 있다. 발전 편미분방정식에 대한 보존법칙(conservation law)은 방정식의 모든 해에 대해서 어떤 양이 시간에 대해서 항상 상수로 남아 있어야 된다는 법칙으로 이러한 양은 전형적으로 해에 의존하는 적분량이다.

뇌터의 원리(Noether's principle). 임의의 연속인 단일매개변수 라그랑지안 대칭군이 주어지면 항상 이에 대응하는 보존법칙이 주어진 라그랑지안의 오일러-라그랑주 편미분방정식에 대하여 성립한다.

이러한 보존법칙의 예로서 에너지 보존법칙, 운동량 보존법칙, 각운동량 보존법칙이 있고 이 모든 법칙들은 중요한 물리적 의미를 가지고 있다. (예를

들어 에너지에 대한 단일매개변수 대칭군은 시간 변수에 대한 평행이동이다.) 방정식 (56)의 경우에 에너지 보존법칙은 아래와 같은 형태

$$E(t) = E(0) \qquad (57)$$

을 가진다. $E(t)$라는 양은

$$\int_{\Sigma_t} \left(\frac{1}{2}(\partial_t \phi)^2 + \frac{1}{2}\sum_{i=1}^{3}(\partial_i \phi)^2 + V(\phi) \right) dx \quad (58)$$

로 정의되며 시간 t에서의 전체 에너지(total energy)라고 불린다. (Σ_t는 점 (t, x, y, z)를 $\mathbb{R}^3$ 상의 점 (x, y, z)에 대해서 모두 모은 집합을 말한다.) (57)이 $V \geq 0$일 때 (56)의 해에 대해서 극히 중요한 사전추정값을 준다는 것을 관찰해 보자. 실제로 $t = 0$일 때 초기 조건의 에너지가 유한(즉 $E(0) < \infty$)이라면 부등식

$$\int_{\Sigma_t} \left(\frac{1}{2}(\partial_t \phi)^2 + \frac{1}{2}\sum_{i=1}^{3}(\partial_i \phi)^2 \right) dx \leq E(0)$$

을 만족한다. 에너지 항등식 (57)이 강압적(coercive)이라고 말하는데, 이는 이 식이 유한인 초기 에너지를 가지는 모든 해에 대한 절대 유계(absolute bound)를 이끌어낸다는 뜻이다.

4.2 임계성의 문제

수리물리학에서 등장하는 대부분의 기본적인 발전 방정식들에 대해서 에너지에 의한 사전추정값보다 더 낫다고 알려진 계측은 대체적으로 존재하지 않는다. 또한 이 방정식들의 척도적 성질에 주의를 기울여보면 앞서 언급했듯이 아임계, 임계, 초임계 방정식으로 분류하는 아주 중요한 분류법을 만들어

---

* 일반적으로는 길이가 충분히 짧은 측지선, 즉 서로 가까운 두 점을 연결하는 측지선들만 길이를 최소화한다.

낼 수 있다. 어떻게 분류하는지 알아보기 위해 다시 한번 비선형 스칼라 방정식 $\Box\phi - V'(\phi) = 0$을 생각해 보자. 여기서 $V(\phi)$는 $(1/(p+1))|\phi|^{p+1}$으로 잡는다. 에너지 적분이 (58)로 주어진다는 것을 상기해 보라. 만약 시공간 변수에 길이 L의 차원을 할당하면, 시공간 미분의 차원은 L^{-1}이고, 따라서 $\Box$은 L^{-2}의 차원을 갖는다. 방정식 $\Box\phi = |\phi|^{p-1}\phi$의 좌변과 우변의 균형을 맞추려면 ϕ에 길이에 대한 차원를 지정해야 하는데 이것은 $L^{2/(1-p)}$이 된다. 그러므로 에너지 적분

$$E(t) = \int_{\mathbb{R}^d} (2^{-1}|\partial\phi|^2 + |\phi|^{p+1})\,\mathrm{d}x$$

는 L^c, $c = d - 2 + (4/(1-p))$의 차원을 갖는다. 여기서 d는 부피요소 $\mathrm{d}x = \mathrm{d}x^1\mathrm{d}x^2\cdots\mathrm{d}x^d$에서의 d이며, 이 부피요소는 L^d의 차원을 가진다. 만약 $c < 0$이면 방정식을 **아임계**라고 부르고 $c = 0$이면 **임계**, $c > 0$이면 **초임계**라고 부른다. 그러므로 예를 들어 $\Box\phi - \phi^5 = 0$은 차원 $d = 3$에서 임계이다. 같은 종류의 차원 분석을 다른 모든 기본적인 방정식에 대해서도 할 수 있다. 만약 어떤 발전 편미분방정식이 임의의 매끄러운 유한 에너지 초기조건을 가질 때 항상 대역적인 매끄러운 해가 존재하면 이 방정식은 **정칙** (regular)이라고 말한다. 모든 아임계 방정식은 정칙일 것으로 추측하고 있지만 초임계 방정식은 특이점을 유발할 것으로 예상된다. 임계 방정식은 경계선상에 있는 중요한 경우이다. 이에 대한 경험적인 이유를 들자면 비선형성은 특이점을 유발하는 경향이 있는 반면에 강압적인 계측은 이를 막으려 하는 경향이 있다. 아임계 방정식에서는 강압적 계측이 더 강한 반면, 초임계 방정식에서는 비선형성이 더 강하다. 하지만 우리의 조잡한 경험적 논법이 다루지 못하는 더 미묘한 사전적 계측이 존재할지도 모른다. 그러므로 나비에-스토크스 방정식과 같은 몇몇 초임계 방정식들은 정칙일지도 모른다.

4.3 다른 방정식들

다수의 또 다른 익숙한 방정식들을 아래의 절차에 따라 위에서 서술한 변분적 방정식으로부터 유도해낼 수 있다.

4.3.1 대칭감소법

편미분방정식은 때때로 풀기가 아주 어려울 때가 있지만 해에 추가적인 대칭성을 제약조건으로 주면 훨씬 풀기 쉬워진다. 예를 들어 어떤 편미분방정식이 회전 불변이고 단지 회전 불변인 해 $u(t, x)$를 찾고 있다면 이 해를 t와 $r = |x|$의 함수로 간주할 수 있으므로 이 문제의 차원을 효과적으로 감소시킬 수 있다. 이러한 **대칭감소** 절차에 의해 본래의 것보다 훨씬 간단하게 새로운 편미분방정식을 유도할 수 있는 것이다. 더 간단한 방정식을 찾는 또 다른 방법 중 약간 더 일반적인 방법은 좀 더 추가적인 성질을 만족하는 해를 찾는 것이다. 예를 들어 방정식의 해가 시간불변이거나(즉 시간 변수에 의존하지 않거나) 구면대칭(spherical symmetry)이거나 자기 닮음(self-similar)($u(t, x)$가 x/t^a에만 의존한다는 뜻이다) 혹은 **진행파**(traveling wave)($u(t, x)$가 고정된 속도 벡터 v에 대해서 $x - vt$에만 의존한다는 뜻이다)라고 가정할 수 있다. 대개 이러한 감소법으로 얻은 방정식은 그 자신도 변분 구조를 갖는다. 사실 대칭감소법은 원래의 라그랑지안에 직접 적용할 수

있다.

4.3.2 뉴턴 근사법과 그 밖의 극한들

많은 종류의 새로운 방정식들이 위에서 서술한 기본적인 방정식에서 한 개 이상의 특성속도들을 무한대로 보낸 극한을 통해 유도될 수 있다. 가장 중요한 예가 바로 뉴턴 극한인데, 빛의 속도를 무한대로 보내는 것을 말한다. 이미 언급했던 것처럼 슈뢰딩거 방정식은 선형 클라인-고든 방정식으로부터 이 방법을 통하여 유도될 수 있다. 비슷한 방식으로 비상대론적 탄성이론, 유체역학 또는 자기유체역학(magnetohydrodynamics)의 방정식에 대한 라그랑지안을 유도할 수 있다. 재미있는 사실은 비상대론적 방정식이 상대론적 방정식보다 더 너저분해 보이는 경향이 있다는 것이다. 원 방정식이 갖는 간단한 기하학적 구조는 극한을 취하면 사라진다. 상대론적 방정식이 가지는 놀랄 만한 단순성은 통합적 원리로서의 상대성의 중요성을 보여주는 강력한 사례이다.

우리는 친숙한 뉴턴 물리학의 세상에서 살고 있으므로 또 다른 잘 알려진 극한 절차를 수행해 볼 수 있다. 유명한 비압축성 오일러 방정식[III.23]은 일반적인 비상대론적 유체 방정식에서 음속을 무한대로 보낸 극한을 취해서 얻어진다. 다양한 다른 극한들도 물리계의 또 다른 특성속도에 대해서 취하거나 유체에서의 경계층근사(boundary-layer approximation)와 같이 특별한 경계조건에 연관해서 얻을 수 있다. 예를 들어 모든 특성속도를 무한대로 보내면 탄성 방정식은 고전 역학에서 익숙한 강체 방정식(rigid body equation)으로 변환된다.

4.3.3 현상론적 가정

다양한 극한을 취하고 대칭감소법을 사용한 후에도 방정식은 여전히 다루기 어려울지도 모른다. 하지만 여러 응용에서 어떤 양들은 무시해도 될 만큼 충분히 작다고 가정해도 의미가 통한다. 이를 통해 단순화된 방정식을 이끌어낼 수 있는데, 이 방정식을 첫 번째 원리로부터 유도하지 않았다는 의미로 현상론적인* 방정식이라고 부른다.

현상론적인 방정식은 복잡한 물리계가 갖는 중요한 물리 현상을 잘 드러내고 분리해내기 위하여 사용하는 '장난감 방정식'이다. 재미있는 현상론적 방정식을 만들어내는 전형적인 방법은 원래의 물리계가 갖는 특별한 성질을 잘 보여주는 가장 간단한 모형 방정식을 적어보려고 하는 것이다. 예를 들어 압축성 유체나 탄성체에 대한 자기집속 평면파(self-focusing plane wave) 효과는 단순하게 버거스 방정식 $u_t + uu_x = 0$으로 나타낼 수 있다. 유체에서 전형적인 비선형 분산 현상(nonlinear dispersive phenomenon)은 유명한 코르테베흐-더프리스(Korteweg-de Vries) 방정식 $u_t + uu_x + u_{xxx} = 0$으로 나타낸다. 비선형 슈뢰딩거 방정식 (54)는 광학에서의 비선형 분산 효과에 대한 좋은 모형 문제를 제공해준다.

잘 선택된 모형 방정식은 원래 방정식에 대한 기초적 통찰을 가능케 한다. 이런 이유로 단순화된 모형 문제를 주의 깊게 선택하여 아이디어를 시험해

---

* 나는 여기서 이 용어를 상당히 자유롭게 사용했다. 이 용어는 대개 약간 다른 맥락으로 사용된다. 또한 예를 들어 분산형 방정식처럼 내가 아래에서 현상론적이라고 부르는 몇 개의 방정식들은 형식적인 점근적 유도로부터 얻을 수 있다.

보는 일은 편미분방정식을 엄밀히 연구하는 연구자들이 일상적으로 거쳐야 하는 필수 과정이다. 기본적인 물리 방정식에 관련해서 좋은 결과를 얻는 일은 매우 드물다는 것을 강조할 필요가 있는데, 편미분방정식에서 엄밀하게 얻어진 중요한 연구성과들은 대체로 단순화된 방정식을 다룬 것이며, 이런 단순화된 방정식들은 기술적인 이유로 기본적인 방정식이 갖는 몇몇 특정한 어려움들에만 관심을 집중시키기 위해 선택된 것이다.

위의 논의에서는 나비에-스토크스 방정식과 같은 확산 방정식(diffusive equation)*에 대해서 언급하지 않았다. 이 방정식들은 실제로 변분적이지 않으며 따라서 위에서 서술한 내용과 잘 들어맞지 않는다. 이들을 현상론적인 방정식으로도 볼 수 있지만 입자들의 개수 N이 매우 클 때 입자 간의 뉴턴 역학적인 상호작용을 지배하는 법칙과 같은 기본적인 미시 법칙들로부터 유도할 수도 있다. 원론적으로** 나비에-스토크스 방정식 같은 연속체 역학(continuum mechanics)의 방정식들은 입자의 개수에 대한 극한 $N \to \infty$를 취해서 유도할 수 있다.

확산 방정식은 또한 기하학 문제와 관련하여 매우 유용한 것으로 밝혀졌다. 평균곡률(mean curvature), 역평균곡률(inverse mean curvature), 조화사상(harmonic map), 가우스 곡률(Gauss curvature), 리치 흐름(Ricci flow)과 같은 기하적 흐름(geometric flow) 등이 대표적인 사례이다. 확산 방정식은 보통

타원형 변분 문제에 대한 그래디언트 흐름(gradient flow)으로 이해할 수 있다. 이 방정식들은 해당 정상계의 자명하지 않은 정상해를 극한 $t \to \infty$를 취하여 구성할 때 쓰이거나 최근 유명한 펜로즈(Penrose)의 추측을 증명할 때 쓰였던 것처럼 놀라운 성질을 가진 엽층(foliation)을 만들 때 사용된다. 이미 언급했던 것처럼 3차원 푸앵카레 추측을 해결하기 위해 리치 흐름을 사용했던 페렐만(Perelman)의 최근 연구성과는 이 아이디어의 비범한 적용 사례라고 할 수 있다. 그의 새로운 주요 아이디어 중 하나가 바로 리치 흐름을 그래디언트 흐름으로 해석하는 것이었다.

4.4 정칙성 또는 깨짐현상

기본적인 방정식의 해에 대한 정칙성 또는 깨짐현상에 관한 문제는 편미분방정식론에서 중심적인 역할을 하며 이 주제를 통합할 수 있는 또 다른 원천이다. 이 문제는 방정식의 해라는 것이 실제로 무엇인지에 대해 이해하려는 본질적인 수학적 질문, 그리고 물리학적 관점에서 방정식에 해당하는 물리이론의 유효성에 대한 한계를 이해하려는 문제들과 밀접하게 연관되어 있다. 예를 들어 버거스 방정식의 특이점 문제는 우리가 생각하는 해의 개념을 확장하여 (t, x) 공간 속의 어떤 곡선 위에서 불연속을 갖는 **충격파(shock wave)**를 해로 인정함으로써 해결할 수 있다. 이 경우 우리는 일반화된 해의 함수공간을 정의하여 이 안에서 초깃값 문제가 유일하고 대역적인 해를 갖게 할 수 있다. 더 실제적인 물리계를 다룰 때는 상황이 훨씬 덜 명확하고 만족스러운 해결책이 존재하기 어렵지만 충격파 유형(shock-

---

* 에너지 같은 몇몇 기본적인 물리량이 보존되지 않으며 실제로 시간에 대해서 감소할 수도 있는 방정식 유형이다. 전형적인 예로 포물형 방정식이 있다.

** 이 과정을 수학적으로 엄밀하게 확립하는 것은 매우 중요한 난제이다.

wave-type)의 특이점이 다루고 있는 물리 이론의 경계를 깨지 않는다는 의견이 일반적이다. 일반 상대성이론의 특이점에 대한 상황은 근본적으로 다르다. 이 이론에서 기대하는 특이점은 물리이론 그 자체를 대체하지 않고서는 해를 확장할 수 없는 성질을 가지고 있다. 여기서는 오직 중력 양자장론(gravitational quantum field theory)만이 이를 해결할 수 있다는 의견이 지배적이다.

5 일반적인 결론

그렇다면 편미분방정식의 현대적 이론이란 무엇인가? 첫 번째 근사로서 아래의 주요 목표들을 추구하는 것이라고 말할 수 있다.

(i) 수리물리학에서 등장하는 기본적인 방정식들에 대한 발전문제(evolution problem)를 이해할 것. 이 관점에서 가장 시급한 사안은 언제 그리고 어떻게 기본적인 방정식의 (시간에 대해) 국소적인* 매끄러운 해가 특이점을 발생시키는지에 대한 것이다. 정칙적 이론과 특이해(singular solution)를 허용할 수 있는 이론을 구별하기 위한 지극히 단순한 기준은 아임계 방정식과 초임계 방정식으로 구분하는 것이다. 앞서 언급했던 것처럼 사람들은 아임계 방정식은 정칙적이고 초임계 방정식은 그렇지 않다고 믿고 있다. 실제로 아임계 방정식에 대한 정칙성 결과를 확립하는

일반적인 방법이 없음에도 불구하고 많은 아임계 방정식들이 정칙임이 증명되었다. 초임계 방정식에 대해서는 상황이 훨씬 더 미묘하다. 지금은 초임계**라고 부르는 방정식도 추가적인 사전추정값이 발견됨에 따라 임계, 심지어 아임계인 것으로 밝혀질 수도 있다. 따라서 임계성에 대한 사안 그리고 이에 따른 특이행동에 대한 사안에 관한 중요한 질문은 '뇌터의 원리로부터 유도할 수 없는 국소적인 사전적 계측이 존재하고 이 계측이 다른 사전적 계측보다 더욱 강한 계측인가?'이다. 이러한 계측의 발견은 수학과 물리학을 통틀어서 대사건이 될 것이다.

만약 기본적인 발전방정식들이 특이점을 가질 수밖에 없다는 것이 밝혀지면 일반적인 개념의 해를 어느 정도 수용할 수 있는 상황인지 아니면 특이점의 구조가 방정식 자체의 구조로부터 얻어진 것인지를 묻는 질문과 마주하게 된다. 만일 후자라면 밑바탕에 깔려 있는 물리이론은 의미를 상실하게 된다. 용인할 수 있는 개념의 일반화된 해는 물론 방정식의 결정론적인(deterministic) 성질을 보존해야만 한다. 다시 말해서 해는 코시 데이터로부터 유일하게 결정되어야 한다.

마지막으로, 용인할 수 있는 일반화된 해를 찾고 나면 점근적 장기 행동과 같은 중요한 정성적인 성질들을 결정하기 위해서 이 해를 사용할 것이다. 이런 식의 질문들을 무수히 많이 만들어낼 수 있고 이 질문들에 대한 답은 방정식마다 다를 것이다.

---

* 지난 100년 간 수학에서 달성한 가장 중요한 성과 중 하나는 위에서 언급한 모든 사례들을 포함하는 넓은 범위의 초기조건과 많은 종류의 비선형방정식에 대해서 시간국소적인 해의 존재성과 유일성을 보장해 주는 일반적인 방법의 확립이었다.

** 우리가 말하는 초임계성은 사용 가능한 강압적인 사전추정값 중에 가장 강한 추정값에 의존한다.

(ii) 여러가지 근사들에 대한 유효성의 범위를 수학적으로 엄밀하게 이해할 것. 다양한 극한 절차나 현상론적인 가정으로부터 얻어진 방정식들은 물론 위에서 언급했던 사례에서처럼 그 자체로서도 연구대상이다. 그러나 이 방정식들은 추가적인 문제를 제시하는데, 좀 더 본질적이라고 생각하는 방정식들로부터 이 방정식들을 유도하는 메커니즘을 다루는 문제가 그것이다. 예를 들어 유도된 연립방정식이 유도할 때 사용했던 가정과 양립할 수 없는 행동양식을 보이는 것도 전적으로 가능하다. 그렇지 않다 하더라도 일반 상대성 이론에서의 구면대칭 가정이나 압축성 유체에 대한 영 소용돌이(zero vorticity) 가정과 같은 어떤 특별한 단순화 가정이 큰 척도로 봤을 때 불안정할 수 있다는 것이 밝혀졌으며 따라서 일반적인 경우에 대해 신뢰성 있는 예측을 주지 못하게 된다. 이들 그리고 또 다른 비슷한 상황들은 중요한 딜레마를 이끌어 낸다. 많은 경우에서 피하고 싶은 수학적 어려움(이들 중 몇몇은 상당히 병적인 것으로 밝혀질 수도 있고 어쩌면 근사를 하는 방식 때문에 생긴 것일지도 모른다)을 직면했을 때에도 근사 방정식을 계속 연구해야 하는가 아니면 원 방정식 혹은 더 적합한 근사를 지지하는 의미에서 이 방정식을 포기해야 하는가? 개별적인 상황에 대해서 어떻게 판단하든지 간에 여러 가지로 다양한 근사들에 대한 유효성의 범위를 엄밀하게 이해하는 문제가 편미분방정식론의 본질적인 목표 중 하나라는 사실은 명백하다.

(iii) 구체적인 기하학적 또는 물리학적인 문제를 연구하는 데 있어서 합당한 방정식을 고안해내고 분석

할 것. 이 마지막 목표는 필연적으로 모호할 수밖에 없지만 다른 목표들과 동등하게 중요하다. 다양한 수학 분야에서 편미분방정식이 수행하는 역할이 엄청나게 중요하다는 사실은 이전보다 더 분명하다. 라플라스, 열, 파동, 디랙, 코르테베흐-더프리스(KdV), 맥스웰, 양-밀스 그리고 아인슈타인 방정식과 같이 원래 구체적인 물리적 상황에서 도입되었던 방정식들이 어떻게 기하학, 위상수학, 대수학, 조합론과 같이 무관해 보이는 분야들의 문제에도 아주 깊게 응용될 수 있었는지를 생각해 보면 경외심마저 느껴진다. 다른 편미분방정식들은 등주문제(isoperimetric problem)의 해, 최소곡면, 최소비틀림곡면(surfaces of least distortion), 최소곡률(minimal curvature) 또는 더 추상적인 접속(connection), 사상(map), 차별화된 성질을 갖는 계량과 같이 최적의 기하학적 모양을 가진 임베드된 대상들을 찾을 때 자연스럽게 등장한다. 이들은 수리물리학의 주요 방정식들처럼 그 특성상 변분적이다. 또 다른 방정식들은 사상, 접속, 계량과 같은 수리적 대상들이 일반적으로 주어졌을 때 이들을 최적성을 갖는 대상으로 변형할 수 있게 하려는 목표에서 도입되었다. 이들은 보통 기하학적인 포물형 유동의 형태로 나타난다. 이것의 가장 유명한 예는 리처드 해밀턴(Richard Hamilton)이 처음 도입한 리치 흐름으로, 리치 흐름을 이용해 리만 계량을 아인슈타인 계량으로 변형하기를 원했다. 그 이전에 사용되었던 이와 비슷한 아이디어로, 조화 열류(harmonic heat flow)의 도움을 받아 만들어낸 정상 조화사상(stationary harmonic map) 그리고 양-밀스 유동의 도움을 받아 만들어낸 자기쌍대 양-밀스 접속(self-dual Yang-

Mills connection)이 있다. 또한 3차원 푸앵카레의 추측을 해결할 때 리치 흐름이 성공적으로 사용되었을 뿐 아니라 게로치(Geroch)가 처음 도입한 역 평균 흐름(inverse mean flow)은 기하학적 유동의 유용성을 보여주는 놀랄 만한 최근의 또 다른 예로서 리만-펜로즈 부등식을 증명할 때 사용되었다.

더 읽을거리

Brezis, H. and F. Browder. 1998. Partial differential equations in the 20th century. *Advances in Mathematics* 135:76-144.

Constantin, P. 2007. On the Euler equations of incompressible fluids. *Bulletin of the American Mathematical Society* 44:603-21.

Evans, L. C. 1998. *Partial Differential Equations. Graduate Studies in Mathematics*, volume 19. Providence, RI: American Mathematical Society.

John, F. 1991. *Partial Differential Equations*. New York: Springer.

Klainerman, S. 2000. PDE as a unified subject. In *GAFA 2000*, *Visions in Mathematics — Towards 2000*(special issue of *Geometric and Functional Analysis*), part 1, pp.279-315.

Wald, R. M. 1984. *General Relativity*. Chicago, IL: Chicago University Press.

IV.13 일반 상대성 이론과 아인슈타인 방정식

미할리스 다퍼모스 *Mihalis Dafermos*

아인슈타인이 주창한 일반 상대성 이론은 근대 물리학의 최고의 성과 중 하나로 손꼽힐 뿐만 아니라, 중력과 관성력과 기하학을 아우르는 고전적인[*] 이론으로도 통용되고 있다. 이 이론의 수학적 구현이 바로 아인슈타인 방정식이다.

정확한 수식은

$$R_{\mu\nu} - \tfrac{1}{2}Rg_{\mu\nu} = 8\pi T_{\mu\nu} \tag{1}$$

이고 1915년 11월에 도출됐다. 이것은 아인슈타인이 그의 상대성 원리를 중력을 포함하는 이론으로 일반화하기 위해 8년이나 연구하여 얻어낸 최종 결과물인데, 그전까지 뉴턴 역학에서는 중력을 다음의 푸아송 방정식(Poisson equation)으로 설명하였다.

$$\frac{\partial^2 \phi}{\partial x^2} + \frac{\partial^2 \phi}{\partial y^2} + \frac{\partial^2 \phi}{\partial z^2} = 4\pi\mu. \tag{2}$$

여기서 ϕ는 위치에너지이고 μ는 질량밀도를 의미한다.

아인슈타인 방정식 (1)은 난해한 기호 때문에 그 의미조차 불분명하다는 점에서 푸아송 방정식 (2)와 확실히 대조된다. 그러한 이유로 일반 상대성 이론은 어렵고 난해한 주제라는 명성을 얻었다. 하지만 이러한 명성엔 다소 부당한 면이 있다. (1)과 (2)

---

[*] 여기서 '고전적'이란 '양자역학이 등장하기 전'이라는 의미를 담고 있다—옮긴이

둘 다 복잡한 개념 체계 안에서 만들어진 혁명적인 이론의 최고봉이기 때문이다. 아인슈타인 방정식보다 더 뛰어나든 뛰어나지 않든 푸아송 방정식을 만들기 위해 필요한 개념 체계는 전통적인 수학 개념과 학교 교육에 포함돼 왔다. 그래서 수학을 배운 경험이 있는 대중들은 데카르트 좌표계로 나타낸 $\mathbb{R}^3$ 및 함수, 편미분계수, 질량, 힘 등의 개념에 친숙하다. 반면 일반 상대론의 개념 구조는 기본적인 물리학적 개념 측면에서나, 그것을 나타내기 위해 필요한 수학적 도구 측면에서나 앞서 언급한 개념들에 비해 훨씬 대중에게 다가가지 못했다. 하지만 일단 그 개념에 익숙해지고 나면 아인슈타인 방정식이 푸아송 방정식보다 훨씬 자연스러우며 오히려 더 간단하다고까지 감히 말할 수 있을 것이다.

그러므로 이 글의 첫 번째 목표는 일반 상대성 이론의 개념 구조를 설명하는 것이다. 방정식 (1)의 진짜 의미가 무엇인지와 왜 그것이 상대성 이론의 일반적인 구조 안에서는 어떤 의미에서 가장 단순한 방정식이 되는지를 알아볼 것이다. 그러기 위해서는 **특수 상대론**과 거기서의 질량이 함축하는 바를 되짚어 봐야 한다. 이 과정을 통해 텐서(tensorial object) T로 표현되는 **변형력-에너지-운동량**(stress-energy-momentum)의 통합 개념을 살펴볼 수 있을 것이다. 마지막으로 시공간의 연속체를 나타내는 4차원 일반 **로렌츠 다양체**(Lorentz manifold) $(\mathcal{M}, g)$의 개념으로 탁월하게 도약했던 아인슈타인의 영감을 어느 정도 느껴볼 수 있을 것이다. 이러한 과정을 통해 방정식 (1)이 텐서 T와 소위 **곡률**이라고 불리는 g의 기하의 관계를 표현하고 있다는 것을 알게 될 것이다.

어떤 이론의 진의를 이해하는 것은 그 이론의 핵심 수식들을 어떻게 쓰는지 아는 것과는 차원이 다르다. 일반 상대성 이론은 **중력 소멸**(gravitational collapse), **블랙홀, 시공간 특이점**(space-time singularity), **우주 팽창** 등 20세기 물리학이 예견한 가장 놀라운 현상들과 연관되어 있다. 이러한 현상들은 1915년 이전에는 전혀 알려져 있지 않았기 때문에 수식 (1)을 만드는 데에는 아무런 역할을 하지 못하다가, (1)의 해의 대역적인 **동역학**(global dynamics) 문제를 둘러싼 개념적인 이슈들이 이해되고 나서야 그 모습을 드러냈다. 그러기까지 상당히 긴 시간이 소요되었다. 비록 그 이야기가 수식 (1)을 얻기 위한 영웅적인 노력만큼 잘 알려져 있진 않지만 말이다. 이 장은 아인슈타인 방정식의 멋진 동역학을 살짝 들여다보는 것으로 마무리될 것이다.

1 특수 상대성 이론

1.1 1905년, 아인슈타인

1905년 아인슈타인은 그가 고안한 특수 상대성 이론에서 모든 물리 법칙은 x, y, z, t로 정의되는 **좌표계**의 **로렌츠 변환**(Lorentz transformation)에 무관해야 한다고 규정했다. 로렌츠 변환이란 평행이동, 회전 및 **로렌츠 부스트**(Lorentz boost)[*]를 의미하며 다음과 같은 관계식으로 표현된다(단, 여기서 c는 $|v| < c$를 만족하는 상수이다).

---

[*] 간단히 말해서 로렌츠 부스트란 로렌츠 변환 중 3차원 회전을 포함하지 않은 변환으로 이해할 수 있다(주의: 엄밀한 정의는 아님)-옮긴이

$$\tilde{x} = \frac{x - vt}{\sqrt{1 - v^2/c^2}}, \qquad \tilde{y} = y,$$
$$\tilde{t} = \frac{t - vt/c^2}{\sqrt{1 - v^2/c^2}}, \qquad \tilde{z} = z. \tag{3}$$

따라서 아인슈타인의 주장은 로렌츠 변환에 의해 좌표들이 바뀌더라도 모든 기본적인 방정식들은 그대로 유지돼야 한다는 것이다. 이런 변환 체제는 진공상태의 맥스웰 방정식(Maxwell equation)

$$\nabla \cdot \boldsymbol{E} = 0, \quad \nabla \cdot \boldsymbol{B} = 0,$$
$$c^{-1}\partial_t \boldsymbol{B} + \nabla \times \boldsymbol{E} = 0, \quad c^{-1}\partial_t \boldsymbol{E} - \nabla \times \boldsymbol{B} = 0 \tag{4}$$

을 연구하는 과정에서 이미 드러났던 것이었다. 여기서 $\boldsymbol{E}$는 전기장, $\boldsymbol{B}$는 자기장을 나타낸다. 즉, 로렌츠 변환이란 엄밀히 말해 (4)에 변환이 가해지더라도 $\boldsymbol{E}$와 $\boldsymbol{B}$만 적절히 바꿔주면 방정식의 형태가 그대로 유지되는 변환을 말한다. 로렌츠 변환의 중요성은 푸앵카레[VI.61]에 의해 강조되었지만, 이 불변성을 물리학의 기본 법칙의 단계까지 끌어 올린 것은 아인슈타인의 깊은 통찰이었다. (3)에서 c가 무한히 커지는 경우에 해당하는 소위 갈릴레오의 상대성과 상충함에도 불구하고 말이다. 이러한 로렌츠 불변성의 놀라운 결과는 동시성이라는 개념은 절대적인 것이 아니라 관찰자에 따라 변한다는 것이다. (t, x, y, z)와 (t, x', y', z')으로 나타낼 수 있는* 서로 다른 두 가지 사건이 있을 때, 두 사건 사이의 변환이면서 변환된 사건들이 더 이상 동일한 t-좌표**를 가지지 않게 하는 로렌츠 변환을 찾는 것은 매우 쉽다.

---

* 동시에 일어난-옮긴이

** 시간을 나타내는 좌표-옮긴이

편미분방정식의 탁월한 결과 중 하나인 **강한 하위헌스(호이겐스) 원리**(strong Huygens principle)를 (4)에 적용하면, 진공 상태에서의 전자기 간섭현상이 속도 c로 전파되고, 이것을 빛의 속도라고 명시한다. 로렌츠 불변성의 관점에서 이 문장은 좌표계(frame)와 무관하다! 더 나아가 물리 이론에서는 질량을 가진 입자는 (어떤 좌표계에서 계산되더라도) 빛의 속도 c 이상의 속도로 움직이는 것이 허용될 수 없다는 것이 상대성 이론의 공준이다.

1.2 1908년, 민코프스키

아인슈타인은 특수 상대성 이론을 '대수적'으로 이해했다. 그 저변의 기하학적인 구조, 즉 원리의 핵심 내용이 $\mathbb{R}^4$에서 정의되는 **계량**

$$-c^2 dt^2 + dx^2 + dy^2 + dz^2 \tag{5}$$

안에 들어 있다는 것을 처음 이해한 사람은 민코프스키[VI.64]였다. 여기서 (t, x, y, z)는 $\mathbb{R}^4$의 좌표이다. 계량 (5)가 주어진 $\mathbb{R}^4$를 민코프스키 시공간이라고 부르고 $\mathbb{R}^{3+1}$이라고 나타낸다. $\mathbb{R}^{3+1}$의 각 점은 사건이라고 불린다. 수식 (5)는 $\mathbb{R}^4$의 접벡터 $\boldsymbol{v} = (c^{-1}v^0, v^1, v^2, v^3)$과 $\boldsymbol{w} = (c^{-1}w^0, w^1, w^2, w^3)$이 주어졌을 때

$$\langle \boldsymbol{v}, \boldsymbol{w} \rangle = -v^0 w^0 + v^1 w^1 + v^2 w^2 + v^3 w^3 \tag{6}$$

으로 정의되는 **내적**을 나타내는 고전적인 용어이다.

로렌츠 변환은 (5)로 정의된 기하 대칭군들로 정확히 구성된다. 따라서 아인슈타인의 상대성 원리는 물리의 기본 방정식들이 기하학적인 값을, 즉 계

량에 의해서 정해지는 값들을 통해서만 시공간을 나타내야 한다는 원리로 이해할 수 있다. 예를 들어, 이러한 관점으로부터 절대적인 동시성이 허용되지 않는 이유는, 그것이 $\mathbb{R}^{3+1}$의 임의의 점을 지나는 특정 초평면(hyperplane)에 의존하기 때문임을 알 수 있다. 계량을 변화시키지 않으면서 이 초평면을 주어진 점을 지나는 다른 초평면으로 변화시키는 로렌츠 변환이 존재하기 때문에, 계량에 포함된 어떤 것도 특정 초평면을 골라낼 수 없는데도 말이다. 어떤 물리 이론이 기하학적인 양만을 사용한다면 그 이론은 자동적으로 로렌츠 변환과는 무관하다는 점에 주목하자. 이런 사실을 알게 된 덕분에 여러 가지 복잡한 계산들이 불필요해졌다.

이러한 기하학적인 관점에 대해 좀 더 살펴보자. 0이 아닌 벡터 v는 내적 $\langle\cdot,\cdot\rangle$에 의해 세 가지 종류로 분류되는데, $\langle v,v\rangle < 0$이면 시간류(time-like), $\langle v,v\rangle = 0$이면 공류(null), $\langle v,v\rangle > 0$이면 공간류(space-like)라고 한다. 점입자(idealized point particle)는 곡선 γ를 따라 시공간 속을 움직이는데, 이 곡선을 그 입자를 따르는 세계선(world line)이라고 부른다. 어떤 좌표계에서도 속도는 빛의 속도 c보다 작아야 한다는 앞서 언급된 공준은 다음과 같이 표현될 수 있다. 입자의 세계선 γ에 대하여 $d\gamma/ds$는 반드시 공간류 벡터가 되어야 한다. (공직선(null line)은 (4)의 기하광학 극한에서의 광선에 해당한다.) 이 문장은 γ의 매개변수인 s와 무관하지만, 세계선에 대해서는 항상 $dt/ds > 0$이라고 가정해야 한다. 좀 더 기하학적으로 이야기하자면, 항상 $\langle d\gamma/ds, (c^{-1}, 0, 0, 0)\rangle < 0$이어야 하는데, 이것을 가리켜 γ는 미래지향적(future-directed)이라고 표현한다.

이제 우리는 입자의 세계선의 길이를 다음과 같이 정의할 수 있다.

$$L(\gamma) = \int_{s_1}^{s_2} \sqrt{-\langle\dot{\gamma},\dot{\gamma}\rangle}\,ds$$
$$= \int_{s_1}^{s_2} \sqrt{c^2\left(\frac{dt}{ds}\right)^2 - \left(\frac{dx}{ds}\right)^2 - \left(\frac{dy}{ds}\right)^2 - \left(\frac{dz}{ds}\right)^2}\,ds. \quad (7)$$

고전적으로는 위 수식을 다음과 같이 단순화할 수 있는데, 이는 (5)의 기호를 설명해 준다.

$$L(\gamma) = \int_{\gamma} \sqrt{-(-c^2dt^2 + dx^2 + dy^2 + dz^2)}.$$

그리고 $c^{-1}L(\gamma)$값은 고유시간(proper time)이라고 부른다. 고유시간이란 국소적인 물리적 과정과 관련된 시간인데, 구체적으로는 세계선 γ를 따라 이동하는 입자가 인지하는 시간을 의미한다.

계량 (5)는 고정된 시간 t(예를 들면 $t = 0$)에서 3차원 유클리드 기하

$$dx^2 + dy^2 + dz^2$$

을 포함한다. 보다 흥미로운 사실은 계량 (5)는 초곡면 $t = c^{-1}r = c^{-1}\sqrt{x^2 + y^2 + z^2}$에서의 비유클리드 기하

$$\left(1 - \frac{x}{r}\right)dx^2 + \left(1 - \frac{y}{r}\right)dy^2 + \left(1 - \frac{z}{r}\right)dz^2$$

도 포함하고 있다는 것이다. 인간의 감각을 포함한 물리적 과정의 시간과, 크기를 재는 막대기의 길이가 4차원 시공간 연속체(continuum)의 자연스러운 기하학적인 구조를 나타내는 상호 의존적인 두 가지 면이라는 것이 얼마나 혁명적인지는 두말할 나위가 없다. 사실 아인슈타인조차 처음에는 민코프스키 시공간 개념을 받아들이지 않았다. 비록 동시성의

상대적 개념을 가진 공간이긴 했지만, 절대적인 '공간'이라는 독립적인 현상에 머무르고 싶어 했던 것이다. 일반 상대성 이론의 연구 결과를 얻고 나서야 아인슈타인은 이런 관점이 근본적으로 불합리함을 깨닫게 되었다. 이 내용은 §3에서 다시 논의할 것이다.

2 상대론의 동역학과 에너지-운동량-변형력의 통일

상대론의 법칙은 시공간 개념을 정립하고 그것을 기하화(geometrization)했을 뿐만 아니라 질량, 에너지, 운동량이라는 동역학의 기본 개념을 깊이 있게 재배열시키고 통합시켰다. 정지계에서 질량과 에너지의 관계를 보여주는 아인슈타인의 뛰어난 방정식

$$E_0 = mc^2 \qquad (8)$$

은 그러한 통합의 한 측면을 나타내는 가장 유명한 방정식이다. 이 관계식은 뉴턴의 제2법칙 $m(d\mathbf{v}/dt) = \mathbf{f}$를 민코프스키 공간의 4-벡터의 관계식으로 확장할 때 자연스럽게 등장한다.

일반 상대성 이론은 입자 개념보다는 장 개념으로 표현돼야 한다. 이를 이해하기 위한 첫 번째 단계는 연속매질(continuous media)에 대해 살펴보는 것이다. 이제는 입자 대신에 물질장(matter field)에 대해 고려할 것이다. 여기서 물질장이란 변형력이라고 알려진 것을 아우르는 동역학적 개념들이 통합된 것이며, 그것의 완벽한 수식 표현은 소위 **변형력-에너지-운동량 텐서** $\mathbf{T}$로 구현된다. 이 텐서는 일반 상대성 이론의 기본이 되기 때문에 그 개념에 익숙해져야만 한다. 아인슈타인 방정식 (1)의 우변에 등장

하는 항이기도 하고, 아인슈타인 방정식을 만드는 핵심이기도 하기 때문이다.

$\mathbb{R}^{3+1}$의 각 점 $\mathbf{q}$에 대하여 변형력-에너지-운동량 텐서장(tensor field) $\mathbf{T}$는 공식

$$\mathbf{T}(\mathbf{w}, \tilde{\mathbf{w}}) = \sum_{\alpha, \beta = 0}^{3} T_{\alpha\beta} w^{\alpha} \tilde{w}^{\beta}$$

으로 정의되는 사상(map)

$$\mathbf{T} : \mathbb{R}^4_{\mathbf{q}} \times \mathbb{R}^4_{\mathbf{q}} \to \mathbb{R} \qquad (9)$$

을 정의한다. 여기서 $T_{\alpha\beta} = T_{\beta\alpha}$가 성립한다. $\mathbf{q}$에서의 공간 벡터들을 모은 것을 $\mathbb{R}^4_{\mathbf{q}}$로 표기한다. (민코프스키 좌표계에서는 $\mathbb{R}^4$와 $\mathbb{R}^4_{\mathbf{q}}$를 같은 것으로 간주하기도 하지만 §3.2에서 임의의 좌표를 쓸 때는 두 가지를 구분하는 것이 중요하다. (9)와 같은 형태의 이중선형사상은 **공변 2-텐서**(covariant 2-tensor)라고 알려져 있다.

만일 존재하는 물질이 완전유체(perfect fluid)처럼 기술될 수 있다면 $\mathbf{T}$의 성분들은 다음과 같이 주어진다.

$$T_{00} = (\rho + p)u^0 u^0 - p, \qquad T_{0i} = (\rho + p)u^i u^0,$$
$$T_{ij} = (\rho + p)u^i u^j + p\delta^{ij}.$$

여기서 $\mathbf{u}$는 4-속도, 즉 $\langle \mathbf{u}, \mathbf{u} \rangle = -c^2$, ρ로 크기가 맞춰진(규격화된) 시간류 벡터이고, ρ는 질량-에너지, p는 압력을 나타낸다. 또한 δ_{ij}는 $i = j$일 때는 1, $i \neq j$일 때는 0을 값을 갖고(단, $i, j = 1, 2, 3$), 그리스 문자의 첨자는 0 이상 3 이하의 정수 범위 내에서 주어진다. T_{00}은 에너지, T_{0i}는 운동량, T_{ij}는 변형력(stress)을 의미한다. 이 용어들은 당연히 좌표계와 무관하

다. 마지막으로, $T(\boldsymbol{u}, \boldsymbol{u}) = \rho c^2$임을 알 수 있는데, 이 것은 유명한 방정식 (8)을 장론적으로 설명한 것이 다.

일반적으로는 T는 물질장 전체로부터 얻어지는 데, 그 구성함수들은 물질장들의 성질과 그 사이의 상호작용에 의존한다. 여기서는 그런 것을 걱정할 필요가 없지만, 관련된 물질장의 성질과 무관하게 항상 다음 방정식이 성립한다고 가정할 수 있다.

$$-\partial_0 T_{0\alpha} + \sum_{i=1}^{3} \partial_i T_{i\alpha} = 0.$$

$\nabla^0 = -\partial_0$, $\nabla^i = -\partial_i$라고 정의하고 아인슈타인의 합 규약(Einstein summation convention)*을 따르면 위 식 을 다음과 같이 바꿔 쓸 수 있다.

$$\nabla^{\mu} T_{\mu\nu} = 0. \tag{10}$$

이 관계식은 로렌츠 불변(Lorentz invariant)이다.

위 관계식은 변형력-에너지-운동량의 보존을 미분 을 이용하여(미분 수준으로) 표현하고 있다. (10)의 양변을 상응하는 두 초곡면 위에서 적분하고 민코 프스키 공간에서의 발산정리를 적용하면 대역 평형 법칙(global balance law)을 얻는다. 만약 $T_{\alpha\beta}$가 콤팩 트지지함수(compactly supported function)이면 (10) 을 $t = t_1$과 $t = t_2$에서 적분하여 다음을 얻는다.

$$\int_{t = t_2} T_{0\alpha} \, dx^1 dx^2 dx^3 = \int_{t = t_1} T_{0\alpha} \, dx^1 dx^2 dx^3. \tag{11}$$

선택된 로렌츠 좌표계에 대한 위 방정식의 0번째 성

분은 총 에너지가 보존된다는 것을 나타내고, 나머 지 성분들은 총 운동량이 보존된다는 것을 나타낸 다.

완전유체의 경우

$$\nabla^{\alpha} (n\boldsymbol{u}_{\alpha}) = 0$$

을 추가해서, (10)을 닫힌 계로 바꾸고 ρ, p, 입자수 밀도 n, 입자 한 개당 엔트로피(entropy) s 사이의 구 조 관계를 열역학 법칙에 부합되도록 상정하면 상 대론적 오일러 방정식이라고 부르는 방정식을 얻는 다.

3 특수 상대성 이론에서 일반 상대성 이론으로

특수 상대성 이론의 각 요소들과 그 요소들의 에너 지, 운동량, 변형력의 본질을 깊게 함축함으로써 일 반 상대성 이론을 끌어낼 수 있다.

3.1 등가원리

아인슈타인은 중력의 가장 심오한 성질이 그가 1905년에 만든 상대성 원리로는 설명될 수 없음을 1907년에 이미 알고 있었다. 그 심오한 성질이란 아 인슈타인이 등가원리(equivalence principle)라고 부 른 것을 말한다.

이 원리를 가장 쉽게 이해하는 방법은 고정된 중 력장 ϕ에서 속도 $\boldsymbol{v}(t)$를 갖는 '시험입자'를 설정하는 것이다. 이 경우 고전적인 중력은 $\boldsymbol{f} = -m\nabla\phi$로 주어 지며 뉴턴의 운동 제2법칙 $m(d\boldsymbol{v}/dt) = \boldsymbol{f}$는 다음과 같이 나타난다.

---

* 어떤 첨자가 위아래에 동시에 나타날 때는 합 기호가 생략된 것 으로 이해하고 모두 합하는 관례규약 - 옮긴이

$$\frac{d\boldsymbol{v}}{dt} = -\nabla\phi. \tag{12}$$

여기서 질량 m이 빠진 것에 주목하자! 그래서 중력장은 같은 위치에 있는 모든 물체를 똑같은 방법으로 가속시킨다. 이 사실은 같은 높이에서 낙하를 시작한 물체들은 무게와 상관없이 같은 시간에 땅에 도달한다는 것을 말하는데, 이는 이미 이오네스 필리포누스(Ioannes Philoponus)의 후기 고대유물(late antiquity)에 기록돼 있고 갈릴레오에 의해 서유럽에서 유명해진 성질이다.

이 성질을 비관성적인, 즉 가속좌표계(accelerated frame)로의 변환에 대한 공변성(covariance)의 일종으로 해석한 것은 아인슈타인이 처음이었다. 예를 들어 중력장이 시간에 대해 일정한 경우, 즉 $\phi(z) = fz$에 해당되는 경우, 가속좌표계

$$\tilde{z} = z + \tfrac{1}{2}ft^2$$

을 이용해 (12)를 다음과 같이 나타낼 수 있다.

$$\frac{d\boldsymbol{v}}{dt} = 0. \tag{13}$$

(13)을 가속좌표계에서 나타냈을 때 물질이 존재하지 않는 경우에도 위와 유사하게 논의를 뒤집어 중력장을 '시뮬레이션'할 수 있다.

3.2 일반적인 좌표에서의 벡터, 텐서, 방정식

등가원리가 일반적으로 정확히 무엇을 의미하는지는 약간 모호하다. 그래서 아인슈타인이 처음 그것을 소개한 이래로 논란이 지속되고 있다. 그럼에도 여러 가지 연구 대상과 방정식이 임의의 좌표계로 표현되었을 때 어떻게 나타나는지를 아는 것은 중력이 없는 경우에서도 유용하다는 것을 위 논의는 말해주고 있다. 지금부터는 민코프스키 좌표 x^0, x^1, x^2, x^3을 가장 일반적인 좌표계로 바꿔서 생각해 보자. 그 일반 좌표계를 $\tilde{x}^\mu = \tilde{x}^\mu(x^0, x^1, x^2, x^3)$이라고 하자(단, $\mu = 0, 1, 2, 3$).

스칼라 함수[*]를 임의의 좌표로 나타내는 것은 아무 문제가 없다. 그러면 벡터장은 어떨까? 벡터장 $\boldsymbol{v}$가 민코프스키 좌표계에서 (v^0, v^1, v^2, v^3)으로 표현되었다면 새로운 일반 좌표계 $\tilde{x}^\mu$에서는 어떻게 나타내야 할까?

이 문제를 해결하기 위해서는 벡터장이 본질적으로 무엇인지 좀 더 생각해 보아야 한다. 벡터장에 대한 올바른 관점은 벡터장 $\boldsymbol{v}$를 $v(f) = v^\mu \partial_\mu f$로 정의된 1계 미분작용소로 이해하는 것이다. (여기서 우변은 아인슈타인의 합 규약에 따라 합 연산 기호가 생략된 것이다.) 그러므로 모든 함수 f에 대하여 $v(f) = v^\mu \partial_\mu f$가 되는 v^μ을 찾아야 하는데, 연쇄법칙(chain rule)을 사용하면 그 답을 얻을 수 있다.

$$v^\mu = \frac{\partial \tilde{x}^\mu}{\partial x^\nu} v^\nu. \tag{14}$$

변형력-에너지-운동량 텐서 $\boldsymbol{T}$와 같은 텐서의 경우는 어떻게 될까? 정의 (9)의 관점에서, 다음 식을 만족하는 $T_{\mu\nu}$를 찾아 보자.

$$\boldsymbol{T}(\boldsymbol{u}, \boldsymbol{v}) = T_{\mu\nu} u^\mu v^\nu. \tag{15}$$

여기서 u^μ은 앞서 계산했듯이 $\boldsymbol{u}$의 $\tilde{x}^\mu$좌표에서의 성분들을 나타낸다. (이 성분들이 점 $\boldsymbol{q}$에 의존한다

는 것에 주목하라. 이것이 $\mathbb{R}_q^4$와 $\mathbb{R}^4$를 구분하는 것이 지금 논의에서 왜 중요한지를 말해주는 이유이다.) 위에서와 같이 연쇄법칙을 사용하면 답을 얻을 수 있다.

$$T_{\tilde{\mu}\tilde{\nu}} = T_{\mu\nu} \frac{\partial x^\nu}{\partial \tilde{x}^{\tilde{\nu}}} \frac{\partial x^\mu}{\partial \tilde{x}^{\tilde{\mu}}}.$$

고전적으로

$$T = T_{\tilde{\mu}\tilde{\nu}} \mathrm{d}\tilde{x}^{\tilde{\mu}} \mathrm{d}\tilde{x}^{\tilde{\nu}} = T_{\mu\nu} \mathrm{d}x^\mu \mathrm{d}x^\nu$$

이라고 표현한다. 이 식을 (15)의 약식 표현이라고 이해할 수도 있지만, 이 식은 $\mathrm{d}x^\mu$에 연쇄법칙을 적용해서 $T_{\mu\nu}$로부터 $T_{\tilde{\mu}\tilde{\nu}}$를 계산하는 방법을 말해주고 있기도 하다.

T 외에도 이 주제와 관련 있는 또 다른 대칭 공변 2-텐서가 있다. 바로 민코프스키 계량 그 자체이다. 실제로 민코프스키 계량의 고전적인 형태는

$$\eta_{\mu\nu} \mathrm{d}x^\mu \mathrm{d}x^\nu$$

인데, 민코프스키 좌표 x^μ에 대하여 $\eta_{\mu\nu}$는 $i = j$이면 $\eta_{00} = -1$, $\eta_{0i} = 0$, $\eta_{ij} = 1$이고, $i \neq j$이면 $\eta_{ij} = 0$으로 주어진다. 다루기 힘든 $\langle \cdot, \cdot \rangle$ 표기법을 피하기 위해 민코프스키 계량을 η라 하자. 앞선 논의를 따르면 η는 일반적인 좌표 $\tilde{x}^\mu$에서

$$\eta_{\tilde{\mu}\tilde{\nu}} \mathrm{d}\tilde{x}^{\tilde{\mu}} \mathrm{d}\tilde{x}^{\tilde{\nu}}$$

으로 나타나는데, 여기서 $\eta_{\tilde{\mu}\tilde{\nu}}$는 연쇄법칙을 형식적으로 적용해 얻을 수 있다.

(10)과 같은 방정식을 일반적인 좌표로 바꾸어 표현할 때 η의 성분과 그 성분의 미분계수들이 등장하는 것은 자연스럽다. 아인슈타인은 (항상 '대수적으로' 생각했기에) 모든 좌표계에서 똑같은 형태로 표현되는, 물질과 중력장에 대한 운동 법칙을 찾고 싶어 했다. 아인슈타인이 이해한 것처럼 이것은 나타나는 모든 대상들이 텐서처럼 변환되어야 하고 '미지수'로 이해되어야 함을 의미한다. 그는 이 법칙을 '일반 공변성(general covariance)'이라고 불렀다. 이는 η가 미지의 대칭 2-텐서로 바뀌어야 함을 말해주는데, 이것을 g라고 부르자. 그러면 당연히 '미지의' g에 대한 방정식을 이미 '알고 있는' 민코프스키 계량 η가 되도록 방정식을 써 내려가게 될 것이다. 따라서 '일반 공변성' 그 자체가 η를 포기하게 만들지는 않는다. 하지만 g와 T의 성분의 개수가 똑같다는 점에 착안하여, g를 중력장을 나타낸 것으로 보고 g와 T의 관계식을 직접 찾는 것이 자연스러운 단계라고 할 수 있다. 이런 과정을 거쳐 일반 상대성 이론의 뼈대가 탄생했다.

3.3 로렌츠 기하학

고정된 민코프스키 계량 η를 동역학적인 계량 g로 대체한다는 심오한 통찰은 아인슈타인을 현재 로렌츠 기하학이라고 불리는 기하학으로 이끌었다. 로렌츠 기하학은 리만[VI. 49]의 청사진을 따라 민코프스키 기하학을 일반화했다. 즉, 민코프스키 계량 η가 일반적인 사상

$$g : \mathbb{R}_q^4 \times \mathbb{R}_q^4 \to \mathbb{R}$$

로 대체된 것이다. 다시 말해서 η를 대칭 공변 2-텐서로 바꾼 것인데, 임의의 좌표 x^μ으로는 다음과 같이 표현된다.

$$g_{\mu\nu}\,dx^\mu dx^\nu.$$

뿐만 아니라, 이중선형형식(bilinear form) $g(\cdot,\,\cdot)$는 각 점 q에서 민코프스키 형식 (6)으로 대각화될 수 있다. 대략적으로 말해서 로렌츠 계량은 '국소적으로는 민코프스키 계량처럼 보이는' 계량이다. 리만 계량[I.3 §6.10]이 국소적으로 유클리드 계량처럼 보이는 것처럼 말이다.

민코프스키 계량이 그렇듯 이중선형형식 g에 의해 어떤 점 q에서의 0이 아닌 벡터 v_q는 시간류, 공류, 공간류로 분류될 수 있으며, 공식 (7)에서 $\langle \dot{\gamma},\,\dot{\gamma}\rangle$을 $g_{\mu\nu}\dot{x}^\mu \dot{x}^\nu$으로 대체한 식에 의해 세계선 $\gamma(s) = (x^0(s), x^1(s), x^2(s), x^3(s))$에 대한 고유시간을 정의할 수 있게 된다. 우리가 g의 기하에 대해 말할 수 있다는 것은 이런 의미에서이다.

특수 상대성 원리에 대한 민코프스키적 공식화의 관점, 즉 물리 법칙들이 민코프스키 계량과 관련된 기하학적인 양에 의해서만 시공간을 나타낸다는 점에서 볼 때, 특수 상대성 원리의 일반화된 형태를 찾고자 하는 건 당연해 보인다. 실제로도 적절한 형태가 즉시 떠오르는데, 바로 물리 법칙들이 g와 자연스러운 연관성이 있는 기하학적인 양에 의해서만 시공간을 나타낸다는 것이다.

민코프스키 계량에 의해 기하학적으로 구성된 '시험입자'의 운동구속(kinematic constraint), 즉 $d\gamma/ds$가 시간류가 되어야 한다는 사실은 임의의 로렌츠 계량에 대해서도 성립된다. 하지만 미분방정식은 어떻게 유도될 수 있을까? 예를 들어, 어떻게 하면 (10)에 g만 나타나도록 할 수 있을까?

리만 계량의 경우는 이러한 작업에 적합한, 기하학적으로 자연스러운 개념들이 이미 19세기와 20세기 초반에 리만(Riemann), 비앙키(Bianchi), 크리스토펠(Christoffel), 리치(Ricci), 레비-치비타(Levi-Civita)에 의해 이미 개발되었다. 이러한 개념들이 로렌츠 계량의 경우에도 그대로 이어진다.

우선 크리스토펠 기호(Christoffel symbol) $\Gamma^\lambda_{\mu\nu}$를

$$\Gamma^\lambda_{\mu\nu} = \tfrac{1}{2} g^{\lambda\rho}(\partial_\mu g_{\rho\nu} + \partial_\nu g_{\mu\rho} - \partial_\rho g_{\mu\nu})$$

라고 정의하자. 여기서 $g^{\mu\nu}$은 g의 '역계량(inverse metric)'의 성분들, 즉 방정식 $g^{\mu\nu}g_{\nu\lambda} = \delta^\mu_\lambda$의 유일한 해를 의미한다. 여기서 δ^μ_λ는 늘 그래왔듯이 $\lambda = \mu$일 때는 1이고 그 외에는 0의 값을 가진다. (아인슈타인의 합 규약을 이용하면 텐서 해석학의 전형적인 계산을 수행할 때 $g^{\mu\nu}$이 매우 유용하다는 것을 알게 될 것이다.)

그리고 나서 접속(connection)이라고 불리는 미분 연산자 ∇_μ를 정의하는데, 벡터장에

$$\nabla_\mu v^\nu = \partial_\mu v^\nu + \Gamma^\nu_{\mu\lambda} v^\lambda \tag{16}$$

과 같이 작용하도록 하고, 공변 2-텐서에는 다음과 같이 작용하도록 한다.

$$\nabla_\lambda T_{\mu\nu} = \partial_\lambda T_{\mu\nu} - \Gamma^\sigma_{\lambda\mu} T_{\sigma\nu} - \Gamma^\sigma_{\lambda\nu} T_{\mu\sigma}. \tag{17}$$

(16)과 (17)의 좌변은 연쇄법칙을 형식적으로 적용하는 것을 통해 어떠한 좌표계에서도 표현 가능한 텐서를 정의해 준다.

이 미분 연산자를 이용하면 임의의 계량 g에 대해 방정식 (10)에 해당하는 방정식을 얻을 수 있다.

$$\nabla^\mu T_{\mu\nu} = 0. \tag{18}$$

여기서 $\nabla^{\mu} = g^{\mu\nu}\nabla_{\nu}$는 g와 관련된 접속을 나타낸다.

만약 극한을 질량장이 한 점에 응축되는 것으로 이해하거나 변형력-에너지-운동량 텐서 $T_{\mu\nu}$가 세계선에서만 0이 아닌 것으로 이해한다면, 이 경로는 g의 측지선(geodesic), 즉 g에 의해 정의된 고유시간을 국소적으로 최대화하는 곡선이 될 것이다. 이것은 민코프스키 공간에서의 시간류 직선에 해당한다. 이 극한에서 물체의 운동은 변형력-에너지-운동량 텐서의 본질에 의존하지 않고 측지선을 정의하는 계량의 기하에만 의존한다. 따라서 모든 물체가 똑같은 방식으로 낙하한다. 이러한 사항들이 일반 상대론에서 등가원리를 확고하게 나타내준다.

마지막으로 일반적인 계량 g에 대하여 등식 (18)이 '총 에너지' 및 '총 운동량'에 대한 대역적인 보존 법칙인 (11)을 내포하지 **않는**다는 점을 강조하고 싶다. 그러한 법칙들은 g가 대칭성을 가질 때에만 성립하기 때문이다. 기본적인 보존 법칙들이 일반적으로는 무한소 수준에서만 성립한다는 사실은 이러한 물리 법칙들의 본질에 대한 중요한 통찰이다.

3.4 곡률과 아인슈타인 방정식

이제 계량 g에 대하여 g를 T와 연결하는 방정식들을 구하는 단계만 남았다. 뉴턴 극한(Newtonian limit)*을 생각하면 이 방정식들이 2차여야 함을 예상할 수 있으며, 그 방정식들이 가능한 한 가장 단순한 방식으로 '일반적 공변성(general covariance)'을 가질 것이라고 예상할 수 있다. 즉, g 자신과 T 말고는 다른 구조를 갖지 않아야 한다는 것이다.

---

* 여기서 뉴턴 극한이란 비 상대론적인 극한을 의미한다-옮긴이

여기서 또다시 리만 기하학에 의해 이미 만들어진 g와 무관한 텐서 개념을 사용할 수 있다. 리만 곡률 텐서

$$R_{\mu\nu\lambda\rho}\,\mathrm{d}x^{\mu}\mathrm{d}x^{\nu}\mathrm{d}x^{\lambda}\mathrm{d}x^{\rho}$$

를 그 성분이 다음과 같이 주어지도록 정의할 수 있다.

$$R_{\mu\nu\lambda\rho} = g_{\mu\sigma}(\partial_{\rho}\Gamma^{\sigma}_{\nu\lambda} - \partial_{\lambda}\Gamma^{\sigma}_{\nu\rho} + \Gamma^{\tau}_{\nu\lambda}\Gamma^{\sigma}_{\tau\rho} - \Gamma^{\tau}_{\nu\rho}\Gamma^{\sigma}_{\tau\lambda}).$$

그리고 **리치 곡률**(Ricci curvature)

$$R_{\mu\nu}\,\mathrm{d}x^{\mu}\mathrm{d}x^{\nu}$$

를 성분이

$$R_{\mu\nu} = g^{\lambda\rho}R_{\mu\nu\lambda\rho}$$

로 주어지는 공변 대칭 2-텐서로 정의할 수 있으며, **스칼라 곡률**을

$$R = g^{\mu\nu}R_{\mu\nu}$$

로 정의할 수 있다. 만약 g가 $\mathbb{R}^3$에 있는 2차원 곡면에 유도된 리만 계량이면 R은 단순히 가우스 **곡률** K의 두 배가 된다. 위 식은 가우스 곡률을 고차원으로 일반화한 복잡한 텐서로 이해하면 된다.

아인슈타인 방정식 (1)을 얻는 마지막 퍼즐 조각은 아인슈타인이 요구한 다음과 같은 제약 조건을 따라 얻을 수 있다. 계량과 물체의 변형력-에너지-운동량 텐서를 연결하는 방정식이 무엇이든 간에 (18)(변형력-에너지-운동량의 무한소적인 보존)은 결과로서 성립해야 한다. 여기서 계량 g가 **어떻게** 주어지든지 소위 **비앙키 항등식**이

$$\nabla^\mu (R_{\mu\nu} - \tfrac{1}{2} g_{\mu\nu} R) = 0 \qquad (19)$$

을 내포한다는 것을 알 수 있다. 따라서 $T_{\mu\nu}$와 텐서 $R_{\mu\nu} - \tfrac{1}{2} g_{\mu\nu} R$이 선형 관계를 갖는다고 자연스럽게 가정할 수 있다. 그러면 둘 사이의 관계식이

$$R_{\mu\nu} - \tfrac{1}{2} g_{\mu\nu} R = 8\pi G c^{-4} T_{\mu\nu} \qquad (20)$$

의 형태로 유일하게 결정되는데, 이것은

$$g_{00} \sim 1 + 2\phi/c^2, \ g_{0j} \sim 0, \ g_{ij} \sim (1 - 2\phi/c^2)\delta_{ij}$$

로 일치시켰을 때, 구하고자 하는 관계식이 올바른 뉴턴 극한값을 가져야 하기 때문이다. 수식 (1)은 통상적인 단위 $G = c = 1$에서 (20)을 표현한 것이다. 그리고 (1)은 그 수식을 구체적으로 나타냈을 때 계량 성분 $g_{\mu\nu}$에 대해 비선형임에 주의하자.

아인슈타인은 뉴턴 극한에서 멈추지 않고 선형화된 방정식 (20)의 해의 측지선을 따르는 운동을 생각함으로써 뉴턴 역학으로는 설명할 수 없었던 수성의 근일점 이동 현상의 정확한 값을 알아낼 수 있었다. 수식 (20)에 뉴턴 극한을 취한 이후에는 조절 가능한 매개변수가 없었기 때문에 이것은 이론의 순수한 시험대였다. 몇 년 뒤에 중력에 의한 빛의 '휘어짐 현상'이 관찰되었는데, 이것은 빛은 고정된 시공간 안에서 공 측지선(null geodesic)을 따라 이동한다는 기하광학적 근사방법의 맥락에서 이미 이론적으로 계산되었던 것이다. (1)에 대하여 후기 뉴턴 역학이 예측했던 내용은 이제는 각종 태양계 실험을 통해 규명되었고, 이 체제하에서 일반 상대성 이론이 매우 정확하다는 것이 확증되었다.

수식 (20)의 특별한 경우는 $T_{\mu\nu} = 0$이라고 가정할

때인데, 이때 방정식은 다음과 같이 간단해진다.

$$R_{\mu\nu} = 0. \qquad (21)$$

이 등식은 **진공 방정식**(vacuum equation)이라고 알려져 있으며, 민코프스키 계량 (5)가 이것의 특수해가 된다(유일한 해는 아니다!).

진공 방정식은 **힐베르트 라그랑지안**(Hilbert Lagrangian)이라고 불리는 다음 식에 해당하는 오일러-라그랑주 방정식[III.94]으로 형식적으로 유도될 수 있다.

$$\mathcal{L}(g) = \int R \sqrt{-g}\, dx^0 dx^1 dx^2 dx^3.$$

($\sqrt{-g}\, dx^0 dx^1 dx^2 dx^3$은 g와 관련된 자연스러운 **부피 형식**(volume form)을 나타낸다.) 힐베르트[VI.63]는 동역학적인 계량 g를 가지고 중력 이론을 만들려는 아인슈타인의 노력을 바짝 쫓아가고 있었는데, 아인슈타인이 일반적인 방정식 (20)을 얻기 바로 직전에 힐베르트 라그랑지안(사실은 위 식보다 더 일반적인 형태이면서 결합된 아인슈타인-맥스웰 계(Einstein-Maxwell system)를 만들어내는 것)을 얻을 수 있었다.

방정식 (20)으로부터 나오는 흥미로운 현상들 대부분이 진공인 경우인 (21) 내에 이미 존재한다. 이것은 다소 역설적인데, (20)을 좌우하는 것은 T와 (10)의 형태이기 때문이다. 반대로, 뉴턴의 이론 (2)에서는 '진공' 방정식 $\mu = 0$과 무한대에서의 전형적인 경계조건들은 $\phi = 0$을 내포하고 있다는 것에 주목하자. 따라서 진공에 대한 뉴턴의 이론은 자명하다.

(21)로부터 0이 되지 않는 곡률 텐서 $R_{\mu\nu\lambda\rho}$의 성

분을 바일 곡률(Weyl curvature)이라고 한다. 이 곡률은 측지선을 모은 것이 '기조적(tidal)'으로 왜곡되는 정도를 측정한다. 따라서 진공 영역에서 중력장의 '국소적인 힘'은 뉴턴 극한에서는 중력의 크기가 아니라 거시적인 시험 물질에서의 기조력과 연관돼 있는 것이다.

3.5 다양체 개념

지금까지는 계량 g가 어디서 정의되었는지를 사실상 언급하지 않은 채 논의를 이어올 수 있었다. 민코프스키 계량에서 일반적인 g로 넘어오면서, 아인슈타인은 영역 $\mathbb{R}^4$를 대체하는 것을 원래 염두에 두지 않았다. 하지만 곡면의 일반 이론으로부터, 리만 계량의 경우 계량이 정의되는 자연스러운 대상은 $\mathbb{R}^2$뿐만 아니라 일반적인 곡면이어도 된다는 것은 당연하다. 예를 들어 $\mathrm{d}\theta^2 + \sin\theta\mathrm{d}\phi^2$이라는 계량은 당연히 구면 $\mathbb{S}^2$ 위에 있다. 이 논의에서 $\mathbb{S}^2$ 전체를 덮기 위해서는 (θ, ϕ) 형태의 좌표계 여러 개가 필요하다는 점을 이해해야 한다. 리만 계량 혹은 로렌츠 계량이 자연스럽게 정의되는 대상을 n차원으로 확장한 것이 다양체[I.3 §6.9]이다. 다양체란 국소적인 좌표계들을 일관성 있게, 그리고 매끄럽게 붙여서 얻을 수 있는 구조이다.

따라서 일반 상대성 이론은 시공간의 연속체가 $\mathbb{R}^4$가 아니라 일반적인 다양체 $\mathcal{M}$이 되도록 하는데, 그러한 $\mathcal{M}$은 당연히 $\mathbb{R}^4$와는 위상적으로 같지 않을 수 있다. $\mathbb{S}^2$가 $\mathbb{R}^2$와 위상적으로 같지 않은 것처럼 말이다. 한 쌍을 이루는 $(\mathcal{M}, g)$를 로렌츠 다양체라고 부른다. 정확히 말해서, 아인슈타인 방정식의 미지수는 g 하나가 아니라 $(\mathcal{M}, g)$의 쌍이다.

흥미로운 점은 이러한 근본적인 사실, 즉 시공간의 위상이 방정식에 의해 선험적으로 결정되지 않는다는 사실은 나중에 덧붙여졌다는 것이다. 뿐만 아니라 그 생각이 명확해지기까지는 수년이 걸렸다.

3.6 파동, 게이지, 쌍곡성

아인슈타인 방정식은 좌표계를 임의로 잡아서 구체적으로 썼을 때(시도해 보라!) 통상적인 형태의 편미분방정식으로 나타나지 않는다. 여기서 통상적인 형태의 편미분방정식이란 푸아송 방정식[IV.12 §1]처럼 타원형(elliptic)이거나, 열방정식[I.3 §5.4]처럼 포물형(parabolic)이거나, 파동방정식[I.3 §5.4]처럼 쌍곡형(hyperbolic)인 편미분방정식을 말한다. 이와 관련된 좀 더 자세한 내용은 [IV.12 §2.5]를 참조하라. 이것은 해가 하나 주어졌을 때 좌표변환을 통해 그 해를 재구성함으로써 새로운 해를 만들 수 있다는 것과 관련 있다. 좌표변환이 구(ball)*의 표면 및 내부를 제외한 부분에서는 항등변환과 같아지는 새로운 좌표계에 대해서 이런 작업이 가능하다. 구멍 논법(hole argument)이라고 불리는 이 사실은 아인슈타인과 그와 공동연구를 수행한 수학자 마르셀 그로스만(Marcel Grossmann)(그는 좌표를 사용한 방정식의 형태에 대해 대수적으로 생각해 왔다)을 혼란스럽게 했고, 그들은 그것 때문에 일시적이나마 '일반적 공변성(general covariance)'을 받아들이지 않았다. 그 결과 그들이 (1)을 올바른 형태로 완성시키는 데 2년이 더 소요됐다. 그 이론을 기하학적으

---

* 구면(sphere)의 표면 및 내부-옮긴이

로 해석하는 것이 이 역설을 곧바로 해결해주었는데, 그러한 해들은 기하학적 측량의 관점에서 보면 같기 때문에 '동일한' 해로 간주돼야 한다는 것이다. 현대적인 용어로는 아인슈타인 진공 방정식의 해는 시공간 $(\mathcal{M}, g)$의 동치류[I.2 §2.3]라는 것인데, 이는 두 시공간 사이에 미분동형사상(diffeomorphism) ϕ가 있어서, 국소 좌표를 ϕ와 일치시키면 어떤 열린 집합에서든 계량이 같은 좌표 형태를 갖게 된다는 것을 의미한다.

이러한 개념적인 쟁점들이 극복되면, 아인슈타인 방정식을 쌍곡형 편미분방정식으로 여길 수도 있을 것이다. 가장 쉬운 방법은 게이지 개념을 도입하는 것, 즉 좌표계에 어떤 제약을 가하는 것이다. 구체적으로 말하자면 좌표함수 x^α가 파동방정식 $\square_g x^\alpha = 0$을 만족하면 된다. 여기서 $\square_g$는 달랑베르 작용소(d'Alembertian operator)라고 하는데, 다음과 같이 정의된다.

$$\square_g = \frac{1}{\sqrt{-g}} \partial_\mu (\sqrt{-g}\, g^{\mu\nu} \partial_\nu).$$

그러한 좌표는 국소적으로 항상 존재하며, 조화 좌표(harmonic coordinate)라고 불린다. 파동 좌표(wave coordinate)라고 부르는 것이 더 적절하지만 말이다. 그러면 아인슈타인 방정식은 다음과 같은 연립방정식

$$\square_g g_{\mu\nu} = N_{\mu\nu}(\{g_{\alpha\beta}\}, \{\partial_\gamma g_{\alpha\beta}\})$$

로 나타낼 수 있게 된다. (여기서 $N_{\mu\nu}$는 $\partial_\gamma g_{\alpha\beta}$에 대해선 2차인 비선형적인 식이다.) 계량의 로렌츠적 특징으로 보면 위의 연립방정식은 연립 2차 비선형(하지만 준선형인) 쌍곡형 미분방정식이다.

이 시점에서 아인슈타인 방정식을 맥스웰 방정식과 비교해 보는 것이 좋겠다. 민코프스키 공간에서 정의된 전기장 E와 자기장 B가 있다고 하자. 4-퍼텐셜이란 $E_i = -\partial_i A_0 - c^{-1} \partial_t A_i$와 $B_i = \sum_{j,k=1}^3 \epsilon_{ijk} \partial_j A_k$를 만족시키는 벡터장 A를 말한다. (여기서 $\epsilon_{123} = 1$이고 ϵ_{ijk}는 완전히 반대칭(anti-symmetric)이다. 즉, 두 첨자의 자리를 바꾸면 원래의 값에 음수가 붙는다.) A를 기본적인 물리학적 대상으로 보고 싶다면, A를 임의의 함수 ψ에 대하여

$$\tilde{A} = A + (-c^{-1} \partial_t \psi, \partial_1 \psi, \partial_2 \psi, \partial_3 \psi)$$

와 같이 정의된 장 $\tilde{A}$로 바꾸면 $\tilde{A}$ 역시 E와 B에 대한 4-퍼텐셜이 돼야 한다는 것을 알게 된다. A에 조건을 추가해야만, 즉 '게이지를 고정해야만' A에 대한 방정식을 결정할 수 있게 된다. ('게이지'라는 용어는 바일[VI.80]이 처음 도입했다.) 소위 로렌츠 게이지라고 불리는

$$\nabla^\mu A_\mu = 0$$

에서는 맥스웰 방정식을

$$\square A_\mu = -c^{-2} \partial_t^2 A_\mu + \sum_i \partial_i^2 A_\mu = 0$$

과 같이 나타낼 수 있는데, 이 방정식으로부터 파동적인 성질이 완벽하게 드러난다. 게이지 대칭적(gauge-symmetric)인 관점은 20세기 후반까지 영광을 누렸다. 비슷한 게이지 대칭을 사용하여 맥스웰 방정식을 비선형적으로 일반화한 양-밀스(Yang-Mills) 방정식이 입자 물리학의 소위 표준모형(standard model)의 핵심이 되었던 것이다.

아인슈타인 방정식의 쌍곡성은 두 가지 중요한

영향력을 행사했다. 첫 번째는 중력파(gravitational wave)가 존재해야 한다는 것이다. 아인슈타인은 1918년에 이미 이것을 언급했는데, 이것은 본질적으로 위의 논의에서 고려한 사항들을 선형화한 결과였다. 두 번째는 아인슈타인 방정식 (1)이 적절한 물질 방정식과 함께 쓰였을 때 의존영역 성질(domain-of-dependence property)을 갖도록 하는 타당한 초깃값 문제[IV.12 §2.4]가 존재한다는 것이다. 특별히 이것은 진공상태인 경우인 (21)에서는 참이 된다. 두 번째 문제를 해결하기 위한 적절한 사고체계를 세우는 데 매우 오랜 시간이 걸렸고, 르레(Leray)의 대역적 쌍곡성 개념에 기반을 둔, 1950년대와 1960년대의 쇼케-브루아(Choquet-Bruhat)와 게로치(Geroch)의 연구결과를 통해서야 완전히 이해됐다. 타당성(well-posedness)이란 유일한 해(진공 상태에서는 (21)을 만족하는 로렌츠 4-다양체 ($\mathcal{M}, g$))를 적절하게 설정된 초깃값과 연결시킬 수 있다는 것을 의미한다. 물론 '초깃값'이 '$t = 0$에서의 값'을 의미하는 것은 아닌데, $t = 0$이라는 개념이 기하학적이지 않기 때문이다. 즉, 초깃값은 $t = 0$에서의 값이 아니라 대칭 공변 2-텐서 K를 가지는 어떤 리만 3-다양체 ($\Sigma, \bar{g}$)의 형태를 갖는 값을 의미한다. 세 개의 쌍 ($\Sigma, \bar{g}, K$)는 소위 아인슈타인 구속 방정식(Eienstein constraint equation)을 만족해야 한다. 하지만 이 논의에서 일반 상대성 이론의 근본적인 문제는, 그 혁명적인 개념적 구조에도 불구하고 철두철미하게 고전적이라는 점에 있다. 초깃값과 해의 관계를 결정하려는 것, 달리 말해서 현재의 정보로부터 미래를 결정하려고 한다는 점에서 그러하다. 이것은 동역학적인 문제이다.

4 일반 상대성 이론의 동역학

이 절에서는 아인슈타인 방정식의 동역학이 현재 수학적으로 어떻게 이해되고 있는지 살펴보도록 하자.

4.1 민코프스키 공간의 안정성과 중력 복사의 비선형성

어떠한 물리학 이론에서도 동역학 문제를 만들 수 있는 가장 기본적인 질문은 자명한 해의 안정성일 것이다. 만약 '초기조건'에 작은 변화를 주면 그에 따른 해의 변화량도 작아질까? 일반 상대성 이론의 경우 이것은 민코프스키 시공간 $\mathbb{R}^{3+1}$의 안정성에 대한 질문이다. 1993년에 크리스토돌루(Christodoulou)와 클라이너만(Klainerman)은 진공 방정식 (21)에 대한 근본적인 결과를 증명했다.

민코프스키 공간의 안정성이 증명됨으로써 중력 복사 법칙(laws of gravitational radiation)을 엄밀하게 정립하는 것이 가능해졌다. 중력 복사는 아직 직접적으로 관찰되진 않았지만, 헐스(Hulse)와 테일러(Taylor)는 연성계의 에너지 손실로부터 처음으로 이를 예견했다. 이 연구결과로 두 사람은 1993년 노벨상을 수상했는데, 아인슈타인 방정식과 직접적으로 연관이 있는 유일한 수상이었다. 복사 문제를 수학적으로 정립하기 위한 청사진은 본디(Bondi)의 연구 그리고 나중에는 펜로즈(Penrose)의 연구에 기반을 두고 있다. 시공간 ($\mathcal{M}, g$)를 공 무한대(null infinity)라 부르고 I^+로 표기하는 '무한대'에서의 이상적인 경계(ideal boundary)와 연관짓는 것이다. 물리적으로 I^+의 각 점은 고립된 자가중력계(self-gravitating system)로부터 멀리 떨어져 있지만, 그 신호를 수신하는 관찰자에 해당된다. 중력 복사는 여러 가지 기하학적인 양의 크기가 재조정된 경계의 극한값으로부터 I^+에 정의된 어떤 텐서와 같다고 할 수 있다. 크리스토돌루가 발견했듯이 중력 복사 법칙은 그 자체로 비선형적이며, 이러한 비선형성은 관측과 잠재적으로 관련이 있다.

4.2 블랙홀

상대론의 여러 가지 예측 중 블랙홀보다 더 잘 알려진 것은 아마 없을 것이다.

블랙홀의 이야기는 슈바르츠실트(Schwarzschild) 계량에서 시작된다.

$$-\left(1 - \frac{2m}{r}\right)dt^2 + \left(1 - \frac{2m}{r}\right)^{-1}dr^2$$
$$+ r^2(d\theta^2 + \sin^2\theta\, d\phi^2). \quad (22)$$

여기서 매개변수 m은 양의 상수이다. 이것은 진공 아인슈타인 방정식 (21)의 해로서 1916년에 발견되었다. (22)는 원래 항성 바깥의 진공 영역에서의 중력장을 모형화하는 것으로 해석됐다. 즉, (22)는 좌표 영역 $r > R_0$(단, $R_0 > 2m$)에서만 고려됐고, $r = R_0$에서 계량은 좌표 영역 $r \leqslant R_0$에서의 아인슈타인-오일러계를 만족하는, '정적인(static)' 내부 계량과 일치했다. (계량 중 후자는 다시 (22)의 형태를 띠었지만, (22)에 $r \to 0$이면 $m \to 0$이 되는 $m = m(r)$이 들어 있는 경우가 된다.)

이론적인 관점에서 자연스러운 문제를 제기할 수 있다. 항성을 모두 없애고 모든 r값에 대해 (22)를 생각해 보자. 그러면 $r = 2m$일 때는 계량 (22)에 무슨 일이 생길까? (r, t) 좌표에서는 계량의 원소가 비정칙적(singular)으로 보일 것이다. 하지만 이것은 착각이다! 단순한 좌표변환을 이용하면 $r = 2m$ 바깥

에서도 계량을 (21)의 해로서 정칙적(regular)으로 쉽게 확장할 수 있다. 즉, 정칙적인 (공)초곡면 $\mathcal{H}^+$로 나뉘는 $r > 2m$과 $0 < r < 2m$의 두 영역을 모두 포함하는 다양체 $\mathcal{M}$이 존재한다. (22)의 계량 성분은 $\mathcal{H}^+$를 제외한 모든 곳에서 유효한데, $\mathcal{H}^+$에서는 계량성분을 정칙 좌표로 다시 써야 한다.

초곡면 $\mathcal{H}^+$는 예외적인 대역적 성질로 특징지어질 수 있다. $\mathcal{H}^+$가 신호를 공극한(null infinity) I^+, 즉 물리학적 관점에서는 멀리 떨어져 있는 관찰자에게로 보내주는 시공간 영역의 경계를 정의한다는 것이다. 일반적으로, 신호를 공극한 I^+로 보낼 수 없는 점들의 집합은 시공간에서의 **블랙홀** 영역이라고 알려져 있다. 따라서 영역 $0 < r < 2m$이 $\mathcal{M}$에서의 블랙홀 영역이 되며, $\mathcal{H}^+$는 사건 **지평선**(event horizon)이라고 불린다.

이 개념들은 분류되기까지 오랜 시간이 걸렸는데, 부분적으로는 대역적 로렌츠 기하학의 언어가 아인슈타인 방정식이 처음 만들어진 지 한참 후에 개발되었기 때문이다. 확장된 시공간 $\mathcal{M}$의 대역적 기하는 1950년경 싱(Synge)에 의해서, 최종적으로는 1960년에 크러스컬(Kruskal)에 의해서 분명하게 밝혀졌다. '블랙홀'이라는 이름은 상상력이 풍부했던 물리학자 존 휠러(John Wheeler)에 의해 만들어졌다. 이론적인 호기심에서 출발한 이래 블랙홀은 폭넓은 여러 가지 현상에 대한 공인된 천체물리적 설명의 일부가 되었고, 많은 항성들의 중력 붕괴의 마지막 상태를 나타내는 것으로 받아들여졌다.

4.3 시공간 특이점

두 번째 자연스러운 문제는 슈바르츠실트 계량 (22)

와 관련되어 등장한다. 이제는 확장된 시공간 $\mathcal{M}$의 $r < 2m$ 영역을 고려할 때, $r = 0$에서 무슨 일이 일어날까?

계산해 보면 $r \to 0$일 때 크레치만 스칼라(Kretchmann scalar) $R_{\mu\nu\lambda\rho}R^{\mu\nu\lambda\rho}$가 발산(blow-up)함을 알 수 있다. 이 식이 기하학적 불변량이기 때문에, $r = 2m$일 때와는 달리 시공간은 0을 넘어서 정칙적으로 확장될 수 없다는 결론이 얻어진다. 게다가 블랙홀 영역으로 들어가는 시간류 측지선(시험 입자 근사에서 자유 낙하하는 관찰자)은 유한한 고유시간 안에 $r = 0$에 도달하므로, 무한히 이어질 수 없다는 점에서 '불완비(incomplete)'이다. 따라서 시공간 계량의 기하가 실패하는 것을 '관측하게' 된다. 뿐만 아니라, $r = 0$에 접근하는 거시적인 관찰자는 중력에 의한 '기조력'에 의해 분열되고 만다.

초창기에는 병리적으로 보이는 이러한 행동이 슈바르츠실트 계량의 높은 단계의 대칭성과 연관되어 있으며, '일반적인(generic)' 해는 그런 현상을 나타내지 않을 것이라고 생각되었다. 이러한 생각이 틀렸다는 건 1965년에 발표된 펜로즈의 저명한 불완전성(incompleteness) 정리에 의해 증명됐다. 이 정리는 적절한 물질과 짝지어진 아인슈타인 방정식의 초깃값 문제의 해는 항상 그러한 완비되지 않은 시간류 혹은 공류 측지선을 포함한다는 것을 말해준다. 초기조건으로 주어진 초곡면이 콤팩트하지 않으며 닫혀 있는 갇힌 곡면(trapped surface)으로 알려진 것을 포함한다는 가정하에서 말이다. 슈바르츠실트 경우는 그러한 불완비 측지선의 곡률이 무한히 커지는 경우와 관련되어 있는 것처럼 보이지만, 사실 상황은 그렇지 않다. 이는 진공방정식 (21)이

주목할 만한 2매개변수모임(two parameter family)이기도 한 유명한 커 해(Kerr solution)를 생각해 보면 분명한데, 커 해는 1963년이 되어서야 연구되었으며 (22)의 회전형태이다. 커 해에서는 완비되지 않은 시간류 측지선은 소위 코시 수평선(Cauchy horizon)라고 불리는, 초깃값에 의해 유일하게 결정되는 시공간 영역의 부드러운 경계를 만나게 된다.

펜로즈의 정리는 두 가지 중요한 추측을 낳는다. 첫째는 약한 우주 검열(weak cosmic censorship)로 알려진 가설이다. 개략적으로 말하자면, 적절한 아인슈타인 물질계에서 물리적으로 타당한 포괄적인 초깃값에 대하여 측지적인 불완전성이 생긴다면, 그것은 블랙홀 영역에 국한된다는 것이다. 두 번째는 강한 우주 검열 가설(strong cosmic censorship)이다. 개략적으로 말하자면, 포괄적으로 허용 가능한 초깃값에 대하여 해의 불완전성은 항상 곡률의 발산 등과 같이 확장 가능성을 국소적으로 차단하는 것과 관련이 있다는 것이다. 강한 우주 검열 가설은 초깃값 문제의 유일한 해가 그 초깃값으로부터 생기는 단 하나의 고전적인 시공간이라는 것을 보증한다. 즉, 고전적인 결정론이 아인슈타인 방정식에서도 성립한다는 것이다.

초깃값이 일반적(generic)이라는 가정이 없으면 두 추측은 모두 거짓이 되는데, 이것이 이들을 증명하기 어려운 한 가지 이유이다. 실제로 크리스토돌루는 (정칙적인 초깃값으로부터 나오는) 측지적으로 완비는 아니지만, 블랙홀 영역을 포함하지 않는 아인슈타인-스칼라 장 계(Einstein-scalar field system)의 구면 대칭인 해를 구성했다. 그러한 시공간은 적나라한 특이점(naked singularity)을 포함한다

고 말한다.

적나라한 특이점은 정칙적인 초깃값의 붕괴로부터 나와야 한다는 요구사항이 없으면 쉽게 만들어진다. 슈바르츠실트 계량 (22)에서 $m < 0$인 경우가 한 예이다. 하지만 이 계량은 점근적으로 평평한 (asymptotically flat) 완비 코시 초곡면을 허용하지 않는다. 이 사실은 쇼엔(Schoen)과 야우(Yau)의 유명한 양 에너지 정리(positive energy theorem)와 관련되어 있다.

4.4 우주론

앞서 논의된 시공간 $(\mathcal{M}, g)$는 고립계의 이상적인 표현들이었다. '나머지 공간'은 삭제되거나 '점근적으로 평평한 끝(asymtotically flat end)'으로 대체되었다. 하지만 좀 더 과감하게 시공간 $(\mathcal{M}, g)$가 우주 전체를 나타낸다고 생각해 보면 어떨까? 이 문제를 연구하는 것이 우주론이다.

아주 크게 보면 우주는 극한적으로 동질적이고 (homogeneous) 등방적(isotropic)이다. 이것은 종종 코페르니쿠스의 원리라고 알려져 있다. 흥미롭게도, $\mathbb{R}^4$에서는 푸아송 방정식 (2)를 상수 $\nabla\phi$와 0이 아닌 상수 μ로 풀 수 없다. 따라서 뉴턴 물리학에서는 우주론이 이성적인 과학이 될 수 없다.* 반면, 일반 상대성 이론은 해의 섭동(perturbation)은 물론 동질적이고 등방적인 해까지 허용한다. 게다가 아인슈타인 방정식의 우주론적인 해는 초기에는 아인슈타인

---

*'뉴턴 우주론'은 $\mathbb{T}^3 \times \mathbb{R}$ 등에서와 같은 비계량(nonmetric) 접속을 가진 이론을 설명하기 위해 뉴턴의 이론의 근간을 수정하여 연구할 수 있다. 하지만 이런 절차 역시 일반 상대성 이론에서 영감을 얻었다(§3.5 참조).

자신과 드 지터(de Sitter), 프리드먼(Freedmann), 르메트르(Lemaitre)에 의해 연구되었다.

일반 상대성 이론이 만들어졌던 때의 우주에 대한 지배적인 관점은 그것이 정적이라는 것이었다. 이것은 아인슈타인이 그의 방정식의 좌변에 이러한 해가 허용되도록 잘 다듬어진 $\Lambda g_{\mu\nu}$라는 항을 첨가하게 만들었다. 여기서 상수 Λ는 우주상수라고 불린다. 우주의 팽창은 허블의 근원적인 관측으로 시작해, 이제는 관측 가능한 사실로 받아들여지고 있다. 우주의 팽창은 아인슈타인-오일러 계의 프리드먼-르메트르의 해를 우주 상수 Λ의 여러 가지 값을 가지고 처음 근사한 것으로 모형화할 수 있다. 과거 방향에서 이런 해들은 특이성을 갖는데, 이 특이성은 자주 '빅뱅'이라는 이름으로 불린다.

4.5 앞으로의 발전 방향

아인슈타인 방정식의 완전해(exact solution)의 과잉은 좀 더 일반적인 해의 정성적인 양태가 어떠해야 하는지를 보여준다. 하지만 일반해의 특징을 정성적으로 제대로 이해하는 것은 가장 단순한 해의 근방에서만 가능했다. 우주 검열 추측이나 일반 상대성 이론에서 포괄적으로 나타나는 특이점의 성질도 아직 미해결 상태인 것처럼, 앞서 소개된 블랙홀 해의 안정성 문제도 아직 풀리지 않았다. 그럼에도 이러한 문제들은 이론을 물리적으로 해석하고 그 타당성을 가늠하는 데 핵심적인 역할을 한다.

이 문제들이 수학적으로 얼마나 엄밀하게 풀릴 수 있을 것 같은가? 비선형 쌍곡 편미분방정식의 특이 행동(singular behavior)과 관련된 문제들은 어렵기로 악명 높다. 아인슈타인 방정식의 풍부한 기하

구조는 처음에는 어마어마한 부가적인 복잡성을 갖는 것으로 보이지만, 그 역시 축복이 될 수도 있다. 아인슈타인 방정식이 물리 세계에 대한 근원적인 질문들에 답을 주는, 아름다운 수학적인 구조를 계속 드러내기만을 바랄 뿐이다.

더 읽을거리

Christodoulou, D. 1999. On the global initial value problem and the issue of singularities. *Classical Quantum Gravity* 16:A23-A35.

Hawking, S. W., and G. F. R. Ellis. 1973, *The Large Scale Structure of Space-Time*. Cambridge Monographs on Mathematical Physics, number 1. Cambridge: Cambridge University Press.

Penrose, R. 1965. Gravitational collapse and space-time singularities. *Physical Review Letters* 14:57-59.

Rendall, A. 2008. *Partial Differential Equations in General Relativity*. Oxford: Oxford University Press.

Weyl, H. 1919. *Raum, Zeit, Materie*. Berlin: Springer. (Also published in English, in 1952, as *Space, Time, Matter*. New York:Dover.)

IV.14 동역학
보딜 브래너 *Bodil Branner*

1 서론

동역학계는 시간에 따른 계의 발전 과정을 설명할 때 사용되며 그 기원은 뉴턴[VI.14]이 『*Principia Mathematica*』(1687)에서 공식화한 자연의 법칙에 두고 있다. 동역학의 이론은 수학의 많은 부분들 특히 해석학, 위상, 측도론 그리고 조합론과 관련을 맺고 있다. 그것은 또한 천체역학, 유체역학, 통계역학, 기상학과 같은 자연과학 분야들, 그리고 수리물리학의 다른 부분들뿐만 아니라 반응화학, 개체군 동태론, 경제학에 의해 영향을 받으며 자극을 얻는다.

컴퓨터를 이용한 시뮬레이션과 시각화는 이론의 발전에 중요한 역할을 한다. 무엇을 전형적인 것이 아닌 특별하고 이례적인 것으로 봐야 하는지에 대한 관점을 바꿔왔다.

동역학계는 크게 연속동역학계와 이산동역학계로 나뉜다. 이 장의 주요 관점은 특별한 종류의 이산동역학계에 관련 있는 **복소해석적 동역학**이다. 이 동역학계는 복소수에서 정의된 **복소해석적 함수**[I.3 §5.6] f를 반복적으로 합성하여 만들 수 있다. 중요한 예로 f가 2차다항식일 때를 들 수 있다.

1.1 기본적인 두 가지 예

흥미로운 사실은 이산동역학계와 연속동역학계, 두 가지 모두 뉴턴이 발견한 예를 통해 잘 설명된다는 것이다.

(i) 다체문제는 태양과 $N-1$개의 행성들의 움직임을 모델로 하여 미분방정식 용어로 설명한 것이다. 각각의 물체는 점, 즉 그것의 질량의 중심으로 표현되고 움직임은 **역제곱 법칙**이라 불리는 **만유인력의 법칙**에 의해 결정된다. 이것은 두 물체의 중력은 각각의 질량과 두 물체 사이의 거리의 역제곱에 비례한다는 뜻이다. r_i를 i번째 물체의 위치벡터라고 하고 m_i를 그것의 질량, 그리고 g를 중력상수라고 하자. 그러면 j번째 물체에 의해서 i번째 물체가 받는 힘의 크기는 $gm_im_j/\|r_j-r_i\|^2$이고, 방향은 r_i와 r_j를 연결하는 선의 방향이다. 그러면 i번째 물체가 받는 총 힘은 j번째 물체(단, $j \neq i$)에 의해 i번째 물체에 발생하는 힘의 총합이다. r_i에서 r_j를 잇는 방향의 단위벡터는 $(r_j-r_i)/\|r_j-r_i\|$이므로 i번째 물체가 받는 총 힘은

$$g \sum_{j \neq i} m_i m_j \frac{r_j - r_i}{\|r_j - r_i\|^3}$$

이다. (식의 분모에 제곱 대신 세제곱이 있는 것은 r_j-r_i의 크기 때문이다.) 다체문제의 해는 미분가능하고 시간 t에 대한 벡터 함수들의 순서쌍 $(r_1(t), \cdots, r_N(t))$이고, 이 함수들은 뉴턴 제2의 법칙, 즉 힘 = 질량 × 가속도에 의해 나오는 N개의 미분방정식

$$m_i r_i''(t) = g \sum_{j \neq i} m_i m_j \frac{r_j(t) - r_i(t)}{\|r_j(t) - r_i(t)\|^3}$$

를 만족시킨다.

뉴턴은 2체문제를 명백하게 풀어냈다. 그는 다른 행성들의 영향을 무시하고, 어떻게 각각의 행성들이 태양주변을 타원궤도로 움직이는지를 설명한 요하네스 케플러(Johannes Kepler)의 법칙을 유도했다. 그러나 $N > 2$일 경우 문제는 엄청나게 복잡해진다. 연립방정식은 아주 특별한 경우를 제외하고는 더 이상 명백하게 풀리지 않는다(3체문제[V.33] 참조). 그럼에도 불구하고 뉴턴의 방정식들은 위성궤도와 다른 우주에서의 임무들에 관해 대단히 실용적인 중요성을 가진다.

(ii) 방정식을 푸는 **뉴턴의 방법**[II.4 §2.3]은 매우 다르고 미분방정식들을 포함하지 않는다. 우리는 미분가능한 하나의 실수 변수를 가지는 함수 f를 다루며, f의 0점, 즉 식 $f(x) = 0$의 해를 구하려 한다. 뉴턴의 아이디어는

$$N_f(x) = x - \frac{f(x)}{f'(x)}$$

라는 새로운 함수를 정의하는 것이다. 좀 더 기하학적으로 설명하자면, $N_f(x)$는 $y = f(x)$의 그래프 위의 점 $(x, f(x))$에서 접선이 x축과 만나는 x좌표이다. (만약 $f'(x) = 0$이면 접선은 x축과 평행하고 $N_f(x)$는 정의되지 않는다.)

많은 상황에서 x가 f의 0점과 매우 가까우면 $N_f(x)$도 0점과 충분히 가까워진다. 그러므로 만약 어떤 x_0에서 시작하여 N_f를 여러 번 실행하여 수열을 만들면, 즉 수열 $x_0, x_1, x_2, \cdots$가 $x_1 = N_f(x_0)$, $x_2 = N_f(x_1)$ 등등으로 만들어지면 이 수열은 f의 근에 수렴한다는 것을 기대할 수 있다. 그리고 이것은 사실이다. 만약 초깃값 x_0이 충분히 f의 근에 가까우면 이 수열은 정말 f의 근에 수렴한다. 기본적으로 각각의 단계에서 유효 자릿수가 두 배로 늘어나 매우 빠르게 수렴한다. 이 빠른 수렴 덕분에 뉴턴의 방법

이 수치적 계산에 매우 유용하게 사용된다.

1.2 연속동역학계

연속동역학계는 계가 시간에 따라 어떻게 발전하는지를 결정하는 1차 연립 미분방정식이라고 생각할 수 있다. 이 해를 궤도(orbit) 또는 자취(trajectory)라고 하며 보통 시간으로 여겨지는 실숫값과 연속적으로 변하는 실수 t에 의해 매개변수화된다. 그래서 '연속'동역학계라고 불린다. 주기(period) T인 주기궤도(periodic orbit)는 시간 T가 지나면 같은 것이 반복되고 그전에는 반복되지 않는 해이다.

미분방정식 $x''(t) = -x(t)$는 2차 미분방정식이지만 두 개의 1차 미분방정식 $x_1'(t) = x_2(t)$와 $x_2'(t) = -x_1(t)$와 동치이기 때문에 연속동역학계이다. 비슷한 방법으로 다체문제의 연립 미분방정식도 새로운 변수를 도입하여 표준형으로 바꿀 수 있다. 이 연립 미분방정식은 위치벡터 $r_i = (x_{i1}, x_{i2}, x_{i3})$과 속도벡터 $r_i' = (y_{i1}, y_{i2}, y_{i3})$ 변수에 대한 연립 $6N$차 1차 미분방정식과 동치이다. 그러므로 다체문제는 연속동역학계의 좋은 예이다.

일반적으로 동역학계가 n개의 식으로 이루어져 있으면 i번째 식은

$$x_i'(t) = f_i(x_1(t), \cdots, x_n(t))$$

또는 대안으로 $x(t)$를 벡터 $(x_1(t), \cdots, x_n(t))$라 하고, $\mathbb{R}^n$에서 $\mathbb{R}^n$으로 가는 함수 f를 $(f_1, \cdots, f_n)$으로 둔 다음에 모든 식들을 한꺼번에 $x'(t) = f(x(t))$로 쓴다. 여기에서 f는 t에 의존하지 않는다고 가정한다. 만약 그렇다면 변수 $x_{n+1} = t$와 미분방정식 $x_{n+1}'(t) = 1$을 추가하여 연립방정식의 차원이 n에서 $n + 1$

로 증가한 표준형으로 쓸 수 있다.

가장 간단한 연립방정식은 f가 선형일 때이다. 즉 $f(x)$가 어떤 상수인 $n \times n$ 행렬 A에 대해 Ax로 주어질 때이다. 위의 연립방정식 $x_1'(t) = x_2(t)$와 $x_2'(t) = -x_1(t)$가 선형계의 예이다. 그러나 다체문제를 포함하여 대부분의 계들은 비선형이다. 만약 함수 f가 '좋은'(예를 들면 미분가능한) 함수라면 모든 초기점 x_0에 대해 해의 유일성과 존재성을 증명할 수 있다. 즉 $t = 0$일 때 점 x_0을 지나가는 해는 정확하게 하나뿐이다. 예를 들어 다체문제에서 주어진 어떤 초기 위치벡터와 초기 속도벡터에 대해 정확하게 하나의 해가 존재한다. 어떤 궤도들의 쌍도 일치하거나 완전히 서로소라는 것으로 유일성이 따라온다. (이 상황에서 '궤도'는 하나의 점 질량의 위치들의 집합이 아니라 질량들의 모든 위치와 속도들이 나타내는 벡터들의 전개를 의미한다.)

비록 비선형계의 해들이 명백하게 표현되기는 거의 불가능하지만 해가 존재한다는 것은 알려져 있고, 해는 그것의 초기조건에 의해 완전히 결정되므로 그 동역학계를 결정론적(deterministic)이라고 부른다. 그러므로 주어진 계와 주어진 초기조건에서 이론적으로 모든 미래의 진행을 예측하는 것이 가능하다.

1.3 이산동역학계

이산동역학계는 도약적으로 진행하는 셈이다. 이런 계에서는 '시간'은 실수보다 정수로 표현되는 것이 최상이다. 좋은 예로 방정식을 풀기 위한 뉴턴의 방법이 있다. $x_k = N_f(x_{k-1})$일 때, 앞서 설명한 점들의 수열 $x_0, x_1, \cdots, x_k$를 x_0의 궤도(orbit)라고 부른다. 그

것은 N_f의 **반복(iteration)**, 즉 함수의 반복적인 실행에 의해 얻어진다고 알려져 있다.

이 아이디어는 X를 실수축, 실수축의 구간, 평면, 평면의 부분집합 또는 다른 복잡한 공간이라고 할 때, 다른 함수 $F: X \to X$로 쉽게 일반화된다. 중요한 것은 입력값 x의 출력값 $F(x)$가 다음 차례의 입력값으로 쓰인다는 것이다. 이것으로 미래의 시간들에 어떤 x_0의 X에서의 궤도가 정의된다. 즉 수열 x_0, $x_1, \cdots, x_k, \cdots$는 모든 k에 대해 $x_k = F(x_{k-1})$이다. 만약 함수 F의 역함수 F^{-1}가 존재한다면 앞쪽과 뒤쪽으로 모두 반복할 수 있고, x_0의 **모든 궤도**인 양방향 무한 수열 $\cdots, x_{-2}, x_{-1}, x_0, x_1, x_2, \cdots, x_k, \cdots$를 모든 정수 k에 대해 식 $x_k = F(x_{k-1})$ 또는 동치인 식 $x_{k-1} = F^{-1}(x_k)$로부터 얻을 수 있다.

x_0의 궤도가 k의 주기로 **주기적(periodic)**이라는 것은 시간 k 이후에 똑같이 반복되고 k 이전에는 반복되지 않는다는 것을 말한다. 즉 $x_k = x_0$이지만 $j = 1, \cdots, k - 1$일 때 $x_j \neq x_0$임을 의미한다. 궤도가 **전주기적(preperiodic)**이라는 것은 그것이 결국에는 주기적이라는 것을 말한다. 달리 말해서 $\ell \geq 1$이고 $k \geq 1$인 ℓ과 k가 존재해서 x_ℓ이 주기 k로 주기적이고 $0 \leq j < \ell$인 모든 x_j는 주기적이지 않은 경우를 말한다. 연속동역학에는 전주기적이라는 개념이 적용되지 않는다. 주어진 초기점 x_0의 궤도는 x_0을 알면 완전히 결정되므로 이산동역학계는 결정론적이다.

1.4 안정성

동역학의 현대적 이론은 **푸앵카레**[VI.61]의 업적으로부터 많은 영향을 받았다. 특히 그에게 수상의 영광을 안긴* 3체문제에 대한 회고록과 그에 이어 19

세기 후반에 쓰인 천체역학에 대한 세 권의 책에서 많은 영향을 받았다. 푸앵카레는 대회에서 제시한, 태양계의 안정성에 관한 문제의 답변을 하기 위해 회고록을 집필했다. 그는 3체가 무한소로 작은 질량을 가진다는 가정하에 소위 **제한된 3체문제**를 제시했다. 한 물체는 다른 두 물체의 운동에 영향을 주지 않지만 다른 두 물체에 의해 영향을 받는다. 푸앵카레의 업적은 동역학계들의 해의 위상학적 성질에 초점을 맞추고 그것들의 정성적 접근법을 갖는 **위상동역학(topological dynamics)**의 서곡이 되었다.

특히 흥미로운 것은 계의 장기적 행동이다. 한 주기궤도 위의 점에 충분히 가까운 점을 지나는 모든 궤도가 미래의 모든 시간에 그 궤도와 가까이 있다면 그 주기궤도를 **안정적(stable)**이라고 부른다. 주기궤도에 충분히 가까운 궤도들이 시간이 무한대로 갈 때 주기궤도에 가까워지면, 이 주기궤도를 **점근적으로 안정적(asymptotically)**이라고 부른다. 이것을 이산동역학계의 두 가지 선형인 예를 통해 살펴보자. 실수 함수 $F(x) = -x$에 대해 모든 점들은 주기궤도를 가진다. 0의 주기는 1이고 다른 x들의 주기는 2이다. 모든 궤도들은 안정적이지만 모두 점근적으로 안정적이지는 않다. 실수 함수 $G(x) = \frac{1}{2}x$는 오직 0만을 유일한 주기궤도로 가진다. $G(0) = 0$이므로 이 궤도는 주기 1이고 **고정점(fixed point)**이라고 불린다. 만약 다른 수를 2로 계속 나누면 이 수열은 0에 접근하므로 고정점 0은 점근적으로 안정적이다.

푸앵카레가 그의 3체문제의 연구 중에 도입한 방

---

* 스웨덴 왕이었던 오스카 2세가 자신의 생일을 기념해 행성의 운동에 관한 다체문제를 푸는 대회를 열었고, 그 문제를 푸앵카레가 부분적으로 해결해 상을 받았다―옮긴이

법 중 하나는 차원이 n인 연속동역학계의 함수가 정의된 공간을 차원이 $n-1$인 이산동역학계로 축소하는 것이다. 아이디어는 다음과 같다. 어떤 연속계에 주기 $T > 0$인 주기궤도가 있다고 가정하자. 궤도 위의 한 점 x_0과 x_0을 지나는 초곡면 Σ, 예를 들어 궤도가 x_0을 지나 통과하는 초평면을 선택하자. x_0에 충분히 가까운 Σ 위의 점의 궤도를 따라가다 언제 Σ와 다음에 겹치게 되는지는 볼 수 있다. 이것은 푸앵카레 사상(Poincaré map)으로 알려져 있는 처음의 점을 Σ와 궤도가 다음에 겹치는 점으로 보내는 변환을 정의한다. 동역학계의 해가 유일하기 때문에 모든 푸앵카레 사상은 그것이 정의되는 x_0 주변(Σ 안)에서 단사(injective)이다. 이 변환은 앞쪽과 뒤쪽 모두로 반복하여 실행할 수 있다. 연속동역학계에서 x_0의 주기궤도는 정확히 이산계에서 푸앵카레 사상의 고정점 x_0이 안정적(점근적으로 안정적)일 때만 안정적(점근적으로 안정적)이다.

1.5 카오스적 행동

카오스 역학이라는 개념은 1970년대에 나타났다. 이것은 매우 다른 환경에서 사용돼 왔고, 이 용어의 용례를 모두 통합하는 하나의 정의도 없다. 그러나 카오스를 특성화하는 가장 좋은 성질은 초기현상에 민감하게 의존하는 현상이다. 푸앵카레가 3체문제를 다루던 중 처음으로 초기조건에 대한 민감성을 관찰했다.

그의 관찰을 설명하는 대신 더 간단한 이산동역학의 예를 살펴보자. 동역학적 공간 X를 반열린 단위구간 $[0, 1)$이라고 하고, 함수 F를 수를 두 배한 후 1로 나눈 나머지라고 하자. 즉, $0 \leqslant x < \frac{1}{2}$일 때 $F(x)$ $= 2x$이고 $\frac{1}{2} \leqslant x < 1$일 때 $F(x) = 2x - 1$이다. x_0을 X 안에 수라고 하고, $x_1 = F(x_0)$, $x_2 = F(x_1)$ 등으로 반복하자. 그러면 x_k는 $2^k x_0$의 분수 부분이다. (실수 t의 분수 부분은 t에서 t 이하의 정수 중 가장 큰 수를 뺀 것이다.)

수열 $x_0, x_1, x_2, \cdots$의 행동을 이해하기 위한 가장 좋은 방법은 x_0의 이항전개를 생각하는 것이다. 예를 들어 수가 $0.110100010100111\cdots$로 시작된다고 하자. 수를 이항전개로 썼을 때 두 배를 한다는 것은 모든 자릿수를 왼쪽으로 옮기는 것이다(십진수를 쓸 때 10을 곱하는 것과 같다). 그래서 $2x_0$의 이항전개는 $1.10100010100111\cdots$로 시작할 것이다. $F(x_0)$은 1을 뺀 분수부분이 된다. 그러므로 $x_1 = 0.10100010100111\cdots$이다. 이 과정을 반복하면 $x_2 = 0.0100010100111\cdots$, $x_3 = 0.100010100111\cdots$ 등이 된다. (x_2에서 x_3을 구할 때는 x_3의 '소수점' 아래의 수가 0이므로 1을 뺄 필요가 없다.) 이제 다른 초깃값 $x_0' = 0.110100010110110\cdots$을 생각해 보자. 처음 소수점 아래의 아홉 자리가 x_0의 소수점 아래 처음 아홉 자리와 같으므로 x_0'은 x_0에 아주 가깝다. 그러나 F를 x_0'과 x_0에 열 번 실행하면 소수점 아래 11번째 자릿수가 왼쪽으로 옮겨지고, $x_{10} = 0.00111\cdots$이고 $x_{10}' = 0.10110\cdots$이다. 이 두 수들은 대략 $\frac{1}{2}$만큼 차이 나고 더 이상 가까운 수가 아니다.

일반적으로 x_0을 이산전개의 k번째 자릿수까지 알고 더 이상 알지 못한다면 F의 k번 반복 이후에는 모든 정보를 잃으며 x_k는 구간 $[0, 1)$ 안 어디에라도 있을 수 있다. 그러므로 계가 결정론적이라고 하더라도 x_0을 완벽한 정확도로 알지 못하면 장기적 행동을 예측하는 것은 불가능하다.

일반적으로 이것은 사실이다. 초기조건이 정확하게 알려져 있지 않으면 초기조건에 민감한 동역학계의 어떤 부분에서도 장기적 행동을 예측하기란 불가능하다. 실용적인 응용의 경우에선 초기조건을 정확하게 아는 경우는 결코 일어날 수 없다. 예를 들어 기상예보를 수학적 모형을 적용하여 실행할 때, 이 사실은 믿을 만한 장기간 일기예보를 구성하는 것을 불가능하게 하는 이유가 된다.

민감성은 **이상한 끌개**(strange attractor)라는 개념에도 중요하다. 집합 A에서 시작되는 궤도는 A 안에 머물고 A 주변을 지나는 모든 궤도가 A에 점점 가까워지면 A는 **끌개**(attractor)라고 불린다. 연속동역학에서 끌개가 될 수 있는 간단한 집합들은 평형점, 주기궤도(극한주기궤도) 그리고 원환면 같은 곡면들이 있다. 이런 예들과 대조적으로 이상한 끌개는 복잡한 기하와 복잡한 동역학 모두 가질 수 있다. 그에 대응하는 기하가 **프랙탈**이고 대응하는 동역학은 민감하다. 나중에 프랙탈의 예를 살펴볼 것이다.

가장 잘 알려진 이상한 끌개는 **로렌츠 끌개**(Lorenz attractor)이다. 1960년대 초기에 기상학자 에드워드 로렌츠(Edward N. Lorenz)는 열류(열흐름, heat flow)를 간소화한 모형을 주는 3차원 연속동역학계를 연구했다. 그러는 동안 그는 전에 나온 계산의 결과를 초기조건으로 컴퓨터 계산을 다시 시작하면, 그 궤도가 앞에서 관찰했던 것에서 발산하기 시작한다는 것을 발견했다. 그는 컴퓨터가 결과에서 보여준 것보다 중간계산에서 더 정밀한 계산을 사용했다고 자신의 발견을 설명했다.[*] 이런 이유로 초깃값들이

전과 아주 조금 달랐다는 것이 명확하게 즉각 발견되지 않았던 것이다. 계가 민감하기 때문에 이 작은 차이가 아주 큰 차이를 만들어낸다. 그는 나비가 날개를 퍼덕이는 것과 같은 작은 소요가 시간이 지난 후 기후의 장기적 변화와 수천 마일 떨어진 곳에서 발생할 토네이도의 방아쇠가 되는 극적인 효과를 만들어낼 수 있다는 점을 제안하며, 이 현상을 설명하기 위해 '나비효과'라는 시적인 구문을 만들었다. 로렌츠 계의 컴퓨터 시뮬레이션은 해들이 이상한 끌개처럼 '보이는' 복잡한 집합으로 끌려들어간다는 것을 알려주었다. 기상의 문제는 실로 오랫동안 풀리지 않고 남아 있었다. 컴퓨터는 각각의 단계마다 수를 반올림하기 때문에 민감한 계를 연구할 때 컴퓨터 시뮬레이션을 얼마나 믿을 수 있는지 명확하지 않았다. 1998년 워익 터커(Warwick Tucker)는 컴퓨터의 도움을 받아 로렌츠 끌개가 사실 이상한 끌개라는 것을 증명했다. 그는 숫자들을 구간들로 표현하고 정교하게 추정할 수 있는 **구간산술**(interval arithmetic)을 사용했다.

위상수학적인 이유들로 연속동역학계에서 초기조건에 대한 민감성은 차원이 3 이상일 때 발생한다. F가 단사인 이산계에서는 차원이 2 이상이어야 한다. 그러나 단사가 아닌 함수의 경우, 민감성은 전에 살펴본 예에서와 같이 1차원계에서도 일어날 수 있다. 이것이 1차원 이산동역학계가 집중적으로 연구되고 있는 이유이다.

---

[*] 어떤 동역학계에서 주기 궤도의 한 점을 초기조건으로 계산하면 동일한 주기궤도가 나와야 하는데 그렇지 않았다는 말이다. 아주 미세한 값의 차이가 궤도에서 큰 차이를 만들어낸 것이다―옮긴이

1.6 구조적 안정성

위상동형사상(연속인 역사상을 가지는 연속 사상 (continuous map))이 있어서 하나의 계의 궤도들을 다른 계의 궤도로 보내고 그 반대도 성립하는 두 동역학계는 **위상적으로 동치**(topologically equivalent)라고 말한다. 대략적으로 말해서 이것은 하나의 계에서 다른 계로 바꾸는 변수들의 연속적인 변화가 있음을 의미한다.

예를 들어 실수 2차다항식 $F(x) = 4x(1 - x)$로 주어진 이산동역학계를 생각해 보자. $y = -4x + 2$로 치환한다고 가정했을 때, y에 대해서 이 계를 어떻게 설명할 수 있을까? 만약 F를 적용하면 x를 $4x(1 - x)$로 바꾼다. 즉 $y = -4x + 2$는 $F(x)$를 $-4F(x) + 2 = -16x(1 - x) + 2$로 바꾼다. 그러나

$$-16x(1 - x) + 2 = 16x^2 - 16x + 2$$
$$= (-4x + 2)^2 - 2$$
$$= y^2 - 2$$

이다. 그러므로 다항함수 F를 적용하는 효과는 다른 다항함수를 y에 적용하는 것, 즉 $Q(y) = y^2 - 2$이다. 변수를 x에서 $-4x + 2$로 바꾸는 것은 연속이고 가역이므로 함수들 F와 G는 **켤레**(conjugate)라고 한다.

F와 Q는 켤레이므로 F에 대한 어떤 x_0의 궤도는 변수를 바꾼 후에 대응되는 점 $y_0 = -4x_0 + 2$의 Q에 의한 궤도가 된다. x에서 $-4x_k + 2$로 변수를 바꾸는 것은 연속적이고 가역이므로 두 계는 위상적으로 동치이다. 만약 그들 중 하나의 계를 이해하고 싶다면 둘의 동역학은 정성적으로 같기 때문에 다른 계를 연구하면 이해할 수 있다.

연속동역학계에서는 동치의 개념이 약간 느슨하다. 두 개의 위상적으로 동치인 계 사이의 위상동형사상이 하나의 궤도를 정확한 시간의 전개에 상관없이 다른 궤도로 보내면 된다. 그러나 이산동역학계에서는 위의 예에서와 같이 시간의 변화가 고려돼야 한다. 즉, 켤레가 되어야 한다.

동역학계(dynamical system)라는 용어는 1960년대에 스티븐 스메일(Stephen Smale)이 처음 만들었고 줄곧 사용되어 왔다. 스메일은 **구조적으로 안정적인 계**(structurally stable system)라고도 불리는 **로버스트 계**(robust system) 이론, 즉 1930년대에 알렉산더 안드로노프(Alexander A. Andronov)와 레프 폰트랴긴(Lev S. Pontryagin)에 의해 도입된 개념을 발전시켰다. 특정한 계의 모임에 속하면서 어떤 동역학계와 충분히 가까운 계들이 사실 위상적으로 그것과 동치라면, 그 동역학계를 구조적으로 안정하다고 부르고, 그것들은 모두 같은 정성적 행동을 가진다고 말한다. 이런 모임의 예로는 모든 $x^2 + a$ 형태의 실수 2차다항식을 모아 놓은 집합을 들 수 있다. 모임은 a로 매개변수화되고 주어진 다항식 $x^2 + a_0$에 가까운 계들은 a_0에 가까운 모든 a가 주는 다항식들 $x^2 + a$이다. 나중에 복소해석적 동역학을 논의할 때 구조적 안정성 문제에 대해 다시 생각해 볼 것이다.

a로 매개변수화된 동역학계의 모임이 구조적으로 안정적이지 않아도, 매개변수 a_0을 가지는 계가 a_0을 포함하는 어떤 영역 안의 매개변수 a로 주어지는 모든 계들과 위상적으로 동치일 수 있다. 동역학의 주된 연구 목적은 단지 모임에 속한 각각의 계의 정성적 구조를 연구하는 것뿐만 아니라 **매개변수 공간의 구조를 연구하는 것**, 즉 매개변수 공간이 어떻

게 안정적인 영역으로 나뉘어지는지를 연구하는 것도 있다. 이 영역들을 나누는 경계들은 이른바 분기집합(bifurcation set)으로 이루어진다. a_0이 이 집합에 속한다면 a_0에 임의로 가까운 매개변수들 a가 있어서 그에 대응되는 계들은 다른 정성적 행동을 보인다.

구조적으로 안정적인 계들의 설명과 분류 그리고 가능한 분기들의 분류는 일반적인 동역학계를 벗어나 있다. 그러나 이 주제의 성공적인 업적 중 하나인 복소해석적 동역학은 목표의 많은 부분을 이룬 특별한 종류의 동역학을 연구한다. 이제 복소해석적 동역학에 관심을 돌릴 때이다.

2 복소해석적 동역학

복소해석적 동역학들은 반복되는 사상이 복소수[I.3 §1.5]에서 정의되는 복소해석적 함수[I.3 §5.6]인 이산 동역학계의 연구이다. 복소수는 주로 z로 나타낸다. 이 장에서는 복소다항식과 유리식(즉 $(z^2 + 1)/(z^3 + 1)$)과 같이 다항식들의 분수형태)의 반복을 다루지만, 이 장에서 이루어질 대부분의 논의는 더 일반적인 복소해석적 함수, 예를 들어 지수함수[III.25]와 삼각함수[III.92]들에 대해서도 사실이다.

동역학계의 특별한 종류에 관심을 제한시킨 후 그것에 관심을 두면 그 상황에 특별히 적용시킬 수 있는 도구들이 있음을 알 수 있다. 복소해석적 동역학에 적용시킬 수 있는 도구들은 복소해석학으로부터 나온다. 유리함수를 다룰 때는 더 특별한 도구들이 있고 다항식으로 더 제한시키면 우리가 보게 될 다른 것들이 있다.

왜 유리함수의 반복에 관심을 끄는 것일까? 그중 하나의 해답은 서론에서 논의되었던 뉴턴의 방법을 확장하여 복소다항식의 해들을 찾으려 했던 케일리[VI.46]의 시도(1879)에서 나타났다. 주어진 다항식 P에 대해서 그에 대응되는 뉴턴 함수 N_P는 유리함수

$$N_P(z) = z - \frac{P(z)}{P'(z)} = \frac{zP'(z) - P(z)}{P'(z)}$$

이다. 뉴턴의 방법을 적용하기 위해선 이 유리함수를 반복해야 한다.

유리함수를 반복하는 연구는 20세기 초반에 특히 피에르 파투(Pierre Fatou)와 가스통 쥘리아(Gaston Julia)의 업적 덕분에 번영했다(그들은 독립적으로 같은 결과를 많이 얻었다). 그들의 업적 중 한 부분은 고정점 주변의 함수들의 국소적 행동을 연구하는 것이다. 그러나 그들은 전체적인 동역학적 성질에도 관심을 가졌으며 최근 폴 몬텔(Paul Montel)에 의해 만들어진 소위 정규족(normal family)에서 영감을 받았다. 그러나 복소해석적 동역학은 결과들의 저변에 깔린 프랙탈이 상상하기 힘들 정도로 복잡하여 1930년 전후로 거의 멈춰 있었다. 연구는 1980년 전후에 이르러, 막강해진 컴퓨터의 계산능력과 특히 프랙탈 집합들의 정교한 그래픽 시각화에 힘입어 다시 생기를 얻고 활발해졌다. 그때부터 복소해석적 동역학은 많은 관심을 끌었고 새로운 기술이 발전, 도입되었다.

대략적인 그림을 그리기 위해, 먼저 가장 간단한 다항식 중 하나인 z^2부터 살펴보자.

2.1 2차다항식

가장 간단한 2차다항식 $Q_0(z) = z^2$의 동역학은 다른 2차다항식의 동역학을 이해하기 위한 기초적인 역할을 한다. 게다가 Q_0의 동역학적 행동은 완전히 분석되고 이해될 수 있다.

만약 $z = re^{i\theta}$이면 $z^2 = r^2e^{2i\theta}$이기 때문에 복소수를 제곱하는 것은 절댓값을 제곱하고 그 편각을 두 배하는 것과 같다. 그러므로 단위원(절댓값이 1인 복소수들의 집합)은 Q_0에 의해 자기 자신으로 보내지는 반면, 반지름 $r < 1$인 원은 원점에 가까운 원으로 보내지고 반지름 $r > 1$인 원은 원점에서 더 멀리 떨어진 원으로 보내진다.

단위원에서 어떤 현상이 벌어지는지 더 자세히 살펴보자. 전형적인 원 위의 점, $e^{i\theta}$은 구간 $[0, 2\pi)$ 위의 그것의 편각 θ에 의해 매개변수화된다. 이 수를 제곱하면 $e^{2i\theta}$을 얻는데, 이것은 $2\theta < 2\pi$일 때 2θ에 의해 매개변수화되고, $2\theta \geqslant 2\pi$일 때는 $2\theta - 2\pi$가 $[0, 2\pi)$에 있게 2π를 빼야 한다. 이것은 §1.5에서 논의한 동역학계를 떠올리게 한다. 사실 θ를 그것의 **수정된 편각** $\theta/2\pi$로 바꾸면, 즉 $e^{i\theta}$ 대신 $e^{2\pi i\theta}$이라고 쓰면 완전히 같은 계가 된다. 그러므로 단위원 위에서 z^2의 행동은 카오스적이다.

복소평면의 다른 부분에 대해서, 원점은 점근적으로 안정적인 고정점, 즉 $Q_0(0) = 0$이다. 단위원 안의 임의의 점 z_0에 대해서 반복으로 만들어진 수열 z_k는 k가 무한대로 갈 때 0으로 수렴한다. 단위원 밖의 임의의 점 z_0에 대해서 z_k와 0의 거리 $|z_k|$는 k가 무한대로 갈 때 무한대로 발산한다. 한정된 궤도를 갖는 초기점들 z_0의 집합은 닫힌 단위원반, 즉 $|z_0| \leqslant 1$인 점들이다. 그것의 경계, 즉 단위원은 복소평면을 정성적으로 다른 동역학적 행동을 보이는 두 개의 영역으로 나눈다.

Q_0의 어떤 궤도들은 주기적이다. 어떤 궤도들이 주기적인지 알아보기 위해서는, 먼저 단위원 밖에서는 0이 아닌 다른 점들은 제곱을 반복했을 때 원점에 점점 가까워지거나 점점 멀어지기 때문에 고정점이 0밖에 없다는 점에 주목해야 한다. 그러므로 이제 단위원을 살펴보고 수정된 편각 θ_0에 대해 점 $e^{2\pi i\theta_0}$을 생각해 보자. 이 점이 주기 k로 주기적이라면 $2^k\theta_0 = \theta_0 \pmod 1$이어야 한다. 즉 $(2^k - 1)\theta_0$은 정수여야 한다. 이 때문에 단위원은 수정된 편각으로 매개변수화하는 것이 편리하다. 이제부터 '점 θ'라고 하면 이것은 점 $e^{2\pi i\theta}$을 의미하고 '편각'이라고 하면 이것은 수정된 편각을 의미한다.

지금까지 점 θ가 주기 k로 주기적이면 $(2^k - 1)\theta$가 정수여야 한다는 것을 논의했다. 이것으로 주기가 1인 점은 한 점, 즉 $\theta_0 = 0$ 하나밖에 없다. 주기가 2인 점은 하나의 궤도 $\frac{1}{3} \mapsto \frac{2}{3} \mapsto \frac{1}{3}$을 이루는 점 두 개이다. 주기가 3인 점은 두 개의 궤도 $\frac{1}{7} \mapsto \frac{2}{7} \mapsto \frac{4}{7} \mapsto \frac{1}{7}$과 $\frac{3}{7} \mapsto \frac{6}{7} \mapsto \frac{5}{7} \mapsto \frac{3}{7}$을 이루는 점 여섯 개이다. (각각의 단계에서 가지고 있는 수들을 두 배한 후 필요하다면 1을 빼 구간 $[0, 1)$ 안에 다시 들어가도록 한다.) 주기가 4인 점들은 분모가 15인 분수이지만 반대는 성립하지 않는다. 분수 $\frac{3}{15} = \frac{1}{3}$과 $\frac{6}{15} = \frac{2}{3}$는 주기가 그보다 작은 2이다. 단위원에서 주기 궤도를 갖는 점들은 단위원 안에서 **조밀하다**. 즉 주기점들은 어떤 점과도 임의적으로 가깝다. 이것은 $0.110001100011000110001100 \cdots$ 같은 모든 순환 이진 전개들이 주기적이라는 것과 임의의 0과 1의 유한 수열이 이 순환 이진 전개의 처음부분이라는 관찰에서 나온다. 사실 단위원에서 주기점들은 q가 홀수일 때, 편각이 정확히 [0, 1) 안에 속하는 유리수 p/q임을 보일 수 있다. 분모가 짝수인 모든 유리수는 어떤 홀수 q에 대한 $p/(2^\ell q)$로 쓸 수 있다. ℓ번 반복하면 그 유리수는 주기점이 되어 초기점은 전주기적이다. [0, 1) 안에 편각을 갖는 점들은 모두 유한한 궤도를 가지는 반면, 무리수인 편각을 갖는 점들은 무한한 궤도를 갖는다. 수정된 편각을 이용하는 이유가 여기에 있다. 동역학의 행동은 θ_0이 유리수인지 무리수인지에 달려 있다.

θ_0이 무리수이면 그 궤도는 [0, 1)에서 조밀할 수도 있고 조밀하지 않을 수도 있다. 이것은 이진 전개를 살펴보면 쉽게 알 수 있다. 예를 들어 θ_0이 조밀한 궤도를 갖는 특별한 예 중 하나는 이진 전개

$$\theta_0 = 0.0100011011000001010011100101110111\cdots$$

이다. 이것은 처음에는 길이가 1인 이진 수열 0과 1, 다음에는 길이가 2인 이진 수열 00, 01, 10, 11 등과 같이 모든 유한 이진 수열을 차례로 써서 나타낸다. 이를 가지고 반복을 시행하면 이 이진 전개는 왼쪽으로 한 칸씩 옮겨지고, 가능한 모든 유한 수열들이 언젠가는 어떤 반복 θ_k의 시작부분에 나타나게 된다.

2.2 주기점을 특징짓기

z_0을 복소해석적 사상 F의 고정점이라고 하자. z_0 근처의 점들의 반복은 어떤 행동을 보일까? 답은 '고정점의 **승수(multiplier)**라고 불리는 수 ρ에 크게 의존한다'가 되고, 여기서 ρ는 $F'(z_0)$으로 정의된다. 이 수가 왜 관련되는지를 보기 위해 만약 z가 z_0에 가까이 있다면 1차 근사를 통해 $F(z)$는 $F(z_0) + F'(z_0)(z - z_0) = z_0 + \rho(z - z_0)$이라는 것을 알아채야 한다. 그러므로 F를 z_0 근처의 점에 적용할 때, 그것과 z_0의 차이는 대략 ρ를 곱한 것만큼 생긴다. 만약 $|\rho| < 1$이라면 근처의 점들은 z_0에 점점 가까워질 것이고, 이 경우 z_0은 **끌어당기는(attracting)** 고정점이라고 부른다. 만약 $\rho = 0$이라면 이것은 매우 자주 일어나며 이때 z_0은 **매우 끌어당기는(supper-attracting)** 고정점이라고 부른다. 만약 $|\rho| > 1$이라면 근처의 점들은 멀어지고 z_0을 **밀어내는(repelling)** 고정점이라고 부른다. 마지막으로 $|\rho| = 1$이면, z_0은 **무관심한(indifferent)** 고정점이라고 한다.

만약 z_0이 무관심한 고정점이라면 승수는 $\rho = e^{2\pi i\theta}$으로 쓸 수 있고, z_0 근처에서 사상 F는 대략 z_0을 중심으로 각 $2\pi\theta$만큼 회전하는 것이 될 것이다. 이 계의 행동은 θ의 정확한 값에 크게 의존한다. 만약 θ가 유리수 또는 무리수라면 고정점을 각각 **유리수적** 또는 **무리수적**으로 무관심하다고 부른다. 무리수의 경우는 아직 동역학이 완전히 이해되지 않았다.

주기 k인 주기점 z_0은 k번 반복 $F^k = F \circ \cdots \circ F$의 고정점이다. 이런 이유로 그것의 승수는 $\rho = (F^k)'(z_0)$으로 정의된다. 연쇄법칙에 의하면

$$(F^k)'(z_0) = \prod_{j=0}^{k-1} F'(z_j)$$

이고, 그러므로 F^k의 미분은 주기궤도의 모든 점에서 같다. 이 공식은 매우 끌어당기는 주기궤도는 임계점(즉, F의 미분이 0인 점)을 가져야 한다는 것을 의미한다. 만약 $(F^k)'(z_0) = 0$이면 적어도 하나의

$F'(z_j)$가 0이어야 한다.

0은 Q_0의 매우 끌어당기는 고정점이고 단위원 위에서 Q_0의 주기 k인 주기궤도의 승수는 2^k이라는 것에 주목하라. 그러므로 모든 단위원의 주기궤도는 밀어내는 주기궤도이다.

2.3 2차다항식의 단일매개변수족

2차다항식 Q_0은 $Q_c(z) = z^2 + c$ 형태의 2차다항식들의 단일매개변수족들의 중심에 있다. (우리는 이 족들을 일찍이 논의하였으나 z와 c가 복소수가 아니라 실수였다.) 고정된 복소수 c에 대해서 우리는 Q_c의 반복에 관심이 있다. 더 일반적인 2차다항식을 연구하지 않는 이유는 §1.6에서 살펴본 실수 예에서의 치환과 유사한 방법으로 간단히 $w = az + b$로 치환하면 이 형태로 나타낼 수 있기 때문이다. 임의의 2차다항식 P가 주어지면 모든 z에 대해서

$$a(P(z)) + b = (az + b)^2 + c$$

가 성립하는 정확히 하나의 치환 $w = az + b$와 하나의 c를 찾을 수 있다. 그러므로 다항식 Q_c의 동역학을 이해하면 모든 2차다항식의 동역학을 이해하는 것이다.

유용하게 사용할 수 있는 또 다른 대표적인 2차다항식의 족들을 살펴보자. 하나의 예는 족 $F_\lambda(z) = \lambda z + z^2$이다. 치환 $w = z + \frac{1}{2}\lambda$는 F_λ를 $c = \frac{1}{2}\lambda - \frac{1}{4}\lambda^2$인 Q_c로 바꾼다. 나중에 c에 대한 식을 λ에 대해 다시 쓸 것이다. 다항식 Q_c의 족에서 매개변수 $c = Q_c(0)$은 평면에서 Q_c의 **임곗값**(critical value)과 일치한다. 나중에 살펴보겠지만, 임계궤도(critical orbit)들은 대역적 동역학의 해석에 핵심적 역할을 한다. 다

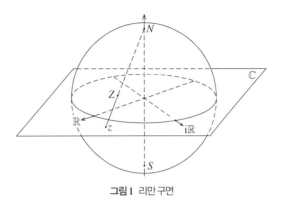

그림 1 리만 구면

항식 F_λ의 족에서 매개변수 λ는 F_λ의 고정점인 원점에서의 승수와 같다. 이 사실은 가끔 이 족을 더욱 편리하게 만든다.

2.4 리만 구면

다항식들의 동역학을 더 잘 이해하기 위한 최선의 방도는 그것을 유리함수의 특별한 경우라고 여기는 것이다. 유리함수는 가끔 무한대가 될 수 있기 때문에 고려해야 할 자연스러운 공간은 복소평면 $\mathbb{C}$가 아니라 복소평면과 점 '∞'를 포함하는 **확장된 복소평면**이다. 이 공간을 $\hat{\mathbb{C}} = \mathbb{C} \cup \{\infty\}$로 표기한다. 기하적인 묘사(그림 1 참조)는 확장된 복소평면과 **리만 구면**(Riemann sphere)을 일치시켜 얻어진다. 이것은 단순히 3차원 공간의 단위구 $\{(x_1, x_2, x_3 : x_1^2 + x_2^2 + x_3^2 = 1\}$이다. 복소평면 위에 주어진 z에 대해서 z와 북극점 $N = (0, 0, 1)$을 잇는 직선은 이 구와 (N을 제외하고) 정확히 한 곳에서 교차한다. 교차점은 z에 대응하는 구의 점이다. $|z|$가 더 크면 대응하는 점은 N과 더 가까워진다. 그러므로 N은 점 ∞에 대응된다.

이제 $Q_0(z) = z^2$을 $\hat{\mathbb{C}}$에서 $\hat{\mathbb{C}}$으로 가는 함수로 생각

해 보자. 0이 Q_0의 매우 끌어당기는 고정점이라는 것은 앞에서 살펴보았다. 그럼 고정점인 ∞는 어떻게 될까? 승수에 대한 이전의 분류는 ∞에서 적용되지 않지만 이 상황에서 일반적인 요령은 ∞를 0으로 '움직이는' 것이다. 만약 고정점 ∞에서 함수 f의 행동을 이해하기 바란다면, 고정점이 0인 함수 $g(z) = 1/f(1/z)$를 대신 살펴볼 수 있다($1/f(1/0) = 1/f(∞) = 1/∞ = 0$이기 때문이다). $f(z) = z^2$이면 $g(z)$ 또한 z^2이고, 또한 Q_0의 매우 끌어당기는 고정점이다.

일반적으로 P가 임의의 상수가 아닌 다항식이라면 $P(∞)$를 ∞로 정의하는 것이 자연스럽다. 이 요령을 적용하여 유리함수를 얻는다. 예를 들어, $P(z) = z^2 + 1$이라면 $1/P(1/z) = z^2/(z^2 + 1)$이다. 만약 P가 2 이상의 차수를 가진다면 ∞는 매우 끌어당기는 고정점이다.

$\hat{\mathbb{C}}$과 유리함수들의 관계는 다음과 같은 사실로 표현된다. 함수 $F : \hat{\mathbb{C}} → \hat{\mathbb{C}}$이 모든 점에서 복소해석적이라는 것(∞에 대한 적절한 정의가 있을 때)은 그것이 유리함수라는 것과 동치이다. 이것은 자명하지 않지만 일반적으로 복소해석학을 처음 배울 때 증명한다. 유리함수들 중에서 다항식은 $F(∞) = ∞ = F^{-1}(∞)$인 것들 중 하나이다.

차수가 d인 다항식 P는 (∞를 포함하지 않는) 평면에서 $d - 1$개의 임계점을 갖는다. 이것들은 중복도를 센 미분 P'의 근들이다. 함수 $1/P(1/z)$를 살펴보면 ∞에서 임계점은 $d - 1$의 중복도를 가진다. 특히, 2차다항식은 평면에서 정확히 하나의 임계점을 가진다. 유리함수 P/Q(P와 Q는 중복된 근들이 없다)의 차수는 다항식 P와 Q의 최대 차수로 정의된다. 다항식에서 살펴봤듯이 차수가 d인 유리함수는 $\hat{\mathbb{C}}$에서 $2d - 2$개의 임계점을 갖는다.

2.5 다항식의 쥘리아 집합

$\hat{\mathbb{C}}$에서 $\hat{\mathbb{C}}$로 가는 가역 복소해석사상들은 차수가 1인 다항식밖에 없다. 즉 0이 아닌 a에 대해 $az + b$의 형태를 가지는 함수들밖에 없다. 이 함수들의 동역학적 행동은 해석하기 쉽고 간단해서 흥미를 끌지 않는다.

그러므로 지금부터 차수가 2 이상인 다항식 P를 다룰 것이다. 그러한 모든 다항식들에 대해 ∞는 매우 끌어당기는 고정점이다. 이것으로부터 평면은 정성적으로 다른 동역학을 가지는 두 개의 겹치지 않는 집합들로 나뉜다. 둘 중 하나는 ∞로 끌려가는 점들로 이루어져 있고, 다른 하나는 그렇지 않은 점들로 이루어져 있다. ∞의 끌어당기는 웅덩이(attracting basin)를 $k → ∞$일 때 $P^k(z) → ∞$인 초기점들의 모임이라 하고 $A_P(∞)$로 표기하자. (여기서 $P^k(z)$는 P를 z에 k번 실행한 결과를 나타낸다.) $A_P(∞)$의 여집합은 채워진 쥘리아 집합(filled Julia set)이라고 부르고 K_P라고 표기한다. 그것은 수열 z, $P(z)$, $P^2(z)$, $P^3(z)$, …가 유계인 모든 점 z들의 집합으로 정의된다. (이런 종류의 수열이 ∞로 가거나 유계라는 것은 어렵지 않게 보일 수 있다.)

∞의 끌어당기는 웅덩이는 열린 집합이고 채워진 쥘리아 집합은 닫힌 유계 집합이다(즉, 콤팩트집합[III.9]이다). ∞의 끌어당기는 웅덩이는 항상 연결돼 있다. 이 때문에 K_P의 경계는 $A_P(∞)$의 경계와 같다. 이 공통의 경계는 P의 쥘리아 집합(Julia set)이라고 부르고 J_P라고 표기한다. 이 세 개의 집합 K_P, $A_P(∞)$ 그리고 J_P는 완전히 불변이다. 즉, $P(K_P) =$

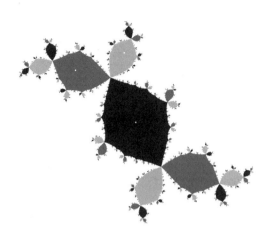

그림 2 두아디 토끼(Douady rabbit). c_0이 양수인 허수부분을 가지는 다항식 $(c^2+c)^2+c$의 한 근일 때 Q_{c_0}의 채워진 쥘리아 집합. 이것은 임계궤도 $0 \mapsto c \mapsto c^2+c \mapsto (c^2+c)^2+c = 0$이 주기 3으로 주기적인 세 개의 가능한 c값들 중 하나에 대응된다. 임계궤도는 쥘리아 집합 안의 세 개의 하얀색 점들로 표시되어 있다(0은 검은색, c_0은 연회색, 그리고 $c_0^2 + c_0$은 회색). 대응되는 $Q_{c_0}^3$의 세 개의 끌어당기는 웅덩이들은 각각 검은색, 연회색, 그리고 회색으로 표시된다. 쥘리아 집합은 $A_{c_0}(\infty)$뿐만 아니라 끌개의 검은색, 연회색 그리고 회색 웅덩이들의 공통 경계이다.

$K_P = P^{-1}(K_P)$ 등이 성립한다. P를 임의의 반복 P^k으로 바꾸면 채워진 쥘리아 집합, ∞의 끌어당기는 웅덩이, 그리고 P^k의 쥘리아 집합은 P의 그것들과 같은 집합들이 된다.

다항식 Q_0에서 채워진 쥘리아 집합은 닫힌 단위원반 $\{z : |z| \leq 1\}$이다. 끌어당기는 웅덩이는 그것의 여집합 $\{z : |z| > 1\}$, 그리고 쥘리아 집합은 단위원 $\{z : |z| = 1\}$이다.

'채워진 쥘리아 집합'이라는 용어는 K_P가 J_P와 그것의 모든 구멍(또는 좀 더 형식적으로, 그것의 여집합의 유계성분)들을 채운 것과 같다는 사실을 나타낸다. 쥘리아 집합의 여집합은 **파투 집합**(Fatou set)이라고 부르고, 그것의 임의의 연결된 성분은 **파투 성분**(Fatou component)이라고 부른다.

그림 2~6은 2차다항식 Q_c들의 쥘리아 집합의 다른 예들이다. 간략하게 $K_{Q_c} = K_c$, $A_{Q_c}(\infty) = A_c(\infty)$, 그리고 $J_{Q_c} = J_c$라고 표기하자. 쥘리아 집합들 J_c는 식 $Q_c(-z) = Q_c(z)$가 성립한다는 의미에서 0을 중심으로 대칭이다. 이것은 점 z가 J_c에 속하면 $-z$도 그렇다는 것을 의미한다.

2.6 쥘리아 집합들의 성질

이번 절에서는 쥘리아 집합의 여러 가지 일반적인 성질들을 나열할 것이다. 이에 대한 증명은 이 글의 범주 밖에 있고 대부분은 **정규족**(normal family)의 이론에 의존한다.

- 쥘리아 집합은 초기조건들에 민감하게 반응하는 계의 점들을 모아 놓은 집합이다. 즉, 동역학계의 카오스적인 부분집합이다.

- 밀어내는 궤도들은 쥘리아 집합에 속하고 이 집합의 조밀한 부분집합을 이룬다. 즉 쥘리아 집합의 모든 점은 밀어내는 점들로 근사될 수 있다. 이것이 쥘리아에 의해 쓰인 본래 정의이다. (물론 '쥘리아 집합'이라는 용어는 나중에 사용되었다.)

- 쥘리아 집합의 모든 점 z에 대해서 반복된 원상(preimage) $\bigcup_{k=1}^{\infty} F^{-k}(z)$는 쥘리아 집합의 조밀한 부분집합을 이룬다. 이 성질은 쥘리아 집합의 컴퓨터 영상을 만들 때 쓰인다.

- 사실 $\hat{\mathbb{C}}$ 위의 모든 점 z에 대해(많아야 한둘을 제외하고), 반복된 원상들의 집합의 폐포(closure)는 쥘리아 집합을 포함한다.

- 쥘리아 집합의 모든 점 z와 모든 근방 U_z에 대해 반복된 원상 $F^k(U_z)$는 많아야 한두 점을 제외하

그림 3 $Q_{1/4}$의 쥴리아 집합. 쥴리아 집합 내부의 모든 점들(임계점 0을 포함)은 ($Q_{1/4}$의 반복된 적용으로) 승수 $\rho = 1$이고 $J_{1/4}$에 속하는 유리수적으로 무관심한 고정점 1/2로 끌린다.

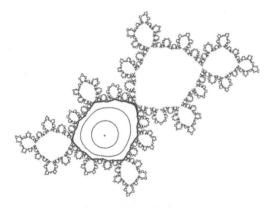

그림 4 이른바 지겔 원반이라고 불리는 승수 $\rho = e^{2\pi i(\sqrt{5}-1)/2}$인 무리수적인 무관심한 고정점 주변에서 Q_c의 쥴리아 집합. 대응하는 c값은 $(1/2)\rho - (1/4)\rho^2$이다. 고정점을 포함하는 파투 성분인 지겔 원반에서 적절한 변수변환 후에 Q_c의 작용은 $w \mapsto \rho w$로 표현될 수 있다. 고정점과 그것의 부근에 있는 점들의 궤도들은 표시되어 있다. 임계궤도는 지겔 원반의 경계에서 조밀하다.

고 $\mathbb{C}$을 모두 덮는다. 이 성질이 초기조건에 대한 극도의 민감성을 입증한다.

- 만약 Ω가 완전 불변량(즉 $F(\Omega) = \Omega = F^{-1}(\Omega)$)인 파투 성분의 합집합이면, Ω의 경계는 쥴리아 집합과 일치한다. 이 점이 다항식의 쥴리아 집합을 ∞의 끌어당기는 웅덩이의 경계라는 정의가 타당하다는 사실을 보여준다. 그런 완전 불변 집합들의 예인 $Q_{c_0}^3$의 끌어당기는 웅덩이와

$A_{c_0}(\infty)$를 나타낸 그림 2를 비교해 보아라.

- 쥴리아 집합은 연결되어 있거나 셀 수 없이 많은 연결된 성분들로 이루어져 있다. 후자의 예가 그림 6에 묘사돼 있다.

- 쥴리아 집합은 보통 프랙탈이다. 그것을 확대해서 본다면 모든 규모에서 집합의 복잡함이 반복된다는 것을 발견할 수 있다. 이것은 또한 다음과 같은 의미로 자기유사(self-similar)이다. 쥴리아 집합 안의 임의의 임계점이 아닌 점 z에 대해 임의로 작은 z의 근방 U_z는 $F(z)$의 근방인 $F(U_z)$와 일대일대응이고, U_z 안의 쥴리아 집합과 $F(U_z)$ 안의 쥴리아 집합은 비슷하게 생겼다.

마지막 두 가지를 제외한 모든 성질들은 예 Q_0에서 쉽게 증명할 수 있다. 이 경우 제외되는 점들은 0과 ∞이다.

2.7 뵈처 사상 그리고 퍼텐셜

2.7.1 뵈처 사상

2차다항식 $Q_{-2}(z) = z^2 - 2$를 생각해 보자. z가 구간 $[-2, 2]$에 속하면 z^2은 구간 $[0, 4]$에 속하고, $Q_{-2}(z)$는 구간 $[-2, 2]$에 속한다. 이 사실로 이 구간이 채워진 쥴리아 집합 K_{-2}에 포함된다는 것을 알 수 있다.

다항식 $Q_{-2}(z)$는 $Q_0(w) = w^2$과 위상적으로 동치는 아니지만, z가 충분히 클 때는 z^2과 비교해서 2는 작기 때문에 비슷하게 행동한다. 이 유사성은 적절한 복소해석적 변수변환으로 표현된다. 실제로 $z = w + 1/w$라고 해 보자. 그러면 w가 w^2으로 변할 때 z는 $w^2 + 1/w^2$으로 변한다. 그러나 이것은

$$(w + 1/w)^2 - 2 = z^2 - 2 = Q_{-2}(z)$$

와 같다. 이것이 Q_0과 Q_{-2}가 동치라는 것을 보이지 않는 이유는 이 변수변환이 가역이 아니기 때문이다. 그러나 적절한 영역에서는 가역이다. 만약 $z = w + 1/w$이면 $w^2 - wz + 1 = 0$이다. 이 2차방정식을 풀면 $w = \frac{1}{2}(z \pm \sqrt{z^2 - 4})$이고 이것은 제곱근이 포함되어 있어 문제가 된다. z가 구간 $[-2, 2]$ 사이에 있지 않으면 $|w| < 1$을 선택하거나 $|w| > 1$을 선택할 수 있다. 만약 제곱근이 항상 $|w| > 1$이 되게 선택한다면 z에 대해 정의되는 함수는, 구간 $[-2, 2]$ 사이에 있지 않은 $\mathbb{C}\backslash[-2, 2]$에서 절댓값이 1보다 큰 복소수들의 집합 $\{w : |w| > 1\}$로 가는 연속(사실 복소해석적) 함수이다.

이것이 만들어지고 나면, 집합 $\mathbb{C}\backslash[-2, 2]$에서 Q_{-2}의 행동은 $\{w : |w| > 1\}$에서 Q_0의 행동과 위상적으로 같다. 특히 $\mathbb{C}\backslash[-2, 2]$ 밖의 점들은 Q_{-2}에 의한 반복으로 궤도들이 무한대로 간다. 그러므로 Q_{-2}의 끌어당기는 웅덩이 $A_{-2}(\infty)$는 $\mathbb{C}\backslash[-2, 2]$이고, 채워진 쥘리아 집합 K_{-2}와 쥘리아 집합 J_{-2}는 모두 $[-2, 2]$와 같다.

$w + 1/w$를 $\psi_{-2}(w)$로 쓰자. 변수변환으로 쓸 함수는 반지름이 1보다 큰 원들을 타원으로 보내고 어떤 편각 θ와 절댓값이 1보다 큰 복소수로 이루어진 방사선 $\mathcal{R}_0(\theta)$를 쌍곡선 위의 반쪽 가지로 보낸다. $\psi_{-2}(w)$와 w의 비율은 $w \to \infty$일 때 1로 수렴하기 때문에 각각의 방사선은 대응하는 쌍곡선 반쪽의 점근선이 된다(그림 5 참조).

다항식 Q_{-2}에 대해 생각해 보았던 내용들을 임의의 2차다항식 Q_c에 대해서도 생각해 볼 수 있다. 즉

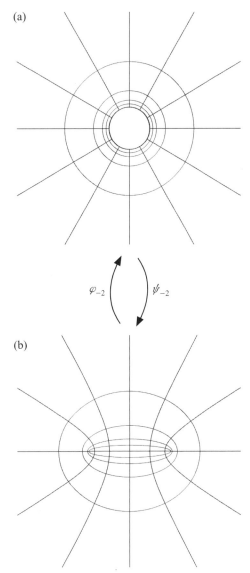

(a)

(b)

그림 5 (a) 절댓값이 1보다 큰 복소수들의 집합인 $A_0(\infty)$에 속하는 Q_0의 바깥 반직선 $\mathcal{R}_0(\theta)$들과 등위들. (b) $K_{-2} = J_{-2} = [-2, 2]$ 범위 내에 있지 않은 복소수들의 집합 $A_{-2}(\infty)$에 속하는 Q_{-2}의 대응하는 등위들과 바깥 반직선 $\mathcal{R}_{-2}(\theta)$. 그려진 바깥 반직선들의 편각은 $p = 0, 1, \cdots,$ 11일 때 $\theta = (1/12)p$이다.

충분히 큰 복소수에 대해서 **뵈처 사상**(Böttcher map)이라고 불리고 ψ_{-2}라고 쓰는 복소해석적 함수가 있어서 $\varphi_c(Q_c(z)) = \varphi_c(z)^2$의 의미로 Q_c를 Q_0으로 바꿔준다. (위에 설명한 사상 ψ_{-2}는 $c = -2$인 경우 뵈처

사상의 **역함수**이다.) 변수변환 후, 새로운 좌표들은 **뵈처 좌표**(Böttcher coordinate)라고 불린다.

더 일반적으로 모든 최고차항의 계수가 1인 다항식 P에 대해, $\varphi_P(P(z)) = \varphi_P(z)^d$라는 의미에서 P를 함수 $z \mapsto z^d$로 변환시켜 주는 유일한 복소해석적 변수변환 φ_P가 존재한다. 그것은 또한 $z \to \infty$일 때 $(\varphi_P(z)/z) \to 1$인 성질을 갖는다. φ_P의 역함수는 ψ_P라고 쓴다.

2.7.2 퍼텐셜

이미 언급했듯이 절댓값이 1보다 큰 복소수 z를 반복적으로 제곱하면 그것은 무한대로 발산할 것이고, 더 큰 절댓값을 가지는 z는 더욱 빠르게 무한대로 발산할 것이다. 만약 제곱 대신 차수가 d이고 최고차항의 계수가 1인 다항식 P를 적용하면 충분히 큰 z의 반복, z, $P(z)$, $P^2(z)$, $\cdots$는 다시 무한대로 발산한다. 이것은 공식 $\varphi_P(P(z)) = \varphi_P(z)^d$에 의해 $\varphi_P(P^k(z)) = \varphi_P(z)^{d^k}$이 성립하기 때문이다. 그러므로 반복이 무한대로 발산하는 속도는 $|z|$가 아니라 $|\varphi_P(z)|$에 달려 있다. 더 큰 $|\varphi_P(z)|$의 값을 가지면 더 빨리 수렴한다. 이런 이유로 $|\varphi_P|$의 레벨집합, 즉 $\{z \in \mathbb{C} : |\varphi_P(z)| = r\}$ 형태의 집합들이 중요하다.

함수 φ_P 자체를 살펴보는 것이 아니라 함수 $g_P(z) = \log|\varphi_P(z)|$를 살펴보는 것이 많은 경우에 더 유용하게 쓰인다. 이 함수를 **퍼텐셜**(potential) 또는 **그린 함수**(Green's function)라고 부른다. 이것은 $|\varphi_P(z)|$와 같은 레벨집합을 가지지만 **조화함수**[IV.24 §5.1]라는 장점을 가진다.

명확하게 g_P는 φ_P가 정의될 때마다 정의된다. 그러나 사실 g_P의 정의를 끌어당기는 웅덩이 $A_P(\infty)$ 전체로 확장시킬 수 있다. 반복 $P^k(z)$가 무한대로 발산하는 주어진 어떤 z에 대해 $\varphi_P(P^k(z))$가 정의되는 k를 선택하고 $g_P(z)$를 $d^{-k}\log|\varphi_P(P^k(z))|$라고 하자. $\varphi_P(P^{k+1}(z)) = \varphi_P(P^k(z))^d$이기 때문에 $\log|\varphi_P(P^{k+1}(z))| = d\log|\varphi_P(P^k(z))|$이고, 이를 통해 $d^{-k}\log|\varphi_P(P^k(z))|$의 값이 k의 선택에 의존하지 않는 것을 쉽게 유도할 수 있음에 주목하라.

g_P의 레벨집합을 **등위**(equipotential)라고 부른다. 퍼텐셜 $g_P(z)$의 등위는 P에 의해 퍼텐셜 $g_P(P(z)) = dg_P(z)$의 등위로 보내진다. 뒤에서 살펴보겠지만 다항식 P의 동역학에 관한 유용한 정보는 그것의 등위에 관한 정보로부터 추정된다.

만약 ψ_P가 반지름 $r > 1$인 원 C_r 위의 모든 점에서 정의될 때, ψ_P는 C_r을 퍼텐셜 $\log r$의 등위 $\{z : |\varphi_P(z)| = r\}$로 보낸다. 충분히 큰 r에서 이 등위는 K_P를 감싸는 단순한 닫힌 곡선이고 r이 감소할 때 줄어든다. 이 곡선의 두 점은 8자 모양을 이루도록 같은 점으로 모일 수 있고, 그 결과 아메바가 나뉘듯이 두 개로 나뉜다. 하지만 이것은 곡선이 P의 임계점을 지날 때만 일어난다. 그러므로 모든 P의 임계점들이 ($0 \in K_{-2} = [-2, 2]$인 Q_{-2}의 예에서와 같이) 채워진 쥘리아 집합 K_P에 속하면 분리가 일어날 수 없다. 이 경우 뵈처 사상 φ_P는 끌어당기는 웅덩이 $A_P(\infty)$ 전체에 정의될 수 있고, 이것은 $A_P(\infty)$에서 다항식 z^d의 끌어당기는 웅덩이 $A_0(\infty) = \{w \in \mathbb{C} : |w| > 1\}$로 일대일대응이다. 모든 $t > 0$에 대해 퍼텐셜의 등위가 존재하고 그것들은 모두 단순한 닫힌 곡선들이다(그림 5와 비교). t가 0에 가까이 갈수록 퍼텐셜의 등위 t와 그것의 내부는 채워진 쥘리아 집합 K_P로 점점 가까워지는 형태를 이룬다. 쥘리아 집

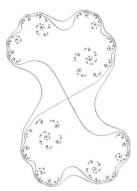

그림 6 반복으로 임계점 0이 무한대로 가는 2차다항식 Q_c의 쥴리아 집합. 쥴리아 집합은 전비연결이다. 0에서 교차되는 8자 모양의 곡선은 0을 지나는 등위이다. 그것을 감싸는 단순폐곡선은 임곗값 c를 지나는 등위이다.

다. 콤팩트하고 전비연결이며 고립된 점들이 없는 집합은 칸토어의 삼등분 중간 집합(middle-third set)과 위상동형이기 때문에 칸토어 집합[III.17]이라고 부른다. 이 경우 $K_c = J_c$임에 주목하라. Q_c에 대해서 다음과 같이 이분법이 성립한다. 쥴리아 집합 J_c는 0이 유계의 궤도를 가지면 연결이고 0이 반복에 의해 무한대로 벗어나면 전비연결이다. 나중에 망델브로 집합을 정의할 때 다시 이 이분법으로 돌아올 것이다.

합 J_P가 그런 것처럼 K_P도 연결된 집합이다.

한편, 평면 위의 임계점 중 적어도 하나가 $A_P(\infty)$에 속하면 어떤 점에서 C_r의 상이 두 개 또는 더 많은 조각들로 나뉜다. 특히 가장 빨리 발산하는 임계점(즉, 퍼텐셜 g_P의 값이 가장 큰 임계점)을 포함하는 등위는 그림 6에서와 같이 적어도 두 개의 닫힌 곡선을 가진다. 각각의 닫힌 곡선 내부는 P에 의해 대응되는 단순폐곡선인 임곗값 등위의 내부로 보내진다(임곗값의 퍼텐셜은 모든 임계점의 퍼텐셜보다 크기 때문에). 각각의 닫힌 곡선의 내부에는 채워진 쥴리아 집합 K_P의 점들이 있어야 하기 때문에 이 집합은 연결되지 않아야 한다. 뵈처 사상은 항상 가장 빨리 도망가는 임계점의 퍼텐셜 밖에서 정의되므로 가장 빨리 벗어나는 임곗값에 적용되게 된다.

만약 Q_c가 반복에 의해 0을 무한대로 보내는 2차 다항식이면 채워진 쥴리아 집합은 **전비연결**(totally disconnected), 즉 K_c의 연결된 성분들은 점이라는 것이 밝혀졌다. 이 점들 중에 고립된 것은 없다. 그것들은 K_c의 다른 점들의 수열의 극한으로 얻을 수 있

2.7.3 연결된 쥴리아 집합을 가지는 다항식들의 바깥반직선

우리는 방금 1보다 큰 반지름을 가지는 원들의 ψ_P에 의한 상을 살펴봄으로써 정보를 얻어 왔다. 이제 남은 정보를 모든 원들을 직각으로 지나는 **방사선**의 상을 통해 얻어보기로 하자. 만약 쥴리아 집합이 연결이면 퍼텐셜에 대한 논의에서와 같이 뵈처 사상 φ_P는 끌어당기는 웅덩이 $A_P(\infty)$에서 z^d의 끌어당기는 웅덩이인 닫힌 단위원반의 여집합 $\{w : |w| > 1\}$로 가는 일대일대응이다. 전과 같이 편각이 θ이고 절댓값이 1보다 큰 복소수들로 구성된 반직선을 $\mathcal{R}_0(\theta)$라고 표기하자. $z \to \infty$일 때 $(\varphi_P(z)/z) \to 1$이기 때문에 ψ_P에 의한 $\mathcal{R}_0(\theta)$의 상은 편각이 θ로 점점 가까워지는 점들로 구성된 반무한곡선이다. 이 곡선은 P의 편각 θ인 **바깥반직선**(external ray)라고 알려져 있고, $\mathcal{R}_P(\theta)$라고 표기한다. $\mathcal{R}_0(\theta)$는 z^d의 편각 θ인 바깥반직선이다.

등위를 퍼텐셜 함수의 등고선들로, 바깥반직선들을 경사가 가장 급한 선들이라고 생각할 수 있다. 절댓값과 편각이 $\{z : |z| > 1\}$의 매개변수화를 주는 것

처럼, 둘 사이에서 등위와 바깥반직선은 끌어당기는 웅덩이를 매개변수화한다. 만약 어떤 복소수 z에서의 퍼텐셜을 알고 어떤 바깥반직선 위에 있는지 안다면 z가 무엇인지 알 수 있다. 게다가 수 z가 반직선 $\mathcal{R}_0(\theta)$ 위에 있을 때 z^d가 반직선 $\mathcal{R}_0(d\theta)$ 위에 있는 것처럼 편각이 θ인 선이 P에 의해 편각이 $d\theta$인 선으로 보내진다.

만약 $\psi_P(re^{2\pi i\theta})$이 $r \searrow 1$일 때 임곗값으로 수렴하면 바깥반직선은 도달한다(land)고 한다. 이것이 일어났을 때, 임곗값을 도달점(landing point)이라고 부른다. 그러나 선의 끝이 너무 많이 진동하여 다른 임곗값들의 연속이 있는 경우도 발생할 수 있다. 이 경우 선은 도달하지 않는다(nonland). 모든 유리선들은 도달한다는 것을 보일 수 있다. 유리선은 P의 반복에 의해 주기적이거나 전주기적이기 때문에 유리선의 도달점은 쥘리아 집합 안의 주기점 또는 전주기점이어야 한다. 쥘리아 집합의 구조 중 많은 부분이 공통된 도달점들에 대한 지식에서 나온다. 그림 2에 그려진 예와 같이, 임계궤도를 가지는 세 개의 파투 성분들의 폐포들은 하나의 공통점을 갖는다. 이 점은 밀어내는 고정점이고 편각 $\frac{1}{7}$, $\frac{2}{7}$, $\frac{4}{7}$의 선들의 공통된 도달점이다. 편각이 $\frac{1}{7}$과 $\frac{2}{7}$인 선들은 임곗값 c_0을 포함하는 파투 성분에 근접해 있다. 이 두 편각은 매개변수평면에서 다시 나타날 것이고 c_0이 어디에 있는지를 말해줄 것이다.

2.7.4 국소연결성

그림 5에 그려진 예에서 뵈처 사상의 역(함수 ψ_{-2})은 절댓값이 1보다 큰 복소수들의 집합 $\{w : |w| > 1\}$에서 정의된다. 그러나 이 사상은 더 큰 집합 $\{w : |w| \geq 1\}$에서 정의되는 함수로 연속적으로 확장된다. 만약 공식 $\psi_{-2}(w) = w + 1/w$를 이용하면 바깥반직선 $\mathcal{R}_{-2}(\theta)$의 도달점인 $\psi_{-2}(e^{2\pi i\theta}) = 2\cos(2\pi\theta)$를 구할 수 있다. 임의의 연결된 채워진 쥘리아 집합 K_P에 대하여 다음과 같은 카라테오도리(Carathéodory)의 결과가 있다. 뵈처 사상의 역 ψ_P가 $\{w : |w| > 1\}$에서 $\{w : |w| \geq 1\}$로 연속인 확장을 가진다는 것은 K_P가 **국소적으로 연결**(locally connected)인 것과 동치이다. 이것이 무엇을 의미하는지 이해하기 위해서 빗 모양의 집합을 상상해 보자. 이 집합의 어떤 점에서 다른 점을 잇는 이 집합 위에서 연결된 경로가 있지만 두 점이 매우 가깝다 해도 가장 짧은 경로가 매우 길 수도 있다. 예를 들어, 두 점이 빗의 근접한 빗살의 끝에 있을 때 이것이 일어난다. 연결된 집합 X는 모든 점들이 임의로 작은 연결된 근방을 가질 때 국소적으로 연결되었다고 한다. 모든 연결된 근방들이 매우 큰 어떤 점을 갖는, (무한개의 빗살을 가지는) 빗 모양의 집합을 만들 수도 있다. 그림 2~5의 채워진 쥘리아 집합은 국소적으로 연결되어 있지만 국소적으로 연결되지 않은 채워진 쥘리아 집합의 예들도 있다. K_P가 국소적으로 연결되어 있으면 모든 바깥반직선들은 도달하게 되고 도달점은 편각에 대해 연속인 함수이다. 이런 조건들에서 쥘리아 집합 J_P의 자연스럽고 유용한 매개변수화가 있다.

2.8 망델브로 집합 M

지금부터 Q_c 형태의 2차다항식에 초점을 맞추자. 이것들은 복소수 c로 매개변수화되는 다항식이며, 본문에서는 이 복소평면을 매개변수 평면(parameter

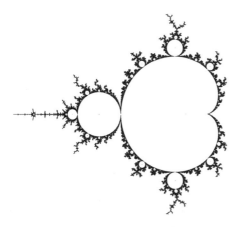

그림 7 망델브로 집합의 경계

plane) 또는 c-**평면**이라고 부르겠다. 우리는 다항식 Q_c를 반복할 때 발생하는 동역학계의 모임을 이해해 보려고 한다. 목표는 이것을 위해 c-평면을 정성적으로 같은 동역학을 가지는 다항식에 따른 영역으로 나누는 것이다. 이 영역들은 이른바 **분기집합**(bifurcation set)을 구성하는 영역들의 경계들로 나뉜다. 이것은 '불안정한' c값들(정성적으로 다른 동역학적 행동을 보이는 임의로 가까운 값들이 주변에 있는 c값들)로 이루어진다. 달리 말해, 매개변수 c는 c를 조금 변화시켜서 동역학에 중요한 차이를 만들어낼 수 있으면 분기집합에 속한다.

앞서 언급했던 이분법을 떠올려 보자. 임계점 0이 채워진 쥘리아 집합 K_c에 속하면 쥘리아 집합 J_c는 연결되어 있고, 만약 0이 끌어당기는 웅덩이 $A_c(\infty)$에 속하면 J_c는 전비연결이다. 이 이분법이 **망델브로 집합**(Mandelbrot set) M은 J_c가 연결인 c값들로 이루어진다는 정의를 유도해낸다. 즉 $k \to \infty$일 때

$$M = \{c \in \mathbb{C} \mid Q_c^k(0)\} \,\nrightarrow\, \infty$$

이다. 쥘리아 집합은 Q_c로 주어지는 동역학계의 카오스적 부분을 나타내기 때문에 동역학적 행동은 c가 M에 속하는지 아닌지에 반드시 정성적으로 영향을 받는다. 그러므로 우리는 목표를 향한 발판을 마련했지만 평면을 M과 $\mathbb{C} \setminus M$으로 나누는 것은 매우 엉성하고 명백하게 우리가 찾던 완벽한 이해를 제공하지 않는다.

중요한 집합은 실제로 M이 아니라 그림 7에서 보는 바와 같이 그것의 경계 ∂M이다. 이 집합은 몇 개의(사실 무한개의) '구멍'을 가진다는 것을 확인할 수 있다. 망델브로 집합 자체가 이 모든 구멍을 채움으로써 만들어진다. 좀 더 자세히 말하자면, ∂M의 여집합은 무한개의 연결된 성분의 모임으로 이루어져 있다. 그 성분 중 하나는 무한대까지 펼쳐져 있는 반면 다른 모든 성분은 유계이다. '구멍'이 유계인 성분이다.

이 정의는 다항식의 쥘리아 집합의 정의와 유사하다. 채워진 쥘리아 집합을 정의하기는 쉽고 쥘리아 집합은 그것의 경계로 정의된다. z-평면인 동역학계 평면에서 쥘리아 집합으로부터 많은 구조를 얻을 수 있다. 망델브로 집합 또한 쥘리아 집합과 유사하게 정의하고 쉽고 c-평면에서 망델브로 집합의 경계로부터 많은 구조를 얻을 수 있다. 놀랍게도 각각의 쥘리아 집합이 하나의 동역학계와 연관돼 있고 망델브로 집합은 계의 전체 모임에 연관돼 있음에도 불구하고, 그들 사이에는 밀접한 유사성이 있다.

일반적인 복소해석적 동역학계, 특히 2차다항식의 선구적인 업적은 1980년대 초반 아드리앵 두아디(Adrien Douady)와 존 허버드(John H. Hubbard)에

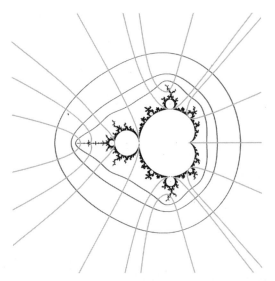

그림 8 M의 등위와 주기 1, 2, 3, 4의 편각 θ의 바깥반직선. 반시계 방향으로 0과 1/2 사이의 편각은 0, 1/15, 2/15, 1/7, 3/15, 4/15, 2/7, 1/3, 6/15, 3/7, 7/15이다. 그리고 대칭으로 시계방향으로 위와 같이 편각 $1-\theta$이다. 편각이 1/7과 2/7인 바깥반직선은 그것의 중심과 같이 그림 2에서 두아디 토끼의 매개변숫값인 c_0을 가지는 쌍곡성분의 근에 도달한다. 편각이 3/15, 4/15인 선은 그림 9에서 보이는 것처럼 M의 복제의 근에 도달한다.

의해 성취되었다. 그들은 '망델브로 집합'이라는 용어를 도입했고 그것에 관한 여러 가지 결과들을 증명했다. 특히 Φ_M이라고 표기하는 일종의 뵈처 사상을 정의했다. 이것은 망델브로 집합의 여집합에서 닫힌 단위원반의 여집합으로 가는 사상이다.

사실 Φ_M의 정의는 매우 간단하다. 각각의 c에 대해서 $\Phi_M(c)$를 $\varphi_c(c)$로 두자. 여기서 φ_c는 매개변수 c의 뵈처 사상이다. 그러나 두아디와 허버드는 Φ_M을 단순히 정의하기만 한 것이 아니라 이것이 복소해석적 역사상을 가지는 복소해석적 일대일대응이라는 것을 증명했다.

뵈처 사상에서 했던 것과 같이 Φ_M에 대한 더 많은 정의들을 만들 수 있다. 예를 들어 망델브로 집합의 여집합에서 $G(c) = g_c(c) = \log |\Phi_M(c)|$로 두어 퍼텐셜 G를 정의할 수 있다. 그러면 등위는 Φ_M의 레벨 집합(즉 어떤 $r > 1$에 대해 $\{c \in \mathbb{C} : |\Phi_M(c)| = r\}$ 형태의 집합)이고 편각 θ의 바깥반직선은 집합 $\{c \in \mathbb{C} : \arg(\Phi_M(c)) = 2\pi\theta\}$(즉, 방사선 $\mathcal{R}_0(\theta)$의 역상)이다. 나중의 것을 $\mathcal{R}_M(\theta)$라고 표기하고 그것은 편각이 θ인 방사선에 접근한다. 유리 바깥반직선은 도달한다고 알려져 있다(그림 8 참조).

t가 0으로 가까이 가면 퍼텐셜 t의 등위는 그것의 내부와 함께 M에 점점 가까이 간다. 즉 M은 그러한 모든 집합의 공통부분이다. 그러므로 M은 평면의 연결이고 닫힌 유계 부분집합이다.

2.8.1 J-안정성

앞서 언급했었고 그림 7에서 제시했듯이 ∂M의 여집합은 무한개의 연결된 성분으로 이루어져 있다. 이 성분은 동역학적으로 매우 중요하다. 만약 c와 c'이 같은 성분에서 나온 두 개의 매개변수라면, Q_c와 $Q_{c'}$에서 나오는 동역학계는 본질적으로 같다는 것을 보일 수 있다. 좀 더 자세히 말하면, 그것들은 J-동치이다. 이것은 하나의 쥘리아 집합의 동역학을 다른 것의 동역학으로 바꿔주는 연속인 변수변환이 있다는 것을 의미한다. 만약 c가 경계 ∂M에 속하면, Q_c와 $Q_{c'}$이 J-동치가 아닌 c에 임의로 가까운 매개변숫값들 c'이 있어서 ∂M은 'J-안정성에 대해서 분기집합'이다. 전체적인 구조적 안정성에 대해서는 후반부에서 언급할 것이다.

2.8.2 쌍곡성분

지금부터 '성분'이라는 용어를 망델브로 집합의 구멍들, 즉 ∂M의 여집합의 유계성분들을 나타내기 위한 용도로 사용할 것이다.

$\mathcal{H}_0$의 중심 성분인 $c = 0$을 포함하는 성분을 살펴보는 것부터 시작하자. §2.3에서 적절한 변수변환 후에 다항식 $F_\lambda(z) = \lambda z + z^2$을 다항식 Q_c로 바꿀 수 있었고, 매개변수 λ와 c는 $c = \frac{1}{2}\lambda - \frac{1}{4}\lambda^2$의 관계가 있었다. 매개변수 λ는 동역학적 의미를 가진다. 원점은 F_λ의 고정점이고, λ는 그것의 중복도이다. 이 사실을 통해 대응되는 Q_c가 중복도 λ의 고정점을 갖는다는 것을 알 수 있다. 이 고정점을 α_c라고 쓰자. $|\lambda| < 1$이면 고정점은 끌어당기는 고정점이다.

단위원반 $\{\lambda : |\lambda| < 1\}$은 중심 성분 $\mathcal{H}_0$에 대응되고, $\mathcal{H}_0$의 매개변수 c를 단위원반 안의 대응되는 매개변수 λ로 보내는 함수를 **승수사상**(multiplier map)이라고 부르며 $\rho_{\mathcal{H}_0}$이라고 쓴다. 그러므로 $\rho_{\mathcal{H}_0}(c)$는 다항식 Q_c의 고정점 α_c의 승수이다. 승수사상 $\rho_{\mathcal{H}_0}$은 $\mathcal{H}_0$에서 단위원반으로 가는 복소해석적 동형사상이다. 방금 살펴봤듯이 역함수는 $\rho_{\mathcal{H}_0}^{-1}(\lambda) = \frac{1}{2}\lambda - \frac{1}{4}\lambda^2$으로 주어진다. 이 함수는 연속적으로 단위원으로 확장되고, 따라서 절댓값이 1인 점들로 중심성분 $\mathcal{H}_0$의 경계의 매개변수화를 준다. 함수 $\lambda \mapsto \frac{1}{2}\lambda - \frac{1}{4}\lambda^2$의 단위원의 상은 **심장형 곡선**(cardioid)이다. 이것은 그림 7에서 볼 수 있듯이 망델브로 집합의 가장 큰 부분의 심장모양을 설명한다.

모든 2차다항식은 중복을 세어 두 개의 고정점 (사실 $c = \frac{1}{4}$이 아니면 두 개의 다른 점)을 가진다. 중심성분 $\mathcal{H}_0$은 Q_c가 끌어당기는 고정점을 가지는 c값의 성분이라는 것으로 특징지어진다. 심장형 곡선 밖의 모든 c에 대해서 Q_c는 두 개의 밀어내는 고정점을 가지지만, 1보다 큰 주기의 끌어당기는 주기궤도를 가질 수도 있다. 끌어당기는 주기궤도의 끌

어당기는 웅덩이는 항상 임계궤도를 포함한다는 것은 중요한 사실이다. 그러므로 모든 2차다항식에 대해 많아야 하나의 끌어당기는 주기궤도가 있을 수 있다.

망델브로 집합의 성분 $\mathcal{H}$의 모든 매개변수 c에 대해 다항식 Q_c가 끌어당기는 주기궤도를 가지면 $\mathcal{H}$를 **쌍곡성분**이라고 부른다. 모든 주어진 쌍곡성분에 대해서 끌어당기는 주기궤도들의 주기는 같다. $\mathcal{H}$에 있는 각각의 매개변수 c를 끌어당기는 주기궤도의 승수로 대응해서 $\mathcal{H}$에서 단위원반으로 보내는 대응되는 승수사상 $\rho_{\mathcal{H}}$가 있다. 이 승수사상은 항상 $\mathcal{H}$의 경계 $\partial\mathcal{H}$로 연속적으로 확장되는 복소해석적 동형사상이다.

점들 $\rho_{\mathcal{H}}^{-1}(0)$과 $\rho_{\mathcal{H}}^{-1}(1)$을 $\mathcal{H}$의 **중심**(center)과 **근**(root)이라고 부른다. $\mathcal{H}$의 중심은 Q_c의 주기궤도가 매우 끌어당기는 주기궤도인 $\mathcal{H}$ 안의 유일한 c이다. 근에 대해 말하자면 만약 성분의 주기가 k이면 그것은 주기 k인 주기 편각들의 바깥반직선의 쌍의 도달점일 것이다. (중심성분 $\mathcal{H}_0$에 대해서 오직 하나의 선이 할당된다.) 역으로, 그런 편각을 갖는 모든 바깥반직선은 주기 k의 쌍곡성분의 근에 도달한다. 그러므로 이 선들의 편각은 쌍곡성분에게 주소를 준다. 그림 8에서 주기가 1~4인 모든 성분의 상호적인 위치를 볼 수 있다.

위의 결과와 같이 어떤 주기 k에 대응되는 쌍곡성분의 수는 어떤 $\ell < k$에 대해 $Q_c^\ell(0)$의 근은 아니지만 $Q_c^k(0)$의 근인 근들의 수로 결정되고, 또한 분모가 $2^k - 1$이지만 어떤 $\ell < k$에 대해서 $2^\ell - 1$로는 표현될 수 없는 유리 편각 쌍의 수로도 결정된다.

중심 c_0인 모든 성분 $\mathcal{H}$에 대해서 $\mathcal{R}_M(\theta_-)$과

$\mathcal{R}_M(\theta_+)$를 근에 도달하는 선들의 쌍으로 두자. 그러면 Q_{c_0}의 동역학 평면에서 $\mathcal{R}_{c_0}(\theta_-)$와 $\mathcal{R}_{c_0}(\theta_+)$ 선들의 쌍은 c_0을 포함하는 Q_{c_0}의 파투 성분들과 근접하고 그들은 파투성분의 근에서 도달한다.

2.8.3 구조적 안정성

Q_c가 주기 k인 매우 끌어당기는 주기궤도를 갖는다고 가정하고 z_0을 이 궤도 위의 한 점이라고 두자. 그러면 $Q_c^k(z_0) = z_0$이고 z_0에서 Q_c^k의 미분은 0이다. 이것은 Q_c의 미분이 0인 궤도 안의 점 z_i가 적어도 하나 존재해 연쇄법칙을 이용하면 유도된다. 즉, 0이 그 궤도에 속한다. 그러므로 중심 다항식의 임계궤도가 유한하지만 주변의 다항식들의 그것은 무한하므로 쌍곡성분의 중심은 구조적으로 안정적일 수 없다. 그러나 만약 복소평면에서 ∂M뿐만 아니라 쌍곡성분들의 모든 중심을 제거하면 찾고자 하는 분열을 얻을 수 있다. 모든 남겨진 집합의 연결 성분들은 구조적으로 안정된 영역을 이룬다. 그런 성분 안의 모든 매개변숫값 c와 c'의 쌍에 대해서 Q_c와 $Q_{c'}$은 켤레이다. 이것은 평면에 연속인 변수변환이 있어서 하나의 다항식의 동역학을 다른 것의 동역학으로 바꾼다는 것을 의미한다.

2.8.4 추측들

위의 논의는 명백한 질문을 야기시킨다. 지금까지 ∂M의 성분들 중 쌍곡성분은 잘 이해하고 있다. 그러면 쌍곡이 아닌 성분들도 있는가? 다음 추측은 널리 믿어지고 있지만 아직 증명되지 않았다.

쌍곡추측. ∂M의 성분들 중 모든 유계성분은 쌍곡이다.

쌍곡추측을 적용하면 '모든 유리함수는 임의로 가까운 쌍곡유리함수(hyperbolic rational function)로 근사할 수 있다'라고 유리함수에 대해 더 일반적인 설명을 할 수 있다. 여기서 '쌍곡'은 동역학이 쥘리아 집합으로 확장된다는 의미이다. 이것에 대해 더 논의하진 않겠지만, 쥘리아 집합 위의 동역학은 M의 쌍곡성분 안의 c의 모든 Q_c와 또한 M의 여집합인 유계가 아닌 성분들로 확장한다는 것만 언급하겠다. 쥘리아 집합 J_c는 이 경우에 '이상한 반발자(strange repeller)'라고 여겨진다. 동역학은 카오스적이고 기하는 ($c = 0$인 경우를 제외하고) 프랙탈이다.

그러나 망델브로 집합에 대한 주된 추측은 다음과 같다.

국소적 연결성 추측. 망델브로 집합은 국소적으로 연결이다.

종종 MLC라고 불리는 이 추측은 여러 이유에서 중요성을 가진다. 우선 이것은 쌍곡추측을 함축한다. 두 번째로 만약 M이 국소적으로 연결이라면, Φ_M의 역이고 닫힌 단위원반의 여집합에서 망델브로 집합의 여집합으로 가는 복소해석적 일대일대응인 Ψ_M은 단위원으로 연속인 확장을 가지고, 모든 바깥반직선들은 연속적으로 도달한다. 이로부터 ∂M의 유용한 매개변수화를 얻을 수 있다. 그러면 ∂M이 복잡한 프랙탈이라는 사실에도 불구하고 M의 아름답게 간단한 추상 조합론적 설명을 도출할 수 있다. (미츠히로 시시쿠라(Mitsuhiro Shishikura)는 ∂M의 하우스도르프 차원[III.17]이 평면에서 최대,

즉 2라는 것을 증명했다.)

2.9 M의 보편성

망델브로 집합은 놀랄 만큼 흔하다. 예를 들어 그림 9에서 보여지듯 M의 위상동형의 복제들은 M 자신의 내부에서 나타난다. 어떤 매개변수에 복소해석적으로 의존하는 복소해석적 사상들의 다른 모임들의 내부에서 다시 M의 위상동형적 복제를 찾을 수 있다. 이런 이유에서 M은 보편적(universal)이라고 불린다. 두아디와 허버드는 이차류 사상(quadratic-like mapping)이라는 개념을 정의함으로써 보편성의 현상 너머에 있는 이유를 포착했다. 2차다항식의 k번 반복은 전체적으로 2^k차다항식이지만 국소적으로 2차다항식처럼 행동할 수 있다. 유리함수 또는 그것의 반복도 마찬가지이다. 이차류사상은 $\bar{V} \subset W$를 만족시키는 열린 단순연결영역들 V, W와 V에서 W로 가는, 차수가 2인 복소해석적 사상 f로 이루어진 (f, V, W)를 의미한다. (이것은 W의 모든 점이 중복을 포함해서 V 안에 두 개의 원상을 가진다는 것을 의미한다.) 이런 사상 f는 V 안에 하나의 임계점 w를 가지고 많은 부분에서 2차다항식과 비슷하게 행동한다. 채워진 쥘리아 집합 K_f는 반복들 $f^k(z)$가 모든 $k \geq 0$에 대해 V 안에 있는 V 안의 점 z들의 집합으로 정의된다. 2차다항식의 경우와 비슷하게 이차류사상들에도 이분법이 성립한다. K_f가 연결이라는 것은 임계점 w가 K_f에 포함되는 것과 동치이다. 연결인 채워진 쥘리아 집합을 가지는 모든 이차류사상에 대해 두아디와 허버드는 M 안의 유일한 c값을 연결시키는 바르게 함(straightening)이라고 불리는 전략을 정의했다. 이차류사상들의 모임 $\{f_\lambda\}$

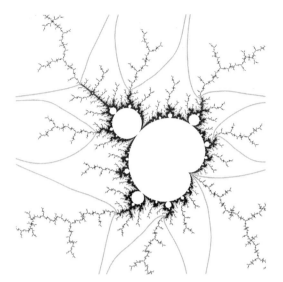

그림 9 M 안에서의 M의 복제. 복제들의 주소는 복제의 근인 첨점(cusp)에 도달하는 두 바깥반직선들의 편각으로 주어진다. 그림 8과 비교해 보아라. 그 선들은 M의 가장 기본적인 복제를 갖기 위해 어디서 '장식들'이 잘려야 하는지를 나타내기 위해 그려졌다.

$\lambda \in \Lambda$에서 망델브로 집합 M_Λ는 K_{f_λ}가 연결인 λ들의 집합으로 정의된다. 바르게 함을 통해 λ를 유일하게 관련된 c값으로 보내는 사상 $\Xi : M_\Lambda \to M$을 얻는다.

그림 9의 M의 복제에서 $c = 0$일 때 M의 '중심'은 임계점 0이 주기 4로 주기적이고, 4번째 반복 $f_{c_0} = Q_{c_0}^4$의 적절한 제한은 V_0에서 그것의 상 W_0으로 가는 이차류사상인 다항식 Q_{c_0}에 대응한다. 게다가 c-평면에 c_0의 근방 $\mathcal{V}_0$이 있어서 $\mathcal{V}_0$ 안의 모든 c에 대해서 $f_c = Q_c^4$를 V_0에 제한시키면, V_0은 V_0에서 이것의 상 W_c로 가는 이차류사상이 된다. 그리고 사상 Ξ는 $M_{\mathcal{V}_0}$에서 M으로 가는 위상동형사상이다.

M 내부에 나타나는 M의 무한한 복제들은 M이 자기복제의 성질을 가진다는 것을 제시한다. 그러나 반대방향으로 밀어내는 현상도 있다. 임계점 0이 전주기적인 c값들은 ∂M에서 조밀한 부분집합을

이룬다. 만약 $\tilde{c}$가 이 특별한 c값들 중 하나라면 $\tilde{c}$의 점점 작은 근방들의 확대를 살펴봐야 할 두 가지 집합이 있다. 첫 번째는 $z = \tilde{c}$의 근방 안의 다항식 $Q_{\tilde{c}}$의 쥘리아 집합 $J_{\tilde{c}}$이고, 두 번째는 $c = \tilde{c}$의 근방 안의 망델브로 집합이다. 그림들은 **점근적으로 유사하다**(asymptotically similar)는 것이 밝혀졌다. 이는 확대를 더 크게 하고 근방을 더 작게 잡으면 두 그림이 더 유사해진다는 것을 의미한다.

이것은 놀라운 사실이다. 사실 $\tilde{c}$의 모든 근방 안에 망델브로 집합은 무한개의 많은 자기 복제들을 포함하는 반면 쥘리아 집합은 그런 복제를 갖지 않는다고 알려져 있기 때문에 위 현상은 불가능하게 보일 수도 있다. 이 분명한 역설에 대해선 망델브로 집합의 복제들이 $\tilde{c}$까지 거리가 감소함에 따라 아주 빠르게 작아진다고 설명할 수 있다. 그러므로 만약 충분히 작은 근방을 확대하면 그곳에 있는 복제들은 사실상 보이지 않는다.

2.10 뉴턴 방법으로의 회귀

잠시 다항식에 대한 뉴턴의 방법으로 돌아가 보자. 차수가 $d \geq 2$이고 오직 단일근만 갖는 임의의 다항식 P를 생각하자. 그러면 뉴턴 함수 N_P는 차수 d를 갖는 유리함수이고 P의 각각의 단일근은 N_P의 매우 끌어당기는 고정점이다. 2차다항식에 대해 P의 근의 수는 N_P의 임계점들의 수와 일치한다($d = 2$일 때 $2d - 2 = 2$이기 때문에). 차수 $d > 2$인 다항식은 근들보다 임계점들의 수가 더 많다.

케일리(Cayley)는 두 개의 서로 다른 근을 갖는 2차다항식 $P(z) = (z - r_1)(z - r_2)$에 대해 뉴턴의 방법을 적용했다. 그는 근 r_1을 0으로 근 r_2를 ∞로 보내

는 함수 $\mu(z) = (z - r_1)/(z - r_2)$에 리만 구면 $\hat{\mathbb{C}}$에서 N_P를 2차다항식 Q_0으로 바꾸는 변수변환을 주었다. Q_0의 동역학을 뉴턴의 방법의 동역학으로 옮길 때 단위원이 r_1과 r_2의 이등분선에 대응되고 $r_i(i = 1, 2)$를 포함하는 반평면의 모든 점들이 N_P의 반복에 의해 r_i로 끌어당겨진다는 것을 알 수 있다.

케일리는 3차다항식에 대한 뉴턴의 반복법에 대해 쓸 것이라고 발표했다. 하지만 그런 논문이 나타나기 전까지 약 백 년이 걸렸다. 세 개의 단일근을 갖는 3차다항식 P에 대해 뉴턴 함수 N_P는 각각이 끌어당기는 웅덩이를 만드는 세 개의 매우 끌어당기는 고정점을 가진다. N_P의 쥘리아 집합은 이 세 개의 웅덩이들의 공통인 경계들이므로 복잡한 프랙탈 집합이다. 게다가, N_P는 $d = 3$일 때 $2d - 2 = 4$이므로 여분의 임계점을 갖는다. 그 여분의 임계점은 반복으로 인해 근들 중 하나로 끌어당겨질 수도 있고 독립된 자신의 행동을 가질 수도 있다. 뉴턴의 반복법으로 모든 3차다항식의 행동을 알아내기 위해서는(중복도 3인 하나의 근을 갖는 것을 제외하면) 다항식 $P_\lambda(z) = (z - 1)(z - \frac{1}{2} - \lambda)(z - \frac{1}{2} + \lambda)$의 단일매개변수족을 고려하는 것만으로 충분하다. 대응되는 뉴턴 함수 N_λ의 여분의 임계점은 원점에서 생긴다는 것이 밝혀졌다. 세 가지 색, 예를 들어 빨강, 파랑 그리고 초록색이 세 개의 근 $1, \frac{1}{2} + \lambda, \frac{1}{2} - \lambda$로 대응된다고 가정하자. 그러면 본문의 매개변수 평면인 λ-평면을 다음과 같이 색칠할 수 있다. 만약 임계점 0이 N_λ의 반복으로 빨강, 파랑 또는 초록색의 근들로 끌어당겨진다면 매개변숫값 λ는 그 색으로 칠해진다. 만약 그것이 어떤 세 개의 근으로 끌어당겨지지 않는다면 네 번째 색, 예를 들어 노란색으

로 칭한다. 그러므로 망델브로 집합의 보편성은 입증되었다. λ-평면에서 그것의 노란색 복제들을 관찰할 수 있는데 그것은 적절하게 제한된 N_λ의 반복들의 모임이 이차류라는 것을 보임으로써 설명된다.

3 맺음말

지금까지 복소해석적 동역학의 정의들과 동역학적 평면들에서 매개변수평면으로의 결과들을 전달하는 것을 포함한 예들을 통해 다양한 결과들을 설명했다. 채워진 쥘리아 집합들과 망델브로 집합들의 구조들은 그들의 뵈처 사상 φ_c와 Φ_M을 이용해 함께 연결된 성분들의 분석을 통해 부분적으로 이해했다. J-안정성에서 변수변환을 위해 이용된 함수들과 구조적 안정성은 이른바 준공형사상(quasi-conformal)의 예들이다. 이것은 1980년대 초반 데니스 설리번(Dennis Sullivan)에 의해 복소해석적 동역학에 도입된 개념이다. 그것들은 복소구조, 바르게 함, 복소해석적 운동, 수술(surgery)들의 변환 그리고 다른 현상들을 논의를 피할 수 없다. 여기에 흥미가 있는 독자들은 아래에 나열한 책들을 참고하면 된다. 처음 두 개는 상세한 설명을 위한 논문들이고 세 번째는 대학원생을 위한 교과서, 그리고 네 번째는 논문 모음집이다. 이 책들은 더 많은 참고문헌들을 포함하고 있다.

감사의 말

컴퓨터를 이용한 그림들은 크리스티안 헨릭센(Christian Henriksen)이 만든 프로그램을 사용하였다. 그에게 감사의 마음을 전한다.

더 읽을거리

Devaney, R. L., and L. Keen, eds. 1989. *Chaos and Fractals. The Mathematics Behind the Computer Graphics*. Proceedings of Symposia in Applied Mathematics, volume 39. Providence, RI: American Mathematical Society.

———. 1994. *Complex Dynamical Systems. The Mathematics Behind the Mandelbrot and Julia Sets*. Proceedings of Symposia in Applied Mathematics, volume 49. Providence, RI: American Mathematical Society.

Lei, T., ed. 2000. *The Mandelbrot Set, Theme and Variations*. London Mathematical Society Lecture Note Series, volume 274. Cambridge: Cambridge University Press.

Milnor, J. 1999. *Dynamics in One Complex Variable*. Weisbaden: Vieweg.

IV.15 작용소 대수

니겔 힉슨, 존 로 *Nigel Higson, John Roe*

1 작용소 이론의 시작

방정식 혹은 연립방정식에 대한 두 가지 기초적인 질문을 던져 보자. 해가 존재할 것인가? 존재한다면 그것은 유일할 것인가? 유한 선형 연립방정식을 통해 두 질문이 서로 관계되어 있음을 알 수 있다. 다음의 연립방정식을 생각해 보자.

$$2x + 3y - 5z = a,$$
$$x - 2y + z = b,$$
$$3x + y - 4z = c.$$

세 번째 방정식의 좌변은 나머지 두 방정식의 좌변의 합이다. 그래서 $a + b = c$인 경우 이 연립방정식의 해는 존재하지 않는다. 하지만 $a + b = c$인 경우 첫 두 방정식의 공통해는 세 번째 방정식의 해가 된다. 미지수가 방정식보다 많은 연립방정식의 경우 해가 존재한다면 그것은 유일하지 않다. 이 경우 만약 (x, y, z)가 해라면, 모든 t에 대해 $(x + t, y + t, z + t)$ 또한 해가 된다. 어떠한 경우에서도 연립방정식의 해가 존재하지 못하게 하는 이와 같은 현상(방정식 간의 선형적 관계)은 다른 경우에서도 마찬가지로 해가 유일하게 존재하지 못하게 한다.

해의 존재성과 유일성 간의 관계를 더 자세히 알아보기 위해, 아래와 같은 n개의 미지수와 n개의 방정식으로 이루어진 형태의 일반적인 연립방정식을 생각해 보자.

$$k_{11}u_1 + k_{12}u_2 + \cdots + k_{1n}u_n = f_1,$$
$$k_{21}u_1 + k_{22}u_2 + \cdots + k_{2n}u_n = f_2,$$
$$\vdots$$
$$k_{n1}u_1 + k_{n2}u_2 + \cdots + k_{nn}u_n = f_n.$$

상수 k_{ji}는 계수들의 행렬을 이루고, 이 문제는 u_i를 f_j들로 표현하는 것이다. 이와 같이 특정한 수치로 표현된 예의 일반적인 정리는, 해가 존재하기 위해서는 f_j가 만족하는 선형 조건의 개수가 해가 존재할 때 일반해에서 나타나는 임의의 상수의 개수와 같아야 한다는 것이다. 좀 더 기술적인 언어로 표현하자면, 행렬 $K = \{k_{ji}\}$의 핵[I.3 §4.1]과 여핵(cokernel)의 차원이 같다는 것이다. 방금 다룬 예에서는 두 수 모두 1이다.

약 100여 년쯤 전에, 프레드홀름[VI.66]은 아래와 같은 적분방정식을 연구했다.

$$u(y) - \int k(y, x)u(x)\,dx = f(y).$$

이는 함수 u를 함수 f로 표현하기 위해 이론물리학에서 도입됐다. 적분은 유한합의 극한으로 표현된 개념이기에, 프레드홀름의 방정식은 위에서 살펴본 유한 연립방정식의 무한차원 형태로 볼 수 있다. 다시 말해 n개의 미지수로 이루어진 벡터가 무한개의 서로 다른 점에서 정의된 함수로 치환된 것이다. (엄밀히 말하자면 프레드홀름의 방정식은 $Ku = f$ 형태가 아닌 $u - Ku = f$ 형태의 행렬방정식의 유사이다. 좌변의 변형된 꼴은 행렬방정식의 전체적인 행동에는 영향을 주지 않지만, 적분방정식의 행동을 상당하게 변화시킨다. 앞으로 살펴보겠지만, 프레드홀름은 운이 좋게도 행렬방정식의 행동을 매우 근접하게 반영하는 종류의 방정식을 연구했다.)

아래와 같은 매우 기본적인 예를 생각해 보자.

$$u(y) - \int_0^1 u(x)\,dx = f(y).$$

이 방정식을 풀기 위해 $\int_0^1 u(x)\,dx$를 y로 이루어진 상수함수로 보자. 만약 방정식이 동차($f \equiv 0$)라면 $u(y)$에 대한 가능한 유일한 해는 상수함수가 된다. 반면에 일반적인 함수 f에 대해서 해가 존재한다는 것은 선형조건 $\int_0^1 f(y)\,dy = 0$과 동치이다. 그래서 이 경우 핵과 여핵의 차원이 모두 1이다. 방금 다룬 예에서 볼 수 있듯, 프레드홀름은 행렬 이론과 적분방정식 이론의 유사성에 대해 연구했다. 그리고 그가 다룬 적분방정식에서 핵과 여핵의 차원이 항상 유한하고 같다는 사실을 밝혀냈다.

프레드홀름의 연구는 실수 함수 $k(y, x)$가 대칭이면, 즉 $k(x, y) = k(y, x)$이면 $u(y)$를 $\int k(y, x)u(x)\,dx$로 변환하는 적분 작용소에 대한 자세한 이론을 만든 힐베르트[VI.63]의 상상력에 불을 붙였다. 유한차원에서 힐베르트의 이론에 해당하는 것은 실수 대칭 행렬 이론이다. K가 그러한 행렬일 때, 선형대수의 일반적인 이론은 K의 고유벡터[I.3 §4.3]를 포함하는 정규 수직인 기저가 존재한다는 것을 말해준다. 다른 말로 $U^{-1}TU$가 대각행렬이 되게 하는 유니터리(unitary) 행렬 U가 존재한다. (유니터리라는 말은 U가 가역행렬이며, 벡터의 길이를 보존한다는 뜻이다. 즉 모든 벡터 v에 대해 $\|Uv\| = \|v\|$가 된다.) 힐베르트는 모든 대칭 적분 작용소에 대해서 이에 해당하는 이론을 얻었다. 그는

$$\int k(y, x)\,u_n(x)\,dx = \lambda_n u_n(y)$$

가 되게 하는 함수 $u_1(y)$, $u_2(y)$, $\cdots$와 실수 λ_1, λ_2, $\cdots$

가 존재한다는 사실을 보였다. $u_n(y)$는 그 적분 작용소의 고유함수(eigenfunction)가 되고, 해당하는 고윳값은 λ_n이다.

대부분의 경우 u_n과 λ_n을 정확하게 계산하기는 어렵다. 하지만 어떤 주기함수 ϕ에 대해 $k(x, y) = \phi(x - y)$가 성립할 경우엔 가능하다. 만약 적분값의 범위가 $[0, 1]$이고, ϕ의 주기가 1이면, 고유함수는 $k = 0, 1, 2, \cdots$일 때 $\cos(2k\pi y)$이고, $k = 1, 2, \cdots$일 때 $\sin(2k\pi y)$이다. 이 경우, 푸리에 급수[III.27] 이론을 통해 $[0, 1]$에서 정의된 일반적인 함수 $f(y)$는 $\sum(a_k \cos 2k\pi y + b_k \sin 2k\pi y)$와 같은 형태로 표현된다. 힐베르트는 일반적으로 임의의 대칭 적분 작용소를 고유함수를 이용하여 아래와 같이 표현할 수 있음을 보였다.

$$f(y) = \sum a_n u_n(y).$$

즉, 유한차원의 경우처럼 고유함수는 기저를 이룬다. 현재 힐베르트의 결과는 대칭 적분 작용소에 대한 스펙트럼 정리(spectral theorem)라 불린다.

1.1 적분방정식에서 함수해석학으로

힐베르트의 스펙트럼 정리는 적분 작용소가 수학의 많은 분야(예를 들어, 편미분방정식과 콤팩트군의 표현론[IV.9 §3]에서의 디리클레 문제[IV.12 §1])에서 나타남에 따라 폭발적인 관심을 받았다. 이후 이러한 작용소는 $\int |u(y)|^2\,dy < \infty$를 만족하는 함수 $u(y)$를 모아 놓은 공간, 즉 힐베르트 공간[III.37]에서의 선형 변환으로 보는 것이 최선임이 알려졌다. 이때 $u(y)$와 같은 함수를 가리켜 제곱적분가능하다(square-integrable)고 하고, 함수를 모아 놓은 공간은

$L^2[0, 1]$로 표기한다.

이와 같이 사용 가능한 힐베르트 공간의 중요한 개념 때문에, 프레드홀름과 힐베르트가 처음 다뤘던 적분 작용소보다 더 넓은 범위의 값을 갖는 작용소를 더 편리하게 고려할 수 있게 되었다. 힐베르트 공간은 벡터공간[I.3 §2.3]이며 거리공간[III.56]이기 때문에, 힐베르트 공간 사이에 정의된 작용소를 선형이며 연속으로 보는 것은 자연스럽다. (이런 작용소를 보통 유계(bounded) 선형작용소라고 부른다.) 적분 작용소에서의 대칭 조건 $k(x, y) = k(y, x)$는 유계 선형작용소의 경우 자기수반(self-adjoint) 성질(모든 벡터 u, v에 대해 $\langle Tu, v \rangle = \langle u, Tv \rangle$를 만족한다. 이때 $\langle \ \rangle$는 내적을 뜻한다)에 해당한다. 자기 수반 작용소의 간단한 예로는 실숫값을 갖는 함수 $m(y)$를 이용한 곱셈 작용소 $(Mu)(y) = m(y)u(y)$를 들 수 있다. 유한차원에 해당하는 예로는 대각행렬 K(각 벡터의 j번째 항에 행렬의 k_{jj}항을 곱한다)를 들 수 있다.

대칭 적분 작용소에 대한 힐베르트의 스펙트럼 정리로부터 이 작용소들이 좋은 형태로 표현될 수 있음을 알 수 있다. 즉 $L^2[0, 1]$의 적당한 기저(고유함수들의 기저)에 의해 작용소들은 무한 대각행렬들로 표현된다. 또한 그 기저들은 서로 직교하도록 선택할 수 있다. 일반적인 자기수반 작용소에 대해서는 이러한 정리가 성립하지 않는다. 예를 들어 $L^2[0, 1]$ 사이에 정의된 각 제곱적분가능한 함수 $u(y)$를 $yu(y)$로 보내는 곱셈 작용소를 생각해 보자. 이 작용소는 고유벡터[I.3 §4.3]를 갖지 않는다. 그 이유는 λ가 고윳값[I.3 §4.3]일 때 모든 y에 대해 $yu(y) = \lambda u(y)$가 되는데, 이는 λ가 아닌 모든 y에 대해 $u(y) = 0$임

을 의미하고, 그래서 $\int |u(y)|^2 \, dy = 0$이 되기 때문이다. 그러나 이 예는 이러한 종류의 곱셈 작용소가 대각행렬에 해당하기 때문에 걱정하지 않아도 된다. 만약 '대각'의 개념에 곱셈 작용소를 포함한다면, 모든 자기수반 작용소는 적당한 '기저의 변환'을 통해 곱셈 작용소가 된다는 점에서 '대각화 가능'하다.

이를 좀 더 정확히 하기 위해서는 작용소 T의 스펙트럼[III.86]이 필요하다. 이는 $T - \lambda I$(I는 힐베르트 공간에서 정의된 항등 작용소이다)의 유계 역원이 존재하지 않는 복소수 λ를 모아 놓은 집합이다. 유한차원의 경우는 정확하게 고윳값을 모아 놓은 집합이 되지만, 무한차원인 경우엔 항상 그렇게 되진 않는다. 즉 모든 대칭행렬은 최소 한 개의 고윳값을 갖지만, 이미 보았듯 자기수반 작용소는 그렇지 않다. 이러한 이유로 유계 자기수반 작용소에 대한 스펙트럼 정리는 고윳값이 아닌 스펙트럼을 통해 표현된다. 이를 표현하는 한 가지 방법으로, 함숫값의 폐포(closure)가 T의 스펙트럼이 되는 함수 $m(y)$를 이용한 곱셈 작용소 $(Mu)(y) = m(y)u(y)$와 자기 수반 작용소 T를 유니터리하게 동치화하는 것이 있다. 유한차원의 경우처럼 유니터리 작용소는 벡터의 길이를 보존하는 가역작용소 U이다. T와 M이 유니터리 동치라는 것은 어떠한 유니터리 작용소 U(기저 변환 행렬에 해당하는 작용소)에 대해 $T = U^{-1}MU$임을 뜻한다. 이것은 실수 대칭행렬이 고윳값을 대각값으로 갖는 대각행렬과 유니터리 동치라는 사실을 일반화하는 것이다.

1.2 평균 에르고딕 정리

스펙트럼 이론의 아름다운 응용법은 폰 노이만[VI.

91]이 발견했다. 몇 개의 말이 놓여 있는 체스보드를 상상해 보자. 각각의 사각형마다 '다음' 사각형이 지정되어 있고(서로 다른 두 사각형이 동일한 다음 사각형을 갖지 않도록 한다), 매분마다 말이 각각 다음 사각형으로 옮겨간다고 가정하자. 이제 하나의 사각형에서 매분마다 체스 말이 있을 때 1 없을 때 0을 기록한다. 이 기록 $R_1, R_2, R_3, \cdots$은 아래와 같은 형태일 것이다.

$$00100110010110100100\cdots.$$

$R_j = 1$인 것의 평균 개수는 체스 말의 개수를 체스보드 사각형의 개수로 나눈 값으로 수렴할 것이라 예상할 수 있다. 하지만 만약 재배열 방법이 충분히 복잡하지 않다면 우리의 예상은 어긋날 수도 있다. 예를 들면 가장 극단적인 경우, 각각의 사각형의 다음 사각형을 그 자신으로 지정하면 말의 존재 여부에 따라 00000··· 혹은 111111···로 기록된다. 하지만 재배열 방법이 충분히 복잡하다면 '시간에 대한 평균' $(1/n)\sum_{j=1}^{n} R_j$는 예상한 대로 체스말의 개수를 체스보드 사각형의 개수로 나눈 값으로 수렴할 것이다.

사실 이런 유한한 경우의 '충분히 복잡한' 방법이란 것은 보드 위에서 사각형들의 순환치환(체스 말이 한 번 지난 곳은 다른 **모든** 사각형을 지나야 올 수 있다)이므로 체스보드의 예는 기초적이다. 그러나 이와 관련 있는 가능한 값들의 아주 일부분밖에 관측할 수 없는 예시가 있다. 예를 들어 체스보드의 사각형을 원 위의 점들로 바꾸고, 체스 말 대신 원의 부분집합 S를 생각하자. 재배열 방법을 차수의 무리수를 통한 회전으로 결정한다. 그리고 이전처럼 원

위의 한 점 x를 정해서 x가 S에 들어가는지, 한 번 돌린 것이 들어가는지, 두 번 돌린 것이 들어가는지를 기록한다. 관측값은 (거의 모든 x에 대해) S가 원 위에서 차지하는 비율로 수렴한다.

열역학을 비롯한 몇몇 학문에서 횟수와 공간의 평균들 간의 관계와 비슷한 문제가 나타났고, 에르고딕 가설(ergodic hypothesis)은 재배열 방법이 충분히 복잡할 경우 횟수와 공간의 비율들이 같을 것이라 예상한다.

폰 노이만(Von Neumann)은 이 질문을 해결하기 위해 다음과 같은 방법으로 작용소 이론을 도입했다. H를 체스보드에서 정의된 함수들 혹은 원 위에서 정의된 제곱적분가능한 함수들로 이루어진 힐베르트 공간으로 정의하자. 재배열 방법은 ϕ가 재배열을 표현하는 함수일 때 다음을 만족하는 유니터리 작용소를 정의한다.

$$(Uf)(y) = f(\phi^{-1}(y)).$$

폰 노이만의 에르고딕 정리는 만약 H에서 어떠한 상수가 아닌 함수도 U에 의해 고정되지 않는다면(이것이 재배열 방법이 '충분히 복잡하다'라는 것을 표현하는 방법이다), 모든 함수 $f \in H$에 대해 극한값

$$\lim_{n \to \infty} \frac{1}{n} \sum_{j=1}^{n} U^j f$$

가 존재하고, 이 값은 f의 평균값을 갖는 상수함수와 같다고 주장한다. (우리의 예에 적용하기 위해서는 $f(x)$를 x가 있을 때 1, 없을 때 0으로 정의한다.)

폰 노이만의 정리는 유니터리 작용소에 대한 스펙트럼 정리(자기수반 작용소에 대한 정리)를 통해

얻을 수 있다. 유니터리 작용소는 실숫값을 갖는 함수가 아니라 절댓값이 1인 복소숫값을 갖는 함수를 통해 곱셈 작용소로 표현 가능하다. 그렇기에 절댓값이 1인 복소수에 대해 생각하는 것이 중요하다. 만약 z가 1이 아닌 복소수라면 $(1/n)\sum_{j=1}^{n} z^j$는 $n \to \infty$일 때 0으로 수렴한다. 이것은 기하급수의 합으로 표현된 함수 $\sum_{j=1}^{n} z^j = z(1 - z^n)/(1 - z)$를 이용해 쉽게 증명된다. (자세한 내용은 에르고딕 정리 [V.9]에서 찾을 수 있다.)

1.3 작용소와 양자이론

폰 노이만은 힐베르트 공간과 그 위의 작용소들이 1920년대에 하이젠베르크(Heisenberg)와 슈뢰딩거(Schrödinger)에 의해 소개된 양자역학 법칙을 공식화하는 정확한 수학적 도구라는 것을 알았다.

주어진 순간의 물리계의 **상태**(state)는 미래의 행동을 예측하기 위한 정보가 된다. 그 계가 유한한 입자로 이루어져 있다면, 그것의 상태는 모든 구성 입자들의 위치와 운동량 벡터에 대한 정보로 이루어져 있다. 대조적으로, 양자역학에서 각각의 물리계와 힐베르트 공간 H, 그리고 계의 상태를 연결하는 폰 노이만의 공식은 H의 단위벡터 u로 표현된다. (v와 u가 단위벡터이고 v가 u의 상수배라면 u와 v는 같은 상태이다.)

각 관측 가능한 양(아마도 계의 총 에너지량, 혹은 계 안에서의 입자의 운동량)은 그 양을 스펙트럼 값으로 갖는 H에서 정의된 자기수반 작용소 Q에 해당한다(이것이 '스펙트럼'이라고 불리게 된 기원이다). 상태와 관측 대상들은 다음과 같은 관계를 가진다. 계가 단위벡터 $u \in H$로 표현된 상태에 있을 때,

주어진 자기수반 작용소 Q에 해당하는 관측 가능한 양의 **기댓값**은 내적값 $\langle Qu, u \rangle$이다. 이것은 실제로 측정한 값과 다를 수 있다. 하지만 그것은 주어진 상태 u에서 반복된 많은 실험을 통해 얻어진 값의 평균이다. 상태들과 관측 대상들의 관계는 양자역학의 모순된 모습을 보여준다. 동일한 실험이 반복되는 '중첩된' 상태에서 서로 다른 결과물이 나타나는 일은 대부분의 상황에서 가능하다. 관측량의 측정이 확실한 결과를 생산하는 것과 체계의 상태가 그 양과 관련된 작용소의 고유벡터임은 동치이다.

양자 이론의 특히 가장 놀라운 점은 하나의 표현이 모두 다른 부분 표현들로 분할된다는 점이다. 만약 두 작용소가 교환되지 않는다면 보통 서로 공유하는 고유벡터가 없을 것이고, 따라서 두 다른 관측 대상의 측정값은 그 둘의 값을 동시에 나타내는 값이 될 수 없다. 유명한 예로 선을 따라 움직이는 입자의 위치량과 운동량과 관련된 작용소 P와 Q를 들 수 있다. 이들은 아래와 같은 **하이젠베르크 교환 관계**이다.

$$QP - PQ = i\hbar I.$$

이때 $\hbar$는 특정한 물리적 상수이다. (이것은 고전역학에서 관측 대상들의 비가환성과 그것들의 **푸아송 괄호**(Poisson bracket)를 연결해 주는 일반적인 이론의 사례이다. **거울대칭 이론**[IV.16 §§2.1.3, 2.2.1] 참조.) 결과적으로 입자가 명확한 운동량과 위치량을 동시에 갖는 것은 불가능하다. 이것이 **불확정성 원리**(uncertainty principle)이다.

힐베르트 공간 위의 자기수반 작용소를 이용해 하이젠베르크 가환 관계를 표현하는 기본적으로 유

일한 방법이 있다. 힐베르트 공간 H는 $L^2(\mathbb{R})$이고, 작용소 P는 $-i\hbar\, d/dx$, 작용소 Q는 x의 곱이다. 이 정리를 통해 간단한 물리 체계에서 관측 대상 작용소를 정확히 표현할 수 있다. 예를 들어, 입자가 선 위에서 원점으로부터의 거리에 비례하는 힘에 의해 나아가는 상태(마치 입자가 원점에 고정되어 있는 용수철에 달려 있는 것과 같은 상태)의 물리계에서, 총 에너지에 대한 작용소는 k가 힘의 총량을 표현할 때 아래와 같다.

$$E = -\frac{\hbar^2}{2m}\frac{d^2}{dx^2} + \frac{k}{2}x^2.$$

이 작용소의 스펙트럼은 다음과 같다.

$$\left\{(n + \tfrac{1}{2})\hbar\,(k/m)^{1/2} : n = 0, 1, 2, \cdots\right\}.$$

그래서 이 값들은 물리계의 총 에너지가 될 수 있다. 에너지는 이산적인 값들만 가질 수 있음을 알아두자. 이것이 양자 이론의 또 다른 특성이며 근본적인 점이다.

다른 중요한 예로 수소 원자의 총 에너지에 대한 작용소를 들 수 있다. 위에서의 작용소처럼, 이것은 어떤 정확한 편미분작용소 형태로 표현될 수 있다. 이 작용소의 고윳값은 $\{-1, -\frac{1}{4}, -\frac{1}{9}, \cdots\}$에 비례하는 수열을 이룬다. 수소 원자는 충격이 주어졌을 때 광자를 방출하고 결과적으로 총 에너지를 잃는다. 방출된 광자는 초기 에너지와 최종 에너지의 차이만큼의 에너지를 갖고, 그래서 그것은 $1/n^2 - 1/m^2$ 형태의 숫자에 비례한다. 수소에서 나온 빛이 프리즘이나 회절격자를 지나면, 빛나는 선은 이러한 에너지에 해당하는 파동의 길이만큼 관찰된다. 이 정렬된 스펙트럼 관찰은 양자역학에서의 가설을 실험

적으로 확인시켜 준다.

지금까지 오직 한 순간의 양자계에 대해서만 논의했다. 그러나 양자계는 고전적인 계에서처럼 시간에 따라 변화한다. 이 변화를 표현하기 위해서는 움직임의 법칙이 필요하다. 이 양자계의 시간에 따른 변화는 실수로 변수화된 유니터리 작용소 $U_t : H \to H$들의 집합으로 표현된다. 만약 계가 최초의 상태 u에 있다면, t만큼의 단위시간이 흐른 뒤 $U_t u$가 된다. t만큼 흐른 후 다시 s만큼 흐르면 $s + t$만큼 흐른 것과 같기 때문에 이러한 유니터리 작용소는 군의 대수법칙(group law) $U_s U_t = U_{s+t}$를 만족한다. 마샬 스톤(Marshall Stone)의 중요한 정리는 유니터리 군과 아래와 같이 주어진 자기수반 작용소 E가 일대일대응 관계에 있음을 보여준다.

$$iE = \left(\frac{dU_t}{dt}\right)_{t=0} = \lim_{t \to 0} \frac{1}{t}(U_t - I).$$

움직임의 양자 법칙은 이러한 방법으로 시간 변화를 표현한 **생성자**(generator) E가 관측 가능한 '총 에너지'와 관계된 작용소라는 것을 말해준다. 위에서 살펴본 예들에서처럼 E가 함수로 이루어진 힐베르트 공간에서의 미분작용소로 표현됐을 때, 이것은 **슈뢰딩거 방정식**이라 불리는 미분방정식이 된다.

1.4 GNS 구성

양자역학의 시간변화 작용소 U_t는 $U_s U_t = U_{s+t}$를 만족한다. 더 일반적으로, 각 $g \in G$에 대해 $U_{g_1 g_2} = U_{g_1} U_{g_2}$를 만족하는 U_g로 이루어진 **군**[I.3 §2.1] G의 **유니터리 표현법**을 정의한다. 프로베니우스[VI.58]에 의해 유한군을 공부하기 위한 방법으로 소개된 **표현론**[IV.9]은 체계의 대칭성이 필요한 수학과 물리

학 어느 곳에서나 필요하게 되었다.

U가 G의 유니터리 표현이고, v가 벡터라면, σ : $g \mapsto \langle U_g v, v \rangle$는 G에서 정의된 함수이다. 법칙 $U_{g_1 g_2}$ $= U_{g_1} U_{g_2}$는 σ가 모든 상수 $a_g \in \mathbb{C}$에 대해 아래와 같은 중요한 양의 성질을 갖고 있음을 말해준다.

$$\sum_{g_1, g_2 \in G} \overline{a_{g_1}} a_{g_2} \sigma(g_1^{-1} g_2) = \left\| \sum a_g U_g v \right\|^2 \geqslant 0.$$

G에서 정의된 이러한 양의 성질을 가지고 있는 함수를 **양의 정부호**(positive definite)라고 말한다. 반대로 양의 정부호 함수는 유니터리 표현을 만든다. 이 **GNS 구성**(이즈라일 겔판트(Israel Gelfand), 마크 나이마크(Mark Naimark), 어빙 시걸(Irving Segal)의 업적)은 군의 원소를 추상 벡터공간에서의 기저벡터라고 여기는 생각에서 시작됐다. 이 벡터공간에서 공식의 평균으로 내적을 표현할 수 있다.

$$\langle g_1, g_2 \rangle = \sigma(g_1^{-1} g_2).$$

결과물은 두 가지 점에서 원래의 힐베르트 공간과 다르다. 첫째는 내적으로 측정된 길이가 0인 0이 아닌 벡터들이 존재한다는 점이다. (σ가 양의 정부호라는 가정이 있음에도 **음수** 길이를 갖는 벡터의 존재 가능성을 말해준다.) 둘째로, 힐베르트 공간이론의 **완전성 공리**[III.62]를 만족하지 않을 수 있다. 그러나 이 두 결함을 고쳐줄 '완비화'가 존재한다. 현재의 경우에 적용해 보면, G의 유니터리 표현법을 다루는 힐베르트 공간 H_σ를 만든다.

다양한 형태의 GNS 구성은 여러 수학 분야에서 나타났다. 이것의 장점은 구성이 기초로 하는 곳에서 함수를 다루기가 쉽다는 것이다. 예를 들어 양의

정부호 함수들의 볼록결합(convex combination)은 역시 양의 정부호가 되고, 이것은 표현법을 공부하는 데 기하학적인 방법을 사용할 수 있게끔 한다.

1.5 행렬식과 대각합

프레드홀름과 힐베르트의 원래 연구에서는 선형대수의 전통적인 개념, 특히 **행렬식 이론**[III.15]을 매우 많이 차용한다. 유한차원에서조차 행렬식의 정의가 복잡하다는 것을 보면, 무한차원의 경우 매우 어려운 도전일 것이라는 것은 놀랍지 않다. 머지않아 행렬식을 모두 같이 사용하지 않아도 되는 더 간단한 또 다른 접근법이 나타났다. 그러나 흥미로운 점은 행렬식이나 대각합의 그보다 더 정확한 표현법이 앞으로 소개할 내용에서 중요한 역할을 해 왔다는 점이다.

$n \times n$ 행렬의 대각합은 대각항들의 합이다. 행렬식에서처럼 행렬 A의 대각합은 임의의 가역행렬 B에 대해 BAB^{-1}의 대각합과 같다. 사실, 대각합은 공식 $\det(\exp(A)) = \exp(\mathrm{tr}(A))$로 주어진 행렬식과 관계가 있다. (대각합과 행렬식의 불변성 때문에 쉬운 대각행렬의 경우만 확인해 보면 된다.) 무한차원에서 대각합을 고려하는 것은 $\infty \times \infty$ 행렬의 대각항들의 합이 수렴하지 않을 수 있으므로 성립하지 않을 수 있다. (항등 작용소의 대각합이 이러한 경우이다. 각 대각항들이 1이고 무한하기 때문에 그들의 합은 정의되지 않는다.) 이 문제를 피하기 위해 합이 잘 정의된 작용소만을 고려대상으로 삼을 것이다. 작용소 T가 **대각합류**(trace class)라는 것은 길이가 1이고 서로 대각인 벡터로 이루어진 두 수열 $\{u_j\}$와 $\{v_j\}$에 대해 합 $\sum_{j=1}^{\infty} \langle T u_j, v_j \rangle$가 절대 수렴한다는

것이다. 대각합류 작용소 T는 잘 정의되고 유한 대각합 $\sum_{j=1}^{\infty} \langle Tu_j, u_j \rangle$를 갖는다. (이 값은 정규수직인 기저의 선택과 무관하다.)

프레드홀름 방정식에서 나타난 것과 같은 적분 작용소는 대각합류 작용소의 자연스러운 예가 된다. 만약 $k(y, x)$가 매끄러운 함수라면, 작용소 $Tu(y) = \int k(y, x)u(x)\mathrm{d}x$는 대각합류 작용소이고, 그것의 대각합은 '연속 행렬 k'의 대각항들의 '합'이라 할 수 있는 $\int k(x, x)\mathrm{d}x$와 같다.

2 폰 노이만 대수

힐베르트 공간 H에서 정의된 유계 선형작용소의 집합 S의 **가환집합**(commutant)은 S의 모든 원소와 교환이 가능한 작용소들의 집합 S'이다. 임의의 집합의 가환집합은 H 상의 작용소들의 대수(algebra)이다. 즉, T_1과 T_2가 가환집합의 원소라면 $T_1 T_2$도 원소이고 모든 선형 조합 $a_1 T_1 + a_2 T_2$도 원소가 된다.

§1에서 언급했듯이 힐베르트 공간 H 상의 군 G의 유니터리 표현은 G의 원소들로 만들어진 유니터리 작용소 U_g이고, 이때 두 군 원소 g_1, g_2에 대해 $U_{g_1} U_{g_2}$는 $U_{g_1 g_2}$와 같다. **폰 노이만 대수**(von Neumann algebra)는 어떤 복소 힐베르트 공간 H에서의 군의 유니터리 표현들의 가환집합인 작용소 대수이다. 모든 폰 노이만 대수는 수반작용과 거의 모든 종류의 극한에 대해 닫혀 있다. 예를 들어 그것은 점별 극한(pointwise limit)에 대해 닫혀 있다. 즉, $\{T_n\}$이 폰 노이만 대수 M의 작용소들의 수열이고, 모든 벡터 $v \in H$에 대해 $T_n v \to Tv$라면 $T \in M$이다.

모든 폰 노이만 대수 M이 그것의 이중가환집합

M''(M의 가환집합의 가환집합)과 같음은 쉽게 알 수 있다. 폰 노이만은 작용소들의 자기수반 대수 M이 점별 수렴에 대해 닫혀 있으면, M이 그것의 가환집합에서 유니터리 작용소 군의 가환집합과 같음을 보였다. 폰 노이만 대수라 불리는 건 바로 이 때문이다.

2.1 분할 표현법

$g \to U_g$를 힐베르트 공간 H에서의 군 G의 유니터리 표현이라 하자. 만약 H의 부분공간 H_0이 모든 작용소 U_g에 의해 자기 자신으로 옮겨진다면, 이 부분공간을 이 표현에 의한 **불변부분공간**(invariant subspace)이라 부른다. 만약 H_0이 불변이라면 작용소 U_g가 H_0을 자기 자신으로 보내기 때문에, H_0에서 제한했을 때 원래 것의 **부분표현**(sub-representation)이라 불리는 G의 또 다른 표현이 된다.

부분공간 H_0은 하나의 표현에 의해 불변이고, 그래서 하나의 부분표현을 찾을 수 있다는 것과 직교사영작용소 $P : H \to H_0$이 그 표현의 가환집합에 들어간다는 것은 동치이다. 이것이 부분표현법과 폰 노이만 대수와의 밀접한 관계이다. 사실, 폰 노이만 대수 이론은 유니터리 표현을 부분표현으로 분할하는 방법을 연구하는 이론이라고 생각해도 된다.

표현을 **기약**(irreducible)이라는 것은 그것이 특별한 불변부분공간을 갖지 않는다는 말이다. 특별한 불변부분공간 H_0을 갖는 표현은 두 개의 부분표현, H_0과 그것의 직교공간 $H_0^{\perp}$에 관한 것으로 나누어질 수 있다. $H_0, H_0^{\perp}$에 해당하는 표현이 기약이 아닌 이상 H에서 했던 방법을 반복하여 둘 중 하나 혹은 둘

다 더 작은 것들로 분할할 수 있다. 만약 처음의 힐베르트 공간 H가 유한차원이면 이 방법으로 기약 부분표현법으로까지 분할할 수 있다. 행렬의 언어로 표현하면 군에 속해 있는 모든 작용소가 블록 대각이며, 각각의 블록이 더 작은 힐베르트 공간에서의 기약 유니터리 작용소 군의 표현에 해당하는 기저를 얻을 것이다.

유한차원 힐베르트 공간에서의 유니터리 표현을 기약 부분표현으로 분해하는 것은 정수를 소수로 분할하는 것과 어느 정도 비슷하다. 소수를 분할할 때와 같이 유한차원 유니터리 표현의 분할 과정에서는 오직 하나의 결과만 존재한다. 순서에 관계 없이 주어진 유니터리 표현 분할 안에서 나눌 수 없는 표현들이 유일하게 존재한다. 그러나 무한차원에서의 분할 과정은 많은 어려움에 부딪히는데, 그중 가장 놀라운 점은 전부 다른 기약 부분표현들의 집합으로 이루어진 동일한 표현의 두 개의 분할이 존재한다는 점이다.

그럼에도 서로 다른 형태의 분할은 정수를 각각의 소수로 구분하는 대신 소수의 거듭제곱으로 구분하는 것과 조금 비슷하다. 정수를 분해할 때 소수의 거듭제곱을 그것의 **성분**(component)으로서 생각해 보자. 여기엔 두 가지 특징이 있는데 두 개의 성분은 같은 인자를 가질 수 없다는 것과 하나의 성분에서 나온 두 개의 인자는 공통 인자를 갖고 있다는 것이다. 이와 비슷하게 유니터리 표현을 이에 해당하는 성질을 가진 **동종**(isotypical) 성분으로 표현할 수 있다. 두 개의 동종 성분은 공통의(동형의) 부분표현을 가질 수 없고, 같은 동종의 성분에서 나온 두 개의 부분표현은 그들 스스로 동종 부분표현을 갖

는다. 임의의 유니터리 표현(유한 혹은 무한 차원)은 동종 성분으로 분할되고 이 표현은 유일하다.

유한차원에서는 모든 동종 성분은 (유한하게) **동일한**(identical) 기약 부분표현으로 분할되지만(소수의 거듭제곱의 소인수처럼), 무한차원에서는 그렇지 않다. 실제로 대부분의 폰 노이만 대수 이론은 나타날 수 있는 많은 가능성을 분석하는 것과 관련 있다.

2.2 인자

동종 유니터리 표현의 가환집합을 **인자**(factor)라 부른다. 정확하게는 폰 노이만 대수 M에서 모든 원소와 교환 가능한 작용소들의 집합인 **중심**(center)이 항등 작용소의 상수배로 이루어져 있는 M을 인자라고 한다. 그 이유는 M의 중심 안에서의 사영이 동종 부분표현으로의 사영과 대응되기 때문이다. 모든 폰 노이만 대수는 인자로 분할될 수 있다.

인자가 하나의 동종 표현의 배수인 가환집합일 경우 I형이라 한다. 모든 I형 인자는 힐베르트 공간에서의 유계 작용소 대수와 동형이다. 유한차원의 경우, 이미 보았듯이 모든 동종 표현이 기약표현의 배수로 분할되기 때문에 모든 인자는 I형이다.

기약 원소로 분할할 때 한 개 이상의 형태를 갖는 유니터리 표현의 존재성은 I형이 아닌 인자의 존재성과 관련이 있다. 폰 노이만은 프랜시스 머레이(Francis Murray)와 함께 작용소 대수 이론을 설립한 논문집에서 그 가능성에 대해 연구했다. 그들은 주어진 동일한 형태의 표현의 부분표현들에 순서 구조를 정의했다. 또한 가환집합의 개념을 사용하기 위해 주어진 인자의 사영들의 집합에도 순서

구조를 정의했다. H_0과 H_1이 동종의 표현 H의 부분표현일 때, 만약 H_0이 H_1의 부분표현과 동형이면 $H_0 \preceq H_1$이라고 한다. 머레이와 폰 노이만은 이것이 전순서(total ordering)임을 보였다. $H_0 \preceq H_1$, $H_1 \preceq H_0$ 둘 중 하나를 만족하거나 H_0과 H_1이 동형이면 둘 다 만족한다. 예를 들어 유한차원의 I형을 생각해 보면, H가 나누어지지 않는 표현 n개의 배형태라면, 각각 부분표현들은 $m \leq n$개의 나누어지지 않는 표현들의 배이고, 부분표현들(의 동형집합체)의 순서 구조는 정수 $\{0, 1, \cdots, n\}$의 순서구조와 같다.

머레이와 폰 노이만은 인자들에서 나타날 수 있는 유일한 순서 구조가 아래와 같이 매우 간단한 것임을 보였다.

I형, $\{0, 1, 2, \cdots, n\}$ 혹은 $\{0, 1, 2, \cdots, \infty\}$,

II형, $[0, 1]$ 혹은 $[0, \infty]$,

III형, $\{0, \infty\}$.

이 표에 따라 인자의 **유형**은 그것의 사영의 순서 구조에 의해 결정된다.

II형의 경우 순서 구조는 정수가 아닌 **실수** 구간의 구조이다. II형인 동일한 형태의 표현의 임의의 부분표현은 더 작은 부분표현들로 나누어진다. 절대 나누어지지 않는 '원소'를 만날 수도 있다. 그럼에도 불구하고 부분표현은 머레이와 폰 노이만에 의해 주어진 '실숫값을 갖는 차원'의 평균의 크기와 비교된다.

II형의 인자 중 기억할 만한 예는 아래와 같다. G를 군이라 하고 $H = \ell^2(G)$를 기저벡터로 $[g](g \in G$에 해당하는 벡터들)를 갖는 힐베르트 공간이라 하

자. **정칙 표현**(regular representation)이라 불리는 군곱셈법칙에 의해 자연스럽게 주어지는 H 위의 G의 표현을 고려해 보면, 주어진 $g \in G$에 해당하는 유니터리 사상 U_g는 $\ell^2(G)$의 각각의 기저벡터 $[g']$을 기저벡터 $[gg']$으로 보내는 선형작용소임을 알 수 있다. 이 표현의 가환집합은 폰 노이만 대수 M이다. G가 가환군이라면 모든 작용소 U_g는 M의 중심이다. 그러나 G가 가환성과 관계가 멀면(예를 들어 자유군) M은 자명한(trivial) 중심을 갖고, 그로 인해 인자를 가진다. 이 인자는 II형임을 보일 수 있다. 실숫값을 갖는 차원의 경우 수직 사영 $P \in M$에 해당하는 부분표현을 나타내는 간단하고 정확한 공식이 있다. P를 H의 기저 $\{[g]\}$에 해당하는 무한 행렬로 표현하는 것이다. P가 그 표현과 가환이므로 P의 대각 원소들이 모두 0과 1 사이의 어떤 실수와 같다는 것을 쉽게 알 수 있다. 이 실수는 P에 해당하는 부분표현의 차원이 된다.

더 근래에 머레이-폰 노이만 차원 이론은 **위상수학**[I.3 §6.4]에서의 기대하지 않았던 응용을 발견했다. 베티 숫자(Betti number)와 같은 많은 중요한 위상수학적 개념들은 (정수값을 갖는) 특정한 벡터공간들의 차원들로서 정의되었다. 폰 노이만 대수를 이용해 유용한 추가 성질을 지닌 이러한 값들의 실수 경우를 정의할 수 있다. 이러한 방법으로 폰 노이만 대수를 위상학적 결과를 얻는 데 사용할 수 있다. 여기에 사용된 폰 노이만 대수는 보통 일반석으로 앞서 어떤 콤팩트 공간의 **기본군**[IV.6 §2]을 다룬 단락에서 나오는 구성을 통해 얻을 수 있다.

2.3 모듈러 이론

III형 인자는 오랫동안 불가사의한 존재로 남아 있었다. 머레이와 폰 노이만은 처음에 그러한 인자가 존재하는지 검증할 수 없었다. 결국 그들은 이 문제를 해결하긴 했지만, 이 문제에 대한 근본적인 해결은 그들의 연구 이후에 폰 노이만 대수가 **모듈러 자기동형사상군**(modular automorphism group)이라 불리는 특별한 대칭구조의 집합을 가진다는 사실이 알려졌을 때 비로소 완성됐다.

모듈러 이론의 기원을 설명하기 위해서, 다시 한 번 군 G의 정칙 표현으로부터 얻어진 폰 노이만 대수를 생각해 보자. 앞에서 $\ell^2(G)$ 상에 **왼쪽**에서 G의 원소를 곱하는 작용소 U_g를 정의했다. (**오른쪽**에서 곱하는 식으로도 같은 표현을 만들 수 있다.) 이 방법은 또 다른 폰 노이만 대수를 만든다.

지금까지는 이런 차이가 중요하지 않은 이산군 G만 다뤘다. 그 이유는 사상 $S : [g] \mapsto [g^{-1}]$가 왼쪽과 오른쪽의 정칙 표현을 바꾸는 H에서의 유니터리 작용소이기 때문이다. 그러나 특정한 **연속군**에서는 $f(g)$가 제곱적분가능이지만, $f(g^{-1})$는 그렇지 않은 문제가 나타났다. 이런 상황에서는 이산군에서 보았던 간단한 유니터리 동형사상이 존재하지 않는다. 이를 해결하기 위해 G의 **모듈러 함수**(modular function)라 불리는 수정 인자에 대해 알아보도록 하자.

모듈러 이론의 목적은 모듈러 함수에 해당하는 무언가가 임의의 폰 노이만 대수에서 구성될 수 있다는 것을 보이는 것이다. 이 대상은 그것이 군으로부터 정확하게 얻어졌는지와 관계없이 모든 III형 인자에 대해서 불변이다.

모듈러 이론은 GNS 구성(§1.4 참조)을 사용한다. M을 작용소들의 자기수반 대수라 하자. 선형 범함수 $\phi : M \to \mathbb{C}$는 모든 $T \in M$에 대해 $\phi(T^*T) \geqslant 0$을 만족하는 형태의 양수 성질을 만족하면 **상태**(state)라 부른다(이 표현은 일찍이 기술된 힐베르트 공간 이론과 양자역학의 관계에서 나온 것이다). 모듈러 이론의 목적을 위해 $\phi(T^*T) = 0$이 $T = 0$임을 말하는 **신뢰할 만한**(faithful) 상태만 고려대상으로 삼는다. 만약 ϕ가 상태이면 공식

$$\langle T_1, T_2 \rangle = \phi(T_1^* T_2)$$

로 벡터공간 M에서의 내적을 정의한다. 여기에 GNS 방법을 적용하면 힐베르트 공간 H_M을 얻는다. H_M의 첫 번째 중요한 사실은 M에서의 모든 작용소 T는 H_M에서의 작용소를 찾게 한다는 것이다. 벡터 $V \in H_M$은 M의 원소들의 극한 $V = \lim_{n \to \infty} V_n$이고, 오른쪽 편에 대수 M에서의 곱셈을 이용한 공식

$$TV = \lim_{n \to \infty} TV_n$$

을 통해 $T \in M$을 V에 적용할 수 있다. 이러한 점 때문에 어떤 힐베르트 공간을 가지고 시작했든지 간에 M을 그 위에서의 작용소 대수라기보다 H_M 위에서의 작용소들의 대수로 본다.

두 번째 중요한 사실은 수반작용은 공식 $S(V) = V^*$를 이용해 자연스러운 '비선형' 작용소 $S : H_M \to H_M$과 함께 힐베르트 공간 H_M을 갖춘다는 것이다.[*] 정칙표현에 대해서 $U_g^* = U_{g^{-1}}$이기 때문에 이 S

---

[*] M의 완비 H_M에서 이 공식을 설명하는 것은 다루기 어려운 문제이다.

는 이미 연속군에서 보았던 작용소 S에 해당하는 것이다. 미노루 도미타(Minoru Tomita)와 마사미치 다케사키(Masamichi Takesaki)의 중요한 정리는 원래의 상태 ϕ가 연속 조건을 만족하면 복소 거듭제곱 $U_t = (S^*S)^{it}$이 모든 t에 대해 $U_t M U_{-t} = M$을 만족함을 보여준다.

$T \mapsto U_t T U_{-t}$에 의해 주어진 M의 변환은 M의 모듈러 자기동형사상이라 한다. 알랭 콘(Alain Connes)은 그것들이 원래의 신뢰할 만한 상태 ϕ에서의 기본적이지 않은 방법에 의존한다는 사실을 보였다. 정확하게는 ϕ를 바꾸는 것이 U가 M에서의 유니터리 작용소일 때, $T \mapsto U T U^{-1}$ 형태의 변환인 내부 자기동형사상(inner automorphism)에 의해서만 모듈러 자기동형사상을 바꾼다. 놀라운 결과는 모든 폰 노이만 대수 M은 그것을 정의하는 데 사용되었던 상태 ϕ 대신에 M 하나에 의해 결정되는 '바깥 자기동형사상(outer automorphism)'의 표준적인(canomical) 단일 매개변수 군을 갖는다는 것이다.

I형 혹은 II형 인자의 모듈러군은 항등 변환으로만 이루어져 있다. 그러나 III형 인자의 모듈러군은 더욱 복잡하다. 예를 들어 집합

$$\{t \in \mathbb{R} : T \mapsto U_t T U_{-t} \text{는 내부 자기동형사상}\}$$

은 $\mathbb{R}$의 부분군이며 셀 수 없이 많은 다른 III형 인자를 구분하는 데 사용하는 M의 불변이다.

2.4 분류

폰 노이만 대수의 최고 성과는 근사적으로 유한차원인 인자들을 분류한 것이다. 이들은 특정한 의미에서 유한차원 대수의 극한이다. 인자를 유형으로 나누는 차원 함숫값의 치역과 상관없는 독립된 하나의 불변량은 모듈(module)이다. 이는 모듈러 자기동형 군으로부터 결합된 특정 공간 상의 흐름(flow)이다.

오래도록 남아 있는 정규 표현과 관련된 II형을 구분하는 문제는 지금까지도 주목을 받고 있다. 특별한 것은 자유 확률론의 주제를 다듬은 자유군[IV.10 §2]의 경우이다. 집중적인 노력에도 불구하고, 생성원이 두 개인 자유군과 세 개인 자유군과 연관된 인자가 서로 동형인가라는 근본적인 질문은 글을 쓰고 있는 현재까지도 여전히 해결되지 않았다.

한 인자가 다른 인자 안에서 발견될 수 있는 방법을 분류하는 과정에서, 또 다른 중요한 부분인자 이론(subfactor theory)이 발전하였다. 대단하고 놀라운 본 존스(Vaughan Jones)의 정리는 차원의 연속값이 노름인 II형의 경우에, 부분인자의 차원은 특정한 상황에서 오직 이산적인 범위의 값들만을 가질 수도 있다는 것을 보여준다. 이 결과와 관련된 조합론은 전혀 관련 없어 보이는 수학의 분야인 매듭 이론[III.44]에서 나타났다.

3 C^*-대수

폰 노이만 대수 이론은 힐베르트 공간 상에 존재하는 군의 하나의 표현의 구조를 설명하는 데 도움을 준다. 그러나 많은 경우에서 가능한 모든 유니터리 표현을 이해하는 것은 흥미로운 일이다. 이를 살펴보기 위해 작용소 대수 이론과 관련 있지만 지금까지와는 다른 부분으로 이동하자.

힐베르트 공간 H의 모든 유계 작용소들의 공간

$\mathcal{B}(H)$를 생각해 보자. 이는 두 개의 매우 다른 구조를 갖고 있다. 그것은 덧셈, 곱셈, 그리고 수반 연산자와 같은 **대수적인 연산**, 그리고 작용소 노름

$$\|T\| = \sup\{\|Tu\| : \|u\| \leqslant 1\}$$

과 같은 **해석학적** 구조이다.

이러한 구조는 서로 관계되어 있다. 예를 들어 $\|T\| < 1$(해석학적 가정)이라 가정하자. 그러면, 기하급수

$$S = I + T + T^2 + T^3 + \cdots$$

는 $\mathcal{B}(H)$에서 수렴하고, 그것의 극한 S는

$$S(I - T) = (I - T)S = I$$

를 만족한다. 그래서 $I - T$는 $\mathcal{B}(H)$에서 가역이다(대수적 결론). 이것으로부터 임의의 작용소 T의 **스펙트럼 반지름**(spectral radius, T의 스펙트럼에 속하는 복소수들의 절댓값의 최댓값) $r(T)$는 그것의 노름보다 작거나 같다는 사실을 알 수 있다.

중요한 스펙트럼 반지름 공식은 같은 방향으로 더 나아간다. 그것은 $r(T) = \lim_{n \to \infty} \|T^n\|^{1/n}$임을 말해 준다. 만약 T가 **정규작용소**(normal, $TT^* = T^*T$)이면, 특히 T가 자기수반이면 $\|T^n\| = \|T\|^n$임을 보일 수 있다. 결과적으로 T의 스펙트럼 반지름은 정확히 T의 노름과 일치한다. 그렇기 때문에 $\mathcal{B}(H)$의 대수적 구조, 특히 수반작용과 연관된 대수적 구조와 해석적 구조 사이에는 매우 밀접한 관계가 있다.

$\mathcal{B}(H)$의 모든 성질이 대수와 해석의 이러한 관계와 관련 있는 것은 아니다. C^*-대수 A는 앞의 두 개의 단락에서 말한 것이 성립할 수 있는 충분한 성질을 가진 추상적인 구조이다. 자세한 정의는 말하지 않겠지만, A에 대한 C^*-**항등식**이라 불리는 노름, 곱셈, 그리고 $*$-연산과 관련된 조건

$$\|a^*a\| = \|a\|^2, \quad a \in A$$

는 언급할 만한 가치가 있다. 또한 일반적인 C^*-대수인 힐베르트 공간의 특별한 작용소들의 모임(유니터리들, 수직 사영들 등등)에 주목해 보자. 예를 들어, 유니터리 $u \in A$는 $uu^* = u^*u = 1$을 만족하고, 사영 p는 $p = p^2 = p^*$를 만족한다.

하나의 작용소 $T \in \mathcal{B}(H)$로부터 C^*-대수를 얻는 간단한 예를 생각해 볼 수 있다. T와 T^*에서의 다항식의 극한으로 얻어지는 모든 작용소 $S \in \mathcal{B}(H)$는 T에 의해 **생성된** C^*-대수가 된다. T에 의해 생성된 C^*-대수가 가환이라는 것은 T가 정규라는 것과 동치이다. 이것이 정규작용소가 중요한 한 가지 이유이다.

3.1 가환 C^*-대수

만약 X가 **콤팩트**[III.9] **위상공간**[III.90]이라면, 연속함수 $f : X \to \mathbb{C}$로 이루어진 공간 $C(X)$는 ($\mathbb{C}$에서의 통상적인 연산을 물려받는) 자연스럽게 주어진 대수적인 연산과 노름 $\|f\| = \sup\{|f(x)| : x \in X\}$를 갖는다. 사실 이러한 연산은 $C(X)$를 C^*-대수로 만들어 준다. $C(X)$에서의 곱셈은 복소수의 곱셈이 가환이기 때문에 가환이다.

겔판트(Gelfand)와 **나이마크**(Naimark)의 기본적인 결과는 모든 가환 C^*-대수 A가 어떤 $C(X)$와 동형이라는 것이다. 주어진 C^*-대수 A에서, 준동형사상 $\xi : A \to \mathbb{C}$의 집합을 만들 수 있고, **겔판트 변환**

(Gelfand transform)은 $a \in A$와 함수 $\xi \mapsto \xi(a)$를 연결 짓는다.

겔판트-나이마크 정리는 작용소 이론의 기초적인 결과이다. 예를 들어 스펙트럼 정리의 새로운 증명은 다음과 같다. T를 힐베르트 공간 H 위의 자기수반 혹은 정규작용소라 하고, A를 T에 의해 생성된 가환 C^*-대수라 하자. 겔판트-나이마크의 정리로부터 어떤 사상 T의 스펙트럼 X에 대해 A가 $C(X)$와 동형임을 알 수 있다. v가 H의 단위벡터이면, 공식 $S \mapsto \langle Sv, v \rangle$는 A 위에 상태 ϕ를 정의한다. 이 상태로부터 얻어진 GNS 공간은 X 상의 함수로 이루어진 힐베르트 공간이고, $A = C(X)$의 원소는 곱셈작용소 역할을 한다. 특히 T가 곱셈 작용소 역할을 한다. 약간의 논증을 덧붙이면 T가 이런 곱셈 작용소와 동치이거나 그러한 작용소들의 직합(그 자체가 더 큰 공간에서 곱셈 작용소인 집합)과 동치임을 보여준다.

연속함수들은 합성 가능하다. f와 g가 (g의 값이 f의 정의역에 속하는) 연속함수라면 $f \circ g$ 역시 연속함수이다. 겔판트-나이마크 정리가 C^*-대수 A의 임의의 자기수반원소가 a의 스펙트럼 위의 연속함수와 동형인 대수에 있음을 보여주기 때문에, $a \in A$가 자기수반이고, f가 a의 스펙트럼 위의 연속함수라면 작용소 $f(a)$가 A에 있게 된다. 이 **범함수미적분학**(functional calculus)은 C^*-대수에서의 중요한 기술적인 방법이 된다. 예를 들어, $u \in A$가 유니터리이고, $\|u - 1\| < 2$를 만족한다고 가정하자. 그러면, u의 스펙트럼은 -1을 포함하지 않는 $\mathbb{C}$ 상의 단위원의 부분집합이다. 그러한 부분집합 위의 복소로그함수의 연속경로를 정의할 수 있고, $a =$ $-a^*$와 $u = e^a$을 만족하는 원소 $a = \log u$가 있다. 경로 $t \mapsto e^{ta}$, $0 \leqslant t \leqslant 1$은 u와 항등원을 연결하는 A 안의 유니터리의 연속경로가 된다. 그래서 항등원에 충분히 가까운 모든 유니터리는 항등원과 유니터리 경로로 연결되어 있다.

3.2 C^*-대수의 다른 예

3.2.1 콤팩트 작용소

힐베르트 공간에서의 작용소가 **유한차수**라는 것은 그것의 치역이 유한차원 부분공간이라는 것이다. 유한차수 작용소는 대수를 이루고, 그것의 폐포는 C^*-대수가 되며, 이것을 **콤팩트 작용소**라 부르고 $\mathcal{K}$로 표기한다. $\mathcal{K}$는 또한 행렬대수들

$$M_1(\mathbb{C}) \to M_2(\mathbb{C}) \to M_3(\mathbb{C}) \to \cdots$$

의 '극한'으로 간주될 수 있다. 여기서 각각의 행렬대수는

$$A \mapsto \begin{pmatrix} A & 0 \\ 0 & 0 \end{pmatrix}$$

에 의해 그 다음 행렬대수에 포함된다. 프레드홀름 이론에서 나오는 적분 작용소를 포함해 많은 자연스러운 작용소들이 콤팩트이다. 힐베르트 공간에서의 항등 작용소가 콤팩트임은 그 공간이 유한차원이라는 것과 동치이다.

3.2.2 CAR 대수

$\mathcal{K}$의 행렬대수의 극한표현은 비슷한 종류의 '극한'을 고려하게 한다. (여기에 이 극한의 정확한 형태의 정의는 기술하지 않지만, 대수 A_i에서처럼 수열 $A_1 \to A_2 \to A_3 \to \cdots$의 극한은 준동형사상 $A_i \to A_{i+1}$

에 의존한다.) 특히 중요한 한 예로는, 공식

$$A \mapsto \begin{pmatrix} A & 0 \\ 0 & A \end{pmatrix}$$

에 의해 각각이 다음 행렬 대수에 속하게 되는

$$M_1(\mathbb{C}) \to M_2(\mathbb{C}) \to M_4(\mathbb{C}) \to \cdots$$

의 극한이다.

이는 양자이론에서 나오는 **표준 반가환 관계(ca-nonical anticommutation relation)**를 표현하는 원소를 포함하여 **CAR 대수**라고 부른다. C^*-대수는 폰 노이만이 힐베르트 공간의 용어로 양자이론을 공식화한 것을 확장한 양자장론과 양자통계역학에서 몇 가지 응용을 가진다.

3.2.3 군 C^*-대수

G가 군이고 $g \mapsto U_g$가 힐베르트 공간 H 상에서 G의 유니터리 표현이라면, 모든 U_g를 포함하는 최소 작용소들의 C^*-대수를 고려할 수 있다. 이는 표현에 의해 **생성된** C^*-대수라 한다. 중요한 예는 §2.2에서 정의한 G에 의해 생성된 힐베르트 공간 $\ell^2(G)$ 위의 **정칙 표현(regular representation)**이다. 그것을 생성하는 C^*-대수를 $C_r^*(G)$로 표기한다. ˙r˙은 정칙 표현을 뜻한다. 다른 정칙 표현을 고려하는 것은, 잠재적으로 다른 군 C^*-대수로 이끈다.

예를 들어 $G = \mathbb{Z}$인 경우를 보자. 이것은 가환군이기 때문에 그것의 C^*-대수 역시 가환이고, 그래서 겔판트-나이마크 정리에 의해 적당한 X에 대해 $C(X)$와 동형이다. 사실 X는 단위원 S^1이고, 동형사상

$$C(S^1) \cong C_r^*(\mathbb{Z})$$

는 단위원 상의 함수를 그것의 푸리에 급수로 보낸다.

군 C^*-대수 위의 상태는 군에서 정의된 양의 정부호 함수에 대응되므로 유니터리 군 표현에 대응된다. 이런 방법으로, 새로운 표현이 만들어지고 연구될 수 있다. 예를 들어, 군 C^*-대수의 상태를 이용해 나누어지지 않는 G의 표현에 위상공간 구조를 줄 수 있다.

3.2.4 무리 회전 대수

대수 $C^*(\mathbb{Z})$는 하나의 유니터리 원소 $U(1 \in \mathbb{Z}$에 대응하는)에 의해 생성된다. 더욱이 그것은 주어진 C^*-대수 A와 유니터리 $u \in A$에 대해 U를 u로 보내는 유일한 준동형사상 $C^*(\mathbb{Z}) \to A$가 존재함을 보여주는 C^*-대수의 **보편적인** 예이다. 사실 이 준동형사상은 단지 유니터리 u의 범함수 미적분학적 동형사상에 불과하다.

대신에 α가 복소수일 때

$$UV = e^{2\pi i \alpha} VU$$

를 만족하는 두 개의 유니터리 U, V에 의해 생성된 대수의 보편적인 예를 고려하면, **무리 회전 대수(ir-rational rotation algebra)**라 불리는 비가환 C^*-대수 A_α를 얻는다. 무리 회전 대수는 점의 개수의 관점에서 깊이 연구되었다. §4.4에서 다룰 K-이론을 이용하면 A_{α_1}이 A_{α_2}와 동형이라는 것이 $\alpha_1 \pm \alpha_2$가 정수인 것과 동치라는 것을 보일 수 있다.

무리 회전 대수가 단순(simple)하다는 것을 보일

수도 있는데, 이는 **임의의 유니터리 쌍** U, V가 위의 교환 관계를 만족하면 A_α의 복제를 생성한다는 것을 함의한다. (하나의 유니터리인 경우와 대조된다. 1은 유니터리 작용소이지만 $C^*(\mathbb{Z})$의 복제를 생성하지 않는다.) 이것은 U가 $2\pi\alpha$에 의한 회전이고, V가 $z: S^1 \to \mathbb{C}$에 의한 곱셈일 때 힐베르트 공간 $L^2(S^1)$ 위의 정확한 표현 A_α를 제공한다.

4 프레드홀름 작용소

힐베르트 공간 사이의 **프레드홀름 작용소**(Fredholme operator)는 핵(kernel)과 여핵(cokernel)이 유한차원인 유계 작용소 T를 의미한다. 이 뜻은 v가 유한개의 선형조건을 만족할 때 비동차방정식 $Tu = v$가 해를 가진다면, 동차방정식 $Tu = 0$은 오직 유한개의 선형독립인 해를 가진다는 것이다. 프레드홀름의 적분 작용소에 대한 본래 연구의 용어를 사용하자. 그는 K가 적분 작용소이면 $I + K$가 프레드홀름 작용소임을 보였다.

프레드홀름이 고려했던 작용소는 핵과 여핵의 차원이 같아야 하지만 일반적으로 꼭 그럴 필요는 없다. 무한 '행 벡터' $(a_1, a_2, a_3, \cdots)$을 $(0, a_1, a_2, \cdots)$로 보내는 **일방향 밀기 작용소**(unilateral shift operator) S가 그 예이다. 방정식 $Su = 0$은 오직 0만을 해로 갖지만, 방정식 $Su = v$는 벡터 v의 첫 좌표가 0일 때만 해를 갖는다.

프레드홀름 작용소의 **지표**(index)는 아래의 차이를 나타내는 정숫값이다.

$$\text{index}(T) = \dim(\ker(T)) - \dim(\text{coker}(T)).$$

예를 들어, 일방향 밀기 작용소는 지표가 -1인 프레드홀름 작용소인 반면 모든 가역 작용소는 지표가 0인 프레드홀름 작용소이다.

4.1 앳킨슨 정리

두 선형방정식의 연립방정식을 고려해 보자.

$$\begin{cases} 2.1x + y = 0 \\ 4x + 2y = 0 \end{cases}, \quad \begin{cases} 2x + y = 0 \\ 4x + 2y = 0 \end{cases}.$$

두 방정식의 계수들이 매우 비슷함에도 불구하고, 핵들의 차원에는 큰 차이가 있다. 왼쪽 연립방정식은 오직 0만 근으로 갖는 반면 오른쪽은 자명하지 않은 해 $(t, -2t)$를 갖는다. 그래서 핵의 차원은 연립방정식의 안정적이지 않은 불변량이다. 여핵에 대해서도 마찬가지이다. 대조적으로 지표는 안정적이지 않은 두 양의 차이로 정의할 수 있음에도 불구하고 안정적이다.

프레데릭 앳킨슨(Frederick Atkinson)의 중요한 정리는 이러한 안정성 성질의 정확한 표현을 제공한다. 앳킨슨의 정리는 작용소 T가 프레드홀름 작용소라는 것과 그것이 가역 법(modulo) 콤팩트 작용소라는 사실이 동치임을 보인다. 이 말은 작용소가 프레드홀름 작용소에 충분히 가까우면 같은 지표를 갖는 프레드홀름 작용소가 된다는 말이고, 만약 T가 프레드홀름 작용소이고 K가 콤팩트 작용소이면 $T + K$도 T와 같은 지표를 갖는 프레드홀름 작용소가 된다는 것이다. 적분 작용소가 콤팩트 작용소임을 알고 있기에, 이것이 특별한 경우의 프레드홀름의 원래 정리라는 것을 기억해 두자.

4.2 토플리츠 지표 정리

위상수학[I.3 §6.4]은 계가 (연속적으로) 섭동되어도 여전히 같은 계로 남는 수학적 계의 성질을 다룬다. 앳킨슨 정리로부터 프레드홀름 지표가 위상수학적 양이라는 것을 알 수 있다. 많은 맥락에서 프레드홀름 지표를 그것과는 꽤 다른 위상수학적 양으로 공식화하는 것이 가능하다. 이런 공식은 해석학과 위상수학의 깊은 관계를 말해주고 종종 강력한 응용들을 갖는다.

가장 간단한 예는 **토플리츠 작용소**(Toeplitz operator)와 관련이 있다. 토플리츠 작용소는 아래와 같은 특별한 형태의 행렬을 갖는다.

$$T = \begin{pmatrix} b_0 & b_1 & b_2 & b_3 & \cdots \\ b_{-1} & b_0 & b_1 & b_2 & \cdots \\ b_{-2} & b_{-1} & b_0 & b_1 & \cdots \\ b_{-3} & b_{-2} & b_{-1} & b_0 & \cdots \\ \vdots & \vdots & \vdots & \vdots & \ddots \end{pmatrix}.$$

달리 말하면, 대각에 있는 각각의 값이 모두 같다는 것이다. 각 항들의 수열 $\{b_n\}_{n=-\infty}^{\infty}$은 복소평면 위의 단위원에서 토플리츠 작용소의 **기호**(symbol)라고 불리는 함수 $f(z) = \sum_{n=-\infty}^{\infty} b_n z^{-n}$을 정의한다. 기호가 0이 아닌 연속함수인 토플리츠 작용소는 프레드홀름 작용소이다. 그것의 지표는 무엇일까?

그 대답은 기호를 단위원에서 0이 아닌 복소수로 보내는 사상으로 보는 것으로부터 얻을 수 있다. 다시 말해 0이 아닌 복소평면에서의 닫힌 경로로 보는 것이다. 그러한 경로의 근본적인 위상학적 불변 성질은 그것의 **회전수**(winding number), 즉 원점 주변에서 반시계 방향으로 '도는' 횟수이다. 0이 아닌 기호 f의 토플리츠 작용소의 지표는 f의 회전수의 음숫값이다. 예를 들어, f가 함수 $f(z) = z$ (회전수가 +

1)이면, 관련된 토플리츠 작용소는 일찍이 보았던 단독 밀기 연산자(지표가 −1)이다. 토플리츠 지표 정리는 기하학에서 나타난 다양한 프레드홀름 작용소들의 지표들을 표현한 위상학적 공식을 제공하는 매우 특별한 종류의 **아티야-싱어 지표 정리**[V.2]이다.

4.3 본질적으로 정규인 작용소

앳킨슨 정리는 작용소의 콤팩트 섭동이 어떤 의미로 매우 '작다'는 것을 말해준다. 이를 통해 콤팩트 섭동에 의해 유지되는 작용소의 성질에 대해 살펴볼 수 있다. 예를 들어, 작용소 T의 본질적인 **스펙트럼**(essential spectrum)은 $T - \lambda I$가 프레드홀름(즉, 가역 법 콤팩트 작용소)이 아니게 하는 복소수 λ의 집합이다. 두 작용소 T_1과 T_2는 만약 UT_1U^*와 T_2가 콤팩트 작용소만큼 차이가 나게 하는 유니터리 작용소 U가 존재할 때 **본질적으로 동치**(essentially equivalent)라고 말한다. 바일[VI.80]에 의해 증명된 아름다운 정리는 두 자기수반 작용소나 정규 작용소들이 본질적으로 동치라는 것이 그 둘이 같은 본질적인 스펙트럼을 갖는다는 것의 필요충분조건임을 말해준다.

이 정리를 정규 작용소로만 제한하는 것은 적절치 않다. 콤팩트 섭동에 의해 유지되는 성질에 대해서 다루고 있으니, **본질적으로 정규인**(essentially normal) 작용소($T^*T - TT^*$가 콤팩트인 작용소 T)에 대해 다루는 것이 더 적절하지 않을까? 이런 소심해 보이는 변화는 기대하지 않았던 결과를 이끌어낸다. 일방향 밀기 작용소 S는 본질적으로 정규인 작용소의 예이다. 그러나 S와 S^*는 S가 지표 1을 갖고 S^*가 지표 -1을 갖기 때문에 본질적으로 동차일 수 없다. 그래서 본질적인 스펙트럼이 아닌 어떤 새로운 재료가 본질적으로 정규인 작용소를 구분하기 위해 필요하다. 사실 앳킨슨 정리에 의해 만약 본질적으로 정규인 작용소 T_1과 T_2가 본질적으로 동치이면, 그들은 같은 본질적인 스펙트럼을 가질 뿐 아니라 본질적인 스펙트럼에 있지 않은 모든 λ에 대해 $T_1 - \lambda I$의 프레드홀름 지표와 $T_2 - \lambda I$의 지표가 같다. 이 명제의 역은 1970년대에 래리 브라운(Larry Brown), 론 더글라스(Ron Douglas), 피터 필모어(Peter Fillmore)가 C^*-대수와 위상수학의 관계를 새로운 시대로 이끈 완전히 새로운 기법을 사용해 증명했다.

4.4 K-이론

브라운-더글라스-필모어의 결과에서 주목할 만한 점은 K-이론으로 불리는 대수적 위상수학[IV.6]에서 파생된 도구에서 출현했다. 기억해야 할 것은 겔판트-나이마크 정리에 따르면 (적당한) 위상공간의 연구와 가환 C^*-대수의 연구는 결국 같은 것이라는 점이다. 모든 위상수학의 기법은 겔판트-나이마크 동형사상에 의해 가환 C^*-대수로 변형될 수 있다. 이러한 점을 통해, 모든 C^*-대수의 정보를 제공하기 위해 어떠한 기법이 가환인지 아닌지에 관계없이 확장가능한지 자연스럽게 질문할 수 있다. 처음이자 최상의 예가 K-이론이다.

K-이론의 가장 기초적인 형태는 각 C^*-대수 A와 아벨 군 $K(A)$를 연결하고, C^*-대수의 준동형사상과 그것에 해당하는 아벨 군들의 준동형사상을 연결한다. $K(A)$를 위한 재료로서 A와 관련된 일반화된 프레드홀름 작용소를 들 수 있다. 일반화라는 것은 이러한 작용소들이 복소 스칼라가 C^*-대수의 원소로 치환된 '힐베르트 공간'에서 작용한다는 것이다. 군 $K(A)$는 그러한 모든 일반화된 프레드홀름 작용소 공간에서 연결된 원소들의 모임으로 정의된다. 그러므로 예를 들어 만약 $A = \mathbb{C}$라면(그래서 고전적인 프레드홀름 작용소를 다루게 된다) $K(A) = \mathbb{Z}$이다. 이는 두 프레드홀름 작용소들이 프레드홀름 작용소의 경로로 연결돼 있다는 것과 그들이 같은 지수를 갖는다는 것이 동치라는 사실로부터 얻어진다.

K-이론의 대단한 강점 중 하나는 서로 다른 다양한 재료들로 K-이론 유형들을 만들 수 있다는 것이다. 예를 들어, 모든 사영 $p \in A$는 p의 치역의 '차원'으로 고려될 $K(A)$ 안의 유형을 정의한다. 이는 K-이론을 인자들의 분류로 연결시켜 주고(§2.2), 무리 회전 대수들과 같은 다양한 C^*-대수의 모임을 구분하는 데 중요한 도구가 되었다. (처음에 무리 회전 대수들은 어떠한 자명하지 않은 사영들도 포함하지 않을 것이라고 생각되었다. 마크 리펠(Marc Rieffel)에 의해 만들어진 그러한 사영들은 C^*-대수 K-이론 발전의 중요한 단계였다.) 또 다른 아름다운 예는 CAR 대수와 같은 국소 유한차원 C^*-대수에 대한 조지 엘리엇(George Elliott)의 분류 정리이다. 국소 유한차원 C^*-대수는 K-이론적 불변량에 의해 완전히 결정된다.

비가환 C^*-대수, 특히 군 C^*-대수의 K-이론 군을 계산하는 문제가 위상수학과 중요한 관계가 있음이 밝혀졌다. 사실, 위상수학의 주요 발전은 이러한 방법을 통해 C^*-대수 이론으로부터 나왔고,

이를 통해 작용소 대수학자들은 K-이론을 연구하는 위상수학자들에게서 빌렸던 빚을 갚았다. 이 분야의 주요 문제는 군 C^*-대수의 K-이론을 대수위상에서의 불변량으로 설명하는 **바움-콘**(Baum-Connes) 추측이다. 이 추측의 대부분의 발전은 브라운, 더글라스, 필모어의 결과를 하나의 본질적으로 정규 작용소뿐만 아니라 C^*-대수 작용소들의 비가환 체계까지 극적으로 넓힌 게나디 카스파로프(Gennadi Kasparov)의 연구 결과이다. 현재 카스파로프의 연구는 작용소 대수 이론의 핵심으로 자리매김했다.

5 비가환기하학

데카르트[VI.11]의 좌표 발명에 따라 기하를 직접적으로 공간의 점과 그것들의 연관성을 생각하는 것이 아니라 좌표 함수를 사용하여 연구할 수 있게 되었다. 이 좌표 함수들은 x, y, z이다. 겔판트-나이마크 정리는 '점 그림' 공간 X가 아닌 '장 그림' 함수의 대수 $C(X)$를 생각하게 하는 아이디어의 표현으로 생각할 수 있다. K-이론이 어떠한 '점'($\mathbb{C}$로의 준동형사상)도 갖지 않는 비가환 C^*-대수 작용소 대수에 적용 가능하기 때문에, K-이론의 성공은 장 그림이 점 그림보다 더 **강력**하다는 생각을 일깨워 주었다.

작용소 대수 이론의 가장 흥미로운 연구 개발 중 하나는 이러한 생각을 발전시키는 데에 이르렀다. 콘의 비가환기하학(noncommutative geometry) 프로그램은 일반적인 C^*-대수가 '비가환 공간'의 함수들의 대수로 고려되어야 한다고 말하고 있고, 기하

와 위상의 많은 아이디어들의 '비가환' 형태를 개발하고 가환에 해당하지 않는 완전히 새로운 구성도 개발해야 한다고 말하고 있다. 비가환기하학은 점이 아닌 작용소와 함수와만 관계된 원래의 기하학에서 나온 아이디어의 창의적인 재구성과 함께 시작한다.

예를 들어, 원 S^1을 생각해 보자. 대수 $C(S^1)$은 S^1이 갖고 있는 모든 위상수학적 성질들을 반영한다. 하지만 거리와 관련된 그것의 **계량**(metric) 성질을 포함하기 위해서는 단지 $C(S^1)$로만 보지 않고, 힐베르트 공간 $H = L^2(S^1)$ 위의 대수 $C(S^1)$과 작용소 $D = \mathrm{id}/d\theta$로 구성된 짝으로 봐야 한다. 기억해야 할 것은 f가 원 위의 함수(H 위의 곱셈 작용소로 간주되는 함수)이면, 교환자 $Df - fD$ 또한 곱셈 작용소이고, 이는 $\mathrm{id}f/d\theta$를 곱한다. 원 위 점들 간의 통상적인 각도 거리의 측정은 $C(S^1)$과 D에서

$$d(p, q) = \max\{|f(p) - f(q)| : \|Df - fD\| \leq 1\}$$

로 대체된다. 콘은 이와 같거나 더 복잡한 많은 상황에서 $|D|^{-1}$는 '호 길이의 단위 ds'로 사용된다고 주장한다.[*]

콘이 고려한 예들의 또 다른 특징은 비가환기하학의 중요성의 한가운데 있는 것으로, k가 충분히 클 때 작용소 $|D|^{-k}$이 대각합류 작용소(§1.5 참조)라는 것이다. 원의 경우, k는 1보다 커야 한다. 대각합들을 이용한 계산은 비가환기하를 **코호몰로지 이론**[IV.6 §4]에 연결한다. 이제 두 종류의 '비가

---

[*] 작용소 D는 상수함수에서 0값을 가지기 때문에 가역이 아니다. 그래서 역 작용소를 생각하기 전에 약간의 수정이 반드시 필요하다. $|D|$는 정의에 의해 D^2의 양의 제곱근이다.

환 대수위상', 즉 K-이론과 순환 코호몰로지(cyclic cohomology)라 불리는 호몰로지의 새로운 형태를 갖게 되었다. 둘 사이의 관계는 매우 일반적인 지표 정리에 의해 제공된다.

고전적인 기하적 정보를 통해 (콘의 방법이 적용되는) 비가환 C^*-대수를 만들기까지 몇 가지 과정이 있다. 무리 회전 대수 A_θ가 그 예이다. 그들이 적용하는 고전적인 상황은 θ의 곱을 통해 주어진 회전의 군으로 만들어진 원의 **몫공간[I.3 §3.3]**이다. 기하와 위상의 고전적인 방법은 이러한 몫공간을 다룰 수 없지만, A_θ의 비가환 접근법은 그에 비해 더욱 높은 성공률을 가진다.

물리의 기본법칙들이 비가환기하학의 관점에서 비롯된다는 사실은 추측에 근거한, 흥분되는 가능성을 담고 있다. 비가환 C^*-대수의 맥락은 양자역학의 맥락에 해당한다. 그러나 콘은 비가환 C^*-대수가 심지어 양자물리로 전환되기 이전의 물리적 세계를 묘사하는 역할을 한다고 주장한다.

더 읽을거리

Connes, A. 1995. *Noncommutative Geometry*. Boston, MA: Academic Press.

Davidson, K. 1996. *C*-Algebras by Example*. Providence, RI: American Mathematical Society.

Fillmore, P. 1996. *A User's Guide to Operator Algebras*. Canadian Mathematical Society Series of Monographs and Advanced Texts. New York: John Wiley.

Halmos, P. R. 1963. What does the spectral theorem say? *American Mathematical Monthly* 70: 241-47.

IV.16 거울대칭

에릭 자슬로우 *Eric Zaslow*

1 거울대칭은 어떤 이론인가?

거울대칭은 이론 물리학에서 발견된 현상으로서 수학적으로 깊은 응용을 가진 이론이다. 거울대칭은 칸델라스(Candelas), 데 라 오사(de la Ossa), 그린(Green), 팍스(Parkes)가 물리학의 현상을 이용하여 어떤 기하적인 공간을 기술하는 수열들을 정확히 예측하면서 수학에 등장했다. 이 수열은 2875, 609250, 317206375, …와 같이 시작하는데 당시로서는 계산할 수 없는 것이었다. 거울대칭은 어떤 물리 이론이 그것과 같은 예상을 주는 동치인 '거울' 이론을 갖는 현상이다. 즉, 어떤 예상이 한 이론으로는 계산하기 어렵더라도 거울이론에선 쉽게 계산할 수 있다면, 그 답을 쉽게 얻을 수 있다는 말이다. 이러한 물리학 이론은 현실적인 물리학 모형일 필요가 없다. 예를 들어 기초 물리학에서는 실제 현실과는 다른 평평한 평면에서 입자의 움직임을 연구하기도 한다. 비록 실제와는 일치하지 않으나 그러한 기초적 모형을 통해 물리적 개념을 얻을 수 있고, 그 분석으로 매우 흥미로운 수학 이론을 전개할 수 있다.

1.1 동치관계 이용하기

1950년대의 어린 학생들은 로그표를 활용하여 양수의 곱하기와 실수의 더하기가 동치관계라는 사실을 이용한 계산을 했다. 즉, 매우 큰 두 수 a, b를 곱하기 위해 먼저 로그표를 이용하여 $\log(a)$와 $\log(b)$의 근삿값을 구한 후, 이 둘을 더하고 다시 로그표를 이용하여 그 값을 로그값으로 갖는 수를 찾아 그 결과가 ab임을 확인했다.

대학생들은 종종 푸리에 변환[III.27]으로 정의된 동치관계를 이용해 미분방정식을 풀기도 한다. 기본적으로 푸리에 변환은 어떤 함수 $f(x)$를 새로운 함수 $\hat{f}(p)$에 대응시키는 한 방법이다. 이 변환의 좋은 점은 도함수가 매우 간단한 형태로 변환된다는 것이다. 즉 도함수 $f'(x)$는 $\mathrm{i}p\hat{f}(p)$로 변환된다. 이때 i는 허수 $\sqrt{-1}$이다. 만약 $f'(x) + 2f(x) = h(x)$와 같은 미분방정식을 풀어 f를 구하고자 한다면 이 방정식을 푸리에 변환하여 $\mathrm{i}p\hat{f}(p) + 2\hat{f}(p) = \hat{h}(p)$와 같이 쓰면, 이는 미분방정식이 아닌 대수방정식으로 훨씬 더 쉽게 풀 수 있다. 즉, $\hat{f}(p) = \hat{h}(p)/(2 + \mathrm{i}p)$이므로 이를 푸리에 변환으로 갖는 함수 f를 찾으면 원하는 답을 얻을 수 있다.

거울대칭은 세련된 푸리에 변환이라 할 수 있고, 함수 하나보다 훨씬 많은 양의 정보를 변환하며, 물리 이론의 모든 면을 다룬다고 말할 수 있다.

이 장에서는 궁극적으로 거울대칭의 수학적인 측면에 집중하겠지만, 물리학적 기원을 이해하는 것 또한 매우 중요하기에 먼저 물리학에 대한 개괄적인 설명으로 시작한다. (수리물리에 더 관심 있는 독자는 꼭짓점 작용소 대수[IV.17 §2]를 참조하라.) 물론 이 글에서 다루는 물리학은 매우 불충분한 것이지만(제대로 다루기 위해서는 따로 책 한 권이 필요할 것이다), 독자들에게 앞으로 나올 내용에 대한 충분한 맛보기가 되었으면 하는 바람이다. (물리학에 정통한 독자들은 다음 절을 건너뛰고 필요한 부분만 참조해도 된다.)

2 물리학 이론

2.1 역학과 최소작용원리의 개발

2.1.1 뉴턴 물리학

뉴턴의 제2법칙이 말해주는 바는 움직이는 물체의 가속도는 힘에 비례한다는 것이다.[*] 즉 $F = m\ddot{x}$이다. 힘은 중력 퍼텐셜 $V(x)$의 음의 그래디언트로 주어진다. 따라서 위 방정식은 $m\ddot{x} + \nabla V(x) = 0$으로 쓸 수 있다. 정상상태(stationary)의 입자는 퍼텐셜의 최소점에 위치하게 된다. 그 예로 스프링의 끝에 균형에 위치한 공이나 그릇의 밑바닥에 있는 공을 생각해 볼 수 있다. 안정적인 상황에서는 변위에 비례하는 복원력(restoring force)이 존재한다. 즉 어떤 적절한 좌표축에서 $F \sim -x$임을 뜻한다. 따라서 어떤 상수 k에 대하여 $V(x) = kx^2/2$이다. 이때 방정식의 해는 각진동수 $\omega = \sqrt{k/m}$을 갖는 진동함수이다. 이러한 모형을 단순조화진동자(simple harmonic oscillator) 모형이라 부른다.

2.1.2 최소작용원리

물리학의 모든 주요이론들은 **최소작용원리(least action principle)**라 불리는 아이디어로 설명할 수 있다. 뉴턴 역학을 예로 들면 먼저 어떤 입자의 궤적 $x(t)$를 생각하고 다음 함수를 생각해 보자.

$$S(x) = \int [\tfrac{1}{2}m\dot{x}^2 - V(x)]\,\mathrm{d}t.$$

이때, x는 실제로는 벡터일 수 있으나 편의상 한 문자로 표기한다. 만약 x가 시공간의 한 점으로 사용

---

[*] 가속도는 위치함수의 시간에 대한 2계 도함수이다. 위치는 x로 표기하는데 실제로는 3차원 공간에서의 벡터이다. 시간에 대한 미분은 변수 위에 점을 찍어 표시한다. 즉, 가속도는 $\ddot{x}$이다.

되었고 시간좌표를 따로 표기하지 않았다면 x에 시간좌표도 포함된 것으로 생각한다. 다른 벡터들에도 혼동이 없는 범위에서 같은 방법으로 생략하여 표기하기로 한다. 위의 $S(x)$는 **작용(action)**이라 불리는데, 운동에너지에서 퍼텐셜 에너지를 뺀 것과 같다. 이제 작용이 최소가 되는 입자의 궤적을 찾는다. 즉, 어떤 경로 $x(t)$에 대하여 $x(t)$를 아주 작은 양($\delta x(t)$)만큼 변화시켰을 때 작용이 1차 크기로 변하지 않는 경로 $x(t)$를 찾는 것이다. (따라서 우리는 실제로 작용이 최소가 되는 경로를 찾는 것이 아니라 1차 크기로 변하지 않는 경로를 찾는 것이다. 예를 들어 안정점(saddle-point)과 같은 경우도 해에 포함된다.) 답은 정확히 방정식 $m\ddot{x} + \nabla V(x) = 0$을 만족하는 경로이다.[*]

예를 들어 2차원 단순조화진동을 생각해 보면 x를 복소수로 생각하여 $V(x) = k|x|^2$으로 놓는다. 그러면 작용은 $\int \frac{1}{2}[m|\dot{x}|^2 - k|x|^2]$이다. 주목할 점은 회전 $x \to e^{i\theta}x$에 대하여 작용이 변하지 않으므로 운동방정식은 회전에 대하여 대칭이다.

교훈. 물리법칙은 작용을 최소화한다.

최소작용원리는 앞으로 보게 될 다른 많은 물리현상에도 적용된다. 하지만 먼저 역학의 또 다른 형식화를 살펴보자.

---

[*] 이를 확인하기 위하여 S의 식에 x에 $x + \delta x$를 대입하고 δx와 $\dot{\delta x}$에 관한 1차항들만 택한다. V에 대한 1차항은 $(\nabla V)\delta x$이다. 부분적분을 이용하여 $\dot{\delta x}$를 없애고 δx로 묶고 난 후 δx에 곱해진 식을 0으로 놓으면 위 방정식을 얻는다. 연습 삼아 이 문제를 직접 풀어보기 바란다.

2.1.3 역학의 해밀턴 형식화

해밀턴[VI.37]이 형식화한 운동방정식은 살펴볼 만한 가치가 있다. 이를 통하여 1차의 운동방정식을 얻게 될 것이다. S를 작용이라 하고 L을 $S = \int L\,dt$로 정의한다. 일반적으로 L은 x의 함수이며 앞서와 같이 x의 시간에 대한 미분을 $\dot{x}$으로 표기하기로 한다. 이제 $p = dL/d\dot{x}$으로 놓으면 x와 $\dot{x}$의 함수가 된다. (앞서 살펴본 예에서는 $L = \frac{1}{2}m\dot{x}^2 - V(x)$이며 $p = m\dot{x}$ 또는 $\dot{x} = p/m$이다.) 이제 해밀토니안[III.35]이라 불리는 함수 $H = p\dot{x} - L$을 생각하고 $(x, \dot{x})$을 (x, p)로 변수변환하여 $\dot{x}$을 소거한다. 앞선 예에서 H는 총 에너지

$$\frac{p^2}{m} - \left(\frac{p^2}{2m} - V(x)\right) = \frac{p^2}{2m} + V(x)$$

로 주어진다. 단순조화진동의 경우 $H = p^2/2m + kx^2/2$이다.

방정식 $\dot{x} = \partial H/\partial p$와 $\dot{p} = -\partial H/\partial x$가 바로 해밀턴 형식화의 운동방정식으로, 최소작용원리로부터 얻은 운동방정식과 동치임을 보일 수 있다. 앞선 예에서는 $\dot{x} = p/m$과 $\dot{p} = -\nabla V$로 쓸 수 있는데, 첫 번째 식에서 $p = m\dot{x}$으로 쓰고 두 번째 식에서 방정식 $m\ddot{x} + \nabla V(x) = 0$을 얻는다. 일반적으로 어떤 함수 $f(x, p)$의 미분을 생각하여 해밀턴 운동방정식과 미분의 연쇄법칙을 이용하면

$$\dot{f} = \frac{\partial f}{\partial x}\frac{\partial H}{\partial p} - \frac{\partial f}{\partial p}\frac{\partial H}{\partial x} = \{H, f\}$$

를 얻는다. 이 식을 H와 f의 **푸아송 괄호(Poisson bracket)**라고 부르고 $\{H, f\}$라고 표기한다.

교훈. 함수의 시간 의존성은 해밀토니안과의 푸아

송 괄호로 나타난다.

정의에 의하여 x와 p의 괄호를 생각하면

$$\{x, p\} = -1 \tag{1}$$

을 얻는다. 역으로 해밀턴의 관점으로부터 논의를 시작할 수도 있다. 함수들의 공간에 $\{x, p\} = -1$을 만족하는 괄호가 정의된 공간을 생각한다(그런 공간이 유일한 것은 아니다). 역학모형은 동역학을 결정하는 해밀턴함수 $H(x, p)$로 정의된다.

2.1.4 대칭성

대칭성에 대한 간략한 설명으로 시작해 보자. 뇌터[VI.76]는 작용에 의하여 기술된 역학에서 작용의 대칭성에 의하여 어떤 보존량을 얻는다는 것을 증명했다. 대표적인 예로 평행이동이나 회전이동에 대한 대칭성을 들 수 있다. 입자의 퍼텐셜은 평행이동과 회전이동에 불변이고 이로부터 얻는 보존량은 운동량 또는 각운동량이다. 앞선 예에서 살펴보면 $V(x) = k|x|^2/2$는 x의 각 θ에 독립적이며 θ의 변화에 대한 운동방정식은 $\mathrm{d}(m|x|^2\dot\theta)/\mathrm{d}t = 0$으로 주어진다. 따라서 이때의 각운동량은 $m|x|^2\dot\theta$으로 보존된다. 해밀턴 형식화에서는 보존량 $f(x, p)$가 시간에 따라 바뀌지 않으므로 해밀토니안과 푸아송 괄호가 0이어야 한다. 즉 $\{H, f\} = 0$이다. 특히 해밀토니안 자신도 보존된다.[*]

2.1.5 다른 이론에서의 작용함수

최소작용원리로 다시 돌아가 서로 다른 물리 이론들이 서로 다른 작용함수들에 의해 주어지는 현상들을 살펴보자. 전자기학에서 **맥스웰 방정식**[IV.13 § 1.1]에 대한 작용함수 S는 전기장(E)과 자기장(B)을 시공간에서 적분한 것으로 주어지며 이때 맥스웰 방정식은 $\delta S = 0$이다. 전자기원이 없는 경우 작용은

$$S = \frac{1}{8\pi e^2} \int [E^2 - B^2]\,\mathrm{d}x\,\mathrm{d}t \tag{2}$$

로 주어지며 이때 e는 전자의 전하량이다. 앞서 살펴본 예와의 중요한 차이점은 고려할 작용의 변화가 기본 장에 대한 것이어야 한다는 점이다. 그러나 E와 B는 기본장이 아닌데, 이는 E와 B가 전자기 퍼텐셜 $A = (\phi, A)$로부터 방정식 $E = \nabla\phi - \dot A$, $B = \nabla \times A$에 의해 주어지기 때문이다. 따라서 S를 A에 대한 식으로 다시 쓴 후 A를 δA로 변화시켜 $\delta S = 0$을 구하면, 최소작용원리로부터 맥스웰 방정식을 얻을 수 있다.[**]

전자기 작용은 E를 B로, B를 $-E$로 바꾸어도 변하지 않으므로 맥스웰 방정식 역시 이 변환에 의해 보존된다. 이는 고전 물리학의 동치관계 중 한 예이다.[***] 이 대칭성은 전자와 같이 전자기원이 있는 경우에도 나타난다. 물론 이때 전기원과 자기원을 바꿔 생각해야 한다. (실제 현실에선 자기원이 관측된 바가 없으나 이론상에서는 여전히 유효하다.)

---

[*] 즉 $\{H, H\} = 0$이라는 뜻이다-옮긴이

[**] 독자들이 직접 구해 보기 바란다. [IV.13 §1.1]의 맥스웰 방정식에서 $c = 1$로 놓은 결과를 얻는다-옮긴이

[***] 즉, 전기장과 자기장을 바꾸어 생각해도 이론은 같다-옮긴이

교훈. 물리 이론의 동치관계는 장(field)과 원천(source)에 작용한다.

전기와 자기는 '장론(field theory)'이다. 다시 말해 공간에 정의된 함수에 의하여 자유도가 주어진다.[*] 이에 비해 뉴턴 역학에서는 입자의 공간 좌표만이 공간적 자유도가 된다. 그러나 둘 사이에 개념적인 차이는 그리 크지 않은데 다음의 예에서 이를 살펴보기로 하자.

가장 단순한 예인 스칼라장 ϕ를 생각해 보자. 즉, ϕ는 벡터가 아닌 스칼라값을 갖는 함수이다. 이제 공간을 3차원이 아닌 1차원이라 생각해 보자. 즉, 공간이 원으로 주어지며, 각 점의 좌표는 원 위에서의 각도 θ에 의해 정해진다. 시간을 고정하고 ϕ의 θ에 대한 **푸리에 급수**[III.27]를 생각하면

$$\phi(\theta) = \sum_n c_n \exp(in\theta)$$

로 쓸 수 있으며, 이때 c_n을 푸리에 계수라 부른다. 만약 ϕ값이 실수라면 $c_{-n} = c_n^*$를 만족하게 된다. 이제 $\phi(\theta)$를 무한차원 벡터 $(c_0, c_1, \cdots)$로 생각할 수 있다. ϕ의 공간차원은 이 벡터에 의하여 완전히 결정된다. 시간에 따라 바뀌는 것도 고려하고자 한다면, $(c_0(t), c_1(t), \cdots)$와 같이 시간에 따라 바뀌는 벡터를 생각하면 되는데, 이는 양자역학적 입자 c_n의 무한 집합과 매우 비슷해 보인다. 그러므로 함수 ϕ는 푸리에 급수 $\phi(\theta, t) = \sum_n c_n(t) \exp(in\theta)$를 갖는다.

스칼라 장에 대하여 파동함수와 같은 해를 주는 가장 단순한 작용함수는 식 (2)와 유사하다.

$$S = \int \frac{1}{2\pi} [(\dot{\phi})^2 - (\phi')^2] d\theta \, dt. \qquad (3)$$

이때 $\phi' = \partial\phi/\partial\theta$이다. 푸리에 급수를 작용함수에 대입하여 θ에 대한 적분을 계산한 후에는

$$S = \int \sum_n \left[|\dot{c}_n|^2 - n^2 |c_n|^2 \right] dt \qquad (4)$$

를 얻는다. 주목할 점은 괄호 안의 항들은 c_n을 한 입자로 보면 §2.1.2에서 논의한 입자의 2차 퍼텐셜에 대한 작용과 같다는 것이다. 퍼텐셜 에너지가 없는 자유입자 c_0을 제외하면 무한히 많은 조화진동자들이 존재한다.

교훈. 장론은 입자가 무한히 많은 입자에 대한 입자 이론과 같다. 이때 입자는 장의 자유도에 대응한다. 작용이 미분의 2차식인 경우 입자는 단순조화진동자로 해석될 수 있다.

이와 같은 방식의 장론에는 심지어 **일반 상대성이론**[IV.13]도 추가될 수 있다. 시공간 M에 대한 장은 시공간에서 정의된 **리만 측도**[I.3 §6.10]이다. 예를 들어 시공간의 늘어남은 측도의 눈금을 바꾸는 것에 대응된다. 작용은 리만 곡률 $\mathcal{R}$을 시공간에 대해 적분한 것, 즉 $S = \int_M \mathcal{R}$로 주어진다.[**]

2.2 양자이론

거울대칭은 양자이론들 사이의 동치관계이다. 따라

---

[*] 장이란 시공간의 각 점마다 어떤 물리량을 할당해 놓은 것이다-옮긴이

[**] 3차원 공간에서 포물면 $z = \frac{1}{2}ax^2 + \frac{1}{2}by^2$은 원점에서 곡률 ab를 갖는다.

서 거울대칭을 이해하기 위해선 먼저 양자이론이 무엇인지 이해해야 한다. 양자 역학에는 두 가지 형식화가 있다. 작용소 형식화와 파인만의 경로적분 형식화가 그것이다.

두 방법 모두 확률적이다. 매 실험마다 어떤 결과를 얻을지를 정확히 예측할 순 없지만, 같은 실험을 여러 번 반복했을 때 얻을 수 있는 결과는 예측할 수 있다는 것이다. 예를 들어 전자선을 스크린에 쏘아 만들어지는 흔적을 관측하는 실험을 생각해 보자. 각 전자선에는 수백만 개의 전자가 있을 것이고, 이를 통해 스크린에 새겨질 무늬를 정확히 예측할 수 있다. 하지만 전자 한 개를 쏘았을 때 어떤 결과가 나올지는 알 수 없다. 다만 여러 결과물에 대한 확률만을 구할 수 있을 뿐이다. 이러한 확률들은 소위 입자의 '파동함수' Ψ로 나타난다.

2.2.1 해밀턴 형식화

양자역학의 작용소 형식화에서는 고전 역학의 위치와 운동량 또는 그로부터 얻어진 어떤 물리량도 힐베르트 공간[III.37]에 작용하는 **작용소**[III.50]로 변환된다. 이때 작용소는 **푸아송 괄호** $\{\cdot, \cdot\}$가 $1/\hbar[\cdot, \cdot]$로 대체돼야 한다는 조건을 만족해야 한다. 이때, $[A, B] = AB - BA$는 교환자 괄호(commutator bracket)이며 $\hbar$는 플랑크 상수(Planck's constant)이다. 예를 들어 식 (1)로부터 관계식 $[x, p] = i\hbar$를 얻는다. 입자(또는 계)의 상태(state)는 x와 p와 같은 변수로 정의되는 것이 아니라 힐베르트 공간에서의 벡터 Ψ로 정의된다. 다시 말해 시간에 대한 변화는 해밀토니안 H로 결정되지만 이제 H는 하나의 작용소이다. 기초 동역학 방정식은

$$H\Psi = i\hbar \frac{\mathrm{d}}{\mathrm{d}t} \Psi \qquad (5)$$

이며 이를 슈뢰딩거 방정식(Schrödinger equation)이라 부른다.

교훈. 고전역학을 양자화하기 위해서는 보통의 자유도를 벡터공간의 작용소로 바꾸며, 푸아송 괄호를 교환자 괄호로 바꾼다.

실직선 $\mathbb{R}$에 입자가 있는 경우를 생각해 보자. 이때, 힐베르트 공간은 제곱적분가능한(square-integrable) 함수의 공간 $L^2(\mathbb{R})$과 같다. 따라서 이 공간의 원소인 함수 Ψ는 $\Psi(x)$로 쓸 수 있다. 이때 x를 $\Psi(x)$를 $x\Psi(x)$로 보내는 작용소로 생각하면 교환 관계가 성립한다. 이제 관계식 $[x, p] = i\hbar$를 만족시키기 위해서는 p를 작용소 $-i\hbar(\mathrm{d}/\mathrm{d}x)$로 대체해야 한다. 한 작용소에 대한 고전 물리량들은 그 작용소의 **고윳값**[I.3. §4.3]으로 나타난다. 예를 들어 운동량 p를 갖는 상태는 $\Psi \sim \exp(ipx/\hbar)$의 꼴이 된다. 불행히도 이 함수는 실직선에서 제곱적분가능이 아니다. 적분이 가능하도록 하기 위해서는 어떤 $R > 0$에 대하여 x와 $x + 2\pi R$을 서로 동일화하면 된다. 위상수학적으로 보면 이는 실직선 $\mathbb{R}$을 원으로 **콤팩트화**[III.9]한 것인데, 주의할 점은 Ψ가 같은 값을 주기 위해서 어떤 정수 n에 대하여 $p = n\hbar/R$을 만족해야 한다는 것이다. 즉, 운동량이 $\hbar/R$을 단위로 하여 '양자화'되는 것이다.* 이에 따라 (4) 식의 c_n에서 n을

---

* 앞으로 자주 $\hbar = 1$이 되도록 단위를 고를 것이다. 예를 들어 가상적인 시간단위 '양자초(sqecond)'를 $\hbar$, 양자초 = 1초가 되도록 정의하여 사용할 수 있다.

운동량으로 이해할 수 있다.[*]

위의 예에서는 실직선 $\mathbb{R}$이 고전 좌표 x의 자유도이다. 자유도가 더 큰 경우에는 전체 자유도만큼의 $L^2(\mathbb{R})$ 함수들의 벡터를 고려해야 한다. 이 벡터는 기하학적 위치를 표시하지 않을 수도 있다.

또 다른 사실은 양자역학에서의 위치와 운동량은 작용소로서 서로 가환이 아니라는 것이다. 따라서 둘은 동시에 대각화가 가능하지 않다. 즉 위치와 운동량을 동시에 결정할 수 없다. 이것이 하이젠베르크 불확정성 원리(Heisenberg's uncertainty principle)의 한 형태이다(작용소 대수학[IV.15 §1.3] 참조).

2.2.2 대칭성

양자화 방법으로부터 알 수 있듯이, 양자이론의 대칭성은 $[H, A] = 0$을 만족하는 작용소 A이다. 즉, A는 해밀토니안과 가환이며 따라서 동역학과 관련된다.

2.2.3 예: 단순조화진동자

이제 뒤에서 논의할 양자이론과 거울대칭을 이해하는 데 도움이 될 만한 하나의 예로 단순조화진동을 살펴보자. 상수들을 적당히 잘 잡아서 해밀토니안이 $H = x^2 + p^2$으로 주어지는 상황을 생각해 보자. 여기에 $a = (x + \mathrm{i}p)/\sqrt{2}, a^\dagger = (x - \mathrm{i}p)/\sqrt{2}$로 놓으면 상태의 에너지는 $a^\dagger$에 의해 1단위 올라가고 a에 의해 1단위 내려간다는 것을 증명할 수 있다.[**] 물리학

이론에 따르면 에너지가 가장 작은 상태인 바닥상태 Ψ_0이 존재하는데, 이 상태는 $a\Psi_0 = 0$을 만족해야 한다. 이제 모든 상태들이 에너지가 $n + \frac{1}{2}$인 기저벡터 $\Psi_n = (a^\dagger)^n \Psi_0$들의 선형결합으로 쓸 수 있다. 이때, Ψ_0의 에너지가 $\frac{1}{2}$임에 주의하라.[***] 기저 $\{\Psi_n\}$은 점유수(occupation number) 기저라고 불리는데, Ψ_n이 바닥상태 위에 n개의 에너지 '양자'를 갖고 있는 것으로 해석하기 때문이다.

2.2.4 경로적분 형식화

양자역학의 파인만 경로적분 형식화(Feynman's path integral formulation)는 최소작용원리의 확장을 통해 만들어졌다. 본 형식화에서 어떤 실험의 확률은 입자의 작용을 최소화하는 한 경로가 아닌 모든 경로에 대하여 가중평균값을 취한 것으로 계산된다. 각각의 경로 $x(t)$는 $\exp(\mathrm{i}S(x)/\hbar)$의 가중치를 갖는데, 이때 $S(x)$는 경로 $x(t)$의 작용이며 $\hbar$는 플랑크 상수로 거시적 관점에서 볼 때 매우 작은 숫자이다. 이 가중평균값은 복소수가 될 수 있는데 그 경우 확률은 그 절댓값이 된다.

주목할 점은 $\exp(\mathrm{i}S/\hbar) = \cos(S/\hbar) + \mathrm{i}\sin(S/\hbar)$이다. 만약 $x(t)$를 변화시킴에 따라 S가 변한다면, $\hbar$가 매우 작은 값이므로 가중치의 실수부와 허수부가 크

---

[*] 앞서 c_n을 정의할 때, $R = 1$로 가정했다. c_n은 파동함수 $\exp(\mathrm{i}n\theta)$의 계수이고, 이 파동함수에 대응하는 운동량은 n이다-옮긴이

[**] 이는 다음 계산으로부터 알 수 있다. $[a, a^\dagger] = 1$이고 $H = a^\dagger a + \frac{1}{2}$이다(여기서 우리는 $\hbar = 1$인 단위계를 사용하고 있다-옮긴이). 또한, $[H, a^\dagger] = a^\dagger, [H, a] = -a$임을 계산을 통해 알 수 있다. 이 방

정식들은 다음과 같이 해석할 수 있다. H의 고유벡터를 Ψ, 그때의 고윳값(에너지)을 E라고 하면 $H\Psi = E\Psi$이다. 이제 $a^\dagger\Psi$에 대해 계산해 보면

$$H(a^\dagger \Psi) = (Ha^\dagger - a^\dagger H + a^\dagger H)\Psi = ([H, a^\dagger] + a^\dagger H)\Psi$$
$$= (a^\dagger + a^\dagger E)\Psi = (E + 1)(a^\dagger \Psi)$$

임을 알 수 있다. 즉, $a^\dagger\Psi$는 고윳값 $E + 1$을 갖는 고유벡터이고 따라서 $a^\dagger$는 에너지를 한 단위 '올리는' 역할을 한다.)

[***] 작용소 x와 p로 이 방정식들을 써 보는 것은 좋은 연습이 될 것이다.

게 진동한다. 이제 경로 $x(t)$에 대해 적분하면 양과 음의 진동이 서로 상쇄된다. 그 결과 가중평균값은 경로를 바꿔도 S가 변하지 않는 경로들에 의해 결정된다. 즉 최소작용원리로부터 구해진 고전적인 경로들이다! 그러나 경로변화가 $\hbar$에 비해 충분히 작다면, 고전적 경로가 아닌 다른 경로들도 의미를 가진다. 보통은 이 상황에서 고전적인 자취에 대한 자유도와 그 주위에서의 양자 요동의 자유도를 분리해 생각한다. 그러면 매개변수 $\hbar$ 근방의 섭동이론에서 경로적분을 재구성할 수 있다.

경로적분의 피적분함수에 대한 자세한 설명은 하지 않을 것이다. 요점은 이론을 통해서 어떤 물리 과정 측정의 가능도에 대한 예상을 얻을 수 있다는 것이다. 가능한 피적분함수는 각 과정에 따라 결정된다. 예를 들어 위의 논의를 통하여 양자역학적인 입자가 시간 t_0에 위치한 점 x_0에서 시간 t_1에 위치한 점 x_1로 이동하는 가능도를 측정하는 피적분함수는 t가 t_0에서 t_1로 변할 때 x_0에서 x_1로 가는 경로에 대해서만 지수화된 작용*으로 0이 아닌 가중치를 주고, 다른 경로들에는 0의 가중치를 주는 함수임을 알 수 있다.

이를 설명하기 위해 하나의 점으로 이루어진 '시공간'에서의 경로적분을 생각해 보자. 예를 들어 스칼라 장의 가능한 '경로'는 주어진 한 점에서의 장의 값으로 결정된다. 즉 실수이다. 그러므로 작용은 실직선 $\mathbb{R}$ 위의 함수 $S(x)$로 주어진다. 예를 들어 $iS/\hbar = -\frac{1}{2}x^2 + \lambda x^3$으로 주어지는 경우를 생각해 보자. 가능한 피적분함수는 x의 거듭제곱 항들의 합이다. 따라

서 생각해야 할 경로적분은 $\int x^k \exp(-\frac{1}{2}x^2 + \lambda x^3)\,dx$이고 이를 간단히 $\langle x^k \rangle$으로 표기한다. $\lambda = 0$인 경우에 적분값은 쉽게 계산할 수 있다.** λ가 작은 경우에는 $e^{\lambda x^3}$을 전개하여 $1 + \lambda x^3 + \lambda^2 x^6/2 + \cdots$로 쓰고, 각 항들을 $\lambda = 0$인 경우와 같이 계산한다. 이렇게 하여 적분이 계산 불가능한 경우에도 잘 정의된 섭동이론을 얻을 수 있다.

이 예에서 볼 수 있듯이 경로적분은 양자역학의 작용소 형식화에서와 마찬가지로 작용함수가 2차인 경우에 가장 쉽다. 이 현상의 수학적인 이유는 바로 가우스 적분(지수함수의 제곱의 적분)이 지수함수의 세제곱 이상의 적분과는 달리 계산가능하다는 데 있다. 2차 작용에 대해서는 경로적분을 정확히 구할 수 있으나 3차 이상의 항이 있는 경우에는 섭동 급수항(perturbation series)이 필요하다.

2.2.5 양자장론

장론의 일반화는 앞선 이론의 일반화와 같은 식으로 진행된다. 양자장론은 무한히 많은 입자가 있는 상태에서의 양자역학과 같다. 실제로 앞서 식 (4)에서 살펴본 바와 같이, 작용함수에 장 Φ와 그 미분의 3차 이상의 항이 존재하지 않는 경우에는 이와 같은 방법으로 양자장론을 이해할 수 있다. 푸리에 성분은 운동량을 첨자로 하는 입자로 볼 수 있다.*** 각각의 입자는 각 푸리에 계수에 따라 주어지는 진동수

---

* 가중치 $\exp(iS(x)/\hbar)$를 뜻한다-옮긴이

** $\int \exp(-\frac{1}{2}x^2 + Jx)\,dx = \int \exp(-\frac{1}{2}(x + J)^2)\exp(\frac{1}{2}J^2)\,dx$
$$= \sqrt{2\pi}\exp(\tfrac{1}{2}J^2).$$
위 적분식의 양변을 J에 대하여 미분한 뒤 $J = 0$으로 놓으면 $\langle x \rangle$를 얻는다. k번 미분하면 $\langle x^k \rangle$을 얻어 모든 적분값이 계산된다.
*** 푸리에 성분 c_n에서 첨자 n이 대응하는 입자의 운동량이다-옮긴이

를 갖는 단순조화진동자로 볼 수 있다. 양자 힐베르트 공간은 각 장의 푸리에 계수마다 주어지는 '점유수 힐베르트 공간'의 (텐서)곱으로 나타난다. 점유수 기저는 에너지 고유기저이므로 이들의 상태는 시간에 따라 해밀토니안 H에 의해 단순하게 변화한다. 다시 말해, 만약 어떤 상태 $\Psi(t=0)$에서 $H=E$라면 시간에 따른 상태의 변화는

$$\Psi(t) = \exp(iEt/\hbar)\,\Psi(0)$$

과 같이 변화한다.

그러나 작용에 3차 이상의 항이 포함된다면 문제는 더욱 흥미로워진다. 입자가 붕괴할 수도 있는 것이다! 이 현상은 스칼라 장에 대한 식 (3)에서 ϕ^3항을 작용함수에 따라 해밀토니안에 추가해 확인할 수 있다. 푸리에 계수로 쓰면, $a_3^\dagger a_4^\dagger a_7$과 같이 3개의 진동자가 포함된 항을 얻는다. 앞서 살펴본 바와 같이 실수장 ϕ를 양자화하면 푸리에 성분 c_n이 조화진동자와 같이 행동하는데, 그에 따른 생성 혹은 소멸 작용소로 a_n을 사용한다. 식 (5)에 따르면 해밀토니안이 시간 변화를 결정한다. 위 항은 모드 7의 한 입자가 모드 3, 4의 다른 두 입자로 붕괴됨을 의미한다. 이와 같은 붕괴는 실제 자연에서도 일어난다. 양자장론의 큰 수확은 이를 놀랄 만큼 정확하게 예측한다는 것이다.

실제로, 장의 경로 공간은 무한차원이므로 양자장론의 경로적분은 수학적으로 엄밀하게 정의되지 않는다. 그러나 예측을 가능하게 하는 섭동 급수는 양자역학에서와 같이 정의되며 물리학자들은 이와 같은 방법으로 실제현상을 예측한다. 이 섭동 급수는 **파인만 다이어그램**으로 나타낸다(파인만 다이어그램은 **꼭짓점 작용소 대수**[IV.17]에서 다룬다). 이 도형과 계산 규칙을 적용해 섭동 문제를 완전히 풀 수 있다.

양자역학에서의 예와 같이 경로적분의 피적분 함수들은 서로 다른 예측에 대응된다. 만약 Φ가 어떤 양자장론의 장 함수라면, Φ를 경로적분한 것을 $\langle\Phi\rangle$로 쓰기로 하자(앞에서 $\langle x^k\rangle$으로 쓴 것과 같다). 이런 항들을 '상관함수(correlation function)'라 부른다. $\Phi = \phi_1(x_1)\cdots\phi_n(x_n)$으로 쓸 수 있다면, 그 해는 이론의 작용함수, 장 ϕ_i, 시공간의 점 x_i, 이 세 가지에 의해 결정된다.

어떤 독자는 고전이론의 대칭성이 양자화한 후에도 여전히 유지되는지 궁금할 것이다. 이에 대한 답은 때때로 부정적일 수 있다. 이런 경우는 '비정상(anomaly)'으로 알려져 있다. 대략적으로 말해서 이는 경로적분의 적분값이 대칭성에 의해 보존되지 않기 때문이라고 볼 수 있으나, 사실 경로적분이 엄밀히 정의되어 있지 않기 때문에 이런 식의 설명은 엄밀하지 않다.

다시 3차의 예로 돌아가 보면 상호작용 항 ϕ^3이 계수 λ를 갖는다면, 즉 $\lambda\phi^3$이라면 섭동 급수항을 λ에 대한 멱급수로 표현할 수 있다. 경로에 대해서 말하면 붕괴가 일어날 확률은 원하는 붕괴에 해당하는, (Y와 같은 모양으로) 둘로 나뉘어지는 경로들을 고려해 계산할 수 있다.

2.2.6 끈이론

끈이론(string theory)에서 파인만의 섭동이론의 중요한 일반화를 생각할 수 있다. 끈이론에서는 입자를 점이 아닌 고리로 생각한다. 즉 시공간에서의 점

의 경로 대신 고리의 경로 즉 2차원 곡면을 생각한다. 끈이론 진폭은 모든 곡면 위에서의 합으로 계산한다. 이 합은 섭동 급수에서 소위 끈 **결합상수**(string coupling constant) λ_g의 거듭제곱으로 나타난다. 이때 λ_g의 거듭제곱은 곡면의 구멍에 의존해 정해진다.

이 곡면을 세계면(worldsheet)이라 부른다. 세계면의 각 점의 시공간에서의 위치는 좌표 X^i에 의해 결정된다. 이 좌표는 세계면의 위치에 따라 결정된다. 그 결과로 2차 곡면의 좌표의 장론인 **보조 이론**을 얻는다. 끈이론에서는 이 2차원 장론조차도 양자장론으로 이해해야 한다. 2차원 이론의 장은 곡면에서 실제 시공간으로 가는 함수이다. 그러나 세계면의 관점에서 보면 세계면은 2차원 시공간이며, 함수들은 이 시공간에서 다른 어떤 (표적) 공간에서의 값을 갖는 장들이다.

거울대칭은 이 2차 곡면에서의 양자장론의 연구로부터 최초로 발견되었다. 그 후 끈이 닫힌 고리가 아닌 끝점이 있는 실 모양인 경우에도 같은 현상이 발견되었다. 이 두 경우 모두 논의의 진행에서 중요한 역할을 할 것이다.

3 물리학에서의 동치관계

거울대칭은 양자장론들 간의 특별한 동치관계이다. 앞서 살펴본 대로 양자장론은 물리적 과정에 대한 확률을 계산하는 법칙이다. 확률은 경로적분 형식화에서 장들의 상관함수로부터 계산된다. 파인만에 따르면 이 상관함수들을 장의 모든 경로들에 대한 평균으로 생각할 수 있다. 각 경로들은 $\exp(iS/\hbar)$

의 가중치를 가지며, 이때 S는 작용함수이고 $\hbar$는 플랑크 상수이다. 이제 어떤 이론 A에서 피적분함수 Φ에 대한 상관함수를 $\langle \Phi \rangle_A$로 쓰자. Φ는 여러 개의 장 ϕ_i와 시공간의 점 x_i에 의존하며 상관함수는 이 모든 것들과 이론 A의 작용함수에 의존한다.

이제 동치관계는 A 이론의 가능한 모든 장 ϕ_i에 대해 B의 장 $\check{\phi}_i$를 대응시키는 함수이다. 이때

$$\langle \Phi \rangle_A = \langle \check{\Phi} \rangle_B$$

를 만족한다. (당분간 점 x_i에 대해 의존하는 것은 표기하지 않도록 한다.) 특별한 상관함수 $\langle 1 \rangle$은 **분할함수**(partition function)라 부르고 Z로 표기한다. 이때 1이라는 장은 항상 1에 대응되는 함수이며, 이에 따라 분할함수는 항상 일치한다는 따름 정리 $Z_A = Z_B$를 얻는다.

물론 이 모든 것은 작용소를 통해서도 설명이 가능하다. 어떤 이론에서의 상태 Ψ와 작용소 a는 그 거울이론의 상태 $\check{\Psi}$와 작용소 $\check{a}$로 대응돼야 할 것이다. $\check{a}$가 $\check{\Psi}$에 작용한 것은 a가 Ψ에 작용한 결과와 대응되어야 한다. 서론에서 언급한 log를 통해 양수의 합과 곱을 서로 관련짓는 것과 정확히 일치하는 그림이다.

각 이론들은 대체로 어떤 수학적 모형에 의해 설명할 수 있다. 따라서 동치관계는 각 모형들에서 얻어진 물리량들 사이에 수학적인 등식이 된다.

거울대칭의 한 특별한 경우로서 2차 곡면에서의 양자장론들 간의 동치관계를 들 수 있고, 거울대칭의 가장 전형적인 예로 장들이 2차원 리만 곡면 [III.79]에서 어떤 표적공간 M으로 가는 사상 φ들일 때의 물리 이론을 들 수 있다. 이와 같은 이론을 시그

마 모형(sigma model)이라 부른다. 앞서 살펴봤듯이 끈이론에서 M은 실제 시공간의 역할을 하는데, 우리는 M을 실직선 $\mathbb{R}$로, φ는 보통의 함수로 생각해 볼 수 있다. 이 경우는 §2.1.5에서 이미 살펴본 바 있다. 작용함수는 식 (4)에 의해 주어지며 따라서 분할함수는

$$Z = \langle\,1\,\rangle = \int [\mathcal{D}\varphi]\, e^{iS(\varphi)/\hbar}$$

으로 주어지고, 이때 $[\mathcal{D}\varphi]$는 모든 경로에 따른 적분 측도를 나타낸다.*

분할함수 Z를 구하는 한 방법으로 윅 회전(Wick rotation)이라 알려진 방법이 있다. 먼저 시간 좌표를 유클리드화해서 $\tau = it$(이를 윅 회전이라 부른다)로 쓰면, 허수의 유클리드 작용 iS_E를 얻는다. 그런 다음 경로적분을 구하여 그 해가 복소해석적 함수[I.3 §5.6]이기를 기대한다. 만약 해가 복소해석적 함수라면 해석적 연속(analytic continuation)을 이용하여 원래 시간에 대한 해를 구한다. 이 방법의 장점은 유클리드 지수 가중치가 $\exp(-S_E/\hbar)$로 주어져 S_E가 최소가 될 때 가장 큰 가중치를 가지며, 또한 적분값이 수렴하기 쉽다는 것이다. 유클리드 작용의 상수가 아닌 최솟값을 순간자(instanton)라 부른다. 식 (4)를 유클리드화한 후 작용은 사상 ϕ의 '에너지' S_E가 된다.

$$S_E = \int_{\Sigma} |\nabla\varphi|^2.$$

* 다음에 주의하라. 이 식에서는 '초대칭' 이론의 '보손(boson)' 부분만을 나타낸 것이다. 완전한 이론이 되기 위해서는 '페르미온(fermion)' 항들도 필요한데, 표기법과 설명을 간소화하기 위해 생략했다.

어떤 사상의 에너지는 등각대칭성(conformal symmetry)을 갖는다. 즉, 에너지는 리만 곡면의 국소 척도변환(scale transformation)에 대해 불변이다. 국소 척도변환은 회전 및 팽창변환의 합성에 의해 국소적이고 근사적으로 이뤄진다. 상수 λ를 곱하는 변환이 불변임은 쉽게 확인할 수 있는데, $|\nabla\varphi|^2$에 들어 있는 두 미분은 λ배만큼 줄어들며 면적분이 λ^2배 늘어난다. 회전변환에 대해 불변임은 $|\nabla\varphi|^2$의 생김새에 의하여 자명하다. 또한 이 논지는 λ의 미분에 의존하지 않으므로 이 둘의 합성을 통해 국소 척도변환 불변성을 얻는다.

작용의 등각대칭성은 양자이론에서는 보존되지 않는 작용의 대칭성의 한 예이다. 하지만 특별히 M이 복소 칼라비-야우 다양체[III.6]인 경우에는 양자이론이 비정상성을 갖지 않는다. 즉, 대칭성이 보존된다.

칼라비-야우 조건은 복소다양체의 방향(orientation)과 같은 개념으로 생각할 수 있다. 유향다양체에서는 각 부분에서 접평면의 기저를 연속적으로 잡아 부분 사이를 이동하면서 기저변환 행렬의 행렬식이 1이 되도록 할 수 있다. 칼라비-야우 다양체에서도 같은 일이 일어나는데, 다만 복소접평면에서 복소기저를 고려하는 것이 다를 뿐이다.

표적다양체(target manifold)가 칼라비-야우 다양체일 때, 순간자는 2차 곡면으로부터 정의된 복소해석적 사상이다. 순간자는 고정된 경로에 '가깝지' 않다. 따라서 파인만 다이어그램과 같은 섭동 이론으로 그 효과를 알 수 없다. 즉 '섭동적이지 않은' 현상인 것이다. 양자역학에서의 예로는 $(x^2 - 1)^2$과 같은 이중 우물 퍼텐셜을 갖는 입자를 들 수 있다. 에

너지가 0이 되는 최소에너지 상태는 $x = \pm 1$의 두 상수 경로이며, 순간자 경로는 $x = -1$에서 $x = +1$로 가거나 또는 그 반대로 가는 경로이다. 이런 궤적들은 '양자 터널링(quantum tunneling)'으로 알려져 있다.

교훈. 섭동 이론으로 접근할 수 없는 순간자 효과는 계산이 매우 어렵다.

3.1 거울쌍

앞에서는 2차 곡면 Σ에서 표적(칼라비-야우) 공간으로 가는 사상들을 고려했다. 이때의 양자장론을 $Q(M)$이라 하는데, 이는 모든 장과 그로부터 얻어지는 모든 가능한 상관함수를 포함하는 것이다. 이러한 설정에서 칼라비-야우 다양체 M과 W가 '거울쌍'인 것은 $Q(M)$과 $Q(W)$가 서로 동치관계일 때이다. 거울대칭이라는 마법에 의하여 $Q(M)$의 순간자에 대한 어려운 문제들을 $Q(W)$에서는 훨씬 간단한 상수 경로만을 고려해 풀 수 있다.

4 수학적 개념화

물리 이론은 엄청난 양의 정보를 담고 있다. 예를 들어 상관함수는 2차 곡면 위의 서로 다른 점들에서의 값이 계산된 임의의 개수의 장과 연관될 수 있다. 이는 보통 수학적으로 다루기 매우 어렵다. 그 대신에 '초대칭(supersymmetry)'이라 부르는 대칭성을 통한 수학적 개념화가 가능하다. 이 과정을 위상 뒤틀림(topological twisting)이라 부르며 그 결과로 나온 '위상장론'은 점의 위치에 독립인 상관함수를 갖는다.

이 독립성으로 인해 상관함수는 잠재된 기하 이론에 대응하는 지표수를 갖는다. 실제로 다양체의 서로 다른 특성에 대한 두 종류의 뒤틀림이 존재하며, 보통 이들을 A와 B라고 부른다.

4.1 복소 기하학과 심플렉틱 기하학

4.1.1 복소 기하학

위상 뒤틀림에서 얻어지는 기하적 특성을 이해하기 위해 다음을 상기해 보자. 점 θ와 임의의 정수 n을 $\theta + 2\pi n$와 서로 일치시켜 실직선 $\mathbb{R}$로부터 원 S^1을 얻는다. 즉 **정수 평행이동 격자**(lattice of integer translations)를 이용해 점을 일치시킨 것이다. 격자를 다른 어떤 실수 r의 배수들로 구성한다면, 실제로 그렇게 구성된 어떤 격자도 실직선에서 상수배하면 같아지므로 본질적으로 같은 공간을 얻는다. 복소평면 $\mathbb{C}$에서는 그 비율이 실수가 아닌 두 복소수 λ_1, λ_2로부터 만들어지는 2차원 격자를 이용하여 같은 일을 할 수 있다. 이렇게 얻어진 공간을 **원환면**(torus)이라고 부르며, 이것은 구멍이 하나인 2차 곡면과 위상적으로 동일한 공간이다. 실제로는 복소좌표계로 묘사 가능한 영역들로 덮을 수 있고, 영역들 간에 복소해석적 사상이 존재하므로 이 공간은 위상공간 이상의 구조를 갖고 있다. 복소수쌍 (λ_1, λ_2)와 $(\lambda_1, \lambda_2 + \lambda_1)$ 또는 (λ_1, λ_2)와 $(\lambda_2, -\lambda_1)$은 같은 격자를 구성한다. 실제로 복소수의 곱으로 얻어지는 두 격자들은 서로 동등하다. 따라서 격자들의 좋은 매개화는 비 $\tau = \lambda_2 / \lambda_1$이다.

λ 중 하나의 방향을 재정의하여 τ의 허수부가 양이 되도록 할 수 있으므로, τ를 복소평면의 상반평면에 속한다고 가정한다. 위 논리를 따르면 τ와 $\tau +$

1, $-1/\tau$를 모두 같은 격자로부터 얻을 수 있다. 숫자 τ는 다음과 같은 방법으로 이해할 수 있다. 원환면 상의 두 개의 고리를 생각할 수 있는데, 하나는 z에서 $z + \lambda_1$로 가는 경로에 의하여, 다른 하나는 z에서 $z + \lambda_2$로 가는 경로에 의하여 주어지는 것이다. 그러면 λ_1과 λ_2는 모두 복소 미분형식 dz의 고리에 대한 선적분의 결과이다. 이 적분계산에서 고리들은 위의 예처럼 곧은 것일 필요는 없다. 이와 같이 경계가 없는 부분공간(이 논의에선 고리)에 대한 적분으로 주어지는 숫자들을 더 일반적으로 주기(period)라 부른다.

어떤 두 원환면도 위상적으로는 동등하다. 하지만 τ값이 다른 두 원환면 사이에는 복소해석적 사상이 존재하지 않는다는 것을 보일 수 있다. 그러므로 매개변수 τ는 공간의 복소 기하를 결정해 주는 것이다. 간단히 말하면 이 매개변수 τ로 원환면의 모양을 묘사한다고 할 수 있다(더 자세한 내용은 모듈라이 공간[IV.8 §2.1] 참조).

위상적 B 모형은 표적공간 M의 복소 기하에만 의존한다. 즉, 위 경우에는 매개변수 τ에만 연속적으로 의존하는 것이다.

4.1.2 심플렉틱 기하학

또 다른 기하학적 측면은 면적소(area element)로 묘사되는 원환면의 크기이다. 먼저 다음을 상기해 보자. 위상적으로 모든 원환면은 $\mathbb{R}^2$의 각 점들을 정수배의 수평 수직이동에 따라 일치시킨 뒤 얻는 공간이다(위상적으로 그렇다는 말이고 복소 기하구조는 다를 수 있다). 원환면은 단위 정사각형의 서로 마주보는 변을 서로 일치시킨 것으로 생각할 수 있

다. $\mathbb{R}^2$의 면적소는 $\rho \, dx \, dy$와 같이 쓸 수 있는데, 이 때 ρ가 바로 단위 정사각형의 면적이다. 이러한 2차 곡면의 면적 개념은 보다 큰 차원의 다양체 안에 속해 있는 2차 부분공간의 경우로 확장될 수 있다. 이러한 구조를 연구하는 것을 심플렉틱 기하학[III.88]이라고 하며, ρ를 심플렉틱 매개변수(simplectic parameter)라고 부른다.

위상적 A 모형은 표적공간 M의 심플렉틱 기하학에만 의존한다. 즉, 매개변수 ρ에만 연속적으로 의존하는 것이다.

4.2 코호몰로지 이론

당신이 아마 예상하듯 기존 이론에서 위상 이론으로 넘어가는 것은, '단일 장의 각 점에서의 서로 다른 값'과 같이 이전에는 서로 다른 것으로 간주했던 물리 이론의 여러 측면을 하나로 통합하는 것과 관련되어 있다. 수학적으로 어떤 구조의 위상적 성질을 만들어내고 또한 동일화시킬 수 있는 잘 확립된 방법인 코호몰로지 이론[IV.6 §4]이 있다. 코호몰로지 이론에는 $\delta \circ \delta = 0$이 되도록 하는 작용소 δ가 있다. 이 식에 따라서 image(δ) $\subset$ ker(δ)를 얻고, 이때 코호몰로지 군 $H(\delta)$는 $H(\delta) = \ker(\delta)/\mathrm{image}(\delta)$로 주어진다. 즉, $\delta u = \delta v = 0$을 만족하는 두 벡터 u, v에 대하여 둘의 차 $u - v$를 또 다른 벡터 w에 의하여 δw로 쓸 수 있다면, 이 두 벡터를 서로 동일화하는 것이다. $H(\delta)$는 단순히 이 동일화를 고려하고 $\delta u = 0$인 벡터 u들을 모두 모아 놓은 공간이다.

물리 이론의 위상 뒤틀림도 비슷하다. 작용소 δ는 상태들의 힐베르트 공간에 작용하는 물리학적 작용소이다. 이론의 초대칭성으로부터 제곱이 0이 되

는 δ가 존재한다는 사실을 추론할 수 있다. 위상 이론에서의 벡터 상태는 $H(\delta)$의 원소가 된다. 즉, 기존 이론의 상태 Ψ는 동일화를 고려하여 $\delta\Psi = 0$을 만족한다. 많은 경우 이 상태는 바닥상태와 동일화될 수 있다.

이때 초대칭성이 2차 곡면 위의 점의 복소 평행 이동에 대한 대칭성이라는 사실이 매우 중요하다. 대칭성의 의미는 어떤 장 작용소의 한 점에서의 값 $\phi(z)$를 다른 점에서의 값 $\phi(z')$과 동일화할 수 있다는 것이다. 다시 말해 위상 이론의 물리학은 작용소의 위치와 무관하다. 이는 경로적분에서는 상관함수가 피적분함수에 포함되는 장들의 위치에 의존하지 않는다는 뜻이다. 그렇다면 상관함수는 무엇에 의존하는가? 상관함수는 장의 위치가 아닌 특정한 장이나 장들의 결합에 의존하며 공간 M의 기하학적 매개변수(예를 들어 ρ나 τ)에 의존한다.

4.2.1 A모형과 B모형

칼라비-야우 공간에 대하여 실제로 제곱하여 0이 되는 두 작용소 δ_A와 δ_B를 구성할 수 있다. 따라서 이 두 작용소에 대응하는 두 위상적 뒤틀림이 존재하며 그에 따라 주어진 칼라비-야우 공간에 대한 두 가지의 위상 이론을 만들어낼 수 있다.

M과 W를 칼라비-야우 거울 쌍이라 가정하자. 이 둘로부터 만들어진 위상 모형은 여전히 동등한 이론인가? 대답은 '그렇다'인데, 매우 흥미로운 형태로 나타난다. 칼라비-야우 공간 M에 대한 A모형은 그 거울 공간 W의 B모형과 동치이고, 그 반대도 성립한다! 이 이론들의 복소 기하적 측면과 심플렉틱 기하적 측면이 거울대칭에 의해 서로 교환되는 것

이다. M의 심플렉틱 기하의 어려운 문제들이 W의 복소 기하의 쉬운 문제로 환원되는 것이다.

특히 주목할 점은 두 다양체가 위상적으로 전혀 다를 수 있다는 것이다. 예를 들어 오일러 지표 (Euler characteristic)는 서로 부호가 정반대이다.

5 예: T-쌍대성

원은 복소다양체는 아니지만 거울대칭을 쉽게 설명할 수 있는 매우 구체적인 예이다. 원으로부터 만들어지는 두 이론들 간의 동치관계를 살펴보기로 하자. 이 동치관계는 매우 다른 종류의 상태들이 서로 대응되는 것으로 매우 자명하지 않다.

2차 곡면이 원기둥인 경우를 살펴보자. 공간차원은 단위원으로 주어지고 또 다른 차원은 시간차원이다. 이 경우에 대해 §3에서 살펴본 시그마 모형을 살펴볼 것이다. 또한 표적공간은 반지름이 R인 원이라 가정하고 S_R^1로 표기한다. S_R^1은 실직선에서 차이가 $2\pi R$의 배수가 되는 점들을 서로 동일화해 얻어진 공간으로 생각할 수 있다. 한 원에서 다른 원으로의 사상은 그것의 **회전수**(winding number)에 의하여 결정된다. 회전수는 한 점이 원을 따라 한 번 돌 때 그 점의 상이 두 번째 원을 몇 번 도는지를 나타내는 정수이다. 원에서 S_R^1로 가는 사상 $\theta \mapsto mR\theta$는 회전수가 m이다. 따라서 장 $\varphi(\theta)$는 회전 부분 $mR\theta$와 회전이 없는 실제 푸리에 급수의 합 $\varphi(\theta) = mR\theta + x + \sum_{n \neq 0} c_n \exp(in\theta)$로 나타난다. 이는 푸리에 급수 상수항 $x = c_0$을 따로 떼어내어 쓴 것이다. θ에 대한 푸리에 급수를 취했으며 모든 연속 매개변수(x와 c_n)는 시간에 대한 함수로 생각해야

할 것이다.

이 사상의 에너지 또는 해밀토니안은 §2.1.3에서와 같이 계산할 수 있다.

$$H = (mR)^2 + \dot{x}^2 + \sum_n |\dot{c}_n|^2 + n^2|c_n|^2.$$

§2.1.3의 조화진동자 해밀토니안과 비교해 보면 각각의 자유도 $c_n(t)$는 단순조화진동 퍼텐셜의 (복소) 양자역학적 입자의 역할을 하는 것을 알 수 있다. 각 모드의 양자역학을 묘사하는 점유 모드 기저가 존재한다.[*] 양자이론의 힐베르트 공간은 이것들 각각의 (텐서) 곱과 상수부 및 회전수들을 포함하는 부분의 합으로 주어진다(기억할 점은 고전이론의 각 자유도가 양자이론에서는 **입자**가 된다는 것이다).

상수 모드 x의 에너지는 $\dot{x}^2$이므로 퍼텐셜 에너지를 갖지 않는다(원 위의 어느 점에나 위치할 수 있다). 이 모드는 원 위에서의 자유로운 양자역학적 입자를 나타낸다. 입자 x의 운동량이 작용소 $-i(d/dx)$로 나타남을 상기해 보자. 이 작용소는 고유함수 e^{ipx}을 갖는다. 이 고유함수가 평행이동 $x \rightarrow x + 2\pi R$에 대하여 불변이라는 조건은 운동량의 고윳값이 '양자화'되어 있다는 것을 의미한다. 즉 $p = n/R$이다.

운동량과 달리 정수 회전수(m)는 원에서 원으로 가는 가능한 사상에 대한 고전적인 식별자이다. 비록 정수이지만 운동량 n과는 확실히 다른 위치에 있다. 하지만 여전히 힐베르트 공간의 중요한 식별자이다. 각각의 m에 대하여 회전수 m을 갖는 배열들

의 공간을 생각할 수 있다. 이 공간을 양자화하면 힐베르트 공간의 m번째 부분이 된다. 간단히 말하면 이 부분공간 $\mathcal{H}_m$은 모든 회전수 m-사상들의 임의의 자유도의 함수들로 이루어진다. 회전수를 작용소로 생각할 수도 있는데, 간단하게 회전수 m을 갖는 상태가 고유치 mR을 갖는다고 간주하면 된다.

잠시 진동모드를 무시해 보자. 회전수 m을 갖는 운동량 상태 n/R은 에너지 $(n/R)^2 + (mR)^2$을 갖는다. 따라서 (m, n)을 (n, m)으로 R을 $1/R$로 동시에 바꾸면 에너지는 변하지 않는다. 또한 진동모드 a_n의 에너지는 R에 독립적이고, 모드들은 서로 상호작용하지 않는 입자이므로 이 대칭성으로부터 표적공간이 S_R^1과 $S_{1/R}^1$인 두 이론에 대하여 한쪽의 회전수가 다른쪽의 운동량에 대응되는 완전한 동치관계를 얻는다.

이 예에서 표적공간 S^1은 복소다양체도 심플렉틱 다양체도 아니어서 위상적 A 또는 B 모형을 만들 수 없다. 하지만 표적공간 S_R^1과 $S_{1/R}^1$에 대한 시그마 모형이 동치임을 알 수 있는 강력한 예를 살펴보았다. 이 이론들이 거울 쌍인 것이다. 특별하게 원의 경우 거울대칭은 T-쌍대성(T-duality)이라고 불린다. 사실 거울 대칭의 모든 현상은 (원이 아닌 경우에도) T-쌍대성으로부터 얻어질 수 있다.

5.1 원환면

원환면은 두 원의 곱 $S_{R_1}^1 \times S_{R_2}^1$이다. 원 $S_{R_1}^1$의 각 짐마다 원 $S_{R_2}^1$가 있는 것으로 생각하면 원환면을 원 위의 원들의 모임으로 생각할 수 있다. §4.1.1에서 살펴본 바와 같이 이 공간은 복소다양체이다. 구체적으로 이 공간은 복소평면 $\mathbb{C}$를 평행이동 격자로 몫

[*] 각각의 $a_n^\dagger = [\text{Re}(\dot{c}_n) - in\text{Re}(c_n)]/\sqrt{2n}$과 같은 방법으로 실수부 대신 허수부를 취한 작용소는 올림 작용소(raising operator)이다.

을 취한 것이다. 특별히 두 평행이동 $z \rightarrow z + R_1$과 $z \rightarrow z + iR_2$로 생성되는 격자를 생각할 수 있다. §4.1.1 에서 논의한 대로 격자는 복소수 $\tau = iR_2/R_1$에 의해 결정된다. τ는 복소형식 dz를 원환면의 두 자명하지 않은 고리에 대하여 적분하고 그 값들의 비('주기') 를 택한 것이다.

심플렉틱 기하는 면적소에 의해 주어진다. 앞서 동일화가 각 방향으로의 단위 평행이동과 같은 좌 표계 x와 y를 선택할 수 있음을 살펴보았다. 이때 반 지름 R_1, R_2를 갖는 원환면의 (정규화된) 면적소는 $R_1R_2 dx dy$이고 이를 단위 정사각형에서 적분하면 R_1R_2이다. 심플렉틱 매개변수를 $\rho = iR_1R_2$로 정의 한다. 이제 첫 번째 원에 대한 T-쌍대성 $R_1 \rightarrow 1/R_1$ 을 고려한다. 이 변환에 대하여 복소 매개변수와 심 플렉틱 매개변수가 서로 뒤바뀐다는 것을 알 수 있 다.*

$$\tau \longleftrightarrow \rho.$$

교훈. 거울대칭에 의해 복소 매개변수와 심플렉틱 매개변수가 서로 뒤바뀐다. 거울대칭은 T-쌍대성 이다.

5.2 일반적인 경우

원환면은 1차원 칼라비-야우 공간이며 가장 쉬운 경우이다. 하지만 위 논의는 더 일반적인 경우로 확 장될 수 있다. 칼라비-야우 조건에 의해 유일한 복 소 부피요소 또는 방향(위에서 dz에 해당)을 얻고

그것의 '주기'에 의하여 복소 매개변수를 얻는다. 원 환면의 경우에는 A 모형과 B 모형 모두 단순한 것 으로 나타났지만, 일반적인 경우에서는 복소 부피 요소(§4.1.1에서는 λ_1과 λ_2)의 주기가 이론의 매개변 수(§4.1.1에서 오직 하나였던 τ)에 따라 어떻게 바뀌 는지가 B 모형을 완전히 결정한다는 점이 중요하 다. 다시 강조하면 원환면의 경우 관계식 $\tau = \lambda_2/\lambda_1$ 이 비교적 간단하게 나타났지만, 일반적으로는 더 욱 복잡하다. 어떤 경우라도 이로부터 B 모형의 모 든 정보를 얻을 수 잇다. 이 모든 것들의 이유는 B 모 형의 순간자들이 결국 상수함수로 주어지기 때문이 다. 표적공간의 각 점들이 상수함수를 결정짓기 때 문에 그 결과로 B 모형이 표적공간의 (고전적인) 복 소 기하학으로 환원된다. 따라서 이는 주기함수에 의해 결정된다.

이 현상은 A 모형과 비교될 필요가 있다. A 모형 은 심플렉틱 매개변수 ρ에 의해 결정된다. 즉 표적 공간 안에서 2차 곡면의 면적이다. 하지만 B 모형 과는 달리 ρ에 대한 의존도는 일반적으로 매우 복 잡하다. 그 이유는 A 모형의 순간자들은 표적공간 의 넓이가 최소가 되는 곡면들이고 이들을 헤아리 는 문제는 매우 어려운 문제이기 때문이다(원환면 에 대해서는 그렇게 엄청나게 어렵지는 않다). 수학 적으로 A 모형 순간자들은 그로모프-위튼 불변량 (Gromov-Witten invariant) 이론에 의해 기술된다. 이 제 이에 대해 살펴보기로 하자.

6 거울대칭과 그로모프-위튼 이론

앞서 언급한 바와 같이, 어떤 공간 W에 대한 B 모형

---

* 매개변수 τ와 ρ에는 실수부가 존재할 수 있지만 논의를 단순화 하기 위해 고려하지 않는다.

은 W의 고전적인 복소 기하학에 의해 완전히 설명할 수 있다. B 모형 계산에 의미 있는 사상은 상수인 것뿐이며, 그러한 사상들의 공간은 W 자신과 일치한다. 또한 상관자들은 W 위에서의 고전적인 적분과 같다. 실제로 적분이 되는 피적분함수 중의 하나는 복소 부피인자이다. 이제 가능한 모든 복소 부피인자의 매개변수를 τ라 부르도록 하자. B 모형의 상관함수들은 τ에 의존하는 W 위에서의 적분으로 결정된다. 특히, B 모형의 상관함수 $Z_B^{(W)}$는 τ에 의존하며 따라서 이를 $Z_B^{(W)}(\tau)$로 쓴다.

위상적 뒤틀림의 핵심은 장들의 국소적 변화를 작용소 δ에 의해 연관지어 모두 동일시한다는 것이다. 특별히 세계면 위의 점들의 변화는 위상 이론에서는 자명한 연산이다. W 위의 B 모형의 경우 오직 상수사상들만이 그 역할을 하지만 A 모형의 경우 상황이 더욱 미묘하다. 기하학적인 면을 살펴보기 위하여 원에서 원으로 가는 사상의 회전을 다시 한 번 고려해 보자. 서로 다른 회전수를 갖는 사상들은 결코 다른 사상들로 연속적으로 변형되지 않는다. 회전수는 한 원이 다른 원을 주어진 사상에 의해 얼마나 '감는지(회전하는지)'를 재는 것이다. 회전수는 이산적이므로 연속적인 변화에 의해 바뀌지 않는다. 같은 방법으로 M의 차원이 더 높을 경우에는 2차 곡면 Σ가 M의 2차 부분공간들을 어떤 양만큼 '감는다'. 감는 양에 대한 매개변수는 역시 이산적이다. 사상 φ에 의하여 Σ를 M의 기본 곡면 C_i를 서로 다른 정수 k_i번만큼 감는다. 이때, $k = k_i$가 사상 φ의 '유형'을 결정한다. (더 정확하게는, 콤팩트한 Σ에 대하여 $\varphi(\Sigma)$가 닫힌 2-사이클이고 k는 그 호몰로지류를 결정한다.) 서로 다른 유형 k는 면적 ρ와 유형

k에 의존하나 사상 φ_k의 연속적인 성질에는 의존하지 않는 서로 다른 (유클리드) 작용 $S_k(\rho)$를 통해 위상 이론에 기여한다. 모든 유형이 분할함수에 영향을 줄 수도 있다. 다른 유형은 지수 가중치뿐만 아니라 얼마나 많은 **최소곡면(minimal surface)**을 갖는지에 따라 위상 이론에 다른 방식으로 기여할 수 있다. (3차원 공간에서의 최소곡면의 좋은 예로 비누막을 들 수 있다. 철사를 고정하고 그것을 경계로 갖는 비누막은 내부를 가장 작은 면적으로 하는 곡면이다.) 이 경우에는 공간 M은 실제로 복소다양체이다. 그로모프-위튼 이론에서 말하는 최소곡면은 Σ로부터 정의된 복소해석적 사상이다. 즉, Σ에 복소 좌표계가 있다면 곡면 M에 대한 복소 좌표계는 Σ의 복소해석적 함수로 쓰여진다.

A 모형과 B 모형의 서로 다른 이유는 이론들의 초대칭으로부터 존재를 보장받는 작용소 δ로부터 위상 모형들이 결정되기 때문이다. 서로 다른 모형에 대해, 관련된 초대칭 작용소 δ_A와 δ_B는 전혀 다르다. 앞서 살펴봤듯이 A 모형에 관련된 사상들은 순간자 또는 Σ에서 M으로 가는 복소해석적 사상이다. 간략히 말해서 M의 A 모형 상관함수 혹은 더 특별하게 분할함수 $Z_A^{(M)}$은 M 안의 곡면들의 유형 k와 각 유형 안의 순간자들에 대해 각각이 순간자 작용 $\exp(-S_k(\rho))$를 가중치로 한 가중합이다. 앞서 심플렉틱 구조 ρ의 매개변수에 대한 의존성을 구체적으로 기술했다. 칼라비-야우 다양체에 대해시는 그러한 사상들이 이산적으로 나타나고 알려진 모든 예에서 참인 예상은 유형 k를 고정하고 나면 이들이 유한개일 것이라는 것이다. 이 모든 정보들은 ρ의 함수로 나타나고 앞서 논증한 것을 토대로 분할함

수는 다음과 같은 형태로 나타날 것이다.

$$Z_A^{(M)}(\rho) = \sum_k n_k \exp(-S_k(\rho)).$$

이때 계수 n_k를 **그로모프-위튼 불변량**이라 부른다.[*] 종합해 보면 (M, A)가 (W, B)의 거울이고 W의 복소 매개변수 τ와 그에 대응하는 M의 심플렉틱 매개변수 $\rho(\tau)$를 잡을 수 있다면

$$Z_A^{(M)}(\rho) = Z_A^{(M)}(\rho(\tau)) = Z_B^{(W)}(\tau) \qquad (6)$$

를 얻는다. 첫 번째 등식의 의미는 ρ를 τ의 식으로 다시 표현할 수 있다는 것이고, 두 번째 등식은 대응 하는 B 모형으로부터 계산이 가능하다는 것을 의미 한다. 따라서 M의 복소해석적 곡면들에 대한 모든 정보는 n_k들의 값으로 요약되는데 이는 실제로 W 의 고전 기하학에 의해 완전히 결정된다!

거울대칭 이론이 초기 때부터 강렬한 관심을 받 게 된 이유는 이 놀라운 예측 능력(무한히 많고 계산 이 어려운 그로모프-위튼 불변량을 (6)과 같은 식에 의해 계산하는 능력) 때문이었다.

7 오비폴드와 비기하적 위상

7.1 비기하적 이론

거울대칭은 양자장론들 간의 동치관계이다. 모든 양자장론이 시그마 모형과 같이 표적공간의 기하적 내용을 갖는 것은 아니다. 거울대칭 또는 위상적 거

---

* 우리의 논의에서 n_k는 정수인 것처럼 보이지만 사실 유리수이 다. 이 값은 또 다른 정수 불변량이 연계된 특정 공식으로부터 계 산될 수 있는데, 이 장의 맨 첫 부분에 등장하는 정수들이 그러한 정수 불변량의 한 예이다.

울대칭의 구조는 위상 이론으로 가는 통로가 되는 초대칭 대수를 갖는 양자 이론으로부터 시작한다. 즉, 상태들의 힐베르트 공간, 해밀토니안 작용소, 그 리고 어떤 대칭성의 대수, 다시 말해 해밀토니안과 가환인 작용소들의 대수가 존재한다. 이러한 설정 에 정해진 것은 없다. 표적공간으로서의 사상들로 만들어진 시그마 모형은 단지 그런 방법들 중 하나 일 뿐이며 다른 방법들도 많다. 기하학적인 방법은 모형을 수학적으로 기술하는 데 가장 적합한 방법 일 뿐이며, 그러한 이유로 지금까지 표적공간이 있 는 이론에 집중해 온 것이다.

이제 기하학적인 것과 비기하학적인 것의 중간 단계로서 소위 오비폴드(orbifold) 이론에 대하여 논 의해 보자.

7.2 오비폴드

시공간이 공간차원으로 원 S^1을 갖는 원기둥 $S^1 \times \mathbb{R}$이라고 하면, **오비폴드 이론**이라 불리는 놀라운 양 자장론을 구성할 수 있다. 오비폴드 이론은 다음과 같이 정의된다. 대칭(예를 들어 반사대칭)들의 유한 군 G가 있다고 생각해 보자. 각 군의 원소들은 힐베 르트 공간의 작용소로서 작용한다. 즉, $g \in G$는 상 태 Ψ를 상태 $g\Psi$로 보낸다. 그러면 대칭성에 의해 대응되는 상태들을 동일화함으로써 새로운 이론을 얻는다. 이론을 구성하기 위해 먼저 원래 이론에 바 닥상태 Ψ_0을 생각해 보자. 이 상태는 군 작용에 불 변이라고 가정한다. 즉 모든 원소 g에 대하여 $g\Psi_0 = \Psi_0$이다.[**] 이제 모든 불변 상태들의 공간 $\mathcal{H}_0$을 생

** 퍼텐셜의 평평한 방향이 있는 경우, 예를 들어 원 위에서 움직이

각해 보자. 이는 **뒤틀리지 않은 부분**(untwisted sector)이라 불린다. Ψ_0은 뒤틀리지 않은 부분의 바닥상태이다. G가 가환인 경우 모든 군의 원소 g에 대하여 **뒤틀린 부분**(twisted sector)을 정의할 수 있다.[*] 뒤틀린 부분을 정의하기 위해 먼저 공간차원 S^1을 단위 구간 $[0, 1]$에서 양 끝점을 동일화한 것으로 생각해 보자. 상태의 힐베르트 공간은 장의 가능한 배열에 대한 모든 자유도의 함수로부터 만들어진다. 뒤틀린 부분 $\mathcal{H}_g$는 g의 양 끝점에 대한 작용과 관련된 추가적인 장 구조 Φ에 대응한다. 즉, $\Phi(1) = g\Phi(0)$이다. 이는 원 S^1의 장이 되는데, 양끝이 군에 의해 관계 지어져 서로 동일화되기 때문이다. 이 새로운 장 구조는 오비폴드 이론의 한 부분이 된다. 이와 같은 상태 Ψ_g 중 군의 모든 원소 h에 대하여 $h\Psi_g = \Psi_g$를 만족하는 것들을 취하면 힐베르트 공간의 부분 $\mathcal{H}_g$를 얻는다.

오비폴드는 이산군 G가 작용하는 다양체 X의 시그마 모형이므로 기하학적으로 생각해 볼 수도 있다. 예를 들어 회전이동이 평면에 작용하는 경우, $90°$ 회전의 합성으로 만들어지는 4개 원소($0°$, $90°$, $180°$, $270°$ 회전)를 갖는 군을 생각할 수 있다. 평면을 이 회전들에 대해 자르면 원뿔과 같은 것을 얻는다. 또 다른 예로는 정다면체(정사면체, 정육면체 등등)의 대칭군이 구면에 회전으로 작용하는 경우를 생각해 볼 수 있다. $X = S^2$으로 하고, S^2의 대칭군

을 G라고 하면, 흥미로운 오비폴드를 얻는다. 실제로 군 G의 궤도의 공간을 취하면 위상적으로는 다시 구를 얻지만 뿔의 꼭짓점이 생기면서 매끈하지(smooth) 않게 된다. 이 꼭짓점들이 양자장론에서는 문제를 일으키지만, '끈이론적'으로 보면 오비폴드는 완벽하게 '매끈하다'.

오비폴드 이론 그 자체도 대칭성을 갖고 있다. 예를 들어 G를 두 원소를 갖는 가환군이라 하면, 한 뒤틀리지 않은 부분과 유일한 뒤틀린 부분을 갖는다. 뒤틀리지 않은 부분에는 1을 곱하는 것에 대응하는 대칭성이, 뒤틀린 부분에는 -1을 곱하는 것에 대응하는 대칭성이 존재한다. 이 대칭성은 기하학적이지 않다. 대칭성을 갖는 오비폴드 이론 자체를 원래 이론에 대한 오비폴드로 생각하기도 한다. 실제로 어떤 이론과 그것의 오비폴드는 거울 쌍이 되는 경우가 많다! 그린(Green)과 플레셔(Plesser)는 이 방법을 이용해 거울 쌍의 첫 번째 예를 만들어냈다. 더 나아가 그들은 기하적이 아닌 이론에 기하학적인 해석을 돌리는 방법을 사용하여 거울 칼라비-야우 공간들을 식별했다. 자세히 말하면, 식

$$X_1^5 + X_2^5 + X_3^5 + X_4^5 + X_5^5 + \tau X_1 X_2 X_3 X_4 X_5 = 0$$

을 만족하는 0이 아닌 벡터 $X = (X_1, X_2, X_3, X_4, X_5)$의 공간을 생각하고 0이 아닌 복소수 λ에 대하여 X와 λX를 동일화한다(X가 위 식의 해이면 λX도 위 식의 해이다). 이 식은 실제로 복소공간의 보임을 구성하는데 τ가 그 매개변수가 된다. 오비폴드 이론은 상 변화

$$(X_1, X_2, X_3, X_4, X_5)$$
$$\mapsto (\omega^{n_1}X_1, \omega^{n_2}X_2, \omega^{n_3}X_3, \omega^{n_4}X_4, \omega^{n_5}X_5)$$

는 자유입자(이 경우는 퍼텐셜이 없다)와 같은 경우에 바닥상태는 장의 고전적 값들의 중첩이다. 원의 경우 상수 파동함수 $\Psi = 1$은 한 고전적인 점에 대응되지 않는다. 하지만 여전히 어떤 회전에도 불변이다.

[*] 뒤틀린 부분은 군의 켤레류에 의해 정의되는데, G가 가환인 경우에는 군의 원소 하나하나가 켤레류이다.

들로 만들어지는 유한군으로부터 얻어진다. 이때, $\omega = e^{2\pi i/5}$이며 $\sum_{i=1}^{5} n_i$는 5의 배수이다. 이 공간과 그 오비폴드는 실제로 거울 쌍이 된다. 이로부터 칸델라스(Candelas)를 비롯한 몇몇 수학자들이 유명한 추측을 만들어냈다.[*]

8 경계와 범주

거울대칭이론은 끈이 끝점을 갖는 것을 허락할 때 더욱 풍부해진다. 끝이 있는 끈을 '열린 끈(open string)'이라 부르며, 고리를 '닫힌 끈(closed string)'이라 부른다. 끝점을 허락한다는 것은 수학적으로는 세계면에 경계(boundary)를 추가하는 것에 대응한다. 경계가 있는 경우에도 동일하게 위상적 뒤틀림을 시행하고자 한다. 이를 위하여 먼저 장에 경계조건을 추가하였을 때 초대칭 조건이 여전히 유효한지를 살펴봐야 한다. 칼라비-야우 표적 다양체의 경우로 시작해 보면 초대칭의 조건들이 A 모형 또는 B 모형 중 하나에서 보존되도록 할 수 있을 것이다(하지만 두 조건 모두를 보존할 수는 없다. 경계조건은 밧줄의 한 끝을 고정했을 때 자유도가 줄어드는 것과 같이 대칭성을 파괴한다). 뒤틀림 후에 경계 위상 이론은 각각 심플렉틱 또는 복소 기하적 정보에 의존한다.

A 모형의 경우 끝점 혹은 경계는 라그랑주 부분공간(Lagrangian subspace)에 속해야 한다. 라그랑주 조건은 좌표계를 반으로 제약한다. 마치 선형공간에서 복소벡터공간의 실수부만 취하는 것과 같다.

B 모형에서 경계는 복소공간 안에 속해야 한다. 국소적으로 복소공간은 $\mathbb{C}^n$과 같은데 복소부분공간은 좌표계를 고정하면 복소해석적 방정식으로 주어진다. 초대칭을 보존하고 또한 미리 선택한 위상 뒤틀림을 허용하는 경계조건을 막(brane)이라 부른다(이 용어는 '막(membrane)'에서 따온 것이지만 어느 차원에도 적용된다). 요약하면 막 A는 라그랑주 부분공간이며 막 B는 복소공간이다.

위상적 경계 이론의 모든 정보를 통합하기 위한 방법으로 범주[III.8]라는 수학적 개념이 있다. 범주는 대상(object)의 모임과 두 대상들 사이의 사상(morphism)의 집합과 같은 구조를 이야기하는 한 방법이다. 대상은 일반적으로 어떤 종류의 수학적 구조를 갖고 있고 사상은 그 구조를 보존하는 함수이다. 예를 들어, 만약 대상이 (i) 집합[I.3 §2.1], (ii) 위상공간[III.90], (iii) 군[I.3 §2.1], (iv) 벡터공간[I.3 §2.3], (v) 연쇄복합체(chain complex)라 한다면, 사상은 각각 (i) 함수[I.2 §2.2], (ii) 연속함수[III.90], (iii) 준동형사상[I.3 §4.1] (iv) 선형사상[I.3 §4.2] (v) 연쇄사상(chain map)이 될 것이다. 대상 간의 사상공간은 일종의 관계 정보로 생각할 수 있다. 사상 그 자신도 서로 상호작용하여 한 사상의 끝 대상이 다른 사상의 시작 대상이 될 때 합성할 수 있다. 사상의 합성은 결합법칙을 만족한다. 즉 abc를 계산할 때 $(ab)c$로 하거나 $a(bc)$로 하거나 상관이 없다. 이를 이해하는 데 유용한 그림은 유향그래프이다. 유향그래프는 하나의 범주로, 대상은 점들이고 사상은 두 점 사이의 경로들이다. 이 범주에서 함수의 합성은 경로의 연결로 주어진다.

경계조건이 있는 2차 장론의 경우에는 다음과 같

은 범주를 생각한다. 대상들은 막, 즉 경계조건들이고 두 막 α와 β 간의 사상은 무한한 띠 $[0, 1] \times \mathbb{R}$ 위에 정의된 경계장 이론의 바닥상태 $\mathcal{H}_{\alpha\beta}$이다. 이때, α의 경계조건은 왼쪽 경계 $\{0\} \times \mathbb{R}$에, β의 경계조건은 오른쪽 경계 $\{1\} \times \mathbb{R}$에 주어진다. 사상들의 합성은 경계를 붙임으로써 이루어지며 위상적 불변에 따라 결합법칙이 성립한다.*

경계조건이 있는 거울대칭은 다음과 같이 쓸 수 있다. 두 다양체 M과 W는 M의 A-뒤틀림의 막 범주가 W의 B-뒤틀림의 막 범주와 동치인 경우와 그 반대 역시 성립하는 경우 거울쌍이다. 이 명제를 수학적으로 다시 쓴 것을 콘세비치(Kontsevich)의 **호몰로지적 거울대칭 추측(homological mirror symmetry conjecture)**이라 부른다. A 모형의 경우 막 범주는 소위 **푸카야 범주(Fukaya category)**이며, 경계가 있는 곡면에서 경계가 라그랑주 막에 상을 갖는 복소해석적 사상들에 의해 결정된다. B 모형 쪽에서는 막들이 하나의 범주를 이루는데, 이는 복소부분공간과 그 위에 정의된 복소해석적 **벡터다발**[IV.6 §5]들로 결정된다. 복소벡터다발은 각 점에 복소벡터공간을 대응시킨 것이다. 예를 들어 c^2의 복소원 $\{x^2 + y^2 = 1\}$은 각 점마다 복소접평면을 갖는다. '복소해석적'이라는 것은 이 접평면들이 복소해석적인 방법으로 움직인다는 것이다. 복소원에 대해서 점 $(x,$

$y)$에서의 접벡터는 벡터 $(-y, x)$의 모든 상수배로 나타난다. 이 대응관계는 자명하게 복소해석적이다. 물리학적으로 다발은 끈의 끝점에 전하량(charge)을 허용하면서 나타난다.

콘세비치의 추측은 막들의 두 범주가 서로 동치라는 것을 주장한다. 그 명제는 물리학적인 관점에서는 자연스러운 것이다. 이 추측으로부터 물리학적 그림에 대응하는 구체적인 범주들을 동일화함으로써, 거울대칭은 물리학에서 엄밀한 수학이론으로 옮겨졌다. 범주의 동치조건은 단지 M의 라그랑주 막 A에 대하여 W의 복소 막 B가 있다는 것을 의미할 뿐만 아니라 그들 사이의 **관계** 또는 사상들 또한 대응 관계에 있다는 것을 의미한다.

8.1 예: 원환면

콘세비치의 추측은 2차원 원환면의 예를 통해 증명되고, 또 쉽게 설명될 수 있다. 독자들은 이제 심플렉틱 2차원 원환면이 복소평면을 정수 평행이동 격자를 통해 동일화시킨 후에 얻어지는 공간이라는 사실에 익숙해졌을 것이다. §4.1.2에서 본 바와 같이 원환면의 면적소를 $A\,dx\,dy$가 되게 하면 심플렉틱 매개변수는 허수 $\rho = iA$가 된다. 이제 평면의 직선을 생각해 보자. 평면의 직선은 유리수의 기울기 $m = d/r$ (d, r은 서로소)을 갖고 있는 경우 원환면의 닫힌 원에 대응된다. 이 원들은 A 모형 경계이론에서의 라그랑주 막이 된다. 기울기 $m = d/r$과 $m' = d'/r'$을 갖는 두 직선을 잇는 열린 끈이 최소 에너지를 갖게 되면 끈의 길이는 0, 즉 교점이다. 쉬운 연습 문제로 교점이 $|dr' - rd'|$개 있는 것을 보일 수 있다.** 원환면의 거울은 또다시 원환면이 되지만 거울

---

* 위상적 상태 역시 코호몰로지류로 볼 수 있는데, 이들의 결합법칙에 대해서도 논의해 볼 수 있다. '사슬(chain)'(코호몰로지를 취하기 이전-옮긴이) 수준에서는 위상적 뒤틀림 이전에는 결합법칙이 만족되지 않는다. 코호몰로지를 가지고 코호몰로지를 취한 후에 결합법칙을 만족하는 사상들의 범주를 A_∞ 범주라 부른다. 또한 구멍이나 손잡이가 있는 곡면의 구조를 잡아내는 범주적인 정의도 생각해 볼 수 있다. 거울대칭의 적절한 수학적 이해는 여전히 진행 중이다.

쪽에서는 복소 매개변수 τ를 가지며, 거울 쌍이 되는 두 원환면에 대해서는 $\tau = \rho$로 놓아야 한다. B 모형 막 범주의 대상들은 복소벡터다발이다. 기본 다발들은 두 정수 차원(rank) r과 차수(degree) d로 분류된다는 것을 증명할 수 있다.[***] 이 두 수로부터 '기울기(slope)' $m = d/r$을 생각해 볼 수 있다(이 명칭이 이론보다 먼저 생겨났다). 기본 다발들은 d와 r이 서로소이다.

이제 독자들은 거울 대응으로부터 기울기가 기울기에 대응된다는 것을 쉽게 추측할 수 있을 것이다. 즉, 심플렉틱 매개변수가 ρ인 원환면에서 기울기가 m인 라그랑주 막은 복소 매개변수가 τ인 거울 원환면의 기울기 m인 복소벡터다발에 대응된다는 것이다. 이제 위 예의 B 모형 버전이 있다고 생각하고 기울기가 m과 m'인 두 벡터다발을 택하자. 이 두 복소벡터다발 사이의 최소 에너지 열린 끈은 다발의 복소사상에 대응한다. 그리고 **리만-로흐 공식[V.31]** 에 의해 그 개수가 $|dr' - rd'|$임을 계산할 수 있다. 이는 위의 A 모형의 계산 결과와 정확히 일치한다! 결론적으로 대응되는 대상들을 연결짓는 방법도 대응된다. 더 나아가서 마지막으로 사상들의 합성 역시 대응된다는 것을 확인할 수 있다. 앞서 예를 든 로그의 슬라이드 규칙과 같은 방법인 것이다.[****] 이 같은

방법으로 콘세비치의 추측이 증명된다.

8.2 정의와 추측

콘세비치가 정의한 거울대칭은 실제로는 범주의 동치관계로서의 거울대칭의 경계 이론이, 전통적인 그로모프-위튼 이론과 복소구조를 연결짓는 거울대칭과 호환되고 더 나아가 이를 함축한다는 추측이다.

이를 보이는 한 방법은 그로모프-위튼 이론을 경계 이론(boundary theory)으로부터 다시 만들어내는 것이다. 이를 위한 경험적이고 기하학적인 방법은 똑같은 두 공간의 대각 경계조건을 보는 것이다. 원판에서 똑같은 두 공간으로의 사상은 그 공간으로의 사상 두 개에 의해 결정된다. 또한 대각 경계조건이 의미하는 바는 이 두 사상들이 경계에서 서로 일치한다는 것이다. 두 원판(혹은 컵)들이 경계에서 서로 붙어 있는 것이므로 그것이 바로 구면이다! 원판들은 두 반구가 되고 적도를 따라 붙어 있다. 이제 최소 원판들은 경계가 있는 열린 끈의 순간자가 되고 그것을 서로 같은 경계에서 붙임으로써 최소 구면 또는 닫힌 끈 순간자를 얻는다. 따라서 이 이중 이론에서의 열린 끈이 원래 이론의 닫힌 끈으로 회복되는 것이다.

더 대수적인 접근법은 닫힌 끈의 변형을 막의 범주의 변형으로 보는 것이다. 즉, 경계가 없는 이론에서의 변화가 경계 이론의 변화를 야기하는 것이다. 하지만 범주를 갖춘 후에는 내재적으로 변형을 분

[**] 평면에서 두 직선의 교점은 한 개이지만 정수배의 평행이동을 동일화한 후의 원환면에서의 교점들을 계산해야 한다-옮긴이

[***] 벡터다발은 원환면의 각 점마다 벡터공간을 할당한 것이다. 차원은 이 벡터공간의 차원을 의미한다. 차수는 간략히 말해서 다발이 얼마나 복잡한지를 재는 것이다. 예를 들어 2차 곡면 위에 각 점마다 그 점에서 접평면을 대응시키는 다발의 차수는 $2 - 2g$이다. 이때 g는 곡면의 구멍의 개수이다. (예를 들어 원환면의 구멍은 1개이다-옮긴이)

[****] 슬라이드 규칙은 로그함수를 이용하여 곱셈을 덧셈으로 바꾸어 계산하는 방법이다. 가령 3×2를 계산하기 위해 $\log(3) + \log(2)$

를 계산하는 방식이다. 이때, $\log(3)$의 길이를 갖는 자를 $\log(2)$만큼 움직여(slide) 계산한다 하여 이와 같은 이름을 갖게 되었다-옮긴이

류할 수 있게 된다. 즉, 범주를 세련된 대수로 보면[*] 대수의 변형은 호크쉴드(Hochschild) 코호몰로지라고 부르는 개념에 의해 쉽게 분류될 수 있으므로, 범주의 변형도 비슷하게 다룰 수 있다. 이제 닫힌 끈이 호크쉴드 코호몰로지의 열린 끈이라는 결론에 도달한다. 막 범주에 호크쉴드 코호몰로지를 계산함으로써 원칙적으로 이 결론을 확인할 수 있으며, 콘세비치 추측을 증명하고 전통적인 거울대칭과 그로모프-위튼 이론을 증명할 수 있다.

9 통합된 주제

어떻게 거울 쌍 (M, W)를 찾을 수 있을까? 그리고 그것을 어떻게 구성할 것인가? 거울대칭은 여러 연구를 통해 많은 결과와 증명을 얻었지만, 이와 같은 기본적인 질문들은 여전히 미해결로 남아 있다.

한편 호리(Hori)와 바파(Vafa)는 수학적으로 뚜렷한 방법은 아니지만 거울대칭의 거울 쌍에 대한 물리학적 증명을 완성했다. 물론 물리학 논리를 수학적으로 변환하려는 시도는 할 수 있으나 그것은 거울 쌍의 구성에 영감을 주지 않는다. 이는 아마도 경로적분이나 양자장론의 재규격화(renormalization)와 같은 물리학적 방법들이 수학적으로 잘 이해되지 않기 때문일 것이다.

바디레브(Batyrev)는 원환기하학의 경우에서 거울 쌍을 구성하는 방법을 고안했다. 이 방법은 그린과 플레져의 구성법을 다양한 예로 확장한 것이다. 이 방법을 통해 모든 종류에서 여러 가지 예를 만들

어내는 데 성공했다. 하지만 이 구성이 내포하는 의미는 확실치 않다.

거울 쌍의 기하학적인 구성에는 수학과 연결된 물리학적 논리가 있지만, 아직 수학적으로 엄밀하지는 않다. 이 논리는 T-쌍대성을 이용한다. M의 B 모형으로부터 출발하여 M의 점 P를 0차원 복소부분공간으로 생각한다. 그러면 M에서 P를 고르는 법은 M 자신에 의해 매개화된다. 거울대칭에 의하여 대응하는 라그랑주 막 T가 거울 다양체 W에 존재할 것이다. 게다가 T의 선택은 P의 선택, 즉 다양체 M과 같아야 한다. 따라서 W의 막 T를 찾을 수 있다면 T의 선택을 매개화할 수 있고 M을 다시 얻는다. 즉, W 자신으로부터 W의 거울 M을 얻는다.

이 구성법은 기하학적이며 거울대칭에 관여하는 칼라비-야우 공간의 구조에 대하여 무언가를 말해준다. 구체적으로 라그랑주 막의 선택은 항상 원환면의 모임처럼 보이고, 따라서 M 자신도 원환면의 모임처럼 보인다. 더 나아가 원환면의 모임에 T-쌍대성을 (원환면 하나에 적용하는 것과 마찬가지로) 적용하여, 다시 거울다양체 W를 얻는 것으로 논증할 수 있다. 앞서 우리가 원환면을 원 위의 원들의 모임으로 보고 논증한 것과 같은 방법이 여기서도 적용된다.[**] 모임의 각 원소에 T-쌍대성을 적용하면 거울 원환면을 얻는다. 따라서 거울대칭은 T-쌍대성이며, 거울대칭의 칼라비-야우 공간은 원환면의 모임처럼 보여야 할 것이다. 이 방법은 호몰로지적 거울대칭 구성법과도 연관되어 있다. 그럴듯하게

***

[*] 대수는 대상이 하나인 범주이다.

[**] 원환면은 위상적으로 $S^1 \times S^1$과 같다. 이는 원 위의 각 점마다 또 다른 원이 달려 있는 것과 같다. 즉 원 위의 원들의 모임이다-옮긴이

들리지만 여전히 수학적으로는 요원한 일이다.

거울대칭의 다양한 관점들로부터 서로 다른 응용들을 얻을 수 있다. 현재까지 이 현상을 통합적으로 이해하지는 못하고 있다. 어떤 면에서는 우리는 여전히 '코끼리 다리를 만지고 있다'.

10 물리학과 수학에서의 응용

거울대칭은 끈이론에서의 계산도구로서 비길 데 없이 강력하다. 그 힘은 물리학의 다른 동치관계와 결합되면 그 힘은 배가 되는데, 예를 들어 물리학에는 여러 유형의 끈이론을 서로 연결시키는 동치관계가 있다.

끈이론에 대한 언급은 여기서 멈추고 거울대칭으로 돌아가 그 복잡성에 대해 살펴보기로 하자. B 모형에서 A 모형의 어려운 순간자들을 계산할 수 있었고, 그 결과 세계면의 2차원 양자장론을 매우 간결화할 수 있었던 것을 상기해 보자. 하지만 이 모든 양자장론은 완전한 끈이론의 섭동 이론에 대한 어떤 파인만 다이어그램을 계산하는 데 사용되는 보조적인 도구이다! 불행히도 완전한 끈이론의 경로적분에 대한 만족할 만한 기술은 이 글을 쓰는 시점에도 존재하지 않는다.* 끈이론 순간자 효과는 끈이론의 동치관계나 다른 논리들을 이용하여 다른 유형의 끈이론에서의 섭동 효과와 관련지을 수 있는 경우를 제외하고는 대부분 알려져 있지 않다. 그 다른 끈이론의 섭동 효과는 거울대칭을 이용하여 계산할 수 있다. 이와 같은 방법으로 동치관계를 연쇄

---

* 번역하는 시점에서도 마찬가지이다−옮긴이

적으로 적용하여, 끈이론의 다양한 서로 다른 현상들을 결국 거울대칭으로 계산할 수 있다.

원칙적으로는 거울 대칭을 이용해 한 이론의 모든 섭동 및 비섭동적인 측면을 계산할 수 있다. 이 글을 쓰는 시점에서 이러한 계산에 방해가 되는 것은 이론적인 것이 아니라 기술적인 것이다.

물리학을 넘어서는 거울대칭의 풍부한 면은 문제의 명확한 표현을 통해 흥미로운 수학의 발견으로 이어진다. 예를 들어 막 범주의 정확한 정의는 여전히 난제로 남아 있다.

거울대칭은 수학적 질문에 직접적으로 응용할 수도 있다. 앞서 거울대칭과 순간자 셈에서 어떻게 산술기하학(enumerative geometry)의 혁명이 일어났는지 살펴봤다. 마찬가지로 심플렉틱 기하학에서의 결과들도 얻을 수 있는데, 때때로 두 대상이 B 모형 막으로서 동치라는 것을 보일 수 있다. 이때 만약 A 모형 거울을 알 수 있다면, 그 거울 심플렉틱 공간에 그에 대응하는 라그랑주 부분공간들 역시 동치라는 결론을 얻게 된다. 물론 그러한 논리를 적용하기 위해서는 먼저 콘세비치의 거울 쌍에 대한 거울대칭 버전을 증명해야 할 것이다. 마지막 예로서, 카푸스틴(Kapustin)과 위튼(Witten)은 거울대칭이 표현론의 기하학적 랭글랜즈 프로그램(geometric Langlands program)과 관련이 있다는 것을 발견했다. 간략히 말해서 이 프로그램은 2차 곡면과 리 군에 연결된 대상들 간의 대응관계이다. 곡면 Σ와 게이지 군(gauge group) G로부터 히친 방정식(Hitchin's equation)의 해들의 공간 $\mathcal{M}_H$를 구성한다. 이 프로그램의 중심이 되는 것은 작용소 대수의 작용에 잘 반응하는 $\mathcal{M}_H$ 위의 복소해석적 대상들이다. 랭글

랜즈 대응관계는 이와 같은 대상의 두 집합을 연관 짓는다. 하나는 쉽게 계산 가능하고 다른 하나는 더욱 어렵다. 실제로 $\mathcal{M}_H$ 그 자신은 원환면의 모임이고 쉬운 대상은 점들에 대응한다. 거울대칭은 T-쌍대성에 의해 이 점들이 원환면으로 변한다는 것을 말해준다. 따라서 어려운 대상들은 원환면 그 자신에 대응돼야 할 것이다! 이것은 흥미로운 명제이고 이를 정확한 수학으로 표현하는 것은 어려운 문제이다. 하지만 도전은 시작되었다.

거울대칭이 기하학적 랭글랜즈 프로그램에 관련돼 있다는 발견은 연구자들 사이에 큰 반향을 불러일으켰고 거울대칭이라는 놀라운 현상의 또 다른 면을 보여주었다.

더 읽을거리

온라인상에 올라와 있는 『*Physmatics*』(http://www2.maths.ox.ac.uk/cmi/library/senior_scholars/zaslow_physmatics.pdf)는 수학과 물리의 관계를 일반적으로 다룬 글로, 이 글에 대한 보충자료로 활용될 수 있을 것이다. 대학 수준의 지식을 갖춘 독자들 가운데 거울대칭에 대해 더 자세히 알고 싶은 독자는 다음 책을 참고하기 바란다.

『*Mirror Symmetry*』(Clay Mathematics Monographs, volume 1, edited by K. Hori and others(American Mathematical Society, Providence, RI, 2003)).

IV.17 꼭짓점 작용소 대수

테리 개논 *Terry Gannon*

1 서론

대수학은 본질적 의미보다는 추상적 구조에 더 중점을 두는 수학 분야이다. 대수학은 여러 분야들 가운데서도 수학적 구조에서 문맥적 의미를 제거하는 개념적 단순화를 통해 강한 능력과 명쾌함을 보여준다. 예를 들어 4차원의 공간을 시각화하는 것은 매우 어려운 일인 데 반해, 네 실수의 쌍 (x_1, x_2, x_3, x_4)를 다루는 일은 아주 간단하다. 하지만 대수학의 이런 추상성 때문에 중요한 무언가를 보지 못하게 될 때도 있다. 이를테면, 숫자의 곱셈이 만족시키는 $ab = ba, a(bc) = (ab)c$와 같은 기초적인 항등식들은 수많은 방식으로 변형될 수 있는데, 추상적인 관점에서만 본다면 이러한 변형된 식들 중 어느 것들이 의미있고 풍요로우며 연구 가능한 이론으로 발전할 수 있을지 예측하기가 어렵다. 이러한 이유에서 대수학은 전통적으로 기하학의 힘을 빌려왔다. 일례로 100여 년 전 수학자 리[VI.53]는 등식 $ab = -ba$와 $a(bc) = (ab)c + b(ac)$가 기하학적인 이유에서 연구할 가치가 있다고 제안했다. 최근에는 이 두 등식에서 얻어지는 구조들을 리 대수[III.48 §2]라고 부른다. 앞으로 살펴볼 바와 같이 대수학에 가이드를 제시하는 기하학의 이런 역할을 요즘에는 물리학 또한 하고 있으며, 이에 따른 괄목할 만한 성과들이 발표되었다.

저명한 물리학자이자 수학자인 에드워드 위튼(Edward Witten)은 양자장론이라고 하는 물리학의 분야를 수학적으로 엄밀히 설명하는 일이 21세기 수학의 주요 과제들 중 하나가 될 것이라 주장했다. 끈이론의 바탕을 이루는 양자장론인 등각장론(conformal field theory(CFT))은 여러 양자장론들 중에서도 특히 대칭적이며, 좋은 성질을 많이 가지고 있다. 이 등각장론이라는 개념, 즉 그것의 공리들은 대수학적으로 꼭짓점 작용소 대수(vertex operator algebra, VOA)라고 불리는 구조로 표현된다. 이 글에서는 꼭짓점 작용소 대수가 어디에서 오는지, 무엇인지, 어디에 쓰이는지 등을 개략적으로 살펴볼 것이다.

꼭짓점 작용소 대수를 몇 페이지 내로 설명하는 것은 양자장론 전체를 몇 페이지 내로 설명하는 것과 같이 말도 안되는 일이지만, 이 두 가지 모두를 아우르는 시도를 해 볼 것이다. 물론 이를 위해 기술적인 세부사항들을 건너뛰어야 하고, 불가피하게 많은 부분을 단순화해야 할 것이다. 따라서 전문가들이나 식견 있는 독자들은, 지나친 단순화로 인해 불편함 혹은 분노까지도 느낄 수 있다. 하지만 독자들에게 이 분야의 중요하고 아름다운 핵심적 아이디어만이라도 전달될 수 있기를 바란다. 리 대수가 20세기에 주어진 선물인 것처럼, 끈이론을 설명하는 대수구조인 꼭짓점 작용소 대수 또한 21세기에 주어진 선물이라고 생각한다.

2 꼭짓점 작용소 대수는 어디에서 오는가

보통 20세기 초 물리학의 가장 혁신적인 두 가지 성과로 상대성 이론과 양자역학을 꼽는다. 이 두 이론을 혁신적이라고 하는 이유는 그로부터 유도되는 결과가 우리의 직관에 반하기 때문이기도 하지만,

그것들이 제공하는 아주 일반적인 이론적 틀이 모든 물리학의 이론에 영향을 끼칠 가능성이 있기 때문이기도 하다. 예를 들어 조화진동자 이론이나 정전기력 이론 등 고전물리의 그 어떤 이론도 상대성 이론과 호환되도록 '상대론적'으로 만들 수 있으며, 양자역학과 호환되도록 '양자화'할 수도 있다.

하지만 불행하게도, 상대성 이론과 양자역학 이론을 서로 완벽하게 호환되도록 하는 방법은 아무도 찾지 못했다. 더 정확히 말하면, 상대성 이론의 최종 관심사인 중력에는 양자역학에서 주로 쓰이는 양자화 기법의 적용이 불가능하다. 이는 현재 물리학이 무시하고 있는 아주 작은 규모에서는 본질적으로 전혀 새로운 물리학이 필요하다는 것을 의미한다. 실제로 순진한 방법으로 계산을 해 보면, 거리 규모가 10^{-35}m 정도인 시공간 '연속체(continuum)'는 소위 말하는 '양자 거품(quantum foam)' 같은 것으로 붕괴해야 한다. 여기에서 10^{-35}m는 매우 작다. 예를 들어 원자 크기를 미터단위로 썼을 때의 자릿수는 10^{-10}m 정도이다.

양자 중력으로의 접근법 중 가장 유명하며 논란의 여지도 제일 많은 것은 아마 끈이론일 것이다. 전자는 입자이며, 따라서 이론적으로 점이라고 봐도 무방하다. 끈이론에서의 기본적인 대상은 점이 아닌 끈이다. 이 끈의 길이는 약 10^{-35}m 정도이다. 일반적으로 받아들여지는 양자장론에서는 십여 종류의 기본입자가 있지만, 끈이론에서의 끈은 한 종류밖에 없으며, 이 끈의 질량이나 전하 등의 물리적 성질들은 당시 끈의 '진동모드(vibrational mode)'에 의해 결정된다.

끈이 움직이는 흔적으로 생기는 곡면을 세계면이

라고 부른다. 끈이론의 상당부분은 이러한 곡면 위에 유도되는 양자이론인 등각장론을 공부하는 것으로 귀결된다. 이에 대해서는 앞으로 살펴볼 것이다. 끈이론 혹은 그와 거의 똑같다고 볼 수 있는 등각장론과 같이 짧은 시간에 이렇게 많은 '순수'수학의 분야에 영향을 끼친 구조는 아마 없을 것이다. 실제로 1990년대에 12개의 필즈메달 중 5개가 이와 관련된 업적을 이룬 수학자들에게 수여됐다(드린펠트 (Drinfel'd), 존스(Jones), 위튼, 보처즈(Borcherds), 콘세비치(Kontsevich)). 이 장에서는 그러한 업적들이 대수학에 미친 영향을 주로 다룰 것이다. 기하학에 미친 영향에 관해서는 거울대칭[IV.16]을 참고하기 바란다.

2.1 물리학 개론

물리학의 개론을 살펴보는 것은 뒤따를 논의들을 이해하는 데 큰 도움이 될 것이다. 물리학에 대한 더욱 자세한 내용은 거울대칭[IV.16 §2]에서 다루고 있다.

2.1.1 상태, 관측가능량, 대칭

물리 이론이란 어떠한 물리적 계의 행동을 지배하는 물리법칙들의 모임이다. 어떠한 물리적 계를 특정한 시각에서 완전하게 수학적으로 기술한 것을 계의 **상태**(state)라고 한다. 예컨대 입자 하나로 이루어진 계를 생각해 보면, 입자의 위치 x와 운동량 $p = m(d/dt)x$를 계의 상태로 취할 수 있다(여기서 m은 입자의 질량). 위치, 운동량, 혹은 에너지와 같이 물리적으로 측정가능한 양을 **관측가능량**(observable)이라고 한다. 관측가능량들을 통해 물리 이론을 실

험과 비교할 수 있다. 물론 이를 위해서는 관측가능량이라는 개념이 이론적 관점에서 가지는 의미를 알아야 한다.

고전물리에서 관측가능량은 그저 상태에 관한 수칫값함수(numerical function)이다. 예를 들면 위에서 말한 한 개의 입자가 가진 에너지 E는 위치와 운동량에 의존하며, 공식 $E = (1/2m)p^2 + V(x)$로 주어진다(이는 운동 에너지와 퍼텐셜 에너지의 합이다). 서로 다른 시각에서의 고전적 상태들은 운동 방정식에 의해 서로 관계돼 있고, 이러한 방정식은 주로 미분방정식으로 나타난다. 그러나 끈이론과 등각장론은 양자이론이라서, 고전물리 이론과는 현저히 다르다. 이들을 '응용 선형대수학'의 일종으로 볼 수도 있다. 고전적 상태가 몇 개의 숫자들에 의해 결정되는 반면(위의 예에서는 숫자 두 개), 양자적 상태는 힐베르트 공간[III.37]의 원소이다. 지금의 논의에서는 힐베르트 공간의 원소를 무한개의 복소수 성분들을 가지는 열벡터로 생각할 수 있다. 양자적 관측가능량은 힐베르트 공간 위의 에르미트 작용소[III.50 §3.2]이며, 이를 $\infty \times \infty$의 행렬 $\hat{A}$로 볼 수 있다. 이 경우 $\hat{A}$는 상태들에 행렬곱으로서 작용한다. 고전물리에서와 같이, 양자물리에서 가장 중요한 관측가능량들 중 하나가 에너지이며, 이는 양자물리에서 해밀토니안 작용소(Hamiltonian operator) $\hat{H}$를 통해 얻을 수 있다.

그런데 상태를 다른 상태로 보내는 선형작용소가 물리적 관측이라는 개념과는 어떻게 관계돼 있는지는 전혀 명확하지 않다. 실제로, 관측가능량과 관측의 관계가 바로 고전이론과 양자이론의 가장 중요한 차이점이다. $\hat{A}$가 관측가능량이라면 **스펙트럼 정**

리[III.50 §3.4]에 의해 힐베르트 공간은 $\hat{A}$의 고유벡터[I.3 §4.3]로 이루어진 **정규직교기저**[III.37]를 가진다. 관측가능량 $\hat{A}$을 모형으로 하는 실험의 결과로 $\hat{A}$의 고윳값들 중 하나를 얻는다. 하지만 보통 이러한 결과는 상태 v에 의해 완전히 결정되는 게 아니라, 확률분포로 주어진다. 여기서 특정한 고윳값을 얻을 확률은 v를 해당 고유공간에 사영시킨 벡터의 노름의 제곱에 비례한다. 따라서 실험의 결과를 완벽하게 예측할 수 있는 경우는 상태 v가 $\hat{A}$의 고유벡터인 경우일 때뿐이다.

양자적 상태가 시간에 따라 변화하는 방법에는 서로 독립적인 두 가지가 있다. 그중 하나는 측정들 간의 결정론적 변화(deterministic evolution)이며, 이를 지배하는 방정식은 유명한 **슈뢰딩거 방정식**[III.83]이다. 또 다른 하나는 확률론적이고 비연속적인 변화인데, 이는 측정이 이루어지는 순간에 일어난다. 현재 논의에서는 전자의 결정론적 변화만을 다루기로 한다.

앞으로 살펴볼 바와 같이 등각장론은 매우 풍요로운 대칭들을 가진다. 물리 이론의 대칭이 가지는 매력은 그에 수반되는 두 가지 결과에서 비롯된다. 첫째로 뇌터 정리[IV.12 §4.1]에 의해 대칭으로부터 시간에 따라 변하지 않는 어떤 양, 즉 **보존량**(conserved quantity)들이 생긴다. 예컨대, 우리의 입자들에 관한 운동 방정식들은 보통 평행이동에 대해 불변이다. 일례로 두 입자 간의 중력은 입자들의 위치의 차이에만 의존한다. 이에 해당되는 보존 법칙이 운동량 보존의 법칙이다. 두 번째 결과는 이 대칭의 무한소 생성자(infinitesimal generator)들이 상태 공간 $\mathcal{H}$에, 즉 상태들이 속한 힐베르트 공간에 작용

하여, 그 결과로 리 대수의 표현을 주는 것이다. 이 두 가지 결과 모두 등각장론에서 중요하게 다루는 개념이다.

2.1.2 라그랑지안 형식화와 파인만 다이어그램

물리학에서 사용하는 두 가지 언어를 살펴보도록 하자. 그 하나는 **라그랑지안 형식주의**(Lagrangian formalism)이다. 끈이론과 등각장론의 관계가 이것으로부터 나오며, 끈이론에서의 모듈러 함수(modular function)들도 이 형식주의에서 나타난다. 다른 하나는 **해밀토니안 형식주의**(Hamiltonian formalism) 혹은 **푸아송 괄호 형식주의**(Poisson bracket formalism)로, 이로부터 대수가 생긴다. 꼭짓점 작용소 대수는 이 두 형식주의가 결합되는 '기적'을 설명하는 도구이다.

라그랑지안 형식주의는 고전물리학적으로는 **해밀턴의 작용 원리**(Hamilton's action principle)로 표현될 수 있다. 힘이 작용하지 않으면 입자는 곧은 직선상에서 움직이는데, 직선은 길이가 최단인 곡선이다. 해밀턴의 원리는 이 아이디어를 임의의 힘이 작용하는 경우에 대해 일반화할 수 있도록 해 준다. 일반적으로 입자는 (경로의) 길이를 최소화하는 대신 **작용**(action)이라고 부르는 어떤 양 S를 최소화한다.

해밀턴의 작용원리의 양자역학적 형태는 파인만에 의해 정립되었다. 파인만은 어떤 초기 (고유) 상태 $|\text{in}\rangle$에 있던 물리적 계가 어떤 최종 (고유) 상태 $|\text{out}\rangle$으로 측정될 확률을, 두 상태 $|\text{in}\rangle$과 $|\text{out}\rangle$을 잇는 모든 가능한 경로들* 위에서의 $e^{iS/\hbar}$의 '경로

---

* 모든 가능한 경로들이 모여 이루는 공간–옮긴이

적분(path integral)'으로 표현했다. 구체적인 내용은 지금의 논의에선 크게 중요하지 않다(그리고 이 논의가 수학적으로 잘 정의되는지도 의심스럽다). 이 경로적분 형식화(path integral formulation)에 내재돼 있는 직관은 입자가 모든 가능한 경로들을 동시에 지나가며, 각각의 경로들이 확률적인 기여도를 가진다는 것이다. 여기서 $\hbar$는 플랑크 상수(Planck's constant)이다. $\hbar \to 0$의 '고전물리적 극한(classical limit)'에서는, 해밀턴의 원리를 만족하는 경로에서 오는 기여도가 다른 모든 경로들의 기여도를 지배한다.

파인만의 경로적분이 주로 사용되는 곳은 섭동이론(perturbation theory)이다. 물리학에서는 (방정식의) 정확한 해를 찾는 일이 일반적으로 가능하지 않으며, 보통 그다지 유용하지도 않다. 실제로는, 해의 어떤 테일러 전개(Taylor expansion)의 처음 몇 개 항들만 찾는 것으로도 충분하다. 이처럼 양자 이론에 '섭동적으로' 접근하는 방법은 파인만의 형식주의에서 특히 명확하게 드러나는데, 여기서는 테일러 전개의 각 항들을 파인만 다이어그램(Feynman diagram)이라고 부르는 그래프로 도식화할 수 있다. 전형적인 예들이 그림 1의 (a)에 나와 있다. 이 테일러 전개의 n번째 항에 관한 그래프는 n개의 꼭짓점을 가진다. 파인만의 규칙은 이러한 그래프들로부터 어떻게 테일러 전개의 각 항들을 계산하는 적분 표현을 얻는지 말해준다.

이 장에서 우리의 관심사는 섭동적 끈이론(perturbative string theory)에 있다. 끈에 대한 파인만 다이어그램은 세계면이라고 불리는 곡면이다(그림 1의 (b)에 그려진 세 가지 예는 모두 동치이다). 이 곡면

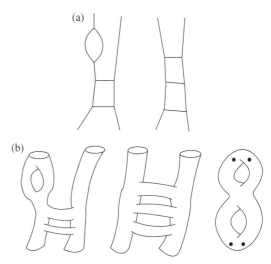

그림 1 파인만 다이어그램의 예. (a) 입자 (b) 끈

은 꼭짓점마다 특이점을 가지는 입자의 그래프보다 훨씬 덜 특이적이기 때문에 양자 거품(quantum foam)도 필요가 없는데, 이것이 끈이론의 수학이 매우 좋은 이유이다. 간략히 말하면, 끈이론의 확률을 표현하는 섭동적 표현은 해당 세계면 위의 등각장론에서의 '상관 함수(correlation function)'라고 부르는 양으로부터 계산할 수 있다. 여기서 파인만의 경로적분은 등각장론이 계산할 수 있는 양을 어떤 곡면들의 **모듈라이 공간**[IV.8] 위에서 적분한 것에 해당된다.

파인만 다이어그램의 꼭짓점들은 한 입자가 다른 입자를 흡수하거나 방출하는 지점을 나타낸다. 끈이론에서 이에 해당하는 규칙은 그림 2에서와 같이 세계면을 'Y자 튜브 모양' 혹은 세 발 달린 구면으로 분할할 수 있어야 한다는 것이다. 이 발 달린 구면들이 파인만 다이어그램에서 꼭짓점의 역할을 하기 때문에, 해당 경로적분의 피적분함수에 그들이 기여하는 인자를 꼭짓점 작용소(vertex operator)라고 부

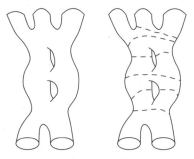

그림 2 곡면 절단하기

른다. 이들 꼭짓점 작용소는 하나의 끈이 다른 끈을 흡수하거나 방출하는 것을 설명하며, 꼭짓점 작용소들이 이루는 '대수'를 꼭짓점 작용소 대수라고 한다.

2.1.3 해밀토니안 형식화와 대수

두 고전(물리적) 관측가능량들의 푸아송 괄호 $\{A, B\}_P$는 다음과 같이 정의된다.

$$\frac{\partial A}{\partial x}\frac{\partial B}{\partial p} - \frac{\partial B}{\partial x}\frac{\partial A}{\partial p}.$$

따라서 $\{A, B\}_P = -\{B, A\}_P$, 즉 푸아송 괄호가 반가환적(anti-commutative)임을 쉽게 확인할 수 있다. 푸아송 괄호는 또한 **야코비 항등식**(Jacobi identity)

$$\{A, \{B, C\}_P\}_P + \{B, \{C, A\}_P\}_P + \{C, \{A, B\}_P\}_P = 0$$

을 만족하고, 따라서 리 대수를 정의한다. 고전물리의 해밀토니안 형식화는 관측가능량 A의 시간에 따른 변화를 미분방정식 $\dot{A} = \{A, H\}_P$로 표현한다. 여기에서 H는 해밀토니안[III.35], 즉 에너지 관측가능량(energy observable)이다. 이것의 양자역학적 형태는 하이젠베르크(Heisenberg)와 디랙(Dirac)에 의해 정립되었다. 관측가능량들은 이제 매끄러운 함수(smooth function)들 대신 선형작용소들이며, 푸아송 괄호는 작용소들 간의 **교환자**(commutator) $[\hat{A}, \hat{B}] = \hat{A} \circ \hat{B} - \hat{B} \circ \hat{A}$로 대체된다. 이 역시 반가환적인 성질 $[\hat{A}, \hat{B}] = -[\hat{B}, \hat{A}]$을 가지며 야코비 항등식도 만족한다. 따라서 '양자화'의 과정은 리 대수들 간의 준동형사상을 결정한다. 양자적 관측가능량 $\hat{A}$의 시간에 대한 미분은 고전물리에서의 경우와 유사하게 $[\hat{A}, \hat{H}]$에 비례한다(여기서 $\hat{H}$는 해밀토니안 작용소이다). 따라서 해밀토니안은 에너지 관측가능량으로서의 역할을 함과 동시에 시간에 따른 변화를 통제하는 역할까지도 수행한다. 상태 공간 $\mathcal{H}$ 위의 관측가능량들의 작용, 그리고 이 관측가능량들과 $\hat{H}$ 간의 교환자들에 모든 물리적 정보가 저장되어 있다.

이에 대한 예로 **조화진동자**(harmonic oscillator)라고도 불리는 **양자 용수철**을 살펴보자. 위치 관측가능량 $\hat{x}$과 운동량 관측가능량 $\hat{p}$은, 가능한 용수철 상태들의 공간인 무한차원 공간 $\mathcal{H}$에 작용한다. 이 관측가능량들 대신 그들의 어떠한 결합들인 $\hat{a}$와 $\hat{a}^\dagger$을 다루는 것이 더 편리하다(여기서 단검(dagger) 표시 '$\dagger$'는 '에르미트 수반행렬(Hermitian adjoint)', 즉 켤레전치(complex-conjugate transpose)를 뜻한다). 이들은 $[\hat{a}, \hat{a}^\dagger] = I$를 만족하며(여기서 I는 항등 작용소(identity operator)이다), 이들로부터 다른 모든 관측가능량들을 만들어낼 수 있음이 밝혀졌다. 예컨대 해밀토니안 $\hat{H}$은 어떤 양의 상수 l에 대해 $l(\hat{a}^\dagger\hat{a} + \frac{1}{2})$로 쓸 수 있다. 최소의 에너지를 가지는 상태를 **진공**(vacuum)이라고 하며, $|0\rangle$으로 표기한다. 다시 말해, 상태 $|0\rangle$은 $\hat{H}$의 최소 고윳값에 대한 고유벡터이다. 즉 어떤 $E_0 \in \mathbb{R}$에 대해서 $\hat{H}|0\rangle = E_0|0\rangle$이

며, E_0은 $\hat{H}$의 다른 모든 고윳값 E보다 작다. 이로부터 $\hat{a}|0\rangle = 0$을 이끌어낼 수 있다. 증명을 위해, $\hat{H}$을 $\hat{a}|0\rangle$에 작용시켜 보자.

$$\hat{H}\hat{a}|0\rangle = l(\hat{a}^\dagger\hat{a} + \tfrac{1}{2})\hat{a}|0\rangle = l(\hat{a}\hat{a}^\dagger - \tfrac{1}{2})\hat{a}|0\rangle$$
$$= \hat{a}l(\hat{a}^\dagger\hat{a} - \tfrac{1}{2})|0\rangle = \hat{a}(\hat{H} - l)|0\rangle$$
$$= (E_0 - l)\hat{a}|0\rangle.$$

여기서 항등식 $\hat{a}^\dagger\hat{a} = \hat{a}\hat{a}^\dagger - I$가 사용되었다. (이 관측가능량들 $\hat{a}$과 $\hat{a}^\dagger$을 각기 **생성 작용소**(creation operator)와 **소멸 작용소**(annihilation operator)라고 부르는데, 그 이유는 앞으로 살펴볼 바와 같이, 이들이 어떤 n-입자 상태에서 입자 하나를 더하거나 빼는 것으로 해석될 수 있기 때문이다. 이를 보이는 데에는 그들의 순서를 바꿀 때 $\pm I$가 생긴다는 사실을 이용하면 된다.) $\hat{a}|0\rangle$이 만약 0이 아닐 경우, 위 계산에 의해서 이것은 $\hat{H}$의 고유벡터이며 그 고윳값이 E_0보다 작아지는 모순이 나타난다.

$\hat{a}|0\rangle = 0$으로부터 $\hat{H}|0\rangle = \tfrac{1}{2}l|0\rangle$을 얻으며, 따라서 $E_0 = \tfrac{1}{2}l$이다. 이제 각 양의 정수 n에 대해 상태 $|n\rangle$을 $(\hat{a}^\dagger)^n|0\rangle \in \mathcal{H}$로 정의하자. 위의 계산에서와 비슷한 방법으로 $|n\rangle$의 에너지를 계산하면 $E_n = (2n + 1)E_0$이다. 예를 들면,

$$\hat{H}|1\rangle = l(\hat{a}^\dagger\hat{a} + \tfrac{1}{2})\hat{a}^\dagger|0\rangle$$
$$= l(\hat{a}^\dagger(\hat{a}^\dagger\hat{a} + I) + \tfrac{1}{2}\hat{a}^\dagger)|0\rangle$$
$$= \tfrac{3}{2}l\hat{a}^\dagger|0\rangle = E_1|1\rangle$$

이 된다(마지막으로부터 두 번째 등호에서 $a|0\rangle = 0$을 사용했다). 진공을 바닥 상태로 보고, $|n\rangle$을 n개의 **양자 입자**(quantum particle)들을 가진 상태로 생각한다. 이러한 상태 $|n\rangle$들이 상태 공간 $\mathcal{H}$ 전체를 생성한다. 관측가능량이 상태에 어떻게 작용하는지 보려면, 기본 관측가능량 $\hat{a}$, $\hat{a}^\dagger$에 관해 해당 관측가능량을 쓰고, 기본 상태 $|n\rangle$에 관해 해당 상태를 쓰면 된다. 이렇게 대수적인 방법으로 모든 물리를 복원할 수 있다.

이런 식으로 진공과 작용소(연산자)들을 이용해서 전체 공간 $\mathcal{H}$를 만들어내는 아이디어는 수학에서도 역시 유익하다. 예를 들어, 대부분의 중요한 리 대수의 가장 중요한 모듈(module)에서도 이와 비슷한 일이 일어난다.

2.1.4 장

고전장(classical field)은 공간과 시간의 함수이다. 그 함숫값은 숫자 혹은 벡터일 수 있으며, 이런 값의 예로 공기의 온도나 강의 유속 등이 있다. 이에 비해, **양자장**(quantum field)이 취하는 값은 작용소이다. 또한 양자장은 공간과 시간의 **함수**가 아니라 그보다 더 일반적인 **분포**[III.18](혹은 초함수)라고 불리는 대상이다. 분포의 원형적인 예로는 **디랙 델타 함수**(Dirac delta function) $\delta(x - a)$가 있다. 이름이 말해주는 바와는 달리 이것은 함수가 아니다. 대신에 이것은 임의의 충분히 좋은 함수 $f(x)$에 대해 다음의 성질을 만족한다는 것으로 정의된다.

$$\int f(x)\delta(x - a)\,\mathrm{d}x = f(a). \tag{1}$$

이 $\delta(x - a)$는 엄밀히 말해 함수는 아니지만 계단 함수의 미분으로 여겨질 수 있다. 또한 이것의 그래프를 그린다고 생각해 보면, 그 그래프는 $x = a$를 제외한 점에서는 값이 0이고 $x = a$에서는 무한대의 값을 가지는데, $x = a$ 주변에서 이 그래프의 아래에 있

는 영역은 위아래로 무한히 길고 양옆으로는 무한히 좁으며 넓이가 1인 직사각형으로 볼 수 있다. 하지만 엄밀하게 말해서 이것은 (1)에서와 같이 적분 안에서만 의미가 있다. 일반적인 분포들도 비슷한 방법으로 설명된다. 따라서 양자장은 공간과 시간의 적분 안에서 오직 어떠한 '시험함수(test function)'를 적용함으로써 값을 계산할 수 있다. 이러한 적분의 값은 상태 공간 $\mathcal{H}$ 위의 작용소로 얻어진다.

디랙 델타 함수는 고전역학에서 고전장들의 푸아송 괄호를 취할 때 나타난다. 이와 비슷하게, 양자장들의 교환자에서도 델타 함수를 볼 수 있다. 예컨대 가장 간단한 경우에 양자장 φ는 다음을 만족한다.

$$\left.\begin{array}{l} [\varphi(x, t), \varphi(x', t)] = 0, \\ \left[\varphi(x, t), \dfrac{\partial}{\partial t}\varphi(x', t)\right] = i\hbar\delta(x - x'). \end{array}\right\} \quad (2)$$

이것은 국소성(locality)*이라고 불리는 중요한 물리 원리를 양자장론의 관점에서 수학적으로 표현하는 방법이다. 국소성이란 쉽게 말하면 무언가에 직접적으로 영향을 주는 방법은 살짝 미는 수밖에는 없다는 것을 말한다. 우리와 접촉하고 있지 않은 어떤 것에 영향을 주려면, 우리는 우리로부터 그것을 향해 물결을 일으키는 것과 비슷하게 교란을 전파해야한다. 고전장과 양자장 모두의 주요한 목적은 국소성

---

* 국소성이란 더 정확하게는, 시공간의 어떤 두 점이 빛에 의해서조차 연결될 수 없는 경우에, 그 점들에서의 양자장들이 인과적으로 독립(causally independent)해야 한다는 것을 말한다. 특히, 그러한 점들에서의 측정들은 임의의 정밀도로 동시에 수행될 수가 있다. 양자 이론에서는 이를 위해서 이 작용소들이 서로 교환(commute)해야 한다. 방정식 (2)는 약한 형태의 국소성을 만족하는 방법이다.

을 실현하는 자연스러운 매개물을 제공하는 데 있다. 국소성은 또한 꼭짓점 작용소 대수의 핵심에 있기도 하다.

현대물리의 중요한 점 중 하나는, 고전물리에서의 필수적인 개념들이 덜 중요한 것들이 되고, 나아가서는 유도량(derived quantity)들이 된다는 것이다. 예컨대 일반 상대성 이론[IV.13]의 기본적인 대상은 로렌츠 다양체(Lorentzian manifold)인데, 질량이나 중력과 같은 친숙한 물리량은 이 다양체의 관점에서 보면 그저 그 다양체의 여러 가지 기하적 속성에 (완전히 정확하지는 않은 방법으로) 이름을 붙여준 것에 지나지 않는다.

입자는 고전물리에서 없어서는 안될 요소임이 분명하지만, 앞에서 간단히 살펴본 양자장론의 개요에서는 아직 언급되지 않았다. 입자는 양자장 φ의 모드라고 불리는 것들을 통해 나타나는데, 이것들이 §2.1.3에서 봤던 작용소들 $\hat{a}, \hat{a}^{\dagger}$의 역할을 한다. 모드는 양자장을 적당한 시험함수에 곱한 후 적분하여 얻어지는 작용소이다. 이것은 푸리에 계수를 구하는 과정과 비슷한데, 푸리에 계수의 경우에는 시험함수로 삼각함수[III.92]를 사용한다. 사실 어떤 적절한 관점에서 보면, 모드들은 실제로 푸리에 계수의 일종이다. 이 모드들 간의 교환자는 장들 간의 교환자로부터 얻을 수 있다. 이제 끈이론의 꼭짓점 작용소가 끈의 흡수나 방출과 관련이 있다는 것을 상기해 보자. 곧 살펴볼 바와 같이, 이 꼭짓점 작용소들은 점입자의 양자장론, 즉 해당 등각장론에서의 양자장들이다. 이 꼭짓점 작용소의 모드들이 그 등각장론 안의 '입자'(혹은 더욱 관습적으로는 상태)들을 생성한다. 달리 표현하면, 그것들은 해당 끈이론

안의 끈 하나의 여러 가지 진동 상태들을 생성한다.

2.2 등각장론

2차원 시공간에 대한 양자장론 중에서 모든 **등각변환**(conformal transformation, 공형변환)들을 대칭으로 포함하는 것을 **등각장론**(conformal field theory, CFT)이라 한다. 다음의 몇 개 단락을 통해서 이 말의 의미를 설명하겠으나, 지금은 등각장론이 그저 특별히 대칭적인 종류의 양자장론이라는 것만 알고 있어도 된다. 등각장론은 끈들이 시간에 따라 충돌하거나 분리되는 등 변화하면서 남기는 흔적으로 생기는 세계면 위에서 정의된다. 이 소절에서 그 개요를 알기 쉽게 살펴볼 것이다. 더욱 정확한 내용은 §3.1에서 다루겠다.

2차원에서의 여느 양자장론들과 같이, 등각장론은 거의 독립적인 두 부분으로 나누어진다. 이것은 끈이론의 문맥 안에서 가장 보기 쉽다. 끈 위의 물결들은 해당 상태에서의 전하나 질량 등의 물리적 속성의 원인이 되는데, 이들은 끈 둘레로 (빛의 속도로) 시계방향 혹은 반시계방향으로 움직일 수 있다. 이 경우, 이들은 서로 상호작용하지 않고 통과해 간다. 이때 시계방향과 반시계방향 중 어느 쪽을 택하는지에 따라 각기 등각장론의 두 가지 나선성 절반(chiral half)을 준다. 등각장론을 공부하기 위해서는, 우선 그것의 나선성 절반들을 분석한 뒤, 그 둘을 꼬아 붙여 '쌍나선성(bichiral)' 물리량들을 만들어 내야 한다. 등각장론에 대한 수학자들의 거의 모든 관심은 물리적 정보 대신 나선성 정보에만 집중돼 왔는데, 실제로 여기가 꼭짓점 작용소 대수들이 나타나는 곳이다. 쉬운 설명을 위해서 나선성 절반들 중 하

나를 억제해 보자.

등각변환은 각도를 보존하는 변환이다. 등각장론에서 2차원이 특별한 이유 중 가장 간단히 설명할 수 있는 것은, 더 높은 차원보다 2차원 등각변환이 훨씬 많이 존재한다는 것이다. 차원이 $n > 2$인 경우의 등각변환은 평행이동, 회전이동, 확대변환의 결합으로 주어지는 명백한 예들 밖에 없다. 이는 $\mathbb{R}^n$에서의 모든 국소적 등각변환들의 공간의 차원이 $\binom{n+2}{2}$라는 것을 의미한다. 하지만 $n = 2$인 경우 국소적 등각변환들의 공간은 차원이 **무한대**로 훨씬 풍요롭다. 실제로 $\mathbb{R}^2$을 복소평면 $\mathbb{C}$와 동일시하면, 임의의 **복소해석적 함수**[I.3 §5.6] $f(z)$ 중 점 z_0에서의 미분값이 0이 아닌 것은 z_0의 주변에서 등각이다. 이렇듯 많은 등각변환이 존재하며, 등각장론은 등각변환들에 대해 불변이기 때문에, 등각장론은 특별히 대칭적인 이론이라고 할 수 있다. 이것이 등각장론을 수학적으로 아주 흥미롭게 만드는 부분이다.

국소적 대칭들이 있으면 리 대수는 자연스럽게 나타난다. 실제로 무한소 등각변환으로부터 무한 차원의 리 대수를 만들어낼 수 있다. 이 대수는 $l_n(n \in \mathbb{Z})$를 기저로 갖는데, 이들은 다음의 리 괄호 관계식(Lie-bracket relation)을 만족한다.

$$[l_m, l_n] = (m - n) l_{m+n}. \qquad (3)$$

등각장론의 등각대칭을 대수적으로 해석하면, 이 기저 원소 l_n들이 이 이론의 모든 양들에 자연스럽게 작용한다는 말이 된다. 이에 대해 더 살펴보도록 하자.

다른 모든 예들의 근본이 되는 기초적인 예는 시

공간 Σ가 들어오는 끈에 해당되는 반무한 원기둥
일 경우이다. 이 시공간은 시간 $t < 0$과 끈 주위의 각
도 $0 \leqslant \theta < 2\pi$로 매개화된다. 이 원기둥을 공식 $z = e^{t-i\theta}$을 통해 $\mathbb{C}$의 구멍난 원판과 등각적으로 대응시
킬 수 있다. 여기에서 $t = -\infty$는 $z = 0$에 대응된다.
이로써 원기둥의 등각대칭에 대해 이야기할 수 있
게 된다.

등각장론의 양자장 $\varphi(z)$는 끈이론의 꼭짓점 작용
소이다. 항상 그러하듯이 이 양자장 φ는 시공간 Σ
위의 '작용솟값 분포(operator-valued distribution)'이
며, 상태 공간 $\mathcal{H}$에 작용한다. 이제 장 φ가 '복소해
석적'이라는 개념을 다음과 같이 정의할 수 있다. 먼
저 모든 $n \in \mathbb{Z}$에 대해 φ의 모드 φ_n을 계산한다. 이
모드들은 상태 공간 $\mathcal{H}$에서 자기 자신으로 가는 선
형 작용소들이며, 적분 공식

$$\varphi_n = \int \varphi(z) z^{n-1} dz$$

로 주어지는데, 이는 원점을 감싸는 작은 원 위의 적
분이다. 이제 이 모드들을 형식적 멱급수

$$\sum_{n \in \mathbb{Z}} \varphi_n z^n$$

의 계수들로 취한다. 이 형식적 멱급수가 φ와 동
일시될 수 있을 경우 φ가 복소해석적이라고 말한
다. 이에 대해서는 §3.1에서 더 자세히 논의할 것이
다. 모든 장 $\varphi(z)$가 복소해석적이지는 않다. 대신에,
일반적으로 장 $\varphi(z)$는 복소해석적 장(holomorphic
field)과 비복소해석적 장(anti-holomorphic field)의
결합인데, 이 둘이 등각장론의 두 나선성 절반들을
구성한다. 우리는 복소해석적 장 $\varphi(z)$들의 공간에
집중할 것이고, 이 공간을 $\mathcal{V}$라고 부르기로 한다.

이것이 결국에는 꼭짓점 작용소 대수를 이룬다는
것에 대해 논의해 나갈 것이다(비복소해석적 장의
공간도 마찬가지이다).

가장 중요한 꼭짓점 작용소인 **변형력-에너지 텐
서(stress-energy tensor)** $T(z) \in \mathcal{V}$는 등각대칭으로
부터 직접적으로 얻어진다. 이것은 뇌터 정리가 등
각대칭에 부여하는 '보존 전류(conserved current)'이
다. 이것의 모드들(즉 뇌터의 '보존 전하(conserved
charge)')을 $L_n = \int T(z) z^{-n-3} dz$로 이름 붙이면, $T(z)$
$= \sum_n L_n z^{-n-2}$이고, 이것들이 등각대수를 거의 실현
해냄을 보일 수 있다. 그런데 이들은 (3) 대신에 약
간 더 복잡한 다음의 관계식을 만족한다.

$$[L_m, L_n] = (m-n)L_{m+n} + \delta_{n,-m} \frac{m(m^2-1)}{12} cI. \quad (4)$$

여기서 I는 항등 작용소이다. 다시 말해, 작용소 L_n
과 I가, 등각대수의 I에 의한 확대를 구성한다. 이
로써 얻어지는 무한차원의 리 대수를 **비라소로 대
수(Virasoro algebra)** $\mathfrak{Vir}$이라고 부른다. 관계식 (4)
에서 나타나는 수 c를 등각장론의 **중심전하(central
charge)**라고 하는데, 이것은 대략 등각장론의 크기
에 대해 말해준다.

이 작용소 L_n은 등각대수 (3)을 정확히 표현하지
는 않고, **사영표현(projective representation)**이라 부르
는 것을 구성한다. (4)에서와 같은 대칭들의 사영표
현들은 양자 이론에서 흔히 볼 수 있다. 이들이 진정
한 의미에서 표현을 이루지 않는다는 사실은 별로
문제가 되지 않는데, 그 이유는 대수를 확대하여 그
것을 진정한 표현으로 만들 수 있기 때문이다. 이 논
의에서의 경우, 상태 공간 $\mathcal{H}$가 그 안에 비라소로
대수 $\mathfrak{Vir}$의 진정한 표현을 포함하고 있다. 이 사실

은 $\mathfrak{Vir}$이 $\mathcal{H}$의 구조를 정리하는 데 쓰일 수 있다는 것을 의미한다는 점에서 유용하다.

모든 양자장론에는 **상태-장 대응**(state-field correspondence)이라는 것이 있다. 이것은 각 장 φ에 대해 그것의 들어오는 상태를 대응시킨다는 말이며, 들어오는 상태란 시간 t를 $-\infty$로 보낼 때의 $\varphi|0\rangle$의 극한값이다(항상 그렇듯 $|0\rangle$은 $\mathcal{H}$의 진공 상태를 뜻하며, φ는 상태들에 작용한다). 등각장론은 이 상태-장 대응이 전단사 대응이라는 점에서 독특하다. 이는 곧 $\mathcal{H}$와 $\mathcal{V}$를 동일시할 수 있다는 말이며, 상태들로써 모든 장들을 표기할 수 있다.

우리는 복소해석적 장들의 공간인 $\mathcal{V}$를 일종의 대수로 만들고 싶지만, 분포들은 함수들과는 다르게 일반적으로 서로 곱해질 수가 없어서, 순진하게 곱을 취하는 방법인 $\varphi_1(z)\varphi_2(z)$는 사용할 수 없다. 예컨대 디랙 델타 함수 $\delta(x-a)$를 제곱한다면 (1)에서 문제가 생긴다. 하지만 이러한 곱 $\varphi_1(z)\varphi_2(z)$가 잘 정의되지 않음에도 불구하고, 이를 조금 변형한 곱 $\varphi_1(z_1)\varphi_2(z_2)$는 Σ^2 위의 작용솟값 분포로 잘 정의할 수 있다. 그런 후에 $z_2 \to z_1$에 관한 특이항(singular term)들을 연구함으로써 등각장론이 가지는 물리정보의 대부분을 복원할 수 있다. 이러한 곱 $\varphi_1(z_1)\varphi_2(z_2)$를 $\sum_h (z_1-z_2)^h O_h(z_1)$과 같은 형식의 합으로 전개하는 것을 **작용소 곱 전개**(operator product expansion)라고 한다. 집힙 $\mathcal{V}$에서는 이 계수들 $O_h(z)$가 모두 $\mathcal{V}$의 원소인데, 이를 두고 $\mathcal{V}$가 이러한 곱에 대해 닫혀 있다고 말한다. 전형적인 예는 다음과 같다.

$$T(z_1)T(z_2) = \tfrac{1}{2}c(z_1-z_2)^{-4}I + 2(z_1-z_2)^{-2}T(z_1)$$

$$+(z_1-z_2)\frac{\mathrm{d}}{\mathrm{d}z}T(z_1)+\cdots.$$

물리학자들은 $\mathcal{V}$를 나선성 대수(chiral algebra)라고 부른다. 이것은 꼭짓점 작용소 대수의 원형적인 예이다. 이것은 관습적인 의미에서의 대수는 아니다. 두 꼭짓점 작용소 $\varphi_1(z)$와 $\varphi_2(z)$에 대해, $\mathcal{V}$ 안에서 하나의 곱 $\varphi_1(z) * \varphi_2(z)$가 주어지는 것이 아니라, $\mathcal{V}$ 안에서 무한 종류의 곱 $\varphi_1(z) *_h \varphi_2(z) = O_h(z)$가 주어지기 때문이다.

해밀토니안은 모든 양자장론에서 중요한 역할을 한다. 위 경우는 앞에서 나왔던 모드 L_0에 비례하는 것으로 밝혀진다. 관측가능량인 L_0은 $\mathcal{H}$에서 대각화할 수 있다. 즉 임의의 상태 $v \in \mathcal{H}$가 $\sum_h v_h$로 쓰여서 각 $v_h \in \mathcal{H}$가 에너지 h를 가지게 할 수 있다. 즉 $L_0 v_h = h v_h$이다.

특히 좋은 성질을 가지는 등각장론의 특별한 종류가 있다. 등각장론의 모든 비복소해석적 장들의 공간을 $\bar{\mathcal{V}}$라고 쓰자. 이것은 반대쪽 나선성 절반이다. 복소해석적 장들의 공간인 $\mathcal{V}$와 복소비해석적 장들의 공간인 $\bar{\mathcal{V}}$를 꼬아 붙임으로써 전체 등각장론이 얻어짐을 상기하자. 만약 이 둘의 직합인 $\mathcal{V} \oplus \bar{\mathcal{V}}$가 아주 커서, 등각장론의 양자장들의 전체 공간 안에서 적당한 의미로 유한한 지표(index)를 가지는 경우, 이 등각장론을 유리 등각장론(rational CFT)이라고 부른다. 이런 경우에 중심 전하 c와 다른 매개변수들이 유리수들이기 때문에, 이러한 등각장론을 '유리 등각장론'이라고 이름 붙인 것이다.

유리 등각장론의 수학은 특히 풍부하다. 한 가지 예를 살펴보자. (이제 나올 단어들은 대부분의 독자에게 생소하겠지만, 등각장론과 연관된 분야에는 어떤 것들이 있는지에 대한 감을 잡게 해 줄 것이다.) 다른 모든 것들과 같이, 등각장론에서 나타나는 양자 확률들은 먼저 나선성 양들을 계산하고 그들을 꼬아서 잇는 과정에서 얻어진다. 이 나선성 양들을 **등각 구획**(conformal block) 혹은 나선성 구획(chiral block)이라 하는데, 이들은 그림 2에서와 같은 분할에 파인만의 것과 비슷한 간단한 규칙을 적용하면 얻을 수 있다. 유리 등각장론에서는 임의의 세계면 Σ에 대해, 즉 종수(genus) g와 구멍의 개수 n을 임의로 골라도, 나선성 구획들의 공간 $\mathcal{F}_{g,n}$은 유한차원이다. 이 공간들은 사상류 군(mapping class group) $\Gamma_{g,n}$의 사영적 표현의 구조를 그 안에 가지고 있다(여기서 사상류 군 $\Gamma_{g,n}$은 모듈라이 공간 $\mathcal{M}_{g,n}$의 기본군 π_1로 정의된다). 이 $\Gamma_{g,n}$ 표현으로 얻어지는 것들의 예로는, **꼬임군**[III.4](또한 매듭[III.44])과 부분인자들 간의 존스 관계(Jones's relation), '몬스터 문샤인(Monstrous Moonshine)'에 관한 보처즈(Borcherds)의 설명, 드린펠트-코노 일가성 정리(Drinfel'd-Kohno monodromy theorem), 그리고 아핀 카츠-무디 지표(affine Kac-Moody character)들의 모듈러성 등이 있다. 이 중 몇 가지를 §4에서 다룰 예정이다.

지금 논의에 대한 가장 중요한 예로 원환면을 들수 있는데, 이 경우의 나선성 구획들이 수학에서 근본적인 중요성을 지니는 함수들의 류인 **모듈러 함수**들이다. 모듈러 함수란 상반평면 $\mathbb{H} = \{\tau \in \mathbb{C} \mid \mathrm{Im}\, \tau > 0\}$ 위에 정의된 유리형 함수 $f(\tau)$ 중에 군 $SL_2(\mathbb{Z})$의 작용에 대해 '대칭적'인 것을 말한다. 여기에서 함수가 유리형이라는 것은 몇 개의 '극점(pole)'을 제외한 모든 곳에서 복소해석적임을 말하고(극점에

서는 무한대로 갈 수 있음), $SL_2(\mathbb{Z})$는 행렬식의 값이 1인 2×2 정수 행렬의 모임을 뜻한다. 함수 $f(\tau)$가 $SL_2(\mathbb{Z})$의 작용에 대칭적이라는 말은, $SL_2(\mathbb{Z})$의 임의의 원소 $\left(\begin{smallmatrix} a & b \\ c & d \end{smallmatrix}\right)$에 대해 함수 $f(\tau)$가 함수 $f((a\tau + b)/(c\tau + d))$와 정확히 똑같거나 혹은 특정한 의미에서 밀접하게 관련되어 있다는 말이다. 이에 대해서는 §3.2에서 더욱 자세히 논의할 것이다.

모듈러성의 출현은 §2.1.2에서와 논의한 것처럼 끈이론에서의 파인만 경로적분이 모듈라이 공간 위의 적분이라는 점으로부터 이해할 수 있다. 원환면의 모듈라이 공간 $\mathcal{M}_{1,0}$은 상반평면 $\mathbb{H}$의 $SL_2(\mathbb{Z})$ 작용에 대한 몫(quotient)으로 쓰일 수 있다. 따라서 파인만 적분의 피적분함수를 $\mathcal{M}_{1,0}$에서 $\mathbb{H}$로 올려서 얻어지는 함수 $Z(\tau)$는 $SL_2(\mathbb{Z})$의 작용하에 불변이고 따라서 모듈러이다. 이 피적분함수 $Z(\tau)$는 원환면의 나선성 구획들의 이차 결합으로 주어진다.

3 꼭짓점 작용소 대수란 무엇인가

꼭짓점 작용소 대수의 완전히 공리적인 정의를 있는 그대로 쓰는 것은 가능하지만, 처음 접하는 사람에게 이 정의는 아주 복잡하고 임의적인 것처럼 보일 수 있으며, 꼭짓점 작용소 대수가 가지는 중요한 개념을 제대로 느끼지 못하게 할 수도 있다. 따라서 꼭짓점 작용소 대수의 복잡성을 많이 가리게 되더라도 그 중요성을 부각시킬 수 있도록 엄밀하진 않지만 알기 쉬운 접근법을 택하기로 했다. §2에서 다룬 내용들을 이용하여 간단하게 꼭짓점 작용소 대수의 중요성을 이끌어낼 수도 있다. 즉, 등각장론 혹은 그와 동치인 섭동적 끈이론이 중요하다는 것을

인정하고, 또한 등각장론이 꼭짓점 작용소 대수와 얼마나 밀접한 관련이 있는지 살펴본 적이 있다면, 꼭짓점 작용소 대수가 중요하다고 인정할 수 있을 것이다. 하지만 앞으로 살펴볼 바와 같이, 이것이 이야기의 전부는 아니다.

3.1 꼭짓점 작용소 대수의 정의

먼저, 아직 정의되지 않은 다른 개념들을 이용하여 꼭짓점 작용소 대수를 정의해 보자. 꼭짓점 작용소 대수는 꼭짓점 작용소들이 이루는 대수 또는 등각장론의 나선성 대수 $\mathcal{V}$로 정의할 수 있다.

이 정의에서 이해해야 할 가장 중요한 점은 꼭짓점 작용소가 양자장, 즉 앞서 봤듯이 '시공간 위의 작용숫값 분포'라는 점이다. 따라서 비격식적으로는 이것을 시공간의 행렬값 함수(matrix-valued function)로 볼 수 있으며, 여기에서 행렬은 크기가 $\infty \times \infty$이고 성분들은 디랙 델타 (1)과 같은 일반화된 함수들이다. 하지만 곧 이 꼭짓점 작용소들을 훨씬 좋은 방법으로 설명할 것이다.

'시공간'은 여기에서 $z = 0$에서 구멍난 $\mathbb{C}$의 단위원판(unit disk)을 말한다. §2.2에서 봤던 바와 같이 끈이론의 관점에서 이 집합은, 끈을 한 바퀴 휘감는 각도 변수 $-\pi < \theta \leq \pi$와 축에서의 시간 변수 $-\infty < t < 0$으로 매개화되는 반무한 원기둥에 해당된다. 이 원기둥으로부터 구멍난 원판으로의 사상은 $(\theta, t) \mapsto z = e^{t-i\theta}$으로 주어진다. 지금 논의에서는 z에 복소해석적으로 의존하는 양자장에만 관심을 국한시키고자 한다. 그러나 분포에 대해서는 '복소해석적'이라는 것이 무슨 의미인지 명확하지 않다. 이에 대해선 §2.2에서 잠시 다뤘는데, 여기에서 더욱 자세히 살펴보도록 하자.

우선 꼭짓점 작용소에 대한 더욱 구체적인 묘사가 필요하다. 핵심 아이디어는 복소해석적 분포의 아주 편리한 대수적 해석이다. 다음의 급수를 생각해 보자.

$$d(z) = \sum_{n=-\infty}^{\infty} z^n. \tag{5}$$

여기에 $f(z) = 3z^{-2} - 5z^3$을 곱하면 다음을 얻는다.

$$f(z)d(z) = 3\sum_{n=-\infty}^{\infty} z^{n-2} - 5\sum_{n=-\infty}^{\infty} z^{n+3}$$

$$= 3\sum_{n=-\infty}^{\infty} z^n - 5\sum_{n=-\infty}^{\infty} z^n = -2d(z).$$

이와 같은 예를 몇 개 더 살펴보면, z와 z^{-1}에 관한 임의의 다항함수 f에 대해서 $f(z)d(z) = f(1)d(z)$가 성립함을 확인할 수 있을 것이다. 따라서 $d(z)$는 적어도 다항식 시험함수 f들에 대해서는 디랙 델타 $\delta(z-1)$와 같이 행동한다. 그런데 그 어떠한 z에 대해서도 $d(z)$를 정의하는 급수는 수렴하지 않는다. z의 양의 거듭제곱들의 합은 $|z| < 1$일 때에만 수렴하며, 음의 거듭제곱들의 합은 $|z| > 1$일 때에만 수렴하기 때문이다. 이 '함수' $d(z)$는 형식적 멱급수(formal power series)의 예이다. 급수 $\sum_{n=-\infty}^{\infty} a_n z^n$의 계수들 a_n에 대한 제한을 두지 않고 이 급수의 수렴성도 생각하지 않을 때, 이러한 급수를 형식적 멱급수라고 한다.

이 형식적 멱급수들이 구멍난 평면 상에서 '복소해석적'임을 간단한 관찰을 통해 알 수 있다. 복소해석적이라는 말의 의미는 복소 도함수(complex derivative) d/dz가 존재한다는 것이고, 형식적 멱급수의

z의 미분인 $\sum_{n} na_n z^{n-1}$ 역시 형식적 멱급수로서 존재하기 때문이다(이와는 달리, 복소해석적이지 않은 급수는 복소켤레 $\bar{z}$도 포함한다.)

꼭짓점 작용소는 형식적 멱급수 $\sum_{n=-\infty}^{\infty} a_n z^n$과 같이 생겼는데, 여기서 각 계수 a_n은 숫자가 아니라, 무한차원 벡터공간인 상태 공간 $\mathcal{V}$ 위의 작용소(자기준동형사상(endomorphism))이다. 꼭짓점 작용소들은 상태들과 일대일대응 관계에 있기 때문에(위에서 이것을 '상태-장 대응'이라고 불렀다), 이 꼭짓점 작용소들을 상태들로 표시할 수 있다. 표준적인 관습은 상태 $v \in \mathcal{V}$에 대응되는 꼭짓점 작용소를 다음과 같이 쓰는 것이다.

$$Y(v, z) = \sum_{n=-\infty}^{\infty} v_n z^{-n-1}. \tag{6}$$

위의 표기 'Y'는 독자들에게 끈이론의 꼭짓점에 해당되는 세 발 달린 구면(혹은 Y자 튜브 모양)을 상기시킬 것이다. 계수들 v_n은 모드이며, 여느 양자장론에서와 같이 이들로부터 이 이론의 모든 관측가능량들과 상태들을 만들어낼 수 있다.

이 이론에서 가장 중요한 상태는 진공 $|0\rangle$이다. 이것은 항등 꼭짓점 작용소 $Y(|0\rangle, z) = I$에 대응된다. 물리적인 관점에서, 꼭짓점 작용소 $Y(v, z)$는 시간 $t = -\infty$에 상태 v를 생성한 장이다. 즉 $Y(v, 0)|0\rangle$은 존재하고 v와 같다(우리의 모형에서 $z = 0$이 $t = -\infty$에 대응된다는 사실을 상기하라). 이로부터 $v_{-1}(|0\rangle) = v$임을 얻으며, 따라서 여느 양자장론에서 요구하는 대로 $|0\rangle$에 적용된 모드들이 $\mathcal{V}$를 생성한다.

이 이론에서 가장 중요한 관측가능량은 지금 L_0이라고 표기하고 있는 해밀토니안, 즉 에너지 작용소이다. 이 L_0은 대각화 가능하며(따라서 $\mathcal{V}$를 L_0 고유공간들의 합으로 쓸 수 있다), 모든 고윳값들은 정수여야만 한다. 예컨대 진공 $|0\rangle$은 에너지가 0이다. 즉 $L_0|0\rangle = 0$이다. $|0\rangle$이 최소의 에너지를 가져야 하므로, $\mathcal{V}$의 L_0 분해는 $\mathcal{V} = \oplus_{n=0}^{\infty} \mathcal{V}_n$이 되어 $\mathcal{V}_0 = \mathbb{C}|0\rangle$이다. 각 공간 $\mathcal{V}_n$은 유한차원인 것으로 밝혀지는데, 이를 L_0이 상태공간 $\mathcal{V}$ 위에 $\mathbb{Z}_+$ 등급매김을 정의하는 것으로 생각할 수 있다.

이 이론에서 가장 중요한 꼭짓점 작용소는 변형력-에너지 텐서 $T(z)$이다. 이에 대응하는 상태 ω는 **등각벡터**(conformal vector)라고 부르며, $Y(\omega, z) = T(z)$를 만족한다. 이는 ω의 모드들 $\omega_n = L_{n-1}$이 비라소로 대수 $\mathfrak{Vir}$의 표현 (4)를 구성함을 뜻한다(등각대칭 조건의 대수적 표현이 이것이다). 이 등각벡터는 에너지가 2, 즉 $\omega \in \mathcal{V}_2$이다.

여기까지만 보면 아직 우리의 이론은 심각한 수준으로 불충분하게 결정된 상태이다. 이 이론을 더 분명히 하는 데 필요한 가장 중요한 공리는 국소성이다. 약간의 과정을 거치면 국소성이 두 꼭짓점 작용소들의 교환자 $[Y(u, z), Y(v, w)]$가 디랙 델타 $\delta(z - w) = z^{-1} \sum_{n=-\infty}^{\infty} (w/z)^n$과 그것의 미분들 $(\partial^k/\partial w^k)\delta(z - w)$의 유한 선형결합으로 나타난다는 조건으로 환원됨을 보일 수 있다. 여기서 $(z - w)^{k+1}(\partial^k/\partial w^k)\delta(z - w) = 0$이 성립한다. 이를 확인하기 위해 우선 $k = 1$인 경우를 살펴보자.

$$(z - w)^2 \frac{\partial}{\partial w}(z - w)$$

$$= \sum_{n=-\infty}^{\infty} (nw^{n-1}z^{-n+1} - 2nw^n z^{-n} + nw^{n+1}z^{-n-1})$$

$$= \sum_{n=-\infty}^{\infty} ((n+1) - 2n + (n-1))w^n z^{-n} = 0.$$

일반적인 k에 대한 증명도 이와 비슷하다. 따라서 국소성은 임의의 $u, v \in \mathcal{V}$에 대해 양의 정수 N이 존재하여

$$(z - w)^N [Y(u, z), Y(v, w)] = 0 \qquad (7)$$

을 만족한다는 명제와 동치이다. 이 방정식이 조금 이상해 보일 수도 있다. 왜 위의 식에서 $(z - w)^N$을 나누어 모든 꼭짓점 작용소들이 서로 교환가능하다(commute)고 결론낼 수 없을까? 그 이유는, 형식적 멱급수들을 다룰 때에는 영인자(zero divisor)가 나타날 수도 있기 때문이다. 예를 들어 우리는 $(z - 1) \sum_{n \in \mathbb{Z}} z^n = 0$임을 쉽게 확인할 수 있다. 위 (7)과 같은 형식의 국소성이 꼭짓점 작용소 대수의 핵심에 있다. 예를 들면, (7)을 모드들이 만족해야 하는 삼중 무한 항등식 열로 쓸 수도 있는데, 이는 이 조건이 얼마나 제약적인지, 따라서 꼭짓점 작용소 대수의 예를 찾는 일이 얼마나 흥미로운 일인지를 보여준다.

이로써 꼭짓점 작용소 대수의 정의를 완전하게 살펴보았다. 꼭짓점 작용소 대수가 가진 성질들의 한 결과는 모드 u_n들이 이전에 언급한 L_0 등급매김을 존중한다(respect)는 것이다. 이는 u가 에너지 k를 가지고 v가 에너지 l을 가지는 경우 $u_n(v)$가 에너지 $k + l - n - 1$을 가진다는 것을 의미한다. 여기서 사용한 꼭짓점 작용소 대수의 정의는 **등각장론형 꼭짓점 작용소 대수**(VOA of CFT-type)라고 불리기도 한다(그렇게 불리는 이유는 자명하다). 관련 문헌에서는 가끔 이 조건들 중 일부가 약화되거나 빠지기도 한다. 예를 들면, 지금 논의에서는 등각벡터 ω의 존재성이 매우 중요하지만, 이 이론의 대부분은 그 존재성에 의존하지 않는다. 등각벡터 ω가 왜 중요한지는 §4에서 설명할 것이다.

꼭짓점 작용소 대수는 물리학적인 대상인 동시에 수학적인 대상이다. 꼭짓점 작용소 대수를 공부하는 동기에 대해 설명하기 위해서 지금까지는 그것의 물리적 기원에 중점을 두었지만, 등각장론은 수학적으로도 가치가 있기 때문에 꼭짓점 작용소 대수 역시 수학적인 중요성을 지니고 있다. 이에 대해서는 §4에서 살펴볼 것이다. 그런데 순수하게 수학적인 관점에서만 보면 꼭짓점 작용소 대수는 임시방편처럼 보일 수도 있다. 즉, 마치 몇 가지의 수학적인 재료들을 가져다 놓고, '이것을 생각해 보자. 또 이런 것도 생각해 보자. 아, 그리고 또 다른 저런 것도 생각해 보자. 그런데 여기에는 다음의 몇 가지 추가적인 가정들이 필요하다. ……'라고 하는 것처럼 느껴질 수 있다. 다행히 꼭짓점 작용소 대수를 좀 더 추상적으로 공식화하는 방법들이 있는데, 이들은 꼭짓점 작용소 대수가 수학적인 구조로서 덜 임의적으로 보이게 한다. 예컨대, 황(Huang)은 다음의 관점에서 꼭짓점 작용소 대수가 '2차원화된' 리 대수로 여겨질 수 있다는 것을 보였다. $[a, [[b, c], d]]$와 같은 표현에서 리 괄호들을 추적하고 싶다면(리 괄호는 결합적이지 않으므로 중요하다), 이진 수형도(binary tree)를 이용할 수 있으며, 사실은 이러한 수형도들에 관한 언어를 사용해서 쉽게 리 대수를 공식화할 수 있다. 이제 이진 수형도들을 발 달린 구면으로 만들어진 도식들로 바꾸면(이전에 파인만 다이어그램에 대해서 그렇게 했듯이), 꼭짓점 작용소 대수와 동치인 구조를 얻는다(물론 실제로 황이 한 작업과 이 짧은 설명에는 큰 차이가 있다. 그의 증명

은 매우 길다).

3.2 기본 성질

앞에서 대략 살펴본 정의에서 볼 수 있듯이, 꼭짓점 작용소 대수는 $\mathbb{Z}_+$ 등급매김이 주어진 무한차원 벡터공간이며, 무한히 많은 곱셈 구조 $u *_n v = u_n(v)$들을 가지고 있고, 이들 곱셈들은 또한 무한히 많은 항등식을 만족한다. 이것이 쉽지 않은 정의라는 것은 말할 것도 없고 쉬운 예도 없다.

하지만 등각대칭, 즉 등각벡터 ω를 무시한다면 흥미롭진 않지만 간단한 예를 찾을 수 있다. 가장 쉬운 예는 1차원 대수 $\mathcal{V} = \mathbb{C}|0\rangle$이다. 더욱 일반적으로, $N = 0$에 대해 (7)을 만족하는 꼭짓점 작용소 대수 $\mathcal{V}$는 단위원소 $1 = |0\rangle$을 가지는 가환결합대수(commutative associate algebra)가 된다. 이러한 $\mathcal{V}$는 또한 곱셈 $u * v = u_{-1}(v)$에 대한 **미분형 작용소**(derivation) $T = L_{-1}$이라는 것도 가지는데, 미분형 작용소란 미분들이 만족하는 곱셈 규칙을 따르는 선형사상이다. 즉 $T(u * v) = (Tu) * v + u * (Tv)$가 성립한다. 이 명제의 역도 성립하므로 이러한 성질을 가지는 대수는 $N = 0$에 대해 (7)을 만족하는 꼭짓점 작용소 대수가 된다. 이 간단한 예들에서 미분형 작용소 T의 역할은 꼭짓점 작용소의 z-의존성을 복원하는 일이다.

따라서 흥미로운 예를 얻기 위해서는 (7)에서 N이 0이 아니어야만 한다. 마찬가지로, 꼭짓점 작용소 $Y(u, z)$들은 분포여야 하며(즉, 이중 무한급수를 포함해야만 하며), 아닐 경우에는 역시 꼭짓점 작용소 대수가 가환결합대수로 환원돼 버린다.

또한 임의의 꼭짓점 작용소 대수 안에서 공간 $\mathcal{V}_1$

이 $[uv] = u_0(v)$를 리 괄호로 가지는 리 대수임은 쉽게 보일 수 있다(여기에서도 역시 등각벡터의 존재성은 필요가 없다). 이 점이 중요한 이유는 각각의 $\mathcal{V}_n$이 리 대수 $\mathcal{V}_1$의 표현의 구조를 가지며, 또한 $\mathcal{V}_1$이 꼭짓점 작용소 대수의 연속적 대칭들을 생성하기 때문이다(적어도 $\mathcal{V}_1 \neq \{0\}$인 경우에는 그렇다). 전형적인 꼭짓점 작용소 대수 $\mathcal{V}$에 대해서 이러한 리 대수들은 매우 친숙하다. 예컨대, 유리 등각장론과 연관된 꼭짓점 작용소 대수들에 대해서는, 이 리 대수들이 **약분가능형**(reductive)이다. 즉, 자명한 리 대수 $\mathbb{C}$들과 단순 리 대수(simple Lie algebra)들의 직합(direct sum)으로 표현할 수 있다.

꼭짓점 작용소 대수의 표현론을 고려하기 시작하면 등각벡터의 존재성이 중요해진다. $\mathcal{V}$-**모듈**(module)이라는 개념은 자연스러운 방법으로 정의된다. 여기에 모든 세부사항을 적지는 않겠지만, 간단히 말하면 $\mathcal{V}$-모듈이란 $\mathcal{V}$의 꼭짓점 작용소 대수 구조가 최대한 존중될 수 있는 방법으로 $\mathcal{V}$가 작용하는 공간이다. 예를 들어, $\mathcal{V}$는 자동적으로 그 자신에 대한 모듈이 된다. 이것은 군이 간단한 방법으로 자기 자신에 작용하는 것과 같다(자기 자신에 작용하는 군에 대한 설명은 **표현론**[IV.9 §2]을 참조하라). 유리 꼭짓점 작용소 대수(rational VOA)는 가장 단순한 표현론을 가지는 꼭짓점 작용소 대수를 말한다. 즉 여기에는 기약 $\mathcal{V}$-모듈들이 유한개밖에 없으며, 임의의 $\mathcal{V}$-모듈이 기약 $\mathcal{V}$-모듈들의 직합으로 표현될 수 있어야 한다. 이러한 꼭짓점 작용소 대수가 유리 꼭짓점 작용소 대수라고 불리는 이유는 이들이 유리 등각장론으로부터 오는 꼭짓점 작용소 대수들이기 때문이다. 각 유리 꼭짓점 작용소 대수

$\mathcal{V}$는 자기 자신에 기약적으로 작용한다.

이제 $\mathcal{V}$가 유리 꼭짓점 작용소 대수라고 가정해 보자. 임의의 기약 $\mathcal{V}$-모듈 M은 $\mathcal{V}$로부터 유리수에 의한 L_0-등급매김을 이어받는다. 따라서 $M = \oplus_h M_h$로 쓸 수 있고 여기서 각 M_h는 유한차원이다. 지표(character) $\chi_M(\tau)$라는 것은 다음과 같이 정의된다.

$$\chi_M(\tau) = \sum_h \dim M_h \mathrm{e}^{2\pi i \tau(h-c/24)} \quad (8)$$

여기서 c는 중심 전하이다. 이 정의는 등각장론에서는 물론 리 이론(혹은 **아핀 캐츠-무디 대수**)에서도 자연스럽게 나타나는데, 아래의 방정식 (9) 때문에 필요하게 되는 방정식 (8)의 이 신기한 '$c/24$'라는 항은 리 이론의 관점에서는 그 정체가 불가사의하다. (등각장론에서는 어떤 위상적인 효과와 관련하여 자연스럽게 설명이 가능하다.) 이 지표들은 상반평면(upper half-plane) $\mathbb{H}$ 위의 모든 τ에 대해서 수렴한다. 또한 이들이 가지는 모듈러군(modular group) $\mathrm{SL}_2(\mathbb{Z})$의 표현의 구조는 다음과 같다.

$$\chi_M\left(\frac{a\tau + b}{c\tau + d}\right) = \sum_{N \in \mathrm{Irr}(\mathcal{V})} \rho\begin{pmatrix} a & b \\ c & d \end{pmatrix}_{MN} \chi_N(\tau). \quad (9)$$

여기에서 $\mathrm{Irr}(V)$는 기약 $\mathcal{V}$-모듈들의 (유한) 집합을, $\rho\left(\begin{smallmatrix} a & b \\ c & d \end{smallmatrix}\right)$는 복소수 성분을 가지며 행과 열들이 $M, N \in \mathrm{Irr}(\mathcal{V})$로 표시되는 행렬을 뜻한다. 방정식 (9)는 $\mathrm{SL}_2(\mathbb{Z})$의 모든 원소 $\left(\begin{smallmatrix} a & b \\ c & d \end{smallmatrix}\right)$에 대해, 즉 $ad - bc = 1$을 만족하는 모든 정수 a, b, c, d에 대해 성립한다. 방정식 (9)에 대한 주(Zhu)의 아주 긴 증명이 아마도 꼭짓점 작용소 대수 이론의 최고봉이 아닐까 생각하는데, 이는 유리 등각장론의 직관을 많이 이용한

다. 다음 절에서는 이러한 꼭짓점 작용소 대수가 왜 그렇게 중요한지에 대해서 살펴보겠다.

4　꼭짓점 작용소 대수는 어디에 쓸모가 있는가?

이 절에서는 꼭짓점 작용소 대수의 응용사례들 중 아마도 가장 중요하다고 여겨지는 두 가지 예를 다룰 것이다. 그러나 우선 그 두 가지 외에 또 다른 응용사례들에는 무엇이 있는지 설명 없이 열거해 보자. 끈이론의 기하에서 영감을 받아 꼭짓점 작용소 (초)대수가 다양체에 부여되어 왔는데, 이것은 이 다양체들의 강력하고 복잡한 대수적 불변량의 발견으로 이어졌다. 이러한 불변량은 드람 코호몰로지(de Rham cohomology)와 같은 고전적인 정보를 일반화하고 질적으로 향상시킨다. '겹침성(degenerate)' 준위 k에서의 아핀 캐츠-무디 대수에 연관된 꼭짓점 작용소 대수는 기하학적 랭글랜즈 프로그램과 깊은 관계가 있다. 아핀 대수 지표와, 예컨대 격자 세타함수(lattice theta function)의 모듈러성은 모두 주(Zhu)의 정리의 특별한 경우들이며, 그의 정리는 이러한 모듈러성들을 더욱 광범위한 문맥 안에 위치시킨다.

4.1　등각장론의 수학적 공식화

1970년대 이래로 양자장론은 상당한 성공을 거두었다. 특히 기하학과 관련해서 부한차원석인 방법으로 고전적 구조들이 연구되었는데, 이것은 특히 아티야(Atiyah) 학파가 다루는 주제 중 하나이다. 등각장론들은 특별히 대칭적인 종류의 양자장론들인데, 이들은 자명하지 않은 양자장론으로 알려진 것

들 중 가장 간단한 것들이기도 하다. 지난 20여 년 간 수학은 고전적인 구조들을 '고리화(looping)'하거 나 '복소화(complexifying)'하여 이 대칭성과 (상대적) 간단함의 조합으로 많은 성과를 올렸는데, 이에 대한 등각장론(혹은 그와 동치로, 끈이론)의 영향력 은 아주 강하고 광범위했다. 지나고 나서 보니 등각 장론의 수학적 중요성은 그리 놀라운 것이 아니었 다. 그것은 등각장론이 기하학, 정수론, 해석학, 조합론, 그리고 대수학 등 서로 떨어진 여러 수학의 분 야에 걸쳐 있는 일관성 있고 정교한 구조이기 때문 이다.

이러한 관점에서, 꼭짓점 작용소 대수 이론의 핵 심적인 응용은 바로 등각장론 그 자신이다. 양자장 론을 엄밀한 수학적 기초 위에 올리기란 매우 어렵 기로 유명하다. 하지만 성공적인 응용사례들은 이 러한 어려움이 고칠 수 없는 수학적 비일관성에서 온다기보다는 수학적인 심오함이나 미묘함에서 오 는 현상이라는 것을 암시한다. 이런 의미에서 현재 의 상황은 미적분학이 18세기 수학자들에게 던져 주었던 심오한 개념적 도전과 매우 흡사하다. 리처 드 보처즈(Richard Borcherds)가 내린 꼭짓점 작용소 대수의 정의는 등각장론의 나선성 대수와 작용소 곱 전개와 같은 개념들을 완전히 엄밀하게 만든다. 뒤이은(특히 황(Huang)과 주(Zhu)의) 연구들은 임의 의 종수에서 꼭짓점 작용소 대수로부터 등각장론 의 더 많은 정보들을 복원해냈다. 이렇게 얻어지는 명쾌함이 이 분야 전체를 수학자들에게 더욱 접근 가능하고 이용가능하게 만든다. 양자장론은 여전히 수학의 한 분야로 남아 있을 것이고 수학자들은 꼭 짓점 작용소 대수를 통해 더 많은 종류의 양자장론

을 완전하고 분명하게 흡수할 수 있음에 감사할 것 이다.

4.2 몬스터 문샤인

1978년에 맥카이(McKay)는 $196884 \approx 196883$임을 발견했다. 이게 왜 흥미로운 발견이었을까? 좌변의 숫자는 $SL_2(\mathbb{Z})$에 대한 모든 모듈러 함수들의 생성 자인 j-함수[IV.1 §8]의 의미 있는 첫 계수이다.

$$j(\tau) = q^{-1} + (744) + 196884q + 21493760q^2 \\ + 864299970q^3 + \cdots \quad (10)$$

모듈러 함수는 상반평면 $\mathbb{H}$ 위의 유리형함수 $f(\tau)$ 중에 $SL_2(\mathbb{Z})$의 작용에 대해 불변인 것이라는 정의 를 상기하자. 이들은 경계점들 $\mathbb{Q} \cup \{i\infty\}$에서도 유 리형이어야 하는데, 이 점들을 **첨점(cusp)**이라 한다 (이전 논의에서는 첨점에 관한 이야기는 건너뛰었 다). j-함수는 이러한 함수들을 생성하는데, 이 말 은 이러한 임의의 함수 $f(\tau)$가 j-함수에 대한 유리함 수 $\mathrm{poly}(j(\tau))/\mathrm{poly}(j(\tau))$로 쓰여질 수 있음을 의미한 다. 즉, $j(\tau)$는 $(\mathbb{H} \cup \mathbb{Q} \cup \{i\infty\})/SL_2(\mathbb{Z})$와 리만 구면 (Riemann sphere) $\mathbb{C} \cup \infty$를 동일화하는 균일화 함 수(uniformizing function)이다. $j(\tau)$의 상수항으로서 744를 택하는 것이 관례이지만 0을 포함하는 아무 숫자로나 자유로이 바꿀 수 있으므로, 위의 (10)에 서는 이 상수항을 괄호로 묶었다.

맥카이의 발견의 우변에 있는 숫자는 유한 단순군 [V.7] 중 가장 특별한 군인 몬스터군의 가장 작은 자 명하지 않은 표현의 차원이다. 수학의 세계에서 모 듈러 함수와 몬스터군은 서로 완전히 독립되어 있 었으므로 그들의 이러한 관계는 전혀 예측하지 못

했던 것이다. 콘웨이(Conway), 노턴(Norton), 그리고 다른 수학자들은 맥카이의 발견을 발전시켜 여러 가지의 추측들을 내놓았는데, 이 추측들을 통칭 **몬스터 문샤인**(Monstrous Moonshine)이라고 부른다. 예를 들어, (크기가 약 8×10^{53} 정도 되는) 몬스터군의 서로 교환가능한 두 원소의 모든 순서쌍 (g, h)에 대해, 우리는 $SL_2(\mathbb{Z})$의 어떠한 이산 부분군 $\Gamma_{(g, h)}$에 대한 모든 모듈러 함수를 생성하는 함수 $j_{(g, h)}(\tau)$가 존재할 것으로 기대한다. j-함수는 $g = h =$ 항등원인 경우에 해당한다.

문샤인 증명을 향한 의미 있는 첫걸음은 1980년대 중반에 프렝켈(Frenkel), 르포우스키(Lepowsky), 멀만(Meurman)으로부터 시작됐다. 그들은 형식적 멱급수로부터 무한차원 벡터공간 $V^{\natural}$을 만들어냈다. 그들은 한편으로는 끈이론의 꼭짓점 작용소로부터 영감을 얻었고, 다른 한편으로는 아핀 대수 표현(affine algebra representation)을 구성하는 데 쓰인 형식적으로 닮은 분포(formally similar distribution)에서 동기를 얻었다. 이러한 방향은 유망해 보였는데, 끈이론과 아핀 대수의 표현론 둘 모두에서 모듈러 함수가 자연스럽게 나타나기 때문이다. $V^{\natural}$은 '꼭짓점 작용소'로부터 오는 풍부한 대수적 구조를 가짐과 동시에, 그 위에 몬스터군의 자연스러운 작용까지 가진다. 게다가 $V^{\natural}$이 무한차원임에도 불구하고, 유한차원인 조각들로 $V^{\natural} = \oplus_{n=-1}^{\infty} V_n^{\natural}$과 같이 나눌 수 있는데, 이에 해당하는 '등급 차원(graded dimension)' $\sum_n \dim(V_n^{\natural})q^n$이 $j - 744$와 정확히 같다. 몬스터군의 작용은 각 $V_n^{\natural}$을 그 자신으로 보낸다. 즉 각 $V_n^{\natural}$이 몬스터군의 표현의 구조를 가진다. 프렝켈, 르포우스키, 멀만은 $V^{\natural}$이 몬스터 문샤인 추측의 핵

심에 있다고 주장했다.

보처즈는 $V^{\natural}$와 등각장론의 나선성 대수들 간의 형식적 유사성에 매료되었는데, 이들의 중요한 대수적 성질을 추상화하여 꼭짓점 (작용소) 대수라고 불리는 새로운 구조를 정의했다. 그의 공리들은 이들과 (일반화된) 캐츠-무디 대수와의 관계를 명백하게 했으며, 그는 1992년까지 콘웨이-노턴 추측(Conway-Norton conjecture)의 주요 부분을 증명했다 (즉, 위에서 설명한 문샤인 추측에서 g가 임의의 원소이고 h가 항등원인 경우). 그의 꼭짓점 작용소 대수의 정의는 비록 등각장론의 물리학에 대한 깊은 이해를 필요로 했지만, 문샤인 추측에 대한 정교한 증명은 순수하게 대수적이었다.

요즘에는 $V^{\natural}$를 기약 모듈을 하나밖에(즉 자기 자신밖에) 가지지 않는 유리 꼭짓점 작용소 대수라고 부른다. 그것의 대칭군은 몬스터군이며, 지표 (8)은 $j(\tau) - 744$이다. (10)에서 상수항 744를 없애는 것은 리 대수 $V_1^{\natural}$이 자명하다는 것을 말해주기 때문에 매우 중요한데, $V_1^{\natural}$이 자명하다는 것은 $V^{\natural}$의 대칭군이 유한하기 위한 필요조건이다. $V^{\natural}$는 중심 전하가 $c = 24$이고, $\mathcal{V}_1$이 자명하며 기약 모듈이 하나뿐인 유일한 꼭짓점 작용소 대수라고 추측된다. 이것은 필연적으로 리치 격자[I.4 §4]를 떠올리게 하는데, 이것은 24차원의 짝수 자기쌍대 격자(self-dual lattice) 중 길이가 $\sqrt{2}$인 벡터를 가지지 않는 유일한 격자라고 알려져 있다. 실제로, 리치 격자는 $V^{\natural}$의 구성에서 중요한 역할을 한다.

대부분의 문샤인은 아직 해결되지 않았으며, 모듈러 함수들과 몬스터군 사이의 이 깊은 관계는 여전히 좀 불가사의하다. 이 글을 쓰는 시점에도 문샤

인에 대한 의미 있는 유일한 접근법은 여전히 꼭짓점 작용소 대수로부터만 얻을 수 있다.

보처즈는 등각장론의 나선성 대수를 분명하게 하고 몬스터 문샤인 추측을 해결하기 위해서 꼭짓점 작용소 대수를 정의했다. 이 업적으로 그는 1998년에 필즈메달을 수상했다.

더 읽을거리

Borcherds, R. E. 1986. Vertex algebras, Kac-Moody algebras, and the Monster. *Proceedings of the National Academy of Sciences of the USA* 83 : 3068-71.

─────. 1992. Monstrous Moonshine and monstrous Lie superalgebras. *Inventiones Mathematicae* 109 : 405-44.

Di Francesco, P., P. Mathieu, and D. Sénéchal. 1996. *Conformal Field Theory*. New York : Springer.

Gannon, T. 2006. *Moonshine Beyond the Monster: The Bridge Connecting Algebra, Modular Forms and Physics*. Cambridge : Cambridge University Press.

Kac, V. G. 1998. *Vertex Algebras for Beginners*, 2nd edn. Providence, RI : American Mathematical Society.

Lepowsky, J., and H. Li. 2004. *Introduction to Vertex Operator Algebras and their Representations*. Boston, MA : Birkhäuser.

IV.18 계수적 / 대수적 조합론
도론 제일버거 *Doron Zeilberger*

1 서론

계수(enumeration), 다시 말해 개수를 세는 것(counting)은 수학에서 가장 오래된 주제인 반면, 대수적 조합론은 수학에서 가장 새로운 분야 중 하나이다. 어떤 사람들은 대수적 조합론은 새로운 주제가 아니라 계수적 조합론의 낡은 이미지를 개선하기 위해 만들어진 새로운 이름일 뿐이라고 냉소적으로 말하기도 하지만, 대수적 조합론은 수학의 두 가지 서로 반대되는 큰 흐름이 통합되면서 발생하였다. 구체의 추상화와 추상의 구체화가 바로 그것이다. 20세기 초, 힐베르트는 추상적인 방법을 사용하여 구체적인 불변량이 존재한다는 것을 증명하였는데 이 방법으로는 그 불변량을 실제로 찾을 수가 없었다. 구체의 추상화는 이렇게 힐베르트가 불변량에 대한 기본 정리를 '신학적인 방법'으로 증명한 것으로부터 시작돼 20세기 전반의 수학계를 지배한 흐름이다. 그리고 추상의 구체화는 그 이후 현대 수학을 지배하고 있는 흐름인데, 이는 어디에나 편재하는 전지전능한 컴퓨터의 존재로 인해 가능하게 되었다.

수학을 추상화하는 유행은 주로 범주화(categorization), 개념화(conception), 구조화(structuralization) 그리고 윤색화(fancification)(줄여서, 부르바키화 [VI.96]) 과정으로 이루어졌다. 계수적 조합론도 이 유행을 비켜가지 못했는데, 미국의 잔-카를로 로타(Gian-Carlo Rota)와 리처드 스탠리(Richard Stanley), 프랑스의 마르코 쉬첸베르거(Marco Schützenberger)와 도미닉 포아타(Dominique Foata)와 같은 거장들의 손을 거쳐 고전적인 계수적 조합론이 좀 더 개념적이고 구조적이며 대수적인 학문이 되었다. 그러나 대수적 조합론이 완전히 독립적이고 분리된 수학 분야로서의 전문성을 가지게 되면서, 계수적 조합론은 **명시적, 구체적, 구성적** 경향을 가진 근래의 유행에 의해서도 영향을 받게 된다. 많은 대수적 구조들은 숨겨진 조합론적 기초 위에 서 있음이 밝혀졌다. 그 토대를 드러내는 과정 속에서 멋지고 재미있는 것들이 많이 발견되었고, 또한 아직 풀리지 않은 문제들도 많이 찾아냈다.

1.1 계수

여러 명의 원시인들에 의해 독립적으로 발견된, 계수의 기본 정리는 다음과 같다.

$$|A| = \sum_{a \in A} 1.$$

말로 풀어 쓰면, 집합 A의 원소의 개수는 A의 모든 원소들 위에서 상수함수 1을 더한 값과 같다는 것이다.

이 공식이 현재까지도 유용하다는 사실과는 별개로, 구체적으로 주어진 어떤 유한 집합의 원소를 하나하나 세는 것은 이제 수학이라고 불리지 않는다. 진정한 수학적 사실은 **무한히** 많은 사실을 결합할 수 있어야 하고, 진정한 계수 문제는 어떤 하나의 집합이 아니라, 어떤 무한한 모임에 속한 모든 집합의 원소를 세는 것에 관한 문제여야 한다.

더 정확히 하자면, 주어진 무한한 길이의 집합열 $\{A_n\}_{n=0}^{\infty}$가 있고, 각 A_n의 원소들은 매개변수 n에 의해 결정되는 조합론적 특성을 가진다고 할 때, 다음의 질문에 답하는 문제를 말한다. A_n은 몇 개의

원소를 가지는가?

잠시 뒤에 몇 가지 예제들을 살펴볼 텐데, 이런 종류의 질문에 답하는 방법을 배우기 전에 먼저 다음의 메타질문*을 생각해 보자. 과연 답이란 무엇인가?

이 메타질문은 허버트 윌프(Herbert Wilf)에 의해서 제기되고 또 훌륭하게 답해졌다. 윌프의 메타답**을 이해하기 위해, 몇 가지 유명한 계수적 문제들과 그 답들을 살펴보도록 하자.

아래에서는 집합 A_n이 가진 원소의 개수 $|A_n|$을 a_n이라고 표기했다.

(i) **역경(I Ching).** A_n이 $\{1, \cdots, n\}$의 모든 부분집합들의 집합일 때, $a_n = 2^n$이다.

(ii) **랍비 레비 벤 걸손(Rabbi Levi Ben Gerson).** A_n이 $\{1, \cdots, n\}$의 모든 치환[III.68]의 집합이라면, $a_n = n!$이다.

(iii) **카탈란(Catalan).** A_n이 n개의 열린 괄호와 n개의 닫힌 괄호를 규칙에 맞게 배열하는 방법들의 집합일 때, $a_n = (2n)! / (n + 1)! n!$이다. (여기서 괄호들을 규칙에 맞게 배열한다는 것은, 앞에서부터 읽었을 때 어느 시점에서도 닫힌 괄호의 개수가 열린 괄호의 개수보다 많지 않게 배열한다는 것을 뜻한다. 예를 들어, $n = 2$일 때 가능한 방법은 [][]과 [[]] 두 가지뿐이다.)

(iv) **피사의 레오나르도[VI.6].** A_n이 1과 2로만 이루

---

* 질문에 관한 질문-옮긴이

** 메타질문에 대한 답-옮긴이

어진 유한수열들 중 숫자들의 합이 n이 되는 수열들의 집합이라고 하자. (예를 들어, $n = 4$이면 가능한 수열들은 1111, 112, 121, 211, 22이다.) 이 문제의 경우에는 서로 동등한 세 가지 답이 있다.

(a)

$$a_n = \frac{1}{\sqrt{5}}\left(\left(\frac{1+\sqrt{5}}{2}\right)^{n+1} - \left(\frac{1-\sqrt{5}}{2}\right)^{n+1}\right).$$

(b)

$$a_n = \sum_{k=0}^{\lfloor n/2 \rfloor} \binom{n-k}{k}.$$

(c) $a_n = F_{n+1}$. 이때 F_n은 점화식 $F_n = F_{n-1} + F_{n-2}$와 초기조건 $F_0 = 0, F_1 = 1$에 의해 정의된 수열이다.

(v) **케일리[VI.46]**. A_n이 n개의 꼭짓점을 가진 표기된 수형도들의 집합일 때, $a_n = n^{n-2}$이다. (이때 **수형도**(tree)란 사이클이 없는 연결된 그래프[III.34]를 뜻하고, **표기되었다**(labeled)는 것은 각 꼭짓점에 서로 다른 이름이 부여되었다는 것을 의미한다.)

(vi) A_n이 n개의 꼭짓점을 가진 표기된 단순 그래프들의 집합일 때, $a_n = 2^{n(n-1)/2}$이다. (이때 **단순 그래프**(simple graph)는 고리(loop)도 없고, 두 꼭짓점 사이를 잇는 변이 여러 개로 중복되지 않은 그래프를 의미한다.)

(vii) A_n이 n개의 꼭짓점을 가진 표기되고 **연결된**(connected) 단순 그래프들의 집합일 때, a_n은 다음 함수를 멱급수 전개했을 때 나오는 x^n의 계수에 $n!$을 곱한 값과 같다.

$$\log\left(\sum_{k=0}^{\infty} \frac{2^{k(k-1)/2}}{k!} x^k\right).$$

(viii) A_n이 크기 n인 라틴사각형(각 행과 열이 순열 $\{1, \cdots, n\}$인 $n \times n$ 행렬)들의 집합일 때 a_n에 대해서는, 정확한 값은 물론 좋은 근삿값도 알려지지 않았다.

1982년에 윌프는 '답'을 다음과 같이 정의했다.

정의. 답이란, a_n을 계산할 수 있는 (n 안의) 다항식시간 알고리즘이다.

윌프는 한 논문을 심사하던 중, 논문이 (viii)에 대한 답으로 어떤 '공식'을 제시하지만 그 공식의 '계산 복잡도'가 원시인이 직접 세는 방법보다도 크다는 것을 발견하고 이와 같은 정의를 내리게 되었다.

'공식'이란 무엇일까? 그것은 n을 집어넣으면 결과값으로 a_n을 내놓는 알고리즘이라고 할 수 있다. 예를 들어 $a_n = 2^n$은 다음의 알고리즘을 짧게 써 놓은 것일 뿐이다.

(1) 만약 $n = 0$이면, $a_n = 1$이다.
(2) 그렇지 않다면, $a_n = 2 \cdot a_{n-1}$이다.

이 알고리즘을 수행하는 데에는 $O(n)$의 단계가 필요하다. 하지만 만약 다음과 같이 다른 알고리즘을 사용하면

(1) 만약 $n = 0$이면 $a_n = 1$이다.
(2) 만약 n이 홀수라면 $a_n = 2a_{n-1}$이다.

(3) 만약 둘 다 아니라면 $a_n = a_{n/2}^2$이다.

이것은 $O(\log n)$의 단계밖에 필요로 하지 않고, 월프가 요구하는 것보다도 훨씬 빠르다. 또 자기회피보행(self-avoiding walk)의 개수를 세는 문제에 있어서, 지금까지 알려진 가장 좋은 알고리즘은 $O(c^n)$으로, 지수함수의 속도를 가지고 있고 상수 c가 조금이라도 작은 알고리즘을 찾는다는 것 자체가 아주 큰 진전으로 여겨진다. (여기서 **자기회피보행**이란 2차원 정수 격자 속에 있는 점들의 열 $x_0, x_1, \cdots, x_n$ 가운데 x_i가 x_{i-1}과 이웃한 사방의 점 중 하나이고 모든 x_i가 서로 다른 경우를 뜻한다.) 하지만 이런 예외들에도 불구하고, 월프의 메타답은 답의 유용성을 평가하는 데 있어서 매우 좋은 지침이 된다.

　전통적으로 계수 문제를 주로 다뤄 온 분야는 확률론과 통계학이다. 사실 이산적 확률론은 계수적 조합론과 거의 동의어라고 할 수도 있다. 어떤 사건이 일어날 확률이란 전체 경우의 수에 대한 사건이 일어날 경우의 수의 비이기 때문이다. 그리고 통계물리학은 주로 격자모형에 가중치를 주어 개수를 세는 문제를 다룬다고 볼 수 있다(상전이와 보편성[IV.25] 참조). 약 50년 전쯤, 계수 문제를 다루는 새로운 분야가 등장하였다. 바로 컴퓨터 과학 분야이다. 이 분야에서는 알고리즘들의 **계산 복잡도**[IV.20], 즉 알고리즘을 수행하는 데 필요한 단계수에 많은 관심을 가진다.

2 방법론

다음의 도구들은 계수적 조합론을 연구할 때 없어서는 안 될 것들이다.

2.1 분할

$A \cap B = \varnothing$일 때,

$$|A \cup B| = |A| + |B|.$$

설명: 교집합이 없는 두 집합의 합집합의 크기는 각각의 크기의 합과 같다.

$$|A \times B| = |A| \cdot |B|.$$

설명: 두 집합의 데카르트 곱(즉, A의 원소 a와 B의 원소 b로 이루어진 쌍 (a, b)들의 집합)의 크기는 각각의 크기의 곱과 같다.

$$|A^B| = |A|^{|B|}.$$

설명: B에서 A로 가는 함수들의 집합의 크기는 A의 크기를 B의 크기만큼 거듭제곱한 값과 같다. 예를 들어 0과 1로 이루어진 길이가 n인 수열의 개수는 $\{1, 2, \cdots, n\}$에서 $\{0, 1\}$로 가는 함수들의 개수로 볼 수 있고, 그 개수는 2^n이다.

2.2 세분

만약 B_{nk}의 각각의 크기 b_{nk}를 알고 있고, A_n을

$$A_n = \bigcup_k B_{nk}$$

와 같이 세분할 수 있다면,

$$a_n = \sum_k b_{nk}$$

가 된다. 이 방법론의 핵심은 A_n의 전체 개수를 세기가 어렵더라도 더 작고 세기 쉬운 B_{nk}들로 잘게

세분하면 전체 개수를 셀 수도 있다는 것이다. 예를 들어 예 **(iv)**에 나온 A_n을 보자. 만약 B_{nk}를 A_n에 속하고 2가 정확히 k개 등장하는 수열들의 집합이라고 하면, A_n을 더 작은 부분집합 B_{nk}들로 세분할 수 있다. 그런데 2가 k개 있다면 1은 $(n-2k)$개 있어야만 하므로 $b_{nk} = \binom{n-k}{k}$라는 것을 알 수 있다. 따라서 답 (b)를 얻는다.

2.3 점화식

만약 A_n이 집합들 $A_{n-1}, A_{n-2}, \cdots, A_0$들에 기본적인 조작을 가해서 만들어지는 경우라면, a_n은 적당한 함수 P에 대해서 점화식을 만족한다.

$$a_n = P(a_{n-1}, a_{n-2}, \cdots, a_0).$$

예를 들어 A_n을 예 **(iv)**에서 정의한 집합이라고 하자. 만약 A_n에 포함된 한 수열이 1로 시작한다면 그 수열의 나머지의 합은 $n-1$이 되고, 수열이 2로 시작한다면 그 수열의 나머지의 합은 $n-2$가 된다. $n \geq 2$일 때, A_n의 모든 수열이 이 두 경우 중 정확히 하나에 해당하므로, A_n을 $1A_{n-1}$과 $2A_{n-2}$로 분할할 수 있다. 여기서 $1A_{n-1}$은 1로 시작하고 나머지 수열은 A_{n-1}에 속하는 수열들의 집합이며, $2A_{n-2}$ 또한 비슷하게 정의된 집합이다. 그런데 $1A_{n-1}$과 $2A_{n-2}$의 크기는 각각 a_{n-1}과 a_{n-2}이므로, $a_n = a_{n-1} + a_{n-2}$라는 점화식, 즉 (c)번 답을 얻는다.

만약 A_n이 n쌍의 괄호를 규칙에 맞게 배열하는 방법의 집합이라면(예 **(iii)**), 규칙에 맞게 배열된 괄호들은 $[L_1]L_2$라고 쓸 수 있다. 여기서 L_1과 L_2는 n보다 더 적은 개수의 괄호쌍으로 이루어지고 규칙에 맞게 배열된 괄호들이다(비어 있을 수도 있다).

예를 들어서 괄호 배열이 $[[]][[[]][][[[]]]$라면, $L_1 = [][]$이고 $L_2 = [[]][[][[]]]$가 된다. 만약 L_1이 k개의 괄호쌍으로 이루어졌다면 L_2는 $n-1-k$개의 괄호쌍으로 이루어진다. 따라서 A_n은 $\bigcup_{k=0}^{n-1} A_k \times A_{n-1-k}$와 동등하고, 그 크기는 $a_n = \sum_{k=0}^{n-1} a_k a_{n-1-k}$가 된다. 이것은 비선형(정확히는 2차), 비국소적(nonlocal)인 점화식이지만 월프의 기준을 만족하는 답이다.

2.4 생성함수론

생성함수론이라는 명칭을 만들고 자신의 대표적인 저서 제목으로 사용한 월프에 따르면(참고로 이 책은 그의 웹사이트에서 무료로 내려받을 수 있다),

생성함수는 빨랫줄에 수열을 걸어 놓고 전시하는 것이다.

생성함수는 계수할 때 가장 유용한 도구 중의 하나이다. 수열의 생성함수는 종종 수열의 z-변환이라고도 불리는데, 이는 라플라스[VI.23]에 의해서 최초로 사용되었으며, 사실 불연속 형태의 라플라스 변환[III.91]이라고 볼 수도 있다. 만약 수열이 $(a_n)_{n=0}^\infty$이라면 그 생성함수 $f(x)$는 $\sum_{n=0}^\infty a_n x^n$이다. 즉, 수열의 각 항이 멱급수에서 x의 계수인 것이다.

생성함수는 수열 (a_n)에 관한 정보를 함수 $f(x)$에 관한 정보로 바꿈으로써 더 쉽게 다룰 수 있게 하고, 또 $f(x)$를 분석해서 새롭게 얻어진 정보를 다시 수열에 관한 정보로 바꿀 수 있다는 점에서 굉장히 유용하다. 예를 들어, 만약 $a_0 = a_1 = 1$이고 $n \geq 2$일 때 $a_n = a_{n-1} + a_{n-2}$라면, 생성함수 $f(x)$를 다음과 같이 변형시킬 수 있다.

$$
\begin{aligned}
f(x) &= \sum_{n=0}^{\infty} a_n x^n = a_0 + a_1 x + \sum_{n=2}^{\infty} a_n x^n \\
&= 1 + x + \sum_{n=2}^{\infty} (a_{n-1} + a_{n-2}) x^n \\
&= 1 + x + \sum_{n=2}^{\infty} a_{n-1} x^n + \sum_{n=2}^{\infty} a_{n-2} x^n \\
&= 1 + x + x \sum_{n=2}^{\infty} a_{n-1} x^{n-1} + x^2 \sum_{n=2}^{\infty} a_{n-2} x^{n-2} \\
&= 1 + x + x(f(x) - 1) + x^2 f(x) \\
&= 1 + (x + x^2) f(x).
\end{aligned}
$$

즉

$$
f(x) = \frac{1}{1 - x - x^2}
$$

이라는 것을 알 수 있는데, 이것을 이용하여 부분분수 분해를 한 후 테일러 전개(Taylor expansion)를 하면 예 (**iv**)의 답 (a)를 얻는다.

3 가중치 계수법

포여(Pólya), 터트(Tutte), 쉬첸베르거(Schützenberger)에 의해 시작된 현대적인 관점에서 보면, 생성함수는 무언가를 '생성'하지도 않으며 함수도 아니다. 그보다는 조합론적 대상들에 가중치를 주어서 세는 **형식적 멱급수**라고 할 수 있다. (언제나 그런 것은 아니지만 보통 조합론적 대상들의 집합은 무한집합이다. 대상이 유한한 경우에는 대응되는 '멱급수'는 유한개의 항밖에 없으므로 다항식이 된다.)

멱급수 $\sum_{n=0}^{\infty} a_n x^n$이 가지는 함수의 테일러 급수로서의 해석적 의미를 잊어버리고 수렴가능성에 대해 걱정하지 않은 채로 다루어질 때, 그 멱급수를 형식적이라고 한다. 예를 들어, $\sum_{n=0} n!^{n!} x^n$은 $x = 0$일 때를 제외하면 수렴하지 않지만 형식적 멱급수로서 정의할 때는 아무런 문제가 없다.

가중치 계수법을 이해하기 위해 다음의 상황을 생각해 보자. 유한한 인구집단에서 연령의 분포를 연구하려고 한다. 한 가지 방법은 121개의 질문을 하는 것이다. 0부터 120 사이의 모든 i에 대해, 나이가 i살인 사람들은 손을 들라고 하는 것이다. 그렇게 하면 각 연령군에 속한 사람의 수를 셀 수 있고, 수열 $a_i (0 \leq i \leq 120)$를 완성한 다음 생성함수를 만들 수 있다.

$$
f(x) = \sum_{i=0}^{120} a_i x^i.
$$

하지만 만약 이 인구집단의 크기가 120보다 훨씬 작다면, 각 사람에게 자신의 나이가 몇 살인지 묻는 방법이 더 효율적이다. 더 적은 수의 질문으로도 충분하기 때문이다. 이때 각 사람의 나이에 x^i라는 가중치를 주어서 모두 더하면 생성함수를 얻는다.

$$
f(x) = \sum_{\text{사람}} x^{\text{나이(사람)}}
$$

이것은 원시인들의 단순한 계수법의 연장선상에 있는 방법이지만, $f(x)$를 계산하면 여러가지 흥미로운 값들을 쉽게 얻을 수 있다. 예를 들어 **평균**(average)과 **분산**(ariance)은 각각 $\mu = f'(1)/f(1)$과 $\sigma^2 = f''(1)/f(1) + \mu - \mu^2$으로 계산할 수 있다.

일반적으로 (유한하거나 무한한 크기의) 흥미로운 조합론적 대상들의 집합 A와, A의 각 원소에 자연수를 **부여하는** 가중치 함수 $\alpha : A \to \mathbb{N}$이 있다고 하자(이때 $\mathbb{N}$에는 0도 포함된다고 하자). 그럼, 가중치 α에 대해서 A의 **가중치 계수자**(weight enumerator)는 다음 공식으로 정의된다.

$$f(x) = \sum_{a \in A} x^{\alpha(a)}.$$

여기서 $f(x)$는 $|A|_x$라고 표현하기도 한다. a_n을 α값이 n인 A의 원소들의 개수라고 하면, $f(x)$가

$$\sum_{n=0}^{\infty} a_n x^n$$

과 같다는 것은 자명하다. 따라서 만약 $f(x)$에 대한 명시적인 공식을 찾으면 a_n에 대한 '명시적인' 공식도 찾을 수 있게 된다. 물론 이때 $f(x)$의 n번째 계수를 구하는 행위 자체를 '명시적인 공식'이라고 받아들였을 때 그런 것이지만, 이런 방법으로 a_n에 대한 '좋은' 공식을 구하거나 근사 공식을 구하는 것도 가능하다.

단순하게 셈을 할 때의 기본적인 연산들은 **가중치 셈**(weighted counting)에서도 똑같이 사용할 수 있다. 예를 들어, ($A \cap B = \emptyset$일 때)

$$|A \cup B|_x = |A|_x + |B|_x$$

이고

$$|A \times B|_x = |A|_x \cdot |B|_x$$

이다. 위의 두 공식 중 두 번째 것이 왜 성립하는지 재빠르게 살펴보자. 만약 A, B의 원소들에 부여된 가중치 함수가 α, β라면 $A \times B$에 가중치 함수를 $\gamma(a, b) = \alpha(a) + \beta(b)$라고 정의할 수 있다. 그러면,

$$|A \times B|_x = \sum_{(a, b) \in A \times B} x^{\gamma(a, b)}$$

$$= \sum_{(a, b) \in A \times B} x^{\alpha(a) + \beta(b)}$$

$$= \sum_{(a, b) \in A \times B} x^{\alpha(a)} \cdot x^{\beta(b)}$$

$$= \sum_{a \in A} \sum_{b \in B} x^{\alpha(a)} \cdot x^{\beta(b)}$$

$$= \left(\sum_{a \in A} x^{\alpha(a)} \right) \cdot \left(\sum_{b \in B} x^{\beta(b)} \right)$$

$$= |A|_x \cdot |B|_x.$$

이제 이 사실들을 어떻게 활용할 수 있는지 살펴보자. 먼저, 1과 2로 이루어진 모든 (유한)수열의 무한집합 A를 생각하자. 그리고 이 집합의 원소들에 대해 '수열 내 모든 항의 합'이라는 가중치를 생각하자. 그러면 1221의 가중치는 x^6이고, 일반적으로 $(a_1 \cdots a_r)$의 가중치는 $x^{a_1 + \cdots + a_k}$이 된다. 이때, 집합 A는 다음과 같이 분할된다.

$$A = \{\phi\} \cup 1A \cup 2A.$$

여기서 ϕ는 길이가 0인 공수열을 의미하고, $1A$와 $2A$는 각각 1과 2로 시작하는 수열들의 집합이다. 이렇게 분할한 후 양변에 $|\cdot|_x$를 적용하면

$$|A|_x = 1 + x|A|_x + x^2 |A|_x$$

인데, 지금과 같이 간단한 경우에는 이 방정식을 **명시적으로** 풀 수 있고, 그 결과로

$$|A|_x = \frac{1}{1 - x - x^2}$$

이라는 공식을 얻는다.

규칙에 맞는 괄호배열은 공배열이거나(길이가 0이라서 가중치가 $x^0 = 1$인 경우), 또는 앞에서 보았듯이 $L = [L_1]L_2$로 쓸 수 있다. 반대로, 만약 L_1, L_2가 규칙에 맞는 괄호배열이라면 $[L_1]L_2$도 그렇다. 이제 $\mathcal{L}$을 규칙에 맞는 **모든** 괄호배열들의 집합이라

고 하자. 그리고 각 괄호배열에 등장하는 괄호쌍의 개수를 가중치로 부여하자. 예를 들어 []의 가중치는 x이고, [][][[]]의 가중치는 x^5이다. 따라서 집합 $\mathcal{L}$은 자연스럽게 다음과 같이 분할된다.

$$\mathcal{L} = \{\phi\} \cup ([\mathcal{L}] \times \mathcal{L}).$$

여기서 ϕ는 공배열이고 $[\mathcal{L}] \times \mathcal{L}$은 $[L_1]L_2$ 형태의 괄호배열들의 집합이다. 이 분할 공식을 이용하면 다음과 같은 비선형(정확히는 2차) 방정식을 얻는다.

$$|\mathcal{L}|_x = 1 + x|\mathcal{L}|_x^2.$$

그리고 바빌로니아 시대부터 알려진 근의 공식을 사용하면 완전한 공식을 얻을 수 있다.

$$|\mathcal{L}|_x = \frac{1 - \sqrt{1 - 4x}}{2x}.$$

이제 뉴턴의 이항정리(Newton's binomial theorem)의 이항공식을 사용하면, 예 **(iii)**의 답을 얻는다.

규칙에 맞게 괄호를 배열하는 것은 이진수형도(binary tree)라고 불리는 조합적 대상과 같다. 이진수형도는 꼭짓점들에 표기가 되어 있지 않고, 모든 꼭짓점 아래에 다른 꼭짓점들이 0 또는 두 개 연결되어 있는 표기되지 않은 순서수형도이다. 예를 들어, 규칙에 맞는 괄호배열 $L = $ [][][[]][[][[]]]을 $[L_1]L_2$의 꼴로 쓰면, L을 위에 있는 꼭짓점, $L_1 = $ [][]과 $L_2 = $ [[]][[][[]]]를 L 아래에 연결된 꼭짓점들로 생각할 수 있다. 다시 똑같은 방법에 의해, L_1 아래에 연결된 꼭짓점들은 ϕ와 []이고 L_2 아래에 연결된 꼭짓점들은 []과 [[]][[]]이다. 이 방법을 계속 적용하면 마지막에는 모든 꼭짓점이 공배열 ϕ가 된다.

이제 위의 내용을 일반화하여 오진수형도(pentatree)들을 살펴보자. 이는 이진수형도와 비슷하지만 모든 꼭짓점 아래에 0 또는 5개 연결된 경우이다. 위와 같은 방법으로 가중치 계수법을 적용하면 다음의 생성함수 방정식을 얻는다.

$$f = x + f^5.$$

이 방정식은 5차방정식이고, 거듭제곱근을 이용하여 풀 수 없다는 것이 아벨[VI.33]과 갈루아[VI.41]에 의해서 증명되었다(5차방정식의 해결불가능성 [V.21] 참조). 하지만 거듭제곱근을 이용해 풀 수 없다고 끝나는 것은 아니다. 200년도 더 이전에 라그랑주[VI.22]는 생성함수의 계수를 구할 수 있는 아름답고 매우 유용한 공식을 개발했다. 이를 라그랑주 반전공식(Lagrange inversion formula)이라고 부른다. 이것을 이용하면 k진수형도들 중 잎사귀(leaf)가 $(k-1)m + 1$개인 것들의 개수가

$$\frac{(km)!}{((k-1)m+1)!\,m!}$$

이라는 것을 쉽게 증명할 수 있다.

이 외에도 채색된 수형도(colored tree)나 다른 일반화된 대상들을 세는 문제들도 훌륭한 베이즈 확률론자(Bayesian probabilist) 구드(I. J. Good)에 의해 개발된 다변수 라그랑주 반전공식을 사용해 해결할 수 있다.

3.1 계수의 안자츠

계수적 조합론이 단순히 풀린 문제들의 모음이 아니라 **이론**이 되기 위해서는 수를 세는 문제들의 분

류와 계수의 **패러다임**이 있어야 한다. '패러다임'이라는 단어는 너무 잘난 척하는 것 같으니, 그 대신훨씬 겸손한 의미의 독일어 '안자츠(ansatz)'를 사용하도록 하자. 이 단어의 뜻은 '해답의 형태'라는 의미에 가깝다.

수열 $(a_n)_{n=0}^{\infty}$과 그 생성함수

$$f(x) = \sum_{n=0}^{\infty} a_n x^n$$

을 살펴보자. 대부분의 경우, a_n의 '형태'를 알면 $f(x)$의 형태를 알 수 있고, 또 그 반대도 성립한다.

(i) 만약 a_n이 n에 대한 다항식이라면, $f(x)$는

$$f(x) = \frac{P(x)}{(1-x)^{d+1}}$$

의 형태이다. 여기서 P는 다항함수이고, d는 a_n을 표현하는 다항식의 차수이다.

(ii) 만약 a_n이 n에 대한 **준다항식**(quasi-polynomial)이라면(즉, 어떤 수 N이 존재해서 $r = 0, \cdots, N-1$에 대해 함수 $m \mapsto a_{mN+r}$이 m에 대한 다항함수이면) 어떤 유한 정수열 $d_1, d_2, \cdots$와 다항함수 P에 대해 $f(x)$는 다음의 형태를 가진다.

$$f(x) = \frac{P(x)}{(1-x)^{d_1}(1-x^2)^{d_2}(1-x^3)^{d_3}\cdots}.$$

(iii) 만약 a_n이 C-**점화적**(C-recursive)이라면, 즉 만약 a_n이 다음의 상수 계수 선형 점화식

$$a_n = c_1 a_{n-1} + c_2 a_{n-2} + \cdots + c_d a_{n-d}$$

를 만족한다면(이런 수열의 좋은 예로는 피보나치 수열이 있다), $f(x)$는 다항식 P, Q에 대해 $P(x)/Q(x)$의 형태를 가진다.

(iv) 만약 a_n이 다음과 같은 다항식 계수 선형 점화식

$$c_0(n)a_n = c_1(n)a_{n-1} + c_2(n)a_{n-2} + \cdots + c_d(n)a_{n-d}$$

를 만족한다면($c_i(n)$은 n에 대한 다항식이다), a_n이 P-**점화적**(P-recursive)이라고 말한다. (예를 들어 $a_n = n!$은 $a_n = na_{n-1}$을 만족하므로 P-점화적이다.) 이 경우, $f(x)$는 x에 대한 다항식을 계수로 가지는 선형 미분방정식을 만족하는데, 이를 가리켜 D-**유한** (D-finite)하다고 말한다.

$a_n = n!$이 만족하는 $a_n = na_{n-1}$은 1차 **점화식**이다. 고차 선형 점화식을 만족하는 P-점화적 수열의 자연스러운 예로는 $\{1, \cdots, n\}$의 치환 중 대합(involution)의 개수를 들 수 있다(대합이란 자기 자신과 역치환이 같은 치환을 뜻한다). 이때의 개수를 w_n이라고 하자. 수열 w_n은 다음의 점화식을 만족한다.

$$w_n = w_{n-1} + (n-1)w_{n-2}.$$

이 점화식은 치환에서 n이 1-사이클 또는 2-사이클에 속한다는 사실로부터 얻을 수 있다. 전자인 경우의 개수는 w_{n-1}이고, 후자인 경우는 $(n-1)w_{n-2}$이기 때문이다. (후자의 경우, n이 속한 사이클에 같이 속한 숫자 i는 $n-1$개의 경우의 수가 있고, n과 i를 제외하면 $\{1, \cdots, i-1, i+1, \cdots, n-1\}$의 대합 개수

가 되기 때문이다.)

4 일대일대응법

이전 절에서 마지막에 대합의 개수가 점화식을 만족한다는 것을 증명했는데, 그 증명은 **일대일대응 증명**의 간단한 예에 해당한다. 다음의 증명과는 대조적이라고 할 수 있다.

$\{1, \cdots, n\}$의 대합순열 중 k개의 2-사이클로 이루어진 것의 개수는

$$\binom{n}{2k}\frac{(2k)!}{k!2^k}$$

이다. 왜냐하면 먼저 두 수를 뽑는 방법이 $\binom{n}{2k}$이고, 그들을 두 개씩 쌍으로 묶는 방법의 가짓수가

$$(2k-1)(2k-3)\cdots 1 = \frac{(2k)!}{k!2^k}$$

이기 때문이다. 따라서 대합의 수는 다음과 같다.

$$w_n = \sum_k \binom{n}{2k}\frac{(2k)!}{k!2^k}.$$

요즘은 이런 종류의 합을 **자동적으로** 계산할 수 있다. 간단하게 Maple 패키지 EKHAD(제일버거의 웹사이트에서 다운로드 받을 수 있다)에 합을 집어넣으면 $w_n = w_{n-1} + (n-1)w_{n-2}$라는 점화식과 그 (완벽한) 증명을 얻을 수 있다. 이러한 소위 윌프-제일버거(Wilf-Zeilberger, WZ) 방법을 통해 여러 가지 비슷한 문제들을 풀 수 있긴 하지만, 여전히 다른 방식의 증명이 필요한 문제들도 많이 있다. 그리고 이러한 방식의 증명들에는 (대수적인 또는 해석적인) 조작이 사용된다. 위대한 조합론자 안드리아노 가르시아(Adriano Garsia)는 이런 증명들을 비하적인

의미로 '조작론(manipulatorics)'이라고 불렀다. 진정한 계수론자들은 이러한 조작을 사용하지 않으며 되도록이면 피하려고 한다. 그리고 그 대신 **일대일대응**[I.2 §2.2]을 이용한 증명법을 선호한다.

어떤 조합적 대상들의 모임 A_n과 B_n에 대해, n에 상관없이 항상 $|A_n| = |B_n|$을 증명한다고 하자. '지저분한' 방법은, 어떤 식으로든 $a_n = |A_n|$과 $b_n = |B_n|$의 대수적 또는 해석적 표현식을 찾아내는 것이다. 그런 다음, a_n을 조작하여 다른 표현식 a_n'을 만들고, 또 조작하여 a_n''을 만든다. 이것을 충분히 똑똑한 방법으로 인내를 가지고 계속하다 보면, 그리고 운이 좋거나 문제가 어렵지 않다면, 결국 b_n에 도달해서 증명이 끝날 것이다.

다른 한편, **깔끔한** 방법도 있다. 바로 **일대일대응** $T_n : A_n \to B_n$을 찾아서 자동적으로 $|A_n| = |B_n|$을 보이는 것이다.

일대일대응법은 **미학적으로**뿐만 아니라 **철학적으로**도 더 만족스러운 방법이다. 사실 수(기수)라는 개념은 **일대일대응**이라는 개념으로부터 유래되어 정교하게 **다듬어진** 것이다. 프레게[VI.56]에 따르면 기수란 '일대일대응 관계에 있다'는 **동치관계**[I.2 §2.3]에 의해 정의된 **동치류(equivalent class)**들이라고 볼 수 있다. 사하론 셸라흐(Saharon Shelah)는 사람들이 숫자를 세기 시작하기 훨씬 이전부터 일대일대응을 통해 물건들을 서로 교환해 왔다고 지적한다. 그리고 일대일대응법은 단순히 두 집합이 같은 크기를 가진다는 사실을 보이는 것뿐만 아니라 왜 그들이 같은 크기를 가지는지를 **설명**해 준다.

예를 들어, 노아가 자신의 방주 안에 있는 수컷과 암컷 동물들의 수가 같다는 것을 보이고 싶어 한다

고 해 보자. 이것을 증명하는 한 가지 방법은, 수컷과 암컷의 수를 직접 모두 센 다음 두 수가 실제로 같다는 것을 확인하는 것이다. 하지만 수컷의 집합 M과 암컷의 집합 F 사이에 명백한 일대일대응이 있음을 보인다면 훨씬 관념적이고 좋은 방법일 것이다. 함수 $w : M \to F$가 수컷 x를 $w(x) = x$의 짝(부인)으로 보낸다고 할 때, 암컷 y를 $h(y) = y$의 짝(남편)으로 보내는 함수 $h : F \to M$이 역함수가 되므로, w는 일대일대응이다.

일대일대응을 이용한 유명한 증명의 예로 글레이셔(Glaisher)가 오일러[VI.19]의 '홀수 분할과 서로 다른 분할의 개수가 같다'는 정리를 증명한 것을 들 수 있다. 정수 n의 분할(partition)이란 순서에 상관없이 n을 양의 정수들의 합으로 나타내는 방법이다. 예를 들어 6은 다음과 같이 11가지 방법으로 분할될 수 있다. 6, 51, 42, 411, 33, 321, 3111, 222, 2211, 21111, 111111. (여기서 3111은 $3 + 1 + 1 + 1$을 줄여서 쓴 것이다. 분할에서 더하는 순서는 고려하지 않으므로, 3111은 1311, 1131, 1113과 같은 분할이 된다. 따라서 분할은 항상 큰 수부터 작은 수로 점차 감소하도록 표현하는 것이 편리하다.)

어떤 분할에 등장하는 모든 숫자가 홀수일 때 그 분할을 홀수 분할(odd partition)이라고 한다. 그리고 등장하는 숫자들이 모두 다른 분할은 서로 다른 분할(distinct partition)이라고 한다. 자연수 n의 홀수 분할과 서로 다른 분할의 집합을 각각 Odd(n)과 Dis(n)이라고 하자. 예를 들어 Odd(6) = {51, 33, 3111, 111111}이고 Dis(6) = {6, 51, 42, 321}이다. 오일러는 모든 n에 대해 |Odd(n)| = |Dis(n)|임을 증명했다. 그의 '조작론적' 증명은 다음과 같다. 홀수 분

할과 서로 다른 분할의 개수를 각각 $o(n)$과 $d(n)$이라고 하고, **생성함수**를 각각

$$f(q) = \sum_{n=0}^{\infty} o(n)q^n, \quad g(q) = \sum_{n=0}^{\infty} d(n)q^n$$

이라고 하자.

오일러는 가중치 계수의 '곱셈 원칙'을 사용해서 다음을 증명했다.

$$f(q) = \prod_{i=0}^{\infty} \frac{1}{1 - q^{2i+1}}, \quad g(q) = \prod_{i=0}^{\infty} (1 + q^i).$$

이제 대수적 항등식 $1 + y = (1 - y^2)/(1 - y)$를 사용하면,

$$\prod_{i=0}^{\infty} (1 + q^i) = \prod_{i=0}^{\infty} \frac{1 - q^{2i}}{1 - q^i}$$
$$= \frac{\prod_{i=0}^{\infty}(1 - q^{2i})}{\prod_{i=0}^{\infty}(1 - q^{2i})\prod_{i=0}^{\infty}(1 - q^{2i+1})}$$
$$= \prod_{i=0}^{\infty} \frac{1}{1 - q^{2i+1}}$$

을 얻는다. 따라서 $g(q) = f(q)$이고, q^n의 계수를 비교하면 $o(n) = d(n)$이다.

이런 식의 조작 방식은 아주 오랫동안 **해석학**의 범주에 속한다고 생각되어 왔다. 그리고 무한한 길이의 합과 곱을 정당화하기 위해서 $|q| < 1$과 같은 '수렴구간'이라는 개념을 생각해야 했고, 논리전개의 모든 단계는 해석학 정리를 통해서 정당화되어야 했다. 근래에 들어서야 수학자들은 이 과정 속에 해석학이 필요 없음을 깨달았으며, 철학적으로 훨씬 엄밀하고 완전히 기초적인 방식인 **형식멱급수 대수**(formal power series algebra)를 사용하게 되었다.

물론 $\prod_{i=0}^{\infty}(1+x)$와 같은 무한곱을 제외하기 위해서는 여전히 수렴이라는 개념이 필요하지만, 형식 멱급수 환에서의 수렴은 해석학에서보다 훨씬 다루기가 쉽다.

해석학적 문제가 해결되었으니 순수하게 대수적이고 기초적인 증명이 되긴 했지만, 오일러의 방법은 여전히 조작론적이다. 직접 $\text{Dis}(n)$과 $\text{Odd}(n)$ 사이의 일대일대응을 찾는 것이 훨씬 좋을 것이다. 이 대응은 글레이셔(Glaisher)에 의해서 발견되었다. n의 구분된 분할이 하나 주어져 있을 때, 각 부분을 나누는 2의 거듭제곱을 따로 빼내어서 $2^r \cdot s$라고 쓰자. 이때 s는 홀수이다. 그런 다음, 이것을 다시 2^r개의 s로 바꾸어 쓰자(예를 들어 $12 = 4 \cdot 3$이므로 12 대신 $3 + 3 + 3 + 3$으로 쓰는 것이다). 이렇게 하고 나면 같은 숫자 n의 홀수 분할이 나온다. 예를 들어 구분된 분할 $(10, 5, 4)$는 $(5, 5, 5, 1, 1, 1, 1)$이 된다. 이제 역함수를 만들자. 주어진 홀수 분할에 대해 어떤 홀수 a가 m번 등장한다면 m을 이진법으로 전개한다. $m = 2^{s_1} + \cdots + 2^{s_k}$이라고 하자. 그런 다음, m번 반복된 a를 $2^{s_1}a, \cdots, 2^{s_k}a$로 이루어진 k의 분할로 대체한다. 이렇게 만들어진 두 함수가 서로 역함수 관계에 있음은 쉽게 확인할 수 있다.

우리가 대수적인(또는 논리학적인, 또는 해석적인) 조작을 할 때도, 사실 우리는 수학기호들을 재배열하고 합하는 등의 조작을 하는 것이다. 따라서 어떤 의미에서 우리는 조합론적 조작을 한다고 볼 수 있다. 사실 **모든 수학**은 **결국 조합론이다.** 우리는 숨어 있는 조합론을 끄집어내어 명백하게 드러내기만 하면 된다. 더하기 기호는 (분리된) 합집합 기호가 되고, 곱하기 기호는 데카르트 곱 기호가 되며,

귀납법은 점화식이 된다. 그렇다면 빼기 기호의 조합론적 대응은 무엇일까? 1982년 가르시아(Garsia)와 스티븐 밀른(Steven Milne)은 기발한 '대합 원리(involution principle)'를 개발함으로써 이 질문에 답하였다. 이것은 다음 논의를 일대일대응에 관한 논의로 바꾸는 원리라고 할 수 있다.

$$a = b, \; c = d \quad \Rightarrow \quad a - c = b - d.$$

대합 원리는, 만약 $C \subset A$이고 $D \subset B$이며 $f : A \to B$와 $g : C \to D$가 $|A| = |B|$와 $|C| = |D|$를 증명할 수 있는 일대일대응이라면, $A \backslash C$와 $B \backslash D$ 사이의 일대일대응을 만들 수 있다는 것이다. 대상을 사람으로 바꿔서 이 원리를 자세히 살펴보자. 어떤 마을에 있는 모든 성인이 결혼을 했다고 하자. 이로부터 우리는 결혼한 남자들과 결혼한 여자들 사이의 일대일대응을 얻게 된다. $m \mapsto m$의 부인, $w \mapsto w$의 남편은 서로 역함수 관계에 있는 일대일대응이다. 그런데 몇몇의 사람들이 불륜을 저지르고 있다고 하자. 불륜을 저지르는 사람들의 상대는 모두 마을 사람이며 한 사람당 한 명씩이라고 하자. 불륜을 저지르는 남자들과 불륜을 저지르는 여자들 사이에도 일대일대응이 있다. 즉, $m \mapsto m$의 불륜상대, 그리고 그 역함수 $w \mapsto w$의 불륜상대와 같이 대응한다. 따라서 이 마을에 있는, 결혼에 충실한 남자와 결혼에 충실한 여자의 수도 같다는 것을 알 수 있다. 하지만 어떻게 이들을 어떻게 서로 연결시킬 수 있을까? (예를 들어 결혼에 충실한 남자 한 명당 결혼에 충실한 여자 한 명을 대응시켜서 둘이 같이 교회에 가도록 해 보자.)

대응방법은 다음과 같다. 결혼에 충실한 남자 한

명은 먼저 그의 부인에게 교회에 같이 가자고 한다. 만약 부인이 결혼에 충실하다면 같이 갈 것이다. 그렇지 않다면 그녀에게 불륜상대가 있고, 또 그 불륜상대의 부인이 있을 것이다. 그러므로 그녀는 이렇게 말할지도 모른다. '여보 미안, 나 오늘 내 애인이랑 술 마시기로 해서 못 갈 것 같아. 어쩌면 내 애인의 부인은 시간이 될지도 모르니까 물어 봐.' 만약 이렇게 된다면, 남자는 자기 부인의 애인의 부인에게 교회에 가자고 한다. 만약 그녀가 결혼에 충실하다면 같이 갈 것이고, 아니라면 다시 자신의 애인의 부인을 소개시켜 줄 것이다. 마을에 있는 사람의 수는 유한하므로 이런 식으로 하다 보면 남자는 결국 교회에 같이 갈 여자를 찾을 수 있다.

이 대합원리에 대한 계수적 조합론자들의 반응은 호불호가 나뉜다. 한편으로는 조합적 항등식을 일대일대응으로 증명하는 데 사용할 수 있는 보편적인 원리로서 유용하지만, 다른 한편으론 이러한 보편성 자체가 대합원리의 약점이 되기 때문이다. 왜냐하면 대합원리를 사용한 증명은 일반적으로 조합적 대상의 구조에 대한 통찰을 주지 못하고, 증명을 봤을 때 뭔가 속은 것 같은 느낌을 지울 수 없기 때문이다. 이러한 증명은 문제에 대한 답을 주기는 하지만 그 **본질**을 놓친다. 대합원리를 사용한 증명이 있어도 '대합원리를 사용하지 않는' **정말로** 자연스러운 증명을 찾고 싶어지기 마련이다. 유명한 로저-라마누잔(Rogers-Ramanujan) 항등식의 증명이 좋은 예이다. 로저-라마누잔 항등식은, 어떤 수의 분할 중 각 부분이 5로 나누어 나머지가 1 또는 4인 분할과 어떤 두 부분의 차이도 2 이상인 분할의 개수가 같다는 등식이다. 예를 들어, $n = 7$일 때, {61, 4111, 1111111}과 {7, 61, 52}의 크기가 같다는 것을 볼 수 있다. 가르시아와 밀른은 그들의 악명 높은 대합원리를 사용하여 일대일대응을 만들었고, 그렇게 해서 조지 앤드류(George Andrew)로부터 50불의 상금을 받았다. 하지만 **정말 자연스러운 일대일대응**을 찾는 방식의 증명은 아직도 발견되지 않은 채 남아 있다.

일대일대응법의 전형적인 예로 케일리[VI.46] 정리에 대한 **프뤼퍼(Prüfer)의 증명**을 들 수 있다. 케일리 정리는 꼭짓점이 n개인 표기된 수형도의 개수가 n^{n-2}개라는 것이다(앞에서 본 예 **(v)**를 생각하자). 표기된 수형도란 사이클이 없는 표기된 연결그래프라는 것을 기억하자. 모든 수형도에는 자기 자신과 연결된 꼭짓점이 하나밖에 없는 꼭짓점이 최소 두 개 있다. 이런 꼭짓점들을 **잎사귀(leaf)**라고 한다. **프뤼퍼 대응**이라고 불리는 일대일대응은 모든 표기된 수형도에 정수벡터 $(a_1, \cdots, a_{n-2})$를 부여한다. 여기서 모든 i에 대해 a_i는 1과 n 사이의 정수이다. 이 벡터는 **프뤼퍼 부호(Prüfer code)**라고 불린다. 가능한 프뤼퍼 부호의 개수가 n^{n-2}개이므로 케일리 정리는 수형도 집합에서 부호 집합으로 가는 함수 f를 정의하고, 이것이 일대일대응이라는 것을 보이면 증명된다. 여기에는 네 단계가 필요하다. f를 정의하고, 그 역함수 g를 정의하고, $g \circ f$와 $f \circ g$가 각각 항등함수라는 것을 증명하는 것이다.

함수 f는 다음과 같이 정의하면 된다. 만약 수형도의 꼭짓점이 두 개뿐이라면, 코드는 공수열(empty sequence)이다. 그렇지 않다면, 표기값이 가장 작은 잎사귀와 연결된 꼭짓점을 a_1이라고 하자. 그리고 그 꼭짓점을 지웠을 때 얻어지는 수형도의 코드를

$(a_2, \cdots, a_{n-2})$라고 하고 재귀적으로 코드를 정의한다.

의하자. 이렇게 하면,

$$c(n) = \sum_{k=0}^{n} \binom{n}{k} a(k) b(n-k)$$

가 된다. 왜냐하면 다음과 같이 $c(n)$을 셀 수 있기 때문이다.

(i) 먼저 A의 원소의 크기 k(0에서 n 사이의 정수)를 결정하면, B의 원소의 크기도 자동적으로 결정된다.

(ii) n개의 표기값 중에 어떤 k개가 A에 속하게 되는지 결정하고($\binom{n}{k}$가지 방법),

(iii) A와 B로부터 원소들을 뽑는다($a(k)b(n-k)$가지 방법).

이제 양변에 $x^n/n!$을 곱하고 $n = 0$에서 $n = \infty$까지 더하면,

$$\sum_{n=0}^{\infty} \frac{c(n)}{n!} x^n = \sum_{n=0}^{\infty} \sum_{k=0}^{n} \frac{a(k)}{k!} x^k \frac{b(n-k)}{(n-k)!} x^{n-k}$$

$$= \left(\sum_{k=0}^{\infty} \frac{a(k)}{k!} x^k \right) \left(\sum_{n-k=0}^{\infty} \frac{b(n-k)}{(n-k)!} x^{n-k} \right).$$

그러므로 $\mathrm{EGF}(C) = \mathrm{EGF}(A)\mathrm{EGF}(B)$임을 알 수 있다. 이것을 반복하면

$$\mathrm{EGF}(A_1 \times A_2 \times \cdots \times A_k) = \mathrm{EGF}(A_1) \cdots \mathrm{EGF}(A_k)$$

가 되고, 따라서 만약 모든 A_i가 같은 집합인 경우, A의 k쌍들의 집합 A^k의 EGF는 $[\mathrm{EGF}(A)]^k$이다. 만약 '순서를 잊어버린다면', 하나의 k-집합(크기가 k인 집합)마다 $k!$개의 k쌍이 있을 수 있으므로 k-집합의 EGF는 $[\mathrm{EGF}(A)]^k/k!$이다. 이를 다시 $k = 0$에서

5 지수생성함수

지금까지 생성함수에 대해서 논의할 때는 항상 일반생성함수(ordinary generating function, OGF)에 대해서만 보았다. 이런 종류의 생성함수들은 정수 분할이나 순서수형도(ordered tree), 단어들과 같이 순서 구조가 있는 대상들을 셀 때 가장 유용하다. 하지만 대부분의 조합적 대상들은 단순히 집합이며, 순서 구조의 유무는 중요하지 않다. 그래서 필요하게 된 개념이 지수생성함수(exponential generating function, EGF)이다.

지수생성함수는 다음과 같이 정의된다.

$$\sum_{n=0}^{\infty} \frac{a(n)}{n!} x^n.$$

표기된 대상들은 많은 경우, 더 작고 더 이상 나눌 수 없는 기약적 대상들의 모음으로 볼 수 있다. 예를 들어 순열은 사이클(cycle)들의 분리합집합(disjoint union)이고, 집합분할은 공집합이 아닌 집합들의 분리합집합이며, (표기된) 숲그래프는 표기된 수형도들의 분리합집합이다.

조합대상들의 모음 A와 B가 있을 때, 크기가 n인 표기된 대상들이 A에는 $a(n)$개, B에는 $b(n)$개 있다고 하자. 이로부터 표기된 대상들의 새로운 집합 $C = A \times B$를 구성하여 각 원소가 서로 겹치지 않고 다른 표기를 가지게 할 수 있다. 이때 C의 원소의 크기를 대응되는 A와 B의 원소들의 크기의 합으로 정

$k = \infty$까지 모두 더하면 '지수생성함수의 기본정리'가 된다.

만약 표기된 조합적 대상들의 모임 B를, 조합적 대상들의 모임 A에 속하는 '연결 성분'의 집합들로 볼 수 있다면,

$$EGF(B) = \exp[EGF(A)]$$

이다.

이 유용한 정리는 사실 물리학에서 오랫동안 전해 내려오던 기법이며, 1970년대 초에 이르러서야 엄밀하게 증명되었다. 이 정리는 조얄(Joyal)의 종론(theory of species)에 의해서 완전히 '범주화'되었고, 그 이후 (라벨르(Labelle), 베르게론(Bergeron) 형제와 레룩스(Leroux), 그리고 다른 이들로 구성된) 퀘벡 학파(Québécois)에 의해 아름다운 계수론으로 발전하게 되었다.

오래된 예들을 한번 살펴보자. 먼저 집합분할의 EGF를 찾아보자. 통상 벨 수(Bell number)라 불리는 $b(n)$을 원소가 n개인 집합을 집합분할(set partition)하는 방법의 수라고 할 때

$$\sum_{n=0}^{\infty} \frac{b(n)}{n!} x^n$$

을 간단히 표현하려고 한다.

집합 A를 **집합분할한**다는 것은, 합집합이 A가 되는, 서로소인 (공집합이 아닌) A의 부분집합들 $\{A_1, \cdots, A_r\}$을 찾는 것이다. 예를 들어, $\{1, 2\}$의 집합분할은 $\{\{1\}, \{2\}\}$와 $\{\{1, 2\}\}$가 있다.

이 예에서 원자적 대상(atomic object)은 공집합이 아니다. (A를 자기 자신 하나로 이루어진 집합분할로 볼 때, 이를 '자명한' 집합분할이라고 하자.) 이제 $a(n)$을 크기가 n인 집합을 공집합이 아닌 하나의 집합으로 분할하는 방법의 수라고 하자. 만약 $n = 0$이면 이런 분할은 불가능하므로 $a(0) = 0$이다. $n \geq 1$이면 자명한 집합분할은 오직 하나뿐이므로, $a(n)$의 EGF는

$$A(x) = 0 + \sum_{n=1}^{\infty} \frac{1}{n!} x^n = e^x - 1$$

이 된다. 따라서 지수적 생성함수의 기본정리를 사용하면 벨의 공식

$$\sum_{n=0}^{\infty} \frac{b(n)}{n!} x^n = e^{e^x - 1} \tag{1}$$

을 얻을 수 있다. 요즘은 컴퓨터를 사용하여 $b(n)$의 첫 100자리를 순식간에 계산할 수 있다. 예를 들어 수리계산 소프트웨어 메이플(Maple)을 사용한다면

```
taylor(exp(exp(x)-1),x=0,101);
```

이라고 입력하기만 하면 된다. 따라서 이것은 월프의 관점에서 보아도 좋은 답이라고 할 수 있다. 또한 식 (1)의 양변을 미분하고 계수를 비교하면, 손쉽게 **점화식**을 유도할 수도 있다(이 경우 최소한 $O(n)$의 메모리가 필요하긴 하다).

방금 살펴본 예는 너무 쉬우니, 이제 조금 더 심화된 내용을 증명해 보자. n개의 대상에서 치환의 개수가 $n!$이라는 레비 벤 게르손(Levi Ben Gerson)의 유명한 공식을 EGF 방식으로 증명해 보는 건 어떨까? (앞에서 보았던 예 **(ii)**에 해당한다.) 모든 치환은

사이클들의 분리합집합으로 분할되므로, 이 문제에서 원자적 대상은 **사이클**이다. n-사이클은 몇 개인가? 정답은 당연히 $(n-1)!$개이다. 왜냐하면 사이클 $(a_1, a_2, \cdots, a_n)$은 $(a_2, a_3, \cdots, a_n, a_1)$이나 $(a_3, \cdots, a_n, a_1, a_2)$와 같고, 따라서 첫 숫자를 임의로 정한 다음 $(n-1)!$개의 방법으로 나머지 숫자들을 결정할 수 있기 때문이다. 따라서 사이클의 EGF는

$$\sum_{n=1}^{\infty} \frac{(n-1)!}{n!} x^n = \sum_{n=1}^{\infty} \frac{1}{n} x^n$$
$$= -\log(1-x) = \log(1-x)^{-1}$$

가 된다. 이제, 지수적 생성함수의 기본정리에 의해 순열의 EGF를 얻을 수 있다.

$$\exp(\log(1-x)^{-1}) = (1-x)^{-1}$$
$$= \sum_{n=0}^{\infty} x^n = \sum_{n=0}^{\infty} \frac{n!}{n!} x^n.$$

이렇게 해서 n개의 대상을 나열하는 순열의 개수가 $n!$이라는 정리에 대한 아름다운 새 증명을 얻게 되었다!

이 논증은 그다지 인상적이지 않을 수도 있다. 하지만 이 논증을 조금만 바꾸면 $\{1, \cdots, n\}$의 순열들 중 정확히 k개의 사이클을 가지고 있는 순열의 개수 $c(n, k)$에 대한 (일반)생성함수를 바로 얻을 수 있다. n을 고정하고 k를 바꾸면 생성함수는 $C_n(\alpha) = \sum_{k=0}^{n} c(n, k) \alpha^k$이 된다. 이제 단순한 계수법 대신, 가중치 $\alpha^{\#\text{사이클}}$을 각 치환에 부여한 다음 가중치 계수법을 사용하기만 하면 되고, 지수생성함수의 기본정리는 그대로 가중치 계수법으로 확장된다. 사이클들의 가중치 EGF는 $\alpha \log(1-x)^{-1}$가 되고,

따라서 순열들의 가중치 EGF는 다음과 같다.

$$\exp(\alpha \cdot \log(1-x)^{-1}) = (1-x)^{-\alpha} = \sum_{n=0}^{\infty} \frac{(\alpha)_n}{n!} x^n.$$

여기서

$$(\alpha)_n = \alpha(\alpha+1)\cdots(\alpha+n-1)$$

은 **상승팩토리얼**(rising factorial)이라고 불리는 값이다. 그러므로 우리는 이제 $\{1, \cdots, n\}$의 순열들 중 사이클이 정확히 k개인 순열의 개수가 $(\alpha)_n$에서 α^k의 계수와 같다는, 자명하지 않은 결과를 얻게 되었다.

1994년 에렌프라이스(Ehrenpreis)와 제일버거(Zeilberger)는 이 기법을 사용하여 피타고라스 정리(Pythagorean theorem)를 조합적으로 증명한 적이 있다.

$$\sin^2 z + \cos^2 z = 1.$$

함수 $\sin z$와 $\cos z$는, 가중치를 $(-1)^{[\text{길이}/2]}$이라고 했을 때 각각 홀수와 짝수 길이인 **증가수열**들의 가중치 EGF로 볼 수 있다. 따라서 좌변은 두 증가수열의 순서쌍

$$a_1 < \cdots < a_k, \quad b_1 < \cdots < b_r$$

의 가중치 EGF라고 볼 수 있다. 이때 k와 r의 홀짝성은 같고, 두 집합 $\{a_1, \cdots, a_k\}$와 $\{b_1, \cdots, b_r\}$은 서로소이며, 그 합집합이 $\{1, 2, \cdots, k+r\}$이 되어야 한다. 이 순서쌍들의 집합에는 다음과 같이 정의된 결정적인 대합함수가 있다.

만약 $a_k < b_r$이면, 순서쌍을 다음의 순서쌍으로 보내고,

$$a_1 < \cdots < a_k < b_r, \quad b_1 < \cdots < b_{r-1}$$

그렇지 않다면 다음의 순서쌍으로 보낸다.

$$a_1 < \cdots < a_{k-1}, \quad b_1 < \cdots < b_r < a_k.$$

예를 들어, 두 순서쌍이

$$1, 3, 5, 6 \qquad 2, 4, 7, 8, 9, 10, 11, 12$$

라면, 이 경우의 가중치는 $(-1)^2 \cdot (-1)^4 = 1$이다. 이 순서쌍은 대합에 의해

$$1, 3, 5, 6, 12 \qquad 2, 4, 7, 8, 9, 10, 11$$

과 같이 바뀌는데, 바뀐 순서쌍의 가중치는 $(-1)^2 \cdot (-1)^3 = -1$이 된다(그 반대도 마찬가지이다).

이 대합함수는 가중치를 뒤집으므로, 이러한 순서쌍들을 서로 상쇄시키는 쌍들로 묶을 수 있다. 하지만 대합이 정의되지 않는 특별한 순서쌍이 있는데 바로 (공집합, 공집합)이다. 따라서 EGF를 계산하면 전부 상쇄되고 1만 남게 되며, 이것이 등식의 우변을 설명한다.

이 기법의 또 다른 예를 들면, 앙드레(André)의 위아래 순열(up-down permutation) 생성함수를 증명하는 것이다. 순열 $a_1 \cdots a_n$이 있을 때 만약 $a_1 < a_2 > a_3 < a_4 > a_5 < \cdots$를 만족한다면, 이를 위아래 순열(또는 지그재그 순열)이라고 부른다. 이제 a_n을 위아래 순열의 개수라고 하자. 그러면,

$$\sum_{n=0}^{\infty} \frac{a(n)}{n!} x^n = \sec x + \tan x$$

이다. 이것을 다시 쓰면,

$$\cos x \cdot \left(\sum_{n=0}^{\infty} \frac{a(n)}{n!} x^n \right) = 1 + \sin x$$

가 된다. 이 등식을 증명할 수 있는 집합과 결정적인 대합함수를 찾을 수 있겠는가?

6 포여 – 레드필드 계수법

표기가 된 대상들을 세는 것은 충분히 쉬운 경우가 많다. 그런데 표기되지 않은 대상들을 셀 때는 어떻게 해야 할까? 예를 들어 꼭짓점이 n개인 표기된 (단순)그래프(예 (vi))의 개수가 $2^{n(n-1)/2}$이라는 것은 자명하다. 하지만 꼭짓점이 n개인 표기되지 않은 그래프의 개수는 몇 개일까? 이것은 훨씬 어려운 문제이고, 일반적으로 '좋은' 답이 아직 존재하지도 않는다. 이것을 풀기 위해서 고안된 지금까지 알려진 가장 좋은 방법은, 레드필드(Red field)에 의해서 시작되고 포여(Pólya)에 의해서 완성된 강력한 포여 계수법을 사용하는 것이다. 포여 계수법은 화학적 이성질체를 셀 때에도 아주 효율적으로 사용된다. 왜냐하면 모든 탄소 원자들이 '똑같이 생겼기' 때문이다. 실제로 화학적 이성질체를 세는 것은 포여가 이 기법을 개발한 동기이기도 하다(수학과 화학[VII.1 §2.3] 참조).

이 방법의 기본적인 아이디어는, 표기되지 않은 대상들을 더 세기 쉬운 표기된 대상들의 동치류로 본 다음 동치류를 세는 것이다. 그렇다면 동치란 무엇인가? 그것은 언제나 대칭군[I.3 §2.1]에 의해서 정의되는 동치관계라고 할 수 있다. 대칭군을 G라고 하고 표기된 대상들의 집합을 A라고 하자. 이때

두 원소 a와 b가 만약 어떤 G의 원소 g에 의해서 $b = g(a)$가 된다면 a와 b는 **동치**라고 한다. 즉 a를 b로 변환하는 대칭 g가 존재한다는 뜻이다. 이것이 동치관계라는 것은 쉽게 확인할 수 있고, 이 경우 동치류는 궤도(orbit)라고 불린다.

$$\text{Orbit}(a) = \{\, g(a) \mid g \in G \,\}, \quad a \in A.$$

각 궤도를 '가족'이라고 부르면, 우리가 해야 할 일은 가족들의 수를 세는 것이다. 대칭군 G는 유한집합 A의 원소들의 순열들로 이루어진 치환군의 부분군이라는 점에 유의하자.

여러 가족들이 다 같이 소풍을 갔다고 하자. 우리는 여기에 참여한 가족의 수를 세려고 한다. 한 가지 방법은, 각 가족마다 '대표자'를, 예를 들어 '엄마'로 정한 다음 그 대표자들의 수를 세는 것이다. 하지만 어떤 딸들은 엄마처럼 생겨서 세는 데 어려움이 있을 수 있다. 그렇다고 그냥 모든 사람을 센다면 각 가족을 중복해서 세게 되기 때문에 문제가 생긴다. '단순히' 세는 것은 각 사람들에게 1이라는 가중치를 주어서 세는 것인데 이는 가족을 세는 적절한 방법이 되지 못한다. 그 대신 각 사람에게 '당신의 가족은 몇 명인가요?'라는 질문을 한 다음 그 수의 역수를 가중치로 해서 더한다면 올바른 값이 나올 것이다. 왜냐하면 크기가 k인 가족의 각 구성원은 $1/k$라는 가중치로 더해질 테니 가족의 전체 가중치 합은 1이 될 것이기 때문이다. 이제 다시 궤도의 수를 세는 문제로 돌아가서 같은 방법을 적용해 보자. 그러면 전체 궤도의 수는

$$\sum_{a \in A} \frac{1}{|\text{Orbit}(a)|}$$

이 된다.

'a의 궤도'라는 개념의 반대는 a를 고정시키는 G의 원소들로 이루어진 G의 부분군이다.

$$\text{Fix}(a) = \{\, g \in G \mid g(a) = a \,\}.$$

(이것은 a의 **안정자**(stabilizer)라고 불리기도 한다.) a의 궤도 상에 있는 원소 $b = ga$에 대해, $\text{Fix}(a)$의 좌잉여류 $g\text{Fix}(a)$를 부여할 수 있다. 이것은 a의 궤도와 $\text{Fix}(a)$의 잉여류들 간의 잘 정의된 일대일대응이다. 따라서 $|\text{Orbit}(a)|$는 $|G/\text{Fix}(a)|$와 같고, 궤도의 개수를 셀 때 $1/|\text{Orbit}(a)|$ 대신 $|\text{Fix}(a)|/|G|$를 사용할 수 있다. 궤도의 개수는 다음과 같다.

$$\frac{1}{|G|} \sum_{a \in A} |\text{Fix}(a)|.$$

명제가 참이면 1, 거짓이면 0을 나타내는 기호 χ(명제)를 사용하자. 그러면

$$\frac{1}{|G|} \sum_{a \in A} |\text{Fix}(a)| = \frac{1}{|G|} \sum_{a \in A} \sum_{g \in G} \chi(g(a) = a)$$
$$= \frac{1}{|G|} \sum_{g \in G} \sum_{a \in A} \chi(g(a) = a)$$
$$= \frac{1}{|G|} \sum_{g \in G} \text{fix}(g)$$

가 된다. 여기서 $\text{fix}(g)$는 g를 A의 순열로 보았을 때 g가 고정시키는 원소(고정점)의 개수이다. 방금 우리가 증명한 것은 **번사이드의 보조정리**(Burnside's lemma)라고 불려왔지만, 사실 원조는 **코시**[VI.29]와 **프로베니우스**[VI.58]까지도 거슬러올라가는 정리이다. 이 정리가 말하는 바는, 전체 궤도의 개수가 G의 원소 g의 고정점 개수의 평균값과 같다는 것이다. 만약 G가 A의 순열들로 이루어진 전체 치환군이라

면, 고정점 개수의 평균은 1이 된다(이 경우는 궤도가 하나뿐인 자명한 경우이다!).

포여의 관점으로 돌아가 보자. 그가 셈에서 관심 있었던 대상들(예를 들면, 화학적 이성질체나 정육면체의 면을 색칠하는 방법 등)은 모두 자연스럽게 **밑바탕이 되는 집합**에서 **색깔**(또는 원자)의 집합으로 가는 **함수**였다. 밑바탕이 되는 집합을 U, 색깔의 집합을 C라고 하자. U가 가지고 있는 대칭은, 함수 $f : U \to C$의 집합에 정의된 변환으로 볼 수 있다. 함수 f가 있을 때, 새로운 함수 gf를 다음과 같이 정의하자. $g(f)(u) = f(g(u))$. (만약 f를 채색으로 생각한다면, gf는 f에서 $g(u)$에 칠했던 색을 u에 칠하는 새로운 채색이 된다.) 이제 U의 C-채색 문제에서 g의 고정점 개수를 생각해 보자. 여기서 고정점은 f와 gf가 똑같은 채색이 되는 f이다. 즉, 모든 u에 대해 $f(u) = f(gu)$이다. 그런데 $f(u) = f(gu) = f(g^2u) = \cdots$가 되므로 ($g$를 순열로 보았을 때) 어떤 g의 사이클에 대해서도, 그 사이클 위에 있는 모든 점에 f는 모두 같은 색깔을 부여해야 한다. 따라서 g의 고정점의 개수는 $c^{g \text{의 사이클 개수}}$가 된다. 여기서 $c = |C|$는 전체 색깔의 개수이다.

번사이드의 보조정리를 사용하면 서로 다른 U의 채색 개수는 (G-대칭을 고려했을 때)

$$\frac{1}{|G|} \sum_{g \in G} c^{g \text{의 사이클 개수}}$$

가 된다. 왜냐하면 G-대칭에 대한 동치류는 그 동치류에 속한 원소의 궤도와 같기 때문이다.

간단한 적용 예를 살펴보자. (p가 소수일 때) p개의 구슬과 a개의 색으로 이루어진 목걸이의 개수는 몇 개일까? 기본이 되는 집합은 $\{0, \cdots, p-1\}$이고 대칭군은 p계 순환군 $\mathbb{Z}_p$이다. 대칭군의 원소들을 구슬들의 치환으로 생각하자. p가 소수이므로, $\mathbb{Z}_p$에는 사이클이 (길이가 p인) 한 개뿐인 원소가 $p-1$개 있고, (길이가 모두 1인) p개의 사이클들로 이루어진 원소 하나(항등원소)가 있다. 따라서 목걸이의 개수는

$$\frac{1}{p}((p-1) \cdot a + 1 \cdot a^p) = a + \frac{a^p - a}{p}$$

가 된다. 이 숫자는 정수여야만 하므로, 추가로 우리는 $a^p - a$가 언제나 p의 배수라는 **페르마의 소정리** [III.58]의 증명을 얻는다. 어쩌면 언젠가 페르마의 마지막 정리에 대해서도 비슷하게 조합론적인 증명을 얻을 수 있을지도 모른다. 이것은 길이가 n이고 x개의 색으로 이루어진 목걸이들과 y개의 색으로 이루어진 목걸이들의 집합에서 z개의 색으로 이루어진 목걸이들의 집합으로 가는 일대일대응이 없다는 것만 보이면 증명된다(당연히 $n > 2$일 때를 말한다).

만약 각 색깔별로 구슬이 몇 개씩 있는지 알고 싶다면, 단순한 계수법 대신 가중치 계수법을 사용하기만 하면 된다. 이 경우 $c^{g \text{의 사이클 개수}}$는 다음 다항식으로 바뀐다(g의 1-사이클이 α_1개, 2-사이클이 α_2개 등이라고 가정하자).

$$(x_1 + \cdots + x_c)^{\alpha_1} \cdot (x_1^2 + \cdots + x_c^2)^{\alpha_2} \cdots.$$

이것이 바로 그 유명한 **사이클 지표 다항식**(cycle-index polynomial)이다.

6.1 포함 배제의 원리와 뫼비우스 반전

계수법의 또 다른 대들보라고 할 수 있는 것으로 포함 배제의 원리(principle of inclusion-exclusion, 줄여서 PIE)가 있다. 사람이 저지를 수 있는 죄가 $s_1, \cdots, s_n$과 같이 n종류 있다고 하자. 죄의 집합 S에 대해서 A_S를 S에 들어 있는 죄를 지은 사람들의 집합이라고 하자(그 밖의 죄를 지었을 수도 있다). 이때 죄를 짓지 않은 착한 사람들의 수는

$$\sum_S (-1)^{|S|} |A_S|$$

가 된다.

예를 들어, 만약 A가 $\{1, \cdots, n\}$의 순열 π들의 집합이고, i번째 죄가 $\pi[i] = i$인 것이라고 한다면 $|A_S| = (n - |S|)!$이다. 따라서 **교란순열**(derangement, 고정점이 없는 순열)들의 개수는

$$\sum_{k=0}^{n} (-1)^k \binom{n}{k} (n-k)! = n! \sum_{k=0}^{n} (-1)^k \frac{1}{k!}$$

이 된다. 이는 $n!/e$에 '가장 가까운' 정수이다. 이 문제는 '우산 문제'라고 불리기도 한다. 만약 어느 비오는 날 n명의 사람들이 파티에 가서 정신 없이 현관문 옆에 우산을 놓았다가 나가면서 하나씩 아무렇게나 우산을 집어 들었을 때, 아무도 자기 우산을 가지지 않을 확률은 $1/e$이다.

포함 배제의 원리는 사실 **뫼비우스 반전**(Möbius inversion)의 특수한 경우로 볼 수 있다. 뫼비우스 반전은 일반적으로 부분순서집합에 대해 정의되는데, 이 부분순서집합이 불 격자(Boolean lattice)일 때 포함-배제의 원리가 된다. 이 사실은 로타(Rota)의 유명한 논문(1964)에서 처음 발견되었고, 그의 연구

모음집에서 다시 쓰였다. 이것은 현대 대수적 조합론의 빅뱅을 일으킨 결과로 여겨지기도 한다. 자연수 집합에 나누어짐에 의해 정의된 부분순서집합을 사용하면 원래의 뫼비우스의 반전 공식을 얻을 수 있다.

계수에 대한 '대수적' 관점에 대해서는 스탠리(Stanley)가 두 권짜리 책(2000)을 통해서 놀라울 만큼 훌륭하게 현대적으로 기술하였다. 꼭 읽어보기를 추천한다.

7 대수적 조합론

지금까지 나는 대수적 조합론으로 가는 두 가지 길 중 하나만을 설명했다. 고전적 계수문제의 추상화와 개념화가 그것이다. 다른 하나의 길인 '추상의 구체화'는 거의 모든 수학 분야에 편재해 있고, 이것을 몇 장의 글로 설명할 수는 없다. 빌레라(Billera) 등이 『New Perspectives in Algebraic Combinatorics』에 쓴 서문을 인용해 보자.

대수적 조합론은 대수학, 위상수학 및 기하학의 기법들을 조합적 문제의 답을 찾는 데 사용하거나, 또는 거꾸로 조합적 방법들을 이와 같이 다른 분야의 문제들을 공략하는 데 사용한다. 대수적 조합론의 기법을 사용하기에 적합한 문제들은 이렇듯 수학의 다른 분야들이나 다양한 응용수학의 영역에서 나타난다. 수학의 여러 분야들과 서로 영향을 주고받는 만큼 대수적 조합론은 다양한 아이디어와 방법론들이 공존하는 분야이다.

7.1 타블로

영 타블로(Young tableaux)는 군표현론에서 처음 등장했지만 다른 많은 분야들(예를 들어, 알고리즘 이론)에서도 유용하게 사용되는 흥미로운 대상이다. 맨 처음에는 사제 앨프레드 영(Reverend Alfred Young)이 치환군[III.68]의 기약표현[IV.9 §2]에서의 기저벡터들을 명시적으로 만들기 위해서 사용했다. n의 임의의 분할 $\lambda = \lambda_1 \cdots \lambda_k$에 대해 λ 모양의 영 타블로는, 왼쪽정렬된 k개 행으로 이루어진 수의 배열이다. 이때 첫 번째 행에는 λ_1개의 성분이 있고, 두 번째 행에는 λ_2개, 이런 식으로 행의 길이가 이루어져 있다. 또한 각 행과 열이 증가하고, 등장하는 수의 집합이 $\{1, 2, \cdots, n\}$이다. 예를 들어 모양이 22인 영 타블로는

$$
\begin{array}{cc} 1 & 2 \\ 3 & 4 \end{array} \qquad \begin{array}{cc} 1 & 3 \\ 2 & 4 \end{array}
$$

로 2개가 있고, 모양이 31인 영 타블로는 다음과 같이 3개가 있다.

$$
\begin{array}{ccc} 1 & 2 & 3 \\ 4 & & \end{array} \qquad \begin{array}{ccc} 1 & 2 & 4 \\ 3 & & \end{array} \qquad \begin{array}{ccc} 1 & 3 & 4 \\ 2 & & \end{array}
$$

λ 모양의 표준 영 타블로의 개수를 f_λ라고 하자. 예를 들어 $n = 4$일 때, $f_4 = 1$, $f_{31} = 3$, $f_{22} = 2$, $f_{211} = 3$, $f_{1111} = 1$이다. 이때 이 숫자들의 제곱을 모두 더하면 $1^2 + 3^2 + 2^2 + 3^2 + 1^2 = 24 = 4!$이 된다.

숫자 f_λ는 λ로 표기된 기약표현의 차원과 같다. 따라서 표현론[IV.9]의 프로베니우스 상호성(Frobenius reciprocity)을 사용하면 모든 n에 대해서도 같은 정리가 성립한다는 것을 알 수 있다. 다시 말해,

$$
\sum_{\lambda \vdash n} f_\lambda^2 = n!
$$

이 되고, 이를 영-프로베니우스(Young-Frobenius) 항등식이라고 부른다. 길버트 로빈슨(Gilbert Robinson)과 크레이그 쉔스티드(Craige Schensted)에 의해 처음 개발되고 도널드 크누스(Donald Knuth)에 의해서 확장된 아름다운 로빈슨-쉔스티드-크누스 대응을 사용하면 이 항등식의 훌륭한 일대일대응 증명을 할 수 있다. 이것은 순열 $\pi = \pi_1\pi_2\cdots\pi_n$을 넣었을 때 같은 모양의 영 타블로 한 쌍을 내어주는 대응이고, 따라서 항등식이 증명된다.

대수적 조합론은 현재 아주 활발하게 연구되고 있는 수학 분야이다. 그리고 수학이 점점 구체적, 구성적, 알고리즘화되어 갈수록 수학(그리고 과학)의 모든 분야에서는 새로운 조합적 구조가 발견된다. 그렇기 때문에 대수적 조합론은 앞으로도 오랫동안 할 일이 많을 것이다.

더 읽을거리

Billera, L., J., A. Bjorner, C. Greene, R. E. Simion, and R. P. Stanley, eds. 1999. *New Perspectives in Algebraic Combinatorics*. Cambridge : Cambridge University Press.

Ehrenpreis, L., and D. Zeilberger. 1994. Two EZ proofs of $\sin^2 z + \cos^2 z = 1$. *American Mathematical Monthly* 101 : 691.

Rota, G.-C. 1964. On the foundations of combinatorial theory. I. Theory of Möbius functions. *Zeitschrift für Wahrscheinlichkeitstheorie und Verwandte Gebiete* 2 : 340-68.

Stanley, R. P. 2000. *Enumerative Combinatorics*,

volumes 1 and 2. Cambridge: Cambridge University Press.

IV.19 극단적 / 확률적 조합론

노가 알론, 마이클 크리벨레비치
Noga Alon and Michael Krivelevich

1 조합론: 서론

1.1 예제

조합론을 엄밀히 정의하기는 어렵다. 그렇기에 몇 개의 예를 이용해서 이 분야를 소개해 보고자 한다.

(i) 50년 전에 아이들 간의 우정을 시험하는 과정에서 헝가리 사회학자 산도르 살라이(Sandor Szalai)는 그가 조사한 20명의 집단 속에서 항상 서로가 모두 친구인 4명의 아이들 또는 서로 친구가 아닌 4명의 아이들을 찾을 수 있다는 것을 발견했다. 사회학적인 결론을 도출할 수도 있는 유혹에도 불구하고 살라이는 이 현상이 사회학적인 현상이라기보단 수학적인 현상이라는 것을 깨달았다. 실제로 수학자들 에르되시(Erdős), 투란(Turán), 소스(Sós)와 간략한 토론을 한 이후 그는 이것이 수학적인 현상이라고 확신했다. 만약 원소의 개수가 18 이상인 집합 X에 대해 R이 X의 어떤 대칭적인 관계[I.2 §2.3]이면, 항상 다음의 조건을 만족하는 X의 부분집합 S를 찾을 수 있다. 임의의 다른 S 안의 원소 x, y에 대하여 xRy를 만족하거나, xRy를 만족하는 S 안의 원소 x, y는 존재하지 않는다. 위 예제의 경우 X는 아이들의 모임이고 R은 친구관계이다. 이 수학적 사실은 경제학자이자 수학자인 프랭크 플럼프턴 램지(Frank Plumpton Ramsey)가 1930년에 발견한 램지 정리이다. 램지 정리는 램지 이론(Ramsey theory)의 발달을 이끌었으며 다음 절에서 의논할 극단적 조합론

(extremal combinatorics) 한 종류가 되었다.

(ii) 1916년에 슈르(Schur)는 페르마의 마지막 정리 [V.10]를 연구하고 있었다. 디오판토스 방정식이 해가 없다는 명제를 어떤 소수 p에 대하여 법(modulo) p를 취했을 때 해가 없다는 명제를 보임으로써 증명할 수 있는 경우가 있다. 그러나 슈르는 임의의 정수 k와 임의로 큰 소수 p에 대하여 법 p로 0이 아닌 3개의 정수 a, b, c가 존재하여 $a^k + b^k$이 c^k과 법 p로 같다는 것을 보였다. 이는 정수론의 결과이지만 간단하고 순수 조합론적인 증명이 있으며 이는 램지 이론을 적용한 많은 예제들 중 하나이다.

(iii) 1943년, 리틀우드[VI.79]와 오포드(Offord)는 무작위 다항식들의 실수해의 개수를 구할 때 다음의 문제를 고민했다. z_1, z_2, $\cdots$, z_n을 n개의 (모두 다를 필요가 없는) 복소수이며 각 절댓값이 1 이상이라고 하자. 이 숫자들의 2^n개의 부분집합에 대하여 각 숫자의 합을 생각해 보자(공집합인 경우는 이 합은 0으로 규정한다). 리틀우드와 오포드는 이런 합들 중 두 합의 차이의 절댓값이 1 미만인 경우의 수의 최댓값을 알고 싶어 했다. n이 2인 경우는 답이 많아야 2라는 것을 쉽게 보일 수 있다. 이 경우 0, z_1, z_2, $z_1 + z_2$로 4개의 합이 있다. 우리는 앞의 두 합 또는 뒤의 두 합을 고를 수 없는데, 이는 고르는 경우 차이가 z_1이 되어 절댓값이 1보다 작을 수 없기 때문이다. 클레이먼(Kleitman)과 카토나(Katona)는 일반적으로 최댓값이 $\binom{n}{\lfloor n/2 \rfloor}$임을 보였다. 이러한 최댓값을 가지는 간단한 구성을 만들 수 있다. $z_1 = z_2 = \cdots = z_n$으로 두고 이들 중 $\lfloor n/2 \rfloor$개의 합을 모두 고르도록 하자. 이렇게 뽑으면 $\binom{n}{\lfloor n/2 \rfloor}$개의 합이 있으며 이 합들은 모두 같다. 이 경우가 최선이라는 증명은 극단적 조합론의 다른 분야에서 오는 도구를 사용하는데, 이는 기본 대상이 유한집합의 시스템이다.

(iv) m명의 선생님 T_1, T_2, $\cdots$, T_m과 n개의 학급 C_1, C_2, $\cdots$, C_n이 있는 학교를 생각하자. 선생님 T_i는 주어진 숫자 p_{ij}만큼의 수업을 학급 C_j에서 가르쳐야 한다. 이를 만족할 수 있는 최소한의 수업시간은 몇 시간일까? d_i를 선생님 T_i가 가르쳐야 하는 총 수업수라고 하고, c_j를 학급 C_j가 들어야 하는 총 수업수라고 하자. 자명하게도 들어야 하는 수업시간은 어떠한 d_i 또는 c_j보다 같거나 커야 하며 이 숫자들의 최댓값 d 이상이어야 한다. 실제로 이 자명한 하한은 상한이 된다. 모든 수업들을 d개의 수업시간 이내에 끝낼 수 있게 수업시간표를 짤 수 있다. 이는 그래프이론의 기본정리인 쾨니히 정리(König theorem)의 결과이다. 상황이 이렇게 간단한 경우가 아니라고 가정하자. 모든 선생님 T_i와 모든 학급 C_j에 대해서 어떠한 고정된 d개의 수업시간이 있다고 하자. 위와 같은 더 제한된 조건들을 만족하는 수업시간표를 만들 수 있겠는가? 최근에 그래프의 **목록 채색(list coloring)**이라는 분야에서 나온 중요기술은 이것이 항상 가능하다는 것을 보여준다.

(v) 여러 국가가 표시된 지도에 대해서 인접한 두 국가들에 다른 색이 칠해지도록 색칠을 하고 싶을 때 얼마나 많은 색이 필요한가? 여기서 각 국가는 평면의 연결된 영역을 이룬다고 하자. 물론 최소 4개의 색이 필요하다. 벨기에, 프랑스, 독일, 그리고

룩셈부르크를 생각하면 임의의 두 국가들은 공통된 경계가 있다. 1976년 아펠(Appel)과 하켄(Haken)이 증명한 4색정리[V.12]로부터 4가지 색보다 더 많은 색이 필요하지 않다는 것을 알 수 있다. 이 문제에 대한 연구는 그래프 채색에 관한 상당히 흥미로운 질문들과 결과를 가져왔다.

(vi) S를 2차원 격자 $\mathbb{Z}^2$의 임의의 부분집합이라고 하자. 임의의 $\mathbb{Z}$의 유한집합 A, B에 대해서 데카르트 곱 $A \times B$를 '조합론적 직사각형'으로 생각할 수 있다. 이 집합의 크기는 $|A||B|(|X|$는 집합 X의 크기이다)이며, $A \times B$ 안에서의 S의 밀도 $d_S(A, B)$를 공식 $d_S(A, B) = |S \cap (A \times B)|/|A||B|$로 자연스럽게 정의할 수 있으며, 이는 집합 S 안에서의 $A \times B$의 비율을 잰다. 임의의 정수 k에 대하여 $d(S, k)$를 $|A| = |B| = k$일 때 $d_S(A, B)$의 최댓값이라고 하자. k가 무한대로 발산할 때 $d(S, k)$에 대하여 무엇을 말할 수 있는가? 어떠한 현상도 가능하다고 추측할 수 있겠지만, 극단적 그래프이론의 기본정리들(이른바 완전 이분그래프(complete bipartite graph)의 투란수(Turán number)에 관한 정리)은 $d(S, k)$가 무조건 0 또는 1로 수렴해야 한다는 것을 알 수 있다.

(vii) n개의 농구팀이 토너먼트 방식으로 경기를 할 때, 임의의 두 팀은 서로 정확히 한 번 경기를 한다고 가정하자. 주최자는 토너먼트 결과에 따라 k개의 상을 주고 싶어 한다. 만약 어떠한 팀이 존재하여 그 팀은 상을 받지 못하지만 상을 받은 다른 팀들은 모두 이긴 상황이 일어난다면 당황스러울 것이다. 그러나 실제로 느끼는 것과는 다르게 어떻게 k개

의 팀을 고르더라도 n이 충분히 크다면 이런 상황이 충분히 생길 수 있다. 조합론에서 강력한 기술 중 하나인 **확률적 방법론**(probabilistic method)을 사용하면 위의 현상을 쉽게 설명할 수 있다. 임의의 고정된 수 k와 임의의 큰 수 n에 대하여, 만약 모든 경기의 결과가 무작위하게(각 경기결과가 서로 독립적이고 균등하다고 하자) 결정되었을 때, 임의의 k팀에 대해서 이 모든 팀을 이긴 팀이 존재할 확률이 굉장히 높다. 현대 조합론 중 활발한 연구가 되는 분야 중 하나인 확률적 조합론(probabilistic combinatorics)은 확률적 추론이 종종 이런 문제들에 대해 간단한 해법을 주지만 다른 방법으로는 매우 풀기 어려운 경우가 있다는 인식에서 시작하였다.

(viii) 만약 G가 n개의 원소를 가진 유한군이고 H는 크기가 k인 G의 부분군이라면 n/k개의 H의 좌잉여류(left coset)들과 n/k개의 H의 우잉여류(right coset)들이 있다. 각 좌잉여류들과 우잉여류들에 대해서 단 하나의 대표원소를 포함하는 크기 n/k의 G의 부분집합이 존재하는가? 그래프이론의 기본정리 중 하나인 홀(Hall)의 정리는 이런 부분집합이 존재한다는 것을 말해준다. 실제로, H'이 크기 k인 G의 또 다른 부분집합이라면 항상 크기 n/k인 G의 부분집합이 존재하여 이 집합이 H의 각 우잉여류들의 유일한 대표원소들을 포함하고 H'의 각 좌잉여류들의 유일한 대표원소들을 포함한다. 이는 군론의 결과물로 보일 수 있겠지만 매우 간단한 조합론의 정리이다.

1.2 연구주제

앞에서 든 예들은 조합론의 주요 연구주제들의 일부를 설명한다. 이산수학이라고도 불리는 이 분야는 연속적인 대상과 다른 불연속적 대상들의 연구와 그 성질들을 연구하는 학문이다. 조합론은 아마도 인간의 셈 능력만큼이나 오래되었지만 지난 50년 간 비약적인 발전을 이루었으며, 조합론만이 가진 문제, 접근법, 방법론과 함께 번창하는 학문으로 성장하였다.

위의 예제들은 조합론이 다른 수학분야들의 발전에 중요한 역할을 하는 수학의 기본적 분과라는 것을 보여준다. 이 글에서는 이 현대적인 분야의 주요 양상들의 일부를 의논하고, 극단적 조합론과 확률적 조합론에 초점을 맞추어 설명한다. (이와는 다른 종류의 접근법을 쓰는 조합론 문제들에 대한 설명은 계수적/대수적 조합론[IV.18]에서 찾을 수 있다.) 물론 이 짧은 글에 이 분야를 모두 다룰 수는 없다. 이 분야에 대한 자세한 설명은 그레이엄(Graham), 그뢰스첼(Grötschel), 로바스(Lovász)의 책(1995)에서 찾을 수 있다. 이 글의 의도는 대표적인 예들을 설명함으로써 관련된 주제, 방법들 그리고 응용방식에 대한 짧은 경험을 제공하기 위해서이다. 여기서 다룰 주제들은 극단적 그래프이론, 램지 이론, 집합계의 극단적 이론, 조합적 정수론, 그리고 확률적 조합론을 포함한다. 또한 알고리즘적 방향과 조합론의 흥미로운 몇몇 난제에 대하여 논의할 것이다.

2 극단적 조합론

극단적 조합론(extremal combinatorics)은 어떠한 조건들을 만족하는 유한개의 대상들의 가능한 모임의 크기의 최솟값 또는 최댓값을 결정하거나 측정하는 문제들을 다룬다. 이러한 문제들은 종종 컴퓨터 공학, 정보이론, 정수론, 그리고 기하 등을 포함하는 다른 분야들과 연관된다. 이 분야는 지난 몇십 년 동안 극적인 발전을 이루었다. (예를 들어 볼로바쉬(Bollobás)의 책(1978)이나 쥬크나(Jukna)의 책(2001) 또는 이 책의 참고문헌들을 보라.)

2.1 극단적 그래프이론

그래프[III.34]는 매우 기본적인 조합적 구조들 중 하나이다. 그래프는 꼭짓점(vertex)이라고 불리는 점들의 집합과 그 점들을 연결하는 변(edge)들로 이루어져 있다. 그래프는 꼭짓점을 평면 상에 점으로 그리고 변을 선(또는 곡선)으로 그려 시각화할 수 있다. 그러나 정식으로는 그래프는 더 추상적인 개념이다. 즉, 단지 집합과 이 집합에서 뽑은 쌍들의 집합이다. 더 구체적으로 말하면, 그래프는 꼭짓점 집합(vertex set)이라고 불리는 집합 V와 변 집합(edge set)이라고 불리는 집합 E로 구성되어 있다. 즉, E의 원소들은 V의 서로 다른 원소들 u, v에 대하여 $\{u, v\}$ 꼴로 되어 있다. 만약 $\{u, v\}$가 변이라면 u와 v는 인접한다(adjacent)고 정의한다. 꼭짓점 v의 차수(degree) $d(v)$는 꼭짓점 v와 인접한 꼭짓점들의 개수이다.

그래프와 관련되며 중요하게 부각되는 여러 종류의 간단한 정의들을 살펴보자. G 상에서 u에서 v로 가는 길이 k인 경로(path)는 서로 다른 꼭짓점들 $u = v_0, v_1, \cdots, v_k = v$의 수열이며 모든 $i < k$에 대하여 v_i와 v_{i+1}은 인접한다. 만약 $v_0 = v_k$이고 다른 모

든 꼭짓점 v_i들이 서로 다르다면, 이 경로는 길이 k 인 **사이클**(cycle)이라고 부르며 보통 C_k라고 표기한다. 만약 G의 임의의 꼭짓점 u, v에 대하여 u에서 v로 가는 경로가 존재한다면 그 그래프 G는 **연결되었다**(connected)고 한다. **완전그래프**(complete graph) K_r은 임의의 두 꼭짓점이 인접한 r개의 꼭짓점을 가진 그래프이다. G의 **부분그래프**(subgraph)는 G의 꼭짓점의 일부와 변들의 일부를 포함한 그래프이다. G 안의 **부분완전그래프**(clique)는 G의 꼭짓점들의 집합으로, 이 집합의 임의의 두 꼭짓점은 인접해야 한다. 가능한 G 안의 부분완전그래프의 크기의 최댓값을 G의 **부분완전그래프수**(clique number)라고 한다. 비슷하게 G 안의 **독립집합**(independent set)은 임의의 두 꼭짓점에 대해 인접하지 않는다는 조건을 만족하는 G의 부분집합이며, G의 **독립수**(independence number)는 이러한 독립집합들의 크기의 최댓값이다.

극단적 그래프이론은 그래프의 꼭짓점과 변의 개수, 부분완전그래프수, 독립수 같은 다양한 변수의 양적 관계를 다룬다. 이러한 변수들에 관한 최적화 문제들(예를 들어, 어떠한 변수가 고정된 크기 이하라면 다른 변수의 최댓값을 판별하는 문제)은 많은 경우 풀려야만 하며, 이의 최적화된 답은 이 문제의 **극단적 그래프**(extremal graph)라고 부른다. 명료하게 그래프를 명시하지 않은 대다수의 중요한 최적화 문제들은 위의 정의들을 이용해 극단적 그래프들에 관한 문제로 표현할 수 있다.

2.1.1 그래프 채색

서문에서 이야기했던 지도를 색칠하는 문제로 돌아

가 보자. 이 문제를 수학문제로 바꾼다면 지도를 색칠하는 문제를 그래프 G로 다음과 같이 표현할 수 있다. G의 꼭짓점들은 지도 상에 있는 나라들에 대응되며 G의 두 꼭짓점이 인접하는 경우는 대응되는 두 나라가 공통된 국경을 가지는 경우와 같다. 위와 같은 경우 어떠한 두 개의 변도 서로 교차하지 않게 그래프를 그릴 수 있다는 것을 어렵지 않게 보일 수 있다. 이러한 그래프를 **평면그래프**(planar graph)라고 부른다. 역으로, 어떠한 평면그래프도 이와 같은 방식으로 만들 수 있다. 그래서 위의 문제는 다음 문제와 동치이다. 인접한 두 꼭짓점들에 같은 색을 칠하지 않는 조건 하에 꼭짓점들을 색칠하고 싶다면 몇 가지 색이 필요한가? (색이라는 비수학적 정의 대신 각 꼭짓점에 숫자를 부여하는 방식으로 문제를 더 수학적으로 만들 수 있다.) 이러한 채색을 **적절하다**(proper)라고 한다. 위의 용어로 말하면, 4색정리는 모든 평면그래프들은 4가지의 색으로 적절하게 칠할 수 있는 것을 명시한다.

다음은 그래프 채색 문제의 또 다른 예이다. 만약 여러 국회위원회의 시간표를 짜야 한다고 가정하고 어떤 국회의원이 두 위원회에 속해 있다고 했을 때, 두 위원회의 회의가 동시간에 열리는 것을 원하지 않는다면 얼마나 많은 시간이 필요한가?

다시 그래프 G를 이용하여 위의 상황을 만들 수 있다. G의 꼭짓점들은 위원회들이며 두 꼭짓점이 인접하는 경우는 대응되는 위원회들이 공통된 위원을 갖는 경우이다. 일정은 각각의 위원회를 k개의 시간들 중 하나에 대응시키는 함수 f이다. 더 수학적으로 말하면 f를 V에서 집합 $\{1, 2, \cdots, k\}$로 가는 함수로 볼 수 있다. 만약 임의의 인접한 두 꼭짓점이 같은 숫자를 부여 받지 않았다면 그러한 일정을 **합당하**다고 하자. 이는 두 위원회가 공통된 위원을 포함한다면 다른 시간을 부여 받는 것과 대응된다. 그럼 본래의 질문은 '합당한 일정이 존재하는 가장 작은 k값은 무엇인가?'가 된다.

답은 G의 **채색수**(chromatic number)로 불리고 $\chi(G)$라고 표기한다. 이는 G의 적절한 채색들에 대하여 사용된 색의 개수 중 가장 작은 수이다. 그래프 G의 채색이 적절하다는 명제와 각 색에 대하여 그 색이 칠해진 꼭짓점들의 집합이 독립적이라는 명제가 동치임에 주목하자. 그러므로 $\chi(G)$는 G의 꼭짓점들을 독립집합들로 분할했을 때 그 집합들의 가능한 최소 개수로 정의할 수 있다. 그래프가 k-채색을 가지는 경우, 동등한 의미로 G를 k개의 독립집합들로 분할할 수 있는 경우 그래프 G를 k-**채색가능**하다고 부르자. 그러므로 $X(G)$는 G가 k-채색가능한 최솟값 k이다.

두 개의 간단한 예제를 차례대로 살펴보자. 만약 G가 n개의 꼭짓점을 가진 완전그래프 K_n이라면 모든 꼭짓점들이 다른 색이어야 하므로 n개의 색이 필요하다. 당연히 n개의 색이면 충분하므로 $\chi(K_n) = n$이다. 만약 G가 $2n+1$개의 꼭짓점을 가진 사이클 C_{2n+1}이라면 3가지 색이 필요하며, 3가지 색으로 충분함을 쉽게 보일 수 있다. 꼭짓점을 번갈아 색 1과 색 2로 칠하고 마지막 꼭짓점을 색 3으로 칠한다. 그러므로 $\chi(C_{2n+1}) = 3$이다.

G가 2-채색가능이라는 명제와 G가 홀수 길이의 사이클을 갖지 않는다는 명제가 동치임은 어렵지 않게 보일 수 있다. 2-채색가능 그래프를 보통 **이분그래프**라고 부르는데, 모든 변들이 한 모임에서 다른 모임으로 연결되도록 꼭짓점들을 두 모임으로 나누기 때문이다. 이러한 쉬운 묘사는 여기서 끝나며, k-채색가능성과 대응하는 간단한 조건은 $k \geq 3$일 때 존재하지 않는다. 이는 고정된 $k \geq 3$에 대하여 주어진 그래프가 k-채색가능인지 아닌지 판별하는 계산적인 문제가 NP-어렵다(이 개념은 **계산복잡도**[IV.20]에서 다룬다)라는 사실과 연관이 있다.

채색은 그래프이론의 가장 기본적인 개념들 중 하나인데, 컴퓨터 공학과 연산자 연구 같은 관련된 학문들에서 나온 상당한 양의 문제들이 그래프 채색으로부터 만들어질 수 있기 때문이다. 그래프의 최적화된 채색을 찾는 것은 이론적으로나 현실적으로나 매우 어려운 작업이라고 알려져 있다.

채색에는 간단하지만 핵심적인 두 가지 하한이 있다. 첫째로, 그래프 G의 적절한 채색에 속한 각 색들이 칠해진 꼭짓점들은 독립집합을 이루므로 이는 $\alpha(G)$로 표기되는 G의 독립수보다 클 수 없다. 그러므로 적어도 $|V(G)|/\alpha(G)$개의 색은 필요하다. 두 번째로 G가 크기 k인 부분완전그래프를 포함한다면 이 부분완전그래프를 색칠하기 위해 k개의 색이 필요하므로 $\chi(G) \geq k$이다. 그러므로 $\omega(G)$를 G의 부분완전그래프수라고 정의하면 $\chi(G) \geq \omega(G)$가 된다.

채색수의 상한은 어떻게 될까? 그래프를 색칠하는 데 가장 간단한 접근법들 중 하나는 **탐욕스럽게** 칠하는 것이다. 꼭짓점들을 어떠한 순서대로 나열하고 색을 하나씩 칠하는데, 각 꼭짓점에 대해서 그 꼭짓점과 이웃한 꼭짓점들에게 부여된 숫자들이 아닌 수들 중 가장 작은 자연수를 부여한다. 탐욕 알고리즘은 때때로 매우 비효율적이지만(예를 들어,

이분그래프를 2가지 색으로도 충분히 칠할 수 있지만, 이 알고리즘은 무한히 많은 색을 요구할 수도 있다) 보통 상당히 좋은 결과를 준다. 이러한 탐욕 알고리즘을 적용할 때 꼭짓점 v에 주어진 숫자는 많아야 v 앞에 있는 v의 이웃들의 수보다 1만큼 크다는 것을 알 수 있으며, 그러므로 많아야 $d(v) + 1$이다($d(v)$는 그래프 G에서의 v의 차수이다). 따라서 만약 $\Delta(G)$가 G의 최대 차수라면, 탐욕 알고리즘은 많아야 $\Delta(G) + 1$개의 색을 사용한다. 그러므로 $\chi(G) \leq \Delta(G) + 1$이다. 이 상한은 완전그래프와 홀수 사이클에 대해서 등식을 만족하며 브룩스(Brooks)가 1941년에 증명했듯이 이 예제들이 등호를 만족하는 모든 경우이다. 만약 G가 최대 차수가 Δ인 그래프라면 G가 부분완전그래프 $K_{\Delta+1}$을 포함하지 않고, $\Delta = 2$이면서 동시에 G가 홀수 사이클을 포함하지 않는 경우 $\chi(G) \leq \Delta$를 만족한다.

그래프의 꼭짓점들 대신 변을 색칠하는 것도 가능하다. 이런 경우 적절한 채색은 두 개의 변이 한 꼭짓점에서 만나는 경우 같은 색이 칠해지지 않는 채색으로 정의한다. G의 **채색지표**(chromatic index)는 $\chi'(G)$로 표기하며 G가 k개의 색으로 적절한 변-채색을 가지는 가능한 경우들 중 최솟값 k이다. 예를 들어 G가 완전그래프 K_{2n}이라면 $\chi'(G) = 2n - 1$이다. 이는 $2n$개의 팀으로 구성된 리그전 토너먼트를 $2n - 1$개의 라운드로 구성할 수 있다는 사실과 동치이다. 간단하게 축구리그 운영자한테 물어보면 알 것이다. 또한 $\chi'(K_{2n-1}) = 2n - 1$임을 보이는 것도 어렵지 않다. G의 임의의 적절한 변-채색에 대해서 꼭짓점 v와 연결된 G의 모든 변들은 다른 색이 부여되므로 채색지표는 적어도 최대 차수 이상이

다. 1931년에 쾨니히(König)가 증명했듯이 등호는 이분그래프들에 대해 성립하며 이는 서문에서 소개했던, 선생님과 학급에 관련된 문제에서 d개의 수업시간을 이용한 수업시간표의 존재성을 보여준다.

주목할 만한 사실은 이 자명한 하한 $\chi'(G) \geq \Delta(G)$는 실제 $\chi'(G)$값과 매우 가깝다는 것이다. 1964년 비징(Vizing)의 핵심적인 정리에 따르면 $\chi'(G)$는 항상 최대 차수 $\Delta(G)$ 또는 $\Delta(G) + 1$과 같다. 그러므로 G의 채색지표는 채색수의 근삿값을 구하는 것보다 훨씬 쉽다.

2.1.2 제외된 부분그래프

그래프 G가 n개의 꼭짓점을 가지고 삼각형(즉, 서로가 모두 연결된 세 개의 꼭짓점들)을 포함하지 않는다면 G는 얼마나 많은 변을 가질 수 있는가? 만약 n이 짝수라면 꼭짓점 집합을 크기가 $n/2$인 두 개의 집합 A와 B로 나눈 다음 A의 각 꼭짓점들과 B의 각 꼭짓점들을 연결할 수 있다. 이 결과로 나온 그래프 G는 삼각형을 포함하지 않으며 $n^2/4$개의 변을 가진다. 또한, 또 다른 변을 삽입하는 순간 삼각형이 만들어진다(사실, 여러 개의 삼각형이 만들어진다). 그러나 이 경우가 삼각형이 없는 경우 중 가장 밀도가 큰 경우일까? 100년 전 만텔(Mantel)에 의해 답은 그렇다고 증명됐다. (n이 홀수인 경우 비슷한 정리가 성립하지만, 이 경우 A와 B는 거의 비슷한 크기인 $(n + 1)/2$와 $(n - 1)/2$를 갖는다.)

위의 문제에서 삼각형을 임의의 그래프로 바꾼 일반적인 문제를 생각해 보자. 정확히 말해서, H는 어떤 m개의 꼭짓점을 가진 그래프이고 $n \geq m$일 때 $ex(n, H)$는 H를 부분그래프로 포함하지 않는 n개의

꼭짓점을 가진 그래프들에 대해서 변의 가능한 개수의 최댓값이라고 하자(기호 'ex'는 'exclude'의 약자이다). 함수 ex(n, H)는 나중에 밝혀질 이유들로 인해 H의 투란수라고 불리며 이 숫자의 좋은 근삿값을 찾는 것은 극단적 그래프이론의 핵심적인 문제이다.

H를 포함하지 않는 어떠한 종류의 그래프들을 생각할 수 있겠는가? 만약 H의 채색수가 r이라면 이는 채색수가 r보다 작은 그래프 G의 부분그래프가 될 수 없다는 관찰로 이 문제를 시작할 수 있다. (왜 불가능한가? 왜냐하면 그래프 G의 적절한 ($r-1$)-채색은 G의 임의의 부분그래프의 적절한 ($r-1$)-채색을 주기 때문이다.) 그러므로 유망한 접근법은 n개의 꼭짓점을 가지고 채색수가 $r-1$이며 변을 최대로 많이 가지는 그래프 G를 생각하는 것이다. 이러한 예는 찾기 쉽다. 필요한 조건은 꼭짓점들을 $r-1$개의 독립집합들로 분할하는 것이다. 이 과정을 거치고 나면 이러한 집합들끼리 연결 가능한 모든 변들을 포함할 수 있다. 이런 그래프를 완전 ($r-1$)분 그래프(complete ($r-1$)-partite graph)라고 한다. 일상적인 계산을 하면 변의 개수를 최대화하기 위해서는 그래프를 크기가 매우 비슷한 집합들로 분할해야 된다는 것을 알 수 있다. (예를 들어 $n=10$이고 $r=4$라면 꼭짓점 집합을 크기 3, 3, 4인 3개의 집합으로 분할할 수 있다.)

위의 조건을 만족하는 그래프를 투란 그래프(Turán graph) $T_{r-1}(n)$이라고 하며 이 그래프가 가진 변의 개수는 $t_{r-1}(n)$으로 표기한다. 우리는 방금 ex(n, H) $\geq t_{r-1}(n)$인 것을 증명했으며 이는 적어도 $(1 - 1/(r-1))\binom{n}{2}$만큼 크다.

이 분야의 투란의 공헌은 1941년 가장 중요한 경우인 H가 r개의 꼭짓점을 가진 완전그래프 K_r일 때 정확한 답을 제시한 것이다. 그는 단순히 ex(n, K_r)이 $t_{r-1}(n)$ 이상인 것이 아니라 $t_{r-1}(n)$과 같다고 증명했다. 또한 K_r을 포함하지 않으며 n개의 꼭짓점을 가지고 ex(n, K_r)개의 변을 가진 그래프는 투란 그래프 $T_{r-1}(n)$이 유일하다. 투란의 논문은 일반적으로 극단적 그래프이론의 시초라고 간주된다.

이후에 에르되시(Erdős), 스톤(Stone), 시모노비츠(Simonovits)는 임의로 고정된 채색수가 3 이상인 H에 대하여 위의 간단한 하한이 근사적으로 개선될 수 없음을 증명함으로써 투란의 정리를 일반화했다. 다시 말해서 r이 H의 채색수라면 ex(n, H)와 $t_{r-1}(n)$의 비율은 n이 무한대로 커질 때 1로 수렴한다는 것이다.

그러므로 함수 ex(n, H)는 이분그래프가 아닌 모든 경우에 대해서 잘 연구가 되어 있다. 이분그래프는 좀 더 어려운데, 이 경우 투란수가 훨씬 작기 때문이다. H가 이분그래프라면, ex(n, H)$/n^2$은 0으로 수렴한다. 이 경우 ex(n, H)의 근삿값을 결정하는 것은 도전 의식을 북돋는 미해결 문제들 중 하나로 남아 있다. 사실 H가 사이클인 매우 쉬운 경우에도 모두 알려져 있지 않다. 지금까지 얻은 일부 결과들은 확률론, 정수론, 대수기하를 포함한 다른 분야의 기술을 사용한다.

2.1.3 매칭과 사이클

G를 그래프라고 하자. G의 매칭(matching)은 G에서 꼭짓점을 공유하지 않는 어떠한 변들의 집합이다. G의 매칭 M에 대해서 만약 G의 모든 꼭짓점들이

M의 변들에 포함되어 있다면 M을 **완벽하다**(perfect)고 한다. 물론 G가 완벽한 매칭을 가지는 경우 짝수 개의 꼭짓점을 가지고 있어야 한다.

그래프이론의 잘 알려진 정리들 중 하나인 홀의 정리는 이분그래프에서의 완벽한 매칭의 존재성과 필요충분조건을 제시한다. 이 조건은 어떻게 생겼을까? 다음과 같이 자명한 **필요조건**을 쓰는 것은 매우 쉽다. G가 이분그래프이면 크기가 같은 꼭짓점 집합 A와 B를 가지고 있다고 하자. (만약 이 두 집합의 크기가 같지 않다면 당연히 완벽한 매칭은 존재하지 않는다.) 임의의 A의 부분집합 S에 대하여 $N(S)$를 S의 꼭짓점들 중 적어도 하나와 연결되어 있는 B의 꼭짓점들의 집합이라고 하자. 만약 매칭이 존재한다면 S의 각 꼭짓점들에 대해 서로 다른 $N(S)$ 안의 원소들과 대응시킬 수 있기 때문에 $N(S)$의 크기는 적어도 S의 크기 이상이다. 1935년에 증명된 홀의 정리는 놀랍게도 이 필요조건이 충분함을 증명하였다. 다시 말해서, $N(S)$의 크기가 항상 S의 크기 이상이라면 완벽한 매칭이 존재한다. 일반적으로 A의 크기가 B보다 작다면 같은 조건이 A의 꼭짓점들을 모두 포함하는 매칭을 찾을 수 있다는 것을 입증한다(그러나 B의 일부 꼭짓점들은 매칭에 포함되지 않는다).

이는 집합계로 표현된 홀의 정리의 유용한 재공식화이다. $S_1, S_2, \cdots, S_n$을 집합들의 모임이라고 하고 **서로 다른 대표원소들의 계**를 찾고 싶다고 가정하자. 다시 말해서 x_i가 S_i의 원소이며 x_i들끼리 서로 다른 수열 $x_1, x_2, \cdots, x_n$을 찾으려 한다. 당연하게도 어떠한 k개의 집합들 S_i의 합집합의 크기가 k 미만이라면 이는 불가능하다. 이번에도 이 자명한 필요

조건이 충분조건이 된다. 이 주장과 홀의 정리가 동치임을 보이는 것은 어렵지 않다. S를 S_i의 합집합이라고 하고 꼭짓점 집합이 $\{1, 2, \cdots, n\}$과 S인 이분그래프를 정의하고 $x \in S_i$인 경우 i와 x를 변으로 연결하자. 그럼 집합 $\{1, 2, \cdots, n\}$을 모두 포함하는 매칭은 계의 서로 다른 대표원소들을 뽑는다. x_i는 i와 대응되는 S의 원소이다.

홀의 정리는 §1.1에서 언급한 부분군 H의 우잉여류들과 좌잉여류들에 대해서 대표원소들을 찾는 문제에 적용할 수 있다. 두 꼭짓점 집합들이 크기 n/k인 H의 좌잉여류들과 우잉여류들인 이분그래프 F를 정의해 보자. 좌잉여류 $g_1 H$와 우잉여류 $H g_2$가 F의 변으로 연결되어 있는 경우는 이 두 집합이 공통원소를 포함하는 경우이다. F가 홀의 조건을 만족한다는 것을 보이기는 어렵지 않으며 그러므로 F의 완벽한 매칭 M이 존재한다. M의 변 $(g_i H, H g_j)$에 대해서 $g_i H$와 $H g_j$의 공통원소를 고름으로써 필요한 대표원소들의 모임을 만들 수 있다.

이는 또한 이분그래프일 필요가 없는 일반적인 그래프 G의 완벽한 매칭의 존재성에 대한 필요충분조건이다. 이는 터트(Tutte)의 정리이지만 여기서 소개하지는 않겠다.

C_k가 크기 k인 사이클이라고 표기한 것을 떠올려 보자. 사이클은 매우 기본적인 그래프 구조이며 예측이 가능하게도 이와 관련된 수많은 극단적 그래프 이론의 결과들이 있다.

G를 사이클을 가지지 않는 연결된 그래프라고 가정하자. 꼭짓점 하나를 고르고 이 꼭짓점의 이웃들을 보고 또 그 이웃들의 이웃들을 보는 행동을 계속하면 이 그래프의 나무와 같은 구조를 볼 수 있을 것

이다. 실제로 이런 그래프들을 수형도(tree)라고 부른다. n개의 점을 가지는 수형도가 정확히 $n-1$개의 변을 가짐을 증명하는 것은 연습문제이다. 그러므로 n개의 점을 가지고 최소 n개의 변을 가지는 그래프 G는 사이클을 포함하고 있다. 만약 이 사이클이 특정한 추가성질을 만족한다는 것을 보이려면 더 많은 변들이 필요할 수 있다. 예를 들어 앞서 언급한 만텔의 정리는 n개의 꼭짓점을 가지고 최소 $n^2/4$개의 변을 가지는 그래프 G는 항상 삼각형 $C_3 = K_3$을 포함한다는 것을 시사한다. 또한 그래프 $G = (V, E)$가 $|E| > \frac{1}{2}k(|V|-1)$을 만족한다면 길이가 k 이상인 사이클을 찾을 수 있다는 것을 증명할 수도 있다(사실 이는 더 이상 개선될 수 없는 결과이다).

G의 해밀턴 사이클(Hamilton cycle)은 G의 모든 꼭짓점을 지나는 사이클이다. 이 용어는 해밀턴[VI.37]이 1857년에 발명한 십이면체의 그래프의 해밀턴 사이클을 찾는 것이 목적인 게임에서 유래되었다. 해밀턴 사이클을 포함하는 그래프를 해밀턴 그래프(Hamiltonian)라고 부른다. 이 개념은 잘 알려진 여행하는 외판원 문제[VII.5 §2]와 밀접한 관련이 있다. 각 변에 양의 가중값이 부여된 그래프가 있고 포함된 변들의 가중값들의 합을 최소로 하는 해밀턴 사이클을 찾는 문제이다. 어떤 그래프가 해밀턴 그래프가 되도록 하는 충분조건들은 많지만 대부분은 차수들의 수열에 기반하고 있다. 예를 들어 1952년에 디랙(Dirac)은 $n \geq 3$개의 꼭짓점을 가지고 모든 차수가 $n/2$ 이상인 그래프는 해밀턴 그래프임을 증명하였다.

2.2 램지 이론

램지 이론(Ramsey theory)은 다음과 같은 일반적 현상을 체계적으로 연구하는 학문이다. 어떤 종류의 구조는 그 구조가 충분히 제멋대로이고 혼돈 상태처럼 보여도 놀랍도록 많은 경우 상당히 조직적인 부분구조를 포함하고 있다. 간단히 말해서 수학자 모츠킨(T. S. Motzkin)이 말한 "완전한 무질서는 불가능하다"이다. 이 패러다임의 간단하고 일반적인 형태는 다른 수학분야들에서 매우 다양한 현상들이 있다는 것을 예측하게 할 수 있으며 실제로 그렇다. (그러나 이러한 종류의 자연스러운 서술 중 일부는 자명하지 않은 이유들로 인해 옳지 않다는 것을 명심하라.)

이러한 경우 중 기본적인 원조라고 간주될 수 있는 간단한 정리는 비둘기집 원리(pigeonhole principle)이다. 이는 n개의 대상을 포함한 집합 X를 s개의 색으로 칠하면 적어도 크기가 n/s 이상인, 오직 한 가지 색으로 칠해진 X의 부분집합이 존재한다는 정리이다. 이러한 부분집합을 단색(monochromatic) 집합이라고 부른다.

집합 X가 추가적인 특성을 가지고 있다면 상황은 더욱 흥미로워진다. 이 경우 X의 구조의 일부를 보존하는 단색 부분집합이 존재하느냐는 자연스러운 질문이 생긴다. 하지만 이러한 집합이 존재하는지 여부는 매우 불분명하다. 램지 이론은 이러한 종류의 문제들과 이론들로 구성되어 있다. 이러한 램지 유형의 정리들은 이전에도 여러 번 등장했지만, 램지 이론은 전통적으로 1930년에 증명된 램지 정리와 함께 시작했다. 램지는 X를 완전그래프의 모든 변들의 집합으로 두었고 그가 얻었던 단색 부분집합은 어떤 완전부분그래프이다. 그의 정리의 정확한 정리는 다음과 같다. K와 l을 1보다 큰 정수들이라고 하자. 그럼 어떤 정수 n이 존재하여 n개의 점을 가지는 완전그래프의 모든 변을 파란색 혹은 빨간색으로 색칠했을 때 k의 꼭짓점들이 존재해서 이들을 연결하는 모든 변이 빨간색이거나 l개의 꼭짓점들이 존재하여 이들을 연결하는 모든 변이 파란색이 되도록 만들 수 있다. 다시 말해서 2개의 색으로 칠해진 충분히 큰 완전그래프가 있으면 적당히 큰 단색 완전그래프를 포함한다. 이 성질을 만족하는 n의 최솟값을 $R(k, l)$이라고 표기하다. 서론에서도 말했듯이 살라이의 관측에 따르면 $R(4, 4) \leqslant 20$이다(사실 $R(4, 4) = 18$이다). 사실 일반적인 램지 정리는 여러 가지의 색을 사용할 수 있으며 색칠하고자 하는 대상도 쌍(변)이 아니라 원소들의 r-짝이다. 작은 램지수를 정확히 계산하는 일은 악명이 높은 어려운 작업이다. $R(5, 5)$의 값은 현재까지 알려져 있지 않다.

램지 이론의 두 번째 초석은 1935년에 다양하고 중요한 램지 유형의 결과들을 포함한 논문을 쓴 에르되시와 세케레스(Szekeres)가 쌓았다. 특히 이들은 점화부등식 $R(k, l) \leqslant R(k - 1, l) + R(k, l - 1)$을 증명하였다. 쉬운 경계조건들 $R(2, l) = l$, $R(k, 2) = k$와 이 점화부등식을 이용해 $R(k, l) \leqslant \binom{k+l-2}{k-1}$임을 보일 수 있다. 특히 이른바 대각선의 경우인 $k = l$일 때 $R(k, k) < 4^k$을 얻는다. 놀랍게도 이 추정값의 지수부분은 지금까지도 개선되지 않았다. 다시 말해서 누구도 $C < 4$인 상수에 대해서 C^k 꼴의 상한을 찾지 못했다. §3.2에서 다뤄지는 알려진 가장 좋은 하한은 대략 $R(k, k) \geqslant 2^{k/2}$인데, 그래서 두 경계값에는 상당한 차이가 있다.

또 다른 에르되시와 세케레스가 증명한 램지 유형의 정리로는 기하적 성질과 관련된 정리가 있다. 이들은 $n \geqslant 3$에 대하여 어떠한 자연수 N이 존재하여 평면상의 N개의 점들이 일반적인 위치(다시 말해서, 어떠한 세 점도 한 선상에 있지 않은 경우)로 어떻게 배열되든지 볼록 n각형을 이루는 n개의 점들이 존재한다는 것을 보였다. ($n = 4$일 때 N이 5가 될 수 있다는 것을 증명하는 것은 유익하다.) 이 정리의 여러 증명들이 있는데 일부는 일반적인 램지 정리를 이용한다. 볼록 n각형을 가지기 위해 필요한 가장 작은 N값은 $2^{n-2} + 1$이라고 추측되었다.

고전적인 에르되시-세케레스의 논문은 다음과 같은 램지 유형의 결과를 포함하고 있다. 임의로 주어진 $n^2 + 1$의 서로 다른 수들의 수열은 단조로운(증가하거나 감소하는) 길이 $n + 1$인 부분수열을 포함하고 있다.

이로부터 울람(Ulam)의 잘 알려진 문제인 임의로 주어진 길이 n인 수열의 가장 긴 증가부분수열의 전형적인 길이를 묻는 문제의 하한 $\sqrt{n}$을 얻을 수 있다. 이 길이의 분포도는 최근에서야 바익(Baik), 데이프트(Deift), 요한슨(Johansson)에 의해 자세히 설명되었다.

1927년 판 데르 바르던(van der Waerden)은 '판 데르 바르던의 정리'로 알려진 정리들을 증명했다. 자연수 k, r에 대하여 어떤 정수 W가 존재하여 정수들의 집합 $\{1, 2, \cdots, W\}$의 모든 r-채색에 대하여 색들 중 한 색은 길이가 k인 등차수열을 포함한다. 이 조건을 만족하는 최소 W를 $W(k, r)$이라고 표기한다. $W(k, r)$에 대한 판 데르 바르던의 경계값들은 굉장히 크다. 이들은 아커만 유형(Ackermann-type) 함수와 같이 커진다. 그의 증명의 새로운 증명은 1987년 셸라흐(Shelah)가 제시했으며, 또 다른 증명은 2000년에 가워스(Gowers)가 §2.4에서 다뤄질 이 정리의 '밀도 형태'를 연구하다가 발견했다. 이 최근 증명들은 $W(k, r)$의 상한을 개선시켰지만 가장 잘 알려진 하한은 고정된 r이 있을 때 k에 대하여 기하급수적으로만 증가하여 훨씬 작다.

판 데르 바르던 이전에도 1916년 슈르는 자연수 r에 대하여 어떤 정수 $S(r)$이 존재하여 $\{1, 2, \cdots, S(r)\}$의 모든 r-채색에 대하여 색들 중 하나는 방정식 $x + y = z$의 해를 포함한다는 것을 증명하였다. 이는 일반적인 램지 정리를 이용하여 비교적 쉽게 도출할 수 있다. 슈르는 이 정리를 이용해서 §1.1에서 언급된 다음과 같은 정리를 증명하였다. 임의의 k와 임의로 큰 소수 p에 대하여 방정식 $a^k + b^k = c^k$은 법 p로 자명하지 않은 해를 갖는다. 이 결과를 증명하기 위해 $p \geq S(k)$라고 가정하고 법 p인 정수들이 모인 체[I.3 §2.2] $\mathbb{Z}_p$를 생각해 보자. $\mathbb{Z}_p$의 0이 아닌 원소들은 곱셈에 의해 군[I.3 §2.1]을 형성한다. H는 이 군의 원소들의 k제곱들로 구성된 부분군이라고 하자. 즉, $H = \{x^k : x \in \mathbb{Z}_p^*\}$이다. H의 지표 r이 k와 $p - 1$의 최대공약수임을 어렵지 않게 보일 수 있고 그 결과는 최대 k이다. $\mathbb{Z}_p^*$을 H의 잉여류들로의 분할은 $\mathbb{Z}_p^*$의 r-채색으로 생각할 수 있다. 슈르의 정리에 의하면 모두 동일한 색으로 칠해지는(즉, 모두 H의 동일한 잉여류에 속하는) $x, y, z \in \{1, \cdots, p - 1\}$이 존재한다. 그러므로 어떤 $\mathbb{Z}_p^*$ 안에서 나머지 d가 존재하여 $x = da^k$, $y = db^k$, $z = dc^k$을 만족하며 법 p로 $da^k + db^k = dc^k$이다. 원하는 결과는 우리가 양변에 d^{-1}를 곱했을 때 얻을 수 있다.

많은 추가적인 램지 유형 결과들은 그레이엄, 로스칠드, 스펜서(Graham, Rothschild, Spencer)의 책(1990) 또는 그레이엄, 그뢰스첼, 로바스(Graham, Grötschel, Lovász)의 책(1995, 25장)에서 찾을 수 있다.

2.3 집합계의 극단적 이론

그래프는 조합론자들이 연구하는 핵심적인 구조들 중 하나이지만 조합론에는 다른 대상들도 있다. 이 주제의 중요한 분야는 **집합계**(set system)의 연구이다. 종종 이는 단순히 n개의 원소를 가진 어떤 집합의 부분집합들의 모임이다. 예를 들어 집합 $\{1, 2, \cdots, n\}$의 크기가 최대 $n/3$인 모든 부분집합들의 모임은 집합계의 좋은 예이다. 이 분야의 극단적 문제는 집합계 안에서 어떠한 조건들을 만족하는 집합들의 최대 개수를 결정 또는 추정하는 문제들이다. 예를 들어 이 분야의 초기 결과들 중 하나는 1928년 스펜서에 의해 증명되었다. 그는 다음과 같은 질문을 살펴봤다. 집합들의 모임 중 이 모임에 속한 어떠한 집합도 다른 어떠한 집합에 포함되지 않도록 n개의 원소를 가진 집합의 부분집합들의 모임을 뽑는다면 이 모임은 얼마나 클 수 있는가? 이 조건을 만족하는 집합계의 간단한 예는 어떤 r에 대하여 크기 r인 모든 집합들의 모임이다. 이를 통해 곧바로 n이 짝수인 경우 $\binom{n}{n/2}$, n이 홀수인 경우 $\binom{n}{(n+1)/2}$인 가장 큰 이항계수를 크기로 가지는 모임을 만들 수 있다.

스펜서는 이 모임이 실제로 조건을 만족하는 모임 중 최대 크기임을 보였다. 이 결과는 §1.1에서 묘사된 리틀우드와 오포드의 문제의 실수 형태의 간단한 풀이를 제공한다. $x_1, x_2, \cdots, x_n$은 n개의 (서로 다를 필요 없는) 실수들이라 가정하고 각 절댓값이 최대 1이라고 하자. 우리는 모든 x_i들이 모두 양수라고 가정할 수 있다는 것을 관찰할 수 있는데, 이는 음수인 x_i를 양수 $-x_i$로 바꾸었을 때 $-x_i$만큼 이동된 것을 제외하고 정확히 같은 합들의 모임을 가지게 된다. (x_i를 포함했던 합들과 $-x_i$를 포함하지 않는 경우를 비교하고, 반대의 경우도 확인해 볼 수 있다.) 그러나 이제 A가 B의 전체가 아닌 부분집합이라면 B에 속하고 A에 속하지 않는 x_i가 존재하며, 다음과 같은 부등식을 얻는다.

$$\sum_{i \in B} x_i - \sum_{i \in A} x_i \geq x_i \geq 1.$$

그러므로 임의의 두 합의 차이가 1보다 작은 합들의 모임의 크기의 최댓값은 스펜서의 정리에 의해 많아야 $\binom{n}{\lfloor n/2 \rfloor}$이다.

만약 어떤 집합계에 속한 임의의 두 집합이 항상 공통원소를 가지면 그 집합계를 **교차족**(intersecting family)이라 부른다. 집합과 그것의 여집합은 $\{1, 2, \cdots, n\}$의 부분집합들의 교차족에 동시에 포함될 수 없으므로 이 족의 크기는 최대 2^{n-1}개이다. 더 나아가, 예컨대 원소 1을 포함하는 모든 부분집합들의 모임은 정확히 그 최댓값을 만든다. 그러나 k를 고정시키고 모든 집합의 크기가 k여야 한다면 어떻게 될까? 문제가 자명하지 않게 $n \geq 2k$라고 가정하자. 에르되시, 코(Ko), 라도(Rado)는 이 경우 교차족 크기의 최댓값이 $\binom{n-1}{k-1}$임을 증명했다. 그 이후에 카토나(Katona)가 발견한 그것의 아름다운 증명을 살펴보도록 하자. 원 위에 원소들을 임의로 배치한다고

가정하자. 그럼 이 배치에서 연속된 k개의 원소들을 뽑는 n가지 방법이 존재하고, 그중 최대 k개의 집합에 대해서 교집합이 공집합이 아니다($n \geq 2k$인 경우). 그래서 n개의 크기 k인 집합 중에 최대 k개만 모든 교차족에 포함될 수 있다. 이제 임의의 집합이 앞의 n개의 집합들 중 어느 하나에 들어갈 확률은 모두 같다는 것을 보일 수 있으며, 더블카운팅(double counting)이라는 쉬운 기법을 써서 교차족을 이룰 수 있는 부분집합들의 최대 비율이 k/n임을 보일 수 있다. 그러므로 이 족은 크기가 최대 $(k/n)\binom{n}{k}$이고 이는 $\binom{n-1}{k-1}$과 같다. 에르되시, 코, 라도의 본래 증명은 이것보다 훨씬 복잡하지만 다른 많은 극단적 조합론의 문제들을 풀 때 사용되는 **압축**(compression)이라고 알려진 기법을 소개하기 때문에 중요하다.

$n > 2k$를 두 자연수라고 하자. 집합 $\{1, 2, \cdots, n\}$의 크기 k인 모든 부분집합들에 색을 칠하고 싶은데 색이 같은 임의의 두 집합은 교집합을 가지도록 색칠하고 싶다고 하자. 얼마나 적은 개수의 색이 필요한가? $n - 2k + 2$개의 색이 충분하다는 것은 어렵지 않게 보일 수 있다. 한 색을 $\{1, 2, \cdots, 2k-1\}$의 모든 크기가 k인 부분집합에 칠하면 이는 교차족이 된다. 그리고 각 $2k \leq i \leq n$인 각 i에 대하여 가장 큰 원소가 i인 모든 부분집합들을 생각할 수 있다. 이러한 $n - 2k + 1$개의 집합들이 있고 크기 k인 임의의 집합은 이 중 하나에 포함되거나 첫 번째 족에 들어간다. 그러므로 $n - 2k + 2$개의 색이 충분하다.

1955년 크네저(Kneser)는 이 숫자가 답이라는 가설을 세웠다. 다시 말해서, $n - 2k + 2$개보다 작은 색의 수를 사용하면 교집합이 없고 색이 같은 두 집

합이 존재한다. 이 가설은 1978년 로바스(Lovász)에 의해 증명되었다. 그의 증명은 위상수학적이며 보르수크-울람(Borsuk-Ulam) 정리를 사용하였다. 그 이후 여러 가지 간단한 증명들이 제시되었지만 모두 처음 나온 증명의 위상학적 발상을 기반으로 했다. 로바스의 획기적인 증명 이후 위상수학적 설명은 조합론을 연구하는 사람들의 무기들 중에서 중요한 부분이 되었다.

2.4 조합적 정수론

정수론은 수학의 가장 오래된 분야 중 하나이다. 정수론의 중심은 정수들에 관련된 문제이지만, 이러한 문제들을 다루기 위해 기술들의 복잡한 집합체들이 발달되었으며 이 기술들은 종종 향후 연구의 기초가 되었다(예를 들어 대수적 수[IV.1], 해석적 정수론[IV.2], 그리고 산술기하학[IV.5]을 보라). 그러나 정수론의 일부 문제들은 조합적 방법들을 생산했다. 이러한 문제들 중 일부는 조합적 특징을 가진 극단적 조합론의 문제들이며 다른 문제들은 조합적인 증명의 존재가 상당히 놀라운 정수론의 고전적인 문제들이다. 아래에 몇 개의 예제를 소개하겠다. 많은 예제들은 그레이엄, 그뢰스첼, 로바스의 책(1995, 20장)에서, 그리고 타오, 부(Tao, Vu)의 책(2006)에서 찾을 수 있다.

이 분야의 간단하지만 중요한 개념은 덧셈집합(sumset)이다. 만약 A와 B가 정수들의 집합, 또는 일반적으로 가환군[I.3 §2.1]의 두 부분집합들일 때 덧셈집합 $A + B$는 $\{a + b : a \in A, b \in B\}$로 정의된다. 예를 들어, $A = \{1, 3\}$이고 $B = \{5, 6, 12\}$인 경우 $A + B = \{6, 7, 8, 9, 13, 15\}$이다. $A + B$의 크기와 구

성에 관련된 많은 정리들이 알려져 있다. 예를 들어 가법적 정수론에서 많은 응용들을 가지고 있는 **코시-대븐포트**(Cauchy-Davenport) 정리는 p가 소수이고 A, B가 $\mathbb{Z}_p$의 두 공집합이 아닌 부분집합들일 때, $A + B$의 크기는 최소한 p와 $|A| + |B| - 1$의 최솟값 이상이라는 정리이다. (등식은 A와 B가 등차가 같은 등차수열일 때 성립한다.) 코시[VI.29]는 1813년 이 정리를 증명하였고 이를 응용하여 모든 자연수는 4개의 제곱수의 합이라는 라그랑주[VI.22]가 1770년에 쓴 잘 알려진 논문에 실려 있는 보조정리의 새로운 증명을 제시했다. 대븐포트는 이 정리를 정수들의 수열 합들의 밀도에 관한 킨친(Khinchin)의 가설의 이산적 형태로 표현했다. 코시와 대븐포트가 제시한 증명은 조합적이지만, 최근 다항식의 근들의 성질에 기반을 둔 대수적 증명이 있다. 후자의 장점은 조합적 방법으로부터 오지 않는 것 같은 다양한 변화들을 제공한다. 예를 들어 $A \oplus B$를 $a \in A$, $b \in B$이고 $a \neq b$인 a, b에 대해서 모든 $a + b$를 모두 모은 집합이라고 정의하자. 그렇다면 $A \oplus B$의 가능한 가장 작은 크기는 $|A|$와 $|B|$의 크기를 고정시켰을 때 p와 $|A| + |B| - 2$의 최솟값이다. 더 일반화된 정리들은 나탄슨(Nathanson)의 책(1996)과 타오, 부의 책(2006)에서 찾을 수 있다.

§2.2에서 언급한 판 데르 바르던의 정리는 유한한 r개의 색들을 자연수들에 칠할 때 임의의 길이의 등차수열을 포함하는 색이 존재한다는 정리이다. 에르되시와 투란은 1936년 이 정리는 '가장 인기 있는' 색에 대해서 항상 성립한다고 가설을 세웠다. 더 정확히 말해서, 그들은 임의의 자연수 k와 임의의 실수 $\epsilon > 0$에 대해서 어떤 자연수 n_0이 존재하여 $n >$

n_0이고 1과 n 사이의 자연수들 중 최소 ϵn개를 포함하는 임의의 집합은 길이 k의 등차수열을 포함한다는 가설을 세웠다. ($\epsilon = r^{-1}$로 두면 쉽게 판 데르 바르던 정리를 연역할 수 있다.) 여러 불완전한 결과들 이후, 이 가설은 1975년 세메레디(Szemerédi)에 의해 풀렸다. 그의 심오한 정리는 조합적이며 램지 이론과 극단적 그래프이론에서 온 기술들을 적용하였다. 푸르스텐베르그(Furstenberg)는 1977년 또 다른 에르고딕 이론[V.9]에서 나온 기술들에 기반한 증명을 제시했다. 2000년 가워스는 해석적 정수론의 도구들과 조합적 논거를 결합한 풀이를 제시하였다. 이 증명은 훨씬 나은 정량적 근삿값을 제공하였다. 최근 관련된 그린과 타오의 극적인 정리는 임의로 긴 소수들의 등차수열이 존재한다는 것을 보였다. 이들의 증명은 정수적 기술과 에르고딕 이론을 결합하였다. 에르되시는 $\sum_i (1/n_i)$가 발산하는 임의의 무한수열 n_i가 임의로 긴 등차수열을 포함한다는 가설을 세웠다. 이 가설은 그린과 타오의 정리를 시사한다.

2.5 이산기하학

P는 점들의 집합이고 L은 평면 상의 선들의 집합이라고 하자. p가 P에 속한 점이고 ℓ이 L에 속한 선이며 p가 ℓ 상에 있는 경우 순서쌍 (p, ℓ)을 **결합**(incidence)이라고 정의하자. P가 m개의 서로 다른 점을 포함하고 L이 n개의 서로 다른 선들을 포함한다고 가정하자. 얼마나 많은 결합들이 존재하겠는가? 이는 기하학적 문제이지만 이는 극단적 조합론의 강한 성향을 띠고 있다. 그래서 이것은 보통 이산(또는 조합)기하학이라고 알려져 있다.

m개의 점과 n개의 선과의 결합들의 개수의 가능한 최댓값을 $I(m, n)$이라고 쓰자. 세메레디와 트로터(Trotter)는 가능한 m, n에 대해서 (상수 계수를 무시하였을 때) 이 값의 점근적 값을 결정하였다. 어떤 절대적인 양수들 c_1, c_2가 존재하여 모든 m, n에 다음과 같은 부등식을 만족한다.

$$c_1(m^{2/3}n^{2/3} + m + n) \leqslant I(m, n)$$
$$\leqslant c_2(m^{2/3}n^{2/3} + m + n).$$

만약 $m > n^2$ 또는 $n > m^2$인 경우 모든 m개의 점을 하나의 선상에 두거나 모든 n개의 선이 한 점을 지나게 함으로써 하한을 구할 수 있다. m과 n의 값이 비슷한 경우에는 P를 $\lfloor \sqrt{m} \rfloor$ 곱하기 $\lfloor \sqrt{m} \rfloor$ 크기의 격자판의 모든 점들을 포함하게 하고 n을 가장 '인기 있는' 선들의 집합을 L이라고 하자. 즉 n개의 선들을 포함하는 P의 가장 많은 점들을 포함한다. 상한을 구하는 것은 훨씬 어렵다. 가장 아름다운 풀이는 세켈리(Székely)에 의해 제시되었는데, 이는 m개의 점과 $4m$개보다 많은 변들에 대해 서로를 지나는 변들의 많은 쌍이 있어야 한다는 사실에 기반되었다. (이는 평면그래프를 그린 그림에서 점, 변, 지역의 개수에 관한 유명한 오일러 관계식의 간단한 결과이다.) 평면 상의 점들의 집합 P와 선들의 집합 L에 대해서 이 쌍의 결합들의 개수의 한계를 구하기 위해서는 점들의 집합이 P이고 변들의 집합이 L 상의 한 선상의 연속된 점들을 연결하는 모든 변들이라고 하자. 원하는 상한은 이 그래프에서 교차점의 개수는 L의 선들의 쌍의 개수를 초과할 수는 없지만 충분히 많은 결합들이 있다면, 교차점의 개수가 커야 된다는 사실로부터 유도할 수 있다.

비슷한 발상은 다음과 같은 질문에 대해 불완전한 대답을 주는 데 사용될 수 있다. 평면 상에 n개의 점이 있다면 x와 y의 거리가 1인 이 점들의 쌍 (x, y)를 얼마나 많이 찾을 수 있는가? 두 문제들이 관련되어 있다는 것은 놀라운 사실이 아니다. 이러한 쌍의 개수는 주어진 n개의 점들과 이러한 점들을 중심으로 하는 n개의 단위원들 간의 결합의 개수이다. 그러나 여기서는 가장 잘 알려진 상한, 어떤 절대상수 c에 대해 $cn^{4/3}$과 잘 알려진 하한, 어떤 상수 $c' > 0$에 대해 $n^{1+c'/\log\log n}$과는 꽤 큰 차이가 있다.

헬리(Helly)의 기본정리는 $\mathbb{R}^d$ 상에 최소 $d + 1$개의 볼록 집합들의 유한한 모임 $\mathcal{F}$가 있고 이들 중 임의의 $d + 1$개의 집합들은 항상 공통의 원소를 갖는다고 가정하면, 이 모든 집합은 공통의 원소를 갖는다는 정리이다. 이제 이보다 약한 가정으로 시작해 보자. 이 집합들의 임의의 p개 집합들에 대하여, 이 p개 집합의 어떤 $d + 1$개 집합이 존재하여 공통원소를 가진다. (여기서 p는 $d + 1$보다 큰 어떤 정수이다.) p와는 관련이 있지만 모임 $\mathcal{F}$에 속하는 볼록 집합들의 개수와는 무관한 상수 C가 존재해서 많아야 C개의 점들을 가지고 $\mathcal{F}$의 각 집합이 X의 점을 포함하는 집합 X를 찾을 수 있는가? 이 질문은 1957년 하트비거(Hadwiger)와 드브루너(Debrunner)에 의해 제기되었으며 클레이먼(Kleitman)과 알론(Alon)에 의해 1992년에 풀렸다. 이 증명은 '분수 형태'의 헬리의 정리, **선형계획법[III.84]**의 쌍대성과 추가적으로 다양한 기하학적 결과들을 결합하여 이루어졌다. 불행히도 이는 C의 매우 좋지 않은 근삿값을 준다. 심지어 2차원 상에서 $p = 4$인 경우도 C의 가능한 정확한 값은 알려져 있지 않다.

이는 이산기하의 문제들과 결과들의 작은 예들에 지나지 않는다. 이러한 결과들은 최근 수십 년 간 계산기하학과 조합적 최적화에 광범위하게 이용되어 왔다. 이 주제에 관한 좋은 추천서는 파흐(Pach), 아가왈(Agarwal)의 책(1995)과 마토우세크(Matoušek)의 책(2002)이다.

2.6 도구

극단적 조합론의 많은 기본 결과들은 독창성과 구체적인 논증에 의해 주로 얻어졌다. 그러나 이 초기 단계의 연구대상들은 점점 사라졌다. 다만 몇 가지 심오한 도구가 발전되어 이 분야의 최근 성과의 대부분에 필수적이게 되었다. 이 절에서는 이러한 도구들 중 몇 가지를 아주 간단하게 소개한다.

세메레디의 정칙성 보조정리(Szemerédi's regularity lemma)은 조합적 정수론, 계산 복잡도, 그리고 주로 극단적 그래프이론을 포함한 다양한 분야에 많이 적용된 그래프이론의 결과이다. 예를 들어 볼로바쉬(Bollobás)의 책(1978)에서 찾을 수 있는 이 보조정리의 정확한 서술은 다소 기술적이다. 대강 말하자면 임의의 큰 그래프의 꼭짓점 집합은 크기가 매우 비슷한 일정한 숫자의 집합들로 분할되는데, 이 집합들의 대부분의 쌍의 이분그래프는 랜덤 이분그래프와 같이 행동한다는 것이다. 이 보조정리의 강점은 임의의 그래프에 적용할 수 있어서 그래프의 구조의 개략적인 근사를 주며, 그래프의 많은 정보들을 알아낼 수 있다는 것이다. 전형적인 응용으로는 '적은 양의' 삼각형을 포함하는 그래프는 삼각형이 없는 그래프들로 '잘 근사'할 수 있다는 것이다. 정확히 말해서 임의의 $\epsilon > 0$에 대해서 어떠한 $\delta > 0$

이 존재해 G가 n개의 꼭짓점과 최대 δn^3개의 삼각형을 가진 그래프라면 G에서 많아야 ϵn^2개의 변을 제거하여 삼각형을 모두 없앨 수 있다. 일견 평범해 보이는 이 정리는 앞에서 언급된 $k = 3$일 때 세메레디 정리를 시사한다.

선형과 다중선형 대수에서 온 기술들은 극단적 조합론의 핵심적인 역할을 한다. 이러한 종류 중 가장 활성화되었고 아마도 가장 간단한 기술은 소위 **차원 논증**(dimension argument)이라고 불리는 것이다. 가장 간단하게 말해서, 이 방법은 다음과 같이 서술될 수 있다. 이산구조 A의 크기의 범위를 구하기 위해서 A의 원소들을 벡터공간[I.3 §2.3]의 서로 다른 벡터들로 보낼 수 있고 이 벡터들이 일차독립이라는 것을 증명한다. 그러면 A의 크기는 벡터공간의 차원 이하라는 것을 알 수 있다. 이 논리의 초기 응용은 1977년 라만(Larman), 로저스(Rogers), 자이델(Seidel)에 의해 발견되었다. 그들은 최대 두 개의 서로 다른 차이를 결정하는 $\mathbb{R}^n$에서 얼마나 많은 점들을 찾을 수 있는가에 대해서 알고 싶어 했다. 이러한 계의 예는 각 좌표들이 $n - 2$개의 0과 2개의 1로 구성되어 있는 모든 점들의 집합이다. 그러나 이 점들은 모두 좌표들의 합이 2인 초평면 상에 있다. 그래서 실제로 이는 $\mathbb{R}^{n-1}$에서의 예를 제공한다. 그러므로 간단한 하한 $n(n + 1)/2$를 얻을 수 있다. 라만, 로저스, 자이델은 이 하한과 상한 $(n + 1)(n + 4)/2$를 비교하였다. 그들은 각 점에 n개의 변수를 가진 다항식을 대응시키고 이 다항식들이 일차독립이며 모두 차원이 $(n + 1)(n + 4)/2$인 공간에 있음을 보였다. 이는 블록호이스(Blokhuis)에 의해 $(n + 1)(n + 2)/2$로 발전되었다. 그는 $n + 1$개의 또

다른 다항식들을 찾아서 이들이 같은 공간에 있고 다항식들의 더 커진 집합이 일차독립임을 보였다. 차원 논증의 다른 응용들은 그레이엄, 그뢰스첼, 로바스의 책(1995, 31장)에서 찾을 수 있다.

스펙트럼 기술들, 다시 말해서 **고유벡터**와 **고윳값**[I.3 §4.3]의 분석은 그래프이론에 다방면으로 사용되었다. 이 관계는 그래프 G의 인접행렬(adjacency matrix)이라는 개념에서 온다. 이는 꼭짓점 u와 v가 연결되어 있으면 $a_{u,v} = 1$이고, 연결되어 있지 않으면 0인 $a_{u,v}$로 만든 행렬 A로 정의한다. 이 행렬은 대칭행렬이며 그러므로 선형대수의 기본 정리에 의해 실수 고윳값(eigenvalue)과 고유벡터(eigenvector)들의 정규직교기저[III.37]를 가진다. 인접행렬 A의 고윳값들과 그래프 G의 여러 구조적 성질들 간에 깊은 관계가 있음이 알려졌으며, 이 성질들은 다양한 극단적 문제들에 대한 연구에 종종 도움이 된다. 특히나 주목해야 할 것은 규칙적 그래프의 두 번째로 큰 고윳값이다. 예를 들어 그래프 G의 모든 꼭짓점들의 차수가 d라고 가정해 보자. 그럼 모든 좌표가 1인 벡터는 고윳값이 d인 고유벡터가 됨을 쉽게 보일 수 있다. 만약 모든 다른 고윳값들이 d보다 절댓값이 훨씬 작다면 G는 무작위 d-정칙적 그래프와 같이 행동한다는 명제가 밝혀져 있다. 특히, k개의 꼭짓점들의 집합 안의 변들의 개수는 (k가 너무 작지 않다는 가정하에) 대략 랜덤그래프에서의 개수와 같다. 그러므로 너무 크지 않은 꼭짓점들의 집합은 이 집합 바깥에 있는 꼭짓점들과 많이 연결되어 있다는 것을 보일 수 있다. 후자와 같은 성질을 가진 그래프를 익스팬더[III.24]라고 하며 이는 이론적 컴퓨터 공학에서 다양하게 응용될 수 있다. 이러한 그

래프를 구체적으로 만드는 것은 쉬운 작업이 아니며 한때 주요한 미해결 문제였다. 그러나 지금은 여러 가지 구성방법이 알려져 있으며 대수적 도구들을 기반으로 한다. 알론, 스펜서(Alon, Spencer)의 책 (2009) 9장과 그 안의 참고문헌들을 보아라.

부분순서집합, 그래프들, 그리고 집합계들과 같은 조합적 대상들의 연구에서 위상학적 방법들을 응용하는 것은 이미 조합론에서 흔하게 사용되는 수학적 기술들의 일부가 되었다. 초기 예제는 §2.3에 언급된 로바스의 크네저 가설에 대한 증명이다. 또 다른 예는 다음에 나올 대표적인 예의 결과이다. 10개의 빨간색 구슬들, 15개의 파란색 구슬들, 그리고 20개의 노란색 구슬들이 끈에 엮여 있다고 가정하자. 그렇다면 이 구슬들의 순서와 상관없이 이 끈의 최대 12개의 부분을 잘라서, 잘린 구간들을 5개의 더미로 재배치하여 각 더미가 2개의 빨간색 구슬, 3개의 파란색 구슬, 4개의 노란색 구슬을 포함하게 할 수 있다. 이 숫자 12는 더미의 개수 −1, 4와 쓰여진 색의 개수 3을 곱해서 얻어진다. 이 결과의 일반적인 경우는 알론이 보르수크의 정리의 일반화를 사용하여 증명하였다. 위상학적 증명들의 많은 다른 예제들은 그레이엄, 그뢰스첼, 로바스의 책 (1995, 34장)에서 찾을 수 있다.

3 확률적 조합론

20세기 수학의 아름다운 발전은 자명한 확률적 특성을 가지지 않은 수학적 정리들을 확률적인 연역으로 증명할 수도 있다는 것을 알게 되면서 시작되었다. 예를 들어 20세기 초반 페일리(Paley), 지그문트(Zygmund), 에르되시(Erdős), 투란(Turán), 섀넌(Shannon) 등은 확률적 연역을 이용하여 해석학, 정수론, 조합론, 정보이론의 놀라운 결과들을 얻어냈다. 이후 이른바 **확률적 방법론**(probabilistic method)은 이산수학의 결과들을 증명하는 데 매우 강력한 도구가 됨을 알 수 있었다. 비교적 쉬운 확률적 기술들과 조합적 논거가 결합하여 초기 결과들 증명하였고, 최근에 이 방법은 상당히 발전하여 요즘은 상당히 복잡한 기술들에 적용되고 있다. 이 주제를 다루는 최근의 교과서는 알론, 스펜서의 책(2000)이다.

이산수학의 확률적 기술들의 응용은 에르되시에 의해 시작되었으며 그는 누구보다도 이 방법의 발전에 기여하였다. 이 기술들은 3가지로 분류할 수 있다.

첫 번째는 예를 들어 랜덤그래프나 랜덤행렬과 같은 랜덤한 조합적 대상들의 어떠한 모임에 대한 연구를 다룰 때이다. 여기서 소개될 결과들은 대부분 조합론 문제들로부터 동기부여가 되었지만 근본적으로 확률론의 결과들이다. 전형적인 문제는 다음과 같다. 만약 우리가 '랜덤'그래프를 잡는다면 이 그래프가 해밀턴 사이클을 가질 확률은 얼마인가?

두 번째는 다음과 같은 아이디어의 응용들로 구성되어 있다. 어떠한 조합적 구조가 특정한 성질들을 가진다는 것을 보이고 싶다고 가정하자. 그렇다면 한 가지 가능한 방법은 구조를 무작위적으로 뽑고(우리가 마음대로 확률분포를 지정함으로써) 우리가 원하는 성질을 가지는 확률을 측정하는 것이다. 만약 이 확률이 0보다 크다는 것을 증명할 수 있다면 그러한 구조물은 존재한다. 놀랍도록 자주 이 방식은 실제로 성질을 만족하는 구조의 예를 찾는 것보다 훨씬 쉽다. 예를 들어, 큰 거스(girth, 작은 사이클들이 없다는 뜻)와 큰 채색수를 가지는 그래프가 존재하는가? 심지어 '큰'의 의미가 '7 이상'인 경우라도 이러한 그래프의 예를 찾기는 매우 어렵다. 그러나 이들의 존재성은 확률적 방법론의 결과로 꽤나 쉽게 증명된다.

세 번째 응용은 아마 가장 두드러지는 것이다. 완전히 결정가능한(deterministic) 것처럼 보이는 많은 정리들의 예제는 (심지어 존재성 증명을 위해 확률론을 사용한다는 아이디어를 사용해 왔지만) 그럼에도 확률적 논증을 사용할 수밖에 없다. 이 절에서는 이러한 세 가지 종류의 응용의 전형적인 예들을 소개할 것이다.

3.1 랜덤구조

랜덤그래프에 대한 체계적인 연구는 1960년 에르되시와 레니(Rényi)에 의해 시작되었다. 랜덤그래프를 정의할 때 가장 자주 사용되는 방법은 확률 p를 고정시키고, p의 확률로 점들의 각 쌍을 변으로 연결하며, 각각의 선택은 서로 독립적이게 정의하는 것이다. 결과로 나온 그래프는 $G(n, p)$로 표기한다. (엄밀하게 말해서, $G(n, p)$는 그래프가 아니라 확률분포(probability distribution)이지만, 종종 이를 랜덤 형식으로 만들어진 그래프라고 말한다.) '삼각형을 포함하지 않는다'와 같은 임의로 주어진 성질에 대해서 우리는 $G(n, p)$가 그 성질을 가질 확률에 대해 연구할 수 있다.

에르되시와 레니의 놀라운 발견은 그래프들의 많은 성질들이 '매우 갑자기 나타난다'는 발견이다. 이러한 예들은 '해밀턴 사이클을 갖는다', '평면그래프가 아니다', '연결된 상태이다' 등이다. 이러한 성질들은 모두 **단조적**인데, 이는 그래프 G가 이 성질을 가지고 G에 변 하나를 더한다면 결과로 나온 그래프 역시 이 성질을 가진다는 뜻이다. 이 성질들 중 하나를 고르고 $f(p)$를 랜덤그래프 $G(n, p)$가 이 성질을 가질 확률이라고 해 보자. 이 성질은 단조적이기 때문에 p가 증가할수록 $f(p)$도 증가한다. 에르되시와 레니가 발견한 것은 이 증가하는 현상의 대부분은 매우 짧은 시간에 일어난다는 것이다. 다시 말해서 $f(p)$는 작은 p에 대해선 거의 0이고, 순식간에 매우 급격하게 커져서 거의 1이 된다는 것이다.

아마도 이러한 신속한 변화를 분명히 보여주는 가장 유명한 예는 이른바 거대 **성분**(giant component)이라고 불리는 것의 갑작스러운 등장일 것이다. P가 c/n 꼴일 때 $G(n, p)$를 살펴보자. 만약 $c < 1$이라면 높은 확률로 모든 $G(n, p)$의 연결성분(connected component)들은 많아야 n에 대해서 로그함수의 크기를 갖는다. 그러나 $c > 1$인 경우 $G(n, p)$는 갑자기 n에 대해서 1차 함수의 크기를 갖는 한 성분(매우 큰 성분)을 가진다. 이는 수리물리학의 **상전이**(phase transition)라는 현상과 관련이 있으며 이는 **임계 현상의 확률적 모형**[IV.25]에서 소개되어 있다. 프리드거트(Friedgut)의 결과는 더 정확히 정의할 수 있는 '대역적'인 성질의 상전이는 '국소적'인 성질의 상전이보다 급격히 변한다는 정리이다.

또 다른 랜덤그래프의 연구에 관한 흥미로운 초기 발견은 많은 그래프의 기본 변수들이 많이 '집중되어 있다'는 것이다. 어떤 의미인지 잘 보여주는 놀라운 결과는 임의로 고정된 p와 대부분의 값 n에 대해서 거의 모든 그래프들 $G(n, p)$는 같은 부분완전 그래프수를 가진다는 사실이다. 다시 말해서 어떠한 상수 r(p와 n에 대해 변할 수 있다)이 존재하여 높은 확률로 n이 클 때 $G(n, p)$의 부분완전그래프수는 r과 같다. 이러한 결과는 연속성의 이유로 모든 n에 대해서는 성립할 수 없지만 예외의 경우에도 어떠한 상수 r이 존재하여 대부분 부분완전그래프수가 r 또는 $r+1$이 존재한다. 이 모든 경우, r은 대략 $2\log n / \log(1/p)$이다. 이 결과의 증명은 이른바 **2차 모멘트 방법**에 기반을 둔다. $G(n, p)$에 포함된 주어진 크기의 부분완전그래프들의 개수의 기댓값과 분산을 계산하고, 이를 마르코프와 **체비쇼프**[VI.45]의 잘 알려진 부등식에 이용할 수 있다.

랜덤그래프 $G(n, p)$의 채색수 역시 많이 집중되어 있다. p값에 대해 이 수치는 전형적으로 0에서 조금 떨어져 행동한다는 것이 볼로바쉬에 의해 증명되었다. n이 무한대로 갈 때 p가 0으로 가까워질 수 있다는 더 일반적인 결과는 샤미르(Shamir), 스펜서(Spencer), 루츠작(Łuczak), 알론(Alon), 크리벨레비치(Krivelevich)에 의해 증명되었다. 특히, 모든 $\alpha < \frac{1}{2}$과 모든 정숫값을 가지는 함수 $r(n) < n^{\alpha}$에 대해서 $G(n, p(n))$의 채색수가 대부분(수학 용어로는 '거의 확실하게') $r(n)$이 되는 함수 $p(n)$이 존재한다는 것을 보일 수 있다. 그러나 $G(n, p)$의 채색수의 정확한 집중의 정도를 판별하는 것은 가장 기본적이고도 중요한 경우 $p = \frac{1}{2}$(n개의 점을 가진 표기된 그래프들이 같은 확률로 일어나는 경우)에도 아직도 흥미로운 미해결 문제로 남아 있다.

랜덤그래프들에 대한 많은 다른 정리들은 잰슨(Janson), 루츠작(Łuczak), 루친스키(Ruciński)의 책

(2000)에서 찾을 수 있다.

3.2 확률적 구조물

조합론의 확률적 방법의 초기의 응용들 중 하나는 램지수 $R(k, k)$에 대한 에르되시의 하한이며 이는 §2.2에서 정의되었다. 그는 만약

$$\binom{n}{k} 2^{1 - \binom{k}{2}} < 1$$

이면 $R(k, k) > n$임을 보였다. 다시 말해서, n개의 점들을 가진 완전그래프에 대해서 크기가 k이면서 모두 빨간색이거나 모두 파란색인 부분완전그래프가 존재하지 않도록 만드는 그래프의 변들을 빨간색 또는 파란색으로 칠하는 채색이 존재한다. 숫자 $n = \lfloor 2^{k/2} \rfloor$이 모든 $k \geqslant 3$에 대해서 위의 부등식을 만족하므로 에르되시의 결과는 $R(k, k)$의 기하급수적인 하한을 준다. 증명은 간단하다. 모든 변들을 독립적이며 무작위로 칠한다면 고정된 k개의 점들의 집합에 대해서 이 점들을 연결하는 변들이 모두 같은 색으로 칠해질 확률은 2 곱하기 $2^{-\binom{k}{2}}$이다. 그러므로 이 성질을 만족하는 부분완전그래프의 개수의 기댓값은

$$\binom{n}{k} 2^{1 - \binom{k}{2}}$$

이다. 만약 이 값이 1보다 작다면 최소한 하나의 채색이 존재하여 위의 성질을 만족하는 부분완전그래프가 없어야 하기 때문에 결과는 증명된다.

이 증명은 단순히 원하는 채색의 존재성만 증명하고 실제로 효율적인 구성 방법을 제공하지 않는다는 점에서 완벽히 비구조적이다.

비슷한 계산을 통해서 §1.1에서 언급한 토너먼트

문제를 해결할 수 있다. 토너먼트의 결과가 무작위적이라면 임의의 특정 k개 팀에 대해서 다른 어떠한 팀도 이 k개의 팀을 모두 이기지 못했을 확률이 $(1 - (1/2^k))^{n-k}$이다. 따라서 만약

$$\binom{n}{k}\left(1 - \frac{1}{2^k}\right)^{n-k} < 1$$

이면 k개 팀을 어떻게 골라도 어떤 팀이 k개 팀을 모두 이겼을 확률이 0보다 크며, 특히 n이 대략 $k^2 2^k \log 2$보다 클 경우에는 위의 부등식은 성립한다.

확률적 구조는 램지수의 하한을 구하는 데 매우 강력하게 이용되어 왔다. 위에서 언급된 $R(k, k)$의 한계 이외에도 김(Kim)에 의해 증명된 어떤 상수 $c > 0$에 대해 $R(3, k) \geq ck^2/\log k$를 증명하는 미묘한 확률적 증명이 있다. 이는 상숫값을 제외하고는 더 이상 개선될 수 없음이 아이타이(Ajtai), 콤로스(Komlós), 세메레디(Szemerédi)에 의해 증명되었으며, 그들 역시 확률적 방법들을 사용하였다.

3.3 결정가능한 정리들의 증명

모든 정수들을 k개의 색으로 칠한다고 가정하자. 이때 어떤 집합 S가 모든 k개의 색을 포함하면 집합 S를 다중채색되었다(multicolored)고 하자. 스트라우스(Straus)는 모든 k에 대해서 어떤 m이 존재하여, 집합 S가 원소를 m개 갖기만 하면 정수들을 k개의 색으로 적당히 잘 칠해서, S의 모든 평행이동들이 '다중채색되게' 할 수 있다고 추측했다. 이 가설은 에르되시와 로바스에 의해 증명되었다. 증명은 확률을 통해 이루어지며, 이는 다른 많은 확률적 기술들과는 다르게 어떠한 사건들이 일어날 확률이 매우 작

더라도 0보다 큰 확률로 일어날 수 있다는 것을 보일 수 있다는 **로바스 국소적 보조정리**(Lovász local lemma)를 이용한다. 상당히 많은 응용이 가능한 이 보조정리의 주장은 대략 말해서 '거의 독립적인' 일어날 확률이 작은 사건들의 유한한 집합에 대하여 이들 중 어떠한 사건들도 일어나지 않을 양의 확률이 존재한다는 것이다. 스트라우스 가설은 확률과는 매우 무관해 보이지만 이 증명은 확률적 연역을 기반한다.

만약 그래프의 꼭짓점들을 k개의 색으로 적절하게 칠할 수 있다면(이에 관해서는 앞서 언급했다), 이 그래프 G를 k-채색가능하다고 한다. 만약 총 k개의 색을 사용하는 대신 각 점에 대해서 k개의 색에 대한 독립적인 집합이 있고 각 점이 그 점에 대응되는 집합들 중의 색 하나를 칠하는 그래프 G의 적절한 채색을 찾고 싶다고 가정하자. 만약 대응되는 집합들에 관계 없이 항상 이러한 채색을 찾을 수 있다면 G를 k-**선택가능**하다고 부르고 G가 k-선택가능한 가장 작은 k를 **선택수** $ch(G)$라고 부르자. 만약 모든 집합들이 같다면 k-채색을 얻을 수 있으므로 $ch(G)$는 적어도 $\chi(G)$ 이상이다. 다른 점에 대해서 다른 k개의 색을 사용하는 경우가 모든 점에 대해서 같은 k개의 색들을 사용하는 경우보다 적절한 채색을 찾기 쉬운 듯하기 때문에 $ch(G)$가 $\chi(G)$라고 같다고 추측할 수 있다. 그러나 이는 사실과 매우 동떨어져 있다는 것이 알려져 있다. 임의의 상수 c에 대해서 어떠한 상수 C가 존재해 평균 차수가 최소 C인 어떠한 그래프도 최소 c인 선택수를 갖는다는 것이 증명되었다. 이러한 그래프는 충분히 이분그래프(따라서 채색수는 2이다)일 수 있기 때문에 $ch(G)$는

$\chi(G)$보다 훨씬 클 수 있다. 다소 놀랍게도 이 결과는 확률을 이용해서 증명한다.

이 사실의 흥미로운 응용은 램지 이론에서 나오는 그래프들에 쓰인다. 이 그래프들의 점들은 평면 상의 모든 점이고, 두 점은 이들 간의 거리가 1인 경우에 변을 연결한다. 이 그래프의 선택수는 무한이지만 위의 결과에 의해 채색수는 4와 7 사이인 것으로 알려져 있다.

램지 이론의 전형적인 문제는 모두 하나의 색으로 칠해져 있는 어떤 종류의 부분구조에 관해 묻는다. 이 문제의 사촌뻘이 되는 **불일치 이론**(discrepancy theory)은 단순히 색들의 사용된 횟수들이 서로 너무 가깝지 않은지 여부를 질문한다. 확률적 논증은 이러한 일반적인 종류의 많은 문제들에서 상당히 유용하게 쓰인다. 예를 들어 에르되시와 스펜서는 완전그래프 K_n의 변들을 빨간색 또는 파란색으로 칠할 때, 어떻게 색칠해도 어떤 절대상수 c와 꼭짓점집합의 부분집합 V_0이 있어서 V_0 안에 있는 빨간색 변들의 개수와 파란색 변들의 개수 차이가 최소 $cn^{3/2}$임을 증명하였다. 이 문제는 확률적 방법론의 힘의 확실한 징후인데, 이는 다른 방법으로도 충분히 사용될 수 있기 때문이다. 또한 위의 결과가 앞의 계수를 제외하고 개선할 수 없다는 것을 보일 수 있다. 이러한 결과들의 또 다른 예들은 알론, 스펜서의 책(2000)에서 찾을 수 있다.

4 알고리즘 요소와 향후 도전문제들

앞서 살펴봤듯이 어떠한 조합적 구조가 존재한다는 것을 증명하는 것은 한 가지 일이며 예를 만드는 것은 또 다른 일이다. 관련된 질문은 이러한 예들이 **효율적인 알고리즘**[IV.20 §2.3]을 사용해서 만들어질 수 있느냐는 문제인데 만들 수 있는 경우 **명시적**이라고 한다. 이 질문은 이론적 컴퓨터 공학의 빠른 발전으로 상당히 중요해졌는데 이는 이산수학과 밀접한 관련이 있다. 특히 어떤 문제의 구조물들이 확률적 연역을 통해서 존재성이 증명된 경우 위 질문은 특히 중요하다. 이런 예들을 만드는 효율적인 알고리즘은 그들의 예 자체만 흥미로운 것이 아니라 다른 분야에서 중요하게 응용되기 때문이다. 예를 들어 무작위로 뽑는 코드만큼이나 좋은 오류 정정 코드의 분명한 예는 **암호화/정보이론**[VII.6]의 주요한 관심 중 하나이며, 어떠한 램지 유형 채색의 분명한 예의 구성방식은 **비무작위화**[IV.20 §7.1.1](확률적 알고리즘을 결정가능한 알고리즘으로 바꾸는 작업)에 이용된다.

그러나 이러한 분명하고 유용한 구성방식을 찾는 문제는 종종 매우 어렵다. 심지어 §3.2에 소개된 에르되시의 간단한 증명, 즉 꼭짓점 $\lfloor 2^{k/2} \rfloor$개를 가진 그래프를 빨간색 또는 파란색으로 잘 색칠하면 크기가 k이고 모두 같은 색인 부분완전그래프를 포함하지 않는다는 증명에서 분명한 예를 찾는 것은 매우 어려워 보인다. 꼭짓점 개수가 $n \geqslant (1 + \epsilon)^k$인 그래프에 대해서 위와 같은 예를 n에 대해서 다항식 시간 내에 찾을 수 있는가? 여기서 ϵ은 임의의 양의 상수이다. 이 문제는 많은 수학자들의 상당한 노력에도 불구하고 아직도 미해결 문제로 남아 있다.

대수적이고 해석학적인 기술들, 스펙트럼 방법들, 그리고 위상학적 증명들 같은 발달된 도구들의 응용은 대부분 분명한 예를 주지 않는 증명들을 제시하는 편이다. 이러한 증명들을 알고리즘을 이용한 증명으로 바꾸는 작업은 이 분야의 큰 도전적인 문제이다.

또 다른 최근의 흥미로운 발전은 4색정리[V.12]의 증명을 비롯해 점점 늘어나는 컴퓨터 기반 증명들의 등장이다. 이 분야의 특별한 아름다움과 매력을 위협하지 않으면서 그러한 증명들을 포함시키는 것은 앞으로의 도전 과제이다.

이 분야의 핵심적 요소인 이러한 도전문제들, 다른 분야들 간의 밀접한 관계, 그리고 많은 흥미로운 미제들은 미래의 수학과 과학의 일반적인 발전에 계속해서 중요한 역할을 할 것임을 시사한다.

더 읽을거리

Alon, N., and J. H. Spencer. 2000. *The Probabilistic Method*, 2nd edn. New York: John Wiley.

Bollobás, B. 1978. *Extremal Graph Theory*. New York: Academic Press.

Graham, R. L., M. Grötschel, and L. Lovász, eds. 1995. *Handbook of Combinatorics*. Amsterdam: North-Holland.

Graham, R. L., B. L. Rothschild, and J. H. Spencer. 1990. *Ramsey Theory*, 2nd edn. New York: John Wiley.

Janson, S., T. Łuczak, and A. Ruciński. 2000. *Random Graphs*. New York: John Wiley.

Jukna, S. 2001. *Extremal Combinatorics*. New York: Springer.

Matoušek, J. 2002. *Lectures on Discrete Geometry*. New York: Springer.

Nathanson, M. 1996. *Additive Number Theory: Inverse Theorems and the Geometry of Sumsets*. New York: Springer.

Pach, J., and P. Agarwal. 1995. *Combinatorial Geometry*. New York: John Wiley.

Tao, T., and V. H. Vu. 2006. *Additive Combinatorics*. Cambridge: Cambridge University Press.

IV.20 계산 복잡도

오데드 골드라이히, 애비 비그데르손
Oded Goldreich and Avi Wigderson

1 알고리즘과 계산

이 글은 무엇이 효과적으로 계산될 수 있고 무엇이 그럴 수 없는지와 관련이 있다. 우리는 계산의 형식적 모형, 효율성의 기준, $\mathcal{P}$ 대 $\mathcal{NP}$ 문제, NP-완전성, 회로 복잡도, 증명 복잡도, 무작위 계산, 의사무작위성, 확률적 증명체계, 암호학 등과 같은 많은 중요한 개념들과 연구영역을 소개할 것이다. 그 모든 것의 기저를 이루고 있는 것은 알고리즘, 계산과 관련된 개념이니 이들에 대한 논의로부터 글을 시작해 보자.

1.1 알고리즘은 무엇인가?

아주 큰 양의 정수 N이 주어져 있고 그것이 소수 (prime number)인지를 결정해야 한다고 가정하자. 어떻게 해야 할까? 한 가지 가능성은 **시행착오적 나눗셈**(trial division)을 해 보는 것이다. 즉, 가장 먼저 N이 짝수인지 확인하고 그다음에는 3의 배수인지, 4의 배수인지, …, 이렇게 $\sqrt{N}$까지 계속 확인한다. N이 합성수이면 2와 $\sqrt{N}$ 사이에 인수를 가진다. 따라서 N이 소수일 필요충분조건은 이 모든 질문에 대한 대답이 '아니오'인 것이다.

이 방법이 가지는 문제점은 아주 비효율적이란 것이다. 가령 N이 101자리의 숫자라고 가정해 보자. 그러면 $\sqrt{N}$은 적어도 10^{50}이고 이 방법을 수행해 나가기 위해서는 'K는 N의 인수인가?'라는 형식의 질문에 10^{50}번 답을 해야 한다. 세상의 모든 컴퓨터가

이 작업에 시간을 쏟는다고 하더라도 인간의 수명보다 더 긴 시간이 걸릴 것이다. 그러면 '효율적 절차'는 무엇일까? 이 질문은 두 부분으로 나누어진다. 하나는 과정이 무엇인가라는 것이고 다른 하나는 무엇이 효율적인 것으로 간주되냐는 것이다. 우리는 이 두 가지 질문을 교대로 살펴볼 것이다.

그 방법이 문제를 해결하기 위한 과정으로 간주되기 위해서 만족해야 할 두 가지 아주 명백한 조건은 **유한성**(즉, 그 과정은 유한한 서술을 가져야 한다. 다시 말해 무한한 목록의 정수와 그들의 인수분해에서 그 답을 찾을 수는 없다)과 **정확함**(가령, 모든 N에 대해서, N이 소수인지에 대해서 올바른 답을 주어야 한다)이다.

세 번째 조건은 좀 더 미묘하다. 그것은 '알고리즘 (algorithm)'이라는 의미의 중심에 이른다. 알고리즘은 단순한 단계들로 이루어져야 한다. 이것은 'N이 어떤 자명하지 않은 인수들을 가지는지 확인해라. 그리고 그런 인수를 가지지 않는 경우에만 N을 소수라고 선언하라'와 같은 어리석은 '절차(procedure)'를 배제하기 위해서 필요하다. 이 절차의 문제점은 그런 식으로는 우리가 N이 자명하지 않은 인수를 가지는지 알 수 없다는 것이다. 대조적으로 시행착오적 나눗셈의 방법이 우리에게 요구하는 것은 정수를 1씩 증가시켜 가고, 그것들을 비교하고, 또 긴 나눗셈을 하는 기본 산술이다. 더군다나, 기본 산술의 과정은 좀 더 간단한 단계로 분해될 수 있다. 예를 들어, 한 번에 한 자리 숫자에 적용되는 연속적인 기본 연산을 통해서 긴 나눗셈을 할 수 있다.

이 간단한 조건을 좀 더 잘 이해하기 위해서, 그리고 알고리즘이란 개념의 형식적인 정의를 준비하기

위해서 긴 나눗셈을 자세하게 살펴보자. 당신 앞에 한 장의 종이가 있고 5,959,578을 857로 나누길 원한다고 가정해 보자. 당신은 두 숫자를 적을 것이고 계산을 계속하면서 다른 숫자들 또한 적을 것이다. 가령 9×857까지 857의 모든 배수를 적으면서 시작하고 싶어할지도 모른다. 처음 어느 순간에 당신은 아마도 5999 = 7×857과 5959를 비교하게 될 것이다. 이 같은 작업은 왼쪽부터 숫자를 쭉 훑어보고 각 자리의 수를 비교하면서 행해진다. 이 경우는 세 번째 자리에서 처음으로 차이가 발견된다. 그러면 당신은 5142(= 6×857)를 5959 밑에 쓰고 뺀 다음(또다시 왼쪽부터 숫자들을 훑어보고 한 자리 숫자 연산을 수행함으로써) 차이 817을 적는다. 5959578의 그다음 자리의 수 5를 아래로 내려 쓴 다음 8175로 이 과정을 반복한다.

이 계산의 각 단계에서 당신은 앞에 있는 종이를 수정할 것이다. 이렇게 작업을 하면서 어떤 단계(857의 배수에 대한 목록을 따로 써 놓거나 다른 수보다 크지 않은 가장 큰 수가 무엇인지 확인하기, 또는 어떤 수에서 다른 수를 빼거나 그다음 자리의 수를 아래로 내려 쓰기 등)에 있고 현재 어떤 기호를 다루고 있는지를 파악해야 한다. 놀라운 것은, 이 정보는 입력의 크기(즉 나눠지는 두 수)가 증가함에 따라 정보가 증가하지 않는다는 의미에서 **고정된 크기**를 가진다는 것이다.

따라서 그 과정은 입력에 의존하지 않는 고정된 법칙의 반복된 응용을 이용해 어떤 환경에 **국소적인 변화**를 준다고 볼 수 있다. (이 법칙은 전형적으로 그것들이 적용돼야 할 환경에 대한 설명을 가진 더 단순한 법칙의 목록 같은 내부 구조를 가진다.)

일반적으로 이것이 우리가 **계산**(computation)이라고 말하는 것이다. 이 계산은 고정된 법칙의 반복된 응용을 통해서 환경을 수정한다. 그 법칙은 보통 **알고리즘**(algorithm)이라고 불린다. 이 기술은 자연(가령, 날씨나 화학적 반응, 혹은 생물학적 과정)에서 일어나는 많은 동역학 변화의 과학적 이론에 적용된다. 따라서 이것들을 일종의 계산적인 과정으로 간주할 수 있다. 또한 이런 역학계의 일부는 단순하고 국소적인 법칙들이 많이 반복되면 그것들이 아주 복잡한 환경의 변형을 야기할 수 있다는 것을 입증한다. (이 현상에 대한 더 많은 토의를 위해서 **동역학** [IV.14]을 보라.)

이 같은 사고는 **튜링**[IV.94]의 유명한 알고리즘의 개념의 형식화인 **튜링머신**(Turing machine)의 아이디어 뒤에 숨어 있다. 컴퓨터가 존재하기 전에 튜링이 형식화를 고안해냈다는 것은 흥미로운 사실이다. 실제로, 튜링의 개념과 핵심이 되는 성질, 특히 '보편적인' 기계의 존재성은 컴퓨터의 실질적인 구조에 큰 영향을 미쳤다.

알고리즘의 아이디어는 형식화될 수 있어서 특별한 임무들을 수행하는 알고리즘들이 존재하는지, 주어진 크기의 입력에 대해서 얼마나 많은 단계들을 필요로 하는지 등에 대해서 아는 건 중요하다. 그러나 이를 수행하는 동등한 것으로 판명된 여러 가지 방법이 있고, 이 글을 이해하기 위해서 어떤 특정한 방법의 상세한 내용까지 이해할 필요는 없다. (당신이 원한다면 알고리즘을 (약간 이상화되어서 제한되지 않은 저장공간을 가지는) 실제 컴퓨터에서 프로그래밍할 수 있는 어떤 과정으로 생각할 수 있다. 알고리즘의 각 단계는 그 컴퓨터의 비트들 중 하나를 0에서 1로, 혹은 그 반대로 변환시키는 것이라고 생각할 수 있다.) 그럼에도 불구하고 단지 그것이 어떻게 행해지는지 대략적으로 보이기 위해서, 튜링머신 모형의 기본적인 성질에 대해 간단히 서술해 보겠다.

우선 모든 계산문제들은 0과 1의 수열에 대한 연산으로 부호화될 수 있다는 점을 관찰한다. (이 관찰은 이론적으로 유용할 뿐 아니라 컴퓨터의 실질적인 제조에 매우 중요하다.) 예를 들어, 계산의 과정에서 나타나는 모든 숫자는 이진법 표현으로 변환될 수 있다. 다시 말해 1은 '참'을 0은 '거짓'을 나타내기 위해서 사용할 수 있고 기본 논리 연산은 이를 기반으로 수행된다. 이런 이유로 우리는 튜링머신에 대한 매우 간단한 '환경'을 정의할 수 있다. 즉, 튜링머신은 각각이 0과 1 중 하나를 포함하는 일렬의 '셀 (cell)'로 이루어져 있는 양쪽 방향으로 무한히 긴 '테이프(tape)'다. 계산을 시작하기 전에 이 테이프의 어떤 사전명시된 부분은 0과 1의 수열인 입력(input)으로 채워진다. 이 알고리즘은 작은 제어 기계장치이다. 임의의 시간에 이 기계장치는 상태에 대한 유한한 집합 중 하나가 될 수 있고 테이프의 셀 중 하나가 될 수 있다. 기계장치가 있는 상태와 셀에 도달했을 때에 나타나는 값 0 또는 1에 따라 세가지 결정 (셀에 있는 값을 변경할지, 한 셀만큼 왼쪽이나 오른쪽으로 이동할지, 그리고 다음에는 무슨 상태에 있어야 할지)을 한다.

이 제어 기계 장치의 상태 중 하나는 '정지(halt)'이다. 이 상태에 도달하면 기계장치는 하던 것을 멈추는데 이를 정지되었다고 한다. 그 시점에서 테이프의 어떤 사전명시된 부분은 그 기계의 출력으로 간주될 것이다. 알고리즘은 모든 가능한 입력에 대해서 정지하는 임의의 튜링머신으로 생각될 수 있다. 그리고 알고리즘 단계의 수는 그 튜링머신에 의해서 행해진 단계의 수이다. 놀랍게도, 이 같은 매우 간단한 계산 모형은 계산의 모든 가능성을 포착하기에 충분하다. 이론적으로는 시계태엽 같은 장치가 아니라, 예컨대 현대 슈퍼컴퓨터가 할 수 있는 무엇이라도 할 수 있는 튜링머신을 만들 수 있다. (그러나 심지어 간단하지 않은 계산에 대해서도 각 단계의 시간이 너무 오래 걸려서 실용적이지는 않을 것이다).

1.2 알고리즘은 무엇을 계산하는가?

튜링머신은 0과 1의 수열을 0과 1의 다른 수열로 변환한다. 이를 논의하기 위해서 수학적 언어를 사용하려면, {0, 1}-수열의 집합에 이름을 붙여야 한다. 엄밀히 말하기 위해, 0과 1의 모든 유한한 수열의 집합을 생각하고 그것을 I라고 부르자. 길이가 n인 모든 {0, 1}-수열의 집합을 I_n이라고 쓰는 것은 유용하다. x가 I에 있는 수열이면 그것의 길이를 $|x|$라고 쓴다. 가령, x가 0100101의 문자열을 가지면, $|x|$ = 7이다. 튜링머신이 0과 1의 수열을 다른 수열(정지 상태라면)로 변환한다고 말하는 것은 자연스럽게 I에서 I로 가는 함수를 정의하는 걸 말하는 것이다. M이 튜링머신이고 f_M이 대응하는 함수라면 M은 f_M을 계산한다고 말한다.

따라서 모든 함수 $f: I \to I$는 f를 계산하는 것 같은 계산작업을 낳는다. 이것이 가능하면, 즉 대응하는 함수 f_M이 f와 같은 튜링머신이 존재하면 f는 계산가능하다(computable)고 말한다. 튜링의 결과와 처치[VI.89]가 독자적으로 얻어낸 초창기 결과의 핵심은 어떤 자연스러운 함수들은 계산가능하지 않다는 것이다(좀 더 자세한 것에 대해서는 정지 문제의 해결불가능성[V.20]을 보라). 그러나 복잡도 이론은 계산가능한 함수들만 다루고, 이들 중 효과적으로 계산될 수 있는 것만 연구한다.

방금 소개한 용어를 이용해서 다양한 다른 종류의 계산 문제들을 형식적으로 기술할 수 있다. 그것들 중 두 개의 주요한 예제들은 검색 문제(search problem)와 결정 문제(decision problem)이다. 간략히 말해서, 검색 문제의 목적은 특별한 성질을 가지고 있는 수학적 대상을 찾는 것이다. 가령, 연립방정식의 해를 찾으려 할 때 그 해는 유일하지 않을 수 있다. 집합 I에서 이항 관계[I.2 §2.3] R을 통해 이를 모형화할 수 있다. 즉 I에 있는 문자열 쌍 (x, y)에 대해서, xRy이면 y가 문제사례의 유효한 해이다라고 한다. (이 기호는 x는 R에 의해서 y와 명시된 방법으로 관련돼 있다는 걸 의미한다. 흔히 사용되는 또 다른 표기법은 $(x, y) \in R$이다.) 예를 들어, x와 y를 각각 양의 정수 N과 K의 이진법 전개라고 놓고, xRy일 필요충분조건은 N이 합성수이고 K는 N의 자명하지 않은 인수라고 할 수 있다. 간략하게, 이 검색 문제는 'N의 자명하지 않은 인수 찾기'가 될 수 있다. M이 특정한 함수 $f_M : I \to I$를 계산하는 알고리즘이고, $f_M(x)$가 해를 가지는 모든 문제사례 x에 대해서 x의 유효한 해이면 M은 검색 문제 R을 해결한다고 말한다. 예를 들어, 이진법 전개 x를 가지는 모든 합성수 N에 대해서 $f_M(x)$가 N이 자명하지 않은 인수 K의 이진법 전개이면, 그것은 방금 정의된 검색 문제를 해결한다.

위의 예제에서 양의 정수에 관심을 두었다는 점에 주목하자. 하지만 형식적으로 말하자면 알고리즘은 이진법 문자열의 함수이다. 이는 문제가 되지 않았는데, 정수를 (흔히 사용되는 이진법 전개를 통해) 이진법 문자열로 부호화하는 편리하고 자연스러운 방법이 존재하기 때문이다. 이 글의 나머지 부분에 대해서, 조사하고자 하는 수학적 대상과 계산할 때 그것들을 표현하기 위해서 사용하는 문자열 사이의 구분을 모호하게 할 것이다. 가령, 이전 단락에서 모든 합성수 N에 대해서, $f_M(N)$이 N의 자명하지 않은 인수이면 알고리즘 M이 함수 $f_M : \mathbb{N} \to \mathbb{N}$을 계산하고 검색 문제를 해결한다고 생각하는 것이 더 간단하다. 여기서 문자열들에 의한 대상의 표현이 좀 더 간단명료하다는 걸 강조하고 싶다. 예를 들어, N을 표현하기 위해서는 단지 $\lceil \log_2 N \rceil$ 비트만 필요하다. 그래서 N은 그 수의 표현의 길이보다 지수적으로 더 길다.

이제 결정 문제로 돌아가자. 이것은 단순히 예/아니오를 찾는 문제이다. 이 글을 시작할 때 던진 'N은 소수인가?'라는 문제는 결정 문제의 대표적인 예제이다. 이 단락과 전전 단락에서 우리는 좀 더 일반적인 종류의 질문들을 의미하기 위해서 약간 이상한 방법으로 '문제'란 단어를 사용하고 있다. 이 예제에서 '443은 소수인가?'라는 질문은 'N이 소수인가?'라는 문제의 한 경우이다.

결정 문제를 모형화하는 것은 매우 단순하다. 그것들은 I의 부분집합이다. 아이디어는 I의 부분집합 S는 대답이 '예'인 곳의 모든 문자열을 구성한다는 것이다. 그래서 소수성을 결정하는 문제라면 적어도 자명한 부호화*를 선택하는 이상 S는 소수의 모든 이진법 전개들로 구성될 것이다. 기계 M이 언제 결정 문제 S를 해결한다고 말할까? 우리는 그것이 입력이 x가 S에 속하면 '예'라고 말하고 아니면 '아니오'라고 말하는 함수 f를 계산하기를 원한다. 즉, M은 연관된 함수 f_M이 $\mathbf{I}$에서 $\{0, 1\}$로 가는 함수로서 $x \in S$일 때는 $f_M(x) = 1$이고 아니면 $f_M(x) = 0$일 때 M은 문제 S를 해결한다고 말한다.

이 장의 대부분은 결정 문제에 초점이 맞춰져 있다. 하지만 독자들은 검색 문제를 포함해서 좀 더 복잡해 보이는 계산작업들이 실제로 결정 문제의 수열로 단순화될 수 있다는 걸 명심해야 한다. 예를 들어, 당신이 모든 결정 문제들을 해결할 수 있고 큰 합성수 N의 인수분해를 원한다면 다음과 같이 진행할 수 있다. 먼저 가장 작은 소인수가 (이진법 전개에서) 1로 끝나는지 결정하라. 대답이 '예'이면 이 인수가 11로 끝나는지 물으면서 그다음 숫자를 찾을 수 있다. 대답이 '아니오'라면 그것이 10으로 끝나는지 물을 수 있고, 한번에 한 비트씩 가장 작은 소인수에 대한 당신의 지식을 늘려가면서 이 과정을 계속할 수 있다. 당신이 해야 할 질문의 수는 기껏해야 N의 자리의 개수가 될 것이다.

2 효율성과 복잡도

이 장의 시작부분에서 '효율적인 과정'이 무엇을 의미하는지에 대한 질문을 던졌다. '절차'란 단어에 대해 자세하게 논의했지만, 매우 큰 정수가 있고 그것이 소수인지 결정하기 원한다면, 시행착오적 나눗

*이진법 표현-옮긴이

셈은 너무 오래 걸려서 실용적이지 않음을 지적하는 것을 넘어서 이제는 무엇이 '효율적(efficient)'임을 의미하는지에 대해 논의해야 한다.

2.1 알고리즘의 복잡도

'너무 오래 걸려서 실용적이지 않은' 과정이 의미하는 것을 어떻게 수학적으로 기술할 수 있을까? 튜링머신 계산의 단계가 무엇인지 알 수 있고, 이것의 정확한 정의(이때 알고리즘은 튜링머신이고, 복잡도는 멈추기 전에 걸리는 기계가 취하는 단계의 수이다)를 내릴 수 있기 때문에 튜링머신 형식화는 특히 이 같은 질문들에 답하는 데 유용하다.

이 정의를 주의 깊게 살펴보면, 그것이 정의하는 것이 단지 하나의 수가 아니라 함수라는 것을 알 수 있다. 튜링머신이 계산을 수행하는 데 걸리는 시간은 입력에 의존하고 그래서 주어진 튜링머신 M과 문자열 x에 대해서, $t_M(x)$를 x가 입력일 때 중지하기 전 M이 취하는 단계의 수로 정의한다. 함수 $t_M : \mathbf{I} \to \mathbb{N}$은 기계 M의 **복잡도 함수**(complexity function)이다.

대부분의 시간을 우리는 이 복잡도 함수의 세부 항목정보뿐만 아니라 기계 M의 **최악의 경우 복잡도**에 관심이 있다. 이것은 다음과 같이 정의되는 함수 $T_M : \mathbb{N} \to \mathbb{N}$이다. 양의 정수 n이 주어졌을 때, $T_M(n)$은 모든 입력 문자열 x에 대해서 $t_M(x)$의 최댓값이다. 다시 말해서, 길이가 n인 입력과 직면했을 때 기계가 취할 수 있는 가능한 가장 긴 시간을 알고자 한다. 그리고 보통 $T_M(n)$에 대한 정확한 공식을 찾지는 않는다. 대부분의 목적에 대해서 좋은 상계를 찾는 것만으로도 충분하기 때문이다.

함수 $t_M(x)$는 입력으로서 주어진 x에 대해서 M이 얼마나 오래 걸리는지 측정하기 때문에 좀 더 정확하게는 알고리즘 M의 시간 복잡도(time complexity)라고 불린다. 그러나 시간은 컴퓨터 과학에서 유일하게 중요한 요소는 아니다. 또 다른 중요한 요소는 입력을 저장하는 데 쓰이는 것을 넘어, 알고리즘이 얼마나 많은 메모리를 이용하는가이고, 이것은 또한 형식 모형에 포함될 수 있다. 주어진 튜링머신 M과 입력 x에 대해서, $s_M(x)$는 입력 셀이 바뀌어서는 안 된다는 추가조건하에서 기계가 정지하기 전 입력 셀들과 다른 방문하는 셀의 수로 정의된다.

2.2 본질적인 복잡도 문제

이 글은 전반적으로 계산의 힘에 대한 매우 일반적인 해석과 관련되어 있다. 특히, 계산 복잡도(computational complextiy) 또는 복잡도 이론(complexity theory)으로 알려져 있는 이론 컴퓨터 과학의 중심이 되는 하위 분야에 대해서 논의할 것이다. 이 분야의 목적은 계산작업의 본질적인 복잡도를 이해하는 것이다.

'알고리즘'이 아니라 '계산작업'이라고 말한 점에 주목하라. 이것은 중요한 차이이고 초점의 변화를 수반한다. 소수성 검정의 예제로 되돌아가서, 다양한 알고리즘이 얼마나 많이 걸리는지를 측정하는 것은 그리 어렵지 않고, 실제로 시행착오적 나눗셈을 하는 데 긴 시간이 걸린다는 것을 어려움 없이 알 수 있다. 그러나 그것이 소수성 검정 작업이 본질적으로 어렵다는 걸 의미할까? 좀 더 빠르게 작업을 하는 다른 알고리즘이 있을 수 있기 때문에 반드시 그렇지는 않다.

이 아이디어는 우리의 형식적인 구조에 아주 잘 들어맞는다. 계산작업의 복잡도에 대한 정의는 무엇이 될까? 간략히 이야기하면, 작업의 복잡도는 그것을 해결하는 임의의 알고리즘 M의 가장 작은 복잡도가 되어야 한다. 이를 설명하는 가장 편리한 방법은 다음과 같다. $T : \mathbb{N} \to \mathbb{N}$이 어떤 정수 함수이면, $T_M \leq T$(즉 모든 n에 대해서 $T_M(n) \leq T(n)$)이고 그 작업을 해결하는 알고리즘 M이 존재하면 그 작업은 기껏해야 복잡도 T를 가진다고 말한다.

당신이 계산작업이 본질적으로 어렵지 않다는 걸 보이기 원한다면, 당신이 해야 할 모든 것은 이 작업을 해결하는 낮은 복잡도를 가진 알고리즘을 고안하는 것이다. 그러나 이 작업이 본질적으로 어렵다는 걸 보이려면 어떻게 해야 할까? 그러면 당신은 모든 가능한 저복잡도 알고리즘 M에 대해서, M이 이 작업을 해결할 수 없다는 걸 증명해야 한다. 이것이 좀 더 어렵다. 반세기 동안 집중적으로 연구가 이루어졌음에도 최선의 결과들은 미미하다. 이 두 가지 연구 사이에 큰 차이가 있음에 주목하자. '알고리즘'의 개념이 어떻게 형식화되는지를 몰라도 알고리즘을 발견할 수 있다. 그러나 특정한 성질을 가지는 모든 알고리즘을 분석하기 위해서는 반드시 알고리즘이 무엇인지 정확하게 정의해야 한다. 튜링의 형식화 덕분에 다행히 알고리즘에 대한 적어도 하나의 정의는 가지고 있다.

2.3 효과적인 계산과 $\mathcal{P}$

이제 우리는 알고리즘과 계산작업의 복잡도를 측정하는 방법들을 알고 있다. 그러나 언제 알고리즘을 효과적이라고 간주해야 하는지 또는 언제 계산작업이 효과적으로 해결할 수 있다고 간주해야 하는지에 대해서는 아직 언급하지 않았다. 다소 제멋대로인 것처럼 보이는 효율의 정의를 제안할 것이고 왜 실제로 그것이 놀라울 정도로 좋은 것인지 설명할 것이다.

M이 알고리즘일 때 그것을 효과적이라고 간주할 필요충분조건은 그것이 다항식 시간(polynomial time) 안에 끝난다는 것이다. 이것은 상수 c와 k가 존재해서 최악의 경우 복잡도 T_M이 부등식 $T_M(n) \leq cn^k$을 만족함을 의미한다. 다시 말해서, 이 알고리즘에 걸리는 시간은 입력 문자열의 길이에 대한 다항식 함수에 의해서 위로 유계라는 것이다. 두 개의 n자리 숫자를 더하거나 곱하는 것에 대한 익숙한 방법들이 다항식 시간 안에 끝난다는 걸 확신하는 건 어렵지 않다. 반면에 소수성 검정에 대한 시행착오적 나눗셈은 그렇지 않다. 효과적인 알고리즘을 가지는 작업의 다른 익숙한 예로는 증가하는 순서로 수의 집합을 놓는 것, 행렬의 행렬식[III.15])을 계산하는 것(성분들을 공식에 직접 대입하지 않고 행 연산을 이용하면), 가우스 소거법(Gaussian elimination)에 의해 선형방정식을 푸는 것, 주어진 네트워크에서 가장 짧은 경로를 찾는 것, 그리고 그 이상 많은 것들이 있다.

우리는 계산작업의 본질적인 복잡도에 관심이 있기 때문에, 그것을 해결하는 효과적인 알고리즘 M이 존재하면 그러한 작업을 **효과적으로 계산가능하다**(efficiently computable)고 정의한다. 효율적인 계산능력을 논의함에 있어 그것이 계산 복잡도 이론의 주요한 목표라는 걸 인식하면서 결정 문제들에 초점을 맞출 것이고, 효율적인 알고리즘들을 가지

는 **모든** 결정 문제의 모임에 대해 생각할 것이다. 여기에 형식적인 정의가 있다. 편의상 M이 튜링머신이고 x가 입력이면, $M(x)$는 x의 출력이라고 표기하자. (앞서 우리는 이 함수를 $f_M(x)$로 썼다.) 우리는 결정 문제를 고려하고 있기 때문에, $M(x)$는 0 또는 1이 될 것이다.

정의. $M(x) = 1$일 필요충분조건이 $x \in S$이고, 다항식 시간 안에 끝나는 튜링머신 M이 존재하면 결정 문제 $S \subseteq \mathbf{I}$는 다항식 시간 안에 해결가능하다.

다항식 시간 안에 해결가능한 결정 문제 종류는 **복잡도 종류**(complexity class)는 첫 예제이다. 그것을 $\mathcal{P}$라고 표시한다.

수행시간의 **점근적 해석**, 즉 입력 길이의 함수로서 수행시간을 추정하는 것은 효율적인 계산 이론에서 구조를 밝히는 데 중요하게 되었다. 효율성에 대한 기준으로서 다항식 시간을 선택한 것은 제멋대로인 것 같이 보일지도 모른다. 이론은 다른 선택으로부터도 전개할 수 있지만, 다항식 시간을 선택하는 것은 충분히 정당화되었다. 이에 대한 주된 이유는 다항식들의 종류(또는 다항식에 의해서 위로 유계인 함수들)는 계산에서 자연스럽게 나오는 다양한 연산들에 대해서 닫혀 있다는 것이다. 특히 두 다항식들의 합, 곱, 또는 합성의 결과는 다시 다항식이다. 예를 들어, 이것이 소수성 검정에 대한 알고리즘의 효율성을 조사할 때 긴 나눗셈을 기본적인 한 단계 연산으로 생각하는 것을 가능하게 한다. 사실, 긴 나눗셈은 한 단계 이상 걸린다. 하지만 그것은 $\mathcal{P}$ 안에 있기 때문에, 긴 나눗셈에 걸리는 시간이

그것을 이용하는 알고리즘이 $\mathcal{P}$에 있는지에 영향을 미치지 않는다. 일반적으로, 기본적인 **서브루틴**(subroutine) 프로그래밍 기술을 이용하고 우리의 서브루틴이 $\mathcal{P}$ 안에 있으면 전체적인 알고리즘의 효율성이 보존된다.

실용적으로 사용되는 거의 모든 컴퓨터 프로그램들은 이런 이론적인 의미에서 효율적이다. 물론 역은 사실이 아니다. 예를 들어, n^{100}이 다항식이라는 사실에도 불구하고 n^{100}시간에 실행하는 알고리즘은 완전히 무용지물이다. 그러나 이것은 중요하지 않아 보인다. 자연적인 문제에 대해서 n^{10}시간 알고리즘을 발견하는 것조차 이상하다. 이것이 일어나는 드문 경우에도 실용적인 것에 가까운 n^3 또는 n^2시간으로의 향상이 거의 항상 뒤따른다.

$\mathcal{P}$와 $\mathcal{EXP}$ 계급을 대조하는 것은 중요하다. $\mathcal{P}$가 어떤 다항식이고 길이가 n인 입력에 대해서 많아야 $\exp(p(n))$단계 안에 그것을 해결하는 알고리즘이 존재하면 문제는 $\mathcal{EXP}$에 속한다. (대략적으로 말해서, $\mathcal{EXP}$는 지수 시간 안에 해결될 수 있는 문제로 구성되어 있다. 여기서 다항식 p는 이 정의를 더 견고하고 부호화의 세부적인 성질 등에 덜 의존적이게 만들어준다.)

당신이 이진법 전개에서 n자리의 수 N의 소수성을 검정하기 위해서 시행착오적 나눗셈을 사용한다면, $\sqrt{N}$ 번의 긴 나눗셈 계산을 해야 한다. $\sqrt{N}$은 대략 $2^{n/2}$이기 때문에, 이것은 지수 시간 과정이다. 지수적인 수행시간은 노골적으로 **비효율적**이라고 생각되고 그 문제가 더 빠른 알고리즘을 가지지 않으면, 그것은 아주 다루기 힘든 것으로 간주된다. 대각화(diagonalization)라고 불리는 기본 기법을 통해 $\mathcal{P}$

$\neq \mathcal{EXP}$임은 알려져 있다. 뿐만 아니라, $\mathcal{EXP}$에 있는 어떤 문제들은 정말로 지수 시간을 필요로 한다. 이 장에서 고려하는 거의 모든 문제들과 종류들은 방금 논의되었던 시행착오적 나눗셈 같은 자명한 '주먹구구의' 알고리즘을 통해 $\mathcal{EXP}$에 속한다는 걸 쉽게 보일 수 있다. 그래서 주된 질문은 그것들에 대한 좀 더 빠른 알고리즘이 고안될 수 있는가 하는 것이 될 것이다.

3 $\mathcal{P}$ 대 $\mathcal{NP}$ 문제

이 절에서는 보통 결정 문제의 관점에서 서술되지만 검색 문제의 측면으로도 해석할 수 있는 유명한 $\mathcal{P}$ 대 $\mathcal{NP}$ 문제에 대해서 다룰 것이다. 후자부터 시작하자.

3.1 발견하기 대 확인하기

문자들 CHAIRMITTE를 재배열하여 영어 단어를 형성할 수 있는가? 이 같은 퍼즐을 풀기 위해서는 아마도 단어들의 일부분을 구성해 보고 영감이 들어맞기를 기대하면서 수많은 가능성(위 문자들의 모든 순열)을 찾아봐야 한다. 이제 다음의 질문을 생각하자. CHAIRMITTE의 문자들을 'arithmetic'이란 단어를 만들기 위해서 재배열할 수 있을까? 대답이 '예'라는 걸 확인하는 것은 (약간 지루할지는 몰라도) 매우 쉽다.

이 알기 쉬운 예제는 많은 검색 문제들의 중요한 성질을 말해준다. 당신이 해를 찾으면 그것을 해로 인식하는 것은 쉽다. 좀 더 어려운 부분은 먼저 해를 발견하는 것이다. 혹은 적어도 그것이 해를 발견한 것처럼 보이는 것이다. 그러나 실제로 이 같은 검색 문제가 어렵다는 것을 증명하는 것은 해결되지 않은 유명한 문제인 P 대 $\mathcal{NP}$ 문제이다.

사실 수학자들에게는 상당히 일반적이고 자연스럽게 드러나는, 이러한 성질을 가진 또 다른 탐색 문제로서 타당한 수학적 명제를 위한 증명을 찾는 작업이 있다. 또다시 처음에 어떤 논증을 발견하는 것보다 그 논증이 타당한 증명인가 확인하는 게 훨씬 쉬운 것처럼 보인다. 증명을 발견하는 것은 상당한 창조성(작게는 위의 철자 바꾸기 놀이인 애너그램 같은)을 요구하는 과정이기 때문에 어떤 의미로는 P 대 $\mathcal{NP}$ 문제는 이 같은 창조성이 자동화될 수 있는가를 묻는 것이다.

§3.2에서 형식적으로 $\mathcal{NP}$ 종류를 정의할 것이다. 간략하게 말하자면, 그것은 당신이 구하고자 하는 것을 발견했는지 확인하기 쉬운 모든 검색 문제의 집합과 대응된다. 그런 문제의 또 다른 예제는 큰 합성수 N의 인수를 발견하는 것이다. K가 인수인 것이 알려지면, 당신(혹은 당신의 컴퓨터)이 이것이 사실임을 입증하는 것은 쉬운 작업이다. 그저 단 한 번의 긴 나눗셈을 하면 된다.

과학(예를 들어, 다양한 자연현상을 설명하기 위한 이론을 창조하는 것)과 공학(예를 들어, 다양한 물리학적이고 경제적인 제한 하에서 디자인을 창조하는 것)의 방대한 문제들은 처음 성공을 달성하는 것보다 (그것이 성공임을) 인식하는 것이 훨씬 쉽다는 똑같은 성질을 가진다. 이는 그런 문제들의 종류가 중요하다는 것을 시사해준다.

3.2 결정하기 대 입증하기

이론적인 해석을 위해서 $\mathcal{NP}$를 결정 문제의 한 종류로서 정의하는 게 실제로 좀 더 편리하다. 가령 'N이 합성수인가?'라는 결정 문제를 생각하자. 이 문제를 $\mathcal{NP}$에 있는 문제로 만드는 것은 N이 합성수일 때마다 이 사실의 **짧은** 증명이 존재한다는 것이다. 그러한 증명은 N의 인수로 이루어져 있고 이 증명이 옳다는 걸 확인하는 건 쉽다. 즉 입력을 양의 정수쌍 (N, K)로 받고, K가 N의 자명하지 않은 인수이면 출력을 1로 아니면 출력을 0으로 취하는 다항식 시간 알고리즘 M을 고안하는 건 쉽다. N이 소수이면, 모든 K에 대해서 $M(N, K) = 0$이고, 반면에 N이 합성수이면 $M(N, K) = 1$인 K가 항상 존재할 것이다. 게다가, 우리가 정말로 신경 쓰는 것은 가능한 한 K가 너무 커지지 않는 것이지만, 이 경우 K를 부호화하는 문자열은 기껏해야 N을 부호화하는 문자열만큼 길다. 이 이제 이러한 성질들을 형식적인 정의 안에 요약해 보자.

정의(복잡도 종류 $\mathcal{NP}^*$).

다음 세 가지 성질을 가지는 부분집합 $R \subset \mathbf{I} \times \mathbf{I}$가 존재하면 결정 문제 $S \subset \mathbf{I}$가 $\mathcal{NP}$에 속한다.

(i) $(x, y) \in R$일 때마다 $|y| \leqslant p(|x|)$인 다항함수 p가 존재한다.

(ii) x가 S에 포함될 필요충분조건은 (x, y)가 R에

---

* 약자 NP는 비결정론적 다항시간(nondeterministic polynomial-time)을 나타낸다. 비결정론적 기계는 종류 $\mathcal{NP}$에 대한 다른 정의에서 사용되는 허구의 계산 장치이다. 그러한 기계의 비결정론적 움직임들은 이 정의에 있어서 증명을 추측하는 것에 대응한다.

속하는 어떤 y가 존재하는 것이다.

(iii) 쌍 (x, y)가 R에 포함되는지 결정하는 문제가 P에 속한다.

그런 y가 존재할 때 x가 S에 속하는 사실을 이 사실의 **증명**(혹은 **목격**)이라고 한다. 쌍 (x, y)가 R에 속하는지 결정하는 것에 대한 다항시간 알고리즘은 x가 S에 속하는지를 결정하는 것에 대한 **입증과정** (verification procedure)이라고 한다.

후보 증명 y에 대해서 그저 잊어버릴 수 있고 x가 S에 속하는지에 대한 효과적인 검정을 이용할 수 있기 때문에 종류 P에 있는 모든 문제 S는 또한 NP에 있다. 다른 한편, 모든 가능한 y들을 열거할 수 있고 (지수 시간 안에) 그것이 작동하는지 각각에 대해서 확인할 수 있기 때문에 NP에 있는 모든 문제는 자명하게 EXP에 있다(이것은 거의 시행착오적 나눗셈을 처리하는 것이다). 이 자명한 알고리즘은 향상될 수 있을까? 때때로 아주 명백하지 않은 경우에서조차 그것을 개선할 수 있다. 사실 최근에 수 N이 합성수인지 결정하는 문제가 P에 속한다는 것이 증명되었다. (좀 더 자세한 사항은 **계산적 정수론**[IV.3 §2]에서 알 수 있다.) 하지만 우리는 NP에 있는 모든 문제에 대해서 자명한 알고리즘보다 더 나은 걸 할 수 있는지 알기를 원한다.

3.3 큰 추측

P 대 NP 문제는 P와 NP가 같은지 같지 않은지에 대해서 묻는다. 결정 문제 면에서 이 문제는 어떤 집합에 대한 효과적인 입증 과정의 존재가 그것에 대한 효과적인 결정 과정의 존재를 의미하는가를 묻는

것이다. 다시 말해서, 방금 주어진 NP의 정의에서처럼 $x \in S$에 대한 증명이 옳은지를 확인하기 위한 다항시간 알고리즘이 존재한다면, 그것이 $x \in S$인지를 결정하기 위한 다항시간 알고리즘이 존재한다는 걸까?

이전의 예제들에서 제안한 것처럼, 그 문제는 또한 검색 문제에 대한 질문으로서 서술할 수 있다. NP의 정의에서 성질 (i)과 (iii)을 만족하는 집합 R $\subset \mathbf{I} \times \mathbf{I}$가 있다고 가정하자. 가령 R은 K가 N의 자명하지 않은 인수인 정수의 모든 쌍 (N, K)와 대응할 수도 있다. 그러면 대응하는 검색 문제 '주어진 합성수 N에 대해서 자명하지 않은 인수 K를 발견하라'는 정수의 인수분해와 밀접히 관련되어 있다. 일반적으로, 임의의 관계 R은 검색 문제 '주어진 문자열 x에 대해서 (x, y)가 R에 속하는 문자열 y가 존재한다면 그것을 찾아라'를 만든다. 이제 P 대 NP 문제는 다음을 묻는다. '그런 모든 검색 문제는 다항식 시간 안에 해결가능한가?'

답이 '예'이면 K가 N의 자명하지 않은 인수인지 아닌지가 다항식 시간 안에 확인될 수 있다는 단순한 사실이, 그러한 인수가 실제로 다항식 시간* 안에 발견될 수 있다는 걸 의미하는 게 될 것이다. 마찬가지로, 수학적 명제의 간단한 증명이 존재한다는 단순한 사실이 그 증명이 순수하게 기계적인 과정에 의해서 짧은 시간 안에 발견될 수 있다는 걸 보장하기에 충분하다. 해를 발견하는 어려움과 이미 발견

---

* 어떤 수가 합성수인지를 결정하는 다항식 시간 알고리즘이 존재한다는 사실에도 불구하고, 실제로 인수들을 발견하기 위한 그런 알고리즘은 알려져 있지 않고 이것에 대해서 효과적인 알고리즘이 존재하지 않는다고 공공연하게 믿고 있다.

된 해를 검증하는 쉬움 사이의 분명해 보이는 차이는 전적으로 환상이 될 것이다.

이는 매우 이상하며 거의 모든 전문가들은 이것이 사실이 아니라고 믿는다. 그러나 아무도 이것을 증명하는 데 성공하지 못했다. 그래서 P와 $\mathcal{NP}$는 같지 않다는 것이 큰 추측이다. 즉, 발견하는 것이 확인하는 것보다 어렵고 효과적인 입증과정이 반드시 결정 문제에 대한 효과적인 알고리즘으로 이끄는 것은 아니다. 이 추측은 인간 활동의 다양한 부분에서 검색과 결정 문제를 다루면서 수세기 동안 발전되어 온 우리의 직관에 의해서 강하게 지지된다. 이 추측을 뒷받침해 주는 더 경험적인 증거는 많은 수학과 과학의 분과들에서 그들을 푸는 효율적인 과정(절차)을 발견하기 위해 연구자들이 아주 열심히 노력해 왔음에도, 아직까지 다항식 시간 안에 풀리는지 여부를 알지 못하는, 문자 그대로 수천 개의 $\mathcal{NP}$ 문제들이 있다는 것이다.

$P \neq \mathcal{NP}$ 추측은 확실히 계산 과학에서 해결되지 않은 가장 중요한 문제이고 수학의 모든 부분에서 가장 중요한 것 중의 하나이다. 회로 복잡도(circuit complexity)에 대해 다룬 §5.1에서는 그것을 증명하기 위한 시도에 집중하고, 부분적인 결과들과 지금까지 사용한 기법의 한계들에 대해 논의할 것이다.

3.4 $\mathcal{NP}$ 대 co $\mathcal{NP}$

co $\mathcal{NP}$로 알려진 또 다른 중요한 종류는 $\mathcal{NP}$에 있는 집합들의 **여집합**에 대한 종류이다. 예를 들어, 'N이 소수인가?'라는 문제는 co $\mathcal{NP}$에 속한다. 왜냐하면 어떤 인수들을 나열하면서 주어진 양의 정수 N

이 소수가 아니라는 걸 보이는 효율적인 입증과정이' 존재하기 때문이다. 동등하게, 소수들의 여집합은 $\mathcal{NP}$에 속하기 때문에 소수의 집합은 co $\mathcal{NP}$에 속한다.

$\mathcal{NP}$는 co $\mathcal{NP}$와 같은가? 즉, 당신이 집합 S의 원소인지 여부를 결정하는 효율적 입증과정을 알고 있으면, 원소가 **아닌지**의 여부를 결정하는 과정 또한 알 수 있을까? 직관은 그렇지 않거나 혹은 적어도 반드시 그렇지 않을 것이라는 걸 제안할 것이다. 가령, 뒤섞인 문자가 단어를 만들기 위해서 재정렬될 수 있다면 그 단어는 짧은 입증의 역할을 한다. 그러나 뒤섞인 문자가 단어를 만들기 위해 재정렬될 수 **없다**고 가정하자. 가능한 모든 재정렬들을 유심히 살펴보고 그것들 중 어떤 것도 단어가 아니라는 걸 보임으로써 이것을 입증할 수 있다. 그러나 이것은 매우 긴 입증이고 진정 짧은 입증을 발견하는 체계적인 방법은 없는 것처럼 보인다.

여기서 다시 수학으로부터 나온 직관은 아주 적절하다. 예를 들어, 논리적인 제약조건들의 집합이 상호적으로 **모순적**이라는 것, 다항방정식들이 같은 해를 가지지 **않는다**는 것, 혹은 공간에서 영역들의 집합이 교집합을 가지지 **않는다**는 것을 증명하는 것은 그 반대(무모순적인 값매김, 공통해, 모든 지역에 포함되는 점을 나열하는 것)를 증명하는 것보다 훨씬 어렵다. 정말로 **쌍대성**[III.19], 불변량의 정리들이나 완전한 체계 같은 아주 드문 별도의 수학적인 구조가 유효할 때에만 집합과 그 여집합이 계산적으로 동등하다는 걸 보일 수 있다. 그래서 또 다른 큰 추측은 $\mathcal{NP}$와 co $\mathcal{NP}$는 같지 않다는 것이다. 증명 복잡도에 관한 절에서 이 추측을 좀 더 자세히 살펴보고 이것을 해결하기 위한 시도에 대해서 살펴볼 것이다.

놀랍게도, 명백히 $\mathcal{NP}$에 속하는 'N이 합성수인가?'라는 문제가 실제로 co $\mathcal{NP}$에도 속한다는 것을 보이는 건 어렵지 않다. 이것을 증명하기 위해서 기초 정수론의 다음의 사실을 이용할 수 있다. p가 소수일 필요충분조건은 r이 $p - 1$의 인수일 때마다 $a^{p-1} \equiv 1 \pmod{p}$이고 $a^r \not\equiv 1$인 정수 $a < p$가 존재한다는 것이다. 따라서 p가 소수라는 걸 증명하기 위해서는 그러한 a를 나열하는 것으로 충분하다. 그러나 a가 작용하는지 확인하기 위해서는 $p - 1$의 소인수분해를 알아야 하고 그것이 실제로 소수들의 인수분해라는 짧은 증명을 해야 한다. 이것은 우리가 시작했던 문제로 되돌아가게 한다. 그러나 수는 더 작아지므로 귀납적인 논증을 할 수 있다. (소수들의 집합은 실제로 $\mathcal{P}$에 들어가지만 이것을 증명하는 것은 어렵다.)

4 환원성과 $\mathcal{NP}$-완전성

어떤 수학적인 문제가 근본적이라는 것의 한 징후는 그것이 동치인 서술을 많이 가지는 것이다. 이것은 $\mathcal{P}$ 대 $\mathcal{NP}$ 문제에 대해 상당히 놀라울 정도로 사실이다. 다항시간 환원성(polynomial-time reducibility)이라는 개념이 우리 논의의 토대가 될 것이다. 간략히 말하면 어느 하나의 계산 문제가 다른 문제로 다항식적으로 환원가능하다는 것은, 두 번째에 대한 어떤 다항시간 알고리즘이 첫 번째에 대한 다항시간 알고리즘으로 전환될 수 있다는 것을 의미한다. 이것에 대한 예제를 보고 난 뒤 형식적으로 그 개념

을 정의할 것이다.

첫 번째, 여기 SAT라 불리는 $\mathcal{NP}$에서 유명한 문제가 있다. 논리공식

$$(p \vee q \vee \bar{r}) \wedge (\bar{p} \vee q) \wedge (p \vee \bar{q} \vee r) \wedge (\bar{p} \vee \bar{r})$$

을 생각하자. 여기서 p, q, r은 각각이 참이거나 거짓일 수 있는 명제들이다. 기호 '$\vee$'와 '$\wedge$'는 각각 '또는'과 '그리고'를 나타낸다. $\bar{p}$('p가 아니다'로 읽는다)는 참인 명제일 필요충분조건이 p가 거짓인 명제이다.

p, q, r이 각각 참, 참, 거짓이라고 가정하자. 그러면 적어도 $p, q, \bar{r}$ 중 하나는 참이기 때문에 식의 첫 부분인 $p \vee q \vee \bar{r}$는 참이다. 마찬가지로 모든 다른 부분식들도 참이라는 걸 확인할 수 있다. 이것은 전체식이 참이라는 걸 의미한다. p, q, r에 대한 진릿값들의 선택을 이 공식을 만족시키는 할당(satisfying assignment)이라고 부르고 그 공식은 만족가능하다(satisfiable)고 한다. 여기서 유도되는 자연스러운 계산문제는 다음과 같다.

SAT: 주어진 명제공식에 대해서, 공식이 만족가능한가?

위의 예제에서 공식은 절(clause)이라고 불리는 부분식들의 결합이다. 그리고 이 부분식들은 문자(literal)라고 불리는 명제들이나 그 부정의 분리이다. (어떤 공식들 $\phi_1, \cdots, \phi_k$의 결합(conjunction)은 $\phi_1 \wedge \cdots \wedge \phi_k$이고 분리(disjunction)는 $\phi_1 \vee \cdots \vee \phi_k$이다.)

3SAT: 각각이 많아야 문자 세 개를 포함하는 절의 결합으로 이루어져 있는 명제공식에 대해서, 그 공식은

만족가능한가?

변수들에 대해 주어진 참값 할당이 그 공식을 만족시키는 할당인지 확인하는 것은 쉬운 일이기 때문에 SAT와 3SAT는 $\mathcal{NP}$에 속한다.

$\mathcal{NP}$에 속하는 두 번째 문제로 돌아가자.

3-colorability(3-채색가능성): 주어진 평면지도(예를 들어, 지도책에서 볼 수 있는 것)에서, 그 영역들을 어떤 인접한 두 나라도 똑같은 색깔을 가지지 않도록 빨강, 파랑 그리고 초록의 3색으로 칠할 수 있을까?[*]

지금 우리는 3-colorability을 3SAT로 변형시킬 것이다. 그것은 3SAT를 해결하는 알고리즘이 3-colorability도 해결하기 위해 어떻게 이용될 수 있는지 보여주는 것이다. 따라서 n개의 지역이 그려져 있는 지도가 있다고 가정하자. $3n$개의 명제들이 필요할 것이고, 그들을 $R_1, \cdots, R_n, B_1, \cdots, B_n, G_1, \cdots, G_n$이라고 부르자. 이제 이 공식들의 만족시키는 할당이 그래프의 3-채색문제와 대응하도록 논리식을 정의하기를 원한다. 우리는 마음속으로 R_i를 진술 '지역 i는 빨간색으로 칠한다'로 생각할 것이고 B_i와 G_i에 대해서도 비슷하게 생각할 것이다. 그러고 나서 각각의 지역은 단 하나의 색으로 칠해지고 인접한 두 지역은 같은 색으로 칠해지지 않음을 말해주는 어떤 진술들을 절로 택하자.

이것은 다음과 같은 방법으로 쉽게 할 수 있다. 지역 i가 적어도 하나의 색을 할당받는다는 것을 보장하기 위해서 절 $R_i \vee B_i \vee G_i$를 택하고, 영역 i와 j가 인접하면 그것들이 같은 색으로 칠해지지 않는다는 것을 보장하기 위해서 세 절 $\overline{R_i} \vee \overline{R_j}$, $\overline{B_i} \vee \overline{B_j}$, $\overline{G_i} \vee \overline{G_j}$를 택한다. (어떤 영역도 한 가지 이상의 색으로 칠해지지 않음을 확신하기 위해서 $\overline{R_i} \vee \overline{B_i}$, $\overline{B_i} \vee \overline{G_i}$, $\overline{G_i} \vee \overline{R_i}$와 같은 형태의 절을 추가할 수 있다. 그 대신에, 다수의 색깔을 허용해서 각 영역에 할당된 색깔들 중 하나를 택함으로써 채색을 마칠 수도 있다.)

이 모든 절들의 결합이 만족가능할 필요충분조건이 지도의 3-채색이 존재하는 것임은 쉽게 알 수 있다. 더욱이 반대로 뒤집는 과정은 지도에 있는 지역의 수에 대한 다항시간 안에서 수행될 수 있는 간단한 것이다. 따라서 원하던 다항시간 변형을 가진다.

이제 방금 했던 것을 형식적으로 기술해 보자.

정의(다항시간 환원성). S와 T를 $\mathbf{I}$의 부분집합이라고 하자. $x \in S$인 것과 $h(x) \in T$인 것이 동치인 어떤 다항시간 계산가능 함수 $h : \mathbf{I} \to \mathbf{I}$가 존재한다면, S를 T로 다항시간 환원가능(polynomial-time reducible)하다고 한다.

S가 T에 대해 다항시간 환원가능하다면 다음 알고리즘은 S의 성분을 결정하기 위해서 이용될 수 있다. 주어진 x에 대해서, $h(x)$를 다항식 시간 안에 계산하고 $h(x) \in T$인지를 결정한다. 따라서 T에 포함되는지 여부가 다항식 시간 안에 결정될 수 있다면 S에 포함되는지 여부도 결정될 수 있다. 이것을 표

[*] 유명한 4색정리[V.12]는 네 가지 색으로 지도를 구분할 수 있다고 확언한다는 것을 기억하라.

현하는 동치이고 중요한 방법은 만약 S에 속하는지 여부를 다항식 시간 안에 결정할 수 **없으면** T에 속하는지 여부도 결정할 수 없다는 것이다. 간단히 말해서, S가 어려우면 T도 어렵다.

이제 다항시간 환원성의 개념에 기초를 둔 아주 중요한 정의를 내려 보자.

정의(NP-완전성). S가 $\mathcal{NP}$에 있고 $\mathcal{NP}$에 있는 모든 결정 문제가 S로 환원가능하다면 결정 문제 S는 NP-완전(NP-complete)이다.

즉, S가 다항시간 알고리즘을 가지면 $\mathcal{NP}$에 있는 모든 다른 문제들 또한 그렇다. 따라서 NP-완전 (결정)문제는 $\mathcal{NP}$에 있는 모든 문제들 중 특정한 의미에서 '보편적(universal)'이다.

NP-완전 문제가 하나라도 존재하는 것은 결코 명백하지 않기 때문에 처음에 이것은 이상한 정의처럼 보인다! 그러나 1971년에 SAT는 NP-완전이라는 것이 증명되었고 그 뒤 수천 가지의 문제들이 또한 NP-완전이라는 것이 증명되었다. (그것들 중 수백 개는 가레이(Garey)와 존슨(Johnson)의 책(1979)에 나열되어 있다.) 다른 예제들은 3SAT와 3-채색가능성이다. 3SAT의 중요성은 그것이 가장 기본적인 NP-완전 문제들 중 하나라는 것이다. (그와 대조적으로 2SAT와 2-colorability이 다항시간 알고리즘을 가진다는 것은 그다지 어렵지 않다.) 결정 문제 S가 NP-완전이라는 걸 증명하기 위해서는 알려진 NP-완전 문제 S'으로 시작하고 S'에서 S로의 다항시간 환원을 찾는다. 그것으로부터 S가 다항시간 알고리즘을 가지면 S'도 그렇고

따라서 $\mathcal{NP}$에 있는 모든 다른 문제들도 그렇다는 결론을 얻는다. 때때로 이 변형들은 앞에서 논의한 3-colorability에서 3SAT로의 변형처럼 아주 단순하다. 그러나 종종 상당한 독창성을 필요로 한다.

다음은 두 개의 또 다른 NP-완전 문제이다.

subset sum(부분집합 합): 주어진 정수들의 수열 $a_1, \cdots, a_n$과 다른 정수 b에 대해서, $\sum_{i \in J} a_i = b$인 집합 J가 존재하는가?

traveling salesman problem(여행하는 외판원 문제): 주어진 유한 그래프[III.34] G에 대해서 해밀턴 사이클(Hamilton cycle)이 존재하는가? 즉, 그래프의 각 꼭짓점을 정확하게 한 번씩만 지나는 변들의 순환을 발견할 수 있는가?

흥미롭게도 $\mathcal{P}$에는 명백히 없고 $\mathcal{NP}$에는 속하는 거의 모든 자연적인 문제들이 NP-완전인 것으로 밝혀졌다. 하지만 NP-완전이라는 게 보여지지 않은 두 개의 중요한 예제들이 있고, 그것들은 NP-완전이 되지 않을 것이라는 굳은 믿음이 존재한다. 그 첫 번째는 우리가 이미 토의했던 문제인 정수의 인수분해이다. 좀 더 자세하게, 다음의 결정 문제를 생각하자.

factor in interval(구간 안 인수): 주어진 x, a, b에 대해서, x는 $a \leq y \leq b$인 소인수 y를 가지는가?

이것의 다항시간 알고리즘이 존재한다면 간단한

이진검색과 결합하여 소인수를 찾을 수 있다. 이 문제가 NP -완전일 것 같지 않은 이유는 그것이 또한 여 $\mathcal{NP}$에 속하기 때문이다. (대략적으로 말해서, x의 소인수분해를 나타내고 그것이 실제로 소인수분해라는 걸 다항식 시간 안에 입증할 수 있기 때문이다.) 만약 그것이 NP -완전이라면, $\mathcal{NP} \subset \mathrm{co}\,\mathcal{NP}$이고 따라서 대칭성에 의해서 $\mathcal{NP} = \mathrm{co}\,\mathcal{NP}$이다.

두 번째 예제는 다음과 같다.

graph isomorphism(그래프 동형사상): n개의 점을 가진 두 개의 그래프 G와 H가 주어져 있다고 하자. xy가 G의 변인 것과 $\phi(x)\phi(y)$가 H의 변인 것이 동치인, G의 꼭짓점 집합에서 H의 꼭짓점 집합으로 가는 함수 ϕ가 존재할까?

놀랍게도 이 두 예제들은 3SAT와 3-colorability 같은 문제들로 다항식 시간 안에 변형될 수 있다. 이것은 특히 그래프 혹은 논리공식들의 만족가능성과는 전혀 관계가 없는 첫 번째 예제에 대해서도 사실이다.

$\mathcal{P} \neq \mathcal{NP}$이면, 어떤 NP -완전 문제도 다항시간 결정과정을 가지지 않는다. 그 결과로, 대응하는 검색 문제들은 다항식 시간 안에 해결될 수 없다. 따라서 문제가 NP -완전이라는 증명은 종종 이 문제가 어렵다는 증거로 인정된다. 우리가 그 문제를 풀 수 있으면 많은 다른 문제들 또한 효과적으로 풀 수 있다. 그러나 수천 명의 연구자들(그리고 만 명의 공학자들)은 수십 년에 걸쳐 그러한 과정들을 발견하기 위해 노력해 왔고 실패해 왔다.

NP -완전성은 좀 더 긍정적인 면들도 내포하고 있다. 때때로 어떤 NP -완전 집합에 대해서만 그것을 밝힘으로써(그리고 다항시간 변형들이 주장하는 성질을 보존하는 것을 주목하여) $\mathcal{NP}$에 있는 모든 집합들에 대한 사실을 증명하는 것이 가능하다. 3-채색(§6.3.2 참조)을 위해서 처음 확립된 '영-지식 증명(zero-knowledge proof)'의 존재성과 3SAT를 위해 처음 확립된 소위 PCP 정리(§6.3.3 참조)가 그것의 유명한 예시들이다.

5 하계

앞서 우리가 언급했던 것처럼, 특정한 문제들이 효과적으로 해결될 수 없다는 것을 증명하는 것은 효과적인 알고리즘들(존재한다면)을 발견하는 것보다 훨씬 어렵다. 이 절에서는 자연적인 계산문제들의 복잡도에 대한 하계를 발견하기 위해서 발전되어 온 기본적인 방법들을 살펴볼 것이다. 즉, 주어진 단계의 수보다 더 적은 단계에 의해 수행되는 알고리즘은 없음을 보여주는 결과들에 대해서 논의할 것이다.

특히 회로 복잡도(circuit complexity)와 증명 복잡도(proof complexity)의 이론들을 소개할 것이다. 전자는 $\mathcal{P} \neq \mathcal{NP}$를 증명하는 것 같은 장기적인 목표와 정의가 되고, 후자는 $\mathcal{NP} \neq \mathrm{co}\,\mathcal{NP}$를 증명하는 것을 목표로 하는 프로그램이다. 두 이론은 모두 계산이나 증명 그리고 이전 정보들로부터 나온 각각의 새로운 정보의 파생의 수열에서 정보의 흐름을 모형화한 유향 비순환 그래프(directed acyclic graph)의 개념을 사용한다.

유향그래프는 각 변에 방향이 주어진 그래프로, 변을 따라 화살표를 가진 그래프라고 생각할 수 있다. 유향사이클(directed cycle)은 1과 $t-1$ 사이에 있는 모든 i에 대해서 v_i에서 v_{i+1}로 향하는 변이 존재하고 v_t에서 v_1로 향하는 변 또한 존재하는 점들의 수열 $v_1, \cdots, v_t$이다. 유향그래프 G가 유향사이클을 가지지 않으면 비순환(acyclic)이라고 한다. '유향 비순환 그래프'는 DAG로 축약해서 쓸 것이다.

모든 DAG에서 들어오는 변을 가지지 않는 어떤 점들과 나가는 변을 가지지 않는 어떤 점들이 있음을 아는 건 어렵지 않다. 이것들을 각각 입력(input)과 출력(output)이라고 부른다. u와 v가 DAG의 점들이고 u에서 v로 가는 변이 존재하면 u는 v의 선행자(predecessor)라고 부른다. DAG의 기본 아이디어는 각 입력에 정보를 입력하고, 각각의 점 v에 대해서는 v의 모든 선행자에 있는 정보로부터 v에서의 어떤 정보를 이끌어내는 간단한 규칙을 가진다는 것이다. 입력에서 시작해서 모든 선행자들의 정보를 계산한 꼭짓점의 정보를 계산하는 식으로, 모든 출력에 도달할 때까지 점차적으로 그래프 내부를 움직일 수 있다.

5.1 불 회로 복잡도

불 회로(Boolean circuit)는 입력, 출력 그리고 중간 점들에 있는 모든 값들이 비트(bit)들인 DAG이다. 즉 각 점은 0이나 1의 값을 가진다. 우리는 선행자들의 값으로부터 꼭짓점에서의 값을 결정하는 단순한 규칙들을 명시해야 한다. 보통 그 규칙으로서 세 가지 논리 연산 AND, OR, NOT의 선택을 허용한다. 다음의 규칙 '모든 선행자들이 1의 값을 가지면

v에서 값은 1이고 아니면 0이다'가 적용되면 점 v를 AND 게이트(gate)라고 부른다. OR 게이트도 비슷한 규칙 'v에서의 값이 1일 필요충분조건은 그것의 선행자들 중에서 적어도 하나는 1의 값을 가지는 것이다'를 가진다. 마지막으로 v가 정확히 하나의 선행자 u를 가지고 v가 1의 값을 취할 필요충분조건이 u가 0의 값을 취하는 것이면 v는 NOT 게이트이다.

n개의 입력 $u_1, \cdots, u_n$과 m개의 출력 $v_1, \cdots, v_m$을 가지는 주어진 임의의 불 회로에 대해서 다음과 같이 $\mathbf{I}_n$에서 $\mathbf{I}_m$으로 가는 함수 f를 연상할 수 있다. 주어진 길이가 n인 $\{0, 1\}$–문자열 $x = (x_1, \cdots, x_n)$에 대해서, 각각의 u_i에 x_i값을 취하자. 그러고 나서 출력 $v_1, \cdots, v_m$에 있는 값들을 찾기 위해 회로의 게이트들을 이용하자. 이 값들이 $y_1, \cdots, y_m$이면 $f(x_1, \cdots, x_n) = (y_1, \cdots, y_m)$이다.

$\mathbf{I}_n$에서 $\mathbf{I}_m$으로 가는 임의의 함수가 이런 방법으로 계산될 수 있다는 걸 보이는 건 어렵지 않다. 따라서 AND, OR, NOT 게이트(좀 더 간단히 '$\wedge$', '$\vee$', '$\neg$')들이 완전한 기저(complete basis)를 형성한다고 말한다. 더 나아가, 모든 점이 최대 두 개의 선행자를 가지는 DAG들에 제한을 두더라도 이것은 사실이다. 실제로 다른 조건이 없으면 우리가 다루는 DAG들이 이런 성질을 가진다고 가정할 것이다. 완전한 기저인 다른 게이트들을 선택할 수도 있지만 본질적인 면에서 논의에 영향을 미치지 않기 때문에 '$\wedge$', '$\vee$', '$\neg$'를 고수할 것이다.

모든 불 함수 f가 회로를 통해 계산될 수 있다는 걸 보이는 건 아주 쉬울 것이다. 하지만 얼마나 큰 회로가 필요한지를 묻는 순간 매혹적이고 매우 어려운 질문에 직면하게 된다. 따라서 다음의 정의가

회로 복잡도의 핵심이 된다.

정의. f를 I_n에서 I_m으로 가는 함수라고 하자. 그러면 $S(f)$는 f를 계산하는 가장 작은 불 회로의 크기이다. 이것은 대응하는 DAG에 있는 점들의 수로 측정된다.

이것이 $\mathcal{P}$ 대 $\mathcal{NP}$ 문제와 관련이 있는 것을 보기 위해서, 3SAT 같은 NP-완전 결정 문제를 생각하자. 이 문제는 x에 대응하는 공식이 만족가능한 경우에만 $f(x)$가 1의 값을 가지는 함수 f로 부호화할 수 있다. I가 무한 집합이라는 단순한 이유 때문에 f를 계산하는 회로를 발견할 수 없다. 그러나 길이가 n인 문자열로 부호화될 수 있는 공식들로 제한을 두면 함수 $f_n : I_n \to \{0, 1\}$을 얻고 $S(f_n)$을 추정해 볼 수 있다.

모든 n에 대해서 이것을 한다면, n이 무한대로 갈 때 $S(f_n)$의 증가율에 대한 추정을 얻는다. f를 함수의 무한 수열 $(f_1, f_2, \cdots)$로 쓰면서 $S(f)$를 n을 $S(f_n)$으로 취하는 함수라고 정의하자.

이것은 다음과 같은 사실 때문에 아주 중요한 정의이다. f를 계산하는 다항시간 알고리즘이 존재하면, 함수 $S(f)$는 다항식에 의해서 위로 유계이다. 좀 더 일반적으로, 주어진 임의의 함수 $f : I \to I$에 대해서, f_n을 f를 I_n으로 제한한 것이라고 하자. §2.1에 정의된 것처럼 f가 튜링 복잡도 T를 가지면 $S(f_n)$은 $T(n)$의 다항식 함수에 의해서 위로 유계이다. 즉 함수 f를 계산하는 회로의 수열이 존재하고 튜링머신으로 걸리는 시간과 그리 크게 다르지 않은 시간이 걸린다.

이것은 우리에게 계산 복잡도에 대한 하계들을 증명하는 잠재적인 방법을 제공한다. 왜냐하면 n과 함께 $S(f_n)$이 아주 급하게 증가하면 f의 튜링 복잡도가 아주 크다는 걸 증명했기 때문이다. f가 $\mathcal{NP}$에 있는 문제이면 이것은 $\mathcal{P} \neq \mathcal{NP}$를 증명한다.

계산의 회로 모형은 무한하기보다는 유한하며, 그것이 **균등성**(uniformity)이라 불리는 문제를 제기한다. 튜링머신으로부터 회로들의 모임을 만들 때 회로들은 어떤 측면에서 보면 모두 같다. 좀 더 자세히 이야기하면 이 회로들을 생성할 수 있는 알고리즘이 존재하고 각각을 생성하기 위해 걸리는 시간이 크기에 대한 다항식이다. 회로들의 균등한 모임은 이런 방법으로 생성될 수 있다.

그러나 결코 모든 회로들의 모임이 균등하지는 않다. 실제로 선형크기의 회로들을 가짐에도 불구하고 튜링머신에 의해서 (합리적인 시간은 고사하고) 전혀 계산될 수 없는 함수 f가 존재한다. 이 여분의 영향은 이 회로들의 모임이 간결한('효과적인') 서술을 가지지 않는다는 사실에서 나온다. 즉 그것들을 생성할 수 있는 특정한 알고리즘은 없다. 그러한 모임들을 **비균등**(nonuniform)이라고 부른다.

튜링머신으로부터 나오지 않는 회로들의 많은 모임이 존재하면, 함수를 계산하는 좀 더 많은 잠재적인 방법들을 배제해야 한다. 따라서 회로 복잡도에 대한 좋은 하계를 증명하는 것은 튜링 복잡도에 대한 하계를 증명하는 것보다 훨씬 어려워야 하는 것처럼 보인다. 그러나 비균등에 의해서 나오는 여분의 영향은 $\mathcal{P}$ 대 $\mathcal{NP}$ 문제와 무관하다는 생각이 든다. 3SAT 같은 자연스런 문제에 대해서 비균등은 도움이 되지 않는다고 여겨진다. 따라서 NP-완전 집합들은 다항식 크기의 회로를 가지지 않는다는 이론 컴퓨터과학의 또 다른 큰 추측을 가진다. 왜 우리는 이 추측을 믿을까? 그것의 거짓이 $\mathcal{P} = \mathcal{NP}$를 의미하기 때문이라고 말할 수 있으면 아주 좋을 것이다.

우리는 그것에 대해 아는 것이 전혀 없지만 그것이 거짓이면 '다항시간 계층은 무너져 내린다'. 간략히 말하면 뚜렷이 달라 보이는 복잡도 종류의 전체 체계가 실제로 모두 같아지게 될 것이며, 전혀 예상치 못한 일이 될 것이다. 어느 경우든 효과적인 알고리즘에 의해 그러한 수열을 생성하는 게 가능하지 않고서는 $\mathcal{NP}$-완전 문제를 계산하는 다항식 크기 회로들의 수열이 존재한다는 것을 상상하기 힘들다.

비균등성이 NP-완전 문제들을 해결하는 데 도움이 되지 않는다는 걸 인정하더라도 튜링머신 모형을 좀 더 강력한 회로모임들의 모형으로 대체하는 요점은 무엇일까? 주된 이유는 회로가 튜링머신보다 좀 더 간단한 수학적 대상이고, 유한하다는 큰 이점을 가진다는 것이다. 관련이 없어야 하는 비균등 조건을 고려하지 않는다면, 우리는 회로가 조합적인 기술을 이용해 해석할 수 있는 모형을 제공해 주길 희망한다.

또한 불 회로가 '하드웨어 복잡도'의 자연스러운 계산 모형이며 따라서 그들의 연구는 그 자체로도 흥미 있음을 언급할 가치가 있다. 게다가 불 함수를 해석하기 위한 기술들 중 몇몇은 다른 곳에서(예를 들어 계산 학습 이론, 조합론, 게임 이론에서) 그 응용을 발견해 왔다.

5.1.1 기본적인 결과와 질문

불 회로에 대한 여러 기본적인 사실들, 특히 튜링머신을 효과적으로 시뮬레이션할 수 있다는 사실에 대해 방금 언급했다. 또 다른 기본적인 사실은 **대부분의 불 함수는 지수크기의 회로를 필요로 한다**는 것이다. 이것은 간단한 셈 논증, '작은 회로들의 수는 함수들의 수보다 훨씬 적다'로 증명할 수 있다. 좀 더 자세히 말하면 입력의 수를 n이라고 했을 때, 모든 n비트 수열의 집합에서 정의된 가능한 함수의 수는 정확히 2^{2^n}이다. 다른 한편, 크기가 m인 회로들의 수는 약 m^{m^2}에 의해서 위로 유계이다. 이로부터 $m > 2^{n/2}/n$이 아니면 모든 함수를 계산할 수는 없다는 것을 쉽게 알 수 있다. 더군다나 기껏해야 크기가 m인 회로에 의해서 계산될 수 있는 함수의 비율은 매우 작다.

따라서 어려운 함수들(회로에 대한 함수와 그 결과로 튜링머신에 대한 함수)은 매우 많다. 그러나 이런 어려움은 셈 논증에 의해서 증명되며, 그것이 실제로 어려운 함수를 나타내는 방법을 알려주지는 않는다. 즉 어떠한 **명시적**(explicit) 함수 f에 대해서도 그러한 어려움을 증명할 수 없다. 여기서 '명시적'이란 $\mathcal{NP}$나 $\mathcal{EXP}$에 속한다는 것처럼 우리가 f에 어떤 알고리즘적인 제한을 두는 것을 의미한다. 사실 상황은 훨씬 더 나쁘다. 어떠한 명시적 함수에 대해서도 자명하지 않은 하계는 알려지지 않았기 때문이다. n비트 상에서 정의된 어떤 함수 f에 대해서도 (그것이 모든 입력에 의존한다고 가정하면) 우리는 단지 입력들을 읽기 위해서 자명하게 $S(f) \geq n$을 가져야 한다. 회로 복잡도의 중요한 미해결 문제는 상수 인자 이상으로 이 자명한 하계를 제치는 것이다.

미해결 문제. $S(f)$가 초선형, 즉 어떠한 상수 c에 대해서도 cn에 의해 위로 유계가 아닌 명시적 불 함수 f(혹은 심지어 길이보존함수 f)를 찾아라.

이 문제의 아주 기본적이고 특수한 경우는 덧셈이 곱셈보다 쉬운가 하는 질문이다. ADD와 MULT를 각각 (2진법으로 표시된) 정수쌍에서 정의된 덧셈과 곱셈으로 표시하자. 덧셈에 대해서 학교에서 배운 통상적인 과정은 선형시간의 알고리즘을 낳으며, 또한 $S(\text{ADD})$에 대한 선형 상계가 있음을 의미한다. 곱셈에 대해서 학교에서 배우는 표준적인 알고리즘은 2차식 시간으로 수행된다. 즉 단계의 수는 n^2에 비례한다. 이것은 $S(\text{MULT}) < n(\log n)^2$을 산출하는 알고리즘으로 (고속 푸리에 변환[III.26])을 통해서) 상당히 향상될 수 있다. $\log n$은 n과 함께 매우 천천히 증가하기 때문에 이것은 약간 초선형이다. 그러면 이것이 좀 더 향상될 수 있겠는가 하는 것이 앞의 질문이다. 특히 곱셈에 대한 선형 크기의 회로가 존재하는가?

임의의 명시적 함수들에 대해서 알려진 자명하지 않은 경계가 없다면 회로 복잡도는 어떻게 번창하는 주제가 될 수 있겠는가? 그 답은 회로들에 대해서 자연스런 가정을 추가해서 하계를 증명함에 있어서 놀라운 몇몇의 성공이 있어 왔다는 것이다.

5.1.2 단조 회로

우리가 봐 왔던 것처럼 일반적인 불 회로는 모든 불 함수를 계산할 수 있고 적어도 일반적인 알고리즘

만큼 효과적으로 그것을 수행할 수 있다. 어떤 함수는 그것들이 특별한 종류의 불 회로로 계산될 수 있음을 기대할 수 있게 하는 부가적인 성질이 있다. 예를 들어, 다음과 같이 모든 그래프의 집합에서 정의된 함수 CLIQUE(부분완전그래프)를 생각하자. G가 n개의 점을 가지는 그래프이면 G에 있는 CLIQUE은 임의의 두 점이 변에 의해서 연결되는 점들의 집합으로 정의된다. G가 적어도 크기 $\sqrt{n}$인 부분완전그래프를 포함하면 CLIQUE(G)는 1, 아니면 0이라고 정의하자.

G에 변을 추가하면 CLIQUE(G)는 0이 1로 바뀌거나 그대로임에 주목하자. 그것이 1에서 0으로 바뀔 수는 없다. 즉 변을 추가시켜도 부분완전그래프를 명백히 제거할 수 없다.

$\binom{n}{2}$비트 문자열 x에서 각 비트에 꼭짓점들의 쌍을 대응시키고, 대응하는 쌍이 변으로 연결되어 있으면 1, 아니면 0을 할당하여 G를 x로 부호화할 수 있다. 그리고 나서 CLIQUE(x)를 CLIQUE(G)와 같은 값으로 놓으면, x의 임의의 비트를 0에서 1로 바꿔도 CLIQUE(x)를 1에서 0으로 바꿀 수 없다는 것을 알게 된다. 이 같은 성질을 가지는 불 함수들을 단조(monotone)라고 부른다.

단조함수의 복잡도를 생각할 때 AND와 OR 게이트만 허락하고 NOT 게이트는 허락하지 않도록 회로를 제한하는 것은 매우 자연스럽다. '∧'와 '∨'은 입력 비트를 0에서 1로 바꿔도 게이트의 출력이 1에서 0으로 바뀌지 않기 때문에 단조연산이다. 반면에 '¬'는 이러한 의미에서 확실히 단조가 아니다. '∧'과 '∨'만을 사용하는 회로를 단조 회로라고 하는데, 모든 단조함수 $f : \mathbf{I}_n \rightarrow \mathbf{I}_m$은 단조 회로에 의해 계

산될 수 있고 거의 모든 단조함수는 지수크기의 회로를 필요로 한다는 것을 보이는 건 어렵지 않다.

회로에 부가적인 제한을 두는 것은 하계의 증명을 더 용이하게 할까? 지난 40년 동안 이루어진 연구를 살펴보면 전혀 그렇지 않아 보인다. 즉 아무도 임의의 명시적 단조함수의 단조 복잡도에 대한 초다항식 하계를 증명할 수 없었다. 그러나 1985년에 근사법(approximation method)이라 불리는 새로운 기법이 CLIQUE은 초다항식 단조 복잡도를 가진다는 놀라운 정리를 증명하기 위해 발명됐다. 결국 이 기법은 다음의 좀 더 강한 결과를 이끈다.

정리. CLIQUE은 지수 크기의 단조 회로를 필요로 한다.

아주 대강 말하자면, 근사법은 다음과 같이 작동한다. CLIQUE이 작은 단조 회로로 계산될 수 있다고 가정하자. 이 회로에서 '∧'과 '∨'로 나타나 있는 것들을 현명하게 선택된(그리고 기술하기에 복잡한) 다른 게이트들로 대체하자. 이것들을 각각 '∧̃'과 '∨̃'로 표시하자. 이 새로운 게이트들은 두 가지 핵심 성질을 만족시키기 위해서 선택된다.

(i) 하나의 특별한 게이트를 대체했을 때 회로의 출력에 미치는 영향은 '작다'('작다'라는 것은 자연스럽지만 자명하지 않은 특정한 거리 측도로 정의된다). 그 결과, 회로가 매우 적은 수의 게이트를 가지면 그것 모두를 대체했을 때 입력에 대한 '대부분'의 선택에서 원래의 회로를 근사하는 새로운 회로를 생산한다.

(ii) 다른 한편 근사 회로 '∧̃'와 '∨̃'만을 포함하는 모든 회로는(그것의 크기에 상관없이) 많은 입력에 대해서 CLIQUE과 일치하지 않는다는 면에서 결코 CLIQUE과 거리가 '먼' 함수를 계산한다.

CLIQUE은 잘 알려진 NP-완전 문제이다. 그래서 위의 정리는 우리에게 $\mathcal{P}$에 속하지 않는 것으로 추측된, 적은 단조 회로들에 의해 계산될 수 없는 명시적 단조함수를 제공한다. 이 시점에서 $\mathcal{P}$에 속하는 모든 단조 함수가 작은 단조 회로에 의해서 계산될 수 있는지 궁금해 하는 것은 자연스럽다. 그렇다면 $\mathcal{P} \neq \mathcal{NP}$를 유추할 수 있다. 그러나 똑같은 방법은 단조이고 $\mathcal{P}$에 있는 PERFECT MATCHING(완벽한 매칭) 함수를 계산하는 단조 회로의 크기에 대한 초다항식 하계를 생산한다. 주어진 그래프 G에 대해서 이 함수는 모든 꼭짓점들을 변으로 이루어진 쌍으로 짝지을 수 있으면 1을, 아니면 0을 출력한다. 게다가 지수 크기 하계들은 $\mathcal{P}$에 있는 다른 단조 함수들에 대해서 알려져 있어서, 일반적인 회로들은 단조함수를 계산할 때조차도 단조 회로들보다 상당히 더 강력하다.

5.1.3 유계-깊이 회로

앞으로 나올 모형에 대한 동기를 이해하기 위해서 다음의 기본적인 질문을 생각하자. '동시에 여러 컴퓨터를 이용함으로써 계산의 속도를 높일 수 있을까?' 가령, 어떤 특정한 임무가 하나의 컴퓨터에 의해서 t단계만에 수행될 수 있다고 가정하자. t(혹은 심지어 t^2)대의 컴퓨터를 동원함으로써 상수 시간

(혹은 단 $\sqrt{t}$ 시간) 안에 수행될 수 있을까? 답은 질문의 작업에 의존한다는 게 당연한 상식이다. 예를 들어, 한 사람이 1시간에 1입방미터의 비율로 땅을 판다면, 백 명의 사람은 1시간에 100m 깊이의 구멍이 아니라 100m 길이의 도랑을 팔 수 있다. 많은 처리장치들을 사용할 수 있을 때 어떤 작업이 '병렬화(parallelized)'될 수 있는지 그리고 어느 것이 '본질적으로 순차적인지(inherently sequential)'를 결정하는 것은 실용적이고 이론적인 이유 때문에 기본적인 질문이다.

회로 모형의 매우 좋은 성질은 이 같은 질문에 대한 연구에 쉽게 이용될 수 있다는 것이다. DAG의 깊이(depth)를 가장 긴 유향경로, 즉 각 점에서 다음 점으로 가는 변이 있는 가장 긴 꼭짓점들의 수열의 길이라고 정의하자. 깊이의 개념은 함수를 계산하기 위해 필요한 병렬시간(parallel time)을 모형화한다. 즉 당신이 깊이가 d인 회로의 각 게이트에 분리된 기계 장치를 놓고, 각 단계에서 입력이 이미 구해진 모든 게이트를 계산한다면 당신이 필요한 단계의 개수는 d이다. 병렬시간은 또 다른 중요한 계산 자원이다. 여기서 우리의 지식은 또다시 부족하다. 우리는 모든 명시적 함수가 다항식 크기와 로그적 깊이를 가진 회로에 의해서 계산될 수 있다는 진술이 반증하는 방법을 알지 못한다.

따라서 앞으로 d를 상수로 제한할 것이다. 그러면 게이트들이 유계가 아닌 팬-인(fan-in)* 을 가지도록 해야 하는데, 이는 AND와 OR 게이트가 들어오는 변을 어떤 개수로도 가질 수 있음을 의미한다. (이것

을 허락하지 않으면 각각의 출력 비트는 일정한 수의 입력 비트에만 의존할 수도 있다.) 회로 깊이에 대한 이런 엄격한 제한으로 명시적 함수들의 복잡도에 대한 하계를 증명하는 것은 가능하다. 예를 들어 ('홀짝성(parity)'에 대한) PAR(x)가 1일 필요충분조건이 이진법 문자열이 홀수개의 1을 가지는 것이라고 하고, ('다수성(majority)'에 대한) MAJ(x)가 1일 필요충분조건이 x에서 0보다 1이 더 많이 존재하는 것이라 하자.

정리. 임의의 상수 d에 대해서, 함수 PAR과 MAJ는 깊이 d의 다항식 크기 회로의 모임에 의해서 계산될 수 없다.

이 결과는 다른 기초적인 증명 기술, 무작위 제한 방법(random restriction method)에 의한 것이다. 이 아이디어는 입력 변수들을 무작위 값들로 할당함으로써 무작위로(현명하게 선택되어진 매개변수를 가지고) 대부분의 입력 변수를 고정시키는 것이다. 이 방법은 회로와 함께 동시에 함수를 제한한다는 데 주목하자. 이 '제한'은 다음의 두 조건을 만족시켜야 한다.

(i) 제한된 회로는 매우 단순하게 된다. 가령, 남아 있는 고정되지 않은 입력 변수들의 작은 부분집합에만 의존한다.

(ii) 제한된 함수는 여전히 복잡하다. 가령, 그것은 모든 남아 있는 입력 변수에 의존할지도 모른다.

---

* 한 게이트에 들어가는 입력선의 개수-옮긴이

PAR에 대해서 두 번째 성질을 가진다는 건 쉽게 보일 수 있다. 물론 그 문제의 중심은 피상적인 회로에 무작위 제한들의 영향을 분석하는 것이다.

흥미롭게도, 심지어 회로들이 (유계가 아닌 팬-인) PAR 게이트를 가지도록 허용되어도 MAJ는 여전히 상수 깊이 다항식 크기 회로들에 대해 어렵다. 그러나 '역'은 성립하지 않는다. 즉, PAR은 (유계가 아닌 팬-인) MAJ 게이트들을 가지는 상수 깊이 다항식 크기의 회로를 가진다. 실제로 후자의 종류는 상당히 강력한 것처럼 보인다. 심지어 깊이를 3으로 제한하더라도, 아직 누구도 그러한 회로들에 의해 계산될 수 없는 $\mathcal{NP}$의 함수들이 존재한다는 걸 증명해내지 못했다.

5.1.4 공식 크기

공식들은 아마도 수학자들이 함수들을 표현하는 가장 표준이 되는 방법이다. 예를 들어, 주어진 $b^2 > 4ac$인 2차다항식 $at^2 + bt + c$에 대해서, 공식 $(-b + \sqrt{b^2 - 4ac})/2a$에 의해 다항식의 두 근 중 더 큰 것을 (입력) 계수 a, b, c로 표현할 수 있다. 이것은 산술적인 공식이다. 불 공식에서 논리연산 '¬', '∧', '∨'이 위의 산술연산을 대체한다. 예를 들어, $x = (x_1, x_2)$가 길이가 2인 불 문자열이면 PAR(x)는 공식 $(\neg x_1 \land x_2) \lor (x_1 \land \neg x_2)$에 의해서 주어진다.

임의의 공식은 회로에 의해서 표현될 수 있지만 이 회로는 그것의 토대가 되는 DAG가 **수형도**(tree)라는 부가적인 성질을 가진다. 직관적으로 이것은 그 계산이 이전에 계산되었던 부분적인 결과를 (재계산하지 않는 이상) 재사용하도록 허락하지 않는다는 것을 의미한다. 공식에 대한 자연스런 크기 측

도는 그것에서의 변수들이 나타나는 개수이다. 그리고 그것은 2의 인자 범위 내에서 게이트의 개수와 같다.

공식은 수학에서 널리 퍼져 있을 뿐만 아니라, 그것들의 크기는 회로들의 깊이와 튜링머신의 메모리 요구량(즉 그것들의 공간 복잡도)과도 연관될 수 있기 때문에 자연스럽다.

PAR에 대해서 위의 공식을 반복적으로 사용함으로써, 즉 PAR($x_1, \cdots, x_{2n}$)은 PAR(PAR($x_1, \cdots, x_n$), PAR($x_{n+1}, \cdots, x_{2n}$)과 같다는 사실을 이용함으로써, n^2 크기를 가지는 n개의 변수들의 홀짝성에 대한 공식을 얻는다. PAR이 선형 크기의 간단한 회로를 가진다는 사실에 대해서, 그것의 더 작은 공식들도 존재하는지 궁금할 수도 있다. 회로 복잡도에서 가장 오래된 결과 중 하나는 부정적인 답을 준다.

정리. PAR과 MAJ에 대한 불 공식들은 적어도 2차식의 크기를 가진다.

증명은 간단한 조합론적인(혹은 정보이론적) 논증을 따른다. 대조적으로 그 두 함수에 대한 선형 회로가 존재한다. PAR에 대해서 보이는 것은 매우 쉬우나 MAJ에 대해서는 그렇지 않다.

공식 크기에 대한 초다항식 하계들을 줄 수 있을까? 지금까지 제안된 가장 명백한 방법 중의 하나는 이 계산문제에 대한 정보이론적 환경을 제공하는 **의사소통 복잡도 방법**(communication complexity method)이다. 이런 접근방식이 가지는 이점은 (§5.1.2에서 정의된) PERFECT MATCHING 문제에 대한 지수 하계를 생산하는 단조 공식들의 관점에서

주로 논증돼 왔다.

두 사람이 다음의 게임을 한다고 가정하자. 한 사람에게는 완벽한 매칭을 포함하지 않는 n개의 점을 가진 그래프 G가 주어져 있고, 다른 사람에게는 완벽한 매칭을 포함하는 같은 점들을 가진 그래프 H가 주어져 있다. 그러면 H에 있는 변들에 의해 연결되어 있지만 G에 있는 변들에 의해서는 연결되어 있지 않은 점들의 어떤 쌍이 틀림없이 존재한다. 두 사람의 목표는 서로에게 어떤 미리 예정된 계획에 따라서 부호화한 메시지들로 여겨지는 비트 문자열을 보냄으로써 그런 쌍을 발견하는 것을 목표로 한다. 물론 그래프 G를 가진 사람은 전체 그래프를 명시하기 위해서 충분한 메시지를 보낼 수 있지만, 문제는 훨씬 적은 비트를 교환함으로써 원하는 종류의 쌍을 찾을 수 있는 프로토콜(규칙)이 존재하는지 여부이다. (최악의 경우에) 필요한 비트들의 수를 그 문제의 **단조 의사소통 복잡도**(monotone communication complexity)라고 부른다.

단조 의사소통 복잡도는 적어도 n에 대해 최소한 선형임이 틀림없다는 건 보여졌고 이것은 방금 언급된 지수 하계를 야기한다. 좀 더 일반적으로 단조 함수 $f : \mathbb{I}_n \to \{0, 1\}$에 대해 $f(x) = 0$, $f(y) = 1$이라고 하자. 이때 $x_i = 0$이고 $y_i = 1$인 자릿수 i를 찾기 위해, 최악의 경우 교환되어야 할 비트수의 최솟값이 f의 단조 의사소통 복잡도이다. f가 단조가 아니라면 단순히 x_i와 y_i가 다른 i를 찾길 원할 수 있고, 이때 필요한 교환 횟수의 최솟값이 f의 **의사소통 복잡도**(communication complexity)이다. f의 단조 공식의 크기가 어떤 양수 c에 대해서 적어도 $\exp(cm)$일 필요충분조건은 f의 단조 의사소통 복잡도가 어떤 양수 c'에 대해서 적어도 $c'm$인 것이다. 일반적인 공식의 크기와 일반적인 의사소통 복잡도 역시 그에 상응하는 진술이 성립한다.

5.1.5 하계를 증명하는 것이 왜 어려운가?

우리가 봤듯이, 복잡도 이론은 꽤 많은 강력한 기술들을 발전시켜 왔고 이들은 적어도 계산의 제한된 모형에서 강한 하계를 증명하는 데 유용하다. 그러나 그것들 모두 일반적인 회로에 대한 자명하지 않은 하계를 제공하기에는 부족하다. 이 실패에 대한 근본적인 이유가 있을까? 예를 들어, 리만 가설 [V.26] 같은 어떠한 오랫동안 지속되어 온 수학 문제에 대해서도 똑같이 질문할 수 있다. 현재의 도구와 아이디어들은 충분하지 않다는 전형적인 대답은 상당히 불명확할 것이다.

놀랍게도 회로 복잡도에 대한 이 애매한 느낌이 간결한 정리로 만들어졌다. 따라서 지금까지 우리의 실패에 대한 '공식적인 변명'이 존재한다. 대강 이야기하면 **자연 증명**(natural proof)이라고 불리는 매우 일반적인 논증의 종류가, 제한된 회로에 대한 하계의 모든 알려진 증명을 포함하기 위해서 정의되고 보여져 왔다. 사실 논증의 종류는 너무나 방대해서 '부자연스러운' 증명이 무엇인지 예상하기는 매우 어렵다. 다른 한편, $\mathcal{P} \neq \mathcal{NP}$에 대한 자연 증명이 존재하면 정수의 인수분해를 포함해서 다양한 문제들에 대한 꽤 효율적인(완전히 다항식 시간은 아니지만 알려진 것보다 꽤나 빠른) 알고리즘이 존재한다는 것 또한 보여졌다. 그래서 대부분의 복잡도 이론가처럼 당신이 그러한 문제들이 효율적인 알고리즘을 가지지 **않는**다고 믿으면 $\mathcal{P} \neq \mathcal{NP}$에 대한 **자연 증명**은 없다는 것 또한 믿게 된다.

$\mathcal{P} \neq \mathcal{NP}$에 대한 자연 증명과 어렵기로 악명 높은 어떤 문제들 사이의 관계는 §7.1에 논의되는 **의사 무작위성**(pseudorandomness)의 개념으로 이어진다.

이것의 한 가지 해석에 따르면, 이 결과는 일반적인 회로 하계들은 **페아노 산술**[III.67]의 특정한 자연스런 부분에 '독립적'이라는 것을 보여준다. 이것은 $\mathcal{P}$ 대 $\mathcal{NP}$ 문제가 아마 모든 페아노 산술과, 혹은 심지어 ZFC의 공리[IV.22 §3.1]의 산술들과도 독립적이라는 단서를 준다. 후자를 믿는 사람은 소수에 불과하지만 말이다.

5.2 산술 회로

앞서 언급되었듯이 유향 비순환 그래프는 다양한 상황에서 사용될 수 있다. 이제 불 함수와 연산은 잊고 그 대신에 $\mathbb{Q}$나 $\mathbb{R}$ 또는 정말로 임의의 체[I.3 §2.2]의 값이라는 의미에서 수치적 값을 취하는 산술 연산과 함수를 살펴볼 것이다. F가 체이면 입력이 F의 원소인 DAG를 생각할 수 있고, 게이트는 체 연산 '$+$'와 '$\times$'이다(-1과 같은 고정된 체 원소에 의한 곱셈을 포함해서). 그러면 불 회로와 똑같이 일단 입력을 알면, DAG의 모든 점들에 값을 할당할 수 있다. 즉, 각 점들에서 대응하는 산술 연산을 그것의 선행자들에 할당된 값에 대해 적용한다. 산술 회로는 다항식 함수 $p : F^n \to F^m$을 계산하고 모든 동차다항식은 어떤 회로에 의해서 계산된다. 비동차다항식들의 계산을 가능하게 하기 위해서는 체의 상수 '1'을 값으로 가지는 특별한 입력점을 허락함으로써 모형을 확장시켜야 한다.

예제 두어 개를 생각해 보자. 두 개의 곱셈과 하나의 덧셈으로 쓰여진 다항식 $x^2 - y^2$은 하나의 곱셈과 두 개의 덧셈을 필요로 하는 회로 $(x + y)(x - y)$에 의해서 계산될 수 있다. $d - 1$개의 곱셈을 사용해서 정의된 다항식 x^d는 사실 $2 \log d$개의 곱셈으로 계산될 수 있다. 즉 먼저 $x, x^2, x^4, \cdots$을 계산하고(수열이 있는 각 항은 그 전의 것을 제곱한 것이다), 이 거듭제곱들 중 일부를 적당히 곱해 지수 d를 만들면 된다.

$S_F(p)$는 p를 계산하는 회로의 가능한 가장 작은 크기라고 표시한다. 첨자를 쓰지 않을 때는 F를 유리수체 $\mathbb{Q}$라고 가정할 것이다. 고정된 체 원소에 의한 곱은 회로의 크기에 기여한다고 셈하지 않는다. 가령 $(x + y)(x - y)$가 하나의 곱셈을 포함한다고 말할 때, y를 -1과 곱한 것은 셈하지 않는다. 독자들은 나눗셈에 대해서 궁금할지도 모른다. 그러나 우리는 주로 다항식을 계산하는 데 관심을 가질 것이고, 다항식 계산에 있어서는 나눗셈을 다른 연산들에 의해서 효율적으로 모방할 수 있다. 늘 그렇듯이, 우리는 모든 입력 크기에 대한 다항식들의 수열에 관심을 가질 것이며 근사적으로 그 크기를 연구할 것이다.

임의의 **고정된** 유한체 F에 대해서, F 상에서의 산술 회로는 크기를 단지 상수 인자만큼 증가시킴으로써 (불 입력을 가지는) 불 회로를 나타낼 수 있다. 따라서 그러한 산술 회로에 대한 하계는 불 회로들에 대한 상응하는 하계를 산출한다. 이미 익숙해져 있는 극단적인 어려움을 피하고 싶으면, 하계를 얻기 더 쉬운 무한체에 좀 더 초점을 맞추는 것은 타당할 것이다.

불 모형의 경우에서처럼 그저 어려운 다항식들의

존재성을 수립하기는 쉽다.* 그러나 전과 같이 **명시적 다항식들**(의 모임)에 관심을 가질 것이다. 여기서는 명시성의 개념이 좀 더 섬세하지만, 형식적으로 정의될 수 있다(그리고 가령 대수적으로 독립인 계수를 가진 다항식은 명시적인 것으로 간주되지 않는다).

불 모형에는 없는 중요한 매개변수는 계산되는 다항식의 **차수**이다. 예를 들어, 차수가 d인 다항식은 하나의 변수에서조차 적어도 $\log d$의 크기를 필요로 한다. 차수가 주요 관심사가 되는 첫 번째 경우인 일변수 혹은 **일변량**(univariate)인 경우를 간단하게 생각해 보자. 왜냐하면 이 경우가 이미 놀랍고 중요한 문제들을 포함하고 있기 때문이다. 그런 다음 입력의 개수 n이 주요 매개변수인 일반적인 **다변량**(multivariate)의 경우로 넘어갈 것이다.

5.2.1 일변량 다항식

차수가 d인 다항식을 계산하는 산술 회로의 크기에 대한 하계 $\log d$는 얼마나 엄밀한가? 단순한 차원 논증은 대부분의 차수 d의 다항식 p에 대해서 $S(p)$는 d에 비례한다는 것을 보여준다. 그러나 이 성질을 가지는 명시적 다항식은 없다는 것을 안다. (물론, 이것은 '각 차수 d에 대한 명시적 다항식들의 모임'의 약칭이다.)

미해결 문제. $S(p)$가 모든 상수 c에 대해서 $c \log d$에

의해 위로 유계가 아닌, 차수가 d인 명시적 다항식을 찾아라.

두 개의 구체적인 예제들은 이해를 돕는다. $p_d(x) = x^d$, 그리고 $q_d(x) = (x + 1)(x + 2) \cdots (x + d)$라고 하자. 이미 우리는 $S(p_d) \leqslant 2 \log d$를 알고 있다. 그래서 자명한 하계가 상대적으로 꼭 들어맞는다. 다른 한편 $S(q_d)$를 결정하는 것은 주요한 미해결 문제이고, $S(q_d)$가 $\log d$의 임의의 거듭제곱보다 더 빨리 증가한다는 것이 추측이다. 이 질문은 다음의 결과 때문에 특히 중요하다. $S(q_d)$가 $\log d$의 거듭제곱에 의해서 위로 유계이면 정수 인수분해는 다항식 크기의 회로들을 가진다.

5.2.2 다변량 다항식

n개의 변수를 가지는 다항식으로 되돌아가자. n을 유일한 입력 크기 매개변수로 만드는 것은 간편해서, 이것을 언급하지 않더라도 다항식들의 전체 차수를 n으로 제한할 것이다.

n개의 변수가 있는 거의 모든 다항식 p에 대해서, $S(p)$는 적어도 $\exp(n/2)$이다. 역시, 이것은 쉬운 차원 논증으로부터 나오지만 우리는 다시 계산하기 어려운 명시적 함수들(의 모임)을 찾으려 한다. 불의 세계에서와는 달리, 여기에 자명한 하계를 약간 초과하는 하계가 존재한다. 다음의 정리는 대수기하학에 나오는 기본적인 도구들을 사용해 증명되었다.

정리. $S(x_1^n + x_2^n + \cdots + x_n^n) \geqslant cn \log n$인 양수인 상수 c가 존재한다.

---

* 무한체 상에서의 셈 논증은 부적절하다(예를 들어, 모든 $a, b \in F$에 대해서 $ax + b$는 크기 2를 가져서 크기가 2인 회로들은 무한히 많다). 그 대신에 작은 회로들에 의해 계산가능한 다항식들의 집합은 적절한 차수의 모든 다항식들의 집합보다 더 낮은 차원의 벡터공간을 형성하는 걸 보이는 차원 논증이 사용된다.

동일한 기법들은 대칭 다항식과 (행렬의 성분에 대한 다항식으로 간주될 수 있는) 행렬식[III.15] 같은 다른 자연스러운 다항식에 대한 비슷한 정도의 하계들을 증명하는 데까지 확장된다. 어떤 명시적 다항식에 대한 이보다 더 강한 하계를 수립하는 것은 주요한 미해결 문제이다. 또 다른 문제는 전체 차수가 일정한 모든 다항 함수에 대한 초선형 하계를 얻는 것이다. 후자에 대한 두드러진 고려 대상은 복소수 상에서 이산 푸리에 변환(discrete Fourier transform) 또는 유리수 상에서 왈쉬 변환(Walsh transform)을 계산하는 선형 사상들이다. 이 두 변환에 대해서 시간 복잡도 $O(n \log n)$을 가지는 알고리즘은 알려져 있다.

이제 핵심적으로 중요한 구체적인 다항식에 초점을 맞추자. 마지막 미해결 문제의 후보로서 가장 자연스럽고 잘 연구된 것은 행렬곱셈[I.3 §4.2]이다. 즉 주어진 두 $m \times m$ 행렬 A, B에 대해서, 그들의 곱을 계산하기 위해서 얼마나 많은 연산들이 필요한가? 행렬곱의 정의로부터 따르는 명백한 알고리즘은 약 m^3개의 연산을 필요로 한다. 이것보다 더 나을 수 있을까? 여기서 중요한 것은 곱셈의 수임이 밝혀졌다. 이 명백한 알고리즘에 대해서 향상시킬 수 있는 맨 처음 단서는 첫 자명하지 않은 경우로부터 나온다(즉, $m = 2$). 보통의 알고리즘은 8번의 곱셈을 이용하는 동안, 사실 그 계산을 재정리할 수 있고 단 7번으로 해낼 수 있다. 이것은 귀납적인 논증에 논증으로 이어진다. 주어진 $2m \times 2m$ 행렬을 각각의 성분이 $m \times m$ 행렬인 2×2 행렬로 생각하자. 행렬의 크기를 두 배하면 필요한 곱셈의 숫자가 많아야 7의 인자만큼 증

가한다는 결론이 나온다. 이 논증은 오직 $m^{\log_2 7}$ 곱셈(그리고 대충 많은 덧셈)만 가진 알고리즘을 이끌어낸다.

이런 아이디어들이 발전되어 왔고 다음의 강력하지만 완전히 선형은 아닌 상계를 만든다. 이때 $n = m^2$은 자연스러운 입력 크기, MM은 행렬곱 함수라고 표시한다.

정리. 모든 체 F에 대해서 $S_F(\text{MM}) \leqslant cn^{1.19}$인 상수 c가 존재한다.

그래서 (만약 단지 곱셈 게이트만 센다면) MM의 복잡도는 무엇인가? 그것은 선형인가, 혹은 거의 선형인가(말하자면 $n \log n$ 같은 것), 혹은 $S(\text{MM})$이 어떤 $\alpha > 1$에 대해서 적어도 n^α인가? 이것은 유명한 미해결 문제이다.

다음은 $m \times m$ 행렬을 나타내는 $n = m^2$개 변수의 두 다항식을 생각하자. 우리는 이미 행렬식을 언급했다. 하지만 행렬식 공식에서 모든 부호가 양수인 것으로 정의된 퍼머넌트(permanent)를 또한 살펴볼 것이다. (다시 말해 어떤 것을 더하고 다른 것을 빼는 대신에 단지 $m!$개의 곱들을 더한다.) 이것들을 각각 DET와 PER로 표시할 것이다.

DET가 고전수학에서 중요한 역할을 하는 데 반해 PER은 다소 난해하다(통계공학이나 양자역학에서 나타날지라도). 복잡도 이론면에서는 두 다항식이 자연스러운 복잡도 모임을 대표하기 때문에 그것들은 상당히 중요하다. DET는 상대적으로 낮은 복잡도를 가진다(그리고 다항식 크기의 산술 공식들을 가지는 다항식들의 종류에 관련되어 있다). 반

면에 PER은 높은 복잡도를 가지는 것처럼 보인다 (실제로 $\mathcal{NP}$를 확장하는, #$\mathcal{P}$로 표시되는 셈 문제들의 복잡도 종류에 대해서 완전이다). 따라서 PER이 DET로 다항시간 안에 환원 불가능하다고 추측하는 것은 자연스럽다.

대수적인 맥락에서 의미를 가지는 제한된 유형의 환원을 사영(projection)이라고 부른다. $m \times m$ 행렬 A의 퍼머넌트를 찾고 싶다고 해 보자. 한 가지 접근 방식은 행렬의 성분이 각각 A의 (변수) 성분이거나 체의 고정된 원소이며, 그 행렬식이 A의 퍼머넌트와 같은 행렬 B를 만드는 것이다. 그러면 M이 m보다 그다지 많이 크지 않는 한 PER에 대한 효과적인 알고리즘을 얻기 위해 DET에 대한 효과적인 알고리즘을 이용할 수 있다. 이 같은 종류의 사영은 $M = 3^m$에 대해서는 존재한다는 게 알려져 있지만 이것은 전혀 충분하지 않다. 따라서 다음의 질문을 하게 된다.

미해결 문제. $m \times m$ 행렬의 퍼머넌트는 m에 대한 다항식에 의해서 위로 유계인 M을 가진 $M \times M$ 행렬의 행렬식으로 표현될 수 있는가?

만일 그렇다면 $\mathcal{P} = \mathcal{NP}$이다. 따라서 그 답은 '아니오'일 것 같다. 역으로 답이 '아니오'라는 게 보여질 수 있다면, $\mathcal{P} \neq \mathcal{NP}$를 직접 의미하는 것은 아니겠지만 그것을 증명하는 데 중요한 단계를 제공할 것이다.

5.3 증명 복잡도

증명의 개념은 수학을 인간의 질문의 모든 분야와 구분한다. 수학자들은 '통찰력 있는', '독창적인', '깊이가 있는' 그리고 가장 유명한 '어려운' 같은 형용사를 증명의 속성으로 보기 위해 수천 년의 경험을 수집해 왔다. 다양한 정리들을 증명하는 어려움을 수학적으로 정량화할 수 있을까? 이것이 바로 증명 복잡도가 맡은 임무이다. 회로 복잡도가 함수들을 계산하는 어려움에 따라 분류하기 위해 애를 쓰듯이, 증명 복잡도는 정리들을 증명하는 어려움에 따라 분류하기 위해 애를 쓴다. 증명에서는 계산과 마찬가지로, **증명체계(proof system)**라 불리는 수많은 모형이 있어서 증명자에게 허용되는 사고의 힘을 묘사한다.

우리가 다루게 될 진술, 정리, 증명들의 유형은 다음 예제에서 잘 보여진다. 우리가 논의하려는 정리는 너무 자명해 보여서 증명의 본질에 대한 통찰력을 주지 않을지도 모른다는 점을 미리 경고한다. 그러나 매우 연관성 있는 것으로 판명된다.

이제 살펴볼 정리는 잘 알려진 **비둘기집 원리(pigeon hole principle)**로, 집보다 비둘기의 수가 많으면 적어도 두 마리의 비둘기가 집을 공유해야 한다는 내용의 정리이다. 좀 더 형식적으로, 유한 집합 X에서 더 작은 유한 집합 Y로 가는 단사함수[I.2 §2.2] f가 없다는 것이다. 이 정리를 재서술하고 그것을 증명하는 복잡도에 대해서 논의해 보자. 우선, 이것을 유한한 진술들의 수열로 바꾸자. 각 $m > n$에 대해서 PHP$_n^m$을 '각각의 비둘기가 집을 필요로 하면 m마리의 비둘기에게 n개의 집을 할당할 수 없다'라는 진술을 나타낸다고 하자. 이것을 수학적으로 공식화하는 편리한 방법은 불 변수 x_{ij}의 $m \times n$ 행렬을 이용하는 것이다. $x_{ij} = 1$이 i번째 비둘기를 j번째 집에 놓는 것을 의미한다고 해석하면, 이것은 가설을 위한 함수를 묘사하기 위해 사용될 수 있다. 비둘기집 원리는 어떤 비둘기가 어디에도 함수에 의해 연결되지 않거나 두 마리의 비둘기가 같은 집에 연결되는 것을 진술한다. 행렬의 관점에서는 이것은 모든 j에 대해서 $x_{ij} = 0$인 i가 존재하거나 $x_{ij} = x_{i'j} = 1$인 $i \neq i'$과 j를 발견할 수 있다는 것을 말해준다.* 이 조건들은 x_{ij}에 대한 **명제공식**(propositional formula)으로 쉽게 표현가능하다(즉 '∧', '∨'를 이용함으로써 x_{ij}로부터 만들어진 표현). 그리고 비둘기집 원리는 이 공식이 **항진명제**(tautology)라는 진술이다. 즉 그것은 변수들에 참이나 거짓의 값(혹은 동등하게 1 또는 0)을 어떻게 할당하더라도 만족된다.

우리의 증명을 읽을 수 있고 간단하고 효율적인 계산을 수행할 수 있는 사람에게 이 항진명제를 어떻게 증명해 보일 수 있을까? 여기에 많은 면에서 서로 다른 몇몇 가능성들이 있다.

- 기본적인 증명에는 대칭성과 귀납법을 이용한다. 일단 첫 비둘기가 집에 할당되면 남겨진 작업은 나머지 $n - 1$마리의 비둘기를 $m - 1$개의 집에 할당하는 것이라고 함으로써 PHP^m_n을 PHP^{m-1}_{n-1}로 축소한다. 이 집들은 첫 $n - 1$개의 집이 아닐 수 있으므로, 이 논증이 형식적인 증명이 되기 위해서는 대칭성에 의한 주장을 해야 한다. 우리의 증명체계는 이런 대칭성(변수들의 이름을 다시 짓는 것과 같다)을 포착할 만큼 강해야

한다. 그리고 그것은 귀납법을 이용하게끔 해야 한다.

- 다른 쪽 극단으로는, 모든 가능한 입력에 대한 공식의 계산을 보여줌으로써 '기계적인 추론'만 필요로 하는 자명한 증명을 얻을 수 있다. mn개의 변수들이 있기 때문에, 증명의 길이는 2^{mn}이다. 이것은 주장 PHP^m_n을 기술하는 공식의 크기에 대해서 지수적이다.

- 좀 더 복잡한('기계적인') 증명에는 셈을 이용한다. 공식을 거짓으로 만드는 변수들의 참값 할당이 존재한다는 모순을 가정하자. 각 비둘기는 어떤 집에 연결되기 때문에, 그 할당은 적어도 m개의 1을 가져야 한다. 그러나 각 집은 많아야 한 마리의 비둘기를 포함하기 때문에 그 할당은 많아야 n개의 1을 포함해야 한다. 따라서 $m \leq n$이다. 이것은 $m > n$인 가정에 모순이 된다. 이런 증명을 허용하기 위해서는 우리의 체계가 이 같은 종류의 셈을 행하기에 충분한 강력한 추론을 가능하게 해야 한다.

위의 예제로부터 증명과 그것의 길이는 근간이 되는 증명체계에 의존한다는 교훈을 얻을 수 있다. 그러나 증명체계가 정확히 무엇이고 증명의 복잡도를 어떻게 측정할까? 이것이 지금부터 다룰 문제이다. 여기에 우리가 임의의 그런 체계로부터 기대하는 두드러진 특징이 있다.

완전성: 모든 참인 진술은 증명을 가진다.

올바름: 거짓인 진술은 증명을 가지지 않는다.

입증 효율성: 주어진 수학적 진술 T와 그것의 증명이

---

* 어떤 비둘기가 하나 이상의 집과 연결되는 가능성을 배제하지 않았음에 주목하자. 그렇게 할 수도 있지만, 그렇지 않더라도 여전히 비둘기집 원리는 유효하다.

라고 알려진 π에 대해서, 그 체계*에서 π가 실제로 T를 증명하는지 쉽게 확인될 수 있다.

실제로, 괴델[VI.92]이 그의 불완전성 정리[V.15]에서 유명하게 증명했던 것처럼 처음 두 개의 요구조건조차도 강한 증명체계로부터 기대하기에는 너무나 많다. 그러나 우리는 유한한 증명들만 가진 명제공식들만 생각할 것이고 이것들에 대해서는 증명체계가 존재한다. 이런 관점에서 다음의 정의가 위의 조건들을 정확하게 담아낸다.

정의. (명제의) 증명체계는 다음 성질을 만족하는 다항시간 튜링머신 M이다. T가 항진명제일 필요충분조건은 $M(\pi, T) = 1$인 ('증명') π가 존재하는 것이다.**

간단한 예로서, 앞서 말한 예제에서 자명한 증명에 대응하는 다음의 진리표 증명체계 M_{TT}를 생각하라. 기본적으로 각각의 가능한 입력에 대한 T의 측정이 T를 참이 되게 한다면, 이 기계는 공식 T가 정리가 된다고 선언할 것이다. 좀 더 형식적으로, n개 변수의 임의의 공식 T에 대해서, $M_{TT}(\pi, T) = 1$일 필요충분조건은 π가 길이가 n인 모든 이진법 문자열의 목록이고 그것의 각 문자열 σ에 대해서 $T(\sigma) = 1$이다.

M_{TT}는 입력 길이에 대해 다항시간 안에 수행된다

는 것에 주목하자. 물론 요점은 크기가 다항식적으로 변수의 개수에 의존하는 비둘기집 원리 같은 전형적인 흥미로운 공식들에 대해서, 증명 π는 공식의 길이에 대한 지수길이를 가지기 때문에 입력 길이가 극단적으로 길어진다는 것이다. 이것은 일반적인 명제 증명체계 M의 효율성(혹은 복잡도)에 대한 정의로 이끈다. 그것은 각 항진명제의 가장 짧은 증명의 길이이다. 즉 T가 항진명제이면 그것의 복잡도 $\mathcal{L}_M(T)$는 $M(\pi, T) = 1$인 가장 짧은 문자열 π의 길이로 정의한다. $\mathcal{L}_M(n)$을 길이가 n인 모든 항진명제 T 상에서 $\mathcal{L}_M(T)$의 최대로 정의함으로써 증명체계 자체(즉 M)의 효율성을 측정한다.

모든 항진명제들에 대해 다항크기의 증명을 가지는 명제 증명체계가 존재하는가? 다음의 정리는 질문과 계산 복잡도 사이, 특히 §3.4의 주요 질문과의 기본적인 관계를 제공한다. 그것은 SAT의 NP-완전성, 명제공식들을 만족시키는 문제(그리고 공식을 만족시킬 수 있는 필요충분조건이 그 공식의 부정이 항진명제가 아니라는 사실)로부터 아주 쉽게 도출된다.

정리. $\mathcal{L}_M$이 다항식일 필요충분조건이 $\mathcal{NP} = \text{co } \mathcal{NP}$인 증명체계 M이 존재한다.

이 어마어마한 문제를 공격하기 위해서 더욱더 복잡한 것들로 관점을 옮기기 전에 좀 더 간단한(그리고 따라서 좀 더 약한) 체계에 대해 먼저 고려하는 것이 이치에 맞다. 더군다나 연구하기에 좋은 것들로서 자연스럽게 여겨지는 항진명제와 증명체계들이 있다. 다른 것들은 그렇지 않은 반면 그 체계에서

는 특정한 기본적인 추론의 형태가 허락된다. 이 절의 나머지 부분에서는 이 제한된 증명체계들 중 몇 몇에 초점을 맞출 것이다.

대수, 기하, 혹은 논리 같은 수학의 분야에서 전형적인 증명이 완전히 세세하게 쓰여 있으면, 어떤 공리들로 시작하고 매우 단순하고 명백한 **연역 규칙**(deduction rule)의 집합을 이용해서 결론으로 나아간다. 증명의 각 줄은 이 규칙들* 중 하나에 의해서 그 이전의 진술로부터 나오는 수학적인 진술 또는 공식으로 이루어져 있다. 이 연역적인 접근은 바로 유클리드[VI.2]로 거슬러올라가고 우리의 DAG 모형에 완전히 들어맞는다. 입력은 공리들에 의해 표기될 수 있고, 다른 모든 꼭짓점들에는 연역 규칙이 할당되며, 각각의 꼭짓점과 연관된 진술은 정해진 규칙에 따라 선행자로부터 나온다.

이와 동치이며 좀 더 편리한 관점의 (단순한) 반증체계(refutation system) 같은 (단순한) 증명 체계가 존재한다. 이것들은 모순에 의해 증명의 아이디어를 담아낸다. 증명하기를 희망하는 항진명제 T의 부정을 가정하고 모순(즉, 항상 거짓인 진술)을 이끌어내는 체계의 규칙을 이용한다. 보통 서로 모순적인 공식들의 결합으로서 항진명제 T의 부정을 적는 것은 쉽다. (예를 들어 공통의 진릿값 할당을 가지지 않는 절들의 집합, 공통근을 가지지 않는 연립다항식, 빈 교집합을 가지는 반공간들의 모임 등등.) 모순에 대해서 이 모든 것들이 각각 할당, 근, 혹은 점이 될 수

있는 어떤 σ에 의해서 동시에 만족할 수 있다는 걸 가정하면서 결국 뻔한 모순에 도달하기까지(예를 들어, 각각 $\neg x \wedge x$, $1 = 0$, $1 < 0$) 유도 규칙의 올바름에 의해 σ가 만족시켜야 하는 더욱더 많은 공식들을 유도해 나간다. 우리는 내내 반증의 관점을 이용할 것이고 종종 항진명제와 그의 부정인 '모순'을 교환할 것이다.

그래서 증명체계 Π에서 항진명제 T의 증명 길이 $\mathcal{L}_{\Pi}(T)$를 연구하도록 하자. 증명 복잡도와 회로 복잡도 간의 주요한 차이를 드러내는 첫 번째 관찰은 자명한 셈 논증은 **실패한다**는 것이다. 그 이유는 n비트에 관한 함수의 수가 2^{2^n}인 반면 길이가 n인 항진명제는 많아야 2^n개 있기 때문이다. 따라서 증명 복잡도에서 명백한 것들은 내버려 두고 어려운 항진명제의 존재성을 다루는 편이 더 흥미로울 것이다. 그러나 우리가 보게 되는 것처럼 대부분의 알려진 하계(제한된 증명체계들에서는)는 매우 자연스런 항진명제에 적용된다.

5.3.1 논리적 증명체계

이 절의 증명체계들은 모두 불 공식인 줄들로 이루어진다. 그 체계들 사이의 차이는 이 공식들에 부과된 구조적인 제한에 있을 것이다.

프레게 체계(Frege system)라고 불리는 가장 기본적인 증명체계는 증명에 의해서 조작된 공식에 제한을 두지 않는다. 그것은 **절단 규칙**(cut rule)이라고 불리는 딱 하나의 유도규칙을 가지고 있다. 즉 우리는 두 공식 $(A \vee C)$, $(B \vee \neg C)$로부터 $A \vee B$를 이끌어낼 수 있다. 논리에 대한 다른 기본적인 책들은 이 체계를 기술하는 약간 다른 방법들을 가진다. 그

---

* 우리가 정의했던 일반적인 증명체계들은 기계 M의 단계 하나에 대응하는 추론 규칙을 생각함으로써 이 형식주의를 적용할 수 있다. 그러나 아래에 고려된 추론 법칙은 훨씬 단순하며, (이것이 더 중요한 이유인데) 자연스럽다.

러나 계산적인 관점으로부터 가장 짧은 증명의 길이(다항식 인수만큼)가 당신이 고르는 변량에 의존하지 않는다는 의미에서 그것들은 모두 동치이다.

셈에 기초를 둔 비둘기집 원리의 증명은 프레게 체계에서 효율적으로 수행될 수 있다(그러나 이것은 자명한 사실은 아니다). 이는 $\mathcal{L}_{\text{Frege}}(\text{PHP}_n^{n+1})$이 n에 대한 다항식이라는 걸 말해준다. 증명 복잡도에서 주요한 미해결 문제는 프레게 체계에서 다항 크기의 증명을 갖지 않는 어떤 항진명제(늘 그랬듯이 항진명제들의 모임을 의미한다)를 발견하는 것이다.

미해결 문제. 프레게 체계에 대한 초다항식 하계를 수립하라.

프레게 체계에 대한 하계를 발견하는 것은 매우 어려운 것처럼 보이기 때문에, 자연스럽고 흥미로운 부분체계를 살펴보자. 가장 넓게 연구된 체계는 **비교흡수**(resolution)라고 부른다. 이 체계의 중요성은 이것이 명제논리(propositional logic)(또는 1차 논리(first-order logic))의 자동화된 정리 증명자(automated theorem prover)*에서 주로 사용된다는 것에 기인한다.

도출반증(resolution refutation)에서 허락된 공식들은 단순히 절(이접(disjunction))이어서 앞서 정의된 절단 규칙은 비교흡수 규칙(resolution rule)으로 단순화된다. 즉 두 절 $(A \vee x)$, $(B \vee \neg x)$로부터 $A \vee B$를 이끌어낼 수 있다. 여기서 A, B는 절이고 x는 변수이다. 증명 복잡도의 주요한 결과는 비둘기집 원리를 증명하는 것이 비교흡수 체계에서 어렵다는 것이다.

정리. $\mathcal{L}_{\text{비교흡수}}(\text{PHP}_n^{n+1}) = 2^{\Omega(n)}$

이 결과의 증명은 흥미로운 방법으로 §5.1.3에서 정의된 홀짝성과 다수성 함수에 대한 회로 하계에 연관되어 있다.

5.3.2 대수적 증명체계

불 환경에서 자연스런 모순이 만족시킬 수 없는 절들의 모임인 것처럼 대수적 환경에서 자연스런 모순은 공통근이 없는 연립다항식이다.**

연립식 $\{f_1 = xy + 1, f_2 = 2yz - 1, f_3 = xz + 1, f_4 = x + y + z - 1\}$이 (임의의 체 상에서) 공통근을 가지지 않는다는 걸 어떻게 증명할까? 빠른 방법은 $zf_1 - xf_2 + yf_3 - f_4 \equiv 1$임을 관찰하는 것이다. 명백히 주어진 연립식의 공통근은 이 선형결합의 근이 될 것이다. 하지만 상수 함수 1은 근을 가지지 않으므로 이것은 모순이다. 항상 이런 식의 증명을 이용할 수 있을까?

---

* 자동화된 정리 증명자는 주어진 항진명제에 대한 증명을 생성하기 위해 시도하는 알고리즘이다. 이 항진명제들은 수학적으로 지루할 수 있지만 정확히 말하면 컴퓨터 칩이나 상호통신 프로토콜 함수 같은 곳에서 실용적으로 상당히 중요하다. 흥미롭게도 인기 있는 응용들은 기본 정수론에서의 결과 같은 수학적으로 흥미로운 다양한 정리들을 포함한다.

** 게다가 다항식들은 명제 식들로 쉽게 부호화할 수 있다. 먼저 그러한 식을 논리곱 정규형(conjunctive normal form, CNF)으로 놓는다. 즉 그것을 절의 모임의 결합으로 표현한다. CNF식은 임의의 체 상에서 한 절당 하나의 다항식을 대응시켜, 연립다항식으로 쉽게 변환될 수 있다. 종종 불 값들을 확신하는 다항식 $x_i^2 - x_i$를 추가한다.

힐베르트의 영점정리[V.17]로 잘 알려진 유명한 정리는 그 답이 '예'라는 걸 말해준다. 또한 이 정리는 $f_1, f_2, \cdots, f_n$이 (임의의 개수의 변수들을 가진) 공통근이 없는 다항식이면 $\sum_i g_i f_i \equiv 1$인 다항식 $g_1, \cdots, g_n$이 존재함을 보여준다. 항상 그러한 증명들은 얼마나 효율적일까? f_i들의 묘사에 있어서 다항식 길이의 증명(즉 g_i들)을 가질 수 있을까? 불행하게도 그렇지 않다. 이 사실을 증명하는 것은 고도로 자명하지 않지만, g_i들의 가장 짧은 명시적 묘사는 지수적 길이를 가질 것이다.

다항식 미적분(polynomial calculus, PC)이라는 또 다른 자연스러운 증명체계가 있다. 이것은 힐베르트의 영점정리와 기호 대수 프로그램(symbolic algebraic program)의 그뢰브너 기저(Gröbner basis) 계산 모두와 관련이 있다. 이 체계에 있는 줄은 모두 그것의 계수들에 의해서 명시적으로 표현되는 다항식이고, 두 가지 연역 법칙을 가진다. 하나는 임의의 두 다항식 g, h에 대해서 둘의 합 $g + h$를 이끌어내고, 다른 하나는 임의의 다항식 g와 임의의 변수 x_i에 대해서 곱 $x_i g$를 이끌어낸다. PC는 힐베르트의 영점정리를 기반으로 한 증명체계보다 지수적으로 더 강하다고 알려져 있다. 그러나 이 체계의 (차수 하계로부터 얻은) 크기에 대한 강한 하계 또한 알려져 있다. 예를 들어, 상수 차수 다항식들의 모순이 되는 집합으로서 비둘기집 원리를 부호화하여 다음의 정리를 얻는다.

정리. 임의의 체 위에서, 모든 n과 모든 $m > n$에 대해 $\mathcal{L}_{PC}(PHP_n^m) \geqslant 2^{n/2}$이다.

5.3.3 기하적 증명체계

모순을 나타내는 또 다른 자연스런 방법은 빈 교집합을 가지는 공간 영역들의 모임에 의한 것이다. 가령 **조합론적 최적화**(combinatorial optimization)에서 많은 중요한 문제들은 $\mathbb{R}^n$에서의 연립 선형부등식과, 그들과 불 정육면체 $\{0, 1\}^n$ 사이의 관계를 고려한다. 각 부등식은 하나의 반공간(half-space)을 정의하고, 문제는 이 모든 반공간의 교집합이 좌표가 모두 0 또는 1인 점을 포함하는지 결정하는 것이다.

가장 기본적인 증명체계를 **Cutting Planes**(절단면, CP))라고 부른다. 증명의 각 줄은 정수 계수를 가지는 선형 부등식이다. 연역 법칙은 두 부등식을 추가하거나, 그다지 자명하지는 않지만 상수로 계수들을 나누고 해공간의 점들이 정수 좌표를 가진다는 사실을 활용해 어떤 반올림을 행하는 것이다.

PHP_n^m은 이 체계에서 쉬운 반면에, 다른 항진명제에 대해서는 지수 하계가 알려져 있다. 그것들은 §5.1.2의 단조 회로 하계들로부터 얻을 수 있다.

6 무작위화된 계산

지금까지 우리가 살펴본 계산은 모두 **결정론적**이었다. 즉, 출력은 입력과 그 계산들을 지배하는 규칙에 의해서 완전히 결정된다. 이 절에서는 다항식 시간의 계산에 계속해서 초점을 맞출 것이다. 그러나 우리는 계산하는 장치가 **확률적인**(probabilistic) 혹은 **무작위화된**(randomized) 선택을 하도록 할 것이다.

6.1 무작위화된 알고리즘들

그러한 알고리즘의 유명한 예는 소수성을 검정하는

것이다. 이 알고리즘은 검정하려는 양수 N에 대해 N보다 작은 k개의 수를 무작위로 선택한다. 그리고 선택된 수들을 이용해서 각각 반복하여 간단한 검정을 수행한다. N이 합성수이면 각 단계에서 그것을 감지할 확률이 적어도 $\frac{3}{4}$이다. 따라서 이 알고리즘이 모든 k개의 수에 대해서 N이 합성수임을 감지하는 것을 실패할 확률은 많아야 $(\frac{1}{4})^k$이며, 이는 사실 k가 조금만 커도 매우 작아진다. 앞의 검정이 어떻게 작동하는지에 대한 세부적인 내용은 **계산적 정수론[IV.3 §2]**에서 찾을 수 있다.

무작위화된 튜링머신을 엄밀하게 정의하는 것은 어렵지 않지만, 여기에서 그런 정확한 세부사항들이 필요하지는 않을 것이다. 요점은 M이 무작위화된 튜링머신이고 x가 입력 문자열이면, $M(x)$는 고정된 출력 문자열이 아니라 오히려 **확률변수[III.71 §4]**이다. 가령 출력이 단 하나의 비트이면 '$M(x) = 1$인 확률이 p이다'와 같은 진술을 할 것이다. $M(x)$의 실제 값은 그것이 실행될 때 기계 M에 의해서 만들어진 특별한 무작위 선택들에 의존할 것이다.

결정 문제 S를 해결하기 위해 무작위화된 알고리즘을 사용한다면, 어떤 입력 x라도 $M(x)$가 높은 확률로 올바른 답을 주길 원한다. (올바른 답은 $x \in S$이면 1이고 아니면 0인 것이다.) 이것은 유계 오류(bounded error) 확률적 다항식 시간(probabilistic polynomial time)의 약어인 $\mathcal{BPP}$의 정의로 이어진다.

정의($\mathcal{BPP}$). 모든 $x \in I$에 대해서 $\Pr[M(x) \neq f(x)] \leqslant \frac{1}{3}$인 확률적 다항시간 기계 M이 존재하면 불 함수 f는 $\mathcal{BPP}$에 있다.

오차 경계 $\frac{1}{3}$은 임의적이고, 알고리즘을 몇 번 수행한 뒤 가장 많이 나온 답을 취하면 훨씬 더 작게 할 수 있다. (다양한 시행에 있어서 무작위 움직임들은 독립적이라는 걸 강조한다.) 표준적인 확률적 추정은 알고리즘을 $O(k)$번 수행하면 임의의 k에 대해서 오차확률을 2^{-k}으로 줄일 수 있다는 걸 보여준다.

무작위성은 '사용 가능하다'고 믿어지고 지수적으로 작은 실패 확률은 실용적으로 그다지 중요하지 않기 때문에 $\mathcal{BPP}$ 종류는 효율적인 계산을 위해 많은 면에서 $\mathcal{P}$보다 더 나은 모형이다. $\mathcal{BPP}$는 자명하게 $\mathcal{P}$를 포함한다. 우리가 이미 봐왔던 다른 복잡도 종류와 이 $\mathcal{BPP}$ 종류 사이에 어떤 관계가 있는지 살펴보자. $\mathcal{BPP} \subseteq \mathcal{EXP}$를 보이는 건 쉽다. 기계가 m개의 동전을 던진다면 모든 2^m개의 가능한 결과를 나열할 수 있고, 그중 가장 많이 나온 결과를 택하면 된다. $\mathcal{NP}$와 $\mathcal{BPP}$의 관계는 알려져 있지 않다. 하지만 $\mathcal{P} = \mathcal{NP}$이면 역시 $\mathcal{P} = \mathcal{BPP}$임이 알려져 있다. 마지막으로 불균등성은 무작위성을 대체할 수 있다. 즉 $\mathcal{BPP}$에 있는 모든 함수는 다항크기의 회로를 가진다. 그러나 근본적인 질문은 무작위 알고리즘들이 진정으로 (결정문제에 대한) 결정론적인 알고리즘들보다 강력한가이다.

미해결 문제. $\mathcal{P} = \mathcal{BPP}$인가?

앞서 언급했듯이 최근 소수성 검정에 대한 결정론적인 다항시간 알고리즘이 발견되었지만, 현실적으로는 무작위화된 알고리즘이 훨씬 더 효율적이다. 하지만 $\mathcal{BPP}$에 속하는 것으로 알려져 있지만

$\mathcal{P}$에 속하는지는 알지 못하는 몇 가지 문제*가 있다. 실제로 대부분의 이러한 문제들에 대해서, 무작위성은 알려진 가장 좋은 결정론적 알고리즘을 지수적으로 향상시킨다. 이것이 무작위성이 결정 문제를 해결하는 우리의 힘을 증가시킨다는 것의 증거인가? 놀랍게도 완전히 다른 종류의 증거(§7.1 참조)는 그 반대, 즉 $\mathcal{P} = \mathcal{BPP}$를 제안한다.

6.2 무작위 셈

$\mathcal{NP}$ 검색 문제에 관련된 중요한 일반적인 질문 하나는 특별한 경우에 **얼마나 많은** 해를 가지는지 결정하는 것이다. 이것은 다음과 같이 다양한 분야의 여러 흥미로운 문제를 포함한다. 가령, 연립 다변량 다항식에 대한 해의 수를 셈하는 것, 그래프의 완벽한 매칭의 수를 셈하는 것(또는 동치적으로 {0, 1} 행렬의 퍼머넌트를 계산하는 것), 고차원에서 선형 부등식에 의해 정의된 다면체의 부피를 계산하는 것(이 문제에 대한 더 많은 정보는 [I.4 §9]를 참고하라), 물리계의 다양한 매개변수들을 계산하는 것 등이 있다.

이런 대부분의 문제들에서는 근사적인 셈으로도 충분하다. 명백히 해의 근사적인 셈은 특히 해가 존재하는지 결정하게 할 것이다. 예를 들어, 주어진 명제식을 만족하는 할당들의 대략적인 수를 안다면 이 수가 적어도 1이 될지는 확실히 알 수 있다. 이것은 공식이 만족가능하고 SAT의 경우를 해결하는지 말해준다. 흥미롭게도, 역 또한 참이다. 즉 SAT를 해

결할 수 있다면, 1보다 큰 임의의 상수 인자 내에서 해들의 수를 근사하는 무작위 알고리즘을 생산하기 위해 이 능력을 이용할 수 있다. 좀 더 자세하게 말하면, SAT 경우들을 해결하는 서브루틴을 자유로이 사용하는 게 허락된다면 그런 근사적인 셈을 산출할 수 있는 효율적인 확률적 알고리즘이 존재한다. 모든 NP-완전 문제에 대해 유사한 명제가 성립한다는 것이 밝혀졌다.

어떤 문제들에 대한 근사적인 셈은 SAT 서브루틴 **없이** 행해질 수 있다. 양행렬의 퍼머넌트, 다면체들의 부피, 그리고 더 많은 것들을 근사하는 다항 시간 확률적 알고리즘들이 존재한다. 이 알고리즘들은 근사적인 셈과 다른 자연적 알고리즘 문제(모든 옳은 해들이 동일한 확률로 일어나도록 해를 무작위적으로 생성하는 문제) 사이의 관계를 이용한다. 이 기본적인 기법은 균등한 정상분포(uniform stationary distribution)로 해 공간 상에서 마르코프 연쇄(Markov chain)를 구성하고, 이 분포에 대한 그 연쇄의 수렴비율을 분석하는 것이다(호흐바움(Hochbaum)의 책(1996, 12장)을 보라).

정확한 셈의 경우는 어떻게 될까? SAT 서브루틴을 자유롭게 이용할 수 있다고 할지라도 이것은 효율적인 확률적 알고리즘에 의해서 행해질 수 **없다**고 믿어진다. 이러한 종류의 셈 문제에 대한 놀랄 만한 '완전' 문제는 그래프에서 완벽한 매칭의 수를 세는 것이다. 놀라운 것은 만약 효율적인 확률적 알고리즘이 존재하면 그래프의 완벽한 매칭을 찾는 효율적인 알고리즘이 존재하게 된다는 것이다. 한편 그러한 매칭을 셈하는 것은 이를 수행하는 효율적인 알고리즘이 임의의 다른 셈 형태 $\mathcal{NP}$ 문제의 효

---

* 핵심이 되는 예제는 `Identity Testing`(일치 검사)이다. 주어진 Q 상의 산술 회로에 대해 그것이 항등적으로 영다항식을 계산하는지 결정하라.

율적인 알고리즘으로 변형될 수 있다는 점에서 완전이다.

6.3 확률적 증명체계

앞서 봤듯이, 증명체계는 그것의 입증절차 측면에서 정의된다. §5.3에서 주장과 그것의 진술된 증명을 결합한 길이에 대해서 다항시간 안에 수행되는 입증절차를 생각했다. 여기서는 §3.2에서처럼 주장의 길이에 대해서 다항시간에 수행되는 입증절차에 우리의 관심을 제한한다. 그러한 증명체계는 $\mathcal{NP}$에 있는 집합 S가 다음의 성질을 만족하는 다항시간 알고리즘 M을 갖는다는 성질을 가지고 있기 때문에 $\mathcal{NP}$ 종류와 관련돼 있다. x가 S에 속할 필요충분조건은 $M(x, y) = 1$을 만족하는 x에 대한 다항 길이를 가진 y가 존재하는 것이다. 다시 말해, 우리는 y를 x가 S에 속한다는 것에 대한 (M으로 입증 가능한) 간결한 증명으로 간주할 수 있다.

M이 **무작위화된 알고리즘**이 되는 걸 허용하면 어떻게 될까? 그러면 **확률적 증명체계**(probabilistic proof system)를 얻는다. 그러한 체계는 수학적 증명을 대체하기 위해서가 아니라, 오히려 몇 개의 오류가 용인될 수 있는 상황에서 효율적인 입증가능성에 대한 개념의 확장으로서 제안된 것이다. 우리가 보게 될 것처럼 확률적 증명체계의 다양한 유형들은 컴퓨터 과학에서 방대한 이점을 생산한다. 이것의 세 가지 놀라운 현상을 보여줄 것이다. 첫 번째는 더 많은 정리를 증명하기 위해서 확률적 증명체계를 이용할 수 있다는 것을 나타내는 것이고, 두 번째는 증명에서 **어떤 것도** 드러내지 않고 증명을 할 수 있다는 것이고, 세 번째는 입증자가 소량의 비트만

살펴봐도 진술된 증명이 옳은지 결정할 수 있도록 증명이 쓰여질 수 있다는 것이다.

6.3.1 상호적인 증명체계

§4의 그래프 동형사상 문제를 떠올려 보자. 그것은 두 개의 그래프들 G와 H에 대해서, 단지 점들을 치환하여 G로부터 H를 얻을 수 있는지를 묻는다. G를 H로 변환하는 치환을 나타낼 수 있기 때문에 이 문제는 명백히 $\mathcal{NP}$에 속한다.

이것은 다항시간 계산을 할 수 있는 입증자와 무제한적인 계산 자원을 가진 증명자가 연관된 프로토콜(통신 규약)로 볼 수 있다. 입증자는 G와 H가 동형임을 확신하고 싶어서 증명자에게 치환을 보내고 입증자는 그것이 유효함을 (다항식 시간 안에) 확인한다.

이제 그래프 동형사상 문제를 살펴본다고 가정하자. 두 그래프들 G와 H가 동형이 **아니라는** 걸 증명자가 입증자에게 확신시키는 어떤 방법이 있을까? 당연히 어떤 그래프들의 쌍 (G, H) 대해서는 그런 방법이 존재하겠지만, **모든** 비동형 쌍들에 잘 적용되는 체계적인 논증의 방법은 없는 것처럼 보인다. 그러나 놀랍게도 **무작위성**과 **상호작용**을 허락하면 입증자를 확신시킬 수 있는* 간단한 방법이 있다.

그것은 다음과 같은 방법으로 작동한다. 입증자가 두 그래프 G와 H 중 하나를 무작위로 선택하여 무작위로 그 점들을 치환하고 그것을 증명자에게 보낸다. 그러면 증명자는 이 치환된 그래프가 G인

---

* 무작위성이 없는 상호작용의 허락은 어떤 결과물도 얻지 못한다는 데 주목하자. 즉 그런 상호적인(하지만 결정론적인) 증명체계들은 정확히 $\mathcal{NP}$만큼 강력하다.

지 H인지 말해주는 메시지를 되돌려 보낸다.

G와 H가 동형이 아니면 치환된 그래프는 G와 H 중 정확히 하나와 동형이어서, 증명자는 어느 것인지를 결정할 수 있고 따라서 옳은 답을 얻는다. 하지만 G와 H가 동형이면 증명자는 어떤 그래프가 치환되었는지 알 수 있는 방법이 없다. 따라서 올바른 답을 얻을 가능성은 50%이다.

따라서 확신을 위해 입증자는 그 과정을 k번 반복한다. 그래프들이 동형이 아니면 증명자는 항상 옳은 답을 얻는다. 그래프들이 동형이면 증명자는 $1 - 2^{-k}$의 확률로 적어도 한 번은 실수를 저지를 것이다. k가 크면 이는 거의 확실하게 되고 그래서 증명자가 절대 실수를 저지르지 않으면 입증자는 그래프들이 동형이 아니라고 확신하게 된다.

이것이 상호작용 증명체계(interactive proof system)의 예이다. 주어진 결정 문제 S에 대해서, S에 대한 상호작용 증명체계는 $x \in S$이면 입증자가 결국 1을 출력하고, $x \notin S$이면 0을 출력할 가능성이 적어도 $\frac{1}{2}$인 성질을 가지면서 상호작용하는 입증자와 증명자를 수반하는 프로토콜이다. 예제에서처럼 입증자는 $\frac{1}{2}$을 1에 매우 가까운 확률로서 대신하면서 프로토콜을 여러 번 반복할 수 있다. 또한 예제에서처럼, 입증자는 다항식 시간의 무작위화된 계산이 허락되고 증명자는 제한되지 않은 계산 능력을 가진다. 결국 상호작용의 반복 횟수는 입력 x의 크기에 대해서 기껏해야 다항식임에 틀림없으므로 전체 입증절차는 효율적이다. 상호작용 증명체계에 대한 결정 문제의 모임을 IP로 표시한다.

예를 들어 프로토콜은 옳음을 확신하기 위해 선생님에게 '어려운' 질문을 던지는 끈질긴 학생의 '질의'라고 생각해 볼 수 있다. 흥미롭게도 '어려운' 질문을 하는 가장 좋은 방법은 무작위로 질문을 하는 것이다! 즉 상호작용 증명체계를 가지는 모든 집합은 어떤 미리 정해진 집합을 가지며, 증명자는 오직 그 집합 안에서 균등하고 독립적으로 분포된 무작위 질문만을 던진다.

$\mathcal{NP}$에 속하는 모든 결정 문제 S에 대해서 $x \notin S$를 논증하기 위해 사용될 수 있는 상호작용 증명체계가 존재하는 것으로 드러난다. 그것은 x가 S에 속한다는 $\mathcal{NP}$ 증명의 비존재성을 논증함으로써 작용한다. co $\mathcal{NP} \subset IP$를 말해주는 이 결과의 증명은 불 공식들의 산술화를 수반한다. 게다가 상호작용 증명들의 능력에 대한 완전한 분류가 알려져 있다. $PSPACE$를 다항식 공간(또는 메모리)에서 모든 해결가능한 문제들의 종류라 하자. $PSPACE$에 있는 문제를 해결하는 것은 지수 시간을 필요로 할지 모르지만 그것들은 모두 상호작용 증명을 가진다.

정리. $IP = PSPACE$.

$\mathcal{NP} \neq PSPACE$인지는 알려져 있지 않지만 그럴 것이라고 널리 믿어지고 있다. 그래서 상호 작용 증명은 표준적인 비상호작용 결정론적 증명(즉, $\mathcal{NP}$ 증명)보다 훨씬 강력하다.

6.3.2 영지식 증명체계

전형적인 수학증명은 진술의 사실을 보장할 뿐 아니라 그것에 대한 무언가를 가르쳐 준다. 이 절에서는 진술이 참이라는 사실 외에는 아무것도 가르쳐 주지 않는 종류의 증명에 대해서 논의할 것이다. 이는 불가능한 것처럼 보이기 때문에 하나의 예제를 살펴보자.

증명자는 특정한 지도를 어떤 (지리학적인 면에서) 인접한 두 지역이 서로 같은 색을 가지지 않게, 세 가지 색으로 칠할 수 있다는 것을 확실하게 보여주길 원한다. 가장 명확한 접근은 실제로 색깔을 칠하는 것을 당신에게 보여주는 것이다. 하지만 이것은 무언가(특정한 채색)를 가르쳐 주며, 심지어 그것이 존재한다는 것을 알아도 다른 방식으로는 쉽게 찾을 수 없다(이 검색 문제는 NP-완전이기 때문이다). 증명자가 이 부가적인 지식을 주지 않고 당신을 확신시킬 수 있는 어떤 방법이 존재할까?

다음과 같은 방법이 있다. 주어진 지도의 빨강, 파랑, 녹색으로 칠해진 임의의 채색에 대해서 색을 교환함으로써 다른 채색을 만들어낼 수 있다. 가령, 모든 빨간색 지역은 파란색으로 모든 파란색 지역을 빨간색으로 치환할 수 있다. 증명자가 여섯 장의 지도 복사본을 가지고 있고, 세 가지 색깔의 서로 다른 치환당 하나씩 여섯 가지 방법으로 칠한다고 하자. 이제 당신에게 차례가 계속 주어진다. 각 차례마다 증명자는 여섯 가지 색이 칠해진 지도들 중 하나의 무작위로 선택하고, 당신은 인접한 지역의 쌍을 임의로 선택한다. 증명자는 그것들이 다른 색깔을 가지는지 확인하는 걸 허락하지만 **지도의 나머지 부분을 살펴보는 것은 허락하지 않는다**. 그래프가 세 색깔로 적당히 칠해질 수 없는데 증명자가 당신을 속이려고 노력한다면, 충분한 차례(다항식 수이면 충분하다) 이후에 같은 색깔이 칠해진 두 인접한 지역을 우연히 고름으로써 기만을 알아차릴 것이다(혹은 그것들 중 하나는 어느 색으로도 칠해지지 않을 것

이다). 그러나 각 단계에서 당신이 살펴본 두 지역들에 대해서 배운 모든 것은 그것들은 다른 색깔들을 가진다는 것이다. 증명자가 시작했던 채색에서 그 색깔들이 무엇인지는 모른다. 그래서 지도가 적절하게(거의 확실히) 칠해질 수 있다는 사실을 넘어서는 지식을 가지지 못한 채 이 과정을 마무리하게 된다.

비슷하게, 특정한 식이 만족 가능하다는 '영지식 증명(zero-knowledge proof)'은 만족 가능한 할당이나 어떤 부분적인 정보(예를 들어 변수 중 하나의 진릿값), 혹은 계산하기 어려운 부적절한 정보(예를 들어 식에 의해 부호화된 정수를 인수화하는 방법)를 드러내서는 안 된다. 일반적으로 영지식 증명은 당신(입증자)이 이미 효율적으로 할 수 없었던 어떠한 계산을 하는 데에도 도움을 주지 않는 상호작용 증명이다.

어떤 정리들이 영지식 증명을 가지는가? 명백히 입증자가 어떤 도움 없이 답을 결정할 수 있으면 그 정리는 증명자가 아무것도 하지 않아도 자명한 영지식 증명을 가진다. 따라서 $\mathcal{BPP}$에 있는 임의의 집합은 영지식 증명을 가진다. 3-colorability에 대해서 개요가 서술된 영지식 증명은 당신이 단지 두 지역을 살펴보게 하기 위해서 증명자가 유심히 관찰하는 것 같은 비계산적 과정에 의존한다. 이 프로토콜을 컴퓨터 상에서 완전히 구현하는 것은 조심성을 필요로 하지만, 그것을 하는 방법이 고안되었으며 정수 인수분해의 어려움에 의존한다. 그 결과는 **영지식 증명체계(zero-knowledge proof system)**이다. 이것과 3-colorability의 NP-완전성을 결합해서, $\mathcal{NP}$에 있는 모든 집합에 대해서 영지식 증

명체계가 존재함을 증명할 수 있다. 좀 더 일반적으로 우리는 다음의 정리를 얻는다.

정리. 일방향함수가 존재하면(§7에서 정의된다) $\mathcal{NP}$에 있는 모든 집합은 영지식 증명체계를 가진다. 게다가 이 증명체계는 표준적인 $\mathcal{NP}$ 증명으로 효율적으로 이끌어낼 수 있다.

이 정리는 암호 프로토콜의 설계에 있어서 극적인 효과를 가진다(§7.2 참조). 뿐만 아니라, 같은 가정 하에서 좀 더 강한 결과를 가진다. 즉 상호작용 증명체계를 가지는 임의의 집합은 영지식 상호작용 증명체계 또한 가진다.

6.3.3 확률적으로 확인가능한 증명

이 절에서는 확률적인 증명의 힘에 대한 가장 깊고 놀라운 결과물 중 하나에 주목한다. 여기서 입증자는 표준적인(비상호작용의) 경우에서처럼 완전하게 적혀진 증명을 받는다. 문제점은 그 입증자가 단지 이 증명 중 무작위로 선택된 매우 적은 일부만 읽을지도 모른다는 것이다.

좋은 비유는 당신이 논문을 심사하고 있고 단지 무작위로 몇 줄만 읽음으로써 긴 증명이 옳은지를 결정하기 위해서 노력한다고 상상하는 것이다. 그 증명이 단 하나의(하지만 결정적인) 실수를 가진다면 당신은 아마도 그와 관련 있는 줄을 읽지 않아서 그 실수를 알아채지 못할 것이다. 그러나 이것은 증명을 적는 '자연스런' 방법에 대해서만 사실이다. 증명들을 '견고하게'(어느 정도의 중복을 가지고) 적어서 어떤 실수라도 다른 여러 곳에서 나타나도록

하는 방법이 있다. (이것은 당신에게 **오류 정정 부호** [VII.6]를 상기시킬지 모른다. 실제로 여기엔 중요한 유사성이 있고 두 영역 간의 상호적인 도움은 매우 중요하다.) 그러한 철저한 증명체계는 '확률적으로 확인 가능한 증명(probabilistically checkable proof)' 을 나타내는 PCP라 부른다.

대략적으로 이야기하면, 집합 S에 대한 PCP 체계는 (진술된) 증명을 나타내는 문자열의 개별적인 비트들에 접근하는 확률적 다항시간의 입증자로 이루어져 있다. 입증자는 동전을 던지고 그 결과에 의존하면서 진술된 증명에서 **일정한 수의 비트**에만 접근한다. x가 S에 속하지 않으면 (잘못된 증명이 제공되더라도) 적어도 $\frac{1}{2}$의 확률로 0을 출력해야 하는 반면에 x가 S에 속하면(그리고 적당한 증명이 제공되면) 1을 출력해야 한다.

정리(PCP 정리). $\mathcal{NP}$에 있는 모든 집합은 PCP 체계를 가진다. 뿐만 아니라, 임의의 NP 증명을 상응하는 PCP로 변환하는 다항시간 절차가 존재한다.

특히 (견고한) PCP는 입력의 길이에 대한 다항식 길이를 가진다. 사실 이 PCP는 그 자체로 NP 증명이다.*

그것의 직접적인 개념의 매력뿐만 아니라 PCP 정리(그리고 그것의 변형)는 복잡도 이론에 중요한 응용을 가진다. 즉 그것은 몇몇 자연적 근사 문제들이

---

* 여기서 PCP 체계들은 $x \in S$일 때 오류가 없다는 사실과 PCP 정리에 있는 입증자가 동전던지기의 로그의 수만 사용한다는 사실을 이용한다. 그래서 모든 가능한 출력물을 효과적으로 확인할 수 있다.

어렵다는 것을 증명하게 해 준다($\mathcal{P} \neq \mathcal{NP}$를 가정한다면).

예를 들어 두 개의 원소를 가진 체 $\mathbb{F}_2$ 상에서 n개의 선형방정식이 주어져 있다고 가정하자. 변수들에 대해 임의의 값을 선택하면 각각의 주어진 방정식은 $\frac{1}{2}$의 확률로 만족되고, 따라서 적어도 방정식의 반을 만족시킬 수 있음은 명확하다. 또한 선형대수를 이용해 동시에 모든 방정식들을 만족시킬 수 있는지 빠르게 결정할 수 있다. 그러나 $\mathcal{P} \neq \mathcal{NP}$이면, 그 방정식들의 99%를 동시에 만족시키면 1을 출력하고 51% 이상을 만족시킬 수 없으면 0을 출력하는 다항시간 알고리즘은 없다. 즉 동시에 만족될 수 있는 방정식의 수를 근사적으로 결정하는 것조차도 어렵다.

그러한 근사 문제와 PCP와의 관련성을 보기 위해 임의의 집합 S에 대한 PCP 체계는 다음과 같이 최적화 문제를 낳는다는 것에 주목하자. 입력 x가 주어져 있다고 가정하자. 그러면 문자열 y로서 나타난, $x \in S$라고 진술하는 어떤 증명에 대해서, 입증자가 y를 받아들이는 특정한 확률이 존재한다. 모든 진술된 증명들 y 상에서 이 확률의 최대는 얼마일까? 2의 인자 내에서 이 질문을 답할 수 있으면 x가 S에 속하는지 답할 수 있을 것이다. 따라서 S가 NP-완전 결정 문제이면, PCP정리는 이 최적화 문제가 NP-어렵다(즉, 적어도 $\mathcal{NP}$에 있는 임의의 문제만큼 어렵다)는 것을 의미한다. 이제 입증자는 진술된 증명에서 일정한 수의 비트만 읽는다는 사실을 활용하여 환원해 나감으로써 많은 자연적 최적화 문제에 대해 비슷한 결과를 얻을 수 있다.

이것은 이론적으로 상당히 흥미롭지만 사실 실망스런 점도 있다. 즉, 많은 경우에 근사적인 해들은 정확한 것만큼이나 유용하지만, 구하기도 그만큼 어렵다는 것이 밝혀졌다.

6.4 약한 무작위의 원천

이제 이 절에서 논의한 모든 확률적 계산을 위한 무작위성을 어떻게 얻는지에 대한 질문을 다루어 보자. 무작위성은 현실(예를 들어, 날씨에서 보여지는 무작위성, 가이거 계수기(Geiger counter), 제너 다이오드(Zener diode), 실제 동전던지기 등)에서 나타나는 것처럼 보이지만 우리가 가정했던 편파적이지 않고 독립적인 동전던지기의 완벽한 형태는 아닌 것 같다. 실제로 무작위적 절차를 이용하길 원한다면 약한 무작위성의 원천을 거의 완벽한 것으로 변환시켜야 한다. 확률적인 계산은 완벽한 무작위성에서 적용하도록 정의됐기 때문이다.

완벽하지 않은 무작위성을 거의 완전히 독립적이고 편파적이지 않은 비트들로 변환하는 알고리즘들은 **무작위성 추출기**(randomness extractor)라고 불리며, 거의 최적화된 것들이 만들어져 왔다. 연구의 큰 맥락은 샬티엘(Shaltiel)(2002)에 의해 정리되어 있다. 발생한 문제들이 조합론과 부호 이론뿐만 아니라 의사무작위 생성기(§7.1 참조)의 특별한 유형과 관련돼 있는 것으로 보인다.

무작위성 추출 문제의 성질을 분명히 살펴보기 위해서 약한 무작위성의 원천의 비교적 간단한 세 가지 모형을 고려하자. 먼저 당신이 확률 $p(\frac{1}{3} < p < \frac{2}{3})$로 앞면이 나오는 편파적인 동전을 소유하고 있지만 당신은 그 편파점을 모른다고 가정하자. 당신은 그 동전을 이용해 균등하게 분포된 이진값을 만

들어 낼 수 있을까? 간단한 해답은 동전을 두 번 던져서, 앞면 다음에 뒷면이 나오면 1, 뒷면 다음에 앞면이 나오면 0을 출력하고, 그 이외의 경우는 그 다음 시도로 계속 넘어가는 것이다. 이 방법으로 편파적인 동전을 기댓값인 $((1-p)p)^{-1}$번 던짐으로써 완벽한 동전던지기를 만들어낼 수 있다.

구간 $(\frac{1}{3}, \frac{2}{3})$ 사이에 있는 알려지지 않은 편파성 $p_1, \cdots, p_n$을 가진 n개의 편파적인 동전들이 주어져 있다면 좀 더 도전적인 상황이 된다. 그리고 당신은 이 동전들을 각각 **정확히 한 번씩** 던짐으로써 거의 균등하게 분포된 이진값을 생성해야 한다. 여기서 좋은 해법은 모든 동전을 던지는 것과 앞면들의 숫자의 홀짝성을 출력하는 것으로 이루어져 있다. 출력값은 $\frac{1}{2}$에 지수적으로 (n에 대해서) 가까운 확률을 가진 1이 될 것이다.

끝으로 마지막 예제에서 말썽꾸러기가 동전을 설계하는데, 바로 직전의 동전던지기 결과를 보고 나서 동전을 조작한다고 가정하자. 즉 n개의 다른 동전들을 던지지만 i번째 동전의 편파성(즉, p_i)은 앞서 $i-1$번째로 던진 동전의 결과에 의존할 수도 있다(그러나 여전히 $\frac{1}{3}$과 $\frac{2}{3}$ 사이에 놓인다). 이 경우에 첫 번째 동전의 결과를 출력하는 것보다 더 나은 것을 할 수가 없다. 그러나 몇 개의 진정으로 무작위인 비트를 이용해도 된다면, 보다 더 나은 것을 할 수 있다. 즉 n번의 편파적인 동전던지기와 함께 단지 $O(\log(n/\epsilon))$의 완벽한 무작위 동전던지기가 허용된다면, 당신은 균등하게 분포되는 것에 'ϵ-근접한' 길이가 n에 비례하는 문자열을 출력할 수 있다.

7 어려움의 밝은 면

$\mathcal{P} \neq \mathcal{NP}$이면, 거의 모든 사람이 믿는 것처럼 본질적으로 다루기 힘든 대단히 흥미로운 계산 문제들이 존재한다. 이것은 나쁜 소식이긴 하지만 그 문제에 대한 밝은 측면이 있다. 즉 계산적인 어려움은 중요한 실용적인 응용뿐만 아니라 많은 매혹적인 개념적 결과를 가진다.

우리가 가정할 어려움은 **일방향함수**(one-way function), 즉 계산하기는 쉽지만 뒤집기는 어려운 함수의 존재성이다. 예를 들어, 두 정수의 곱은 물론 계산하기 쉽다. 하지만 그것의 '역' 결과로 초래된 곱을 인수분해하는 것은 정수의 인수분해이다. 이것은 다루기 힘든 것으로 널리 믿어지고 있다. 우리의 목적을 위해서는 단지 최악의 경우에서 어려운 것이 아니라 **평균적으로** 어려운 역이 필요할 것이다. 가령 인수분해하는 것에 대해 길이가 n인 무작위 소수 두 개의 곱은 어떤 작은 일정한 성공 확률로도 다항식 시간 안에 인수분해될 수 없다. 일반적으로 함수 $f : \mathrm{I}_n \to \mathrm{I}_n$이 값을 계산하기는 쉽지만(즉, x를 입력할 때 $f(x)$를 반환해내는 다항시간 알고리즘이 존재한다), 다음과 같은 의미에서 평균적으로 뒤집기 어려우면 **일방향함수**라고 말할 것이다. 평균적으로 뒤집기 어려운 것은 임의의 다항시간의 알고리즘 M이 입력 문자열 $x \in \mathrm{I}_n$의 절반에 대해서 올바르게 f를 뒤집는 데 실패하는 것이다. 즉 적어도 절반의 문자열 x에 대해서, $y = f(x)$를 M에 입력하면 출력은 $f(x') = y$인 문자열 x'이 되지 않을 것이다.

일방향함수가 존재하는가? $\mathcal{P} = \mathcal{NP}$이면 답이 '아니오'임을 쉽게 알 수 있다. 이것의 역은 중요한 미해결 문제이다. 즉 $\mathcal{P} \neq \mathcal{NP}$이면 일방향함수가 존재하는가?

지금부터 (일방향함수의 형태에서의) 계산적인 어려움과 두 개의 중요한 계산 복잡도 이론(의사무작위성(pseudorandomness)과 암호학(cryptography) 이론) 사이의 연관성에 대해 논의해 보자.

7.1 의사무작위성

무작위성이 무엇인가? 수학적이나 물리학적 대상이 무작위적으로 행동한다는 말을 언제 해야 할까? 이것은 수세기 동안 생각되어 온 기본적인 질문들이다. 그 대상들이 n비트 수열에 대한 확률분포일 때 적어도 한 가지 점에 대해서는 의견이 일치한다. 즉 균등분포(n비트 문자열 각각이 2^{-n}의 확률로 나타나는 분포)는 가장 무작위인 것이다. 좀 더 일반적으로, 균등분포에 통계적으로 밀접한 어떤 분포는 '좋은 무작위성*'을 가진다고 간주하는 것은 합리적으로 보인다.

계산 복잡도 이론의 중요한 이해 중의 하나는 결코 균등분포는 아니지만 그럼에도 '효과적으로 무작위인' 분포들이 존재한다는 것이다. 그 이유는 그것들은 균등분포와 계산적으로 구분할 수 없기 때문이다.

이 아이디어를 형식화해 보자. 확률분포 P_n에 따라서 n비트 문자열을 무작위로 추출하자. 그리고 P_n이 실제로 균등분포인지를 알고 싶다고 가정하자. 한 가지 방법은 효율적으로 계산가능한 함수 $f : \mathbf{I}_n \to \{0, 1\}$을 고정시키고 두 가지 실험을 하는 것

이다. 즉 x가 $P_n(x)$의 확률로 선택될 때 $f(x) = 1$인 확률을 계산하고, x가 균등확률 2^{-n}으로 선택될 때 $f(x) = 1$인 확률을 계산한다. 이 두 확률 사이에 눈에 띄는 차이가 존재한다면 확실하게 P_n은 균등분포가 아니다. 그러나 그 역은 참이 아니다. 즉 P_n이 균등은 아니지만 이것을 감지할 수 있게 도와주는 효율적으로 계산할 수 있는 함수는 없을지도 모른다. 그런 경우 P_n을 의사무작위라고 부른다.

이 정의는 일반적이고 동시에 실용적이다. 그것은 두 분포들을 구분하기 위한 시도로 이용되는 임의의 효율적인 과정을 언급한다. 그리고 어떤 실용적인 목적에 있어서 의사무작위 분포는 앞으로 설명할 이유들 덕분에 현실적인 목적으로는 무작위 분포만큼 좋고, 따라서 실용적이다.

그것의 **무작위성 원천**을 의사무작위성 원천으로 대신하면 모든 확률적 알고리즘의 행동은 사실상 영향을 받지 않을 것이라는 점에 주목하자. 왜 그럴까? 그것의 행동이 변한다면 알고리즘 자체는 의사무작위성의 정의를 반박하면서 무작위와 의사무작위적 원천을 효율적으로 구분할 수 있기 때문이다!

균등분포를 의사무작위 분포로 대체하는 것은 후자를 더 적은 차원으로 생성할 수 있을 때 이점이 있다. 이 글의 맥락에서는 우리가 열심히 절약하려는 자원은 무작위성이다. 효율적으로 계산가능한 함수 $\phi : \mathbf{I}_m \to \mathbf{I}_n$을 가지고 있다고 가정하고 $n > m$이라고 가정하자. 그러면 무작위 m비트 문자열 x를 선택하고 $\phi(x)$를 계산함으로써 n비트 문자열에 대한 확률분포를 정의할 수 있다. 이 분포가 의사무작위이면 ϕ를 **의사무작위 생성기**(pseudorandom generator)라고 부른다. 무작위 문자열 x는 시드(seed)

---

* 두 확률분포 p_1과 p_2가 대략적으로 같은 확률을 배정하면, 즉 모든 사건 E에 대해서 $p_1(E) \approx p_2(E)$이면, 통계학적으로 가깝다.

라고 부른다. 그리고 생성기가 m비트 길이 시드를 $n = \ell(m)$ 길이로 늘리면 함수 ℓ을 생성기의 **늘림 측도**(stretch measure)라고 한다. 늘림 측도가 클수록 생성기는 더 좋은 것으로 간주된다.

물론 이 모든 것은 중요한 문제를 낳는다. 의사무작위 생성기들은 존재하는가? 이것이 지금부터 우리가 다룰 문제이다.

7.1.1 어려움 대 무작위성

의사무작위 생성기와 계산 어려움에는 명확한 관련성이 있다. 왜냐하면 의사무작위 생성기의 주된 성질은 두 분포가 상당히 다름에도 불구하고 그것의 출력은 순수하게 무작위인 문자열을 구분하기 위해서 계산적으로 어려워야 한다는 것이기 때문이다. 그러나 덜 명확한 관련성도 있다.

정리. 의사무작위 생성기가 존재할 필요충분조건은 일방향함수가 존재하는 것이다. 뿐만 아니라 의사무작위 생성기가 존재하면, 다항식인 임의의 늘림 측도에 대해서 일방향함수가 존재한다.[*]

이 정리는 계산적인 힘듦 또는 **어려움**(hardness)을 의사무작위성으로 변환하고 역 또한 같다. 더 나아가 그것의 증명은 계산적인 어려움이 무작위성 또는 적어도 무작위성이 나타나는 것과 연결된다는 점을 넌지시 알려주면서 계산적인 구별 불가능성과 계산적인 예측 불가능성을 연결시켜 준다.

의사무작위 생성기의 존재성은 확률적 알고리즘에서 부분적으로, 혹은 심지어 완전히 무작위성을 제거할 수 있다(derandomize)는 놀라운 결과를 가진다. 기본 아이디어는 이것이다. 당신이 함수 f를 계산하고 n^c개의 무작위 비트를 필요로 하는 확률적 알고리즘을 가지고 있다고 가정하자. (n은 입력의 길이를 나타낸다.) 이 알고리즘은 적어도 $\frac{2}{3}$의 확률로 $f(x)$를 출력한다고 가정하자. 무작위 비트들을 크기가 m인 시드로부터 생성된 n^c 의사무작위 비트들로 바꾸면 알고리즘의 행동은 거의 영향을 받지 않을 것이다. 따라서 m이 작으면 단지 적은 양의 무작위성으로 같은 계산을 할 수 있다. m이 $O(\log n)$만큼 작으면 **모든** 가능한 시드를 면밀히 조사할 수 있게 된다. 이것들 중 거의 $\frac{2}{3}$에 대한 알고리즘은 $f(x)$를 출력한다. 그러나 이것은 우리가 다수결을 취함으로써 결정론적으로, 그리고 효율적으로 $f(x)$를 계산할 수 있음을 의미한다!

이것이 실제적으로 행해질 수 있을까? 궁극적으로 무작위성을 제거하는 결과인 $\mathcal{BPP} = \mathcal{P}$를 얻기 위해서 어려움을 이용할 수 있을까? 이 질문에 본질적으로 최적의 답변을 주기 위한 이론이 발전되어 왔다. 지수적인 늘림 측도를 얻고 싶다면, 늘림을 수행하는 알고리즘이 (시드의 길이에 있어서) 지수 시간만큼 걸리는 것을 신경쓰지 않는다는 것에 주목하자. 그러한 의사무작위 생성기는 $\mathcal{NP}$-완전 문제들이 지수 크기의 불 회로를 필요로 한다는 것과 같은 가능성 있는 어려움 가정 하에 존재한다. 좀 더 일반적으로 다음의 정리가 있다.

---

[*] 다시 말해, 늘림 속도 $\ell(m) = m + 1$을 얻을 수 있으면 임의의 $c > 1$에 대해서 $\ell(m) = m^c$의 늘림 속도를 또한 얻을 수 있다.

정리. 만약 어떤 상수 $\epsilon > 0$에 대해서 $S(\mathrm{SAT}) > 2^{\epsilon n}$

이면 $BPP = P$이다. 더욱이 SAT는 $2^{O(n)}$시간 안에 계산할 수 있는 어떤 문제로 대체될 수 있다.

7.1.2 의사무작위 함수

의사무작위 생성기는 짧은 무작위 시드들로부터 효율적으로 긴 의사무작위 수열들을 생성하게 해 준다. 의사무작위 **함수**는 더욱더 강력하다. n비트의 무작위 시드가 주어졌다면, 그것들은 무작위 함수와 계산적으로 구분할 수 없는 함수 $f : \mathbf{I}_n \to \{0, 1\}$을 계산하는 효율적인 방법을 제공한다. 따라서 n비트의 무작위성을 가지고 무작위처럼 보이는 2^n비트들에 효율적으로 접근할 수 있다. (이 비트들을 모두 훑어보는 것은 비효율적이라는 점에 주목하라. 우리에게 주어진 것은 다항시간에 그것들 중 어떤 하나를 자세히 살펴보는 능력이다.)

의사무작위 함수는 주어진 임의의 의사무작위 생성기에 대해서 만들어질 수 있고, 그것들은 (암호학에서 가장 유명한) 많은 응용을 가진다.

7.2 암호학

암호학은 수천 년 동안 존재해 왔다. 그러나 과거에는 단 하나의 기본적인 문제(비밀 의사소통을 제공하는 문제)에 초점이 맞춰졌던 반면에, 암호학의 현대 계산 이론은 다른 정보의 비밀은 유지하면서도 어떤 정보는 얻기를 원하는 몇몇의 중개인과 연관된 **모든** 임무들에 관심이 있다. **사생활**(즉, 비밀을 지키는 것) 다음으로 중요한 우선순위가 **복원력**이다. 심지어 다른 사람들이 정직하게 행동하는지 확실하지 않더라도 사생활을 보장받기를 원한다.

전화 혹은 이메일 상에서 이뤄지는 포커 게임은 이를 설명할 수 있는 좋은 예이다. 이것이 어떻게 진행될지 신중하게 생각해 보고, 표준적인 포커가 인간의 시야, 그리고 불투명한 카드의 뒷면 등과 같은 물리적 도구에 얼마나 의존하는지 깨달아 보길 바란다.

암호학의 일반적인 목표는 **프로토콜**(protocol)이라고 불리는 규약을 구성하는 것이다. 그것은 이 기능으로 벗어나게 하는 악의적인 시도에 직면해서도 어떤 원하는 기능(법칙들, 사생활 요구사항 등)을 유지한다. 의사무작위 추출과 마찬가지로 새로운 이론을 토대로 하는 두 가지 핵심 가정이 있다. 첫째, 악의적인 적을 포함한 모든 사람들은 계산적으로 제한되어 있다고 가정한다. 둘째, 어려운 함수들이 존재한다고 가정한다. 때때로 그것은 일방향함수가 될 수도 있고, 또한 정수 인수분해가 어려우면 존재하는 '트랩도어 치환(trapdoor permutation)'이라 불리는 더 강한 함수가 될 수도 있다.

이 목표는 야심찬 것이지만 이미 달성되었다. 대략적으로 말하자면 **모든 기능은 안전하게 수행될 수 있다**는 것을 보여주는 결과가 존재한다. 이것은 전화 상에서 포커 게임을 하는 것처럼 고도로 복잡한 업무들을 포함한다. 하지만 안전한 의사소통, 디지털 서명(손으로 쓰여진 서명의 디지털 유사물), 집단적인 동전던지기, 경매, 선거, 그리고 유명한 **백만장자 문제**(두 사람 중 어느 한 명이 다른 사람의 부에 대해서 아는 것이 아무것도 없는 상태에서 누가 더 부자인지 결정하기 위해서 두 사람이 어떻게 교류할 수 있을까?)와 같은 아주 기본적인 것들도 포함한다.

암호학과 우리가 이미 논의했던 문제들 간의 연

관성에서 우리는 간단한 암시를 얻는다. 무엇보다 암호학의 핵심적인 개념의 정의(비밀의 정의)를 생각하자. 당신이 n비트 문자열을 가지면 언제 그것이 완전히 비밀이라고 말해야 할까? 어느 누구도 그것에 대한 어떤 정보도 알지 못할 때, 그 문자열을 비밀이라고 하는 것은 자연스러운 정의이다. 즉 다른 어떤 사람의 관점에서도 그것은 2^n비트 문자열 중 동등하게 어떤 것도 될 수 있는 문자열일 것이다. 그러나 새로운 계산 복잡도 이론에서 이러한 정의는 사용되지 않는다. 모든 실용적인 목적을 위해서는 바로 **의사무작위** n비트 문자열이 비밀이어야 하기 때문이다.

비밀에 대한 두 정의 간의 차이는 매우 크다. 암호학의 요점은 단지 비밀을 가지는 것(그저 무작위로 문자열을 택하면 되므로 이것은 쉽다)이 아니라, 정보를 누설하지 않으면서 그것을 **사용**하는 것이다. 우선 이것은 불가능한 것처럼 보인다. 왜냐하면 비밀 n비트 문자열의 어떤 자명하지 않은 사용은 가능한 문자열 집합의 양을 줄이고, 따라서 진짜 정보를 누설할 것이기 때문이다. 그러나 가능한 문자열 상에서 새로운 확률분포가 의사무작위적이면 이 정보는 **실현가능하도록 이용될 수 없다**. 왜냐하면 당신이 누설했던 정보를 낳는 문자열과 실질적인 무작위 문자열과의 차이를 말해줄 수 있는 효과적인 알고리즘은 없기 때문이다.

이 아이디어의 유명한 예제는 **수학과 암호학** [VII.7]과 골드라이히(Goldreich)의 책(2004, 5장)에서 자세히 기술된 RSA 같은 소위 **공개키 암호화 방식**(public-key encryption scheme)으로 주어진다. 예를 들어, RSA 방식에서 앨리스라는 사용자는 메시지를 받으려면 **공개키**(public key)라고 불리는, 두 소수 P와 Q의 곱인 숫자 N을 공개해야 한다. N을 알게 되면 어떤 메시지를 암호화할 수 있지만 그것을 해독하기 위해서는 P와 Q를 알아야 한다. 따라서 정수 인수분해가 어려우면 P와 Q가 N에 의해서 완전히 결정된다 하더라도 앨리스만이 실현 가능하게 메시지를 해독할 수 있다.

비밀을 사용하는 일반적인 문제에서는 k명의 사람이 있고, 각 사람은 비트들의 문자열을 가지고 있다. 그들은 모든 비트들의 문자열에 의존하는 어떤 효율적으로 계산가능한 함수 f의 값에 관심이 있다. 하지만 f의 값만으로만 알아낼 수 있는 것 이상의, 문자열에 대한 어떤 정보도 누설하지 않고 이것을 알아내길 원한다. 예를 들어, 백만장자 문제의 경우에선 두 사람이 존재한다. 각각은 그들의 부를 부호화하는 문자열을 가진다. 그들은 누가 더 부자인지 말해주는 단일 비트를 제공하지만, 그들에게 그 이상의 정보는 주지 않는 프로토콜을 원한다. 이 조건의 정확한 형식화는 영지식 증명(§6.3.2 참조) 형식화의 확장이다. 이 절의 앞에서 넌지시 알렸듯이 트랩도어 치환의 존재성을 가정하면, 그러한 모든 다수와 관련된 계산은 지정된 출력을 넘어서는 어떤 것도 산출하지 않고 수행될 수 있다.

마지막으로 부정행위 문제에 대해 살펴보자. 앞선 논의에서는 악의적인 행동에 대해서 걱정하지 않았고 참가자들이 그들의 상호작용 기록으로부터 알 수도 있는 것들에 초점을 맞추었다. 그러나 예를 들어 밥이라는 사람이 있어서, 그의 행동이 누설되기 원치 않는 그의 비밀에 부분적으로 의존할 때, 그가 '명시된 대로' 행동하도록 어떻게 강요할 수 있을까? 그 답은 영지식 증명과 밀접히 관련되어 있다. 본질적으로 어떤 계산을 수행하는 차례의 각 사람은 명시된 것처럼 행동했다는 것을 다른 이들에게 증명하도록 요청 받는다. 이것은 (수학적으로 지루한) 하나의 정리이고 표준적인 증명은 자명하다(즉 그의 모든 비밀을 드러내면 된다). 그러나 §6.3.2에서 영지식 증명체계의 논의에서 봤듯이, 증명이 존재하면 그것으로부터 영지식 증명을 효율적으로 끌어낼 수 있다. 따라서 밥은 다른 사람들에게 그의 비밀들을 드러내지 않고 그의 알맞은 행동을 확신시킬 수 있다.

8 빙산의 일각

지면의 제약상 위에서 살펴본 주제들에 대해서조차 많은 중요 개념과 결과들이 논의되지 않았다. 뿐만 아니라, 다른 중요한 주제들과 심지어 넓은 영역들은 전혀 언급되지 않았다.

지금까지 논의한 대부분의 문제뿐만 아니라 $\mathcal{P}$ 대 $\mathcal{NP}$ 문제는 (효율적인) 계산들의 목표를 단순화시킨 관점에 초점을 둔다. 구체적으로, 우리는 효율적인 절차가 항상 정확한 답을 줄 것을 요구해 왔다. 그러나 현실적으로는 그보다 덜 정확한 것에도 만족할지 모른다. 예를 들어 누군가는 많은 경우에 대해서 옳은 답을 주는 효율적인 절차로도 만족할 것이다. 모든 경우가 동등하게 흥미로우면 이런 절차가 유용하지만 보통은 그렇지 않다. 다른 한편, 모든 입력 분포하에서 성공을 요구하는 것은 최악인 경우의 복잡도를 돌려준다. 이 두 극단적인 것 사이에 유용하고 매력적인 평균적인 경우의 복잡도(골드라이히(Goldreich)(1997) 참조)가 있다. 이는 효율적으로 표본 추출될 수 있는 모든 가능한 입력 분포에서 높은 확률로 성공하기를 요구한다.

다르게 완화시키는 가능성은 근사적인 답에 만족하는 것이다. 이것은 많은 것들을 의미할 수 있고 접근의 가장 좋은 개념은 문맥에 따라 다양하다. 검색 문제에 대해서 우리는 유효한 것에 어떤 계량[III.56]으로 가까운 해만으로도 만족할지 모른다(호흐바움(Hochbaum)의 책(1996)과 수학과 알고리즘 디자인[VII.5] 참조). 결정 문제에 대해서는 입력이 집합에 있는 경우 역시 어떤 계량으로 얼마나 가까운지 물을 수도 있다(론(Ron)의 책(2001) 참조). 그리고 §6.2에서 논의되었던 근사적인 셈 또한 있다.

이 장에서 우리는 절차의 수행시간에 초점을 맞췄다. 주장컨대 이것은 가장 중요한 복잡도 측도이지만 유일한 것은 아니다. 다른 하나는 계산하는 동안 소비된 작업 공간(work space)의 양이다(시프서(Sipser)의 책(1997) 참조). 다른 중요한 사안은 계산이 어느 정도까지 병렬로 수행될 수 있는가이다. 즉 많은 계산장치들 사이에서 작업을 분리시킴으로써 계산의 속도를 높이는 것이다. 그것은 같은 (병렬) 기계의 성분들로 볼 수 있고 같은 메모리 모듈(memory module)에 대한 직접적인 접근이 가능하다. 병렬 시간뿐 아니라 그러한 경우에 기본적으로 중요한 복잡도 측도는 사용된 병렬 계산 장치들의 개수이다(카프(Karp)와 라마찬드란(Ramachandran)의 책(1990) 참조).

마지막으로 여기에서 논의하지 않은 여러 계산 모형들이 있다. 분포된 계산(distributed computing) 모형들은 각각의 주어진 국소 입력을 대역 입력의 부분으로 간주할 수 있는 멀리 떨어진 계산 장치를 말한다. 전형적인 연구는 이 장치들 사이에서 의사소통의 양을 최소화하기를 희망한다(그리고 확실히 모든 입력들을 교환하는 것을 피해야 한다). 의사소통 복잡도 측도에 더하여, 핵심 사안은 비동기성(asynchrony)이다(아티야(Attiya)와 웰치(Welch)의 책(1998) 참조). 2인자(그리고 다인자) 함수의 의사소통 복잡도(communication complexity)는 그것들의 '복잡도'(쿠쉴레비츠(Kushilevitz)와 니산(Nisan)의 책(1996) 참조)에 관한 측도이지만, 이 연구들에서 입력 길이에 비례하는 의사소통은 배제되지 않는다(오히려 자주 나타난다). 본질적으로 이 모형은 '정보 이론적'이면서 복잡도 이론과 많은 연관이 있다. 계산문제들의 완전히 다른 유형들은 계산 학습 이론(computational learning theory)(컨(Kearn)과 바지라니(Vazirani)의 책(1994) 참조)과 온라인 알고리즘들(보로딘(Borodin)과 엘-야니프(El-Yaniv)의 책(1998) 참조)의 글에서 조사되었다. 마지막으로 양자계산[III.74]은 계산의 속도를 높이기 위해서 양자역학을 사용하는 가능성에 대해 연구한다(키타에프(Kitaev) 등의 책(2002) 참조).

9 결론

이 매우 간단한 글을 통해 계산 복잡도 분야의 주를 이루는 개념, 결과 그리고 미해결 문제의 매혹적인 면을 소개했다. 이 분야에 대해서 우리가 정의하지 않은 중요한 성질은 다른 부분 영역들과 주목할 만한(종종 놀라운) 관련성을 보이고 계속해서 영향력을 미치고 있다.

§§1~4에 대한 좀 더 자세한 사항에 대해서는 가레이(Garey)와 존슨(Johnson)의 책(1979)과 시프서(Sipser)의 책(1997)을 표준적인 교과서로 추천한다. §§5.1~5.3에 대한 좀 더 자세한 사항에 대해서는 각각 보파나(Boppana)와 시프서(Sipser)의 책(1990), 스트라센(Strassen)(1990) 그리고 빔(Beame)과 피타시(Pitassi)의 책(1998)을 추천한다. §6과 §7의 좀 더 자세한 사항에 대해서는 골드라이히의 책(1999, 2001, 2004)을 추천한다.

더 읽을거리

Attiya, H., and J. Welch. 1998. *Distributed Computing: Fundamentals, Simulations and Advanced Topics.* Columbus, OH: McGraw-Hill.

Beame, P., and T. Pitassi. 1998. Propositional proof complexity: past, present, and future. *Bulletin of the European Association for Theoretical Computer Science* 65: 66-89.

Boppana, R., and M. Sipser. 1990. The complexity of finite functions. In *Handbook of Theoretical Computer Science*, volume A, *Algorithms and Complexity*, edited by J. van Leeuwen. Cambridge, MA: MIT Press/Elsevier.

Borodin, A., and R. El-Yaniv. 1998. *On-line Computation and Competitive Analysis.* Cambridge: Cambridge University Press.

Garey, M. R., and D. S. Johnson. 1979. *Computers and Intractability: A Guide to the Theory of NP-Completeness.* New York: W. H. Freeman.

Goldreich, O. 1997. Notes on Levin's theory of averagecase complexity. *Electroic Colloquium on Computational Complexity*, TR97-058.

———. 1999. *Modern Cryptography, Probabilistic Proofs and Pseudorandomness*. Algorithms and Combinatorics Series, volume 17. New York: Springer.

———. 2001. *Foundation of Cryptography*, volume 1: Basic Tools. Cambridge: Cambridge University Press.

———. 2004. *Foundation of Cryptography*, volume 2: Basic Applications. Cambridge: Cambridge University Press.

———. 2008. *Computational Complexity: A Conceptual Perspective*. Cambridge: Cambridge University Press.

Hochbaum, D., ed. 1996. *Approximation Algorithms for NP-Hard Problems*. Boston, MA: PWS.

Karp, R. M., and V. Ramachandran. 1990. Parallel algorithms for shared-memory machines. In *Handbook of Theoretical Computer Science*, volume A, *Algorithms and Complexity*, edited by J. van Leeuwen. Cambridge, MA: MIT Press/Elsevier.

Kearns, M. J., and U. V. Vazirani. 1994. *An Introduction to Computational Learning Theory*. Cambridge, MA: MIT Press.

Kitaev, A., A. Shen, and M. Vyalyi. 2002. *Classical and Quantum Computation*. Providence, RI: American Mathematical Society.

Kushilevitz, E., and N. Nisan. 1996. *Communication Complexity*. Cambridge: Cambridge University Press.

Ron, D. 2001. Property testing (a tutorial). In *Handbook on Randomized Computing*, volume II. Dordrecht: Kluwer.

Shaltiel, R. 2002. Recent developments in explicit constructions of extractors. *Bulletin of the European Association for Theoretical Computer Science* 77:67-95.

Sipser, M. 1997. *Introduction to the Theory of Computation*. Boston, MA: PWS.

Strassen, V. 1990: Algebraic complexity theory. In *Handbook of Theoretical Computer Science*, volume A, *Algorithms and Complexity*, edited by J. van Leeuwen. Cambridge, MA: MIT Press/Elsevier.

IV.21 수치해석학

로이드 트레페덴 *Lloyd N. Trefethen*

1 수치계산법의 필요성

많은 사람들은 과학자나 공학자들이 수학적 문제에 대하여 수치적인 답을 찾고자 할 때 컴퓨터에 의존한다고 알고 있다. 그러나 이 과정에는 오해가 있다.

수의 힘은 엄청났다. 종종 과학의 혁명이 갈릴레오 등에 의해 제창된 '모든 것은 측정되어야 한다'는 원칙에서 비롯되었음이 언급된다. 수치측정은 수학으로 표현된 물리 법칙들을 이끌었고 더 좋은 측정은 더 정제된 법칙들을 낳았다. 그 산물이 우리가 살고 있는 곳곳에 존재하는 순환과정 속에서 이루어진 것이다. 그 과정은 또한 순차적으로 더 나은 기술과 측정방법을 만들었다. 수치적 수학의 사용 없이 물리학의 진전과 훌륭한 공학 생산물의 발전이 이루어졌던 때는 오랜 옛날이 되어 버렸다.

컴퓨터가 이러한 과정에 관여한 것은 사실이나 그 역할에 대해서는 오해가 있다. 많은 사람들은 과학자나 수학자들이 공식을 만들고 그 공식에 수치를 대입하면 필요한 결과를 컴퓨터가 도출해낼 것이라 상상한다. 그러나 사실은 그렇지 않다. 현실에서는 알고리즘의 이행 과정 속에서 훨씬 더 흥미로운 일들이 발생한다. 대부분의 경우 이런 작업은 공식들에 의해 심지어 이론적으로도 이루어질 수 없는데, 대부분의 수학 문제들은 유한번의 기본적인 연산으로 풀릴 수 없기 때문이다. 대신 빠른 알고리즘은 3자리나 10자리 또는 100자릿수의 정확도를 가지고 '근사'해로 수렴한다. 과학이나 공학에 적용했을 때 이런 해들은 상당히 좋다. 간단한 예를 통해

정확한 해와 근사해의 복잡도 차이를 설명할 수 있다. 4차다항식

$$p(z) = c_0 + c_1 z + c_2 z^2 + c_3 z^3 + c_4 z^4$$

과 또 다른 5차다항식

$$q(z) = d_0 + d_1 z + d_2 z^2 + d_3 z^3 + d_4 z^4 + d_5 z^5$$

을 생각해 보자.

방정식 p의 근들을 거듭제곱근으로 표현할 수 있는 명시적인 공식이 있다는 것은 잘 알려져 있지만 (1540년경에 페라리(Ferrari)가 발견했다), 방정식 q에 관해서는 그런 공식이 존재하지 않는다(250년 이상 지나서 루피니(Ruffini)와 아벨[VI.33]이 발견했다(5차방정식의 해결불가능성[V.21] 참조)). 그렇기에 어떤 의미에서 p와 q의 근을 찾는 문제는 완전히 다른 문제이지만 실질적으로는 전혀 다르지 않다. 과학자나 수학자들이 이 문제의 답을 찾고자 한다면 컴퓨터를 켜고 16자리의 정확도를 가진 답을 찾는 데 천분의 일초도 안 걸릴 것이다. 컴퓨터는 분명한 공식을 사용할까? q의 경우는 확실히 그렇지 않을 텐데 p의 경우는 어떨까? 그럴 수도 있고 아닐 수도 있다. 대부분의 경우에 공식을 알지도 못하고 신경도 쓰지 않을 것이며, 수학자의 경우만 하더라도 100명 중 어느 한 사람도 이런 근을 구하는 공식을 기억해서 쓰지는 못할 것이다.

p의 근을 구하는 것과 같이 이론적으로 유한번의 기본적인 절차로 풀 수 있는 문제들의 예시가 세 가지 더 있다.

(i) 선형방정식(linear equation): n개 변수에 대한

n개 방정식이 이루는 선형연립방정식의 해를 구하여라.

(ii) 선형계획법(linear programming): m개의 선형 제약을 따르는 n개 변수의 선형함수를 최소화하여라.

(iii) 여행하는 외판원 문제(traveling salesman problem): n개 도시를 여행하는 가장 짧은 여행 방법을 찾아라.

그리고 다음은 q의 근을 찾는 문제와 같은 의미에서 일반적으로 풀 수 없는 다섯 가지 예이다.

(iv) $n \times n$ 행렬의 **고윳값**[I.3 §4.3]을 찾아라.

(v) 다변수 함수를 최소화하여라.

(vi) 적분을 계산하여라.

(vii) 상미분방정식(ordinary differential equation, ODE)을 풀어라.

(viii) 편미분방정식(partial differential equation, PDE)을 풀어라.

실제로 (i)~(iii)이 (iv)~(viii)보다 쉽다고 결론 내릴 수 있을까? 전혀 아니다. (iii)은 보통 n이 수백 수천이라면 매우 어렵다. (vi), (vii)은 보통 최소한 적분이 1차원인 경우에 대해서만큼은 오히려 쉽다. (i)과 (iv)는 거의 정확하게 난이도가 같은데, n이 100 정도로 작으면 쉽고 1,000,000과 같이 아주 크면 종종 매우 어려워진다. 사실 이러한 측면의 사고는 현실적이지 않은데 (i)~(iii)에서 n과 m이 큰 경우에는 사람들은 정확한 답을 찾기보다는 근사치를 찾으려 한다(대신 빠르다!).

수치해석학은 연속적 수학의 문제, 즉 실수나 복소수를 연계한 문제를 푸는 알고리즘을 연구하는 학문이다(이 정의는 선형계획법이나 여행하는 외판원 문제 같이 실수들 상에서 제기된 문제도 포함하지만, 그것들의 이산적인 형태는 제외한다). 이후부터는 주요 분야에 대해 살펴보고 과거의 성과들과 가능한 미래 동향에 대해 논의하고자 한다.

2 역사

전 역사를 통틀어 선대 수학자들은 과학적 응용에 관여해 왔고 많은 경우 현재까지 쓰이는 수치적 알고리즘의 발견을 이끌었다. 일반적으로 가우스[VI.26]를 좋은 예로 들 수 있다. 많은 업적 중에서도 그는 최소제곱법(least-square data fitting, 1795), 선형연립방정식(1809), 수치구적법(numerical quadrature, 1814)에 핵심적인 진전을 이루었으며, 고속 푸리에 변환[III.26]을 발명했다. 고속 푸리에 변환은 쿨리(Cooley)와 터키(Tukey)가 1965년에 재발견하기까지 널리 알려지진 않았다.

1900년경에는 수학의 수치적인 측면에서 수학 연구자들의 활동이 미미해지기 시작했다. 이는 기술적인 이유로 인해 수학적 엄밀함이 문제의 핵심이 되는, 전반적인 수학의 발전과 그런 분야의 거대한 성취 덕분이었다. 예를 들어 이전 20세기의 많은 진전은 수학자들이 무한대의 엄격한 타당성을 고려함으로써 비롯되었다. 이는 수치 계산과는 거리가 먼 주제이다.

세대가 지나 1940년대에 컴퓨터가 발명되었다. 이때부터 수치적 수학이 폭발적으로 발전하기 시작했지만 현재는 전문가들이 장악하고 있다. 《*Mathematics of Computaion*》(1943)과 《*Numerische Mathematik*》(1959)과 같은 새로운 저널들이 생겼다. 혁명은 하드웨어로부터 촉발되었지만 하드웨어와는 상관 없는 수학적 또는 알고리즘적인 발전 또한 포함되었다. 1950년대부터 50년 간 기계는 10^9배 정도만큼 속도가 빨라졌지만, 몇몇 문제에 대해 알려진 가장 좋은 알고리즘들은 이와 결합하여 헤아릴 수 없는 수준의 속도 증가를 만들어냈다.

반세기 동안 수치해석학은 해당 분야 수천의 전문 연구자들이 수십 개의 수학 또는 과학과 공학을 넘나드는 응용분야의 저널에 출판하는 가장 큰 수학의 분야 중 하나로 성장해왔다. 수십 년을 거슬러 많은 수학이론의 발전과 강력한 컴퓨터의 덕택으로 우리는 대부분의 물리학의 고전적인 수학문제들을 높은 정확도를 가지고 수치적으로 해결할 수 있는 위치에 이르렀다. 이를 가능하게 한 대부분의 알고리즘은 1950년 이후에 발명되었다.

수치해석학은 근사이론(approximation theory)이라는 수학의 주제를 확고한 토대로 한다. 이 분야는 보간법(interpolation)의 고전적 문제, 급수 전개, 뉴턴[VI.14], 푸리에[VI.25], 가우스 등이 결부된 **조화해석학**[IV.11], 체비쇼프[VI.45]와 번스타인(Bernstein)과 연계된 다항식과 유리 최소-최대 근사(rational mini-max approximation)의 준고전적인 문제들, 스플라인(spline), 방사기저함수(radial basis function), 웨이블릿[VII.3]을 포함하는 주요하고 새로운 화제들을 망라한다. 이 장에서 이 문제들을 다루진 않겠지만 조만간 수치해석의 거의 모든 분야에서 근사이론에 대해 이야기하게 될 것이다.

3 기계연산과 반올림 오차

컴퓨터가 실수와 복소수를 정확히 표현하지 못한다는 것은 익히 아는 사실이다. 예를 들어 컴퓨터가 계산한 1/7 같은 분수는 보통 정확하지 않은 결과를 낳는다(7진수로 만든 컴퓨터라면 이야기가 달라진다!). 컴퓨터는 실수를 부동소수점 연산(floating-point arithmetic)의 체계로 근사를 한다. 이것은 각 숫자를 과학적 기수법의 디지털 등가로 표현해서 수가 아주 크거나 작아서 넘치거나 부족하지 않을 정도면 축척이 영향을 끼치지 않을 정도가 된다. 부동소수점 연산은 1930년대에 베를린의 콘래드 주세(Konrad Zuse)에 의해 발명되었고, 1950년대 말에 컴퓨터 산업 전역에서 기준이 되었다.

1980년대까지 컴퓨터는 일반적으로 서로 다른 연산적 성질을 가지고 있었다. 1985년 이후 몇 년에 걸친 토론 후 이항의 부동소수점 연산에 관한 IEEE(Institute of Electrical and Electronics Engineers) 기준이 채택되었는데 이를 줄여서 IEEE 연산(IEEE arithmetic)이라 한다. 이 기준은 순차적으로 많은 종류의 처리기에 보편적으로 쓰이게 된다. IEEE (더블(double) 정밀도) 실수는 53비트를 가수에 할당하고 11비트를 지수에 할당한 64비트의 단어로 구성된다. $2^{-53} \approx 1.1 \times 10^{-16}$이기 때문에 IEEE 실수는 소수점 16자리 정도의 정확도로 실수축의 수를 표현한다. 그리고 $2^{\pm 2^{10}} \approx 10^{\pm 308}$이므로 이 체계는 위로는 약 10^{308}까지 아래로는 약 10^{-308}까지 작동한다.

컴퓨터는 수를 단지 표현하는 것뿐이다. 물론 컴퓨터는 덧셈, 뺄셈, 곱셈, 나눗셈, 그리고 이런 기본적인 연산들의 반복을 통해 좀 더 복잡한 결과를 계산할 수 있다. 부동소수점 연산을 통해 컴퓨터가 행한 각각의 기본연산의 결과는 다음과 같은 의미로 거의 정확하다고 할 수 있다. 만약 '*'가 이상적 형태의 사칙연산 중 하나라고 하고 '⊛'를 컴퓨터에 표현된 같은 연산이라고 한다면 어떤 부동소수 x와 y에 대해 오버플로우(overflow)나 언더플로우(underflow)가 없다는 가정하에

$$x \circledast y = (x * y)(1 + \varepsilon)$$

을 얻을 수 있다. 여기서 ε은 아주 작은 양으로 기계오차(machine epsilon)라 알려진 수 ε_{mach}보다 그 절댓값이 크지 않고 컴퓨터의 정확도를 측정한다. IEEE 체계에 있어서 $\varepsilon_{mach} = 2^{-53} \approx 1.1 \times 10^{-16}$이다.

그러므로 컴퓨터에서는, 예를 들어 구간 [1, 2]는 약 10^{16} 수로 근사 표현된다. 이런 이산화의 유한성을 물리학에서의 이산화의 유한성과 비교하면 흥미로울 것이다. 한줌의 고체나 액체, 또는 풍선 하나 정도의 기체를 생각할 때 그 양의 일직선상에 있는 원자나 분자의 수는 약 10^8개(아보가드로 수(Avogadro's number)의 세제곱근)이다. 이런 체계는 밀도나 압력, 응력, 장력, 온도와 같은 물리량의 정의와 함께 충분히 잘 움직인다. 그러나 컴퓨터 연산은 이보다 백만 배는 더 정교하다. 물리와의 다른 비교로는 (대략) 4자리의 중력상수 G, 7자리의 플랑크 상수(Planck's constant) h와 기본전하 e, 12자리의 전자(electron)와 보어 자자(Bohr magneton)의 자기 모멘트 비인 μ_e / μ_B와 같은 기본 상수들의 정확도를 생각할 수 있다. 현재 물리에서 12 또는 13자리 이상의 정확도로 알려진 것은 없다. 그러므로 IEEE 수는 과학에서 알려진 어떤 다른 수보다 정확한 척도이

다(물론 π 같은 순수 수학적 양은 다른 문제이다).

부동소수점 연산은 물리학보다 두 가지 의미에서 이상에 훨씬 더 가깝다. 그럼에도 흥미로운 현상은 보통 물리학보다 부동소수점 연산이 더 나쁘고 위험한 절충안으로 여겨진다는 점이다. 수치해석자들 스스로는 부분적으로 이러한 인식 때문에 비난을 받는다. 1950년대나 1960년대에 이 분야의 창시자들이 부정확한 연산은 위험 요소가 될 수 있고 '반드시' 맞아야 하는 결과의 오류를 유발한다는 사실을 발견했다. 이런 문제의 근원은 수치적 불안정성이다. 즉 특정한 계산의 방법에서 미시적인 상황에서의 반올림 오차가 거시적인 상황에서 증폭되는 것이다. 폰 노이만[VI.91], 윌킨슨(Wilkinson), 포사이드(Forsythe), 헨리치(Henrici) 같은 사람들은 기계 연산에 대한 무분별한 의존의 위험성을 알리는 데 상당한 어려움을 겪었다. 이러한 위험성은 무척 현실적이지만 그 경고가 과할 정도로 너무나 성공적으로 전달되었다. 이는 현재의 널리 퍼진, 수치해석의 주된 역할이 반올림 오차에 대처하는 것이라는 인상을 심어주었다. 사실 수치해석의 주된 역할은 빠르게 수렴하는 알고리즘을 만드는 것이다. 반올림 오차가 핵심적인 문제가 되는 경우는 별로 없다. 만약 반올림 오차가 없어지더라도 90%의 수치해석이 남을 것이다.

4 수치적 선형대수학

선형대수학은 1950년대와 1960년대에 수학과 학부 교과 과정의 기본 주제가 되었고, 현재까지 지속되고 있다. 여기에는 몇 가지 이유가 있는데 그중 하나

는 컴퓨터의 등장으로 선형대수의 중요성이 대두되었다는 점이다.

이 주제의 출발점은 가우스 소거법(Gaussian elimination), 즉 n변수의 n개의 선형방정식을 n^3의 연산을 사용하여 푸는 방법이다. 또한, 이는 $Ax = b$ 형태의 방정식을 푸는 것인데 여기서 A는 $n \times n$ 행렬이고 x와 b는 n자리 열벡터이다. 전 세계적으로 거의 매번 컴퓨터로 발동된 가우스 소거법으로 선형연립방정식은 풀린다. n이 1000만큼 커져도 일반적인 2008년도 데스크톱 컴퓨터를 기준으로 방정식을 푸는 데 1초도 걸리지 않는다. 소거법의 아이디어는 2000년 전 중국의 학자들에 의해 발견되었고 최근의 공헌자로는 라그랑주[VI.22], 가우스, 야코비[VI.35]가 있다. 그러나 이 알고리즘을 현대적으로 기술한 것은 1930년대 후반에 들어서야 확실하게 소개되었다. 예를 들어, A의 두 번째 열에서 첫 번째 열에 α를 곱한 것을 뺐다고 하자. 이는 A의 왼쪽에 단위행렬과 하나의 성분 $m_{21} = -\alpha$를 추가해 만들어진 아래삼각행렬(lower-triangular matrix) M_1을 곱한 것으로 해석할 수 있다. 또 비슷한 열 연산으로 M_j를 생각할 수 있다. 만일 k번의 연산으로 A를 위삼각행렬(upper-triangular matrix) U로 전환시킨다면 $M = M_k \cdots M_2 M_1$이라 할 때 $MA = U$를 얻을 수 있고, 또는 $L = M^{-1}$로 놓아

$$A = LU$$

를 얻을 수 있다. 여기서 L은 단위 아래삼각행렬, 즉 대각 원소가 모두 1인 아래삼각행렬이다. U는 목적 구조를 표현하고 L은 실행된 연산과정을 설명하기 때문에 가우스 소거법을 아래삼각행렬을 통한 위삼각행렬화(lower-triangular upper-triangularization)의 과정이라 말할 수 있다.

많은 다른 수치 선형대수의 알고리즘 또한 행렬을 특별한 요소를 가지는 행렬들의 곱으로 나타내는 방법에 기인한다. 생물학의 문구를 차용해 이 분야를 중심원리(central dogma)라 부를 수 있다.

$$\text{알고리즘} \longleftrightarrow \text{행렬 분해.}$$

우리는 이 구조를 가지고 고려할 만한 다음 알고리즘을 바로 기술할 수 있다. 모든 행렬이 LU-인수분해를 가지는 것은 아니다. 2×2 행렬의 반례로

$$A = \begin{pmatrix} 0 & 1 \\ 1 & 0 \end{pmatrix}$$

을 들 수 있다. 컴퓨터가 사용되고 바로 LU-인수분해를 가지는 행렬조차 가우스 소거법의 순형태가 잠재적으로 아주 많은 반올림 오차를 일으켜 불안정하다고 관찰되었다. 안정성은 추축연산(pivoting)으로 알려진, 최대성분을 대각화시키기 위한 소거법을 시행하는 중에 행을 서로 바꿀 때 나타난다. 추축연산은 행에서 이루어지기 때문에 A에 다른 행렬의 왼쪽에서 곱할 때와 대응된다. 추축연산을 포함하는 가우스 소거법에 대응된 행렬분해는

$$PA = LU$$

이다. 여기서 U는 위삼각행렬이고 L은 단위 아래삼각행렬, 그리고 P는 치환행렬, 즉 단위행렬을 열바꿈한 것이다. 만약 치환이 k번째 소거법 단계 전에 k열에서 대각 밑 부분의 가장 큰 성분을 k번째 소거단계 전에 (k, k) 위치로 오게 만들었다면, L은 모든 i, j에 대하여 $|\ell_{ij}| \leqslant 1$이 되는 추가 성질을 갖게 된

다.

추축연산은 빨리 발견되었지만 그 이론적인 해석의 증명은 상당히 어려웠다. 실제적으로 추축연산은 가우스 소거법을 거의 완벽히 안정적으로 만들었고, 선형연립방정식를 풀기 위해 고안된 거의 모든 컴퓨터 프로그램으로 이 작업을 쉽게 행할 수 있다. 그러나 1960년경 윌킨슨 등에 의해 어떤 특별한 행렬은 가우스 소거법이 추축연산을 가지고도 불안정하다는 사실이 밝혀진다. 이러한 차이에 대해 설명할 수 없다는 사실이 수치해석의 당혹스러운 공백이 된다. 실험을 통해 행렬 $\rho n^{1/2}$(이때 n은 차원수)보다 큰 정도로 반올림 오차를 생성하는 가우스 소거법에 관한 행렬분수(예를 들어 독립적으로 분포된 성분을 갖는 임의의 행렬 중에서)는 어떤 의미에서 함수 ρ가 $\rho \to \infty$일 때 기하급수적으로 작아진다는 사실이 드러났지만, 이 노력에 대한 정리는 증명된 바 없다.

그동안 1950년대 후반을 시작으로 수치 선형대수는 또 다른 방향으로 확장되었다. 즉, 직교[III.50 §3]행렬, 유니터리[III.50 §3] 행렬(즉 $Q^{-1} = Q^{\mathrm{T}}$인 실수행렬 또는 $Q^{-1} = Q^*$인 복소수행렬, 여기서 Q^*는 켤레전치이다)을 기초로 한 알고리즘이 사용되기 시작했다. 이런 발전의 출발점은 **QR 인수분해**의 발상이다. 만약 A가 $m \geq n$인 $m \times n$ 행렬이라면 A의 QR 인수분해는 곱

$$A = QR$$

이다. 여기서 Q는 직교열이고 R은 위삼각행렬이다. 이 공식을 Q의 열 q_1, q_2, …가 잇따라 정해지는 **그람-슈미트 직교화**(Gram-Schmidt orthogonalization)

발상의 행렬적인 표현이라 할 수 있다. 이 열 연산은 A의 오른쪽에 기본 위삼각행렬을 곱하는 것에 대응된다. 그람-슈미트 알고리즘은 Q에 목적을 두고 부산물로 R을 얻는 **삼각 직교화**(triangular orthogonalization) 과정이라 할 수 있다. 하우스홀더(Householder)가 1958년에 보인, 많은 경우에 **직교 삼각화**(orthogonal triangularization)의 쌍대적 전략이 보다 효과적이라는 사실은 큰 사건이었다. 이러한 방식으로 $\mathbb{R}^m$을 초곡면에 대해 반사하는 기본 행렬 연산을 연속해서 적용함으로써 A를 직교연산을 통한 위삼각형태로 축소시킬 수 있다. 이는 R에 목적을 두고 부산물로 Q를 얻는 것이라 할 수 있다. 하우스홀더의 방법은 수치적으로 보다 안정적인 것으로 밝혀졌다. 왜냐하면 직교연산이 노름을 보존하고, 따라서 각각의 과정에서 나오는 반올림 오차를 증폭시키지 않기 때문이다.

1960년대에 QR 분해로부터 많은 선형대수 알고리즘들이 나왔다. QR 분해는 그 자체로도 최소제곱 문제나 정규직교기저(orthonormal basis)를 만드는 데 쓰인다. 보다 놀라운 것은 다른 알고리즘에서 사용된다는 것이다. 특히 수치 선형대수에서 중요한 문제 중의 하나는 정사각행렬의 고윳값과 고유벡터를 구하는 것이다. 만약 A가 완전한 고유벡터의 집합을 가지면 열이 이 고유벡터인 행렬 X와 대각 성분이 모두 고윳값인 대각행렬 D를 형성하여

$$AX = XD$$

를 얻고, 따라서 X는 가역이므로

$$A = XDX^{-1}$$

의 **고윳값 분해**(eigenvalue decomposition)를 얻는다. 특별히 A가 에르미트[III.50 §3]인 경우에는 항상 정규직교인 고유벡터의 완전 집합을 갖기 때문에

$$A = QDQ*$$

라 할 수 있고, 여기서 Q는 유니터리이다. 이런 분해 계산의 표준 알고리즘, 즉 QR 알고리즘은 1960년대 초반에 프란치스(Francis), 쿠블라노프스카야(Kublanovkaya), 윌킨슨에 의해 발전되었다. 5차 또는 차수가 그 이상인 다항식은 공식으로 풀리지 않기 때문에 고윳값은 일반적으로 닫힌 형식 내에서 계산되지 않는다는 것을 알고 있다. 따라서 QR 알고리즘은 반복대입법을 요하고 무한번의 QR 분해 수열에 연계한다. 그럼에도 그 수렴은 굉장히 빠르다. 대칭적인 경우 어떤 일반적인 행렬 A에 대하여 QR 알고리즘은 세제곱의 **빠르기**로 수렴하는데, 이것은 각 과정에서 고윳값-고유벡터의 쌍 중 하나에서의 맞는 자릿수의 개수가 근사적으로 3배가 된다는 것을 의미한다.

QR 알고리즘은 수치해석에서 가장 큰 승리 중 하나이고, 널리 사용되는 소프트웨어에 그것이 미치는 영향은 실로 막대하다. 이에 근간을 둔 알고리즘과 해석학은 1960년대에 알골(Algol)과 포트란(Fortran)의 컴퓨터 코드, 후에 소프트웨어 라이브러리인 EISPACK('Eigensystem Package')과 그 파생인 LAPACK을 이끌었다. 같은 방법으로 NAG, IMSL, Numerical Recipes 모음 같은 상용 수치 라이브러리들과 매틀랩(MATLAB), 메이플(Maple), 매스매티카(Mathematica) 같은 문제 해결 환경들이 만들어지게 되었다. 이러한 발전은 성공적이어서 오래 전의

행렬 고윳값 계산은 단지 몇몇 전문가만 어떻게 작동하는지 자세히 알고 대부분의 과학자들에겐 사실상 '블랙박스' 연산이 되었다. 이와 관련하여 선형연립방정식을 풀기 위해 고안된 EISPACK의 사촌뻘인 LINPACK이 예상하지 못한 역할을 하게 된 흥미로운 이야기가 있다. 이는 컴퓨터 제조사들이 그들의 컴퓨터 속도를 시험하는 벤치마킹을 하기 위한 원조 기준이 되었다. 만약 슈퍼 컴퓨터가 1993년 이후로 일 년에 두 번 업데이트되는 TOP 500 리스트에 들기에 충분하다면, 차원이 100에서 백만 정도 되는 $Ax = b$ 같은 행렬문제를 푸는 데 그 프로그램이 충분한 역량을 보여주었기 때문일 것이다.

고윳값 분해는 모든 수학자들에게 익숙하지만 수치선형대수의 발전은 또한 그것의 어린 사촌격인 **특이값 분해**(singular value decomposition, SVD)를 등장하게 한다. SVD는 19세기 후반에 벨트라미(Beltrami), 조르당[VI.52], 실베스터[VI.42]에 의해 발견되고 1965년경 골립(Golub)과 수치해석자들에 의해 유명해지게 된다. 만약 A가 $m \geq n$인 $m \times n$ 행렬이면 A의 SVD는 분해

$$A = U\Sigma V*$$

이다. 여기서 U는 정규직교열을 가지는 $m \times n$ 행렬이고, V는 $n \times n$인 유니터리 행렬, Σ는 대각성분이 $\sigma_1 \geq \sigma_2 \geq \cdots \geq \sigma_n \geq 0$인 대각행렬이다. SVD를 $AA*$와 $A*A$에 대한 고윳값 문제로 볼 수 있지만 이는 수치적으로 불안정하다. 보다 나은 접근으로는 A가 정사각행렬이 아닌 QR 알고리즘의 변형을 들 수 있다. SVD의 계산은 **노름**[III.62] $\|A\| = \sigma_1$(여기서 $\|\cdot\|$는 힐베르트 공간[III.37] 또는 '2' 노름이다)

과 A가 정사각행렬이고 가역인 경우 역원의 노름 $\|A^{-1}\| = 1/\sigma_n$ 또는 조건수(condition number)로 알려진 그것들의 곱

$$\kappa(A) = \|A\|\|A^{-1}\| = \sigma_1/\sigma_n$$

을 알아내는 흔한 방법이다. 위수결핍(rank deficient) 최소제곱, 영역과 영공간(nullspace)의 계산, 위수의 판정, '총 최소제곱(total least-square)', 낮은 위수 근사, 부분공간 간의 각도 판정 등의 엄청난 종류의 추가 계산 문제가 있다.

위에 다룬 내용은 1950~1975년 사이에 태어난 '고전적인' 수치 선형 대수이다. 뒤따른 25년 간은 완전히 새로운 도구, 즉 크릴로프 부분공간 반복법 (Krylov subspace iteration)에 기반을 둔 큰 규모의 문제에 대한 방법론이 탄생했다. 이 반복법에 대한 발상은 다음과 같다. 선형대수 문제가 큰 차원, $n \gg 1000$의 행렬과 관련된다고 가정하자. 그러면 그 해는 A가 대칭적 양의 정부호일 때 $Ax = b$를 풀기 위한 $\frac{1}{2}x^{\mathsf{T}}Ax - x^{\mathsf{T}}b$의 최소화와 같은 어떤 변분적 성질이나 $(x^{\mathsf{T}}Ax)/(x^{\mathsf{T}}x)$의 A가 대칭적일 때 $Ax = \lambda x$를 풀기 위한 정류점을 만족시키는 벡터 $x \in \mathbb{R}^n$으로 묘사될 것이다. 그래서 만일 $k \ll n$이고 K_k가 $\mathbb{R}^n$의 k차원 부분공간이라면 같은 변칙 문제들을 그 부분공간에서 더 빨리 풀 수 있을 것이다. 초기 벡터 q에 대해 K_k의 마법의 선택은 크릴로프 부분공간(Krylov subspace)

$$K_k(A, q) = \mathrm{span}(q, Aq, \cdots, A^{k-1}q)$$

이다. 만일 A의 고윳값이 잘 분포되어 있다면 이 부분공간에서의 해들이 보통 k가 증가함에 따라 $\mathbb{R}^n$의

정확한 해로 매우 빠르게 수렴하기 때문에, 이것은 근사이론과 매력적인 연관성을 가진다. 예를 들면 10^5개의 미지수와 연계된 행렬 문제를 10자릿수의 정확도로 단지 백 번 정도의 반복법으로 푸는 것이 종종 가능하다. 고전 알고리즘의 속도와 비교하면 1000배 차이이다.

크릴로프 부분공간 반복법은 켤레 기울기법 (conjugate gradient)과 1952년에 발표된 란초스 반복법(Lanczos iteration)에 기인하지만, 당시에는 컴퓨터가 경쟁력 있는 방법이 될 만큼의 큰 규모의 문제를 풀기에는 강력하지 못했다. 그것들은 1970년대에 리드(Reid)와 파이지(Paige) 그리고 특히 선조건(preconditioning)의 유명한 아이디어를 낸 판 데르 보스트(van der Vorst)와 메이저링크(Meijerink)의 업적으로 떠올랐다. 선조건에서는 연립방정식 $Ax = b$를 수학적으로 동등한 방정식

$$MAx = Mb$$

로 바꾼다. 여기서 M은 비특이적이다. 만일 M을 잘 고르면 MA와 관련된 새로운 문제가 잘 분포된 고윳값을 가지게 되고 크릴로프 부분공간 반복법이 빠르게 풀리게 될 것이다.

1970년대 이후로 선조건 행렬 반복법은 계산과학의 필수불가결한 도구로 나타난다. 그 중요성은 2001년에 Thomson ISI가 1990년대에 수학 전 분야를 통틀어 가장 많이 인용된 글은 Bi-CGStab, 즉 대칭이 아닌 행렬에 대한 켤레 기울기의 일반화를 소개한 판 데르 보스트의 1989년 논문이라고 발표한 데서 잘 드러난다.

마지막으로 수치해석에서 가장 근 미해결 문제를

소개하지 않을 수 없다. "모든 $\alpha > 2$에 대해 $O(n^\alpha)$번의 연산으로 임의의 $n \times n$ 행렬 A의 역행렬을 구할 수 있는가?"($Ax = b$를 푸는 문제나 행렬곱 AB를 계산하는 문제와 동치이다.) 가우스 소거법은 $\alpha = 3$일 때이고, 1990년에 코퍼스미스(Coppersmith)와 위노그래드(Winograd)가 발표한 어떤 귀납적(실용적이진 않은) 알고리즘으로 지수는 2.376까지 줄어든다. '빠른 역행렬 구하기'가 곧 나올 수 있을까?

5 미분방정식의 수치적 해

선형대수에 많은 주의를 기울이기 전에 수학자들은 해석학의 문제 해결을 위해 수치적 방법을 발전시켰다. 수치적 적분 혹은 **구적법**은 가우스, 뉴턴[VI.14], 그리고 더 나아가 **아르키메데스**[VI.3]로 거슬러 올라간다. 고전적인 구적법의 공식은 $n+1$개의 점들에서 n차다항식으로 보간한 다음 다항식을 정확히 적분한다는 발상에서 비롯된다. 균일하게 배열된 보간점은 **뉴턴-코츠**(Newton-Cotes) 공식을 만든다. 이는 작은 차수에서는 유용하지만 $n \to \infty$이면 2^n만큼의 비율로 발산하고, 이를 **룽게 현상**(Runge phenomenon)이라 한다. 만약 점들을 최적으로 골랐다면 결과는 가우스 **구적법**이다. 이는 빠르게 수렴하고 수치적으로 안정적이다. 이 최적화된 점들은 르장드르 다항식의 근들로 알려졌으며, 끝점 근처에서 집적된다(증명은 특수 함수[III.85]에 요약되어 있다). 동일하게 대부분의 목적에 적합한 것은 보간점들이 $\cos(j\pi/n)$, $0 \leqslant j \leqslant n$이 되는 **클랜쇼-커티스**(Clenshaw-Curtis) 구적법이다. 이 구적법은 또한 안정적이며 빠르게 수렴하고 가우스 구적법과는

다르게 고속 푸리에 변환을 통해 $O(n \log n)$번의 연산으로 구현 가능하다. 왜 집적된 점들이 효과적인 구적법 원칙에 필요한지는 퍼텐셜 이론과 관련이 있다.

1850년쯤 해석학의 다른 문제인 ODE의 해결이 주의를 끌게 된다. 애덤스 공식(Adams formula)은 공간 상 고르게 분포하는 점들에서의 다항식 보간법에 기초를 두는데, 실제적으로 10개보다 작은 수이다. 처음에 이것은 현재 **다중단계법**(multistep method)으로 불리는, ODE의 수치적 해를 구하는 방법이었다. 이 발상은 독립변수 $t > 0$에 대해 초깃값 문제 $u' = f(t, u)$에서 작은 시간 단계 $\Delta t > 0$을 고르고 시간값들의 유한 집합

$$t_n = n\Delta t, \quad n \geqslant 0$$

을 고려하는 것이다. 그리고 나서 ODE를 근삿값들의 연속

$$v^n \approx u(t_n), \quad n \geqslant 0$$

(여기서 위에 쓴 윗첨자는 거듭제곱이 아닌 단순한 첨자이다)을 계산 가능하게 하는 대수 근사로 대치한다. 오일러[VI.19]로 거슬러 올라가는 이러한 근사 공식 중 가장 간단한 것은

$$v^{n+1} = v^n + \Delta t f(t_n, v^n)$$

이다.

또는 $f^n = f(t_n, v^n)$을 이용해서

$$v^{n+1} = v^n + \Delta t f^n$$

으로 간단히 쓸 수 있다. ODE 그 자체와 그것의 수

치적 근사는 하나 혹은 많은 방정식과 연계되어 있을 것인데, 이 경우 $u(t, x)$와 v^n은 적당한 차원의 벡터가 된다. 애덤스 공식은 정확한 해를 만들어내는 데 보다 효과적이도록 오일러 공식을 높은 차수로 일반화한 것이다. 예들 들면 4차 애덤스-배쉬포스(Adams-Bashforth) 공식은

$$v^{n+1} = v^n + \frac{1}{24}\Delta t(55f^n - 59f^{n-1} + 37f^{n-2} - 9f^{n-3})$$

이다. '4차'라는 용어는 $\Delta t \to 0$일 때의 수렴성의 모습과 같이 해석학 문제의 수치적 처리에서 새로운 요소를 반영한다. 위 공식은 $O((\Delta t)^4)$의 비율로 정상적으로 수렴한다는 의미에서 4차이다. 실제적으로 나오는 차수는 종종 3에서 6 사이인데 모든 종류의 계산에 훌륭한 정확도를 주고 보통은 3~10자릿수이다. 그리고 더 높은 차수의 공식은 가끔 더 좋은 정확도가 요구될 때 사용된다.

불행하게도 수치해석 문헌은 관습적으로 이러한 매우 효과적인 방법의 수렴을 논하지 않고, 그 오차, 보다 정확하게는 반올림 오차와는 확연히 다른 이산화(discretization) 또는 절단 오차(truncation error)를 언급한다는 것이다. 오차 해석에 편재한 말들은 음산한 어조이지만 근절할 수 없어 보인다.

20세기의 전환기에 룽게-쿠타(Runge-Kutta) 방법 또는 일단계(one-step) 방법으로 알려진 ODE의 두 번째로 위대한 종류의 알고리즘들이 룽게, 호인(Heun), 쿠타에 의해 발전되었다. 예를 들어 유명한 4차 룽게-쿠타 방법 공식을 들 수 있다. 이는 함수 f의 4개의 값 계산으로 시간 단계 t_n부터 t_{n+1}까지의 수치적 해(스칼라 또는 계)를 진전시킨다.

$$a = \Delta t f(t_n, v^n),$$
$$b = \Delta t f(t_n + \tfrac{1}{2}\Delta t, v^n + \tfrac{1}{2}a),$$
$$c = \Delta t f(t_n + \tfrac{1}{2}\Delta t, v^n + \tfrac{1}{2}b),$$
$$d = \Delta t f(t_n + \Delta t, v^n + c),$$
$$v^{n+1} = v^n + \tfrac{1}{6}(a + 2b + 2c + d).$$

룽게-쿠타 방법은 시행하기 쉬운 경향이 있는 반면 때로는 다단계 공식들보다 해석하기 어렵다. 예를 들어 모든 s에 대하여 애덤스-배쉬포스 공식의 s단계의 계수를 끌어내는 것은 아주 쉬운 일이다. 이는 또한 정확도 $p = s$를 가진다. 반면 룽게-쿠타 방법은 '단계'(즉 각 단계당 함숫값 계산)의 개수와 달성 가능한 정확도와의 간단한 관계가 없다. $s = 1, 2, 3, 4$에서의 고전적 방법은 1901년 쿠타에게 알려져 있었고 $p = s$를 갖는다. 하지만 1963년까지 $s = 6$단계가 차수 $p = 5$를 얻기 위해 필요하다는 것이 알려지지 않았다. 이런 문제들의 해석은 그래프이론 등과 1960년대 이후로는 존 버처(John Butcher)와 같은 이 분야의 핵심인물들로부터 나온 아름다운 수학들과 관련이 있다. 차수 $p = 6, 7, 8$에 대하여 단계의 최소 수는 $s = 7, 9, 11$이고 $p > 8$일 때는 정확한 최솟값을 모른다. 그러나 운 좋게도 이런 높은 차수는 실제적으로는 거의 쓰이지 않는다.

컴퓨터가 2차 세계대전 이후 미분방정식을 풀기 위해 나섰을 때 현실적으로 가장 중요한 현상이 나타난다. 다시 한번 수치적 불안정성이다. 전과 같이 이 문구는 계산과정에서의 국소 오차의 무한정한 증폭이라 할 수 있는데, 그러나 여기서 지배적인 오차는 보통 반올림 오차보다는 이산화 오차에서 나타난다. 불안정성은 전형적으로 수치적 단계를 취

할수록 기하급수적으로 폭발하는(blow up) 그런 계산값의 진동 오차로써 나타난다. 이런 효과를 숙고한 수학자는 달퀴스트(Dahlquist)였다. 달퀴스트는 이 현상을 좋은 능력과 일반성으로 해석될 수 있다고 보았고 몇몇 사람들은 그의 1956년 논문의 등장을 현대 수치 해석의 탄생이라고 간주한다. 이 중요한 논문은 무엇을 다음의 수치해석의 **기본 정리** (fundamental theorem of numerical analysis)

$$일관성 + 안정성 = 수렴$$

이라 해야 될지를 말해준다. 이론은 다음의 세 가지 개념의 정확한 정의를 근간으로 한다. 일관성 (consistency)은 이산적 공식이 국소적으로 긍정적인 정확도를 가져서, 알맞은 ODE를 모형화하는 것이다. 안정성(stability)은 첫 단계에서 나온 오차들이 나중에도 무한정 발산하지 않는다는 성질이다. 수렴 (convergence)은 반올림 오차가 없을 때 $\Delta t \to 0$이면 수치적 해가 옳은 결과로 수렴한다는 성질이다. 달퀴스트의 논문 이전에도 수치적 계획이 불안정하지 않다면 옳은 답의 좋은 근삿값을 줄 것임을 사람들이 깨닫고 있었다는 의미에서, 안정성과 수렴성이 동일하다는 아이디어가 아마 은연중에 퍼져 있었을 것이다. 그의 이론은 수치적 방법의 많은 분야에 대한 그 아이디어의 엄밀한 형태를 주었다.

ODE를 풀기 위해 컴퓨터를 쓰는 방법이 발전함에 따라 보다 큰 주제인 PDE에도 같은 일들이 일어났다. 변형력 해석과 기상학에 적용시키기 위해 1910년경 리차드슨(Richardson)이 PDE를 푸는 이산 수치적 방법을 발명하였고, 사우스웰(Southwell)에 의해 더 발전되었다. 1928년에는 **쿠랑**[VI.83], 프리드리히스(Friedrichs), 레비(Lewy)에 의해 유한차분 방법론에 관한 이론적인 논문이 나왔다. 비록 쿠랑-프리드리히-레비의 논문은 나중에 유명해졌지만 그 아이디어의 영향은 컴퓨터가 나오기 전에는 제한적이었다. 그때 이후로 이 주제는 빠르게 발전했다. 특히 초반에 영향력을 미친 이들은 젊은 페테르 럭스(Peter Lax)를 포함한 로스 앨러모스 실험소의 폰 노이만과 그의 연구 그룹이었다.

ODE와 같이 폰 노이만과 그 동료들은 PDE의 몇 가지 수치적 방법론은 불안정성 참사의 대상이라는 것을 알아냈다. 예를 들어 파동 방정식 $u_t = u_x$를 수치적으로 풀 때 정사각 격자로 공간, 시간 단계 Δx와 Δt를 고른다.

$$x_j = j\Delta x, \quad t_n = n\Delta t, \quad j, n \geq 0.$$

그리고 PDE를 연속된 근삿값들을 계산하는 대수 공식으로 바꾼다.

$$v_j^n \approx u(t_n, x_j), \quad j, n \geq 0.$$

이에 대한 잘 알려진 이산화는 럭스-벤드로프(Lax-Wendroff) 공식이다.

$$\begin{aligned} v_j^{n+1} = v_j^n &+ \tfrac{1}{2}\lambda(v_{j+1}^n - v_{j-1}^n) \\ &+ \tfrac{1}{2}\lambda^2(v_{j+1}^n - 2v_j^n + v_{j-1}^n). \end{aligned}$$

여기서 $\lambda = \Delta t / \Delta x$이고 이는 1차원의 쌍곡보존법칙의 비선형계로 일반화될 수 있다. $u_t = u_x$에서 λ가 1보다 작거나 같은 값으로 고정된다면 이 방법론은 $\Delta x, \Delta t \to 0$일 때 옳은 답에 수렴하게 된다(이때 반올림 오차는 무시한다). 반면 만약 λ가 1보다 크게 되면 발산해 버린다. 폰 노이만과 연구자들은 적어도 선형 상수 계수 문제에 관해서는 이런 불안정성의 존재 또는 부재를 시험할 수 있음을 '폰 노이만 해석학'인 x에 대한 이산적 푸리에 해석학[III.27]으로 알아냈다. 실험적으로 불안정하지 않으면 방법론은 성공을 거두었다. 머지않아 이러한 실험을 엄격하게 바라보는 이론들이 발표되었다(럭스와 리히트마이어(Richitmyer)의 럭스 등가 정리(Lax equivalence theorem, 1956)와, 같은 해 발표된 달퀴스트의 논문). 많은 세부사항들이 달랐고 이러한 이론은 선형방정식에 한정되지만, 반면 달퀴스트의 ODE 이론은 비선형일 때도 적용된다. 하지만 대체로 새로운 결과는 수렴성과 일관성 더하기 안정성을 동등화하는 과정에서 나왔다. 수학적으로 요점은 고른 유계성 원리(uniform boundedness principle)였다.

폰 노이만이 죽고 반세기 동안 럭스-벤드로프 공식과 그 비슷한 공식들이 **계산 유체동역학**(computational fluid dynamics)으로 알려진 획기적으로 강력한 주제로 성장했다. 예전에 다룬 1차 공간 차원의 선형과 비선형방정식이 곧 2차원 그리고 결국 3차원으로 옮겨갔다. 각 3방향에 몇 백 개의 점을 가지는 계산 격자에서 몇 백만 개의 변수로 이루어진 문제를 푸는 것이 지금은 흔한 일이다. 방정식은 선형이거나 비선형이다. 격자는 균등이거나 비균등이고, 종종 경계층과 다른 빠르게 변하는 특징에 특별히 주의를 기울이게 조정되기도 한다. 적용사례는 모든 곳에 있다. 수치적 방법은 날개 모양을 모형화하는 데 처음 사용되었고, 그다음으로 전체 날개 그리고 전 비행체에 사용되었다. 공학자들은 여전히 풍동실험을 사용하지만 계산에 더 의지한다.

이러한 많은 성과들이 1960년대에 공학이나 수학의 다양한 통로로 나온 PDE를 풀기 위한 또 다른 수치적 기술인 유한요소(finite element)에 의해 가능하게 되었다. 차의 몫을 통해 미분작용소를 근사하는 대신, 유한요소법은 간단한 조각으로 분리할 수 있는 함수 f로 해 그 자체를 근사한다. 예를 들면 f의 영역을 삼각형이나 사각형 같은 기본 집합으로 나누고 f를 각 조각에 제한하면 작은 차수의 다항식이 되게 할 수 있다. 해는 대응되는 유한차원의 부분공간에서의 다양한 형태의 PDE를 풀면 얻어지고 그 부분공간에서 계산된 해가 종종 최적화된다. 유한요소 방법론은 함수해석학이 매우 원숙한 정도로 발전되는 데 이용되어 왔다. 이런 방법론은 복잡한 기하를 유연하게 다루기 위해 알려졌고, 특히 구조역학과 도시공학에서 주로 응용되고 있다. 유한요소법에 관해서는 10,000종이 넘는 책과 글이 출판되었다.

PDE의 수치적 해에 관한 방대하고 성숙한 분야에서, 그 기술이 가진 현재 상태의 어떤 면이 쿠랑, 프리드리히스, 레비를 놀라게 할까? 내 생각에는 선형대수의 진기한 알고리즘에의 보편적인 의존이다. 큰 규모의 3차원 PDE의 해는 각 시간단계에서 아마 백만 개의 방정식 계를 요구할 것이다. 이는 유한차분 선조건자를 사용하는 GMRES 행렬 반복법으로 얻어질 수 있고, 이 선조건자는 또 다른 다중격자 선조건자에 의존하는 Bi-CGStab 반복법에 의해 시행된다. 이런 도구들의 쌓아올림은 확실히 초기 컴퓨터 개척자들이 상상하지 못한 것이었다. 그 필요성은 궁극적으로 수치적 불안정성을 추적한다. 크랑크(Crank), 니콜슨(Nicolson)이 1947년에 처음 주목한 것과 같이 불안정성에 대결하는 결정적인 도구는 음함수 공식의 사용이다. 이 음함수 공식은 새로운 시간단계 t_{n+1}에서의 미지수를 연결하고 이 연결은 방정식계의 해를 요구한다.

오늘날의 과학과 공학이 PDE의 수치적 해에 의존함을 보여주는 몇 가지 예는 다음과 같다. 화학(슈뢰딩거 방정식[III.83]), 구조역학(탄성 방정식), 기후예측(편향력 방정식), 터빈 설계(나비에-스토크스 방정식[III.23]), 음향학(헬름홀츠(Helmholtz) 방정식), 통신(맥스웰 방정식[IV13 §1.1]), 우주론(아인슈타인 (Einstein) 방정식), 원유발견(이동(migration) 방정식), 지하수 개선(다르시의 법칙(Darcy's law)), 집적회로 설계(표동확산(drift diffusion) 방정식), 쓰나미 모델링(천수(shallow-water) 방정식), 광섬유(비선형파동방정식[III.49]), 이미지 보정(페로나-말릭 방정식), 금속공학(칸-힐라드(Cahn-Hillard) 방정식), 금융옵션의 가격결정(블랙-숄즈 방정식[VII.9 §2]).

6 수치적 최적화

수치해석학의 세 번째 주요분야는 최적화, 즉 다변수함수의 최소화 그리고 방정식의 비선형계를 푸는 것과 밀접한 관계가 있는 문제들이다. 최적화의 발전은 수치해석의 나머지 것들과는 다소 독립적으로 움직여 왔으며, 작용소 연구와 경제학과 관련 있는 학자들의 집단에 의해 이행되었다.

미적분학을 배우는 학생들은 매끄러운 함수가 도함수가 0인 점이나 경계점에서 임곗값을 가진다고 배운다. 이 같은 두 가능성이 최적화 분야의 두 큰 줄기를 특징짓는다. 한쪽은 내부 해와 다변량 미적

분학과 관련 있는 방법에 의한 자유 비선형 함수의 최솟값을 찾는 문제이다. 다른 한쪽은 최소화되는 함수가 선형이 되어서 이해하기 쉬워지고, 또한 모든 문제는 경계에서 발생되는 선형계획법의 문제이다.

자유비선형 최적화는 오래된 주제이다. 뉴턴이 도입한 발상은 함수를, 지금은 테일러 급수라 불리는 것의 첫 번째 몇 항으로 근사한다는 것이었다. 실제로 아놀드는 테일러 급수를 뉴턴의 '주요 수학적 발견'이라 주장했다. 실수 변수 x의 함수 F의 근 x_*를 찾는 방법에는 잘 알려진 뉴턴의 방법이 있다. k번째 단계에서 추정값 $x^{(k)} \approx x_*$를 가질 때 도함수 $F'(x^{(k)})$를 사용해 더 나은 추정값 $x^{(k+1)}$을 얻어내는 선형 근사하는 것이다.

$$x^{(k+1)} = x^{(k)} - F(x^{(k)})/F'(x^{(k)}).$$

뉴턴(1669)과 랩슨(Raphson)(1690)은 이 발상을 다항식에 적용했고 심슨(Simpson)(1740)은 다른 함수 F와 두 방정식의 체계에 이를 일반화했다. 현대 언어로 표현하면 n개의 미지수의 n개의 방정식 체계에서 우리는 f를 점 $x^{(k)} \in \mathbb{R}^n$에서의 그 도함수가 아래와 같은 성분을 갖는 $n \times n$ 야코비 행렬(Jacobian matrix)인 n-벡터로 간주한다.

$$J_{ij}(x^{(k)}) = \frac{\partial F_i}{\partial x_j}(x^{(k)}), \quad 1 \leq i, j \leq n.$$

이 행렬은 $x \approx x^{(k)}$일 때 정확한 $F(x)$로의 선형근사를 정의한다. 이때 뉴턴의 방법론은 행렬 형태

$$x^{(k+1)} = x^{(k)} - (J(x^{(k)}))^{-1}F(x^{(k)})$$

을 취하고 이는 실질적으로 $x^{(k)}$으로부터 $x^{(k+1)}$을

얻는다는 것을 의미할 뿐 아니라 아래의 선형연립 방정식을 해결한다.

$$J(x^{(k)})(x^{(k+1)} - x^{(k)}) = -F(x^{(k)}).$$

J가 립쉬츠(Lipschitz) 연속이고 x_*에서 비특이적이면서 초기 추측이 충분히 좋다면 이 반복법의 수렴 차수는 2차이다.

$$\|x^{(k+1)} - x_*\| = O(\|x^{(k)} - x_*\|^2). \qquad (1)$$

학생들은 종종 이 추정의 지수를 3이나 4로 발전시켜서 생각하는 것이 좋은 발상이라 여기는데 이는 환상이다. 2차 수렴하는 알고리즘의 시간에서 두 가지 단계를 취하면 4차식으로 수렴하는 것이 된다. 따라서 2차와 4차의 효율은 많아야 상수배만큼 차이 난다. 지수 2, 3이나 4를 다른 1보다 큰 임의의 수의 지수로 대체해도 마찬가지이다. 지수가 단지 1일 때, 차이는 뉴턴 방법론이 원형인 초선형(superlinearly)으로 수렴하는 알고리즘과 선형으로 또는 기하급수적으로 수렴하는 모든 알고리즘 사이에 있다.

다변량 미적분학의 관점으로 볼 때 연립방정식을 푸는 것에서 변수 $x \in \mathbb{R}^n$의 스칼라함수 f의 최소화하는 문제 사이는 작은 단계밖에 없다. (국소적) 최솟값을 찾기 위해 n-벡터인 그래디언트 $g(x) = \nabla f(x)$의 근을 찾는다. g의 도함수는 f의 헤시안(Hessian)으로 알려진 야코비 행렬이고, 그 성분은

$$H_{i,j}(x^{(k)}) = \frac{\partial^2 f}{\partial x_i \partial x_j}(x^{(k)}), \quad 1 \leqslant i, j \leqslant n$$

이며 헤시안은 항상 대칭적이라는 새로운 특징을 가진다. 이것을 이전의 뉴턴 반복법에서와 마찬가지로 $g(x)$의 해를 찾는 데 사용할 수 있다.

최소화와 근 찾기를 위한 뉴턴 공식은 이미 정립되었지만 컴퓨터의 등장은 수치적 최적화의 새로운 분야를 만들었다. 곧바로 마주하게 되는 장애물 중의 하나는 초기 추측이 좋지 못하면 뉴턴 방법론이 실패한다는 점이다. 이 문제는 철저히 선탐색(line search)과 신뢰영역(trust region)이라는 알고리즘적인 기술에 의해 실제적이고도 이론적으로 철저히 고심되어 왔다.

적지 않은 변수에 관한 문제에 대해 각 단계에서 야코비안이나 헤시안을 구하는 대가는 너무 지나치다는 평가가 내려졌다. 여전히 초선형적 수렴성을 만족한다면 부정확한 야코비안, 헤시안이나 연관된 선형방정식의 부정확한 해를 사용하는 한이 있더라도 더 빠른 방법이 필요했다. 이에 관한 초기의 획기적인 진전은 1960년대에 브로이든(Broyden), 데이비든(Davidon), 플레쳐(Fletcher), 파웰(Powell)에 의한 준-뉴턴 방법(quasi-Newton method)의 발견이었다. 이는 부분정보를 이용해 야코비안, 헤시안이나 그것들의 행렬 인자를 지속적으로 향상하는 추정을 생성한다. 그 당시 이 주제의 긴박함을 말해주는 것은 1970년에 최적 2계수 대칭 양의 정부호 준-뉴턴 갱신 공식(optimal rank-two symmetric positive-definite quasi-Newton updating formula)이 브로이든, 플레쳐, 골드파브(Goldfarb), 샤노(Shanno) 등 4명 이상에 의해 독립적으로 발표되었다는 것이다. 그들의 발견은 그 이후로 BFGS 공식으로 알려져 왔다. 차후 몇 년 간 다루기 쉬운 문제들의 규모가 기하급수적으로 증가했고 계산된 함수의 도함수를 자동으로 알게 하는 기술인 자동미분(automatic differentiation)을 포함한 새로운 발상들이 중요해졌다. 컴퓨터 프로그램 자체가 '미분되어서' 수치적 산출을 만들 뿐 아니라 그들의 도함수 또한 생산했다. 자동미분의 발상은 오래된 것이지만 여러 가지 이유로 부분적으로 희소 선형대수학(sparse linear algebra)과 '역방향 모드(reverse mode)' 공식화의 발전과 관련이 있다. 이는 1990년대의 비쇼프(Bischof), 칼(Carle), 그리방크(Griewank)의 업적 전에는 전혀 현실적이지 못했다.

조건 없는 최적화 문제는 상대적으로 쉽지만 전형적이지는 않다. 이 분야의 진정한 깊이는 제약을 다루는 방법론에 의하여 드러난다. 함수 $f : \mathbb{R}^n \to \mathbb{R}$을 어떤 항등식 조건 $c_i(x) = 0$과 부등식 조건 $d_j(x) \geq 0$이 주어진 최소화하려는 대상이라고 하자. 여기서 $\{c_i\}$, $\{d_j\}$도 $\mathbb{R}^n$에서 $\mathbb{R}$로의 함수이다. 이러한 문제의 국소적 최적화 조건을 서술하는 것조차도 자명한 것은 아니며, 라그랑주 승수[III.64]와 유효, 비유효한 제약조건을 구분하는 것과 연관되어 있다. 이 문제는 1951년 쿤(Kuhn), 터커(Tucker)에 의해 소개되고 또 12년 이전에 카루쉬(Karush)가 순차적으로 깨달은, 현재 KKT 조건이라 알려진 것에 의해 풀렸다. 제약된 비선형 최적화에 대한 알고리즘의 발전은 현재까지도 활발한 연구 주제이다.

제약조건의 문제는 수치 최적화의 다른 가닥인 선형계획법(linear programming)을 가져왔다. 이 주제는 1930년대와 1940년대에 소비에트 연방의 칸토로비치(Kantorovich)와 미국의 단치그(Dantzig)에 의하여 태어났다. 1947년 단치그는 미공군을 위한 그의 연구의 자연스러운 부산물로서 선형계획법을 푸는 그 유명한 단체 알고리즘[III.84]을 발명했다. 선형계획은 단지 n개 변수 선형함수를 m개의 선형항 등식 그리고 또는 부등식의 제약조건하에 최소화하는 문제이다. 어떻게 이게 난제일 수 있을까? 한 가지 답은 m과 n이 클 수 있다는 것이다. 큰 규모의 문제는 연속적인 문제를 이산화하거나 그 자신으로부터 나올 수 있다. 초기의 유명한 예는 1973년에 레온티프(Leontiev)에게 노벨상을 안겼던 경제학의 입출력 모형에 관한 레온티프 이론이다. 1970년대에 조차 소비에트 연방은 경제를 계획하는 도구로 몇 천 개의 변수를 쓰는 입출력 컴퓨터 모형을 사용했었다.

단체 알고리즘은 중간 혹은 큰 규모의 선형계획 문제를 다루기 쉽게 만들었다. 이러한 문제는 **목적함수**(objective function), 즉 최소화된 함수 $f(x)$와 모든 제약조건을 만족시키는 벡터 $x \in \mathbb{R}^n$의 집합인 **실현가능영역**(feasible region)에 의하여 정의된다. 선형계획에 대한 가능영역은 초곡면에 의해 닫힌 유계정의역인 다면체이고, 꼭짓점 중 하나에서 f의 최적값을 가진다(한 점이 제약조건을 정의하는 방정식의 어떤 부분집합의 유일한 해라면 **꼭짓점**(vertex)이라 부른다). 단체 알고리즘은 최적점에 도달할 때까지 한 꼭짓점에서 다른 꼭짓점으로 체계적으로 움직이며 진행된다. 모든 반복법은 가능영역의 경계에서 이루어진다.

AT&T 벨 연구소의 나렌드라 카마커(Narendra Karmarker)에 의해 1984년에 이 분야에서는 대격변이 일어나게 된다. 카마커는 때로는 단체 알고리즘보다 가능영역의 내부에서 최적화를 진행하는 것이 더 좋다는 것을 보였다. 카마커의 방법론과 1960년대의 피아코(Fiacco)와 맥코믹(McCormick)에 의해 유명해진 로그적 장애물 방법과의 관계가 보여진 후, 전에는 비선형 문제에만 쓰일 수 있다고 여겨지던 기술이 적용돼 새로운 선형계획법의 내부방법이 고안되었다. 원형과 쌍대 문제 쌍을 동시에 다루는 일들에 관한 결정적인 발상은 현재의 강력한 원시-쌍대 방법론을 이끌었다. 이는 몇 백만 개의 변수와 제약을 가지는 연속 최적화 문제를 풀 수 있게 한다. 카마커의 업적을 시작으로 선형계획법 분야는 완전히 변화했을 뿐 아니라, 현재는 최적화의 선형과 비선형적 측면이 본질적으로 다르기보다는 밀접한 연관이 있다고 본다.

7 미래

수치해석학은 수학으로부터 나왔고 그 후에 컴퓨터 과학을 낳았다. 1960년대 대학들이 컴퓨터과학과를 만들 때 수치해석학은 종종 선두에 있었다. 2세대가 지난 지금은 수치해석학이 대부분 수학과에 속해 있다. 무슨 일이 일어났을까? 이것은 수치해석이 연속적인 수학문제를 다루고, 한편으로 컴퓨터 과학자들이 이산적인 것을 선호한다는 점에서 큰 차이를 낳았기 때문이다.

그럼에도 수치해석의 컴퓨터과학적인 면은 굉장히 중요하기 때문에, 이 측면을 강조할 수 있는 예측을 하고 이 글을 끝내고자 한다. 전통적으로 우리는 수치적 알고리즘을 잘 정의된 종결 기준을 만족하기까지의 어떤 순환의 흔한 실행과정이라고 생각한다. 몇몇 계산에서 이것은 분명하다. 반면 1960년대의 드부어(de Boor), 리네스(Lyness), 라이스(Rice) 등의 업적을 시작으로 덜 결정론적인 수치계산, 즉 적응 알고리즘(adaptive algorighm)이 나타나기 시작했다. 특정 분할의 각 부분에서 적분의 두 가지 추정을 계산하고, 이를 비교해 국소오차의 추정을 만든다. 이 추정에 따라 분할은 국소적으로 정제되어 정확도를 향상시킨다. 이러한 과정은 마지막 답이 사용자에 의해 우선 명시되고 용인할 수 있는 정확도를 가질 때까지 반복 시행된다. 대부분의 이런 계산은 정확도를 보장할 수 없지만, 흥미롭게 계속되는 발전은 종종 정확도를 보장하는 후행적(a posteriori)으로 오차를 조절하는 더 복잡한 기술의 진전이다. 이것들이 구간연산(interval arithmetic)의 기술과 합해질 때 반올림 혹은 이산화 오차에 대하여 정확도를 보장할 수 있는 가망이 있다.

첫째로 구적법을 위한 컴퓨터 프로그램이 적응적이 되었고, 따라서 ODE를 위한 프로그램도 그렇게 되었다. PDE에서는 적응적 프로그램으로의 움직임이 더 긴 기간을 가지고 일어나고 있다. 보다 최근에는 푸리에 변환, 최적화, 큰 규모의 수치적 선형대수의 계산과 관련된 발전이 있었고, 몇 가지 새로운 알고리즘은 수학 문제뿐만 아니라 컴퓨터 구조와 부합된다. 모든 문제를 풀기 위해 알려진 몇 개의 알고리즘이 있는 세계에서, 우리는 점차 가장 한결같은 컴퓨터 프로그램이 다양한 능력을 가질뿐더러 그 능력을 때에 따라 적응적으로 사용하길 바란다. 다시 말해 수치적 계산이 점차 똑똑한 통제루프 속으로 통합되는 것이다. 나는 이런 과정이 다른 많은 기술들이 그래왔던 것처럼 계속될 것이라고 믿고 있고, 계산의 세부 사항에서 과학자들이 사라지게 하는 대신 지속적인 힘을 더해 갈 것이라 생각한다. 또한 2050년의 수치적 컴퓨터 프로그램이 99%의 똑똑한 '포장'과 1%의 실질적 '알고리즘'이 될 것이라 예상한다. 거의 아무도 어떻게 작동하는지 모르지만 그것들이 굉장히 강력하고 신뢰할 만하며 대체로 정확도가 보장된 결과를 제공할 것이다. 이러한 이야기는 수학적인 귀결을 가질 것이다. 수학의 근본적 차이 중의 하나는 단번에 풀 수 있는 선형이거나 보통은 반복법을 요하는 비선형인 문제들 사이에 있다. 관련된 차이는 정방향 문제들(일단계 방법)과 역방향 문제들(반복법) 사이에 있다. 수치 알고리즘은 점차적으로 똑똑한 통제 루프 속에 들어가기 때문에 대부분의 문제는 그 철학적인 위상과 관계 없이 반복법으로 다루어질 것이다. 대수의 문제는 해석학의 방법으로 풀릴 것이고 선형과 비선형의 차이, 정방향과 역방향의 차이는 희미해질 것이다.

8 부록: 몇 가지 주요 수치 알고리즘

표 1은 수치해석의 역사에서 가장 중요한 알고리즘적인(이론적인것과 대조적으로) 발전을 나타낸다. 각 중심인물을 들면 중심날짜는 연도순으로 배열했다. 물론 역사를 간략하게 요약하자면 이 같은 지나친 단순화를 피할 순 없다. 부득이하게 전 목록에서 유한요소, 전조건, 자동미분 분야의 많은 기여자 그리고 EISPACK, LINPACK, LAPACK의 저자 중의 절반 이상을 생략하였다. 연도조차 의구심이 들 수 있다. 예를 들어 고속 푸리에 변환은 1965년으로 적었는데, 이는 가우스가 160년 전에 발견했지만 세계가 주목한 논문은 1965년에 발표됐기 때문이다. 1991년부터 현재까지 공백이 된다고 누가 상상할까! 틀림없이 미래에는 이 공백의 자리를 채울 수 있는 업적이 등장할 것이다.

더 읽을거리

Ciarlet, P. G. 1978. *The Finite Element Method for Elliptic Problems*. Amsterdam: North-Holland.

Golub, G. H., and C. F. Van Loan. 1996. *Matrix Computations*, 3rd edn. Baltimore, MD: Johns Hopkins University Press.

Hairer, E., S. P. Nørsett(for volume I), and G. Wanner, 1993, 1996. *Solving Ordinary Differential Equations*, volume I and II. New York: Springer.

Iserles, A., ed. 1992-. *Acta Numerica* (annual volumes). Cambridge: Cambridge University Press.

Nocedal, J., and S. J. Wright. 1999. *Numerical Optimization*. New York: Springer.

Powell, M. J. D. 1981. *Approximation Theory and Methods*. Cambridge: Cambridge University Press.

Richtmyer, R. D., and K. W. Morton. 1967. *Difference Methods for Initial-Value Problems*. New York: Wiley Interscience.

표1 수치해석 역사에서 중요한 몇몇 알고리즘 발전

연도	발전	발전에 기여한 주요 인물
263	가우스 소거법	리(Liu), 라그랑주(Lagrange), 가우스(Gauss), 야코비(Jacobi)
1671	뉴턴 방법	뉴턴(Newton), 랩슨(Rapson), 심슨(Simpson)
1795	최소 제곱법	가우스, 르장드르(Legendre)
1814	가우스 구적법	가우스, 야코비, 크리스토펠(Christoffel), 스틸체스(Stieltjes)
1855	애덤스 ODE 공식	오일러(Euler), 애덤스(Adams), 배쉬포스(Bashforth)
1895	룽게-쿤타 방법	룽게(Runge), 호인(Heun), 쿠타(Kutta)
1910	PDE에 대한 유한차분법	리차드슨(Richardson), 사우스웰(Southwell), 쿠랑(Courant), 폰 노이만(von Neumann), 럭스(Lax)
1936	부동 소수점 연산	토레스 이 케베도(Torres y Quevedo), 추제(Zuse), 튜링(Turing)
1943	PDE에 대한 유한요소법	쿠랑, 펭(Feng), 아지리스(Argyris), 클로(Clough)
1946	스플라인 보간법	쇤베르크(Schoenberg), 드 카스텔죠(de Casteljau), 베지어(Bezier), 드 부어(de Boor)
1947	몬테카를로 시뮬레이션	울람(Ulam), 폰 노이만, 메트로폴리스(Metropolis)
1947	단체 알고리즘	칸트로비치(Kantorovich), 단치히(Dantzig)
1952	란초스와 켤레그래디언트 반복법	란초스(Lanczos), 헤스테네스(Hestenes), 스티펠(Stiefel)
1952	Stiff ODE 해결자	커티스(Curtiss), 힐쉬펠더(Hirschfelder), 달퀴스트(Dahlquist), 기어(Gear)
1954	포트란	바쿠스(Backus)
1958	직교선형대수	에이트킨(Aitken), 기븐스(Givens), 하우스홀더(Householder), 윌킨슨(Wilkinson), 골립(Golub)
1959	준-뉴턴 반복	데이비든(Davidon), 플레쳐(Fletcher), 파우얼(Powell), 브로이든(Broyden)
1961	고윳값에 대한 QR 알고리즘	루티샤우저(Rutishauser), 쿠블라노프스카야(Kublanovskaya), 프란시스(Francis), 윌킨슨
1965	고속 푸리에 변환	가우스, 쿨리(Cooley), 터키(Tukey), 산데(Sande)
1971	PDE에 대한 스펙트럼 방법	체비쇼프(Chebyshev), 란초스, 클렌쇼(Clenshaw), 오스작(Orszag), 고틀리브(Gottlieb)
1971	방사기저함수	하디(Hardy), 아스키(Askey), 듀숀(Duchon), 미켈리(Miccelli)
1973	다중격자 반복법	페도렌코(Fedorenko), 바크발로프(Bakhvalov), 브란트(Brandt), 핵크부슈(Hackbusch)
1976	EISPACK, LINPACK, LAPACK	몰러(Moler), 스튜어트(Stewart), 스미스(Smith), 돈게라(Dongarra), 뎀멜(Demmel), 바이(Bai)
1976	비대칭 크릴로프 반복법	빈섬(Vinsome), 사드(Saad), 반 데르 보르스트(van der Vorst), 소렌센(Sorensen)
1977	전조건행렬 반복법	반 데르 보르스트, 메이예링크(Meijerink)
1977	매틀랩	몰러
1977	IEEE 산술	카한(Kahan)
1982	웨이블릿	몰렛(Morlet), 그로스만(Grossman), 메이어(Meyer), 도브쉬(Daubechies)
1984	최적화의 내부점법	피아코(Fiacco), 맥코믹(McCormick), 카마카(Karmarkar), 메기도(Megiddo)
1987	고속 다극법	로클린(Rokhlin), 그린가드(Greengard)
1991	자동미분	이리(Iri), 비숍(Bischof), 칼(Carle), 그리반크(Griewank)

IV.22 집합론

조안 바가리아 *Joan Bagaria*

1 서론

집합론은 추상적 집합과 그 성질을 연구하는 학문임과 동시에 수학의 토대를 제공한다. 이러한 두 가지 상반된 역할로 인해 집합론은 모든 수학 분야 중에서도 특별하다. 수학의 토대를 제공하는 학문으로서, 집합론은 수학적으로뿐만 아니라 철학적으로도 매우 중요하다. 이 장에서 우리는 집합론의 이러한 측면에 대해 논의할 것이다.

2 초한수론

집합론을 처음 연구한 사람은 **칸토어[VI.54]**로, 1874년에 그는 대수적 수(algebraic number)보다 실수가 더 많음을 보였다. 이는 두 무한 집합의 크기가 다를 수 있다는 것을 증명한 것이었고, 더 나아가 **초월수[III.41]**의 존재를 새롭게 보인 것이었다. 대수적 수란 정수 계수 $a_i(a_n \neq 0)$를 가지는 어떤 다항방정식

$$a_n X^n + a_{n-1} x^{n-1} + \cdots + a_1 X + a_0 = 0$$

의 근이 되는 실수이다. 즉 $\sqrt{2}$, $\frac{3}{4}$, 황금비, $\frac{1}{2}(1+\sqrt{5})$ 등은 대수적 수이다. 초월수란 대수적이지 않은 실수이다.

대수적 수와 실수가 모두 무한히 많은데도 실수가 대수적 수보다 '많다'라는 것은 무슨 뜻일까? 칸토어는 두 집합 A와 B 사이에 전단사함수(bijection)가 존재하면 그들의 크기, 즉 "**기수(cardinality)**가 같

다"라고 정의했다. 이는 A의 원소와 B의 원소 사이에 일대일대응(one-to-one correspondence)이 있다는 뜻이다. 만일 A와 B 사이에 전단사함수가 존재하지 않고 A와 B의 **부분집합** 사이에 전단사함수가 있으면 A는 B보다 **기수가 작다**고 한다. 결국 칸토어가 보인 것은 모든 대수적 수의 집합의 기수가 모든 실수의 집합의 기수보다 작다는 것이었다.

특히 칸토어는 무한집합을 가산과 비가산[III.11]으로 구분했다. 가산집합이란 자연수의 집합과 일대일대응이 되는 집합, 즉 각 원소에 자연수를 하나씩 할당하여 '열거(enumerate)'할 수 있는 집합이다. 이것이 대수적 수에 어떻게 적용되는지 함께 살펴보자. 앞선 다항방정식의 지표(index)를 다음과 같이 정의하자.

$$|a_n| + |a_{n-1}| + \cdots + |a_0| + n.$$

각 $k > 0$에 대해 지표가 k인 다항방정식의 개수가 유한하다는 사실은 쉽게 보일 수 있다. 예를 들어 a_n이 양수이고 지표가 3인 방정식은 $X^2 = 0$, $2X = 0$, $X + 1 = 0$, $X - 1 = 0$ 네 개뿐이고 이들의 근은 0, -1, 1이다. 이제 우리는 모든 대수적 수를 다음과 같이 셀 수 있다. 먼저 지표가 1인 방정식의 근을 모두 세고 난 뒤, 지표가 2인 방정식의 근 중에서 아직 등장하지 않은 근을 모두 세고, 그런 다음 지표로 넘어가는 식이다. 그러므로 대수적 수의 집합은 가산이다. 참고로 이 증명을 통해 집합 $\mathbb{Z}$와 $\mathbb{Q}$도 가산임을 알 수 있다.

칸토어가 발견한 놀라운 사실 중 하나는 실수의 집합 $\mathbb{R}$이 비가산이라는 것이다. 그는 이것을 본래 다음과 같이 증명했다. 우리는 $r_0, r_1, r_2, \cdots$가 모든

실수를 열거한 것이라 가정한 뒤 모순을 유도할 것이다. 먼저 $a_0 = r_0$이라 하자. 그런 다음 $a_0 < r_k$를 만족하는 최소의 k에 대해 $b_0 = r_k$라 하자. 일반적으로 a_n과 b_n이 주어졌을 때 $a_n < r_l < b_n$을 만족하는 최소의 l에 대해 $a_{n+1} = r_l$이라 하고, $a_{n+1} < r_m < b_n$을 만족하는 최소의 m에 대해 $b_{n+1} = r_m$이라 하자. 그 결과 수열 $a_0 < a_1 < a_2 < \cdots < b_2 < b_1 < b_0$이 생성된다. 이제 a를 a_n의 극한이라 하자. 이 a는 어떠한 n에 대해서도 r_n과 같을 수 없다. 이는 수열 r_0, r_1, r_2, $\cdots$가 모든 실수를 열거한 것이라는 가정에 모순된다.

이로써 본질적으로 적어도 둘 이상의 다른 종류의 무한집합이 존재한다는 것을 최초로 확인한 셈이다. 또한 칸토어는 모든 $n \geqslant 1$에 대한 $\mathbb{R}^n$과 $\mathbb{R}^{\mathbb{N}}$, 그리고 모든 실수들의 무한 수열 r_0, r_1, r_2, $\cdots$의 집합 사이에 전단사함수가 존재함을 보임으로써 이들의 (비가산) 기수가 모두 같음을 증명했다.

1879년부터 1884년까지 칸토어는 집합론의 근간을 이루는 일련의 결과를 발표했다. 이 결과에서 처음으로 소개된 중요한 개념은 무한 순서수(ordinal), 즉 다른 말로 '초한(transfinite)' 순서수라 불리는 것이었다. 어떤 모임의 대상을 자연수를 이용해 센다고 가정해 보자. 이는 1, 2, 3 등의 자연수를 각 대상에 할당하여 각 대상을 정확히 한 번씩 세었을 때 멈추는 과정이다. 이 과정은 수열의 마지막 숫자 n을 얻는 동시에 순서매김(ordering)을 정의한다. 숫자 n은 이 모임에 속한 대상의 개수를 말해준다. 순서매김은 대상을 세는 순서를 말한다. 이는 집합 $\{1, 2, \cdots, n\}$의 두 측면이 반영된 결과이다. $\{1, 2, \cdots, n\}$과 일대일대응인 어떤 집합 X가 주어졌을 때 오직 집합의 크기에만 관심 있는 경우의 결론은 X의 기수가 n이라는 사실이다. 하지만 집합 $\{1, 2, \cdots, n\}$의 자연적 순서에 주목할 경우에 이 일대일대응은 집합 X의 순서매김을 정의한다. 첫 번째 경우에 n은 기수이고, 두 번째 경우에는 순서수이다.

한 가산적 무한 집합을 순서수의 관점에서 볼 수도 있다. 예를 들어, 0, 1, 2, 3, 4, 5, 6, 7, $\cdots$이 0, 1, −1, 2, −2, 3, −3, $\cdots$에 대응하는 $\mathbb{N}$과 $\mathbb{Z}$ 사이의 일대일대응을 생각하자. 이는 두 집합의 기수가 같음을 보일 뿐만 아니라, $\mathbb{N}$의 자연스런 순서매김으로 $\mathbb{Z}$에 순서매김을 정의한다.

이번엔 단위 구간 [0, 1]의 점의 개수를 센다고 가정해 보자. 앞선 칸토어의 주장에 따르면, 우리가 어떠한 방식으로 0, 1, 2, 3, $\cdots$을 할당하더라도 구간 내의 점을 모두 세기 전에 모든 자연수가 고갈될 것이다. 하지만 그렇다고 해서 이미 센 수를 제외하고 다시 처음부터 세지 못할 이유는 없다. 바로 이 지점에 초한 순서수가 등장하게 된다. 이것은 '무한을 넘어' 수열 0, 1, 2, 3, $\cdots$을 연장시키고 자연수보다 더 큰 무한집합을 세는 데 필요하다.

이에 대한 논의를 시작하려면 먼저 모든 자연수의 수열 바로 다음에 오는 첫 번째 지점을 표현하는 순서수가 필요하다. 이것이 칸토어가 ω로 표기한 첫 번째 무한 순서수이다. 다시 말해 ω는 0, 1, 2, 3, $\cdots$ 다음에 온다. 선행자(predecessor)가 존재하지만 직속 선행자(immediate predecessor)가 존재하지 않는다는 점에서 순서수 ω는 이전의 순서수와 다른 특징을 갖고 있다. (말하자면 6의 직속 선행자는 7이다.) 이때 ω를 극한순서수(limit ordinal)라 부른다. 여기에 단순히 1을 반복적으로 더해가면 서수적 수열을 ω 이후로 간단히 연장할 수 있다. 결과적으로 순서수의 수열은 다음과 같이 시작한다.

$$0, 1, 2, 3, 4, 5, 6, 7, \cdots, \omega, \omega+1, \omega+2, \omega+3, \cdots.$$

이 다음에 오는 극한 순서수는 자연히 $\omega + \omega$라 부르고, $\omega \cdot 2$로 적는다. 이로써 위 수열은

$$\omega \cdot 2, \omega \cdot 2 + 1, \omega \cdot 2 + 2, \cdots, \omega \cdot n, \cdots, \omega \cdot n + m, \cdots$$

과 같이 계속된다.

이 논의에서 알 수 있듯이 새로운 순서수를 생성하는 데에는 두 가지 기본적인 법칙이 있다. 하나는 1을 더하는 것이고 다른 하나는 극한으로 넘기는 것이다. '극한으로 넘긴다(passing to the limit)'라는 것은 '순서수로 이루어진 수열에서 새 순서수를 지금까지 얻은 모든 순서수의 바로 다음 지점에 할당한다'는 뜻이다. 예를 들어, 모든 순서수 $\omega \cdot n + m$ 이후에 오는 극한 순서수는 $\omega \cdot \omega$, 즉 ω^2이고, 이는

$$\omega^2, \omega^2 + 1, \cdots, \omega^2 + \omega, \cdots, \omega^2 + \omega \cdot n, \cdots, \omega^2 \cdot n, \cdots$$

으로 연장된다. 결국 ω^3에 도달한 수열

$$\omega^2, \omega^3 + 1, \cdots, \omega^3 + \omega, \cdots, \omega^3 + \omega^2, \cdots, \omega^3 \cdot n, \cdots$$

은 ω^4을 다음 극한 순서수로 받아 진행한다. 모든 ω^n 다음에 오는 첫 번째 극한 순서수는 ω^ω이다. 그 다음은 $\omega^\omega, \omega^{\omega^\omega}, \omega^{\omega^{\omega^\omega}}, \cdots$ 순이고, 그 이후엔 ε_0이라는 극한 순서수가 온다. 이 뒤로도 수열은 계속된다.

집합론에는 모든 수학적 대상을 집합으로 생각하는 경향이 있다. 특히 순서수는 쉽게 집합으로 볼 수 있다. 0을 공집합으로 생각하면 순서수 α는 모든 선행 순서수의 집합으로 볼 수 있다. 예를 들어

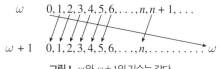

$$\omega \qquad 0, 1, 2, 3, 4, 5, 6, \ldots, n, n+1, \ldots$$
$$\omega + 1 \quad 0, 1, 2, 3, 4, 5, 6, \ldots, n, \ldots \ldots \ldots \rightarrow \omega$$

그림 1 ω와 $\omega+1$의 기수는 같다.

자연수 n은 (기수 n을 갖는) 집합 $\{0, 1, \cdots, n-1\}$과 같고, 순서수 $\omega + 3$은 집합 $\{0, 1, 2, 3, \cdots, \omega, \omega+1, \omega+2\}$와 같다. 이런 식으로 생각하면 순서수의 집합 사이의 순서매김은 집합 간의 소속관계(set membership)이다. 서수적 수열에서 α가 β의 선행자이면 α는 β의 앞에 있는 순서수이기 때문에 β의 원소라 볼 수 있다. 이 순서매김에서 매우 중요한 성질은 공집합이 아닌 각각의 순서수의 부분집합이 최소 원소를 갖는다는 사실이다. 이를 **정렬집합**(well-ordered set)이라 한다.

앞서 언급했듯이 집합의 크기는 기수로 측량하고 순서수로 순서수열(ordered sequence)의 위치를 지정한다. 서로 다른 두 무한 순서수가 같은 크기를 가질 수 있기 때문에 기수와 순서수의 차이는 유한수보다 무한수에서 더 잘 드러난다. 예를 들어 순서수 ω와 $\omega+1$은 서로 다르지만 이들에 대응되는 집합 $\{0, 1, 2, \cdots\}$와 $\{0, 1, 2, \cdots, \omega\}$는 그림 1에서 볼 수 있듯이 서로 같은 기수를 가지고 있다. 사실 지금까지 기술한 무한 순서수로 셀 수 있는 모든 집합은 가산이다. 그러면 어떤 의미에서 서로 다른 순서수가 다르다는 것일까? 요지는 $\{0, 1, 2, \cdots\}$와 $\{0, 1, 2, \cdots, \omega\}$ 같은 두 집합은 기수는 같지만 **순서동형적**(order isomorphic)이지 않다는 것이다. 즉, $x < y$일 때 $\phi(x) < \phi(y)$를 만족하는 집합 사이의 전단사함수 ϕ가 존재하지 않는다. 따라서 이들은 '집합'으로서는 같지만 '순서집합'으로서는 다르다.

편의상 지금까지 기수를 집합의 크기로 생각해 왔지만, 기수의 가장 쉬운 형식적 정의는 모든 선행 순서수보다 더 큰 순서수이다. 그러한 순서수의 중요한 두 가지 예로 첫 번째 무한 순서수인 ω와 칸토어가 ω_1로 표기한 모든 가산 순서수의 집합이 있다. 여기서 ω_1은 첫 번째 비가산 순서수이다. 자기 자신의 원소가 될 수 없기 때문에 비가산이고, 가산 원소만을 포함하기 때문에 첫 번째 비가산 순서수이다. (만약 이것이 역설적으로 들린다면 순서수 ω를 생각해 보자. 이것은 무한수이지만 유한수만을 포함한다.) 정의에 의해 ω_1은 기수이고, 순서구조보다 기수적 양상을 강조하는 뜻에서 칸토어는 이를 $\aleph_1$로 표기했다. 비슷한 방식으로 ω의 기수를 $\aleph_0$으로 표기한다.

기수 $\aleph_1$을 정의했던 과정을 다음과 같이 반복할 수 있다. 기수가 $\aleph_1$인 모든 순서수의 집합, 동치적으로는 첫 번째 비가산 순서수인 ω_1과 일대일대응인 모든 순서수의 집합을 생각하자. 이 집합은 $\aleph_1$보다 큰 기수를 갖는 최소 순서수에 해당한다. 이를 순서수로서 ω_2로, 기수로서 $\aleph_2$로 표기한다. 이 과정을 반복하면 점점 더 큰 기수의 전체 수열 $\omega_1, \omega_2, \omega_3,$ $\cdots$을 생성할 수 있다. 더 나아가 여기에 극한을 적용하면 이 수열을 초한적으로 연장시킬 수 있다. 예를 들면 순서수 ω_ω는 모든 순서수 ω_n의 극한이다. 결과적으로 다음과 같은 무한 기수(혹은 초한 기수)의 수열이 만들어진다.

$$\aleph_0, \aleph_1, \cdots, \aleph_\omega, \aleph_{\omega+1}, \cdots, \aleph_{\omega^\omega}, \cdots,$$
$$\aleph_{\omega_1}, \cdots, \aleph_{\omega_2}, \cdots, \aleph_{\omega_\omega}, \cdots.$$

자연수의 합과 곱을 집합론적으로 정의하는 것은 어렵지 않다. 임의의 두 자연수 m과 n에 대해 서로소이고 크기가 각각 m과 n인 임의의 두 집합 A와 B를 예로 들어 보자. 합 $m + n$은 합집합 $A \cup B$의 크기이고 곱 mn은 $a \in A$와 $b \in B$로 이루어진 순서쌍 (a, b)의 집합 $A \times B$의 크기이다. 집합 $A \times B$를 데카르트 곱(Cartesian product)이라 부르는데, 이 경우에 A와 B가 서로소일 필요는 없다.

위의 m과 n을 무한기수 κ와 λ로 대체하는 것도 가능하다. 그 결과 나타나는 초한기수의 산술 법칙은 더 간단한데, 모든 초한기수 $\aleph_\alpha, \aleph_\beta$에 대해

$$\aleph_\alpha + \aleph_\beta = \aleph_\alpha \aleph_\beta = \max(\aleph_\alpha, \aleph_\beta) = \aleph_{\max(\alpha, \beta)}$$

가 성립한다.

기수적 지수(cardinal exponentiation)를 정의하는 것도 가능한데, 이때의 상황은 판이하다. 임의의 기수 κ와 λ에 대해 κ를 기수로 갖는 집합의 λ번 데카르트 곱의 기수를 κ^λ이라 한다. 동치적으로 기수가 λ인 집합에서 기수가 κ인 집합으로 사상되는 모든 함수의 집합의 기수이다. 만약 κ와 λ가 유한수라면 이 정의는 통상적인 지수를 가리킨다. (예를 들어 크기가 3인 집합에서 크기가 4인 집합으로 가는 함수의 개수는 4^3이다.) 하지만 가장 간단한 초한기수인 $2^{\aleph_0}$을 취하면 무슨 일이 일어날까? 곧 보게 되겠지만 이것은 사실 매우 난해하고 어떤 의미로는 해결이 불가능한 문제이다.

집합 $\mathbb{N}$에서 집합 $\{0, 1\}$로 사상되는 모든 함수의 집합은 자명하게 $2^{\aleph_0}$을 기수로 갖는다. 이 집합에 속한 원소 f를 구간 $[0, 1]$에 속한 수의 이항 전개

$$x = \sum_{n \in \mathbb{N}} f(n) 2^{-(n+1)}$$

으로 생각할 수 있다. (여기서 지수가 2^{-n}이 아니라 $2^{-(n+1)}$인 이유는 일반적으로 집합론에서는 자연수의 첫 번째 수를 1이 아닌 0으로 간주하기 때문이다.) [0, 1]의 점은 최대 두 가지 이항표현으로 나타나기 때문에 [0, 1]의 기수, 즉 $\mathbb{R}$의 기수가 $2^{\aleph_0}$임을 쉽게 알 수 있다. 따라서 $2^{\aleph_0}$은 비가산이고, 이를 통해 $2^{\aleph_0}$은 $\aleph_1$보다 크거나 같음을 알 수 있다. 칸토어는 이것이 정확히 $\aleph_1$과 같을 것이라고 추측했고, 이것이 그 유명한 **연속체가설**(continuum hypothesis)이다. 이 가설에 대해서는 §5에서 자세히 논의할 것이다.

초한 순서수가 여러가지 수학적 맥락에서 자연스럽게 발생한다는 사실은 쉽게 납득되지 않을 수 있다. 초한 기수와 초한 순서수에 관한 이론은 칸토어가 직접 닫힌 집합에 대한 연속체가설을 증명하려는 시도를 통해 나온 결과였다. 이 시도에서 칸토어는 먼저 실수로 이루어진 한 집합 X의 도함수(derivative)를 X의 모든 '고립된(isolated)' 점을 뺀 집합으로 정의했다. 고립된 점 x란 다른 X의 원소를 포함하지 않는 x의 작은 근방(neighborhood)이 존재하는 점이다. 예를 들어 X가 집합 $\{0\} \cup \{1, \frac{1}{2}, \frac{1}{3}, \cdots\}$이면 0을 제외한 모든 X의 점은 고립되어 있으므로 X의 도함수는 $\{0\}$이다.

일반적으로 어떤 집합 X가 주어졌을 때 그것의 도함수를 반복적으로 취할 수 있다. 먼저 $X^0 = X$라 하고, X^n의 도함수를 X^{n+1}이라 하면, 수열 $X^0 \supseteq X^1 \supseteq X^2 \supseteq \cdots$를 만들 수 있다. 여기에 모든 X^n의 교집합을 X^ω라 하고, X^ω의 도함수를 $X^{\omega+1}$로 정의하면 위의 수열을 더 연장시킬 수 있다. 여기에 순서수가 자연스럽게 등장하는 이유는 도함수와 교집합

을 취하는 두 연산이 서수적 수열에서 후행 순서수와 극한을 취하는 것에 각각 대응되기 때문이다. 처음에 칸토어는 $\omega + 1$과 같은 어깨 글자를 도함수의 초한적 단계를 표시하는 '꼬리표' 같은 것으로 생각했다. 후에 이 꼬리표를 가산 순서수라 부르게 된다.

칸토어는 각각의 닫힌 집합(closed set) X에 대해 $X^\alpha = X^{\alpha+1}$을 만족하는 (유한할 수도 있는) 가산 순서수 α가 있음을 증명했다. 모든 도함수의 수열에 등장하는 모든 X^β가 닫혀 있다는 것과 그것이 본 집합 X에서 유한개를 제외한 모든 점을 포함한다는 것은 쉽게 보일 수 있다. 그러므로 X^α는 고립된 점을 포함하지 않는 닫힌 집합이고, 이러한 집합을 **완전 집합**(perfect set)이라 한다. 이 집합이 공집합이거나, 그렇지 않으면 그것의 기수가 $2^{\aleph_0}$임을 보이는 것은 어렵지 않다. 그러므로 X가 가산이거나, 그렇지 않으면 그것의 기수가 $2^{\aleph_0}$이라는 것을 알 수 있다.

칸토어가 발견한 초한 순서수, 초한 기수, 그리고 연속체의 구조 사이의 밀접한 연관성은 집합론의 발전에 크게 기여했다.

3 모든 집합의 모임

지금까지의 논의에서 우리는 모든 집합의 기수가 존재한다는 것, 다시 말해 임의의 집합 X에 대해 그것과 일대일대응인 유일한 기수가 존재한다는 것을 당연하게 받아들였다. 만일 κ가 그러한 기수이고 $f : X \to \kappa$를 그러한 전단사함수라 하자. 여기서 다시 한번 κ를 그것의 선행 순서수로 이루어진 집합으로 간주하자. X의 두 원소 X와 y에 대해 $x < y$가 되는 필요충분조건을 $f(x) < f(y)$라 하면 X에 순

서매김을 정의할 수 있는데, 이 경우에 κ는 정렬집합이기 때문에 X도 정렬집합이다. 하지만 모든 집합에 정렬순서를 부여할 수는 없다. 실제로 집합 $\mathbb{R}$에는 자명한 순서매김을 정의할 수 없다.

정렬원리(well-ordering principle)는 모든 집합이 정렬순서를 가질 수 있다는 주장이다. 이 원리는 초한 순서수 및 초한 기수에 관한 이론을 온전히 적용할 수 있게 해 줄 뿐만 아니라 $\mathbb{R}$의 기수가 무한기수의 알레프($\aleph$) 계층에서 어느 곳에 위치하는지와 같은 몇몇 근본적인 문제를 푸는 데 필요하다. 정렬원리의 주장을 받아들이지 않으면 어떤 질문은 그 의미조차 불분명하다. 칸토어는 정렬원리를 처음으로 소개했지만 증명하지는 못했다. $\mathbb{R}$이 정렬됨을 증명하는 것은, 1900년 파리에서 열린 두 번째 세계 수학자 대회에서 힐베르트[VI.63]가 제시했던 그 유명한 23개의 미해결 수학 문제 중 첫 번째 문제의 일부였다. 그 후 4년 뒤 에른스트 체르멜로(Ernst Zermelo)는 선택공리[III.1]를 이용하여 정렬원리를 증명했다. 하지만 체르멜로의 증명은 많은 비판을 받아야만 했는데, 선택 공리는 실제로 수년 동안 암묵적 원리로 사용되어 왔지만 체르멜로에 의해 처음 주목을 받았기 때문이다. 선택 공리는 공집합이 아닌 서로소인 집합으로 구성된 임의의 집합 X에 속한 각 집합의 원소를 정확히 하나씩 포함하는 집합이 존재한다는 주장이다. 체르멜로는 1908년에 정렬원리를 두 번째로 증명하면서 정렬원리의 증명에 사용된 원리 및 공리에 대해 더욱 자세히 설명했다.

같은 해에 체르멜로는 집합론의 첫 번째 공리화를 발표했다. 이는 집합론을 계속 발전시키기 위해 직관적인 집합에 대한 개념의 무분별한 사용으로 인한 논리적 함정과 역설을 피하려는 이유에서였다(수학 근간의 위기[II.7] 참조). 예를 들어 어떤 성질이 한 집합을 결정하는 것, 다시 말해 어떤 성질을 만족하는 대상을 원소로 갖는 집합을 결정하는 것은 직관적으로 분명해 보인다. 하지만 순서수이다라는 성질을 생각해 보자. 만약 이 성질로 결정된 집합은 모든 순서수의 집합이 될 것이다. 하지만 잠시 숙고해 보면 이 집합은 정렬집합으로서 모든 순서수보다 더 큰 순서수에 대응되어 모순이므로 존재할 수 없다. 비슷한 논리로 자기자신을 원소로 가지지 않는 성질도 집합을 결정할 수 없다. 왜냐하면 그렇지 않을 경우 A가 그러한 집합일 때 A가 A의 원소이기 위한 필요충분조건은 A가 A의 원소가 아니라는 러셀의 역설(Russell's paradox)에 빠지기 때문이다. 따라서 어떤 대상의 모임이 어떤 한 성질에 의해 결정되더라도 이 모임을 항상 집합으로 간주할 수는 없다. 그러면 집합이란 무엇인가? 1908년에 발표된 체르멜로의 공리화는 몇몇 기본적인 원리로부터 직관적인 집합의 개념을 도출하려는 최초의 시도였다. 이것은 나중에 스콜렘[VI.81], 프렝켈 아브라함(Fraenkel Abraham), 그리고 폰 노이만[VI.91]에 의해 체르멜로-프렝켈 선택 공리 집합론(Zermelo-Fraenkel set theory with the axiom of choice, ZFC)이 되었다.

ZFC의 공리 뒤에는 '모든 집합의 모집단'을 이해하고, 이 공리를 한 집합에서 다른 집합을 만드는 도구로 사용하려는 생각이 기본적으로 깔려 있다. 수학에서는 통상 자연수의 집합, 실수의 집합, 함수의 집합뿐만 아니라, 위상공간[III.90]에서 열린집합의 집합과 같은 집합의 집합, 열린 덮개의 집합과 같은 집합의 집합의 집합 등을 생각하기도 한다. 따라서

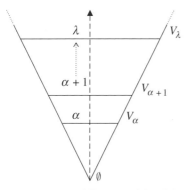

그림 2 모든 순수집합으로 이루어진 모집단

모든 집합의 모집단은 어떤 대상의 집합뿐만 아니라 어떤 대상의 집합의 집합 등으로 이루어져 있기도 하다. 우리는 이제 편의상 '대상'을 모두 생략하고 집합의 원소는 집합으로, 그것의 원소 또한 집합인 식으로 오직 집합만을 고려할 것이다. 이러한 집합을 '순수집합(pure set)'이라 한다. 집합의 범주를 순수집합으로 제한하면 더 세련된 이론을 만들 수 있고 기술적인 이점이 있다. 또한 실수와 같은 전통적인 수학 개념도 순수 집합을 이용해서 만들 수 있기 때문에 수학의 영향력이 줄어들지 않는다. 순수 집합은 아무것도 없는 집합, 즉 공집합에 '무엇의 집합'이라는 연산을 잇따라 적용하여 만들어진다. 간단한 예로 $\{\emptyset, \{\emptyset, \{\emptyset\}\}\}$은 먼저 $\{\emptyset\}$을 만들고 $\{\emptyset, \{\emptyset\}\}$을 만든 뒤, 두 집합의 합집합으로 만들어진다. 즉 각 단계마다 전 단계까지 얻은 집합을 원소로 갖는 집합을 만드는 과정이다. 이 과정은 지금까지 얻어진 모든 집합을 하나의 집합으로 모아 극한으로 넘김으로써 초한적으로 연장될 수 있다. 모든 (순수)집합의 모집합을 알파벳 V로 표기하고 통상 V-형태로 그린다. 수직선(그림 2)은 순서수를 뜻하고 공집합 $\emptyset$에서 시작하여 순서수로 색인된 누적

정렬계층(cumulative well-ordered hierarchy) 구조를 형성한다. 극한순서수 λ에 대해 다음과 같이 정의하자.

$$V_0 = \emptyset,$$
$$V_{\alpha+1} = \mathcal{P}(V_\alpha), \quad \text{모든 } V_\alpha\text{의 부분집합의 집합,}$$
$$V_\lambda = \bigcup_{\beta < \lambda} V_\beta, \quad \beta < \lambda \text{인 모든 } V_\beta\text{의 합집합.}$$

곧 모든 집합의 모집합은 순서수 α에 대한 모든 집합 V_α합이다. 간략히 말해 다음과 같다.

$$V = \bigcup_\alpha V_\alpha.$$

3.1 ZFC의 공리들

ZFC의 공리들을 약식으로 다음과 같이 기술할 수 있다.

(i) **확장(extensionality)**. 두 집합이 서로 같은 원소를 가지고 있으면 두 집합은 같다.

(ii) **멱집합(power set)**. 임의의 집합 x에 대해서 x의 모든 부분집합을 원소로 갖는 집합 $\mathcal{P}(x)$가 존재한다.

(iii) **무한(infinity)**. 무한집합이 존재한다.

(iv) **대체(replacement)**. x가 집합이고 ϕ가 x에 한정된 **함수류**라고 할 때, 집합 $y = \{\phi(u) : u \in x\}$가 존재한다.

(v) **합집합(union)**. 임의의 집합 x에 대해서 x의 원소들의 원소들을 원소로 갖는 집합 $\bigcup x$가

---

* 함수류는 집합으로서 존재하는 대상이 아니라 정의로서 주어진 함수로 생각할 수 있다. 이 개념은 §3.2에서 엄밀히 다루어질 것이다.

존재한다.

(vi) **정칙(regularity).** 어떤 순서수 α에 대하여 임의의 집합 x는 V_α에 속한다.

(vii) **선택 공리(axiom of choice, AC).** 공집합이 아니며 서로소인 집합으로 이루어진 임의의 집합 x에서 집합 x에 속한 집합의 원소를 정확히 하나씩 포함하는 집합이 존재한다.

통상적으로는 여기에 짝의 공리(pairing axiom)가 추가된다. 이는 임의의 두 집합 A와 B에 대해 집합 $\{A, B\}$, 특히 $\{A\}$가 존재한다는 주장이다. 이 집합 $\{A, B\}$에 합집합공리를 적용하면 A와 B의 합집합 $A \cup B$를 얻을 수 있다. 하지만 짝의 공리는 다른 공리로부터 유도된다. 또한 체르멜로는 처음에 **분리공리**(axiom of separation)를 포함시켰다. 이는 매우 유용하고 중요한 공리로서 각각의 집합 A와 **정의가능한**(definable) 성질 P에 대해 성질 P를 갖는 A의 원소의 집합도 집합이라는 주장이다. 그러나 이 공리는 대체공리로부터 유도되기 때문에 생략해도 된다. 분리공리는 공집합 $\varnothing$의 존재와 임의의 두 집합 A와 B의 교집합 $A \cap B$와 차집합 $A - B$의 존재를 증명한다. **기초공리**(axiom of foundation)라고도 알려진 **정칙공리**(axiom of regularity)는 통상적으로 공집합이 아닌 집합 X는 X의 원소를 포함하지 않는 원소인 $\in$-최소 원소를 포함한다는 주장이다. 다른 공리의 전제하에 위의 두 서술은 동치이다. 여기서 V_α를 사용한 기술식을 선택한 이유는 이 공리가 모든 집합의 모집단의 구성에 기초한 자연스러운 공리라는 사실을 강조하기 위해서이다. 하지만 '순서수' 및 'V_α의 누적계층 구조'의 개념은 ZFC의 공리형성에

꼭 필요하지는 않다.

ZFC 공리는 약간 이중적 역할을 한다. 먼저, 이 공리는 집합으로 할 수 있는 일이 무엇인지 말해준다. 이 관점에서 보면 ZFC는 군[I.3 §2.1]이나 체[I.3 §2.2]와 같은 대수적 구조에 관한 공리를 모아놓은 것과 다를 바 없다. 구조가 더 복잡한 군이나 체에 대한 규칙보다 집합에 관한 규칙이 더 많고 복잡하다는 점을 빼면 두 공리 체계는 모두 옛 대상에서 새 대상을 만드는 규칙이다. 군에 관한 공리를 만족하는 대수적 구조인 추상적 군을 연구하는 것과 마찬가지로, ZFC의 공리를 만족하는 수학적 구조를 연구할 수 있다. 이 대상을 ZFC의 **모형**(model)이라 한다. 곧 설명하겠지만 ZFC의 모형을 구하기가 쉽지 않기 때문에 ZFC의 **조각**(fragment)의 모형 또한 관심의 대상이 된다. ZFC의 조각이란 ZFC의 몇몇 공리만으로 이루어진 공리 체계(axiom system)를 말한다. ZFC의 조각의 모형 A란 공집합이 아닌 집합 M과 이항관계(binary relation) E로 이루어진 쌍 (M, E)로서 M의 원소를 집합으로 E를 소속관계(membership relation)로 해석했을 때 A의 모든 공리가 성립하는 구조이다. 예를 들어, 만약 A가 합집합공리를 포함하면 M에 속한 각각의 모든 원소 X에 대해서 M에 있는 한 원소 y가 반드시 존재하여 zEy의 필요충분조건이 zEw와 wEx를 만족하는 w가 존재해야 한다. 여기서 E를 $\in$으로, 마지막 문장의 'M의 원소'를 '집합'으로 대체하면, 이것은 통상적으로 알려진 합집합공리가 된다.

집합 $\langle V_\omega, \in \rangle$은 ZFC에서 무한공리를 뺀 모형이고, $\langle V_{\omega+\omega}, \in \rangle$은 ZFC에서 대체공리를 뺀 모형이다. 어째서 대체공리가 두 번째 모형에서 실패하는

지 보기 위해 X를 집합 ω라 하고 X 위에 정의된 함수 ϕ를 $\phi(n) = \omega + n$이라 정의하자. ϕ의 치역은 $V_{\omega+\omega+1}$에 속하지만 $V_{\omega+\omega}$에 속하지 않는데, 왜냐하면 순서수 $\omega + \omega$는 어떠한 집합 $V_{\omega+n}$에도 속하지 않고 $V_{\omega+\omega}$는 $V_{\omega+n}$의 합집합이기 때문이다. 위의 두 모형의 경우에 E는 $\in$이지만, E를 집합 M 내의 완전히 다른 관계로 볼 때 그것이 ZFC의 어떤 공리를 만족하는지 살펴볼 수도 있다. 예를 들어 mEn의 필요충분조건이 n을 이항전개했을 때 m번째 자리수가 1인 쌍 $\langle \mathbb{N}, E \rangle$를 생각해 보자. 이것이 왜 무한공리를 뺀 ZFC의 모형인지는 스스로 확인해 보자.

다른 관점에서 보면 ZFC의 공리는 V_α의 계층을 만드는 도구이다. 확장공리인 공리 (i)은 집합이 원소에 의해서 완전히 결정된다고 말하고 있다. 이후에 나오는 공리 (ii)부터 (v)까지는 V를 구성하기 위해 짜여진 공리이다. 멱집합공리는 V_α에서 $V_{\alpha+1}$을 얻게 해 준다. 무한공리는 이 구성 과정을 초한적으로 진행할 수 있게 해 준다. 다른 ZFC의 공리의 맥락에서 볼 때 무한공리는 실질적으로 ω가 존재한다는 주장과 동치이다. 대체공리는 V의 구성과정의 극한단계 λ를 넘을 수 있게 해 준다. 이를 보기 위해 먼저 $F(x) = y$의 필요충분조건이 X가 순서수이고 $y = V_x$인 함수 F를 생각하자. λ로 제한한 F의 치역은 $\beta < \lambda$를 만족하는 모든 V_β로 이루어진다. 대체공리에 의해 이 집합의 모임은 하나의 집합을 구성하고, 합집합공리를 적용하면 V_λ를 만들 수 있다. 마지막으로 정칙공리는 모든 집합을 이런 식으로 얻을 수 있다고 말한다. 즉, 모든 집합의 모집단이 정확히 V라는 뜻으로써 자기 자신에 속하는 집합과 같은 병리현상을 제거한다. 정칙공리의 요점은 각

의 집합 X에 대해서 $X \in V_{\alpha+1}$을 만족하는 첫 번째 α가 존재한다는 것이다. X의 계수(rank)라 불리는 이러한 α는 누적계층에서 X가 형성된 단계를 가리킨다. X에 속한 모든 원소의 계수는 반드시 X의 계수보다 작아야 하기 때문에 X는 절대 자기 자신의 원소가 될 수 없다. 다른 ZFC의 공리의 맥락에서 선택 공리는 정렬원리와 동치이다.

3.2 공식과 모형

ZFC의 공리를 집합의 1차 논리(first-order logic)로 형식화할 수 있다. 1차 논리의 부호(symbol)에는 $x, y, z, \cdots$와 같은 변수(variable), 한정사(quantifier)인 $\forall$(모든), $\exists$(존재 한다), 논리 연결자(logical connective)인 $\neg$(가 아닌), $\wedge$(그리고), $\vee$(또는), $\rightarrow$(만약 $\sim$이면 $\sim$이다), $\leftrightarrow$(필요충분조건이다), 등호 기호(equality symbol)인 $=$, 그리고 괄호(parenthesis)가 있다. 집합의 1차 논리에는 '무엇은 무엇의 원소이다'라는 의미를 가리키는 부호 $\in$이 추가된다. 그리고 모든 기호는 집합 상의 언어로 간주된다. 이러한 언어로 확장공리를 표현하면,

$$\forall x \forall y (\forall z (z \in x \leftrightarrow z \in y) \rightarrow x = y)$$

로 나타나고, 이것을 다음과 같이 읽는다. 각각의 집합 x와 y에 대해, 집합 z가 x에 속하기 위한 필요충분조건이 z가 y에 속하는 것이라면, 다시 말해 x와 y의 원소가 같다면, x와 y는 같다. 이것은 수학 언어에서 말하는 공식(formula)의 한 예이다. $x = y$와 $x \in y$를 원자 공식(atomic formula)이라 부르는데, 여기로부터 공식을 귀납적으로 정의할 수도 있다. 만약 φ와 ψ가 공식이면, $\neg \varphi$, $(\varphi \wedge \psi)$, $(\varphi \vee \psi)$,

$(\varphi \rightarrow \psi)$, $(\varphi \leftrightarrow \psi)$, $\forall x\varphi$, $\exists x\varphi$ 등 또한 공식이다. 원자 공식에서 기호와 논리 연결자를 이용한 위와 같은 규칙을 통해 더 복잡한 공식을 만들 수 있다. 즉 공식이란 집합과 집합의 소속 관계만을 이야기하는 영어, 혹은 다른 모든 자연적 언어 문장의 형식적 대응물이다. 형식적 언어에 관한 다른 논의에 대해서는 논리학과 모형 이론[IV.23 §1]을 보라.

형식적 언어로 쓰인 임의의 공식을 역으로 집합에 관한 (영어) 문장으로 해석하여, 이것이 참인지 아닌지 묻는 것도 충분히 가능하다. 통상적으로 '참'이란 '모든 집합의 모집단 V에서의 참'을 의미하지만, M의 이항 관계가 E인 임의의 구조 $\langle M, E \rangle$에서 어떤 공식이 참인지 거짓인지를 묻는 것도 타당하다. 예를 들어, 공식 $\forall x \exists y \; x \in y$는 ZFC의 모든 모형 $\langle M, E \rangle$에서 참이지만 $\exists x \forall y \; y \in x$는 정칙 공리에 의해서 거짓이다. 참고로 ZFC의 공리에서 유도되는 모든 공식은 ZFC의 모든 모형에서 참이다.

공식이 무엇인지를 정의했다는 것은 수많은 명제를 명확히 기술해야 할 의무가 생겼다는 뜻이다. 예를 들어 대체공리는 함수류(function-class)라는 개념을 내포하고 있다. 이것의 정확한 의미를 파악하기 위해서는 이것을 1차 공식(first order formula)으로 공식화해야 한다. 예를 들어 각 집합 a를 한 원소 집합인 $\{a\}$로 만드는 연산은 $y = \{x\}$가 공식 $\forall z(z \in y \leftrightarrow z = x)$로 표현할 수 있기 때문에, 그것은 정의가능(definable)하다고 할 수 있다. 함수류는 모든 집합 상에 정의된 개념이고, 모든 집합의 모집단은 집합이 아니기 때문에, 그것은 함수가 아니다. 사실 이런 이유로 인해 '함수류'라는 다른 단어를 사용하는 것이다. 더욱이 우리는 함수류가 매개변수(parameter)를 갖도록 허용할 것이다. 예를 들어, 한 고정된 집합 b에 대해 각각의 집합 a를 집합 $a \cap b$로 보내는 함수류는 b에 의해 결정되는 공식 $\forall z(z \in y \leftrightarrow z \in x \wedge z \in b)$로 정의할 수 있다. b를 매개변수라 부르고 함수류를 매개변수로 정의가능하다라고 한다. 더 일반적으로 말해서, 함수류는 집합 위에 정의되고, 하나의 공식으로 주어진 함수이다. 이러한 함수의 공역은 모든 집합 또는 모든 순서수 등을 포함할 수 있기 때문에 그 자체로서는 집합이 아닐 수 있다. 대체 공리는 모든 함수류에 관한 명제이기 때문에, 사실 이것은 하나의 공리라기보다 각 함수류마다 하나의 공리로 이루어진 '공리식 (axiom-scheme)'이다.

ZFC를 1차 논리로 형식화할 수 있다는 것은 그것이 뢰벤하임-스콜렘(Löwenheim-Skolem)의 정리에 쓰일 수 있다는 뜻이다. 뢰벤하임-스콜렘의 정리의 내용은 일반적인 1차 형식 언어에 관한 것으로서, 특별히 ZFC의 경우에 이 정리를 이용하면 ZFC의 모형이 존재할 때 그것의 가산적(countable) 모형 또한 존재함을 알 수 있다. 더 정확히 말해서 이것은 임의의 ZFC의 모형 $M = \langle M, E \rangle$가 주어졌을 때 M과 정확히 동일한 문장을 만족하는 M에 포함된 ZFC의 가산적 모형 N이 존재함을 말해준다. 이것은 처음에는 역설적으로 들릴 수도 있다. 만약 ZFC 안에 비가산 집합이 존재함을 증명한다면, 어떻게 ZFC의 가산적 모형이 존재할 수 있을까? 이 정리가 모순을 유도하는 것이 아니라, 어쩌면 ZFC의 모형이 애초에 존재하지 않는 것은 아닐까? 절대 그렇지 않다. ZFC의 가산적 모형 N과 그것에 속한 한 집합 a가 있다고 가정하자. 만약 'a는 가산이다'라는 명제가 N 내에서 참임을 증명하고 싶으면, N 안에 ω에서 a로 가는 전사함수가 존재함을 보여야만 한다. 그러나 이러한 사상(map)이 N 안에 존재하지 않더라도, V 혹은 어떤 N보다 큰 모형 M 안에 존재할 수도 있다. 이는 V와 M은 N보다 더 많은 집합을 포함하고, 따라서 함수도 더 많이 가지고 있기 때문이다. 만약 그런 경우에, N의 관점에서 보면 a는 비가산이지만, M이나 V의 관점에서 보면 a는 가산이다.

가산적이라거나 어떤 기수를 가진다는 집합론적 개념의 상대성은 ZFC의 서로 다른 모형을 비교하는 데서 비롯되는데, 이것은 처음엔 다소 당황스러울 수도 있다. 하지만 이것은 중요한 현상이고, 아무런 문제가 되지 않으며, 오히려 앞으로 §5에서 보게될 무모순성(consistency)의 증명에 아주 유용하게 이용할 수 있다.

모든 ZFC의 공리가 V 내에서 참이라는 것은 전혀 놀라운 사실이 아닌데, 그것이 본래 그렇게 되도록 설계되었기 때문이다. 하지만 ZFC의 공리는 더 작은 모집단에서도 충분히 성립할 수 있다. 즉 V에 완전히 포함된(V가 아닌) 어떤 모임 M, 혹은 심지어 어떤 집합 M이 ZFC의 모형이 될 수도 있다. 따라서 뢰벤하임-스콜렘의 정리에 의해 ZFC의 모형이 되는 한 가산집합 M이 존재할 수 있다. 앞으로 보게 되겠지만 ZFC의 모형의 존재성은 ZFC 내에서 증명될 수 없다. 하지만 집합론에서 가장 중요한 것은 ZFC가 모순없다는 가정하에 ZFC의 모형의 존재를 가정하는 것이 모순없다는 사실이다.

4 집합론과 수학의 근간

우리는 지금까지 ZFC를 이용해서 초한수(transfinite number)에 관한 이론을 어떻게 전개하는지 보았다. 일반적으로 모든 수학적 대상을 집합으로 볼 수 있으므로 ZFC로부터 모든 고전적 수학의 정리를 통상의 논리 규칙으로 증명할 수 있다. 예를 들어 실수는 유리수로 이루어진 특정한 집합으로, 유리수는 정수의 순서쌍의 동치류[I.2 §2.3]로 정의할 수 있다. 이미 순서쌍 (m, n)은 집합 $\{m, \{m, n\}\}$으로, 정수는 양의 정수로 이루어진 순서쌍의 동치류로, 양의 정수는 유한 순서수로, 순서수는 집합으로 정의할 수 있음을 보았다. 거슬러 올라가면 하나의 실수는 유한 순서수로 이루어진 집합의 집합의 집합의 집합의 집합의 집합으로 볼 수 있다. 비슷한 방법으로 대수 구조, 벡터공간, 위상공간, 매끄러운 다양체, 동역학계 등의 모든 일반적인 수학적 대상이 ZFC 내에서 존재함을 보일 수 있다. 이러한 대상에 관한 정리와 그것의 증명은 ZFC의 형식적 언어로 표현될 수 있다. 물론 온전한 증명을 형식적 언어로 적는 것은 매우 고된 일일뿐더러, 그 결과는 매우 길고 사실상 이해하기가 불가능할 것이다. 하지만 중요한 것은 그렇게 적는 것이 이론상으로 가능하다는 것을 우리가 납득하는 것이다. 모든 일반적인 수학분야가 ZFC의 공리 체계 내에서 전개되고 만들어질 수 있다는 사실은 수학을 수학적으로 엄밀히 연구하고 수학을 가능하게 해 준다. 예를 들어 그것은 어떤 수학적 명제의 증명이 있는지를 생각할 수 있게 해 준다. '수학적 명제'와 '증명'에 관한 엄밀한 정의를 갖고 있으면, 어떠한 증명이 존재하는지를 묻는 것은 확실한 답이 있는 수학적 질문이다.

4.1 결정불가능한 명제

수학에서 어떤 수학적 문장 φ의 진실성의 확증은 기본적인 공리 또는 원리에서 기초한 증명이다. 비슷한 방식으로 φ의 거짓성은 $\neg\varphi$의 증명에 의해 확증된다. 적어도 φ나 $\neg\varphi$ 둘 중 하나는 반드시 증명할 수 있다고 믿고 싶은 충동을 느끼는 것은 당연하다. 하지만 괴델[VI.92]은 1931년에 그의 유명한 불완전성 정리[V.15]에서 그것이 사실이 아님을 증명했다. 그의 첫 번째 불완전성 정리는 어떤 모순없는 공리 형식 체계(axiomatic formal system)가 아무리 기초적 연산을 전개할 만큼 풍부하더라도 자기 자신과 자신의 부정이 모두 증명될 수 없는 결정불가능한(undecidable) 명제가 항상 존재함을 말한다. 특히 집합론의 형식적 언어로 쓰인 명제 중에는 ZFC가 모순없다는 가정하에 ZFC의 공리로 증명가능하지도, 불가능하지도 않은 명제가 존재한다.

그러면 ZFC가 과연 모순없는가? ZFC의 모순없음을 주장하는 명제를 통상 CON(ZFC)이라고 적는데, 이를 집합론의 언어로 다음과 같이 번역한다.

$$0 = 1은 ZFC에서 증명 불가능하다.$$

이 명제는 부호로 이루어진 수열 $0 = 1$이 ZFC에서 나온 모든 형식적 증명의 마지막 단계가 될 수 없다는 주장이다. 모든 형식적 증명은 특정한 산술적 성질을 만족하는 자연수의 유한 수열로 암호화할 수 있다. 따라서 위의 명제는 산술적 명제라 할 수 있다. 괴델의 두 번째 불완전성 정리는 임의의 모순없는 공리 형식 체계가 아무리 기초적 연산을 전개할 만큼 풍부하더라도 그 체계의 모순없음을 주장하는 산술적 명제는 증명될 수 없다는 것이다. 따라서

ZFC가 모순없다고 가정하면, 그것의 모순없음은 ZFC 내에서 증명도 반증도 될 수 없다.

현재 ZFC는 수학을 전개하는 표준 형식 체계로 받아들여지고 있다. 따라서 어떤 수학적 명제를 집합론의 언어로 번역했을 때 그것이 ZFC 내에서 증명가능(provable)하다면 그 명제는 참이다. 그러면 결정불가능한 명제는 어떠한가? 모든 수학적 방법은 ZFC 안에 내재되어 있기 때문에, 어떤 수학적 명제 φ가 ZFC 내에서 결정불가능하다는 말은 φ의 참 또는 거짓이 통상적인 수학적 방법으로 확증될 수 없다는 뜻이다. 만약 모든 결정불가능한 명제가 CON(ZFC)과 같은 식이라면, 이런 명제는 우리가 관심 있는 수학적 문제에 직접적인 영향을 주지 않는 것처럼 보이고, 따라서 크게 걱정할 필요가 없어 보인다. 그러나 좋든 싫든 수학적으로 흥미로우면서 ZFC 내에서 결정불가능한 명제도 많이 존재한다.

어떤 수학적 명제의 증명가능함을 명백히 보이는 방법은 간단하다. 그냥 증명을 하면 된다. 그러나 주어진 명제 φ가 ZFC에서 결정불가능함을 수학적으로 어떻게 증명할 수 있을까? 이 질문에는 짧지만 지대한 영향을 주는 답이 있다. 만약 φ가 거짓인 ZFC의 모형 M을 찾으면, φ의 증명은 존재할 수 없는데, 왜냐하면 그것의 증명은 φ가 M에서 참임을 보일 것이기 때문이다. 따라서 φ가 참인 ZFC의 모형 M과 거짓인 ZFC의 모형 N이 존재하면 φ는 결정불가능하다.

불행히도 괴델의 두 번째 불완전성 정리에 의하면 ZFC의 모형의 존재성은 ZFC 내에서 증명할 수 없다. 그 이유는 괴델의 1차 논리의 완전성 정리

(completeness theorem)에 의해 ZFC가 모순없기 위한 필요충분조건이 ZFC의 모형이 존재하는 것이기 때문이다. 하지만 φ의 결정불가능성의 증명을 두 개의 상대적 무모순성의 증명으로 나누면 이 어려움을 피할 수 있다. 첫 번째 증명은 ZFC가 모순없음이면 φ가 추가된 ZFC도 그러하다는 것이고 두 번째 증명은 ZFC가 모순없음이면 φ의 부정이 추가된 ZFC도 그러하다는 것이다. 이것은 ZFC의 모형이 있다는 가정하에 두 가지 ZFC의 모형이 존재함을 증명한다. 하나는 φ가 성립하는 것, 다른 하나는 그것이 성립하지 않는 것이다. 결국 φ 또는 그것의 부정 모두 ZFC에서 증명불가능하거나 ZFC가 모순이라는 상황, 즉 모든 것이 증명가능한 결론에 도달한다.

연속체가설(continuum hypothesis, CH)이 ZFC 내에서 결정불가능하다는 사실은 20세기 수학의 가장 놀라운 결과 중 하나이다.

5 연속체가설

칸토어의 연속체가설은 1878년에 처음으로 공식화되었다. 이 가설에 의하면 실수로 이루어진 집합의 기수는 가산이거나 $\mathbb{R}$의 기수와 같다. AC에 따르면 ZFC 내의 각각의 집합, 특히 실수로 이루어진 무한집합은 하나의 기수와 전단사 대응이기 때문에, CH가 $\mathbb{R}$의 기수가 $\aleph_1$, 즉 $2^{\aleph_0} = \aleph_1$이라는 주장과 동치임을 쉽게 볼 수 있다.

CH를 푸는 것이 힐베르트의 유명한 스물세 개의 미해결 수학 난제 중 첫 번째 문제였고, 이것은 집합론의 발전에 가장 중요한 원동력이 되어 왔다. CH가 공식화된 뒤로 칸토어 자신을 포함한 많은 선진 수학자들이 그것을 풀기 위해 여러 시도를 했지만 주목할 만한 진전이 없다가, 60년 후 괴델이 그것이 ZFC와 모순없음을 증명했다.

5.1 구성가능한 모집단

괴델은 1938년에 ZFC의 모형 M으로부터 시작해서 CH가 성립하고 M에 포함된 ZFC의 다른 모형을 만드는 방법을 찾아냈다. 그는 거기로부터 CH의 ZFC와의 상대적 무모순성을 증명했다. 이러한 괴델의 모형을 구성가능한 모집단(constructible universe)이라 하는데, 통상 알파벳 L로 표기한다. M이 ZFC의 모형이기 때문에, 그것은 모든 집합의 모집단 V로 간주할 수 있다. 그러한 L을 M 속에서 만드는 것은 V를 만드는 과정과 비슷하지만 중요한 차이점이 있다. V_α에서 $V_{\alpha+1}$로 가는 과정에서 V_α의 모든 부분집합을 취한 것과는 달리 L_α에서 $L_{\alpha+1}$로 갈 때는 L_α에서 정의가능한 부분집합만을 취한다. 즉, $L_{\alpha+1}$을 구성하는 모든 집합은 $\{a : a \in L_\alpha$이고 $\varphi(a)$는 L_α 내에서 성립한다$\}$와 같은 형태인데, 여기서 $\varphi(x)$는 L_α의 원소를 내포한 집합론의 언어로 쓰여진 공식이다. λ를 어떤 극한 순서수라 하면 L_λ는 단지 $\alpha < \lambda$를 만족하는 모든 L_α의 합집합이고, L은 모든 순서수 α에 대한 L_α의 합집합이다. 물론 우리는 L을 V 속에서 만들 수도 있다. 이것은 실제(real) L이고, 모든 구성가능한 집합의 모집단이다.

한 가지 중요한 사실은 L을 만들기 위해서 AC가 반드시 필요하지는 않고, 따라서 M 내에서 AC가 반드시 성립할 필요가 없다는 것이다. 하지만 L을 만들고 난 뒤에는 ZFC의 다른 공리처럼 L 내에서 AC

의 성립여부를 검증해 볼 수 있다. AC의 검증은 L의 모든 원소가 어떤 단계 α에서 하나의 공식과 몇몇 순서수에 의해 유일하게 결정된다는 사실에 기초하여 이루어진다. 따라서 모든 공식의 의미 있는 정렬순서는 모두 L과 L에 속한 모든 집합에 자연스러운 정렬순서를 부여한다. 이것은 만약 ZF, 즉 ZFC에서 AC를 뺀 공리 체계가 모순없다면 ZFC도 모순없음을 보여준다. 달리 말해 ZF 공리에 AC를 추가하더라도 그 체계 내에 모순이 생기지 않는다. 이것은 아주 좋은 소식인데, 왜냐하면 AC로부터 유도되는 결과 중에는 그럴듯해 보이는 것 외에 바나흐-타르스키 역설[V.3]과 같이 직관에 거슬리는 명제도 있기 때문이다.

CH가 L 내에서 성립하는 주된 이유는 모든 실수가 각각 L의 구성 과정의 한 가산적 단계 α, 즉 L_α에서 나타나기 때문이다. 이를 증명하기 위해서는 먼저 각각의 실수 r이 L을 만들기에 충분한 ZFC의 공리를 유한개 만족하는 어떤 L_β에 속함을 보여야 한다. 여기서 순서수 β는 반드시 가산일 필요는 없다. 하지만 뢰벤하임-스콜렘의 정리를 이용하면 r을 포함하고 L_β가 만족하는 공리를 똑같이 만족하는 L_β의 가산 부분집합 X가 존재함을 보일 수 있다. 그리고 나면 어떤 가산 순서수 α가 존재하고, X가 L_α와 동형이며, 이 동형사상이 r 위에서 항등사상임을 보일 수 있다. 이렇게 해서 r이 가산적 단계에서 등장함을 증명한다. 가산 순서수는 $\aleph_1$만큼 존재하고, 각각의 가산 순서수 α에 대해 L_α는 가산이기 때문에, $\aleph_1$개의 실수만 존재한다.

각 순서수 α에 대해 L_α는 반드시 필요한 집합, 다시 말해 전 단계에서 분명히 정의가능한 집합만을

포함하기 때문에, L은 모든 순서수를 포함하는 ZFC의 가장 작은 모형이고, L 내에서 $\mathbb{R}$의 기수는 가능한 한 가장 작은 기수인 $\aleph_1$이다. 사실 L 내에서 일반화된 연속체가설(generalized coninuum hypothesis, GCH)이 성립하는데, 이는 모든 순서수 α에 대해 $2^{\aleph_\alpha}$은 가능한 한 가장 작은 값인 $\aleph_{\alpha+1}$이라는 주장이다.

구성가능한 집합에 관한 이론은 로널드 젠슨(Ronald Jensen)에 의해 크게 발전했다. 그는 소위 수슬린 가설(Suslin's hypothesis)이 L 내에서 거짓임을 보였고(§10), $\diamondsuit$(다이아몬드)와 $\square$(네모)로 알려진 L 내에서 성립하는 두 개의 중요한 조합적 원리를 분리시켰다. 여기서는 이 두 원리를 정의하지 않는다. 중요한 것은 이것으로부터 이 극한 단계에서 붕괴하지 않는 비가산 수학적 구조를 순서수에 대한 귀납법을 통해 만들 수 있다는 사실이다. 이 원리가 대단히 유용한 이유는 이것을 이용하면 구성가능한 집합을 일일이 분석하는 수고를 거치지 않고도 무모순성 결과들을 증명할 수 있기 때문이다. 젠슨의 결과에 의하면 $\diamondsuit$와 $\square$가 L 내에서 성립하기 때문에 만일 명제 φ가 $\diamondsuit$ 또는 $\square$로부터 유도된다고 가정하면 이것도 L 내에서 성립하고, 따라서 φ가 ZFC에서 모순없음을 알 수 있다.

구성가능성(constructibility)에 관한 개념의 다른 일반화 중에서 중요한 것으로 내적 모형 이론(inner model theory)이 있다. 어떤 집합 A가 주어졌을 때 A의 구성가능한 폐포(constructible closure)란 A와 모든 순서수를 포함하는 ZF의 가장 작은 모형이다. $L(A)$라 불리는 이 모형은 L과 같은 방식으로 구성하는데, 공집합에서 시작하는 대신 A의 추이적 폐포

(transitive closure)에서 시작한다. A의 추이적 폐포란 A, A의 원소, A의 원소의 원소 등등으로 이루어진 집합이다. 순서수와 순서수의 원소의 원소를 모두 포함하는 위와 같은 ZF의 모형을 내적 **모형**(inner model)이라 한다. 여기서 특별히 중요한 대상은 실수 r에 대한 내적 모형 $L(r)$과 실수로 이루어진 집합의 구성가능한 폐포 $L(\mathbb{R})$이다. 큰 기수 공리(large-cardinal axiom)의 내적 모형 또한 매우 중요한데, 이는 §6에서 논의할 것이다.

괴델의 결과와 이 후로 ZFC 내에서 CH를 증명하려는 시도가 계속해서 실패하자, 사람들은 점차 CH가 어쩌면 결정불가능한 명제일 수도 있다는 생각을 하게 되었다. 그리고 이를 증명하기 위해서는 CH가 거짓인 ZFC의 모형을 만드는 방법을 찾아야 했다. 이것은 마침내 25년 후인 1963년에 폴 코헨(Paul Cohen)이 발명한 강제(forcing)라는 혁신적인 기법을 통해 성공했다.

5.2 강제

강제 기법은 ZFC의 모형을 만드는 도구로써 대단히 유동적이고 강력하다. 이것은 현재까지 알려진 모형을 만드는 기법 중에서 가장 다양한 성질을 만족하는 모형을 만들 수 있는 것으로 알려져 있다. 또한 그렇게 만들어진 모형은 그 위에서 성립하는 명제를 매우 효과적으로 제어할 수 있다. 이 기법을 이용하면 기존의 방법으로는 증명할 수 없었던 ZFC의 여러 명제의 모순없음을 증명할 수 있고, 그로부터 많은 결정불가능성 결과들이 유도된다.

ZFC의 모형 M에서 ZFC의 또 다른 모형인 강제 확장(forcing extension) $M[G]$를 만드는 과정은 체(field) K에서 대수적 확대체(algebraic extension) $K[a]$를 만드는 과정과 흡사하다. 물론 강제 기법이 개념적으로나 기술적으로 훨씬 더 복잡하고, 더 많은 집합론적, 조합론적, 위상학적, 논리적, 수학적 양상을 내포하고 있다.

코헨의 문제를 통해 강제 확장이 어떻게 만들어지는지 함께 알아보도록 하자. 그가 본래 생각했던 것은 ZFC의 한 모형 M으로부터 CH가 실패하는 다른 모형을 만드는 문제였다. 현재 우리가 알고 있는 M에 관한 유일한 사실은 그것이 ZFC의 모형이고, 그 위에 CH가 성립할 수도 있다는 것이다. 이 사실에 의하면 M은 실제로 구성가능한 모집단 L 그 자체일 가능성도 있다. 만약 그러한 경우에 M 속에서 L을 만들어가면 M 전체가 얻어진다. 따라서 확장 모형 $M[G]$ 내의 실수가 적어도 $\aleph_2$만큼 존재하도록 만들기 위해서는 M을 확장하는 동안 새로운 실수를 조금씩 추가해야 할 필요가 있다. 더 정확히 말해서 적어도 $\aleph_2$만큼의 실수가 존재한다 라는 명제가 모형 $M[G]$ 안에서 성립하도록 해야 한다. 여기서 $M[G]$에서의 '실수'란 실제 모집단 V에서의 실수가 아닐 수도 있다. 그러나 중요한 것은 그것이 $M[G]$에서 '나는 실수이다'라는 문장을 만족한다는 것이다. 비슷한 식으로 기수 $\aleph_2$의 역할을 하는 $M[G]$의 원소도 실제 V의 기수인 $\aleph_2$일 필요가 없다.

이 방법을 설명하기 위해 M에 하나의 새로운 실수 r을 추가하는 좀 더 간단한 문제를 생각해 보사. 상황을 더욱 간단히 만들기 위해 r을 단순히 $[0, 1]$ 내의 실수의 이진표현으로 생각하자. 달리 말해 실세계 V 안에서 r은 무한 이진수열이다.

시작부터 우리는 M이 이미 모든 무한 이진수열

을 포함하고 있을 가능성에 직면한다. 이 경우 M에 추가할 수 있는 무한 이진수열은 존재하지 않는다. 그러나 뢰벤하임-스콜렘의 정리에 의하면, 모든 ZFC의 모형 M에는 집합론의 언어로 적힌 M의 모든 문장을 정확히 만족하는 가산 부분 모형 N이 존재한다. 여기서 주목해야 할 점은 N이 실세계인 V 내에서 가산이라는 사실이다. 그러므로 N의 원소를 모두 열거하는 함수가 N의 외부에 존재한다. 이와는 별개로 N 안에 있는 어떤 집합 X는 'X는 비가산이다'라는 문장을 N 내에서 만족할 것이다. M이 ZFC의 모형이기 때문에 N 또한 ZFC의 모형이다. 여기서의 관심사는 M의 크기가 아니라 그것이 ZFC의 모형인가 아닌가이기 때문에 $M = N$이라 가정할 수 있고 M이 가산이라 할 수 있다. 무한 이진수열은 비가산적으로 많기 때문에 비로소 M에 속하지 않는 수열이 충분히 많다고 할 수 있다.

그러면 단순히 그중 하나를 아무거나 뽑아서 M에 추가할 수 있을까? 그렇지 않다. 어떤 이진수열은 그것이 속한 모형에 엄청난 영향을 끼친다. 예를 들어 임의의 가산 순서수 α를 다음과 같이 실수로 암호화하자. 먼저 f를 $\mathbb{N}$에서 α로 가는 전단사함수라 하고 부분집합 $A \subset \mathbb{N}^2$을 $\{(m, n) \in \mathbb{N}^2 : f(m) < f(n)\}$이라 하자. $\mathbb{N}$에서 $\mathbb{N}^2$로 가는 한 전단사함수 g를 정해서 $g(n) \in A$일 때 $c(n) = 1$이라 하자. ZFC의 공리를 이용하면 c로부터 α를 만들 수 있기 때문에, g가 충분히 명시적일 경우에(혹은 그렇게 되도록 선택하면) 무한 이진수열 c를 포함하는 모든 모형 M은 순서수 α를 포함해야만 한다.

이것이 중요한 이유는 다음과 같다. α를 V의 가산 순서수라 하고 M을 V 속에서 구성된 L_α의 형태

의 모형이라 하자. 예를 들면 §6에서 보게 될 큰 기수의 존재로부터 이러한 형태의 ZFC의 모형을 유도할 수 있다. 모형 $M[c]$는 M의 모든 원소와 하나의 새로운 무한 이항수열 c를 포함하기 때문에, 그것은 반드시 $L_\alpha(c)$, 즉 c에서 시작하여 α보다 작은 단계에서 형성된 모든 집합을 포함한다. 그러나 만약 위에서 본 것처럼 c가 α를 암호화한 수열이라면 $M[c]$는 ZFC의 모형이지만 $L_\alpha(c)$와 같지 않다. 왜냐하면 두 모형이 같다는 것은 $L_\alpha(c)$가 자기자신을 포함한다는 뜻이기 때문이다. 이러한 문제점을 피하기 위해 $M[c]$를 더 많은 집합이 추가된 ZFC의 모형으로 대체하려 해도 결국 α보다 큰 어떤 순서수 γ에 대해 $M[c] = L_\gamma$라는 결론에 도달한다. CH는 L_γ와 같은 형태의 ZFC의 모든 모형에서 성립하기 때문에, 이러한 결과는 본래의 목적에 맞지 않다. 결론은 M에 속하지 않는 c를 임의로 선택할 수 없고 아주 신중히 뽑아야 한다는 것이다.

핵심은 c가 '포괄적(generic)'이어야 한다는 것인데, 이 말은 그것을 선정하는 특별한 성질이 없어야 한다는 뜻이다. 전과 같이 $M = L_\alpha$라 했을 때, $M[c] = L_\alpha(c)$ 또한 ZFC의 모형이 되게 하려면 c는 ZFC의 몇몇 공리가 성립하지 않게 만드는 성질을 만족해서는 안 된다. 그렇게 하려면 c를 조금씩 만들어 나감으로써 $M[c]$에 원치 않는 영향을 주는 모든 특별한 성질을 피해야만 한다. 예를 들어 위의 식대로 c가 순서수 α를 암호화하지 않으려면, $g(n) \in A$를 만족하는 하나의 N을 선택해서 $c(n)$을 0으로 설정하면 된다.

이미 c의 이진 자릿수를 N번째까지 전개한 상태에서 φ가 그러한 N개의 자릿수로 시작하는 모든 실

수에 대해 성립한다고 하면, 처음부터 다시 시작하는 것 외에는 φ를 피할 방법이 없다. 각각의 모든 유한 이진수열 p가 어떤 유한 이진수열 q로 확장되어 q로부터 확장된 모든 무한수열이 어떠한 성질을 만족하지 않을 때 그 성질을 **회피가능**(avoidable)이라 하자. 예를 들어 '수열의 모든 항이 0이다' 라는 성질은 회피가능한 반면, '수열에서 열 개의 연속된 항이 있다'라는 성질은 회피불가능하다.

한 성질이 M 안의 집합에 관한 공식으로 정의될 때, 그것을 M에서 정의되는 성질이라고 한다. 한 실수 c가 M에서 정의되는 모든 회피가능한 성질을 회피할 때, 그것을 M 위에서 **포괄적**, 또는 **코헨**(Cohen)이라 한다. 그러한 c가 M에 속하지 않는 것을 보이는 것은 쉽다. 왜냐하면 그렇지 않을 경우에 '무엇은 c와 같다'라는 성질은 M에서 정의가능하고, 따라서 회피가능하기 때문이다.

왜 포괄적 실수가 존재해야만 하는가? M이 가산이라는 사실을 다시 한번 이용하자. 이 사실로부터 회피가능한 성질이 오직 가산적으로 많음을 알 수 있고, 그것을 $\varphi_1, \varphi_2, \cdots$ 라 하자. 한 유한 수열 q_1을 잘 선택하면 q_1에서 확장된 모든 무한수열이 φ_1을 만족하지 않도록 할 수 있다. 다음으로 q_1의 유한 확장인 q_2를 잘 선택하면 q_2에서 확장된 모든 무한수열이 φ_2를 만족하지 않게 할 수 있다. 이런 식으로 계속하면 φ_i 중 어떠한 성질도 만족하지 않는 무한 이항수열 c를 얻는다. 다른 말로 c는 포괄적이다.

이제 $M[c]$를 c와 M의 원소를 변수로 해서 만든 모든 집합의 집합이라 하자. 예를 들어 M이 L_α와 같은 형태이면 $M[c]$는 바로 $L_\alpha(c)$이다. 이 모형 $M[c]$를 M의 **코헨-포괄적 확장**(Cohen-generic extension)

이라 부른다.

이 $M[c]$가 ZFC의 모형인 것은 기적과도 같다. 게다가 그것은 M과 같은 순서수의 집합을 갖고 있고, 그렇기 때문에 어떠한 순서수 γ에 대해서도 L_γ와 같은 형태가 아니다. 특히나 $M[c]$ 속에서 만들어진 L은 c를 포함하지 않는다. 이러한 명제를 증명하는 것은 결코 쉬운 일이 아니다. 간단히 말해 코헨은 어떤 공식 φ가 $M[c]$충분조건이 φ를 '강제로' 참이게 하는 c의 시작 조각(initial segment) p가 있을 때라는 것을 보였다. 'p가 강제로 φ를 참이게 한다'라는 관계는 통상 $p \Vdash \varphi$라 적는데, 이는 M 위에서 정의되고 유한 이진수열을 공식과 연결시키는 역할을 한다. 따라서 어떤 명제 φ가 $M[c]$에서 참임을 보이기 위해서는 c의 시작 조각 p가 $p \Vdash \varphi$를 만족하는지 확인하면 된다. 특히 코헨의 결과를 통해 $M[c]$가 ZFC의 공리를 만족함을 알 수 있다.

CH가 성립하지 않는 모형을 만드는 방법은 하나의 포괄적 실수를 추가하는 것이 아니라 $\aleph_2^M$개의 포괄적 실수를 추가하는 것이다. 여기서 $\aleph_2^M$이란 M에서 $\aleph_2$의 역할을 하는 순서수, 즉 M에 있는 두 번째 비가산 순서수이다. 이것은 진짜 $\aleph_2$와 같을 필요가 없다. 예를 들어, 실제로 M이 어떤 가산 순서수 α에 대한 L_α의 형태이면 그 둘은 같지 않다. $\aleph_2^M$개의 포괄적 실수를 추가하려면 가능한 한 모든 회피가능한 성질을 회피하면서 유한개의 포괄적 실수를 유한번 근사화시키면 된다. 따라서 이제부디는 유한 이진수열 대신 $\aleph_2^M$보다 작은 순서수로 색인된 유한 이진수열로 이루어진 유한 집합을 다룰 것이다. 포괄적 대상은 M 위의 코헨 실수로 이루어진 수열 $\langle c_\alpha : \alpha < \aleph_2^M \rangle$이 될 것이고, 그것들은 모두 다르기

때문에 CH는 포괄적 확장 $M[\langle c_\alpha : \alpha < \aleph_2^M \rangle]$에서 성립하지 않는다.

여기서 언급해야 할 중요한 사실은, M에 새로운 실수를 추가하여 만든 새 확장 모형에서의 $\aleph_2$는 $\aleph_2^M$과 같다는 점이다. 그렇지 않으면 CH가 확장 모형에서 성립할 가능성이 있기 때문에 여태까지의 수고는 허사가 된다. 매우 다행스럽게도 이것이 성립하긴 하지만, 강제에 관한 사실을 이용해야만 이를 증명할 수 있다.

강제와 같은 종류의 주장을 통해 $\mathbb{R}$의 기수가 $\aleph_3$, $\aleph_{27}$, 혹은 비가산 공종도(cofinality)를 가진 임의의 기수인 모형을 만들 수 있다. 어떤 기수가 비가산 공종도를 가진다는 것은 그것이 그것보다 작은 가산 개 기수들의 최소 상계(least upper bound)가 아니라는 뜻이다. 그러므로 연속체의 기수는 ZFC에 의해 결정될 수 없다. 더욱이 CH가 괴델의 구성가능한 모집단 L에서 성립하고 코헨에 의한 강제로 구성된 모형에서 성립하지 않기 때문에 CH는 ZFC에서 결정불가능하다.

코헨은 강제를 이용해서 AC가 ZF와 독립적임을 증명했다. AC가 이미 L에서 성립하기 때문에, 이것을 증명하는 것은 AC가 거짓인 ZF의 모형을 만드는 것으로 충분했다. 코헨은 가산의 포괄적 실수의 모임 $\langle c_n : n \in \mathbb{N} \rangle$을 ZF의 가산적 모형 M에 추가하여 그러한 모형을 만들었다. 이 방법이 왜 적합한지 살펴보도록 하자. 먼저 N이 모든 순서수와 비순서집합 $A = \{ c_n : n \in \mathbb{N} \}$을 포함하는 $M[\langle c_n : n \in \mathbb{N} \rangle]$의 가장 작은 부분모형이라 하자. 즉 N은 단순히 $L(A)$와 같은데, 이는 그것이 $M[\langle c_n : n \in \mathbb{N} \rangle]$ 속에서 만들어졌기 때문이다. 이를 통해 N이 ZF의 모형

임과 동시에 N 내에 A의 정렬순서가 존재하지 않음을 보일 수 있다. 두 번째 사실이 성립하는 이유는 A의 모든 정렬 순서가 유한개의 순서수와 유한히 많은 A의 원소를 변수로 하여 $L(A)$ 내에서 정의가능하고 각각의 c_n은 정렬순서내의 서수적 위치로서 정의가능하기 때문이다. 하지만 c_n으로 이루어진 전체 수열은 L 위에서 포괄적이기 때문에 c_n을 변수로서 내포하지 않는 한, 어떠한 공식도 그들을 구분할 수 없다. A의 정렬순서의 정의에 변수로 쓰이지 않는 두 개의 다른 c_n이 존재하는 것과, 정렬순서가 모든 c_n을 서로 구분시키는 것은 모순이다. 따라서 집합 A는 정렬순서를 가질 수 없고 AC는 성립하지 않는다.

AC와 ZF 및 CH와 ZFC의 독립성을 증명함으로써 코헨은 1966년에 필즈 메달을 수상했다. 그 직후, 아즈리엘 레비(Azriel Lévy), 다나 스콧(Dana Scott), 조셉 숀필드(Joseph Shoenfield), 그리고 로버트 솔로베이(Robert Solovay)와 같은 많은 집합론자들이 강제 기법을 완전히 일반화시키기 위해 노력하였고, 그것을 잘 알려진 다른 수학 문제에 적용하기 시작했다. 예를 들어 솔로베이는 실수로 이루어진 모든 집합이 르베그 가측[III.55]인 ZF의 모형을 만들었고, 이를 통해 비가측 집합의 존재에 AC가 필수임을 보였다. 그는 또한 실수로 이루어진 모든 정의가능한 집합이 르베그 가측인 ZFC의 모형을 만들었다. §6.1의 예에서 보게 되겠지만, 이를 통해 비가측 집합이 존재함을 알 수 있다. 하지만 그는 그러한 집합의 명시적 예를 제시하지는 못했다. 솔로베이와 스탠리 테넨바움(Stanley Tennenbaum)은 반복 강제(iterated forcing)의 이론을 발전시켜 수슬린 가설(§10)의 무

모순성을 증명했다. 아드리안 마티아스(Adrian Mathias)는 무한형 램지 정리[IV.19 §2.2]의 무모순성을 증명했다. 사하론 셸라흐(Saharon Shelah)는 군론에서의 화이트헤드 문제(Whitehead problem)의 결정불가능성을 증명했다. 그리고 리차드 레이버는 보렐 추측(Borel conjecture)의 무모순성을 증명했다. 이것은 1970년대에 주목할 만한 문제의 일부분일 뿐이다.

강제 기법은 이제 모든 집합론에 퍼져 있다. 그것은 꾸준히 흥미로운 연구 분야가 되어 왔고, 기술적인 관점에서 보면 대단히 복잡하지만 매우 아름답기도 하다. 강제 기법은 위상수학, 조합론, 그리고 해석학 등 많은 수학 분야에 적용되어 계속해서 중요한 결과를 생산해왔다. 셸라흐에 의해 처음 도입된 진 강제(proper forcing) 이론은 지난 25년 간 강제 이론이 특출나게 영향을 준 분야이다. 진 강제는 강제 반복, §10에서 다루게 될 새로운 강제 공리(forcing axiom)의 연구와 공식화, 그리고 연속체의 기수적 불변량(cardinal invariant)의 해석에 아주 유용한 이론이다. 기수적 불변량이란 실선의 다양한 위상 및 조합적 성질과 관련된 비가산 기수로서, 강제에 의해 얻은 모형에 따라 값이 바뀔 수 있다. 순서수 불변량의 한 예로 실선을 덮기 위해 필요한 영집합의 최소 개수를 들 수 있다. 다른 중요한 발전으로는 안토니 도드(Anthony Dodd)와 로널드 젠슨에 의한 모집단을 하나의 실수로 암호화하는 데 사용된 분류 강제(class forcing)가 있다. 놀랍게도 이것은 강제를 사용하여 임의의 모형 M을 어떤 실수 r에 대한 $L(r)$ 형태로 변형할 수 있음을 말해준다. 최근에는 휴 우딘(Hugh Woodin)이 발명한 큰 기수 이론과 관련된 새롭고 강력한 강제 개념을 통해(§6) 연속체가설에 대한 새로운 통찰을 갖게 되었다(§10의 끝 부분).

강제에 의해 얻은 여러 독립성 결과를 통해 알게 된 확실한 사실은 ZFC의 공리는 여러 근본적인 수학적 질문에 대답하기에 불충분하다는 것이다. 따라서 그러한 질문에 해답을 줄 수 있는 ZFC의 추가 공리를 찾는 것이 바람직하다 할 수 있다. 이어지는 절들에서 이러한 후보 공리에 대해 논의할 것이다.

6 큰 기수

이미 보았듯이 모든 순서수의 집단은 집합이 될 수 없다. 만약 그것을 집합이라 가정하면 무슨 일이 일어나는지 보자. 먼저 그것에 대응되는 순서수 κ가 있을 것이고 이는 κ번째 기수 $\aleph_\kappa$와 일치할 것인데, 그렇지 않을 경우 $\aleph_\kappa$는 더 큰 순서수가 될 것이기 때문이다. 더 나아가 V_κ는 ZFC의 모형이 될 것이다. 결국 ZFC에서 이러한 성질을 가진 순서수 κ가 존재함을 증명하는 것은 ZFC 안에서 ZFC의 모형이 존재함을 증명하는 것이고, 이것은 괴델의 두 번째 불완전성 정리에 의해 불가능하다. 그러면 왜 수학자들은 V_κ가 ZFC의 모형이 되는 기수 κ가 존재한다는 공리를 ZFC에 추가하지 않을까?

1930년에 시에르핀스키[VI.77] 와 타르스키[VI.87]는 위 공리에 κ가 정칙(regular)이라는 조건을 추가할 것을 제안했다. 정칙 순서수란 그것이 κ보다 작은 기수들의 극한이 아니라는 뜻이다. 이 공리는 큰 기수 공리(large-cardinal axiom)의 첫 번째 공리이고 이러한 성질을 가진 기수 κ를 도달불가능한(inaccessible) 기수라 한다.

이와 다른 방향으로 도달불가능성을 암시하는 큰 수에 관한 개념은 20세기에 계속해서 등장했다. 이 중 하나는 무한 버전 램지 정리에서 등장한 비가산 집합을 일반화하는 데에서 발생했다. 무한 버전 램지 정리를 다음과 같이 설명할 수 있다. 자연수의 집합 ω의 원소로 이루어진 (무순서) 쌍에 빨간색 혹은 파란색으로 색을 입히자. 이 정리에 의하면 X의 원소만으로 이루어진 모든 쌍이 같은 색을 갖는 ω의 무한 부분집합 X가 존재한다. 여기서 ω를 ω_1로 일반화한 명제는 거짓이다. 그러나 긍정적 의미로 팔 에르되시(Paul Erdös)와 리처드 라도(Richard Rado)는 다음과 같은 사실을 밝혀냈다. 모든 기수 $\kappa > 2^{\aleph_0}$에 대해 κ의 원소로 이루어진 쌍을 각각 빨간색이나 파란색으로 칠했을 때 크기가 ω_1인 κ의 부분집합 X가 존재하여 X의 원소로 이루어진 모든 쌍이 같은 색을 가질 수 있다. 참고로 이것은 팔 에르되시와 안드라스 허이널(András Hajnal)이 이끈 헝가리 학파에 의해 발전된 조합적 집합론의 중요한 분야인 분할미적분학(partition calculus)의 금자탑 같은 결과 중 하나이다. 램지 정리를 어떤 비가산 기수로 일반화할 수 있는지를 묻는 과정에서 **약한 콤팩트**(weakly compact) 기수가 자연스럽게 등장했다. 가장 강력한 형태의 램지형(Ramsey-type) 정리를 만족하는 비가산기수 κ를 약한 콤팩트라 부른다. 즉, κ의 원소로 이루어진 모든 쌍을 각각 빨간색 혹은 파란색으로 칠했을 때 κ 크기를 갖는 κ의 부분집합 X가 존재하여 X의 원소로 이루어진 모든 쌍이 같은 색을 갖는 것을 말한다. 약한 콤팩트 기수는 도달불가능하기 때문에 그것의 존재는 ZFC 내에서 증명할 수 없다. 더욱이 그것이 존재한다 해도 첫 번

째 약한 콤팩트기수 밑에는 많은 도달불가능한 기수가 있다. 따라서 약한 콤팩트기수의 존재는 도달불가능한 기수의 존재를 가정한다 해도 증명할 수 없다.

1930년에 스타니스와프 울람(Stanislaw Ulam)에 의해 발견된 가측기수(measurable cardinal)는 큰 기수 중 가장 중요한 기수이고 약한 콤팩트기수보다 훨씬 더 크다.

6.1 가측기수

어떤 집합 A에서 여집합과 가산의 합집합을 취하는 연산의 가산적 단계를 거쳐 만든 집합을 **보렐집합**[III.55]이라 한다. 어떤 집합이 **영**(null) 또는 **영측도**(measure zero)라 함은 모든 $\varepsilon > 0$에 대해 열린 구간의 수열 $I_0, I_1, I_2, \cdots$가 존재하여 $A \subseteq \bigcup_n I_n$이고 $\sum_n |I_n| < \varepsilon$일 때를 말한다. 어떤 집합이 르베그 가측이라 함은 그것이 거의 보렐집합일 때이다. 즉, 어떤 보렐집합과의 차이가 영집합일 때를 말한다. 각각의 가측집합 A는 측도(measure)라 불리는 어떤 숫자 $\mu(A) \in [0, \infty]$에 대응된다. 이 측도는 A의 평행이동에 불변이고 가산 가법적(countably additive)이다. 즉, 서로 분리되어 있는 가측가능한 집합의 가산적 합집합의 측도는 그 측도의 합과 같다. 예를 들어 어떤 구간의 측도는 길이이다. 이 개념에 대한 심도 있는 논의는 측도[III.55]에서 다뤄진다.

ZFC 안에는 실수로 이루어진 르베그-비가측 집합이 존재한다. 그것의 한 예로는 1905년 주세페 비탈리(Giuseppe Vitali)가 발견한 다음과 같은 집합이 있다. 닫힌 구간 [0, 1] 내에 있는 두 원소가 동치라는 것을 그들이 어떤 유리수만큼 떨어져 있을 때로 정

의하고, A를 각 동치류에서 정확히 하나씩 뽑은 원소로 이루어진 $[0, 1]$의 부분집합이라 하자. 이렇게 많은 수를 선택하는 것은 AC에 의해 가능하다. A가 비가측임을 보이기 위해 각 유리수 p에 대해 집합 $A_p = \{x + p : x \in A\}$를 생각하자. A의 정의에 의해 이러한 임의의 두 집합은 서로소이다. B를 구간 $[-1, 1]$ 내의 모든 유리수 p에 대한 A_p의 합집합이라 하자. $[0, 1] \subseteq B$이므로 B의 측도는 영이 아니고 따라서 A의 측도 또한 영이 아니다. 다른 한편으로 $B \subseteq [-1, 2]$이기 때문에 B의 측도는 유한하고, 따라서 A는 양의 측도를 가질 수 없다.

가측집합은 여집합과 가산의 합집합을 취하는 연산에 닫혀 있기 때문에 모든 보렐집합은 가측이다. 1905년에 르베그[VI.72]는 보렐집합이 아닌 가측집합이 존재함을 보였다. 미하일 수슬린(Mikhail Suslin)은 르베그가 보렐집합의 연속상(continuous image)이 보렐집합이라는 실수를 범했음을 발견했다. 실제로 수슬린은 금방 반례를 찾았고 자연스럽게 **사영집합**(projective set)의 발견으로 이어졌다. 사영집합은 실수의 집합 계층 중 보렐집합보다 범주가 큰 것으로서 보렐집합으로부터 연속상과 여집합을 취하여 얻어진다(§9). 1917년에 니콜라이 루진(Nikolai Luzin)은 보렐집합의 모든 연속상이 해석집합(analytic set) 또한 가측이라는 것을 보였다. 만일 어떤 집합이 가측이면 그것의 여집합도 그러하므로 모든 해석집합의 여집합인 **여해석집합**(coanalytic set) 또한 르베그 가측이다. 따라서 자연히 나올 수 있는 질문은 우리가 이런 식으로 계속할 수 있는가이다. 특히 Σ^1_2로 알려진 여해석집합의 연속상 또한 가측일까? 이 질문의 답은 ZFC에서 결정불가능하

다고 알려졌다. L 안에는 르베그 가측이 아닌 Σ^1_2 집합이 있고 강제를 통해 모든 Σ^1_2 집합이 가측인 모형을 구성할 수 있다.

앞서 보인 르베그-비가측 실수 집합의 존재를 증명하려면 르베그 측도가 평행이동에 불변이라는 사실을 이용해야 한다. 실제로 이 증명은 모든 실수 집합을 가측할 수 있는 평행이동에 불변인 가산 가법적 측도는 르베그 측도를 확장하여 얻을 수 없음을 말하고 있다. 따라서 자연히 **측도문제**(measure problem)라 알려진 다음과 같은 질문을 생각할 수 있다. 평행이동 불변성이라는 조건 없이 모든 실수 집합을 가측할 수 있는 가산가법적 측도(countably addtive measure)를 르베그 측도로부터 확장할 수 있는가? 만약 그런 측도가 존재하면 연속체의 기수는 $\aleph_1, \aleph_2$, 또는 모든 $n < \omega$에 대해 $\aleph_n$이 될 수 없다. 1930년에 울람은 측도문제의 긍정적 해답이 존재하면 $\mathbb{R}$의 기수가 굉장히 크다는 것을 증명했다. 이 경우 그것의 크기는 그것보다 더 작은 기수의 극한으로 주어지는 최소 비가산 정칙기수보다 크거나 같다. 그는 또한 **모든** 집합 상에 정의된 자명하지 않은 가산가법적 측도의 존재가 가측문제에 대한 긍정적 해답을 주거나, 그렇지 않을 경우 비가산기수 κ와 $\{0, 1\}$-사이에 값을 가지는 κ-가법적 측도가 존재하여 κ의 모든 부분집합을 가측할 수 있음을 증명했다. 이러한 κ를 가측(measurable)이라 부른다. 만약 κ가 가측이면 약한 콤팩트이므로 도달불가능하다. 실제로 κ 보다 작은 모든 약한 콤팩트 기수로 이루어진 집합은 측도가 1이므로 κ 자신은 κ번째로 약한 콤팩트 기수이다. 이로부터 가측기수의 존재성은 ZFC에서 증명할 수 없고 도달불가능한 혹

은 약한 콤팩트인 기수가 존재한다는 공리를 추가한다고 해도 (물론 ZFC에 그러한 기수의 존재성을 추가한 것이 모순없을 때) 마찬가지임을 알 수 있다. 측도 문제는 결국 솔로베이(Solovay)에 의해 완전히 해명됐는데, 그는 측도 문제의 해답이 긍정적이면 가측기수를 가진 내적 모형이 존재함을 보였다. 반대로 어떤 가측기수가 있으면, 측도 문제의 긍정적 해답을 갖는 강제 확장을 만들 수 있다.

가측기수의 존재로부터 모집단 V가 L이 될 수 없음이 유도된 것은 아무도 예상하지 못했던 결과였다. 이것은 곧 구성불가능한(unconstructible) 집합이 존재하고 더 나아가 구성불가능한 실수가 존재한다는 뜻이다. 실제로 만약 가측기수가 존재한다고 가정하면 V는 L보다 훨씬 크다. 예를 들어 첫 번째 비가산기수 $\aleph_1$은 L 내에서 도달불가능한 기수이다.

강제의 발명과 엄청난 양의 독립성 결과로 인해 가측기수와 같은 큰 기수의 존재를 주장하는 공리와 강제 기법을 이용하면 지금까지 ZFC에서 결정불가능하다고 증명된 몇몇 질문을 결정시킬 수 있을 것이라는 희망을 갖게 되었다. 하지만 곧 큰 기수 공리는 CH를 결정하지 못한다는 것이 레비와 솔로베이에 의해 알려졌다. 그 이유는 강제를 이용하면 쉽게 연속체의 기수를 바꿀 수 있고, 큰 기수를 파괴하지 않으면서 CH가 성립하거나 성립하지 않도록 할 수 있기 때문이다. 놀랍게도 솔로베이는 1969년에 만약 가측기수가 존재한다면 모든 Σ_2^1 실수 집합은 르베그 가측임을 보였다. 따라서 가측기수의 존재성을 주장하는 공리가 연속체의 크기는 결정하지 못하더라도 연속체의 구조에 큰 영향을 준다는 것을 알게 되었다. 모집단 V에 있는 실수 집합과 멀리 떨어져 있는 가측기수가 실수 집합의 기초적 성질에 큰 영향을 준다는 것은 매우 놀라운 사실이다. 큰 기수와 연속체의 구조 사이의 관계에 대한 이해는 아직 완전히 정립되지 않았지만, 지난 30년 간 **묘사적 집합론**(descriptive set theory)과 **결정성**(determinacy)을 통해 큰 진전을 이뤄왔다. 이는 §8과 §9에서 설명할 것이다.

현재로서 집합론의 가장 깊이 있고 기술적으로 어려운 연구분야는 큰 기수의 기본적인 내적 모형을 만들고 해석하는 일이고, 이를 **내적 모형 프로그램**(inner model program)이라 부른다. 이 모형은 몇몇 기본적인 방법으로 만들어진 큰 기수에 대한 L의 유사물로서 모든 순서수를 포함하고 모든 원소의 원소를 포함한다는 의미로 추이적(transitive)이며 특정한 큰 기수를 포함한다. 이러한 모형을 만드는 것은 기수가 클수록 어렵다.

내적 모형 프로그램의 놀라운 결과 중 하나는 큰 기수를 이용하여 거의 모든 집합론적 명제 φ의 **무모순성 세기**(consistency strength)를 측정할 수 있다는 것이다. 이 말은 큰 기수 공리 A_1과 A_2가 존재하여 φ가 추가된 ZFC의 무모순성이 A_1이 추가된 ZFC의 무모순성을 유도하고 역으로 그것이 A_2가 추가된 ZFC의 무모순성에 의해 유도된다는 뜻이다. 이 A_1을 φ의 무모순성의 하계(lower bound)라 하고 A_2를 상계(upper bound)라 한다. 만약 운 좋게 A_1과 A_2가 동일하면 φ의 무모순성 세기를 정확히 측정할 수 있다. 통상적으로 상계 A_2는 A_2가 추가된 ZFC의 모형에 강제를 적용하여 얻을 수 있고, 하계 A_1은 내적 모형 이론을 이용하여 얻을 수 있다. 이 절의 시작부분에서 우리는 측도문제의 긍적적 해답의 무모순성 세기가 가측기수의 존재의 무모순성 세기와 정확히 일치함을 보았다. 또 다른 중요한 예를 다음 절에서 볼 것이다.

어떤 집합론적 명제의 무모순성 세기의 상계와 하계를 아는 것과 더 나아가 정확한 무모순성 세기를 아는 것은 여러 명제를 서로 비교하는 데 매우 유용하다. 실제로 만약 어떤 명제 φ의 하계가 또 다른 명제 ψ의 상계보다 크다면 괴델의 불완전성 정리에 의해 ψ가 φ를 유도하지 않는다고 결론내릴 수 있다.

7 기수적 산술

연속체가설 이후 집합론을 이끌어 온 과제는 임의의 기수 κ에 대한 지수 함수 2^κ을 이해하는 것이다. 칸토어는 모든 κ에 대해 $2^\kappa > \kappa$임을 증명했고 데네스 쾨니히(Dénes König)는 2^κ의 공종도(cofinality)가 항상 κ보다 큼을 증명했다. 즉, 2^κ은 κ보다 작은 κ개 이하의 기수들의 극한이 아니다. 앞서 본 것처럼 GCH는 구성가능한 모집단 L 내에서 성립한다. 보다 정확히 말해 2^κ이 최소 가능값이라는 뜻이고, κ보다 큰 최소 기수로서 통상 κ^+로 표기된다. $2^{\aleph_0}$의 경우와 같이 강제를 이용하면 2^κ이 κ보다 큰 공종도를 갖는 임의의 값이 되는 ZFC의 모형을 만드는 것이 가능해 보인다. 실제로 기수 κ가 정칙(regular)이면 이것이 가능하다. 즉, κ가 자기 자신보다 작은 κ개 이하의 기수의 극한이 아니면 된다. 실제로 윌리엄 이스턴(William Easton)은 정칙기수 위에서 정의된 함수 f가 $\kappa \leq \lambda$이면 $F(\kappa) \leq F(\lambda)$이고 $F(\kappa)$의 공종도가 κ보다 크면 모든 정칙기수 κ에 대해 $2^\kappa = F(\kappa)$를 만족하는 L의 강제 확장이 존재함을 보였다. 예를 들면 $2^{\aleph_0} = \aleph_7$, $2^{\aleph_1} = \aleph_{20}$, $2^{\aleph_2} = \aleph_{20}$, $2^{\aleph_3} = \aleph_{101}$ 등을 만족하는 ZFC의 모형을 만들 수 있다. 이것은 무한 정칙기수에 대한 지수함수가 ZFC 안에서 완전히 비결정되는 것과 강제를 이용하면 모든 값을 가질 수 있음을 보여준다.

그러나 정칙이 아닌 기수는 어떨까? 정칙이 아닌 기수를 특이적(singular)이라고 한다. 즉 특이적 무한 기수 κ란 κ보다 작은 κ 이하의 기수의 최소상계이다. 예를 들어 모든 $n \in \mathbb{N}$에 대한 $\aleph_n$의 최소상계인 $\aleph_\omega$는 첫 번째 특이적 기수이다. 특이적 기수에서 지수함수의 가능값을 결정하는 문제로부터 더 중요한 연구가 파생되었고 놀랍게도 큰 기수를 이용할 필요가 생겼다.

초콤팩트 기수(supercompact cardinal)는 특정한 추가 성질을 만족하는 가측기수이다. 이 성질로 인해 초콤팩트 기수는 일반적인 가측기수보다 훨씬 크다. 매튜 포맨(Matthew Foreman)과 우딘(Woodin)은 초콤팩트 기수를 이용해서 GCH가 항상 성립하지 않는, 즉 모든 기수 κ에 대해 $2^\kappa > \kappa^+$인 ZFC의 모형을 만들었다. 하지만 흥미롭게도 비가산 공종도를 갖는 특이기수의 지수함숫값은 더 작은 정칙기수의 지수함숫값으로 결정된다. 실제로 1975년에 잭 실버(Jack Silver)는 비가산 공종도를 가지는 특이기수 κ가 모든 $\alpha < \kappa$에 대해 $2^\alpha = \alpha^+$을 만족하면 $2^\kappa = \kappa^+$임을 증명했다. 즉, GCH가 κ 아래에서 성립하면 κ에서도 성립한다. 특이기수가설(singular cardinal hypothesis, SCH)은 GCH 보다 약한 일반적 원리로서 정칙기수의 지수(exponentiation)와 마찬가지로 특이기수의 지수를 완전히 결정한다. 가산

의 공종도를 갖는 특이기수의 경우에는 이 가설에 의해 잭 실버의 명제가 성립한다. SCH의 특별한 경우로서 다음과 같은 것이 있다. 만약 모든 유한한 n에 대해 $2^{\aleph_n} < \aleph_\omega$이면 $2^{\aleph_\omega} = \aleph_{\omega+1}$이다. 따라서 특별히 GCH가 $\aleph_\omega$ 아래에서 성립하면, 그것은 $\aleph_\omega$에서도 성립한다. 셸라흐는 강력한 그의 'PCF 이론'을 이용해서 만일 모든 n에 대해서 $2^{\aleph_n} < \aleph_\omega$이면 $2^{\aleph_\omega} < \aleph_{\omega_4}$라는 결과를 얻었는데, 이는 아무도 예상하지 못한 것이었다. 즉 GCH가 $\aleph_\omega$ 아래에서 성립하면, $2^{\aleph_\omega}$의 가능값의 경계가 ZFC 안에 존재한다. 하지만 이 값이 실제로 최소 가능값, 즉 $\aleph_{\omega+1}$보다 클 것인가? 특히, GCH가 $\aleph_\omega$에서 성립하지 않을 수 있을까? 답은 '그렇다'이다. 하지만 이를 보이기 위해 큰 기수가 필요하다. 한편으로 메나켐 마기도르(Menachem Magidor)는 초콤팩트 기수의 존재성의 무모순성을 가정하면 $\aleph_\omega$에서 GCH가 처음으로 성립하지 않는다는 명제가 모순없음을 증명했다. 따라서 초콤팩트 기수의 존재성은 SCH가 성립하지 않는 상계(upper bound)이다. 다른 한편으로 도드(Dodd)와 젠슨(Jensen)은 내적 모형 이론을 이용해서 큰 기수가 필요하다는 것을 보였다. SCH가 성립하지 않는다는 명제의 무모순성 세기는 나중에 모티 기틱(Moti Gitik)에 의해 정확히 측도되었다.

8 결정성

초콤팩트 기수와 같이 아주 큰 기수의 존재는 실수 집합에 엄청난 영향을 끼친다는 것, 그리고 간단하게 정의된 집합일수록 미치는 영향이 더욱 크다는 것이 알려져 있다. 이 두 대상의 연관성은 다음과 같

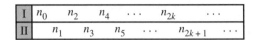

| I | n_0 | | n_2 | | n_4 | $\cdots$ | n_{2k} | | $\cdots$ |
| II | | n_1 | | n_3 | | n_5 | $\cdots$ | | n_{2k+1} | $\cdots$ |

그림 3 집합 $A \subseteq [0, 1]$와 연관된 무한 게임의 시행

이 어떤 실수 집합으로 정의된 무한 2인 게임을 통해 드러난다. A를 $[0, 1]$의 부분집합이라 하자. 두 명의 선수 I과 II가 번갈아가며 0 또는 1인 숫자 n_i를 택한다. 선수 I이 시작하면서 n_0을 고르고, 선수 II가 그다음 n_1을 고르고, 다시 선수 I이 n_2를 고르는 식이다. 그림 3은 이 게임의 진행 방식을 묘사하고 있다. 게임은 두 선수가 무한 이진수열 $n_0, n_1, n_2, \cdots$를 만들어내는 것으로 끝난다. 이 수열을 $[0, 1]$ 내의 어떤 실수 r의 이진전개로 생각했을 때, r이 A에 속하면 선수 I이, 그렇지 않으면 선수 II가 이긴다.

예를 들어 A가 구간 $[0, \frac{1}{2}]$이라면, 선수 I의 필승 전략은 단순히 시작을 0으로 두는 것이다. 만약 $A = [0, \frac{1}{4})$이면, 선수 II의 필승 전략은 그의 첫 번째 수를 1로 두는 것이다. 하지만 대부분의 게임에서 누가 이기느냐에 대한 질문은 유한번으로 결정될 수 없다. 예를 들어 만약 A가 $[0, 1]$ 내의 유리수의 집합이라면 선수 II가 게임의 필승 전략을 갖고 있다는 것을 쉽게 알 수 있지만(예를 들어 선수 I의 수에 관계없이 선수 II는 $01001000100001\cdots$을 두면 이긴다), 유한한 단계에서 이 판을 이길 수는 없다.

두 선수 중 한 명이 필승 전략을 갖고 있으면 게임이 **결정되었다**(determined)라고 한다. 형식적으로 말해서 선수 II의 **전략**(strategy)은 0이나 1을 홀수 길이의 유한 이진수열에 할당하는 함수 f이다. **필승 전략**(winning strategy)이란 선수 I의 수가 무엇이든지 간에 선수 II가 그의 k번째 수를 $f(n_0, n_1, \cdots, n_{2k})$로 두

면 항상 게임을 이길 수 있는 방법을 말한다. 비슷하게 선수 I에 대해서도 필승 전략을 정의할 수 있다. A로 정의된 게임이 결정되었을 때 집합 A가 **결정되었다**라고 한다. 혹시 모든 게임이 결정되었을지도 모른다고 추측할 수 있지만 실제로 결정되지 않는 게임이 존재한다는 것은 AC를 이용해서 매우 쉽게 증명할 수 있다.

결과적으로 어떤 특정한 부류의 실수 집합으로 정해진 게임의 결정성(determinacy)은 그 부류에 속한 집합의 성질이 보렐집합이 만족하는 성질과 비슷하다는 것을 암시한다. 예를 들어 모든 실수 집합이 결정된다는 주장인 **결정성 공리**(axiom of determinacy, AD)에 의하면 모든 실수 집합은 르베그 가측이고, 베르 성질(Baire property)과 완전집합 성질(perfect set property)을 갖는다. 베르 성질은 어떤 열린 집합(open set)과의 차이가 제1범주 집합(first category set)이라는 것이고, 완전 집합 성질은 비가산이면 완전집합을 포함한다는 것이다. 대표적으로 모든 실수 집합 A가 르베그 가측인 이유를 함께 분석해 봄으로써 왜 이러한 주장이 성립하는지 알아보자.

A의 모든 가측 부분집합이 영(null)일 때 A 자체도 영이라는 것을 보일 것이다. 이는 $\varepsilon > 0$에 대한 A와 ε의 덮기 게임을 통해 증명할 수 있다. 이 게임에서 선수 I의 목표는 수열 $a = \langle n_0, n_2, n_4, \cdots \rangle$로 A의 어떤 한 원소를 표현하는 것이고, 선수 II의 목표는 측도의 합이 ε을 넘지 않는 유리수 구간의 유한 합집합이 a를 덮을 수 있도록 하는 것이다. 여기서 만약 A의 모든 가측 부분집합이 영이면 선수 I의 필승 전략은 존재하지 않음을 알 수 있다. 따라서 AD에 의해 선수 II의 필승 전략이 반드시 존재한다. 이 전략을 이용하면 A의 외측도(outer measure)가 ε보다 작음을 보일 수 있고 모든 $\varepsilon > 0$에 대해 성립하기 때문에 A는 영일 수밖에 없다.

비정상적인 실수 집합을 배제하더라도 AD는 AC의 부정을 유도하기 때문에 AD는 ZFC와 모순이다. 하지만 AD의 약한 형태는 ZFC와 모순이 없고, 심지어 ZFC로부터 유도된다. 실제로 도널드 마틴(Donald Martin)은 1975년에 ZFC에 의해 모든 보렐집합이 결정됨을 증명했다. 더욱이 만약 가측기수가 존재한다면 모든 해석집합 및 여해석집합 또한 결정된다. 따라서 자연히 큰 기수의 존재가 Σ^1_2과 같은 더욱 복잡한 집합의 결정성을 암시하는가라는 질문을 던질 수 있다.

큰 기수와 간단한 실수 집합의 결정성의 밀접한 관계는 리오 해링턴(Leo Harrington)에 의해 처음 밝혀졌다. 실제로 그가 실제로 보인 것은 모든 해석집합의 결정성이 (가측기수의 존재성보다 조금 약한) 어떤 큰 기수 원리와 동치라는 것이었다. 곧 이어지는 논의에서 큰 기수가 어떤 정의가능한 간단한 실수 집합, 이른바 사영집합의 결정성을 유도하는 것을 보게 될 것이다. 또한 역으로 그러한 집합의 결정성은 어떤 내적 모형 안에 그와 같은 종류의 큰 기수가 존재함을 유도한다.

9 사영집합과 서술적 집합론

앞서 보았듯이 실수 집합에 관한 어떤 질문은 매우 기초적이지만 대답하기가 대단히 어렵다. 하지만 '자연스럽게' 등장하는 집합 및 명백하게 서술할 수 있는 집합에 관한 질문은 대개 대답이 가능하다. 이를 통해 어떤 사실이 임의의 집합에 대해서는 증명 불가능하더라도 정의가능한 실수 집합에 대해서는 증명가능할 것이라는 희망을 가질 수 있다.

서술적 집합론(descriptive set theory)의 연구 주제는 정의가능한 실수 집합의 구조이다. 그러한 집합의 예로서 보렐집합과 **사영집합**(projective set)이 있다. 사영집합은 보렐집합에서 연속상과 여집합을 취해 얻어진 집합이다. 동치적으로는 사영집합을 $\mathbb{R}^n$의 닫힌 부분집합에서 낮은 차원으로의 사영과 여집합을 혼합해서 얻은 $\mathbb{R}$의 한 부분집합으로 볼 수 있다. 이것이 왜 정의가능성과 연관되어 있는지 보자. 부분집합 $A \subset \mathbb{R}^2$를 x축으로 사영하면, $(x, y) \in A$를 만족하는 y가 존재하는 x로 이루어진 집합이 생성된다. 따라서 사영은 존재 한정화에, 여집합은 부정인 비존재성에 대응된다. 두 연산을 통해 보편적 한정화를 얻을 수 있고, 이로써 사영집합을 닫힌 집합으로부터 정의가능한 집합으로 생각할 수 있다.

해석집합은 보렐집합의 연속상이기 때문에 사영집합이다. 따라서 해석집합의 여집합인 여해석집합, 그리고 여해석집합의 연속상인 Σ_2^1 집합도 그러하다. 더 복잡하고 다양한 사영집합을 얻으려면 Σ_2^1 집합의 여집합, 이른바 Π_2^1 집합을 취하거나 Σ_3^1이라 불리는 Σ_3^1 집합의 연속상을 취하면 된다. 사영집합의 계층 구조는 보렐집합으로부터 형성된 유한 단계의 수에 따라 점차 복잡해진다. 통상적으로 수학에서 자연히 등장하는 많은 실수 집합은 사영집합이다. 본래 실수 집합을 연구하기 위해 발전한 서술적 집합론의 기술과 결과는 임의의 **폴란드 공간**(Polish space, 분리가능한 완비거리공간(separable complete metrizable space))의 정의가능한 집합에 적용되어 왔다. 이 공간의 예로써 $\mathbb{R}^n$, $\mathbb{C}$, 분리가능한 바나흐 공간[III.62] 등이 있고, 이들로부터 사영집합이 발생한 것은 매우 자연스러운 현상이다. 예를 들어, $[0, 1]$에서 정의된 연속 실함수의 최소 상계 노름 공간(sup norm space) $C[0, 1]$ 안의 모든 점에서 미분가능한 함수의 집합은 여해석집합이고, 평균값정리(mean value theorem)를 만족하는 함수의 집합은 Π_2^1이다. 서술적 집합론은 일반적으로 수학적으로 흥미로운 폴란드 공간들 내에서 자연스러운 집합을 다루기 때문에, 조화해석학(harmonic analysis), 군의 작용(group action), 에르고딕 이론(ergodic theory), 동역학(dynamics)과 같은 다른 수학 분야에서 심심치 않게 응용된다.

서술적 집합론의 고전적 결과로 모든 해석집합 및 여해석집합이 르베그 가측이고, 베르 성질을 가지고 있으며, 모든 비가산 해석집합이 하나의 완전집합을 포함한다는 것이 있다. 하지만 이것만으로는 모든 Σ_2^1 집합이 ZFC 안에서 위의 성질을 만족한다는 것을 증명할 수 없는데, 그 이유는 이미 강조했듯이 L 내에 반례가 있기 때문이다. 반면에 가측기수가 존재하면 이 집합은 위의 성질을 만족한다. 하지만 더 복잡한 사영집합은 어떨까?

사영집합 이론은 큰 기수와 밀접한 관계가 있다. 솔로베이는 도달불가능한 기수의 존재성이 모순없다고 가정하면 실수로 이루어진 모든 사영집합이 르베그 가측이고, 베르 성질을 가지고 있다는 식의 명제 또한 그러함을 보였다. 다른 한편으로 셸라흐는 모든 Σ_3^1 집합이 르베그 가측이면, $\aleph_1$이 L 내에서 도달불가능한 기수임을 보임으로써, 도달불가능한 기수의 존재가 필요함을 보였다.

보렐집합과 해석집합의 거의 모든 고전적 성질이 결정된다고 가정하면 사영집합도 그러한 성질을 만족함을 보일 수 있다. 모든 사영집합의 결정성은 ZFC 내에서 증명할 수 없고 보렐집합과 해석집합에 관한 이론은 모든 사영집합에 대해서도 우아하고 만족스럽게 확장된다. 이는 결정성이 새로운 집합론 공리의 탁월한 후보로 선정하는 데 충분한 이유가 된다. 이 공리는 **사영결정성**(projective determinacy, PD)으로 알려져 있는데, 예로써 모든 사영집합이 르베그 가측이고, 베르 성질을 만족하며, 완전집합 성질을 만족한다는 것 등을 유도한다. 특히 이 공리에 의하면 사영집합은 CH의 반례가 될 수 없는데, 이는 모든 비가산 완전집합은 $\mathbb{R}$과 같은 기수를 가지기 때문이다.

지난 20년 사이에 이루어진 집합론의 놀라운 진전 중의 하나는 PD가 큰 기수의 존재성으로부터 얻어진다는 증명이다. 1988년 마틴과 존 스틸(John Steel)은 무한히 많은 이른바 **우딘 기수**(Woodin cardinal)가 존재한다면 PD가 성립함을 보였다. 우딘 기수는 큰 기수의 계층에서 가측과 초콤팩트 사이에 위치한다. 놀랍게도 그 후에 우딘은 각 n에 대해 n개의 우딘 기수의 존재의 모순없음이 PD의 무모순성을 도출하기 위해 필요하다는 가설을 증명했다. 따라서 무한히 많은 우딘 기수의 존재는 보렐집합과 해석집합의 고전적 이론을 사영집합으로, 더 일반적으로 폴란드 공간에 있는 사영집합으로 확장시키는 충분조건이고, 본질적으로 필요조건이다.

큰 기수 공리가 서술적 집합론뿐만 아니라 다른 많은 수학 분야에서 엄청나게 성공적이었음에도, 그것을 집합론의 진정한 공리로 인정하는 것은 여전히 논란이 되고 있다. 이것은 초콤팩트와 같은 아주 큰 기수의 경우에 더 심한데, 그 이유는 아직까지 그에 관한 적당한 내적 모형이 없어서 그것의 무모순성을 보여줄 강력한 단서가 없기 때문이다. 그러나 여기서 짚고 넘어갈 점은 하비 프리드먼(Harvey Friedman)이 보였듯이 큰 기수의 존재는 자연수 위에 정의된 유한 함수에 관한 간단하고 자연스러워 보이는 명제를 증명할 때조차 필요하다. 이것은 큰 기수 공리가 수학의 가장 기초적인 부분에서 필수적인 역할을 담당하고 있다는 뜻이다. 현재 알려진 큰 기수 공리의 또 다른 단점은 그것이 CH와 같은 몇몇 근본적인 질문을 결정하지 못한다는 것이다.

10 강제 공리

큰 기수 공리가 풀 수 없는 연속체에 관한 문제로서 **수슬린의 가설**(Suslin's hypothesis, SH)이 있다. 칸토어는 조밀(dense)하고(즉, 임의의 두 개의 서로 다른 원소 사이에 또 다른 원소가 있음), 완비(complete)이며(즉, 공집합이 아닌 상계를 가진 모든 부분집합은 상한이 있음), 분리가능(separable)하고(즉, 조밀한 가산 부분집합을 포함함), 끝점이 없는(without endpoints) 모든 선형순서집합(linearly ordered set)은 실직선과 순서동형(order-isomorphic)임을 보였다. 어떤 선형순서집합에 속한 서로 분리된 열린 구간의 집단이 항상 가산이면 그것이 **가산연쇄조건**(countable chain condition, CCC)을 만족한다고 한다. 1920년에 수슬린은 분리가능성 대신 약한 가산연쇄조건을 가정해도 위의 집합이 여전히 $\mathbb{R}$과 동형일 것이라는 가설을 세웠다. SH는 집합론의 발전에서 소위 강제 공리(forcing axiom)라는 새로운 공리의 부류를 발견하게 해 주었다는 데 특별한 의미가 있다.

1967년 솔로베이와 테넨바움은 강제를 이용해 SH가 성립하는 모형을 만들었다. 강제를 이용하면 SH의 반례가 될 수 있는 모든 가능성을 배제할 수 있다는 데 착안했다. 그러나 강제를 한 번 적용할 때마다 새로운 반례의 가능성이 생기기 때문에, 강제를 계속 끊임없이 적용해야 하고, 결과적으로는 초한적으로 많이 적용해야 한다. 또한 극한 단계에서 의도치 않은 결과, 예를 들면 ω_1이 가산이 되는 상황, 즉 그것이 '붕괴'될 때도 있기 때문에, 강제를 반복적으로 적용하는 것은 기술적으로 번거로울뿐더러 제어하기가 어렵다.

다행히도 이러한 어려움을 극복할 수 있는 방법이 있다. 일반적으로 강제 주장은 부분 순서집합(partially ordered set)을 내포한다. 앞서 보았듯이 부분 순서집합이란 p가 q의 시작 부분일 때 $p < q$를 만족하는 모든 유한 이진수열의 집합이다. 어떤 부분순서가 CCC를 만족한다는 말은 양립할 수 없는 원소로 이루어진 집합이 항상 가산이라는 뜻이다. 만일 GCH가 성립하는 모형으로부터 CCC를 만족하는 부분 순서만을 이용해 극한 단계에서 소위 직접 극한(direct limit)을 취하면 ω_2단계 안에 모든 반례가 제거된 모형을 얻을 수 있고, 따라서 SH는 그 모형에서 성립한다. 한편 1968년에 젠슨은 SH의 반례가 L 안에 존재하기 때문에, SH가 ZFC에서 결정불가능함을 보였다.

솔로베이와 테넨바움의 방식에서 마틴은 마틴 공리(Martin's axiom, MA)로 알려진 새로운 원리를 분리시켰는데, 이것은 잘 알려진 베르 범주 정리(Baire category theorem)를 일반화한 것이다. 베르 범주 정리는 모든 콤팩트 하우스도르프(Hausdorff) 위상공간에서 가산인 개수의 조밀한 열린집합의 교집합이 공집합이 아님을 말해준다. MA는 다음과 같이 기술된다.

CCC를 만족하는 모든 콤팩트 하우스도르프 위상공간에서 $\aleph_1$개의 조밀한 열린집합의 교집합은 공집합이 아니다.

어떤 공간이 CCC를 만족한다는 말은 모든 쌍이 서로소인 열린집합의 모임이 항상 가산이라는 뜻이다. 이 조건이 없으면 위 명제는 거짓이다. 만약 실수가 $\aleph_1$개 존재한다면 모든 실수 r에 대해 $\aleph_1$개의 조밀한 열린집합 $\mathbb{R}\setminus\{r\}$의 교집합은 공집합이기 때문에 MA는 CH의 부정을 유도한다. 하지만 MA는 $\mathbb{R}$의 기수를 결정하지 않는다.

MA는 ZFC 내에서 결정불가능한 많은 문제를 푸는 데 성공적이었다. 예를 들면 MA는 SH와 Σ_2^1 집합이 르베그 가측임을 유도한다. 하지만 다음과 같은 질문을 던질 수 있다. MA가 진짜 공리인가? 만약 그러하다면 어떤 의미에서 그것이 자연스러운가? MA가 많은 ZFC 결정불가능한 질문을 결정한다는 사실로 인해 그것이 ZFC의 공리, 혹은 큰 기수 공리와 같이 중요한 위치를 차지하는 데 충분한가? 이 질문은 나중에 다시 생각해 보도록 하자.

MA는 많은 동치인 서술을 갖고 있다. 본래의 마틴의 공식은 강제 및 강제와 관련된 공리 용어와 더 밀접하게 연관되어 있다. 간략히 말해서 그 공식은

CCC를 만족하는 부분 순서를 통해 가산개가 아닌 $\aleph_1$개의 회피가능한 성질을 피할 수 있게 해 준다는 것이다. 이는 모형 M 안에 크기가 $\aleph_1$이고 부분순서를 가지는 포괄적 부분집합이 존재함을 증명한다.

무모순성을 유지하면서 MA 공리가 적용되는 부분 순서의 부류를 확장하면 더 강한 강제 공리를 얻을 수 있다. 이러한 강화의 중요한 예로 진(proper) 부분순서를 이용한 **진 강제 공리**(proper forcing axiom, PFA)가 있다. 진 부분순서의 조건은 셸라흐(Shelah)에 의해 CCC보다 약하다는 것이 발견되었고, 복잡한 강제 반복을 다루는 데 매우 유용하다. 이러한 종류의 강제공리 중 가장 강한 것이 1988년에 포어맨(Foreman), 마기도르(Magidor), 셸라흐에 의해 발견된 소위 **마틴 최대**(Martin's maximum, MM)이다. 이것은 초콤팩트 기수의 무모순성을 가정했을 때 ZFC와 모순되지 않는다.

MM과 PFA로부터 유도되는 놀라운 결과에는 사영결정성의 공리, 특이기수가설(SCH), 그리고 $\mathbb{R}$의 기수가 $\aleph_2$인 것 등이 있다.

강제 공리의 장점은 강제 이론을 세세히 다루지 않고도 적용할 수 있다는 점인데, 이는 $\diamondsuit$와 $\square$가 구성가능한 집합의 세밀한 부분을 다루지 않게 해 주는 것과 비슷하다. 이것의 아주 좋은 예는 PFA와 그로부터 유도되는 소위 **열린 채색 공리**(open coloring axiom)와 같은 조합론적 정리이다. 스테보 토도르세비치(Steve Todorcevic)는 이 공리를 이용해 일반위상수학과 무한 조합론에 남겨진 많은 문제를 매우 성공적으로 풀었다.

이미 강조하였듯이 강제 공리는 ZFC 공리나, 심지어는 큰 기수 공리처럼 직관적으로 분명하지는

않다. 하지만 이것을 단지 특정한 명제가 ZFC와 모순되지 않는다는 것을 증명하는 일에 유용한 것으로 보는 데에서 그치는 것이 아니라 어느 정도 집합론의 진정한 공리로서 받아들여야 하는 것이 아닌지 의문을 가질 수 있다. MA와 PFA 및 MM의 몇몇 약한 형태의 경우에는 강제 공리가 **포괄적 절대성**(generic absoluteness)의 원리와 동치라는 사실 때문에 그것을 진정한 공리로 받아들여져야 한다는 정당성이 확보된다. 포괄적 절대성은 모순을 피하기 위한 필요한 특정한 제한을 제외하고는 **존재할 수 있는 모든 것이 존재한다**는 주장이다. 더 정확히 말하자면, 만약 어떤 집합이 특정한 성질을 만족하고 그것이 V 상에 존재하도록 강제할 수 있으면, 같은 성질을 만족하는 집합이 V 안에 이미 존재한다는 것이다. 결국 포괄적 절대성 원리는 큰 기수 공리와 같은 극대성 원리(maximality principle), 즉 V를 최대한 크게 만들려는 원리이다.

예를 들어 MA는 V 상에 ω_1의 부분집합에 의해서만 결정되는 몇몇 성질을 만족하는 어떤 집합 X가 CCC를 만족하는 부분 순서 $\mathbb{P}$를 이용해서 강제로 존재하도록 할 수 있다면 그러한 X는 이미 V 안에 있다는 주장과 동치이다. 포괄적 절대성으로 표현된 이러한 MA의 성격으로 인해 그것을 집합론의 진정한 공리로 생각할 수 있는 정당성이 확보된다. 포괄적 절대성의 원리와 유사한 것으로, 소위 **유계 진 강제 공리**(bounded proper forcing axiom, BPFA)가 있는데, 이는 CCC 부분 순서를 진 부분 순서로 대체한 것이다. 이것은 PFA보다는 약하지만, 큰 기수 공리가 마무리 짓지 못한 많은 질문을 결정지을 정도로 강력하다. 주요한 예로 최근에 저스틴 무어(Justin

Moore)는 우딘, 데이비드 아스페로(David Asperó), 토도르세비치는 일련의 결과를 통해 BPFA로부터 $\mathbb{R}$의 기수가 $\aleph_2$임을 유도했다.

마치기 전에 큰 기수, 내적 모형, 결정성, 강제 공리, 포괄적 절대성, 그리고 연속체 사이의 강한 근본적인 연관성을 확립한 몇몇 깊은 결과에 대해 간단히 논의해 보도록 하자. 이 결과는 각각의 기수 α에 대해 α보다 큰 우딘 기수가 존재한다는 가정하에 성립한다.

첫 번째 결과는 셸라흐와 우딘에 의해 알려진 것으로서, $L(\mathbb{R})$의 이론이 포괄적으로 절대적이라는 것이다. 즉 임의의 V의 포괄적 확장인 $L(\mathbb{R})$에서 성립하는 실수를 변수로 갖는 모든 문장은 이미 실제 $L(\mathbb{R})$ 내에서 참이다. 이러한 종류의 포괄적 절대성으로부터 $L(\mathbb{R})$ 안의 모든 실수 집합, 특히 사영집합이 르베그 가측이고, 베르 성질을 만족하는 등의 사실이 유도된다. 더욱이 우딘은 큰 기수가 PD를 유도한다는 마틴-스틸(Martin-Steel)의 결과를 다듬어서, 모든 실수 집합이 $L(\mathbb{R})$ 내에서 결정됨을 보였다.

우딘의 또 다른 결과로서, 그가 (∗)라 명명한 공리가 있다. 이 공리는 PD가 담당하는 자연수 집합에 대한 역할을 ω_1의 부분 집합에서 담당한다. 즉 이것은 ω_1의 부분 집합에 관한 '실질적으로 모든' 질문을 결정한다. 물론 어떤 모순없는 공리가 ω_1의 부분 집합에만 해당하는 **모든** 질문을 결정하는 것은 불가능한데, 그 이유는 괴델의 불완전성 정리에 의해 항상 결정 불가능한 산술 명제가 존재하기 때문이다. 따라서 **모든 질문을 실제로 결정한다**는 개념을 정확히 공식화하기 위해, 우딘은 평범한 1차 논리를 강화시켜서 Ω-논리라 불리는 새로운 논리를 소개했

다. Ω-논리의 주요 특징 중의 하나는 Ω-논리에서 타당한 명제는 포괄적으로 절대적이라는 것이다. 적당한 큰 기수의 가설하에 (∗)는 Ω-논리와 모순없고, ω_1의 부분집합에만 해당하는 모든 질문을 Ω-논리 안에서 결정할 수 있다. 주요한 미해결 문제로서는 Ω-가설이 있는데, 이것을 공식화하는 것은 기술적으로 복잡할뿐더러 이 글의 수준을 넘는 일이다. 만약 Ω-가설이 참이라면, Ω-논리 안에서 ω_1의 부분집합에만 해당하는 모든 질문을 결정하는 큰 기수의 존재성과 호환되는 **모든** 공리는 반드시 CH의 부정을 유도할 것이다. 따라서 CH가 추가된 ZFC와 CH의 부정이 추가된 ZFC는 Ω-이론의 견지에서 보면 똑같이 타당한데, 큰 기수의 존재하에 CH는 ω_1의 부분집합에 관한 모든 자연스런 질문의 결정가능성에 불필요한 제한 조건을 걸기 때문이다.

11 마지막 덧붙임

19세기 말에서부터 시작하여 짧게나마 집합론의 주요한 발전 과정을 기록해 보았다. 칸토어의 손에서 시작된 초한수에 관한 수학적 논의는 무한 집합과 수학의 근간을 이루는 보편적 이론으로 발전하였다. 모든 고전적 수학 분야를 하나의 이론적 뼈대인 ZFC 공리 체계로 통합할 수 있다는 사실은 확실히 놀라운 결과이다. 그러나 이보다 더 중요한 사실은 구성가능성(constructibility), 강제(forcing), 무한 조합론(infinite combinatorics), 큰 기수 이론(the theory of large cardinal), 결정성(determinacy), 폴란드 공간(Polish space)의 정의가능한 집합(definable set)에 관한 서술적 이론(descriptive theory) 등과 같은 기

술이 집합론을 심도 있고 아름다운 학문으로 바꿔 놓았고, 매력적인 결과를 쏟아내며, 우리의 상상력을 자극시키고 도전하고, 대수학, 위상수학, 실해석학 및 복소해석학, 함수해석학, 그리고 측도론과 같은 분야에 수없이 많이 응용되고 있다는 것이다. 21세기에는 집합론적 기술과 생각 방식을 통해 오랫동안 풀리지 않거나 새로이 등장할 수학 문제를 해결하는 데 반드시 기여할 것이고, 수학자에게 수학의 광활함과 복잡함을 이해하는 데 더 깊은 통찰력을 제공할 것이다.

더 읽을거리

Foreman, M., and A. Kanamori, eds. 2008. *Handbook of Set Theory*. New York: Springer.

Friedman, S. D. 2000. *Fine Structure and Class Forcing*. De Gruyter Series in Logic and Its Applications, volume 3. Berlin: Walter de Gruyter.

Hrbacek, K., and T. Jech. 1999. *Introduction to Set Theory*, 3rd edn., revised and expanded. New York: Marcel Dekker.

Jech, T. 2003. *Set Theory*, 3rd edn. New York: Springer.

Kanamori, A. 2003. *The Higher Infinite*, 2nd edn. Springer Monographs in Mathematics. New York: Springer.

Kechris, A. S. 1995. *Classical Descriptive Set Theory*. Graduate Texts in Mahtematics. New York: Springer.

Kunen, K. 1980. *Set Theory: An Introduction to Independence Proofs*. Amsterdam: North-Holland.

Shelah, S. 1998. *Proper and Improper Forcing*, 2nd edn. New York: Springer.

Woodin, W. H. 1999. *The Axiom of Determinacy, Forcing Axioms, and the Nonstationary Ideal*. De Gruyter Series in Logic and Its Applications, volume 1. Berline: Walter de Gruyter.

Zeman, M. 2001. *Inner Models and Large Cardinals*. De Gruyter Series in Logic and Its Applications, volume 5. Berlin: Walter de Gruyter.

IV.23 논리학과 모형 이론

데이비드 마커 *David Marker*

1 언어와 이론

수리논리학(mathematical logic)이란 수학 구조를 서술하는 데 사용되는 형식언어(formal language)와, 그 언어가 수학 구조에 대하여 무엇을 알려주는지를 연구하는 분야이다. 우리는 형식언어가 서술하는 구조로부터 어떤 문장들이 참인지를 조사함으로써 그 형식언어에 대하여 많은 것을 배울 수 있고, 그 언어를 이용해 정의할 수 있는 부분 집합들을 조사함으로써 그 언어의 구조에 대해 배울 수 있다. 이 장에서는 여러 가지 언어와, 이 언어를 이용하여 기술되는 구조들에 대한 다양한 예를 제시할 것이다. 또한 논리학에서 쓰이는 정리들이 종종 논리와는 아무런 관련이 없어 보이는 '순수 수학'의 결과들을 증명하는 데 사용되는 놀라운 현상들을 보게 될 것이다. 이 절에서는 다음 절을 이해하기 위해 필요한 기본적인 아이디어들을 간단히 소개해 보기로 한다.

여기에서 고려할 형식 언어들은 모두 L_0으로 표시하는 기본 논리언어(basic logical language)를 확장한 것이다. 이 언어의 진술(statement), 혹은 식(formula)은 다음과 같은 요소로 구성돼 있다. x, y와 같은 알파벳 문자나 v_1, v_2, $\cdots$와 같이 첨자를 포함한 문자로 이루어진 변수(variable), 괄호 '('와 ')', 등호 '=', '그리고(and)', '또는(or)', '부정(not)', '함의한다(imply)', '동치이다(if and only if)'를 의미하는 논리 연결자(logical connective), $\wedge$, $\vee$, $\neg$, $\rightarrow$, $\leftrightarrow$, '존재함(there exists)'과 '모든(for all)'을 나타내는 한정사(quantifier) $\exists$와 $\forall$(이 기호들에 익숙하지 않은 독자들은 이 글을 읽기 전에 수학의 언어와 문법[I.2]을 먼저 읽기 바란다)이 그것이다. L_0의 식의 몇 가지 예로

(i) $\forall x\, \forall y\, \exists z\, (z \neq x \wedge z \neq y)$,

(ii) $\forall x\, (x = y \vee x = z)$

를 생각해 보자. 첫 번째 식은 어떤 대상이 존재한다면 최소한 셋은 존재함을 의미하고, 두 번째는 y와 z가 유일한 대상임을 뜻한다. 이 두 식에는 중요한 차이점이 존재하는데, 첫 번째 식에서 x, y, z는 모두 한정사가 붙은 속박된(bound) 변수인 반면, 두 번째 식에서는 x만이 속박 변수이고 y와 z는 자유(free) 변수이다. 이것은 곧 첫 번째 식은 특정한 수학 구조에 대한 진술이지만, 두 번째 식은 특정한 구조뿐만 아니라 특정한 대상인 y, z에 대한 진술임을 의미한다.

작은 식으로부터 큰 식을 만들어내는 여러 가지 규칙들이 있다. 여기에서 모두 다룰 수는 없지만, 예를 들면 두 식 ϕ, ψ에 대하여 $\neg\phi$, $\phi \vee \psi$, $\phi \wedge \psi$, $\phi \rightarrow \psi$, $\phi \leftrightarrow \psi$는 모두 식이다. 일반적으로 식 ϕ가 좀 더 작은 식들 ϕ_1, $\cdots$, ϕ_n으로부터 논리 연결자(와 괄호)를 이용해서 만들어졌을 때, 우리는 ϕ를 ϕ_1, $\cdots$, ϕ_n의 불 결합(Boolean combination)이라고 부른다. 식을 변형시키는 또 다른 중요한 방법으로 한정화(quantification)가 있는데, 자유 변수 x를 포함한 식 $\phi(x)$에 대하여, $\forall x\, \phi(x)$와 $\exists x\, \phi(x)$는 모두 식이다.

지금까지 다뤄온 식은 모두 '순수하게 논리적'인 것들로, 흥미로운 수학 구조를 기술하는 데에는 그다지 유용하지 않다. 예를 들어 실수로 구성된 체[I.3

§2.2]에서 대수적(algebraic)이고 지수적(exponential)인 방정식들의 실수 해들을 찾기 원한다고 하자. 우리는 다음과 같은 '수학 구조'

$$\mathbb{R}_{\exp} = (\mathbb{R}, +, \cdot, \exp, <, 0, 1)$$

을 조사함으로써 연구할 수 있다. 여기에서 우변의 일곱순서쌍은 각각 실수들의 집합 $\mathbb{R}$, 이항연산인 덧셈과 곱셈, 지수함수[III.25], '~보다 작은(less than)'을 나타내는 관계, 실수 0과 1로 이루어져 있다.

이 구조의 여러 항목들은 당연히 서로 다양하게 연관되어 있으나, 우리가 기본언어 $\mathcal{L}_0$을 확장할 때까지는 이 연관관계를 표현할 수 없다. 예를 들어, 지수함수가 덧셈을 곱셈으로 바꾼다는 진술을 형식적으로 표현하려면, 당연히 아래와 같이 해야 할 것이다.

(i)　$\forall x \forall y \ \exp(x) \cdot \exp(y) = \exp(x + y).$

여기에서 우리는 두 개의 한정사, 두 개의 속박 변수 x와 y, 그리고 등호 기호를 사용하고, 여기에 추가적으로 '+', '·', 'exp'와 같이 외부적인 구성요소를 사용하고 있다. 그러므로 $\mathbb{R}_{\exp}$의 구조를 이야기하려면 언어 $\mathcal{L}_0$에 '+', '·', 'exp', '<', '0', '1'을 추가하여 확장시킨 $\mathcal{L}_{\exp}$를 도입해야 한다. 물론 새로 추가된 요소들은 '+'가 이항연산이고 'exp'가 함수라는 것 등의 성질을 드러내는 적절한 구문 규칙과 함께 추가되어야 한다. 예를 들면 이러한 규칙에서 $\exp(x + y) = z$와 같은 표기는 허용되지만 $\exp(x = y) + z$와 같은 표기는 허용되지 않는다.

다음 세 개의 $\mathcal{L}_{\exp}$-식들을 살펴보자.

(ii)　$\forall x \ (x > 0 \rightarrow \exists y \ \exp(y) = x),$

(iii)　$\exists x \ x^2 = -1,$

(iv)　$\exists y \ y^2 = x.$

이 식들은 각각 '모든 양수 x에 대하여 $e^y = x$를 만족하는 y가 존재한다', '-1은 제곱수이다', 'x는 제곱수이다'와 같이 해석한다. 앞의 식 (i)~(iii)은 $\mathbb{R}_{\exp}$의 구조에 대한 선언 진술(declarative statement)이다. 식 (i)과 (ii)는 $\mathbb{R}_{\exp}$에서 참인 반면 (iii)은 거짓이다. 식 (iv)는 앞의 것들과 상황이 다른데, 왜냐하면 x가 자유 변수이기 때문이다. 그러므로 이것은 x의 성질을 나타낸다. (예를 들어, $x = 8$이면 참이 되지만 $x = -7$이면 거짓이 된다.) 자유 변수가 없는 식은 문장(sentence)이라 정의한다. 만일 ϕ가 $\mathcal{L}_{\exp}$-문장이라면, ϕ는 $\mathbb{R}_{\exp}$에서 참이거나 거짓 중 하나이다.

만일 ϕ가 자유변수 $x_1, \cdots, x_n$을 가진 식이고 $a_1, \cdots, a_n$이 실수일 때, 특정한 수열 $(a_1, \cdots, a_n)$에 대해 식 ϕ가 참인 경우를 기호로 $\mathbb{R}_{\exp} \vDash \phi(a_1, \cdots, a_n)$과 같이 나타낸다. 이 식으로부터 다음 집합

$$\{(a_1, \cdots, a_n) \in \mathbb{R}^n : \mathbb{R}_{\exp} \vDash \phi(a_1, \cdots, a_n)\}$$

즉 모든 i에 대해 x_i에 a_i를 대입하였을 때 식이 참이 되게 하는 수열 $(a_1, \cdots, a_n)$의 집합을 생각한다. 예를 들어 다음 식

$$\exists z \ (x = z^2 + 1 \wedge y = z \cdot \exp(\exp(z)))$$

는 다음과 같은 매개곡선

$$\{(t^2 + 1, t e^{e^t}) : t \in \mathbb{R}\}$$

을 정의한다.

중요한 면을 보여주는 또 다른 예로, 정수 집합에 덧셈, 곱셈, 0과 1이 주어진 구조 $(\mathbb{Z}, +, \cdot, 0, 1)$이 있다. 이 구조를 서술하는 데 사용되는 언어는 환 언어(language of rings) $\mathcal{L}_{rng} = L(+, \cdot, 0, 1)$이다. (괄호 안의 기호들은 기본언어 $\mathcal{L}_0$에 추가하는 것들을 나타낸다.) 언어 $\mathcal{L}_{rng}$에는 $\mathbb{Z}$에 부여된 자연스러운 순서(order)를 나타내는 기호가 없지만, 놀랍게도 $\mathcal{L}_{rng}$만으로도 이 순서를 정의할 수 있다. (이 사실이 자명하지 않다는 것을 이해하기 위하여, 아래를 읽기 전에 잠시 스스로 정의를 내려보기 바란다.)

순서를 정의하기 위해 사용하는 기법으로 라그랑주[VI.22]의 정리를 활용할 것인데, 이 정리는 모든 음이 아닌 정수가 네 개의 제곱수의 합으로 표현된다는 것을 알려준다. 음이 아닌 순서 $x \geq 0$은 다음 식

$$\exists y_1 \; \exists y_2 \; \exists y_3 \; \exists y_4 \quad x = y_1^2 + y_2^2 + y_3^2 + y_4^2$$

으로 정의될 수 있다. (물론 이 과정에서 음수인 정수는 네 개의 제곱수의 합으로 표현될 수 없다는 사실도 이용하고 있다. 또한 임의의 음이 아닌 정수가 100개의 제곱수의 합으로 표현된다는 사실을 이용하더라도 같은 방법으로 음이 아닌 순서를 정의할 수 있음에 주목하자.) 일단 x가 음이 아님을 정의할 수 있게 되면 기호 '$<$'는 간단하게 정의할 수 있다. 여기에서 흥미로운 사실은 이러한 정의 방식이, 자명하지 않고 순수한 수학 정리에 의존하고 있다는 사실이다.

식에 여러 가지 제한조건이 있음을 이해하는 것은 대단히 중요한데, 특히 더 주목해 볼 필요가 있는 다음 두 가지 제한조건을 살펴보자.

- 식은 유한해야 한다. 예를 들면 $\mathbb{R}$에서 아르키메데스 성질(Archimedean property)이라 부르는 성질은 다음과 같은 방식

$$\forall x > 0 \, (x < 1 \lor x < 1 + 1 \lor x < 1 + 1 + 1 \lor \cdots)$$

로 표현할 수 없다. (만일 이러한 표현방식을 허용한다면, '$<$'를 위에서보다 훨씬 간단하게 정의할 수도 있다.)

- 한정사들은 구조의 부분집합이 아닌 원소(element)들에 작용한다. 이것은 '2차식(second-order formula)'들을 배제하게 되는데, 예를 들어

$$\forall S \subseteq \mathbb{R} \; (\text{만일 } S\text{가 위로 유계(bounded above)이면,}$$
$$S\text{에는 최소상계(least upper bound)가 존재한다})$$

은 $\mathbb{R}$의 모든 부분집합 S에 대해 한정하는 방식으로 $\mathbb{R}$의 완전성(completeness)을 표현하는 이차식이다. 우리는 '1차(first-order)'식만을 생각할 것인데, 이것을 종종 1차 논리(first-order logic)라 부른다.

지금까지 언어들의 몇 가지 예를 살펴보았는데, 이제부터는 조금 더 일반적인 논의를 다루어 보자. 기본적으로 언어(language)란 위의 $\mathcal{L}_{exp}$나 $\mathcal{L}_{rng}$와 같이, (기본 논리 기호와 조합된) 기호들의 집합과 그것들의 사용 규칙을 포괄한 것이다. $\mathcal{L}$이 언어일 때, $\mathcal{L}$-구조($\mathcal{L}$-structure)는 $\mathcal{L}$의 모든 문장이 번역(interpret)될 수 있는 수학적 구조를 의미한다. (아래에서 몇 가지 예를 보고 나면 이 개념이 명확해질 것이다.) $\mathcal{L}$-이론(L-theory) T는 공리(axiom)로서 받아들이는 $\mathcal{L}$-문장들의 집합으로, 특정한 $\mathcal{L}$-구조가 만

족시킬 수도 만족시키지 않을 수도 있다. T의 모형 (model) $\mathcal{M}$이란 T의 모든 문장들이 적절하게 번역 돼 참이 되도록 하는 $\mathcal{L}$-구조를 의미한다. 예를 들면 앞에서 논의했던 $\mathbb{R}_{exp}$는 식 (i)과 (ii)에 대한 언어 $\mathcal{L}_{exp}$에서의 모형이 된다. (같은 식에 대한 또 다른 모형의 예로 지수함수 e^x을 2^x으로 바꾼 후에 'exp' 를 이 바꾼 함수로 번역하는 것도 가능하다.)

군[I.3 §2.1] 언어인 $\mathcal{L}_{grp} = \mathcal{L}(\circ, e)$를 예로 살펴보면 '이론'이라는 용어가 적절하다는 것을 명확하게 이해할 수 있을 것이다. 이때 '$\circ$'는 이항연산 기호이고, e는 상수기호(constant)이다. 여기에서 군의 공리로 구성된 다음 문장들

(i) $\forall x \, \forall y \, \forall z \; x \circ (y \circ z) = (x \circ y) \circ z,$

(ii) $\forall x \; x \circ e = e \circ x = x,$

(iii) $\forall x \, \exists y \; x \circ y = y \circ x = e$

로 이루어진 이론 T_{grp}를 살펴보자.

이 언어를 수학적 구조 $\mathcal{M}$으로 번역하기 위해, $\mathcal{M}$이 집합 M과 이항연산 $f : M^2 \to M$과 특정한 원소 $a \in M$으로 구성되어 있다고 하자. 그리고 '$\circ$'를 f로, 'e'를 a로 번역하고, 대상을 집합 M으로 한정하자. 예를 들어 (iii)을 번역하면, 모든 M의 원소 x에 대하여 $f(x, y) = a$를 만족하는 M의 원소 y가 존재한다는 것이다. $\mathcal{L}_{grp}$의 기호들을 이렇게 번역했을 때, 구조 $\mathcal{M}$은 $\mathcal{L}_{grp}$-구조가 된다. 여기에서 만일 문장 (i), (ii), (iii)이 참이 된다면, $\mathcal{L}_{grp}$-구조는 T_{grp}의 모형이 된다. (i) ~ (iii)이 군의 공리이기 때문에, T_{grp}의 모형은 군을 의미하게 된다.

$\mathcal{L}$-문장 ϕ가 T의 모든 모형에 대해 항상 참이 될

때, ϕ를 이론 T의 논리적 귀결(logical consequence)이라 하고 $T \vDash \phi$로 표기한다. 다시 말하면, 모든 T의 문장들이 참이 되는 모든 구조에 대해 ϕ가 참이 될 때, $T \vDash \phi$가 되는 것이다. 그러므로 '$\vDash$' 기호는 좌변에 구조가 있는가와 이론이 있는가에 따라 서로 다른 두 가지 의미를 가지게 된다. 하지만 이 두 가지 의미는 둘 다 모형에서 참이 된다는 것과 관련돼 있다는 점에서 밀접하게 연관돼 있다. 즉 $\mathcal{M} \vDash \phi$는 ϕ가 특정한 모형 $\mathcal{M}$에서 참이 된다는 것을 의미하고, $T \vDash \phi$는 위에서 설명한 바와 같이, ϕ가 T에 대한 모든 가능한 모형에서 참이 된다는 것을 의미한다. 어떤 경우라도 '$\vDash$' 기호는 귀결을 나타내는 '의미론적 (semantic)' 기호를 나타낸다.

군의 예로 돌아가서, ϕ가 $\mathcal{L}_{grp}$의 문장이면, $T_{grp} \vDash \phi$는 ϕ가 모든 군에 대해서 참인 것과 동치이다. 예를 들어

$$T_{grp} \vDash \forall x \, \forall y \, \forall z \; (xy \neq xz \vee y = z)$$

가 성립하는데, 왜냐하면 임의의 군의 원소 x, y, z에 대하여 $xy = xz$가 성립하면, 양변의 왼쪽에 x의 역원을 곱하여 $y = z$를 얻을 수 있기 때문이다.

이제 논리학에서의 몇 가지 기본적인 문제들을 살펴보자.

(i) 주어진 $\mathcal{L}$-이론 T에 대하여, 문장 ϕ가 T의 논리적 귀결인지를 결정할 수 있는가? 가능하다면 어떠한 방법으로 가능한가?

(ii) $\mathbb{R}_{exp}$나 $(\mathbb{N}, +, \cdot, 0, 1)$이나 복소수체와 같이 주어진 흥미로운 수학 구조와, 그 구조를 기술하는 언어 $\mathcal{L}$에 대하여, 어떤 $\mathcal{L}$-문장이 그 구조

에서 참이 되는지를 결정할 수 있는가?

(iii) 언어로 기술된 구조에 대하여, 그 언어로 정의된 구조의 부분집합은 특별한 성질을 가지는가? 이 집합들이 어떤 의미에서 '간단'하다는 이야기를 할 수 있는가? 예를 들면 앞에서 $\mathcal{L}_{exp}$를 사용하여 특정한 평면 곡선을 정의했었다. 이제 **칸토어 집합**[III.17]이나 **망델브로 집합**[IV.14 §2.8]과 같이 대단히 복잡한 집합을 생각해 보자. 이러한 집합이 어떤 의미에서 '너무 복잡해서' $\mathcal{L}_{exp}$로 정의할 수 없다는 것을 증명할 수 있을까?

2 완전성과 불완전성

T를 $\mathcal{L}$-이론, ϕ를 $\mathcal{L}$-문장이라 두자. $T \vDash \phi$를 보이기 위해서는 ϕ가 T의 모든 모형에 대해 성립함을 보여야 한다. T의 모든 모형을 점검한다는 것은 대단히 어려운 일처럼 보이는데, 다행히도 이러한 작업은 불필요하며, 대신 **증명**(proof)이라는 방법을 사용할 수 있다. 수리논리학에서 처음으로 해야 하는 작업 중 하나는 바로 이 증명이 무엇을 의미하는지를 정확하게 기술하는 것이다.

$\mathcal{L}$을 언어, T를 $\mathcal{L}$의 문장들의 집합인 $\mathcal{L}$-이론이라 하자. 또한 ϕ를 $\mathcal{L}$의 식이라 두자. 대략적으로 ϕ에 대한 증명이란 T의 문장들을 가정하여 ϕ를 결론내는 것이다. 이것을 형식적인 방식으로 기술하고자 한다. T로부터 ϕ의 **증명**(proof of ϕ from T)이란 증명의 각 줄에 해당하는 유한개의 $\mathcal{L}$-식들의 열 $\psi_1, \cdots,$ ψ_m을 의미하는데, 다음과 같은 성질을 만족해야 한다.

(i) 각각의 ψ_i는 논리적인 공리이거나 T의 문장이거나, 또는 간단한 논리 규칙을 이용해 이전에 나왔던 식들 $\psi_1, \cdots, \psi_{i-1}$로부터 유도될 수 있어야 한다.

(ii) $\psi_m = \phi$.

'간단한 논리 규칙'이 무엇인지에 대해서는 엄밀하게 설명하지 않고, 대신 이에 대한 세 가지 예를 들고자 한다.

- ϕ와 ψ로부터 $\phi \wedge \psi$가 유도됨,
- $\phi \wedge \psi$로부터 ϕ가 유도됨,
- $\phi(x)$로부터 $\exists v\, \phi(v)$가 유도됨.

나머지 규칙들도 모두 이와 비슷하게 간단한 것들이다.

증명에서 강조할 필요가 있는 세 가지 요소가 있다. 첫째로 증명은 유한해야 한다는 것인데, 이것은 너무 자명해서 언급할 필요가 없어 보일 수도 있겠지만 이로부터 자명하지 않은 수많은 일들이 생기기 때문에 대단히 중요하다. 둘째로 증명체계(proof system)는 **옳아야**(sound) 한다는 것인데, 즉 T로부터 ϕ의 증명이 존재한다면 ϕ는 T의 모든 모형에 대해 참이 되어야 한다. 이를 좀 더 명확하기 위해, 먼저 T로부터 ϕ의 증명이 존재한다는 것을 나타내는 기호로 $T \vdash \phi$를 도입하자. 여기에서 올바름(soundness)이란 $T \vdash \phi$가 $T \vDash \phi$를 보장한다는 것이다. 이것 때문에 T의 모든 모형에 대해 ϕ가 참임을 보일 때에 모든 모형을 조사하는 대신 증명을 찾게 되는 것이다. 셋째로 문장들의 열이 증

명이 되는지에 대해 쉽게 점검할 수 있어야 한다. 좀 더 정확하게 설명하면, 문장들의 열 $\psi_1, \cdots, \psi_m$ 을 보고 이것이 정말로 T로부터 ϕ의 증명인지를 결정할 수 있는 알고리즘이 존재해야 한다는 것이다.

ϕ가 T로부터 증명된다고 했을 때, T의 모든 모형에 대해 ϕ가 참이 된다는 사실은 그리 놀랍지 않다. 하지만 좀 더 놀라운 사실은 그 역도 참이 된다는 것이다. 즉, ϕ가 T로부터 증명될 수 없다면 ϕ가 거짓이 되는 T의 모형이 반드시 존재한다는 것이다. 이것은 서로 상당히 다른 두 개념, 즉 유한적(finitistic)이고 구문론적(syntactic)인 개념인 '증명'과 모형들에서 참인지와 관련된 의미론적(semantic)인 개념인 '논리적 귀결'이 항상 일치한다는 것을 의미한다. 이것은 괴델의 완전성 정리(Gödel's completeness theorem)로 알려져 있다. 엄밀하게 말하자면 다음과 같이 쓸 수 있다.

정리. T를 $\mathcal{L}$-이론이라 하고 ϕ를 $\mathcal{L}$-문장이라 하자. 그러면 $T \vDash \phi$와 $T \vdash \phi$는 동치이다.

T를 주어진 문장이 T에 있는지 여부를 판단할 수 있는 알고리즘이 존재하는 T_{grp}와 같은 간단한 이론이라 하자. (T_{grp}의 경우에는 이 알고리즘이 특별히 간단한데, 어떤 이론들은 무한히 많은 문장을 가질 수도 있다.) 우리는 식 ϕ를 입력했을 때 T로부터 모든 가능한 증명 σ를 체계적으로 생성하고, σ가 ϕ의 증명이 되는지 여부를 판단하는 컴퓨터 프로그램을 작성할 수 있다. 만일 그 프로그램이 ϕ의 증명을 찾는다면, 그 프로그램은 작동을 중지하고 $T \vDash \phi$를 알려준다. 이 경우 $\{\phi : T \vDash \phi\}$를 **귀납적으로 열거가능**

(recursively enumerable)하다고 한다.

그런데 여기에서 더 많은 것을 기대해 볼 수도 있다. 만일 $T \nvDash \phi$이면 이 프로그램은 증명을 찾기 위해 영원히 작동할 것이고, ϕ의 증명이 없다는 사실을 알려주지 못할 것이다. 어떤 $\mathcal{L}$-문장 ϕ를 입력했을 때, 유한한 시간 후에 항상 작동을 중지하고 $T \vDash \phi$가 성립하는지 여부를 우리에게 알려주는 컴퓨터 프로그램이 존재할 때, 이 $\mathcal{L}$-이론 T를 **결정가능**(decidable)하다고 한다. 이러한 프로그램은 단순히 모든 가능한 증명 σ를 찾아서 확인하는 것보다는 똑똑하게 작동해야 하는데, 불행하게도 그러한 프로그램은 존재하지 않는다. 괴델[VI.92]이 그의 유명한 **불완전성 정리**[V.15]에서 증명한 바와 같이, 많은 중요한 이론들이 결정불가능(undecidable)이다. 다음 정리는 그의 정리의 첫 번째 형태로 **자연수 이론**(theory of the natural numbers, 줄여서 $\mathbb{N}$-이론)을 다루고 있는데, 이 이론은 구조 $(\mathbb{N}, +, \cdot, 0, 1)$에서 언어 $\mathcal{L}_{rng}$로 이루어진 참인 문장들의 집합을 의미한다.

정리. 자연수 이론은 결정불가능이다.

처음에는 이 결과가 다소 이상하게 보일 수 있다. 여하튼 만일 T가 $\mathbb{N}$-이론이면, T는 $\mathbb{N}$에 대한 모든 참인 문장들을 포함하게 된다. 그러므로 문장 ϕ가 증명 가능(provable)한 것과 (문장 ϕ 자신만으로 이루어진) 한 줄 증명이 존재한다는 것은 동치가 된다. 하지만 이것이 ϕ를 결정가능하게 하는 것은 아닌데, 왜냐하면 이론 T가 대단히 복잡해서 ϕ가 T에 속해 있는지 여부를 판단해주는 알고리즘이 없을 수도 있기 때문이다.

  불완전성을 증명하는 한 가지 방법으로, 자연수를 각각의 컴퓨터 프로그램에 대응시켜서 프로그램에 대한 진술들을 자연수에 대한 진술들로 바꾸는 것이 있다. 그러면 ℕ-이론은 프로그램 P에 x를 입력했을 때 정지하는지 여부를 결정해주기 때문에, 정지문제(halting problem)로 알려진 문제가 결정 가능하게 된다. 하지만 튜링[VI.94]에 의해 정지문제가 결정불가능이라는 사실이 이미 증명되어 있기 때문에(이에 대해서는 정지문제의 해결불가능성[V.20]에 증명의 개요가 있다), ℕ-이론이 결정불가능이라는 사실이 유도된다.

  ℕ-이론을 어떻게 이해할 수 있을까? 아마도 같은 참인 진술들을 유도하는 더 작은 이론을 찾기를 희망할 수도 있을 것이다. 즉 ℕ에 대해서 참으로 알고 있는 진술들로 이루어진 간단한 공리들의 집합을 찾아서, 참으로 알려진 모든 문장들이 이 공리들로부터 유도되기를 희망하는 것이다. 이에 대한 좋은 후보로 1차 페아노 산술(first-order Peano arithmetic, 줄여서 PA)이 있다. 이 이론은 $\mathcal{L}(+, \cdot, 0, 1)$ 언어로 표현되고 덧셈과 곱셈에 대한 몇 개의 간단한 공리들로 구성되어 있는데, 예를 들면

$$\forall x\, \forall y\; x \cdot (y + 1) = x \cdot y + x$$

와 같은 공리들과 귀납법(induction)에 대한 여러 개의 공리들로 구성되어 있다.

  왜 귀납법에 대한 공리가 하나 이상 필요한 것일까? 이것은 수학적 귀납법의 원리를 명백하게 나타내는 다음 진술

$$\forall A (0 \in A \wedge \forall x\; x \in A \rightarrow x + 1 \in A) \rightarrow \forall x\; x \in A$$

가 1차 문장(first-order sentence)이 아니기 때문인데, 왜냐하면 한정사가 ℕ의 모든 부분집합 A에 사용되고 있기 때문이다. (이것은 $\mathcal{L}_{\mathrm{rng}}$의 문장도 될 수 없는데, 기호 '$\in$'을 사용하고 있기 때문이다. 하지만 이것은 위보다는 덜 근본적인 문제이다.) 이 문제를 해결하기 위해서 각각의 식 ϕ마다 개별적인 귀납공리를 생각해야 한다. 즉 다음과 같은 식을 생각하는 것이다.

$$[\phi(0) \wedge \forall x\; (\phi(x) \rightarrow \phi(x + 1))] \rightarrow \forall x\; \phi(x)$$

이것을 글로 표현하면, 만약 $\phi(0)$이 참이고, $\phi(x)$가 참일 때마다 $\phi(x + 1)$이 참이면 ℕ의 임의의 원소 x에 대해 $\phi(x)$가 항상 참이라는 것이다.

  정수론 대부분은 PA에서 형식화될 수 있기 때문에, ℕ에 대해 참인 모든 ϕ에 대해 항상 PA$\vdash \phi$가 성립하기를 기대할 수도 있다. 하지만 안타깝게도 이것은 성립하지 않는다. 다음은 괴델의 불완전성 정리의 두 번째 형태인데, 기호 ℕ$\models \psi$는 단순히 ψ가 ℕ에서 참임을 의미한다는 것을 상기하기 바란다.

정리. ℕ$\models \psi$이지만 PA$\nvdash \psi$를 만족하는 문장 ψ가 존재한다.

이 결과는 PA$\nvdash \psi$와 PA$\nvdash \neg \psi$를 동시에 만족하는 문장 ψ가 존재한다라고 진술할 수도 있다. 이것이 위의 정리와 동치임을 보기 위해 ψ를 임의의 문장이라 두자. 그러면 정확히 ψ와 $\neg \psi$ 중에서 하나만 참이 된다. 그러므로 위의 정리가 거짓이라면, PA는

ψ와 $\neg\psi$ 중에서 하나만을 증명한다. 그런데 어느 쪽이 증명되는지는 우리가 ψ의 증명이나 $\neg\psi$의 증명을 얻을 때까지 PA의 모든 가능한 증명들을 하나씩 단순하게 찾아가기만 하면 결정할 수 있다.

괴델이 원래 제시했던, 참이지만 증명 불가능한 문장은 아래와 같은 자기언급적인 문장이었는데, 그 문장은 실질적으로

'나는 PA로부터 증명될 수 없다.'

라고 주장한다. 좀 더 정확하게 기술하면, 그는 ψ가 $\mathbb{N}$에서 참인 것과 ψ가 PA로부터 증명될 수 없다는 것이 동치인 문장 ψ를 찾은 것이다. 그는 더 논의를 진행시킨 후에, 문장

'PA는 무모순(consistent)이다.'

는 PA로부터 증명될 수 없음을 보였다. 이러한 문장들이 다소 인위적이고 수학을 벗어난 것처럼 보이기 때문에, $\mathbb{N}$에 대한 모든 '수학적으로 흥미로운' 문장들은 PA로부터 얻어질 수 있다는 희망을 가질 수도 있을 것이다. 하지만 최근의 연구들에 의해 이것은 이루어질 수 없는 망상임이 밝혀졌는데, 유한 조합론에 등장하는 램지 이론[IV.19 §2.2]과 관련된 진술 중에 결정불가능한 것이 있다는 사실이 밝혀졌기 때문이다.

결정불가능성은 정수론에서도 기본적인 형태로 나타난다. 힐베르트의 10번째 문제는 정수 계수 다항식 $p(X_1, \cdots, X_n)$이 정수해를 하나 이상 가지는지 여부를 결정하는 알고리즘이 존재하는가를 묻는다. 데이비스(Davis), 마티야세비치(Matijasevic), 푸트남(Putnam)과 로빈슨(Robinson)은 그런 알고리즘이 존재할 수 없다는 것을 증명했다.

정리. 임의의 귀납적으로 열거가능한 집합 $S \subseteq \mathbb{N}$에 대해, $m \in S$가 성립하는 것과 $p(m, Y_1, \cdots, Y_n)$이 정수해를 하나 이상 가지는 것이 동치가 되도록 하는 $n > 0$과 $p(X, Y_1, \cdots, Y_n) \in \mathbb{Z}[X, Y_1, \cdots, Y_n]$이 항상 존재한다.

정지문제로부터 결정불가능하면서 귀납적으로 열거가능한 집합을 얻을 수 있기 때문에, 힐베르트의 10번째 문제에 대한 답은 알고리즘이 존재할 수 없다는 것이다. 반면에 유리수 계수 다항식이 유리수해를 하나 이상 가지는지를 결정하는 알고리즘이 존재하는가 여부를 밝히는 것은 현재까지 남아 있는 중요한 미해결 문제이다. 힐베르트의 10번째 문제는 정지문제의 해결불가능성[V.20]에서 다시 논의될 것이고, 다른 흥미로운 결정불가능한 예들은 기하적/조합적 군론[IV.10]에서도 찾을 수 있다.

3　콤팩트성

이론 T에 있는 모든 문장을 만족하는 구조가 있을 때, 즉 T가 모형을 가지고 있을 때, T가 **충족가능**(satisfiable)하다고 부르고, T로부터 어떠한 오류도 유도되지 않을 때 T를 **무모순적**(consistent)이라 부른다. 증명체계는 올바르기 때문에, 모든 충족가능한 이론은 무모순적이다. 반면에 T가 충족가능하지 않다면 임의의 문장 ϕ는 항상 T의 논리적인 귀결이 되는데, 왜냐하면 ϕ를 참이 되게 하는 T의 모형이 존재하지 않는다는 당연한 이유 때문이다. 그런데 완전성 정리는 모든 ϕ에 대해 $T \vdash \phi$가 성립함을 알려

준다. 만일 ϕ를, 예를 들어 $\psi \wedge \neg\psi$와 같이 모순되는 진술로 두면 T가 모순적임을 알게 된다. 이러한 방식으로 완전성 정리를 재해석하여 **콤팩트성 정리** (compactness theorem)라 불리는 간단한 결과를 얻을 수 있다. 이 결과가 놀랄 만큼 중요하다는 점을 이어지는 논의에서 확인할 수 있을 것이다.

정리. T의 모든 유한한 부분집합이 충족가능하면 T도 충족가능하다.

이 정리가 참인 이유는, 만일 T가 충족가능하지 않다면 위에서 보았듯이 모순적이게 되는데, 이는 모순이 T로부터 증명될 수 있음을 의미한다. 이 증명은 다른 모든 증명들과 마찬가지로 유한해야 하기 때문에 T의 유한개의 문장으로 이루어진다. 그러므로 T는 모순을 포함한 유한한 집합을 가지게 되는데, 이는 T의 임의의 유한한 부분집합은 충족가능하다는 사실에 모순이 된다.

비록 콤팩트성 정리가 완전성 정리로부터 간단히 얻어짐에도 불구하고, 이 정리는 수많은 직접적이고 흥미로운 결과들을 유도하고, 또한 모형 이론의 수많은 모형 구성의 핵심이다. 이론들이 우리가 쉽게 예상하기 어려운 모형들도 많이 가지고 있음을 보여주기 위해서 두 가지 간단한 응용 사례를 소개한다. $\mathcal{M}$이 어떤 $\mathcal{L}$-구조라 할 때 Th($\mathcal{M}$)을 $\mathcal{M}$의 **이론**(theory of $\mathcal{M}$), 즉 $\mathcal{M}$에서 참인 모든 $\mathcal{L}$-문장들의 집합이라 두자. 또한 이전에 하나의 식에 대해서만 사용했던 기호 $\mathcal{M} \vDash \phi$를 식들의 집합에도 사용할 수 있도록 확장해서, $\mathcal{L}$-구조 $\mathcal{M}$과 $\mathcal{L}$-이론 T에 대하여 T의 모든 문장이 $\mathcal{M}$에서 참일 때, 즉 $\mathcal{M}$이 T의 모형일 때 $\mathcal{M} \vDash T$와 같이 쓰기로 하자.

따름정리. 무한원소 a(즉, $a > 1$, $a > 1 + 1$, $a > 1 + 1 + 1$, $\cdots$을 만족하는 a)를 가진 $\mathcal{L}_{\exp}$-구조 $\mathcal{M}$ 중에서 $\mathcal{M} \vDash$ Th($\mathbb{R}_{\exp}$)를 만족하는 것이 존재한다.

즉, $\mathbb{R}_{\exp}$의 모든 일차 진술들이 여전히 참이지만, 무한원소를 포함하고 있기 때문에 $\mathbb{R}_{\exp}$와는 다른 구조 $\mathcal{M}$이 존재한다는 것이다. 이것을 증명하기 위해 우리의 기존 언어에 상수기호 c를 하나 추가하고, 이론 T를 Th($\mathbb{R}_{\exp}$)의 모든 진술들(즉 $\mathbb{R}_{\exp}$에서 참인 모든 진술들)에 다음 무한개의 진술들

$$c > 1, c > 1 + 1, c > 1 + 1 + 1, \cdots$$

을 추가한 것이라 두자. Δ가 T의 임의의 유한한 부분집합이라 하면, c를 Δ에 있는 $c > 1 + 1 + \cdots + 1$ 형식의 진술들을 모두 만족시키는 충분히 큰 실수로 해석함으로써 $\mathbb{R}$을 Δ의 모형로 만들 수 있다. T의 모든 유한 부분집합 Δ에 대한 모형이 있기 때문에, 콤팩트성 정리에 의하면 T 전체에 대한 모형이 존재하게 된다. 여기에서 $\mathcal{M} \vDash T$이면 c라 두었던 원소는 무한원소가 되어야 한다.

원소 $1/a$를 $\mathcal{M}$의 무한소 원소(infinitesimal element)(즉 임의의 양의 정수 n에 대하여 $1/n$보다 작은 원소)라 두자. 이 관찰로부터 무한소 해석학(calculus with infinitesimals)의 엄밀한 발전이 시작되었다고 볼 수 있다.

또 다른 예로 $\mathcal{L}_{\mathrm{rng}} = \mathcal{L}(+, \cdot, 0, 1)$을 환 언어라 두자. T를 모든 유한체(finite field)에서 참인 $\mathcal{L}$-문장들의 집합이라 두자. 이때 T를 유한체 이론(theory of finite fields)이라 부른다. 유한체에서 1을 양의 정수 p개만큼 더해서 $1 + 1 + \cdots + 1 = 0$을 만족하는 최소의 양의 정수 p(이때 p는 소수(prime number)가 되어야 한다)를 이 체의 **표수**(characteristic)라 정의한다는 것을 기억하자. 만일 이런 p가 없을 때에는 체의 **표수를 0**(characteristic zero)이라 정의한다. 그러므로 체 $\mathbb{Q}, \mathbb{R}, \mathbb{C}$는 모두 표수가 0이다.

따름정리. $F \vDash T$를 만족하는 표수가 0인 체 F가 존재한다.

이 결과는 유한체만을 규정하는 공리들의 집합이 존재할 수 없음을 알려준다. 즉 유한체에서 항상 참이 되는 어떤 진술들이 있을 때, 그 모든 것들을 참이 되게 하는 무한체가 항상 존재한다는 것이다. 이것을 증명하기 위해 이론 T'을 이론 T에 다음 진술들

$$1 + 1 \neq 0, \ 1 + 1 + 1 \neq 0, \cdots$$

을 추가한 것이라 두자. T'의 유한개의 진술들로 이루어진 임의의 집합은 적당히 큰 표수를 가지는 유한체에 대해서 항상 참이 되기 때문에 충족가능하다. 그러므로 콤팩트성 정리에 의해 T' 전체가 충족가능한데, T의 모형은 당연히 표수가 0이어야 한다.

콤팩트성 정리는 종종 흥미로운 대수적 범위의 존재성을 보이는 데에도 사용될 수 있다. 다음 결과는 **힐베르트의 영점정리**[V.17]로부터 더욱 강력한 '정량적 형태(quantitative version)'를 얻을 수 있음을 보여주고 있다. 논리와는 전혀 상관이 없어 보이지만 이것은 논리학을 이용해서 증명할 수 있는 진술

의 첫 번째 예이다. 어떤 체에 속한 계수들을 가지는 다항식이 항상 그 체 안에서 해를 가질 때, 그 체가 대수적으로 닫혀 있다고 정의한다는 것을 기억하자. (대수학의 기본 정리[V.13]는 $\mathbb{C}$가 대수적으로 닫힌 체라는 것을 증명한 정리이다.)

정리. 임의의 세 양의 정수 n, m, d에 대하여, 다음 조건을 만족시키는 어떤 양의 정수 l이 존재한다. K가 대수적으로 닫힌 체이고 $f_1, \cdots, f_m$이 n개의 변수를 가지면서 계수가 모두 K의 원소인 다항식이고 차수의 최댓값이 d 이하이면서 공통해를 가지지 않을 때, $\sum g_i f_i = 1$을 만족하는, 차수가 모두 l 이하인 다항식 $g_1, \cdots, g_m$이 존재한다.

힐베르트의 영점정리 자체도 위의 정리와 동일한 진술을 담고 있지만, 다항식 g_i들의 차수에 대한 추가 정보가 없다.

위의 정리를 어떻게 증명할 수 있는지를 보기 위해서 $n = d = 2$인 경우를 생각해 보자. 이것은 단지 기호의 편의를 위해서 간단한 경우를 살펴보려는 것인데, 숫자가 커진 일반적인 경우에도 증명은 거의 동일하다. 1과 m 사이의 i에 대하여

$$F_i = a_i X^2 + b_i Y^2 + c_i XY + d_i X + e_i Y + f_i$$

라 두자. 각각의 k에 대하여 $1 = \sum F_i G_i$를 만족하는 차수 k 이하의 다항식 $G_1, \cdots, G_m$이 존재하지 않는다는 진술을 식 ϕ_k라 두고, T를 대수적으로 닫힌 체에서 식들 $\phi_1, \phi_2, \cdots$ 와 다항식 $F_1, \cdots, F_m$이 공통해를 가지지 않는다는 진술로 된 식으로 구성된 이론이라 하자. 만일 위의 정리의 결론을 만족하는 양의

정수 l이 존재하지 않는다면, 모든 T의 유한 부분집합은 충족가능하다. 그러므로 콤팩트성 정리에 의해 T가 충족가능하다. 만일 $K \vDash T$이면, $F_1, \cdots, F_m$은 대수적으로 닫힌 체에서 정의된 다항식[*]인데, 여기에서 $\sum G_i F_i = 1$을 만족하는 다항식 $G_1, \cdots, G_m$을 찾는 것은 불가능하다. 이 사실은 힐베르트의 영점정리에 모순이 된다.

위의 논증에서 l이 n, m과 d에 의존하는지에 대해 아무런 이야기도 하지 않았음에 주목하라. 이것은 사실 이 증명에서는 실제 범위를 찾지 않았고, 단지 어떤 범위가 반드시 존재해야 한다는 사실만을 보였을 뿐이다. 그런데 최근 실제값과 상당히 가까운 좋은 범위들이 발견되었는데, 자세한 사항은 대수기하학[IV.4]을 참조하기 바란다.

4 복소수체

괴델의 불완전성 정리와 놀라운 방식으로 대비되는 타르스키[VI.87]의 결과가 있는데, 실수와 복소수에 대한 체들의 이론은 **결정가능**하다는 것이다. 이 결과들의 핵심에는 **한정사 소거법**(quantifier elimination)이라 알려진 방법이 있다. 자연수에 관련된 식에 한정사가 없다면 그 식이 참인지 거짓인지는 쉽게 판단할 수 있다. 힐베르트의 10번째 문제에 대한 부정적인 답을 주는 예에서 볼 수 있듯이, 우리가 존재한정사(existential quantifier)를 넣기 시작하면(예를 들어 어떤 다항식이 해를 갖는다고 가정을 하면) 그때부터 우리는 결정가능성의 세계를 벗어나게 되는

것이다.

그러므로 우리가 식이 결정가능하다는 것을 보이고자 할 때, 한정사가 없는 동치인 식을 찾는 것은 대단히 유용하다. 그리고 특정한 상황에서는 이것이 가능하다. 예를 들어 $\phi(a, b, c)$를 다음 식

$$\exists x \; ax^2 + bx + c = 0$$

이라 두자. 일반적인 2차방정식의 풀이법으로부터 $a \neq 0$인 경우, $\mathbb{R}$에서는 이 식이 참인 것은 $b^2 \geq 4ac$가 성립하는 것과 동치이다. 그러므로 $\mathbb{R} \vDash \phi(a, b, c)$와 필요충분조건은

$$[a \neq 0 \wedge b^2 - 4ac \geq 0) \vee (a = 0 \wedge (b \neq 0 \vee c = 0))]$$

이다. 복소수에 대해서는, 쉽게 알 수 있듯이 $\mathbb{C} = \phi(a, b, c)$는

$$a \neq 0 \vee b \neq 0 \vee c = 0$$

과 동치이다. 두 가지 경우 모두에서 ϕ는 한정사가 없는 식과 동치가 되었다.

두 번째 예로 $\phi(a, b, c, d)$를 다음 식

$$\exists x \exists y \exists u \exists v \; (xa + yc = 1 \wedge xb + yd = 0$$
$$\wedge \; ua + vc = 0 \; \wedge \; ub + vd = 1)$$

이라 두자. 식 $\phi(a, b, c, d)$는 명백하게 행렬 $\left(\begin{smallmatrix} a & b \\ c & d \end{smallmatrix}\right)$가 역행렬을 가진다는 진술이다. 하지만 **행렬식**[III.15] 판정법에 의하면, 이미 알고 있듯이 임의의 체 F에 대하여 $F \vDash \phi(a, b, c, d)$는 $ad - bc \neq 0$과 동치이다. 그러므로 역행렬의 존재를 한정사가 없는 식인 $ad - bc \neq 0$으로 표현할 수 있게 된다.

타르스키는 대수적으로 닫힌 체에서는 **항상** 한정

---

[*] 다항식의 계수가 모두 그 체의 원소라는 뜻이다-옮긴이

사를 소거할 수 있음을 증명하였다.

정리. 임의의 대수적으로 닫힌 체에서는, 임의의 $\mathcal{L}_{rng}$-식 ϕ에 대하여 이와 동치이면서 한정사가 없는 식 ψ가 항상 존재한다.

여기에 더하여 타르스키는 한정사들을 소거하는 명확한 알고리즘까지 제시하였다.

위의 예에서 보았던 한정사가 없는 동치인 식들은, 계수가 모두 정수이면서 n개의 변수를 가진 다항식 p와 q에 대하여 $p(v_1, \cdots, v_n) = q(v_1, \cdots, v_n)$의 모습을 한 식들의 유한개의 불 결합(Boolean combination)이었다. 이 사실이 한정사가 없는 $\mathcal{L}_{rng}$-식에 대해서 항상 참이 된다는 사실을 확인하는 것은 어렵지 않다. 여기에서 만일 문장에 자유변수와 한정사가 전혀 허용되지 않는다면 어떠한 변수도 문장에 존재할 수 없기 때문에, 한정사가 없는 $\mathcal{L}_{rng}$-문장이 특별히 간단하다는 사실이 얻어진다. 그러므로 다항식 p와 q는 모두 상수가 되어야 하는데, 이는 한정사가 없는 $\mathcal{L}_{rng}$-문장들이 모두 $k = l$ 형태(이 식은 $1 + 1 + \cdots + 1 = 1 + 1 + \cdots + 1$을 줄여서 쓴 것인데, 좌변에는 1이 k개 있고, 우변에는 1이 l개 있다)인 식들의 유한개의 불 결합임을 의미한다.

이로부터 결정가능성에 대한 결과를 얻을 수 있다. 만일 $\mathbb{C} \vDash \phi$인지를 확인하고 싶다면, 타르스키 알고리즘을 이용하여 ϕ를 한정사가 없으면서 동치인 문장으로 바꾸면 된다. 이 문장들이 대단히 간단한 형태를 갖기 때문에, 이 문장들이 참인지 거짓인지는 간단하게 판단할 수 있다.

이 장의 남은 부분에서는 타르스키 정리로부터 얻어지는 다른 몇 가지 결과들을 살펴보고자 한다. 첫 번째로 언어 $\mathcal{L}_{rng}$로 된 문장들은 같은 표수를 갖는 서로 다른 대수적으로 닫힌 체들을 구별해낼 수 없다는 사실이 있다. 즉 $\mathcal{L}_{rng}$-문장 ϕ가 표수가 p인 (p가 0이 되는 것도 허용한다) 대수적으로 닫힌 어떤 체에 대하여 참이 된다면, 표수가 p인 대수적으로 닫힌 모든 체에 대해서도 참이 된다.

왜 이것이 성립하는지를 보기 위해 K와 F를 표수가 p인 대수적으로 닫힌 체라 하고, $K \vDash \phi$(즉 ϕ가 K에서 참)를 가정하자. 표수 p가 0이었으면 k를 유리수체 $\mathbb{Q}$라 두고, 아니면 k를 원소가 p개인 체라 하자. 타르스키 정리는 표수가 p이고 대수적으로 닫혀 있는 모든 체에 대하여, ϕ와 동치이면서 한정사가 없는 문장 ψ가 항상 존재한다는 것을 알려준다. 그런데 L_{rng}에서 한정사가 없는 문장들은 극단적으로 간단한 형태를 가지기 때문에 문장의 참과 거짓이 그 체의 원소인 0, 1, 1 + 1 등에 의해 결정되게 된다. 그러므로 다음을 얻는다.

$$K \vDash \psi \Leftrightarrow k \vDash \psi \Leftrightarrow F \vDash \psi.$$

$K \vDash \phi$이고 ϕ와 ψ가 표수가 p이고 대수적으로 닫혀 있는 모든 체에서 동치이므로, $F \vDash \phi$도 얻게 된다.

이 정리의 결과로 $\mathcal{L}_{rng}$-문장 ϕ가 복소수에서 참인 것과 대수적 수(algebraic number)의 집합 $\mathbb{Q}^{\mathrm{alg}}$에서 참인 것이 동치라는 사실이 얻어진다. (대수적 수의 집합이란 정수 계수 다항식의 해가 되는 수들을 모두 모은 것이다. 비록 완전히 자명하지는 않지만, 기대한 바와 같이 대수적 수의 집합은 대수적으로 닫힌 체를 이룬다.) 그렇기 때문에 상당히 놀랍게도 우리가 $\mathbb{Q}^{\mathrm{alg}}$에 대해 무엇인가를 증명하고자 할 때에 대신 $\mathbb{C}$에서 복소해석학을 사용하여 증명하는 방법도 사용할 수 있다. 마찬가지로 $\mathbb{C}$에 대해 무언가를 증명할 때 $\mathbb{Q}^{\mathrm{alg}}$에서 조금 더 간단한 수론적인 방법이 존재한다면 이를 사용할 수도 있다.

이 아이디어들을 완전성 정리와 조합하면 다음과 같은 유용한 도구를 얻는다. 임의의 $\mathcal{L}_{\mathrm{rng}}$-문장 ϕ에 대하여 다음 사실들은 동치이다.

(i) ϕ는 표수가 0이면서 대수적으로 닫힌 모든 체에 대하여 참이다.

(ii) 표수 p가 $p > m$을 만족하면서 대수적으로 닫힌 모든 체에 대하여, ϕ가 참이 되도록 하는 어떤 $m > 0$이 존재한다.

(iii) 표수가 p이면서 대수적으로 닫힌 모든 체에 대하여, ϕ가 참이 되도록 하는 임의로 큰 p가 존재한다.

이것이 왜 성립하는지 살펴보자. 먼저 ϕ가 표수가 0이면서 대수적으로 닫힌 모든 체에 대하여 참이라 가정하자. 완전성 정리에 의하면 대수적으로 닫힌 체의 공리에 문장들 $1 \neq 0$, $1 + 1 \neq 0$, $1 + 1 + 1 \neq 0$, $\cdots$ 을 추가한 공리로부터 ϕ의 **증명**이 존재한다. 증명은 식들의 유한개의 열이므로, 증명은 위의 추가한 공리들 중에서 앞의 m개의 문장만을 사용했어야 한다. (모든 문장을 다 사용했어야 하는 것은 아니다.) p가 m 보다 큰 소수이면, 위의 증명은 ϕ가 표수가 p이면서 대수적으로 닫힌 모든 체에 대하여 참이라는 것을 보여주는데, 왜냐하면 우리가 사용했던 모든 문장들이 그 체에서 참이 되기

때문이다.

우리는 방금 (i)로부터 (ii)를 보였다. (ii)가 (iii)을 의미하는 것은 명백하므로, (iii)으로부터 (i)을 보이기 위해 (i)이 거짓이라 가정해 보자. 그러면 $\neg\phi$가 참이 되는 표수가 0이고 대수적으로 닫힌 체가 존재한다. 그러면 앞에서 증명했던 원리에 의해 $\neg\phi$는 표수가 0이고 대수적으로 닫힌 **모든** 체에 대해서 참이 된다. 그리고 (i)로부터 (ii)가 성립하기 때문에, 대수적으로 닫혀 있고 표수가 $p > m$인 모든 체에 대하여 $\neg\phi$가 참이 되도록 하는 어떤 자연수 m이 존재한다. 그러므로 (iii)은 거짓이 된다.

이 정리의 흥미로운 응용은 액스(Ax)에 의해 발견되었다. 이것도 논리학의 도구를 이용해서 논리와 전혀 상관이 없는 진술을 보인 또 다른 예이다. 아마도 이전의 예에 비해서 더욱 충격적일 텐데, 왜냐하면 이번 예에서는 대부분의 사람들이 이 결과가 어떤 논리적인 문맥과 관련 있을 거라는 느끼조차 가지지 못하기 때문이다.

정리. $\mathbb{C}^n$에서 $\mathbb{C}^n$으로 가는 다항함수가 단사(injection)이면, 반드시 전사(surjection)가 된다.

이 결과의 증명의 기본 아이디어는 정말로 간단하다. 놀라운 사실은 이 아이디어가 그 증명에 사용되고 있다는 것이다. 이 아이디어를 소개하면 k가 유한체이면 k^n에서 k^n으로 가는 모든 단사 다항함수는 반드시 전사가 된다는 사실을 관찰한 것이다. 사실 이것은 유한집합에서 자기 자신으로 가는 단사함수는 자동적으로 전사가 되기 때문에 참이다.

이 관찰을 어떻게 활용할 것인가? 지금까지의 결

과들을 통해 많은 경우에 어떤 진술들이 하나의 체에 대해서 참이 되는 것과 다른 체에서 참이 되는 것이 동치가 되는 상황들을 보았다. 우리는 이 결과들을 이용해서 다루기 어려운 체 $\mathbb{C}$에서의 문제를 간단히 다룰 수 있는 체 k의 문제로 바꿀 것이다. 첫 번째 단계는 항상 해왔던 기계적인 작업으로, 각각의 양의 정수 d에 대해 최대 차수가 d인 n개의 다항식으로 이루어진, F^n에서 F^n으로 가는 임의의 단사 다항함수는 전사가 된다는 것을 진술하는 $\mathcal{L}_{\mathrm{rng}}$-문장을 ϕ_d라 두는 것이다. 우리는 $F = \mathbb{C}$인 경우에 모든 ϕ_d가 참이 된다는 것을 증명하고자 한다.

앞의 동치 관계에 대한 정리에 의하면 F가 p개의 원소로 이루어진 체의 대수적 폐포(algebraic closure) $\mathbb{F}_p^{\mathrm{alg}}$일 때 ϕ_d가 참이 됨을 보이는 것으로 충분하다. (임의의 체에 대한 대수적 폐포의 존재성은 이 체가 대수적으로 닫힌 체 안에 포함되어 있다는 것을 통해서 증명할 수 있다. 간단히 설명하면 F의 **대수적 폐포**란 F를 포함하는 대수적으로 닫힌 체 중에서 가장 작은 것을 의미한다.) 이제 어떤 ϕ_d가 $\mathbb{F}_p^{\mathrm{alg}}$에서 참이 될 수 없다고 가정해 보자. 그러면 $(\mathbb{F}_p^{\mathrm{alg}})^n$에서 $(\mathbb{F}_p^{\mathrm{alg}})^n$으로 가는 단사 다항함수 중에서 전사가 아닌 f가 존재해야 한다. 임의의 $\mathbb{F}_p^{\mathrm{alg}}$의 부분집합은 유한 부분체에 포함되기 때문에, f를 정의하기 위해 사용했던 n개의 다항식들의 계수가 모두 k의 원소가 되는 유한부분체 k가 존재하는데, 이로부터 f는 k^n에서 k^n으로 가는 함수가 된다. 게다가, 필요하다면 k를 적절하게 확장해서, f의 상(image)에 있지 않은 k^n의 원소가 존재한다는 것을 보장할 수 있다. 우리는 주어진 상황을 이와 같이 유한체의 경우로 변환했는데, 함수 $f : k^n \to k^n$은 유한집합 사이의 단사함

수이면서 전사가 아니기 때문에 모순이 된다.

한정사 소거법의 또 다른 유용한 응용들을 살펴보자. F를 체라 두고, K를 F의 부분체, $\psi(v_1, \cdots, v_n)$을 한정사가 없는 식, $a_1, \cdots, a_n$을 K의 원소라 두자. 앞에서 언급한 바와 같이 한정사가 없는 식은 단지 다항식들 사이의 등식들의 불 결합일 뿐이므로, 진술 $\psi(a_1, \cdots, a_n)$은 K의 원소들에만 관련되고, 그렇기 때문에 K에서 참인 것과 F에서 참인 것은 동치가 된다. 한정사 소거법에 의해, 만일 K와 F가 대수적으로 닫혀 있다면, 단지 한정사가 없는 식뿐만 아니라 **모든** 임의의 식 ψ에 대하여 이 식이 K에서 참인 것과 F에서 참인 것이 동치가 된다. 이 관찰로부터 우리는 '약한 형태'의 힐베르트의 영점정리를 증명할 수 있다. (증명을 위해서 독자가 환 이론[III.81]에 어느 정도 익숙하다고 가정하자. 또한 다항식환 $K[X_1, \cdots, X_n]$을 $K[X]$로, n-쌍 $(v_1, \cdots, v_n)$을 $\bar{v}$로 표기하자.)

명제. K를 대수적으로 닫힌 체, P를 $K[X]$의 소아이디얼(prime ideal), g를 P에 속하지 않은 $K[X]$의 다항식이라 두자. 그러면 P에 속한 모든 f에 대해 $f(a) = 0$이 성립하지만 $g(a) \neq 0$이 되는 K^n의 원소 $a = (a_1, \cdots, a_n)$이 존재한다.

증명. F를 정역(integral domain) $K[X]/P$의 분수체(fraction field)의 대수적 폐포라 두자. F를 자연스러운 준동형사상(natural homomorphism) $\eta : K[X] \to F$를 가지는 확대체라 두자. $b_i = \eta(X_i)$라 두고 $b \in F^n$을 $b = (b_1, \cdots, b_n)$이라 두자. 그러면 모든 $f \in P$에 대해 $f(b) = 0$이고 $g(b) \neq 0$이다. 우리는 여기에서 b와

같은 원소를 K에서 찾기를 원한다. 다항식환에 있는 아이디얼은 유한개로 생성되므로, P를 생성하는 다항식 $f_1, \cdots, f_m$을 찾을 수 있다. 문장

$$\exists v_1 \cdots \exists v_n (f_1(\bar{v}) = \cdots = f_m(\bar{v}) = 0 \wedge g(\bar{v}) \neq 0)$$

은 F에서 참이다. 그러므로 K에서도 참이 되고, 각각의 $f \in P$는 a에서 0이 되지만 $g(a) \neq 0$을 만족하는 $a \in K^n$을 찾을 수 있다. □

위의 증명이 $\mathbb{C}^n$ 사이의 다항함수에 대한 앞의 증명과 동일한 기본구조를 가지고 있음에 주목하자. 즉 먼저 결과가 쉽게 증명될 수 있는 간단한 체(여기에서는 F)를 생각한 후 논리학의 도구를 이용하여 원래 다루려던 체(여기에서는 K)에서의 결과를 도출해 내는 아이디어를 사용하였다.

5 실수

환 언어에서의 한정사 소거법은 실수체에서는 작동하지 않는다. 예를 들어 'x는 제곱수이다'를 진술하는 다음 식

$$\exists y \; x = y \cdot y$$

는 환 언어에서 한정사가 없는 식과 동치가 될 수 없다. 물론 x가 제곱수라는 것과 $x \geq 0$은 동치이다. 그러므로 우리 언어에 순서 기호를 추가할 수 있었다면 한정사를 소거할 수 있었을 것이다. 그런데 타르스키(Tarski)의 놀라운 결과에 의해 이것이 한정사 소거법의 유일한 방해물이라는 것이 밝혀졌다.

$\mathcal{L}_{or}$을 순서환(ordered ring) 언어, 즉 환 언어에 순서를 나타내는 기호 '$<$'를 추가한 것이라 두자. 어떤 $\mathcal{L}_{or}$-문장들이 실수체에서 참이 되겠는가? $\mathbb{R}$의 성질 중에서 $\mathcal{L}_{or}$의 것으로 형식화할 수 있는 몇 가지 것들로 다음을 살펴보자.

(i) 순서체의 공리들, 예를 들면 다음 문장

$$\forall x \forall y (x > 0 \wedge y > 0) \rightarrow x \cdot y > 0.$$

(ii) 다항식의 중간값 정리(intermediate-value property), 즉 $p(x)$가 다항식이고 $a < b$와 $p(a) < 0 < p(b)$를 만족하는 a, b가 존재하면, $a < c < b$와 $p(c) = 0$을 만족하는 실수 c가 존재한다는 사실.

중간값의 정리는 단지 한 문장으로 표현되지 않고, 각각의 양의 정수 n에 대하여 무한히 많은 다음 문장들의 열

$$\forall d_0 \cdots \forall d_n \forall a \forall b$$
$$\left(\sum d_i a^i < 0 < \sum d_i b^i \rightarrow \exists c \sum d_i c^i = 0 \right)$$

으로 표현된다.

중간값의 정리를 만족하는 순서체를 실수 닫힌 체(real closed field)라 부른다. 여기에서 실수 닫힌 체를 공리화하는 것과, 순서체에 임의의 양수가 제곱수가 된다는 성질과 모든 홀수차수 다항식이 해를 갖는다는 성질을 추가하는 것이 동치가 된다는 사실이 알려져 있다. 타르스키 정리는 다음과 같다.

정리. 임의의 실수 닫힌 체에서는, 임의의 $\mathcal{L}_{or}$-식 ϕ에 대하여 이와 동치이면서 한정사가 없는 $\mathcal{L}_{or}$-식 ψ가 존

재한다.

$\mathcal{L}_{or}$에서 한정사가 없는 식이란 어떤 것인가? $\mathcal{L}_{rng}$의 경우와 같이, 각각 n개와 m개의 변수를 가진 정수 계수 다항식 p, q에 대하여 $p(v_1, \cdots, v_n) = q(v_1, \cdots, v_n)$과 $p(v_1, \cdots, v_n) < q(v_1, \cdots, v_n)$ 형태의 식들의 유한개의 불 결합이라는 사실이 알려져 있다. (이를 보이는 것은 그다지 어렵지 않다.) 한정사가 없는 문장들은 $k = l$과 $k < l$ 형태의 문장들의 불 결합이 된다.

다음 따름정리는 한정사 소거법으로부터 나오는 결과인데, R에서 참인 모든 $\mathcal{L}_{or}$-문장은 모두 닫힌 실수체 공리들로부터도 증명될 수 있다는 것을 알려준다. 그러므로 이 공리들이 실수체 이론을 완전히 공리화한다(completely axiomatize)고 말할 수 있다.

따름정리. K를 닫힌 실수체라 두고, ϕ를 $\mathcal{L}_{or}$-문장이라 두자. 그러면 $K \vDash \phi$와 $\mathbb{R} \vDash \phi$는 동치이다.

이것을 보이기 위해 먼저 타르스키 정리를 써서, 임의의 실수 닫힌 체에 대해서 ϕ와 동치이면서 한정사가 없는 문장 ψ를 찾자. 모든 순서체는 표수가 0이고, 유리수들의 집합을 순서부분체로 포함하고 있다. 그러므로 $\mathbb{Q}$는 K와 $\mathbb{R}$ 양쪽 모두의 부분체가 된다. 그런데 $\mathcal{L}_{or}$의 한정사가 없는 문장들은 간단한 형태를 가지기 때문에

$$K \vDash \psi \Leftrightarrow \mathbb{Q} \vDash \psi \Leftrightarrow \mathbb{R} \vDash \psi$$

가 성립한다. ϕ와 ψ가 모든 실수 닫힌 체에 대해 동치이므로, $K \vDash \phi$와 $\mathbb{R} \vDash \phi$는 동치가 된다.

완전성 정리에 의해, ϕ가 모든 실수 닫힌 체에 대해 참인 것과 실수 닫힌 체에 대한 공리로부터 ϕ를 증명할 수 있는 것은 동치가 되며, ϕ가 모든 실수 닫힌 체에 대해 거짓인 것과 실수 닫힌 체에 대한 공리로부터 $\neg\phi$를 증명할 수 있다는 것은 동치가 된다. 그러므로 실수체에 대한 $\mathcal{L}_{or}$-이론은 결정가능하다. 실제로 만일 ϕ가 $\mathbb{R}$에서 참이라면, 위의 따름정리에 의해 이것은 모든 실수 닫힌 체에 대해 참이 되므로 증명이 존재한다. 만일 ϕ가 $\mathbb{R}$에서 거짓이라면, $\neg\phi$가 $\mathbb{R}$에서 참이 되고, 위와 같은 이유로 $\neg\phi$의 증명이 존재한다. 그러므로 ϕ가 참인지 여부를 결정하려면, ϕ나 $\neg\phi$의 증명을 얻을 때까지 실수 닫힌 체에 대한 공리로부터 모든 가능한 증명을 찾아가면 된다.

$\mathcal{M}$을 집합 M에 함수, 이항연산 따위의 다른 요소들을 추가하여 구성한 수학적 구조라 두자. M의 부분집합 X와 $\mathcal{M}$을 서술하는 어떤 언어 $\mathcal{L}$에 대하여, x를 자유변수로 가지면서 $X = \{x \in X : \phi(x)\}$를 만족하는 어떤 $\mathcal{L}$-식 ϕ가 존재할 때, X를 $\mathcal{L}$에 대하여 정의가능하다(definable)라고 부른다. 한정사 소거법은 정의가능한 집합들을 기하학적으로 이해할 수 있게 해준다. 순서체 K와 p, $q \in K[X_1, \cdots, X_n]$ 에 대하여, $X \subseteq K^n$이

$$\{x \in K^n : p(x) = 0\}$$과 $$\{x \in K^n : q(x) > 0\}$$

과 같이 표현되는 집합들의 유한한 불 결합이 될 때, X를 반대수적(semialgebraic)이라 부른다. 한정사 소거법을 쓰면, 닫힌 실수체에서 정의가능한 집합들이 정확히 반대수적인 집합들임을 간단히 보일 수 있다.

이 사실에 대한 간단한 응용으로, 만일 A가 $\mathbb{R}^n$의 반대수적인 부분집합이면 A의 폐포(closure)도 다시 반대수적이 된다. 실제로 A의 폐포는 정의에 의해 집합

$$\left\{ x \in \mathbb{R}^n : \forall \epsilon > 0 \ \exists y \in A \sum_{i=1}^{n} (x_i - y_i)^2 < \epsilon \right\}$$

인데, 이것은 정의가능한 집합이므로 반대수적인 집합이다.

실수집합의 반대수적 부분집합은 특별히 간단하다. 실수계수를 갖는 임의의 일변수 다항함수 f에 대해, 집합 $\{x \in \mathbb{R} : f(x) > 0\}$은 열린 구간(open interval)들의 유한개의 합집합이 된다. 그러므로 $\mathbb{R}$에서의 임의의 반대수적 집합은 유한개의 점들과 유한개의 구간들의 합집합이 된다. 이 간단한 사실이 $\mathbb{R}$에 대한 현대적인 모형 이론적 접근법의 시작점이 되었다. $\mathcal{L}_{or}$을 확장한 언어를 $\mathcal{L}^*$라 두고 $\mathbb{R}^*$을 $\mathcal{L}^*$-구조로 생각한 실수 집합이라 두자. 예를 들면 아래에서 $\mathcal{L}^* = \mathcal{L}_{exp}$이고 $\mathbb{R}^* = \mathbb{R}_{exp}$인 경우를 생각할 것이다. $\mathcal{L}^*$-식을 이용해서 정의가능한 $\mathbb{R}$의 모든 부분집합이 유한개의 점과 유한개의 구간들의 합집합이 될 때 $\mathbb{R}^*$을 o-최소(o-minimal)라 부른다. 여기에서 'o'는 '순서(order)'를 의미한다. $\mathbb{R}$의 모든 정의가능한 부분집합이 순서만을 이용해서 정의될 수 있을 때에도 $\mathbb{R}^*$은 o-최소가 된다.

필레이(Pillay)와 스타인혼(Steinhorn)은 이전에 판 덴 드리스(van den Dries)가 생각했던 o-최소를 일반화한 개념을 도입하였다. 이것은 후에 핵심적인 개념이 되었는데, 왜냐하면 o-최소는 1차원 집합 $\mathbb{R}$에 대해서만 정의되었음에도 불구하고, $n > 1$인 경우의 $\mathbb{R}^n$의 정의가능한 부분집합에 대해 주목할 만한 강력한 결과를 이끌어냈기 때문이다.

이것을 설명하기 위해, 다음과 같이 셀(cell)이라 부르는 기본적인 집합들의 모임을 귀납적으로 정의해 보자.

- $\mathbb{R}$의 부분집합 X가 한 점이거나 한 구간일 때 X는 셀이 된다.
- X가 $\mathbb{R}^n$에 있는 셀이고 f가 X에서 $\mathbb{R}$로 가는 정의가능한 연속함수이면, $\mathbb{R}^{n+1}$의 부분집합으로 생각한 f의 그래프도 셀이다.
- X가 $\mathbb{R}^n$에 있는 셀이고 X에서 $\mathbb{R}$로 가는 정의가능한 연속함수 f와 g가 임의의 $x \in X$에 대해 $f(x) > g(x)$를 만족하면, $\{(x, y) : x \in X$와 $f(x) > y > g(x)\}$, $\{(x, y) : x \in X$와 $f(x) > y\}$, $\{(x, y) : x \in X$와 $y > f(x)\}$는 모두 셀이다.

셀은 위상적으로 간단한 정의가능한 집합인데, $\mathbb{R}$에서 열린 구간들이 하는 역할을 담당한다. 임의의 셀이 어떤 n에 대해 $(0, 1)^n$과 위상동형이 된다는 사실은 그리 어렵지 않게 보일 수 있다. 그런데 놀랍게도 모든 정의가능한 집합들은 셀로 분해된다. 다음 정리는 이 사실을 엄밀하게 진술한 것이다.

정리.

(i) 만일 $\mathbb{R}^*$이 o-최소 구조이면, 임의의 정의가능한 집합 X는 유한개의 서로소인 셀들로 분할(partition)된다.

(ii) $f : X \to \mathbb{R}$이 정의가능한 함수이면, X를 유한개의 셀들로 분할하여 f가 각각의 셀에서 연속이

되도록 할 수 있다.

그런데 이것은 시작에 불과하다. 어떠한 o-최소 구조에서도, 정의가능한 집합은 반대수집합이 가진 위상적이고 기하적으로 좋은 성질들을 많이 가지고 있다. 예를 들어 보자.

- 임의의 정의가능한 집합은 유한개의 연결성분 (connected component)을 가지고 있다.
- 정의가능한 유계(bounded)인 집합은 정의가능한 방식으로 삼각형 분할된다(definably triangulated).
- X를 $\mathbb{R}^{n+m}$의 정의가능한 부분집합이라 하자. 각각의 $a \in \mathbb{R}^m$에 대해 X_a를 '절단면(cross-section)' $\{x \in \mathbb{R}^n : (x, a) \in X\}$라 하자. 그러면 X_a가 가질 수 있는 서로 다른 위상동형 유형은 단지 유한개 뿐이다.

이러한 결과들이 반대수집합에 대해서 알려져 있기 때문에, 지금은 새로운 o-최소 구조를 찾아내는 것이 주요한 관심사가 되고 있다. 이에 대한 가장 재미있는 예는 $\mathbb{R}_{\exp}$이다. $\mathbb{R}_{\exp}$는 $\mathcal{L}_{\exp}$ 언어에서 한정사 소거법을 갖지 못한다는 것이 알려져 있다. 그런데 윌키(Wilkie)는 이에 대한 차선책이 존재함을 보였다. $\mathbb{R}^n$의 부분집합이 지수함수를 포함한 식들의 해가 될 때 그 집합을 **지수다양체**(exponential variety)라 부른다. 예를 들면 $\{(x, y, z) : x = \exp(y)^2 - z^3 \wedge \exp(\exp(z)) = y - x\}$는 지수다양체이다.

정리. 모든 $\mathcal{L}_{\exp}$-정의가능한 $\mathbb{R}^n$의 부분집합은, 항상

어떤 지수다양체 $V \subseteq \mathbb{R}^{n+m}$에 대하여

$$\{x \in \mathbb{R}^n : \exists y \in \mathbb{R}^m (x, y) \in V\}$$

의 형태가 된다.

다시 말하면 정의가능한 집합은, 그 집합 자체가 지수다양체가 아니더라도, 항상 지수다양체의 사영(projection)이 되기 때문에 다루기 편리하다. 실제로 코반스키(Khovanskii)가 증명한 실해석기하(real analytic geometry) 분야의 정리에 따르면, 모든 지수다양체는 유한개의 연결성분을 가지고 있다. 이 성질은 사영에 의해 보존되므로, 모든 정의가능한 집합은 유한개의 연결성분을 가진다는 것과 실수집합의 모든 정의가능한 부분집합은 유한개의 점들과 유한개 구간들의 합집합이 된다는 사실이 유도된다. 그러므로 $\mathbb{R}_{\exp}$는 o-최소이고, o-최소 구조의 정의가능한 집합에 대한 위의 모든 성질들이 성립하게 된다.

타르스키는 $\mathbb{R}_{\exp}$의 이론이 결정가능한지에 대해 질문했다. 이 질문은 아직까지 해결되지 않았는데, 아래에서 소개하는 초월수 이론 분야의 샤누엘(Schanuel) 가설로부터 그 답이 유도될 수 있다는 사실이 알려져 있다.

가설. $\lambda_1, \cdots, \lambda_n$을 $\mathbb{Q}$에서 일차독립인 복소수들이라 하자. 그러면 체 $\mathbb{Q}(\lambda_1, \cdots, \lambda_n, e^{\lambda_1}, \cdots, e^{\lambda_n})$의 **초월 차수** (transcendence degree)는 n 이상이다.

매킨타이어(Macintyre)와 윌키는 샤누엘의 가설이 참이라면 $\mathbb{R}_{\exp}$가 결정가능하다는 사실을 증명하였다.

6 랜덤그래프

모형 이론적인 방법은 랜덤그래프[III.34]에 대한 흥미로운 정보들을 제공한다. 다음과 같이 그래프를 만들어 보자. 점들의 집합은 모든 자연수들로 이루어진 집합 $\mathbb{N}$이다. 두 점 $x, y(x \neq y)$를 잇는 변(edge)이 있는지를 결정하기 위해서, 동전을 던져 앞면이 나올 때에만 변을 그리자. 이 구성 방법은 무작위지만, 아래에서 보인 바와 같이 이렇게 만들어진 임의의 두 그래프는 1의 확률로 동형(isomorphic)이 된다.

증명에는 다음에 소개하는 확장 성질(extension property)을 이용한다. A와 B를 $\mathbb{N}$의 서로소인 유한 부분집합이라 두고, 집합의 원소수를 각각 n, m이라 두자. 우리는 A의 모든 원소와 변으로 연결되어 있지만 B의 원소와는 어느 것과도 변으로 연결되어 있지 않은 점 $x \in \mathbb{N}$을 찾으려 한다. 특정한 점 x에 대하여 이 성질을 만족하지 않을 확률은 $p = 1 - 2^{-(n+m)}$이다. 따라서 N개의 서로 다른 점들을 생각하면, 이 점들 중에서 어느 것도 이 성질을 만족하지 않을 확률은 p^N이 된다. N이 커질 때 이 확률은 0으로 수렴하기 때문에, 적어도 한 점 $x \in \mathbb{N}$이 이 성질을 만족할 확률은 1이다. 또한 유한집합의 서로소인 순서쌍 (A, B)의 개수는 가산적(countable)이므로, 모든 순서쌍 (A, B)에 대해 A의 모든 점과 변으로 연결되었지만 B의 점과는 어떤 것도 변으로 연결되어 있지 않은 점 x가 1의 확률로 존재하게 된다.

우리는 이 관찰을 모형 이론적인 방법으로 형식화할 수 있다. 이항관계 '$\sim$'에 대해 ('$x \sim y$'는 'x와 y가 변으로 연결되었다'라고 읽는다) $\mathcal{L}_g = \mathcal{L}(\sim)$라

두자. T를 다음 $\mathcal{L}_g$-이론이라 두자.

(i) $\forall x \forall y \ x \sim y \ \rightarrow \ y \sim x,$

(ii) $\forall x \neg (x \sim x),$

(iii) $n, m \geq 0$에 대해 $\Phi_{n,m}.$

여기에서 $\Phi_{n,m}$은 다음 문장

$$\forall x_1 \cdots \forall x_n \ \forall y_1 \cdots \forall y_m$$

$$\bigwedge_{i=1}^{n} \bigwedge_{j=1}^{m} x_i \neq y_j \rightarrow$$
$$\exists z \left(\left(\bigwedge_{i=1}^{n} x_i \sim z \right) \wedge \left(\bigwedge_{i=1}^{m} \neg (y_i \sim z) \right) \right)$$

를 의미한다.

첫 두 문장은 '$\sim$'가 그래프를 결정한다는 것을 알려주고, 각각의 순서쌍 (n, m)에 대해 문장 $\Phi_{n,m}$은 원소의 개수가 각각 n, m개인 서로소인 두 집합 A, B의 순서쌍에 대해 확장 성질이 항상 성립한다는 것을 알려준다. 그러므로 T의 모형은 유한개의 점들로 이루어진 서로소인 임의의 두 집합의 순서쌍에 대해 항상 확장 성질을 가진 그래프가 된다.

위의 논증으로부터 우리가 위에서 만든 랜덤그래프는 1의 확률로 T의 모형임을 알게 된다. 이제 왜 이 그래프들이 (다시 한번 1의 확률로) 서로 동형인지를 살펴보자. 이것은 다음 정리로부터 바로 유도된다.

정리. G_1과 G_2가 T의 가산인 모형이면, G_1과 G_2는 동형이다.

G_1과 G_2 사이의 **동형사상** f는 G_1의 점에서 G_2의

점으로 가는 일대일대응 함수이면서 x와 y가 G_1에서 변으로 연결되는 것과 $f(x)$와 $f(y)$가 G_2에서 변으로 연결되는 것이 동치가 되는 조건을 만족시켜야 함을 기억하자. 대략 살펴볼 증명에서 우리는 '번갈아 가는(back-and-forth)' 논증을 써서 G_1과 G_2 사이의 동형사상을 점증적으로 만들 것이다. 먼저 a_0, a_1, …을 G_1의 모든 점이라 하고, b_0, b_1, …을 G_2의 모든 점이라 하자. 먼저 $f(a_0)$을 b_0이라 둔 다음에 a_1의 상(image)에 대응되는 원소를 정하는데, 만일 a_1이 a_0과 변으로 연결되어 있으면 b_0에 변으로 연결된 한 점을 택하고, 변으로 연결되어 있지 않으면 b_0에 변으로 연결되어 있지 않은 점을 택한다. 둘 중의 어떤 경우라도 항상 선택이 가능한데, G가 T의 모형이므로 확장 성질을 만족하기 때문이다. (특별히 이 경우에는 $\Phi_{1,0}$과 $\Phi_{0,1}$을 사용한다.)

독자들은 여기에서 확장 성질을 계속 이용해서, 상에 대응되는 점들이 변으로 연결되는 것과 원래의 점들이 변으로 연결된 것이 동치가 되도록 a_2, a_3의 상에 대응하는 원소들을 계속 택하는 방식으로 증명을 완성하고 싶은 충동을 느낄 것이다. 그런데 이 방식은 그 결과가 일대일대응이 되지 않을 수 있다는 문제를 가지고 있는데, 특정한 b_j에 대하여 이것을 상으로 갖는 어떤 a_j가 항상 존재한다는 보장이 없기 때문이다. 하지만 번갈아서 상을 선택함으로써 이 문제를 해결할 수 있다. 상이 없는 첫 번째 a_i에 대해 그 상을 선택한 후에, 다음에는 원상(preimage)이 없는 첫 번째 b_j에 대해 그 원상을 선택하는 방식이다. 이러한 방법으로 원하는 동형사상을 만들 수 있다.

위의 결과의 증명에 모형 이론이 필수적으로 사용된 것은 아니다. 하지만 이로부터 아래와 같이 대단히 멋진 모형 이론적인 결과를 얻을 수 있다.

따름정리. 임의의 $\mathcal{L}_g$-문장 ϕ에 대하여, ϕ가 T의 모든 모형에 대해 참이 되거나 $\neg\phi$가 T의 모든 모형에 대해 참이 된다. 또한 T의 모든 모형에 대해 ϕ와 $\neg\phi$ 중에서 어느 것이 참이 되는지를 알려주는 알고리즘도 존재한다.

이 사실을 증명하기 위해 먼저 콤팩트성 정리를 조금 확장하여 적용하면, 위의 결과가 거짓이면 ϕ는 G_1에서 참이 되고 $\neg\phi$는 G_2에서 참이 되도록 하는 T의 가산인 모형 G_1과 G_2가 존재한다고 결론 내릴 수 있다. 하지만 이것은 G_1과 G_2가 동형이 되지 않음을 보여주기 때문에, 위의 정리에 정확하게 모순된다.

T의 모든 모형에 대해 ϕ와 $\neg\phi$ 중에서 어느 것이 참이 되는지를 결정하기 위해서는 T의 문장들로부터 모든 가능한 증명들을 찾는다. 완전성 정리에 의해 두 진술 중 어느 한쪽이 증명을 가지게 되고, 그러므로 ϕ의 증명이나 $\neg\phi$의 증명을 찾게 된다. 그렇게 되면 ϕ와 $\neg\phi$ 중에서 어느 쪽이 T의 모든 모형에 대해 참이 되는지를 알게 된다.

T 이론은 유한 랜덤그래프들에 대한 정보도 제공한다. $\{1, 2, \cdots, N\}$을 점으로 가지는 모든 그래프들의 집합을 G_N이라 두자. 그리고 이 그래프들이 모두 같은 정도의 확률을 가지도록 G_N의 집합에 확률 측도(probability measure)를 부여하자. 이것은 각각의 점 i와 j에 대하여 i와 j가 변으로 연결되어 있는지 여부를 공평하게 무작위인 동전을 던져서 결정

하는, N개의 점을 가지는 랜덤그래프를 만드는 것과 동일한 것이다. 임의의 $\mathcal{L}_g$-문장 ϕ에 대하여 N개의 점을 갖는 랜덤그래프가 ϕ를 만족할 확률을 $p_N(\phi)$라 두자.

무한 그래프에 대한 논증을 조금만 바꾸면, 각각의 확장 성질 공리 $\Phi_{n,m}$에 대하여 확률 $p_N(\Phi_{n,m})$이 1로 수렴함을 보일 수 있다. 그러므로 고정된 임의의 M에 대하여 N이 충분히 크면, N개의 점을 가지는 랜덤그래프는 $n, m \leq M$에 대하여 모든 $\Phi_{n,m}$을 대단히 높은 확률로 만족하게 된다.

이 관찰은 T 이론을 활용하여 랜덤그래프의 점근적 성질(asymptotic property)들을 잘 이해할 수 있도록 해 준다. 다음 결과는 영-일 법칙(zero-one law)라 부른다.

정리. 주어진 $\mathcal{L}_g$-문장 ϕ에 대하여, $N \to \infty$이면 $p_N(\phi)$는 0이나 1로 수렴한다. 또한 그 극한이 1로 수렴하는 진술 ϕ들로 이루어진 집합을 공리화하여 얻은 이론 T는 그래프에 대한 거의 확실한 이론(almost sure theory of graph)이라 부르는 결정가능한 이론이다.

이 결과는 이전의 결과들로부터 얻어진다. 앞서 ϕ가 T의 모든 모형에 대해 참이거나 $\neg\phi$가 T의 모든 모형에 대해 참이라는 것을 보았다. 앞의 경우에는 완전성 정리에 의해 T로부터 ϕ의 증명이 반드시 존재해야 한다. 증명은 유한하기 때문에, 이 증명은 진술들 $\Phi_{n,m}$ 중에서 단지 유한개만을 사용할 수 있다. 그러므로 $G \vDash \Phi_{M,M}$이 성립하면 $G \vDash \phi$를 만족하게 하는 어떤 M이 존재한다. 그런데 G가 N개의 점을 가지는 랜덤그래프이면 $G \vDash \Phi_{M,M}$이 만족할 확률이 1로 수렴하기 때문에, $G \vDash \phi$가 성립할 확률인 $p_N(\phi)$도 역시 1로 수렴하게 된다. $\neg\phi$가 T의 모든 모형에 대해 참이라면 동일한 논증에 의해 $p_N(\neg\phi)$도 1로 수렴한다는 것을 보일 수 있는데, 이는 $p_N(\phi)$가 0으로 수렴한다는 것을 의미한다.

이제 이 결과의 흥미로운 응용을 살펴보자. 랜덤그래프가 최소한 $\frac{1}{2}\binom{N}{2}$개의 변을 가질 확률은 N이 무한대로 커질 때 $\frac{1}{2}$로 수렴한다. 이 간단한 관찰을 위의 정리와 조합하면, '없는 변(nonedge)[*] 개수 이상으로 많은 변을 갖는다'는 성질은 $\mathcal{L}_g$의 일차식으로 표현될 수 없음을 도출하게 된다. 이 결론은 순수하게 구문론적 사실이지만, 그 증명에는 모형 이론이 주요하게 사용되었다.

더 읽을거리

슌필드의 책(Shoenfield, 2001)은 안전성과 불완전성 정리, 기본적인 계산가능성 이론, 기초적인 모형 이론에 대한 훌륭한 입문서이다.

이 논문에서 설명한 예들은 현대 모형이론의 아주 개략적인 면을 제시한 것들이다. 호지스(Hodges 1993), 마커(Marker, 2002)와 포이자(Poizat, 2000)는 포괄적인 입문서들이다. 마커 외(Marker et al., 1995)에는 체의 모형이론에 대한 몇 가지 개론적인 논문이 들어 있다.

모형이론의 주된 목표는 특정한 구조들에서 정의가능성을 분석하는 도구들을 만드는 것뿐만 아

---

[*] 서로 다른 두 점을 잇는 변이 없을 때 없는 변이 하나 존재한다고 정의한다-옮긴이

니라, 넓은 범위의 수학 구조들에 대한 구조정리 (structure theorem)들을 만드는 것이다. 이에 대한 주요한 결과로 벡터공간에서의 일차종속과 체에서의 대수적 종속(algebraic dependence)을 일반화한 종속성 개념을 발전시킨 셸라흐(Shelah)의 결과가 있다. 흐루쇼프스키(Hrushovski)와 질버(Zilber)가 이끄는 모형이론가들은 종속성에 대한 기하학을 연구하여, 이것이 숨겨진 대수적 구조를 찾아내는 데 자주 사용될 수 있음을 발견했다.

최근에는 추상 모형 이론(abstract model theory)이 고전 수학에 흥미롭게 응용된다는 것이 알려졌다. 흐루쇼프스키는 이 아이디어들을 이용하여 디오판토스 기하(Diophantine geometry) 분야의 함수체(function field)에서 나오는 모델-랭 추측(Mordell-Lang conjecture)에 대한 모형 이론적인 증명을 얻었다. 보우스카렌(Bouscaren)(1998)은 흐루쇼프스키의 증명을 이해하기 위한 개론적인 논문들로 이루어진 훌륭한 모음집이다.

Bouscaren, E., ed. 1998. *Model Theory and Algebraic Geometry. An Introduction to E. Hrushovski's Proof of the Geometric Mordell-Lang Conjecture*. New York: Springer.

Hodges, W. 1993. *Model Theory*. Encyclopedia of Mathematics and Its Applications, volume 42. Cambridge: Cambridge University Press.

Marker, D. 2002. *Model Theory: An Introduction*. New York: Springer.

Marker, D., M. Messmer, and A. Pillay. 1995. *Model Theory of Fields*. New York: Springer.

Poizat, B. 2000. *A Course in Model Theory. An Introduction to Contemporary Mathematical Logic*. New York: Springer.

Shoenfield, J. 2001. *Mathematical Logic*. Natick, MA: A. K. Peters.

IV.24 확률과정

장-프랑수아 르 갈 *Jean-François Le Gall*

1 역사적 배경

확률과정(stochastic process)은 현대 확률이론의 주요한 주제 중 하나이다. 간단히 말해서, 확률과정은 시간이 흐르면서 무작위로 진행되는 변화를 설명해 주는 수학적 모형이다. 이 장에서는 확률과정의 기본 개념을 가장 중요한 예인 브라운 운동(Brownian motion)을 중심으로 소개하고 기술하려고 한다. 먼저 그와 관련된 수학 이론의 동기가 되는 간단한 역사적 배경을 살펴봄으로써 논의를 시작해 보자.

1828년에 영국인 식물학자 로버트 브라운(Robert Brown)은 물에 분산된 작은 꽃가루 입자가 무척 불규칙하고 구불구불하게 움직이는 것을 관찰했다. 브라운은 그 움직임이 어떤 물리학적 규칙도 따르지 않으며 예측이 불가능하다는 것에 주목했다. 19세기 동안 몇몇의 물리학자들은 현재 다양한 물리학적 현상으로 알려진 이 '브라운 운동'의 시초를 이해하려고 시도했다. 여러 가지 이론들이 제안되었고, 그중에는 브라운 입자들이 살아 있는 아주 미세한 동물일지도 모른다거나, 그 운동들이 전자기장의 영향일 수도 있다는 기발한 이론들도 있었다. 그러나 19세기 말 즈음에 물리학자들은 운동방향이 계속해서 변하는 브라운 운동이 운동입자를 둘러싼 주변의 매체 분자들의 영향 때문이라는 결론에 이르렀다. 만약 운동입자가 충분히 가볍다면 수없이 많은 주변의 매체들과의 충돌로 인해 자리옮김에 많은 영향을 받을 것이다. 이러한 설명은 실험적으로 물의 온도가 높아져서, 즉 분자의 열 교란(thermal agitation)이 높아지면 브라운 운동이 더욱 빨라지는 현상과도 들어맞는 설명이다.

알버트 아인슈타인(Albert Einstein)은 1905년에 발표한 그의 유명한 세 개의 논문 중 하나를 통해 브라운 운동을 이해하는 데 큰 기여를 했다. 그는 원점에서 일정한 시간 동안 움직인 브라운 입자의 위치가 평균이 0이고 분산이 $\sigma^2 t$인 3차원 가우스 분포[III.71 §5]를 따라 불규칙하게 분포한다는 것을 알아냈다. 여기서 σ^2은 확산상수(diffusion constant)라고 불리는 상숫값으로 시간에 따라 분포가 얼마나 빨리 퍼지는지를 측량하는 값이다. (대략적으로는 이것을 브라운 운동의 속도로 간주해도 된다. 그러나 뒤에서 '속도'라는 말이 별로 적당하지 않다는 것을 알게 될 것이다.) 아인슈타인의 방법은 통계물리학을 이용했고, 통계물리학은 그를 열방정식[I.3 §5.4]으로 인도했으며, 더 나아가 그 식을 푸는 가우스 밀도(Gaussian density)로 이어졌다(§5.2 참조).

아인슈타인보다 몇 년 앞서 프랑스 수학자 루이 바실리에(Louis Bachelier)는 주식시장의 수학적 모형을 만든 논문에서 이미 브라운 운동이 가우스 분포를 따른다는 것을 알아냈다. 그러나 바실리에는 브라운 운동을 물리적인 현상이 아니라 보폭이 아주 작은 확률보행(random walk)으로 보았다. 앞으로 §2와 §3에서 우리는 이 두 가지 개념이 수학자의 관점에서는 근본적으로 같다는 것을 볼 것이다. 바실리에가 알아낸 것은 오늘날 우리가 브라운 운동의 마르코프 성질(Markov property)이라 부르는 것이다. 즉, t 시간이 지난 후에 브라운 입자의 위치를 예측하는데, t 시간 이전의 입자들이 움직여 온 길들을 아는 것은 정확히 t 시간에 어디에 있는지 아는 것만큼 도움이 되지 않는다는 것이다. 바실리에의 논리는 완전하진 않았고, 그의 아이디어도 이때는 온전히 평가되지 못했다.

무작위로 움직이는 입자들을 어떻게 모형화할 수 있을까? 우선 t 시간의 입자의 위치는 무작위 **확률변수**[III.71 §4] B_t가 될 것이다. 그러나 이러한 무작위 확률변수들은 서로 의존적이다. 즉 t 시간에 입자의 위치를 안다는 사실은 그 입자가 시간이 지난 후에 어떤 특정한 영역에 있을 확률을 예측하는 데 영향을 미친다. 만약 우리가 표본을 각각의 음이 아닌 실수마다 모두 공통된 확률공간에서 정의된 무작위 확률변수인 B_t를 기본 집합으로 선택하면, 이러한 두 가지 상황은 서로를 해소한다. 이것이 바로 확률과정이라고 불리는 것이다.

이렇게 확률과정을 정의하는 것은 너무 단순하다고도 할 수 있다. 확률과정을 좀 더 흥미롭게 하려면 추가적인 성질들이 필요하고, 그러한 성질들을 얻자마자 수학적으로 어려운 문제들과 마주하게 된다. Ω를 무작위 확률변수가 정의된 확률공간이라고 하자. 그러면 각각의 무작위 확률 변수 B_t는 Ω에서 3차원 유클리드 공간으로의 함수이므로, 3차원 실수 공간의 한 점과 (t, ω)를 대응시킬 수 있다. 여기서 t는 양수이고 ω는 Ω에 속한다. 지금까지 우리는 B_t의 확률분포를 고려해서, 시간 t가 고정되고 ω가 변화할 때 어떤 현상이 나타나는지에 집중했다. 그러나 확률과정의 '한 개의 사건', 즉 ω를 고정하고 t가 변할 때 어떤 현상이 나타나는지도 역시 고려해야 한다. ω를 고정했을 때, t를 $B_t(\omega)$로 보내는 함수를 **표본 경로(sample path)**라고 한다. 브라운 운동의 엄밀한 수학적 이론을 원한다면, 모든 표본 경로들

이 연속적이어야 한다는 중요한 성질을 반드시 만족시켜야 한다. 다시 말해서, ω를 고정했을 때 $B_t(\omega)$가 t에 연속적으로 변해야 한다는 것이다.

위에서 설명한 아인슈타인과 바실리에의 기여를 포함한 물리적인 관찰은 브라운 운동이 만족해야 하는 몇 가지 다른 성질들도 알려준다. 그래서 그런 성질들을 만족하는 확률과정의 존재성을 증명하는 것은 중요한 수학 문제가 되었다. 1923년 작고한 위너(Wiener)는 후에 위너 과정(Wiener process)이라 불리는 브라운 운동의 이런 수학적인 개념을 세운 첫 번째 사람이다.

콜모고로프[IV.88], 레비(Lévy), 이토(Itô), 둡(Doob)을 포함한 20세기 확률론의 유명한 사람들은 모두 브라운 운동에 중요한 기여를 했다. 표본 경로의 자세한 성질들은 물리학자인 장 페랭(Jean Perrin)이 (그것이 연속적이라는 위너의 나중 결과에도 불구하고) 그 함수가 모든 곳에서 미분불가능하다는 것을 알아낸 이후로 특별한 주목을 끌었다. 브라운 운동의 궤적들이 미분가능하지 않다는 점이 이토를 브라운 운동의 함수들과 더 일반화된 확률과정들에 관한 미적분학을 도입하게끔 했다. §4에서 간단히 살펴볼 이토의 확률미적분학(stochastic calculus)은 현대 확률론의 다양한 분야에 많이 적용된다.

2 동전던지기와 무작위 확률보행

브라운 운동을 이해하는 가장 쉬운 방법 중 하나는 또 다른 확률 개념을 이용하는 것이다. 바로, 무작위 **확률보행(random walk)**이다. 당신이 동전을 던져서 앞면이 나오면 1유로를 받고 뒷면이 나오면 1유

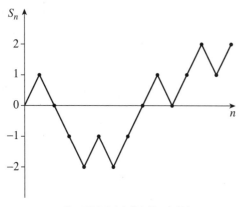

그림 1 동전던지기 게임의 누적이익

로를 잃는 게임을 하고 있다고 가정하자. 이때 당신은 무작위 확률변수(random variable)로 이루어진 수열 $S_0, S_1, S_2, \cdots$ 를 생각할 수 있고, S_n은 n번 게임을 한 후의 총 이익이다(음수가 될 수도 있다). 이 수열의 두 가지 간단한 성질은 S_0은 항상 0이라는 것과, S_n과 S_{n-1}의 차이는 항상 1이라는 것이다. 그림 1은 HTTTHTHHHTHHTH…일 때의 결과를 그래프로 나타낸 것이다.

세 번째 성질은 동전을 던질 때마다 각각 결과를 나타내는 수열 $\varepsilon_1, \varepsilon_2, \cdots$ 를 정의하면 쉽게 알 수 있다. 각각의 변수들은 독립적이다. 즉 각각의 값이 1이 될 확률이 $\frac{1}{2}$이고 -1이 될 확률도 $\frac{1}{2}$이다. 더 나아가 각 n마다 $S_n = \varepsilon_1 + \cdots + \varepsilon_n$이라고 쓸 수 있다. 이 합의 분포는 아주 잘 알려진 **이항분포[III.71 §1]**를 따른다(좀 더 정확히, 이항분포는 n번 동전을 던졌을 때 앞면이 k번 나올 확률이 정확하게 $2^{-n}\binom{n}{k}$라고 알려준다. 이때, S_n은 $k - (n - k) = 2k - n$이다). 0보다 큰 m에 대해서, $S_{m+n} - S_m = \varepsilon_{m+1} + \cdots + \varepsilon_{m+n}$으로 이 역시 ε_i를 n개 더한 값이다. 그러므로 $S_{m+n} - S_m$의 분포는 S_n과 같다. 또한 변수 $S_0, S_1, \cdots,$ S_m과도 독립적이다.

'무작위 확률보행'이란 말은 수열 $S_0, S_1, S_2, \cdots$를 각각이 1 또는 -1 걸음들을 무작위로 계속해서 고르는 것으로 생각할 수 있다는 사실에서 비롯되었다. 브라운 운동은 이 걸음의 횟수가 점점 많아지고 걸음의 값은 이에 상응하여 점점 작아지는 무한 작용의 극한값으로 이해할 수 있다.

여기서 '상응한다'의 의미는 n값이 커질 때, S_n의 극한값의 성질을 보여주는 **중심극한정리[III.71 §5]**를 통해 이해할 수 있다. 혹은 $(1/\sqrt{n})S_n$의 분산으로 나타난다. 여기서 $\sqrt{n}$으로 나누어야 하는 이유는 S_n의 **표준편차[III.71 §4]**가 $\sqrt{n}$이기 때문이다. 이것을 '대표 크기(typical size)'로 간주할 수도 있다. 즉, 그 값으로 나누었을 때, 재정규화된 분포(renormalized distribution)의 대표 크기는 1이 된다(따라서 모든 n에 대해서 똑같은 크기를 가질 수 있다).

좀 더 정확히 중심극한정리는 실수 $a < b$에 대해서 $a < (1/\sqrt{n})S_n < b$인 확률이 n이 무한대로 갈 때

$$\frac{1}{\sqrt{2\pi}} \int_a^b e^{-x^2/2} dx$$

로 수렴하는 것을 보여준다. 이것은 $(1/\sqrt{n})S_n$의 분포가 극한에서 평균이 0이고 표준편차가 1인 가우스 분포(Gaussian distribution)라는 뜻이다. 앞에서 $S_{m+n} - S_m$의 분포가 S_n과 같다는 것을 확인했듯이, 어떠한 m에 대해서도 $(1/\sqrt{n})(S_{m+n} - S_m)$의 분포의 극한값을 그와 같이 이해할 수 있다.

3 무작위 확률보행에서 브라운 운동으로

앞 절에서 우리는 무작위 확률변수들의 수열 $S_0, S_1,$

$S_2, \cdots$ 를 살펴보았다. 이것은 또 하나의 확률과정으로 볼 수 있으며, 이때 '시간'이 양의 정수로 표현된다. (이것을 이산시간 과정(discrete-time process)이라고 부른다). 이제 브라운 운동이 무한히 많고 무한히 작은 걸음들로 이루어진 무작위 확률보행이라는 생각이 타당한지 살펴보자. (지금 우리는 이 장의 시작에서 설명한 3차원 브라운 운동이 아닌 1차원 브라운 운동을 보고 있다.)

시간 t가 0부터 1까지인 브라운 운동 B_t를 생각해 보는 것이 조금 간단할 수 있다. B_t의 분포, 특별히 B_1의 분포가 가우스 분포이길 예상한다. 또한 이러한 예상은 앞절에서 살펴본 결과들을 이용하면 S_n의 분포를 적당하게 조정한 것의 극한으로 보여진다는 가정하에 자연스럽게 얻어진다. 좀 더 정확하게, 그림 1과 같은 그래프를 큰 숫자 n걸음에 대해서 생각해 보자. 이때, x축은 1부터 n까지이고, 그래프 높이의 표준편차는 $\sqrt{n}$이다. 따라서 그래프를 x축 방향으로 $1/n$만큼, y축 방향으로 $1/\sqrt{n}$만큼 줄이면, 구간 $[0, 1]$에서 실수 $\mathbb{R}$로의 무작위 확률함수 $S^{(n)}$을 얻고, 특별히 함수 $S^{(n)}(1)$의 표준편차는 1이 된다. 우리는 사실상 무작위 확률보행의 걸음 사이의 시간을 1에서 $1/n$으로 줄였고, 보폭은 1에서 $1/\sqrt{n}$으로 줄인 것이다. 또한 $S^{(n)}$ 함수를 그림 1에서처럼 그래프의 점들을 직선으로 연결하여 모든 정의구역에서 정의한다. 이런 식으로 크기가 재조정된 무작위 확률보행을 그림 2에서 볼 수 있다.

이제 이런 재조정된 무작위 확률보행의 분포가 적절한 의미로 연속적인 표본 경로를 갖는 확률과정으로 수렴한다고 가정하자. 이 확률과정이 바로 브라운 운동 B_t이다. 그림 3은 전형적인 표본 경로

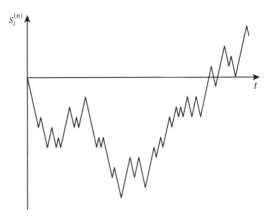

그림 2 크기가 재조정된 무작위 확률보행 $S^{(n)}$, $n = 100$.

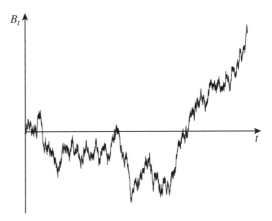

그림 3 선형 브라운 운동의 시뮬레이션

의 그래프이다. 그림 3의 그래프가 그림 2의 그래프와 무척 유사하다는 것에 주목하자.

1에서 끝나지 않고 영원히 계속 움직이는 브라운 운동을 이해하려면 재조정된 무작위 확률보행이 n걸음 뒤에 끝나는 대신 영원히 계속 되는 것을 보면 된다.

이를 좀 더 정확히 정의하자. x에서 시작하는 선형 브라운 운동(linear Brownian motion)이란 다음의 성질들을 만족하는 실숫값을 갖는 무작위 확률변수 $(B_t)_{t \geqslant 0}$의 모임이다.

- $B_0 = x$. (즉, 모든 무작위 확률변수가 정의된 확률 공간의 모든 원소 ω값에 대하여 $B_0(\omega) = x$이다.)
- 표본 경로들은 연속적이다.
- 모든 $s < t$에 대해서, $B_t - B_s$의 분포는 평균이 0 이고 분산이 $t - s$인 가우스 분포이다.
- 또한, $B_t - B_s$는 시간 s까지의 과정에 독립적이다. (이것은 §1에서 설명한 마르코프 성질을 의미한다.)

앞 절에서 본 바와 같이, 각각의 성질들에 대응하는 무작위 확률보행의 성질이 있다. 그래서 브라운 운동이 존재한다는 것을 증명하는 것이 쉽지 않음에도 그 결과들은 매우 그럴듯하다. (사실, 위의 두 번째 성질을 제외한 모든 성질을 만족하는 확률과정을 만드는 것은 용이하다. 어려운 점은 바로 표본 경로의 연속성을 보이는 것이다.) 한 가지 더 중요한 점은 위의 성질들이 브라운 운동을 특징짓는다는 것이다. 즉, 어떤 두 개의 확률과정이 위의 성질들을 만족한다면 그 두 가지는 본질적으로 같다.

아직 재조정된 무작위 확률보행 $S^{(n)}$이 브라운 운동으로 '수렴한다'는 것이 무슨 의미인지에 대해선 논의하지 않았다. 이 개념을 엄밀하게 정의하기보다는, 간단하게 $S^{(n)}$에서 정의되는 어떤 '적당한' 함수가 극한으로 가는 브라운 운동의 '대응하는' 함수로 수렴하는 것이 어떤 것인지 살펴보자. 예를 들어 앞에서 이미 본 것처럼, $S^{(n)}(1)$이 a와 b 사이에 있을 확률은

$$\frac{1}{\sqrt{2\pi}} \int_a^b e^{-x^2/2} dx$$

로 수렴한다. 그러나 B_1은 가우스 분포를 따른다. 따라서 이것은 B_1이 a와 b 사이에 있을 확률이기도 하다.

좀 더 흥미로운 예는, $S^{(n)}(t)$가 양수가 되는 0과 1 사이의 t의 비율 X_n과 그것들이 분포되어 있는 방식이다(이것은 $S^{(n)}$에 의존하는 무작위 확률변수이다). 이것은 브라운 운동과 대응하는 비율 X의 분포로 수렴한다. 다시 말해, $a < b$에 대해, 비율 X_n이 a와 b 사이에 있을 확률이 비율 X가 a와 b 사이에 있을 확률로 수렴한다는 말이다. X의 확률분포는

$$P[a \leq X \leq b] = \int_a^b \frac{dx}{\pi\sqrt{x(1-x)}}$$

와 같이 정확하게 알려져 있고, 이것은 폴 레비의 역 사인 법칙(Paul Lévy's arcsine law)이라고 불린다. 다소 놀라운 것은 X는 $\frac{1}{2}$보다는 0과 1에 가까운 값을 갖기 쉽다는 점이다. 이것은 근본적으로 s와 t가 다른 시간일 때 사건 $B_s > 0$와 $B_t > 0$의 확률이 서로 양의 상관관계(positively correlated)에 있기 때문이다.

무작위 확률보행이 브라운 운동으로 수렴하는 것은 훨씬 일반적인 현상들 중 하나의 특별한 경우일 뿐이다(예를 들어, 빌링슬리(Billingsley)의 책(1968)을 참조하라). 한 예로, 우리는 무작위 확률보행의 각각의 걸음에 다른 확률분포를 적용할 수도 있다. 전형적인 결과는, 각각의 걸음이 평균 0과 유한한 표준편차를 가지면($\frac{1}{2}$의 확률로 1이나 −1의 값이 될 수 있는 것처럼), 극한 과정은 항상 단순히 재조정된 브라운 운동이다. 이런 의미에서 브라운 운동은 보편적인 대상으로서 곳곳에서 나타난다. 다시 말해서, 그것은 광범위한 이산 모형의 연속적인 극한이다(보편성에 대한 논의는 **임계현상의 확률적 모형**[IV.25]을 보라).

지금까지 우리는 1차원 브라운 운동을 살펴봤다. 앞으로는 3차원에서 무작위의 연속적인 확률경로를 어떻게 모형화할지 살펴보도록 하자. 자명한 방법은 세 개의 독립적인 브라운 운동 B_t^1, B_t^2, B_t^3을 선택해서 이것들이 3차원 유클리드 공간에 있는 무작위 확률경로를 따라서 3차원 좌표를 갖는다고 생각하는 것이다. 사실, 이것이 정확하게 3차원 브라운 운동을 정의하는 방법이다. 하지만 이렇게 하는 것은 썩 좋은 방법이 아닐 수도 있다. 예를 들어 이 방법은 3차원 좌표계를 선택하는 것에 의존하는데, 좋은 물리학적 브라운 운동을 정의하고 싶다면 신중히 고려해야 하는 점이다.

그럼에도 고차원 브라운 운동(위의 정의는 분명하게 3차원 이상으로 확장할 수도 있다)의 핵심적인 성질은 **회전 불변성**이다. 다시 말해서, 우리가 좌표계로 다른 **정규직교기저**[III.37]를 선택해도, 똑같은 확률과정을 얻는다는 것이다. 이를 증명하는 것은 d개의 독립적인 1차원 가우스 무작위 확률변수들로 이루어진 벡터의 **밀도 함수**[III.71 §3]가

$$\frac{1}{(2\pi)^{d/2}} e^{-(x_1^2 + \cdots + x_d^2)/2}$$

이라는 기본적인 성질로부터 간단히 유추할 수 있다. $x_1^2 + \cdots + x_d^2$은 원점으로부터 점 $(x_1, \cdots, x_d)$까지의 거리의 제곱이고, 밀도 함수는 회전을 해도 변하지 않기 때문이다.

$d = 2$인 평면의 경우에는 §5.3에서 논의할 훨씬 근본적인 불변성이 있다.

우리의 모형에 확산상수(diffusion constant)라는 개념을 추가하는 것도 어렵지는 않다. (이 상수가 §1에서 나온 σ^2으로, 얼마나 빨리 브라운 운동이 퍼져

그림 4 평면의 브라운 운동

나가는지를 측정하는 값이다.) 단지 B_t를 $B_{\sigma^2 t}$로 조정하기만 하면 된다.

또한 고차원 브라운 운동은 고차원 무작위 확률보행의 극한이다. 이 점이 왜 수학적인 브라운 운동이 브라운에 의해서 관찰된 물리학적 현상에 좋은 모형이 되는지를 설명해 준다. 분자들의 충돌로 인한 불규칙한 변위는 아주 작은 보폭을 가진 무작위 확률보행의 걸음들과 유사하기 때문이다. 0부터 1까지의 구간에서의 평면의 브라운 운동의 곡선을 그림 4에서 볼 수 있다.

4 이토 공식과 마팅게일

f를 실숫값을 갖는 미분가능 함수라고 하자. 큰 양의 정수 n에 대해서 $f'(x)$의 $0, 1/n, 2/n, \cdots,$ $(n-1)/n$에서의 값을 이용해서 $f(1) - f(0)$의 값의 근삿값을 찾아보자. 만약 f의 도함수 f'이 너무 빨리 변하지 않는다면, $f((j+1)/n) - f(j/n)$은 $(1/n)f'(j/n)$값과 비슷할 것이므로,

$$\frac{1}{n}\left(f'(0)+f'\left(\frac{1}{n}\right)+f'\left(\frac{2}{n}\right)+\cdots+f'\left(\frac{n-1}{n}\right)\right)$$

이 좋은 근삿값이 될 것이다. 미적분학의 기본 정리 [I.3 §5.5]는 만약 도함수 f'이 연속이라면 이렇게 얻은 근삿값이 정확한 값이라고 말해준다.

이번엔 표면적으로 비슷해 보이는 경우를 살펴보자. 이번엔 $x_0, x_1, x_2, \cdots, x_n$이 보폭이 $1/\sqrt{n}$인 무작위 확률보행의 위치라고 가정하자. 또한 f의 도함수 f'이 충분히 좋은 함수이고, $x_0, x_1, \cdots, x_{n-1}$에서의 값이 주어졌다고 가정하자. 이제 $f(x_n) - f(x_0)$의 근삿값을 구해보자.

앞서 우리가 이용했던 논리를 따르면, $f(x_{j+1}) - f(x_j)$의 값은 $(x_{j+1} - x_j)f'(x_j)$의 값과 비슷할 것이고 이것은 또한

$$(x_1 - x_0)f'(x_0) + (x_2 - x_1)f'(x_1)$$
$$+ \cdots + (x_n - x_{n-1})f'(x_{n-1})$$

의 근삿값이다. 이 경우에도 이 값이 좋은 근삿값인지는 분명하지 않다. 그 이유는 무작위 확률보행이 x_n에 이르기 전에 앞뒤로 같은 곳을 반복해서 여러 번 지나가면, 근삿값의 오차가 커질 수 있기 때문이다. 이것은 심각한 문제가 되는데, 예를 들어 $f(x) = x^2$이라는 좋은 함수를 $x_0 = 0$에서 생각해 보자. 이 경우,

$$f(x_{j+1}) - f(x_j) = x_{j+1}^2 - x_j^2$$

이고 간단한 계산을 통해 다음과 같다는 것을 알 수 있다.

$$(x_{j+1} - x_j)\,2x_j + (x_{j+1} - x_j)^2.$$

첫째 항인 $(x_{j+1} - x_j)f'(x_j)$가 우리가 찾는 근삿값이고, 우려하는 오차는 $(x_{j+1} - x_j)^2$으로 무작위 확률보행의 보폭의 제곱에 해당한다. 즉, $1/n$이다. 또한, 총 걸음수가 n이므로 총계는 1이 된다. x_n과 x_n^2의 크기가 한 자릿수 정도이고 이것은 $f(x_n) - f(x_0)$의 큰 오차이므로 좋은 근삿값이 아니다.

놀랍게도 이것이 '유일하게' 나타나는 문제이고 다소 쉽게 고칠 수 있다. 테일러 전개에 항을 하나만 더하기만 하면 된다. 다시 말해서, 조금 더 세밀한 근삿값을 쓰는 것이다.

$$f(x_{j+1}) - f(x_j) = (x_{j+1} - x_j)f'(x_j)$$
$$+ \frac{1}{2}(x_{j+1} - x_j)^2 f''(x_j).$$

(물론, 여기서 우리는 이계 도함수가 존재하고 연속이라고 가정하고 있다.) 우리가 바로 위에서 본 $f(x) = x^2$에서 모든 x값에 대해서 이계 도함수가 $f''(x) = 2$이므로 두 번째 항을 더하면 정확한 답이 되는 것을 확인할 수 있다. 이런 관찰이 시사하는 것은 일반적으로 $f(x_n) - f(x_0)$을

$$\sum_{j=0}^{n-1}(x_{j+1} - x_j)f'(x_j) + \frac{1}{2}\sum_{j=0}^{n-1}(x_{j+1} - x_j)^2 f''(x_j)$$

로 잘 근사시킬 수 있다는 것이다.

이제, 무작위 확률보행이 브라운 운동 B_t로 수렴할 때 이 두 항의 합이 어떻게 되는지 생각해 보자. $(x_{j+1} - x_j)^2$이 걸음 수의 역수라는 사실에 근거해서 상대적으로 조금 단순한 논리를 이용하면, 두 번째 합의 극한에서의 분포가 존재하고 $\frac{1}{2}\int_0^t f''(B_s)\,ds$의 적분값으로 주어지는 것을 보일 수 있다. 이것은

또한 첫 번째 합 역시 수렴한다는 것을 의미한다. 그 극한을 **확률적분**(stochastic integral)이라 부르고 $\int_0^t f'(B_s)\,dB_s$로 표현한다. 좀 더 정확하게는 **이토 공식**(Itô's formula)이라고 알려진 식

$$f(B_t) = f(B_0) + \int_0^t f'(B_s)\,dB_s + \frac{1}{2}\int_0^t f''(B_s)\,ds \quad (1)$$

를 얻는다. 미적분학의 기본 정리와 유사하다는 점에 주목하자. 주요한 차이점은 **이토 항**(Itô term)으로 불리는 이계 미분이 관련된 잉여항들이다.

이것이 왜 흥미로운지 의아해 할 사람도 있을 것이다. 어떤 함수의 도함수를 적분함으로써 두 함숫값의 차이의 근삿값을 구하는데, 왜 미분가능한 곡선을 선택하지 않고 그토록 구불구불한 것을 선택했을까? 중요한 것은 우리가 한 가지 경로에만 관심이 있는 게 아니라는 점이다. 고정된 같은 표본 경로에 대해 위의 등식의 좌항과 우항은 결국 숫자이다. 그러나 B_t를 무작위 확률변수로 고려하면, 그 양쪽 항들 역시 무작위 확률변수들이 된다. 뿐만 아니라 좌항과 우항이 모두 0 이상의 모든 t에 대해서 잘 정의되기 때문에, 확률과정이 된다. 그러므로 우리가 여기서 설명하고 있는 것은 한 가지 확률과정을 적분해서 다른 것을 얻어내는 방법에 대한 것이다.

이토 공식이 그토록 중요한 이유는 확률적분이 확률과정의 특징을 증명하는 성질을 갖고 있기 때문이다. 특별히 확률적분 $\int_0^t f'(B_s)\,dB_s$를 무작위 확률변수를 매개변수 t를 기준으로 모아 놓은 것으로 보면, **마팅게일**(martingale)이라고 불리는 특별히 좋은 종류의 확률과정을 얻는다. 마팅게일은 다음과 같은 성질을 갖는 확률과정 $(M_t)_{t \geqslant 0}$이다. 어떤 $s \leqslant t$가 주어져 있다면, 모든 $r \leqslant s$에 대해 M_r의 값으로

제한한 M_t의 조건부 기댓값은 M_s이다.

브라운 운동은 전형적으로 간단한 종류의 마팅게일이지만, s보다 작거나 같은 r에 대해서는 $M_t - M_s$가 M_r에 독립적이지 않아도 되기 때문에 마팅게일이 훨씬 더 일반적이다. 우리가 아는 전부는 M_r의 값이 주어졌을 때 $M_t - M_s$의 기댓값이 0이라는 것이다. 여기 그 차이를 보여 줄 예가 있다. 브라운 운동을 0에서 시작하자. 최초로 1에 도달했을 때(만약 1값에 도달한다면), 브라운 운동을 계속하지만 속도를 두 배로 하자(혹은 확산 상수를 두 배로 한다는 편이 좋다). 이런 경우에 $M_t - M_s$는 분명히 s시간까지 벌어진 일들에 의존하지만 기댓값은 0이다.

어떤 의미로는, 이토 공식의 확률적분항은 조금 전에 본 바와 같이 '속도가 변하는' 브라운 운동 같은 특징을 보인다. 정확한 결론은 또 다른 브라운 운동 $\beta = (\beta_t)_{t \geqslant 0}$이 있어서 0보다 큰 모든 실수 t에 대해서

$$\int_0^t f'(B_s)\,dB_s = \beta_{\int_0^t f'(B_s)^2\,ds}$$

를 만족한다. 사실 이러한 성질은 확률적분으로 주어진 마팅게일뿐만 아니라, 모든 연속 마팅게일이 만족한다. 또한 관련된 시간의 변화량은 마팅게일의 **이차변동**(quadratic variation)이라고 불린다. 따라서 연속 마팅게일의 그래프는 시간 변화 작용에 의한 브라운 운동의 그래프로부터 얻어진다. 이것이 바로 브라운 운동이 어째서 확률과정의 가장 핵심적인 예이며, 더 일반적인 확률과정을 다루기 전에 브라운 운동을 이해하는 것이 중요하다고 말한 이유이다.

앞에서 본 이토 공식을 다중차원의 브라운 운동으로 일반화하는 방법은 자명하다. d차원 유클리드 공간의 두 점 x와 y가 서로 가까울 때, $f(x) - f(y)$의 첫 번째 근삿값은 이제

$$\sum_{i=1}^{d} (x_i - y_i)\partial_i f(y)$$

이다. 여기서 $\partial_i f(y)$는 함수 f를 i번째 변수로 편미분한 것의 y에서의 값이다. 함수 f의 y에서의 편미분 벡터는 보통 $\nabla f(y)$로 표현하고, f의 y에서의 그래디언트(gradient)라고 부른다(혹은, 간단히 'grad f'라고 쓴다). f의 이차 도함수는 자연스럽게 라플라스 작용소(Laplacian)로 일반화된다. (그 이유는 몇 가지 기본적인 수학의 정의[I.3 §5.4]를 보라). 그러므로 우리는 다음과 같은 공식을 얻는다.

$$f(B_t) = f(B_0) + \int_0^t \nabla f(B_s) \cdot dB_s + \frac{1}{2}\int_0^t \Delta f(B_s)\,ds.$$

확률적분항은 1차원 확률적분으로 다음과 같이 표현된다.

$$\int_0^t \nabla f(B_s) \cdot dB_s = \sum_{j=1}^{d} \int_0^t \frac{\partial f}{\partial x_j}(B_s)\,dB_s^j.$$

확률적분은 마팅게일이기 때문에, 확률과정

$$M_t^f = f(B_t) - \frac{1}{2}\int_0^t \Delta f(B_s)\,ds$$

역시 (f의 적당한 조건하에서) 마팅게일이다. 이러한 관찰은 브라운 운동에 관한 **마팅게일 문제**(martingale problem)로 이어진다. 확률과정에 관한 마팅게일 문제를 서술하기 위해서, $(X_t)_{t \geq 0}$이 확률과정의 범함수(functional)로서 주어진 마팅게일의

모임이라고 생각하자. 위에서 M^f가 $(B_s)_{s \geq 0}$의 특정한 함수로 정의된 것처럼 $(X_t)_{t \geq 0}$이 주어진 확률과정의 분포를 잘 특징지을 때, 마팅게일 문제가 타당하다(well-posed)라고 정의한다. 앞에서 본 예는 타당한 마팅게일 문제이다. 왜냐하면 만약 우리가 과정 $(B_t)_{t \geq 0}$의 분포에 관해 M_t^f가 모든 (두 번 미분가능한 연속) 함수 f에 관한 마팅게일이라는 사실 외에는 아무것도 모른다고 해도, B가 브라운 운동이 틀림없다는 사실을 추측할 수 있기 때문이다.

마팅게일 문제는 현대 확률이론에서 근본적인 역할을 했다(예를 들면, 스트룩(Stroock)과 바라단(Varadhan)의 책(1979)이나 돈의 수학[VII.9 §2.3]을 보라). 적절한 마팅게일 문제를 도입하는 것은 종종 확률과정을 기술하거나 혹은 그것의 확률분포를 규정하는 가장 편리한 방법이 된다.

5 브라운 운동과 해석학

5.1 조화함수

유클리드 공간 $\mathbb{R}^d$의 어떤 열린 집합 U에서 정의된 연속함수 h가 U에 포함된 어떤 닫힌 공의 내부에서의 평균값, 혹은 동치조건으로 공의 껍질인 경계에서의 평균값이 그 공의 중심에서의 함숫값과 같을 때, 그 함수를 조화함수(harmonic function)라고 부른다. 함수 h가 조화함수라는 것과 h가 두 번 미분가능하고 각각의 도함수가 연속이며 $\Delta h = 0$을 만족하는 것이 동치조건이라는 것은 해석학의 기본적인 사실이다. 조화함수들은 수학의 여러 분야는 물론 물리학에서도 중요한 역할을 한다. 예를 들면, 평형상태에서 도체의 전위(electrical potential)는 도체 외

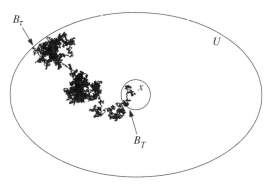

그림 5 디리클레 문제의 확률론적 해법

부에서 조화함수이다. 만약 물체 면의 온도가 고정되어 있다면(즉, 표면의 여러 곳의 온도가 각각 다를수는 있어도 각각의 온도가 시간이 지나도 변하지 않는다고 가정하면), 물체 내부의 평형 온도는 조화함수가 된다(열방정식에 관해서는 다음 절을 참고하라).

조화함수는 브라운 운동과 매우 밀접한 관계를 가지며, 확률론과 해석학의 가장 중요한 연결고리 중 하나이기도 하다. 이 연결고리는 앞에서 정의된 M_t^f가 마팅게일이라는 사실이 이미 자명하게 보여준다. 즉, 함수 h가 조화함수이면 두 번째 항이 0이 되어서, $h(B_t)$가 마팅게일이 된다(그리고 이 명제의 역도 사실이다). 그러나 우리는 여기서 브라운 운동과 조화함수의 연관성을 조금 더 기본적인 방법으로 고전적인 **디리클레 문제**(Dirichlet problem)를 통해 설명하려 한다. 집합 U가 유계(bounded)의 열린 집합이고 함수 g는 U의 경계 ∂U에서 정의된 실숫값을 갖는 연속함수라고 하자. 고전적인 디리클레 문제는 집합 U에서 정의되고, 그 경계에서 함수 g와 같은 값을 갖는 조화함수 h를 찾는 것이다.

디리클레 문제는 브라운 운동을 이용하면 다음과

같이 놀랍도록 간단하게 답을 찾을 수 있다. 집합 U의 한 점 x를 선택하고, x에서 브라운 운동을 시작한다. 브라운 운동이 집합 U를 벗어나는 점인 B_τ에서 함수 g의 함숫값을 계산한다(그림 5 참조). 이러한 함숫값들의 평균을 우리가 찾는 함수 h의 x에서의 함숫값으로 정의한다. 왜 이런 방법으로 답을 찾을 수 있을까? 다시 말해 왜 이런 식으로 정의한 함수 h가 조화함수가 되고 U의 경계에서 g와 함숫값이 일치할까?(좀 더 정확하게는 g의 함숫값으로 수렴할까?)

마지막 질문의 대략적인 이유는, x가 경계에 아주 가깝게 위치하면, x에서 시작한 브라운 운동이 집합 U를 벗어나는 곳도 x에 아주 가까울 가능성이 크다. 함수 g가 연속이므로, 집합 U를 최초로 벗어나는 값들의 평균값 역시 x에 가까운 곳에서의 g의 함숫값과 비슷해지기 때문이다.

함수 h가 조화함수가 되는 것을 보이는 것은 더욱 흥미롭다. 집합 U의 한 점을 x라고 하고, 그 점 x가 중심이고 반경이 r이며 집합 U에 포함된 속이 꽉 찬 공을 생각하자. 이 공의 경계에서 h의 함숫값들의 평균이 $h(x)$와 같다는 것을 보이려고 한다. 함숫값 $h(x)$는 앞에서 정의한 대로 그 점 x에서 시작한 브라운 운동이 집합 U를 벗어나는 지점들의 g의 함숫값의 평균값이다. 이제 브라운 운동이 공을 최초로 벗어나는 점인 B_τ를 조정하면서 이 평균값을 살펴보자(그림 5 참조). 브라운 운동의 회전 불변 성질에 의해서, 이러한 공을 최초로 벗어나는 점들은 공의 주변에 고르게 분포해 있다. 만약 경계에 있는 점 y에 도달한다면, 공을 떠나는 순간의 값들의 g의 평균값은 정의에 의해서 (바로 이 추가 정보를 이용해서) $h(y)$가 될 것이다. 따라서 $h(x)$는 함수 h의 중심이 x이고 반지름이 r인 공의 경계에서의 평균값이 될 것이다.

이러한 증명의 미묘한 점은 브라운 경로가 일반적으로 공의 경계를 빈번하게 들락날락한다는 사실과 연관된다. 즉, 경로가 공을 벗어나는 마지막 지점을 이용한다고 가정하고 위의 아이디어를 이용해서 증명을 다시 해 보자. 만약 공을 빠져나가는 **마지막** 점이 y라고 하면, 경로가 최초로 공을 벗어나는 점에서의 g의 함숫값으로 예상되는 값이 $h(y)$라고 할 수는 없을 것이다. 왜냐하면 그 점을 지난 이후로 계속되는 경로는 공으로 다시 돌아갈 수 없을 것이기 때문에 이것은 브라운 운동이 아니게 된다.

브라운 운동의 마르코프 성질을 다시 기억해 보자. T는 고정된 시간이고 $T < t$라고 하자. 그러면, $s \leqslant T$에 대해서, $B_t - B_T$의 값은 B_s에 의존하지 않는다는 것이다. 이것을 이용해서 위의 증명을 다시 해 보자. 고정된 시간 T를 브라운 운동이 처음으로 공의 경계에 도달한 시간이라고 하자. 이렇게 하면 T는 사실 브라운 운동에 따라서 변한다. 그러나 사실 T는 **정지시간**(stopping time)이라고 불리는 개념으로, 증명을 계속하는 데 문제는 없다. 편하게 생각하면, 이것은 T가 T시간 이후에 일어날 브라운 운동에는 의존하지 않는다는 것을 말한다. (그러므로 반지름이 r인 공을 빠져나가는 마지막 시간은 정지시간이 아니다. 왜냐하면 고정된 시간이든 아니든 마지막 시간은 그 이후의 브라운 운동에 의존하기 때문이다.) 브라운 운동이 다른 **강 마르코프 성질**(strong Markov property)을 갖는 것을 보일 수 있다. 강 마르코프 성질은 T가 정지시간이 될 수 있다는

점만 빼고 일반 마르코프 성질과 비슷하다. 이러한 사실을 이용하여 함수 h가 조화함수라는 것을 어렵지 않게 보일 수 있다.

5.2 열방정식

함수 f가 유클리드 공간 $\mathbb{R}^d$에서 정의되었다고 하자(함수 f는 연속이고 유계 함수로 가정한다). 함수 f를 시간 0에서 온도분포에 관한 함수라고 생각하면, **열방정식**[III.36]은 시간이 지남에 따라 온도가 변화하는 것을 표현한다. 시작점의 값이 함수 f로 주어진 열방정식의 해를 찾는다는 것은 0 이상의 실수 t와 유클리드 공간의 점 x로 정의된 연속함수 $u(t, x)$를 찾아서 다음의 편미분방정식을 푼다는 의미이다.

$$\frac{\partial u}{\partial t} = \frac{1}{2} \Delta u. \qquad (2)$$

여기서 t는 0보다 크고, 모든 유클리드 공간 $\mathbb{R}^d$의 점 x에 대해서 $u(0, x) = f(x)$를 만족한다. (오른쪽 항의 상수 $\frac{1}{2}$은 별로 중요하지 않지만 확률론적 해석을 용이하게 한다.)

이러한 열방정식 역시 브라운 운동을 이용하여 다음과 같이 해를 찾을 수 있다. 함수 $u(t, x)$를 유클리드 공간의 점 x에서 시작된 브라운 운동의 기댓값 $f(B_t)$로 정의하자. 이것은 열이 전도되는 현상을 무한히 작은 브라운 입자들을 모아 놓은 것처럼 이해하고 있다는 것을 의미한다.

가우스 밀도함수를 이용해서 $f(B_t)$의 값을 구체적인 수식으로 쓸 수 있기 때문에, 앞서 본 확률론적 표현은 쉽게 유도될 수 있다. 이 공식을 이용하면 우리는 간단하게 미분을 하고, 수식이 만족하는지 확

인하기만 하면 된다. 그러나 브라운 운동과 열방정식은 훨씬 긴밀한 연관성을 가지고 있다. 또한, 많은 경우 해에 관한 확률론적 표현은 있지만 구체적인 수식은 없다. 한 가지 예로, 디리클레 경계조건을 만족하는 어떤 열린 집합 U에서 열방정식을 푼다고 가정하자. 이것은 곧 열린 집합 U의 각 점 x의 온도를 시작값 $f(x)$로 구체적으로 세우고, 0에서 경계의 온도를 고정하는 것을 의미한다. 다른 말로 바꾸면, 열린 집합 U의 모든 점 x에 대해서 $u(0, x) = f(x)$이고, 0 이상의 t와 경계에 있는 점 x에 대해서 $u(t, x) = 0$이며, U의 내부에서 열방정식을 만족하는 함수 $u(t, x)$를 찾는 것을 말한다. 이 경우에 해는 다음과 같이 얻어진다. 브라운 운동 (B_t)를 x에서 시작한다. 만약 운동이 t시간 전에 집합 U를 벗어나지 않으면 $g_t = f(B_t)$로 정의하고, 그렇지 않으면 $g_t = 0$으로 정의하자. 그리고 $u(t, x)$는 g_t의 기댓값으로 정의하자.

해를 얻기 위해서는 유클리드 공간 $\mathbb{R}^d$에서 정의된 열방정식의 해를 조금 조정할 필요가 있다. 이런 형태의 해석학적 조작은 훨씬 복잡할 수도 있다.

5.3 복소해석적 함수

이제 2차원에 집중해 보자. 늘 그렇듯이 2차원 유클리드 공간 $\mathbb{R}^2$은 복소수 평면과 같이 생각할 수 있다. 함수 $f = f_1 + if_2$를 복소수 평면에서 정의된 복소해석적 함수[I.3 §5.6]라고 하자. 그러면 이 함수의 실수부 f_1과 허수부 f_2는 모두 조화함수이고, 따라서 $f_1(B_t)$와 $f_2(B_t)$는 마팅게일이 된다. 좀 더 정확하게는, 이토 공식을 이용하면 $j = 1, 2$에 대해서 이토 항이 0이 되어서 다음과 같은 등식을 얻는다.

$$f_j(B_t) = f_j(x) + \int_0^t \frac{\partial f_j}{\partial x_1}(B_s)\, \mathrm{d}B_s^1 + \int_0^t \frac{\partial f_j}{\partial x_2}(B_s)\, \mathrm{d}B_s^2.$$

§3에서 보았듯이, 두 과정 $f_j(B_t)$의 각각이 선형 브라운 운동의 시간변화로 표현될 수 있다. 그러나 각 과정의 시간 변화는 같고 각각의 브라운 운동 β^1과 β^2는 서로 독립적이라는 훨씬 강한 결과도 증명할 수 있다. 이것은 '국소적' 회전 불변량이라는 개념으로 이어지고, 더 나아가 브라운 운동의 **공형 불변성**(conformal invariance)이라는 중요한 성질로 발전된다. 간략하게 말하자면, 공형사상(conformal mapping)을 평면의 브라운 운동에 적용한 상은 평면에서 다른 속도로 움직이는 또 다른 브라운 운동이라는 것이다.

6 확률미분방정식

물속의 브라운 입자를 상상해 보자. 물의 온도가 상승하면 입자가 더 빨리 움직이고 더 많이 충돌하게 될 것이다. 이것은 확산 상수를 크게 함으로써 쉽게 모형화할 수 있다. 그러나 만약 물속 이곳저곳의 온도가 다르다면 어떻게 할까? 그렇다면 어떤 곳에서는 입자가 다른 곳보다 더 많이 요동할 것이다. 더 나아가 만약 물이 이곳 저곳에서 다른 속도로 흐른다면, 브라운 운동에서 입자가 그 주변 물의 영향으로 움직이는 것을 고려하기 위해 '표류(drift)'와 연관된 항들을 첨가해야 한다.

확률 미분 방정식은 이렇게 좀 더 복잡한 상황을 모형화하는 데 쓰였다. 1차원의 경우를 살펴보는 것으로 시작해 보자. 1차원 유클리드 공간 $\mathbb{R}$에서 정의된 두 개의 함수를 σ와 b라고 하자(연속함수라고 가정한다). 함수 $\sigma(x)$는 x에서 확산 속도를 알려주고, 함수 $b(x)$는 x에서 표류하는 것을 말해준다고 하자. (편의상, $\sigma(x)$를 x에서의 온도로 $b(x)$는 x에서의 '1차원 물'의 속도로 생각해 볼 수도 있다.) 그리고 (B_t)는 1차원 브라운 운동이라고 하자.

이에 동반된 확률미분방정식은

$$dX_t = \sigma(X_t)\,dB_t + b(X_t)\,dt \tag{3}$$

이다. 여기서 (X_t)는 미지의 확률과정이다. 대략적인 아이디어는 무한소적으로 확산성 $\sigma(X_t)(X_t$가 도달하는 곳의 확산성)를 갖는 브라운 운동에 속도 $b(X_t)$의 1차원 운동이 첨가된 것으로 볼 수 있다. 좀더 정확하게 말하자면, 위의 방정식의 해는 0 이상의 모든 t에 대해서 적분방정식

$$X_t = X_0 + \int_0^t \sigma(X_s)\,dB_s + \int_0^t b(X_s)\,ds$$

를 만족하는 연속 확률과정 (X_t)로 정의될 수 있다. 여기서 모든 x에 대해서 $\sigma(x) = 0$이면, 전체 방정식은 상미분방정식 $x'(t) = b(x(t))$가 되는 것에 주목하자. 확률적분 $\int_0^t \sigma(X_s)\,dB_s$는 §4에서 설명한 것과 비슷하게 근삿값으로 정의할 수 있다. (이를 위해서 (X_t)가 만족해야 하는 기술적인 조건이 있다.) 사실, 확률미분방정식은 이토가 확률적분을 발전시키게 된 최초의 동기였다.

이토는 σ와 b의 적당한 조건하에서, 1차원 유클리드 공간의 각 점 x에 대해 위 방정식이 x에서 시작하는 유일한 해 (X_t)를 갖는다는 것을 증명했다. 더 나아가, 이 해는 위에서 설명한 대로 T시간에 주어진 값 X_T로부터 T시간 이후의 (X_t)의 진행은 T시간 이전에 일어난 현상과는 서로 독립적이고, 또한

X_T에서 시작한 방정식의 해와 같은 방식으로 분포되어 있기 때문에 마르코프 과정이다. 사실, 이것은 §5에서 설명한 의미로 강 마르코프 과정이 되기도 한다.

또 한 가지 중요한 예는 금융수학의 유명한 블랙-숄즈 모형[VII.9 §2]이다. 이 모형에서, 주가는 위에서 본 방정식에서 $\sigma(x) = \sigma x$이고 $b(x) = bx$로 둔 확률미분방정식의 해이다. 여기서 σ와 b는 양의 상수이다. 이것은 주가의 변동이 현재 가격에 비례한다는 간단한 아이디어가 동기가 되었다. 이때 상수 σ는 주가의 **변동성(volatility)**이라고 부른다.

위의 설명은 고차원의 확률미분방정식으로 쉽게 일반화된다. d차원의 확률미분방정식(d가 3일 때는 이 장의 시작에서 예로 든 물의 모형일 수도 있다)의 해는 강 마르코프 과정, 혹은 **확산과정(diffusion process)**으로 알려져 있다. 앞에서 설명한 것들이 갖는 의미는 브라운 운동과 편미분방정식의 연관성이 확산과정으로도 일반화될 수 있다는 점이다. 각각의 미분작용소 L에 확산과정을 동반시키고, 이 미분작용소는 라플라스 작용소가 브라운 운동에서 한 것 같은 역할을 하게 된다.

7 무작위 확률 수형도

브라운 운동과 좀 더 일반적인 확산과정은 확률론과 조합론과 통계 물리학에서 여러 가지 다른 이산 모형의 극한으로 나타난다. 최근의 가장 놀라운 예는 **확률 로브너 변화(stochastic Loewner evolution)**(약어로는 주로 SLE라고 쓰이며 [IV.25 §5]에 설명되어 있다)이다. 이것은 2차원 모형의 극한에서의 현상

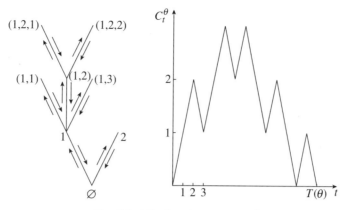

그림 6 왼쪽: 수형도 θ.   오른쪽: 경로함수 C^{θ}.

을 설명하고, 선형 브라운 운동과 복소해석학의 **로브너 방정식**(Loewner equation)과 모두 연관되어 정의된다. 브라운 운동과 이산 모형들 사이의 관계에 대한 일반적인 설명을 하기보다, 가계도를 설명할 때 쓰이기도 하는 무작위 **확률수형도**(random tree)에 브라운 운동이 놀랄 만큼 적용되는 것을 이 글의 마지막 절에서 논의할 것이다.

기본적인 이산모형은 다음과 같다. $\varnothing$라고 이름붙인 한 개의 '**선조**(ancestor)'로 시작한다. 그 다음엔 0 이상의 정수에 확률분포 μ를 주고, 이것을 주어진 선조가 가질 수 있는 자녀의 수를 결정하는 데 사용한다. 그리고 각 자녀들은 모두 자녀를 갖고, 자녀의 수는 모두 독립적으로 확률분포 μ에 의해서 결정된다고 가정하자. 우리가 관심 있는 경우는 소위 말하는 **임계 경우**(critical case)로 기대되는 자녀수가 정확히 1인 경우이다(그리고 분산은 유한하다).

이 과정의 결과를 표시가 붙은 나무 모양, 즉 **가계도**(genealogical tree)로 표현할 수 있다. 이것을 그리려면 단순히 각각의 구성원과 자녀를 선분으로 연결하면 된다. 표시는 최초의 자녀들은 왼쪽부터 오른쪽으로 1, 2, 3, $\cdots$ 으로 하고, 1의 자녀들은 (1, 1), (1, 2), $\cdots$로 나타내고, 2의 자녀들은 (2, 1), (2, 2)와 같은 식으로 나타낸다(예를 들어 (3, 4, 2)의 자녀는 존재한다면 (3, 4, 2, 1), (3, 4, 2, 2), $\cdots$와 같이 나타낸다). 그림 6의 왼쪽 그림과 같은 임계의 경우 인구는 결국 확률 1로 모두 죽어서 사라지게 된다고 알려져 있다. (이런 특정한 상황을 피하기 위해서 자녀수의 평균값은 1보다 커야 한다. 이 과정의 특별한 경우는 [IV.25 §2]에서 논의한다.)

무작위 확률변수인 가계도를 θ라고 부르자. 또는 **자손 분산**(offspring distribution)이 μ로 주어진 **갈톤-왓슨 수형도**(Galton-Watson tree)라고도 부른다. 이것을 편리하게 보여주는 방법은 **경로 함수**(contour function)를 써서 그림 6처럼 나타내는 것이다. 대략적으로 일정한 속도로 뿌리에서부터 시작한 입자가 왼쪽에서 오른쪽 방향으로 나뭇가지를 따라 연속적으로 움직이다가 모든 가지들을 다 지났을 때 다시 시작점인 뿌리로 되돌아온다고 생각해 보자(각 나뭇가지의 크기는 1이라고 가정한다). 입자가 각 가지들을 한 번은 위로 그리고 또 한 번은 아래 방향으로 두 번씩 지나기 때문에, 가계도를 모두 지나는 데 걸린 총 시간 $T(\theta)$는 가지 수의 두 배가 된다. 경로 함수의 t 시간에서의 값 C_t^θ는 t 시간에서의 입자의 높이와도 같다. 그림 6을 보면 지금까지 설명한 것을 쉽게 이해할 수 있다.

전형적인 수형도는 짧은 시간 안에 끝날 수 있다. 그러나 우리의 목표는 수형도가 '오랜 시간 커 나가 갈 때'의 모양을 이해하고자 하는 것이다. 한편으론 천 년 전에 존재했던 조상을 한 명 정해서 그의 모든 자손들이 이루는 수형도를 보는 것과, 지금 살아 있는 사람을 한 명 정해서 천 년 전으로 거슬러 올라가면서 가능한 모든 조상들이 이루는 수형도를 관찰하는 것의 차이와도 비슷하다. 후자의 수형도가 확실하게 많은 세대를 갖고 있는 경우다.

이제 수형도 θ(혹은 수형도가 나타내는 인구)에서 n개의 세대가 살아 있다고 가정해 보자. 이 수형도에 관해서 여러 가지 질문을 할 수 있다. 예를 들면, 주어진 세대들 안에 얼마나 많은 사람이 있을까? 같은 세대 안에서 두 명을 임의로 선택해서 조상들을 거슬러 올라가서 같은 조상에 이를 때까지 얼마나 많은 세대를 거슬러 올라가야 할까? 이러한 질문의 점근적 답은 컴퓨터과학과 조합론에서도 주목한다.

조건을 살짝 다르게 해 보자. 즉, 수형도 θ가 각각 정확하게 n개의 가지를 갖는다고 하고, 이런 조건의 수형도를 θ^n이라고 이름 붙이자. 이것은 가지가 각각 n개인 무작위 확률수형도이므로, $T(\theta^n) = 2n$이다.

이 특별한 경우엔 자손의 숫자가 k가 될 확률 $\mu(k)$는 $2^{-(k+1)}$이고, 분포는 모든 가지에서 균등하다는

것을 어렵지 않게 보일 수 있다. 올더스(Aldous)의 유명한 정리는 가지의 숫자 n이 무한대로 커질 때, 경로 함수 C^{θ^n}이 일반적인 분산에 대해서 점근적으로 어떻게 변하는지를 알려주고, 더 나아가 선형 브라운 운동과 매우 밀접한 관계가 있다는 것도 말해준다.

그러나 어떤 예외적인 성질들 때문에 이러한 경우는 엄밀히 말해서 브라운 운동이 아니라는 점에 주목하자. 예를 들어 0에서 시작하고 0으로 끝나며, 항상 양수이다. 하지만 브라운 운동을 단순한 방식으로 이용해서 표본 경로가 우리가 원하는 모양을 갖도록 브라운 여행(Brownian excursion)*이라는 개념을 정의할 수 있으며, 대략적으로는 다음과 같다. 우선 0에서 시작한 선형 브라운 운동의 그래프를 그려나간다. 그리고 x_1은 $x = 1$ 이전에 x축을 마지막으로 지나간 지점이고, x_2는 $x = 1$ 이후에 x축을 처음으로 지나간 지점이라고 하자. 이제 x_1과 $x = x_2$인 점 사이의 그래프를 골라낸다. 그러면 이에 대응하는 브라운 운동의 그래프는 0에서 시작하고 0에서 끝나며 그 사이에는 0을 지나지 않는다. 이제 x를 재조정해서 x_1에서 x_2까지 변하는 대신 0에서 1까지 변하도록 한다. 그리고 높이 역시 $1/\sqrt{x_2 - x_1}$로 나누어서 재조정한다. 만약 경로가 x_1과 x_2 사이에서 모두 음수이면 위아래를 뒤집어서 모두 양수가 되게 하면 된다.

올더스 정리는 경로함수 C^{θ^n}의 극한에서의 분포(시간은 $1/2n$으로 나누어서 재조정하고, 공간은

---

* 고정된 두 점을 연결하는 브라운 다리(Brownian bridge)에서 조건이 추가된 특별한 경우이다—옮긴이

$1/\sqrt{2n}$으로 나누어서 재조정한 후에)가 브라운 여행이 된다는 것을 알려준다. 놀라운 점은 이 결과가 자손들의 분산인 μ에 의존하지 않는다는 점이다. 경로 함수가 완전히 그에 대응하는 수형도를 결정하기 때문에, 임곗값이 큰 갈톤-왓슨 수형도의 극한의 모양은 자손들의 분포에 의존하지 않는다. 이것은 보편적인 성질의 한 예이다.

이런 결과와 다양성은 큰 수형도의 극한의 성질을 이해하는 데 많은 도움을 준다. 수형도에서 정의된 많은 흥미로운 함수들은 경로 함수들을 이용해서 다시 정의할 수 있고, 올더스 정리를 사용하면 확률미적분학을 통해서 정확히 계산될 수 있는 분포를 갖는 브라운 여행의 함수들로 수렴한다. 한 가지 예를 들면, 이런 방법으로 극한으로 갈 때 수형도 θ^n의 높이 분포를 계산할 수 있다. 자손들 분포의 분산(variance)을 σ라고 하고, 수형도의 재조정된 높이는 원래 것에 $\sigma/2\sqrt{n}$을 곱한 값이라고 하자. 그러면 n이 점점 커질 때, 이 크기가 최소한 x가 될 확률은 실제로

$$2\sum_{k=1}^{\infty}(4x^2k^2-1)\exp(-2k^2x^2)$$

으로 수렴한다.

더 읽을거리

Aldous, D. 1993. The continuum random tree. III. *Annals of Probability* 21:248-89.

Bachelier, L. 1900. Théorie de la spéculation. *Annales Scientifiques de l'École Normale Supérieure (3)* 17:21-86.

Billingsley, P. 1968. *Convergence of Probability Measures*. New York: John Wiley.

Durrett, R. 1984. *Brownian Motion and Martingales in Analysis*. Belmont, CA: Wadsworth.

Einstein, A. 1956. *Investigations on the Theory of the Brownian Movement*. New York: Dover.

Revuz, D., and M. Yor. 1991. *Continuous Martingales and Brownian Motion*. New York: Springer.

Stroock, D. W., and S. R. S. Varadhan. 1979. *Multidimensional Diffusion Processes*. New York: Springer.

Wiener, N. 1923. Differential space. *Journal of Mathematical Physics Massachusetts Institute of Technology* 2:131-74.

감사의 말

모의 실험을 도와준 질 스톨츠(Gilles Stoltz)와 이 글의 초안을 읽고 조언을 아끼지 않은 고든 슬레이드(Gordon Slade)에게 특별한 감사의 말을 전한다.

IV.25 임계현상의 확률적 모형

고든 슬레이드 *Gordon Slade*

1 임계현상

1.1 예

만일 출생률이 사망률보다 높다면 인구는 증가할 것이고 반대의 경우 인구는 감소할 것이다. 인구수의 변화는 본질적으로 새로운 인구의 출생과 기존 인구의 사망 사이의 균형이 어떻게 이루어지느냐에 따라 결정된다.

미세한 구멍이 많이 난 암석에 물을 부었을 경우, 구멍이 별로 없다면 물은 암석 내부에 흡수되지 않고 흘러내리겠지만, 구멍이 많다면 물은 암석의 모든 부분을 통해 흐르게 될 것이다. 놀라운 사실은 암석에 흐르는 물의 행동을 결정하는 기공도(porosity)의 임계점이 존재한다는 것이다. 만일 암석의 기공도가 이 임곗값보다 작다면 물은 암석을 완전히 통과하여 흐르지 못하지만 기공도가 임곗값보다 조금이라도 크다면 물은 흐르는 내내 암석을 투과할 것이다.

자기장에 놓여진 철 덩어리는 자성을 가지게 되는데 자기장이 없어지더라도 온도가 퀴리 온도(Curie temperature)라 불리는 임계온도 섭씨 770도(화씨 1418도) 이하면 철 덩어리는 여전히 자성을 띠게 된다. 하지만 온도가 퀴리 온도보다 크다면 자성을 잃어 버리게 된다. 이와 같이 철 덩어리가 어떤 온도 이상일 때 자성을 조금이라도 가지지 못하고 완전히 잃어버리는 특정 온도가 존재한다는 것은 참으로 놀라운 일이다.

위의 세 가지 예에서와 같은 현상을 **임계현상**(critical phenomenon)이라 부른다. 각각의 예에서 어떤 계의 전체적인 특성은 관련되는 매개변수(번식력, 기공도, 온도)가 임곗값에 가까울 때 갑자기 변하게 된다. 다시 말해서 관련된 매개변수가 임곗값보다 작을 때와 클 때 시스템의 전체적인 구성이 완전히 다르다. 이러한 갑작스러운 전이현상은 주목할 만한데 도대체 어떻게 이런 일이 일어나는 것일까?

1.2 이론

임계현상에 대한 수학적 이론은 현재 많은 발전이 이루어지고 있고 **상전이**(phase transition) 현상과 연관되어 확률이론과 통계물리에도 영향을 미치고 있다. 이 이론은 태생적으로 확률 이론으로, 예를 들면 암석에 보이는 조그만 구멍들이 이루는 일정한 배치, 철 덩어리의 안에 원자가 가지는 자기적 상태의 특정한 패턴 등과 같이 어떤 계의 가능한 구성에 각각 확률을 주고 전형적으로 나타날 수 있는 패턴들을 이 계의 매개변수에 대한 함수로 분석하는 것이다.

임계현상에 대한 이론은 현재 **보편성**(universality)으로 알려진 물리학 이론에 대한 깊은 통찰을 바탕으로 발전하고 있는데, 이 보편성은 현재로선 수학적인 정리라기보다는 철학에 가깝다. 임계현상 이론에서의 보편성이란 임계점에서의 전이현상의 본질적인 특징들이, 고려되는 계의 특성에 상대적으로 덜 의존하는 것을 의미한다. 어떤 경우에는, 간단한 수학적 모형을 이용하면 실제 물리적 계에서 일어나는 부분적 상호작용을 간과하게 되지만 이 계에서 나타나는 임계현상의 정량적, 정성적 특성을 기술할 수 있다. 이로 인해 많은 물리학사와 수학자들이 특정한 수학적인 모형에 대한 연구에 관심을 갖게 되었다.

이 장에서는 임계현상에 대한 몇 가지 모형을 다루고자 하는데, 분지과정(branching process) 확률그래프로 알려진 확률 네트워크 모형, 여과(percolation) 모형, 강자성(ferromagnetism)의 이징(Ising) 모형, 그리고 확률 클러스터 모형이 그것이다. 이 모형은 수학자들에 의해 많은 연구가 이루어지고 있으며 응용이 될 뿐만 아니라 수학적으로 매력적이기까지 하다. 이 모형에 대해서 몇몇 심오한 정리들이 증명되었지만 중요한 주제들에 대한 많은 문제들이 풀리지 않은 상태로 남아 있으며 그중엔 매력적인 가설들도 많다.

2 분지과정

분지과정은 아마도 상전이 현상에 대한 가장 간단한 예일 것이다. 분지과정은 출생과 사망에 기인하는 인구수의 확률적 전개에 대한 모형으로서 자연스럽게 나타나며 가장 간단한 정의는 다음과 같다.

단위시간 동안 생존하며 사망 전에 단 한 번 번식하는 유기체를 생각하자. 이 유기체의 잠재적으로 가능한 두 후손들을 각각 좌후손, 우후손이라 부르지. 번식의 순간에 이 유기체는 후손을 가지는 데 실패할 수도, 좌후손이나 우후손 중 하나만 가지게 될 수도, 모두 가질 수도 있다고 하자. 또한 각 후손들이 태어날 확률을 p라 하고 좌후손, 우후손이 태어날 확률이 독립적이라 가정하자. 여기서 p는 0과 1 사이의 수이며 p가 클수록 이 유기체의 번식력이

그림 1 확률 $p^{10}(1-p)^{12}$으로 나타나는 수형도의 예

크다고 할 수 있다. 초기 시간 0에서 하나의 유기체로부터 이 과정이 시작되며 각각의 후손들은 그 다음 단위시간에 위에서 기술된 방식으로 번식을 하게 된다.

한 가지 가능한 수형도가 그림 1에 기술되어 있는데 이는 일어난 모든 출생을 보여준다. 이 수형도에서 모두 10명의 후손들이 출생하였으나 12명의 잠재적 후손들은 태어나지 못했다. 따라서 이 수형도가 나타날 확률은 $p^{10}(1-p)^{12}$이다.

만일 $p = 0$이라면 후손은 태어나지 않을 것이고 수형도는 초기 유기체 하나로 이루어질 것이다. 만일 $p = 1$이라면 잠재적 후손들은 모두 태어날 것이고 수형도는 무한 이진수형도(binary tree)가 되며 개체수는 영원히 증가할 것이다. p가 0과 1 사이의 값을 가질 때, 이 유기체는 영원히 생존할 수도 있고 그렇지 못할 수도 있다. 이 유기체의 번식력이 p일 때 이 유기체가 멸종하지 않고 **생존할 확률**을 $\theta(p)$라 하자. $\theta(p)$는 두 임곗값 $\theta(0) = 0$과 $\theta(1) = 1$ 사이에서 어떻게 행동할까?

2.1 임계점

이 유기체는 각각의 잠재적인 후손을 독립적인 확률 p로 가지게 되므로, 평균적으로는 $2p$명의 후손

을 가지게 된다. 만일 p가 $\frac{1}{2}$보다 작다면 각각의 유기체는 평균적으로 1명보다 작은 수의 후손을 가지게 되므로 궁극적으로 이 유기체는 멸종하게 되지만, p가 $\frac{1}{2}$보다 크다면 평균적으로 각각의 유기체가 1명보다 많은 수의 후손을 가지게 되므로 인구의 증가가 이루어지게 되어 이 유기체는 멸종하지 않고 생존하게 된다.

분지과정은 다른 모형에서는 나타나지 않는 회귀적인 성질을 가지며 구체적인 계산을 가능하게 한다. 이로부터 생존확률을 계산하면 다음과 같다.

$$\theta(p) = \begin{cases} 0 & p \leq \frac{1}{2} \text{일 때,} \\ \dfrac{1}{p^2}(2p-1) & p \geq \frac{1}{2} \text{일 때.} \end{cases}$$

$p = p_c = \frac{1}{2}$이 바로 생존랜덤그래프의 꺾임(kink)을 나타내는 임계점이다(그림 2 참조). $p < p_c$인 구간은 아임계(subcritical) 구간, $p > p_c$인 구간은 초임계(supercritical) 구간이라 부른다.

초기 유기체가 무한히 많은 후손을 가질 생존확률 $\theta(p)$ 이외에 후손의 수가 k 이상일 확률 $P_k(p)$를 생각할 수 있는데, 만일 $k+1$명 이상의 후손을 가진다면 당연히 k명 이상의 후손을 가지게 되므로 $P_k(p)$는 k가 증가함에 따라 감소하는 함수이다. k가 무한히 증가하면 $P_k(p)$는 생존확률 $\theta(p)$로 수렴하는데, 특별히 $p > p_c$이면 k가 무한히 증가함에 따라 $P_k(p)$는 양수의 극한값으로 수렴하고, 반대로 $p \leq p_c$이면 $P_k(p)$는 0으로 수렴하게 된다. 만일 p가 p_c보다 작으면 $P_k(p)$는 기하급수적으로 감소하게 되고 p가 임곗값 p_c와 같다면 우리는 다음 식을 보일 수 있다.

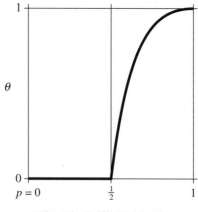

그림 2 θ와 p에 관한 생존랜덤그래프

$$P_k(p_c) \sim \frac{2}{\sqrt{\pi k}}.$$

여기서 '~'은 서로 점근적임을 의미하는데 위의 식의 좌항과 우항의 비가 k가 무한히 증가함에 따라 1로 가까워짐을 나타낸다. 다시 말해서 함수 $P_k(p_c)$는 k가 클 때 본질적으로 함수 $2/\sqrt{\pi k}$와 비슷하게 행동한다.

위와 같이 $p < p_c$일 경우 $P_k(p_c)$의 기하급수적인 감소와 $p = p_c$일 경우의 제곱근 함수적인 감소 사이에는 분명한 차이가 있다. $p = \frac{1}{4}$일 때, 100명 이상이 되는 수형도는 매우 희귀해서 실제로 일어나지 않는다고 할 수 있는데 그 확률은 10^{-14} 이하이다. 하지만 $p = p_c$인 경우 10개 중 하나의 수형도는 100명 이상의 구성원을 가지게 되며 대략 1000개 중 하나는 백만 명 이상의 구성원을 가지게 된다. 즉 임곗값에서 분지과정은 멸종과 생존의 기로에 서게 된다.

수형도의 평균 인원은 분지과정의 또 다른 중요한 특성을 나타내는데 그 값은 다음과 같다.

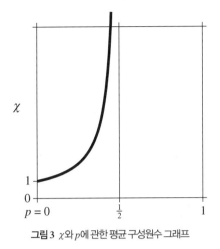

그림 3 χ와 p에 관한 평균 구성원수 그래프

$$\chi(p) = \begin{cases} \dfrac{1}{1-2p} & p < \frac{1}{2}\text{일 때,} \\ \infty & p \geqslant \frac{1}{2}\text{일 때.} \end{cases}$$

따라서 평균 구성원수는 임곗값 $p_c = \frac{1}{2}$에서 무한이 되며 이 이상의 값에서는 무한히 많은 구성원을 가지는 가족이 나타날 확률이 0보다 커진다. χ의 그래프는 그림 3과 같다. $p = p_c$일 때, $\theta(p_c) = 0$이므로 수형도는 항상 유한한데, 이로 인해 수형도의 평균 크기 $\chi(p_c)$가 ∞인 것이 처음에는 모순되게 보일 수 있다. 하지만 이것은 모순이 아니며 임계점에서 나타나는 이러한 조합은 $P_k(p_c)$의 제곱근적인 감소가 다소 느림을 의미한다.

2.2. 임계지수와 보편성

이상에서 살펴본 논의 중 몇몇은 두 갈래 분지과정에 국한되어 있어서 다중 분지과정에서는 다르게 논의되어야 할 것이다. 예를 들면 만일 각각의 유기체가 m명의 잠재적 후손들을 독립적인 확률 p로 가진다고 하면 각 유기체가 가지는 후손의 개체수의

평균값은 mp이고 임계확률 p_c는 $1/m$이 된다. 또한 생존확률과 수형도의 평균크기도 변수 m을 포함하는 식으로 바뀌게 될 것이다.

하지만 $\theta(p)$가 임곗값에서 0으로 수렴하는 것, $P_k(p_c)$가 k가 무한하게 증가함에 따라 0으로 감소하게 되는 것, 그리고 $\chi(p)$가 p가 p_c로 접근함에 따라 무한하게 증가하는 것은 m의 값에 무관한 지수들에 의해 결정된다. 좀 더 구체적으로, 이들은 다음 식과 같이 행동한다.

$$\begin{aligned} \theta(p) &\sim C_1(p-p_c)^\beta & p &\to p_c^+\text{일 때,} \\ P_k(p_c) &\sim C_2 k^{-1/\delta} & k &\to \infty\text{일 때,} \\ \chi(p) &\sim C_3(p_c-p)^{-\gamma} & p &\to p_c^-\text{일 때.} \end{aligned}$$

여기서 C_1, C_2, C_3은 m에 의존하는 상수인 반면에 β, δ, γ는 2 이상인 모든 m에 대해 같은 값을 가지며 이들의 값은 $\beta = 1, \delta = 2, \gamma = 1$이다. 이들을 가리켜 **임계지수**(critical exponent)라 부르며, 이들은 각각의 유기체가 어떻게 자신을 복제하는지를 결정하는 요소들에 의존하지 않으므로 **보편적**이라 할 수 있다. 관련된 다른 지수들은 다른 모형에서 기술될 것이다.

3 랜덤그래프

이산수학에서 활발하고 많은 응용이 되는 연구분야는 **그래프**[III. 34]에 대한 연구이다. 그래프 모형에 기반한 계의 예로는 인터넷, 글로벌 웹, 고속도로 네트워크 등이 있다. 수학적으로 **그래프**란 꼭짓점(vertex)(위의 예에서는 각각의 컴퓨터나 웹 페이지,

도시들)과 두 꼭짓점을 잇는 **변**(edge)(두 컴퓨터 사이의 케이블 연결, 웹페이지들 사이의 하이퍼링크, 고속도로)의 모임을 말한다. 그래프는 네트워크로도 불리며 꼭짓점은 **마디**(node)나 **격자점**(site), 변은 **연결고리**(link), **결합선**(bond)으로도 불린다.

3.1 랜덤그래프의 기본 모형

에르되시(Erdős)와 레니(Rényi)에 의해 시작된 그래프 이론의 주요한 한 분야는 확률적으로 생성된 그래프가 전형적으로 가질 수 있는 성질들에 대한 연구이다. 확률적으로 그래프를 생성하는 자연스러운 방법은 n개의 꼭짓점을 고정하고 각각의 꼭짓점의 쌍을 변으로 연결할지 하지 않을지를 확률적으로(동전던지기 등을 통해서) 결정하는 것이다. 좀 더 일반적으로 0과 1 사이의 수 p를 고르고, p를 주어진 꼭짓점 쌍이 연결될 확률로 놓을 수 있다. (이는 앞면, 뒷면이 나올 확률이 같지 않은 동전던지기에 해당한다.) 랜덤그래프의 성질은 n이 커지면 독립적이 되고, 특히 흥미로운 점은 상전이(phase transition) 현상이 일어난다는 것이다.

3.2 상전이

x와 y를 그래프에서의 두 꼭짓점이라고 하면 x에서 y까지의 경로는 인접한 꼭짓점들이 변으로 연결되어 있으며 x에서 출발하여 y에 이르는 꼭짓점들의 수열로 볼 수 있다. 만일 x와 y가 어떤 경로로 연결되어 있을 때 우리는 이들이 **연결되어 있다**(connected)고 부른다. 그래프에서 **성분**(component) 혹은 **연결 클러스터**(connected cluster)는 한 꼭짓점을 잡고 이와 연결되어 있는 모든 꼭짓점들을 모아 놓은 집합이다.

모든 그래프는 자연스럽게 연결 클러스터들로 구성되어 있다. 이 연결 클러스터들은 일반적으로 크기(꼭짓점의 개수)가 다를 것이며 어떤 그래프에서 가장 큰 연결 클러스터의 크기 N을 알아내는 것은 흥미로운 문제이다. 만일 우리가 꼭짓점의 개수가 n인 랜덤그래프를 다룬다면, N의 값은 그래프가 생성될 때 확률적으로 행해지는 여러 번의 선택에 의존하므로 확률 변수이다. N의 값은 1 이상의 어떤 값이든 가능하며, $N = 1$인 경우에는 두 꼭짓점을 연결하는 변이 없어서 각각의 연결 클러스터들이 꼭짓점 하나로 구성된다. 좀 더 구체적으로 $p = 0$이면 $N = 1$이고, $p = 1$이면 $N = n$이다. 이 두 임곗값 사이의 어떤 값에서 N의 값은 급격하게 뛰어오른다.

이 급격한 변화가 어디서 일어나는지는 꼭짓점의 **차수**(degree)를 고려함으로써 추측할 수 있는데, 꼭짓점 x의 **차수**는 x와 변으로 연결되어 있는 **이웃** 꼭짓점들의 개수를 의미한다. 각각의 꼭짓점은 $n - 1$개의 잠재적인 이웃 꼭짓점을 가지고 $n - 1$개의 꼭짓점이 이웃 꼭짓점이 될 확률은 각각 p이므로, 이웃 꼭짓점 개수의 기댓값은 $(n - 1)p$이다. 만일 p가 $1/(n - 1)$보다 작다면 꼭짓점은 평균적으로 하나 이하의 이웃 꼭짓점을 가질 것이고, 반대로 p가 $1/(n - 1)$보다 크다면 꼭짓점은 평균적으로 하나 이상의 이웃 꼭짓점을 가질 것이다. 이로부터 $p_c = 1/(n - 1)$이 임곗값이 된다는 것을 알 수 있으며 N의 값은 p가 p_c보다 작으면 상당히 작아지고 p가 p_c보다 크면 매우 커지게 된다.

이를 실제로 계산해 볼 수 있는데, $p_c = 1/(n - $

1), $p = p_c(1 + \varepsilon)$으로 놓으면 $\varepsilon = p(n-1) - 1$이다. $(n-1)$이 꼭짓점의 차수의 평균값이므로 ε은 평균 차수가 1과 얼마나 다른지를 측정한다. 에르되시와 레니가 보인 결과는 n이 무한대로 증가함에 따라

$$N \sim \begin{cases} 2\varepsilon^{-2}\log n & \varepsilon < 0\text{일 때}, \\ An^{2/3} & \varepsilon = 0\text{일 때}, \\ 2\varepsilon n & \varepsilon > 0\text{일 때} \end{cases}$$

이라는 것이다.

위의 식에서 A는 상수가 아닌 n에 무관한 확률변수이다(여기서 이 확률변수의 분포를 기술하지는 않는다). 만일 $\varepsilon = 0$이고 n이 크다면 위의 식은 $a < b$일 때, N이 $an^{2/3}$과 $bn^{2/3}$ 사이의 값을 가질 근사적인 확률을 알려준다. 다르게 이야기하면 A는 $\varepsilon = 0$일 때 $n^{-2/3}N$의 극한 분포이다.

n이 클 때, $\log n$, $n^{2/3}$, 그리고 n의 행동에는 상당한 차이가 있다. $p < p_c$일 때는 연결성분의 크기가 작고 소위 **아임계**(subcritical) 상태에 해당하며 $p > p_c$일 때는 연결성분이 전체 그래프의 크기와 거의 같은 정도의 크기를 갖게 되며 **초임계**(supercritical) 상태에 해당한다(그림4 참조).

p가 아임계 상태에서 초임계 상태로 증가할 때 확률그래프의 '발전' 과정을 보는 것은 흥미로운 일이다(여기서 우리는 점점 더 많은 변들이 확률적으로 그래프에 추가된다고 상상할 수 있다). 수많은 작은 클러스터들이 빠르게 합쳐져서 거대한 클러스터로 변하게 되는데, 이것의 크기는 전체 계의 크기에 비례한다. 이러한 합병 현상은 거의 전체적이라고 볼 수 있는데 그 이유는 초임계 상태에서 가장 큰 거대 클러스터의 크기가 다른 클러스터의 크기를 압도하기 때문이다. 실제로 두 번째로 큰 클러스터의 크기

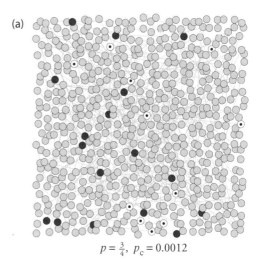

$p = \frac{3}{4}, \ p_c = 0.0012$

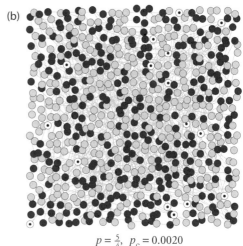

$p = \frac{5}{4}, \ p_c = 0.0020$

그림 4 625개의 꼭짓점을 가지는 확률그래프에서 가장 큰 연결성분(검은색)과 두 번째로 큰 연결성분의 꼭짓점들(점)을 표시하였다. 이 연결성분들은 (a)의 경우 각각 17, 11의 크기를 가지며 (b)의 경우 284, 16의 크기를 가진다. 이 그림에서 꼭짓점을 연결하는 변은 확실히 보이지 않는다.

는 겨우 $2\varepsilon^{-2}\log n$에 점근함이 알려져 있고 이는 거대 클러스터의 크기보다 훨씬 작다.

3.3 클러스터 크기

분지과정에서 우리는 $\chi(p)$를 잠재적인 후손이 태어날 확률이 p일 때 한 유기체에서 나오는 수형도의

평균 크기로 정의하였다. 비슷하게, 확률그래프에서도 자연스럽게 하나의 꼭짓점 v를 잡고 $\chi(p)$를 v를 포함하는 연결성분의 크기의 평균값을 $\chi(p)$라고 정의할 수 있다. 모든 꼭짓점들은 동일한 역할을 하므로 $\chi(p)$는 v의 선택에 무관하게 정의된다. 만일 ε을 고정하고 $p = p_c(1 + \varepsilon)$으로 놓은 후, n이 무한히 증가한다고 하면 $\chi(p)$는 다음의 식으로 기술될 수 있다.

$$\chi(p) \sim \begin{cases} 1/|\varepsilon| & \varepsilon < 0 \text{일 때,} \\ cn^{1/3} & \varepsilon = 0 \text{일 때,} \\ 4\varepsilon^2 n & \varepsilon > 0 \text{일 때.} \end{cases}$$

여기서 c는 상수이고 따라서 연결성분의 크기의 기댓값은 $\varepsilon < 0$일 때 n에 의존하지 않으며, $p = p_c$일 때 $n^{1/3}$의 속도로 증가하고 $\varepsilon > 0$이면 전체 계의 크기인 n에 비례한다.

분지진행에서와 같이 그래프에서도 $P_k(p)$가 어떤 꼭짓점 v가 적어도 k개의 꼭짓점을 포함할 확률을 나타낸다고 하자. 전과 같이 $P_k(p)$는 꼭짓점 v의 선택에 의존하지 않는다. 그러면 아임계 상태에서는 어떤 음수 ε에 대해 $p = p_c(1 + \varepsilon)$일 때 $P_k(p)$는 본질적으로 n에 무관하며 k에 대해 기하급수적으로 작아진다. 따라서 크기가 큰 연결성분은 극단적으로 희귀하다. 하지만 임계점 $p = p_c$에서는 $P_k(p)$는 적당한 k의 범위에서 $1/\sqrt{k}$와 비례하여 작아진다. 이와 같은 상당히 느린 제곱근적인 감소속도는 분지과정에서 생기는 일과 비슷하다고 할 수 있다.

3.4 다른 한계점들

단지 가장 큰 클러스트의 크기만이 급격하게 뛰어오르는 것이 아니다. 도약은 확률그래프가 연결되어 있을 확률에서도 일어나는데, 이는 모든 n개의 꼭짓점을 포함하는 하나의 연결 클러스터가 있음을 의미한다. p가 어떤 값일 때 이런 일이 일어날까? 확률그래프가 연결되어 있을 확률의 임곗값은 $p_{\text{conn}} = (1/n)\log n$임이 알려져 있다. 만일 어떤 음수 ε에 대해 $p = p_{\text{conn}}(1 + \varepsilon)$이면 그래프가 연결되어 있을 확률은 $n \to \infty$일 때 0으로 가까워진다. 반면에 ε이 양수이면 이 확률은 1에 가까워진다. 따라서 만일 어떤 그래프에 확률적으로 변을 추가하다 보면 그래프는 변의 비율인 p가 p_{conn}보다 작다가 p_{conn}보다 커지는 순간 갑자기 연결되지 않은 상태에서 연결된 상태로 변하게 된다고 말할 수 있다.

이러한 종류의 한곗값을 가지는 다양한 성질들이 있는데, 예를 들면 고립된 꼭짓점(변으로 연결되지 않은 꼭짓점)이 없을 확률, 해밀턴 사이클(Hamiltonian cycle)이 존재할 확률 등이 있다. 어떤 경계보다 작은 값에서는 확률그래프가 이러한 성질들을 확률적으로 거의 가지지 못하며, 경계보다 큰 값에서는 이러한 성질들을 거의 확실히 가지게 되고 상전이는 급작스럽게 일어나게 된다.

4 여과

여과모형(percolation model)은 브로드벤트(Broadbent)와 해머슬리(Hammersley)에 의해 1957년에 구멍이 많은 매개체에서 유체의 흐름에 대한 모형으로서 도입되었다. 매개체는 확률적으로 배치된 미세한 구멍들의 네트워크를 포함하고 있는데 이 구멍들을 통해 유체가 흐르게 된다. d차원의 매개체는 무한한 d차원의 격자 $\mathbb{Z}^d$에 의해 모형화될 수 있

그림 5 $p = 0.25, p = 0.45, p = 0.55, p = 0.75$일 때 $\mathbb{Z}^2$에서 14×14 정사각 격자에 대한 결합선 여과 배열. 임곗값 P_c는 1/2이다.

는데, 이 격자점들은 각각의 성분이 정수인 $(x_1, x_2, \cdots, x_d)$와 같은 형태로 표현된다. 이 격자점들의 집합은 각 격자점을 한 성분의 값이 ± 1만큼 차이가 나는 인접한 $2d$개의 점들과 변으로 연결함으로써 자연스럽게 그래프로 구현할 수 있다. (따라서 가령, $\mathbb{Z}^2$에서 $(2, 3)$에 인접한 점은 $(1, 3), (3, 3), (2, 2), (2, 4)$로 네 개이다.) 우리는 각 변들이 매개체에 잠재적으로 존재하는 구멍들을 나타낸다고 생각할 수 있다.

매개체를 모델링하려 할 때 우리는 먼저 **기공도를 나타내는 변수 p**를 먼저 생각하는데, p는 0과 1 사이의 상수이다. 위의 격자그래프의 각각의 변(또는 결합선)은 p의 확률로 유지되거나 $1 - p$의 확률로 지워지게 되며, 각각의 선택과정은 독립적이다. 유지되는 변은 '채워져 있다'고 말하고 지워진 변은 '비어 있다'고 말한다. 결과적으로 우리는 $\mathbb{Z}^d$의 부분그래프를 얻게 되고 이 그래프의 변은 모두 채워져 있는 결합선이다. 이 모형은 전체 매개체에 실제로 존재하는 구멍들을 모형화한다.

유체가 매개체를 통해 흐르려면 전체적으로 연결된 구멍들의 집합이 있어야 한다. 따라서 이것은 확률 부분그래프에 무한한 클러스터가 존재해야 한다는 것에 대응하는데, 여기서 무한한 클러스터라 함은 모든 점들이 서로 연결된 무한한 수의 격자점들로 구성된 집합을 말한다. 기본적으로 무한 클러스터의 존재 유무를 생각할 수 있으며 만일 존재한다면 유체는 매개체를 통해 거시적인 규모에서 흐를 수 있게 되고 그렇지 않다면 흐를 수 없다. 따라서 무한 클러스터가 존재할 경우 우리는 '여과현상이 일어난다'고 말한다.

$\mathbb{Z}^2$에서의 여과모형은 그림 5에 기술되어 있다. 3차원 매개체에서의 여과현상은 $\mathbb{Z}^3$을 이용해서 모형화할 수 있다. 차원 d가 변함에 따라 격자모형이 어떻게 행동하는지에 대해 생각하는 것은 연구를 진행하는 데 도움이 되며 수학적으로 흥미롭다.

$d = 1$일 때 여과현상은 $p = 1$이 아니면 일어나지 않는다. 이 결론은 다음과 같은 간단한 관찰에 의해 얻을 수 있다. 어떤 특정한 m개의 연속된 변들이 주어졌을 때, 이들이 모두 채워져 있을 확률은 p^m이고, 만일 $p < 1$이면 m이 무한히 커짐에 따라 이 확률은 0에 가까워지게 된다. $d \geq 2$일 경우에는 확연히 다른 현상이 일어난다.

4.1 상전이

$d \geq 2$일 때는 상전이가 일어난다. $\theta(p)$를 $\mathbb{Z}^d$의 꼭짓점이 무한한 연결 클러스터를 가질 확률이라 하자 (이 확률은 꼭짓점의 선택에 의존하지 않는다).

$d \geqslant 2$일 때는 d에 의존하는 임곗값 p_c가 존재하는데 $\theta(p)$의 값은 $p < p_c$일 때 0이고, $p > p_c$일 때 양수이다. p_c의 정확한 값은 일반적으로 알려지지 않았지만 정사각 격자의 경우 특별한 대칭구조에 의해 d = 2일 때 $p_c = \frac{1}{2}$이 된다.

$\theta(p)$는 어떤 꼭짓점이 무한한 클러스터에 포함될 확률이므로 $\theta(p) > 0$일 때 $\mathbb{Z}^d$에는 무한한 클러스터가 어딘가에 있어야 하고 $\theta(p) = 0$일 때는 없을 것이다. 따라서 여과현상은 $p > p_c$일 때는 일어나지만 $p < p_c$일 때는 일어나지 않고, 이것은 이 계가 임곗값에서 급격한 행동변화를 보인다는 것을 말해준다. 좀 더 깊은 연구에 의하면 $p > p_c$일 때 정확히 하나의 무한 클러스터가 존재함을 보일 수 있다.

다시 말해서 두 개 이상의 무한 클러스터가 동시에 $\mathbb{Z}^d$에 존재할 수는 없다. 이와 비슷한 현상이 확률그래프에서도 일어나는데, 이 경우 p가 임곗값보다 클 때 하나의 거대 클러스터가 그래프 전체를 지배하게 된다.

$\chi(p)$를 주어진 꼭짓점을 포함하는 연결 클러스터의 평균크기라 하자. $\chi(p)$는 $p > p_c$일 때 당연히 무한하다. 왜냐하면 이 경우 어떤 꼭짓점이 무한한 클러스터에 포함될 확률이 양수이기 때문이다. 기댓값이 무한한 것은 $\theta(p) = 0$인 경우에 대응하므로 $\chi(p)$가 p_c보다 작은 p에 대해서도 무한할 수 있다고 생각할 수도 있다. 하지만 이에 관한 자명하지 않은 중요한 정리에 의해 이것은 불가능하다. 즉 $\chi(p)$는 $p < p_c$일 때 유한하며, p가 p_c로 p_c 이하에서 접근함에 따라 $\chi(p)$는 무한히 증가하게 된다.

정성적으로 θ와 χ의 그래프는 그림 2와 그림 3에서 기술된 분지과정과 같은 형태를 보이지만 임곗값은 $d \geqslant 3$일 때 $\frac{1}{2}$보다 작을 것이다. 하지만 주의할 점이 있다. θ는 p_c 이외의 p값에서 연속이고 모든 p값에서 우연속(right continuous)임이 증명된다. θ값이 임계점에서 0일 것이고 따라서 θ가 모든 p값에서 연속이고 여과현상은 임계점에서 일어나지 않을 것으로 생각되지만, $\theta(p_c) = 0$임에 대한 증명은 현재로선 d = 2일 때, $d \geqslant 19$일 때, $d > 6$일 때의 특정 모형에서밖에 알려져 있지 않다. 일반적인 경우에 대한 증명이 아직까지 되지 않은 점은 흥미로운 일인데, $d \geqslant 2$일 때는 무한 클러스터가 $p = p_c$일 때 반공간(half-space)에 존재할 확률이 0이라는 점이 알려져 있기 때문이기도 하다. 하지만 아직도 예를 들자면 무한 클러스터가 자연스럽지 않은 나선형태의 움직임을 보일 수 있는 가능성이 있는데 이런 현상은 일어나지 않을 것으로 생각되고 있다.

4.2 임계지수

$\theta(p)$가 p가 p_c로 감소하면서 접근할 때, 실제로 0으로 접근한다는 것을 가정하면 어떤 방식으로 이런 현상이 일어나는지 궁금해질 것이다. 비슷하게, $\chi(p)$가 p가 p_c로 증가하면서 접근할 때, 어떤 방식으로 발산하는지도 생각해 볼 수 있다. 이론 물리의 깊은 이론과 상당한 수치해석적인 실험들을 이용하면 이것이 다른 것들과 같이 임계지수(critical exponent)로 알려진 상수로서 기술될 수 있다고 예측할 수 있다. 특히, 다음과 같은 점근 공식이 예측된다.

$$\theta(p) \sim C(p - p_c)^{\beta}, \qquad p \to p_c^{+} \text{일 때,}$$
$$\chi(p) \sim C(p_c - p)^{-\gamma}, \qquad p \to p_c^{-} \text{일 때.}$$

여기서 임계지수는 β와 γ의 거듭제곱수이며 이것은 일반적으로 차원 d에 의존힌다. (위에서 쓰인 C는 정확한 값이 중요하지 않고 상황에 따라 달라질 수 있는 상수를 의미한다.)

p가 p_c보다 작을 때, 큰 클러스터들은 기하급수적으로 작은 확률을 가진다. 예를 들면 어떤 꼭짓점을 포함하는 연결 클러스터의 크기가 k 이상의 확률을 나타내는 $P_k(p)$는 $k \to \infty$에 따라 기하급수적으로 감소한다. 임계점에서 이 기하급수적인 감소는 어떤 상수 δ를 포함하는 멱법칙 감소(power-law decay)로 대체될 수 있을 것으로 예측된다. 여기서 δ는 또 다른 임계상수이다.

$$P_k(p_c) \sim Ck^{-1/\delta}, \qquad k \to \infty.$$

또한 $p < p_c$일 때, 두 꼭짓점 x, y가 같은 연결클러스터에 있을 확률인 $\tau_p(x, y)$는 x와 y 사이의 거리가 증가함에 따라 함수 $e^{-|x-y|/\xi(p)}$과 같이 기하급수적으로 감소한다. $\xi(p)$는 상관길이(correlation length)라 부른다(대략 $\tau_p(x, y)$는 x와 y 사이의 거리가 $\xi(p)$를 넘어서면 작아지기 시작한다). 상관길이는 p가 p_c에 가까워짐에 따라 발산함이 알려져 있는데 예측되는 발산의 형태는 다음과 같다.

$$\xi(p) \sim C(p_c - p)^{-\nu}, \qquad p \to p_c^-.$$

여기서 ν는 또 다른 임계상수이다. 이전의 예에서와 같이 임계점에서의 감소는 더 이상 기하급수적이지 않다. 대신 $\tau_{p_c}(x, y)$가 멱법칙으로 감소할 것이라고 예측되고 있는데 전통적으로 다음과 같은 형태로 기술된다.

$$\tau_{p_c}(x, y) \sim C\frac{1}{|x - y|^{d-2+\eta}}, \quad |x - y| \to \infty 일 때.$$

여기서 η는 또 다른 임계상수이다.

임계상수들은 상전이 현상을 전체적으로 기술하고 있으며 따라서 물리적 매개체의 거시적인 면에 해당하는 정보를 제공한다. 하지만 대부분의 경우에 이들이 존재한다는 것은 엄밀하게 증명되지 않았다. 임계상수의 존재성의 증명과 그리고 이들의 값을 구하는 것은 수학에서 풀리지 않은 주요한 문제이며, 이것은 여과이론에서 중요한 부분 중의 하나이다.

이런 관점에서 볼 때, 이론물리에서 임계상수들이 독립적이지 않고 척도관계(scaling relation)라 불리는 관계로 서로 연관되어 있다고 예측되는 것을 아는 것은 중요하다. 세 가지의 척도관계는 다음과 같다.

$$\gamma = (2 - \eta)\nu, \quad \gamma + 2\beta = \beta(\delta + 1), \quad d\nu = \gamma + 2\beta.$$

4.3 보편성

임계상수들이 거대한 척도에서의 행동을 기술하므로 이들은 모형의 세세한 구조의 변화에 별로 의존하지 않을 것이라고 예측할 수 있다. 실제로 이론물리에서는 임계상수들이 보편적(universal)이라고, 즉 공간의 차원 d에만 의존한다고 예측하고 있고, 수치해석적인 실험들이 이 예측을 뒷받침하고 있다.

예를 들면 만일 2차원 격자 $\mathbb{Z}^2$이 삼각형이나 육각형 모양의 또 다른 2차원 격자로 대체된다면, 이에 해당하는 임계상수들의 값은 변하지 않을 것으로 생각된다. 또 다른 경우는 $d \geq 2$인 경우에 표준적인 여과모형을 소위 확산모형(spread-out model)로 대치하는 것이다. 확산모형에서는 $\mathbb{Z}^d$에서의 변들의 집합이 좀 더 많아져서 이제는 두 꼭짓점 사이의 거리가 1 이상의 어떤 고정된 상수 L(보통 큰 수로 선택하게 된다)보다 작을 때 변으로 연결되게 된다. 보편성은 확산모형에서의 여과현상에 해당하는 임계상수가 상수 L에 의존하지 않는다는 점을 제시한다.

여기까지의 논의는 결합선여과(bond percolation)로 불리는 일반적인 범주에 들어가는데 그래프에서의 결합선(변)이 확률적으로 채워져 있거나 비어 있으므로 결합선여과라 부른다. 많이 연구되는 관련 분야는 격자점여과(site percolation)인데, 여기서는 p의 확률로 채워지고 $1 - p$의 확률로 독립적으로 비워지는 곳이 그래프의 각 꼭짓점이 된다. 어떤 꼭짓점 x가 포함되는 연결 클러스터는 꼭짓점 x 자신과 x에서 출발하는 경로가 그래프의 채워진 변과 채워진 꼭짓점만을 지나서 도달할 수 있는 채워진 꼭짓점들로 구성된다. $d \geqslant 2$일 때는 격자점여과에서도 역시 상전이 현상이 일어난다. 격자점여과에서의 임곗값은 결합선여과에서의 임곗값과 다르지만 보편성으로부터 예측되는 바는 $\mathbb{Z}^d$에서의 격자점여과와 결합선여과 모두 같은 임계지수를 가질 것이라는 것이다.

이 예측은 수학적으로 매우 흥미롭다. 이것은 임계지수로 기술되는 큰 척도에서의 상전이에 관한 성질들이 세부적인 모형의 성질에 별 상관이 없다는 것이며 임계확률 p_c와 같은 값들이 그런 세부적인 성질에의 의존도가 높다는 것과 대조를 이룬다.

이 글을 쓰는 현재로서는 임계지수의 존재에 대한 증명과 그 값의 계산은 $d = 2$와 $d < 6$일 때의 특정한 여과모형에서만 이루어져 있고 보편성에 대한 일반적인 수학적 이해는 달성하기 쉽지 않은 목표

이다.

4.4 $d > 6$인 경우의 여과

레이스 확장(lace expansion)이라 불리는 방법에 의해 다음 값의 임계지수들이 존재함이 증명되어 있다.

$$\beta = 1, \quad \gamma = 1, \quad \delta = 2, \quad \nu = \tfrac{1}{2}, \quad \eta = 0.$$

이 값들은 $d > 6$일 때, 침투현상의 확산모형에서 L 값이 충분히 클 경우이다. 이에 대한 증명은 확산모형에서의 꼭짓점들이 많은 이웃 꼭짓점들을 가진다는 것을 이용한다. 통상적으로 다루어지는 최근접 이웃 모형(nearest neighbor model)에서는 결합선들의 길이가 1이며 각 꼭짓점이 보다 적은 수의 이웃 꼭짓점을 가지는데, 이 모형에서도 비슷한 결과를 얻을 수 있지만 이는 $d \geqslant 19$일 때만 가능하다.

위에서 β, γ, δ의 값들은 분지과정에서 관찰된 값들과 같다. 분지과정은 $\mathbb{Z}^d$이 아닌 무한수형도에서의 여과로 볼 수 있는데, 따라서 $d > 6$인 경우의 여과는 수형도에서의 여과와 비슷하게 행동한다. 이것은 보편성의 한 극단적인 예인데 보편성이 말하는 것은 임계지수들이 차원에 의존하지 않을 것이라는 것이며, 위의 논의는 적어도 $d > 6$일 때, 보편성이 성립함을 보여준다.

만일 위의 지수들이 척도관계식 $d\nu = \gamma + 2\beta$로서 대체된다면 $d = 6$임을 얻는다. 따라서 척도관계식(차원 d의 존재 때문에 초척도관계식(hyperscaling relation)이라고도 불린다)은 $d > 6$일 때 거짓이다. 하지만 이 특별한 관계식은 $d \leqslant 6$때만 성립할 것으로 예측되고 있다. 차원이 작을 때는 상전이의 본질적인 특성들이 임계 클러스터가 공간에 어떻게 놓

여 있는지에 의해 영향을 받고 클러스터가 공간에 놓여 있는 방식은 차원수 d가 직접적으로 들어가는 초척도관계식이 부분적으로 기술한다.

d가 6보다 작을 때는 임계지수가 다른 값을 가질 것으로 예측되며, 최근의 결과들이 $d = 2$일 경우에 대해 많은 것을 밝혀냈다. 계속해서 이에 대해 살펴보도록 한다.

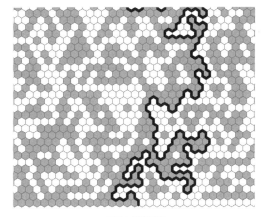

그림 6 탐험과정

4.5 차원 $d = 2$에서의 여과

4.5.1 임계지수와 슈람-로브너 진화

2차원 삼각격자에서의 격자점여과에 대한 최근의 주요 연구성과들은 임계지수들이 존재하며 다음과 같은 주목할 만한 값을 가짐을 보여준다.

$$\beta = \tfrac{5}{36}, \quad \gamma = \tfrac{43}{18}, \quad \delta = \tfrac{91}{5}, \quad \nu = \tfrac{4}{3}, \quad \eta = \tfrac{5}{24}.$$

증명에서 척도관계식은 중요한 역할을 하지만 여기에 부가적으로 **척도극한**(scaling limit)이라 불리는 개념에 대한 이해가 필요하다.

이것이 무엇인지에 대한 기본 개념을 얻기 위해서 그림 6에 나타낸 소위 **탐험과정**(exploration process)이라 불리는 과정에 대해 살펴보기로 하자. 그림 6에서 육각형은 삼각격자의 꼭짓점을 나타낸다. 맨 아랫줄 육각형들의 왼쪽 절반은 회색이며, 오른쪽 절반은 흰색이다. 다른 육각형들은 독립적인 $\tfrac{1}{2}$의 확률로 회색이거나 흰색이다. 여기서 $\tfrac{1}{2}$은 삼각격자의 격자점여과에 대한 임계확률이다. 그리 어렵지 않게 그림 6에서와 같이 바닥에서 출발하여 진행방향의 왼쪽은 항상 회색이고 오른쪽은 항상 흰색인 경로가 있음을 보일 수 있다.

이 탐험과정은 회색과 흰색이 만나는 방식으로 생각할 수 있으며 바닥에서의 경계조건은 이러한 경로들이 무한함을 말해준다. 탐험과정은 크기가 큰 색깔이 다른 임계 클러스터들을 분리하는 경계들에 대한 정보를 주며 이것으로부터 임계지수에 대한 정보를 얻을 수 있다. 본질적으로 중요한 것은 거시적인 큰 척도의 구조이며, 따라서 삼각격자들의 간격이 작아져서 0에 가까워질 때의 탐험과정의 극한에 대해 연구가 이루어진다. 다시 말해서, 그림 6에서의 경로가 육각형의 크기가 0으로 가까워질 때 어떤 모양에 가까워질 것인가? 현재 이 극한은 새로이 발견된 **확률과정**[IV.24 §1]인 슈람-로브너 변화(Schramm-Loewner evolution, SLE)에 의해 기술될 수 있는데, 이때 사용되는 변수가 6개라서 간략하게 SLE_6으로도 불린다. SLE 과정은 슈람에 의해 2000년에 도입되었으며 현재 이에 관한 많은 연구 활동이 이루어지고 있다.

이상이 삼각격자에서의 2차원 격자점여과를 이해하는 데 있어서의 주요한 과정이다. 하지만 아직도 할 일이 많이 있다. 특히 보편성을 증명하는 것은 여전히 미해결 문제로 남아 있다. 보편성은 정사각

격자에서의 임계지수들이 위에서 나열된 흥미로운 값들을 가질 거라고 예측하고 있지만, 현재로서는 정사각 $\mathbb{Z}^2$격자에서의 결합선여과에 대하여 임계지수들이 존재하는지에 대한 증명이 이루어져 있지 않다.

4.5.2 횡단확률

2차원 여과를 이해하기 위해서 변수 p가 특별히 임 곗값 p_c를 가질 때 평면 영역의 한쪽에서 다른 쪽으로 가는 경로가 있을 확률이 있다는 사실은 매우 유용하다.

이 개념을 좀 더 정확히 설명하기 위해서, 단일연결된(simply connected) 평면의 한 영역(다시 말해서 구멍이 없는 영역)을 생각하고, 이 영역의 경계에 있는 두 개의 호를 생각하자. p에 의존하는 **횡단확률**(crossing probability)이란 이 영역 안에 두 호를 연결하는 채워진 경로가 있을 확률이다. 좀 더 정확히 말하면 꼭짓점들 사이의 간격이 0으로 가까워질 때의 이 확률의 극한값이다. $p < p_c$일 때, 반경이 상관길이(correlation length)보다 훨씬 큰 클러스터의 개수는 매우 적다. 하지만 영역을 횡단하기 위해서는 격자의 간격이 작아져서 0에 가까워짐에 따라 클러스터의 크기가 점점 커져야 한다. $p > p_c$일 때는 정확히 하나의 무한한 클러스터가 존재하는데, 이것으로부터 격자의 간격이 굉장히 작아지면 영역을 횡단할 확률이 클 것이라는 것을 알 수 있다.

첫 번째 예측은 임계 횡단확률이 보편성을 가질 것이라는 것인데, 이것은 다시 말해서 유한범위의 2차원 결합선여과, 격자점여과 모형에서 횡단확률이 같을 것이라는 것이다(이전에서와 같이 격자의 간

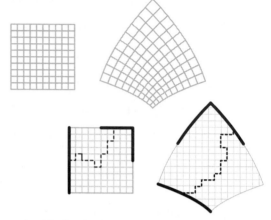

그림 7 위쪽의 그림에서 두 영역은 등각변환 관계에 있다. 아래쪽 그림에서는 두 횡단확률의 임곗값의 극한값이 같음을 보여준다.

격이 0으로 갈 때의 극한값을 의미한다).

두 번째 예측은 임계 횡단확률이 **공형불변량**(conformal invariant)일 것이라는 것이다. 공형변환(conformal transformation)이란 그림 7에서와 같이 국소적으로 각을 보존하는 변환을 의미한다. 주목할 만한 정리인 **리만 사상 정리**[V.34]는 평면 전체가 아닌 어떤 두 단순연결된 영역이 주어지더라도 이들은 공형변환에 의해 연관되어 있음을 말해준다. 임계 횡단확률이 공형불변량이라 함은 한 영역의 경계에 있는 두 호가 공형변환에 의해 다른 영역의 경계로 옮겨졌을 때, 옮겨진 두 호에 대한 횡단확률의 임곗값이 기존영역의 두 호에 대한 횡단확률의 임곗값과 같다는 것을 말한다(여기서 영역에 내재되어 있는 격자는 변환되지 **않는데**, 이 예측이 놀라운 이유가 바로 여기에 있다).

세 번째 예측은 카디(Cardy)의 임계 횡단확률을 나타내는 공식이다. 공형불변을 가정하면, 어떤 한 영역에서 이 공식을 보이기만 하면 일반적인 공식을 증명하는 데 충분하다. 이등변삼각형의 경우 카

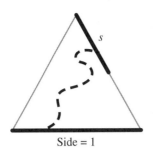

그림 8 두 변의 길이가 1인 이등변삼각형에서 카디의 공식은 임계횡단확률의 극한값이 단순히 길이 s임을 보여준다.

디의 공식은 매우 단순하다(그림 8 참조).

2001년의 괄목할 만한 성과로서, 스미르노프(Smirnov)는 삼각격자에서의 격자점여과에 대한 임계 횡단확률을 연구하였다. 이 특정한 모형의 특별한 대칭성을 이용하여 스미르노프는 임계 횡단확률이 존재하고 이들이 공형불변이며, 또한 카디의 공식이 성립한다는 것도 증명하였다. 횡단확률의 보편성을 증명하는 것은 풀리지 않은 매력적인 문제이다.

5 이징 모형

1925년에 이징(Ising)은 강자성(ferromagnetism)에 대한 수학적인 모형을 분석한 논문을 출간했는데(사실 이 모형을 처음 정의한 사람은 그의 박사학위 지도교수였던 렌츠(Lenz)였다), 이 모형은 그의 이름을 따서 이징 모형이라 불린다. 이징 모형은 이론물리학에서 주요한 위치를 차지하고 있고 수학적으로도 굉장히 흥미로운 모형이다.

5.1 스핀, 에너지 그리고 온도

이징 모형에서는 철 덩어리를 그들의 위치가 어떤 결정 격자구조(crystalline lattice)를 가지는 원자들의 집합으로 본다. 각각의 원자는 자기적인 '스핀'을 가지는데 간단하게 스핀은 위로 또는 아래로 향한다고 가정한다. 스핀의 배열은 에너지와 연관되어 있고 에너지가 크면 클수록 해당하는 스핀의 배열이 나타나기 어렵다.

전반적으로, 원자는 이웃한 원자들과 같은 스핀을 가지려 하는 경향이 있고 에너지는 이를 반영한다. 즉, 에너지는 스핀이 같은 방향을 가지지 않는 원자들의 이웃한 쌍이 많으면 많을수록 증가하게 된다. 만일 위로 또는 아래로 향한다고 가정하는 외부적인 자기장이 있다면 부가적으로 원자가 가지는 스핀은 자기장과 같은 방향으로 배열되는 경향이 있고 에너지는 그렇지 못한 스핀이 많을수록 증가하게 된다. 에너지가 큰 스핀의 배열이 나타날 확률은 작으므로 스핀이 서로 같은 방향으로 배열되려 하는 경향이 강하게 나타나고, 또한 자기장의 방향과 같은 방향으로 배열되는 경향도 생긴다. 아래로 향하는 스핀보다 위로 향하는 스핀이 많을 경우 이 철 덩어리는 양의 자기화량(magnetization)을 가진다고 한다.

에너지를 고려했을 때, 원자들의 스핀은 같은 방향으로 배열되려 하겠지만 이와 경쟁적으로 반대의 효과도 있다. 온도가 증가할수록 확률적으로 열요동(thermal fluctuation) 현상이 많이 일어나게 되며 이것이 스핀의 배열을 흐트러뜨리게 된다. 온도가 아무리 높더라도 외부자기장이 있으면 에너지효과가 지배적으로 작용하게 되고 철 덩어리는 적어도 어느 정도는 자기화된다. 하지만 외부자기장이 없어지면 철 덩어리가 가지는 자성은 온도가 어떤 임계온도 이하일 경우에만 유지된다. 이 임계온도 이상에서 철 덩어리는 자성을 잃어버린다.

이징 모형은 위의 현상을 기술하는 수학적 모형이다. 결정 격자구조는 격자 $\mathbb{Z}^d$로 모형화되고 $\mathbb{Z}^d$의 각 꼭짓점은 원자의 위치를 나타내고 원자가 가지는 스핀은 +1(위로 향함을 나타냄) 또는 −1(아래로 향함을 나타냄)의 두 가지 수로서 모형화된다. 각 꼭짓점 x가 가지는 스핀을 나타내는 수를 σ_x로 나타냈을 때 σ_x의 집합을 이징 모형의 **배열(configuration)**이라 부른다. 이 배열을 간단하게 σ로 나타내자(좀 더 정확하게, 배열이란 격자에서 집합 $\{-1, 1\}$로 가는 함수이다).

각 배열 σ는 다음과 같이 정의되는 그에 해당하는 에너지를 가진다. 외부자기장이 없다면 에너지는 모든 인접하는 꼭짓점의 쌍 $\langle x, y \rangle$에 대해 $-\sigma_x\sigma_y$의 값을 모두 더한 값이다. 만일 $\sigma_x = \sigma_y$이면 $\langle x, y \rangle$가 가지는 값은 −1이고 그렇지 않다면 +1이다. 따라서 에너지는 같은 방향으로 배열되지 않은 쌍들이 많을수록 커지게 된다. 만일 외부자기장이 0이 아닌 h라는 실수로서 모형화되어 존재한다면 에너지는 $-h\sigma_x$라는 부가적인 효과를 받게 되는데, 이 수는 h의 부호와 다른 부호의 스핀이 많아질수록 커지는 수이다. 따라서 이를 합하면 어떤 스핀배열 σ가 가지는 에너지 $E(\sigma)$는 다음과 같이 정의된다.

$$E(\sigma) = -\sum_{\langle x, y \rangle} \sigma_x\sigma_y - h\sum_x \sigma_x.$$

여기서 첫 항은 이웃한 꼭짓점 쌍들에 대한 합이고 두 번째 항은 꼭짓점들에 대한 합이며 h는 양수, 음수, 또는 0일 수 있는 실수이다.

$E(\sigma)$를 정의하는 이 식은 꼭짓점의 개수가 유한

개일 때만 의미가 있지만 우리는 무한 격자인 $\mathbb{Z}^d$를 연구하려 한다. 이 문제는 $\mathbb{Z}^d$을 어떤 큰 유한부분집합으로 국한시킨 후에 **열역학적 극한(thermodynamic limit)**이라 불리는 적당한 극한값을 취하여 다룰 수 있다. 이것은 잘 알려진 과정이며 여기서 이것을 다루지는 않는다.

모형화되어야 할 두 가지 특성이 있는데, 하나는 에너지가 작은 배열이 선호되는 방식이고 다른 하나는 열요동현상이 이 선호되는 배열을 흐트러뜨리는 방식이다. 이 두 가지는 다음과 같이 동시에 다루어진다. 우리는 각 배열에 에너지가 증가할 때 감소하는 어떤 확률을 대응시키고자 하는데, 통계역학의 기본적인 정리들에 의하여 이것이 이루어질 수 있는 올바른 방법은 소위 **볼츠만 인자(Boltzmann factor)**라 불리는 $e^{-E(\sigma)/T}$에 확률이 비례하도록 만드는 것이다. 여기서 T는 온도를 나타내는 음이 아닌 변수이다. 따라서 확률은

$$P(\sigma) = \frac{1}{Z}e^{-E(\sigma)/T}$$

이고 여기서 규격화(normalization) 상수 또는 **분할함수(partition function)** Z는

$$Z = \sum_\sigma e^{-E(\sigma)/T}$$

으로 정의된다.

여기서 합은 모든 가능한 배열 σ(여기서도 정확하게는 우선 $\mathbb{Z}^d$의 유한한 부분집합에서 이 식을 다루어야 한다)에 대한 합이다. 여기서 Z를 이렇게 고르는 이유는 가능한 각각의 배열에 대한 확률의 총합이 1이 되어야 하기 때문이다. 이 정의에 의해 에너지가 낮은 배열이 선호되도록 할 수 있는데 그 이

유는 배열이 가지는 에너지가 클수록 그 배열이 가지는 확률이 작아지기 때문이다. 온도의 영향에 대해서는 T가 굉장히 클 때, $e^{-E(\sigma)/T}$은 1에 가까우므로 모든 확률은 대체로 비슷해진다. 일반적으로, 온도가 증가할수록 다양한 배열이 가지는 확률이 점점 비슷해지고 이것이 확률적인 열요동현상에 의한 영향을 모형화한다.

하지만 에너지 이외에 이야기할 다른 것들이 있다. 볼츠만 인자는 에너지가 낮은 배열이 에너지가 높은 배열보다 더 높은 확률로 나타나게 하지만 에너지가 낮은 배열은 높은 차수로 정렬되므로 좀 더 무작위적인 높은 에너지에서의 배열보다 나타날 확률이 낮다. 이 두 가지의 경쟁적인 요소들이 다른 요소들에 지배적으로 작용하는지는 확실하지 않고 실제로 이것에 대한 답은 온도 T의 값에 흥미로운 방식으로 의존한다.

5.2 상전이

외부자기장 h와 온도 T에서의 이징모형에 대해 위에서 정의된 확률 하에 무작위적으로 하나의 배열을 고르자. 자기화량을 나타내는 $M(h, T)$는 어떤 꼭짓점 x에서의 스핀 σ_x의 기댓값으로 정의된다. 격자 $\mathbb{Z}^d$의 대칭성에 의해 이것은 꼭짓점 x의 선택에 의존하지 않는다. 따라서 만일 $M(h, T)$가 양수라면 스핀들은 전체적으로 양의 방향으로 정렬하려는 경향을 보이게 되고 이 계는 자기화된다.

스핀의 방향인 위와 아래의 대칭성에 의해 우리는 모든 h, T에 대해 $M(-h, T) = -M(h, T)$를 얻는다. (외부자기장의 방향을 반대로 바꾸면 자기화방향도 반대가 된다.) 특별히 $h = 0$일 때 자기화량은 0

이다. 반면에 외부자기장 h가 0이 아니라면 스핀이 h와 같은 방향으로 정렬된 배열이 압도적으로 많이 나타나고(이 배열이 가지는 에너지가 작으므로) 자기화량은 다음 식을 만족한다.

$$M(h, T) \begin{cases} < 0, & h < 0 \text{일 때,} \\ = 0, & h = 0 \text{일 때,} \\ > 0, & h > 0 \text{일 때,} \end{cases}$$

만일 외부자기장이 처음엔 양수였다가 나중에 0으로 줄어들면 어떻게 될까? 특별히 다음과 같이 정의되는 **자발적 자기화량**(spontaneous magnetization)은 양수일까 0일까?

$$M_+(T) = \lim_{h \to 0^+} M(h, T).$$

만일 $M_+(T)$가 양수라면 자기화량은 외부자기장이 없어진 후에도 지속적으로 남아 있을 것이다. 이 경우 h에 대한 M의 그래프에 $h = 0$에서의 불연속점이 생길 것이다.

이것이 일어날지 안 일어날지는 온도 T에 달려 있다. 만일 T가 0에 가까워질 때 두 배열이 가지는 작은 에너지의 차이가 그들이 가지는 확률에 엄청난 차이를 가져온다. $h > 0$이고 온도가 0으로 줄어들었을 때는 가장 작은 에너지를 가지는 배열, 즉 모든 스핀이 +1일 때만이 확률적으로 나타날 수 있다. 이 경우는 외부자기장이 아무리 작더라도 일어나는 현상이며 따라서 $M_+(0) = 1$이다. 반면에 온도가 무한히 증가할 때, 모든 배열을 같은 확률로 나타나며 자발적 자기화량은 0이 된다.

차원 $d \geqslant 2$인 경우 T가 이 두 임곗값 사이에 있을 때, $M_+(T)$는 상당히 놀랍게 행동한다. 특별히 이 함수는 모든 점에서 미분 가능하지 않다. 차원에 의존

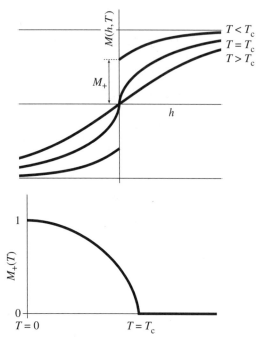

그림 9 자기화량과 외부자기장의 관계, 자발적 자기화량과 온도의 관계

$$M_+(T) \sim C(T_c - T)^\beta, \qquad T \to T_c^-.$$

이것은 온도가 임계온도 T_c로 자발적 자기화량이 증가함에 따라 사라짐을 의미한다. $T > T_c$일 때, $\chi(T)$로 나타나는 자기적 수용도(magnetic susceptibility)는 $M(h, T)$의 h에 대한 $h = 0$에서의 변화량으로 정의된다. h에 대한 편미분은 T가 T_c로 보다 큰 값에서 가까워짐에 따라 발산하게 되며 임계지수 γ는 다음과 같이 정의된다.

$$\chi(T) \sim C(T - T_c)^{-\gamma}, \qquad T \to T_c^+.$$

마지막으로 δ는 임계온도에서 외부자기장이 0으로 가까워질 때 자기화량이 0으로 가까워지는 방식을 기술한다. 즉,

$$M(h, T_c) \sim Ch^{1/\delta}, \qquad h \to 0^+.$$

이들 임계지수들은 여과현상에서와 같이 보편적이고 여러 가지의 척도관계식을 만족할 것으로 예측된다. 이들은 현재 $d = 3$일 때를 제외하고는 수학적으로 잘 알려져 있다.

하는 임계온도 T_c가 있어서 자발적 자기화량이 $T < T_c$일 때는 양수이고 $T > T_c$일 때는 0이 되는데 바로 $T = T_c$에서 미분불가능이다. 그림 9는 h에 대한 자기화량의 도식적인 그래프이다. 임계온도에서 일어나는 일은 그 자체로 복잡하다. $d = 3$일 때 이외의 모든 차원의 임계온도에서는 자발적 자기화가 일어나지 않는다는 것이, 즉 $M_+(T_c) = 0$이라는 것이 증명되어 있다. $d = 3$일 경우도 마찬가지일 것으로 믿어지지만 이것을 증명하는 것은 풀리지 않은 문제로 남아 있다.

5.3 임계지수

이징모형에서의 상전이도 임계지수로서 기술될 수 있다. 임계지수 β의 값은 다음과 같이 주어진다.

5.4 $d = 2$인 경우의 정확한 해

1944년에 온사거(Onsager)는 2차원 이징모형에 대한 정확한 해를 구한 유명한 논문을 출판하였는데 그의 주목할 만한 계산은 임계현상에 대한 이론의 발전에 근간이 되었다. 이 정확한 해를 기점으로 임계지수를 계산할 수 있다. 2차원 여과의 경우와 같이 임계지수들은 다음과 같은 흥미로운 값을 가진다.

$$\beta = \tfrac{1}{8}, \quad \gamma = \tfrac{7}{4}, \quad \delta = 15.$$

5.5 $d \geqslant$ 4인 경우의 평균장 이론

이징모형의 다음 두 가지 변형들은 상대적으로 분석하기 쉽다. 하나는 정수격자 $\mathbb{Z}^d$가 아닌 무한이진 수형도에서의 모형을 구현한 것이고, 다른 하나는 소위 완전그래프(complete graph)라 불리는 그래프에서의 이징모형을 구현한 것이다. 여기서 완전그래프란 모든 n개의 꼭짓점들의 쌍이 변으로 연결된 그래프를 n이 무한히 증가함에 따라 극한을 취한 그래프를 말한다. 후자는 퀴리-바이스(Curie-Weiss) 모형으로 알려져 있는데 이 모형에서는 모든 스핀이 다른 스핀들과 똑같이 상호작용한다. 다르게 설명하면, 각각의 스핀이 다른 모든 스핀들의 **평균장**(mean field)에 영향을 받는다. 이 두 가지의 변형에서 임계지수는 평균장값이라 불리는 다음 값을 갖는다.

$$\beta = \tfrac{1}{2}, \quad \gamma = 1, \quad \delta = 3.$$

$\mathbb{Z}^d$에서의 이징모형 $d \geqslant$ 4일 때 같은 임계지수를 갖는다는 것을 세련된 방법을 통해 보일 수 있다. 하지만 4차원에서는 점근 공식에 대해 로그함수적인 교정에 관련한 풀리지 않은 문제들이 남아 있다.

6 확률 클러스터 모형

여과모형과 이징모형은 굉장히 달라 보인다. 여과현상에 대한 배열은 주어진 그래프(이전의 예에서와 같이 보통 격자로 표현되는 그래프)가 확률 부분그래프로서 나타내지는데 각 변은 독립적으로 p의 확률로 그래프에 더해지게 된다. 이징모형 배열은 그래프의 각 꼭짓점이 가지는 스핀에 ± 1의 값을 할당함으로써 이루어지며 이 스핀은 에너지와 온도에 의존한다.

이렇게 두 모형이 상이함에도 불구하고 1970년경에 포트윈(Fortuin), 카스텔린(Kasteleyn)은 실제로 두 모형이 긴밀히 연관되어 있다는 것을 발견했는데, 이들은 둘 다 보다 큰 범주에서 확률 클러스터 모형으로 알려진 모형에 포함된다. 확률 클러스터 모형(random cluster model)은 또한 포츠 모형(Potts model)으로 알려진 이징모형의 자연스러운 확장모형을 포함한다.

포츠모형에서는 그래프 G의 각 꼭짓점들이 q개의 다른 값을 가질 수 있다. 여기서 q는 2보다 같거나 큰 값이다. $q = 2$일 때는 스핀값이 두 가지뿐이며, 이때 이 모형은 이징모형과 동일하다. 일반적인 q의 값에서는 가능한 스핀의 값을 1, 2, $\cdots$, q로 나타내는 것이 편리하다. 이전에서와 같이 스핀의 배열에 해당하는 에너지는 보다 많은 스핀들이 정렬될수록 작아진다. 두 꼭짓점을 잇는 변에 대한 에너지는 두 꼭짓점이 같은 스핀을 가지면 -1이고 그렇지 않으면 0이다. 스핀의 배열 σ에 대한 총 에너지 $E(\sigma)$는 외부자기장이 0일 때, 변에 할당된 에너지의 총합이다. 특정한 스핀 배열 σ가 나타날 확률은 다시 볼츠만 인자와 비례하도록 취해진다. 다시 말해서

$$P(\sigma) = \frac{1}{Z} e^{-E(\sigma)/T}.$$

여기서 분할함수 Z는 역시 확률의 합을 1로 만든다.

포트윈과 카스텔린은 유한 그래프 G에서의 포츠

모형의 분할함수가 다음과 같이 취해질 수 있음에 주목했다.

$$\sum_{S \subset G} p^{|S|}(1-p)^{|G \setminus S|} q^{n(S)}.$$

이 공식에서 합은 G의 변을 지워서 얻은 모든 부분 그래프 S에 대한 합이며, $|S|$는 S가 가지는 변의 수, $|G \setminus S|$는 S를 얻기 위해 지운 G의 변의 수, $n(S)$는 S의 연결클러스터의 개수, 그리고 p는 다음 식과 같이 온도와 관련된다.

$$p = 1 - e^{-1/T}.$$

q가 2보다 크거나 같은 정수여야 한다는 제한은 포츠모형에서 중요하지만 위의 공식에서의 합은 어떤 양의 실수 q에 대해서도 의미가 있다.

확률 클러스터 모형은 위의 합을 분할함수로 가진다. 어떤 실수 $q > 0$가 주어졌을 때, 확률 클러스터 모형은 결합선여과모형에서와 같이 그래프 G의 채워진 변들의 부분집합인 S들로 구성된다. 하지만 확률 클러스터 모형에서는 단순히 채워진 변에 p의 확률을 비어 있는 변에 $1 - p$의 확률을 할당하지는 않는다. 대신, 각 부분집합 S에 해당하는 확률은 $p^{|S|}(1-p)^{|G \setminus S|} q^{n(S)}$에 비례한다. 특별히 $q = 1$일 경우, 확률 클러스터 모형은 결합선여과와 같다. 따라서 확률 클러스터 모형은 한 변수 q로 매개화된 모형들의 집합인데, $q = 1$일 때는 여과에 해당하고 $q = 2$일 때는 이징모형에 해당하며 $q \geq 2$인 정수일 때는 포츠모형에 해당한다. 확률 클러스터 모형은 $q \geq 1$일 때 상전이 현상이 일어나며 통합된 틀을 제시하고 또한 많은 예들을 제공한다.

7 결론

임계현상과 상전이에 대한 연구는 실제로 물리학에서 중요하고 매력적인 수학 문제의 원천이다. 여과모형은 이 주제에 대한 주요한 수학적 모형이다. $\mathbb{Z}^d$로서 자주 표현되지만 수형도나 완전그래프로서도 나타내어지는데, 이는 이것이 분지과정이나 확률그래프에서도 정의되기 때문이다. 이징모형은 강자성 상전이의 기본적인 모형이다. 여과현상과 연관이 없어 보일 수 있지만 실제로는 좀 더 넓은 범주에서 확률 클러스터 모형과 긴밀히 연관되어 있다. 후자는 통합된 기본틀을 제시하며 이징모형, 포츠모형에 대한 강력한 기하적인 기술을 가능하게 한다.

이들 모형이 매력적인 이유는 부분적으로 이론물리에서 임계점에서의 계의 전체적인 행동이 보편적이라고 예측되기 때문이다. 그러나 이것에 대한 증명은 각 모형의 특성에 세부적으로 의존하고 이런 세부적인 부분들이 결과에 중요한 영향을 끼치지는 않을 것이라는 보편성을 예측한다. 예를 들면 임계 횡단확률에 대한 이해와 임계지수의 계산이 격자점 여과의 삼각형 격자모형에 대해 이루어졌지만 $\mathbb{Z}^2$에 대한 결합선여과에 대해서는 그렇지 않다. 삼각형 격자모형에 대한 연구성과가 이 이론의 성취라고 볼 수 있지만 그것이 끝은 아니다. 또한 보편성이 이 이론을 이끌어가는 원리이긴 하지만 보편성은 일반적인 정리가 아니다.

물리적으로 가장 흥미로운 3차원의 경우, 가장 기본적인 여과모형인 이징모형의 성질은 거의 알려져 있지 않다. 예를 들면 자발적 자기화량이 0일 때, 임계점에서 여과현상이 일어나지 않는지도 아직 증명되지 않았다.

많은 성과들이 있었지만 계속해서 연구가 행해져야 할 부분도 많으며 임계현상모형에 대한 깊은 연구는 굉장히 중요한 수학적 발견으로 이어질 것이다.

감사의 말씀

이 글에 사용된 그림을 제공해 준 브리티시 컬럼비아 대학 수학과의 빌 카셀먼(Beill Casselman)과 《Notices of the American Mathematical Society(미국 수학회보)》의 그래픽 편집자에게 감사드린다.

더 읽을거리

Grimmett, G. R. 1999. *Percolation*, 2nd edn. New York: Springer.

———. 2004. The random-cluster model. In *Probability on Discrete Structures*, edited by H. Kesten, pp. 73-124. New York: Springer.

Janson, S., T. Łuczak, and A. Ruciński. 2000. *Random Graphs*. New York: John Wiley.

Thompson, C. J. 1988. *Classical Equilibrium Statistical Mechanics*. Oxford: Oxford University Press.

Werner, W. 2004. Random planar curves and Schramm-Loewner evolutions. In *Lectures on Probability Theory and Statistics. École d'Eté de Probabilités de Saint-Flour XXXII—2002*, edited by J. Picard. Lecture Notes in Mathematics, volume 1840. New York: Springer.

IV.26 고차원 기하학과 그것의 확률적 유사

키이스 볼 *Keith Ball*

1 서론

아이가 비눗방울 풍선을 만드는 것을 본 적이 있다면 적어도 눈으로 보기에 완벽한 구의 형태를 보았을 것이다. 수학적 관점으로 봤을 때 이유는 간단하다. 만일 비눗방울이 감싸는 공기의 양이 일정하다고 가정하면(또한 공기를 압축하지 않는다고 가정할 경우) 비눗물의 표면 장력이 비눗방울의 표면적을 최소화시킨다. 정해진 부피를 포함하고 가장 작은 넓이를 가지는 표면은 구면이다.

이와 같은 것은 19세기 말까지 엄밀하게 보여지지는 않았지만, 고대 그리스인에게도 수학 법칙으로서 알려진 것으로 보인다. 이와 같거나 유사한 것을 '등주원리(isoperimetric principle)'*라고 한다.

이에 해당하는 2차원에서의 문제는 다음과 같다. 주어진 면적을 둘러싸는 가장 짧은 곡선은 무엇인가? 3차원의 경우와 유사하게 정답은 원이다. 이런 식으로 곡선의 길이를 최소화함에 따라 수많은 대칭성을 가지게 된다. 곡선이 곡선 위의 모든 점에서 같은 양만큼 굽어 있어야 한다. 3차원 이상에서는 각각의 경우에 따라 여러 종류의 곡률[III.78]이 다양하게 쓰인다. 그중 하나는 면적을 최소화하는 문제에 적합한 평균곡률(mean curvature)이다.

구면은 모든 점에서 똑같은 평균곡률을 가지며 더 나아가 대칭성으로부터 어떠한 곡률을 생각하

---

* 접두사 'iso'는 '같다'는 것을 의미한다. '같은 둘레'라는 이름은 2차원 공식에서 알아볼 수 있다. 원판과 어떤 영역이 같은 둘레를 가진다면 그 영역의 면적은 원판의 면적보다 클 수 없다.

그림 1 비누막은 최소 넓이를 가진다

든지 모든 점에서 같은 곡률을 가지는 것을 알 수 있다. 흥미를 추구하는 수학 강연에 자주 등장하는 좀 더 분명하게 보이는 예로서 (비눗방울보다 좀 더 다양하게 나타나는) 비누막을 들 수 있다. 그림 1에서 보듯이 철사에 생기는 비누막을 생각할 수 있다. 철사를 경계로 갖는 곡면 중에서 비누막은 최소 넓이를 가진다. 더 나아가 최소화 문제의 정확한 수학적 해인 최소곡면(minimal surface)의 평균곡률은 상수임을 보일 수 있다. 즉, 최소곡면의 모든 점에서 평균곡률은 같은 값을 가진다.

등주원리는 편미분방정식, 변분법(calculus of variation), 조화해석학, 계산적 알고리즘, 확률론 그리고 기하학의 거의 모든 분야 등 수학의 많은 분야에 걸쳐 나타난다. 이 장의 전반부에서는, 일정한 부피를 둘러싸는 곡면 중 가장 작은 넓이를 가지는 것은 공이라는 기본적인 등주원리를 시작으로 고차원 기하에 대해 설명하려 한다. 고차원 기하에서의 매우 놀라운 점은 확률론과의 밀접한 관계이다. 다시 말해 고차원 기하에서의 물체들은 많은 확률분포의 특성을 가진다. 후반부에서는 기하와 확률의 관계에 대해 간단히 서술할 것이다.

2 고차원 공간

지금까지는 2차원과 3차원 기하에 대해서만 설명했다. 고차원 공간은 시각화하기 불가능해 보이지만 데카르트 좌표를 사용한 3차원 공간의 전형적인 표현을 확장하면 고차원 공간도 어렵지 않게 수학적으로 표현할 수 있다. 3차원에서의 점 (x, y, z)는 3개의 좌표로 주어진다. 그리고 n차원에서의 점은 n개의 좌표 $(x_1, x_2, \cdots, x_n)$으로 주어진다. 2차원과 3차원에서처럼 두 개의 점을 더하여 다음과 같이 세 번째 점을 만들 수 있다.

$$(2, 3, \cdots, 7) + (1, 5, \cdots, 2) = (3, 8, \cdots, 9).$$

각 점들을 서로 관련 지음에 따라 덧셈은 공간에 구조 또는 '모양'을 준다. 공간은 아무 관계가 없는 점들의 집합이 아니다.

또한 공간의 모양을 완벽하게 설명하기 위해서는 두 점들 간의 거리에 대한 개념을 정의해야 한다. 2차원에서는 피타고라스의 정리(그리고 각 축들이 수직이라는 사실)로부터 원점에서 점 (x, y)까지의 거리는 $\sqrt{x^2 + y^2}$으로 주어진다. 이와 비슷하게 두 점 (u, v)와 (x, y)의 거리는

$$\sqrt{(x - u)^2 + (y - v)^2}$$

으로 주어진다.

n차원에서는 두 점 $(u_1, u_2, \cdots, u_n)$과 $(x_1, x_2, \cdots, x_n)$ 간의 거리를

$$\sqrt{(x_1 - u_1)^2 + (x_2 - u_2)^2 + \cdots + (x_n - u_n)^2}$$

으로 정의한다.

n차원에서의 부피는 대략 다음과 같이 정의한다.

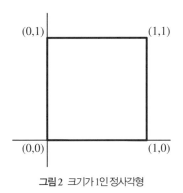

그림 2 크기가 1인 정사각형

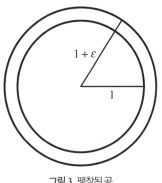

그림 3 팽창된 공

먼저 n차원 입방체부터 생각해 보자. 2차원에서의 정사각형과 3차원에서의 정육면체는 매우 유사하다. xy-평면에서 각각의 좌표가 0과 1 사이인 모든 점들의 집합은 (그림 2에서와 같이) 변의 길이가 1인 정사각형이며, 이와 유사하게 x, y, z값이 0과 1 사이인 모든 점 (x, y, z)의 집합은 단위가 1인 입방체이다. 이와 비슷하게 n차원에서의 입방체는 모든 좌푯값이 0과 1 사이인 점들의 집합으로 주어진다. 여기서 단위입방체(unit cube)의 부피를 1이라고 하자. 그러면 평면도형을 두 배로 늘렸을 때 그 면적은 네 배가 된다. 그리고 3차원의 물체를 두 배로 늘리면 부피는 여덟 배가 된다. n차원에서의 부피는 늘린 크기의 n제곱이 된다. 그러므로 변의 길이가 t인 입방체의 부피는 t^n이 된다. 좀 더 일반적인 집합의 부피를 구하기 위하여 집합을 작은 입방체로 채우되 총 부피를 가장 작게 하여 근삿값을 구한다. 집합의 부피는 이런 근삿값으로 구한 부피의 극한값으로 계산한다.

어떤 차원이든지 단위구면(unit sphere), 즉 주어진 점이 중심점으로부터 거리가 1 단위 떨어진 모든 점들로 이루어진 면은 기하적으로 특별한 역할을 한다. 쉽게 짐작할 수 있듯이 이와 상응하는 구

체, 즉 (속이 꽉 찬) 단위공(unit ball)은 단위구면으로 둘러싸인 모든 점들로 이루어진 집합으로 이 또한 특별한 역할을 한다. n차원에서의 단위공의 부피와 $(n-1)$차원의 구면의 '넓이' 사이에는 간단한 관계가 존재한다. n차원의 단위 공의 부피를 v_n이라고 하면 표면적은 nv_n이 된다. 이를 보이는 하나의 방법으로 그림 3에서와 같이 단위 공의 크기를 나타내는 인자를 $1 + \varepsilon$으로 조금 크게 한 것을 생각해 보자. 커진 공의 부피는 $(1+\varepsilon)^n v_n$이 되므로 두 구면으로 둘러싸인 구면껍질의 부피는 $((1+\varepsilon)^n - 1)v_n$이 된다. 구면껍질의 두께는 ε이므로 구면껍질의 부피는 대략 곡면 넓이의 ε배가 된다. 그러므로 곡면 넓이는 대략

$$\frac{(1+\varepsilon)^n - 1}{\varepsilon} v_n$$

이다. ε을 0으로 보내 얻은 극한값을 취하면 곡면의 넓이는 정확히 다음과 같다.

$$\lim_{\varepsilon \to 0} \frac{(1+\varepsilon)^n - 1}{\varepsilon} v_n.$$

$(1+\varepsilon)^n$을 확장하거나 또는 위의 식이 도함수 공식인 것을 알면 이 극한값이 nv_n임을 확인할 수 있다.

지금까지 고려하는 집합이 어떤 종류인가에 대해서는 엄밀하게 따지지 않고 n차원에서의 물체에 대해 살펴보았다. 이 장의 많은 내용은 상당히 일반적인 집합에 대해서도 들어맞는다. 그러나 고차원 기하에서는 **볼록(convex)**인 집합이 특별한 역할을 한다. (집합에 있는 임의의 두 점을 연결했을 때 그 두 점을 연결하는 선 전체가 모두 그 집합에 속할 때 집합이 '볼록하다'고 한다.) 공과 입방체가 볼록인 집합의 예이다. 다음 절에서는 매우 일반적인 집합에 대해 성립하고 볼록성의 개념에 내재적으로 연관된 기본 원리에 대해 설명하도록 한다.

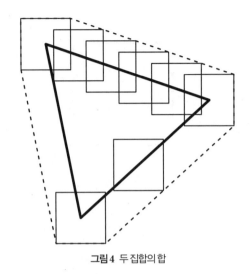

그림 4 두 집합의 합

3 브룬-민코프스키 부등식

2차원의 등주원리는 비록 논증에서 부족한 부분이 나중에 보완됐지만 근본적으로 1841년에 슈타이너(Steiner)에 의해 증명되었다. n차원의 일반적인 경우는 19세기 말에 완전히 증명되었다. 헤르만 민코프스키[VI.64]는 헤르만 브룬(Hermann Brunn)의 발상에서 영감을 얻어 20여 년 후 지대한 파급효과를 지닌 방식으로 등주원리에 접근했다.

민코프스키는 다음과 같이 n차원에서 두 개 집합을 더하는 방법을 고려하였다. C와 D가 집합이라고 하면 두 개의 합인 $C + D$는 C의 점을 D의 점에 더하여 얻어진 모든 점들로 이루어진다. 그림 4는 C가 정삼각형이고 D가 원점을 중심으로 하는 정사각형인 경우를 나타낸 것이다. 그림과 같이 삼각형의 각 점에 정사각형을 놓으면 $C + D$의 집합은 이렇게 놓여진 정사각형들에 들어 있는 모든 점들의 집합으로 이루어진다. 그림 4에서 점선은 $C + D$의 바깥

선을 나타낸다.

브룬-민코프스키 부등식은 두 집합의 합이 가지는 부피와 각 집합의 부피 간의 관계를 나타낸다. 두 집합 C와 D가 공집합이 아니라고 가정했을 때 그 내용은 다음과 같다.

$$\mathrm{vol}(C + D)^{1/n} \geqslant \mathrm{vol}(C)^{1/n} + \mathrm{vol}(D)^{1/n}. \quad (1)$$

위의 부등식은 부피값에 $1/n$제곱이 있어 약간 복잡해 보일 수 있으나 이와 같은 사실은 매우 중요하다. C와 D가 단위입방체라면(그리고 C의 변들과 D의 변들이 같은 방향으로 놓여 있다면) 두 개의 합인 $C + D$는 변의 길이가 2인, 즉 크기가 두 배인 입방체가 된다. C와 D의 부피는 1이지만 $C + D$의 부피는 2^n이 된다. 그러므로 이 경우에는 $\mathrm{vol}(C + D)^{1/n} = 2$이며 $\mathrm{vol}(C)^{1/n}$과 $\mathrm{vol}(D)^{1/n}$은 각각 1이다. 이 경우 부등식 (1)은 등식이 된다. 이와 비슷하게 C와 D가 일치할 경우에도 브룬-민코프스키 부등식은 등식이 된다. $1/n$제곱을 빼더라도 명제는 여전히 성립한다. 두 개의 입방체가 주어진 경우에

$2^n \geq 1 + 1$이므로 부등식은 참이 된다. 그러나 이 같은 경우에는 명제가 유용한 정보를 거의 주지 못하는 매우 약한 것이 돼버린다.

브룬-민코프스키 부등식의 중요성은 공간에 구조를 주는 연산인 덧셈과 부피와의 관계를 보여주는 매우 기본적인 원리라는 사실에서 나온다. 이 절의 도입부에서 설명했듯이 브룬의 발상으로부터 착안한 민코프스키의 공식은 등주원리에 새로운 접근 방식을 주었다. 그 이유에 대해 알아보도록 하자.

C가 단위공 B와 같은 부피를 가지는 $\mathbb{R}^n$에서의 **콤팩트집합**[III.9]이라고 하자. 그러면 C의 곡면 넓이가 적어도 B의 곡면 넓이인 $n\,\mathrm{vol}(B)$임을 보이기를 원한다. C에 작은 공을 더하면 어떻게 되는지 살펴보자. 그림 5에 있는 직각삼각형이 하나의 예이다. 그림에서 점선은 작은 인자인 ε만큼 B를 줄여서 C에 더하여 만들어진 집합의 바깥선을 나타낸다. 이것은 그림 3과 비슷해 보이지만 여기서는 원래의 집합을 확장하는 게 아니라 공을 더하기만 하는 것이다. 전과 같이 $C + \varepsilon B$와 C의 차이가 C 주변으로 두께 ε을 가지는 껍질이 된다. 그러므로 곡면 넓이는 다음과 같이 ε을 0으로 보내어 취한 극한값으로 표현할 수 있다.

$$\lim_{\varepsilon \to 0} \frac{\mathrm{vol}(C + \varepsilon B) - \mathrm{vol}(C)}{\varepsilon}.$$

그러면 브룬-민코프스키 부등식으로부터 다음을 구할 수 있다.

$$\mathrm{vol}(C + \varepsilon B)^{1/n} \geq \mathrm{vol}(C)^{1/n} + \mathrm{vol}(\varepsilon B)^{1/n}.$$

$\mathrm{vol}(\varepsilon B) = \varepsilon^n \mathrm{vol}(B)$ 그리고 $\mathrm{vol}(C) = \mathrm{vol}(B)$이기 때문에 이 부등식의 우변은 다음과 같다.

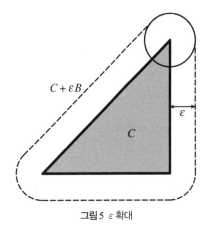

그림 5 ε 확대

$$\mathrm{vol}(C)^{1/n} + \varepsilon\,\mathrm{vol}(B)^{1/n} = (1 + \varepsilon)\,\mathrm{vol}(B)^{1/n}.$$

그러므로 곡면 넓이는 적어도 다음과 같이 된다.

$$\lim_{\varepsilon \to 0} \frac{(1 + \varepsilon)^n \mathrm{vol}(B) - \mathrm{vol}(C)}{\varepsilon}$$

$$= \lim_{\varepsilon \to 0} \frac{(1 + \varepsilon)^n \mathrm{vol}(B) - \mathrm{vol}(B)}{\varepsilon}.$$

§2에서와 같이 위의 극한값은 $n\,\mathrm{vol}(B)$이고 C의 곡면 넓이는 적어도 이 값을 취한다는 결론에 도달한다.

수년에 걸쳐 브룬-민코프스키 부등식의 여러 가지 증명이 보여졌고 대부분의 방법들이 이와 다른 중요한 응용을 가진다. 이 절을 마치기 위해 부등식 (1)보다 쉽게 쓸 수 있는 변형된 브룬-민코프스키 부등식을 설명하려 한다. $C + D$를 절반 크기인 $\frac{1}{2}(C + D)$로 바꾸면 부피는 $1/2^n$만큼 줄어들고 여기에 n제곱근을 취하면 부피는 $\frac{1}{2}$만큼 줄어든다. 그러므로 이 부등식은 다음과 같이 쓸 수 있다.

$$\mathrm{vol}\left(\tfrac{1}{2}(C + D)\right)^{1/n} \geq \tfrac{1}{2}\mathrm{vol}(C)^{1/n} + \tfrac{1}{2}\mathrm{vol}(D)^{1/n}.$$

양수 x, y에 대한 간단한 부등식 $\frac{1}{2}x + \frac{1}{2}y \geq \sqrt{xy}$로부터 위의 부등식의 우변이 적어도

$$\sqrt{\text{vol}(C)^{1/n}\text{vol}(D)^{1/n}}$$

임을 알 수 있다. 따라서

$$\text{vol}(\tfrac{1}{2}(C+D))^{1/n} \geq \sqrt{\text{vol}(C)^{1/n}\text{vol}(D)^{1/n}}$$

이고, 이로부터 다음을 구할 수 있다.

$$\text{vol}(\tfrac{1}{2}(C+D)) \geq \sqrt{\text{vol}(C)\,\text{vol}(D)}. \qquad (2)$$

이 부등식으로부터 나온 놀라운 결과에 대해서는 다음 절에서 더 자세히 설명하겠다.

브룬-민코프스키 부등식은 n차원 공간의 매우 일반적인 집합에 대해서 성립한다. 그러나 이 부등식은 볼록집합에 대해서는 민코프스키에 의해 시작되고 알렉산드로프(Aleksandrov), 펜셀(Fenchel), 블라쉬케(Blaschke) 등에 의해 눈부시게 발전한 이론의 시작에 지나지 않는다. 이 이론을 일명 혼합부피(mixed volume)에 대한 이론이라 부른다. 1970년대에 코반스키(Khovanskii)와 테시어(Teissier)가 번스타인(D. Bernstein)의 발견을 이용하여 혼합부피에 대한 이론과 대수기하의 호지 지표정리(Hodge index theorem)의 놀라운 관계를 찾아냈다.

4 기하학에서의 편차

등주원리는 만일 집합이 충분히 크면 그 집합은 큰 표면 또는 경계를 갖는다는 것을 말해준다. 브룬-민코프스키 부등식(특히 등주원리를 얻기 위해 앞 절에서 썼던 논증)은 이 논의로부터 다음과 같이 확장

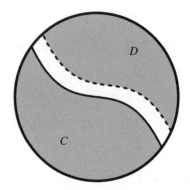

그림 6 절반의 공을 확장하기

된다. 충분히 큰 집합을 (작은 공을 더하여) 확장하여 얻은 집합의 부피는 원래 집합의 부피보다 훨씬 크다. 1930년대에 폴 레비(Paul Lévy)는 어떤 경우에는 이와 같은 사실이 매우 놀라운 결과를 이끌어낸다는 것을 발견하였다. 이것이 어떻게 일어나는지를 보기 위해 단위공 안에 들어 있고 부피는 절반을 가지는 콤팩트집합 C를 생각해 보자. 하나의 예로 그림 6에 있는 C를 들 수 있다.

그럼 등주원리를 얻었던 것처럼 C로부터 ε만큼 떨어진 공의 모든 점들을 포함하여 C를 확장해보자. (그림 6의 점선은 확장된 집합의 경계를 나타낸다.) 그림과 같이 공의 나머지 부분을 D라고 하자. 그럼 c를 C의 점이라고 하고 d를 D의 점이라고 했을 때 c와 d의 거리가 적어도 ε만큼 떨어져 있다는 것을 알 수 있다. 이 경우에는 그림 7에서처럼 2차원의 간단한 논증을 이용하면 중간점인 $\frac{1}{2}(c+d)$는 공의 표면과 가까이 있을 수 없음을 보일 수 있다. 사실 중심점으로부터의 거리는 $1 - \frac{1}{8}\varepsilon^2$보다 클 수 없다. 그러므로 집합 $\frac{1}{2}(C+D)$는 반지름이 $1 - \frac{1}{8}\varepsilon^2$인 공 안에 놓여 있고 부피는 공의 부피인 v_n의 $(1 - \frac{1}{8}\varepsilon^2)^n$배가 된다. 중요한 점은 지수 n이 크

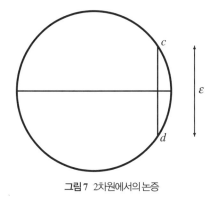

그림 7 2차원에서의 논증

고 ε이 아주 작지 않으면 인자 $(1-\frac{1}{8}\varepsilon^2)^n$이 매우 작다는 점이다. 고차원 공간에서 반지름이 약간 작은 공은 훨씬 작은 부피를 가진다. 이것을 이용하기 위해 부등식 (2), 즉 $\frac{1}{2}(C+D)$의 부피가 적어도

$$\sqrt{\mathrm{vol}(C)\,\mathrm{vol}(D)}$$

이라는 것을 적용하자. 따라서

$$\sqrt{\mathrm{vol}(C)\,\mathrm{vol}(D)} \leqslant (1-\tfrac{1}{8}\varepsilon^2)^n v_n$$

또는 이와 동등하게

$$\mathrm{vol}(C)\,\mathrm{vol}(D) \leqslant (1-\tfrac{1}{8}\varepsilon^2)^{2n} v_n^2.$$

C의 부피는 $\frac{1}{2}v_n$이므로 다음과 같이 결론 내릴 수 있다.

$$\mathrm{vol}(D) \leqslant 2(1-\tfrac{1}{8}\varepsilon^2)^{2n} v_n.$$

인자 $(1-\frac{1}{8}\varepsilon^2)^{2n}$을 좀 더 이해하기 쉬운(상당히 정확한) 근삿값 $e^{-n\varepsilon^2/4}$으로 바꾸면 더 편리하다. 그러면 나머지 집합 D의 부피 $\mathrm{vol}(D)$가 다음 부등식을 만족하는 것을 보일 수 있다.

$$\mathrm{vol}(D) \leqslant 2e^{-n\varepsilon^2/4} v_n. \tag{3}$$

차원수 n이 큰 경우에 지수인자(exponential factor) $e^{-n\varepsilon^2/4}$은 ε이 $1/\sqrt{n}$보다 크면 매우 작아진다. 이는 공의 작은 부분만이 나머지 집합 D에 들어 있다는 것을 의미한다. C로부터 많이 떨어진 **몇몇** 점들이 있다 하더라도 공의 대부분은 C에 가까이 있다. 그러므로 공의 절반을 차지하고 있는 집합(임의의 집합)을 잡고 그것을 조금 확장하면 공의 대부분을 포함한다. 같은 논증을 좀 더 정교하게 사용하면 공의 표면인 구면도 이와 같은 성질을 가지는 것을 보일 수 있다. 만일 집합 C가 구면의 절반을 차지하면 구면의 대부분이 C에 가깝다.

이와 같이 직관에 어긋나는 효과는 고차원 기하학의 특성으로 나타난다. 1980년대에 레비의 기본적인 발상으로부터 아주 놀라운 고차원 공간의 확률적인 설명이 발전되었다. 이는 다음 절에서 간단히 살펴보도록 한다.

고차원에서의 효과가 왜 확률적 측면을 가지는지는 조금만 다르게 생각해 보면 알 수 있다. 먼저 기본적인 질문을 생각해 보자. 0과 1 사이의 난수(random number)를 고르는 것은 무엇을 의미하는가? 여러 가지를 뜻할 수 있겠지만 한 가지 의미를 명시한다면, 난수가 각 범위 $a \leqslant x \leqslant b$에 들어 있을 확률을 정하는 것이다. 예를 들어 0.12와 0.47 사이에 난수가 들어 있을 확률은 무엇인가? 대다수 사람들은 0.47과 0.12의 차인 0.35라고 대답할 것이다. 난수가 구간 $a \leqslant x \leqslant b$에 들어 있을 확률은 단순히 구간의 길이인 $b-a$가 될 것이다. 이렇게 난수를 고르는 방법을 **균등**(uniform)하다고 한다. 0과 1 사

이 범위에 있는 같은 크기의 부분들은 선택될 가능성이 같다.

난수가 무엇을 의미하는지를 설명하기 위해 길이를 사용했듯이 n차원 공의 임의의 점을 고르는 것이 무엇을 의미하는지를 알아보기 위해 n차원에서의 부피측도(volume measure)를 사용할 수 있다. 임의의 점이 공의 각 부분영역에 들어 있을 경우의 수를 정해야 한다. 가장 자연스러운 선택은 경우의 수가 부분영역의 부피를 공 전체의 부피로 나눈 것, 즉 해당 부분영역이 공에서 차지하는 비율과 같다고 하는 것이다. 이와 같이 임의의 점을 선택하면 고차원에서의 효과를 다음과 같이 적을 수 있다. 임의의 점과 만나는 경우의 수가 $\frac{1}{2}$인 부분집합 C를 잡으면 임의의 점이 C로부터 ε보다 더 떨어져 있을 경우의 수는 $2e^{-n\varepsilon^2/4}$보다 크지 않다.

이 절을 마치기 위해 집합보다는 함수에 대한 내용으로 기하학적 편차 원리(geometric deviation principle)를 바꾸어 쓰면 유용할 것이다. 우리는 이미 C가 공의 절반을 차지하는 집합이면 공의 대부분이 C에 가까이 있음을 알고 있다. 그러면 f가 구면에서 정의된 함수라고 하자. f는 구면의 각 점에 어떤 실수를 지정한다. f가 구면 위에서 너무 빨리 변하지 않는다고 가정하자. 예를 들어 두 점 x, y에서의 값인 $f(x)$, $f(y)$의 차이가 x와 y 사이의 거리보다 더 클 수 없다. f의 중앙값(median)이 M이라고 가정하자. 즉, f가 구면의 절반에서는 M 이하라고 하고 다른 절반에서는 M 이상이라고 하자. 그러면 편차원리로부터 f가 구면의 대부분에서 M과 같음을 보일 수 있다. 이유인즉슨 구면의 대부분이 f가 M보다 작은 반구면에 가깝기 때문이다. 그러므로 작은 집합을 제외한 곳에서는 f가 M보다 훨씬 클 수 없다. 다른 한편으로는 구면의 대부분이 f가 M 이상인 반구면에 가깝다. 그러므로 작은 집합을 제외하고 f가 M보다 훨씬 작을 수 없다.

결국 기하학적 편차 원리가 말하는 것은 함수가 구면에서 아주 빨리 변하지 않는다면 (비록 이 상수 값으로부터 많이 떨어진 점이 있을 수 있다 하더라도) 구면 대부분에서 상수라는 것이다.

5 고차원 기하학

§3의 끝부분에서 언급했듯이 볼록집합은 부피와 공간의 덧셈구조를 연결해 주는 민코프스키 정리에서 중요성을 띤다. 또한 자연스럽게 여러 가지 응용에서 나타난다. 선형계획법(linear programming)과 편미분방정식을 예로 들 수 있다. 어떤 물체가 볼록성을 가지는 것은 꽤 제한적인 조건이지만 볼록집합이 상당한 다양성을 보여주고 이 다양성이 차원이 올라감에 따라 증가하는 것을 쉽게 납득할 수 있다. 공을 제외하고 가장 단순한 볼록집합은 입방체다. 차원이 높다면 입방체의 표면은 구면과는 매우 다르다. 단위 입방면체가 아닌 변의 길이가 2이고 중심점이 원점인 입방체를 생각해 보자. 입방체의 모서리는 $(1, 1, \cdots, 1)$ 또는 $(1, -1, -1, \cdots, 1)$과 같이 모든 좌표가 1 또는 -1인 점이고, 반면에 각 면의 중심은 $(1, 0, 0, \cdots, 0)$과 같이 하나의 좌표만이 1 또는 -1인 점이다. 모서리는 입방체의 중심으로부터 $\sqrt{n}$만큼 떨어져 있는 반면, 각 면의 중심은 원점으로부터 1만큼 떨어져 있다. 따라서 입방체에 들어가는 가장 큰 구면은 반지름 1을 가지는 반면 (그림 8에서와 같

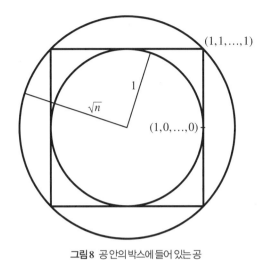

그림 8 공안의 박스에 들어 있는 공

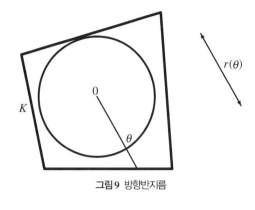

그림 9 방향반지름

이) 입방체를 감싸는 가장 작은 구면은 $\sqrt{n}$의 반지름을 가진다.

차원 n이 크면 $\sqrt{n}$인 이 비율 또한 커진다. 예상하다시피 공과 구면의 이러한 차이로부터 여러 가지 볼록 형상을 고려할 수 있다. 그럼에도 고차원 기하의 확률적인 관점은 많은 경우 이 다양성이 착각이라는 것을 보여준다. 잘 정의된 어떠한 경우에는 모든 블록물체가 공과 같은 성질을 가진다.

이런 방식은 1960년대 말에 드보레츠키(Dvoretzky)에 의해 처음으로 제시되었다. **드보레츠키 정리**의 내용은 모든 고차원의 볼록물체는 거의 구면에 가까운 조각을 가진다는 것이다. 좀 더 엄밀히 말하면 차원(10이라고 가정하자)과 정확도를 명시하면 충분히 큰 n차원에서 모든 n차원의 볼록물체는 10차원의 구면과 명시한 정확도에 무관하게 차이가 없는 10차원의 얇은 조각을 가진다.

개념적으로 가장 간단한 드보레츠키 정리의 증명은 앞 절에서 설명한 편차 원리에 의한 것이며 드보레츠키 정리가 나오고 몇 년이 지난 후 밀먼(Milman)에 의해 증명되었다. 증명은 대략 다음과 같다. 단위 공을 포함하는 n차원의 볼록물체 K가 있다고 하자. 공의 표면인 구면에 있는 각 점 θ에 대해 원점에서 시작하여 θ를 지나 K의 표면에 이르는 선분을 생각해 보자(그림 9 참조). 이 선분의 길이를 θ 방향의 K의 '반지름'이라고 생각하고 $r(\theta)$라고 하자. 이 '방향반지름'은 구면에서 정의된 함수가 된다. 우리는 $r(\theta)$가 상수에 가까운 구면의 10차원의 얇은 조각을 찾으려 한다. 이런 조각에서는 반지름에 거의 변화가 없기 때문에 K가 공처럼 보인다.

K가 볼록이라는 것은 함수 r이 구면을 따라 빠르게 변할 수 없음을 의미한다. 두 방향이 서로 가까이 있다면 K의 반지름은 이 두 방향으로 거의 같아야만 한다. 그럼 기하학적 편차 원리로부터 K의 반지름은 구면 대부분에서 거의 같다는 결론을 얻을 수 있다. 좀 더 얘기하자면 반지름은 가능한 모든 방향 중 일부를 제외하고는 평균값에 가깝다. 이것은 반지름이 상수에 가까운 얇은 조각을 구할 수 있는 여지가 충분히 있다는 것을 의미한다. 우리는 단순히 그렇지 않은 작은 영역을 피해서 얇은 조각을 고르면 된다. 모든 가능한 얇은 조각 중에서 임의로 골랐

을 때 이와 같이 할 수 있음을 보일 수 있다. 구면 대부분의 영역이 상수에 가까운 좋은 영역으로 이루어졌다는 것은 임의로 얇은 조각을 골랐을 때 좋은 영역에 들어 있을 가능성이 높다는 것을 의미한다.

앞 절에서 정의한 민코프스키 합을 이용하여 드보레츠키 정리를 단순히 물체 K의 일부분이 아닌 전체에 대한 내용으로 쓸 수 있다. 즉 K가 n차원에서의 볼록물체라고 하면 m개의 K를 회전한 물체 $K_1, K_2, \cdots, K_m$으로 이루어진 집합이 있고 그것들의 민코프스키 합 $K_1 + K_2 + \cdots + K_m$이 공에 가깝다는 조건을 만족한다. 여기서 m은 차원 n보다 훨씬 작은 숫자이다. 가능한 것 중에서 K를 회전시킨 물체들을 고르는 것이 아주 복잡함에도 불구하고 최근에는 밀먼과 쉐크트만(Schechtman)이 이를 만족하는 가장 작은 m이 상대적으로 간단한 K의 성질로 거의 정확하게 표현될 수 있다는 것을 보였다.

n차원 볼록집합의 경우 n보다 훨씬 적은 개수의 회전을 가지고 공을 만들 수 있다. 1970년대 말에 카신(Kasin)은 입방면체의 경우 구면과 매우 다르지만 두 개의 회전 K_1과 K_2를 가지고 공에 가까운 물체를 만들 수 있다는 것을 보였다. 2차원에서는 어떤 회전이 가장 적합한지를 알아내는 것이 어렵지 않다. K_1을 정사각형이라고 하고 K_2는 K_1을 45°만큼 회전시킨 것이라고 했을 때 $K_1 + K_2$는 두 개의 정사각형을 가지고 만드는 것 중에서 원에 가깝다. 고차원에서 어떤 회전을 골라야 할지를 설명하는 것은 매우 어려운 문제다. 입방면체가 수학에서 볼 수 있는 가장 명확하게 명시된 이긴 하지만 현재까지 알려진 방법은 임의로 고른 회전을 사용하는 것이다.

대부분의 물체가 공과 같은 성질을 가진다는 것

을 보인, 지금까지 알려진 것 중 가장 강력한 원리는 통상 역 브룬-민코프스키 부등식(reverse Brunn-Minkowski inequality)이라고 부르는 것이다. 밀먼은 그 자신과 피지에르(Pisier), 그리고 부르갱(Bourgain)의 아이디어를 활용하여 이를 증명하였다. 앞의 브룬-민코프스키 부등식은 물체의 합에 대한 명제였다. 역 브룬-민코프스키 부등식은 여러 가지 형태로 쓰여질 수 있다. 그중 가장 간단한 것은 교집합으로 쓰여진 것이다. K가 어떤 물체이고 B가 같은 부피를 가지는 공이라고 했을 때, 이 두 집합의 교집합, 즉 두 집합이 공통으로 가지는 영역은 당연히 더 작은 부피를 갖는다. 이 당연한 사실은 아래와 같은 브룬-민코프스키 부등식처럼 보이는 복잡한 형태로 쓰여질 수 있다.

$$\mathrm{vol}(K \cap B)^{1/n} \leqslant \mathrm{vol}(K)^{1/n}. \qquad (4)$$

K가 매우 길고 가늘다고 하고 그것을 같은 부피의 공과 만나게 하면, 둘은 K의 매우 작은 영역에서만 만난다. 이를 봐서는 부등식 (4)를 역으로 취하는 것은 불가능해 보인다. 즉 $K \cap B$의 부피에 대한 하한값을 추정할 수 없다. 그러나 만약 공을 K와 만나기 전에 늘릴 수 있다면 상황은 완전히 달라진다. n차원 공간에서의 늘린 공은 타원체라고 부른다(2차원에서는 단순히 타원이다). 역 브룬-민코프스키 부등식은 모든 볼록체 K에 대해 같은 부피를 가지고 다음을 만족하는 타원체가 존재한다는 것을 명시한다.

$$\mathrm{vol}(K \cap \mathcal{E})^{1/n} \geqslant \alpha\,\mathrm{vol}(K)^{1/n}.$$

여기서 α는 고정된 양수이다.

이보다 훨씬 강력한 원리가 참이라는 확신이 널리 퍼져 있다(모든 이가 동의하는 것은 아니다). 즉 타원체를 어느 정도(10배라고 하자) 늘리면 그것이 K의 부피의 절반을 가진다는 것이다. 달리 말해 모든 볼록체에 대해 대략 같은 크기를 가지고 K의 절반을 포함하는 타원체가 존재한다. 이와 같은 명제는 고차원에서의 여러 가지 형상에 대한 직관에 역행하는 것이지만 이것이 옳다는 것에는 충분한 이유가 있다.

브룬-민코프스키 부등식의 역이 존재하므로 등주 부등식에도 역이 있는지 자연스럽게 물을 수 있다. 등주 부등식은 집합이 아주 작은 표면은 가질 수 없다는 것을 보장해 준다. 그러면 물체가 아주 넓은 표면은 가질 수 없다는 것은 맞는 얘기인가? 정답은 '예'이며 상당히 명확하게 적을 수 있다. 브룬-민코프스키 부등식에서처럼 물체가 길고 가늘어서 작은 부피와 넓은 표면을 가질 수 있음을 고려해야 한다. 그러므로 특정한 방향으로 물체를 늘리는(그러나 형상을 구부리지는 않는) 선형변환부터 하도록 한다. 예를 들어 삼각형의 경우 먼저 **정삼각형**으로 변환하고 나서 면적과 부피를 잰다. 물체를 최대한 잘 변환시키면 어떤 볼록체가 주어진 부피를 가지면서 가장 넓은 면적을 가지는지를 명시할 수 있다. 2차원에서는 삼각형이고 3차원에서는 사면체이며 n차원에서는 $(n + 1)$개의 모서리를 가지는 n차원에서의 볼록집합이다(단체(simplex)라고 불린다). 이와 같은 집합이 가장 넓은 표면을 가진다는 사실은 볼(Ball)이 브래스캠프(Brascamp)와 리브(Lieb)가 발견한 조화해석학에서의 부등식을 사용하여 증명하였다. 위와 같은 의미에서 최대 면적을 가지는 볼록집합은 단체밖에 없다는 사실은 바르테(Barthe)에 의해 증명되었다.

기하학적 편차 원리 외에 고차원 기하의 현대 발전에 중심적인 역할을 한 두 가지 방법이 있다. 이 방법들은 확률론에서 나왔다. 하나는 **노름 공간**[III.62]의 임의의 점들의 합에 대해 그리고 공간 자체에 대한 중요한 기하적인 정보를 주는 내용인 그 합이 얼마나 큰가에 대한 연구이다. 다른 하나는 가우스 과정(Gaussian process)에 대한 이론으로, 작은 공을 가지고 얼마나 효과적으로 고차원 공간에서의 집합을 덮을 수 있는지에 대한 이해를 사용한 것이다. 이러한 관점은 다소 난해하게 들리겠지만 중요한 본질적인 문제를 제기한다. 즉 기하적인 물체를 어떻게 재는지(또는 측정하는지)에 대한 것이다. 만약 우리가 어떤 물체를 반지름 1인 공 하나, 반지름 $\frac{1}{2}$인 공 10개, 반지름이 $\frac{1}{4}$인 공 57개 등으로 덮을 수 있다는 사실을 알면 그 물체가 얼마나 복잡하게 생겼는지를 잘 알 수 있다.

고차원 공간에 대한 현대적 관점은 이전에 생각했던 것보다 훨씬 더 복잡하다는 점과 동시에 다른 한편으로는 훨씬 간단하다는 점을 보여주었다. 이와 같은 점은 1930년대에 보르수크(Borsuk)가 제기한 문제의 답에서 잘 드러난다. 집합의 어떤 두 점도 서로 d보다 멀리 떨어져 있지 않으면 그 집합의 지름이 최대 d라고 말한다. 보르수크는 위상수학에서의 자신의 연구와 관련하여 n차원 공간에서 반지름이 1인 집합을 반지름이 1보다 작은 $(n + 1)$개의 조각으로 쪼갤 수 있는지에 대하여 의문을 제기하였다. 이는 2차원과 3차원에서는 항상 가능하고 1960년대에나 와서야 이 질문에 대한 답이 모든 차원에서 참이라고 생각하게 되었다. 그러나 몇 년 전에 칸(Kahn)과 칼라이(Kalai)가 n차원에서 $(n+1)$보다 훨씬 큰 $e^{\sqrt{n}}$개 정도의 조각이 필요할 수도 있다는 것을 보였다.

다른 한편으로는 고차원 공간의 단순성은 존슨(Johnson)과 린덴스트라우스(Lindenstrauss)가 발견한 사실에 투영된다. (어떤 차원에서든지 간에) n개의 점을 배치하면 n보다 훨씬 작은 대략 $\log n$ 정도의 차원에 있는 거의 완벽한 점의 배치를 찾을 수 있다. 많은 계산적 문제들이 기하적으로 쓰일 수 있으며 관련된 차원이 작으면 문제가 훨씬 간단해질 수 있기 때문에 지난 몇 년 간 이러한 사실들이 컴퓨터 알고리즘을 만드는 데 응용될 수 있다는 것이 알려졌다.

6 확률에서의 편차

공정한 동전을 반복해서 던지면 대략 앞면이 절반 정도 나오고 뒷면이 절반 정도 나오기를 기대할 것이다. 또한 많이 던질수록 앞면이 나오는 비율이 $\frac{1}{2}$에 점점 가까워지기를 기대한다. 여기서 $\frac{1}{2}$을 동전을 던졌을 때 앞면이 나오는 기대수(expected number)라고 한다. 한 번 던졌을 때 앞면이 나오는 경우의 수는 같은 확률로 1 또는 0이므로 앞면이 나오는 기대수는 평균값인 $\frac{1}{2}$이 된다.

동전던지기에 중요한 암묵적 가정은 각각의 시행이 서로 독립적(independent)이라는 것이다. 즉, 한 번 던졌을 때가 다른 때 던졌을 때에 영향을 주지 않는다는 것이다. (독립성과 그 외의 기본적인 확률적 개념은 확률분포[III.71])에서 설명한다.) 동전던지

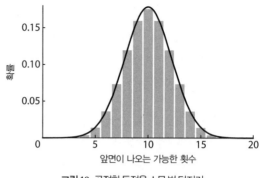

그림 10 공정한 동전을 스무 번 던지기

기 원칙(the coin-tossing principle) 또는 그 외의 일반화된 무작위 실험을 **강한 큰 수의 법칙**(strong law of large numbers)이라고 부른다. 어떤 확률량을 독립적으로 여러 번 반복해서 평균값을 취하면 그 양의 기댓값(expected value)이 나온다.

동전던지기에 대한 강한 큰 수의 법칙은 설명하기가 상당히 쉽다. 훨씬 더 복잡한 확률량에 적용되는 일반적인 경우는 훨씬 더 어렵다. 이는 20세기 초반에 **콜모고로프**[VI.88]에 의해 처음으로 성립되었다.

평균값이 기댓값 근방에 모인다는 사실은 상당히 유용하지만 통계학과 확률 이론에서는 더 자세한 정보를 아는 것이 필수적이다. 기댓값을 주로 생각한다면 평균값이 이 값 주변에 어떻게 분포되어 있는지에 대해 물을 수 있다. 예를 들어 동전던지기에서처럼 기댓값이 $\frac{1}{2}$이라면 평균값이 많게는 0.55, 적게는 0.42가 될 가능성은 얼마나 되는가? 우리는 동전 앞면이 나오는 평균 횟수의 평균값으로부터 어떤 주어진 양만큼 편차가 생기는 가능성이 얼마인지 알기를 원한다.

그림 10에 있는 막대그래프는 동전을 스무 번 던졌을 때 앞면이 나오는 가능한 횟수 각각에 대한 확

률을 보여준다. 막대의 높이는 앞면이 나오는 각 횟수가 나올 가능성을 나타낸다. 강한 큰 수의 법칙에서 알 수 있듯이 높이가 높은 막대는 중앙에 밀집돼 있다. 확률을 상당히 잘 근사한 곡선이 도표 위에 그려져 있다. 이는 잘 알려진 '종 모양(bell-shaped)' 또는 '정규(normal)'곡선이다. 이것은 아래의 방정식으로 적을 수 있는 일명 표준정규곡선(standard normal curve)이라고 알려진 곡선을 이동시키고 크기를 줄인 것이다.

$$y = \frac{1}{\sqrt{2\pi}} \exp\left(-\frac{1}{2}x^2\right). \tag{5}$$

이 곡선이 동전던지기에서 일어나는 확률을 근사한다는 사실은 확률론에서 가장 중요한 원리의 한 예인 중심극한정리(central limit theorem)이다. 이것은 독립적인 작은 확률량 여러 개를 더했을 때 생기는 분포는 정규곡선으로 근사된다는 것을 설명한다.

　정규곡선의 방정식 (5)는, 동전을 n번 던졌을 때 앞면이 나오는 비율이 $\frac{1}{2}$에서 ε보다 더 큰 편차가 나는 확률이 최대 $e^{-2n\varepsilon^2}$인 것을 보이는 데 쓸 수 있다. 이것은 §4에 나오는 기하편차 근삿값인 (3)과 상당히 유사하다. 언제 그리고 어떻게 적용하는지 충분히 알려면 아직 멀었지만 이 유사성은 우연히 일어난 것이 아니다.

　중심극한정리의 한 형태가 왜 기하학에 적용될 수 있는지를 확인하는 가장 간단한 방법은 동전던지기를 다른 확률시험으로 비꾸는 것이다. 난수를 −1과 1 사이에서 반복해서 고르고 §4에서 설명한 것과 같이 균등하게(uniform) 골랐다고 가정하자. 처음 n개의 선택된 수를 $x_1, x_2, \cdots, x_n$이라고 하자. 이것을 독립적으로, 그리고 무작위로 선택했다고 생

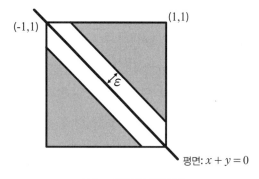

그림 11 입방체의 임의의 점

각하지 말고 점 $(x_1, \cdots, x_n)$을 좌푯값이 −1과 1 사이에 있는 모든 점들로 이루어진 입방체 안에서 무작위로 고른 점이라고 생각하자. $(1/\sqrt{n})\sum_{i=1}^{n} x_i$는 난수가 좌푯값을 모두 더했을 때 영이 되는 모든 점들로 이루어진 어떤 '평면'으로부터 얼마나 떨어져 있는지를 측정한다. (그림 11은 2차원의 경우를 나타낸 것이다.) 그러므로 $(1/\sqrt{n})\sum_{i=1}^{n} x_i$의 기댓값 0으로부터의 편차가 ε보다 더 클 확률은 입방면체의 임의의 점이 위에 언급한 평면으로부터 ε보다 더 떨어져 있을 확률과 같다. 이 확률은 위의 평면으로부터 ε보다 더 떨어진 점들의 집합의 부피에 비례한다. 이 집합은 그림 11에서 어둡게 칠해진 부분이다.

　앞에서 기하학적 편차 원리를 설명할 때 공의 절반을 차지하는 집합 C로부터 ε보다 더 떨어진 점들의 집합의 부피를 측정하였다. 현재 상황도 사실 이와 같다. 왜냐하면 각각의 어두운 부분은 평면의 반대편에 놓여 있는 절반의 입방체로부터 거리가 ε 이상 떨어진 점의 집합으로 이루어졌기 때문이다. 중심극한정리와 관계된 논증은 다음을 증명한다. 평면으로 입방체를 절반으로 자르면 그 절반 중 하나로부터 거리가 ε보다 더 떨어진 점의 집합은 $e^{-\varepsilon^2}$ 이

하의 부피를 갖는다. 공에 대해 얻은 결과인 (3)과 비교했을 때 지수에 n이 빠졌으므로 이는 (3)과 다르고 또한 훨씬 약한 결과가 된다. 이 추정값으로부터 알 수 있는 사실은 입방체의 중심을 지나는 임의의 평면을 고르면 입방체의 대부분의 점은 그 평면으로부터 거리가 2보다 작다는 것이다. 만약 그 평면이 입방체의 면 중 하나와 평행하다면 입방체의 모든 점과 평면 사이의 거리가 1을 넘지 않기 때문에 이 명제는 약한 것이 된다. 위의 명제는 그림 11에 나온 것과 같은 평면을 생각했을 때 중요한 의미를 가진다. 입방체의 몇몇 점은 이 '대각'평면으로부터 $\sqrt{n}$만큼 떨어져 있지만, 그래도 입방체의 압도적으로 많은 부분은 훨씬 가까이에 있다. 그러므로 입방체에 대한 추정값과 공에 대한 추정값은 본질적으로 같은 정보를 가지고 있다. 다른 점이 있다면 입방체가 공보다 대략 $\sqrt{n}$배만큼 크다는 것이다.

공의 경우에는 평면으로 잘라 생긴 특수한 집합뿐만 아니라 공의 절반을 차지하는 '임의의' 집합에 대해 편차추정값을 구할 수 있었다. 1980년대 말에 이르러서 피지에르(Pisier)가 우아한 논증을 사용하여 일반적인 공뿐만 아니라 입방체에서도 사실이라는 것을 보였다. 이 논증에서 쓰인 여러 가지 원칙 중에는 돈스커(Donsker)와 바라한(Varadhan)의 업적인 큰 편차 이론(large-deviation theory)의 초기단계에서 나온 원칙도 있다.

이제 확률에서의 큰 편차에 대한 이론은 많이 발전하였다. 이론상으로는 독립 확률변수의 합이 평균값으로부터 주어진 양만큼 편차를 가질 확률에 대한 추정값을 변수의 원래의 분포를 가지고 상당히 정확히 구할 수 있다. 실질적으로는 이 추정값이 계산하기 어려운 양을 포함하고 있지만 이것을 위한 정교한 방법이 있다. 이 이론은 확률론, 통계, 컴퓨터 과학 그리고 통계 물리에서 다양하게 응용된다.

이 이론에서 가장 미묘하면서도 큰 영향력을 가지는 발견 중 하나는 1990년대 중반에 나온 곱공간(product space)에 대한 탈라그랜드(Talagrand)의 편차 부등식이다. 탈라그랜드 자신도 조합적 확률론의 몇몇 유명한 문제를 푸는 데 이 이론을 사용하였고, 또한 입자 물리에 나오는 특정한 수학적 모형에 대한 매우 뛰어난 추정값을 얻는 데 사용하였다. 탈라그랜드 부등식의 자세한 내용은 어떤 면에서 기술적이고 기하적으로 논하기 어렵다. 하지만 이 발견은 기하적 그림에 완벽하게 들어맞고 또한 가장 중요한 아이디어 중 적어도 하나를 잡아내는 선구자 역할을 한다.* 다시 입방체에 들어 있는 임의의 점을 생각해 보자. 그러나 이번에는 입방체 안에서 임의의 점을 균등하게 선택하지 않는다고 하자. 앞에서와 같이 이 임의의 점의 좌표 $x_1, x_2, \cdots, x_n$을 다른 점과 **독립적**으로 고르되 각 좌푯값을 -1과 1 사이에서 **균등**하게 선택하지는 않았다고 하자. 예를 들면 x_1은 각각 $\frac{1}{3}$의 확률을 가지면서 $1, 0$ 또는 -1의 값을 가지도록 하고, x_2는 각각 $\frac{1}{2}$의 확률을 가지고 1 또는 -1만 되게 하고, x_3은 -1과 1 사이에서 균등하게 고른다. 여기서 중요한 것은 각 좌푯값의 선택이 다른 좌푯값에 전혀 영향을 주지 않는다는 점이다.

---

* 이 선구적 업적은 탈라그랜드의 최초 논증으로부터 시작해, 존슨과 쉐크트만의 중요한 기여를 거쳐 발전했다.

각 좌푯값을 어떻게 고를지 알려주는 규칙의 순서는 입방체에서 임의의 점을 어떻게 고를지를 결정해준다. 그러면 이로부터 입방체에 들어 있는 부분집합의 부피의 어떤 한 종류를 재는 방법을 알 수 있다. 집합 A의 '부피'는 정해진 임의의 점이 A로부터 나올 확률이다. 이렇게 부피를 재는 방법은 통상 알려진 방법과는 아주 다를 수 있다. 특히 각 점이 영이 아닌 부피를 가질 수 있다.

그럼 C가 입방체의 볼록 부분집합이라고 가정하고 정해진 임의의 점이 C에서 나올 확률이 $\frac{1}{2}$이라는 뜻으로 '부피'가 $\frac{1}{2}$이라고 하자. 탈라그랜드의 부등식이 말해주는 것은 이 임의의 점이 C에서 ε보다 더 떨어져 있을 확률이 $2e^{-\varepsilon^2/16}$보다 작다는 것이다. 이와 같은 말은 C가 볼록집합이라는 것만 빼고 입방체의 편차 추정과 흡사하다. 그러나 결정적으로 새로운 정보는 임의의 점을 여러 가지 다른 방법으로 고를 수 있게 함으로써, 이 추정값과 뒤에 나올 이것의 변형을 중요하게 만든다는 것이다.

이 절에서는 기하적 색채를 띠며 확률론에 나오는 편차 추정에 대해 설명했다. 입방체의 경우 C가 입방체의 절반을 차지하는 임의의 집합이라고 하면 입방체 전체는 C에 가깝다는 것을 보일 수 있다. 이와 같은 사실은 입방체보다 더 일반적인 볼록집합에 대해서도 매우 유용할 것이다. 이것이 성립되는 대칭성이 강한 집합들이 있는 것은 알지만 이런 종류 중 가장 일반적인 명제는 현재 우리가 알고 있는 접근 방법을 뛰어넘는 것으로 보인다. 컴퓨터 이론과학으로부터 나오는 가능한 응용의 하나는 부피 계산을 위한 확률알고리즘(random algorithm)의 분석이다. 이 문제는 특정화된 것처럼 보이지만 선형

계획법[III.84](이 자체만으로도 엄청난 노력을 들여야 할 이유가 충분히 있다)과 적분 수치 추정에서 나타난다. 이론상으로는 집합의 부피를 잴 때 집합 위에 격자판을 놓고 집합 안에 들어 있는 격자점의 개수를 세어서 구할 수 있다. 실제로는 차원이 크면 격자점의 수가 천문학적으로 커지므로 어떠한 컴퓨터를 가지고도 개수를 셀 수 없다.

집합의 부피를 계산하는 문제는 §4에서 봤듯이 실질적으로 집합 안에서 하나의 점을 임의로 고르는 문제와 같다. 그러므로 목표는 고를 수 있는 많은 점들을 일일이 알 필요 없이 임의의 점 하나를 고르는 것이다. 현재로서는 볼록집합에서 임의의 점을 생성하는 가장 효율적인 방법은 확률보행(random walk)을 행하는 것이다. 방향을 임의로 정하고 작은 걸음을 순서를 가지고 취한다. 그리고 상당히 많은 걸음 후 도달한 점이 집합의 각 부분에 들어갈 확률과 대략 맞아떨어지기를 바라며 도달한 그 점을 선택한다. 이 방법이 효과적이려면 필히 집합에 있는 모든 점을 빨리 거쳐가야 한다. 예를 들면 집합의 절반 중 하나에 너무 오랫동안 머물지 않아야 한다. 이런 빠른 혼합(rapid mixing)을 확실히 가지기 위해서는 등주 부등식 또는 편차 원리가 필요하다. 우리가 알아야 할 점은 집합의 각 절반이 커다란 경계를 가져서 확률보행으로 경계를 빨리 넘어 집합의 다른 절반에 도착할 확률이 높아야 된다는 것이다.

지난 십년 간 출간된 여러 논문에서 애플게이트(Applegate), 버블리(Bubly), 다이어(Dyer), 프리츠(Frieze), 제럼(Jerrum), 카난(Kannan), 로바스(Lovasz), 몬테네그로(Montenegro), 시모노비츠(Simonovits), 벰팔라(Vempala) 등이 볼록집합의 샘

플링에 대해 매우 효율적인 확률보행을 찾았다. 위에서 설명한 종류의 기하학적 편차 원리는 이런 확률보행의 효율성을 거의 완벽하게 추정하는 데 도움이 될 것이다.

이에 대한 훨씬 더 자세한 연구가 이루어지기를 기대해 보지만 현재까지 알려진 방법으로는 알아내기 어려워 보인다.

7 결론

지난 몇 십 년 동안 고차원 계의 연구는 갈수록 중요시되어 왔다. 계산에서 현실적인 문제는 자주 고차원에서의 질문으로 이어졌고 많은 것들이 기하적으로 쓰여졌다. 일상 생활에서 일어나는 큰 척도의 현상처럼 보이기 위해서는 많은 입자들을 고려해야 하기 때문에 입자 물리에서는 많은 모형들이 자동으로 고차원이 된다. 이 두 분야의 관련 문헌은 방대하지만 일반적인 언급은 할 수 있다. 저차원 기하에서 얻은 직관을 다른 차원에서 사용하려 한다면 완전히 헤매게 된다. 자연스럽게 일어나는 고차원 계는 원래의 계가 무작위성을 정확히 가지고 있지 않더라도 확률론에서 나온다고 생각되는 성질을 갖는다는 것은 자명해졌다. 많은 경우에 이러한 무작위성을 가지는 성질은 큰 집합이 커다란 경계를 가진다는 내용으로, 등주원리 또는 편차 원리로 명시된다. 전통적인 확률 이론에서는 독립성에 대한 가정이 편차 원리를 보여주는 데 상당히 간단하게 자주 사용될 수 있다. 오늘날 연구되는 훨씬 더 복잡한 체계에서는 보통, 확률적인 면에 기하적인 면을 함께 갖는 것이 유용하다. 이리하여 확률 편차 원리를 고대 그리스인이 발견한 등주원리와 유사하게 대응되는 것으로 이해할 수 있다. 이 장에서는 특별한 몇몇 경우의 기하와 확률의 관계에 대해 설명했다. 물론

더 읽을거리

Ball, K. M. 1997. An elementary introduction to modern convex geometry. In *Flavors of Geometry*, edited by Silvio Levy. Cambridge: Cambridge University Press.

Bollobás, B. 1997. Volume estimates and rapid mixing. In *Flavors of Geometry*, edited by Silvio Levy. Cambridge: Cambridge University Press.

Chavel, I. 2001. *Isoperimetric Inequalities*. Cambridge: Cambridge University Press.

Dembo, A., and O. Zeitouni. 1998. *Large Deviations Techniques and Applications*. New York: Springer.

Ledoux, M. 2001. *The Concentration of Measure Phenomenon*. Providence, RI: American Mathematical Society.

Osserman, R. 1978. The isoperimetric inequality. *Bulletin of the American Mathematical Society* 84: 1182-238.

Pisier, G. 1989. *The Volume of Convex Bodies and Banach Space Geometry*. Cambridge: Cambridge University Press.

Schneider, R. 1993. *Convex Bodies: The Brunn-Minkowski Theory*. Cambridge: Cambridge University Press.